KB262030

화학/물리학/생물학 및 공학계열 중심으로

화학용어사전

화학용어사전편찬회 엮음
이학박사 **윤창주** 감수

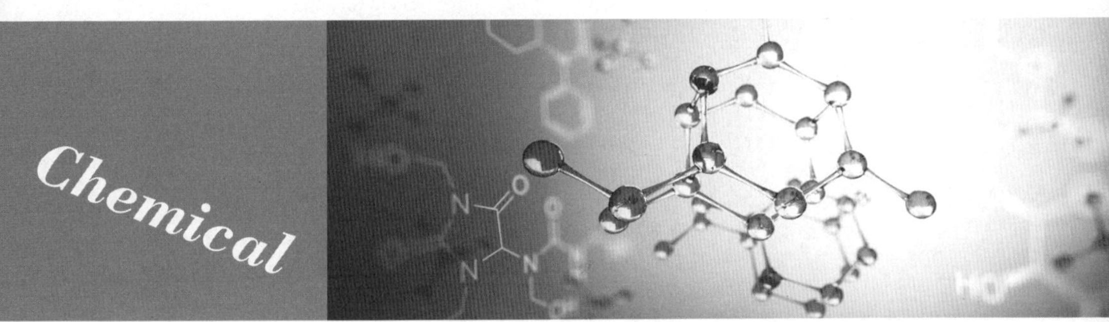

일 진 사

머 리 말

　기술 문명의 급격한 발전에 힘입어 우리나라는 자연과학 학술 및 기술분야에서도 눈부신 발전을 거듭하고 있다.

　이에 힘입어 선진국과의 과학, 기술의 교류가 활발해 지고 있고 화학을 공부하고자 하는 화학생도들에게도 필요한 지식이 매년 새롭게 요구되고 있다.

　이와 같이 화학 분야의 지식은 물리학, 자연과학 전 분야 및 공학 계열을 기초로 하고 있기 때문에 관련 분야가 광범위하므로 영역의 한계가 또한 난해한 것이 사실이다.

　현재 국내에서 화학 (이화학) 에 관한 용어사전이 다소 간행되었으나 내용적으로 수준이 높거나 시대에 뒤떨어진 용어나 쉽게 이해하기 어려운 부분이 많아 불편을 겪어 왔다. 화학에 관한 지식을 습득하는데 있어서는 용어를 정확히 이해할 뿐 아니라 그 관련성을 충분히 터득하지 않으면 그의 지식이나 기술을 제대로 습득하기란 어렵다.

　따라서 이 사전은 화학을 중심으로 물리학, 생물학, 지학 및 공학 계열의 용어 11,000여 개를 선정 수록하여 정확한 정의와 명쾌한 해설을 하여 줌으로써 그 개념을 확실하게 숙지할 수 있도록 기술하였다.

　특히, 화학일반에 관한 용어는 물론, 잉시화학, 무기구조화학, 생화학, 기기분석 등에 관한 용어들도 많이 수록하였다. 부록으로는 화학원소명을 비롯하여 화학관련 주요 공식과 화학사의 연표 등을 일목요연하게 정리하여 수록함으로써 편리하고 빠르게 찾아 볼 수 있도록 하였다.

　우리가 의도한 바가 충분히 표현되지 못한 아쉬움도 있지만 그 동안의 경험을 살려서 펴낸, 노력의 결정인 이 책이 관련 분야의 연구인으로부터 학생에 이르기까지 효율적으로 활용하여 학업에 최대한 도움이 되길 진심으로 바란다.

　끝으로 본 서 제작에 수고를 아끼지 않으신 **일진사** 여러분에게 진심으로 감사를 드린다.

편저자

일러두기

1. 용어의 수록 범위

화학·물리학 관련 분야 및 자연과학·공학 전 분야를 대상으로 하여 일상 생활에 가장 많이 사용되는 관련 용어를 광범위하게 수록하였다.

2. 구 성

- 표제어는 한글 자모 순으로 배열하였고, 표제어에 대한 한문과 영문을 병기하여 독자의 이해를 높였다.
- 한 표제어가 여러 의미로 사용되는 경우 (1), (2) …로 구분하여 해설하였다.
- 같은 표제어라 하더라도 다른 분야에서는 의미가 다르게 사용되는 등 의미가 혼동될 수 있는 표제어는 한문과 영문으로 표기하여 구분하였다.
- 표제어와 관련하여 참조할 만한 단어는 해설 뒤에 (⇨)로 표시하였다.
- 표제어 중 영문 표기는 한글 자모 순으로 배열하였다.
- 외래어의 한글 표기는 교육인적자원부 외래어 표기법에 따라 통일하였고, 학술 용어로 이미 굳어진 외래어 및 관용어는 그대로 수록하였다.

3. 기 타

- 「찾아보기」에서 한글 색인은 한글 자모 순으로 배열하였고, 영어 색인은 알파벳 순으로 배열하였다.
- 부록으로 화학원소명 외 화학·물리학 관련 기초 지식과 참고자료를 수록하였다.

Contents

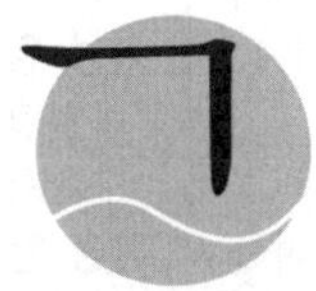

가 간섭성 (可干涉性, coherence)　⇨ 코히어런스.

가공 보조제 (加工補助劑, processing aid)　고무나 플라스틱 재료의 혼연, 압출, 압연 등의 가공 조작을 용이하게 하는 동시에 제품의 외관과 특성 등을 개선하기 위해 사용되는 배합제이다.

가공사 (加工絲, textured yarn)　⇨ 필라멘트 가공사.

가공지 (加工紙, converted paper)　종이에 목적하는 성질을 부여하기 위해 2차적인 가공 처리를 실시한 종이의 총칭. 각종 가공제를 도포, 함침, 삼투, 부착 등의 방법을 사용하여 제조한다. 화장지, 벽지, 적층판, 포장 재료, 정보기록 용지 등, 광범위한 제품이 있다.

가교 (架橋)　(1) crosslinking 고분자 사슬이 말단 이외의 임의 위치에서 서로 직접 또는 수 개의 결합을 매개하여 화학적으로 연결하는 것. 교차라고도 한다. 이러한 결합을 교차결합 (crosslinkage), 형성된 구조를 교차구조 (crosslinked structure)라 한다. (2) **bridge formation** 고리상 유기물의 고리 중에서 떨어진 2개소를 연결하는 반응. 또 금속 착물의 중심 금속을 다리걸침 배위자가 연결하여 다핵 착물을 형성하는 반응. 생성된 구조를 다리걸침 구조 (bridge structure)라 한다.

가교 밀도 (架橋密度, crosslinking density)　⇨ 다리결합 밀도.

가교제 (架橋劑, crosslinking agent)　⇨ 다리걸침제.

가넷 (garnet)　$X_3Y_2Si_3O_{12}$ ($X = Mg^{2+}$, Ca^{2+}, Fe^{2+}, Mn^{2+}, $Y = Fe^{3+}$, Cr^{3+}, Al^{3+})의 조성으로 표현되는 입방정계의 산화물 또는 동형인 산화물의 총칭. 인공적으로 합성되는 YAG ($Y_3Al_5O_{12}$)와 YIG ($Y_3Fe_5O_{12}$)는 보석, 레이저 발진 소자, 자성 재료 등에 사용된다. 광물명으로서의 한국명은 석류석이다.

가로(방향) 이완 (―― (方向) 弛緩, transverse relaxation)　전자 스핀 또는 핵스핀의 집단인 자성체에 외부 자기장 H를 가하면 평형상태에서는 H의 방향에 자화 M이 생긴다. H의 방향을 어느 각도 기울이게 하였을 때 M은 H의 방향을 축으로 하여 세차운동을 시작하지만 시간의 경과와 더불어 M은 자기장의 방향을 향한다. 이 과정을 가로(방향) 이완이라 한다. 이에 비해 세로(방향) 이완에서는 외부 자기장의 방향의 크기가 변화한다.

가리움 (masking)　(1) 어떤 화학 반응을 방해하는 물질을 안정된 착체로 하거나 방해 물질을 제거하는 등으로 목적하는 반응에 관여하지 않도록 하는 것. 컴플렉서류와 히드록시카르복시산 등이 이 목적에 널리 사용된다. 응용면은 화학분석, 화학공업, 의약품 분야 등 광범위하다. (2) 사진 제판이나 컬러 네거필름에서 주로 색재의 분광특성 결함을 보충하여 색과 계조를 충실하게 재현하기 위해 각종 수정을 하는 것. 카메라 색분해에서는 색분해 네거에 마스크라고 하는 투명 화상필름을 겹쳐서 노출한다. 또한 컬러 스캐너에서는 동일한 조작을 각 색 전기신호를 이용하여 컴퓨터로 연산하여 마스킹하고 출력노출을 하고 있다. 인쇄 잉크 색상의 결함, 망점에 의한 계조 재현의 결함 보정 등에 가리움을 필요로 한다. 컬러 필름에서는 컬러드 커플러(착색 커플러)에 의해 자동적으로 불요 흡수가 보정되는 경우가 많다.

가리움제 (—— 劑, masking reagent) 가리움 (마스킹)을 위해 사용되는 시약. EDTA, NTA를 비롯한 컴플렉션 및 중합 인산류가 널리 쓰여지고 있으며 이 밖에도 종류가 많다. 금속이온 봉쇄제도 그 하나이다.

가리움 테이프 (masking tape) 색칠할 때 구분하거나 불필요한 장소에 도료가 부착하는 것을 방지하기 위해 붙이는 테이프. 종이로 만든다.

가변 레이저 (可變 ——, tunable laser) 발진파장을 어느 범위에서 변화시킬 수 있는 레이저. 레이저의 발진파장을 가변으로 하는 방법에는 제만 동조 레이저와 반도체 레이저와 같은 전이파장 가변법과 색소 레이저와 색중심 레이저와 같은 공진파장 가변법이 있다.

가변 영역 (可變領域, variable region) 면역 글로불린 분자를 구성하는 H사슬 및 L사슬 중, N말단에서 헤아려 약 110 잔기의 아미노산 잔기로 된 부분. 그 1차 구조는 동일 개체에서도 무수히 달라 항체분자의 항원 결합부위를 형성하고 있다.

가색법 (加色法, additive color process) 오리지널 색깔을 적·녹·청색의 3원색광의 성분으로 분해 기록하여, 각각의 흑백 양화상을 색분해시에 사용한 것과 같은 색깔의 빛으로 투영하는 등의 방법으로 3원색광의 상을 중합함으로써 오리지널 색을 재현하는 방법. 감색법에 대응하는 용어. 컬러 TV의 색 재현 방법도 이것을 응용한 것이다.

가선성 (可選性, washability) 선탄 조작, 특히 비중 선별 조작에 대한 원탄의 분리성을 이른다. 가선성은 원탄의 단체 분리상태에 따라 정해지므로 석탄 조직 자체가 영향을 미칠 뿐만 아니라 분쇄법 및 그 정도에 따라 변화한다.

가성 (苛性, caustic) 각종 물질을 부식시키는 성질. 예를 들면 수산화나트륨, 수산화칼륨 등은 이 성질이 현저하므로 가성 소다, 가성 칼륨 혹은 총괄하여 가성 알칼리란 속칭으로 불린다.

가성성 (加成性, additivity) 다성분으로 구성된 물질계의 어떤 성분을 나타내는 양이 각 성분의 그 합과 동일할 때, 그 성질은 가성

성이 있다고 한다. 혼합 이상기체의 전압(全壓)과 분압의 관계가 그 예이다.

가성 소다 (苛性 ——, caustic soda) 수산화나트륨의 화학공업에서의 명칭이다.

가성 알칼리 (苛性 ——, caustic alkali) 수산화알칼리의 속칭. 보통은 수산화나트륨 및 수산화칼륨을 지칭한다. ➪ 가성.

가성 칼륨 (苛性 ——, caustic potash) 수산화칼륨의 화학공업에서의 명칭이다.

가성화 (苛性化, caustification) 암모니아 소다법과 펄프 제조과정에서 생성된 탄산나트륨 수용액에 석회유(소석회 미분말을 수중에서 현탁시킨 것)를 가하여 가성소다를 획득하는 공정을 말한다.

가소성 (可塑性, plasticity) ➪ 소성.

가소제 (可塑劑, plasticizer) 플라스틱이나 고무에 첨가하여 분자간 힘을 약화하고, 유리 전이온도를 저하시켜 유동특성, 유연성, 신전성, 탄성, 접착성, 가공성 등을 부여하는 저휘발성의 유기 화합물. 일상생활에서는 유연성을 주는 연화제(softener)의 구실을 한다. 니트로셀룰로오스에 첨가하여 셀룰로이드를 만드는 장뇌(樟腦)는 가장 오래된 가소제이다. 그러나 현재는 합성수지에 첨가되는 것이 대부분이다. 가소제의 작용을 간단히 설명하면, 플라스틱은 긴 끈 같은 분자가 모여서 된 것으로, 분자 사이에 서로 끌어당기는 힘이 강할수록 딱딱해진다. 이 때 분자 사이에 가소제가 끼어 들면 플라스틱 분자 사이의 직접 끌어당기는 힘이 약해져 잘 휘게 된다. 따라서 가소제는 그 플라스틱에 잘 섞일 수 있는 성질, 즉 섞임성(compatibility)이 있는 것이어야 하며, 또한 가소성을 증가시킴과 동시에 내열성·내한성·내연성·전기적 성질 등 다른 성질도 향상시키는 것이 바람직하다. 가소제의 종류는 다양하나, 중요한 것으로는 DOP (디옥틸프탈레이트)·DOA (디옥틸아디페이트)·TCP (트리크레실포스테이트) 등이 있다. DOP는 폴리염화비닐에 쓰이고, DOA는 내한용, TCP는 내연성인 것이 특성이다. 특히 DOP와 DOA는 옥틸기 대신에 다른 기(基)로 바꾼 것이 많이 사용된다.

가소홀 (gasohol) 가솔린과 에탄올 혹은 메탄올의 혼합물. 석유 파동 이후 가솔린을 절약

하기 위해 바이오매스 에너지 이용의 한 형식으로 개발되었다. 미국과 브라질 등에서 사용되고 있다. 주세가 부여되지 않는 메탄올의 조합으로 이루어지고 있는데, 흡습하여 가솔린과 분리를 일으킬 염려가 있으므로 그 조합량은 한정된다.

가소화 (可塑化, plasticization)　재료에 소성을 부여하여 유동하기 쉽게 하는 것. 고분자 재료에서는 가소제를 혼합하여 유리 전이온도를 저하시켜 유연성을 부여하는 것을 외부 가소화, 공중합 등에 의해 유리 전이온도를 낮추는 방법을 내부 가소화라 한다. 전자는 가소제를 첨가함으로써, 후자에서는 혼성 중합에 의하여 고분자 사슬 사이의 거리를 넓혀서 마이크로-브라운 운동을 일으키기 쉽게 하여 유리 전이온도를 낮추고 유연성을 부여한다. 가소제로서 요구되는 성질은 ① 고분자와의 상용성(相溶性)이 좋고, ② 끓는점이 높고 증기압이 낮으며, ③ 가소화 능력이 높고, ④ 무색·무미·무취·무독이어야 하며, ⑤ 열·빛·화학약품 등에 대한 안정성 등이다.

가솔린 (gasoline)　끓는점이 약 $30{\sim}200\,℃$의 정제된 석유제품. 주로 불꽃 착화엔진의 연료로 사용된다. 원유의 상압 증류 외에, 열분해와 접촉분해, 개질, 알킬화 등의 조작을 걸친 각 유분을 조합하여 자동차 가솔린의 규격(가장 중요한 성질은 옥탄가)을 충족하는 제품으로 한다. 그 외에 끓는점 범위가 좁고 추출, 용해 등에 사용되는 공업용 가솔린도 있다.

가수분해 (加水分解, hydrolysis)　(1) 강산과 약염기로 구성된 염, 약산과 강염기로 된 염이 수용액 중에서 물과 반응하여 다른 이온 또는 분자로 변하는 것. 수용액 중에 수소이온 또는 수산화이온이 생기므로 용액은 산성 또는 염기성을 띤다. (2) 유기 화합물의 가수분해는 에스테르, 산무수물, 아미드, 펩티드 등이 물과 반응하여 개열하는 반응을 말한다. 일반적으로 산, 염기, 혹은 효소의 촉매작용에 의해 촉진된다. 생화학 등에서는 간략화하여 수해라고 하는 경우가 있다.

가수분해 생성물 (加水分解生成物, hydrolyzate) 어떤 물질의 가수분해 반응으로 생성되는 물질. 강산의 금속염을 물에 녹이면 가수분해를 받아 금속 수산화물이 된다. 산무수물, 산아미드, 에스테르 등의 유기 화합물은 가수분해

되어 구성하는 원래의 화합물을 생성한다.

가수분해형 타닌 (加水分解形——, hydrolyzable tannin)　산 또는 효소로 가수분해되어 갈산 혹은 에라그산을 생성하는 타닌. 체스너트, 미로발란 등에서 획득되는 타닌이 대표적이다. 무두질제에 사용된다. 축합형 타닌에 대응하는 용어이다.

가수분해 효소 (加水分解酵素, hydrolase)　가수분해 반응을 촉매하는 효소. 히드로라아제, 수해(水解)효소라고도 한다. 또 생체물질의 가수분해는 소화로 알려져 있으므로 소화효소라고 하는 경우도 있다. 분해되는 결합과 화합물의 종류에 따라 에스테라아제, 글리코시다아제, 펩티다아제 등으로 분류된다. 가수분해 효소류는 9개의 군으로 분류되어 있다. ① 에스테르 결합에 작용하는 효소 : 카르복시산·인산·황산 등의 에스테르를 가수분해한다. 리파아제·콜린에스테라아제·포스파타아제·DNase(디옥시리보뉴클레아제) 등이 이 군에 포함된다. ② 글리코실 화합물에 작용하는 효소 : 당(糖)의 환원성 수산기와의 사이에서 생성된 글리코시드 결합을 가수분해한다. α 및 β 아밀라아제·글리코시다아제·뉴클레오시다아제 등이 있다. ③ 에테르 결합에 작용하는 효소 : 아데노시루호모시스티나아제가 있다. ④ 펩티드 결합에 작용하는 효소 : 로이실아미노펩티다아제·카르복시펩티다아제·펩신·트립신·키모트립신 등 많은 단백질 분해효소가 이것에 속한다. ⑤ 펩티드 이외의 탄소-질소 결합에 작용하는 효소 : 우레아제·아스파라기나아제·페니실리나아제·아르기나아제·뉴클레오시드나 뉴클레오티드의 디아미나아제가 있다. ⑥ 산무수물에 작용하는 효소 : ATPase 등이 있다. ⑦ 탄소-탄소 결합에 작용하는 효소가 있다. ⑧ 할로겐족 원수와의 결합에 작용하는 효소가 있다. ⑨ 인-질소 결합에 작용하는 효소가 있다.

가수소 분해 (加水素分解, hydrogenolysis)　⇨ 수소화 분해 (1).

가스 검지관 (——檢知管, gas-detecting tube) ⇨ 검지관.

가스 경유 (——輕油, gas light oil)　석탄가스 중에서 세정유를 사용하여 회수한 방향족 탄화수소류를 수성분으로 하는 경질 유분. 경

유 정제에 의해 주로 벤젠, 톨루엔, 크실렌이 획득되며, 석탄 중 1~1.5%에 해당하는 양이 얻어진다. 물보다 가볍고, 비중이 0.86~0.92 정도인 황색 기름이다. 냄새가 나쁘고, 오래 두면 갈색으로 변한다. 끓는점은 80~220℃이다. 보통 석탄가스를 타르 중유(中油)로 세정하여 포집한다. 탑(塔) 속에 겅그레나라시히 링(패킹의 일종)을 채운 후, 탑 위에서 타르 중유를 쏟아 붓고 탑 아래에서 위로 석탄가스를 통과시킨다. 이때 가스 경유가 되는 탄화수소의 증기는 타르 중유에 용해되므로 이것을 증류하면 얻을 수 있고, 남은 중유는 냉각시켜 다시 흡수에 사용한다. 또 일부는 석탄가스를 제조할 때 콜타르에 용해되는데, 여기서 얻은 것을 타르 경유라 한다. 때로는 석탄가스를 활성탄(活性炭) 속에 유도하고, 가스경유의 증기를 활성탄에 흡착시킨 다음 수증기를 불어넣어 회수할 때도 있다. 또 석탄가스로부터 수소를 분리할 때 등에도 심랭(深冷)하면 액화하여 분리된다. 일반적으로 증류·정제하여 성분별로 나누어, 합성화학공업의 원료나 용제로 이용한다. 고압 수소 첨가로 황화합물을 제거한 후 정류하여 벤젠 전유분(前溜分)·벤젠 유분·톨루엔 유분·크실렌 유분·솔벤트 나프타 유분 등으로 나누고, 이어서 각 유분을 진한 황산이나 가성소다로 세정해서 정제한 다음, 다시 정류해서 경유제품으로 만든다.

가스 돌출 (—— 突出, gas outburst)　석탄층이나 암석층을 굴착할 때, 다량의 메탄, 석유계 가연성 가스, 이산화탄소 등이 탄벽이나 암벽을 뚫고 돌연 분출하는 현상. 이 때 다량의 석탄이나 암석편이 수반되므로 갱 안은 큰 재해가 일어난다. 석탄의 경우에는 돌출 후 가스폭발이나 탄진폭발을 야기하는 일이 많다.

가스 발생로 (—— 發生爐, gas producer)　석탄 또는 코크스에 공기 또는 공기와 수증기의 혼합가스를 반응시켜, 일산화탄소를 주성분으로 하는 가스를 제조하는 장치. 여기서 생성되는 가스를 발생로 가스라 한다. 석탄·코크스·목탄(木炭) 등을 원료로 하고, 가스화제로서는 공기와 수증기의 혼합 기체를 사용하여 900~1,200℃의 고온에서 반응시킨다. 가스 발생로의 기구(機構)에는 흡입식

과 압력식이 있으며, 규모가 작은 장치는 공기를 노 안으로 빨아들이고, 규모가 큰 것은 압축 증기와 공기를 동시에 노 안으로 보내어 연소시킨다.

가스 분석 (—— 分析, gas analysis)　가스 시료에 대하여 실시하는 화학분석의 총칭. 시료 가스를 가스흡수제와 접착시켜, 가스의 흡수감량으로 특정 성분을 정량하는 흡수법, 연소에 의한 체적변화와 발생한 이산화탄소를 측정하는 연소법 외에 가스 크로마토그래피, 질량분석법 등의 고감도·고성능법도 있다.

가스 뷰렛 (gas buret)　가스의 부피를 측정하기 위한 유리기구. 부피를 측정하기 위한 뷰렛형의 유리관과 차단액을 넣는 수준관으로 되어 있다. 일반적으로 기구 내에는 적당한 수용액 또는 수은이 포함되어 있는데, 뷰렛과 수준기의 액면(液面)을 일치시켜 기체의 부피를 뷰렛의 눈금으로 읽는다.

가스 뽑기 (mold breathing, mold bumping, mold gassing, mold venting)　사출 성형, 트랜스퍼 성형, 압축 성형 등에서, 금형에 수지가 충전될 때에 배출처를 상실한 공기, 수지 중에 잔류한 공기, 가열에 의해 재료에서 발생하는 취발 성분을 제거하는 것(breathing, gassing, venting), 혹은 그 목적을 위해 금형에 마련한 작은 구멍(vent, bleeder)을 말한다.

가스 센서 (gas sensor)　기체 중에 함유된 특정 화학물질을 검지하여 그 농도를 전기적 신호로 변환하여 출력하는 장치. 가스의 종류에 따라 많은 방식이 있다. 대표적인 것으로는 가스의 흡착이나 반응에 의한 고체 물성의 변화를 이용하는 방식(반도체 센서, 세라믹 습온 센서, 압전체 센서 등), 연소열을 이용하는 방식(접촉 연소식 센서), 전기화학반응을 이용하는 방식(고체 전해질 센서, 전기화학 센서), 물리적인 특성값을 사용하는 방식(적외선 흡수식 등)이 있다.

가스 액 (—— 液, gas liquor)　석탄가스에서 응축 분리되는 수분. 안수(安水)라고도 한다. 석탄을 건류하면 원래 석탄 중에 함유되어 있던 수분 외에 반응 중에 생성된 수분도 가스액에 포함되게 된다. 암모니아, 시안, 페놀류, 황화수소 등을 포함한다. 가스액에 수증기를 통하여 가열하면 대부분의 암모니아

는 가스로 회수되고, 이어서 벤젠 등으로 세정하여 석탄산을 회수하는 일도 있다. 회수한 암모니아로부터는 황산암모늄을 제조한다. 또 가스액으로부터 게르마늄 화합물을 채취하는 일도 있다.

가스 크로마토그래프 질량분석계 (—— 質量分析計, gas chromatograph-mass spectrometer)　가스 크로마토그래피와 질량분석계를 직결한 장치. 가스 크로마토그래피로 분리하고, 질량분석계로 검출이 가능하므로 미지 성분의 정성·정량분석에 매우 유력하다. 약어로 GC-MS이다.

가스 크로마토그래피 (gas chromatography)　이동상에 기체를 사용하는 크로마토그래피. 고정상에 실리카겔, 분자체(또는 분자 시브) 등, 흡착성의 고체를 사용하는 기체-고체 크로마토그래피와 적당한 고체 분말에 불휘발성의 액체를 함침시킨 것을 사용하는 기체-액체 크로마토그래피가 있다. 끓는점 400~500℃까지의 혼합물을 분리·정량하는 데 사용된다.

가스 털태우기 (gas singeing)　직물 마무리 가공의 털태우기 공정의 일종. 털실 또는 천을 가스 불꽃 속에 급속히 통과시키는 것으로 표면의 깃털을 소각하는 방법. 직물의 조직 내부의 깃털까지 제거할 수 있는 점에서 다른 열판법보다 뛰어난 방법이다.

가스 퇴색 (—— 退色, gas fading)　대기 중에 함유된 산화질소 가스, 이산화황 등의 작용에 의해 염색물이 변퇴색하는 현상. 아미노 안트라퀴논계 분산염료로 염색된 아세테이트 섬유품에 일어나기 쉽다. 섬유품을 가스 퇴색 방지제를 처리하여 방지한다.

가스트린 (gastrin)　소화액의 분비를 촉진하는 호르몬. 위유문 전정부에서 점막상피의 G세포에서 방출되는 17개의 아미노산 잔기로 구성된 곧은 사슬의 폴리펩티드로, G-17로 약칭된다. 위의 유문부 점액조직을 산으로 처리하여 얻어진 추출액 속에 포함되어 있으나 그 본체는 아직도 밝혀지지 않은 점이 많다. 히스타민이 위점막에 존재하여 위액 분비를 촉진하는 작용을 하므로 히스타민에 의한 것이라는 추측도 있었지만 최근에는 히스타민을 포함하지 않은 추출물이

가스트린 활성을 가진다는 것이 밝혀졌다. 위나 장에는 가스트린 이외에도 세크레틴·엔테로가스트론 등으로 불리는 '위장호르몬'이 분비되는 것으로 알려져 있으며, 그것이 위액·이자액·쓸개즙 등 소화에 관계되는 외분비를 자극하는 것이다.

가스 피펫 (gas pipet)　가스분석에 사용하는 유리기구의 일종. 이 속에서 가스와 흡수제를 반응시킨다.

가스화 (—— 化, gasification)　석탄이나 석유 등의 원료를 열분해나 산소, 공기, 수증기, 수소 등의 가스화제와 화학반응시켜 주로 수소, 일산화탄소, 이산화탄소, 탄화수소 등의 가스로 변환하는 것. 발생로(發生爐) 가스·수성(水性)가스·도시가스 등이 있다. 발생로 가스는 석탄·코크스에 1,000℃ 전후의 고온에서 공기를 작용시켜 열분해와 동시에 불완전 연소를 일으켜서 제조하는 연료가스이며, 이와 같은 원리를 이용한 것에 석탄 지하(石炭地下) 가스화가 있다. 수성가스는 적열(赤熱)된 코크스에 수증기를 작용시켜 얻는 수소 및 일산화탄소를 주성분으로 하는 것이며, 주반응(主反應)은 수성가스 반응이라고 한다. 도시가스는 대부분 나프타 등의 석유를 원료로 하는데, 이것을 750~900℃에서 수증기 또는 산소를 작용시켜 수소와 일산화탄소를 주성분으로 하는 연료를 얻고, 다시 수성가스 이동반응에 의해 이 속에 있는 일산화탄소를 제거하고 그 대신 수소를 증량한 것으로, 원료인 석유가 일부 열분해 하여 생긴 메탄을 함유하고 있다.

가스화 로 (—— 化爐, gasifier)　고체 및 액체 연료를 고온에서 산소, 물, 수소 등과 반응시켜 각각 CO, CO+H_2, CH_4 등의 생성가스로 변환하는 반응장치를 말한다.

가스화 발전 (—— 化發電, gasification power generation)　고체 또는 액체 연료를 가스화하여 이것을 사용하여 발전하는 방법. 가스화 직후에 가스를 정제하므로 연료를 그대로 연소시켰을 때 배기가스의 유해성분을 제거하는 데 비해 정제설비 처리용량을 대폭 작게 할 수 있는 이점이 있다. 가스터빈, 증기터빈의 조합에 의한 복합 가스화 발전으로 발전효율을 향상시키는 방식이 일반적

으로 사용되고 있다.

가스화 효율 (―― 化效率, gasification efficiency) 석탄 가스화시 가스상 물질로 변환한 비율을 말한다. 보통 열효과로 나타내지만 생성 가스의 현열, 타르 발열량 현열 등을 유효열량(가스상 물질이 이용할 수 있는 열량)으로 넣는 온효율과, 그것을 넣지 않는 냉효율이 있다. 전자는 생성 가스를 정제하지 않고 고온인채로 연료로 하는 경우, 후자는 정제 냉각하고 나서 연료로 하는 경우에 사용된다.

가스 확산 전극 (―― 擴散電極, gas diffusion electrode) 기체가 관여하는 전극반응이 원활하게 진행하기 위해서는 가스(기체상), 전극(고체상), 전해액(액체상)의 3상이 서로 접촉하는 장(3상 계면)이 필요하므로 가스의 투과성(확산)을 확보하기 위해 전극을 다공성으로 하고 또한 공 내에 대한 액 충만을 방지할 발수처리를 한 가스확산 기능이 있는 전극. 연료전지에는 필수적인 전극구조이다.

가스 흡수 (―― 吸收, gas absorption) 혼합 기체를 액체와 접촉시켜 기체 중의 특정 성분을 액체로 용해, 흡수시키는 조작. 주로 혼합 기체의 성분을 분리하기 위해 하지만 기체-액체 반응에 의한 합성에도 사용된다. 분리조작 중, 특히 불용·유해성분의 제거를 스크랩핑이라 하고, 그 장치를 스크랩퍼라고 한다. 가스 흡수에서는 기체가 단순히 액체 속에 용해하는 경우와 용해한 기체가 액체와 화학반응을 일으키는 경우가 있다. 전자를 물리흡수, 후자를 화학흡수라 하여 구별하는 경우도 있다.

가시광선 (可視光線, visible radiation) 인간의 눈에 빛으로 감지되는 파장범위의 전자파. 그 범위는 대략 $380\sim800\,nm$이며, 그 색깔은 자색, 청색, 녹색, 황색, 등적색으로 분포한다. 빨강보다 파장이 긴 빛을 적외선, 보라보다 파장이 짧은 빛을 자외선이라고 한다. 대기를 통해서 지상에 도달하는 태양복사량은 가시광선 영역이 가장 많다. 사람 눈의 감도(感度)가 이 부분에서 가장 높은 것은 그 때문이라고 한다.

가시도 (可視度, visibility) 대상물의 존재 또는 형상을 보기 쉬운 정도. 시인성(視認性)이라고도 한다.

가암모니아 분해 (加 ―― 分解, ammonolysis) 일반적으로 액체 암모니아 중에서의 가용매(加溶媒) 분해를 이르지만 넓은 뜻으로는 암모니아와의 분해반응을 지칭하며, 예를 들면 $HgCl_2$는 액체 암모니아 중에서 분해하여 $Hg(NH_2)Cl$를 생성한다. 또 유기 합성반응의 단위 조작으로서 중요한 것은 할로겐화 알킬 또는 알코올 등과 암모니아를 반응시켜 아미노기를 도입하는 반응이다. 에스테르, 염화아실에 암모니아를 반응시켜 산아미드를 합성하는 반응도 포함된다.

가압 여과 (加壓濾過, pressure filtration) 압력을 가하면서 여과하는 조작. 보통 여과에서는 고체와 액체를 분리하기 어려운 콜로이드양의 입자 혹은 점성이 높은 액체 등을 여과 선별할 때에 사용하는 조작을 말한다.

가약 표현 (可約表現, reducible representation) 무리(群)의 표현에서, 아직 간략화(인수분해)가 가능한 것. 기약 표현에 대응하는 용어이다.

가역 (可逆, reversible) 시간적으로 진행하는 어떤 과정에서, 시간의 방향을 반전한 역과정이 순과정과 완전히 동일하게 일어날 때, 이 과정은 가역이라 한다. 운동방정식으로 나타낼 수 있는 질점의 운동은 일반적으로 가역이지만, 마찰력 등이 작용하는 경우에는 가역이 아니다. 가역을 단순히 역행 가능한 의미로 사용하는 경우도 있으나 엄밀하게 역행 가능한 과정이 전부 가역은 아니다. ⇨ 가역 과정.

가역 과정 (可逆過程, reversible process) 열역학 용어. 어떤 상태 1에 있는 물질계가 어떤 변화를 받아서 상태 2로 이행하였을 때, 일반적으로 외계도 변화를 받는데, 상태 2에서 상태 1로 되돌리는 과정이 있어, 그로 인해 외계도 포함하여 완전히 원래의 상태 1로 되돌릴 수 있을 때, 이 변화과정을 가역과정이라 한다. 일반적으로 자발적으로 일어나는 과정은 모두 가역이 아니고, 가상적인 준안정(準安靜)과정만이 가역과정이다.

가역 반응 (可逆反應, reversible reaction) 화학반응에 있어, 반응계에서 생성계로 향하는 정반응이 진행하는 것과 동시에 생성계에서 반응계로 향하는 역반응도 무시할 수 없을 속도로 일어나는 경우, 이 반응을 가역 반응이라 한다. 정반응과 역반응의 반응속도가 같아져, 양쪽 계의 물질의 양은 변화하지 않고 겉보기에는 반응이 중지되어 어느 쪽으로도 반응이 진행되지 않는 것처럼 보이는 상태를 화학평형이라고 한다. 이러한 점에서 볼 때, 가역반응이란 화학평형이 유지되고 있는 반응이라고도 할 수 있다. 모든 반응은 가역반응이라고도 할 수 있다. 완전히 한 방향으로만 반응이 진행되어 원래의 물질을 남기지 않는 반응은 없다. 반응의 진행이 한 방향으로만 치우쳐 보이는 것은 정반응의 반응속도와 역반응의 반응속도의 차가 큰 경우이다. 따라서 역반응의 반응속도가 극단적으로 작은 경우를 비가역 반응이라 하여 가역반응과 구별한다.

가역 저해 (可逆沮害, reversible inhibition) 효소의 단백질 결합부위에 저해제가 가역적으로 결합하여 원래 진행하는 반응을 저해하는 양식. 효소에 대하여 길항 저해, 불길항 저해, 비길항 저해의 3개 양식이 있다. 효소반응의 속도론을 이해하는데 있어 중요하다.

가역 전극 (可逆電極, reversible electrode) 전지계의 전극위치가 오직 한 전지반응의 평형전위에 의해 기술될 수 있는 전극을 말한다. 교환 전류밀도가 큰 전극일수록 가역성이 높다. 은·아연·구리 등의 금속은 가역전극이 되기 쉽지만, 철·니켈 등의 전이금속 및 기체전극은 보통 가역전극이 되기 어렵다.

가역 전극 반응 (可逆電極反應, reversible electrode reaction) 평형 전위를 중심으로 하여 전극 전위를 양 측은 음으로 비꾸었을 때, 전류가 각각 음양으로 쉽게 흐를 수 있는 전극반응. 전극반응의 속도가 크고 신속하게 열역학적 평형에 이룰 수 있는 전극반응을 말한다.

가역 전극 전위 (可逆電極電位, reversible electrode potential) ⇨ 평형 전위.

가역파 (可逆波, reversible wave) 폴라로그래피나 사이클릭볼타메트리에서 전극반응이 가역일 때에 나타나는 파형. 반응 중에서도 평형에 가깝다고 생각할 수가 있어, 전극 전위와 전극 표면에서의 화학종 농도관계에 대해 네른스트식을 사용할 수 있다.

가연 가솔린 (加鉛——, leaded gasoline) 가솔린의 옥탄가를 높이기 위해 테트라에틸납을 주성분으로 하는 에틸액을 녹킹억제제로 첨가한 가솔린. 개질법의 보급으로 C_6유분 이상의 중질 성분 옥탄가는 상승하였으나 C_5 이하의 유분 옥탄가를 높이기 위해 테트라에틸납보다 끓는점이 낮은 테트라메틸납도 개발되었다. 그러나 독성이 강하므로 환경보호를 위해 그 제조와 판매를 중지한 나라도 있다.

가연 범위 (可燃範圍, range of inflammability) ⇨ 연소 범위.

가연 한계 (可燃限界, limit of inflammability) ⇨ 연소 한계.

가연 효과 (加鉛效果, lead susceptibility) 테트라에틸납 등의 알킬납계 녹킹억제제를 가솔린에 일정량(보통 $0.8\,\mathrm{ml\,l^{-1}}$) 첨가한 경우에 얻어지는 옥탄가의 향상값을 말한다. 일반적으로 가연 효과는 시료 가솔린의 옥탄가가 낮은 것일수록 크지만 탄산수소의 종류별로는 파라핀 탄화수소가 크고 올레핀, 방향족 탄화수소는 작다. 또 불순물의 황화합물이 공존하면 가연 효과가 저하한다.

가열 명반 (加熱明礬, burnt alum) 명반 $KAl(SO_4)_2 \cdot 12H_2O$를 $160\,℃$ 이하에서 서서히 가열하여 무수염으로 한 것으로 속칭 고반이라고 한다. 소독, 사진, 식품가공 등에 사용된다.

가열 시험 (加熱試驗, break test) 유지에 소량의 염산을 첨가하여 $300\,℃$ 가깝게 가열하여 생성하는 석출물(브레이크라고 한다)의 양을 측정하는 시험으로, 브레이크 시험이라고도 한다. 도료 원료유의 품질 판정에 사용된다.

가열 잔분 (加熱殘分, heating residue) 분석 시료를 가열하였을 때 뒤에 잔류한 성분물질. 보통, 함량이 될 때까지 반복 가열하여 백분율로 그 양을 나타낸다.

가용매 분해 (加溶媒分解, solvolysis) 용질이 용매와 반응하여 분해하는 것. 솔볼리시스라고도 한다. 용매가 물인 경우는 특히 가수분해라 하고 그 밖의 용매의 종류에 따라 암모놀리시스(가암모니아 분해), 메탄올리시스, 알코올리시스, 아세톨리시스 등이라 한다.

가용성 건염 염료 (可溶性建染染料, solubilized

vet dye) 건염 염료를 환원한 로이코 화합물에서 산성 황산에스테르의 나트륨염. 물에 녹으며 섬유에 흡수 후 묽은 산＋산화제로 처리하면 원래의 염료가 섬유상에 재생한다. 환원 공정이 없으므로 나염에 편리하며, 또 염욕이 중성이므로 양모에도 사용할 수 있다.

가용성 규소 (可溶性珪素, soluble silica) 규산염 광물을 산 및 알칼리로 가열 처리하였을 때 용출되는 이산화규소를 말한다.

가용화 (可溶化, solubilization) 계면 활성제 수용액으로, 계면 활성제의 농도를 상승시켜 나가면 임계 미셀농도(CMC)에서 미셀이 형성된다. CMC 이상의 수용액에 물에 불용성인 탄화수소, 고급 알코올을 첨가하면 이들이 미셀 중에 흡착 혹은 용해되어 투명한 수용액이 된다. 이것을 가용화라 한다. 가용화는 그 메커니즘에 따라 샌드위치형, 파리세이드형, 흡착형으로 분류된다. 화장품의 화장수는 대표적인 가용화 용액의 예이다.

가용화제 (可溶化劑, solubilizing agent) 물에 용해되지 않는 물질을 가용화하기 위해 사용되는 계면 활성제. 주로 폴리(옥시에틸렌)알킬에테르, 폴리(옥시에틸렌)알킬페닐에테르 같은 비이온 계면 활성제가 사용된다.

가위질 진동 (—— 振動, scissoring vibration) 분자 진동(⇨ 기준 진동)의 일종. 메틸렌기 $-CH_2$의 경우, $H-C-H$가 이루는 각도가 변화하는 진동에 대응한다.

가융 합금 (可融合金, fusible alloy) 녹는점이 낮은 합금의 총칭으로, 주석의 녹는점(232℃)보다 낮은 녹는점의 합금. 뉴턴 합금(녹는점 95℃), 로즈 합금(녹는점 100℃), 우드 합금(녹는점 약 70℃) 등이며, 비스머스, 납, 주석, 카드뮴 등의 합금이 많다.

가이거-뮐러 계수관 (—— 計數管, Geiger-Müller counter) 방사선 계수관의 일종. GM 관 혹은 GM 계수관이라 약칭한다. 금속 원통 안에 희가스를 충만하고 원통 축을 따라 배선한 금속선과 금속 원통 사이에 고전압을 가해 두면 방사선이 입사할 때마다 희가스가 이온화하여 펄스전류가 발생하므로 이것을 계수에 이용한다.

가전자 (價電子, valence electron) 화학결합을 이룰 때 주로 기여하는 전자, 원자가 전자라고도 한다. 내각전자(內殼電子)에 대해서 쓰는 용어. C 와 N 에서는 최외각의 2s 와 2p 전자이지만 Fe 와 Cu 의 전이원소에서는 한 내측의 각(殼)도 포함한 4s 와 3d 가 가전자가 된다.

가죽 (皮, hide, skin) 동물체에서 가장 바깥층의 조직. 표피, 진피(유두층, 망상층), 피하 조직으로 되어 있다. 제혁 원료의 가죽(원피)은 보존을 위해 염장피나 건피 등으로 가공된다. 큰 동물의 가죽을 하이드, 작은 동물의 가죽을 스킨이라 하여 구별하고 있다.

가죽 (革, leather) 동물로부터 벗긴 가죽을 탈모 무두질하여 획득하는 제품으로 소·양·염소·말·돼지·사슴 등의 포유류뿐만 아니라 악어·도마뱀 등의 가죽도 사용된다. 크롬 무두질, 식물 타닌 무두질, 오일 무두질, 알루미늄 무두질에 의한 가죽이 있다. 크롬 가죽이 가장 많다.

가포화 색소 (可飽和色素, saturable dye) ⇨ 가포화 흡수체.

가포화 흡수체 (可飽和吸收體, saturable absorber) 물질이 빛을 투과하는 경우, 빛 강도가 어느 정도 커지면 흡수율이 작아지고(흡수의 포화), 투과율이 크게 되는 물질. 강한 빛 때문에 낮은 준위의 밀도가 감소하고, 높은 준위의 밀도가 증가함으로 일어난다. 자외 가시영역에서는 색소, 적외영역에서는 분자기체가 이것에 해당한다.

가표 (價標, bond) 구조식을 적을 때, 공유결합으로 결합되어 있는 것을 나타내기 위한 가로선. 경우에 따라서 세로선이나 사선이 쓰여지는 일도 있다.

가황 (加黃) (1) cure, curing, vulcanization 원료 고무에 황 등을 반응시켜 분자 간에 다리결합을 형성시키는 조작. 가황으로 넓은 온도범위에 걸친 유동성의 저하, 탄성과 인장 강도의 증대, 용매에 대한 용해성·팽윤성의 저하 등, 재료 특성의 변화가 일어난다. 황 이외에 다리걸침제로서 과산화물, 금속산화물, 방사선 조사 등이 있으나 고무공업에서는 황에 의한 다리걸침이 널리 사용되므로 다리결합조작 전반을 가황이라 부르고 있다. (2) thionation 황화 염료의 합성법. 아미노페놀 등의 원료를 황 및 다황화나트름과 가열하여 황화 염료를 얻는다.

가황 계수 (加黃系數, coefficient of vulcanization) 가황으로 고무와 반응한 결합 황량을 나타내는 계수로 결합 황량이라고도 한다. 고무 100 g에 대한 황의 결합량을 g을 단위로 나타낸 것을 말한다.

가황 곡선 (加黃曲線, curing curve, vulcanization curve) 배합고무를 일정한 온도에서 가황할 때 어떤 특정값과 가황시간의 관계를 도시한 곡선. 일반적으로는 가황시험기를 사용하여 가황 중의 고무에 일정 진폭의 미소한 진동변수를 주어, 발생하는 응력 혹은 토크의 시간 변화를 자동적으로 기록한 가황곡선이 이용되고 있다.

가황성 가소제 (加黃性可塑劑, vulcanizable plasticizer) 고무에 배합하는 가소제인데 그 배합물을 가황할 때에 반응하여 고무와 결합하는 가소제이며 반응성 가소제라고도 한다. 보통 가소제는 단순히 용해한 상태로만 있으므로 고무와의 상용성이 낮으면 표면으로 스며나오거나 이행하여 용매에 적출되는 등의 부적합한 결과를 초래한다.

가황유 (加黃油, vulcanized oil, factice) 동식물유에 황을 가하여 가열 가황하거나 상온에서 염화황을 가하여 얻게 되는 고무상 물질로 황화유, 팩티스, 서브라고도 한다. 가열 가황한 것은 갈색을 띠어 흑서브, 상온 가황한 것은 백색 혹은 담황색을 띠어 백서브라 한다. 고무상이기는 하지만, 고무와는 전혀 다르며 연화제, 가공 보조제 등으로 사용된다. 백서브는 지우개로 사용된다.

가황 지연제 (加黃遲延劑, retarder) 배합고무에 소량을 배합하기만 하여도 가황속도 및 가황반응의 개시를 지연시키는 약제. 이상적인 가황 지연제는 가황시의 고온에서는 지연 작용이 감소 또는 소멸하고 성형 가공시의 온도에서는 지연 작용이 높아지는 것이다. 술펜아미드 $R^1SR^2R^3$ 등이 사용된다.

가황 촉진제 (加黃促進劑, vulcanization accelerator) 고무를 가황할 때 가황제와 함께 작용하고 소량의 사용으로 가황속도를 증가시키는 물질. 가황온도를 낮게 하거나 가황시간을 단축하기 위해 사용된다. 티우람류, 디티오카르밤산염, 크산토겐산염을 비롯하여 수많은 유기 화합물이 사용되며, 유기 촉진제라고도 불린다.

각관계 (角關係, geometrical view factor) 공간에 배치된 2개의 흑체면에서, 하나의 면에서 방사되는 에너지가 다른 한 면에 도달하는 비율을 말한다.

각속도 (角速度, angular velocity) 보통 속도는 단위시간(1초)에 진행하는 거리로 나타낼 수 있으나 회전운동(예를 들면 평면 내에서의)에 대해서는 운동하는 점이 회전 중심의 주위를 1초간에 몇 라디언 움직이는가에 의해 나타낸다. 이것을 각도라 한다. 회전수의 2π 배와 같다.

각 운동량 (角運動量, angular momentum) (1) 고전역학에서는 원점에서 r의 위치에서 p라는 운동량이 있는 질점에 있어 $r \times p$로 정의되는 물리량. (2) 양자역학에서는 벡터 연산자 $j = (j_x, j_y, j_z)$의 성분이 교환관계 $j_x j_y - j_y j_x = i\hbar j_z$와 이 x, y, z를 순환적으로 교체한 식을 충족할 수 있는, j에 대응하는 물리량. 궤도 각운동량은 고전역학에서 질점의 각운동량에 대응하지만 스핀 각운동량에 대응하는 고전역학적인 양은 존재하지 않는다.

각 진동수 (角振動數, angular frequency) 주파수(진동수)의 2π 배. 보통 ω로 표기한다. 진동수를 ν로 하면 각진동수는 $\omega = 2\pi\nu$가 된다. 즉 각진동수는 단위 시간에 나아가는 각도로 나타내며, 각진동수는 각속도와 같아진다.

간균 (桿菌, baccillus) 봉상의 형태를 한 세균의 총칭. 대표적인 예로는 대장균, 고초균, 결핵균 등이 있다. 그 크기와 길이는 다양하고 양 끝의 모양도 일정하지 않다. 간균은 보통 흩어져 있는데, 연쇄하김균과 같은 것은 여러 개가 양 끝이 서로 이어져서 사슬처럼 보이므로 연쇄 간균이라 한다. 녹농균과 같이 균체의 한 끝에 1~3개, 또는 장티푸스균과 같이 균체의 주위에 다수의 편모가 있어 운동할 수 있는 것도 있고 파상풍균이나 탄저균 등과 같이 균체의 한 끝 또는 중앙부에 포자를 가지고 있는 간균도 있다. 세균의 포자는 세균 균체가 휴식상태에 있는 부분으로 생활현상은 영위하지 않지만 외계의 영향에 대해서는 저항력이 강하다. 따라서 나쁜 생활 조건 아래서도 오래 생존할 수 있고, 적당한 환경에서는 발아해서 고유의 세균 균체로 된다. 즉, 세균의 종자와 같은 것이다. 각 간균의 명칭은 디프테리아균·결핵균 등과 같이 보통 그 간균에 의해서 일어나는 병명을 붙여서 명명한다.

간극수 (間隙水, interstitial water)　칼럼 크로마토그래피에서 칼럼에 충전되어 있는 고체 물질의 간극을 점하고 있는 물을 말한다.

간섭 (干涉, interference)　두 파동이 어떤 장소에서 겹칠 때 생기는 합성파가 두 진동의 합으로 주어지고, 그 진폭이 성분파의 위상차에 따라 변동하는 현상. 또 전환하여, 두 물질 또는 현상이 서로 영향을 미치는 것을 말한다.

간섭계 (干涉計, interferometer)　빛의 간섭현상을 관측하는 장치. 또 분광측정에 간섭현상을 이용하는 경우 그 장치 부분을 지칭한다. 간섭계는 파장의 측정, 길이·거리의 정밀한 비교, 광학적 거리의 비교 등에 이용된다. 종류는 간섭 분광기와 간섭 굴절계의 두 가지로 나뉜다. 간섭 분광기는 스펙트럼의 미세 구조를 보기 위한 장치로서, 보통 다광선 간섭(多光線干涉)을 이용하며, 패브리페로 간섭계, 루머게르케 평행판, 마이컬슨의 계단 격자 등이 있다. 간섭굴절계는 간섭무늬의 위치를 측정하여 간섭을 일으키는 빛의 광행로 차를 정밀하게 구하고, 그것을 이용하여 기체의 굴절률을 측정하는 장치로서, 두 광선의 간섭을 이용한 것이며, 마이컬슨 간섭계를 비롯하여 레일리, 라만 등의 간섭계가 있다. 이것들을 사용하면 공기 속에는 1% 정도밖에 혼합되어 있지 않은 수소나 메탄 등도 검출할 수 있다.

간섭성 (干涉性, coherence)　⇨ 코히어런스.

간섭성 산란 (干涉性散亂, coherent scattering)　X선, 전자선, 중성자선 등이 물질에 의해 탄성 산란될 때 입사파와 산란파는 파장이 같고 또한 위상간에도 일정한 관계가 있으므로 산란파끼리는 서로 간섭한다. 이러한 산란을 간섭성 산란이라 한다. 단색화하지 않는 빛을 쬐었을 때 파장이 다른 산란파 간에는 간섭이 일어나지 않는다. 비간섭성 산란에 대응하는 용어이다.

간섭 필터 (干涉——, interference filter)　빛의 간섭현상을 이용한 필터. 일반적으로 이 필터에 백색광을 통과시키면 파장폭이 극히 좁은 투과광을 얻게 된다. 간섭필터는 금속 간섭필터와 비금속 간섭필터의 두 유형으로도 나뉜다. 금속 간섭필터는 유리 위에 은막(銀膜)을 입히고 그 위에 황화아연 등의 투명 결정막을 입히고 다시 그 위에 은막을 입혀 3층으로 하여 진공 증발·건조시킨 것인데, 가운데에 있는 투명 결정막은 그 두께가 투과시키고자 하는 빛의 파장의 1/2이 되도록 만들어져 있다. 비금속 간섭필터는 반사층인 은막 대신 두 종류의 비금속(황화아연·플루오르화마그네슘 등)의 투명 결정막을 번갈아 여러 층으로 증발·건조시킨 것으로, 은막에 비하여 흡수가 적기 때문에 투과율 80%, 투과 파장폭 6 nm 정도의 우수한 단색 필터이다(금속 간섭필터는 투과율 약 40%, 투과 파장폭 수십 nm 정도).

간수 (bittern)　바닷물에서 식염을 석출한 후의 액으로, 마그네슘염을 다량 함유하며 쓴맛이 난다. 염화마그네슘이 가장 많고, 기타 황산마그네슘, 염화나트륨, 염화칼륨, 브롬화마그네슘 등이 함유되어 있다. 두부 제조 시의 응고제, 마그네슘염, 브롬 등의 원료가 된다. 제1차 세계 대전 이후 간수에 대한 연구가 진행되어, 현재는 무기약품의 중요한 자원으로 이용된다. 간수처리공업은 칼륨공업 및 칼륨비료 제조공업 등 하나의 부문이 되어 있다. 간수는 직접적으로 두부 제조와 마그네시아시멘트 등에 쓰이고, 그 밖에 정미용(精米用)·씨가리기(選種) 등에도 소량이지만 옛날부터 이용되고 있다.

간수 처리 (—— 處理, bittern treatment)　간수에 각종의 처리를 하여 간수 중의 Mg^{2+}, K^+, Br^-, Cl^- 등을 염화칼륨, 브롬 등으로 하여 회수 이용하는 것을 말한다.

간유 (肝油, liver oil)　대구, 상어, 넙치 등의 간장을 수증기하에서 가열, 추출한 지방유. 상어 간유는 함유율 50~70%로서 비타민 A를 다량 함유하여 의약품, 도료 등에 사용된다. 이 간유의 시판품에서는 불쾌하고 특이한 냄새가 나지만, 갓 만들어 신선한 것은 불쾌한 냄새가 없어 튀김 등에서 사용한다. 물에 풀리지 않고 알코올에도 잘 녹지 않는

데, 에테르·클로로포름·이산화탄소 등에는 풀린다. 밀폐 용기에 넣고 직사광선을 피해서 보존하지 않으면 비타민 A는 쉽게 산화되어 빨리 없어진다. 비타민 A·D의 영양제로서 영양장애·구루병·골경화증·야맹증·각막연화증·각막건조증·빈혈증·선병질(腺病質)·결핵증에 사용한다. 간유구 등 먹기 좋게 만든 것도 있다. 넙치·돗돔·다랑어·가다랭이·상어류·고래류의 간에서 얻은 간유를 강간유(强肝油)라 하는데, 비타민 A·D의 함량이 보통 간유의 5배라고 하며 먹기가 좋다. 그러나 강간유를 과용하면 젖을 먹는 유아는 식욕부진·체중감소·발열·발진 등의 비타민 과잉증에 걸릴 우려가 있으므로 조심해야 한다.

간접 분석 (間接分析, indirect analysis) 정량하려고 하는 성분을 그것과 화학량론적 관계에 있는 다른 물질로 치환, 이것을 측정하여 정량(때로는 정성)을 하는 분석법. 실용적으로도 중요한 방법이 많다. 대표적인 예로 역적정, 치환적정 등이 있다.

간접 적정 (間接滴定, indirect titration) ⇨ 간접 분석.

간접 탈황 (間接脫黃, indirect desulfurization) 탄화수소계 액체연료 중의 황분을 줄이는 방법의 일종으로, 사전에 탈황한 연료를 가하여 전체의 황함수율을 저하시키는 방법으로 실제로는 황분을 직접 제거(직접 탈황)하기 어려운 중유에 탈황한 감압 경유를 혼합하는 방법이 사용되고 있다.

갈고 닦기 (flatting down) 연마하여 평활한 표면을 만드는 조작을 이른다.

갈락도사민 (galactosamine) D-갈락토오스의 CHO기에 인접하는 탄소원자 2개에 OH기 대신에 아미노기가 결합한 아미노당의 일종. 분자량은 179.2이다. 천연 아미노당 중에서 글루코사민과 함께 널리 분포한다. 천연으로는 유리 상태로 발견되는 일이 거의 없고, 대부분 N-아세틸 유도체의 형태로 뮤코다당의 성분을 이룬다. 당단백질, 뮤코이드의 주요 성분이며 연골, 각종 장기, 점막 등에 분포한다.

갈락토오스 (galactose) 알데히드형의 헥소오스 $C_6H_{12}O_6$. 유당의 구성 성분으로 알려지고, 또한 갈락탄, 갈락토만난 등 다당의 구성 성분으로서 천연에 존재한다. 녹는점은

168℃이다. 백색 분말로 단맛이 나며 물에 잘 녹고 결정수를 포함하는 것은 118℃이다. D-형, L-형의 광학 이성질체가 있으나 천연으로 D-형이 많이 존재한다. 일반적으로 갈락토오스라고 할 때에는 D-갈락토오스를 가리킨다. D-갈락토오스는 생물계에 널리 분포하며, 락토오스(젖당)·한천·갈락토만난이나 세균 세포벽의 다당 및 당단백질·당지질 등에 함유되어 있다. L-갈락토오스는 한천이나 성게알 표면의 젤리, 달팽이의 점액 속에 있는 다당 등에 함유되어 있다. D-갈락토오스는 락토오스를 산으로 가수분해하여 얻는다. 가수분해물을 농축하여 냉장고 속에 넣어 두면 D-갈락토오스의 결정이 생긴다. 생리적으로 중요한 당의 하나로 락토오스의 구성 성분이며, 뇌와 신경조직에 다량으로 분포되어 있는 당지질 등, 이것을 구성성분으로 하는 화합물은 널리 존재한다. 예를 들면, ABO식 혈액형을 결정짓는 것은 적혈구 표면에 있는 당지질의 일종이다. B형 적혈구의 경우, 당지질의 당사슬 끝은 갈락토오스이다. 이 갈락토오스에 α-갈락토시다아제를 작용시키면 적혈구는 B형의 성질을 잃고 O형의 성질을 보이게 된다. 생체 내에 있는 갈락토오스는 UDP-갈락토오스피로포스포릴라아제라는 효소의 작용으로 UDP-갈락토오스가 되어 여러 가지로 이용된다. 이 효소가 유전적으로 결핍되면 갈락토오스가 이용되지 못하고 혈액 내에 축적되어 지능이 저하된다. 이 병을 갈락토오스혈증(galactosemia)이라고 한다.

갈락투론산 (—— 酸, galacturonic acid) 갈락토오스의 말단 CH₂OH기가 카르복시기에 산화된 우론산, 펙틴의 주성분이며, 또 감질, 동물 및 미생물 다당 등의 구성 성분이다. 펙틴질 펙틴산의 산에 의한 가수분해로 얻게 된다. α형의 분해점은 159~160℃(110℃에서 연화), β형(무수물)의 분해점은 160℃이다. 시프씨 시약을 β형은 서서히 발색시키지만 α형의 경우는 속도가 빠르다. α형의 결정수를 제거하기 어려운 점은 α형이 고리 모양의 헤미아세탈 구조가 아니고 사슬 모양의 구조를 가지는 것으로 추측된다. 두 형은 모두 저온에서 펠링액을 환원시킨다. 염산과 가열하면 쉽게 이산화탄소와 푸

르푸랄로 분해되므로 이 반응은 갈락투론산의 정성(定性)과 정량(定量)에 이용된다.

갈래 붕괴비 (—— 崩壞比, branching ratio) 화학 반응, 광학적인 각종 전이현상 혹은 원자와 소립자의 붕괴에서, 취할 수 있는 복수의 경로가 있는 경우에 어떤 특정한 경로가 전체에 대해 점하는 비율을 말한다. 특정 경로끼리의 비율을 뜻하는 의미로 사용되는 경우도 있다.

갈륨비소 (—— 砒素, gallium arsenic) ⇨ 비화 갈륨.

갈륨안티몬 (gallium antimonide) ⇨ 안티몬화 갈륨.

갈륨인 (—— 燐, gallium phosphorus) ⇨ 인화 갈륨.

갈바니 전위 (—— 電位, galvanic potential) ⇨ 내부 전위.

갈바니 전지 (—— 電池, galvanic cell) 음양의 양 전극이 화학적으로 동일 조성의 물질에 접촉되어 있는 전지를 말한다. 갈바니 전지의 단자(端子)를 단락(短絡)하거나 단자 사이에 적당한 외부저항을 접속하면 전지계에 전류가 흘러 전기반응이 일어난다. 갈바니 전지는 전기화학에서 가장 기본적인 것이다. 보통 취급하는 전지는 구리선에 의해 접속하므로 갈바니 전지라 보아도 무방하다. 전지를 열역학적으로 검토하기 위한 기본 조건이다(충분조건은 아니다).

갈산 (—— 酸, gallic acid) 3, 4, 5-트리히드록시벤조산, $C_6H_2(OH)_3COOH$. 식물계에 널리 존재하며 생약 몰식자의 성분으로 알려져 있다. 옛 문헌에서는 몰식자산이라 불리었다. 어떤 식물에는 갈로타닌으로서 매우 다량이 함유되며, 이것을 가수분해하여 갈산을 얻는다. 잉크 제조, 의약품 원료로도 쓰인다.

갈석 (褐石, brimstine) 천연황의 광물명을 말한다.

갈탄 (褐炭, brown coal) 석탄화도가 가장 낮고 보통 갈색 또는 암갈색을 띤 석탄. 특히 석탄화도가 낮은 것을 속칭 아탄이라고 하는 경우가 있으나 학술적인 분류는 아니다. 수분, 휘발성이 높고, 산소함유량도 크므로 발전용 등 연료로 사용된다. 미국의 ASTM 분류에서는 함수무회 광물질 기준에서 4,610

kcal kg^{-1} 미만의 것을 말한다.

감광계 (感光計, actinometer) ⇨ 광량계.

감광성 고분자 (感光性高分子, photosensitive polymer) 고분자 중의 감광기를 자외 혹은 가시부의 빛으로 반응시켜, 그에 수반하는 용해성, 친수성, 접착성, 색, 굴절률 등의 물성변화를 기능으로서 이용하는 고분자의 총칭. 포토레지스트, 광경화형 도료, 잉크, 인쇄 판재, 광기록 재료 등이 있다. 자외선을 흡수하는 고분자, 빛에 의해 발색하는 고분자, 빛에 의해 분해 가용화(分解可溶化)하는 고분자 등도 개발되고 있다.

감광 유리 (感光 ——, photosensitive glass) 자외선 등, 고에너지인 빛의 조사로 광화학 반응을 일으켜, 열처리에 의해 발색하는 유리. 감광제로는 금, 은, 구리, 백금 등의 일가 이온이 포함된다. 규산리튬계의 유리에서는 열처리에 의해 감광부분이 결정화하는 것도 있다. 일반적으로 유리의 착색은 그 속에 들어 있는 금속이 발색 원인이 되는데, 철·코발트와 같은 전이원소(轉移元素)는 별개로 하고, 보통의 금속은 양이온으로 유리구조에 포함되어 있는 동안은 무색이다. 이것을 높은 온도로 재가열해서 이온을 환원시켜 금속콜로이드로서 응집시켰을 때 비로소 유리를 발색(發色)시킨다. 감광유리의 발색 메커니즘도 본질적으로는 이와 같은데, 단지 방사선의 조사로 에너지를 얻은 이온이 보통의 재가열 온도보다도 낮은 온도에서, 또한 짧은 시간의 가열로 쉽게 환원되어 유리가 착색된다는 점이 다를 뿐이다. 재가열하기 전에 유리의 음화(陰畫)를 대고 방사선을 조사한 후 열처리하면 음화의 무늬에 따라 착색되며, 어떤 종류의 것은 착색부분을 플루오르산으로 녹여 유리에 정교한 무늬를 새기거나 기계가공으로는 할 수 없는 정밀한 유리가공을 할 때 이용되고, 유리 선량계(線量計)로서 방사선을 측정하는 데에도 이용된다.

감광지 (感光紙, sensitizing paper) 지면에 감광성을 부여하기 위해 감광제로 처리한 종이를 말하며, 바리타지와 디아조 감광지가 대표적인 제품이다.

감광 핵 (感光核, sensitivity speck) 은염사진 감광재료에 있어, 화학증감으로 할로겐화은 입자 표면에 형성되는 화학물질. 광전자를 포획함으로써 할로겐화은 입자 표면에 고효율로 잠상을 형성시킨다. 황 증감의 경우에는 황화은의 클러스터(집합체)이고, 금황 증감의 경우에는 황화은과 황화금으로 된 클러스터이다.

감극 (減極, depolarization)　전기분해와 전기반응에서의 분극을 줄이는 것으로 가열과 전해액의 교반 혹은 감극제를 첨가해서 할 수 있다.

감극제 (減極劑, depolarizer)　감극을 목적으로 첨가하는 물질로 복극제라고도 한다. 전극에서, 직접 전하를 수수하는 전극 활물질(전지의 경우는 전지 활성물질)을 지칭하는 경우가 많다. 전지에서 일정한 전류를 내게 하기 위해서는 분극작용을 방지할 필요가 있다. 예를 들면, 전지의 양극에서의 반응이 수소이온의 방전일 때, 여기서 생긴 수소가 전극의 표면에 축적되어 분극을 유발시킨다. 이와 같은 현상을 방지하는 작용을 감극이라 하며, 이 목적에 사용되는 물질을 감극제라고 한다. 보통 사용되는 감극제는 전극에서 발생하는 수소를 산화시켜서 물로 변하게 하는 것인데, 고체 감극제는 이산화망간·산화구리·과산화납·산화수은 등이며, 액체 감극제는 질산 또는 황산과 중크롬산염의 혼합액, 기체 감극제는 공기 중의 산소 등이 사용된다.

감도　상실(현상) (感度喪失(現狀), desensitization)　사진 감광재료의 강도가 저하하는 현상, 혹은 감도를 저하시키는 조치. 사진유제를 분광 증감하기 위해 증감색소를 첨가하였을 때에 할로겐화은 고유의 감광 파장영역의 감도가 저하하는 현상을 지칭하는 경우와 감광제(색소의 경우에는 감감색소)를 첨가하여 사진유제의 감도를 고의적으로 저하시키는 조치를 말하는 경우도 있다. 후자에는 감광한 사진필름을 감감제 수용액에 담그어 밝은 적색광 분위기에서 현상하는 예가 있다.

감량 (感量, reciprocal sensibility)　화학저울의 부가 질량에 대한 응답성은 평형상태에 있는 저울에 미소 질량이 부하되었을 때 생기는 지침의 이동량으로 표현된다. 이 때 지침의 이동이 관측될 수 있는 미소 질량을 그 저울의 감량이라 한다. 이론상의 감량은 단위각(1라디안)만큼 기울이는데 필요한 부가 질량이지만, 실용상의 감량은 감지할 수 있는 미소 질량을 말한다. 감량 1 mg이라 하면 그 1/10까지 판독이 가능하다. 이것을 특히 실감량(이 경우 0.1 mg)이라 부르기도 한다.

감력 (減力, reduction)　사진의 음화 등이 과도한 노출이나 현상 때문에 농도 과잉이 되었을 때 화상은을 적량 산화 용해하여 농도를 감소시키는 처리를 말한다. 환원, 축소, 감소라고도 한다.

감률 건조 (減率乾燥, decreasing drying)　건조 속도가 건조 진행과 함께 감소하는 경우의 건조. 재료의 함수율이 한계 함수율과 평형 함수율 간에 있는 경우에 볼 수 있는데, 이 기간을 감률 건조기간이라 한다. 건조특성 곡선으로 표시하였을 때의 감률건조속도의 형태는 재료의 수분이동 특성, 형상, 건조법에 크게 좌우되며, 실험에 의하지 않고서는 결정이 곤란하지만 동일 재료에서는 일반적으로 재료 두께가 작아지면 위쪽이 볼록하게, 커지면 오목하게 되는 경향이 있다.

감마 (gamma)　사진 감광재료의 특성을 나타내는 용어이며, 가로축에 노출광량의 대소, 세로축에 사진농도를 취해 그린 사진 특성 곡선의 직선부분 기울기로서 정의한다.

γ 붕괴 (—— 崩壞, γ decay)　원자핵의 방사성 붕괴의 일종으로, γ선을 방출하는 현상. 핵반응, α 붕괴, β 붕괴 등의 결과 얻어지는 원자핵의 대부분은 여기상태에 있고, 이어서 γ붕괴하는 경우가 많다. 이 과정은 들뜬 상태에 있는 원자나 분자가 가시광선을 포함하는 전자기파를 방출하여 바닥상태로 전이하는 원자·분자의 발광 메커니즘과 비슷한 것인데, 원자핵이나 소립자의 내부 에너지가 원자·분자의 내부에너지에 비해 엄청나게 크기 때문에 그러한 들뜬 에너지를 조절하는 전자기파도 짧은 파장의 것이 된다. γ붕괴에서는 α붕괴, β붕괴와 달리 원자번호, 질량수의 변화는 없다.

γ 산 (—— 酸, γ- acid)　7-아미노-1-나프톨-3-술폰산의 중간물로서의 명칭으로 아조염료의 중요한 원료이다.

γ 선 (—— 線, γ rays)　X선보다 더욱 짧은

파장의 전자파로서, 약 0.01 nm 이하의 것. 원자핵 내부에서 에너지 준위 간의 천이, 소립자의 대소멸, 쌍생성 등에 의해 방출, 흡수된다. 인공적으로 베타트론·싱크로트론 등 입자 가속기에서 만들어지는 고에너지의 전자선(電子線)을 텅스텐 등의 중금속에 조사(照射)하여 만든다. γ선의 응용 부분은 X선과 거의 같지만, X선보다 큰 투과력을 필요로 할 경우에 유효하여 암의 치료, 금속재료의 내부결함 탐지 등, 의학·공업부문에 널리 응용된다. 또한 뫼스바우어 효과의 발견에 따라 물성(자성 등) 연구에도 쓰인다. 투과력이 강하다.

γ 선 스펙트럼(γ- ray spectrum)　γ선의 에너지를 가로축에 잡고, 그 에너지를 갖는 γ선의 계수값을 세로축에 잡아 나타낸 스펙트럼. 보통, 가로축의 눈금은 에너지의 크기에 대응하는 채널수가 사용된다.

감미료(甘味料, sweetener)　식품에 단맛을 나게 하는 조미료. 천연 감미료와 인공 감미료로 대별된다. 대표적인 감미료는 설탕(수크로오스)이지만, 그 밖의 감미료로서 당류에서는 프룩토오스, 글루코오스, 말토오스 등, 당알코올에서는 솔비톨 등, 배당체에서는 스테비오시드, 글리실리신, 필로슬신 등, 아미노산·펩티드류에서는 글리신, 알라닌, 아스파르템 등, 또 단백질성의 감미 물질로서 모네린, 타우마틴 등이 알려져 있다.

감색법(減色法, subtractive color process)　오리지널에서 적·녹·청색의 3색분해 노광에 의해 형성된 양화상을 각각 보색(적색은 시안, 녹색은 마젠타, 청색은 옐로)의 색소상으로 하여 동일 지지체상에 겹쳐서 형성하는 컬러 화상 재현법. 가색법에 대응하는 용어로서, 컬러사진, 인쇄, 복사는 감색법에 근거하고 있으며 3성분의 등량 혼합은 흑색으로 나타난다.

감속재(減速材, moderator)　원자로에서, 핵분열로 생긴 고속 중성자를 감속하여 열중성자(저속 중성자)로 하기 위해 사용되는 물질이며, 원자로의 노심을 구성하는 요소의 하나이다. 연료체의 핵분열에 따라 방출되는 중성자는 평균 2 MeV의 높은 에너지를 지닌다. 이와 같은 고속 중성자와 핵분열 물질인 우라늄 235를 분열시키는 확률이 높은 열중성자(에너지 0.1eV 이하) 사이에는 연료체 속에 있는 비분열 물질인 우라늄 238에 흡수되기 쉬운 중성자의 속도영역이 있다. 원자로 안에서 핵분열의 연쇄반응을 일으키게 하기 위해서는 중성자가 연료체와 충돌로 감속되어 우라늄 238에 포함되기 전에 한꺼번에 열중성자의 단계까지 감속시켜야 한다. 감속재는 이를 위해 사용되는 물질로 중수, 흑염, 베릴륨, 경수 등이 사용된다.

감쇠(減衰, decay)　특정 상태에 있는 물질의 물리량이 시간과 함께 감소하는 것. 상태의 시간변화는 위상의 변화도 포함하여, 예를 들면 $\exp\{-(a+bi)t\}$로 표시되나, 감쇠의 경우는 실수 부분의 감소 ($a>0$)를 지칭한다. 완화에서는 위상에 대해서 고려한다.

감쇠 상수(減衰常數, decay constant)　특정상태에 있는 물질의 물리량 c_0이, 지수함수적으로 감소하는 경우, 시각 t의 물리량은 $c_0 \exp(-kt)$로 표기된다. 이 때 k를 감쇠상수라 한다. 일반적으로 물리량의 변화는 복수의 감쇠 상수가 있는 감쇠의 중합으로서 $c(t)=\sum_i A_i \exp(-k_i t)$와 같이 나타낸다.

감쇠 전 반사 흡수 분광법(減衰全反射吸收分光法, attenuated total reflection absorption spectroscopy)　석영 등 굴절률이 큰 투명 물질과 시료(고체 또는 액체)를 밀착시켜 투명 물질측에서 입사광을 쪼이면 전반사가 일어나지만, 반사광은 밀착면 근방에서 극히 일부 시료에 의해 흡수되므로 시료의 흡수 특성을 반영한다. 이러한 현상을 이용하여 분광 측정을 하는 방법. ATR법이라 약칭한다. 특히 적외 분광법에서 고체 표면의 흡착 물질과 용액 중 미량 성분의 분석 등에 이용되는 일이 많다.

감수(甘水, sweet water)　(1) 유지를 가수분해하였을 때 얻게 되는 글리세린과 물의 혼합물. (2) 정당(精糖)공정에서 사용되는 카본(골탄, 목탄)의 수세수. (3) 해수를 탈염하여 얻게 되는 연수(軟水)가 있다.

감수 분열(減數分裂, meiosis)　생식세포를 형성하기 위한 세포 분열. 고등 동식물은 체세포가 복수의 게놈으로 되어 있지만 생식세포에서는 그 반수의 염색체가 있어, 수정 때에 다시 염색체가 배증한다. 따라서 생식

세포가 성숙할 때는 특수한 세포 분열로 염색체 수가 반감한다. 이 분열을 성숙분열 혹은 감수분열이라 한다. 먼저 생식조직 내에서 체세포 분열을 반복하여 일정 수 이상의 세포수가 되면 감수 분열로 들어간다. 즉, 감수 분열은 제1 분열과 제2 분열의 연속된 핵분열이 일어나는 점이 특징이다. 보통 체세포 분열일 때는 DNA합성 후 시냅시스기(sinapsis stage)를 거쳐 핵분열에 들어간다. 그런데 감수 분열에서는 감수 분열에 들어가기 전의 중간기인 시냅시스기에 DNA합성이 일어나고 제1 분열과 제2 분열의 중간기에는 DNA합성이 일어나지 않는다. 즉, 체세포 분열에서는 1회의 시냅시스기에 1회의 핵분열이 대응하지만 감수분열에서는 1회의 시냅시스기에 2회의 핵분열이 일어나는 것이 된다. 염색체 DNA 복제의 실험에서 염색분체를 구성하고 있는 DNA는 1개라는 것이 판명되었다. 따라서 염색분체 자체는 그 이상 종렬(縱裂)할 수 없다. 감수분열시의 2회의 핵분열에 있어서도 염색분체의 종렬이 일어나는 것은 1회이고, 다시 1회의 핵 분열은 접합하고 있던 상동염색체의 분리 뿐이다. 염색체 수는 생물의 종류에 따라서 일정하므로 세포마다 같은 수의 염색체를 가지고 있을 것이다. 유성 생식을 하는 생물이 세대를 거듭하여도 일정한 수의 염색체를 가질 수 있는 것은 생식 세포가 생기는 과정에서 염색체 수가 반으로 줄어들기 때문이다.

감수율 (感受率, susceptibility)　(1) 전기 감수율을 이른다. 즉, 유전분극과 전장의 세기의 비를 말한다. (2) 자기 감수율을 가리킨다. ⇨ 자화율.

감압 (減壓, reduced pressure)　장치 속의 압력을 낮추는 것, 또는 기체의 압력이 대기압 이하인 것을 말한다.

감압 복사지 (減壓複寫紙, carbonless paper)　필기 또는 타자에 의한 가압으로 한번에 복수매의 복사를 얻을 수 있도록 한 용지로서, 화학반응으로 발색시키는 타자를 말한다. 색소 전구체(로이코 색소)와 현색제(산)를 각각 마이크로 캡슐화하여 혼합하고, 사전에 지상에 도포한다. 전표에 사용된다.

감압 접착제 (減壓接着劑, pressure-sensitive adhesive)　셀로판 테이프나 라벨 뒷면에 도포되어 있는 접착제. 압력 민감 접착제라고도 한다. 극히 근소한 압력으로 순간적으로 접착한다. 각종 고무에 각종 수지를 배합하여 만들어지며 접착제라 부르기도 한다.

감압 증류 (減壓蒸溜, vacuum distillation)　대기압보다 낮은 압력하에서의 증류로 진공증류라고도 한다. 감압하 증류함으로써 상압 증류보다 낮은 온도에서 증류할 수 있다. 보통 $10^2 \sim 10^{-2}$ mmHg 범위에서 한다. 실험실 수준에서는 진공 펌프 등을 사용하여 감압한다. 공업적으로 실용되는 대표적인 예는 원유의 감압 증류인데, 상압 증류의 잔유를 장치 안을 수증기 이젝터 등으로 감압하여 증류한다. 윤활유 잔류분과 접촉 분해 원료를 얻는 데 사용된다.

감압지 (減壓紙, pressure-sensitive paper)　상온에서 가압하면 연화 유동하는 접착제를 한쪽 면 또는 양면에 도포 혹은 함침한 종이. 각종 상품의 품질과 가격 표시용의 감압 테이프, 감압 라벨로 가공된다. 다루기 좋게 하기 위해 박리지 또는 박리면과 조합하여 사용된다.

감열 기록지 (感熱記錄紙, thermal recording paper)　열에 의한 물리적 성질의 변화(융해, 승화), 혹은 고분자의 열연화 등의 현상을 이용하여 상 형성을 하는 기록 용지. 또 열에 의해 화학변화를 일으켜 발색하는 것, 일정 온도 이상의 열이 가해지면 불가역적 화학반응이 일어나 발색하는 것이 있다. 종이 표면에 염료와 착색제가 서로 접촉하지 않도록 도포되어 있어 열이 가해지면 촉매가 융해, 두 성분이 접촉하여 기록이 이루어진다.

감열 복사 (感熱複寫, thermography)　적외선을 사용하는 업무용 복사기. 감열 기록지가 복사지로서 사용된다. 기록속도는 복사에서 약 4초, 기록시의 가열시간은 $5 \sim 10$ ms이다.

감염 (感染, infection)　미생물이나 기생충이 동물에 침입하여 장기 내에서 증식하는 것. 그 결과 숙주가 된 동물에 발생하는 질환을 감염증이라 한다. 이 경우 동물 또는 인체에 여러 증세, 즉 질병을 일으키는 경우와 일으키지 않는 경우가 있다. 예를 들면, 일본뇌

염 바이러스가 인체에 침입하여 체내에서 증식하면 어떤 사람에게는 고열·두통·의식장애·경련 등의 증세가 일어나 질병을 자기 자신이 알지만, 대다수의 사람은 체내에서 바이러스가 증식하더라도 증세의 정도가 낮고 발열이나 그 밖의 증세도 없어 질병에 걸리지 않는다. 이와 같이 병원 미생물은 인체에 감염하더라도 발병하는 경우와 하지 않는 경우가 있다. 전자를 현성감염(顯性感染)이라 하고, 후자를 불현성감염(不顯性感染)이라고 한다. 이 양자의 차이는 자각적으로 증세가 나타나느냐의 여부이지 병적 변화가 있는가를 따지는 절대적 차이는 아니다. 감염의 근원이 되는 환자·보균자·감염 동물·매개 동물·병원체를 포함한 배설물 및 그것들에 의하여 감염된 것들을 감염원(感染源)이라 하고, 이러한 감염원에서 직접 또는 간접으로 생체에 병원체가 침입하는 경로를 감염경로(感染經路)라고 한다. 감염경로에는 공기감염·경구감염·경피감염(經皮感染) 등이 있다. 감염증은 전염성과 비전염성의 두 가지로 나눌 수 있다. 전염성은 질병의 경과 중에(때로는 잠복기나 회복기에) 감염한 생체의 분비물 또는 배설물과 함께 병원체가 나와서 접촉 또는 매개에 의하여 다른 개체를 감염시키는 경우를 말한다. 천연두·디프테리아·성홍열(猩紅熱)·페스트·콜레라·적리(赤痢) 등이 이에 속한다. 비전염성은 병원체가 감염한 생체에서 배설되지 않거나 배설되더라도 다른 개체에는 감염을 일으키지 않는 것으로, 여기에는 파상풍·말라리아·발진티푸스·산욕열 등이 있다.

감염 현상 (感染現象, infectious development) 할로겐화은 사진에서 강한 노출광을 받은 할로겐화은 입자가 현상될 때, 주위의 약한 노출광 입자에도 현상이 전염하는 현상. 아황산이온 농도를 완충하는 포름알데히드를 가한 히드로퀴논 현상액은 이 효과가 현저하다.

감온비 (減溫比, susceptibility ratio) 아스팔트 견고성의 온도 변화를 나타내는 기준. 25℃에서의 침입도 P_{25}에 대한 0℃ 및 46℃의 침입도 (P_0, P_{46})의 비 $(P_0/P_{25}, P_{46}, P_{46}/P_{25})$로 나타낸다.

감전발색 (感電發色, electrochromism) 통전에 의한 산화 – 환원반응으로 착색종이 가역적으로 발색 – 소색하는 현상. 혹은 전기장에 의해 물질의 흡수 스펙트럼이 변화하는 현상을 이른다.

감전발색 표시소자 (感電發色表示素子, electrochromic display device) 감전발색을 이용하는 표시소자. 발색, 소색은 전기 화학적 산화 – 환원반응이 기초가 되고 있다. 산화텅스텐 박막에서는 전자와 양이온의 공주입으로 청색으로 착색한 상태의 표시를 하고, 산화에 의해 소색한다. 피오로겐계에서는 환원 발색종이 전극상에 석출하며 착색 피막을 형성하여 표시를 한다.

감청 (紺靑, Berlin blue, iron blue, Prussian blue) ⇨ 베를린 블루.

감홍 (甘汞, calomel) 염화수은(I) Hg_2Cl_2의 속칭으로 칼로멜이라고도 한다. ⇨ 칼로멜.

감홍 전극 (甘汞電極, calomel electrode) ⇨ 칼로멜 전극.

갑상선 자극 호르몬 (甲狀腺刺戟 ——, thyroid stimulating hormone) ⇨ 티로트로핀.

갑피 (甲皮, upper leather) 구두의 겉가죽으로 사용되는 가죽. 일반적으로 크롬가죽이 많으며 타닌, 합성 무두질제 등의 콤비네이션 무두질로 이루어진다. 마무리 방법에 따라 다양한 성상을 지닌 많은 종류가 있다. 가방, 핸드백 등에도 사용된다.

강도 교대 (强度交代, intensity alternation) 분자 스펙트럼에 있어, 분자 회전에 기인하는 스펙트럼선의 강도가 1가닥별로 교차하면서 강약을 반복하는 현상을 말한다.

강도 인자 (强度因子, intensity factor) ⇨ 세기 변량.

강산가 (强酸價, strong acid number) ⇨ 전산가.

강색 증감 (强色增感, supersensitization) 분광 증감의 효율을 높이는 기술. 감광재료에 증감 색소와 함께 강색 증감제를 첨가한다. 강색 증감제는 다른 증감 색소의 경우도 있고, 무색의 화합물인 경우도 있다. 할로겐화은 감광재료가 널리 사용되고 있는 강색 증감에서는 강색 증감제로부터의 전자 주입으로 여기상태에 있는 증감 색소의 전하(電荷)분리가 촉진되어 분광 증감의 효율이 증가한다.

강성률 (剛性率, shear modulus, modulus of rigidity) 전단 변형으로 인한 탄성률로 층밀리기 탄성률이라고 한다. 시료의 가늘고 긴 둥근 막대 또는 박편을 길이의 방향을 축으로 하여 일한 우력으로 비틀고, 비틀어진 각도를 측정하면 시료의 기하학 상수를 사용하여 강성률을 결정할 수 있다.강자성

강성 매트릭스 (剛性 ——, rigid matrix) 불규칙하고 불안정한 화학종 주위를 고정 안정화하여 각종 스펙트럼의 측정 등을 하기 위해 사용되는 매체. 액체질소 온도에서 투명한 유리상 고체가 되는 유기 용매, 저온의 희가스 고체, 일부 종의 고분자 물질 등이 사용된다. ⇨ 매트릭스 유리.

강성 용매 (剛性溶媒, rigid solvent) 불안정한 화학종 등을 용질로 하여 강성상태에서 안정하게 유지하는 용매. 저온 강성용매로서 EPA(에틸에테르 5, 이소펜탄 5, 에탄올 2 비율의 혼합물)가 많이 사용된다. 기타 에테르와 이소펜탄, 이소펜탄과 메틸시클로헥산의 혼합 용매 등, 저온에서 투명한 유리상태로 되는 것이 많이 쓰이지만 측정 목적에 따라서는 투명치 않아도 좋은 경우가 있다. 저분자량 폴리에틸렌과 붕산유리 등은 상온에서의 강성 용매의 예이다.

강심 배당체 (强心配糖體, cardiac glycoside) 심장의 활동을 높이는 스테로이드와 당이 결합한 배당체의 일반명. 디기탈리스 잎, 협죽도 등의 식물에 널리 분포한다. 심근에 대한 작용은 수축을 강화하고, 자극 전도계에서의 흥분의 전달을 늦추어 불응기(不應期)를 연장한다. 또 박동수를 감소시켜 서맥(徐脈)을 초래하고, 심실근의 자동성을 항진시킨다. 강심 배당체는 우수한 약물인 동시에 그 독성도 강하기 때문에 부작용으로는 식욕부진·오심·구토 등의 소화기 증세뿐만 아니라 서맥·부정맥과 심실세동(細動)을 초래하여 심장이 멈추는 수가 있다. 배당체는 아니지만, 두꺼비 독도 강심성 스테로이드를 함유하고 있다.

강연도 (剛軟度, firmness) 가죽의 연도와 강도를 굽힘에 대한 저항으로 표시한 양. KS에 시험법과 유연도가 규정되어 있다.

강열 감량 (强熱減量, ignition loss, loss on ignition) 분석 시료를 강열하였을 때의 질량의 감소분. 시료 중에 함유되는 물, 탄소, 황 등에 유래하는 휘발성분의 비산으로 일어난다. 암석이나 토양 분석에서는 조성의 일부로 취급된다. 그러나 철·망간·황화물 등은 산화물로 변함으로써 도리어 증량(增量)한다. 일반적으로는 1,000~1,200℃로 가열하여 항량(恒量)으로 하였을 때의 감소분을 원시료에 대한 백분율로 나타낸다.

강열 마그네시아 (强熱 ——, hard-burned magnesia) 마그네시아 MgO는 공기 중의 수분과 반응하여 $Mg(OH)_2$가 되기 쉽다. 이것을 방지하기 위해 마그네사이트 $MgCO_3$와 수산화마그네슘에서 마그네시아를 얻을 때 1,500℃ 이상의 고온에서 장시간 소성한다. 이 고온 소성 마그네시아를 말한다.

강염기 (强鹽基, strong base) 염기 중, 염기성이 강한 것. 예를 들면, 수용액 중에서의 강염기에는 NaOH, $Ba(OH)_2$ 등이 있다. 또한 루이스염기로서의 강염기에는 금속에 대한 배위능력이 강하고, 약산의 공역염기인 CN^-, OH^-, NH_2^- 등이 있다.

강옥 (鋼玉, corundum) ⇨ 커런덤.

강유전성 (强誘電性, ferroelectricity) 어떤 종의 결정에서는 유전율이 온도가 저하함에 따라 증대하고, 어떤 임계온도에서 발산하여 상전이를 일으키고, 저온상에서 자발적인 전하의 편기(유전분극)가 발생하는 경우가 있다. 이런 성질을 강유전성이라 한다. 분극의 크기는 가해진 압력에 의존하므로 압력(음향이나 전위 등)과 전기신호를 변환하는 소자로 이용된다.

강자성 (强磁性, ferromagnetism) 페로 자성체와 페리 자성체가 퀴리점 이하에서 나타내는 자성. 결정의 어느 부분(자구) 내에서, 그 구성원자가 갖는 불쌍전자의 자기 모멘트를 상실하는 일 없이, 정미로서 유한한 값을 갖고 자발자화를 나타내는 상태를 말한다. 자구 내의 모든 자기 모멘트가 같은 방향으로 배열하는 경우가 페로 자성이고, 상이한 크기의 자기 모멘트가 서로 역방향으로 배열하는 경우가 페리 자성이다. 이 이외의 형의 강자성도 있다.

강전해질 (强電解質, strong electrolyte) 용매에 용해시켰을 때, 이온 해리의 정도가 높은 물질을 말한다. 보통은 물을 용매로 한 경우의 해리정도를 이른다. 강전해질의 특징은, 이온결합성이며, 고온으로 하여 융해한 경우에도 도전성이 높은 점에 있다. 그 수용액은 희석법칙(稀釋法則) 같은 보통의 전해질 수용액에 관한 법칙에 따르지 않는다. 강한 전해질 수용액은 처음에 덴마크의 화학자인 N. 비에룸에 의해 연구되었으나, 1923년 P. 디바이와 E. 휘켈에 의해 완성되어 디바이-휘켈의 이론으로 알려져 있다. 약전해질에 대비하여 사용된다.

강제 대류 (强制對流, forced convection) 기계력 등의 외부적 요인에 의해 강제적으로 일으키는 유체의 흐름. 자연류의 대응어로서, 흐름은 강제대류와 자연대류로 분류된다.

강제 소용돌이 (强制渦, forced vortex) 선회류에 있어, 그 선회속도(접선방향의 속도)가 선회 중심에서의 거리에 비례하는 경우의 흐름. 이 소용돌이의 운동은 강체(剛体)의 회전운동과 같다. 자유 소용돌이에 대한 대응어이다.

강제 윤활 (强制潤滑, forced lubrication) 윤활해야 할 마찰면에 압력에 의해서 강제적으로 급유하는 것을 말한다.

강체 구 (剛體球, hard sphere, rigid sphere) 강체로 되어 있는 구. 원자·분자의 충돌 또는 반응 문제를 생각할 때, 가장 간단한 모델로 사용한다.

강체 회전자 (剛體回轉子, rigid rotor) 변형을 전혀 수반하지 않고 회전하는 물체(분자)를 이른다.

강하 매진 (降下煤塵, dust fall) 대기 중의 입자상 물질 중 자중이나 비의 작용에 의해 지표면에 강하하는 것. 입자 지름의 정의는 없으나 비교적 조대한 입자가 많다. 강하 매진량은 그 지역의 대기오염도를 알아보는 기준이 된다. 측정 방법에는 포집병 입구에 깔때기를 꽂은 형태의 기구를 사용하는 영국식과, 물을 넣은 입구가 넓은 병을 사용하는 미국식이 있다. 영국식에서는 깔때기의 유리면이, 미국식에서는 물의 표면이 매진 포집면이 된다. 포집한 강하 매진은 물에 녹는 것과 녹지 않는 것으로 나누며, 각각의 총량 외에 전자에 대해서는 pH, Ca^{2+}, SO_4^{2-}, Cl^- 등을, 후자에 대해서는 타르분·희분·탄소분 등을 분석한다. 강하 매진량은 대도시인 서울 같은 곳은 한 달에 $1km^2$당 $10{\sim}20\,t$ 정도이다.

강화 유리 (强化 ——, tempered glass) 유리 표면에 압축 응력층을 형성하여 강화한 유리. 대부분은 연화점 부근의 온도로 가열한 후, 표면을 급랭하는 물리 강화에 의한다(⇨ 화학 강화). 보통 유리에 비해 굽힘 강도는 3~5배, 내충격성도 3~8배나 강하며, 내열성도 우수하다. 그러나 유리 자체가 내부에서 힘의 균형을 유지하고 있기 때문에 한쪽이 조금 절단되어도 전체가 팥알 크기의 파편으로 파괴되므로 강화처리하기 전에 용도에 맞는 모양으로 만들어야 한다. 용도는 자동차·항공기의 창유리, 도난방지용 창유리 등에 사용된다.

강화재 (强化材, reinforcement) 복합재료의 구성 성분 중, 연속상인 매트릭스와 조합하여 재료의 역학특성을 현저하게 향상시키는 성분재료. 보강재와의 구별이 애매하지만, 보강효과가 특히 큰 경우, 예를 들면 섬유강화 등의 경우에 강화재라고 한다.

강화 플라스틱 (强化 ——, reinforced plastics) 플라스틱을 매트릭스로 하여 이것에 강화재를 가하여 복합화한 재료의 총칭. 강화재의 형태는 섬유상의 것만이 아니라 입자상 혹은 층상의 강화재도 사용되며, 플라스틱에도 다양한 열경화성·열가소성 수지가 사용된다. 강화의 목적도 기계적 특성의 향상뿐만 아니라 기능적 특성의 부여와 향상을 목표로 한 것 등 다양하다.

개구비 (開口比, throat area ratio) 올리피스 등에서 관로를 조였을 경우의 조리개 부분의 단면적과 관로 단면적의 비율. 올리피스에 의한 유량 측정 때 중요한 파라미터가 된다.

개방계 (開放系, open system) ⇨ 열린 계.

개시 반응 (開始反應, initiation reaction) ⇨ 연쇄 개시반응.

개시 전위 (開始電位, onset potential) 전극 반응이 일어나기 시작하는 전위. 전극반응은 양극반응의 경우, 전극 전위가 어떤 전위보다도 양의 전위가 되었을 때 일어나기 시작하며, 또 음극반응에서는 그 반대의 경우에 일어나기 시작한다.

개시제 (開始劑, initiator)　연쇄반응을 개시시키기 위해 사용되는 물질. 열이나 빛에 의해 용이하게 라디칼을 생성하는 물질(예를 들면 과산화벤조일), 물 등과 반응하여 쉽게 이온을 생성하는 물질(예를 들면 BF_3) 등이 개시제가 된다.

개인 오차 (個人誤差, personal error)　계통 오차의 일종으로, 관측값과 측정값이 측정자의 개인적인 버릇에 유래하여 생긴다.

개재 배열 (介在配列, intervening sequence)　⇨ 인트론.

개질 (改質, reforming)　수소압 아래에서 옥탄가가 낮은 직류가솔린(나프타)을 접촉반응시켜 고옥탄가 가솔린으로 하는 방법. 백금-알루미나계 촉매의 사용으로 이 기술은 크게 진보했고, 또 이것에 레늄, 게르마늄, 주석, 이리듐 등을 첨가한 다원계 백금 촉매도 개발되었다. 이 방식의 주반응은 나프텐 탄화수소의 탈수소에 의한 방향족 탄화수소의 생성이므로 석유화학공업에서도 응용하게 되었다.

개질 고무 (改質 ——, modified rubber)　고무에 어떤 종류의 물질을 반응시켜 특수한 성질을 부여한 고무. 고무분자의 주 사슬에 어떤 종류의 모노머를 부가, 중합, 공중합시키는 방법 등으로 매우 다종류의 개질 고무가 만들어지고 있다.

개폐 제어 (開閉制御, on-off control)　제어요소 혹은 조절계로서 개폐 동작을 하는 것을 사용하는 제어방식. 개폐 동작이란, 조작량 또는 조작량을 지배하는 신호가 제어하려고 하는 변량(피제어량)과 그 목표값의 차(편차)의 크기에 따라 사전에 정해진 두 값의 어느 하나를 취하는 동작을 말한다. 시스템은 비교적 간단하지만 복잡한 제어에는 문제가 많다. 릴레이 제어는 대표적인 개폐 제어이며 경보용·조절용에 많이 사용된다. 점차 활발해지고 있는 디지털 제어도 마이크로적으로는 이 방식에 연결되어 주목되고 있다.

개화 호르몬 (開花 ——, flowering hormone)　식물 줄기의 성장점에 작용하여 눈꽃을 형성하는 일종의 식물 호르몬. 화합물로서는 동정되어 있지 않다. 화성 호르몬, 플로리겐이라고도 한다. 개화에 적당한 일장(日長)처리를 한 식물에는 꽃눈 분화가 일어나는데, 일장처리에 감응하는 부위는 잎이며, 이 때문에 잎으로부터 줄기 끝에 있는 싹으로 어떠한 자극인자(刺戟因子)가 관다발을 통하여 이행하는 것으로 생각된다. 이 인자는 하나의 식물체 안에서 이동할 뿐더러 접목(木)에 의한 접수(穗)와 대목(臺木) 사이에도 이행한다. 이를테면 꽃눈 분화가 될 만한 광주처리(光周處理)를 한 식물체를 다른 영양상태에 있는 식물체와 접목하면 후자는 전자에 존재하는 것으로 생각되는 최화인자(催花因子)를 받아서 꽃눈 분화를 시작한다. 이 자극인자의 본체를 밝히기 위해서 식물체에서 추출하려는 시도를 많이 하여 왔으나 아직 성공하지 못했다. 따라서 개화 호르몬의 본체에 대한 것은 현재 미해결인 채로 있다.

갬보지 (gamboge)　태국, 베트남 등에 자생하는 고추나물과 식물에서 채취되는 적황색의 천연 수지. 수중에서 이기면 황색의 현탁액이 되며, 고대로부터 등황(藤黃)이란 이름의 수채물감으로 사용되었다.

갱글리오시드 (ganglioside)　당지질의 일종. 시알로당지질, 시알산 함유 당지질이라고도 한다. G_{M3} 등으로 약기되며, G는 갱글리오시드, M은 시알산 1분자를 나타낸다. 세포 표면에 존재하며 그 음성하전에 기여하고 있다.

갱내 가스 (坑內 ——, mine gas firedamp)　단층에서 발생하는 메탄을 위주로 하는 가연성 가스 및 이산화탄소를 말한다.

갱지 (更紙, groundwood paper, woody paper)　쇄목 펄프를 주원료로 하는 종이. 지면이 조잡하고 거칠다. 가격이 저렴하지만 내구성이 작고 백색도(白色度)도 백상지에 비하여 낮다. 그러나 기름의 흡수가 좋아 잉크의 건조가 빠르다. 평량범위(坪量範圍)는 $50 \sim 150$ g/m^2이다. 부피가 크고 제본하였을 때 두께가 두꺼우므로 주간지나 만화책의 본문 용지, 등사판 인쇄 용지 등의 하급 인쇄 용지로 사용된다.

거대 라만산란 (巨大 —— 散亂, surface enhanced Raman scattering)　은 등의 전극 표면에 어떤 종의 물질이 흡착하였을 때 강한 라만 스펙트럼이 관찰되는데, 이 현상을 말한다. 표면 분석법으로서도 이용할 수 있다. 약어

SERS.

거대 분자(巨大分子, macromolecule, giant molecule) 고무, 섬유, 단백질, 수지 등에서 고분자량(약 10,000 이상)의 분자를 거대분자(macromolecule)라고 부르는 일이 있다. 그러나 보통은 무한대라고 할 정도의 분자량이 있는 분자, 예를 들면 다이아몬드나 석영, 커런덤 등과 같이 단결정 하나를 취하였을 때, 그것이 하나의 분자라고 생각할 수 있는 경우를 거대분자(giant molecule)라고 하는 경우가 많다.

거름막(── 膜, membrane filter)　콜로이드 등, 분자사이즈 수준의 여과에 사용되는 고분자 박막. $10^{-2} \mu$m 정도까지의 입자를 제거할 수 있다.

거부 반응(拒否反應, rejection)　다른 개체로부터 장기나 조직을 이식 받은 동물체가 이식편에 대해서 일으키는 면역반응. 거절반응이라고도 한다. 결과적으로 이식이 불가능하게 된다. 사람의 체내에 이종(異種)의 조직이 들어가면 그에 대한 항체가 만들어진다. 이는 혈액 속의 림프구가 그 이종 조직에 접촉하여 활성화된 상태에서 림프절로 되돌아와 거기서 항체를 만드는 것으로 생각되고 있다. 이 항체는 세포성 항체(細胞性抗體)와 혈행성 항체(血行性抗體)로 나누어지는데, 이 양자의 공동 작용에 의해서 거부반응이 생기는 것으로 보인다. 이는 개체 방위반응이라고도 말할 수 있겠지만, 이식조직의 혈관은 그것들의 작용으로 내피세포(內皮細胞)가 상하여 혈전(血栓)을 형성하므로 혈행(血行)이 두절된다. 그 때문에 괴사가 생기고, 괴사조직은 체외로 배출된다. 따라서 동종이식(同種移植)을 성공시키기 위해서는 이러한 항체의 생성(生成)을 강력히 억제하여 이상과 같은 반응이 일어나지 않도록 해야 한다. 그런 목적으로 이용되는 것이 림프계 조직의 제거, 방사선 조사, 약물에 의한 억제 등이다. 유전자 조성이 같은 개체간(일란성 쌍생아간)에서는 거부반응이 일어나기 어렵고 이식의 성공률도 높다.

거시적(巨視的, macroscopic)　어떤 물질 1 mol 정도 혹은 그것에 관한 현상을 크기나 성질의 외면적 혹은 대국적인 면에서 파악하는 사고법. 이에 비해서 그 물질을 구성하는 원자·분자 1개의 성질 혹은 현상을 문제로 하는 입장을 미시적이라 한다. 물질의 밀도와 끓는점 등은 전형적인 거시적 성질이다.

거울면(鏡面, mirror plane)　⇨ 반사면.

거울면 광택(鏡面光澤, specular gloss)　물체의 표면에 빛이 투사되었을 때, 투사광에 대한 동일한 각도의 반사광의 비율을 백분율로 표시한 값을 거울면 광택도라 하고, 그 값이 높을 때 거울면 광택이 있다고 한다. 입사각을 취하는 방식을 표시하는데, 예를 들면 85° 거울면 광택도, 60° 거울면 광택도라 한다.

거울면 반사법(鏡面反射法, electro-reflectance method)　분광 전기화학 중의 한 방법이며, 거울면의 연마한 전극 표면에 빛을 정반사시켜, 반사율이 전극 표면의 상태에 따라 변화하는 것을 관측하는 방법으로 흡착과 산화피막의 측정에 적합하다.

거울상 선택성(── 選擇性, enantioselectivity)　광학 광성인 시약 촉매가 프로키랄 또는 키랄인 기질의 거울상적(에난티오메릭크한) 관계에 있는 좌우 요소 중의 하나를 구별하여 키랄한 생성물을 부여하는 반응에서, 시약이 좌우를 구별하는 능력을 이른다. 에난티오 선택성이라고도 한다. 그 대소는 생성물의 거울상체 과잉률로 평가된다. 예를 들면 유산디히드로게나아제는 NADH의 존재 하에 피루브산의 분자 평면의 뒷면, 표면(좌우 회전면) 중, 우회전면을 구별하여 수소 부가로 L-유산만을 부여한다. 따라서 이 반응의 거울상 선택성은 100%이다.

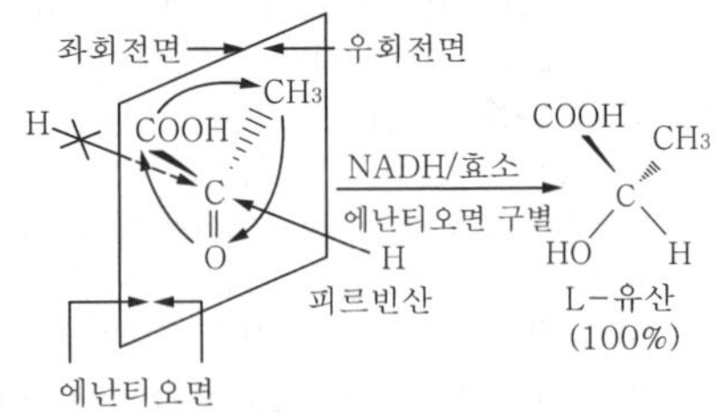

[거울상 선택성]

거울상 이성질(鏡像異性質, enantiomerism)　광학 이성질과 동의어. 키랄한 분자에는 상과 거울상에 상당한 2종의 입체 이성질체

(거울 이성질체)가 존재한다. 이러한 이성질체 상호의 관계를 거울상 이성질이라 한다. 거울상 이성질의 관계에 있는 분자로 구성되는 화합물은 좌우 상이한 선광성을 나타내므로 이러한 분자간의 관계를 광학 이질이라 한다.

거울상 이성질체 (鏡像異性質體, antipode, enantiomer, mirror image isomer) 키랄한 분자에 존재하는 서로상과 거울상의 관계에 있는 1쌍의 입체 이성질체. 역사적으로는 최초, 일반 물리학·화학적 성질은 완전히 동일하지만 광학적 성질(우선성, 좌선성)만을 달리하는 1쌍의 화합물에 광학 이성질체라는 용어가 부여되었으나 입체화학의 개념이 확립한 시점에서 이것이 상과 거울상의 관계에 있는 분자에 기인한다는 것이 밝혀졌다. 이후, 거울상 이성질체와 광학 이성질체는 동의어로서 보통 구별 없이 사용되고 있다. 거울상 이성질체 간의 관계는 오른손과 왼손의 관계와 같으므로 대장체(對掌體)라고 불리었던 일도 있다. 또한 에난티오머도 거울상 이성질체와 동의어이다.

거울상체 (鏡像體, mirror image isomer) ⇨ 거울상 이성질체.

거울상체 과잉률 (鏡像體過剩率, enantiomer excess) 키랄 물체에 있어 거울상 이성질체의 혼합 상태를 표기하는 척도. e.e.가 약어이다. ⇨ 광학 순도.

거품 (泡, foam, froth) 일반적으로는 액체의 얇은 막으로 둘러 싸인 기체입자의 집단. 포말이란 용어로도 사용되었다. 넓은 의미로는 기포도 포함하여 거품이라 하는 경우도 있다. 또 유리와 플라스틱 중에 포함되는 기체의 입자를 크기에 상관없이 거품이라 하는 수도 있다. 거품이 왜 생기는지에 대해서는 예로부터 많은 연구가 있었는데, 보통 순수한 액체에서는 거품이 생기기 어렵고, 대개의 경우 용액에서 거품이 생기는 것으로 알려져 있다. 또한 일반적으로 표면장력이 작은 용액에서 거품이 많이 생기는 것으로 되어 있으나, 생긴 막의 안정성, 기계적 강도와 막 내부에서 액체가 흘러내리는 속도 등도 관계가 있다. 거품은 우리의 생활과 밀접한 관계가 있다. 예를 들면, 맥주·비누·세제·포말소화기·포말유리·AE제·소프트 아이

스크림·부유선광(浮游選鑛) 등에 널리 이용된다. 반대로 거품이 생기지 않도록 해야 할 필요도 있는데, 이 때에는 생긴 거품을 없애주는 파포제(破泡劑 : 지방산 등), 거품이 생기는 것을 미리 억제해 주는 억포제(抑泡劑 : 실리콘 기름 등) 등이 이용되며, 이들을 총칭하여 소포제(消泡劑)라 한다. 또 찬 공기를 써서 거품이 생기는 것을 억제하거나, 생긴 거품을 두들겨 없애거나 초음파를 이용해서 거품을 없애는 방법 등도 개발되었다.

거품 고무 (泡 ——, foam rubber) 연속적인 개기공(開氣孔)이 있는 다공성 가황고무의 총칭. 제조법으로는 던럽법(기포기로 거품을 내어 헥사플루오르규산나트륨 및 산화아연으로 응고시킨 후 가황), 타랄레법(과산화수소의 분해에 의한 산소로 발포시켜 냉각 응고시킨 후 가황) 등이 있다. 스폰지 고무와 달리 라텍스 배합물을 발포시킨 후 혼련하지 않고 그대로 응고시킨다.

거품 부여 (泡付與, foam application) 염료 용액, 수지 가공제 등의 처리액을 거품상으로 하여 천에 부여하는 것. 롤, 슬릿, 쿼터 등 각종 부여 장치가 고안되어 있다.

거품실 (泡室, foam chamber) 석유 탱크의 화재 소화용으로, 탱크 측판의 최상부 부근에 장치한 발포 소화제의 고정식 거품 소화 설비의 발포실을 말한다.

거품 안정제 (泡安定劑, foam stabilizer) 액체(보통은 물)에 녹여서 생성하는 거품의 수명을 길게 하는 물질. 거품 중 액체의 박막을 강하게 하는 작용을 한다. 비누 등의 계면활성제, 단백질 등의 고분자 물질이 많이 사용된다.

거품 염색 (泡染色, foam dyeing) 에너지 절약, 염료·약제의 유효 이용을 목적으로 하는 저욕 비염색의 일종. 염료·약제를 함유하는 미세한 거품 안에서 섬유품을 염색하거나 또는 그 거품을 직물에 도포하여 염색한다. 염색 중에 섬유품의 손상이 적은 이점도 있다.

거품 유리 (foam glass, multicellular glass) 미세한 독립 기포를 고르게 포함하는 비중 0.16~1.3 정도의 가벼운 유리. 폼글라스라고도 한다. 발포제로서 탄산염 등을 혼합한 유리 가루를 형에 넣고 가열하여 만든다. 불

연성의 단열, 차음재로서 건축, 식품공업 등에 용도가 있다. 그 외에 냉장고의 보온·보냉재(保冷材)로도 널리 사용되고 있다. 또한 가벼워서 뜨기 쉽고 물 속에서도 썩지 않으므로, 코르크 대신 구명용구(救命用具) 등에도 사용된다. 식기 등에 사용되는 기포유리의 기포는 아주 작고 독립되어 있어서, 하얗게 빛이 나고 독특한 아름다움을 가진다.

거품 정련 (泡精練, foam degumming)　비단을 정련하는 방법의 일종. 거품이 생긴 진한 비누용액 안에 생사를 매달아 정련을 한다. 일반적인 정련법에 비해 정련시간을 단축할 수 있고, 광택과 촉감이 좋은 명주를 만들 수 있다. 비용이 고가이므로 별로 사용되지 않는다.

거품 콘크리트 (aerated concrete, foam concrete)　경량화, 단열화의 개선, 내동해성의 개선 등을 목적으로 기포를 포함한 콘크리트. 기포를 포함시키려 혼련시에 공기를 연행시키는 방법, 가스를 발생시키는 방법, 사전에 거품을 만들어 그것을 혼합하는 방법 등이 있다.

건교체 (乾膠體, xerogel)　⇨ 크세로겔.

건성 가스 (乾性 ——, dry gas)　⇨ 건성 천연 가스.

건성유 (乾性油, drying oil)　요오드값 130 이상의 식물유. 공기 중에서 산화 중합에 의해 가교 경화하므로 건조성이 크다. 건조성이란 유지가 공기 중에서 산소를 흡수하여 산화·중합(重合)·축합(縮合)을 일으킴으로써 차차 점성이 증가하여 마침내 고화(固化)하는 성질을 말하는데, 그 강약은 유지류의 구조식(構造式)에 포함되는 이중결합의 수에 비례하며, 요오드값에 따라 분류할 수 있다. 건성유에 코발트·망간 등의 지방산염(脂肪酸鹽) 같은 금속비누를 가하여 가열하면 건조성이 더욱 높아진다. 이것을 보일유(油)라고 하며, 보일유에 안료(顔料)를 가한 것이 페인트이다. 오동유, 아마인유, 대두유, 탈수 피마자유 등이 대표적인 건성유이고 도료, 오일바니시, 인쇄잉크 등에 사용된다.

건성 천연 가스 (乾性天然 ——, dry natural gas)　주로 메탄으로 되며, 통상의 압축이나 냉각으로 액화하는 프로판 이상의 성분을 함유하지 않는 천연가스. 습성 천연가스에 대응하는 용어이다.

건식 (乾食, dry corrosion)　금속의 부식현상 중 산소, 황, 할로겐 등을 함유하는 기체가 직접 부식반응에 관여하는 경우를 말한다. 물이 부식반응에 개재하는 습식에 대응하는 용어. 실용적으로는 고온에서 신속한 부식반응이 일어날 때에 문제가 된다.

건식 방사 (乾式紡絲, dry spinning)　반합성 고분자 또는 합성 고분자 물질을 적당한 용매에 녹여, 이것을 꼭지에서 압출하여 열풍으로 용매를 기화시켜 섬유상으로 하는 방사법. 열용융하기 어려운 고분자 물질과 열분해하기 쉬운 고분자 물질에 적용된다. 용매로는 끓는점이 낮고 증발열이 작은 것이 좋으며, 아세톤·디메틸포름아미드·이황화탄소 등이 사용된다. 건식 방사에 의해 얻는 섬유의 예로는 아세테이트 섬유·비닐론·비니온·비니온 N·다이넬(용매는 모두 아세톤)·염화비닐 섬유(아세톤과 이황화탄소의 혼합 용매)·올론(orlon : 용매는 디메틸포름아미드) 등이 있다. 습식 방사에 비해 방사속도가 몇 배나 빠르다(아세테이트 섬유의 경우 매분 300~700 m).

건식 소화 (乾式消火, dry quenching)　코크스로 탄화실에서 압출된 적열 코크스를 불활성 기체로 냉각하여 열회수를 함께 하는 방법. 물을 사용하는 냉각법(습식 소화)에 대신하여 에너지 절약 과정으로서 자리잡고 있다.

건식 인산 (乾式燐酸, phosphoric acid by dry process)　인광석에서 건식으로 제조된 인산. 인광석을 규사, 코크스 등과 함께 가열하여 단체 인을 제조한 다음에 이것을 산화하여 얻은 오인산이인을 물에 용해하여 인산액을 얻는다. 광석의 분해과정에서 산액을 사용하는 습식 인산과 대비하여 건식 인산이라 한다.

건식 제련 (乾式製鍊, pyrometallurgy)　고온 야금이라고도 하며 고온 화학반응을 이용하여 광석에서 금속을 추출하는 제련 조작. 비철금속에서는 물, 묽은 황산 등을 사용하여 목적하는 금속을 용액반응으로 용출시켜 추출하는 습식 제련이 이루어지는 경우도 있다. 건식 제련은 산화 제련과 환원 제련으로 대별되며, 목적하는 금속과 불순물을 각각의 상으로 분리하여 불순물은 제련 슬러그에 다량으로 이행시켜, 안정된 상태에서 제거한다.

건식 회화 (乾式灰化, dry ashing) 습식 회화의 대응어이다. ⇨ 습식 회화.

건 연마 (乾研磨, dry sanding) 물을 사용하지 않고 표면을 연마하는 것을 말한다.

건전지 (乾電池, dry cell) 전지의 전해액을 덱스트린 등을 가하여 풀상태로 하여 액이 새는 일 없이 다루기나 휴대에 편리하게 한 전지. 일반적으로는 양극활성물질로서 이산화망간을 사용하는 망간건전지(1차전지)를 지칭하지만, 수명이 긴 알칼리 망간건전지도 있다. 구조는 원통 모양 또는 4각 기둥 모양이며, 바깥쪽은 음극 아연제의 원통으로 용기를 겸하고 있다. 중앙에 탄소 양극이 있으며, 그 주위에는 이산화망간과 흑연을 섞어 반죽한 것을 고압(高壓)에서 압착시켰다. 그 바깥쪽은 전해액(염화암모늄)을 충분히 흡수시킨 펄프·면지(綿紙)이다. 또 풀로 격벽(隔壁)으로 삼고, 이것으로 전해질의 저장고를 겸하는 것도 있다. 위쪽에 공기실이 있으며, 그 위를 피치 등으로 채웠다. 건전지는 통신용 전원(電源)·벨·라디오·플래시 램프·전지 시계 등 대단히 넓은 범위에 이용된다. 특수한 건전지로서는 보통의 건전지들을 직렬로 여러 개 연결한 적층 건전지(積層乾電池) 등 여러 가지가 있다. 소형 휴대용 라디오·보청기의 전원으로 또는 패크전지로서 포토플래시의 전원으로까지 사용된다. 이 밖에 내한 건전지(耐寒乾電池)가 있는데, 보통 건전지는 영하 20℃ 정도에서 전해액이 동결(凍結)하기 때문에 모노메틸아민의 염산염 전지(영하 45℃에서 동결) 등이 개발되어 있다.

건점 (乾點, dry point) 증류시험에서 시료의 증발이 끝나서 플라스크 바닥이 건조하였을 때의 온도. 일반적으로 종점보다 약간 낮고 끓는점 범위가 좁은 용제 등에 주로 규정된다.

건조 감량 (乾燥減量, loss on drying) 분석시료의 원래의 질량에서 건조 후의 질량을 제한 값. 대부분의 경우 건조에 의해 상실된 수분이 해당된다.

건조량 기준 (乾燥量基準, dry basis) 석탄 속에 함유되어 있는 수분을 보정하여 무수기준에서 분석값을 표시하는 것. 무수 무회베이스, 함수 무광물질 기준과는 구별하여 사용되며 db로 표시된다.

건조 얼룩 (乾燥 ——, drying mark) 유성 도료의 가교 경화과정에서 볼 수 있는 도장 결함의 일종. 가교 경화 정도가 도면(塗面)상에서 균일하지 못하기 때문에 경화 비틀림이 생기고, 그 결과 주름 또는 박탈이 생기는 현상. 오동유를 사용한 도료에서 현저하게 발생한다. 이것을 방지하기 위해서는 경화 촉진제의 선정, 이중 결합밀도의 조절이 필요하다.

건조 중량 (乾燥重量, dry weight) 적당한 방법으로 수분을 제거하는 조작을 실시한 후의 시료의 중량. 건조법으로는 전기항온기에 의한 가열(105~110℃)이 보통이지만 생체시료 등의 불안정한 시료에는 동결건조가 적용된다.

건조제 (乾燥劑, desiccating agent, desiccative drying agent, drier, dryer) (1) 수분을 제거하기 위해 사용되는 흡습성 물질의 총칭. 건조제의 성능은 흡습력, 흡습 속도, 흡습 용량에 따라 평가되며, 오산화이인은 가장 강력한 건조제의 일종이다. 기타 실리카겔, 무수 염화칼슘 등 다수의 것이 있다. (2) 유성 도료의 건조를 촉진하는 물질로서, 드라이어라고도 불린다. 주성분은 납, 망간, 코발트 등의 금속비누 혹은 이러한 금속의 나프텐산염이다.

건조 특성곡선 (乾燥特性曲線, drying characteristic curve) 정상 건조 조건하에서 측정된 재료의 건조속도(세로 축)를 재료의 외견(평균의) 함수량(가로 축)에 대해 도시한 곡선. 이 곡선으로 정률(定率) 건조속도, 한계 함수량, 감률 건조속도 및 평형 함수율에 관한 정보를 얻을 수 있으며, 건조기 설계의 기초가 되는 중요한 곡선이다.

건피 (乾皮, dried hide, dried skin) 피혁 제조에서 원피형태의 일종. 동물에서 박피한 생피를 햇볕에 건조시킨 것. 아프리카, 인도 등의 건조지대에서 양피, 산양피가 이 형태로 생산되고 있다.

건화 (建化, vatting) 건축 염료를 환원 용해하여 염욕을 만드는 것. 현재는 주로 하이드

로셀파이드와　알칼리액을　사용한다.　천연
쪽(인디고)은　발효　등의　방법을　사용하였으
며　그　조작을　'건화'라고　하였다.

검광자 (檢光子, analyzer)　　편광을　검출하기
위한　1쌍의　편광판(또는　편광　장치)　중,　시료
와　검출기(또는　눈)의　중간에　위치하는　것.
광원과　시료의　중간에　위치하는　다른　한쪽
것은　편광자라　한다.　W.　니콜의　프리즘이나
전기석(電氣石)　등은　어떤　특정　방향에　편광
된　빛을　잘　통과시키지만　수직방향으로　편광
된　빛은　거의　통과시키지　않으므로　검광자로
도　쓰이고,　편광자(偏光子)로도　쓰인다.

검류계 (檢流計, galvanometer)　　미소　전류의
검출장치.　직류용과　교류용이　있으며　원리
는　다르다.　직류용은　강한　영구자석의　자극
(磁極)　사이에　가동　코일을　달아　놓으면,　코
일에　미소전류가　흐를　때　코일　자체에　힘이
생겨서　코일이　편위(偏位)하므로　이　편위로
전류의　유무를　측정할　수가　있다.　이와　같은
검류계를　가동코일형　검류계라고　한다.　한
편　가동　코일에　평면　거울을　장치하고,　이
거울에　빛을　비추어　반사하는　빛의　위치를
관측함으로써　미소전류를　검출할　수　있는데
이와　같은　형식을　반조형(反照型)　검류계라
한다.　반조형은　감도가　가장　좋아서　10^{-10}A
정도의　전류도　검출할　수　있으므로　정밀한
시험에　쓰인다.　그러나　이　형은　전류에　의한
힘　이외의　원인인　건물의　미동,　사람이나　차
의　움직임　등에도　진동이　생기므로　검류계
를　놓는　장소는　안정된　대상(臺上)이　아니면
안　된다.　반조형　검류계는　지나치게　예민하
여　취급하기　까다롭지만,　이보다　간편한　것
으로　지침형(指針型)　검류계가　있다.　지침형
은　가동　코일에　지침을　장치하고,　지침의　움
직임으로　전류를　검출하는　것인데,　10^{-7}A
정도의　전류를　검출할　수　있어　전류와　전압,
그리고　전기저항　등에　많이　사용되고　있다.
교류용　검류계에는　수십　내지　수백　Hz용의
진동(振動)　검류계가　있다.　이것은　가동　코
일형이며,　10^{-8}A　정도의　미소한　교류전류를
검출할　수　있다.　수백　Hz　이상　되는　교류의
미소전류　검출은　검류계가　아닌　수화기(受
話器)나　오실로그래프　등이　사용된다.

검사 (檢査, inspection)　　직물을　검사하는　것
을　말한다.　마무리　가공을　하기　전의　원단을
검사하는　원단　검사,　마무리　가공　종료　후에
하는　마무리　검사　및　도중의　건조　공정　후
에　하는　중검사가　있다.　또한　inspection은
일반　용어이지만　특히　섬유공업에　있어　검
사의　뜻으로　사용된다.

검은 녹　　쇠의　녹　중　검은　색깔의　것으로　주성
분은　산화철(Ⅲ)　수화물　$Fe_2O_3 \cdot nH_2O$,　또는
사산화삼철　Fe_3O_4이다.

검정 (檢定)　　(1)　verification(검정(계기　등의))
국가,　지방　공공단체　또는　국가의　관리　지도
하에　있는　공적　검사　기관이　측정값　등에
관해서　공정한　기준값에　적합한가를　시험하
여　판정하는　것이다.　(2)　assay(시금・효력
검정・평가분석)　분석　대상의　물질이　그　명
칭에　의해　제시되는　물질을　어느　정도　함유
하고　있는가를　정량에　의해　정하는　것.
assay는　시금이라　번역되는　일이　있으나,
시금은　정확하게는　fire　assay(불꽃시험)에
대응한다.

검정 폭약 (檢定爆藥, verification explosive)
⇨　탄광　폭약.

검지관 (檢知管, gas-detecting tube)　　공기　중
의　특정　미량　가스　농도를　간편,　신속하게
측정하기　위해　사용하는　시약이　들어있는
반응관으로　가스　검지기라고도　한다.　가스
채취기로　일정량의　공기를　관　안에　통과시
켜　특정　가스와의　반응으로　생긴　시약의　착
색층　길이　등에　의해서　농도를　구할　수　있
다.　안지름　약　3 mm,　길이　약　130 mm인　유
리관에　실리카겔　또는　알루미나겔　입자에
흡착시킨　검지제(피검　기체　성분과　화학변
화하여　착색　또는　변색하는　시약)를　60~80
mm　길이에　충전한　것인데,　관의　양쪽　끝은
가늘게　되어　있다.　이　관을　일정한　용적(보
통　100 cm³)의　주사기　모양으로　된　기체　채
취용　펌프　또는　진공펌프에　장치하고,　끝의
노즐에서　시료기체를　도입한다.　검지제의
변색은　입구에서　점점　안쪽으로　이동하므로
이　부분의　길이를　농도　도표와　대조해서　피
검　성분　기체의　농도를　구한다.　이　방법은
많은　종류의　피검　기체에　응용되며,　소형이
면서도　분석　정밀도가　비교적　좋기　때문에
각　방면에서　널리　이용된다.　검지제와　측정
한계　또는　범위의　예를　들면,　NO_2(황산산성
오르토톨리딘)　0.01 ppm,　NH_3(황산산성　티

몰블루) 20 ppm, CO(황산산성 팔라듐－몰리브덴산암모늄) 0.1 ppm, CO_2(티몰프탈레인－NaOH) 0~10 %, Cl_2(황산 오르토톨리딘) 1 ppm이다.

검출기 (檢出器, detector)　측정 대상이 되는 물리량이나 물질을 검지하여 전류, 전압 등의 신호로 변환하기 위한 소자, 기구 또는 장치의 총칭이다.

검파 (檢波, detection)　⇨ 정류(整流).

겉보기 기공률 (—— 氣孔率, apparent porosity) 다공체의 총용적 중에서 개기공이 점하는 용적의 백분율. 세라믹스 성형체 같은 다공체에는 표면까지 통한 개기공과 내부에 고립된 폐기공의 두 가지 기공이 있어, 폐기공까지 포함한 전기공의 용적 백분율을 진정한 기공율이라 한다. 다공체의 건조 중량을 w_1, 수중 중량을 w_2, 포화 중량(개기공을 물로 채웠을 때의 중량)을 w_3이라 하면 겉보기 기공률＝$\{(w_3 - w_1)/(w_3 - w_2)\} \times 100$ 으로 주어진다.

겉보기 밀도 (—— 密度, apparent density)　(1) 다공체의 폐기공을 포함한 밀도. 즉 다공체의 질량을 고상 부분과 폐기공 합계의 용적으로 나눈 양. 다공체의 건조 중량이 w_1, 수중 중량이 w_2일 때 물의 밀도를 $1\,\mathrm{gcm}^{-3}$로 하면 겉보기 밀도＝$w_1/(w_1 - w_2)$로 주어진다. 요업 관계에서는 개·폐기공을 포함한 밀도를 부피 밀도라 한다. (2) 분체층 단위 체적당의 질량. 분체의 충전 특성을 나타내는 물성값의 일종으로 일정량의 분체를 일정 조건하에서 용기에 충전하고, 그 점유하는 체적을 측정하여 구한다. 분체 분야에서는 이것을 부피 밀도라 부르고, 위 (1)의 정의에 의한 겉보기 밀도 혹은 부피밀도는 입자 밀도라 한다. 분야에 따라 용어가 통일되어 있지 않으니 주의가 필요하다.

겉보기 비중 (—— 比重, apparent specific gravity) ⇨ 겉보기 밀도. 그러나 요업 분야에서는 "밀도" 보다 "비중"을 사용하는 경우가 많다.

게놈 (genome)　배우자(생식 세포의 일종)에 함유되는 염색체 혹은 유전자의 전체. 생물이 그 기능을 유지하고 생존하기 위해 필요한 최소한의 유전자군을 함유하는 염색체군을 말한다. 인간 게놈은 23개의 염색체이고 체세포는 그 2배체이다. 1920년 H. 윙클러는 반수성의 염색체 1조를 게놈이란 용어로 사용하기를 제창했다. 1930년에 기하라 히토시(木原均)는 기능적 내용을 부여하여 각종 생물이 생존하는 데 꼭 필요한 염색체의 1조를 게놈이라고 하였다. 1게놈 속에는 상동 염색체가 포함될 수 없으며, 게놈 속의 1개의 염색체 또는 그 일부분만 상실되어도 생활 기능에 중대한 영향을 받는다. 게놈을 구성하는 염색체는 각종 생물에 있어서 고유의 기본수로 이루어져 있다. 핵 속에 상동게놈(homologous genome)을 중복으로 소유하고 있는 생물은 성숙분열(감수분열) 중에 상동 염색체가 쌍을 이루는 과정에서 2가 염색체의 형성으로 정상적인 염색체의 분리가 일어나고 그 동안에 상동 염색체 사이에 교환이 일어나도 배우자는 생식 능력을 잃지 않는다. 이에 반하여 서로 상동이 아닌 게놈을 소유한 생물에서는 2가 염색체가 형성되지 않고, 또한 비상동 게놈의 염색체 사이에 교환이 일어나면 그 배우자는 기능을 잃어 죽거나 생식 불능이 되는 경우가 많다.

게놈 분석 (—— 分析, genome analysis)　염색체의 배합을 이용하여 게놈의 구성을 해석하는 것. 종의 기원과 분화 등, 종의 진화과정을 해명하는 데 사용된다. 즉, ① 상동의 게놈 사이에는 각각 대응하는 상동 염색체가 존재한다. 1게놈 속에는 상동 염색체가 중복되지 않는다. ② 상동의 2개의 게놈을 지닌 고등 동식물에서는 감수분열이 일어나서 정상적인 2가 염색체가 형성된다. 그러나 이종간(異種間) 잡종에서는 상동염색체가 없으므로 2가 염색체는 형성되지 않는다는 두 가지 이론이 게놈분석의 근거로 되어 있다. 게놈을 분석할 경우에는 우선 분석종(分析種 : 게놈의 조성이 분명하게 된 기본종)을 설정한다. 예를 들면, AA, BB 및 CC라는 이종게놈을 지닌 분석종이 설정되었다고 하자. 이런 분석종을 게놈 조성의 미지의 배수종과 교잡하여 그들 사이의 잡종 염색체의 접합으로 배수 종의 게놈 조성이 분석된다. 공시(共試) 4배체 종이 AABB라는 게놈 조성을 지녔다고 하면 공시 4배체와 분석종의 AA 및 BB와의 잡종의 감수분열에서는 x개

(1게놈의 염색체 수를 7개로 하면 x는 7)의 2가 염색체와 x개의 1가 염색체(접합할 수 없는 염색체)가 형성된다. 분석종 CC와의 잡종에서는 상동성이 없으므로 $2x$개의 1가 염색체가 형성된다. 이상은 교잡에 의한 게놈 분석법이며, 이 밖에도 반수체를 이용하는 분석법과 핵형으로 게놈을 분석하는 방법이 있다.

게닌 (genin) ⇨ 아글리콘.

게르만 (germane) 게르마늄의 수소화물 GeH_4. 또는 GeH_4의 수소원자를 알킬 등의 기로 치환한 유기 화합물을 총칭하여 게르만이라 한다. 일반식은 Ge_nH_{2n+2}이며, n의 값에 따라 모노게르만, 디게르만(digermane), 트리게르만(trigermane) 등이라 한다. Mg_2Ge에 황산을 가하여 발생하는 기체를 분리하면 얻을 수 있다. ① 모노게르만 : GeH_4, 염화게르마늄(IV) $GeCl_4$를 수소화 알루미늄리튬 $LiAlH_4$로 환원하면 순수한 것을 얻을 수 있다. 끓는점 $-88.1℃$, $-166℃$이다. 질산은 용액과 반응하여 Ag_4Ge를 만든다. ② 디게르만 : Ge_2H_6. 무색의 액체로 끓는점 $31℃$이다. 에탄과 같은 모양의 분자로 $Ge-Ge$의 길이는 $2.41Å$이다. ③ 트리게르만 : Ge_3H_8. 무색의 액체로 끓는점 $110.5℃$이며 열적(熱的)으로 불안정하다. 이 외에도 폴리게르만으로서 $(GeH)_n$, $(GeH_2)_n$도 알려져 있다.

게스트 (guest) 호스트의 대응어이다. ⇨ 호스트.

게이지 입자 (―― 粒子, gauge particle) 소립자의 일종. 게이지이론에 나타나는 게이지장의 양자로서, 스핀 1의 보스입자(보손)이다. 쿼크와 렙톤 간에 작용하는 힘을 매개하는 입자로서, 광자와 글루온은 각각 전자기 및 강한 상호작용을 매개한다. 약한 상호작용을 매개하는 위크보손, 중력을 매개하는 중력자도 게이지 입자이다.

게터링 (gettering) 반도체 장치를 작성하는 웨이퍼 프로세스의 일종. 이 과정에서 외부로부터 불순물이 끼거나 결함이 생기면 장치의 성능을 저하시키므로 사전에 반도체 기판에 결함을 만들거나 혹은 불순물을 넣어 두고 후속 과정에서 그러한 것을 그 주변에서 포착하여 장치를 만드는 장소에 결함 등이 발생하지 않도록 하는 기술을 말한다.

겐티오비오스 (gentiobiose) 용담속 (*Gentiana*) 식물의 뿌리줄기에 존재하는 비환원성 삼당 겐티아노오스에 인베르타아제를 작용시켜 얻게 되는 환원성이 당류. 분자식 $C_{12}H_{22}O_{11}$, 녹는점 $86℃$(α형), $190\sim195℃$(β형). 산 또는 β-글루코시다아제를 써서 가수분해하면 2분자의 D-글루코오스가 생긴다. 배당체 아미그달린에서도 얻게 된다. 산에 의한 가수분해에 의해 2분자의 글루코오스가 $(1{\rightarrow}6)$-β 글리코시드 결합한 구조를 하고 있다. 쓴맛이 난다.

겔 (gel) 졸(sol)이 유동성을 상실한 상태. 탄성을 보이는 겔을 젤리라 하며, 다량의 용매를 함유한다. 이들은 콜로이드 입자의 그물조직 사이에 용매인 물 등이 들어가 굳어버린 것이며, 다시 온도를 올려 주면 분자 운동이나 그 밖의 원인에 의하여 조직이 파괴되어 다시 유동성 액체로 된다. 그물조직 사이에 물이 들어 있는 겔을 히드로겔이라고 하며, 겔의 그물조직 사이에서 용매가 제거되고 공기가 들어간 모양의 다공성(多孔性) 겔을 크세로겔이라고 한다. 규조토(硅藻土)·산성백토(酸性白土) 등이 그 예이다. 이들은 흡착제로서 널리 이용된다.

겔고무 (gel rubber) 고무를 용매에 넣어 두면 대부분은 용해하지만 일부는 녹지 않고 남는다. 이 녹지 않는 고무를 겔고무 또는 폴리머 고무라 하며, 녹는 고무를 졸고무라 한다. 겔고무는 고무분자가 3차원 그물눈 구조를 형성한 것이라고 여겨지고 있다.

겔 삼투 크로마토그래피 (―― 滲透 ――, gel permeation chromatography) 사이즈 배제 크로마토그래피 중 이동상에 수계 용매를 사용하여 단백질 등의 생체고분자 분리를 하는 것을 겔 여과라 하는 데 대해 유기 용매를 사용하여 합성 고분자를 대상으로 하는 것을 말한다. 일부에는 사이즈 배제 크로마토그래피와 같은 의미로 사용하는 사례가 있으나 정확하지가 않다.

겔 여과 (―― 濾過, gel filtration) 3차원 그물눈 구조가 있는 친수성 겔을 사용하여 분자체 효과를 응용하여 생체 성분을 분리하는 것. 덱스트란을 에피클로로히드린으로 가교한 겔상 물질(세파덱스), 아가로오스겔이 사용된다. 고분자물질 용액의 탈염, 단백질의 정제에 이용된다.

겔화 (—— 化, gelation, gelling) 콜로이드 화학에서는 졸(sol)이 겔(gel)로 되는 것을 말한다. 고분자 화학에서는 가교 혹은 3개 이상의 관능기가 있는 모노머 반응. 디비닐 화합물 단독 또는 비닐 화합물과의 공중합에 의해 용매에 녹지 않는 3차원 무한 그물눈 구조의 폴리머를 형성하는 것을 말한다. 이 경우, 겔 중의 가용 부분을 졸이라 한다.

겔화 방지제 (—— 化防止劑, antigelling agent) 라텍스의 응고, 겔화를 방지하는 시제. 겔화의 원인은 주로 라텍스입자 표면의 수화 보호상의 소실 및 열, 빛, 산화제에 의한 라텍스의 반응으로 야기된다.

겔화제 (—— 化劑, gelatinizer, gelling agent) (1) 곧은사슬 중합체를 가교로 하여 3차원 그물눈을 형성시키기 위해 사용되는 다관능성 화합물과 이온. (2) 라텍스를 일정 시간 동안에 응고시키는 시제. 헥사플루오르규산 나트륨, 무기암모늄염 등이 있다. 한편, 순간적으로 응고 분리시키는 시제를 응고제라 한다.

겨자씨 기름 (poppy seed oil) 양귀비 종자(함분 함유량 36~50%)에서 채유되는 반 건성유. 식용할 수 있으나 일반적으로 겨자의 열매가 유지 원료보다는 제빵용품(빵, 과자)에 사용하는 일이 많다.

격막 (隔膜, diaphragm) 장치 안에서 2종의 용액을 격리하는 막(반투막, 이온교환막 등) 혹은 혼합 기체를 분리하는 막 등, 막 프로세스에 이용되는 막의 총칭. 격막은 그 종류에 따라 용질 또는 이온을 어느 정도 통과시키기도 하는데, 용매는 통과시키지만 용질은 통과시키지 않는 성질을 지닌 격막을 반투막(半透膜)이라 한다. 동물의 방광막(膀胱膜)·콜로디온막 및 셀로판 등은 이러한 성질을 지니고 있으며, 특히 페로시안화 구리의 콜로이드막은 이 성질이 강하여 삼투압을 측정하는 데 이용된다. 전해조(電解槽)의 격막으로는 석면이 많이 쓰이며, 소금물을 전기분해하여 수산화나트륨과 염소를 제조할 때, 양극(兩極)에서의 생성물이 섞이지 않도록 한다.

격막법 (隔膜法, diaphragm process) 식염수를 전기분해하여 가성소다와 염소를 제조하는 방법의 일종. 식염수를 전해하면 Cl_2와 H_2의 발생과 동시에 음극 주변에 Na^+와 물에서 생긴 OH^-로 가성소다가 생성되나, 양극에서 발생하는 Cl_2가 음극액과 접촉하면 부반응을 일으키므로 두 극 간을 석면 격막으로 분리한다. 가성소다의 농도는 10~12%로 낮고, 미반응 식염을 15~18% 함유한다.

격자 (格子) (1) grating ⇨ 회절 격자. (2) lattice ⇨ 결정 격자.

격자간 원자 (格子間原子, interstitial atom) ⇨ 격자간 이온.

격자간 이온 (格子間 ——, interstitial ion) 본래의 결정 격자의 격자점이 아니라 격자간에 끼어들어 있는 이온. 격자간 원자라고 하는 경우도 있다.

격자 결함 (格子缺陷, lattice defect) 결정 격자를 구성하는 입자(원자, 이온, 분자) 배열의 혼란. 넓은 뜻으로는 불순물도 포함하나 보통은 입자배열의 기하학적인 혼란을 말한다. 격자점에 입자가 존재하지 않는 공격자와 격자의 틈사이에 입자가 침입한 격자간 원자 등의 점 결함, 주름모양으로 늘어난 선결함(전위, 전위선), 표면, 쌍정경계, 결정입계, 역위상경계, 적층결함 등의 면결함, 1개소에서 다수의 입자가 결한 체적 결함으로 분류된다.

격자면 (格子面, lattice plane) 일직선상에 없는 임의의 3개 격자점을 포함하는 평면에서는 격자점이 평면 격자상에 배열하고 있다. 또한 이것에 병행하게 일정한 간격(면 간격)으로 같은 종의 면이 무수히 존재한다. 이러한 1조의 면을 격자면이라 한다. 격자점에 원자가 존재하면 원자망면과 동일하게 되는데, 이것이 보다 일반적인 개념이다. 격자면은 면지수로 표현되나 간단한 지수의 격자면에 평행한 면이 단결정으로 발달하는 것이 보통이다.

격자면 간격 (格子面間隔, spacing of lattice plane) ⇨ 면 간격.

격자 분광계 (格子分光計, grating spectrometer) 빛의 분광에 회절 격자를 사용하는 분광계를 말한다.

격자 상수 (格子常數) (1) grating constant 회

절격자에서 하나의 홈 중심과 그 이웃 홈 중심 사이의 거리. (2) lattice constant 결정 격자에서 단위 격자의 모서리 길이 a, b, c 및 서로가 이루는 각도 α, β, γ의 여섯 파라미터. 즉, 각각의 결정은 이 크기의 형태를 갖는 단위 격자가 벽돌처럼 쌓인 것이라 생각할 수 있다. 암염(岩鹽)과 같이 3개의 결정축(結晶軸)이 서로 수직인 결정계(結晶系)에서는 모서리의 길이가 격자면의 간격이지만, 일반적으로는 격자면의 간격과 모서리의 길이는 서로 다르다. 그 크기는 $Å(1Å=10^{-8}$ cm)을 단위로 하여 2~10이고, X선이나 중성자선·전자선 등의 회절 현상에 의한 결정구조의 분석에 의해 결정된다. 평면의 회절 격자에서는 슬릿(slit)의 중심으로부터 이웃한 슬릿 중심까지의 거리, 또는 홈의 중심으로부터 이웃한 홈의 중심까지의 거리를 말한다. 회절 격자를 사용하여 빛의 스펙트럼을 조사할 때 중요한 상수이다.

격자 에너지 (格子——, lattice energy) 결정 격자의 결합 에너지. 결정을 구성하는 입자(원자, 이온, 분자)로 흐트러지게 하기 위해 외부에서 가하는 에너지와 같다. 이온 격자에 관해서는 이론적으로 계산되어 있다. 즉, 이온 화합물의 격자 에너지는 기체 모양의 양이온과 음이온의 필요수를 무한대의 거리로부터 접근시켜서 화합물을 만드는 경우에 방출되는 에너지에 해당한다. 격자 에너지는 직접 측정할 수가 없다. 따라서 보른-하버의 순환과정을 써서 간접적으로 구한다. 암염형 결정의 격자 에너지(1 mol당의 kcal)는 염화나트륨 184.2, 브롬화나트륨 174.5, 요오드화나트륨 163.9이다. 이온 결정에서는 마테룽 에너지에 약간의 보정을 한 것과 같다.

격자 진동 (格子振動, lattice vibration) 결정을 구성하는 입자(원자, 이온, 분자)의 평형 위치 주위에서 일어나는 미소한 진동. 입자는 서로 힘을 미치면서 진동하므로 입자 배열의 주기성을 반영한 파장으로서 결정 전체에 전해진다. 파수벡터 k가 0일 때 진동수가 0이 되는 음향 모드와 진동수가 0이 되지 않는 광학 모드가 있다. 고체에서 비열 용량의 대부분은 격자 진동에 의해 결정된다. 격자 진동의 파장을 입자상으로 다룬 것을 포논이라 한다.

견뢰도 (堅牢度, fastness) 고착도, 정착도, 안정도라고도 하며, 염료, 안료로 염색 또는 착색된 것이 그 후의 가공, 보존, 사용시에 받는 외부로부터의 영향에 대한 내성. 특히 일광, 물, 용제 및 열 등에 대한 견뢰도가 중요하다.

견뢰도 시험 (堅牢度試驗, fastness test) 견뢰도를 평가하는 시험. 실제 후가공, 보존, 사용 건조하에서 내성을 단시간에 효과적으로 평가하기 위해 실제 조건보다 엄격한 조건에서 하는 시험법으로 KS, ISO 등에 제정되어 있다.

결손 효소 (缺損酵素, apoenzyme) 보결 분자족이 있는 효소의 단백질 부분. 효소에는 단백질 부분만으로는 활성을 나타내지 못하는 것이 있어, 이러한 효소는 단백질 부분과 보효소 부분(또는 보결 분자족)이 결합하였을 때만 효소 활성을 나타낸다. 이 단백질 부분을 결손 효소 또는 아포 효소라 하며, 결손 효소에 보결 분자족이 결합한 효소를 완전 효소 또는 홀로 효소라 한다.

결정 (結晶, crystal) 고체 중, 그 내부를 구성하고 있는 원자, 이온, 분자의 배열이 3차원의 주기성이 있는 것. 이 배열은 주기성에 적합한 대칭성을 가지고 있다. 이러한 주기성과 대칭성 때문에 결정은 몇 가지 광택이 있는 결정면으로 둘러싸이고, 뚜렷한 모가 지며, 대칭적인 형태를 한 것이 많다. 주기성이 없는 고체는 비정질이라 부른다.

결정간 균열 (結晶間龜裂, intercrystalline crack, intergranular crack) 다결정체를 구성하는 결정입자의 입계에 균열이 생성되었거나 생성되고 있는 상태. 열팽창계수의 이방성이나 제2상 입자의 상 변태에 의해 일어나는 경우와 외부로부터 부하되는 기계응력, 열 응력에 의해 일어나는 경우가 있다.

결정 격자 (結晶格子, crystal lattice) 결정의 미시적 구조에 있어 등가인 점을 연결하여 생기는 3차원 격자. 일반적으로 순수한 고체는 결정을 이루고 있으며, 그 결정의 내부에서 몇 개의 구성 단위가 일정한 규칙에 따라 공간 내에 반복하여 배열되어 있는데, 이러한 배열을 공간 격자 또는 결정 격자라 한다. 이 때의 구성 단위로는 이온·원자·분자 또는 원자단 등이 된다. 예를 들면, 철이나 다이아몬드의 경우에는 원자가 각각 공간 내에 배열되어 결정 격자를 갖기 때문에 원자 격자라고 한다. 요오드의 결정이나 이산화탄소의 결정인 드라이 아이스 등에서는 요오드의 분자나 이산화탄소의 분자 등이 각각 구성 단위로 되어 배열되어 있기 때문에 분자 격자라고 한다. 또 보통의 염류, 예를 들면 염화나트륨에서는 양이온인 Na^+과 음이온인 Cl^-이 격자를 이루고 있으므로 이온 격자라 한다. 한편, 결정 격자의 배열상태가 층상으로 되어 있는 것을 층상 격자라 하고, 또 결정구조를 몇 가지로 분류하여 대표적인 것의 이름을 붙여 암염(岩鹽) 격자, 다이아몬드 격자 등으로 부르기도 한다. 결정 격자의 형은 14종 있어, 브라베 격자라 한다.

결정경계 (結晶境界, grain boundary) 　세라믹스나 금속재료 등의 다결정체에 있어 결정 입자 간의 경계. 결정입 내부에 비하여 구조의 난조와 화학성분의 엇갈림이 크고 또 결정경계 및 그 근방에 불순물이 편석하기 쉽다. 결정경계에 기인하여 화학적 성질(결정경계 부식), 강도(결정경계 슬립, 결정경계 파괴), 전기적 성질(쇼트키 장벽의 형성 등)이 변화한다.

결정계 (結晶系, crystal system) 　결정의 대칭성을 고려하면 결정 격자는 삼사정계(三斜晶系), 단사정계, 사방정계, 정방정계, 삼방정계, 육방정계, 입방정계의 7개로 분류된다. 각각을 결정계라 한다.

결정 구조 (結晶構造, crystal structure) 　결정 내의 원자, 이온, 분자의 기하학적인 배치. 결정은 3차원의 주기성이 있으므로 결정 구조는 주기 단위인 단위포의 크기, 그 대칭성을 나타내는 공간군 및 단위포 내의 원자, 이온, 분자의 좌표로 기술된다. 대표적인 결정구조형으로는 암염형(岩鹽形) 결정, 다이아몬드형 결정 등을 꼽을 수 있다. 주로 X선 해석에 의해 결정되며, 다른 입자선(粒子線)을 보조적으로 사용한다. 결정구조는 결정화학의 기초지식으로 되어 있으며, 결정구조를 구하여 광물의 조성을 알게 되는 X선 광물학을 비롯하여, 많은 분야에서 널리 사용된다.

결정구조 해석 (結晶構造解析, crystal structure

analysis) 　⇨ 결정 해석.

결정 마무리 (結晶 ——, crystal lizing finish) 　결정 에나멜을 사용하여 눈꽃 모양의 미려한 결정 모양을 이루는 칠법. 광학기계 등의 외장 마무리 방법으로 이용된다. 결정 에나멜은 건성유의 상건 현상을 이용한 것으로, 오동유 등을 전색제로 사용한다.

결정 바니시 (結晶 ——, crystal varnish) 　오동유를 주 전색제로 한 오일 바니시. 결정 바니시에 안료를 배합한 에나멜로 열처리하면 결정 문양이 나타난다.

결정벽 (結晶癖, crystal habit) 　결정은 그 미시적 구조에 따라 결정되는 특징적인 외형을 보인다. 그러나 결정 성장의 조건(온도, 결정화의 속도, 공전하는 다른 물질 등)에 따라 여러 가지 결정면의 성장속도에 차가 생기며, 이로 인하여 나타나는 다양한 결정 형태를 정벽이라 한다.

결정 성장 (結晶成長, crystal growth) 　기상, 액상(융액, 용액)에서 단결정 혹은 다결정이 형성되어 성장하는 것. 다결정체의 재결정을 지칭하는 경우도 있다. 실용과 이론(성장의 메커니즘 등) 양면에서 연구가 활발해졌다. 결정은 갑자기 큰 것으로 생기는 것이 아니라 작은 것이 생겨 차차 커가는 것이다. 염(鹽)의 진한 수용액을 만들어 방치해 두면 물이 증발함에 따라 그릇의 벽에 미소한 결정이 생기고, 차차 큰 것으로 변하여 간다. 포화용액 속에 미리 씨가 될 미소 결정을 넣어 두면 이 씨를 핵으로 하여 결정은 쉽게 큰 것으로 성장한다. 수용액뿐만 아니라 녹아서 액체상(液體狀)이 된 물질에서도 같은 식으로 결정이 생긴다. 결정은 여러 가지 목적에 이용되므로 오늘날에는 각종 인공 결정을 만드는 연구가 활발해지고 있다. 특히 천연으로는 존재하지 않는 순도 높은 것, 필요한 격자 결함(格子缺陷)이 있는 것, 천연으로는 산출되지 않는 것, 또는 산출이 적은 것 등을 상당히 자유롭게 만들 수 있게 되었다. 인조 다이아몬드, 인조 루비, 인조 수정, 텅스텐 선(線), 게르마늄·실리콘 등의 반도체, 페라이트 등 현대 과학기술에 없어서는 안 될 결정체가 결정 성장의 연구에 의해서 인공적으로 만들어지고 있다.

결정성 흑연 (結晶性黑鉛, crystalline graphite, flake graphite)　흑연 중 결정이 비교적 잘 발달한 비늘모양의 흑연. 인편상 흑연이라고도 한다. 토상(土狀)흑연의 대응어. 천연산과 인조품이 있다.

결정수 (結晶水, water of crystallization)　결정 중에 일정한 화합비로 함유되어 있는 물. 결합의 성질에 따라 결정 격자의 안정화에 필요한 물(격자수), 금속 이온에 배위하여 착이온을 형성하는 물(배위수) 등이 있다.

결정 인상법 (結晶引上法, crystal pulling method)　⇨ 초크랄스키법.

결정자 (結晶子, crystallite)　⇨ 크리스털라이트.

결정장 (結晶場, crystal field)　결정 속에 있는 원자, 이온 혹은 분자상의 전자에 작용하는 힘의 장. 주로 정전적인 힘에 의한 장을 말한다. 금속 착체에 있어 전이금속 이온에 의한 흡수 스펙트럼 자성은 배위자에 의한 정전적인 힘(결정장)을 섭동으로 한 전자 준위의 분열에 의해 어느 정도 설명된다.

결정장 이론 (結晶場理論, crystal field theory, crystalline field theory)　일반적으로는 결정 속의 원자와 이온상의 전자에 작용하는 힘의 장으로서 정전적 힘만을 고려하여 해석하는 이론. 보통은 금속 착체에 있어 금속과 배위자의 결합이 정전적(순이온적)이라 가정하여, 금속의 전자 준위의 분열 및 그 순서를 정하고, 그 흡수 스펙트럼과 자성을 설명한다. 결정장 이론에 공유결합성을 가미한 것이 배위자장 이론이다.

결정 전석 (結晶電析, electrocrystallization)　⇨ 전해 결정화.

결정족군 (結晶族群, crystallographic point group)　결정이 격자 구조를 갖기 때문에 존재하는 대상 요소에 대칭이 있다. 가능한 대상 요소의 조합으로 32개의 점군(대칭조작의 집합)이 생기는데, 이것을 결정족군이라 한다. Schönflies의 기호로 표기한다. 각각의 점군이 각 정족의 대칭성을 표현한다.

결정질 (結晶質, crystalloid)　콜로이드 화학에서 결정이 되는 물질을 크리스털로이드라고도 한다. 확산이 빠르다 1861년 영국의 T. 그레이엄이 콜로이드에 대비시켜 사용한 말이다. 즉 순수(純水) 속에서의 확산속도와 반투막(半透膜)의 투과성 등을 조사했을 때 아교나 단백질 등 한 무리의 물질과, 염화나트륨이나 수크로오스 등과 같은 한 무리의 물질로 나눌 수 있었으므로 전자(前者)를 콜로이드, 후자(後者)를 결정성 물질이라는 뜻에서 크리스털로이드라고 이름 붙였다. 그러나 후에 크리스털로이드라도 단지 결정성 물질이 많을 뿐이며, 용해방법에 따라 콜로이드 용액으로 된다는 것이 밝혀졌다. 따라서 엄밀하게는 결정성 물질의 유무만으로는 콜로이드와 구별할 수 없고 확산성의 대소에서 논해야 한다. 역사적인 용어이다.

결정학 (結晶學, crystallography)　결정의 구조 및 결정의 물리적·화학적 성질을 연구하는 학문. 1912년에 결정에 의한 X선 회절 현상이 발견되어, 결정 속의 원자배열이 해명되기 이전에는 결정의 형태와 광학적 성질의 연구가 중심이었다. 현재는 고체만이 아니라 다양한 물질 연구의 기초자료를 제공한다. 그것은 지각을 구성하고 있는 고체 물질이 대체로 결정질로 구성되어 있지만, 또한 거의 모든 무기 및 유기 화합물들도 결정질 구조를 가지고 있기 때문이다. 즉, 나프탈렌·벤젠·셀룰로오스·단백질·비타민·인슐린 등도 결정질로 되었으며 각종 금속·합금·도자기·건축 재료 등도 결정질로 구성되었다. 또한 인체 내의 혈관과 근육에 생기는 담석도 결정질의 형성과 관계가 있으며, 뼈와 치아도 결정질이다. 따라서 오늘날의 결정학은 이와 같은 모든 결정질 물체의 구조와 그 성질에 관하여 연구하는 분야이다. 결정학을 연구하는 데 있어서 필수적인 도구는 X선 회절장치이며, 각종 사진촬영 방법에 의하여 결정을 구성하는 원자들의 배열 상태를 알아낸다. 이러한 일을 결정구조 분석이라고 한다. 최근에는 전자계산기의 이용으로 결정구조 분석이 간편해졌다. 그러나 좀더 미세한 입자 또는 구조를 밝히기 위해서는 전자회절 실험(電子回折實驗)을 하게 된다. 물질들의 모든 성질은 그 물질을 구성하는 화학원소의 종류와 결정구조에 의하여 결정되기 때문에 결정학은 물질을 다루는 과학에서는 지극히 중요한 학문이며 모든 물질과학의 기초 연구분야이다.

결정 해석 (結晶解析, crystal analysis) 결정 구조를 정하는 것. 결정구조 해석이라고도 한다. 보통은 결정에 X선을 쬐어 회절된 수많은 X선의 방향과 그 강도로 결정 내의 원자 배열을 계산으로 구한다. 회절 X선의 위상이 실험적으로 얻을 수 없으므로 그런 것을 여러 가지 방법으로 추정하는 것이 결정해석의 중심 문제가 된다.

결정형 (結晶形, crystal form) 결정이 갖는 규칙적인 외형. 결정 고유의 대칭성을 반영하여 결정의 외형은 몇 가지 규칙적인 결정면으로 싸여 있다. 각각의 결정면 크기는 결정 생성의 조건에 따라 다르나, 각 면간의 각도는 결정의 종류에 따라 일정한 값으로 정해져 있다.

결정화 (結晶化, crystallization) 액체(용융체) 혹은 용액에서 그 물질의 단결정을 형성하는 것. 응용면에서도 단결정을 필요로 하는 경우가 많으므로 이처럼 한정된 의미로 사용된다. 그러나 유리나 폴리머 등 보통은 비정질인 것이 어떤 조건하에서 부분적 또는 전체적으로 결정성으로 되는 것도 결정화라 한다.

결정화도 (結晶化度, crystallinity, degree of crystallinity) 대부분의 고분자 고체는 결정 부분과 비결정 부분으로 되어 있는데, 이 결정 부분 전체에 대한 비율을 말한다. 결정화도는 고분자의 종류와 구조에 따라 변화할 뿐만 아니라 결정화 온도, 냉각 속도, 외력 등에 따라서도 달라진다. 결정화도의 측정법에는, ① 결정 부분과 비결정 부분의 두 밀노로부터 그 가감성(加減性)을 가정하여 구하는 방법(밀도법, 乳沈法), ② 융해열의 측정에 의한 방법, ③ X선 회절상(回折像)의 강도 분포를 비결정 부분에 의한 회절과 결정 부분에 의한 회절로 분리하여 구하는 방법(X선법), ④ 적외선 흡수스펙트럼의 결정성 대폭(帶幅)의 강도로부터 구하는 방법(적외선법) 등이 있다. 그러나 고분자 고체는 결정과 비결정의 구별이 명확하지 않고 중간 영역을 가지기 때문에 측정법에 따라 결정화도가 달라진다.

결정화 유리 (結晶化——, glass-ceramic) ⇨ 유리 세라믹.

결함수 해석 (缺陷樹解析, fault tree analysis) 각종 시스템의 위험평가에 사용되는 방법의 하나. 1960년대 초에, 미국의 벨 연구소에 의해 인공 위성 발사 시스템의 안전 평가를 위해 개발되고, 이후 전 세계 많은 분야에서 이용되고 있다. 정상사상(頂上事象)이라 부르는 어떤 고장의 원인 요소를 수지상으로 배열하고, 그 사이의 이론적 관계를 AND게이트, OR게이트를 사용하여 명백하게 하는 동시에 각 요소의 발생 확률을 근거로 정상사상의 발생을 정량적으로 예측하는 수법을 말한다.

결합 (結合) (1) bond, bonding, linkage ⇨ 화학 결합. (2) coupling 전자의 궤도 각도운동량, 전자스핀, 핵스핀 간의 상호작용을 기술할 때에 사용된다. 핵자기 공명에서, 스핀-스핀 결합과 스핀과 궤도 각운동량에서 전 각운동량을 구할 때의 LS 결합처럼 사용된다.

결합각 (結合角, bond angle) 주로 분자구조의 기술에 사용된다. 분자 혹은 착이온 중에서 어떤 원자의 두 결합이 이루는 각도. 원자가각이라고도 하지만, 현재는 결합각이 일반적이다. H_2O의 경우에는 결합각이 $104°\,30'$로 알려져 있으며, 이산화탄소 $O = C = O$ · 시안화수소 $H-C\equiv N$ · 아세틸렌 $H-C\equiv C-H$ 등의 분자에서는 모든 결합각이 $180°$이다. 또 포화 탄화수소 등에서는 탄소 사이의 결합의 원자가 각은 거의 모두 $109°\,28'$이다. 이러한 결합각은 원자가 전자 오비탈과 긴밀한 관계가 있다. s전자의 고유함수 중에서 거리 부분을 제외한 방향 부분은 구대칭(球對稱)을 이루고 있으니 p진자는 직각 쇄묘의 3축 방향으로 뻗은 형태를 가지고 있다. 예를 들면, 황화수소 H_2S에서 황원자의 부대전자는 2개의 p전자이며, 그것이 서로 직각으로 뻗어 있다. 거기에 수소원자의 s전자가 겹치므로 결합각은 당연히 서로 직각이 된다. 이와 같이 하여 생긴 결합을 p^2 결합이라 하며, 황화수소의 결합각은 실측(實測)으로 $92°\,12'$이다. 마찬가지로 암모니아 NH_3에서는 부대전자가 3개의 p전자이므로 p^3결합을 만들며, 결합각은 서로 직각이 되어야 하지만 실측으로는 $106°\,42'$이다. 이것은 치환기 사이의 반발력의 영향으로 설명할 수 있다.

결합 거리 (結合距離, bond distance) 넓은 의미의 화학결합을 하고 있는 원자간의 핵간 거리. 단, 수소결합 X–H⋯Y의 경우는 X와 Y의 핵간 거리를 지칭하는 것이 보통이다.

결합 고무 (結合——, bound rubber)　미가황 고무에 충전제를 혼련하면 충전제 표면에 고무가 결합하여 고무를 녹이는 용매에도 추출될 수 없게 된다. 이러한 상태가 된 미가황 고무를 말한다. 바운드 러버라고도 한다. 충전제가 카본 블랙인 경우는 카본 겔이라 불린다.

결합 교대 (結合交代, bond alternation)　불포화 공역 탄화수소와 그 유도체에서, 단결합과 이중결합의 길이가 뚜렷하게 구별할 수 있는 경우를 말한다. 결합 교체라고도 한다.

결합 길이 (結合——, bond length)　⇨ 결합 거리.

결합 모멘트 (結合——, bond moment)　분자의 골격을 구성하는 화학결합에서 결합에 관계되는 전자가 결합한 원자의 어느 한 방향으로 보다 강력하게 끌리어 결합 간에 전하의 기울기가 생기는데 이 기울기의 크기(극성)를 표시하는 물리량을 말한다. 결합 부분의 쌍극자 모멘트라고도 할 수 있다. 분자 내의 모든 결합 모멘트가 알려져 있으면, 이러한 스펙트럼의 합으로써 분자 전체의 쌍극자 모멘트를 얻을 수 있다.

결합 반지름 (結合半徑, bond radius)　화학결합하고 있는 2개의 원자에 할당된 고유한 상수의 합으로서 결합거리를 추정할 수 있는데 이 값을 결합 반지름이라 한다. 그러나 상세한 분자구조의 자료가 집적된 결과 결합거리가 다양한 효과에 의해 미묘하게 변화하는 것이 알려졌으므로 결합 반지름으로 결합거리를 계산하는 것은 일반적이지 못하다.

결합 상수 (結合常數, coupling constant)　스핀-스핀 상호작용의 정도를 나타내는 상수로서 Hz로 나타낸다. 스핀-스핀 상호작용은 핵자기공명 스펙트럼의 분열로서 관측되므로 결합상수는 그 분열의 크기로 구할 수 있다.

결합성 궤도(함수) (結合性軌道(函數), bonding orbital)　분자궤도법으로, 2개 이상의 원자궤도(함수)의 조합으로 구성된 (분자)궤도(함수)의 어느 것보다도 낮은 에너지를 갖는 궤도(를 나타내는 함수). 구성 원자의 원자궤도(함수)보다 안정된 궤도를 결합성 궤도(함수), 불안정하면 반결합성 궤도(함수), 거의 같으면 비결합성 궤도(함수)로 분류한다.

결합수 (結合水, bond water)　결정, 수용액, 겔, 생체조직, 토양속 등에서 구성성분에 결합하여 있는 물. 일반 액체의 물을 자유수라 하는 데 대응해서 사용하는 용어. 각종 물질이 물과 결합하는 현상을 수화(水和)라고 한다.

결합 에너지 (結合——)　(1) bond energy 분자의 안정화 에너지를 각 결합에 분배한 에너지. 일반적으로 단결합, 이중 결합, 삼중 결합의 순으로 크게 된다. (2) binding energy 이원자 분자 결합의 퍼텐셜 에너지 곡선의 골 깊이에 상당하는 에너지. 해리 에너지에 제로점 진동의 에너지를 가한 값과 같다.

결합 원자 (結合原子, united atom)　2원자 분자의 핵간 거리 R이 0의 극한에서 2개의 핵을 가상적으로 결합하여 얻어지는 원자. R→∞의 극한은 분리 원자라 한다. 예를 들면 수소분자의 $1\sigma_g$, $1\sigma_u$ 궤도는 헬륨의 s p궤도가 된다. 2원자 분자의 궤도형과 에너지가 핵간 거리와 함께 어떻게 변화하는가를 상관도를 사용하여 예상할 때에 사용되는 개념이다.

결합 음 (結合音, combination tone)　다원자 분자의 진동 에너지 준위에는 i번째, j번째의 기준 진동에 대하여 각각 양자수 V_i, V_j를 갖는 것이 있다(V_i, V_j는 1 이상의 정수). 이러한 에너지 준위와 기저상태 간의 천이를 결합음이라 한다. 3개 이상의 기준 진동이 관계하는 결합음도 있다.

결합 이성질 (結合異性質, linkage isomerism)　2종 이상의 배위 원자를 갖는 배위자가 금속 원자에 배위할 때, 배위 원자가 다르기 때문에 일어나는 이성질 현상. 연결 이성질이라 부르는 일도 있다. 예를 들면, NO_2^-가 N 또는 O에 의해 배위하여 생기는 니트로 착물 $[Co(NO_2)(HN_3)]_5^{2+}$ 및 니트리드 착물 $[Co(ONO)(NH_3)]_5^{2+}$는 결합 이성질의 관계에 있다.

결합제 (結合劑, binder, bonding agent)　제약, 촉매 등의 분야에서 분말을 성형할 때 시료에 탄력성과 점착성을 부여하여 제품의 강도를 증가하기 위해 첨가하는 물질. 또 요업 분야에서는 시료를 소결 또는 성형할 때에 제품의 강도를 증가하기 위해 첨가하는 물질을 지칭한다.

결합 차수 (bond order)　공유결합에 관여하는 전자의 수를 나타내는 양. 그 수가 2, 4, 6개인 것을 각각 단결합, 이중결합, 삼중결합이라 한다. 불포화 탄화수소의 경우는 결합 rs에 대한 π전자의 분자 궤도 계수 C_{nr}과 C_{ns}를 써서 정의한 $P_{rs} = 2 \sum_{n=1}^{occ} C_{nr} C_{ns}$ (occ는 피점 궤도)라는 양(≤ 1)을 π전자의(Coulson의) 결합 차수라 한다. 단, 이것과는 상이한 정의의 결합 차수 (Pauling, Ham Ruedenberg, 토폴로지적 등) 도 있으므로 주의가 필요하다.

결합 타닌 (結合——, combined tannin)　피질분에 결합한 타닌. KS에서 결합 타닌=100−{수분(%)+불용성 회분(%)+지방분(%)+가용성 회분(%)+피질분(%)}로 정의되어 있다. 무두질도(유제도) 산출에 사용된다.

결합 해리 에너지 (結合解離——, bond dissociation energy)　⇨ 해리 에너지.

결합 황량 (結合黃量, amount of combined sulfur)　⇨ 가황 계수.

겹빛살 분광계 (—— 分光計, double beam spectrometer)　시료의 흡광도를 직접 표시하는 분광계. 광원에서의 광속을 둘로 분리하여 하나를 참조측, 다른 하나를 시료측으로 하여 두 광속을 회전경 등을 고안하여 서로 분광기에 입사하도록 하여 시료에 의한 흡수에 비례한 신호를 인출하여 투과율을 표시한다.

겹치기 적분 (重疊積分, overlap integral)　2개의 파동함수 ϕ_i와 ϕ_j의 곱 $\phi_i\phi_j$를 이 파동함수의 변수(입자의 공간좌표나 스핀좌표)에 대하여 전 공간에 걸쳐 적분한 값. 두 원자간에 공유결합이 되기 위해서는 상이한 원자에 속하는 원자궤도 간의 겹치기 적분이 커야 할 필요가 있다.

경계 윤활 (境界潤滑, boundary lubrication)　윤활유의 후막의 두께가 수 분자에서 수십 분자의 층($10^3 \sim 10^2$Å)인 윤활 조건에서, 금속 표면에 미시적인 융착이 생겨 유체막, 경계막, 금속 접촉부가 혼재하여 하중을 분담하게 되는 상태가 되는 것. 이 상태에서는 경계층이 파괴되어 부분적으로 고체 간의 접촉이 일어나므로 마모가 늘고 늘어 붙을 위험도 있다. 그러나 건조 마찰에 비하면 마찰계수는 매우 작다. 순수한 액체 윤활 상태는 실현 곤란하며 적어도 부분적으로는 경계 윤활 상태로 되어 있는 것이 일반적인 상태이다. 여기서 말하는 경계층은 유체역학에서 말하는 경계층과는 다르며, 계면화학의 대상이 되는 단분자 혹은 다분자 층의 흡착막이다.

경계층 (境界層, boundary layer)　관내의 유동 혹은 흐름 속에 물체가 놓여 있는 경우, 유체의 속도는 점성으로 인하여 물체 표면에서는 제로가 되고, 물체의 표면 근방에서 매우 큰 기울기가 있는 속도 분포가 생긴다. 이처럼 물체 표면 근방의 속도 기울기가 크고, 점성의 영향을 무시할 수 없는 얇은 층을 경계층이라 한다.

경구 흡착제 (經口吸着劑, oral administration adsorbent)　소화기관 내에서 불필요 물질을 흡착하여 대변으로 배설하는 것을 목적으로 한, 경구적으로 투여하는 흡착제. 알루미나, 이온교환 수지가 잘 알려져 있다. 최근, 만성 신부전 환자에서 함질소 대사산물을 제거하기 위한 산화녹말 등이 검토되고 있다.

경금속 (輕金屬, light metal)　비교적 밀도가 작은 금속으로 중금속에 대응하는 용어. 비중 4 이하(3 이하, 5 이하로 하는 경우도 있다)의 금속을 가리키지만 엄밀한 구분은 없으며, 알칼리 금속, 베릴륨, 마그네슘, 알루미늄 등을 가리키는 경우가 많다. 이 중에서 가장 빨리 실용화된 것은 알루미늄으로, 20세기 초 두랄루민이라고 하는 강력 합금이 발명되었는데, 같은 중량당의 강도가 일반용 강재의 3배 가까이나 되어 때마침 발달하기 시작한 항공기의 발전에 크게 기여하였다. 그 후에 다시 비중이 가벼운 구조 재료가 필요하게 되어 마그네슘이 공업적으로 생산되어, 여러 가지 강력한 마그네슘 합금을 만들어냈다. 그러나 이 2가지 경금속은 녹는점이 낮아(알루미늄 660℃, 마그네슘 650℃) 300℃ 정도에서 장시간의 압력에 약하고, 사용하기에 적합하지 않아, 이보다 녹는점이 높은 경금속이면서 중량당 강도가 우수한 것을 바라게 되었다. 그 결과 1940년대 중반부터 티탄이 공업적으로 생산되어 여러 가지 티탄 합금이 사용되면서 오늘날 초음속 항공기의 생산이 가능해졌다. 베릴륨은 가공해서 얇은 판으로 한다든가, 완성된 판을 구부려도 갈라지지 않을 정도의 점도(粘度)를 가지도록 개량하는 데 시간이 걸리기는 하였으나 1960년대 중반에는 우주개발용을 비롯하여 항공용으로도 사용하게 되었다. 또 베릴륨은 열중성자(熱中性子)를 흡수하지 않으므로 원자로의 구조재로서도 우수하다.

경납 (硬鉛, hard lead)　납합금의 일종으로 납이 연하므로 안티몬을 소량(1〜10%) 가하여 견고하게 한 것. 안티몬이 비교적 적은 합금은 판·관 등으로 가공되고, 안티몬이 많은 합금은 주물용(鑄物用)으로 사용된다. 예를 들면, 안티몬 1% 정도의 합금은 케이블 연피재료(鉛皮材料), 안티몬 약 4%의 합금은 화학장치·소총탄(小銃彈), 안티몬 약 6% 이상의 합금은 내산(耐酸)밸브·콕 등에 사용된다. 담금질한 합금은 시효경화(時效硬化)하는데, 첨가하는 안티몬의 순도가 높으면 이 경화가 억제된다. 납－안티몬 합금은 납에 비하여 기계 강도가 높지만 부식(腐蝕)성은 납과 비슷하다. 납－4% 안티몬 합금판의 기계적 성질은 냉간압연상태(冷間壓延狀態 : 95%)와 담금질한 상태에서 각각 인장강도 $3\,\mathrm{kg/mm^2}$, $8\,\mathrm{kg/mm^2}$, 신장 48%, 6%, 브리넬 굳기 8.1, 24이다.

경납땜 (硬鉛——, brazing)　금속끼리를 접합할 때에 사용하는 방법의 일종으로 두 금속보다도 녹는점이 낮은 금속이나 합금을 용융하여 그것을 두 금속의 접촉 부분에 붙인다. 땜 금속은 접합하려는 금속 중에 확산하거나 합금을 형성하여 양 금속을 접합한다. 납땜, 은납땜 등이 잘 알려져 있다.

경도 (硬度, hardness)　(1) 물 속에 함유되는 Ca^{2+}, Mg^{2+}의 용존량을 나타내는 값. 이들 용존 이온양을 $CaCO_3$으로 환산하여 물 리터당의 mg으로 나타낸다. (2) 물체의 단단함의 정도(부드러운 정도)를 나타내는 용어. 정량적으로 정의하기는 어렵고, 실제로는 강철이나 다이아몬드의 입자 등을 일정한 힘으로 눌렀을 때 파인 부분의 크기(빅커스 경도), 혹은 일정 높이에서 공을 떨어뜨려 튕기는 높이에 의해 비교하는(쇼어 경도) 경우가 많다. 또 표준적으로 선정한 광물로 상처를 내어 결정하기도 한다(모스 경도, 록웰 경도). (3) 입자선, 전자파의 투과력 등을 나타낼 때에 사용하는 일이 있다. 예를 들면 경X선과 연X선 등이다.

경랍 (鯨蠟, spermaceti)　향유고래 등의 머리 부분에 존재하는 기름을 냉각, 압축하여 얻어지는 황색의 비린내가 나는 고체랍. 정제품은 백색 무취인 납과 비슷한 모양을 한 덩어리이다. 녹는점 40〜50℃, 비중 0.89〜0.92. 파르미틴산세틸을 주성분으로 하며, 그 외에 각종 지방산과 알코올과의 에스테르, 글리세리드를 소량 함유한다. 글리세리드 함유량은 약 5%, 비누화값 120〜135, 요오드값이 약 5이다. 이것에 함유된 에스테르류를 비누화하여 얻는 혼합 알코올도 같은 목적에 사용된다. 양초, 화장품용으로 사용된다.

경량 콘크리트 (輕量——, light-weight concrete)　보통 콘크리트보다 단위 용적당의 중량이 작은 콘크리트. 단위 용적당의 중량을 작게 하는 방법으로서는 경량 골재를 사용하는 외에 기포제를 사용하여 콘크리트 내의 기포를 많게 하는 방법 등이 있다. 건축공사 표준 시방서에는 기건 단위용적 중량이 1.4〜20 $\mathrm{tm^{-3}}$의 콘크리트를 지칭한다.

경막 계수 (境膜係數, film coefficient)　열이동 또는 물질 이동이 고체-유체 또는 유체-유체 간의 계면을 통해 발생할 때 계면을 따라 경막을 가정하고, 이 계면에 수직인 열 또는 물질의 이동 유속이 경막 양단의 온도 또는 농도 추진력에 비례한다고 하였을 때의 비례계수. 이 계수는 열이동에 대해서는 환경 전열계수, 물질 이동에 대해서는 환경물질 이동계수라 한다.

경막물질 이동계수 (境膜物質移動係數, film coefficient of mass transfer)　⇨ 경막 계수.

경막삼투설 (境膜滲透說, film-penetration theory)　이상 간의 물질 이동, 특히 액상의 물질 이동에 대해 Toor과 Marchello(1958년)에 의해 제안된 학설. 난류에서 접촉하는 기체-액체 계면의 액상에 액경막을 가정하고, 이 액경막을 비정상 확산함으로써 물질 이동이 이루어진다고 하였다. 경막설, 삼투설 및 표면 갱신설은 모두 이 이론의 극한적인 경우에 해당한다.

경막설(境膜說, film theory) 이상 간의 열 또는 물질 이동에 있어, 유체상의 계면 근방에 경막을 가정하고, 열 또는 물질 이동에 대한 저항이 이 경막 내에 집중하여 존재한다고 하는 학설. 경막 외측의 유체상 본체에서는 교란이 충분히 존재하고, 온도 및 농도 분포는 근사적으로 균일하다. 또 경막 내에서는 정상적인 이동과정이 생긴다고 가정하고 있다.

경막 저항(境膜抵抗, film resistance) 경막 내에서의 열이동 또는 물질 이동이 일어나기 어려움의 정도를 나타내는 것으로, 경막계수의 역수로 부여된다. 경막설에 따르면, 이상 간에 걸친 총괄적인 열이동 또는 물질 이동 저항은 기준이 되는 상의 경막저항과 다른 상에서의 기준상과 등가인 경막저항의 합으로 주어진다.

경막 전열계수(境膜電熱係數, film coefficient of heat transfer) ⇨ 경막 계수.

경막 정착액(硬膜定着液, hardening fixer) 사진 감광재료의 현상처리에 사용하는 경막제를 함유한 정착제. 보통 사용하고 있는 정착액은 거의가 경막정착액이며, 경막제는 황산알루미늄이나 칼륨명반이 일반적이다. 화상막이 경화되어 물리적 강도가 부여된다.

경막제(硬膜劑, hardener, hardening agent) 젤리틴 분자를 가교하여 사진 삼광막을 경화시키는 화합물. 대표적인 것으로는 사진 감광재료를 제조할 때 사진유제에 첨가하는 비닐술폰 화합물, 알데히드 화합물 등, 혹은 현상처리시에 사용하는 칼륨명반과 포름알데히드 등이 있다.

경사 (날실) 나염(經絲捺染, warp printing) 사전에 문양을 날염한 다음 직제하여 선염(先染)과 마찬가지 염색결과를 간단하게 얻을 수 있는 방법. 직제(織製) 전의 정경(整經)한 경사에 인날하는 것과 가직한 천에 인날한 후 해체하여 다시 경사로 사용하는 것이 있다.

경사 용리(傾斜溶離, gradient elution) ⇨ 기울기 용리.

경석고(硬石膏, anhydrite) 황산칼슘 무수화물 $CaSO_4$의 광물명이다.

경소(輕燒, dead burning) ⇨ 사소(死燒).

경소 마그네시아(硬燒 ——, light-burned magnesia) 탄산마그네슘이나 수산화마그네슘을 저온(700~1,400℃ 정도)에서 소성하여 얻게 되는 산화마그네슘(마그네시아)을 말한다. 가소마그네시아라고도 한다.

경수(硬水, hard water) 센물. Ca^{2+}와 Mg^{2+}를 다량 함유하는 물. 판정에는 보통 독일경도를 사용한다. 이것을 물 100 ml에 1mg의 CaO를 함유할 때를 1도로 하고, CaO/MgO = 1/1.4로 환산하여 20도 이상을 경수, 10도 이하를 연수라 한다. 지하수는 보통 세기가 커서 경수에 가깝고, 빗물은 세기가 작아 연수의 경우가 많다. 또 경수는 공업용수로서는 부적당하며, 특히 보일러에 쓰면 관석(罐石)이 생겨 보일러의 효율을 저하시킬 뿐 아니라 위험하다. 또 비누를 사용할 때에 경수를 쓰면 거품이 잘 일지 않아 세척 효과가 줄어든다.

경수(輕水, light water) ^1H 및 ^{16}O로 구성된 물. 중수에 대응하는 용어. 그러나 통상의 물을 중수와 구별하여 경수라 하는 경우가 많다. 경수는 중수에 비해서 중성자 흡수 단면적이 훨씬 크지만 손쉽게 대량으로 얻을 수 있는 장점이 있어 원자로의 감속재·냉각재·반사재·차폐재(遮蔽材) 및 콘덴서의 냉각재 등으로 널리 쓰인다.

경수 연화제(硬水軟化劑, water softener) 경수 중의 칼슘이나 마그네슘을 침전시키거나, 이온교환으로 제거하든가, 킬레이트를 형성하여 이온으로서의 작용을 봉쇄하는 등의 작용을 하는 물질을 말한다.

경유(輕油, gas oil, light oil) 원유의 증류시에 등유에 이어서 유출하는 끓는점 약 200 ~ 400℃인 유분의 총칭. 옛날에 수성 가스의 증열용 분해 가스의 원료였으므로 gas oil이라 했었다. 그러나 영국에서는 light oil이라 한다. 디젤엔진 연료로 사용되는 외에 감압 증류로 회수되는 감압경유는 다시 탄소원자수가 적은 탄화수소에 대한 접촉 분해에 사용된다.

경자성(硬磁性, hard magnetism) 히스테리시

스 곡선에서 보자력 및 잔류 자속밀도가 크고 자기 에너지 곱이 큰 자성. 연자성에 대응하는 용어이다. 외부 자장을 인가하여 한번 자화하면 외부 자장이 없어도 자화가 좀처럼 소실되지 않는다. 탄소강, 알니코, Ba(Sr)페라이트, $SmCo_5$, $Nd_2Fe_{14}B$ 등의 경자성 재료는 영구자석으로 사용된다.

경쟁 반응 (競爭反應, competitive reaction) 두 가지 형태 이상의 반응이 동시에 병행적으로 진행하는 것. 벤젠 치환체의 니트로화에 있어 $o-$, $p-$ 혹은 $m-$ 자리의 치환반응이 경쟁적으로 일어나는 것은 전형적인 예이다. 이것과 대조적인 반응이 축차반응이다.

경쟁 저해 (競爭沮害, competitive inhibition) 효소에 대해서 기질과 저해제가 서로 다투는 것 같은 저해. 기질의 농도를 유사체의 농도보다 높이면 활성이 회복되는 특징이 있다.

경쟁적 저해제 (競爭的沮害劑, competitive inhibitor) 효소반응에 있어, 효소의 활성 중심에 기질과 경쟁적으로 결합하는 화합물, 저해제의 분자구조는 기질의 분자구조와 유사하다. 저해의 정도는 기질과 저해제와의 상대농도에 의존한다. 숙신산 탈수소 효소의 경우 말론산, 말레산의 경쟁적 저해제가 된다.

경쟁 흡착 (競爭吸着, competitive adsorption) 상이한 화학종이 동일 표면(계면)에 경쟁적으로 흡착하는 것. 동일 표면상이라도 각각의 화학종이 따로따로 특정한 흡착 자리를 선택하고 흡착하여, 서로 흡착 자리를 침범하지 않는 경우에는 이에 해당되지 않는다.

경정 배양 (莖頂培養, shoot tip culture) 식물의 엽아에서 경정 분열조직에 소수의 엽원기가 있는 부분을 적출하여 슈트와 뿌리가 있는 완전 식물로 육성하는 배양. 이 기술로 모수(母樹)와 유전적으로 동일한 식물을 만들 수 있다. 무바이러스 식물을 육성하는 것도 가능하다.

경질 고무 (硬質 ——, hard rubber) 견고하나 굴곡성이 부족한 가황 고무로 연질고무에 대응해서 말한다. 원래 다량의 황(30~50 %)을 가하여 가황하여 얻어지는 에보나이트를 지칭하였다. 그러나 첨가하는 황이 소량(0.5 ~ 5 %)이라도 다량의 충전제를 배합하는 것으로 경질 고무가 생기므로 현재는 경도 90정도 이상을 경질 고무, 70~80을 준경질 고무, 그 이하를 연질 고무로 분류한다.

경질 나프타 (輕質 ——, light naphtha) 원류를 증류하여 얻는 나프타 중, 끓는점이 약 100℃ 이하인 경질 가솔린. 가솔린 조합용 이외에 에틸렌 제조 원료로 적합하다. 천연 가스액도 성분적으로는 경질 나프타에 해당한다.

경질 도자기 (硬質陶磁器, hard porcelain) 소지의 주성분을 카오린, 장석, 석영으로 하고, 1,350℃ 이상의 고온도에서 소성한 자기. 경자기라고도 한다. 외관은 희다. 소지는 치밀하고 매우 견고하며 액체는 삼투되지 않고 플루오르화수소산 이외의 산에 침식되지 않는다. 도기에 있어서 굳힘구이는 고온에서, 윗그림구이는 저온에서 이루어지는 데 반하여 경질 자기는 저온에서 초벌구이를 한 다음 유약칠을 하고, 다음에 1,350~1,435℃의 고온에서 참구이를 한다. 얻어지는 소지(素地)의 표준적인 시성분석(示性分析)값은 고령토(kaolin)의 화학조성에서 수분을 제외한 점토 물질 50 %, 석영(石英) 25 %, 장석 25 %이다. 표준 조성에 대하여 점토 물질을 65 %까지 늘리면 열적(熱的)·화학적·기계적 강도가 증가한다. 특정한 입경(粒徑)을 갖는 석영의 함량을 50 %로 늘리면 기계적으로 강한 자기를 얻게 된다. 장석의 함량을 조금 늘리면(26 %), 전기적 파괴 전압이 높아지므로, 애자(碍子)의 재료로 알맞다.

경질비누 (硬質 ——, hard soap) ⇨ 소다 비누.

경질 유리 (硬質 ——, hard glass) 저열 팽창 계수, 고연화점에서 내수성이 뛰어난 유리의 총칭. 붕규산염 유리 및 알루미노규산염 유리 등이 있으며 이화학용, 화학플랜트용, 의료용, 조리용 등에 사용된다. 굳기는 긁기 시험이나 충격마모 시험에 의한 수치로 비교했을 경우, 칼륨석회유리나 소다석회유리의 3~4배가 된다. 모스굳기로 말하면 6~7 정도가 된다. 미국 코닝사(社)의 파이렉스(Pyrex)라고 하는 특수 유리는 대표적인 경질 유리(붕규산 유리)이다. 또 미국 팔로마산(山) 천문대의 200인치(508 cm) 반사망원경의 반사경에도 이런 종류의 유리를 사용하였다.

경질 점토 (硬質粘土, hard clay) 점토(클레이)

중, 입자 지름이 0.4 μm 이하의 것을 80 % 이상 함유하는 것을 말한다. 강보성이 있으므로 고무의 보강제로 사용되는 경우도 있다.

경질 피치 (硬質 ——, hard pitch) 환구법(環球法)에 의한 연화점이 85℃ 이상인 피치. 탄화 수율은 연피치, 중피치에 비해 높고, 피치 코크스의 원료로, 또한 점결제로 널리 사용되고 있다.

경첩 영역 (—— 領域, hinge region) 면역 글로불린 분자 내의 유연하고 프롤린이 많은 부분. 항원과 반응하면 이 부분이 경첩 작용을 하여 Y자형으로 확대된다.

경탄 (硬炭, hard coal, steam coal) 원료탄은 일반적으로 연하고 분쇄되기 쉬우나 그 이외의 일반탄은 견고하고 분쇄되기 어렵다. 이러한 일반탄을 경탄이라 한다.

경피 소자 (經皮素子, percutaneous device) 생체 내의 정보를 전기적으로 연속 계측하거나 카테르에 의해 체내와의 물질 수송을 할 때 피부를 통하여 사용하는 소자. 혈당값을 모니터하는 글루코오스 센서가 대표적이다. 경피 소자에 의한 경피부에서의 감염 방지책도 중요한 과제이다.

경피흡수 시스템 (經皮吸收 ——, transderma therapeutic system) 경구, 주사 투여 대신에 피부를 통하여 약물을 삼투 흡수시켜 투여하는 약물 제방 시스템. 단지 피부에 바르기만 하여도 혈중의 약물 농도를 일정하게 유지할 수 있는 등의 이점이 많다. 협심증약 니트로글리세린 등을 첨부한 테이프 등이 임상 응용되고 있다.

경피흡수 촉진제 (輕皮吸收促進劑, penetration enhancer) 경피흡수 시스템에서, 난흡수성 약물을 투여하는 경우에 약물과 함께 사용되는 흡수를 촉진하는 물질. 외부로부터의 물질 침입에 대해 장벽이 되는 피부의 표면층에 작용하여 약물의 투과를 촉진한다. 디메틸술폭시드, 계면 활성제 등이 알려져 있다.

경합금 (輕合金, light alloy) 경금속을 주체로 하는 합금의 총칭. 보통 강철(비중 약 7.9)보다 가벼운 것을 말한다. 마그네슘 합금(비중 약 2), 알루미늄 합금(비중 약 3), 티탄 합금(비중 약 4.5) 등. 합금이 만들어진 본래이 목

적은 항공기용으로 중량에 대한 강도가 큰 것이 필요했기 때문이었다. 그러나 이 합금이 완성되자 선박·차량 등 교통기관의 구조재·휴대용 사다리, 쌍안경·카메라의 몸체 등에도 사용되었다. 처음의 경금속(알루미늄·마그네슘)은 대기 속, 특히 염분이 있는 환경에서 내식성이 나빴기 때문에 용도가 제한되었으나 알루미늄은 먼저 알루마이트 처리가 발명되어 주방용품으로 진출하였다. 그동안에 마그네슘을 첨가한 히드로날륨이라는 내식성이 좋은 합금이 만들어져 용도가 넓어졌다. 알루미늄 합금 중에서 구리·마그네슘을 첨가한 두랄루민이 강도가 가장 강하지만, 내식성이 나빠 창틀 같은 오랜 기간 사용하는 건축용재에는 마그네슘·규소를 첨가한 합금이 사용된다. 마그네슘과 아연을 첨가한 속칭 삼원 합금은 용접한 부분의 강도가 떨어지지 않으므로 차량의 구조재로 많이 사용된다. 카메라 부품이나 기계류에는 마그네슘 합금의 주조품이 사용된다. 그러나 마그네슘은 내식성에서 아직도 용도가 제한되고 있으며, 주로 다이캐스팅 주물에 의해 경량의 물품을 만들거나 자동차 부품의 주물로 사용된다. 마그네슘의 또 다른 용도는 콜더홀형 발전용 원자로의 우라늄 원료를 넣는 외장재료(外裝材料)와 판재로서 토륨·지르코늄과 희토류 원소 등을 넣은 내열 마그네슘 합금으로 항공우주개발 관계의 구조재로 사용한다. 알루미늄과 마그네슘은 녹는점이 650~660℃, 그 합금은 200~300℃ 이상에서 강도를 기대하기 어려우므로 녹는점이 높은 경금속으로 티탄과 베릴륨이 사용되어 각각의 합금을 민든다. 티탄 합금은 8 % 망간 합금에서 시작되어, 오늘날은 6 % 알루미늄과 4 % 바나듐의 합금이 더 많이 사용되고, 보다 강력한 합금도 만들어진다. 베릴륨 합금으로 유명한 것은 다량의 알루미늄을 첨가한 로칼로이이다.

경화 (硬化) (1) hardening 원료 유지를 수소화하여 글리세리드의 불포화 부분을 포화시켜 경화유로 하는 것을 말한다. (2) hardening 시멘트와 석고 등의 수경성 물질은 물과 반응하여 응결하는데, 응결에 이어 강도를 발현하는 것을 말한다. (3) cure, curing 고분자에서는 열경화성 수지 등의 프레폴리머가 가

열에 의해 3차원 그물눈을 형성하여 경(硬)
플라스틱으로 변하는 반응을 말한다.

경화 건조 (硬化乾棗, dry hard)　액상물을 도
포하여 고형 피막을 작성하는 것이 도료인
데, 이 솔-겔 과정의 진행 정도를 표현하는
용어. 견고한 도막을 형성할 때까지 경화가
진행되고 있는 것을 나타낸다. 경화 과정을
지칭하는 경우도 있다.

경화유 (硬化油, hardened oil)　불포화 지방산
함량이 많은 액체유를 수소화하여 고체상의
유지로 한 것. 식용 경화유는 마가린, 쇼트닝
등, 공업용 경화유는 비누, 초, 스테아르산 등
의 원료로 사용된다. 수소화 촉매에는 보통
니켈이 사용되나 니켈-구리, 구리-크롬 등도
사용된다. 원료유(原料油)에 비하여 냄새가
없고 녹는점이 높으며, 비누화값과 요오드값
은 저하되어 매우 안정된다. 녹는점과 불포
화도는 대체로 반비례한다. 원료유로 어유·
콩기름·면실유·야자유·올리브유·땅콩
기름 등이 쓰인다. 공업적으로는 촉매로서
니켈의 미분(微粉)을 섞은 원료유를 철제의
직립원통형(直立圓筒形)인 경화관(硬化罐)에
넣고, 150~200℃에서 가압(加壓)상태하에
수소를 통하고, 기름과 촉매를 관의 상하로
순환시킨다. 대부분은 회분식(回分式)이지만
연속식(連續式)의 장치도 쓰이고 있다. 또 반
응 조건을 적당히 조절하면 원료유의 특정한
불포화 부분에 대하여 선택적으로 수소를 첨
가할 수 있다. 이 방법으로 얻은 것을 반경화
유(半硬化油)라고 하는데, 경화유에 비하면
이소올레산 글리세리드의 함유량이 많다. 그
리고 경화유를 가수분해하면 고체 지방산과
글리세롤을 얻게 되는데, 전자는 양초의 제
조 원료가 된다. 콩기름·면실유·땅콩기름
등에서 얻는 반경화유는, 이소올레산 글리세
리드가 풍부하다.

경화제 (硬化劑, curing agent)　열경화성 수지
에 첨가하여 반응시킴으로써 그 수지를 3차
원 그물눈구조화하여 경화시키는 기능이 있
는 물질. 에폭시 수지의 경화제처럼 경화 후
수지의 분자 골격 성분이 되는 것과, 경화반
응을 촉진하는 촉매가 되는 것의 두 가지
유형이 있다. 페놀 수지에 사용하는 헥사메
틸렌테트라민, 에폭시 수지에 사용하는 아
민류(類)·폴리아미드 등이 대표적이다. 같

은 수지라도 사용하는 경화제의 종류·양에
따라 제품의 물성(物性)이 달라진다. 경화를
촉진하거나 가열 경화반응을 상온 경화반응
으로 바꾸는 약제를 경화 촉진제라고 한다.
불포화 폴리에스테르 경화에 유기과산화물
과 같이 사용하는 3급 아민 등이 대표적인
예이다.

곁 사슬 (side chain)　탄소 원자가 규칙적으
로 이어져 사슬 모양으로 된 것을 곧은 사
슬이라 하고, 곧은 사슬 모양의 탄소 원자에
서 가지가 갈라져 이어져 있는 탄소 사슬을
곁 사슬이라 한다. 또한 고리식 화합물의 고
리를 구성하는 원자에 탄소 사슬이 결합하
여 있는 경우도 곁 사슬이라 한다. 메틸기
는 가장 간단한 곁 사슬이다.

계간 교차 (系間交差, intersystem crossing)
⇨ 항간 교차.

계관석 (谿冠石, realgar)　비소의 황화물이며
주성분은 AsS. 빛에 의해 서서히 변질하여
황색의 석황 As_2S_3으로 변한다.

계단식 임팩터 (階段式 ——, cascade impact-
or)　⇨ 캐스케이드 임팩터.

계면 (界面, interface)　기체, 액체, 고체 중 2
개의 상이 접할 때 상과 상 사이에 형성되
는 경계면. 기체-액체, 기체-고체, 액체-액
체, 고체-액체, 고체-고체의 다섯 가지 계면
이 있으며, 이중 최초의 2개(한쪽 상이 기
체)를 특히 표면이라 한다. 계면은 기하학적
인 표면이 아니라 서로 접하는 두 상의 성
질이 이행(移行)하는 극히 얇은 물질의 박층
(薄層)에 해당하며, 이 부분에서는 흡착이나
분자의 배향(配向) 등 계면에 특유한 여러
가지 현상과 물질 등 특유한 성상(性狀)이
나타난다. 어떤 양의 물질이 다른 상과 접하
는 계면의 크기는 그 물질이 세분화될수록
커진다. 또 보통 크기의 물질에서 그 계면의
자유 에너지는 다른 에너지에 비하여 문제
가 되지 않을 정도로 작지만, 크기가 100Å,
즉 콜로이드 차원의 크기가 되면 계면의 자
유 에너지는 무시할 수 없을 정도로 커진다.
따라서 콜로이드에서의 계면은 큰 의의를
가진다.

계면 교란 (界面攪亂, interfacial turbulence)
이상(異相)의 계면 접촉면을 통하여 열 또는

물질 이동이 있을 때 이러한 이동에 수반하여 유체상에 국소적인 물성값의 차가 생기고, 이것이 구동력이 되어 계면 근방에 교란이 유발되는 현상. 밀도차로 인한 교란을 레일리 효과, 계면장력차로 인한 것을 마란고니 효과라 한다.

계면 동전기 현상 (界面動電氣現象, electrokinetic phenomenon, interfacial conductance phenomenon) 액체와 고체 혹은 액체끼리의 상대적인 운동과 그 계면부근에 있는 전하와의 상호작용으로 일어나는 각종 현상을 말한다. 전기영동, 계면 동전위 등이 있다.

계면 동전위 (界面動電位, electrokinetic potential) 액체와 고체가 접할 때에 생기는 접촉 전위차 중, 계면 동전 현상에 관여하는 부분을 말한다. 고체와 함께 움직이는 고착층의 바로 외측의 전위이기도 하다. ζ 전위(zeta potential)라고도 한다. 전해질 수용액이 고체면이나 기름과 접촉되는 계면은 이온의 선택 흡착에 의하여 대전(帶電)되며, 이것에 대하여 반대이온의 일부는 계면에 고정되고 그 밖의 것은 용액상(溶液相)에 확산하여 확산 전기 이중층이 형성될 때 나타난다. 이것은 직접 측정할 수 없으나 계면 동전현상(界面動電現象 : 유동전위·전기이동 등)으로부터 구할 수 있다. 콜로이드의 안정도는 주로 이 전위에 의한 입자 간의 반발력(反撥力)에 의한다고 한다.

계면 동전 크로마토그래피 (界面動電 ——, electrokinetic chromatography) 완충액 등의 통전성 액체(이동상)를 충반한 숭공 모관 중에 시료를 도입하여 양단에 전위를 가하여 물질을 분리하는 크로마토그래피. 물질은 그 자신의 전기 이동도, 관벽(고정상)과의 상호작용 등으로 분리된다. 이동상 중에 미셀 형성능이 있는 계면 활성제를 첨가함으로써 수십만 단의 이론단수를 얻을 수 있다.

계면 에너지 (界面 ——, interfacial energy) 계면에 존재하는 열역학적인 의미의 내부 에너지 또는 자유 에너지. 단위 면적당의 계면 에너지는 계면장력이 된다.

계면 장력 (界面張力, interfacial tension) 계면에도 표면장력과 마찬가지로 수축하려고 하는 힘이 작용하고 있다. 단위 길이당의 이 힘을 계면장력이라 한다. 바꾸어 말하면, 단위 면적의 계면에 존재하는 자유 에너지이다. 액상-액상 계면에서는 표면장력과 동일한 방법으로 측정되지만, 고체상이 관여하는 계면에서는 일반적으로 측정할 수 없다. 계면장력은 흡착에 의해 변화한다.

계면 저항 (界面抵抗, interfacial resistance) 이상(異相)간의 계면을 통하여 물질 이동이 있을 때 계면에서의 물질 이동 저항. 흔히 유체 중의 오염물질이나 계면 활성물질이 계면에 흡착되어 물질 이동 저항을 증가시킨다. 또 계면에 흡착된 결과, 계면의 유동성이 저하하거나 계면 갱신이 저해되기도 하여 물질 이동속도가 저하하는 2차적인 영향도 계면저항이라 하는 경우가 있다.

계면 전기화학 (界面電氣化學, electrochemistry at interface) 고체와 액체 등의 계면에서 일어나는 전기화학적 현상을 연구하는 화학의 한 분야. 전자, 이온, 분자 등의 이동과 흡착 또는 반응 등을 다룬다.

계면 중축합 (界面重縮合, interfacial polycondensation) ⇨ 계면 중합.

계면 중합 (界面重合, interfacial polymerization) 중축합에서 각각의 이관능 성분을 서로 혼합하지 않는 용매로 용해하여 양 용액을 혼합 접촉시켜 그 계면에서 고분자를 생성시키는 반응. 계면중축합이라고도 한다. 용액 중의 반응과 달리, 양 성분의 몰비는 중합도에 크게 영향을 미치지 않는다. 용매에 용해하기 어려운 폴리머 합성에도 기여한다.

계면 파괴 (界面破壞, interfacial failure) 접착 강도 시험 중, 파괴가 접착제와 피착체의 계면간에서 일어나는 것. 이전에는 접착파괴라고 하였으나, 접착제의 파괴(응집파괴)로 오해되는 경우가 많으므로 최근에는 주로 계면파괴라는 용어가 사용되게 되었다.

계면 현상 (界面現象, interfacial phenomenon, surface phenomenon) 두 상의 경계부를 계면이라 하고, 계면에 특유한 현상을 포괄하여 계면현상이라 한다. 주요 현상으로는 계면장력, 흡착, 젖음, 계면 전기현상 등이 있다. 이러한 것을 다루는 학문을 계면화학이라 한다.

계면 화학 (界面化學, surface chemistry)　계면현상을 다루는 화학의 한 분야. 계면화학과 콜로이드화학은 밀접한 관련이 있으며 전문서와 학계에서는 함께 다루어지는 경우가 많다. 또 촉매화학의 기초가 되고 있는 계면화학은 물리화학의 한 분야로 다루어져 왔으나 공업화학, 생물학, 약학, 의학, 농학 등과 관계가 깊고, 계면과학이란 표기도 사용된다. 또 고체 표면에 관한 연구는 표면과학(surface science)으로서 하나의 전문분야를 형성하고 있다.

계면 활성 (界面活性, surface activity)　소량의 용질의 존재에서 물의 표면장력이 감소하는 현상. 표면활성이라고도 한다. 알코올, 지방산 등이 이 효과를 나타내며, 계면 활성제는 특히 이 효과가 현저하다.

계면 활성제 (界面活性劑, surface-active agent, surfactant, tenside)　물에 녹아 물의 표면장력을 낮추는 현상을 계면 활성이라 하는데, 현저한 계면 활성을 보이고 실용에 쓰여지는 물질을 계면 활성제라고 한다. 계면 활성제에는 계면에 흡착하기 쉬운 특성과 임계 미셀농도 이상에서 미셀을 형성하는 특성이 있다. 기름 중에서 역미셀을 형성하는 유용성 계면 활성제도 있다. 계면 활성제는 아니온성, 카티온성, 비이온성, 양성의 4 종류로 대별된다.

계속 욕 (繼續浴, standing bath)　염색에 의한 염욕에서 섬유에 흡수된 염료를 염욕에 보충하여 동일한 염욕을 계속 사용하는 염색법. 인디고, 황화염료에 의한 면직물의 염색처럼 1회의 염색에 의한 염욕으로부터의 염료 흡진이 적은 경우에 사용된다.

계수관 (計數管, counter)　방사선을 검출, 계수하기 위한 전자관. 관 내에는 통상 희가스가 봉입되어 있으며, 방사선에 의한 희가스의 전리 결과 생긴 전하를 증폭하여 계수한다. 수(數)만을 계측할 때도 있으나 대개의 경우 에너지 측정이 가능하며, 방사선 속에 있는 대전입자(帶電粒子)의 종류를 구별할 수 있는 것도 있다. 원자핵의 연구와 우주선의 관측 등에 사용한다. 사용 목적에 따라 여러 종류와 형식이 있으며, 원리적으로는 방사선과 물질과의 상호작용으로 일어나는 원자의 전리작용을 이용한 것과 특수한 물질에 대한 발광 현상을 이용하는 것으로 구별된다. 전리 현상을 이용한 것으로는 가이거-뮐러 계수관·비례 계수관·고체 검출기, 발광 현상을 이용한 것으로는 섬광 계수관·체렌코프 계수관 등이 있다. 펄스신호의 수를 측정하기 위한 방전관을 계수 관에 포함시키는 경우도 있으나 이 경우 정확하게는 계수 방전관이라고 한다.

계수장치 (計數裝置, counter)　방사선을 검출, 계수하기 위한 장치. 계수관 및 계수 결과를 표시하기 위한 전자회로 등으로 되어 있다.

계장 (計裝, instrumentation)　물리적 내지 화학적 원리에 입각하여 대상 시료를 측정할 때, 시료의 여기, 신호 검출, 증폭, 기록 등 일련의 필요 작업을 구체적인 회로나 장치의 조합으로 실현 가능한 형태로 마무리하거나 또는 사용하기 편리한 기기로 만드는 것. 기계화 또는 장치화라고도 한다.

계통 오차 (系統誤差, systematic error)　측정결과의 편차가 생기는 원인이 되는 오차. 측정장치와 방법 등으로 인한 원인을 구명하면 적어도 원리적으로는 보정이 가능할 것이다.

고급 알코올 (高級 ——, higher alcohol)　긴 탄소 사슬이 있는 알코올의 총칭. 탄소수에 대한 명확한 규정은 없으나 11 이상을 지칭하는 경우가 많다. 그러나 6 이상으로 한 문헌도 있다. 천연 유지를 원료로 하는 알코올과 석유화학 제품을 원료로 하는 합성 알코올이 있다. 계면 활성제를 비롯하여 각종 공업제품의 원료로 사용된다.

고급 지방산 (高級脂肪酸, higher fatty acid)　긴 탄소 사슬이 있는 지방산의 총칭. 탄소수에 대한 명확한 규정은 없으나, 11 이상으로 하는 것이 적당하다고 여겨진다. 동식물 유지 또는 납의 가수분해에 의해 얻는다. 또 석유제품에서 합성할 수도 있다. 비누, 각종 계면 활성제, 첨가제 등 유지공업 제품의 원료로 사용된다.

고니오미터 (goniometer)　각도를 측정하는 장치로서 각 측정기, 측각기라고도 한다. X선 회절장치의 고니오미터는 중심에 결정의 방위를 조절할 수 있는 시료 지지장치가 있어, 이것과 연동하여 원주상을 계수관이 배각 회전하면서 입사 X선과 회전 X선의 각독 관계를 읽을 수 있게 되어 있다. 루프 안테나를 회전시키면서 루프면(面)이 전파가 오는 방향과 직각으로 되었을 때 수신 전압은 최소가 되고, 오는 방향과 평행이 되었을 때 수신 전압은 최대가 된다. 이것이 방위 측정기의 원리이다. 그러나 이 방법으로 방위를 측정하려면 안테나를 회전시킬 필요가 있다. 이것에 대해 서로 직교하는 두 개의 안테나를 직교하는 두 개의 코일로 유도하고, 이 코일 속에서 미소(微小) 코일을 회전하게 하여도 안테나를 회전시키는 것과 같은 효과가 얻어진다. 이와 같이 두 개의 직교하는 고정 코일 속에서 미소 코일이 회전할 수 있게 한 장치를 고니오미터라고 한다. 면각을 측정하는 측각기에는 직접 결정면에 두 개의 막대를 접속시켜서 각도를 읽는 접속 측각기와 결정면에서의 반사광을 이용하는 반사 측각기가 있다. X선 측각기는 X선 회절용 카메라의 하나로, 결정구조를 해석(解析)하는 데 사용된다.

고도 불포화 지방산 (高度不飽和脂肪酸, highly unsaturated fatty acid)　이중결합을 4개 이상 갖고 있는 불포화도가 높은 지방산의 총칭. 해산 동물유의 중요한 성분으로, 대표적인 것으로는 이코사펜타엔산, 도코사헥사엔산 등이 있다. 기타 담수산 동물유, 파충류, 양서류, 곤충의 기름, 해조유, 육상 동물의 주요 기관의 지질 등에도 포함된다.

고도 표백분 (高度漂白粉, high-test hypochlorite)　유효 염소 함유량이 보통 표백분의 2배 정도(60~75 %)인 것. 주성분은 $Ca(ClO)_2$이고 표백제로 사용된다. 공기 중에서 분해되지 않는다. 진한 석회유($Ca(OH)_2$ 28~31 %)에 염소를 통과시키면 생성 석출된다. $CaCl_2$는 모액(母液)에 녹아 있으므로 여과·건조시켜 제품으로 만든다. 석출되는 결정은 $Ca(ClO)_2 \cdot 2H_2O$, $Ca(ClO)_2 \cdot 1/2Ca(OH)_2$, $Ca(ClO)_2 \cdot 2Ca(OH)_2$ 등이 있으며, 각각 결정형(結晶形)이 다르다. 용도는 보통의 표백분과 같지만 더 안정하다.

고래 기름 (鯨油, whale oil)　고래의 지육, 장기, 뼈, 가죽 등의 부분에서 채취되는 유지. 긴수염 고래, 정어리 고래 등의 수염고래류에서 얻게 되는 큰고래 기름과 향유고래, 혹등고래 등의 치경류에서 얻게 되는 향유고래 기름이 있다. 보통 고래 기름이라고 하면 수

염고래의 기름살·혀·내장·뼈 등을 끓이거나 압착하여 채취한 비중 0.915~0.925, 비누화값 185~195, 요오드값 120~150 정도의 글리세리드(glyceride)를 말한다. 유지성분(油脂成分)을 화학적으로 살펴보면, 긴수염고래·혹등고래·정어리고래 등 수염고래류의 기름은 글리세리드를 주체로 하는 진성유지(眞性油脂)로서, 성상(性狀)에 다소 차이는 있으나 다같이 마가린·비누 등의 제조에 쓰이는 등, 별 차이가 없기 때문에 통계표에서는 일괄하여 수경유(鬚鯨油)라고 한다. 한편, 향유고래·돌고래 등 치경류(齒鯨類)의 기름은 1가(價)의 지방족(脂肪族) 고급 알코올과 지방산(脂肪酸)의 에스테르인 납(蠟)이 주성분으로 되어 있어, 식용에는 적당하지 않고 오직 공업 원료로 이용되고 있다. 수경유를 단지 경유라고도 한다. 국제포경조약(國際捕鯨條約)에서는 함유량이 가장 높은 흰수염고래를 기준으로 하여 긴수염고래 2마리, 혹등고래 2.5마리, 정어리고래 6마리를 흰 긴수염고래(白長鬚鯨) 1마리로 환산하였다. 치경류 중에서 가장 생산량이 많은 것은 향유고래 기름(sperm oil)이고, 혹등고래 기름이나 돌고래 기름의 생산량은 많지 않다. 향유고래의 뇌유(腦油)를 0℃로 냉각하면 12 % 정도의 결정성(結晶性) 경랍(鯨蠟)인 스페르마세티(spermaceti)를 얻게 된다. 또 향유고래의 뇌유는 윤활작용이 우수하여 시계기름 등으로 쓰이고, 치경류의 기름을 가수분해(加水分解)하여 얻는 메탄올은 합성세제나 계면활성제(界面活性劑)의 합성에 쓰인다. 경유는 공기 속에서 산화하여 악취를 풍기기 쉬우나 경랍은 요오드값이 3~8이 되어도 불포화지방산(不飽和脂肪酸)을 거의 함유하지 않기 때문에 실내에 두어도 악취를 발하거나 점조성(粘稠性)을 띠는 일이 없다.

고로 수쇄 슬래그 (高爐水碎 ——, granulated blast furnace slag)　⇨ 수쇄 슬래그.

고로 시멘트 (高爐 ——, Portland blast furnace slag cement)　포틀랜드 시멘트에 수쇄 슬래그분을 혼합한 시멘트. 슬래그 배합율에 따라 A종(5~30 %), B종(30~60 %), C종(60~70 %)으로 대별된다. 포틀랜드 시멘트에 비해 초기 강도는 어느 정도 낮지만, 내산성 등 내구성이 우수한 것이 있다. 댐 등의 대규모

콘크리트 공사, 호안(護岸)·배수구·터널·지하철 공사에 사용된다.

고리 (環, ring) 유기 화합물 분자의 골격으로, 원자 연쇄의 양단이 이어져 고리모양을 한 구조. 탄소 원자만으로 고리가 된 탄소 고리와 O, S, N 등의 헤테로 원자를 포함하는 복소 고리가 있다.

고리모양 구조 (環狀構造, cyclic structure) 유기 화합물의 골격에서 연쇄된 양단이 이어져 고리모양이 된 구조를 말한다.

고리모양 뉴클레오티드 (環狀 ——, cyclic nucleotide) 뉴클레오티드에서 리보오스의 인산이 그 리보오스 외에 OH기에도 에스테르 결합을 형성한 고리모양의 화합물. 사이클릭 뉴클레오티드라고도 한다. 2′, 3′- 및 3′, 5′- 고리모양 뉴클레오티드가 있으며, 전자는 RNA의 가수분해 중간체이다. 생체 호르몬 활성의 세포 내 2차 정보전달물질로서 중요한 3′, 5′- 고리모양 아데닐산 [3′, 5′- cyclic AMP(cAMP)]은 세포 중에서 아데닐시클라아제의 작용으로 ATP에서 합성된다. 사이클릭 GMP(cGMP)도 2차 정보전달의 일종이다.

고리모양 에스테르 (環狀 ——, cyclic ester) 같은 분자 내에 COOH기와 OH기가 있는 히드록시산으로, COOH와 OH간의 탈수반응에 의해 생성된 고리모양 구조의 에스테르. 락톤이라 한다.

고리모양 전자반응 (環狀電子反應, electrocyclic reaction) 전자 고리화 반응이라고도 하며, 페리 고리모양 반응의 일종. 사슬모양 공역 π 전자계의 양 말단에서, δ 결합의 생성과 π 결합의 소실, 이동을 수반하여 일어나는 협주적 고리화 반응 및 그 역반응. 일반적으로 고도로 입체 특이적이며, 그 입체화학은 우드워드-호프만법칙으로 증명된다. 예를 들면, 부타디엔-사이클로부텐 간의 상호 변화 등 수많은 예가 알려져 있다.

고리모양 전자전위 (環狀電子轉位, electrocyclic rearrangement) ⇨ 고리모양 전자반응.

고리모양 탄화수소 (環狀炭化素, cyclic hydrocarbon) 탄소 원자의 결합이 고리모양의 탄소 골격을 형성하고 있는 탄화수소를 말한다.

고리 분석 (環分析, ring analysis) 석유계 고비등점 탄화수소의 조성분석에 사용되는 형태 분석. 탄화수소의 구조와 비중, 굴절률, 점도 등의 물리적 성질 간에 존재하는 일반적 관계에 기준하여 구조형태를 분류하여 파라핀 사슬, 나프텐 고리 및 방향족 고리의 함유량으로 조성을 표현한다.

고리 열림 중합 (—— 重合, ring-opening polymerization) 고리식 화합물의 고리를 열어 부가 중합체를 얻는 방법. 보통은 탄소 이외의 헤테로 원자 O, N, S, Si 등을 함유하는 복소고리식 화합물을 이온중합하는 경우가 많다. 고리에 인접한 불포화기가 있는 화합물에서는 라디칼 개시제에 의해 라디칼 전이 메커니즘으로 선상 중합체를 부여하는 경우도 있다.

고리 전류 (環電流, ring current) 벤젠과 같은 고리모양 공역계 분자를 정자기장 중에 놓으면 발생하고, 이 자기장을 부분적으로 상쇄하도록 작용하는 전자류. 이 고리전류는 특히 고리면이 외부 자기장의 방향과 수직이 되었을 때 최대가 되므로 방향족 화합물의 반자성 자화율의 이방성 원인이 된다. 핵자기공명에 있어 벤젠고리 수소가 같은 sp^2 탄소에 결합한 에틸렌 수소보다도 약 1.4 ppm 낮은 자기장측에 화학이동을 나타내는 것도 이 때문이다. 반방향족성의 고리모양 공역계 분자에서는 외부자기장을 강화하는 방향의 고리전류가 흐른다.

고리 정련 (—— 精練, boiling in loop) 천을 적당한 길이로 접거나 또는 자루모양으로 감아, 천 가장자리의 여러 곳에 실을 통해서 가는 막대기에 매어 달린 상태로 정련욕 안에 넣어서 하는 정련. 천의 마찰, 주름 등의 발생을 회피하고자 하는 천의 정련에 적합하다.

고리 축합도 지수 (—— 縮合度指數, ring condensation index) 석회 유기질의 화학 구조 중, 방향 고리나 나프텐 고리의 결합 정도를 나타내는 지수. 평균 고리수를 R 로 할 때, 탄소 1원자당의 2 $(R-1)$로 나타낸다.

고리형 화합물 (環形化合物, cyclic compound) 유기 화합물의 골격이 고리를 형성하고 있는 것의 총칭. 고리가 탄소 원자만으로 되어 있는 탄소 고리와 O, S, N 등의 헤테로 원자를 함유하는 복소 고리가 있다.

고리화 (—— 化, cyclization) 사슬식 화합물에서 고리식 화합물을 생성하는 반응이다.

고리화 고무 (—— 化——, cyclized rubber, cyclorubber) 천연 고무나 합성 고무에 황산, p-톨루엔 술포닐크로리드, 중금속의 염화물 등을 작용시켜서 얻어지는 개질 고무. 원래의 고무보다 불포화도가 낮고, 분자 내에 고리모양의 구조를 갖는다. 일반적으로 접착제, 인쇄 잉크, 도료 등의 기재로 사용된다.

고리화 수소 이탈반응 (環化水素離脫反應, cyclodehydrogenation, dehydrocyclization) 탈수소 반응으로 분자 내에 새로운 $C-C$ 결합이 생기고, 그 결과 고리모양 화합물을 생성하는 반응을 말한다.

고리화 중합 (—— 化重合, cyclization polymerization, cyclopolymerization) 고리의 생성을 수반하면서 진행하는 중합. 예를 들면 탄산의 디비닐에스테르 같은 비교적 가까운 거리에서 2개의 비닐기를 갖는 화합물은 분자 내에서 성장 반응이 일어나 고리를 형성한다. 환화율은 구조에 따라 크게 다르다.

고리화 탈수 (環化脫水, cyclodehydration) 유기 화합물의 분자 내에서 탈수 반응이 일어나 고리 모양 화합물을 생성하는 반응. 락톤, 고리 모양 무수물, 고리 모양 에테르 등을 생성한다.

고리횡단 반응 (—— 橫斷反應, transannular reaction) 탄소 원자수 10 정도 이상의 큰 고리모양 화합물의 고리 내에 2개의 반응성 기기 있을 때, 시로 만응하여 고리의 대면측 간에 새로운 화학결합이 생겨, 다리결합형의 화합물을 생성하는 반응. 고리의 대면측끼리 근접하는 형태의 배좌를 취하는 듯한 분자의 경우에 볼 수 있다. 다리결합이 공유결합으로 2환식 화합물을 생성하는 경우도 있고, 이온 결합성 분자내염형의 화합물을 생성하는 경우도 있다.

고립계 (孤立系, isolated system) 외계와의 사이에 에너지(열 및 일)도 물질도 교환하지 않는 계를 말한다.

고립 전자쌍 (孤立電子雙——, lone pair) ⇨ 비공유 전기쌍.

고무 (rubber) 엘라스토머와 동의어로 보아도 무방하다. 그러나 일부에서는 고무탄성을 나타내기 전의 미가황의 천연고무를 포함하는 경우도 있다.

고무 도포 (—— 塗布, rubber coated fabric, rubberized fabric) 천의 편면, 양면 또는 천과 천 사이에 고무를 얇게 피착한 고무제품을 말한다.

고무 라텍스 (rubber latex) ⇨ 라텍스.

고무 물풀 (rubber dispersion) 계면 활성제를 가한 천연 고무에 물을 가하면서 롤로 반죽할 때에 생기는 풀 상태의 수질 고무 분산물. 물풀이라고도 한다.

고무 베일 (rubber bale) 원료 고무를 출하하기 위해 소정의 무게, 형상으로 성형한 것을 말한다.

고무질 (gum) (1) 식물의 수액, 종자 등에서 얻어지는 분기한 다당류를 주성분으로 하는 점질물. 검질이라고도 한다. 식물에서 얻게되는 정유, 무른 수지를 제외한 점질물을 총칭하여 고무질이라 하는 경우가 많다. 에탄올에는 녹지 않으나 냉수에는 용해 또는 분산한다. 아라비아고무, 트라가칸트 고무, 구아고무 등이 대표적이다. 의약제제, 접착제, 화장품, 식품가공 등에 사용된다. (2) 가솔린이나 제트 연료 중의 불안정한 불포화 화합물이 산화나 중합으로 생기는 불용성의 수지질 물질. 측정 방법에 따라 잠재 고무와 실재 고무가 있다.

고무 탄성 (—— 彈性, rubber elasticity) 고무가 나타내는 탄성. 응력-비틀림선도가 S자형의 전형적인 비후크 탄성이다. 단성회복이 고무의 긴 사슬모양 분자가 형태확률이 작은 신장상태에서 확률이 큰 수축된 상태가 되는 것에 기인하고 있으므로 엔트로피 탄성의 일종이다.

고무 테르펜 (gum turpentine) ⇨ 터펜틴 유.

고무 풀 (rubber cement, rubber dough) (1) 미가황 고무를 용제에 용해한 용액 또는 분산물. (2) 배합 라텍스 또는 수분산 고무.

고밀도 배양 (高密度培養, high-density culture) 동물세포의 대량 배양 기술과 관련하여, 고밀도로 세포를 배양하는 기술. 통기 교반 배양법은 부유 세포의 배양과 섭착 의존성을 보이는 세포의 배양이 가능하다. 또 중공사를 사용하는 배양장치, 여과법을 사용하는 관류 배양장치, 세포 침전형 관류 배양장치, 동물세포의 마이크로비즈화 등이 있다.

고밀도 폴리에틸렌 (高密度——, high-density polyethylene) 분지가 적고 결정성이 높은 밀도 0.95 이상의 폴리에틸렌. 약어 HDPE, 경도, 기계적 강도, 내열성 등이 우수하나 가공성 등은 약간 열악하다. 공업적 제법에는 알킬알루미늄-할로겐화 티탄을 촉매로 하는 저압법(치글러 법)과 실리카-알루미나-크로미아 촉매에 의한 중압법(필립스 법)이 있다. 저밀도 폴리에틸렌의 대응어이다.

고발열량 (高發熱量, higher calorific value) 연소 생성가스에 함유되는 수증기의 응축열을 수용한 발열량. 총 발열량이라고도 한다. 연소 생성가스를 연소전의 온도까지 낮추어서 함유하는 수증기를 모두 농축시켰을 때에 방출되는 열량에 해당한다.

고분자 (高分子, polymer, macromolecule) 분자량이 매우 큰 분자를 거대분자 (macromolecule)라 하고, 이 분자로 구성된 물질을 고분자라 한다. 무기 혹은 유기의 고분자가 알려져 있다. 대부분의 경우, 같은 구조부분이 반복된 중합체이다. 어느 정도부터를 고분자라 하는가는 애매하지만 IUPAC 고분자 부회의 유기고분자에 대한 정의에서는, 반복 단위가 약간 변화하여도 성질이 크게 변하지 않는 분자라 정의하고 있다. 유기 고분자화학에서는 분자량으로 10^3 정도를 한계로 하는 경우가 많다.

고분자 계면 활성제 (高分子界面活性劑, high-molecular surface-active agent, high-molecular surfactant) 분자 중에 복수의 친수부와 소수부가 있는 고분자 화합물로 계면 활성을 보이는 약제. 폴리소프라고도 한다. 수용성의 폴리펩티드도 계면 활성을 보이는 경우가 있으나 보통 이것은 고분자 계면 활성제로 다루지 않는다. 폴리(비닐피리딘)을 부분적으로 제4급 암모늄염으로 한 것과 디이소부틸렌과 무수 말레인산의 혼성 중합물을 부분 비누화한 것이 이에 속한다. 분산제, 응집제로 사용된다.

고분자 고체 전해질 (高分子固體電解質, solid polymer electrolyte) 이온 전도를 보이는 고분자 화합물의 총칭. 약어 SPE, 탄화수소계, 플루오르화 탄화수소계의 이온교환막이나 알칼리금속염(LiCl 등)과 폴리에틸렌옥시드 등과의 혼합체 등이 알려져 있다.

고분자 단결정 (高分子單結晶, polymer single crystal) 고분자 화합물의 단결정. 대부분은 두께 10 nm 정도의 판상결정이며 고분자 사슬은 판면에 수직으로 배열하고, 면끝에서 접혀져 다시 반전한다. 이른바 접힌 사슬 결정이다. 그러나 분자가 완전히 확대된 확대 사슬 결정이며, 휘스커상으로 되는 단결정도 있다. 폴리에틸렌의 결정이 크실렌 용액에서 생긴다는 사실은 1957년에 A. 켈러 등에 의하여 처음으로 발견되었다. 이 단결정은 두께 10 nm 정도이고, 너비가 수 μm인 마름모꼴 판상결정(板狀結晶 : lamella)이다. 분자사슬은 라멜라면(面)에 수직으로 배열되고, 라멜라 표면에서 접힌 구조(folded structure)를 형성하고 있음이 전자선회절에 의하여 밝혀져, 그때까지 생각되고 있던 송이 모양 미셀설(說)은 부정되었다. 이와 같이 접힌형의 단결정은 폴리에틸렌 등 폴리올레핀 외에 나일론 · 폴리에테르와 합성 폴리펩티드에서도 얻는다. 고분자 단결정은 일반적으로 묽은 용액에서 얻어지지만 온도 · 농도 · 용매의 차이에 의하여 수지상 결정(樹枝狀結晶)이나 나사선 전위(螺絲線轉位)에 의해서 발달한 다층(多層) 라멜라 및 쌍정(雙晶)과 같은 단결정의 집합체도 얻고 있다. 천연으로 존재하는 헤모글로빈이나 리조팀과 같은 생체고분자에서는 단결정의 X선구조 해석에 의하여 고차구조가 밝혀져 있는데, 이는 고분자 단결정의 발전적인 예이다.

고분자막 피복 전극 (高分子膜被覆電極, polymer-coated electrode) 고체전극의 표면을 고분자로 피복한 전극의 총칭. 전기화학적으로 불활성인 폴리머 매트릭스 중에 각종 활성종을 넣은 계, 폴리머 자체가 활성적인 계 등 다양하므로 센서와 표시소자 등에 응용되고 있다.

고분자 시약 (高分子試藥, polymer reagent) 합성시약을 고분자화한 것. 고체이므로 간단히 여과 분리할 수 있으며, 생성물과의 분리, 시약의 재생 회수가 용이하다는 특징이 있다. 폴리스티렌 겔 입자를 사용하는 고상 펩티드 합성은 고분자 시약을 이용한 대표적인 예이다.

고분자 액정 (高分子液晶, polymer liquid crystal) 용액 혹은 용융상태에서 액정성을 나타내는 고분자. 폴리벤조티아졸 등 주사슬이 강직한 고분자는 용액 중에서 액정을 형성한다. 이것을 방사하면 고강도·고내열성 섬유가 된다. 또 소량의 유연 사슬을 혼성 중합한 방향족 폴리에스테르는 용융상태에서 액정이 된다. 이것을 플라스틱으로서 성형하면 고강도의 성형품이 생긴다. 곁사슬에 액정성분이 있는 고분자도 있다.

고분자 응집제 (高分子凝集劑, polymer coagulant) 물에 분산한 미립자를 응집시켜 공장 폐수를 맑고 깨끗하게 할 목적 등에 사용되는 수용성 고분자. 폴리아크릴산, 폴리아크릴아미드, 폴리비닐알코올 등이 사용된다.

고분자 의약 (高分子醫藥, polymeric drug) 저분자량의 약물을 합성 혹은 생체 고분자에 화학결합시킨 의약. 약물이 고분자에서 유리한 후에 활성을 나타내는 것과 결합한 채로 활성을 나타내는 것으로 대별할 수 있다. 고분자화로 작용시간의 연장, 약물의 안정화, 독성의 저감이 시도되고 있다.

고분자 전해질 (高分子電解質, polyelectrolyte) 전해질의 성질이 있는 고분자. 고분자 사슬 중에 해리기가 있으며 물에 녹은 상태에서는 고분자 이온이 된다. 폴리스티렌술폰산 등의 합성고분자 외에 생물에도 단백질 등의 형태로 존재한다. 저분자의 전해질과 성질이 크게 다르다. 공업직으로는 이온 교환막을 비롯하여 각 방면에서 사용되고 있다.

고분자 촉매 (高分子觸媒, polymer catalyst) 화학반응의 촉매로 사용되는 고분자. 고체로서의 특징과 고분자 효과로 유래하는 특징이 있다. 예를 들면 이온교환 수지, 폴리프탈로시아닌구리는 긴 사슬 알킬카르복시산 에스테르의 가수분해에 현저한 활성을 보인다. 프로톤산 등에는 존재하지 않는 기질흡수 효과, 수수성 장에서의 반응종 활성화 효과 등을 볼 수 있으며, 속도적으로는 효소와 유사한 미카엘리스-멘텐의 식이 성립된다.

고분자 화합물 (高分子化合物, high-molecular compound) ⇨ 고분자

고분자 휘스커 (高分子 ——, polymer whisker) 보통의 고분자 단결정인 접힌 사슬이 아니고 확대 사슬로 된 휘스커상 단결정. 고분자 단결정의 이상형이라 할 수 있다. 트리옥산의 용액 중 카티온 중합계로 얻어진 폴리(옥시메틸렌) 휘스커가 최초의 예이다.

고비 한계 성분 (高沸限界成分, heavy key component) ⇨ 한계 성분.

고성능 박층 크로마토그래피 (高性能薄層 ——, high-performance thin-layer chromatography) 1975년경 개발된 박층 크로마토그래피의 일종. 종래의 운반체(5~50 μm)에 비해서 입도 분포가 좁고 마이크로화한 운반체(5 μm)를 사용하는 점에 특징이 있다. 보통의 박층 크로마토그래피의 1/10 정도의 전개 시간으로 수배 뛰어난 분리능과 약 10배 높은 검출 감도를 얻을 수 있는 점에서, 이 이름이 붙여졌다. 약어 HPTLC이다.

고성능 섬유 (高性能纖維, high-performance fiber) 기계적 성질(및 열적 성질)이 뛰어난 섬유. 보통 인장강도, 인장 탄성률이 금속이나 무기물질과 같을 정도로 높은 고강도 고탄성률 섬유를 지칭한다. 탄소섬유, 탄화규소섬유 등의 무기섬유를 포함하는 경우도 있지만 일반적으로 액정 방사에 의한 알라미드 섬유, 초연신 폴리에틸렌 등의 유기섬유를 지칭한다.

고성능 액체 크로마토그래피 (高性能液體 ——, high-performance liquid chromatography) ⇨ 고속 액체 크로마토그래피.

고속 액체 크로마토그래피 (高速液體 ——, high-performance liquid chromatography) 1969년 Kirkland 등에 의해 시작된 고분리능의 칼럼 액체 크로마토그래피. 약어 HPLC. 종래의 오픈 칼럼 크로마토그래피와 비교하여 입자 지름이 작은 충전제(현재는 2~10 μm)와 고압 펌프를 사용하는 점이 특징적이며, 이것으로 고속이며 이론 단수가 높은 분리가 가능해졌다. 전용 장치와 충전 칼럼이 여러 종류 판매되고 있으며, 다양한 물질의 분석·정제수단으로서 각 방면에서 필수적인 것으로 되어 있다.

고속 주사 (高速走査, rapid scanning) 측정 기기의 기능을 시간석으로 빠르게 주사하는

것. 예를 들면 분광광도계로 흡수 스펙트럼을 측정할 때 측정 파장을 소인하여 브라운관상에 흡수곡선을 영사하는 방식으로, 수십 ms 단위로 변화하는 흡수대를 정확하게 추적할 수 있다.

고 순도수 (高純度水, high-purity water) 순수한 물에 한없이 가까운 물을 지칭하나 명확한 정의는 없고, 목적에 따라 의미가 다르다. 그러나 순수한 물의 비저항(25℃) 18.3 MΩcm가 일단은 기준이 된다. 이 경우 전해질에 추가하여 유기물이나 입자가 함유되어 있지 않은 것이 전제가 된다.

고스트 (ghost) 적혈구의 세포막. 저삼투압 처리에 의해 적혈구를 파괴하여 그 세포 내용물을 제거한 것. 비교적 순수한 것이 획득되므로 생화학 등의 연구에서 많이 사용된다.

고스핀 착물 (高 —— 錯物, high-spin complex) 전이금속 착물 등에서 중심 금속 이온의 d궤도 에너지 준위는 배위 자장에 의해 분열되지만 그 분열이 크지 않는 경우 전자는 각 에너지 준위에 훈트의 법칙에 따라 배당되어, 착물의 전 스핀은 크게 된다. 이것을 고스핀 착물 또는 고스핀형이라 한다. 한편, 분열이 큰 경우 훈트의 법칙에 따르지 않고, d 전자는 낮은 에너지 준위를 우선적으로 점하여 스핀쌍이 형성된다. 이것을 저스핀 착물 또는 저스핀형이라 한다.

고시폴 (gossypol) 면실 중에 존재하는 적색 색소 $C_{30}H_{30}O_8$. 독성이 있으므로 면실 찌꺼기 중에 잔존해 있으면 소동물의 사료로 바람직하지 않으며 또한 면실유 중에 용출하면 기름의 색깔이 진해져 정제가 곤란하게 된다. 따라서 면실의 착유에서는 고시폴을 불활성화하여 유중에 용출하지 않도록 하기 위해 특수한 처리가 필요하다.

고 알루미나 내화물 (高 —— 耐火物, high-alumina refractories) 알루미나-실리카계 내화물 중 Al_2O_3 함유량 50 % 이상, 내화도 SK 35 이상의 것. KS에서는 제품에 따라 전주품과 소성품으로 대별되어, 소성품은 알루미나 함유량에 따라 5종으로 구분하고 있다. 다이어스포어를 주성분으로 하고, Al_2O_3의 함유량이 50 %, 60 %, 70±2.5 %인 벽돌을 알루미나-다이어스포어 내화점토(耐火粘

土) 벽돌이라고 한다. 내(耐)알칼리 벽돌은 일반적으로 중성 내화물(中性耐火物)에 속하며, 내화도(耐火度)는 SK(제게르콘) 35 이상이고, 기계적 강도 및 각종 슬래그, 석탄재(石炭灰)에 대한 내식성(耐蝕性)이 크다. 그 때문에 회전요초점(回轉窯焦點) 벽돌과, 염기성 전기로(鹽基性電氣爐)의 뚜껑 등에 사용된다.

고압 반응용기 (高壓反應容器, autoclave) 가압하에서 가열하여 화학 반응이나 멸균을 하기 위한 배치식 내압·내열용기. 화학 반응을 일으키게 하는 실험실용은 보통 300기압, 350℃ 정도까지 견딜 수 있다. 멸균용은 2기압, 120℃에서 15~30분간 정도의 조작을 가하면 내열성 포자도 살균할 수 있으므로 미생물용 배지의 살균 등에 사용된다.

고압 반응용기 시험 (高壓反應容器試驗, autoclave test) (1) 고압하에서 액체를 끓여 100℃ 이상의 온도에서 미생물의 살균 효과를 시험하는 것이다. (2) CaO, MgO 등의 소화성 물질을 함유하는 내화물, 도자기, 시멘트 등의 안전성을 알기 위한 시험이다.

고액 추출 (固液抽出, solid-liquid extraction) 입상, 분말상, 막상 등의 고체 시료에 용매를 가하여 시료에 함유되는 특정 성분을 추출하는 것을 말한다.

고 에너지 방사선 (高 —— 放射線, high-energy radiation) 높은 에너지의 방사선. 일반적으로 원자핵 중에서 핵자는 6~8 MeV의 결합 에너지를 갖고 있으므로 그 이상 에너지의 방사선이 아니면 핵반응을 유발시킬 수 없다. 이러한 고에너지 방사선은 가령 경원소의 핵반응시에 방출되는 γ선이나 전자의 제동방사 등에 의해 얻어진다.

고 에너지-인산 결합 (高 —— 燐酸結合, high-energy phosphate bond) 가수분해하여 다량의 자유 에너지 감소를 일으키는 인산결합. 생체의 제반 활동에 필요한 에너지는 고에너지-인산 화합물의 가수분해로 획득된다. 화학적으로는 산무수물(아데노신삼인산 등의 유기피로인산, 아세틸인산 등의 아실인산), 포스포구아니딘, 엔올인산, 티오에스테르(아세틸 보효소 A 등), 술포늄염(S- 아데노실메티오닌)의 각 종류가 있다. 가수분해에 의해 이러한 화합물에서 인산 등이 유리된다. 이러한 저분자 화합물 이외에서는 효소반응에서의 인산화 효소 중간체 등도 일종의 고에너지-인산 결합을 갖고 있다.

고 에너지-인산 화합물 (高 —— 燐酸化合物, high-energy phosphate compound) 인산화합물 중 인산기의 가수분해시, 높은 자유에너지($7 \sim 14\,\mathrm{kcalmol}^{-1}$)를 방출하는 인산결합이 있는 화합물. 생체의 직접적 에너지원으로서 생합성 반응, 근수축, 삼투압적 작업 등에 이용된다. 아데노신삼인산 같이 피로인산 결합을 하는 것, 포스포크레아틴 같이 구아니드린산 결합을 하는 것 등이 있다.

고오슈 형 (—— 形, gauche form) 단결합 주위의 회전 이성질체의 입체 배좌의 일종이다. ⇨ 엇갈린 형태.

고온 건류 (高溫乾溜, high-temperature carbonization) 석탄을 코크스로에서 건류하는 경우 건류 온도는 1,000℃ 이상에 이른다. 정의는 없으나 보통 850℃ 이상의 건류를 고온, 그 이하를 저온 건류라 한다. 고로용 코크스, 주물 코크스는 고온 건류에 의해 제조된다.

고온 불꽃 (hot flame) 가연가스를 산소나 산화이질소 등으로 연소시켜 얻어지는 불꽃. 공기에서 연소시켜 생기는 저온 불꽃과 구별하여 말한다.

고온 산화물 초전도 재료 (高溫酸化物 超傳導材料, high-temperature oxide superconductivity material) 1986년에 Bednorz와 Müller에 의해서 La-Ba-Cu-O계 초전도체가 발견 이후 이제까지 합금계로 가능했던 최고의 임계 온도 (Nb_2Ge, $T_c = 23.2K$)를 훨씬 상회하는 높은 T_c를 갖는 산화물계 초전도 재료가 계속 개발되고 있다. 이러한 것을 총칭하여 고온 산화물 초전도 재료라 한다. 모두가 Cu를 함유하며 페로브스카이드 유사 구조를 하고 있는 것이 특징이다. $(La_xM_x)_2Cu O_{4-8}$(M=Sr, Ba, Ca, T_c=30~40K), $Ba_2YCu_3 O_{7-8}$($T_c \fallingdotseq 90K$), Si-Sr-Ca-Cu-O계($T_c \fallingdotseq 80$ K 및 110K), $Tl_2Ba_2La_2Cu_3O_y$($T_c \simeq 125K$) 등이 있다.

고온 염색 (高溫染色, high-temperature dyeing) 합성 섬유 등을 1~5 atm의 압력하 100℃ 이상에서 염색하는 것. 주로 폴리에스테르 섬유를 밀폐형 가압용기 안에서 120~130℃에서 염색한다.

고온용 그리스 (高溫用 ——, high-temperature grease) ⇨ 내열성 그리스.

고용체 (固溶體, solid solution) 결정상에 있어 결정구조를 변화하는 일 없이 격자 위치를 점하는 원자의 일부를 이종 원자로서 통계적으로 치환한 결정, 혹은 격자간 위치에 이종 원자가 통계적으로 분포한 결정. 전자를 치환형 고용체, 후자를 침입형 고형체라 한다. 결정상에 다른 물질이 녹아든 균일상으로 간주할 수 있는 점에서, 용액에 대비하여 고용체라고 한다. ⇨ 혼정.

고유값 (固有價, eigenvalue) ⇨ 고유 함수.

고유 광회전도 (固有光回轉度, specific rotation, specific rotatory power) 광화학성 물질의 선광능 크기를 표시하는 척도. $[\alpha]_\lambda^T$로 표시한다. 용액 또는 순액체에서는 다음과 같이 정의된다. $[\alpha]_\lambda^T = 100 \times \alpha / lc = \alpha / l\rho$, 여기서 α_λ^T는 선광계로 관측된 회전각도, T는 시료온도(℃), λ는 빛의 파장이고, 광원이 나트륨의 발광 스펙트럼 D선(λ=589.3 nm)일 때는 α_D로 적는다. l은 시료층의 두께(dm), c는 시료농도(g / 100 ml), ρ는 순액체의 비중(g / ml)이다. 고체의 경우는 1mm의 두께의 층에서 측정한 α_λ^T로 표시한다.

고유 상태 (固有狀態, eigenstate) 원자, 분자 및 결정 등의 여러 상태를 양자역학적으로 기술하면 그러한 상태의 에너지와 그것과 밀접하게 관계되는 물리량(각운동량 등)은 대응하는 연산자를 사용한 슈뢰딩거 방정식의 풀이(고유풀이)로 표현된다. 이와 같은 여러 상태를 고유 상태라 한다. 각 고유 상태의 여러 성질은 고유함수와 그에 대한 고유값을 사용하여 표현된다.

고유 X선 (固有X線, characteristic X-ray) ⇨ 특성 X선.

고유 입자 크기 (固有粒子——, characteristic particle size) 불규칙한 형상을 한 입자의 지름을 표시하기 위해 일정한 방향에서 측정한 입자의 치수로 직접 결정되는 지름. 예를 들면 평면상에 놓인 입자의 투영상을 일정 방향의 두 평행선으로 끼었을 때의 두 평행선 간의 거리(정방향 지름), 혹은 짧은 지름 b와 그에 수직 방향의 지름 l에서 구한 2축 평균 지름 $[(b+l)/2]$ 등이 있다.

고유 점도 (固有粘度, intrinsic viscosity) 고분자 묽은 용액의 환원 점도 혹은 인히런트 점도를 고분자 농도 0에 외삽하여 얻어지는 값. 극한 점도수 혹은 극한 점도라고도 한다. 선상 고분자에서는 분자량의 0.5~0.8 곱에 비례한다.

고유 진동수 (固有振動數, characteristic frequency) 다원자 분자의 적외 흡수 스펙트럼이나 라만 스펙트럼에는 어떤 원자단(예를 들면 C＝C, OH)에 특유한 적외 흡수대와 라만 밴드가 나타나며 그 진동수는 분자의 종류에 상관 없이 일정한 범위 내에 있다. 이것을 그 원자단의 고유 진동수라 한다.

고유 폭 (固有幅, natural breadth, natural line width) 실측되는 스펙트럼선의 폭 중, 천이에 관계하는 상하 에너지 준위의 수명에 의해 정해지는 부분. 자연 폭이라고도 한다.

고유 함수 (固有函數, eigenfunction) 고유방정식 $A\phi＝\lambda\phi$의 함수 ϕ를 가리킨다. 실수 λ는 고유값이라 한다. 양자역학에 의하면 연산자 A가 해밀토니안일 때 고유함수는 입자의 존재 분포를 나타내는 파동함수가 되고, 고유값은 에너지의 기대값이 된다.

고유활성도 (固有活性度, specific activity) 단위 중량당의 방사능 또는 효소 활성, 방사성 물질 농도 또는 효소의 촉매능 강도의 지표로 사용된다.

고전 구조식 (古典構造式, classical constitutional formula) 유기 화합물의 분자구조를 분자 내의 각 원자가 각각의 고유 원자가에 의해 공유결합으로 이어진 것으로 표기한 구조식. 다중결합과 비공유 전자쌍이 있는 유기 화합물의 대부분은 이러한 고전적인 구조식만으로는 그 성질을 충분히 표현할 수 없으므로 공명의 개념으로 설명된다.

고정 (固定, fixation) (1) 조직구조의 현미경적 혹은 전자현미경적 관찰을 위해 조직의 단백질을 변성시켜 구조를 유지, 염색하기 쉽도록 하는 것이다. (2) 바이오리액터, 바이오센서를 제작하기 위해 미생물이나 효소를 일정한 공간에 유지하는 것이다. ⇨ 고정화 효소, 고정화 촉매.

고정결합 조직세포 (固定結合組織細胞, fixed connective tissue cell) ⇨ 섬유아 세포.

고정로 (固定爐, stationary furnace) 유기 원소 분석에 있어 시료를 완전히 연소 또는 분해하기 위해 연소관 부분을 고온으로 가열할 수 있도록 고안된 공적식 전기로를 말한다.

고정상 (固定床, fixed bed) ⇨ 고정층.

고정상 (固定相, stationary phase) 크로마토그래피와 향류 분배에서의 이동상에 대한 용어. 물질에 대한 친화성(유지력)이 있고 이동하지 않는 상을 말한다.

고정상 바이오리액터 (固定床——, fixed-bed bioreactor) 가장 널리 사용되고 있는 고정화 생체 촉매를 사용한 리액터(반응조). 리액터의 축방향에 기질 및 생성물의 농도 분포가 생기며, 효소 활성의 변화도 축방향에 분포한다. 또한 압력 손실을 수반하는 경우도 있다. 이것을 사용하여 L-아스파라트산의 제조 등이 이루어지고 있다.

고정층 (固定層, fixed bed) 고체 입자를 충전한 층으로, 특히 고체 입자가 정지하고 있는 것. 고정상이라고도 한다. 충전한 고체 입자 간에 유체를 흐르게 하여 가스 흡수, 증류, 액체-액체 추출, 흡착 등을 한다. 기타 고체 촉매 반응기, 기체-고체 반응기로도 된다.

고정 탄소 (固定炭素, fixed carbon) 석탄분석에서 사용되는 값. 수분, 휘발성 성분 및 회분을 제외한 전탄소의 백분율로 표시한다.

고정화 촉매 (固定化觸媒, fixed catalyst) 착물 촉매를 무기 혹은 유기 고분자체에 담지하여 고체 촉매로 사용하는 촉매. 착물 촉매의 특징을 살리고 또한 촉매의 회수를 용이하게 하여 수명을 연장함으로써 실용 촉매로서의 성능을 높이기 위해 개발된 촉매이다.

고정화 효소 (固定化酵素, immobilized enzyme) 화학적·물리적 방법에 의해 물에 녹지 않는 무기 혹은 유기 운반체에 고정화한 효소. 수용성이며 열, 용제, 산, 알칼리에 불안정한 효소를 고정화하는 것으로 안정화, 반복 사용이 가능하게 된다. 고정화에는 다음과 같은 방법이 있다. ① 공유결합법 : 효소와 불용성 운반체를 공유결합에 의해 고정화하는 방법 ② 가교법 : 다관능 시약을 사용하여 효소를 가교화하여 막상으로 성형하는 방법 ③ 흡착법 : 고분자막에 효소를 흡착시키는 방법 ④ 포괄법 : 폴리아크릴아미드 등의 가교화한 고분자 격자간의 공간에 효소를 포괄하는 방법. 고정화 효소는 바이오리액터, 바이오센서. 크로마토그래피 등에 널리 이용되고 있다.

고주파 경화 (高周波硬化, microwave curing) 고주파의 전자장 내에 열경화성 수지를 놓고, 유전가열로 경화시키는 것. 내부까지 전체를 순간적으로 균일하게 가열, 경화할 수 있는 이점이 있다.

고주파 분석 (高周波分析, high-frequency analysis) 100 kHz 내지 500 MHz의 고주파 전장 중에 측정시료를 놓고 고주파 에너지의 흡수로 회로에 발생하는 고주파 특성의 변화를 측정하여 하는 분석법. 고주파 적정 장치, 고주파 농도계 등이 있다.

고 중합체 (高重合體, high polymer) 중합도가 매우 큰 중합체. 고분자량의 화합물, 즉 고분자이다. 최근에는 간단하게 중합체 또는 폴리머라고 하는 것이 일반적이다. 처음에는 유기 고분자화합물에 한정되어 있었으나 최근에는 공유결합성을 지닌 무기 고분자화합물까지 넓혀졌다. 일상 생활과 관계가 깊은 것이 많은데, 예를 들면 단백질을 비롯해서 녹말·셀룰로오스(섬유소) 등은 천연으로 존재하는 고분자 화합물들이고, 나일론·테트론 등의 합성섬유와 베이클라이트·폴리염화비닐(PVC)·폴리에틸렌·스티로폴 등은 합성 고분자화합물들이다. 고분자 화합물은 독일어의 hochmolekulare verbindung에서 나온 말로서, 1930년대 초반에 H. 슈타우딩거가 천연 고무와 셀룰로오스가 분자량이 큰 분자로 구성되어 있음을 밝힌데서 명명되었다. 그 후 주목을 끌어 천연으로 존재하는 고분자화합물의 성질이 밝혀짐에 따라 단위체(單位體)라 불리는 간단한 저분자(低分子)로부터 고분자화합물을 합성할 수 있게 되었다.

고차 구조 (高次構造, higher order structure) 생체고분자에 있어 1차 구조. 즉 공유결합으로 형성되는 화학구조식 이외의 구조를 말한다 단백질과 핵산의 2차, 3차, 4차 등의 구조가 포함된다. 주로 단백질이나 핵산의 입체구조를 지칭하며 그 기능발현에 중요한 구조이다. 구조를 형성하고 있는 것은 이온결합, 수소결합, 소수결합 등의 비공유결합, $-S-S-$ 결합 등이다. 합성 고분자에서도 결정구조나 결정영역과 무정형 영역의 배열 등, 분자의 집합 상태에서의 구조를 말하는 일도 있다.

고착 염색 (固着染色, fast color dyeing) 염색 견뢰도가 높은 염색. 예를 들면 셀룰로오스 섬유의 건축 염료에 의한 염색, 양모 섬유의 합금속 염료에 의한 염색 등이 있다.

고착제 (固着劑, fixing agent) 섬유상에 염료 등을 고정시키기 위한 처리제. 예를 들면 반응 염색시의 알칼리, 타닌 매염시의 토주석, 금속착염료에 의한 나염시의 요소, 세탁 견뢰도 개선을 위한 픽스제, 안료나염의 바인더 등이 있다.

고체 검출기 (固體檢出器, solid state detector) ⇨ 반도체 검출기.

고체 막전극 (固體膜電極, solid-state membrane electrode) 유리 박막, 이온교환막, 난용성 염 등의 고체 감응막을 이용하는 막전극. 일정 농도의 전해질 용액과 농도 미지의 전해질 용액을 접하였을 때의 막전위의 크기에서 미지의 전해질 농도를 결정할 수 있도록 한 전극으로, 유리전극 등이 있다.

고체산 (固體酸, solid acid) 고체 상태에서 그 표면이 산성, 즉 수소이온을 부여하는 성질 혹은 전자쌍을 받아들이는 성질을 나타내는 물질. 산성 백토와 같은 점토광물, 실리카와 알루미나를 화학적으로 혼합한 실리카-알루미나, 제올라이트, 산화알루미늄 등이 그 예이다.

고체상 곡선 (固體相曲線, solidus) 다성분계의 상태도에서 융점(액상과 고상이 평형을 유지하는 온도)과 고상의 조성 관계를 표시하는 곡선을 말한다.

고체상 반응 (固體相反應, solid-phase reaction, solid-state reaction) 고상 내부 혹은 고상-고상 간에서 일어나는 반응. 반응에 관계하는 화학종이 고상 내의 확산에 의해 공급되고, 그 확산과정이 반응의 진행을 율속하고 있는 경우가 많다. 이를테면 카바이드의 합성에 있어서는 생석회와 탄소의 접촉 계면에 생긴 생성 카바이드의 막을 통한 확산에 의해 반응이 나타나 현저한 농도 기울기를 만든다. 금속의 부식에 있어서 산화막 형성과 부식 이온의 확산 등도 비슷한 현상이다. 대체로 기상 및 액상반응에 비하여 고온을 필요로 한다. 고체 내의 격자결함은 확산을 돕는 작용을 할 경우가 많다.

고체 염기 (固體鹽基, solid base)　고체 상태에서 그 표면이 염기성, 즉 수소이온을 받아들이는 성질 혹은 전자쌍을 부여하는 성질을 나타내는 물질. 알칼리 금속 또는 알칼리 토류금속의 산화물, 수산화물 등이 그 예이다.

고체 전극 (固體電極, solid-state electrode)　수은 전극과의 대비로 사용되며 백금, 금, 파라듐, 은, 흑연, 이산화염 등으로 만들어진 전극을 지칭한다. 수은과 달리 양극측의 전위창이 넓으나 전극 표면의 산화가 문제로 되는 경우도 적지 않다.

고체 전해질 (固體電解質, solid electrolyte)　고체 상태에서 큰 이온전도를 보이는 물질. 양이온 전도를 나타내는 것($\alpha-$ AgI, Na · $\beta-$ Al$_2$O$_3$ 등)과 음이온 전도를 나타내는 것($Pb_{1-x} Y_x F_{2+x}$, 안정화 지르코니아 등)이 있다. 높은 이온 전도의 요인에는 공위(空位)가 많은 구조(안정화 지르코니아 등), 구성 이온의 배치가 불규칙하고 이온의 이동도가 높아지는 것($\alpha-$ AgI 등) 등이 있다. 또한 고분자 고체 전해질도 알려져 있다.

고체 지지수 (固體脂指數, solid fat index)　유지의 측정 온도에서 결정 고화한 양의 지수. 즉 1 kg 유지 중의 고화부분이 측정온도에서 완전히 융해할 때까지에 팽창한 양을 밀리리터 단위로 표시한다. 30~40 이하이면 이 값이 고체화한 부분의 비율(%)을 표시하는 것으로 보아 큰 착오는 없다.

고체 추진제 (固體推進劑, solid propellant)　로켓트 추진약 중 산화제와 연료가 일체로 되어 혼성 성형된 고체상의 추진약. 더블베이스 추진약 같이 양자가 균질로 겔화한 균질계인 것과 흑색 화약 또는 과염소산암모늄을 주 산화제로 하여 폴리부타디엔 등의 고분자 물질을 연료로 하여 물리적으로 혼합 경화시킨 콤포지트 추진약(혼합 추진약)

등 불균질계의 것이 있다.

고체 탄산 (固體炭酸, solid carbon dioxide)　고체인 이산화탄소의 속칭. 드라이 아이스라고도 한다. 공기 중에서는 승화하기 쉬운 백색 고체. 냉각용으로 널리 사용한다. 이산화탄소 속에 함유되어 있는 수분·기름 등을 분리시킨 다음 저온에서 가압하여 급격히 팽창시키면 줄-톰슨효과에 의해서 냉각되어 액체인 이산화탄소가 되고, 그 일부분을 증발시키면 잠열(潛熱)에 의해서 나머지는 눈송이 모양의 드라이 아이스가 된다. 시판품은 큰 덩어리로 되어 있는데, 이것은 제조한 드라이 아이스에 액체 이산화탄소를 가한 다음 가압하여 만든 것이다. 상압(常壓)에서는 액화하지 않고 즉시 승화한다. 승화점 −78.5℃, 0℃의 물 100 g에 대하여 171 cc가 녹는다. 식료품을 비롯하여 여러 가지 물건을 냉각시키는 데 쓰일 뿐만 아니라 탄산나트륨·요소(尿素) 등의 제조에도 대량으로 사용된다. 또 청량음료·정당(精糖)·소화제(消化劑)·용접·주물 등에도 사용된다. 드라이 아이스의 냉각제로서의 장점은 얼음처럼 녹아서 액체가 되는 일이 없이 바로 기체가 되기 때문에 취급하기가 편리하다는 점이다. 또 액체 산소처럼 연소할 위험도 없다. 드라이 아이스를 취급할 때는 동상(凍傷)을 입을 염려가 있으므로 장갑 등을 끼고 다룬다. 에탄올, 아세톤 등의 속에 파쇄하여 넣으면 −80℃ 정도의 저온을 쉽게 얻을 수 있다.

고체 파라핀 (固體 ——, solid paraffin)　⇨ 파라핀 납.

고초균 (枯草菌, *Bacillus subtilis*)　진정세균목(Eubacteriales) *Bacillus* 속의 대표적 균종. 단막구조의 호기성 그람양성균으로, 사람과 동물에 병원성이 없고, 배지 중에 다량의 단백질을 분비한다. 아밀라아제, 프로테아제 등의 유용 효소를 공업적으로 생산할 수 있는 균주로서 유명하다. 또한 재조합 DNA 실험 등에서도 많이 사용된다.

고토 (苦土, Bittererde)　산화마그네슘 MgO의 고전적인 명칭. 현재는 사용되지 않는다.

고한계 성분 (高限界成分, heavy key component)　⇨ 한계 성분.

고해상력 건판(高解像力乾板, high resolution plate) 반도체 소자의 제조공정에 필수적인 포토마스크의 제작, 혹은 홀로그래피 등에 사용되는 사진건판. 0.06 μm 정도의 미세 할로겐화은 입자를 함유하는 유제가 사용되고 있으며 2,000본/mm 이상의 해상력이 있다.

고형 그리스(固形——, brick grease) 고점도의 실린더유를 기유로 한 나트륨 그리스. 컨시스턴시가 50~100으로서 고온, 고하중에서 기계의 빈틈이 큰 미끄럼 축받이 등에 많이 사용된다.

고형 배지(固形培地, solid medium) 한천, 젤라틴, 실리카겔 등의 겔상 물질을 소재로 하는 미생물 혹은 세포·조직 배양의 배지. 생육에 필요한 영양소를 첨가한다. 액체 배지의 대응어이다.

고화(固化, solidification) ⇨ 응고.

곡률 효과(曲率效果, curvature effect, wedge effect) 수은적하 전극에 있어, 수은의 유출 속도가 빠르기 때문에 수은 방울이 진정한 구상이 되지 않고 이상하게 큰 확산 전류가 흐르는 것을 말한다.

곧은 사슬(normal chain, straight chain) 탄소 원자가 규칙적으로 이어져 한 가닥의 사슬 모양으로 되어 있는 화학구조. 곧은 사슬이라 하지만 분자의 모양은 곧지 않고, 탄소 원자의 원자값 각이 109°이므로 C−C−C 결합은 이 각도에서 꺾이어 굽어져 지그재그 구조의 사슬이 된다.

곧은 사슬모양 중합체(——重合體, linear chain polymer) 가지가 갈라지지 않은 중합체. 분기 중합체나 그물눈 중합체와의 대비로 사용된다. 사슬모양 중합체, 선모양 중합체라고도 한다. 대부분은 다조 폴리머이지만 사다리형 폴리머의 경우도 있다.

곧은 사슬 파라핀(normal paraffin) 파라핀족 탄화수소 중 탄소 원자가 곧은 사슬모양으로 배열하고 있는 것. 파라핀기 원유의 적당한 유분을 분지체 등으로 분별하여 제조한다. 특히 등유 유분에 함유되는 C_{10}~C_{20}의 곧은 사슬 파라핀은 생분해되는 합성세제의 제조 원료로 사용된다.

골드 사이즈(gold size) 단유 바니시의 일종. 수지에는 코팔을 사용하는 것이 보통이다.

연백과 고루고루 이겨서 하지 퍼티에 사용하며, 숫돌가루, 백아, 펄라이트분과 반죽하여 빈틈박기용 도료로 사용한다.

골재(骨材, aggregate) 콘크리트와 같이 골재가 되는 석질의 입자와 결합재로 된 재료 중의 입자. 가장 많이 사용되는 골재는 자갈과 모래이다. 낱알의 지름에 따라 5 mm 이상인 것을 조골재(粗骨材), 5 mm 이하는 세골재(細骨材)라고 한다. 또한 산출상태에 따라서 천연골재와 인공골재로 나눈다. 천연골재는 강 자갈·산·바다에서 채취하는 자갈·모래 등으로 강모래가 가장 많이 사용된다. 산자갈·산모래는 유기 불순물(有機不純物)이나 점토가 섞여서 콘크리트에 해로운 영향을 주며, 바다 자갈·바다 모래는 염분 때문에 콘크리트 속의 철근 등을 부식시키므로 잘 씻어서 사용해야 한다. 그래서 때로는 콘크리트를 이기는 물에 크롬산염이나 아질산염(亞窒酸鹽)을 섞어서 중화시키기도 한다. 천연산 경량 골재에는 화산력(火山礫)·부석(浮石)·화산사(火山砂) 등이 있어 경량 블록 등에 사용된다. 쇄석(碎石)은 천연암석을 적당한 크기로 부수어 만든 골재이다. 인공 골재에는 공업부산물과 인공 경량골재가 있으며, 공업부산물은 석탄 찌꺼기·팽창(膨脹) 슬래그 등이며, 개량하거나 그대로 쓴다. 인공 경량골재는 팽창점토·플라이애시(fly ash)·팽창혈암(膨脹頁岩) 등을 소성(燒成)하여 만든 것이다. 최근에는 보다 가볍고 강력한 구조용 인공 경량골재도 제조되고 있는데, 이용분야가 더욱 넓어지고 있다.

골지 장치(—— 裝置, Golgi apparatus) 편평한 낭(囊), 소구상의 소포, 대형 액포의 세 가지로 되어 있는 세포 소기관. 보통 골지체라고 한다. 분비, 다당류 합성을 한다. 편평한 낭은 단면의 길이 수 μm, 80 nm 전후의 간극으로 5~6겹으로 겹쳐져 있다. 이 주변에는 소포와 액포가 있다.

골지체(—— 體, Golgi body) ⇨ 골지 장치.

골판지(骨板紙, corrugated fiberboard) 파도모양으로(코루게이트) 가공한 두꺼운 종이(厚紙)의 평면 또는 양면을 지판(라이너보드)으로 붙인 기법고 깅인한 복합 판시. 사용 복적에 따라 2층 이상으로 붙이는 경우도 있다.

골판지는 1856년 영국의 E. C. 할리(Harley)와 E. I. 앨런(Allen)이 판지를 물결 모양으로 만들어 모자의 땀 흡수용으로 사용하기 시작한 것에서 비롯되었다고 하며, 1875년경부터 공업적인 생산이 시작되었다. 한국에서는 1939년 영등포에 조선판지회사가 설립된 것이 시초이다. 골판지로 만든 상자를 사용하는 목적은, 같은 크기의 나무상자에 비하여 목재의 사용량이 1/10 이하이므로 목재 자원의 이용 합리화라는 측면에서도 매우 유익할 뿐만 아니라 값이 저렴하기 때문이다. 제조방법은 판지 초지기(板紙 抄紙機)에 의하여 생산된 평량(坪量) $180{\sim}400\,g/m^2$의 라이너지와 평량 $120{\sim}150\,g/m^2$의 골심지 두루마리를 코루게이터(corrugating machine)에 걸어 기계를 작동시키면, 골심지에 물결 모양의 일정한 골이 만들어짐과 동시에 라이너지와 접착되어 골판지가 만들어진다. 골판지는 용도에 따라서 외부 포장용 및 내부 포장용 골판지로 나눈다. 골판지로 골판지 상자를 만드는 과정은, 포장될 내용물에 따라서 먼저 일정한 상자 양식을 결정한 다음, 골판지 표면에 필요한 상표들을 인쇄하고, 그것을 슬로터에서 전개도(展開圖)대로 재단하거나 꺾을 곳에 선을 넣고 평철사나 풀 또는 접착테이프로 접합하게 된다. 이때 반드시 주의해야 할 점은 골판지에 굽힘(warp)이 생겨서는 안 되며, 조립 시에는 꺾이는 부위가 직각이 되도록 해야 한다. 골판지 상자의 장점은 무게가 가벼워서 겹쳐 쌓기가 쉽고, 운반과 저장에 편리하며, 접을 수 있고, 외부 충격에 쉽게 손상을 입지 않는다는 데 있다. 용도로는 식품·전기제품·기계부품·잡화·청과물·육어류 등 매우 광범위하나 초중량 화물의 포장에는 적합하지 않다.

골회 시멘트 (骨灰 ——, bone cement) 인공 관절을 뼈에 고정할 때에 사용하는 시멘트. 유성분으로서 N, N-디메틸 p-톨루딘을 함유하는 메타크릴산메틸, 가루성분으로서 과벤조산을 함유하는 폴리메타크릴산메틸로 구성된다. 수술시에 혼합하여 환부에 중합 경화시켜 인공 관절을 고정한다.

골회자기 (骨灰磁器, bone china) 융제로 골회를 가한 투광성이 큰 유백성의 연자기. 본 차이나라고도 한다. 영국에서 예로부터 제조되고 있는 연자기로서, 그 대체적인 조합은 골회 인산칼슘 45~50 %, 카오린 20~25 %, 콘월석 25~30 %이다. 또 정의(定義)는 나라에 따라서 다른데, 브뤼셀 과세율표(課稅率表)에 의한 규격에는 골회 함유량의 규정은 없지만 영국에서는 인산염으로서 최소한 30 %, 미국에서는 골회로서 적어도 25 %를 함유해야 한다고 규정하고 있다. 또 영어로 자기를 가리킬 때의 china는 공업적 목적을 가지지 않는 자기를 말한다. 식품과 장식품 등의 고급품에 사용된다.

곰팡이 (mold, mould) 진균류 중 영양 번식 기간 중에 균사체의 발달이 극히 왕성하고 또한 자낭포자 혹은 분생자를 현저하게 형성하는 균류군의 총칭. 영양번식 시기에는 사상의 균사를 농밀하게 형성하므로 사상균이라고도 불리운다. 버섯은 담자균이라 부르며, 곰팡이의 종류에 포함된다. 대부분의 곰팡이류는 현미경으로 보면 세포가 길쭉해져 있고 또한 세로로 연결되어 실과 같은 모양을 하고 있다. 이것을 균사라고 한다. 곰팡이류 중에서 일생을 단세포로 마치는 것도 있다. 그러나 뚜렷한 세포핵을 가지고 있으며, 핵은 단핵·2핵·다핵인 것이 있다. 특히 조균류의 것은 복잡한 모양의 전균체(全菌體)가 격벽 없는 다핵의 단세포체를 이루고 있다. 포자(홀씨)를 형성하고 무성적으로 번식한다. 포자에는 여러 종류가 있는데, 수생(水生)의 것은 유주자낭 속에서 형성되며 성숙되면 편모로 헤엄칠 수 있는 유주자가 된다. 또 포자낭 안에 생기고 나중에 분산하는 포자낭포자, 균사의 끝이나 분지에 생기는 분생자(分生子), 균사의 일부가 그대로 나뉘어서 생기는 체포자(體胞子), 세포에서 눈이 나오면서 생기는 출아포자 등 여러 가지가 있다. 유생 생식에도 여러 가지 형이 있다. 조균류에서는 헤엄치는 세포와 세포가 합착하는 배우자 접합, 한쪽은 낭 속에 머물러 있고 다른 운동성을 가진 세포와 합착하는 난자접합, 알을 가지는 조란기와 정자를 가진 조정기가 직접 결합하든가, 균사의 일부에 생긴 배우자낭이 서로 붙어서 접합자를 만드는 배우자낭 접합 등의 단계를 볼 수 있다. 자낭균류에서는 성이 다른 균사와 균사가 합착하여 자낭을 만들어 유생생식을 완결시킨다. 또 담자균류에서는 상대하는 성을 가진 균사가 만나면 2핵의 세포가 생기고 그것이 생장하여 마지막으로 담자기가 생기면서 유생생식을 완결시킨다. 자낭균류 중에는 자낭이 생길 경우에, 특히 발달한 자실체를 형성하는 것이 많고, 붉은 곰팡이의 자실체와 같이 바늘 끝만큼 작은 것에서 주먹만한 크기를 가지는 것(cup fungi : Pezizaceae)까지 여러 단계의 크기를 볼 수 있다. 즉, 붉은 곰팡이에 버섯이 생긴다고도 말할 수 있다.

곰팡이 방지가공 (—— 防止加工, mildew proofing) 직물 등에 곰팡이가 발생·번식하지 않도록 곰팡이 방지제로 하는 가공. 살균성이 있는 유기 화합물, 무기 화합물, 유기금속 화합물이 사용된다.

공간 격자 (空間格子, space lattice) 1차원 격자, 2차원 격자에 대해 3차원 격자를 지칭한다. 화학에서 사용하는 것은 결정을 기술하는 목적인 경우가 많다(⇨ 결정 격자). 일반적으로 순수한 고체는 결정을 이루고 있으며, 그 결정의 내부에서 몇 개의 구성 단위가 일정한 규칙에 따라 공간 내에 반복하여 배열되어 있는데, 이러한 배열을 공간 격자 또는 결정 격자라 한다. 이 때의 구성 단위로는 이온·원자·분자 또는 원자단 등이 된다. 예를 들면, 철이나 다이아몬드의 경우에는 원자가 각각 공간 내에 배열되어 결정 격자를 이루고 있기 때문에 원자 격자라고 한다. 요오드의 결정이나 이산화탄소의 결정인 드라이 아이스 등에서는 요오드의 분자나 이산화탄소의 분자 등이 각각 구성 단위로 되어 배열되어 있기 때문에 분자 격자라고 한다. 또 보통의 염류, 예를 들면, 염화나트륨에는 양이온인 Na^+과 음이온인 Cl^-이 격자를 이루고 있으므로 이온 격자라 한다. 한편, 결정 격자의 배열상태가 층상으로 되어 있는 것을 층상격자라 하고, 또 결정구조를 몇 가지로 분류하여 대표적인 것의 이름을 붙여 암염(岩鹽)격자, 다이아몬드격자 등으로 부르기노 한다.

공간군 (空間群, space group) 결정의 미시적 구조의 대칭성을 표현하는 데 사용된다. 결정 중에 존재하는 대칭조작(병진을 수반하는 넓은 의미의 대칭조작도 포함한다)의 집합. 230종의 공간군이 있다. 평면에 투영하면 17종의 평면군이 된다. Hermann-Mauguin의 기호로 나타낸다.

공간 분해능 (空間分解能, spatial resolving power) 국소 분석에 있어, 획득된 정보가 어느 정도의 공간적 확산이 되어 있는 것인가를 나타내는 지표. 또 시료의 미소부 형성을 정확하게 표시하는 능력을 말하는 경우도 있다. 전자, 이온, 레이저광 등의 수속빔을 사용하는 측정에서는 주로 1차빔 지름, 빔의 침입 영역 및 신호발생 영역의 확산에 의존한다.

공간 속도 (空間速度, space velocity) 유통식 반응 장치에 단위 시간당에 유입하는 원료의 용적을 반응기 용적으로 나눈 값. 약어 SV. 공간 속도의 역수는 공간 시간이라 부르며, 반응기 용적에 상당하는 원료를 처리하는 데 필요한 시간을 나타낸다. 유사한 용어에 공탑 속도가 있으나 의미가 다르다.

공간 시간 (空間時間, space time) 공간 속도의 역수이다. ⇨ 공간 속도.

공간 전하층 (空間電荷層, space charge layer) 전기 이중층에 있어, 전자 또는 이온의 이동으로 전하가 박층상으로 분포하는 영역. 특히 반도체 전극에 있어, 반도체에 도브된 불순물(도너, 억셉터)이 이온화하여 있는 영역을 지칭하는 경우가 많다. n형(p형) 반도체가 주위의 물질이나 자신의 표면 준위에 전자를 부여하면(전자를 받아들인다) 생긴다.

공격자점 (空格子點, vacant lattice point) ⇨ 빈격자점.

공궤도 (空軌道, unoccupied orbital, vacant orbital) 전자가 들어 있지 않은 궤도(함수), 원자나 분자에 여분의 전자가 부착할 때는 공궤도에 들어가고, 피점 궤도에서 전자가 공궤도에 이행하면 들뜬 전자상태가 된다. 공궤도의 궤도 에너지의 부호를 바꾼 것은 전자친화력과 거의 같다(쿠프맨즈의 정리).

공극 (空隙, void) 고체 중에서 원자, 이온, 분자가 충전되어 있지 않은 빈 틈. 분립체 등에서는 분체 간의 틈새를 말한다. 금속 결정이나 이온 결정에서는 격자 결함에 의해 공극이 생긴다. 분자성 결정에서는 격자 결함에 의한 경우 이외에도 분자의 형태가 소홀

하기 때문에 분자간에 공극이 생기는 경우
도 있다.

공극률 (空隙率, voids) ⇨ 다공도(多孔度).

공기 건조 (空氣乾燥, air drying) (1) 공기를
매체로 하는 건조기(공기 건조기)를 사용하
여 실시하는 건조. (2) 에플로레센스.

공기 경화 (空氣硬化, air hardening) 원료 또
는 제품이 공기에 노출되어 산화, 탄산화,
건조 등으로 인하여 경화(硬化)하는 성질.
또한 석고나 회반죽처럼 공기 중에서는 경
화하지만 수중에서는 강도가 저하하는 성질.
기경성이라고도 하며 수경성의 대응어이다.

공기 과잉률 (空氣過剩率, excess air ratio) ⇨
과잉 공기.

공기 기계유 (空氣機械油, pneumatic tool oil)
에어해머나 에어드릴처럼 압축공기로 작동
하는 기계의 윤활유. 공기 중의 수분이 혼입
하거나 또는 경계윤활이 되기 쉬우므로 강
한 유막을 형성하기 위해 정제 광유에 유지
를 조합한다.

공기비 (空氣比, air ratio) 연료의 단위량을
완전 연소시키는 데 필요한 이론 공기량 A_0
와 실제로 사용하는 공기량 A의 비 A/A_0.
공기율이라고도 한다.

공기 산화 (空氣酸化, air oxidation) 공기를
산화제로서 사용하는 산화반응. 공기는 가
장 비용이 적게 드는 산화제이므로 공기산
화는 특히 공업적으로 중요하다. 비교적 고
온에서 촉매를 사용하여 기상으로 사용하는
공기산화와 액상 또는 용액에 촉매의 존재
하에 공기를 취입하여 하는 산화가 있다. 산
화되기 쉬운 화합물을 방치하여 두기만 하
여도 공기와 접촉하여 산화되는 반응은 자
동산화라 한다.

공기선 (空氣線, air line) 공기 중의 산소, 질
소, 질소산화물 등이 여기되어 생기는 스펙
트럼선. 시료를 공기 중에서 전기적으로 여
기 발광시키는 경우 등에 생긴다.

공기율 (空氣率, air ratio) ⇨ 공기비.

공동 현상 (空洞現像, cavitation) ⇨ 캐비테
이션.

공명 (共鳴, resonance) 분자의 구조를 하나
의 구조식으로 나타내기보다 2개 이상의 고
전 구조식을 중합한 것으로 나타내는 편이

분자의 성질을 적절하게 표현하는 경우, 이
러한 구조의 공명으로서 나타낸다. 양자화
학에서는 원자가 결합법의 정성적인 것에
상당한다.

공명 구조 (共鳴構造, resonance structure) 공
명의 상태에 있는 유기 화합물의 분자구조가
2종 이상의 고전 구조식이 중합한 것으로 표
현될 때, 이것을 공명 구조라 하고, 이 구조를
공명의 성분 구조식(한계 구조식)을 사용하
여 나타낸 것을 공명 구조식이라 한다.

공명 라만 산란 (共鳴 —— 散亂, resonance Ra-
man scattering) 시료의 흡수파장의 빛으로
라만 효과를 여기하는 경우에 일어나는 현
상. 라만 강도가 현저하게 증대하고, 편광
해소도에 이상이 일어난다. 이 현상은 진동
스펙트럼을 통하여 전자 상태를 연구하는
데 이용되며, 실용적으로는 선택적 미량분
석에 응용된다. 단, 분자 발색단의 진동 밴
드의 강도만이 증가한다.

공명 라만 효과 (共鳴 —— 效果, resonance
Raman effect) 라만 효과를 측정할 때 여
기광의 파장이 측정대상 물질의 전자 흡수
대와 일치할 때, 라만 산란 강도의 증대를
볼 수 있는 것을 말한다.

공명 에너지 (共鳴 ——, resonance energy)
분자의 결합 상태를 구조식으로 나타내려고
하는 경우, 하나의 구조식으로 나타내기보
다 2개 이상의 구조식을 공명으로 나타내는
편이 보다 적절한 경우가 있다. 예를 들면,
염화수소를 $H-Cl$와 H^+Cl^-의 공명구조 혼
성체로서 혹은 벤젠을 2개의 Kekule 구조의
공명 혼성체로서 나타낸다. 이 경우 기준으
로 한 하나의 구조식에 대응하는 분자의 가
상적 에너지에 비해서 다른 구조의 기여로
안정화하는 에너지를 공명 에너지라고 한다.
양자화학적으로 말하는 비국소적 에너지에
상당한다.

공명 혼성체 (共鳴混成體, resonance hybrid)
분자의 결합 상태는 파동함수로 나타내는데,
정성적으로 둘 이상의 고전 구조식을 사용
하여 나타내는 경우 그 분자를 공명 혼성체
라 한다. 예를 들면, 염화수소는 공유결합
구조식 $H-Cl$과 이온결합 구조식 H^+Cl^-의
공명 혼성체, 벤젠은 2개의 케쿨레 구조의

공명 혼성체라고 한다.

공비제 (共沸劑, entrainer) ⇨ 엔트레이너.

공생 (共生, symbiosis) 서로 다른 두 생물이 함께 또는 밀접한 관련을 갖고 생존하는 것. 양자의 관계가 함께 이익을 초래하는 경우, 어느 한쪽만 유익한 경우, 한쪽은 이익을 얻고 다른 한 쪽이 해를 입는 경우, 쌍방이 해를 입는 경우 등이 알려져 있다. 숙주와 기생체의 경우도 포함된다. 공생에는 2종류의 생물이 고착해서 생활하는 경우와 2종류가 독립해서 살다가 일시적인 접촉을 가지는 경우 등이 있다. 전자의 예는 식물에 많고, 후자의 예는 동물에 많다. 상리공생(相利共生)의 예로는, 다음과 같은 것을 들 수 있다. 콩과식물의 뿌리에 생기는 뿌리혹은 토양 속의 뿌리혹 박테리아가 뿌리털로 침입하여 번식한 것인데, 공생기간 중 콩과식물은 뿌리혹 박테리아에게 양분을 주고, 뿌리혹 박테리아는 콩과식물에 유기질소 화합물을 주어 서로 돕고 살아간다. 지의류(地衣類)는 조류와 균류의 공생체인데, 조류는 탄수화물을 균류에게 주고 균류는 무기물과 수분을 조류에서 주면서 공생하고 있다. 지의류의 경우는 각각 단독으로는 살 수 없는 생물이 공생함으로써 훌륭히 살아가는 예이다. 이런 공생은 특별히 상호 부조라고 부르기도 한다. 흰개미는 소화기관에 사는 미생물의 도움으로 먹고 난 목재(木材)의 섬유소를 분해하며, 미생물은 살아가는 장소와 먹이를 흰개미로부터 얻는다. 진딧물은 분비물을 개미에게 숨으로써 개미에게서 외적으로부터의 보호를 받고 있다. 또 말미잘은 집게가 쓰고 있는 껍데기에 붙어서 이동하며 집게는 말미잘을 이용해서 자신을 위장한다. 악어와 악어새의 경우에서도, 악어새는 악어의 이빨에 있는 찌꺼기를 얻어먹지만, 악어에게는 입 안의 청소가 되므로 서로 돕는 관계로 볼 수 있다. 편리공생의 예로는, 말미잘의 촉수에 숨는 흰동가리, 해삼의 항문속을 드나드는 숨이고기, 대합의 외투막 안에 사는 대합속살이게 등이 있다.

공석 (空席, vacancy) 빈격자점, 결격자점이라고도 하며, 결정의 격자점에 있어야 할 원자나 이온이 존재하지 않으므로 공석으로 되어 있는 장소. 격자 결함의 일종. 이온 결

정의 색 중심의 대부분은 공석에 포착된 전자나 정공에 의한 것이다. ⇨ 빈격자점.

공석률 (空席率, vacancy) 결정 중의 격자점 중에서 공석이 되어 있는 격자점의 비율. 결정 중의 원자 배위에 유래하는 엔트로피에 의한 안정화를 위해 일정 온도에서 일정 수의 공석이 열역학적 평형상태로서 존재한다.

공선 도표 (共線圖表, alignment chart) 계산척의 곱셈 $A \cdot B = C$는 척도 A와 B를 바로 상하로 배열하였을 때, 그 직선과 척도 C가 교차한 곳이 답이 된다. 이처럼 $f(x, y, z) = 0$의 관계에 있는 3개의 양 x, y, z가 일직선 상에 배열된 계산도표를 공선도표라 하고 직렬도표, 정렬 도표라고도 한다.

공시 수득량 (空時收得量, space time yield) 촉매의 성능을 나타내는 지표의 일종. 약어 STY. 고유 촉매를 사용하는 유통계의 반응에 있어, 단위 촉매량당, 단위 시간당에 생성하는 목적 생성물의 양. 즉 (목적 생성물의 물질량 또는 중량)/(시간×촉매층의 체적 또는 촉매 중량)으로 표현된다.

공시험 (空試驗, blank test) 분석대상 성분의 함유량 제로인 것을 사용하여(시료 없이 시작하는 경우가 많다) 전 분석조작을 충실하게 하고 제로가 되어야 할 값이 어떻게 나올 것인가를 알아내는 시험. 보통 공시험값을 실측값에서 공제하여 진정한 값으로 한다. 보통 블랭크 테스트라 한다.

공시험값 (空試驗值, blank value) 공시험에 의해 얻은 값. 정량분석에서는 측정값에서 이 값을 공제한 값을 참값으로 한다. 그러나 목적물이 존재할 때는 특유한 오차가 생기는 수도 있으므로 완전한 보정은 아니다.

공식 (孔食, pitting) ⇨ 점식(点食). 그러나 공식이라 하는 것이 일반적이다.

공액 (共軛) (1) conjugation 2개 이상의 다중결합이 단결합 1개를 사이에 끼고 존재하는 경우, 이러한 다중결합 간에 π전자에 의한 상호작용이 있는 것을 말한다. 부타디엔이나 벤젠이 전형적인 예이다. 비공유 전자쌍도 공역에 부여하는 것이 많다. (2) coupling 다른 프로세스(막수송 등)와의 커플링에 의해 화학 변화가 구동되는 현상을 말한다.

공액계 (共軛系, conjugated system) 2개 이

상의 다중결합이 단결합을 매개하여 하나 건너로 연결되어 있는 계, π전자의 비편재화에 의해 다중결합은 어느 정도 약화되나 단결합상으로도 약한 π결합이 생겨 계 전체는 안정화된다. 벤젠은 그 극단적인 예이며, 이중결합과 단결합의 구별이 없어지고 2개의 케쿨레 구조의 공명으로 기술된다.

공업 뇌관(工業雷管, blasting cap, plain detonator)　금속관체의 바닥부에 기폭력을 강화시키기 위해 강력한 폭약(첨장약이라 한다)을 그 위에 기폭약을 충전한 뇌관으로, 도화선에 점화하여 확실하게 다른 폭약을 기폭하기 위한 화공품. 도화선의 불꽃으로 그 기능을 발휘한다. 즉 구리판으로 만든 관체의 바닥 부분에 테트릴·헥소겐·펜트리트 등 상당히 예민하고도 강력한 폭약(첨장약이라고 한다)의 분말을 압착하고, 그 위에 소량의 점폭약(點爆藥)을 채워 넣은 후, 다시 구멍이 뚫린 작은 구리 내관(內管)을 덮어 씌워 보강한 것이다. 공업뇌관에 전기점화장치를 한 것이 전기뇌관이고, 그 원료로서의 공업뇌관은 원관(原管)이라 한다. 점폭약으로서 이전에는 뇌홍폭약분말(雷汞爆藥粉末：뇌홍 80, 염소산칼륨 20의 혼합물)이 사용되었으나 현재는 디아조디니트로페놀을 사용하는 경우가 많다. 제2차 세계대전 전에는 아지드화염도 사용되었으나, 이때 구리 관체를 사용하면 위험한 아지화구리를 생성하기 때문에 아지드화물의 폭발성이 약한 알루미늄 관체가 사용되어 알루미늄 뇌관이라고 하였다. 광석 속에 불발뇌관이 들어가면 위험하므로 자기적(磁氣的)으로 검지(檢知)하기 위한 철관체(鐵管體)나 철과 구리를 접착시킨 금속판에 의한 관체를 사용하는 경우도 있다.

공업 분석(工業分析, industrial chemical analysis, technical analysis)　공업과 관련된 화학분석. 특히 석탄, 코크스에 대해서는 수분, 회분, 휘발분 및 고정탄소의 측정을 가리킨다.

공업 용수(工業用水, industrial water)　생산공장이나 발전소 등에 사용되는 물. 식품이나 음료 등으로서 제품 중에 포함되는 것과 냉각, 세정, 화학반응의 용매 등에 사용되며 제품 중에는 거의 포함되지 않은 것이 있다.

보일러 용수·원료 용수·제품처리 용수·세정 용수·냉각 용수 등으로 구분된다. 공업 용수는 업종과 용도에 따라 요구되는 수량과 수질이 다르지만, 일반적으로 양이 많아야 하고 양질·저온·저렴해야 한다. 제품생산에 대량의 공업용수가 필요할 경우 용수 단가(用水單價)가 제품 원가에 직접 관계되므로 용수의 확보는 공장의 입지조건에서 중요한 비중을 차지하게 된다. 한국의 공업용수(단물) 시설용량은 1964년에는 1일에 95만 2천 t이었으나, 1976년에는 약 420만 t으로 늘어나 12년 사이에 4.4배로 증가하였다. 이 밖에 화력발전과 원자력발전의 냉각수로 바닷물이 많이 이용되고 있으며, 이 바닷물은 한국의 강수량과는 관계가 없으므로 무제한 사용할 수 있다. 바닷물을 냉각수로 다량 사용하면 주변의 해수농도(海水濃度)가 변화하므로 해역(海域)이 생물자원에 많은 영향을 주게 된다. 따라서 사전에 충분한 조사와 이에 대한 대책이 요구된다. 1960년 울산공업단지를 조성함에 있어서 태화강(太和江) 상류의 사연제(泗淵堤)와 대암제(大岩堤)를 축조하여 공업용수를 확보한 것을 비롯하여, 그 후 포항공업단지·창원공업기지·호남화학기지·온산기지 등 많은 공업단지를 건설함에 있어서도 이에 필요한 공업용수를 하천수 또는 댐을 축조하여 확보하고 있다. 공업이 발달할수록, 그리고 국가경제활동이 커질수록 공업용수의 수요량은 증가하게 되므로 앞으로 저렴한 공업용수를 다량 개발하여야 할 것이다.

공업 용제(工業溶劑, industrial solvent)　공업 제품 제조과정에서 주로 세정, 용해, 희석, 추출용 등에 사용되는 용제의 총칭. 특히 고분자 화합물용 용제는 도료, 합성섬유 제조공정에 있어 그 용도확대의 면에서 매우 중요하다.

공여(供與, donation)　2개의 원자 또는 분자 간에서 한쪽에서 다른 쪽으로 전자 혹은 수소 이온 등을 공여하는 것으로 예를 들면, 루이스산. 염기의 개념에서는 산에 대해 염기가 전자쌍을 공여하고, 브뢴스테드산. 염기의 개념에서는 프로톤을 공여하는 것이 산이다.

공여체(供與體, donor, donator)　주개 또는

도너라고도 한다. (1) ⇨ 수소 공여체. (2) ⇨ 전자 공여체.

공예 유리 (工藝——, art glass)　주로 미술적 효과를 목적으로 하여 이용되는 유리 및 유리제품. 빛의 투과율, 반사율 및 착색 효과를 높이기 위해 납유리 혹은 칼륨유리를 선호하며 사용한다. 컷글라스, 스탠드글라스, 색유리, 하트도벨 등이 있다.

공용점 (共溶點, consolute point, consolute temperature)　짝용액계에서 2층으로 구분되어 있던 용액이 어떤 온도 이상 또는 어느 온도 이하가 되면 완전히 용해되어 1층으로 되는 경우가 있다. 이 온도를 임계 용해(또는 공용)온도 또는 단순히 공용점이라 한다. 공용점 이하가 되면 완전하게 용해되는 예를 들면, 페놀-물계(공용점 66.4℃)가, 그 반대의 예로는 트리에틸아민-물계(공용점 18.5℃)가, 또 2개의 공용점이 있는 예로는 니코틴-물계(공용점 208℃, 60.8℃)가 있다.

공유 결합 (共有結合, covalent bond)　2개의 원자가 전자쌍을 공유하여 형성된 결합. 원자값 결합법에 있어서는 이온 결합에 대한 극한 개념이지만, 등핵이원자 분자의 결합에도 약간의 이온성이 끼어든다. 공유 결합의 안정화 에너지는 결합의 중앙 부근에 집적한 전자운이 양방의 원자핵 인력을 받기 때문만이 아니라 전자의 운동에너지 저하에도 기인한다고 해석되고 있다.

공용점 (共融點, eutectic point)　공융 혼합물의 녹는점. 불변계의 공융 혼합물에서는 일정하지만 1변계 또는 다변계의 공융 혼합물에서는 온도의 어느 범위 안에 걸쳐서 변화한다.

공융 합금 (共融合金, eutectic alloy)　공정(공융 혼합물)을 형성하는 합금. 또 달리 융점이 낮은 합금(녹기 쉬운 합금)을 가리킬 경우도 있다.

공융 혼합물 (共融混合物, eutectic mixture)　2성분 이상으로 된 고체로서, 마치 일종의 고체 화합물처럼 일정한 녹는점을 나타내고, 융해로 생긴 액상이 원래의 고체상과 같은 소성을 나타내는 고체 혼합물. 공정(共晶)이라고도 한다. 얼음과 염류의 공융 혼합물을 특히 빙정(氷晶)이라 한다. 또 공융 혼합물의 녹는점을 공융점이라 한다.

공점 도표 (共點圖表, intersection chart)　전자밀도의 등고선도는 $f(x, y) = z$의 관계에 있는 점 z를 xy 평면상에 투영한 그림이다. 이 $z = z_0$ 곡선상의 1점 (x_0, y_0)에서는 $x = x_0$, $y = y_0, z = z_0$를 나타내는 직선 또는 곡선이 1점을 공유하고 있다. 이처럼 3개의 변수값을 각각 나타내는 3개의 선이 1점을 공유하고 있는 것 같은 계산 도표를 공점 도표라 한다.

공정 (共晶, eutectic)　⇨ 공융 혼합물.

공정 분석법 (公定分析法, official method of analysis)　국가, 공공 단체, 국제적인 조직 등에 의해 공적으로 정해진 화학분석법. 한국공업규격(KS), 대한민국 약전, 위생시험법, 국제표준화기구(ISO) 등에 의해 규정되어 있는 분석법이 이에 해당한다.

공중합 (共重合, copolymerization)　2종 혹은 그 이상의 단량체를 혼합, 중합하여 공중합체를 합성하는 반응. 예를 들면, 부타디엔과 스티렌을 중합시킴으로써 부타디엔-스티렌 고무를 만드는 반응 같은 것을 말한다. 공중합을 시키면 단일 중합체의 장점을 살리고 단점을 보완한 새로운 중합체가 생기는데, 이 중합체를 공중합체라고 한다. 위의 예에서 스티렌의 단일 중합체는 연하고 충격에 약한 성질을 가지는데, 이것을 소량의 부타디엔과 공중합시키면 부타디엔의 단일 중합체보다도 우수한 합성고무를 얻을 수 있다. 또 스티렌에 소량의 부타디엔을 공중합시키면 충격에 약한 스티렌의 결점이 보완된다. A, B 2종의 단위체를 중합시키면 일반적으로 A와 B가 불규칙적으로 뒤섞여서 결합한 공중합체가 되는데, 중합법에 따라 A, B가 어느 정도 계속되는 구조의 블록 공중합체와, A의 중합체에 B의 가지가 생긴 그래프트 중합체 등이 된다. 이 중에서 특히 그래프트 중합체는 화학공업이나 섬유공업 방면에서 중요시된다. 또한, 3종 이상의 단위체에 의한 다원(多元) 공중합이 널리 연구되어, 실용되고 있다. 예를 들면, 스티렌에 아크릴로니드릴 및 부타디엔을 적당량 공중합시켜, 충격에 약한 스티렌의 성질이 현저하게 개선되어 쉽게 파손되지 않는 성형품을 얻고 있다.

공중합체 (共重合體, copolymer)　2종 이상의

단량체로 형성된 폴리머. 코폴리머라고도 한다. 부타디엔의 중합체는 $- CH_2CH = CH$ CH_2-와 $-CH_2CH(CH=CH_2)-$인 2종의 단량체 단위를 포함하는 경우가 있는데, 이것은 부타디엔의 단독 중합체이지 공중합체가 아니다. 공중합체는 분자 중의 단량체 단위의 배열 방법(연쇄 분포)에 따라 통계 공중합체, 임의 공중합체, 교호 공중합체, 블록 공중합체, 그래프트 공중합체 등으로 분류된다.

공차 (公差, tolerance)　(1) 계량법에 규정되어 있는 측용기에 허용되는 오차. 허용오차라고도 한다. 검정 합격의 측용기란, 그 체적이 표기한 체적과 공차 이내의 오차로 일치하는 것이다.　(2) 규정된 최대값과 최소값의 차이다.

공침 (共沈, coprecipitation)　용액에서 어떤 물질을 침전시킬 때, 단독이면 침전하지 않을 다른 물질이 주침전과 함께 침전하는 현상. 고용체의 생성, 침전 표면에 대한 불순물의 흡착, 침전 내부에 대한 흡장, 후기 침전 등의 메커니즘에 의해 발생한다. 예를 들면, 황산바륨을 침전시킬 때 칼륨 이온이 공존해 있으면 다량의 황산칼륨이 공침한다. 공침은 화학 분석을 복잡하게 만드는 경우도 있으나, 이를 역이용하여 미량의 이온을 침전물에 농축 포집(濃縮捕集)할 수가 있다. 따라서 미량 원소의 분석이나 방사성 핵종(放射性核種)의 분석 등에 이용된다.

공탄화 (共炭化, cocarbonization)　석탄, 피치 등을 2종류 이상 혼합하여 탄화하는 것. 각 단독 탄화 생성물의 가성성 성질과는 다른 성질이 있는 경우가 많다.

공통 이온 (共通 ——, common ion)　화학실험에 있어 침전생성, 착형성, pH 조절 등을 위해 2종 이상의 용액을 혼합하는 일이 있다. 이 혼합계에 함유하는 공통 이온을 이른다. 예를 들면, $BaSO_4$의 침전이 수중에 존재하는 경우에, 용액 중에는 약간의 Ba_2^+, SO_4^{2-}(약 $10^{-5}mol\,dm^{-3}$)가 용해되어 있다. 여기에 소량의 $BaCl_2$(약 $10^{-2}mol\,dm^{-3}$)를 가하면 $BaSO_4$의 침전이 거의 완전하게 생성된다(남아 있는 SO_4^{2-}는 약 $10^{-8}mol\,dm^{-3}$). 이 경우 Ba_2^+가 공통 이온이다.

공통 이온 효과 (共通 —— 效果, common-ion effect)　어떤 이온종을 함유하는 용액에 그것과 공통된 이온을 방출하는 물질을 가하면 르샤틀리에의 법칙에 따라 상대 이온의 농도가 감소하는 방향으로 평형이 이동하는 것을 이른다. 예를 들면, 소금의 침전을 보다 완전하게 할 목적에서 공통 이온 효과가 이용된다.

과급법 (過給法, supercharge method)　항공 가솔린의 옥탄가를 표시하는 방법의 일종. CFR 엔진을 사용하여 과급 농후 혼합기에서 녹킹억제성을 측정하는 방법. 옥탄가 100 이하인 경우는 옥탄가 기지의 표준 연료와의 비교로 나타내며, 100 이상인 경우는 이소옥탄에 가하여 테트라에틸납의 양 (ml / 3.7851)으로 표시한다.

과냉 (過冷, supercooling)　⇨ 과냉각.

과냉각 (過冷却, supercooling)　일반적으로 상전위 온도 이하로 냉각하여도 원래의 상을 유지하고 있는 상태를 의미한다. 특히 응고점 이하의 온도에 있는 액체의 상태를 나타내는 경우가 많다. 물질에는 각각 그 때의 온도에 따른 안정 상태가 있어서, 온도를 서서히 변화시켜 가면 이에 따라 그 물질의 구성원자가 각 온도에서 안정 상태를 유지하면서 온도의 변화를 따라갈 수가 있다. 그러나 온도가 갑자기 변하면 구성원자가 각 온도에 따른 안정 상태로 변화할 만한 여유가 없기 때문에 출발점 온도에서의 안정 상태를 그대로 지니거나 또는 일부분이 종점 온도에서의 상태로 변화하다가 마는 현상이 일어난다. 즉, 어떤 온도 T를 경계로 하여 그 이상에서는 다른 결정형의 고체가 되거나 또는 녹아서 액체가 되는 변화가 있는 경우 그 물질을 T 이상의 온도에서 어느 정도 이하로 급랭시키면 그 변화가 일어나지 못하고 응고점 이하인데도 여전히 액체인 채로 있거나 T 이하인데도 그 이상의 온도에서 가진 안정한 결정형인 채로 있는 현상이 일어난다. 이것을 지나치게 빨리 냉각했다는 뜻에서 과냉각이라 한다.

과당 (果糖, fruit sugar)　D-프룩토오스를 가리켜 일반명으로서 과당이라 하는 일이 많다. L-프룩토오스는 합성품이지 과당은 아니다. 무색의 **흡습성**(吸濕性) 결정으로, 녹는점 103~105℃이다. 식물계에 널리 존재하며, 특히 포도당과 함께 과일 속에 유리 형태로 들어 있거나 포도당과 결합하여 수크로오스로서 함유되어 있다. 벌꿀의 액상부는 대부분 과당이며, 또 국화과 식물 속의 이눌린 등 과당으로만 이루어지는 다당류인 프룩탄의 성분으로서, 또한 수크로오스계의 각종 소당류의 성분으로서 존재하나, 배당체 성분으로서는 드물다. 동물계에는 적으나 정액의 주요한 당으로서 정자의 에너지원이다. 또 과당은 생물의 당대사(糖代謝)에서 중요한 역할을 하는데, 포도당이 분해되는 경우와 글리코겐으로 합성되는 경우 등은 모두 과당을 거친다. 따라서 과당은 당류 중에서 인체에서 가장 빨리 흡수·소화된다. 과당은 당류 중에서 감미가 가장 강하지만 가열하면 3분의 1로 약해진다. 벌꿀·과즙에서 분리되고, 수크로오스·프룩탄의 가수분해 등에 의해서 제조된다. 포도당을 이용하지 못하는 당뇨병 환자용 감미료, 쇠약자와 어린이의 영양제 외에 해독·강심·이뇨제로 사용된다. 또한 감미료로서 식용으로 사용되기도 하지만, 값이 비싸서 거의 쓰이지 않는다. 또 흡습성을 이용하여 카스텔라·스펀지 케이크 등이 마르는 것을 방지하기 위해 사용되기도 한다.

과대가황 (過大加黃, overcure, overvulcanization) 고무가 최적 가황보다 과도하게 가황된 상태. 경도의 상승과 신장 저하를 초래한다.

과도 상태 (過渡狀態, transient state) 화학반응의 진행에 따라 어떤 평형상태(또는 정상상태)에서 다른 평형(정상)상태로 이행하는 상태. 즉 시간적으로 변화하고 있는 상태를 말한다.

과도(적) (過渡(的), transient) 물리적·화학적인 여러 현상에서, 어느 계가 평형상태(내지 정상상태)로 이행해 나가는 단계. 즉 일시적인 상황하에 있는 것을 허용하는 용어. 대부분의 경우 과도 응답, 과도 현상, 과도 분광 등의 복합어로 사용된다.

과도 평형 (過渡平衡, transient equilibrium) 방사평형이 성립되어 있을 때, 친핵종의 괴변이 낭핵종의 괴변보다 늦은 경우에는 양핵종의 양비는 시간에 관계 없이 일정해지고, 양자 어느 쪽도 친핵종의 반감기로 감소

하는 상태가 생길 수 있다. 이 상태를 과도평형이라 한다.

과레늄산 (過 —— 酸, perrhenic acid) 과산화레늄(Ⅳ) Re_2O_7을 물에 용해시켜 얻게 되는 강한 1염기산 $HReO_4$. 수용액은 무색이다. 과염소산이나 과망간산보다 약간 약하지만 상당히 강한 1염기산이다. 산화력은 과망간산보다 약하다. 아황산·아비산·히드라진 등으로부터 보통 환원되지 않지만 4M 이상의 염산산성(鹽酸酸性)인 $SnCl_2$로부터는 Re^V를 거쳐 Re^{IV}까지 환원된다. 알칼리성에는 ReO_4^-은 MnO_4^-와는 달리 매우 안정하다. ReO_4^-은 사면체형이다. ReO_4^-는 ClO_4^-, BF_4^- 보다 강하며, Cl^-, Br^- 보다 약하게 배위(配位)하는 리간드로서 작용한다.

과망간산 염 (過 —— 酸鹽, permanganate) 일반식 M^IMnO_4로 표시되는 과망간산 $HMnO_4$의 염. 일반적으로 흑자색이며 녹색의 반사광이 있는 결정. 강한 산화제이며, 화학분석의 용량분석에서 산화적정(酸化滴定)의 표준 용액으로 쓰인다. 일반적으로 망간(Ⅱ) 화합물을 진한 황산과 산화납, 질산, 과요오드산 등으로 산화하면 과망간산염이 생긴다. 또 산화망간(Ⅳ)과 수산화알칼리나 산화제와의 작용으로 생기는 망간산염을 다시 전해산화(電解酸化) 또는 산화제로 산화시켜도 생긴다.

과망간산 칼륨 (potassium permanganate) 수용성인 녹색의 광택이 있는 적자색 결정인 $KMnO_4$. 비중은 2.703이다. 단맛이 있으나 수렴미(收斂味)가 남는다. 공기 중에서는 안정하고 용해도는 10 g의 물에 0℃일 때, 2.83 g, 10℃일 때 6.15 g, 75℃일 때 32.35 g이다. 200℃로 가열하면 산소를 발생하며 망간산칼륨과 이산화망간이 되고, 다시 삼이산화망간이 된다. 또 진한 용액에 강한 알칼리용액을 작용시켜도 산소를 발생하며 용액은 망간산칼륨 K_2MnO_4가 되어 녹색으로 변한다. 염산과 반응하여 염소를 발생하고, 진한 황산에 의하여 폭발을 일으키므로 위험하다. 망간산칼륨을 염소 또는 이산화탄소로 산화시키거나 격막을 써서 전기 분해하여 양극에 생긴 용액을 농축하여 냉각시키면 결정으로 얻어진다. 산화제로 쓰이는데, 용애이 산성·중성·알칼리성에 따라 산화하는 모

양이 달라진다. 산성인 경우가 산화력이 강하여 응용 범위도 넓다. 과망간산염의 적정, 유기합성, 살균소독, 표백제 등의 원료로 사용된다.

과벤조산 (過 —— 酸, perbenzoic acid)　벤조산의 카르복시기가 과산화물형으로 변한 화합물 $C_6H_5-C(=O)OOH$. 산화제로서, 특히 올레핀을 산화하여 에폭시드를 형성하는 데 사용된다. 또한 라디칼 반응개시제로서도 사용된다.

과붕산 (過硼酸, perboric acid)　페르옥소붕산의 잘못된 명칭. 형식적으로 HBO_2 기타의 것이 알려져 있으나 이것은 페르옥소산이지 과 — 산은 아니므로 이 명칭은 잘못이다.

과산 (過酸, peroxy acid)　카르복시산의 카르복시기에 함유되어 있는 OH기가 과산화물의 OOH기로 변한 화합물. 일반식은 $R-C(=O)OOH$이다.

과산화 납 (過酸化鉛, lead peroxide)　이산화납 PbO_2의 잘못된 명칭. 이산화납은 산화수 Ⅳ의 납 산화물이며, 과산화물 이온 O_2^{2-}를 함유하고 있지 않으므로 이 명칭은 잘못이다.

과산화물 (過酸化物, peroxide)　과산화물 이온 O_2^{2-}를 함유하는 2성분 화합물의 총칭. 예를 들면, 알칼리 금속염 Na_2O_2, 알칼리 토류금속염 BaO_2 등. 금속과산화물은 금속의 양성(陽性)이 강할수록 안정되고, 양성이 약해짐에 따라 불안정해진다. 따라서 리튬을 제외한 알칼리 금속과 바륨·스트론튬·칼슘 등은 안정한 과산화물을 만들지만, 리튬·마그네슘·아연·카드뮴 등의 과산화물은 불안정하다. 과산화물은 일반적으로 금속 또는 산화물을 공기 또는 산소 속에서 가열하거나 금속염 수용액에 과산화수소를 가하면 생기고, 물 또는 산에 녹이면 과산화수소를 생성한다. 이 밖에 전이금속의 산소산 중에서 O_2기를 가지는 것이 있으며(과산화산), 보통은 염으로서 얻어지는데, 유리산(遊離酸) 등의 형태로 얻어졌을 경우에도 과산화물이라 할 때가 있다. 예를 들면, $TiO_3 \cdot 2H_2O$, $HfO_3 \cdot 2H_2O$ 등이 그것이다. 또 유기 과산화물은 $-O-O-$결합이 있는 공유결합성 화합물. 예를 들면 과산화 벤조일 $C_6H_5CO-O-O-OCC_6H_5$이 있다.

과산화물 값 (過酸化物價, peroxide value, per-oxide number)　유지나 광유의 자동 산화로 생기는 과산화물의 농도를 나타내는 척도. 과산화물은 요오드화칼륨과 반응하면 요오드를 유리하므로, 이 유리한 요오드를 시료 1 kg에 대한 밀리당량($meqkg^{-1}$)으로 나타낸 것. 요오드법은 공기를 차단, 적정하는 리법(Lea 法 : 주로 유럽에서 사용한다)과 공기의 존재 하에서 적정하는 휠러법(Wheeler 法 : 주로 미국에서 사용한다)이 있다. 또한 그 밖에 티오시안화철(Ⅲ)법 등 몇 가지 방법이 있다.

과산화 벤조일 (過酸化 ——, benzoyl per-oxide)　$C_6H_5CO-OO-COC_6H_5$. 벤조산에서 유도되는 과산화물. 백색 결정으로 분자량 242.23, 녹는점 104~105℃이다. 물에는 녹지 않지만 에테르 등의 유기 용제에는 잘 녹는다. 알칼리를 촉매로 하여 염화벤조일과 과산화수소를 반응시키면 생긴다. 가열하면 분해하여 폭발하므로 위험하다. 산화작용이 강하여 표백제로도 쓰인다. 쉽게 분해하여 유리기 $C_6H_5CO \cdot$ 를 생성하므로 라디칼 중합의 개시제로 널리 사용된다.

과산화 수소 (過酸化水素, hydrogen peroxide)　순수한 것은 무색 유상의 액체. H_2O_2. 녹는점 $-0.89℃$, 끓는점 151℃(100℃에서 분해한다), 비중 1.46이다. 1818년 프랑스의 화학자 L. J. 테나르에 의해서 과산화바륨과 염소로부터 처음으로 만들어졌다. 공업적으로는 황산수소 암모늄의 수용액에 전기분해 촉진제를 첨가해서 전기 분해하여 양극산화(陽極酸化)에 의해 과산화이황산 암모늄의 수용액을 만들고, 이것에 다시 황산을 첨가해서 감압 증류하여 진한 용액을 만든다. 실험실에서는 저온에서 금속 과산화물에 산을 조금씩 첨가하여 분해시킨다. 물에 극히 잘 녹으며, 수용액은 2염기산으로서 약간 해리(解離)하여 산성을 띤다. 진공 속에서 증류할 수 있으나 불순물이 존재하면 폭발한다. 과산화수소는 효소(酵素)인 카탈라아제 또는 과산화효소에 의해 분해된다. 카탈라아제는 동식물계에 널리 분포하여, 대사(代謝) 과정에서 생기는 유해한 과산화수소를 분해하여 산소로 만들고, 그 산소를 다시 산화작용에 제공하는 역할을 한다. 30~35%의 수용액으로서 시판된다. 우리나라 약전의 옥시돌은 3% 수용액 표백제, 로켓 연료(고농도의 것), 살균 소독제로 사용된다.

과산화 수소 센서 (過酸化水素 ——, hydrogen peroxide sensor) 과산화수소가 양극에서 전해 산화되는 성질을 이용한 센서. 이 때 얻어지는 전류에 의해 시료용액 중의 과산화수소 농도를 알 수 있다. 보통은 양극에 백금, 음극에 은 등이 사용되고 있으며, 이러한 전극이 과산화수소 투과막의 내측에 있다.

과산화 수소 표백 (過酸化水素漂白, hydrogen peroxide bleaching) 과산화수소에 의한 섬유의 표백. 산화환원 전위가 낮으므로 섬유를 취약화시키는 일이 적어 면의 연속 표백이나 견사, 양모, 레이온, 아세테이트에 적합하다. 일반적으로는 고온의 알칼리성에서 행한다.

과산화은 전지 (過酸化銀電池, silver superoxide cell) 양극 활물질로서 산화은 전지의 Ag_2O 대신에 AgO를 사용하는 고성능 소형 전지. 산화은 전지의 2배의 용량이 있다. 통상은 AgO의 표면을 환원하여 Ag_2O의 표면층을 생성하여 산화은 전지와 같은 전압을 부여하도록 되어 있다. AgO는 Ag_2O의 방전으로 생성된 Ag와 반응하여 Ag_2O를 생성한다. 그러나 AgO는 $Ag^{I}Ag^{III}O_2$이며, 과산화은은 오칭이다.

과산화 질소 (過酸化窒素, nitrogen peroxide) 이산화질소 NO_2 및 사산화이질소 N_2O_4의 잘못된 명칭. 이들은 산화수 IV의 질소 산화물이지 과산화물은 아니므로 이 명칭은 잘못이다.

과아세트산 (過 —— 酸, peracetic acid) 아세트산의 카르복시기가 과산화물형으로 변한 화합물 $CH_3-O(=O)OOH$. 산화제로서 특히 에폭시드의 합성에 사용된다.

과열 (過熱, superheating) 일반적으로 상전이 온도 이상으로 가열하여도 원래의 상을 유지하고 있는 상태를 의미한다. 특히 끓는점 이상의 온도에 있는 액체상태를 말하는 경우가 많다. 일반적으로 액체는 그 포화증기압(飽和蒸氣壓)이 대기압과 같아지면 끓는 것이 보통이나, 액체의 내부에서 주위의 액체를 밀어내고 기포(氣泡)가 생기기 시작할 때는 훨씬 압력이 높아진다. 이때 기벽(器壁)에 붙어 있거나 액체 속에 녹아 있는 공기를 제거하고 액체를 가열하면 그 조건에 따라 여러 가지로 과열될 수 있다. 이 상태는 불안정하므로 약간의 조건변화에 의해서도 급격히 끓기 시작하여 안정상태가 되려고 하는 돌비 현상(突沸現象)을 일으킨다.

과열 수증기 (過熱水蒸氣, superheated steam) 어떤 주어진 압력하에서 액체로서의 물과 수증기가 평형을 유지, 공존할 수 있는 온도 이상으로 가열된 상태에 있는 수증기. 과열 증기라고도 한다. 예를 들면, 1기압에서 100℃ 이상으로 가열된 수증기를 말한다.

과염소산 (過鹽素酸, perchloric acid) 무색의 액체로 $HClO_4$. 불안정하며 폭발하기 쉽고 판매품은 보통 60~70%의 수용액이며 강산이다. 비중 1.768(22℃), 녹는점 -112℃, 끓는점 39℃(56 mmHg)이다. 대기압하에서 증류하면 분해하고 때로는 폭발하기도 한다. 물과 혼합하면 다량의 열을 발생한다. 과염소산칼륨 $KClO_4$에 진한 황산(90~92%)을 가하고, 진공 증류를 하면 얻어진다. 수용액도 부식력이 강하고, 유기물 등과 접촉하면 폭발하는 경우가 있다. 화학분석에서는 산화제나 칼륨과 나트륨의 분리시약(分離試藥)으로 이용된다. 염류는 폭약으로 쓰이며, 피부·점막 등을 강하게 침식하므로 위험하다.

과염소산 나트륨 (過鹽素酸 ——, sodium perchlorate) 물에 쉽게 녹는 무색 결정. $NaClO_4$. 분자량 122.4, 녹는점 482℃(분해), 비중 2.03이다. 과염소산의 수용액을 탄산나트륨으로 중화시켜 증류하면 생긴다. 50℃ 이하에서는 1수화염(水化鹽), 50℃ 이상에서는 무색 또는 백색 결정인 무수염이 생긴다. 무수염에는 흡습성이 없으나 물이나 에틸알코올에 잘 녹는다. 유기물이나 가연물과 섞어 충격을 가하거나 진한 황산과 접촉시키면 폭발한다. 화약에 사용된다.

과염소산 암모늄 (過鹽素酸 ——, ammonium perchlorate) 무색 결정이며, NH_4ClO_4. 비중 1.95이다. 240℃일 때 사방정계(斜方晶系)에서 등축정계(等軸晶系)로 변한다. 진공에서 가열하면 150℃에서 분해하기 시작하여 약 400℃에서 발화한다. 0℃에서 100 g의 물에 10.9 g, 100℃에서 46.9 g, 알코올 100 g에 25℃에서 2 g이 녹는다. 또 아세톤에는 녹지만 에테르에는 녹지 않는다. 과염소산 나트륨과 황산암모늄 또는 염화암모늄의 복분해에 의해 생기며, 또 과염소산 수용액에 암모니아를 통과시킨 다음 증발·결정시키고, 다시 물에서 재결정시켜도 얻어진다. 과염소산 염 폭약의 주성분이며, 규소철·톱밥·바셀린을 가하여 폭발력·안정성을 증가시켜서 주로 토목공사용으로 사용된다. 이 밖에도 근년에는 폴리에스테르 등 결합제로 고체화(固體化)시켜 콤퍼지트 추진제(로켓 고체연료)의 산화제로도 사용된다.

과염소산 염 (過鹽素酸鹽, perchlorate)　일반식 $M^I ClO_4$. 양이온이 착색되어 있지 않으면 염은 일반적으로 무색. 대부분의 과염소산 염은 물에 녹지만 칼륨·루비듐·세슘의 3염만은 저온에서 물에 잘 녹지 않으며, 특히 알코올의 존재에 의해서 용해도는 뚜렷하게 감소한다. 염소산 염을 가열 분해하거나 또는 양극 산화(陽極酸化)하면 생긴다. 과염소산 마그네슘·과염소산 바륨은 건조제, 과염소산 암모늄·과염소산 칼륨은 안전 폭약, 로켓과 제트 엔진의 추진제로 사용된다.

과염소산 칼륨 (過鹽素酸 ——, potassium perchlorate)　물에 녹기 어려운 무색의 결정으로 $KClO_4$. 분자량 138.6, 비중 2.52이다. 에틸알코올에 약간 녹는다. 400℃ 이상으로 가열하면 산소와 염화칼륨으로 분해되며, 또 유기물·가연성 물질의 존재 또는 충격에 의해서도 분해되지만 염소산칼륨보다는 안정하다. 과염소산 또는 과염소산나트륨의 수용액에 칼륨염을 가하면 침전물로서 생긴다. 산화제, 폭약, 불꽃 등에 사용된다.

과요오드산 염 (過 —— 酸鹽, periodate)　형식적으로 $mH_2O \cdot nI_2O_7$으로 표시되는 각종 과요오드산의 염. 주로 오르토 과요오드산염 $M^I_5IO_6$, 메타 과요오드산염 $M^I IO_4$ 및 그러한 것의 이과요오드산염 $M^I_4I_2O_9$, $M^I_4 H_2I_2O_{10}$ 등, 삼과요오드산염 $M^I_5H_2I_3O_{14}$ 등이 있다. 모두 무색의 결정. 난용성(難溶性)의 결정이 보통이지만, 알칼리 금속염은 물에 잘 녹는 것이 많다. 수용액 속에서는 가수분해를 일으킨다. 강한 산화제이며, 일반적으로 오르토염이 메타염보다 안정하다. 메타과요오드산칼륨 KIO_4는 20℃에서 100g의 물에 0.51g 녹는다. 망간의 산성 용액에 작용하여 적자색의 과망간산이온 MnO_4^-를 생성하므로

미량의 망간 비색정량(比色定量)에 많이 쓰인다.

과월 (過越, exaltation)　분자 굴절의 수치에 대해서는 일반적으로 구성원자 및 결합에 의한 굴절의 가성성이 성립하지만, 공역 이중결합이 존재하는 경우에는 개개 원자 및 결합에 의한 굴절의 합보다 커지는 것을 말한다.

과이황산 (過二黃酸, perdisufuric acid)　페르옥소이황산 $H_2S_2O_8$의 잘못된 명칭. $H_2S_2O_8$은 페르옥소산이지 과—산이 아니므로 이 명칭은 잘못이다.

과인산 (過燐酸, perphosphoric acid)　페르옥소일인산 H_3PO_5 및 페르옥소이인산 $H_4P_2O_8$의 오칭. 이들은 페르옥소산이지 과—산이 아니므로 과인산이란 명칭은 잘못이다.

과인산 석회 (過燐酸石灰, superphosphate of lime)　인산비료. 과석으로 약칭되는 경우도 있다. 인광석을 황산으로 처리하여 얻는다. 인산 수소칼슘 $Ca(H_2PO_4)_2 \cdot H_2O$와 황산칼슘 $CaSO_4 \cdot 2H_2O$의 혼합물이며, 단일 화합물의 명칭은 아니다. 황산 대신에 인산을 사용한 것을 중과인산 석회라고 한다. 인산을 가지고 있어 산성 비료이며, 장기간 사용하면 토양이 산성으로 변한다. 한국에서는 인광석 자원이 없어 미국·오스트레일리아에서 수입한다. 과인산 석회는 황산암모늄이나 황산칼륨과 같이 황산근을 가진 비료나 유기질 비료와의 혼합은 무방하지만, 석회질 비료와 같은 알칼리성 비료와의 혼합은 수용성 인산(水溶性燐酸)의 일부가 불용성으로 변하며, 염화암모늄·염화칼륨 등 염화물과 혼합할 경우 흡습성이 강해진다. 인산은 토양에 고정되는 힘이 크므로 외양간 두엄과 혼합하여 사용하는 것이 좋다.

과잉 공기 (過剩空氣, excess air)　연료를 완전히 연소시키기 위해 필요한 산소의 양 혹은 공기의 양은 연료의 원소조성에 따라 이론적으로 계산할 수 있다(이것을 A_0라 한다). 이 이론 공기 양만으로는 실제로는 불완전 연소가 되므로 과잉 공기를 공급한다(이것을 A라 한다). $(A-A_0)$를 과잉공기량, (A/A_0)를 과잉공기 계수, 그리고 $(A/A_0)-1$을 과잉 공기율 혹은 공기 과잉률이라 한다.

과잉공기 계수 (過剩空氣係數, coefficient of

excess air) ⇨ 과잉 공기.

과잉 공기율 (過剩空氣率, excess air ratio) ⇨ 과잉 공기.

과잉 에너지 (過剩——, excess energy)　소반 응의 진행에 따라 생성된 분자의 운동자유 도에 분배되는 에너지. 그러나 활성화된 분 자가 적당한 기준이 되는 상태(예를 들면 생성계의 기저상태)와 비교하여 지나치게 보유하고 있는 에너지를 의미하는 경우도 많다.

과잉 화학 퍼텐셜 (過剩化學——, excess chemical potential)　이상 용액의 화학 퍼텐셜과 실제 용액의 화학 퍼텐셜의 차를 말한다. $\mu_i^{xs} = \mu_i - (\mu_i^o + RT\ln a_i) = RT\ln \gamma_i$ 로 정의된다. 여기서 γ_i 는 성분 i 의 활량계수이다.

과전압 (過電壓, overvoltage, overpotential) 전기 화학 반응을 실제로 일으키기 위해 필 요한 전극 전위에서 그 반응의 평형 전위를 뺀 값. 활성화 과전압(수소 과전압 등), 농도 과전압, 저항 과전압으로 구분하는 것이 일 반적이다. 활성화 과전압은 태펠식에 따르 는 경우가 많다.

과충전 (過充電, overcharge)　원칙적으로는 정 격용량을 초과한 충전을 말한다. 그러나 2차 전지에 따라서는 방전용량을 초과하여 과충 전하지 않으면 용량을 유지할 수 없는 경우 가 있어, 보통 방전용량의 120~150%가 타 당하다고 한다. 과혹한 과충전에 대한 내구 성도 2차전지의 신뢰성 평가의 대상이 된다.

과포화 (過飽和, supersaturation)　포화의 한도 이상으로 비평형 상태에서 물질이 존재하는 것. 예를 들면, 포화용액의 농도(용해도)보 다 많은 물질이 용해되어 있거나 포화 수증 기압보다 더 수증기가 존재하거나 하는 상 태이다. 과포화는 준안정이므로 그 계를 장 시간 방치하거나 어떤 충격을 주거나 하면 결정이 석출하거나 수증기가 응결하는 등의 변화를 일으켜, 돌연 평형상태에 도달하여 안정화한다.

과플루오르화 탄화수소 (過 —— 化炭化水素, fluorocarbon) ⇨ 플루오르 카본.

과할로겐화 (過 —— 化, perhalogenation)　탄 화수소의 수소원자 중 할로겐 치환이 가능 한 수소를 모두 할로겐 원자로 치환하는 것

을 말한다.

과환원 (過還元, overreduction)　건염 염료의 염색에 있어 원래의 염료색으로 되돌아가지 않을 정도로 환원이 과도하게 되는 것. 일반 적으로 환원제의 양이 많고 온도가 지나치 면 일어나기 쉬우나 염료에도 의존한다. 과 환원 방지제를 가하여 방지할 수 있다.

과황산 (過黃酸, persulfuric acid)　페르옥소황 산 H_2SO_5와 페르옥소이황산 $H_2S_2O_8$의 잘못 된 명칭. 이들은 페르옥소산이지 과 – 산이 아니므로 과황산이란 이 명칭은 잘못이다.

관다발 (管束, tube bundle)　열교환기 등에서, 한정된 공간 내에 될 수 있는 한 큰 전열 면 적을 부여하기 위해 다수의 전열관을 다발 모양으로 배열한 관군. 배열법에는 지그재 그 배열과 직렬 배열이 있다.

관석 (罐石, scale) ⇨ 스케일.

관성 (慣性, inertia)　외력을 받지 않을 때 물 체가 등속으로 운동하는 성질. 그 크기는 뉴 턴의 운동 방정식으로 정의되는 질량(관성 질량)에 의해 나타낸다. 예컨대, 정지계(靜 止系)에 대해서 일정한 속도로 운동하고 있 는 물체는 언제까지나 같은 속도로 운동을 계속하려 하며, 정지하고 있는 물체는 언제 까지나 정지상태를 유지하려고 한다. 전차 가 움직이기 시작할 때 승객의 상체가 뒤로 넘어지려 하는 것은 발은 마찰력 때문에 전 차와 같은 속도로 움직이기 시작하는데 상 체는 관성에 의해 원위치에 정지하려 하기 때문이다. 또 전차가 급정거할 때 앞으로 넘 어지려 하는 것도 같은 이치로 상체가 운동 을 계속하려고 하기 때문이다. 젖은 수건을 흔들어서 물방울을 수건으로부터 털어내는 것도 물방울의 관성을 이용한 것이다. 이처 럼 물체에는 관성이 있으므로 힘이 작용하 면 물체는 힘에 대해서 저항을 나타낸다. 이 저항력을 관성력 또는 관성 저항이라 한다. 관성의 크기는 두 물체에 같은 크기의 힘을 작용시켰을 때 물체가 얻는 가속도의 역비 로 표시된다. 이 값을 질량의 비라 하며, 어 떤 물체의 질량을 표준으로 삼으면 다른 물 체의 질량을 정할 수 있다. 이와 같이 관성 으로부터 정의된 질량을 관성 질량이라 한 다. 따라서 질량이 큰 것일수록 관성이 크 다. 물체가 하나의 축의 둘레를 회전할 때

밖으로부터의 힘이 작용하지 않으면 축의 방향이나 각속도도 변하지 않는다. 이것을 회전 관성이라 한다. 이러한 회전 관성의 크기는 그 질량이 축에 대해서 어떻게 분포하고 있는지를 나타내는 관성 모멘트에 의해서 나타낼 수 있다. 관성의 개념을 처음으로 생각한 사람은 갈릴레이였으나 그 개념은 뉴턴에 의해서 완성되어, 운동 제1법칙으로 정리되었다.

관성 결손 (慣性缺損, inertial defect) 평면분자에서는 분자면에 수직인 축 둘레의 관성 모멘트는 분자면 내의 2가닥의 축 둘레 관성 모멘트의 합과 같다. 그러나 현실 분자에서는 주로 분자 내 진동 때문에 이 합보다 큰데 그 차를 말한다.

관성 모멘트 (慣性 ——, moment of inertia) 역학의 용어. 물체(예를 들면, 분자)의 회전에 대한 관성의 크기를 나타내는 양으로, 물체의 병진 운동에서의 질량에 상당하다. 예를 들면, 분자의 회전 스펙트럼을 해석할 때 중요한 물리량이다(⇨ 회전 에너지). 분자의 질량 중심을 원점으로 하여, 관성의 주축을 x, y, z축으로 선정하고, 분자 내의 원점 i의 질량을 m_i, 평형위치를 x_i, y_i, z_i로 하면 x, y, z축 주위의 관성 모멘트는

$$I_{xx} = \sum_i m_i(y_i{}^2 + z_i{}^2), \quad I_{yy} = \sum_i m_i(z_i{}^2 + x_i{}^2)$$

$$I_{zz} = \sum_i m_i(x_i{}^2 + y_i{}^2)$$

로 나타낼 수 있다. 여기서 $\sum$는 분자 내의 모든 원자에 대한 합을 나타낸다.

관성 반지름 (慣性半徑, radius of inertia) ⇨ 회전 반지름.

관용도 (寬容度, latitude) ⇨ 래티튜드.

관형 반응기 (管形反應器, tubular reactor) 가늘고 긴 곧은 관, 코일상 또는 V자형 굽은 관의 일단에서 반응 원료를 연속적으로 공급하고, 다른 끝에서 반응 생성물을 유출시키는 형식의 반응기. 관 속의 흐름이 피스톤 흐름에 가깝고, 체류(반응) 시간의 편차가 적은 것을 말한다. 또한 연차 반응 등에 의한 지나친 부반응(副反應)을 방지할 수 있다. 기계구조가 단순하고 내압구조(耐壓構造)를 쉽게 만들 수 있는 외에 전열 면적을 잡기가 쉬우므로 온도 조절이 쉽고, 심한 반응열의 제거와 급격한 가열·냉각이 가능하다. 또 처리능력이 크며 용량을 바꾸기 쉽지만 긴 반응시간이 필요한 경우에는 장치의 규모와 압력 손실이 너무 커지는 결점이 있다. 석유의 열분해 반응 등에도 이용된다.

광 갈바니 전지 (光 — 電池, photogalvanic cell) 용액 속의 색소를 감광 물질로 사용하는 습식 광전지. 예를 들면, 티오닌이나 메틸렌블루 등의 색소를 Fe^{2+}/Fe^{3+} 레독스제와 공존시킨 용액에 백금전극을 사용하여 전기 화학계를 조성하여 빛을 조사하면 광전류가 흐른다. 색소의 광산화 환원반응으로 전지 활성 물질이 생성하는 것을 이용하고 있다. 광 에너지 변환 효율은 낮다.

광 기전력 (光起電力, photoelectromotive force photopotential) 반도체의 p-n 접합부분, 반도체-금속 계면의 쇼트키 접합부분, 혹은 반도체-용액 계면에 빛이 조사되었을 때에 발생하는 기전력. 광기전력을 이용하는 대표적인 것으로는 광전지, 태양전지 등이 있다.

광 기전력 효과 (光起電力效果, photovoltaic effect) p-n 접합이 있는 반도체에 빛을 조사하였 때 기전력이 발생하는 현상. 광여기로 발생하는 전자와 정공이 p-n 접합면을 통해 전자는 p형에서 n형으로, 후자는 역방향으로 각각 확산함으로써 기전력이 발생한다. 이 효과를 이용한 것이 광전지이다.

광도 (光度, luminous intensity) 미소 광원에서 발산하여 관측 방향의 미소 입체각 $d\Omega$ 안의 광속을 $d\phi$로 할 때, $I = d\phi/d\Omega$로 정의되는 I를 말한다. 광원으로부터 어떤 방향을 향해 단위 입체각(單位立體角) 안에 방출되는 광속(光束)의 크기에 따라 광원의 그 방향에서의 광도가 결정된다. 이를테면 광원으로부터 단위 거리만큼 떨어져 빛의 방향에 수직으로 놓인 면의 밝기, 즉 면의 단위 면적을 단위 시간에 통과하는 빛의 양을 말한다. 광원의 퍼짐이 관측거리에 비해서 무시할 수 없을 만큼 크고, 점광원으로 볼 수 없는 경우에는 광도 대신 휘도(輝度)라는 양을 쓴다. 보통 광도의 단위를 정하는 데는, 일정한 조건하에서 발광하는 광원을 기준으로 택한다. 즉 빛의 밝기는 인간의 눈의 감각을 자극하는 정도의 크기로 정한다. 따라서 빛 에너지가 큰 것이 반드시 밝다고만 할 수는 없다. 광도의 단위는 칸델라(cd)이다. 1cd는 백금

이 녹는점에서 $1\,cm^2$당 흑체가 내는 광도의 1/60이다. 광도는 광속·휘도·조명도(照明度) 등과 마찬가지로 국제적으로 정해진 표준시각을 기준으로 삼아 측정된 것으로서, 이들 단위계의 기준이 되는 양이다. 예컨대, 광속은 1 cd의 점광원이 단위 입체각에 복사하는 양을 1 lm(루멘)이라 하여 그 단위가 정해지며, 조명도는 이것을 기준으로 해서 어떤 면이 단위 면적에 대하여 받는 광속에 의해서 단위가 정해진다.

광도계 (光度計, photometer) 일반적으로는 빛의 강도를 측정하는 장치. 또는 적당한 수광기를 사용하여 입사하는 광속의 광량을 표준 광속의 광량과 비교하여 수치로서 구할 수 있도록 한 장치. 보통 사용되는 장형 (長形) 광도계는 광원(光源)으로부터 그것에 대해 수직으로 놓여진 피조면(被照面)까지의 거리를 바꾸어서 이미 알고 있는 광도의 표준광원에 의한 조도(照度)와 측정해야 할 미지광도(未知光度)의 광원에 의한 조도를 동등하게 하고, 조도가 거리의 제곱에 반비례하여 변하는 것을 이용해서 광도를 구한다. 양자의 광속(光束) 비교에는 보통 육안 또는 광전관(光電管)·광전지(光電池) 등의 수광기(受光器)를 사용한다. 또 거리를 가감하는 대신 필터에 의해 빛을 약하게 해서 가감하여 측정하는 방법, 편광(偏光) 필터를 사용하는 방법도 있다. 넓은 뜻으로 말하면, 빛의 강도(즉 광도)·휘도·조도·광속, 물체의 반사율·투과율·흡수율 등(소위 측광량)을 측정하는 장치이다. 하나의 빛을 단독으로 측정하는 것도 있으나 보통 2개의 빛의 광도비를 측정하는 것이 많다. 특히 빛을 단색광으로 나누어 각 파장의 광도를 측정하는 것을 분광 광도계(分光光度計)라고 하며, 가시광선 외에 자외선·적외선을 측정하는 것 등, 응용 분야가 매우 넓다.

광도 측정법 (光度測定法, photometry) 빛의 세기에 관한 제량. 즉 광도, 광속, 휘도, 조도 등을 측정하는 것. 측광이라고도 한다. 빛의 검출을 광진관이나 광전도 셀 등에 의해 선기신호로 변환하여 하는 경우를 광전측광, 사진 건판상에 노광하여 그 흑화도를 읽는 경우를 사진 측광이라 한다. 또 빛의 스펙트럼 강도 측정처럼, 분광하여 각 파장별 강도를 측정하는 경우를 분광 광도 측정법이라 한다.

광 디스크 (光 ——, optical disk) 고밀도의 디지털 메모리용 기록체. 레이저 광속을 지름 $1\,\mu m$ 이하의 미소광으로 압축하여 회전하는 기록 재료에 조사한다. 정보신호에 따라 레이저광을 변조시킴으로써 신호를 비트(구멍)의 형태로 기록하고, 재생시에는 비트를 순차로 레이저광으로 읽어내어 정보를 재현한다. 또 비결정성 물질의 상 전이를 이용하여 기록 재생을 하는 방식도 있다.

광량계 (光量計, actinometer) 광자(광량자)의 수를 물리적으로 측정하기 위한 장치, 혹은 화학적으로 측정하기 위한 반응계. 액티노미터 또는 복사량계, 일사계라고도 한다. 측정에는 어느 시간 내에 입사하는 광자의 총수를 구하는 경우와 단위 시간당의 광자수(강도)를 측정하는 경우가 있다. 화학 광량계의 대표적인 것으로는 트리옥살라트철(III)산칼륨 $K_3[Fe(C_2O_4)_3]$를 사용하는 것으로, 광조사에 의해 발생하는 Fe^{2+}를 정량한다. Fe^{2+}의 양자수량(量子收量)은 $450\sim250\,nm$ 범위에서 $1.11\sim1.25$로 거의 일정하다.

광량자 (光量子, photon) ⇨ 광자.

광로 길이 (光路長, optical path length) 굴절률 n의 매질 중을 거리 l만큼 광선이 통과할 때의 nl을 이른다. 용질 중의 광속도는 c/n이므로 광로 길이는 같은 시간 내에 빛이 진공 중을 통과하는 거리와 같다.

광로차 (光路差, optical path difference) 빛이 서로 다른 두 통로를 통과하는 경우의 광학 거리의 차를 말한다.

광 리셉터 (光 ——, photoreceptor) ⇨ 광 수용체.

광명단 (光明丹, minium) ⇨ 연단(鉛丹).

광물 섬유 (鑛物纖維, mineral fiber) 광물에서 얻어지는 섬유. 대표적인 것으로는 석면(아스베스토스). 식물 섬유·합성 섬유와 같이 사용되는 섬유의 일종으로, 주로 보온(保溫)·방음새(防音材)로 사용된다.

광물 화학 (鑛物化學, mineral chemistry) 광물의 화학적 성질을 연구하는 광물학의 한 분야. 광물을 화학분석 하여 광물이 동정(同定)을 행하거나 그 성분비를 밝히는 것이

주요 목적이다. 즉 광물 공생관계(共生關係)
에의 상률(相律)의 적용, 광물의 화학조성과
유사 원소의 동형(同形) 이온치환, 광물의
합성이나 상평형도(相平衡圖)의 작성, 광물
의 취관분석(吹管分析)·현미경분석·반점
분석 등에 의한 정성(定性) 화학분석, 광물
의 결합 에너지 검토, 광물의 안정조건의 열
역학적인 음미, 공존하는 많은 광물 속에서
의 원소의 분배율(分配律)의 연구 등이다.
또 최근의 분석화학, 특히 기기 분석화학의
두드러진 발달에 의해서 일렉트론 프로브·
마이크로 애널라이저·형광 X선 장치·적
외선 흡수스펙트럼 등을 사용한 광물의 분
석화학적 연구도 광물화학의 주요 부분으로
있다. 화학이라기보다는 오히려 광물학의
한 분야로 취급된다.

광미 (鑛尾, tailing)　　금속 제련공정에 있어
선광기에 의해 광석에서 목적 성분을 정광
하여 얻은 후 남은 것. 폐기되는 경우가 많
다. 회수할 만한 유용 성분이 함유되는 경우
는 다음 선광기 또는 회수공정에 공급하여
처리한다.

광 분해 (光分解, photolysis, photodecompo-
sition)　　빛을 흡수한 분자종에 있어, 공유
결합이 개열하는 현상을 말한다. 예를 들면,
$Cl_2 \xrightarrow{liv} 2Cl$. 광분해란 용어는 레이저 광
분해, 섬광 광분해처럼 광조사 방법을 나타
내기 위해 사용하는 경우도 있으나 이 이외
로 확장하여 사용되지 않도록 권하고 있다.

광산 (鑛酸, mineral acid)　　⇨ 무기산. 예전에
는 광물에서 생성되는 일이 많았으므로 광
산이라 불리었다.

광산란 (光散亂, light scattering)　　빛이 입자
나 매질에 의해 산란되는 현상. 레일리 산
란, 미이산란, 라만산란, 톰슨산란, 콤프턴산
란 등이 있다. 이러한 산란에서는 일반적으
로 편광상태가 변하므로 산란광 강도의 편
광방향의 분포, 산란각도 분포를 측정하여
산란현상을 연구한다.

광산화 (光酸化, photooxidation)　　광자의 흡
수로 일어나는 산화반응의 총칭. 빛을 흡수
한 물질의 산화에서 광들뜸종이 산화성 물
질을 활성화하여 일으키는 산화까지를 포함
한다. 산화가 일어나면 반드시 환원(還元)도

일어난다. 빛의 흡수에 의해서 생긴 들뜬분
자나 자유라디칼이 직접 산소분자와 화합하
여 과산화물을 형성하는 경우와 생성된 들
뜬분자가 산소로 에너지 이동하여 들뜬산소
를 형성하고, 그 들뜬산소가 다른 분자와
화합하는 경우(光增感酸化)가 있다. 안트라
센이나 색소가 같은 경우는 후자(後者)의
예이다.

광선속 (光線束, pencil of rays)　　⇨ 광속.

광섬유 (光纖維, optical fiber)　　통신용 레이저
광선의 전송로로 사용되는 유리 섬유. 석영계
유리의 투과광 전송 손실은 $0.5\,dB\,km^{-1}$로서
재래의 유리에 비해 차원이 다르게 작다. 단
면은 2중 구성이고 빛이 통하는 중심의 코어
와 약간 저굴절률로 빛의 산일을 방지하는 외
측의 크래드로 되어 있다. 고순도를 얻기 위
해 석영계 광섬유의 코어는 $SiCl_4$, $GeCl_4$ 등의
기체에서 기상합성으로 제조된다. 최근 더욱
저손실의 제품을 만들기 위해 적외선 등을 통
하는 플루오르화 유리 섬유가 연구되고 있다.
그리고 광손실과 경년열화가 문제되지 않는
단거리용에는 값이 싼 폴리메타크릴산 메틸
등의 플라스틱 광섬유도 있다.

광섬유 센서 (光纖維 ——, optical fiber sen-
sor)　　광섬유의 초고 투과율을 이용한 각종
센서. 미소 각속도, 전류의 변화량 측정 등,
강한 전기장, 자기장의 영향을 전혀 받지 않
는 측정법으로서 특징이 있어 특이한 용도
에 쓰인다.

광속 (光束)　　(1) light beam, pencil of rays
광선속이라고도 한다. 빛을 기하학적인 광
선의 집합체라 생각하여, 점광원에서 발산
하거나 렌즈 등의 광학 소자에 의해 수렴하
거나 혹은 평행화를 받을 수 있는 선군으로
파악한 것이다. (2) luminous flux 어떤 입
체각 내를 단위 시간을 통과하는 빛의 양
(에너지). 단위는 루멘(lm). 모든 방향으로 1
cd의 광도가 있는 광원이 1 sr의 입체각 내
에 방사하는 광속이 1 lm이다. 따라서 전입
체각(4π rad) 내에 방사하는 광속은 4π lm
이다.

광 수용체 (光受容體, photoreceptor)　　광자극
을 수용하는 감각세포. 척추동물 망막의 광
수용체에는 간상체(桿狀体)와 추상체(錐狀
体)가 있으며, 그 중에 시각색소가 함유되어

빛의 작용으로 화학변화하여 수용기 전위가 발생한다. 사람의 시각물질은 간상체에서 로돕신, 추상체에서 요돕신이다.

광열 분광법(光熱分光法, photothermal spectroscopy)　시료가 빛 에너지를 흡수하면 열 에너지로 변환되는 것을 이용하는 분광법. 시료의 온도 변화를 서미스터와 피에조 소자에 의해 검출한다.

광열 편향 분광법(光熱偏向分光法, photothermal deflection spectroscopy)　시료가 빛을 흡수하면 발열과 함께 시료 내 또는 시료 근방에 온도분포가 생기고 동시에 변화하는 굴절률 분포에 기인하는 입사광의 편광을 이용하는 측정법. 약어 PDS. 들뜸광과 프로브광의 배치에는 가로 방향형과 세로 방향형의 두 가지가 있으며, 모두 시료의 들뜸광 흡수량에 대응한 프로브광의 편광각을 계측한다. 검출기로는 위치 민감 검출기가 사용된다.

광 영동(光泳動, photophoresis)　에어로졸의 입자가 빛의 조사에 의해 어떤 방향으로 이동하는 현상. 광원에서 멀어지는 움직임과 반대로 근접하는 움직임이 있다. 예전에는 광자의 충돌에 의한 것으로 여겨졌으나 그것은 부정되었다. 장파장의 빛(열광원)을 입자가 흡수하면 열이 발생하여 주위의 기체에 온도차가 생기므로, 그로 인해서 입자가 온도가 높은 쪽에서 낮은 쪽으로 움직이게 된다.

광유(鑛油, mineral oil)　석유계 오일이 총칭. 유지와 구별하기 위해 사용되는 용어이다.

광음향 분광법(光音響分光法, photoacoustic spectroscopy)　광흡수 분광법의 일종. 약어 PAS. 물질이 일정한 주파수로 단속하는 빛을 흡수하면 흡수된 광에너지가 열로 변하므로 주위의 기체에 동일한 주파수의 음파가 발생하는 현상(광음향 효과)을 이용한 분광법. 음을 마이크로폰으로 검출하는 방법과 압전소자를 시료에 밀착시켜 피에조효과에 의해 검출하는 방법이 있다. 감도가 높고 또한 보통의 광학적 방법으로는 측정하기 어려운 상태의 시료(분말, 짙은 색깔의 시료 등)의 측정에 유효하다.

광 이온화(光 —— 化, photoionization)　중성 분자가 빛을 흡수함으로써 전자를 방출하고 양전하가 있는 화학종이 생기는 것. 빛의 에너지가 분자의 이온화 에너지보다 큰 경우에 일어난다. 양전하를 가진 화학종으로부터의 광화학적 전자방출에도 이 용어가 사용되지만 음전하를 가진 화학종으로부터의 광화학적 전자방출은 광전자 탈리라 하여 구별한다.

광자(光子, photon)　빛이 보유하고 있는 입자성과 파동성의 두 가지 성질 중, 입자성에 따라 빛을 파악하는 것. 광량자라고도 한다. 빛을 에너지 $E = h\nu$(h는 플랑크 상수, v라는 빛의 진동수), 운동량 $h\nu/c$(c는 진공 중의 광속도)가 있는 입자의 모임으로 보고 있다. 그것은 마치 물질이 원자(原子)로 구성되어 있는 것과 비슷해서 거시적인 빛의 취급에서는 두드러지지 않으나 원자의 차원에서 그 움직임을 생각할 경우에는 이 입자적인 성격이 중요한 뜻을 가지고 있다. 사실 광전 효과·광화학 반응 및 형광에 관한 스토크스의 법칙 등은 이와 같은 빛의 입자, 즉 광자의 존재를 가정하지 않으면 이론적인 뒷받침을 얻을 수 없다. 빛에 대한 이 생각은 1905년 아인슈타인이 빛의 광양자설(光量子說)을 제창하였고, 그 뒤 콤프턴효과에 의해서 그 이론의 정당성이 증명되었다.

광자 계수(光子計數, photon counting)　미약광을 측정하는 방법의 일종. 빛을 단위 시간당의 광자로서 계산하여 그 빛 강도를 측정한다. 광자는 광전자 증배관에 의해 전류 펄스로 변환되어 계수된다. 전자기술의 발달에 의해 내초 수개의 광자를 방출하는 정도의 미약한 발광이라도 정확하게 측정할 수 있다.

광자기 기록(光磁氣記錄, photomagnetic recording)　고쳐쓰기 가능한 광디스크 메모리의 일종. 레이저광의 열적작용으로 매체의 자화양상을 국소적으로 변화시키는 것으로 기록하여 자기광학 효과에 의해 읽어낸다.

광재(鑛滓, slag)　⇨ 슬래ㄱ.

광재면(鑛滓綿, slag wool)　⇨ 슬래그 울.

광전관(光電管, photoelectric tube, phototube)　광전 효과를 이용하여 빛 강도를 전류 강도로 변환하는 전자관. 빛을 받아 광전자를 방출하는 음극면과 광전자를 집중하는 양극의 2극으로 되어 있다. 토키·사진 전송·화재탐지기·자동문·도난 경보기·제품의 빛깔 검사, 화학변화에 의한 변색의 측정 등에 사용되고 있다. 광전면에는 알칼리금속을 사용한 순금속 광전면, 산화세슘과 은 또는 이것에 비스무트를 첨가한 복합 광전면, 세슘과 안티몬의 합금 또는 2가지 이상의 알칼리금속과 안티몬의 합금을 사용한 합금 광전면이 있다. 밖으로부터 들어온 빛은 음극(광전면)에 닿아 광전자를 방출하고, 이 광전자는 전압이 가해져 있는 양극에 이르러 전자류를 일으킨다. 광전관에는 관 속을 진공으로 한 진공 광전관과, 아르곤 등의 비활성 가스를 약간 넣어 밀봉한 가스들의 광전관이 있다. 진공 광전관은 포화영역(飽和領域)에서는 전류가 입사하는 빛의 양에 정비례하며, 주파수 특성이 좋으므로 측정장치에 주로 사용된다. 가스들이 광전관은 광전면에서 나온 전자가 관 속의 가스분자와 충돌하여 전리(電離)되면서 양극에 이르게 되므로 진공 광전관보다 10~100배의 높은 감도를 얻을 수 있다. 그러나 양극 전압이 너무 높아지면 전류가 급증하여 방전이 일어나게 되어 사용할 때에는 주의가 필요하다. 근래에는 광전면과 양극 사이에 2차 전자 전극을 넣어 광전류를 증폭하게 한 광전자 증배관(光電子增倍管)이 많이 사용된다.

광전 광도계 (光電光度計, photoelectric photometer)　빛의 강도를 전류로 변환하여 그 전류값을 기록하는 방식의 광도계의 총칭. 목적에 따라 자기분광 광도계, 색체 측정기, 적외분광 광도계, 자외가시분광 광도계(단순히 분광 광도계라고도 한다) 등이 있다.

광전극 반응 (光電極反應, photoelectrode reaction)　반도체 전극에 빛을 조사하였을 때에 일어나는 전극 반응. n형 반도체에서는 산화 광전류가, p형 반도체에서는 환원 광전류를 볼 수 있는 것이 일반적이다. 광 에너지를 화학 에너지나 전기 에너지로 변환하는 것도 가능하다.

광 전기화학 (光電氣化學, photoelectrochemistry)　빛이 관여한 전기 화학. 반도체 전극을 사용하는 습식 광전지, 티오닌－철계의 용액을 사용하는 광 갈바니전지 등이 대표적인 예이다. 광촉매, 광합성 반응 등, 그 반응 메커니즘이 빛이 관여하는 전기화학반응으로서 설명되는 계도 포함된다.

광전기 화학 반응 (光電氣化學反應, photoelectrochemical reaction)　전기 화학계에 빛이 관여하는 반응. 광전극 반응 및 광 갈바니 반응 등이 대표적인 반응이지만 전기 화학 반응의 결과 빛이 발생하는 전해발광 등도 포함된다.

광전기 화학 전지 (光電氣化學電池, photoelectrochemical cell)　⇨ 습식 광전지.

광 전도 (光傳導, photoconduction)　광흡수에 의해 물질의 전기 전도성이 증가하는 현상. 반도체의 경우, 가전자대에서 전도대로 전자가 여기됨으로써　가전자대에는 정공이, 전도대에는 전자가 증가하므로 조사 광량에 비례한 광전하가 생기며, 이것이 광전류로 관측된다. 황화납·황화카드뮴 등의 반도체는 광전도효과가 좋으므로 광전도 셀을 만들어 빛의 세기 측정장치, 특히 카메라의 노출계 등으로 많이 쓰인다. 셀렌이나 황화카드뮴 등의 반도체에 빛을 조사하면 원자가 －전자대(原子價電子帶)의 전자가 빛을 흡수하여 전도대(傳道帶)로 옮겨가 양공(陽孔)이 생긴다. 이들이 전류의 운반체(캐리어)가 되어 전기 전도도가 증가한다. 이 성질을 이용해서 여러 가지 반도체의 전자 에너지 준위(準位) 등을 살필 수 있다.

광전도 셀 (光傳導 ——, photoconductive cell)　빛 에너지를 전기 에너지로 변환하는 광전변환기의 일종. 황화납과 같이 빛을 받으면 전도성이 높아지는 반도체 물질을 이용하여 빛을 검출하고 그 강도를 측정한다. 광전관에 비해 고주파 특성이 나쁘고, 암전류 및 감도가 온도에 의존하며, 빛의 강도와 광전류의 선형성이 광범위하게는 성립하지 못하는 허점이 있지만, 외부 광전 효과의 한계파장 이상의 근적외선에 대해 높은 감도를 가지며, 비교적 고저항으로 전압 변화가 크게 증폭하기 쉬우므로 수 μm까지의 적외선 측정에 널리 사용되고 있다.

광전류 (光電流, photocurrent)　광전지(태양전지), 광전도체, 광전광 등의 수광체에 빛이 쬐일 때에 관측되는 전류의 총칭. 암전류에 대응하는 용어. 광전관에 빛을 조사(照射)하면, 광전면을 이루고 있는 세슘 등의 화합물로부터 광전자가 튀어 나온다. 이것은 외부 광전 효과의 하나로, 이때 흐르는 광전류의 크기는 광전관에 들어가는 빛의 세기에 비례한다. 광전 효과에는 외부 광전 효과 이외에도 몇 가지 종류(광전리·내부 광전 효과 등)가 있으며, 이 때에 흐르는 전류도 역시 광전류라고 한다.

광전 셀 (光電——, photocell) 광전 효과를 이용하여 빛 에너지를 전기 에너지로 변환하는 변환기의 총칭. 광전관, 광전자 증배관, 광전도 셀, 광전지 등이 있다.

광전자 (光電子, photoelectron) 분자가 이온화 퍼텐셜 이상, 또는 물질이 일함수 이상의 에너지가 있는 빛을 흡수하였을 때에 방출되는 전자. 기체가 빛을 흡수하여 광전자를 방출해서 이온이 되는 광이온화(光電離), 고체 표면에서 광전자가 방출되는 외부 광전 효과, 절연체나 반도체 안에서 원자가전자대(原子價電子帶)로부터 방출된 광전자가 전도대(傳導帶)로 올라가 광전도성을 가지는 내부 광전 효과, 고체 접촉면에서 방출된 광전자가 나타내는 광기전력 효과 등, 광전자에 의해서 여러 현상이 일어난다. 광전자가 가지는 에너지는 외부 광전 효과에서 흡수된 광자의 에너지로부터 전자가 물질의 밖으로 나오는데 필요한 에너지(일함수)를 뺀 것과 같다.

광전자 방사 (光電子放射, photoemission) 분자와 물질에 빛이 조사되었을 때 전자를 방출하는 현상. 방출된 전자를 광전자라 한다.

광전자 방사효과 (光電子放射效果, photoemissive effect) 물질이 빛을 흡수하여 외부에 전자를 방출하는 현상. 방출되는 전자를 광전자라 한다. 광전자의 에너지는 빛의 강도에 의존하지 않고 빛의 진동수가 클수록 크다. 이 사실은 파동으로서의 빛으로는 설명이 곤란하며, 빛은 입자성을 갖는다는 Einstein의 광양자 가설에 의해 설명된다. 이 현상은 빛을 전류로 변환하는 광전관, 전자자(全電子) 증배관에 이용된다. 광전자의 에너지 분포로부터 고체 표면의 전자상태를 연구하는 유력한 수단(광전자 분광법)으로서도 이용되고 있다.

광전자 분광법 (光電子分光法, photoelectron spectroscopy) 분자의 광전자 스펙트럼을 측정하여 분자와 이온의 전자 상태와 진동 상태에 대한 정보를 얻는 연구법. 약어 PES. X선 광전자 분광법, 자외 광전자 분광법 등이 있다. 전자를 발생시키는 데 단색광을 사용하므로 이렇게 불린다. 단색광으로는 분광한 진공자외선광(眞空紫外線光), 헬륨의 공명선 HeI(58.4nm : 21.21eV)이나 AIK$_4$, 또는 MgK$_4$와 같은 시성(示性) X선 등이 이용된다. HeI를 사용할 경우에는 주로 분자의 전자에 너지 준위(準位)나 진동준위에 대한 정보를 주므로 분자 광전자 분광법(molecular photoelectron spectroscopy)이라고도 한다. 진공 자외선광(眞空紫外線光)으로는 여러 가지 $h\nu$에 대한 스펙트럼으로부터 주로 원자가전자대(原子價電子帶 : valence band)의 전자에 대한 정보를 얻을 수 있다. 광전자분광은 전자분광법의 주요한 분야로서 물성(物性)연구의 중요한 수단이며, 원소분석 및 상태분석을 비롯한 분석·유기화학·촉매연구 등 넓은 범위에 응용되고 있다.

광전자 스펙트럼 (光電子——, photoelectron spectrum) 분자가 광이온화할 때에 방출되는 광전자의 운동 에너지 분포를 측정하여 얻게되는 스펙트럼. 빛의 에너지를 $h\nu$, 분자의 이온화 퍼텐셜을 IP, 생성된 이온의 내부 에너지를 E로 하면 광전자의 운동에너지 E_t는 $E_t = h\nu - IP - E$로 부여된다.

광전자 증배관 (光電子增配管, photomultiplier tube) 광전 효과를 이용한 입력 변환기. 고진공의 유리관 내에 음극의 광전면과 양극을 봉한 섯으로, 양자 사이에 다이노드라 부르는 2차 전자 방출 효과가 있는 전극을 여러 단에서 십수 단으로 겹쳐서 광전류를 증폭하도록 하고 있다. 분광측정, 천문관측 등 미약광의 측정에 유용하다.

광전자 탈리 (光電子脫離, photodetachment of electrons) 음전하를 갖는 화학종이 빛을 흡수함으로써 전자를 방출하는 것. 예를 들면,

$$[Fe(CN)_6]^{4-} \xrightarrow{h\nu} [Fe(CN)_6]^{3-} + e$$

광이온화와 동등한 과정이지만 이온화가 양이온의 생성을 의미하므로 양이온을 형성하지 않는 상기 과정을 표현하는 데 사용한다.

광전지 (光電池, photo cell, photoelectric cell)

빛이 쬐인 면 전지로서 작용하는 것의 총칭. 건식과 습식이 있다. 건식의 대표적인 예가 실리콘의 p–n 접합을 사용한 태양전지이고 근년에 효율도 향상되어 실용화되고 있다. 셀렌광전지 등도 알려져 있다. 습식형에는 반도체 전극을 사용하는 광화학 전지와 색소를 사용하는 광갈바니전지가 알려져 있다.

광전 측광 (光電測光, photoelectric photometry)　빛의 강도를 측정하는 방법의 일종. 광전 셀 등을 수광기로 사용하여 빛 에너지를 전기 에너지로 변환하여 읽어낸다. 사진측광과 대비된다.

광전 측광법 (光電測光法, photoelectric photometry)　광원에서의 빛을 적당한 광학계를 통과시킨 후 광전 셀 등에 의해 수광하여 전기신호로 변환하여 빛의 강도를 측정하는 방법이다.

광전 투과법 (光電透過法, photoelectric extinction method)　시료 입자를 함유하는 현탁액의 침강에 의한 액체 탁도의 시간적 변화로 입경분포를 측정하는 침강법의 일종. 탁도법이라고도 한다. 입자 현탁액에 입사한 빛의 강도와 투과광의 강도비는 액의 농도, 광로 길이, 입자 지름과 그 수 등으로 정해진다. 광강도를 전류로 변환하여 측정한다.

광전하 분리 (光電荷分離, photocharge separation)　반도체 등이 빛을 흡수하면 전자가 들떠서 들뜬 상태가 되고 전도대에 전자가, 가전자대에 정공(正孔)이 생긴다. 이러한 전자와 정공을 광전하라 한다. 광전하가 공간전하층의 전위 기울기에 의해 분리되고 광기전력이 생길 때의 분리과정을 광전하 분리라 한다.

광전 효과 (光電效果, photoelectric effect)　물질이 빛을 흡수함으로써 야기되는 전기적인 현상. 전자를 자유로이 하는 데 필요한 최소의 에너지를 E_0, 빛의 진동수를 ν, 플랑크 상수를 h 라 하면 $h\nu - E_0$ 이 광전자의 에너지로서, $h\nu_0 - E_0$으로 정해지는 광전 한계 진동수 ν 보다 진동수가 높은 빛의 흡수에 의해서 광전 효과가 일어난다. 광전자 방출, 광전도, 광기전력 효과의 세 가지로 대별된다.

광 중합 (光重合, photopolymerization)　광조사로 야기되는 중합반응. 라디칼에 의한 것과 이온에 의한 것이 있다. 광학적 개시반응으로 활성종을 형성하고, 그에 의해서 중합을 개시한다. 순수 광중합과 광증감(光增減) 중합으로 나누는데, 어느 것이나 자외선 또는 가시광선이 사용된다. 고분자 화합물 구조에서 반복단위의 기초가 되는 비교적 분자량이 작은 화합물(단위체)에 빛을 조사하면 단위체가 빛을 흡수, 활성화되어 연쇄적으로 중합반응이 일어난다. 이것이 순수 광중합인데, 예를 들면, 아크릴산메틸에 자외선을 조사하면 폴리아크릴산메틸이 된다. 또 중합하고자 하는 것에 소량의 다른 물질(광증감제)을 가하였다가 빛을 조사하면, 이 물질이 빛을 흡수, 활성화되어 중합반응을 시작한다. 이 반응이 광증감 중합이다. 예를 들면, 폴리비닐알코올의 신남산에스테르에 광증감제로 5–니트로플루오렌을 가하였다가 빛을 조사하면, 다리결합이 생겨 용제(溶劑)에 녹지 않는 수지(樹脂)를 얻을 수 있다. 고온 저항, 도료의 광경화 등 실용적으로 중요하다.

광 증감 (光增感, photosensitization)　반응계에 첨가된 기질 이외의 물질(광증감제)에 빛이 흡수됨으로써 야기되는 기질의 (광)물리 과정(발광 등) 및 (광)화학 반응의 전환. 여기된 광증감제에서 기질로 에너지 이동(1중항 혹은 3중항 에너지 이동)에 의한 여기상태에 있는 기질 분자의 생성, 여기상태의 광증감제와 기질 간의 전자 이동에 의한 라디칼 이온종의 생성 등에 기인한다.

광 증감 전해 (光增感電解, photosensitized electrolysis)　반도체 전극에 빛을 조사하면 반도체가 빛을 흡수함으로써 전기화학 반응이 표준전위보다 쉽게 일어나게 되는 현상. n형 반도체 전극에서는 산화반응이, p형 반도체에서는 환원반응이 일어나기 쉽다. TiO_2 전극에 있어 물의 산화에 의한 산소발생이 한 예이다.

광 증감제 (光增感劑, photosensitizer)　광화학 반응에서의 촉매의 일종. 빛을 흡수하여 여기상태가 된 후 들뜬 에너지의 이동으로 기질분자를 들뜬 상태로 하거나 기질분자와의 전자 이동으로 라디칼 이온종을 생성하는 것 등으로 기질에 반응을 일으킨다. 엄밀하게 반응완료 후에 변화하지 않는 물질을 지칭한다.

광질 코르티코이드 (鑛質——, mineral corticoid) ⇨ 미네랄 코르티코이드.

광천 (鑛泉, mineral springs)　지하수로서 다량의 고형물 혹은 기체를 함유하는 것. 일반적으로 광천 중 원천이 25℃ 이상인 것을 온천이라 한다. 광천은 함유된 성분에 따라 단순 탄산천·알칼리천·산성천·방사능천 등으로 구분한다. 온천수·냉천수는 옛날부터 약수로 쓰이거나 여러 가지 병에 효과가 있는 목욕물로 쓰였다.

광천수 (鑛泉水, mineral water)　많은 염분 또는 기체를 함유한 지하수를 광천수라 부르는 경우도 있다.

광 촉매 (光觸媒, photocatalyst)　이산화티탄 등의 반도체 분말을 현탁한 물 등의 용액에 빛을 조사하여 화학 반응을 진행시키는 반응계를 이른다. 조사하는 빛은 반도체를 여기할 수 있는 파장의 빛이어야 한다. 광분해에 의한 물의 수소발생 반응이 대표적 반응이다. 광 에너지의 화학 에너지로의 변화법의 일종이다. 반응 메커니즘으로서는 이산화티탄전극과 금속전극을 사용하는 습식 건전지를 마이크로화한 것으로 여겨진다.

광촉매 반응 (光觸媒反應, photocatalytic reaction)　이산화티탄 등의 광촉매를 사용하는 반응. 물의 광분해, 은과 백금 등의 전석(電析) 반응, 유기물의 분해 등이 광촉매 반응으로 알려져 있다. 새로운 유기합성 반응에 대한 응용, 초순수 세조 등에 내한 응용노 시노되고 있다.

광축 (光軸, optical axis)　광학계에 있어 광원, 렌즈, 검출기 등의 중심을 연결하는 선. 주축(主軸) 또는 축이라고도 하는데, 이 축을 중심으로 회전해도 광학적으로는 변동이 없다.

광탄성 (光彈性, photoelasticity)　등방체에 외력을 가하여 비틀림이 생기게 하였을 때, 분자와 분자사슬의 배향으로 인해 굴절률에 이방성이 생기는 현상. 즉 유리·에폭시 수지와 같은 투명한 탄성체의 판(板)으로 모형을 만들어, 이에 외력을 가하여 판에 수직으로 편광(扁光)을 통과시키면 줄무늬가 나타난다. 이 현상을 광탄성이라 한다. 이 줄무늬가 나타나는 형태는 판의 내부에 생긴 응력(내력)에 따라 여러 가지로 변한다. 따라서 이 줄무늬를 적당한 방법으로 분석하면 응력의 크기와 분포를 알 수 있다. 등방등질(等方等質)의 투명체에 외력을 가하면 광학적으로는 등방체가 되지 않고 복굴절성(複屈折性)을 띠게 된다. 이 인공적 복굴절의 세기는 외력에 비례하며, 따라서 반대로 복굴절의 세기를 측정해서 외력을 알 수 있다. 이처럼 인공적 복굴절성을 이용하여 응력 분포를 실험적으로 측정하는 학문이 광탄성학이다. 인공 복굴절은 1815년 영국의 물리학자 D. 브루스터에 의해서 발견되었다. 그후 많은 학자에 의해서 인공 복굴절이 연구되었는데, 약 100년간 이들의 업적은 물리학적으로 흥미 있는 현상으로 취급되어 왔다. 1910년경부터 주로 영국 런던대학의 E. G. 코커, L. N. 필론 등에 의해서 공탄성학의 공학적 응용이 연구되어 공업계에서 중요시하기에 이르렀다. 이것을 이용하여 편광자를 사용한 측정으로 응력분포를 해석할 수 있다.

광 탈리 (光脫離, photodesorption)　빛(보통 가시·자외광)의 조사로 함으로써 흡착제에 결합한 흡착질이 탈리하는 현상을 말한다.

광택 (光澤, gloss, luster, lustre)　물체 표면이 빛을 정반사하는 성질을 나타내는 속성. 광택은 물체 표면의 구성 물질·거칠기·형상에 의존한다. 미감(美感)을 수반하는 심리적인 광택감(윤기)과 상관성은 크지만 같지는 않다. 금속 광택 등은 광택의 전형적인 예로, 이 경우에는 반사율이 파상에 따라 다르기 때문에 각 금속에 특유한 광택색이 나타난다. 이에 대해 보통의 물체면이 가지는 광택감은 유리면에 의한 빛의 반사와 마찬가지로 입사광이 각 파장에 따라 일정하게 반사되는데, 보통 광택감 자체는 고유색을 가지지 않는다. 빛은 물체면에 입사할 때 정반사 방향 이외의 방향으로도 반사된다. 광택감은 반사광의 방향 분포 및 그 공간적 균질성에도 관련된다. 보석의 광택은, 빛이 내부에 입사하여 굴절·반사를 거쳐 다시 투과출사(透過出射)할 때, 분산·간섭에 의해서, 사출광(射出光)이 방향 분포 및 그 공간적 분포기 빛의 파장에 따라 달라지는 데서 생긴다. 모조 보석처럼 유리 표면이 굴절률이 다른 투명 박막(두께는 빛의 파장 정도)으로 덮여 있을 때에는 두 경계면에서의 반사파 간의 간섭에 의해서 또 주기적인 요철(凹凸)이 있는 표면에서 반사한 빛은 회절에 의해서 유사한 현상을 일으킨다. 도료·종이 등의 공업적 척도로서는 다음과 같은 것이 있다. ① 정반사 광택, ② 대비광택 : 정반사광과 확산 반사광과의 비, ③ 시인 광택 : 면에 가까스로 입사시켰을 때의 광택, ④ 반사상의 선명함 등이다. 광물의 성질을 광택에 따라 분류하기도 한다. 광물의 광택에는 금강 광택(金剛光澤)·금속 광택·아(亞)금속 광택·유리 광택·진주광택·견사 광택(絹紗光澤)·지방 광택·수지 광택(樹脂光澤)·토상 광택 등이 있다. 금강 광택은 가장 강한 광택으로 표면이 반들거리며, 그 때문에 내부가 어두워 보인다. 다이아몬드와 적동석(赤銅石)의 광택이 그것이다. 금속 광택은 황화물과 원소 광물 등의 불투명한 것에 많다. 엷게 하면 빛을 통과시키는 것에서는 반사색이 투과색과 보색(補色)이 되는 것도 있다. 아금속 광택은 쇠주전자와 같은 둔한 금속 광택으로 불투명한 광물에 많다(자철석 등). 유리 광택은 규산염 광물에 많은데, 광물 속에 들어간 빛은 내부에서 반사되는 빛과 흡수되는 빛이 있다. 진주 광택은 은은함이 있는 광택으로 내부에서 반사되는 특수한 빛이다. 견사 광택은 섬유상으로 늘어선 광물로부터 반사되는 빛이다. 지방 광택은 지방과 같은 광택이고, 수지 광택은 나무의 진처럼 보이는 광택이다. 토상 광택은 세립(細粒)인 유리 광택 광물의 집합에 의해서 난반사되기 때문에 가장 둔탁한 빛으로 보인다.

광택 끝손질 (stain finish)　피가공물 표면에 방향성이 없는 균일하고 미세한 요철을 형성하고 빛을 난반사시켜 윤이 없는 면으로 가공하는 것. 사텐가공이라고도 한다. 기계적 또는 화학적으로 표면을 거칠게 하는 처리를 말한다. 이 상태는 표면이 눈에 잘 뜨이고 또한 안정감을 주므로 자동차 부품, 계측기, 유리, 칼날, 가정용 전기제품 등에 응용 예가 많다.

광택제 (光澤劑, brightener, brightening agent) 도금 피막에 광택을 부여하기 위해 도금욕에 가하는 첨가제. 구리 도금에서는 주로 티오요소가 사용되고, 니켈 도금에서는 =C–SO₄– 구조가 있는 제1종 광택제 및 C=O, C=C, C=N 등의 구조가 있는 제2종 광택제를 병용한다.

광 퇴색 (光退色, photofading)　빛에 의한 염료의 퇴색. 염색물의 내광 견뢰도에 관계되나, 광퇴색의 요인, 일어나는 반응은 복잡하다.

광 펌핑 (光 ——, optical pumping)　낮은 에너지 상태에 분포되어 있는 원자, 분자, 이온 등에 광흡수를 일으켜, 높은 에너지 분포로 이행시키는 것. 광들뜸상태의 분자를 생성하거나 2준위 간에 분포수의 차(예를 들면 반전 분포)를 생기게 하여 레이저 발진을 일으키는 등에 이용된다. 광원으로서 적당한 치우침을 가진 단색광을 사용하면, 특정한 각운동량을 갖는 상태의 원자를 많이 만들 수가 있다. 또 들뜸광이 매우 강력하면 음의 온도 분포의 반전을 실현할 수 있다. 고체 레이저의 여기는 거의 이 방법에 의하고 있다.

광학 감광 (光學感光, optical sensitization) ⇨ 분광 감광.

광학 고온계 (光學高溫計, optical pyrometer) 고온 물체의 휘도와 표준 램프의 휘도를 비교하는 것으로 그 물체의 온도를 측정하는 온도계. 측정물의 휘도(輝度)를 표준 램프의 휘도와 비교하여 온도를 측정하는 것으로 700℃를 넘는 고온체, 특히 직접 온도계를 삽입할 수 없는 고온체의 온도를 측정하는 데 사용된다. 그 주가 되는 구조는 측정물을 들여다 보는 망원경 속에 전지와 가변저항을 직렬로 접속하여 휘도를 조정할 수 있게 한 램프가 들어 있다. 접안렌즈를 들여다 보면서 망원경의 시야 내에서 배경으로 되어 있는 측정물의 휘도와 필라멘트의 휘도가 동등하게 되도록 조정하고, 그 때 전류계를 읽음으로써 측정물의 온도를 알게 된다. 정밀도는 1,000~2,000℃의 측정에서 오차가 10℃ 내외이다. 또한 가시광선 중 적색 단색광선(파장 0.65 μ)에서 측정할 수 있도록 접안렌즈에 적색 필터를 부착하여 사용하는 경우가 많다.

광학대 (光學臺, optical bench)　광학 실험이 정확하고 또한 쉽게 이루어질 수 있도록, 광학계의 배치·측정을 하기 쉽고 또한 방진 대책 등도 강구한 대를 말한다.

광학 밀도(光學密度, optical density)　⇨ 흡광도.

광학 분할(光學分割, optical resolution) 라세미체에서 좌·우 거울상 이성질체의 어느 쪽이나 또는 양자를 광학 활성체로서 분리하는 방법. 디아스테레오머 법과 직접 접종법이 있다. 전자는 디아스테레오머염(혹은 기타의 디아스테레오머)을 만들어 양자의 화학적·물리적 성질의 차를 이용하여 분리하고, 분리물에 각각 좌·우의 활성체를 재생시킴으로써 광학 활성체를 얻는 방법이다. 후자는 라세미체의 과포화 용액에 좌 또는 우형의 광학 활성체 결정을 교호로 접종하여 각각의 거울상체를 순차 정출시켜 분할하는 방법이다.

광학 섬유(光學纖維, optical fiber)　⇨ 광섬유.

광학 순도(光學純度, optical purity)　키랄한 물질 중 거울상 이성질체의 혼합 상태를 나타내는 척도. 검체의 비선광도를 $[\alpha]_\lambda^T$, 당해 물질의 광학 활성체 비선광도를 $[\alpha]_\lambda^{T_{max}}$ 로 할 때 $P=100[\alpha]_\lambda^T/[\alpha]_\lambda^{T_{max}}$ 로서 계산되는 값. P 는 일반적으로 시료의 거울상체 과잉률. e.e = $100 \times \{ 우-좌/우+좌 \}$에 해당한다.

광학 유리(光學——, optical glass)　렌즈, 프리즘 등의 광학소자에 사용되는 유리. 일정한 굴절률, 앗베수(분산에 관한 계수) 및 고도의 균질도가 있다. 비교적 저굴절률의 크라운 유리와 고굴절률의 프린트 유리로 대별되며 200종 이상이 있다. 이를 제조하는 데는 정선(精選)된 원료를 써서 과학적으로 엄밀한 공정관리를 해야 하며, 생산방식도 보통 판유리와 같은 연속 생산이 아니고, 특수한 용융 도가니를 쓰는 불연속 생산 방식이 채택된다. 역사적으로는, 18세기 후반에 스위스의 시계 기술자인 P. 기난이 특수한 용해법에 의해서 광학 유리를 제조한 것이 시초이다. 이론 및 기술적으로 확립된 섯은 19세기 말이며, 1881년부터 독일의 물리학자 E. 아베의 지도하에 쇼트가 과학적으로 정밀한 광학 유리의 제조법을 연구 개발한 것이 오늘날의 광학 유리 제조법의 기초가

되었다. 현재 그 종류는 200~300종에 이르고 있으며, 특히 제2차 세계대전 후에는 란탄·티탄·플루오르 등을 함유하는 새로운 유리가 높은 굴절률을 가진 광학용 유리로 개발되어 광학 기기, 예를 들면 사진 렌즈의 설계 등에 획기적인 발전을 가져왔다.

광학 이성질(光學異性質, optical isomerism) 거울상 이성질과 동의어. 서로 거울상 이성질인 분자는 일반 물리적인 성질은 동일하지만, 광학적 성질의 하나인 선광성만이 역으로 되고, 그로 인해 구별할 수 있는 점에 유래하는 용어. 즉 거울상 이성질은 분자의 형태, 광학 이성질은 관측 가능한 물질의 성질에 기인하여 명명된 용어라고 할 수 있다.

광학 이성질체(光學異性質體, optical isomer) ⇨ 거울상 이성질체.

광학 활성(光學活性, optical activity)　고체와 액체인 물질, 혹은 그 증기나 용액이 선광성을 나타낼 때 이 물질의 성질을 광학 활성이라 한다. 역사적으로는 우수정과 좌수정에 대해서는 볼 수 있었던 성질이지만 키랄한 분자구조의 유기 화합물과 금속착물의 광학적 성질로 기재되는 일이 많다. 광학 활성은 물질 내에서의 전자기파에 의한 분극이 나선형의 상관(相關)을 가지기 때문에 생긴다. 대표적인 예로 4가의 결합손에 모두 다른 원자를 가진 비대칭 탄소원자가 있다.

광학 활성 고정상(光學活性固定相, chiral stationary phase)　⇨ 비대칭 고정상.

광학 활성체(光學活性體, optically active substance)　광학 활성이 있는 화합물. 무기화합물의 결정에도 그 예를 볼 수 있으나 유기 화합물과 금속착물에 대해서 기재되는 예가 많다. 유기 화합물의 광학 활성체는 키랄한 분자의 집합체이고 또한 이것을 구성하는 거울상 이성질체가 어느 한 방향인 물질을 말한다. 때로는 타방의 거울상 이성질체를 일부 함유하는 데도 불구하고 양이 적으므로 광학 활성을 보이는 물질의 의미로도 사용되는 일이 있으니 적절한 용법은 아니다.

광합성(光合成, photosynthesis)　(1) 물질 분자가 빛의 에너지에 의해 반응을 일으켜 다른 물질로 변하거나 중합에 의해 고분자를 생성하는 것. 광화학반응에 의한 합성반응.

(2) 식물체 내에서 태양의 빛 에너지에 의해 엽록소류에 전자를 이동시켜 전자전달계를 매개하여 아데노신삼인산(ATP)을 합성하는 과정(광인산화). 넓은 의미로 광합성이란 이 ATP의 에너지와 전자전달에 의한 환원력을 이용하여 이산화탄소와 물에서 포도당 등 유기물을 생성하는 반응을 말한다.

광합성 회로 (光合成回路, photosynthesis cycle) ⇨ 캘빈 사이클.

광 해리 (光解離, photodissociation)　광조사로 분자 내의 전자가 여기 혹은 이온화되어 분자가 원자, 라디칼, 이온으로 해리하는 현상을 말한다.

광행차 (光行差, aberration)　렌즈 등에 의한 광학 결상시의 이상상으로부터의 기하 광학적인 엇갈림. 보통 광축 주위에 회전 대칭인 계를 고려하며, 단색광에 대한 광선 수차와 백색광 등의 경우 파장 분산에 기인하는 색 수차를 문제로 한다. 광선 수차 중 구면 수차와 코마 수차를 보정(補正)하는 데는 애플러냇, 비점수차(非點收差)와 상면(像面)의 만곡을 보정하는 데는 아나스티그매틱 렌즈, 상의 왜곡을 보정하는 데는 정상(正像)렌즈 등이 쓰이며, 색 수차를 보정하는 데는 색지움 렌즈가 사용된다.

광 호흡 (光呼吸, photorespiration)　식물의 밝은 곳에서의 광합성 과정에서 볼 수 있는 현상으로, 어두운 곳에서의 호흡과는 다른 메커니즘에 의한 호흡을 말한다. 즉, 식물의 녹색조직에 의한 광 의존성의 산소 흡취와 이산화탄소의 배출을 이른다. 광호흡에 의한 산소 흡수 또는 이산화탄소 발생은 광합성 때문에 겉으로는 나타나지 않는다. 그러나 빛을 차단하면 광합성은 곧 중단되지만 광호흡은 한동안 계속되기 때문에 조사정지(照射停止) 직후 일시적으로 이산화탄소 발생이 일어난다. 광호흡은 암호흡(暗呼吸)과는 다른 과정으로 이루어지고 있으며, 광합성에 의해서 생성된 글리콜산 (glycollic acid)이 페록시솜 (peroxysome) 및 미토콘드리아의 공동작용에 의해서 세린 (serine)으로 변화하는 반응이라고 생각되고 있다.

광화제 (鑛化劑, mineralizer)　(1) 마그마 안에 함유되는 H_2O, CO_2, SO_2, F, Cl 등의 휘발성분. 이러한 것은 마그마의 점성을 저하시켜 마그마의 결정화를 돕는 작용을 한다. (2) 세라믹스의 소성 온도를 저하시키거나 결정화를 촉진하기 위한 첨가제를 말한다.

광화학 (光化學, photochemistry)　원자외선에서 적외선영역에 걸친 빛의 화학적 효과를 연구하는 화학의 한 분야. 들뜬 분자의 구조. 전자상태의 연구와 들뜬 분자의 반응, 발광, 활성 상실 등의 과정 연구가 포함된다. 빛에 의하여 물질이 변화한다는 사실은, 예를 들면 햇빛에 의한 물감의 퇴색과 같이 예전부터 관찰되고 있었으며, 탄소 동화작용 등 널리 알려진 것도 많았으나, 오늘날의 광화학의 기초가 확립된 것은 빛의 본질에 대한 인식이 명확해진 20세기에 들어와서부터이다. 광화학의 기본법칙으로는 제1법칙(그로투스－드레이퍼의 법칙)과 제2법칙(광화학 당량의 법칙)이 있는데 광화학 제1법칙은 '물질에 의하여 흡수된 빛만이 광화학반응을 일으킬 수 있다'는 것이다. 또한 광화학 제2법칙은 '빛의 흡수는 언제나 광량자(光量子)를 단위로 하여 이루어지며, 흡수는 항상 분자나 원자가 한 번에 단 하나의 광량자를 둘러싸는 꼴로 일어난다'는 것이다. 이 제2법칙은 아인슈타인의 광량자설에 입각하여 빛을 $E = h\nu$ (h는 플랑크 상수, ν는 빛의 진동수)의 에너지를 가지며, $P = h/\lambda$(λ는 빛의 파장)인 운동량을 가진 하나의 입자(광량자)로 생각하여 분자나 원자가 한 번에 하나의 광량자를 둘러싼다는 것을 의미한다. 가시광선(可視光線)은 $800 \sim 400$ nm($1nm = 10^{-9}$m)라고 하는데, 광량자설에 의하면 800 nm의 광량자가 아보가드로수(6.02×10^{23}개)만큼 모인 것의 에너지(1 아인슈타인)는 36 kcal/mol이지만 400 nm의 에너지는 72 kcal/mol에 해당한다. 그리고 $400 \sim 200$nm의 빛을 자외선이라고 하는데, 이 영역의 에너지는 $72 \sim 143$ kcal/mol에 해당한다. 분자의 결합 에너지가 수십~백 수십 kcal/mol이라는 것을 생각하면 이 자외선의 화학작용이 강하다는 것을 알 수 있다. 또한 200 nm 보다 짧은 파장의 빛은 진공 자외선(眞空紫外線)이라고 하는데, 이 빛의 화학 작용은 더 뚜렷하다. 태양광선 중에는 이 영역의 빛도 포함되어 있지만 산소분자가 흡수하기 때문에 지표까지 도달하지 못하므로 인체에는 영향이 없다. 그러나 상층 대기(上層大氣)에서는 이 영역의 빛에 의한 화학반응이 일어나고 있는 것으로 생각된다. 물질에 빛이 들어왔을 때 빛은 반드시 흡수되는 것은 아니며, 분자의 모양의 대칭성 등에 의한 일정한 선택 규칙이 있어서 원자 또는 분자에 따라 특정한 파장의 빛, 또는 특정한 파장 영역의 빛만을 흡수한다. X선, γ선의 화학적 효과를 연구하는 방사선 화학과 경계를 접하고 있다

광화학 반응 (光化學反應, photochemical reaction, photoreaction) 자외, 가시, 적외광의 흡수에 의해 야기되는 화학 반응. 대부분은 전자적 들뜬 상태로부터의 화학 변화이지만 고도의 진동 들뜬 상태(적외광의 흡수 혹은 전자적 들뜬 상태로부터의 내부변환으로 생긴다)로부터의 화학 변화인 경우도 있다. 여기종은 고 에너지를 갖고 있으며 그 전자분포도 기저상태와 다른 점에서 열반응에서는 야기될 수 없는 반응을 실현할 수 있다. 그러므로 응용면에서도 유용하다.

광화학 스모그 (光化學 ——, photochemical smog) 스모그의 일종. 로스앤젤레스형 스모그라고도 한다. 대기 중의 1차 오염물질인 질소산화물이나 탄화수소 등이 광화학 반응을 일으켜 오존, PAN 등의 산화력이 강한 2차 오염물질(광화학 옥시던트)을 생성하는 대기의 오염상태. 사람의 눈·기관지 등의 점막에 자극을 주고, 식물의 잎을 마르게 하며 열매가 열리지 않게 한다. 광화학 스모그는 대도시에서 기온이 높고 맑게 갠 바람이 약한 날에 일어나기 쉽다. 외국의 경우, 신화제의 농도는 오전 10~11시경부터 높아져서 한낮이 지날 무렵 최고(0.1~0.3 ppm)가 된다. 시정 장애(視程障碍)의 원인이 되는 스모그 구성 입자의 본체에 대해서는 아직 밝혀지지 않았다. 고분자량의 비휘발성 오염성분이 응축한 것, 또는 다른 부유 미립자에 오염성분이 흡착한 것 등을 생각할 수 있다.

광화학 옥시던트 (光化學 ——, photochemical oxidant) 일반적으로 옥시던트와 동의어로 사용된다. 환경 기준에서는 옥시던트에서 이산화질소를 제외한 것이라고 규정하고 있으며, 대기 중의 광화학 반응에 의해 생성되는 2차적 오염물질인 오존, PAN 등이 주성분이다.

광화학적 개시 반응 (光化學的開始反應, photochemical initiation) 광화학 반응으로 라디칼이나 이온이 생성되고 이런 것이 중합 등의 연쇄반응을 개시하는 것. 광화학적으로 라디칼을 발생하는 화합물의 대표적인 것은 벤조인의 알킬에테르로, 비닐 화합물의 중합에 사용된다.

$$ArCo-CH(OR)Ar \xrightarrow{h\nu}$$
$$ArCO \cdot + \cdot CH(OR)Ar$$

디아조늄염은 광분해로 루이스산을 발생하고 에폭시 화합물과 카디온 중합성 모노머의 중합을 개시한다.

$$ArN_2^+BF_4^- \xrightarrow{h\nu} ArF + N_2 + BF_3$$

광화학 홀 버닝 (光化學 ——, photochemical hole burning) 극저온에서 무정형 고체나 고분자 중의 유기 색소분자 혹은 무기결정 중의 불순물 이온에 레이저광을 쬐어 광화학 반응을 일으켜, 그 흡수 스펙트럼 중의 조사광 파장의 위치에 예리한 구멍을 뚫는 현상. 약어 PHB. 파장 다중에 의한 초고밀도 광메모리의 응용이 기대되고 있다.

광환원 (光還元, photoreduction) 광자의 흡수에 의해 일어나는 환원반응의 총칭. 빛을 흡수한 물질의 환원에서 광들뜸종이 환원 물질을 활성화하여 일으키는 환원까지를 포함한다. 보통 반응으로 환원되지 않는 물질이라도 빛을 흡수함으로써 생긴 들뜬 분자 등으로 환원반응이 일어나는 일이 있다. 예를 들면, 티오닌이나 메틸렌블루는 Fe^{2+}에 의하여 환원되지 않지만 빛의 조사에 의해서는 쉽게 환원된다. 케톤류나 아크리딘 등은 빛의 흡수에 의해서 생기는 2가(價) 라디칼이 다른 분자로부터 수소원자를 얻어 유리기(遊離基)가 되고 다시 유리기의 반응에 의하여 알코올이나 아크리단 등으로 환원된다.

광휘 (光輝, radiance) 복사량 단위의 하나. 어떤 면적을 가지고 복사하고 있는 광원의 강도를 측정할 때, 광원의 미소면에서 관측방향의 미소 입체각 내에 복사되는 강도(방사 강도)의 그 면과 그 방향에 대한 정사영 면적당의 양. 어떤 면적당의 복사강도를 생각하고, 복사강도 I_e, 면적 A, 관측방향과 면의 법선이

이루는 각도를 θ로 하면 $dI_e / dA\cos\theta$로 정의된다. 단위는 $Wsr^{-1}m^{-2}$이다.

광흡착 (光吸着, photoadsorption)　흡체제와 흡착질을 공존시켜 빛(통상, 가시・자외광)을 조사하였을 때 흡착량이 증대하는 현상. 반도체에 대한 기체의 흡착능은 광(光)조사의 영향으로 변하는 경우가 있다. 빛에 의해 흡착량이 증가하는 현상은 $CdS-O_2$계, $ZnO-H_2$계 등에서 볼 수 있다. 한편, 빛에 의해 흡착기체가 이탈되는 현상은 광이탈이라고 하며, $NiO-O_2$계에서 관측된다. 광흡착과 광이탈이 일어나는 조건은, 여러 원인으로 인해 복잡한데, 일반적으로는 반도체의 전자에너지 상태, 불순물, 표면의 흡착기체 상태 등에 의해 결정된다고 생각된다. 예를 들면, ZnO는 열처리・불순물처리의 조건에 따라 산소를 광흡착 또는 광이탈한다. ZnO－색소계는 용액으로부터 광흡착한다.

교대 탄화수소 (交代炭化水素, alternant hydrocarbon)　π전자의 공역계가 있는 탄화수소 중, π전자의 탄소 원자에 탄소사슬에 따라 하나 건너씩 표지하였을 때, 표지된 탄소 원자끼리 (또는 표지되지 않은 탄소 원자끼리) 이웃하는 일이 없는 탄화수소를 말한다. 예를 들면, 벤젠, 나프탈렌, 아릴기, 벤질기 등, 짝수 원고리가 없는 고리식 화합물은 교대 탄화수소가 되지만 고리를 구성하는 탄소수가 홀수인 경우는 교대 탄화수소가 되지 않는다. 이러한 것을 비교대 탄화수소라 하며, 아즐렌이나 플벤 등이 그 예이다.

교류 폴라로그래피 (交流 ──, AC polarography)　폴라로그래피에서는 보통 직류 전압만을 전극에 인가하지만, 교류 폴라로그래피에서는 직류에 미소 폭($5\sim30\,mV$)의 교류를 중첩하며 인가한다. 이것으로 정성 및 정량분석의 정밀도・감도를 높일 수 있다. 얻어진 교류전류－직류전압 곡선은 교류 폴라로그래프파(波) 또는 교류 폴라로그램이라 하는데, 보통 반파 전압 부근에 정점이 있는 산 모양의 파형을 가지며, 정점이 나타나는 전위를 정점 전위, 산의 밑면에서 정점까지의 전류값을 정점 전류 또는 교류 폴라로그래프파의 파고(波高)라고 한다. 파고는 피전해 물질(被電解物質)의 농도에 비례하므로 이것을 사용해서 정량분석(定量分析)을 한

다. 파형은 전극반응의 속도론적 파라미터의 크기에 의존하며, 표준전극 반응속도 상수가 충분히 큰 가역파(可逆波)일 경우에는 교류 폴라로그래프파는 보통의 폴라로그래프파의 미분에 비례하고 정점 전위는 반파 전위와 일치한다. 속도상수의 값이 작아지면 파고는 감소하여 정점 전위는 음의 전위 (환원반응의 경우) 쪽으로 이동하며, 그와 동시에 산 모양의 파형은 둥그스름해진다. 따라서 교류 폴라로그래프파의 파형해석은 전극 반응 속도에 대한 많은 지견을 주게 되므로 전극 반응 속도론 분야에서 널리 사용된다. 현재는 선행(先行) 또는 후속(後續) 화학반응을 포함한 복잡한 전극반응에 대해서도 이론식이 제출되어 널리 이용되고 있다. 보통 교류 폴라로그래피로 측정되는 것은 기본파(基本波) 교류전류－직류전압 곡선이지만 대체로 전극반응에 따른 전류와 전위의 관계는 비선형이므로 교번 전압으로서 사인파를 가해도 기본파 외에 고조파의 교류 전류도 흐른다. 따라서 이 고조파 전류를 측정하는 고조파 교류 폴라로그래프법도 개발되었는데, 이것은 고속 전극반응의 속도를 구하는 데 유효하다.

교반 (攪拌, agitation, stirring)　화학장치 내를 균일한 상태로 하기 위해, 혹은 장치 내에서의 열이나 물질의 이동, 화학반응을 촉진시키기 위해 뒤섞는 것을 말한다.

교반기 (攪拌機, stirrer)　용액 내에서 화학반응을 할 때, 액상과 고상 또는 혼합되지 않는 두 액상을 서로 혼합되도록 교반하는 도구. 간단히 유리봉으로 교반하는 경우도 있으나 모터 등으로 기계적으로 혼합하는 장치를 교반기라고 한다.

교염 (絞染, cotraction of area)　천을 실로 홀치거나 적당한 기구나 방법으로 지름지게 하고, 압축하여 염색에 담그면, 그 부분만이 방염되어 문양이 나타나는 염색법. 염색 기법으로서 예로부터 있었으며, 보통 홀치기 염이라고도 한다.

교원 섬유 (膠原纖維, collagenous fiber)　동물의 모든 결합조직 및 일부의 지지조직 중에 함유되는 콜라겐을 주성분으로 하는 섬유. 콜라겐 섬유라고도 한다. 섬유의 굵기, 양 등은 조직에 따라 다르다. 진피의 교원조

직은 제혁공정의 무두질에 의해 가죽의 섬유가 된다.

교잡 (交雜, hybridization) ⇨ 잡종 형성.

교정 (校正, calibration) 표준기, 표준 시료에 보증되어 있는 값과 측정기가 표시하는 값과의 관계를 구하는 것. 또 진정한 값과 측정기의 지시값이 일치하도록 측정기를 조정하는 것. 보정이라고도 한다.

교정 곡선 (校正曲線, calibration curve) 일련의 표준시료의 값과 그들에 대한 측정기가 지시하는 값과의 대응을 나타내는 곡선. 보정곡선이라고도 한다.

교차 (交差, crossing over) 보통 감수 분열시의 상동(相同) 염색체 간의 부분적 교환. 교차의 결과 유전자의 재조합이 일어나는데, 반드시 상동부위가 아니라 빗나가 일어나면 유전자의 중복이라든가 결실로 이어진다.

교차 결합 (交叉結合, crosslinkage) ⇨ 가교.

교차 분자선 (交差分子線, crossed molecular beam) 2개의 분자선을 교차시켜 단 1회만의 충돌로 일어나는 탄성충돌, 비탄성충돌(에너지 이동, 화학반응, 이온화 등)을 연구하는 수법. 교차 빔이라고 도 한다. 교차위치에서 반응 생성물이 산란하는 방향, 그 속도에 관한 정보를 얻어 반응의 분자동력학을 연구할 수 있다.

교차 빔 (交差——, crossed beam) ⇨ 교차 분자선.

교환 반발 (交換反撥, exchange repulsion) 2개의 헬륨 원자가 접근하면 반발력이 생긴다. 이것은 2개 헬륨의 파동함수 간에 겹치기가 생겨 파울리의 원리에 의해 2개의 전자가 같은 상태를 취할 수 없으므로 서로가 기피하여 반응이 생기는 데 기인한다. 2개 헬륨 간의 전자의 교환적분에 의해 반발 에너지가 생기는 점에서 이렇게 부른다.

교환 반응 (交換反應, exchange reaction) (1) 수소와 중수소 같은 동위체의 원자가 화합물 중에서 그 위치를 교환하는 것을 동위체 교환반응이라 한나. (2) 유기 화합물의 분자 내에서 하나의 특성기가 다른 특성기와 위치를 교환하는 반응. 예를 들면, 에틸에스테르가 메탄올과 반응하여 메틸에스테르로 변하는 반응을 말한다.

교환 적분 (交換積分, exchange integral) 전자 궤도함수가 ϕ_i, ϕ_j로 주어질 때의 적분 $\int \phi_i \phi_j (e^2/r_{12}) \phi_j \phi_i dr_1 dr_2$ 를 (2전자 쿨롬) 교환 적분이라 한다. 스핀상태의 차이에 의한 계 에너지의 차이에 관계된다. 또한 1전자의 공명 적분을 교환 적분이라 하는 경우도 있다. 이 교환 적분에 의해 표시되는 에너지는 교환 에너지(교환력)라고 하며 고전 전자기학(古典電磁氣學)으로는 설명하기 어려운 에너지이다. 수소분자의 평형 결합간격 부근에서는 위에서 설명한 적분값은 음(陰)이므로 수소분자의 안정화 에너지는 교환 적분값의 크기에 의해 대략 결정되고 수소분자의 결합의 본질은 교환력에 있다는 것이 증명되어 있다. 원자 오비탈 사이의 중첩적분을 무시할 수 있을 때에는 다중 교환적분은 0이 되고, 단일 교환 적분만 남는다. 단일 교환 적분값은 분자에서 볼 수 있는 원자간 거리에서는 언제나 음의 값이다.

교환 전류 (交換電流, exchange current) 전극 반응이 일어날 때 관측되는 전류는 양 및 역의 일방향 전류(모두가 양)의 차이지만, 가역 전류반응이 평형에 있을 때 이 두 전류는 같다. 상등한 일방향의 전류를 교환전류라 한다.

교환 전류 밀도 (交換電流密度, exchange current density) 전극의 단위 면적당의 교환 전류. 전극반응이 진행됨에 따라 흐르는 전류는 산화방향 전류(酸化方向電流 : 부분 양극전류라 하며 양으로 한다)와 환원방향 전류(부분 음극선류라 하며 음으로 한다)의 합으로 표현한다. 전극반응이 동적(動的)인 평형 상태일 경우에는 부분 양극전류가 부분 음극 전류의 절대값은 같아지는데 이것을 교환 전류라 하고, 전극의 단위 면적(보통 겉보기 표면적을 사용한다)당의 교환전류를 교환 전류밀도라고 한다. 교환 전류밀도는 전극반응을 해석하는 데 있어 중요한 파라미터이다. 또한 전극반응에 관여하는 화학종(化學種)이 모두 표준상태에 있는 경우(이 화학종들의 활성도가 모두 1과 같을 경우)의 교환 전류밀도를 표준 교환 전류밀도라고 힌다. 교환 전류밀도는 여러 가지 전기화학 완화법을 사용해서 측정할 수 있다.

구균 (球菌, coccus)　보통 지름 1 μm보다 약간 작은 구상 세균의 총칭. 간균, 나선균 등에 대응한 명칭. 화농구균, 포도구균, 연쇄구균 등의 속이 유명하다. 구균은 각기 특유한 균주의 배열을 보이는데, 포도송이 같은 것, 염주 같은 사슬 모양의 것이 있으며, 이 밖에도 쌍구균(雙球菌)·4연균(四連菌) 또는 신장형·심장형 등이 있다. 대부분은 그람 양성균이며, 폐렴 쌍구균을 제외한 쌍구균은 거의가 그람 음성균이다. 균주 배열의 특징은 균종 간의 감별에 도움이 된다. 병원성을 지닌 구균은 감염되면 염증·화농을 일으키는데, 설파제나 각종 항생 물질을 사용하면 치료 효과가 있다. 포도상구균 감염은 임상적인 치료가 곤란하다.

구리견 (cuprammonium rayon, cupro-amm-onium rayon)　재생 섬유의 일종. 동견, 큐플라라고도 한다. 린터 혹은 펄프에 수산화나트륨, 암모니아, 염기성 황산구리를 작용시켜 셀룰로오스 구리 암모니아 착체를 형성하고, 이것을 방사하여 얻는다.

구리 법랑 (—— 琺瑯, copper enamel)　재료 금속이 구리인 법랑. 금속재료를 성형·가공한 후에 초벌약을 칠하여 소성하고, 다시 유약 처리하여 소성한 다음 금속과 유리층을 융착한다. 구리 법랑은 백색이고 미려하여 문자판, 계기판 등에 이용된다. 칠보도 포함된다.

구리 슬래그 (copper slag)　구리 정광의 건식 제련에서 생기는 슬래그. 제련로에서 석회석, 코크스 등과 함께 정광을 용융하여 구리분을 피상(Cu_2S-FeS계 황화물)의 형태로 농축한 층 위에 맥석성분이 층분리하여 $FeO \cdot SiO_2$계 산화물층을 형성한다.

구리 프탈로시아닌 (copper phthalocyanine)　프탈로시아닌의 구리착염. 매우 견뢰한 청색 유기 안료로서 유명하다. 프탈로니트릴 또는 무수프탈산과 구리 화합물에서 형성된다. α형, β형 등의 결정형이 있으나 β형이 가장 안정하다. 벤젠 고리의 수소를 할로겐으로 치환하면 청록에서 녹색으로 된다.

구립 (球粒, spherulite)　고분자와 광물 등에서 볼 수 있는 구상으로 발달한 미결정의 집단. 반지름 방향의 굴절률이 접선방향보다 큰 경우를 양의 결정, 작은 경우를 음의 결정이라 한다. 고분자 구정은 라멜라가 축적한 것이 비틀려지면서 반지름방향으로 성장한 구조를 취한다.

구분 적정 (區分適定, sectional titration)　적정 기술의 일종. 피적정액 중에 스포이드 등을 넣어 원액을 흡수하고 다른 부분을 적정하여 거의 종점이 인식되었다면 스포이드 중의 액을 배출하여 적절하게 교반한 후에 다시 피적정액을 흡인하여 잔부를 적정한다. 이 조작을 반복하여 적정을 완결한다. 스포이드 대신에 소형의 깔대기를 사용하여 액의 일부를 보존하여도 좋다. 적정값을 전혀 추측할 수 없는 경우와, 귀중한 시료를 적정하는 경우에 추천할 수 있는 방법이다.

구상 단백질 (球狀蛋白質, globular protein)　분자의 형상이 구상에 가까운 단백질. 섬유상 단백질에 대응한 용어. 일반적으로 효소 단백질, 알부민, 글로불린, 프로타민 등의 수용성 단백질은 구상 단백질이다. X선 회절에 의하면, 분자 내부에 소수성의 곁사슬이 있는 아미노산이 자리잡고 표면에는 친수성의 곁사슬이 있는 아미노산이 배치되어 있다. 펩티드사슬은 접혀진 복잡한 3차 구조를 이루고 있다.

구상당 지름 (球相當徑, sphere equivalent dia-meter)　⇨ 상당 지름.

구성 반복 단위 (構成反復單位, constitutional repeating unit)　폴리머의 화학구조를 기술할 때의 반복 단위로 최소의 것. 약어 CRU. 예를 들면, 폴리에틸렌의 구성 반복단위는 $-CH_2-$이지 $-CH_2CH_2-$는 아니다. 반복 단위의 입체 이성질은 무시한다. 입체 이성질까지 고려한 것을 입체 반복 단위라 하며, 이소택틱 폴리머에서는 구성 반복 단위와 동일하지만 신디오택틱 폴리머에서는 그 2개분이 된다.

구아노신 (guanosine)　퓨린뉴클레오시드의 일종으로, 핵산의 구성성분 $C_{10}H_{13}N_5O_5$. 핵산의 가수분해에 의해 얻어진다. 구아닌과 D-리보오스가 β-결합한 구조이다. 분자량 283, 녹는점 237~240℃(분해)이다. 침상결정으로 물 또는 알코올에 녹지 않으나 산이나 알칼리에는 녹는다.

구아니딘 (guanidine)　염기성의 유기 화합물, $HN=C(NH_2)_2$. 요소에서 산소대신에 이미노기가 결합한 형태의 화합물. 버섯·튤립·조개류 등에 함유되어 있는 염기성의 무색 흡습성 결정, 구아닌을 분해할 때 발견되어 이런 이름이 붙었으며, 이미노요소·카르보아미딘·우라민이라고도 한다. 분자량 59.1, 녹는점 50℃이다. 염기성이 강하고 조해성(潮解性)이 있으며, 공기 중에서 이산화탄소를 쉽게 흡수하여 탄산염이 된다. 또 여러 가지 산과 반응하여 안정된 염을 만든다. 가열하면 암모니아를 방출하고 분해하면 멜라민이 된다. 티오시안산 암모늄을 열분해하거나 시안아미드에 암모니아를 첨가하여 제조한다. 공업적인 용도로 질산염은 화약의 원료, 염산염(염산구아니딘)은 의약·염료, 탄산염은 계면 활성제의 첨가제, 인산염은 방수가공용 등에 쓰이고, 또 디페닐구아니딘·디오르토트릴구아니딘은 고무의 가황 촉진제로 쓰인다.

구아닌 (guanine)　생체에 함유되는 퓨린염기. 2-아미노-6-히드록시퓨린. 분자식 $C_5H_5N_5O$, 분자량 151.13이다. 무색의 결정으로, 가열에 의해 분해되기 때문에 녹는점은 아직 결정되지 않았고, 365℃에서 분해한다. 물과 유기 용매에는 잘 녹지 않지만 산 또는 알칼리에는 잘 녹는다. 2종의 호변 이성질체가 알려져 있다. 1844년 처음으로 바다새 똥의 퇴적물인 구아노 속에 존재한다는 사실이 발견되었고, 2년 후에 B. 응거에 의헤 그 조성이 결정되었다. 다시 약 40년 후에 A. 코셀이 핵산 속에 퓨린 염기성분으로서 함유되어 있는 것을 발견, 핵산을 가수분해하여 얻었다. 한편, 화학조미료인 구아닐산은 구아닌·D-리보오스·인산 등이 결합한 뉴클레오티드(핵산을 구성하는 구조적 단위)이다. 핵산의 염기성분으로서 중요하다. 약어 G. DNA, 이중 나선 중에서 시토신과 수소결합하여 염기쌍을 구성하고 있다.

구아닐 산 (—— 酸, guanylic acid)　퓨린 염기의 일종. 구아닌과 D-리보오스로 구성되는 일종의 뉴클레오시드 구아노신의 인산에스테르. 분자식 $C_{10}H_{14}N_5O_8P$이다. RNA를 구성하는 뉴클레오티드이다. 구아노신 분자 내의 리보오스 부분에 인산기가 에스테르결합을 이루고 있는 구조이며, 그 위치에 따라 5′-체·3′-체·2′-체의 3종으로 나뉜다. 5′-체는 무색의 침상 결정으로 분해점은 190~200℃이다. 리보핵산의 효소분해에 의해서 생기는데 생체 내에 유리상태로 존재한다. 생체 내에서는 ATP로부터 인산을 받아 구아노신이인산(GDP)·구아노신삼인산(GTP)이 되고, 후자는 리보핵산 합성 효소의 기질이 되기도 하며, 단백질의 생합성에 중요한 작용을 한다. 3′-체는 한 분자의 결정수를 가지는 것으로, 분해점은 180℃이다. 효모핵산을 가수분해한 후 분리시키면 3′-체와 2′-체의 혼합물을 얻을 수 있다. 그 나트륨염은 표고버섯의 감미 물질로 알려지며, 조미료로서 판매되고 있다.

구운 석고 (—— 石膏, calcined gypsum, plaster of Paris)　황산칼슘 0.5 수화물, $CaSO_4 \cdot 0.5\,H_2O$의 속칭. 소석고는 구명칭이다. 반수석고, 플라스터 등으로도 부른다. 물에 개어 방치하면 수화하여 이수화물, 즉 석고의 치밀한 결정을 형성한다. 이 과정에서 발열하여 체적을 증가하며 고화하므로 주형과 틀니의 형을 뜨는 데 사용된다. 기타 석고 플라스터, 석고보드 등의 공업 재료로 사용된다.

구조 단백질 (構造蛋白質, structural protein)　생체의 구조 형성을 주요한 생리작용으로 하는 단순 단백질. 경단백질, 알부미노이드라고도 한다. 물, 염류 용액, 유기 용매 등 모든 중성 용매에는 선혀 용해되지 않는다. 케라틴, 콜라겐, 엘라스틴 등이 대표적인 예이다. 식물계에는 존재하지 않고 셀룰로오스 또는 유사 물질이 이 역할을 담당하고 있다.

구조 둔감 반응 (構造鈍感反應, structure-insensitive reaction)　좁은 뜻으로는 답지 금속 촉매상에서 일어나는 반응 중에서 표면 금속원자당의 활성(전환 빈도)이 금속입경에 의존하지 않는 반응. 넓은 뜻으로는 표면 구조에 의해 반응속도가 크게 변화하지 않는 반응. 시클로헥신의 틸수소 반응이 대표적인 예로 알려져 있다. 구조 민감반응의 대응어이다.

구조 민감 반응 (構造敏感反應, structure-sensitive reaction)　좁은 뜻으로는 답지 금속

촉매상에서 일어나는 반응 중에서 표면 금속원자당의 활성(턴오버 빈도)이 금속입경에 의존하는 반응. 넓은 뜻으로는 표면구조에 의해 활성이 크게 변화하는 반응. 반응의 종류, 촉매(금속종, 운반체)에 따라 그 변화의 모습이 다른 경우가 많다. 구조 둔감반응에 대응하는 용어이다.

구조식 (構造式, constitutional formula, structural formula)　유기 화합물의 화학구조를 나타내기 위한 화학식. 분자 내의 각 원자가 각각 어느 원자와 결합하고 있는가를 도식적으로 표기하는 식. 원래는 각 원자간의 결합을 결합선으로 연결하여 화학구조를 도시한 것이지만 일반적으로는 얼핏 보아 화학구조를 알 수 있는 구조부분(치환기 등)은 간략화한 화학식이 사용된다. 초등 교과서에서는 시성식이라고 하는 식을, 고등 교과서와 논문 등에서는 구조식으로서 사용하고 있다.

구조 유전자 (構造遺傳子, structural gene)　원래의 의미는 단백질의 아미노산 배열을 결정하고 있는 유전자의 영역, 즉 개시코돈과 종지코돈 사이에 낀 DNA의 염기배열을 이른다. 근년에는 tRNA와 rRNA 등 1차 구조를 결정하고 있는 유전자의 영역도 가리킨다. 유전자에는 이 외에 조절 유전자도 있다.

구조 이성질체 (構造異性質體, constitutional isomer, structural isomer)　이성질체 중 화학구조의 차이에 의해 생성되는 이성질체. 구조식이 동일하여도 입체구조가 다르므로 입체 이성질체와 구별하기 위한 용어이다.

구조 인자 (構造因子, structure factor)　회절법의 용어. 어떤 물질계의 산란 파장을 표현하는 인자로서 F라는 기호를 사용한다. 산란강도는 I_eF^2(I_e는 1개 전자의 산란강도)이다. 구조진폭이라고도 한다. 산란체의 종류와 분포에 따라 정해진다. X선은 전자, 전자선은 물질 내의 쿠론퍼텐셜, 중성자선은 원자핵과 불쌍 전자에 의해 산란된다.

구조 점성 (構造粘性, structural viscosity)　콜로이드의 점성률이 전단응력에 의해 변화하는 경우를 말한다. 비뉴턴 점성의 일종이다. 콜로이드 입자가 약한 힘으로 그물눈구조를 이루고 있는 데 기인하므로 이 이름이 붙었

다. 전단응력이 증대하면 이 구조가 파괴되어 점성률이 저하한다.

구조 접착제 (構造接着劑, structural adhesive)　금속 등의 구조재료의 접합에 비스, 볼트, 리벳, 용접 등의 종래의 접합방법을 대신하여 사용하는 매우 강력한 접착제. 항공우주 관계에서는 폴리머알로이형이나 폴리이미드형 접착제가 사용된다. 높은 전단강도 뿐만 아니라 고도의 박리, 굽힘, 충격, 피로강도가 요구된다.

구조 진폭 (構造振幅, structure amplitude)　⇨ 구조 인자.

구타페르카 (gutta‑percha)　천연 수지의 일종. 사포타과 (*Sapotaceace*)의 주로 팔라큐움 속(*Palaquium*)의 식물에서 채취되는 *trans*-1, 4‑폴리이소프렌을 주성분으로 하는 가소성 수지. 구타퍼차라고도 한다. 천연 고무도 1, 4‑폴리이소프렌이지만 *cis*형이다. 구타페르카는 *trans*형이므로 상온에서는 탄성을 나타내지 않는다. 전기기구의 절연재, 골프공의 외피재 등에 사용된다.

구타 퍼차 (gutta percha)　⇨ 구타페르카.

구형 팽이 (球形——, spherical top)　3개의 주관성 모멘트가 같은 회전체. 구팽이라고도 한다. 예를 들면 메탄, 육플루오르화황 등의 분자가 있다.

국부 가황 (局部加黃, spot cure)　재생 타이어를 제조하는 경우 등에, 수리하는 부분만을 가황하는 것. 스폿 가황이라고도 한다.

국부 규칙도 (局部規則度, local order)　⇨ 단거리 규칙도.

국부 분석 (局部分析, local analysis)　시료의 미소한 영역을 대상으로 하여 실시하는 분광분석. 여기용의 빛이나 전자선을 가는 빔으로 조여 조사하는 따위의 분석을 지칭하는 경우가 많다.

국부 애노드 (局部——, local anode)　부식반응을 설명할 때의 국부전지 기구에서의 산화반응 부위. 예를 들면, 철이 부식할 때에는 철이 철 이온으로서 용출하는 부위를 국부 애노드라 한다.

국부 전류 (局部電流, local current)　국부전지가 형성될 때에 국부전지의 전극 간에 흐르는 전류. 전류값은 금속의 부식속도(자기방

전의 속도)와 관계가 있고, 외부회로가 없을 때는 음극반응(수소 발생 반응 혹은 산소환원 반응이 많다)과 양극반응(금속의 용해반응이 많다)의 전류값이 같은 조건에서 정해지며, 부식전류라 불린다.

국부 전지 (局部電池, local cell) 금속 혹은 합금이 전해질 용액 중에 있을 때, 금속 혹은 용액의 불균일성으로 인하여 금속 표면에 국소적으로 형성되는 일종의 전지. 수용액 중의 금속의 부식 혹은 전지의 자기방전 메커니즘을 설명할 때에 이용된다.

국부 캐소드 (局部——, local cathode) 부식에 대하여 그 메커니즘을 국부전지 메커니즘으로 설명할 때 환원반응이 일어나고 있는 부위를 이른다. H^+의 환원에 의한 수소가스의 발생과 용존 산소의 환원이 일어나는 부위를 이른다.

국부 효율 (局部效率, local efficiency) ⇨ 점효율.

국소 모드 (局所——, local mode) (1) 불완전 결정에 있어, 결합점 근방에 국소화한 격자진동을 지칭한다. (2) 다원자 분자에 있어, 어떤 신축진동의 고차 배음상태를 기술하는 경우에 기준 진동모드보다 오히려 1조가 결합하는 원자쌍(예를 들면 C−H결합)이 고립적으로 진동하고 있는 모드를 고려하는 것이 적절한 경우가 있다. 이 때 그 결합에 국소화한 진동모드를 말한다.

국소 흡착 (局所吸着, localized adsorption) 흡착분자가 흡착점간을 움직이는 데 수요되는 활성 에너지가 흡착분자의 열 에너지에 비해 클 때 흡착분자는 일정한 흡착섬에 멈춘다. 이것을 흡착이라 한다.

군 (群, group) 어떤 집단에 있어 ① 임의의 원(元)간의 결합법칙, ② 단위원의 존재, ③ 역원(逆元)의 존재 등 세 가지가 인정될 때, 그 집합 G 는 군을 형성한다고 한다. 화학에서는 분자의 형태를 점군, 결정구조를 병진군, 치환체의 열거 등을 치환군이라 하듯이, 다양한 문제에 군론이 사용된다.

군론 (群論, group theory) 문건의 형태, 개념 간의 연결, 일정한 성질을 갖춘 수의 집합 등의 각 요소가 몇 개의 수학적 변환이나 원산에 내해 나타내는 성질을 대수적으로 정리하여 표현하는 수학의 한 분야. 화학에서는 분자와 결정의 형태와 성질 간의 관련에 대하여 각각 점군(회전군도 포함한다)이나 결정족군을 사용하여, 또한 이성질체나 치환체의 열거에 관해서는 치환군 등의 이론을 사용하여 전망이 있는 이론을 전개할 수 있다.

군청 (群靑, ultramarine) 선명한 청색의 무기 안료. 카오린, 규산, 황, 소다회를 환원제(목탄 또는 석탄)와 함께 태워서 만든다. 조성은 $Na_4Al_3Si_3O_{12}S_{1～2}$(함황 알루미노규산 나트륨)가 일반적이지만 정설은 없다. 입자가 작고 붉은기가 적은 청구 군청과 입자가 어느 정도 크고 붉은기가 강한 적구 군청이 있다.

굳은 산 (—— 酸, hard acid) ⇨ 하드산.

굳은 염기 (—— 鹽基, hard base) ⇨ 하드염기.

굳힘 구이 (biscuit firing) 도자기 제조공정에서 유약을 칠하지 않은 성형품을 1차 굳힘구이 하는 것. 예를 들면, 도자기는 굳힘구이하여 완성한 소지 위에 유약을 입혀서 소성한다. 이 경우의 소성온도는 굳힘구이 온도보다 저온인 경우가 있다.

굴곡 균열 (屈曲龜裂, flex crack) 고무 시료편을 다수 반복하여 굽히면 굽힌 선단부분에 균일이 생겨 파열로 이어지는 현상이다.

굴리기 칠 (rumbling, tumbling) 원통형 용기에 소량의 도료와 피도물을 넣고 용기를 회전시키는 것으로 도료를 칠하는 방법. 핀, 구멍의 쇠고리 같은 소형 물건의 도장에 능률적이고 경제적이다.

굴절 (屈折, refraction) 빛이 매길 1에서 매질 2로 입사할 때, 일반적으로 전파속도가 변하므로 경계면에서 진행하는 방향이 변하는 현상. 빛이나 소리 등 파동 일반에서 볼 수 있는 현상으로 아지랑이나 별의 반짝임 등의 자연현상을 비롯해서 일상에서는 물그릇 속의 수저가 굽어 보이는 등 수많은 예를 관찰할 수 있다. 또 렌즈나 프리즘은 빛의 굴절을 이용하는 것으로서, 광학기계의 중요한 부분을 구성한다. 굴절이 2개의 등방성 (等方性) 매질의 경계면에서 일어날 경우 그 방향에 관하여 스넬의 법칙(굴절의 법칙이라고도 한다)이 성립된다. 결정 등의 이방성이 있는 매질에서는 굴절광의 파장면이 둘로 갈라져 복굴절이 생긴다. 방해석의 결정을 통해서 물체를 볼 때 이중으로 보이는 것은 이 때문이다. 그리고 굴절뿐만 아니라 등방성 물질에서도 어떤 방향으로 압력을 가하거나 물질을 전기장 안에 놓으면 복굴절 현상을 일으킨다.

굴절능 절편 (屈折稜切片, refractivity intercept) 20℃에서 굴절률 n_0와 밀도 d에서 구한 $n_0 - d/2$로 표현되는 수치. 액상 탄화수소에서는 이 값이 1.010 이상이고, 동족열은 같은 값을 가지며 석유의 유형분석에 이용된다. 탄화수소 이외는 1.000 이하에서 탄화수소인지 여부의 판정에 사용된다.

굴절률 (屈折率, refractive index) 매질 1 및 2에서의 빛의 속도를 v_1, v_2, 입사각을 i, 굴절률 r로 할 때 $\dfrac{v_1}{v_2} = \dfrac{\sin i}{\sin r} = n\lambda_{(1.2)}$ 가 성립되고 (스넬의 법칙), $n\lambda_{(1.2)}$를 파장 λ에서의 매질 2의 매질 1에 대한 굴절률 또는 상대 굴절률이라 한다. 매질 1이 진공인 경우, 절대 굴절률이라 한다. 절대 굴절률은 일반적으로 빛의 파장의 함수이며, 파장이 짧을수록 굴절률이 크다. 그 때문에 빛을 프리즘에 통과시켰을 때 분산 현상이 일어난다. 등방성 매질로부터 결정 등의 이방성 매질로 굴절할 경우에는 복굴절을 일으키므로 굴절률은 스넬의 법칙을 따르지 않는다. 그리고 파장이 짧아지면 오히려 굴절률이 작아지는 현상도 있다. 일반적으로 물질의 굴절률은 파장이 증가함에 따라 감소한다. 또 같은 파장이라도 온도에 따라 값이 다르며, 그 밖에 기체에서는 압력의 영향도 받는다. 따라서, 어떤 물질의 굴절률을 엄밀하게 논할 때는 이러한 조건을 지시할 필요가 있다.

굽힘성 (—— 性) (1) flexibility 고분자 사슬의 굽혀지기 쉬운 성질을 말한다. 유연성이라고도 한다. 실 감은 모양의 분자에서 막대 모양의 분자로 될수록 굽힘성은 감소하고 지속 길이가 증가한다. 분자사슬의 전 길이를 지속 길이로 나눈 값을 굽힘성의 척도로 사용할 수 있다. (2) pliability 고체가 외력을 받아 휘어지는(굽힘 변형) 성질을 말한다. 굽힘 강성률의 역수가 그 척도가 된다.

권축 섬유 (捲縮纖維, crimped staple) 섬유의 파상, 나선상 등의 주름을 권축이라 하며, 그러한 권축이 있는 섬유. 권축섬유를 원료로 하면 방적공정 중의 섬유 간의 뒤엉킴이 좋아지고 방적작용이 용이한 외에 제품에 탄성과 촉감을 주어 보온성이 있는 제품이 생산된다.

궤도(함수) (軌道(函數), orbital function) 하나의 전자운동의 공간적 확산을 나타내는 함수. 원자 주위의 운동을 나타내는 함수가 원자궤도(함수)이고, 그것을 분자로 확산한 것이 분자궤도(함수)이다.

궤도함수 대칭 (軌道函數對稱, orbital symmetry) 분자 궤도법의 용어. 분자 혹은 그 일부분의 분자궤도가 갖는 대칭성을 말한다. 각 궤도함수의 대칭요소는 하나만으로는 한정되지 않고, 어느 대칭요소에 대해서 고려하는가에 따라 대칭으로도 반대칭으로도 될 수 있으므로 주의할 필요가 있다. 우드워드－호프만 규칙(궤도 대칭성의 보존칙)은 입체 특이적인 반응의 천이상태를 고려할 경우에 중요하다.

귀금속 (貴金屬, noble metals) 보통 금, 은 및 백금족 원소(루테늄, 로듐, 팔라듐, 오스뮴, 이리듐, 백금)를 말한다. 비금속의 대응어. 산출량이 적어 값이 비싸다. 화폐·장신구·메달·공예품 등의 재료로 사용되는 값비싼 금속류를 말하는 경우와 비금속(卑金屬)에 비해 녹는점이 높고, 연신성(延伸性)이 뛰어나며, 약품에 잘 녹지 않고, 열·전기의 전도성이 높은 금속을 말하는 경우가 있다. 전자에는 금·은·팔라듐 및 백금족 원소인 백금·이리듐·오스뮴·로듐·루테늄 등이 포함되며, 이들 합금도 넓은 의미에서 귀금속류에 포함된다. 이들 귀금속은 순금속으로는 너무 물러서 장식품·고급 기구 등에 사용하기 어렵기 때문에 금에는 은·구리를 첨가하고, 은에는 구리·팔라듐을 첨가하는 경우도 있다. 흔히 사용되는 금·구리의 합금에서는 순금을 24로 하여 금의 순도를 나타내며, 캐럿이라는 뜻으로 K자를 붙여 표시한다. 18K는 금이 75%, 동이 25%라는 뜻이다. 은의 경우도 구리와의 합금이 많은데, 이 경우에는 순은을 1,000으로 하고, 995와 같이 순도를 표시하는 경우가 많다. 전기화학에서 귀금속이라고 하는 것은 이온화 경향이 크고 산에 녹아서 수소를 내는 것과 같은 금속, 즉 비금속에 비하여 일반적으로 이온화 경향이 작은 것을 말한다.

귀의 (貴——, noble) 전기화학에서 귀한 전위, 천한 전위와 같이 사용되는 용어. 귀한 것은 양의 전위, 천한 것은 음의 전위를 의미한다. 즉 귀란, 산화방향의 전위를 지칭하며 희의라고도 한다. 이 밖에 귀금속, 천금속이란 용어도 있다.

규격화 (規格化, normalization) ⇨ 정규화.

규사 (硅砂, quartz sand, silica sand) 주로 석영(SiO_2)으로 된 모래. 암석이 풍화, 퇴적하여 모래 모양으로 집적한 것. 유리, 시멘트 등의 규소산 원료로 널리 사용된다. 또 주물 모래와 연마재로도 사용된다.

규산 (硅酸, silicic acid) 좁은 의미로는 오르토규산 H_4SiO_4를 지칭하지만, 넓은 의미로는 $xSiO_2\sim yH_2O$로 표기되는, 조성이 일정하지 않은 화합물의 총칭. 이들이 단독으로 존재하는 일은 적으며 혼합체로 되어 있는 일이 많다. 즉 규산알칼리의 진한 용액에 산을 가하면 무정형(無定形)의 백색 겔상(狀) 물질이 생기는데, 이것을 흔히 규산이라 한다. 이것은 이산화규소와 물이 화합한 것이지만, 그 물의 양은 일정하지 않다. 이 규산이 응고한 것을 건조 공기 속에 방치하였다가 가열 건조시키면 점차 물을 잃으면서 500℃에서 이산화규소 SiO_2가 된다. 이 사이에 이산화규소 1몰에 대하여 일정한 몰수(數)의 물이 화합했다고 생각되는 것은 존재하지 않으므로 이 때의 규산을 일정한 화학식으로 나타내기는 곤란하다 이들 염에 비추어 보아 오르토규산 · 메타규산 등이 존재하는 것으로 생각된다. 뜨거운 물 · 알칼리에 녹고, 찬물에는 약간 녹지만 산에는 녹지 않는다. 진한 황산이나 알코올 무수물에 의하여 탈수되고, 플루오르화 수소에서는 즉시 분해된다. 수용액은 메틸렌블루에 의해서 청흑색이 된다. 천연으로 산출되는 단백석 $SiO_2 \cdot nH_2O$는 화강암의 공극(空隙)에 생기는 2차적 광물이며, 수목의 섬유와 치환되고(규화목), 온천의 침전물인 규화(硅華)로도 산출된다. 규조류(硅藻類)의 유체(遺體)로 이루어진 규조토도 이것의 일종이다. 수분을 2~10% 포함하는 인공의 규산 겔은

실리카겔이라 하는데, 흡착력이 강하여 여러 용도로 쓰인다. 광물학에서는 이산화규소를 규산이라 부르기도 한다.

규산 나트륨 (硅酸——, sodium silicate) 일반식 $Na_2O \cdot nSiO_2$로 표기되는 화합물. 보통 메타규소산염 Na_2SiO_3 및 오르토규산염 Na_4SiO_4을 지칭한다. 진한 수용액을 일반적으로 물유리라 하며, 규사와 소다회의 혼합물을 가열 융해하여 만든다. 수화물(水和物)도 있으나, 무수물은 석영과 탄산나트륨의 혼합물을 1,000℃로 가열 융해하여 고체화(固體化)시켜서 만든다. 메타규산나트륨은 물에 잘 녹으며 수용액은 가수분해하여 알칼리성이 된다.

규산 삼칼슘 (硅酸三——, tricalcium silicate) 포틀랜드 시멘트 주성분의 일종. $3CaO \cdot SiO_2$. 규산삼석회라는 속칭이 있다.

규산 알루미늄 (硅酸——, aluminium silicate) Al_2O_3와 SiO_2의 다양한 조성비로 구성된 일군의 화합물. 무라이트($3Al_2O_3 \cdot 2SiO_2\sim 2Al_2O_3 \cdot SiO_2$), 실리마나이트($Al_2SiO_5$) 등이 대표적이다. 화학적 · 열적으로 안정하므로 내화물로 사용된다. 플루오르화 알루미늄을 실리카와 수증기와 함께 1,000~1,200℃로 가열하여 합성한다. 획득되는 결정 또는 휘스커는 높은 강도가 있다.

규산염 유리 (硅酸鹽——, silicate glass) SiO_2를 주성분으로 하는 유리. 판 유리, 용기 유리, 식기 유리 등 실용 유리의 대부분을 점한다. 이것에 대해 비규산염 유리에는 붕산염 유리, 붕규산(염) 유리, 인산염 유리, 비산화물 유리 등이 있다.

규산율 (硅酸率, silica modulus) 포틀랜드 시멘트 화학조성의 특징을 표시하는 값의 일종. 클링커 소성 반응 중의 고상과 융액상의 비율을 나타내며, 조합 원료의 소성 용이성과 고온 점착성을 지배한다. $SM=SiO_2/(Al_2O_3+Fe_2O_3)$ (중량비)로 표시된다.

규산 이칼슘 (硅酸二——, dicalcium silicate) 포틀랜드 시멘트 주성분의 일종. $2CaO \cdot SiO_2$. 규산이석회라는 속칭이 있다.

규산 칼륨 (硅酸——, potassium silicate) 보통은 메타규산칼륨 K_2SiO_3(무색 결정)을 지칭한다. 공업적으로는 일반식 $K_2O \cdot nSiO_2$로

표기되는 것을 말한다. 이산화규소와 수산화칼륨을 융해하여 700~800℃로 유지하면 얻어지는 유리상(狀)의 투명한 고체이다. 녹는점은 976℃이고, 조해성이 있으며, 물에는 잘 녹지만 알코올에는 녹지 않는다. 이 밖에 이규산수소칼륨(사규산칼륨) $KHSi_2O_5$도 중요한데, 사방정계의 결정으로 400℃로 가열하면 탈수되기 시작하며, 물에는 녹지만 알코올에는 녹지 않는다. 무색의 점성 액체. 비누 배합제, 세척제, 내화 도료 등에 사용된다.

규석 벽돌 (硅石 ──, silica brick)　규석을 주원료로 하여 만들어진 이산화규소를 주성분으로 하는 내화벽돌. 열팽창률은 약 600℃까지는 크지만 그 이상에서는 거의 팽창하지 않고 안정하다. 약 1,650℃까지 열간 하중하에서의 강도는 크다. 유리 용융 가마의 천장, 전기로 뚜껑, 열풍로 등에 사용된다.

규소 (硅素, silicon)　원자번호 14의 원소. 원소기호 Si. 규소의 비교적 간단한 화합물인 산화규소 SiO_2는 부싯돌·수정(水晶) 등으로 옛날부터 알려져 있었으며, 규사(硅砂) 같은 것은 고대 이집트에서 유리 제조의 원료로 사용되기도 하였다. 1822년 스웨덴의 화학자 J. 베르셀리우스가 홀원소 물질로서 처음으로 발견하였고 플루오르화규소를 금속칼륨으로 환원시켜서 얻었다. 자연계에는 유리 상태로 산출되지 않고 산화물·규산염 등으로 존재하며 암석권의 주요 구성성분이 되어 있다. 클라크수(지각 내의 존재량)는 산소에 이어 제2위로 많아 27.6%를 차지한다. 또 벼·대나무·속새풀 등을 비롯하여 규조류(硅藻類), 동물의 깃털·발톱, 해면 등에도 함유되어 있다. 무정형(無定形)인 것은 갈색 분말이고, 결정질인 것은 어두운 청흑색의 침상(針狀) 또는 판상(板狀)으로 비뚤어진 8면체이다. 다이아몬드형 구조이다. 공기 중, 상온에서는 안정하지만 플루오르와는 반응하고, 가열하면 염소·산소·질소 등과도 반응한다. 또 탄소와는 고온에서 반응하여 탄화규소를 만든다. 왕수(王水)에 의해 서서히 산화되어 이산화규소가 되고, 플루오르화수소산과 질산의 혼합물 및 수산화알칼리 용액에는 쉽게 녹지만 그 밖의 산에는 침식되지 않는다. 가성 알칼리 수용액의 작용을 받아

수소를 발생하며 녹아서 규산염이 된다. 금속나트륨과 할로겐화알킬을 작용시키면 유기규소 화합물이 생긴다. 규소는 반도체로 많이 사용되었으며 반도체 관련 분야에서는 영어명 silicon으로 부르는 경우가 많다.

규소텅스텐산 (硅素 ── 酸, silicotungstic acid)　⇨ 텅스트규산.

규소플루오르화물 (硅素 ── 化物, silicofluoride)　헥사플루오르규산염 $M_2^ISiF_6$의 속칭이다.

규소플루오르화소다 (硅素 ── 化 ──, sodium silicofluoride)　헥사플루오르규산나트륨 Na_2SiF_6의 속칭이다.

규소플루오르화 수소산 (硅素 ── 化水素酸, hydrosilicofluoric acid)　헥사플루오르규산 H_2SiF_6의 속칭이다.

규조토 (硅藻土, diatomaceous earth, diatom earth, Kieselguhr(독일어))　규조의 유해로 된 규산질의 퇴적물. 보통은 여기에 점토, 화산재, 유기물 등이 혼재하고 있다. 세계적인 산지는 미국의 캘리포니아·오리건 등이며, 그 다음이 독일·프랑스이다. 흡착제, 여과재, 보온재, 연마재 등에 사용된다. 또 고체 촉매의 운반체로 사용되는 경우도 있다.

규칙성 교대배열 (規則性交代配列, syndiotactic)　폴리머의 주사슬에 입체 이성질체 자리가 있는 경우, 이웃질하는 2개의 반복 단위 입체 배치가 서로 거울상 이성질체의 관계에 있다는 것을 이르는 형용사. 비닐모노머 중합체 $-[CH_2CHX]_n-$의 경우, 주사슬을 평면 지그재그 구조로 전개하면 규칙성 교대배열 폴리머에서는 치환기 X가 그 평면 양쪽에 교대로 존재한다. ⇨ 혼성배열, 동일배열.

규칙성 폴리머 (規則性 ──, regular polymer)　한 종류의 구성 반복단위가 같은 방향으로 연결하여 생긴 폴리머. 단일 모노머에서 얻게 되는 호모 폴리머에서도 머리─머리, 꼬리─꼬리 결합이 많은 것과, 1,4- 및 1,2-부가 중합이 혼합된 폴리부타디엔 등은 규칙성 폴리머가 아니다. 한편, 2종의 모노머에서 얻게 되어도 예를 들면 폴리(텔레프탈산 에틸렌) 등은 규칙성 폴리머이다.

규화물 (硅化物, silicide)　규소와 규소보다 전

기적으로 양성인 원소, 즉 많은 금속원소와의 화합물의 총칭. 일반적으로 금속간 화합물의 성질이 있고 많은 금속 광택이 있는 은백색 내지 회색의 결정. 매우 견고하고 고융점에서 화학적으로 불활성인 것이 많다.

균류(菌類, fungi) 넓은 뜻으로는 세균류 등도 포함한 엽록소가 없는 하등식물을 지칭한다. 좁은 의미로는 변형균류와 진균류만을 가르킨다. 고등식물처럼 광합성을 하여 스스로 양분을 만들지 못하므로 다른 생물체나 유기물에 붙어서 기생생활 또는 부생생활(腐生生活)을 한다. 균류는 몇 종류를 제외하고는 영양체가 균사(菌絲)로 되어 있고, 유성 또는 무성적으로 포자를 만들어 번식한다. 세포막은 대부분의 경우 키틴질 또는 셀룰로오스로 되어 있다. 운동성이 있는 것은 특수한 기관이 있다. 균류는 유기물이 있으면 어느 곳에서나 생활할 수 있으며, 여러 가지 균류는 각기 알맞은 환경에서 그 특성에 맞는 생활을 영위한다. 수서적인 균의 많은 것은 운동성의 포자 중 유주자를 만든다. 그러나 최근에 수중, 특히 해수 중의 균류 연구가 발전되어 해수 중에도 많은 자낭균류가 서식하고 있음이 밝혀졌다. 그 밖에 이미 알려진 균류의 대부분은 육생적이다. 이들 포자는 운동성이 없으므로 바람에 의해서 전파(傳播)된다. 또 곤충의 몸에 부착되며, 동물의 소화관을 통하여 전파되는 것도 있다. 균류는 단시간에 방대한 수에 이르는 포자를 형성하는데, 포자는 공중·수중·땅 속 등 어느 곳에나 부착한다. 그리하여 환경조건이 알맞으면 발아하여 균사를 뻗어 정착한다. 균류의 대부분은 생물의 사체 또는 유기물에 붙어 부생적 생활을 하지만 그 중에는 생체에 기생하여 기주가 되는 생물에 전염병을 일으키는 것도 있다. 부생은 사체의 분해작용이고 기생은 생체의 분해작용이라 할 수 있다. 기주가 되는 생물은 동식물이나 균류 등 모든 생물에 걸치지만 동물의 전염 병균에는 세균류가 많은 데 대해 식물의 병원균은 곰팡이류가 많은 것이 특징이다. 병원균은 기주성 또는 영양법에 따라서 활물 기생균·조건적 기생균 등으로 나누어진다 활물 기생균은 기주의 생활세포에서 영양을 섭취하는 것으로, 식물에 기

생하는 녹병균이 대표적이다. 이들 균은 인공배양이 되지 않는다. 조건적 기생균은 기주의 세포를 죽이고 병을 일으키며 균은 부생적으로 죽은 기주세포에서 죽임으로써 영양을 취할 수가 있기 때문에 기주에 주어지는 피해는 매우 크다. 부생이나 기생 외에 식물의 뿌리에 균근을 만드는 균류나 난(蘭)의 뿌리에 균근을 만드는 균 등과 같이, 식물과 일체되어 공생생활을 하는 것도 있다.

균사(菌絲, hypha) 사상균(곰팡이) 영양세포. 영양적 기능이나 생리적 기능 같은 기능 분화도 볼 수 있다. 형태적으로는 격벽의 유무가 분류에 사용되고 있다. 포자의 발아관(發芽管)에서 발육하여 선단생장(先端生長)에 의해서 신장한다. 분지한 균사의 집단을 균사체(mycelium)라고 한다. 생리적 기능에 따라 배지(培地)나 기주의 표면 또는 내부에 들어가면서 신장하는 기저(基底)균사와 공기 중에서 신장하는 기생(寄生)균사로 구별된다. 기생균사는 영양을 기저균사로부터의 이송에 의존하고 있으며, 그 일부는 포자 형성기관 등으로 분화한다. 유기물이 있고 적당한 습도와 온도 등 환경조건이 양호하면 여러 가지 균사조직을 형성한다. 자낭균류의 균사의 격막은 단순하지만 담자균류에서는 꺾쇠연결을 형성하는 것을 많이 볼 수 있다. 곰팡이류에서는 여러 갈래로 분지하여 실처럼 엉겨 있고, 버섯류에서는 집합하여 자실체(子實體)를 만든다. 엽록소가 없어 광합성을 하지 못하고 기주생물(寄主生物)에 붙어서 영양분을 흡수한다. 버섯인 담자균류의 경우, 포자에서 발아한 균사는 핵을 1개 가지고, 이것이 다른 균사와 융합하면 1개의 세포에 핵을 2개 가지게 된다. 핵을 1개 가진 균사를 1차 균사, 핵을 2개 가진 균사를 2차 균사라고 한다. 균사의 세포벽은 일반적으로 키틴(chitin) 또는 헤미셀룰로오스(hemicellulose)가 주성분이며 이 둘을 합한 경우도 있다.

균사체(菌絲體, mycelium) 균사가 분지하여 형성된 균사의 집합체를 말한다.

균염성 산성 염료(均染性酸性染料, levelling acid dye) 산성 염료 중 균염이 되기 쉬운 염료. 불균싱 염료(산성 닐링염료)에 비하여 분자량이 작고 수용성이 높지만 세탁 견뢰

도는 낮다. 염색은 강산성(황산이나 포름산에 의한다)으로 한다.

균일 (均一, homogeneous)　시강성 변수에 불연속적인 변화가 없는 경우나 계 전체가 같은 시강성 변수를 갖는 경우뿐만 아니라 연속적으로 변화하는 경우도 균일이라 한다.

균일계 (homogeneous system)　단일한 상으로 이루어져 있는 계. 계 내에서 시강성 변수가 불연속적으로 변화하는 부분은 없다.

균일(계) 중합 (均一(系)重合, homogeneous polymerization)　불균일(계) 중합의 대응어. ⇨ 불균일(계) 중합.

균일(계) 촉매 (均一(系)觸媒, homogenous catalyst)　⇨ 촉매.

균일분해(작용) (均一分解(作用), homolysis)　공유결합이 끊어지는 경우에 결합을 구성하고 있는 1쌍의 전자가 1개씩 분리되는 유형의 반응. 따라서 생성물은 쌍을 짓지 않는 전자를 갖는 2개의 원자 혹은 유리기이다. 예를 들면 $H_2 \rightarrow H \cdot + H \cdot$ 호모리시스에 대해 헤테로리시스에서는 1쌍의 전자가 쌍을 이룬 채 한쪽 생성물쪽에 옮겨가 생성물은 양 및 음의 전자를 갖는 이온이 된다.

균일용액　침전 (均一溶液沈澱, homogeneous precipitation)　반응용액 중에서 서서히 생성된 균질적인 침전. 균일 침전이라고도 한다. 침전제를 가하여 침전시키거나 급격히 침전을 생성시키거나 하면 침전에 불순물이 혼합하기 쉽다. 그러므로 예를 들면 가수분해 등을 이용하여 서서히 반응시켜 침전을 균일하게 하도록 하고 있다.

균일　전착성 (均一電着性, throwing power)　도금 등의 금속 전석, 전착시에 생성되는 상의 두께의 균일성. 바탕재의 형상(요철)에 관계없이 균일한 막이 형성될 때 균일 전착성이 양호하다고 한다. 전착시 전류분포의 균일성이 크게 영향을 미치며, 전해액의 도전율, 음극 분극의 크기가 문제가 된다.

균일　침전법 (均一沈澱法, precipitation from homogeneous solution)　침전이 생성될 때, 용액에 외부로부터 침전제를 가하는 일 없이, 가수분해 등의 용액반응을 통하여 서서히 침전제나 OH^- 이온을 방출시켜 침전을 이루게 하는 방법이다.

균일화기 (均一化器, homogenizer)　유기물과 무기물, 동물의 세포, 식물 등 물질의 파쇄, 분산, 유화 등을 하는 기기. 고정한 바깥이 고속 회전하는 안쪽 이에 의해 압력 변동이 생겨 시료가 전달된다.

균주 (菌株, strain)　미생물이나 세포 등을 분리해서 특정한 배지를 사용하여 순수 배양하고, 계속 심어서 계대배양할 때, 그 계통을 균주 혹은 주라 한다.

균질 (均質, homogeneity)　⇨ 균일.

균질화 (均質化, homoginization)　불균질한 혼합물의 각 성분을 미세한 입자상 혹은 분자상으로까지 분산시켜 전체를 균질하게 하는 것. 기계적 분산과 초음파 분산 등의 물리적 방법 외에 계면 활성제를 가하여 유화 분산하는 방법도 있다. 분자 분산까지 하지 않고 외견상 균질하게 하는 것을 지칭하는 경우도 있다.

균체내 독소 (菌體內毒素, endotoxin)　병원균의 균체 내에 함유되는 독소로서, 균체외독소처럼 균체 밖으로 분비되지 않는 것. 따라서 배양로액 중에 존재하지 않는다. 일반적으로 강한 독력은 없고 균의 사멸 후에 방출된다.

균체내 효소 (菌體內酵素, endoenzyme)　미생물의 세포 내에 존재하며, 세포 밖으로 분비되는 일이 없는 효소. 미생물이 생산하는 효소 중에는 균체외 효소도 있으나 그 대부분은 균체 내에 머문다.

균체외 독소 (菌體外毒素, exotoxin)　세균이 균체 밖으로 분비하는 독성이 있는 단백질. 균체를 파괴함이 없이 배양액에서 얻을 수 있다. 디프테리아균·파상풍균·보툴리누스균·가스 괴저균군(壞疽菌群 : 웰치균 등)이 증식할 때 대사 산물로 생산된다. 포도상 구균·연쇄상 구균·이질균·백일해균·페스트균 등의 일부도 이와 유사한 독소를 생산하는 경우가 있다. 세균의 종류에 따라 각각 독특한 독작용을 가지고 있고, 독소에 의해 나타나는 증세도 각각 다르다. 모두 단백질성으로 보통 60℃에서 30분간, 또는 100℃에서 5분간 가열하면 변성하여 독성을 잃는다. 특소이드화하기 쉽고, 포르말린을 가하면 쉽게 독성을 상실하지만 항독소를 생산하는 능력은 남아 있다. 균체내 독소의 대응어이다.

균체외 효소(菌體外酵素, exoenzyme)　미생물이 생산하는 효소 중, 세포 밖에 분비되는 효소. 이 종류의 효소에는 아밀라아제, 프로테아제 등의 가수분해 효소가 많다.

그라비어 나염(—— 捺染, gravure printing)　그라비어 인쇄로 직물상에 나염하는 것. 안료수지 나염에 주로 사용된다.

그라비어 인쇄(—— 印刷, gravure)　사진 제판한 요판을 사용하는 인쇄법. 사진 요판을 보통 그라비어라 부른다. 판면 화상의 요점(잉크 셀)에 인쇄잉크를 채우고 비화상부분의 인쇄잉크를 닥터라고 부르는 연강판의 칼로 깎아내면서 인쇄한다. 잉크셀 요점의 구분은 $1/5 \sim 1/10 \, \mathrm{mm}^2$, 화상의 농담에 따른 심천차(深淺差)는 $2/1{,}000 \sim 35/1{,}000 \, \mathrm{mm}$ 이다. 화상의 단계별 표현이 풍부하고 잉크가 용제성이므로 셀로판, 폴리에틸렌 등의 인쇄에도 적합하다.

그라운더(grounder)　나프톨 염료의 커플링 성분. 3-히드록시-2-나프토에산 아닐리드가 위주이지만 아세토아세트산 아닐리드도 사용된다. 구조에 상관없이 나프톨 AS류라고도 한다.

그람 양성균(—— 陽性菌, Gram-positive bacteria)　⇨ 그람 염색.

그람 염색(—— 染色, Gram's stain)　세균의 분류, 동정상의 중요한 염색법. 세균 세포벽 구조의 차이에 의한다고 여겨지고 있다. 세균을 크리스탈 바이올렛액과 옥살산암모늄액의 혼합액으로 염색한 후, 요오드화칼륨-요오드 액으로 처리하여 에틸알코올로 탈색하고 이어서 사프라닌 액으로 염색한다. 이 때 에탄올 용액으로 탈색되고 사프라닌 액으로 적색으로 염색되는 세균을 그람 음성균(고초균 등), 탈색 저항성을 보이며, 사프라닌 액으로 보라색으로 염색되는 세균을 그람 양성균(대장균 등)이라 한다.

그람 음성균(—— 陰性菌, Gram-negative bacteria)　⇨ 그람 염색.

그래스호프 수(—— 數, Grashof number)　자연대류 전열에서, 속도장 및 온도장에 대한 부력의 영향을 나타내는 무차원 수. G_r로 표기되며, 다음 식으로 정의된다. $G_r = g\rho^2 \beta \Delta t L/\mu^2$ 여기서 g는 중력 가속도, ρ는 밀도, β는 체 팽창계수, Δt 는 온도차, L 는 대표 길이, μ 는 점도이다. 또한 자연대류 전열에서 넛셀수는 그래스호프수와 플란톨수의 함수로서 상관된다.

그래파이트 그리스(graphite grease)　칼슘 비누 또는 나트륨 비누를 기저로 하는 그리스에 그래파이트(흑연)를 $0.5 \sim 10\,\%$ 혼화한 그리스. 그래파이트는 금속 마찰면에 부착하여 층을 이루고, 이것이 기름을 흡착하여 강한 유막을 형성하므로 고온 고하중의 미끄럼축받이와 톱니바퀴의 윤활에 사용된다. 흑연그리스라고도 한다.

그래파이트 전극(—— 電極, graphite electrode)　⇨ 흑연 전극.

그래파이트 층간 화합물(—— 層間化合物, intercalation compound of graphite)　⇨ 그래파이트 화합물.

그래파이트 화합물(—— 化合物, graphite compound)　그래파이트(흑연)의 성층 구조 사이에 각종의 이온과 분자가 들어 있는 화합물. 그 중의 하나는 흑연 화합물, 흑연 플루오르화물 등이며, 탄소가 산소나 플루오르와 결합하여 흑연의 전도성을 상실한 것이다. 또 하나로는 흑연의 평면 층 사이에 원자 혹은 이온, 분자 등이 들어 있어 전도성을 유지하고 있는 것으로, 이러한 것은 그래파이트 층간 화합물이라 한다.

그래프트 혼성 중합체(—— 混成重合體, graft copolymer)　주사슬과는 다른 블록이 곁사슬로서 주사슬에 결합하여 있는 폴리머를 그래프트 중합체라 하고, 그 중 2종 이상의 난냥제로 형성되어 있는 것을 그래프트 혼성 중합체라 한다. 예를 들면 1, 4-폴리부타디엔의 주사슬에 1, 2-폴리부타디엔의 곁사슬이 붙은 폴리머는 그래프트 중합체이지만 그래프트 혼성 중합체는 아니다.

그램 당량(—— 當量, gram equivalent)　원소(단체) 또는 화합물의 화학 당량을 그램 단위로 나타낸 양. 예를 들면 수소의 그램 당량은 $1.008\,\mathrm{g}$이다. 그러나 옛날 용어이며 혼란의 원인이 되므로 현재는 사용하지 않는다.

그램 분자량(—— 分子量, gram molecule)　몰 질량에 대한 옛 용어이다.

그램 화학식량(—— 化學式量, gram formula

weight) 식량의 수치를 그램의 단위로 나타낸 물질의 양. 예를 들면 NaCl의 그램 화학식량은 58.5 g이다. 그러나 옛날 용어로, 혼란의 원인이 되므로 현재는 사용하지 않는다.

그레이디언트 용리 (—— 熔離, gradient elution) ⇨ 기울기 용리.

그레이 스케일 (gray scale) 변색이나 퇴색의 정도를 시각적 방법으로 판단할 때에 사용되는 판단 기준. 규정된 색깔의 차이가 있는 회색 색표의 쌍을 조합하여 구성한 단계적인 스케일로서, 염색 견뢰도 판정용의 것에 변퇴색용과 오염용이 있다. 각 스케일은 5단계(또는 9단계)의 등비급수적 색차 대조가 있으며, 5~1급의 염색 견뢰도를 판정할 수 있다.

그레인 (grain) 피혁의 표면. 동물 피부조직에서 제혁공정을 거쳐 털 및 표피를 제거한 진피의 표면으로, 콜라겐의 미세한 섬유로 이루어진다. 털구멍의 크기, 형상, 배열 방법, 털구멍 간의 형상 등은 동물의 종류에 따라 특징이 있으며 그레인의 성상은 가죽의 상품 가치와 밀접한 관련이 있다.

그레인 가죽 (full grain leather) 동물 가죽의 원래의 그레인을 살려 마무리한 가죽. 일반적으로 엷은 가죽에 많이 사용되며, 유리 속에서 건조한 가죽이나 세무 등의 의미로 사용된다. 대표적인 것으로 박스 마무리한 송아지 가죽을 들 수 있다.

그레인 패턴 (grain pattern) 가죽의 외관적 품질의 일종. 천연 가죽 본래의 그레인상태(모양)로, 동물의 종류에 따라 특징이 있으나, 제혁공정에 따라서도 영향을 받는다. 관능검사에서는 모공이 크게 개공하고 그레인의 융기가 클 경우에는 그레인 패턴이 거칠다 하고, 모공의 개공이 작을 때 그레인 패턴이 섬세한 것으로 평가된다.

그로트리안 도 (—— 圖, Grotrian diagram) 원자 또는 이온의 에너지 준위 및 이러한 준위간의 천이와 그 때의 발광(또는 흡수) 파장 등을 표시한 그림이다.

그리냐르 시약 (—— 試藥, Grignard reagent) 유기 할로겐화물의 에테르 용액에 금속 마그네슘을 반응시켜 획득되는 유기 마그네슘 화합물 RMgX(R은 지방족 또는 방향족 탄화수소기, X는 할로겐)의 에테르 용액. R이 음이온이 되는 친핵성 시약으로서 유기화합에 이용된다. 1900년 프랑스의 화학자 F. A. V. 그리냐르가 발견하였기 때문에 그의 이름을 따서 그리냐르 시약이라 하게 되었다. 그 구조에 대해서는 현재 명확한 결론을 얻지 못하고 있으나, 고체인 경우는 2분자의 에테르가 마그네슘에 배위(配位)되어 있다고 한다. 반응성이 풍부하여 많은 유기 화합물이나 물·이산화탄소 등과는 온화한 조건 하에서도 반응하여 일정한 생성물을 만들므로 유기합성화학의 관점에서 매우 중요하다.

그리드 전극 (—— 電極, grid electrode) 망상(보통 50~500 메슈)의 형상을 한 전극. 미니 그리드 전극이라고도 하며, 금이나 백금 등의 재료가 일반적이다. 박층형 셀에 도입하여 전해 도중의 용액 중에 있는 화학종을 흡광도 측정 등에 의해 그 장(*in situ*)에서 관측하는 데 이용한다.

그리스 (grease) 넓은 의미로는 반고체 또는 고체상의 성정이 높은 물질의 총칭. 좁은 의미로는 액체 윤활유와 증점제(增粘劑)로 된 반고체 또는 고체상 윤활제. 기능적으로 내수성, 내열성, 혼성형, 만능형 등의 구별이 있다. 증점제로서는 칼슘, 알루미늄, 소다, 납, 리튬, 바륨, 스트론튬 등의 고급 지방산염(비누)이나 실리카겔, 벤톤(벤토나이트를 계면 활성제로 처리하여 친유성으로 한 것) 등이 사용된다.

그린 렌즈 (GRIN lens) 소정의 굴절률 기울기가 있고 렌즈작용이 있는 유리. GRIN은 gradient index lens의 약어. 굴절률 기울기는 확산에 의한 유리의 이온교환, 혹은 졸-겔법으로 얻어진 다공질 겔의 이온교환으로 만들어진다. 복사기의 렌즈어레이 등에 이용되어, 그 소형화에도 기여한다.

그을음 (soot) 탄소 등을 함유하는 가스 또는 기름을 불완전 연소 또는 열분해하였을 때에 생기는 기상에서 생성된 흑색의 미분말. 기본적으로는 탄소로 구성된다. 연료가 연소할 때 공기가 충분하고 잘 혼합되어 있으며, 또한 어느 정도 이상의 온도가 되면 그을음은 그다지 발생하지 않는다. 또 발생한 그을음도 원래는 탄소이므로 고온에서 산소가 있으면 연소하지만 일반적인 연소상태에서는 연소나 가스화가 방해 받는 일이 많다. 그을음이 잘 발생되는 연료로는 보통 탄소의 수가 많은 분자로 이루어지는 물질, 특히 파라핀계(系) 탄화수소로부터 방향족 탄화수소 또는 그 유도체가 많다. 그을음의 생성은 연소와 가스화의 방해가 되나 그을음상 탄소의 일종인 카본블랙은 고무의 보강제를 비롯하여 다량으로 사용된다.

그이 챕맨 층 (—— 層, Gouy-Chapmann layer) ⇨ 확산 이중층.

극성 (極性, polarity) 화학결합에서 전자분포가 어느 한쪽 원자에 기울어 있는 것. 이극(異極)결합은 모두 극성이 있다. 또한 분자 전체로서 쌍극자 모멘트가 있는 분자에는 극성이 있다고 한다. 메탄이나 이산화탄소는 극성의 결합이 있으나 분자 전체적으로는 상쇄되는 결과 극성분자가 되지 않는다.

극성기 (極性基, polar group) 유기 화합물의 부분구조 중, 형식전하가 있는 원자, 탄소와 결합하면 전기 음성도의 차이에 따라 분극이 생기는 원자, 또는 극성 결합을 포함한 원자단을 말한다. 할로겐, 니트로기, 메톡실기 등이 대표적인 예이다.

극성 분자 (極性分子, polar molecule) ⇨ 극성 화합물.

극성 용매 (極性溶媒, polar solvent) 유극성의 분자로 된 용매. 높은 전도율이 있고 전해질 및 무극성 용매에 녹지 않는 물질을 잘 녹인다. 유전율은 무극성 용액에 비하여 일반적으로 훨씬 크고, 용질의 음·양 전하간의 쿨롱 인력은 작다. 용질과의 상호작용이 강하고 용매화 에너지는 크기 때문에 용질회되기 쉽다. 용질의 흡수 스펙트럼은 무극성 용매에서는 기체상의 그것에 가깝지만 극성용매 중에서는 흡수 극대(吸收極大)의 위치 등에 영향을 준다. 예를 들면 물, 에탄올, 아세트산, 아세톤, N, N-디메틸포름아미드, N, N-디메틸아세트아미드 등이 있다.

극성 화합물 (極性化合物, polar compound) 분자 내에 형식전하 혹은 쌍극자가 있는 화합물. 분자 내에 이온결합이 있거나 또는 전기 음성도가 다른 원자 간의 공유결합(극성 결합)이 존재하는 경우가 있으며, 극성분자라고도 한다. 사염화탄소와 같이 극성결합에 의한 쌍극자가 서로 상쇄되어 분자로서

의 쌍극자 모멘트를 제시하지 않는 것도 극성화합물이라 했던 때가 있었다.

극성 효과 (極性效果, polar effect) 극성분자 내의 극성기에 기인하는 전자분포의 기울기에 의해 그 화합물의 물성, 구조, 반응성이 정전적으로 영향을 받는 것. σ 결합을 통해 전달될 때는 유발 효과라고 불리며, π전자계에서는 일렉트로메리 효과가 관여한다. 공간을 통할 때는 필드 효과(F 효과)라 한다. 유기 반응론에서는 반응성을 지배하는 중요한 인자이다.

극압 그리스 (極壓 ——, extreme-pressure grease) 고하중이 걸리는 베어링, 축받이의 윤활에 사용되는 그리스. 실린더유급의 고점도유에 납비누 혹은 염소와 황계의 극압 첨가제를 배합한 것을 말한다.

극압 윤활유 (極壓潤滑油, extreme-pressure lublicating oil) 기계의 마찰면에 특히 큰 압력이 걸려, 미끄럼 마찰에 의해 발열이 커지고 유막이 파괴되기 쉬운 윤활상태에 대응하기 위해, 극압 첨가제를 첨가한 윤활유를 말한다.

극압 첨가제 (極壓添加劑, extreme-pressure additive) 극압 윤활 조건하(⇨ 극압 윤활유)에서 사용되는 윤활유와 그리스에 마찰력을 저감하기 위한 목적으로 가해지는 첨가제. 염소, 황, 인의 화합물이나 납비누가 사용된다. 사용시에 금속 표면의 미세 구조부와 반응하여 용융성의 염을 생성하며, 그것이 윤활제로서 작용한다고 여겨지고 있다.

극자외선 (極紫外線, extreme ultraviolet) ⇨ 진공 자외선.

극저온 (極低溫, very low temperature) 엄밀한 정의는 없으나 액체 헬륨의 끓는점(4K)에서 그 감압 비등이나 ^{3}He · ^{4}He 희석 냉동을 이용하여 도달할 수 있는 0.01K를 가리킨다. 그 이하의 온도를 초저온이라 한다. 1908년에 네덜란드의 카메를링 오네스 연구소에서 헬륨 액화에 성공한 이래, 그 연구소의 W. H. 케솜을 비롯해서, 소련의 P. L. 카피차, 미국의 E. F. 버튼 등의 연구가 유명하며, 특히 제2차 세계대전 후 미국에서 활발히 연구되고 있다. 극저온의 물질에서는 상온에서는 전혀 볼 수 없는 현상이 일어나

고 있는데, 이 현상은 물성론상($物性論上$) 중요한 의미를 지니고 있다. 즉, 물질을 구성하는 원자의 열운동이 거의 없어지고 열운동에 의해서 가려져 있던 양자효과가 거시적 물성현상으로서 관측된다. 특히 액체 헬륨의 초유동($超流動$)과 금속이나 화합물의 초전도($超傳導$) 현상은 그 대상이 전혀 상이함에도 불구하고 유사점이 많고, 양자효과가 다같이 두드러지게 크다. 다만, 전자($電子$)는 페르미-디랙통계에 따르나 헬륨은 보스-아인슈타인통계에 따르는 경우가 많다. 이들 현상은 발견된 지 수십 년이 지났으나 실험의 어려움과 이론의 난해성 때문에 그 본질은 아직도 해명되지 않았다. 극저온 물질의 비열($比熱$)과 자기적 성질을 규명하는 일과 함께, 장차 물성론의 중심적 과제이다.

극한 구조식 ($極限構造式$, canonical formula) ⇨ 한계 구조식.

극한 점도 ($極限粘度$, limiting viscosity) ⇨ 고유 점도.

극한 점도수 ($極限粘度數$, limiting viscosity number) ⇨ 고유 점도.

근류 ($根瘤$, root module) 콩과 식물의 뿌리에 형성되는 혹모양의 기관. 근류에는 *Rhizobium* 속의 호기성 그람 음성세균이 공생형 박테로이드가 되어 생육하며, 현저한 공중 질소고정 활동을 한다. 일부 근류균은 생육조건에 따라 단독으로도 질소고정 활성을 보이며, 질소고정 유전자의 존재도 증명되었다.

근자외선 ($近紫外線$, near-ultraviolet) 가시광의 단파장단 400~360 nm보다 단파장의 빛으로, 300 nm까지의 파장영역. 이것에 비해 100~200 nm의 영역을 원자외선이라 한다.

근적외선 ($近赤外線$, near-infrared) 가시광의 장파장단 0.76~0.83 μm보다 장파장의 빛으로, 2.5 μm까지의 파장영역을 말한다.

글라스 울 (glass wool) 노즐에서 유출하는 고온의 융해 무기물질을 원심력 혹은 고속 수증기 등으로 비산시켜 솜상태로 한 유리. 유리솜이라고도 한다. 압축하거나 혹은 수지로 결합하여 성형하고 보온재, 방음재 등에 이용한다.

글라스 이오노머 시멘트 (glass ionomer cement) 차광용 재료. 아크릴산을 주성분으로 하는 공중합체 수용액과 규산알루미늄 미분말로 되며, 사용시에 양자를 혼합하여 이온으로 가교 경화시킨다.

글라우버 염 (—— $鹽$, Glauber's salt) 황산나트륨 10수화물 $Na_2SO_4 \cdot 10H_2O$의 속칭. 무수염을 무수 글라우버 염, 10수화물을 결정 글라우버 염이라 하며 구별하였으나 최근에는 무수염을 글라우버 염이라 부르는 일이 많다. 무수물은 무색 결정으로 분자량 142.02, 비중 2.698이다. 100 g의 물에는 0℃에서 5 g, 100℃에서 42 g 녹으며, 알코올에는 녹지 않는다. 습한 공기 중에 방치하면 수분을 흡수하여 10수화물로 변한다. 10수화물은 비중 1.464이다. 건조한 공기 중에서는 풍해하여 무수물이 된다. 32.4℃로 가열하면 결정수에 녹아서 융해하고, 100℃로 가열하면 무수물이 된다. 100 g의 물에 15℃에서 36 g, 34℃에서 412 g 녹으며, 무수물과 마찬가지로 알코올에는 녹지 않는다. 7수화물 $Na_2SO_4 \cdot 7H_2O$는 과포화 상태의 용액을 5℃ 이하로 냉각하거나 알코올을 가하면 얻는다. 비교적 안정한 무색의 결정으로 100 g의 물에 0℃에서 44.9 g, 26℃에서 202.6 g 녹는다. 10수화물은 망초($芒硝$)·글라우버 염($鹽$) 등으로도 부른다. 황산나트륨은 천연으로는 무수물이 서부 아메리카·캐나다·중앙아시아·시베리아·북아프리카 등의 건조지대에서 널리 볼 수 있는 데나다이트($芒硝石$)로 산출된다. 실험실 등에서는 식염·수산화나트륨(가성소다)·탄산나트륨 등과 황산을 반응시켜 얻는데, 건조 방법에 따라서 수화물 및 무수물로 된다. 공업적으로는 비스코스 인견($人絹$) 제조 때에 사용되는 방사욕($紡絲浴$: 성분은 황산·황산아연·황산나트륨) 속의 황산나트륨을 4~7℃로 냉각하여 결정을 석출시키고 분리·탈수하여 제품화한다. 이렇게 얻은 것을 인견 결정망초($人絹結晶芒硝$)라고 한다. 순도는 93~95 %이다. 무수물은 유리나 황화나트륨의 제조, 10수화물은 냉각제나 의약품으로 하제($下劑$)에 사용된다.

글레이징 (glazing) 초벌구이 도자기의 표면에 유약을 칠하거나 혹은 쇠판에 법랑을 칠하는 것 등을 말한다.

글로 방전 (―― 放電, glow discharge)　냉음극 방전관에서 기압 10^3 Pa 이하, 전류밀도 0.1Am^{-2} 이하의 조건에서 발광을 수반하는 정상적인 방전. 음극 부근은 전자와 이온의 플라스마로서 양광주를 형성한다. 음극에서는 주로 2차 전자만이 방출되고, 음극 부근의 음극 암부에 이온의 공간전하에 의한 큰 전위차(음극강하)가 생긴다. 양극간 전위차는 거의 음극강하에서 차지하며, 전자와 이온은 이 부근에서 강하게 가속된다. 글로 방전의 전형적인 것은, 진공방전에서 볼 수 있다. 음극 암부의 끝에는 음글로, 음극면의 바로 옆에는 음극광이 나타나지만 전류가 적게 흐르는 동안은 이 발광은 음극의 일부만을 덮고 면적은 전류에 비례하며 기체의 종류와 전극재료가 일정하면 음극강하는 일정하다. 이런 경우를 정상 글로 방전이라 한다. 발광이 음극 전면을 덮게 되면 전류밀도의 증대와 함께 음극강하가 증가한다. 이러한 경우를 이상 글로 방전이라 한다. 또 전류밀도가 증가하면 음극에서 열전자 방출이 일어나게 되어 아크방전으로 옮겨진다.

글로불린 (globulin)　물에 녹지 않고 묽은 알칼리성 또는 중성의 염류 용액에 녹는 단순 단백질 일군의 총칭. 알부민과 함께 동식물에 널리 존재한다. 글로불린이 황산암모늄 반포화 수용액에서 침전하는 데 비해 알부민은 침전하지 않는다. 혈청글로불린(항체 등), 오보글로불린, 락토글로불린 등 외에 식물성 글로불린이 있다.

글루시톨 (glucitol)　소르비톨의 체계적 명칭이다.

글루카곤 (glucagon)　췌장에서 분비되는 혈당 상승성의 폴리펩티드 호르몬. 인슐린과는 반대로 혈당량을 증가시키는 작용을 한다. 1953년 분별 침전에 의해서 결정화되었다. N말단 히스티딘에서 시작하여 C말단 트레오닌에서 끝나는 29개의 아미노산 잔기로 구성되는 단일 사슬 펩티드이다. 분자 내에 S−S결합을 가지지 않는 점에서도 인슐린과는 전혀 다르다. 이 구조는 최근 화학합성에 의해서도 확인되었다. 글루카곤 작용의 초기 과정은 표적 세포(標的細胞)에 있는 수용기와 특이하게 결합하여 아데닐산사이클라아세를 활성화한다. 저혈당시에 췌장의 랑게르한스섬도 A세포에서 분비되어 글리코겐 분해를 촉진한다.

글루카르 산 (―― 酸, glucaric acid)　D-글루코오스의 알데히드기와 제1급 알코올가 카르복시기에 산화된 디카르복시산. 당산이란 속칭으로 불리었던 일이 있다. 녹말의 질산에 의한 산화로 얻게 된다.

글루칸 (glucan)　가수분해에 의해 D-글루코오스만을 생성하는 다당의 총칭. 미생물, 식물, 식물계에 널리 분포한다. 아밀로오스, 아밀로펙틴, 셀룰로오스, 덱스트린, 니켈란, 프루란, 라미나란, 리케난, 효모글루칸, 카이드란, 글리코겐 등이 있다.

글루코사민 (glucosamine)　아미노당의 일종. D-글루코오스의 알데히드기에 인접한 위치에 있는 OH기가 NH$_2$기로 치환된 화합물. 곤충류와 갑각류의 외골격을 구성하는 키틴을 가수분해하여 얻게 된다.

글루코시드 (glucoside)　글루코오스를 당부분으로 하는 배당체이다.

글루코오스 (glucose)　대표적인 알도헥소오스. $C_6H_{12}O_6$. 거울상체 D-, L-가 있으나 천연적으로 널리 존재하는 D-글루코오스는 포도당이라 부른다. 각종 식물의 익은 과실 등에 함유되나 가장 다량으로 존재하는 것은 녹말, 셀룰로오스 기타의 다당류로서이다. 그 외에 올리고당의 형태로 또는 배당체로서 존재한다. 글루코오스는 탄수화물 대사의 중심적 화합물로서 그 이용 경로는 매우 복잡하며, 에너지원으로서 분해되는 경로는 특히 중요하다. 글루코오스는 먼저 헥소키니아제의 작용으로 글루코오스-6-인산이 되고, 해당 과정을 거쳐서 피루브산으로 분해된다. 또한 호기적 조건에서는 TCA회로를 거쳐서 이산화탄소와 물로 분해된다. 이 분해에 의해서 글루코오스 1분자당 270 kcal의 에너지가 생겨 ATP의 형태로 저장된다. 이 에너지는 발효·호흡 등에 사용된다. 한편, 필요할 때까지 글루코오스를 저장해 두는 경로도 존재한다. 동물에서는 글루코오스가 우리딘삼인산과 반응하여 우리딘이인산−글루코오스가 되고, 글리코겐 합성효소의 작용으로 글리코겐에 흡수되어 저장된다 식물에서도 우리딘이인산 글루코오스를 거쳐 수크로오스·녹말로서 저장된다.

식물에서의 글루코오스 생합성은 다음과 같다. 광합성의 명반응에서 생기는 에너지와 이산화탄소 및 물에서 트레오스가 합성되고, 이것을 바탕으로 헥소오스인 글루코오스가 합성되어 녹말로서 저장된다. 동물에서는, 간에서 옥살로아세트산으로부터 포스포에놀피루브산을 생성하고, 해당 경로를 거의 역행하여 재합성된다. 대부분의 아미노산이 글로코오스로 변환되는 경우는 이 경로를 따른다. 공업적으로는 녹말의 가수분해에 의해 얻을 수 있다. 글루코오스는 영양제·강장제·해독제 외에 감미제로도 사용된다. L-글루코오스는 D-글루코오스의 이성질체이며, 인공적으로 합성된다.

글루코코르티코이드 (glucocorticoid)　부신피질에서 분비되는 스테로이드 호르몬 중 당질대사에 관계하며, 간 글리코겐의 저장, 단백질, 지방질에서의 당질 생성 등의 작용을 촉진하는 1군의 C_{21} 스테로이드. 당질 코르티코이드라고도 한다. 대표적인 것으로 코르티손, 코르티코스테론 등이 있다.

글루콘 산 (—— 酸, gluconic acid)　글루코오스의 말단 알데히드기가 산화되어 카르복시기가 된 모노카르복시산. 칼슘염의 수용액은 이른바 칼슘 주사액으로 사용된다. 분자식은 $C_6H_{12}O_7$이다. 신맛이 나는 결정으로, 녹는점 130~132℃, 분자량 196.2이다. D형, L형 및 라세미체가 알려져 있는데, D-글루콘산이 가장 중요하다. D형은 일반적으로 D-글루코오스의 산화나 또는 D-글루코오스로 이루어진 물질의 산화에 의해서 생기며, 또 D-글루코오스 수용액의 브롬수에 의한 산화, 전해산화(電解酸化), 발효에 의해서 만들어진다. D-글루코오스와 마찬가지로 변선광(變旋光)을 보이며, 칼슘이나 철 등을 섭취하기 쉬운 화합물로 바꾸기 때문에 이들 염은 의약으로도 사용된다. 당 대사의 중간체로서 6-인산에스테르의 형태로 생체 내에 존재한다.

글루쿠론 산 (—— 酸, glucuronic acid)　글루코오스의 말단 CH_2OH기가 카르복시기에 산화된 우론산. 분자식은 $C_6H_{10}O_7$, 녹는점 156℃이다. 바늘 모양의 결정으로 백색 분말이며, 물·에탄올에 잘 녹는다. 식물계에는 밀짚·목재 등의 구조 다당류의 구성 성분으로서 존재하고, 동물계에는 고등동물의 뮤코다당류의 주요 구성 요소로, 히알루론산·헤파린·콘드로이틴황산 등에 함유되어 있다. 또 아라비아고무 등 식물의 점질물(粘質物)이나 세포의 세포벽 등에 D형으로 존재한다. 글루코오스의 알데히드기를 보호한 다음 과망간산칼륨으로 산화시키거나 또는 아카시아의 고무질 가수분해물에서 얻을 수 있다. 글루쿠론산은 간에서 체내 노폐물인 페놀성 유독물질과의 글리코시드 결합으로 독성을 해독하여 오줌으로 배출하는 작용을 한다. 이 때 효과가 있는 것은 유리글루쿠론산이 아니라 UDP(우리딘이인산)-글루쿠론산이다. 이것은 생체 내에서 UDP-글루코오스로부터 만들어지며, 약물의 부작용 등에 이용된다.

글루타르 산 (—— 酸, glutaric acid)　탄소 5원자의 곧은 사슬 디카르복시산. $HOOC-(CH_2)_3COOH$. 무색의 침상결정(針狀結晶)으로 분자량 132, 녹는점 97.5~98℃이다. 물·에틸알코올·에테르에 잘 녹으며 시클로펜탄온의 산화 또는 트리메틸렌디시아니드의 가수분해로 생긴다. 폴리에스테르·폴리아미드·염화비닐용 가소제(可塑劑) 등의 제조 원료로 쓰인다.

글루타르알데히드 (glutaraldehyde)　탄소 원자 수 5개의 지방족 디알데히드. $OHC-(CH_2)_3CHO$. 아미노기와 반응하여 다리결합하는 단백질의 화학수식제. 생체조직의 구조를 해석하기 위해 표본을 만들 경우에 사용된다.

글루타민 (glutamine)　단백질을 구성하는 아미노산의 일종으로, 글루탐산의 모노아미드. $H_2NCO-CH_2CH_2CH(NH_2)COOH$. 많은 식물에서, 특히 성장이 왕성한 조직에서 볼 수 있다. 아미노산 잔기로서의 약어 Gln. 1883년에 E. 슐체와 E. 보스하르트가 사탕무의 즙액에서 발견하였다. 녹는점 184~185℃의 바늘 모양의 결정이다. 식물의 발아 종자(호박·해바라기 등) 내에 축적된다. 포유류 혈액 속의 아미노산의 주성분으로, 동식물의 단백질 속에 존재한다. 사탕무의 즙에서 분리시키거나 또는 L-글루탐산-γ-히드라지드의 접촉환원에 의해서 생기며, 단백질의 가수분해로는 생기지 않는다. 단백질을 구성하는 아미산의 하나로, 생체 내에서는 암모니아의 저장 역할을 한다. 또 핵산의 퓨린 핵 생성에 관여하고 페닐아세트산과 결합하여 해독한다. 신장이나 기타 조직 내에서 글루탐산과 암모니아로부터 합성된다.

글루타티온 (glutathione)　자연계에 분포하고 있는 트리펩티드의 일종. γ-L-글루타밀-L-시스테이닐글리신. 시스테인의 SH기를 함유하는 것을 환원형 글루타티온(GSH), 시스틴형의 SS 결합에 산화된 것을 산화형 글루타티온(GSSG)이라 부른다. 생체 중에서는 GSH와 GSSG는 가역적으로 상호 변화하여 세포 중의 산화-환원 전위를 조절하는 역할을 하고 있다.

글루탐산 (—— 酸, glutamic acid)　단백질을 구성하는 아미노산의 일종. $HOOCCH_2CH_2CH(NH_2)COOH$. 잔기의 약어 Glu. 또 간략화할 경우는 E. 소맥 글리아딘에는 특히 다량 함유된다. 모노나트륨염은 조미료로 사용된다. 콩·밀 등의 가수분해 또는 미생물을 이용하는 발효법에 의해 합성되어 왔으나 지금은 석유화학 공업에서 다량으로 공급되는 아크릴로니트릴을 원료로 하여 합성한다.

글루테닌 (glutenin)　소맥의 단백질 글루테닌 주성분의 일종. 18개의 아미노산으로 구성되어 있다. 곁가지 사이의 상호 작용으로 생긴 다리결합 때문에 공모양을 하고 있는 구형 단백질 중의 하나다. 물, 중성인 염의 용액, 묽은 에탄올에 녹지 않고 묽은 산이나 묽은 알칼리 용액에 쉽게 용해된다. 글리아딘과 함께 글루텐을 구성한다.

글루텐 (gluten)　소맥에서 세소뇌는 단백질의 혼합물. 주로 글루테닌과 글루아딘으로 구성된다. 빵의 골격을 이루는 단백질이며, 다른 곡물에서는 글루텐이 형성되지 않는다. 밀가루에 소량의 물을 가해서 반죽하여 덩어리를 만든 다음, 이것을 다량의 물 속에서 주무르면 녹말이 물 속에 현탁(懸濁)하여 제거되고 점착성이 있는 덩어리로 남은 것이 글루텐이다. 글루텐을 50~70 %의 에틸알코올과 섞으면 녹는 성분과 녹지 않는 성분이 있는데 전자를 글리아딘, 후자를 글루테닌이라 한다. 글루텐의 양은 밀가루의 종류에 따라 다른데, 주로 빵 제조에 쓰이는 강력분은 40 % 가량이고 과자 제조에 쓰이는 박력분에는 20 % 정도가 포함되어 있다. 글루텐

의 끈기는 가스를 보유하는 힘이 있으며, 빵이 부푸는 것은 바로 이 때문이다. 또 밀가루가 다른 곡분에 비해 물을 균등하게 흡수하는 것과 면이 잘 늘어나는 것은 모두 글루텐이 존재하기 때문이며, 밀가루를 가공 조리하는 데 기본이 되는 성분이다.

글루텔린 (glutelin)　단순 단백질의 일종. 물, 묽은 염용액에는 녹지 않지만 묽은 산 또는 묽은 알칼리 용액에 쉽게 녹는다. 곡물의 입자 중에 대량으로 존재한다. 아르기닌, 프로린 및 글루탐산을 함유하며, 특히 글루탐산 함량이 많고, 점착성이 풍부하다. 비교적 불안정한 단백질로, 지금까지 균일한 것이 석출된 적이 없고 보통 유사 단백질의 혼합물로서 얻는다. 물과 혼합하면 글루텐을 만드는 성질이 있어 빵의 원료로 이용된다.

글리세롤 (glycerol)　3가 알코올 $CH_2OH-CHOH-CH_2OH$. 지방산의 에스테르가 유질, 지질로서 동식물계에 널리 분포되어 있다. 무색의 고점성 액체로서 단맛이 있으며 의약품으로 사용된다. 공업적으로는 알키드 수지, 우레탄 수지, 니트로글리세린의 제조 원료로 대량으로 사용되는 외에, 넓은 분야에서 다목적으로 사용된다. 글리세롤이란 발음은 영어에 의한 것이고 독일어명으로는 글리세린이라 한다.

글리세르산 (—— 酸, glyceric acid)　글리세르의 말단 CH_2OH기가 산화된 형태의 카르복시산 $CH_2OH-CHOH-COOH$. 이 인산에스테르는 해당의 중요한 중간체이다. 비대칭 탄소 원자를 가지고 있으며, 광학 이성질체인 D형, L형 및 라세미체기 존재한다. 분자량 106.08이다. D형, L형 및 라세미체는 어느 것이나 시럽 모양의 액체로 고체화(固體化)하지 않으며, 또 증류하면 분해한다. 물·에탄올·아세톤 등에는 녹지만 에테르에는 녹지 않는다. D형은 수용액에서는 우회전성을 보이지만 염의 수용액에서는 좌회전성이 된다. 또 L형은 정반대인 광회전성을 보인다. 라세미체는 글리세롤을 묽은 질산으로 산화하면 생긴나.

글리세르알데히드 (glyceraldehyde)　글리세린의 말단 CH_2OH기가 산화된 형태의 알데히드 $CH_2OH-CHOH-CHO$. 가장 간단한 단당 알도트레오스로 간주되는 유기 화합물. 단

당 및 관련 화합물의 상대배치(D-, L- 기호로 표현한다)의 기준 물질로 하고 있는 화합물. D-글리세르알데히드-3-인산은 광합성·해당(解糖)·발효 등의 생체내 반응의 중간 물질로서 나타난다. 1, 2 : 5, 6-디- o -이소프로피리덴 - d - 만니톨의 사아세트산납 산화 또는 과요오드산 산화 후 산으로 보호기(保護基)를 제거하면 D-글리세르알데히드가 얻어진다. 시럽 모양이며, 물·알코올에 잘 녹고 단맛이 난다. 실온에서 펠링용액을 환원하며, 염화철(Ⅲ) 반응, 시프시약과의 반응, 카르바졸 반응은 모두 양성이다. 묽은 알칼리로 일부는 쉽게 L형(에피머화)이나 디히드록시아세톤으로 이성질체화하고, 다시 알돌축합(縮合)을 받아서 DL-프룩토오스, DL-솔보오스 등을 생성한다. DL-형은 글리세롤을 철(Ⅲ)염의 존재하에 과산화수소에서의 산화, 아크롤레인디에틸아세틸을 과망간산칼륨으로 산화 후 가수분해하는 등의 방법으로 얻어진다. 그 분자 간에서 쉽게 헤미아세탈화하여 무색·무미의 침상 결정(針狀結晶 : 녹는점 142℃)에서 단리된다. 산성으로 플로로글루신과 결정성의 침전물을 만들므로 디옥시아세톤과 구별된다.

글리세리드 (glyceride) 글리세롤의 지방산 에스테르. 글리세롤의 3개 OH기와 에스테르 결합을 하고 있는 지방산 잔기의 수에 따라 모노글리세리드, 디글리세리드, 트리글리세리드의 3종이 있다. 일반적으로 물에 녹지 않고 유기 용매에 녹는 중성의 물질이다. 천연의 동식물 유지는 각종 고급 지방산의 글리세리드를 성분으로 하는 것이다.

글리세린 (glycerine) ⇨ 글리세롤.

글리신 (glycine) 단백질을 구성하는 아미노산의 일종. H_2NCH_2COOH. 잔기의 약어 Gly. 또 간략화할 때는 G. 동물성 단백질에 함유되며, 특히 견사 피브로인, 젤라틴에 다량으로 존재한다. 무색의 주상 결정으로, 232~236℃에서 거품을 내며 분해된다. 물에는 녹지만 알코올·에테르 등의 유기 용매에는 거의 녹지 않는다. 아미노산 중에서 비대칭 탄소원자를 가지지 않는 유일한 것으로, 광학 이성질체는 없다. 1820년 H. 브라코노(1780~1855년)가 처음으로 콜라겐(collagen)에서 추출하였으며 감미가 있어 글리코콜이라고 하였다. 옥시토신, 바소프레신 등의 호르몬, 글루타티온 등 단백질의 각 구성 성분이기도 하다. 동물체 내에서는 세린과의 상호 전환 반응에 의해 합성되며, 글리옥실산에 글루탐산 또는 글루타민이 아미노기 공급원이 되어 글루신을 생성한다. 또 생체내 대사에도 중요한 역할을 하는데, 핵산의 염기성분인 퓨린, 에너지 대사에 관하여는 크레아틴을 비롯하여 혈색소·엽록소·비타민 B_{12}의 포르피린 합성 등에도 관여한다. 또 생체 내에서 생긴 유독한 벤조산과 결합하여 마뇨산(馬尿酸 : 히푸르산)을 만들어 해독작용을 한다.

글리코겐 (glycogen) 녹말이 식물체의 저장 다당류인데 대하여 글리코겐은 동물체의 저장 다당류로서, 간장, 근육 등에 함유된다. D-글루코오스의 $(1→4)-\alpha$ -형 글리코시드 결합이 주체가 되고, 이것에 주로 $(1→6)-\alpha$ -형의 분지한 곁사슬이 있다. 녹말의 성분 아밀로펙틴과 매우 유사한 구조를 하고 있으나 훨씬 많이 분지하여 있고, 분자 전체가 구형의 구조로 되어 있다.

글리코겐 분해 (—— 分解, glycogenolysis) 글리코겐이 주로 포스포릴라아제로 가인산 분해되어 글루코오스 1-인산이 되는 반응. 글리코겐 사슬의 비환원 말단에서 $(1→4)-\alpha$ -글리코시드 결합이 무기 인산 존재하에 가인산 분해한다.

글리코겐 합성 (—— 合成, glycogenesis) D-글루코오스 등의 단당으로부터 글리코겐신타아제에 의한 글리코겐 합성과 그것에 이어지는 분지반응을 말한다. 간장에서 이루어지는 혈액유지대사로서 중요하다.

글리코리피드 (glycolipid) ⇨ 당지질.

글리코사미노글리칸 (glycosaminoglycan) 헥소사민과 우론산 또는 갈락토오스의 이당 단위를 기본 구조로 하는 다당류의 총칭. 옛 명칭은 뮤코다당. 천연에는 단백질과 결합한 프로테오글리칸의 곁사슬 성분으로서 존재한다. 헤파린, 헤파란황산, 콘드로이틴황산, 히알루론산, 케라탄황산, 데르마탄황산이 대표적인 예이다.

글리코시드 (glycoside) ⇨ 배당체.

글리코시드 결합 (—— 結合, glycoside linkage) 단당이 고리모양의 헤미아세탈 구조를 이루고 그 히드록실기가 다른 알코올 분자 혹은 별개의 단당분자 간에서 물을 상실하고 축합하여 배당체를 생성할 때에 생기는 화합결합을 말한다.

글리코시드 교환반응 (——交換反應　transglycosidation) 글리코실기 G를 함유하는 배당체 G−R을 공여체로 하고, 당전이 효소에 의해 수용체 A에 글리코실기를 전이하여 G−A를 형성하는 반응. G−R+A ⇌ G−A+R.

글리콜 (glycol) (1) 1분자 내에 OH기 2개가 있는 2가 알코올의 총칭으로서 글리콜이라고 불리었던 일이 있으나 현재는 인접 위치에 OH기가 있는 1, 2-글리콜의 의미로 사용되는 경우가 많다. IUPAC 명명 규칙에는 에틸렌글리콜, 프로필렌글리콜 등에 한정되어 있다. 글리콜은 할로겐 화합물에 아세트산 은 또는 아세트산 알칼리를 작용시켜 디아세트산에스테르로 만들고, 이것을 가수분해하여 얻는다. 또 케톤을 환원하면 1가의 알코올 외에 2분자의 케톤에서 3차 알코올을 이웃에 갖는 글리콜이 생기는데, 이러한 글리콜을 일반적으로 피나콜이라 한다. 보통 달고 끈기가 있는 무색 액체이며, 피나콜은 1가 알코올보다 끓는점이 높다. 알코올 성질을 대체로 가지고 있으며, 물이나 알코올에는 녹지만 에테르에는 녹지 않는 것이 많다. 합성 섬유인 테트론의 원료와 부동액으로 사용된다. (2) 에틸렌글리콜.

글리콜산 (——酸, glycolic acid) 탄소수 2의 히드록시카르복시산 $HOCH_2COOH$. 히드록시아세트산이라고도 한다. 무색, 무취의 결정. 물에서는 무색의 침상 결정(針狀結晶), 에테르에서는 엽상 결정(葉狀結晶)으로 얻어지며, 녹는점은 80℃이다. 물·에탄올·에테르에 녹는다. 덜 익은 열매나 잎, 사탕옥수수 등에 함유되어 있다. 클로로아세트산을 탄산바륨으로 가수분해하면 생긴다. 100℃로 가열하면 2분자 간에서 물 1분자를 잃고 글리콜산 무수물(無水物)이 된다. 200℃ 이상으로 가열히면 글리코리드·폴리글리고리드를 생성한다. 산화하면 글리옥살산 또는 옥살산을 생성한다. 피부나 점막(粘膜) 등에 약간 자극성이 있다. 직물·피혁의 가공, 금속 세정제, 도금 등에 사용된다.

긁기 경도 (—— 硬度, scratch hardness) 정성적 및 정량적 긁기 경도의 두 가지로 구분할 수 있다. 모스 경도는 전자에 속하며 광물관계에서 사용된다. 마르텐스의 긁기 경도는 후자에 속하며 강철구의 긁기자를 일정 속도로 시험면상을 가로지르게 하여 긁기 상처의 홈의 폭이 0.01 mm가 될 때의 하중으로 정의된다.

금강사 (金剛砂, emery) 경도가 높은 광물(예를 들면 석류석)을 분말로 한 연마재. 커런덤 등을 지칭하는 경우도 있다. 빛깔은 진한 적갈색을 띤다. 분말 그대로 또는 지면(紙面)에 칠한 아교에 부착시킨 샌드페이퍼(sand paper)로 하여, 옥석(玉石)·유리·금속 등의 연마제로 사용한다. 알루미나질의 원료를 용융 환원하여 얻어지는 인조연마재도 에머리라고 한다. 소아시아·그리스 등지에서 산출된다.

금산 (金酸, auric acid) 수산화금(Ⅲ) $Au(OH)_3$의 속칭. 수산화금(Ⅲ)은 양성이지만 산성쪽이 강하므로 금산이라 불리는 일이 있다. 염화금(Ⅲ), 즉 염화 제2금 $AuCl_3$의 수용액에 수산화알칼리 또는 수산화바륨을 가하거나 탄산 알칼리와 함께 끓이면 황갈색 침전으로 생성한다. 상온에서 완전히 탈수하면 $AuO(OH)$의 조성을 가지는 황갈색 분말이 된다. 물에는 잘 녹지 않지만 진한 강한 산(酸) 및 뜨거운 강한 알칼리에는 녹아 염을 만든다. $HAuO_2$의 형태로 산으로서 작용한다. 여러 가지 염이 알려져 있다.

금산염 (金酸鹽, aurate) 금(Ⅲ)염의 수용액에 알칼리를 가하여 일어시는 침선 $Au_2O_3 \cdot n H_2O$[수산화금(Ⅲ)이라 부른다]는 약산성이며, 진한 알칼리 수용액에 녹아 금(Ⅲ)산염을 형성한다. 예를 들면 $KAuO_2 \cdot 3H_2O$ 등. 이러한 것은 $[Au(OH)_4]^-$를 함유하는 것으로 보고 있다.

금상학 (金相學, metallography) ⇨ 금속 조직학.

금속간 화합물 (金屬間化合物, intermetallic compound) 2종 이상의 금속으로 이루어지는 화합물. 성분 원자비는 화학량론비의 것 이외에 조성범위가 매우 넓은 것도 있다. 기전자수가 일정비가 되는 것이 많고, 전자화합물이라 부르는 CuZn, FeAl, Cu_3Sn 등과 배위다면체 화합물이라 부르는 FeCr, Mg Zn₂, Nb₃Zn 등이 있다. 또 양성 및 음성의 금속 혹은 반금속 간에서 형성되어 원자가가 만족되는 Mg_2Pb, GaAs, CdS 등도 있다. 또한 보통의 금속 이외에 요오드, 탄소, 규소, 게르마늄, 비소, 셀렌 기타의 것까지 포함하는 일이 있고, 침입형 화합물 등을 포함하는 경우도 있다.

금속 결합(金屬結合, metallic bond)　금속 결정을 형성하고 있는 결합. 예를 들면, 알칼리 금속에서는 금속 내부의 각 원자에 속하는 원자 가전자의 일부는 이웃한 특정 원자의 전자와 상호작용을 가지지 않고 결정 내를 자유롭게 움직이는 이른바 자유전자가 되어 있는 것으로 생각된다. 따라서 금속이란 고른 밀도로 퍼진 전자의 바다 속에 원자가 전자를 잃은 그 금속원자의 양이온이 떠 있는 것과 같은 것으로, 이들 모든 자유전자와 양이온 사이의 정전기적 인력이 전체를 결합시키는 힘이 된다. 이것이 금속결합의 주요한 힘이라고 생각되는데, 정확히는 여기에 양자론적인 생각이 덧붙여져 있다. 즉, 분자궤도함수론의 입장에서는 E. P. 위그너, F. 자이츠, J. C. 슬레이터에 의해 설명되었고, 또한 하이틀러-런던 이론의 입장에서는 금속원자 사이의 공유결합에 상당하는 여러 결합구조의 공명에 의해서 설명되었다. 방향성이 없는 점, 높은 전기전도성, 열전도성, 전성, 연성이 있는 점 등이 특징이다. 가전자로서 s, p 전자만인 단순 금속의 응집 에너지는 작고, 전이금속에서는 d전자의 기여가 크다. 희토류 금속에서는 f전자가 기여하고 있지 않다.

금속 광택(金屬光澤, metallic luster)　평활한 금속의 표면에서 볼 수 있는 광택. 표면의 반사능과 대응한다고도 하나, 정량적인 표시법은 없다. 흑연 등에서도 볼 수 있다.

금속 나트륨(金屬——, metallic sodium)　알칼리 금속 나트륨의 단체(單體). 은백색의 상온에서 유연한 고체이며 물과 격렬하게 반응한다. 원자로 냉각재, 유기합성용 환원제로 사용된다.

금속 단백질(金屬蛋白質, metalloprotein)　보결분자족으로서 금속을 함유하는 단백질의 총칭이다. 대표적인 것에 철포르피린을 함유하는 헴단백질이 있고 헤모글로빈, 시토크롬, 카탈라아제, 미오글로빈 등이 포함된다. 그 외에 헤모시아닌(Cu^{2+}), 클로로필단백(Mg^{2+}), 카르복시펩티다아제(Zn^{2+}), 피루빈산키나아제(K^+, Mg^{2+}), 아르기나아제(Mn^{2+}) 등이 있다.

금속 뭉치(金屬——, metal cluster)　동종 또는 이종 금속 원자가 모여서 일정한 구조단위를 형성하고 있는 것, 또 그것을 함유하는 화합물. 단순히 클러스터라고도 하며, 클러스터 화합물, 금속 클러스터 착물 등이라고도 한다. 보통, 금속 원자끼리의 결합이 있는 것을 말하는 경우도 많으나 단순한 교차배위자에 의해 집합된 것도 포함한다. $[Re_2Cl_8]^{2-}$, $[Mo_6Cl_8]^{4+}$, $[Rh_6(CO)_{16}]$ 등이 전자의 예이고, 페레독신에서 볼 수 있는 Fe_4S_4 구조 등이 후자의 예이다.

금속 미립자 촉매(金屬微粒子觸媒, metal fine particle catalyst)　고체 촉매의 일종. 보통 촉매에서는 반응에 촉매작용을 나타내는 금속 성분을 운반체상에 분산시켜 금속의 분산도를 크게 하지만, 이 촉매에서는 1~100 nm 크기의 주로 전이금속의 미립자를 형성하여 표면에 노출하는 부분을 크게 한다. 조제법에는 증증발법, 콜로이드법, 금속증기합성법 등이 있으며, 수소화 반응, 탈수소 반응 등에 사용된다.

금속 비누(金屬——, metal soap, metallic soap)　고급 지방산의 염 중, 알칼리 금속 이외의 금속염을 총괄하여 금속비누라 한다. 또 금속비누(화학물 명)를 주원료로 하여 그것에 특정 첨가물을 가하여 제조된 공업제품을 금속비누라 한다. 배합된 금속과 산의 종류에 따라 여러 종류가 있는데, 일반적으로 결정성(結晶性) 고체이며, 대체로 고체 이온의 빛깔을 띠고 있다. 알칼리 비누가 수용성(水溶性)인데 대하여 금속비누는 불용성(不溶性)이며, 금속·지방산·용매의 종류에 따라 용해성이 달라진다. 제조법에는 침전법과 용해법의 2가지가 있다. 침전법은 알칼리 비누의 알코올을 함유하는 수용액에 금속의 아세트산염 등을 과다하게 첨가·가열하여 복분해(複分解)를 일으키는 방법이다. 용융법은 지방산 또는 유지를 금속 산화물과 잘 혼합하여 가열하는 방법이다. 유기 용매로는 벤진·광유(鑛油)·벤젠·알코올·에테르 등이 사용된다. 금속비누는 건조제·겔화제(gel化劑)·안료(顔料)·방수제·폴리염화비닐의 안정제·화장제(化粧劑)·살충제·살균제·화학반응의 보조 촉매, 유지중합체 등 광범한 분야에 걸쳐 사용되고 있다. 특히 코발트비누·망간비누·납비누는 보일유(油) 제조 때 건조제로 사용된다. 금속의 종류에 따라 각각 특수한 용도가 있다.

금속 안개(金屬霧, metal fog) 융해염 중에 금속이 원자상태로 분산 용해한 것. 예를 들면, 용해 염화나트륨 중에 금속 나트륨을 용해시키면 얻게 된다. 고온의 용융염 전해시에도 생성된다.

금속용 투명 도료(金屬用透明塗料, bronzing lacquer) 은, 놋쇠 등에서 금속면의 흐림을 방지하기 위해 칠하는 녹 방지용 투명 도료. 도막은 얇은 것이 바람직하므로 고분자량의 수지를 사용한다. 이전에는 니트로셀룰로오스가 사용되었으나 최근에는 내후성이 높은 아크릴 수지가 사용되고 있다.

금속 이온 봉쇄제(金屬—— 奉鎖劑, sequester-ing agent) 마스킹제의 일종. 수용액 중에서 금속 이온과 결합하여 가용성의 착염을 형성하고, 그 금속 이온이 다른 시약에 의해 침전을 일으키지 않게 되는 작용을 나타내는 물질. 예를 들면 경수 중의 Ca^{2+}, Mg^{2+}의 침전을 방지하기 위한 EDTA 등이 있다.

금속 조직학(金屬組織學, metallography) 금속 및 합금의 조직, 구조, 열처리 등을 다루는 학문. 즉 금속 및 합금에 있어서 조직상의 특성 및 조성을 그것의 기계석·불리적 성질과 연관시켜 여러 가지 처리 조건에 따라 재료가 어떻게 변하는가를 관찰하고 연구하여 원인과 기구를 규명해 내려는 학문을 말한다. 금상학(金相學)이라고도 한다.

금속 지시약(金屬指示藥, metal indicator) 금속 이온과 반응하여 착색, 변색 혹은 흐림을 발생시켜 킬레이트 적정의 종점을 결정하는 데 사용하는 지시약. 예를 들면, EDTA 적성에 있어 구리에 대한 1-(2-피리딜아조)-2-나프톨 등. 금속 지시약의 작용은 마치 중화적정에서 수소이온의 농도 변화에 따라 변색하는 pH지시약에 비교된다. 근년에 우수한 금속 지시약이 개발되어 킬레이트 적정의 용용범위가 급속히 확대되었다. 금속 이온을 정량할 때는 대상이 되는 금속 이온의 종류에 따라 EDTA와 같은 킬레이트 시약의 종류, 수소이온의 농도, 온도 등의 적정 조건과 함께 알맞은 금속 지시약을 선택하는 일이 매우 중요하다.

금속 착물(金屬錯物, metal complex) 착물 중, 중심 원자가 금속 이온인 것을 특히 강조할 때에 금속 착물이라고 부르는 경우가 있다. 이에 대하여 중심 원자가 비금속 원소인 것을 강조하려는 경우 비금속 착물이라 부르는 일이 있다. 예를 들면 $[SiF_6]^{2-}$, $[BF_4]^-$, $[SF_6]$ 등이 있다.

금속 착염 염료(金屬錯鹽染料, metal complex dye) 산성 매염 염료가 후처리에 의해 섬유상에서 불용성 착염이 되는 데 반해 최초부터 염료와 크롬, 구리, 코발트 등의 착염(가용성)이 되어 있어 산성 염료와 같은 방법으로 염착하여 불용성이 되는(금속의 가수가 변하는 것에 의한다) 염료. 견뢰도가 높은 직접 염료 유형도 있다.

금속 카르보닐(金屬——, metal carbonyl) 일산화탄소를 배위자로 하는 전이금속 착물의 총칭. 단핵($[Ni(CO)_4]$ 등), 복핵($[CO_2(CO)_8]$ 등, 3핵($[Fe_3(CO)_{12}]$ 등)에서 시작하여 복잡한 구조의 금속 클러스터($[RH_6(CO)_{16}]$ 등)에 이르는 각종의 것이 알려져 있다.

금속 표면 처리(金屬表面處理, metal-surface finishing) 도금, 양극 산화피막 등의 화성처리. 연마, 침탄, 질화 등의 고온처리 등, 금속 표면의 개질을 목적으로 하는 처리의 총칭. 내식성의 부여, 경화, 평활화, 나아가서 표면처리를 하기 위한 예비적 처리 등을 목적으로 한다.

금속 효소(金屬酵素, metalloenzyme) 금속 이온을 구성요소로 하는 효소. 좁은 의미로는 효소활성의 발현에 금속 이온이 관여하고 있는 효소. 보결 분자족에 금속이 함유되는 경우, 금속 뭉치로서 도입되는 경우, 특정한 잔기에 결합하는 경우 등이 있다.

금 수(金數, gold number) 보호 콜로이드의 작용을 정량적으로 표시하는 수치. 일정량의 적색 금솔에 일정량의 염화나트륨 수용액을 가하면 응결에 의해 금솔은 청색이 된다. 그러나 처음의 금솔에 보호 콜로이드를 가해두면 청변을 막을 수 있다. 이 막는 데 필요한 보호 콜로이드의 최소량을 금 수라 한다. 수치가 작을수록 보호작용이 크다. 천연물에서는 젤라틴이 금 수가 작고 녹말은 크다.

금 잉크(金 ——, gold ink) 금속성의 금색을 표현하기 위해 놋쇠가루를 전색제에 분산한 인쇄 잉크를 이른다.

금적(金赤, bronze red) ⇨ 레이크 레드 C.

금 전극(金電極, gold electrode) 전기화학 반응에 있어, 금을 전극으로 사용하는 것. 금은 그 자체가 용해하기 어려우므로 불용성 전극으로 사용된다. 전위창이 넓고 또한 아말감 전극으로서도 사용하기 쉽다.

금 증감(金增感, gold sensitization) 은염 사진 감광재료의 감도를 높이기 위해 사용하는 화학증감의 일종. 금증감제(염화금산 등)를 사진유제에 첨가, 가열하여 교반함으로써 할로겐화은 입자의 표면에 금증감 중심(1가의 금이온으로 여겨지고 있다)이 형성된다. 금증감 처리를 함으로써 잠상에 금원자가 스며들어 보다 작은 금속 뭉치가 잠상의 기능을 갖게 된다.

금지된 전이(禁止 —— 轉移, forbidden transition) 원자·분자의 계에 있어, 전자파의 흡수나 발광의 전이가 어떤 근사한 것과 이론적으로 허용되어 있는 경우를 허용 전이, 그렇지 못한 경우를 금지된 전이라 한다. 금지의 경우에도 어떠한 상호 작용으로 그 금지가 풀려서 근소하나마 허용성분이 나타나는 경우가 많다. 따라서 근사의 틀을 표현하기 위해 대칭 허용(금지), 쌍극자 허용(금지), 스핀 허용(금지) 등과 같이 표현하는 경우가 있다.

금지선(禁止線, forbidden line) 원자·분자의 에너지준위 간에서 빛의 흡수·발광을 수반하는 전이가 어떤 근사한 것에서 일어날 수 없는데 실제로는 약한 강도로 관측되는 경우의 그 스펙트럼선을 말한다. 또 그러한 전이를 금지된 전이라 한다.

금홍석(金紅石, rutile) 이산화티탄 TiO_2를 주성분으로 하는 광물. 천연산은 적색 내지 적갈색 혹은 청색, 흑색 등의 결정. 인공 결정은 무색으로 티타니아라 부르며 보석 대용이 된다.

급랭(急冷, quenching) 물질의 고온에서의 상태(내부 구조)를 동결시키는 것을 목적으로 급속하게 냉각시키는 것. 담금질이라고도 한다. 급랭하지 않으면 결정화하는 금속을 비결정성 상태에서 획득하려는 경우 등에도 사용된다. 수중 투입이나 수냉 롤을 통과시키는 것 등으로 시행된다. ⇨ 담금질.

급랭유(急冷油, quenching oil) 석유의 고온 분해와 에틸렌의 제조 등에 있어, 가열로에서 나온 생성물을 급속히 냉각하여 반응을 정지시키는 경우에 사용하는 오일. 또 금속(특히 강철)을 조질할 때 사용하는 담금질유를 지칭하는 경우도 있다.

급속 동결(急速凍結, quick freezing, rapid freezing) 화학공업적으로는 최대 빙결정 생성대(268~272K)를 통과하는 시간이 35분(또는 25분) 이하를 급속 동결, 이상을 완만 동결이라 하고 있으나 식품공업 등 실용상의 정의는 불확정하며, 같은 동결 속도라도 시료(종류, 크기)에 따라서는 완만 동결이 된다. 급속 동결의 이점은 동결 시간의 단축과 생성되는 얼음의 결정이 미세하게 되는 점인데 축육, 신선어 등에 적용된다.

급포(給布, cloth feeding) 클로드 가이더 등의 급포장치를 사용하여 염색 가공장치에 천 등을 투입하는 것을 말한다.

기(基, group, radical) 화합물 중에 함유되는 원자의 집단으로, 화학반응에 즈음하여 변화함이 없이 하나의 화합물에서 다른 화합물로 이동할 수 있는 것을 말한다. 특히 유기 화합물의 구조와 반응을 논의할 때의 단위이다. 기는 보통은 전기적으로 중성인 원자단이지만, 때로는 양이온성 혹은 음이온성의 기도 있다. 또 할로겐, =O 등은 원자의 집단은 아니지만 기로서 설명될 수 있다.

기계 나염(機械捺染, machine printing) 기계를 사용한 나염법. 롤러 나염, 스크린 나염, 로터리 스크린 나염 등을 총칭하지만, 롤러 나염을 지칭하는 경우가 많다. 수나염의 대응어이다.

기계유(機械油, machine oil) 주로 일반 기계나 차축의 윤활에 사용되는 범용 윤활유.

머신유라고도 한다. 오랫동안 사용되어 온 무첨가 윤활유이다. 또한 그리스와 금속 가공유의 원료로도 사용되고 있다.

기계 펄프 (機械 ——, mechanical pulp) 원료를 기계적으로 처리하여 만드는 펄프. 화학 펄프에 대응한 용어. 쇄목 펄프, 케미그라운드 펄프 등이 있다. 화학 펄프에 비해 수량 비율은 높으나 순도는 낮다. 가격이 저렴하므로 신문용지, 하급지, 판지 등의 원료에 사용된다.

기계화학 (機械化學, mechanochemistry) 고체에 분쇄, 충격, 압연 등의 역학적 에너지를 가하면 고체 표면 나아가서 내부에 걸쳐 결정형의 변화와 화학변화가 일어나는 수가 있다. 이 현상을 메카노케미스트리, 그 변화를 메카노케미컬 반응이라 한다. 예를 들면 탄산칼슘의 방해석형 결정이 분쇄되어 선석형으로 변하는 현상과 고분자 전해질 겔에 직류 전압을 가하면 신속하게 수축하는 현상 등이 있다.

기계화학 시스템 (機械化學 ——, mechanochemical system) 화학 에너지를 전기나 열 등의 에너지 형태를 거치지 않고 직접 역학 에너지로 변환하는 계. 근육의 수축은 주성분의 단백질인 미오신이 기계화학 반응을 일으키는 데에 기인한다고 보고 있다.

기계화학 효과 (機械化學效果, mechanochemical effect) 기계적 변화(압축, 연신, 충격, 전단, 분쇄, 굽힘, 마찰 등)를 가함으로써 고체 물체에 물리화학적 효과를 미치는 것, 나아가서 이것에 관계되는 화학 반응에 변화를 초래하는 것을 말한다. ⇨ 기계화학 시스템.

기공 (氣孔, pore) 다공성 물질의 세공(細孔). 개기공과 폐기공이 있으며, 재료를 경량화하고 단열성, 흡음성을 부여하는 한편, 강도, 차폐성 등을 저하시키는 요인이 된다.

기관 (器官, organ) 특정한 기능이 있는 수종의 조직 집합체. 생물 개체의 특정한 공간에 국소적으로 존재하여 형태적, 기능적으로 독립성이 있는 부분. 동물의 각종 장기, 식물의 뿌리, 줄기, 잎, 꽃 등을 가리킨다.

기관 배양 (器官培養, organ culture) 동물의 장기를 그 상태대로 가능한 한 원래의 입체 구조를 유지하면서 배양하는 것. 세포의 증식과 이동을 억제하고, 배양한 장기의 발생 분화와 정상적인 생리기능, 조직 특이성의 유지 등을 목적으로 한다.

기권 (氣圈, atmosphere) 지구를 둘러싸고 있는 대기가 존재하는 영역. 수권(水圈), 암석권에 대응하는 용어. 대기는 여러 가지 기체의 혼합물이다. 대기의 하층에서는 공기의 운동으로 상하의 공기가 잘 혼합이 되므로 상당한 높이까지 조성비(組成比)가 일정하다. 지표 부근에서 수증기를 제외한 건조 공기의 성분은 그 부피 백분율로 따져서 약 78%가 질소 N_2, 약 21%가 산소 O_2, 0.9%가 아르곤, 0.03%가 이산화탄소, 그 나머지는 미량의 네온·헬륨·크립톤·크세논·오존 등으로 되어 있다. 부피 백분율은 장소에 따라 변하는 값이다. 예를 들면, 이산화탄소는 식물의 호흡작용에 의해 소비되지만 동물의 호흡으로 배출되기도 하고 연소나 화학작용에 의해 생성되기도 하므로 그 양은 장소와 계절에 따라서 변한다. 공업의 발달로 대기 중의 이산화탄소는 조금씩 증가하는 경향을 보이고 있다. 특히 오존은 지상에서 20~50 km 높이에 다량 분포되어 있으며, 공기 전체 부피에 비해 이산화탄소와 오존은 비록 미량(微量)이지만 기상에 미치는 영향은 크다. 여러 고도에서 공기의 시료(試料)를 채취하여 분석한 결과 이산화탄소와 오존을 제외하고 대략 80 km 까지는 기체가 일정하게 분포되어 있음이 밝혀졌다. 아주 높은 상공에서는 공기의 상하운동이 거의 없어서 혼합작용이 감소되므로 공기분자 자체의 분자운동으로 성분 기체 중 무거운 기체는 아래쪽으로, 가벼운 기체는 위쪽으로 확산 분리하게 된다. 인공위성 관측에 의하면 대기는 지상 120 km 층까지는 주로 질소와 산소로 되어 있고, 120~1,000 km 층은 산소원자로, 1,000~2,000 km 층은 헬륨으로, 그 이상 1만 km 까지는 순수로 되어 있어 조성별로 성층(成層)을 이루고 있음이 밝혀졌다.

기기 분석 (器機分析, instrumental analysis) 기계를 사용하는 화학분석. 특히 중형 내지 대형 장치를 사용하는 경우를 이르며, 질량분석, 전자기파를 이용하는 분광분석, 열분석, 크로마토그래피 등이 이에 해당한다.

기기 오차 (器機誤差, instrumental error) 측

정기의 지시값에서 참값을 뺀 것. 그러나 표준기의 경우는 공칭값에서 참값을 뺀 값을 말한다. 또한 동일 종류의 측정기가 표시하는 지시값 간의 차를 나타내는 경우도 있다.

기능성 고분자(機能性高分子, functional polymer) 결합하고 있는 관능기에 의한 화학반응이나 물리적·화학적 변화에 의해 기능을 발휘하는 고분자. 기능의 내용에 따라 분류되며, 예를 들면 이온 수지 교환, 도전성 고분자, 고분자 촉매, 감광성 고분자, 고분자 의약, 의료용 고분자, 광-전 에너지변환 고분자 등이 있다.

기대값(期待値, expectation value) 변동하는 물리량이나 오차를 수반하는 측정량의 하중 평균값. x_i와 함께 변동하는 양 F의 확률이 $g(x_i)$일 때, 기대값은 $\overline{F} = \sum g(x_i)F(x_i)$로 나타낸다. 양자역학에서는 연산자 f의 기대값은 파동함수를 φ로 하여, $\overline{f} = \int \varphi^* f \varphi d\tau / \int \varphi^* \varphi d\tau$로 나타낸다.

기류 계수기(氣流計數器, gas flow counter) 방사선용 계수관의 일종. 보통 가이거-뮐러 계수관은 관 속에 계수용의 기체를 봉입한 채로 사용하므로 기체의 열화(劣化)로 인해 계수 특성이 저하하지만 봄베에서 계속적으로 기체를 계수관 속으로 흐르게 하여 사용하면 특성의 열화가 사라진다. 이러한 계수관을 말한다.

기름 먹이기(fatliquoring, stuffing) 제혁공정에서 가죽에 유제를 가하는 것으로 가죽에 유연성, 매끄러운 감촉, 광택, 내수성 등을 부여하기 위해 실시한다. 가죽을 수용성 유화액 중에 침지하는 방법(유화가지)과 건조한 가죽에 유지류를 도포 또는 함침시키는 방법이 있다.

기름 무두질(oil tanning) 제혁 준비공정이 끝난 가죽에 어유(주로 간유)를 침투시켜 가열, 건조시켜 무두질하는 방법. 무두질은 불포화 지방산이 산화 분해하여 생기는 알데히드에 의해 이루어진다. 가죽은 유연하고 내수성이 있으나 기계적 강도는 약하다.

기름 바니시(oil varnish) 코팔 같은 천연 수지, 에스테르 고무 같은 가공 수지, 유용성 페놀 수지, 크마론 수지 같은 합성 수지 등에 건성유를 융합하여 석유계 용제에 용해시켜 만든 바니시의 총칭. 수지와 기름의 비가 1:2 이상인 것을 장유성 바니시, 1:1.1~1.5인 것을 중유성 바니시, 1:1 이하인 것을 단유성 바니시라 한다. 목적은 기름에 경질 수지를 혼합하여 도막의 강도를 향상시키는 데 있다.

기름 손상(油損傷, oil burnt) 원피에 함유된 기름이 산화하여 피질분과 결합함으로써 생기는 원피의 보존 중의 손상. 특히 건피에 많이 생긴다.

기름 스테인(oil stain)　⇨ 오일 스테인.

기름 페인트(oil paint) 보일유, 스탠드유 등의 기름 바니시를 전색제로 한 도료를 말한다.

기모(起毛, raising) 직물의 표면에서 깃털을 긁어내는 가공법. 직물의 기모 가공면에 따라 양면 기모(兩面起毛)와 편면 기모(片面起毛)가 있다. 기모는 면직물 중의 면플란넬·면담요, 견이나 인견직물 중의 벨벳류(類), 모직물에 있어서는 방모직물의 일부, 합성 섬유 직물로는 방모직물과 비슷한 직물에 대하여 실시한다. 방모직물에는 기모방법과 전모방법(剪毛方法)에 따라 벨루아(velour) 가공·비버(beaver)가공·컷(cut)가공 등이 있으며, 각각 천에 독특한 변화를 나타내 준다. 모포는 기모효과를 가장 잘 나타낸 대표적 제품이다. 기모에 의해 부드러운 감촉과 시각적 미려감을 나타내지만 그 반면에 직물의 강도 저하 등의 결점도 있다. 이전에는 엉겅퀴의 열매를 사용하였으나 지금은 침포(針布)에 의한 기계기모가 이루어지고 있다.

기본 몰(基本——, base mole) 고분자의 몰질량을 표시하는 데 있어 폴리머 1분자가 아니라 구성 반복 단위를 1분자로 간주하여 나타내는 방법. 예로서 중합도가 1,000인 폴리머 분자 0.5 mol은 500 기본 몰로 되어 있다. 고분자 화학에서는 기본 몰이 실용적이므로 이것을 간단히 몰로 표현하는 일도 있다.

기본 음(基本音, fundamental tone)　⇨ 기음.

기본 전하(基本電荷, elementary electric charge) 모든 전기량의 절대값은 전기 소량이라 부르는 미소한 일정 전하의 정수배로 주어진다. 보통 기호 e로 표기되며 그 값은 전자 또는 양성자가 갖는 전하의 절대값과 같다. 기초상수의 하나. $e = 1.60217733(49) \times 10^{-19}$C이다.

기본 진동(基本振動, fundamental vibration) 고유진동 중에서 진동수가 최소인 진동. 특히 분자의 적외 스펙트럼에서의 기음에 상당하는 진동을 지칭하는 경우도 있다.

기브스-듀헴의 관계(—— 關係, Gibbs Duhem's relation) 균일 다성분계가 갖는 열역학적 성질이 나타내는 가장 중요한 관계식. 온도, 압력이 일정한 조건하에서 농도 변화에 대해 화학 퍼텐셜의 변화가 받는 일반적인 구속 조건을 부여하여 $\sum n_i d\mu_i = 0$으로 나타낸다. 여기서 n_i는 성분 i의 몰질량, μ_i는 성분 i의 화학 퍼텐셜이다.

기브스 에너지(Gibbs energy) 열역학 특성 함수의 일종. 온도, 압력이 일정한 조건하에서 자발적 변화의 방향을 지시한다. 기호 G로 표기되며, $G=U+PV-TS=H-TS$(U는 내부에너지, P는 압력, V는 체적, T는 온도, S는 엔트로피, H는 엔탈피)로 정의된다. 기브스의 자유 에너지라고도 한다. J. W. Gibbs(1876년)에 의해 도입되었다.

기브스 포대(—— 包帶, plaster bandage) 골절의 보존적 고정 보호를 목적으로 하는 포대. 천포대에 태운 석고(기브스)를 첨가한 것. 사용시에 온수 안에 담갔다가 통상의 포대처럼 환부를 덮으면 점차 석고가 굳어져 강고(强固)한 지지성을 얻게 된다.

기약 표현(旣約表現, irreducible representation) 군론(群論)의 용어. 예를 들면, 어떤 대칭성을 충족하는 대칭군 중의 기본이 되는 대칭의 성질을, 필요 최소한의 수나 행렬의 조로 표현한 것을 말한다.

기어 그리스(gear grease) 칼슘 비누를 기저로 하는 그리스에 아스팔트나 수지유 등을 배합한 저렴한 가격의 그리스. 일반 기계의 개방 톱니바퀴와 와이어로프의 윤활에 사용된다.

기어유(—— 油, gear oil) 동력 전달용 톱니바퀴에 사용하는 윤활유. 용도와 사용 조건에 따라 여러 가지 종류가 있으며, 광유, 합성 윤활유, 피마자유 등에 산화방지제, 녹방지제, 거품방지제 등을 배합한 것이 사용된다.

기어 콤파운드(gear compound) ⇨ 배합 기어유.

기억 세포(記憶細胞, memory cell) 항원을 기억하고 있는 면역계의 세포. 면역계 세포 중에서 항원 자극을 받아 그 항원과 특이적으로 반응하는 능력을 갖게 된 세포가 증식한 후에 그 상태대로 존재하는 것. 같은 항원이 재차 침입하면 첫번째보다 신속하고 강하게 반응하는 것은 이 세포의 작용에 의해서다.

기울기 용리(—— 溶離, gradient elution) 이동상의 용리역(조성)을 연속적으로 변화시키면서 용리(칼럼 액체 크로마토그래피) 혹은 전개(박층 크로마토그래피)를 하는 방법. 경사 용리, 구배 용리, 그레이디언트 용리라고도 한다. 보유시간(R_f값)이 현저하게 상이한 복수의 성분을 효율적으로 분리하거나 피크(밴드)를 예리하게 하려는 경우에 유효하다.

기유(基油, base oil) 원유에서 증류하여 분리, 정제된 광유. 첨가제를 배합하여 윤활유나 그리스를 제조하는 데 적당한 점도, 기타의 물성이 있는 것을 말한다.

기음(基音, fundamental tone) 진동의 기저상태와 제일 여기상태 간의 전이. 기본음이라고도 한다. 분광학에서는 적외 진동에서의 비선형 진동을 페리에 성분으로 분해한 성분 정현파 중, 진동수가 최소인 기본파를 말한다.

기저계(基底系, basis set) 기저함수의 조를 말한다. 좁은 의미로는 원자궤도와 분자궤도를 나타내는 기저함수의 조를 지칭한다. 기저계에는 원자궤도를 하나의 함수로 나타내는 최소 기저, 2개의 함수로 나타내는 double zeta 기저, 또한 원자궤도가 화학결합을 이룰 때 분극하는 효과를 가한 double zeta plus polarization 기저계 등이 있다.

기저액(基底液, bottoms) 연속 증류 조작에서, 증류탑의 탑 바닥 또는 증류 가마에서 회수하는 액체. 보텀스라고도 한다. 끓는점이 높은 성성, 즉 불휘발성의 성분이 풍부하다.

기저 함수(基底函數, basis function) 임의의 함수는 완전계를 이루는 함수조 ($f_1, f_2, \cdots$)의 선형결합에 의해 표시할 수 있는데, 이 함수의 조를 이른다. 예를 들면, 분자궤도 함수는 보통, 분자를 구성하는 원자의 원자궤도 함수를 기저 함수로 하여 그 선형결합으로 나타낸다 (LCAO 근사).

기전력(起電力, electromotive force) 일반적

으로는 2점 간에 전류를 흐르게 하려고 하는 힘을 말한다. 특히 전지에서는 전지 내에 전류가 흐르고 있지 않는 상태일 때에 전지의 단자간에 발생하는 전위차를 전지의 기전력이라 한다. 약어로 EMF 또는 emf로 나타내는 경우도 있다.

기준 상태 (基準狀態, reference state)　기준으로 선정된 상태. 예를 들면, 활량을 정의할 때, 활량 1을 갖는 상태로서 기준 상태가 선정된다. 활량의 값은 기준 상태의 선택방법에 따라 변하지만 순물질을 기준상태로 하는 일이 많다.

기준 시료 (基準試料, authentic sample)　영어명 authentic sample은 보통 표준품이란 정도의 뜻으로 사용한다. 인증 표준물질이나 표준물질 등은 각각 영어의 certified reference material, reference material에 대응하여, 인증단체에 의한 특성값의 인증서가 있는 것이다.

기준 전극 (基準電極, reference electrode)　전기화학에 작용전극의 전극 전위를 측정하는 경우에 또 하나의 별도 전극을 전극 전위의 기준으로 준비하여 하나의 전지를 구성하고, 그 개회로 전압을 전극 전위의 상대값으로 정하는 방법이 취해진다. 이 때의 기준이 되는 전극을 말한다. 그 전극 전위가 안정하며 재현성이 높은 것이라야 한다. 참조전극, 표준전극, 비교전극 등이라고도 한다. 다루기 어려우므로 실제 측정에는 규정 칼로멜전극이나 은-염화은 전극 등이 사용된다.

기준 좌표 (基準座標, normal coordinate)　역학용어로서, 분자의 기준 진동을 수학적으로 표현할 때에 사용되는 직교 좌표계. 분자 중의 각 원자핵의 진동에 의한 변위, 또는 분자 내 좌표(즉 결합거리의 변화, 결합각의 변화, 결합 주위의 비틀림, 평면으로부터의 엇갈림 등)의 선형결합 형태로 나타낼 수 있다. 기준 좌표를 사용하면 분자의 진동을 이론적으로 다루기 쉽게 된다.

기준 진동 (基準振動, normal vibration)　분자 및 결정에 있어, 원자핵의 진동을 기술하기 위해 기초가 되는 것. N 개의 원자핵으로 이루어진 분자에는 서로 독립된 $(3N - 6)$개 [직선분자에서는 $(3N - 5)$개]의 기준 진동이 있다. 이러한 것은 분자의 대칭성에 따라

서 분류된다.

기준 진동수 (基準振動數, normal frequency)　기준 진동의 진동수. 분자의 기준 진동수는 진동수를 광속으로 나눈 값, 즉 파장수이며, cm^{-1}를 단위로 하여 표시되는 경우가 많다.

기준 촉매 (基準觸媒, reference catalyst)　촉매 성능을 평가함에 있어 기준으로 선정된 촉매에 대한 총칭. 반드시 표준적 촉매는 아니지만 기준으로서 합당한 것이 선정된다.

기질 (基質, substrate)　(1) 효소에 의해서 분해 또는 합성되는 특정한 화합물. 결합조직의 세포간 물질도 기질이라 불리었으나, 혼동을 피하기 위해 이것을 초질(礎質)이라 부른다. (2) 원래는 생화학 용어이지만 유기화학반응에서도, 특정한 반응제와 반응하여 생성물을 부여하는 따위의 원료물질을 기질이라 하는 경우가 있다.

기질 저해 (基質沮害, substrate inhibition)　기질에 의한 효소반응의 저해. 효소는 일정한 화학구조를 갖는 물질(기질)에 대하여 화학반응을 일으키지만 이 작용을 받는 기질이 크게 과잉으로 존재하면 오히려 반응속도가 저하하는 경우가 있다. 이것은 효소에 결합한 2번째의 기질이 효소반응을 저해하기 때문이다.

기질 특이성 (基質特異性, substrate specificity)　효소가 특정 물질의 특정한 화학결합에만 작용하는 것. 1종류의 기질에만 작용하는 경우(우레아제 등)와 많은 동종류(同種類)의 화합물에 작용하는 경우(포스파타아제 등)가 있다. 후자의 경우도 화합물의 각각에 대한 반응속도가 다르다. 이 특이성은 효소의 기질과 결합하는 부분(활성 중심)의 구조와 관계가 있고, 효소의 활성부위를 구성하는 아미노산 잔기, 보결 분자족, 금속 이온의 종류와 활성부위의 입체구조에 따라 결정된다.

기체 분자 운동론 (氣體分子運動論, kinetic theory of gas)　기체를 구성하는 분자의 운동에 기초하여 기체의 성질을 논하는 이론. 가장 간단한 경우는 분자를 질점으로 간주하고, 용기의 벽과의 충돌로 인한 운동량 변화를 압력으로 하는 것으로, 이상기체의 상태방정식을 유도할 수 있다.

기체상 도금 (氣體相鍍金, vapor plating, vapor

phase deposition)　금속 할로겐화물 등을 고온에서 열분해 혹은 수소 환원함으로써 금속 피막을 얻는 도금법. 좁은 뜻으로는 화학프로세스에 의한 화학증착(CVD)을 지칭하나, 넓은 뜻으로는 물리프로세스에 의한 도금법(physical vapor deposition, PVD)도 포함한다. 기상 도금법으로는 거의 모든 금속의 도금이 가능하며, 수용액 전해로는 어려운 금속, 혹은 금속의 탄화물, 질화물, 붕화물, 규화물, 산화물도 가능하다.

기체상선 (氣體相線, vapor-phase line)　다성분계 용액이 정온(혹은 정압)하에서 기체-액체 평형상태에 있을 때 포화압력(혹은 포화온도)과 기체상조성의 관계를 나타내는 곡선. 포화 엔탈피, 포화 엔트로피 등에 대해서도 기체상선이 존재한다.

기체 상수 (氣體常數, gas constant)　이상(異想)기체의 상태식 $PV = RT$(P는 압력, V는 1 mol의 체적, T는 온도)에서 상수 R이며, 기체의 종류에 따르지 않는 보통 상수. 그 값은 $8.3144\,\mathrm{JK^{-1}mol^{-1}}$. 기체 상수를 아보가드로수(數)로 나눈 것은 기체분자 1개당의 기체 상수로서, 볼츠만 상수가 된다.

기체-액체 평형 (氣體液體平衡, gas-liquid equilibrium, vapor-liquid equilibrium)　어떤 계에서 기체상과 액체상이 평형으로 있는 상태. 두 가지 이상의 성분으로 이루어지는 액체를 일정한 온도·압력 하에서 충분한 시간 방치해 두면 액체와 그 액체의 증기 사이에 평형상태가 성립된다. 이때 증기에는 액체보다 끓는점이 낮은 성분이 많이 존재한다. 기체-액체 평형은 흡수조작에 의한 설계를 계산할 때 쓰이는 기본 데이터이며, 이론적인 법칙으로는 라울의 법칙과 헨리의 법칙이 있다. 기체-액체 평형에 대해 액액 평형(液液平衡)이 있는데, 이것은 추출조작 설계의 계산에 쓰인다. 순수 물질에서는 상태도 상에서 하나의 곡선으로 나타내며, 이 곡선을 증발곡선이라 한다.

기체 온도계 (氣體溫度計, gas thermometer)　기체의 상태량 간의 관계를 이용하는 온도계. 측정과 보정(補正)이 매우 정밀하게 이루어지므로 온도정점(溫度定點)의 켈빈도(Kelvin 度)에서의 값을 알기 위해서 사용된다. 고온(高溫)에서는 N_2, Ar이 좋고, 석영(石英)

유리나 백금 이리듐(白金 iridium)을 용기(容器)로 사용하면 $1,000\,℃$ 이상까지 사용할 수 있다. 저온에는 저압 He이 가장 좋고, 구리 용기로 $-270\,℃$까지 사용할 수 있다. 일정 체적의 용기에 일정량의 기체를 넣고 압력 변화에서 온도를 구하는 등적 기체 온도계, 혹은 일정 압력을 유지하여 체적 변화에서 온도를 구하는 등압 기체 온도계 등이 있다.

기초 대사 (基礎代謝, basal metabolism)　생명 유지에 필요한 인체 내의 일을 위한 최소한의 에너지 대사. 안정, 횡와(橫臥), 각성 상태에서 식후 12~15시간 경과 후에 $20\,℃$의 환경에서 측정되는 에너지 소비량. 성인의 기초 대사량은 체중 1kg당에 매시 약 1 kcal(4.184 kJ) 정도. 1일 약 1,500 kcal이다.

기포 (氣泡, bubble)　액체의 표면 또는 내부에 존재하고 있는 기체의 방울. 기포가 부상하여 다수 모인 것이 거품이다. 탑 안 벽면에서의 전열계수가 크기 때문에 탑 밖으로부터의 가열·냉각이 쉬우며, 또 구조가 간단하고 내식성(耐蝕性) 재료에 의한 제작도 어렵지 않으므로 기체-액체 반응장치로서도 알맞다. 특히 부식성이 강한 액체를 취급하는 경우 고압 반응조작, 고체의 석출을 수반하는 반응조작 등에는 다른 장치보다 유리하다. 그러나 액체의 역혼합류(逆混合流)가 심하여 액체농도가 탑 안에서 거의 균일하게 되므로 흡수조작에서는 일이론단(一理論段) 이상의 효율은 기대할 수 없으며, 반응조작에서도 이것이 결점이 되는 경우가 있다.

기포 분리 (起泡分離, adsorptive bubble separation)　용액 중에 기포(氣泡)를 분산시켜 액 중의 용질 또는 분산입자를 기포 표면에 흡착 또는 부착시켜 분리하는 조작. 기포 분산의 상태에 따라 포말분리와 기포분리로 나누어진다. 특히 폐수처리에는 기포분리가 많이 이용된다. 기포분리는 부유선광(浮游選鑛)이라 하여 유용 광물과 협잡물(挾雜物)을 분리하는 데 이용해 왔으나 최근에는 이온·분자·콜로이드 등의 분리에도 응용한다. 즉, 액체 중에 기포가 분산되어 있는 기포층과 그 상부에 형성되는 포말층의 양층을 이용하여 기포층 중의 기포 표면 및 포말층 중의 포말 표면에 용액 중의 계면 활성물질(界面活性物質)을 흡착 또는 부착시커 용액으로부터 분리하는 처리를 포말분리(foam separation)라 한다. 이에 대하여 포말층을 형성시키지 않고 기포층(氣泡層)만은 이용하여 기포층 속을 상승하는 기포 표면에 액 중의 용질이나 입자를 흡착 또는 부착시켜 액과 분리하는 처리를 기포분리(nonfoaming adsorptive bubble separation)라 한다.

기포 시험 (起泡試驗, foaming test) 기포제의 성능을 평가하는 시험. 진동법, 송기법 등 여러 가지 방법이 있다. KS 에 규격화되어 있는 로스·마일스 법에서는 기포제 용액을 둘로 나누어 한쪽을 어느 높이에서 다른 쪽 위로 낙하시켜 형성된 거품의 양을 측정한다.

기포제 (起泡劑, foaming agent) 액체(보통 물)에 녹여, 거품의 생성을 촉진하는 물질. 비누 등의 계면 활성제가 그 좋은 예이다. 에탄올은 기포작용을 하지만 생성된 거품은 안정하지 않다. 맥주와 사이다에서는 압력을 가하여 봉입한 이산화탄소가 감압으로 거품이 되어 발생하므로 봉입한 이산화탄소는 일종의 기포제라 할 수 있다.

기포탑 (氣泡塔, bubble column) 탑 안에 모아 둔 액 속에 탑바닥에서 다공질 판이나 노즐 등을 통하여 기체를 취입하고, 액과 기포군을 접촉시키는 장치. 기체-액체 반응, 가스 흡수 등에 이용된다.

기폭약 (起爆藥, initiating, explosive initiator) 가열, 충격, 마찰 따위의 약간의 자극으로 부여된 소량의 에너지로 용이하게 폭굉(爆轟)하는 폭약. 다른 화약류에 연소나 폭굉을 일으킬 목적으로 사용된다. 디아조디니트로페놀, 아지화납, 트리니트로레솔시놀납 등이 목적에 맞추어 단독 또는 다른 화합물과 적당히 혼합하여 사용된다.

기하 이성질 (幾何異性質, geometrical isomerism) (1) C=C, C=N 등의 이중결합을 축으로 하는 회전이 극도로 속박되기 때문에 생기는 입체 이성질체의 상호관계. C=C 이중결합에 기초한 기하이성질은 시스-트랜스 이성질이라 하는데, 옥심의 C=N 이중결합에 기초한 기하 이성질도 많이 알려져 있다. (2) 착물에 있어 배위자의 입체 배치의 차이로 인해 생기는 이성질. 예를 들면, 팔면체형 육배위 혹은 평면형 사배위 착물에서의 시스-트랜스 이성질 등이 있다.

기화열 (氣化熱, heat of gasification) ⇨ 증발열.

긴장 방사 (緊張紡絲, stretch spinning) 화학섬유의 방사공정에서 방사액을 꼭지쇠에서 압출, 응고시켜 섬유상으로 할 때 긴장을 부여하는 것을 이른다. 압출 직후의 점액상태에서 긴장을 받아도 섬유는 가늘어질 뿐이지만 응고가 진행되어 섬유가 가소성을 갖는 상태가 되면 곧은 사슬모양 중합체는 섬유축 방향으로 배향하기 시작하여 결정화가 일어나므로 실의 강도가 증가하고 내수성이 향상된다.

길리랜드의 상관 (—— 相關, Gilliland's correlation) 연속 증류에 있어 이론단수와 환류비의 상관관계. 최소 환류비, 환류비, 최소 이론단수를 부여하면 소요 이론단수를 구할 수 있는 편리한 그림으로, 다성분계의 연속 증류에도 적용할 수 있으므로 간편법으로 널리 사용되고 있다. 1940년에 E. R. Gilliland가 발표하였다.

길초산 (吉草酸, valeric acid) 탄소수 5인 카르복시산, $CH_3(CH_2)_3COOH$, 발레르산이라고도 한다. 구조를 표시하는 계통명은 펜탄산(pentanoic acid). ⇨ 발레르산.

길항 작용 (拮抗作用, antagonism) (1) 효소반응의 용어. 효소의 기질과 유사한 화합물이 효소의 활성 중심에서 기질의 결합과 경합하여 촉매작용을 저하시키거나(저해) 혹은 정지시키는 것. 저해에는 길항적 저해와 비길항적 저해가 있다. (2) 약학의 용어. 제2의 약물이 제1의 약물과 리셉터의 결합을 방해하여 제1의 약물의 작용 효과가 저하하는 것이다. (3) 미생물의 용어. 한쪽 미생물의 존재가 다른 쪽 미생물의 증식, 생존을 위협하는 것이다.

길항 저해 (拮抗沮害, antagonic inhibition) ⇨ 경쟁 저해.

길항적 저해제 (拮抗的沮害劑, antagonic inhibitor) ⇨ 경쟁적 저해제.

껍질 모형 (—— 模型, shell model) 고체가 기체와 반응할 때에 고체 표면에서 반응이 진행하여 미반응의 중심각 주위에 생성물의 외각이 생기고 양자의 계면에서만 화학반응이 일어나는 모델. 셸 모델이라고도 한다.

껍질 벗기기 (peeling) ⇨ 벗겨짐.

꼬인 보트형 (── 舟形, twist-boat form)　시클로헥산 같은 고리 내에 이중 결합을 함유하는 6원환 화합물의 입체 배치에서 포화 6원환의 의자형과 보트형의 중간적인 배치. 시클로헥산의 안전 배치가 된다. ⇨ 유사축 방향.

꼬임 (twist)　섬유속 또는 실을 길이 방향의 축 둘레에 회전시키는 것 혹은 그 결과 생긴 나선상의 상태. 방적 공정에서 섬유속을 꼬이게 하면 단사(방적사)가 되고, 이것을 다시 꼬여 두 가닥 합쳐 단사와 반대 방향으로 꼬면 쌍사가 된다. 꼬임을 가하는 것을 가연 (加撚) 혹은 연사(撚絲 ; 양자 모두 twisting)라 한다.

꽁치 유 (──油, saury oil)　꽁치에서 얻게 되는 지방유. 지방산 조성의 일례를 들면 포화산은 주로 팔미틴산이고 기타 밀리스틴산, 스테아린산이, 불포화산은 모노엔산이고 그 외로 각종 산이 포함된다. 경화유 원료로 사용된다.

끓는점 상승 (沸騰點上昇, elevation of boiling point)　불휘발성의 용질이 녹아 있는 용액 중의 용매의 끓는점이 순용매의 끓는점보다 높아지는 현상. 비등점 상승(沸騰點上昇)이라고도 한다. 묽은 용액에서는 끓는점 오름도가 용질의 종류에 관계없이 용질의 몰수 (mol 數)에 비례하므로, 어는점 내림(氷點降下) 때와 마찬가지로 용질의 분자량 측정에 이용된다. 이러한 측정법을 끓는점 상승법이라고 한다.

끓는점 상승법 (沸騰点上昇法, ebullioscopy, ebullioscopic method)　끓는점 상승을 이용하여 불휘발성 용질의 분자량을 결정하거나 용매의 순도를 조사하는 방법. 끓는점법이라고도 한다. 용액의 열역학적 성질의 연구에도 사용된다. 일반적으로 비휘발성 물질을 녹인 용매의 끓는점은 순수한 용매의 끓는점보다 높다. 이러한 끓는점 오름은 일정한 용매의 묽은 용액에서는 용질의 종류와 관계없이 용질의 몰수(mol 數)에 정비례한다. 용액의 끓는점 오름을 Δt 라 하고, 용질의 분자량을 M, 그 용매 1,000g 속에 녹아 있는 용질의 g수를 w, 그 용매에 용질 1 mol 을 녹였을 때의 끓는점 오름(몰 끓는점 오름이라고도 한다)을 k라고 하면, $M = (k/\Delta t)w$의 관계식이 성립된다. 이 식을 이용하면 용질의 분자량을 측정할 수 있다. 만일 용질이 용액 속에서 해리(解離)되거나 화학변화를 일으켜 용질이 변화하는 경우에는 관계식을 그대로 이용할 수 없으며, 이것은 어는점 내림에서도 마찬가지이다.

끓는점 오름법 (沸騰點 ── 法, ebullioscopy, ebullioscopic method) ⇨ 끓는점 상승법.

끓이기 (boiling, cooking)　기름을 도료용 전색제로 사용하기 위한 조작. 가열하여 공기를 불어넣는 산화처리와 고온에서 가열하여 열중합하는 등의 방법이 있다.

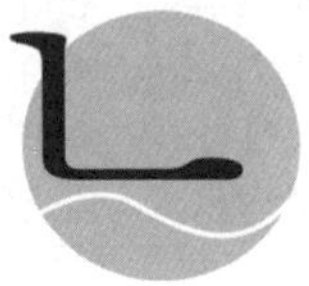

나비에-스토크스의　운동방정식 (―― 運動方程式, Navier-Stokes' equation of motion)　뉴턴 유동을 하는 비압축성 유체의 운동방정식. 직각 좌표 x_i, 속도성분 u_i, 외력의 성분 F_i, 압력 P, 밀도 ρ, 점도 μ로 할 때, 비압축성 유체에 대한 나비에-스토크스식은 다음과 같이 된다.

$$\frac{\partial u_i}{\partial t} + \sum_{i=1}^{3} u_i \frac{\partial u_i}{\partial x_i} = F_i - \frac{1}{\rho}\frac{\partial P}{\partial x_i} + \frac{\mu}{\rho}\sum_{i=1}^{3}\frac{\partial^2 u_i}{\partial x_i{}^2}$$

나선 구조 (螺旋構造, helical structure)　고분자 사슬이 취하는 나선형의 구조. 생체 고분자에서는 단백질의 α-헬릭스, DNA의 이중 나선, 녹말의 아밀로오스 나선구조 등이 있다. 합성 고분자에서는 폴리프로필렌 외에 많은 폴리머 결정이 나선구조를 이루고 있다.

나선 전위 (螺旋轉位, screw dislocation)　결정 중에서 슬라이드를 일으킨 영역과 슬라이드를 일으키고 있지 않은 영역의 경계선 근방에 선상의 원자배열의 엇갈림이 생기고, 이것이 전위선을 축으로 하여 나선상으로 배열한 형태가 되는 전위를 말한다.

나선축 (螺旋軸, screw axis)　어떤 고분자나 결정에서, 중심이 되는 축 주위에 $2\pi m/n$ ($m=1, \cdots, n-1$)만큼 회전하고, 이 축을 따라 (m/n)주기만큼 병진시키면 원래와 같은 형태가 되는 경우 그 축을 n회 나선축이라 한다. 보통의 분자에는 존재하지 않는 대칭 요소이다.

나선 함량 (螺旋含量, helical content, helix content)　일반적으로 단백질 분자에서 주사슬의 2차구조를 α-헬릭스(나선)구조, β구조(지그재그구조), 불규칙 구조(랜덤 코일) 등으로 분류할 때, 전 구조 중에서 나선구조가 점하는 비율을 말한다. 원편광 2색성 스펙트럼 등에 의해 추정할 수 있다.

나이아신 (niacin)　⇨ 니코틴산.

나이트렌 (nitrene)　일반식 R−N : 로 표기되는 화합물. 반응성이 풍부하며 중간체로서만 존재한다. 카르벤과 동일하게 비라디칼로서의 성질을 나타낸다.

나일론 (nylon)　본래는 미국 du Pont사가 개발한 최초의 합성 섬유의 상품명이었으나 현재는 ISO(국제표준화기구)에서 폴리아미드의 일반명으로서 인정하고 있다. 지방족 나일론에는 락탐의 개환중합에 의한 −[NH−R−CO]$_n$− 형 및 디아민과 이염기산 유도체의 중축합에 의한 −[NH−R−NHCO−R′−CO]$_n$− 형 (R, R′는 탄소사슬)이 있다. 전자는 주사슬의 탄소수에 따라 나일론 6으로 부르고, 후자에서는 아민성분과 산성분의 주사슬 탄소수를 배열하여 나일론 66 등으로 명명한다.

나트륨 명반 (―― 明礬, sodium alum)　NaAl(SO$_4$)$_2$ · 12H$_2$O. 또 NaM^{III}(SO$_4$)$_2$ · 12H$_2$O(M^{III}=Al, Cr, Mn, Fe, Ga 등)의 총칭이다.

나트륨 아말감 (sodium amalgam)　나트륨과 수은의 합금. 수은과 나트륨을 반응시켜 얻는다. 나트륨이 약 1 % 까지는 액체 또는 풀 상이고, 그 이상에서는 부드러운 고체. 화학적으로는 금속 나트륨보다도 반응성이 약하다. 유기합성에서 환원제로 사용된다.

나트륨에톡시드 (sodium ethoxide)　C$_2$H$_5$O Na. 나트륨에틸레이트 또는 나트륨알코올레이트라고도 한다. 금속 나트륨과 에탄올의 반응 혹은 수산화나트륨과 에탄올의 반응으로 생성된다. 유기합성에서는 보통 에탄올 용액인 채로, 전형적 유기염기로서 축합반응, 기타의 반응시제로 사용한다.

나트륨에틸레이트 (sodium ethylate) ⇨ 나트륨에톡시드.

나트륨이온 펌프 (sodium pump) Na^+이온을 능동 수송하는 생체막 중의 기구. Na^+-K^+ ATP아제(ATP 가수분해 효소)가 본체이다.

나프타 (naphtha) 원유 중의 가솔린 끓는점 범위(30~200℃ 정도)에 상당하는 유분. 보통은 경질 나프타와 중질 나프타로 구분하여 각각 다음의 공정으로 보낸다. 또 이렇게 분리를 하지 않은 것을 풀레인지 나프타 또는 홀레인지 나프타라 한다.

나프타센 (naphthacene) 4개의 벤젠 고리가 나프탈렌과 같은 형태로 가로로 1열로 배열하고 있는 축합고리 화합물. 테트라센이란 별칭도 있다.

나프탈렌 (naphthalene) 2개의 벤젠 고리가 서로 오르토자리에 결합한 축합 고리 화합물 $C_{10}H_8$. 방향족 탄화수소는 모두 어미가 −ene으로 명명되므로 나프탈렌이란 명칭이 되지만 독일어에서는 Napht(h)alin이라 하므로 영어가 일반적이 되기 이전에는 나프탈린이란 명칭이 사용되었다. 현재도 타르공업에서는 공업제품명으로서 나프탈린이란 명칭이 사용되고 있다. 콜타르에서 얻어지며 염료의 출발 원료로 중요하다.

나프탈렌유 (—— 油, naphthalene oil) 타르의 증류에서 200~250℃의 유분. 중유(中油)라고도 한다. 타르 기준으로 10~15℃의 수율로 얻게 된다. 나프탈렌의 함유량이 낳고 타르산과 티르염기도 함유한다. 타르산 회수 후의 유분에서 조제, 나프탈렌(순도 약 95%)이 약 8% 얻어진다. 또한 타르염기를 분별하여 크레오소트유, 세정유, 카본블랙 원료 등으로 사용된다. 메틸나프탈렌, 중성 유성분의 회수에는 재증류된다.

나프탈린 (naphthalene) ⇨ 나프탈렌.

나프텐 (naphtene) ⇨ 나프텐족 탄화수소.

나프텐기 원유 (—— 基原油, naphthene-base crude oil) 원유의 기에 따른 분류의 일종. 아스팔트기 원유라고도 한다. 감압 증류를 하면 다량의 아스팔트 또는 피치를 잔류하

는 원유. 아스팔트기 원유에서 얻게 되는 가솔린은 옥탄가가 높지만 경유는 세탄가가 낮다. 또 윤활유는 점도 지수가 낮고 안정성이 좋지 않으나 유동성이 높다. 캘리포니아 원유와 베네수엘라 원유가 대표적이다.

나프텐산 (—— 酸, naphthenic acid) 시클로파라핀 고리의 곁사슬 말단에 카르복시기가 결합한 것. 석유산이라고도 한다. 석유 중의 카르복시산의 대표적인 것으로 나프텐기 원유 중에 다량 함유된다. 금속염의 촉매, 유화제, 살균제, 도료용 건조제, 윤활유의 극압 첨가제 등에 사용된다.

나프텐족 탄화수소 (—— 族炭化水素, naphthene hydrocarbon) 고리식 포화 탄화수소의 총칭. 석유공업에서 예로부터 사용되고 있는 시클로파라핀의 동의어. 석유 중에 함유되어 있는 것은 대부분이 C_5, C_6의 탄화수소이다.

나프토에산 (—— 酸, naphthoic acid) 나프탈렌에 카르복시기가 치환된 나프탈렌카르복시산, $C_{10}H_7COOH$. 1− 및 2−의 이성질체가 있다.

나프토퀴논 (naphthoquinone) 나프탈렌 고리의 2개의 탄소원자 자리에 카르보닐기가 있는 퀴논형의 화합물. 1, 2−, 1, 4− 및 2, 6−의 이성질체가 있으나 가장 중요한 것은 1, 4−나프토퀴논이며 α−나프토퀴논이라 하는 경우도 있다.

[나프토퀴논]

나프톨 (naphthol) 나프탈렌에 히드록실기가 치환된 페놀성 화합물 $C_{10}H_7OH$. 1− 및 2− 나프톨의 이성질체가 있다. 일반적으로는 α− 및 β−나프톨이라 부르는 일이 많다. 염료의 중간물로서 β−체는 특히 중요하다.

나프톨 AS (Naphthol AS) 나프톨 염료의 그라운더. 3−히드록시−2−나프토산 아닐리드의 상품명. 그라운더는 이 유형의 화합물이 많으므로 그라운더를 나프톨 AS류라고도 한다.

나프톨 염료 (—— 染料, naphthol dye) 셀룰로오스용 고급 염료. 사용 전에는 완성된 색소가 아니며 섬유상에서 생성되는 불용성의

아조 염료. 아조익 염료라고도 한다. 그라운더(커플링 성분)를 섬유에 흡수시켜 현색제(디아조 성분)의 디아조액 중에서 처리 발색한다. 그라운더가 나프톨 유도체이므로 이렇게 부른다. 또 현색제의 디아조화는 빙냉(水冷)을 요하므로 아이스 염료라고도 한다.

나프티온산 (―― 酸, naphthionic acid) 나프탈렌의 1, 4- 자리에 NH_2와 SO_3H가 치환한 화합물이다.

나프틸아민 (naphthylamine) 나프탈렌에 아민기가 치환한 염기성 화합물 $C_{10}H_7NH_2$. 아미노기의 자리에 따라 1- 및 2- 나프틸아민의 이성질체가 있다. 일반적으로는 α- 및 β-나프틸아민이라 많이 불리고 있다. α-체는 니트로화합물의 환원으로 형성되나 β체는 β-나프톨과 암모니아의 반응으로 형성된다. 염료 등의 중간물. β-체는 발암성이므로 제조와 사용이 금지되고, β-체로부터 중간물 합성은 별도 경로로 제조하도록 되었다.

나피온 (Nafion) 폴리테트라플루오르에틸렌의 골격에 술폰산기를 도입한 폴리머의 상품명(미국 du Pont사), 열적으로 안정되고 내약품성이 높으며 프로톤 전도성이 있으므로 고분자 전해질, 이온교환막으로서 이용되는 외에 강한 산성이 있으므로 산촉매작용이 있다.

낙구점도계 (落球粘度計, falling-ball viscometer) 공업용 점도계의 일종. 액 안을 일정 시간 내에 구가 낙하하는 거리 혹은 일정 거리를 낙하하는 데 요하는 시간을 측정하여 점성률을 구한다.

난류 (亂流, turbulent flow) 유체의 크고 작은 다양한 각 부분이 불규칙하게 혼합하여 흘러, 어느 점에서의 속도도 평균값 언저리에서 불규칙하게 변동하고 있다. 관성력이 점성력보다 지배적인 레이놀즈수의 큰 흐름에서 어떤 난조가 발생하면 난조는 관성력의 영향을 받아 발달하여 흐름은 난류가 된다. 층류의 대응어이다.

난류 경계층 (亂流境界層, turbulent boundary layer) 경계층의 흐름이 난류인 경우 그 경계층을 난류 경계층이라 한다. 층류 경계층의 대응어. 난류 경계층은 보통 다음 세 가지 영역으로 구분된다. ① 고체벽의 바로 근방에서 점성 지배의 층(경막), ② 고체벽에서 충분하게 떨어진 완전 난류영역, ③ 그 전이상태에 상당하는 과도층이다.

난류 전이 (亂流轉移, turbulent transition) 흐름이 층류 상태에서 난류 상태로 변화하는 것. 보통은 유속의 증가로 난류 전이가 발생한다. 원관 내의 흐름이 난류 전이할 때의 레이놀즈수를 임계 레이놀즈수라 한다.

난류 확산 (亂流擴散, turbulent diffusion) 난류의 각 부분의 물질, 운동량, 열 등이 난류가 갖는 소용돌이 운동에 의해서 확산하는 현상으로 분자운동에 의한 분자확산에 비해 규모가 크고 작용도 현저하다.

난백 알부민 (卵白 ――, egg albumin) ⇨ 오보 알부민.

난치환성 착물 (亂置換性錯物, inert complex) 치환성 착물의 대응어이다. ⇨ 치환성 착물.

날가죽 (pelt) 제혁공정에서 무두질을 하기 전의 상태. 털을 포함한 상피조직을 제거한 후 그레인이 노출한 단계의 것. 이 단계에서 상처 등의 검사를 하고 중량을 측정하여 다음 공정에서 약품량의 계산 기준으로 한다.

날염 (捺染, printing, textile printing) 프린팅 등의 조작으로 문양을 찍어내는 염색법, 침염의 대응어. 천에 지형, 스크린, 롤러, 판목을 사용하여 날염풀을 직접 프린팅하는 경우와 방염풀을 프린팅한 후 염색하는 경우와 원단을 염색한 천에 발염풀을 프린팅하여 발염하는 경우가 있다. 또 염료와 안료를 프린팅한 종이(전사지)를 천에 압착, 가열하는 전사 날염도 있다.

날염풀 (捺染 ――, printing paste) 날염용의 풀 또는 색물. 무르게 한 풀을 지칭한다. 일반적으로는 실용 프린팅 점도의 수준보다 약간 고점도의 풀 재료로 되어 있는 것을 원풀이라 하고 여기에 염료 수용액을 혼합하여 색풀을 조제한다. 풀 재료로서는 수용성 고분자와 합성 수지 등의 에멀션이 사용된다. 날염 양식에 따라 직접 날염풀, 방염풀, 발염풀 등으로 구별된다.

날인 (捺印, printing) 날염공정 중에서 색깔이 있는 풀을 천 위에 찍는 것. 인쇄에 대응하는 용어. 풀을 찍는 방법에는 요판, 스크린 방법 등이 있으며, 예전에는 양각 목판에 색풀을 묻혀서 천에 압착한다고 해서 날염(捺染)이라 하게 되었다. ⇨ 날염.

납 (蠟, wax)　고급 지방산과 고급 알코올의 에스테르. 어원은 밀랍에서 유래한다. 좁은 의미로는 에스테르를 주성분으로 하는 카르나우바 납, 경랍이 이에 속한다. 넓은 의미로는 그 물리적 성질에서 납양 물질로 해석되는 트리글리세리드로 된 목랍, 탄화수소로 된 파라핀납 등도 포함한다.

납산염 (鉛酸鹽, plumbate)　$M^I_4PbO_4$ 혹은 $M^I_2PbO_3$ 등의 일반식으로 표시되는 화합물을 납산염이라 하지만 이러한 무수화물에는 독립된 PbO_4^{4-} 또는 PbO_3^{2-} 는 존재하지 않으므로 납산염이라 부르는 것은 적절하지 않다. $M^I_2PbO_3 \cdot 3H_2O$는 사실은 헥사히드록소납(IV)산염 $M^I_2[Pb(OH)_6]$이다.

납염 (蠟染, battick)　납으로 그려 방염하여 문양을 나타내는 염색법. 사용하는 납의 종류에 따라 독특한 균열이 생겨 염액이 그 부분에 침투하여 풀방염과는 다른 멋을 낸다. 주로 수공예 염색으로 한다.

납유리 (lead glass)　조성에 산화납을 함유하며 굴절률, 반사율, 전기 저항이 높고 성형성, 가공성이 뛰어난 유리, 컷 글라스 등의 공예 유리, 전기용 유리, 프린트 글라스로서 광범한 용도가 있다.

납 유약 (鉛釉藥, lead glaze)　도자기에 사용되는 유약의 일종. 규산염이 주성분인 것과 장석 유약과 동일한 조성과 규산납의 혼합물이 있다. 납화물을 함유하므로 녹는 온도가 낮다. 유약 성분에 납화합물을 적당량 가하면 녹은 유약의 흐름이 좋아져 기물의 표면을 용이하게 피복하고 광택이 좋아진다.

납지 (蠟紙, waxed paper)　⇨ 파라핀지.

납 축전지 (鉛蓄電池, lead-acid battery, lead storage battery)　납과 황산을 원료로 하여 구성한 대표적 2차 전지. 초기의 1차 전지는 자기방전이 컸으므로 이 전기 에너지를 유효하게 저장하기 위해, 1859년 R. Planté가 발명하였다. 오늘날에는 부정비(不定比) 납산화합물, 납합금 격자, 미공 분리기의 사용, 밀폐화 등의 기술적 진보로 자동차용, 상용 전력 보조용, 핸드 클리너용 전원 등으로 사용되고 있다.

납하유 (蠟下油, foots oil)　⇨ 발한(發汗).

내광견뢰도 (耐光堅牢度, color fastness to light)　염색물의 빛에 대한 안정성. 염색물의 실용상 안정성 평가에는 각종 염색견뢰도를 평가하게 되는 데 내광은 내세탁과 함께 가장 기본적인 내성이다. 기초적으로는 섬유 고분자 기질상 염료의 광화학 반응으로 인한 변퇴색과 그 평가인데 관계되는 요인은 복잡하다.

내광성 (耐光性, light resistance)　섬유, 플라스틱, 고무 등 고분자 재료와 도료, 안료, 염료, 잉크 등이 일광(자외, 가시광선)에 노출되었을 때에 열화 혹은 변색·퇴색에 견디는 성질을 말한다.

내권 (內圈, inner sphere)　금속 착물의 배위자보다 내부. 외권의 대응어이다.

내 긁기성 (耐——性, scratch resistance)　경도가 큰 입자가 재료에 주는 손상은 긁힘, 밀어 넣기 및 그 합성으로 대별된다. 이 중에서 긁힘손상에 대한 저항성을 의미하며, 긁힘경도가 큰 재료일수록 내긁힘성이 높다.

내부 가소제 (內部可塑劑, internal plasticizer)　비닐모노머에 아크릴산 유도체, 고급 알킬비닐에테르, 고급 지방산비닐 등을 공중합시키면 폴리머 상호 간의 결합을 약화시키는 긴 알킬기가 부분적으로 있는 구조가 되고 유리 전이온도가 저하하여 가소성이 있는 폴리머가 된다. 이러한 공중합에 의한 가소화를 내부 가소화라 하고, 내부 가소화에 사용되는 코모노머를 내부 가소제라 한다.

내부 마찰각 (內部摩擦角, angle of internal friction)　분체층 내에 있는 면을 따라 작용하는 법선응력 σ에 대하여 전단응력 τ를 증가시키면 응력의 평형한계 상태가 되어 슬립이 생긴다. 이 상태의 $\sigma-\tau$관계는 쿨론 분체에서는 직선이 되며 그 경사각을 내부 마찰각이라 한다. 비쿨론 분체에서는 곡선의 절선 기울기로 정의하므로 내부 마찰각은 σ의 값에 따라 변화한다.

내부 반사법 (內部反射法, internal reflectance method)　전기화학 등의 분야에서 사용되는 분광학적 수법의 일종. 예를 들면 투명전극이 전해액에 접하고 있을 때 전극 내부에 빛을 도입하여 전해액과의 계면에서 전반사시킨다. 이 때, 빛은 입사광 파장의 수분의 1 정도 전해액 내에 스며 나오므로 전극 표면에 생성한 화합물의 흡수 스펙트럼 등을 측정할 수 있고, 계면 상태에 관한 정보를 얻을 수 있다.

내부 변환(內部變換, internal conversion)　내부 전환이라고도 한다. (1) 전자 들뜬상태에서의 무방사 전이의 일종. 다중항이 변하지 않는 정도를 지칭한다. 높은 들뜸 일중항 상태에서 최저 들뜸 일중항으로, 혹은 최저 들뜸 일중항에서 바닥 상태로의 무방사 전이가 이것에 상당한다. (2) 들뜬 상태에 있는 원자핵이 궤도전자와의 상호작용을 통해 γ선의 방사 없이 낮은 에너지 상태로 이행하는 과정. 그 결과 K, L궤도 전자는 원자 밖으로 방출된다. 이것을 내부 변환전자라 한다. 내부 변환으로 안쪽 껍질 궤도에 공석이 생기므로 X선 또는 오제전자가 방출된다.

내부 압력(內部壓力, internal pressure)　물질의 내부 에너지를 U, 체적을 V, 온도를 T로 할 때, $(\partial U/\partial V)_T$는 압력의 차원이 있으며 이것을 내부압력이라 한다. 내부압력은 분자간 힘(인력 및 척력)에서 생기는 분자의 응집력을 나타낸다.

내부 에너지(內部──, internal energy)　물질이나 장이 갖는 에너지에서 역학적 운동에너지를 뺀 남은 부분. 정지하고 있는 물질계의 총 에너지를 말한다. W. Thomson (1852년)에 의해 도입되었다. 어떤 계의 내부 에너지는 그 상태에 따라 정해지는 양(상태량)이다(열역학 제1법칙).

내부 이온쌍(內部──雙, internal ion pair)　형식전하를 갖지 않는 원자간의 공유결합이 헤테로리시스되면 양이온과 음이온을 생성한다. 가용매 분해는 물론 용매 중에서의 이온반응에서는 이 두 이온은 최초 1쌍인 채로 용매에 둘러 싸여 있다. 이것을 내부 이온쌍 혹은 접촉 이온쌍이라 한다. 내부 이온쌍은 원래의 공유결합과 평형관계에 있으며 또 다음에 형성되는 외부 이온쌍과 평형관계를 갖는다.

내부 저항(內部抵抗, internal resistance)　디바이스를 외부에서 보았을 때 등가회로적으로 내부에 갖는 저항. 용량성분, 인덕턴스 성분을 가질 때는 내부 임피던스라 한다. 전기화학계에 있어서는 전극반응에 유래하는 것과 전해질의 저항에 유래하는 것이 있다.

내부 전기분해(內部電氣分解, internal electrolysis)　외부의 전원을 사용하지 않고 계의 내부에 1쌍의 갈바니 전지를 끼워 넣어 전해를 하는 방법. 전지를 단락시킴으로써 용액 중의 금속의 중량 분석이 가능하게 된다. 예를 들면, 백금과 구리극으로 된 전극계를 격막을 매개로 하고 설치하여 단락하면 백금쪽 용액 중의 은이 백금 전극상에 석출하여 중량 분석을 할 수 있다.

내부 전위(內部電位, inner potential)　전기전도성의 상의 내부(상 표면의 영향이 미치지 않는 장소)에서의 점이 갖는 전위로서, 보통 기호 ϕ로 표시된다. 진공 중 무한 원의 점에서 문제의 상 내부점까지 전하를 무한하게 천천히 운반하는 데 요하는 정전적 일에 의해 정의된다.

내부 전환(內部轉換, internal conversion)　⇨ 내부 변환.

내부 지시약(內部指示藥, internal indicator)　적정에서, 피적정 용액 중에 가하는 지시약. 반응용기 밖에서 사용하는 외부 지시약의 대응어이다.

내부 표면(內部表面, inner surface)　제올라이트 등의 결정성 다공질 물질에서, 결정의 내부에 존재하는 표면. 외부 표면의 대응어. 다공질 입자의 표면적 측정에서 관측되는 표면적의 대부분은 내부 표면적이다.

내부 표준(內部標準, internal standard)　발광분광분석 등에서 매트릭스효과에 의한 방해를 저감시키는 방법의 일종에 내표준법이 있고, 목적 원소의 함유율이 이미 알려져 있으며 또한 분석시료와 성질이 유사한 표준시료를 내표준이라 한다. 내표준이라고도 하며, 외표준의 대응어. 목적 원소를 분석하여 일방 강도측정에 방해가 될 염려가 없는 원소(내표준 원소)를 선정하고, 그 일정량을 가하여 분석한다. 분석결과 얻어진 목적 원소의 스펙트럼선과 내부표준 원소의 스펙트럼선(내표준선이라 한다)의 강도비를 구함으로써 매트릭스효과가 상쇄되어 안정된 분석결과를 얻게 된다. 내부표준 원소로서 시료 중의 주성분 원소로 함유율이 일정하다고 볼 수 있는 원소를 이용하여도 무방하다.

내부 현상 (內部現像, internal development) 사진을 현상할 때 할로겐화은을 용해하면서 반응을 진행시킴으로써 내부에 현상 중심이 있는 일반적으로는 현상하기 어려운 입자를 현상하는 것을 말한다.

내산 법랑 (耐酸琺瑯, acid-proof enamel) 산성 용액에 대한 저항성이 뛰어난 법랑. 일반적으로 60% 이상의 SiO_2 성분을 함유한다. 이화학용 법랑기구와 화학공업용 법랑기구로 사용된다.

내산성 (耐酸性, acid resistance) 재료가 산에 용해나 부식되지 않는 특성을 말한다.

내삽 (內揷, interpolation) ⇨ 내연장.

내성 (耐性, resistance) 생물이 환경 내의 독성 이물(예를 들면 독물, 자극물, 병원성 미생물)에 대하여 갖는 자연적으로 갖추고 있는 저항력. 미생물과 곤충에서는 돌연변이와 약제 내성인자의 도입으로 내성이 생겨 의약과 농약이 작용을 상실한다.

내성균 (耐性菌, resistant bacteria) 어떤 약제는 세균에 대해서 유효하지만 전혀 무효하게 된 종류의 세균을 말한다. 예를 들면, 항생물질인 스트렙토마이신은 결핵균에 유효하지만 전혀 작용하지 않는 결핵균을 스트렙토마이신 내성균이라 하고, 유효한 결핵균을 스트렙토마이신 감성균이라 한다. 포도구균, 적리균 등도 내성이 문제가 된다.

내식성 (耐食性, corrosion resistance) 기상이나 액상 중에서 산화와 황화 등에 의한 열화를 받기 어려운 금속 표면의 성질. 표면이 부동태의 상태에 있거나 혹은 부동태 피막을 형성하기 쉬운 상태에 있는 금속은 내식성이 강하다.

내식시험 (耐食試驗, anticorrosion test) ⇨ 부식시험.

내알칼리성 (耐 —— 性, alkali resistance, caustic resistance) 유리, 법랑, 내화물 등의 재료를 사용할 때에 알칼리에 견디는 성질. 이 경우 알칼리란 알칼리 수용액, 알칼리 증기 및 알칼리 함유 용액을 지칭한다.

내약품성 (耐藥品性, chemical resistance) 산, 알칼리 등의 화학약품에 견디는 성질의 총칭. 외관, 크기, 기계적 성질의 변화 등에 따

라 평가된다. 내약품성 도료는 화학약품에 직접 접촉하는 부위가 침해되는 것을 방지하기 위해 칠하는 도료. 기타 내약품성 고무 등이 있다.

내연장 (interpolation) 변수 x의 함수 $f(x)$의 형태는 알 수 없으나 몇 가지 x_i에 대한 $f(x_i)$가 알려져 있을 때 그 사이의 임의의 x에 대한 함수값을 추정하는 것. 내삽(內揷) 또는 보간(補間)이라고도 한다.

내열 법랑 (耐熱琺瑯, heat-resisting enamel) 약 500℃ 이상의 고온에 견딜 수 있는 법랑 제품, 일반 법랑 제품의 내열성은 약 400℃까지이다.

내열성 (耐熱性, heat-resisting property, thermal resistance) 재료가 변형이나 변질하는 일 없이 고열에 견딜 수 있는 특성을 말한다.

내열성 고분자 (耐熱性高分子, thermally stable polymer) 열가소성 고분자의 대부분이 100℃ 정도 이상에서 열변형을 보이는 데 대해, 유리 전이온도와 녹는점이 높아 200~300℃ 이상에서도 기계적 성질이 저하하지 않고 또한 고온에서도 장시간 열화하지 않는 폴리머를 가리킨다. 폴리이미드와 같이 주사슬이 방향고리로 구성되어 있는 폴리머와 폴리테트라플루오르에틸렌이 대표적인 예이다.

내열성 그리스 (耐熱性 ——, high-temperature grease) 나트륨 비누를 광유에 배합한 그리스로서, 내열성이 우수한 그리스. 대표적인 것은 파이버 그리스인데 이것은 일반적으로 내수성이 낮고 물 또는 스팀에 의해 일부가 유화하기 쉬운 결점이 있으며 이 때에도 윤활성과 녹 방지성이 상실되는 일은 없다. 외관이 섬유상을 띠고 있는 점에서 지어진 명칭이다.

내열 세균 (耐熱細菌, thermophilic bacteria) 55℃ 이상의 고온에서 생육하는 세균의 총칭. 90℃ 이상에서 생육하는 초고도 호열균, 75℃ 이상에서 생육하는 고도 호열균, 그 이하의 온도에서 생육하는 중등도 호열균으로 분류된다.

내열 유리 (耐熱 ——, heat-resisting glass) 급열, 급랭하여도 좀처럼 파열되지 않는 내열 충격성의 유리 및 그 제품. 열팽창 계수가 낮은 것이 필수조건이다. 석영 유리, 붕

규산 유리 등이 있다. 제품별로 일정한 온도 차에서 시험하는 규격이 정해져 있는 경우도 있다.

내염성 (耐炎性, flame resistance)　섬유, 플라스틱 등의 고분자 재료가 착화하였을 때 연소 확산하기 어려운 성질. 내화성보다 좁은 의미의 개념이다.

내오존성 (耐 —— 性, ozone resistance)　가황 고무의 오존 균열에 대한 저항성을 말한다.

내장 벽돌 (內裝 ——, lining brick)　공업 요로 내면에 붙이므로 노내 분위기 혹은 슬래그, 용융철, 시멘트 등의 내용물과 직접 접촉하는 벽돌을 말한다.

내절 강도 (耐折強度, folding endurance, folding strength)　종이의 재료물성의 일종. 정해진 크기의 시험지편을 일정 조건에서 교호로 역방향으로 접고, 접은 선에서 절단될 때까지의 회절 횟수로 나타낸 강도. 종이의 취성과 관련이 있다. 즉 포장지나 표지같이 접어 사용하는 종이는 그 성능을 표시하고 또한 섬유강도가 저하하는 종이 노화의 민감한 척도가 된다.

내지지 (耐脂紙, greaseproof paper)　유지가 스며들지 않도록 가공한 종이. 유지에 대해 내성이 있는 수지와 규산염 등을 도포하거나 비팅을 진행하거나 진한 황산처리를 하여 종이를 치밀화하는 방법이 채용되고 있다. 유지식품과 비누의 포장에 사용된다.

내충격성 (耐衝擊性, shock resistance)　재료가 충격에 대해 견디는 성질. 외부에서 고속으로 충격력을 가하여 파괴시킨 뒤 그에 소요된 에너지를 측정하여 평가한다. 주로 플라스틱이 대상이 된다.

내파(가죽) (nappa(leather))　양이나 염소의 가죽을 알루미늄 무두질한 후 타닌 등으로 다시 무두질하여 유연하게 마무리한 그레인 가죽, 또는 소가죽으로 만든 유연한 갑피와 자루용 가죽 등도 내파라 하며, 이것은 소프트 레더와 동의로 사용된다.

내표준선 (內標準線, internal standard line)　⇨ 내부 표준.

내풍우성 (耐風雨性, weather resistance)　재료가 옥외의 자연 조건, 즉 일광, 열, 비바람, 강설, 산소, 오존, 먼지, 대기오염물질, 염수

등에 노출되어도 열화하지 않고 견디는 성질을 말한다.

내풍우성 시험기 (耐風雨性試驗機, weathermeter)　재료가 햇볕, 비바람 등에 노출되어 열화하는 과정을 카본아크등을 쬐고 계산하는 등 인공적으로 가속 재현하여 재료의 내풍우성을 단시간에 추정하는 시험기. 미국 Atlas Electric Devices사의 제품인 웨더미터가 유명하다.

내한성 (耐寒性, low-temperature resistance)　주로 고무와 플라스틱 등의 고분자 재료가 저온에 노출되었을 때에 취화하여 물성이 저하하는 것에 대한 저항성을 말한다. 유리 전이온도가 내한성의 가늠이 된다. 또 윤활제 등이 저온에서도 유동성을 상실하지 않는 것도 내한성이라 한다. 기타 공업분야에서 일반적으로 재료가 저온에 노출되어도 물성이 저하하지 않는 것을 내한성이 높다고 한다. 또한 세포, 조직, 생물 고체 등이 저온에서 생존할 수 있는 성질도 내한성이라 하는 데 이 경우 영어로는 cold resistance이다.

내향고리 (內向 ——, endocyclic)　고리식 화합물에 부수되는 이중결합과 특이성의 위치를 구별하는 데 사용하는 용어. 시클로헥산, 시클로헥사논 등은 내향고리 이중결합으로 내향고리 카르보닐기. 고리와 곁사슬 사이에 있는 외향고리 이중결합인 아세토페논 등은 외향고리 카르보닐기를 말한다.

내화도 (耐火度, pyrometric cone equivalent)　내화물은 일반적으로 불균일하며 수종의 결정상과 유리상으로 된다. 그러므로 어떤 일정 온도에서 용융하는 것이 아니라 온도 상승과 시간 경과와 함께 부분적으로 용융하기 시작하여 연화 변화를 일으킨다. 이 변화를 일으키는 가열 정도를 나타내는 온도의 기준을 말한다. 제겔콘 등에 의해 측정된다.

내화 모르타르 (耐火 ——, refractory mortar)　벽돌로 요로를 건축할 때 벽돌을 접합시키는 모르타르. 내화성 분말에 가소성 점토, 결합제를 가하여 제조된다. 사용 후의 경화 양식에 따라 기경성, 열경성, 수경성의 세 가지로 분류된다.

내화물 (耐火物, refractories)　요로 구조물로 이용되며 1,500℃ 이상의 내화도가 있는

비금속 재료. 고융점 산화물(Al_2O_3, SiO_2, MgO, CaO, ZrO_2, Cr_2O_3 등), 그러한 화합물 (무라이트, 스피넬, 지르콘 등), 탄화물(SiC), 질화물(Si3N4), 구성되어 있다. 고온에 견디며 내침식성과 내스프링성이 뛰어나야 하는 등의 특성이 요구된다.

내화 벽돌 (耐火 ——, fire brick, refractory brick)　요로를 축조하기 좋도록 일정한 형성으로 제조된 내화물. 다음의 3종으로 대별된다. ① 소성벽돌 : 소성에 의해 소결된 것, ② 불소성벽돌 : 소성되지 않고 화학결합제로 결합된 것, ③ 전주벽돌 : 용융되어 형틀에 부어서 제조된 것을 말한다.

내화성 (耐火性, fire resistance)　섬유, 플라스틱 등의 고분자 재료가 불꽃이나 열원에 닿아도 타기 어려운 성질 및 착화하여도 연소 확산하지 않는 성질. 내열성보다 좁고 내염성보다는 넓은 개념이다.

내화지 (耐火紙, fireproof paper)　화학처리를 하거나 무기섬유를 혼합하여 쉽게 타기 어렵게 만든 종이. 화학처리 약품으로는 황산암모늄, 염화암모늄, 인산암모늄, 아미드황산암모늄 등이, 무기섬유에는 세라믹스, 유리섬유 등이 사용되며 벽지 등으로 사용된다.

내화처리 (耐火處理, flame retarding)　⇨ 방염 가공.

내화처리제 (耐火處理劑, flame retardant)　주로 고분자 물질의 발염 및 무염 연소를 억제하기 위해 사용되는 약제의 총칭. 첨가형과 반응형(가교형)의 두 가지가 있으며 인계, 할로겐계 등의 많은 물질이 사용되고 있다. 방염제도 같은 뜻이다.

내화 콘크리트 (耐火 ——, refractory concrete)　샤모트나 무라이트 같은 내화성 골재에 알루미나 시멘트를 혼합한 캐스터블 내화물, 물을 가해서 혼련하여 형틀에 넣어 경화시키는 것으로 내화성이 있는 콘크리트로 간주할 수 있다.

내황산염 시멘트 (耐黃酸鹽 ——, sulfate-resisting cement)　황산염을 함유하는 토양, 지하수에 접하는 콘크리트용의 시멘트. 보통 포틀랜드시멘트에 비해 Al_2O_3의 함유량이 적고 Fe_2O_3 함유량이 많다.

내휘발유성 (耐揮發油性, gasoline resistance)　가솔린, 석유 등에 대한 도막의 내항성. 가솔린, 석유 등에 도장 시편을 침지하여 일정 기간 방치하고 연화, 변색 등의 도막 이상이 발생하지 않으면 내휘발유성이 양호하다고 평가한다. 자동차용 도료에서는 중요한 성질이다.

내흡수법 (內吸收法, internal absorbent method)　유기 화합물의 탄소·수소 정량분석시 시료 중의 함질소 화합물에서 발생하는 질소 산화물을 연소관 내에 그 흡수제를 충전하여 제거하는 방법. F. Pregl에 의해 창시되었으며 흡수제로서는 통상 이산화납이 사용된다.

냉가황 (冷加黃, cold cure, cold vulcanization)　가황제를 배합하지 않은 얇은 성형품을 적당한 용매에 용해한 염화황산 용액에 상온으로 침지하거나 또는 이 용액을 고무 표면에 도포하여 가황하는 특수한 가황법이다.

냉각 가마 (冷却 ——, lehr)　용해된 유리가 성형공정 후, 급랭으로 파괴되는 것을 방지하기 위해 단계적인 온도처리를 하는 노. 유리의 비틀림이 십수 분 후에 소실하는 온도를 서랭온도라 하며, 그 전후의 온도 상승·하강을 포함하여 냉각이라 하는 경우가 있다.

냉각기 (冷却器, condenser)　유기 화합물을 증류할 때 가열하여 생긴 증기를 바깥쪽에서 유수로 냉각하여 액체로 되돌려 포집하기 위한 장치. 2중 유리관으로 되어 있다. 증류의 목적이 아니고 환류를 목적으로 사용되는 냉각기는 환류 냉각기라 한다.

냉각탑 (冷却塔, cooling tower)　⇨ 냉수탑.

냉수탑 (冷水塔, cooling tower)　사용 후의 온도가 높아진 냉각수를 다시 냉각하여 재사용하기 위한 장치. 냉각탑이라고도 한다. 온수를 그 온도보다 낮은 평형 조작온도(근사적으로는 습구온도)의 공기와 직접 접촉시켜 온수를 증발하여 그 증발 잠열을 이용해서 온수를 냉각시킨다. 장치로서는 스프레이탑, 충전탑, 격자조탑 등이 사용된다.

냉연신 (冷延伸, cold drawing)　유리 전이온도 이하에서의 연신, 이 온도영역에서는 비결정성 고분자에서도 연신부분과 미연신 부분의 경계에 명확한 협착. 네킹현상을 일으켜 불균일한 신장이 된다.

냉염 (冷炎, cool flame)　어떤 종의 탄화수소, 알데히드, 에테르 등의 연료와 공기의 혼합 기를 가열하는 경우, 발화 이전의 온도·압 력영역에서 완화한 산화에 기인하여 생기는 청백색의 화염. 발화 후에 생기는 정상적인 화염과는 달리 낮은 온도를 보이는 뜻에서 명명된 용어. 주기적으로 수회 발생하는 경 우가 많고 냉염이 발생하면 정상염과 합하 여 두 번 발염하므로 이 형식의 발화는 2단 발화라 한다.

냉접점 (冷接點, cold junction)　열전대에 의 한 온도측정에서는 2종의 금속선 양단을 접 합하여 한쪽 접점을 기준 정온으로 유지하 고 다른 쪽 접점은 기준 온도와 다름으로써 발생하는 열 기전력으로 온도를 구한다. 이 때 기준 정온으로 유지하는 접점을 냉접점 이라 하고 다른 하나의 접점을 열접점이라 한다.

넛셀 수 (── 數, Nesselt number)　대류 전열에 서, 전열 속도에 관한 무차원 수. Nu로 표기하 며 다음 식으로 정의된다. $Nu = hL/x$ 여기 서, h는 열전달 계수, L은 대표 길이, x는 열전도율이다. 강제 대류에서는 레이놀즈수 와 플랑크수의 함수로서, 자연 대류에서는 그 라스호프수와 플란톨수의 함수로 상관된다.

네롤리 유 (── 油, neroli oil)　남프랑스, 튜 니지아, 알제리아에서 산출되는 운향과 식 물 *Citrus bigaradia*의 꽃에서 채취되는 정유. 주성분은 l~리날노올이며 향수의 원 료가 된다.

네른스트 식 (── 式, Nernst equation)　화학종 A, B, C, D가 전기화학반응 $wA + xB = yC + zD$에서 평형상태에 있을 때, 전극전위 E 를 반응 화학종의 활량으로 나타내는 식을 말한다. $E = E_0 + (RT/nF)\ln(a_A{}^w a_B{}^x / a_C{}^y a_D{}^z)$ 여기서 n은 위 반응식의 전하 이행수, E_0는 표준 산화환원 전위, a는 반응 화학종 의 활량이다.

네른스트의 열정리 (── 熱定理, Nernst heat theorem)　⇨ 열역학 제3법칙.

네마틱 액정 (── 液晶, nematic liquid crystal) 액정의 한 형식. 유동성이 있고 편광 현미경 으로 사상(絲狀)의 조직을 볼 수 있다. 네마 틱이란 그리스어로 사상을 말한다.

네블라이저 (nebulizer)　시험 용액을 프레임 중에 도입할 수 있도록 에어로졸에 가까운 미세한 액적으로 하는 장치. 분무기라고도 한다. 원자 흡광 분석과 ICP 발광 분석 장치 등에 사용된다.

네빌 – 윈터산 (── 酸, Neville-Winter's acid) ⇨ NW산.

네사 유리 (Nesa glass)　도전성 산화주석 박 막을 피복한 투명 유리기판의 속칭. 원래는 미국 PPG사의 상품명이었으나 투명 전극으 로서 태양 전지의 창제와 항공기 등의 결로 방지용 창유리로 혹은 각종 실험용 투명 전 도성 기판 등으로 널리 사용되어 그 명칭이 일반화되었다.

네슬러 시약 (── 試藥, Nessler's reagent) 암모니아 가스 또는 암모늄 이온의 검출· 정량에 사용되는 시약. 다음 식을 따라 반응 하여 암모니아가 소량일 때는 황갈색을 띠 고 다량일 때는 적갈색의 침전이 생긴다.
$$2 K_2HgI_4 + 4OH^- + NH_4{}^+ \rightarrow NHg_2I \cdot H_2O + 3H_2O + 4K^+ + 7I^-$$

네오펜탄 (neopentane)　탄소수 5의 사슬식 포 화탄화수소 C_5H_{12}의 3종 이성질체 중의 하 나 $C(CH_3)_4$. 메탄의 4원자 수소가 전부 메틸 기로 치환된 구조를 하고 있다. 옥탄가는 모 터법에서 80.2, 리서치법에서 85.5로 높지만, 석유 중에는 거의 함유되지 않고 경제적으 로는 합성 곤란하다.

네펠로 법 (── 法, nephelometry)　현탁액의 빛 산란을 이용하여 물질을 정량하는 방법. 입사광과 직각의 방향에서 산란광을 측정하 는 것으로, 비탁분석이라고도 한다. 특히 묽 은 현탁액에 대해 예민한 방법이다.

넬점 (── 點, Néel point)　자기질서를 갖는 반강자성체가 자기질서가 없는 상자성체에 전이하는 온도, T_N으로 표시한다. 반강자 성의 연구에서 선도적 역할을 한 프랑스 물 리학자 L. Néel의 이름을 딴 명칭이다.

노 (爐, furnace, kiln, oven)　철강, 유리, 시 멘트, 내화물, 파인세라믹스 등의 제조과정 에서는 화학 반응이나 소결을 하기 위해 일 반적으로 고온처리 공정을 거친다. 이 고온 처리를 하기 위한 용기의 총칭. 형상과 목적 에 따라 로터리로, 터널로, 용융로, 처리로,

단독로 등 다양하다.

노니온 계면활성제 (―― 界面活性劑, nonionic surface-active agent, nonionic surfactant) ⇨ 비이온 계면 활성제.

노듈 (nodule)   퇴적암 중에 있는 주위보다 견고하고 특별한 덩어리를 형성하는 부분. 따라서 지층에서 분리할 수 있다. 최근에 망간, 철의 산화물을 주성분으로 하는 망간노듈이 해저에서 발견되어 새로운 자원으로서 개발이 진행되고 있다.

노르로이신 (norleucine)   아미노산의 일종, $CH_3(CH_2)_3CH(NH_2)COOH$. 단백질 구성 아미노산으로 알려진 로이신의 이성질체. 로이신이 말단에 메틸 곁사슬이 있는 데 대해 노르로이신은 곧은 사슬(노르말) 화합물이란 의미에서 노르를 붙여 명명한 것으로, 동족체 의미의 노르는 아니다.

노르말 농도 (―― 濃度, normality)   농도 단위의 일종. 용액 1리터 중에 물질 몇 그램 당량이 함유되어 있는가를 나타낸 농도. 기호 N. 비 SI단위이다.

노르말 용액 (―― 溶液, normal solution)   노르말 농도가 알려져 있는 용액. 규정용액이라고도 한다.

노르발린 (norvaline)   비천연계 아미노산, $CH_3(CH_2)_2CH(NH_2)COOH$. 단백질 구성 아미노산으로 알려져 있는 발린의 이성질체. 발린은 말단에 메틸 곁사슬이 있는 데 대해 노르발린은 곧은 사슬(노르말) 화합물이란 의미에서 노르를 붙여 명명된 것으로, 동족체 의미의 노르는 아니다.

노르아드레날린 (noradrenaline)   생체 아민의 일종, $C_8H_{11}NO_3$. 별칭 노르에피네피린. 아드레날린의 동족체이며 CH_2기가 1개 적은 화학구조이다. 생체내에서는 아미노산 티로신에서 도파민을 거쳐 생성된다. 말초 교감신경, 뇌의 신경전달물질. 혈관의 수축으로 혈압을 유지한다.

노르에피네피린 (norepinephrine)   ⇨ 노르아드레날린.

노볼락 (novolac, novolak)   페놀수지 제조의 중간체, 페놀과 포름알데히드를 산촉매, 페놀 과잉의 조건에서 반응시켜 얻는 페놀핵 5~10개를 함유하는 고체의 곧은 사슬상 올

리고머를 말한다.

노사 (滷砂, sal ammoniac)   염화암모늄 NH_4Cl의 옛 속칭이다.

노저 벽돌 (爐底 ――, bottom brick)   노의 바닥에 사용되는 벽돌. 예로서 고로에서는 용융 선철이 고이는 노저에 사용되는 벽돌을 지칭한다.

노점 (露店, dew point)   수증기를 함유하는 공기(또는 다른 기체)를 냉각하면 어느 온도에서 수증기가 포화 증기압에 이르러 응축하기 시작한다. 이 때의 온도를 노점이라 한다.

노출 (露出, exposure)   사진 등 감광재료에 빛을 조사하는 것. 방사선, 입자선에도 사용하는 경우가 있다. X선 사진에서는 폭사라 하는 경우가 많다. 노출은 주로 재료특성의 평가와 관련하여 사용하며 사진촬영 관계의 용어이다.

노출지수 (露出指數, exposure index)   사진 촬영시에 적성 노출조건을 부여하기 위한 척도. 수치적으로는 재료의 ISO(국제표준화기구) 감도와 동일한 것이 일반적으로 사용되고 있다.

노킹 (knocking)   불꽃 점화 엔진에서, 정상 화염면 전방의 미연소 연료와 공기의 혼합가스가 자연 발화하여 정상 화염보다도 매우 단시간에 연소함으로써 고주파의 가스 진동음과 그에 수반하는 금속성 소음이 생기는 현상. 노킹은 열효율의 저하, 마모 증가, 피스톤 손상의 원인이 된다. 자동차가 급한 오르막을 오를 때나 고압축비의 차에 옥탄가가 낮은 가솔린을 사용할 때에 일어난다.

노트 (knot)   펄프 원료를 증해할 때에 증해 불충분으로 펄프화되지 않고 남는 부분. 노트 스크린에 의해 펄프에서 제거되고 마쇄되어 하급 포장지, 판지, 섬유판 등에 사용된다.

노화 (老化, aging, ageing)   (1) 생체가 성장 성숙한 후에 볼 수 있는 쇠퇴과정. 넓은 의미로는 가령(加齡)이라고도 하나, 시간적인 경과를 가령이라 하는 데 대해 노화는 세포와 생물 개체의 시간적 경과로 인한 쇠퇴이다. 예를 들면 세포를 동결 보존하면 그 기간 중에 가령은 긴행하시만 노화는 진행하

지 않는다. (2) 고무분야의 용어. 고무를 장기간 사용할 때 빛·열 등에 의해 경시적으로 재료물질이 열화하는 것을 말한다.

노화 방지제 (老化防止劑, antioxidant)　천연고무, 합성고무의 노화(산소, 열, 빛, 중금속과 균열 등의 기계적인 피로에 의한)를 방지하기 위해 배합되는 약품. 방향족 아민계, 페놀계, 아인산 에스테르계 화합물 등이 사용된다.

노화시험 (老化試驗, aging test)　시료를 특수한 환경하에 장시간 보존하여 그로 인한 재료 특성의 열화 정도를 조사하는 일종의 가속시험. 대표적인 예로서 고온 산화시험, 내후시험, 내유·내수 침지시험, 해수 침지시험 등이 있다.

녹 (rust)　공기 중에서 금속 표면에 생성한 고체의 부식 생성물, 금속을 공기 중에 방치해 두면 공기 중의 산소, 물, 이산화탄소, 이산화황, 염분 등과 반응하여 생성된다. 금속의 산화물, 수산화물, 탄소염 기타의 피막을 말한다.

녹말 (starch)　$\alpha-D-$글루코오스를 구성 단위로 하는 다당류. 녹색 식물이 광합성 반응으로 저장 녹말로 비축된다. 곧은 사슬분자의 아밀로오스와 분지된 분자의 아밀로펙틴의 혼합물이며, 보통 아밀로오스를 $20\sim30\%$ 함유한다. 백색의 분말로 무미, 무취이며, 녹말입자의 형상, 크기에 식물종의 특징이 나타나고 호화(糊化) 개시온도, 점도 등이 다르다. 용도는 식품의 증점제와 점도 안정제, 포도당과 물엿 등의 원료, 종이 혹은 섬유의 풀재료이다.

녹말가 (starch value)　(1) 발효공장의 관리용어. 녹말질 원료의 품질판정과 원료의 수율을 구하는 데 쓰인다. 원료의 환원성 당량(%)을 정량하여 그 값에 0.9를 곱한 값이다. (2) 사료 원료의 체지방 생산능력을 측정하여 그것을 녹말의 체지방 생산능력으로 나눈 사료 에너지의 단위. 정미 에너지 중의 생산 에너지에 해당한다.

녹말당 (—— 糖, starch sugar)　녹말을 효소 또는 산으로 가수분해하여 얻게 되는 당류의 총칭. 결정 포도당, 정제 포도당, 올리고당, 물엿, 가루엿 등이 있다. 가수분해의 정

도에 따라 감미와 점도, 흡습성, 삼투압 등의 제반 물성이 다르게 된다. 청량음료, 냉과, 제빵, 해물탕 등의 식품으로서의 용도와에도 습윤조정제, 산화안정제, 합성화학 원료로서 공업용도에 널리 사용되고 있다.

녹말 분해 효소 (—— 分解酵素, amylolytic enzyme)　녹말의 $(1\to 4)-\alpha-$글리코시드 결합 또는 $(1\to 6)-\alpha-$글리코시드 결합을 가수분해하는 효소군. 동물조직, 타액, 식물, 곰팡이, 효모, 세균 등에 존재한다. $\alpha-$아밀라아제, $\beta-$아밀라아제, 글루코아밀라아제, 이소아밀라아제, 아밀로-1,6-글루코시다아제 등이 있다.

녹반 (綠礬, iron vitriol)　황산철(Ⅱ)7수화물 $FeSO_4 \cdot 7H_2O$의 옛 속칭이다.

녹스 (NOx)　⇨ 질소산화물.

녹액 (綠液, green liquor)　알칼리법 펄프 제조에 있어 증해(蒸解) 약품 회수시 증해 폐액을 농축 연소하여 생긴 용융물을 물에 용해하여 얻는 액. Fe^{2+}에 의해 녹색을 띠므로 지어진 명칭. 녹액은 가성화하여 증해액으로 다시 사용한다.

녹 얼룩 (iron stain)　유출한 쇠의 녹이 구조물 표면을 오염하는 현상. 철근 콘크리트 등의 건축물에서 관찰된다.

녹청 (綠靑, verdigris)　구리 또는 구리합금의 표면에 발생하는 청록색의 녹. 보통 공기 중에서 발생하는 것은 수산화탄산동(Ⅱ) $Cu CO_3 \cdot Cu(OH)_2$이다. 기타 공기 중에 약간 존재하는 황화수소 혹은 이산화황과의 반응에 의한 생성물 $CuSO_4 \cdot 3Cu(OH)_2$, 고대 구리제품의 표면에 발생하는 염화구리 및 그 가수분해 생성물 $CuCl_2 \cdot 3Cu(OH)_2$ 등을 주성분으로 하는 것 등을 포함하여 녹청이라 하는 경우도 있다.

녹킹 억제성 (—— 抑制性, anti-knocking property)　불꽃 착화 엔진의 노킹에 대한 저항성. 동일 압축비에 있어서는 이상 연소가 일어나기 쉬운 것은 가솔린의 조성, 첨가제와 불순물의 유무에 따라 다르며, 이상 연소가 일어나지 않는 것이 바람직하다. 그 성질을 옥탄가로 표시하여 가솔린의 품질 척도로 한다. 녹킹억제성은 방향족, 이소파라핀이 가장 높고, 곧은 사슬 파라핀이 가장 낮다.

녹킹 억제제(—— 抑制劑, antiknock agent)　불
꽃 착화 엔진에서 노킹을 방지하는 가솔린
의 첨가제. 테트라에틸납이 대표적이지만,
이외에 테트라메틸납, 혼합 알킬납도 사용
된다. 가솔린에 첨가하려면 이러한 주제에
용제, 소연제, 염료를 배합한 에틸액이 사용
되고, 이것을 첨가한 가솔린을 가연 가솔린
이라 한다. ⇨ 가연 가솔린.

논임팩트 인쇄(—— 印刷, nonimpact print-
ing)　활자를 주로한 기계적 충격력에 의한
인자(임팩트 인쇄)가 아니라, 정전, 방전, 감
열, 레이저광, 잉크제트의 각 방식에 의한
기록을 이른다. 프린터와 팩시밀리 분야에
서 채용되고 있다.

놋쇠 (brass)　구리-아연계 합금의 총칭. 진유
라고도 한다. 황색 내지 황금색. 보통 아연
합금 30~45 %의 것이 사용된다. ⇨ 황동
(黃銅).

농도계 (濃度計, densitometer)　덴시토미터라
고도 한다. (1) 발광 분광분석 등에 있어 스
펙트럼선의 강도를 읽는 데 사용하는 광도
계의 일종. 건판상의 신호 강도를 광학계에
의해 광전관이나 광전지상에 투영하여 투광
률, 흑도에 따라 광전류로 바꾸어 측정한다.
(2) 크로마토그래피 등의 전개된 시료에 대
해서 각 성분의 농도를 적당한 파장의 빛을
사용하여 반사광 또는 투과광에 의해 측정
하는 장치이다.

농도 과전압 (濃度過電壓, concentration over-
potential)　⇨ 농도차 편극.

농도 기울기 (濃度句配, concentration gradi-
ent)　매체 중에 존재하는 물질의 농도가 위
치적으로 다른 경우의 단위 거리당 농도차.
용액 중에 용질의 농도차가 있으면 고농도
부분부터 저농도 부분으로 용질의 확산이
일어나며, 그 때의 용질 이동량은 농도 기울
기에 비례한다(피크의 제1법칙).

농도차 전지 (濃度差電池, concentration cell)
같은 종의 전극을 조합하여 전기화학 셀을 구
성하고 활물질의 농도만이 양극에서 다르게
한 것. 양극의 활물질의 활량이 u_1, a_2(a_2
$> a_1$)일 때 양극 간에는 $E = (RT/nF)\ln$
(a_2/a_1)로 나타내는 기전력 E 가 발생한

다. 여기서 n은 전극반응에 관여하는 전자
수이다.

농도차 편극 (濃度差偏極, concentration pola-
rization)　전극반응에서는 일반적으로 전극
표면에서 활성물질이 소비 혹은 생성된다.
그것이 주변에서 신속하게 보급 혹은 주변
으로 제거되지 않으면 전극 표면의 활성물
질 농도가 국소적으로 저하 혹은 증대하여
전극반응을 방해하게 된다. 이러한 국소적
농도 분포에 의한 전극반응 억제 혹은 그
억제력의 크기(농도차전지 기전력과 같다)
를 농도분극 혹은 농도차분극이라 한다. 전
해반응에서는 농도 과전압이라고도 한다.

농색염 (濃色染, deep color dyeing, heavy
color dyeing)　섬유품을 검은색, 곤색 같은
짙은 색깔로 염색하는 것을 말한다.

농염산 (濃鹽酸, concentrated hydrochloric
acid)　염화수소의 진한 수용액. 시판 농염
산은 약 37 %(약 12N)이다. 짙은 염산이라
고도 한다.

농축 (濃縮, enrichment)　⇨ 동위원소 농축.

농축부 (濃縮部, enriching section)　연속 증
류에 있어 원료 공급을 하는 위치보다 위쪽
부분. 원료 조성보다 끓는점이 낮은 쪽의 성
분이 농축되므로 이렇게 부른다. 배치 증류
탑에서는 탑 전체가 농축부라고 생각할 수
있다.

농축선 (濃縮線, enriching line)　가로축에 2
성분계의 액조성, 세로축에 그것과 평형한
증기조성을 취한 좌표에 연속 증류탑의 조
작선을 그렸을 때, 공급점보다 낮은 끓는점
측의 조작선을 말한다. 낮은 끓는점 성분이
이 부분에서 농축되기 때문이다. 이에 대해
공급점보다 높은 끓는점 측의 조작선을 회
수선이라 한다.

뇌관 (雷管, cap, detonator)　화약 또는 폭약
을 폭발시키기 위해 점화약 또는 기폭약을
금속 관체에 채운 것. 발사약 점화용의 뇌
관, 폭약 기폭용 공업 뇌관, 전기 뇌관 등이
있다.

뇌금 (雷金, fulminating gold)　클로로금(Ⅲ)
산에 암모니아수를 가하면 생기는 폭발성의
함질소금 화합물. 물에 녹지 않는 황갈색 분
말, 가열, 타격 등으로 격렬하게 폭발한다.

구조는 잘 알려져 있지 않다.

뇌은 (雷銀, fulminating silver) 은염 수용액에 암모니아수를 가하여 방치할 경우에 생기는 흑색 분말. 매우 불안정하며 마찰, 접촉 등으로 격렬하게 폭발한다. 뇌은산을 뇌은이라 하는 경우도 있다.

뇌홍 (雷汞, fulminating mercury, mercury fulminate) 뇌산수은(Ⅱ) $Hg(ONC)_2$의 속칭. 무색 결정으로 매우 폭발성이 강하다. 점화약, 점폭약 등으로서 사용된다.

누룩 곰팡이속 (── 屬, *Aspergillus*) ⇨ 아스페르길루스속.

누벽탑 (濡壁塔, wetted-wall column, wetted wall tower) ⇨ 젖은 벽탑.

누적막 (累積膜, built-up film) 수면상에 형성된 단분자막은 유리판 등에 1층씩 이동하여 쌓아 올릴 수 있다. 이처럼 인공적으로 형성한 다분자막을 누적막이라 한다. 이것을 최초로 만든 사람의 이름에 따라 랭뮤어-브로제트막 또는 약칭하여 L-B막이라고도 한다. 이 막은 그 두께를 분자 차원에서 임의로 바꿀 수 있다. 최근 누적막을 전자재료에 응용하는 연구가 활발하게 이루어지고 있다.

누출곡선 (漏出曲線, break-through curve) 크로마토용 칼럼의 용량특성을 나타내는 곡선. 이온교환체 등의 고정상을 채운 칼럼에 시료용액을 계속 흐르게 할 때, 유출액의 체적과 그 용질 농도를 양 축에 취해서 그린 곡선. 용질이 칼럼에 유지될 수 없어 누출하기 시작하는 점이 누출점이고, 여기에 이르기까지 칼럼이 포집한 용질의 양이 누출용량이다. 모두 누출곡선에 기준하여 산정한다.

누출점 용량 (漏出點容量) (1) break-through capacity 이온교환 칼럼 등에 시료용액을 계속 흘렸을 때 용질이 칼럼에서 누출하기 시작할 때까지 칼럼이 포집한 용질의 양. 누출용량이라고도 한다. 이온교환계의 동적 거동에 의존하며, 대규모 공업 플랜트의 설계상 특히 중요한 양이다. (2) break-through volume 크로마토 칼럼 상단에 흡착한 용질을 용리할 때, 용질이 누출하기 시작할 때까지 사용한 용리액의 양, 약어 BTV이다.

눈금 매기기 (calibration) 제작한 계량기를 검량하여 그 값을 표선으로서 눈금을 정하는 것. 검도(檢度)라고도 한다.

뉴 글라스 (new glass) 조성, 제법, 성질 혹은 용도 등이 전통적인 유리와는 현저하게 다른 유리. 특히 엄밀한 정의는 없다. 광파이버를 비롯하여 레이저 유리, 광메모리 유리, 초이온전도 유리, 다공성 유리 등이 그 예이다.

뉴라민산 (── 酸, neuraminic acid) 탄소 원자수 9개의 아미노당에서 유도되는 카르복시산, $C_9H_{17}NO_8$, 약어 Neu. 뉴라민산의 유도체가 시알산이다.

뉴런 (neuron) 신경 세포 조직에서 정보전달의 단위가 되는 돌기상의 섬유를 뻗고 있는 신경 세포. 신경 세포와 그로부터 뻗은 돌기를 합친 것이다.

뉴먼 투영 (── 投影, Newman projection) 입체 배좌를 지면상에 표시하기 위해 1955년에 M.S.Newman에 의해 도입된 투영도. 대상으로 하는 단결합을 결합축 방향에서 보아, 눈에서 가까운 쪽의 탄소원자를 점, 먼 쪽의 탄소원자를 원으로 그려, 각각의 탄소원자와 결합하고 있는 수소 혹은 치환기의 위치를 선으로 연결하여 지면상에 투영한 것이다.

뉴 세라믹스 (new ceramics) 도자기와 내화물 등 예로부터 존재하는 세라믹스(주된 원료는 규산염)에 대해 알루미나 Al_2O_3와 티탄산바륨 $BaTiO_3$ 등 주로 금속 산화물을 소성 교화하여 제작한 것을 이른다.

뉴클레오솜 (nucleosome) 염색체 중에 존재하는 DNA와 단백질로 형성된 구조체. 4종류의 히스톤(H2A, H2B, H3, H4)이 8량체를 형성하고, 그 주위를 DNA가 1.75 회전하여 감긴 구조를 하고 있다.

뉴클레오시드 (nucleoside) 유기염기(퓨린, 피리미딘 등)와 당(리보오스 또는 디옥시리보오스)의 환원기가 글리코시드 결합으로 결합한 배당체. 당으로서 D-리보오스를 함유하는 것을 리보뉴클레오시드, 2-디옥시-D-리보오스를 함유하는 것을 디옥시리보뉴클레오시드라 한다. 리보뉴클레오시드는 RNA의 성분, 디옥시뉴클레오시드는 DNA의 성분이다.

뉴클레오티드 (nucleotide)　핵산의 구성 단위. 뉴클레오시드 당부분의 인산에스테르. 2개 이상의 뉴클레오시드가 당의 3′-과 5′-자리 사이에서 인산에스테르로서 결합하고 있는 것을 디뉴클레오티드, 트리뉴클레오티드 등이라 한다. 뉴클레오티드는 핵산 합성의 전구체로서, 보효소의 구성 성분으로 되어 있다. 당부분이 D-리보오스인 것을 리보뉴클레오티드라 하며 RNA의 구성 단위이다. 또 당부분이 2-디옥시-D-리보오스인 것을 디옥시리보뉴클레오티드라하며 DNA의 구성 단위이다.

뉴턴 유동 (—— 流動, Newtonian flow)　물질의 전단유동에 있어 전단응력과 전단속도가 비례하는 경우, 이 관계를 점성에 관한 뉴턴의 법칙이라 한다. 뉴턴유동에서는 유동곡선이 원점을 통하는 직선이 되고, 전단점성률은 전단응력 또는 전단속도에 의하지 않는 물질 고유의 상수이다.

뉴턴 효율 (—— 效率, Newton efficiency) ⇨ 분리 효율.

뉴트럴유 (—— 油, neutral oil)　중성유라고도 한다. 파라핀기 원유를 탈랍한 후, 백토여과 정도의 경도 정제법으로 얻게 되는 연질 또는 중급 점도의 기름, 윤활유 조합제로 사용된다.

뉴트럴 필터 (neutral filter) ⇨ 중성 필터.

늘어짐 (curtaining, sagging)　수직면에 도장된 도막의 두께가 어느 한계값을 초과하였을 때, 자체 중량에 의해 부분적으로 흘러 떨어져 도면에 파상 또는 빔주상으로 솟아오른 모양을 형성하는 현상이다.

능동 수송 (能動輸送, active transport)　막 양측의 수상(水相)간 전기화학 퍼텐셜의 기울기에 역행하는 물질 수송. 퍼텐셜 차에 따르는 수송(수동 수송)의 대응어. 능동수송은 화학반응에 이해 구동되는 것과 타 물질의 수동수송과 연결하여 일어나는 것이 있다.

전자를 1차성 능동수송, 후자를 2차성 능동수송이라 한다. 생체막의 1차성 능동수송은 아데노신삼인산(ATP)의 가수분해로 구동되므로 ATP의 공급을 저해하고 저온, 무산소 상태, 저해제 등으로 저하한다. 이온의 능동수송을 하는 막 단백질을 이온펌프라 한다. Na^+의 배출과 K^+의 도입을 구동하는 막 $Na^+ - K^+$ATP아제는 그 예이다.

능면체정계 (菱面體晶系, rhombohedral system) ⇨ 삼방정계.

니거 (nigre)　융해상태에서 니트소프와 평형하게 있는 비누상, 니트소프보다 수분 및 전해질이 많고 색소와 금속비누 등의 불순물을 함유하고 다색에서 다갈색을 띠므로 니거라 한다.

니오브산염 (—— 酸鹽, niobate)　보통 $M^I_3NbO_4$ 및 M^INbO_3로 표시되는 화합물을 니오브산염이라 부르고 있으나, 독립적인 NbO_4^{3-} 혹은 NbO_3^- 는 존재하지 않으며 니오브와 타 금속의 복산화물인 경우가 많다. 이소폴리산염이 알려져 있다.

니켈-카드뮴 축전지 (—— 蓄電池, nickel-cadmium cell)　양극에 니켈의 산화수산화물 $Ni^{III}O(OH)$, 음극에 금속카드뮴, 전해액에 수산화칼륨을 사용하는 2차전지, 방전시에 $Ni^{III}O(OH)$는 $Ni^{II}O(OH)_2$로, Cd는 $Cd^{II}(OH)_2$가 되지만 충전으로 원래의 화합물로 되돌아가므로 반복하여 사용할 수 있다. 고가이나 연축전기보다 수명이 길고 또한 경량이며 완전 밀봉화 할 수 있으므로 소형 휴대용 전원으로 적합하다.

니켈 카르보닐 (nickel carbonyl)　테트라카르보닐니켈(0) [$Ni(CO)_4$] 만이 알려져 있다. 물에는 거의 불용의 무색, 휘발성, 맹독의 액체, 니켈 제련에 이용된다.

니코틴 (nicotine)　담배잎에 존재하는 피리딘 알킬로이드, $C_{10}H_{14}N_2$. 중추 및 말초신경을 흥분시키고 장과 혈관을 수축시켜 혈압 상승을 일으킨다. 황산염이 농업용 살충제로 사용된다.

니코틴산 (—— 酸, nicotinic acid)　피리딘의 3-자리에 COOH가 치환한 카르복시산. 이 산 및 그 아미드는 현미 속에 존재하는 것이 발견되고 간장 기타 생체 내에 함유된다.

보효소(NAD, NADP)의 구성 성분으로 동식물의 생체 산화−환원 반응에 중요한 작용을 한다. 비타민 B군의 일종이나 생체 내에서는 트립토판에서 합성되므로 엄밀하게는 비타민이 아니다.

니크롬 (nichrome)　니켈 합금의 일종. 니켈 60~90 %, 크롬 35~10 %이며 기타 철, 망간 등을 소량 함유한다. 고온에서도 산화되기 어렵고 내식성이 있으며 전열선으로 널리 사용된다.

니트 (knit)　⇨ 메리야스.

니트렌 (nitrene)　⇨ 나이트렌.

니트로글리세린 (nitroglycerine)　글리세린을 혼산으로 니트로화한 글리세린의 삼질산에스테르이지만 니트로글리세린이란 통칭이 널리 쓰여지고 있다. 상온에서는 무색 액체이다. 니트로셀룰로오스와 혼합하면 겔화하는 성질을 이용하여 다이너마이트와 무연화약의 원료로 한다. 또 협심증 발작의 특효약으로도 사용된다.

니트로늄 이온 (nitronium ion)　니트로일 이온(nitroyl ion) NO_2^+에 대한 옛 명칭. IUPAC 명명법에서는 니트로늄 이온이란 명칭은 NH_4^+를 표시하는 것이 되므로 NO_2^+에 대해서 니트로늄이란 명칭을 사용해서는 안 된다.

니트로셀룰로오스 (nitrocellulose)　셀룰로오스의 질산에스테르이지만 니트로셀룰로오스란 통칭이 널리 쓰여지고 있다. 셀룰로오스를 황산과 질산을 혼합한 혼산으로 질산에스테르화하여 얻게 되는 백색 섬유상 물질. 질화면이라고도 한다. 히드록실기로 치환한 NO_2기의 수에 따라 함유되는 질소량이 다르다. 일반적으로 무연 화약에는 질소량이 12 %이상, 다이너마이트용에는 12 % 정도, 도료용, 셀룰로이드용 등에는 12 % 이하를 사용한다. 편의상 질소량이 약 13 % 이상의 것을 강면약, 약 10~12 %의 것을 약면약이라 한다.

니트로소아민 (nitrosoamine)　제2급 아민의 N−니트로소 치환체의 총칭이다.

$_R^R{>}N-NO$ 아민의 수용액 등에 아질산을 작용시켜 얻게 된다. 대부분은 유상의 황색 액체, 발암성이 있는 것으로 많이 알려져 있다.

니트로소 화합물 (──化合物, nitroso compound)　니트로소기 −NO가 있는 유기화합물이다.

니트로실 황산 (──黃酸, nitrosylsulfuric acid)　⇨ 황산수소 니트로실.

니트로아민 (nitroamine)　수용성의 무색 결정 H_2NNO_2. 니트로일아미드, 질산아미드라고도 한다. 니트로아미드는 잘못된 호칭. 진한 알칼리수 용액과 반응하여 불꽃을 내며 폭발한다. 일반식 $RNHNO_2$ 및 $RR'NNO_2$로 표시되는 알킬 혹은 아릴 치환체도 니트로아민으로 총칭된다.

니트로프루시드 나트륨 (sodium nitroprusside)　펜타시아노니트로실철(Ⅲ) 산나트륨 2수화물 $Na_2[Fe(CN)_5(NO)] \cdot 2H_2O$의 속칭. 수용성의 적색 결정, 수용액은 S^{2-}, SH^-와 반응하여 $[Fe(CN)_5(NO)]S^{4-}$를 생성하여 청자색이 되므로 그러한 것의 검출에 사용된다.

니트로화 (──化, nitration)　유기 화합물에 NO_2기를 도입하여 니트로 화합물을 합성하는 반응. 중요한 것은 방향족 탄화수소의 니트로화이며, 진한 질산, 발연 질산 등을 작용시켜 치환반응을 한다.

니트로화제 (──化劑, nitrating agent)　유기 화합물의 니트로화를 하기 위한 반응 시제. 진한 질산, 발연 질산, 염화니트로실 등이 사용되나 가장 많이 사용되는 것은 진한 질산과 진한 황산의 혼합물이며, 혼산이라 불리어지고 있다.

니트로 화합물 (──化合物, nitro compound)　니트로기 −NO_2가 있는 유기 화합물이다.

니트로후민산 (──酸, nitrohumic acid)　후민산의 방향족 고리에 니트로기가 치환한 구조가 있는 물에 녹는 산성 물질. 에탄올 15% 정도의 질산에서 80℃, 2시간 정도 산화하면 얻게 된다.

니트롤리시스 (nitrolysis)　질산의 작용으로 알킬아민의 질소와 탄소의 결합이 절단되어 니트로아민과 알코올 또는 질산에스테르가 생성되는 반응. 가질산분해라고도 한다.

$$RNH_2 + NHO_3 \rightarrow H_2NNO_2 + ROH$$
$$RNH_2 + 2HNO_3 \rightarrow H_2NNO_2 + RONO_2 + H_2O$$

니트릴 (nitrile)　일반식 R−CN(R은 알킬기, 방향족 탄화수소기 등)로 표시되는 유기화합물. 상당하는 카르복시산 R-COOH의 명칭을 기본으로 하여 명명된다. 예를 들면 acetic acid → acetonitrile.

니트릴 고무 (nitrile rubber)　⇨ 아크릴로니트릴 – 부타디엔 고무.

니트릴로삼아세트산 (nitrilotriacetic acid)　암모니아의 수소원자가 모두 아세트산으로 치환된 형태의 화합물 $N(CH_2COOH)_3$. 많은 금속과 안정된 가용성 킬레이트화합물을 형성하므로 킬레이트 적정의 시약으로서, 분석에 이용된다.

니트 소프 (neat soap)　용해상태에서 니거와 평형으로 있는 고농도의 수화 비누. 소량의 전해질을 함유하는 라멜라 구조를 갖는 비누상. 불순물이 적으므로 니트(정량)소프라고 한다. 수분 약 30 %를 함유하며 그대로 혹은 건조 후 비누 소재로 이용된다.

닌히드린 반응 (—— 反應, ninhydrin reaction)　아미노산의 정색 반응. 시료인 중성 용액에 닌히드린 수용액을 소량 가하여 가열하면 적자색을 나타낸다. 히스티딘은 청색, 히드록시프롤린은 오렌지색으로 변한다.

ㄴ

참고하세요!

넵투늄 계열 (neptunium series)

넵투늄은 주기율표 제3A족 악티늄 계열의 초우라늄 원소의 하나이며, 원자번호 93, 원사량 237.0482, 녹는점 640℃, 비중 20.45 (α 20℃)이다. 반감기 2.2×10^6년의 α 붕괴핵종(核種) 외에 10종의 방사성동위원소가 알려져 있다. 1940년 E. M. 맥밀런과 Γ. H. 에이벌슨에 의해 발견되었다. 넵투늄은 은백색의 금속으로 α 형 · β 형 · 체심입방의 3변태가 있다. 전성(展性)이 있어 가공하기 쉽다. 화학적 성질은 우라늄 · 희토류원소와 흡사하다.

넵투늄 계열은 방사성동위원소 붕괴계열의 하나로, 넵투늄 $^{237}_{237}$Np에서 시작되어 7회의 α 붕괴와 4회의 β 붕괴에 의해 마지막으로 비스무트의 안정동위원소인 비스무트 $^{209}_{209}$Bi로 되는데, 계열 중에서 반감기가 가장 긴 넵투늄 $^{237}_{237}$Np의 이름을 따서 넵투늄 계열이라 한다. 또 이 계열에 속하는 동위원소의 질량 수를 4로 나누면 나머지가 모두 1이 되므로, $4n + 1$계열이라고도 한다. 이 계열은 천연으로는 존재하지 않으며, 1948년 G.T. 시보그에 의해 독립적으로 발견되었다.

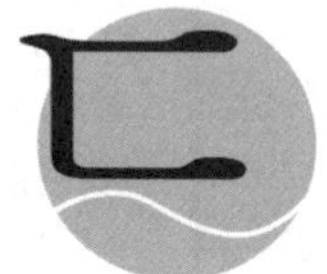

다가 알코올 (多價 ——, polyhydric alcohol) 1 분자 내에 다수의 OH기가 있는 알코올. 단당류의 환원으로 얻어지는 당알코올은 대표적인 다가 알코올이다. 히드록시기의 수에 따라 2가 알코올(글리콜 $HOCH_2CH_2OH$), 3가 알코올 (글리세롤 $HOCH_2CH(OH)CH_2$ OH) 등이라고 한다. 1가의 알코올과 마찬가지로 물과 잘 섞이고, 에스테르·에테르 등을 만드는 점도 같다. 용제로 많이 사용된다.

다가 염기 (多價鹽基, polyacidic base) 산성도가 2 이상인 염기, 즉 1 mol로 일염기산을 2 mol 이상 중화할 수 있는 염기. 예를 들면 이산염기의 $Ba(OH)_2$, 삼염기산의 $La(OH)_3$ 등이 있다.

다가 페놀 (多價 ——, polyhydric phenol) 1 분자 내에 다수의 OH기가 있는 페놀. 수산기의 수에 따라 2가 페놀, 3가 페놀 등으로 불리어진다. 예를 들면, catechol, resorcin, hydroquinone 등. $C_6H_4(OH)_2$는 2가 페놀, phloroglucin $C_6H_3(OH)_3$는 3가 페놀이다.

다게레오타입 (Daguerreo type) 1837년에 은판 사진법을 완성한 Daguerre(1787~1851년)의 이름을 따라, 그 사진법을 다게레오타입이라 이름지었다. 표면을 요오드 증기 처리한 은판에 노광을 부여하면 눈에 보이지 않는 잠상이 형성된다. 이 잠상을 수은 증기로 현상하여 가시상으로 하는 방법이다. 다게르는 또한 식염을 사용하여 화상을 안정화하는 방법도 발견하였다.

다결정 (多結晶, polycrystal) 미소한 결정입자가 여러 가지 방위로 모여 있는 고체. 각 결정입자의 크기, 반위의 분포는 다양하다. 미결정이 일단 서로 고착하여 모여 있는 것을 가르킨다. 미결정의 경계를 결정경계라고 한다. 단결정의 대응어. 결정이 자랄 때 여러 다른 장소에서 결정이 동시에 자라게 되면 결정들은 서로 다른 배향을 가지게 되고, 이들이 자라는 도중에 합쳐져서 큰 단결정으로 변하지 못한다. 대부분의 금속 재료와 세라믹은 이들을 제조할 때 용융액을 급히 냉각시켜 만들기 때문에 수많은 미세한 단결정들이 갑자기 형성되어 다결정이 된다. 분광학에서는 다결정 시료를 사용하는 경우가 많은데, 분자의 배향에 따라 스펙트럼이 달라질 때 다결정 스펙트럼은 가능한 모든 방향의 단결정 스펙트럼을 합쳐 놓은 것과 같다.

다결정질 (多結晶質, polycrystalline) 고체가 많은 미결정으로 되어 있는 것을 의미하는 형용사이다.

다공도 (多孔度, porosity) 다공체의 전 용적 중에서 세공이 점하는 용적의 비율. 촉매, 흡착제의 특성값의 하나로, 다공률이라고도 한다. 단, 요업분야에서 사용하는 용어의 정의에 따르면 외견상 다공률에 대응한다. 세공을 포함한 다공체의 밀도와 세공 용적의 곱으로 구할 수 있다. 다공도는 세공의 크기와 세공의 수에 의해 정해지는 것이지만 그 중 세공의 크기는 흡착매에 있어서 특별한 의의를 갖는다.

다공성 유리 (多孔性 ——, porous glass) 10~1,000 Å 정도의 관통 세공이 무수하게 있는 유리. 일정 조성 영역의 붕규소산 소다 유리를 열처리하면 $Na_2O–B_2O_3$로 구성된 상과 SiO_2가 풍부한 상으로 분상한다. 이것을 산으로 처리하면 전자가 용출하여 대부분 SiO_2

로 구성된 석영유리가 획득된다. 이것을 다공성 유리라 한다. 구멍의 지름은 분상 조건에 따라 제어된다. 크로마토그래피, 산소 고정용, 촉매 등의 운반체로 사용된다. Vycor 유리라고 하지만 이것은 미국 Corning사의 상품명이다.

다관 응축기 (多管凝縮機, shell and tube condenser) 평행하게 배열한 다수의 관을 원통형의 동체 속에 내장한 구조의 응축기를 말한다.

다광자 과정 (多光子過程, multiphoton process) 2개 이상의 광자가 동시에 하나의 과정에 관여하고 있는 현상. 예를 들면 강한 레이저광으로 여기하여 2배의 에너지에 상당하는 수준까지 전자를 여기하는 2광자 과정 등이 있다.

다광자 들뜸 (多光子勵起, multiphoton excitation) 1개의 분자가 2개 이상의 광자를 동시에 흡수하여 여기상태가 되는 것. 이와 같은 여기는 레이저광 조사에 의해 가능하며, 예를 들면 2광자 과정에서는 보통 **흡수**의 절반 파장의 레이저광으로 분자를 여기시킬 수 있다.

다광자 이온화 (多光子 —— 化, multiphoton ionization) 다광자 여기에 의해 이온을 생성하는 것. 약어 MPI. 이온화 퍼텐셜보다 낮은 에너지의 빛에서도 2광자 이상의 **흡수**로 원자·분자를 이온화할 수가 있다.

다극자 (多極子, multipole) 어떤 계의 전하분포를 생각할 때, 음양의 전하의 중심을 2개 이상의 상이한 위치에 설치하였을 경우, 쌍극자, 사극자, 팔극자, ⋯ 등이라 하는데 이를 총괄하여 일반적으로 다극자라 한다.

다극자 모멘트 (多極子 ——, multipole moment) 다극자의 크기를 나타내는 물리량. 사극자 모멘트, 팔극자 모멘트를 총칭한 것이다.

다당 (多糖, polysaccharide) 다수의 단당분자가 서로 글리코시드 결합하여 생긴 당류. 가수분해하면 단당이 된다. 구성 단위가 되는 단당이 수분자 정도인 것은 올리고당이라 하고, 보통 다당이라 하면 중합도가 높은 고분자량의 것을 말한다. 일반적으로 분자량은 균일하지 않고 다수의 중합 동족체의 혼합물인 경우가 많다. 전형적인 예로는 녹

말, 셀룰로오스 등이 있다.

다른자리 입체성 효과 (—— 立體性效果, allosteric effect) 효소의 활성이 기질 결합부위(등전자배치 부위)와는 다른 리간드 결합부(다른자리 입체성 부위)로 특이적 리간드 결합에 의해 활성화 혹은 저해를 받는 것. 효소의 활성을 생체 내에서 조절하는 주요 메커니즘의 하나이다. 알로스테릭 효과라고도 한다. 효소의 기질이 아니라 그 효소가 속하는 효소계의 종산물이 곧잘 리간드로서 저해하여 종산물의 농도를 일정하게 유지한다(⇨ 피드백 저해). 다른자리 입체성 효과를 나타내는 효소를 다른자리 입체성 효소라 한다.

다른자리 입체성 효소 (—— 立體性酵素, allosteric enzyme) ⇨ 다른자리 입체성 효과.

다리걸침 구조 (—— 構造, bridged structure, crosslinked structure) ⇨ 가교.

다리걸침제 (—— 劑, crosslinking agent) 곧은 사슬모양 중합체 혹은 분기 중합체에 교차결합을 형성하기 위해 사용되는 약제. 가교제라고도 한다. 주로 가황 고무, 열경화성 수지의 제조에 사용되는데, 여러 종류의 것이 있다. 고무에서는 가황제, 열경화성 수지에서는 경화제라 부른다.

다리결합 농도 (—— 結合濃度, concentration of crosslinking) 교차결합 중합체 중 단위체적($1\,\mathrm{cm}^3$)당의 교차결합 수를 몰 단위로 표시한 것. 교차결합 농도라고도 하며, ν로 표시한다. $\nu = \rho/M_c$ 단, ρ는 중합체의 밀도, M_c는 교차점 간의 분자량이다. 교차결합 중합체의 팽윤율 혹은 탄성률 등에서 구할 수 있다. 교차결합도라고 하는 경우도 있으나, 애매하므로 사용을 피하는 것이 좋다. 이와는 별도로 교차결합 밀도란 용어도 있으나 그것은 전혀 다른 용어이다.

다리결합도 (—— 結合度, degree of crosslinking) ⇨ 다리결합 농도.

다리결합 밀도 (—— 結合密度, crosslinking density) 다리결합 중합체 중의 구성 반복단위 중 교차결합하고 있는 것의 분율(分率)을 말한다. 화학분석 등에 의해 구할 수 있다.

다리결합 중합체 (—— 結合重合體, crosslinked

polymer) 폴리머 간의 가교에 의해 생성되는 새로운 폴리머. 교차결합량이 적을 때에는 분지 폴리머이지만, 교차결합량이 일정한 값을 초과하면 무한 그물눈이 형성되어 겔화가 시작되고, 교차결합 반응이 더욱 진행되면 그물눈 고분자가 된다.

다리결합 탄화수소 (── 結合炭化水素, bridged hydrocarbon)　고리식 구조가 있는 탄화수소의 고리를 구성하는 2개의 탄소 원자가 또 하나의 탄소 원자 사슬에 의해 결합되어, 고리 내에 탄소 사슬에 의한 교차결합이 형성된 화합물. 2개의 탄소 원자가 3개의 탄소 사슬에 의해 결합된 2환식 화합물을 말한다. 축합환의 2개 고리에 공유되는 탄소 원자 간의 결합이 수소화되어 단결합이 된 화합물은 탄소 원자 0의 가교가 있는 교차결합 탄화수소라 볼 수 있다.

다리목 (bridgehead)　탄소 고리 내의 두 원자 사이가 또 하나의 탄소 고리 다리에 의해 연결되어 2환식 화합물을 형성할 때 다리 양단에 있어 다리로 연결되어 있는 원자의 위치를 다리목이라 한다. 다리목이 직접 연결되어 있는 수(탄소 원자수 0의 다리)도 있고, 탄소 고리 대신에 복소 고리에 다리가 걸쳐 있는 수도 있다. 다리목 원자는 보통 탄소이지만, 질소가 다리목으로 된 화합물도 있다.

다림질 마무리 (ironning finish)　제혁공정의 최종단계에서 다림질에 의해 도막(塗膜)의 고정과 광내기를 하는 가죽의 마무리 방법. 주로 아크릴계 합성 수지 도료를 사용하여 다리미의 온도, 압력, 시간효과를 조절한다.

다마르 바니시 (dammar varnish)　용뇌향과의 수간에서 분비되는 수지인 다마르 고무를 용제에 용해한 전색제. 현재는 거의 사용되지 않는다.

다분산 (多分散, polydispersed)　단분산의 대응어이다. ⇨ 단분산.

다분산성 (多分散性, polydispersity)　고분자 화합물은 보통 분자량, 입체 규칙성, 단량체의 결합양식, 공중합체의 조성 등과 같은 분자 특성에 관해서 균일하지 않고 상이한 분자종의 혼합물이다. 이처럼 분자 특성이 불균일한 것을 다분산성이라 하고, 그 대표적

인 것이 분자량 분포이다. 콜로이드 분산계에 있어 입자 크기의 불균일한 것도 의미한다. 단분산성의 대응어이다.

다분자막 (多分子膜, multilayer)　분자가 2분자의 두께 이상으로 쌓여져 엷은 막을 형성하고 있는 상태. 흡착막에도 존재하고 단분자막을 인공적으로 겹쳐 쌓아 만들 수도 있다. 후자는 특히 누적막이라고도 한다.

다분자층 (多分子層, multilayer)　흡착막에 2분자 이상의 두께로 흡착하고 있는 상태. BET식은 다분자층 흡착에 관한 이론식이다.

다분자층 흡착 (多分子層吸着, multilayer adsorption)　원자 또는 분자가 흡착매 표면에 다층으로 겹쳐 쌓여 흡착하는 것. 물리흡착에서 볼 수 있는 현상이다. 흡착 등온식은 BET식이 잘 알려져 있다.

다불포화 지방산 (多不飽和脂肪酸, polyunsaturated fatty acid)　이중결합을 2개 이상 함유하는 불포화 지방산. 폴리엔산이라고도 한다. 가장 일반적인 리놀산, 리놀렌산 외에 고도 불포화 지방산 등이 있다. 동식물 유지에 널리 존재한다.

다색 염색 (多色染色, multicolor dyeing)　문양을 많은 색깔로 물들인 것. 날염을 비롯하여 스페스 염, 폴리크로마토 염색, 먹흘리기 염색 등이 있다.

다섬유 (多纖維, multifilament)　두 가닥 이상의 필라멘트. 다수의 노즐에서 방사되는 섬유를 모아 감아 올린 것. 모노필라멘트의 대응어. 보통 화학 섬유는 수십 가닥의 다섬유로 되어 있다.

다염기 산 (多鹽基酸, polybasic acid)　1분자 중에 전리하여 수소 이온이 되는 수소원자가 2개 이상 있는 산, 즉 가수 2 이상의 산. 이염기산, 삼염기산 등의 총칭. 황산·탄산·인산·옥살산·타르타르산 등이 있다.

다운스파우트 (downspout)　⇨ 다운코머.

다운코머 (downcomer)　연속 향류식의 단탑에서 기-액 접촉 또는 액-액 접촉시에 단상에서 접촉한 중액을 바로 밑의 단상으로 오버플로로 시키기 위한 유로관, 다운스파우트, 하강관이라고도 한다. 대형탑의 경우 관 대신에 탑의 일부를 평판으로 막아, 탑벽과의 사이를 오버플로로 시키는 일이 많다.

다운테이크 (downtake) ⇨ 하향통풍로.

다원자 분자 (多原子分子, polyatomic molecule) 분자를 구성하는 원자의 수가 3원자 이상인 경우의 분자에 대한 일반적 호칭. 단원자 분자, 2원자 분자에 대응하는 용어이다.

다이내믹스 (dynamics) 물체의 운동을 그에 작용하는 힘에 근거하여 논하는 역학의 일부분. 물리화학에서는 물질의 상태변화 등을 그 구성 입자의 운동 입장에서 논하는 것을 지칭한다. 예로서 전자 이동의 다이내믹스 등이 있다. ⇨ 분자 동역학.

다이너마이트 (dynamite) 니트로글리세린 혹은 니트로글리콜 또는 양자의 혼합물에 질산 셀룰로오스를 배합하여 교화시킨 니트로겔을 기제로 하여 그 함유량이 6%를 초과하는 폭약의 총칭. 니트로겔의 함유량이 많은 것은 교질상이고 비교적 적은 것은 가루 상태이다. 용도에 따라 질산암모늄이나 질산칼륨 등의 산화제, 목탄분, 녹말 등의 가연제가 가해지는 양이 변화하며, 광탄용에는 식염 등의 감열 소염제가 가해진다.

다이아몬드 (diamond) 탄소 동소체의 하나. 순수한 것은 무색의 결정. 굴절률이 높고 모스경도 10으로 광물 중 가장 단단하다. 천연 결정은 둥글고 만곡면에 둘러싸여 팔면체형 및 십이면체형 결정이 많고, 드물게 육면체형 결정도 산출된다. 보통 스피넬식 쌍정(雙晶)이며, 이 쌍정을 이루는 개체는 요입각 효과(凹入角效果)에 의하여 삼각 판상(三角板狀)의 외형을 가진다. 열전도율은 구리에 견줄만큼 좋고, 열팽창계수(熱膨脹係數)는 $100 \sim 900\,℃$에서 $1.5 \sim -4.8 \times 10^{-6}$으로 불변강(不變鋼)만큼 작다. 어떤 산(酸)에도 침식되지 않고, 비활성 기체 속에서는 약 $1,700\,℃$까지 안정하다. 산화조건에서는 $1,000\,℃$ 전후에서도 표면의 흑연화(黑鉛化)가 시작된다. 결정색은 무색 투명한 것에부터 황색·갈색·녹색·청색·적색·흑색 등 여러 가지가 있다. 보석, 연마재, 절삭 공구 등에도 사용된다.

다이알리산스 (dialysance) 혈액 정화기의 성능을 표시할 때에 사용되는 수치. 신장의 기능을 표시하는 클리어런스와 유사한 의미가 있다. 정화기 중에서 1분 동안에 제거되는 용질의 양을 유입혈장(모의 용액) 중의 농도로 나누고, $\mathrm{ml\,min}^{-1}$를 단위로 표시한다.

다이옥신 (dioxin) 다이옥신은 원래 1,4-다이옥신을 모체로 하는 화합물인데 환경오염과의 관련에서는 보통 클로로디벤조 -p-다이옥신을 지칭한다. $1 \sim 8$개의 염소를 갖는 75의 이성질체가 있다. 독성은 염소수와 그 치환 위치에 따라 다르며, 가장 독성이 강한 2, 3, 7, 8-테트라클로로디벤조(b, e) -p-다이옥신 (1)을 다이옥신이라 부르는 일도 있다. 타에 비교할 수 없는 독성 물질이며 또한 매우 안정되고 반영구적으로 독성은 없어지지 않는다.

다일러탠시 (dilatancy) 물질을 변형시킬 때 변형의 크기와 함께 체적이 커지고 변형에 대한 저항이 크게 되는 성질. 분말상의 물질이 긴밀하게 충진되어 있을 때 변형으로 충진에 간극이 생겨 입자의 마찰에 의해 변형하기 어렵게 되는 경우에 볼 수 있다. 해변의 물을 함유한 모래 등이 그 예이다.

다작용기 화합물 (多作用器化合物, multifunctional compound) 유기 화합물에 포함되어 있는 작용기가 2개 혹은 그 이상인 화합물. 동일종의 작용기가 2개 이상 존재하는 경우와 상이한 종류의 작용기가 동일 분자 내에 존재하는 경우가 있다.

다점 흡착 (多點吸着, multipoint adsorption) 분자가 고체상에 흡착할 때 하나의 분자에 2개 이상의 표면 원자가 결합하여 있는 경우를 말한다. 예를 들면 일산화탄소는 파라듐에 2점 흡착(다리결합 흡착)하고 니켈상의 수소는 3점 흡착한다.

다중 결합 (多重結合, multiple bond) 이중결합과 삼중 결합의 총칭, 혹은 그러한 것을 일반화한 개념으로 불포화 결합이라 부르는 일도 있다. 2개의 원자가 2 또는 3조의 전자쌍을 공유하는 결합을 이중 또는 삼중 결합이라 하며, 예를 들면 $C=C, C\equiv C, C=O, C=N, N=O$ 결합과 같이 표시한다. 다중결합에 시용되는 전사쌍은 1조가 σ 전자이고, 기타가 π전자인 경우가 많다. 이중결합에서 전자분포는 결합축의 둘레에 축대칭이 아니지만 삼중결합에서는 축대칭이다. 공역계에서는 이 개념을 일반화하여 비정수차의 다중결합을 고려할 수 있다. 무기 착물에서는 σ전자가 관여하는 사중결합도 알려져 있다.

다중극 (多衆極, multipole)　⇨ 다극자.

다중도 (多重度, multiplicity)　원자·분자의 양자상태가 축퇴하여 있는 경우, 몇 중으로 축퇴하여 있는가를 표시하는 용어. 예를 들면 궤도 각운동량 L상태의 다중도는 $2L+1$, 전자의 스핀각운동 S상태의 다중도는 $2S+1$이다. 러셀 – 손더스 결합에 의한 기호일 때에는 궤도운동을 나타내는 문자의 왼쪽 어깨에 다중도를 쓰는 것이 관습이다. 예를 들면, 수소원자의 바닥상태(基底狀態)는 $S=1/2$이므로 $^2S_{1/2}$로 표시한다. 오른쪽 아래의 $1/2$은 전각 운동량(全角運動量)의 양자수이다.

다중 반사법 (多重反射法, multireflection method)　분광 전기화학의 한 방법으로, 전극면에서 빛이나 적외선을 반복하여 반사시켜 광학적인 검출감도를 높이는 방법. 판상의 반도체 전극이나 투명 도전성 막을 피복한 유리에서는 내부 반사를 반복시킨다.

다중 산란 (多重散亂, multiple scattering)　다수의 입자에 의해 계속적으로 다수회 일어나는 산란. 물질 중에는 다수 산란이 일어나는 일이 많고, 산란파 간의 간섭과 산란각의 변화를 수반하는 일이 있다. 1회의 산란이 일어나는 평균 자유행로는 산란 단면적의 역수에 비례한다. 원자핵에 의한 입사입자(入射粒子)의 산란은 핵자(核子)에 의한 다중산란의 효과라 생각되며, 평균해서 광학 퍼텐셜의 효과로 다룰 수 있다. 고(高)에너지의 다중산란에 대해서는 R. 글라우버의 근사(近似)가 유효하다.

다중선 (多重線, multiplet)　하나의 전이에 대응하는 에너지 준위에 약간 떨어진 부준위가 생겨 하나의 스펙트럼선이 다수 개로 분열한 것. 핵스핀 I의 등가한 핵 n개와 스핀 짝짓기하면 자기공명선은 $(2nI+1)$ 본선의 다중선으로 분열한다.

다중심 결합 (多中心結合, multicenter bond)　보통 공유결합이 2원자 간에 전자쌍이 공유되어 형성되는 결합인데 비해, 3개 이상의 원자 간에 전자쌍이 공유되어 생기는 결합. 예를 들면 B_2H_6에 있어 삼중심결합 등이 있다.

다중 첨가 (多重添加, polyaddition)　축차 중합의 하나로 2관능성 모노머 간의 부가반응의 반복에 의한 고분자 생성반응. 폴리 부가라고도 한다. 첨가 중합하고는 전혀 다르므로 혼돈하지 않도록 주의할 필요가 있다. 예를 들면 디이소시아나이트와 디올 또는 디아민의 반응에 의한 폴리우레탄, 폴리 요소의 생성 등이 다중첨가의 대표적인 예이다. 고중합도의 폴리머를 얻으려면 양 성분을 엄밀하게 1 : 1로 반응시킬 필요가 있다.

다중 축합 (多重縮合, polycondensation)　축합반응, 즉 물, 암모니아 등의 탈리를 수반하는 분자 간의 결합반응이 각종 사슬 길이의 분자 간에서 반복되어 고중합체가 되는 중합반응. 축합중합, 축중합이라고도 한다. 폴리에스테르, 폴리아미드류의 합성에 사용된다.

다중항 (多重項, multiplet)　원자·분자의 전자상태가 축퇴되어 있거나 또는 섭동으로 그 축퇴가 해제되어 약간 분열되어 있을 때, 이 전자상태를 다중항이라 한다. 전자 스핀 양자수가 S이면, $S=0.1/2.1, \cdots$에 따라 일중항, 이중항, 삼중항, $\cdots$이라 한다. 분자의 경우에는 스핀 이외의 원인으로 근접한 준위에 분열하는 다중항으로서 몇 가지의 이중항이 있다.

다중 효용 가마 (多重效用 ——, multiple-effect evaporator)　같은 형의 증발관을 2기 이상 사용하여 증발관에서 발생한 수증기를 보다 저압으로 조작하고 있는 다음 증발관에 송입하여 수증기의 잠열을 회수 이용함으로써 다음 관의 증발을 하여 가열용 수증기의 절약을 꾀하는 방식의 증발관. 다중 효용관이라고도 한다. n개의 증발관에 의해 n회 반복하는 것을 n중 효용관이라 하며 제염, 해수 담수화 등에 사용된다.

다중 효용관(多重效用罐, multiple-effect evaporator)　⇨ 다중 효용 가마.

다지혁 (多脂革, harness leather)　유지를 다량 함유시킨 식물 타닌 무두질 가죽. 스키용 구두, 작업용 구두, 군대용 구두 등의 갑피로 사용한다.

다층 도금 (多層渡金, multilayer plating)　2층

또는 그 이상으로 금속을 석출시키는 도금법. 주로 고내식성 피막을 얻기 위해 사용된다. 2층 니켈 도금과 3층 니켈 도금 등이 있다.

다층 필름(多層——, multilayer film)　필름의 다기능화를 목적으로 하여 종류가 다른 필름을 적층한 복합 필름. 예를 들면 폴리에틸렌의 우수한 기계적 특성과 셀로판의 인쇄 미려성을 조합한 필름과 나일론과 비닐 알코올-에틸렌 공중합체 등의 조합에 의한 각종 다층 필름이 포장용 재료로 사용되고 있다.

다크 유(—— 油, acidulated soap stock)　소다 유체에 황산 등의 산을 가하여 가열처리, 분해한 것. 지방산, 중성유, 고무질, 색소 등으로 되며 지방산의 원료로 사용된다.

다통로 분석기(multichannel analyzer)　⇨ 펄스 높이 분석기

다핵 착물(多核錯物, polynuclear complex)　중심 금속이 2개 이상 있는 착물. 중심 금속의 수에 따라 복핵(2핵), 3핵, 4핵 착물이라 부른다. 단핵착물의 대응어. 중심 금속은 다리결합 리간드에 의해 연결된 것이 많지만 다리결합 리간드가 없고 금속-금속결합에 의한 것, 나아가서 금속클러스터 등도 함유하는 경우가 많다.

다황화물(多黃化物, polysulfide)　일반식 M_2^I S_n로 표시되는 폴리황화물 이온 S_n^{2-}을 함유하는 염. 정식 명칭은 폴리황화물. $n=2\sim6$의 것이 가장 잘 알려져 있다. 알칼리금속, 암모늄, 알칼리 토류금속 등의 염이 보통이며, 일반적으로 황색 내지 적색 고체. S_n^{2-}은 사슬모양 구조이다. 다황화물은 모두 물에 잘 녹고, 산을 가하면 황을 유리 시킨다. 비금속 원소의 다황화물에 해당하는 것에 다황화수소가 있다. 다황화 암모늄(황색 황화암모늄)은 정성분석에서 분리 시약으로 널리 사용된다.

다효소 복합체(多酵素複合體, multienzyme complex)　⇨ 복합 효소계.

단거리 규칙도(短距離規則度, short-range order)　⇨ 단거리 질서.

단거리 질서(短距離秩序, short-range order)　결정 격자에서 주목하는 원자 근방의 원자 배열 규칙성을 이른다. 극소 규칙도라고도 한다. 보다 광범위에 걸친 원자배열에 대한 장거리 규칙도에 대응하여 사용된다.

단결정(單結晶, single crystal)　하나의 개체 전체에 걸쳐 결정의 격자구조가 유지되고 있는 것. 엄밀하게 이 조건이 성립하고 있는 것을 완전결정이라 하지만 실제 단결정은 모자이크 결정이고, 극히 근소한 것만이 방위가 다른 결정 도메인의 집합이다. 다결정의 대응어. 이것을 만드는 데는 녹은 액체상(液體狀) 속에 단 하나의 고체핵(核)을 만들고, 이것을 중심으로 하여 결정시키는 것이 일반적인 방법이다. 흔히 쓰이는 것은 용융액의 표면에 고체의 작은 씨를 담그고, 이것을 천천히 끌어올려 이 조각에 잇따라서 씨와 같은 방향을 가진 단결정의 막대기를 만들거나 용액을 한쪽 끝에서부터 차례로 고체화시켜 단결정이 되게 하는 방법이다. 단결정은 압전기(壓電氣)·복굴절 등의 비등방성(非等方性)을 보인다.

단계적 중합(段階的重合, stepwise polymerization)　두 작용성(또는 그 이상의) 모노머에서 출발하여 생성한 임의 사슬 길이의 x량체와 y량체끼리 다시 결합하여 고분자량이 되는 중합 방식. 일반적으로 $P_x+P_y \rightarrow P_{x+y}+Y$ (x, $y\geq1$)로 표기되며 부생성물 Y의 유무로 중축합과 중부가로 분류된다. 연쇄 중합에서는 모노머가 1개씩 결합하여 커지며 $P_x+M \rightarrow P_{x+1}$로 나타내는 것과 대조적이다.

단계 접촉(段階接觸, stage-wise contact)　물질 또는 열 이동을 목적으로 유체의 두 개의 상을 접촉시키는 경우에 장치를 다수의 부분으로 구분하여, 그 각 부분에서 단계적으로 접촉시키는 방식. 두 상의 농도 및 온도는 유한차의 단계상으로 변화한다. 장치 내의 물질 및 열 이동량은 기준 단과 임의의 단 사이의 열 또는 물질 수지를 나타내는 조작선과 평형관계에서 구할 수 있다.

단구균(單球菌, monococcus)　단일 구체 형태로 된 세균의 총칭이다.

단극 전위(單極電位, single electrode potential)　전극이 되는 고체와 용액이 접차고 있을 때 계면에 걸쳐 있어야 할 전위차(내부

전위차). 전극 반응의 이론에는 중요하지만 표면 전위차 때문에 측정할 수 없다. 참조 전극에 대한 전위와는 상수만이 다르다. 이온의 활동도가 1(홑원소 물질이 기체일 때는 기압도 1)일 때를 특히 표준 단극전위라 한다. 금속을 예로 들면, 금속 막대는 접촉 면에서 양전하를 띤 이온이 되어 용출(溶出)하려는 경향(따라서 금속 막대가 음전하를 띠는 경향)을 가지며, 한편 용액 속에 녹아 있는 같은 종류의 금속이온은 금속 막대의 이와 같은 경향을 저지하려는 경향이 있다. 이 상반된 두 경향의 크기가 접촉 전위차를 결정한다. 이 전위차는 단독으로 측정할 수는 없고 적당한 기준전극(이를테면 수소전극이나 감홍전극)과 결합해서 1개의 전지로 만들어 측정한다. 이와 같이 측정된 단극 전위는 양·음이 분명하나, 이것을 열역학적으로 논할 때에는 전위차를 정의하는 방법에 따라 즉 전극 반응식을 어떻게 나타내느냐에 따라 단극전위의 양·음의 부호가 실측값과 반대로 되는 일이 있으므로 주의해야 한다.

단글링 본드 (dangling bond) 결정 표면 혹은 결정 내의 결합부위에 있는 원자는 완전 결정 내부의 원자와 달리, 배위 불포화로 인하여 일부 결합이 절단된 상태에 있다. 이 절단된 결합을 일반적으로 단글링 본드라 한다. 여기에 원자나 분자가 접근하면 쉽게 화학결합을 이룬다.

단당 (單糖, monosaccharide) 당류 중 가수분해에 의해 더이상 간단한 당류로 나누어지지 않는 것을 말한다. 탄수화물의 구성단위로 되어 있는 화합물. 기본 조성 $C_n(H_2O)_n$ 으로 표시되는 일반식을 갖는다. 이 일반식보다 산소 원자가 적은 유도체도 있다. 대표적인 단당은 포도당, 과당 등이 있다.

단락 전류 (短絡電流, short-circuit current) 전지에서 부하의 저항이 제로, 즉 양극, 음극을 단락하였을 때 흐르는 전류. 전지 특성의 하나이다. 전해의 경우에는 정미의 전해에 기여하지 않는 누전전류를 가리킨다.

단면적 (斷面積, cross section) 입자가 물질 중을 진행할 때 충돌이 일어나는 확률을 표적의 면적으로 표시하는 양. 충돌로 일어나는 현상(에너지 이동, 이온화, 반응 등)을 지정하였을 때 입자가 면적 σ 를 갖는 표적과 충돌하여 그 현상을 일으킨다고 한다면, 단위 면적, 단위 시간당의 입사 입자수와 σ의 곱이 그 현상이 일어나는 빈도이다.

단백질 (蛋白質, protein) 약 20종의 L-α-아미노산(글리신도 포함)이 펩티드결합 -CONH-에 의해 연결된 생체고분자. 단백질에 따라 구성 아미노산의 수, 종류, 결합 순서가 다르다. 생체 내에서는 각종 효소, 근육의 액토미오신, 핵단백질, 색소단백질 등 수만 종에 이르는 단백질이 있어 생명현상의 개개 소반응과 생체의 구조를 유지하는 기본적인 물질. 단백질의 최대 특징은 고차구조에 있으며, 고차구조를 상실한 단백질은 기능도 상실한다. 그러나 이러한 변성 단백질도 구조식(1차 구조, 아미노산 결합 순서)은 미변성의 단백질과 변함이 없다. 생체 내에서는 핵산의 정보에 따라 생합성된다.

단백질 공학 (蛋白質工學, protein engineering) ⇨ 프로테인 엔지니어링.

단백질 분해효소 (蛋白質分解酵素, proteolytic enzyme) ⇨ 프로테아제.

단백질 제거 (蛋白質除去, deproteinization) 세포 추출액, 체액, 혈액 등에서 단백질을 제거하는 조작. 트리클로로 아세트산에 의한 단백질의 침전, 페놀과 클로로포름, 클로로포름-메탄올에 의한 단백질의 변성 제거가 있다.

단분산 (單分散, monodispersed) 입자의 집단으로, 각 입자의 크기가 같은 상태를 지칭하는 형용사. 단분산계라고도 한다. 특히 콜로이드 입자, 고분자에서 문제가 된다. 다분산의 대응어이다.

단분산 유제 (單分散乳劑, monodisperse emulsion) ⇨ 사진 유제.

단분자 막 (單分子膜, monomolecular film) 양친매성 물질을 수면상에 전개하면 친수기를 수중에, 소수기를 수면 위를 향해 배향하고, 수면상에 단분자상으로 배열한다. 이것을 단분자막이라 한다. 1880년에 레일리경은 장뇌(樟腦)가 수면에서 떠돌아 다니는 현상이 기름을 수면에 뿌리고 표면장력을 20 dyn/cm 이하로 낮추면 정지한다는 데서 기름의 막 두께가 1.0~1.6 mm가 된다는 것을 알아내고 이것이 분자에 가깝다는 것을 지적하였다. 1891년 A. 포켈스는 이 실험에서 미리 수면을 밀랍을 바른 유리 막대(포켈스의 칸막이)로 쓸어 두면 실험의 정밀도가 향상된다는 것 및 두 개의 유리 막대로 유막(油膜)을 막으면 물은 빠져 나오지만 유막의 넓이를 압축할 수 있다는 것을 발견하였다. 그 후 1917년 I. 랭뮤어는 농도가 일정한 지방산의 벤젠 용액을 수면에 뿌리고 벤젠이 증발한 후에 남는 지방산의 막이 차지하는 넓이를 유리 막대를 사용하여 압축해 갔다. 이 때 지방산 1분자당의 넓이가 어떤 한계 면적에 도달하면 표면압(表面壓)이 갑자기 상승하는 것을 표면압 저울(surface balance)로 관찰하여 지방산의 단분자막이 생긴다는 것을 확인하였다. 또 이 단분자막의 표면압과 막의 넓이 사이에 3차원에서의 압력과 부피와의 관계와 유사한 관계가 성립하는 것을 발견하고, 2차원적인 기계막이나 액체 및 고체막(응축막)이 존재한다는 것을 입증하였다. K. 애덤은 랭뮤어의 방법을 개량하고 더욱 많은 유기 화합물의 수면 단분자막에 대해 연구하여 분자구조에 관한 연구를 하였다. 랭뮤어의 협동 연구자인 K. S. 블로제트는 1935년에 수면의 단분자막을 고체면에 옮겨서 층상 분자막(누적막)을 만드는 기술을 개발하였다. 단백질의 기체성 단분자막의 표면압과 표면 농도와의 관계에서 분자량을 구할 수도 있다. 또 댐의 수면 증발이 기름의 분자막으로 억제된다는 연구도 나왔다.

단사 (單絲, single yarn)　한 방향으로 가지런하게 정돈된 가는 섬유다발로 꼬인 이른바 실로서의 최소 구성 단위의 것. 단사는 한 가닥의 상태로 또는 여러 가닥이 모여져 단사가 꼬임과 반대 방향으로 꼬인 상태에서 직물이나 봉사에 사용된다. 보통 단사의 꼬임은 면사에서는 좌로, 모사에서는 우로 꼬여 있다.

단사 결정계 (單斜結晶系, monoclinic system) 7개의 결정계 중, 1축 방향으로만 2회 축을 갖거나 1축에 수직한 거울면이 있는 결정계. 그러므로 단위포단사는 수직이 된다. 정장석·휘석·각섬석·운모·석황·계관석·

모나자이트·남철석·석고·철망간 중석·녹렴석 등이 이 정계에 속한다. 한편, 황비철석처럼 외관은 사방정계와 같으나 구조적으로 단사정계에 속하는 것도 있다.

단색광 (單色光, monochromatic light)　진동수(따라서 파장)가 단일로 간주되는 빛. 레이저광과 들뜬원자로부터의 휘선이 이에 매우 가깝지만 엄밀하게는 약간의 파장폭이 있다. 분광기에 의해 단색화 된 빛도 마찬가지로 유한의 파장폭이 있다. 원자 또는 분자가 발생하는 선(線)스펙트럼은 거의 순수한 단색광이라고 할 수 있다. 이들 선 스펙트럼의 폭은 도플러 효과나 압력 효과에 의해 지배된다. 현재 파장 표준으로 사용되는 카드뮴 적선(赤線)이나 이를 대치할 수 있다고 간주되는 수은 ^{198}Hg, 크립톤 ^{86}Kr 등의 선 스펙트럼은 우리가 실용적으로 사용할 수 있는 가장 순수한 단색광이다.

단색광기 (單色光器, monochromator)　여러 파장의 빛을 함유한 광속(또는 X선 광속)에서 필요한 파장의 단색광(X선)을 잡아내는 장치. 프리즘 또는 회절 격자와 같은 분산체, 그 구동부, 거울, 슬릿 등이 조합되어 일체화 된 것. 단색화(單色化) 장치라고도 한다.

단섬유 (單纖維, single fiber)　(1) 실을 구성하는 개개의 섬유이다. (2) 마 등의 인피부를 구성하는 개개의 섬유이다.

단세포 단백질 (單細胞蛋白質, single-cell protein)　미생물을 대량 배양하여 세포 그 자체 또는 균체에서 추출하여 가공한 단백질로 SCP는 약어이다. 미생물 단백질이라고도 한다. 원료로서 폐당밀, 펄프 폐액, 곧은 사슬 파라핀, 메타, 메탄올, 에탄올과 각종 농림축산 폐기물 등이 사용된다. 또 단세포 조류 클로렐라, 스필리나 등의 광합성 미생물도 사용된다. 축산용 사료, 건강식품 등에 이용된다.

단 소인법 (單掃入法, single-sweep method) (1) 볼타메트리로, 전극에 인가하는 전압을 시간과 더불어 변화시키는 것을 "소인한다"고 하는데 한번만 소인하는 방법을 단소인법이라 한다. (2) 폴라로그래피의 적하 수은 전극에서는 수은방울의 낙하 직전의 시기가 전극 표면적의 변화가 가장 작은 그 시점에 동기하여 극히 단시간에 한번만 전위를 소인하는 방법이다.

단수 (段數, number of stages, number of steps) 단탑과 같은 계단접촉식 장치에서의 선반단의 수. 증류조작의 경우에는 증류가 마도. 1 이론 단수에 상당하므로 스텝수로 헤아리는 경우에는 이것을 포함한다.

단순 단백질 (單純蛋白質, simple protein) α- 아미노산의 폴리펩티드 사슬만을 성분으로 하는 단백질의 총칭. 가용성 단백질과 불용성 단백질로 크게 구별된다. 또 가용성 단백질은 각종 용매에 대한 용해성의 차이에 따라 알부민·글로불린·프롤라민·글루텔린·염기성 단백질(히스톤·프로타민)로 세분된다. 복합 단백질의 대응어이다.

단순 지질 (單純脂質, simple lipid) 지질 중 탄소, 수소, 산소 이외의 원소를 함유하지 않는 것. 중성지질이라고도 한다. 구체적으로는 지방산과 글리세린, 고급 알코올 또는 콜레스테롤과의 에스테르이다. 지질은 단순 지질과 복합 지질로 나눈다. 스쿠아렌 등의 탄화수소를 단순 지질에 포함시키는 일도 있다.

단액 전지 (單液電池, single fluid cell) 전해액이 단일의 전지. 2액 전지에 대응하는 용어이다.

단열 계수 (斷熱係數, adiabatic coefficient) ⇨ 단열 지수.

단열 냉각선 (斷熱冷却線, adiabatic cooling line) 어떤 습한 가스상태에서 출발하여 엔탈피 [kJ/kg-건조 가스]를 일정하게 유지하면서 가상적으로 습한 가스를 냉각시켜 나갈 때의 온도강하 및 습도증가의 상태를 습도도표(세로축은 습도, 가로축은 온도)상에 도시하여 얻어지는 곡선. 단열포화선이라고도 한다.

단열 반응기 (斷熱反應器, adiabatic reactor) 외부와 열교환이 없는 가상적 반응기이다. 실용적으로는 단열재나 진공을 이용하여 열의 출입이 없도록 고안된다. 반응열의 측정 장치나 반응열 자체로 반응온도를 유지하는 반응기에 응용된다.

단열 변화 (斷熱變化, adiabatic change) 열의 출입 없이 이루어지는 변화로 팽창할 때는 기체의 내부 에너지가 부피의 팽창을 위해 사용되므로 온도가 내려간다. 반대로 압축될 때는 내부 에너지가 증가하므로 온도는 올라간다. 예를 들면, 펌프로 공기를 급격하게 타이어 속에 넣을 때에는 열이 출입할 여유가 없을 정도로 갑자기 압축되므로 단열변화에 가까운 상태가 되어, 내부의 공기 온도는 올라간다. 또 한 덩어리의 대기가 상승기류가 되어 팽창하는 경우도 단열변화의 하나로 볼 수 있는데, 이 상승기류에 의한 온도저하가 구름의 발생 원인이 되는 것 등, 대기의 단열변화는 기상현상을 설명하는 데 중요한 요소이다. 외계와의 엔트로피의 교환이 없으므로 자발적인 단열변화에서 계의 엔트로피는 반드시 증대한다.

단열재 (斷熱材, heat-insulating material, heat insulator) 열 손실을 적게 하기 위해 열전도율(熱傳導率)을 낮게 한 재료. 열전도율이 낮은 정지 공기를 다량으로 함유하는 기포벽 구조의 다공질 재료가 일반적이나 섬유상의 것도 사용된다. 약 100℃ 이하에서 사용하는 것을 목적으로 하는 보냉재(保冷材), 100~500℃의 보온재(保溫材), 500~1,100℃의 단열재, 1,100℃ 이상에서 사용할 수 있는 내화 단열재(耐火斷熱材)로 구분된다. 단열재는 소재(素材) 자체의 열전도율이 작은 것이 바람직하지만 대부분 열전도율이 그다지 작지 않다. 소재는 유기질과 무기질로 크게 나뉘는데, 유기질에는 코르크·면(綿)·펠트·탄화코르크·거품고무 등이 있으며, 약 150℃ 이하에서 사용하는 데 적합하다. 무기질에는 석면(石綿)·유리솜·석영솜·규조토(硅藻土)·탄산마그네슘 분말·마그네시아 분말·규산칼슘 펄라이트 등이 사용되며, 대부분 고온에서의 사용에 견딜 수 있다. 이것들은 각기 소재의 연화(軟化)·분해 온도가 사용 한계이다. 또 −200℃ 정도의 초보냉재(超保冷材) 등은 알루미늄박(箔)과 유리솜을 번갈아 포개고, 플라스틱으로 포장해서 속의 공기를 뺀 것도 개발되고 있다. 한편, 1,000℃ 이상에서 사용되는 단열재의 대부분은 내화물(耐火物)을 다공질 모양으로 결합시켜 만든 내화 벽돌이 사용된다. 이 경우 열전도율 외에 열팽창률(熱膨脹率)이나 수축률 등이 요구된다. 단열재는 노(爐)의 외벽, 반응탑, 기름의 저장 탱크, 스팀 도관(導管)과 수도관의 외벽 등, 또 냉장고의 외부 등 많은 곳에 사용되고 있다.

단열 지수(斷熱指數, adiabatic constant)　기체의 정압 열용량 C_p와 정용 열용량 C_v의 비 $C_p/C_v = \gamma$로 표기하는 경우가 많다. 단열계수라고도 한다. 이상기체의 단열변화를 표시하는 식 $PV^\gamma =$ 일정에 사용된다. 기체의 열용량은 온도의 함수이지만 열용량의 비인 단열지수는 온도에 따른 변화가 거의 없다.

단열 팽창(斷熱膨脹, adiabatic expansion)　물체가 열의 출입을 수반함이 없이 그 체적을 증대하는 과정. 외부에 일을 할 때, 물체의 온도는 저하한다. 준정적(準靜的)으로 이루어지는 이상기체(理想氣體)의 단열팽창은 $PV^i =$ 상수 또는 $TV^{i-1} =$ 상수로 나타내며 (P는 압력, V는 부피, T는 절대온도, i는 정압비열과 정적비열의 비), 단열팽창에 의해 온도가 감소된다. 헬륨 등의 가스의 액화에는 가스의 단열팽창과 자유팽창이 이용된다. 윌슨의 안개상자는 수증기를 함유한 공기를 단열팽창시켜 과포화 상태로 만드는 것을 이용한 것이다.

단열 퍼텐셜(斷熱——, adiabatic potential)　단열 근사에 있어서는 분자 중의 전자운동에 대해서 원자핵은 정지하고 있다고 가정하고, 그 전자가 형성하는 평균의 장 속에서 원자핵의 운동을 기술한다. 이 근사에 기인하면 전자운동의 고유값은 원자핵 배치의 변화에 대해서 연속적으로 변화하는 셈이 된다. 이것은 반대로, 원자핵의 상대운동에 대한 퍼텐셜 에너지의 역할을 한다. 이 퍼텐셜을 단열 퍼텐셜이라 한다.

단열 포화선(斷熱飽和線, adiabatic saturation line)　⇨ 단열 냉각선.

단열 효율(斷熱效率, adiabatic efficiency of compression)　단열 압축을 한 경우의 일량과 실제 압축을 한 경우의 일량의 비. 얼마만큼 이상상태에 가깝게 압축을 하였는가를 표시하는 지표이다. 단열 압축과 실제 압축의 경우 기체 엔탈피의 승가를 각각 $(i_2 - i_1), (i_3 - i_1)$으로 하면 단열 효율 η는 $\eta = (i_2 - i_1)/(i_3 - i_1)$이 된다.

단원 추진약(單元推進藥, monopropellant)　로켓용 액체 추진약의 하나. 단체로 발열 분해하여 고온의 기체 생성물을 발생한다. 니트로메탄, 히드라진, 과산화수소 등이 있다. 액체의 공급계통은 단순하나 로켓 추진약으로서의 성능은 낮다.

단위 반응공정(單位反應工程, unit process)　화학공정의 기본 단위라 여겨지는 화학 반응 조작. 구체적으로는 산화, 환원, 할로겐화, 술폰화, 니트로화, 알킬화, 에스테르화, 이성질화, 중합, 축합, 발효 등을 지칭한다. 물리적 조작인 단위 조작의 대응어로서 반응조작이라고도 한다.

단위세포(單位細胞, unit cell)　결정은 3차원의 주기성을 갖지만, 그 주기 단위가 되는 평행 육면체를 말한다. 단위포의 구조는 평행 육면체의 3축의 길이 a, b, c와 축 간의 3개 각도 α, β, γ로 나타낸다.

단위 조작(單位操作, unit operation)　각종 화학공정에 있어 물질의 조성, 상태, 엔탈피 등의 변화를 부여하는 단일의 물리적인 조작. 물질 확산에 기인하는 확산 단위조작과 기계적 처리를 하는 기계적 단위조작이 있다. 예를 들면 유동, 전열, 증발, 정석, 증류, 흡수, 추출, 흡착, 이온 교환, 조습, 건조, 여과, 침강, 원심분리, 집진, 분급, 분쇄, 혼합, 조립, 교반, 막분리 등이다.

단위체(單位體, monomer)　폴리머(중합체)를 합성할 때의 원료가 되는 저분자 화합물. 원래는 어떤 종의 저분자 화합물 분사끼리가 반응하여 원래 분자의 분자량 정배수의 분자량을 갖는 화합물을 생성하는 반응을 중합이라 하고, 그 원료가 되는 화합물을 단위체라고 했다. 이 정의는 오늘날의 부가중합에 대응하는 것이다. 현대에는 단위체의 의미는 확대되어 중축합의 원료가 되는 저분자 화합물도 단위체라고 하는 것이 일반적이다.

단위체 단위(單位體單位, monomeric unit)　중합체 중에서 단위체 1분자로 형성되는 구성 단위. 예를 들면 폴리에틸렌의 구성 반복단위는 $-CH_2-$이지만 단위체 단위는 $-CH_2CH_2-$이다.

단위체 반응성비(單位體反應性比, monomer

reactivity ratio) 공중합에서의 단위체의 반응성을 나타내는 파라미터. 모노머 M_1과 M_2의 2원 공중합에서는, $r_1 = k_{11}/k_{12}$, $r_2 = k_{22}/k_{21}$로 표시된다. 여기서, k_{ij}는 M_i에서 생성되는 라디칼이나 이온이 M_j에 부가하는 반응속도의 상수이다. 공중합 초기의 단량체와 생성된 공중합체의 조직 관계로부터 r_1, r_2의 값을 구할 수 있다. 라디칼 공중합에서는 일반적으로 $r_1 \times r_2 \leqq 1$이다.

단유 바니시 (短油 ——, short-oil varnish)　수지 1부에 대해 유지 1부 이하의 오일 바니시. 또 유변성 수지의 오일 함유량을 표시하는 용어로도 사용된다.

단 이론 (段理論, plate theory)　(1) 크로마토그래피의 분리 기구에 관한 이론. 칼럼은 이동상의 진행방향으로, 단이라 부르는 가상적인 다수의 소구획 모임으로 되고, 이 각 단별로 물질의 고정상과 이동상 간에서의 분배평형이 반복되는 결과 분리가 달성된다고 하는 이론이다. (2) 증류 혹은 액체-액체 추출에서 정류탑(추출탑)이 기액 평형(분배평형)이 성립되어 있는 가상적인 이론단의 중첩으로 구성되는 것이라는 이론. 분리 효율을 표현하거나 필요한 탑 높이를 구하는 데 사용된다.

단일결합 (單一結合, single bond)　유기 화합물 분자 중에서 2개의 원자가 하나의 공유결합으로 연결되어 있는 화학결합. C−C, C−O, N−N 등. 본질적으로는 σ결합이다.

단일광자 계수법 (單一光子計數法, single photon counting)　미약광을 측정할 때 광전자 증배관의 광전류 측정이 아니라, 1개 입사 광자에 의한 전기적 신호를 펄스로서 검출하여 단위 시간당의 광자수를 계수하는 방법. 펄스계수의 시간 분해능에 비해 광자 입사의 시간 간격을 충분히 크게 하지 않으면 측정 오차가 발생한다.

단일단계 (單一段階, elementary process)　복잡한 물리·화학과정을 해결해 나갈 때, 차례차례로 혹은 병행하여 일어나고 있는 몇 가지 기본적 과정으로 분해된다. 이것을 단일단계라 한다. 예를 들면 2분자 충돌, 광흡수 등, 그 이상 분해할 수 없는 물리과정이 단일단계에 해당한다.

단일단계 반응 (單一段階反應, elementary re-action)　복잡한 화학 반응을 해명해 나가면 축차 혹은 병행하여 일어나는 기본적인 몇 가지 반응으로 분해되고 최종적으로는 2분자 충돌에 의한 반응과 에너지 이동 등의 단일 과정에 귀착한다. 이것을 단일단계 반응이라 하고, 단위 반응이라고도 한다. 비교적 저온 액에 있어서의 요오드화 수소의 열분해는 단 하나의 단일단계 반응으로 되어 있으나 이와 같은 고립반응은 두 개 이상의 단일단계 반응이 차례로 진행하는 연속 반응이라고 생각된다.

단일 작용기 화합물 (單一作用器化合物, monofunctional compound)　유기 화합물에 함유되어 있는 관능기가 1개뿐인 화합물을 말한다.

단자 전압 (端子電壓, terminal voltage)　2개의 전극 사이에 발생 내지 인가하는 전압을 말한다. 전지 혹은 전해조에서는 전류가 흐르면 전극 반응의 과전압 및 전해질과 격막의 저항에 의해 이론전압과 다른 값이 되고, 전지계에서는 얻어지는 전압은 작고, 전해계에서는 인가전압이 커진다.

단조 폴리머 (單條 ——, single-strand polymer)　어떤 폴리머 분자에 대해서 유리 원자가가 2가(즉 양단이 단결합)의 구성 반복 단위가 다수 이어진 것으로 표현할 수 있는 경우, 이것을 단조 폴리머라고 한다. 사다리형 중합체는 단조 폴리머가 아니다.

단증류 (單蒸留, simple distillation)　증류에 있어 액과 평형하게 있는 증기를 증류탑 내 혹은 탑 상부에서 액화하여 하강시키는 일 없이 그대로 응축기에 유도하여 응축시키는 따위의 조작. 미분 증류라고도 한다. 유출액의 조성은 연속적으로 변환한다.

단축 배향 (單軸配向, uniaxial orientation)　⇨ 배향의 (2).

단층 배양 (單層培養, monolayer culture)　세포를 *in vitro* 배양 조건하에서 정치 배양하면 배양 용기의 바닥면에 증식하여 한 층의 세포층을 형성한다. 이러한 배양을 말한다. 세포는 2차원적으로만 증식하고, 그 중에는 증식을 계속하면 세포가 서로 겹쳐서 많은 층을 형성하는 것도 있다.

단층 촬영법 (斷層撮影法, tomography)　X선, 라디오파, 초음파, 입자선 등을 대상 물체에 조사하여 그 물체 내부 각 부분의 흡수정보를 모아, 그것을 마치 물체를 횡단하여 엿보는 것 같이 단층상으로 재현하는 측정 및 신호처리하는 방법. 각 방향에서의 조사에 대응하는 신호측정을 여러 번 하고 그 결과를 컴퓨터를 사용하여 푸리에변환을 중심으로 한 계산처리를 하여 상을 구한다. 약어 CT(computed tomography), X선 CT와 핵자기공명 CT 등이 의료용(인체 두부와 신체부의 진단)으로 이용되고 있다.

단클론 항체 (單——抗體, monoclonal antibody)　단일 항체 형성세포가 생성하는 항체로, 1차 구조(아미노산 배열)가 균일한 것. 모노클로널 항체라고도 한다. 오직 1개의 항원 결정기만을 인식한다. 보통 단일항원으로 면역되어도 얻어지는 항체는 불균일한 분자의 집단인 다클론 항체이지만 최근에 단클론 항체를 쉽게 얻어지는 방법이 개발되어 많은 생물학적 연구에 이용되고 있다.

단탑 (段塔, plate column)　연속 향류에서 기체-액체 접촉 또는 액체-액체 접촉을 하는 계단 접촉식의 대표적인 장치. 탑 내에 다수의 선반단을 적당한 간격으로 설치한 것. 선반단 탑, 플레이트 탑이라고도 한다. 선반단의 구조에 따라 포종탑, 다공판탑, 격자조탑 등이 있다. 증류, 가스흡수, 추출, 냉수조작 등에 널리 사용되고 있다.

단핵 착물 (單核錯物, mononuclear complex)　중심 금속원자가 하나인 착물. 다핵 착물의 대응어이다.

단 효율 (段效率, plate efficiency, stage efficiency)　단탑과 같은 계단 접촉식의 장치에서 가 단에서 기체-액체, 액체-액체가 접촉할 때의 장치 성능을 나타내는 척도. 각 단에서 평형상태에 도달하고 있다고 산출한 이론 단수와 실제에 필요한 단수와의 편차 정도를 표시한다. 일반적으로는 점효율, 머프리단효율, 탑효율의 3종류가 있다.

닫힌 계 (——系, closed system)　외계와 에너지(열과 일)의 교환이 있으나 물질의 교환이 없는 계. 폐쇄계라고도 한다. 열린 계의 내응어이다.

닫힌 껍질 (閉殼, closed shell)　희가스 원자의 헬륨 $1s^2$와 네온 $1s^2 2p^6$ 같이 파울리의 원리로 가능한 최대수의 전자를 갖는 원자의 전자각. 베릴륨 원자의 $1s^2 2s^2$처럼 부각이 충만된 경우를 준 폐각이라 하는 경우도 있다. 분자에서는 쌍을 이루지 않은 전자가 없는 경우를 말한다. 열린 껍질의 대응어이다.

담금질 (hardening, quenching)　합금의 열처리에 있어 고온으로 가열한 후 물 혹은 기름 속에 넣거나 냉각한 공기로 급속하게 냉각시킴으로써 경화시키는 프로세스. 과거에는 소입(燒入)이라고도 하였다. 영어로 quenching은 그 뜻이 광범위하여 냉각 뿐만 아니라 승온(昇溫)에 수반되어 일어나는 변화를 급열(急熱)함으로써 저지하는 경우에도 사용한다. 이 말은 원래 강철을 오스테나이트 (γ 상)의 상태로 가열하고 물 속 또는 기름 속에서 급랭하여 펄라이트로의 변화를 저지해서 담금질 조직을 얻는 조작을 말했으나, 오늘날에는 널리 '냉각에 의한 변화의 저지'라는 뜻으로 사용되고 있다. 합금에 따라서는 과히 급랭하지 않아도 변화가 저지되어 경화되므로, 넓은 뜻의 담금질에서는 반드시 급랭하지 않아도 된다. 또 강철에서는 담금질을 함으로써 고온에서 저온으로의 변화가 일부 저지되어 매우 단단한 마텐자이트 (martensite) 등의 조직이 되기 때문에 다른 합금에서도 담금질에 의해 항상 단단한 상태가 된다고 생각하기 쉬우나 반드시 그렇지도 않다. 고온에서 저온으로의 변화가 완전히 저지되는 시효경화성(時效硬化性) 합금 등에서는 담금질 상태는 그 합금에서 가장 연한 상태가 되는데, 두랄루민·베릴륨구리 등이 그 예이다.

담금질유 (——油, quenching oil)　금속재료(특히 강철의 담금질이나 조질)에 사용되는 기름. 무기염 혹은 비누 등의 수용 액계, 유지계 및 광유 또는 그것에 유지를 배합한 광유계가 있다. 급속 냉각을 목적으로 하므로 인화점이 높고 열안정성 및 열전도성이 양호하며 담금질 재료에 대한 부착성이 적은 것 등이 요구된다.

담반 (膽礬, blue vitriol)　⇨ 황산구리(II).

담수화 (淡水化, desalination)　⇨ 해수 담수화.

담자균류 (膽子菌類, Basidiomycetes)　여러 가지 형태의 담자기상에 담자 포자를 외생하는 고능 균류. 거대한 자실체인 버섯이 전형적인 예이다. 담자기의 형태가 단순한 단세포의 진생 담자균과 격벽을 갖고 분지하는 이담자균으로 나뉘어진다. 현재 1만 5,000여 종이 알려져 있다. 담자균류는 육상에서 생활하는 양치식물 이상의 고등식물과 생활을 함께 하는 균류로, 버섯류의 대부분은 고등식물의 유체(遺體)에서 부생적(腐生的)으로 생활하며, 특히 셀룰로오스와 리그닌을 분해하여 물질의 생물학적 순환에 없어서는 안 될 중요한 역할을 하지만, 또 수목의 뿌리에 균근(菌根)을 형성하여 공동생활을 하는 것도 많다. 그 밖에 식용균으로 중요시되거나 독버섯으로 주의를 해야 할 종류도 있다.

담즙산 (膽汁酸, bile acid)　담즙 중의 C_{24} 스테로이드계 카르복시산의 총칭. 콜레스테롤의 곁사슬 절단과 수산화에 의해 생합성 된다. 사람의 담즙에 함유되는 것은 콜산, 디옥시콜산, 케노디옥시콜산, 리토콜산의 4종. 담즙산은 계면 활성제로서의 작용이 있으며 식품 중의 지질을 유화시켜 그 소화·흡수를 돕는다. 담즙 중에 분비될 때는 타우린, 글리신 등과 결합하여 타우로콜산, 글리코콜산 등의 형태가 된다.

담즙 색소 (膽汁色素, bile pigment)　동물의 담즙에 함유되는 색소. 담즙 색소의 주요한 것은, 사람 담즙에서는 황갈색의 빌리루빈, 조류 등에서는 청록색의 빌리페르딘이다. 빌리루빈은 혈색소헴의 분해산물이며, 분자 내의 2개 카르복시기가 간장에서 글루크론산과 결합하여 담즙 중에 배출된다. 빌리루빈이 혈액 100 mℓ 중에 1 mg 이상 증가하면 황달이 된다.

당 (糖, sugar)　당류 중 수용성이고 감미가 있는 것의 총칭. 단당류와 대다수의 올리고당류가 이에 해당한다. 명칭은 기원을 나타내는 말에 오스(-ose) 또는 당을 붙여 사용한다. 수크로오스(설탕)와 글루코오스(포도당)는 대표적인 당이며, 정당(精糖)이나 혈당 등과 같이 이들을 약칭하여 단지 당이라 부르기도 한다. 넓은 뜻으로는 다당류도 포함하여 당류와 같은 의미로 쓰이기도 한다. 일반적인 당을 나타내는 글리코오스(glycose)의 글리코(glyco)는 '달다'는 의미를 가진 그리스어에서 온 말이다. 글리코오스는 글루코오스와 같은 의미로 사용되어 왔으나 지금은 단당류를 의미하며, 그대로 쓰이지는 않고 글리코시드나 글리시트(당알코올) 또는 글리카르산(당산)과 같은 형태로 쓰이게 되었다. 그러나 글리코겐처럼 아직도 글루코오스와 같은 뜻으로 쓰이는 예도 있고, 혼동하여 쓰이는 경우도 있다.

당 단백질 (糖蛋白質, glycoprotein)　복합 단백질의 하나. 단백질에 당이 공유결합한 것의 총칭. 이 당부분을 당 사슬이라 하며, 각종 헥소오스, 메틸펜토오스, 아미노당, 시알산 등을 구성 성분으로 한다. 다수의 단백질은 다소나마 당사슬이 있으며 전혀 없는 단순 단백질은 적다. 뮤코 다당류도 단백질과 공유결합(共有結合)을 하고 있으나, 당단백질은 당 부분이 복합구조를 가지지 않는 것과 소당류 정도의 크기로서 별로 크지 않다는 것으로 양자는 구별된다. 당단백질의 분포는 세포막이나 세포 표층에 존재하는 것에서부터 세포의 단백질로 존재하는 것 등, 여러 가지가 있다. 세포 표층의 것은 당지질과 더불어 세포의 특이성을 나타내는 것으로 생각되며 그 근거가 밝혀지고 있다. 세포 외 단백질인 경우 당은 분비에 있어서 여권(旅券) 구실을 하고 있다는 설이 유력하다. 구성당은 한정된 당의 종류로 구성되며, 푸코오스·시알산·갈락토오스·글루코오스·만노오스·N-아세틸글루코사민·N-아세틸갈락토사민 등을 들 수 있다. 당단백질 중 분자량이 큰 것의 화학구조는 아직 밝혀지지 않은 것이 있다.

당량 (當量, equivalent)　화학 당량과 전기화학 당량의 동의어로 사용되는 경우가 많다. 그 밖에 열의 일당량 등도 있으므로 단순히 당량이란 표현은 가급적 피하는 것이 좋다.

당량 전도도 (當量傳導度, equivalent conductivity)　화학 당량으로 나눈 몰 전도도. 전해질 $M_{\nu^+}^{z^+} X_{\nu^-}^{z^-}$ 용액의 당량 전도도는 몰 전도도를 $z^+ \nu^+ = z^- \nu^-$ 로 나눗셈하여 얻어진다.

당류 (糖類, saccharides)　탄수화물 중 단당, 이당, 삼당, 올리고당, 다당 등의 총칭. 단당 및 이것이 복수의 올리고시드 결합한 넓은 의미의 다당류를 말한다.

당밀 (糖蜜, molasses)　감서당, 정제당, 비트당을 제조할 때 당액을 정석하여 얻은 설탕 결정과 모액의 혼합물(백하)에서 설탕을 회수한 후의 농후 당액, 원료에 따라 감서당밀, 정당밀, 비트당밀이라 한다. 또 정석조작을 반복할 때마다 생성되는 당밀을 1번 당밀, 2번 당밀, …이라 하며, 정석에 의한 경제적인 설탕의 회수가 불가능하게 된 당밀을 폐밀이라 한다.

당산 (糖酸, saccharic acid)　⇨ 글루카르 산.

당지질 (糖脂質, glycolipid)　당을 구성 성분으로 함유하는 복합 지질. 글리코리피드라고도 한다. 인산질과 함께 대표적인 복합 지질이다. 글리세린을 함유하는 글리세로 당지질, 탄소 원자수 16~20의 아미노알코올을 함유하는 스핑고 당지질의 두 가지로 나눌 수 있다. 생물에 널리 분포하며 식물에는 주로 글리세로 당지질이, 동물에는 스핑고 당지질이 존재한다. 생체막의 구성 성분으로, 정보의 전달, 막의 항원성 등에 관련이 있는 것으로 여겨지고 있다.

당질 코르티코이드 (糖質 ——, glucocorticoid)　⇨ 글루코코르티코이드.

당화 (糖化, saccharification)　효소 또는 산의 작용으로 녹말 등 무미한 다당류를 가수분해하여 감미가 있는 당으로 바꾸는 반응 및 조작. 예를 들면 포도당 및 맥아당은 녹말의 효소 당화로, 물엿 및 가루엿은 산 당화로 제조된다.

당화 효소 (糖化酵素, saccharogenic amylase)　다당을 기수분해하여 환원당을 생성하는 효소의 총칭. 아밀라아제류는 녹말의 $(1 \rightarrow 4)$ α-글리코시드 결합 또는 $(1 \rightarrow 6)$- α-글리코시드 결합을 가수분해한다. 셀룰라아제류는 셀룰로오스의 $(1 \rightarrow 4)$- β-글리코시드 결합을 가수분해한다.

대규모 집적회로 (大規模集積回路, large scale integrated circuit)　하나의 집적회로(IC)에 몇 개의 개별 디바이스(트랜지스터, 저항, 다이오드, 용량 등)가 장착되어 있는가(집적도)에 따라 그 규모를 분류하여 각각 10^4~10^5개의 디바이스를 집적한 것을 말한다. 약어 LSI.

대기 오염 (大氣汚染, air pollution)　대기 중의 오염 물질로 인해 인간과 동식물에 악영향을 미치게 하는 것. 오염 물질에는 인간활동에 의해 생기는 황산화물, 질소산화물, 탄화수소, 광화학 옥시던트, 염소계 유기용제, 일산화탄소, 이산화탄소, 프레온, 플루오르화물, 염화물, 악취 등이 있으며, 자연현상(예 : 황사, 화산의 분출물)으로 인한 오염도 포함하는 경우가 있다.

대두유 (大豆油, soybean oil)　대두(함유량 18~20 %)에서 채유되는 반 건성유. 대두의 주산지는 미국, 남미 등이고 그 대부분은 착유 원료로 한다. 주성분은 리놀산, 올레산, 팔미트산 및 리노렌산의 혼합 글리세리드로 되어 있다. 조제 콩기름은 황갈색이고 불쾌한 냄새가 나므로 이것을 다시 정제하여 식용한다. 정제한 기름은 담황색이며 냄새가 없고 맛도 구수하여 식용유로서 가장 다량으로 소비된다. 콩기름은 리놀산·올레산 등 불포화 지방산을 많이 함유하고 있는데 이들 지방산은 비타민 F라고 불리기도 하듯이 인체에 필수적인 지방산이다. 널리 식용유, 식품공업 원료로, 또한 일부 가공하여 도료, 바니시 등에 사용된다. 특히 콩기름 잉크는 인쇄과정에서의 대기 오염 물질(휘발성 유기 화합물, VOC) 발생량을 현저하게 줄일 수 있는 것으로도 알려져 상업화가 기대되기도 한다.

대류 전극 (對流電極, convection electrode)　대류가 율속으로 될 때의 최대 전류를 측정하는 전극. 지름 1.5~2 mm 또는 그 이상의 지름을 깇는 정시 수은 전극의 수은면상 5 mm 이내에 비대칭 날개가 있는 교빈기를 $600 \, \text{min}^{-1}$ 이상의 속도로 회전시켜 전극 표면상의 극한층을 형성한다.

대립 유전자 (對立遺傳子, allele)　서로 같은 염색체상의 동일 유전자 자리(부위)에 속하며, 서로 구별되는 유전자. 돌연변이나 유전적 재조합에 의해 변화가 일어난 대립 유전자는 양생형에 비해 기능을 완전히 상실하는 경우, 양적으로 변화하는 경우, 전혀 상이한 기능을 갖는 경우 등이 있다. 유전자를 기호로 나타낼 때, 예를 들면 나팔꽃 빛깔의 붉은색은 우성으로 R, 열성의 대립 유전자는 r로 나타낸다. 초파리의 날개 모양도 정상인 것에 대한 유전자는 우성으로 V, 흔적날개는 열성으로 v로 나타낼 수가 있다. 또 우성유전자를 ＋로 나타낼 때도 있다. 예로서, 열성유전자 pr은 자줏빛 눈에 대한 것인데, 이 대립 유전자의 정상 눈 색깔 유전자는 우성으로 ＋pr, 또는 ＋로만 나타낸다. 대립 유전자 R−r 을 가지고 있는 개체는 Rr로 나타내며, ＋r/r로 나타내기도 하고, ＋/r라고 나타낼 수도 있다.

대마 (大麻, canabis, hemp) 넓은 의미로는 대마, 라미, 쥬트 등의 삼속 식물 및 그 인피 섬유의 총칭. 좁은 의미로는 대마를 지칭한다. 대마는 뽕나무과의 식물이며 줄기가 섬유의 원료가 된다. 온대에서는 높이 3 m 내외로 자라지만 열대에서는 6 m까지 자란다. 섬유를 이용할 목적으로 재배한다. 듬성듬성 심으면 아랫부분에서부터 가지를 치지만 촘촘히 심으면 줄기 끝부분에서만 약간의 가지가 나온다. 줄기는 사각주상(斜角柱狀)으로 곧게 뻗으며, 표면에는 전체에 가는 털이 나 있고, 속이 비어 있다. 줄기의 표면에는 세로로 골이 져 있고 횡단면은 표피세포 안쪽에 여러 층의 엽록소를 가진 하피(下皮)가 있으며, 그 안쪽에 유조직이 있고 안쪽에 우리가 이용하는 인피 섬유(靭皮纖維)가 있다. 섬유의 길이는 긴 것이 10 cm 정도이고 대개는 3~4 cm이다. 잎은 장상복엽(掌狀複葉)이며 3~10개의 작은 잎으로 갈라진다. 작은 잎은 폭이 좁고 끝이 뾰족하며 톱니가 있다. 긴 잎자루가 있고 줄기 아래쪽에서는 마주나며, 위쪽에서는 어긋난다. 자웅이 주로서 꽃은 초여름에 핀다. 수꽃은 큰 꽃밥(葯)을 가진 5개의 수술과 5개의 꽃받침조각이 있으며, 황록색이고 가지 끝에 원뿔 모양으로 모여서 핀다. 암꽃은 1개의 암술이 있고 암술대는 2개로 갈라진다. 과실은 편구형(編球形)이고 회백색의 단단한 껍질을 가지며 가을에 성숙한다. 종자는 광택이 있는 회백색이나 회갈색을 띠고 표면에는 2줄의 무늬가 있다. 대마 줄기의 인피 섬유는 삼실(麻絲)로서 삼베를 짜거나 로프·그물·모기장·천막 등의 원료로 쓰인다. 또 껍질로 가공한 중간 제품을 대마라고 한다. 과실은 향신료(香辛料)의 원료가 되며, 한방(漢方)에서는 마자인(麻子仁)이라 하여 완화제(緩和劑)로 쓴다. 그 잎에 함유되는 중추신경

작용약은 마약의 하나이다. 마약에 중점을 둘 때는 마리화나라고 한다.

대비 (對比, contrast) 화상에 있어 대비되는 2점 간에서의 명암의 비. 문자나 도형 화상의 경우는 선의 가장자리 양측의 농도비, 계조가 있는 화상에서는 가장 밝은 곳과 가장 어두운 곳의 농도 또는 휘도비. 이러한 현상은 2가지를 동시에 경험할 때와 시간적으로 전후해서 경험할 때도 나타난다. 전자의 경우를 동시 대비(simultaneous contrast), 후자의 경우를 계기 대비(successive contrast)라고 한다. 대비는 심적 경험의 여러 가지 면, 즉 감각·기억·추리 등에서 볼 수 있는데, 감각에 관한 것이 많으며, 그 중에서도 특히 시각(視覺)에 관한 것이 가장 많다.

대사 (代謝, metabolism) 생물체에서 물질의 화학 변화. 보다 넓은 의미로는 무기질 대사의 경우 같이 생물의 생체 내에서의 수송·분포 등 물질의 흐름을 의미한다. 화학 반응으로는 생체물질을 합성하는 동화작용과 먹이나 생체물질을 분해하여 에너지를 얻는 이화작용의 두 가지 과정으로 된다. 특정한 물질군을 대상으로 하여 탄수화물 대사·지방 대사·단백질 대사·질소 대사라 하며, 스테로이드 대사나 퓨린 대사 등으로 부르기도 하고, 특정 기관의 특징적인 기능의 기초를 이루는 것을 가리켜 근육에 있어서의 대사나 간의 대사 등으로 말하기도 한다. 즉, 호흡이나 발효도 생체 대사의 한 형식이며, 생체의 종류에 따라서 수많은 대사 경로가 알려져 있다. 그 중에서도 해당계와 TCA회로가 대표적이다.

대사 경로 (代謝經路, metabolic pathway) 생체 내의 화학변화의 순서. 생체 내에서 어떤 물질이 각종 효소작용을 순차적으로 받아 다른 물질로 변화하는 과정의 순로. 전체적으로는 복잡하나 주요 경로는 해당계, 시트르산 회로, 펜토오스−인산 회로, 요소 회로 등으로 분류할 수 있다.

대사 물질 (代謝物質, metabolite) 생체 내의 물질변화의 결과로서 생성되는 물질의 총칭. 대사는 일반적으로 효소의 기능적 집합체(효소계)의 작용이며, 기질의 화학결합이 하나씩 변화하여 대사 물질이 된다. 그러나 대사 물질 중에는 효소계의 최초 효소에 작용

하여 그 활성을 저해하는 경우가 있는데, 이것을 피드백 저해라 한다.

대사물 집합소 (代謝物集合所, metabolic pool) 생체 내에 도입된 물질은 몇 단계의 효소반응을 걸쳐 최종 물질을 형성하는 데 그 도중 단계의 대사 중간체의 저류(貯留)를 말한다.

대사병 (代謝病, metabolic disease) 대사의 이상으로 인한 질환. 일반적으로 유전자의 이상으로 인한 효소와 수송체의 결손 혹은 기능 저하에 기인하는 선천성 대사이상을 지칭한다.

대사 전환 (代謝轉換, metabolic turnover) 대사에 있어 물질의 교대. 교대, 턴오버(전환)라고도 한다. 어떤 물질 A가 그 전구체에서 어떤 속도로 생합성되고, 동시에 A는 분해되어 감소하고 있는 경우, A의 생성속도와 감소속도가 같다고 하면 그곳에 존재하는 A의 양은 변하지 않지만 물질 A 그 자체는 시시각각 갱신되고 있는 셈이 된다. 이와 같은 물질 A의 변화를 말한다. 물질의 턴오버는 실험적으로는 동위원소를 사용하여 구할 수 있다.

대사 전환수(代謝轉換數, metabolic turnover number) 1분자의 효소에 의해 1분간에 변환되는 기질의 분자수. 효소에 대해서는 최적 pH, 최적 기질농도, 지정한 표준온도에서 측정하는 일이 많다.

대사 제어 발효 (代謝制御醱酵, metabolically regulated fermentation) 미생물에서 일련의 대사반응경로를 인위적으로 가장 합리적으로 활동시켜 그 결과 얻어지는 생산물을 이용하는 발효기술. 이 기술은 유전학에 기초한 미생물 변이주의 조성수법에 의한다. 글루탐산, 리신의 발효생산, 항생물질의 생산이 이루어지고 있다.

대상 소결 (帶狀燒結, zonal sintering) 고주파 가열 등으로 소결체에 띠모양의 반 융해부를 만들고, 이것을 서서히 이동시켜 재소결하는 방법. 대역융해와 유사한 장치를 사용하여 주로 투명 세라믹스를 제작하는 데 사용된다.

대수 점도수 (對數粘度數, logarithmic viscosity number) ⇨ 인히런트 점도.

대수 평균 (對數平均, logarithmic mean) 어떤 양의 두 가지 값 x_1, x_2에 대해서 $x = (x_2 - x_1)/\log_e(x_2/x_1)$의 대수 평균값을 말한다.

대식 세포 (大食細胞, macrophage) ⇨ 매크로 파지.

대응 상태 (對應狀態, corresponding state) 기체의 온도, 압력을 각각 임계온도, 임계압력으로 나눈 값을 환산온도, 환산압력이라 하며, 상이한 기체 간에서 이러한 환산변수가 상등한 값을 갖는 상태를 대응 상태라 한다. 대응 상태는 하나의 반 데르 발스의 상태식으로 표시된다.

대응선 (對應線, tie line) 주로 3성분계가 서로 평형하게 있는 두 액상을 형성하는 경우에 삼각도상에서 양 상의 조성을 표시하는 점을 연결하는 직선. 증류와 추출 등의 계산에 중요하다. 또 그 직선의 길이가 제로로 되는 점을 플레이트 포인트라 한다.

대장균 (大腸菌, *Escherichia coli*) 사람을 포함한 포유류의 장기관에 기생하는 세균의 하나. K-12주의 계통을 중심으로 하여 주로 세계적으로 공통된 연구가 진행되어, 분자 생물학의 발전에 절대적인 공헌을 하였다. 연구·응용을 목적으로 한 유전자 재조합계의 재료로서 많이 이용되고 있는 외에 대소변에 의한 오염을 검사할 때의 지표로서도 사용되고 있다.

대조 (對照, control) 어떤 실험을 하여 하나의 인자와 효과, 영향 등을 조사하는 경우, 착목조건의 인자를 하나 빼내어 본 실험과 동일하게 하여, 양자의 결과를 비교 검토할 필요가 있다. 이 경우, 비교의 기본이 되는 것을 대조라 한다.

대조비 (對照比, contrast ratio) 도막이 바탕색을 은폐하는 성능을 검은 바탕과 흰 바탕 위에 칠한 도막의 환산 반사율의 비율로 나타낸 숫자. 측정법은 KS에 규정되어 있다.

대칭면 (對稱面, plane of symmetry) 도형이나 함수에서 어느 점을 선택하여도 공통성이 있는 면 σ에 관해서 대칭의 위치에 그 도형이나 함수의 다른 한 섬이 대응할 때 면 σ를 대칭면이라 한다. 대칭면이라는 말은 특히 분자나 결정(結晶)의 대칭성에 관해서 사용하며, 결정의 경우에는 주기적인 구조 때문에 경면(鏡面)과 영진면(映進面)으로 나뉜다.

대칭 수(對稱數, symmetry number)　어떤 분자의 중심 둘레를 회전시켰을 때, 그 회전 조작으로 얻어지는 형태가 조작 전의 형태와 구별할 수 없는 경우를 몇 가지 고려될 수 있는가의 개수를 지칭한다. 그 분자가 어떠한 점군에 속하는가에 따라 1에서 24까지의 일정한 수를 취한다.

대칭 요소(對稱要素, element of symmetry, sysmmetry element)　대칭조작의 중심이 되는 점, 변, 면을 말한다.

대칭 조작(對稱操作, symmetry operation)　도형, 함수, 개념의 집합체 등으로, 어떤 조작(변환)을 하여도 원래와 구별할 수 없는 것. 수학적 조작. 점군에도 회전, 경영(鏡映), 반전 같은 기본적인 대칭조작과 그 조합의 회영, 회반이 있다. 결정군이나 병진군에서는 여기에 병진이 추가된다.

대칭 중심(對稱中心, center of symmetry)　어떤 도형과 함수의 어느 점을 선택하여도 공통성이 있는 한 점 O에 관하여 대칭 위치에 그 도형과 함수의 다른 한 점이 대응할 때, 점 O를 대칭심 또는 대칭 중심이라 한다. 이와 같은 대칭조작을 반전이라 한다.

대칭 진동(對稱振動, symmetric vibration)　분자가 회전축, 대칭면 등의 대칭요소를 가지고 있을 때, 이 분자의 기준진동은 이들 대응하는 대칭 조작에 관해서 대칭하는 것과 역대칭하는 것으로 구분된다. 전자를 대칭진동이라 하며 모든 대칭조작에 대해서 대칭인 것을 전대칭 진동이라 한다.

대칭축(對稱軸, axis of symmetry, symmetry axis)　축 대칭의 중심이 되는 축을 말한다.

대칭 팽이(對稱 ——, symmetric top)　3개의 주(主) 관성 모멘트 중, 2개가 상등한 회전체. 상등한 2개가 나머지 1개보다 큰 경우를 편장 대칭팽이, 작은 경우를 편소 대칭팽이라고 한다. 상등하지 않는 관성 모멘트를 부여하는 주축은 대칭축이라 부른다. 편장 대칭팽이의 예로는 염화메틸, 에탄 등의 분자가, 편소 대칭팽이의 예로는 암모니아, 벤젠 등의 분자가 있다.

더블 베이스 추진약(—— 推進藥, double base propellant)　질산 셀룰로오스와 니트로글리세린을 기제로 하여, 이것에 가소제와 자연 분해를 억제하는 안정제를 가한 무연화약. 아세톤과 에틸알코올을 혼합한 용제를 사용하여 성형한 용제 화약과 푸탈산디에틸 등을 용제에 사용하여 성형한 불휘발성 용제 화약이 있다. 총기용 발사약, 로켓 추진약 등에 사용된다.

W/O형 에멀션(—— 型 ——, w/o emulsion) ⇨ 유중 수형(水型) 에멀션.

더블텐 잉크(doubletone ink)　망점 계조의 요판인쇄에 사용하는 요판인쇄 잉크의 하나. 일반적인 망요판 잉크에 그 전색제에 용해하는 염료를 수 % 가한 것을 연합하여 제조한다. 인쇄하면 망점 주위에 착색 전색제가 스며나와 2색을 겹쳐 인쇄한 것 같은 효과가 난다.

더스트(dust)　일반적으로 기체 중에 포함되는 고체 입자의 총칭. 제진이라고도 한다. 보통 크기가 $1\,\mu\mathrm{m}$ 이상인 입자를 일컫는다. 대기오염방지법에는 매연과 분진을 구별하여 규제하고 있다. 즉, 물질의 파쇄, 기타 기계적 처리에 부수하여 발생하는 물질을 분진으로 규정하고 있다. 그러나 일반적으로는 이러한 고체 입자군을 대표하여 더스트라 한다.

데그라디니트(degradinite)　석탄의 미세조직 성분의 하나인 비트리니트에 함유되는 미세 성분. 식물 목질부가 미세하게 붕괴한 것에 유래한다. 공존하는 콜리니트, 텔리니트와 유사한 색조가 있으나 반사율은 이들보다 낮고 휘발분과 수분이 많다.

데노보 합성(—— 合成, *de novo* synthesis)　어떤 분자를 간단한 전구물질에서 새롭게 생합성하는 것. *de novo* 는 신규의, 새로운 것에서라는 의미의 라틴어. 대사과정의 중간 산물을 외부에서 부여하여 합성하는 샐비지 합성의 대응어. 예를 들면 뉴클레오티드를 합성할 때 퓨린 핵, 피리미딘 핵을 아미노산에서 생합성하는 것이 *de novo* 합성, 기존의 퓨린 핵, 피리미딘 핵을 재이용하는 것이 샐비지 합성이다.

데니르(denier)　항장식(⇨ 번수)에 의한 섬유 또는 실 굵기의 단위. 기호 D. 견직 및 화학 섬유에 많이 사용되고 있다. 450 m 길이의 것을 0.05 g 의 단위 중량으로 표시한다. D = g/9,000 m.

데마스킹 (demasking)　용액 중에 존재하는 마스킹제의 효과를 소거하기 위해 하는 화학 반응 조작. 가리움 벗기기라고도 한다. 일반적인 방법으로는 치환반응, 마스킹제의 비반응성 종으로의 변환, pH 조절, 배위자의 분해, 배위자의 물리적인 제거, 금속이온의 산화상태 변화 등이 있다. 예를 들면 은 이온은 암모니아성 용액 중에서는 암민 착이온이 되어 있고, 염소 이온과는 반응하지 않지만, 이것에 산을 가해서 산성 용액으로 하면 은 이온은 유리하여 염소 이온과 반응하게 된다.

데실알코올 (decyl alcohol)　(1) $CH_3(CH_2)_9$ OH. 1-데카놀이라고도 부른다. 야자유의 성분 지방산 데칸산을 수소로 환원하여 얻는다. (2) 탄소 원자수 10인 알코올 $C_{10}H_{21}OH$ 의 이성질체 혼합물. 공업적으로는 프로필렌 삼량체 올레핀의 옥소 반응으로 얻어진 알데히드를 수소화하여 얻는다. 보통 이소데카놀이 중요하며 폴리(염화 비닐)용 가소제의 제조원료로 사용된다.

데아미나아제 (deaminase)　탈아미노 효소. 화합물 중의 아미노기를 히드록시기 또는 케톤기로 바꾸는 효소의 총칭. 케토기를 형성하는 경우는 산화적 탈아미노기라 부르며, 이미노기를 형성한 후에 가수분해로 암모니아와 케토기가 된다. 시토신, 아데닌, 구아닌, 아데노신, 시티딘, AMP, ADP 등에 결합하는 아미노기를 각각 가수분해하는 효소가 있다. 이러한 효소는 동물조직에 힘유된다.

데아미다아제 (deamidase)　⇨ 아미다아제.

데카타이징 (decatizing)　모직물의 마무리공정의 하나. 모직물을 롤에 감아 열탕으로 가온함으로써 직물의 주름이 펴지고 직물 표면이 평활하게 된다.

데칸산 (—— 酸, decanoic acid)　카프린산의 계통명. $CH_3(CH_2)_8COOH$란 구조식을 표시하는 명명규칙에 따라 지어진 명칭. 무색의 침상결정(針狀結晶)으로, 녹는점 31.4℃, 끓는점 269℃. 산패(酸敗) 냄새가 난다. 물에는 녹지 않으나 알코올·에테르에는 녹는다. 글리세리드로서 야자유·판유 등의 유시 속

에, 또는 동물지방 속에 널리 함유되어 있다. 인공 과실미(人工果實味)·향료 등의 원료로 사용된다.

데콘볼루션 (deconvolution)　각종 상호작용의 결과 얻어진 스펙트럼에는 측정 장치의 여러 가지 흔들림에 의한 영향이 포함되어 있다. 따라서 스펙트럼 폭은 진정한 값보다도 광범위한 것이 얻어진다. 이러한 여러 인자를 연속 변이법에 의한 수치적 해석이나 푸리에 변환법 등의 수학적인 방법을 사용하여 분리하고 측정 대상에서의 엄밀한 스펙트럼을 얻는 방법을 말한다.

덱스트란 (dextran)　D-글루코오스의 $(1 \to 6)$ - α-글리코시드 결합을 주체로 하는 점질성 다당류. 스쿨로오스 중의 글루코오스 잔기가 덱스트란 스쿨라아제라는 효소의 작용으로 $(1 \to 6)$ - α- 글리코시드 결합에 전이되는 것으로 합성된다. 분자량은 천연 상태에서 400만 정도이다. 녹말이나 글리코겐과 유사한 구조를 가지고 있으며, D-글루코오스가 α -1, 6 결합으로 곧은 사슬 모양으로 이어지고 군데군데에 α-1, 4 결합이 분지되어 있다. 이것은 녹말이나 글리코겐이 α-1, 4 결합을 하고 있고, 분지점이 α-1, 6 결합인 것과 대조적이다. 이 밖에 α-1, 2 결합과 α-1, 3 결합의 존재도 알려져 있으나 그 양과 종류는 덱스트란의 기원에 따라 다르다. 시럽제 등의 원료로 이용되는 것 외에 산으로 부분적 가수분해하여 생리적 식염수에 6 % 정도로 녹인 것은 대용 혈청으로 사용된다.

덱스트린 (dextrin)　녹말을 가수분해하여 얻어지는 각종 분해 생성물의 총칭. 약간만 가수분해한 고분자량의 것에서부터 맥아당에 이르기까지의 각종 단계의 것까지 있다. 분자량도 일정한 것이 아니고 가수분해의 방법 및 용도에 따라 많은 종류가 있다. 생체 내에서는 침(타액)과 소장 내의 세균에 의해 녹말에서 덱스트린을 생성하는 반응이 이루어진다. 공업적으로는 주로 가산배소법(加酸焙燒法)이 사용되며, 가수분해의 정도에 따라 백색·남황색·황색의 3종류가 있다. 백색 덱스트린은 찬물에 40 % 이상, 더운물에는 완전히 녹으며, 주로 견직물의 끝마무리 풀 또는 약의 부형제(賦形劑)로 사용된다. 담황색 및 황색 덱스트린은 찬물에 완전

히 녹고 점성도는 낮으며, 용도는 사무용품, 수성 도료, 제과(製菓)의 조합용과 약품의 부형제, 연탄의 점결재 등으로 사용되는 등 다양하다.

덴시미터 (densimeter, lunometer)　직물의 밀도를 측정하는 장방형의 유리판으로, 직물 밀도계라고도 한다. 피치가 다른 가는 평행선과 인치, 미터 등으로 표시한 눈금을 새겨 이것을 직물 위에 놓으면 실의 밀도와 판상의 평행선 밀도가 일치한 곳에 거친 나무눈이 나타난다. 이 나무눈의 돌기부 눈금으로 가닥수를 보고 섬유 밀도를 결정한다.

덴시토메트리 (densitometry)　노광, 현상 후의 사진 재료에 기록된 화상 농도를 규격에 따라 엄밀하게 정해진 방법에 따라 측정하는 것을 말한다.

덴시토미터 (densitometer)　⇨ 농도계.

뎁스 프로파일링 (depth profiling)　원소의 존재량 내지 농도를 표면에서의 깊이에 대해서 플롯한 것(혹은 플롯점을 연결한 것)을 뎁스 프로파일이라 하며, 이것을 실험으로 구하는 작업을 뎁스 프로파일링이라 한다. 보통 오제전자 분광법, 2차 이온질량 분석법, 전자선 프로브 X선 마이크로애널라이저 등의 입자선을 사용한 분석법에 의해 측정된 것을 지칭하지만 전자기파를 사용한 분석법에 의한 경우에도 이 호칭을 사용하도록 되어 있다.

도금 (渡金, plating, metallizing)　장식성, 내식성, 내마모성, 도전성 등을 부여하기 위해 고체 표면에 밀착성이 높은 금속 피막을 형성하는 표면 처리법. 다른 금속의 박판(薄板)을 표면에 포개서 함께 압연하고, 표피(表皮)에 다른 금속을 맞붙이는 것은 합판(合板 : clad)이라 하지 도금이라고는 하지 않는다. 도금은 서양에서는 로마시대, 동양에서는 중국의 전한(前漢)시대부터 시작되었다. 한국에서는 삼국시대에 중국으로부터 기술이 전해져서 많은 불상에 도금이 이용되었다. 이 시대에 한국을 통해 일본에도 기술이 전달되었다. 고대의 도금은 아말감을 칠하고 수은을 증발시키는 방법, 박(foil)을 고열로 고착시키는 방법 등으로 금도금에 한정되었다. 오늘날 일반적으로 도금이라고 하면 전기도금을 말하는 경우가 많다. 전기도금, 무전해도금, 용융도금, 용사, 증착, 이온도금, 기상도금, 기계적 도금 등이 있으며, 각각 피막의 특성, 코스트, 처리 방법에 따라 적용 범위가 다르다.

도금 중탕 (渡金重湯, plating bath)　도금액을 도금조 내에 넣었을 때의 상태를 말한다. 도금액이란, 도금하고자 하는 금속이온 및 pH 조정제, 안정제, 개량제를 함유하며 때로는 착화제(무전해 도금에서는 필수적)를 가한 것을 말한다.

도금 첨가제 (渡金添加劑, plating additive)　양호한 도금 피막을 형성하기 위해 도금중탕 안에 가하는 첨가제. 용도에 따라 광택제, 평활화제, 안정화제 등으로 부른다.

도기 (陶器, earthenware, pottery)　도자기 중, 소지가 완전히 용화(소성으로 부분적으로 융해하여 겉보기 기공률이 매우 작아진 상태)하지 않고 다공성으로 흡수성이 있고, 투광성이 없으며 보통 유약이 처리되어 있는 것. 유약처리를 함으로써 흡수성이 없어지고 표면이 더러워지지 않으며 강도가 증가한다.

도난의 막평형 (—— 膜平衡, Donnan's membrane equilibrium)　⇨ 막평형.

도너 (donor)　⇨ 수소 공여체, 전자 공여체.

도너 수 (—— 數, donor number)　용매분자가 루이스 염기로 작용할 때의 전자쌍 공여성을 표시하는 척도의 하나. D_N 또는 DN으로 표기한다. 1, 2-디클로로에탄 중에서 10^{-3}moldm^{-3}의 $SbCl_5$와 어떤 용액분자가 반응시의 엔탈피를 kcalmol^{-1} 단위로 표시하였을 때의 절대값이다.

도달 가능성 (到達可能性, accessibility)　저분자 화합물이 섬유 등의 고분자 중에 특정한 조건에서 침투할 수 있는 정도. 여러 가지 정의가 사용되고 있다. 다달음성이라고도 한다.

도데실 알코올 (dodecyl alcohol)　⇨ 1-도데카놀.

도데실 황산나트륨 (—— 黃酸 ——, sodium dodecylsulfate)　황산 도데실 나트륨의 속칭. 현대의 명명법으로는 도데실 황산이란 산은 존재하지 않는다.

1-도데카놀 (1- dodecanol) 탄소수 12개인 곧은 사슬 포화 알코올. $CH_3(CH_2)_{11}OH$. 별칭 도데실 알코올, 통속명 라우르 알코올. 향유 고래 기름 중에 지방산 에스테르의 형태로 존재하며, 이것을 가수분해하여 얻는다. 공업적으로는 라우르산을 환원하는 방법으로 제조된다. 계면 활성제 등의 원료로 사용된다.

도데칸 산 (――酸, dodecanoic acid) ⇨ 라우르 산.

도막 (塗膜, dry paint film, paint film) 도료를 도포하여 형성되는 피막. 도막은 수지·식물성 기름·건조제·셀룰로오스 유도체·안료 등의 조합으로 이루어지며, 색은 안료에 의해 나타나지만 건조 속도·광택·굳기·내구성 등의 성질은 주로 안료 이외의 성분에 의해 좌우된다. 바탕칠의 도막은 녹방지효과, 바탕과의 좋은 부착성, 사포에 의한 연마(研磨)의 용이성 등의 특성을 가지도록 배합된다. 상층의 도막은 외관이 아름답고, 단단한 착력을 가지도록 각각 사용 목적에 따라 도막성분이 배합된다.

도막 형성물 (塗膜形成物, film former, film-forming material) ⇨ 도막 형성 요소.

도막 형성 요소 (塗膜形成要素, film former, filmforming material) 도료의 성분 중에서 전색제와 안료능과 같이 도료가 경화 건조 후 도막에 남는 성분. 대부분의 경우 전색제와 안료를 지칭한다.

도메인 (domain) (1) ⇨ 자구. (2) 단백질의 2차 구조가 모여 형성되는 구조적, 기능적으로 동괄된 영역. 도메인이 모여 3차 구조를 형성한다.

도석 (陶石, pottery stone) 석영, 셀리사이트(운모 점토광물), 카올리나이트를 주구성 광물로 하는 도자기의 원료가 되는 암석. 도석 분쇄물은 단미로 가소성도 있으며 소성하면 비교적 저온에서 자기화하는 성질이 있다. 견운모가 많을수록 가소성(可塑性)이 증가하고, 건조 강도가 커진다. 또한 규석의 미세화 정도가 제품의 성질에 큰 영향을 미친다고 한다. 화학 조성은 SiO_2 70~80%, Al_2O_3 13~20%, Fe_2O_3 0.04~1%, CaO 0.03~0.8%, MgO 0.4% 이하, K_2O 0.06~4%, Na_2O 0.1~3%, H_2O 1.5~5%이다. 내화도

SK 26~29, 굳기 1~3, 비중 2.61~2.74이다. 백색 괴상점토(白色塊狀粘土)도 도석이라 부르며, 도자기 이외에 내화물·제지용·농약용, 고무 및 합성 수지의 충전용으로 사용된다.

도시가스 (都市 ――, town gas) 가스사업소가 가정용, 공업용, 산업용 등에 발열량, 연소량, 성분, 비중, 압력 등을 조정하여 도관으로 공급하는 연료가스. 가스 원료는 다른 연료에 비하여 사용이 편리하고 청결하며, 경제성·안전성 면에서도 현대인들의 생활에 필수품으로 되었다. 가스사업은 이와 같이 대중의 일상 생활에 직접적으로 미치는 영향이 크기 때문에 일반 기업과는 달리 공익사업으로 취급되어 요금·설비·품질 등에 법률의 규제를 받고 있다. 또 가스회사와 사용자 사이에는 공급 규정이 정해져 있으며, 공사·요금·품질 등 가스 사용에 있어서도 계약이 체결되어 있다.

도자기 (陶瓷器, porcelain) 도자기 중에서 일반적으로 고온으로 소성되고 소지가 희며 투광성이 있고, 충분하게 구워져 흡수성이 없으며 기계적 강도가 크고 두드리면 금속음을 내는 것을 지칭한다. 소성온도가 높은 경질 자기와 매용재 원료가 많고, 비교적 저온에서 소성된 연질 자기로 구분된다.

도파 (dopa) 3,4-디히드록시페닐알라닌. 생체 내에서는 티로신에서 도파민, 멜라닌 혹은 아드레날린을 생성할 때의 중간체이다. 파킨슨 증후군에 대해 현저한 효과가 있으므로 그 치료에 사용된다.

도파관 (導波管, waveguide) 파상 1m~1mm의 전파를 전파하는, 단면이 동일한 금속관. 소재는 구리 또는 놋쇠가 가장 흔하게 사용된다. 단면은 장방형 혹은 원형의 것이 많다. 하나의 고역(高域) 필터 성질이 있으며, 차단파장보다도 긴 파장의 전파는 전할 수 없다. 또 도파관의 축을 따라 전하는 파동의 파장은 관내파장(管內波長)이라 불리며 여진파장(勵振波長)보다도 길다. 저주파수에서는 보통 2개의 구리선에 의한 전송로가 사용되지만 고주파수가 되면 구리선의 저항이 증가하고 주위 절연물 등의 유전체 손실도 증가하므로 전송 손실이 많아져서 사용할 수 없다. 한편, 도파관은 전파를 가두어 넣

고 전송하므로 주위의 도체에 전기가 직접 흐르지 않기 때문에 저항 손실이 적다. 또 관의 외부는 보통 속이 비어 있고 공기로 채워져 있을 뿐이므로 유전체 손실도 적다. 관의 단면 형상은 직사각형 또는 원형의 것이 많고 내면은 금이나 은으로 도금되어 있다. 크기에 따라 전송이 가능한 최저의 주파수가 정해져 있으며 대체로 주파수가 높아지면 단면이 작아진다. 무선송신기·수신기의 내부와 안테나 사이의 고주파회로 배선에 사용되는 것이 보통인데, 입체적인 구성을 가지므로 도파관을 사용한 회로를 입체회로라고 한다. 주파수가 높고(30 GHz) 파장이 mm인 밀리파가 통신에 사용되면 시외전화 회선이 도파관으로 대체될 수도 있다.

도파민 (dopamine)　신경전달물질인 아민의 하나. $(HO)_2C_6H_3CH_2CH_2NH_2$. 노르아드레날린 합성의 전단계 물질이다. 도파에서 카르복시기를 탈리하여 형성된다. 도파민-β-옥시다아제의 작용으로 노르아드레날린이 된다. 중추신경계 특히 추체 외로계의 전달물질. 부신수질(副腎髓質)·뇌·폐·소장·간에도 많이 내포되어 있다. 파킨슨병일 때는 뇌 속의 도파민의 양이 감소된 것이 밝혀졌고, 뇌간(腦幹)의 선상체(線狀體)에는 노르에피네프린보다 도파민이 많이 포함되어 있다는 것이 발견되었다. 그러므로 도파민 자체가 중추신경계에서 뉴런의 신경전달물질로서 작용하고 있다는 것이 분명해졌다. 파킨슨병 치료에 쓰인다.

도펀트 (dopant)　⇨ 도프.

도포지 (塗布紙, coated paper)　백토 등의 광물성 안료와 접착제를 혼합한 도료 또는 합성 수지 등을 원지의 한쪽면 또는 양면에 도포한 종이의 총칭. 도공지(塗工紙)라고도 한다. 아트지, 피복지(코트지), 경량 코트지, 도공 인쇄지 등이 있다.

도폭선 (導爆線, detonating cord, detonating fuse)　현재는 폭약인 펜타에리트리톨테트라니트라트의 심을 종이 테이프, 마사 등의 섬유로 피복하고 다시 방수처리를 한 끈 모양의 화공품. 한쪽 끝을 뇌관으로 기폭함으로써 발생한 폭발을 다른 끝까지 완전히 전하는 것으로, 주로 발파에 사용한다. 폭발이 전하는 표준 속도는 $5,500\ ms^{-1}$이다.

도프 (dope)　반도체의 결정 격자 중에 특정한 불순물(이온 또는 원소)을 도입하여 운반체 농도를 제어하는 것. 도핑이라고도 한다. 반도체 프로세스에서는 필수적인 수법. 또 고체 전해질에 도전 운반체의 농도를 제어하기 위해 이원자값 이온을 도입하는 것도 도프라고 한다. 도입되는 화학종을 도펀트(도프되는 것)라고 부른다.

도플러 확산 (—— 擴散, Doppler broadening)　도플러 효과를 위한 스펙트럼선의 폭이 확산되는 것. 기체 방전으로 발광하고 있는 원자는 고온에서 무질서하게 운동하고 있으므로 도플러 효과가 나타나며 정지한 관측자 쪽에서 보면 발광선의 파장은 단일하지 않고 확산이 생긴다.

도플러 효과 (—— 效果, Doppler effect)　빛이나 소리 등의 파동을 방출하는 물체가 관측 장치에 대해 접근하듯이 혹은 멀어지듯이 운동하면 그 파의 진동수가 실제의 값보다 각각 높거나 혹은 낮게 관측되는 현상. 1542년 C. J. 도플러가 음향현상에 대하여 발견하였다. 예를 들면, 기차가 서로 다가올 때 상대 기차의 기적소리는 크게 들리고, 서로 멀어질 때의 기차의 기적소리는 낮게 들리는 것은 도플러 효과에 의한 것이다. 도플러 효과는 음파 이외의 파동에서도 볼 수 있는데, 이 효과에 의한 주파수의 관측간 변화는 파동의 전파속도와 파원에 대한 관측자의 상대속도에 의존하며, 파동속도에 대하여 파원과 관측자 사이의 상대속도가 아주 작은 경우에는 관측하기 어렵다. 그러나 전파속도가 큰 광파나 전파라도 그 파원이 매우 다른 속도로 운동하는 경우, 예를 들면 대지속도(對地速度)가 큰 인공위성으로부터의 전파에서는 명백하게 나타난다. 또 천체가 지구에 대하여 운동하고 있을 때는 이 효과로 인하여 빛의 스펙트럼에서 정규 위치로부터의 벗어남을 볼 수 있다. 이 현상은 오래 전부터 천문학에서 별의 시선속도(視線速度)를 결정하는 기초로 사용되어 온 것으로, 특히 E. 허블이 이것을 바탕으로 하여 성운(星雲)의 거리와 후퇴 속도에 대한 관계를 발견하여 팽창 우주를 관측적으로 시사한 것은 유명하다.

도핑 (doping)　⇨ 도프.

도화선 (導火線, fuse, safety fuse)　가루상태의 흑색 화약의 심을 면사나 마사 등으로 피복하고 다시 아스팔트류로 방수처치한 끈 모양의 화공품. 공업뇌관과 화약의 점화용으로 사용한다. 도화선의 한쪽 끝에 점화하면 도화선이 타 들어가 다른 쪽 끝에 장치한 뇌관을 작동시켜 화약류를 폭발시킨다. 도화선은 타 들어가는 속도에 따라 완연(緩燃) 도화선(연소속도 120초±10초/m)과 속연 도화선(연소속도 1/30~1/300초/m)으로 분류되는데, 보통 1831년 빅포드가 발명한 완연 도화선이 많이 사용되고 있다. 자연성 가스나 탄진이 많은 광산에서는 사용되지 않지만 갱 밖이나 금속광산에서는 널리 쓰이고 있다. 도화선은 심약으로 사용되는 흑색 화약의 성분 배합률에 따라 제1종·제2종·제3종으로 나뉜다. 제1종은 내수시간이 2시간이므로 탄광 또는 그 밖의 광산에서 수중 발파할 때 사용되고, 제2종은 내수시간이 2시간으로 토목공사용·채광용으로 사용된다. 제3종은 노천 채굴이나 채석장 등에서 사용된다.

독립 영양 (獨立營養, autotrophy)　세포 내의 모든 유기물을 이산화탄소의 탄소에서 합성하는 영양 형식. 광합성에 의한 광독립 영양과 무기물(철, 황 등)의 화학 반응에너지에 의한 화학 무기 영양으로 나뉘어진다. 유기물에 의존하는 동물 등의 종속 영양의 대응어이다.

독립 영양 세균 (獨立營養細菌, autotrophic bacteria)　무기물을 필요한 에너지원으로 하고, 유기불을 필요로 하지 않는 세균. 어떤 종의 세균은 철, 황이 산화 에너지로, 이산화탄소에서 모든 필요한 유기물을 합성한다. 종속 영양 세균의 대응어이다.

독소 (毒素, toxin)　높은 독성이 있는 생물 기원 물질의 총칭. 마이코톡신 같은 저분자 유기 화합물도 있으나 단백질, 다당류 등을 주요 구성부분으로 하는 고분자 화합물이 많다. 기생물체 중에도 주로 병원성 박테리아 등에 의해서 만들어진 유독 물질이나 부패한 유기물에서 생긴 유독 화합물도 독소이다. 식물성 또는 동물성 독소로서의 뱀독, 전갈·거미·벌 등의 독소도 알려져 있다. 복어의 난소나 간에 주로 분포하는 독소는 고분자 물질은 아니지만 화학적으로 밝혀지기 이전부터 습관으로 독소라 일컬어진 것이다. 복어 독인 테트로도톡신은 결정화되어서 분자식도 알려져 있다. 식물성 독소에는 아주까리의 종자에 있는 리신, 콩과 식물인 아카시아 나무의 껍질에 있는 로빈 등이 있는데 많지는 않다. 세균성 독소는 균체 외 독소와 균체 내 독소로 크게 구별된다. 균체 외 독소는 대부분이 단백질로 이루어져 있는 디프테리아균·파상풍균 등이 이에 속하며, 균체 내 독소는 세포벽에서 유래한 당단백질로 이루어져 있고, 콜레라균이 이에 해당한다.

독터 (doctor)　롤러 날염에서 사용하는 장치. 롤러에서 여분의 색풀을 긁어내는 데 사용하는 클리닝 독터(컬러 독터라고도 한다)와 프린트 후의 롤러에서 실밥이나 색풀의 잔재 등을 긁어내는 린트 독터가 있는데, 보통은 전자를 지칭한다.

돌로마이트 (dolomite)　탄산염 광물, $CaMg(CO_3)_2$. 물에 녹지 않는 무색 결정. 보통 석회암에 부수하여 산출된다. 고회석 또는 백운석이라고도 한다. 탄산석회와 탄산마그네슘이 1:1로 복탄산염을 이룬다. 단, 마그네슘의 일부는 철이나 망간으로 치환되는 경우가 많다. 마름모 결정을 나타내며 결정면은 다소 만곡되어 있다. 흔히 안장모양 또는 장미 봉오리 모양의 집합을 이룬다. 입상(粒狀) 또는 치밀질의 집합체로 된 괴상(塊狀)을 이루는 것도 있다. 굳기 3.5~4, 비중 2.8~2.9이다. 마름모 방향으로 완전한 쪼개짐이 있다. 백색·회색이거나 또는 분홍색·황색·갈색 등을 띠며, 때로는 녹색을 띤다. 투명 또는 반투명하고 유리 광택이 있는데 결정은 때로 진주 광택이 난다. 방해석과 비슷하나 약간 무겁고, 묽은 염산에 의한 발포도(發泡度)가 방해석보다 약하다. 석회암을 구성하는 방해석 전체가 돌로마이트화한 것도 있지만 일부만 돌로마이트화한 것도 많다. 석회암의 일부가 돌로마이트화한 것을 돌로마이트 석회암이라고 부른다.

돌로마이트 클링커 (dolomite clinker)　CaO와 MgO의 혼합물로 된 소결괴 혹은 전용괴. 돌로마이트는 복합 탄산염$(Ca, Mg)CO_3$의 광물넁이며, 당초 이것을 소성하여 얻어지는 덩어리를 의미하였다. 그러나 현재는 넓은 의미로 사용되어 원료는 해수 마그네시아나 석회암이라도 CaO와 MgO로 구성되어 있는 소결괴와 전용괴의 모두를 말한다. 돌로마이트 내화물의 원료로 사용한다.

돌연변이 (突然變異, mutation)　유전자의 변화 혹은 염색체 이상 중, 유전적 재조합 분리에 의하지 않고 생긴 검출 가능한 변화. 변이라고도 한다. 주로 DNA의 복제 착오가 원인인 자연 돌연변이와 물리적·화학적 변이원에 의해 유발되는 유발 돌연변이가 있다. 돌연변이는 보통 생식세포에서 일어나 자손에게 전해지는데 이것을 생식세포 돌연변이라고 한다. 또 체세포에 돌연변이가 일어나는 경우도 있으며 이것을 체세포 돌연변이라고 하는데 누에에서 볼 수 있다. 식물에서는 그 부분의 휘묻이·꺾꽂이 등으로 이것을 번식시킬 수도 있는데 배의 품종 중에 그 예가 있다. 보통의 개체를 야생형(野生型)이라 하고, 그 속에서 자연적 또는 인위적인 조작에 의해 변이가 생긴 것을 돌연변이체라고 한다. 인위 돌연변이는 열성으로 일어나는 경우가 많고, 때로는 치사 돌연변이(致死突然變異)도 나타난다. 유전자에는 돌연변이가 되기 쉬운 것과 어려운 것이 있고, 초파리의 흰눈의 유전자와 강모(剛毛)의 끝을 분기(分岐)시키는 유전자 등은 야생형(野生型)에서 생기기 쉽다. X선 조사에 의해 초파리에서 돌연변이가 나타나는 것을 자연 상태보다도 100~150배로 높일 수가 있다. 고온이나 저온도 돌연변이를 일으키게 하는 데 유효하다. 사람의 경우, 혈우병의 유전자는 돌연변이로서 5만명에 1명 정도의 비율로 나타날 가능성이 있고, 미국에 살고 있는 이탈리아인에게 나타나는 하나의 유전성 빈혈병은 2,500명에 1명 정도의 비율로 나타난다고 한다. 유전자 자체의 변화는 디옥시리보핵산(DNA)의 2중나선(二重螺旋)을 횡으로 연락하는 아데닌·구아닌·시토신·티민의 배열이 변하거나 당(糖)과 인산(燐酸)의 나선이 잘라지면 일어난다. 박테리아의 균류에는 영양요구주(營養要求株)가 있다. 이것은 어떤 물질을 합성하는 화학변화의 일부가 작용하지 못하게 되고, 따라서 그 물질을 합성하지 못하는 돌연변이주이다. 이것

을 배양하려면 그 물질을 스스로는 합성하지 못하므로 첨가해 주어야 한다. 이처럼 어떤 물질을 요구하는 것은 이 부분에 작용하여 화학변화의 한 단계를 진행시키는 유전자가 돌연변이하여 열성이 되어 작용을 하지 않게 되기 때문이다. 어떤 박테리아의 파지는 그 박테리아의 DNA를 끌어내어 다른 박테리아를 유전적으로 바꾸어 버리는 일도 있고(형질 도입), 또 어떤 박테리아의 DNA에서 다른 박테리아를 바꿔버릴 수(형질 전환)도 있다. 이것도 돌연변이의 한 형태로 생각할 수 있다.

돌연변이원 (突然變異原, mutagen)　돌연변이가 발생하는 비율을 자연 돌연변이가 일어나는 확률보다도 높이는 효력이 있는 물리적·화학적 외인을 이른다. 변이원, 돌연변이 유발요인이라고도 한다. DNA에 부가 혹은 DNA 절단 등의 작용을 하지만 화학물질의 경우 그 대사물이 작용을 하는 경우도 있다. 변이원은 발암성 물질인 경우가 많으나 이것은 암이 DNA의 변화에 의해 일어나기 때문이다.

돌파 곡선 (突破曲線, break-through curve)　흡착장치에서 흡착용량의 특성을 표시하는 곡선. 흡착 개시에서 완전 포화에 이르기까지의 출구농도의 시간 변화로 표시한다. 흡착 평형, 흡착 속도, 특히 흡착제 입자내 확산, 고정층 내 유체의 혼합 확산 등의 영향을 받으므로 흡착장치의 특성을 아는 데 있어 중요한 곡선이다. 크로마토그래피에서는 누출곡선이라 한다.

돌파점 (突破點, break-through point, break point)　고정층 등의 흡착장치에서 흡착질을 포함한 유체를 흘리기 시작하면 어느 시간까지는 유체의 출구측에서 흡착질이 검지되지 않는다. 이 사이 장치 내에는 흡착대가 형성되어 시간과 함께 흡착대가 출구로 향해 진행한다. 흡착대의 선단이 출구에 이르면 흡착질이 검지되게 된다. 이처럼 보통 출구 농도가 입구 농도의 0.05 또는 0.1에 이르렀을 때를 돌파점이라 한다.

동결 건조 (凍結乾燥, freeze-drying, lyophilization)　용액상태 등에 있는 시료를 동결하여 그대로의 상태로 감압하에 방치함으로써 시료 중의 수분을 승화시켜 제거하는 건조

법. 생체 시료를 비롯하여 불안정한 물질을 함유하는 시료의 건조에 널리 쓰인다. 이 방법의 용도는 다음과 같다. ① 미생물·의학·약학 방면에서 수분이 많을 때는 불안정하고 또한 열에 극히 민감한 재료, 예를 들면 세균·바이러스·혈장(血漿)·혈청·백신·항생물질·장기제제(臟器製劑) 등을 이 방법에 의해 $-10 \sim -30℃$의 저온에서 건조시켜 분말로 하면 상온에서 장기간 보존할 수 있고 또 물에 대한 재용해성(再溶解性)이 뛰어난 제품을 얻을 수 있다. ② 식품공업에서 보존 인스턴트 식품의 건조시에 육류·어류·야채·과즙 등을 건조시킬 때, 이를테면 쇠고기·새우·야채 등을 원형 그대로 건조시키거나 또는 수프 원료, 주스 등 건조품을 분말로 하는 것을 이 방법으로 건조시키면 향기·맛 등이 남고, 복수성(復水性)이 뛰어난 천연품에 가까운 상태의 인스턴트 식품을 얻을 수 있다. 이러한 경우에는 약 $0 \sim -10℃$에서 건조시킨다.

동결 융해 (凍結融解, freeze-thaw)　세포를 동결하여 형성되는 얼음의 미세한 결정으로 구조를 파괴하고 세포 내의 효소 등을 수용액 형태로 추출하는 방법. 적당한 완충액에 현탁한 배양 균체를 액체 공기 또는 드라이아이스로 동결시켜 수욕상에서 융해시킨다. 이 조작을 반복한다. 단백질을 크게 변화시키는 일 없이 추출할 수 있는 장점이 있다.

동경분포 함수 (動徑分布函數, radial distribution function)　기체, 액체, 비정질 고체 등에서, 하나의 원자(또는 분자)를 원점으로 하여 그 주위에 있는 원자 또는 분자의 분포를 원지로부터의 거리만큼의 함수로 나타낸 것. 전자 회절이나 X선 회절의 해석에 사용되며 그 진폭의 규칙도로부터 거리적 규칙도 등을 논의할 수 있다. 결정구조 해석에서의 패터슨 함수(Patterson function)에 대응한다.

동력 수 (動力數, power number)　교반날개의 날개판에 가해지는 항력과 관성력의 비로 나타내는 무차원 수. 교반 소요 동력을 비교하는 데 사용된다. 일반적으로 동력수는 교반 레이놀즈수, 필드수, 형상인자의 함수로 표시된다.

동력학 (動力學, dynamics)　↳ 나이내빅스.

동력학적 연쇄 길이 (動力學的連鎖長, kinetic chain length)　⇨ 속도론적 연쇄 길이.

동물유 (動物油, animal oil)　동물의 지육이나 기타 부분에서 채취되는 유지. 우지, 돈지, 양지 등의 육산 동물유와 수산 동물유로 구분되고, 수산 동물유는 다시 서식하는 장소에 따라 해산 동물유와 담수산 동물유로 구분된다. 해산 동물유에는 보통의 어유 외에 간유, 해수유가 있다.

동백 기름 (多柏油, camellia oil)　동백 열매(핵의 함유분 $60 \sim 66\%$)에서 채유되는 불건성유. 올레산의 트리글리세리드가 주성분이며 과거 머리기름으로 애용되었다.

동색염 (同色染, solid dyeing)　혼방품, 교직품을 구성하는 각 섬유를 같은 색으로 염색하는 것. 이색염의 대응어. 각 섬유를 저마다 친화성이 있는 염료를 동일 염욕에 적시에 가하여 염색하는 일욕염과 각 섬유별로 별욕에서 염색하는 2욕염 등이 있다.

동소체 (同素體, allotrope)　같은 원소로 된 단체로서, 원자 배열이 다르며 따라서 성질이 다른 물질을 서로 동소체라 한다. 예를 들면 산소 O_2와 오존 O_3, 다이아몬드와 흑연 등이 있다. 또 원자의 배열 상태·결합양식이 다른 것은 흔히 결정(結晶)에서 볼 수 있는데, 예컨대 고무상황·단사황(單斜黃)·사방황(斜方黃) 등은 결정형이 다른 동소체이다.

동시 반응 (同時反應, parallel reaction, simultaneous reaction)　하나의 반응 계에서 동시적으로 진행하는 복수의 반응 경로로 분지하는 반응. 동시반응 가운데 한 개만이 주로 일어날 때 이것을 주반응이라 부르고, 다른 반응을 부반응이라 한다. 한편 연속 반응을 동시반응에 포함하는 일도 있다.

동시 반응 (同時反應, concerted reaction)　치환반응에서 목표 화합물에 대해 시약 또는 용매가 친전자 시약과 친핵 시약의 양쪽 역할을 하고, 푸시풀(push-pull) 기구에서 반응이 진행한다고 여겨질 경우, 이것을 동시 반응 또는 협주 반응이라 한다. 예를 들면 염화 트리페닐메틸의 메탄올에 의한 가용매 분해반응은 다음과 같은 전이상태를 거쳐 진행한다. 또 페리 고리모양 반응이라 불리우는 일련의 반응도 우드워드-호프만칙에 의해 2개 이상의 결합이 그 궤도의 대칭성을 보존하면서 생성 또는 개열하여 입체 특이적으로 진행하는 협주 반응이다.

$$
\begin{array}{ccccc}
H_3C & & H_5C_6 & C_6H_5 & CH_3 \\
\diagdown & & \diagdown & | & \diagup \\
O-H & \cdots Cl & \cdots C & \cdots\cdots O & \\
& & | & & H \\
& & C_6H_5 & &
\end{array}
$$

[동시 반응]

동시 배양 (同時培養, synchronous culture) 배양하고 있는 모든 세포가 세포 분열과정에서 언제나 같은 단계에 있도록 균등하게 하는 배양법. 동시화의 방법에는 세포 중에서 어느 발육 단계에 있는 세포만을 선출하는 선별법과, 세포에 환경 변화를 부여하여 어떤 발육 단계를 특이적으로 저지함으로써 단계를 균등하게 하는 유도법이 있다.

동시 측정 (同時測定, coincidence measurement)　광조사, 전자충격, 원자·분자충격에 의해 이온화, 화학 반응이 일어난 결과, 2개 이상의 입자가 생성될 때에 그들 입자를 각각 관련시켜 검출하는 계측법. 2개 입자가 동일한 사상에서 생성된 것임을 확인하는 의미에서 시간적으로 동기 시켜서(운동 에너지의 상이로 인해 지연 시간을 두는 경우도 있다) 검출하는 것을 조건으로 한다.

동압 (動壓, dynamic pressure)　단위 체적 유체의 운동 에너지. 압력의 단위를 갖는다. 밀도 $\rho\,[\mathrm{kgm^{-3}}]$의 유체가 속도 $u\,(\mathrm{ms^{-1}})$로 운동하고 있을 때, 이 유체의 동압은 $\rho u^2/2$ [Pa]가 된다. 이 흐름에 평행하게 놓여진 관의 다른 쪽 끝을 폐쇄하였을 때 관 내의 압력은 동압과 정압의 합, 즉 총압이 된다. 유체의 점성(粘性)과 압축성을 무시했을 때 한 줄기의 유선(流線)을 따라 생기는 동압력과 정지압력의 합, 즉 총압력은 일정하다(베르누이의 정리).

동 오차 (動誤差, dynamic error)　각종 계측기에 의해 시간적으로 변동하는 변량을 측정할 때에 계측기에 발생하는 오차를 말한다.

동위 원소 (同位元素, isotope)　원자번호가 같고 질량수가 다른 원자를 서로 동위체라 한다. 주기율표에서 같은 위치를 점하는 원소란 의미에서 동위원소라고도 한다. isotope는 그리스어의 isos(같다)와 topos(장소)에 유래한다. 방사성 동위체와 비방사성의 안정 동위체가 있다. 일반적으로 어떤 원소의 화학적 성질은 그 원소를 구성하고 있는 원자의 원자핵 내에 있는 양성자의 수, 즉 원자번호에 의해 결정된다. 한편 원자의 질량은 양성자와 중성자의 수의 합, 즉 질량수에 거의 비례하므로 동위원소란 같은 수의 양성자를 가지고 중성자의 수만이 다른 원자핵으로 이루어지는 원소들이라고 할 수 있다. 예를 들면, 자연계에 존재하는 산소는 대부분이 8개의 양성자와 8개의 중성자를 가지는 질량수 16인 원자핵으로 이루어져 있으나 이 밖에 얼마 안되지만 9개의 중성자를 가지는 질량수 17인 것과 10개의 중성자를 가지는 질량수 18인 것이 혼재하고 있다. 마찬가지로 질소에는 11과 15의 질량수를 갖는 2종의 동위원소가 있고, 우라늄도 234, 235, 238의 질량수를 갖는 3종의 동위원소의 혼합물이 일체가 된 것으로서 자연계에 존재한다. 원자핵의 바깥 궤도를 도는 전자(電子)의 수는 원자번호와 같으므로 동위원소는 모두 같은 수의 궤도전자를 가진다. 천연으로 존재하는 화학원소의 종류는 약 90종이며, 이에 대하여 천연의 동위원소는 약 300종이나 된다. 따라서 이것을 평균해 보면 한 원소당 3종의 동위원소를 갖는 것이 되지만 실제로는 주석(10개), 카드뮴(8개)과 같이 많은 동위원소를 갖는 것도 있고, 또 베릴륨·플루오르·나트륨·비스무트와 같이 천연으로는 동위원소가 없고 단 1종의 원자로 이루어져 있는 것도 있다. 일반적으로 어떤 천연원소가 얼마나 많은 동위원소를 가지고 있는가에 대해서는 뚜렷한 법칙성은 없지만 원자번호가 홀수인 원소는 대부분 2종 이상의 동위원소를 갖지 않으며, 원자번호가 짝수인 원소는 비교적 많은 동위원소를 갖는 것이 많다는 사실이 인정된다. 자연계에 혼재하는 원소는 이와 같은 동위원소의 혼합물인데, 그 혼합비는 지구상의 어느 곳에서 채취한 시료에 대해서도 거의 일정하다.

동위원소 교환 반응 (同位元素交換反應, isotope exchange reaction)　반응물질 간에서 동위

원소 상호가 교환하는 화학 반응. 방사선 또는 안정 동위원소(^{2}H, ^{3}H, ^{13}C, ^{14}C 등)로 표지한 화합물을 반응의 기질로 사용하여 표지원소가 반응물과 반응 생성물의 어느 동위원소와 어떠한 속도로 교환하는가를 알게 됨으로써　반응 메커니즘을 해명하는 단서로 한다.

동위원소 농축 (同位元素濃縮, isotope enrichment)　어떤 원소에서, 특정한 동위원소의 함유량을 천연의 함유량 이상으로 높이는 것. 그냥 농축이라고도 한다. 예를 들면 우라늄은 천연에는 ^{235}U를 0.72 % 함유하지만 핵연료로 하려면 2~3 %로 농축한다. 천연 우라늄에서 ^{235}U를 분리 농축하는 데는 가스 확산법, 원심 분리법 등이 이용된다.

동위원소 시프트 (同位元素 ——, isomer shift) 원자·분자에 있어, 동위원소종의 스펙트럼선의 위치가 어긋나는 것, 또는 그 엇갈림. 동위원소 효과의 하나이다. 가벼운 원자에서는 원자핵과 전자의 환산질량의 차이에, 무거운 원자에서는 원자핵의 전하분포의 차이에 기인하는 것이 주가 된다. 분자에서는 다시 관성 모멘트의 차이로 인한 회전 운동과 진동수의 차이로 인한 진동 운동의 차이로 인한 효과가 더해진다.

동위원소 존재도 (同位元素存在度, isotopic abundance)　각 원소에 함유되는 동위원소의 비율을 표시하는 값. 동위원소 존재비라고도 한다. 각 원소별로 각각의 동위원소 원자수 비를 %로 표시하는 경우가 많다. 일반적으로 많은 원소에 대해서 일정하지만 천연 방사성 핵종의 붕괴, 기타 이유로 변동한 것도 있다.

동위원소 표지 (同位元素標識, isotopic labelling)　화합물을 구성하고 있는 특정한 원자를 그 원소의 동위원소로 치환하여 표식으로 하는 것. 특정 원자를 동위원소로 치환한 것을 그 화학종의 추적자라 하고, 그러한 화합물을 표지 화합물이라 한다.

동위원소 효과 (同位元素效果, isotope effect) 분자 내의 원자를 그 동위원소로 치환하였을 때 질량의 차이로 인하여 생기는 물리적 및 화학적인 효과. 정적 동위원소 효과와 동적 동위원소 효과가 있다. 원자번호가 작은 원소일수록 그 효과는 크고, 수소가 가장 크

다. 예를 들면 기체의 확산, 원심분리, 이온의 운동, 스펙트럼선의 동위원소 시프트 등의 물리적 현상, 가수분해, 산화-환원, 분해 등의 화학적 반응에서의 평형 혹은 속도 등의 화학적 현상에서 볼 수 있다.

동위원소 희석 분석 (同位元素稀釋分析, isotope dilution analysis)　동위원소를 사용하는 정량 분석법의 하나. 시료 중의 어떤 원소 A를 정량하고자 할 때 그 동위원소 A를 함유하는 화합물을 가해 두고 A+A를 화학적으로 분리하여 그 후 그 동위원소비를 측정하여 정량한다.

동위 효소 (同位酵素, isoenzyme)　같은 화학 반응을 촉매하는 효소이지만 화학적으로는 상이한 효소를 말한다. 아이소자임이라고도 한다. 동일 개체 내의 효소군을 지칭하는 일이 많다.

동일방향 회전 (同一方向回轉, conrotatory) 우드워드-호프만 규칙에 의해 고리모양 전자반응 및 킬레트로피 반응의 입체화학을 설명할 때에 사용하는 용어. 공역계 양단에서 한쌍의 p궤도가 회전하여 σ결합이 생성될 때, 그 회전 방향이 같은 경우를 이른다. 그 반대의 개열반응에 대해서도 동일하다. 반대방향 회전의 대응어이다.

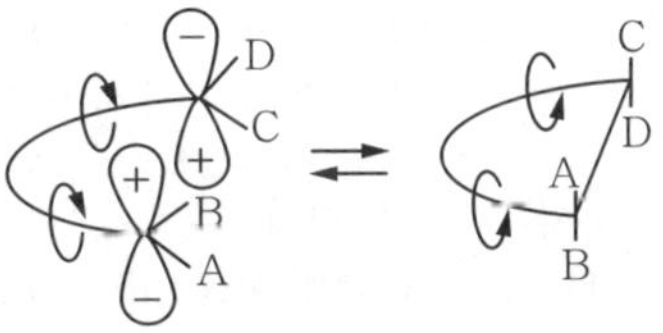

[동일방향 회전]

동일배열 (同一配列, isotactic) 폴리머의 주 사슬에 입체 이성질 사이트가 있는 경우, 그 입체 배치가 폴리머 주 사슬을 따라 모두 같은 것을 이르는 형용사. 이소택틱이라고도 한다. 부제 탄소 원자 C가 있는 비닐 모노머의 중합체 $-[CH_2CHX]_n-$의 경우, 아이소택틱 폴리머에서는 주 사슬을 평면 지그재그 구조로 전개하면 치환기 X는 그 평면의 한쪽에만 존재한다. ⇨ 혼성배열, 규칙성 교대배열.

동일평면성 (同一平面性, coplanarity) 동일 평

면 내에 복수의 원자, 원자단, 고리 등이 자리하는 상태, 또는 이러한 요소가 서로 작용하고 있는 상태를 나타내는 용어. 또 복수개의 치환기가 하나의 면 내에 존재하는 상태, 혹은 복수의 반응점 간 상호작용이 동일면 내에서 일어나는 상태를 말한다.

동작 전극 (動作電極, working electrode) ⇨ 작업 전극.

동적 동위원소 효과 (動的同位元素效果, kinetic isotope effect)　동위원소의 질량차에 의해 반응속도가 변화하는 현상. 무거운 동위원소를 함유하는 분자의 반응속도가 늦은 경우를 정상 동위원소 효과, 이 반대의 경우를 역 동위원소 효과라 한다. 반응에 의해 동위원소 원자를 포함하는 결합의 절단이나 재조합이 일어나는 경우(1차 동위원소 효과)에는 비교적 큰 정상 동위원소 효과를 나타내는 경우가 많다. 이러한 효과는 반응에서 율속단계의 판정과 전이상태 구조를 추정하는데 유력한 지견이 된다. ⇨ 동위원소 효과.

동적마찰 (動的摩擦, kinematic friction)　서로 접촉하고 있는 2개의 고체가 접촉면상을 슬라이딩하고 있을 때 이 운동 상태에서 나타나는 마찰을 말한다.

동적 점성률 (動的粘性率, kinematic viscosity)　전단 유동에 있어 액체의 전단 점성률과 밀도의 비. 유하형의 점도계에서는 액체의 점성률은 일정 체적의 액체가 유하하는 데 필요한 시간으로 구할 수 있으나, 이 시간은 동적 점성률에 비례한다.

동적 점탄성 (動的粘彈性, dynamic viscoelasticity)　물체에 진동적인 변형을 부여하였을 때에 볼 수 있는 점탄성. 물체에 진동 응력과 그에 대응한 진동 비틀림이 생긴다. 비틀림 진폭과 응력 진폭의 비를 복소 탄성률이라 한다. 응력 진동은 일반적으로 비틀림 진동보다 위상이 앞서 있으며 그 위상차 각의 정점을 손실 정점이라 한다.

동적 탄성률 (動的彈性率, dynamic modulus) ⇨ 저장 탄성률.

동적 특성 (動的特性, dynamic characteristics) (1) 일반적으로 비평형 상태에 있는 계의 변화에 대한 응답거동을 말한다. 평형 상태에 있는 계의 성질이 표시하는 정특성의 대응

어이다. (2) 급속히 변화하는 측정량을 지체하는 일 없이 어느 정도 추종할 수 있는가를 표시하는 성능을 계측기의 동특성이라 한다.

동적 효과 (動的效果, dynamic effect)　폭약 또는 가연성 혼합가스가 폭파하여 발생하는 폭음파에 의해 그에 접하고 있던 물체에 변형 또는 파괴가 발생하는 충격 효과. 임펄스로서 표시한다. 생성가스의 팽창에 의한 정적 효과와 구별한다. 폭발 작용에는 동적 효과와 정적 효과가 있다.

동족선 쌍 (同族線雙, homologous pair)　정량분석에 이용하는 분석선 쌍의 하나. 등강도 선띠라고 한다. 일반적으로 시료의 스펙트럼은 목적성분 원소 A와 주성분 원소 S의 다수 휘선을 함유하고 있으며 A의 휘선은 함량과 함께 강도가 변화한다. 기지량의 A 휘선과 같은 강도가 있는 S의 휘선을 가능한 한 가까이에서 선정하여 양 휘선을 쌍으로 지정하였을 때 이것을 동족선 쌍이라 한다. A의 기지량을 함유하는 많은 시료에서 일군의 동족선 쌍을 선정해 두면 미지 시료의 스펙트럼에서 동족선 쌍을 찾아냄으로써 A를 정량할 수 있다.

동족열 (同族列, homologous series)　일련의 유기 화합물에서 그 조성이 서로 CH_2씩의 차이가 있는 일군의 화합물. CH_4, C_2H_6, C_3H_8 등은 사슬식 포화 탄화수소의 동족열. 유기 화합물의 성질은 탄화수소 부분에는 거의 관계없이 작용기에 의해서 결정되므로 동일 작용기를 갖고, 탄소 원자수가 다른 화합물은 동일 반응을 나타내는 동종열이 된다. 예로서 $C_nH_{2n+1}OH$는 알코올의 동족열이다.

동족체 (同族體, homolog, homologue)　같은 동족계열에 속하며 같은 작용기가 있으나 탄화수소 부분의 조성은 CH_2씩 다른 일련의 화합물. 예를 들면, 메탄계 탄화수소에서 메탄 CH_4, 에탄 C_2H_6, 프로판 C_3H_8, 부탄 C_4H_{10}, 펜탄 C_5H_{12} 등과 같이 CH_2라는 최소 단위의 증가로 관계를 지을 수 있는 한 무리의 유기 화합물을 형성한다. 탄화수소 외에도 알코올·에테르·케톤·카르복시산 등 같은 작용기(作用基)를 가지며 조성이 CH_2씩 다른 동족계열이 있다. 예를 들면, 포름

산 HCOOH, 아세트산 CH_3COOH, 프로피온산 C_2H_5COOH, 부티르산 C_3H_7COOH 등이다. 이들은 일반식 $C_nH_{2n+1}COOH$로 표시된다. 동족계열에 속하는 각 화합물끼리를 서로 동족체라고 하는데 동족체는 화학적 성질이 아주 흡사하여 공통의 작용기에 기인하는 동일한 반응을 보이는 경우가 많다. 또 녹는점·끓는점 등 물리적 성질은 탄소 원자의 수가 증가함에 따라 규칙적으로 변한다. 메틸렌기가 증가함에 따라 녹는점·끓는점이 상승하는 것은 그 예이다. 대부분의 유기 화합물은 그 작용기의 종류와 수에 따라 몇 가지의 동족계열로 분류되어 체계를 이룬다.

동종 중합 (同種重合, homopolymerization) 호모 폴리머(동종 중합체)가 형성되는 중합을 말한다.

동종 중합체 (同種重合體, homopolymer) 한 종류의 단량체로 형성된 중합체. 단독 중합체라고도 한다. 대부분은 규칙성 폴리머이지만 부타디엔의 라디칼 중합으로 얻어지는 호모폴리머 같이 불규칙성 폴리머인 경우도 있다.

동중원소 (同重元素, isobar) 질량수가 같고 원자번호가 다른 원자핵을 서로 동중체 또는 동중핵이라 한다. 예를 들면 ^{40}Ar와 ^{40}K, ^{40}Ca 등이 있다. 이에 대하여 원자번호는 같지만 질량수가 다른 원자핵을 이중체(異重體)라 한다. 즉 동위원소를 말한다.

동핵 이원자 분자 (同核二原子分子, homonuclear diatomic molecule) ⇨ 이원자 분자.

동화작용 (同化作用, anabolism, assimilation) 세포에 의한 물질의 합성. 대사 중 생합성을 동화작동 또는 단지 동화라고 한다. 동화작용에 있어서는 아데노신 삼인산의 형태로 비축되었던 화학 에너지를 사용하여 간단한 전구체에서 단백질, 핵산, 다당, 지질 등의 복잡한 세포 구성물질이 효소적으로 형성된다. 분해대사(이화작용)의 대응어이다.

돼지기름 (lard) 도살할 때 건강한 돼지의 신선하고 청정한 상태하에 건전한 지방조직에서 분리된 지방(돈지). 돼지의 종류, 채취되는 몸의 부위에 따라 성질은 다르나 보통 상온에서는 반고체이다. 지방산 조성은 주로 팔미틴산, 올레인산으로 되며, 식용, 비누 원료 등으로 사용된다.

되튐 (recoil) 하나의 입자에서 내부적 작용으로 전자기파 또는 입자가 방출되었을 때 또는 그 입자에 다른 입자가 출동하였을 때 운동량 보존의 법칙에 따라 그 입자가 튕겨 나가는 현상. 이 때 그 입자를 되튐입자(되튐핵, 되튐전자 등)라 한다.

두 (頭, head) 유체의 단위 질량당의 에너지. 헤드라고도 한다. 유체의 퍼텐셜 에너지를 단위 질량당으로 환산한 것을 위치수두, 운동 에너지 및 정압을 단위 질량당으로 환산한 것을 각각 속도수두 및 정수두라 한다. 중력 단위계에서는 길이의 차원이 있고, 중량과 질량을 병용하는 공학단위계에서는 단위 질량당의 에너지 차원(힘×길이／질량)을 갖는다.

두랄루민 (duralumin) 알루미늄 합금의 하나. 기본 조성은 Al 95, Cu 4, Mg 0.5, Si 0.4%. 라틴어의 durus(견고한)와 aluminium의 합성어. 20세기초 독일의 A. Wilm에 의해 발명되었다. 이 합금으로 우연하게 시효경화 현상이 발견되었다. 그 후 강력 경합금의 중심적 존재로서 연구되어 초두랄루민, 초초두랄루민 등의 개발의 기초가 되었다. 약 520℃에서 물담금질을 하여 실온에 방치하면 시효 경화를 일으켜 인장강도 약 $40 kg/mm^3$에 달한다. 구리를 함유하므로 내식성이 낮은 것이 결점이다. 항공기용 구재로 사용된다.

뒤섞음 (stirring) 용액 내에서 화학 반응을 할 때 액상과 고상 또는 혼합되지 않는 두 액상을 서로 혼합할 수 있도록 뒤섞는 것. 유리 막대 등을 사용하여 손으로 뒤섞는 경우와 모터 등의 기계를 사용하여 뒤섞는 경우가 있다. 화학공학에서는 교반(攪拌)이란 용어가 사용된다.

뒤엉킴 (entanglement) 가늘고 긴, 잘 굴곡하는 고분자 사슬이 서로 국수가락처럼 얽혀 있는 상태. 이러한 상태에서는 움직이기 어렵고, 급격한 변형에 대하여 물체는 고무탄성 같은 고체적 거동을 보인다. 그러나 완만한 변형에서는 분자가 서로 미끄러 빠져나가면서 이동할 수 있으므로 액체적인 점성 유동이 생긴다. 즉 곧은 사슬 모양의 고분자 점탄성은 주로 뒤엉킴에 기인한다.

듀렌 (durene)　1, 2, 4, 5-테트라메틸벤젠의 별칭. 무색의 결정이다. 녹는점 80℃, 끓는점 193~195℃, 콜타르, 또는 어떤 종류의 석유 속에 이소듀렌과 함께 함유되어 있다. 석유의 높은 끓는점 유분 중에 존재한다. 또 합성 연료로서 메탄올에서 가솔린을 제조하는 MTG법의 부산물로서도 얻어진다. 듀렌을 접속 공기 산화하여 얻는 피로메리트산 무수물은 내열성 엔지니어링 플라스틱 원료로 중요하다.

듀리트 (durite)　석탄조직 성분의 하나. 엑지니트, 이너티니트의 합계가 95 % 이상인 것을 지칭한다. 식물체의 각 조직이 파괴 분해된 작은 파편의 집합체로 생각된다. 쥬렌이나 암색의 클라렌 중에 띠모양으로 보이는 경우가 많다. 비트리트와 클라리트보다 견고하다.

듀링선도 (── 線圖, Dühring chart)　임의의 액체의 증기압을 그 액체와 성질이 유사한 표준 액체의 증기압과 비교하여 같은 증기압을 표시하는 양 액체의 온도 대 온도를 플롯한 선도. 순물질의 경우와 용액의 경우에도 온도가 일정하면 거의 직선군이 얻어지므로 끓는점을 구할 때와 직선의 기울기에서 용액의 증발열을 근사적으로 구할 때 등에 편의적으로 사용된다.

듀어 병 (── 瓶, Dewar vessel)　유리제의 용기로, 기벽을 이중으로 하여 그 사이를 진공으로 하고 내면에 은도금을 한 것. 용기의 내용물과 외계 사이의 열 출입을 적절하게 막는다. 속칭 보온병이라 한다.

듀얼 퍼텐쇼 갈바노스탯 (dual potentio galvanostat)　회전 링·디스크 전극법 등에 공여하기 위해 두 전극의 전극 전위를 공통된 참조 전극에 대해 독립적으로 제어하기 위한 기능이 부가된 퍼텐쇼갈바노스탯을 말한다.

듀테륨 (deuterium)　질량수가 2인 수소의 안정 동위체. D 혹은 ^{2}H로 표기된다. 중수소라고도 한다. 1932년 H. C. 유리에 의해서 수소의 스펙트럼선 연구 중에 발견되었다. 자연계에 존재하는 수소는 프로튬 99.984 %, 듀테륨 0.0156 %, 트리튬 10~17 %의 비율로 되어 있다. 또 이들의 원자량은 각각 프로튬 1.007, 듀테륨 2.01409, 트리튬 3.1602이다. 자연의 수소로부터 듀테륨을 분리시키는 데는 원심분리기·온도확산 등을 이용하거나 또는 중수(重水) D_2O를 전기분해 해도 된다. 반응 메커니즘과 분광학적 연구에 사용된다.

듀포 효과 (──效果, Dufour effect)　⇨ 열확산.

드라이 실버 (dry silver)　액제를 사용하지 않고 열을 가하는 것으로 현상할 수 있는 은염사진법. 지방산 은염과 페놀계 환원제 안에 약간의 할로겐화은을 가한 감광층을 사용하여 노광 후, 감광층을 가열, 융해시켜 현상반응을 이루게 하여 은화상을 형성하게 한다. ASA 0.1 정도의 감광도가 있으며, 고해상력(高解像力)을 얻을 수 있고 전자빔에 의한 기록도 할 수 있다. 복사용 외에 전자계산기로부터의 신호를 기록하는 마이크로필름에도 사용된다.

드라이아이스 (Dry Ice)　⇨ 고체 탄산.

드라이어 (drier)　⇨ 건조제의 (2).

드라이 에칭 (dry etching)　반도체 디바이스의 웨이퍼프로세스의 하나인 에칭을 가스계로 하는 방법. 플라스마 에칭이 그 대표적인 예이다. 종래의 실리콘 및 그 화합물을 대상으로 한 플루오르화 수소산과 질산계 등의 용액을 사용하는 웨트 에칭의 대응어이다.

드라이 케미스트리 (dry chemistry)　다중 필름구조를 갖는 막에 검액을 적하하여 일정 시간 후에 생성된 색소를 검출 또는 정량함으로써 검액의 화학분석을 하는 방법. 각 필름은 효소반응 혹은 화학 반응에 필요한 시약을 함유하며 성분의 확산으로 반응이 진행하도록 고안되어 있다. 보통 임상검사에 사용되며 자동화되어 있는 것이 많다.

드래프트 (draft)　건강상 유해한 기체를 발생하는 화학실험조작을 안전하게 하기 위해 특히 환기를 완전
구분하여 설치하거나 기성의 것을 반입하여 강제 통풍하에 사용한다. 화학실험실에서는 상비해야 할 시설이다.

드럼 염색 (── 染色, drum dyeing)　염색조 속에 둔 외공원통 속에 양말, 스웨터 등의 섬유 제품이나 천을 넣어 이것을 회전시키면서 염색하는 방법을 말한다.

드럼 정련기 (── 精練機, drum scourer)　연속식 정련기의 하나. 욕조 안에 금망 또는 다공 스테인리스강제의 실린더를 설치하고, 이 원통을 따라 천을 통과시켜 정련액을 실린더 내부로 흡인하여 순환시키는 것으로 정련을 한다.

드레싱 (dressing)　모피를 제조할 때 원료 모피에서 마무리까지의 전 공정. 좁은 뜻으로는 모피의 무두질을 지칭하며 또한 봉제된 모피 의류의 마무리 공정을 지칭하는 경우도 있다.

들깨 기름 (perilla oil)　한국, 인도, 중국에서 생산되는 들깨 종자(함유분 30~50%)에서 채유되는 건성유. 리놀렌산, 리놀산이 풍부하며, 아마인유와 마찬가지로 도료, 바니시용 등에 사용된다.

들뜬 복합체 (── 複合體, exciplex)　들뜬 상태에 있는 원자·분자와 바닥상태의 원자·분자 간에 형성된 이량체 또는 분자착물을 이른다. 같은 종류의 분자인 경우 들뜬 이합체, 이종인 경우에 헤테로 들뜬 이합체라고도 한다. 이종 분자를 예로 들면 메틸렌 사슬로 이어진 화합물이 들뜬 상태에서 그 구성분자 간에 상호작용을 일으키는 경우, 분자 내 들뜬 복합체라 한다.

들뜬 상태 (── 狀態, excited state)　분자의 회전·진동·전자운동과 원자의 전자운동이 취할 수 있는 가장 낮은 에너지상태(바닥상태)에 대해 높은 에너지를 갖고 있는 상태. 전자 들뜬 상태의 분자는 발광, 무반사 전이, 다른 분자와의 충돌 등으로 낮은 에너지 상태로 완회되기나 분해, 이성실화 등의 화학 반응으로 소실한다.

들뜬 이합체 (── 二合體, excimer)　분자간 상호작용 상태의 하나로, 바닥상태와 들뜬 상태에 있는 동일종 분자가 1개씩 상호 작용하여 안정상태(속박상태)로 된 것. excited dimer의 약어로 엑시머라 하기도 한다. 피렌, 페리렌 등의 유기 화합물 결정 중이나 용액 중에서 보게 된다.

들뜬자 (── 子, exciton)　반도체와 절연체 중에서 들뜬 전자가 정공과 결합하여 형성된 중성 입자. 엑시톤이라고도 한다. 들뜬자는 구속 에너지(굴동의 힘)를 갖고 결정 내

를 이동함으로써 에너지와 열전도를 하지만 전류와는 무관하다.

들뜸 (excitation)　원자와 분자가 외부에서 에너지를 받거나 높은 에너지 상태가 되는 것. 들뜸은 열, 빛, 전자충격, 방사선 등의 자극으로 일어난다. 들뜸 전후의 계의 에너지 차는 들뜸 에너지라 불리우고, 분자에서는 회전, 진동, 전자 에너지로서, 원자에서는 전자 에너지로서 유지된다.

들뜸 스펙트럼 (excitation spectrum)　빛, 전자충격 등의 자극으로 발광, 이온화, 화학 반응 등이 일어날 때 세로축에 발광강도, 이온강도, 반응 생성물의 수축 등을, 가로축에 입사 입자의 파장과 에너지를 취하여 나타낸 스펙트럼. 들뜸 스펙트럼은 흡수 스펙트럼에 일치한 스펙트럼을 주는 경우가 보통이지만, 발광상태의 성질, 발광까지의 여러 과정의 효율 등에도 의존하는 것이 특징이다. 이를테면 인광의 들뜸 스펙트럼을 측정하면 금제의 1중항-3중항의 흡수 스펙트럼에 해당하는 것이 보통 흡수 스펙트럼의 방법보다 훨씬 높은 감도로 얻어진다. 또 에너지 이동, 전기해리, 화학 반응 등을 수반하는 발광에 있어서는 이들 여러 과정의 스펙트럼 의존성에 대해서 잘 알게 된다.

들뜸 함수 (── 函數, excitation function)　빛 등의 조사에 의한 원자 분자의 특정한 상태로의 들뜸과 반응의 단면적 혹은 미분 단면적을 입사 에너지의 함수로 나타낸 것(⇨ 들뜸 스펙트럼). 들뜸힘수의 측정은 화학 반응, 원자·분자 충돌과정, 핵반응 등의 해석에 중요하다.

등가 가황 (等價加黃, equivalent vulcanization)　가황온도와 시간 등의 가황조건이 변하여도 얻어지는 가황고무의 물리적 성질이 유사한 것을 말한다.

등강도선 쌍 (等强度線雙, homologous pair)　⇨ 동족선 쌍.

등극 결합 (等極結合, homopolar bond)　종류가 같고 또한 같은 환경에 있는 원자간 이루어지는 결합. 또 공유결합과 같은 의미로 사용하는 경우도 있다. 이극결합의 대응어이다.

등 농도점 (等濃度點, isosbestic point)　사진

감광재에 묘사된 복수의 스펙트럼 사진상에서, 그 흑화도가 상등한 값을 나타내는 파장을 말한다.

등방성 (等方性, isotropy) 물질의 물리적 성질이 방향에 따라 변하지 않는 것. 방향에 따라 변하는 경우는 이방성이라 한다. 기체, 액체의 시료 및 비정질 고체는 등방성이다. 또 입방정계의 단결정도 많은 물리적 성질이 등방성을 나타낸다. 일반적으로 문제로 하는 물리량을 지정하지 않으면 등방성을 말할 수가 없다.

등방체 (等方體, isotropic body) 등방성의 물체. 그러나 문제가 되는 물리적 성질을 지정할 필요가 있다.

등배전자체 (等倍電子體, isostere) 흡착 평형이 성립하고 있는 계에서 흡착량 일정의 조건하에서 흡착질의 분압(또는 농도)과 온도 간의 관계를 나타낸 식. 선도로 한 것은 등량선(等量線)이라 한다.

등색곡선 (等色曲線, isochromatic) 두 광원으로부터의 방사 강도의 파장에 대한 의존성, 즉 스펙트럼 함수가 같은 것을 말한다.

등속 전기영동(等速電氣泳動, isotachophoresis) 분석대상인 이온보다 이동도가 큰 이온종을 함유하는 용액(선도액)과 이동도가 작은 이온종을 함유하는 용액(종국액) 사이에 시료액을 끼고 모세관 중에서 영동을 하는 하나의 존 전기영동. 시료 중의 각 이온은 이동도에 따라 분리된다. 그 때 모든 이온은 등속도로 영동하는 점에서 이런 명칭이 지어졌다. 많은 무기·유기물질의 정성·정량에 응용된다.

등압 변화 (等壓變化, isobaric change) 압력이 일정한 조건하에서 일어나는 변화. 예를 들면 대기압하에서 일어나는 변화는 대부분의 경우 등압변화이다. 정압변화라고도 한다.

등압선 (等壓線, isobar) 압력이 일정한 조건에서 물질의 상태 변수 간에 성립하는 관계를 나타내는 선도를 말한다.

등압식 (等壓式, isobar) 압력이 일정한 조건하에서 물질의 상태 변수 간에 성립하는 관계식. 이상 기체에 대한 샤를의 법칙(게이 뤼삭의 법칙)은 그 일 예이다.

등엔트로피 변화 (等——變化, isoentropic

change) 계의 엔트로피를 일정하게 유지하는 조건에서 이루어지는 변화. 준 정적인 단열변화가 이에 상당하지만 자발적으로 진행하는 단열변화에서는 계 내에서 엔트로피 생성이 있어 엔트로피는 일정하지 않다.

등온 반응기 (等溫反應器, isothermal reactor) 반응기 내의 모든 위치에서 온도가 같다고 볼 수 있는 이상적인 반응기. 실용적으로는 반응기 내부 및 기벽의 열전도를 좋게 하고 외부 열욕과 열평형이 성립되도록 고안된다. 보통, 반응속도의 측정과 반응설계를 위한 반응해석에 사용된다.

등온 변화 (等溫變化, isothermal change) 온도 일정의 조건하에서 일어나는 변화. 온도 변화의 영향을 제거하기 위해 실험실에서는 정온조를 사용하여 등온변화를 연구하는 경우가 많다. 등온변화라 하여도 팽창할 경우에는 외부로부터 매우 적으나마 열을 받는다(수축할 때는 그와 반대로 서서히 식혀 주어야 한다). 그 열은 기체가 팽창할 때 밖으로 하는 일에 쓰이고, 내부 에너지의 증가에는 쓰이지 않는다. 즉 외부로부터의 일이 0일 경우에는 헬름홀츠의 자유 에너지가 감소하고, 압력이 일정할 경우에는 기브스의 자유 에너지도 동시에 감소한다.

등온선 (等溫線, isotherm) 일정 온도의 조건에서 물질의 상태 변수 간에 성립하는 관계를 나타내는 선도를 말한다.

등온식 (等溫式, isotherm) 온도 일정의 조건에서 물질의 상태 변수 간에 성립하는 관계식. 이상 기체에 대한 보일의 법칙, 일정 온도에서의 흡착량의 압력 의존성을 표시하는 흡착 등온식 등이 그 예이다.

등용선 (等容線, isochore) 체적 일정의 조건에서 물질의 상태 변수 간에 성립하는 관계를 나타내는 선도. 등용(적)곡선이라고도 한다.

등용식 (等容式, isochore) 체적 일정의 조건에서 물질의 상태 변수 간에 성립하는 관계식. 등용(적)식이라고도 한다.

등유 (燈油, kerosene, kerosine) 석유를 정제할 때 끓는점 $150 \sim 280\,^\circ\mathrm{C}$ 정도의 유분. 한때 등용으로 사용되었던 것에 유래하는 명칭. 주로 난로나 농업 발동기의 연료로 사용되는 외에 기계 세정 등의 용제로도 사용된다. 석유등·석유난로·석유풍로 등에 쓰이는 등유는 투명한 양질의 것이어야 하며, 그 을음이나 연기가 나지 않게 하려면 끓는점이 높은 유분은 포함하지 않고, 따라서 끓는점 범위가 170~280℃로서, 파라핀계 탄화수소를 주로 하고 방향족(芳香族)은 포함하지 않아야 하며, 또 악취가 나지 않게 하기 위해서는 특히 황분(黃分)의 제거에 유의할 필요가 있다. 이를 위하여 수소 첨가 정제나 용제추출(溶劑抽出)을 할 때도 있다. 정제도 기준으로서 연점(煙点)의 측정이 KS로 정해져 있다.

등삼투압의 (等滲透壓, isotonic)   두 용액이 같은 삼투압을 갖는 것을 지칭하는 형용사. 상이한 삼투압을 가질 때는 삼투압이 높은 쪽을 고장(高張), 낮은 쪽을 저장이라 한다. 주로 생물학 분야에서 혈액 등 생체액과의 비교에 사용된다.

등전자 계열 (等電子系列, isoelectronic series) ⇨ 등전자.

등전자의 (等電子, isoelectronic)   원자와 분자에서 전자수가 같은 것. 등전자의 원자와 이온을 원자번호순으로 배열한 것(H, He^+, Li^{2+}, … 등)을 등전자 계열이라 한다. 분자에서도 마찬가지로 예를 들면 CH_4, NH_3, H_2O, HF, Ne를 10전자의 등전자 계열이라 한다.

등전점 (等電點, isoelectric point)   아미노산과 단백질 등의 양성 전해질 혹은 콜로이드 입자의 전하가 제로로 될 때의 pH 값. 약어 pI. 아미노산·단백질·핵산 등 양쪽성 전해질에서 분자의 전하는 용매의 pH에 의해 가장 뚜렷하게 변화한다. 따라서 이들 용액의 전기이동현상에서 용질입자 또는 분자의 이동도(移動度)는 pH와 관계가 있으며, 적당한 pH에서 이동도가 0이 된다. 이 때의 pH를 양쪽성 전해질의 등전점이라고 한다. 예를 들면, $Al(OH)_3$는 pH에 따라 해리 양식이 달라지는데, 등전점에서는 Al^{3+}과 AlO_3^{3-}이 같은 양씩 존재한다. 또 단백질 수용액에서는 매질의 pH가 일정한 것보다 작아져서 산성이 되면 보통 카르복시기가 감소하여 아미노기가 보다 많이 이온화하므로 분자는 양전하를 얻어 양이온이 된다. 반대로 pH가 일정한 값보다 커져서 알칼리성이 되면 카르복시기가 강하게 이온회하여 음이온이 된

다. 이 일정한 값, 즉 중간에 전하가 0이 되는 pH가 존재하는데, 이 pH가 등전점이며 단백질에서는 약 4~6의 값이 된다. 또한 아미노기 외에 히스티딘의 이미다졸릴기, 아르기닌의 구아니지노기 등도 염기성 해리를 하고 카르복시기 외에 티로신의 페놀성 히드록시기, 시스틴의 메르캅토기 등도 산성 해리를 한다. 일반적으로 등전점에서는 입자의 응집작용이나 발포현상 등을 볼 수 있는데, 특히 생화학 등에서 중요하게 생각된다. 즉, 원형질은 등전점이 다른 많은 아미노산·단백질로 이루어지기 때문에 전체적으로 전하상태가 복잡하게 된다. pH가 생명현상에 큰 영향을 미치는 것은 세포 내 단백질의 전하를 변화시켜 세포의 여러 기능에 변동을 주기 때문이라 생각된다.

등축정계 (等軸晶系, isometric system) ⇨ 입방정계.

등흡수점 (等吸收點, isosbestic point)   물질의 등농도에서의 흡수 스펙트럼이 pH의 변화와 다른 분자종으로 전환 등에 따라 변화할 때 흡광도가 같은 점의 파장을 말한다. 등흡수점의 존재는 원래의 물질이 스펙트럼 변화를 일으키는 분자종으로 정량적으로 변환되었다는 것을 의미한다. iso는 "같다", sbestic은 그리스어의 σβεϭϭαι(extinguish)의 뜻이다.

디글리세리드 (diglyceride)   글리세린의 OH기가 지방산과 에스테르를 구성하고 있는 글리세리드 중, 2개의 OH가 에스테르를 형성하고 있는 화합물. 1, 2-디글리세리드와 1, 3 디글리세리드가 있다.

디기토닌 (digitonium)   강심제의 하나. 스피로스탄 골격(스테로이드계의 스피로 구조)을 가지며, 현삼과 식물 디기탈리스(*Digitalis purpurea, D. lanata*)의 종자. 잎에서 얻어진다. Na^+K^+ - ATP아제의 저해 작용이 이 근연 화합물에 있어, 이것이 강심 작용의 원인이 된다고 한다. 또 계면 활성제로서 생체막의 가용화에도 사용된다.

DDS 'drug delivery system (약물 송달 체계)'의 약어를 말한다.

DDT (dichlorodiphenyl trichloroethane, DDT) p, p'-디클로로디페닐트리클로로에탄의

농약으로서의 일반명. 강력한 살충력이 있다는 것이 인정된 최초의 유기 염소계의 합성살충제. 1939년에 개발되어 진드기, 벼룩, 이, 빈대 등의 방역 및 농업용 살충제로 널리 사용되었으나, 그 독성 특히, 잔류성과 DDT 저항성 곤충의 출현으로 이제는 거의 모든 나라에서 그 사용이 금지되었다.

d-d 흡수대(—— 吸收帶, d-d absorption band)　배위 자장 흡수대를 간략화하여 표현하는 말이다.

디메틸술폭시드 (dimethyl sulfoxide)　CH_3SOCH_3. 비프로톤성 극성 용매로서 유기반응의 연구와 유기합성에 사용된다. 폴리아크릴로니트릴 등 극성 폴리머의 용제로서도 사용된다. 약어 DMSO.

디멘션 (dimension)　⇨ 차원.

디바이-셰러법(—— 法, Debye-Scherrer method)　결정성 분말에 의한 X선 회절상을 원통형 필름에 기록하고, 각 회절선의 위치와 강도를 읽어서 그 결과로 결정의 동정, 격자상수의 측정 등을 하는 방법을 말한다.

디보란 (diborane)　보란류의 하나로, 무색이고 특이한 냄새가 나는 기체, B_2H_6. 강한 환원제. 화학적으로 활발하고 휘발성이 있다. 녹는점 $-164.86℃$, 끓는점 $-92.53℃$이다. 1912~1936년 A. 스톡 등에 의해서 합성되었는데, 디보란은 고급 수소화붕소의 출발 물질로서 중요하다. 상온(常溫)에서는 비교적 안정하나 습기가 있으면 자연 발화한다. 물과 접촉하면 순간적으로 가수분해하여 붕산(硼酸)을 생성한다. 붕소의 중성자 흡수 면적이 커 중성자 계수용으로 사용되며, 높은 연소열을 이용하여 항공기·로켓용 연료로 쓰인다. 뛰어난 환원제로서 유기 합성에도 이용된다. 독성이 강하다.

디술피드 (disulfide)　2개의 알킬기(또는 페닐기 등)가 2개의 황 원자와 사슬모양으로 결합한 화합물 $R-S-S-R'$. 이황화물이라 부르기도 한다. ⇨ 이황화물.

디스뮤타아제 (dismutase)　같은 화합물의 2분자에서 상이한 2종의 분자를 생성하는 불균화 반응을 촉매하는 효소. 글루코오스 1-인산 포스포디스뮤타아제는 2분자의 글루코오스 1-인산 ⇌ 글루코오스+글루코오스 1,6-이인산의 반응을 촉매하고 인산전위에 의한 불균화 반응을 한다.

디스아조 염료(—— 染料, disazo dye)　아조기 $-N=N-$를 2개 갖고 있는 아조 염료. 아조기 하나의 모노아조 염료보다 색이 짙다. 면직물을 염색하는 직접 염료는 디스아조 염료가 많다.

디스펄션 (dispersion)　측정값의 크기의 불균일한 정도. 분산, 산란이라고도 한다. 산란이 작은 정도를 정밀이라 한다. 산란의 크기를 표시하는 데는 표준 편차, 분산 등이 사용된다.

디스플레이 (display)　주로 전기적으로 전송되는 화상신호를 인간이 인식할 수 있는 형태로 하는 것. 브라운관, 액정, 플라스마 디스플레이 등이 일반적으로 사용되고 있다.

디시클로펜타디엔 (dicyclopentadiene)　시클로펜타디엔의 이량체, $C_{10}H_{12}$. 엔도형과 엑소형의 입체 이성질체가 있다.

디아스타아제 (diastase)　아밀라아제의 옛 명칭. 맥아나 누룩으로 조제되는 조효소 제제. 보리를 발아시켜 맥아를 만들어 물로 침출한 다음, 알코올을 첨가하여 디아스타아제를 침전시키고, 그 녹말의 소화력을 200배로 조절한 것이다. 주로 α와 β-아밀라아제로 되어 있으며 녹말을 가수분해하여 말토오스와 소량의 덱스트린을 생성한다. 녹말질외 소화제이며, 소화불량·식욕부진·위장장애에 쓰인다. 판매되는 제제의 하나에 타카디아스타아제가 있다.

디아스테레오머 (diastereomer)　⇨ 부분입체 이성질체.

디아조 감광지(—— 感光紙, diazo-type paper, diazo-sensitized paper)　감광성 디아조늄 화합물과 페놀류의 산성 혼합액을 도포한 종이. 원화를 겹쳐서 노광하면 원화에 따라 노광되지 않은 부분의 디아조늄 화합물은 분해되지 않고, 알칼리성으로 페놀과 반응하여 발색하여 양화 감광성을 나타낸다. 용지는 질이 균일하고, 철을 함유하지 않고, 사이즈 처리를 해야 하고, pH를 낮게 해야 하는 것 등이 요구된다. 도면, 문서의 복사에 사용된다.

디아조 사진법(—— 寫眞法, diazo process)

⇨ 디아조 형.

디아조 성분(—— 成分, diazo component)
아조 염료는 디아조늄염과 짝짓기 성분(방
향족 아민과 페놀류)과의 반응으로 생성되
며, 그 디아조늄염을 형성하는 방향족 제1급
아민(및 그 술폰산 등)을 디아조 성분이라
한다.

디아조 커플링 (diazo coupling)　디아조늄염
이 페놀, 방향족 아민 등과 반응하여 아조
화합물을 생성하는 반응. 아조 염료의 합성
법으로서 공업화되어 있다. 디아조 짝지음
이라고도 한다.

디아조형 (diazotype)　디아조늄염을 함유하
는 감광층에 화상 노광을 한 후에 커플러의
존재하에서 현상하여 아조 염료로 된 양화
상을 형성토록 하는 화상 형상방법 또는 이
에 사용되는 감광재료. 마이크로 필름, 설계
도면 등에 사용된다.

디아조화(—— 化, diazotization)　방향족 제1
급 아민에 아질산나트륨 혹은 아질산에스테
르를 반응시켜 디아조늄염을 생성하는 반응.
이 반응은 1858년 P. 그리스에 의해 처음으
로 발견되었고, 그 후 여러 가지 디아조늄염
에 관한 연구가 이루어졌다. 디아조늄염은
반응성이 매우 강하여 그 반응을 디아조 반
응이라고 하는데, 이 반응은 유기 화합물의
합성에서 중요한 반응이다. 특히 아조화합
물을 얻을 수 있는 디아조 결합은 아조 염
료를 제조하는 데 있어서 매우 중요하다.

디아조 화합물(—— 化合物, diazo compound)
디아조기 $-N_2$가 있는 화합물. 기본이 되는
화합물은 디아조메탄 CH_2N_2. 디아조기는 직
선형의 공명구조　$C=N^+=N^-\leftrightarrow-C^-$
$N^+\equiv N$가 있다. 디아조늄염은 별종의 화
합물이다. 이 밖에 디아조아세트산에틸 N_2C
$HCOOC_2H_5$, 디아조케톤 $RCOCHN_2$ 등도 잘
알려져 있다. 모두 반응성이 풍부한 화합물
로서 질소를 탈리하여 카르벤의 발생원이
되기도 한다.

DSC 'differential scanning calorimetry (시
차 주사 열량 측성법)'의 약어이다.

디에틸렌 글리콜 (diethylene glycol)　$HOCH_2$
$CH_2OCH_2CH_2OH$. 공업적으로 에틸렌 글리
콜에 알칼리를 촉매로 하여 에틸렌옥시드를

부가하여 생성된다. 각종의 유기합성 반응,
특히 폴리에스테르계 합성 섬유의 원료로
유명하다.

디에틸에테르 (diethyl ether)　$C_2H_5OC_2H_5$. 에
틸에테르 혹은 단순히 에테르라고 하는 경
우가 많다. 끓는점이 낮고(34.5℃), 대부분의
유기 화합물을 잘 용해시키므로 용매로서
많이 사용된다. 반응 용매로서는 끓는점이
낮으므로 디이소프로필에테르, 테트라히드
로푸란이 사용되는 경우가 많다.

디엔 값 (diene value)　원유의 열분해, 접촉
분해, 코킹 등의 반응으로 얻어지는 유분 중
에는 모노올레핀 외에 부타디엔과 같은 공
역 이중결합이 있는 성분이 함유되는 경우
가 있으며, 이들은 자동산화 또는 중축합 반
응으로 고무질을 생성하기 쉽다. 이와 같은
성분의 양을 시료 100 g과 반응하는 무수말
레산과 당량의 요오드량을 그램 단위로 나
타낸 수를 말한다.

DN아제 (DNase)　⇨ 디옥시리보뉴클레아제.

DNA 'deoxyribonucleic acid (디옥시리보핵
산)'의 약어이다.

DNA 공여체(—— 供與體, DNA donor)　유전
자 조작으로 클론화 하는 DNA를 원래 갖고
있는 세포를 말한다.

디엔 중합체(—— 重合體, diene polymer)　일
반적으로 부타디엔, 이소프렌, 클로로프렌 등
공역 디엔 모노머의 중합체를 말한다. 중합
법에 의해 $1,4-cis-:1,4-trans-:1,2-$:
$3,4-$ 결합 혹은 그 혼합물로 된 폴리머가 생
성한다. 치글러 촉매를 사용하면 $1,4-cis-$
결합을 비롯하여 각 구조의 폴리머를 선택적
으로 합성할 수 있다.

디엔 합성(—— 合成, diene synthesis)　Diels-
Alder 반응에서 공역 이중결합이 있는 화합
물과 활성 이중결합이 있는 친디엔체와의
반응 결과, 시클로헥산 고리를 생성하는 것
을 이용한 합성 반응. 이 반응은 1928년 O.
H. 딜스와 K. 알더에 의해 공동으로 발견되
었으므로 딜스-알더 반응이라고도 한다. 딜
스와 알더는 이 공적으로 1950년 노벨화학
상을 수상했다. 반응의 대표적인 예로는 부
타디엔과 말레산 무수물과의 반응이 있나.
이 반응에서는 말레산 무수물을 친디엔체로

하며, 정량적으로 반응이 진행되어 시스-4-테트라히드로프탈산 무수물이 생성된다. 디엔화합물로서는 사슬모양 화합물 외에 시클로펜타디엔 등 고리모양 화합물이라도 반응이 가능하며, 친디엔체로 말레산무수물 외에 아세틸렌디카르복시산디메틸, p-벤조퀴논 등 이중결합 또는 삼중결합에 카르보닐기, 시아노기 등이 결합되어 있는 화합물이 알려져 있다. 이 반응은 가역반응(可逆反應)이기 때문에 첨가 생성물을 고온에서 가열하면 분해되어 원래의 디엔화합물과 친디엔체로 되돌아간다.

DO 'dissolved oxygen (용존 산소)'의 약어이다.

디옥산 (dioxane) 탄소 4원자, 산소 2원자로 된 포화 복소 육원환 화합물. 산소원자의 상호 위치에 따라 1, 2-, 1, 3- 및 1, 4-의 이성질체가 있다. 일반적으로는 디옥산이라 하면 1, 4-디옥산을 지칭한다. 유기 화합물을 잘 녹이지만 끓는점 약 100℃에서 물과도 잘 혼합하므로 유기 합성의 용매로서 또는 유용한 공업제품 제조용의 용제로서 많이 사용된다.

디옥시 당 (—— 糖, deoxy sugar) 단당 분자 내의 알코올성 OH기가 수소원자로 치환된 화합물. 그 중 탄소 사슬의 말단에서 OH기가 상실된 것을 메틸당이라 하는 경우가 있다.

디옥시리보뉴클레아제 (deoxyribonuclease) 디옥시리보핵산(DNA)의 분자 내부의 결합을 가수분해하는 효소. DN아제이다. 디옥시리보오스의 5′-말단에 인산기가 있는 디뉴클레오티드 및 올리고뉴클레오티드를 생성하는 효소가 많다. 그 외에 디옥시리보핵산을 가수분해하여 3′ 위치에 인산기를 갖는 모노뉴클레오티드, 디뉴클레오티드, 올리고뉴클레오티드가 생기는 효소가 얻어지는데, 디옥시뉴클레아제Ⅱ라 불러서 구별한다. 이들 효소는 생체 내에 있어서 디옥시리보핵산의 대사 분해에 해당한다고 생각한다.

디옥시리보뉴클레오시드 (deoxyribonucleoside) ⇨ 뉴클레오시드.

디옥시리보뉴클레오티드 (deoxyribonucleotide) ⇨ 뉴클레오티드.

디옥시리보핵산 (—— 核酸, deoxyribonucleic acid) 생물의 유전정보 보존, 발현의 본체가 되는 생체 고분자. DNA이다. 염기[아데닌(A), 티민(T), 시토신(C), 구아닌(G)], 디옥시리보오스, 인산기로 구성되는 뉴클레오티드를 기본 단위로 한다. 보통 뉴클레오티드가 인산을 매개하여 곧은 사슬로 연결한 폴리뉴클레오티드가 A와 T, G와 C로 염기쌍을 형성하여 이중나선으로 되어 있다.

디옥신 (dioxin) ⇨ 다이옥신.

디올레핀 (diolefin) C=C 이중결합 2개가 있는 불포화 탄화수소를 말한다.

디젤엔진 유 (—— 油, Diesel engine oil) 크랭크케이스유 중 버스나 트럭 등의 고속 디젤엔진과 선박용의 저속 디젤엔진에 사용되는 윤활유. 간단히 디젤유라고도 한다. 정제한 기유에 산화 방지제, 청정분산제, 녹방지제 등을 첨가한 것을 말한다.

디젤 유 (—— 油, Diesel oil) ⇨ 디젤엔진 유.

디젤 지수 (—— 指數, Diesel index) 디젤 연료의 자기 발화성의 가늠으로 하는 지수. API 비중×아닐린점(℉)/100으로 계산된다. 여기서 API 비중은 미국석유협회에서 제정한 비중 표시방법이다. 세탄값에 가깝고 또한 세탄값의 측정은 매우 복잡하므로 디젤 지수로 대용되는 경우가 있다.

디카르복시라아제 (decarboxylase) ⇨ 탈탄산 효소.

디캔테이션 (decantation) 용융 중 침전 등의 고체를 용액에서 분리하는 방법의 하나. 용기를 정치하여 고체를 침강시킨 후 용기를 조용히 기울게 하여 상등액만을 유출하게 하는 조작. 감탕 모양의 고체나 콜로이드 모양의 침전을 깨끗이 씻는 데 많이 사용된다. 조작을 정량적으로 하려면 맑게 고인 액을 누두(깔때기의 하나) 위의 여과지 속에 천천히 흘려 넣어 고형물이 흘러 들어가는 것을 막는다. 용기에 남은 고형물에 새로운 세정액을 잘 저어 섞어가며 흘려 넣어 가라앉힌 다음 디캔테이션을 반복해서 충분히 씻어졌을 때 비로소 여과지 위에 옮기면 세정의 능률이 좋아진다.

디커플링 (decoupling) 자기 모멘트를 갖는 원자핵 A, B의 스핀이 화학결합을 통하여 상호작용을 하면 핵자기공명 스펙트럼에서 A와 B의 공명선이 분열을 일으킨다. 이것을 스핀

-스핀 커플링(짝지음)이라 한다. 이 상호작용은 이중 공명법에 의해 A(또는 B)의 공명을 포화시키면 B(또는 A)의 분열선이 소멸한다. 이것을 디커플링(짝풀림)이라 한다.

디케토피페라진 (diketopiperazine)　⇨ 2,5-피페라진디온.

디클로로에틸렌 (dichloroethylene)　(1) 1,2-디클로로에틸렌 ClCH=CHCl. 이 화합물을 착오로 이염화에틸렌이라 하는 경우가 있는데, 이염화에틸렌은 포화 화합물이며 전혀 별도의 화합물이므로 혼동해서는 안된다. (2) 1,1-디클로로에틸렌 $CH_2=CCl_2$. 염화비닐리덴의 별칭이다.

디테르펜 (diterpene)　식물 정유의 주성분인 테르펜 중 탄소 원자 20개로 구성된 사슬식 또는 고리식의 탄화수소 및 그 유도체. 여러 가지 식물 속, 특히 그 정유 고비등점부와 수지 등에 존재한다. 여러 가지 탄화수소, 알코올, 페놀, 케톤, 카르복실산 외에 푸란 및 락톤 유도체 또는 고도로 산소화된 유도체도 천연으로 존재한다. 탄소수가 20보다 적은 디테르펜도 알려져 있다. 생합성의 견지에서는 디테르펜은 모두가 이소프렌 단위 4개로서 구성되는 전구물질에 유래하는 것으로 생각된다.

d 특성 (—— 特性, d character)　L. Pauling에 의해 제출된 파라미터. 금속을 구성하는 원자의 d궤도 중 dsp 혼성 궤도에 관여하여 결합형성에 관계되는 것에 점하는 d 전자의 비율을 나타낸 값. 금속의 촉매작용과 관련이 깊다.

DTA 'differential thermal analysis (시차 열법 분석)'의 약어이다.

디티온산 염 (—— 酸鹽, dithionate)　일반식 $M^{\frac{1}{2}}S_2O_6$로 표시되는 황의 옥소산 염. 일반적으로 수용성, 무색의 결정. $S_2O_6^{2-}$는 $[O_3S-SO_3]^{2-}$와 같은 구조이다. 이티온산염이라 불리었던 적도 있다.

디티존 (dithizone)　분석용 유기시약의 하나. 흑자색의 결정성 분말. 알코올·물에는 녹기 어렵지만 사염화탄소나 클로로포름 등 유기 용매에는 잘 녹는다. 엔올형과 케토형의 토토메리 현상을 보인다. $-NH-NH-CS-N=N-$ 결합이 있으며, 많은 금속과 킬레이트 착물을 형성하므로 추출 비색 시약으로서 유용하다.

디페닐 (diphenyl)　정확하게는 비페닐이란 화합물의 옛 명칭. 벤젠고리가 2개 직접 결합한 탄화수소는 비(bi-)라는 수사로 명명된다. 분자량 154.21, 끓는점 255.9℃, 녹는점 70.5℃, 비중 1.150 (25℃)이다. 무색의 비늘 모양 결정이며 물에는 녹지 않으나 뜨거운 에탄올·에테르·벤젠 등의 유기 용매에는 잘 녹는다. 1896년 F. 울만이 요오드화벤젠 C_6H_5I와 구리 가루를 가열 반응시켜 처음으로 디페닐을 합성하는 데 성공하였다. 이 합성법을 울만 반응이라고 하며, 지금도 이용되고 있다. 전열매체(傳熱媒體)로서 널리 쓰이며, 이 밖에도 염료·의약품 등의 합성원료로 쓰인다. 디페닐이란 명칭은 페닐기가 2개, 별도의 탄소골격에 치환되어 있을 때의 호칭으로 사용되는데 예를 들면 디페닐메탄이 있다.

디펩티드 (dipeptide)　2분자의 α-아미노산이 아미노기와 카르복시기 사이에서 탈수 축합으로 펩티드 결합 $-CO-NH-$를 형성한 화합물. 2분자의 아미노산을 원료로 하여 합성되지만 천연에도 카르노신 등의 디펩티드가 존재한다는 것이 알려져 있다.

_d_-형 (—— 形, _d_-form)　거울상 이성질체를 구분하기 위한 기호. $d-$ 및 $l-$ 는 입체구조와는 무관하며, 입체배치의 기호 D-, L-과 혼동하지 않도록 주의할 필요가 있다. $d-l-$은 우선성, 좌선성을 나타내는 기호로, 원래이 의미로 사용하였으나 단당 등의 입체배치를 표시하는 기호로서 $d-$, $l-$을 사용하게 됨으로써 문헌상 혼란이 생겼다. 양자의 혼동을 피하기 위해 1940년대에 상대배치의 기호는 D-, L-로 정해졌으며, 그 이후는 원래로 돌아가 $d-$, $l-$은 우선성, 좌선성의 의미로 사용하게 되었다. 그러나 (＋)- 및 (－)-로 적는 것이 혼동이 없다. 입체배치가 뚜렷한 화합물은 $(R)-$, $(S)-$로 표기하는 것이 좋으나 $R-$, $S-$는 개개의 부제 중심에 대해서 표시할 필요가 있어 불편하므로 당·아미노산 등은 상대배치 기호 D-, L-로 표기하는 경우가 많다. 천연의 테르펜, 알칼로이드 등은 부제중심이 여러 개 있으므로 입체구조를 표기하는 것은 귀찮으므로 일반

적으로 *d*-장뇌, *l*-멘톨 등으로 말하고 있다. 이 경우 상대배치 기호를 사용하여 D-, L-로 표기하는 것은 잘못이다.

D형 (— 形, **D form**) 단당, 아미노산 및 관련 화합물의 입체배치를 표시하는 기호. D- 및 L-이 쌍이 된다. 부제 탄소 원자에 결합하는 H원자, 헤테로원자 X(O, N 등) 및 탄소 원자로 결합하는 잔기 R, R′(산화도가 높은 잔기를 R로 한다)를 피셔투영으로 (a), (b) 같이 도시할 때, X가 우측에 오는 배치를 D, 좌측에 오는 배치를 L로 표시한다. 1951년 X선 결정해석으로 키랄한 화합물의 입체배치가 확인되기까지 (+)-글리세르알데히드 및 (−)-세린의 입체배치를 (c), (d)와 같이 가정하고, 이 기준물질과 관련되는 입체배치 (a), (b)를 상대배치라 부르고, D-, L-로 표시한 것이 현재까지도 사용되고 있다. 현재는 키랄 중심의 입체배치는 (R)-, (S)-로 표시되지만 부제 탄소 원자 복수 개를 함유하는 단당, 아미노산 등의 거울상체는 편의상 D-, L-의 기호로 표시되고 있다. 예를 들면, 글루코오스에 대해서 CHO에서 가장 먼 부제 탄소 원자가 (R)-배치의 것을 D-로 하여 D-글루코오스로 명명된다.

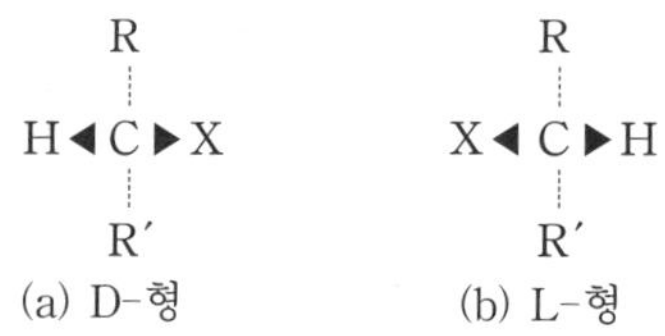

디히드로게나아제 (dehydrogenase) ⇨ 탈수소 효소.

땅콩 기름 (arachis oil, peanut oil) 아프리카, 인도, 중국을 주산지로 하는 땅콩(함유분 40~50 %)에서 채유되는 불건성유. 껍질을 깐 땅콩에 40~50 % 함유되어 있으며, 압착법으로 채유(採油)한다. 비중 0.92, 응고점 0~3℃, 비누화가(化價) 188~195이다. 주성분은 올레인산, 리놀렌산, 말미틴산 등의 혼합 글리세리드이고, 그 외에 C_{20}~C_{24}의 지방산을 소량 함유하여 저온에서 흐려지기 쉽다. 식용유로 사용되며 땅콩의 향과 맛이 애용된다. 또 식음으로 쓰이는 외에 비누 원료, 섬유 처리제, 감마제(減磨製)로도 쓰인다.

때 벗기 (scudding) 제혁 준비공정에서 석회 처리한 후에 가죽에 남아 있는 잔털. 표피의 지방을 때 벗기기 또는 전용 나이프로 가죽에서 압출시켜 청정화하는 조작을 말한다.

띠스펙트럼 (帶 ——, band spectrum) 어떤 파장역 내에서 선 스펙트럼이 다수 근접하여 존재하므로 해서 연속적인 띠모양으로 된 스펙트럼. 밴드 스펙트럼이라고도 한다. 분자와 원자단이 표시하는 스펙트럼에서 많이 볼 수 있다.

라놀린 (lanolin) 　정제한 양모지. 물과 친화성이 크므로 연고의 기제로 사용되는 외에 화장품 원료와 피혁, 금속 등의 표면 보호에 사용된다.

라니 촉매 (—— 觸媒, Raney catalyst) 　금속을 주로 알루미늄과 합금화한 후 수산화나트륨 수용액 중에서 알루미늄만을 용출하여 다공질 분말체로 한 금속 촉매. 골격 금속 촉매라고도 한다. Ni, Co, Cu 등의 라니 촉매가 주로 수소화 반응에 사용된다.

라디오아이소토프 (radioisotope) 　⇨ 방사성 동위원소.

라디오임무노어세이 (radioimmunoassay) 　⇨ 표지 면역 검정법.

라디칼 (radical) 　(1) 유리기. (2) 분자 내의 원자, 원자단의 의미로 사용하는 경우도 있으나 우리나라에서는 보통 라디칼이라 하지 않고 기(基)라는 용어가 사용된다.

라디칼 반응 (—— 反應, radical reaction) 　열, 빛, 방사선 등에 의해 생성되는 기(유리기)가 반응 중간체로서 관여하는 반응. 라디칼 반응은 전반적으로 보면 다단계 반응이다. 또 라디칼 반응이란 개개의 소반응을 지칭하는 경우와 전 반응으로서 기가 관여하는 반응을 지칭하는 경우가 있다.

라디칼성 중합반응 (—— 性重合反應, radical polymerization) 　연쇄 중합의 성장 말단이 라디칼인 중합. 이온 중합의 대응어. 라디칼의 정상상태 농도는 보통 $10^{-8}\,\mathrm{mol\ dm^{-3}}$의 오더로 매우 낮고 수명도 겨우 수 초에 불과할 정도로 짧다.

라디칼 스캐빈저 (radical scavenger) 　⇨ 유리기 포촉제.

라디칼 이온 (radical ion) 　쌍을 이루지 않은 전자를 갖는 양이온(카티온 라디칼) 및 음이온(아니온 라디칼)의 총칭. 모두 그 화학종의 전자 총수는 홀수이다.

라만 산란 (—— 散亂, Raman scattering) 　진동수 ν_0의 입사광에 대해 $\nu_0 \pm \nu_i$의 빛이 산란되는 현상. ν_i는 분자와 결정의 고유진동수이다. 라만 효과는 라만 산란을 관측하는 것이다.

라만 스펙트럼 (Raman spectrum) 　라만 산란을 입사광의 진동수에서 낮은 진동수 쪽에 대략 $4{,}000\ \mathrm{cm^{-1}}$ 떨어진 진동수까지 측정한 것. 혹은 그 일부분. 분자나 결정의 진동 스펙트럼, 기체의 순 회전스펙트럼 등을 일정한 선택률하에서 측정한 것에 상당하다.

라만 효과 (—— 效果, Raman effect) 　물질에 빛을 쬐었을 때 산란광 중에 입사광의 진동수와 다른 진동수를 갖는 빛이 생기는 현상. 1928년 C. V. Raman에 의해 발견되었다.

라멜라 (lamella) 　일반적으로 엷은 층상 또는 판상의 구조를 말한다. 사슬형 고분자에서는 특히 분자사슬이 반복하여 접히므로 형성된 엷은 판상의 미결정을 지칭한다. 또 계면 화학에서는 판상의 미셀형성을, 생물학에서는 엽록체 내막의 층상 단위 구조(틸라코이드)를 지칭한다.

라모어 세차운동 (—— 歲差運動, Larmor precession) 　자기 모멘트가 있는 계에 자기장이 작용할 때에 자기장을 축으로 해서 하는 자기 모멘트의 회전운동. 제만 효과에 의한 에너지 준위의 분열은 이 회전 운동의 방향 양자화에 기인한다.

라미 (ramie) 쐐기풀과의 다년생 초본식물 및 그것에서 얻어지는 섬유를 말한다. 저마 (모시풀)라고도 한다. 근주에서 많은 줄기가 나와 높이 0.9~2.5 m로 자란다. 줄기를 잘라 신피섬유를 채취한다. 섬유는 담갈색, 황갈색 또는 황록색이며 표백하면 순백으로 된다. 고급 직물, 손수건, 레이스 등에 사용된다.

라미네이트 가공 (—— 加工, laminated finishing) 천이나 종이 위에 플라스틱 필름, 플라스틱 폼, 종이, 천 등을 밀착시키는 가공. 접착제를 롤압으로 접착하거나 가열 융착하기도 한다. 우레탄 폼을 용융 접착하는 방법도 있는데 이것은 의류에 널리 사용한다.

라벨화제 (—— 化劑, labeling agent) ⇨ 유도체화 시약.

라세모 구조 (—— 構造, racemo structure) 폴리머 사슬 중에 같은 화학구조를 갖는 키랄 탄소 원자가 2개 인접하고 있는 경우 그 입체배치가 반대의 관계에 있는 것을 나타내는 용어. 이에 대해 인접하는 두 비대칭 중심의 입체배치가 같은 것은 메소구조라 한다. 폴리머 사슬의 라세미 구조에서 인접한다는 것은 키랄 탄소 원자 간의 상대 위치에 대한 것으로, 사이에 아키랄한 사슬, 예를 들면 $-C(CH_2)_n-$ 가 들어 있어도 무방하다. 신디오택틱 폴리머는 라세모구조가 연속된 것이다. 또 폴리머의 라세모구조, 메소구조는 저분자 화합물에서의 라세미체, 메소체의 개념에 대응한다.

라세미 변형 (—— 變形, racemic modification) 키랄한 분자의 집합체 중 좌우 거울상 이성질체의 당량에 의해 구성되어 있는 것. 선광체가 좌우 상쇄되므로 외견상으로는 광학 활성이 나타나지 않는다. 라세미체가 결정으로 존재할 때는 라세미 화합물과 라세미 혼합물이 있다.

라세미체 (—— 體, racemic mixture) 라세미체가 결정으로 존재할 때의 한 상태. 좌우 거울상 이성질체가 각각 단독으로 결정을 형성하고 양 결정의 혼합물로 되어 있는 상태. 광학 활성체의 결정과 혼합하면 녹는점이 상승한다.

라세미 혼합물 (—— 混合物, racemic mixture) 라세미체가 결정으로 존재할 때의 한 상태. 좌우 거울상 이성질체가 각각 단독으로 결정을 형성하고 양 결정의 혼합물로 되어 있는 상태. 광학 활성체의 결정과 혼합하면 녹는점이 상승한다.

라세미화 (—— 化, racemization) 광학 활성체에서 라세미체를 생성하는 반응. 키랄 중심상의 배위자의 절단 결삽을 수반하는 반응과정에서 일어난다.

라세미 화합물 (—— 化合物, racemate, racemic compound) 라세미체가 결정으로 존재할 때의 한 상태. 좌우 1쌍의 거울상 이성질체가 상상작용이 있고, 분자간 화합물로서 결정을 이루고 있는 것. 광학 활성체의 결정과는 물리적 성질이 다르고, 광학 활성체의 결정과 혼합하면 녹는점이 저하한다.

라세미화 효소 (—— 化酵素, racemase) 라세미화를 촉매하는 효소군. 라세마아제라고도 한다. 예를 들면 알라닌 라세미화 효소는 D-알라닌을 L-알라닌으로 변화시킨다. 이 밖에 메티오닌, 프롤린, 리신, 트레오닌, 글루탐산 등에 대응하는 각각의 라세미화 효소가 있다. 각종 세균에 존재한다.

라시히 링 (Rasching ring) 충전탑에 사용되는 인공 충전물의 하나. 지름과 높이가 같은 중공의 짧은 원통으로, 자기, 스테인리스, 탄소 재료, 합성 수지제의 것이 사용되고 있다.

라우르산 (—— 酸, lauric acid) 도데칸산 $CH_3(CH_2)_{10}COOH$의 관용명. 탄소 원자에 치환기가 없는 경우 IUPAC에서는 이 관용명을 인정하고 있다. 많은 식물 유지 특히 야자유, 팜핵유 등에 글리세리드의 형태로 함유되어 있다. 합성 세제, 화장품, 식품 첨가제로 또는 이러한 것의 원료로 사용된다.

라우릴 알코올 (lauryl alcohol) ⇨ 1-도데카놀.

라우릴 황산 나트륨 (—— 黃酸 ——, sodium lauryl sulfate) 황산 도데실 나트륨의 옛 명칭. 약어는 SLS로 사용되었다.

라이너 (liner) 고무 시트 등 점착성이 있는 것을 감을 때 시트끼리 접착하는 것을 방지하기 위해 시트를 천, 필름 등의 위에 얹어서 함께 감는데, 이 천이나 필름을 라이너라 한다.

라이넥케염 (—— 鹽, Reinecke's salt) 디아민

테트락스(디오시안네이트) 크롬(Ⅲ)산 암모늄(NH₄)[Cr(NCS)₄(HN₃)₂]·H₂O의 속칭. 적색 결정, 알칼로이드, 콜린 등의 침전 시약을 말한다.

라이닝 (lining)　금속 표면의 부식을 방지하기 위해 그 표면에 다른 물질을 비교적 두껍게 피복하는 것. 금속, 무기 물질을 용사(溶射)하거나 열처리, 맞붙이는 금속 라이닝, 무기질 라이닝 외에 유기 물질, 유기 고분자 화합물을 유동 침지, 용사, 도포, 취부하는 유기질 라이닝이 있다.

라이닝 가죽 (lining leather)　구두의 갑피를 뒷면에서 보강하기 위하여 사용되는 가죽. 크롬 무두질이나 식물 타닌 무두질의 그레인가죽 혹은 견가죽이 사용된다. 혁제품의 안감으로도 사용된다.

라이더 (rider)　정밀화학 천칭에 사용되는 보조 분동의 하나. 알루미늄 또는 백금선을 굽혀서 만들며 라이더바에 얹어서 사용한다. 이것을 사용하여 계측할 수 있는 질량은 10 mg 또는 5 mg까지이다.

라이서 (reiser)　석유의 접촉 분해장치에서 반응기의 밑 부분에서 유출하는 폐촉매를 연소용 공기로 압송하여 재생탑으로 송출하는 파이프. 최근에는 재생 촉매를 원료유의 펌퍼 압송에 실려 반응기로 압송하는 파이프 안에서 반응이 일어나는 것을 라이서 크래킹이라 한다. 또 나프타 개질장치의 반응기의 밑 부분에서 촉매 일부를 뽑아내어 재생하는 방식에도 라이서가 사용된다.

라이소자임 (lysozyme)　세포막 중의 N-아세틸 글루코사민과 N-아세틸 무라민산 간의 $(1\rightarrow4)-\beta$-결합을 가수분해하는 효소. 기질 특이성 및 분자량에 따라 4개의 그룹으로 분류한다. 계란의 흰자위에서 얻는 난백 라이소자임이 유명하다.

라이스터의 방법 (—— 方法, Lyster's method)　⇨ θ 법.

라인 웨버 버크 플롯 (Line-weber-Burk plot)　효소반응의 반응 속도식인 미카엘리스-멘텐식을 변형하여 실용상의 간이화를 도모한 식. 반응속도의 역수와 기질 농도의 역수가 직선 관계가 되는 것을 나타낸다.

라테라이트 (laterite)　주로 열대 및 아열대지방의 적색 토양. 홍토라고도 한다. 산화철, 산화 알루미늄 등으로 되어 있다. 암석이 장기간의 풍화작용(라테라이트화 작용)으로 변질되고 흘러 내려 남은 것이다.

라테랄 오더 (lateral order)　고분자 결정의 분자 사슬 축에 수직 방향의 질서성을 나타내는 지수. X선 회절, 적외·라만 분광으로 구할 수 있다.

라텍스 (latex)　파라 고무나무에서 채취되는 천연 고무의 유상 분비액. 고무 입자가 물을 분산매로 하여 콜로이드상으로 분산, 부유하고 있다. 종래는 천연 고무 라텍스를 지칭하였으나 합성 고무 및 고무계 이외의 합성 수지 에멀션이 출현한 이후는 이러한 것을 총칭하여 라텍스라 부르게 되었다. 혼란을 피하기 위해 고무 라텍스라 부른다.

라텍스 도료 (—— 塗料, latex paint)　유화 중합법으로 생긴 에멀션을 전색제로 한 도료를 말한다.

라텍스 실고무 (latex thread)　천연고무의 라텍스 또는 클로로프렌 고무, 이소프렌 고무 등의 라텍스를 아세트산 또는 아세트산염의 응고액 중에 노즐에서 압출하여 성형한 고무실를 말한다.

라피네이트 (raffinate)　용제 추출 또는 분자체 등에 의한 흡착으로 추출 또는 흡착되지 않은 성분. 익스트랙트의 대응어. 석유 정제에서는 나프타 개질에 의한 방향족성 가솔린에서 방향족 성분을 용제 추출한 잔분과 윤활유의 용제 정제에서 용제에 추출되지 않은 잔분 등을 지칭한다.

락카아제 (laccase)　생옻(칠)의 고무질 중에 함유되는 효소. 1883년 H. Yoshida에 의해 생옻을 산화하여 경화시키는 효소로 발견하였다. 히드로퀴논, 폴리페놀, 아스코르브산 등을 산화하는 옥시다제. 1분자 중에 4원자의 구리를 함유하며 구리 단백질로 존재하는 이 구리가 산화-환원 반응을 주관하는 것으로 여겨진다.

락타아제 (lactase)　유당, 기타의 β-D-갈락시드에 작용하여 가수분해 하는 효소. 세균, 사상균, 커피, 앵두, 참깨, 대두, 옥수수 등 고등식물의 종자 및 동물계에 널리 분포한다. 고정화 락타아제 혹은 락타아제 함유 미생물을 우유에 작용시켜 저유당 우유가 생산되고 있다.

락탐 (lactam)　유기 화합물의 고리 내에 아미드결합 $-CO-NH-$ 을 함유하는 것. 오원 고리·육원 고리의 구조가 있는 $\gamma-$ 락탐, $\delta-$락탐이 많지만 페니실린 등 사원 고리의 $\beta-$락탐 구조를 갖는 항생물질이 다수 알려져 있다.

락토글로불린 (lactoglobulin)　우유 중에 함유되는 글로불린의 총칭. 우유에 함유된 전 단백질 중 카세인을 제외한 유장 단백질의 과반을 점하는 것은 $\beta-$락토글로불린이며 $\alpha-$와 $\gamma-$락토글로불린은 소량이다.

락토오스 (lactose)　⇨ 유당(젖당).

락톤 (lactone)　에스테르의 작용기가 $-CO-O-$를 고리 안에 함유하는 화합물이며, 고리모양 에스테르의 성질이 있다. 보통 락톤은 오원 고리·육원 고리의 구조가 있는 γ-락톤, $\delta-$락톤이지만 사원 고리의 $\beta-$ 락톤, 칠원 고리 또는 그 이상의 큰 고리모양 락톤도 있다.

락트알부민 (lactalbumin)　알부민의 하나. 유즙 중에 소량, 우유 중에 0.5% 함유된다. 카세인을 제한 유장에서 정제한 것은 $\alpha-$알부민이라 한다.

락팀 (lactim)　락탐의 고리 내에 있는 $-CO-NH-$구조가 호변 이성에 의해 $-C(OH)=N-$ 구조로 변한 화합물을 말한다.

란타노이드 (lanthanoids)　57번 원소 란탄 La에서 71번 원소 루테튬 Lu까지의 15원소의 총칭. 별칭 란타니드. 란타니드는 원래 란탄과 유사한 원소라는 의미가 있고 오랫동안 58번 원소 세륨 Ce에서 71번 원소 Lu까지를 총괄하여 호칭하였다. 그 후 이들 원소의 전자구조, 화학적 성질이 유사하여 57번 La를 포함하여 부르는 일도 많아져 이러한 혼란을 피하기 위해 란타논(lanthanons), 란탄계열(lanthanum series) 등의 명칭도 제안되었다. 그러나 이러한 명칭에도 란탄의 포함 여부 등의 혼란을 피할 수는 없었다. 그러므로 최초의 IUPAC 명명법규칙(1957년)에서는 57번 원소 La에서 71번 원소 Lu까지를 란탄계열, 58번 원소 Ce에서 71번 원소 Lu까지를 란타니드로 하였으나, 1970년 규정에서는 La에서 Lu까지를 포함하여 란타노이드로 통일하고, 1990년 규칙에서는 새롭게 란타니드의 사용도 인정되었다.

란탄족 수축 (―― 族收縮, lanthanoid contraction)　란탄족의 이온 반지름 혹은 원자 반지름이 원자번호의 증가에 따라 감소하는 현상. 이러한 원소에서는 전자의 증가가 최외각 궤도가 아니고 내부의 4f 궤도인데 기인하고 있다.

란티오닌 (lanthionine)　황을 함유하는 아미노산의 하나. $S[CH_2CH(NH_2)COOH]_2$. 양모, 인슐린 등의 단백질에서 화학적 처리로 얻어진다. 합성적으로는 시스테인을 원료로 하여 만든다.

람다 센서 (lambda sensor)　목적 가스의 유무에 따라 센서의 출력 신호가 크게 변화하는 출력 특성이 있는 가스센서. 연소 제어용의 센서가 전형적인 예이다. 공기/연료비를 가로축에, 세로축에 출력을 취하면 완전 연소의 당량점에서 출력 신호가 크게 변화하고 그 변화의 형이 λ문자와 비슷하므로 이런 명칭이 생겼다.

람딥 (Lamb dip)　기체 레이저의 발진출력 진동수 의존성에서, 기체분자의 스펙트럼선의 도플러 효과에 의한 확산 중심에 나타나는 홈. 도플러 효과를 일으키지 않는 분자는 레이저 공진기 정재파의 두 진행방향의 파장과 상호 작용하기 때문이다.

LAMMA (람마)　'laser microprobe mass analysis (레이저 마이크로프로브 질량 분석법)'의 약어이다.

람베르트-베르의 법칙 (―― 法則, Lambert-Beer's law)　빛이 매질 속을 통과할 때 흡수로 인한 강도의 감소가 매질농도 c 와 통과거리 l 에 대해 어떻게 변화하는가를 설명한 법칙. 입사광의 강도를 I_0, 투과광의 강도를 I, 매질의 몰 흡광계수를 ε 로 하면 $I=I_0 \cdot 10^{-\varepsilon cl}$ 로 부여된다. 흡광도 $A=\log(I_0/I)$ 를 사용하면 $A=\varepsilon cl$ 로 나타낼 수 있다.

랑게르한스 섬 (―― 島, Langerhans' islet)　췌장 내부에 섬처럼 산재하고 있는 내분비 세포군. 당대사에 중요한 역할을 하는 인슐린 등을 분비한다. 1개 섬은 지름 $100 \sim 200$

μm의 것이 많고 대체로 구형이다. 사람에게는 100~200만개 있다. 이 섬에서의 인슐린 분비가 장해를 일으키면 당뇨병이 된다.

래그 상(—— 相, lag phase)　세균의 발육과정에서 균을 새로운 배지에 접종하여도 균은 바로 최고율로 분열을 시작하지 않는다. 최초는 작았던 증식속도가 시간과 더불어 약간씩 증가하는 시기를 일컫는다. 잠복기, 유도기라고도 한다. 이어서 세포수가 대수적으로 증가하는 대수 증식기에 이른다. 세균수를 시간에 대해 플롯하면 서서히 증가하는 것을 알 수 있다.

래밍용 내화물(—— 用耐火物, ramming refractories)　내화물의 골재에 점토, 물유리, 타르, 페놀 수지 등의 결합제를 혼합한 부정형 내화물의 하나. 세게 쳐서 굳혀, 요로의 바닥이나 벽 등의 구축 또는 보수에 사용한다.

래커(lacquer)　용제의 휘산만으로 경화도막이 되는 도료, 질화면 도료, 염화고무 도료, 열가소성 아크릴수지 도료 등이 있다.

래커 시너(lacquer thinner)　전에는 질화면 래커용의 희석 용제를 지칭하였으나 현재는 희석 용제의 총칭이다.

래커 에나멜(lacquer enamel)　착색 안료를 배합한 래커형의 도료. 질화면 래커, 아크릴 래커로 약칭된다.

래킹(racking)　천연 고무를 결정화가 일어나지 않을 정도의 온도에서 고배율로 고무를 신장하였을 때 신장한 그대로 급랭하면 배향 결정화가 일어나 시료는 신장 유지력을 제거한 후에도 신장한 상태로 멈춘다. 이 과정을 래킹이라 한다. 이것을 반복하면 고도로 배향된 고무가 된다.

래티튜드(latitude)　사진 필름에서 계조를 재현할 수 있는 노출역 내에서 노광의 최대값과 최소값의 비율 대수. 래티튜드가 크면 적성 노광 범위가 광범위하므로 관용도라고도 한다. 사진 촬영에서는 화상의 표현력이 실제 노출량의 최적 노출량보다 벗어남에 대해서 둔감할 때 노출 래티튜드가 크다고 한다.

래피도겐 염료(—— 染料, rapidogen dye)　래피드 염료 중 디아조 아미노 화합물 타입의 안정 디아조 화합물을 사용한 날염용 나프톨 염료를 말한다.

래피드 염료(—— 染料, rapid dye)　날염용의 나프톨 염료. 그라운더와 안정 디아조 화합물의 혼합물. 디아조화 공정이 불필요하므로 한 공정으로 날염할 수 있다. 날염풀에 첨가하여 인날 후 산성 내지 중성 스티밍 처리로 발색시킨다.

래피드 염색(—— 染色, rapid dyeing)　염색 시간을 가능한 짧게 하는 배지식 침염법의 총칭. 섬유와 염료의 조합에 대해 여러 가지 제안이 있고, 또한 염색기도 신속화를 위해 연구되고 있다.

랙　(1) lac 인도, 미얀마, 태국에 자생하는 특정 수목에 기생하는 랙깍지 벌레의 유충이 보호 피막으로 분비하는 연질, 담황색의 수지. 정제한 랙을 세락이라 한다. (2) plating rack, rack 전기도금 또는 무전해 도금을 할 때 도금액 중에 피도금물을 담그는 데 사용하는 도구. 걸기라고도 한다. 전기도금의 경우에는 피도금물에 전류를 흘리는 역할도 한다. 구리, 스테인리스, 인청구리, 티탄 등이 사용된다.

랜덤 공중합체(—— 共重合體, random copolymer)　통계 공중합체의 특별한 경우에서 어떤 단량체 단위를 발견할 확률이 인접 단위의 종류와는 무관계한 공중합체. 일본, 미국 등에서는 통계 공중합체와 같은 뜻으로 사용하는 경우가 많다.

랜덤 오차(—— 誤差, random error)　수학적으로 계통직이 아닌 무질서한 오차. 우연오차라고도 한다. 예를 들면, 어떤 측정을 독립적으로 여러 번 반복하였을 때 나타나는 오차는 완전히 불규칙적이며 정규분포에 따르는 것으로 기대된다.

램프 블랙(lamp black)　큰 접시 속에 넣은 중유를 직접 불완전 연소시켜 얻어지는 카본 블랙. 옛날 오일 램프에서 나는 연기를 보아 흑색 안료를 만든 방법과 유사한데서 유래한 명칭이다.

램프 시험(— — 試驗, lamp test)　석유류의 전 황성분을 측정하는 방법의 하나로 시료 중에 심지를 담그어 연소시키고 그 연소가스를 과산화수소수에 흡수시켜 산화, 생성한 황을 바륨염으로 중량을 측정하거나 또는 수산화나트륨 표준액으로 적정하여 용량을 측정한다. 방향족성 기름이나 경유 또는 유출유 등, 심지에서 연소하기 어려운 시료는 헵탄 또는 이소옥탄으로 희석하여 측정하는 희석측정법을 사용한다.

랩 펄프 (lap pulp) ⇨ 웨트 머신.

랭뮤어 단위 (—— 單位, Langmuir unit) 기체와 고체의 상호작용을 정량적으로 파악하기 위해 사용되는 노출량(도스량)에 사용되는 단위. 노출량은 기체의 압력과 노출시간의 곱으로 주어지며 1×10^{-6} Torr, s를 1랭뮤어 단위(1L)로 정의한다($1\mathrm{Torr} \fallingdotseq 133.2$ Pa).

랭뮤어-블로제트막 (—— 膜, Langmuir-Blodgett film) ⇨ 누적막.

랭뮤어-힌셸우드 메커니즘 (Langmuir-Hinshelwood mechanism) 고체 표면에 있어 계면 반응에서 볼 수 있는 반응 메커니즘의 하나. 반응물질이 일단 고체 표면상에 흡착하고 흡착분자 상호간에 반응을 진행하는 메커니즘를 이른다.

랭뮤어 흡착 등온식 (—— 吸着等溫式, Langmuir adsorption isotherm) 일정 온도에서 고체 표면에 기체분자나 원자가 흡착할 때의 흡착량 v과 평형압 p에 관한 식의 하나. 표면상에 유한한 균일 흡착점이 있고 분자(원자)는 1개 밖에 흡수하지 못하고, 또 흡착분자(원자)간에 상호작용이 존재하지 않는다고 가정하였을 때 일정 온도에서 v는 $v = abp/(1 + ap)$ 로 표시된다. 여기서 a는 분자(원자)의 고체 표면에 대한 흡착력에 관한 상수, b는 포화 흡착량이다.

레기오 선택성 (—— 選擇性, regioselectivity) 부가, 탈리 등의 반응으로 둘 이상의 이성질체가 생성할 가능성이 있는 반응에서 특정 방향으로 반응이 진행하여 하나의 이성질체를 선택적으로 생성하는 등의 반응 특성을 이른다. 위치 선택성이라 번역된 용어도 있으나 regio는 반응의 방향을 지시하는 말로 사용되고 있으므로 "위치"로 번역하는 것은 부적당하다.

레나드-존스 퍼텐셜 (Lenard-Jones potential) ⇨ 분자간 힘.

레닌 (renin) 프로테아제의 하나. 혈액 중에 함유되는 당단백질 안지오텐시노겐의 류신-류신 결합을 특이적으로 가수분해하며 안지오텐신 I로 바꾼다. 신장피질 중에 존재한다.

레닌 (rennin) 우유 응고 효소를 말한다.

레덕타아제 (reductase) ⇨ 환원 효소.

레독스 반응 (—— 反應, redox reaction) ⇨ 산화-환원 반응. 환원(reduction)과 산화(oxidation)를 redox로 약한 것이다.

레독스 전위 (—— 電位, redox potential) ⇨ 산화-환원 전위.

레비치의 식 (—— 式, Levich's equation) 회전원반 전극에 흐르는 전류가 확산 한계 전류를 표시할 때 이 전류값이 회전수의 평방근에 비례하는 것을 나타내는 식을 말한다.

레시티나아제 (lecithinase) ⇨ 포스포리파아제.

레시틴 (lecithin) 포스파티딜콜린의 옛 명칭이다.

레싱법 (—— 法, Lessing test) 석탄 건류시험법의 하나. 석영제 레트르트에 건조 석탄을 넣고 전기로에 삽입하여 소정 온도에서 건류한 후 석탄의 팽창률, 코크스, 타르, 가스량을 측정한다.

레오트로픽 액정 (—— 液晶, lyotropic liquid crystal) 고체 물질을 가열하였을 때에 생기는 액정을 서모트로픽 액정이라 하는데 대해, 용매에 용해하였을 때에 생기는 액정을 레오트로픽 액정이라 한다. 용매분자가 결정 격자에 들어감으로써 액정이 되는 다성분계 액정이다. 이액순 액정이라고도 한다.

레오펙시 (rheopexy) 비구형 입자로 된 콜로이드에 주기적인 힘을 가하면 겔화가 촉진되는 경우가 있다. 이 현상을 이른다. 예를 들면 $0.1 \sim 0.2\,\mathrm{mol\,dm^{-3}}$의 진한 도데실카르복시산나트륨 수용액은 실온에서 방치하면 장기간 겔화하지 않으나 서서히 교반하면 곧 겔화한다.

레이놀즈 수 (—— 數, Reynolds number) 흐름장의 대표적 길이와 대리 속도의 곱을 유체의 동점성률로 나눈 값으로, 흐름의 관성력과 점성력의 비를 표시하는 무차원 수. R_e로 표기한다. 흐름이 층류인가 난류인가의 지표가 되며 전열, 물질 이동 혹은 반응을 하는 각종 장치의 효율을 지배하는 가장 중요한 인자이다. 대표 길이와 대표 속도의 선택방법에 따라 각종 레이놀즈 수가 정의되며, 각각 대응한 의미를 갖는다.

레이놀즈 응력 (—— 應力, Reynolds stress)　난류 상태에서 속도의 변동 성분에 의해 생기는 응력. i 방향 및 j 방향의 변동 속도성분을 각각 U_i 및 U_j 로 할 때 i 축에 수직인 면의 j 방향의 레이놀즈 응력은 $-\rho\,\overline{U_i U_j}$ 로 부여된다. 여기서 ρ 는 유체의 밀도, 바(bar)는 시간 평균값을 표시한다.

레이온 (rayon)　재생 셀룰로오스로 되어 있는 대표적인 재생 섬유. 셀룰로오스 크산토겐산 나트륨의 용액에서 얻어진 것을 비스코스 레이온, 셀룰로오스의 구리암모니아 착물 용액에서 얻어지는 구리암모니아 레이온 및 아세테이트 섬유를 비누화하여 얻어지는 아세테이트레이온이 있다. 우리나라에는 레이온이라 하면 비스코스 레이온 만을 지칭하는 경우가 많다.

레이저 (laser)　유도방출에 의해 빛이 발진하는 장치. light amplification by stimulated emission of radiation의 머리 글자를 딴 명칭. 레이저에 의해 발진된 빛(레이저 광)은 뛰어난 지향성, 단색성, 강한 광감도, 시간 폭이 짧은 펄스 등 자연광으로 얻지 못하는 많은 특징이 있다. 발진 매질로서는 기체, 액체, 이온을 함유한 투명한 결정과 유리, 반도체 등이 사용된다.

레이저 다이오드 (laser diode)　⇨ 반도체 레이저.

레이저 라만 분광(법) (—— 分光(法), laser Raman spectroscopy)　진동수 ν_0 의 레이지광을 시료에 조사하였을 때에 생기는 산란광을 분광하여 분자 등의 에너지 상태 등에 관한 정보를 얻는 방법. 산란광에는 ν_0 이외에 $\nu_0 \pm \nu_1$ 의 빛이 함유되며 ν_1 는 분자진동 등의 에너지를 나타낸다.

레이저 마이크로프로브 질량 분석법 (—— 質量分析法, laser microprobe mass analysis)　펄스화한 고출력의 레이저빔을 시료에 조사하여 시료 표면의 미소부를 기화·이온화시켜 이것을 비행시간형 질량 분석기에 유도하여 시료의 원소 분석을 하는 방법. 약어 LAMMA. 주기율표의 전 원소를 정량 분석할 수

있는 특징이 있다.

레이저 유도 형광 (—— 誘導螢光, laser-induced fluorescence)　형광성 물질에 레이저광을 조사하였을 때에 얻어지는 형광. 약어 LIF. 여기광원으로서 레이저를 사용하므로 고감도의 뛰어난 공간분석능을 얻을 수 있다. 또 레이저 유기 형광의 여기 스펙트럼은 에너지 분해능이 레이저의 에너지폭으로 결정되므로 고분해능의 스펙트럼을 쉽게 얻을 수 있다.

레이저 자기공명(법) (—— 磁氣共鳴(法), laser magnetic resonance)　원적외 또는 적외 레이저에 의해 상자성 분자에 제만 분열(⇨ 제만 효과)한 준위 간의 전이를 일으키는 자기공명, LMR이 약어이다. 보통 전자 스핀 공명의 감도가 10^{11} molecule cm^{-3}인데 대해 레이저 자기공명에서는 10^8 molecule cm^{-3}정도로 감도가 높다. 주로 기체상에 있어 라디칼의 측정에 사용된다.

레이크 (lake)　⇨ 레이크 안료.

레이크 레드 C (lake red C)　레이크 안료. C 산(1-아미노-3-메틸-4-클로로로페닐술폰산)을 디아조화하여 β-나프톨과 커플링(짝지음)해서 얻은 물에 난용의 염료를 바륨염으로 불용화한 것. 인쇄 잉크에 다량으로 사용되는 외에 고무, 플라스틱의 착색에 사용되는 약간 황색을 띤 선명한 적색 안료인데 인쇄물에는 브론즈 광택(금색)이 있다. 그러므로 속칭 금적이라 한다.

레이크 안료 (—— 顔料, lake pigment)　산성 염료, 염기성 염료 등을 침전세(선사에는 염화바륨 등의 금속염, 후자에는 몰리브덴인산, 텅스텐인산 등)로 불용화한 안료. 단순히 레이크라고도 한다. 염료의 수용액 중에 다량의 체질 안료를 혼합하고 그 위에 염료를 침착시킨 염부 안료(염색 레이크)와 체질 안료를 사용하지 않는 토너라는 안료가 있다.

레일리 산란 (—— 散亂, Rayleigh scattering)　물질에 조사되어 산란되는 전자파가 입사파와 동일한 파장을 유지하는 경우를 지칭한다. 한편, 입사파와 다른 산란파장을 주는 경우를 콤프톤 산란이라 한다. 레일리 산란을 응용한 측정으로는 가시광에 의한 콜로이드 용액의 상태 분석, X선 회절 등을 들

수 있다.

레조르시놀 (resorcinol) 벤젠 고리의 메타 자리에 2개의 히드록실기가 있는 2가의 페놀, $C_6H_4(OH)_2$. 감미가 있으며 강한 환원작용이 있다. 의약품, 방부제로서의 용도가 있으며 유기합성 시제·금속이온의 검출 시약으로 사용된다.

레조르신 (Resorcin(독일어)) ⇨ 레조르시놀.

레졸 (resol) 페놀 수지 제조의 중간체. 페놀과 포름알데히드를 염기 촉매, 포름알데히드 과잉조건에서 반응시켜 산출되는 점조액체. 페놀핵 1~3개이며 다수의 메틸롤기 $-CH_2OH$를 함유한다. 가열하면 메틸롤기 간의 탈수, 탈포름알데히드에 의해 페놀 수지가 된다.

레지니트 (resinite) 수지질에 유래하는 석탄 미세조직 성분의 하나. 엑지니트에 함유된다. 호박의 주성분이기도 하다. 반사율이 낮고 현미경 관찰로는 암회색으로 보인다.

레트로 바이러스 (retrovirus) 바이러스의 분류학상 과의 하나인 *Retroviridae*의 총칭. 지름은 대략 10^{-7}m. 거의 구형이며 게놈으로서 한 가닥 사슬 RNA를 가지고 있으며 단백질의 각, 지질의 외피에 쌓여 있다. 역전사 효소가 있다. 모든 RNA 암 바이러스는 이 과에 포함된다.

레트로 합성 (—— 合成, retrosynthesis) 어떤 유기 화합물을 목표로 하는 합성 반응에서 소기의 화학구조를 갖고 있는 목표 화합물을 어떠한 출발 물질에서 어떤 경로를 통해 합성할 것인가를 생각하는 경우, 실제로 이루어지는 반응 경로와는 역방향으로 목표 화합물의 화학구조에 도착할 수 있을 만한 전구물질을 생각하고, 다시 그러한 전구 물질을 주는 또 하나의 전구 물질을 고려하는 식으로 출발 물질에 이르는 사고과정을 이른다. 목표 화합물의 구조상으로 고찰하여 나가므로 합성 경로를 논리적으로 계획할 수 있다.

레티놀 (retinol) 좁은 의미의 비타민 A. 디히드로레티놀(비타민 A_2)에 대해 비타민 A_1이라고도 한다. 시클로헥센 고리 및 긴 C_{11} 곁사슬이 있는 디테르펜알코올, $C_{20}H_{30}O$. 지용성의 항야맹증 인자. 간장에 다량으로 함유된다.

레플리카 (replica) 물체의 표면을 플라스틱으로 덮고 이것을 벗기면 표면의 형상이 플라스틱에 전사된다. 이렇게 해서 생긴 것이 레플리카이다. 회절 격자의 제작과 직접 관찰할 수 없는 전자 현미경 샘플의 형상을 보고자 할 경우 등에 레플리카가 만들어진다. 한 번의 작업으로 만들어지는 레플리카를 네거티브 레플리카라 하고, 제작된 것을 사용하여 다시 한번 만든 것을 포지티브 레플리카라 한다. 이것은 최초의 시료 물체와 동일한 형상이다.

렉틴 (lectin) 동식물, 세균에서 볼 수 있는 당단백질 군, 동식물 세포를 응집하여 다당류와 복합단백질을 침강시킨다. 해년콩에서 추출되는 콘카나발린 A, 제비콩 렉틴, 소맥배 렉틴, 간 렉틴 등이 있다.

렐락신 (relaxin) 사람을 제외한 많은 포유동물이 임신하였을 때 난소황체에서 분비되는 폴리펩티드의 하나. 상어 등에서도 얻어진다. 치골 결합의 이완과 확장, 자궁 경관의 연화에 의해 분만을 준비한다.

렙톤 (lepton) 소립자의 하나. 약한 상호작용과 전자기 상호작용을 하는 스핀이 1/2, 바리온수 0의 소립자이다. 전자, 뉴트리노는 렙톤이다.

렙페법 (—— 法, Reppe's method) W. J. Reppe 등에 의해 1930년대에 개발된 공업적 유기합성법. 촉매에 의해 아세틸렌을 가압 하에서 반응시키는 점이 특징이며 부가반응, 에티닐화, 고리화 중합, 카르보닐화 등을 하는 반응의 총칭. 또 그에 의해 개발된 저급 올레핀, 일산화탄소 및 물에서 제1급 알코올을 합성하는 공업적 방법은 신 렙페법으로 불리워지고 있다.

로단산염 (—— 酸鹽, rhodanate) ⇨ 티오시안산염.

로단칼리 (Rhodankali(독일어)) 티오시안산 칼륨 KSCN의 잘못된 명칭이다.

로단화물 (—— 化物, rhodanide) 티오시안산염의 옛 명칭. 현재는 사용되지 않는다.

로돕신 (rhodopsin) 척추동물의 망막 시세포 중 간체의 외절에 함유되는 시물질. 시홍이라고도 한다. 분자량 약 4만. *cis*-레티날을 발색단으로 한다. 단백질 부분은 옵신이다.

로드유 (—— 油, Turkey red oil)　황산화유 중에서 특히 피마자유의 황산화물을 로드유, 터키 적유, 황산화 피마자유라 한다. 보통 40~60％ 농도의 수용액으로 판매된다. 주로 리시놀레산의 히드록실기가 황산화되지만 동시에 이중결합의 황산화도 어느 정도 진행되고 있다. 수용성이며 염색 조제, 섬유 마무리제, 농약용 전착제, 유화제 등에 사용된다.

로딩 (loading)　기체-액체 또는 액체-액체의 향류 접촉장치(특히 충전탑)에서 연속상의 유속이 어느 값 이상으로 증가하면 분산상의 홀드업이 증가함과 동시에 압력손실도 증가하는 현상. 로딩을 초과하여 더욱 유속을 증가시키면 플루딩이 된다. 실제 장치는 로딩보다 약간 낮은 유속으로 조작된다.

로볼륨 에어 샘플러 (low-volume air sampler)　대기중의 부유 분진을 포집하기 위해 사용되는 장치. 많은 양의 대기를 흡인하는 하이볼륨 에어 샘플러에 비해 흡인 유량이 적은 $(20{\sim}30\ dm^3min^{-1})$의 것을 말한다. 환경기준에 따라 부유입자상 물질의 표준적 측정법에 지정되어 있다.

로셸염 (—— 鹽, Rochelle salt)　L-타르타르산나트륨칼륨사수화물 $KNaC_4H_4O_6 \cdot 4H_2O$의 속칭. 무색의 결정. 실온에서 강유전체. 압전소자로 사용된다.

로우런드 원 (—— 円, Rowland circle)　분광결정을 사용하여 가시·자외광 또는 X선을 분광하는 경우, 입사광의 슬릿 위치, 분광결정면, 검출기는 항상 동일 원주상에 위치하도록 설계된다. 이 원을 로우런드 원이라 한다.

LOI (로이)　‘limiting oxygen index (한계 산소 지수)’의 약어이다.

로자닐린 (rosaniline)　염료로 사용되는 폭신은 염산염이지만 그 유리 염기의 명칭이 로자닐린이다. 어원은 rose(색)+aniline(원료)이다.

로즈유 (—— 油, rose oil)　⇨ 장미 기름.

로진 (rosin)　주로 소나무에서 채취되는 천연 수지. 담황~갈색의 투명한 덩어리이지만 표면은 분말화되어 있다. 성분은 아비에틴산, 피말산 등의 수지산이다. 연화점이 낮고 산가가 높으므로 각종 유도체로 사용된다. 용도는 제지의 사이즈제, 인쇄 잉크, 바니시 외에 유기안료의 표면처리제 등이다.

로진 그리스 (rosin grease)　로진 비누와 광유. 수지계 유, 납, 아스팔트 등을 혼합하여 만든 염가의 조제 그리스, 차량, 벨트, 로프 등의 윤활에 사용된다.

로진 비누 (rosin soap)　로진(송진) 중에는 아비에틴산 동족체를 주성분으로 하는 수지산이 다량 함유되어 있으며, 그 나트륨염을 세탁비누(지방산의 나트륨염) 중에 상당 양(보통은 15％ 이하) 배합한 것을 로진비누라 한다. 황색을 띠고 거품발생에 특징이 있고, 거품이 잘 일어난다.

로켓프로펠란트 (rocket propellant)　⇨ 추진약.

로크웰 경도 (—— 硬度, Rockwell hardness)　다이아몬드 원추 압자 또는 강철구·초경합금구 압자를 사용하여 시료 표면에 우선 기준 하중(10 kgf)을 가하고, 다음에 시험 하중(150, 100, 60 kgf)을 가하였을 때의 압자의 침입 깊이 증가를 $2\ \mu m$를 단위로 하여 나타낸 재료의 경도 표시법의 하나이다.

로크인 앰프 (lock-in amplifier)　위상 검파법에 기초한 하나의 증폭기. 측정하고자 하는 신호 외에 그것과 일정한 위상관계에 있는 참조 신호를 입력하여 참조 신호와 같은 위상의 측정 신호만을 정류하여 추출한다. 이것으로 잡음 중에 매몰된 신호도 검출·증폭할 수 있다.

로테논 (rotenone)　데리스 뿌리(콩과 식물)의 살충성분. 미토콘드리아의 호흡사슬에 작용하는 호흡저해제, 포유류에 대한 독성은 낮다.

롤러 날염 (—— 捺染, roller printing)　문양을 조각한 롤을 색깔 별로 3~8개 조합하여 철판인쇄와 마찬가지로 색물을 인날하는 날염법. 편면식, 양면식 등이 있다. 단순히 기계 날염이라고도 불린다.

롤러 칠 (—— 漆, roller coating)　도장방법의 하나로, 다공질 회전체에 도료를 흡수시킨 다음 피도물에 롤러를 압착하여 도료를 침출, 부착시키는 방법. 천장, 벽, 바닥 등의 도장에 사용된다.

롱갈리트 (Rongalite)　술폭실산 포름알데히드염의 상품명. 보통은 롱갈리트 C라 부르는 나트륨염 $NaHSO_2 \cdot HCHO \cdot 2H_2O$이고, $Na(H_2CHO)SO_3 \cdot 2H_2O$가 소량 함유되어 있다. 무색의 결정, 환원제로서 염색공업에 사용된다. 롱갈리트 Z라 하는 것은 $ZnSO_2 \cdot HCHO \cdot H_2O$이고 물에 녹기 어려운 무색 분말, 강력한 환원제이며 견직, 양모, 화학 섬유 등의 발염 표백에 사용된다.

뢰스 (loess)　풍성 퇴적물의 하나로, 황색 내지 황회석의 다공성 미세입자, 황토라고도 한다.

루긴 관 (——管, Luggin capillary)　창조 전극의 선단을 지시전극 근방에 유도하기 위해 유리관 등의 끝을 가늘게 조인 것. 지시전극의 분극에서　비보상 저항을 저감하여 재현성을 높이기 위해 사용한다.

루멘 (lumen)　광속(luminous flux)의 단위로, SI단위의 하나. 단위기호 lm. 모든 방향에 1 cd의 광도가 있는 광원이 1 sr의 입체각 내에 방출하는 광속을 1 lm이라 한다. 따라서 전방위(4π rad) 중에 방출되는 광속은 4π lm이다. 1 lm=1 cd sr.

LUMO (루모) 'lowest unoccupied molecular orbital (최저 준위 비점유 분자 궤도)'의 약어이다.

루미네선스 (luminescence)　물질이 빛, 열, 전자선, 이온 조사 등의 자극을 받아 발광하는 현상 중에서 열방사와 각종 산란을 제외한 것의 총칭. 포토루미네선스. 케미루미네선스 등, 자극의 종류에 따라 이름이 붙어 있다.

루미크롬 (lumichrome)　리보플라빈의 산성 또는 중성 용액에 빛을 조사하면 10-자리의 N측에 있는 리비틸기를 상실하여 생기는 형광 물질. 7, 8- 디메틸알록사딘이라고도 한다.

루미플라빈 (lumiflavin)　리보플라빈의 알칼리성 용액에 빛을 조사하면 생기는 형광물질이며 10-자리의 N측에 있는 리비틸기가 메틸기로 변한 화합물. 7, 8, 10- 트리메틸이소알록사딘이라고도 한다.

루비 (ruby)　⇨ 커런덤.

루생의 염 (—— 鹽, Roussin's salt)　황화암모늄과 아질산칼륨 수용액에 철(Ⅱ)염 혹은 철(Ⅲ)염 수용액을 반응시켜 얻으며 흑색염과 적색염이 있다. 흑색염은 일반식 $M^{I}[Fe_4 (NO)_7S_3]$ $[M^{I}=N, Na \cdot 2H_2O, K \cdot H_2O, (NH_4) \cdot H_2O$ 등], 적색염은 일반식 $M^{I}_2[Fe_2 (NO)_4S_2]$이고 일반적으로 적갈색 결정$[M^{I}_2 =Na_2 \cdot 8H_2O, K_2 \cdot 4H_2O, (C_2H_5)_2, (C_6H_5)_2$ 등]. $(C_2H_5)_2$ 등은 루생의 에스테르라고도 한다.

루시페라아제 (luciferase)　발광효소, 생물발광을 촉매하는 옥시게나아제의 총칭. 산소 분자로 루시페린을 산화하고 그 에너지로 발광한다. 루시페린은 생물에 따라 다르므로 루시페라아제도 발광 생물에 따라 고유하다.

루시페린 (luciferin)　생물 발광의 기질로 되어 발광하는 물질의 총칭. 발광소라고도 한다. 개똥벌레의 체내에 있는 루시페린이 유명하다. 그 밖의 발광성 미생물 등의 루시페린은 생물에 따라 다른 화학 구조를 이루고 있다. 루시페라아제로 산화될 때의 자유 에너지로 여기되어 1분자의 산화로 1개의 광자가 방출된다.

루이스-마테슨 법 (——法, Lewis-Matheson method)　증류 계산법의 대표적인 축차단 계산법. 단탑의 탑정상 또는 탑바닥의 조성을 부여하여 1단마다 탑내의 조성을 계산함으로써 소요 이론 단수를 결정하는 방법. 1932년 W. K. Lewis 등에 의해 발표되었다.

루이스 산 (—— 酸, Lewis acid) G. N. Lewis의 정의(1923년)에 기초한 산으로, 전자쌍의 수용체. 수소 양이온 H^+, 혹은 Co^{3+}, Fe^{3+} 등의 금속이온은 루이스 산으로 간주하여도 좋다. BF_3, $AlCl_3$ 등, 비공유전자쌍이 있는 화합물도 전형적인 루이스 산의 예이며, 이 정의는 비수용매 중에서도 적용된다. 이러한 루이스 산은 유기 화합물의 반응을 추진하는 산촉매로 흔히 사용된다.

루이스 수 (—— 數, Lewis number)　열과 물질의 동시 이동을 다룰 때에 사용되는 물성과 관계되는 무차원 수. Le로 표기하고 슈미트 수와 플란톨 수의 비로 표시된다.

루이스 염기 (—— 鹽基, Lewis base) G. N. Lewis의 정의(1923년)에 기초하는 염기로서, 전자쌍의 공여체. 수용액 중에 존재하는

OH⁻ 이온은 당연히 루이스 염기로 간주하여도 무방하다. 그 외에 일반적으로 비공유 전자쌍이 있는 화합물 NH_3, CH_3OH 등이 루이스 염기의 예이며, 이 정의는 비수용매 중에서도 적용된다.

루테늄산염 (—— 酸鹽, ruthenate) 보통은 테트라옥소루테늄(VI)염산 $M^I_2RuO_4$를 지칭한다. M^I＝Na, K, Rb, Cs, NH₄, Ag 및 M^I_2＝M^{II}＝Mg, Ca, Sr, Ba 등이 알려져 있다.

루테인 (lutein) ⇨ 크산토필.

루트로핀 (lutropin) ⇨ 황체 형성 호르몬.

루프 드라이어 (loop dryer) 광폭상의 직물을 고리모양으로 장대에 매달아 반송하면서 열풍 건조하는 기계. 고리의 길이에 따라 쇼트 루프 드라이어와 롱 루프 드라이어가 있다.

류 (類, class) 군론에서 서로 공액관계에 있는 요소끼리는 류(족·급)를 형성한다. 예를 들면 Cn의 대칭조작과 $C_n^{-1} = C n^{n-1}$은 공액이다.

류신 (leucine) 단백질을 구성하는 아미노산의 하나. $(CH_3)_2CHCH_2CH(NH_2)COOH$. 잔기의 약어 Leu, 더욱 간략화 할 때는 L로 쓰인다.

류코마이신 (leucomycin) 방선균의 하나가 생산하는 16원환의 락톤구조가 있는 매크로라이드 항생 물질. 아실 곁사슬의 차이에 따라 각종 유도체가 있다. 그람양성균, 리케챠, 대형 바이러스 등에 유효하다. 경구제로 사용된다.

류코 염기 (—— 鹽基, leuco base) 염료 염기의 환원으로 생성되는 백색 혹은 담색의 염기를 말한다. 무색 염기라고도 한다. 퀴논형 구조가 있는 염료가 환원되어 히드로퀴논형의 벤제노이드 구조가 되고 흡수가 단파부에 이동한 것. 산화에 의해 쉽게 원래의 염료를 재생한다.

르 샤틀리에의 법칙 (—— 法則, Le Chatelier's principle) 화학 평형계의 평형을 정하는 변수(온도와 압력 등)의 하나에 변화가 가해졌을 때 계가 어떻게 반응하는가를 설명한 것. 즉 화학 평형에 있는 계는 평형을 정하는 인자의 하나가 변동하면 변화를 받게 되는데, 그 변화는 생각하고 있는 인자를 역방향으로 변동시킨다는 법칙. 이 법칙은 열역학적으로 기브스 에너지가 최소의 조건에서 유도된다. 평형 이동의 법칙은 르 샤틀리에 법칙의 특정한 경우를 설명한 것이라고 할 수 있다.

리가아제 (ligase) 합성 효소의 총칭. 아데노신삼인산(ATP)의 에너지를 사용하여 물질 A와 물질 B를 주로 탈수 축합하여 연결한다. 많은 생체 물질 특히 생체 고분자는 이 효소군에 의해 만들어진다. 신테타아제라고도 하지만 곧잘 신타제로 잘못안다. 모두가 합성 효소의 총칭이지만 신테타아제는 ATP에 의존하고 신타제는 ATP에 의존하지 않는다.

리간드 (ligand) (1) ⇨ 배위자. (2) 단백질에 특이적으로 결합하는 물질. 효소에 결합하는 기질·보효소. 각종 리셉터와 결합하는 호르몬, 신경전달 물질 등은 모두 리간드이다. (3) 아피니티크로마토그래피의 고체와 운반체이다.

리간드장 안전화 에너지 (—— 場安全化 ——, ligand-field stabilization energy) 유리한 d^n 이온이 착물을 형성할 때 리간드장 분열 때문에 원래의 상태보다도 안정화하는 에너지. 약어 LFSE이다.

리간드장 이론 (—— 場理論, ligand field theory) 결정장 이론 그 자체를 지칭하는 경우와 결정장 이론에 공유결합성을 고려하여 분자궤도법을 도입한 이론을 지칭하는 경우가 있다. 보통 후자의 의미로 사용된다. 결정장 이론에서는 착물 중의 중심 금속이온과 배위 원자 사이의 결합을 순수하게 정전 이온 간의 상호작용으로서 고찰하지만, 이것에 의한 실제와의 차이를 보충하기 위해서 공유결합성을 생각하고 정전장, 즉 결정장 대신에 리간드장을 생각하여 이와 같이 호칭했다. 착염화학에서 결합의 이론으로서 매우 큰 성공을 거두어, 흡수 스펙트럼, 자성, 안정도, 반응성 등 많은 경우의 설명에 사용되고 있다.

리간드장 흡수대 (—— 場吸收帶, ligand field absorption band) 금속 착물에서 d궤도의 리간드장 분열에 의해 생긴 궤도 간의 전자 전이에 기인하는 흡수대. 간략화하여 d–d 흡수대라고도 한다. 보통 전이금속 착물에서는 리간드장 분열의 정도에 따라 근적외에서 가시 내지 근자외 영역에 출현하는 경우가 많고, 대부분의 전이금속 화합물의 착색 원인이 되고 있다.

리게이션 (ligation) ⇨ 배위자화.

리그닌 (lignin) 목질화한 식물의 셀룰로오스에 다음 가는 주성분의 하나. 주로 세포 간에 개재하는 접착제로서 또 일부는 세포막 내에 존재하는 보강제로서 기능한다. 페놀에테르를 모핵으로 하는 구성 단위가 복잡하게 결합한 그물눈 구조의 고분자이다. 목재의 증해로 리그닌은 화학변화를 받아 용출한다. 펄프 폐액 중에 함유되는 리그닌은 연료 혹은 바닐린 등의 원료가 된다.

리그로인 (ligroine) 끓는점 범위 70~125℃의 파라핀족 탄화수소로 되어 있는 나프타 유분. 실험실용 용제, 유지의 추출, 고무풀의 제조 등에 사용된다.

리넨 (linen) 아마 섬유를 원료로 한 실·직물 등의 총칭이다.

리놀레닌산 (—— 酸, linolenic acid) ⇨ 리놀렌산.

리놀레산 (—— 酸, linoleic acid, linolic acid) cis-9, cis-12, 옥타데카디엔산 $CH_3(CH_2)_3$ $(CH_2CH=CH)_2(CH_2)_7COOH$의 관용명. 사플라워유, 대두유, 면실유를 비롯한 많은 식물유 중에 글리세리드의 형태로 존재하고 있다. 동물(사람을 포함)에게 있어 필수 지방산의 하나이다.

리놀렌산 (—— 酸, linolenic acid) cis-9, cis-12, cis-15-옥타데카톨루엔산 $CH_3(CH_2CH=CH)_3(CH_2)_7COOH$의 관용명. 리놀레닌산이라고도 하지만 리놀렌산이 일반적이다. 글리세리드의 형태로 식물유 중에 널리 분포되어 있으나 특히 아마유와 그림물감 기름에 함유량이 많다. 동물(사람 포함)에게 있어 필수 지방산의 하나이다.

γ-리놀렌산 (—— 酸, γ-linolenic acid) cis-6, cis-9, cis-12-옥타데카톨리엔산 CH_3 $(CH_2)_3(CH_2CH=CH)_3(CH_2)_4COOH$의 관용명. 필수 지방산의 하나로, 식품 중의 리놀레산이 프로스타글란딘으로 변환할 때의 중간 물질이다. 달맞이꽃 종자 중에 글리세리드의 형태로 약 7% 함유되어 있으나 이 기름은 고가이므로 최근에 개발된 사상균에서

분리하여 얻는 방법이 주목을 받고 있다.

리데얼 메커니즘 (Rideal mechanism) 고체 표면에서 계면 반응의 반응 메커니즘의 하나. 고체 표면상에 흡착한 반응 물질과 기상 또는 액상 반응물질 간의 충돌에 의해 반응이 진행되는 메커니즘을 말한다.

리데얼-일레이 메커니즘 (Rideal-Eley mechanism) ⇨ 리데얼 메커니즘.

LEED (리드) 'low energy electron diffration (저속 전자선 회절)'의 약어이다.

리드베리 상수 (—— 常數, Rydberg constant) ⇨ 리드베리 상태.

리드베리 상태 (—— 狀態, Rydberg state) 원자의 높은 여기상태 중에는 이온화상태에서 밑으로 $R/(n-\delta)^2$ [n은 양의 정수, δ는 양의 상수(양자결손)]로 표시되는 몇 가지 에너지 준위 계열이 있다. 이러한 것을 리드베리 상태, 그 상태로의 전이를 리드베리 전이라 한다. R은 $2\pi^2\mu e^4/ch^3(4\pi\varepsilon_0)^2$로 부여되며, 리드베리상수라 한다. μ은 전자의 환산 질량이다. 분자의 경우 높은 여기상태에서 궤도의 확산이 충분히 크고, 분자가 점으로 간주되는 상태에서는 근사적으로 위 식으로 표시되어 역시 리드베리 상태라 한다.

리보뉴클레아제 (ribonuclease) RNA를 분해하는 효소의 총칭. RN아제라고도 한다. 뉴클레오티드 사슬 말단에 작용하고, 뉴클레오티드를 1개씩 절단하는 엑소뉴클레아제와 뉴클레오티드 사슬 내부의 인산에스테르 결합을 절단하는 엔도뉴클레아제가 있다.

리보뉴클레오시드 (ribonucleoside) ⇨ 뉴클레오시드.

리보뉴클레오티드 (ribonucleotide) ⇨ 뉴클레오티드.

리보솜 (ribosome) RNA와 단백질로 된 과립상 구조체. 모든 세포와 미토콘드리아, 엽록체 중에 존재한다. 세포기질 내에 산재하는 유리 리보솜 및 거친면 소포체에 부착하는 부착 리보솜이 있다.

리보솜 RNA (ribosomal RNA) 리보솜을 구성하고 있는 2~3종류의 RNA(리보핵산). 그 전구체는 핵 중의 핵소체의 주성분이다. 또 세포 내의 RNA의 큰 부분을 차지한다.

리보오스 (ribose)　알데히드형의 펜토오스, $C_5H_{10}O_5$. RNA의 구성 성분으로 모든 생물 세포 중에 존재한다.

리보일러 (reboiler)　증류탑 본체와는 별도로 설치한 증류가마. 재비등기라고도 한다. 증류탑의 바닥에서 추출한 끓는점이 높은 쪽의 성분이 풍부한 액을 가열 증발하여 발생한 증기를 증기탑의 탑저에 되돌려 잔류한 액을 관출액으로 추출하기 위한 증발 장치이다.

리보플라빈 (riboflavin)　비타민 B_2의 별칭. 이소알록사진 핵에 D-리보오스 곁사슬이 있는 플라빈의 하나. 황색 결정. 열에 대해 안정하지만 자외선에 의해 비가역적으로 분해하며, 알칼리성에서는 루미플라빈으로, 중성·산성에서는 루미크롬이 된다. 결핍증으로는 구각염, 지루성 피부염 등이 있다.

리보핵산 (―― 核酸, ribonucleic acid)　D-리보오스와 핵산 염기(대부분이 아데닌, 시토신, 구아닌, 우라실)로 된 뉴클레오시드가 3′, 5′-인산디에스테르결합으로 중합한 고분자. RNA이다. DNA의 유전정보를 전사하며 단백질 생합성을 번역하기 위한 중요한 생체 고분자이다. 리보솜 RNA, 전령 RNA, 전이 RNA 등 기능적으로 다종 다양한 것이 알려져 있다. 바이러스 중에는 RNA를 게놈으로 갖고 있는 것도 많다.

리빙 폴리머 (living polymer)　연쇄 중합에서 연쇄이동, 두 활성종끼리의 활성 상실반응, 혹은 부반응에 의한 활성 말단의 활성 상실이 없는 중합을 리빙 중합이라 하고, 리빙 중합에 의해 얻어지는 활성점을 유지한 상태의 중합체를 리빙 폴리머라 한다. 스티렌의 아니온 중합이 전형적인 예이지만 카티온 중합, 그룹 전이 중합 등에서도 이 계가 발견되고 있다. 분자량 분포폭이 매우 좁은 생성물을 부여하는 경우가 많다.

리사지 (litharge)　적색의 무기 안료. ⇨ 일산화납.

리서치법 옥탄가 (research octane number)　CFR 엔진의 리서치법에 규정되어 있는 저속 회전조건에서 측정하는 옥탄가. 동일 시료에서는 모터법 옥탄가보다 높고 주행 옥탄가에 가까운 값을 나타낸다.

리셉터 (receptor)　특정 물질(리간드) 또는 물리적 자극을 수용하여 세포에 응답을 일으키는 단백질. 수용체라고도 한다. 생체막에 존재하는 것과 핵에 존재하는 것의 두 가지 종류가 있다. 리셉터의 작용을 발현시키는 리간드를 아고니시트, 작용을 저해하는 리간드를 안타고니시트라 한다.

리소좀 (lysosome)　세포 소기관의 하나. 수해 소체라고도 하며 다종류의 가수분해 효소를 함유하는 지름 $0.5\ \mu\mathrm{m}$ 정도의 소포. 세포 내 혹은 세포 밖에서 도입한 생체 고분자를 가수분해(소화)한다. 특히 식작용에 의해 외래 물질을 도입한 식포와 융합하여 2차 리소좀(파고리소좀)이 된다.

리소타입 (lithotype)　⇨ 석탄 조직 성분.

리솔레시틴 (lysolecithin)　레시틴 분자를 구성하는 글리세린의 2-자리의 지방산 에스테르를 가수분해한 것. 리솔포스파티딜콜린이라고도 한다. 용혈작용이 있다. 리조(lyso)라는 접두어는 인지질을 용해한다는 의미이다.

리스팅 (listing)　염색 얼룩의 하나. 직물의 양단 부분(귀)과 중앙에서 색깔의 농도차가 있는 것을 의미한다. 양단측이 짙은 경우를 중이(中耳). 연한 경우를 이소(耳燒)라 한다.

리시놀레산 (―― 酸, ricinolic acid, ricinoleic acid)　12-히드록시- *cis*-9옥타데센산 $CH_3(CH_2)_5CH(OH)CH_2HC{=}CH(CH_2)_7COOH$의 관용명. 피마자유 지방산의 주성분(함량 80~88%)이고 분자간 에스테르를 형성하기 쉽다. 리시놀레산을 열분해 하면 10-운데센산이, 또 분자간 에스테르를 분해 증류하면 9, 11-옥타데카디엔산을 생성한다.

리신　(1) **lysine** 단백질을 구성하는 아미노산의 하나. $H_2NCH_2(CH_2)_3{-}CH(NH_2){-}COOH$. 잔기의 약어 Lys. 더 간략화 하면 K. (2) **ricin** 알부민에 속하는 단백질. 피마자 종자에 함유되는 독성 단백질이다.

리아제 (lyase)　기질에서 가수분해나 산화에 의하지 않고 어떤 기를 탈리하여 이중 결합을 생기게 하는 반응 또는 그 역반응(이중 결합에 어떤 기를 부가시키는 반응)을 촉매하는 효소의 총칭. 탈리 효소라고도 한다. 부가에 의한 합성 반응을 중시하는 경우 신타제라 하지만 반응을 일으키는데 ATP 등에서 에너지 공급을 필요로 하지 않는 점에서 신테타아제와는 다르다.

리질리언스 (resilience) 가황 고무 등의 탄성체가 기계적인 에너지를 받아 변형하고, 그 변형상태에서 급속히 회복할 때에 에너지를 외계에 방출하는 성질. 충돌 탄성이라고도 한다. 고무의 손실계수($\tan \delta$)간에는 다음의 근사적 관계식이 성립된다. 리질리언스$= a \exp(-\pi \tan \delta)$($a$는 상수).

리치 가스 (rich gas) 천연가스 또는 제유소 가스 중에서 액화하기 쉬운 가스를 다량으로 함유하는 것. 린 가스의 대응어이다.

리치 솔벤트 (rich solvent) 석유공업의 용제 추출에서 엑스트락트를 추출 용해한 상태의 용제. 패트 솔벤트라고도 한다. 린 솔벤트의 대응어이다.

리치 오일 (rich oil) 리치 솔벤트 중 용제로서 석유 유분을 사용하는 것. 패트 오일이라고도 한다. 린 오일의 대응어이다.

리케차 (rickettsia) 세균보다 작은 $(0.3 \times 0.3 \ \mu m)$편성세포 내 기생체. 절지동물 세포에서 많이 발견되지만 인체에 감염되는 경우도 있다. 예를 들면 발진티프스 등 이로 매개되는 열성 전염병 등이 있다.

리토폰 (lithopone) 백색 안료. 황산아연 수용액과 황화바륨 수용액의 당량 반응으로 생성되는 황산바륨과 황화아연의 공침 혼합물을 배소하여 제조한다.

리튬 전지 (—— 電池, lithium battery) 1970년대부터 개발된 음극에 리튬 또는 합금을 사용하는 3V급을 주력으로 하는 전지의 총칭. 1차 전지와 2차 전지가 있다. 전해질은 비 프로톤성 비 수용매에 리튬염을 용해시킨 것, 혹은 고체 전해질이 사용된다. 양극에는 플루오르화 흑염$(CF_x)n$, 이산화망간, 염화술피닐이 실용화되었으며 이황화몰리브덴, 오산화이바나듐, 이황화티탄을 사용하는 것이 그 뒤를 따르고 있다.

리트머스 시험지 (—— 試驗紙, litmus paper) 리트머스(색소) 용액을 소량의 염산 혹은 암모니아로 적색 또는 청색으로 하고, 여과지의 작은 조각에 스며들게 하여 건조시켜 만든 시험지. 용액이 산성인가 알칼리성인가를 판별하는 데 사용한다. 청색 시험지는 산성 용액에서 적색으로 변하고, 적색 시험지는 알칼리 용액에서 청색을 띤다.

리파이너 (refiner) 펄프의 비팅과 펄프섬유 길이의 조정을 위해 기계 처리를 연속적으로 하는 장치. 정제기라고도 한다. 크기와 구조가 다른 많은 종류의 것이 있으나 펄프의 종류와 양에 따라 사용하는 형과 대수를 여러 가지로 조합하여 사용한다.

리포 단백질 (—— 蛋白質, lipoprotein) 지질과 단백질의 복합체. 생체막을 형성하는 것과 혈청 등의 가용성 성분으로 되어 있는 것 등, 두 가지로 분류된다.

리포밍 (reforming) ⇨ 개질(改質).

리포비텔린 (lipovitellin) 새알의 노른자위에서 얻어지는 리포단백질의 하나. 난황을 생리 식염수에 분산하여 원심 분리하여 얻는 과립 구분에 포함된다. 지질 함량 $16 \sim 22\%$, 그 60%는 인지질이고 비텔린이라는 단백질을 함유한다.

리포산 (—— 酸, ripoic acid) ⇨ 티옥산.

리포제네시스 (lipogenesis) ⇨ 지방질 생합성.

리포좀 (liposome) 지질소포(인공막)를 지칭한다. 인지질을 염류 수용액 중에서 현탁시키면 다중층 리포좀이 생기고 이것을 초음파 처리하면 2분자막으로 된 소포가 얻어진다. 리포좀 중에 여러 가지 물질을 봉입하거나 또는 생체막처럼 막 내에서 막단백질을 재구성시키거나 하여 각종 작용을 재현할 수 있으므로 마이크로 캡슐로 하여 의료품의 투여법으로 개발되고 있다.

리폭시게나아제 (lipoxygenase) cis, cis-1, 4-펜타디엔 구조가 있는 불포화 지방산에 분자상 산소를 히드로페록실기로서 도입하는 산화-환원 효소. 대두 등 콩과 식물에 존재한다.

리프팅 (lifting) 건조 경화한 도막이 어떤 원인으로 벗겨지는 현상. 반경화 도막에 겹칠을 하였을 때 자주 볼 수 있다. 이 경우에는 밑칠 도료가 윗칠 도료의 용제보다 팽윤하여 박리한다. 박리가 부분적으로 일어나는 결과, 도면은 지렁이가 기어간 것 같은 상태가 된다.

린 가스 (lean gas) 흡수탑에서 프로판 이상의 중질성분을 제거한 천연가스 또는 제유소 가스, 리치가스의 대응어이다.

린 솔벤트 (lean solvent) 석유공업의 용제추출에서 익스트랙트를 분리한 나머지 용제를 주성분으로 하는 것. 리치솔벤트의 대응어이다.

린 오일 (lean oil) 린 솔벤트 중 용제로서 석유 유분을 사용하는 것. 리치 오일의 대응어이다.

린터 (cotton linter, linter) 면실에 생기는 짧은 섬유로, 목화를 조면기에 넣어 종자에서 면섬유를 분리할 때에 종자에 남는 것. 가구류의 충전물 혹은 구리암모니아레이온, 아세테이트섬유, 셀룰로이드의 원료가 된다.

RIM (림) 'reaction injection molding (반응 사출성형)'의 약어이다.

림프종 (—— 腫, lymphoma) 림프조직의 악성 종양. 임파종이라 하기도 한다. 호지킨병과 버키트 림프종 같이 바이러스가 원인으로 여겨지는 것도 있다.

✈ **••••• 참고하세요!**

리비 (Libby, Willard Frank : 1908 ~ 1980) 미국, 화학

콜로라도주(州) 그랜드밸리 출생. 캘리포니아대학에서 수학하고, 1945년 시카고대학 교수, 1959년 캘리포니아대학 교수가 되었다. 1954~1959년에 미국 원자력위원, 1959년에는 캘리포니아대학 지구물리학 연구소장으로서 널리 이름이 알려졌다. 그는 방사화학(放射化學)의 연구자로서 유명하며, 특히 탄소의 방사성동위원소 ^{14}C에 의한 절대연대(絕對年代) 측정의 연구로 고고학·인류학·지질학의 발전에 크게 공헌하였다. 이 공적으로 1960년 노벨화학상을 수상하였다.

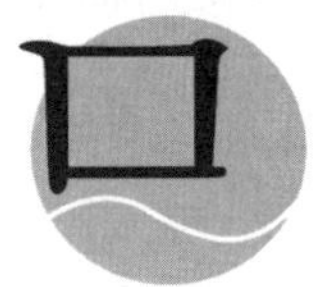

마가린 (margarine)　　정제한 식물유지 또는 동물유지, 발효유, 식염, 유화제를 주성분으로 하는 가소성이 있는 지방식품, 유중 수형의 에멀션이다. 1869년 프랑스의 Mége Mowriés에 의해 버터 대체품으로 고안되었다. 현재는 상기 주성분에 비타민 A 등이 첨가되어 있다.

마그네사이트 (magnesite)　　탄산마그네슘 MaCO₃을 주성분으로 하는 광물. 능고토석(菱古土石) 혹은 능고토광이라고도 한다. 내화 벽돌, 시멘트 등의 원료 혹은 마그네슘 원료가 된다.

마그네시아 (magnesia)　　산화마그네슘 MgO의 속칭이다.

마그네시아 벽돌 (magnesia brick)　　마그네시아 클링커를 주원료로 제조된 내화 벽돌, 염기성 슬래그에 대한 내식성이 우수하며 열전도율이 크고 제강로용과 유리요로 축열용에 사용된다.

마그네시아 시멘트 (magnesia cement)　　자경성 결합재의 하나. 경소(輕燒)마그네시아 MgO분과 염화마그네슘 MgCl₂의 20 % 용액을 혼합하여 염화수산화마그네슘 Mg₃Cl₂(OH)₄·4H₂O의 강한 결합을 형성시킨 시멘트를 말한다.

마그네시아 카본 벽돌 (magnesia-carbon brick)　　함탄소 내화물의 하나. 마그네시아 클링커를 골재로 하여 10~30 wt%의 흑연을 혼합하고, 다시 산화 방지제로서 알루미늄 등의 비산화물을 첨가하여 페놀 수지 등으로 결합시킨 내화 벽돌, 내침식성과 내열성이 뛰어나 주로 철강로용 내화물로서의 용도가 크다.

마그네시아 크롬 벽돌(magnesia-chrome brick)　　마그네시아 클링커와 크롬 철강(Mg, Fe)(Al, Cr, Fe)₂O₄을 주원료로 고온 소성하여 제조되는 내화 벽돌, 이 중에서 1,700℃ 이상의 고온에서 소성되고 MgO 입자 간과 MgO와 크롬철광의 입자 사이가 규산염이 아니라 크롬성분이 풍부한 스피넬에 의한 결합으로 강화된 벽돌을 다이렉트 본드 매크로 벽돌이라 한다. 내화도와 하중 연화온도가 높고 내식성이 뛰어나 철강로용 등의 내화물로서 중요하다.

마그네시아 클링커 (magnesia clinker)　　해수(海水) 마그네시아 Mg(OH)₂와 천연 마그네사이트 MgCO₃를 1,500℃ 이상의 고온에서 소결 또는 전기로에서 용융하여 얻어지는 마그네시아 MgO 다결정체로 된 괴상·입상물을 이른다. 마그네시아 벽돌, 마그네시아크롬 벽돌, 마그네시아 카본 벽돌의 주원료가 된다.

마그네시아 혼합액(—— 混合液, magnesia mixture)　　인산 이온, 비산 이온의 정성 검출에 주로 사용되는 시약. 염화마그네슘 6수화물, 염화암모늄을 진한 암모니아수에 용해하여 물로 희석한 용액, 위의 이온과 반응하여 백색, 결정성의 MgNH₄PO₄·6H₂O, MgNH₄AsO₄·6H₂O를 생성한다.

마그네토 그리스 (magneto grease)　　모터, 발전기 등의 회전 축받이에 사용되는 그리스의 총칭. 고도의 내열성, 내수성, 산화 안정성 등이 요구되므로 이러한 특성이 뛰어난 리튬 그리스(리튬 비누를 증조제로 한 그리스)가 주로 사용된다.

마그누스 녹염 (—— 綠鹽, Magnus' salt)　　[pt(NH₃)₄] [ptCl₄]. 1828년 H. G. Magnus에 의

해 발견되었다. 무색의 $[pt(NH_3)_4]^{2+}$와 적색의 $[ptCl_4]^{2-}$에서 생기며 짙은 녹색을 나타낸다. 평면형의 양 이온이 교대로 겹쳐 쌓인 무한 다핵 착물로, Pt-Pt의 1차원 착물이 형성되어 있는 것이 해명되었다.

마그마 (magma)　지각 심부에 존재하는 융해 상태의 조암 물질로서, 냉각 고화하면 화성암 등의 조암 광물이 되는 것. 암장(岩漿)이라고도 한다. 대부분이 Al, Fe, Mg, Ca, Na, K 등의 규산염이다.

마닐라 삼 (—— 麻, Manila hemp)　필리핀 원산의 파초과에 속하는 숙근성 식물 및 이 식물의 줄기 엽초에서 얻는 섬유를 말한다. 로프, 망, 제지용 원료 등에 사용된다.

마란고니 효과 (—— 效果, Marangoni effect)　계면 교란의 하나. 유체 이상간의 계면을 통해서 열 또는 물질 이동이 생길 때 이러한 이동에 수반하여 국소적으로 계면에 계면 장력 기울기가 생겨, 그로 인해 계면에 유기되는 유동을 지칭한다. 이 효과에 의해 계면을 통한 이동이 촉진된다.

마르코우니코프 규칙 (—— 規則, Markovnikovs rule)　비대칭 구조의 탄소 이중결합에 대한 할로겐화 수소 부가의 방향에 관한 경험칙. 수소원자가 적은 쪽의 탄소 원자에 할로겐이 부가한다는 일반적인 규칙. 실제로는 구전자 부가의 전자론으로 설명되는 현상으로, 역방향으로 부가되는 경우도 알려져 있다.

마른 얼룩　⇨ 건조 얼룩.

마보 (磨耗, abrasion, wear)　재료가 주로 마찰에 의해 소모되는 현상. 미시적으로는 미세한 요부가 접촉하고 있는 두 개의 물체가 활동(滑動)하기 위해서는 이 요부를 전단할 필요가 있으며, 이로 인한 물질의 결락으로 해석된다.

마모 시험 (磨耗試驗, abrasion test)　2개 이상의 물체를 일정한 방법으로 접동시켜 마찰에 의한 재료의 손실량과 접동면의 손상 상태를 조사하는 실험을 말한다.

마무리 채색료 (—— 彩色料, overglaze color)　유약 칠하여 구워 낸 도자기 위에 주로 장식용으로 사용하는 채색료. 보통 법랑은 소지 금속에 밀착하는 밑유약. 보통 700~800℃에서 구워지며, 다종 다양한 색채를 얻을 수 있다.

마무리 칠 (1) finishing, finishing coat　칠은 여러 번으로 나누어 겹쳐 칠해서 마무리하게 되는데, 이와 같은 마무리를 목적으로 한 최종 칠을 말한다. (2) finishing, top coating　도료는 일반적으로 몇 층으로 덧칠하고, 각 층에서 도료가 다른데, 최상층에 칠하는 도료를 마무리칠 도료라 한다.

마무리 칠 도료 (—— 塗料, finishing, top coating)　⇨ 마무리 칠.

마세랄 (maceral)　현미경으로 구분할 수 있는 석탄의 미세한 유기질 성분. 반사율의 차이, 식물세포의 잔존 여부로 구별하여 잔존할 때는 그 종류·형태 등에 따라 구별한다. 마세랄의 종류는 11종이 있으나 비트리니트, 엑지니트, 이너티니트의 3종의 마세랄군으로 총괄할 수 있다.

마스터 배치 (master batch)　고무에 사전에 고농도의 배합제를 이겨 넣어 분산시킨 것. 카본 블랙, 가황 촉진제, 노화방지제, 안료 등의 마스터배치를 사용하는 경우가 많다. 다루기 어려운 분체, 오손되기 쉬운 것, 분산하기 어려운 것에 사용하며, 작성성의 개선, 분산성의 향상 등을 위해 사용한다.

마스트 세포 (—— 細胞, mast cell)　세포 내에 강한 호염기성의 큰 과립이 있고 피하, 점막하 등의 결합조직에 분포하는 세포. 비만 세포라고도 한다. 천식이나 두드러기 등의 아나필락시형의 알레르기 때 세포가 파괴되어 과립 중의 성분이 방출되고 히스타민과 로이코톨리엔 C, D가 작용을 나타낸다.

마아슈의 비소검출법 (—— 砒素檢出法, Marsh test)　영국의 화학자 J. Marsh에 의해 발견된 비소의 검출법. 비소를 함유하는 시료에 염산과 금속아연을 가하여 발생하는 아르신 AsH_3을 함유하는 수소를 유리관으로 유도하여 점화한다. 이 불꽃에 찬 유리관을 가리면 흑색의 비소 거울이 생기므로 비소의 검출에 이용할 수 있다.

마요네즈 (mayonnaise)　반 고체상의 샐러드 드레싱으로, 마요네즈 소스라고도 한다. 샐러드유 같은 고급유를 초와 난황을 가하여 유화한 후 수중 유형 에멀션으로 한 것. 표준적인 조성은 기름 75%, 초 10%, 난황 10%, 설탕 2.5%, 식염 1.5%, 향신료 등 1%이다.

마이스너 효과(―― 效果, Meissner effect) 임계 자기장보다 약한 자기장을 초전도체에 가하면 자속선이 완전히 초전도체에서 배제되는 현상. 마이스너 효과에 의해 초전도체 내부에서는 자속밀도가 0이 된다(완전 반자성). 마이스너 효과는 초전도체에 자기장을 가하면 표면에 초전도 전류가 흐르고, 이 전류가 자기장을 형성하여 내부에서 외부 자기장을 상쇄하는 데 기인한다.

마이컬슨 간섭계(―― 干涉計, Michelson interferometer) 빛의 간섭계의 하나. 입사각을 비임스플리터로 둘로 분리하여 고정 거울과 가동 거울로 반사시킨 후 합성시켜 간섭광을 얻는다. 가동 거울의 위치를 이동시키면 광로차가 생겨 파장의 반정배수마다 간섭광의 강도가 변한다. 광파장의 정밀 측정, 굴절률의 측정 등에 이용되는 외에 특히 푸리에 변환 적외 분광법에 이용된다.

마이코톡신(mycotoxin) 곰팡이에서 생산되는 유독 물질의 총칭. *Aspergillus*류에서 생산되는 발암 물질 아플라톡신과 식중독의 원인 물질 등이 잘 알려져 있다.

마이콜산(―― 酸, mycolic acid) 곁사슬이 있는 고급지방산의 α-자리에 긴 알킬기, β-자리에 히드록실기가 있는 일군의 화합물. 이 밖에 카르복시기, 메톡실기가 있는 것도 있다. 마이코박테륨속 및 유연균에서 볼 수 있다.

마이크로 구조(―― 構造, microstructure) ⇨ 미세 구조.

마이크로 리소형(microlithotype) ⇨ 석탄 조성 성분.

마이크로 브라운 운동(―― 運動, micro-Brownian motion) ⇨ 브라운 운동.

마이크로 빅커스 경도(―― 硬度, micro Vickers hardness) ⇨ 빅커스 경도.

마이크로 세공(―― 細孔, micropore) 공경(孔徑)이 작은 세공. 미세공이라고도 한다. 어느 정도 작아야 마이크로라고 하는 가는 연구 분야에 따라 차이가 있으며 IUPAC에서는 2 nm 이하로 할 것을 권장하고 있다. 이와 같은 세공 내에서 분자의 확산속도는 세공 표면과 확산분자의 상호작용에 크게 영향을 받는다. 또 공경이 0.8 nm 이하의 세공을 서브 마이크로 세공이라 하여 구별하는 경우도 있다. 공경이 분자 지름과 같은 정도가 되면 촉매작용에서의 입체 선택성과 분자체 기능이 나타나게 된다.

마이크로스피어(microsphere) 지름이 수 μm 이하인 구상의 미립자. 콜로이드입자의 한 부류이다. 최근 각종 고분자 마이크로스피어가 제조됨에 따라 넓은 비표면을 이용하여 라텍스 진단약, 크로마토그래피 충전제, 전자사진 토너 등에 응용되게 되었다. 크기가 일정(단분자)한 것도 제조할 수 있다. 또 무기 물질의 마이크로스피어도 있다.

마이크로 에멀션(micro emulsion) 기름을 가용화한 계면 활성제의 미셀이 가용화량의 증대로 팽창하여 미셀 용액의 외관이 흐려지는 일이 있다. 이것은 물을 가용화한 역미셀의 경우에도 볼 수 있다. 전자를 o/w, 후자를 w/o의 마이크로 에멀션이라 한다. 이들은 가용화계이고 열역학적으로 안정된 계이므로 이런 점에서 에멀션과는 다르다.

마이크로 왁스(microwax) ⇨ 미정질 왁스.

마이크로 천칭(―― 天秤, microbalance) ⇨ 미량 천칭.

마이크로 캐리어법(―― 法, microcarrier method) 비즈(지름 100~250 μm 정도)의 표면에 세포를 부착시켜 부유상태에서 배양하는 방법. 동물 세포의 대부분은 배양 용기 벽에 부착한 경우에만 증식하므로 대량 배양할 때에는 생산성을 향상시키기 위해서 배양 용기 체적당의 부착면적을 크게 할 필요가 있다. 이 방법은 이 문제를 해결하는 방법의 하나이다.

마이크로 캡슐(microcapsule) 지름이 10^{-9}~10^{-3}m 에 걸친 범위의 미소 용기. 용기의 재료는 주로 천연 또는 합성 고분자이지만 납이나 무기 화합물도 이용할 수 있다. 내용물을 외부로부터 보호하거나 혹은 내용물을 외부 환경으로 방출하는 속도를 조절하는 등의 기능이 있으므로 감압 복사지, 감압 접착제, 서방성제제, 인공세포 등에 널리 이용되고 있다.

마이크로파 (—— 波, microwave) 파장이 약 1 m 이하인 전자파로 원적외부에 접하는 1 mm 이하의 서브밀리파까지 포함한다. 통신, 고주파 가열, 레이더 등에 이용되는 파장 영역이다.

마이크로파 분광학 (—— 波分光學, microwave spectroscopy) 마이크로파 영역의 전파분광(학), 전자 스핀 공명(ERS)과 상자성 공명(EPR) 등의 분광학도 포함하는 경우가 있다. 이들 이외에서는 주로 분자의 회전 스펙트럼 측정에 기초한 분광학을 의미한다. 분자구조, 전기쌍극자 모멘트, 미세 및 초미세 상호작용 등이 정밀하게 결정된다.

마이크로프로브 오제 전자 분광법 (—— 電子分光法, microprobe Auger electron spectroscopy) 원리적으로는 오제전자 분광법과 동일하지만 전자선의 스폿 지름을 작게 조르고, 시료 표면의 미소 영역 분석을 하는 방법. 전자선을 주사하면 시료의 주사 전자 현미경상을 관찰할 수 있고 2차원적인 원소 분포(오제상)를 알 수도 있으므로 주사오제 현미경이라고 하는 경우가 많다.

마젠타 (magenta) (1) 감색법에 의한 색 재현에 사용되는 3원색의 하나로, 다른 것은 옐로, 시안, 녹색의 보색이며 스펙트럼상으로는 550 nm를 중심에 흡수하고 색조는 적자색이다. (2) 푹신.

마조라 우일 (mazora oil) ⇨ 옥수수 기름.

마찰 (摩擦, friction) 서로 접촉하고 있는 두 고체의 한 쪽을 그 접촉면에 평행한 외력을 가해서 슬립시킬려고 하였을 때, 그 외력에 대한 저항력이 작용한다. 이 저항을 마찰이라 한다. 마찰은 운동이 일어나고 있을 때에도 작용한다. 유체가 흐르고 있을 때 그 층류면 사이에도 마찰이 있어 점성의 원인이 되고 있다. 이 때의 마찰은 내부 마찰이라 한다.

마찰각 (摩擦角, angle of friction) 마찰계수를 μ로 하면 $\mu = \tan \varphi$로 정의되는 φ을 마찰각이라 한다. 정지상태에서 상대운동이 바로 시작하려고 할 때의 정마찰각은 일반적으로 성상 운동 중의 동마찰각보다 그디.

마찰 견뢰도 (摩擦堅牢度, rubbing fastness) 염색물이 건조시 또는 습윤시에 다른 섬유품과 마찰하여도 그것을 오염시키지 않는 성질을 말한다.

마찰 계수 (摩擦係數) (1) coefficient of friction 두 고체물체가 접촉하면서 상대운동을 하려고 할(또는 하고 있을) 때, 그 접촉면을 따라서 작용하는 마찰저항력의 크기 F와 접촉면에 수직으로 두 물체를 밀어붙이고 있는 힘 P의 비 F/P로 정의되는 양. 이 양은 운동조건과 접촉면의 물리적 상태에 의존하고 있다. 윤활제의 시험, 연구시에 측정된다. (2) friction factor 고체 물체와 유체가 상대운동하고 있을 때 유체의 점성으로 인해 접촉면을 따라 마찰저항이 작용한다. 이 경우의 마찰계수는 유체역학에 의해 정의된다. 화학공학 용어로서의 마찰계수는 그것에 의하고 있으며 일반적으로 레이놀즈 수의 함수로서 부여되고, 흐름계 장치설계를 위한 기본 인자의 하나이다.

마찰두 손실 (摩擦頭損失, frictional head loss) 유체가 장치 안을 통과할 때 점성으로 인하여 열로 되어 손실되는 손실 에너지의 유체 단위 질량당의 양(힘×길이／질량)의 단위가 있다. 중량과 질량을 병용하는 공학 단위계에서는 길이의 단위로 나타낸다.

마찰 저항 (摩擦抵抗, friction drag, skin drag) 물체가 유체와 상대 속도를 갖고 운동할 때에 받는 저항은 마찰저항과 형상저항으로 구분된다. 마찰저항은 유체의 점성에 의한 물체 표면에서의 전단응력의 총합이다.

마커스-게리처 모델 (Marcus-Gerischer model) 반도체 전극 반응의 메커니즘으로서 Marcus의 전자이동 이론을 Gerischer가 응용하여 고안한 모델. 빛에 의해 생성된 반도체 중의 정공이 표면 준위를 거쳐 전해액 중의 반응종과 반응한다고 하는 것. 낮은 퍼텐셜에 있어서는 이 모델에서 벗어나는 이상반응 영역이 확인되었다.

마텐자이트 (martensite) 강철을 고온의 오스테나이트 상태에서 담금질하였을 때 얻어지는 매우 단단하고 치밀한 침상조직에 대한 명칭. 탄소를 공용하고 있는 α-철로서, 결정구조가 체심 정방정계의 것을 α-마텐자이트, 체심 입방정계를 β-마텐자이트라 한다. 마텐자이트가 생기는 상변태를 마텐자이트 변태라 한다.

마하 수(—— 數, Mach number)　유체의 속도를 그 음속도로 나누는 수. 고속 기류를 다룰 때의 유속의 파라미터를 말한다.

막 끓음(膜沸騰, film boiling)　끓음 전열에서 전열면의 표면 온도가 고온이 되어 전열면과 액 사이에 증기의 막이 생겨 양자가 격리되는 상태. 증기의 막은 액보다 열전도율이 작으므로 핵 끓음보다 전열속도가 작아 전열면의 급상승이 생긴다.

막 수송(膜輸送, membrane transport)　막을 통해 각종 물질이 투과, 수송되는 현상. 그 정도는 투과율로 표시된다. 일반적으로 막은 각종 물질에 대해 서로 다른 투과율을 나타내므로 이 성질을 물질 분리에 이용할 수 있다.

막 전극(膜電極, membrane electrode)　같은 종의 이온을 함유하는 두 전해질 용액을 이온 수송기능이 있는 막을 통해 접한 것. 이렇게 하면 막 양쪽에 막 전위가 발생한다. 막 안쪽에는 기준 용액을 충만한다. 대표적인 것으로 pH측정용 유리전극이 있다.

막 전위(膜電位, membrane potential)　막을 사이에 두고 발생하는 전위차. 예를 들면 고정 전하를 갖는 막(하전 막)에서 농도가 다른 전해질 용액을 사이에 두면 막은 양이온 또는 음이온을 선택적으로 통하여 곧 평형(이것을 막 평형이라 한다)에 이르러 막 전위를 나타낸다. 막 전위를 측정함으로써 하전막의 선택 투과성을 규명할 수 있다.

막 접속(膜接續, membrane junction)　두 전해액을 이온 교환막이나 반투막을 거쳐 접촉시켜 전기 화학적으로 접속하는 것을 말한다.

막 평형(膜平衡, membrane equilibrium)　어떤 종의 이온(고분자 이온 등)을 통과시키지 않는 반투막을 사이에 두고 접한 전해질 용액 간에 성립되는 평형. 막을 사이에 둔 두 종류의 용액 중에 막 통과 불가능한 화학종이 존재하면 막 통과가 가능한 화학종만이 이동하여 농도차, 전위차(막전위) 및 압력차가 생겨 평형상태(막평형)가 성립한다.

막형 반응기(膜型反應器, membrane reactor)　생체 촉매를 막상으로 고정화한 반응기. 압력손실이 낮고 스케일 업이 용이하며, 기체를 기질 혹은 생성물로 하는 반응에 사용한다. 고정화 증식 효모를 사용하는 에탄올의 연속 생산, 유지의 가수분해, 글리세리드의 에스테르 교환반응에 적합하다. 또 생체촉매를 한외 여과막 등으로 격리한 반응기 안에 넣어 사용하는 유형도 있다.

만글(mangle)　롤 홀치기 염색기의 하나. 염색 가공 공정에서 처리액에 담근 직물을 광포상으로 1쌍의 롤 사이를 통해 홀치기하여, 처리액에 함유되는 염료·약제를 직물에 균일하게 압입, 투여하는 데 사용한다. 이 압입, 투여공정을 패딩이라 한다.

만난(mannan)　만노오스를 주요 구성 성분으로 하는 다당류의 총칭. 거의가 만노오스만으로 된 만난도 있고 또 글루코오스, 갈락토오스 등을 함유하는 것도 있다.

만노오스(mannose)　알데히드형의 헥소오스, $C_6H_{12}O_6$. 글루코오스, 프룩토오스에 다음 가는 주요 헥소오스. 유리 단당으로서는 천연에 존재하지 않으나 다당류 만남의 형태로 널리 식물계에 분포하고 있다.

만능 지시약(萬能指示藥, universal indicator)　⇨ 범색 지시약.

만니톨(mannitol)　만노오스의 당알코올, $C_6H_{14}O_6$. 만니트라고도 한다. D-만니톨은 해조, 지의류, 균류 등 널리 식물에 분포한다.

만다린 유(—— 油, mandarine oil)　이탈리아, 서인도, 스페인에서 산출하는 운향과에 속하는 *Citrus madurensis Lour*의 과피를 압착하여 얻어지는 정유. 주성분은 *d*-리모넨이며 향수의 조제에 쓰인다.

말단간 거리(末端間距離, end-to-end distance)　고분자 사슬의 공간적 확산을 표시하는 양의 하나. 양 말단 거리라고도 한다. 보통 고분자 사슬은 열운동으로 각종 형태를 취하므로 이러한 말단 거리의 2곱 평균의 제곱근으로 나타낸다. 랜덤코일에 있어서는 중합도의 제곱근에 비례한다.

말단기(末端基, end group, terminal group)　긴 사슬식 구조가 있는 유기 화합물 분자의 사슬식 구조 양 말단에 결합하고 있는 작용기. 예를 들면 다당류의 사슬식 구조 양 말단에 있는 환원성 헤미아세탈기와 제1급 알코올기. 또 단백질 화학에서 중요한 것이 많은 아미노산 분자가 중축합하여 생긴 펩티드의 양 말단에 있는 아미노기와 카르복시기를 이른다.

말단기법 (末端基法, end-group method)　사슬식 고분자의 화학구조 연구 또는 분자량 측정에 사용되는 실험법의 하나. 사슬식 고분자에서는 분자의 말단부분은 중간부분과는 다른 구조를 하고 있다. 그러므로 말단부분 작용기의 반응에 기인하는 생성물을 정량하면 분자량이 계산된다. 또 가지가 있는 사슬식 고분자에서는 한 가지당의 평균 사슬 길이의 계산으로 분지의 정도를 추정할 수도 있다.

말단기 분석 (末端基分析, terminal analysis)　펩티드와 단백질의 N 단말기, C 말단기, 당 사슬의 환원성 말단기, 비환원성 말단기 등의 정성·정량을 하는 화학분석을 말한다.

말단기 효과 (末端基效果, terminal effect)　고분자 사슬의 말단 가까이의 단량체 단위가 사슬 중의 것과 다른 데 기인하는 효과를 이른다.

말레산 (—— 酸, maleic acid)　불포화 디카르복시산. $HOOCCH=CHCOOH$. 이중결합의 입체 배치가 다른 기하 이성질체가 있으며 시스형의 것을 말레산, 트랜스형의 것을 푸말산이라 한다. 말레산은 쉽게 탈수되어 무수 말레산을 생성한다.

말론산 (—— 酸, malonic acid)　지방족 포화 디카르복시산, $CH_2(COOH)_2$. 가열하면 쉽게 CO_2를 방출하여 아세트산이 된다. 디에틸에스테르 $CH_2(COOC_2H_5)_2$는 안정한 화합물이며 반응성이 높은 메틸렌기가 있으므로 각종 유기합성 시제로서 유용하다.

말타아제 (maltase)　당을 가수분해하는 효소의 하나. 당의 비환원 말단의$(1\to4)-\alpha-$글리코시드 결합을 가수분해하여 α-글루코오스를 생성하므로 α-D-글루코시다아제라고노 한다. 효모로부터의 것은 말토오스, 메틸 α-글리코시드 등을 가수분해하여, 사람의 소변, 돼지 혈액 중의 것은 말토오스, 녹말 중이 $(1\to4)\ \alpha$ 결합을 분해힌다. 동물, 식물, 미생물에 널리 존재한다.

말토오스 (maltose)　⇨ 맥아당.

망간노듈 (manganese nodule)　넓은 해역의 해저에 존재하며 망간, 철의 산화물을 주성분으로 하는 흑색에서 갈색의 판상 혹은 괴상(노듈)의 광물. 태평양 해역에 존재하는 이 광물의 평균 품위(%)는 Mn 24.2, Fe 14.0, Cu 0.53, Ni 0.99, Co 0.35. 망간의 매장량은 2,000억 t으로 추정하고 있다. 또한 구리, 니켈, 코발트의 반영구적 자원이다.

망간산염 (—— 酸鹽, manganate)　일반식 $M^I_2MnO_4$. 일반적으로 암록색 결정. 예를 들면 K_2MnO_4, $Na_2MnO_4 \cdot 10H_2O$, $BaMnO_4$ 등이 있다.

망상 구조 (網狀構造, network structure)　(1) 유기 화합물 구조의 하나. 방향성이 있는 화학결합이므로 원자배열이 1종 혹은 그 이상의 종류로 되어 있는 어떤 특정한 다각형이 이어진 평면 그물 모양의 구조, 혹은 특정한 다면체의 정점, 모서리, 면 등을 공유하여 3차원 골격구조를 형성하고 있는 구조 등을 이른다. 2차원(그물눈 구조)에서는 이러한 시트 간의 결합이 약하고 벽개(劈開)를 나타내는 일이 많다. 또 3차원 그물눈 구조에서는 공간적인 빈틈이 생기는 일이 많다. 예를 들면 운모와 활석에서는 2차원 그물눈 구조가, 제올라이트 등에서는 3차원 그물눈 구조를 볼 수 있다. (2) 고분자를 형성하는 골격이 3차원적인 그물눈모양으로 되어 있는 구조. 교차점 사이가 길고 그물눈 밀도가 낮으며, 또한 분자 사슬이 유연한 경우에는 고무탄성을 나타내지만, 그물눈 밀도가 높아지면 견고한 수지상으로 된다.

망상조직 고분자 (網狀組織高分子, network polymer)　3차원의 망상조직 구조가 있는 고분자, 탄성 고무처럼 기성 곧은 사슬 모양의 교차중합체, 에폭시 수지와 같은 다관능 모노머를 함유하는 계의 중축합과 중부가 또는 디비닐모노머를 포함하는 계의 연쇄 중합 등으로 형성된다. 일반적으로 망상조직 밀도가 낮으면 좋은 용매에서 팽윤하지만 높아지면 녹지 않고 유리 전이온도도 높아진다. 교차 중합체와 같은 뜻으로 사용되는 경우노 있다.

망상조직 변형체 (網狀組織變形劑, networkmodifier) 고전적인 유리 구조론의 개념이며, 공유결합적 성격의 화학결합으로 되어 있는 유리의 골격 구조를 절단한다고 여겨지고 있는 이온 결합성의 산화물. 대표적인 예는 알칼리금속과 알칼리 토류금속의 산화물이 있다.

망상조직 형성 성분 (網狀組織形成成分, network-former) 산화물 중 단독으로도 유리를 형성하는 능력이 있는 것. 고전적인 유리 구조론에 기초한 개념이며, 일반적으로는 SiO_2, GeO_2, B_2O_3, P_2O_5 등을 의미한다. 이러한 성분을 함유하지 않는 다성분계 유리는 그 중에서 공유 결합성이 보다 강한 성분을 의미한다.

매더 레이크 (madder lake) 아리자닌의 금속 착염. 아리자닌 레이크, (짙은) 적자색 염료라고도 불린다. 착염을 형성하는 금속에 따라 색상이 변한다. 즉 Al 심홍색~적색, Ca 보라색~보라적색, Ba 보라적색, Cr 볼도우색, Fe 흑자색~볼도우색, Mg 보라색. 이러한 착염은 물과 일반 용제에는 녹지 않으며 내광성, 내열성이 높으므로 인쇄 잉크나 도료 등의 안료로 사용된다.

매슈 함수 (—— 函數, Massieu function) ⇨ 열역학 특성 함수.

매스티케이션 (mastication) 원료 고무에 기계적인 전단력을 가하여 분자 응집의 해합 및 분자사슬의 절단을 하는 조작. 매스티케이션 때에 발생하는 열 및 공기 중의 산소에 의해 고무분자는 해중합(解重合)된다. 이 때 매스티케이션 촉진제를 가하면 라디칼 반응이 유발되어 분자 사슬의 절단이 촉진된다. 매스티케이션에 의해 원료 고무의 탄성을 감소시키고 일정한 가소성을 유지시킬 수 있다. 천연 고무에 효과가 크다.

매스틱 (mastic) (1) 옻나무과의 나무 *pistacia lentiscus*에서 얻어지는 고무질을 함유하는 고체 수지. 접착제 및 래커로 사용된다. (2) 방수도료 또는 방수 시멘트로 사용되는 풀상 물질의 총칭. 역청 물질에 석면, 석분, 광유, 모래 등을 가한 것을 말한다.

매스 프래그먼트 (mass fragment) 질량 분석에 있어 시료를 전자 충격 혹은 이온 분자 반응 등으로 이온화하였을 때 생성되는 일정한 질량/전하(m/e)비를 갖는 개열이온, 분자이온 등의 질량에서 분자량이 측정되고, 프래그먼트 이온의 형성 방법(개열양식)으로 구조 추정 혹은 동정을 한다.

매연 농도계 (煤煙濃度計, smoke indicator) 굴뚝에서 배출되는 연기의 검은 정도를 측정하는 장치. 연기의 검은색 정도를 표준표와 비교하는 방법(링겔만 농도법)과, 여과지에 모아 양을 측정하는 방법 등이 있다. 매연의 내용이 변화하여 굳이 검은 연기를 내지 않는 연기도 포함하게 되었는데, 농도계의 개선이 진전하여 검은색을 측정하는 것 같은 고정 배출원은 없고 거의 이 방법으로 측정하는 경우는 없다.

매염 (媒染, mordanting) 섬유에 직접 염색하는 성질(직염성)이 없는 염료로 섬유를 염색할 때 매염제로 처리하여 염료를 섬유에 고착시키는 것을 말한다.

매염 염료 (媒染染料, mordant dye) 섬유에 대한 직접적인 염착성(직접성)은 없으나 매염제로 처리한 섬유에 불용성 착염이 되어 염착하는 염료. 역사적으로는 알리자린($C_{14}H_8O_4$)이 유명하지만, 식물성 섬유에 대해서는 염색법이 복잡하기 때문에 별로 사용되지 않게 되었다. 현재는 주로 산성 매염염료가 양모에 사용되고 있다. ⇨ 크롬매염.

매염제 (媒染劑, mordant) 염료와 결합하여 섬유에 대한 염착의 매개를 하는 약제. 알루미늄, 크롬, 철, 니켈 등의 금속염이 사용된다. 또 염기성 염료로 면을 염색하는 경우에 타닌이 매염제로 사용되었으나 지금은 거의 사용하지 않는다.

매정제 (媒晶劑, habit modifier) 정출에 의해 결정을 석출하는 경우, 결정은 조작 조건에 따라 고유한 정벽을 발휘한다. 정벽은 각종 인자에 의해 영향을 받으나 공존하는 제3 물질에 의해 크게 변화한다. 이 제3 물질을 매정제라 한다. 매정제에는 무기 및 유기물질이 있다.

매질 (媒質, medium) 원자와 분자가 그것과는 화학적으로 비활성 물질 중에 존재하고 있을 때, 그 물질을 매질이라 한다. 용매와 매트릭스가 매질에 해당한다.

매크로 글로불린 (macro globulin) 분자량이

약 40만 이상인 글로불린 분자. α_2-매크로 글로불린은 사람의 혈청 중에 함유되며, 하나의 당단백질로서 아연을 함유한다. 보통 면역 글로불린 1 gM를 지칭한다.

매크로라이드 (macrolide) 방선균이 생산하는 항생 물질. 분자 내에 아미노산과 큰 고리모양 락톤구조가 있는 유사 화학구조의 일군의 화합물이다.

매크로 분석 (—— 分析, macro analysis) 100 mg 내지 수 g의 시료를 사용하여 하는 화학 분석. 상량(常量) 분석 또는 보통량 분석이라고도 한다.

매크로 세공 (—— 細孔, macro pore) 구멍 지름이 큰 세공. 크기에 대해서는 명확한 정의가 없으나 IUPAC에서는 50 nm 이상의 세공으로 할 것을 권장하고 있다. 2차 입자를 형성할 때에 생기는 공극이 그 성인이며, 확산분자를 성형체의 외부 표면에서 내부로 신속하게 수송하는 역할을 한다. 확산 메커니즘의 견지에서는 분자확산이 지배적인 세공 영역으로 분류된다.

매크로 전해 (—— 電解, macro electrolysis) 전해를 계속하여 반응 용기에 함유되는 반응물을 다량으로 전해하는 것을 말한다.

매크로 파지 (macro phage) 식작용(食作用)이 있는 단구계의 백혈구. 대식 세포라고도 한다. 하등동물에서 고등동물에 이르기까지 볼 수 있는 운동성의 세포로서, 이물질의 제거와 분해를 하는 한편 항원의 정보를 T림프구에 전달하는 작용도 하여 면역 반응에도 필요하다.

매트릭스 (matrix) (1) 화학적으로 비활성인 매질을 말한다. 보통 희유가스 등의 비활성 가스, 유리상 강성 용매, 긴 사슬 포화탄화수소 등의 저온 고체가 사용된다. (2) 복합재료에서 연속상을 구성하는 성분. 대부분의 경우 강화되는 다량 성분이며 플라스틱이나 금속이 사용된다.

매트릭스 유리 (—— 遊離, matrix isolation) 강성 매트릭스 중에 저농도의 시료분자를 확산시켜 넣고 각 분자를 이산시켜 분자 간 상호작용의 영향을 적게 하는 분광학적 수법. 불안정한 반응 중간체의 연구 등에 이용된다.

매트릭스 효과 (—— 效果, matrix effect) 목적 성분의 농도가 동일함에도 불구하고 분석값이 공존성분이나 결정구조 등의 차이에 따라 영향을 받는 현상을 말한다.

맥각 (麥角, ergot) 나맥 등의 이삭에 기생하는 맥각균의 균핵. 자궁 긴축작용, 분만 촉진작용, 분만시의 지혈작용이 있다. 화학적으로는 인돌알칼로이드에 속한다. 프롤락틴 분비 조절에도 사용된다.

맥동 추출탑 (脈動抽出塔, pulsed extraction column) 액체-액체 향류 추출탑의 연속상에 맥동을 부여하는 형식의 추출탑. 펄스 칼럼이라고도 한다. 탑으로는 충전탑, 다공판탑, 스프레이 탑 등을 사용한다. 분산이 높아지고 물질 이동 성능이 현저하게 향상된다. 맥동은 피스톤, 플랜저의 변위, 벨로즈형 펌프 등으로 주어진다.

맥스웰-볼츠만 분포 (—— 分布, Maxwell-Boltzmann distribution) ⇨ 볼츠만 분포.

맥스웰-볼츠만의 속도 분포법칙 (—— 速度分布法則, Maxwell-Boltzmann's law of velocity distribution) 열 평형 상태에 있는 기체분자의 속도분포를 부여하는 관계. 1860년 J. C. Maxwell에 의해 유도되었다. 볼츠만 분포의 한 예이다.

맥아 (麥芽, malt) 보리를 발아시킨 후에 건조시킨 것. 식물원 당화제로서 가장 많이 사용된다. 보리 이외의 식물 종자를 사용하는 것으로는 밀맥아, 옥수수맥아도 있다. 건조 전의 습한 맥아를 녹(綠) 맥아, 건조한 맥아를 건조맥아, 바람에 건조시킨 맥아를 풍맥아라 하는 경우도 있다.

맥아당 (麥芽糖, malt sugar) D-글루코오스 2분자가 α-형의 글리코시드 결합을 하여 형성된 이당류, $C_{12}H_{22}O_{11}$. 녹말의 기본 구성단위. 녹말의 부분 가수분해에 의해 생성된다. 물엿의 성분이다.

맥아 추출물 (麥芽抽出物, malt extract) 분쇄한 맥아를 따뜻한 물과 혼합하여 당화(糖化) 온도인 60~70℃로 유지하여 당화를 시킨 후에 여과한 액. 맥아즙이라고도 한다.

맥캐브-티엘법 (—— 法, McCabe-Thiele method) 2성분계의 연속 정류탑 이론 단수를 구하는 계단 작도법. 기체-액체상의 조성관계를 나타내는 $x-y$ 선도에서, 농축부 및 회수부의 조작선을 직선으로 가정하고, 그 것과 평형선 간의 계단 작도를 하여 이론 단수를 구한다. 1925년 McCabe와 Thiele 이 발표하였다.

머서 가공 (―― 化加工, mercerization) 면의 처리법. 면을 수산화나트륨의 진한 용액에서 긴장상태로 처리하면 현저하게 팽창하여 평 평한 리본상의 단면이 원형으로 변화하고, 표면이 평활하게 되므로 견직물과 같은 광택 이 생긴다. 동시에 결정형, 결정화도 등에도 변화가 생기므로 염색성도 향상되고 흡습성, 강신도도 증가한다. 발견자의 이름에 따라 머서리제이션, 머서리화라고도 한다.

머서리제이션 (macerization) ⇨ 머서 가공.

머티어스 규칙 (―― 規則, Matthias rule) 초 전도 금속 및 합금의 임계온도 T_c 와 가전 자수 n 간에 일정한 규칙성이 있다는 경험 칙. 1967년 B. T. Matthias에 의해 발견되었 다. 이 경험칙에 의하면 T_c 는 $n=5$ 및 7 에 서 극대, $n=6$에서 극소가 되고 $n \leqq 2$ 및 $n >9$ 에서는 초전도성을 나타내지 않는다. 그 러나 현재 이 규칙은 화합물계 초전도체에 는 반드시 적용되지 않는다는 것이 밝혀졌 으므로 보편적인 법칙은 아닌 것으로 생각 된다.

머프리단 효율 (―― 段效率, Murphree plate efficiency) 단탑과 같은 계단 접촉식 장치 에서 선반 한 단을 전체로 생각했을 경우의 효율. 증기 조성 기준으로 나타내는 경우에 는 임의의 선반에 들어오는 증기의 평균 조 성이 그 선반을 떠나는 액 조성에 평형한 증기 조성에 가까워지는 비율을 나타낸다. 액 조성 기준으로 표시하는 경우도 있다. 단 순히 단효율이라고도 한다. 점효율, 탑효율 의 대응어이다.

머플 로 (―― 爐, muffle furnace, muffle kiln) 연소가스 또는 화염이 직접 피가열물에 접 촉하지 않도록 노 내부에 내화물의 격벽(머 플)을 설치하여 간접적으로 가열하는 소성 로. 법랑과 도자기의 소성에 사용된다.

머플 페인팅 (muffle painting, painting) 도 자기 표면에 장식을 하는 조작. 머플 페인팅 방법에는 밑페인팅과 위페인팅이 있으며,

밑페인팅은 도료를 소지에 머플링한 후에 유약을 칠해서 소성하는 방법이고, 위페인 팅은 유약 위에 머플 페인팅하여 소성하는 방법이다.

먼지 (dust) ⇨ 더스트.

멀라이트 (mullite) 흔히 $3Al_2O_3 \cdot 2SiO_2$로 대 표되는 화학조성을 갖는 알루미노규산염의 총칭으로 사용되는 경우가 많다. 일반적으 로는 폭넓은 부정비성(不定比性)을 취하기 쉽고, Al_2O_3가 이상 조성보다 부족하다. 도 자기, Al_2O_3-SiO_2계 내열성 재료의 주요 화 합물로 사용된다.

멀라이트 자기 (―― 磁器, mullite porcelain) 멀라이트를 주성분으로 하는 자기. 내열성, 내산성, 기계적 강도, 가스 기밀성이 우수하 여 화학용 자기와 조리용기 등에 사용된다.

멈춤법 (―― 法, stopped-flow method) 유통 법의 하나로, 주로 액상의 고속반응 추적에 사용된다. 반응시키는 2종 이상의 화학종을 급속히 혼합하여 관측부에 유도한 후, 그 흐 름을 순식간에 스톱시켜, 그 중의 화학종 농 도 등의 시간 변화를 관측한다.

메나디온 (menadione) 2-메틸-1, 4-나프토 퀴논, $C_{11}H_8O_2$. 비타민 K의 하나로, 프로트 롬빈 합성에 필요하다. 응혈을 촉진하는 비 타민이다.

메니스커스 (meniscus) 가는 관속의 액체 표 면이 이루는 굽은 면의 형태. 관벽을 따라 액체의 중앙부보다 솟는 경우(볼록)와 내려 가는 경우(오목)가 있다. 메니스커스는 초생 달을 의미하는 그리스어이다.

메르캅탄 (mercaptan) 알코올의 OH기가 SH 기로 치환된 화합물 R−SH에 대한 옛 명칭. 현재의 명칭은 티올(thiol)이라 하며 메르캅 탄이란 명칭은 폐기되었다. 그러나 −SH기 에 대해서는 현재도 메르캅토기란 명칭이 남아 있다.

메르캅토기 (―― 基, mercapto group) 티올 에 함유되어 있는 기 −SH의 명칭. 이 기를 함유하는 화합물 R−SH는 이전에는 메르캅 탄이라 불리었으나 현재의 명명법에서는 메 르캅탄이란 명칭은 폐기되고 기의 명칭으로 서만 메르캅토란 명칭이 남아 있다.

***o*- 메르캅토 벤조산** (―― 酸, *o*-mercaptobenzoic acid)　$C_6H_4(SH)COOH$. 일반적으로 티오살리실산이라 부르나 살리실산의 어느 산소가 황으로 치환되었는지 확실치 않으므로 벤조산의 오르토 자리에 SH가 치환된 것을 나타내는 명칭을 정식명으로 쓰고 있다. 분석 시약으로 또는 의약과 염료합성의 원료로 쓰인다.

메르캅토　아세트산 (── 酸, mercaptoacetic acid)　$HSCH_2COOH$. 일반적으로 티올산이라 하지만 글리콜산의 어느 산소가 황으로 치환되었는지 명확하지 않으므로 아세트산에 SH가 치환한 것을 나타내는 명칭을 정식명으로 쓰고 있다. 분석 시약으로서의 용도가 광범위하고 또 실용적으로는 모발의 퍼머넌트 웨이브용 약품으로 사용된다.

메리야스 (knitted fabric, looped fabric)　편성기계로 짠 편물. 날 메리야스와 씨 메리야스로 대별된다. 최근에는 메리야스란 말은 거의 사용하지 않고 주로 니트로 통용되고 있다. 메리야스는 에스파냐어 medias 또는 포르투갈어 meidas에서 유래한 명칭이다.

메발론산 (── 酸, mevalonic acid)　3, 5-디히드록시-3-메틸 발레르산, $C_6H_{12}O_4$, 테르펜 생합성의 중요한 중간체이다.

메소과요오드산염 (── 過 ── 酸鹽, mesoperiodate)　오르토산과 메탄산의 중간적인 수화를 나타내는 산을 메소산이라 하는 경우가 있으며, 오르토과요오드산염 $M^I_5IO_6$과 메타과요오드산염 M^IIO_4의 중간으로서 $M^I_3IO_5$를 이렇게 부르는 경우가 있다. M^I=Ag, 1/2 Pb 등이 알려져 있나. 또한 $M^I_4I_2O_9$ (M^I=K, Ag, 1/2 Pb 등)는 이메소과요오드산염이라 불린다. 그러나 정식 명칭으로서는 인정되어 있지 않다.

메소메리 현상 (── 現象, mesomerism)　공역계 분자의 전자상태는 하나의 고전 구조식으로 표현하는 것보다 2개 이상의 구조식을 겹쳐서 표현하는 것이 그 성질을 적절하게 나타낸다. 현재는 공명이라 부르는 상태지만 초기에는 메소메리즘이란 용어가 사용되었다. mesomerism이란 말은 isomerism에 유래하며 한 때는 전자이성이란 용어도 사용되었으나 구조식에 내응하는 이성질체가 존재하지 않으므로 최근에는 이 용어는 거의 사용하지 않는다.

메소메리 효과 (── 效果, mesomeric effect)　일렉트로메리 효과와 본질적으로는 같으며, 전자공여성기, 전자구인성기 등이 π전자계에 미치는 효과를 지칭한다. 반응에 미치는 효과에 대해서는 일렉트로메트리 효과, 정적인 경우(가시 자외 흡수스펙트럼 등)에는 메소메리효과로 구별하여 사용하였다. 후자는 현재 거의 사용하지 않는다.

메소 세공 (── 細孔, mesopore)　공경이 중간 정도의 세공. 크기에 대해서는 명확한 정의가 없으나 IUPAC에서는 50 nm 이상을 매크로 세공, 2 nm 이하를 마이크로 세공(미공), 그 중간을 메소 세공이라 할 것을 권장하고 있다. 1차 미립자 간의 공극이 메소세공을 형성한다. 실리카겔, 알루미나, 기타 많은 무정형성 촉매의 세공은 주로 이종의 세공으로 되어 있다. 메소 세공에서는 크누센 확산이 지배적이다.

메소옥살산 (── 酸, mesoxalic acid)　지방족 케토디카르복시산. 케토말론산이라고도 한다. 화학식 $C_3H_2O_6$. 말론산의 CH_2기가 산화되어 카르보닐기가 된 화합물을 말한다.

메소이온성　화합물 (── 性化合物, mesoionic compound)　방향족성이 있는 복소 고리식 화합물로, 비극성의 공유결합에 의한 화학식을 사용해서는 표현할 수 없고 고리에 음양의 형식 하전이 존재하는 몇 가지 공명구조식에 의해서만 표현할 수 있는 것. 시드논이 대표직인 에이다.

메소 자리 (meso position)　축합 고리상에 치환기가 있는 화합물에서 치환기의 위치를 나타내는 용어. 중앙, 중간의 의미에서 유래한다. 안트라센 고리 중앙의 9, 10-자리, 또 포르피린의 4개 피롤고리를 연결하는 4개의 탄소 원자 5, 10, 15, 20- 자리를 *meso*-로 표시하는 경우가 있다.

메소토륨 (mesothorium)　토륨 계열에 속하는 방사성 핵종으로, 라듐의 동원원소 $^{228}_{88}Ra$를 메소토륨 1($MsTh_1$)이라 하고, 역 $^{228}_{89}Ac$를 메소토륨 2($MsTh_2$)라고 한다.

메소페이즈 (mesophase)　석탄, 중질유, 콜타르피치 등을 열치리할 때 탄회 초기 과정의 액상에서 중축합으로 생성하는 매우 큰 방향족 축합 고리의 평면분자가 모상에서 상분리하여 액상인 소구체를 형성한다. 이 중에서 평면분자는 평행상으로 배열된 액정으로 되어 있다. 이 작은 구체 또는 그것이 합체한 상을 메소페이스라 한다. 메소페이스는 액상 탄화의 계에서만 볼 수 있다. 탄소의 조직구성을 결정하는 전구체로서 중요하다.

메소형 (—— 形, meso form)　같은 구조의 비대칭 탄소 원자(키랄구조) 2개를 함유하는 광학 이성질체로, 2개의 키랄구조가 우형과 좌형의 쌍으로 되어 있는 이성질체는 분자 내의 대칭면에 있어 분자는 아키랄로 된다. 즉 분자 내에 두 키랄 중심이 선광성을 상쇄하여 광학적으로 비활성화 한다. 이러한 이성질체를 메소체라 한다. 대표적인 예는 메소타르타르산이 있다.

메시 (mesh)　타일러 표준체에서의 체눈의 크기를 나타내는 단위. 체눈 0.0029 in(1 in = 2.54 cm), 철사줄 지름 0.0021 in의 200메시(1 in 중의 체눈의 수에 상당)체를 기준으로 하여 비(인접하는 체눈의 비)를 1 : $^4\sqrt{2}$로서 표준체가 정해져 있다.

메시틸렌 (mesitylene)　1, 3, 5 - 트리메틸벤젠. 벤젠 고리에 3개의 메틸기가 대칭형으로 치환된 방향족 탄화수소를 말한다.

메신저 RNA (messenger RNA)　⇨ 전령 RNA.

메실화 (—— 化, mesylation)　메탄술폰산 CH_3SO_3H의 유도체를 형성하는 반응. 정식으로는 메탄술포닐화라 하는 것을 생략하여 메실화라 한다.

메이저 (maser)　원자 · 분자계의 유도방출을 이용한 마이크로파 증폭기 혹은 발진기. microwave amplification by stimulated emission of radiation의 머리글자를 딴 명칭. 원자 · 분자의 특정 준위 간에 반전 분포상태를 형성하면 두 준위 간의 공명하는 입사 전자파는 유도방출에 의해 증폭된다.

메타과요오드산염 (—— 過 —— 酸鹽, metaperiodate)　일반식 M^IIO_4. 정식으로는 과요오드산염이라 한다. H_5IO_6을 오르토과요오드산이라 하는 데 대해 수화의 정도가 낮은 HIO_4를 메타과요오드산이라 하여 이렇게 부른 적이 있다.

메타규산염 (—— 硅酸鹽, metasilicate)　일반식 $M^I_2SiO_3$. 보통 규산염이라 부르는 경우가 많다. 독립적인 SiO_3^{2-}가 존재하지 않고 사면체형의 SiO_4^{4-}를 기본으로 하여 이것이 사슬 모양 또는 고리모양으로 결합한 중합 음이온을 함유하는 것이 보통이다.

메타놀리시스 (methanolysis)　유기 화합물이 메탄올 용액 중에서 용매 메탄올과 반응하여 분자 내의 공유결합이 개열하고 메톡시드 이온과 결합한 화합물을 생성하는 반응을 말한다. 가메탄올 분해라고도 한다.

메타몰리브덴산염 (—— 酸鹽, metamolybdate)　수용성의 무색결정. M^I_4 [Mo_8O_{26}], 옥타몰리브덴산염의 속칭, 팔면체 형의 MoO_6가 능공유(稜共有)로 축합한 [Mo_8O_{26}]$^{4-}$ 이온을 함유. 예를 들면 Na_4 [Mo_8O_{26}] · $16H_2O_1K_4$ [Mo_8O_{26}] · $16H_2O$ 등이 있다

메타무연탄 (—— 無煙炭, metaanthracite)　석탄화도가 가장 높은 무연탄 중에서 특히 탄소함유량이 높은 석탄. 미국의 ASTM에서는 고정탄소가 98% 이상(순탄베이스)으로 정해져 있다.

메타붕산납 (—— 硼酸鉛, lead drier)　건유성 또는 지방산 변형 합성 수지를 사용한 도료 혹은 인쇄잉크에 첨가하여 산화 또는 중합을 촉진시켜, 건조를 촉진하기 위해 사용되는 납화합물. 주로 나프텐산, 수지, 대두유 지방산, 아마인유 지방산 등, 유기산인 납염이 사용된다.

메타붕산염 (—— 硼酸鹽, metaborate)　일반식 $(M^IBO_2)_n$, 메타붕산$(HBO_2)_n$에는 세 가지 변형이 있는데 B_3O_3 육원고리를 함유하는 것. BO_4 사면체와 B_2O_5를 함유하는 것. 사면체형의 B만을 함유하는 것 등이 있다. 메타붕산염에는 평면형의 BO_3만이 존재한다.

메타알데히드 (metaldehyde)　아세트알데히드의 중합체. $(CH_3CHO)_{4-6}$. 아세트알데히드에 산을 작용시켜 제조한다. 백색 고체. 농약으로서 또는 유대 연료로 사용된다.

메타인산염 (—— 燐酸鹽, metaphosphate)　무색의 고체, $(M^IPO_3)_n$, 축합 폴리인산염의 하나로, 독립적인 PO_3^-는 존재하지 않는다. 사면체형 PO_4^{3-}의 정점공유로 연결된 구조를 하고 있다. *cyclo*-삼인산염(속칭 삼메탈인산염),

cyclo 사인산염(속칭 사메탈인산염), 폴리인산염, 울트라인산염 등이 알려져 있다. $n=2 \sim 6, 8, 10, 14$의 것도 있으나 n이 크면 유리상의 혼합물로서 얻어진다. $(PO_3^-)_n$ 이온은 다가 금속 이온과 안정된 가용성 착물을 형성하기 쉽고 경수의 연화제로 쓰인다.

메타 자리 (meta position)　벤젠 고리의 한 탄소 원자로부터 3번째 탄소 원자의 위치를 말한다.

메타주석산 (―― 朱錫酸, metastannic acid)　주석을 진한 질산으로 처리하여 생기는 백색 무정형의 물질, $SnO_2 \cdot nH_2O$. 산화주석(IV) 내지 수산화주석(IV)은 양성이지만 이것은 화학적으로 매우 불활성이어서 이처럼 불리었던 일이 있다.

메타크로마시 (metachromasy)　세포와 조직을 어떤 색소로 염색할 경우 특정한 부분의 색이 색소 본래의 색과 다른 색으로 염색되는 현상. 이염색성, 이조염 등이라고도 한다. 메타크로마시를 나타내는 조직성분에는 산성의 고분자 전해질(예를 들면 히알루론산, 콘드로이틴황산 등)이 있다.

메타크롤레인 (methacrolein)　⇨ 메타크릴알데히드.

메타크릴산 (―― 酸, methacrylic acid)　구조상으로는 α-메틸아크릴산. 아크릴산의 메틸치환기, $CH_2=C(CH_3)COOH$, 이 산과 그 에스테르는 중합하기 쉬운 성질이 있으므로 단독으로 또는 다른 비닐화합물과의 공중합으로 각종 플라스틱의 제조에 사용된다.

메타크릴 수지 (―― 樹脂, methacrylic resin)　메타크릴산에스테르와 메타크릴산을 중합하여 생기는 수지의 총칭. 보통은 폴리메타크릴산메틸 혹은 메타크릴산메틸을 주성분으로 하는 공중합체를 지칭한다. 아크릴 수지의 하나이다.

메타크릴알데히드 (methacrylaldehyde)　$CH_2=C(CH_3)CHO$. 메타크릴산에 대응하는 알데히드. 화학공업에서는 메타클로레인이란 통속명으로 부른다. 고분자 화학공업의 원료로 사용된다.

메타텅스텐산염 (―― 酸鹽, metatungstate)　대부분은 수용성의 무색 결정. $M^I_6[H_2W_{12}O_{40}]$. 팔면체형의 WO_6가 기본이 되며, 이것이 다시 결합하여 모인 형태의 복잡한 구조의 $[H_2W_{12}O_{40}]^{6-}$이 존재한다.

메탄 발효 (―― 醱酵, methane fermentation)　유기 화합물이 염기성 조건하에서 세균에 의한 분해작용으로 저급 지방산의 생성을 거쳐 메탄 세균에 의해 메탄과 이산화탄소가 되는 반응. 제1단계의 산 발효에서는 *Clostridium* 속 등의 세균, 제2단계의 메탄 발효에서는 *Methanococcus* 속 등의 메탄 세균이 작용한다. 바이오매스의 에너지 변환으로 기대된다.

메탄올 (methanol)　CH_3OH. 메틸알코올이라고도 한다. 천연가스 또는 코크스로 가스 중의 메탄을 산소와 수증기의 존재하에 일산화탄소와 수소로 구성된 합성가스로 한 후, 이것을 다시 촉매 존재하에서 반응시켜 메탄올로 한다. 용도는 포르말린제조를 주로 하며 각종 에스테르류와 할로겐화물 외에 아세트산의 제조에도 쓰인다.

메탄화 (―― 化, methanation)　일산화탄소와 수소에서 메탄을 합성하는 반응. 니켈 촉매가 유효하다. 암모니아 합성용 수소 중의 일산화탄소 제거에 사용되고 있으나, 근년에 석탄을 원료로 한 대체 천연가스(SNG)제조 과정으로 주목받고 있다.

메탈라시클로 착물 (―― 錯物, metallacyclo complex)　고리모양 화합물의 구성 원소 중 적어도 1개가 금속원자인 착물. 착물 촉매를 사용하는 올레핀 중합과 메타세시스 반응에서 중요한 역할을 한다고 여겨지고 있다.

메탈로센 (metallocene)　$C_5H_5-M-C_5H_5$(M은 Fc, Ni, Ru, Ti, V 등의 금속). 대표적인 것으로는 페로센$(C_5H_5)_2Fe$, 2개의 시클로펜타디엔 고리 사이에 1개의 금속원자가 끼어 특수한 형태로 공유결합을 이루며 샌드위치상의 구조를 하고 있다. 화학구조는 페로센이다.

메탈로이드 (metalloid)　비금속의 의미로 사용되는 경우도 있고 또 금속과 비금속에 대해 금속 양원소라는 뜻으로 그 중간적 성질이 있는 것을 지칭하는 경우도 있다. IUPAC 명명법에서는 각국 언어로 용법이 일치하지 않기 때문에 이 말을 사용하지 않도록 권고하고 있다.

메탈릭 도장 (―― 塗裝, metallic coating)　⇨

메탈릭 마무리.

메탈릭 마무리 (metallic finish) 알루미늄가루(표면에 뜨지 않는다) 또는 청동(브론즈)가루를 분산한 도료를 사용하여 미장 도장하는 것. 알루미늄 가루 배합도막은 금속 광택이 있는 도막이 되어 외관상 선호되므로 자동차 도장의 반수에 많이 사용되고 있다.

메톡시드 (methoxide) 메탄올의 금속염. 메틸레이트라고도 한다. 대표적인 것으로는 나트륨메톡시드 CH_3ONa. 전형적인 유기 염기로, 메톡시드 이온의 발생원으로서 유기 반응의 연구에 사용된다.

메톡실기 (―― 基, methoxyl group) 원자단 CH_3O-의 명칭. 이 기가 화합물에 치환기로서 존재할 때는 메톡시(methoxy)라 명명한다.

메트헤모글로빈 (methemoglobin) 헤모글로빈의 헴 중심 금속이 철(Ⅱ)에서 철(Ⅲ)로 변화한 헤모글로빈의 유사체. 헤모글로빈의 기능인 효소 운반 능력을 상실하고 있다. 산화제의 섭취, 헤모글로빈 M증 등에서 혈액 중에 나타난다.

메티오닌 (methionine) 단백질을 구성하는 아미노산의 하나. $CH_3SCH_2CH_2CH(NH_2)COOH$. 잔기의 약어 Met. 더 간략화할 경우에는 M으로 쓴다.

메틸레이트 (methylate) ⇨ 메톡시드.

메틸 비닐 케톤 (methyl vinyl ketone) 불포화 케톤, $CH_2=CHCOCH_3$. 비닐아세틸렌과 물의 부가반응으로 합성된다.

메틸 알코올 (methyl alcohol) ⇨ 메탄올. 현대 명명법에서는 메탄올이란 명칭을 권고하고 있다.

메틸 에틸 케톤 (methyl ethyl ketone) ⇨ 에틸 메틸 케톤.

메틸 오렌지 (Methyl Orange) 4′-디메틸아미노아조벤젠-4-술폰산나트륨, 대표적인 산염기 지시약(변색역 pH 3.1~4.4, 산성색은 적색, 염기성 색은 오렌지색)이지만 세륨(Ⅳ)적정, 브롬산 적정 등에서는 산화-환원 지시약으로 사용된다.

2-메틸-1-프로판올 (2-methyl-1-propanol) ⇨ 이소부틸알코올.

메틸화 (―― 化 methylation) 유기 화합물에 메틸기를 결합시키는 반응. 탄소골격에 친전자성 혹은 친핵성치환으로 메틸기를 도입하는 반응과 OH, NH_2 등의 작용기에서 메틸 유도체를 형성하는 반응이 있다.

멘톨 (menthol) 테르펜 알코올. $C_{10}H_{19}OH$. 박하유의 주성분. 특이한 방향이 있으며 과자, 음료, 화장품 등의 향료로 또는 의약품·진통제의 제조에 사용된다.

멜라노사이트 (melanocyte) ⇨ 멜라닌 세포.

멜라닌 (melanin) 각종 동물의 체표면에 존재하는 흑갈색 내지 흑색의 색소, 인돌핵이 있는 퀴논이 중합한 형태의 구조이다.

멜라닌 세포 (―― 細胞, melanocyte) 멜라닌을 생성하여 다수의 멜라닌 과립을 만들어 동물의 가죽, 피부, 털 등에 흑색 내지 갈색의 색조를 부여하는 세포. 멜라닌 색소 세포 또는 멜라노사이트라고도 한다.

멜라민 (melamine) 1, 3, 5-트리아진 고리에 3개의 아미노기가 결합한 화합물. 시아누르산의 트리아미드. 포르말린과 가열하면 멜라민 수지가 얻어진다.

멜라민 수지 (―― 樹脂, melamine resin) 멜라민과 알데히드(주로 포름알데히드)의 반응으로 얻어지는 열경화성 수지. 요소 수지에 비해 값이 비싸지만 내수성, 내열성이 뛰어나고 외관이 미려하며 투명성과 경도가 매우 높다.

멜라토닌 (melatonin) N-아세틸-5-메톡시트립타민, $C_{13}H_{16}N_2O_2$. 송과체(간뇌에서 돌출하여 있는 기관)로서, 트립토판에서 세로토닌을 거쳐 합성된다. 송과체의 생식기능 억제와 일주 리듬에 관계되는 호르몬을 말한다.

멜턴 마무리 (melton finishing) 강한 밀링으로 천의 발을 으깨고 불규칙한 깃털로 천의 면을 피복하는 모직물의 마무리. 방모·소모 직물의 어느 경우에도 응용된다.

멜트 플로 레이트 (melt flow rate) ⇨ 용융지수.

멜트 플로 인덱스 (melt flow index) ⇨ 용융지수.

면 간격 (面間隔, spacing) 일정한 면 지수를 갖는 격자면과 이웃면 간의 수직거리. 정확하게는 격자면 간격(spacing of lattice plane)이라 한다. 원자 그물면 간의 거리라는 정의는 엄밀히 말해서 정확한 것이 아니다.

면내 진동 (面內振動, in-plane vibration)　결합으로 이어져 있는 4개 이상의 원자핵 평형 위치가 동일 평면상에 있는 분자의 기준 진동 중 각 원자핵의 변위가 이 평면 내에서 일어나는 것. 이 평면 밖에 원자가 있는 분자에서도 각 원자핵의 움직임이 그 평면에 대해 대칭적인 진동을 면내 진동이라 하는 경우가 있다.

면실유 (棉實油, cotton seed oil)　미국·인도를 주산지로 하는 목화 종자에서 면섬유를 채취한 다음 다시 깎지를 제거한 후 편압한 것(함유분 15~25 %)을 원료로 하여 채유한 반 건성유. 주성분은 리놀레산, 팔미트산, 올레산의 혼합 트리글리세리드로 주로 식용유로 또는 경화하여 마가린 원료로 사용된다. 면실유는 고씨폴과 고형지(스테아린)를 함유하므로 샐러드유의 제조에는 냉각하여 고형분을 제거할 필요가 있다.

면심 격자 (面心格子, face-centered lattice)　단위포를 나타내는 평행육면체 각정점과 각 면의 중심에 격자점이 존재하는 결정 격자. 기호는 *F*. 결정 격자의 정의에서 면심 사방 격자와 면심 입방격자의 2개가 14의 브라베 격자의 요소이다.

면심 입방 격자 (面心立方格子, face-centered cubic lattice)　브라베 격자의 하나. 입방정계의 단위포를 나타내는 정입방체의 각 정점과 각 면의 중심에 격자점이 존재하는 결정 격자를 말한다.

면역 글로불린 (免疫——, immunoglobulin)　항체와 그 관련 단백질의 총칭. 혈청과 체액에 함유된다. 모든 면역 글로불린은 H사슬 및 L사슬이라 하는 폴리펩티드 사슬 2개씩으로 되어 있다. H사슬의 종류에 따라 IgA, IgG, IgM, IgE, IgD의 5개로 분류된다. H사슬과 L사슬 간에 항체별로 다른 구조를 갖는 부분이 있어 특이적으로 일정한 항원과만 반응한다.

면역(법, 처치) (免疫(法, 處置), immunization)　생체가 어떤 물질에 대하여 감응성을 높이도록 조작하는 것. 구체적으로는 생체에 항원을 투여하여 같은 항원의 자극에 내해 강하게 반응하는 면역상태와 아나필락시스 등의 반응이 일어나기 쉽게 하는 것을 말한다. 생체가 병원 미생물에 감염하거나 백신 접종으로 항체가 생성되어 얻은 능동 면역과, 면역 동물의 항체를 주사한 동물이 이입(移入)항체를 보유하여 면역상태를 유지하는 수신(受身)면역이 있다.

면역 부활제 (免疫賦活劑, immunoactivating agent)　속발성(續發性) 면역부전, 악성 종양 등의 치료에 있어 숙주인 세포성 면역을 증가시킬 목적으로 사용되는 물질군의 총칭. 각종 균체 및 그 성분, 다당체, 호르몬, 비타민, 사람 백혈구 추출물, 인터페론, 화학 합성제, 일부 항균성 항생물질 등이 있다.

면역성 (免疫性, immunity)　한 때는 병원체와 독소에 대해 개체가 자기를 방어하는 생체 반응을 뜻하는 것이었다. 현재는 생체가 자기와 객체를 식별하여 객체를 배제하기 위해 하는 반응의 총칭. 항체의 합성에 의한 체액성 면역과 세포에 의한 세포성 면역이 있다.

면역 센서 (免疫——, immunosensor)　바이오센서의 하나. 항체의 항원 식별능을 이용하여 항원 혹은 항체를 선택적으로 측정하는 센서. 표지제를 사용하는 방식과 비표지 방식으로 분류되지만 매우 많은 방식이 제안되고 있다.

면역 전기 이동법 (免疫電氣移動法, immuno-electrophoresis)　겔 전기영동법과 겔내 확산법을 조합하여 항원 혹은 항체의 면역 화학적 분석을 하는 실험법. 전기영동법으로 분리된 항원 또는 항체의 성분에 대해 전기영동의 방향으로 홈을 만들고 항체 또는 항원을 가하여 확산시켜 생긴 침강선을 관찰하여 조사한다.

면역학적 검정법 (免疫學的檢定法, immuno-assay)　항원 항체반응의 특이성과 검출 감도를 이용하여 항원 또는 항체를 동정, 정량하는 방법. 임무노아세이라고도 한다. 이 경우 항원 또는 항체를 표지화할 필요가 있다. 방사선 면역학적검정법, 효소 면역학적검정법, 형광 면역검정법 등이 있다.

면역 흡착제 (免疫吸着劑, immunoadsorbent)　자기 면역질환이나 이식 후의 환자 혈액 중에 이상적으로 저류하는 항원 혹은 항체를 선택적으로 흡착 제거하는 것을 목적으로 하는 흡착제. 예를 들면 트립토판이 곁사슬로 있는 다공질 함수 겔은 일부의 γ-글로불린을 선택적으로 제거하는 것으로 알려져 있다.

면외 진동 (面外振動, out-of-plane vibration) 중심 원자에 3개의 원자가 결합하고 이들 4개 원자핵의 평형위치가 동일 평면상에 있는 경우 중심 원자핵이 이 평면에 수직으로 변위하고 다른 3개의 원자핵이 이것과 역향으로 변위하는 진동을 말한다.

면 지향 (面指向, plane orientation) ⇨ 배향의 (2).

명도 (明度, light) 빛의 밝기 정도를 나타내는 속성. 색상, 채도와 함께 빛의 3속성이라 한다. CIE 표색계에서는 3자극값 중의 Y가 명도를 나타낸다.

명명법 (命名法, nomenclature) 화합물의 명칭을 화학구조를 기초로 하여 임의로 결정하기 위한 규칙. 국제순수 응용화학연합(IUPAC)에서 제정된 국제규칙이 기준이 된다.

명반 (明礬, alum) (1) $KAl(SO_4)_2 \cdot 12H_2O$로 표시되는 화합물의 속칭. 무색 정8면체 결정 (2) 넓은 의미로는 K^+ 대신에 각종 1가 양이온을 포함한 같은 구조의 복염 $M^IAl(SO_4)_2 \cdot 12H_2O$ (M^I=K, NH₄, Na 등)의 총칭. 또 이러한 것은 암모늄 명반 등으로 부른다. 더욱 넓은 의미로는 일반식 $M^IM^{III}(SO_4)_2 \cdot 12H_2O$로 표시되는 동종의 구조가 있는 화합물을 지칭한다. 예를 들면 크롬명반, 철명반 등이 있다.

명반 무두질 (明礬——, alum tanning) ⇨ 알루미늄 무두질.

모노글리세리드 (monoglyceride) 글리세린의 OH기가 지방산과 에스테르를 형성하고 있는 글리세리드중 OH기 1개가 에스테르를 형성하고 있는 화합물. 1-모노글리세리드와 2-모노글리세리드가 있다.

모노뉴클레오티드 (mononucleotide) 뉴클레오티드 중에서 뉴클레오시드 1분자의 당부분에 에스테르 결합하는 인산기의 수가 1개인 것을 말한다.

모노머 (monomer) ⇨ 단량체.

모노머 단위 (monomeric unit) ⇨ 단량체 단위.

모노머 반응성 비 (——反應性比, monomer reactivity ratio) ⇨ 단량체 반응성 비.

모노클로널 항체 (——抗體, monoclonal antibody) ⇨ 단클론 항체.

모노클로로 아세트산 (——酸, monochloroacetic acid) ⇨ 클로로 아세트산.

모노테르펜 (monoterpene) 식물 정유의 주성분을 이루는 테르펜 중 탄소 원자 10개로 된 탄소 골격이 있는 화합물의 총칭. 그 기본 골격구조에 따라 ① 비고리식(밀센, 겔라니올, 네롤, 시트로네랄 등), ② 단고리식(리모넨, 멘톨, 테르피넨 등), ③ 이고리식(카렌, 피넨, 장뇌 등), ④ 삼고리식(텔레산타놀 등)으로 구분된다. 향료의 원료로서 중요한 것이 많다.

모노트로피 (monotropy) 불안정상이나 준안정상에서 안정상으로만 일방적으로 전이가 일어나고 이 반대의 변화는 관찰할 수 없는 다형 전이의 형식. 외쪽바꿈(현상)이라고도 한다. 전이속도가 느리므로 일방적 전이만 볼 수 있는 경우는 유사모노트로피(거짓 외쪽 바꿈(유사단변))라고 부르는 일이 있다. 이에 대해 A, B 2종류의 결정상을 취할 수 있는 물질이 전이점을 경계로 가역적으로 A상⇌B상으로 구조변화를 일으키는 경우를 호변이라 한다.

모노 필라멘트 (monofilament) 단독 필라멘트. 하나의 노즐에서 방사되는 섬유를 다른 섬유와 꼬여 합치는 일 없이 최종 제품으로 한 것. 멀티 필라멘트(다섬유)의 대응어. 낚싯줄, 어망, 부인용 양말 등에 쓰인다.

모르 염 (——鹽, Mohr's salt) 황산철(Ⅱ)암모늄 육수화물 $Fe(NH_4)_2(SO_4)_2 \cdot 6H_2O$의 속칭. K. F. Mohr에 따라 명명된 명칭이다.

모르타르 (mortar) 시멘트와 석회에 모래 또는 그것에 준하는 크기의 쇄석을 일정한 비율로 가하여 물로 혼련한 것. 건물의 벽을 바르거나 벽돌, 석재를 쌓아 올릴 때 블록과 타일의 점착제로 사용한다.

모르팍틴 (morphactin) 식물 호르몬의 옥신 작용을 저해하는 화합물. 9-플루오렌카르복시산의 유도체이며 지베렐린과 비슷한 구조를 하고 있다.

모르폴로지 (morphology) ⇨ 형태학.

모르폴린 (morpholine)　육원고리의 1, 4-자리에 산소와 질소 1원자씩 있는 포화 복소 고리 화합물, 제2급아민의 성질이 있다.

모르핀 (morphine)　아편, 알칼로이드의 하나. $C_{17}H_{19}NO_3$. 양귀비과 식물 *Paparer* 속의 미숙과 중에 함유되는 아편의 주성분. 식물 염기의 하나이지만 동시에 페놀성질도 있다. 염산염은 진통제이고 유도체는 진해제가 된다. 마약으로 사용이 엄격하게 규제되고 있다. 중추에 특정 수용체가 있어 엔도르핀 등의 내인성 진통 펩티드와 입체구조가 비슷하다.

모세관 (毛細管, capillary)　모세관 현상을 인식할 수 있을 정도의 가는 관. 유리관에서는 그 구멍의 반지름이 약 1 mm 이하의 경우를 말한다. 모관이라고도 한다.

모세관 가스 크로마토그래피 (毛細管 ——, capillary gas chromatography)　보통의 분석용 가스 크로마토그래피에서는 안지름 2~6 mm, 길이 1~3 m의 칼럼이 사용되는 데 반해 안지름 0.1~0.5 mm, 길이 5~100 m의 모세관 칼럼을 사용하는 가스 크로마토그래피를 지칭한다. 수십만 단의 높은 이론 단수가 쉽게 얻어지는 것이 특징이며, 성능면에서 고분해능 가스 크로마토그래피라고도 할 수 있다.

모세관 뷰렛 (毛細管 ——, capillary buret)　⇨ 미량 뷰렛.

모세관 응축 (毛細管凝縮, capillary condensation)　평면상에서는 과포화에 이르지 않은 증기가 모세관 안에서는 과포화에 이르러 응결(액화)하는 현상. 이것은 포화 증기압과 액체의 곡면에 관한 켈빈의 식에 의하면 오목면의 포화 증기압은 평면의 그것보다 낮다는 것으로 설명할 수 있다. 다공성 물질에 의한 증기의 흡착기구를 설명하는 데 사용된다.

모세관 작용 (毛細管作用, capillary action)　모세관이 액체에 대해 모세관 현상이나 모세관 응축을 일으키는 작용을 말한다.

모세관 점도계 (毛細管粘度計, capillary viscometer)　일정량의 액체가 모관 내를 흘러 내리는데 소요되는 시간이 그 동점도에 비례하는 원리를 이용한 점도계의 총칭. 점도계 중에서 가장 정확하고 널리 사용되고 있다. 오스트발트(Ostwald) 점도계, 우벨로데(Ubbelohde) 점도계 등이 있다.

모세관 피펫 (毛細管 ——, capillary pipet)　관 전체가 두터운 유리 모세관으로 되어 있는 마이크로 피펫. 전용의 것과 메스 피펫(몰 피펫)의 두 종류가 있다.

모세관 현상 (毛細管現象, capillarity)　액체 속에 모세관을 세우면 액체가 관 내를 상승 또는 하강하는 현상. 상승하거나 하강하는 것은 액체의 모세관 벽에 대한 젖음에 의한다. 벽에 잘 젖는 액체(접촉각이 90° 이하)는 상승하고, 젖기 어려운 액체(접촉각이 90° 이상)는 하강한다. 청정한 유리에 대해 물은 전자, 수은은 후자이다.

MOS(모스)　반도체 장치의 용어. 금속-금속산화물-반도체의 접합구조를 이르는 것으로, MIS(금속-절연체-반도체) 구조 중에서 가장 널리 이용된다. 실제로는 실리콘 기판 상에 SiO_2 박막을 형성하고 그 위에 금속 전극을 배치한다. MOS는 metal oxide semiconductor의 약어. 이 구조를 접합구조로 한 MOS 다이오드, 전계효과 트랜지스터(FET)의 게이트에 사용한 MOSFET 등의 장치에 응용되고 있다.

모스 경도 (—— 硬度, Moh's hardness)　활석에서 다이아몬드까지의 경도가 다른 10종류의 광물을 단계적 기준으로 나타내는 재료의 경도 표시법의 하나(이것을 구 모스 경도라 한다). 경도 미지인 물체의 표면을 기준 물질에 긁어 상처가 생기는가 어부로 경도를 정의한다. 최근 15종류의 광물을 사용한 신 모스 경도도 제정되었다.

모스 함수 (—— 函數, Morse function)　결합되어 있는 2원자 간의 퍼텐셜 에너지를 구하기 위해 P. M. Morse에 의해 제안된 함수. 결합에너지 D_e, 평형 핵간 거리 r_e, 진동 에너지 준위로 결정되는 β의 세 가지 경험적 파라미터를 사용하여 $U(r) = D_e[1 - \exp\{-\beta(r - r_e)\}^2]$ 로 표시된다. 이 퍼텐셜에서 진동 준위는 2차의 비조화항까지 구할 수 있다.

모슬레이의 식 (—— 式, Moseley equation)　원소의 특성 X선 진동수와 원자번호의 관계를 나타내는 식. 진동수를 ν, 원자번호를 Z 로 할 때 $\sqrt{\nu} = K(Z - s)$로 부여된다. 여기서 K, s는 스펙트럼 선의 종류(K계열, L계열 등)에 의해 결정되는 상수이다.

모액 (母液, mother liquor)　용액 중에 결정이나 침전이 생성되어 있을 때, 그 용액을 모액이라 한다. 대부분의 경우 고형성분의 포화용액으로 되어 있다.

모이스처 세트 잉크 (moisture-set ink)　⇨ 스팀 세트 잉크.

모자이크 결정 (—— 結晶, mosaic crystal)　실재 단결정은 결정 전체에 걸쳐 엄밀한 3차원 주기구조가 있는 경우는 드물고 어떤 불완전성을 갖고 있다. 이것은 미소한 완전 결정(모자이크편, 크기 $1\,\mu\mathrm{m}$ 이하)의 집합으로서 근사한 모델을 이른다. 모자이크편 상호의 기울기는 수 분~1°. X선, 입자선의 회절 이론에서 사용된다.

모자이크 구조 (—— 構造, mosaic texture)　주로 석탄코크스, 탄소재료 분야에서 사용되는 용어. 유기 소재인 탄화시료의 연마면을 편광현미경으로 관찰하였을 경우 모자이크 상으로 보이는 이방성 조직. 모자이크 입자의 크기에 따라 미립($1.5\,\mu\mathrm{m}$ 이하)·중립($1.5{\sim}5\,\mu\mathrm{m}$)·조립($5{\sim}10\,\mu\mathrm{m}$) 모자이크 조직 등으로 세분하여 표시하는 경우가 많다. 입자 지름의 범위는 연구자에 따라 반드시 일치하지는 않는다.

모조가죽 (模造革, imitation leather)　수지를 도포 또는 함침한 후, 피혁의 외관과 유사하게 형을 가압한 종이. 서적의 표지, 벽지, 화장상자, 가구의 표면 미장 등으로 사용된다.

모집단 (募集團, occupation number, population)　⇨ 모집단 해석.

모집단 해석 (募集團解析, population analysis)　분자 궤도계산으로 얻어진 LCAO 근사의 파동함수를 사용하여 분자를 구성하는 원자와 결합의 어느 부분에 전자가 어떠한 비율로 분포하는가를 쉽게 구하는 방법. R. Mulliken이 제창한 방법이 널리 사용되고 있으나 근사를 높인 계산일수록 의미가 불명확하게 되는 결점이 있다.

모터법 옥탄가 (—— 法 —— 價, motor octane number)　CFR엔진의 모터법에 규정되어 있는 고속 회전조건에서 측정한 옥탄가. 동일 시료에서는 리서치법 옥탄가 및 주행 옥탄가보다 낮은 수치를 나타낸다.

모터유 (—— 油, motor oil)　크랑크케이스유 중 가솔린 엔진에 사용되는 것을 말한다.

모트링 (mottling, mottled appearance)　(1) 도막 표면에 배합안료가 분리하여 얼룩색깔의 도막으로 되는 것. 용제의 증발로 도막 내에 발생하는 소용돌이 대류가 원인이므로 계면 활성제의 첨가 등으로 소용돌이 대류를 억제하면 방지할 수 있다. (2) 플라스틱 성형재료에 착색제가 균일하게 혼합되지 않아 제품에 생기는 주름 문양. 외관상의 결함이다.

모피 (毛皮, fur)　털이 붙은 대로 무두질하여 마무리한 가죽. 모피용 동물의 종류는 매우 다양하다. 모피 제조 공정은 드레싱이라 하며 주로 알루미늄 무두질, 크롬 무두질 등으로 한다.

목랍 (木蠟, Japan wax)　거먕 옻나무 열매의 과피에서 채취되는 납. 주성분은 약 90%의 팔미트산과 약 2%의 이염기산의 혼합 글리세리드로, 일반적인 납 에스테르(모노에스테르)와는 다르다. 이염기산은 2분자의 글리세리드 간에 다리결합하여 약 6%의 이량체 혼합 글리세리드를 생성하여 특유한 물성을 나타낸다. 화장품, 양초 등에 사용한다.

목재　방부유 (木材防腐油,　wood-preserving oil)　목재가 균류나 곤충류에 의해 질이 저하되는 것을 약제처리로 방지하는 것을 방부 방충처리(wood preserving)라 하는데, 이 때 사용하는 콜타르에서 유도된 페놀류 등을 이른다.

목재 틈 메우기 (木材 ——, wood sealer)　⇨ 우드 실러.

목표 화합물 (目標化合物, target compound)　유기 합성 특히 레트로 합성에서 합성의 목표가 되는 분자구조가 있는 화합물을 말한다.

몬모릴로나이트 (montmorillonite)　점토광물의 하나. 몬모릴론석이라고도 불린다. 알루미늄과 마그네슘을 주성분으로 하는 함수 규산염이며 층상 구조로 되었다. 층 간에 알루미나 올리고머 등의 기둥역할을 하는 물질을 세우면 어느 분자지름 이하의 물질이 출입할 수 있게 된다. 촉매 신소재의 하나이다.

몰 (mole)　물질량의 단위. 국제 단위계(SI)의 7가지 기본 단위 중의 하나로, 기호는 mol 이다. ^{12}C의 0.012 kg 에 함유되는 원자의 수와 같은 수의 요소입자를 함유하는 계의 물질량이 1몰이다. 이 단위를 사용할 때에는 요소입자가 무엇이라는 것을 명시해야 한다. 예를 들면 1몰의 Hg_2Cl_2, 1몰의 $Fe_{0.91}S$와 같이 사용한다.

몰 굴절 (—— 屈折, molar refraction)　분자 또는 원자의 분극률을 α, 아보가드로 상수를 L로 할 때, $R_0 = (4\pi/3)L\alpha$로 부여되는 R_0를 그 분자 또는 원자의 몰 굴절이라 한다. 특히 분자의 경우는 분자 굴절이라 하는 경우도 있다.

몰 끓는점 상승 (—— 沸点上昇, molar elevation of boiling point)　비휘발성 비전해질의 묽은 용액의 끓는점 상승은 용질의 중량 몰 농도에 비례한다. 이 비례상수를 몰 끓는점 상승 또는 몰 상승이라 하며 용매에 고유한 양이다. 한 때는 분자 상승이라고도 하였다.

몰 농도 (—— 濃度, molar concentration, molarity)　부피 V의 용액 중에 함유되는 용질 B의 몰 질량이 n_B일 때, $c_B = n_B/V$로 주어지는 c_B를 그 용질의 몰 농도 또는 용량 몰 농도라 한다. SI 단위는 $mol\ m^{-3}$이고, 보통 $mol\ dm^{-3}$로 표시한다.

몰레큘러 시브 (molecular sieve)　이 명칭은 원래 미국 Union Carbide사의 상품명으로 등장하였으나 현재는 거의 일반명으로 사용되고 있다. ⇨ 분자체.

몰리브덴산염 (—— 酸鹽, molybdate)　일반식 $M_2^IMoO_4$. 알칼리 금속염 등은 물에 녹아 알칼리성을 나타내고 MoO_4^{2-}를 함유하지만 pH가 낮아지면 순차적으로 축합하여 이소폴리산이 된다.

몰리브덴 적 (—— 赤, molybdate orange)　일반적으로 $m\,PbCrO_4 \cdot n\,PbMoO_4$의 조성인 적색 안료를 지칭한다. 몰리브덴 오렌지라는 것은 주성분 $PbCrO_4$ 60~90 %, $PbMoO_4$ 10~15 %, $PbSO_4$ 5~15 % 의 오렌지색~적색의 안료를 말한다.

몰리브도인산 (—— 燐酸, molybdo phosphoric acid)　헤테로 폴리산의 하나이다. $H_3[PMo_{12}O_{40}] \cdot n H_2O$. 인몰리브덴산이라고도 한다. 1990년 IUPAC 무기 화합물 명명법에서는 포스포몰리브덴산. $n = 5, 14, 24, 29, 30, 31$ 등의 각종 수화물이 알려져 있다. 모두가 수용성의 등황색 결정. 풍해하기 쉽다. 색소 침전제, 레이크 안료로서 널리 사용된다.

몰 백분율 (—— 百分率, mole percentage)　몰 분율을 100배로 하여 퍼센트로 나타낸 것이다.

몰 부피 (—— 體積, molar volume)　어떤 물질의 1 mol이 차지하는 부피, SI 단위는 $m^3\ mol^{-1}$. 그 물질의 몰 질량을 밀도로 나눈 것과 같다.

몰 분극 (—— 分極, molar polarization)　물질의 비유전율을 ε_r, 밀도를 ρ, 몰 질량을 M으로 하였을 때, $P = \{(\varepsilon_r - 1)/(\varepsilon_r + 2)\}M/\rho$로 정의되는 P를 몰 분극이라 한다. 분자 분극 또는 몰 편극이라고도 한다. 물질의 전자 분극, 원자 분극, 배향 분극을 합친 것에 상당하며 그 물질을 구성하는 분자의 분극률 및 쌍극자 모멘트에 관계되는 양이다.

몰 분율 (—— 分率, mole fraction)　어떤 계 중에 포함되어 있는 물질 1, 2, ⋯, i, ⋯, N의 물질량이 각각 $n_1, n_2, \cdots, n_i, \cdots, n_N$일 때, $x_i = n_i/(n_1 + n_2 + \cdots\cdots + n_i + \cdots\cdots n_N)$로 주어지는 x_i를 물질 i의 몰 분율이라 한다.

몰 상승 (—— 上昇, molar elevation)　⇨ 몰 끓는섬 상승.

몰 선광두 (—— 旋光度, molar rotation)　광학 활성체의 선광도를 몰 농도 단위로 나타낸 것. $[M]_\lambda^T$로 표시한다. 비선광도 $[\alpha]_\lambda^T$에서 다음 식으로 구할 수 있다. $[M]_\lambda^T = [\alpha]_\lambda^T/M \times 100$ 여기서 M은 광학 활성체의 분자량이다.

몰 수 (—— 數, number of moles)　⇨ 물질량. 그러나 몰은 SI 기본 단위이므로 몰 질량을 몰 수라 하는 것은 질량을 킬로그램 수로 부르는 것과 마찬가지로 부적절하다. 따라서 IUPAC(국제순수·응용화학연합)는 몰 수라는 용어는 사용하지 않도록 권고하고 있다.

몰 어는짐 내림 (—— 凝固點降下, molar depression of freezing point)　비전해질 묽은

용액의 어는점 내림은 용질의 중량 몰 농도에 비례한다. 이 비례상수를 몰 어는점 내림 상수라 하며 용매에 고유한 값이다. 몰 어는점 상수 또는 빙점 상수라고도 한다.

몰 어는점 상수 (—— 凝固點常數, molar constant of freezing point) ⇨ 몰 어는점 내림.

몰 전도도 (—— 傳導度, molar conductivity) 한 종류의 용질을 함유하는 용액의 전기 전도율(용매의 전기 전도율을 보정한 것)을 용질 성분의 몰 농도로 나눈 값을 그 용액 중의 그 성분의 몰 전도도라 한다. SI 단위는 $Sm^2 mol^{-1}$이지만 보통 $Scm^2 mol^{-1}$를 사용한다. 한 때는 분자 전도율이라고 불리었다.

몰 질량 (—— 質量, molar mass) 어떤 물질에서 1 mol의 질량. SI 단위는 $kg\,mol^{-1}$이다.

몰 흡광계수 (—— 吸光係數, molar extinction coefficient) 물질이 1 mol당 어느 정도의 빛을 흡수하는가를 나타내는 수이다. ⇨ 흡광계수.

몰 흡수계수 (—— 吸收係數, molar absorption coefficient) ⇨ 몰 흡광계수.

뫼스바우어 스펙트럼 (Mössbauer spectrum) 뫼스바우어 효과에 의한 γ선의 공명 흡수 스펙트럼. 원자핵의 에너지 준위는 원자의 결합상태에 따라 약간 변화하므로 방사선원 또는 흡수체를 운동시켜 γ선 에너지에 미소 변화를 부여하여 공명 흡수 스펙트럼을 얻는다. 가로축에 선원과 흡수체의 상대속도를 취하고 세로축에 흡수강도를 취하여 스펙트럼을 표시한다.

뫼스바우어 효과 (—— 效果, Mössbauer effect) 원자핵 에너지 준위 간의 전이에 의해 방출된 γ선이 바닥상태에 있는 동종의 원자핵에 의해 공명 흡수되는 현상. 단, γ선은 에너지가 크기 때문에 선원에서의 방사 내지 흡수체에 의한 흡수시에 반도(反跳)에 의한 에너지 손실을 받으므로 일반적으로 공명 흡수는 일어나지 않는다. 그러나 원자가 결정 격자 중에 들어 있는 경우에는 원자의 반조가 봉쇄되어 무반조의 핵 γ선 공명이 일어난다. 이것을 뫼스바우어 효과 혹은 무반조 핵 γ선 공명이라 한다.

무관 전해질 (無關電解質, indifferent electrolyte) ⇨ 지지 전해질.

무광택 유약 (無光澤釉藥, mat glaze) 착색 유무에 상관없이 광택이 둔한 유약을 말한다. 일반적으로 육안으로는 인식되지 않는 미세한 결정이 유약면에 석출됨으로써 윤기를 없애는 효과가 난다.

무광택 잉크 (無光澤 ——, mat ink) 광택을 극력 억제한 인쇄 잉크. 수성 잉크와 에멀션 잉크 등은 일반적으로 매트성이 있지만 유성 잉크의 경우는 안료의 선택과 조제의 첨가 등으로 잉크막의 표면 조화(粗化)를 도모할 필요가 있다.

무광택 처리 (無光澤處理, mat finish) 직물, 플라스틱 등을 광택이 발휘되지 않도록 마무리하는 것. 직물에서는 캘린터 처리나 프레스를 하지 않고 광택 소열제를 사용하는 경우도 있다. 플라스틱에서는 성형시에 금형 표면을 광택 소멸하는 경우가 많다.

무균실 (無菌室, bioclean room) 미생물과 세균의 제거를 목적으로 한 방. 그러나 공기 중의 부유물질, 온도, 습도, 압력 등의 조건도 관리한다. 청정공기를 불어넣는 방식으로는 수평층류, 수직층류, 난류의 세 가지가 있다. 연구실, 의약품 및 식품제조, 동물사육, 병원용 등에 널리 사용된다.

무극성 분자 (無極性分子, nonpolar molecule) 쌍극자 모멘트가 제로인 분자. 예를 들면 H_2, O_2와 같은 단체의 2원자 분자와, CO_2(C를 중심으로 한 직선형 분자), BCl_3(B를 중심으로 한 삼각 평면형 분자), CH_4(C를 중심으로 한 사면체형 분자)처럼 대칭 중심이 있는 다원자 분자에서는 양전하와 음전하의 중심이 일치하므로 쌍극자 모멘트는 제로가 된다.

무극성 용매 (無極性溶媒, nonpolar solvent) 무극성 분자 또는 이것과 매우 가까운 한 분자로 되어 있는 용매. 예를 들면 벤젠, 이황화탄소, 사염화탄소, 헥산 등. 무극성 용매는 일반적으로 녹는점, 끓는점이 낮고 극성 분자와 염류를 녹이지 못한다.

무기 고무 (無機 ——, inorganic rubber) 이염화질소화인 고중합체$(PNCl_2)_n$의 속칭. 유상, 납상, 고무상 등 각종 형태의 것이 있으며, 특히 고중합도의 것은 탄성이 매우 풍부하므로 무기 고무로 불리운다.

무기 고분자 (無機高分子, inorganic polymer)
확립된 정의는 없으나 보통 무기 화합물로
되어 있는 고분자를 지칭한다. 주 사슬 구조
가 동일한 것(C, Si, Ge, N, P, S, As, Zn,
Sb 등)과 상이한 것이 있다. 전자에는 다이
아몬드, 흑연, 후자에는 보라졸, 규산염, 붕
산염, 인산염, 이것들의 수화물, 겔 등이 있
다. 비결정질이 되는 것이 많다. 또 솔겔법
등의 전구체에는 무기·유기의 기가 혼재하
는 경우가 있다.

무기 벤젠 (無機 ——, inorganic benzene)　▷
보라진.

무기산 (無機酸, inorganic acid)　염산, 황산,
질산, 인산, 크롬산 등, 일반적으로 탄소 원
자를 함유하지 않는 산. 유기산의 대응어.
광산이라고도 한다. 그러나 탄산, 시안산, 시
안화수소산 등은 무기산이라 하는 것이 보
통이다.

무기 섬유 (無機纖維, inorganic fiber)　섬유상
의 형태를 한 무기 재료. 천연산으로는 석면
이 예로부터 사용되었으나 발암성이 지적되
어 최근에는 사용이 제한 또는 금지되었다.
인공으로는 유리 섬유, 슬래그 울, 록크 울
외에 근년에는 알루미나, 지르코니아, 탄화
규소, 탄소 등 내열성이 뛰어난 세라믹스 섬
유가 개발되었다. 또한 티탄산칼륨 섬유도
기능성 무기 섬유로 주목받고 있다.

무기 안료 (無機顔料, inorganic pigment)　무
기 물질인 안료. 유기 용매에 대해 불용성이
며 500~1,000℃의 고온에 견디므로 도자기
의 착색에는 불가결하다. 산화물, 횡화물, 크
롬산염, 헥사시아노철(Ⅱ)산염, 기타로서 산
화티탄(백), 황연(황), 카드뮴적(적), 감청
(청) 등이 유명하다.

무기질 (無機質, minerals)　식품 중에 함유된
성분을 표현하는 방법의 하나. 식품의 주요
성분을 수분, 단백질, 지질, 당질, 회분, 비타
민 등과 함께 무기질로 구분한다. 즉 칼슘,
인, 철, 나트륨, 칼륨 등을 일컫는다.

무기 화합물 (無機化合物, inorganic comp-
ound)　유기 화합물 이외의 화합물. 즉 탄소
를 함유하지 않는 화합물 및 탄소를 함유하
여도 비교적 간단하여 흔히 유기 화합불로
분류되지 않는 것. 예를 들면 탄소를 함유하

는 화합물이라도 CO, CO_2, CS_2, CCl_4, $M_2^I C$
O_3, KCN, KNCO, KNCS 등은 무기 화합물
로 분류하는 경우가 많다.

무대칭 (無對稱, asymmetry)　분자의 입체구
조에 대칭요소가 전혀 없는 것. 거울상 이성
질체가 존재하는 형상을 옛날에는 부제(不
齊)라 하였지만 현실적으로는 무대칭이 아
니라 회전축을 대조요소로 갖는 분자에도
거울상 이성질체가 존재한다. 부제는 무대
칭을 의미하는 용어로 사용하는 것이 타당
하며, 한 때 부제라고 했던 현상을 현재는
키랄리티라고 한다. ▷ 비대칭성.

무두질 (tanning, tannage)　동물 가죽에 화학
적 및 기계적 처리를 가하여 피혁이나 모피
로 하는 것. 가죽에 보존성, 유연성, 다공성,
내수성, 내열성 등을 부여한다. 넓은 의미로
는 준비공정(석회침, 탈모, 탈회, 되풀이), 마
무리공정(염색, 가지, 도장 등)을 포함한다.
크롬 무두질, 식물 타닌 무두질, 기름 무두
질 등이 있다. 일반적으로 이러한 것을 병용
한 콤비네이션 무두질이 이루어지고 있다.

무두질도 (—— 度, tanning degree)　식물 타
닌 가죽의 피질분과 결합한 타닌량의 비율
을 이른다. 무두질도(%)= $\dfrac{결합타닌}{피질분} \times 100$

무두질제 (—— 劑, tanning agent)　가죽을 무
두질하기 위해 사용하는 약제. 유제(鞣劑)라
고도 한다. 크롬 무두질, 알루미늄 무두질,
지르코늄 무두질, 식물 타닌 무두질, 오일
무두질에 사용되는 무두질제 외에 합성 무
두질제도 판매되고 있다. .

무라민산 (—— 酸, muramic acid)　세균의 세
포벽에서 볼 수 있는 아미노당. D-글루코사
민의 3-자리에 D-젖산이 에테르형으로 결
합한 화합물. 천연에는 아미노기가 아세틸
화된 N-아세틸무라민산이 N-아세틸글루코
사민과 결합하여 세포벽의 기본 구조를 형
성하고 있다.

무른 산 (—— 酸, soft acid)　1963년에 R. G.
Pearson이 제출한 산의 개념. Pearson은 루
이스 산 및 루이스 염기를 각각 무른 산과
굳은 산, 무른 염기와 굳은 염기로 분류하
고, 무른 산과 무른 염기, 굳은 산과 굳은 염
기는 반응하기 쉽고, 무른 산과 굳은 염기,
굳은 산과 무른 염기는 반응하기 어렵다고

하였다. 루이스 산을 전자 수용체로 간주하여 최저 빈궤도의 에너지 준위가 낮은 것이 무른 산이라 여겨지며, 루이스 염기를 전자 공여체로 간주하여 최고 점유궤도 에너지 준위가 높은 것이 무른 염기라 여겨진다. Hg^+, Ag^+ 등의 금속 이온, 금속 착이온, 트리니트로벤젠 등이 무른 산의 예이다.

무른 염기 (—— 鹽基, soft base)　루이스 염기 중, 무른 산과 반응하기 쉬운 것(⇨ 무른 산). 술피드, 요오드화물 이온, 시안화물 이온, 에틸렌, 벤젠 등이 무른 염기의 예이다.

무반사 유리 (無反射 ——, non-reflecting glass)　빛의 반사를 감소시키는 처리를 한 유리. 처리법으로는 다음과 같은 방법이 있다. ① 표면에 반사방지막을 부착한다, ② 거치른 연마로 표면에 요철이 생기게 하고 플루오르화수소산으로 처리하여 예각부를 둥글게 한다, ③ 스프레이로 표면에 규산질의 미세한 요철을 형성하는 등이다. ①은 렌즈 등에, ②, ③은 전시용 유리에 사용된다.

무반조 핵 γ선 공명 (無反跳核 γ 線共鳴, recoilless nuclear γ rays resonance)　⇨ 뫼스바우어 효과.

무성 방전 (無聲放電, silent discharge)　⇨ 무음 방전.

무세포 추출액 (無細胞抽出液, cell-free extract)　세포를 함유하지 않는 조직 추출액. 세포의 복잡한 구조 없이 효소 등을 직접 연구할 수 있다.

무수 규산 (無水珪酸, silicic acid anhydride)　이산화규소 SiO_2의 속칭. 규산 H_2SiO_3 혹은 H_4SiO_4의 무수물이라는 의미에서 이처럼 호칭하지만 이 명칭의 사용은 바람직하지 않다. 일반적으로는 실리카란 속명이 사용된다.

무수 무광물질 베이스 (無水無鑛物質 ——, dry-mineral-matter-free basis)　⇨ 순탄 베이스.

무수 무회 베이스 (無水無灰 ——, dry-ash-free basis)　수분과 회분을 함유하지 않는다고 가정한 상태를 기준으로 하여 석탄의 분석값을 표시하는 것. 무수 무회 기준의 분석값은 순탄 베이스(무수 무광물질 베이스)의 분석값보다 약간 낮고 엄밀성이 결여되지만 쉽게 구할 수 있는 이점이 있다. 약어 daf. 그러나 maf(moisture-ash-free basis)라고 약칭한

것도 있어 함수 무회 베이스(moist, ash free base)와 혼동하기 쉽다.

무수물 (無水物, anhydride)　무수염, 무수 산화물 등을 지칭하는 경우도 있으나 보통은 무수 산화물 즉 산 무수물 및 염기 무수물을 말한다. IUPAC 명명법에서는 무기산에 대한 산 무수물로서의 명칭은 인정하지 않는다.

무수 베이스 (無水 ——, dry basis)　⇨ 건조량 기준.

무수산 (無水酸, acid anhydride)　일반적으로 무기산의 화학식에서 1분자 또는 그 이상의 물을 상실한 형태로 기록할 수 있는 산화물, 혹은 물과 작용하여 산을 형성하는 산화물을 말한다. 예를 들면 무수 아황산 SO_2, 무수 크롬산 CrO_3 등. 그러나 이 명칭은 물을 함유하지 않는 순수한 산과 혼돈하기 쉽고 또한 정식 명칭도 아니므로 사용하는 것은 바람직하지 않다.

무수염 (無水鹽, anhydrous salt)　결정수가 없는 염을 말한다.

무수 인산 (無水燐酸, phosphoric acid anhydride)　오산화이인산 P_2O_5의 속칭. 인산 H_3PO_4의 무수물이란 뜻에서 이렇게 부르는 경우가 있으나, 이 명칭의 사용은 바람직하지 않다.

무수 크롬산 (無水 —— 酸, chromic acid anhydride)　산화크롬(VI) CrO_3의 속칭. 크롬산 H_2CrO_4의 무수물이라는 의미로 이와 같이 부르는 일이 있으나 이 명칭의 사용은 바람직하지 않다. 산화제로서 유기합성에 많이 사용된다.

무수 프탈산 (無水 —— 酸, phthalic anhydride)　$C_6H_4(CO)_2O$. 프탈산 $C_6SH_4(COOH)_2$의 무수물. 공업적으로 나프탈렌 또는 o-크실렌의 촉매 산화로 제조된다. 연료 합성, 플라스틱의 제조 원료로서 다방면에 용도가 있다.

무수 황산 (無水黃酸, sulfuric acid anhydride)　삼산화황 SO_3의 속칭. 황산 H_2SO_4의 무수물이란 뜻에서 이렇게 부르는 경우가 있으나, 이 명칭의 사용은 바람직하지 않다.

무스콘 (muscone)　천연 사향의 향기의 본체가 되는 화합물. 화학식 $C_{16}H_{30}O$. 탄소 15원자로 되어 있는 큰 고리 모양 케톤에 1개의

메틸 곁사슬이 있다. 메틸 곁사슬이 없는 시클로펜타데카논도 같은 향기가 있어 합성사향으로 제품화되어 있다.

무압 성형 (無壓成形, zero-pressure molding) 강화 플라스틱 성형법 중 성형 및 경화시에 전혀 또는 거의 가압하지 않는 방법의 총칭. 경화시 가스와 물을 발생하지 않는 불포화 폴리에스테르 수지와 에폭시 수지 등을 사용하는 점에 특징이 있으며, 대형 강화 플라스틱 제품의 성형에 이용되는 경우가 많다.

무연탄 (anthracite) 석탄화도가 최고인 석탄. 휘발분이 적고 연소시에 매연을 발생하지 않으므로 무연탄이라 한다. 보통은 비점결탄이다. 우리나라에서는 연탄, 조개탄, 탄소 제조용 원료로 쓰인다. 미국 ASTM의 분류에서는 무수 무광물질 기준으로 휘발분 14% 이하의 석탄을 말한다.

무연 화약 (無煙火藥, smokeless powder) 질산셀룰로오스 또는 질산셀룰로오스와 니트로글리세린의 혼합물을 기제로 하는 화약. 연소할 때 흑색 화약에 비해 발연량이 매우 적은 발사약 및 추진약의 총칭이다.

무열 용액 (無熱溶液, athermal solution) 이상 용액에서 주로 엔트로피항에 기인하는 어긋남을 나타내는 용액. 이 용액에서는 엔탈피항(용해열)은 거의 0이지만 혼합 엔트로피가 이상 용액의 경우로부터 크게 어긋난다. 용매와 비슷한 화학적 성질이 있으나 분자의 크기가 현저하게 다른 용질(예를 들면 고분자 물질)을 용해한 용액이 대표적인 예이다.

무염 연소 (無炎燃燒, flameless combustion, glow) ⇨ 표면 연소.

무용제 바니시 (無溶劑 ——, solventless varnish) 무용제형 도료(예를 들면 유성 도료, 불포화 폴리에스테르 수지 도료, 무용제형 에폭시 수지 도료 등)에 사용되는 바니시의 총칭이다.

무음 방전 (無音放電, silent discharge) 2장의 유리판 사이에 10 kV 이상의 교류전압을 인가하면 일어나는 방전현상. 무성 방전이라고도 한다. 이 방전은 극판상에 국소적으로 일어나는 작은 불꽃방전의 집합이라 보아도 무방하다. 오존 발생기로 이용되고 있다.

무작위 코일 (無作爲 ——, random coil) 각개 결합은 일정한 결합각과 내부 회전 퍼텐셜로 제한되어 있지만 어느 정도의 수로 이어져 있는 벡터를 보면 그 방향이 완전히 무작위로 배치되어 있는 고분자 사슬. 매우 다양한 형태를 취하지만 평균하면 실뭉치 모양이다. 이 사슬의 말단간 거리분포는 가우스분포에 가깝다.

무저항 전류계 (無抵抗電流計, zero shunt ammeter) 오퍼레이션 앰프를 사용하여 입력 저항이 겉보기에 제로가 되도록 한 전류계를 말한다.

무정형 (無定形, amorphous) 외형이 일정하지 않은 상태를 나타내는 형용사, 즉 비결정. 고체는 면각이 일정하고 결정면이 명확한 결정성 고체(암염, 다이아몬드 등)와 외형이 일정치 않은 비결정형 고체(주석, 섬유, 고무, 수지 등)로 형태적으로 분류된다. 그러나 후자 중에도 극미소 결정역의 존재가 관측되는 경우도 있어, 이 경우는 반드시 마이크로 구조의 불규칙성을 반영하지 않는다. 최근에는 비결정질과 동의어로 사용되는 경우가 많으며 특히 특수법으로 만들어진 반도체와 합금에 사용된다.

무지 염색 (無地染色, plain dyeing) ⇨ 침염. 혼방 편직품의 경우는 동색 염색이라 한다.

무질서계 (無秩序系, disordered system) 결정의 질서가 혼란하고 규칙적 격자구조를 형성하고 있지 않은 물질계를 말한다. 흩어진 계라고도 한다. 질서의 혼란상태에 따라 두 가지로 분류할 수 있다. 첫째는 결정 격자를 형성하고 있으나 격자정상의 원자배열이 불규칙한 경우로서, 치환형의 혼란이라 하며 혼정 등이 그 예이다. 둘째는 결정 격자가 혼란상태에 있는 경우로서 토폴로지형 혼란이라 하며 비정질이 그 예이다.

무질서 상태 (無秩序狀態, disordered state) 결정과 같이 그것을 구성하는 단위 입자가 규칙적인 배열구조를 취하는 상태에 대해 비결정질 고체, 액체처럼 불규칙 구조를 취하는 상태를 말한다. 단거리 질서는 남아 있는 경우가 많지만 장거리 질서는 상실되어 있다.

무차원 수 (無次元數, dimensionless number,

nondimensional number) 어떤 물리량의 차원이 수의 차원과 같을 때 보통 무차원이라 한다. 예를 들면 동일한 물리량의 두 비는 이와 같은 물리량이다.

무채색 (無彩色, achromatic color) 채도가 없고 백색, 회색, 흑색 같은 색상을 나타내지 않는 색. 이상적인 무채색은 가시 스펙트럼 파장영역에서 균등한 반사율(또는 투과율)을 갖지만 균등하지 않는 경우에도 색도 좌표가 그 조명광의 것과 일치하는 경우에는 무채색으로 느껴진다. 그러나 조명도가 변하면 무채색에서 벗어나는 색도 있다.

무코르 속 (—— 屬, *mucor*) 진균류 중의 접합균류. 털곰팡이목에 속하는 1속. 약 70종으로 구성된다. 자연계에 널리 분포하며 발효에 관여하는 것도 많다.

무포자성 효모 (無胞子性酵母, anascospore yeast) 효모는 유성 생식을 하는 유포자성 효모와 유성 생식을 하지 않는 무포자성 효모로 구별된다. 포자를 형성하지 않는 효모 속은 출아(出芽)하거나 분열하여 증식한다.

무한 희석 (無限希釋, infinite dilution) 용액에 대한 농도의 표현으로, 농도 → 0의 상태. 즉 용액을 무한으로 희석한(묽게 한) 극한상태라는 의미이다. 이 상태에서는 용질 입자 간의 상호 작용을 무시할 수 있으므로 용액의 물성을 검토할 때 하나의 기준상태로 사용된다.

무혈청 배지 (無血淸培地, serum-free medium) 동물의 조직이나 세포의 배양을 위해 혈청을 함유하지 않는 배양액과 배지. 화학적으로 조성이 알려져 있는 합성 배양액이나 배지를 사용하는 것이 보통이다.

무황가황 (無黃加黃, sulfurless cure, sulfurless vulcanization) 단체 황을 사용하지 않는 가황. 그 대신에 가황시에 활성 황을 방출하는 황화합물, 라디칼을 형성하기 쉬운 유기 과산화물 등을 사용한다.

문턱 값 (threshold value) 특정한 상태변화가 일어나기 때문에 계(혹은 분자)에 가해지는 조건 혹은 물리량의 최소값. 예를 들면 어떤 일정값보다 짧은 파장의 빛을 쬐었을 때 분자가 이온화하는 경우 그 파장을 이온화의 문턱 파장이라 한다.

물리적 봉쇄 (物理的封鎖, physical containment) 유전자 재조합으로 작제된 새로운 생물이 실험실 밖으로 나와 인간 및 환경에 위해를 미치는 것을 방지하기 위해 실험시설을 물리적으로 밀폐상태로 하여 재조합체를 봉쇄하는 것. 사용하는 생물의 종류에 따라 P_1에서 P_4까지 4단계의 봉쇄수준이 있다.

물리 전지 (物理電池, physical cell) 화학 반응을 수반하지 않는 물리적 에너지를 에너지원으로 하는 전지, 열전지, 광전지(태양전지), 원자력전지 등이 있다.

물리 현상 (物理現象, physical development) 할로겐화은 사진을 현상함에 있어, 현상액에서 은염의 형태로 현상되어야 할 은을 공급하여 잠상핵으로 환원 석출시키는 현상. 은염이 현상액 중에 함유되어 있는 경우는 순물리현상이라 하고, 할로겐화은 결정에서 용해한 은착염에 의한 경우는 용해 물리현상이라 한다. ⇨ 화학현상.

물리 흡착 (物理吸着, physical adsorption, physisorption) 기체분자 또는 용질이 고체 면에 흡착할 때의 힘이 반데르발스 힘, 수소 결합 등으로 화학흡착에 대해 흡착력이 약한 경우의 흡착현상을 일컫는다.

물 수지 (—— 收支, water balance) 일반적으로는 착안하고 있는 계에서 일정 기간 내의 물의 유입·유출의 균형 상태를 말한다. 특히 수문학적으로는 지구상의 어떤 지역 내에 유입하는 물은 타지역으로부터의 하천수와 지하수, 상공으로부터의 강수를 들 수 있고, 유출수는 타지역으로 나가는 하천수와 지하수, 보유된 토양 수분, 대기로의 증발수분 등이 있다. 또 식물과 동물의 개체 혹은 식물 군락에서 일정 기간 내의 물의 흡수와 배출, 증산과도 관계가 있다.

물 시멘트 비 (—— 比, water cement ratio) 콘크리트 내의 물과 시멘트의 중량비. 경화 강도를 크게 좌우하므로 콘크리트의 품질을 나타내는 중요한 값이다. 물을 다량 가하지 않으면 작업하기 어려운 시멘트일수록 강도가 작아진다.

물 유리 (water glass) 알칼리-규산염계 유리의 진한 수용액. 보통 SiO_2/Na_2O의 몰비가 2~3인 것을 지칭한다. 무색이며 고점성인 물엿 상태의 액체. 내화성 접착제, 점토 슬립의 해교제, 혼합 시멘트 등에 이용된다.

물의 이온 곱 (ion product of water)　순수 또는 묽은 수용액 중에서 물이 매우 적게 해리하여 H^+와 OH^-가 생기고 미해리의 H_2O와 평형을 유지하고 있다. H^+ 및 OH^-의 활성량을 각각 a_{H^+} 및 a_{OH^-}하면 양자의 곱 $K_W = a_{H^+} \cdot a_{OH^-}$ 는 일정하게 된다. 이 K_W를 물의 이온 곱이라 하며 25℃에서 1.0×10^{-14}의 값을 갖는다.

물 전해 (水電解, water electrolysis)　$H_2O \rightarrow H_2 + 1/2 O_2$ 의 반응으로 물을 전해하여 수소와 산소를 제조하는 방법. 전기저항이 최소가 되는 농도의 알칼리 수용액(NaOH, KOH)을 전해한다. 99.5 % 이상의 고순도 수소가 얻어진다. 그러나 현재는 석유, 천연가스 등의 수증기 변성에 의한 값싼 수소의 제조가 주류이다. 차세대 청정 에너지 매체로서 수소의 고효율 물 전해법 개발이 진행되고 있다.

물질 교체 (物質交替, metabolism)　⇨ 대사. 대사의 옛 용어이다.

물질량 (物質量, amount of substance)　몰의 단위로 표시되는 물리량은 예를 들면 "H_2 분자 $2.016\,g$ 의 물질량은 1몰이다"라고 하는 것처럼 구성 요소가 되는 입자의 종류를 명시하여 사용한다. 속칭 몰 수라 하지만 올바른 표현은 아니다.

물질 수지 (物質收支, material balance, mass balance)　장치 혹은 프로세스의 일부분 또는 전체에 대해서 질량 보존의 법칙을 적용하여 유도되는 물질의 질량 수지관계. 계에 들어오는 질량과 계에서 나가는 질량의 차는 계 내에 축적되거나 혹은 계내의 화학 반응에 의해 생성·소멸하는 질량과 같다. 화학 플랜트를 설계할 때 반드시 고려해야만 한다.

물질 이동계수 (物質移動係數, mass-transfer coefficient)　이상계면을 통해 단위 면적·단위 시간당에 이동하는 물질량이 그 추진력(농도 추진력, 농도차)에 반례한다 하였을 경우의 비례계수. 물질 이동의 용이성을 나타내며 추진력의 정의에 따라 물질 이동계수의 값이 다르다. 열 이동시의 열 전달계수에 대응하며 경막 이동계수, 총괄물질 이동계수, 용량계수가 있다.

물질 이동속도 (物質移動速度, mass-transfer rate)　이상(異相)계면을 통해 물질이 이동할 때의 단위 시간당 물질 이동량. 전열량에 대응한다. 물질 유속에 계면적을 곱한 값이며, 계면적과 추진력에 비례하고 그 비례계수가 물질 이동계수이다. 계면 양측에 존재하는 경막저항 및 계면저항에 의해 결정된다.

물 풀 (water dispersion)　⇨ 고무물 풀.

묽은 염산 (希鹽酸, dilute hydrochloric acid)　염산 중에서 농도가 낮은 것. 보통 2M 정도 이하의 것을 말한다.

묽은 황산 (希黃酸, dilute sulfuric acid)　농도가 묽은 황산. 보통 농도가 2M 정도인 황산을 지칭한다.

뮤코 다당 (—— 多糖, mucopolysaccharide)　글리코사미노글리칸의 옛 호칭이다.

미가황 고무 (未加黃 ——, unvulcanized rubber)　가황 이전의 상태에 있는 고무 혹은 배합 고무를 말한다.

미결정 (微結晶)　(1) crystallite ⇨ 미소 결정. (2) microcrystal 금속의 고체에서는 방위가 다른 미소한 결정이 모여 있는 경우가 많은데, 이 미소한 결정을 가리킨다. 또 다결정, 모자이크 결정의 구성분으로서 정성적인 설명에 사용되고 있으나 엄밀한 정의가 있는 것은 아니다.

미공성 고무 (微孔性 ——, microporous rubber)　기공이 육안으로는 거의 볼 수 없을 정도로 미세한 다공성 고무. 방진재, 쿠션재, 가정용 패킹재 등으로 사용된다.

미끄럼 반사 (—— 反射, glide reflection)　어떤 형태의 거울상을 취하여 이것을 거울면에 수평하게 일정 거리를 병진시키는 대칭 조작을 합쳐서 미끄럼 반사라 하고, 이 거울면을 미끄러짐 반사면이라 한다. 결정 격자에 미끄럼 반사 대칭이 있을 때는 연속 2회

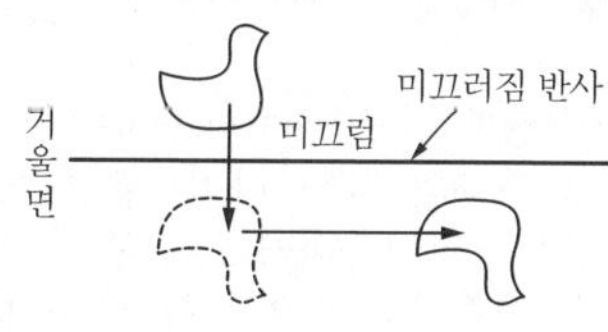

[미끄럼 반사]

의 미끄러짐 반사조작이 단위 격자 1개분의 병진조작과 일치한다.

미끄러짐 반사면 (—— 反射面, glide plane) ⇨ 미끄럼 반사.

미네랄 코르티코이드 (mineral corticoid) 부신 피질 호르몬 중에서 체내의 나트륨 이온을 유지하여 주는 호르몬. 광질(鑛質) 코르티코이드라고도 한다. C_{21} 스테로이드 중에서 알드스테론이 대표적인 예이다.

미량 거르기 (微量 ——, microfiltration) ⇨ 한외 여과.

미량 분석 (微量分析, microanalysis) 미량(1~10 mg 정도)의 시료를 사용하여 실시하는 화학분석으로 밀리그램 분석이라 하기도 한다. 시료 요구량으로는 반미량 분석(10~100 mg)과 초미량 분석(1 mg 이상)의 중간에 위치한다.

미량 뷰렛 (微量 ——, microburet) 용량 1, 2, 5, 10 ml의 소형 정밀 뷰렛. 마이크로 뷰렛이라고도 한다. 최소 눈금은 0.05~0.01 ml, 자동 피펫과의 차이가 본질적으로는 없는 것 같은 울트라 마이크로 뷰렛도 있으며 read-out-buret 또는 pipet-buret 등으로 부르고 있다.

미량 성분 분석 (微量成分分析, trace analysis) 미량의 시료를 다루는 경우는 미량 분석이라 한다. ⇨ 흔적분석.

미량 원소 (微量元素, trace element) 생체에 미량으로 함유되며 생체에 불가결한 원소. Fe, Cu, Se, Zn, Mo, Co, V, Mn 등을 들 수 있다. Pb와 Rb 등은 이러한 것보다 많이 함유되지만 필수적이 아니므로 미량 원소라고 하지 않는다. Fe는 헴, Co는 비타민 B_{12}, Cu는 구리 단백질 등의 성분이다. Mn 등 효소의 보조 이온으로서 작용하는 것도 있다. Se는 셀레노메티온이 되며 글루타티온페록시다아제의 중심적 원소이다.

미량 저울 (微量——, microbalance) ⇨ 미량 천칭.

미량 천칭 (微量天秤, microbalance) 실감량 1~0.1 μg 정도의 저울. 마이크로 천칭. 미량 저울, 미량 화학저울이라고도 한다. 또 실감량 0.1 mg 정도의 저울은 화학저울이라 한다.

미량 화학 (微量化學, microchemistry) 미량의 시료를 대상으로 연구하는 화학을 말하는데, 보통 미량(1~10 mg)의 시료를 사용하는 화학분석을 지칭하며 저울의 감량(感量) 1 μg를 필요로 하는 분야이다. 한 때는 유기원소 분석으로 대표되었으나 시대와 함께 정의도 변화하고 전문지 *Microchem. J.*와 *Mickrochim. Acta*는 공시량을 특히 문제로 삼지 않고 고감도 분석을 포함한 넓은 분야의 논문을 게재하고 있다.

미량 화학저울 (微量化學 ——, microbalance) ⇨ 미량 천칭.

미리스트산 (—— 酸, myristic acid) 탄소수 14의 포화 지방산, $CH_3(CH_2)_{12}COOH$. 글리세리드의 형태로 동식물 유지중에 널리 분포되어 있다. 육두구과 식물 *Myristica moschata*에서 유래한 명칭이다.

미립자 유제 (微粒子乳劑, fine-grain emulsion) 할로겐화은 사진에서, 미립자의 할로겐화은으로 된 사진 유제. 높은 해상력의 치밀한 사진상을 얻을 수 있지만 미립자일수록 감도는 낮아진다.

미립자 현상액 (微粒子現像液, fine-grain developer) 할로겐화은 사진에서 미소한 현상 은입자를 생성하는 현상액. pH를 낮추어 브롬화칼륨 등의 현상 억제제와 아황산염 등의 할로겐화은의 용해작용이 있는 물질을 다수 첨가한 현상액은 현상은을 미립자로 마무리한다.

미분 실리카 (微粉 ——, pulverizing silica) ⇨ 화이트 카본.

미분 용량 (微分容量, differential capacity) 전기용량을 미분량(미소 전압변화에 따른 미소한 전하변화)으로 나타낸 물리량. 단위는 패럿(F). 전극과 전해질 용액 계면의 전기 이중층 용량 등과 같이 계의 전기용량이 계에 가해지는 전압에 의존할 때 각 전압에서의 용량을 표시하는 데 사용된다.

미분 증류 (微分蒸溜, differential distillation) ⇨ 단증류.

미분탄 (微粉炭, pulverized coal) ⇨ 분탄.

미분탄 연소 (微粉炭燃燒, pulverized coal firing) 석탄을 미분쇄하여 버너로 연소하는 방식. 0.1 mm 이하의 미분탄을 공기 반송하여 노속에 불어넣고 별도로 불어넣는 공기와 신속하고 균일하게 혼합하여 노속에서 부유상태로 연소시킨다. 미분으로 하여 표면적을 크게 하는 동시에 공기와의 혼합을 양호하게 하므로 고속 연소가 가능하다.

미분 폴라로그래피 (微分——, derivative polarography)　교류 폴라로그래피의 하나. 중첩하는 교류로서 일정한 전압폭의 펄스를 사용한다. 시차 폴라로그래피라고도 한다. 전류를 전위로 미분한 값이 얻어지며 매우 고감도이다.

미분 흡착열 (微分吸着熱, differential heat of adsorption)　흡착제에 일정량의 흡착질을 흡착시킨 후 같은 물질을 다시 소량 흡착시켰을 때에 발생하는 열량. 흡착질 1 mol 당의 열량으로 표시한다.

미사일 요법 (——療法, targeted drug delivery, missile drug)　어떤 질환에 대해 약물에 표적 지향성을 갖게 하는 약물 요법. 주로 암치료를 위해 연구되고 있다. 표적 지향성은 항원 항체반응과 수용체의 친화성을 원리로 하고, 약물의 고분자화, 리보솜에 대한 매입, 항체분자와의 결합 등의 방법이 실시된다.

미생물 (微生物, microorganism)　육안으로는 볼 수 없는 미소한 생물의 총칭. 대부분은 단세포 생물이지만 곰팡이 같은 다세포 생물도 있다. 세균, 진균류, 변형균류, 원생동물, 단세포의 조류, 리케차 등을 지칭하지만 비이러스도 미생물에 포함하는 경우가 많다.

미생물 살충제 (微生物殺蟲劑, microbial insecticide)　해충을 구제할 목적으로 이용되는 미생물, 또는 이것을 함유하는 약제. 특정 곤충에 대해 병원성 독성이 있는 미생물을 살아 있는 상태에서 살포한다. 나비와 나방의 애벌레에 유효한 BT제가 유명하지만 이것은 누에의 졸도병균에서 제제한 것이다.

미생물 전극 (微生物電極, microbial electrode)　화학 센서의 하나. 검출부분에 미생물을 사용한다. 효소전극외 효소막 대신에 미생물막을 장착한 구조이다. 미생물은 효소에 비하면 장기간 안정하고 미생물이 지닌 복합 효소계, 보효소, 에너지 재생계 등을 이용할 수 있다. BOD, 에탄올, 아세트산, 글루탐산, 암모니아 등의 센서가 발효공업과 환경계측에서 이용되고 있다.

미생물 전지 (微生物電池, microbial cell)　생물전지의 하나. 미생물 반응으로 연료의 화학물질을 전극 반응하기 쉬운 형태로 하고, 변환된 화학물질을 연료전지의 연료로 사용한다. 음극반응은 대사물질의 산화반응이고, 양극반응은 효소의 환원반응인 경우가 대부분이다.

미생물 정량 (微生物定量, microbiological assay)　미생물의 생육에 필요한 물질, 생육을 저해하는 물질 등 적당한 미생물을 사용하는 것으로 그 생육이 어떻게 영향을 받는가를 지표로 하여 정량하는 방법. 정밀도가 다소 낮지만 고도의 특이성과 감도가 있다.

미생물 제련 (微生物製鍊, microbial leaching)　황산화 세균, 철산화 세균 등의 작용으로 광석에서 목적 금속을 침출시키는 제련법. 구리, 우라늄 등에 대해서 적용한다. 세균이 광석에 직접 작용하여 침출하는 경우, 세균의 작용으로 생성한 황산이나 황산철(Ⅲ)에 의해 광석이 용해하는 경우 등이 있다.

미세공 (微細孔, micropore)　⇨ 미공.

미세구역 구조 (微細區域構造, microphase separated structure)　2종 이상의 고분자 사슬로 구성된 블록 혹은 그래프트 공중합체에 특이적으로 각 고분자 사슬 서로가 상용(相溶)하지 않고 마이크로적으로 2상으로 되어 있는 구조. 마이크로 도메인 구조, 마이크로 상분리구조라고도 한다. 미세구역 구조를 갖는 고분자는 탄성섬유와 엔지니어링 플라스틱으로서 널리 응용되고 있으며 근년에 항혈전 재료로 주목 받고 있다.

미세 구조 (微細構造, fine structure)　전자의 스핀 및 궤도 각운동에 의해 야기되는 스펙트럼선 혹은 에너지 준위의 분열을 말한다.

미세선속 분석 (微細線續分析, microbeam analysis)　가늘게 조인 전자선이나 이온선을 시료 표면에 조사하여 그 부분에서 방출되는 X선, 전자, 이온 등의 에너지를 분광하여 그 미소부에 포함되는 물질의 정성·정량을 분석하는 방법의 총칭. 전자 프로브 X선 마이크로 애널리시스, 2차 이온 질량 분석 등이 이에 해당한다.

미세조직 (微細組織, microstructure)　소결체

등의 다결정 집합체에 있어 입자의 형태(모양, 사이즈, 이러한 것의 분포상태), 입자의 연결법(결정축의 방위, 입계, 다상계에 있어 각 상의 분포상태), 빈 자리(空位)의 상태(수, 사이즈) 등을 통괄적으로 지칭하는 용어. 시료의 제작 조건(원료 조정, 성형, 소결법 등)에 크게 의존한다. 소결 재료의 각종 성질은 미세조직에 영향을 받으므로 뉴세라믹스에서는 미세조직의 제어가 특히 중요하다. 미세구조라고도 한다.

미셀 (micelle) 계면 활성제의 분자 또는 이온이 수중에서 형성하는 집합체. 미셀은 임계 미셀 농도 이상이 되지 않으면 생성되지 않는다. 미셀이란 말은 역사적으로는 다른 여러 가지 의미로 사용되었던 일이 있다.

미셀라 (misella) 유지 제조공업의 추출 공정에서 유지 원액에 용제를 가해서 추출할 때 얻어지는 유지와 용제의 혼합 용액. 미셀라에서 용제를 유거(留去)하여 원유를 얻는다.

미셀 콜로이드 (micelle colloid) 임계 미셀농도 이상의 계면 활성제 수용액. 회합 콜로이드라고도 한다. 역미셀을 형성하고 있는 계면 활성제 유용액도 이것에 포함된다. 미셀 콜로이드는 콜로이드 분산계와는 달리 열역학적으로 안정하다.

미셀 형성 (—— 形成, micelle formation) 계면 활성제 수용액에서 농도를 임계 미셀농도(CMC) 이상으로 하면 미셀이 생성되는 현상. 미셀 형성이 일어나는 최대 요인은 CMC 이상이 되면 분자 또는 이온의 탄화수소부분과 접촉하고 있던 물분자가 해방되어 그로 인해 엔트로피가 증대하고 자유 에너지가 감소하기 때문이라고 설명되고 있다.

미소 결정 (微少結晶, crystallite) 고분자의 고체에서는 분자가 규칙적으로 배열하고 있는 영역과 혼란스러운 영역이 혼재하고 있는 경우가 많다. 규칙적인 분자 배열을 하고 있는 부분을 크리스털리트라 한다. 무기물에서도 유리로부터의 결정석출(결정화 유리) 등에 사용된다.

미소 관 (微少管, microtube) 세포 골격계의 주요 구조. 지름 24 nm 정도의 미소한 중공관으로, 분자량 약 5.5만의 구상 단백질 튜블린이 약 13개를 단위로 원포상으로 회합한 것. 이 밖에 분자량 5.5만~30만의 각종

미소관 결합 단백질이 있다. 미소관은 세포의 운동, 형태 형성을 이룬다.

미소 밀도 (未燒密度, green density) 내화물 및 분말 야금 등의 분야에서 분말을 압형에 넣어 상온에서 압축 성형한 다음 건조시켜 소성하기 전 것(압분체)의 밀도를 말한다.

미소 섬유 (微少纖維, micro fibril) 표피세포 내의 지름 10 nm인 가는 섬유. 케라틴이라 하는 단백질로 되어 있다. 표피의 세포가 분화함에 따라 케라틴의 종류와 미소 섬유의 성질도 변화한다.

미소 전극 (微小電極, microelectrode) 적하 수은전극과 회전 백금전극 등 표면적이 작은 전극을 지칭한다. 전극 형상이 미소하므로 확산 이중층이 거의 구상으로 되고, 전극 활성물질의 정상적인 물질 수송이 신속하여 빠른 전기화학 반응의 측정에도 사용할 수 있다. 최근에는 세포 내의 전위를 측정할 목적에서 매우 가는 전극으로 사용되는 경우가 있다.

미슈메탈 (Mischmetal(독일어)) 세륨족 희토류 원소 금속의 혼합물. 희토류 원소의 제련 과정에서 생기며 Ce 40~50 %, La 20~40 %가 주성분. 탈산제, 발화 합금 등으로 쓰인다. 독일어명은 혼합 금속의 의미가 있다.

MIS(미스) 반도체 장치의 용어. 금속-절연체-반도체 접합구조를 지칭한다. MIS는 'metal insulator semiconductor'의 약어. 직류전류는 흐르지 않는다. 인가전압의 크기에 따라 절연체에 접한 반도체 표면에 다수의 운반체가 모인 상태와 공핍상태가 생긴다. 가변용량 다이오드, 전계효과형 트랜지스터의 게이트 등에 쓰인다. 절연체가 산화물 막인 경우는 MOS라 한다.

미스트 (mist) 액정 중 지름이 수 μm 이상인 것. 이보다 작은 것은 포그(fog)라 한다. 기포의 파열 또는 증기의 응축으로 발생하고 중력에 의해 침강한다.

미스팅 (misting) 인쇄공정에서 인쇄 잉크가 안개 상태가 되어 인쇄기 주변에 비산하는 현상. 요판 웨이브 인쇄기, 특히 신문 윤전 인쇄기에 의한 인쇄에서 이러한 현상이 현저하게 일어난다. 고속 회전하는 잉크-롤러 간에서 잉크막이 분열할 때에 생기는 미

세 잉크 방울과 정전기 발생이 이 현상의 주된 원인이다.

미시적 (微視的, microscopic) 물질의 성질을 원자·분자 등 그 구성입자의 성질, 운동에 주목하여 이해하려는 입장에서, 물질계 그 자체의 성질로 보는 거시적에 대응하는 용어. 마이크로라고도 한다.

미시적 가역성 (微視的可逆性, microreversibility, microscopic reversibility) 다수의 원자·분자로 구성된 집단(계)이 평형상태에 있을 때 그 계의 원자·분자의 미시적인 과정과 그 역과정은 통계역학적 평균으로 보면 같은 비율로 일어난다. 이러한 성질을 이른다. 화학 반응 속도론에서 중요한 역할을 한다.

미엘로마 (myeloma) 골수 세포에서 발생하는 종양의 총칭인데 그 대부분은 항체 형성 능이 있는 형질 세포종. 골수 내에 다발하여 모노클론성 면역 글로불린을 생산한다.

미오글로빈 (myoglobin) 근육 내에서 발견되는 산소결합성의 헴단백질, 산소를 많이 소비하는 적색근의 산소 저장체이다. 헤모글로빈과 비슷한 헴 b가 있으나 헤모글로빈과는 달리 서브 유닛구조가 없고 산소에 대한 친화성이 헤모글로빈 보다 높다. 따라서 산소를 혈액에서 받아 더욱 산소 친화성이 강한 미토콘드리아의 시토크롬산화 효소에 보낸다.

미오신 (myosin) 근육 단백질의 약 60%를 점하는 주요한 수축성 단백질. 액틴과 함께 근섬유의 구조를 이룬다. APT아제의 활성이 있으며 ATP의 분해로 생기는 에너지를 이용하여 수축한다.

미정질 왁스 (微晶質 ——, microcrystalline wax) 페트로랄탐의 탈유와 브라이트 스톡 유분의 납 분별 또는 합납 원유탱크의 침적물을 탈역하여 얻어지는 왁스. 단순하게 마이크로 왁스라고도 한다. 주성분은 분지 파라핀으로, 유연성이 풍부하고 녹는점은 비교적 높다. 천연산은 오조케라이트라 하고, 이것을 정제한 것은 세레신이라 한다. 용도는 전기 절연, 식품 포장지, 고무공업 등이다.

미켈러 케톤 (Mickler's ketone) 4, 4′-비스 (디메틸아미노) 벤조페논의 중간물의 명칭. 트리페닐메탄 염료 등의 원료. 디메틸아닐린과 포스겐의 반응으로 생성된다.

미코박테륨속 (Mycobacterium) 방선균과 함께 진균에 가까운 것으로 분류되는 세균. 그람 염색 양성인 가늘고 긴 간균으로, 세균 염색액에 염색이 잘 되지 않는다. 일단 염색되면 산에 의해서도 탈색되기 어렵다. 일반적으로 항산균이라 불린다. 결핵균과 나균 등이 여기에 속한다.

미토마이신 C (mitomycin C) 항암성 항생물질. 짙은 보라색의 결정. 가시광선에 의해 쉽게 분해된다. 분자 중에 존재하는 아지리진, 카르바모일기, 아미노퀴논 등의 구조부분이 제암활성을 나타내는 활성기로서 암세포의 DNA합성을 저해한다. DNA분자 내의 구아닌과 다리 결합한다. 그람 양성균, 그람 음성균에 유효하다. 임상적으로는 제암제로서 사용된다.

미토콘드리아 (mitochondria) 세포 소기관의 하나. 사립체(絲粒體)라고도 한다. 세포 내의 유기물을 최종적으로 산소로 산화하고 이 때 생기는 에너지로 아데노신 삼인산 (ATP)을 합성하는 것이 주요 역할이다. 외막과 내막의 2중 막으로 싸인 쌀알 모양의 구조($1 \sim 3\,\mu m$)이고 내막은 안쪽을 향해 주름상으로 되어 있다. 내막에 싸인 공간을 매트릭스라 하고, 매트릭스에는 크렙스회로의 여러 효소가 있고 내막에는 전자 전달계, ATP 합성 효소가 함유된다.

미표백 펄프 (未漂白 ——, unbleached pulp) 증해만 하여 리그닌 등의 불순물이 다량으로 남아 있는 착색 펄프. 값싼 펄프 혹은 고도의 기계적 강도를 필요로 하는 종이의 원료로 사용된다.

미하엘리스-멘텐의 식 (—— 式, Michaelis-Menten equation) 효소반응에서 반응 기질은 효소와 반응 활성점을 통해서 결합하여 효소-기질 복합체를 형성한다. 효소 반응속도 v[g−(생산물) 1^{-1}−(반응액) h^{-1}]는 $v = V_{max}[S]/(K_m+[S])$ 로 표시되며, 이 식을 미하엘리스-멘텐의 식이라 한다. V_{max}는 최대 효소 반응 속도로 효소 농도에 비례한다. [S]는 기질의 최초 농도, K_m은 미하엘리스 상수이다.

미하엘리스 상수 (―― 常數, Michaelis constant)　효소반응에서 초속도의 기질농도 의존성에서 얻어지는 속도론의 파라미터의 하나. 최초 속도가 최대 효소 반응 속도 V_{max}의 1/2이 될 때의 기질농도라 정의된다. 이 상수의 값이 작을수록 기질에 대한 친화성이 크다.

미혼합 주도 (未混合稠度, unworked penetration)　그리스의 정치(靜置)의 경도를 나타내는 척도. 불포화 주도라고도 한다. 시료를 혼합하지 않고 측정하였을 때의 컨시스턴시로 표시된다. 혼합하여 측정하는 것은 혼합 주도라 한다.

밀도 (密度, density)　보통 단위 체적당의 질량을 말한다. SI 단위는 $kg\,m^{-3}$이지만 일반적으로는 $g\,cm^{-3}$으로 표시하는 경우가 많다. 넓은 의미로는 단위 길이, 단위 면적, 단위 체적당의 각종 물리량과 수학량을 나타내는 데 사용된다.

밀도 기울기 (密度包配, density gradient)　용매 중에서 연속적 혹은 단계적으로 밀도가 변화하는 것. 용매의 밀도에 기울기를 부여함으로써 보통 분리법으로는 곤란한 혼합물을 분별하는 밀도 기울기 원심법은 세포 내의 성분, 단백질 분리에 사용된다.

밀도 기울기 원심분리법 (密度包配遠心分離法, density gradient centrifugation method)　원심방향으로 형성된 매체(서당 등)의 밀도 기울기 중에서 시료를 원심분리함으로써 생체 고분자의 분리, 정제, 분석 등을 하는 방법. 침강 속도법과 등밀도 원심분리법으로 대별된다.

밀도 행렬 (密度行列, density matrix)　단전자계의 파동함수를 구성하는 한 전자 궤도 함수가 ϕ_1, ϕ_2, ϕ_3, …으로 주어질 때, $\rho(1'1) = \sum_i n_i \phi_i(1') \phi_i(1)$을 1차 밀도행렬이라 한다. n_i는 궤도 ϕ_i에 있는 전자수이다. 원자와 분자의 전자밀도 분포와 전자상관을 적절하게 앞질러 고찰할 수 있다.

밀도 흐름 (密度――, density current)　액체의 농도차로 기인하는 밀도차에 중력이 작용하여 생기는 흐름. 서로 혼합하는 밀도가 다른 두 액체가 있을 때 중력의 영향으로 밀도가 큰 액체가 하강하는 흐름이 생긴다. 그러나 가열, 냉각 등 열적인 조작에만 수반하는 흐름은 자연 대류라 한다.

밀랍 (蜜蠟, beeswax)　꿀벌집에서 채취되는 납. 팔미트산밀실, 옥시팔미트산세릴을 주성분으로 하는 납 에스테르(71~72 %), 지방산(13~14 %), 탄화수소(10~11 %)로 구성되며 화장품, 양초, 광택제 등에 사용된다.

밀로리 블루 (milori blue)　⇨ 감청.

밀롱시약 (―― 試藥, Millon's reagent)　수은을 진한 질산 혹은 발연 질산에 가온 용해하여 물로 희석시킨 것. 단백질 및 페놀류의 검출에 사용되는 시약. 이 시약을 첨가하고 가열하면 단백질에서는 벽돌 적색, 페놀에서는 혈적색을 띤다.

밀롱염기 (―― 鹽基, millon's base)　빛에 민감한 선황색의 분말, $[(HoHg)_2NH_2](OH)$.

밀리포어 필터 (Millipore filter)　미국 Millipore사가 만든 멤브란 필터(거름막). 아세트산셀룰로오스, 니트로셀룰로오스 혼합 에스테르, 폴리테트라플루오르에틸렌 등의 재질이 있으며, 공경은 $0.025~14\,\mu m$ 정도. 기체 중의 입자와 액체 중의 미생물 제거 등의 목적에 쓰인다.

밀링 (milling, fulling)　짐승털 직물의 편물, 직물에 시행하는 마무리 법. 알칼리 등의 약제를 사용하여 기계적으로 두들겨서 펠트화하여 경화, 촉감을 개변한다. 풀링이라고도 한다.

밀링 염료 (―― 染料, milling dye)　⇨ 산성 밀링 염료.

밀봉 (密封, sealing)　유리를 융착하여 밀폐하는 것. 전구의 텅스텐선 봉입을 비롯하여 전기·전자제품에 많이 사용된다. 봉입물과 유리의 열팽창 적합성 및 봉입 후의 뒤틀림을 제거하는 것이 중요하다.

밀봉관 (密封管, sealed tube)　고압에서 화학반응을 일으키기 위해 살이 두꺼운 경질 유리관 용기에 반응물을 넣고 다른 끝 쪽도 용봉하여 제작한 관. 관상의 노에 넣어 가열한다.

밀킹 (milking)　방사성 핵종의 딸핵종이 방사성일 때 어미핵종에서 딸핵종을 분리한 후, 적당한 시간(보통 딸핵종 반감기의 수

배 시간)을 거쳐 다시금 어미핵종에서 딸핵종을 추출한다. 이것을 반복하여 딸핵종을 추출하는 것. 젖소에서 일정 시간마다 반복해서 우유를 착취하는 것과 같은 의미에서 이처럼 불리운다.

밀타승 (密陀僧, litharge) 일산화납의 속칭. 리사지 또는 산화납이라고도 한다. 밀타승에는 저온 안정형(오렌지색)의 것과 고온 안정형(황색)의 것(마시코트)이 있다.

밑 염색 (—— 染色, ground dyeing) 나염의 바닥색을 염색하는 것. 침염하거나 또는 지형을 사용하여 롤 나염, 스크린 나염으로 바닥 염색을 한다.

밑창 가죽 (sole leather) 구두 밑창에 사용하는 가죽. 일반적으로 큰 소가죽을 타닌으로 무두질한 두꺼운 가죽을 말한다. 보통 신발창에는 크롬 무두질한 가죽도 사용된다.

밑칠(약) (—— 漆(藥), ground coat) 법랑을 가공할 때 바탕 금속에 잘 밀착하는 유약. 보통 먼저 유약을 유착시키고 다시 위에 법랑 유약을 입혀 마무리한다. 강판 법랑에서는 코발트, 니켈, 망간 등의 산화물이 밀착제로 가해진다.

플로지스톤설 (phlogiston theory)

　18세기경에 화학현상을 설명하는 데 있어서 가장 지배적인 지위를 차지했던 가설(假說)을 말한다. 플로지스톤이란 그리스어로서 '불꽃' 이리는 뜻이다. 갖가지 일상현상 중에서도 연소현상은 중요하며, 또 화학·약학·야금 등의 기술에서도 연소나 하소(煆燒)는 가장 흔히 사용되는 방법이었으므로, 이 현상의 설명은 그 당시 학자들의 관심사였다. 1679년 G. E. 슈탈은 유성(油性)인 흙(테라 핑귀스)을 들어 이것에 플로지스톤이라는 새로운 이름을 붙였다. 슈탈에 의하면, 숯(목탄)·황·기름 등 연소하기 쉬운 물질은 대부분 플로지스톤으로 이루어져 있고, 연소할 때는 원래의 물질에서 플로지스톤이 빠져 나가고 뒤에 재가 남았다고 설명했다. 슈탈은 연소를 설명하기 위해 플로지스톤을 생각했었지만, 나중에는 플로지스톤이 모든 화학이론의 중심이 되고, 굳기와 색의 원인으로까지 확대되었다. 또, 연소할 때 공기의 역할은 빠져 나간 플로지스톤 대신에 들어가는 것이라고 설명하였다. 이 가설은 플로지스톤론자였던 영국 화학자들의 기체에 관한 실험을 발판으로 하여 근대적인 연소이론을 세운 A.L.라부아지에에 의해서 1783년에 완전히 부정되었다.

바구니 효과(── 效果, cage effect) 응축상에서 열 혹은 광분해로 생성된 활성종의 쌍(대부분은 라디칼 쌍)이 그것을 둘러싼 용매분자(용매분자에 둘러싸인 공간을 용매 바구니라 한다)에 의해 확산이 저지되기 때문에 쌍으로 생긴 활성종끼리 반응하는 확률이 높아지는 것. 예를 들면, $R-N=N-R$
$$\xrightarrow{\Delta} [R\cdot + N_2 + \cdot R]_{바구니} \rightarrow R-R+N_2$$
에서는 용매의 점도가 높아짐에(바구니가 견고해진다) 따라 라디칼 쌍이 결합한 $R-R$의 생성량이 증대한다.

바나듐산 염(── 酸鹽, vanadate) 바나듐(V)의 옥소산염. 일반식 $M_3^IVO_4$, $M_4^IV_2O_7$, M^IVO_3 등 외에 각종 이소폴리산염이 알려져 있다. K_2VO_4 등에서는 독립된 VO_4^{3-} 이온이 존재하지만, KVO_3, $K_4V_2O_7$ 등에서는 VO_3^-, $V_2O_7^{4-}$에 상당하는 이온은 존재하지 않고 복잡한 구조로 되어 있다.

바나딜 화합물(── 化合物, vanadyl compound) VO기가 있는 화합물. 바나듐 화합물에는 화학식으로 VO^+, VO^{2+}, VO_2^+ 등을 포함하도록 기술할 수 있는 화합물이 많이 있으며, VO 혹은 VO_2가 단위로서 존재한다고 보아, 이것을 바나딜이라 부르고 있다. 그러나 실제로는 그와 같은 기의 존재를 인정할 수 없는 것도 많아, IUPAC 명명법에서는 바나딜을 기명으로 사용하는 것은 인정되지 않고 있다.

바니시(varnish) 수지 용액을 바니시라 칭하며 오일 바니시, 주정 바니시 등으로 불린다. 현재는 전색제를 액체(용제, 기름, 물, 가소제) 등에 용해, 분산시킨 유동체를 바니시라 부르고 있다. 수지를 알코올 등의 휘발성 용제에 녹인 휘발성 바니시와 보일유나 중합유(重合油)와 같은 건성유를 첨가한 유성(油性) 바니시로 대별된다. 유성 바니시에는 수지의 종류, 기름과 수지의 혼합 비율 등으로 성능·용도가 달라지는 많은 종류가 있다. 즉, 기름과 수지가 거의 같은 양으로 들어 있는 중유(中油) 바니시, 기름을 많게 한 장유(長油) 바니시, 기름을 적게 한 단유(短油) 바니시 등이다. 한편 천연 수지를 사용한 대표적인 바니시는 코펄 바니시인데, 장유성인 것을 보디 바니시, 중유성인 것을 코펄 바니시, 단유성인 것을 골드 바니시라고 한다. 또 천연 수지를 사용한 것에 세라믹을 기름에 녹인 셸락 바니시(줄여서 락니스)라는 것도 있다. 이 밖에 에스테르 고무 유용성(油溶性) 페놀포름알데히드·프탈산 등의 각종 수지를 사용한 것이 있으며, 유용성 페놀수지와 유동 기름을 사용해서 만든 유성 바니시를 스파 바니시라 부르고 있다. 아스팔트류를 사용한 것은 불투명한 흑색 도료인데, 흑색 바니시 또는 역청질(瀝靑質) 바니시라고 한다.

바닐린(vanillin) 4-옥시-3-메톡시벤즈알데히드. 바닐라콩(豆), 전나무 등에 배당체로 존재한다. 초콜릿과 비슷한 달콤한 방향이 있는 백색 결정으로, 오이게놀과 사프롤 혹은 아황산 펄프 폐액 중의 리그닌 술폰산에서 제조된다. 분자량 152.15, 녹는점 82.5℃, 끓는점은 285℃이나 승화한다. 찬물에는 잘 녹지 않지만 에틸알코올·에테르 등 유기 용매에는 잘 녹는다. 1857년에 M. 고블리가 바닐라콩(과일)에서 이 결정을 추출하여 그 성질을 조사해서 바닐린이라고 명명하였다. 즉, 바닐라콩 속에는 코니페린이라는 배당체(配糖體)가 있는데, 이것을 발효시키면 분해하여 바닐린이 되어 콩의 표면에 결정으로서 석출한다. 식품의 향료로서 아이스크림, 초콜릿 등에 사용된다.

바닥 상태 (―― 狀態, ground state)　주어진 계의 양자역학적 상태 중, 가장 낮은 에너지를 갖는 상태. 들뜬상태의 대응어. 분자의 경우, 전자 바닥상태, 진동 바닥상태, 회전 바닥상태, 스핀 바닥상태 등이 있다. 이 밖에 보다 높은 에너지를 가진 상태를 들뜬상태(勵起狀態)라고 한다. 양자역학에 따르면, 분자·원자·원자핵 등이 계에는 이산적(離散的)인 에너지의 확정값을 가지는 상태(정상상태)가 있고, 이들 정상상태는 보다 낮은 에너지의 확정값을 가지는 다른 정상상태로 일정한 확률로 자발적으로 전이한다(양자전이). 따라서 가능한 최소의 에너지값을 가지는 바닥상태는 그 계의 가장 안정된 상태이며 보통의 표준적 조건에서의 계는 이 바닥상태에 있게 된다. 고전 물리학에서는 물리계의 에너지는 연속적인 값을 취하면서 변하고, 궁극적으로는 모든 운동이 정지된 정지상태(靜止狀態)의 에너지값을 최소값으로 본다. 따라서 바닥상태라고 하는 개념은 양자역학 고유의 것이며, 불확정성 원리에 의해 생기는 어떤 종류의 운동 에너지(영점 에너지)를 포함하는 것이다.

바램 (1) blushing　섬유소 도료, 바니시 등을 칠하였을 때 도면이 희게 유백하는 현상. 도료의 성분에 낮은 끓는점, 친수성의 용제가 많을 때 일어나기 쉽다. (2) bronzing, chalkiness)　짙게 염색하는 경우에 염료가 섬유 내부까지 침투하지 않고 표면에 침착하여 있는 상태. 브론즈 광택이라고도 한다. 염료의 용해도 부족, 불충분한 전처리 등에 의해 일어난다. (3) fog, fogging　사진 감광유제가 직접 노광되지 않고 현상하여 흑화하는 현상을 말한다.

바램가루 (bleaching powder)　⇨ 표백분.

바램제 (―― 劑, fogging agent)　사진 유제에 화학적으로 바램이 생기게 하는 약제. 수소화붕소 화합물, 주석 화합물, 히드라진류, 아민류 등의 강한 환원성 화합물이 사용된다. 반전 현상에 사용된다. ⇨ 조핵제.

바리타 (baryta)　산화바륨 BaO의 옛 속칭. 바라이타, 중토 등으로도 불리었다. 백색 또는 황백색의 분말 또는 고체로, 녹는점 1,923℃이고 끓는점은 약 2,000℃이다. 물·이산화탄소와 잘 반응하는데 다량의 열을 발생하면서 각각 수산화바륨·탄산바륨이 된다. 이 경우의 발열은 적열(赤熱)하는 경우가 있으며, 유기물이 혼입되어 있으면 화재를 일으킬 수도 있다. 질산·염산·알코올 무수물 등에는 녹지만 아세톤·액체 암모니아 등에는 녹지 않는다. 바륨과 질산염·수산화물 등을 고온으로 가열하면 생기는데 공업적으로는 탄산바륨에 탄소를 가하고 1,200℃ 이상으로 가열하여 얻는다. 산화바륨에 이산화탄소나 수분을 함유하지 않는 공기 또는 산소를 통과시키면서 800℃ 이상으로 가열하면 바륨이 된다. 수산화바륨의 제조 원료로, 진공관의 음극(陰極)·게터 등의 재료와 탈수제로 사용한다. 과산화수소의 제조 원료로서 중요했으나 지금은 이 목적으로는 사용되지 않는다.

바리타 분 (―― 粉, baryta powder)　널리 사용되는 체질안료의 하나. 천연으로 산출되는 중정석을 선별한 후 미분쇄하여 화학적인 처리를 한 백색의 분말이다.

바리타 수 (―― 水, baryta water)　수산화바륨 Ba(OH)$_2$ 수용액의 옛 속칭. 강알칼리성이며 알칼리 표준액, 탄산 이온, 서당 등의 침전시약. 특히 이산화탄소의 검출에 유효한데, 유리 막대기 끝에 바리타수를 부착시켜 검출하고자 하는 기체 속에 넣으면 이산화탄소의 존재에 의해서 흰 결정성 막이 생긴다. 이산화탄소가 미량인 경우는 유리 모세관 속의 바리타수를 기체와 접촉시킨 다음 현미경에 의해서 확인한다. 이 밖에 수크로오스의 수용액과도 반응하여 난용성(難溶性)의 침전을 생성한다.

바리타 지 (―― 紙, baryta paper, photographic base paper)　황산바륨과 젤라틴을 주성분으로 하는 약제를 도포한 사진용 인화지. 지면의 백색도와 평활도를 높이는 것으로 사진 인화의 질이 향상된다. 원지에는 사진 감광제에 유해한 물질을 함유하지 않는 필프와 고순도의 화학 펄프가 사용된다.

바셀린 (vaseline)　페트롤레이텀 중 백색까지

정제한 것. 연고 기재 등에 사용된다. 분자량이 큰 분지 파라핀이 주성분이다. 녹는점 38~54℃, 비중 0.82~0.87의 끓는점이 높은 메탄계 탄화수소로서 거의 무미・무취이다. 알코올・글리세린・물 등에는 녹지 않지만 벤젠・클로로포름・에테르・석유벤젠・이황화탄소・기름 등에는 녹는다. 주요 용도는 기계류의 감마제(減磨劑), 화장품, 의약용・연고 기재 등의 원료이다. 또 정제도가 낮은 것은 페트롤레이텀이라 하고, 색상에 따라 그린・레드・언버(갈색 안료)・스노화이트 등의 명칭이 있다. 방수제(防銹劑)나 로프글리스 등의 제조 원료로 쓰인다. 인공 바셀린은 물리적으로는 비슷한 성질을 나타내지만 성분은 다르다.

바소프레신 (vasopressin) 뇌하수체 후엽 호르몬의 하나로, 고리 모양의 옥타펩티드. 항이뇨 호르몬이라고도 한다. 항이뇨작용, 혈압상승 촉진작용이 있다. 혈관(바소)과 수축(프레신)이라는 뜻에서 유래하였다. 고리 모양으로 폴리펩티드결합을 이룬다. 포유류에서 광범위하게 볼 수 있는 것으로 신장에서 수분의 재흡수를 촉진하는 물질로 작용한다. 모세혈관을 수축시켜 혈압을 높이는 작용이 있으므로 저혈압 치료에 이용된다. 구조는 8종류의 아미노산으로 이루어지는데, 시스틴 2개가 S-S결합을 하여 고리를 형성하며 옥시토신과 유사하다. 8번째의 아미노산이 아르기닌인 것은 사람을 비롯해서 소・말・양・낙타・개・고양이・토끼・쥐 등 많은 동물에서 볼 수 있는데, 이것을 아르기닌바소프레신이라 하고, 돼지와 하마는 그 자리에 아르기닌 대신 리신이 있으며, 이것을 리신바소프레신이라 한다. 이들 2개는 모두 화학적으로 합성된다.

바스카 착물 (—— 錯物, Vaska's complex) L. Vaska가 1961년에 처음으로 합성한 [IrCl(CO)(PR₃)₂]의 총칭. PR₃이 트랜스 자리에 있는 평면형 사배위 착물. 수소, 산소 등 많은 물분자를 산화적으로 부가하므로 각종 촉매에 이용되고 있다.

바운드 러버 (bound rubber) ⇨ 결합 고무.

바이러스 (virus) 세균보다 작은 생명체. 비루스라고도 한다. DNA 또는 RNA를 게놈으로 보유하며 숙주 세포에서만 복제된다. 크기는 20~300 nm. 자기증식능이 있는 점에서는 생물이지만 그 자체로서는 대사, 증식이 없고 동식물 세포 중에서만 증식하는 감염체이므로 세포와 같은 생명 단위로서는 생각할 수 없다. 세균을 숙주로 하는 바이러스는 파지라 불린다.

바이센베르그 효과 (—— 效果, Weissenberg effect) 이중 원통상 용기의 틈 사이에 점탄성 액체를 넣고 안쪽 원통을 회전시키면 자유표면의 중앙부가 부풀어올라 마치 액체가 원통 축에 감겨 붙은 것처럼 보이는 현상. 법선 응력에 의한 효과의 하나이다.

바이어 법 (—— 法, Bayer process) 1880년 오스트리아의 화학자 K. J. 바이어가 고안한 방법으로, 순도가 높은 산화 알루미늄(α-알루미나)을 경제적으로 얻을 수 있다. 보크사이트 중의 알루미늄 성분만을 농후한 수산화나트륨 수용액으로 용해시킨 후, 액을 희석하여 수산화 알루미늄의 형태로 침전시키고, 이어서 이것을 1,200~1,300℃에서 소성하여 제조한다.

바이오 계면활성제 (—— 界面活性劑, biosurfactant) 레시틴, 사포닌, 담즙산 등, 동식물의 생체에 존재하는 천연 계면활성제 및 미생물의 대사로 생산되는 계면활성 물질. 미생물에 유래하는 것으로는 소홀로리피드 등의 당지질계와 스피클리스폴산 등의 지방산계 및 생체 고분자계의 것이 있다. 생리・약리활성이 있으며, 예를 들면 리보솜 형성기능과 소염작용이 있다.

바이오 루미네선스 (bioluminescence) ⇨ 생체 발광.

바이오 리액터 (bioreactor) 생화학 반응을 유용 물질의 생산, 환경오염 물질의 분해, 분석, 의료 등에 응용하는 반응장치. 고정화 생체촉매를 리액터 내에 보존하여 연속 혹은 반복하여 반응을 시킨다. 생물은 체내에서 여러 효소를 이용하여 식물을 분해, 생명 유지에 필요한 물질을 합성하고 있다. 그 분해와 합성 반응은 모두 상온 상압에서 이루어지며, 우리 몸에 적합한 것을 효율적으로 만들어 낸다. 생체 내의 이러한 과정을 외부 장치에 실현시키면 자원 절약・에너지 절약을 이룩한 이상적인 생산을 할 수 있는데,

이러한 원리를 이용한 반응장치를 바이오 리액터라 한다. 세균이나 효모 같은 미생물을 이용하여 된장·간장·술·식초 등을 만들 때의 발효조(醱酵槽)도 하나의 바이오 리액터라 할 수 있다. 이전의 화학공업의 반응과정에는 금속계의 촉매가 이용되어 많은 에너지와 자원을 필요로 하였다. 그러나 생체 내에서는 고온·고압이 아닌데도 효소와 미생물의 생체기능에 의하여 필요한 복잡한 물질이 생산된다. 그리고 효소는 다른 촉매와는 달리 특정한 반응에만 작용하기 때문에 불필요한 물질을 만들어 내지는 않는다. 이와 같이 효소를 이용한 바이오 리액터는 자원 절약, 에너지 절약이 가능하며, 소형 공장화할 수 있으므로 건설·설비 등의 비용을 줄일 수 있다. 그리고 효율적이며 매연·유해 물질·소음 공해 등도 발생하지 않는 장점이 있다. 바이오 리액터에서는 효소가 가장 중요하지만 물에 잘 녹아 장기간 사용할 수 없는 단점이 있다. 이 단점은 효소를 고정화함으로써 해결할 수 있다. L-아스파르트산, L-알라닌, 저유당 우유, 말산, 이성질화당, 알코올 등의 생산이 이루어지고 있다.

바이오 매스 (biomass) 일정한 지역 내에 생존하는 생물의 총 중량. 단위 면적당의 생물체 혹은 그 건조중량을 표시한다. 일반적으로는 생물계 유기자원을 지칭하며, 에너지와 화학원료의 획득을 목적으로 한다. 목재, 농작물, 조류, 플랑크톤, 생물계 폐기물 등이 포함된다. 바이오매스(생불량)는 산업혁명 이전의 에너지원이었다. 현대 문명에서 자원의 불가역적 소비와 이산화탄소 축적에 따른 화학연료를 대신할 수 있는 미래의 재생 가능한 자원이다.

바이오 머티어리얼 (biomaterial) 당초 사람의 형태적·기능적 결함을 보완하기 위해 사용되는 재료를 지칭하였으나 근년에는 그 개념이 확대되어 생체계에 접촉되어 기능하는 재료를 총칭하여 바이오 머티어리얼이라 하게 되었다. 합성·천연 고분자, 세라믹스, 금속, 생체 유기 재료 및 이들의 복합 재료가 포함되며, 기능성과 안정성이 중시된다.

바이오 메탈 (biometal) 생체용 재료로 사용되는 금속. 우수한 역학적 성질, 안정성 및 생체적 합성이 요구된다. 대표적인 것으로 티탄합금, 니켈-몰리브덴강, 코발트-크롬합금 등이 있다. 인공 뼈, 인공 관절, 인공 치근 등으로 이용된다.

바이오 분리기 (—— 分離器, bioseparator) 세포를 포함하는 생체성분을 분리, 정제, 검지하기 위한 장치. 막과 흡착제가 위주이다. 면역 복합체의 선택적 제거, 치료에 유용한 액체성분과 세포를 효과적으로 분리하는 등에 이용된다.

바이오 산업 (—— 産業, bioindustry) 생물의 기능 및 작용을 이용하여 그 고유의 기능을 제고하거나 개량하여 유용한 생물 혹은 물질을 생산하는 산업이다.

바이오 세라믹스 (bioceramics) 생체 관련 세라믹스의 총칭. 인체에 직접 매입하거나 혹은 접촉시켜 사용하는 의료용 재료. 알루미나, 지르코니아, 히드록시 아파타이트로 대표되는 것으로, 뼈와 치아 같은 경조직의 대체 재료로 이용될 뿐만 아니라 최근에는 인공기관, 경피소자(經皮素子) 등에 대한 응용이 주목되고 있다.

바이오 센서 (biosensor) 효소, 항원 혹은 항체, 결합 단백질, 세포소기관, 미생물, 동식물 조직 등을 운반체 등에 고정화한 분자식별 기능소자와 변환부분으로 구성되는 센서. 변환부분으로서 전극, 서머스터, 광다이오드, 압전소자, 반도체 등이 사용된다. 임상검사, 식품, 환경, 공업생산 프로세스 등의 계측에 이용된다. 예를 들면, 변이원(變異原)에 민감한 고초균을 사용하여 돌연변이 변성물질이나 발암성 물질의 검징을 한다. 종래의 검정법은 세균의 사멸, 생육상황을 눈으로 보고 판정하기 때문에 적어도 하루가 소요되었다. 그러나 이 방법은 세균의 생육상황에 따라 소비되는 산소량으로써 전기적(電氣的)으로 검사하기 때문에 1시간이면 판정할 수 있는 장점이 있다.

바이오 어세이 (bioassay) 생물의 생존과 생육에 불가결한 혹은 저해되는 물질의 양을 생물에 대한 효과를 측정하여 정량하는 방법. 생물 검정이라고도 한다. 표준물질에 의한 효과의 측정값과 시료와의 상대값으로 정량한다. 비타민, 호르몬, 항균 물질, 항바이러스 물질, 항종양 물질 등이 대상이 된다.

바이오 오토그래피 (bioautography)　미생물을 사용하여 미생물의 생육과 기능에 효과를 미치는 물질을 정량하는 것. 바이오어세이의 하나. 유산균을 사용하여 그 생육량으로 비타민과 아미노산의 정량, 감수성균의 생육 저지도로 항생물질의 정량, DNA 합성능 결함의 변성주 생육 등으로 변이원성 물질의 정량 등이 있다.

바이오 테크놀러지 (biotechnology)　⇨ 생물공학. 현재는 바이오 테크놀러지라 하는 것이 일반적이다.

바이오 폴리머 (biopolymer)　⇨ 생체 고분자.

바이오 해저드 (biohazard)　생물 및 그에 유래하는 물질로 인해 초래되는 장해의 위험. 생물학적 위험이라고도 한다. 연구자가 병원 미생물에 감염하는 실험실 내 감염과 의사 등이 병원에서 미생물 또는 약제 내성균 등에 감염하는 원내 감염이 있다. 유전자 재조합 실험에 관해서는 "대학 등 연구기관 등에서의 재조합 DNA 실험 지침"이 제정되어 있다.

바이올렛 레이크 (Violet lake)　보라색의 염기성 염료(예를 들면 크리스탈 바이올렛, 메틸바이올렛), 또는 산성염료(예를 들면 아시드 바이올렛)를 물에 불용성으로 한 레이크 안료의 총칭이다.

바이코르 유리 (Vycor glass)　⇨ 다공성 유리.

바코미터 (barkometer)　식물 타닌 무두질액의 농도를 조사하기 위해 사용하는 비중계. 바코미터에서는 비중 1.000을 0으로 하고, 1.001을 1°BK로 표시한다. 예를 들면 비중 1.130은 130°BK가 된다.

바탕 용액 (—— 溶液, base solution)　폴라로그래피 등의 전기화학 분석에서 사용되는 용어. 피측정 용액에서 분석하려고 하는 목적 물질을 제외한 조성을 하고 있는 용액. 용매와 지지 전해질 외에 측정과 해석을 용이하게 하기 위한 첨가제(극대 억제제, 완충제 등)를 함유한다.

박리지 (剝離紙, released paper, separate paper)　비팅을 진행한 종이에 실리콘 수지 등을 도포하여 사용 전의 점착 라벨·테이프 등의 접착면을 보호함으로써 사용시에 쉽게 박리할 수 있게 한 종이. 사용할 때는 벗겨내어 목적을 달성할 수 있도록 표면가공이 되어 있다. 크라프트지(紙)의 한쪽 면이나 양면에 실리콘수지 에멀션을 칠해서 만든다. 이형지, 실리콘 코팅지라고도 한다. 이 밖에도 점착성의 아스팔트, 고무, 과자류 등의 포장에 사용한다.

박막 (薄膜, thin film)　일반적으로 1 μm 정도보다 얇은 물질의 층을 말한다. 도포, 진공증착, 스퍼터링, 화학증착 등의 방법으로 지지체상에 퇴적시켜 형성된다. 물질을 얇게 신전(伸展)시켜 만드는 박(箔)과는 구별된다. 금속 박막은 전자장치 등의 전극에, 유전체 박막은 콘덴서와 반사경, 간섭 필터 등에, 반도체 박막은 각종 전기장치에, 자성체 박막은 자기기록용 테이프와 디스크에 사용된다.

박스 마무리 (box finish)　갑피의 마무리 작업의 하나. 흑색으로 염색한 가죽을 마찰(그레이싱)한 후 그레인을 내측으로 하여 가로세로로 접힌 주름을 내어 섬세한 사각의 무늬를 내는 것을 말한다.

박스카 적분기 (—— 積分器, Boxcar integrator)　반복하여 나타나는 미약 신호를 고감도로 측정하기 위한 장치. 반복하여 일어나는 일정한 위상으로 게이트를 열어 신호를 도입하고 이것을 다수회 적산하여 SN비가 높은 신호를 얻는다. 게이트를 여는 위상을 연속으로 바꾸면 연속적 파형도 얻을 수 있다.

박엽지 (薄葉紙, tissue paper, thin paper)　양지, 한지를 불문하고 칭량(면적당의 중량)이 작은 얇은 종이. 인디아 페이퍼, 담배의 궐련지, 글라신지, 콘덴서페이퍼 등이 있다. 가정용 박엽지의 경우는 일반 가정에서 사용하는 티슈 페이퍼, 화장지 등을 이른다. 일반 박엽지는 궐련지·글라신지·사전용지(인디언지)·콘덴서지·한지 등이 있다. KS에서는 사용된 원료에 따라 박엽지를 4등급으로 나누고 있는데, 마닐라삼 또는 인피 섬유(靭皮纖維)를 주성분으로 한 것을 특급, 마닐라삼 또는 인피 섬유에 화학 펄프를 배합한 것을 1급, 화학 펄프에 마닐라삼 또는 인피 섬유를 배합한 것을 2급, 화학 펄프만을 주성분으로 한 것을 3급으로 하고 있다. 칭량(秤量)은 양지로서는 40 g/m^2 이하, 한지로서는 $20\,\text{g}/\text{m}^2$ 이하를 말하며, 비교적 질이 좋고 불투명도가 높은 것이어야 한다.

박층 셀법 (薄層——法, thin-layer cell method)　볼타메트리를 하면서 전해 생성물의 가시 흡수 스펙트럼을 측정하는 방법. 분광 전기화학의 한 수법이다. 전해 생성물은 전극 표면의 얇은 층으로서만 존재하지 않으므로 전해셀을 얇게 하지 않으면 흡광도 변화가 크게 나타나지 않는 경우가 많다. 그러므로 박층셀로 한다. 투명 전극을 사용하는 방법과 미니 그리드 전극을 사용하는 방법이 있다.

박테리아 (bacteria)　⇨ 세균.

박테리아 리칭 (bacteria leaching)　⇨ 미생물 제련.

박테리오 파지 (bacteriophage)　세균을 숙주로 하는 바이러스. 그냥 파지라고도 한다. 균체 내에서 증식하고, 이것을 파괴하여 용해하는 증식형과 세균의 염색체 DNA에 도입되어 세포 분열에 따라 유전되는 프로파지가 있다. 거의 모든 세균에 대해 그에 대응하는 박테리오 파지가 발견되었다. 화학적으로는 단백질이며, 지질과 효소를 함유하는 것도 있다. 인공적으로 배양할 수 없고 살아있는 숙주세균 중에서만 증식한다. 람다파지와 M13파지 등, 유전자 재조합 기술의 벡터로서 널리 사용되고 있는 것이 있다.

박하유 (薄荷油, peppermint oil)　서양박하 *Mentha piperita* 또는 *Mentha arvensis*의 잎, 꽃, 줄기에서 수증기 증류에 의해 채취되는 정유. 무색 또는 담황색의 액체로, 특유한 향기와 강한 매운 맛을 가진다. 물에는 녹지 않고 알코올에 녹는다. 멘톨을 주성분으로 하며 치약, 추잉검 등에 사용된다.

반감기 (半減期, half-life)　붕괴, 불안정한 화학종의 변화, 화학 반응 등에서, 변화하는 물질의 농도가 처음 농도의 절반으로 감소하는 시간. 예를 들면, 1차 반응에서 반감기 $\tau_{1/2}$은 $\tau_{1/2} = (1/k)\ln 2$ 로 주어진다. 여기서 k는 반응속도 상수이다. 반감기는 원래의 수에 상관 없이 핵종에 따라 고유한 값을 지니며, 주위의 물리적·화학적 조건에 전혀 영향을 받지 않는다. 그 값은 우라늄 238 ^{238}U와 같이 45억년이라는 긴 것에서부터, 악티늄

217 ^{217}Ac와 같이 100분의 1.8초밖에 안 되는 것까지 넓은 범위에 걸쳐 있다. 방사능 낙진 (落塵) 중 β 방출체인 스트론튬 90 ^{90}Sr은 28.1년이고 세슘 137 ^{137}Cs는 30년이다. 또 암치료에 사용되는 코발트 60 ^{60}Co는 5.3년, 라듐 226 ^{226}Ra는 1,602년이다. 지구상에 존재하는 자연 방사성 핵종 중에서 방사성 계열의 기점(起點)이 되는 우라늄과 토륨핵 및 계열 밖에서 단독으로 존재하는 핵종은 반감기가 긴 것이 많다. 즉, 이들 핵종은 반감기가 길기 때문에 현재까지 남은 것으로, 이로 미루어 지구가 형성된 시초에는 현재 알려져 있는 자연 방사성 핵종보다 훨씬 많은 수의 반감기가 짧은 핵종이 존재했던 것으로 추측된다. 그 중에는 현재 인공 방사성 동위원소로 취급되고 있는 플루토늄 등 초(超)우라늄 원소도 존재했다고 하는 추측도 성립된다. 일반적으로 반감기는 방사성 핵종의 특징을 나타내는 물리량의 하나로서, 동위원소 기술 중에서 핵종을 선택하는 경우에 중요시된다. 또 그 값이 핵종에 따라 고유한 값임을 이용하여 자료 내의 방사성 핵종과 그 붕괴 생성물의 존재비(存在比)로부터 그 자료의 경과 연수를 추정할 수 있으므로 고고학 등에서 많이 이용된다.

반값 반폭 (半値半幅, half width at half maximum)　반값 전폭을 주는 피크가 좌우대칭일 때의 반값 전폭의 절반값. HWHM이 약어이다. 반높이 반나비라고도 한다.

반값 전폭 (半値全幅, full width at half maximum)　어떤 측정량에 대해 피크가 관찰되었을 때 피크값의 절반값에서의 피크 폭. 반값 폭 또는 반높이 나비라고도 한다. FWHM이 약어이다.

반값 폭 (半値幅, half-band width, half breadth, half width, full width at half height)　⇨ 반값 전폭.

반 건성유 (半乾性油, semidrying oil)　공기 속에 방치하면 서서히 산화하여 점성도(粘性度)가 증가하지만, 건조 상태로까지는 되지 않는 종류의 지방유(脂肪油). 요오드값 100~130의 식물유. 옥수수유, 면실유가 해당되며 대두유는 130·140의 요오드값이 있으므로 반건성유에 가깝다. 건성유와 달리

리놀렌산, 올레산 등 불포화도가 낮은 지방산을 다량 함유한다. 도료로 사용하면 건조는 느리나 변색은 적다.

반 강자기성 (反强磁氣性, antiferromagnetism) 반강자성체가 넬점(Néel point) 이하에서 나타내는 성질. 반강자기성체의 결정은 몇 개의 부격자로 되며, 각각의 부격자를 구성하는 입자의 자기 모멘트 방향은 일정하지만 부격자간에서는 서로 상쇄하듯이 질서 배열로 되어 있으므로 결정 전체의 자화는 0이다. 0 K에서의 자화율은 자화용이 방향에서 0, 그 밖의 방향에서 유한값을 취한다. 넬점에서 전이를 일으키고 넬점 이상에서는 자기 모멘트의 배열이 무질서하게 된다.

반결합성궤도(함수)(半結合性軌度(函數), antibonding orbital) 반결합성 궤도는 σ, π 등의 우측어깨에 *표를 붙여서 표시한다. 에틸렌의 π 궤도와 같이 결합축에 수직한 절면이 있는 분자궤도. 대응하는 결합성 궤도보다 궤도 에너지가 높고 이 궤도에 전자가 들어가면 화학결합은 약해진다.

반경험적 분자 궤도법 (半經驗的分子軌道法, semiempirical molecular orbital method) 분자의 전자상태를 계산할 때 원자 궤도(함수)를 포함한 다양한 적분이 문제가 된다. 이것을 실험값 등을 사용하여 근사하여 분자의 전자상태를 기술하는 방법. PPP, CNDO, MNDO법 등이 있다.

반금속 (半金屬, semimetal) 원소 분류의 하나. 금속 및 비금속의 대응어. 비소, 안티몬, 비스무트 등. 단체가 금속과 동일하게 자유전자를 갖지만 그 밀도가 보통 금속보다 낮다. 준금속이라고도 한다. 메탈로이드를 반금속이라 하는 경우도 있으나 이것은 원래 비금속을 의미하는 것이므로 반금속의 의미로 사용해서는 안 된다.

반대면 (反對面, antarafacial) 우드워드-호프만 규칙(궤도 대칭성의 보존칙)에 따라 고리 모양 전자반응의 입체화학을 설명할 때에 사용되는 용어. 안타라형이라고도 한다. σ결합에서 π결합으로 변하는 반응 또는 그 반대의 반응에 대하여, 1쌍의 궤도 개열 또는 생성이 전이상태의 고리 평면의 상하 양측에서 일어나는 경우를 이른다. 동일면에 대응하는

용어이다.

반대방향 회전 (反對方向回轉, disrotatory) 우드워드-호프만칙에 의해 고리 모양 전자반응 및 킬레 트로피반응의 입체화학을 설명할 때에 사용하는 용어. σ결합의 생성 혹은 개열이 일어날 때 이것에 관여하는 궤도가 서로 역방향으로 회전하는 것. 동일방향 회전의 대응어이다.

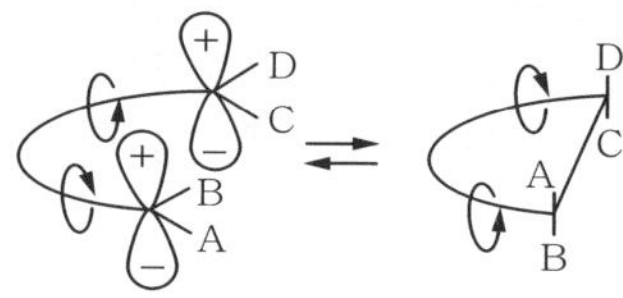

[반대방향 회전]

반대 이온 (反對 ——, counter ion, gegen ion) 물 속의 졸 입자나 미셀 같은 거대한 이온 혹은 고분자 전해질의 거대분자 이온 주위에는 이것과 당량으로 반대 부호의 저분자 이온이 이온 분위기를 형성하고 있다. 이 저분자 이온을 거대(분자) 이온에 대한 반대이온이라 한다. 이를테면 비누의 미셀에 대해서는 Na^+가 반대이온이다. 반대이온은 때때로 콜로이드 구조 속에 고정되는 경향이 있다.

반 데르 발스 반지름 (van der Waals radius) 동일 원자가 반데르발스힘으로 결합하고 있을 때의 원자간 거리의 절반. 그 원자의 크기를 나타내는 지표로 하고 있다.

반 데르 발스 분자 (—— 分子, van der Waals molecule) 반 데르 발스 힘에 의해 원자·분자가 결합하여 형성되는 집합체. 예를 들면 희가스 원자와 화학적으로 안정된 분자로 이루어진 Xe_2, $(CO_2)_2$ 등이 있다. 결합 에너지는 보통 화학결합에 비해 매우 작고 결합거리도 보통 화학결합에 비해 크다. 집합체의 구성 요소인 원자·분자의 수가 많은 경우에는 반 데르 발스 클러스터라고 한다.

반 데르 발스 클러스터 (van der Waals cluster) ⇨ 반 데르 발스 분자.

반 데르 발스 힘 (van der Waals force) 부대(不對) 전자를 갖지 않은 전기적으로 중성인 분자간에 작용하는 힘. 특히 비교적 원거리에서 작용하는 인력을 말한다. 분산력의

결과로 생긴다. 희가스 원자간에 작용하는 힘, 벤젠 등 탄화수소의 분자결정이 형성되는 요인 등을 반 데르 발스 힘에 의해 설명할 수 있다. 또 액체의 응집, 접착, 물리흡착 등의 현상을 설명하는 데 필요한 본질적인 힘이다.

반도체 (半導體, semiconductor) 전기 전도율이 실온에서 $10^{-9} \sim 10^{-2}$ S cm^{-1} 정도에서 도전체와 절연체의 중간값을 나타내는 물질의 총칭. 대표적인 것으로 실리콘, 게르마늄 등의 단체, ZnS, CdS 등의 II-IV족, GaAs, InSb 등의 III-V족, SiC 등의 IV~VI족 화합물 반도체, ZnO, TiO$_2$ 등의 산화물이 있다. 트랜지스터, 정류기, 발광 다이오드 등의 전자장치에 사용된다.

반도체 검출기 (半導體檢出器, semiconductor detector) 실리콘과 게르마늄 등의 반도체를 사용한 방사선 검출기. 고체검출기 또는 SSD(solid state detector)라고도 불린다. 반도체 다이오드에 역 바이어스를 가하여 공빈층을 형성한 것으로, 여기에 방사선에 의한 전자-정공쌍이 발생하여 외부회로에 전류가 흐르는 것을 측정한다.

반도체 다이오드 (半導體——, semiconductor diode) p형과 n형의 반도체 혹은 반도체와 금속을 접합시켜 각각에 전극을 부착한 것. 전자를 p-n 접합 다이오드, 후자를 쇼트키 다이오드라 한다. 전류-전압 특성이 옴의 법칙에 따르지 않고 전극에 인가하는 전압의 방향에 따라 비대칭적인 거동을 한다. 이 특성을 이용하여 전자장치기 제조된다.

반도체 레이저 (半導體——, semiconductor laser) 발광 다이오드에서 방출되는 빛을 이용하여 레이저 발진을 시키는 것. 레이저 다이오드라고도 한다. 공진기에는 사용하는 결정 반도체의 벽개면이 이용된다. 대표적인 재료로는 GaAs계(발진파장 850 nm), GaAlAs계(발진파장 780 nm)가 있다. 다른 레이저에 비해 매우 작고 발진제어가 용이하므로 광통신과 레이저 프린터 등의 광원으로 사용된다.

반도체 전극 (半導體電極, semiconductor electrode) 반도체를 전기화학 반응을 위한 전극으로 한 것. TiO$_2$, CdS, Si 등 많은 종류의 반도체가 전극으로서 사용되고 특히 빛이 조사되었을 때의 광전극 반응이 연구되고 있다.

반류 (反流, wake) 유체와 물체가 상대속도를 가지고 작용할 때, 물체 후방에 생기는 흐름을 말한다. 후류(後流)라고도 한다. 물체에서 멀리 떨어지면 웨이크는 소멸한다. 일반적으로 물체 표면에서 경계층이 박리할 때는 웨이크의 폭이 넓고, 박리하지 않을 때는 좁다.

반 무연탄 (半無煙炭, semianthracite) 무연탄 중에서 석탄화도가 낮은 석탄. 그 범위에 대해서는 각국마다 다른 기준이 있으나 미국의 ASTM에 의하면 순탄 베이스에서 휘발분이 8%를 초과 14% 이하인 석탄을 이른다.

반발 계수 (反發係數, reflection coefficient) 막의 투과성을 나타내는 양의 하나. 어떤 용질의 투과에 대해서 막이 어느 정도 반발하는가를 표시하여 완전 불투과의 경우에 1, 완전 투과의 경우에는 0으로 하여, 일반적으로 0에서 1 사이의 값을 취한다.

반 방향족 (反芳香族, antiaromatics) 고리 모양의 이중 결합 공역계에 있어, π전자의 수가 $4n$개의 경우는 $(4n+2)$개의 경우와 달리, 전혀 공역이 없는 계에 비하여 에너지적으로 높다는 것이 이론적으로 제시되어 있다. 이러한 화합물을 반방향족 화합물이라 한다. 시클로부타디엔이나 시클로옥타테트라엔이 그 예이다. 의사 방향족과 거의 같은 의미로 사용되나 반방향족은 물리적·화학적 성질을 표시하지 않는다는 의미로 사용된다.

반복성 (反復性, repeatability) 동일 인이 동일한 장치로 반복하여 분석하였을 때 얻어지는 정확도. 즉, 동일조건의 측정에서의 정확도를 말한다.

반사 (反射, reflection) 입자와 진행파가 고체나 액체의 표면에 부딪쳐 반조되는 현상. 결정에 X선을 쬐면 X선은 여러 방향으로 회절된다. 이 회절 X선도 반사라고 한다. X선 회절현상이 거울에서 빛이 반사하는 것과 유사한데서 유래한다. 빛이 거울에서 반사되는 것과 같은 경우를 거울 반사 또는 정반사(正反射), 같은 유리에서처럼 반사파가 사방으로 흩어지는 반사를 난반사(亂反

射) 또는 확산 반사라 한다. 일반적으로 거울 반사는 반듯한 면에서, 난반사는 울퉁불퉁한 면에서 일어나지만 면과 반사의 상태는 파장에 따라 좌우된다. 가령, 빛과 같이 파장이 짧은 파동을 난반사하는 면이라도 파장이 긴 전파 등에서는 거울 반사를 하는 경우가 있다. 또 빛이 투명한 제2 매질로 향해 전진할 때에는 보통 빛의 일부만 반사될 뿐이지만 특별한 조건하에서는 제2 매질로 전혀 들어가지 않고 전부 반사하기도 한다. 이러한 반사를 전반사(全反射)라 한다.

반사고속 전자선 회절(反射高速電子線回折, reflection high energy electron diffraction) 전자선을 고체에 쬐여 고체 내에서 회절, 반사한 전자를 형광 스크린상에서 관찰하는 방법 중 입사전자의 에너지가 10 keV이하이고, 입사각이 표면에 대해 매우 작은(약 $1°$)경우를 이른다. RHEED는 약어이다. 입사각이 매우 작으므로 고체의 표층 결정구조의 정보를 얻을 수 있다.

반사면(反射面, mirror plane) 반사 조작시에 사용되는 평면으로 경면이라고도 한다.

반사율(反射率, reflectance, reflectivity) 두 매질의 경계면에 파동(또는 입자)이 입사할 때 반사하는 파동의 강도(또는 입자수)와 입사하는 파동의 강도(또는 입자수)의 비율. 그 값은 물질의 종류와 표면의 상태로 결정되며, 일반적으로 금속에서 크다. 예를 들면 구리에서는 59 %, 은에서는 95 % 정도이다. 또 표면을 검게 한 물체에서는 물체의 흡수율이 커서 반사율이 작으며, 검댕 같은 것은 95%를 흡수하고 나머지 5 %만 반사한다. 단, 이들 값은 입사파의 파장과도 관계가 있다. 한편, 천문학이나 기상학에서는 행성과 달·구름 등의 반사율을 알베도라 한다. 행성에서는 금성이 59 %로 최고이고 지구는 29 %인데, 일반적으로 대기에 싸여 있는 천체일수록 그 값이 크다. 그러나 파동의 강도는 진폭의 두 곱에 비례한다.

반사 전자(反射電子, reflection electron) 고체 표면에 부딪혀 표면, 표면층에 회절하여 반사하는 전자. 저속 전자 표면에서의 회절을 이용한 저속 전자회절에서는 표면 원자 배열의 정보가 얻어진다. 또한 100 keV 정도의 고속 전자를 시료 표면에 거의 평행하게 쬐이면, 표면의 몇 원자층에서 회절하므로 표면층의 구조를 알 수 있다(⇨ 반사 고속 전자선회절). 시료 내부에서 산란하고 일부 공간으로 방출되는 전자를 이용한 예가 주사 전자현미경이다.

반성 유전자(伴性遺傳子, sex-linked gene) 성염색체상에 있는 유전자. 사람의 경우는 X, Y 염색체상에 있는 유전자를 말한다. 보통 X 염색체상의 유전자의 대립유전자가 X 염색체상에는 없으므로 상염색체상의 경우와 달리 수컷 X 염색체상의 유전자는 열성이라도 그 형질이 발현된다.

반성 코크스(半成 ──, semicokes) 석탄을 비교적 저온에서 건류했을 때, 휘발분이 수 % 남은 상태의 것. 점결탄에서 얻어진 것을 세미 코크스, 비점결탄으로부터 얻어진 것을 차아라고 하여 구별하는 경우도 있다. 고온건류 코크스에 비해 석탄에 대한 수량(收量)이 70~75 %로 높고, 휘발분이 많으며(5~15 %), 착화온도가 420℃로 점화하기 좋은 것이 특징이다. 반응성이 높고 연소에 연기가 나지 않으므로 가정용 연료, 가스화 연료 등으로 사용된다. 분말 형상인 반성 코크스는 발전용 연료로 사용되었다.

반수 석고(半水石膏, gypsum hemihydrate, hemihydrate gypsum) ⇨ 소성 석고.

반수성 가스(半水性 ──, semi-water gas) 코크스, 석탄 등의 가스화로서 공기와 수증기의 혼합기체를 사용하여 제조된 저발열량의 연료용 가스. 가스 조성비(%)는 CO_2 4.2, CO 27.0, CH_4 4.0, H_2 12.5, O_2 0.4, N_2 54.0 이다.

반수체(半數體, haploid) 진핵생물의 경우 보통 2배체인 경우가 많지만 그 반수의 염색체를 갖는 세포 또는 개체를 말한다. 1배체라고도 한다. 배수자는 반수체이고 단위생식을 하는 생물에서는 반수가 형성된다(예를 들면 벌의 수컷).

반수 치사 농도(半數致死濃度, lathal concentration 50 %) 50 % 치사농도.

반수 치사량(半數致死量, lathal dose 50%) 50 % 치사량. ⇨ 치사량.

반염(反染, piece dyeing) ⇨ 후염.

반올림(rounding off) 수치 혹은 자리 이후를 절상 또는 절하하는 것으로 요약하는 것. 소수점 이하 n자리의 수치를 반올림하는 경우 $n+1$ 자리 이하의 값이 n 자리의 1단위의 1/2보다 크면 절상하고 작으면 절하한다. (외견상) 1/2과 같을 때의 처치는 일정한 규약에 의한다.

반응 경로 (反應經路, reaction path)　일반적으로 화학 반응은 몇 가지 소반응으로 이루어지며, 이러한 소반응 과정을 거쳐 반응 원계에서 생성물로의 변화가 일어난다. 이 경로를 말한다. 소반응에 관여하는 원자·분자의 원자배치(반응좌표)를 포함하여 반응 경로라고 하는 경우도 있다.

반응 계수 (反應係數, reaction factor)　화학공업의 용어. 화학 반응을 수반하는 흡수, 추출, 용해 등에 대하여 화학 반응이 있는 경우와 없는 경우의 물질 이동속도의 비. 이 값은 언제나 1.0보다 커진다.

반응 공학 (反應工學, chemical reaction engineering)　화학 프로세스의 선정 및 반응기의 설계·조작을 대상으로 하는 화학공학의 한 분야. 그 내용은 화학 반응의 공학적 해석과 반응기의 설계·제어로 대별된다. 단위 반응(單位反應)이라는 개념에서 공업화학 반응과 그 장치를 공학적(工學的)으로 체계화하려는 노력도 있었지만 휴겐이나 와트슨 등의 고체 촉매 반응계(固體觸媒反應系)의 공학적인 취급에 의해서 반응공학의 기초가 이루어졌다. 그러나 반응공학이라는 말을 실제로 사용하게 된 것은 최근의 일이며, 1957년 유럽에서 이 분야의 심포지엄이 열렸을 때 사용된 것이 그 시초이다. 화학 반응의 진행에 대한 물질의 흐름·전열(傳熱)·확산 등의 물리적 과정의 영향을 고려한 공학적인 취급, 균상(均狀) 및 이상계 반응(異相系反應)에서의 조작 및 장치의 해석과 그 개발, 또는 화학장치와 반응장치를 조합한 프로세스의 공학적인 연구 등이 활발해지고 있다. 즉, 반응공학의 과제는 모든 화학 반응을 대상으로 하여 공업적으로 이용 가치가 있는 반응 및 제품을 찾아내고, 그를 위한 반응조건을 결정하는 것을 궁극적인 목적으로 하고 있다. 따라서 매우 복잡한 현상이 중첩되어 있는 반응계에 있어서 가능한 한 정확하게 현상을 파악하고 예측

하며, 가장 경제적인 조작 조건을 결정하는 것이 반응공학의 가장 중요한 소임이다.

반응기 (反應器, reactor)　화학 반응을 진행시키기 위한 장치. 관형 반응기, 탱크형 반응기를 비롯하여 이동층, 고정층, 유동층, 기포탑 등 수많은 형식의 반응기가 있다.

반응 단면적 (反應斷面積, reaction cross section)　단면적의 하나. 입자가 물질 속을 진행할 때 화학 반응을 수반하는 충돌이 일어나는 확률을 표적의 면적으로 나타내는 양을 말한다. ⇨ 반응성 충돌.

반응 동역학 (反應動力學, reaction dynamics)　화학 반응을 충돌 등을 포함한 분자운동의 차원에서 파악하여 해석하는 학문분야. 넓은 뜻으로는 분자의 진동·회전·병진운동 등에 착안하여 화학 반응을 논하는 입장을 지칭한다. 분자선 산란실험과 퍼텐셜면상의 궤도계산 등이 이에 해당한다.

반응 메커니즘 (反應 ——, reaction mechanism)　화학 반응은 둘 이상의 소반응으로 이루어지는 경우가 많으며, 이러한 다단계 반응에서는 어떠한 소반응으로 이루어지는가, 반응 중간체는 무엇인가(라디칼, 이온 등)를 조사할 필요가 있다. 또 많은 화학 반응에는 이와 같은 다단계 반응이 아니라 분자반응, 협주반응 등도 있다. 하나의 화학 반응이 어떠한 과정으로 진행하는가는 각종 실험으로 해명되며 이것을 반응 메커니즘이라 한다.

반응물 (反應物, reactant)　화학 반응식의 왼쪽에 표기되는 화학 반응 개시시의 성문 문자. 예를 들면 $H_2 + OH \rightarrow H_2O + H$의 반응에서는 H_2와 OH가 반응물이고 H_2O와 H가 생성물이다. 생성물의 대응어이다. ⇨ 생성물.

반응물 처리제 (反應物處理劑, reactant type finishing agent)　섬유 표면 가공시 섬유 표면의 작용기와 화학적으로 결합함으로써 장시간 지속되는 효과를 부여하는 약제. 예를 들면 N-[(스테아루일 아미노)메틸]피리듐클로리드는 셀룰로오스와 반응하여 발수성이 있는 표면을 형성한다.

반응 분자수 (反應分子數, molecularity)　어떤 반응(엄밀하게는 소반응)에 관여하는 분자의 수. 기상에서는 1분자 반응, 2분자 반응,

3분자 반응으로 구분된다. 용액 중의 반응에서는 용매도 반응에 관여하므로 엄밀하게는 반응 분자수는 결정할 수 없으나 1분자적 치환반응, 2분자적 치환반응 등으로 분류된다. 반응 차수와는 의미가 다르다.

반응 사출 성형 (反應射出成形, reaction injection molding) 서로 반응하여 고분자를 부여하는 두 가지 성분을 가압하에서 혼합하고 금형에 사출하여 단시간에 중합시켜 성형하는 방법. 약어 RIM. 이소시아네이트와 폴리올스에서 RIM으로 폴리우레탄을 성형하는 방법이 대표적인 예이며, 원료의 유동성이 높으므로 복잡한 형식의 성형에 적합하다.

반응 상수 (反應常數, reaction constant) ⇨ 하메트 룰, 치환기 상수.

반응성 (反應性, reactivity) 반응개시 및 진행의 용이성을 표시하는 척도. 반드시 정량적인 척도는 아니다. 반응성 고분자란 표현 그대로 화학 반응의 활성이 있다는 의미로 형용사적으로 사용된다.

반응성 가소제 (反應性可塑劑, reaction plasticizer) ⇨ 가황성 가소제.

반응성 고분자 (反應性高分子, reactive polymer) 주사슬, 곁사슬, 말단 등에 작용기가 있고 높은 반응성을 나타내는 고분자. 작용기가 있는 모노머의 중합 혹은 고분자에 작용기를 도입하여 형성된다. 기능성 고분자의 대부분이 반응성 고분자이다. 경화형 아크릴 도료의 가교, 탄성섬유의 합성 등에 이용되며 또 섬유의 염색성 개량, 주름을 방지하는 가공, 접착제 등에 이용된다.

반응성 물질 (反應性物質, reactive substances) 약간의 에너지에 의해 격렬한 분해와 연소, 폭발을 일으키는 불안정 물질, 공기, 물 등에 접촉하면 용이하게 발화하는 자연성 물질, 두 가지 이상의 물질이 혼합하였을 때에 쉽게 발생하는 혼촉 위험물질처럼 반응성이 풍부한 화학물질을 총칭하여 반응성 물질이라 한다.

반응성 산란 (反應性散亂, reactive scattering) 분자끼리 접근하면 분자 간 퍼텐셜에 의한 상호 작용의 결과 각 분자의 운동궤도가 변화한다. 이것을 산란이라 하고, 산란시에 분자 간에서 화학결합의 재조합(즉 반응)이 일어나는 경우를 반응성 산란이라 한다.

반응성 스퍼터링 (反應性——, reactive sputtering) 아르곤, 산소, 질소 등의 가스분위기 중에서 방전을 일으켜 스퍼터링 현상을 사용하여 기판상에 각종 화합물 박막을 작제하는 방법. 가스분압을 적당히 변화시키는 것으로 조성을 제어할 수 있다.

반응성 지수 (反應性指數, reactive index) 일련의 동일한 반응 메커니즘의 반응(예를 들면 방향족 화합물의 니트로화)에 대해서 그 활성화 에너지를 엄밀하게 계산으로 구하는 것은 어려우므로 이것을 근사적으로 구하기 위해 사용하는 π전자 밀도, 자기 분극률, 자유 원자가, 국소화 에너지 등의 총칭이다.

반응성 충돌 (反應性衝突, reactive collision) 반응성 산란과 같은 뜻이지만 충돌은 반응물에, 산란은 생성물에 중점을 두는 표현이다. 충돌 분자의 내부 에너지에 영향을 미치는 충돌을 비탄성 충돌, 반응을 수반하는 것을 반응성 충돌이라 한다.

반응 속도 (反應速度, rate of reaction, reaction rate) 화학 반응 $\alpha A + \beta B \rightarrow \gamma C + \delta D$의 반응속도 R은,

$$R = -\frac{1}{\alpha}\frac{d[A]}{dt} = -\frac{1}{\beta}\frac{d[B]}{dt} = \frac{1}{\gamma}\frac{d[C]}{dt}$$

로 정의된다. 실험적으로는 반응물의 소실 혹은 생성물의 생성속도를 측정함으로써 구할 수 있다. 또 반응속도는 반응물의 농도에 대하여 다음 식의 표현에 의존성을 나타낸다. $R = k[A]^{n_A}[B]^{n_B}$ 여기서 k는 속도상수, ($n_A + n_B$)는 반응차수라 한다. 속도상수는 농도와 관계가 없는 상수이지만 온도에 따라 변화하며, 보통 $10℃$ 상승하는 데 대하여 2~3배가 되고, 반응속도도 그에 따라 증가한다. 반응속도를 측정하는 데는 일정 시간마다 시료의 양을 측정하면 되는데, 부피분석·중량분석 외에 각종 흡수 스펙트럼에 의한 정량 등이 사용된다.

반응속도 동위원소 효과 (反應速度同位元素效果, kinetic isotope effect) ⇨ 동적 동위원소 효과.

반응 속도론 (反應速度論, reaction kinetics) 화학 반응의 속도에 대해서, 반응물의 종

류·상태·반응환경 등과 반응속도의 크기의 관계를 해명하려고 하는 이론 혹은 그러한 연구 분야. 방법론으로서 통계이론, 충돌론이 있으며 수단으로서는 고전·반고전·양자역학이 사용된다. 반응에 따르는 화학평형의 이동은 열역학을 도입함으로써 다루게 되었고, 다시 양자론·통계역학을 적용함으로써 물리화학의 한 분야를 형성하고 있다. 또 화학공업의 모든 분야에서 응용되고 있다.

반응속도론적 지배(反應速度論的支配, kinematic control, kinetic control) 동일 반응 조건에서 A→B와 A→C의 두 반응을 비교한 경우, 두 반응속도의 대소에 따라 반응생성물 B, C 중 어느 하나가 다량으로 되는가가 결정되는 경우를 말한다. 경쟁반응이 아닌 경우에도 열역학적으로는 반응이 진행하는 방향에 있지만, 반응속도가 느려서 반응이 진행하지 않는 경우는 반응속도론적 지배라고 한다. 수소와 산소의 혼합물이 그대로는 물의 생성으로 진행하지 않는 것은 속도지배의 전형적인 예이다. 열역학적 지배의 대응어이다.

반응속도 상수(反應速度常數, rate constant) ⇨ 속도 상수.

반응 속도식(反應速度式, rate equation) 화학 반응의 반응물과 생성물의 농도의 시간변화를 표시하는 미분방정식의 조를 이른다. 예를 들면 A+B→C의 반응이 2차 반응인 경우, 속도식은 $-d\,[A]/dt = -d\,[B]/dt = d\,[C]/dt = k\,[A]\,[B]$ 로 표기된다.

반응열(反應熱, heat of reaction) 화학 반응에서의 생성물과 반응물과의 엔탈피 차. 보통 25℃, 1 atm의 표준상태에서의 생성물 생성 엔탈피에서 반응물의 엔탈피를 제하여 구한다. 반응열이 양인 경우가 흡열반응, 음인 경우가 발열반응이다. 반응열은 보통 25℃, 1 기압하에서 측정하기 때문에 정압(定壓)반응열이라고도 한다. 이에 대하여, 일정한 부피에서 측정한 경우를 정적(定積)반응열이라 한다. 또 반응의 종류에 따라 생성열·연소열·중화열·수화열(水和熱)·용해열 및 증발열 등이 있다.

반응 염료(反應染料, reactive dye) 수용성이고, 섬유상에서 알칼리에 의해 반응하며 섬유와 공유결합을 형성하여 염착하는 염료. D−NH−T−X(D−NH₂는 산성염료, T는 트리아진 고리 등의 연결기, X는 활성 염기기)가 셀룰로오스의 −OH와 반응하여 D−NH−T−O−가 된다(별종의 반응기도 있다). 양모의 −NH₂기와 반응하는 것도 있다.

반응 전류(反應電流, kinetic current) 전기화학 활물질이 화학 반응에 의해 생성 또는 소멸할 때, 그 반응속도에 의해 지배되는 패러데이 전류를 말한다.

반응 좌표(反應座標, reaction coordinate) 퍼텐셜 에너지 면에서 화학 반응을 고려하였을 때, 반응원계에서 생산계에 이르기 위한 에너지 장벽이 가장 낮은 경로. 수학적으로는 에너지 장벽의 정상에서 최대 기울기에 따라 이동하여 반응물 및 생성물에 도달하는 경로라 할 수 있다. 활성 착화합물의 대부분은 이 경로(반응 좌표 방향의 변위)에 따른 퍼텐셜 에너지 극대의 상태(엄밀하게는 엔트로피 변화도 포함하여 자유 에너지가 극대의 상태)에 해당한다. 이 말은 또 비가역 과정의 열역학에 있어서 사용되는 반응 진척도를 가리키는 경우가 있다.

반응 진척도(反應進陟度, extent of reaction) 화학 반응의 진행 정도를 표시하는 양. 생성량을 그 화학량론 수로 제한한 값. 반응 진척도의 시간적 변화가 반응 속도이다.

반응 차수(反應次數, order of reaction, reaction order) 반응속도가 반응에 관여하는 성분 A, B, …의 농도 [A], [B], …의 n_A곱, n_B곱, …에 비례할 때 n_A, n_B, …를 각각 성분 A, B …에 관한 반응차수라 하며, 이들의 합 ($n_A + n_B + \cdots$)을 그 반응의 반응차수라 한다(⇨ 속도상수). 효소의 반응처럼 반응속도를 차수로 나타낼 수 없는 경우도 있다.

반응 촉진제(反應促進劑, reaction accelerator) ⇨ 활성화제.

반응 프로필(反應——, reaction profile) 화학 반응에 대해서 반응경로를 가로축에, 그 퍼텐셜 에너지를 세로축에 잡고, 반응 과정의 개요를 표시한 그림. 이 그림은 소반응의 활성화 에너지와 중간체의 안정성을 반 정량적으로 표현하므로 반응이 거쳐야 할 경로와 그 용이성을 표시하는 데 유용하다.

반자성 (反磁性, diamagnetism) 물질이 갖고 있는 자기적 성질의 하나. 외부로부터의 자기장에 대해 그것을 상쇄하는 방향으로 자화하는 성질을 이르는데 많은 비금속 물질에서 볼 수 있다. 전자의 궤도운동에 대한 전자유도 효과가 그 원인이다. 한편, 상자성은 반자성과는 반대로 외부자장의 방향으로 자화하는 성질인데 전자 스핀의 자기 모멘트에 유래한다. 일반적으로는 반자성 자화율은 상자성 자화율에 비해 매우 작지만 초전도 상태에서는 완전 반자성이라 불리는 큰 반자성 자화율을 보인다.

반전 (反轉, inversion)　(1) 반응과정에서 입체 배치가 역전하는 현상. 발견자의 이름을 따서 Walden 반전이라고도 한다. 광학 이성질 현상을 나타내는 탄소 화합물의 경우 비대칭 탄소를 중심으로 반전되면 거울상에 해당하는 이성질체로 변하게 된다. 탄소 화합물이 반전되기 위해서는 탄소에 결합된 원자단이 떨어졌다가 반대 방향에서 다시 결합되어야 하기 때문에 쉽게 일어나지 않을 수도 있다. 그러나 질소 원자에 3개의 원자 또는 원자단이 결합된 암모니아 또는 아민분자는 결합이 끊어지지 않고도 반전이 쉽게 일어날 수 있다. 시클로헥산과 같은 분자는 의자형과 보트형의 형태 이성질체로 존재할 수 있으며, 의자형의 시클로헥산이 반전되면 보트형으로 바뀌게 된다. 2분자적 구핵치환반응으로 (S)-유산에서 (R)-클로로프로피온산을 생성하는 따위의 반응이 대표적이다. (2) 군론의 용어. 공간 내의 어느 점 P(x, y, z)를 좌표의 원점에 관해 대칭 위치에 있는 점 P$(-x, -y, -z)$에 이동하는 대칭 조작을 말한다.

반전성 (反轉性, parity) 어떤 성질 f 가, 어떤 변수 x의 정·부의 변화에 대해서 $f(x) = \pm f(-x)$와 같이 행동할 때, f 의 짝홀성은 각각 정 또는 부라고 한다. 패리티라고도 한다.

반전 온도 (反轉溫度, inversion temperature) 실제 기체의 줄·톰슨 효과는 각 기체에 특유한 어느 온도 이하에서는 냉각, 그 온도 이상에서는 발열을 나타낸다. 이 온도를 반전 온도 혹은 역전 온도라 한다. 수소와 헬륨 이외의 기체에서는 반전 온도가 실내 온도보다 높으므로 실내에서는 줄·톰슨 효과에 의해 냉각한다.

반전 중심 (反轉中心, center of inversion, inversion center) 반전을 할 때의 좌표 원점이다.

반점 반응 (斑點反應, spot reaction)　⇨ 점적 반응.

반죽 (kneading) 고점성의 재료 혹은 분체를 액체와 혼합하는 조작. 혼연이라고도 한다. 전단 변형보다 압축, 연신, 접기에 의한 변형이 유효하며 재료의 미세화와 위치 교환으로 혼합이 진행된다.

반쪽전지 (半——電池, half cell) 전극으로서 작용하는 전자 전도체(아연, 은 등의 금속)를 이온 전도체(염화아연 수용액과 같은 전해질 용액)에 접촉시킨 계. 양극(전지도에서 좌측의 전극)에서는 전극 표면에서 산화 반응이, 음극(우측의 전극)에서는 환원반응이 일어난다.

반토 (礬土, alumina) 산화 알루미늄 Al_2O_3의 옛 속칭. 현대의 용어는 알루미나이다.

반투막 (半透膜, semipermeable membrane) 막의 투과성이 물질의 종류에 따라 다르기 때문에, 어떤 물질은 통과시키지만 다른 물질은 통과시키지 않는 성질이 있는 막. 예로부터 콜로이드 용액에서 용매는 자유로이 통과하지만 용질의 콜로이드 입자는 통과시키지 않는 반투막이 알려져 삼투압 현상의 발견으로 이어졌다. 현재는 각종 공경을 갖는 다공성 막이 제조되어 한외 여과, 투석 등에 사용되고 있다. 반투막의 성질은 투과율, 반발계수로 표시된다.

반트호프 계수 (—— 係數, van't Hoff's factor)　⇨ 침투 계수.

반파 전위 (反波電位, half-wave potential) 폴라로그램이나 대류 볼탐모그램에 있어, 전류값이 확산 한계 전류의 $1/2$이 되는 전류를 말한다. 이온이나 분자의 표준 산화-환원 전위에 대응하는 것으로, 정성분석의 기본이 된다.

반합성 섬유 (半合成纖維, semi-synthetic fiber)

천연 섬유를 화학처리하여 유도체로 한 화학 섬유의 하나. 아세테이트 섬유, 프로믹스 섬유 (카세인-아크로니트릴 공중합 체계 섬유) 등이 있다.

발광 다이오드 (發光 ——, light-emitting diode) p-n 접합 다이오드에 순방향 (n형을 양, p형을 음)으로 전압을 인가함으로써 정공과 전자를 주입하고 그 재결합으로 생기는 에너지를 빛으로 방출시키는 장치. 약어 LED, 사용하는 재료에 따라 적외(GaAs), 녹색(GaP), 적색(GaAsP) 등의 발광을 얻을 수 있다. 발광 다이오드에 적합한 재료로서는 ① 발광파장이 가시(可視) 또는 근적외영역(近赤外領域)에 존재할 것, ② 발광효율이 높을 것, ③ p－n접합의 제작이 가능할 것, 등의 조건을 만족시키는 것으로서 주로 비소화갈륨 GaAs, 인화갈륨 GaP, 갈륨-비소-인 $GaAs_{1-x}P_x$, 갈륨-알루미늄-비소 $Ga_{1-x}Al_xAs$, 인화인듐 InP, 인듐-갈륨-인 $In_{1-x}Ga_xP$ 등 3B 및 5B족인 2원소 또는 3원소 화합물 반도체가 사용되고 있는데, 2B, 6B족이나 4A, 4B족인 것에 대하여도 연구가 진행되고 있다. 발광기구는 크게 나누어 자유 캐리어의 재결합에 의한 것과, 불순물 발광중심에서의 재결합에 의한 것이 있다. 위의 ③에서 발광파장은 대략 ch/E_g (c 는 광속, h 는 플랑크 상수, E_g 는 금제대의 에너지폭)와 같으며, 비소화갈륨의 경우에는 약 900 nm인 근적외광이 된다. 갈륨-비소-인에서는 인의 함유량 증가에 따라 E_g 가 증가하므로 가시발광 다이오드가 된다. 한편, ②에서는 발광파장은 반도체에 첨가되는 불순물의 종류에 따라 다르다. 인화갈륨인 경우, 아연 및 산소 원자가 관여하는 발광은 적색(파장 700 nm)이고, 질소 원자가 관여하는 발광은 녹색(파장 550 nm)이다. 발광 다이오드는 종래의 광원(光源)에 비해 소형이고, 수명이 길며, 전기에너지가 빛에너지로 직접 변환하기 때문에 전력이 적게 들고 효율이 좋다. 또한 고속 응답이라 자동차 계기류의 표시소자, 광통신용 광원 등 각종 전자기기의 표시용 램프, 숫자 표시장치와 계산기의 카드 판독기 등에 쓰이고 있다. 또 주입형 반도체 레이저는 주입밀도가 매우 높은 발광 다이오드의 하나이며, 반전분포(反轉分布)가 발생하여 간섭성(干涉性) 빛을 생기게

할 수 있다.

발광 도료 (發光塗料, luminous paint) 형광·인광도료, 방사성 동위원소를 전색제에 분산한 도료. 형광·인광 안료만을 사용한 도료는 형광 도료라 하며 도로표지 등에 사용된다. 형광 안료와 방사성 동위체를 병용한 도료는 야광 도료, 발광 도료라 칭하며 시계의 문자판 표시 등, 어두운 곳에서 표시용으로 사용된다.

발광 재료 (發光材料, luminescent material) 루미네선스를 나타내는 물질이다. ⇨ 형광체, 인광.

발덴 반전 (—— 反轉, Walden inversion) ⇨ 반전의 (1).

발레로락톤 (valerolactone) 4-혹은 5-히드록시 발레르산의 OH기가 산의 COOH기와 분자 내에서 에스테르 결합을 이루어 생성하는 고리모양 에스테르. 5원환의 $\gamma-$발레로락톤 및 6원환의 $\delta-$발레로락톤의 2종이 있다.

발레르 산 (—— 酸, valeric acid) 탄소수 5인 카르복시산. $CH_3(CH_2)_3COOH$. 길초산이라고 한다. 구조를 표시하는 계통명은 펜탄산 (pentanoic acid). 불쾌한 냄새가 나는 무색 액체로, 분자량 102.14, 녹는점 $-34.5℃$, 끓는점 $187℃$, 비중 0.9459이다. 에탄올·에테르에는 잘 녹지만 물에는 약간 녹는다(물 100 g에 대하여 3.7 g). 산(酸)으로서의 성질을 보이며 수산화 알칼리나 탄산 알칼리의 수용액에는 염(鹽)을 만들어 녹는다. 또 알코올과 반응하여 에스테르를 생성한다. 발레로니트릴의 가수분해나 N-아밀알코올의 산화 등에 의해 합성된다. 쥐오줌풀(吉草)의 뿌리 속에 함유되어 있는 것은 주로 이성질체인 이소발레르산이다. 발레르산에틸에스테르는 과일 같은 향기가 강하여 인공 과일 향료로 이용된다.

발린 (valine) 단백질을 구성하는 아미노산의 하나. $(CH_3)_2CHCH(NH_2)COOH$. 잔기의 약어 Val. 더욱 간략화하면 V. 녹는점 315℃이고, 필수 아미노산의 하나이다. 단백질에 들어 있는 양은 비교적 적지만, 아마인(亞麻仁)의 단백질 중에는 약 12.7% 함유되어 있다. 콩나물에는 유리상태로 존재한다. 류신

과 그 성질이 유사하기 때문에 단백질 가수 분해물 중에서 순수하게 분리하기가 비교적 곤란한 아미노산의 하나로, 여러 가지 합성법이 있다. D-발린은 아주 달고, L-발린은 단맛 이외에 쓴맛이 들어 있다. 천연의 L-발린은 무색 판상의 결정이다. 수용액 중에서 우광 회전성을 나타낸다.

발사약 (發射藥, gunpowder) 연소에 의해 발생하는 가스압으로 물체를 발사하기 위한 화약. 흑색 화약, 무연 화약 등이 있다.

발색단 (發色團, chromophore) 화합물에 색깔을 갖는 원인이 되는 원자단. 역사적으로는 O. N. Witt(1876년)가 색깔이 있는 유기 화합물에는 $-NO_2$, $-N=N-$, $>C=O$(퀴논) 등의 불포화 결합이 있는 원자단이 함유되는 것을 경험적으로 지적하고 발색단이라 명명하였다. 현대 이론에서는 발색 원인은 가시부에 흡수대가 있다는 것이며, 유기색소에서는 폴리엔과 벤젠고리 등도 공역 π전자계를 구성함으로써 발색단이 되는 것으로 알려져 있다. 전이금속 착물에서는 배위자장 흡수대가 발색의 원인인 경우가 많으므로 중심 금속과 배위 원자로 구성되는 중심부분의 구조를 발색단이라 부르는 경우가 많다.

발색 반응 (發色反應, color reaction, coloring reaction) ⇨ 정색(呈色) 반응.

발색 시험 (發色試驗, color test, coloring test) ⇨ 정색 시험.

발색제 (發色劑, color coupler, coupler, color former) 화상형성 반응으로 색소로 변환되는 색소의 전구체. 발색 현상법의 컬러사진과 디아조 타입의 컬러사진에서는 커플러와 동의어. 감압지와 비디아조 타입 감열 기록지의 경우를 예로 들면 플루오란계 락톤화합물 같은 색소 전구체를 지칭한다. 에멀션화제(乳化劑) 속에 첨가하는 것을 내형(內型) 발색제, 현상액에 첨가하는 것을 외형(外型) 발색제라고 한다. 또 3색 각각에 많은 종류가 있다. 내형이며 포지티브(positive) 컬러 및 네거티브(negative) 컬러용의 한 예로서, 시안에는 3-5-디페닐아미노페놀, 마젠타에는 1-(3-술포페닐)-3-(4-스테아라릴아미노페닐)-5-피라졸론, 옐로에는 테레프탈로일아세트아닐리드가 있다.

발색체 (發色體, chromogen) 유기 화합물의 발색에 관한 학설로서, 화합물이 색을 유지하기 위해서는 발색단이란 불포화 원자단이 필요하며, 이에 조색단이란 OH, NH_2 등의 기가 도입되면 색깔의 강도가 증가하여 흡수가 장파장부로 이동한다고 한다. 발색단을 함유하나 조색단이 없는 화합물을 발색체라 하며 색소가 되는 잠재 능력이 있는 물질이다.

발색 현상 (發色現像, chromogenic development, color development) 현대 컬러사진의 주류가 되는 현상법. p-페닐렌디아민형의 현상 주약으로 현상을 하고 생성된 주약의 산화물이 커플러와 반응하여 색소가 되어 화상을 형성한다. 컬러 현상의 경우는 발색 현상법 이외의 컬러사진의 현상을 포함하는 경우가 있다.

발생기 (發生期, nascent) ⇨ 발생기 상태.

발생기 상태 (發生期狀態, nascent state) 어떤 원소의 원자가 화합물에서 유리할 때에 매우 활성이 강하고 반응성이 풍부한 상태가 되는 경우가 있다. 이 상태를 발생기 상태 혹은 약칭하여 발생기라고 한다. 예를 들면 황산에 아연을 반응시켰을 때 발생하는 수소는 발생 순간에는 발생기의 수소이므로 매우 강력한 환원력이 있다.

발생로 가스 (發生爐──, producer gas) 석탄, 코크스를 공기 또는 공기와 수증기에 의해 가스화하여 얻어지는 Co, N_2를 주성분으로 하는 가스. 한 때는 연료용으로 쓰였으나 발열량이 낮아 거의 사용되지 않는다.

발생 전극 (發生電極, generating electrode, generator electrode) 분석화학 등에서 정량적으로 필요한 물질을 전기 화학적으로 생성시키기 위한 전극. 예를 들면 크롬산 이온을 구리이온(Ⅰ)으로 산화-환원 적정하는 경우, 구리이온(Ⅱ)의 전기 화학적 환원으로 구리이온(Ⅰ)을 생성시키기 위한 백금전극이 이에 해당한다. 발생전극과 보조전극에서의 생성물이 혼합하는 것을 피하기 위해 양전극액은 다공성 격벽에 의해 격리되는 것이 보통이다.

발수 가공 (撥水加工, water-repellent finishing) 직물에 물방울이 떨어졌을 때, 물을 구슬처

럼 튕기게 하여 직물 내에 물이 침입하는 것을 방지하는 가공. 직물조직의 그물눈을 메꾸지 않으므로 물은 침입하지 않지만 수증기는 통한다. 통기성 방수에 응용된다.

발암 물질 (發癌物質, carcinogen)　생체에 암을 형성하는 성질이 있는 천연 또는 합성 화학물질. 핵 내에 직접 작용하여 암을 형성하는 경우와 생체 내에서 다른 물질로 변화한 후에 발암성을 나타내는 것이 있다. 이 물질은 돌연변이를 야기하는 성질이 있어 변이원 물질과 가까운 관계가 있다.

발암성 화합물 (發癌性化合物, carcinogenic compound)　동물에 수여함으로써 악성 종양을 발생시키는 성질이 있는 화합물의 총칭. 최초 콜타르 중에 이 종의 탄화수소가 함유되어 있는 것이 발견되어 의료의 관점에서 연구가 진행되었다. 유명한 것은 벤조[a]피렌이다.

발연점 (發煙點, smoke point)　(1) 식용 유지의 성질 1항목으로, 시료를 가열하였을 때 연기가 나기 시작하는 온도. 보통 쿠리브랜드 개방식 인화점 시험기로 측정한다. 일반 식용 유지는 200℃ 이상이지만 탈취가 불충분한 경우에는 200℃ 이상이 되는 경우가 있다. (2) 등유와 제트 연료의 연소성을 나타내는 수치. 시료를 규정 조건하에서 연소시켜 연기가 나지 않는 불꽃의 최고 길이를 mm단위로 나타낸 수. 수치가 큰 것은 연소성이 양호하다는 것을 나타낸다.

발연 질산 (發煙窒酸, fuming nitric acid)　진한 질산에 이산화질소를 용채시킨 저색 애체. 이산화질소 함유량이 증가함에 따라 비중이 커진다. 황갈색의 증기를 발생하고, 산화력이 강하다. 산화제, 니트로화제로서 유기합성, 의약품, 염료합성 등에 사용된다.

발연 황산 (發煙黃酸, fuming sulfuric acid, oleum)　진한 황산에 삼산화황산을 용해시킨 것. 공기와 접촉하면 삼산화황의 증기를 발생하여 흰 연기가 난다. 이황산 $H_2S_2O_7$이 생성된다. SO_3 농도가 낮은 것은 올레움(oleum ; 라틴어로 기름을 의미한다)이라 하며 점성이 있는 유상의 액체이다. SO_3 40~60%, 70%의 것은 무색 고체, 그 이외는 액체. 술폰화제, 염료, 화약, 약품 원료로 사용

된다.

발열량 (發熱量, calorific value, heating value)　단위량의 연료가 완전 연소하였을 때에 발생하는 열량. 그러나 실제로는 완전 연소는 이루어지지 않고 또한 고온의 연소가스는 외부로 방출되므로 발열량은 전부가 이용되는 것은 아니다. 발열량은 연소 생성가스 중에 함유되는 수증기의 응축열을 포함하는가의 여부에 따라 고발열량(총 발열량이라고도 한다)과 저발열량(참 발열량이라고도 한다)으로 대별된다. 보통 발열량은 연료 1 kg 또는 1 kmol당으로 표시되지만 기체연료에 있어서는 1 Nm^3당도 많이 사용된다.

발열 반응 (發熱反應, exothermic reaction)　반응에 수반하여 열을 발생하는 반응. 화학반응을 일으킬 때 열을 방출하는 것 중에는 산과 염기의 중화반응(中和反應), 금속과 산과의 반응, 물과 화합하는 수화반응(水和反應) 등이 있고, 또 탄소나 수소 또는 유기물(有機物) 등이 공기나 산소 속에서 연소하는 반응은 빛을 수반하는 발열반응이다. 일반적으로, 발열반응은 반응에 의하여 방출된 열에 의해서 더욱 촉진되기 때문에 일어나기 쉽다. 발열반응을 단열조건에서 하면 계의 온도가 상승하므로 등온으로 유지하기 위해서는 여분의 에너지를 열로서 계 밖으로 인출하여야만 한다. 정압하의 발열반응에서는 계의 엔탈피가 감소하고 이 감소분이 반응열이 된다.

발염 (拔染, discharge printing)　바탕 염색한 실, 천 위에 그 염료를 분해하는 약제를 함유한 풀을 프린트하여 무색의 문양이 생기도록 하는 염색법. 화학염료를 이용한 염색이 발달하면서부터 사용하게 된 방법인데, 무명이나 레이온 직물이 다른 섬유로 된 직물보다 비교적 발염이 잘 이루어진다. 그러나 발염은 직접 날염보다 훨씬 더 주의 깊게 공정을 진행시켜야만 좋은 결과를 얻을 수 있다. 발염에는 바탕색을 빼내어 흰 무늬를 내는 백색 발염과, 바탕색을 빼냄과 동시에 다른 색깔로 착색하는 착색 발염이 있다. 착색 발염을 할 때는 착색 발염풀을 사용하는데, 이는 백색 발염제에 발염제의 작용을 받기 않는 착색용 물감을 넣은 것이다.

발유 가공 (撥油加工, oil repellent finish)　섬

유 등에 기름을 튕기는 성질을 부여하는 가공. 극단적으로 낮은 임계 표면장력이 있는 유기 플루오르화합물 등으로 천을 처리하여 표면에 중합막을 형성시키면 낮은 에너지 표면을 갖게 된다.

발파 (發破, blasting) 화약류를 사용하여 물체를 파괴하는 것. 피파괴물에 구멍을 뚫고 그 속에 화약류를 삽입하여 폭파하는 내부 장약법과, 피파괴물 표면에 화약류를 부착하여 폭파하는 외부 장약법이 있다. 지하굴착에 사용되는 갱내 발파, 토목공사·채석장·광산의 노천에서 하는 발파, 수중에 있는 물체를 발파하는 수중발파, 시가지의 정비·철도건설 등에서 하는 도시발파 등이 있다.

발포 스티롤 (發泡 ——, blowing styrole) 발포법으로 만들어지는 폴리스티렌의 다공질체. 발포 배율 2~3배의 저발포체에서부터 10~20배의 중(中)발포체, 30~50배의 고발포체까지 임의로 변화시킬 수 있다. 완충제, 포장제, 단열제 등으로 사용된다.

발포제 (發泡劑) (1) blowing agent ⇨ 기포제. (2) foaming agent 고무, 플라스틱 등이 발포 고분자 제품을 제조할 때, 가열 또는 화학 반응으로 거품을 형성하는 물질. 탄산수소나트륨, 트리클로로플루오르메탄 등의 예가 있다.

발한 (發汗, sweating) 납 정제공정의 하나. 조납을 발한 접시에 넣어 한 번 냉각한 후, 서서히 가온하면 유분이 분리되어 적하 제거된다. 이 조작으로 얻어지는 것을 스케일 왁스라 하고, 유분을 납하유라 한다.

발화 (發火, ignition) 가연성 물질이 산화제와 혼합되거나 산화성 분위기 중에서 연소하기 시작하는 현상. 발화는 미연상태에서 연소상태로의 불연속적인 전이를 나타내는 과도현상으로, 형식적으로는 자연발화와 점화점에 의한 발화의 두 가지로 구분된다. 전자는 간단하게 발화 또는 착화, 점화 등으로 불리고, 후자는 인화(pilot ignition)라고 하는 경우가 많다.

발화 대기 시간 (發火待期時間, waiting period of ignition) ⇨ 발화 지연.

발화성 물질 (發火性物質, pyrophoric sub-stance) 자연 발화성 물질 중에서 특히 상온의 공기 중에서 짧은 시간 내에 발화하는 기체, 액체 및 고체를 말한다.

발화성(연료) (發火性(燃料), ignition quality) 경유 등을 특히 고속 디젤연료로 사용할 때의 중요한 성질이다. 연료가 기통 내에 분사되고 나서 압축열에 의해 자연 발화하여 연소를 일으키기까지의 시간(발화지연)이 짧을수록 성능이 좋고, 그 양부를 발화성 또는 착화성이라고 한다. 세탄가는 발화성을 수량적으로 표시한 것이다. 가솔린의 녹킹억제성과는 반대로 발화성은 곧은 사슬 파라핀이 가장 양호하고 분지 파라핀 방향족은 가장 불량하다. 발화성이 불량하면 디젤노크를 일으켜 출력이 저하한다.

발화점 (發火點, ignition point) 발화 온도를 말한다.

발화 지연 (發火遲延, ignition delay, ignition lag) 원래는 발화에 이르는 반응이 시작하고 나서 실제로 화염이 생길 때까지의 유도 기간을 지칭하나, 일반적으로는 정온에서 가열을 개시하여 발화에 이르는 사이의 시간을 지칭하는 경우가 많다. 발화 대기 시간은 같은 의미이다.

발화 합금 (發火合金, pyrophoric alloy) 긁거나 문지르는 따위의 충격을 주면 불꽃이 발생하기 쉬운 합금. Fe−Ce(65~70 %)합금, Fe-미슈메탈(Ce 40~50 %, La 23~40 % 등) 합금, La-Mg합금, La-Pb 합금 등과 같이, 희토류 원소를 성분으로 한 합금이 위주이다. 라이타, 가스 점화용에 많이 사용된다.

발효 (醱酵, fermentation) 일반적으로 미생물에 의해 유기물이 분해되는 현상. 생물의 유전정보에 의해 많은 종류의 생화학 반응이 복합하게 조절되어 이루어지는 일련의 화학 반응의 집합이라고 생각할 수 있다. 발효는 호흡과 더불어 생물이 에너지를 얻는 대사반응(代謝反應)의 대표적인 형식인데, 산소적 및 무산소적 호흡이 산소 또는 다른 무기물을 산화제로 사용하는 것과는 달리, 발효는 무산소적 조건하에서 유기 화합물 자신이 산화되는 기질(基質)과 산화제를 겸하는 것이 특징이다. 엄밀한 무산소성 생물은 극히 일부의 세균(예를 들면 가스 괴저균 등)에 한정되고, 대부분의 미생물은 임의(任意) 무산소성이어서 산소적 조건하에서는 에너지 효율이 뛰어난 산소에 의한 완전 산화(호흡)를 영위하지만, 산소가 없는 환경에 놓이면 유기물(특히 당)의 발효적 분해를 일으켜 생명을 유지하려고 한다. 당의 발효 활성과 산소부분 압력과의 관계는 파스퇴르의 효모를 사용한 연구에 의해서 발견되어 파스퇴르 효과라고 한다. 즉 산소의 존재에 의하여 조직세포의 해당작용이 약화되는 현상을 말하며, 외계(外界)의 조건에 적응하는 생체의 조절기능의 하나로 생각되고 있다. 미생물이 이루는 화학변화를 이용하는 발효 공업은 바이오테크놀러지의 주요 분야 중 하나이다.

발효성 당(醱酵性糖, fermentable sugar)　미생물의 작용으로 분해되어 알코올, 유기산, 아미노산 등 다른 물질로 전환되는 당. 발효성이 있는 당의 종류는 미생물이 그 당을 균체 내에 도입하는 능력 및 대사하기 위한 효소반응계의 유무에 의존하며 균주에 따라 다르다.

발효열(醱酵熱, heat of fermentation)　발효 과정에서 발생하는 열. 일반적으로 미생물에 의한 발효는 발열반응으로, 실제 공정에서는 발효열의 제거가 큰 문제가 된다.

발효 정도(醱酵程度, fermentation efficiency) 원료 또는 원료 중의 기질에 대해 목적하는 발효 생산물이 수득되는 비율. 알코올 발효처럼 이론적으로 원료에서 제품으로 변환이 명확한 경우에는 다음 식으로 발효 정도를 산출할 수 있다. {발효액 용량(dm³)×알코올분(%)} / {끓인 전국의 용량(dm³)×전국의 전당분(%)×0.6439}×100

발효 정련(醱酵精練, retting)　마(주로 아마)의 인피부를 줄기에서 적출하기 위한 정련법. 마는 섬유와 그것을 교착하여 충전하고 있는 교질물로 되어 있다. 아마에서는 이 교질물을 적당량 남겨, 방적 가능한 길이와 굵기를 갖는 섬유 속으로 하기 위해 물에 담가 놓아두면 세균의 작용으로 교질물이 분해된다.

밝은 불꽃 (luminous flame)　탄소수가 많은 탄화수소계의 연료를 사용한 공기 부속의 예습염(豫濕炎)과 확산염의 내부에는 연료

의 분해, 반응 등에 의해 생긴 수많은 유리 탄소가 존재한다. 이 탄소입자의 열발광에 의해 밝게 빛나는 화염을 휘염이라 한다. 불휘염에 비해 열방사가 크다.

방갈 처리(防褐處理, browning proofing)　직물(특히 양모 직물)이 빛, 열, 알칼리에 의해 누렇게 변하는 것을 방지하는 처리를 말한다.

방독 마스크(防毒 ——, gas mask) ⇨ 방독면.

방독면(防毒面, gas mask)　유독가스, 증기, 미립자상 물질 등을 함유하는 공기로부터 인체를 보호하는 호흡 보호구. 제1차 세계대전 당시 독일군이 독가스를 사용하게 되자 방호대책으로 최초의 방독면이 연합군에 의해 개발 사용되었다. 오늘날 화생방 무기가 주목을 받게 되자 방독면 상대무기도 독가스로부터 화생방 무기로 확대되어 용도가 넓어졌다. 민간에서도 탄광·공장에서 유독가스나 증기, 유독성 미립자 등으로 오염된 환경 속에서 작업하는 기회가 많아지면서 방독면의 이용 범위가 넓어졌다. 또한 소화 작업·폭동 진압용으로 소방관·경찰관이 사용하는 경우도 많다. 제독 능력이 있는 흡수제와 미립자상 물질을 제거하기 위한 필터 등을 수용한 흡수관과 얼굴의 전면 또는 반면을 기밀로 덮는 면체로 구성되며, 흡수관과 면체를 직결한 직결식과 양자를 연결관으로 연결한 격리식이 있다. 정화통 안에는 유독 가스를 화학적으로 흡착·분해하는 흡수제와 미립자 물질을 물리적으로 여과하는 필터·여과지가 들어 있다. 대상 작용제의 성질에 따라 흡수제도 달라져야 하지만 군용(軍用) 방독면에서는 어떤 작용제가 사용될지 예측할 수 없으므로 광범위하게 대처할 수 있게 특수 처리된 활성탄(活性炭)이 흡수제로 사용되고 있다. 가스의 성질을 예측할 수 있는 공업용 방독면에서는 그 가스의 성질에 적합한 흡수제가 사용된다.

방모(紡毛, woolen(형용사))　양모 중 비교적 모족이 짧은 단섬유, 노일, 폐모, 바모, 재생모 등을 주 원료로 하여 카딩과 정방공정으로 된 간단한 방모방적으로 제조되는 실을 방모사(woollen yarn)라 하고, 그것으로 제조되는 트위드, 플란넬, 멜턴, 노스킨, 벨투아, 보보 등의 직물을 방모직물(woollen fabrics), 그 시

각상의 느낌이나 감촉을 부드럽게 하는 마무리 가공을 방모 마무리라 한다.

방모유 (紡毛油, woolen oil)　양모를 방사할 때 섬유끼리 또는 섬유와 기계 일부의 마찰을 적게 하고 섬유의 유연성, 평활성을 좋게 하기 위해 사용되는 유제. 식물유, 광유, 황산화유, 지방산 알킬에스테르, 비이온 계면 활성제 등이 사용된다. 유화타입의 것이 많다.

방부제 (防腐劑, preservatives)　사진 감광재료 처리액의 화학변화를 방지하기 위해 사용하는 첨가제. 보통 현상액의 산화 열화방지에 사용하는 아황산염과 히드록실아민 등의 산화 방지제를 지칭하지만 정착액인 티오황산염의 분해방지에 사용하는 아황산염도 방부제이다.

방사 (紡絲, spinning)　고분자를 용액 또는 용액상태로 하여 방사 노즐에서 사출하여 섬유상으로 하는 방법의 총칭. 습식 방사, 건식 방사, 건습식 방사, 용융 방사 외에 액정 방사, 화학 방사 등 특수한 것도 있다. 또 방사 속도가 매우 빠른 것을 고속 방사라 한다. 용융 방사(溶融紡絲)는 섬유 형성능을 지닌 중합체를 녹여 공기나 가스 속으로 또는 적당히 냉각 고화(冷却固化)시키는 액체 속으로 밀어내는 방법인데, 나일론・테토론 등은 이 방식으로 만든다. 건식방사(乾式紡絲)는 중합체의 용액을 용매를 제거하기 위해 가열된 공기 속으로 밀어내고 고화(固化)해서 섬유를 얻는 방법이며, 아세테이트・올론(Orlon) 등은 이 방식으로 만든다. 습식 방사는 중합체의 용액을 응고매체 속으로 밀어내어 중합체를 재생하고 고화해서 필라멘트를 얻는 방법이며, 비스코스 레이온・비닐론 등은 이 방식으로 만든다.

방사 분석 (放射分析, radiometric analysis)　시료에 방사성 핵종을 추적자로 가하여 분리 등의 조작을 한 후에 방사능을 측정하고, 그 결과를 해석하여 목적물을 정량하는 분석법. 동위체 희석법, 방사적정 등이 해당된다.

방사선량 (放射線量, radiation dose)　⇨ 선량.

방사선 분해 (放射線分解, radiolysis)　방사선 조사에 의해 생기는 화학적 분해 또는 그로 인해서 발생하는 화학 반응 전반을 말하는 경우도 있다.

방사선 사진 (放射線寫眞, radiograph)　방사성

동위체에서 방사되는 방사선(γ선과 중성자 등)에 의해 퇴과 촬영될 때에 생기는 상을 말한다.

방사선 자동사진법 (放射線自動寫眞法, autoradiography)　방사성 물질을 함유하는 표본을 X선 사진 감각재상에 밀착하여 적당한 시간 방치하고 현상 후에 생긴 방사선상에서 표본 중의 방사선 물질의 분포와 농도를 아는 방법. 오토 라디오그래피라고도 한다. α선이나 β선은 물질에 따라 투과율이 다르므로 그 투과력을 이용하여 물체 내부의 결합을 필름에 찍을 수 있다(非破壞檢査). 최근에는 방사성 물질을 생물체 내에 트레이서(tracer)로서 넣고, 이것을 방사선 자동사진법으로 필름에 찍어 체내에서의 물질의 움직임과 분포를 조사할 수 있게 되었다.

방사선 중합 (放射線重合, radiation-induced polymerization)　γ선, 전자선 등의 고에너지 방사선을 조사하여 개시하도록 하는 중합반응. 대부분의 경우 자유 라디칼이 생성하여 라디칼 중합이 일어나게 되지만 때로는 양이온성 중합 또는 음이온성 중합도 일어난다는 사실이 알려져 있다. 개시제를 사용하는 중합보다 저온에서 진행시킬 수 있다. 방사선 중합을 써서 중합체를 얻을 수 있는 단위체의 종류는 매우 많은데, 각종 비닐 단위체・에틴일 단위체・알데히드・고리 모양 에테르・락톤 등이 이에 속한다. 한편, 방사선 중합은 고분자 물질에 방사선을 조사하여 자유 라디칼이나 이온을 생성시킨 다음 분해・가교(架橋)・그래프트 중합 등을 행하여 희망하는 성질을 지닌 고분자 물질로 개질(改質)시키는 데에도 많이 이용된다. 예를 들면, 보통의 폴리에틸렌은 300℃에서 물러지지만 방사선을 조사하여 가교시킨 폴리에틸렌은 300℃에서도 모양이 흩어지지 않는다.

방사성 동위원소 (放射性同位元素, radioactive isotope, radioisotope)　어떤 원소의 동위원소 중 방사능을 가지고 있는 것. 방사성 동위원소. 라디오아이소토프라고도 한다. 약어 RI. 정확하게는 안정 핵종이 존재하는 원소의 동위체 속에서의 방사성 핵종을 가리키지만 일반적으로 방사성 핵종과 거의 같은

뜻으로 쓰이는 일이 많다. 특히 이용도가 높은 것은 그 원소명 앞에 방사성 또는 라디오란 말을 붙여, 예를 들면 탄소 14를 방사성 탄소 또는 라디오카본과 같이 부르지만 그 원소의 다른 방사성 동위원소와 혼동될 염려가 있다.

방사성 원소 (放射性元素, radioactive element, radio-element) 방사성 핵종을 함유하는 원소. 라듐, 토륨, 우라늄 등의 천연 방사성 원소와 원자로 등을 사용하여 인공적으로 얻어지는 인공 방사성 원소가 있다. 전자에는 ^{238}U를 모체로 하는 우라늄 계열, ^{235}U를 모체로 하는 악티늄 계열 및 ^{232}Th를 모체로 하는 토륨 계열의 세 가지 붕변계열이 있다. 후자는 1933년 Curie 부처에 의해 ^{30}P 등이 제조된 이래 수가 증가하였고, Tc, Pm 등도 인공 방사성 원소이다.

방사성 지시약 (放射性指示藥, radioactive indicator) 원소 또는 물질의 거동을 알기 위해 첨가되는 방사성 물질. 방사성 추적자라고도 한다. 가해진 방사성 물질의 방사능을 추적함으로써 목적 원소 혹은 화합물의 거동을 알 수 있다. 1913년 G. von Hevesy와 F. A. Paneth가 난용성 염의 용해도 측정에 사용한 것이 최초이다.

방사성 침적물 (放射性沈積物, radioactive deposit) 라돈의 동위체가 붕괴하여 생기는 핵종. 기체의 라돈이 봉입한 관의 기벽 등에 침적하므로 이처럼 불리었다.

방사성 트레이서 (放射性——, radioactive tracer) ⇨ 방사성 지시약.

방사성 폐기물 (放射性廢棄物, radioactive waste) 원자로의 운전, 핵연료 재처리 혹은 방사성 동위체의 제조, 처리 또는 그 이용과 수반하여 발생하는 방사성 물질로서, 불필요하게 되어 폐기되는 것. 보통 핵연료 재처리 과정 등에서 생기는 고수준 방사성 폐기물과 보통의 원자로 운전 등으로 발생하는 저수준 방사성 폐기물로 대별된다. 폐기 및 처리에서는 그것에 의한 주변의 자연 방사능에 대한 영향이 최대 허용선량(許容線量)의 1/10 이하라야 한다는 것이 법적으로 규정되어 있다. 처리 방법으로는 ① 고체 폐기물은 불연물(不燃物)과 가연물로 나누어, 가연물은 소각한 후 재를 불연물과 함께 드럼통에 넣고, 이것을 콘크리트로 굳힌 후 깊은 바다 또는 땅 속에 묻는다. ② 액체 폐기물은 이온 교환법에 의해 농축해서 드럼통에 넣거나 또는 화학적으로 처리한 후 대량의 물로 희석해서 방류한다. ③ 기체상태인 폐기물은 반감기가 짧은 핵종(核種)의 감쇠를 기다려 필터로 여과하여, 공중의 방사성 물질의 농도가 최대 허용 농도의 1/10 이하임을 확인하면서 배기설비로부터 방출하는 방법이 취해지고 있다. 이러한 방법도 방사능에 의한 환경오염을 방지하는 근본적인 해결법이라고는 할 수 없으며, 원자력 이용이 본격화됨에 따라 늘어나는 폐기물 처리문제는 중요한 과제가 되었다. 한국의 경우 1989년 방사능 핵폐기물 처리장 건설문제가 제기되었으나 충남 서산군 안면도 주민의 반대시위 등으로 핵폐기물 처리장 부지를 2001년 현재 아직 확정하지 못하고 있다.

방사속선 (放射束線, radiant flux) 방사 상태에서 미소면을 통하여 단위 시간당에 방출, 전달 혹은 수수되는 에너지를 말한다. 단위는 W이다. 광속에 대응하는 양이지만 방사속선은 전자기파의 에너지만을 고려하는 양이다.

방사 손실 (放射損失, radiation loss) 하전입자가 가속될 때 전자파를 방출하여 에너지를 상실하는 것. 운동 중인 하전입자가 외력을 받을 때의 가속도의 크기는 입자의 질량에 반비례하므로 방사손실이 크고, 문제가 될 정도의 것은 주로 전자 등이다. 전자에서 방사손실의 대표적인 것은 제동 방사와 싱크로트론 방사이다.

방사액 (紡絲液, spinning solution) 건식 방사 및 습식 방사를 할 때 노즐에서 압출되는 고분자 물질의 농후 용액. 방사 원액이라고도 한다. 보통 고분자 물질과 그 용제 외에 점도 저하제, 안정제, 광택 소멸제 등이, 또 원액에 착색의 경우에는 염료 또는 안료가 가해진다.

방사 원액 (放射原液, spinning solution) ⇨ 방사액.

방사율 (放射率, emissivity) 물체에 방사열이 생길 때 방사 발산도와 그 물체와 같은 온도를 갖는 흑체의 열방사 방사발산도의 비. 특정 파장의 방사율을 분광방사율, 전파장

범위에서 정의한 것을 전방사율이라 한다.

방사 평형(放射平衡, radioactive equilibrium) 방사선 붕괴의 계열에서 단위 시간에 친핵종에서 생기는 낭핵종이 다시 붕괴될 때 단위 시간에 친핵종에서 생기는 낭핵종의 원자수와, 단위 시간에 붕괴하는 낭핵종의 원자수가 균형을 이루어 평형상태가 되는 것. 순수하게 방사만이 존재하는 공간에서는 임의의 파장의 방사에 대하여 임의의 방사 에너지를 가지고 하나의 평형상태가 만들어지지만 이것은 하나의 불안정한 평형이며, 극히 미량의 물체가 지참되어 이것과의 사이에 나타나고, 파장에 대한 에너지 분포에 대하여 일정한 방사법칙이 성립한다고 생각된다.

방사화 분석(放射化分析, activation analysis, radioactivation analysis) 시료를 중성자, 하전입자 또는 γ선 등의 유속 속에 놓고, 핵반응에 의해서 시료 중의 목표로 하는 원소를 방사성 핵종으로 변화시켜 그 방사능의 특성과 강도를 측정하여 목적 원소를 검출·정량을 하는 방법. 원자로 중성자를 사용하는 경우에는 약 70종의 원소에 대해 매우 고감도의 정성·정량이 가능하다. 시료를 분해, 운반체를 가하여 목적 핵종을 분리하여 계측하는 파괴법 외에 비파괴 분석도 가능하다.

방사화학(放射化學, radiochemistry) 방사성 물질을 대상으로 하는 화학. 주로 천연에서의 방사성 핵종의 분포와 그 변화, 인공 방사성 핵종의 제조, 방사성 동위체의 분리와 정제 방사성 원소를 포함한 화합물의 화학적 성질, 방사성 붕괴에 따르는 반도효과 등의 화학적 효과, 방사성 동위체의 이용(추적자, 연대측정 등) 등이 연구 대상이 되고 있다.

방사화학 분석(放射化學分析, radiochemical analysis) 방사성 핵종을 그 방사능의 측정에 의하거나 혹은 그것과 방사평형에 있는 낭핵종의 방사능 측정으로 검출 혹은 정량하는 분석법. 화학분리에 의해 방사화학적으로 순수한 핵종을 적출하여 반감기와 방사선 에너지를 측정하여 핵종을 결정하고, 방사능의 강도로 핵종의 양을 구한다. 식품, 해수 중의 ^{90}Sr의 측정 등은 이 방법의 한 예이다.

방선균(放線菌, Actinomycetales) 균사를 방사상으로 신장하는 분화한 세균. 방사선균이라고도 한다. 그러나 좁은 뜻으로는 세균에 포함시키지 않는 경우가 있다. 토양균으로서 보편적으로 존재하며 일부는 동물, 식물의 병원균으로서 분리되었다. 방선균은 동물에 병원성이 없는 것과 있는 것이 있는데, 병원성이 없는 것을 스트렙토미세스과(*Streptomycetaceae*)라 하고, 병원성이 있는 것은 악티노마이세스과(*Actinomycetaceae*)라고 한다. 또한 전자에서는 공기 중의 균사(菌絲)에 분생포자가 생기는 것을 스트렙토미세스속(*Strepto-myces*)이라 하고, 짧은 분생자 자루 위에 1~수 개의 분생포자가 생기는 것을 미크로모노스포라속(*Micromonospora*)이라 한다. 후자에서는 무산소 성형으로 항산성(抗酸性)인 동물 병원균을 악티노마이세스속이라 하고, 산소성형으로 일부 항산성인 균을 노카르디아속(*Nocardia*)이라고 한다. 방선균은 전부 268종이 알려져 있다. 방선균은 균사 형태로 발육하는 데 균사는 분지(分枝)되어 공기 중으로 균사를 내는 것도 있으나 일반적으로는 한 덩어리(塊集)가 되어 배지(培枝)에 점착한다. 대부분이 그람 양성균이다. 방선균의 감별에는 영양균사(배지 속으로 침입한 균사)의 색소 생산능력과 공기 중의 균사에 분생포자가 붙어 있는 모양이나 또는 인공배지의 착색성 등 여러 성질에 의하여 분류된다.

방수 가공(防水加工, waterproofing) 직물 표면에 물에 대한 장벽을 형성하거나 혹은 섬유 표면을 소수화하여 물이 직물 내부에 침입하는 것을 막는 가공. 물뿐만 아니라 수증기까지도 직물 내부에 침입할 수 없는 불통기성 방수와 수증기는 통과할 수 있는 통기성 방수가 있다. 통기성은 씨실·날실 사이의 기공(氣孔)을 그대로 남겨둔 채 통기성을 유지하면서 방수성을 주는 방법인데, 의복용으로는 위생적이지만 완전한 방수효과를 거둘 수 없다. 주로 비옷·우산 등에 이용된다. 불통기성은 통기성을 무시하고 방수성이 있는 고무·아스팔트 등을 직물 표면에 칠하는 방법인데, 주로 고무를 입힌 우비·천막 범포(帆布) 등과 같이 물을 투과시켜서는 안 되는 것의 가공에 이용된다. 최근에는 실리콘 수지를 사용하는 실리콘 방수법이 많이 사용되며, 비옷 등에 응용되고 있다. 또 마찰이나 세탁에 의한 방수성의 저하가 적은 벨란(velan)·젤란(zelan) 방수 가공법이 사용되고 있는데, 벨란은 영국 ICI사가, 젤란은 미국 듀퐁사의 방수제에 붙여진 상표명이다.

방습지 (防濕紙, moisture-proof paper)　습기가 통하기 어렵도록 가공한 종이. 예전에는 아스팔트나 왁스 가공을 하였으나 최근에는 폴리올레핀 수지를 압출하여 도포한 것이 주류를 이루고 있다. 특히 엄격한 방습성이 요구되는 경우에는 폴리염화비닐리덴 도포 혹은 알루미늄박을 합착시킨다.

방식제 (防蝕劑, anticorrosives)　금속의 부식을 방지할 목적으로 금속 표면에 칠하는 도료. 시멘트, 방청유 등. 방청 페인트 중의 방청 안료로서는 연단(鉛丹)과 크롬산아연 등이 일반적으로 사용된다. 또 순환수용 강철관의 방식을 위해서는 흐르는 물에 첨가하는 크롬산염, 폴리인산, 아민 등을 인히비터라고도 부르며, 관변 내벽에 내식성 피막을 형성하여 방식효과를 발휘한다.

방염 (防染, reserve printing, resist printing)　문양을 나타내는 염색법의 하나. 흰 전이나 사전에 단색으로 염색한 천에 풀이나 납을 놓고 혹은 실로 시치거나 판으로 조이는 방법으로 염액의 침입을 막아 침염, 인염, 주염 (注染) 등으로 염색한다. 방염에는 방염제만을 넣은 풀을 날인하여 흰 비탕 그대로 무늬가 남게 하는 흰색 방염과, 방염제와 염료가 들어 있는 풀을 날인하여 무늬 부분에 바닥 염색과 다른 빛깔을 착색하는 착색 방염이 있다. 또한 하얀 직물에 미리 방염풀을 날인하는 방법과 바닥 염색의 중간 공정에서 염착을 방지시키는 방법이 있다. 이 밖에 염료의 종류에 따라 특수한 방법도 있다. 날염풀의 날인법에는 형지 날염(型紙捺染)과 같은 수공적 방법과 롤러 날염·자동 스크린 날염과 같은 공업적 방법이 사용되며, 점차 대규모 자동장치에 의한 방법이 추진되고 있다. 옛날부터 사용되어 온 교염(絞染)이나 납염 (蠟染)도 특수한 방염법 중 하나이다.

방염 가공 (防炎加工, antiflaming, flame proofing)　천연, 합성을 불문하고 고분자 재료의 발염 및 무염 연소를 억제하기 위해 그러한 소재에 처리, 가공을 실행하는 조작. 방염 처리, 난연 가공이라고도 한다. 기술상으로는 표면의 열 특성을 변화하는 방법, 분해속도와 생성물을 바꾸는 방법, 연소 억제제를 방출시키는 방법 등이 있고, 형식적으로는 후에 약제를 가하는 첨가형과 제조시에 방염성을 부여하는 반응형(가교형)으로 분류된다.

방오 가공 (防汚加工, antisoil finishing)　섬유 표면에 진흙, 부유먼지 등의 건조성 오물, 음료, 잉크 등의 수성오물, 기름, 유지 등의 유성 오물이 묻지 않는 또는 세탁하면 쉽게 제거되도록 하는 직물의 가공법. 오염방지 처리라고도 한다. 구체적으로는 대전방지 가공, 발수가공이 적용된다.

방오 도료 (防汚塗料, antifouling paint)　따개비, 굴, 말류의 부착을 방지하는 도료. 오염방지 도료라고도 한다. 선박 밑바닥 도료가 대표적 예이다. 실용되고 있는 도료는 이산화 구리, 유기 주석계 화합물을 포함한다. 오염방지제의 용출속도 제어가 중요하다. 최근에는 독물을 함유하지 않는 방오 도료도 사용되고 있다.

방위각 (方位角, azimuth, azimuthal angle)　3차원의 극좌표계 $(\gamma,\ \theta,\ \varphi)$의 φ를 이른다. 결정학에서는 하나의 반사면에 수직인 축 둘레의 회전각을 말한다.

방위 양자수 (方位量子數, azimuthal quantum number)　원자 궤도(함수)의 궤도각 운동량을 나다내는 양자수. l로 표시한다. 궤도가 운동량의 크기는 $\sqrt{l(l+1)}\,h$로, $l = 0, 1, 2, \cdots$에 대한 상태를 s, p, d, $\cdots$로 표기한다.

방적 (紡績, spinning)　비교적 짧은(수~수십 cm) 다수의 섬유를 모아 대체로 평행하게 배열하여 다발로 하고, 꼬임을 부여하여 섬유의 얽힘과 마찰에 의해 섬유 상호간의 활탈(滑脫)을 방지하고 임의의 굵기, 길이로 실을 제조하는 조작의 총칭. 생사와 인조 단섬유 같이 긴 섬유를 단순하게 합쳐서 실을 만드는 경우는 방적이라 하지 않고 제사, 방사 등의 용어가 사용된다.

방적사 (紡績絲, spun yarn)　방직에 의해 제조되는 실의 총칭. 한 종류의 섬유에서 구성되는 것 외에 2종 섬유를 혼합하여 방적한 혼방사도 있다.

방전 (放電, discharge) (1) 2차 전지 등의 전원과 콘덴서 등의 대전체가 전류를 계 밖으로 흘려 에너지를 상실하는 것. 충전의 대응어이다. 예를 들면 충전(充電)되어 있는 전지(電池)로부터 전류가 흘러 기전력(起電力)이 감소되는 현상을 말하지만 좁은 뜻으로는 기체 등 절연체(絶緣體)가 강한 전기장하에서 절연성을 상실하고 전류가 그 속을 흐르는 현상을 말한다. 절연체가 기체인 경우에는 기체방전이라 하며, 기체를 저압으로할 경우에 특히 일어나기 쉽고 이 때의 방전을 진공방전이라 한다. 글로방전에서는 전자와 이온이 양극 부근에서 플라스마를 형성하여 양극 기둥을 만들고 음극 부근에서는 이온의 공간 전하층을 만들어 큰 전위차가 생겨 여기서 가속된 양이온이 음극에 충돌하여 2차 전자를 보급한다. 대전류가 흘러 음극에서 열전자 방출이 일어나면 음극강하가 크게 줄어 가장 진전된 단계인 아크방전이 된다. 이들 방전에 앞서 불연속적 과도현상으로서 불꽃방전이 일어나기도 하며, 전기장이 불균일하면 코로나방전이 일어난다. 기압이 낮지 않으면 불꽃방전, 진공방전에서는 글로방전이 되는 경우가 많다. 고주파 전기장에서는 음극에서 전자방출의 보급을 받지 않고 전자의 이온화 작용만으로 방전을 지속시킬 수 있는데, 이를 고주파 방전이라 한다. (2) 공기와 기름 등의 절연물에 고전압을 인가하여 전자사태 같은 전리현상으로 플라스마를 형성하여 큰 전류가 흐르는 것을 말한다.

방전 말기 전압 (防電末期電壓, end valtage, cut-off voltage, final discharge voltage) 전지의 방전을 중지시키는 전압. KS 방전 시험에서는 정해진 모드로 방전하면서 규정 전압으로까지 단자전압이 저하할 때까지의 최소 경과시간이 정해져 있다. 이 규정 전압을 방전종기 전압 또는 방전종지 전압이라 한다.

방전율 (放電率, discharge rate) 전지의 정격용량을 사용 완료하는 속도. 방전율이 높다는 것은 대전류로 빠르게 사용 완료하는 것을 의미한다. 실용적으로는 전지의 정격용량 [단위 Ah(암페어시)]을 1시간 동안에 사

용 완료하는 방전율을 1C방전이라 하며 10시간에 사용 완료하면 0.1C방전이다. 정격용량을 어느 정도 사용하였는가를 표시하는 방전심도(DOD)와 혼동하면 안 된다.

방지재 (防止材, baffle) ⇨ 방지판.

방지판 (防止板, baffle, baffle plate) 흐름의 장 속에 삽입하여 흐름의 방향을 바꾸는 판. 배플이라고도 한다. 교반조의 벽이나 바닥면에 설치하여 원주 방향의 흐름을 상하 방향으로 바꾸어 조 내의 혼합상태를 좋게 한다. 다관식 열 교환기의 동체쪽에 삽입한 전열을 촉진한다. 증발관 상부에 설치하여 비말하여 동반을 방지하는 경우 등에도 사용된다.

방진 고무 (防振 ——, rubber vibration insulator) 불필요한 진동이나 충격으로부터 물체를 보호하기 위해 사용되는 하나의 스프링으로 작용을 하는 가황 고무. 고무가 운동에너지를 잘 흡수하는 성질을 이용해서, 모터나 엔진의 진동이 외부로 전해지는 것을 방지하기 위해 사용되고 있다. 고무공업이 발달됨에 따라 고무의 내유성(耐油性)·내열성·내후성(耐候性) 등이 개량되고, 금속과의 접착법도 진보되어 각종 치수·형상을 제조할 수 있게 되고 계측기류·공학기계·차량 등의 방진용으로 널리 사용되고 있다.

방청 도료 (防錆塗料, anticorrosive coating, rust-inhibitive coating) 금속 소재에 녹이 발생하는 것을 방지하는 도료. 금속이 녹슬게 되는 것은 공기·물·이산화탄소 등의 작용에 의한 것이므로 방청 도료는 이것들과 금속면과의 접촉을 방지하고 또 화학적으로 녹의 발생을 막는 두 가지 작용을 해야 한다. 부식 시제(산소, 물, 할로겐화물 이온 등)의 소재에 대한 침투를 방지하는 발리어형 도료, 방청 안료의 부식 억제 효과를 이용한 도료 및 아연분말 도료로 분류된다. 발리어형 도료의 대표적인 예는 에폭시 수지 도료, 방청형의 대표적인 예는 연단 방청 도료이다. 아연분말 도료는 징크리치 도료라고도 불린다. 초벌칠용은 바탕 금속에 대한 부착력이 특히 강해야 하며, 덧칠용은 특히 도막(塗膜)이 공기나 수분을 통과시키지 않고 흡수성이 좋으며 균열이 잘 생기지 않고 내후성(耐候性) 내구력이 커야 한다. 건

성유(乾性)와 방청안료(防錆顔料)를 조합한 유성 페인트가 주가 되며, 광명단(光明丹 : 사산화삼납)과 보일유(油)를 조합한 광명단 페인트가 널리 사용된다. 광명단 대용 방청 도료로는 아연분말·아산화납·염기성 크롬산아연(아연황)·염기성 크롬산납(징크크로메이트) 등의 안료를 사용하는데, 뒤의 두 가지는 화학적 방청작용이 있다. 이 밖에 산화철분이나 벵갈라(鐵丹) 단독 또는 아연화(亞鉛華)·광명단과의 혼합물을 안료로 하는 것이 있다. 또 전색재(展色材)로는 덧칠이나 초벌칠에 각각 알맞은 것을 사용하는데, 보일유 외에 오일 니스, 합성 수지 니스 등이 많이 사용된다. 근래에 알루미늄·아연·주석 등의 금속에 대한 방식처리(防蝕處理)에 염기성 크롬산 아연과 인산과 부티랄 수지를 알코올 케톤·물로 된 혼합 용제로 분산시킨 도료가 사용되고 있으며, 에칭 프라이머라 불린다. 선박 차량, 일반 금속재의 도장(塗裝)을 우선 이것으로 방식처리하고 이어서 도장하는 방법이 널리 쓰이고 있다. 또한 선박 바닥을 바닷물이나 고착생물의 부착(附着)으로부터 보호하는 도료도 방청 도료의 하나이다.

방청 안료 (防錆顔料, inhibitive pigment, rust-preventive pigment) 녹을 방지하기 위한 도막 중에서 안료가 전색제 중의 유지와 반응하여 금속 비누를 형성하거나 수분에 의해 분해하여 미알칼리성이 되거나, 금속 표면과 반응하여 부동태를 만들거나 통기저항을 크게 하거나 하여 방식효과를 발휘하는 안료의 총칭. 인단, 징크크로메이트, 스티론튬 크로메이트 외에도 많은 안료가 사용된다.

방청유 (防錆油, rust-preventing oil) 금속 기기의 제조공정, 보관, 수송 중의 일시적인 방청을 목적으로 하는 기름. 광유계 기재에 방청제를 배합한 것이다. 금속 표면에 기름 보호막을 만들어 공기 중의 산소와 수분을 차단하는 것으로, 금속 제품의 보관·수송·보존 등의 특정 기간 동안 녹이 스는 것을 방지한다. 한편, 녹 방지를 위해서는 보일유·유성 니스·합성 수지 니스 등으로 갠 광명단(사산화삼납)·벵갈라 또는 크롬산아연 성분의 방청 도료도 많이 사용된다. 사용 목적에 따라 지문중화 방청유와 방청

윤활유가 있다.

방청제 (防錆劑 ——, rust preventives) 금속 표면에 보호막을 형성하여 목적하는 기간동안 녹이 발생하는 것을 막는 효과가 있는 약제. 일반적으로 석유계 기재에 각종 술폰산염 등의 방청제를 가한 것이 사용되며, 유상, 그리스상, 고체상의 것이 있다. 그 외에 기화성 방청제와 플라스틱 방청제도 있다. 수용액에서 사용되는 것에는 예로부터 알려져 있는 크롬산염·인산염·규산염 등이 있는데 약산성이며 철의 녹 방지에 자주 사용된다. 또 산세정(酸洗淨) 등의 강한 산성을 필요로 할 때는 알킬알릴술폰산염 등의 계면 활성제가 효과가 있다. 공업용 냉각수·보일러 용수·열교환기 용수 등에는 유기질소·황화합물 등이 효과가 있으나 지방족 고급 아민 등도 미량이 사용되고 있다. 유용성(油溶性)인 것에는 석유 술폰산염·금속 비누 등이 사용되는데, 이것은 윤활유 첨가제를 겸할 때도 있다. 페인트·니스 등도 녹 방지에 효과가 있으며, 특히 광명단을 혼합한 유성 페인트의 효과는 대단히 크다. 기화성인 것에는 시클로헥실아민의 아질산염 등이 있는데, 이것을 보통 종이에 칠하고 이 종이로 철제품을 포장하거나, 적당한 용매에 녹인 액체로 철제품을 처리한 후 비교적 기밀한 포장을 하는 방법이 채택되고 있다.

방청 페인트 (防錆 ——, anticorrosive paint, rust-inhibiting paint) 전색제에 주로 보일유를 사용한 방청 도료. 성능은 사용하는 방청 안료의 종류와 양에 따라 결정된다. 방청 페인트는 상기한 정의에 한정하여 사용되며 방청 도료는 보다 넓은 뜻으로 사용된다.

방추 가공 (—— 防皺加工, crease proofing) 주름이 생기기 쉬운 셀룰로오스계 직물에 방추성을 부여하는 직물의 가공법. 직물에 생기는 주름은 직물의 조직, 실의 형상, 섬유의 종류 등에 따라 달라지는데 방추가공은 구김이 갔을 때나 섬유가 굽혀졌을 때에 생기는 변형으로부터 탄성 회복시키는 것을 향상시키는 데 있다. 그렇게 하기 위해 섬유 내부에 수지(樹脂)를 충전결합(充塡結合)시킨다든지 섬유를 구성하는 분자 사이에 화학적으로 다리결합시키는 방법을 쓰고 있다. 공정은 수지액을 섬유 내에 충분히 채운 다

음 건조시키고, 고열처리를 한 후 세척·건조·마무리 작업을 한다. 이 처리를 한 것은 주름의 회복성, 촉감 등에서 현저하게 향상되지만 세탁성이 나쁘고 강도와 마찰 저항성 등이 저하되는 결점이 있다. 건조시의 방추와 습윤시(세탁 후)의 방추가 있다. 양자를 부여하는 가공을 웨시 앤드 웨어 가공이라 한다.

방추 처리 (防皺處理, anticrease)　주름이 생기기 쉬운 면, 마 등의 셀룰로오스계 직물에 주름이 생기지 않는 성능을 부여하는 처리. 셀룰로오스의 히드록실기 간을 수지가공으로 가교하고 셀룰로오스 분자 상호의 미끄럼을 없애는 것으로 방추성이 생긴다.

방축 가공 (防縮加工, shrink-proofing)　직물을 세탁할 때 생기는 수축을 방지하는 가공. 면 등의 셀룰로오스계 직물에서는 샌퍼라이징이 널리 사용되고 있다. 미리 직물에 일정한 수축을 주어 천의 길이와 나비를 고정시킴으로써 수축을 방지하는 기계적 방법, 수지가공(樹脂加工)에 의한 화학적 처리방법이 있다. 샌퍼라이징 가공(sanforizing)은 기계적 방축가공의 하나로, 미국의 샌퍼드 클루에트사(Sanford Cluett Co.)의 특허에 의한 것이다. 이 가공을 할 때는 미리 천의 경위(徑緯) 방향의 수축률을 표준 측정방법에 의하여 측정하고, 이를 기준으로 하여 이에 적합하도록 샌퍼라이징기(機)를 조절하여 1% 이하로 줄어드는 천으로 가공한다. 또 다른 기계적 방법으로 영국의 특허인 그리멜 가공이 있는데, 그 원리는 샌퍼라이징 가공과 유사하다. 수지가공에 의한 방법은 수지를 섬유 내부에 침투시키고 건조한 후 증기 속에서 고온 처리하고, 축합반응(縮合反應)에 의해 섬유소 분자 사이에 수지를 형성시킨다. 이렇게 하면 분자 사이에 다리결합 효과를 주어 섬유소 분자의 결합상태가 긴밀해져서 방축효과를 거둘 수 있게 된다. 다만, 인열강도(引裂强度)가 저하되고 전이 약해지는 것이 단점이다. 양모 직물에는 탈 스케일 또는 스케일 구조의 고정화가 채용되고 있다.

방출 분광 분석 (放出分光分析, emission spectrochemical analysis, emission spectroscopic analysis)　시료에 열, 전기, 빛 등의 에너지를 가하여 성분 원소를 여기하고, 방사된 빛을 분광하여 얻어지는 스펙트럼선의 위치와 강도로 정성 및 정량분석을 하는 것. 시료의 여기에는 화학 프레임, 아크 광원, 스파크 광원, 플라스마 광원 등이 사용된다. 고감도 분석이 가능하며 또 다원소의 동시 검출·정량을 하기 쉬운 이점이 있다.

방출 스펙트럼 (放出 ——, emission spectrum)　발광을 분광기로 분광하여 그 광도의 파장분포 또는 파장수(에너지) 분포를 나타낸 것. 발광이 형광인 경우에는 형광 스펙트럼, 인광인 경우에는 인광 스펙트럼이라 불린다. 높은 에너지 준위로부터 자연적으로 전자기파를 방출하는 경우와 전자기파의 존재하에서 전자기파를 방출하는 경우가 있는데, 각각 자연방출과 유도방출이라고 한다. 방출 스펙트럼은 전자기파가 가지는 에너지 및 메커니즘에 따라 구체적인 명칭으로 불리는 일도 있다. 예를 들면, X선 여기(勵起)에 의하여 생긴 원자의 빈 준위(公準位)에 보다 높은 준위로부터 전자의 전이가 일어나는 경우의 방출 스펙트럼은 X선 형광(螢光)이라 한다. 전자 들뜬상태로부터의 방출 스펙트럼은 자외선 영역에서 가시광선 영역에 걸쳐 있으며, 그 메커니즘에 의하여 형광 스펙트럼 및 인광 스펙트럼으로 나눈다. 진동 들뜬상태로부터의 방출 스펙트럼은 적외선 방출 스펙트럼이라 한다. 또 마이크로파 영역의 방출 스펙트럼도 존재한다.

방출 용적 (放出容積, delivery volume)　측정 용기의 표선까지 채운 물이 배출함으로써 표시 체적을 알 수 있도록 눈금이 매겨진 용적. 수용적의 대응어. 계량법에서는 이러한 표선이 있는 화학용 체적계를 출용이라 하며 出 또는 A자를 부쳐 그 뜻을 표시한다.

방충 처리 (防蟲處理, moth proofing)　단백질 섬유(특히 양모)를 미생물의 식해로부터 지키고, 장기간 보존할 수 있도록 하는 섬유의 가공법. 옷좀, 나방 등이 대표적인 해충이다. 유기 염소화합물, 무기 플루오르화물이 방충제로 사용되고 있다. 그 원리는 방충제를 염색제에 녹여, 염색과 동시에 섬유제품에 흡수시킴으로써 방충성을 가지게 한다. 방충제로는 스위스 가이기사(社)의 미틴 FF (Mitin FF), 독일 바이엘사의 오일란 CN

(Eulan CN) 등이 사용된다. 실제 가공의 한 예를 들면, 염색욕의 온도를 40~50℃로 하고, 고농도의 미틴 FF 1%를 가한 다음 양모제품을 넣고 5~10분 젓는다. 이어서 산을 가하여 액을 끓인 뒤 양모제품을 꺼내어 물로 씻는다. 이렇게 하면 벌레는 양모를 기피하게 되고 만일 먹으면 중독되어 죽는다.

방해선(妨害線, interfering line) 발광분석에 있어 목적 원소의 분석선과 겹치거나 또는 그 가까이에 나타나기 때문에 분석선의 확인과 강도측정의 방해가 되는 휘선을 말한다.

방향고리 축합도(芳香環縮合度, degree of aromatic ring condensation) 석탄 등의 방향 고리의 축합 정도를 나타내는 구조지수. 치환하여 있지 않다고 가정한 방향족 축합 고리의 방향족 수소 Haru와 방향족 탄소 Ca의 원자수 비 Haru/Ca로 나타낸다.

방향고리 치환지수(芳香環置換指數, degree of aromatic ring substitution) 석탄 등 방향 고리의 치환 가능한 전 위치수에 대해서 실제로 치환하고 있는 위치수의 비율을 표시하는 지수. 치환기 수의 정도를 나타낸다.

방향족성(芳香族性, aromaticity) 엄밀한 정의는 어렵지만 벤젠 및 나프탈렌으로 대표되는 고리상 π전자계에서 분자의 성질을 말한다. 즉, ① 이중 결합이 있는 구조식으로 표기됨에도 불구하고 부가반응으로 인해 치환반응이 되기 쉽고, ② 산화–환원 반응이 일어나기 어렵고, ③ 결합거리, 자외가시 흡수 스펙트럼, NMR 화학시프트, 수소화열 등에 방향족으로서의 특유한 성질을 나타내는 점이다. 고리를 형성하는 π전자의 수가 $(4n+2)$인 경우(n은 정수)에 이들의 성질을 볼 수 있으나 $4n$의 경우는 볼 수 없으므로 이런 경우는 반방향족이라 한다.

방향족 탄소분율(芳香族炭素分率, aromaticity) 석탄 등 중질의 방향족계 화합물로 된 유기질 성분을 구성하는 모든 탄소 C에 대한 방향족 탄소 Ca의 비율. 보통 $f_a = Ca/C$로 표시한다. 복잡한 화학구조를 갖는 물질을 평균적으로 해석하는 중요한 화학구조 지수의 하나이다. 석탄 뿐만 아니라 콜타르 펏치, 석유 중질유, 비튜멘 등 중질 탄화수소류의 해석에도 많이 쓰여진다.

방향족화(芳香族化, aromatization) (1) 유기 반응 과정에서 비 벤제노이드 구조를 갖는 화합물이 분자 내에서 호변이성질화로 인해 안정된 벤젠고리 구조로 변하는 것을 말한다. (2) 석유화학 공업에서 사용되는 용어. 석유 성분으로 함유되는 사슬식 혹은 지환식 탄화수소의 전환으로 방향족 탄화수소를 제조하는 공정을 말한다.

방향족 화합물(芳香族化合物, aromatic compound, aromatics) 분자 내에 벤젠 고리가 있는 유기 화합물의 총칭. 초기의 유기화학에서 일군의 방향이 있는 화합물에 대해 사용하였으므로 방향족이란 이름이 있지만, 현대의 정의에서 말하는 방향족 화합물은 방향하고는 관계가 없다. 공명으로 안정화된 벤젠고리가 있으며 지방족 화합물과는 상이한 화학적 성질이 있다. 예를 들면, 지방족 화합물의 이중 결합에서는 첨가반응이 잘 일어나지만 벤젠에서는 첨가중합이 일어나기 어렵고 치환반응을 일으킨다. 이것은 방향족 화합물의 특성이다. 벤젠·크실렌·톨루엔 등을 비롯하여 벤젠고리를 2개 이상 함유하는 것도 다수 존재하며, 비페닐·디페닐메탄 등과 같이 2개 이상의 벤젠고리가 각각 독립적으로 떨어져 있는 것도 있다. 축합 벤젠고리가 있는 나프탈렌, 인덴 등도 방향족 화합물로 헤아려진다.

방화 도료(防火塗料, fire-retarding paint, fireproof paint) 열로 인하여 도료가 열화, 분해하여 열, 화재에 의한 손해가 도료 소재에 미치는 것을 방지하는 도료. 발포형과 비발포형이 있다. 전자는 열에 발포하여 체적이 100~200배로 팽창하고 단열·산소 차단막을 형성하여 소재를 보호하는 도료이고, 후자는 소화성 가스를 발생하여 열과 화염을 저지하는 도료이다.

배기 가스(排氣 ——, exhaust gas) 연소장치, 가스발생시설, 자동차 등에서 유해한 가스로 배출되는 가스를 말한다.

배당체(配糖體, glycoside) 단당이 고리 모양의 헤미아세탈 구조를 취하고 그 히드록실기가 다른 알코올 혹은 페놀성 화합물의 히드록실기 사이에서 물을 상실하고 축합하여 생긴 화합물. 히드록실기를 갖는 천연물이

당과 이 형태의 글리코시드 결합을 이루어 배당체 형태로 존재하는 것이 많다. 단당의 2분자 이상이 글리코시드 결합한 것이 이당 기타 다당이며, 다당이 다시 다른 비당성분과 글리코시드 결합하여 천연으로 배당체로 존재하고 있는 것이 많다.

배럴 (barrel)　석유의 용량 단위. bbl로 표기한다. $1\,bbl ≒ 159\,dm^3$. 옛날에는 석유 수송에 나무통(barrel)이 사용된 데서 유래하는 명칭이다.

배리스터 (varistor)　전류-전압 특성이 큰 비직선성을 나타내는 가변저항체(variable resistor를 약한 조어). 이상 전압을 흡수하기 위한 보호회로와 피뢰기 등에 사용된다. 산화아연에 산화비스무트 또는 산화프라세오디뮴을 주 첨가제로 가한 소결체가 주류이다.

배소 (焙燒, roasting)　광석 등의 고체 시료를 융해되지 않을 정도의 고온에서 공기, 염소, 수증기 등의 기체 또는 탄소, 염화물, 플루오르화물 등과 반응시켜 다음 조작에서 처리하기 쉬운 형태의 화합물로 바꾸는 것. 굽기라고도 한다. 산화물로 하는 산화배소, 황산염으로 하는 황산화 배소를 비롯하여 염화 배소, 소다 배소, 플루오르화 배소, 환원 배소 등이 있다.

배소로 (焙燒爐, roasting furnace)　배소 또는 열분해 등, 각종 고온 가열공정에서 사용되는 장치. 다루는 광석과 원료 물질이 광상인가 분말인가에 따라 기계교반식 반사로, 회전로, 다단 배소로, 플래시 배소로, 유동 배소로 등, 각종 원리·형식의 것이 있다.

배수 (排水, wastewater)　⇨ 폐수.

배수 비례의 법칙 (倍數比例法則, law of multiple proportion)　2종의 원소가 2종 이상의 화합물을 형성할 때, 한쪽 원소의 일정량과 결합하는 다른 쪽 원소의 질량비가 간단한 정수비가 되는 것. J. Dalton이 1802년에 발견하였다. 질소의 산화물은 그 대표적인 예이다. 일산화이질소(아산화질소) N_2O, 일산화질소 NO, 삼산화이질소(아질산무수물) N_2O_3, 이산화질소(과산화질소) NO_2 및 오산화이질소(질산무수물) N_2O_5에 있어서 $14.008\,g$ 의 질소와 화합하는 산소는 $8.000g$ 의 배수, 즉 $1(N_2O):2(NO):3(N_2O_3):4(NO_2):5(N_2O_5)$

로 되어 있다. 이 법칙은 정비례의 법칙과 함께 물질의 불연속성을 나타내며, 이에 따라 돌턴의 원자설이 유도되었다.

배수체 (倍數體, polyploid)　염색체 수가 기본수의 정배수가 된 개체. 일반적으로 고등 진핵 생물에서는 2배체가 기준이고, 그 이상의 것을 배수체라고 한다. 동일 게놈이 중복하는 것을 동질 배수체, 상이한 게놈의 경우를 이질 배수체라 한다. 콜히틴 등에 의해 인위적으로 작제할 수 있으나 홀수배수체는 자손을 만드는 능력이 낮다.

배압 (背壓, back pressure)　(1) 배기를 뿜어내는 데 대항하는 압력. 예를 들면 확산펌프 등에서 기체를 배출하는 쪽의 압력을 이르며, 보통 배압을 대기압 이하로 유지하기 위해 보조 펌프로 배기한다. (2) 증기터빈 등의 증기기관에서 배출되는 증기압력이 대기압 이상인 경우를 말한다. 대기압 이하인 경우는 배압이라 하지 않는다.

배양 (培養, culture)　미생물, 동물 및 식물세포 등을 적당한 배식에 식균하여 온도, 산소 등의 적당한 조건에서 증식시키는 일련의 과정. 배양형식으로서는 액체배양과 고체배양이 있다. 외적 조건으로 온도·습도·빛·기체상의 조성(이산화탄소와 산소의 분압) 등이 중요하며, 그 밖에 배양되는 생물체에 가장 중요한 직접적인 영향을 주는 것은 배지(培地)이다. 배지는 배양기라고도 하며, 그 생물체의 직접적인 환경인 동시에 생존과 증식에 필요한 각종 영양소의 공급장이다. 배지가 액체인 경우를 액체배지라 하고, 액체배지에 한천·젤라틴을 가한 것을 고형배지라고 한다. 액체배지를 쓸 때는 배지를 교반(攪拌)하여 생물체를 액 속에 현탁시키면서 배양하는 경우가 있는데, 이것을 특히 액중배양(submerged culture)이라 한다. 배양하는 생물체의 종류에 따라 각종 영양물질과 삼투압·pH 등이 있는 배지가 많이 고안되어 있다. 이렇게 인공적으로 각종 성분을 조합시켜서 만든 합성배지(synthetic medium)는 많이 있으나 일부 생물(특히 기생적인 미생물) 가운데는 인공배지를 사용할 수 없는 것이 있다. 예를 들면, 각종 동물 바이러스를 배양할 때와 같이 숙주인 살아 있는 계배(鷄胚)나 동물 조직편을 배지로 하여 배양하는 방법(계란배양법·메이틀렌트법 등)도 있다. 또 배양조건의 하나로서는 목적하는 생물체의 생존과 발육을 방해하는 잡균의 번식을 막는 것도 중요하며, 멸균조작 외에 항생물질을 비롯하여 각종 약품을 사용한다. 배지를 포함한 배양법 전체의 개량에 의하여 종전까지는 불가능하다고 여겼던 배양이 가능하게 되어 생물학·의학·농학 등에 많은 공헌을 하고 있다. 배양을 화학공학적으로 체계화한 것이 발효공학이다.

배양 세포 (培養細胞, cultured cell) 실험실적으로 배양된 세포. 생체 내의 조직 세포와 구별하기 위해 사용하는 용어. 동식물체의 조직편을 배양하는 조직배양과 개개의 세포 상태로 배양하는 세포배양은 널리 행해지고 있다. 배양세포는 흔히 생체 내의 조직세포와는 다른 성질을 나타낸다. 연구재료로서 오래 계대배양(繼代培養)되고 있는 것은 배양세포주(培養細胞株)라고 하며, 동물과 사람에게서 많이 알려져 있다. 쥐의 L 세포주는 1943년 미국의 아르가 섬유아 세포를 배양한 것에서 시작된다. 또 인체의 헬라세포(HeLa cell)주는 1953년 미국의 게이가 자궁경암 세포를 배양한 것에서 시작되었으며, 환자는 이미 사망하였으나 그 세포는 배양세포주로서 아직까지 살아 있다.

배연 탈질산 (排煙脫窒酸, flue gas denitrification) 중유, 석탄의 연소 배기가스 중에 함유되는 질소산화물 NO_x를 제거하는 것, 또는 그 공정. 배기가스 중에 암모니아 가스를 가하여 가열 촉매층을 통해 접촉환원법으로 NO_x를 N_2로 환원한다.

배연 탈황 (排煙脫黃, flue gas desulfurization) 황을 함유하는 연료를 사용하는 공장에서 배출되는 배기가스에 함유되는 SO_2, SO_3을 제거하는 것, 혹은 그 공정. 습식과 건식이 있으며, 습식에서는 염기성 물질에 의해 SO_x를 흡수시키고, 건식에서는 흡착제에 의해 SO_x를 제거한다. 습식이 많이 채용되고 있다.

배열 결정장치 (配列決定裝置, sequenator) 생체 고분자의 1차구조를 결정하는 장치. 예를 들면 단백질이나 펩티드의 구성 아미노산을 N말단에서 순차적으로 1개씩 설난하여 아미노산 배열을 결정하는 에드만법을 자동화

한 장치가 있다. 초미량으로 단백질 해석을 할 수 있다. 핵산의 뉴클레오티드 배열을 결정하는 장치도 발명되어 있다.

배위 (配位, coordination) 중심이 되는 하나의 원자 또는 이온의 주위에 몇 개의 이온, 분자가 배열하는 것. 예를 들면 염화나트륨과 같은 이온 결정 중에서는 Na^+의 주위에 8면체형으로 6개의 Cl^-이 둘러싸 배열하고 있다. 또 $[Co(NH_3)_6]^{3+}$ 같은 착물 중에서는 중심 금속인 Co에 6개의 배위자 NH_3가 8면체형으로 둘러싸고 배위결합에 의해 배위하고 있다.

배위 결합 (配位結合, coordinated bond) 공유결합으로 사용되는 전자쌍이 한쪽 원자의 비공유 전자쌍이었다고 생각되는 결합. 이 공유결합은 실제로는 강한 극성을 갖고, 이온 결합성이 강하다. 착물의 금속과 배위자 간의 결합은 배위결합이다.

배위수 (配位水, coordinated water) 착물 중에서 중심 원자에 배위하고 있는 물. 예를 들면 $CrCl_3 \cdot 6H_2O$에서는 4분자의 물이 $[CrCl_2(H_2O)_4]^+$와 같이 배위수로 되어 있다. 이에 대하여 $Na_2CO_3 \cdot 10H_2O$의 결정 중에서는 물분자는 모두 결정 격자를 형성하고 있을 뿐이며, 격자수라 불린다.

배위수 (配位數, coordination number) 착물 중에서 중심 원자를 둘러싼 배위원자의 수, 또는 이온 결정 중에서 하나의 이온을 중심으로 하여 주위를 둘러싼 이온의 수도 배위수라 한다. 예를 들면 $[FeCl_4]^-$에서는 중심 원자의 배위수는 4, $[Fe(Co)_5]$에서는 5, $[CoCl_2(en)_3]^{3+}$에서는 6이나. 또한 염화나드륨 결정 안에서의 Na^+의 배위수는 6이다.

배위 이온 중합 (配位——重合, coordinated ionic polymerization) 이온 중합 중 성장 과정이 모노머의 배위를 거쳐 진행하는 것. 예를 들면 치글러-나타 촉매와 같은 불균일한 촉매 표면에서는 전자수용체(Ti)와 전자공여체(Al)가 교대로 배열되어 있는 부분이 있어, Al측에 붙은 성장말단(아니온)이 Ti부에 배위한 단량체의 이중 결합을 공격하여 새로이 $C-Al$ 결합을 생성하는 과정으로 중합이 진행한다. 입체 규칙성의 중합이 되는 경우가 많다.

배위자 (配位子, ligand) 착물 중에서 중심 원

자를 둘러싸고 배위결합하고 있는 이온 또는 분자를 이른다. 리간드라고도 한다. 예를 들면 [$CO(NH_3)_6$]Cl_3, K_3[$FeCl_6$], [$Cu(NH_2CH_2COO)_2$] 등에 있어서 NH_3, Cl^-, $NH_2CH_2COO^-$ 등은 각각 중심 원자인 Co^{3+}, Fe^{3+}, Cu^{2+} 등과 결합된 이온 또는 분자로서 리간드가 되고 있다. 이것들은 단원자 이온 또는 다원자단(多原子團)의 어느 쪽이라도 상관 없다. 이때 NH_3에서는 N, Cl^-에서는 Cl, 또 $NH_2CH_2COO^-$에서는 N 및 O와 같이 중심 원자에 직접 결합하고 있는 리간드 중의 원자를 리간드 원자라고 한다. 또 1개의 리간드 중에 2개 이상의 리간드 원자를 가진 것은 여러 자리 리간드 또는 킬레이트 리간드라고 한다. 위의 예에서 $NH_2CH_2COO^-$에서는 아미노기의 N 및 카르복시기의 O가 동시에 1개의 중심 원자에 리간드할 수 있다. [$Cu(NH_2CH_2COO)_2$] 중에서는 중심 원자의 Cu^{2+}에 N 및 O로 리간드 한 2자리 리간드가 된다. 접할 수 있는 배위자의 수 및 배위 방법에 따라 한자리 배위자, 두자리 배위자, 여러자리 배위자 혹은 다리결합 배위자 등으로 불린다.

배위자 교환 크로마토그래피 (配位子交換 ——, ligand-exchange chromatography) 양이온 교환수지에 보존된 금속이온에 배위하여 착물을 형성하고 있는 배위자와 이동상 중에 존재하는 이종 배위자 사이의 교환반응을 이용하여 시료 성분의 분리를 하는 크로마토그래피를 말한다.

배위자리 (配位 ——, coordination position) 착물 중에서 배위자 중의 배위원자가 점하는 위치. 예를 들면 [$Co(NH_3)_6$]$^{3+}$ 중에서는 6개 배위자의 배좌는 8면체형으로 되어 있다.

배위자화 (配位子化, ligation) 각종 분자 또는 이온이 금속이온에 배위하여 배위자가 되는 것. 리게이션이라고도 한다.

배위자 효과 (配位子效果, ligand effect) 배위자의 전자적 성질 혹은 입체구조가 전이금속 착물의 구조와 반응성에 미치는 영향을 말한다.

배위 중합 (配位重合, coordination polymerization) 단량체가 연쇄성장 말단 또는 중합 촉매에 배위하는 중합. 이 메커니즘에서 반응이 일어날 때 촉매 표면으로의 단위체의 배위가 입체화학적으로 제약을 받는 화학구조를 가질 수 있으므로 입체규칙성 고분자는 대부분 이 형식의 중합반응에 의하여 합성된다. 이 형식의 중합반응으로 결정성인 입체규칙성 고분자가 독일의 K. 치글러가 개발한 촉매를 사용하여 이탈리아의 G. 나타에 의해 1950년대에 처음으로 합성되어, 두 사람에게 1963년 노벨화학상이 주어졌다. 중합반응이 음이온적으로 진행되는가 양이온적으로 진행되는가에 따라 배위 음이온 중합과 배위 양이온 중합으로 구별된다. 대부분은 배위 이온 중합이지만 라디칼 중합에도 일부 배위 중합하는 것이 있다.

배위 화학 (配位化學, coordination chemistry) 배위 화합물의 화학. 착물 화학과 거의 같은 의미로 사용된다. 영어로는 coordination chemistry가 보통 사용되고, complex chemistry는 거의 사용되지 않는다.

배위 화합물 (配位化合物, coordination compound) 중심이 되는 원자 또는 이온에 몇 개의 이온 또는 분자가 배위결합으로 결합하여 생긴 화합물. 착화합물 또는 착물과 거의 같은 의미로 사용되고 있으나, 중심 금속을 규정하고 있지 않는 사실로 배위 화합물이란 용어가 넓은 의미로 사용되는 경우가 많다. 예를 들면 피리딘 N-옥시드는 피리딘의 N의 비공유 전자쌍이 O 원자에 배위한 배위 화합물이지만 이것은 착화합물이라고는 하지 않는다.

배음 (倍音, overtone) 진동의 바닥상태와 제1 들뜬상태 간의 전이를 기음이라 하는데, 제2 들뜬상태 이상의 높은 들뜬상태 간의 전이를 총칭하여 배음이라 한다. 그러나 바닥상태와 제2 들뜬상태 간의 전이에 상당하는 제1 배음을 단지 배음이라 하는 수도 있다.

배제 체적 (排除體積, excluded volume) 분자가 유한한 크기를 갖기 위해, 일정 체적의 용기 속에 있는 분자가 실제로 운동할 수 있는 공간의 체적은 그 용기의 체적보다 작게 되어 있다. 이 작아진 만큼의 체적을 배제 체적이라 한다. 실제 기체가 이상 기체의 성질에서 벗어나는 원인의 하나가 되고, 특히 고분자 용액의 경우는 배제 체적이 계의 성질에 크게 영향을 미치게 된다.

배지 (培地, culture medium, medium)　미생물과 고등생물의 세포, 조직, 기관 등을 유리기 안에서 증식·발육시키기 위해 부여하는 영양성분과 지지체. 액체배지, 고형배지로 대별되고 또 천연소재를 사용하므로 조성이 명확하지 않은 천연배지와 조성이 명확한 합성배지가 있다.

배출 기준 (排出基準, emission standard)　환경기준을 달성하기 위해 대기오염, 수질오염, 토양오염의 원인이 되는 물질(오염 물질)의 배출을 억제하기 위한 규제값. 법률에 따라 규제하여야 할 발생원, 오염 물질을 규정하고 있다. 보통은 수치로 정해진다. 수질오염에서는 유해물질 환경기준의 10배의 수치를 원칙으로 하고, 또 대기오염에서는 9종류의 오염 물질이 지정되어 각각 배출기준이 설정되어 있다. 그러나 배출기준만으로 환경기준을 달성할 수 없는 경우는 총량 규제, 상승기준 등 특단의 조치가 취해진다.

배치 (batch)　배치조작에서의 1회 처리량 또는 한 번의 조작을 말한다.

배치 (配置, configuration)　⇨ 입체 배치.

배치간　상호작용 (配置間相互作用,　configuration interaction)　다전자계의 상태를 다양한 전자배치의 파동함수의 선형결합으로 표시하는 방법. 이로써 상관 에너지와 전자 들뜬 상태를 정밀하게 계산할 수 있다.

배치 법 (—— 法, batch method)　(1) 이온교환분리로 시료 용액과 이온 교환체를 용기 내에서 교반하여 평형에 이르게 하고, 이어서 용액과 이온 교환체를 분리하여 섬의 변환, 농축, 분포계수, 교환용량의 측정 등을 하는 방법. 수지칼럼에 시료 용액을 소정의 유속으로 흘리는 칼럼법과 대비된다. (2) 용매 추출에서는 분액 깔때기 등에 의한 단일 추출조작을 이른다.

배치 조작 (—— 操作, batch operation, batch process)　화학장치 조작방식의 하나. 회분조작(回分操作)이라고도 한다. 일정량의 원료를 장치에 넣고, 일정 시간 처리 후에 전체를 적출하고 다시 새로운 원료를 삽입하는 방식을 말한다. 연속 조작의 대응어. 고정비가 직세 소요되므로 소량 다품종 생산 혹은 시험단계에서 널리 사용된다.

배치 증류 (—— 蒸溜, batch distillation)　배치식의 증류. 회분증류라고도 한다. 일정량의 원료액을 증류 가마에 넣고, 원료액의 부가 없이 증류를 하는 방법. 보통 조작개시 때에는 전 환류를 하고 정상 상태에 이른 후에 부분 환류하여 유출액을 적출한다. 연속 증류의 대응어이다.

배타 원리 (排他原理, exclusion principle)　전자의 상태를 기술하는 양자수로서, 보통은 주양자수, 방위양자수, 자기양자수 및 스핀양자수가 있으며, 이러한 네 가지 양자수에 의해 결정되는 하나의 상태를 2개 이상의 전자가 점할 수 없다는 원리, W. Pauli가 제창하였으므로 파울리의 원리, 파울리의 배타원리, 파울리의 금제원리 등으로 불린다. 동일한 양자수를 갖는 두 전자가 서로 상대방을 배제하는 것 같아 보이므로 배타원리라 한다.

배토 (坏土, body)　세라믹스 원료를 배합, 분쇄하여 습식 혼합한 것이다.

배트 염료 (—— 染料, vat dye)　건염 염료라고도 한다. 식물섬유용 고급 염료. 배트는 쪽염색에 있어 쪽의 환원용해를 위한 발효와 그 용액의 저장에 사용되는 용기, 즉 “쪽 항아리”를 지칭한다. 발색단에 카르보닐기(基)를 가지지 않는다. 물·산·알칼리에 녹지 않으므로 그대로는 염색작용을 가지지 않지만 알칼리성 환원제인 하이드로술파이트(아이티온산나트륨)와 수산화나트륨(가성소디)을 가하여 가온하면 류코 화합물이 되어 알칼리에 녹고 섬유에 잘 염색된다. 그리고 공기 중 산화시키면 산화되어 염색된다(배트 염색). 이상의 조작을 배트라고 하며 환원용액을 건욕(建浴)이라 한다. 인디고·티오인디고와 이들의 유도체인 인디고이드 염료 및 안트라퀴논 유도체계 염료로 크게 나눠진다. 무명·레이온 등의 셀룰로오스계 섬유의 염색에 가장 적합하고, 명주 등의 동물성 섬유에도 널리 쓰인다. 색상이 선명하고 햇빛과 세탁 등에 대하여 뛰어난 견뢰도(堅牢度)를 나타낸다. 안트라퀴논계의 것은 종류가 많고 그 중 인단트렌 염료는 최고의 견뢰도를 가진다. 또 일부는 가용성 배트 염료로도 상품화되어 있다.

배트 염색 (—— 染色, vat dyeing)　배트 염료

의 염색법. 염료를 환원에 의해 용해(보통은 하이드로술파이트와 알칼리 액을 사용), 섬유에 흡착시킨 후 공기에 노출하여 산화로 원래의 불용성 색소로 되돌린다. 천연 쪽의 환원용해(발효에 의한)에 의한 것이다. 또 '세운다'는 뜻으로 건염(建染) 이라고도 한다.

배팅 (bating) 제혁공정에서 나혁에 대해 그 표면을 평활하게 하거나 털부스러기 따위의 찌꺼기를 제거하기 위해 프로테아제를 주성분으로 하는 시약으로 처리하는 것을 말한다.

배합 고무 (配合──, compounded rubber, stock) 고무에 소정의 종류와 양의 배합제를 혼합하는 것. 일반적으로 미가황 상태의 것을 말한다.

배합 기어유 (配合──油, compounded gear oil) 개방형 기어와 와이어로프의 윤활제로 사용되는 고점도의 기어유. 기어 콤파운드 라고도 한다. 광유에 유지, 에스테르, 아스팔트 등을 가하여 점도와 기기에 대한 접착성을 높인다.

배합 비료 (配合肥料, mixed fertilizer) ⇨ 복합 비료.

배합제(재) (配合劑(材), compounding agent, compounding ingredient) 일반적으로는 어떤 종의 제품을 만들 때까지 각 공정에서의 물성, 작업성을 양호하게 하고, 얻어진 제품에는 목표로 하는 특성을 부여할 수 있는 몇 가지 화학물질을 말한다. 특히 고무공업에서 사용되는 경우가 많은데, 가황제, 가황 촉진제, 가황 지연제, 소연 촉진제, 연화제, 접착 부여제 등이 있다.

배합탄 (配合炭, coal blend) 코크스 제조를 위해 두 종류 이상의 석탄을 혼합한 것. 다종류의 원료탄을 10종 이상 배합하는 경우 또는 수 종류만을 배합하는 경우도 있다.

배합 페인트 (配合 ──, tinted paint) 도막의 색깔의 기본은 백색이므로 백색에 가까운 착색 도료를 담채색이라 하며, 이러한 색조가 있는 도료를 말한다.

배합표 (配合表, recipe) 일반 용어이지만 고무공업에서는 가황제, 충전제, 보강제, 가소제, 연화제, 산화 방지제 등을 배합할 때에 사용하는 조성표를 말한다. 보통 이러한 배합제의 양을 원료 고무 100중량부에 대한 중량

부 수로 나타내고 phr (parts per hundred rubber)이 약어이다. 제품 중의 고무 함유량은 40~50 %에 불과하다.

배향 (配向, orientation) (1) 벤젠 유도체의 구전자 치환반응에서, 벤젠 고리가 갖는 치환기의 종류에 따라 치환이 일어나는 위치가 오르토, 파라 혹은 메타위치를 지향하는 것이다. (2) 물질을 구성하는 결합과 쌍극자, 분자와 고분자 사슬 혹은 미결정 등의 배향이 특정 방향으로 치우쳐 있는 것. 특정한 결합, 분자축, 결정축 등의 방향이 특정 축 둘레에 원통 대칭적으로 분포하고 있는 경우를 1축배향(uniaxial orientation)이라 하고, 그 정도를 배향함수로 나타낼 수 있다. 또 필름 등에서 면과 수직인 축 둘레의 분포가 불규칙하고, 면 내의 임의의 축 주의에서 비대칭인 경우, 면배양(plane orientation)이 있다고 한다.

배향 편극 (配向偏極, orientation polarization) 극성분자가 전기장 방향으로 회전하여 전기장방향의 쌍극자 성분을 증가하는 데에 기인하는 분극. 분자의 회전운동은 열운동에 의해 교란되므로 배향편극은 온도의 영향을 받는다.

백강홍 (白降汞, white precipitate) 백색 수은염의 침전이란 의미의 옛 약품명. 용융성 백강홍(fusible white precipitate) $[Hg(NH_3)_2]Cl_2$와 불용융성 백강홍(infusible white precipitate) $HgNH_2Cl$의 2종이 있다. 항전염제로서 연고로 하여 안검염(眼瞼炎)·결막염 등의 눈병, 백선(白癬)이나 개선(疥癬) 등의 피부병 외에 사면발이 등에도 쓰인다. 황색 산화수은(Ⅱ)의 황강홍(黃降汞)보다 자극이 강하므로 주의를 요한다. 극약이다.

백교유 (白絞油) 튀김용 기름으로는 정제 대두유나 정제 유채유가 사용되며, 이 중에서 특히 영업용을 일본사람들은 백교유라 한다. 튀김용으로 사용되는 대두유와 유채유는 대두 백교유 유채 백교유란 명칭으로 일본에서 영업용으로 판매되고 있다.

백그라운드 (background) 목적으로 하는 물리량에 기준한 신호를 측정할 때 그 목적에 대하여 불필요한 양에 기인하여 중첩되는 신호. 측정 오차의 한 원인이 된다. 물리량의 바른 값을 얻기 위해서는 백그라운드의

기여를 정확하게 제거해야만 한다.

백금산 (白金酸, platinic acid) 헥사히드록소 백금(IV)산 $H_2Pt(OH)_6$의 속칭. 수산화백금 (IV) 이수화물 $Pt(OH)_4 \cdot 2H_2O$, 산화백금 (IV) 사수화물 $PtO_2 \cdot 4H_2O$와 같이 적는 경 우도 있다. 담황색 분말이다.

백금 전극 (白金電極, platinum electrode) 전 기분해와 전기화학 계측에 사용되는 백금판 과 백금선의 전극. 화학적으로 안정된 전극 이며 전기 화학적 산화반응의 연구 등에 다 용되고 있다. 미분말상의 백금을 전착한 백 금흑부 백금전극은 수소과전압이 작고 표준 수소전극과 전해질 용액의 전기 전도율 측 정용 전극으로 사용된다.

백금족 원소 (白金族元素, platinum group metals) 루테늄, 로듐, 파라듐, 오스뮴, 이리 듐, 백금의 6원소의 총칭. 서로 상반하여 이 리도스민 기타의 합금으로 산출하는 경우가 많다. 단체는 모두가 녹는점이 높고 비중이 크며 부식이 잘 되지 않는 귀금속이다. 또 화학적 성질은 비활성이며 산·알칼리에 잘 침식되지 않는다. 루테늄과 오스뮴, 로듐 이 리듐, 팔라듐과 백금의 성질이 특히 비슷하 다. 각종 유기 화합물의 반응에 촉매작용을 하는 화합물이 많이 알려져 있다.

백금흑 (白金黑, platinum black) 헥사클로로 백금(IV)산의 진한 수용액에 포르말린을 가 하여 냉각시키면서 수산화나트륨 수용액을 가하며 환워시켜 백금을 미결정상으로 석출 하여 형성한 백금 촉매. 흑색 미분말상으로 보이므로 백금흑이라 한다. 공기 속에 방지 하면 산소를 흡수하여 물성을 잃는다. 백금 량의 100배의 산소, 110배의 수소를 흡수하 며, 흡수한 산소와 수소는 활성화되므로 강 력한 산화 및 환원 촉매로 사용된다. 공업적 으로 가장 다량으로 쓰이는 것은 석유화학 공업으로, 산화 알루미늄에 소량의 백금흑 을 부착시킨 촉매를 써서 석유의 가솔린 유 분(溜分)을 처리하고, 탈수소에 의하여 방향 족 탄화수소(벤젠·톨루엔·크실렌 등)를 얻는 방법(플랫포밍법)이다. 백금을 수소기 류 속에서 가열하면 백금의 미립(微粒)이 반 응해하여 백금 해면이 된다.

백금흑부 백금 (白金黑付白金, platinized plati-

num) 백금전극 표면에 백금흑을 전착시킨 전극. 금속백금의 표면에 백금흑이 미결정 상으로 부착되어 있으므로 표면적이 현저하 게 크게 되어 있다. 도전율 측정용 혹은 지 시전극으로 사용된다.

백동 (白銅, cupro-nickel) 구리 합금의 하나 로, 니켈 15~25%를 함유하며 백색. 공업적 으로는 큐프로니켈이라 하는 경우가 많다. 가공성, 산·알칼리에 대한 내식성이 우수 하여 내식성 열교환기, 선박용 부품 등에서 사용된다. 니켈을 40~50% 함유한 니켈-구 리계 합금은 전기 저항재료로 적합하고 니 켈을 70% 함유한 합금은 내식성·기계적 성질이 뛰어나서 모넬메탈로 사용된다. 백 동화는 니켈 25%의 것이다. 백통이라고도 한다.

백락 (白 ——, bleached lac) 표백한 셀락으 로, 순도가 높고 담채인 것을 말한다.

백린 (白燐, white phosphorus) ⇨ 황린. 그 러나 백린이라 부르는 것이 정확하다.

백발 (白拔, white discharge printing) ⇨ 백 색 발염.

백방 (白放, white resist printing) ⇨ 백색 방염.

백색 경질 도기 (白色硬質陶器, ironstone china) 장석질의 정도기. 다른 도자기에 비해 소지 는 치밀하고 흡수성도 적어 단단하게 소성되 어 있다. 굽힘구이 온도는 1,140~1,300℃ 정 도, 윗그림구이(釉燒)온도는 1,000~1,140℃ 정도이다. 영어명은 이 자기를 최초로 개발 하여 특허를 취득한(1813년) 당시의 개발사 의 명명에 따른 것이다.

백색 발염 (白色拔染, white discharge print- ing) 발염의 하나. 발염풀에 바닥염색에 사 용한 염료를 분해하는 발염제를 포함시켜 프린트 후의 증기열에 의해 날염부 바닥색 의 염료를 분해하여 백색으로 하는 날염법. 백발이라고 약칭되기도 한다.

백색 방염 (白色防染, white resist printing) 방염의 하나. 방염풀에 염료의 염착을 방지 하는 방염제를 포함시켜 프린트 후의 바닥 염색 공정에서 날염부가 바닥염색 염료로 염색되지 않고 백색이 되는 날염법이다.

백색 시멘트 (白色 ——, white cement) 포틀

랜드 시멘트의 하나. 착색 성분인 Fe_2O_3, TiO_2, MnO, Cr_2O_3을 적게 한 시멘트. Fe_2O_3은 0.5 % 이하. 안료를 혼합하여 컬러 시멘트로 사용하는 경우도 있다. 화장 도장. 타일 맞춤새 용, 인조석 제조 등에 사용된다.

백 서브(白——, white factice, white substitute)　백 서브란 명칭은 그 색깔과 한 때 고무의 대체품(substitute)으로 여겼던 것에 유래한다. ⇨ 가황유.

백 성형(—— 成形, bag molding)　강화 플라스틱 성형법의 하나. 금형 대신에 고무나 플라스틱 필름 따위의 탄성체 자루에 공기나 액체를 채워서 형으로 하는 방법이다.

백신(vaccine)　감염 예방을 위해 주사되는 약독화한 병원체와 독소. 병원균과 독소에 대한 저항력을 높혀 전염병을 예방할 목적에서 인체 및 동물을 능동적으로 면역시키기 위해 사용하는 면역원. 사균(또는 불활성화 바이러스) 백신, 약독 생균(또는 생바이러스) 백신, 무독화 독소(독소이드) 등이 있다. 혈청요법처럼 타에서 수동적으로 면역체를 주사하였을 경우와 달리 자체의 항체 형성을 지속한다는 이점이 있다. 보통은 감염증의 예방 접종액으로 쓰이지만 화학요법이 진보하기 이전에는 비뇨기과·피부과·부인과 등의 영역에서 만성 내지 아급성 감염증의 치료목적으로 쓰인 일도 있다.

백악(白堊)　(1) chalk 석회질 암석의 하나로, 백색 또는 회백색 세립의 연한 석회암. 특히 유럽, 북미의 신백악기 지층에 존재한다. 주로 유공충의 껍질, 조개껍질 등의 파편으로 형성된 것이다. (2) whiting 탄산칼슘으로 된 체질 안료. 백악을 분쇄하여 수피하고 미분말을 모아 건조시킨 것이다.

백악화(白堊化, chalking)　도막을 폭로하였을 때 안료가 막에서 분리하여 도면이 손에 닿으면 손끝에 안료와 도막의 입자가 부착하는 현상이다.

백악화 저항성(白堊化抵抗性, chalk resistance)　도막이 백악화하기 어려운 성질. 촉진 내후시험 또는 천연 폭로시험으로 평가된다.

백액(白液, white liquor)　황산염 펄프 제조 공정에서 증해 약액 회수를 할 때 녹액을 가성화 후 청등하여 얻게 되는 투명한 액.

증해가마에 보내져 증해 약액으로서 재사용된다. 수산화나트륨을 주성분으로 하고 황화나트륨, 탄산나트륨 등 각종 나트륨 염을 함유한다.

백탄(白炭, hard charcoal)　목탄의 하나. 가마벽을 돌로, 천장을 흙으로 덮고 약 300℃에서 탄재를 탄화하여 가마 입구를 서서히 넓혀 약 900~1,000℃에서 충분히 건류한 후에 백열한 목탄을 조금씩 밖으로 끌어내어, 사전에 약간 습하게 만든 소분(消紛)으로 덮어 냉각시킨 목탄. 매우 견고한 것이 만들어진다. 이에 비해 흑탄은 약 700℃에서 탄화하여 통풍구, 굴뚝을 밀폐하고 2~3일 후에 가마에서 낸 것을 말한다. 백탄보다 약하여, 연탄이라고도 한다.

백토(白土, clay)　몬모릴로나이트, 헬로이사이트 등을 주성분으로 하는 회색 내지 백색의 점토와 유사한 광물, 대표적인 것으로 산성 백토와 활성 백토가 있다.

백혈구(白血球, leucocyte)　혈액 중의 세포생성 중, 유핵의 세포에서 혈색소를 함유하지 않는 것. 혈액 중에 약 7,000개 /mm^3 함유된다. 그 기원에 따라 과립구, 림프구, 단구로 구별되나, 수적으로는 과립구가 가장 많고 림프구가 다음으로 많다. 과립구는 골수 중에 있는 조혈조직에서 생성되는 골수성의 세포이며, 아메바성 운동을 하여 이물질을 섭취한다. 과립의 염색방법에 따라 호중구, 호산구, 호염기구의 3종으로 구별된다. 호중구가 가장 많다.

백혈병(白血病, leukemia)　백혈구의 암. 정확하게는 조혈조직의 원발성 종양성 질환. 병적인 유약혈구(백혈병 세포)가 출현하여 주요 장기에 이것이 침입하여 출혈, 감염 등의 2차적 합병증을 일으키면 죽음에 이른다. 보통 백혈구 수의 이상(異常)증식이 있다. 유혈 속에 나타나는 세포의 종류에 따라 림프성(淋巴性)·골수성(骨髓性)·단구성(單球性) 등으로 분류하고, 임상 경과에서 급성과 만성으로 나눈다. 원인은 불분명하지만 원폭 피해자 또는 방사선 업무 종사자에게 다발하는 사실로 미루어 방사선이 원인인 것으로 생각된다. 급성 백혈병은 림프성·골수성 모두 증세가 급격하여 고열·구내염(口內炎)·치은염(齒齦炎)·괴사성(壞死性)

앙기나(angina) 등을 보이고 출혈 경향이 나타나 출혈하기 쉬워진다. 혈액 중에 림프아구(淋巴芽球) 또는 골수아구(骨髓芽球)가 증가하고 적혈구가 감소해서 빈혈이 된다. 치료는 부신피질 호르몬과 폴산 길항제(葉酸拮抗劑)·퓨린 길항제를 사용하며 수혈이 필요하다. 만성 골수성 백혈병은 가장 빈도가 높은 형(型)이다. 증세는 전신 권태·식욕부진 등으로 차차 발증을 보이고 피부가 창백해지며 빈혈증세로 옮아간다. 간장과 비장이 커지고 뼈의 동통·구타통·안저변화·시력 감퇴가 일어난다. 또한 혈소판이 감소되어 비출혈(鼻出血)·치은출혈·피하출혈·뇌출혈을 초래하며, 말기에는 발열한다. 백혈구의 수는 엄청나게 늘어나 10만~30만(정상치 혈액 $1mm^3$당 5천~9천의 수배가 되는 수치)으로 증가하며 대부분은 골수성의 유약형 백혈구이다. 각종 항백혈병 치료제 및 부신피질 호르몬에 수혈을 병용한다. 만성 림프성 백혈병은 동양에는 많지 않은 유형이지만 증세로는 전신의 림프절이 차례차례 종장(腫脹)하고, 특히 경부(頸部)·서혜부(鼠蹊部)에 뚜렷하다. 크기는 계란 크기에서 주먹 정도이고 빈혈증세도 나타나며, 백혈구가 증가하며 그 대부분은 역시 림프성 유약형이 차지한다. 치료는 골수성과 마찬가지로 항백혈병 치료제의 투여와 수혈을 한다.

백화(白化, whitening, milkiness) 흡수 등으로 도막이 유백색으로 변색하는 현상. 투명 도막을 물 혹은 고습도 환경에 방치해 두었을 때 볼 수 있는 백화가 유명하다. 노막에 흡수된 물이 콜로이드상으로 분산되어 있는 것이 원인이다.

밴드 갭(band gap) 반도체와 절연체에서, 가전자대와 전도대 간에 있는 전자상태 밀도가 제로로 되는 에너지 영역과 그 에너지차. 금제대, 에너지 갭이라고도 한다. 밴드 갭의 대소로 그 물질의 전기 전도성 정도가 결정된다.

밴드 구조(—— 構造, band structure) 결정 중의 전자 에너지대의 조밀 정도(상태밀도)가 분포하는 양상을 총괄하여 밴드구조라 한다. 금속과 같은 도전체, 각종 반도체, 절연체 등, 각각 특징적인 밴드구조를 나타낸다.

밴드 폭(—— 幅, band width) (1) 결정 중의 전자 에너지대의 최고 에너지와 최저 에너지의 간격. 이 폭은 그 결정 중에서의 원자(분자)간의 상호작용의 크기에 대응한다. 또 그 밴드에서의 유효질량, 이동도 등도 밴드 폭에서 예측할 수 있다. (2) 분광학에서 스펙트럼 폭의 의미로 사용되는 경우도 있다.

밸리노마이신(valinomycin) 방선균의 균주에서 생산되는 고리모양 폴리펩티드 구조로 된 항생 물질. 그 고리모양 구조는 칼륨 이온과 특이적으로 포접 화합물을 형성하여 이온 선택성 막을 구성한다. 항생 물질로서 그람양성균, 진균에 대해 활성을 보인다.

버개스(bagasse) 사탕수수의 줄기를 잘게 분쇄하여 압축기로 함유되어 있는 당즙을 짜낸 뒤의 압착 찌꺼기. 셀룰로오스, 헤미셀룰로오스, 리그닌을 함유하며 사료, 연료 등으로 사용된다. 바이오매스의 하나로서 알코올 발효의 원료가 된다.

버력(refuse) 채굴한 석탄 속에 포함되는 암석. 폐석(廢石)이라고도 한다. 탄층 중에 존재하는 사암, 혈암 등의 잡물이 위주이지만 탄층의 상·하반 암석도 석탄도 함께 채굴되어 혼합되는 경우도 있다. 탄광에서도 상당히 많은 버력이 나오지만 철광산을 제외한 대부분의 금속 광산에서는 채굴된 조광(粗鑛)의 90% 이상이 선광한 후 폐석이 된다. 광산에서 광석을 채굴할 때 가치가 없는 암석도 동시에 채굴되고, 또 광석에도 가치가 없는 광물이 많이 포함되어 이것들을 선광 과정에서 유용한 광물만을 골라내고 나머지는 버력으로 버려진다. 버력은 채굴하고 난 빈 장소의 충전재로 이용되지만, 보통 대부분은 갱밖(坑外)에 반출되어 버력 퇴적장에 버려진다. 오늘날은 버려진 버력이 콘크리트 골재·기와의 원료로도 이용된다.

버블 캡 탑(—— 塔, bubble-cap tower) ⇨ 포종탑.

버스트 사이즈(burst size) 감염균 1개에서 방출되는 파지 입자의 평균 수를 말한다.

버트(butt) 가죽 및 피혁의 엉덩이 부분의 명칭. 이 부분은 가죽 두께가 두텁고 교원섬유가 밀집 교락하여 큰 각도로 주행하고 있다. 말가죽, 돼지가죽에서는 이 부분과 벨리

(배 부분)의 부위차가 크다.

버틀러 볼머 식 (—— 式, Butler-Volmer's equation) 전극 반응에서 전자교환 과정의 속도와 전극위치의 관계를 나타내는 식.

$$i = i_0 \left[-\exp\left(\frac{-anF}{RT}\eta \right) + \exp\left(\frac{(1-a)nF}{RT}\eta \right) \right]$$

여기서 i_0는 교환 전류밀도, a는 이동계수, η는 평형전위에서의 전위이다.

번갈기 혼성 중합체 (—— 混性重合體, alternating copolymer) 공중합체 중 2종의 단량체 단위가 번갈아 배열하고 있는 것을 말한다.

번수 (番手, yarn count) 실의 굵기를 표시하는 단위의 총칭. 무게를 기준으로 하여 그 길이를 나타내는 항중식과 길이를 기준하여 그 무게를 나타내는 항장식이 있다. 전자는 영국식 면 번수, 미터 번수(수치가 클수록 가늘다), 후자에는 텍스, 데닐(수치가 클수록 굵다)이 있다.

번 아웃 점 (—— 點, burn-out point) 비등 전열에 있어 핵 비등에서 막 비등으로 이행할 때 열유속이 극대값을 나타내는 점. 막 비등 상태에 이행하기 쉽고 전열면 온도가 배우 높으므로 전열면이 융해 파손하는 경우가 있으므로 중요시되고 있다.

번역 (飜譯, translation) 유전자 발현과정에서 전령 RNA의 염기배열에 따라 아미노산이 연결되어 단백질이 합성되는 과정. m-RNA는 리보솜과 결합하고 그 곳에 m-RNA 위의 뉴클레오티드 암호의 해독은 t-RNA가 행한다. 아미노산은 직접 m-RNA 위에 나란히 세워지는 것이 아니고 각 아미노산 전용의 t-RNA의 안티코돈이라 불리는 부분이 코돈과 대응한다. 번역은 코돈이 아미노산으로 해독된다는 의미이다.

벌 안장 (—— 鞍裝, Berl saddle) E. Berl이 개발한 충전탑의 충전물. 말 안장과 비슷한 형태이며 라시히링에 비해 압력손실이 적고 단위 용적당의 표면적이 크다.

벌크 (bulk) 계면의 성질과 상관없는 것 혹은 계면과는 충분히 떨어져 있는 것을 강조하여 물질 그 자체 또는 물질이 갖는 성능을 지칭하는 용어. 용매를 사용하지 않고 그 자체만을 반응시킨다는 뉘앙스도 있다.

벌크 중합 (—— 重合, bulk polymerization) 용매를 사용하지 않는 중합. 괴상 중합이라고 부적절하게 번역한 용어도 사용되고 있다. 단량체만을 혹은 단량체에 개시제를 첨가하여 중합시킨다. 중합이 간단하고 비교적 고순도의 중합체가 얻어진다. 용매 회수가 불필요하다는 등의 장점이 있으나 중합열의 제거가 어렵고 국소적으로 중합열이 축적하는 등의 결점도 있다.

범색 지시약 (汎色指示藥, universal indicator) 넓은 pH 영역에 걸쳐 여러 개의 변색역이 있는 산염기 지시약. 5~6종의 지시약을 혼합하여 작성한다. 만능 지시약이라고도 한다. 피검 용액의 대략적인 pH를 알기 위해 사용된다.

범핑 (bumping) 액체를 가열하여 끓는점에 이르러도 끓기 시작하지 않는 경우 다시 가열하면 충격이나 이물의 혼입으로 돌발적으로 격렬하게 끓기 시작하는 현상을 말한다.

법랑 (琺瑯, enamel) 철, 알루미늄 등의 금속 표면에 유리질의 유약을 고온으로 처리하여 화학적 내구성을 갖게 한 것. 가정용품, 건축 재료, 화학 플랜트 등에 사용된다. 금속으로는 강판·주철·철합금·구리·알루미늄 및 귀금속 등이 사용되는데 강판 법랑이 가장 흔하게 사용되며 두꺼운 것과 얇은 것으로 구별된다. 전자는 저장통류의 화학기기 및 위생기구, 후자는 주로 가정에서의 주방용품으로 사용된다. 어느 것이나 성형한 금속의 표면을 깨끗이 처리한 다음 습식법으로 하유(下釉)를 구워 붙이고 다시 백색의 상유(上釉)를 여러 번 구워 붙여서 만든다. 하유는 주로 철판과의 밀착을 목적으로 하여 산화코발트 등의 밀착제를 함유하고 있으며, 상유는 백색 끝마무리를 목적으로 하여 산화티탄·산화안티몬 등의 유백제(乳白劑)를 함유한다. 필요에 따라 다시 색유(色釉)를 입히거나 또는 그림칠을 하게 된다. 사용하는 금속에 따라 주철법랑·구리법랑·칠보(七寶) 등으로, 유약의 종류 또는 용도에 따라 내산 법랑·내열 법랑 등으로, 상유에 함유되는 유백제의 종류에 따라 티탄 법랑·지르코늄 법랑 등으로 분류한다. 소성온도는 하유칠 할 때 870~920℃, 상유칠 할 때는 800~850℃ 정도이다. 법랑제품은 표면의 유리질이 떨어져 나가면 그 부분의 금속에서부터 부식되기 시작하므로 취급에 주의해야 한다. 내열성(耐熱性)이 낮은 금속, 예를 들면 알루미늄 법랑에서는 560℃ 이하로 소성해야 하므로 이에 사용하는 유리(법랑 유약)에 산화납을 첨가하는 일이 많다. 그러나 식기(食器)의 경우에는 식품위생법상의 규제가 있으므로 산화납을 첨가하지 않고, 녹는점이 낮은 것이 개발되어 사용되고 있다. 이것을 납 없는 법랑이라고 한다. 구리, 은 등을 사용한 공예품은 칠보, 유기관을 금속 파이프의 내측에 봉착한 것은 유리라이닝이라 하여 구별하고 있다.

법랑 인공치 (琺瑯人工齒, porcelain tooth)　세라믹스제의 기성 인공치. 틀니에 사용된다.

법선 응력 (法線應力, normal stress)　물체가 외부로부터 가해지는 힘에 의해서 변형하여 응력이 발생하였을 때 힘이 작용하는 면에 수직방향의 성분. 평행방향의 성분은 접선응력이라 한다. 법선응력이 계면에 대해 외향으로 작용할 때는 장력, 내향으로 작용할 때는 압력이라 한다.

벗겨짐 (peeling)　도막 밑의 부식 등이 원인으로 도막이 자연적으로 벗겨지는 것을 말한다.

벗기기 (stripping)　⇨ 스트립핑.

베네시 법 (—— 法, Benesi method)　산 강도가 다른 산성 중심이 혼재하고 있는 고체산 표면의 산 강도분포(산성 중심의 강도 및 양)를 측정하는 방법의 하나. 아민 적정법이라고도 한다. 변색역이 다른 여러 종의 지시약을 이용하여 산량을 아민으로 적정한다. H. A. Benesi에 의해 제안되었다.

베르너 착물 (—— 錯物, Werner complex)　A. Werner의 배위이론에 의해 설명되는 착물. 즉 중심 금속을 전자쌍 수용액, 배위자를 전자쌍 공여체로 생각할 수 있는 착물을 이른다. 예를 들면 $[Co(NH_3)_6]^{3+}$ 등. 이에 대하여 Werner의 이론으로 쉽게 설명할 수 없는 것을 비베르너 착물이라 한다.

베르누이의 정리 (—— 定理, Bernoulli's theorem)　비압축성 이상 유체에 있어, 하나의 유선상 에너지 수지를 표시하는 정리. 도중에 마찰 등에 의한 기계적 에너지의 손실이 없다면 전기계적 에너지 [운동 에너지 $\rho u^2/2$ (동압), 압력 P (정압) 및 퍼텐셜 에너지 V] 가 보전되는 것을 표시한 것으로 $\rho u^2/2 = V + P +$ 상수로 나타낸다. 여기서 ρ 는 밀도, u 는 유속이다.

베르의 법칙 (—— 法則, Beer's law)　광로길이가 일정할 경우 용액의 흡광도는 그 농도에 비례한다는 법칙. 입사광과 투과광 강도를 각각 I_0, 및 I, 용질의 농도를 c, 어떤 일정한 광로 길이에서의 흡광계수를 K_c 로 하였을 경우, $\log(I_0/I) = K_c c$ 가 되는 관계를 말한다. ⇨ 람베르트-베르의 법칙.

베를린 블루 (Berlin blue, iron blue, Prussian blue)　청색 안료, 순청색 또는 붉은 빛을 띤 청색의 고체이다. 황산철(Ⅱ)에 헥사시아노철(Ⅱ)산칼륨을 가하여 생기는 백색 침전을 염소산칼륨 등으로 산화하면 생성된다. 조성은 $KFe^{Ⅲ}[Fe^{Ⅱ}(CN)_6]$. 내광성, 내산성, 착색력이 큰 반면 내열성·내염기성은 약하다. 그대로 청색 안료로서 또는 황염(黃鹽)을 섞어서 크롬 그린으로 하여 페인트·잉크·크레용에 이용하며 리놀륨 종이 등의 착색 안료로도 사용된다. 상기한 3개 영어명 이외에 벨렌스, 브론즈 블루, 밀로리 블루 등의 별칭이 있다.

베리톨리드 화합물 (—— 化合物, berthollide compounds)　성분 원소의 원자비가 간단한 정수비로 되지 않는 화합물. 즉 정비례의 법칙에 따르지 않는 화합물. 부정비 화합물, 비화학량적 화합물이라고도 한다. 화합물의 조성에 대해 J. L. Proust와 C. L. Berthollet의 논쟁에서 조성이 연속적이라고 주장한 후자를 기념하여 후에 G. Hägg 에 의해 이 명칭이 제창되었다. 이에 대해 정비 화합물을 돌토니드 화합물(daltonide compound)이라고 하는 경우도 있다.

베릴리아 자기 (—— 磁器, beryllia porcelain)　베릴리아 BeO에 MgO, Al_2O_3 등을 미량 첨가하여 소결한 자기. 열전도율, 열충격 저항성, 전기저항이 크고 높은 녹는점에서 화학적으로 안정하다. 전기 절연재료, 금속용해 도가니 등에 사용된다.

베시클 (vesicle)　소포 구조를 이른다. ⇨ 리보솜.

베이킹 (baking) (1) 수지가공에 있어, 수지를 섬유에 결합시키기 위해 건열 처리하는 것. 큐링이라고도 한다. (2) 아민을 술폰화하여 염료 중간물을 합성할 때 아민황산염을 고온으로 가열하여 아민술폰산을 생성하는 것. 아닐린으로부터의 술파닐산의 합성, 1-나프틸아민으로부터의 나프티온산의 합성 등이 있다.

베이킹 법 (―― 法, baking process) 방향족 제1급 아민의 황산수소염을 약 200℃로 가열하여 아미노기의 p-자리 (막혀져 있으면 o-자리)에 술폰산기를 삽입하는 방법. 보통 술폰화(대과잉의 진한 황산에 의한)와 달리 이성질체가 생기지 않는다.

베이퍼 로크 (vapor lock) 내연기관의 연료 공급 계통에서 다량의 연료증기가 발생하여 팽창하였을 때 연료의 공급량이 부족하기 때문에 발생하는 엔진의 부조 현상. 주로 여름철에 발생하기 쉽고, 특히 항공기의 경우에는 추락의 원인으로도 될 수 있다.

β 방사체 (―― 放射體, β emitter) 방사선 동위원소 중 β선을 방출하여 붕괴하는 것. 방출되는 것이 전자일 때는 β^- 방사체, 양전자일 때는 β^+ 방사체라 한다.

β 붕괴 (―― 崩壞, β decay) 원자핵의 방사선 붕괴의 하나로, 전자 혹은 양전자를 방출하거나 또는 전자포획으로 상이한 원자핵이 되는 현상. 전자가 방출될 때는 β^- 붕괴, 양전자가 방출될 때는 β^+붕괴라 한다. 또 이때 방출되는 고속전자선을 β선, β선을 방출하는 핵종을 β복사체라고 한다. 천연원소 중 이러한 현상을 볼 수 있는 것은 라듐과 토륨 등 몇 종의 핵종 뿐이었으나 원자핵의 인공 변환실험이 진척됨에 따라 현재는 거의 모든 원소에 대하여 β붕괴를 일으키는 핵종의 존재가 확인되었다. 그 메커니즘에 대해서는 처음에 W. K. 하이젠베르크 등이 중성자를 양성자와 전자의 복합 입자라고 생각함으로써 원자핵 내부의 중성자가 전자를 방출하는 과정일 것이라고 추론되었다. 그러나 에너지 보존법칙의 입장에서 볼 때 β붕괴는 전부터 알려져 있던 방출전자의 연속적인 에너지 분포를 설명할 수가 없었다. 그 뿐만 아니라 양성자, 중성

자 및 전자는 같은 스핀을 가지기 때문에 이 이론은 각운동량 보존법칙에도 모순된다. 이 문제의 옳은 해결법을 제시한 것은 1931년 W. 파울리에 의하여 제출된 중성미자(中性微子 : 뉴트리노)의 가설이며, 이것을 기본으로 하여 1934년 E. 페르미는 복합입자로 생각하지 않고 중성자가 양성자로 전환하여 그 때 전자와 반중성자(反中性子)가 방출된다는 형식으로 해석하여 양자역학을 만족시키는 이론을 완성하였다. 또한 β 붕괴를 일으키는 소립자 사이의 상호작용의 형(型)과 원자 핵껍질 모형(原子核殼模型)과의 관련, 또 리정다오(李政道)와 양전닝(楊振寧)의 이론에 암시를 받은 우젠슝(吳健雄)의 코발트 $60(^{60}Co)$의 β 붕괴에 관한 실험에 의하여 실증된 것이지만(1957년), 소립자를 지배하는 상호작용의 공간반전(空間反轉)에 관한 패리티 비보존성 및 하전켤레변환(荷電共變換)에 관한 패리티 비보존성 등, β 붕괴의 현상이 장래의 소립자론에 제기하고 있는 문제점은 적지 않다.

β 선 (―― 線, β rays) 전자 혹은 양전자로 된 방사선. 원자핵의 β붕괴 때 발생하는 방사선에 한정하는 경우도 있다. 그 실체는 고속의 전자 또는 양전자이며, 최대 에너지는 $105 \sim 107eV$. 투과력 및 이온화(化) 작용은 i선과 i선의 중간 정도이다.

베타인 (betaine) (1) 하나의 분자 내에 제4급 암모늄 양이온과 카르복시산 음이온이 있는 분자 내 염형 화합물의 일반명. 용액 중에서나 결정 상태에서나 쌍생 이온으로서 존재한다. 녹는점 293℃이고, 녹는점까지 가열하면 일부는 디메틸아미노아세트산메틸로 이성화한다. 물과 알코올에 녹으며 널리 동식물계에 존재하고 특히 사탕무우의 당밀 중에 다량 함유하여 이에서 얻게 된다. 또 글리신의 메틸화, 콜린의 산화 혹은 클로르아세트산과 트리메틸아민으로 합성된다. 제4급 암모늄형의 양이온 구조와 산성의 음이온 구조의 양성 중심을 갖는 화합물을 보다 넓은 의미에서 베타인이라 하는 경우도 있다. (2) 대표적인 베타인 구조가 있는 화합물 $(CH_3)_3N^+CH_2COO^-$의 명칭이다.

BET 법 (―― 法, BET method) BET식에는 실험적으로 결정되는 파라미터로서 단분자

층 흡착량을 포함한다. 이 값과 흡착질의 분자 단면적을 조합하여 고체의 표면적을 산출하는 방법을 말한다.

BET 식 (—— 式, BET equation)　BET 무한층 흡착 등온식의 약어. 1938년 S. Brunauer, P. Emmett, E. Teller가 다분자층 흡착을 모형으로 하여 도입한 흡착 등온식. 유한층 흡착식과 무한층 흡착식이 있으며 후자가 일반적으로 이용되고 있다. Langmuir의 흡착이론을 다분자층에 확장한 것으로, 물리흡착에 대해 많이 이용되며 다공질체의 표면적 측정에 응용되고 있다. ⇨ BET 법.

벡터 (vector)　재조합 DNA 실험에서, 유전자를 숙주에 도입하여 증식시킬 목적으로 사용되는 소형의 자율 증식능이 있는 DNA를 말한다. 보통 플라스미드와 박테리오파지가 사용된다. 벡터의 조건은 세포 내에 효율적으로 삽입될 것, 다른 DNA를 조합 삽입할 수 있도록 제한 효소로 절단할 수 있는 부위가 있을 것, 약제 내성이 있어 선별할 수 있을 것, 표지 유전자가 있어야 하는 것 등이다.

벤드 (bend)　가죽 및 피혁 부분의 명칭. 숄더(어깨 부분)와 벨리(배 및 사지의 상부)를 제거하고 배선(背線)에서 2분할한 것을 말한다.

벤자인 (benzyne)　벤젠의 인접하는 2개 탄소 원자에서 2개의 수소가 이탈한 구조로서, 분자식 C_6H_4의 것. -yne는 삼중결합 1개를 의미하고 있다. 벤젠의 o-디할로겐 치환체와 리튬 등의 금속과의 반응으로 생성된다. 벤자인은 친핵체와 쉽게 첨가반응을 일으켜 생성물을 형성하며, 짝이중 결합 화합물과 첨가반응하면 $4n+2$의 탄소수를 갖는 고리 화합물을 생성한다. 비대칭성 벤자인에 친핵체가 첨가되면 일반적으로 2가지 생성물이 생긴다. 예를 들면, 4-메틸벤자인에 수산화이온을 첨가시키면 p-크레졸과 m-크레졸의 혼합물을 얻는다. 반응성이 풍부하고 많은 합성반응의 중요한 중간체가 되지만 안정하게 단리되는 분자종은 아니다.

벤제노이드 (benzenoid)　벤젠 고리의 오르토 혹은 파라 자리가 산화된 형태의 o-퀴논 혹은 p-퀴논은 벤젠 고리가 변형된 구조로서, 퀴노노이드구조라 하고 이에 대응하는 히드로퀴논 등 보통 벤젠 고리가 있는 구조를 벤제노이드라고 한다.

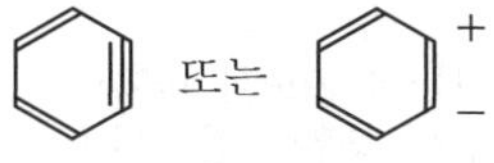

[벤자인]

벤젠 (benzene)　방향족 탄화수소 C_6H_6. 타르 경유에서도 회수되지만 지금은 주로 중질 나프타의 개질, 에틸렌 제조 부산물의 분해 나프타에서 용제추출 및 톨루엔 또는 크실렌의 탈메틸화에 의해 제조되고 있다. 특유한 냄새가 나는 무색 액체로 분자량 78, 녹는점 5.5℃, 끓는점 80.1℃이다. 휘발성이 있다. 알코올·클로로포름·에테르·이황화탄소·사염화탄소·아세톤 등의 유기 용매에 녹지만 물에는 잘 녹지 않는다. 질산과 진한 황산과의 작용으로 니트로벤젠을 생성한다. 철을 촉매로 하여 할로겐을 작용시키면 할로겐화벤젠이 생기고, 진한 황산과 가열하면 벤젠술폰산이 생긴다. 이상과 같은 치환 반응에 비하여 첨가반응은 비교적 일어나기 어렵지만 니켈이나 백금을 촉매로 하여 접촉 환원시키면 시클로헥산을 생성하고, 빛의 존재하에 염소를 작용시키면 벤젠헥사클로리드(BHC)를 생성한다. 각종 합성 수지, 합성고무, 합성 세제, 각종 유도품의 제조 원료이다. 용제·도료·고무 외에도 순도가 낮은 것은 자동차 연료로서 가솔린에 혼입된다. 한편 벤젠에는 마취작용이 있는데, 8시간 노동자에 대한 공기 속의 최대 허용 농도는 100 ppm이다.

벤젠 고리 (benzene ring)　벤젠 분자를 구성하고 있는 탄소 6원자의 고리식 구조. 벤젠환(環) 또는 벤젠핵(核)이라고도 한다. 6각형을 이루며, 이 고리와 결합하는 원자(예 : 벤젠의 수소, 톨루엔의 수소 및 곁사슬의 탄소)는 고리와 동일 평면에 있다. 1825년 M. 패러데이에 의해 벤젠이 발견되고 19세기 중엽까지에는 몇 개의 방향족 화합물이 발견되었는데, 그 당시 유기 화합물로는 주로 방향족에 속하는 것만이 알려져 있었으므로 그들의 조성이나 반응성에 비추어 특이한 존재로 생각되었다. 1865년에 F. A. 케쿨레는 이들 화합물이 6개의 탄소 원자로 이루어지는 고리에 의하여 구성되었다는 것, 즉 벤젠 고리를 생각해 냈다. 벤젠 고리는 탄소 원자 사이의 단일 결합 3개, 이중 결합 3개로 이루어지는데 불포화 화합물로서의 특성 반응은 특수한 경우에 한정되고 일반적으로 포화 화합물과 비슷한 반응성을 보인다. 이 것은 각 탄소 원자가 가진 6개의 π전자가 비편재화하여 독특한 전자구름을 형성하고 있기 때문에 실제의 결합은 모두 동등하며, 단일 결합과 이중 결합의 중간적인 성질을 갖는 데에 기인한다. 따라서 불포화 화합물로서의 특성 반응은 특수한 경우를 제외하고 인정되지 않는다.

벤젠 핵 (—— 核, benzene nucleus) 벤젠고리는 많은 방향족 화합물의 탄소 골격을 구성하므로 그 중 핵이란 의미에서 벤젠핵이라 한다. 대부분의 경우 벤젠 고리와 동의어이다.

벤조인산 (—— 酸, benzoic acid) 방향족 카르복시산 C_6H_5COOH. 천연 수지 벤조인 중에 유리산으로서 함유되어 있으므로 이 이름이 지어졌다. 그 에스테르류는 방향이 있어 향료로 사용된다.

벤조일 화 (—— 化, benzoylation) 유기 화합물에 벤조일기 C_6H_5CO-를 결합시키는 반응. 탄소골격 특히 벤젠 고리에 친전자성 치환으로 벤조일기를 도입하는 반응과 OH, NH_2 등의 작용기에서 벤조일 유도체를 형성하는 반응이 있다.

벤조퀴논 (benzoquinone) 벤젠 고리의 1, 2- 혹은 1, 4- 자리가 산화되어 카르보닐형 >C=O으로 된 화합물. o- 및 p- 벤조퀴논의 2종이 있으며 m-퀴논은 존재하지 않는다. 벤젠 고리에 OH 또는 NH_2기가 있는 화합물의 산화로 생성된다. 대표적인 퀴노노이드 구조를 갖는 화합물이며 o-벤조퀴논은 적색, p-벤조퀴논은 황색의 결정이다. p-벤조퀴논은 아닐린의 산화로 형성되며 히드로퀴논의 원료이다.

벤조트리클로리드 (benzotrichloride) ⇨ 삼염화 벤지리딘.

벤조피렌 (benzopyrene) 피렌에 또 하나의 벤젠 고리가 축합한 5고리식 방향족 탄화수소. 피렌에 축합하는 수수 벤젠 고리의 위치에 따라 각종 이성질체가 있으며 그 중에 벤조[a]피렌이 하는 화합물은 대표적인 발암성 화합물로 알려져 있다. 피렌핵의 위치 번호 설정법에 두 가지가 있어서, 옛 문헌에서는 1, 2-벤조피렌 혹은 3, 4-벤조피렌이란 이명이 있지만 모두 같은 화합물이며 현대의 명명법에서는 벤조[a]피렌이라 한다.

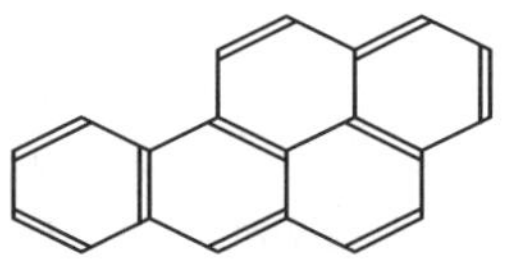

[벤조피렌]

벤졸 (benzol, benzole) 주로 공업용 용제로 사용되는 불순 벤젠. 보통 5~25 % 정도의 톨루엔 등을 포함한다. 미국, 영국에서는 예로부터 공업제품명으로 이 용어를 사용해 왔으나 우리나라에서도 ASTM에 따라 순 벤젠과 구별하여 사용하고 있다. 독일어의 Benzol은 벤젠 그 자체를 말하므로 여기서 설명하는 벤졸과 혼동하지 않도록 주의할 필요가 있다.

벤지딘 (benzidine) 비페닐의 4, 4´- 자리에 2개의 아미노기가 있는 방향족 디아민. $H_2NC_6H_4-C_6H_4NH_2$. 분자량 184, 녹는점 125 ℃, 안정형은 128℃이다. 알코올에는 녹고, 찬물에는 거의 녹지 않는다. 순수한 것은 무색 결정이며 방치하면 암흑색으로 착색된다. 약한 염기이며 황산과 작용하여 염을 만든다. 니트로벤젠·아조벤젠 등을 환원시켜 히드라조벤젠을 거쳐 벤지딘 자리 옮김에 의하여 얻는다. 무기이온의 검출, 혈액의 검출반응 등에 사용된다. 각종 염료 특히 직접 염료의 중간물로서 중요하였으나 발암성이 강하므로 제조 및 사용이 금지되었다.

벤진 (benzine) ⇨ 석유 벤진.

벤질 자리 (benzylic position) 벤질기 $C_6H_5CH_2-$에 특성기 X(X = Cl, OH 등)가 결합하고 있을 때 X가 결합하고 있는 탄소 원자의 위치를 말한다. 벤젠 고리와 그 α-자리에 CH_3 등의 치환기가 있어도 특성기 X가

결합하고 있는 위치를 벤질 자리라 한다. 벤
질 자리에 결합하는 특성기 X는 구핵치환에
서의 반응성이 크다.

벤질형 알코올 (benzylic alcohol) 벤질 자리
에 히드록실기가 있는 알코올. 벤질 알코올
$C_6H_5CH_2OH$ 및 그 벤젠 고리의 $o-$, $m-$,
$p-$자리 혹은 $\alpha-$자리에 치환기가 있는 동족
체 등을 총괄하여 이르는 용어이다.

벤투리 계 (―― 計, Venturi meter) 관로에
삽입하는 유량계의 하나. 벤투리관을 사용
하여 벤투리관 상류쪽의 압력과 스로트부
압력의 차이로 유량을 구한다. 벤투리계 삽
입에 의한 압력 손실이 작은 특색이 있다.

벤투리 관 (―― 管, Venturi tube) 관 지름을
$25°$ 전후의 각도로 축소시킨 후 $6\sim8°$의 각
도로 원래의 관지름까지 확대시킨 관. 유체
를 흐르게 하면 관 지름이 최소가 되는 스
로트부에서 압력이 최소, 속도가 최대로 되
지만 확대부에서 압력은 회복하고 전체적으
로는 관벽의 마찰 손실로 인한 압력 손실
정도로 멈춘다. 벤투리 계 등에 사용된다.

벨라이트 (belite) 포틀랜드 시멘트의 셀라이
트에 다음 가는 주요 구성 화합물. 벨리트라
고도 한다. 보통 포틀랜드 시멘트 중에 $10\sim$
25% 함유된다. Ca_2SiO_4를 기본 조성으로
하고 Al_2O_3, Fe_2O_3, MgO 등이 각각 소량으
로 함유되어 있다.

벨로스 (bellows) 일단이 폐쇄된 금속 박판
제의 노즐상 통형 구조물로서, 개구부에 가
해지는 압력에 따라 신축하는 성질이 있다.
벨로스식 압력계는 이 원리를 이용한 것이
다. 반경 방향으로는 쉽게 부러지지 않고 축
둘레로 비틀 수도 없지만 축방향으로는 신
축할 수 있고 구부릴 수도 있다. 양단을 납
땜 또는 은납땜하여 두 개의 판을 기밀하고
어느 정도 가동적으로 연결하든가 진공장치
등의 내부의 것을 외부에서 기밀을 파괴하
지 않고 움직이게 하는 데 이용된다. 금속제
의 진공 밸브를 내부에 사용하고 있는 것은
ᄀ 한 예이다.

**벨로조프-자보틴스키 반응 (―― 反應, Belo-
usov-Zhabotinskii reaction)** 세슘 이온을
촉매로 하는 브롬산염에 의한 말론산의 브
롬화 반응으로 Ce^{2+}/Ce^{3+}와 반응중간체인

Br_2의 농도가 주기적으로 변화한다. 진동반
응의 전형적인 예로 1959년 소련의 B. P.
Belousov에 의해 발견되고 그 후 A. M.
Zhabotinskii에 의해 상세히 검토되었다.

벨리 (belly) 가죽 및 피혁의 배 부분 명칭.
버트(엉덩이 부분)와 비교하여 교원섬유의
밀도, 교락의 정도가 낮고 대부분은 그레인
에 평행하게 주행하고 있다. 원피의 재단에
서는 사지의 상부를 포함한 것을 지칭하는
경우가 있다.

벨리트 (belite) ⇨ 벨라이트.

벽개 (壁開, cleavage) 결정이 어느 정해진
방향으로 용이하게 갈라지거나 벗겨져 평활
한 면(벽개 면)이 나타나는 것. 벽개 면에
수직인 방향에서는 결정을 구성하는 원자
혹은 분자 간의 결합력이 상대적으로 작다.
결정의 물리적 성질을 기술할 때 벽개 {1 1
1}완전 등으로 나타낸다.

**벽면 마찰 각 (壁面摩擦角, angle of wall fric-
tion)** 분체층과 고체 벽면 사이의 마찰 각.
저장조 내의 분체 응력의 추산, 즉 저장조의
강도설계와 혼합기, 압축성형기, 공급기, 수
송기 등 분체층을 다루는 기계의 소요 동력
의 계산 등에 직접 관계하는 중요한 특성값
으로서, 측정법으로는 직접 전단법, 경사판
법이 있다.

벽면 효과 (壁面效果, wall effect) 화학 반응에
있어 반응 용기의 기벽 표면이 미치는 효과.
보통 반응속도에 대한 효과로서, 대부분의
경우 표면은 반응속도를 증가시킨다. 원자-
원자의 재결합 및 그 역반응에 대해서 이 효
과는 크다. 특히 기상 저압반응에서는 이 효
과에 유의할 필요가 있다. 반응 용기의 표면
적과 용적의 비율을 변화시켰을 때 반응속도
가 변하면 이 효과가 기여한 셈이 된다.

벽 효과 (壁效果, wall effect) 화학장치 등에
서 벽의 영향을 받아서, 각종 거동이 장치가
무한히 넓은 장이라 가정한 경우의 거동과
는 달라지는 현상. 예를 들면 가는 관 내를
입자가 침강할 때의 침강속도는 치환류의
영향을 받아, 무한 유체 중을 단일 입자가
침강하는 경우의 스토크스식에 보정을 가할
필요가 있다.

변각 진동 (變角振動, bending vibration, de-

formation vibration) 분자의 기준진동 중 주로 결합각의 변화가 기여하는 형태의 진동을 말한다.

변광회전 (變光回轉, mutarotation) 호변 이성질체, 아노머 등이 존재하는 광학 활성체를 용액으로 하였을 때 이성질체의 상대 농도가 변화하여 비선광도가 경시 변화하는 현상. 변선광이라고도 한다. D-글루코오스의 결정을 물에 녹이면 당초 α-아노머의 비선광도(+111°)를 나타내지만 순차로 β-아노머가 생겨 양자의 평형 농도에서의 비선광도(52°)로 변화한다. 당류에는 새로 만든 용액의 비선광도가 묵은 것의 두 배 또는 두 배 이상에 달하는 것이 있으므로 배선광 또는 다선광이라 불리운 일이 있다. 라세미화라든가 용질이 용매와 반응할 때에는 변광회전이라고 부르지 않는다.

변동 (變動, fluctuation) 물질의 여러 가지 물리량이 그 물질이 비록 거시적으로 보아 평형상태에 있을지라도 일정 조건하에서 평균값의 주변에 있는 분포를 이루고 있는 현상. 흔들림이라고도 한다. 변동의 방향은 평균값에 대해 증·감의 양방향으로 일어나므로 물성값의 "흔들림" 그 자체의 평균은 0이 되고, 그 제곱 평균값은 물질의 성질에 현저한 영향을 미치는 경우가 있다. 예를 들면 브라운 운동은 충돌하는 분자의 운동량 변동에 의한다.

변동 계수 (變動係數, coefficient of variation) 표준 편차의 평균값에 대한 비. 상대 표준편차라고도 한다. 보통 백분율로 표시한다.

변분법 (變分法, variation method) 양자역학에서 해밀토니안의 풀이(고유값과 고유함수)를 구하는 근사법의 하나. 변분 원리에 기초하여 파라미터를 포함하는 시행함수를 써서 해밀토니안의 기대값이 최저가 되도록 파라미터의 값을 최적화 한다.

변색 (變色, discoloration, discoloring) 넓은 뜻으로는 색이 변하는 전반을 지칭하지만 좁은 뜻으로는 색상의 변화를 지칭한다. 이 때 변색과 퇴색으로 구분하여 평가 표현된다. 변색은 색소의 물리적·화학적 작용에 의한 변질로 인하여 생기나 오염에 의해 생기는 것도 혼동되는 경우가 있다.

변색 (變色) (1) burning, firing ⇨ 소성. (2) burning ⇨ 스코치. (3) burn mark 플라스틱 성형품의 표면이 열분해하여 변색(검게 그을린다)하는 것을 말한다. (4) yellowing ⇨ 황변.

변색역 (變色域, transition interval) 변색 범위를 이른다.

변성 단백질 (變性蛋白質, denatured protein) 생체를 구성하는 단백질로서, 1차 구조는 변화되지 않았으나 고차구조가 파괴된 것. 이 파괴는 가열, 과도한 pH변화 혹은 요소, 구아니딘염산염, 계면 활성제 등의 첨가로 인한다. 원래의 단백질에서 볼 수 있는 생물 활성도 상실된다. 난백(卵白) 알부민이 수용액의 가열에 의해 응고하여 수불용성이 된 것이 전형적인 예이다.

변성 알코올 (變性——, denatured alcohol) 공업용 목적에 공급하기 위해 무세로 판매되는 에틸알코올. 음료용으로 전용되는 것을 방지하기 위해 소량의 변성제(메탄올, 벤젠, 벤진 등) 등을 가하여 음료용 알코올과 구별되도록 착색되어 있다. 음료용 알코올에는 국세법에 의해서 고액의 세금이 부과되지만 공업용 알코올, 예를 들면 용매나 합성에 사용되는 것에는 세금이 부과되지 않는 반면, 변성제로서 분리하기 곤란한 화합물을 첨가한다. 이와 같은 알코올을 변성 알코올이라고 한다. 변성제로서는 메탄올을 비롯하여 많은 다른 화합물이 사용된다. 가장 일반적인 변성 알코올은 에탄을 200l 당 메탄올 7 kg, 포르말린 30 g, 로다민 B 0.5 g을 첨가하도록 규정되어 있다.

변성 작용 (變成作用, metamorphism) 암석이 지각 내부에서 열, 압력, 수분 마그마의 접촉 등, 여러 작용을 받아 원석과는 다른 조성과 조직으로 변화하는 것. 변성작용에 의하여 암석은 지각의 그 부분에 있어서의 온도·압력 조건하에서 안정된 광물조직을 가지게 된다. 그 때 암석 전체의 화학조성(원소량의 비)은 별로 변화하지 않는 것이 보통이다. 다시 말하면, 변성작용의 본질은 광물조성과 조직의 변화에 있다. 그러나 때로는 화학조성의 큰 변화를 수반하며, 그 결과 특수한 조성의 암석을 이루는 경우도 적지 않다. 풍화작용이나 국부적인 열수 변질작용(熱水變質作用)은 변성작용에 포함되지 않는다. 변성작용은 100℃ 전후의 비교적 저온에서부터 700℃ 정도의 고온에 이르는 온도 조건하에서 일어난다. 한편 압력도 대기압으로부터 1만 수천 기압에 이르기까지의 여러 가지 경우가 있다. 변성작용이 일어나는 지질학적 조건은 크게 두 가지로 나눈다. 하나는 화성암의 관입(貫入)으로 인하여 그 주변이나 내부에서 일어나는 국부적인 것이고, 다른 하나는 지각변동에 따른 대규모적이고 광범위한 것이다. 전자는 접촉 변성작용이나 고온 변성작용이고, 후자는 광역 변성작용이나 매몰 변성작용이다.

변압기 유 (變壓器油, transformer oil) 절연유의 하나. 트랜스유라고도 한다. 변압기의 코일과 철심의 절연 및 냉각에 사용한다. 변압기유의 특성은 절연파괴 전압이 크고 냉각작용이 좋으며, 장기간 사용하여도 산화 변질(酸化變質)이 적고 부식되지 않아야 한다. 또 매우 추운 곳에서도 주상변압기 등에서 지장 없이 사용할 수 있을 만큼 유동점이 낮아야 하고, 100℃ 부근의 온도로 증발감량이 적은 것 등이 요구된다. 전기절연유는 한국산업규격 KS C 2301에 규정되어 있으며, 주성분이 광유인 것에는 1호(유입콘덴서·유입케이블 등에 사용하는 것), 2호(주로 유입변압기, 유입차단기 등에 사용하는 것), 3호(주로 매우 추운 곳 이외의 장소에서 사용되는 유입변압기·유입차단기 등에 사용하는 것), 4호(주로 고전압 대용량 유입변압기에 사용되는 것) 등 네 종류가 규정되어 있다.

변위의 법칙 (變位法則, displacement law) 방사성 핵종이 붕괴할 때의 원자번호 및 질량수의 변화를 표시하는 법칙. α붕괴에서는 원자번호가 2, 질량수가 4 감소하지만, β붕괴에서는 원자번호가 1 증가하고 질량수는 변화하지 않는다. 또 양전자 붕괴 혹은 전자포획에서는 원자번호가 1 감소하고 질량수는 변화하지 않는다.

변이 (變異, mutation) ⇨ 돌연변이.

변이원 (變異源, mutagen) ⇨ 돌연변이원.

변조 (變調, modulation) 일정한 진폭과 주파수를 갖는 정형파나 펄스파가 신호와 잡음 등의 외적 원인으로 변화하는 것. 통신에서는 신호보다 훨씬 높은 주파수의 피변조파를 반송파로 사용함으로써 전송 중의 손실로 인한 일그러짐이나 잡음을 대폭 저감할 수 있다. 진폭변조(AM), 주파수변조(FM), 위상변조(PM) 등이 있다.

변조 라만 분광법 (變調——, 分光法 modulated Raman spectroscopy) 전극에 흡착시킨 시료 분자에 주기적으로 변동하는 외력을 가하여 이 진동하에서 여기광에 대한 라만 효과의 응답을 위상 민감 검파하는 방법. MRS가 약어이다. 미약 신호를 고감도로 측정할 수 있다. 주기적으로 변동하는 진동에 의해 전위 변조법, 편광 변조법 등이 있다. 전극 표면상에 있어서 진동에 의해 존재상태와 농도가 변화하는 것의 정보만이 선택적으로 측정된다.

변태 (變態) (1) modification 화학조성이 동일하고 물리적 성질이 다른 물질을 서로 변태라고 한다. 보통은 상온, 상압하에서 안정된 상을 기준으로 하고 다른 것을 그 기준에 대해 변태라고 하는 경우가 많다. 예를 들면 이산화규소에서 석영, 인규석, 크리스토발석 등이 변태이다. 단체의 경우에는 동소체라고 한다. (2) transformation 온도 변화 등으로 하나의 상이 다른 상으로 변하는 현상. 예를 들면 철강에 있어 α철, γ철, δ철 등의 상호 변화를 말한다.

변형 (變形, strain) 물체는 외부에서 힘을 가하면 일그러짐이 생겨 그 외형 또는 체적이 변화한다. 이 일그러짐의 크기를 나타내는 것이 변형이다. 변형에는 길이의 변화 나아가서는 체적의 변화를 나타내는 신장과 모양의 변화를 표시하는 전단이 있다. 그 변화는 매우 복잡해 보이는 것이 보통이지만 기본적으로는 늘어남·줄어듦·층밀리기·휨·비틀림 등이 있으며, 이 몇 가지 변형 요소가 겹쳐서 발생하는 경우도 있다. 변형을 일으키고 있는 물체에는 외력을 거슬러 변형되지 않으려고 하는 힘(항변형력)이 생기는데, 이 힘이 어느 한계, 즉 탄성 한계를 넘으면 변형이 영구히 남는다. 이것을 영구변형 또는 소성 변형이라 한다. 이 영구 변형이 일어나기

전, 즉 탄성 한계에 도달하기 전에 외력을 제거하면 물체는 원형으로 돌아간다. 이것을 탄성 변형이라 하며, 이 경우의 외력과 변형 사이에는 대체로 비례 관계가 성립하는데 이것을 혹의 법칙이라 하고, 이 때의 외력과 변형의 비를 탄성계수라 한다. 일반적으로 탄성계수는 물체의 재질뿐만 아니라 그 모양(길이·크기)과 관성 모멘트 등에 따라서도 다른 값을 취하는데, 특수한 변형에 대해서는 모양과 관계 없이 재질의 고유한 상수가 된다. 늘어나기에 대한 영률, 비틀림에 대한 강성률, 압축에 대한 부피탄성률은 그 예이며, 이와 같이 재질의 고유한 탄성계수를 탄성률(彈性率)이라 한다.

변형 균류 (變形菌類, Myxomycetes) 영양체가 변형체로 구성되는 균류. 점균류라고도 한다. 변형체란 세포벽이 없는 다핵의 원형질 덩어리이며 원생동물과 같이 자유롭게 활동한다. 변형체에서 자낭체가 생기고 세포벽이 있는 다수의 포자가 형성되지만 포자는 발아하면 세포벽을 상실하여 유주자(遊走子)가 된다. 2개의 유주자가 접합하면 핵분열을 반복하여 다시 변형체로 된다.

변형 단면사 (變形斷面絲, modified crosssection yarn) 특수한 형상의 노즐을 사용하여 섬유의 단면을 삼각형, 성형, 중공 등으로 한 섬유. 합성섬유에서 비단의 삼각형 단면의 실크상 섬유를 방사한 것이 최초이다.

변형 속도 (變形速度, rate of strain) 물체에서 변형의 시간적 변화. 변형의 종류에 따라 신장 속도와 응력 속도가 있다.

변형 에너지 (變形——, strain energy) 물체에 변형이 생겼을 때 응력에 의해 이루어진 일은 물체 중에 비축된다. 이것을 변형 에너지라 한다. 1개 분자에 대해서도 마찬가지 양을 고려하는 경우가 있다. 물체에 외력이 작용하면 이 외력이 하는 일은 물체의 변형과 함께 일로서 물체 내부에 흡수된다. 이 경우 변형이 물체의 탄성 한계 이내이면 물체는 탄성 변형을 일으켜 에너지를 흡수하지만 외력이 제거되면 변형이 소실되어 원상 복구되고 흡수한 에너지는 전부 방출, 회수된다. 이 때의 변형 에너지를 탄성 변형 에너지 또는 탄성 에너지라 한다. 외력에 의

한 변형이 탄성 한계를 넘으면 가해진 변형 에너지는 대부분 소성 변형(塑性變形)에 소비되어, 열 등이 되어 사라진다. 물체의 탄성 한계에서의 변형 에너지를 최대 탄성변형 에너지라 하며, 그 값은 충격에 대한 재료의 성질과 용수철의 성능을 아는 데 중요한 기준이 된다. 탄성 한계를 넘어서 재료가 파괴될 때까지의 변형 에너지는 재료의 충격하중에 대한 파단저항(破斷抵抗)의 크기를 판단하는 기초가 된다.

병염 (絣染, resisted yarn dyeing) 직물의 세로실과 가로실의 일방, 또는 세로·가로실의 양쪽에서 무늬가 되는 부분을 다른 실로 든든하게 묶거나 조각한 판형에 실을 끼워 조르면서 염색하여 비백사를 만들고, 그 비백사로 편직함으로써 표면에 문양을 형성하는 기법을 말한다.

병진 (竝進, translation) 원자와 분자의 운동 중 질량 중심의 운동을 말한다. 원자와 분자의 평행이동에 상당한다.

병진 확산 (竝進擴散, translational diffusion) 회전확산의 대응어이다. ⇨ 회전 확산.

보간 (補間, interpolation) ⇨ 내삽.

보강제(재) (補强劑(材), reinforcer, reinforcing agent, reinforcing material) 연속상인 매트릭스에 첨가함으로써 혹은 매트릭스와 조합함으로써 재료의 역학특성을 높이는 것. 첨가제의 경우에는 보강 충전제, 조합 재료인 경우에는 강화제라고 한다.

보강 충전제 (補强充塡劑, reinforcing filler) 고무에 카본 블랙을 가하면 고무의 인장 강도, 인열 저항 등이 월등하게 향상된다. 이 때의 카본 블랙과 같은 충전제를 말한다. 기타 실리카, 수지 등이 있다.

보결 원자단 (補缺原子團, prosthetic group) 복합 단백질에 함유되는 아미노산 이외의 유기 물질과 무기 물질을 지칭하며, 그것이 공유결합 혹은 투석에 의해 제거할 수 없을 정도로 강하게 결합하여 있는 경우 보결 원자단이라 한다. 당단백질의 당, 리포단백질의 지질, 플라빈단백질의 리포플라빈 등이 그 예이다. 효소에서는 활성 발현을 위해 불가결한 저분자의 비단백질성 물질을 말한다. 페록시다아제의 철 포르피린 등이 그 예이다.

보더 효과 (──效果, boder effect)　⇨ 주변 효과.

보디 (body)　⇨ 체질.

보라졸 (borazol)　⇨ 보라진.

보라진 (borazine)　−BH−와 −NH−가 교대로 배열한 평면형 육원환 화합물 $B_3H_3H_6$. 정식명은 시클로트리보라잔(cyclotriboraz-ane). 벤젠과 등전자적이고 물리적 성질도 매우 유사하다. 그러므로 무기 벤젠이라고도 불린다. 분자량은 80.5이고 녹는점은 −57℃, 끓는점은 55℃로서 액체의 밀도는 벤젠과 동일한 0.81이다. 이 화합물은 벤젠처럼 수소 대신에 할로겐족 원소 등이 치환된 광범위한 유도체를 형성한다. 그러나 벤젠과는 달리 방향성을 띠고 있지 않아서 반응성이 매우 높기 때문에 물이나 알코올, 염산 등과 쉽게 반응한다. 삼염화붕소(BCl_3)와 염화암모늄(NH_4Cl)의 혼합물을 가열하여 얻어진 삼염화보라진($Cl_3B_3N_3H_3$)을 $NaBH_4$로 환원시켜 얻는다. 보라졸이라고도 불리었으나 이 명칭은 5원환 화합물의 어미에 −올이 있으므로 바람직하지 않다.

보란 (borane)　붕소의 수소 화합물에 대한 총칭. 가장 간단한 수소화 붕소 BH_3를 보란이라 한다. 복수개의 붕소원자가 서로 혹은 수소원자를 통하여 결합한 화합물을 디보란, 펜타보란 등이라 한다. 또한 이러한 보란 골격 중의 수소원자가 탄화수소기로 치환된 유기붕소 화합물두 보란으로 총칭된다. 일반적으로 붕소화마그네슘을 염화수소산이나 인산으로 가수분해하면 니보란·네트라보란이 주로 생성되며, 이것을 열분해하면 고차 화합물을 얻을 수 있다. 모두 상온에서는 무색 기체 또는 액체로 휘발성·반응성이 풍부하며 어떤 것은 공기 중에서 자연 발화한다. 물과 접촉하면 가수분해하여 수소를 발생한다. 연소율이 높아 공기와의 광범위한 혼합비로 발화하므로 디보란·펜타보란 등은 로켓용 연료로서의 용도가 주목된다.

보르난 (bornane)　천연으로 산출되는 장뇌. 보르네올 등 2환식 모노테르펜의 모핵이 되는 포화 탄화수소의 명칭. 캄펜(camphene)이라고도 한다.

보르네올 (borneol)　2환식 테르펜 알코올. $C_{10}$$H_{17}OH$. 분자량 154, 녹는점 203~204℃ 상온에서 휘발하고 가열하면 승화한다. 이전에는 희귀약품 또는 향료로 중용되었다. 우선성 및 좌선성의 것이 식물정유 중에 존재한다. d−보르네올은 보르네오·수마트라에서 생산되는 용뇌수(龍腦樹)의 정유(精油)나 로즈마리·라벤더유(油) 속에 함유되고 l−보르네올은 쥐오줌풀 기름 속에 유리(遊離) 또는 에스테르 형태로 함유된다. 육방정계의 편상결정(片狀結晶)으로서 약간 장뇌와 비슷한 향기가 있으며 결정을 두드리면 금속성 소리가 난다. 식물로부터는 수증기 증류에 의해 얻어지고 일반적으로는 장뇌의 환원 또는 피넨에 유기산을 작용시키는 등의 합성법에 의해 얻어진다. 각종 화장품·의약·청량제 등에 쓰이며, 특히 힌두교도는 이것을 향료로 쓰고 있다. 라세미체(體)도 여러 가지 정유 속에서 발견되며, 입체이성질체인 이소보르네올도 있다. 장뇌의 카르보닐기가 환원된 것으로, 향장품으로 사용된다.

보르도액 (──液, Bordeaux mixture)　황산구리 수용액을 석회유 중에 가하여 만든 혼합액. 이 농약은 다른 농약과는 달리 사용하려고 할 때 농가에서 직접 제조하여 사용한다는 것이 특징이다. 보르도액에 사용되는 황산구리액과 석회유 이 두 액의 혼합 비율·전체 액량·사용 목적에 따라 여러 가지 보르도액을 만들 수 있다. 원료로 사용되는 구리염은 황산구리 $CuSO_4 \cdot 5H_2O$민을 사용하지만 석회는 생석회 이외에 소석회(消石灰)를 사용할 수도 있어 이들을 각각 생석회 보르도액(또는 단순히 석회 보르도액)·소석회 보르도액이라 한다. 그러나 효과는 후자가 전자보다 떨어지므로 일반적으로 소석회 보르도액은 사용하지 않는다. 효과는 제조법에 따라 크게 좌우되므로 주의하여야 한다. 제조 방법은 먼저 순도가 높은 생석회의 소요량을 비금속 용기에 넣고 물을 소량씩 부어 소화시킨 후 물을 가하고 잘 저어 석회유를 만든다. 다음 별도의 용기에 용해시킨 황산구리 용액을 서서히 석회유에 부어 혼화(混和)한다. 반량씩의 물에 녹인 두 용액을 제3의 용기에 동시에 균등하게 부어 만드는 방법도 있으나 보르도액

의 물리적 성질에 중요한 영향을 주는 입자의 크기는 알칼리성에서 만드는 것이 산성에서 만드는 것보다 미세하므로 진한 석회유에 진한 황산구리 용액을 넣는 것이 좋다. 이때 반응의 온도는 되도록 저온으로 하며, 충분히 잘 저어 줄 것, 만든 즉시 사용할 것, 접착제 등의 보조제를 첨가할 것 등에 주의하여야 한다. 야채, 과수에 대한 살균제로 사용된다. 1885년에 프랑스의 Bordeaux 대학의 교수가 발견하였으므로 이 이름이 있다.

보르돈 압력계 (—— 壓力計, Bourdontube gage)　유체의 압력을 측정하는 계기. 원형, 타원형 등의 단면이 있는 원호상의 굽은 관으로, 일단을 폐쇄한 관에 내압을 가하면 원호의 반지름이 커지는 것을 이용하여 압력을 계측한다.

보른-오펜하이머 근사 (—— 近似, Born-Oppenheimer approximation)　분자와 결정을 양자역학적으로 다루는 경우의 근사법. 원자핵의 질량은 전자의 질량에 비해 크므로 전자의 운동은 핵이 정지하고 있다고 근사해도 좋다. 또 분자 전체의 회전도 핵의 상대운동, 진동과 독립적으로 일어나면 근사할 수 있다. 이처럼 전자, 진동, 회전을 별개의 운동으로 다루는 근사법을 지칭한다.

보메도 (—— 度, Baumé degree)　액체의 비중 표현법의 하나. 즉 액체의 비중을 측정하기 위하여 보메 비중계를 액체에 띄웠을 때의 눈금의 수치로 나타낸 것을 말한다. 기호 Be. 보메 비중계에 중액용(重液用)과 경액용(輕液用)이 있는 것에 대응하여, 무거운 보메도(중 보메도)와 가벼운 보메도(경 보메도)가 있다. 이 중에서 중액용은 순수(純水)를 $0°$Be로 하고, 15 % 식염수를 $15°$Be로 하여, 그 사이를 15 등분한 눈금을 가진다. 또 경액용은 10 % 식염수를 $0°$Be로 하고, 순수를 $10°$Be로 하여 그 사이를 15 등분한 눈금을 매기고 있다. 물을 $0°$, 비중 1.8429의 황산을 $66°$로 나타낸다.

보상 충전 (補償充電, compensation charge)　⇨ 트릭클 충전.

보상 효과 (補償效果, compensation effect)　속도상수는 빈도인자 A 와 활성화 에너지 E 에 의해 결정되며 A 의 값이 클수록 커지고 E 의 값이 클수록 작아진다. 어떤 종의 반응군에 대해서 A 의 대수값과 E 의 값 사이에 직선관계가 성립할 때 보상효과가 있다고 한다. A 의 증대는 E 의 증대를 수반하고 서로 그 효과를 상쇄하는 점에서 보상효과라 부르게 되었다.

보색 (補色, complementary color)　빛의 색깔에 대해서는 2개의 빛을 혼합하였을 때 백색이 되는 색의 조합을, 또 착색 물질의 색깔에서는 혼합으로 흑색이 되는 색의 조합을 각각 서로 보색이라고 한다. 빨강과 녹색, 노랑과 파랑, 녹색과 보라 등의 색광은 서로 보색이며, 이들의 어울림을 보색대비(補色對比)라 한다. 색상환(色相環) 속에서 서로 마주보는 위치에 놓인 색은 모두 보색 관계를 이루는데 이들을 배색하면 선명한 인상을 준다. 이것은 눈의 망막상의 색신경이 어떤 색의 자극을 받으면 그 색의 보색에 대한 감수성이 높아지기 때문이다. 가령 색종이를 응시한 뒤에 갑자기 흰 종이에 시선을 옮기면 색종이의 보색의 상이 보이는 것은 이와 마찬가지 원인에서이고, 이것을 보색의 잔상(殘像) 또는 음성(陰性) 잔상이라 한다.

보손 (boson)　⇨ 보스 입자.

보스-아인슈타인 분포 (—— 分布, Bose-Einstein distribution)　열평형 상태에서 정수의 스핀을 갖는 입자(보스 입자. 예를 들면 광자, ^{2}H, ^{4}He)가 각 에너지 준위에 분배되는 방식을 나타내는 것. 온도가 높아지면 볼츠만 분포에 가까워진다. 반대의 경우에는 축퇴를 나타내고 특수한 전이를 일으킨다. 액체 헬륨의 이상한 성질은 이 현상에 관련되어 있다.

보스-아인슈타인 통계 (—— 統計, Bose-Einstein statistics)　정수의 스핀 양자수를 갖는 입자(보스입자)가 2개 이상 모여 생긴 계의 파동함수는 동종 입자 2개의 대체에 의해서도 변하지 않는다. 이 성질을 나타내는 계를 보스-아인슈타인 통계 또는 보스 통계에 따른다고 한다. 계의 입자수가 많고 입자 간의 상호작용이 작은 경우, 개개 입자의 각 에너지 준위에 대한 분포는 보스-아인슈타인 분포에 따른다.

보스 입자 (—— 粒子, boson) 양자 통계역학에서 보스-아인슈타인 통계에 따르는 입자. 보손이라고도 한다. 스핀 0 또는 양의 정수 입자가 있는 것이 본질적이며 광자, 여기자, 진동양자, 쿠퍼쌍전자 등이 그 예이다. 보스 입자의 집단에 대응하는 파동함수는 입자의 교환에 대해 대칭적이며 부호를 바꾸지 않는다. 또 입자수 표시에 의한 1입자 상태의 입자 점유수는 0에서 ∞로 취한다.

보스 통계 (—— 統計, Bose statistics) ⇨ 보스-아인슈타인 통계.

보어 마그네톤 (Bohr magneton) 자기 모멘트의 단위. 전기소량을 e, 전기의 정지질량을 m_e, 플랑크 상수를 h로 하면, 보어 마그네톤 μ_B는 SI 단위계에서 $\mu_B = eh/4\pi m_e$로 표시되며 그 값은 거의 $9.274 \times 10^{-24} \mathrm{JT}^{-1}$이다. 자유전자의 스핀에 의한 자기 모멘트는 이것보다 약간 크다.

보온재 (保溫材, heat-insulating material, heat insulator) ⇨ 단열재.

보외 (補外, extrapolation) ⇨ 외삽.

보일러용 탄 (—— 用炭, steam coal) 일반탄 중에서 보일러 연료로 사용되는 석탄. 보통은 발열량 $5,000 \sim 7,000 \,\mathrm{kcal\,kg}^{-1}$의 석탄이 바람직하나 연소 방식에 따라서는 저질의 석탄도 사용할 수 있다.

보일링 (boiling off) 누에고치 실에 22% 정도 함유되어 있는 세리신 등을 완전히 제거히는 정련법을 말한다.

보일 유 (—— 油, boiled oil) 도료에 사용되는 기름은 가열처리되는 데 $120 \sim 150\,°\mathrm{C}$의 저온에서 공기를 불어넣으면서 산화 중합시킨 기름. 취입유라고도 한다. 이 처리는 표백, 점토의 향상 및 경화 건조성의 향상에 목적이 있다. 원료유는 주로 아마인유(亞麻仁油)이고, 이 밖에 들기름·마실유(麻實油)·동유(桐油) 등의 건성유와 콩기름 등의 반건성유, 그리고 정어리기름 등의 어유(魚油)가 사용된다. 이와 같은 원료유에 금속비누 등 건조제를 가하여 $200\,°\mathrm{C}$ 이상으로 가열하면 점성도(粘性度)가 증가되는데, 다시 $200\,°\mathrm{C}$로 기름에 공기를 불어넣으면 표백되어 담색(淡色)의 보일유가 된다. 기름 속의 금속비누가 산소를 운반하는 역할을 하

며 공기 중에 방치했을 때의 건조성을 향상시킨다. 비중 $0.928 \sim 0.943$, 산값(酸價) 6 이하, 요오드값 145 이상, 비누화값 188 이상, 건조 시간은 30시간 이내이다. 아마인유 등에 마실유 등을 배합한 기름은 건조성·내구성(耐久性) 등이 양호하고 황변(黃變)이 적지만, 어유를 주체로 한 것은 황변이 많고 악취를 발한다. 안료(顔料)와 함께 개어서 페인트로 만들고, 니스와 섞어서 유성(油性) 니스로 만들거나 온상지(溫床紙)·방수포(防水布)·과실 봉지 따위에 사용한다. 보일유와 성질이 유사한 스탠드유(油)는 아마인유 등의 건성유를 가열 중합(重合)시킨 것으로서, 건조성은 보일유보다 느리지만 내수성(耐水性)·내알칼리성·내후성(耐侯性) 등은 보일유보다 우수하고 황변도 적다. 페인트용 기름·인쇄 잉크용 전색제(展色劑) 등에 이용된다.

보정 (補正, correction) 측정값 또는 계산값에 대해 이것을 보다 참값에 가까운 값으로 하기 위해 부가적인 값을 가감하거나 하여 수정을 가하는 것. 또는 가해지는 값을 말한다.

보정값 (補正價, correction value) 원래의 측정값 또는 계산값에 보정을 목적으로 가해지는 값을 말한다.

보조 간장 (補助肝臟, liver assist device) 간 기능 중 해독작용을 보조하기 위한 인공 장기. 피복 구상 활성탄을 충전한 칼럼이 많이 사용된다. 간 보조장치라고도 한다.

보조 바이러스 (補助 ——, helper virus) ⇨ 헬퍼 바이러스.

보조 전극 (補助電極, auxiliary electrode) 전량(電量) 적정에 있어서는 적정 시약을 발생시키는 작용 전극에 대한 대향 전극. 전기 방식에서는, 대상물에 외부로부터 전류를 흘림으로써 부식을 방지하는 경우의 대향 전극, 전기 도금에서는 전류분포를 보정하기 위해 사용하는 양극 또는 음극을 말한다.

보조제 (補助劑, builder) 그 자신은 계면활성을 나타내지 않지만 합성 세제에 첨가되어 세척력을 향상시키는 물질. 옛날에는 트리폴리인산 나트륨이 합성 세제로 많이 사용되었으나 소호(沼湖)의 부영양화(富營養化)

를 방지하기 위해 오늘날에는 사실상 사용
되지 않고 있으며, 그 대신 제올라이트 A가
사용되고 있다.

보조제(농약) (補助劑(農藥), adjuvant)　농약제
제에서 농약 원체 이외 물질의 총칭. 아쥬반
트라고도 한다. 농약 주제의 사용을 편리하
게 하는 동시에 농약 주제의 효과를 증강하
고 약해 등을 경감할 목적으로 사용되는 용
제. 계면 활성제, 광물유, 식물유, 증량제 등
의 총칭이지만 좁은 뜻으로는 계면 활성제
를 주체로 하는 효과 증강제를 지칭한다.

보조촉매 (補助觸媒, cocatalyst)　⇨ 촉진제의
(1).

보조효소 (補助酵素, coenzyme)　효소의 작용
을 보조하는 저분자 화합물. 조효소라고도
한다. 좁은 뜻으로는 효소의 단백질 부분에
가역적으로 비교적 약하게 결합하고 있는 경
우를 말한다. 강하게 결합하고 있을 때는 보
결분자족이라 한다. 대부분의 효소에서 활성
발현에 필수적이다. 기질과 작용이 다른 효
소에서도 보조효소는 공통적인 경우가 많으
며 구조상 수용성 비타민의 인산화합물이 많
다. 조효소는 효소반응 과정에서 그 자신이
화학적으로 관여하여 변화를 받아 원래 상태
로는 제2의 효소가 촉매하는 제2의 반응에
의해서 복원된다. 효소반응에서 그 화학구조
가 변화하는 사실로 미루어 조효소는 넓은
뜻에서 기질이라고도 할 수 있다. 예를 들면,
이소시트르산이 이소시트르산 탈수소효소에
의해 옥살로숙신산으로 변화되는 반응에서
조효소 $NADP^+$는 NADPH로 변화한다. 따
라서 조효소는 보조 기질이기도 하다. 조효
소는 다음 세 종류로 크게 나누어진다. ① 수
소전이 조효소 : 니코틴아미드-아데닌-디뉴
클레오티드(NAD), 니코틴아미드-아데닌-
디뉴클레오티드인산(NADP), 플라빈-모노
뉴클레오티드(FMNAD), 플라빈-아데닌-디
뉴클레오티드(FAD), 세포 내의 헤민, 리포산
등이다. ② 기전이 조효소 : 아데노신삼인산
(ATP), 포스포아데닐산황산(PAPS), 우리딘
이인산(UDP), 시티딘이인산(CDP), 구아노
신삼인산(GTP), 이노신삼인산(ITP), 조효소
A(CoA), 테트라히드로폴산(CoF, FH_4,), 비오
틴-티아민피로인산(TPP), 피리독살인산
(PAL) 등이다. ③ 이성질화 효소와 리아제의

조효소 : 우리딘이인산(UDP), 피리독살인
산(PAL), 티아민피로인산(TPP), 비타민
B_{12} 등이다.

보존 (保存, retention)　크로마토그래피에서,
물질이 이동상의 존재하에 고정상에 대해
친화성이 있어 포집되는 것. 그 정도에 따라
물질의 분리가 달성된다. 머무름이라고도
한다.

보존 배양 (保存培養, stock culture)　세균을
보존하기 위해 적당한 배지를 일정 기간씩
이식 배양하여 5~8℃의 저온에 보존하는
계대배양 보존법. 세포를 글리세린 안에 현
탁시켜 보존하는 동결 보존법, 세포에 스킴
밀크나 혈청을 가하여 앰플에 넣는 동결 건
조법, 진공 건조법 등이 있다.

보존비 (保存比, relative retention)　동일 조
건하에서 구한 표준물질 ①과 시료물질 ②
의 공간보정 보존체적의 비, 다음 식의 α
로 나타낸다.

$$\alpha = \frac{V_{R2} - V_M}{V_{R1} - V_M} = \frac{V_{N2}}{V_{N1}} = \frac{V_{g2}}{V_{g1}}$$

여기서 V_R은 보존체적, V_M은 홀드업,
V_N은 전보정 보존체적, V_g는 비보정 상
존체적을 뜻한다.

보존 시간 (保存時間, retention time)　크로마
토그래피에서, 시료를 칼럼에 주입하고 나
서 성분의 피크 정점이 출현할 때까지의 시
간. t_R로 표시된다. 분리조건이 일정하면 성
분에 고유한 값이 있으며, 정성분석의 기초
가 된다.

보존체 (保存體, support)　분배 크로마토그래
피에 있어 고정상 액체를 보존시킬 목적으
로 사용하는 고체. 고체상 운반체, 운반체,
지지체라고도 한다.

보존 체적 (保存體積, retention volume)　칼럼
크로마토그래피에 있어 시료를 주입하고나
서 피크의 정점이 용리할 때까지에 요하는
용리액 또는 캐리어 가스의 부피를 말한다.
머무른 부피라고도 한다.

보체 (補體, complement)　항체의 용균이나
용혈작용을 보조하는 혈청 중 단백질의 일
군. C 1에서 C 9까지의 9성분이 있다. P. 에
를리히가 보체라고 명명하기 전에는 알렉신
(alexin)이라고도 하였다. 열에는 약하고 혈

청을 56℃로 30분 가열하면 파괴된다. 혈청학 실험에는 기니피그의 신선 혈청이 널리 사용되는데 이것은 보체작용이 강하고 어느 항원 세포에도 평균하여 작용하기 때문이다. 보체에는 면역학적 특이성이 없고, 항원 또는 항체의 어느 쪽과도 단독으로는 결합하지 않고 항원과 항체의 결합물과 결합한다. 항원 항체반응의 생성물에 결합하여 순차 각 성분이 활성화와 결합을 반복하여 최종적으로는 항체의 형질막에 구멍을 뚫고 용혈, 용균을 일으킨다. 각 성분의 화학구조는 이미 알려졌고 작용에 대해서도 상세하게 알려져 있다.

보크사이트 (bauxite) 다소 불순한 형태로 알루미늄을 함유하는 광석의 자연 광상. 알루미늄은 수화한 산화물($Al_2O_3 \cdot 2H_2O$에 가까운 화석성분)로서 함유되어 있다. 보통 산화철 외에 규산, 산화마그네슘 등을 소량 함유한다. 두상(豆狀)·토상(土狀)·혹 모양·단구상(團球狀)·괴상(塊狀) 등 여러 형태를 한다. 굳기 1.3, 비중 2.0이다. 회색·적색·갈색·황색 등의 색을 띠며, 대개 광택이 없다. 치밀질의 것은 단단하다. 주요한 것은 기브자이트·베마이트·다이어스포어·비결정질 함수 알루미나 등이다. 보통 갈철석·석영·장석류·헬로이사이트·카올리나이트·논트로나이트 등의 점토 광물과 공생한다. 열대지방의 알루미늄이 풍부한 암석이 풍화하여 생긴 홍토(라테라이트)와 알루미늄을 함유한 석회석의 풍화로 생긴 테라로사 중에서 산출된다. 알루미늄의 가장 주요한 원료 광석이다. 프랑스의 보에서 처음 발견되었기 때문에 이런 이름이 붙여졌다. 남프랑스·그리스·인도 말레이시아·오스트레일리아 북부 및 미국의 아칸소주(洲) 등에서 산출된다.

보통 벽돌 (普通 ——, common brick) 점토를 주원료로 하여 소성해서 제조한 붉은 벽돌. 건축물, 기초 공사, 축요 등에 사용된다.

보트형 (—— 形, boat form) 시클로헥산의 입체배좌의 하나. 보트형의 바닥에 해당하는 C−C결합이 중첩형. 다른 4개의 결합이 비틀린 형의 배좌를 취한다. 중첩형 배좌로 인하여 에너지가 높고 불안정 배좌이다 ⇨ 의자형.

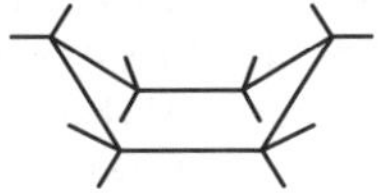

[보트형]

보호기 (保護基, protecting group) 다작용 화합물을 원료로 하여 합성 반응을 할 때, 반응성이 높은 작용기 A를 반응성이 낮은 치환기 A′로 바꾸어 보호하고 나서 작용기 B에 대하여 B → C의 반응을 한 후 A′를 A로 되돌려 최종 목적물을 얻는 경우가 있다. 이 때 반응성의 기 A를 일시적으로 보호하기 위한 기 A′를 보호기라 한다. 전형적인 예는 펩티드 합성에서, 반응성의 NH_2기를 벤조일화 하여 보호하였다가 합성반응을 진행하여 최종적으로는 보호기 벤조일을 제거하여 NH_2기로 되돌리는 방법이 있다.

보호 촉매 (保護觸媒, guard catalyst) 반응원료 중에 촉매에 대하여 불가역적인 저해작용이 있는 물질이 함유되어 있을 때, 목적하는 반응을 하는 반응기 앞에 그러한 저해 물질을 흡착, 침적 등으로 제거하기 위한 촉매층을 설치하는 경우가 있다. 그 촉매를 이른다.

보호 콜로이드 (保護 ——, protective colloid) 소수 콜로이드 용액에 일정량 이상의 고분자 용액을 가해 두면 응결이 방지된다. 입자 콜로이드를 응결에 대해 보호한다는 의미에서 이 고분자 물질을 보호 콜로이드라 하고, 그 작용을 금수 등으로 표시한다. 예를 들면, 먹물에서는 탄소입자의 분산에 아교가 보호 콜로이드로 작용한다. 보호 콜로이드로서 강한 힘을 지닌 것으로는 젤라틴과 알부민 및 아라비아고무 등이 있다. 보호 콜로이드는 콜로이드 용액의 보존과 제조를 위해 사용된다.

복광로 분광계(複光路分光計, double path spectrometer) 분광계의 하나. 빛이 회절격자와 프리즘 등의 분광 소자를 2회 통과하는 것을 말한다. 단광로의 경우에 비해 분해능을 향상시킬 수 있다.

복굴절 (複屈折, birefringence, double refraction) 광학적 이방성이 있는 매질에 빛이 입사할 때 두 굴절광이 나타나는 현상. 두 굴절광은 광학축의 방향 이외에서는 광선속도가 달라, 모두 직선 편광이며 편광 방향은 상호 수직이다. 1축 결정에서는 한 쪽은 상광선, 다른 쪽은 이상광선에 상당하다. 복굴절로 생긴 상(像)을 회전하는 편광자(偏光子)를 통해서 보면 한 상이 사라졌을 때에 다른 쪽 상이 가장 밝게 보이며, 그 중간에서는 밝기가 다른 두 상이 보인다. 이것으로 미루어 보아 정상 광선과 이상 광선은 서로 수직인 편광면을 가진 직선 편광임을 알 수 있다. 니콜프리즘 등은 이를 이용하여 자연광에서 편광을 꺼내는 장치이다. 한편, 복굴절을 나타내는 결정으로는 광축(光軸)이 하나인 단축 결정(방해석·수정·전기석 등)과 광축이 둘인 쌍축 결정(운모·애라거나이트 등)이 있는데, 단축 결정에서는 두 굴절광 중 하나는 정상 광선이고 다른 하나는 이상 광선이며, 쌍축 결정에서는 두 광선 모두 이상 광선에 해당한다. 그런데 복굴절 현상은 결정체뿐만 아니라 결정 이외의 등방성(等方性) 물체에서도 변형을 시키면 나타난다. 물체 내부의 변형력 분포를 조사하는 광(光)탄성실험 등은 이 현상의 응용으로서 중요한 분야이다.

복귀 돌연변이 (復歸突然變異, back mutation, reverse mutation) 　돌연 변이를 일으킨 유전자가 다시 변이를 일으켜 원상으로 되돌아가는 것. 변이를 일으킨 유전자 이외의 유전자에 일어난 새로운 변이에 의해서 외견상 표현형(⇨ 유전자형)이 회복하는 경우는 포함하지 않는다.

복녹는점 (複融點, double melting point) 　유기 화합물의 녹는점을 측정할 때 한 번은 녹아서 투명하게 되지만 온도가 높아지면 혼탁하고, 온도를 더욱 높이면 다시금 투명하게 되는 현상을 볼 수 있을 때, 투명하게 되는 두 온도를 이른다.

복막 투석 (腹膜透析, peritoneal dialysis) 　복막을 반투막으로 하여, 복강 내에 투석액을 주입하여 실시하는 혈액 투석. 매입형 인공신장으로 자리매김할 수도 있다. 복막의 감염 방지책이 확립된다. 만성신부전 환자에도 적용할 수 있다. 보통 혈액 투석에 비해 상시 혈액 정화를 할 수 있고 대형 장치를 필요로 하지 않아 유리하다. 이 방법은 1959년 맥스웰이 복막 관류액의 기본 조성을 개발한 이래 임상 응용되어 현재도 요독증 치료법으로 이용되고 있다. 복강에 삽입한 카테테르로 관류액(1.5~2 l)을 약 10분간 주입하고 60~90분간 체액(滯液)시킨 뒤에 배액(排液)한다. 이것이 1회의 치료이고 이것을 10~15회 되풀이하는 것이다. 전에는 1명의 환자에게 시행할 수 있는 복막 투석의 치료 횟수는 많아야 50~60회로 한정되어 있었으나 요즘에는 개량된 부드러운 카테테르(Tenckh - off형)를 사용하게 됨으로써 혈관의 상태가 나빠 혈액 투석을 할 수 없는 만성 신부전 환자에게도 장기간에 걸쳐서 반복 시행할 수 있게 되었고, 자동 복막투석 장치도 개발되었다. 이 방법에는 간헐적 복막투석법(IAPD : intermittent ambulatory peritoneal dialysis)과 지속적 외래 복막투석법(CAPD : chronic ambulatory peritoneal dialysis)으로 나뉜다. 혈액투석과 비교하면 특별한 장치가 필요 없고 항응고제가 필요 없을 뿐 아니라 비용도 적게 든다. 요독증상물질의 제거 효율도 높고 물·전해질의 조정에도 뛰어난 효과가 있다. 결점은 조작이 번거롭고 장시간 걸리며, 단백질 누출이 있고 복막염에 걸릴 우려가 있다.

복분해 (複分解) (1) double decomposition 　2종의 화합물이 성분을 교환하여 새로운 2종의 화합물을 생성하는 AB + CD → AD + BC 와 같은 반응. 예를 들면 NaCl + Ag NO₃ → NaNO₃ + AgCl이다. (2) metathesis 올레핀이 고급 올레핀과 저급 올레핀으로 분균등화하는 반응. 예를 들면 2분자의 프로필렌에서 1분자의 메틸렌과 1분자의 2-부텐을 생성하는 반응을 지칭한다. 알킬렌기의 재조합으로 탄소-탄소 이중결합의 개열과 재형성을 하는 반응으로 각종 올레핀 합성과 중합반응에 이용된다. 아세틸렌의 복분해도 알려져 있다. 메타세시스 또는 치환반응이라고도 한다.

복사 고온계 (輻射高溫計, radiation pyrometer) 　물체에서 복사되는 에너지와 물체의 온도의 관계를 이용하여 물체의 온도를 측정하는 것. 복사 온도계라고도 한다. 전복사 온도계, 휘도 온도계, 색 온도계가 있다. 측정 범위는 500~3,300 K이고 정밀도는 ± 10 K 정도이다.

복사능 (輻射能, emissivity)　⇨ 흑도.

복사성 전이 (輻射性轉移, radiative transition) 들뜬 상태의 원자, 분자, 이온 등이 복사를 수반하여 에너지가 낮은 상태로 전이하는 것. 복사되는 빛은 형광, 인광 등이라 불리며, 그 발광의 파수는 전이를 일으키는 두 준위 간의 에너지차와 같다.

복사 에너지 (輻射 ——, radiant energy)　복사의 에너지로, 전자기파의 에너지를 지칭하는 경우가 많다.

복사열 열처리 (輻射熱熱處理, radiant heat stoving)　⇨ 적외선 건조.

복사 온도계 (輻射溫度計, radiation pyrometer)　⇨ 복사 고온계.

복사 전열 (輻射傳熱, radiant heat transfer) 열복사선으로 고체의 고온면에서 저온면으로 열 에너지가 수송되는 현상. 고체가 그 온도에 따라 그 표면에서 열복사선(주로 적외선)을 발산하여 한쪽 열복사선의 일부 또는 전부를 흡수하는 성질에 바탕한 현상. 전열 메커니즘에는 전도, 대류, 복사의 세 가지가 있으나 고온에서는 복사 전열이 지배적이다.

복산화물 (複酸化物, double oxide)　둘 이상의 원소의 산화물 혹은 같은 원소라도 산화수가 다른 둘 이상의 원자를 함유하는 산화물. 예를 들면 $MgAl_2O_4$, $Fe_3O_4(Fe^{II}Fe^{III}_2O_4)$ 등. 혼합 산화물이라고도 하지만 이 명칭의 사용은 권장할 수 없다. $BaTiO_3$과 같은 화합물을 티탄산 바륨 등이라 부르는 일이 있으나 이 종의 화합물은 복산화물의 하나이지, 티탄산에는 같은 옥소산은 함유되어 있지 않으므로 티탄산이라 하는 것은 잘못된 명칭이다.

복소 탄성률 (複素彈性率, complex modulus) 동적 점탄성에서의 진동 응력과 이에 위상의 뒤짐이 있는 진동 비틀림의 비. 복소수로 표시한다. 복소 탄성률의 실수부를 저장 탄성률, 허수부를 손실 탄성률이라 하며, 손실 탄성률과 저장 탄성률의 비는 손실정점과 같다.

복염 (複鹽, double salt)　둘 이상의 염이 결합한 형식으로 표현할 수 있는 화합물 중 각 성분 이온이 그대로 존재하는 것. 예를 들면 복염 $KCl \cdot MgCl_2$에는 $MgCl_3^-$ 같은 착물 이온은 존재하지 않고 K^+, Mg^{2+}, Cl^- 등으로 되어 있는 이온 결정이다. 이에 대해 $2KCl + PtCl_2 \rightarrow K_2[PtCl_4]$ 에서는 $[PtCl_4]^{2-}$와 같은 착이온을 형성하고 있으므로 착염이지 복염은 아니다.

복제 (複製, replication)　DNA와 RNA의 자기 복제를 이른다. 1개의 어미 분자를 주형으로 하여 어미 분자와 완전하게 동일한 분자가 2개 생기는 과정을 말한다.

복합 단백질 (複合蛋白質, conjugated protein) 아미노산 잔기 이외의 유기물질과 무기물질 (보결 분자족)을 함유하는 단백질. 당단백질, 리포단백질, 플라빈단백질 등이 그 예이다. 조효소를 함유한 효소단백질도 복합 단백질의 하나이며, 이 경우에는 조효소(즉, 보결 분자족)는 효소물성의 출현에 필요할 뿐만 아니라 단백질 분자를 안정화시키고 있는 예도 많다. 아미노산 만으로 구성된 단순 단백질의 대응어이다.

복합 당질 (複合糖質, complex carbohydrate) 당질과 그 이외의 물질을 함유하는 생체 분자의 총칭. 동식물의 조직, 세포, 체액 중에 존재한다. 당단백질, 프로테오글리칸, 당지질의 세 가지로 분류된다. 당질은 펩티드 혹은 지질에 공유결합하고 있다. 글리코사미노글리칸으로서 히알루론산, 황산콘드로이틴, 당지질로서 스핑고당지질, 글리세로당지질, 리포다당, 펩티드글리칸 등이 있다.

복합 노금 (複合渡金, composite plating)　도금욕에 탄화규소나 폴리테트라플루오르에틸렌의 입자를 넣어서 도금막 내에 분산시키는 방법을 말한다.

복합 무두질 (複合 ——, combination tanning) ⇨ 콤비네이션 무두질.

복합 비료 (複合肥料, compound fertilizer) 비료의 3요소인 질소 N, 인산 P_2O_5, 칼륨 K_2O의 3성분 중 2성분 이상을 혼상상태 또는 화합상태로 함유하고, 각 화학성분을 조정한 화학비료. 배합비료와 화성비료로 대별된다. 배합비료는 비료를 2종류 이상 혼합한 것이고, 화성비료는 황인암모늄계 화성비료와 같이 원료와 단비를 혼합하여 화학처리함으로써 이용가치가 높은 염류로 한 것이다.

복합 재료 (複合材料, composite material)　2조 이상의 재료를 조합하여 각 장점을 살리고 단점을 보완하여 단순 재료보다 우수한 기계적 또는 기능적 특성을 부여한 재료. 섬유 강화형, 입자분산 강화형 등이 있다. 대부분은 강화재와 매트릭스의 조합으로 구성되며, 매트릭스에 근거하여 플라스틱계, 고무계, 금속계, 탄소계, 무기계 등으로 분류된다.

복합 지질 (複合脂質, compound lipid, conjugated lipid)　지질 중 탄소, 수소, 산소 외에 인, 질소 등의 원소를 함유하는 것. 구체적으로는 분자 중에 지방산 및 긴 사슬 염기의 탄소 사슬에 의한 소수성 부분과 인화합물(인산, 포스폰산), 염기성 질소(콜린, 에탄올 아민 등), 당 등의 친수성 부분이 있으며, 양 친매성을 보인다. 지질은 단순 지질과 복합 지질로 대별되며 복합 지질은 다시 글리세로지질과 스핑고지질 또는 인지질과 당지질로 분류된다. 인지질은 인산을 함유하는 복합 지질로서, 그 속에 레시틴·케팔린군·스핑고미엘린 등이 함유된다. 당지질은 당을 함유하는 복합 지질로서 뇌척수에 함유된 세레브로시드·갱글리오시드 외에 포유동물의 적혈구에 포함되는 헤마토시드·글로보시드·황을 함유하는 세레브론황산 등이 여기에 속한다. 또 콩·땅콩의 성분으로 인산과 당이 함께 분자 중에 함유되는 물질도 최근 발견되었다. 복합 지질은 대부분 클로로포름에 녹고 아세톤에 녹지 않으며 알코올·에테르·피리딘 등에는 물질에 따라 용해성이 달라진다.

복합 효소계 (複合酵素系, multienzyme system)　일련의 대사 반응에 관련되는 몇 종의 효소집합체. 다효소 복합체라고도 한다. 예를 들면, 피루브산 탈수소효소 복합체는 피루브산의 탈수소 효소(탈탄산도 한다), 디히드로리포아미드아세틸렌트랜스페라아제, 디히드로리포아미드레덕타아제 등 3종의 효소 집합체이다. 또 지방산 합성 효소 복합체와 같이 7종의 효소로 되는 예도 있으며, 현재 12종이 알려져 있다. 넓은 뜻으로는 전자 전달계처럼 생체막 내의 효소의 기능적 집합체를 포함하는 경우가 있다.

복핵 착물 (複核錯物, dinuclear complex)　착물 중에서 중심 원자가 2개인 것. 가교 배위자가 있는 것과 없는 것이 있다. 예를 들면 $[(NH_3)_5Co-NH_2-Co(NH_3)_5]^{5+}$, $[(CO)_5Mn-Mn(CO)_5]$ 등이 있다.

본드지 (——紙, bond paper)　폐지 펄프 또는 화학 펄프를 원료로 한 양질의 필기·인쇄 용지. 본래는 증권용으로 제조되었다. 비팅을 하여 강하게 사이즈 처리한 종이로 인쇄성과 말소성이 우수하고 백색도가 높으며 불순물이 적은, 질이 좋은 질긴 종이이다.

본 배양 (本培養, main culture)　미생물을 대량 배양할 때 종균을 시험관 내에 배양한 후 진동 플라스크, 종 배양조로 순차적으로 용적이 큰 배양장치에서 액체 배양, 증식시켜 주배양조 안의 배지에 접종한다. 이 최후 단계의 배양을 말한다.

본 차이나 (bone china)　⇨ 골회자기.

볼밀 (ball mill)　분쇄기의 하나. 길이와 지름이 거의 같은 원통상의 통체 속에 원료와 분쇄 매체를 넣고 적당한 속도로 회전시켜 분쇄 매체로서의 볼의 낙하에 의한 충격작용, 마찰작용으로 원료를 분쇄한다.

볼츠만 분포 (——分布, Boltzmann distribution)　주어진 거시적 조건하에 있는 다수 입자로 구성된 계로서, 최대의 출현 확률을 부여하는 입자의 분포(각 에너지 준위에 대한 입자의 배치)를 말한다. 보통 조건에서 열평형에 있는 거시계의 입자 배치는 대략 이 분포에 따른다. 원래 기체분자의 속도 분포에 대한 J. Maxwell의 분포함수를 L. Boltzmann(1866년)이 확장한 것으로, 맥스웰–볼츠만 분포라고도 한다. 통계역학에서 볼츠만 통계(고전 통계)에서 유도된다.

볼츠만 상수 (——常數, Boltzmann constant)　기체 상수를 아보가드로 상수로 나눈 값을 갖는 상수. 기호 k로 나타낸다. $k = 1.38066 \times 10^{-23} JK^{-1}$, 볼츠만의 통계역학에서 유도된 것으로 기본 물리상수의 하나이다.

볼츠만 인자 (——因子, Boltzmann factor)　에너지 E가 있는 상태에 대해서 인자 exp$(-E/kT)$를 볼츠만 인자라 한다. k는 볼츠만 상수, T는 절대온도이다. 열평형 상태에서 계가 에너지 E의 상태에 존재하는 확률은 볼츠만 인자에 비례한다.

볼타모그램(volt-ammogram) ⇨ 전류 전위 곡선.

볼타 전위(—— 電位, Volta potential) ⇨ 외부 전위.

볼하드 법(—— 法, Volhard method) (1) 은 적정의 하나. 은 이온을 티오시안산염의 표준액을 사용하여 적정하고 종점을 철(Ⅲ) 이온 지시약을 사용하여 검지하는 방법. 은 이온의 직접 적정 외에 할로겐화물 이온의 역적정에도 이용된다. (2) 망간 정량법의 하나. 망간(Ⅱ) 용액에 과망간산칼륨의 표준액을 적하하여 MnO_2로 침전시키고 종점을 과망간산 이온의 착색으로 구한다.

봄베 열량계(bombe calorimeter) 연소열을 측정하는 열량계의 하나. 구조는 스테인리스강으로 만든 내열용기 A 속에 점화장치 S를 가진 백금 또는 석영제(石英製)의 연소 접시 P를 매달아 놓았다. 시료물질을 접시에 얹고 약 20~25 기압 정도가 될 때까지 산소를 넣고 전체를 물열량계에 담그고 S에 전류를 흘려 점화하여 연소시킨다. 연소에 따르는 열은 물에 흡수되어 물열량계의 온도가 올라가므로 그 온도의 상승에서 물체의 연소율이 산출된다. 반응용기는 일정한 용적의 내압성 용기이며, 단열조건에서 반응하여 온도 변화를 측정한다. 별도로 장치의 열용량을 측정하고 이러한 데이터로 연소열을 구한다.

봉쇄 레벨(封鎖 ——, containment level) 유전자 재조합으로 일어지는 새로운 생물이 인간과 생태계에 위해를 미치지 않도록 하기 위한 규제 레벨을 이른다. 실험에 사용할 수 있는 생물의 종류에 관한 생물학적 봉쇄 레벨과 실험시설의 밀봉도에 관한 물리적 봉쇄 레벨이 있다.

봉합사(縫合絲, suture) 수술, 외상으로 인한 조직의 손상부를 봉합하는 데 쓰이는 실. 흡수성 봉합사와 비흡수성 봉합사가 있으며, 전자에는 견, 나일론, 폴리텔레프탈에틸렌 등이 있고 후자에는 컷구트, 폴리글리콜산 등이 있다.

봉합재(封合材, encapsulant) IC와 LSI 등의 전자부품의 수분과 산소에 의한 부식을 방지할 목적으로 전체를 피복하는 데 사용. 열경화성 수지. 보통 에폭시 수지가 사용된다. 열전도성이 높고 열팽창 계수가 작으며 경화시의 체적 수축이 작은 것이 요구된다.

부가스(富 ——, rich gas) 기체 연료의 하나. 메탄 등의 탄화수소 가스를 함유하며 불연성분이 적고, 발열량이 높으며, 화염온도도 높다. 코크스로 가스 등이 이에 해당한다.

부검화물(不鹼化物, unsaponifiable matter) 유지 중에 함유되는 글리세리드, 지방산 이외의 성분으로, 알칼리에 의해 비누화 되지 않는 성분. 고급 알코올류, 스테롤류, 비타민류, 탄화수소, 색소 등이 있다. 보통 유지에는 소량만 함유되어 있으나 향유고래 기름, 상어 간유 등, 다량으로 함유되는 것도 있다.

부니탄(腐泥炭, sapropelic coal) 수성 식물과 화분, 포자가 수저에서 부패하여 생성되었다고 여겨지는 석탄. 육식탄에 비해 수소, 질소, 유기물질의 황 및 휘발분이 많다. 부니탄의 저온 타르 중에는 파라핀이 많고 페놀이 적다. 연소하면 광휘 및 장염을 낸다. 촉탄, 보그헤드탄 및 유모혈탄의 3종이 있다.

부다 반응(—— 反應, Boudouard reaction) 고체 촉매 표면상에서 일산화탄소 2분자에서 이산화탄소와 탄소를 생성하는 하나의 불균화 반응. 수성 가스반응 과정과 피셔-트로프슈합성 과정에서 촉매 표면에 탄소가 석출하는 원인이 된다.

부동태(不動態, passive state) 금속이 원래 부식하여야 할 환경에 있음에도 불구하고 거의 부식하지 않는 상태를 말한다. 금속 표면에 치밀하고 엷은 산화 피막이 생성되거나 두꺼운 염의 층이 침착하여 바탕 금속의 부식을 억제하는 데 기인한다.

부동화(不動化, passivation) 금속이 부동태가 되는 현상, 또는 양극 부동화처럼 부동화시키는 것이다.

부동화 피막(不動化皮膜, passivation film) 철, 코발트, 니켈 등의 양극 산화막처럼 보통의 화학 반응성을 상실한 상태의 금속 산화 피막. 알마이트와 같이 내식성 처리 목적으로 적극적으로 이용하는 경우도 있다.

부반응(副反應, side reaction) 복수의 반응 생성물이 획득될 때 주생성물을 부여히는 반응 경로를 구성하는 일련의 소반응군을 주반응, 그 이외의 생성물을 부여하는 소반응군을 부반응이라 한다. 단, 소반응군을 명확하게 확인하지 않고 부반응이라 하는 경우도 많다.

부분 가수분해 (部分加水分解, partial hydrolysis) 에스테르 결합, 글리코시드 결합, 펩티드 결합 등을 복수개 갖는 화합물에 대하여 온화한 조건에서 반응을 하여 이들의 결합 일부분만을 가수분해하는 것. 다당류의 부분 가수분해에서는 0.01~0.1N의 황산 또는 염산을 사용하여 글리코시드 결합을 절단하면 올리고당이 생성된다. 이 조작으로 다당류의 당잔기 배열순서와 결합 양식을 알 수 있다. 또 단백질의 경우에는 산 또는 효소를 사용하여 조건을 완화하게 하면 분해가 불완전하게 되어 각종 크기의 펩티드가 얻어진다. 이 조작을 단백질의 아미노산 잔기의 배열 결정에 이용할 수 있다.

부분 분리 (部分分離, fractionation) (1) 혼합물을 어떤 분자 특성의 차이에 의해 분리하는 것. 보통 가장 많이 사용되는 것은 끓는점의 차이에 의한 분류, 용해도의 차이에 의한 분별결정 등이다. (2) 고분자 화학에서는 고분자 묽은 용액의 액체-액체상 평형을 이용하거나 겔여과 크로마토그래피를 사용하여 분자량이 다른 구분으로 나누는 것을 이른다.

부분 분리 효율 (部分分離效率, partial separation efficiency) 집진장치와 분급기에서 입자를 분리 회수하는 경우 회수 효율은 입자의 크기에 의존한다. 입자 크기마다 분리 회수 효율을 부분 분리 효율 또는 부분 회수율이라 한다. 가로축에 입자의 크기, 세로축에 부분 분리 효율을 취한 그래프는 부분 회수율 곡선이라 하며 집진장치와 분급기의 성능 평가에 많이 사용된다.

부분 산화법 (部分酸化法, partial oxidation) (1) 수소와 합성가스의 공업적 제조법의 하나. 높은 끓는점의 중질유를 원료를 할 때에 적용된다. 주반응은 $C_nH_n + n/2O_2 \rightarrow nCO + m/2H_2$ 로 순산소를 필요로 하는 연소반응이므로 촉매는 사용하지 않는다. (2) 탄화수소 등의 유기 화합물을 불완전하게 산화하여 산소 화합물을 생성하는 반응. 예를

들면 에틸렌에서 에틸렌옥시드 등의 제조가 있다.

부분 속도인수 (部分速度因數, partial rate factor) 동일한 메커니즘으로 진행하는 둘 이상의 경쟁반응에 대해서, 동일 반응조건에서 구해지는 반응속도비. 주로 방향족 화합물의 치환효과를 표시하는 데 사용된다. 이 경우 치환기가 없는 벤젠의 1개 수소 원자가 치환을 받을 때의 반응속도를 1로 한다.

부분 응축 (部分凝縮, partial condenstation) 기화한 혼합증기의 일부를 응축시키는 것. 특히 증류에서 사용하는 용어. 부분 응축으로 증기에는 저비점 성분이, 응축액에는 고비점 성분이 농축된다.

부분입체 이성질체 (部分立體異性質體, diastereomer) (1) 1분자 내에 둘 이상의 키랄 구조부분(보통은 키랄 중심)을 갖는 분자에는 거울상 이성질체 외에 치환기 간의 입체 구조 관계가 상이한 입체 이성질체가 존재한다. 이런 종류의 입체 이성질체를 보통 부분입체 이성질체라고 한다. 예를 들면 2개의 키랄 중심 $C_1 \cdot C_2$를 갖는 분자에 있어, 각 키랄 중심의 배치를 $(1R)$, $(1S) : (2R)$, $(2S)$로 표시하면 [1]과 [3], [2]와 [4] 등의 조합은 각각 서로 부분입체 이성질체이다. 이러한 1쌍의 부분입체 이성질체는 광학 활성이지만 거울상 이성질체는 아니다. (2) 넓은 뜻으로는 거울상 이성질체가 아닌 모든 입체 이성질체를 지칭한다고 정의되고 있다. 좁은 의미의 부분입체 이성질체는 키랄이지만 메소타르타르산 같은 아키랄한 화합물도 포함된다. 또 이중결합이나 지환식 화합물의 시스-트랜스 이성질체에서 볼 수 있는 것 같은 아키랄한 입체 이성질체도 넓은 의미의 부분입체 이성질체에 포함된다.

[부분입체 이성질체]

부분입체 이성질체 염 (部分立體異性質體鹽, diasteremeric salt) 서로 거울상체 관계에

있는 한 쌍의 광학 활성의 산(＋)-A, (－)-A로 라세미체와 광학활성의 염기(＋)-B [혹은 (－)-B도 상관없다.] 사이에 생성하는 염. 부분입체 이성질체 (＋)-A／(＋)-B 및 (－)-A／(＋)-B의 혼합물. 라세미형의 염기 B와 광학활성의 산 A 사이에서도 부분입체 이성질체염이 생성한다. 부분입체 이성질체 염끼리는 물리적 및 화학적 성질이 상이하므로 재결합 등의 방법으로 광학분할에 이용된다.

부분 평형 (部分平衡, partial equilibrium) 일련의 반응단계로 성립하는 축차반응이 정상적으로 진행할 때 율속단계보다 앞선 각 반응단계는 실제상 평형에 매우 가까운 상태에 있다. 이처럼 전체적으로는 비평형이지만 부분적으로는 거의 평형으로 간주되는 상태가 있을 때 이것을 부분 평형상태라 한다.

부분 회수율 (部分回收率, partial recovery efficiency) ⇨ 부분 분리 효율.

부분 효율 (部分效率, local efficiency) ⇨ 점효율.

부생성물 (副生成物, by-product) 화합반응이 이루어졌을 때 목적하는 주생성물 외에 별도의 반응에 의해 동시에 생성된 화합물. 일반적으로 부생성물은 소량이며, 주생성물의 정제로 제거되는 경우가 많다. 부생성물은 주산물에 대하여 종속의 위치에 놓이지만, 역시 생산 과정에서 필연적으로 발생하는 작업 쓰레기와는 구별되며, 그 자체가 상품 가치를 지니고 있어 그대로 또는 가공 후에 판매하거나 자가(自家) 소비된다.

부생성 석고 (副生成石膏, by-product gypsum) ⇨ 화학 석고.

부스 (booth) 도료 작업용의 작은 방. 스프레이 부스, 수세 부스 등의 용어가 있다.

부식 (腐蝕, corrosion) 금속이 화학적 또는 전기화학 반응에 의해 변질, 파괴되는 현상. 녹이 스는 것을 말한다. 일반적으로는 수분 공존하에서의 부식을 지칭하나 고온에서의 가스 부식 등도 있다. 또 부식은 금속 표면이 고르게 부식되는 전면 부식과 한정된 일부만이 부식되는 국부 부식으로 분류하기도 한다. 특히 국부 부식의 예는 많은데, 그 대표적인 것으로서 스테인리스강이나 두랄루민에서 볼 수 있는 금속결정의 결정립계(結晶粒界)에 따라 부식이 진행하는 입간부식(粒間腐蝕)과 금속 표면의 방식피막(防蝕皮膜)에 기공(氣孔)이 생겨서 거기에서 받은 부식이 내부로 급속히 진행되어 가는 점식(點蝕) 및 금속과 금속 간의 접점(接點)이 미동(微動)함으로써 생기는 접동 부식(摺動腐蝕) 등을 들 수 있다. 접동 부식은 금속 표면의 피막이 접동으로 인해 파괴되고, 금속 또는 금속 산화물의 파편이 금속 사이에 끼여서 동시에 산화한다고 생각된다. 이것들에 비하여 대기 안에서의 부식이나 산수용액 안에서의 금속의 용해 등은 전면 부식의 예이다. 부식은 계속적으로 일어나는 성질이 있으며, 도금·도장(塗裝), 표면 산화 피막의 형성, 전기방식(電氣防蝕) 등 부식 방지법도 여러 가지가 있다.

부식 시험 (腐蝕試驗, corrosion test) 금속재료의 부식성과 방식 처리를 한 금속 재료의 내식성을 규명하기 위한 옥외 로폭시험이나 실험실적인 촉진 내식성 시험 등을 말한다. 또 석유제품 중에 함유되는 부식성 화합물 등의 검출법을 지칭하는 경우도 있다. KS로 정해진 시험법도 많다.

부식 억제제 (腐蝕抑制劑, corrosion inhibitor) 금속의 녹 또는 부식을 억제하는 성질이 있는 무기 화합물 및 유기 화합물의 총칭. 폴리인산염, 크롬산염으로 대표되는 무기계 억제제는 음극반응이 용존 산소의 환원반응인 경우에 흔히 사용된다. 아민류로 대표되는 유기계 억제제는 산성 용액 중에서 많이 사용되며 금속 표면에 대한 흡착 혹은 금속 이온과의 반응에 의한 피막형성으로 억제 효과를 나타낸다.

부식 전류 (腐蝕電流, corrosion current) ⇨ 국부 전류.

부식질 (腐植質, humus) 육생 식물이 석탄으로 변성하기까지 경유하는 식물체 변질물의 총칭. 푸민 혹은 푸민산 외에 이들보다도 더욱 초기의 변질물(부식토 혹은 이탄이라고도 한다)도 포함된다.

부식탄 (腐蝕炭, humic coal) 원료 식물이 육생 식물인 석탄. 육식탄이라고도 한다. 전 세계에서 채굴되는 석탄의 절반은 부식탄이다. ⇨ 육식탄.

부신피질 자극 호르몬(副腎皮質刺戟 ——, adrenocorticotropic hormone) ⇨ 코르티코트로핀.

부영양화(富營養化, eutrophication) 환경수 중에서 식물의 영양이 되는 염류의 농도가 상승하므로서 수질이 부영양화하는 것. 천연수에서도 일어나지만 근년 인간활동으로 인한 부영양화가 무시할 수 없게 되었다. 호수와 연안 등 폐쇄성 수역에서 질소와 인의 유입량이 증가하면 부영양화가 일어나 적조 현상이 일어나기 쉽고 수질 오염과도 직결된다.

부위 특이적 변이(部位特異的變異, site-directed mutagenesis) 유전자의 특정한 염기 혹은 염기 배열을 인공적으로 변환하여 발생시킨 돌연변이. 변이시킨 유전자 산물의 발현, 기능을 연구할 목적에서 한다.

부유 물질(浮遊物質, suspended solid) ⇨ 현탁 물질.

부유 분진(浮遊粉塵, airborne dust) 일반적으로 공기 중에 부유하고 있는 분진(더스트)의 총칭. 대기오염 관련 법령과 측정에서는 보통 공기 중에 부유하는 입자상 오염 물질을 부유 분진으로 다루고 있다.

부유선광법(浮遊選光法, flotation) 선광방법의 하나. 부유 선광을 지칭한다. 기름이나 비누의 포말에 광석 분말을 선택적으로 부착 부유시켜 목적하는 광물을 분리 취득하는 방법이다.

부자유 회전(不自由回轉, hindered rotation, restricted rotation) 단결합을 축으로 하는 분자 내 회전이 입체 장해로 인해 자유롭지 않게 되어 있는 상태(⇨ 자유회전, 아트로프 이성질체). 이중결합은 π결합에 의해 σ결합 둘레의 자유회전이 구속된 것으로 간주할 수 있다.

부정합 구조(不整合構造, incommensurate structure) 결정이 상 전이하여 생긴 어떤 초격자 구조의 주기가 전이 전 격자의 기본 주기의 정수배가 되지 않는 경우를 말한다. 역으로 정수배가 되는 경우는 정합구조라 한다. 저차원 결정이 금속-절연체 전이를 하여 생긴 전하 밀도파와 스핀 밀도파가 부정합구조를 취하는 경우도 있다.

부정형 내화물(不定形耐火物, prepared unshaped refractories) 분말상, 연토상의 내화물, 벽돌 등 일정한 형상이 있는 정형 내화물에 대한 용어. 제조과정이 효율적이고 코스트도 낮으므로 많이 사용되게 되어 전 내화물의 반수 가까이를 점하게 되었다. 캐스터블 내화물, 플라스틱 내화물이 있다.

부족 당량법(不足當量法, substoichiometric analysis) ⇨ 아화학량론 분석.

부준위(副準位, sublevel) 에너지적으로 축퇴한 준위(상태)가 비대칭인 결정장이나 분자장에 의해 또는 입자 간, 스핀 간 상호작용에 의해 나아가서 외장으로 인해 분열하여 생긴 준위. 예를 들면 분자의 3중항 상태는 스핀 간 상호작용에 의해 T_x, T_y, T_z의 3개 부준위로 분열하고, 그 사이의 전이를 관측할 수 있다.

부직포(不織布, non-woven fabric) 섬유를 방적, 제직, 편조하지 않고 화학적 또는 기계적 방법(접착, 융착, 포락 등)으로 박층상 섬유 집합체(웨브)의 섬유끼리를 결합시킨 포상(布狀)의 것. 종래의 양모에 의한 펠트와 종이는 부직포에 포함되지 않는다. 냅킨, 의료 심지, 필터 등에 사용되고, 토양 안정용, 방진재 같은 건축용에도 용도 개발이 이루어지고 있다.

부착단(付着端, cohesive end) ⇨ 돌출 말단.

부타디엔(butadiene) 공역 이중 결합이 있는 불포화 탄화수소 $CH_2=CH-CH=CH_2$. 무색·무취의 가연성 기체로서, 분자량 54.09, 비중 0.621, 녹는점 $-136.21℃$, 끓는점 $-4.4℃$이다. 압력을 가하면 쉽게 액화하고, 또 인화하기 쉽다. 인화점 60℃, 발화점 450℃이다. 탄소 원자 4개로 이루어지는 곧은 사슬 모양의 구조에 이중 결합을 2개 가지고 있으며, 1,2-부타디엔과 1,3-부타디엔의 두 이성질체가 있다. 1,2-부타디엔은 메틸알렌이라고도 하며, 흔히 부타디엔이라고 할 때는 1,3-부타디엔을 가리킨다. 천연으로는 존재하지 않고 1863년에 처음으로 퓨젤유(油)의 열분해에 의하여 생기는 기체 속에서 확인되었다. 구조적으로 보면 가장 간단한 짝 이중 결합을 가지고 있으므로 두 이중 결합의 π전자가 단일 결합을 통하여 서로 작용한다. 따라서 단일 결합은 이중 결합을, 이중 결합은 단일 결합을 약간 가진 것으로 되어, 공명이론(共鳴理論)으로부터 유도되는 구조와 일치한다. 나프타의 고온 열분해에 의한 에틸렌 제조시의 C_4 유분에서 추출 분리되거나 또는 부탄 혹은 부텐의 탈수소에 의해 얻어진다. 말레산 무수물과 디엔합성을 하며, 열중합에 의하여 벤젠 유도체가 생긴다. 합성고무의 원료로서 중요한 물질이며, 부타디엔스티렌고무(SBR)·부타디엔아크릴로니트릴고무(NBR)·폴리부타디엔 등의 원료가 된다. 또 클로로프렌·아디포니트릴·말레산무수물 등의 원료로도 사용된다.

부타디엔 고무 (butadiene rubber) *cis*-1, 4-폴리부타디엔으로 이루어진 고무. BR이 약어이다. 치글러촉매를 사용하는 용액 중합으로 제조되며 스티렌-부타디엔 고무(SBR)에 이어 생산량이 많다. 모두 탄성이 크고 내부 발열이 낮아서 내한성(耐寒性) 내노화성(內老化性)이 좋지만 가공성이 나쁘다. 타이어 등 일반 고무제품에 널리 사용된다.

부탄 (butane) 포화사슬식 탄화수소 C_4H_{10}. 2종의 이성질체를 구별하기 위해 곧은 사슬의 것을 n-부탄, 가지가 있는 것을 이소부탄이라 하였다. 그러나 현대의 명명법에서는 곧은 사슬 화합물에 n-란 기호를 붙이지 않으므로 그냥 "부탄(영어로는 butane)"이라고 하게 되면 곧은 사슬의 부탄 $CH_3CH_2CH_2CH_3$에 한하며, 이소부탄은 별도의 화합물이다. 2종의 C_4H_{10}을 총괄적으로 호칭할 때는 영어로는 butanes라 적으므로 문제가 생기지 않지만, 한국에서는 부탄류라고 적을 필요가 있다. 이러한 모호성을 피하기 위해 최근에는 곧은 사슬 화합물에는 n-을 접두하여 n-부탄이라 기재하는 경우가 많다.

부탄알 (butanal) ⇨ 부티르알데히드.

2-부탄온 (2-butanone) ⇨ 에틸메틸케톤.

부탄올 (butanol) C_4H_9OH. 히드록실기의 자리에 따라 1-부탄올(부틸알코올), 2-부탄올(s-부틸알코올)의 이성질체가 있다. C_4H_9OH에는 4종의 이성질체가 있으나 이소부틸알코올, t-부탄알코올은 부탄올이 아니며 프로판올의 메틸 치환체이다

t-부탄올 (t-butanol) $(CH_3)_2C(OH)CH_3$의 통속명. 정식명은 t-부틸알코올 또는 2-메틸-2-프로판올. t-부탄올이란 명칭은 가상의 탄화수소명 t-butane+-ol로 구성된 오명이지만 일반적으로는 속명으로 널리 사용되고 있다. 제3급 탄소 원자가 있는 제3급 알코올의 가장 간단한 것으로서 입체장해 혹은 입체효과의 연구실험에 많이 사용된다.

부텐 (butene) 곧은사슬 불포화 탄화수소 C_4H_8. 1-부텐 및 2-부텐의 이성질체가 있다. 이에 상당하는 가지가 있는 불포화 탄화수소에 대한 이소부텐이란 명칭은 현대의 명명 규칙에는 없고, 2-메틸-1-프로펜이 정확하다. 현실적으로는 이소부텐이란 통칭, 혹은 예전의 이소부틸렌이란 통칭이 많이 사용된다. 특이한 냄새가 나는 무색 기체로, 분자량은 56.11이다. 가압이나 냉각에 의하여 쉽게 액화(液化)한다. 석유의 크래킹으로 생기는 기체에서 회수하는 C_4유분(溜分) 속에 부타디엔과 함께 함유되어 있어, 이것에서 부타디엔을 분리시킨 다음 황산 흡수법에 의하여 이소부틸렌을 분리시킨다. 또 n-부탄에서 부타디엔을 제조할 때 중간 생성물로서 얻을 수도 있다.

부티롤락톤 (butyrolactone) 4-히드록실부티르산의 OH기가 산의 COOH기와 분자 내에서 에스테르 결합을 형성하여 생기는 오원고리의 고리 모양 에스테르. $C_4H_6O_2$. 무색의 액체. 끓는점 206℃. 물, 알코올, 에테르에 녹는다. 유리산은 매우 불안정하며, 그 수용액을 증발시킴으로써 안정된 부디롤락톤으로 변한다. 또 호박산 무수물을 나트륨아말감으로 환원하여도 얻게 된다.

부티르산 (―― 酸, butyric acid) 탄소 4원자의 곧은 사슬 포화 카르복시산. $CH_3CH_2CH_2COOH$. 구조를 표시하는 계통명은 부탄산(butanoic acid). 글리세리드의 형태로 가축의 유지 중에 소량 함유된다. 불쾌한 냄새가 나는 유상 액체. 부티르알데히드의 산화 또는 부티르산 발효로 얻는다. 저급 알코올과의 에스테르는 공업용 용제로서 도료 제조에 사용된다. n-부티르산과 이소부티르산 두 구조이성질체가 존재한다. n-부티르산은 유기화학 명명법으로는 부탄산이다. 분자량 88.11, 녹는점 -5.7℃, 끓는점 163.5℃, 비중 0.9597 (20℃)이다. 부패성의 악취가 나는 무색의 유상 액

체이다. 물·에탄올·에테르의 어느 것과도 임의의 비율로 혼합한다. 산성으로 25℃에서의 해리상수는 1.5×10^{-5}이다. 글리세린에스테르로서 버터 등 동물의 유지방 속에 함유되어 있는 것 외에 식물의 정유(精油) 속에서도 발견된다. 탄화수소를 부티르산균으로 발효시키거나 과망간산칼륨으로 부탄올을 산화시키면 얻을 수 있다. 합성 향료용의 에스테르 외에 피혁의 탈칼슘제로 사용된다. 이소부티르산은 디메틸아세트산이라고도 한다. 녹는점 $-47℃$, 끓는점 154℃, 비중 0.9483(20℃)이다. 발효에 의해서는 생성되지 않는다. n-부티르산과 같이 불쾌한 냄새가 나는 무색 액체이다. 찬물에는 100 g에 대하여 20 g 정도 녹지만, 에탄올이나 에테르와는 임의의 비율로 섞인다. 산성을 나타내며, 해리상수는 1.4×10^{-5}이다. 유리상태 또는 에스테르로서 식물 속에 존재한다. 이소부탄올을 산화시키면 얻을 수 있다.

부티르알데히드 (butyraldehyde) $CH_3CH_2CH_2CHO$. 부티르산의 환원물에 상당하는 알데히드. 계통적 명명법으로 부탄알이라 한다.

부틴 (butyne) 삼중결합 1개가 있는 곧은 사슬 불포화 탄화수소. 1-부틴 및 2-부틴의 이성질체가 있다. 통속명은 에틸아세틸렌 및 디메틸아세틸렌. 에틸아세틸렌인 1-부틴(CH_3CH_2C $=CH$)은 끓는점 18℃인 액체이다. 또 디메틸아세틸렌인 2-부틴($CH_3C \equiv CCH_3$)은 크로토닐렌이라고도 하며, 끓는점 27℃인 액체이다. 유도체에는 부틴디올 $HOCH_2C \equiv CCH_2OH$ 등이 있다.

부틸 고무 (isobutylene-isoprene rubber) 이소부틸렌과 소량의 이소프렌의 공중합체로 구성되어 있는 고무. IIR이 약어이다. 기체 투과성이 작다. 염화메틸 중에서 $-95 \sim -98℃$로 염화알루미늄 촉매를 사용하여 양이온 공중합함으로써 만들어진다. 순수한 공중합체는 무색, 무미, 무취이며, 비중 0.91, 점도 평균 분자량은 30만~60만 정도이다. 1~3 % 정도 존재하는 이소프렌 단위에 의해 가황이 가능하다. 내한성이며, 탄성 등은 천연고무에 뒤지지만, 인장강도, 내마찰성은 거의 같다. 타이어의 튜브로 사용된다. 또 산, 알칼리, 산소, 오존 등에 대한 저항성이 크기 때문에 케이블 외피, 내장, 벨트, 호스 등에 사용된다.

부틸렌 (butylene) (1) 이중 결합 1개가 있는 지방족 불포화 탄화수소 C_4H_8. $\alpha-$, $\beta-$, $\gamma-$ 3종의 이성질체가 있다. $\alpha-$, $\beta-$는 1-부텐, 2-부텐, γ는 이소부틸렌(이소부텐)이 현대의 명칭이다. 석유의 크래킹으로 생기는 기체에서 회수하는 C_4유분(溜分) 속에 부타디엔과 함께 함유되어 있어, 이것에서 부타디엔을 분리시킨 다음 황산흡수법으로 이소부틸렌을 분리시키고, 다시 추출·증류하여 $\alpha-$부틸렌과 $\beta-$부틸렌을 분리시킨다. 또 n-부탄에서 부타디엔을 제조할 때 중간 생성물로서 얻을 수도 있다. 황산을 촉매로 하여 물을 첨가하면 n-부틸렌은 2-부탄올(제2 부틸알코올)이 되고 이소부틸렌은 3-부탄올이 된다. 이 밖에 n-부틸렌은 메틸에틸케톤·부틸렌클로로히드린·부틸렌옥시드·말레산무수물·부타디엔 등의 원료가 된다. 또 이소부틸렌은 이소프렌·부틸고무·폴리이소부틸렌 등의 원료로서 중요하다. (2) 포화탄화수소 C_4H_{10}에서 수소 2원자를 제외하여 형성되는 포화 2가의 기 $-C_4H_8-$의 명칭. 곧은 사슬의 것만으로도 4종의 이성질체 구조가 있으며, 오늘날에는 각 구조를 착오없이 구별할 수 있는 정식 명칭이 있다.

부틸알코올 (butyl alcohol) (1) $CH_3CH_2CH_2CH_2OH$. 별칭 1-부탄올, n-부틸알코올, 프로필렌의 옥소 반응으로 얻어지는 브틸알데히드를 수소화하여 제조되지만 옥소반응에서는 사용 촉매의 종류에 따라 어느 정도의 이소부틸알데히드가 생성된다. 용매용의 아세트산부틸을 비롯하여 각종 에스테르 합성 원료로 사용되고 있다. (2) C_4H_9OH의 이성질체. 부틸알코올, 이소부틸알코올, s-부틸알코올, t-부틸알코올의 4종을 총칭하는 경우가 있다. 이경우 영어로는 butyl alcohols가 된다.

t-부틸알코올 (t-butyl alcohol) t-부탄올의 정식 명칭이다.

부표준 연료 (副標準燃料, subreference fuel) 표준 연료는 순수 물질이지만 사전에 표준 연료로 옥탄값 또는 세탄값을 측정한 표준 물질보다 값이 싼 석유 유분을 표준 연료 대신에 사용하는 것을 말한다.

부풀이기 (bulking) 실 또는 편물의 부피를 높게 하는 것. 잠재 수축성이 있는 섬유와 수축성이 없는 섬유를 혼방하여 방적하고, 열수 또는 수증기 처리하여 권축(권축섬유 참조)시켜 부피를 높게 한다. 주로 아크릴 섬유에서 실시된다.

부피 계수 (—— 係數, bulk factor) 플라스틱 형성에서, 성형품의 용적밀도와 성형재료 용적밀도의 비율. 즉, 성형재료와 성형품과의 용적비를 말한다.

부피 밀도 (—— 密度, bulk density) 분립체, 섬유체 등을 어떤 용기에 충전하였을 때 입자 간에 생기는 공극을 포함한 체적을 기준으로 한 밀도. 다공질체 등 실질 이외의 공간까지 포함한 물체에서는 기준이 되는 체적의 계산 방법에 따라 부피 밀도 이외에 두 가지 밀도가 정의된다. ① 참밀도 ρ_t : 실질만의 밀도, ② 겉보기 밀도 ρ_a : 다공성 물체 등에서 그 세공 등의 공간부를 포함한 부피를 기준으로 한 밀도를 말한다.

부피 비중 (—— 比重, bulk specific gravity) ⇨ 부피 밀도.

부피율 (—— 率, volume fraction) 성분 1, 2, … i, …N을 포함하는 혼합물의 전 체적을 V, 각 성분이 같은 온도, 같은 압력에서 단독으로 존재한 경우에 점하는 체적, 예를 들면 성분 i가 점하는 체적을 V_i로 하였을 때의 V_i/V를 성분 i의 부피율이라 한다.

부피 자화율 (—— 磁化率, volume suscepti-bility) ⇨ 자화율.

부피 점성 (—— 粘性, volume viscosity) 체적의 변화에 대한 점성 저항. 이것은 음파 흡수의 주된 원인이 되는 중요한 성질이지만, 다른 방면으로부터는 거의 관측되지 않기 때문에 최근까지 알지 못하였다. 기체의 경우, 이 현상은 일부분은 기체 분자 운동론에서 유도되지만 이원자 분자 기체에서는 대부분은 분자의 열운동 에너지가 내부 자유도(회전, 진동)에 분배되어 평행에 달하는 데에 어떤 시간이 필요하다는 것에 원인이 있다. 액체에 대한 연구는 충분치 못하다. 일반적으로 완화시간이 정해져 있고, 그보다 짧은 주기의 진동에 대해서는 체적 점성은 없어지고, 체적 강성률이 증가한 것과 같

이 된다.

부피 점성률 (—— 粘性率, bulk viscosity) 체적 점성에 관한 점성률을 말한다.

부형제 (付形劑, excipient) 정제 모양의 의약품에서 주약의 양이 적은 경우 다루기 쉬운 크기로 하기 위해 가해지는 물질. 락토오스, 녹말 등이 사용된다.

부흡착 (否吸着, negative adsorption) 흡착의 대응어이다. ⇨ 흡착.

분광 감광 (分光減光, spectral sensitization) 감광성 물질과 제일 물질(분광 증감제)이 공존하고 있을 때 후자의 광흡수에 의해 감광하게 되어 감광 파장영역이 확산하는 현상. 들뜬 상태의 분광감광제에서 감광성 물질로는 전자 또는 정공이 전달되는 경우와 공명에 의해 에너지가 전달되는 경우가 있다. 은염 사진감광 재료의 경우에는 분광감광제는 시아닌 색소나 멜로시아닌 색소 등의 감광 색소이다. 컬러사진 감광재료에는 분광감광을 결여할 수 없다. 이 외에 전자사진 감광재료, 감광성 수지, 광에너지 변환재료 등에서 분광감광이 이용되며 연구되고 있다.

분광 감도 (分光感度, spectral sensitivity) 사진 건판이나 광전셀 등의 수광용 검출기에 있어, 입사하는 특정 파장의 에너지 또는 광량에 대한 응답의 세기. 분광 감도를 파장의 함수로 나타낸 것을 분광 감도곡선이라 한다.

분광 결정 (分光結晶, analyzing crystal) X선 등의 방사선을 파장별로 분산시키기 위한 결정. 분산하여야 할 파장 영역에 따라 플루오르화리튬, 석영, EDDT 등 상이한 격자면 간격을 갖는 분광결정을 구분 사용한다.

분광계 (分光計, spectrometer) 빛을 분산시켜 스펙트럼으로 하고, 각 파장에 대한 스펙트럼 강도를 정량적으로 측정할 수 있도록 한 장치. 전편각 프리즘을 사용하여 망원경, 콜리미터를 고정한 채로 프리즘 대(臺)를 회전하여, 십자선에 일치한 스펙트럼 선의 파장을 회전 대(臺)의 눈금에서 직접 읽을 수 있도록 한 것을 파장 분광계라고 한다.

분광 광도계 (分光光度計, spectrophotometer) 광원에서의 빛을 모노크로미터에 의해 단색화 하여 시료 용액에 투과시켜 투과광의 강

도를 전기신호로 변환하여 시료의 **흡광도**를 측정하는 장치. 일반적으로 단색광(單色光)을 얻는 장치와 이 단색광의 세기를 정량적(定量的)으로 측정하는 장치로 이루어져 있다. 단색광을 얻는 장치로서는 회절 격자(回折格子) 또는 프리즘이 사용된다. 또 각 파장에 대해서 개별적으로 측정하는 것과 연속적으로 자동 기록하는 것이 있다. 측정하는 파장의 범위도 가시부(可視部)만인 것과 자외부(紫外部)·가시부에서 근적외부(近赤外部)에 이르는 것이 있다. 비교적 널리 사용되고 있는 것은 미국의 베크맨사(社)에서 만든 것과 비슷한 것이다. 이 중에서 수정(水晶)프리즘을 사용하고 자외부에서 근적외부에 걸쳐 측정할 수 있는 것이 널리 보급되어 있다. 이들은 모두 단색광의 세기를 광전관(光電管) 또는 광전자 증배관(光電子增倍管)으로써 정량적으로 측정하는 방식이며, 보통 광전 분광 광도계라 한다.

분광 광도법 (分光光度法, spectrophotometry) 광원의 스펙트럼 강도의 파장 분포(즉, 분광분포)를 측정하는 것. 또 광원에 한하지 않고 물체의 반사율과 투과율의 파장에 의한 분포를 측정하는 것도 분광광도라 한다.

분광기 (分光器, spectroscope, spectrograph) 빛을 분산시켜서 얻게 되는 스펙트럼을 측정하는 장치. 특히 스펙트럼을 눈으로 관측하는 장치를 스펙트로스코프, 사진으로 촬영하는 장치를 분광 사진기(spectrograph)라 하여 구별한다. 분광분석에 쓰이는 외에 분해능이 높은 것은 물질의 미시구조를 해명하는 데 유력한 수단으로 쓰인다. 분광해서 스펙트럼을 얻는 방법으로 프리즘을 사용하는 프리즘 분광기, 회절 격자(回折格子)를 사용하는 격자 분광기, 빛의 간섭을 이용하는 간섭 분광기 등이 있다. 또 특수한 용도에 쓰이는 것으로는 적외선에 대한 물질의 흡수 스펙트럼을 조사해서 분자구조를 알아내는 적외선 분광기, 자외선의 파장에 따라 금속 면으로부터의 반사율이 다른 데서 금속 내의 전자 집단의 행동을 추정하는 자료를 얻는 자외선 반사측정용 분광광도계 등이 있는데, 각기 특수한 광원 부분과 계측 및 기록 부분이 분광계(分光計)에 부착되어 있다.

분광법 (分光法, spectroscopy) 분광계나 분광기 등을 사용하여 물질이 방출 또는 **흡수**하는 빛의 스펙트럼을 측정하여 그것으로 물질의 정성·정량 분석과 상태 분석을 하는 방법. 원래는 빛의 스펙트럼을 연구 대상으로 하는 것이 주였으나 전자나 이온 같은 입자선을 들뜸원으로 사용하는 경우와 예를 들면 질량 스펙트럼처럼 전자기파 이외의 물리량을 측정하는 경우도 포함하도록 되어 있다.

분광 분석 (分光分析, spectrochemical analysis, spectral analysis, spectroscopic analysis) 1945년경까지는 아크, 스파크 등을 광원으로 하는 발광 분광분석으로 분광사진 측정에 의한 분석을 주로 지칭하였다. 근년에는 라디오파, 마이크로파, X선, γ선 같은 광범위한 전자기파 영역에서의 각종 기기 분석법이 진보하여 이들의 물리적 수법을 이용한 조성분석, 구조해석, 상태분석 등의 광범위한 내용을 지칭하게 되었다.

분광 분포 (分光分布, relative spectral distribution, spectral distribution) 광원의 단위 파장당 방사량(상대값)의 파장에 대한 분포를 말한다.

분광 사진 (分光寫眞, spectrogram) 프리즘이나 회절 격자 등에 의해 광속을 분산시켜 얻은 스펙트럼을 사진상에 기록시킨 것이다.

분광 사진기 (分光寫眞機, spectrograph) 분광기에 사진장치를 부착시켜 스펙트럼을 사진으로 기록할 수 있도록 한 것. 슬릿(slit)을 광원(光源)으로 강하게 조명하고, 시준기(視準器) 렌즈에 의하여 평행 광선으로 만든 후, 프리즘 또는 회절 격자(回折格子)로 빛을 분산시켜 색수차(빛이 렌즈를 통과할 때 초점거리 관계로 분산되어 상의 가장자리가 똑똑하지 않은 현상)를 보정(補正)한 렌즈를 통과시켜 그 초점면에 사진 필름을 놓고 스펙트럼을 촬영한다. 초점면이 원통형이므로 사진 필름을 그것에 맞추어 굽히는 경우가 많다. 이에 대해 광전측광에 의해 스펙트럼을 기록하는 방식의 것은 분광 광도계라 한다.

분광 전기화학 (分光電氣化學, spectro-electrochemistry) 분광학적 수법을 전기화학계에 적용한 학문으로, 전기화학 반응의 해명을 목적으로 한다. 가장 간단한 예는 투명 전극을 사용하는 전해 생성물의 가시 흡수 스펙트럼의 측정. 전해를 하면서 스펙트럼을 측정하는 경우와 전해 후에 전극과 전해액을 측정하는 경우로 구분되지만 좁은 뜻으로는 전자를 지칭한다. 가시 자외 흡수, 형광, 적외 흡수, 라만, 반사 등의 스펙트럼 측정을 전기화학 반응과 동시에 적용한다.

분광 측정 (分光測定, spectrometry) 스펙트럼 중의 어떤 파장(또는 어떤 물리량)에 대한 스펙트럼 강도를 측정하는 것이다.

분광학 (分光學, spectroscopy) 물질이 방출 또는 흡수하는 전자기파의 스펙트럼을 측정함으로써 물질의 에너지 준위, 전이확률 등을 논하고, 물질의 물성을 연구하는 학문분야. 분광학은 양자역학 탄생의 바탕이 되고 서로 보완하면서 발전했다. 초기에는 기체의 원자·분자가 주 연구 대상이었는데, 양자역학이 액체·고체에 적용됨에 따라 물성론(物性論)의 분야가 개척되었다. 분광학의 방법에 의한 물성 연구를 특히 광(光)물성이라 한다. 파장역(波長域)도 자외선 및 적외선으로 확장되어 자외선 분광학·적외선 분광학이 생기고, 긴 파장을 다루는 전파 분광학, 짧은 파장의 X선을 다루는 X선 분광학 등이 등장했다. 더 나아가서 γ선을 다루는 핵 분광학, 전자의 에너지 스펙트럼을 연구하는 전자 분광학, 또는 방사성 원소에서 나오는 β선의 에너지를 연구하는 β선 분광학 등도 있다. 현재는 전자기파 뿐만 아니라 입자의 운동 에너지 분석 등으로 얻을 수 있는 스펙트럼의 연구도 분광학에 포함된다.

분광화학적 계열 (分光化學的系列, spectrochemical series) 배위자장 흡수대의 극대 위치를 변화시키는 배위자의 계열. [CoX(NH₃)₅]와 [CoX₂(NH₃)₄]형의 코발트(Ⅲ) 착물에 대해서 제1 흡수대의 극대 위치가 X를 변화하면 규칙적으로 변화하고, 그 순서는 다음 계열에서 앞쪽이 단파장측에 오는 것이 R. Tsujida에 의해 해명되었다(1939년). $CN^->NO_2^->$ $bpy\sim phen>en>NH_3>NCS^->H_2O\sim C_2O_4^{2-}>ONO^-\sim SO_4^{2-}>OH^-\sim CO_3^{2-}>F^->N_2^->Cl^-\sim SCN^->Br^->I^-$. 이것을 분광 화학 계열, 혹은 배위자를 뒤에서 앞의 것으로 바

꿈으로써 흡수 극대가 단파장측으로 이동하는, 즉 천색효과를 볼 수 있는 점에서 천색효과 계열(hypsochromic series)이라고도 한다. 후에 이 계열은 금속에 의해 다소의 엇갈림은 있지만 모든 금속이온에 적용되는 보편적인 것으로서, 매우 유용한 것임이 증명되었다. 배위자장 이론에 의하면 d궤도의 배위자장 분열을 크기 순서로 배열한 것이 이 계열에 상당하다는 것이 알려졌다.

분극 (分極, polarization) (1) 원자와 분자의 전하분포가 변화하여 계의 쌍극자 모멘트가 변하는 것. 또 그 때의 단위 체적당에 발생하는 쌍극자 모멘트의 값도 분극이라 한다. 배향 분극, 전자 분극, 이온 분극(또는 원자 분극)이 있다. 스핀 분포의 치우침에 대해 지칭하는 경우도 있다. (2) 전극 전위가 어떤 원인으로 전류가 흐르고 있지 않은 상태의 값에서 벗어나는 현상을 전극의 분극 또는 전기 화학적 분극이라 한다. 좁은 뜻으로는 전류가 흐르면 전극 전위가 평형 전극에서 벗어나는 현상을 지칭하는 경우가 많다.

분극률 (分極率, polarizability) 물질에 전기장 $\vec{E}$를 인가하였을 때에 생기는 쌍극자 모멘트는 $\vec{E}$에 비례하는데, 그 비례상수를 분극률이라 한다. 일반적으로 2계의 텐솔이다. $\vec{E}$가 진동 전기장일 때는 동적분극률, 그렇지 않을 때는 정적 분극률이라 한다. 단순한 분자에서는 분극은 주로 전자분포의 치우침에 유래하지만, 복잡한 분자에서는 이온 위치의 층밀림이나 원자단 등 일부의 변형도 이것에 기여힌다.

분극 저항 (分極抵抗, polarization resistance) 전극 표면에서 반응이 일어났을 때 반응물과 생성물의 농도가 변화하기 때문에 전압을 여분으로 부여하여야 한다. 이 때의 효과를 저항으로 나타낸 것이다.

분급 (分級, classification) 대소의 입자로 구성되는 입자군을 입자의 크기 별로 2군 또는 그 이상의 군으로 나누는 조작. 분립(分粒)이라고도 한다. 크기가 아니라 밀도, 형상, 성분 등으로 구별하는 조작을 지칭하는 경우도 있다. 기체 중에서 조작하는 경우를 건식 분급, 액체 중에서 조작하는 경우를 습식 분급이라 한다.

분급기 (分級機, classifier)　분급을 하는 장치. 분쇄기와 조합하여 사용하는 경우가 많다. 입자의 침강 속도차를 이용하여 분급하는 중력 침강장치, 원심력을 이용하는 사이클론, 관성력을 이용하는 분리기, 체분리기 등이 있다.

분기 (分岐, branching)　⇨ 분지.

분류 (分溜, fractional distillation)　⇨ 분별 증류.

분리 (分離, isolation)　반응이 끝난 후, 반응 혼합물 중에서 목적 화합물을 적출하는 것. 미반응 원료, 부생성물, 남은 시료 등을 제외하고 목적하는 생성물을 분리한 후 정제하여 목적물을 얻는다. 또 천연물은 일반적으로 복잡한 혼합물이므로 특정한 화합물을 연구나 실용의 대상으로 할 때는 우선 분리 조작부터 출발한다.

분리 계수 (分離係數, separation factor)　이상 간의 물질 이동으로 성분의 분리를 하는 경우 분리의 난이를 표시하는 평형 조성관계를 나타내는 값. 증류로 상대 휘발도, 액체-액체 추출에서 선택도라 불리는 값이 이에 해당한다.

분리 원자 (分離原子, separated atom)　결합 원자의 대응어이다. ⇨ 결합 원자.

분리 효율 (分離效率, separation efficiency)　분리 조작에서, 분리의 정도를 나타내는 값. 뉴턴 효율이라고도 한다. 분급으로 사용되는 경우가 많다. 분리 조작에서는 일반적으로 유용성분 회수율에서 불용성분 잔류율을 공제한 값으로 나타낸다. 원료 F [kg] 중의 유용성분 함유율을 a, 제품 P [kg] 및 불용 폐기물 $F-P$의 유용성분 함유율을 b, c로 하면, 분리효율 η은 다음식으로 나타낸다.

$$\eta = (Pb/Fa) - \{P(1-b)/F(1-a)\}$$
$$= (a-c)(b-a)/a(1-a)(b-c)$$

분립 (分粒, sizing, size classification)　⇨ 분급.

분말 비누 (粉末 ——, powdered soap)　분말 상의 비누로서, 주로 세탁 비누로 사용한다. 분쇄법과 분무건조법으로 제조된다. 세탁용 분말비누에는 탄산나트륨과 규산나트륨 등이 가해져 비누의 분해를 방지하는 동시에 필요에 따라 폴리인산염, 형광 염료도 배합

된다.

분말 성형 (粉末成形, powder molding)　세라믹스의 성형법. 소결 전에 목표로 하는 분말에 가소제, 결합제를 혼합하여 성형하는 방법. 주입 성형, 소성 성형, 가압 성형 등이 있다.

분말 야금 (粉末冶金, powder metallurgy)　미세한 금속 분말을 소정 형상의 다이스 중에서 압축 성형하고 그 성형품을 가열 소결하여 각 분말입자를 성형한 다음 금속체 혹은 소정의 금속제품을 제조하는 기술. 텅스텐, 몰리브덴 및 탄탈 등의 고녹는점 내열 금속 톱니바퀴 등 기계 부품의 양산과 우라늄과 베릴늄 등의 원자로용 재료, 전기 접점, 다공질 축받이와 필터, 금속판 등 특수한 목적에 사용된다.

분몰랄량 (分 —— 量, partial molar quantity)　다성분계에서 어떤 성분의 1 mol에 할당되는 양. 예를 들면, 성분 i의 분몰랄체적 ν_i는 일정한 온도, 압력하에서 계의 체적 V를 성분 i의 물질량 n_i로 편미분한 양 $(\partial V/\partial n_i)_{T,\,P}$로 주어진다. 무한하게 큰 계에 성분 i의 1 mol을 가하였을 때의 체적 증가량과 같다. 화학 퍼텐셜은 분몰랄량의 하나이다.

분무기 (噴霧器, spray gun)　분무칠 할 때에 도료를 불어대는 피스톨 모양의 기기이다.

분무 도장 (噴霧塗裝, spray coating)　⇨ 스프레이 도장.

분무 염색 (噴霧染色, spray dyeing)　염료액 또는 발염액을 분무기에서 안개 모양으로 뿜어 쉽게 염색 또는 발염하는 방법. 또 염료액을 함유한 솔을 금망 위에서 비벼 안개 상태로 하는 경우도 있다. 바램이나 희끗희끗한 무늬의 효과를 얻기 위해서도 사용된다.

분무탑 (噴霧塔, spray tower)　노즐에 의해 액체를 미립화하고 그것을 가스 중 또는 다른 액체 중에 분산시켜 가스흡수 또는 액체-액체 추출을 하는 장치. 가스 중의 분진을 제거할 수 있으므로 하나의 집진장치로도 된다.

분밀당 (分蜜糖, cured sugar)　설탕의 제조과정에서 당액의 정석으로 얻은 설탕 결정과 모액(당밀)의 혼합물(백하)에서 원심분리법 및 가압법에 의해 당밀을 제외한 설탕의 총칭. 상쌍당, 그라뉴당, 상백당, 삼온당, 정제

당의 원료이다. 판매되는 설탕의 대부분이 분밀당이다.

분배 계수(分配係數, partition coefficient) 두 액상 간에 분배하고 있어 평형 상태에 있는 용질의 비율을 나타내는 계수. 분배 평형의 평형 상수에 상당하다. ⇨ 분배 법칙.

분배 법칙(分配法則, partition law) 분배 평형에 있는 두 액상 중의 용질농도의 비를 분배 상수라 하고, 분배 상수는 온도, 압력에만 의해 상수가 된다. 이것을 분배법칙이라 한다. W. Nernst(1891년)에 의해 유도되었다. 열역학의 평형법칙에 의하면 농도 대신에 활량을 사용할 필요가 있다. 농도의 비는 엄밀하게는 상수로는 되지 않아 분배 계수라 불린다.

분배비(分配比, distribution ratio) 두 상 사이의 분배에서, 두 상에 존재하는 동일 성분의 총 농도의 비율. 예를 들면, 유기 시약 HR이 유기상에 HR, 수상(水相)에 R^-, HR, H_2R^+로 분배되는 경우 분배비 D는 $D = [HR]_o/([R^-]_w+[HR]_w+[H_2R^+]_w)$ 가 된다. 여기서 $[\ ]_o$, $[\ ]_w$ 는 각각 유기상, 수상에서의 농도이다.

분배 크로마토그래피(分配 ——, partition chromatography) 고정상과 이동상에 대한 분배계수의 차를 이용하여 물질을 분리하는 크로마토그래피. 이동상이 액체인 액체-액체 분배 크로마토그래피와 기체인 기체-액체 분배 크로마토그래피가 있다. 실제로 많이 사용되는 것으로는 거름종이를 매체로 하는 종이 크로마토그래피와 실리카겔 등을 매체로 하는 칼럼 크로마토그래피, 얇은 막 크로마토그래피 등이 있다. 이 매체들은 친수성(親水性)이므로 흡착수가 보유되어 있고 전개 용매와의 사이에 용질의 분배가 일어난다. 거름종이의 섬유나 실리카겔에 흡착되어 있는 물에 대한 분배율이 높은 물질은 전개 거리가 짧지만, 분배율이 낮은 물질은 전개 거리가 길어서 크로마토그램을 생성한다. 얇은 막 크로마토그래피는 얇은 막을 만드는 물질의 종류에 따라 분배 크로마토그래피가 되기도 한다.

분배 평형(分配平衡, partition equilibrium) 어떤 용질이 서로 접촉하고 있지만 혼합되지 않는 두 액상을 각각 용해하여 평형에 이른 상태를 말한다.

분배 함수(分配函數, partition function) 통계 역학에서 중요한 의미를 갖는 상태량. 예를 들면 카노니컬 집단에서 에너지 준위를 E_n으로 하면 $Z = \sum \exp(-E_n/kT)$로 정의된다(k는 볼츠만 상수, T는 절대온도). 상태합이라고도 한다. 통계 열역학에서 분배함수와 열역학 함수 간의 관계가 확립되어 있어, 분배함수가 구해지면 즉시 계의 열역학상태 함수를 알 수 있다. 또 분배함수는 상태밀도의 라플라스 변환으로, 상태밀도의 생성 함수로 볼 수 있다.

분별 결정(分別結晶, fractional crystallization) 다성분의 용질을 함유하는 용액에서 한 성분을 선택적으로 정출시켜 분리하는 방법. 분별 정출 혹은 분별 정석이라고도 한다. 특히 용해도의 차가 근소한 경우에는 이 조작을 반복할 필요가 있다. 예를 들면, 희토류 원소는 화학적으로 매우 흡사하여 시약에 의한 분리가 곤란하므로 황산염을 만들어 황산칼륨과의 복염(또는 옥살산염으로의 복염)에 의한 용해도의 근소한 차를 이용하여 분리시킨다. 즉, 증발 또는 냉각에 의하여 모액(母液)을 약간 농축하여 결정의 일부를 석출시켜서 모액과 분리시킨다. 석출된 결정은 불순한 것이므로 다시 용매에 녹여서 용액으로 만들고, 농축하여 결정과 모액으로 분리시킨다. 이와 같이 용해와 석출을 되풀이 하여 마지막으로 순도가 높은 결정을 얻는 방법을 분별 결정이라 한다. 이것은 혼합 용액의 성분 물질이 온도나 압력 등 외부의 변화에 의하여 용해도에 따라 석출되는 현상이라고 할 수 있다. 자연 현상에서, 지구 내부의 마그마가 고체화하여 암석이 석출하는 과정도 분별 결정의 한 예이며, 이것을 마그마의 분별 결정 작용이라고 한다. 또, 고체상(固體相)과 액체상이 공존하고 있는 고용체의 고체상 부분을 제거하면 남아 있는 액체상은 서서히 녹는점이 낮은 쪽의 성분이 많아지게 된다. 따라서 액체화와 고체화를 반복하면 혼합물을 각 성분으로 나눌 수가 있다. 이 조작도 분별 결정이라고 하는 경우가 있다. 무기 화합물뿐만 아니라 유기 화합물의 정석분리에도 사용된다.

분별 분해(分別分解, fractional decomposition) 분해반응의 난이를 이용하여 혼합물을 분리하는 방법. 예를 들면 희토류 원소의 질산염 무수화물을 조심해서 가수분해시켜 염기성 염으로 하고, 그 용해도를 이용하여 분리한다. 혹은 아세트산 염을 나트륨아말감과 반응시켜 얻어지는 아말감을 분해하여 분리하는 등의 방법이 분별 분해이다.

분별 용해(分別溶解, fractional dissolution) 두 종류 이상의 성분을 용해도의 차이를 이용하여 분리하는 것. 분별 침전과 같은 원리이지만 조작은 반대이다.

분별 정석(分別晶析, fractional crystallization) ⇨ 분별 결정.

분별 정출(分別晶出, fractional crystallization) ⇨ 분별 결정.

분별 증류(分別蒸留, fractional distillation) 액체 유기 화합물의 혼합물을 증류하여 끓는점의 차이를 이용해서 각 성분을 분취하는 조작. 분류라고도 한다. 일반적으로 혼합 액체를 가열하면 끓는점이 낮은 성분이 먼저 증발한다. 따라서 증발하는 기체를 냉각 등의 방법으로 제거하면 연속적으로 증발이 이루어져 잔류하는 액체는 끓는점이 높은 성분이 많아지게 된다. 실제로 증발하는 기체를 몇 가지 온도로 나누어 액화한 유출물, 즉 유분(溜分)을 모아, 이들을 다시 증류하여 각 유분으로 나눈다. 이와 같은 조작을 되풀이 하면 각 성분은 거의 순수한 것이 되어 분리된다. 다만, 공비 혼합물(共沸混合物)을 만드는 경우는 이 방법으로는 분리시킬 수 없다. 한편, 실험실에서는 증류장치로 행하지만 각종 정류장치(精溜裝置)를 사용하여 능률을 올릴 수도 있다. 공업적으로는 분류탑(分溜塔)이라고 하는 용량이 큰 장치를 써서 행한다.

분별 침전(分別沈澱, fractional precipitation) 두 종류 이상의 성분이 동일 침전제와 반응하여 침전을 생성하는 경우, 이러한 침전의 용해도 차를 이용하여 양자를 각각 침전 분리하는 것. 예를 들면 같은 농도의 Cl^-와 I^-를 함유하는 용액에 $AgNO_3$을 소량씩 가하면 AgI가 우선 침전하고 그 반응이 거의 끝난 다음에 $AgCl$이 침전하기 시작한다. 고분자 화학에서는 고분자의 묽은 용액에 침전제를 가하거나 온도를 변화시키면 고분자의 진한 상과 묽은 상으로 상 분리하므로 고분자량의 성분을 선택적으로 다량 함유하는 진한 상을 분취하는 방법을 말한다.

분비 단백질(分泌蛋白質, secretory protein) 세포막 밖으로 분비되는 단백질의 총칭. 막 결합 폴리솜으로 합성된다. 전구체의 형태로 합성되어 막 통과 과정에서 펩티다아제로 절단되어 성숙형 단백질이 된다.

분사 도장(噴射塗裝, spray coating) ⇨ 스프레이 도장.

분산(分散, dispersion) (1) 물질의 굴절률은 빛의 파장에 따라 그 값이 변화한다. 일반적으로 파장이 짧을수록(진동수가 크다) 굴절률은 커진다. 이 관계를 분산이라 한다. 빛의 파장이 물질에 고유한 흡수파장에 가까워지면 이상 분산이 일어난다. (2) 위의 의미를 확장하여 전자기파와 역학적 진동이 물질 중을 전파할 때 그 진동수에 관계되는 물성값(예를 들면 전자의 경우는 유전율, 후자의 경우는 탄성률)이 진동수와 함께 상이한 값을 나타내는 현상이다. (3) 콜로이드 입자가 매질 중에 산재되어 있는 상태이다. (4) 통계학에 있어 각 관측값과 평균값의 차의 2곱 평균값을 이른다.

분산도(分散度, dispersion) 고체 촉매의 활성성분 중 표면에 노출되어 있는 부분의 비율. 표면에 노출된 부분에서 반응이 진행하지만 보통 활성성분이 블록상으로 모이므로 내부는 반응에 관여하지 않는다. 활성성분이 금속이고, 금속 원자가 구상으로 모여 있는 운반체상에 붙어있다고 하면 그 구의 크기와 분산도는 반비례의 관계에 있다. 전자 현미경 등으로 입자 지름을 측정하며 계산으로 구하는 경우와 화학흡착에서 구하는 경우가 있다.

분산력(分散力, dispersion force) 전하분포에 치우침이 없는 중성의 원자와 분자간에 작용하는 인력으로, 반데르발스 힘의 주인이다. 하나의 원자(분자)에 순간적으로 생긴 분극이 다른 원자(분자)상에 분극을 유발할 때 양자간의 인력이라 생각할 수 있다. 양자역학적으로는 양 원자의 구성 입자 간 쿨롱 힘의 합을 상호작용 섭동으로 하는 2차 섭

동 에너지로서 부여된다. 전자의 상태가 바
닥상태에 있는 분자에서는 분산력은 항상
인력으로 된다. 또 많은 분자가 존재할 경우
에는 분산력은 각 쌍에 작용하는 분산력의
합이 되고, 화학 결합력과 같은 포화성을 나
타내지 않는다.

분산매 (分散媒, dispersion medium)　콜로이
드 분산계를 구성하고 있는 매질을 말한다.

분산상 (分散相, dispersed phase)　콜로이드
분산계를 구성하고 있는 물질에서 입자를
구성하고 있는 상과 매질의 상으로 2분하였
을 때 전자를 분산상이라 한다. 역사적 용어
에 가깝다.

분산 염료 (分散染料, disperse dye)　아세테이
트 섬유, 합성섬유용의 염료. 물에 난용이고,
물에 분산시킨 액에서 소수성 섬유에 고온
으로 흡수되어 염착한다. 아조계와 안트라
퀴논계가 위주이다. 견뢰도(堅牢度)는 좋지
만, 염색한 천을 다림질할 때나 또는 저장
중에 흰 천에 전염(轉染)하고, 또한 대기 속
에 존재하는 산화질소류의 작용으로 퇴색하
는 결점도 있기는 하다. 아세테이트 인견,
폴리에스테르계 합성섬유 폴리아미드계 뿐
만 아니라 합성섬유·폴리아크릴로니트릴계
합성섬유의 염색에 이용된다.

분산제 (分散劑, dispersant, dispersing agent)
큰 입자와 응집한 입자를 분쇄하여 보다 작
은 입자와 콜로이드 입자로 만들 때 생성된
미소 입자의 응집을 방지하기 위해 가하는
물질. 계면 활성제, 고분자 물질 등 흡착성
물질이 사용된다. 펩타이저도 분산제에 포
함된다.

분산질 (分散質, dispersoid)　분산상과 같은
의미의 역사적 용어이다.

분산체 (分散體, dispersing element)　각종 파
장이 함유되어 있는 광속을 파장별로 다른
방향으로 나누어 스펙트럼을 발생시키는 장
치. 프리즘과 회절 격자 등이 이에 해당한다.

분산 콜로이드 (分散 ——, dispersion colloid)
⇨ 콜로이드 분산계.

분석선 (分析線, analytical line)　발광분석에
서, 특정 원소의 정량을 위해 이용하려고 하
는 특성 파상의 휘선을 말한다.

분석선 쌍 (分析線雙, analysis line pair)　발

광분석에서, 강도 비교를 위해 사용하려고
하는 목적 원소의 휘선과 내표준 원소 휘선
의 짝. 단순히 선쌍이라고도 한다. 스펙트럼
선의 강도는 방전 플라스마 및 온도함수이
므로 여기 퍼텐셜이 동등한 선 쌍을 사용하
면 온도 변화에 따른 변동이 제거된다.

분석 오차 (分析誤差, analysis error, analyti-
cal error)　화학분석을 하는 조작 중에 일
어나는 오차. 화학분석은 평량, 융해, 침전
생성, 농축, 적정 등의 조작단계를 다수 포
함하는데 이러한 단계에서 일어날 수 있는
오차를 총괄하여 분석오차라 한다.

분석 전자현미경 (分析電子顯微鏡, analytical
electron microscope)　원소 분석기능이 있
는 전자현미경. 보통 투과형 전자현미경 본
체에 주사형 전자현미경, 에너지 분산 X선
분광, 전자에너지 손실분광 등의 기능을 부
가한 것으로, 현미경상을 관찰하면서 목적
미소부에 전자선을 조사하여 그 부분에서
발생하는 특성 X선 내지 투과전자의 에너지
손실을 측정하여 원소분석을 한다.

분속 시약 (分屬試藥, group reagent)　다종류
의 이온을 함유하는 시료의 계통적 정성(定
性) 분석에서는 적당한 시약에 대한 반응으
로 이온을 몇 개의 군(속)으로 나누어 분리
하고, 분석조작을 간편하고 확실하게 하는
것이 보통이다. 이를 위해 사용하는 시약을
분속 시약이라 한다. 계통적 무기 정성분석
에서 주로 사용된다.

분쇄 (粉碎, grinding)　고체상 물질을 파괴하
여 지름의 감소와 표면적의 증대를 도모하
는 기계적 조사. 수십 cm의 고체를 1 cm 정
도로 분쇄하는 조쇄와 수 mm로 분쇄하는
중쇄, 수십 μm 이하의 미분으로 하는 미분
쇄, 나아가서 μm 오더 이하의 미분으로 하
는 극미분쇄로 구별하기도 한다. 한계는 확
실하지 않지만 비교적 거칠게 부수는 것을
파쇄(crushing), 잘게 부수는 것을 분쇄
(grinding)라고도 한다. 독일에서는 파쇄와
분쇄의 구분을 산물의 입도가 +3 mm 50 %
이하일 때를 분쇄, +3 mm 50 % 이상일 때
를 파쇄로 정의한다. 분쇄방법은 분쇄되는
원료의 성질·목적·입도 등에 따라 달라지
지만 분쇄 목적으로 입자에 가해지는 외력

은 대개의 경우 압축·전단(剪斷)·충격 중의 하나 또는 이것들을 조합한 기계적인 힘이라고 할 수 있다. 극히 특수한 분쇄방법으로는 입자 내부의 열응력(熱應力)이나 초음파 등으로 분쇄하기도 한다. 분쇄의 대상이 되는 물질은 광석·시멘트 원료·석탄·클링커·화학 공업원료·약품·식품 등 다양하다.

분쇄기 (粉碎機, grinder)　분쇄하기 위한 기기. 조크랫셔(조쇄), 롤밀(중쇄), 볼밀, 제트 분쇄기(미분쇄) 등이 있다. 또 건식 혹은 습식(액중)이 있다.

분쇄 롤 (粉碎——, grinding mill)　재생 고무의 제조공정에서 찌꺼기 고무를 처음에 거칠게 분쇄(조쇄)한 후에 다시 미세하게 분쇄(세쇄)하기 위한 롤기이다.

분쇄비 (粉碎比, size reduction ratio)　원료의 평균 입도와 분쇄된 것의 평균 입도의 비. 보통 양자의 투과율이 같은 체눈 크기의 비로 표시한다. 분쇄된 것의 입도를 일정하게 하면 분쇄동력은 분쇄비의 약 1/4곱에 비례한다고 한다.

분압 (分壓, partial pressure)　혼합 기체의 압력은 이것을 구성하고 있는 각 성분기체가 각각 단독으로 표시하고 있는 압력의 합과 같다고 간주하였을 때 각 성분기체가 나타내는 압력을 분압이라 한다. 이에 대하여 혼합기체 전체의 압력을 전체 압력 또는 전압력이라고 한다. 혼합기체의 전체 압력은 각 성분의 부분 압력의 합과 같으며, 이것을 돌턴의 부분 압력의 법칙이라 한다. 예를 들면 어떤 온도에서 1 atm인 산소 1l와 1 atm인 질소 1l를 섞어서 2l의 혼합기체를 만들었다면 산소 및 질소의 부분 압력은 모두 1/2 atm이다. 이 때의 혼합기체의 전체 압력은 1 atm이다.

분열 (分裂, splitting)　원자·분자에서, 그 양자 준위가 어떠한 상호작용으로 2개 이상의 준위로 나누어졌다고 간주될 때 분열이라 한다. 예를 들면 초미세 상호작용에 의한 분열은 초미세 분열이라 한다.

분자간 (分子間, intermolecular)　⇨ 분자 내.

분자간 화합물 (分子間化合物, molecular compound)　⇨ 분자 화합물.

분자간 힘 (分子間——, intermolecular force)　원자, 분자 또는 그 이온간에 작용하는 힘. 인력으로서는 쿨롱 힘, 교환력, 수소 결합력, 전하 이동력, 반데르발스 힘 등이 있고, 반발력으로서는 배타원리에 기인하는 교환 반발력이 있다. 반데르발스 힘을 근사적으로 표현하는 퍼텐셜로서 $V(r) = -\mu/r^n + v/r^m$형의 레너드 존즈 퍼텐셜 ($n=6$, $m=12$) 등이 많이 사용되고 있다.

분자 결정 (分子結晶, molecular crystal)　분자가 약한 상호작용, 즉 반 데르 발스힘, 쌍극자 상호작용, 수소결합 등으로 응집하여 생긴 결정. 결정구조를 보고 확실하게 분자를 특정지을 수 있는 것을 말한다. 결합의 힘이 약하므로 분자 사이의 배열이 쉽게 끊어질 뿐만 아니라 녹는점·승화점도 낮아 독립된 분자의 성질이 보존되어 있는 경우가 많다. 탄화수소 및 각종 유기 화합물, 비활성 기체 등 일부 무기 화합물 등에 이런 종류의 결정이 많이 보인다.

분자 구조 (分子構造, molecular structure)　분자 중의 원자간 결합거리, 결합각 등을 고려한 3차원의 입체구조. 단, 분자의 개략적인 형태를 정성적으로 생각하여 그것을 분자구조라고 하는 경우도 있다. 예를 들면 암모니아는 피라미드형 분자구조이다.

분자 굴절 (分子屈折, molecular refraction)　⇨ 몰 굴절.

분자 궤도법 (分子軌道法, molecular orbital method)　분자궤도(함수)를 사용하여 분자의 전자상태를 기술하는 방법. 원자값 결합법에 대비하는 방법으로서 F. Hunt와 R. Mulliken 등에 의해 도입되었다. 현재는 분자의 전자상태를 계산하는 중심적인 방법으로 되어 있다. 허트리-폭크 법을 사용하는 것이 그 대표적인 예이지만 더욱 정도가 높은 방법으로서 다배치 SCF법과 배치간 상호작용법도 포함하여 분자궤도법이라 한다.

분자궤도(함수) (分子軌道(函數), molecular orbital)　분자의 전자상태를 기술할 때 분자 전체로 확산한 한 전자궤도 함수를 사용하여 전 전자의 파동함수를 구성할 수 있다. 이 한 전자궤도 함수를 말한다. MO가 약어이다. 분자궤도의 형태와 대칭성을 이용하여 화학 반응을 비롯한 많은 화학현상을 설명할 수 있다.

분자 내(分子內, intramolecular)　1개 분자의 내부를 지칭하며, 2개 이상의 분자와 분자 간을 지칭하는 분자 간과 구별하기 위해 사용하는 형용사이다.

분자내 염(分子內鹽, inner salt)　동일 분자 안에 산성의 원자단과 염기성의 원자단이 있고, 이들이 분자 내에서 염을 형성하고 있는 유기 화합물. 대표적인 것은 아미노산 및 아미노술폰산. 분자 내에 제4급 암모늄 양이온 구조와 카르복시산 음이온 구조가 있는 베타인도 전형적인 분자내 염이다.

분자내 착염(分子內錯鹽, inner complex salt)　킬레이트 배위자의 음전하에서 중심 금속 원자의 양전하가 중화된 형식의 비전해질 착물. 내착염이라고도 하였으나 이 명칭은 현재 거의 사용하지 않는다. 예를 들면 $[Cu(NH_2CH_2COO)_2]$, $[Cr(acac)_3]$ 등이 있다.

분자내 회전(分子內回轉, internal rotation)　결합 특히 단결합을 회전축으로 하여, 그 좌우의 원자단이 상대적으로 회전하는 운동. 분자 내부 회전이라고도 한다. 에탄의 두 메틸기의 비틀림 진동이 전형적인 예이다. 진동 에너지가 작은 상태에서는 순수한 단진동이지만 진동의 에너지가 퍼텐셜의 마루를 넘으면 회전상태에 가까워진다. 분자내 회전은 C−C, C−N, C−O 등의 결합을 갖는 다원자 분자에서 확인된다. 그러나 회전이라고는 하지만 단진동과 자유회전과의 중간 상태이며, 완전히 자유로운 회전운동으로 되는 수는 거의 없다.

분자 동력학(分子動力學, molecular dynamics)　원자·분자의 양자상태의 충돌로 인한 변화, 이온화와 화학 반응, 광화학 반응 등의 소과정을 원자·분자를 구성하는 입자의 운동에 근거하여 실험적 및 이론적으로 해명하는 연구 분야, 혹은 액상이나 응축계의 통계적 물리량을 그것을 구성하는 다수의 원자·분자 운동을 전산 시뮬레이션으로 연구하는 분야를 말한다.

분자량(分子量, molecular weight)　⇨ 상대 분자 질량.

분자량 분포(分子量分布, molecular weight-distribution)　보통의 고분자 화합물은 분자량이 다른 분자종의 혼합물이며 분자량에 다분산성이 있다. 분자량의 함수로서 각 분자종의 양을 표시한 것을 분자량 분포라 한다. 수 분포곡선, 중량 분포곡선, 누적 분포곡선 등으로 표시된다. 고분자 물질이 분자량 분포를 가졌다는 것은 저분자 물질과의 커다란 차이점이다. 고분자 물질이 플라스틱 등으로서 이용할 수 있는 것도 이 특성 때문이다. 반대로 고분자 물질에 관한 연구의 어려운 점도 대부분은 이것 때문이다. 고분자 물질의 분자량 분포를 정확하게 알기 위해서는 어떠한 수단을 써서 고분자 물질을 분별할 필요가 있다. 최근에 와서 기기(機器)에 의한 분리 측정법(分離測定法)도 개발되었으나 일반적으로는 쉬운 일이 아니다. 그래서 분자량 분포의 개략적인 기준으로서 중량평균 분자량과 수(數)평균 분자량과의 비가 흔히 쓰인다. 이 값이 1에 가까울수록 분포는 좁다. 일반적인 비닐계 중합체(라디칼 중합체)에서는 대략 1.5~2.5의 범위일 경우가 많다.

분자력장(分子力場, molecular force field)　분자 속의 원자핵, 전자에 작용하는 힘 또는 이들이 갖는 퍼텐셜 에너지 전체를 지칭한다. 다양한 기술방법이 있으나 원자핵의 평형 점에서 변위 혹은 핵간 거리의 변화를 변수로 표현하는 경우가 많다.

분자 배향(分子配向, molecular orientation)　어떤 외력이 작용하고 있기 때문에 복수의 분자가 일정 방향을 향하고 있는 것을 말한다.

분자 복합재료(分子複合材料, molecular composite)　강직성 고분자를 강화재로 하고 유연한 고분자를 매트릭스로 한 브랜드. 매크로한 섬유 강화 재료와 유사한 구조가 형성되지만 유리 섬유나 탄소 섬유의 경우와는 달리 강화 성분을 분자차원의 지름으로까지 가늘게 하므로 분자 복합재료라 불린다.

분자 분광학(分子分光學, molecular spectroscopy)　분자에 의한 전자파의 흡수, 방출, 산란의 스펙트럼을 측정하여 이로부터 분자의 전자상태, 진동, 회전, 전자 스핀, 핵스핀, 핵 사중극자 등이 관계하는 에너지 준위를 정하여, 분자구조, 전자구조 및 그러한 것의 동적 성질에 관한 다양한 정보를 얻는 학문

분야. 전자파 대신에 전자를 사용하는 전자 분광학도 넓은 뜻의 분자 분광학에 포함된다.

분자 분극 (分子分極, molecular polarization) ⇨ 몰 분극.

분자 비대칭 (分子非對稱, molecular asymmetry) 키랄이지만 부제 탄소 원자와 같은 특정한 키랄 중심이 없는 분자의 구조 특성에 대해 사용되는 옛 용어. 전형적인 예는 아트로프 이성질이다.

분자 비대칭성 (分子非對稱性, chirality) 왼손과 오른손처럼 상과 거울상을 서로 중합할 수 없는 형태, 즉 좌·우 개념으로 나타내어지는 1쌍의 거울상체가 존재하는 물체의 형태적 특징을 말한다. 그리스어의 손바닥(chiro)에 유래한다. 화학에서는 1쌍의 거울상 이성질체가 존재하는 분자를 표현하는 용어로서 최근에 널리 사용하게 되었다. 이러한 분자의 형태적 특징에 대해 고대로부터 "부제(不齊)"라는 용어가 사용되었으나 "부제"라는 것은 분자의 모양에 전혀 대칭 요소가 없다는 의미로서, 회전축을 대칭요소로 갖는 분자에도 거울상 이성질체가 존재하는 사실에서 키랄리티와 부제는 반드시 동의어만은 아니다. 또 원편광처럼 좌·우의 개념으로 표현되는 물리현상도 키랄리티라고 한다.

분자 상승 (分子上昇, molecular elevation) ⇨ 몰 끓는점 상승.

분자 생물학 (分子生物學, molecular biology) 생명현상을 생체분자의 구조와 기능을 기초로 이해하는 것을 목적으로 하는 생물학의 한 분야. 유전자의 본체가 DNA란 사실이 규명된 금세기 중반부터 대두하였다. 핵산에서 단백질로의 유전정보 흐름을 중심 교의로 하여 유전현상에서 시작하여 발생, 뇌신경 활동의 해석에 이르기까지 연구를 진행하고 있다.

분자선 (分子線, molecular beam) 진공 속을 가는 선상으로 되어 직진하는 원자·분자의 흐름. 분자선원의 기체용기 안의 분자의 평균 자유행정과 분자선 출구 구경과의 대소에 따라 다음의 두 가지 경우가 있다. ① 누출 분자선(effusive beam) : 속도분포는 선원에서의 분포가 된다. ② 초음속 분자선 : 단열 팽창으로 좁은 속도 분포가 되어 내부 상태의 온도가 저하한다. ⇨ 초음속 제트.

분자선 에피택시 (分子線 ——, molecular beam epitaxy) 초고진공하에서 분자선을 기판 위에 퇴적시켜 에피택시얼에 결정시키는 기술. 따라서 퇴적시 분자 레벨의 제어를 할 수 있다. GaAs 등의 화합물 반도체, 혼정, 초격자 등의 박막 작성에 사용된다.

분자선 증착법 (分子線蒸着法, molecular beam deposition) 분자선, 즉 운동방향이 일정한 분자의 흐름을 사용하여 박막을 성장시키는 방법. 초고진공 중에서 하며, 항상 신선한 분자선만이 기판에 도달하므로 결정의 성장속도, 다원 화합물의 조성비가 정확하게 제어된다. 에피택시 온도가 낮으므로 헤테로 접합의 형성이 용이하다. 실리콘을 비롯한 광기능소자, 3차원 회로소자의 작성에 사용된다.

분자식 (分子式, molecular formula) 분자를 표현할 때 그 구성 원자와 각 원자의 수를 표시한 것. 예를 들면 물의 분자는 수소 2원자와 산소 1원자로 구성되므로 H_2O로 표시한다. 이온 결정처럼 실제로는 분자로서 단독으로 존재하지 않는 경우라고 예를 들면 염화나트륨은 NaCl로 표시하지만 이것은 정확하게는 분자식이 아니고 화학식이라 표현하는 것이 옳다.

분자 유전학 (分子遺傳學, molecular genetics) 유전현상을 분자차원에서 해명하는 유전학의 한 분야. 유전자가 최소 단위였던 종래의 유전학에 대해 유전자의 실체를 DNA(때로는 RNA)로서 파악하여 분자의 구조·기능면에서 유전현상을 설명하는 점에 특징이 있다. 생물학의 중심 연구는 분자생물학이며 DNA연구가 주요 부분이 되는데, 분자유전학도 유전학적 측면에서 DNA를 연구하게 되므로 생물학의 중심 연구는 분자유전학이라고 할 수 있다. 분자유전학의 연구 재료에는 세균(대장균·살모렐라균·폐렴쌍구균 등)과 파지(대장균의 T파지·살모렐라균의 T파지·폐렴쌍구균의 T파지 등)가 사용된다. 분자유전학에서는 DNA 구성은 2중 나선인 고분자라는 개념으로부터 유전자의 뉴클레오티드의 긴 사슬이라는 개념을 채용하여 세균의 어떤 종의 염색체 지도를 추정하였다. 또 파지의 DNA 이중 나선 부분에 의한 작용 차이로부터 유전자 지도(기능 배열)를 만들어냈다.

분자 이온 (分子——, molecular ion) 유한한 전하가 있는 분자. 양의 전하를 갖는 것으로는 H_3O^+, NH_4^+, HCO^+ 등이, 음의 전하를 갖는 것으로는 OH^-, N_3^-, FHF^- 등이 알려져 있다.

분자 전도도 (分子傳導度, molecular conductivity) ⇨ 몰 전도도.

분자 증류 (分子蒸留, molecular distillation) 보통 감압 증류보다 더욱 저압인 10^{-2}Pa 정도의 고진공하에서 하는 증류. 일반적으로 액체 또는 고체의 표면으로부터는 그것을 구성하는 물질의 증기압에 따라 분자가 증발하고 있다. 따라서 이 증발분자를 포집(捕集)하여 응축함으로써 증류를 할 수가 있다. 다만, 보통 분자에서는 그 표면으로부터 증발할 때의 평균 자유행로는 몇 cm 정도이다. 이와 같은 조건을 생각하여 고진공 상태에서 증발 표면과 냉각기면과의 사이를 몇 cm 떼어놓고 증류를 하면 필요로 하는 분자만을 다른 분자와 충돌하지 않고 분리할 수가 있다. 분자량이 큰 고비점 화합물을 낮은 온도에서 증류할 수 있으므로 열분해를 억제할 수 있다. 다만, 비평형(非平衡) 증류이므로 분류(分溜)효과가 적다는 결점이 있다. 지용성(脂溶性) 비타민의 농축, 모노글리세리드·도료유·가소제의 제조, 계면 활성제·윤활유의 정제 등에 이용된다.

분자 진동 (分子振動, molecular vibration) 분자를 구성하는 원자핵이 전체의 중심 위치를 바꾸지 않고 일정한 주기로 진동하는 것. 이 진동 모드에는 분자를 구성하는 원자 수를 N으로 하여 $3N-6$(직선형 분자는 $3N-5$) 종류의 기준진동이 있으며, 그러한 에너지와 진동 모드는 분자의 종류(동위체의 삽입 방법)에 따라 각각 다르다. 분자진동은 주로 적외 스펙트럼, 라만 스펙트럼 및 전자 스펙트럼에 부수하는 미세 구조를 해석하여 규명된다.

분자 착물 (分子錯物, molecular complex) 반데르발스 힘 등 분자간 힘으로 결합된 두 개 이상의 분자의 집합체이다.

분자체 (分子——, molecular sieving) 제올라이트와 같은 균일한 지름의 세공구조가 있는 흡착제를 사용하여 분자의 크기에 따라 체질로 구분하는 작용 및 그 조작. 예를 들면 몰레큘러시브 5A에 의해 석유 유분에서 분자 지름이 최소인 곧은 사슬 파라핀만을 흡착 분리할 수 있으며, 이것은 현재 공업적 조작으로 이용되고 있다. 제올라이트 외에 활성탄과 층상 규산염에도 분자체 작용을 나타내는 것이 있다.

분자체 크로마토그래피 (分子——, size exclusion chromatography) ⇨ 사이즈 배재 크로마토그래피.

분자 콜로이드 (分子——, molecular colloid) ⇨ 진 콜로이드.

분자 클러스터 (分子——, molecular cluster) 복수의 원자·분자가 응집하여 형성되는 집합체. 응집력의 종류에 따라 반데르발스 클러스터, 금속 클러스터, 무기물 클러스터 등으로 분류된다. 양 또는 음의 전하를 띤 클러스터를 특히 이온 클러스터라 하며, 분자 클러스터의 전리로 생성되는 것 외에 이온과 중성 분자의 반응으로도 생성된다.

분자형상 선택성 (分子形狀選擇性, molecular shape selectivity) ⇨ 형상 선택성.

분자 화합물 (分子化合物, molecular compound) 안정된 분자끼리가 분자간 힘에 의한 상호작용으로 형성한 화합물. 분자간 화합물이라고도 한다. 전하이동 상호작용에 의한 전하이동 착물, 수소결합에 의한 수소결합 이량체, 반데르발스 힘에 의한 반데르발스 착물 등이 있다.

분자 확산 (分子擴散, molecular diffusion) ⇨ 확산.

분자 흐름 (分子流, molecular flow) 관 속을 기체가 흐를 때 기체분자의 평균 자유행정이 관의 지름보다 큰 매우 희박한 기체인 경우, 이 흐름을 분자류 또는 크누센(Knudsen) 흐름이라 한다. 분자류는 보통의 점성을 나타내지 않는다.

분족 (分族, subgroup) 군론에서, 어떤 군의 모든 대칭요소가 다른 군에 포함될 때 전자를 후자의 분족이라 한다. 예를 들면 C_{2h}, C_{2v}, D_2는 모두 D_{2h}의 분족이 된다.

분지 (分枝) (1) branching 지방족 탄화수소의 탄소 사슬이 곁사슬을 갖고 있는 것을 말한다. (2) branching 고분자의 분자구조가 수목의 가지처럼 갈라져 있는 것. 분기, 분지라고도 한다. 가지가 갈라지는 고분자를 분지고분자 혹은 분기고분자라고 한다. 짧은 사슬 분지와 긴 사슬 분지가 있다. 분지가 고도로 발달하면 3차원의 그물눈이 형성된다. (3) branching, ramification 연쇄반응의 성장 반응에 있어서 연쇄 전도체가 2개 이상으로 증가하는 것을 말한다.

분지계 (分枝系, clone) ⇨ 클론.

분지 파라핀 (分枝 ——, branched paraffin) 파라핀족 탄화수소 중 곧은 사슬 모양의 탄소 사슬에 알킬 곁사슬이 결합하여 가지가 갈라진 구조를 하고 있는 것. 이소파라핀이라고도 한다. 가솔린 성분으로서는 곧은 사슬 파라핀보다 옥탄가가 높다.

분진 (粉塵, dust) ⇨ 먼지(더스트).

분진 폭발 (粉塵爆發, dust explosion) 가연성의 분체 또는 고체의 다수 미립자가 공기 중에 부유하는 상태하에서 점화되면 그 분산계 내를 화염이 전파하여 가스폭발과 비슷한 양상을 나타내는 현상. 응용면은 거의 없지만 탄광의 탄진 폭발, 제분공장의 소맥분 폭발, 약품, 금속분의 폭발에서 보듯이 재해부분에서는 사례가 많다. 폭발 한계는 분진의 크기와 점화원의 세기에 따라 다르며, 최소 발화 에너지는 $10{\sim}80\,mJ$이다. 방시방법으로는 산소 농도의 감소, 비활성 가루의 혼합, 비활성 기체에 의한 희석, 점화원 배제, 폭발 억제 설비 사용 등이 있다.

분체 (粉體, powder, particulate material) 일반적으로 고체 미립자의 집합체를 분체라 한다. 최근에는 중력이 부착 입자 상호간의 힘보다 작은 입자를 분체, 큰 것을 입체라 하고, 그 경계는 대략 수 $10\,\mu m$ 오더이다. 어떤 경우에는 고체로서, 어떤 경우에는 유체적으로 거동하므로 고체, 유체와는 독립된 물질 형태로 간주되는 경우가 많다.

분체 현상 (粉體現像, powder development) 분체 토너를 사용하여 정전 잠상을 가시화하는 것. 토너와 운반체(캐리어)로 된 2성분 현상제를 사용하는 방법과 자성 토너만으로 된 1성분 현상제를 사용하는 방법이 있다. 모두 정전 인력을 이용하여 정전 잠상을 현상한다.

분출 (噴出, effusion) ⇨ 에퓨전.

분탄 (粉炭, fine coal, slack coal) 분상의 석탄 입자. $20{\sim}30\,mm$ 이하의 것을 지칭하며, 특히 $0.5\,mm$ 이하의 것을 미분탄이라 한다.

분포 계수 (分布係數, distribution coefficient) 이온 교환 평형에 있어, 어떤 용질이온에 대하여 용액 중의 농도에 대한 이온 교환체 중의 농도비. 이온 교환체에 대한 선택성을 표시하는 지표가 되나 일반적으로는 상수가 되지 않고, 문제의 이온이 미량인 경우에만 주성분 이온의 농도에 의해 정해지는 상수가 된다.

분포 곡선 (分布曲線, distribution curve) 분포함수를 그 변수에 대해 표시한 곡선이다.

분포법칙 (分布法則, distribution law) ⇨ 맥스웰-볼츠만의 속도 분포법칙.

분포 함수 (分布函數, distribution function) (1) 통계 역학에서, 통계 집단에 대한 확률밀도를 나타내는 함수. 예를 들면, N개의 같은 종 입자로 이루어지는 계에서, 그 역학적 상태가 Γ 공간 내의 체적요소 $d\Gamma$ 내에 찾아 볼 수 있는 확률을 $f_N d\Gamma$로 적을 때 f_N을 분포함수라 한다. (2) ⇨ 맥스웰-볼츠만의 속도 분포법칙.

분할 (分割, resolution) ⇨ 광학 분할.

분해 (分解) (1) decomposition, degradation 화합물이 화학 반응으로 저분자량의 화합물로 변화하는 것. $CaCO_3 \rightarrow CaO + CO_2$ 등도 분해라고 하지만 일반적으로는 유기 화합물 등의 공유결합이 개열하여 저분자 화합물로 분해하는 것을 decomposition이라 하는 경우가 많다. 전형적인 예는 열분해. 또 유기 화합물이 비교적 온화한 조건에서 반응하여 원래의 물질보다 분자량이 작은 화합물을 생성하는 것을 degradation이라 한다. (2) cleavage 화학반응에 의해 두원자간의 화학결합이 절단되는 것. 보통은 유기 화합물의 반응으로 공유결합이 끊어지는 것을 말한다.

분해 가솔린 (分解 ——, cracked gasoline) 열분해와 접촉분해로 얻어지는 가솔린. 직류 가솔린에 비해 방향족 및 불포화 성분이 많고 옥탄가도 높다. 안정성이 낮고 저장 중에 고무질이 생기거나 착색되기 쉬우므로 보통 산화 방지제가 가해진다.

분해 가스 (分解——, cracked gas) 석유 유분의 분해로 얻게 되는 가스. 가솔린 제조를 위한 열분해와 접촉분해 또는 석유화학 공법과 도시가스 제조의 중간 원료로 얻게 되며 올레핀 성분이 많다.

분해능 (分解能, resolution, resolving power) (1) 분광기, 입자선 에너지 분석기에서 접근한 두 스펙트럼선을 분리할 수 있는 능력. 분광기의 분해능은 파장이 접근한 빛을 2개의 스펙트럼선으로 분리할 수 있는 능력을 나타내며, 파장 λ 부근에서 분리할 수 있는 극한에 있는 2개의 스펙트럼선의 파장 차이가 $\Delta\lambda$일 때, $\lambda/\Delta\lambda$를 분광기의 분해능이라고 정의한다. 질량 분석기에서도 질량 m 부근에서 극한적으로 분리할 수 있는 2종의 이온 질량차를 Δm이라고 할 때, $m/\Delta\lambda$를 분해능이라고 한다. 일반적으로 분광기의 분해능은 프리즘 분광기 → 격자 분광기 → 간섭 분광기의 순으로 크고, 격자 분광기에서는 스펙트럼의 차수(次數)를 n, 격자선의 총수를 N이라고 하면, n·N으로 주어진다. 또 질량 분석기에서는 보통 질량 분석계라고 하는 단집속형(單集束型)보다 이중 집속형이 분해능이 높고, 이것에 의하면 원자핵의 질량 결손도 측정할 수 있다. (2) 망원경, 현미경 등의 광학기기에서 2점을 분리하여 식별하는 능력. (3) 감광 재료와 TV의 해상력 (4) 계측기의 검출 한계 혹은 입력 신호의 상위를 검출할 수 있는 한계를 말한다.

분해압 (分解壓, decomposition pressure) 고체 화합물이 열분해에 의해 기체를 발생하는 경우 그 해리 평형에서의 기체의 압력을 이른다.

분해 전압 (分解電壓, decomposition voltage) 전기분해 때 목적으로 하는 생성물이 실제로 정상적으로 얻어지는 최소의 단자간 전압. 분해전압은 음·양 두 전극의 전극 전위의 차 및 두 극 사이에 존재하는 전해질 용액의 전기저항에 기인한 전압강하의 합으로 나타낼 수 있다. 전해 중의 전극 전위는 전기화학 반응 저항 때문에 평형전위의 값과

는 다른 값을 나타내며, 이것을 편극전위(偏極電位)라 한다. 편극전위와 평형전위의 차를 과전압(過電壓)이라 정의한다. 양·음 두 전극의 평형전위차를 열역학에 기초한 이론 분해 전압(理論分解電壓)이라 하며, 이보다 큰 전압을 양극 간에 가하지 않으면 전해반응이 일어나지 않는다. 과전압은 전극과 용액 계면에 존재하는 전기 2중층을 하전입자(荷電粒子 : 전자 또는 이온)가 투과할 경우에 생기는 전하이동 과전압(電荷移動過電壓), 전해 결과 전극 부근의 전해액 조성에 변화가 일어나 이것이 확산되기 때문에 생기는 확산전압, 이 밖에 화학 반응 과전압 등으로 분류할 수 있다. 과전압과 통한 직류와의 사이에는 일반적으로 옴의 법칙이 성립되지 않는다. 열역학적으로 기브스 에너지의 증가량으로 계산되는 이론 분해전압보다는 큰 값이 되지만 그 값은 전극 재료, 전해질에 크게 의존한다.

분해점 (分解點, decomposition point) 유기 화합물이 가열되어 분해할 때의 온도. 대부분의 유기 화합물은 일정한 녹는점을 갖지만 용해하는 일 없이 분해하는 화합물도 많고, 녹는점의 수치 뒤에 분해라 부기하여 분해점을 표시하는 경우도 있다.

분화 (分化, differentiation) 하나의 수정란이 난할(卵割)하고 다시 분열하여 개개의 세포가 특수화한 세포로 되는 것. 수정란은 개체의 어떠한 세포로도 될 수 있는 능력(전능성)이 있지만 분열에 따라서 몇 가지 세포로 분화할 수 있는 다능성으로 변하고 최후에는 단능성으로 되어 특정한 세포로 분화한다. 예를 들면, 개체발생에 있어서 처음에 동질적이었던 알 부분 사이에 머리와 몸통 등의 구별이 생기거나 세포에도 근세포라든가 신경세포 등의 구별이 생기는 것처럼 처음에 거의 동질이었던 어떤 생물계의 부분 사이에 질적인 차이가 생기는 것, 또는 그 결과로서 질적으로 구별할 수 있는 부분 또는 는 부분계로 나누어져 있는 상태를 분화라고 한다. 이렇게 분화가 생기기 위해서는 어떤 부역 또는 부분계에 주목하면 그 자체가 처음 상태와는 변화하여 특수화한 것이며, 이렇게 한 게 속에서 형태적·기능적으로 특수화가 진행되어 특이성이 확립되는 과정

이 분화이다. 예를 들면, 세포 분화라고 할 때는 배적(胚的)인 비특이적 상태, 이른바 미분화 상태로부터 근세포·신경세포 등 특이적인 것이 되는 것을 말한다.

불가결 아미노산(不可缺 —— 酸, indispensable amino acid)　⇨ 필수 아미노산.

불가결 지방산(不可缺脂肪酸, indispensable fatty acid)　⇨ 필수 지방산.

불감 시간(不感時間, dead time)　가이거-뮐러 계수관 같은 계측기에 있어서는 1개 입자를 계수한 후 일정 시간 내에 다음 입자가 입사하여도 그것에 전혀 응답을 나타내지 않는다. 이 시간을 불감시간이라 한다. 가이거-뮐러 계수관에서는 10^{-4}s 정도이다. 이것은 질량이 큰 양이온이 양극(전자 수집 전극), 즉 중심선 부근에서 멀어지는 데 시간이 걸리기 때문에 전기장이 약하게 되어 일정한 시간이 경과할 때까지는 방전이 일어나지 않는 데 원인이 있다. 또 불감시간 후에 입사하는 입자에 의한 양극의 전압 변화의 크기가 보통의 상태로 되돌아가는 시간을 회복시간이라 한다. 일정한 바이어스 레벨 이상의 전압 변화가 양극에 생길 때, 계산할 수 있는 계산회로를 사용하면 계속해서 입사하는 하전 입자를 구별하는 데 필요한 시간(분해시간)은 불감시간보다는 길고 불감시간과 회복시간의 합보다 짧다.

불건성유(不乾性油, nondrying oil)　산소와 화합하기 어려워 공기 속에 방치하여도 수지상(樹枝狀)으로 고화·건조하지 않는 기름. 이에 대하여 빨리 고화·건조하는 것을 건성유(乾性油)라고 한다. 요오드값 100 이하의 식물유. 공기 중에서 산화중합으로 경화하지 않는 기름으로, 동백유, 올리브유, 땅콩유, 피마자유, 야자유 등이 있다.

불규칙 배향(不規則配向, random orientation)　중심계에서 분자 상호의 배향에 전혀 치우침이 없는(등방적이다) 것. 예를 들면 2분자의 중심을 잇는 방향을 z축에 잡았을 때 한쪽의 분자 (θ, ϕ) 방향의 분포가 $(1/4\pi)\sin\theta\,d\theta d\phi$의 무게를 갖는 것이 이것이다. 분자간 상호작용이 있으면 배향은 등방적이 되지 않는다.

불규칙 섬유정련(不規則纖維精練, uneven scouring)　견직물을 다듬을 때 세리신의 제거 정도가 다르기 때문에 광택, 촉감에 차이가 생기는 것을 말한다.

불균일계(不均一系, heterogeneous system)　2종 이상의 상, 예를 들면 고체와 기체, 고체와 액체로 된 계. 균일계의 대응어. 계면에서의 흡착, 표면장력 등의 개념이 중요하다.

불균일(계) 중합(不均一(系)重合, heterogeneous polymerization)　중합계의 어느 성분이 불용성인 중합. 중합계는 단량체, 개시제, 촉매, 용매, 생성 중합체 등으로 되어 있는데, 이들 중의 어느 것이 사용하는 용매에 녹지 않는 경우를 이른다. 다만 촉매가 녹지 않는 경우는 불균일 촉매 중합이라 하여 구별한다. 이에 대하여 모든 성분이 사용하는 용매에 가용인 경우는 균일(계) 중합이라 한다.

불균일 촉매(不均一觸媒, heterogeneous catalyst)　⇨ 촉매.

불균질성(不均質性, heterogeneity)　⇨ 불균일성.

불균형 분해(不均衡分解, heterolysis)　유기 이온반응에서는 공유결합의 개열에 있어 그 전자쌍은 2개의 전자로 갈라지는 일 없이 한쪽 전자 구인성의 원자쪽으로 가고 다른 쪽에는 전자쌍이 결여된 원자를 남긴다. 이와 같은 결합의 분열을 불균형 분해(헤테로리시스)라고 한다. 호모리시스의 대응어이다.

불균형 사슬 폴리머(不均衡 ——, heterochain-polymer)　사슬 모양 고분자 중 주사슬을 구성하는 원소가 2종 또는 그 이상인 것. 구성 원소에 따라 탄소-산소 사슬 폴리머(폴리에스테르 등)라 한다.

불균화(不均化, disproportionation)　동종 화합물의 분자(또는 이온, 유리기 등)가 산화환원반응 혹은 수소 원자를 주고 받는 등을 하여 산화형의 분자와 환원형 분자를 생성하고 양자가 상호 보완하는 형태로 되어 있을 때의 화학변화. 전형적인 예는 $2C_6H_5CHO \rightarrow C_6H_5CH_2OH + C_6H_5COOH$　무기화학에서는 화합물 중의 1개 원소의 산화수가 동시에 그것보다 높은 산화수와 낮은 산화수를 형성하는 반응을 말한다. 생화학에서는 생체 내의 반응에서 불균화 반응이 중요한 역할을 하고 있다.

불균화 반응 (不均化反應, disproportionation)
둘 이상의 동일 화학종이 서로 산화-환원 등
으로 2종류 이상의 화학종을 생성하는 반응.
무기 화합물의 산화-환원에 의한 불균화의
예는 $3Mn^{VI}O_4^{2-} + 4H^+ \rightarrow 2Mn^{VII}O_4^- + Mn^{IV}O_2$
$+ H_2O$ 이처럼 하나의 원자에서 산화수의 불
균등화를 볼 수 있을 때는 원자값 불균등화
반응이라 하는 경우도 있다. 유기 화합물의
전형적인 예는 Cannizzaro 반응 $2C_6H_5CHO$
$+OH^- \rightarrow C_6H_5COO^- +C_6H_5CH_2OH$. 생체 내
에는 효소 뮤타아제가 관여하는 불균화 반응
을 다수 볼 수 있다. 생체반응에서는 동종 분
자가 아니더라도 한쪽 카르보닐기가 산화되
고 다른 카르보닐기가 환원되는 넓은 뜻의
불균화 반응도 알려져 있다.

불꽃 광도 검출기 (—— 光度檢出器, flame pho-
tometric detector) 인과 황을 함유하는 물
질에 고감도로 응답하는 가스 크로마토그래
피용의 검출기. 인과 염이 수소염 중에서
연소할 때 생성되는 HPO(526 nm), S_2(394
nm)에서의 발광을 광전자 증배관으로 검출
한다. 약어 FPD이다.

불꽃 광도법 (—— 光度法, flame photometry)
시료를 불꽃으로 여기하여 방사되는 빛 속
에서 분석 목적의 원소 고유의 파장 빛을
선출하여 그 빛의 세기를 전기신호로 바꾸
어 측정하는 정량 분석법. 알칼리 금속, 알
칼리 토류 금속 등의 신속 분석에 적합하다.
측정 시료는 공업재료, 생체, 토양, 비료, 물
등 광범위하지만 현재는 대부분 원자흡광
분석에 의한다.

불꽃색 반응 (—— 色反應, flame reaction) 불
꽃 중에 금속 원소의 염이나 수용액을 도입
하면 금속에 특유한 색깔의 빛이 방사되는
현상. 19세기 초부터 나트륨 화합물이 보이
는 황색 불꽃을 이용하여 정성분석이 행하
여졌다. 그러나 각종 원소에 대하여 이용하
게 된 것은 1864년 석탄가스에 의한 분젠
버너에 무색 불꽃을 얻을 수 있게 된 이후
부터이다. 현재 잘 알려져 있는 것은 리튬ㆍ
나트륨ㆍ칼륨ㆍ칼슘ㆍ스트론튬ㆍ구리 등이
다. 또 붕산염과 같이 에탄올을 가하여 점화
하면 황록색 불꽃을 보이는 것과 담청색을
보이는 인산염 등도 여기에 포함된다. 보통
불꽃 반응을 보려면 염산에 담근 다음 여러

번 구워서 깨끗하게 만든 백금선(白金線)을
사용하여 염산으로 적신 분말 시료를 분젠
버너의 산화불꽃 속에 넣어 불꽃을 착색시
킨다. 이 경우 눈으로 직접 보거나 다른 것
과 구별하기 위하여 진한 청색 코발트 유리
를 통하여 색깔을 보는 방법이 일반적으로
시행되고 있다. 이 들 착색의 원인은 각 원
소의 원자가 안정한 바닥상태로부터 불꽃
속에서 가열됨으로써 불안정한 들뜬 상태가
되고, 원래의 바닥상태로 이행(移行)할 때
방출되는 에너지가 사람의 눈에 보이는 정
도의 영역의 빛이 되기 때문이다. 따라서 보
통의 분젠 버너 불꽃은 온도에서 잘 들뜨지
않는 세슘 같은 것은 산수소 불꽃(酸水素焰)
과 같은 더 고온의 불꽃을 필요로 하는 것
도 있다. 또 이것을 더 정확하게 알기 위해
서는 불꽃의 색깔을 분광기(分光器)를 써서
확인하며, 각 원소에 고유한 파장이 알려져
있으므로 정성분석 및 그 강도로부터 정량
분석을 할 수가 있다. 이것을 프레임 분광분
석 또는 염광 분광분석(焰光分光分析)이라
한다. 1860년에 G. R. 키르히호프와 R. W,
분젠이 이 방법을 확립하여 세슘을 발견하
였고, 1861년에는 루비듐을 발견하였다.

불꽃 스펙트럼 (spark spectrum) 기체 중에
서 불꽃 방전을 할 때에 나타나는 빛의 스
펙트럼. 보통 1개 또는 그 이상의 전자를 상
실한 원자(즉 이온)에 고유의 스펙트럼선이
강하게 나타난다. 불꽃의 온도가 높으면 불
꽃 방전 때와 같이 높은 들뜬상태(勵起狀態)
에 기인하는 휘선(輝線)이 방출되지만, 온도
가 낮을 경우에는 아크 방전 때와 같이 낮
은 에너지상태에 기인하는 휘선(중성 원자
의 제1 들뜬상태에서 바닥상태로 옮길 때
발하는 선)이 강하게 방출되는데, 이 선은
정성분석(定性分析)이나 단색광의 광원으로
서 이용된다. 예를 들면 바륨은 황록색
(553.6 nm), 세슘은 청색(455.5 nm, 459.3
nm), 리튬은 적색(670.8 nm), 나트륨은 황색
(589 nm), 스트론튬은 청색(460.8 nm) 등이
다. 이에 대해 아크 스펙트럼에서는 중성 원
자의 스펙트럼선이 주로 나타난다.

불꽃 시험 (—— 試驗, fire assay) 회취법에
의해 광물 또는 합금 중의 귀금속을 정량하
는 것. 대응하는 영어를 단순히 assay로 표

현하는 경우가 있는데 그것은 정확하지 않다. 야금 공정 중의 중간제품 분석도 포함된다. 보통 화학분석과 명확한 구별은 없으나 조작이 비교적 간단한 신속 분석을 의미하는 것이 많다. 습식법과 건식법이 있다.

불꽃 이온화 검출기 (── 化檢出器, flame ionization detector)　시약을 수소염 속에 넣어 시약의 분해, 이온화로 전기 전도율의 증대를 도모하는 것을 원리로 한 검출기. 약어 FID. 주로 가스 크로마토그래피에 널리 사용되고 있다. 탄화수소류에 대해 높은 감도를 나타낸다.

불꽃 질량 분석기 (── 質量分析器, spark-source mass spectrometry)　시료를 전극으로 하여 고주파 스파크 방전을 하여 이온을 발생시키고, 이것을 이중 수속형의 질량 분석계에 유도하여 시료 중의 극미량 원소의 검출 및 정량 분석을 하는 방법. 시료 중의 모든 원소를 동시에 검출 기록할 수 있으며, 동일 스파크 광원을 사용하는 발광 분광 분석보다 낮은 검출 하한을 얻을 수 있다.

불 다듬질 (fire polishing)　고온의 유연한 상태에서 형을 사용하지 않고 하는 유리의 성형. 표면장력으로 표면이 평활한 유리를 얻는 특징이 있다.

불림 (tempering)　합금의 열처리에서 담금질 후 중간 정도의 온도로 가열함으로써 인성을 이끌어내거나 경화시키는 방법이다.

불안정 동위원소 (不安定同位元素, unstable isotope)　안정 동위원소의 대응어이다. ⇨ 방사성 동위원소.

불안정 분자 (不安定分子, unstable molecule)　대상으로 하는 시간 중에서 그 분자에 내재하는 어떤 원인(예를 들면 해리에너지 이상의 에너지를 갖는 등)에 의해 다른 분자로 이성질화하거나 분해할 능력이 있는 분자를 말한다.

불연속 가마 (不連續──, intermittent kiln)　내화물이나 도자기의 소성에 사용되는 요로의 하나. 피소성품을 가마 안에 쌓고 이동시킴이 없이 예열 소성, 냉각을 조업 조건을 바꾸면서 하는 방식의 요로이다.

불완전 비대칭 (不完全非對稱, dissymmetry)　광학 이성질에서 거울상 이성질체가 존재하는 현상에 대해 L. Pasteur는 1860년에 dissymétrie이라는 말을 사용하였는데 영어, 독일어로 변역을 하였을 때 asymmetry, Asymmetrie로 변했다. 한국어에서는 전자를 불균제, 후자를 부제로 번역하였다. asymmetry는 분자의 형태에 전혀 대칭의 요소가 없다는 의미인데 회전축을 대칭 요소로 갖는 분자에도 거울상 이성질체가 존재한다. 그러므로 Pasteur가 최초로 사용한 dissymmetry란 현상에 대해서는 현재 키랄리티란 용어가 사용되고 asymmetry에 대해서는 무대칭이란 말을 사용하는 것이 순리이다. 현재는 키랄이지만 부제 탄소 원자 같은 특정한 키랄 중심이 없는 분자의 구조 특성(오래된 용어에서는 분자 부제라 하였다)에 대해서 dissymmetry란 용어를 사용하는 경우가 있다.

불완전 연소 (不完全燃燒, incomplete combustion)　연소의 화학 반응은 연료와 산화제의 혼합 비율이 화학량론 비의 경우 충분하고도 급속하게 진행되어 발열량, 연소속도, 화염온도 등도 최대가 된다. 일반적으로 이 상태를 완전 연소라 하고, 이 이외의 연료부족 및 연료과잉 상태에서의 연소를 불완전 연소라 한다. 엄밀한 정의는 없다.

불용성 효소 (不溶性酵素, insoluble enzyme)　⇨ 고정화 효소의 옛 명칭이다.

불응축 기체 (不凝縮氣體, noncondensing gas)　온도가 그 물질의 임계온도 이상으로 되어 있어 압력을 가하는 것만으로는 응축하지 않는 기체이다.

불침투 흑연 (不浸透黑鉛, impervious graphite)　내식성과 열전도성이 우수한 인조 흑연 소재에 합성 수지를 함침 경화하여 불통기성으로 한 것. 함침 수지의 성질에 따라 내산용과 내알칼리용이 있으며 화학장치용 구조 재료로서 불가결하다. 무수 염산 제조 장치에 사용되는 것이 대표적인 예이다.

불포화 (不飽和, unsaturation)　(1) ⇨ 불포화 화합물. (2) ⇨ 불포화 결합.

불포화 결합 (不飽和結合, unsaturated linkage)　유기 화합물 분자 내의 두 원자 간의 공유 결합이 σ결합과 π결합으로 구성된 이중·삼중 결합의 총칭. C=C, C≡C, C=O, C=N, N=N 등이 있다. 탄소의 불포화 결합이 있는 화합물은 불포화 화합물이다. 탄소 간의 결합이 모두 C=C이면 C=O 등의 불포화 결합에 있어서도 포화 화합물이다.

불포화 화합물 (不飽和化合物, unsaturated compound)　유기 화합물 중 C=C 혹은 C≡C 결합이 있는 화합물을 이른다. 단, C=C 결합이 공역으로 방향족성을 갖는 벤젠 등은 불포화 화합물이라 하지 않는다. 또 C=O, C=N 등의 불포화 결합을 갖는 화합물이라도 탄소 결합이 C－C만으로 형성되어 있는 것은 포화 화합물로 분류된다.

불혼화 조도 (不混和調度, unworked penetration)　⇨ 미혼합 조도.

불확정성 원리 (不確定性原理, uncertainty principle)　양자역학의 기본원리로서, 입자의 위치 x와 운동량 p_x처럼 서로 정준공역한 양에 대해서는 양자를 동시에 확정할 수 없다는 원리. 1927년에 W. Heisenberg에 의해 도입되었다. 고전역학에 의하면 전자의 위치와 운동량은 전자가 어떤 상태에 있거나 항상 동시 측정이 가능하여 그 물리량의 측정값이 불확정하다는 것은 측정기술이 불충분한 때문이라고 생각했다. 그러나 양자역학에서는 입자의 위치 x와 운동량 p는 동시에 확정된 값을 가질 수 없고 쌍방의 불확정성 Δx와 Δp가 $\Delta x \Delta p \geq h/2\pi$($h$는 플랑크 상수)에 의해 서로 제약되어, 입자의 위치를 정하려고 하면 운동량이 확정되지 않고, 유동량을 정확하게 측정하려 하면 위치가 불확정하게 된다. 이 관계는 입자의 에너지 E와 그 에니지가 측정되는 상대의 계속시간 Δt에 관해서도 성립되며, 시간이 길수록 에너지가 정확하게 측정되지만 짧은 시간 동안만 존재하는 상태의 에너지를 측정하려고 하면 에너지의 불확정성 ΔE가 증가하여 $\Delta t \Delta E \geq h/2\pi$라는 관계를 볼 수 있다. 일반적으로 이와 같이 서로 상대방의 측정값을 제약하는 이른바 상보적(相補的)인 물리량은 양자역학에서는 극히 보편적인 것이다. 이런 의미에서 양자역학은 상보적으로 만들어진 이론이며, 고전역학과는 본질적으로 다른 상태개념의 규정과 시간적 변화의 법칙이다. 에너지와 시간에 대해서도 마찬가지의 불확정성 원리가 성립한다.

불활성화 (不活性化, deactivation)　촉매 반응에서, 처음에 나타내는 활성이 점차 상실되는 현상. 실활이 일어나는 원인은 촉매 물질이 화학 변화하는 점, 촉매 활성 사이트가 불가역적으로 흡착 혹은 배위 때문에 반응에 사용할 수 없게 되는 점 등에 의한다. 반응조건을 바꾸면 저하된 반응속도가 회복하는 저해와는 구별된다. 실활한 촉매를 화학 반응을 통하여 다시 활성을 회복시키는 경우도 있다 (재부활).

붕괴 (崩壞, decay)　방사성 핵종이 자연적으로 방사선을 방출하거나 핵외 전자를 포획하는 등으로 다른 핵종으로 변하는 것. 방사성 붕괴 혹은 괴변이라고도 한다. 방출 혹은 포획하는 방사선, 입자 등의 종류에 따라 α붕괴, β붕괴, γ붕괴 등으로 부른다.

붕괴 상수 (崩壞常數, decay constant)　1개의 불안정한 입자 또는 방사성 붕괴하는 원자핵이 미소시간 dt 내에 붕괴하는 확률을 $\lambda\,dt$로 표시하였을 때의 상수 λ를 말한다. 괴변상수라고도 한다. 다수 개가 모이면 시각 t에서 붕괴하지 않은 입자수 $N(t)$는 $N(0)e^{-\lambda t}$로 나타내어지는 [$N(0)$은 $t=0$에서의 입자수]. λ는 입자에 고유한 값으로, 주위의 환경에 거의 무관계하고, 입자의 에너지 준위 폭에 비례하며 입자의 반감기 혹은 수명에 역비례 한다.

붕규산염 (硼硅酸鹽, borosilicate)　붕산 이온과 규산 이온이 축합한 유이온의 염에 대한 속칭. 정식으로는 실리카토 붕산염이라 한다.

붕규산 유리 (硼硅酸——, borosilicate glass)　B_2O_3를 함유하는 규산염 유리. 열팽창 계수가 낮고 내수성이 높은 것이 많다. 이화학용, 전기용, 파이버에 널리 사용된다. 파이렉스는 그 대표적인 제품. 정식으로는 붕규산염 유리. 이화학용·내열 용기용 유리로 쓰이며, 경년변화(經年變化)가 적은 한난계용 (寒暖計用) 유리에도 이 계통의 것이 사용된다. 일반적으로 붕산을 함유하는 유리에는 다른 것에서는 볼 수 없는 특이성이 있는데, 그 중에서도 어떤 특정한 조성을 가진 유리에 적당한 열처리를 가하면 그 성분이 규산질 함량이 많은 것과 산에 잘 녹는 붕규산질로 분리되는 이른바 분상성(分相性)을 가지는 사실이 알려져 있다. 이 성질을 이용하여 고규산(高硅酸) 유리를 얻는다.

붕규산 크라운 유리 (硼硅酸 ――, borosilicate crown glass)　광학 유리 중 붕규산 유리의 일군. 약어 BK. 특히 화학적 내구성이 높은 점에서 널리 렌즈, 프리즘 등 대형의 것에 즐겨 사용되며, BK 7은 그 대표적인 것이다. ⇨ 크라운 유리.

붕사 (硼砂, borax)　사붕산나트륨 10수화물 $Na_2B_4O_7 \cdot 10H_2O$[정확하게는 $Na_2B_4O_5(OH)_4 \cdot 8H_2O$]. 함수호의 침전물에 존재하며 물로 끓여 침출한 상등액을 농축 재결정시킨다. 단사정계(單斜晶系)에 속하는 무색의 판상(板狀) 또는 단주상(短柱狀) 결정이다. 굳기 2~2.5로, 쪼개짐성(劈開性)이고 무르며, 유리광택이 있다. 비중 1.715이다. 결정에는 10분자의 물을 함유하며 350~400℃로 가열하면 결정수(結晶水)를 잃고 팽창하여 무수물이 된다. 가열 탈수한 무수염은 878℃에서 융해하여 가스상의 덩어리로 된다. 융해물은 금속 산화물을 잘 용해하여 금속 특유의 색깔로 착색한다. 이것을 응용한 것이 붕사구 반응인데 정성분석에 사용된다. 용해도는 20℃에서 물 100 g당 4.7 g이다. 공기 중에 방치하면 서서히 풍화되어 백색 분말이 된다. 알코올에는 녹지 않지만 글리세롤에는 녹는다. 붕소, 붕산염의 주원료로 되는 외에도 금속 용착제, 유리, 법랑, 유약의 원료가 된다.

붕사구 반응 (硼砂球反應, borax bead reaction)　금속 원소에 대한 건식 정성분석법의 하나. 백금선 선단에 작은 고리를 만들고, 그 부분을 가열하여 붕사 $Na_2B_4O_7 \cdot 10H_2O$를 부착시켜 다시 화염 속에서 가열하면 유리구가 생긴다. 이것에 금속시료를 부착시켜 다시 가열 융해하면 유리구는 각 금속 특유의 착색을 하여 정성분석에 이용할 수 있다. 산화염, 환원염 중 어느 방법에 의하는가, 냉시냐 열시냐에 따라 색깔을 달리 할 수도 있다.

붕산염 (硼酸鹽, borate)　일반적으로 붕산염으로 총칭되는 화합물에는 음이온의 분자구조가 다른 여러 종류의 것이 알려져 있다. 단핵 이온 BO_3^{3-}, $[B(OH)_4]^-$을 함유하는 것, 혹은

그러한 것이 축합된 폴리산 이온을 함유하는 것 등. BO_3^{3-}은 평면삼각형, $[B(OH)_4]^-$는 사면체형이다. 축합 폴리산 이온에도 여러 종류의 것을 볼 수 있는데, 예를 들면 *cyclo*-삼붕산이온 $[B_3O_6]^{3-}$은 고리 모양 평면형이다. 천연으로 존재하는 것은 대부분 함수염(含水鹽)이다. 무수염은 붕산과 금속 산화물의 용해에 의해, 함수염은 수용액에서 얻을 수 있다. 알칼리 금속의 붕산염은 무색이며 보통 결정수(結晶水)를 가지고 물에 녹는다. 수용액은 가수분해에 의하여 알카리성을 나타낸다. 그 밖의 금속의 붕산염은 일반적으로 물에 잘 녹지 않는다.

붕플루오르화물 (―― 化物, borofluoride)　⇨ 테트라플루오르붕산염.

붕플루오르화 수소산 (硼 ―― 化水素酸, hydroborofluoric acid)　⇨ 테트라플루오르붕산.

붕화물 (硼化物, boride)　붕소와 금속 원소의 화합물을 총칭한 것. 일반적으로 금속간 화합물의 성질이 있고 금속과 비슷한 외관이며 매우 견고하고 녹는점이 높으며 화학적으로 매우 비활성으로, 물리적·화학적 성질이 특이적인 것이 많다. 예를 들면, ZrB_2, TiB_2는 열 및 전기 전도율은 금속의 10배 정도이고, AsB는 고온 반도체이다. LaB_6 등은 열이온 방사재료이고 $LaRh_3B$ 등은 강자성체, 초전도체가 된다.

뷰렛 반응 (―― 反應, burette reaction)　단백질, 펩티드의 발색반응. 검체(檢体)에 알칼리성으로 황산구리 수용액을 소량 가하면 적자색을 띤다. 생성된 뷰렛에 기인하는 발색이다. 일반적으로 1개의 탄소 원자 또는 질소 원자를 사이에 두고 2개의 $-CONH$기를 가진 것이나 직접 2개의 $-CONH$기 등이 결합하는 것에서 볼 수 있으며, 트리펩티드 이상의 폴리펩티드사슬을 가진 것이 발색한다. 또 이 반응에 의하여 발색하는 물질은 비스(뷰타렛) 구리(II)산 나트륨 $Na_2Cu(C_2H_3O_2N_3)$이다.

브라베 격자 (―― 格子, Bravais lattice)　대칭성으로 결정 격자의 형을 분류하면 단순입방, 체심입방, 면심입방, 단순정방, 체심정방, 단순육방, 단순능면체, 단순사방, 체심사방, 면심사방, 저심사방, 단순단사, 저심단사, 단순

삼사로 된다. 이것을 14종의 브라베 격자라 한다. 이 외의 복합 격자는 상기한 것의 어느 것과 등가이거나 또는 존재하지 않는다.

브라운 운동 (── 運動, Brownian movement, Brownian motion) 분자 내의 열운동에 기인하는 미소한 물체의 거시적인 불규칙 운동. 예를 들면 콜로이드 입자의 운동, 공기 중에 매달린 작은 거울의 운동 등이 이에 해당한다. 이에 대하여 분자 자체의 열운동, 특히 고분자 사슬의 세그먼트 열운동을 마이크로 브라운 운동이라 하는 경우가 있다. 브라운 운동의 명칭은 수중의 화분에서 비출한 미립자의 불규칙 운동을 처음으로 보고한 R. Brown의 이름에서 유래한다. 브라운을 비롯한 당시 많은 학자들은 이 운동의 원인을 화분의 특별한 생명력에 의한 것으로 생각하였으나, 1972년 프랑스의 P. J. 델소 등은 당시의 시론적 단계에 있던 분자운동론을 이 현상에 적용, 열운동 때문에 움직이고 있는 액체 분자가 미소 입자의 표면과 충돌하여 일으키는 현상이라는 학설을 제창하였다. 즉, 물체가 어느 정도의 크기를 가지는 경우에는 주위로부터의 액체 분자의 충돌이 하나하나로는 불균등(不均等)하다 해도 통계적으로는 균등화되므로 물체는 움직이지 않지만, 미크론단위 정도의 미소 입자가 되면 충격의 불균형이 커져 운동의 형태를 취하게 된다는 것이다. 이 설은 1905년 A. 아인슈타인에 의해 더욱 이론화되어 분자운동론의 식에서 입자의 운동이 산출됨으로써 그때까지 가설의 영역을 벗어나지 못했던 것이 일반적으로 인정받게 되었다. 브라운 운동은 물실의 분자적 구조와 열운동에 의해 발생하는 불가피한 것으로서, 측정 기기에도 어디서나 나타나 측정 정밀도의 한계와 중요한 관계를 가진다. 또 병진(竝進) 브라운 운동이 확산 현상이라는 비가역변화와 관련이 있는 사실에서 알 수 있듯이 콜로이드의 침강 현상, 쌍극자로 이루어지는 계(系)의 유전적(誘電的) 여러 성질, 고분자 물질, 특히 그 용액의 점탄성(粘彈性)·화학 반응 등, 일반적으로 비가역(非可逆) 현상 이론의 기초로서 중요하다.

브라운 크레이프 (brown crepe) 천연 고무의 서품위 크레이프. 라텍스 채취시에 나무에서 스며나와 남아 굳어진 고무와 컵 바닥에 남아 굳어진 고무 등을 원료로 한다.

브라이트 스톡 (bright stock) 고점도의 윤활유 조합재료의 하나. 일반적으로 원유를 감압 증류한 잔유를 용제탈역, 용제탈랍 및 수소화 처리하여 제조한다.

브라인 (brine) 식염 기타 염류가 녹아 있는 물. 함수라고도 한다. 지하수의 경우에는 지하 함수라 한다. 식품공업, 천연가스 공업 등에서 사용하는 용어이다.

브라인 큐어 (brine cure, brine curing, brining) 염건피 또는 염장피를 만드는 방법을 말한다.

브래그의 식 (── 式, Bragg equation) 결정에 의해 X선, 입자선의 회절이 생기는 조건을 부여하는 식. 브래그의 회절 조건식이라고도 한다. 결정 격자의 면 간격을 d, X선 또는 입자선의 격자면에 대한 입사 여각을 θ, 파장을 λ, n을 양의 정수로 하면 $2d\sin\theta = n\lambda$에 의해 부여된다.

브래디키닌 (bradykinin) 아미노산 잔기가 9개인 생리활성 펩티드. 혈청 중의 α_2-글로불린에서 변화하여 생성된다. 혈관을 확장시켜 혈압강하나 염증반응을 일으킨다.

브러시 도금 (── 渡金, brush electroplating, sponge plating, doctoring) 도금액을 함침시킨 붓, 풀비, 해면, 탈지면 등을 선단에 부착한 도체를 양극으로 하고, 음극에 접속한 피도금체를 통전시키면서 도금하는 방법. 스폰지 도금이라고 한다. 공예품, 장식품 등에 부분적으로 도금하려는 경우에 예로부터 사용한 방법이다.

브러싱 (brushing) 기모된 모직물의 마무리 공정의 하나. 브러시 롤 등을 사용하여 직물 표면의 깃털이나 먼지를 제거하여 털모양을 갖추는 공정. 사용하는 기계를 브러싱기 또는 쇄모기라고 한다.

브레이크 시험 (── 試驗, break test) ⇨ 가열 시험.

브레이크 액 (brake fluid, hydraulic brake fluid) 자동차의 유압 브레이크용으로 사용되는 비광유계의 액체. 피마자유, 에틸렌글리콜 또는 에탄올과 지방유의 혼합물. 작동 온도에서 변질하지 않고 고무와 금속을 침해하지 않으며 계통 내에서 페이퍼록 등을 일으키지 않도록 적당한 끓는점의 것이 요구된다.

브로마이드 인화지 (—— 印畵紙, bromide paper) ⇨ 인화지.

브로모늄 화합물 (—— 化合物, bromonium compound)　브롬 원자가 공유결합 원자값 2를 갖고 양이온이 된 구조의 화합물. 안정된 형태로 단리할 수 있는 화합물은 아니지만 가령 C=C 결합에 브롬이 부가할 때 우선 브롬 원자가 양이온으로서 부가하여 생성된다고 여겨지는 중간체이다.

브론즈 (bronze)　⇨ 청동.

브론즈 광택 (—— 光澤, bronzing)　⇨ 바램 (2).

브론즈 블루 (bronze blue)　⇨ 베를린 블루. 덩어리는 금속광택에 있으므로 지어진 명칭이다.

브론즈 액 (—— 液, bronzing liquid)　금 에나멜, 은 에나멜에 있어 금분, 은분을 배합하여 사용하는 전색제이다.

브롬산 염 (—— 酸鹽, bromate)　일반식 M^I BrO_3. 무색의 결정. 염소산 염과 매우 유사하나 물에 대한 용해도는 일반적으로 낮고 안정성도 작다. 염소산 염보다 강한 산화제이다.

브롬수 (—— 水, bromine water)　브롬의 수용액(보통은 포화수용액). 적색. 브롬은 20℃, 1기압에서는 100 g의 물에 3.58 g 녹는네, 물에 녹으년 가수분해한다. 또 용액 속에서 생성한 하이포아브롬산 HBrO는 빛의 작용으로 분해하여 산소를 발생한다. 브롬은 증발하기 쉬우므로 브롬화칼륨 등을 가해서 안정화시킨다. 산화제, 브롬화제로 사용된다.

브롬화 (—— 化, bromination)　유기 화합물에서 브롬 치환체를 형성하는 반응. 수소원자를 브롬으로 치환하는 것이 보통이며, 부가 반응으로 브롬 유도체가 형성되는 반응은 브롬 부가라 한다.

브롬화물 (—— 化物, bromide)　브롬보다도 전기 음성도가 낮은 원소와 브롬의 화합물의 총칭. 브롬화 수소산의 염 KBr 등, 혹은 비금속 원소와 브롬이 공유결합한 화합물 CBr_4 등을 지칭한다. 탄화수소의 브롬 치환체 CH_3Br, C_6H_5Br 등도 브롬화물로 총칭되

는 경우가 있다. 염소수·진한 질산·니크롬산·질산 등 산화제에 의해서 쉽게 브롬을 유리시킨다. 납이온에 의하여 백색 침전, 은이온에 의하여 담황색 침전을 생성한다. 금속의 브롬화물은 금속과 브롬을 직접 반응시키거나 금속이나 그 산화물 등을 브롬화수소산에 녹이거나 금속의 수산화물에 브롬을 흡수시키면 생긴다. 또 비금속의 브롬화물은 성분의 직접 작용에 의해서 만든다. 알칼리 금속 등 양성이 강한 금속의 브롬화물은 브롬이온을 함유하는 이온 결정으로 물에 잘 녹아 수용액 속에서는 이온으로 해리(解離)되고 또 산화물을 가하면 브롬이 유리된다. 양성이 약한 전이금속 등의 브롬화물은 상당한 공유결합성을 보이며, 녹는점·끓는점이 낮아 물에 잘 녹지 않는 것도 있다. 비금속의 브롬화물은 공유결합성을 지닌 분자이며 휘발성이 있어 상온에서 기체 또는 액체인 것이 많다. 염화이온·요오드이온 공존(共存) 아래서의 검출은 시프 시약을 써서 한다. 브롬화은·브롬화칼륨 등의 브롬화물은 사진공업에서 수요가 많다.

브롬화 은 (—— 化銀, silver bromide)　물에 녹기 어려운 담황색 결정. AgBr. 녹는점 434℃, 700℃에서 분해된다. 천연으로는 브롬라이트라는 광물로서 산출된다. 시안화칼륨이나 티오황산나트륨을 가한 수용액에는 착염(錯鹽)을 만들고 용해된다. 또 암모니아수나 뜨겁고 진한 질산은에는 약간 녹지만 알코올에는 녹지 않는다. 빛에 쬐면 차차 분해되어 은을 유리(遊離)하고 검게 된다. 이 반응은 파장이 짧은 자외선이나 푸른 빛에 의하여 일어나며, 붉은빛 등 파장이 긴 빛에는 작용하지 않는다. 다만 에오신 등의 적색 색소를 가하면 붉은 빛에도 감광(感光)된다. 질산은 수용액에 브롬화칼륨 또는 브롬화나트륨을 가해서 만든다. 사진 감광재료로서 필름, 건판, 인화지 등에 널리 사용된다.

브롬화 이온 (bromide ion)　브롬의 음이온 Br^-. 오래된 문헌에서는 브롬 이온이라 쓰여져 있으나 브롬 양이온 Br^+도 존재하므로 음이온 Br^-은 브롬화 이온이라 하는 것이 정확하다.

브롬화 칼륨 (potassium bromide)　수용성의 무색 결정. KBr. 녹는점 748℃, 끓는점 1,393

℃, 비중 2.756이다. 물에는 잘 녹지만 알코올·에테르 등에는 약간 녹는다. 공업적으로는 가열한 이산화칼륨 수용액에 브롬을 작용시켜 얻는데, 쇳조각에 브롬과 수증기를 가하여 생긴 브롬화철에 석회유(石灰乳)를 가해서 수산화철을 제거한 다음 황산칼륨을 가하여 얻는 방법도 있다. 사진재료, 의약품(진정제), 적외 흡수 스펙트럼 측정용 등에 사용된다.

브롬화칼륨 정제법 (── 化 ── 錠劑法, potassium bromide disk method)　적외 스펙트럼 측정을 위한 시료 조제법의 하나. 분말 시료를 그 100배 정도의 브롬화 칼륨 분말과 혼합하여 0.5~1 GPa로 가압하여 투명 내지 반투명의 정제로 성형하여 이것을 측정에 사용하게 한다.

브뢴스테트 산 (── 酸, Bronsted acid)　산을 프로톤 공여체(proton donor), 염기를 프로톤 수용체(proton acceptor)로 하는 정의에 따르는 산, 염기를 브뢴스테트 산, 브뢴스테트 염기라고 한다. 1923년에 J. N. Bronsted와 T. M. Lowry가 각각 독자적으로 이 정의를 제출하였다. 예를 들면 $NH_4^+ \rightleftharpoons NH_3 + H^+$에 있어 NH_4^+은 산이고 NH_3은 염기이다. 또한 HCl은 수중에서 다음과 같이 해리한다. $HCl + H_2O \rightleftharpoons H_3O^+ + Cl^-$ 여기서 HCl은 산이고 H_2O는 염기이다. 또 H_3O^+를 H_2O의 공역산, Cl^-를 HCl의 공역 염기라 한다. 이 정의는 수용액 중에 한하지 않고 비수용액 중에 있어서도 통용된다.

브뢴스테트 염기 (── 鹽基, Bronsted base)　⇨ 브뢴스테트 산.

브루신 (brucine)　마전과 식물인 *Strychnos* 속 종자에 스트리퀴닌과 함께 함유되는 알칼로이드 $C_{23}H_{26}N_2O_4$. 스트리퀴닌의 디메톡시 치환체. 백색 프리즘상(狀) 결정(4분자 결정수)으로, 녹는점 105℃(무수물의 녹는점 178℃). 메탄올·클로로포름·아세트산에틸에는 녹고, 에테르·벤젠·물에는 잘 녹지 않는다. 구조식은 복잡하나 구조 결정 및 합성에 성공하였다. 브루신과 스트리크닌(브루신은 스트리크닌의 디메톡시 유도체)의 구조는 거의 같지만 모두 유독하다(특히 스트리크닌의 맹독성은 예로부터 유명하다). 스트리크노스의 알코올 추출물에서 분리시켜 얻는다. 질산염의 정량(定量), 기타 세륨 등 금속의 정량·검출에 사용된다. 분석 시약으로서 또는 라세미체 산류의 광학 분할 시제로 사용된다. 격렬한 경련을 야기하는 독물이지만 미량은 신경 흥분제가 된다.

브리넬 경도 (── 硬度, Brinell hardness)　지름 5 또는 10 mm의 강철구(鋼球). 초경합금구의 압자를 500~3,000 kgf의 하중으로 시료 표면에 압입하여 생긴 파인 부분의 지름을 측정한다. 시험하중(kgf)을 파인 부분의 표면적(mm^2)으로 제한 값으로 정의되는 재료의 경도 표시법의 하나이다.

브리지 (bridge)　⇨ 아치.

브리지만 법 (── 法, Bridgemann method)　단결정의 제조법. 일단 가늘게 오므린 도가니 또는 보트 속에 다결정체를 넣고 융해시킨 후에 가늘게 오므린 끝에서 서서히 냉각·결정화시켜 단결정을 육성한다. 횡형법과 종형법이 있다.

브릴루앙 영역 (── 領域, Brillouin zone)　결정 내의 전자의 상태를 거의 자유로운 전자의 파동으로서 다룰 때, 운동량 표시를 사용하면 역격자 공간에서의 파장 벡터로 기술된다. 파동이 결정 격자와 같은 주기적인 장에 놓이면 브렉 반사를 일으켜 강한 반사를 받지만 그 조건은 역격자 공간에서의 원점과 역격자점의 수직 이등분면에 의해 주어지므로 역격자 공간은 이러한 면에 의해 영역이 분할된다. 이처럼 분할된 영역을 브릴루앙 영역이라 한다. 경계면에서는 브렉 반사로 인하여 에너지가 불연속이 되므로 전자가 존재할 수 있는 상태가 없고 전자의 에너지 준위가 불연속이 되어 밴드 갭이 형성된다.

VB법 (── 法, VB method)　'valence bond method (원자가 결합법)'의 약어이다.

VLSI　'very large scale integrated circuit (초고집적 회로)'의 약어이다. 초 LSI라고도 한다.

블랭크 테스트 (blank test)　⇨ 공(空)시험.

블랭킷 마무리 (blanket finishing)　직물의 시각적인 느낌이나 감촉을 좋게 하기 위해 직물 표면을 기모하는 마무리 공정. 모포 마무리, 페로아 마무리, 플란넬 마무리라고도 불린다.

블랭킷 크레이프 (blanket crepe)　고무 농장에서 라텍스 이외의 각종 스크랩 고무를 원료로 하여 크레이프로 마무리한 두꺼운 고무시트의 덩어리를 말한다.

블러드 액세스 (blood access)　체외 순환시키기 위해 대량의 혈액을 혈관에서 빼내거나 되돌리기 위한 수도꼭지 모양의 장치. 폴리테트라플루오르에틸렌과 실리콘 관을 조합한 외분로와 혈관을 봉합하거나 인공혈관을 이용한 내분로가 있다.

블레이즈 각 (—— 角, blaze angle)　회절 격자에서, 회절 격자면의 법선방향과 홈면의 법선방향이 이루는 각. 블레이즈 각을 θ, 격자 상수(홈의 간격)를 d로 할 때, $\lambda=2d\sin\theta$ 로 주어지는 λ를 블레이즈 파장이라 한다 일반적으로 블레이즈 파장 2/3~2배의 파장 범위 빛에 대해서 회절 격자의 능률(입사광 강도에 대한 회절광 감도의 비율)이 높다.

블로 성형 (—— 成形, blow molding)　⇨ 취입 성형.

블로치 날염 (—— 捺染, blotch printing)　미국 du Pont사가 개발한 건축 염료에 의한 면직물의 날염법. 건축 염료를 프린트, 건조 후 블로치 롤(전면에 가는 선을 조각한 롤)로 수산화나트륨과 하이드로설파이드를 함유하는 풀을 도포한 후 증열처리하여 발색시킨다.

블로치 롤러 (blotch roller)　롤의 전면에 가는 선 등을 조각한 블로치 날염용 롤. 건축 염료의 2상 날염법에도 이 롤을 사용한다.

블로 홀 (blowhole)　금속의 주조품에 함유되는 결함의 하나. 예로부터 웅덩이 중에 원래 포함되어 있던 기체나 주형의 주조재료의 열분해로 발생한 기체가 응고 또는 외부에 방출되지 않고 주물 속에 남아 속이 빈 구멍으로 된 것을 말한다.

블록 공중합체 (—— 共重合體, block copolymer)　폴리머 분자의 일부분으로, 다수의 구성 단위로 되고 그 부분에 인접하는 다른 부분과 화학구조상 혹은 입체 배치상 다른 것을 블록이라 한다. 복수의 블록이 선상으로 연결하여 구성된 폴리머가 블록 중합체이고, 그 중 2종류 이상의 단량체로 형성된 것을 블록 공중합체라 한다.

블록 날염 (—— 捺染, block printing)　고대로부터 전해오는 날염의 원형. 단단한 나무 등에 문양을 조각하고 시브라는 색통에서 색풀을 이 판에 공급한 후 천 위에 프린트 한다. 이른바 판화식에 의한 수공예적인 날염법이다.

블론 아스팔트 (blown asphalt)　원유의 감압 증류 잔유의 연질 아스팔트분에 고온의 공기를 불어넣어 산화, 중축합시켜 제조한 아스팔트. 스트레이트 아스팔트에 비해 탄성이 풍부하고 온도 변화에 의한 경도변화가 적으며, 충격에 대한 저항력이 강하고 감도비가 작다. 방수공사, 지붕잇기, 타폴린지, 전기 절연재료 등에 사용된다.

블루밍 (blooming)　고무 표면에 배합제가 스며나와 꽃모양의 무늬가 그려지는 현상. 유백화라고도 한다. 블루밍은 꽃모양을 그린다는 데 유래하는 호칭. 황, 파라핀왁스, 스테아르산, 일부 종의 노화 방지제, 가황 촉진제, 가공 조제 등은 사용량에 따라 블루밍이 생기기 쉽다. 플라스틱 가소제 등의 표면 석출도 블루밍이라 한다.

블루 스케일 (light fastness standard, blue scale)　염료와 염색물의 내광 견뢰도의 기준이 되는 1조의 염색물을 대지에 첨부한 것. 1~8급의 8종의 내광 견뢰도가 다른 염료로 염색된 청색의 양모 염포로 되어 있다. 이것을 시료와 동시에 노광하여 조사 시간과 퇴색도 관계를 비교하여 견뢰도를 평가한다. 1급은 견뢰도가 가장 낮고 8급이 최고이다.

블루잉 (blueing)　표백된 섬유품에 외견상의 백색을 돋보이게 하기 위해, 청~청자색의 염료를 약간 착색하는 것. 섬유는 표백되어도 약간은 황색을 띠고 있으므로 황색의 보색인 청색을 첨가하면 명도는 저하하지만 황색기는 사라져 시각적으로는 보다 백색을 느낄 수 있다. 또 형광 증백은 명도를 저하시키지 않고 백색의 정도를 증가시키는 방법이다.

블리드 (bleeding)　염색 또는 착색된 것에서 염료, 안료가 물 또는 용제 중에 용출되어 나오는 현상. 또 용출된 것이 공존하는 소재의 흰 부분을 오염시키는 것도 일반적으로 블리드라 한다. 도장에서는 스며나기라 한다.

블리딩 (bleeding)　⇨ 블리드.

블리스터 (blister)　천연 고무의 스모크드 시트 제조시 열에 의해 분해된 물질이 가스상으로 되어 큰 기포를 생고무 시트에 발생시켜 이것이 짜부러지면 크게 오무라들어 외견상 물집 상태가 되는 것을 말한다. 물집 부에는 천연 고무 본체와는 다른 열 열화한 물질을 함유하며 품질상 문제가 되는 경우가 있다. 수포(水疱)라고도 한다.

블리스터링 (blister, blistering)　도막 표면에 형성되는 부종상의 것. 도막-도장 소지, 도막-도막 계면에 물 또는 용제가 괴어 도막을 밀어 올리기 때문에 발생한다. 각종 형식의 삼투압 작용으로 인한다고 보고 있다.

비가역 (非可逆, irreversible)　가역이 아닌 현상을 지칭하는 형용사. 마찰력 등이 작용하는 현실의 매크로한 현상은 모두 비가역이다.

비가역 과정 (非可逆過程, irreversible process)　불가역한 변화 과정. 가역 과정의 대응어. 자발적으로 일어나는 변화는 모두 비가역 과정이다.

비가역 반응 (非可逆反應, irreversible reaction)　화학 반응이 한 방향으로만 진행하여 보통 조건하에서는 역반응이 일어날 수 없을 때 이 반응을 비가역 반응이라 한다. 예를 들면 발열반응으로 반응열의 산일이 일어나는 경우와, 반응물이 즉시 다음 반응을 일으켜 소비되는 경우가 이에 해당한다.

비가역 저해 (非可逆沮害, irreversible inhibition)　효소반응이 어떤 종의 물질에서 영속적으로 저해되는 것. 저해제가 효소의 기질 결합부위에 공유결합을 형성하여 그 부위를 점하여 기질이 결합할 수 없는 상태가 된다. 저해제의 구조와 저해의 강도 관계를 규명하면 활성점의 구조에 대한 지견을 얻을 수 있다.

비가역 전극 반응 (非可逆電極反應, irreversible electrode reaction)　교환 전류밀도가 작고 신속하게 열역학적 평형에 이를 수 없는 전극 반응이다.

비가역 파 (非可逆波, irreversible wave)　전기화학 반응을 조사하는 볼타모그램에서, 전극 전위를 소인하면 산화전류 혹은 환원

전류가 관측된다. 그러나 그 중 전위를 반전하여 소인하여도 역반응에 의한 전류가 흐르지 않을 때의 전류-전위곡선을 가리켜 비가역파라 한다.

비간섭성 산란 (非干涉性散亂, incoherent scattering)　입사파와 산란파 사이에서 또는 산란파끼리의 위상관계가 흐트러져 간섭성이 상실되는 산란. 산란파의 파장이 변화하고 있을 경우가 보통이며, 전자에 의한 짧은 파장의 전자파의 산란인 경우에 일어나는 콤프턴 산란은 그 한 보기이다. 그러나 수소 원자핵에 의한 열중성자선의 경우와 같이 스핀만이 변화하고 있을 때도 있다. 산란파의 방향분포는 완만하지만 산란체의 구조에 따라 일정한 특징을 갖는다. 별개의 산란체에 의한 산란파는 서로가 간섭하지 않고 회절상을 만들지 않지만 회절현상 전체에는 간섭성 산란과 동시에 기여한다. 또한 산란체가 기체 중의 분자와 같이 그 배치가 무질서할 때는 개개의 산란이 간섭성 산란이라 할지라도 회절상을 만들지 않으므로 이 경우의 산란을 비간섭성 산란파라고 부르는 수가 있으나 이것은 체질적으로 간섭성 산란이므로 용어상 주의가 필요하다.

비결정성 (非結晶性, amorphous)　고체 물질의 상태를 나타내는 형용사. 고체의 분류에서 무정형과 비정질의 고체는 각각 "외형의 부정" 및 "원자·분자 배열의 장거리 규칙도의 결여"에 주목한 것과, 이에 비해 "열역학적 비평형"에 주목한 것이 유리상태의 고체이다. 무정형과 비결정질은 학술적으로는 동의어가 아니지만, 최근의 반도체와 합금 등의 과학기술 영역에서는 양자가 같은 뜻으로 사용되는 일이 많고, 해설서에서는 비결정성(amorphous)을 명사적으로도 사용하고 있다.

비결정성 반도체 (非結晶性半導體——, amorphous semiconductor)　결정과는 달리, 장거리 규칙도가 없는 비정질 물질의 반도체. 원자 배열에 있어 3차원적인 주기성을 가지는 고체를 결정질이라 하는데, 이러한 주기성을 갖지 않는 고체를 비결정성 물질(비결정성질)이라 한다. 난거리에서의 원사 배열은 결정과 매우 비슷하지만 장거리 질서가 없

기 때문에 녹는점 등의 물성상수가 정확하게 정해지지 않는 이러한 물질을 사용한 반도체가 비결정질 반도체이다. 대표적인 것으로 비결정성 칼코게나이드, 비결정성 실리콘이 있다.

비결정성 실리콘 (非結晶性 ——, amorphous silicon) 실리콘(규소)으로 되어 있는 장거리 규칙도가 없는 3차원 그물눈 구조를 갖는 물질. 실리콘의 진공증착 혹은 SiH_4, Si_2H_6 등의 실란류 플라스마 분해와 광 분해에 의해 박막으로 얻어진다. 후자의 방법으로 형성되는 박막은 실리콘에 결합한 수 %~20% 정도의 수소를 함유하며, 수소화 비결정성 실리콘이라 불린다. 이것은 대면적 광전변환 장치용 재료로 태양전지와 복사기의 감광 드럼 등에 사용되고 있다.

비결정성 칼코게나이드 (非結晶性 ——, amorphous chalcogenide) 황, 셀렌, 테루르 등의 칼코겐 및 그 화합물 융액의 급랭 혹은 진공증착 등으로 제작되는 비결정성 반도체. 대표적인 것으로 황, 셀렌 등의 단체, As_2S_3, As_2Se_3, GeS 등의 화합물이 있다. 광전 변환용의 전자재료로 복사기의 감광드럼과 텔레비전의 브라운관 등에 사용되고 있다.

비결정질 (非結晶質, noncrystalline) 결정질에 대응하는 용어로서, 장거리 규칙도를 결여한 원자·분자의 집합상태를 지칭하는 형용사. 무징형 집합상태의 전형인 기체와 액체도 이에 대응하지만 일반적으로는 비결정질 고체를 지칭하는 경우가 많다.

비결정질 고체 (非結晶質固體, noncrystalline solid) 결정질 고체의 대응어로, 장거리 규칙도를 결여한 고체. 액체의 급랭으로 형성되는 유리로 되지만 기체의 증착, 결정의 가압과 고에너지선 조사, 급격 침전반응 등으로도 형성된다. 많은 비결정질 고체를 승온하면 유리전이를 보인 후 열역학적으로 가장 안정된 결정으로 이행한다. 일의적으로 상태가 정해지는 결정과 달리 제작방법에 따라 단거리 규칙도와 기브스에너지가 다른 무수한 집한상태를 생각할 수 있는 비평형 상태에 있는 것이 특징이다.

비결정질 탄소 (非結晶質炭素, amorphous carbon) ⇨ 비결정형 탄소.

비결정형 탄소 (非結晶形炭素, amorphous carbon) 결정도가 낮은 미결정질(微結晶質)의 탄소. 예전에는 결정되어 있지 않는 탄소라 생각하였다. 무연탄, 코크스, 카본 블랙, 목탄 등이 있다.

비결합성 궤도(함수) (非結合性軌道(函數), non-bonding orbital) 분자 내에서 결합에 관여하지 않는 분자궤도. 고립 전자쌍과 쌍을 안 지은 전자가 들어가는 궤도로서, 화학적으로 활성궤도인 경우가 많다. 이를테면 벤질기와 같은 홀수의 탄소 원자로 되는 교대 탄화수소에서는 비결합 궤도함수가 나타나고 그곳에 부대전자가 들어간다. 따라서 비결합 궤도함수는 유리기의 반응성 ESR 스펙트럼 등을 이해하는 데 중요하다.

비경쟁 저해 (非競爭沮害, noncompetitive inhibition) 효소반응은 저해제의 존재로 인하여 촉매작용이 저하하는데 기질농도를 높여도 저해가 저감하지 않는 것. 효소는 기질과 저해 물질에 동시에 결합하는 경우가 많지만 기질의 결합은 거의 영향받지 않는다.

비 고리식 화합물 (非 —— 式化合物, acyclic compound) ⇨ 지방족 화합물.

비공유 전자쌍 (非共有電子對, unshared electron pair) 원자값 결합법으로, 결합하는 두 원자에 공유되지 않고 하나의 원자에만 속하는 전자. 고립 전자쌍, 비결합 전자쌍이라고도 한다. 암모니아의 질소 원자에는 수소와의 결합에 관여하지 않는 고유 전자쌍의 1조가 있다. 분자궤도법에서는 비결합성 분자궤도(함수)를 점하는 전자쌍을 지칭하는 경우가 있다.

비교대 탄화수소 (非交代炭化水素, nonalternant hydrocarbon) 교대 탄화수소의 대응어이다. ⇨ 교대 탄화수소.

비교 전극 (比較電極, reference electrode) ⇨ 기준 전극.

비굴절 (比屈折, specific refraction) 물질의 굴절률을 n, 밀도를 ρ로 하였을 때 $r=(n^2-1)/\{(n^2+2)\rho\}$로 정의되는 r을 비굴절이라 한다.

비누 (soap) ⑴ 고급 지방산의 염을 총칭하여 비누라 한다. 공업적으로는 동식물 유지를 비누화하여 만든다. 보통 비누라고 하는 것은 나트륨염이지만 칼륨 기타의 금속염도 특수한 용도의 비누로 알려져 있다. 화학의 명칭으로 사용하는 경우는 비누라 표기하며, 고급 지방산 나트륨염을 주성분으로 하고, 향료·착색료 등을 가하여 제조되는 공업제품을 지칭할 때도 비누라 한다. 비누는 계면활성제로 사용되며 계면화학 연구의 대상이 되는 것은 비누분자의 거동이다. (2) 보통 화장 비누와 세탁 비누는 나트륨 비누를 주성분으로 하여 제조되지만, 살균·소독을 목적으로 특수한 약제를 가한 비누도 있다. 또 나트륨염 대신에 칼륨염을 사용한 칼륨 비누, Ca, Al, Co 등의 염을 사용한 금속 비누도 있다.

비누 정련 (—— 精練, boiling off with soap) 고농도의 비누액 중에서 생사를 처리하는 제련법. 광택과 색조가 미려한 견직이 얻어지지만 가격이 고가이므로 현재는 알칼리를 병용하는 비누소다 정련법이 많이 이용된다.

비누화 (鹼化, saponification) 일반적으로 알칼리에 의한 에스테르의 가수분해를 의미한다. 유지화학에서는 유지의 가수분해의 뜻으로 사용되나 지방산을 알칼리로 중화하는 반응도 비누화라고 부르고 있다. 공업적으로는 비누를 제조하는 공정을 말한다. 최근에는 우선 유지 지방산을 메틸에스테르로 처리한 후에 알칼리에 의해 비누화하는 것이 이루어지고 있다.

비누화 값 (—— 化價, saponification value) 유지, 납 또는 지방산 1 g을 완전히 비누화하는 데 필요로 하는 수산화칼륨의 양을 밀리그램 단위로 나타낸 수. 유지 또는 밀랍의 특성을 가리키는 수치이다. 비누화값과 산값(또는 중화값)의 차이가 에스테르값이다. 보통의 동·식물유의 비누화값은 190 정도이지만 야자유·팜유 등과 같이 분자량이 작은 글리세리드가 들어 있는 유지의 경우는 240~250 정도로 그 비누화값이 크다. 이와 반대로 분자량이 큰 글리세리드나 고급 알코올 또는 탄화수소 등 불순물이 많이 들어 있는 유지의 경우에는 그 비누화값이 작다. 예를 들면 밀랍은 88~98이고, 상어의 간유는 22~37로 되어 있다. 따라서 비누화

값은 유지나 밀랍류에 들어 있는 지방산의 성질 또는 비누화되지 않는 물질의 양을 추정하는 데 도움이 된다.

비뉴턴 유동 (非 —— 流動, non-Newtonian flow) 물질의 전단유도에 있어 전단응력과 전단속도가 비례한다는 뉴턴의 법칙이 성립하지 않는 경우를 비뉴턴 유동이라 한다. 성립하는 경우는 뉴턴유동이라 한다. 비뉴턴 유동에서는 유동곡선이 곡선이 되고 전단 점성률은 전단응력 또는 전단속도에 의해 변화하여 상수가 되지 않는다. 유동곡선이 응력축에 대해서 볼록할 때 의소성유동, 오목할 때 다일러탠트 유동이라 한다. 빙감물체가 나타내는 유동도 그 보기이며, 모두가 겉보기의 빙점률이 층 밀리기 변형력의 간에 대응하여 결정되고 재현성이 있으며 시간 의존성을 나타내지 않는다. 고분자의 묽은 용액의 유동, 콜로이드 분산계가 나타내는 구조점성, 점강성 액체의 유동 등도 비뉴턴 유동이다.

비닐 레더 (poly(vinyl chloride)leather) ⇨ 염화비닐 레더.

비닐 알코올 (vinyl alcohol) $CH_2=CHOH$. 형식적으로는 가장 간단한 불포화 알코올이나 안정된 화합물로서는 단리할 수 없고, 케토-엔올 호변이성에 의해 안정된 케토형의 아세트 알데히드로 변화한다. 비닐 알코올의 에스테르는 안정된 화합물로서 존재한다. 에스테르의 중합물을 가수분해하면 폴리비닐알코올이 생긴다.

비닐폴리머 (vinyl polymer) 비닐기 $-CH=CH_2$가 있는 단량체를 부가중합하여 얻게 되는 폴리머의 총칭이다.

비단백 질소 (非蛋白窒素, nonprotein nitrogen) 혈청 중의 단백질을 제외한 나머지 저분자의 질소 화합물의 총칭. 약어 NPN. 주로 요산, 크레아틴, 아미노산, 요산 등으로 되어 있다. 신장기능의 저하시에 NPN이 상승하므로 진단상 중요하다. 잔여 질소라고도 한다.

비대칭 (非對稱, chiral) 분자 비대칭성을 나타내는 형용사. 키랄이라고도 한다. 우형 및 좌형 거울상 이성질체가 존재하는 형태의 분자를 키랄 분자라 한다.

비대칭 고정상 (非對稱固定相, chiral stationary phase)　광학 활성인 고정상에서 D-아미노산과 L-아미노산 같은 거울상 이성질체의 분리에 이용된다. 실리카겔에 광학 활성적인 기를 화학결합한 것이 많으며, 고속 액체 크로마토그래피용의 충전체, 고성능 얇은 막 크로마토그래피용의 운반체 등으로 사용된다.

비대칭성 (非對稱性, asymmetry)　거울상 이성질체 즉 광학 이성질체가 존재하는 현상을 예로부터 비대칭성이라고 하였다. 비대칭성은 원래 무대칭을 표현하는 용어이지만 거울상 이성질체가 존재하기 위해서는 완전히 무대칭일 필요는 없다. 회전대칭이 있어도 회영(回映)대칭만 없으면 거울상체는 존재한다. 따라서 거울상 이성질체가 존재하는 현상에 대해 부제라는 용어를 사용하는 것은 엄격한 의미에서 현실과 부합되지 않는다. 거울상 이성질체가 존재하는 현상은 현재는 키랄리티라 불리며, 예전에 사용하였던 asymmetry란 용어에 대해서는 "비대칭"이라 번역하고 있다. 일부에는 비대칭 반응, 비대칭 유도 등, 비대칭을 키랄의 동의어처럼 사용하는 경우도 있다. 부제 탄소 원자는 완전히 무대칭의 분자를 부여하므로 이 경우는 진정한 부제이다.

비대칭 유도 (非對稱誘導, asymmetric induction)　프로키랄한 기질에 도입한 키랄구조(부제원, 그림에서는 C)의 영양으로 시약의 반응 방향이 통제되어 새롭게 생성하는 키랄 부분(그림에서는 C*)의 우 및 좌의 조성이 한쪽으로 쏠리는 현상. 생성물이 디아스테레오머인 점에서 디아스테레오 선택(구별) 반응이라 불리며 비대칭 합성의 한 수단이다.

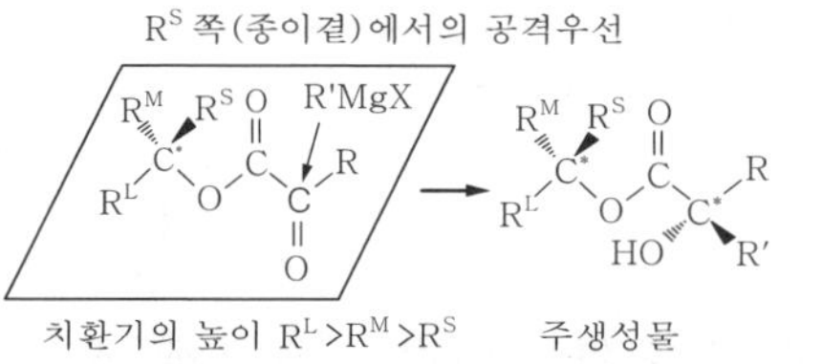

R^S 쪽(종이결)에서의 공격우선

$$R^M \quad R^S \quad O \qquad R'MgX \qquad\qquad R^M \quad R^S \quad O$$

치환기의 높이 $R^L > R^M > R^S$　　　주생성물

[비대칭 유도]

비대칭 전위 (非對稱電位, asymmetry poten-tial)　전기화학 계측 등에 사용하는 전극에서 동일 특성을 갖도록 작제한 복수의 전극 간에 생기는 오차적인 전위차를 말한다.

비대칭 중심 (非對稱中心, chiral center)　정사면체 구조를 취하는 분자에서는 중심 원자에 결합하는 4개의 원자 또는 원자단이 모두 다를 때 분자는 대칭성이 된다. 이와 같은 분자에서 정사면체의 중심에 있는 분자를 말한다. 부제 중심과 동의어이다.

비대칭 탄소 원자 (非對稱炭素原字, asymmetric carbon atom)　분자 중에 4개의 다른 원자 혹은 치환기와 결합하여 키랄 중심을 형성하는 탄소 원자. 비대칭 탄소 원자가 있는 화합물에는 광학 활성이 있는 거울상 이성질체가 존재한다. 이것은 1874년 J. H. 반트호프와 L. A. 르벨에 의해 탄소사면설로서 증명되었다. 이 설에 따르면 비대칭 탄소 원자는 정사면체의 중심에 위치하게 되고 각개의 결합축은 이 중심과 4개의 정점을 결합하는 방향으로 되어 있다.

비대칭 톱 (非對稱——, asymmetric top)　3개의 주관성 모멘트의 값이 각각 다른 회전체. 예를 들면 디클로로메탄, 물 등의 분자를 말한다.

비대칭 합성 (非對稱合成, asymmetric synthesis)　프로키랄한 분자를 기질로 하여 분자 내의 좌, 우 요소의 어느 한쪽을 우선적으로 시약과 반응시켜 광학 활성인 생성물이 얻어지도록 설계된 반응을 비대칭 반응이라 하고, 비대칭 반응을 이용하여 광학활성인 물질을 합성하는 과정을 비대칭 합성이라 한다. 비대칭 반응을 이룩하려면 광학 활성인 물질(부제원)을 기질 또는 시약, 촉매에 도입할 필요가 있다. 광학 활성인 시약 등을 사용하는 비대칭 합성에서는 거울상 이성질체의 한쪽이 과잉 생성되는 것이 보통이나 효소는 엄밀한 비대칭 합성 반응을 하여 광학 활성체를 부여한다.

비도전율 (比導電率, specific electric conductivity)　⇨ 전기 전도율.

비등석 (沸騰石, boiling tips)　돌비를 방지하기 위해 가열용액 중에 투입하는 다공질성의 고체 소편. 초벌구이의 도편, 다공성 유리, 각종 비석 등이 사용된다.

비등 전열 (沸騰傳熱, boiling heat transfer) 전열면을 통해서 액을 가열하여 증발시키는 경우 전열면의 온도가 액의 포화온도보다 높으면 전열면상에서 액이 증기상으로 변화한다. 이 경우의 전열을 이른다. 전열면의 표면 온도를 상승시켜 나가면 표면에서 기기포가 발생하여 풀비등, 핵비등 상태에서 번아웃점을 거쳐 드디어는 발생한 증기포가 합체하여 전열면과 액 사이에 증기막이 끼게 되는 막비등 상태에 이른다. 전열속도가 매우 크고 보통 번아웃점 직전의 핵비등 영역에서 조작된다.

비례 제어 (比例制御, proportional control) 피드백 제어계에 있어 조작량의 변화 Δu를 제어하고자 하는 양(피 제어량)과 그 목표값의 차. 즉 편차 e에 비례하도록 한 제어방식. P 제어라고도 한다. $\Delta u = Ke$로 표시할 수 있다. 여기서 K는 상수로 비례감도 혹은 비례상수라 불린다. 또 Δu는 조작량이 취할 값을 정상상태시에 조작량이 취할 값의 변위로 표시하고 있다.

비로이드 (viroid) 저분자량 핵산의 병원체. 식물에 기생하며 기형 등의 증상을 야기한다. 분자량 약 10만의 고리 모양 한 가닥 RNA만으로 구성되며 구조 단백질이 결여되어 있다. 숙주 세포의 RNA 합성 효소에 의해 복제된다. 1971년 미국 농무성 식물바이러스 연구소의 T. O. 디너가 발표하였다. 미국과 캐나다 지역에 오래 전부터 있던 감자가 길쭉해지는 괴상한 병에서 새로운 병원체 입자로서 발견되었다. 전자현미경으로 비로이드의 RNA 사진촬영에 성공하였다. 계속적인 연구로 동물과 인간의 난치병·괴병으로 알려진 원인불명의 병도 이것으로 해결할 수 있는 길이 열릴지도 모르기 때문에 주목되고 있다.

비루스 (virus) ⇨ 바이러스.

비리알 계수 (—— 係數, virial coefficient) ⇨ 비리알 전개.

비리알 전개 (—— 展開, virial expansion) 기체의 압력을 몰 체적 역수의 멱급수로 전개하는 것. 전개식은 실제 기체의 상태방정식 표현의 하나이다. H. Kammerling Onnes (1901년)에 의해 도입되었다. 전개항의 계수를 비리알 계수라 한다.

비리알 정리 (—— 定理, virial theorem) 분자 등의 입자 집합계에서, 어떤 입자의 위치 좌표를 $x \cdot y \cdot z$로 하고, 그것에 작용하는 성분을 X, Y, Z로 할 때 모든 입자에 대한 합 $-(1/2)\sum(xX + yY + zZ)$의 시간적 평균값을 입자에 작용하는 힘을 비리알이라 한다. 비리알은 강도를 의미하는 라틴어에 근거한다. 평형상태에서 비리알과 운동 에너지의 평균값은 같다. 이것을 비리알 정리라 한다.

비리온 (virion) 바이러스 입자를 말한다. 완전히 성숙한 단계의 것을 지칭한다.

비만 세포 (肥滿細胞, mast cell) ⇨ 마스트 세포.

비 발효성 물질 (非發酵性物質, nonfermentable substance) 미생물의 작용으로 분해되어 다른 물질로 전화되지 않는 물질. 그 종류는 미생물 균주에 의해 정해진다.

비 방사능 (比放射能, specific radioactivity) 하나의 원소 또는 그 원소를 함유하는 화합물의 단위 중량당에 함유되는 방사성 동위체의 방사능 강도. 원소 또는 화합물 $1\,g$당 혹은 $1\,mg$당의 방사능을 큐리 Ci, 매분당 파괴수 dpm, 매분당 카운트수 cpm 등으로 표시한다. 또 방사성 동위체의 원자수와 그 원소의 전 원자수의 비율로 나타내는 경우도 있다.

비 베르너 착물 (非 —— 錯物, non-Werner complex) 베르너 착물의 대응어. 베르너 착물처럼 배위자가 전자쌍 공여체, 중심 원자가 전자쌍 수용체라고 단순하게 생각할 수 없고, 역공여, π전자 공여 등을 함유하고, 베르너의 배위이론으로 설명할 수 없는 착물을 이른다. 주로 전이금속의 저산화수 이온을 중심원자로 하여, 일산화탄소, 소스핀, 아르신, 불포화 탄화수소, 방향족 탄화수소 등이 배위한 착물을 가르킨다. 예를 들면 금속 카르보닐 [Ni(CO)$_4$], 올레핀 착물 K[PtCl$_3$(C$_2$H$_4$)], 샌드위치 착물 [Fe(C$_5$H$_5$)$_2$], [Cr(C$_6$H$_6$)$_2$] 등이 있다.

비 벤제노이드 (非 ——, nonbenzenoid) 전형적인 방향족 화합물은 벤젠 고리가 있지만 벤젠 고리와는 다른 고리식 구조를 하고, 방향족 화합물과 유사한 방향족성이 있는 화합물을 총칭하여 비벤제노이드라고 한다. 탄소 칠원 고리가 있는 트로포론, 시클로 펜타디엔 고리가 있는 메탈로센, 아자방향족 화합물 등이 있다.

비복사 전이 (非複射轉移, nonradiative transition, radiationless transition) 전자 들뜬 상태에 있어 완화과정의 하나. 높은 에너지상태에 있는 분자가 낮은 상태로 전이할 때 발광을 수반하지 않고 다른 전자상태로 전이하는 것. 내부변환과 항간 교차 등이 이에 해당한다.

비복사 탈활성 (非複射脱活性, radiationless activation) 전자 들뜸상태에 있는 분자가 무방사 전이에 의해 그 여기 에너지를 상실하는 것을 말한다.

비산 염 (砒酸鹽, arsenate) 일반식 $M^I_3AsO_4$로 표시되는 비산의 염, AsO_4^{3-}을 함유하며 일반적으로 무색 결정. 인산염과 매우 유사하다. 수소염 $M^I_2HAsO_4$ 및 $M^I H_2AsO_4$도 알려져 있다.

비색계 (比色計, colorimeter) 비색법을 실시하기 위한 장치. 시각법에 의해 실시하는 대표적인 것에 듀보스크 비색계가 있다. 광전적으로 비색하는 장치는 광전비색계라 한다.

비색법 (比色法, colorimetric method, colorimetry) 미지 시료용액 및 기지 표준용액에 적당한 시약을 가하는 등으로 착색시켜 양자의 색깔의 농도와 색조를 투과광이나 반사광으로 비교하여 정성·정량하는 방법. 비색분석이라고도 한다. ① 용액의 빛깔의 농도를 비교하는 방식 : 비색계를 사용하여 용액의 액층(液層)을 조절하여 표준 용액과 빛깔의 농도가 같아지는 점을 구하여 물질의 농도를 산출한다. 표준 물질로는 검출하려고 하는 물질과 같은 것으로서 농도를 이미 알고 있는 용액을 사용하는데 화학변화를 일으키기 쉽고 변색하기 쉬운 때는 색유리나 착색 종이 등 대용(代用) 표준 물질을 사용하기도 한다. ② 용액의 색조를 비교하는 방식 : 농도를 이미 알고 있는 각종 표준 용액을 나란히 놓고, 그 중에서 시료(試料)와 가장 비슷한 것을 찾는다. 이상은 육안에 의하여 비교하는 방법이며, 이 밖에 측정하려고 하는 빛의 양을 전기적 신호로 바꾸어 비교하는 광전(光電)비색분석법이 있다. 이것은 각종 광전비색계에 의하여 특정 파장의 빛의 흡수도를 측정하고, 표준용액의 흡수도와 비교함으로써 정량분석을 하는 것인데, 조작이 간단할 뿐만 아니라 정확하므로 널리 이용된다.

비색 분석 (比色分析, colorimetric analysis) ⇨ 비색법.

비색 정량 (比色定量, colorimetry) 비색법에 근거한 정량분석. 일련의 기지 농도의 표준 시료에 발색시약을 가하여 발색시켜, 이것과 동일한 조작을 미지 농도의 용액에도 하여 착색의 강도를 광전비색계 등으로 측정하여 비교 정량한다.

비석 (沸石, zeolite) ⇨ 제올라이트. 가열하면 끓는 사실에서 그리스어의 zein(끓는다)와 lithos(돌)로 합성된 말이다.

비선형 광학 (非線形光學, nonlinear optics) 레이저 광 등의 코히어런스 광을 어떤 종의 물질에 조사하였을 때에 생기는 양자역학 효과에 기인하는 각종 비선형상을 다루는 분야를 말한다. 입사 레이저광의 진동수 ν를 2ν (2차 고조파 SHG) 혹은 3ν (3차 고조파 THG), 또는 $\nu = \nu_1 + \nu_2$를 만족시킬 수 있도록 장파장 광으로 변환하는 광파라메트릭 발진 등을 비롯하여, 광위상 공역, 광쌍안정 등 많은 현상을 다룬다.

비선형 현상 (非線形現象, nonlinear phenomenon) 어떤 물리 현상을 나타내는 함수가 변수(예를 들면 전자기장의 크기)에 비례하지 않고 변수의 n곱($n \geq 2$)에 비례하는 항이 있는 경우, 그러한 항에 대응하는 현상을 비선형 현상이라 한다. 가령 옴의 법칙은 입력(전압) 범위를 어느 한계 이상 넓히거나 상당히 선형에서 벗어난 응답체(전구·진공관·서머스터 등)에서는 성립하지 않는다. 또 탄성체(彈性體)에 대한 후크의 법칙은 비례 한계를 넘으면 성립하지 않으며, 이상 기체(理想氣體)의 보일의 법칙도 현실의 기체에서는 성립하지 않는다. 최근에 강한 광원

(光源)의 레이저광에 의한 비선형 광학 등은 특히 주목되고 있다.

비소 거울 (砒素——, arsenic mirror)　수소화 비소(아르신)를 수소가스와 함께 가열 유리관에 도입하면 유리관 가열부에 인접한 위치에 갈색의 거울상의 부착물이 생긴다. 이 부착물을 비소 거울이라 한다. 비소 검출법의 매쉬시험에 이 거울의 생성이 이용되고 있다.

비수 용매 (非水溶媒, nonaqueous solvent)　넓은 의미로는 물 이외의 용매를 지칭하지만 일반적으로는 유기 용매에 대해서는 별도로 하고, 물 이외의 무기 용매를 말한다. 액체 암모니아, 액체 이산화황, 액체 황화수소, 액체 플루오르수소 등. 이들 용매는 ① 각종 무기 화합물뿐만 아니라 유기 화합물을 용해하는 작용이 크고, ② 순수한 상태에서도 약간 이온화하고 있으며, ③ 용질에 대하여 이온화시키는 능력을 가지고 있고, ④ 가용매 분해(可溶媒分解)를 일으키며, ⑤ 양쪽성 현상, 즉 강한 산에 대해서는 염기로서 작용하고, 강한 염기에 대해서는 산으로서 작용하는 등의 여러 가지 점에 있어서 물과 비슷한 성질을 지니고 있다. 또 비수용매를 적정 용매로 이용하는 방법을 비수용매 적정이라고 하는데, 시료가 물에 녹지 않거나 물과 반응할 경우 적정이 곤란할 때 사용된다. 특히 약한 산이나 약한 염기의 적정시에 매우 유용하다.

비스코스 (viscose)　셀룰로오스에 수산화나트륨과 이황화탄소를 작용시켜 얻어지는 고점도의 용액. 공업적으로는 수산화나트륨 수용액에 펄프를 침지시켜 알칼리 셀룰로오스로 하고 이것을 파쇄 숙성시킨 후 이황화탄소를 작용시켜서 셀룰로오스크산토겐산나트륨으로 하고 이것을 묽은 수산화나트륨 용액에 용해한다. 비스코스를 산성 수욕 중에서 방사하면 셀룰로오스크산토겐산나트륨이 산 분해하여 셀룰로오스가 된다. 이것이 비스코스 레이온이다.

비스코스 레이온 (viscose rayon)　비스코스를 습식 방사하여 제조하는 재생 섬유. 방사 노즐에서 일정량을 연속적으로 황산, 황산나트륨, 황산 아연으로 된 수욕 안에 압출하여 응

고시킨다. 인조섬유의 제조는 인조견사(人造絹絲 : 레이온)에서 비롯되었는데, 1898년 여러 가지 제조 방식 중에서 알칼리 셀룰로오스와 이황화탄소와의 반응을 이용한 비스코스 방식이 C. H. 스턴에 의하여 발명되었다. 이 방식은 제조방법이 쉽고 생산비도 싸기 때문에 많은 발전을 하였으며, 지금은 이 방법이 레이온 제조에 가장 많이 쓰이고 있다. 비스코스 인견이라고도 하며, 단섬유로 자른 것은 스테이플파이버(스프)라고도 하였으나 현재는 그다지 쓰이지 않는다.

비스페놀 A (bisphenol A)　아세톤과 페놀 2분자가 축합한 대칭구조의 2가 페놀. $HOC_6H_4C(CH_3)_2C_6H_4OH$. 백색 침상의 결정. 녹는점 $155 \sim 156℃$. 아세톤과 페놀을 황산 또는 농염산 촉매로 축합하여 얻어진다. 비스페놀 A의 A는 아세톤에서 합성된다는 것을 뜻한다. 포르말린과 페놀에서 합성된 비스페놀 F도 있다. 에폭시 수지와 폴리술폰의 합성 원료로 중요하다. 또 페놀 수지, 살균제, 고무 산화 방지제 원료로도 쓰인다.

비시큐러 사진 (—— 寫眞, vesicular photography)　투명 베이스의 표면 또는 내부에 빛의 반사 및 산란이 일어나는 성질을 빛으로 화상상으로 부여하여 투영용 화상을 형성시킨 것. 예를 들면 디아조늄염 등의 광분해로 방출시키는 가스의 발포현상을 이용하는 화상 형성법 등이 있다.

BCS 이론 (—— 理論, BCS theory)　1957년 J. Bardeen, L. N. Cooper, J. R. Schrieffer에 의해 제출된 초전도의 미시적 이론. BCS는 3인의 머리 글자. 서로 역향의 운동량, 반평행 스핀이 있는 두 전자 간에는 쿨롱 반발력 뿐만 아니라 포논을 매개로 한 인력이 작용하고 그 결과 전자의 쌍 (Cooper쌍)이 형성된다. BCS 이론에서는 이와 같은 전자쌍의 초전도 상태로서 상전이를 설명한다. 이 이론에 의해 대부분의 초전도체에서의 임계온도, 임계자기량, 열용량, 마이스너 효과, 침입 깊이 등의 성질이 합리적으로 설명된다.

BR　'butadiene rubber (부타디엔 고무)'의 약어이다.

비압축성 (非壓縮性, incompressibility)　압축

률이 0이고 압력이 가해져도 체적의 변화가 없는 것을 말한다.

비압축성 액체 (非壓縮性液體, incompressible fluid)　유체의 운동을 생각할 때, 그 밀도 변화를 무시할 수 있는 경우 이것을 비압축성 액체 혹은 수축되지 않는 액체라 한다. 보통 흐름에 대해서 유체는 비압축성이라 볼 수 있고, 음속에 비해 충분히 느린 흐름에 대해서는 기체도 비압축성이라 보아도 좋다.

BHC (benzene hexachloride, BHC)　벤젠헥사클로리드(1, 2, 3, 4, 5, 6, 헥사클로로시클로헥산)의 농약으로서의 일반명. 7종의 입체 이성질체가 있다. 강력한 살충효과가 있는 유기염소계 합성 살충제. 먹이사슬을 통해 동식물, 인체에 축적되는 사실이 알려졌으므로 사용이 금지되었다.

비열 (比熱, specific heat)　많이 사용되는 용어이지만 비열용량이라 하는 것이 정확하다. ⇨ 비열용량.

비열용량 (比熱容量, specific heat capacity)　단위 질량당의 열용량. SI단위는 $JK^{-1} kg^{-1}$. 대체로 온도에 따라 변화한다. 또 온도를 높일 때 일정 압력하에서 하든가 또는 일정 체적을 유지하는가에 따라 다르므로 정압비열과 정적비열을 구별한다. 특히 기체에서는 양 비열용량의 차가 현저하다. 전이를 수반하지 않는 경우의 비열용량은 물질 구성 입자의 열운동과 상호작용의 에너지와 온도와의 관계로부터 통계역학으로 구하게 된다.

BOD 'biochemical oxygen demand (생화학적 산소요구량)'의 약어이다.

비오틴 (biotin)　비타민 B군의 하나. 탄산고정 반응의 보효소가 된다. 난백에 함유되는 아비딘과 결합하므로 예를 들면 쥐에게 생난백을 다량으로 투여하면 비오틴 결핍증이 발생한다. D-비오틴만이 활성을 가진다. 장내 세균에 의해 합성되며, 그 일부가 흡수되어 이용된다. 사람은 특별히 이것을 섭취할 필요는 없다. 효모의 증식에 필요한 인자로 생각되었던 미량 물질인 비오스로부터 1936년 F. 쾨글이 분리하여 비오스와 관련지어 비오틴이라는 이름을 붙였다.

비올로겐 (viologen)　피리디늄염 2분자가 4-자리에서 결합하여 페닐형의 고리집합을 형성하고 있는 화합물. R이 CH_3의 화합물을 메틸비올로겐이라 한다. 저전압에서 전자 환원되어 진한 청색으로 착색하고 일렉트로크로미즘 현상을 나타내므로 전기 화학적 산화–환원반응에 기인하는 표시 재료로 연구되고 있다.

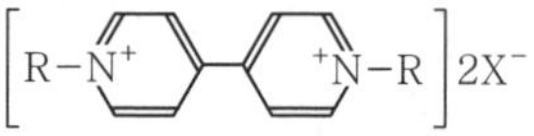

$$\left[R-N^+ \!\!\!\bigcirc\!\!\!\bigcirc\!\!\! {}^+N-R \right] 2X^-$$

[비올로겐]

비이온 계면활성제 (非 —— 界面活性劑, nonionic surfaceactive agent, nonionic surfactant)　수용액 중에서 이온으로 해리하지 않고 분자 전체로서 계면활성을 나타내는 물질. 노니온 계면 활성제라고도 한다. 폴리(옥시에틸렌) 알킬에테르와 다가 알코올을 친수기로 하는 고급 지방산 에스테르 등이 있다. 상온에서는 보통 물에 용해하고 온도가 높아지면 용해도가 감소하여 탁해지는 것이 있다. 유화제, 분산제, 세정제로서 널리 이용되고 있다.

비저항 (比抵抗, specific resistance)　⇨ 저항률.

비 전기저항 (比電氣抵抗, specific electric resistance)　⇨ 저항률.

비 전기 전도율 (比電氣傳導率, specific(electric) conductivity)　⇨ 전기 전도율.

비전이 원소 (非轉移元素, nontransition element)　전이원소 이외의 원소. 주기율표에서 원소 분류의 한 방법. 전형 원소가 전형적이 아니고 또 이것에 12족(2B족) 원소가 포함되어 있지 않은 점에서 전 원소를 전이원소와 비전이원소로 분류하는 방식이 취해지는 경우가 있다.

비전해 도금 (非電解渡金, electroless plating)　금속 이온을 착화하여 환원제를 공존시킨 용액 중에 피도금체를 넣어 금속도금 피막을 형성하는 방법. 화학도금이라고도 한다. 환원제의 산화로 방출되는 전자가 금속이온에 이동하여 금속 피막을 형성하므로 외부에서 전류를 흘리지 않아도 도금이 석출된다. 이 방법은 절연체상에 도금할 수 있는 이점을 살려 플라스틱 도금으로 발전하였다.

금속의 이온화 경향으로 석출가능 금속이 결정되며, 공업적으로는 구리, 니켈, 코발트, 은, 금 및 이들의 합금 등이 이용되고 있다.

비 전해질 (比電解質, nonelectrolyte) 극성 용매에 용해하였을 때 이온으로 해리하지 않는 물질. 이온으로의 해리 여부는 그 용액에 전기 전도성이 있느냐의 여부로 알 수 있다. 예를 들면 물에 비전해질인 서당을 용해하여도 이온이 생기지 않는다.

비점도 (比粘度, specific viscosity) 어떤 온도에서 용액의 점성률을 η, 그 온도에서의 순 용매의 점성률을 $\eta°$로 할 때, $\eta_{sp}=(\eta-\eta°)/\eta°$로 부여되는 η_{sp}를 그 온도에서의 용액의 비점도라 한다.

비정상 액체 (非正常液體, abnormal liquid) 정상 액체의 대응어이다. ⇨ 정상 액체.

BZ 반응 (—— 反應, BZ reaction) ⇨ 벨로조프-자보틴스키 반응.

비조화성 (非調和性, anharmonicity) 진동의 퍼텐셜 에너지의 비조화항이 무시할 수 없는 경우 이 진동은 비조화성이 있다고 한다. ⇨ 비조화 진동.

비조화 진동 (非調和振動, anharmonic vibration) 진동의 퍼텐셜 에너지를 평형위치 부근에서 전개하였을 때 변위의 2곱에 비례하는 항(조화항)외에 3곱 이상으로 비례하는 항(비조화항)까지를 고려할 필요가 있는 경우, 이 진동을 비조화 진동이라 한다. 진동 스펙트럼을 상세하게 해석할 때 중요하다.

비중 (比重, specific gravity) 어떤 온도에서 어떤 체적을 점하는 물질의 질량과 같은 온도, 같은 체적인 표준 물질의 질량과의 비. 액체와 고체의 경우에는 4℃의 순수한 물을 표준 물질로 선정하는 것이 보통이다. 상대밀도와 동의어. 표준 물질로서는 고체 및 액체의 경우에는 보통 1 atm, 4℃의 물을 취하고, 기체의 경우에는 0℃, 1 atm하에서의 공기를 취한다. 비중은 온도 및 압력(기체의 경우)에 따라 달라진다. 무차원수(無次元數)인데, 고체・액체에 대해서는 그 값이 소수점 이하 5자리까지 밀도와 일치한다. 대부분 비중과 밀도는 그 값이 같다고 생각해도 무방하다.

비중병 (比重瓶, pycnometer, specific gravity bottle) 주로 액체의 밀도를 측정하기 위한 소형 유리기구. 피크노미터라고도 한다. 고체(분말)용의 것도 있다. 비중병 그 자체 및 여기에 물이나 시료액체를 충만하였을 때의 질량을 측정하여 계산으로 밀도를 산출한다.

비직선형 분자 (非直線形分子, nonlinear molecule) 직선형 분자 이외의 분자. 직선상에 퍼텐셜 에너지가 작은 극대가 있고, 직선에서 엇갈린 곳에 극소가 있는 경우 이러한 분자를 특히 비직선형 분자 또는 의사 직선형 분자라고 하는 경우가 있다.

비천금속 (卑賤金屬, base metal) 공기 중에서 쉽게 산화되고 이온화 경향이 비교적 큰 금속. 귀금속의 대응어. 비천금속은 금속의 어떤 특성도 갖지 않은 것이며, 비천금속 원소의 산화물의 수용액은 대개 산이고, 수소 및 희유기체 원소를 제외하면 어느 것이나 음이온이 되기 쉽다. 그러나 금속과 비천금속의 분류는 반드시 엄밀한 것은 아니다. 예를 들면 금속과 비천금속의 성질을 아울러 가지고 있기 때문에 반금속(준금속이라고도 한다)이라 불리는 중간적인 것도 존재한다. 비천금속 원소는 장주기형(長周期型) 주기율표에서 일반적으로 오른쪽 위에 모여 있는데, 수소・붕소・탄소・규소・질소・인・비소・산소・황・셀렌・텔루르・플루오르・염소・브롬・요오드・헬륨・네온・아르곤・크립톤・크세논・라돈 등이 그 경향이 강하다. 금속원소 상호간의 혼합물이나 화합물은 합금 기타로 알려져 있어 일반적으로 금속인데, 비천금속 상호간의 화합물 또는 금속원소와 비천금속 원소와의 화합물은 대개 비천금속이다. 일반적으로 비천금속 원소의 산화물 또는 수산화물은 산성이다. 한편, 비소・안티몬・비스무트 등은 반금속으로 취급되는 일도 있고, 또 경우에 따라서는 규소와 게르마늄 등을 포함시키는 일도 있다.

비체적 (比體積, specific volume) 단위 질량의 물체가 점하는 체적. 미체적이라고도 한다. 밀도의 역수로서 SI단위는 $m^3 kg^{-1}$ 이지만 보통 $cm^3 g^{-1}$로 표시하는 일이 많다.

비충격 (比衝擊, specific impulse)　추진약의 성질을 표시하는 척도. 로켓 가스의 분출속도를 중력의 가속도로 제한 값. 혹은 전 추진력을 추진약의 질량으로 나눈 값으로 표시한다. 단위는 초이다. 1 kg의 추진약이 연소하여 1 kg 중량의 물체를 들어올리는 시간으로 생각하여, 액체 산소와 액체 수소의 2원 추진약에서는 320∼380 s. 콤포지트 추진약에서는 220∼260 s 등으로 나타낸다.

비타닌분 (非——分, nontannin)　타닌 추출물 중에 함유되는 가죽에 흡착되지 않는 성분. 유기산 및 그 염, 당, 분자량이 작은 폴레페놀 등이다.

비타민 (vitamin)　생체에 필요한 영양소 중에서 당질, 지질, 단백질 이외의 미량 유기화합물. 수용성인 것으로는 B_1, B_2, 니코틴산아미드, B_6, 판토텐산, B_{12}, 비오틴, C 등이 있고, 지용성인 것으로는 A, D, F, E, K가 알려져 있다. 수용성인 것은 생체 내에서 인산화되거나 뉴클레오티드와 결합하여 보효소가 되어 작용한다. 고등동물의 체내에서 전혀 합성되지 않거나 필요한 만큼 합성되지 아니하여 식품으로부터 반드시 섭취해야 한다. 비타민은 소량으로 신체기능을 조절한다는 점에서 호르몬과 비슷하다. 그러나 호르몬은 신체의 내분비기관에서 합성되지만 비타민은 외부로부터 섭취되어야 한다는 점이 전혀 다르다. 그러므로 체내 합성 여부에 따라서 어떤 동물에게는 비타민이, 다른 동물에게는 호르몬이 될 수 있다. 예를 들면, 비타민 C는 사람에게는 비타민이지만 토끼나 쥐를 비롯한 대부분의 동물은 몸 속에서 스스로 합성할 수 있으므로 호르몬이다. 식품의 유기 물질인 탄수화물·지방·단백질과는 달리 비타민은 에너지를 생성하지 못하며, 화학구조와 체내 기능에 있어서도 매우 다르다. 또 요오드나 구리와 같은 미량 원소들은 식품에 극히 소량 존재하면서 신체의 정상적인 기능을 유지시키는 데 필요하다는 점에서는 비타민과 유사하지만 무기 물질이라는 점에서는 비타민과 다르다.

비타민 A (vitamin A)　⇨ 레티놀.

비타민 B_1 (vitamin B_1)　⇨ 티아민.

비타민 B_2 (vitamin B_2)　⇨ 리보플라빈.

비타민 B_{12} (vitamin B_{12})　⇨ 시아노코발라민.

비타민 C (vitamin C)　⇨ 아스코르브산.

비타민 E (vitamin E)　⇨ 토코페롤.

비탁계 (比濁計, nephelometer)　탁도(흐린 정도)를 측정하여 비탁 분석에 사용하는 장치. 입사광에 대해 직각 방향에 수광부를 비치한 광도계를 말한다. 시료 용액 속에 미량으로 존재하는 은이온이나 할로겐이온 등을 비탁 정량하는 데 쓰인다. 혼탁용액에 빛을 쬐면, 용액 속의 미립자 때문에 빛이 산란(散亂)되어 젖광을 나타내는데, 이 때의 산란광의 강도는 용액의 농도에 비례한다. 젖빛광의 강도를 시료 용액과 정량하려고 하는 성분의 일정량을 포함한 표준 용액과 비교하여, 시료 용액의 농도를 정량하는 것이 비탁 정량이다. 비탁계로는 잭슨비탁계·코프케비탁계·혼비탁계·불프리히비탁계 등 여러 가지 종류가 있다. 실제로는 비색계(比色計)를 대신 쓰는 경우가 많다.

비탁 분석 (比濁分析, turbidimetry)　시료액의 흐린 정도를 측정하여 그 입자 농도를 구하는 화합분석법. 보통은 투과광으로 흡광도를 측정하고 이것이 입자의 농도에 비례하는 것을 이용하여 정량을 한다. 또 입사광의 축과 직각 방법의 산란광 강도를 측정하여 정량분석을 하는 방법(네펠로 분석, 비납 분석)도 비탁 분석이라 불린다. 이 경우는 특히 묽은 현탁액에 대해서 감도가 높다.

비탄성 산란 (非彈性散亂, inelastic scattering)　파동을 입자로 보았을 때, 산란 전후에서 입자의 내부 에너지와 계의 운동 에너지 간에서 에너지의 이동이 일어나는 것. X선의 콤프턴 산란은 그 한 예이고, 비간섭성 산란이다.

비탄성 전자터널 분광법 (非彈性電子——分光法, inelastic electron tunneling spectroscopy)　⇨ 비탄성 터널 분광법.

비탄성 충돌 (非彈性衝突, inelastic collision)　입자가 충돌할 때 각각의 내부 에너지가 변화하는 것. 화합반응과 여기분자의 활성 상실 등, 비탄성 산란도 이 범주에 든다. 내부 에너지가 변화하지 않는 경우는 탄성 충돌이라 한다.

비탄성 터널 분광법 (非彈性 —— 分光法, inelastic tunneling spectroscopy) 시료분자를 함유하는 절연 박막-금속 접합부를 터널 효과로 통과하는 전자 중 시료분자의 진동 모드를 여기한 비탄성 터널 전자의 전류 변화로부터 진동 스펙트럼을 관측하는 분광법. 비탄성 전자터널 분광법이라고도 한다. ITS 에 흡착한 극미량 화학종의 진동 스펙트럼 관측에 사용된다.비텔린

비터 (beater) (1) 펄프를 비팅하는 기계. 고해기라고도 한다. 칼날이 달린 회전롤과 날받이로 되며 펄프 분산액은 양자 사이를 통해서 비팅된다. (2) 방적의 혼타면 공정에서 칼날이 회전하여 타면과 먼지를 제거하는 기계의 일부. 몇 번 이 공정을 반복한다.

비텔린 (vitelline) 계란의 난황 중에 존재하는 인 단백질에 대응하는 아포 단백질. 약 1 % 의 인산염을 함유한다. 난황 중에서는 분자량 38만의 이량체로서 존재한다. α- 및 β- 비텔린의 2종이 알려져 있다. α- 및 β- 리포비텔린을 에테르-에탄올 혼액으로 처리하고 지질을 용해 제거하여 각각 얻게 된다. 물 또는 중성염 용액에 녹지 않는다. pH 10으로 점조액이 되고, 산성으로 하면 침전한다.

비트 (bit) binary digit(2진 숫자)에 유래하는 용어로서, 이진법으로 주어지는 정보량의 최소 단위. 즉 1인가 0인가, 예 또는 아니오, On 또는 Off 등을 표시하는 기능 하나를 1 bit라 한다.

비트레인 (vitrain) ⇨ 휘탄(輝炭).

비트리니트 (vitrinite) 석탄 미세조직 성분의 하나. 식물의 세포조직(목질부, 수피부)에 유래하며 다른 미세조직 성분에 비해 균질하고, 현미경 관찰(유침)로는 회백색으로 보인다. 비트리니트의 평균 최대 반사율은 석탄화도를 반영하는 중요한 지표가 된다.

비트리트 (vitrite) 석탄 조직성분의 하나. 비트리니트의 함유율이 95% 이상인 것을 지칭한다. 석탄의 성질은 석탄화도에 따라서 비트리트의 성질이 거의 결정된다. 파쇄성이 크다.

비틀림 진동 (—— 振動, torsion vibration, twisting vibration) 단일결합이나 이중 결합 주위에서 그 좌우 원자단의 상대적 위치 관계를 규정하는 2면각(내부 회전각)이 증감하는 진동. 예를 들면, 에탄의 2개 메틸기가 서로 비틀린 것 같이 움직이는 진동이 이것에 상당한다.

비팅 (beating) 제지공정의 하나로, 펄프 분산액에 실시하는 기계처리. 비팅에는 펄프 섬유를 절단하는 작용과 두드려 푸는 작용이 있으며, 사용하는 펄프의 종류와 원하는 종이의 성질에 따라 적절하게 이 두 작용의 비율을 바꾼다. 이전에는 비터가 사용되었으나 요즘에는 효율화를 위해 리파이너가 사용되고 있다.

비파괴 분석 (非破壞分析, nondestructive analysis) 시료의 물리적·화학적 상태가 거의 변하지 않는 상태에서 시료를 소비·손실하지 않고 이루어지는 분석. 시료의 손실이 없으므로 귀중한 시료의 분석에 적합하다. 또 물질의 존재 상태를 알기 위한 상태분석에 필요한 수단이기도 하다. 예를 들면 X선 회절법과 형광 X선 분석 등이 있다.

비파괴 시험 (非破壞試驗, nondestructive test) 시료를 손상하지 않고 그 재질과 결함의 유무 등을 탐지하는 것. 비파괴 검사라고도 한다. 특히 상처를 대상으로 탐지하는 경우에는 탐상(探傷)이라 한다. 방사선, 초음파, 자기, 레이저광 등을 이용하여 탐지한다.

비페닐 (biphenyl) 2개의 벤젠 고리가 단결합으로 직접 결합한 화합물. 옛 명칭은 디페닐. 이 탄화수소의 다염소화물은 통칭 폴리염화비페닐(PCB)의 명칭으로 공해 물질로 유명해졌다. 화학식 $C_{12}H_{10}$. 분자량 154.21, 끓는점 255.9℃, 녹는점 70.5℃, 비중 150(25℃)이다. 무색의 비늘모양 결정이며 물에는 녹지 않지만, 뜨거운 에탄올·에테르·벤젠 등의 유기 용매에는 잘 녹는다. 1896년 F. 울만이 요오드화벤젠 C_6H_5I와 구리 가루를 가열 반응시켜 처음으로 비페닐을 합성하는 데 성공하였다. 이 합성법을 울만반응이라고 하며, 지금도 이 용되고 있다. 전열매체(電熱媒體)로서 널리 쓰이며 이 밖에도 염료·의약품 등의 합성 원료로 쓰인다.

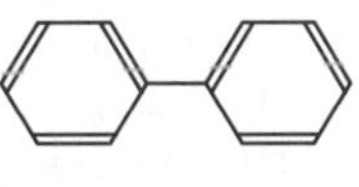

[비페닐]

비편재화 (非遍在化, delocalization) 공역분자

에 있어 π 전자가 전자 전체로 확산하여 안정화 되는 것. 두 분자가 접근하였을 때 한쪽 분자에서 다른 쪽 분자로 전자가 이동하는 현상도 비편재화라 하며, 화학 반응의 방향성과 입체 특이성을 고려하는데 있어 중요한 역할을 한다. 편재화의 대응어이다.

비편재화 에너지 (非遍在化 ——, delocalization energy)　전자의 비편재화에 수반하는 안정화 에너지. 편재상태의 정의 여하에 따라 안정화 에너지의 값이 달라지는 사실에 주의를 요한다. 벤젠과 같은 공역계에서는 π전자의 결합상태가 다른 몇 개의 구조의 공명에 의한 계의 안정화를 생각하고, 이것을 공명 에너지라고 부르고 있으나, 이와 같은 계에 대해서는 비편재화 에너지와 공명 에너지는 본질적으로 동일한 것으로 된다. 공명 에너지가 L. Pauling의 공명이론에 기인하는 개념임에 대해 비편재화 에너지는 분자 궤도법적인 입장에서 도출된 개념이다.

비 평면 구조 (非平面構造, nonplanar structure)　분자를 구성하고 있는 4개 이상의 원자핵이 동일 평면상에 있지 않는 경우의 구조. 또한 평면상에 퍼텐셜 에너지가 작은 극대가 있고, 평면에서 상하로 엇갈린 곳에 2개의 극소가 있는 분자 구조를 가리키기 위해 사용하는 경우도 있다.

비표면적 (比表面積, specific surface area)　입사군과 분체의 단위 질량당의 표면저. 보통 $m^2 g^{-1}$으로 표시한다. 입자가 작아지는데 따라 이 값은 커지며 계면 현상에 있어 중요한 값이 된다. 입자에는 보통 미세한 요철이 있으므로 현미경 관찰로는 정확한 값을 구하기 어렵고 실험적으로 질소 증기의 흡착 자료로 구해진다.

비표면적 형상계수 (比表面的形狀係數, specific surface shape factor)　⇨ 형상 계수.

비 프로톤성 용매 (非 —— 性溶媒, aprotic solvent)　프로톤성 용매 이외의 용매를 이른다. 유기화학 반응에서는 이 구별이 반응의 형식과 속도에 현저한 변화를 부여하므로 중요하다. 비 프로톤성이지만 극성이 큰 것을 특히 극성 비프로톤성 용매라 하며, 최근의 새로운 용매류는 이에 속하는 것이 많다.

비행 시간 (飛行時間, time of flight)　입자 빔의 실험에서 원자·분자 또는 그 이온, 전자 등의 입자가 일정한 거리를 비행하여 검출기에 도달하여 검출될 때까지의 시간. TOF로 약칭되는 경우도 많다. 비행시간의 측정(비행시간법)은 입자의 속도, 운동 에너지 혹은 질량을 정량적으로 측정하는 유력한 방법으로서 널리 사용되고 있다.

비헨 산 (—— 酸, behenic acid)　탄소수 22의 포화지방산. $CH_3(CH_2)_{20}COOH$. 글리세리드의 형태로 천연유지 중에 존재한다.

비 헴철 (非 —— 鐵, nonhem iron)　철을 함유하는 단백질 중 헴단백질 이외의 단백질에 함유되는 철을 이른다. 혈색소나 시토크롬의 철이 헴철이며, 페레독신 같은 철황 단백질, 페리틴 같은 저장철 단백질 등에 함유되는 것이 비 헴철이다.

비화 갈륨 (砒化 ——, gallium arsenide)　금속 광택이 있는 암회색 결정 GaAs. 갈륨비소는 잘못된 호칭이지만 반도체 분야에서는 주로 이 명칭으로 불리고 있다. 섬아연광형 구조의 Ⅲ-Ⅳ반도체, 고주파 발진소자, 반도체 레이저 소자, 발광 다이오드, 트랜지스터 등에 사용되고 있으며 고속 소자, 고집적 회로 등에 대한 개발연구가 활발하게 이루어지고 있다.

비화물 (砒化物, arsenide)　금속원소와 비소의 화합물을 말한다.

비화 인듐 (砒化 ——, indium arsenide)　금속 광택이 있는 회색 결정 InAs. 인듐비소는 잘못된 호칭. 섬아연광형 구조의 Ⅲ-Ⅴ반도체. 적외선 검출 소자, 자기저항 소자 등에 사용되고 있다.

비화학량적 화합물 (非化學量的化合物, nonstoichiometric compound)　⇨ 베르톨리드 화합물.

비확산성 커플러 (非擴散性 ——, nondiffusive coupler)　컬러사진 감광재료의 유제층에 첨부되며 인접층에 확산하지 않는 커플러. 계면 활성제와 유사한 부분구조가 있으므로 분자끼리가 응집하여 확산하지 않는다. Agfa사가 개발하였으므로 아그파형 커플러라고도 불린다. 또 유기용제에 용해한 후에 유화분산하여 유제층에 첨가하는 방식의 커플러도 확산하지 않으므로 이 유용성 커플러도 비확산성 커플러에 포함시키는 일이 있다.

비환원당(非還元糖, nonreducing sugar)　이당 기타의 다당 중 성분 단당이 서로 헤미아세탈 상의 OH기끼리 결합하여 형성된 것. 단당의 헤미아세탈 OH는 수용액 중에서 알데히드 구조를 취하여 환원성을 보이지만 상기 구조의 이당은 환성성이 있는 OH기끼리 결합하여 변화하였으므로 수용액 중에서도 환원성을 보이지 않는다. 대표적인 예는 서당. 이당에서도 환원성을 보이는 직접 환원당에 대해 가수분해하지 않으며 환원성을 보이지 않는 서당 같은 다당을 비환원당이라 한다.

비활성 가스(非活性 ——, inert gas)　화학적으로 비활성인 기체. 희가스 원소를 지칭하는 경우도 있으나 보통 질소 등 반응성이 매우 작은 기체도 포함하여 이르는 경우가 많다.

비활성 성분(非活性成分, inerts)　석탄의 미세 조직 성분 중 가열시(건류조작)에 연화 용융하지 않는 성분. 미네랄 그룹 중의 이너티니트, 광물질이 이에 상당하다. 연화 용융하는 성분은 활성 성분이라 한다.

비활성 전극(非活性電極, inert electrode)　전극재료 자신의 용해와 석출반응이 일어나지 않으므로 전극의 평형전위가 용액 중의 이온종만으로 결정되는 전극. 백금전극, 흑연전극 등이 있다. 불가침 전극이라고도 한다.

비활성화(非活性化, inactivation)　분자 혹은 분자 집합체에서 에너지를 탈취하거나 혹은 구조의 전자상대를 인징화하여 그 반응성을 저하시키는 것. 그러기 위해서는 예를 들면 탈활성화를 하는 제3체 분체를 공존시키거나 용매에 그 역할을 하도록 하는 경우가 있다.

비 후크 탄성(非 —— 彈性, non-Hookean elasticity)　탄성에서, 응력과 일그러짐이 비례한다는 후크의 법칙이 성립하지 않는 경우를 말한다. 성립할 때는 후크 탄성이라 한다. 양모의 탄성, 고무 탄성 등은 비후크 탄성이다. 비후크 탄성에서 탄성률은 응력 또는 일그러짐의 크기에 따라 변화하며 상수가 되지 않는다.

비휘발성 전색제(非揮發性展色劑, nonvolatile vehicle)　바니시 중에 전색제가 점하는 비율. 바니시는 전색제를 가소제, 휘발성 용제에 용해한 것이다.

비흡광 계수(比吸光係數, specific extinction)　⇨ 흡광 계수.

빅커스 경도(—— 硬度, Vickers hardness)　대면각 136°의 정4각추 다이아몬드 입자를 1~50 kgf의 하중으로 평탄한 시료 표면에 밀어 넣고, 생성된 사각추 모양 홈의 대각선 길이를 측정한다. 시험 하중(kgf)을 홈의 표면적(mm^2)으로 제한 값이 정의되는 재료의 경도 표시법의 하나. 시험 하중이 1 kgf 이하에서 사용되는 경우도 있으며, 이 경우를 마이크로 빅커스 경도라 하여 구별한다.

빈 가스(貧 ——, lean gas)　기체 연료의 하나. CO_2, N_2 등의 불연성분을 다량으로 함유한 저품위의 가스로, 발열량이 낮고 화염온도도 낮다. 발생로 가스, 고로가스 등이 이에 해당한다. 이러한 가스는 코크스로 가스, LPG 등으로 증열 혼합가스로 사용하는 경우가 많다. 또 도시가스, 오일가스, LPG, 천연가스의 희석용으로 사용되는 경우도 있다.

빈감 유동(—— 流動, Bingham flow)　⇨ 소성 유동.

빈격자점(—— 格子點, vacancy)　격자 결함의 일종으로, 결정의 격자 위치에 있어야 할 원자가 결손하여 빈자리가 되어 있는 위치. 공공(空孔) 혹은 결격자점 등이라고도 한다. 열역학적 평형조건하에서 형성되는 것으로 프렌켈 결함(격자 위치의 원자 또는 이온을 제거하고 격자간 위치에 둔다)과 쇼트키 결함(격자 위치 원자 또는 이온을 제거하고 결정 표면의 등가한 격자 위치에 놓는다. 이온 결정에서는 동수의 양이온 빈격자점과 음이온 빈격자점이 형성된다)이 있다. 또한 $Zr_{1-x} Ca_x O_{2-x}$ 처럼 원자가가 작은 이온의 고용체에서는 전하 중화를 위해 이부호 이온의 공공이 형성된다.

빈도 분포 곡선(頻度分布曲線, frequeney distribution)　⇨ 수 분포 곡선.

빈노 인자(頻度因子, frequency factor)　반응속도 상수 k를 아레니우스식 $k = A\exp(-E/RT)$로 나타내었을 때의 상수 A를 말한다. 건지수(前指數) 인자라고도 한다. 1분자 반응에서는 반응에 관여하는 결합의 진동수, 2분자 반응에서는 단위 시간당의 충돌 횟수에 대응하는 물리적 내용을 부여할 수 있다.

빌드 (build) 도막 외관의 감각적인 품질. 듬뿍 도료가 칠해져 있는 것 같은 감각을 이르며, 닦은 유리가 나타내는 외관은 빌드관이 양호하다고 평가된다.

빌리루빈 (bilirubin) 동물의 담즙 중에 존재하는 담즙 색소의 주성분 $C_{33}H_{36}N_4O_6$. 4개의 피롤 고리가 각각 1개씩 탄소 원자의 다리로 연결된 화학구조를 갖는 황갈색의 색소. 녹는점을 나타내지 않고 분해(그의 디메틸 에스테르의 녹는점은 198℃), 물에 불용, 알코올, 에테르 등에 약간 녹고 알칼리나 클로로포름에 잘 녹는다. 헤모글로빈의 분해 생성물이다. 혈액 속에도 존재하며 특히 말(馬)의 혈청 속에 다량으로 존재한다. 또 소의 담석에는 많은 양의 빌리루빈 칼슘염이 존재한다. 빌리루빈을 접촉 환원하면 우로빌리노겐, 나트륨아말감으로 환원하면 메소빌리루비노겐 $C_{33}H_{44}N_4O_6$(녹는점 203℃)으로 된다. 후자는 빌리루빈에서 장내 세균에 의해서도 생기고, 한 번 체내에 흡수되어 우로빌리노겐으로서 소변을 통해 배출된다. 빌리루빈의 산화 생성물은 빌리베르딘이다.

빌리베르딘 (biliverdine) 청록색의 담즙 색소. $C_{33}H_{34}N_4O_6$. 4개의 피롤 고리가 $-CH=$의 다리로 연결된 화학구조를 갖는다. 빌리루빈이 탈수소된 화합물에 상당하다. 알코올, 빙초산에 녹고, 물, 클로로포름, 에테르 등에는 녹지 않는다. 알칼리에 녹고, 칼슘, 바륨, 납 등의 염으로서 침전한다. 헴의 대사 분해과정에서 생성된다. 사람의 정상 담즙 중에는 존재하지 않지만 조류와 양서류의 담즙 중에 존재한다.

빔 염색 (—— 染色, beam dyeing) 유공(有孔) 원통 빔(권축)에 천을 광포상으로 감고, 이것을 염색기에 고정시켜서 염색을 안에서 밖으로 순환시켜 염색하는 방법. 주름이 덜 생기고 탄력성과 감촉이 좋은 천을 얻을 수 있지만 물결 무늬가 발생하기 쉬운 결점이 있다.

빙정 (氷晶, cryohydrate) 대기 중에 존재하는 미소한 얼음의 결정으로, 에어로졸로 되어 있는 것. 대기 중에는 빙정이 생길 때에 그 핵이 되는 빙정액(氷晶液)이라는 핵물질(核物質)이 존재한다. 기온이 0℃ 이하가 되면 그 핵 위에 형성되는데, 생성될 때의 기상조건의 차이에 따라 육각기둥 모양·육각뿔 모양·삼각판 모양 등 여러 가지 형태가 있고 때로는 불규칙한 비결정성 빙정이 되기도 한다. 빙정이 낙하하는 도중에 다른 빙정이나 과냉각된 물방울(0℃ 이하가 되어도 얼지 않고 액체 상태로 있는 것)에 부착되면 점차 성장하여 설편(雪片)이 된다. 모여져 구름이 되고 성장 강하하여 비나 눈이 된다. 눈과 서리 등의 얼음 결정은 빙정에는 포함되지 않는다.

빙정석 (氷晶石, cryolite) 주성분 Na_3AlF_6인 알루미늄 광석의 하나. 물에 약간 용해하는 무색의 결정. 쪼개짐은 없으나 3방향으로 열개가 있어서 이 때문에 정육면체를 닮은 모양으로 깨진다. 굳기 2.5, 비중 2.97이다. 유리광택이 있고, 조흔색(條痕色)은 백색이다. 황산에 녹아서 플루오르화수소를 발생한다. 가열하면 녹기 쉽고 불꽃은 황색이 된다. 알루미늄 제련 때의 융제(融劑)로 쓰인다. 분포는 넓지 않고 그린란드에서 대량으로 산출된다. 겉모습이 얼음과 유사하므로 그리스어의 cryos(서리)와 lithos(돌)에서 명명되었다.

빙초산 (氷醋酸, glacial acetic acid) 순도 98% 이상의 아세트산 CH_3COOH을 이른다. 98% 아세트산은 녹는점 13.3℃이고, 이 온도 이하에서는 얼음 상태로 고화하므로 빙초산이란 이름이 붙었다. 식품위생법에 의한 식품 첨가물 규격에서 빙초산은 아세트산 99% 이상을 함유해야 되는 것으로 규정되어 있다. 빙초산은 아세틸렌과 물의 반응 또는 알코올의 공기산화에 의하여 아세트알데히드를 얻고 이것을 다시 산화시켜 얻는 무색의 액체로서, 물과 대부분의 유기 용매에 용해되고 수용액은 산성을 나타낸다. 빙초산이 피부와 점막에 닿으면 심한 염증을 일으킨다. 용매 또는 유기 화합물의 합성 원료로 많이 사용된다. 무수아세트산이란 것은 $(CH_3CO)_2O$의 명칭이고, 빙초산과는 다른 별도의 화합물이므로 혼동하지 않도록 주의할 필요가 있다.

사극자 (四極子, quadrupole)　하전 분포가 두 쌍극자를 서로 반평행으로 배열한 것 같은 상황과 동등하게 생각될 때, 이것을 사극자라 한다. 평행 사변형의 각 정점에 정원의 전하가 교대로 배치된 형태이다.

사극(자) 결합 상수 (四極(子)結合常數, quadrupole coupling constant)　핵 사극(자) 모멘트 eQ 와 전기장의 기울기 q의 곱 eQq. 핵 사극자와 핵에 작용하는 전기장의 상호 작용의 크기를 표시한다.

사극자 모멘트 (四極子——, quadrupole moment)　쌍극자 모멘트는 벡터로 표시되지만 사극자의 작용을 표시하는 모멘트 Q 는 텐솔양으로 정의된다. 세기는 스칼라양으로서 $q = el_1l_2$로 표시된다. 여기서 e 는 전자의 전하, l_1, l_2 는 각각 음양의 전하로 구성되는 평행 사변형에서 2변의 길이이다. ⇨ 사극자.

사극(자) 분열 (四極(子)分裂, quadrupole splitting)　분자를 구성하는 원자가 핵 사극자를 갖고 있을 때(예를 들면 CH_3Cl)의 염소원자핵, 이 원자핵의 스핀이 분자 전체의 회전과 상호 작용하여 회전 에너지 준위가 작은 분열을 일으켜, 회전 스펙트럼이 몇 개의 간격이 좁은 스펙트럼선으로 분열하는 현상이다.

사금 (砂金, alluvial gold, placer gold)　자연 금의 한 형태. 금광상이 풍화 침식되었을 때 자연 금이 모암에서 분리되어 미세한 작은 입자로 되어 있는 것. 주로 광맥 중에 있는 자연 금, 즉 산금(山金)에서 비롯된 것이지만 산금에 비하여 입자가 큰 것이 많으며 순도가 높아서 강물이나 바닷물에 녹아 있는 금 성분이 금립(金粒)에 붙어서 성장한다고 한다. 해변 근처에서 산출되는 것은 파도의 작용을 받아 편평한 것이 많다. 사금은 일반적으로 입상(粒狀)을 이루지만 때로는 결정형(結晶形)을 이룬 것도 있다. 또 큰 덩어리로 된 것도 있는데, 이를 괴금(塊金: nugget)이라고 한다. 사금의 순도는 1,000 단위로 나타내는데 500~999이며 보통 800 이상이다. 사금과 함께 산출되는 광물로는 자철석·티탄철석·석영·석류석·모나자이트·지르콘 등이 있다. 하상이나 해변 뿐만 아니라 오스트레일리아와 미국의 캘리포니아주 등지에서는 제3기의 사층(砂層) 중에서도 산출된다. 알래스카의 놈(Nome), 캐나다의 클론다이크, 미국의 캘리포니아, 오스트레일리아의 빅토리아 등이 사금의 산지로 유명하다. 사금의 일반적인 채집법으로는 ① 장대 끝에 끈끈이를 붙여서 물안경으로 소재를 확인한다, ② 사금을 함유한 토사(土砂)를 쟁반에 남아서 물 속에서 흔들어 토사를 흘려 보낸다, ③ 사금을 함유한 토사를 경사진 빨래판이나 가마니 등의 위를 흘려 보냄으로써 그 홈이나 올 사이에 고이게 한다, ④ 기업적으로는 준설선을 이용한다, 등이 있다.

사다리형 중합체 (——形重合體, ladder polymer)　폴리아센(안트라센의 동족체)처럼 반복 단위가 4개의 손으로 사다리모양으로 결합하여 있는 고분자. 일반적으로 내열성이 우수하다.

사당량 커플러 (四當量——, four-equivalent coupler)　⇨ 이당량 커플러.

사르코신 (sarcosine)　천연에 존재하는 아미노산의 하나. N-메틸글리신 CH_3NHCH_2C

OOH. 단백질 성분 아미노산은 아니지만 천연에 유리 아미노산으로 또는 항생 펩티드의 구성 아미노산으로 존재한다. 녹는점 210℃. 고기즙에 함유되는 크레아틴의 분해물. 물에 녹고 알코올에 녹기 힘들다.

사리 염(瀉利鹽, epsom salt, epsomite) 황산마그네슘 7수화물 $MgSO_4 \cdot 7H_2O$의 옛 속칭. 엡솜염이라고도 한다. 오래 전부터 설사제로 사용되었다.

사면 배양(斜面培養, slant culture) 기운면이 되도록 응고시킨 고형 배지를 포함하는 시험관 내에서 실시하는 세균, 진균 등의 배양. 무균조작이 용이하고 균의 생육상태도 관찰하기 쉬울 뿐만 아니라 균의 보존 등에 많이 사용된다.

사방정계(斜方晶系, orthorhombic system) 7개의 결정계 중 3축방향 전부에 2회축이 있거나 또는 각각에 수직인 거울면이 있는 결정계. 그러므로 단위포의 3축은 모두 직교한다. 자연황·판(板)티탄석·콜럼브석·백연석·중정석·감람석·황옥(topaz)·홍주석·사방휘석·사방각감석 등 이정계에 속하는 광물은 많다.

사분법(四分法, quartering) ⇨ 원추 사분법.

사산화 삼납(四酸化三鉛, trilead tetraoxide) 적색 결정 Pb_3O_4. $Pb^{II}Pb^{IV}O_4$ 와 같은 복산화물이며 종전부터 연단, 광명단이라 하여 적색 안료로 사용되었다.

사산화 삼철(四酸化三鐵, triiron tetraoxide) 흑색 결정 Fe_3O_4. 천연에는 자철광으로서 산출된다. $Fe^{II}Fe^{III}_2O_4$ 와 같은 역스피넬형 구조. 촉매, 안료 등으로 사용된다.

사상균(絲狀菌, mold, mould) ⇨ 곰팡이.

사소(死燒, dead burning) 소성도에 따라 수화반응 등에 대한 활성도가 다른 마그네시아 같은 원료를 될 수 있는 한 불활성하고 안정하게 되도록 고온으로 소성하는 것. 경소(硬燒)라고도 한다. 탄산마그네슘과 수산화마그네슘은 1,500℃ 이상에서 소성하면 잘 소결된 반응성이 작은 사소 또는 경소 마그네시아가 되어 내화물 원료로 사용된다.

사슬형 구조(鎖形構造, chain structure) 탄소원자가 사슬 모양으로 이어진 화학구조. 곧은 사슬 모양의 것과 분지한 모양의 것이 있다. 고리 모양 구조와 대비하는 용어. 무기 화합물에도 질소 원자나 황 원자가 사슬 모양으로 이어진 화학구조를 갖는 것이 있지만 수는 많지 않다.

사슬형 분자(鎖形分子, chain molecule) 사슬식 구조가 있는 분자를 이른다.

사슬형 중합체(鎖形重合體, chain polymer) ⇨ 곧은 사슬 모양 중합체.

사슬 화합물(鎖化合物, chain compound) ⇨ 지방족 화합물.

사아세트산 납(四 —— 酸鉛, lead tetraacetate) 4가 납의 아세트산 염. 2개의 히드록실기가 인접 탄소 원자에 결합하고 있는 1, 2-디올을 산화 개열시키는 선택적 산화제로 사용된다. 당류의 연구 등에 유용한 시제이다.

사에틸 납(—— 鉛, tetraethyl lead) ⇨ 테트라에틸납.

사염화 에틸렌(四鹽化 ——, tetrachloroethylene) 영어명을 한국어로 번역할 때의 잘못으로, 화합물을 정확하게 표기할 수 없는 잘못된 명칭. ⇨ 테트라클로로에틸렌.

사워 가스(sour gas) 원유와 천연가스 중에 함유되는 외에 석유 정제 중에 발생하는 가스로, 황화수소와 저급 티올 화합물 등의 황화합물을 함유하는 것. 악취가 강한 산성의 가스로, 독성, 부식성이 있다. 이러한 성분을 함유하지 않고 성질도 대조적인 것을 스위트 가스라 한다.

사워 유(—— 油, sour oil) 황화수소나 저급 티올을 용존하고 있는 원유. 증류작업에서 이러한 성분이 가스화하여 독성과 부식성을 나타낸다. 가솔린과 등유 등의 동판 부식시험 결과, 이러한 성분이 검출되는 것을 사워라 한다. 황을 함유하는 경유라고도 한다.

사원자 고리(四原子環, four-membered ring) 4원자로 된 고리식 구조. 탄소 고리와 복소 고리가 있다.

사이드 에칭(side etching) 반도체나 금속의 레지스트 패턴을 통한 에칭에서, 부식될 부분에서 인접한 비부식 부분으로 스며든 부식액으로 인해 부식면에 평행하게 에칭이 생겨 해상도를 해치는 현상을 말한다.

사이드 온 배위(—— 配位, side-on coordination) 산소분자와 포름알데히드의 카르보닐기 CO 2원자가 같은 금속원자와 T자형으로 결합하는 배위 양식. 분자 말단의 1원자만으로 금속에 결합하면 엔드 온 배위가 된다. 수소분자의 사이드 온 배위도 알려져 있다.

사이드 컷 (side cut)　연속 증류조작에서, 증탑 중간 부분에서 끌어내는 액. 불순물을 제거하기 위해 끌어내는 경우도 있지만 석유 제품처럼 분리 정제도가 엄격하게 요구되지 않는 경우에는 그대로 제품으로 한다. 이 경우 측류유(側留油)라 부른다.

사이즈 (size)　종이 표면의 성질을 개선하기 위해서 사용하는 처리제. ⇨ 풀 먹이기.

사이즈 배제 크로마토그래피 (—— 排除 ——, size exclusion chromatography)　분자체 효과를 이용하는 크로마토그래피의 총칭. 분자체 크로마토그래피라고도 한다. 3차원적인 그물눈 구조를 한 겔 내부로 침투할 수 있는가 여부에 따라 크기가 다른 분자가 분리되며, 보통 분자량이 큰 것이 먼저 용출한다. 이동상으로서 수계 용매를 사용하는 것을 겔 여과, 유기 용매를 사용하는 것을 겔 침투 크로마토그래피라 한다.

사이클로트론 공명 (—— 共鳴, cyclotron resonance)　⇨ 이온 사이클로트론 공명.

사이클론 (cyclone)　입자가 부유하는 유체에 선회 흐름을 주어 입자를 원심력에 의해 유체에서 분리하는 장치. 유체에 선회 흐름을 일으키는 방이 있을 뿐 가동부도 없이 간단하므로 공업적으로 널리 사용되고 있다. 유체가 기체일 때는 하나의 집진장치가 되어 수 μm보다 큰 입지의 분리를 힐 수 있다. 용도로는 ① 기체 속에 현탁해 있는 고체 입자 또는 액적(液滴)의 분리, ② 기체 속에 현탁해 있는 고체 입자의 입도(粒度) 또는 비중의 차에 의한 분리, ③ 유체 속에 현탁해 있는 고체 입자 또는 다른 종류의 액적 분리, ④ 액체 속에 현탁해 있는 고체 입자의 입도 또는 비중의 차에 의한 분리 등에 사용된다. 이 중에서 ①과 ②는 기체를 매체(媒體)로 하므로 기체 사이클론이라 하고, ③과 ④는 액체(또는 서스펜션)를 매체로 하므로 하이드로사이클론이라고 한다.

사이클리톨 (cyclitol)　고리 모양의 구조가 있는 당알코올. 대부분은 시클로헥산 고리에 다수의 히드록실기가 있다. 가장 보편적인 것은 이노시톨이다.

사이클릭 뉴클레오티드 (cyclic nucleotide)　⇨ 고리 모양 뉴클레오티드.

사이클릭 볼타메트리 (cyclic voltammetry)　고체 전극 등에서 전류 전위곡선을 얻는 방법의 하나. 삼각파를 이용하여 전극 전위를 주기적으로 변화시킨다. 용액 중의 화합물과 전극 물질 자신의 산화-환원거동을 알 수 있다. 순환전압 전류법이라고도 한다.

사이토카이닌 (cytokinin)　⇨ 시토키닌.

사이토칼라신 (cytochalasin)　⇨ 시토칼라신.

사이토크롬 (cytochrome)　시토크롬이라고도 한다. 전자 전달계를 생리적인 활성으로서 갖는 헴단백질. 생리적으로 헴이 $Fe^{2+} \rightleftarrows Fe^{3+} + e^-$의 반응을 하여 전자 전달계를 구성할 때, 세포 내의 산화-환원 반응의 전자 전달체로서 기능하는 일군의 단백질. 사이토크롬 a, b, c 기타 여러 종류가 있다. 화학 반응을 촉매하지만 그 기능은 전자의 수수를 본질로 하므로 물질의 화학변화를 촉매하는 효소와는 구별하여 사이토크롬이라 한다. 한 때는 독일어 Zytochrom에 따라 치토크롬이라고 하였다.

사일로 (silo)　분입체를 흩어진 상태로 저장하는 용기. 직립 원통상의 저장조가 대표적이지만 각통상도 있고 또 단독적인 것과 여러 개 내지 수십 개의 집합체로 구성되어 있는 것도 있다. 원래는 곡물을 다량 저장하여 숙성과 훈증(살충)을 하는 기능을 기대했었다. 현재는 각종 분입체의 대량 저장에 사용되고, 석탄 사일로에는 단독 조토 4만 t에 이르는 대형 사일로도 건설되었다.

사중 결합 (四重結合, quadruple bond)　2개의 원자가 4개의 공유결합으로 결합되어 있는 화합결합. 주로 전이금속 착물 중에서 볼 수 있다. 중심 금속과 배위원자 간에서 p궤도 혹은 d궤도에 의한 하나의 σ결합, dπ궤도에 의한 두 π결합 및 d궤도에 의한 하나의 δ결합으로 이어지는 결합을 말한다.

사중극자 질량 분석계 (四重極磁質量分析計, quadrupole mass spectrometer)　질량 스펙트럼을 구하는 데 있어, 이온을 4개의 전극 주로 구성뇌는 사중 양극에 유도하여 질량/전하의 비율에 따라 분리하는 방식의 질량

분석계. 전기장과 자기장에 의한 이중 수속형 분리방식의 것에 비해 분리능은 떨어지지만 장치가 간편한 특징이 있다.

사중선 (四重線, quartet) 하나의 전이에 대응하는 에너지 준위에 약간 떨어진 부준위가 생겨 하나의 스펙트럼 선이 4개로 분열한 것. 자기공명에서는 스핀 양자수 $I=1/2$의 등가한 핵 3개와 짝짓기하면 4중선이 관측된다. 메틸라디칼의 전자 스핀 공명 스펙트럼이 초미세 결합으로 4중선이 되는 것이 그 예이다.

사중항 (quartet) 다중항의 하나로, 스핀 양자수 $S=3/2$인 경우를 말한다.

사진 감광도 (寫眞感光度, photographic sensitivity) 사진 감광 재료의 빛(방사선, 입자선을 포함)에 대한 감수성. 어떤 규정된 변화를 부여하는 데 소요되는 노광량을 기준으로 정의되는 경우가 많다.

사진 감도 (寫眞感度, photographic speed) 사진 감광 재료가 방사를 받아 응답하는 크기의 정량적인 표시. 즉, 빛 등의 방사에 대한 민감성, 일반적으로는 분광 분포가 규정된 빛을 노광량을 바꾸어 감광 재료에 조사한 후, 정해진 현상방법으로 현상을 하여 규정된 사진 응답을 부여하는 노광량에서 구한다. ISO(국제 표준화 기구) 규격에 의한 감도 측정방법과 표시방법이 일반적이다. 사진 감도가 실용적인 척도인데 대해 감광체의 방사에 대한 민감성은 사진 감광도(photographic sensitivity)라 하며 사진과학적 의미가 크다.

사진 건판 (寫眞乾板, photographic plate) 유리판을 지지체로 하는 사진 감광재료. 지지체가 화학적으로 안정되고 사진 성능에 악영향을 미치지 않으며, 치수 안정성이 뛰어날 뿐만 아니라, 평활성도 양호하므로 많이 사용되었으나, 현재는 플라스틱 필름이나 종이를 지지체로 하는 사진 필름과 사진 인화지로 대체되었다. 그러나 천체 촬영이나 포토그래피 같은 치수안정성이 특히 중요한 용도에는 현재도 사용되고 있다.

사진 돌판 (寫眞凸版, photoengraving) 사진 제판에 의해 제판한 돌판. 판면을 화학적으로 부식시켜 잉크가 부착하는 부분을 철상(凸狀)으로 한다. 선화철판, 망철판, 원색판 등이 있으며 또 판재에 따라 아연판, 동판, 감광성 수지판 등으로 구별된다. 일부에 판재를 조각침으로 절삭하여 망점을 형성하고 원색판을 작성하는 방법도 있다.

사진 분광 광도 (寫眞分光光度, photographic spectrophotometry) 빛의 분광광도를 사진 촬영에 의해 측정하는 방법. 분광기 등에 의해 얻어진 스펙트럼선을 건판에 결상시키고 거기에 생긴 흑화부의 흑도를 덴시토미터(농도계) 등으로 측정하여 H-D 곡선을 이용하여 스펙트럼선 강도를 구하는 방법이다.

사진 유제 (寫眞乳劑, photographic emulsion) 은염 사진감광 재료를 제조하기 위해 사용되는 할로겐화은 미립자의 젤라틴 수용액 현탁액. 사진필름, 인화지, 건판 등의 사진 감광 재료는 각각 필름, 종이, 유리판에 사진유제가 도포된 것이다. 할로겐화은 입자는 브롬화은, 염화은, 이들의 고용체, 혹은 이것과 요오드화은의 고용체로 되며, 용도에 따라 0.1 μm 이하부터 수 μm에 이른다. 형태와 크기가 균일한 입자로 된 유제를 단분산 유제라 한다. 사진유제는 젤라틴 수용액 중에서 수용성 은염과 할로겐화알칼리의 복분해로 할로겐화은 입자를 형성한 후에 탈염하여 화학증감을 하여 조정된다.

사진 제판 (寫眞製版, photomechanical process) 사진을 응용하여 인쇄판을 제작하는 방법의 총칭. 문자, 회화, 사진 등의 원고에서 일반적으로 전 공정에서는 제판용 필름으로 음화 또는 양화를 작성하고 후 공정에서는 금속판에 감광성 폴리머 등의 광화학 반응을 이용하여 프린트한다. 그 후 잉크의 부착 부분을 형성하기 위한 처리를 하는데, 그 처리법에 따라 사진평판, 사진요판, 그라비어, 콜로타입 등으로 분류할 수 있다.

사진 특성 곡선 (寫眞特性曲線, photographic characteristic curve) 사진 감광 재료의 특성을 표시하는 용어. 사진상의 흑화농도(광학농도) D를 노광량 $E(E=It,\ I$는 노광조도, t는 노광시간)의 상용 대수에 대해 플롯한 $D-\log E$ 곡선을 말한다. 할로겐화은 사진의 경우, 흑화농도의 변화는 보통 현상된 유제층의 미결정 입자 변화에 의해 생긴다.

사진 평판 (寫眞平版, photolithography) 사진

제판을 응용한 평판의 총칭. 원고의 사진과 그림의 선명도는 망점의 대소로 재현하고 망점이 없는 부분은 잉크가 부착하지 않도록 표면처리를 한다.

사차 구조(四次構造, quaternary structure) 효소 단백질의 입체구조에 관한 용어. 효소 분자는 동일한 서브유닛과 상이한 서브유닛으로 구성되어 있는 경우가 있으나 이러한 서브유닛 간의 결합에 의해 조립된 입체구조를 말한다. 분자 내에서 서브유닛끼리는 비공유결합으로 이어져, 가역적으로 해리, 재회합을 한다.

사철(砂鐵, iron sand) 암석 중의 철광물이 풍화 등으로 분리되어 유수 등에 의해 이동하여 퇴적한 것. 바닷가·호숫가·하상(河床) 등에 퇴적한 사철과 오래된 사철이 제3기층 속에 층을 이룬 산사철(山砂鐵)이 있다. 사철은 주로 자철석이며, 그 밖에 적철석·갈철석·티탄철석·휘석·석영 등으로 이루어져 있다. 성분은 Fe 20~40 %, TiO_2 3~11 %인데, 특히 TiO_2가 많은 것도 있다. 철광석으로 이용되기도 하지만 오히려 그 속의 티탄이나 바나듐을 추출하기 위하여 이용된다.

사출 성형(射出成形, injection molding) 플라스틱 성형법의 하나. 플라스틱을 가열 용해시킨 후 고압으로 금형 내에 사출하여 압력을 유지한 채로 냉각 고화시켜 성형한다. 공정은 다음과 같다. 먼저 플라스틱에 안료(顏料)·안정제·가소제·충전제 등을 첨가하여 원통형 또는 사각형으로 된 수 mm의 칩으로 만든 것, 즉 콤파운드를 호퍼에 넣어 둔다. 투입구 바로 앞에 가열실이 있어, 여기서 전열(電熱)·고압 수증기 등으로 가열한다. 스티렌 수지나 폴리염화비닐이면 약 170℃, 폴리프로필렌이면 약 200℃로 재료에 따라 알맞게 가열하여 플라스틱을 용융 상태로 만든다. 이것을 피스톤으로 투입구를 통해서 금형(金型) 속으로 사출한다. 금형의 구석까지 흘러 들어가면 피스톤은 오른쪽으로 되돌아 오고 금형은 두 짝으로 갈라져서, 금형 속에서 굳은 플라스틱을 밖으로 꺼내게 된다. 매우 작은 것부터 무게 10 kg에 이르는 큰 것까지 성형할 수 있으며 반복해서 사출하여 대량 생산을 할 수 있으

므로 작업능률이 높다. 성형 압력은 500~1,500 kg/cm²이다. 최근에는 헤이클라이트계(系)의 열경화성(熱硬化性)수지도 부속설비가 고안되어 사출 성형을 할 수 있게 되었다. 플라스틱 외에 열가소성 재료를 첨가한 세라믹스와 금속 분말도 성형할 수 있다.

사카로미세스속(*Saccharomyces*) 자낭균류에 속하는 효모의 1속. 난형 또는 타원형이며 다극 출아로 증식하는 유포자 효모. 알코올 발효력이 강한 것이 많고, 각종 주류의 양조, 제빵, 장유 제조 등 발효공업에서 오래 전부터 사용되었다. 효모 중에서 가장 유용하고 중요한 속이다.

사카로오스(saccharose(독일어)) 서당의 화학명. 독일어 saccharose를 발음하는 것이며, 현재는 영어 sucrose를 원어로 하는 수크로오스가 주류이다.

사카린(saccharin) 인공 감미료. 화학식 $C_7H_5NO_3S$. 분자량 183.19, 녹는점 229℃. *o*-톨루엔 술폰 아미드를 원료로 하여 합성된다. 나트륨염이 용성 사카린으로서 감미료에 사용된다. 서당의 약 500배의 감미가 있다고 한다. 냄새는 거의 없다. 에탄올에는 녹지만 물에는 잘 녹지 않으므로 쓴맛이 적고 물에 잘 녹는 나트륨염 $C_7H_4NO_3SNa \cdot 2H_2O$(용성 사카린이라고도 한다)를 감미료로 쓴다. 용성 사카린의 단맛은 1만 배로 묽게 해도 없어지지 않는다. 1894년에 I. 렘젠과 C. 팔베르크에 의해서 *o*-톨루엔 술폰아미드를 괴망긴신 킬륨의 알칼리성 수용액으로 산화시키는 방법에 의해서 처음으로 합성되었으며, 현재도 이 방법에 의해서 공업적으로 생산된다. 의약용으로 당뇨병 환자 등에 설탕 대신 사용된다. 그 전에는 식품 첨가제로서 흔히 설탕·포도당 등과 병용되었으나 현재 식품 첨가제로서의 사용은 제한된다.

사포닌(saponin) 식물계에 널리 분포하는 배당체로서, 다환식 화합물을 아글리콘으로 하는 화합물의 총칭. 당 성분은 D-글루코오스, D-갈락토오스, L-아라비노오스가 보통이다. 아글리콘은 사포닌이라 부르며, 트리테르펜에 속하는 것과 스테로이드에 속하는 것 2종류가 있다. 일반적으로 수용액으로 하면 거품이 생기고 유류를 유탁화하므로 세

척제가 되며 용혈작용이 있다. 식물의 뿌리·줄기·잎·껍질·씨 등에 있는데, 강심제나 이뇨제로서 강한 작용이 있으므로 옛날부터 한방약으로 사용되어 왔다. 어느 것이나 세포에 대해서는 표면 활성제로서 작용하여, 세포막의 구조를 파괴하거나 물질의 투과성을 높이기도 한다. 이 밖에 스테아린·알코올·페놀 등과는 난용성인 분자화합물을 형성한다. 따라서 적혈구에 대하여 용혈작용을 보이는 것은 적혈구막 속의 콜레스테린이 사포닌과 강하게 결합하여 막구조가 파괴되기 때문이라고 생각되고 있다.

사프라닌 (safranine) 홍색~자홍색의 염기성 염료. N-페닐페나딘의 유도체. 최초의 합성 염료 모배인도 이것에 속한다.

사프롤 (safrole) 4-아릴-1, 2-메틸렌 디옥시벤젠, $C_{10}H_{10}O_2$. 무색 또는 연한 청색의 기름상 물질. 사사플러스유, 회향유 등에 함유된다. 녹는점 11℃. 끓는점 24.5℃. 방향(芳香)이 있는 결정으로, 물에는 녹지 않으나 에탄올·에테르에는 녹는다. 장뇌 적유(樟腦赤油)를 강하게 냉각시키면 결정으로 생긴다. 향료 피페로날이나 바닐린의 합성 원료이며, 비누·추잉검·의약품 등의 향료로 사용된다. 류머티즘의 진통 도포제(鎭痛塗布劑)로도 쓰인다. 향료로 사용되는 외에 헬레오토로핀의 원료가 된다.

사합체 (四合體, tetramer) 중합하기 쉬운 성질이 있는 저분자량의 화합물이 4분자 결합한 생성물로서, 원래의 4배의 분자량을 갖는 화합물을 말한다. 사량체라고도 한다.

사향 (麝香, musk) 동물성 향료의 하나. 수 사향사슴, 사향고양이, 루이지아나 사향쥐가 채취 원료로서 유명하다. 사향선(腺)은 사향노루 수컷의 배와 배꼽의 뒤쪽 피하에 있는 향낭(香囊) 속에 있으며, 생식기에 딸려 있다. 향낭은 크기가 달걀만하고 무게가 약 30 g인 피낭(皮囊)이며, 잘라서 건조시키면 분비물이 약간 축축한 자갈색의 분말 모양으로 굳어지는데, 때로는 알갱이처럼 된 것(當門子)도 섞여 있다. 강렬한 암모니아성의 사향 같지 않은 향기가 나는데, 이것을 묽게 하면 향기로운 냄새가 난다. 사향은 옛날부터 생약으로서 강심·홍분·진정제(鎭靜劑)로, 또 기절하였을 때 정신이 들게 하는 약

으로 내복되었다. 그러나 값이 비싸기 때문에 위조품이 많은데, 비슷한 향기가 나는 인조 사향의 성분은 전혀 별개의 것이다. 한편, 사향고양이의 사향선은 암컷·수컷 모두 사타구니의 향낭 속에 있으며, 분비액은 시벳(civet)이라 하여 구별하고 있다. 향기 성분은 무스콘이며 탄소 원자 15개로 구성된 큰 고리 모양 케톤이다. 유사한 화합물의 공업적 합성법이 확립되어 있다.

삭임 (digestion) 일반적으로는 가온하면서 물질을 용매에 침출시키는 조작. 화학분석에서는 생성 직후의 침전을 탕욕상에 방치하여 침전의 숙성을 기도하는 조작. 침전의 성장, 순화에 기여한다.

산 (酸, acid) 화학물질 분류법의 하나. 염기에 대응하는 용어. 역사적으로는 처음에 수용액 중에서 수소 이온을 발생하는 물질이 산, 수산화물 이온을 발생하는 물질을 염기라 하였으나, 현재는 보통 다음과 같은 정의가 사용되고 있다. ① 프로톤 공여체를 산, 프로톤 수용체를 염기라 한다(브뢴스테드 산·염기). ② 산화물 이온 수용체를 산, 산화물 이온 공여체를 염기로 한다. ③ 전자쌍 수용체를 산, 전자쌍 공여체를 염기라 한다(루이스 산·염기).

산 가 (酸價, acid number, acid value) 유지와 석유제품 중의 산성 성분의 양. 시료 1 g의 산성 성분을 중화하는 데 필요한 수산화칼륨의 양을 mg 단위로 표시한 수이다. ⇨ 중화값.

산 강도 (酸强度, acid strength) 용액 중에서 산의 강도를 표시하는 척도. 용매를 기준으로 하여 그 용액의 산해리 상수 K_a로 표시하는 경우가 많다. 마찬가지로 염기강도는 염기의 강도를 표시하는 척도로, 염기해리 상수 K_b로 표시하는 경우가 많다. ⇨ 산성도.

산도 (酸度, acidity) ⇨ 산성도.

산도 함수 (酸度函數, acidity function) 용액이 염기에 수소 이온을 부여하는 능력을 표시하는 척도. 수소 이온 지수(pH)의 측정이 곤란한 농후산 용액에 사용한다. 묽은 수용액에서는 pH와 일치한다. 염기가 전기적으로 중성인가 혹은 양 또는 음의 전하를 갖는가에 따라 각각 H_0, H_+, H_-란 산도함수가 정의된다.

산란 (散亂, scattering) 파가 그 파장에 비해 그다지 크지 않은 입자에 부딪혔을 때, 이것을 중심으로 하여 구면파가 확산되는 현상 (⇨ 간섭성 산란, 비간섭성 산란, 탄성 산란, 비탄성 산란). 산란된 파동을 산란파라 한다. 빛인 경우에는 산란광선이라 하며, 이론적으로는 원자나 분자에 속박되어 있던 전자(電子)가 입사 광선(入射光線)의 전자기파(電磁氣波)에 의해서 강제 진동을 일으켜 2차적 빛을 내는 현상인데, 단파장(短波長)의 빛일수록 강하게 산란된다. 레일리는 파장에 비하여 작은 미립자에 의한 현상을 연구하여 산광의 세기가 파장의 4제곱에 반비례한다는 것을 발견하고, 청색 빛은 대기 중의 분자나 미립자에 의하여 태양 광선이 산란된 것이라고 하였다. 마찬가지로 태양이나 달이 뜰 때(또는 질 때) 등황색 또는 붉은 빛을 띠는 것은 두꺼운 공기층을 통과할 때 태양빛이나 달빛의 단파장 부분이 크게 산란되고 장파장 부분의 빛이 투과되기 때문이다. 산란은 미립자뿐만 아니라 고체와 액체 내부에서도 일어난다. 그러나 그것이 반드시 눈에 보이는 산광이 되는 것은 아니고 균질한 물질 내에서는 많은 부분이 간섭 현상에 의하여 상쇄되고 입사광선과 많은 원자(분자)에 의한 산광이 합성되어 반사광선·굴절광선이 된다. 물체 내부에서 산광이 나타나는 것은 밀도나 분자의 방향 배치가 불규칙적인 경우에 한정된다. 대부분의 경우 산광의 파장은 입사광선의 파장과 같지만 때로는 그 물질에 득유한 양만큼 파장이 다른 빛이 섞이는 일이 있으며, 입사광선과 파장이 다른 산광 부분이 일어나는 것이 라만 효과이다. 또 X선이나 i선의 전자에 의한 산란을 콤프턴 산란이라 하며, 그것에 의하여 에너지를 잃는 현상이 콤프턴 효과이다. 또 입자선의 산란을 충돌이라고도 하는데, 소립자(素粒子) 사이에 작용하는 힘을 아는 방법으로 원자 물리학에서 유력한 실험 수단이다. 콜로이드의 연구에 사용되는 광산란, X선의 소각 산란 등이 잘 알려져 있다. 분자와 결정의 구조 연구의 회절법은 산란파의 간섭에 의한 것이다.

산란 광선 (散亂光線, diffused light) ⇨ 확산광.

산란 단면적 (散亂斷面積, scattering cross section) 분자선의 실험 등, 입자가 충돌할 때 어떤 상호작용에 의해 산란(속도 벡터의 변화)이 일어나는 확률. 면적의 차원이 있으므로 이렇게 부른다. 어떤 입체각 내에 볼 수 있는 확률을 표시하는 미분 산란단면적과 그것을 적분한 전 산란 단면적이 있는 데 모두 충돌시의 속도(운동 에너지)에 의존한다.

산란모 염색 (散亂毛染色, loose fiber dyeing) 산란모 상태의 양모, 무명, 화학 섬유의 단섬유, 솜 등의 염색. 염색된 산란모는 방적 공정에서 균일하게 혼합되므로 염색 얼룩이 없는 고급 선염직물이 된다. 톱 염색, 토우 염색 등과 함께 원료 염색이라 한다.

산란 인자 (散亂因子, scattering factor) ⇨ 원자 산란 인자.

산란 흡수 콘트라스트 (散亂吸收 ——, scattering absorption contrast) 빛, X선, 전자선 등의 산란과 흡수의 측정시에 화상상에서의 명암의 대비와 스펙트럼선의 선명도를 말한다. 특히 전자현미경으로 물질에 의한 산란 흡수로 생기는 상의 콘트라스트를 지칭한다. 위상 콘트라스트의 대응어이다.

산막 효소 (産膜酵素, film yeast) 액체 배지에 생육시켰을 때 배지 표면에 피막을 형성하는 효모. 피막 형성은 산소 요구성과 관계가 있으며 일반적으로 호기적인 *Pichia*, *Hansenula* 같은 효모속은 피막을 잘 형성한다.

산 무수물 (酸無水物, acid anhydride, anhydride) 카르복시산 2분자에서 물 1분자가 이탈하여 생성되는 화합물 $(RCO)_2O$. 예를 들면 무수 아세트산. 디카르복시산 1분자에서 물 1분자가 이탈하여 생성되는 산 무수물도 있다. 예를 들면 무수 프탈산. 분자량이 작은 지방족 카르복시산의 무수물은 자극적인 냄새가 나는 액체이지만 그 밖의 산 무수물은 대부분 냄새가 없는 고체이다. 물과 반응하여 카르복시산, 알코올과 반응하여 에스테르, 암모니아와 반응하여 산 아미드를 생성한다. 일반적인 합성법으로는 카르복시산 또는 카르복시산염에 산 염화물을 반응시키는 방법을 사용한다. 디카르복시산의 고리 모양 무수물은 디가르복시산을 가열하기만 하여도 쉽게 생성하는 경우가 많다. 예를 들면, 숙신산 무수물·프탈산 무수물·말레산 무수물 등이다. 방향족 탄화수소·아미노기 등 아실화제로서 널리 사용된다. 무기화학에서는 무기산을 탈수하면 생기는 산화물 및 물과 화합하여 산을 생성하는 산화물을 산 무수물이라고 한다. 탄산 무수물·황산 무수물 등이 그 예이다.

산성 (酸性, acid, acidic) 산의 성질이 있는 것을 나타내는 형용사. 기본적으로는 염기(鹽基)에 대하여 수소이온을 잘 준다는 것을 뜻하며, 산은 수용액 속에서는 용매(溶媒)의 물분자를 염기로 하여 히드로늄 이온 H_3O 이 되어 있다. 이 때문에 수용액에서 산은 신맛을 가지며, 청색 리트머스종이를 적색으로 변화시키고, 알칼리를 중화시키는 등의 실제적인 성질을 보인다. 일반적으로 수용액에서는 pH(수소이온 지수)가 7보다 작을 때를 산성이라고 한다.

산성 내화물 (酸性耐火物, acidic refractories) 내화물에 대해 화학성분을 바탕으로 산성, 중성, 염기성의 세 가지로 분류하였을 경우의 하나. 보통 MO_2로 표시되는 내화성 물질로 되어 있다. SiO_2와 ZrO_2를 주성분으로 하는 내화물이 대표적 예이다.

산성도 (酸性度, acidity) 산 용액 중의 산성 강도를 표시하는 척도. 일반적으로 수소이온 지수 pH로 표시한다. 염기성도는 마찬가지로 산 용액 중의 염기성 강도를 표시한다. pH로 표시하기 어려운 경우에는 산 강도 및 염기 강도 혹은 산도함수 등으로 표시한다. 산도라고도 하며 예전에는 산도가 많이 사용되었다. 염기가 산을 중화하는 능력, 즉 수용하는 수소이온의 수에 따라 수산화나트륨 NaOH를 일산염기, 수산화바륨 $Ba(OH)_2$를 이산염기라고 부르고, 각각을 산도 1, 2라고 한다. 또 이에 대해서 염기도라고 할 때는 산이 염기를 중화하는 능력, 즉 공여할 수 있는 수소이온의 수를 지칭한다. 예를 들면 질산 HNO_3를 일염기산, 황산 H_2SO_4을 이염기산, 인산 H_3PO_4을 삼염기산이라 하며, 각각 염기도 1, 2, 3이라 한다. 최근에는 산성도 및 염기성도를 사용하는 경우가 많다.

산성 매염 염료 (酸性媒染染料, acid mordant dye) 동물 섬유용의 견뢰한 염료. 산성 염료와 같은 방법으로 염색한 후 이크롬산염 용액으로 처리하여(크롬 후처리라 한다) 매염 염료와 마찬가지로 섬유상에서 불용성 착염을 형성시킨다. 면직물에 대해서는 크롬 전처리를 하여 매염 연료가 된다. 또 메타크롬 매염제(媒染劑)를 사용하는 일욕매염법(一浴媒染法)도 행해지고 있다. 근년에는 물에 녹는 금속착염(金屬錯鹽)을 형성하고 있는 합금속성(合金屬性) 염료도 개발되었다.

산성 밀링 염료 (酸性 —— 染料, acid milling dye) 산성 염료 중에서 양모와의 결합력이 강하고 세탁 견뢰도가 높은 염료. 밀링에 강하다. 약산성욕(아세트산이나 황산 암모늄을 사용)으로 염색한다. 균염성 염료에 비해 염색 얼룩이 생기기 쉽다(불균염). 일반적으로 연한 황색의 것이 많다. 주된 화학조성은 SiO_2 60 %, Al_2O_3 15 %. 주성분은 미세한 활성 결정질이며, 120~150℃에서 건조된 것이 탈색작용은 가장 강하다.

산성 백토 (酸性白土, acid clay) 몬모릴로나이트와 규산겔을 주성분으로 하는 점토광물. 물에 현탁하면 현저한 산성을 나타낸다. 흡착능과 촉매능도 있으나 건조조건에 따라 그러한 특성은 크게 변화한다. 유류의 정제와 탈색에 사용된다.

산성비 (酸性雨, acid rain) 빗물은 공기 중의 이산화탄소에 의해 일반적으로 약간 산성을 나타내지만(pH 5.6~5.7) 대기 중의 오염 물질로 인하여 더욱 산성(pH 5.6 이하)을 나타내기에 이르는 비. 산성화시키는 오염 물질로는 대기 중에 방출된 황산화물, 질소산화물, 대기 중에서 생성된 황산, 질산 등을 들 수 있다.

산성 비누 (酸性 ——, acid soap) 비누가 물에 녹아 일부가 가수분해하여 지방산을 생성하고, 이것이 비누 분자와 회합하여 생긴 화합물(예를 들면 RCOOH-RCOONa)이다. 물에 녹지 않고 묽은 용액은 유탁하지만 진한 용액은 비누의 가수분해도가 작아지는 동시에 산성 비누가 비누용액 중에 가용화되므로 투명하게 된다.

산성 산화물 (酸性酸化物, acidic oxide) 산화물 중 물과 반응하여 옥소산이 되고, 염기와 반응하여 염을 형성하는 것의 총칭. 염기성 산화물에 대응하는 용어. 일반적으로 비금속 원소의 산화물 및 전이금속의 고산화수 산화물(예를 들면 SO_3, CrO_3)이 해당된다.

산성 색 (酸性色, acid color)　염기성 색깔의 대응어이다. ⇨ 염기성 색.

산성암 (酸性岩, acidic rock)　이산화규소 SiO_2의 함유량이 많은 암석. 산성광(물)이라고도 한다. 보통 함유량 66~80 %의 것을 지칭한다. 산성암에서는 실리카와 함께 Al_2O_3, Na_2O, K_3O 등도 다소 많지만 FeO, MgO, CaO 등은 적다. 산성암이 완정질(完晶質)인 경우에는 일반적으로 석영이나 장석의 양이 흑운모와 각섬석의 양보다 훨씬 많아져 암석 전체의 색이 밝게 보인다. 보통 현무암의 마그마는 결정분화(結晶分化) 작용에 의하여 염기성의 조성으로부터 점차 산성으로 변화한다. 여기서 산성이라는 것은 화학에서 쓰는 산성이란 뜻과 다르므로 주의할 필요가 있다. 따라서 산성이란 말을 쓰지 않고 규장질(硅長質)이라고 하기도 한다.

산성염 (酸性鹽, acid salt)　산성의 수소를 함유하는 염. 다염기산이며 수소가 완전히 금속 이온으로 치환되어 있지 않은 것(예를 들면 $NaHCO_3$), 형식적으로 산 자체와 그 염과의 부가 화합물이 되어 있는 것(예를 들면 KHF_2)이 있다. 단 형식적으로는 산성염일지라도 수용액은 가수분해 등에 의해 산성을 나타낸다고는 할 수 없으므로 이 명칭의 사용은 바람직하지 않다. 또 다염기산이 아니라 1염기산인 염이라도 산 자체와의 분자 화합물, 예를 들면 플루오르화 수소 $KHF_2(= KF \cdot HF)$나 아세트산수소나트륨 $CH_3COONa \cdot CH_3COOH$ 등도 산성염에 포함시키는 수도 있다.

산성 염료 (酸性染料, acid dye)　동물 섬유용의 수용성 염료. 술폰산기 등의 산성기를 갖는다(염료는 그 나트륨염). 수용액에 산을 가하여 염착시킨다. 나일론 등에도 사용된다. 균염성 산성 염료와 산성 밀링 염료로 구분된다. 화학 구조적으로는 일부의 직접 염료와 비슷하지만 면직물 천에는 보통 염색되지 않는다. 이 종류의 염료는 염색법도 간단하고 색상의 종류도 풍부하므로 견뢰도도 좋은 것이 많지만 물에 잘 녹는 염료이므로 세탁으로 빠지기 쉽고, 습윤 견뢰도가

나쁜 결점이 있다. 화학 구조는 모노아조 또는 폴리아조계, 트리페닐메탄계, 안트라퀴논계, 인디고이드계 등 넓은 범위의 것이 포함된다. 특히 실용적으로 중요한 것은 아조 염료에 속하는 것과 산성 안트라퀴논 염료이다. 모두가 술폰산(또는 카르복실산)의 나트륨염이며 $DSO_3^- Na^+$의 형으로 나타낼 수가 있다. 칼륨염, 암모늄염인 경우도 있다. 색소 부분이 음이온이므로 염욕의 수소이온 농도가 증가하면 잘 염색된다. 황산나트륨을 가하면 반대로 염료 흡수가 억제된다. 균염성·산성 염료는 pH 2~3이며 비교적 저온으로 양모를 균일하게 염색할 수가 있다.

산성점 (酸性點, acidic site)　⇨ 산성 중심.

산성 중심 (酸性中心, acid center)　고체산에서 산성을 표시하는 표면 사이트. 산점 또는 산성점이라고도 한다. 산성을 표시하는 표면 히드록실기(브뢴스테드 산점). 노출한 표면 금속이온(루이스 산점) 등이 있다.

산성 현상액 (酸性現像液, acid developer)　일반적으로 할로겐화은 사진의 현상액은 알칼리성이지만 산성의 특수 현상액. Fe^{2+}, V^{2+}, Ti^{3+} 등의 환원성 금속염 또는 그 착염 혹은 아미돌(디아미노페놀염산염)을 주약으로 하는 현상액을 말한다.

산 세척 (酸洗滌, acid pickling, pickling)　황산, 질산, 염산 같은 산의 용액에 금속을 담구어 표면의 녹과 스케일을 제거하는 처리. 철, 법랑 등의 제조 공정에서 실시되는 외에 도금, 도장 등의 전처리에 널리 쓰여신다.

산소 과전압 (酸素過電壓, oxygen overpotential)　전극상에서 물을 산화하는 반응에서 평형 전위로부터 어느 정도 분극하면 산소가 발생하는가 하는 값을 말한다. 전극으로 사용하는 금속에 따라 크게 다르다. 산소 과전압이 작은 순으로 보면 Ni, Fe, Pb, Ag, Cd, Pt, Au이고, Ni는 산소 과전압이 작으므로 수전해 양극로서 유력하다.

산소 농축기 (酸素濃縮器, oxygen enricher)　만성 호흡부전 환사의 재택 요법을 위한 장치. 공기 중의 산소를 막에 의해 농축하는 방법과 흡착제로 질소를 제거하여 산소를 농축하는 방법이 있다. 체계저으로는 전지가 발전의 가능성이 크다.

산소산 (酸素酸, oxyacid, oxygen acid) ⇨ 옥소산의 (1).

산소 소비속도(酸素消費速度, oxygen consumption coefficient)　미생물 반응 과정과 폐수 처리 과정에서 호기적 대사에 의해 산소는 호흡의 최종적인 수소 수용체로 작용하여 물이 된다. 이 과정에서의 산소 소비속도를 이르며, $r_{0_2}[g - O_2 1^{-1} h^{-1}] = Q_{0_2}x$로 표시된다. 여기서 Q_{0_2}는 비(比)산소 소비속도 (호흡속도), x는 균체 농도이다.

산소 아세틸렌염 (酸素 —— 炎, oxyacetylene flame)　아세틸렌과 산소로 만든 혼합 불꽃. 불꽃 온도가 높으므로 금속재료의 용접이나 용단에 사용된다. 아세틸렌은 아세톤에 용해한 상태로 봄베에 7~15 atm으로 된 것을 사용한다. 아세틸렌의 완전 연소에는 2.5배의 산소를 필요로 하지만 보통 용접용에는 등량 혼합일 때의 내염을, 절단용에는 산소 과잉의 불꽃을 사용한다.

산소 운반체 (酸素運搬體, oxygen carrier)　산소분자 또는 원자와 결합하여 그 이동·운반을 관장하는 물질. 헤모글로빈과 헤모시아닌은 대표적인 산소 운반체이다.

산소 첨가 효소 (酸素添加酵素, oxygenase) ⇨ 옥시게나아제.

산소 평형 (酸素平衡, oxygen balance)　화약류가 완전히 폭빌한다고 할 때, 그 조성 중에 함유되는 탄소와 수소 등의 가연성 원자를 완전히 산화하여 이산화탄소와 물 등으로 하는 데 필요한 화약류의 조성 중에 함유되는 산소의 과부족량. 보통 화약류 100 g당 산소의 g수로 표시한다. 화약류의 폭발 성능은 산소 평형이 0부근에서 최대로 된다고 한다.

산소화(酸素化, oxygenation)　산소원자의 부가반응 혹은 치환반응 등, 화합물 중에 산소원자가 끼여드는 반응을 말한다.

산수소 불꽃 (酸水素——, oxyhydrogen flame)　수소와 산소를 사용하여 만든 혼합 불꽃. 높은 화재 온도를 얻을 수 있으며 어떠한 혼합 비율에서도 그을음이 생기지 않는 기본적인 불꽃으로, 반응의 메커니즘이 가장 잘 알려져 있다.

산수소 폭명기 (酸水素爆鳴氣, oxyhydrogen detonating gas)　수소 2용적과 산소 1용적의 혼합 기체. 점화하면 폭발하므로 이렇게 부른다.

산염기 적정 (酸鹽基滴定, acid-base titration)　산, 염기의 중화반응에 의거하는 적정. 중화 적정이라고 하는 경우도 있다. 산의 시료를 알칼리 표준액으로 적정하는 알칼리 적정, 알칼리를 산의 표준액으로 적정하는 산 적정이 있다.

산염기 지시약(酸鹽基指示藥, acid-base indicator)　산염기 적정에 사용하는 지시약. 수소 이온 농도의 변화에 수반하여 변색한다. 지시약 자체는 약산 또는 약염기의 색소이며, 해리형의 구조 및 색이 비해리형 구조 및 색과 상이한 것이 사용된다. pH의 측정에 이용되는 경우도 있다.

산염기 촉매 (酸鹽基觸媒, acid-base catalyst)　산 촉매와 염기 촉매의 총칭이다.

산 염화물 (酸鹽化物, acid chloride) ⇨ 염화 아실.

산염화 인 (酸鹽化燐, phosphorus oxychloride) ⇨ 염화 포스포릴.

산일 구조 (散逸構造, dissipative structure)　결정 등 평형상태에서 형성되는 평형구조에 대해서, 비평형상태에서 나타나는 거시적인 구조를 말한다. 평형구조의 경우와는 달리, 에너지의 열에 대한 사일과정이 동시에 일어나고 있다. 공간적 패턴과 시간적 리듬의 형성, 카오스로의 발전 등이 알려져 있다.

산 적정 (酸滴定, acidimetry)　산염기 적정의 하나. 산의 표준액을 사용하여 염기를 적정하는 방법. 예전에는 이것을 알칼리 적정이라 불렀던 적이 있다.

산점 (酸點, acid site) ⇨ 산성 중심.

산 촉매 (酸觸媒, acid catalyst)　산으로서의 성질에 기준하여 촉매작용을 나타내는 물질. 황산, p-톨루엔 술폰산 등의 브뢴스테드산 외에 염화 알루미늄, 금속 이온 등의 루이스산도 포함된다. 또 제올라이트와 이온 교환 수지 등의 고체도 산성을 나타내며 각종 반응의 촉매가 된다.

산 촉매 반응 (酸觸媒反應, acid catalyzed reac-

tion) 산이 촉매가 되어 진행하는 반응. 반응
예는 에스테르화, 알킬화, 에테르화 등 다양
하다. 황산, p-톨루엔술폰산 등의 액상 균일
계 촉매 외에 이온수지 교환, 제올라이트 등
의 고체 물질도 촉매로 사용된다.

산토닌 (santonin) 국화과 식물(쑥류)에서 추
출되는 세스퀴테르펜, $C_{15}H_{18}O_3$. 회충 구충
약의 유효 성분. 백색의 결정성 분말로 무
미·무취이다. 소(小)아시아 투르키스탄 지
방이 원산인 국화과의 소관목(小灌木)인 시
나쑥(Artemisia cina) 및 남부 유럽이 원산
인 쑥의 하나(A. monogyna), 또는 파키스탄
북서부의 쿠람지방이 원산인 쿠람쑥(A.
kuramensis)의 종자 모양을 한 작은 시나꽃
(flore cina : 일명 산토니카, 통칭 시멘시네)
의 유효성분을 추출한 것이다. 1830년 독일
에서 처음으로 결정 추출에 성공하였고, 메
르크사(社)에서 산토닌이라는 이름으로 판
매하였으나 현재는 학명에도 쓰인다. 시나
꽃은 로마시대부터 알려져 왔고, 산토닌은
원생약(原生藥)을 썼던 프랑스 남서쪽 아키
텐 지방의 선주민(先住民)의 이름에서 따온
것이라고 한다. 또한 시멘시네는 중국의 종
자라는 뜻의 라틴어를 네덜란드식으로 읽은
것이다. 종자라고는 하나 작은 두화(頭花)이
므로 씨를 뿌려도 나지 않는다. 일찍이 소련
은 산토닌의 독점사업을 획책하여 함유량이
많은 씨나 쑥 종자의 국외 유출을 엄금하는
조치를 취한 적이 있다. 공복에 복용하고,
조금 후에 염류하제(鹽類下劑)를 투여하여
구충을 히지만, 회충을 죽이는 힘이 약하고,
배출 후에도 회충은 활발하게 움직인다. 황
시(黃視)·어지러움·두통 등의 부작용이
있다. 현재는 회충·구충용으로 합제(合劑)
가 쓰이는데, 해인초(海人草)의 유효 성분인
카이닌산과의 합제, 헤노포디유와의 합제가
있으며, 상승 효과가 인정되었고 부작용도
적다.

산패도 (酸敗度, rancidity) 유지를 보존하면
공기, 광선, 습기, 효소 등의 작용으로 점차
열화하여 결국에는 혀를 찌르는 것 같은 맛
과 불쾌한 냄새가 나게 되는 현상. 산패에
포함되는 화학 반응은 매우 복잡하며, 산패
의 원인으로 여겨지는 주반응 또는 주생성
물의 종류에 따라 산화형 산패, 가수분해형

산패, 케톤형 산패로 구분된다.

산화 (酸化, oxidation) 원래는 산소와 화합
하는 반응 혹은 수소를 상실하는 반응을 산
화라고 하였으나 현재는 그러한 것을 포함
하여 널리 화학종이 전자를 상실하여 구성
하는 원자의 산화수가 높아지는 것을 말한
다. 예를 들면 $CH_3CHO + 1/2O_2 \rightarrow CH_3CO$
OH에서는 CH_3CHO가 산화된 것이고 $2\,KCl$
$+F_2 \rightarrow 2\,KF + Cl_2$에서는 Cl^-가 산화되어 있
다. 이 반대를 환원이라 한다.

산화 납(II) (酸化鉛, lead(II) oxide) ⇨ 일산
화 납.

산화 납(IV) (酸化鉛, lead(IV) oxide) ⇨ 이산
화 납.

산화 녹말 (酸化 ——, oxidized starch) 녹말
을 공업적 용도로 사용하기 위해 각종 산화
제로 처리하여 새로운 물성을 부여한 녹말
의 총칭. 점성(粘性)이 낮다. 산화 전분(酸化
澱粉)이라고도 한다. 찬물에는 녹지 않지만
더운물에는 녹는다. 공업용으로는 제지(製
紙)·직물용 호료(糊料) 등으로, 식품용으로
는 과자·건어물을 윤 내는 약제 등으로 사
용된다. 이것은 녹말을 물에 가하면서 섞어
호화(糊化)온도 이하에서 하이포 염소산 소
다와 같은 염소계 산화제로 강력하게 녹말
을 산화시켜 물로 잘 씻고, 산화제를 제거한
다음 건조시켜 분말로 만든 것이다. 주요한
것으로는 차아염소산 나트륨에 의한 산화
녹말과 과요오드산 산화에 의한 디알데히드
스타치로, 제지에서 사이딩이라든가 습윤
지려 강도의 증강제 등으로 사용된다.

산화물 (酸化物, oxide) 산소원자를 음성 성
분으로서 갖고 있는 화합물. 예를 들면 이산
화탄소 CO_2, 산화철(III) Fe_2O_3 등. 산소는
다른 원소와 친화력이 강하여 비활성 기체
를 제외한 거의 모든 원소와 화합물을 만드
는데, 일반적으로 원소 간의 직접 반응 또는
산화제와의 작용에 의해서 생성된다. 예를
들면, 탄소와 황 또는 금속 마그네슘을 산소
속에서 연소시키면 각각 이산화탄소 CO_2,
아황산가스 SO_2, 산화마그네슘 MgO 등의
산화물을 얻는다. 산화물 중에서 전형적인
비금속 원소의 산화물은 대부분 공유결합성
분자로 이루어지며, 일반적으로 물에 녹아

산을 생성하므로 산성 산화물이라고 한다. 이것들은 비금속 원소의 전기 음성도가 약해지면 산으로서의 성질이 약해져서 거대분자를 생성하여 물에 난용성이 되는 경향이 있다. 또 전형적인 금속원소의 산화물은 대부분 O^{2-}을 함유하는 이온 결정이며, 물에 녹아 알칼리성을 보이므로 염기성 산화물이라 한다. 또한 산성 산화물과 염기성 산화물을 생성하는 중간 원소의 산화물은 산에 대해서는 염기, 염기에 대해서는 산으로 작용하므로 양쪽성 산화물이라 한다. 한 금속 원소가 몇 개의 산화수를 보이는 것에서는 산화수가 높은 산화물은 산성 산화물, 산화수가 낮은 산화물은 염기성 산화물, 중간의 것은 양쪽성 산화물을 생성하는 일이 많다.

산화물 이온 (酸化物 ——, oxide ion)　산소원자의 음이온 O^{2-}을 말한다.

산화물 촉매 (酸化物觸媒, oxide catalyst)　촉매로서 널리 사용되는 금속의 단독 산화물 및 복합 산화물의 총칭. 산화물 촉매를 대별하면 주로 전형 원소를 함유하는 고체산·염기촉매와 전이금속 산화물을 주성분으로 하는 산화-환원 촉매로 되어 있다.

산화 발염 (酸化拔染, oxidation discharge printing)　발염 때 염료를 분해하는 약제로 산화제를 사용하는 방법을 말한다.

산화 방지제 (酸化防止劑, antioxidant, oxidation inhibitor)　윤활유, 연료, 유지, 식품, 고무, 플라스틱 등은 산소의 존재하, 빛 또는 열 등에 의해 탈수소하여 일단 유리기가 생성되면 연속적으로 반응이 진행하여 열화한다. 이것을 방지하기 위해 첨가하는 물질을 산화 방지제 또는 항산화제라고 한다. 유리기를 불활성화 하기 위해서는 페놀류 또는 방향족 아민류가 사용되고, 유리기의 주요 발생원인 히드로페르옥시드를 분해하기 위해서는 유기황 또는 유기인 화합물이 사용된다.

산화성 인산화 반응 (酸化性燐酸化反應, oxidative phosphorylation)　인산화라는 것은 어떤 물질에 인산 H_3PO_4가 붙는 반응을 말한다. 산화성 인산화 반응에 있어서 인산화는 생체막에 있어 전자 전달계의 산화-환원 반응으로 유리되는 에너지를 사용하여 ADP와

무기인에서 ATP를 합성하는 반응. 진핵 세포의 미토콘드리아 내막, 원핵 세포의 형질막에서 볼 수 있는 반응. 이 반응은 생물체 내에서 에너지의 전환에 매우 중요한 구실을 하고 있다. 이 인산화에는 다량의 에너지가 소비되므로 ADP가 인산과 결합하여 ATP가 되는 데도 외부로부터 에너지가 공급되어야 한다. 이 에너지의 양은 반응 조건에 따라 약간의 차이가 있지만, ADP 1 mol의 인산화에 7.3 kcal의 에너지를 필요로 한다. 따라서 1 mol의 ATP가 ADP와 인산으로 분해될 때는 7.3 kcal의 에너지가 방출된다. 인산화에 소요되는 에너지는 생물체에서는 유기물의 산화에서 방출되는 에너지가 이용된다. 즉, 생물체가 섭취한 영양 물질인 유기물이 세포 속에서 산화될 때 방출되는 에너지의 일부가 ADP의 인산화에 이용되는 것이다. 수소 이온의 전기화학 퍼텐셜 차를 전자 전달계가 형성하고 그것을 ATP 합성효소가 이용하여 ATP를 합성한다.

산화성 중합화 (酸化性重合化, oxidative polymerization)　활성 수소를 갖는 페놀이나 아닐린의 유도체를 산화제의 존재하에서 탈수소 반응으로 중합시켜서 고분자를 생성하는 반응. 예를 들면 2, 6-디메틸페놀을 구리의 촉매작용으로 산소 산화하면 고분자량의 폴리-2, 6-디메틸페닐렌에테르가 얻어진다.

산화성 첨가 (酸化性添加, oxidative addition)　수소 수소, 수소-탄소, 탄소-할로겐 결합 등이 금속 착물과의 반응으로 개열하여 형식적 음전하를 갖는 2개의 배위자를 이루는 한편, 금속의 형식 산화수가 2만큼 증가하는 현상. 환원적 탈리의 역과정에 해당하며, 전이금속 촉매반응 사이클은 흔히 산화성 첨가·환원적 탈리의 쌍을 포함하여 구성된다.

산화성 첨가 반응 (酸化性添加反應, oxidative addition reaction)　배위수가 불포화 상태인 착물에 배위수가 부가하여 포화상태를 이루는 동시에 중심 금속 원자의 산화수가 증가하는 반응. 간략화하여 옥시사드 반응이라고도 한다. 환원적 탈리에 대응하는 용어. 예를 들면 평면형 사배위의 $[Pt^{II}Cl_4]^{2-}$와 염소의 반응으로 팔면체형 육배위의 $[Pt^{IV}Cl_6]^{2-}$가 생성되는 반응 등이 있다.

산화 셀룰로오스 (酸化 ——, oxycellulose)　셀

룰로오스의 산화 생성물. 옥시셀룰로오스라고도 한다. 산화제의 종류, 산화조건에 따라 카르보닐기 함량, 카르복시기 함량이 다른 각종 생성물이 존재하는데, 환원형(도입 작용기가 주로 카르보닐기)과 산형(도입 작용기가 주로 카르복시형)으로 대별된다.

산화수 (酸化數, oxidation number) 단체 및 화합물 중의 전자를 일정한 방식으로 각 원자에 할당하였을 때, 각 원자가 갖는 전하의 수. 이온 결합하고 있는 원자간에서는 각 원자가 갖는 이온의 전하를 그대로 취한다. 공유결합하고 있는 원자간에서는 결합에 사용하고 있는 전자쌍을, 동종 원자에서는 등분으로, 이종 원자에서는 전기 음성도가 높은 쪽에 할당하는 것을 원칙으로 한다. 실제적인 전하분포를 표시하는 것은 아니지만, 산화-환원 반응을 비롯하여 초보적인 교육에 편리한 점이 많으므로 원자가의 개념보다 널리 사용된다.

산화 아연 (酸化亞鉛, zinc oxide) 물에 녹지 않는 무색의 결정 ZnO. 분말은 아연화, 아연백 등이라 한다. 가벼운 백색 분말로 녹는점 1,975℃(가압), 1,720℃(상압)이며, 비중 5.47(비결정성), 5.78(결정성)이다. 약 300℃로 가열하면 황색으로 변하지만 식히면 원래의 빛깔이 된다. 물에는 거의 녹지 않지만 묽은 산 및 진한 알칼리에는 녹는 양쪽성 산화물이다. 천연으로는 홍아연석으로서 산출되며, 공업적으로는 금속 아연을 가열하여 기화시켜서 공기로 연소시키거나 황산아연 또는 질산아연을 대워시 만든다. 입자가 곱고 연백(鉛白)보다 피복력(被覆力)은 떨어시시만 녹성이 없고, 황화수소에 의하여 흑색으로 변하지 않기 때문에 백색 안료로서 중요하다. 백색 안료, 가황 촉진제, 촉매, 전자사진 재료, 형광체. 이 밖에 아연화 연고·아연화 녹말 등의 의약품 또는 화장품의 원료로 사용된다.

산화 안정성 (酸化安定性, oxidation stability) 석유제품의 항 산화성을 말한다. 석유제품 시료를 공기 또는 산수의 존재하에서 기열 산화시켜 산화 전후의 성상 변화, 산소 흡수량 등을 측정하여 판정한다. 기름을 저장 중일 때 또는 사용 중에 산화열화의 추정과 산화 방지제의 성능 평가에 사용된다. 기름

의 종류에 따라 시험 조건과 평가 항목이 다르다.

산화 알루미늄 (酸化——, aluminium oxide) Al_2O_3. 공업적으로는 알루미나라고 한다. α형은 천연에서 커런덤으로 산출된다. 이것에 미량의 중금속이 들어가 착색한 것이 루비와 사파이어이다. β형이라 하는 것은 $Na_2O \cdot 11Al_2O_3$이며 산화 알루미늄과 산화나트륨의 화합물이다. γ형은 표면적이 크고, 흡착제 혹은 촉매로 사용된다. 이 밖에 δ형, η형, θ형 등이 있으나 γ류로 총칭된다.

산화 에틸렌 (酸化——, ethylene oxide) ⇨ 에틸렌 옥시드.

산화 염료 (酸化染料, oxidation dye) 아미노기를 갖는 중간물을 섬유에 흡수시키고, 섬유상에서 이크롬염산 등으로 산화하여 불용성 색소를 형성하는 유형의 염료. 주로 셀룰로오스에 적용된다. 값이 싸고 견뢰하지만 흑색~다갈색에 한정되어 있다. 아닐린 블랙이 그 대표적인 예로, 백발 염색에 사용된다(산화제는 과산화수소).

산화은 전지 (酸化銀電池, silver oxide cell) 양극 활물질에 산화은을, 음극 활물질에 아연을, 전해액에 알칼리욕을 사용하는 일차 전지. 방전 전압은 1.55 V로 자기방전이 작고, 고에너지 밀도이나 가격이 비싸기 때문에 소형 전지로 사용되고 있다. 에너지 밀도를 증가시키기 위해 과산화은을 전극 활물질로 사용하는 과산화은 전지도 있다.

산화 인산염 (酸化燐酸鹽, calcined phosphate) 건식 인산비료의 하나. 넓은 의미로는 인광석에 반응제를 가해서 소성하여 아파타이트분을 가용화한 것을 말한다. 좁은 의미로는 인광석에 탄산나트륨과 인산액을 가하여 반응시켜 $Ca_3(PO_4)_2$계의 시트르산 가용성 물질을 형성한 것을 말한다. 사료 혹은 화학비료의 원료로 사용된다. 염기성 비료에 속한다.

산화 전류 (酸化電流, oxidation current) 전기화학 반응에서, 용액에서 전극을 향해 전자가 이행하여 산화반응이 일어날 때의 전류를 산화전류라 한다. 전기 분해계에서는 양극에서, 전지계에서는 음극에서 흐르는 전류. 양극 전류라고 하는 경우도 있다.

산화제 (酸化劑, oxidizing agent) 산화반응을

일으킬 수 있는 시약. 일반적으로 공기, 산소, 과산화수소, 질산염, 과망간산염, 할로겐 등이 사용되지만 유기 화합물의 산화에는 환원되기 쉬운 유기 화합물이 이용되는 경우도 있다.

산화 질산 비스무트 (酸化窒酸 ——, bismuth nitrate oxide) 보통 일수화물의 수용성 무색의 결정. $BiO(NO_3)$. 차질산 비스무트라 불리었던 의약품의 주성분. 질산 비스무틸이라는 속칭도 있다.

산화철 안료 (酸化鐵顏料, iron oxide pigment) 산화철을 주성분으로 하는 안료의 총칭. 중요한 것은 α-Fe_2O_3계의 적색 안료(철단, 홍각이라고도 한다)이다. 이밖에 α-$FeOOH$계의 황색 안료(황산화철), Fe_3O_4계의 흑색 안료(철흑) 등이 있다.

산화 칼슘 (酸化 ——, calcium oxide) 무색의 결정 CaO. 생석회, 석회 등은 속칭이다. 녹는점 2,570℃이다. 공기 중에 방치하면 수분과 이산화탄소를 흡수하여 수산화칼슘(소석회)과 탄산칼슘으로 분해한다. 물과 반응하여 다량의 열을 발생하고 수산화칼슘을 생성한다(소화). 실험실에서는 건조제, 공업에서는 염가의 알칼리로 대량으로 사용되고 있다.

산화 표백 (酸化漂白, oxidation bleaching) 산화로 착색 물질을 분해함으로써 섬유, 식품을 희게 히는 처리법. 셀룰로오스계 섬유에는 아염소산 나트륨과 과산화수소가, 단백질계 섬유에는 과산화수소와 페르옥소붕산 나트륨이 사용된다. 또 식품에는 아염소산 나트륨, 차아염소산 나트륨 등이 사용된다.

산화 프로필렌 (酸化 ——, propylene oxide) ⇨ 프로필렌 옥시드.

산화-환원 메커니즘 (酸化還元 ——, redox mechanism) 촉매반응 메커니즘의 하나. 산화촉매반응이 촉매 자신의 산화와 환원이 반복하여 진행할 때 산화-환원 메커니즘이라 한다. 고체 촉매에서는 Mars-van Krevelen 메커니즘이라고도 한다. 액상에서 전이금속 이온 촉매 혹은 전이금속 산화물 촉매에 의한 산화반응에서 흔히 볼 수 있다.

산화-환원 반응 (酸化還元反應, oxidation-reduction reaction, redox reaction) 전자이동에 근거한 정의에 의한 산화와 환원은 일반적으로 상반하여 일어난다. 즉, 반응계 중의 어떤 성분이 산화될 때에는 다른 성분이 환원되므로 이러한 반응계 전체를 산화-환원 반응 혹은 레독스 반응이라 한다.

산화-환원 전위 (酸化還元電位, oxidation-reduction potential) 일반적인 정의로는 화학적으로 불활성인 전자 전도체(예를 들면 백금)와 2개의 상이한 산화상태(예를 들면 Fe^{2+}, Fe^{3+})에 있는 이온을 함유하는 용액으로 되고, 전극 표면에서는 산화-환원 평형(예를 들면 $Fe^{3+}+e^- \rightleftharpoons Fe^{2+}$)이 성립하고 있는 계의 전극 전위를 말한다. 한 쪽이 금속이고, 그 표면에서 산화-환원 평형이 성립하고 있는 전극계[예를 들면 Cl^-(용액)/$AgCl$(공체)/Ag]를 함유하는 경우도 있다. 정확하게는 전극 전위라 부르며, 전극 전위는 네른스트의 식으로 정의된다.

산화-환원 중합 (酸化還元重合, redox polymerization) 라디칼 중합의 하나. 레독스 중합이라고도 한다. 산화제와 환원제의 반응으로 발생하는 라디칼을 사용하여 개시시킨다. 이 조합을 산화-환원 개시제라 하며 H_2O_2-Fe^{2+} 등이 그 전형적인 예이다. 개시의 활성화 에너지는 낮고, 실온 이하에서의 중합이 가능하지만 반응이 빠르기 때문에 중합이 완결되기 이전에 개시제가 소실하여 중합이 멈추기 쉽다.

산화-환원 효소 (酸化還元酵素, oxidoreductasc) 호흡 효소라 불리었던 1군의 효소(효소 번호 1)로, 산화-환원을 촉매하는 효소의 정규 명칭. 생체에서의 효소에 의한 산화-환원은 생체 물질의 합성, 유해 물질의 분해, 에너지 공급 등의 역할을 담당한다.

산화 효소 (酸化酵素, oxidizing enzyme) ⇨ 옥시다아제.

살균 (殺菌, sterilization) 열, 화학약품, 전자파 등을 사용하여 세균을 사멸시키는 것. 금속은 화염법, 유리용기는 건열법, 일반 배지·고무·내열 플라스틱 등은 고압 증기법, 내열성이 없는 것은 자외선·X선·γ선·에틸렌옥시드 가스, 인체는 70 % 에탄올 또는 0.01~0.2 % 오스반액에 의해 살균된다.

살균 상태 (殺菌狀態, aseptic condition) 미생

물이나 동식물의 배양에서 미생물이 존재하지 않는 상태를 말한다. 잡균이나 파아지에 의한 오염을 방지하기 위해 배양기의 완전한 밀폐, 부속 장치 및 기구의 살균, 공기의 완전 제균 등을 한다.

살균 시료 채취 (殺菌試料採取, aseptic sampling)　잡균이 혼입하지 않도록 배양장치 등에서 시료를 채취하는 조작. 시료액을 채취하는 배관계, 시료액 용기는 사전에 증기나 약제로 살균하고, 시료액을 채취할 때는 주위에서 잡균이 침입하지 않도록 여러 가지로 고안하여 신속하게 한다. 장치가 소형인 경우는 무균실 안에서 채취한다.

살균제 (殺菌劑, fungicide germicide)　유해 미생물을 사멸시키기 위해 사용하는 약물. 가스 살균제로서 포르말린, 에틸렌옥시드, 프로피렌, 브롬화메틸 등이, 액체 살균제로서 과산화수소수, 하이포아염소산염 수용액 등이 있다. 농업용 살균제로서는 유기 인계, 유기 황계, 항생 물질계, 퀴논계, 페놀계, 함질소계, 유기 비소계 등의 각 살균제가 알려져 있다.

살리실 산 (―― 酸, salicylic acid)　벤조산의 오르토 자리에 히드록시기가 있는 화합물, $C_6H_4(OH)COOH$. 분자량 138.12, 녹는점 159 ℃, 비중 1.443. 승화성이 있고, 에테르·에탄올 등 유기 용매에 녹는다. 산성이고, 또 페놀이기도 하므로 염화철(Ⅲ) 수용액을 가하면 보라색을 띤다. 천연으로는 에스테르의 형태로 대부분의 정유(精油) 속에 함유되어 있는데, 특히 석남과(石南科) 가울테리아속의 잎의 향유는 살리실산메틸이 주성분이기 때문에 옛날부터 이것에서 살리실산을 얻었다. 나트륨페녹시드와 이산화탄소에서 공업적으로 합성한다. 염료 합성 등 유기합성의 중간체로, 또 분석 시약으로 사용된다. 약전에서는 방부제와 식품 보존료로 사용된다. 아스피린은 아세틸살리실산의 Bayer사 상품명이며 해열 진통제로서 유명하다.

살세균 작용 (殺細菌作用, bacteriocidal action)　세균 등의 미생물을 살멸하는 작용. 진한 염류에 의한 단백질의 침전, 염소, 산화제에 의한 단백질 중의 SH기 파괴, 페놀류, 계면활성제, 알코올, 각종 유기산에 의한 세포벽 파괴, 포름알데히드와 단백질의 아미노기와

의 반응, 에틸렌옥시드에 의한 단백질의 에스테르화 등이 알려져 있다. 미생물의 세포벽, 세포막에 작용하여 파괴하고, 세포 원형질, 효소 단백질과 반응하여 그 활성을 저해, 혹은 구조를 변화시켜 그 생활력을 빼앗는다.

살진균제 (殺眞菌劑, fungicide)　사상균의 번식을 방지 혹은 사멸시키는 화학물질을 말한다. 보르도액, 염화수은(Ⅱ), 액티노마이신 A 같은 항생물질 등이 사용된다.

살충제 (殺蟲劑, insecticide pesticide)　곤충을 선택적으로 살멸하는 약제 또는 곤충에 선택적 해독을 미치는 물질. 담배 잎, 제충국, 데리스 근 등의 천연물이 오래 전부터 사용되었으나 DDT, γ-BHC가 개발 후, 유기 염소계가 주류를 이루고 있다. 그러나 잔류 독성 때문에 우리나라에서는 유기염소계의 대부분이 사용 금지 또는 사용 규제되어 현재는 유기인계, 카르바메이트계, 천연물계로 대체 되었다. 또 곤충 호르몬, 곤충 페로몬을 살충제로 사용하는 연구도 진행되고 있다.

살츠만 법 (―― 法, Saltzman method)　이산화질소의 흡광광도 정량법. B. E. Saltzman이 1954년에 아질산 이온의 검출법을 개량하여 대기 중의 이산화질소에 대한 정량법으로 보고하였다.

살포제 (撒布劑, dusting agent, dusting powder)　고무를 압연 또는 성형한 후에 상호 접착하는 것을 방지하기 위해, 그 표면에 살포하는 분말. 탤크, 운모, 탄산마그네슘, 탄산칼슘, 스테아린산 아연, 녹말 및 유도체 등이 사용되고 있다.

삼각도 (三角圖, triangular diagram)　3성분계의 조성관계를 표현하는 데 사용되는 삼각형의 그림. 임의의 삼각형을 사용할 수 있으나 정삼각형 또는 직각삼각형이 많이 사용된다.

삼당 (三糖, trisaccharide)　단당의 3분자가 글리코시드 결합으로 형성된 당류. 기성 당의 결합형식에 의해 두 종류로 분류된다. ① 트레할로스형 3당류 : 라피노스, 겐티아노스, 멜레치토스 등. ② 말토스형 3당류 : 말토트리오스, 셀로트레오스, 만니노트레오

스 등이 있다.

삼방정계 (三方晶系, trigonal system)　7개의 결정계 중, 3회 회전축이나 3회 회반축을 주축으로 하는 결정계. 이로 인해 단위포의 3축 길이는 모두 같고, 축간의 각도도 90°와는 다르지만 모두 같다. 능면체 정계라고도 한다. 이 결정계에 속하는 광물로는 강옥(루비 등)·비소·안티몬·창연(비스무트) 등이 있다.

삼분자 반응 (三分子反應, trimolecular reaction)　3체 충돌로 일어나는 화학 반응. 원자와 라디칼, 이온의 재결합 반응이 이에 해당한다. 재결합에 의해 생성된 과잉 에너지가 있는 분자를 제3체 분자의 충돌로 안정화함으로써 재결합 반응은 완결한다.

삼사정계 (三斜晶系, triclinic system)　7개의 결정계 중, 2회 이상의 회전축과 회반축의 대칭을 갖지 않는 것으로, 반전 대칭만이 허용되는 것. 이 때문에 단위포의 3개 길이는 모두 다르며, 축간의 각도도 모두 90°가 되지 않는다. 이 정계에 속하는 결정은 좌우·상하·전후로 바꾸어 놓아도 원위치 이외에서는 같은 형태를 나타내지 않는다. 즉, 대칭성이 전혀 없거나 반대 대칭만을 가지고 있어서 결정계 중에서 대칭성이 가장 낮은 것이다. 엑지니트(斧石)·사장석(斜長石)·장미휘석·담반(膽礬) 등이 이에 속한다.

삼산염기 (三酸鹽基, triacidic base)　1 mol로 일염기산 3 mol을 중화하는 염기. 예를 들면 수산화란탄(Ⅲ) La(OH)$_3$이 있다.

삼산화 비소 (三酸化砒素, arsenic trioxide)　물에 약간 녹는 무색의 결정 혹은 유리상 고체, As$_2$O$_3$. 정식명은 삼산화이비소, 실제로는 As$_4$O$_6$ 분자로 구성되어 있다. 오래 전부터 아비산이란 이름으로 불리었으나 그것은 잘못된 명칭이다. 독물. 치사량은 0.06 g. 의약에 사용되는 외에 방부제로 쓰이고 있으며 또 안료의 제조에 사용된다.

삼색 표색계 (三色表色系, trichromatric system, colorimetric system)　적당히 고른 세 원자극 가색법으로 시료의 색깔을 재현할 수 있다는 삼원색설에 바탕을 두고 시료의 색자극 값을 표시한 것. CIE(국제 조명위원회) 표준 표색계도 그 하나이다.

삼씨유 (—— 油, hempseed oil)　삼의 종자(함유분 30~35 %)에서 채유되는 건성유. 종자는 아시아와 러시아에서 생산되며 요오드 값이 약간 낮은(140~175) 점을 제외하면 외관, 성상 모두 아마인유와 비슷하며, 아마인유와 마찬가지로 보일유, 바니시용 등에 사용할 수 있으나 현재 우리나라에서는 거의 생산되고 있지 않다.

삼염기산 (三鹽基酸, tribasic acid)　1분자 중에 전리하여 수소 이온이 되는 수소원자 3개를 함유하는 산. 예를 들면 인산 H$_3$PO$_4$가 있다.

삼염화 벤질리딘 (三鹽化 ——, benzylidyne trichloride)　톨루엔의 곁사슬 삼염화물 C$_6$H$_5$CCl$_3$. 벤조트리클로라이드라고도 한다. 유기합성용의 시제, 염료 중간물로 사용된다.

삼염화 인 (三鹽化燐, phosphorus trichloride)　무색의 발연성 유독한 액체 PCl$_3$. 끓는점 74.7℃, 비중 1.57이다. 에테르·벤젠·클로로포름·사염화탄소·이황화탄소 등에 녹으며, 물에서는 격렬하게 가수분해한다. 부식성이 강하고 유독하다. 인과 염소 반응에서 얻은 불순한 삼염화인을 증류하여 정제하면 생긴다. 각종 인화합물의 합성 원료, 염소화제로 사용된다.

삼원자 고리 (三原子環, three-membered ring)　3원자로 이루어진 고리 모양 구조. 탄소 고리와 복소 고리가 있다.

삼원 중합체 (三元重合體, terpolymer)　⇨ 터폴리머.

삼인산 나트륨 (三燐酸 ——, sodium triphosphate)　수용성의 무색 결정, Na$_5$P$_3$O$_{10}$. 트리폴리인산나트륨은 속칭. 육수화물 및 무수화물 Ⅰ형(고온 안전형)과 Ⅱ형(저온 안전형)의 세 가지 결정형이 알려져 있다. 금속 이온 착화능, 알칼리 완충능 등이 뛰어나며 합성 세제의 증강제로 사용되고 있으나 폐수에 의한 환경문제로 수요가 감소하고 있다. 경수 연화제, 염색 조제, 식물 첨가물 등으로도 사용되고 있다.

삼인산염 (三燐酸鹽, triphosphate)　일반식 M$^{\mathrm{I}}_5$P$_3$O$_{10}$. 트리폴리인산염은 속칭. 사면체형의 PO$_4$가 정점 공유로 3개 사슬 모양으로 이어진 인의 폴리산염. 수용액은 가수분해에 의해서 2인산염에서 오르토인산염이 생긴다. 칼슘, 기타 대개의 금속 이온과 결합하여 착이온을 형성하고 금속염의 침전을 방해하는 이온 봉쇄작용을 갖는다. 알칼리 금속염은 특별히 금속 이온 봉쇄제로 사용되며 이 외에 분산제 등에 사용된다.

삼자극값 (三刺戟値, tristimulus values)　색깔을 정량적으로 표시하는 기초적인 값. XYZ의 기호로 표시된다. X는 적색, Y는 녹색, Z는 청색에 대응한다. 각 파장의 스펙트럼광은 상이한 원색 자극을 부여하므로 색물체로부터의 반사광이 눈에 들어오면 각 원색에 대한 색각(色覺)은 색에 대응한 자극을 받는다. 이 때 상기 세 가지 자극량을 3자극값이라 한다. 3자극 값이 같은 경우는 등색관계가 된다.

삼중결합 (三重結合, triple bond)　유기 화합물 분자 중에서 두 원자가 세 공유결합으로 이어져 있는 화학결합. $C\equiv C$, $C\equiv N$, $N\equiv N$ 등. 탄소 원자간의 삼중결합은 아세틸렌 결합이라 한다. 삼중결합은 본질적으로는 σ결합 1개와 π결합 2개로 구성되어 있다. 이들 2개의 π결합 때문에 삼중결합이 된 곳에서는 불포화성을 보여 첨가반응이 일어나기 쉽고, 또 산화 그 밖의 반응에 의하여 분자가 끊어지기 쉽다. 3중 결합에서는 이중 결합의 여러 특성이 다시 강한 모양으로 나타난다.

삼중 공명 (三重共鳴, triple resonance)　주파수가 다른 세 전자파와 물질의 상호작용의 비선형 효과에 의한 동시 공명현상. 이중 공명과 기본적으로 동일한 현상이다.

삼중 상태 (三重狀態, triplet state)　원자·분자에서, 전 스핀 각운동량의 양자수 S가 1로 되는 전자상태. 간단히 삼중선 또는 삼중항 상태라고도 한다. 분자의 경우 삼중상태는 전자 들뜬 상태인 경우가 많지만 O_2, SO 등 삼중선이 전자 바닥상태인 경우도 있다. 일반적으로는 들뜬 삼중상태는 들뜬 단일선 상태보다 낮으며, 물질의 들뜬 상태(勵起狀態)의 성질을 이해하는 데 중요한 의의를 지닌다. 특히 유기분자의 인광(燐光)은 들뜬 삼중상태로부터 바닥 단일선(일중항)상태로의 전이에 따르는 복사(輻射)로서 설명되고, 에너지 이동이나 광화학 반응의 메커니즘을 실명하는 데에도 사용된다.

삼중선 (三重線, triplet)　하나의 전이에 대응하는 준위에 부준위가 생겨, 하나의 스펙트럼선이 3개로 분열한 것. 삼중항이라고도 한다. 자기공명에서는 스핀 양자수 $I=1$인 핵 1개 또는 $I=1/2$의 등가한 핵 2개와 짝짓기를 일으켜 스핀 부준위가 생기면 삼중선이 관측된다. 프로톤 자기공명 스펙트럼에서 에틸기의 메틸 시그널이 삼중선이 되는 것은 후자의 예이다.

삼중선 증감 (三重線增減, triplet sensitization)　광증감의 하나. 여기 삼중상태의 광증감제 분자에서 기저 단일선상태의 기질분자에 들뜸 에너지가 이동되어 들뜬 삼중상태의 기질분자가 생성되는 것. 이 때, 광증감제의 삼중선 에너지가 기질의 에너지보다 클 필요가 있다. 일반 분자에서는 직접 광조사에 의해 수명이 길고 반응성이 풍부한 들뜬 삼중상태를 형성하는 것이 어렵기 때문에 이 방법은 일반 분자의 들뜬 삼중상태를 형성하는 데 유용하다.

삼중선 증감제 (三重線增感劑, triplet sensitizer)　삼중선 증감에 사용되는 화합물(이하 S로 표시한다). 광흡수에 의해 최초로 생성되는 들뜬 단일선 상태 ^1S에서 들뜬 삼중선 상태 ^3S로 항간 교차의 효율이 높고, 또한 삼중선 에너지가 기질분자의 에너지보다 큰 분자. 들뜬 에너지를 기질분자 M에 이동시켜 기질의 여기 삼중상태 ^3M를 형성한다.

$$^1S \xrightarrow{h\nu} {}^1S \rightarrow {}^3S, \quad {}^3S + {}^1M \longrightarrow {}^1S + {}^3M$$

삼중 수소 (三重水素, tritium)　⇨ 트리튬.

삼중심 결합 (三中心結合, three-center bond)　3개의 원자에 걸친 궤도에 2개의 전자가 들어가 형성되는 공유결합. 삼중심 2전자 결합이라고도 한다. 예를 들면 디보란 B_2H_6에서 볼 수 있는 $B\cdots H\cdots B$의 결합이 있다.

삼중점 (三重點, triple point)　단일 물질의 상태도에서, 기체-액체-고의 3상이 평형을 유지하며 공존하는 특정한 점. 삼중점에서는 상 규칙에 의해서 자유도는 0이다. 온도와 압력으로 표시되며, 물의 삼중섬은 273.16 K, 610.6 Pa이다. 이 물 및 수소·산소의 3중점은 국제 온도의 정점(定點)으로 선정되어 있다.

삼중항 상태 (三重項狀態, triplet state)　⇨ 삼중 상태.

삼질산 글리세롤 (glycerol trinitrate) ⇨ 니트로글리세린.

삼차 구조 (三次構造, tertiary structure) 단백질을 구성하는 아미노산의 곁 사슬 간 상호 작용에 의해 형성되는 폴리펩티드 사슬의 2차 구조가 접혀져 포개져 있는 구조. 폴리뉴클레오티드 사슬에도 사용된다. 3차 구조의 결합에는 곁 사슬 간의 수소결합, 소수결합, 정전기적 상호작용, 이황화물 결합 등이 관여하고 있다.

삼차 회수 (三次回收, tertiaryoil recovery) ⇨ 석유 고차 회수.

삼투 (滲透, osmosis, penetration, permeation) 막이나 분체층을 통하여 액체가 투과하는 현상. 좁은 뜻의 osmosis에서는 막이나 분체층을 통한 확산에 의한 용매의 이동을 말한다.

삼투 계수 (滲透係數, osmotic coefficient) 실제 용액이 실제로 나타내는 삼투압과 그 용액이 가령 이상 용액이었을 때에 나타내는 삼투압의 비. 반트 호프의 계수라고도 한다.

삼투 살충제 (滲透殺蟲劑, systemic insecticide) 농약의 하나. 잎, 줄기, 뿌리에서 식물체 내에 삼투 이행하여 식독 혹은 접촉독으로 곤충에 작용하는 약제, 유기 인산계 살충제 중 포스폴로디티오에이트형에 이동 삼투성이 있는 것이 많다. 디메토메이트, 디술포톤 등이 있다.

삼투압 (滲透壓, osmotic pressure) 삼투를 일으키는 압력의 의미. 용매를 자유롭게 통과시키지만 용질은 통과시키지 않는 반투막에서 순용매와 용질을 구분하면 용매가 반투막을 통해 용액측으로 삼투하여 곧 평형(삼투 평형)에 이른다. 이 때의 양쪽의 압력차를 용액의 삼투압이라 한다. 삼투압 현상은 1867년 독일의 과학자 M. 트라우베가 발견하였고, 1877년 페퍼가 처음으로 측정하였다. 페퍼는 페로시안화구리의 침전막을 가진 질그릇 통(筒)을 써서 설탕 수용액의 삼투압을 측정하고, 삼투압이 온도에 비례한다는 것을 발견하였다. 그 후 1886년 J. H 반트 호프는 삼투압의 원인은 용액 속에 녹아 있는 물질의 분자가 기체분자와 같은 법칙으로 운동하여 반투막에 압력을 미치기

때문이라 생각하고, 이 현상을 이론적으로 설명하였다. 즉, 삼투압을 P 기압, 용질 n mol을 용해하는 용액의 부피를 Vl, 용액의 절대온도를 T, 기체상수를 R이라 하면, 용액의 농도가 그다지 크지 않은 범위에서 $PV = nRT$ 라는 식이 성립된다. 이 식은 이상 기체의 상태 방정식과 같은 형이며, 이 유사성으로부터 반트 호프가 이끌어낸 것이다. 이 식은 전해질인 수용액의 경우는 보정값 i 가 필요하며, $PV = inRT$ 라는 식이 적용된다. i 는 1보다 큰 상수이며, 그 값은 물질의 종류와 농도에 따라 변한다. 삼투압을 측정함으로써 용질의 분자량을 정하거나 분자량을 아는 물질의 용액 속에서의 해리도를 구할 수가 있다. 특히 고분자 물질의 분자량을 결정하는 데는 삼투압을 이용하는 일이 많다. 생물의 원형질막은 하나의 반투막이며, 삼투압은 생물현상에서도 중요한 의의를 지니고 있다.

삼합체 (三合體, trimer) 중합하기 쉬운 성질이 있는 저분자량의 화합물이 3분자 결합한 생성물이며, 원래의 3배인 분자량이 있는 화합물을 말한다.

삼환식 화합물 (三環式化合物, tricyclic compound) 고리식 화합물에서, 구조식 중에 3개의 고리가 있는 것. 일반적으로 세 고리로 되어 있는 축합 고리와 다리걸침 고리가 있는 화합물을 이르지만 때로는 스필로 고리를 함유하는 삼환식의 경우도 있다.

삽입 반응 (揷入反應, insertion reaction) 화학종이 결합을 형성하고 있는 두 원자 간에 삽입하는 형식의 반응. 예를 들면 전자 들뜬 상태의 산소원자 O (^{1}D)와 일중항의 : CH_2 라디칼은 C–H결합에 삽입한다.

삽입 화합물 (揷入化合物, inclusion compound) 결정의 층상 격자 간에 각종 원자·분자·이온 등이 들어 있는 화합물, 성층 화합물이라고도 한다. 이 때, 삽입된 분자 등과 층상 격자간에 화학결합이 생기는 것도 특정한 화합 결합이 없는 것도 포함하였다는 점에서 층간 화합물보다는 넓은 의미에서 사용되는 경우가 많다. 예를 들면 층간 화합물 외에 흑연 산화물, 흑연 플루오르화물 등도 포함된다.

상 (相, phase) 물질계에 있어 물리적 및 화

학적인 성질이 균일하고 다른 부분과는 뚜렷한 경계로 구별되는 부분. 문제 부분이 기체이면 기상(氣相), 액체이면 액상(液相), 고체이면 고상(固相)이라 한다. 또 상은 균일계(均一系)와 불균일계로 나뉜다. 즉 하나의 상으로 이루어지는 계를 균일계, 두 개 이상의 상으로 이루어지는 계를 불균일계라고 한다. 예를 들면, 식염수는 균일계이지만 물과 기름을 잘 섞어서 방치하면 두 개의 층으로 나누어져 기름이 약간 섞인 물과, 물이 약간 섞인 기름의 두 개의 상으로 이루어지는 불균일계가 된다. 불균일계는 어떤 상이 공존하고 있는 경우를 말하기도 하는데, 기체상과 액체상, 액체상과 고체상, 또는 이 세 가지 상이 모두 공존하는 경우도 있다. 예를 들면 물과 수증기, 물과 얼음 등이 공존할 때도 불균일계이다. 균일계를 단상계(單相系), 불균일계를 다상계(多相系)라고도 한다.

상간 이동 촉매 (相間移動觸媒, phase-transfer catalyst)　두 액상(수상과 유상) 간을 이동하여 한쪽에서 다른 상으로 반응시약을 수송하여 반응을 촉진하는 촉매. 친유성의 제4급 암모늄 염, 큰 고리 모양 폴리에테르 등이 그 예이다.

상관관계 (相關關係, correlation)　(1) 두 확률 사상을 나타내는 양 (X_i, Y_i)간에 근사적으로 일정한 관계가 있는 경우, X와 Y간에 상관관계가 있다고 한다. (2) ⇨ 전자 상관.

상관관계 함수 (相關關係函數, correlation function)　공간적 또는 시간적으로 변동하는 물리량을 각각 공간에서의 위치 또는 시각을 바꾸어 그 함수로서 관측하였을 때에 위치 또는 시각이 상이한 관측값의 곱의 기대값을 각 공간적 상관함수 및 시간적 상관함수라 한다. 자기 상관함수와 파우어 스펙트럼과는 서로 푸리에 변환으로 맺어진다.

상관 길이 (相關長, correlation length)　일반적으로 어떤 거리를 떨어진 두 점에서의 존재 확률이 상호작용으로 인해 서로 독립적이 아닌 계의 경우, 상관관계가 있다고 하고 그 상호작용을 특징짓는 길이를 상관 길이라 한다. 예를 들면 고분자 진한 용액의 경우, 사슬은 뒤엉킴 상태가 되지만, 좋은 용매 중에서는 뒤엉킴점 간의 사슬에는 배제

체적효과가 작용하는 데 비해 그 외부에서는 작용하지 않고 상관관계가 없어진다. 따라서 이 경우 뒤엉킴점 간의 길이가 상관 길이가 된다.

상관도표 (相關圖表, correlation diagram)　분자의 변형에 분자궤도(함수)의 형태와 에너지가 어떻게 추수하는가를 정성적으로 나타내기 위한 그림. 최초 R. Mulliken과 A. Walsh 등이 사용하였으나 후에 R. Woodward와 R. Hoffman이 그 유용성의 인식을 넓혔다.

상관성 에너지 (相關性 ——, correlation energy)　전자 상관관계에 의한 안정화 에너지. 다전자계를 나타내는 비상대론적 해밀토니안의 고유값(에너지)과 허트리·폭크 법에 의해 구한 에너지의 차. 참 에너지는 계산치보다도 반드시 낮고, 이것을 입자 위치 사이의 상관관계에 의하는 값이라 생각한다. 상관성 에너지를 고려해 넣은 이론으로서는 2전자 문제(He 원자 등)에서는 전자 사이의 거리를 직접 파동함수 속에 넣는 것과 같은 방법이 유효하며, 간단한 원자와 분자에 대해서는 배치간 상호작용법이 널리 사용된다. 큰 분자에서는 계산이 곤란하며 반경험적인 방법이 취해진다. 금속과 같은 큰 계에서는 전자의 집단운동을 분리하는 수단이 있다. 원자핵에 있어서는 핵자간 상호작용의 형은 미지이지만 핵자 사이의 상관관계는 대단히 중요한 것으로 알려져 있고, 전자계에 대한 상승의 방법 위에 이것을 취급하는 시도는 많다.

상광선 (常光線, ordinary rays)　복굴절로 생긴 두 광선 중 속도가 전파방향에 의하지 않고 일정하며 등방성 매질에 대한 스넬의 법칙에 따르는 것. 일축 결정에서 나타나며 편광방향은 주단면(파면 법선과 광학축을 포함한 면)에 수직이다. 이상광선의 대응어이다.

상규칙 (相規則, phase rule)　불균일계의 평형에서, 독립적으로 정할 수 있는 시강성(示强性) 변수의 수 f를 부여하는 법칙. $f = c - p + 2$ 여기서, c는 독립성분의 수, p는 상의 수, f는 자유도라 한다. J. W. Gibbs에 의해 확립되어 기브스의 상률이라고도 한다. 이를테면 한 성분계에서 두 개의

상이 평행을 유지할 경우, $c=1$, $p=2$로서 자유도가 1이 남는 일변계이다. 이 경우 온도를 정하면 두 개의 상이 평행으로 되어 압력이 추정되고, 압력을 정하면 두 개의 상이 평행으로 되어 온도가 추정된다. 또 한 성분계에서 세 개의 상이 평행을 유지할 경우에는 $c=1$, $p=3$으로 자유도는 남아 있지 않는 불변수이다. 즉 온도도 압력도 확정된다. 응상계로 압력의 영향을 무시할 수 있을 때는 자유도가 1 감소된 것으로 취급할 수가 있다. 또한 광물학에 대해서는 광물학적 상률이 있다.

상당 입자 지름 (相當粒子 ──, equivalent particle diameter) 불규칙한 형상인 입자의 지름을 표현하는 형식. 지름을 체적 혹은 침강속도가 같은 구상 입자의 지름으로 표현하는 경우, 구 상당 입자지름이라 한다. 입자의 침강이 스토크스의 저항법칙에 따르는 영역에서 침강 속도가 같은 구상 지름으로 대표되는 경우, 특히 스토크스 지름이라 한다. 일반적으로 불규칙 입자의 크기를 나타내는 대표 입자지름을 취하는 방법은 여러 가지 있으나 사용 목적에 따른 정의에 근거한 상당 입자지름을 사용하는 것이 적절하다. 이 경우 그 대표 지름을 유효 입자지름이라 하는 경우가 있다.

상당 지름 (相當 ──, equivalent diameter) 환상로처럼 단면이 원형이 아닌 유로에 대해서 단면적을 A, 단면의 둘레 길이의 총합을 L로 할 때, 상당 지름 D_e는 $D_e=4A/L$로 정의된다. 예를 들면 이 환상로 벽에서의 전열을 고려하려면 D_e의 관상로 상관식이 사용된다.

상대 밀도 (相對密度, relative density) ⇨ 비중.

상대 배치 (相對配置, relative configuration) (1) 입체 이성질체의 3차원 배치를 표시하기 위한 용어. 절대배치의 대응어이지만, 현재는 역사적 기술로서 기재될 뿐이다. 단당류, 아미노산 및 관련 화합물의 실제적 입체배치가 해명되기 이전에 (＋)-글리세르알데히드 또는 (−)-세린의 입체배치를 가정하고, 이것을 기준 물질로 하여 다른 계열 화합물의 입체배치 상대적 관련을 D−, L−의 기호로 표시하는 방법이 사용되었다 (⇨ D-형). 1951년 X선 결정해석으로 D−, L−의 상대배치 표시의

가정이 정확하다는 것이 확인되었으므로 키랄한 분자에 대한 상대배치란 용어는 불필요하게 되었다. 단, D−, L−의 기호는 단당, 아미노산의 거울상 이성질체를 표시하는 데 사용되고 있다. (2) 현대의 입체화학 용어로서는 복수의 키랄 중심이 있는 디아스테레오머 간에서 키랄한 부분의 치환기 입체배치의 상대 관계를 말한다. 이것을 표시하는 데에 *threo* / *enythro*, *cis* / *trans* 등의 용어가 범용되고 있다. R이라 하고, S 표시에서는 한쪽 입체배치를 R로 가정하였을 때, 다른 것이 R이 되는 이성질체를 R, R, S가 되는 이성질체를 R, S로 표시한다.

상대 분자질량 (相對分子質量, relative molecular mass) 탄소의 동위체 ^{12}C의 몰 질량을 $0.012\,kg\,mol^{-1}$로 하고 그것을 기준으로 하여 표시한 분자의 몰 질량 상대값. 일반적으로는 분자량이라 하고 있다.

상대 온도 (相對溫度, relative humidity) ⇨ 온도. 약어는 RH로 나타낸다.

상대 원자 질량 (相對原子質量, relative atomic mass) 원자 질량 단위에 의해 표시된 원자 질량의 절대값. 즉 탄소의 동위체 ^{12}C의 몰 질량을 $0.012\,kg\,mol^{-1}$로 하고, 그것을 기준으로 하여 정한 각 원자의 몰 질량의 상대값을 말한다.

상대 전극 (相對電極, counter electrode) 대향(對向)전극이라고도 한다. ⇨ 작업 전극.

상대 점성도 (相對粘性度, relative viscosity) 어떤 온도에서의 용액의 점성률을 η, 그 온도에서의 순용매의 점성률을 η°로 할 때 $\eta_r=\eta/\eta^\circ$로 주어지는 η_r를 그 온도의 용액 상대 점성도라 한다.

상대 투자율 (相對透磁率, relative permeability) 어떤 물질의 투자율 μ_r과 진공의 투자율 μ_0의 비 $\mu_r=\mu/\mu_0$을 치정한다. cgs 전자단위계에서의 투자율의 값과 같다.

상대 화학 퍼텐셜 (相對化學 ──, relative chemical potential) 화학 퍼텐셜의 표준상태로부터의 차. 즉 $\mu-\mu^\circ=RT\ln a$로 표시된다. 여기서 μ°는 표준상태의 화학 퍼텐셜, R는 기체상수, a는 활량이다.

상대 활동도 (相對活動度, relative activity)

⇨ 상대 활량.

상대 활량 (相對活量, relative activity) 어떤 상 중의 성분 i의 화학 퍼텐셜을 μ_i, 표준 화학 퍼텐셜을 $\mu_i°$로 할 때, $a_i = \exp\{(\mu_i - \mu_i°)/RT\}$의 관계로 주어지는 a_i를 성분 i의 상대 활량 또는 상대 활동도라 한다(R은 기체상수, T는 절대온도). 간단하게 활량 또는 활동도라 하면 절대 활량이 아니고 상대 활량을 지칭하는 것이 보통이다.

상대 휘발도 (相對揮發度, relative volatility) 상이한 2성분의 휘발도의 비. 이 수치가 클수록 그 2성분의 증류 분리가 용이하다.

상도 (相圖, phase diagram) ⇨ 상태도.

상동 염색체 (相同染色體, homologous chromosome) 동일 유전자 또는 그 대립 유전자가 같은 순서로 배열되어 있는 1쌍의 염색체. 상동 염색체의 한쪽은 부친, 다른 쪽은 모친에 유래한다. 상동 염색체는 핵분열을 할 때 반드시 인접하여 존재하는 것은 아니지만 감수 분열의 중기에는 접합하여 상접하며, 후기에는 분리하여 반대의 극으로 나누어진다. 때로는 상동 염색체가 부등형을 이루는 경우가 있는데, X염색체와 Y염색체 등이 이에 속한다. 배수체가 생길 때는 일부분이 상동인 부분 상동 염색체가 생기는 경우가 많다.

상량 분석 (常量分析, macroanalysis) ⇨ 매크로 분석.

상면 발효 (上面醱酵, top fermentation) 맥주 양조에 사용되는 발효 형식의 하나. 발효 중에 발생하는 이산화탄소의 거품과 함께 액면상에 뜨고 일정 기간을 경과하지 않으면 가라앉지 않는 발효 효모를 상면 효모라 하는데, 이 효모에 의해 이루어지는 발효를 말한다.

상반전 (相反轉, phase inversion) 에멀션 중의 연속상과 분산상이 교체되어 수중 유형(o/w형) 에멀션에서 유중 수형(w/o형) 에멀션으로 (또는 그 역으로) 변화하는 현상. 에멀션의 유화형은 유화제의 HLB, 온도, 전해질 농도에 의해 정해지므로 이러한 조건이 변화하면 상반전 현상이 일어난다. 예를 들면 비이온 계면 활성제로 안정화한 에멀션은 고온에서는 w/o형이지만, 온도가 저하하면 어느 온도에서 o/w형으로 상반전한다.

상반칙 (相反則, reciprocity law) 사진 프로세스에서 변화량이 조사광 강도와 조사 시간의 곱에 비례한다는 법칙이다.

상반칙 위배 (相反則違背, reciprocity law failure) 상반칙에 따르지 않고, 사진 농도가 노광 강도와 노광 시간의 곱으로 결정되지 않는 것. 일반적으로 조리개(빛의 세기)와 셔터(노출 시간)의 배합을 바꾸어도 그 곱의 값이 같을 경우에는 동일한 사진 농도로 되지만 1/1,000초나 1초 등으로 노출시간이 극도로 짧거나 아주 길면 상반칙 위배 효과로 인한 노출 부족을 초래한다. 이것은 감광재의 특성에 의한 현상이며, 일단 필름에서는 1/125초 전후를 적정 노출기준으로 삼아 제조된다. 컬러 필름은 3감광층 사이에도 이 현상의 차이가 있다. 즉, 빨강·노랑·초록의 3원색 광에 감광하는 감광유제에 동일한 것을 이용할 만큼 기술적으로 발달되어 있지 않으므로 각 원색광에 대한 사진 효과가 노출 시간이 많이 다르면 따로따로 변화하여 컬러 균형이 깨어지기 쉽다. 그러므로 장시간 노출용 L타입과 단시간 노출용 S타입의 두 종류 필름이 있으며, 컬러 필터를 써서 컬러 균형을 보정(補正)하는 등 조치가 필요하다. 사진의 경우 저조도 상반 위배와 고조도 상반 위배가 있으며, 천문 사진에서는 전자가, 고속도 사진에서는 후자가 문제가 된다.

상보적 DNA (相補的 ——, complementary DNA) 두 가닥 DNA상의 4종의 염기 [아데닌(A), 구아닌(G), 시토신(C), 티민(T)]의 배열이 서로 염기쌍을 형성할 수 있는 배열일 때, 한쪽 DNA에 대해 다른 쪽 DNA를 상보적이라 한다. 어떤 DNA의 상보적 DNA는 원래 DNA의 A가 T, G가 C, T가 A, C가 G로 바꾸어 역방향으로 된 것이다. DNA 클로닝은 이 성질을 이용한다.

상보형 MOS(모스) (相補型 ——, complementary MOS) ⇨ CMOS(시모스).

상분리 (相分離, phase separation) 하나의 상을 형성하고 있는 물질계가 온도, 압력, 조성 등의 변수의 변화로 두 상으로 갈라지는 현상. 기체상-액체상, 액체상-고체상 등의 상분리 외에 용액과 혼정에서 조직이 상이한 두

상으로의 분리가 있다. 상전이의 하나이다.

상사 법칙 (相似法則, principle of similarity) 기하학적으로 상사한 대소 두 계의 현상에 대해서, 현상에 관여하는 모든 물리량의 비가 각각 동일하면, 그러한 대소 두 계에서 일어나는 현상은 상사하다는 모형 실험의 기초 법칙. 상사칙, 상사율이라고도 한다. 이 법칙은 현상에 관여하는 복수의 물리량의 효과가 그러한 것의 합으로 작용하는 것 같은 선형 현상에서는 언제나 정확하다.

상수 (常數, constant) 수학에서 사용되는 상수 외에 물질의 종류에 상관 없이 기본적인 법칙에 포함되는 물리량을 말한다. 예를 들면, 기체상수, 아보가드로 상수, 볼츠만 상수, 플랑크 상수, 전자의 전하 등이다. 또 물질에 고정된 양, 예를 들면 전기 전도율, 유전율 등도 상수라고 하는 경우가 있다.

상승작용 (相乘作用, synergism) ⇨ 상승 효과.

상승제 (相乘劑, synergist) 어떤 물질과 조합하여 상승 효과를 나타내는 다른 물질을 말한다.

상승 크로마토그래피 (上昇 ——, ascending chromatography) 이동상 용매를 아래쪽으로 배치하여 위 방향으로 전개하는 크로마토그래피. 주로 여과지(페이퍼) 크로마토그래피와 얇은 막 크로마토그래피에 대해 사용하는 용어이다.

상승 효과 (相乘效果, synergistic effect) 어떤 물질의 작용이 다른 물질의 개재로 강화될 때, 이 두 물질은 상승 효과가 있다고 한다. 상승 작용, 협력 효과라고도 한다. 예를 들면 2종의 산화 방지제를 사용하였을 때의 효과가 각각 단독인 경우의 효과보다 큰 경우 등에 해당한다.

상압 증류 (常壓蒸溜, atmospheric distillation) 일반적으로는 대기압하에서의 증류를 이른다. 석유 정유에서는 원유를 상압하에서 증류하여 나프타, 등유, 경유 등을 유출하고 잔유 등과 분리하는 것. 토핑이라고도 한다.

상어 간유 (—— 肝油, shark liver oil) 상어류의 간장에서 얻어지는 기름. 비중 0.9인 것과 비중 0.9 이하의 것이 있다. 전자에는 청상아리, 기름 상어 등의 간유가 있고 글리세리드가 주성분이다. 후자에는 돌묵 상어 등의 간

유가 있으며 스쿠아렌, 프리스탄 등의 탄화수소를 다량으로 함유한다. 약용, 경화유와 윤활유의 원료로 사용된다.

상온 (常溫, ordinary temperature) 평상의 온도. 엄밀하게는 정의되어 있지 않다. 연간을 통한 평균 온도로서 $20\pm5\,^{\circ}\mathrm{C}$의 범위로 하는 경우가 많다.

상용성 (相容性, compatibility) 2종 이상의 염료를 사용하여 실시하는 배합 염색에서, 단독 염색 때의 염색성이 가성적(加成的)으로 나타나는 정도. 상용성이 좋은 염료의 조합이면 소망하는 염색 결과를 얻을 수 있다. 예를 들면 한 염료의 친화성이 다른 것에 비해 현저하게 크고 섬유상의 염착 좌석의 수가 한정되어 있을 때에는 전자의 염료가 염착 좌석을 거의 점하여 다른 것을 배제하여(블록아웃), 예측이 곤란한 색조를 띠게 된다.

상자성 (常磁性, paramagnetism) 상자성체가 나타내는 자성. 상자성체를 구성하는 원자, 이온, 분자는 쌍을 이루지 않은 전자를 갖고 있으며, 그 스핀에 기인하는 자기 모멘트는 무질서하게 배향하고 있으므로 자화는 0이다. 약한 자기장을 가하면 자기장에 비례한 자화가 발생하고 자화율은 양이다. 자화율의 온도 변화는 퀴리의 법칙 또는 퀴리·바이스의 법칙에 따르는 경우가 많으나 파울리 상자성 처럼 거의 일정한 것, Sm^{3+}, Eu^{3+}와 같이 저온에서 감소하는 것도 있다.

상자성 공명 (常磁性共鳴, paramagnetic resonance) ⇨ 전자 상자성 공명.

상자형 퍼텐셜 (箱子型 ——, square-well potential) ⇨ 우물형 퍼텐셜.

상전이 (相轉移, phase transition) 온도, 압력, 자기장, 조성 등의 변수 변화에 의해 물질계가 다른 상으로 변화하는 현상. 구성 입자 간의 협동적인 상호작용에 의한 협동 현상의 하나. 열역학 특성 함수의 1차 도함수가 불연속으로 변화하는 1차 상전이와 2차 도함수가 불연속으로 변화하는 2차 상전이가 있다. 전자에는 융해, 증발 등, 후자에는 합금의 질서-무질서 전이, 상자성-강자성 전이, 상전도-초전도 전이 등이 있다.

상층액 (上層液, supernatant, supernatant liquid)　액체 안에 침전 등의 불용성 성분이 있는 경우, 그 윗부분의 투명한 액을 말한다.

상태도 (狀態圖, phase diagram)　단일 물질 또는 다성분계의 물질이 취하는 기체상, 액체상, 고체상 등 상태 간의 평형관계를 온도, 압력, 조성 등의 상태변수를 좌표로 하여 표시한 도형. 상도(相圖)라고도 한다. 두 상태변수를 좌표로 하는 평면도 또는 3개의 상태변수를 좌표로 하는 입체도가 많이 사용된다.

상태량 (狀態量, quantity of state)　물질계의 거시적인 상태에 따라 임의적으로 정해지는 양. 온도, 압력, 체적, 내부 에너지 등이 그 예이며, 반대로 이들의 상태량의 값을 지정함으로써 상태가 정의된다.

상태 밀도 (狀態密度, density of states, state density)　계에서 미시적 상태의 에너지 분포를 부여하는 것으로 E에서 $E+\varDelta E$의 에너지를 갖는 미시적 상태의 수를 $\varDelta N$이라 할 때, $\varDelta N / \varDelta E=D(E)$를 상태밀도라 한다. 그 역수 $1/D(E)$는 E 부근의 에너지 준위의 평균간격을 부여한다. 다입자계(多粒子系)에서 E가 충분히 크다면 E에 대응하는 엔트로피를 $S(E)$라고 할 때, 볼츠만의 원리를 이용하여 $1/D(E)\propto\exp(-S(E)/k)$ (k는 볼츠만상수)를 얻을 수 있다.

상태 방정식 (狀態方程式, equation of state)　열평형에 있는 물질계의 체적, 온도, 압력의 세 가지 변수 간에 성립하는 관계식. 단순히 상태식이라고도 한다. 이상기체의 상태 방정식, 실압(實壓)기체에 대한 반데르발스의 상태 방정식이 잘 알려져 있다. 넓은 의미에서는 열역학 상태량 간에 성립하는 관계식을 말한다.

상태 변수 (狀態變數, variable of state)　상태량은 상태변화에 수반하여 변화한다. 상태량을 변수로서 다룰 때 특히 상태변수라 한다. 어떤 상태량은 다른 상태변수의 함수가 된다. 온도·압력·전기장의 세기 등과 같이 그 값이 계(系) 전체와 관계없는 시강변수(示强變數)와 계의 질량, 내부 에너지, 엔트로피, 전자기 모멘트 등과 같이 계 전체의 분량에 비례하는 시량변수(示量變數)로 분류된다.

상태 분석 (狀態分析, state analysis)　대상으로 하는 화학종이 어떠한 상태로 존재하는가를 알기 위한 목적에서 하는 분석을 말한다.

상태식 (狀態式, equation of state)　⇨ 상태 방정식.

상태 함수 (狀態函數, state function) ⇨ 상태량.

상태합 (狀態合, sum of states) ⇨ 분배 함수.

상 평형 (相平衡, phase equilibrium)　기체상-액체상, 액체상-고체상 등, 상호 변화할 수 있는 복수의 상이 공존하여 평형하게 있는 상태. 이 때 각 상을 이루는 각 성분의 화학 퍼텐셜은 같다는 조건이 성립된다. 상 평형을 이루고 있는 경우에는 J. 기브스의 상규칙(相規則)이 성립한다. 상 평형에는 순물질(純物質)에서 다른 상 사이에 이루어진 상 평형의 경우와, 서로 다른 상에 있는 다성분계(多成分系)의 상 평형의 경우가 있는데, 각각 취급이 다르다. 상평형의 모양은 상평형 그림으로 표시되는 일이 많으며, 열평형에 있는 어떤 계의 온도와 압력을 서서히 변화시키면 한 상에서 다른 상으로 이동한다. 이것을 상전이(相轉移)라고 한다.

상혁 (床革, split leather)　두꺼운 피혁은 사용 목적에 따라 그레인이 붙은 층(가죽의 표면쪽)과 그 하층 부분으로 분할되는데, 이 하층 부분을 말한다.

상호반응 법칙 (相互反應法則, reciprocity law)　수송 계수의 대칭성을 나타내는 정리. 몇 가지 힘 X_i가 작용하고 그에 공역적인 흐름 J_j가 있을 때 $(\partial J_j/\partial X_i)=(\partial J_i/\partial X_j)$ 즉, 힘 X_i에 의해 야기되는 흐름 J_j의 크기와 힘 X_j에 의해 야기되는 흐름 J_i의 크기가 같다는 것을 표시한다. 선형응답의 범위에서 성립되는 관계로 L. Onsager(1931년)에 의해 도입되어 온사거의 상반정리라고도 한다.

상호 오염 (相互汚染, cross contamination)　(1) 주목하고 있는 방사성 핵종 이외에 다른 방사성 핵종이 존재하기 때문에 방사능 측정에 오차가 생기는 것을 말한다. (2) 크로마토그래피에서 인접한 용출 피크가 겹쳐져 완전한 분리에 이르지 않는 것을 말한다.

상호 용해도 (相互溶解度, mutual solubility)　순물질로 된 2종의 액체 A와 B를 혼합할 때, 두 액상으로 분리되는 경우가 있다(예를 들면 물과 에테르). 그런 경우에 각 액상은 A를 용해한 B와 B를 용해한 A의 용액으로 되어 있다. 이 때의 각각의 용액 농도를 상호 용해도라 한다.

상호 침입 고분자 망상 (相互侵入高分子網狀, interpenetrating polymer network) 이종의 고분자 그물눈이 공유결합으로 결합됨이 없이 서로 조합하여 있는 다성분계 고분자 재료. IPN이 약어이다. 폴리머 알로이의 하나이다.

상호 확산 (相互擴散, counter diffusion) A, B 혼합 2성분계에서 두 성분이 서로 역방향으로 이동하는 등의 확산을 말한다.

새깅 (sagging) ⇨ 늘어짐.

새투레이터 (saturator) 펼친 천 등을 가이드 롤러를 통해 처리액 속에 보내어, 액을 충분히 함침시키는 기계이다. 포화기라고도 한다.

새틀라이트 (satellite) 보통 통신 위성 등 위성 일반을 지칭하지만 분광학 등에서는 주요 스펙트럼 선상에 부수하는 선을 말한다.

새틴 마무리 (satin finish) ⇨ 광택 끝손질.

색 감광 (色減光, color sensitization) ⇨ 분광 감광.

색 고착 (色固着, color fixing, fixing) 염색물(섬유)의 습윤 견뢰도를 높이기 위해 염색물을 카티온성 유기 화합물 등의 염색 고착제로 처리하는 것을 말한다.

색 고착제 (色固着劑, color-fixing-agent) ⇨ 염색 고착제.

색 공간 (色空間, color space) 색깔의 기하학적 표시에 사용되는 3차원 공간. 중심의 세로축이 백색, 회색, 흑색의 무채색이 되고 주위에 각 색이 배치된다.

색깔 대비 (色對比, color contrast) 두 가지 색깔을 동시에 혹은 계속적으로 보았을 때 두 색깔의 상위가 강조되어 보이는 현상. 색상 대비, 명도 대비, 채도 대비가 있다.

색깔 맞춤 (color matching) 색채 제품을 염료나 안료를 사용하여 소정의 색깔로 착색하는 공정에서, 그 색을 얻을 수 있는 복수 종류의 염료나 안료의 혼합비와 혼합량을 구하는 것. 종전에는 숙련도와 감으로 시행착오적 방법으로 이루어졌으나 현재는 컴퓨터 컬러 매칭(CCM)을 사용하게 되었다.

색깔 수정 (色修正, shading) 염색에서, 색깔을 맞추기 위해 소량의 염료를 사용하여 염색물의 색깔을 수정하는 것을 말한다.

색 농도 (色濃度, depth of shade) 착색 물체의 색깔은 사용된 염료, 안료의 양에 따라 변화하는데, 이 변화가 주는 지각 색깔의 성질에 따른 색깔의 느낌. 주로 명도와 채도의 변화로 나타나며 현재 표준적으로 정량화하는 방법은 확립되어 있지 않다.

색도 (色度, chromaticity) 색깔 감각(색 자극) 중에서 밝기를 제외한 색깔의 성질. 삼색 표시에서는 색도 좌표에 의해, 단색 표시에서는 주파장과 색깔의 순도 조합에 의해 수치로 표시된다.

색도도 (色度圖, chromaticity diagram) 색도 좌표 x, y, z를 사용한 3선 좌표로 표시한 것. 혹은 독립된 두 좌표 x, y를 사용한 직선 좌표로 표시한 것을 색도도라 한다. CIE(국제 조명 위원회)에서는 직선 좌표를 채용하여 CIE색도도라고 부르고 있다.

색 떠오름 (flooding) 도료에는 색깔이 다른 여러 종류의 안료가 배합되어 있으므로 건조과정에서 도막의 안료가 분리되어 색깔이 변하는 일이 많다. 이러한 도막 표층의 안료 조성과 내부의 조성이 다르기 때문에 색깔이 달라지는 것을 색떠오름(부색)이라 한다. 이 현상은 다소의 차이는 있으나 모든 착색 도료에서 일어나고 있다. 실용 도료에서는 허용한도 내로 억제되어 있으나 이것을 완전히 막는 기술은 아직 완성되어 있지 않다.

색 렌더링 (色 ——, color rendering) 어떤 광원에서 특정한 물체의 색깔을 보았을 때에 지각되는 색과, 다른 광원에서 같은 물체를 보았을 때에 지각되는 색깔이 다른 경우가 있다. 이처럼 조명이 물체 색깔에 미치는 영향을 색 렌더링이라 한다. 의복·화장품 등을 살 때 상점의 조명에 주의해야 하는 것은 이 때문이다. 조명으로서 가장 바람직한 것은 되도록이면 천연 주광(晝光)과 가까운 성질의 빛인데, 이러한 색 렌더링성 문제를 해결하기 위해 천연색 형광 방전관을 사용하거나(천연색형), 형광 방전관과 백열전구 또는 기타 종류의 형광 방전관을 배합(딜럭스형)한 램프가 고안되고 있다.

색 렌더링성 (色——性, color rendering property)　광원에 고유한 연색에 대한 특성. 색 렌더링 평가법은 KS에 정해져 있다.

색 분해 (色分解, color separation)　원화상 또는 복사체를 두 가지 이상의 원색으로 나누는 것. 일반적으로 렌즈 또는 광원에 필터를 부착시켜, 사진촬영 혹은 광변환장치를 사용하여 각 원색의 화상을 만든다. 3색 분해에서는 적색, 녹색, 청자색 필터를 사용한다.

색상 (色相, hue)　채도, 명도와 함께 색의 3속성의 하나이다. 적색, 녹색, 청색, 황색, 자색, 갈색 등으로 색깔의 종별을 인식시키는 것이다.

색소 (色素, coloring matter)　유색 화합물. 실재적으로는 염료와 안료. 이 물질의 입자가 가시광선 3,000~7,000 Å의 어떤 파장부분을 선택적으로 반사 또는 투과하는가에 따라 그 색이 결정된다. 이와 같은 특성은 색소분자의 구조에 따르지만 상세한 메커니즘은 뚜렷하지 않다. 색소가 다른 물질에 흡착 또는 결합하기 쉬운 경우에 염료(染料)라고 한다. 색소는 천연 색소와 합성 색소로 대별되고, 천연 색소는 다시 생체 색소와 광물 색소로, 생체 색소는 다시 식물 색소와 동물 색소로 나뉜다. 종전에 생체 색소는 주로 물질이라는 관점에서 연구되어 왔으나 최근에는 생물 활성(生物活性)의 측면에서 바라보게 되었다. 광물 색소는 광물 그대로 또는 다소 정제(精製)하여 사용되는 것으로, 진사(辰砂)·계관석(鷄冠石)·대자석(代赭石)·군청(群靑) 등이 있다. 이것들은 광물 염료 또는 안료(顔料)라고 한다.

색소 단백질 (色素蛋白質, chromoprotein)　가시부에 광흡수를 갖는 단백질. 단순 단백질은 자외부(280 nm와 220 nm)에만 광흡수가 있으므로 구별된다. 색소를 보결 분자족으로서 함유한다. 주요한 것으로 헤모글로빈, 카탈라아제, 시토크롬 같은 헴단백질 외에 플라빈, 카로틴, 클로로필을 함유하는 것이 있다.

색소 레이저 (色素——, dye laser)　유기 색소의 묽은 용액을 강한 빛으로 여기하여 그 형광 전이의 유도방출을 이용하여 발진시키는 레이저. 색소의 형광 스펙트럼은 폭이 넓

으므로 공진기에 회절 격자 등의 파장 선택 소자를 넣으면 적외선에서 자외선까지의 파장 가변 레이저가 된다. 실온에서 작동되며 제작이 쉬워서 좋다. 허용 전이에 의한 수십 nm 정도의 발광대를 갖는 스펙트럼을 이용하고 있기 때문에 발진파장을 대폭 연속적으로 바꿀 수 있는 이점도 갖고 있다. 색소는 알코올 등에 용해시켜 사용하고, 다른 레이저의 발진광과 그 고주파 또는 플레시-램프 등으로 들뜨게 한다. 파장 제어에는 강한 파장 선택성을 갖는 공진기와 짝지어 사용하는 것이 좋고, 이 목적을 위해서 회전격자와 같은 분산이 큰 광학소자가 이용된다. 하나의 색소재료에 의한 파장 가변범위는 보통 수십 nm이고, 재료를 바꿈으로써 $0.32\sim1.2\,\mu$m의 넓은 범위 안에서 임의의 파장 발생을 시킬 수 있다. 발진광의 스펙트럼 폭은 공진기의 특성에 의존하지만 0.1 nm 정도로 좁게 할 수도 있다.

색소 산 (色素酸, color acid)　산성 염료와 직접 염료는 술폰산기 등의 산성기가 있지만 판매품은 그 알칼리 염의 형태로 되어 있다. 그 유리산이 색소산이다.

색소액 (色素液, stain)　염료를 기름, 바니시, 물 등에 용해한 것. 주로 목재의 착색에 사용한다. 투명 착색 도료로, 도포하면 나무질, 결 등이 투명하게 보인다. 공업용·현미경용·생물용이 있다. 공업용은 바탕에 직접 칠하여 눈먹임(wood filling)을 하고 목부(木部)에 미관을 주는 것으로서, 그대로는 퇴색하거나 소재의 보호가 불완전하므로 표면에는 니스 등의 투명 도료를 칠하여 마무리한다. 소지의 색깔을 임의의 재질 색조로 바꿀 수 있다. 사용한 전색제의 종류에 따라 유성 스테인, 바니시성 스테인, 수성 스테인이라 부른다. 유성 스테인(오일 스테인)에는 침투형과 비침투형이 있다. 침투형은 수지·건성유·니스 등을 5~10% 함유한 탄화수소의 용제 속에 유용성 염료를 1~3% 용해시킨 것으로, 내부용·가구·목재 등의 재도장(再塗裝)에 이용된다. 비침투형은 같은 용제 속에 불용성 안료를 분산시킨 것으로, 견뢰도·착색 은폐성이 필요한 곳에 사용된다. 건축에서는 판벽·창틀 미루·징두리 벽판(wainscoting) 등에, 또 가구류·악기류 등

의 목공품의 착색에 사용된다. 착색제의 주요 성분은 착색제의 종류에 따라 다르며, 각각 결점이 있으므로 도장하는 목재의 종류와 표면상태에 따라 그에 맞는 것을 선택해야 한다. 도장방법에는 솔칠·분무칠·침지(沈漬)칠 등이 있다.

색소 염기 (色素鹽基, color base)　아미노기(제1급~제3급)가 있는 염기성 염료는 염기산 등의 염의 형태로 판매되고 있으며 그 유리 염기가 색소 염기이다.

색소 좌표(色素座標, chromaticity coordinates)　삼색 표색계에서 CIE(국제조명위원회) 표준 표색계의 삼자극값 x, y, z를 사용하여 $x=X/A$, $y=Y/A$, $z=Z/A(A=X+Y+Z)$로 표시되는 x, y, z를 색도 좌표라 한다. $x+y+z=1$의 관계가 있으므로 일반적으로는 두 독립 좌표 x, y에 의해 색깔의 성질이 표시된다.

색 수차 (色收差, chromatic aberration)　파장에 따른 굴절률의 차이가 원인으로 생기는 광학계의 수차. 파장에 따른 굴절률의 차이로 생기는 수차. 유리의 굴절률은 일반 투명 물질과 마찬가지로 빛의 파장이 길어짐에 따라 차차 작아지므로 렌즈를 통해 물체의 상을 맺게 하면 물체의 색(빛의 파장)에 따라 상의 위치와 배율이 달라진다. 이 현상이 색수차인데, 색수차를 가진 렌즈를 통해 백색 광을 보면 빨강에 가까운 긴 파장의 빛일수록 초점이 렌즈에서 먼 곳에, 보라에 가까운 짧은 파장의 빛일수록 렌즈와 가까운 곳에 초점이 맺히므로 상이 아롱져 덜 선명해 보인다. 일반적으로 단일 렌즈는 모두 색수차가 있으므로 광학기계에 사용되는 렌즈는 단일 렌즈를 몇 개 결합하여 각각의 용도에 따라 색수차를 감소시키고 있다. 이러한 색수차 보정(補正)을 색지움이라 하며, 색수차를 줄인 렌즈를 색지움 렌즈라 한다. 한편 프리즘을 통해 흰 물체를 보았을 때도 색이 나타나는데 이것이 프리즘의 분산이며, 렌즈의 색수차와 같은 현상이라 할 수 있다.

색 온도 (色溫度, color temperature)　어떤 시료에서 열방사 색깔과 일치하는 색깔의 열방사를 하는 흑체의 절대 온도. 시료의 색도를 표시한 것. 물체가 가시광선을 내며 빛나고 있을 때 그 색이 어떤 온도의 흑체가 복사하는 색과 같이 보일 경우 또 흑체의 온도와 물체의 온도가 같다고 보고, 그 온도를 물체의 색온도라고 한다. 즉, 물체의 색온도는 같은 색광의 흑체의 온도(절대온도 K)로 표시된다. 가령 전구의 빛은 2,800 K, 형광등의 빛은 4,500~6,500 K, 정오의 태양빛은 5,400 K, 흐린 날의 낮 빛은 6,500~7,000 K, 맑은 날의 푸른 하늘빛은 1만 2000~1만 8,000 K 정도의 색온도이다. 색온도의 측정법은 국제적으로 정해져 있으며, 적당한 색 유리 필터와 표준 광원을 써서 측정한다. 색온도는 일반적으로 실제 온도보다 다소 높게 매겨진다. 고온의 노(爐) 안 온도를 측정하는 데에는 이 원리를 응용한 광고온계(光高溫計)가 사용된다.

색 유리 (色——, colored glass)　본질으로 무색인 산화물 유리를 철, 크롬, 코발트, 니켈 등의 이온, 혹은 금, 은, 구리의 금속 혹은 카드뮴, 세렌, 황 등 화합물의 콜로이드에 의해 실질적으로 착색한 것. 착색 유리라고도 한다. 투명한 것과 불투명한 것이 있다. 전자(前者)는 일반 장식용 외에 식기류·스테인드글라스·교통신호 등·보호안경·필터 유리 등 여러 가지 용도가 있고, 후자는 조명용의 유백 유리, 건축용의 유리 타일 등이 있다. 색유리의 착색제로는 여러 가지 금속 용액 또는 콜로이드 용액이 이용되며, 원료 유리의 조성과 세조 조건에 따라 칙색의 종류, 정도 등이 달라지므로 그 생성(生成)은 매우 복잡하다. 보통 사용되는 밝고 선명한 빨강에는 셀렌이 사용되며, 교통 신호등을 비롯하여 그 용도가 넓다. 간장병이나 술병 같은 것의 청록색에는 산화철을 사용하는데 색을 좋게 하기 위하여 산화코발트를 넣는 수도 있다. 맥주병의 갈색은 산화철·산화망간이 첨가되어 생성한 것이며, 식기류와 장식품의 짙은 파랑은 코발트에 의한 것이다. 또 자외선을 차단하는 스키용·등산용 등의 보호안경에는 시신경을 자극하지 않게 하기 위해 3가의 철과 함께 산화크롬·산화코발트 등을 첨가하여 녹색을 파랑으로 한 것이 좋다. 공예 유리, 광학적 필터를 비롯하여 용도가 넓다.

색 유약 (色釉藥, colored glaze)　도자기용 유

약 중 착색성이 있는 것을 말한다. 유리질의 분말에 안료를 첨가한 것 혹은 색유리의 분말이 사용된다.

색의 허용차 (色許容差, color tolerance)　지정된 색깔과 가공한 시료의 색깔차의 허용 범위를 말한다.

색입체 (色立體, color solid)　색공간 중에서 물체의 표면 색깔이 점하는 영역을 말한다.

색 자극 (色刺劇, color stimulus)　착색된 물체의 반사광이 눈의 색감각에 미치는 자극. 사람의 눈에는 빛에 의해 자극되면 적색, 녹색, 청색을 감지하는 3가지의 색감각이 있으며, 이에 대한 자극량(삼자극 값)에 의해 색을 표시할 수 있다.

색재 (色材, color material, coloring material)　색깔을 먹이는 재료. 염료, 안료 및 그것을 포함한 도료. 인쇄 잉크, 그림물감 등이 있다.

색조 (色調, color tone, tone)　주로 색깔의 농담에 의해 지각되는 색깔의 성질. 학문적으로 정의하기는 곤란하지만 채도와 명도가 관계하여 자아내는 색의 느낌을 말한다.

색 중심 (色中心, color center)　결정의 격자 결함에 포착된 전자 또는 정공으로 빛을 흡수하는 것. 착색 중심이라고도 한다. 대표적인 예는 할로겐화알칼리 결정의 1개 음이온의 공격차점에 포착된 1개의 전자(F중심)로, 가시영역에 흡수대를 갖는다.

색 지각 (色知覺, color perception)　눈이 물체의 색깔에 의한 자극을 받아 생기는 효과. 눈은 명임(명도), 색상 및 포화노(노는 채도)의 세 가지(색의 3속성)를 지각한다. 색채학에서는 이 3속성에 관한 시지각을 색 지각이라 한다.

색차 (色差, color difference)　기준색에 대하여 시료의 색깔이 주는 지각적 차이를 정량적으로 표시한 값. 색차의 정도를 명확하게 표시할 수 있다. 지각적으로 같은 정도의 색입체 중에서 2색 간의 거리로 산출된다. 보통 ΔE로 표시한다.

색채계 (色彩計, colorimeter)　물체 색의 측정법은 분광측색법과 삼자극값 직독법의 두 가지로 분류되나, 이러한 법을 사용한 계측기를 총칭하여 색채계라 한다

색채 안정성 (色彩安定性, color stability)　(1)

색깔이 견뢰하여 자연현상(일광, 공기, 습도 등), 세탁, 화학약품 등의 작용으로도 변퇴색이 생기지 않는 것을 말한다. (2) 색을 관찰하는 조건이 변화하여도 지각되는 색이 변동하지 않는 것. 색채 항상성이라고도 한다. 색깔 본질 그 자체의 변화는 없지만 조명광이 변화하면 상이한 색으로 보이는 것에 대한 안정성을 말한다.

색채 항상성 (色彩恒常性, color constancy)　⇨ 색채 안정성의 (2).

색표 (色票, color chip)　색깔 표시를 목적으로 하는 색종이 또는 유사한 착색판. 혹은 표색계에 기준하여 다수의 색표로 색깔을 표시한 것도 색표집이라 한다. 먼셀색표, DIN색표, KBS 표준색소 등이 있다.

색표집 (色票集, color atlas)　특정한 표색계에 따라 색채를 표시하는 색지(색표)를 계통적으로 배열 편집한 것을 말한다.

색풀 (色 ──, color paste)　나염에서 기본 풀에 염료와 필요한 약제를 첨가한 풀을 말한다.

샌드위치 화합물 (── 化合物, sandwich compound)　π전자계를 가진 각종 고리 모양 화합물이 2개 평행하게 배열되고, 그 사이에 금속 원자가 샌드위치형으로 끼어있는 구조의 화합물. 예를 들면 페로센 $Fe(C_5H_5)_2$와 비스(벤젠)크롬(0) $Cr(C_6H_6)_2$ 등. 넓은 의미로는 1개 혹은 3개의 고리가 같은 종의 결합을 하고 있는 것도 샌드위치 화합물이라 한다.

샌딩 실러 (sanding sealer)　도장(塗裝) 소재. 밑칠한 도막위에 도장하는 도료. 연마에 의해 사용한 후에 평탄한 도장 소지를 작성함으로써 위칠 도료의 도장 품질을 향상시킨다. 목재 도장에서는 밑칠 도료로서, 자동차용 도료에서는 중간 칠 도료로 사용된다.

샌퍼라이징 (sanforizing)　면직포의 기계적 처리에 의한 방축 가공법. 두터운 고무 벨트 또는 블랭킷의 신장과 수축을 이용하여 직물을 세로 방향으로 압축, 수축시켜 증열 세트한다. 샌퍼라이징 가공포의 세탁시 수축률은 1% 이내인 것이 보증되어 있다.

샐러드유 (── 油, salad oil)　고급 식용유. 그대로 마요네즈와 프렌치 드레싱에 사용되

며, 생으로 먹을 수도 있는 식용유. 한 때는 올리브유가 사용되었으나 현재는 대두유, 면실유, 옥수수유 같은 식물유가 사용된다. 날것으로도 맛이 좋고 또한 고도의 내한성이 요구되므로 탈랍을 하여 내한성을 개선한다. 지금은 튀김용으로 샐러드유가 많이 사용되고 있다.

샐비지 합성 (—— 合成, salvage synthesis) 데보노 합성의 대응어이며 회수합성이라고도 한다. ⇨ 데노보 합성.

SAM(샘) 'Scanning Auger microscope(주사 오제 현미경)'의 약어이다. ⇨ 마이크로프로브 오제 전자 분광법.

샘플링 (sampling) ⇨ 시료 채취.

생고무 (生——, raw rubber, crude rubber) 파라고무나무에서 채취한 라텍스를 묽은 산으로 응고시켜 세정, 탈수, 건조, 훈염 건조한 고체형의 천연 고무를 말한다.

생리 활성 물질 (生理活性物質, physiological active substance) 미량으로 생체의 기능(생리)에 큰 영향을 미치는 물질. 생물 활성 물질이라고도 한다. 비타민, 호르몬, 효소, 신경 전달 물질 등을 지칭한다. 이 밖에 프로스타글란딘 같은 특정한 내분비선과 신경에서 분비되지 않는 활성 물질도 포함한다. 약물은 이러한 미량 물질과 깊은 관계가 있다. 생리 활성 물질의 대부분은 펩티드이지만 프로스타글란딘과 스테로이드 같은 지질(地質)도 있다.

생명 과학 (生命科學, life science) 명확하고 일정한 정의는 없지만 일반적으로 생명현상은 일반적 이해를 기초로, 인간이란 무엇인가를 해명하는 학문 분야로 이해되고 있다. 분자 생물학 등의 출현으로 더욱더 세분화된 생물학을 통합하고, 나아가서 인문·사회과학까지 망라한 시각에서 인간이란 무엇인가를 해명하는 것을 특징으로 한다. 그 성과를 인류의 미래, 복지를 위해 활용하는 것을 목적으로 하는 종합과학이다. 라이프 사이언스라고도 한다.

생명 윤리학 (生命倫理學, bioethics) 유전자 조작, 세포융합, 장기이식 등, 생명과학이 진전됨에 따라 생긴 생명에 대한 윤리적 문제를 다루는 분야. 바이오 에틱스라고도 한다. 생명을 어디까지 인위적으로 조작하여도 좋은가 하는 것이 문제가 되고 있다.

생물 검정 (生物檢定, bioassay) ⇨ 바이오 어세이.

생물 공학 (生物工學, bioengineering, biotechnology) 생물의 유용한 특성을 인공적으로 이용하거나 생체의 교묘한 기능을 모방하여 유사한 동작을 하는 기기를 개발하는 과학기술. 보통 바이오테크놀로지라고도 한다. 일반적으로 유전자 재조합 기술, 세포 융합기술, 바이오 리액터, 세포배양기술의 네 가지를 지칭하는 경우가 많다. 또 바이오닉스, 바이오일렉트로닉스 등도 포함한다.

생물량 (生物量, biomass) ⇨ 바이오 매스.

생물량 변환 반응 (生物量變換反應, bioconversion) 미생물을 화학시제를 사용하여 독특한 화학 반응으로 그 변환 생물체를 얻는 것. 미생물 대사계에서 제어에 따른 중간 생성물의 축적, 효소, 미생물을 사용하는 부분적 변환물의 생성 등이 있다. 미생물에 의한 변환반응은 스테로이드, 탄수화물, 항생 물질, 복소 고리식 화합물, 뉴클레오티드 등에 널리 적용되고 있다.

생물 전기화학 (生物電氣化學, bioelectrochemistry) 생물에 관한 문제를 다루는 전기화학. 전기 화학적 수법을 사용하여 생체반응을 해명하려는 경우(예를 들면 생체 물질의 산화-환원 거동 등)와 생체 물질의 이용을 목적으로 하는 경우(미생물 전지와 바이오 센서 등)가 있다.

생물 전지 (生物電池, biochemical fuel cell) 효소와 미생물 등이 갖고 있는 생물의 기능을 이용하여 산화-환원반응을 일으키는 전지의 총칭. 효소를 촉매로 하여 유기 화합물의 전극 반응을 이용하는 효소전지, 미생물 반응으로 연료를 전극 반응을 일으키기 쉬운 화합물로 변환하는 미생물 전지, 나아가서는 광합성 세균 등을 사용하여 태양에너지를 이용하는 생물 태양전지가 있다.

생물학적 봉쇄 (生物學的封鎖, biological containment) 유전자 조작에 관련되는 용어. 재조합 DNA 실험을 계획하고 실시할 때에 준수해야 할 안전확보에 관한 기준으로 정해진 지침 중, 특수한 배양조건하 이외에서는 생존하지 않는 숙주 및 다른 생세포로 이행하지 않는 숙주-벡터계를 사용하여 재조합체의 전파·확산을 방지하는 것. 봉쇄 정도에 따라 B_1 및 B_2의 레벨로 구별된다.

생물학적 정량 (生物學的定量, bioassay)　⇨ 바이오 어세이.

생물 활성 물질 (生物活性物質, biological active substance)　⇨ 생리 활성 물질.

생분해 (生分解, biodegradation)　환경 중에 방출된 유기물질이 미생물에 의해 분해되는 것. 산소의 공급을 필요로 하는 호기성 분해와 필요로 하지 않는 혐기성 분해로 구별한다. 전자의 경우 유기물질은 이산화탄소, 물, 암모니아로 분해되고, 후자에서는 저급 지방산으로 분해된 후, 다시 메탄, 이산화탄소로까지 분해된다. 후자는 메탄발효라 한다.

생분해성 고분자 (生分解性高分子, biodegradable polymer)　좁은 뜻으로는 생체계에서만 분해되는 고분자. 예를 들면 셀룰로오스는 토양균에 의해, 콜라겐은 생체 중의 효소 콜라게나아제에 의해 분해된다. 넓은 뜻으로는 효소 등에 의하지 않고서도 생체 내에서 분해되는 고분자를 말한다.

생석회 (生石灰, quick lime)　산화칼슘 CaO의 속칭. 탄산칼슘, 수산화칼슘, 옥살산칼슘을 하소(煆燒)하면 열분해에 의해 생성된다. 공업적으로는 석회석의 하소로 제조한다. 물이나 공기의 습기와 쉽게 반응하여 소석회로 변화한다.

생성계 (生成系, product)　화학 반응을 하는 물질계의 초기 상태를 바응 원계 또는 반응계, 최종 상태를 생성계라 한다.

생성물 (生成物, product)　화학 반응식의 오른쪽에 표기되는 화학 반응을 하였을 때에 얻게 되는 성분 분자. 반응물의 대응어이다. ⇨ 반응물.

생성물 저해 (生成物沮害, product inhibition)　효소반응에 의해 생성된 반응산물에 의해 효소가 받는 저해. 반응산물의 효소에 대한 친화성이 강하면 반응산물이 효소에서 이탈하기 어려우므로, 기질의 효소에 대한 결합이 저해됨으로써 일어난다.

생성 상수 (生成常數, formation constant)　착물의 안정도를 표시하는 척도. 안정도 상수라고도 한다. 수용액 중의 아쿠오 착물에서, 물분자와 다른 배위자가 치환하여 생성하는 착물의 생성 용이도를 나타낸다. 금속이온 $[M(H_2O)_n]^{m+}$와 배위자 A에서 $[MA]^{m+}$ 착물이 생성될 때, $[M + nA \rightleftharpoons MA_n$, $[MA_n]^{m+}$의 안정도 상수 K는 $K = [MA_n] / [M][A]_n$([ ]는 농도를 표시한다)가 된다.

생성 엔탈피 (生成 ——, enthalpy of formation)　어떤 화합물이 그 성분 원소의 단체로 생성되는 반응에 수반하는 엔탈피 변화. 정압에서의 생성열과 같다. 특히 표준상태(보통, 압력 1 atm로 취해진다)에서의 값을 표준 생성 엔탈피라고 한다.

생성열 (生成熱, heat of formation)　어떤 화합물이 그 성분 원소의 단체로 형성되었을 때의 반응열. 생성열은 성분 원소의 엔탈피(열 함유량)의 총합에서 화합물의 엔탈피를 뺀 것이다. 각 물질의 엔탈피의 절대값은 확실하지 않지만 문제가 되는 것은 차이므로 화합물의 엔탈피를 선정할 수 있도록 각 원소의 기준 상태를 정하는 것이 바람직하다. 그러기 위해서는 각 원소의 상온에서의 안정한 태종(態種)의 엔탈피를 기준으로 하여 0으로 잡는다. 그러면 각 화합물의 생성열은 그대로 그들 화합물의 엔탈피와 같아진다. 일반적으로 반응의 반응열은 생성계의 화합물이 가진 생성열의 총합에서 반응계의 화합물이 가진 생성열의 총합을 뺌으로써 쉽게 구할 수 있다. 이와 같이 반응열을 구하는 것은 반응 물질이 그 생성열과 같은 열을 흡수하여 일반 성분 원소의 홑원소 물질이 되고, 그깃들이 시로 상대 원소를 바꾸어서 생성계 화합물의 생성열을 방출하기 때문에 그 차가 반응열로서 나타난다고 생각하는 데 기인한다. 정압의 조건에서는 생성 엔탈피와 같다.

생체 고분자 (生體高分子, biopolymer)　생체를 구성하는 고분자. 단백질, 핵산, 다당 등을 지칭한다. 합성 고분자의 대응어. 생체 고분자는 입체 규칙성 중합체로, 다당을 제외하고 분자량 분포의 불규칙성이 거의 없고, 각 분자에서 1차 구조도 거의 일의적으로 일정한 점이 합성 고분자와는 다르다. 분자가 처한 한경에 띠리 기역 변화힐 수 있는 고차구조를 갖는다.

생체 내 (生體內, *in vivo*)　생체 내의 반응을 지칭하는 형용사. 인 비보라고도 한다. 유리기 안, 시험관 속을 의미하는 *in vitro*(인 비트로)에 대응하는 용어이다.

생체막 (生體膜, biomembrane)　세포 표면 혹은 세포 소기관을 형성하고 있는 막. 생체막의 구조에 관한 모델은 여러 가지가 제시되었으나 결정적인 것은 없다. 역사적으로 볼 때 J. F. 다니엘리가 제창하고 J. D. 로버트슨에 의해 수정된 단위막 모델이 있으며, 그 후 B. 벤손 등에 의해 제창된 반복 단위 모델이 있다. 현재 널리 인정받고 있는 것으로는 1972년 S. J. 싱거 등이 제창한 유동 모자이크 모델이 있다. 주성분은 단백질과 극성 지질이며, 기타 다당 등을 함유하며 $70\sim100\text{Å}$의 막 두께가 있다. 막의 구성 성분인 인지질 분자는 일부분에 친수성기를 가진 가느다란 분자로서, 그 긴 축이 막면(膜面)과 직각으로 늘어서 있고 소수성 부분이 마주 보고 있어 2분자 두께의 막을 만든다. 단백질은 주로 구상 단백질이며 이 지질 이중층 속에 단백질의 소수성 부분이 잠겨 있듯이 존재한다. 어떤 것은 막의 양면에 분자의 일부분을 드러내고 있다. 이 결과 막은 지질과 단백질이 모자이크상으로 존재하는 구조가 된다. 지질은 생리적 온도에서는 액체이기 때문에 막 성분인 단백질은 비교적 자유롭게 막내(膜內)를 이동(移動)할 수 있다. 이와 같은 구조적 특징 때문에 유동 모자이크 모델로 부르게 되었다. 핵산, 단백질 등, 생체 물질의 산일을 방지하여 생명의 장을 형성할 뿐만 아니라 개개의 막기능에 따라 막내에 효소, 수용체, 수송체를 함유하며 물질 대사, 정보, 에너지의 교환·변환을 한다.

생체 발광 (生體發光, bioluminescence)　생체에 의한 발광현상으로, 생체에서 에너지 변환의 한 형식. 곤충류에서는 개똥벌레, 바다개똥벌레, 식물에서는 발광세균, 편모식물, 화경버섯 등이 알려져 있다. 기질 루시페린이 루시페라아제로 산화되어 빛을 내는 개똥벌레의 발광이 유명하다. 생물 발광은 어떤 유기 화합물이 효소의 작용으로 산화되면서 그 때 방출되는 에너지가 빛 에너지의 형태로 체외로 나오는 현상이므로 하나의 광화학 반응이다. 세균이나 균류 가운데서 발광을 하는 생물은 일정한 발광기관의 발달이 없고, 세포 속에 있는 발광 물질을 산화하여 빛을 내지만 발광 동물은 대개가 특수하게 분화된 발광기관을 가지고 있어서 빛은 여기에서 발생한다. 그러나 야광충과 같은 원생 동물은 세균이나 균류처럼 발광기관을 가지고 있지 않다. 발광을 하는 동물 가운데 반딧불이·조개물벼룩 등은 자신이 직접 발광을 하지만 새우나 꼴뚜기 등은 자신이 발광을 하는 것이 아니고 몸에 부착 또는 기생하고 있는 세균이 발광을 하기 때문에 빛을 내는 것처럼 보이는 것도 있다. 발광 물질은 루시페린(luciferin)이다. 이 물질의 분자구조는 발광 생물의 종류에 따라 다르지만 산화되면서 빛을 발생하는 기본적 기구는 생물의 종류에 관계없이 공통적이다. 이 발광 기구는 반딧불이에서 많이 연구되고 있는데, 그 개요는 다음과 같다. 즉 발광 물질인 루시페린은 ATP와 결합하여 루시페린-ATP의 복합물을 형성하면서 무기인산 H_3PO_4 두 분자를 생성한다. 이 때 루시페린은 환원형이어서 LH_2와 같이 표기된다. $LH_2 + ATP \rightarrow LH_2\text{-}AMP + 2H_3PO_4$, 이 반응에서 생긴 $LH_2\text{-}AMP$는 산소와 반응하여 산화되면서 불안정한 에너지 상태에 있게 된다. 따라서 이 불안정한 상태의 산화 산물은 곧 분해되어 산화형 루시페린과 AMP를 생성하면서 빛을 낸다. $LH_2\text{-}AMP + 1/2O_2 \rightarrow L\text{-}AMP + H_2O$, $L\text{-}AMP \rightarrow L + AMP + h\nu$ (빛에너지). 위 식에서 L은 산화형 루시페린, L-AMP는 불안정한 에너지 상태의 루시페린-AMP복합물을 가리킨다. $LH_2\text{-}AMP$가 산소$(1/2O_2)$와 반응하여 산화되는 과정은 루시페라아제(luciferase)라는 효소의 촉매작용에 의하여 이루어진다. 따라서 생물 발광은 루시페린·ATP·루시페라아제 및 산소의 존재하에서 일어난다. 이 밖에도 2가 양이온 중에서 Mg^{2+}, Mn^{2+}, Co^{2+} 등이 있어야 한다는 것도 알려져 있다. 루시페린 한 분자의 산화에서 1광량자가 방출되는 것으로 계산되고 있으므로, 생물 발광은 광효율이 매우 높아서 열의 발생을 거의 수반하지 않는다. 따라서 생물 발광에서 나오는 빛을 냉광이라고 한다.

생체 발광 분석 (生體發光分析,　bioluminescence analysis) 시료의 존재로 생성하는 생체 발광을 호톤카운터 등을 사용하여 계측하는 화학분석. 생체 발광의 생성에는 세균, 루시페린-루시페라아제 같은 효소단백질 등이 사용된다.

생체 밸브 (生體——, bioprosthetic valve) 인공밸브와 마찬가지로 황폐한 사람의 판막 대용으로 사용하는 것. 돼지의 대동맥판, 소의 심막 등의 생체 일부를 글루탈알데히드 또는 포르말린으로 처리하여 3각의 지주를 폴리테트라플루오르에틸렌으로 피복한 지지틀에 봉착한 것이다.

생체 성분 (生體成分, biogenic substance) 생물 혹은 생체 시료에 함유되는 화학성분. 단, 약물과 같은 인위적 외인성 물질 및 생물체의 정상적인 생명활동의 유지와는 무관하게 일과성 내지 만성적으로 체내에 도입되는 물질은 제외한다.

생체 시계 (生體時計, biological clock) 생체의 신경 내분비계가 갖는 규칙적인 활동변화에 바탕한 생체 중의 시계로서, 시간 간격 혹은 시각을 안다. 체내 시계라고도 한다. 고등동물에서는 송과선-멜라토닌 생합성계가 잘 알려져 있으며 주야별로 활동하는 생리 메커니즘이다. 또 꿀벌의 시각 학습도 어떤 종류의 호르몬 분비가 일주기로 변화하는 데에 기인한다.

생체 시료 (生體試料, biological material) 생물 기원의 시료. 많은 경우 혈액, 소변, 조직 등, 생물에 유래하는 것을 지칭하지만 동물, 식물, 미생물 등의 생체 그 자체를 의미하는 경우도 있다.

생체 외 (生體外, *in vitro*) 유리기 안, 시험관 속의 반응을 지칭하는 형용사. 인 비트로라고도 한다. 생체 내를 의미하는 *in vivo*(인 비보)에 대응하는 용어. 인비트로 합성계로서는 단백질 합성, RNA 합성반응, 또는 복합효소 등이며, 생체가 나타내는 현상의 재현을 목적으로 한 반응계를 가리킬 때가 많다.

생체 외 포장법 (生體外包裝法, *in vitro* packaging) 시험관 속(인 비트로)에서 파지 DNA를 단백질의 각 안에 싸서 파지입자로 하는 방법. 시험관 안 포장법이라고도 한다. DNA 클로닝의 실험 등에서 이 방법으로 *in*

vitro 재조합 DNA를 패키지하면 대장균에 DNA를 효과적으로 도입할 수 있다.

생체외 효소 (生體外酵素, exoenzyme) ➩ 세포외 효소.

생체 원소 (生體元素, bioelement) 생물에 불가결한 원소. 생 원소라고도 한다. 모든 생물은 생존을 위해 H, O, C, N, S, P, Fe 등 약 20종의 원소를 필요로 한다. 이 밖에 몇 가지 원소를 필요로 하는 생물도 있다. 또 몇 가지 원소는 생체에 유익하지만 반드시 필수적인 것은 아니다.

생체적 합성 (生體適合性, biocompatibility) 생의학 재료에 요구되는 성질. 생체에 있어 의료용 재료가 무해하며 적응되기 쉬운 성질을 의미한다. 대상이 되는 생체는 혈액을 비롯하여 각종 조직과 기관 등 광범위하므로 혈액 적합성(항혈전성), 조직 적합성 등으로 세분화하여 사용되는 사례가 많다.

생체 촉매 (生體觸媒, biocatalyst) 생체 내에서 생명 현상에 관여하는 화학 반응의 촉매가 되는 물질. 효소, 미생물 균체, 식물 세포, 동물 세포, 세포 내 소기관(오르가넬라) 등 효소 활성이 있는 것을 총괄한 용어. 이러한 것을 고정화하면 안정성이 증가하고 특이성이 높은 촉매로서 새로운 용도가 기대된다. 바이오테크놀로지의 기본적 물질이다.

생피 (生皮, green hide) 식육을 생산하기 위해 가축의 가죽을 벗기는데, 그 벗겨진 가죽. 보존처리를 하지 않으면 부패하기 쉽다. 보통 염장피, 건피 등으로 하여 보존성을 높여 제혁용 원료로 쓴다

생합성 (生合成, biosynthesis) 세포가 하는 합성반응. 성장, 증식에 필요한 물질의 합성, 항상성을 위한 합성, 저장물질의 합성 등을 지칭한다. 에너지 공급은 전형적으로 아데노신 삼인산(ATP)에 의하지만 구아노신 5′-삼인산(GTP)(예 : 단백질 합성), 우리딘 5′-삼인산(UTP)(당합성), 시티딘 5′-삼인산(CTP)(인지질 합성) 등 다른 뉴클레오티드 삼인산도 사용된다. 효소를 매개하는 점에서 일반적인 화학 합성과는 전혀 다르다.

생화학적 산소 요구량 (生化學的酸素要求量, biochemical oxygen demand) 검수를 호기성 미생물이 충분히 생육할 수 있는 상태

에 두고, 보통 20℃에서 5일간 방치하였을 때에 소비되는 산소량. 약어로 BOD이다. 수중의 유기 물질 중에는 경성 세제(硬性洗劑), 일부의 농약, 리그닌 등과 같이 생물 분해가 불가능하거나 또는 생물 분해가 곤란한 유기 물질 등이 있는데 그러한 것들은 BOD값에 포함되지 않는다. 인간이 합성한 고분자 유기 물질의 배출량이 증가하면서 BOD 반응에 잡히지 않는 유기 물질의 농도가 증가되고 있는데, 이러한 것들의 농도는 중크롬산칼륨 COD 농도와 최종 BOD 농도의 차에 해당된다. 따라서 이론적으로 볼 때 생물 분해가 가능한 유기 물질에 대해서는 중크롬산칼륨 COD값과 최종 BOD값이 일치한다. BOD 반응은 온도 증가에 따라서 약간 증가한다. 끝까지 완전 반응시켜서 얻은 BOD 농도값은 반드시 최종 BOD, 또는 BODL이라고 표시한다. BOD 시험법에서는 미리 pH완충액·희석수(稀釋水)·식종세균(植種細菌)·시약 등을 준비하고, 채취한 시료에 이러한 것들을 알맞게 혼합하여 희석한 후, 희석된 시료와 희석수를 각각 20℃ 인큐베이터에 넣어서 5일간 배양한다.

생회 (生灰, quick lime) ⇨ 생석회.

샤모트 (chamotte, grog) 점토를 한 번 소성한 것. 점토광물은 약 15%의 수분을 함유하므로 그대로 성형, 소성하면 수축하여 변형, 균열이 생긴다. 그러므로 점토 덩어리를 사전에 소성하여 변형과 균열이 생기는 것을 방지한다.

샤모트 벽돌 (chamotte brick) ⇨ 점토질 벽돌.

서멧 (cermet) 세라믹스와 금속의 적당한 조합으로 구성된 소결 재료. 금속과 세라믹스의 합성이라는 뜻으로, ceramics와 metals의 머리글자 세 자씩을 연결해서 만든 명칭이다. 제조방법은 녹는점이 높은 금속, 예를 들면 코발트 분말과 세라믹스, 탄화티탄·탄화텅스텐 등 여러 탄화물 산화물의 입자(粒子) 조각을 배합하여 프레스해서 굳히고, 이것을 금속 쪽이 활발히 확산을 일으켜서 소결(燒結)할 정도의 온도로 가열한다. 이와 같이 하면 금속의 바탕에 세라믹스의 입자 조각이 분산해서 아로새겨진 재료가 된다. 서멧형 재료는 1926년에 독일 크루프사(社)에서 탄화텅스텐 입자 조각을 코발트의 바탕에 아로새겨서 경질(硬質)의 공구재를 만든 것이 시초이다. 지난 30년 동안은 내열 재료로서, 고녹는점 금속의 탄화물·산화물·규화물(硅化物) 등을 고녹는점 금속의 바탕에 분산시킨 것이 연구되었다. 즉, 서멧은 수소 속이나 진공 또는 기타 적당한 분위기에서 소결한 것으로서, 세라믹스의 특성인 경도·내열성·내산화성·내약품성·내마모성과 금속의 강인성·가소성·기계적 강도 등을 겸비한 신재료이다. 내열, 내마모, 내식 재료로 사용되고 있다.

서모솔 법 (—— 法, thermosol process) 주로 폴리에스테르 섬유의 분산 염료에 의한 연속 염색법. 염액을 직물에 패딩하고 반건조 후 고온으로 건열처리한다. du Pont사에 의해 개발되었다.

서모크로미즘 (thermochromism) 어떤 종류의 물질(단일 물질 또는 용액)에 있어, 특정한 온도에서 그 색깔이 가역적으로 변화하는 현상을 말한다.

서모 트로픽 액정 (—— 液晶, thermotropic liquid crystal) 결정을 가열하여 생기는 액정. 이것에 대해 용매에 녹였을 때 생기는 액정을 레오트로픽 액정이라 한다. 서모트로픽 액정에는 대별하여 3종의 액정(스멕틱 액정, 네마틱 액정, 콜레스테릭 액정)이 있다.

서모 페인트 (thermopaint) ⇨ 시온 도료.

서미스터 (thermistor) 전기저항의 온도계수가 보통 금속의 그것보다 훨씬 큰 금속 산화물 소결체. 온도 측정용의 저항소자로 사용된다. 보통은 저항 온도계수가 음인 것을 지칭하며 NTC 서미스터라고 하지만 반도체의 티탄산 바륨에서는 특정한 온도 범위에서 급격히 저항이 온도와 함께 증가하는 것이 있는데, 그러한 것은 PTC 서미스터라고 한다.

서브유닛 (subunit) 단백질이 몇 개 기본 단위의 비공유 결합에 의해 회합하여 생물적 기능을 발현할 때, 그 기본 구성단위를 말한다. 소단위(체)라고도 한다. 사차 구조를 갖는 단백질은 삼차 구조를 형성하고 있는 서브유닛의 집합체이다. 예를 들면 헤모글로빈 분자는 두 가닥의 α사슬과 두 가닥의 β사슬로 되며, α사슬과 β사슬이 서브유닛이다. 이러한 서브유닛은 환원상태에서 황산도데실 등으로 4차 구조를 파괴하면 해리하여 각각 단리할 수 있다.

서브유닛 구조 (—— 構造, subunit structure) 단백질의 4차 구조를 형성하고 있는 서브유닛(소단위)의 종류, 수, 상호 배치를 일컫는다.

서브쿨 비등 (—— 沸騰, subcooled boiling) ⇨ 표면 비등.

SERS(서스) 'surface enhanced Raman scattering(거대 라만 산란)'의 약어이다.

서징 (surging) 펌프 등을 포함하는 관로에서 주기적인 힘을 가하지 않는데도 토출 압력이 숨을 쉬며 진동, 소음 등이 발생하는 현상. 배관부를 포함한 계에서의 자연 진동의 하나. 서징이 일어나면 펌프의 운전을 불안정하게 하여 위험을 초래하는 경우가 많다. 그것을 방지하기 위해서는, ① 날개차(impeller)·안내 날개의 모양을 고려하고, ② 유량·회전수를 적당히 바꾸어 서징점을 피해서 운전하며, ③ 관로의 도중에 있는 공기실의 용량·관로저항(管路抵抗) 등을 적당히 바꾸는 방법을 취할 필요가 있다.

서플라워 유 (—— 油, sufflower oil) 서플라워(잇꽃) 종자(함유분 38~40%)에서 채유되는 건성유. 지방산 조성으로서 리놀산 70%, 올레산 20%를 함유하며, 리놀산 함량이 많으므로 건조성이 크고 공업 원료로 사용된다. 혈중 콜레스테롤을 저하시키는 기름으로서 식용류로 사용된다.

서피서 (surfacer) 피도물을 평활하게 하기 위해 칠하는 도료. 정면(整面) 도료리고도 한다. 철면에 도장하는 경우에 밑칠 도료를 칠하고 면의 파인 부분에 퍼티를 채운 후에 물로 닦아내어 서피서를 칠한다.

석고 (石膏, gypsum, gyps) 황산칼슘 $CaSO_4 \cdot nH_2O(n = 0, 1/2, 2)$의 속칭. 좁은 의미로는 2수화물을 지칭한다. 단사정계(單斜晶系)에 속하는 광물. 능판상(菱板狀) 또는 주상 결정을 이루며, 때로 국화 모양으로 집합하고 화살의 오늬 모양의 쌍정(雙晶)을 이룬다. 이 밖에도 엽편상·섬유상·괴상(塊狀)·치밀질 단괴상을 이루는 것도 많은데 특히 섬유상의 병행 집합체를 이룬 것을 섬유석고, 세립의 치밀질 집합체를 설화석고(雪花石膏)라 한다.

쪼개짐은 사축면(斜軸面)에 완전하고, 쪼개짐 조각은 휠 수 있다. 단구(斷口)는 섬유상이다. 굳기 2, 비중 2.2~2.4이다. 주로 무색 또는 백색·회백색인데 때로는 황색·적색, 드물게는 암회색도 있다. 투명 또는 반투명하며 쪼개짐면은 진주 광택이 나는데 그 밖의 결정면은 유리 광택이 있으며 단구면과 섬유석고에서는 견사(絹絲)광택이 난다. 열의 절연체이다. 석고는 그 분포가 넓으며, 옛날부터 알려진 광물이다. 암염(岩鹽) 등과 함께 대규모의 증발 침전형 광상으로서 산출되는 것도 있다. 또 흑광(黑鑛)광상 등의 층상(層狀) 금속광상에 수반되고, 화산의 분기공과 황기공(黃氣孔) 부근에도 자주 발견된다. 포틀랜드 시멘트의 응결 조절제, 석고보드, 석고플라스터 등으로 사용된다.

석고 보드 (石膏 ——, gypsum plaster board) 2장의 종이(또는 다른 섬유 재료) 사이에 석고를 샌드위치 모양으로 끼워 맞추어 판상으로 성형한 단열성, 불연성, 경량의 건축 재료. 건축물의 실내 벽, 천정, 칸막이 등에 사용한다. 평(平)보드는 벽이나 천장에 사용되어 방화재의 역할을 하고, 라스 보드는 벽의 속 재료로 사용한다. 또 흡음(吸音)보드는 음향 흡수성이 있으며, 표면에 인쇄나 플라스틱 도장(塗裝)을 한 화장 석고 보드는 내장 벽용(內裝壁用)으로 사용한다.

석고 슬래그 시멘트 (石膏 ——, gypsum slag cement) 고로 수쇄 슬래그를 80% 이상 함유하고, 이것에 경화를 위해 자극제로서 이수석고 또는 무수석고를 3% 이상 (SO_3분으로서) 첨가한 시멘트. 산과 염류 용액에 대해 내구성이 있으며 경화시의 발열이 낮다.

석고 플라스터 (石膏 ——, gypsum plaster) 소석고 자신 혹은 그것에 응결 치환제. 모래 등을 가한 벽, 천장용 도장 재료, 소석고가 수분을 흡수하여 이수석고가 되는 응결 경화반응을 이용하고 있다.

석면 (石綿, asbestos) 천연으로 산출되는 섬유상 규산염의 총칭. 아스베스토스라고도 한다. 섬유상의 사문석인 크리소타일 외에 아모사이트 등의 각섬석에 속하는 여러 종이 있다. 이것들은 내열성, 화학 저항성이 그므로 긴재의 **종깅, 내화** 피복재, 분식기새 등에 사용되고 있다. 그러나 발암성이 있으므로 몇 해 전부터는 그 사용이 제한 또는 금지되었다.

석영 (石英, quartz)　SiO_2의 많은 형의 하나. 다른 형보다 저온에서 안정. 일반적으로 투명한 결정인 수정에서 얻게 되는 것은 고순도이다. 저온형의 α석영(삼방정계)은 575℃에서 급속하게 또한 가역적으로 고온형의 β석영(육방정계)으로 변한다. 압전성과 선광성이 현저하다. 전자부품, 필터, 라디오, TV의 진동수 표준·발진기 부분의 압전 제어 등에 사용된다.

석영 유리 (石英 ——, quartz glass, silica glass)　SiO_2를 단성분으로 하는 유리. 저팽창, 고도의 자외선 투과율, 내수성, 높은 전기저항 등의 특징이 있다. 규사, 수정, 사염화규소 등을 원료로 하여 용융, 기상합성 등으로 제조된다. 원료·제법 모두 기상합성으로 제조되는 고순도의 것이 얻어진다. 이화학용, 조명용, 도가니, 광통신용(Ge, B 등을 혼합) 등 용도가 광범위하다.

석유 고차 회수 (石油高次回收, enhanced oil recovery)　유전에서 지하의 유층에서 석유를 회수할 때 예전에는 자분(自噴) 혹은 흡상(1차 회수)에 의존하였으나, 그렇게 해서는 존재량의 30~40%밖에 회수할 수 없다. 그러므로 유층의 틈에 계면 활성제를 주입하여 오일-물의 계면장력을 $0.01\ \mathrm{mN\,m^{-1}}$ 정도까지 저하시켜 진제를 마이크로 에멀션으로 하여, 유동화시켜 석유의 회수율을 높이는 것을 말한다. 3차 회수라고도 한다. 또 2차 회수는 1차 회수 후에 물이나 가스를 압입하여 회수하는 것을 말한다.

석유 벤진 (石油 ——, petroleum benzine)　끓는점 150℃ 이하의 경질 가솔린분을 정제한 것. 쉽게 벤진이라고 하는 경우도 많다. 비중이 0.7~0.75인 무색 투명한 액체이다. 쉽게 인화(引火)되므로 그 취급에 상당한 주의를 요한다. 공업용 가솔린의 하나로서, 얼룩빼기, 기계의 세정, 각종 용제용으로 사용된다.

석유산 (石油酸, petroleum acid)　⇨ 나프텐산.

석유 아스팔트 (石油 ——, petroleum asphalt)　천연 아스팔트의 대응어. 나프텐기 원유를 감압 증류하였을 때 잔유로서 얻어진다. 그 상태대로 스트레이트 아스팔트로 사용되거나 브론 아스팔트의 제조 원료로 한다.

석유 에테르 (石油 ——, petroleum ether)　끓는점 범위 40~70℃의 경질 광유. 경질 나프타의 증류로 얻어지며 펜탄과 헥산을 주성분으로 한다. 주로 용제로 사용된다.

석유 유제 (石油乳劑, petroleum emulsion)　파라핀계의 저점도 정제유에 유화제를 가한 것. 주로 감귤류에 부착 생육하는 딱지벌레류나 진드기류의 살충제로 사용된다.

석유의 정밀 분류 (石油精密分溜, true-boiling-point fractionation)　보통 석유 증류 시험기에서는 외기온도의 영향으로 성분 탄화수소를 각 끓는점에 따라 개별적으로 유출시키는 것이 곤란하므로 증류가마의 바깥쪽이나 정류탑의 바깥쪽을 증류가마에서 증발하는 성분의 각 끓는점과 거의 같은 온도가 되도록 사전에 전열가열로 예열한 공기로 덮어 증류하는 분별 증류법이다.

석유 코크스 (石油 ——, petroleum cokes)　석유의 중질유분을 건류하여 얻어지는 탄소질을 주성분으로 하는 물질. 그 상태 그대로의 것을 생 코크스(green cokes)라 하며 연료, 주물용, 제철용에 사용된다. 이것을 다시 1,300℃ 전후로 소성한 것을 하소 코크스(calcined cokes)라 하여 전기로용 탄소 전극과 인조 흑연의 제조 원료로 공급된다.

석유 피치 (石油 ——, petroleum pitch)　석유의 분해 진유 또는 이제끼지 시용할 수 없었으나 황산을 사용하는 석유정제의 잔유물을 고온 가열한 것. 최근에는 피치계 탄소섬유 제조의 중간 과정에서 유사한 물성이 있는 제품이 얻어진다. 연료와 코크스 점결제, 전기절연재 등으로 사용된다.

석출 전위 (析出電位, deposition potential)　전석 혹은 전착에 있어 실제로 고체 생성물이 석출하기 시작하는 전위를 말한다.

석탄 가스 (石炭 ——, coal gas)　석탄을 건류할 때에 발생하는 수소, 메탄을 주성분으로 하는 가스. 석탄 건류 가스라고도 한다. 정제하여 연료, 화학공업원료로 사용한다. 건류 온도에 따라 고온 건류가스, 저온 건류가스로 구분된다. 현재의 공업규모 건류장치는 대부분 코크스로인데, 이 경우는 코크스로 가스와 같다. 넓은 뜻으로는 석탄을 원료로 하여 제조되는 가스를 말하는 경우도 있으며, 이 경우에는 석탄 가스화에 의한 가스도 포함된다.

석탄 가스화(石炭 —— 化, coal gasification) 넓은 뜻으로는 건류하여 탄화수소 가스, 수소, 일반화탄소 등의 혼합가스를 얻어지는 것도 포함하지만, 일반적으로는 공기, 산소, 물, 수소와 고온에서 반응시켜 각각 CO, $CO+H_2$, CH_4를 생성물로서 얻어지는 것을 지칭한다. 석탄 가스화는 이미 공업적으로 실시되고 있으며, 가스화 공정은 반응로에 의해 고정상(룰루기식 가압 가스화로), 유동상(윈클러 로), 분류상(코파스·토체크로) 등으로 나누어진다(괄호 안은 대표적 상업로). 기타 많은 공정이 시도되고 있지만 실용화에는 이르지 못하고 있다. 또한 지하의 탄층 안에서 그대로 가스화하는 지하 가스화도 이루어진다.

석탄 석유 혼합연료(石炭石油混合燃料, coal oil mixture) ⇨ 콜로이드 연료.

석탄 액화(石炭液化, coal liquefaction) 석탄에서 석유와 유사한 연체 연료를 제조하는 것. 넓은 뜻으로는 건류하여 타르를 얻는 것도 포함되지만 일반적으로는 직접 액화와 간접 액화로 대별된다. 직접 액화는 H_2, H_2O+CO, H_2+H_2O+CO 등에 의해 촉매 존재하 용매 중 고온에서 처리한다. 후자는 석탄을 일단 가스화하여 $CO+H_2$ 가스로 하고, 이것을 원료로 하여 메탄올 합성, 피셔·트로프슈합성, 모빌법(메탄올 경유한 액체 탄화수소의 합성법. MTG가 약어이다) 등에 의해 액체 연료를 얻는다. 진·후자 모두 여러 가지 공정이 개발되어 있다.

석탄 조직 성분(石炭組織成分, microlithotype of coal) 육안 또는 현미경에 의해 구분할 수 있는 석탄의 유기성분. 육안으로 식별할 수 있는 범위의 분류인 리소타입, 현미경적인 분류인 마세랄 및 마세랄 단독 또는 그 조합으로 구별되는 마이크로리소타입 등으로 구성된다. 원래 석탄조직학은 암석학에서 출발한 것으로, 광물에 상당하는 것이 마세랄, 광물의 조합인 암석이 마이크로리소타입에 상당하며 리소타입은 더욱 개략적인 분류라 할 수 있다.

석탄화(石炭化, coalification) 식물체가 석탄으로 변화하는 동안에 받는 작용의 총칭. 태고의 식물이 지하에 생물화학적 작용 혹은 지열·지압 등의 물리화학적 작용에 의해 탈수, 탈탄산, 탈메탄 등의 변화를 수반하는 분해, 중축합으로 석탄화가 진행된다. 이 진행 정도(석탄화도)에 따라 이탄, 갈탄, 역청탄, 무연탄으로 구별된다.

석탄화도(石炭化度, degree of coalification) 식물체가 석탄화하는 동안에 받는 작용의 정도. 변질작용은 궁극적으로는 탄소의 농축작용이라고 할 수 있다. 이 변질의 정도를 나타내는 지표(指標)로서는 석탄을 공업 분석하여 얻는 고정탄소·수분·휘발분의 각 함유량, 또는 발열량을 사용한다. 또 원소 분석에 의하여 얻는 탄소 함유량, 수소 대 탄소 원자수의 비, 산소 대 탄소 원자수의 비 등도 석탄화도의 지표로 사용된다.

석판 인쇄(石版印刷, lithography) 예로부터 미술의 기법으로 사용되는 리소그래프에서 유래하는 용어로, 현재는 주로 반도체 장치의 웨이퍼 프로세스 용어로 사용된다. 반도체 장치를 작성하려면 실리콘 등의 기판 표면에 미세 패턴을 그릴 필요가 있는데 그 방법으로서 기판 위에 감광성 고분자(포토레지스트)를 도포하고 사진의 네가 필름에 해당하는 마스크 패턴을 자외선 등의 조사로 같은 고분자로 전사하여 패턴을 형성하는 기술이다.

석황(石黃, orpiment) 비소의 황화물이며 주성분은 As_2S_3. 황색 한때 웅황(雄黃)은 계관석(realgar), 자황은 orpiment라 한 적도 있었으나 그것은 잘못된 호칭이었다. 계관석의 성분은 AsS이고 적색이다.

석회(石灰, lime) 보통은 생석회(산화칼슘)를 지칭하지만, 그것과 물이 반응한 소석회(수산화칼슘)를 포함하는 경우도 있다. 예전에는 칼슘의 의미로 사용하였던 적도 있다. 예를 들면 탄산석회라는 것은 탄산칼슘을 지칭한다.

석회반(石灰斑, lime stain, lime blast) 제혁의 준비공정에서 석회처리한 가죽이 오랫동안 공기 중에 노출되어 생기는 그레인의 반점. 가죽 중의 수산화칼슘이 난용성의 탄산염으로 변화힘으로써 생긴나. 무두실의 상해가 된다.

석회석 (石灰石, limestone) 탄산칼슘 $CaCO_3$ 으로 된 광석. 방해석을 주성분으로 한다. 마그네슘을 함유하는 고토질 석회석도 있다. 생석회, 소석회, 포틀랜드 시멘트, 탄화칼슘, 소다석회 유리 등의 원료가 되며 이용면은 매우 광범위하다.

석회수 (石灰水, lime water) 수산화 칼슘의 포화수용액. 100 ml 중 약 0.15g 의 수산화 칼슘이 포함되고, 무색 투명하며 강한 알칼리성을 나타낸다. 이산화탄소를 통과시키면 불용성인 탄산칼슘이 생겨서 혼탁하게 되므로 그 검출에 쓰인다. 그러나 많이 통과시키면 가용성의 탄산수소 칼슘으로 되어 다시 무색 투명하게 된다.

석회 슬래그 시멘트 (石灰 ──, lime slag cement) 고로 수쇄(水碎) 슬래그를 주성분으로 하고, 그것에 경화 목적을 위해 자극제로서 소석회 또는 반 풍화한 생석회를 혼합한 다음 분쇄하여 만든 시멘트. 해수공사와 지하 기초공사에 특히 적합하다.

석회유 (石灰乳, milk of lime) 수산화 칼슘의 현탁액. 물에 녹아 있는 수산화 칼슘이 소비되면 현탁되어 있는 수산화 칼슘이 용출하므로 실질적으로 진한 용액과 동일한 작용을 한다. 소독용 등에 사용된다.

석회 질소 (石灰窒素, lime nitrogen) 20% 정도의 질소분을 함유하는 합성 질소비료. 시안아미드화 칼슘과 탄소의 혼합물로 미분말 탄소가 혼입되어 흑색을 띠는 무거운 가루인데 질소함량은 20~22%이다. 분말상으로 한 탄화칼슘을 약 1,000℃에서 질소가스와 반응시켜 제조한다. 성분은 $CaCN_2 + C$. 토양 중에서 시안아미드, 요소, 탄산암모늄으로 분해되어 식물에 흡수된다. 최근 시안아미드의 토양 살균능, 제초 효과가 재평가되고 있다.

석회 처리 (石灰處理, liming) 제혁의 준비공정에서 가죽을 수산화 칼슘의 과포화 수용액에 침지하는 조작. 황화나트륨 등의 탈모 촉진제를 첨가하는 경우가 많다. 석회처리로 털, 표피의 분해, 불필요한 단백질의 제거, 지방의 비누화가 이루어진다. 동시에 가죽을 팽윤시켜 가죽의 섬유구조를 해리하는 효과가 있다. 이 작업의 효과는 이어서 이루어지는 무두질 공정 이후의 가죽에 대한 약제의 침투 흡착·결합 등에 영향을 미치며, 완성된 가죽의 성질을 좌우하게 된다.

석회 포화도 (石灰飽和度, lime saturation degree) 포틀랜드 시멘트의 화학조성 특징을 표시하는 값의 하나. SiO_2, Al_2O_3, Fe_2O_3와 반응할 수 있는 CaO의 최대량과 포틀랜드 시멘트에 실재로 존재하는 CaO의 비로 표시되며, 약어로 LSD이다. $LSD = CaO / 2.8 SiO_2 + 1.18 Al_2O_3 + 0.65 Fe_2O_3$ (중량비).

석회화 (石灰華, calcareous sinter) 탄산칼슘을 주성분으로 하는 온천 침전물. 일반적으로 다공질층(多孔質層)을 이루며, 나뭇잎이나 육생 조개의 인흔(印痕)이 들어 있다. 때로는 치밀질이다. 또한 온전이 솟아나는 구멍 근처에서는 원추상의 분천탑(噴泉塔)을 형성하기도 한다. 넓은 뜻으로는 석회암에서 2차적으로 생성된 화상피각(華狀皮殼)을 말하기도 한다. 종유동(鐘乳洞)에서 볼 수 있는 치밀질의 경고한 것은 트래버틴(travertine)이라고 한다.

섞임성 (── 性, miscibility) 종류가 다른 고분자(A, B)가 물과 알코올 같은 분자 차원에서 상호 용해할 때, A와 B가 섞였다고 한다. 섞이는 조성·온도범위가 광범위할수록 섞임성(miscibility)이 좋다고 한다. 한편 물과 기름처럼 섞이지 않는 것이 판명되어 있어도 그 혼합계가 양호한 재료물성을 나타낼 때 상용성(compatibility)이 좋다고 표현하는 관습이 있으므로 주의할 필요가 있다.

선광 (旋光, optical rotation) 직선 편광이 물질을 통과할 때 편광의 진동면이 오른쪽 또는 왼쪽으로 회전하는 현상이다. 광회전이라고도 한다.

선광계 (旋光計, polarimeter) 물질이 나타내는 선광(광회전) 현상을 정량적으로 관측하는 장치. 장치는 광원, 편광프리즘(편광자), 시료관, 회전 편광프리즘(검광자), 광센서로 이루어지며, 시료 통과 후 편광면과 경사를 검광자를 회전시켜 광량이 극소(편광면의 직교) 또는 극대(평행)가 될 때의 각도로 측정한다. 현재에는 광센서를 사용하는 자동기록 선광계가 범용되고 있지만 이전에는 육안으로 관측하는 기계가 많았다.

선광능(旋光能, rotatory power)　키랄한 분자의 선광성(광학 활성도)을 부여하는 능력. 선광능은 빛에 의해 유기되는 분자 내의 전자의 전이 전기 쌍극자 및 자기 쌍극자 모멘트의 스칼라 곱으로 표시된다. 광회전력이라고도 한다.

선광 분산(旋光分散, optical rotatory dispersion)　광학 활성 물질의 선광도가 빛의 파장에 의해 변화하는 현상. 광회전 분산이라고도 한다. 약어로 ORD이다. 관측 파장 범위에 빛의 흡수가 존재하지 않는 물질에서는 선광도(광회전)의 절대값은 단파장이 될수록 증대한다(상 분산이라 한다). 흡수가 존재할 때는 그 전후에서 (+)극대→0→(−)극대 또는 그 반대의 형태로 선광도가 크게 변동한다(이상 분산). 후자를 이용하여 키랄한 고리 모양 케톤의 입체 배치를 예측하는 경험칙(옥테트 규칙)이 알려져 있다.

선광성(旋光性, optical activity)　선광(광회전)을 표시하는 성질. 광학 활성도라고도 한다. 즉, 물질에 직선 편광(直線偏光)을 비추었을 때, 물질 속을 진행하는 사이에 편광면이 회전하면 그 물질은 선광성을 가진다고 한다. 1811년 D. J. 아라고가 수정의 광축(光軸)방향으로 편광을 비추었을 때 발견하였으며, 그 후 A. 비오에 의해 수크로오스 및 타르타르산의 수용액에 대해서도 발견되었다. 광학활성도는 물질의 구성 단위인 원자단이 일정한 대칭요소(대칭면·대칭중심·사영축)를 가지지 않을 때 생기는 2개의 광학 대칭체 중, 어느 하나만이 모인 경우 또는 하나가 많이 모인 물질에서 볼 수 있는 것으로, 빛의 진행방향에 대하여 편광면을 시침방향으로 회전시키는 것을 우회전성(+ 또는 d로 나타낸다), 그 반대 방향으로 회전시키는 것을 좌회전성(− 또는 l로 나타낸다)이라 한다. 또 이를 광학 대칭체가 같은 양이 모였을 때는 선광성을 보이지 않는데, 이것을 라세미체(體)라고 한다. 생체와 관계가 깊은 아미노산을 비롯하여 천연으로 산출되는 물질은 내부분 광학 이성질체 중 d 또는 l만을, 즉 선광성을 보이는 경우가 많다. 즉, 수정에는 좌회전성·우회전성의 양쪽이 다 있고, 수크로오스 수용액은 우회전성, 과당 수용액은 좌회전성을 보인다. 그러나 인공적으로 합성된 것은 항상 라세미체를 생성하는데 광학분할, 즉 라세미 분할을 하지 않는 한 선광성을 보이지 않는다. 한편 편광면의 회전각은 선광성 물질의 두께에 비례하고 용액에서는 농도에도 비례한다. 또 사용하는 빛의 파장에 의해서도 달라진다.

선구 물질(先驅物質, precursor)　⇨ 전구 물질.

선군 법(線群法, line group method)　감광 분광분석에서, 사진 건판에 스펙트럼을 촬영하여 정량하는 경우에 건판의 특성곡선을 구하기 위해 철의 스펙트럼선군을 사용하는 방법. γ(⇨ 특성곡선)의 거의 일정한 파장영역에 존재하는 강도가 다른 선군으로, 또한 상호 강도비가 이미 알려진 것을 이용한다.

선단 분석(先端分析, frontal analysis)　⇨ 전단 분석.

선대(線對, line pair)　⇨ 분석선 쌍.

선량(線量, dose, dosage)　방사선 조사의 정도를 조사된 물질의 단위 질량에 흡수되는 에너지 또는 그것에 비례하는 양으로서 나타낸 것. 방사선 양의 약칭. 물질에 흡수된 방사선의 에너지를 흡수선량이라 하고 라드 rad 혹은 그레이 Gy(1 Gy=100 rad)로 표시한다. 방사선 조사의 크기를 조사선량이라 하고 뢴트겐 R로 표시한다.

선량계(線量計, dosimeter)　방사선의 선량을 측정하기 위한 장치 혹은 물질. 방사선량계라고도 한다. 주로 전리상자와 신틸레이션 계수기가 사용되지만, 휴대에 편리한 필름 배지, 열루미네선스 선량계, 유리 선량계 등 종류가 많다. 고체의 흡수선량 측정에는 브랙-그레이의 원리가 이용된다. 이 밖에 계수관도 사용되며 고체, 액체의 각종 물성적 변화를 이용한 측정방법도 있다.

선량 측정(법)(線量測定(法), dosimetry)　물질에 흡수된 방사선량을 결정하는 측정법. 조사시에 일어나는 화학변화를 이용하는 화학 선량 측정, 기체의 전리·전류를 측정하는 전기적 방법, 광학적 불성 변화를 이용하는 유리 선량계, 방사선 에너지의 흡수로 일어나는 물질의 온도 상승을 측정하는 열량계 등의 방법이 사용된다.

선박 엔진 유(船舶 —— 油, marine engine oil)

증기기관의 주 축받이에 사용되는 윤활유. 증기에 의한 유막의 단절을 방지하기 위해 모터유에다 10~20%의 중합유지를 배합한 혼성유로서, 물과 혼합하면 유화하여 마찰면에 잘 부착되어 윤활한다. 현재는 제지용 압착기 등 습기가 있는 마찰면의 윤활유로도 쓰이고 있다.

선박용 도료 (船舶用塗料, marine paint)　선박에 사용되는 도료. 방식, 방오, 방조, 미장 등의 목적으로 사용된다. 해양이란 매우 가혹하고 다양한 환경에서 사용되므로 매우 많은 종류의 도료가 있으며 모두 고품질 도료이다. 선저 도료, 수선(水線)도료, 외현(外舷)도료 등 사용 부위에 따라 호칭이 다르다. 방오, 방조 도료, 에폭시 수지 도료, 염화고무 도료, 딩크리치 도료 등이 사용된다.

선 분산 (線分散, linear dispersion)　역선 분산의 대응어이다. ⇨ 역선 분산.

선석형 구조 (霰石型構造, aragonite structure)　탄산칼슘 $CaCO_3$의 많은 형 중의 하나인 싸라기 돌에 의해 대표되는 ABX_3형 화합물의 결정구조의 하나. 육방 내지 사방격자(斜方格子)이며, BX_3가 독립하여 존재하고 A의 주위를 3개의 BX_3가 둘러싸고 있다. A가 비교적 이온 반지름이 큰 경우에 이 구조를 취하고, 작을 때에는 방해석형이 된다. $CaCO_3$ 이외에 $SrCO_2$, $BaCO_3$, α-KNO_3 등이 이 구조를 취한다.

선 속도 (線速度, linear velocity)　관 내의 유체 유량을 $Q(\mathrm{m^3 s^{-1}})$, 관 단면적을 $S(\mathrm{m^2})$로 할 때, $Q/S(\mathrm{ms^{-1}})$를 선속도라 한다. 충전층에서는 공통 기준의 선속도 Q/S와 충전층의 공간부 면적 기준의 선속도 $Q/S(1-\varepsilon)$ (ε는 충전층의 공극률)가 있다.

선 스펙트럼 (線——, line spectrum)　원자의 흡광·발광에 수반하여 나타내는 다수의 가는 선으로 구성된 스펙트럼. 발광에 수반하는 것을 휘선 스펙트럼이라고 하는 경우가 있다. X선에서는 각종 원소의 고유 X선이 선 스펙트럼을 나타낸다. 거의 순수한 수많은 단색광(單色光)으로 구성되어 있다. 분자의 띠 스펙트럼 안에도 선이 나타나는 경우가 있으나, 이 경우는 선 스펙트럼이라고 하지 않는다. 흡수 스펙트럼과 방출 스펙트럼으로 달라지는데, 방출 스펙트럼인 경우를 휘선(輝線) 스펙트럼이라고 한다. 기체 상태의 모든 원소는 각기 고유한 선 스펙트럼을 가진다. 따라서 선 스펙트럼을 보면 그 원소의 종류를 알 수 있고, 원자의 에너지 준위 및 성질을 결정할 수 있다.

선염 (先染, before dyeing)　후염의 대응어이다. ⇨ 후염.

선염 (渲染, ombre dyeing)　문양 속의 색깔을 균일하게 하지 않고 바림하면서 염색하는 것. 바림의 방법에는 단바림과 여명바림이 있다. 전자는 농담을 단계별로 표현하고 후자는 단계 없이 한다.

선예도 (鮮銳度, sharpness)　화상의 선명도를 나타내는 감각량으로, 시각의 비선형성을 포함한다.

선저 도료 (船底塗料, ship-bottom paint)　강선의 선저에 도장하는 도료. 따개비, 굴, 이끼벌레, 해초 등이 부착하는 것을 방지하는 기능 및 방조 방오(防藻防汚) 기능이 있는 도료. 보통은 밑칠 도료로 방청(防錆) 도료를 칠한 후 그 위에 선저 도료를 칠한다. 방오제로는 주로 유기주석계 화합물이 사용된다. 도막에서 용출한 유기 화합물은 해수 중에서 분해하여 무해한 화합물이 되지만 미분해물에 의한 해양 오염이 염려되므로 유기주석계 화합물 대신에 방오성이 있고 또한 해수 중에서 분해성이 좋은 방오제의 개발이 시급하다.

선철 (銑鐵, pig iron)　철광석을 코크스 혹은 목탄 등으로 환원하여 얻어지는 고탄소 철. 용광로에서 제철을 할 때 생기는 것인데, 노 밑의 쇳물이 모이는 곳에 녹아서 괴어 있는 것을 출선구(出銑口)로 흘려 보내어 쇳물목이라는 용기로 받는다. 이것을 그대로 제강 공장으로 운반하여 굳어지기 전에 제강 원료로 사용하는 경우와 일단 주선기(鑄銑機)라고 하는 장치로 작게 구분한 덩어리, 즉 잉고트(ingot)으로 하여 굳히고, 이것을 주철제품을 만드는 주물공장 또는 제강만 하는 공장에 보내어 다시 녹여서 사용하는 경우가 있다. 보통 탄소 3~4.5%, 규소 1~2% 외에도 망간, 인, 황 등을 미량 함유한다. 따라서 녹는 온도가 순철보다 400℃ 정도 낮아 녹기 쉽다.

선충 구제약 (線蟲驅除藥, nematicide)　토양 중

의 선충을 방제하는 농약. 작물에는 많은 선충이 기생한다. 지상에 기생하는 선충의 방제는 비교적 쉽지만 토양 속의 선충의 방제는 어렵다. 클로로피크린, 브롬화메틸, 1, 2-디브로모에탄 등의 높은 증기압이 있는 유기 할로겐 화합물을 가스상태로 하여 토양 안에 주입한다.

선탄 (選炭, coal preparation, coal cleaning) 좁은 뜻으로는 채굴한 석탄을 주로 물리적·기계적 방법에 의해 정탄과 폐석으로 분리하는 조작. 비중 선별, 부유 선광 등이 사용된다. 넓은 뜻으로는 채굴한 석탄을 시장 요구에 맞도록 조정하는 것 및 제철소, 발전소 등에서 인수한 석탄을 처리상의 요구를 충족하도록 조정하는 것을 말한다.

선택 독성 (選擇毒性, selective toxicity) 농약이 생물 개개에 대해 상이한 강도의 독성을 나타내는 것. 또 화학요법제와 항생물질에 있어서는 인간 또는 가축에는 해를 미치지 않고 목적한 병원균에만 작용효과를 발휘하는 것을 말한다.

선택 배지 (選擇培地, selective medium) 어떤 특정한 세균만을 선택적으로 증식시키기 위해 사용하는 배지. 스트렙토마이신을 포함한 배지에 스트렙토마이신 감수성의 대장균을 접종하면 그 중에 혼재하는 스트렙토마이신 내성균만이 생육하게 된다. 약제 내성균의 분리 외에 유전자 재조합체의 선택에 사용된다.

선택성 (選擇性, selectivity) (1) 촉매반응에서 많은 가능성 중 목적 화합물을 생성시키는 정도. A에서 B와 C가 획득될 때, B만을 생성시키는(병발형), A → B → C로 진행할 때, B까지로 멈추는(축차형), 입체화학을 구별하는(택티시티, 부제성), 반응부위를 구별하는 등 각종 목적이 있다. (2) 이온 크로마토그래피에 있어, 이온 교환반응의 평형상수의 크기를 이온 교환의 선택성이라 한다. 또 그 평형 상수를 선택계수라 한다.

선택 투과성 (選擇透過性, selective permeability) ⇨ 투과성.

선택 흡수 (選擇吸收, selective absorption) 물질이 특정한 파장의 빛을 선택적으로 흡수하는 것. 예를 들면 색소는 가시영역의 특정 파장을 선택 흡수하여 고유의 색을 나타낸다. 이 현상은 자외선 광원을 사용한 물질 분석 등에 이용된다.

선폭 (線幅, line width) 스펙트럼 선의 폭. 선 피크의 절반 높이에서의 반값 전폭 (FWHM) 혹은 반값 반폭(HWHM)으로 나타낸다. 스펙트럼을 부여하는 입자가 모두 같고 기여하는 균일 폭과 기여 방법이 동일하지 않은 불균일 폭이 있다. 전자의 대표적인 예는 충돌 폭, 후자의 대표적인 예는 도플러 폭이다.

선형 (線形, line shape) 스펙트럼선을 분해능을 높혀 측정하였을 경우에 얻어진다. 어떤 주파수 범위에 확산된 강도분포의 형태를 이른다. 대표적인 스펙트럼선의 형태로서는 로렌츠형과 가우스형이 있다. 일반적으로는 그러한 것을 겹친 포크트형으로 나타낸다.

선형계 (線形系, linear system) 스칼라 a, b에 대해 다음 조건을 충족하는 함수 또는 벡터 $A, B, \cdots$의 집합. ① $C=A+B$의 C도 그 요소, ② $a(A+B)=aA+aB$, ③ $(a+b)A=aA+bA$, ④ $(ab)A=a(bA)$. 양자역학에서는 고유상태의 파동함수가 선형계이다.

선형 중합체 (線形重合體, linear polymer) ⇨ 곧은 사슬 모양 중합체.

설탕 (sucrose, cane sugar) D-글루코오스 1분자와 D-프룩토오스 1분자가 글리코시드 결합한 이당. $C_{12}H_{22}O_{11}$. 2종의 단당이 각각 헤미아세탈형의 OH기끼리 결합하고 있으므로 전형적인 비환원당이다. 각종 식물에 함유되며 설탕으로서 식용 기타에 사용된다. 사탕수수를 원료로 하는 것을 설탕, 사탕무를 원료로 하는 것을 첨채당이라 한다. 모두 같은 물질이다.

설탕 밀도 기울기 (—— 密度句配, sucrose density gradient) 분리용 원심기를 사용하여 침강계수의 차를 이용하여 고분자 물질의 분리 분석을 할 때에 사용한다. 설탕 농도가 상이한 중층한 용액, 5~20%의 설탕밀도 기울기 (직선)를 사용하면 고분자 물질의 침강이 일정한 속도가 되어 분획된다. 단백질, DNA, RNA, 파지, 바이러스 등의 침강속두 측정, 분리, 정제에 사용된다.

설화 석고 (雪花石膏, alabaster)　천연 석고의 하나. 앨러배스터(이집트의 지명 Alabastron 에 유래)라 한다. 순수한 미세 결정의 집합체이며, 외관은 대리석과 유사하지만 경도는 낮다. 이 미려한 석고석은 석재로서 고대 이집트 시대부터 이용되어 신약 성서에도 항유를 넣은 "앨러배스터의 항아리"가 나와 있다. 고품질 소석고의 원료가 된다.

섬광 (閃光, flash)　⇨ 플래시.

섬광 광분해 (閃光光分解, flash photolysis) 플래시와 레이저광을 쬐어 분자를 광 여기하여 분해반응을 일으키게 하는 것. 들뜬 상태와 라디칼 등 반응 중간체의 과도 흡수 스펙트럼 혹은 감퇴과정 등을 측정할 때에 사용한다. 플래시 램프로는 마이크로초 영역, 레이저로는 피코초 영역의 시간분해능을 얻을 수 있다.

섬아연광형 구조 (閃亞鉛鑛型構造, zincblende structure)　조성식 AX로 표시되는 무기 화합물에서 볼 수 있는 전형적 구조의 하나. 입방정계로, 단위 격자 중에 네 개의 화학 단위를 포함한다. AX의 각각은 면심입방 격자를 형성하고 양자는 서로 체대각선 방향으로 1/4 주기만큼 엇갈려 있다. 각 원자에는 다른 종의 원자 4개가 정사면체형으로 배위되어 있다. 섬아연광 ZnS 외에 AgP, CdS, GaAs, CuCl 등이 이 형에 속한다.

섬유 강화 금속 (纖維强化金屬, fiber-reinforced metals)　금속을 매트릭스로 하여 탄소 섬유, 탄화규소 섬유, 알루미나 섬유, 붕소 섬유 또는 각종 호이스커로 강화한 복합 재료의 총칭. 약어 FRM. 매트릭스의 주체는 알루미늄 합금이다. 소재의 우수한 내열성을 살려, 플라스틱계 복합 재료에서는 사용이 어려운 고온에서의 경량 구조 재료로서 주목받고 있다.

섬유 강화 플라스틱 (纖維强化 ——, fiberreinforced plastics)　플라스틱을 매트릭스로 하여 유리 섬유, 탄소 섬유, 알라미드 섬유 등으로 강화한 복합재료의 총칭. FRP가 약어이다. 보강재로는 유리 섬유·탄소 섬유 및 케블라(Kevlar : 미국 뒤퐁사의 상품명)라고 하는 방향족 나일론 섬유가 사용되고, 매트릭스에는 불포화 폴리에스테르와 에폭시 수지 등의 열경화성 수지 혹은 폴리아미드, 폴리아세탈, 폴리에틸렌 등의 열가소성 수지가 사용된다. 또 FRP는 좁은 의미에서 GFRP(유리섬유 강화 플라스틱)를 지칭하는 경우도 있다.

섬유 도형 (纖維圖形, fiber diagram)　섬유상으로 배향, 결정화한 고분자 시료에 대해서 배향축(섬유축)에 수직으로 X선(전자선, 중성자선이나 마찬가지)을 입사시켜 얻어지는 회절 도형. 입사 X선을 함유하며 섬유축에 수직인 면 내에 회절되는 적도선 회절 반점과 이 면과 일정한 각을 이루는 방향으로 회절되는 일련의 층선 회절 반점으로 된다. 단결성의 전회전 사진에 상당하며 적도선과 각 층선의 간격으로 섬유 주기가 구해진다.

섬유 밀도계 (纖維密度計, densimeter, lunometer)　⇨ 덴시미터.

섬유상 단백질 (纖維狀蛋白質, fibrous protein) 분자의 형상이 섬유상인 단백질. 구상 단백질의 대응어. 일반적으로 케라틴, 콜라겐, 피브로인 등, 물에 녹지 않는 단백질은 섬유상 단백질이다. 펩티드의 2차 구조로서는 반드시 같은 모양이라고는 할 수 없지만, 순수한 콜라겐 나선, α헬릭스, 역평행형 구조(β구조) 등을 갖는 것도 많다. 용액은 높은 점성, 유동 복굴절을 나타낸다.

섬유소 (纖維素, (1) cellulose ⇨ 셀룰로오스. (2) fibrin ⇨ 피브린.

섬유 아세포 (纖維芽細胞, fibroblast)　결합조직이 가장 중요한 세포로, 콜라겐 등 조직성분을 합성하는 세포. 고정 결합 조직세포라고도 한다. 조직 절편으로 관찰하면 편평하고 길죽한 외형을 가지며 흔히 불규칙한 돌기를 보인다. 세포질은 미토콘드리아·골지체·중심체·소지방체 등을 포함하고 그 밖에 특수한 분화는 나타내지 않는다. 핵은 염색성이 약하고 타원형이며 인을 함유한다. 교원 섬유에 밀접해 있는 경우가 많고, 그 형성에 관계가 있다고 생각되므로 이런 이름이 붙었다. 동물의 세포를 조직 배양하면 그 기원이 어떻든 겉보기에 위의 세포를 아주 닮은 것이 흔히 나타나므로 본래의 정의인 교원 섬유의 합성 여부에 상관 없이 섬유 아세포라고 습관적으로 부른다. 그러나 배양에서 볼 수 있는 섬유 아세포 중에는 본래의 정의대로 활발하게 교원 섬유를 합성하는 경우도 많다.

섬유 X선 회절도 (纖維—— 線回折圖, fiber X-ray diffraction pattern)　⇨ 섬유 도형.

섬유 정련 (纖維精鍊, scouring)　누에 고치실에서 그 표면을 덮고 있는 세린과 소량의 납질, 탄화수소를 제거하며 피브로인 실로 하는 제련법, 비누, 알칼리, 효소, 고온수 등이 사용된다. 이 처리로 명주실 특유의 촉감과 광택이 발현된다.

섬유 조제 (纖維助劑, textile auxiliaries)　넓은 의미의 섬유가공에 사용되는 조제. 마무리제와 염료는 조제라 하지 않는다. 유제, 계면 활성제, 산, 알칼리제, 염 등을 지칭한다.

섬유 주기 (纖維周期, fiber identity period)　결정상태에 있는 사슬 모양 고분자의 분자 사슬축을 따른 방향의 결정학적 동정주기를 말한다. X선과 전자선 회절의 섬유도형 층선 간격에서 실험적으로 측정할 수 있다.

섭동 (攝動, perturbation)　계의 상태를 크게 바꾸지 않는 정도의 외부로부터의 상호작용. 어떤 계의 해밀토니안 H를 정확하게 다루는 부분 H_0와 그밖의 부분 $H'=H-H_0$로 나누어 H'를 섭동이라 여기는 경우가 많다.

섭동론 (攝動論, perturbation theory)　양자역학의 근사법에서는 해밀토니안 H_0, 고유값 $E_0\ E_1, \cdots$, 고유상태 $\psi_0, \psi_1, \cdots$가 알려져 있을 때 ① 섭동 $\lambda H'$가 가해진 계 $H_0+\lambda H'$의 고유값을 $E_0+\lambda E_1+\cdots$, 고유상태를 $\psi_0+\psi_1+\cdots$의 형태로 구하는 "정상상태의 섭동론"과, ② 운동 방정식 $i\hbar\, d\psi/dt=(H_0+\lambda H')$의 풀이를 $\psi(t)=\sum C_i(t)\psi_i$의 형태로 구하는 "시간에 의존한 섭동론"이 있다.

성간 분자 (星間分子, interstellar molecule)　항성과 항성 간에 펼쳐지는 공간을 성간 공간이라 하고, 그 공간에 분포하는 분자를 성간 분자라 한다. 성간 공간은 극도로 저밀도이지만 분자의 회전 전이에 따른 전파의 방사·흡수의 관측으로 다수의 분자와 라디칼이 발견되고 있다.

성분 수혈 (成分輸血, component transfusion)　혈액을 원심분리법 등에 의해 적혈구, 혈소판, 혈장으로 구분하여 환자에게 필요한 성분(성분제제)만 부여하여 치료효과를 높이는 동시에 불필요한 성분의 수주로 인한 부작용과 순환기계에 주는 부담을 최소한으로 하는 수혈법. 혈액의 유효 이용이 되므로, 혈액의 약 90%가 성분 제제의 형태로 이용되고 있다. 농후 적혈구, 농후 혈소판, 신선 동결혈장, 크레오프리시피테이트(항혈우병 A인자를 포함) 등이 대표적인 성분제제이다.

성숙 분열 (成熟分裂, meiosis)　⇨ 감수 분열.

성장 반응 (成長反應, propagation reaction)　연쇄반응을 구성하는 소반응의 하나. 연쇄 개시반응으로 생긴 연쇄 전달체가 반응물(산화나 폭발의 경우) 혹은 모노머(중합의 경우)와 일정한 양식으로 반응하여 연쇄 전달체를 재생하는 과정을 말한다. 연쇄정지 반응으로 활성을 상실할 때까지 다수의 성장반응이 반복하여 일어난다.

성장 인자 (成長因子, growth factor)　세포, 조직의 수·중량을 증가시키는 작용이 있는 단백질성의 생리 활성물질. 신경 성장인자처럼 분화를 촉진하는 것과 상피 성장인자, 섬유아 성장인자, 소마토메딘 등 같은 분열 촉진 인자가 있다. 이러한 인자는 특이적인 수용체를 매개하여 표적세포에 작용한다.

성장점 (成長點, meistem)　고등식물의 줄기와 뿌리의 선단(경정, 근단)에 존재하는 분열조직. 조직학적으로는 정단세포 혹은 정단분열조직을 중심으로 하는 젊은 세포군을 지칭한다.

성장 호르몬 (成長——, Growth Hormone)　뇌하수체전엽 호르몬의 하나로 장골의 성장을 촉진하는 펩티드. STH 혹은 GH가 약어이다. 소마토트로핀이라고도 한다. 조직에서 단백질 생합성을 촉진한다. 성장기 이전의 호르몬 분비 부족으로 소인증이 되거나, 과잉 분비가 성장기 이전에 시작하면 거인증, 그 이후면 말단 비대증이 된다. 유전자 재조합 기술로 생산된 사람 GH가 임상에 사용되고 있다.

성층 화합물 (成層化合物, lamellar compound)　⇨ 삽입 화합물.

성형 조제 (成形助劑, molding aid)　분체의 레올로지적 성질을 제어하여 성형성을 향상시키기 위해 첨가하는 약제. 결합제, 가소제, 분산제(해교제) 등을 포함한다. 무기·유기계의 조제가 분체의 종류와 성상, 성형법 등에 따라 사용된다.

성형탄 (成形炭, coal briquet, coal briquette) 성형탄 배합법, 성형 코크스 제조법 등에 사용하기 위해 석탄 가루를 일정한 형상으로 성형한 것. 그대로 연탄 조개탄으로 하여 연료로도 사용된다. 성형코크스로 할 때에는 타르피치 등의 결합재를 사용하는 경우와 석탄의 점결성을 이용하여 강도를 부여하는 방법이 있다. 성형에는 열간 성형 혹은 냉간 성형이 사용된다.

성형 폭약 (成形爆藥, shaped charge) 폭약 약포의 기폭측과 반대쪽 바닥부에 원추형의 홈을 만들어 그곳에 라이너라고 하는 금속판을 끼워 넣은 폭약. 폭발하면 라이너가 밀려나 고속의 제트가 되어 중심 축 방향으로 축격파와 함께 분출하여 그 축방향의 선공 효과를 크게 하는 성능이 있다. 암석을 잘게 부수는 발파, 강판의 따내기와 절단 등에 사용된다.

성 호르몬 (性 ——, sex hormone) 성기능의 발현에 관여하는 스테로이드 호르몬. 남성 호르몬과 여성 호르몬으로 대별된다. 남성 호르몬은 C_{19} 스테로이드인 테스토스테론이 주성분이며 정소에서 합성된다. 여성 호르몬은 난포호르몬(C_{18} 스테로이드)과 황체호르본(C_{21} 스테로이드)으로 구분된다. 난포호르몬(에스트로젠)은 에스트라디올-17 β가 주이며 주로 난소에서 분비된다. 황체호르몬은 주로 프로게스테론이다. 성호르몬은 부신피질에서도 분비된다.

세공 (細孔, pore) 촉매, 흡착제, 여과재 등의 다공체 재료의 내부에 존재하는 표면까지 통한 작은 구멍. 제올라이트의 세공처럼 결정구조에서 유래하는 것에서부터 성형체의 입자 간 공극까지 그 기원은 다양하다. 구멍 지름의 크기에 따라 마이크로 세공, 메소 세공, 매크로 세공 등으로 나누어진다. 세공 용적, 세공 지름 및 세공의 연결 양식은 세공 구조를 규정하는 3요소로서 다공체 재료의 성능에 중요한 영향을 미친다.

세공 내 확산 (細孔內擴散, pore diffusion) 다공질체를 매체로 하여 일어나는 외견상의 확산현상. 다공질 입자 내에 농도분포가 있을 때, 세공부와 고상부(固相部)를 합쳐서 평균적으로 본 단위 단면적당의 확산유속 J를 유효 확산계수 D_e를 사용하여 $J=-D_e(dc/dx)$로 나타낸다. dc/dx는 농도 기울기이다. D_e는 분자 확산계수 또는 크누센 확산계수의 ε/τ배로 간주된다. ε는 공극률, τ는 세공의 미궁도 혹은 굴곡계수이다. τ의 값은 보통 2~6의 범위에 있다.

세공 용적 (細孔容積, pore volume) 다공체 단위 질량당의 세공 용적으로, 촉매, 흡착제 등의 다공체 재료의 특성값의 하나. 간단하게는 세공 내부에 대한 액체의 함침량 측정으로 구할 수 있다. 수은 압입법과 기체의 흡착 등온선을 해석하는 방법을 사용하면 세공 용적뿐만 아니라 세공지름 분포까지도 알 수 있다.

세균 (細菌, bacteria) 란조 및 좁은 의미의 방선균을 제외한 원핵생물. 박테리아라고도 한다. 대부분의 세균은 등분열에 의한 세포 분열로 증식하지만, 세포 안에 내생포자(內生胞子)를 형성하는 것도 있다. 세균의 분류는 세포 형태에 따른 분류, 그람 염색에 의한 분류, 생리적 성질(혐기성·호기성)에 따른 분류, 실용적 관점에서의 분류, 분류학상의 분류 등 많은 분류법이 있다.

세그먼트 (segment) 고분자를 여러 개의 구성 반복 단위로 된 부분사슬의 반복으로 간주하였을 때의 부분사슬을 말한다. 분절이라고도 한다. 고분자의 분자 전체로서의 운동은 각 세그먼트 운동의 총화로 실현되므로, 상정하는 분자운동의 성질에 따라 세그먼트의 크기는 다르다. 보통 비닐 폴리머에 대해서 단량체 단위의 수로 그 크기를 표시하면 랜덤 코일의 통계에서는 수 개 이하, 유리 전이에서는 십수 개 정도로 보고 있다.

세그먼트화 폴리우레탄 (segmented polyure-thane) 폴리에테르 혹은 폴리에스테르로 구성되는 유연한 세그먼트와 우레탄 혹은 우레탄-요소기 연쇄로 구성된 견고한 세그먼트의 반복으로 구성되는 선상 탄성체. 역학적 성질을 살려 고탄성 섬유에 사용된다. 또 우수한 항혈전성 재료로서도 알려져 인공심장과 의료기구에 응용되고 있다.

세기 변량 (──變量, intensive variable)　온도, 압력, 화학 퍼텐셜 등, 계의 물질량 혹은 질량, 체적에 의하지 않는 상태 변수. 강도 인자라고도 한다. 세기 변량의 기울기가 변화의 구동력이 된다.

세대 시간 (世代時間, generation time)　미생물의 발육에서 1개의 세포가 2개로 되기까지의 시간. 많은 세균은 가장 적합한 조건하에서는 약 20~30분 사이에 분열을 반복하므로 등비 급수적으로 균수가 증가한다. 한편, 진핵 생물의 배양세포 세대 시간은 약 1일이다.

세라믹 공구 (──工具, ceramic tool)　세라믹의 바이트(절삭용 칼)를 장착한 절삭공구. 알루미나계 및 알루미나 – 탄화물(주로 TiC)계 공구가 판매되고 있으나 c-BN(입방정 질화붕소), 다이아몬드 소결체, 질화물계(주로 Si_3N_4) 등의 바이트를 사용한 세라믹 공구가 개발되어 있다. 모두 바이트의 고온 강도 및 고온 경도가 높고 수명이 길고 높은 절삭 속도를 특징으로 하고 있다. 세라믹스가 그대로 사용되는 경우도 있으나 경우에 따라서는 필요한 부분에 경납 땜을 하거나 또는 기계적으로 유지되어 사용된다.

세라믹스 (ceramics)　인위적인 열처리에 의해 제조된 비금속 무기질 고체 재료의 총칭. 그리스어의 *keramikos*에 유래한다. 도자기, 유리, 시멘트, 내화물 등은 오래 전부터 세라믹이며 최근의 정밀 고도화한 전자 재료, 기계 재료 등에는 뉴세라믹스 혹은 파인 세라믹스라 한다.

세라믹 엔진 (ceramic engine)　니켈 엔진 등의 피스톤과 실린더, 가스터빈의 연소기, 정익, 동익 등을 내열성, 경량의 세라믹스로 구성 제작되는 엔진. 금속으로는 곤란한 높은 작동 온도가 실현되므로 열효율을 높일 수 있다. 또한 냉각을 필요로 하지 않고 경량이므로 에너지 절약 엔진으로 주목을 받고 있다.

세라믹 코팅 (ceramic coating)　고온에서의 산화, 마모 등을 방지하기 위해 금속, 흑연 등의 표면을 세라믹으로 피복하는 것. 용사(溶射), 화학증착법(CVD), 물리증착법(PVD) 등의 방법이 있으며 Al_2O_3와 TiN 등이 피복 재료로 사용된다. 세라믹 공구, 터빈 플레이트,

엔진 부품 등에 응용된다.

세라믹 콘덴서 (ceramic condenser)　티탄산바륨 등의 유전율이 큰 산화물의 판상 소결체에 전극을 소부한 콘덴서. 자기(磁器) 콘덴서라고도 하며, 소형으로 할 수 있는 특징이 있다. 산화티탄을 주원료로 하는 것은, 이것에 마그네슘·칼슘·바륨·스트론튬·카드뮴·규소·지르코늄 등의 산화물을 부원료(副原料)로 단독 또는 조합해서 첨가하여 필요한 모양으로 성형(成形)하고 1,250~1,350℃로 소성(燒成) 처리해서 유전체로 한다. 여기에 전극으로서 은 조성액(銀組成液)을 칠하여 환원 소성시키고 리드선(lead wire)을 부착한 다음 절연 도료(絶緣塗料)를 칠해서 완성한다.

세라믹 필터 (ceramic filter)　(1) 압전 세라믹의 공진현상을 이용하여 진동자와 변환자를 압전 세라믹 소자 자체로 구성하여 특정한 주파수를 선별하는 특성을 갖는 것. 주로 $Pb(Zr, Ti)O_3$계 재료가 사용되며, 재료조성, 소자의 형상, 치수를 선택하는 것으로 공진 주파수를 설정한다. (2) 알루미나, 규사 등의 세라믹 입자를 유리로 결합시켜 많은 관통 세공이 있게 한 것. 내약품성이 우수하여 현탁액의 분리와 액체, 기체, 분체의 여과 흡수 등에 사용된다.

세레브로시드 (cerebroside)　동물의 신경과 뇌에서 볼 수 있는 스핑고 당지질(탄소 원자수 16~20의 아미노 알코올을 함유하는 당지질). 스핑고신과 갈락토오스 또는 글루코오스의 배당체에 지방산이 아미드 결합한 구조를 하고 있다. 물, 에테르, 식유에테르에 녹지 않으며 피리딘, 클로로포름, 열, 알코올에 녹는다. 구성 지방산에 의해 4종으로 나누어지며 리그노세린산, 프레노신산(또는 세레브론산), 네르본산, 히드록시네르본산을 함유하는 것을 각각 케라신, 프레노신(또는 세레브론), 네르본, 히르록시네르본이라 부르고, 가수분해로 당을 빼낸 것을 세라미드(ceramide)라고 한다.

세로방향 이완 (縱方向弛緩, longitudinal relaxation)　전자 스핀 또는 핵스핀의 집단인 자성체에서, 외부 자기장을 O에서 급히 H로 하였을 때 자성체에 유기되는 자화는 O에서 평형상태의 xH (x는 자화율)로 변화한다. 이

변화의 과정을 세로방향 이완이라 한다. 세로방향 이완에서는 자화의 외부 자기장 방향의 크기가 변화하는데 비해 가로방향 이완은 자기장의 방향 변화에 수반되는 과정이다.

세로 진동 (從振動, wagging vibration)　분자의 변각 진동의 하나로, CH_2기와 NH_2기 등이 한 덩어리가 되어 움직이는 진동. 즉 CH_2와 NH_2가 이루는 평면에 대해 수직방향으로 2개의 H가 같은 방향으로 움직이는 진동을 말한다. 앞뒤 흔듦 진동이라고도 한다.

세로토닌 (serotonin)　신경전달 물질이 되는 아민, 2-히드록시트립타민, 트립토판의 대사산물의 하나. 강한 혈관 수축작용이 있으므로 고혈압과 관계가 있다고 한다. 혈관뿐만 아니라 자궁·기관지 등의 민무늬근(平滑筋)도 수축시키는 작용이 있다. 뇌신경계에도 많은데, 뇌조직의 세로토닌은 뇌에서 만들어지며, 지나치게 많으면 뇌기능을 자극하고 부족하면 침정작용(沈靜作用)을 일으킨다. 세로토닌의 대사 산물(代謝産物)은 5-히드록시인돌아세트산인데, 이것이 만들어지는 데는 효소의 하나인 모노아민옥시다아제가 관여하여, 몸에 악성 종양이 있으면 오줌으로 다량 배설된다.

세리신 (sericin)　단단한 경 단백질의 하나로 누에꼬치의 섬유를 구성하는 단백질. 누에의 명주실선으로 합성되며 아미노산으로서 세린이 많다. 열탕에 녹고 냉각하면 겔화한다. 누에의 토사구에서 피브로인을 유리하여 섬유의 통과를 돕는 역할을 한다. 누에고치 섬유는 2가닥의 피브로인이 3층의 세리신으로 덮여 있다. 생사(生絲)의 거칠고 딱딱한 느낌은 세리신이 부착되어 있기 때문인데, 정련하면 세리신이 녹아 없어져서 명주실 특유의 감촉이 된다. 또 누에고치 섬유의 색은 세리신 속에 함유되어 있는 카로티노이드계 색소에 의한다. 피브로인이 누에의 후부견사선(後部絹絲腺)에서 분비되는 반면 세리신은 중부견사선에서 분비된다. 이 세리신의 아미노산 조성(組成)은 세린이 뚜렷하게 많은(37 mol%) 것이 특징이다. 1865년 E. 크래머가 누에고치 섬유에서 분리하여 비단을 뜻하는 라틴어 *sercum* 및 그리스어 *serikon*을 따서 명명하였다.

세리신 정착 (—— 定着, sericin fixation)　누에실에 대해 실시하는 화학처리로, 세리신을 뜨거운 물, 산, 알칼리 등에 대해 난용성으로 하는 가공. 누에실의 조강성, 기계적 강도 등의 특성을 이용할 때에 실시된다. 생사는 내부의 피브로인 섬유와 그것을 싸고 있는 외층 세리신으로 되어 있고, 세리신은 생사의 약 20~30%를 차지하며, 뜨거운 물에 가용. 보통은 정련에 의해 세리신을 떨어뜨려 상연 견직물로서 쓰지만, 단섬유로 방적하거나 혼합에 쓰는 경우는 세리신은 불용화시키는 것이 가방성이 좋고, 양모 대신 사용된다. 이 방법은 ① 포르말린법, ② 크롬법, ③ 타닌산 등. 원리는 가죽 무두질과 유사하다.

세린 (serine)　단백질을 구성하는 아미노산의 하나. $HOCH_2CH(NH_2)COOH$. 잔기의 약어 Ser. 더욱 간략화할 때는 S. 특히 견사 단백질 세리신, 피브로인에 다량 함유되어 있다. 분자량 105, 녹는점 228℃이다. 물에는 녹지만 알코올·에테르에는 녹지 않는다. 천연으로 산출되는 L-세린은 무색의 침상 또는 능주상(稜柱狀) 결정으로 분해된다. 단백질을 구성하는 아미노산의 하나로 대부분의 단백질 속에 존재하며, 명주(絹)의 단백질인 세리신에 특히 많다. 젖에 함유되어 있는 단백질인 카세인 속에는 인산에스테르의 형태로 존재한다. 1865년 E. 크래머가 세리신에서 순수 분리하였기 때문에 그 이름을 따서 명명하였다. 그 구조는 1902년 E. 피셔와 H. 로이크스가 합성하여 결정하였다. 고등동물에서는 비필수 아미노산이다. 생채 내에서는 글리신과 함께 대사계의 매체적 역할을 하며, 시스틴과 메티오닌의 상호 변환에 판여하고 있다. D-세린은 누에의 혈액 등에 존재한다.

세모 조제 (洗毛助劑, raw wool scouring agent)　양모 등의 원모 중의 불순물을 씻어내는 세모공정에서 사용되는 조제. 보통 각종 계면 활성제, 비누, 소다회(탄산나트륨) 등을 지칭한다.

세미 마이크로 분석 (—— 分析, semimicroanalysis)　⇨ 소량 분석.

세미카르바존 (semicarbazone)　알데히드, 케

톤의 카르보닐기 >C=O가 >C=N-NHCO
NH₂로 변한 화합물의 총칭. 알데히드, 케톤의
결정성 유도체로서 검출반응에 사용된다. 일
반적으로 물에 녹기 어려운 무색 고체이며,
결정화되기 쉽다. 예를 들면 아세트알데히드
세미카르바존 $CH_3CH=NNHCONE_2$(녹는점
162℃), 아세톤세미카르바존 $(CH_3)_2C=NNH$
$CONH_2$(녹는점 187℃) 등이다. 강한 산을 작
용시키면 쉽게 가수분해되어 카르보닐 화합
물을 생성한다. 알데히드 케톤의 수용액 또는
에탄올 용액에 세미카르바지드염산염　NH_2
$OCONHNH_2 \cdot HCl$ 및 아세트산나트륨을 가
하여 잘 흔들고 한 번 가열하였다가 방치하여
냉각시키면 세미카르바존 결정이 석출된다.

세미케미컬 펄프 (semichemical pulp)　화학
적 처리에 의해 리구닌의 일부를 제거한 칩
을 기계처리하여 제조하는 펄프. 실제로는
중성 아황산나트륨 용액으로 증자하여 유연
하게 한 펄프 원료를 리파이너로 해쇄하여
만든다. 원료로는 활엽수를 사용하며 쇄목
펄프보다 순도와 강도가 우수하고 화학 펄
프보다 용도가 광범하다. 미표백 펄프는 단
볼의 심으로, 표백 펄프는 중·상급지에 사
용된다.

세미코크스(semicokes) ⇨ 반성(反成) 코크스.

세미퀴논 (semiquinone)　히드로퀴논을 알칼
리성으로 산화할 때에 중간 생성물로서 얻어
지는 화합물. 벤젠 고리의 파라 자리에 결합
하는 효소가 한쪽은 페노라트 이온 $-O^-$, 한
쪽은 유리기 $-O \cdot$의 구조로 된 아니온 라디
칼. 안정된 유리기로 알려져 있다. 또 퀴노노
이드 구조와 벤제노이드 구조의 가역적 산화
-환원 반응의 중간체가 되는 이온 라디칼을
일반적으로 세미퀴논 구조라고 한다.

세바스 산 (——酸, sebacic acid)　탄소 10원
자의 곧은 사슬 디카르복시산. $HOOC(C$
$H_2)_8COOH$. 녹는점 133℃. 물에 대한 분해도
0.1g/100g(15℃). 알코올에 가용. 피마자유
또는 리시놀산을 수산화 알칼리 수용액과
가압하여 가열하거나, 아디핀산 모노에틸칼
륨 염을 전해(콜베 반응)히면 생성된다. 일
키드 수지, 폴리아미드, 가소제 등의 합성
원료로 사용된다.

세부 균형 (細部均衡, detailed balance, de-
tailed balancing)　다수의 에너지 상태로 되

어 있는 분자집단이 온도 T에서 열평형이
되어 있다고 하면, 이 때 임의의 두 에너지
상태 i, j에 있는 분자수 사이에는 각각
$N_i/N_j = g_i \exp(-\varepsilon_i/kT)/g_j \exp(-\varepsilon_j/$
$kT)$의 관계가 성립한다. 여기서 ε_i, g_i, N_i
는 상태 i의 에너지, 다중도, 분자수를 나타
낸다. 위 식의 관계를 세부 균형이라 한다.

세스퀴 산화물 (—— 酸化物, sesquioxide)　산
화물 중 산소와 다른 원소의 원자비가 3 : 2
인 것. 예를 들면 Al_2O_3, Fe_2O_3 등. sesqui는
라틴어로 1.5를 의미한다.

세스퀴테르펜 (sesquiterpene)　식물 정유에
함유되는 테르펜 중 탄소 15원자로 구성되
는 사슬식 또는 고리식의 탄화수소 및 그
유도체를 말한다.

세이프 갭 (safe gap)　가연성 혼합기 중의 화
염 전파를 저지할 수 있는 세극의 최대 구
경. 소염(消炎)지름이라고 하며 방폭 전기기
와 화염방지기의 설계에 사용된다.

세정 (細淨, elutriation, levigation)　물의 흐
름에 의해 크기가 다른 고체 입자를 채질하
여 구분하는 것. 보통 가는 관의 상부에서
미세한 가루를 포함한 현탁액을 흘리고 밑
에서 압력수를 도입하여 침강속도의 차이를
이용하여 채질로 구분한다.

세정력 (洗淨力, detergency)　표면에 부착한
때를 제거하는 세정용 비누 또는 합성 세제
의 기능. 각종 세정력 시험법이 있으나 천연
의 때를 사용하는 방법과 인공적인 모델 때
를 사용하는 방법으로 구별한다. 후자는 인
공적인 때를 일정량 처에 부착시킨 것을 사
용하여 세정력을 판정하는 방법이다. 대량
의 패널러에 시험포를 착용시켜, 얻어진 오
염포를 사용하여 세정력을 통계적으로 판정
하는 방법도 있다.

세정제 (洗淨劑, cleaner, cleaning agent, wash-
ing agent)　고체 표면에서 때를 제거하기 위
해 사용되는 약제. 용제, 계면 활성제, 산·알
칼리, 표백제 등을 주체로 한 것이 사용된다.

세정 집진기 (洗淨集塵器, scrubbing dust col-
lector)　⇨ 스크러버.

세제 (洗劑, detergent)　세척의 목적으로 사용
하는 약제. 보통 계면 활성제가 주체인 것을
이르지만 목적에 따라 용제를 주체로 한 것

도 있다. 보통 합성 계면 활성제를 주제로 하는 합성 세제를 말한다. 세제는 계면 활성제(界面活性劑)와 조제(助劑)로 구성되며, 세척을 목적으로 사용되는 계면 활성제를 세척제라고 한다.

세차 운동 (歲差運動, precession)　회전체의 회전축이 서서히 방향을 바꾸어 나가는 운동. 예를 들면 대칭 팽이운동, 지구 자전축의 운동, 원자핵, 분자 등의 회전운동이 있다. 세차운동에 의해 생기는 현상 중 주기적인 부분을 장동(章動)이라 하고 비주기적인 부분만을 세차(歲差)라 할 때가 많다. 라모아의 세차운동 등에서는 장동만이 나타난다.

세크레틴 (secretin)　십이지장 점막에서 혈중에 분비되는 소화관 호르몬의 하나. 췌액 분비를 촉진한다. 1902년 W. M. 베일리스와 E. H. 스탈링에 의해 추출되어 처음으로 호르몬이라고 불린 물질이다. 그 후 세크레틴과 같은 작용을 하는 물질을 호르몬이라고 하게 되었다. 분자량 약 5,000인 염기성 폴리펩티드이다. 위의 내용물이 십이지장으로 들어가면 위액으로 인하여 십이지장 속은 산성이 되고, 그 자극으로 십이지장 점막으로부터 세크레틴이 분비된다. 세크레틴은 혈액 속으로 흡수되어 이자에 운반되면 이자액의 분비를 촉진한다. 이자액에 의하여 십이지장 속이 알칼리성으로 되면 위의 유문이 닫쳐 위 내용물이 한꺼번에 내려오지 않게 되고, 장 내의 소화가 끝나면 나시 유문이 열려서 위 내용물이 십이지장으로 옮겨가게 되면 다시 세크레틴이 분비된다. 이와 같은 메커니즘으로 십이지장에서의 소화기능이 조절되고 유지된다. 분비되는 것은 주로 물과 탄산수소 이온이므로 위산이 중화된다. 소화효소의 분비에는 관여하지 않는다.

세타놀 (cetanol)　⇨ 1-헥사데카놀.

θ 법 (—— 法, θ-method)　연속 증류에서, 증류탑에 단수를 부여하여 탑 정상, 탑 바닥 및 탑 안의 조성을 전자계산기를 사용하여 축차단 계산법으로 계산하는 방법. 수속계산에 θ라는 파라미터를 도입하고 있는 사실에서 이렇게 호칭하게 되었으며, 가장 대표적인 증류계산법의 하나로 널리 사용되고 있다. 1959년 W. L. Lyster 등에 의해 발표되었으므로 라이스터의 방법이라고도 한다.

세탁 견뢰도 (洗濯堅牢度, color fastness to washing)　염색 견뢰도의 하나. 염색물의 주로 가정세탁에 대한 견뢰도가 KS에 규정되어 염색물의 변퇴색과 첨부포의 오염이 평가된다.

세탁 비누 (洗濯 ——, laundry soap)　세탁에 사용하는 비누의 총칭. KS에서는 분말 세탁비누와 고형 세탁비누가 제정되어 있다.

세탄 값 (cetane number, cetane value)　디젤 연료의 피스톤 압축에 의한 자기발화성을 표시하는 값의 하나. 세탄(헥사데칸 n-$C_{16}H_{34}$)의 세탄값을 100, 한 때는 1-메틸나프탈렌의 세탄값을 0, 1962년 이후는 2, 2, 4, 4, 6, 8, 8-헵타메틸노난 (HMN)의 세탄값을 15로 하는 표준연료를 사용한다. 이 혼합 표준연료와 시료의 발화성을 CFR엔진 (세탄값 측정용 엔진)을 사용하여 측정하고, 시료와 동일한 발화성을 나타내는 세탄의 용량 %+0.15 (HMN의 용량 %)의 수치를 그 시료의 세탄값으로 한다. 이 값이 높을수록 발화성이 좋고 디젤 연료로서 양질이다.

세탄 지수 (—— 指數, cetane index)　디젤 연료의 세탄값을 실측하기가 곤란한 경우에 이것을 평가하는 지수. API 비중(미국 석유협회에서 제정된 비중표시법)과 50% 유출온도 (°F)로 계산되며 실측 세탄값에 가까운 값을 표시한다. 그러나 직류유와 접촉분해유에는 적용할 수 있지만, 세탄값 향상제를 가한 연료, 순수 탄화수소, 합성 연료, 알킬레이트 또는 콜타르 제품에는 적용할 수 없다.

세트 (set)　피인쇄물상에 전이한 인쇄 잉크막이 건조함으로써 점착성을 없애고, 가벼운 힘으로는 뒷면에 묻거나 (set-off) 인쇄의 더러움이 생기지 않는 상태를 말한다.

세틸 알코올 (cetyl alcohol)　⇨ 1-헥사데카놀.

세팅 (setting)　섬유를 어떤 형으로 고정하는 것. 합성섬유의 열세팅과 양모의 세팅이 이루어지고 있다. 모두 열로 처리함으로써 분자 사슬 간의 2차 결합을 절단, 재결합시켜 섬유의 형상을 고정한다.

세팔로스포린 (cephalosporin)　페니실린계의 항생 물질. C, N, P 등의 종류가 있다. ① 세팔로스포린 C : 세팔로스포린 C의 나트륨염 $C_{16}H_{20}N_3O_8SNa \cdot 2H_2O$는 단사정계로서 그람 양성균과 그람 음성균의 발육을 저해한다. 페니실리나아제로 비활성화되지 않으며 독성이 매우 약하다. ② 세팔로스포린 N(신네마틴 B) : 화학식 $C_{14}H_{21}N_3O_6S$이다. 분말로서 항균성은 전자보다 강하고 독성도 적지만 페니실리나제 생산균에 의하여 비활성화된다. ③ 세팔로스포린 P : 화학식 $C_{33}H_{50}O_8$이다. 노르프로토스탄 골격을 가진 네 개의 고리를 가진 트리테르펜으로 1/2 수화물의 녹는점은 147℃이다. 세팔로스포린 C로부터 곁사슬의 유기산을 제거한 7-아미노세팔로스포린산에 다른 유기산을 화학적으로 도입한 합성 세팔로스포린이 많이 만들어지고 있다. 페니실린 분해효소에 의해 분해되지 않으므로 내성이 발현되지 않아 널리 사용된다.

세퍼레이터 (separator)　전지의 양극과 음극의 단락을 방지하는 비전자 전도성 경막. 분리기라고도 한다. 이온 양도체 혹은 이온 용액을 함침할 수 있는 고분자체가 많이 사용된다. 매트, 펠트, 시트상이며, 때로는 구멍이 뚫린 파상판 등도 있다(이 경우 스페이서라 한다). 용기 내에서의 극판 및 세퍼레이터의 상호 압박도가 전지의 성능에 영향을 미치는 일이 있다.

세포 고무 (細胞 ——, cellular rubber)　다수의 기공이 있는 외견상 밀도가 낮은 가황고무의 총칭. 기공을 세포(cell)로 간주하여 셀룰러 러버라고 한다. 독립적인 폐기공이 있는 팽창고무, 연속적인 개기공이 있는 스폰지고무, 기포고무 등이 있다.

세포 내 효소 (細胞內酵素, endoenzyme)　세포 안에 존재하는 효소. 예를 들면 미생물의 가수분해 효소에 있어 균체 안에서만 증명되는 효소를 말한다. 세포 밖 효소의 대응어이다.

세포막 (細胞膜, cell membrane)　세포 안과 바깥과의 경계가 되는 막. 형질막이라고도 한다. 세포막은 지질의 2중층으로 구성되지만 그 중에는 각 지질은 소수성 탄소사슬이 안쪽을 향해 서로 마주하여 평행하게 배열하고, 이 지질층 중에 단백질 분자가 산재하여 있다. 세포막은 세포성분의 산일을 방지하고 바깥쪽 물질의 침입 방벽이 되어 독립된 생명체인 세포를 형성한다. 바깥쪽으로부터의 물질, 정보를 받아들이는 역할도 한다.

세포 배양 (細胞培養, cell culture)　조직배양의 한 양식. 조직과 기관을 구성하는 세포를 뿔뿔이 흩어놓고 하는 배양. 동물 세포에서는 모노클로널항체, 인터페론류, 식물 세포에서는 시코닌 색소의 생성이 있다. 세포 융합에서는 미생물과 식물의 육종에 응용된다.

세포벽 (細胞壁, cell wall)　세포질 막의 바깥쪽에 있는 견고한 막. 세포벽이 있는 세균과 식물의 세포가 다양한 외형과 특성을 나타내는 것은 바로 이 때문이다. 다당류, 당펩티드를 함유한다. 세균은 산성 혹은 알칼리성에 대해 저항성을 보이며, 세포 안의 성분 보호와 저장에 기여한다. 세포벽은 펙틴으로 되는 박막이 먼저 생겨 그 양쪽에 셀룰로오스가 더해져 두꺼운 막으로 된 것. 오래되면 리그닌이 셀룰로오스에 가해져 목화되기도 하고, 수베린이나 큐틴이 첨가, 코르크화, 큐틴화하는 일이 있다.

세포 상수 (細胞常數, cell constant)　일반적으로는 액체의 물성을 측정하는 경우에 측정액을 채우는 용기의 형상과 크기에 따라 정해지는 비례상수를 말한다. 예를 들면 액체의 전기 전도율 측정에 사용하는 세포에 있어 표준 용액(예를 들면 KCl수용액)을 충만하였을 때에 얻어지는 전기저항의 측정값과 그 표준 용액의 전기 전도율 곱으로서 주어지는 값을 말한다.

세포성 면역 (細胞性免疫, cellular immunity)　T 림프구상의 항원 특정적 수용체를 매개하는 면역을 이른다. B 림프구의 형질 세포가 산생하는 항체에 의한 체액싱 면역에 내용하는 용어. 이식의 거부반응, 일부 종류의 감염증, 암에 대한 저항성, 지연형 과민증, 자기면역성 질환 등과 관계가 있다.

세포 소기관 (細胞小器官, organella)　일정한 기능을 갖는 세포 내의 구조. 오르가넬라라고도 한다. 특히 진핵세포 내에 잘 발달하여 개체의 기관처럼 세포기능을 분담한다. 미토콘드리아, 페록시솜 등이 대표적인 예이다.

세포 외 효소 (細胞外酵素, exoenzyme)　세포 밖으로 분비되는 효소. 아밀라아제, 프로테아제, 뉴클레아제, 리파아제, 포스파타아제 등의 가수분해 효소 등이 이에 포함된다.

세포 융합 (細胞融合, cell fusion)　인접 세포

가 융합하여 하나의 세포막에 두 세포의 내용이 포함되는 것. 자연계에서는 생식 세포의 수정, 근원 세포의 다핵 근육 세포로의 분화 등에서 볼 수 있다. 인공적으로 이종(異種) 세포 상호를 융합시켜(헤테로카티온), 그 자손으로서 잡종 세포를 형성하는 것도 가능하게 되었다. 폴리에틸렌글리콜 6000 등을 사용한다. 세포공학의 기본적 기술의 하나이다.

세포주 (細胞株, cell strain)　세포를 분리해서 순수 배양하여 식재 계대 배양해 나갈 때의 세포계의 각 개체. 이 때 세포주는 유전적 형질에 의해 다른 주와 구별할 수 있으며, 또 계대 배양하여도 그 형질은 유지되어야 한다.

세포질 잡종 (細胞質雜種, cybrid)　어떤 세포와 동종 혹은 이종 세포의 탈핵된 세포질체가 결합한 것. 핵은 단일 세포핵이지만 세포질은 둘 혹은 그 이상의 세포질로 구성된다. 세포질에 유전자가 존재하는 미토콘드리아와 엽록체의 유전자 해석에 사용된다

섹스테트 (sextet)　원자가 다른 원자와 결합하고 있을 때 6개의 외각 전자에 의해 둘러싸여 있는 경우 이 1조의 전자군을 섹스테트라 한다. 육우자라고도 하며, 카르베늄 이온은 그 예이다. ⇨ 옥테트.

센서 (sensor) 측정의 대상이 되는 특정한 물리적·화학적 제량에 감응하여 그에 대응한 신호(주로 전기적 신호)를 발생하여 계측 시스템에 전하는 부분을 말한다. 기본적인 측정 소자만을 지칭하는 경우와 보다 넓은 변환을 위한 시스템을 포함하여 말하는 경우가 있다.

센시토메트리 (sensitometry)　감광 재료의 특성을 결정하는 것. 은염 사진 재료에 대해서는 규격에 따라 그 수속이 엄밀하게 정해져 있다.

센티스토크스 (centistokes)　⇨ 스토크스.

센티푸아즈 (centipoise)　푸아즈의 1/100 단위. 기호 cP. 물의 점성률(점성계수)은 20℃에서 약 1 cP이다.

셀 (cell, electrolysis cell)　(1) 측정시에 사용되는 작은 용기. 특히 시료를 담는 용기를 시료셀이라 한다. (2) 전기분해에 사용하는 용기. 전극 및 전해액이 용기 속에 담겨 있다. 외부에서 전기 에너지를 가할 때에는 전해셀(electrolysis cell)이라 하고, 외부로 전기에너지를 방출할 때는 전지(cell)라 한다. (3) 비색법, 흡광도 측정 등에서 시료 용액을 넣는 투명한 용기를 말한다.

셀렌산 염 (—— 酸鹽, selenate)　일반식 M^I_2 SeO_4. 일반적으로 무색의 결정. 사면체형의 SeO_4^{2-} 이온을 함유하며 황산염과 매우 유사하고 동형의 화합물이 많다. 그러나 같은 온도에서는 황산염보다 용해도가 조금 크다. 대체로 적열하면 분해하고, 수소 중에서 또는 탄소와 함께 가열하면 셀렌화물이 된다. 황화수소, 이산화황으로 환원되지 않고 염산과 가열하면 염소를 유리시켜 자신은 아셀렌산 염으로 된다.

셀렌화물 (—— 化物, selenide)　일반식 M^I_2 Se. 유기 셀레니드도 셀렌화물이라 하는 경우가 있다. 대개 무색이고 그 성질은 황화물과 매우 유사하다. 알칼리 금속의 셀렌화물 Rb_2Se, Cs_2Se 이외는 형석형 구조, 용액 중에서는 불안정. 알칼리 토금속의 셀렌화물은 식염유 용액에 셀렌화 수소를 통하여 침전시킨다. 대부분은 물, 산에 녹지 않는다. 비금속 원소의 셀렌화물에는 셀렌화 수소 외에 B_2Se_3(홍색 고체), $SiSe_3$(황색 고체) 등도 있다. 양 성분을 고온으로 화합시켜서 얻어지며 모두 안정하지만 가수분해한다.

셀렌화 아연 (—— 化亞鉛, zinc selenide)　물에 녹지 않는 황색 결정. ZnSe. Ⅱ-Ⅵ형 반도체이다.

셀렌화 카드뮴 (—— 化 ——, cadmium selenide)　물에 녹지 않는 암적색 결정. CdSe. Ⅱ-Ⅵ형 반도체이다.

셀로비오스 (cellobiose)　D-글루코오스 2분자가 β-형 글리코시드 결합을 하여 생성된 이당. $C_{12}H_{22}O_{11}$. 셀룰로오스의 기본 구성단위. 셀룰로오스의 부분 가수분해 생성물. 물에 녹지만 단맛은 없다.

셀로솔브 (Cellosolve)　에틸렌 글리콜 모노에테르 $HOCH_2CH_2OR$(R은 알킬기). Union Carbide사의 등록 상품명. 용제로서 광범위하게 사용되는 외에 합성화학의 중간체 등으로도 용도가 있다.

셀룰라아제 (cellulase) 셀룰로오스 $(1 \rightarrow 4)$-β-글리코시드 결합을 가수분해하는 효소. 섬유소 분해효소라고도 한다. 곰팡이류, 토양세균, 효모, 연체동물, 고등동물에 존재한다. 공업용으로서 알칼리 셀룰라아제는 세제용으로 사용된다. 셀룰로오스 자원에서 셀룰라아제를 이용하는 글루코오스의 생산, 알코올의 생산이 시도되고 있다. 셀룰로오스에 대한 작용 메커니즘은 동일하지 않고, 동일 생물이 생성하는 셀룰라아제에도 몇 가지 종류가 있다. 처음에는 크게 분해하는 셀룰라아제가 작용하여 어느 정도 셀룰로오스의 분자를 짧게 하면, 또 다른 셀룰라아제가 작용하여 올리고당(糖)이나 글루코오스를 생기게 하는 것과 같이 서로 협력하여 작용한다. 곰팡이와 세균 등에서는 균체 밖으로 셀룰라아제를 분비하여 외계의 셀룰로오스를 분해하여 몸 안으로 흡수하고, 달팽이와 같은 연체 동물에서는 소화효소로 작용한다. 반추 동물은 장(腸) 속에 있는 세균의 셀룰라아제에 의해 셀룰로오스를 소화시킨다.

셀룰로오스 (sellulose) 식물체의 세포막 주성분으로서 식물 섬유를 구성하므로 섬유소라고 부른다. D-글루코오스가 $(1 \rightarrow 4)$-β-형의 글리코시드 결합으로 곧은 사슬 모양으로 결합한 고분자 화합물. 가장 순수한 셀룰로오스는 면의 섬유를 탈지하여 묽은 알칼리 수용액과 끓여서 얻어진다. 냄새가 없는 백색 고체이며 물에 녹지 않는다. 알칼리에는 상당히 강하나 산에서는 가수분해되어 글루코오스가 된다. 또 글루코오스까지 분해되기 직전의 화합물로서 다량의 셀로비오스를 생성한다. 셀룰로오스는 자연계에서 석탄에 이어 다량으로 존재하는 유기 화합물이며, 공업적으로 중요한 자원이다. 셀룰로오스 분자는 다수가 모여서 섬유를 이루는데 그 최소 단위는 미셀이라 하여 지름 0.05 nm, 길이 0.6 nm 이상이다. X선 해석 결과 미셀은 결정구조를 이루고 있음이 밝혀졌다. 미셀과 미셀의 연결부분은 비결정 영역이 되어 있다. 셀룰로오스 섬유를 물이나 묽은 알칼리에 담그면 이것을 흡수하여 습윤히는데 그 원인은 이들 액체가 비결정 영역에 스며든 것이며, 다시 진한 알칼리에

담그면 결정 영역까지 스며든다. 또 화학약품에 대한 저항성도 강하고 미생물에도 침식당하지 않는다. 종이 · 의류의 원료로 사용되는 것 외에 에테르 유도체는 레이온, 니트로에스테르는 화약의 원료로 여러 가지로 응용된다.

셀 소터 (cell sorter) 가느다란 관을 고속으로 흐르는 세포에 레이저광을 쬐여 하나하나의 세포에서 방사되는 형광과 산란광을 순간적으로 해석하여 세포의 형태, 특성을 판별하는 플로사이트미터 중에서 특정 형태의 세포를 선별 수집하는 기능을 갖는 장치. 압전 진동자에 의해 1개 세포를 포함한 낙하 액적을 만들어, 이것을 정전기적으로 하전하여 레이저광에 의한 판별 결과에 따라 강한 전기장을 작용시켜 액적의 낙하 방향을 바꾸어 선별 수집한다.

SEM 'scanning electron microscope(주사 전자 현미경)'의 약어이다.

셔우드 수 (—— 數, Sherwood number) 경막 물질 이동계수를 흐름장의 대표 길이와 확산계수를 사용하여 무차원화한 수치. Sh로 표기한다. 전열에 대한 넛셀 수에 대응한다. 레이놀즈 수와 슈미트 수의 함수로서 상관된다.

세미 가공 (shammy finishing) 세미가죽(어린 사슴의 가죽을 무두질한 유연한 가죽)과 같은 감촉과 느낌이 나도록 면포 등의 표면을 가공하는 공정. 주로 롤 표면에 금강사를 도포한 카본 랜덤 기모기를 사용하므로 카본 랜덤 기모라고도 한다. 또 스웨이드 마무리라고도 한다.

셰브렐 화합물 (—— 化合物, Chevrel compounds) 일반식 $M_xMo_6X_6$(M=금속, X=S, Se, Te)로 표시되는 3원소계 몰리브덴 화합물의 총칭. R. Chevrel에 의해 처음으로 합성 및 결정학적 연구가 이루어졌으므로 셰브렐 화합물이라 부른다. 이 화합물의 대부분은 저온에서 초전도성을 보이며 특히 큰 (상부) 임계 자기장 H_{c2}를 소유하므로 (Pb Mo$_6$S$_8$에서 $H_{c2} \sim 600$ kG), 초전도 자석 등에 대한 응용이 연구되고 있다. 또 DyMo_6S$_8$ 등은 자성 초전도체로서 알려져 이론 및 실험의 양면에서 주목되고 있다.

셰이빙 (shaving) ⇨ 이삭(裏削).

셰이크 업 (shake up)　광전자 방출에 의해 내각 준위에 빈 구멍이 생겼을 때, 가전자의 재배열이 일어나 가전자의 하나를 에너지가 높은 빈 준위에 여기시키는 현상. X선 광전자 분광법에서 출현하는 셰이크 업 피크는 주피크보다 여기에 사용된 에너지분만큼 낮은 운동 에너지(고결합 에너지)측에서 관측된다.

셰이크 오프 (shake off)　셰이크 업과 마찬가지로 광전자 방출과정에서 일어나는 현상. 이 경우 가전자는 연속대에 여기되므로 그 피크의 형상은 낮은 운동 에너지쪽에서 날카롭게 솟아오르고 높은 운동 에너지쪽으로 폭 넓게 확산한다.

셰이킹 (shaking)　⇨ 흔들기.

셰이킹 배양 (—— 培養, shaking culture)　액체 배지를 요동함으로써 강제적으로 산소를 용해시키는 호기적 배양법. 정치배양의 대응어. 요동방법으로는 플라스코 실험에서는 왕복식과 회전식, 10리터 이상의 대규모 배양에서는 회전날개를 사용하는 방식과 통기의 방식을 이용하는 방법 등이 있다.

셸락 (shellac)　락을 정제한 것. 견고, 강인하며 높은 광택이 있는 막을 형성한다. 화학구조는 해명되어 있지 않으나 두 지방족 폴리히드록시산의 폴리에스테르로 보고 있다. 바니시, 전기 절연제, 의약품 정제 등에 사용된다.

셸락 바니시 (shellac varnish)　메틸 알코올에 셸락을 가한 바니시. 가해지는 셸락양의 비율에 따라 4할 락스, 3할 락스의 명칭이 있으며, 목재의 틈막이, 마디막이 등 가구 도장에 사용된다.

셸 모델 (shell model)　⇨ 껍질 모형.

셸프 라이프 (shelf life)　분광재료 등에서, 제조한 다음 기능이 떨어지지 않게 보존할 수 있는 최장 기간. 저장수명이라고도 한다. 보존온도의 열반응으로 인해 감광성을 상실하거나 바램이 생기는 것이 셸프 라이프를 짧게 하는 요인이 된다.

소각 산란 (小角散亂, small-angle scattering)　단색 X선의 물질에 의한 산란 중, 3° 정도까지의 작은 산란각으로 관측되는 것을 지칭한다. 물질 내에 $1 \sim 100\,nm$의 크기로 불균

일한 영역이 다수 있으면 일어난다. 산란 강도분포로 이들 영역의 크기, 형태, 분포 등을 알 수 있다. 콜로이드 혹은 고분자 등의 연구에 사용된다.

소감 방사성 핵종 (消減放射性核種, extinct radionuclide)　지각 생성시에는 존재하고 있었으나 그 반감기가 지구의 나이에 비해 짧기 때문에 현재는 괴변되어 검출할 수 없는 방사성 핵종. 그러나 괴변 생성물은 검출할 수 있으므로 그것에 의해 이와 같은 핵종의 존재를 간접적으로 증명할 수 있다고 한다.

소결 (燒結, sintering)　분체를 가열하였을 때, 분체 입자 간에 결합이 일어나 응고하는 현상. 고체의 가루를 틀 속에 넣고 프레스로 적당히 눌러 단단하게 만든 다음 그 물질의 녹는점에 가까운 온도로 가열했을 때 가루가 서로 접한 면에서 접합이 이루어지거나 일부가 증착(蒸着)하여 서로 연결되어 한 덩어리로 된다. 이와 같은 방법으로 금속제품을 만드는데, 원래 녹는점이 높아서 녹이기 어려운 텅스텐에 처음 사용되었다. 적당히 구멍이 있는 고체를 만들거나 녹였을 때 혼합되지 않는 두 물질의 복합제(예를 들면 금속과 세라믹스)를 만드는 데 사용된다. 또한 고체 표면의 평활화 혹은 금속 미립자의 응고에 의해 비표면적이 감소하는 현상에도 적용된다.

소결 조제 (燒結助劑, sintering aid)　분체의 소결밀도를 높이기 위해 사용되는 첨가제. 소결시의 액상생성, 입계 이동의 억제, 물질 수송속도의 촉진 등 다양한 역할을 한다. 알루미나에는 MgO, 탄화규소에는 붕산, 카본 등이 소결조제로 사용된다.

소광 (消光, quenching)　어떤 화학종의 형광, 인광이 다른 화학종에 의해 감소하는 것. 들뜬 상태에 있는 화학종이 다른 분자와 상호작용함으로써 들뜸 에너지를 상실(탈활성)하므로 일어난다. 소광, 탈활성은 영어에서는 함께 quenching이라 하므로 흔히 혼용되지만 소광은 들뜬 상태가 발광성인 경우에 한정하여 사용한다. ⇨ 탈활성.

소광제 (消光劑, quencher)　발광성(형광, 인광을 발생하는) 들뜬 분자에 작용하여 들뜸 에너지를 제거하고, 발광을 저해하는 분자. 영어의 quencher는 실활제, 소광제 두 가지

를 의미하므로 곧잘 혼용되지만, 소화제는 발광성 여기종에 한정하여 사용한다.

소금물 (brine)   지하수 중에서 염류를 함유하는 것을 특히 지하 감수라 한다. 천연가스공업, 요오드공업, 식품공업 등에서 사용되는 용어이다. ⇨ 브라인.

소기 (笑氣, laughing gas)   일산화이질소 N_2O의 속칭. 마취작용이 있으며 흡수하면 안면이 웃는 것 같아 보이므로 소기라 불리었다. 웃음가스라고도 한다. 마취용으로 사용된다.

소기 (沼氣, marsh gas)   메탄의 구 명칭. 연못 습지 등에서 유기물이 부패하여 메탄이 생기는 것에서 유래한다.

소다 (soda)   탄산나트륨의 속칭이다.

소다 비누 (soda soap)   고급 지방산의 나트륨 염. 지방산의 탄소수는 보통 12~18. 유지를 수산화나트륨으로 비누화하여 얻는다. 고형이고 견고하므로 경비누라고 한다. 세탁비누, 화장비누에 사용된다. 원료는 주로 우지와 야자유(또는 팜핵유)를 배합하여 사용한다.

소다 석회 (── 石灰, soda lime)   생석회(탄산칼슘)를 가성 소다(수산화나트륨)의 짙은 수용액에 담그고 이것을 가열하여 입상으로 한 것. 백색의 물질로서 얻게 되는데 강한 알칼리성을 나타낸다. 입자 모양으로 분쇄한 것을 소다 석회관에 채워 넣고, 이산화탄소를 정량(定量)하기 위한 흡수제로 쓰며, 이 밖에 유기 화합물의 합성과 건조제 등에도 이용되고 있다.

소다석회 유리 (── 石灰 ──, soda-lime glass)   산화나트륨과 산화칼슘을 모두 10% 이상 함유하는 규산염 유리. 보통 판 유리, 용기 유리 등 실용 유리의 대부분을 점한다.

소다 유재 (── 油滓, alkali foots, soap stock)   유지정제에서 가성소다 수용액을 첨가하여 유리 지방산을 비누로서 분리한 불순물. 알칼리 유재라고도 한다. 황산 분해하여 다크 유로서 도료, 가소제 등의 원료로 사용한다.

소다 펄프 (soda pulp)   펄프 원료를 수산화나트륨 용액으로 증해하여 얻어지는 화학 펄프의 하나. 유연한 에스발트 등의 초본류를 원료로 하는 것이 많다. 표백 펄프는 중·상급지에 사용된다. 1851년 영국인에 의해 발명되었는데, 그 후 아황산 펄프·크라프트 펄프에 압도되어 생산량이 급격히 줄어들었다. 이 펄프는 표백하여 부피가 있는 종이를 뜨는 데 적합하다.

소다회 (── 灰, soda ash)   탄산나트륨의 공업상의 통속명. 암모니아 소다법 혹은 그것을 개량한 염안 소다법으로 제조된다. 유리의 원료로서, 또 의약, 염료 등의 값이 싼 알칼리원으로서 널리 이용되고 있다. 천연산은 천연 소다라 한다. 시판되고 있는 것은 2% 전후의 탄산수소 나트륨·염화나트륨·물 등을 함유하고 있다. 하소로(煆燒爐)에서 제조된 그대로의 소다회를 라이트회(light ash) 또는 경회(輕灰)라고 하고, 이것에 물을 끼얹어 다시 하소한 소다회를 덴스회(dense ash) 또는 중회(重灰)라 한다. 판 유리·유리제품의 제조, 탄산나트륨·물 유리 등의 나트륨염 제조, 탄산마그네슘 등의 탄산염 제조, 글루탐산나트륨 등의 조미료 제조, 염료·향료·의약품·농약 등 유기 화합물 합성용, 양모 등의 세척, 비누의 제조, 세제(洗劑)의 배합용, 종이·펄프 제조, 고무의 재생 등 용도가 대단히 넓다.

소더스트 드러밍 (sawdust drumming)   모피 제조에서 털 표면에 부착된 때 제거와 광택을 내기 위한 작업. 모피를 드럼 속에 넣고 옥수수의 심, 호두깍지의 분말 등에 용제, 계면 활성제, 때로는 털 광택제, 대전 방지제 등을 첨가하여 회전시킨다. 모피 옷의 클리닝에도 사용된다.

소량 분석 (小量分析, semimicroanalysis)   10~100 mg 정도의 시료를 사용하여 하는 화학분석. 세미마이크로분석이라고도 한다.

소렛효과(── 效果, Soret effect)   ⇨ 열 확산.

소르브산 (── 酸, sorbic acid)   공액 이중결합이 있는 불포화 지방산. $CH_3CH=CHCH=CHCOOH$. 마가목의 미숙 과실 중에 존재하며 공업적으로는 크로톤알데히드에서 합성된다. 곰팡이, 호기성 균에 대해 발육저지 작용이 있으며 식품의 방부제로 사용된다.

소르비톨 (sorbitol)   당 알코올의 하나. $C_6H_{14}O_6$. 각종 식물의 과즙에 함유되며 마가목의 과즙에는 특히 많다. 천연품은 좌선성이며 L-소르보오스의 환원으로 생성되므로 보통 L-소르비톨이라 하지만, 같은 화합물이 D-

글루코오스의 환원으로도 얻게 되므로 D-소르비톨이라고 하는 문헌도 있어 혼란스러울 수 있다. 현대의 명명법에서는 좌선성의 소르비톨은 D-글루시톨(D-glucitol)이라 명명하는 것이 정식 명칭이다. 공업적으로는 D-글루코오스의 고압 수소환원 혹은 전해환원으로 생산된다. 설탕의 60%에 상당한 감미가 있다. 비타민 C의 합성 원료, 감미료 등에 사용한다.

소르비트 (Sorbit) ⇨ 소르비톨.

소립자 (素粒子, elementary particle) 물질의 근원적인 구성 입자라는 의미에서 이전에는 양성자, 중성자, 전자와 광자를 지칭하였으나, 그 후 수많은 소립자가 발견되어 현재는 100종류 이상이 알려져 있다. 강한 상호작용을 하는 하드론(양성자, 중성자, 파이 중간자 등), 약한 상호작용을 하는 렙톤(전자, 뉴트리노 등), 그리고 상호작용을 매개하는 게이지입자(광자, 중력자, 글루온 등)의 세 가지로 분류된다.

소마토트로핀 (somatotropin) ⇨ 성장 호르몬.

소멸 방사선 (消滅放射線, annihilation radiation) 양전자가 전자와의 상호작용으로 소멸하고 그에 수반하여 방출되는 전자파를 말한다.

소모 (梳毛, worsted)(형용사) 양모 섬유 중 양질의 긴 섬유를 선출하여 섬유의 긴 방향으로 가지런히 하고 굵기가 고른 균정한 외관이 되도록 다수의 공정으로 이루어진 이른바 모방적법으로 방적한 실을 소모사(worsted yarn)라 하고, 그것으로 제조된 서지, 모슬린, 개버딘 등의 직물을 소모직물(worsted fabrics)이라 한다.

소살 석고 (燒殺石膏, dead burned gypsum) 석고 $CaSO_4 \cdot 2H_2O$를 비교적 저온에서 가열 탈수하여 얻어지는 무수염은 물에 약간 녹아서 이수화물, 즉 석고로 환원되지만 고온에서 형성된 것은 전혀 물에 용해되지 않고 석고로 환원되지 않는다. 그러므로 이것을 소살 석고라고 부르기도 한다. 천연으로는 경석고로 산출한다.

소석회 (消石灰, slaked lime) 수산화 칼슘 $Ca(OH)_2$의 속칭이다.

소석회화 (消石灰和, slaking) ⇨ 소화(消化)의 (2).

소성 (燒成, burning, firing, baking) 세라믹스는 일반적으로 원료의 분쇄, 혼합, 성형, 건조공정을 거쳐 최후에 고온 가열하여 제품으로 하는 경우가 많은데 이 최후의 공정을 소성이라 한다. 소성으로 원료 중의 결정수, 탄산염 등의 분해, 안정 결정의 생성, 소성 수축에 의한 치밀화 등이 일어나 안정된 구성물이 된다.

소성 (塑性, plasticity) 물체에 작은 외력을 가하여도 변형하지 않고, 어느 정도(항복값) 이상의 외력을 가하면 변형하고 외력을 제거하여도 원래의 형상으로 되돌아가지 않는 성질. 탄성, 점성과 함께 물질의 기본적 변형 양식이다. 굽히거나 압연은 소성을 이용한 금속의 가공법이다. 결정질 재료의 소성을 결정 소성이라 한다.

소성 변형 (塑性變形, plastic deformation) 외력에 의해 생긴 비틀림이 외력을 제거하여도 전혀 회복되지 않을 때, 이 변형을 말한다. 이에 대해 모든 비틀림이 완전히 회복되는 경우를 탄성 변형이라 한다. 고체에 외부로부터 힘을 가하면 형상이 변하지만 탄성의 범위 내에서는 외력을 제거하면 다시 본래의 형상으로 되돌아가기 때문에 영구히 외형을 바꾸려면 탄성 한계 이상의 힘을 가하지 않으면 안 된다. 즉 소성 변형을 하려면 탄성 변형 범위 이상의 외력을 가해야 한다. 소성 변형시키는 방법은 목적하는 최후의 형상에 따라 여러 가지가 있는데, 판(板)을 만들려면 압연, 막대·관을 만들려면 압출·인발·압연을, 그리고 선(線)을 만들려면 인발·신선(伸線) 등의 공정이 사용된다. 또 복잡한 외형으로 만들기 위해서는 단조·프레스 등의 공정이 사용된다.

소성 수축 (燒成收縮, burning shrinkage, firing shrinkage) 세라믹스의 소성 중에 생기는 수축. 길이 방향 또는 용적의 수축을 백분율로 표시한다. 도자기의 소성과정에서는 원료에 함유되는 유기물의 연소, 결정수의 방출, 그 후에 생기는 소결작용으로 수축이 일어난다. 연소수축이라고도 한다.

소성 유동 (塑性流動, plastic flow) 물체에 일정 한도 이하의 외력을 가하여도 변형하지 않지만 그 이상의 외력에는 액체처럼 유

동하는 경우, 이 변형 양식을 소성 유동 또
는 빈검 유동이라 한다. 콜로이드 용액과 모
르타르처럼 입자가 분산한 액체의 특성이며,
흘러 떨어지기 어렵고 또한 펴짐성이 좋은
도료에 요망되는 성질이다.

소성 점도 (塑性粘度, plastic viscosity) 유동
도의 역수를 말한다. ⇨ 유동도.

소수성기(疏水性基, hydrophobic group) ⇨ 친
유기.

소수성 상호작용 (疏水性相互作用, hydropho-
bic interaction) 무극성 물질이 물, 저급 알
코올 등의 극성 용액 중에서 서로 집합하는
상호작용. 용매분자가 용질보다도 다른 용매
분자와 수소결합하여 계 전체가 열역학적으
로 안정화하는 데에 의한다.

소수성 콜로이드(疏水性 ——, hydrophobic col-
loid) 물을 매질로 하여 금속이나 중금속의
산화물과 황화물을 입자로서 분산한 콜로이
드. 소량의 전해질 첨가로 쉽게 응집을 일으
키는 것이 특징. 금의 콜로이드, 산화철의 콜
로이드가 대표적인 예이다. 친수 콜로이드와
달리 보통 표면 장력이나 점성도가 분산매와
거의 차이가 없으며, 또 분명한 틴들 현상을
보인다. 안정제나 보호 콜로이드를 함유하지
않을 때는 불안정하여 소량의 전해질이 존재
해도 쉽게 응결한다.

소염 지름 (消炎直徑, flame extinction dia-
meter) ⇨ 세이프 갭.

소지 (素地, body) 도자기, 내화물 제품 본체
의 구성부분 혹은 그것을 세조하기 위한 원
료 혼합물을 말한다. 유리의 경우는 성형 전
의 융해상태에 있는 소재를 말한다.

소지면 (素地面, flux line, metal line) 탱크
가마, 도가니 등에서 융해한 유리의 표면 및
그 위치를 말한다.

소킹 (soaking) (1) 석유 중질유의 열분해 등
에서 가열로에서 반응을 일으키게 한 후 다
른 반응기로 유도하여 초기의 반응조건을
유지한 채로 체류 숙성시켜 목적하는 반응
을 완결시키는 것이다. (2) 섬유를 처리욕
안에 침지하는 것을 말한다.

소포제 (消泡劑, defoaming agent, antifoamer,
antifoaming agent) 생겨난 거품에 뿌려서
거품을 지우는 작용을 하는 물질. 에탄올,

아세톤 등이 그 예이다. 지포제도 포함하여
넓은 뜻으로 사용하는 경우도 있다. 소포작
용에는 거품을 깨는 작용과 거품을 억제하
는 작용이 있다. 예를 들면, 에틸알코올은
전자의 작용이 있어 생성된 거품을 없앨 수
있으나 거품 발생을 방지할 수는 없다. 또
실리콘유는 후자의 작용이 있어 거품 발생
을 방지할 수 있어도 생성된 거품을 없앨
수는 없다. 소포제로는 일반적으로 휘발성
이 적고 확산력이 큰 기름상의 물질 또는
수용성의 계면 활성제가 사용된다. 전자에
는 옥틸알코올 · 시크로헥산올 · 기타 고급
알코올 · 에틸렌글리콜 등이 있으며, 후자에
는 소르비탄 지방산에스테르를 주성분으로
하는 비이온 계면 활성제, 기타 비이온 계면
활성제 등이 있다. 이 밖에 실리콘 소포제는
화학적으로 안정하여 뛰어난 효과가 있으므
로 용도가 매우 넓다. 용도로서는 기름상의
물질의 경우 종이, 펄프, 전기도금 등에 이
용된다. 고급 알코올의 경우에는 고무제품
제조 때 라텍스 중의 기포를 쉽게 제거하기
위하여 사용하며 계면 활성제의 경우에는
페니실린 발효, 효모(酵母)제조 때 사용된다.

소포체 (小胞體, endoplasmic reticulum) 진
핵 세포의 세포질 내에 널리 분포하는 생체
막으로 형성된 오르가넬라. 작은 관상의 거
치른면 소포체는 단백질 분리기능이 있으며
RNA를 함유하는 리보솜이 부착되어 있다.
또 활면 소포체는 리보솜을 결여하고 각종
세포 내 대사, 특히 스테로이드 합성, 지질,
당 등의 대사를 한다. 소포제와 미크로솜과
의 관계는 1941년부터 연구되었다. 세포를
유리 사이에서 갈아서 원형질막만을 파괴하
여 만든 표본을 호모제네이트(均質物)라고
하며, 이것을 원심분리기에 걸어 핵 · 미토
콘드리아 · 소과립(미크로솜) · 상징액 등으
로 분리된 것을 전자현미경으로 관찰하면
소과립은 세포내 구조는 존재하지 않으며
소포체의 단편임을 알 수 있다.

소프트 레더 (soft leather) 의료용 가죽, 수갑
용 기죽, 자루용 가죽 등, 얇고 유연한 가죽
의 총칭. 내파라고도 한다.

소프트 산 (—— 酸, soft acid) ⇨ 무른 산.

소프트 에러 (soft error) 집적회로를 구성하
는 재료에 포함되는 극미량의 우라늄과 토

름이 방사하는 α선이 일으키는 장치의 오동작. α선은 실리콘 등의 반도체 기판 중을 통과할 때 많은 전자, 정공의 쌍을 이루어 그 에너지를 상실한다. 이 전하가 메모리 셀에 축적됨으로 인하여 장치가 오동작을 일으키는데 장치 그 자체는 전혀 파괴되지 않고 또한 원래 상태로 복귀 가능하므로 소프트 에러라 한다.

소프트 염기 (—— 鹽基, soft base)　⇨ 무른 염기.

소핑 (soaping)　염색 또는 마무리 가공의 최후에 열비누액으로 처리하는 것. 건염, 황화, 나프톨 등 불용성 염료에 의한 염색과 수지 가공에서 섬유 표면에 부착되어 있는 염료와 미반응 수지 등을 제거할 목적으로 한다. 이 처리로 염색물에서는 견뢰도가 향상되는 동시에 조직 내에서의 염료 배향 안정화가 일어난다.

소하이오 법 (—— 法, SOHIO process)　값싼 석유화학 원료인 프로필렌을 암모 산화하여 아크릴로니트릴을 고수율로 합성하는 방법. 1960년 미국의 Standard Oil Co.의 Ohio가 공업적으로 성공하였으므로 이 이름이 지어졌다. 개량형 소하이오법도 발전시켰다. 화학 반응식은 $CH_2{=}CHCH_3+NH_3+3/2O_2 \rightarrow CH_2{=}CHCN+3H_2O$, 프로필렌은 농도(濃度)가 40~90%이면 원료로서 사용할 수 있다. 촉매(觸媒)는 인·몰리브덴산 및 몰리브덴산의 비스무트·주석·안티은염을 주체로 하고 운반체로서 실리카를 사용한다. 반응 온도는 490~500℃, 압력 3 atm 이하이고, 아크릴로니트릴의 수득률(收得率)은 60% 이상이다. 아세토니트릴 및 시안화수소산이 부산물로서 약간 생산된다.

소형광 정량법 (消螢光定量法, quenching fluorometry)　발형광성 시약의 형광을 소실 또는 감약시키는 것을 이용하여 목적 물질을 정량하는 방법. 형광 정량법에 비해 일반적으로 감도가 떨어진다.

소화 (消化) (1) digestion 영양소를 흡수 가능한 분자로까지 가수분해하는 생리작용. 먹이를 기계적으로 세분하는 과정(물리 소화)을 거쳐 성분 물질을 가수분해하는 과정(화학적 소화)이 있다. (2) slaking 생석회(산화칼슘)에 물을 작용시켜 소석회(수산화칼슘)로 하는 것. 소화(消和)라고도 적는다. 공업적인 소석회 제조법이다.

소화 (消火, fire extinction, quenching)　연소를 중단시키는 조작 또는 그 현상. 소화법은 여러 가지로 분류할 수 있다. 즉 연소의 열균형을 붕괴시키는 방법, 연소 범위에서 제거시키는 방법, 연소의 불안정화를 시도하는 방법 등, 세 가지로 구분하는 것이 가장 합리적이다.

소화기 (消火器, fire extinguisher)　소화에 사용되는 운반이 가능한 기구. 내부에 충전되는 소화제의 종류에 따라 수계, 가스계, 분말계의 세 가지로 분류된다. 고정식은 소화 설비라 하여 소화기에는 포함시키지 않는다.

소화제 (消火劑, fire extinguishing agents)　소화에 사용되는 약제의 총칭. 여러 가지 물질이 이용되고 있으며 물, 강화액, 거품, 이산화탄소, 할로겐화물, 분말제 등으로 불리는 약제가 그 대표적인 예이다. 소화 대상에 따라 적·부적합함이 있으므로 사용에 있어서는 적합한 것을 선택할 필요가 있다.

소화 효소 (消化酵素, digestive enzyme)　⇨ 가수분해 효소.

속 (屬, group)　⇨ 족(族).

속건성 잉크 (速乾性 ——, quick drying ink)　일반적으로는 끓는점이 낮은 용제의 증발건조성 스크린 인쇄 잉크, 플렉소 인쇄 잉크와 그라비아 인쇄 잉크를 지칭한다. 넓은 뜻으로는 퀵세트 건조성과 히트세트 건조성의 평탄 오프셋 인쇄 잉크, 요판 인쇄 잉크 외에 UV잉크, EB잉크 등의 전자기파 경화 건조성 인쇄 잉크를 포함한다. 아크릴기(基) 반응을 이용한 자외선 경화형 잉크가 1970년대 사용되었지만 몇 가지 결점을 가지고 있었다. 자외선 경화형 잉크의 결점으로는 자체적으로는 쓸 수 없고 증감제 등을 병용하기 때문에 잉크가 건조된 후에도 비반응 물질이 잔류하는 속성을 가졌으며, 값이 비싼 결점이 있었다. 이와 같은 결점을 개량한 전사선 정화형 잉크가 80년대부터 실용화되었다. 전사선 경화형 잉크는 반응성 단위체(monomer) 또는 저중합체(oligomer)를 이용해 증감제를 첨가하지 않고도 속건성을 발휘할 수 있다.

속건 잉크 (速乾——, quick-set ink)   전색제 중의 용제류가 인쇄 직후 피인쇄물에 모세관 삼투함으로써 급속히 세트 건조하는 평판 인쇄 잉크와 요판 인쇄 잉크. 요판 윤전용 신문잉크도 하나의 속건 잉크이다. 이 인쇄 잉크는 종이 등의 삼투성(pervious) 피인쇄물에 대한 인쇄에만 적용된다.

속도 결정 단계 (速度決定段階, rate-determining step)   전체적으로 반응의 속도를 규제하고 있는 반응단계(그 단계에 대응한 단일단계 반응 과정). 반응이 일련의 단일단계 반응 과정과 연속적으로 되어 있을 때 반응속도가 최소인 단일단계 반응 과정이 속도결정단계가 된다.

속도론 (速度論, kinetics)   물성론, 구조론 등 분자와 분자집단의 정적 상태를 논하는 입장에 대해, 상태간의 변이를 대상으로 한 이론 혹은 연구 분야를 말한다. 화학 반응, 수송현상, 전자기파와 분자의 상호작용 등이 그 대상이다.

속도론적 연쇄 길이 (速度論的連鎖長, kinetic chain length)   연쇄반응에서는 개시반응이 일어나서부터 정지할 때까지 다수의 성장반응이 반복되는데 그 평균 반복수를 말한다. 동역학적 연쇄 길이라고도 한다. 정상 상태에서는 연쇄 개시반응과 성장반응의 반응속도의 비로 구할 수 있다.

속도 머리 (速度頭, velocity head)   ⇨ 속도 수두.

속도 상수 (速度常數, rate constant)   반응물의 농도를 [A], [B], [C], …로 하면 반응속도는 대부분의 경우, 반응속도$= k[A]^{n_A}[B]^{n_B}[C]^{n_C}…$ 로 표현된다. 여기서 $(n_A + n_B + n_C + …)$를 반응차수, 상수 k를 속도상수 혹은 반응속도 상수라 한다.

속도 수두 (速度水頭, velocity head)   단위 중량의 유체 운동 에너지를 말한다. 속도 머리라고도 한다. 중력 단위계에서는 길이의 차원이 있고, 중량과 질량을 병용하는 공학 단위계에서는 단위 질량당의 에너지(힘×거리/질량)의 차원이 있다.

속박 상태 (束縛狀態, bound state)   어떤 상태가 퍼텐셜의 극소상태에 있어(상태변수의 모든 방향에 대해서) 안정 내지는 준안정상태에 있는 것. 예를 들면 들뜬 상태가 주위의 매질을 분극하여 안정화하여 어느 장소에 편재하였을 때 구속상태에 있다고 한다. 이른바 "상자 속의 입자"는 구속상태를 양자역학적으로 구하는 가장 간단한 모델이다.

속박 전자 (束縛電子, bound electron)   자유전자의 대응어이다. ⇨ 자유 전자.

속불꽃 (inner flame)   가연성 가스와 공기 등의 버너 예혼염을 만들었을 때 내측에 생기는 경계가 뚜렷한 불꽃. 여기는 화학반응이 일어나고 있는 영역에 해당하며, 탄화수소를 연료로 한 불꽃에서는 청록색으로 발광하고, 환원성이 있다. 속불꽃의 형상, 위치는 버너의 종류 및 혼합기의 연소속도와 공급속도의 균합으로 정해지며, 온도도 다른 부분보다 높다.

SOx(속스)   ⇨ 황산화물.

속증기 (速蒸氣, rapid ager)   상압의 연속 스티머(증열기). 주로 면의 날염 또는 연속 염색의 고착공정에 사용된다. 내부에는 상하 수십 개의 가이드롤이 있고, 천은 구동장치가 붙은 상부의 가이드롤에 의해 수송되어 이 속에서 100~102 ℃, 3~16분 증기 처리가 이루어진다.

손 날염 (手捺染, hand printing)   손으로 하는 날염법. 핸드 프린팅이라고도 한다. 기계 날염의 대응어. 판 위에 천을 풀로 붙이고 형지 또는 스크린형을 놓고 색풀을 풀빗으로 스며들게 한 후, 증열 고착한다.

손실 탄성률 (損失彈性率, loss modulus)   복소 탄성률의 허수부. 진동하고 있는 시료가 1진동마다 상실하는 탄성 에너지의 크기를 표시한다.

손질 날염 (—— 捺染, brush printing)   천의 표면에 지형을 놓고 염료를 포함시킨 둥근 풀비로 각종 색깔을 스며들게 하여 문양을 나타내는 방법이다.

솔라리제이션 (solarization)   은염 사진 감광재료에 과대한 노광을 부여하였을 경우에 노광량의 증가와 함께 사진 화상의 농도가 감소하여 반전상(포지상)을 부여하는 현상. 초감광이라고도 한다. 과대한 노광으로 할로겐화은 입자의 내부에 잠상이 형성되면 빛의 흡수로 발생한 자유 전자가 주로 내부의 잠상에 포획되어 정공 혹은 할로겐 원자 (또는 분자)가 표면의 잠상을 파괴함으로써 일어난다고 여겨지고 있다. 예를 들면 카메라를 태양을 향하여 촬영한 후 필름을 현상하면 네거티브상인 경우 태양의 상이 검게 현상되어야 하겠지만 반전이 일어나기 때문에 태양의 상이 주위보다도 흐려져, 이것을 인화하면 태양은 검은 상이 된다. 그러므로 태양을 직접 카메라로 촬영하는 것은 삼가야 하며 일반적으로 노광량이 과다하면 흑백의 반전이 일어난다.

솔리드 타이어 (solid tire, solid tyre)　공기가 든 타이어에 대해 고무만으로 만들어진 타이어. 한 때는 트럭의 타이어로 사용되었던 적도 있었으나 내부 발열이 크고 고속 주행에 적합하지 않아 현재는 공장 안에서 저속으로 주행하는 운반차나 캐스터에만 사용되고 있다.

솔리톤 (soliton)　공간적으로 편재한 고립파 (solitary wave)로 그 형상과 속도를 변치 않고 전파하여 서로 충돌하여도 성질이 변하지 않고 통과하는 파. 여러 가지 비선형 방정식의 풀이로 얻어진다. 물성 물리학에서도 고체 중의 하나의 소 여기로서 솔리톤이 고려되며, 전자 격자 상호작용의 강한 계에서 공간적으로 편재한 들뜬 상태로서 새로운 물성을 표시한다고 보고 있다.

솔베이 법 (──法, Solvay process)　⇨ 암모니아 소다법.

솔볼리시스 (solvolysis)　⇨ 가용매 분해.

솔 자국 (brush mark)　솔로 도료를 칠하였을 때, 칠한 면에 솔자국이 우툴두툴하게 선상으로 남는 현상을 말한다.

솔 질 (brushability)　솔로 도료를 칠할 때 솔질의 쉽고 어려움. 도료의 조도가 지나치게 높을 때, 혹은 증발속도가 빠른 용제를 함유하는 도료의 경우 솔질이 어렵게 된다. 한편, 솔질에 힘이 들지 않고 두껍게 칠할 수 있는 도료는 솔질이 좋다고 평가된다.

쇄목 펄프 (碎木──, ground pulp)　목재를 회전 저석으로 마쇄한 기계 펄프. 다량의 리그닌을 함유하며, 섬유가 짧게 되어 있으므로 경시적으로 착색하고 기계적 강도가 낮은 결점이 있지만 가격이 싸므로 신문용지와 하급 인쇄지의 주된 원료로 사용된다.

쇳물목 벽돌 (ladle brick)　제련된 용융 금속을 유지하고 주형에 주입하기 위해 사용되는 용기를 쇳물목이라 하고, 이 내장에 사용되는 벽돌을 지칭한다. 저알칼리 규석, 지르콘, 고알루미나질, 돌로마이트 벽돌 등이 사용되어 왔으나 근년 부정형 내화물의 사용이 많아지고 있다.

쇼어 경도 (── 硬度, Shore hardness)　선단에 거의 구면의 다이아몬드가 있는 해머를 일정한 높이에서 시료에 낙하시켰을 때에 튕겨오르는 높이에 비례하는 양으로 표시되는 재료의 굳기 정도를 표시하는 방법의 하나. 보통 담금질 고탄소강 표면의 튕겨오르는 높이를 100으로 한 눈금이 사용된다.

쇼트닝 (shortening)　제과·제빵 등에 사용되는 식용 가공 유지의 하나. 돼지기름의 대용품으로 미국에서 개발되었다. KS에서는 정제 동물유지, 식용 식물유지, 식용 정제가공유지 또는 이들의 혼합물을 급랭 연합하여 만든 고체상의 것 및 유화제 등을 가하여 만든 유동체 또는 고체상의 것으로, 가소성, 유화성 등의 가공성을 부여한 것이라 정의하고 있다. 급랭 연합한 것은 보통 질소가스가 취입되어 있다.

쇼트키 결함 (── 缺陷, Schottky defect)　⇨ 빈 격자점.

숄더 (shoulder)　흡수 내지 발광 스펙트럼에서 두 폭이 넓은 피크가 접근하여 존재하면 두 흡수 밴드가 겹쳐, 한 쪽 피크의 극대 부근에 다른 쪽 피크가 그것과 구분될 정도로 관측되는 경우가 있다. 이러한 피크를 지칭한다.

수경 반지름 (水硬半徑, hydraulic radius)　유체가 통과하는 단면적을 유체가 접하는 관벽의 길이로 제한 값. 원형 단면이 아닌 유로의 저항 등을 고려하는 데 사용된다.

수경성 (水硬性, hydraulic property)　각종 시멘트가 물 또는 수용액과 반응하여 용해도가 작은 수화물을 생성하여 경화하는 성질. 포틀랜드 시멘트의 경우에는 수산화칼슘, 규산칼슘 수화물, 알루민산칼슘 수화물 등이 생성된다. 반대로 물과의 혼합물이 건조하여 경화하는 성질을 기경성(air setting)이

라 한다. 용해도가 커서 경화하기 어려울 때
에는 수경성이라고 하지 않는다.

수경성 내화물 (水硬性耐火物, hydraulic set-
ting refractories)　내화물 분말에 알루미나
시멘트 같은 수경성 내화 시멘트를 혼합한
것. 물을 가해 혼련하면 상온에서 경화하는
내화물을 말한다. 캐스터블 내화물의 하나
이다.

수경성 석회 (水硬性石灰, hydraulic lime)　점
토질 석회를 고온에서 구워, 규산칼슘이나
알루민산칼슘을 생성하여 CaO를 소화하여
안정화 시킨 것. 유럽에서는 건축용으로 사
용한다.

수경성 시멘트 (水硬性 ——, hydraulic cement)
넓은 뜻으로는 물과 반응하여 경화하는 보
통의 무기질 시멘트. 좁은 뜻으로는 수중에
서도 충분한 경화 강도를 나타내는 시멘트
로서, 포틀랜드 시멘트, 알루미나 시멘트,
각종 혼합 시멘트를 지칭한다. 소석고, 석
회 플라스터 등의 기경성 시멘트에 대응하
는 용어이다.

수권 (水圈, hydrosphere)　지구 표면을 덮고
있는 물의 부문. 암석권, 기체권에 대응하는
용어. 해양, 호소, 하천, 지하수, 눈, 얼음, 비
등을 포함한다. 넓이는 지구 표면의 약 2/3
를 차지한다. 해양이 그 대부분을 차지하며,
지구상의 물의 용량은 13~14억 km^{3}에 이르
는데, 이 중에서 해수가 98%를 넘고, 음료
용과 농업·공업용수로 이용하는 것은 2%
에 불과하다. 지구상의 물은 기권(氣圈) 중
에는 수증기의 형태로, 암석권에는 지하수
와 암석 중의 공극수(空隙水)로 존재하며,
기권·수권·암석권의 3권에 걸쳐 순환하는
데, 그 과정에서 여러 가지 존재 형태를 취
한다.

수금 (水金, liquid gold, bright gold)　⇨ 물금.

수동 수송 (受動輸送, passive transport)　능동
수송의 대응어이다. ⇨ 능동 수송.

수득량 (收得量, yield)　화학 반응에 의해 생
긴 생성물의 양. 출발 물질 100g에서 목적
물질이 30g 얻어졌을 때 수량은 30g이라고
할 때도 있지만 대부분의 경우 이론상 기대
되는 양에 대한 비율로 퍼센트로 표시된다.
후자의 경우는 수율 또는 수량 퍼센트라고

도 한다.

수량 백분율 (收量百分率, yield percentage)
⇨ 수율.

수립 세포계 (樹立細胞系, established cell line)
⇨ 주화(株化) 세포.

수명 (壽命, lifetime)　불안정 화학종과 활성
화학종이 존재할 수 있는 평균시간. 예를 들
면 1차 반응에서는 농도가 $1/e$(e는 자연대
수의 바닥)가 되기까지의 시간을 지칭한다.

수반 가스 (隨伴 ——, associated gas)　원유
생산시에 유정에서 산출되는 천연 가스. 유
층 내에서 원유 중에 용해되어 있던 가스는
갱구에서 감압되어 기체상으로 되므로 가스
분리기를 이용하여 원유에서 분리한다. 유
정 가스, 케이싱헤드 가스라고도 한다.

수베르산 (—— 酸, suberic acid)　탄소 8원자
의 곧은 사슬 디카르복시산, HOOC(CH$_2$)$_6$
COOH. 최초 코르크의 산화 생성물 중에서
발견되었으므로 독일어로는 코르크산이라
불리었던 적도 있다.

수 분포곡선 (數分布曲線, number distribution
curve)　고분자의 분자량 분포를 표시하는
방법의 하나로, 분자량에 대해서 그 분자량
성분의 폴리머 분자의 몰 분율 혹은 수 분
율을 플롯하여 얻어지는 곡선을 말한다. 빈
도 분포곡선이라고도 한다.

수산기 (水酸基, hydroxyl group)　⇨ 히드록
시기.

수산화 나트륨 (水酸化 ——, sodium hydrox-
ide)　물에 강하게 발열하여 녹는 무색 결
정, NaOH. 가성소다는 화학공업에서 쓰는
통속명. 상온에서는 사방정계(斜方晶系)이
다. 완전히 탈수시킨 수산화나트륨의 녹는
점은 328℃이지만 보통은 약간의 수분이 들
어 있어 318.4℃이다. 끓는점 1,390℃, 비중
2.13이다. 조해성(潮解性)이 강하여 공기 중
에 방치하면 습기와 이산화탄소를 흡수하여
탄산나트륨이 되어 그 결정을 석출한다. 수
용액은 강한 알칼리성이며, 용해도는 물
100g에 대하여 0℃에서 42g, 100℃에서
347g이다. 알코올이나 글리세롤에는 잘 녹
지만 에테르나 아세톤에는 녹지 않는다. 강
하게 가열해도 산화물과 물로 분해되지 않
지만 쉽게 용해하여 금·백금·규산 등을

침식하므로 용해 수산화나트륨은 은·니켈 등의 용기를 써서 취급해야 한다. 식염 전해에 의해 제조된다. 무수염 외에 1, 2, 3, 4, 5, 7수화물 등이 알려져 있다. 화학공업 전반에 걸친 원재료이고 실험실에서도 중요한 시약. 극약이다. 진한 수용액 또는 고체가 피부에 닿았을 때는 물로 잘 씻은 다음, 황산마그네슘의 희석 수용액으로 씻으면 된다. 눈에 들어갔을 때는 가능한 한 많은 물과 붕산수로 잘 씻어야 한다. 또 잘못하여 마셨을 때는 식초나 레몬즙을 섞은 물을 많이 마시거나 우유·달걀 흰자위 등을 먹으면 좋다.

수산화물 (水酸化物, hydroxide)　일반식 M^IOH, $M^{II}(OH)_2$, $M^{III}(OH)_3$ 등으로 표시되는 화합물. 즉, 금속 이온 혹은 다원자 양이온과 수산화물 이온으로 구성된 화합물의 총칭. 수산화물은 산화물의 수화물이라고도 생각되며, 산성 산화물에 대응하는 수산화물은 산성, 염기성 산화물에 대응하는 것은 염기성이다. 또 수산기 이외에 산소를 결합한 산화 수산화물이나 보통 산소산을 수산화물의 탈수 생성물이라고 볼 수도 있다.

수산화 알루미늄 (水酸化 ——, aluminium hydroxide)　$Al(OH)_3$ 또는 $Al_2O_3 \cdot 3H_2O$로 표시되는 산화 알루미늄의 3수화물 외에 AlO(OH) 또는 $Al_2O_3 \cdot H_2O$로 표시되는 1수화물 등, 일반적으로 $Al_2O_3 \cdot nH_2O$로 표시되는 수화한 산화 알루미늄을 지칭한다. 천연으로는 기브자이트·다이어스포어로서 존재하고, 알루미늄염의 수용액에 암모니아수를 가하면 백색의 콜로이드상 침전으로서 생긴다. 가열하면 300℃에서 물 1분자를 잃는다. 양쪽성 수산화물이며, 알칼리와 반응하여 알루민산 염을 만들고, 산과 반응하여 그 염을 만든다. 물과 장시간 접촉하면 겔화(化)한다. 흡착제·이온 교환제, 크로마토그래피의 고정제 등으로, 또 산화 알루미늄의 제조 원료, 종이의 중량제로 사용되는 외에, 섬유속에 채우면 방수성이 커지는 데서 방수포의 제조 첨가제로도 사용되고 또 제산제로도 쓰인다.

수산화 칼륨 (水酸化 ——, potassium hydroxide)　물에 강하게 발열하여 용해되는 무색의 고체, KOH. 가성가리는 속칭. 무수염 외에 1, 2 및 4수화물이 있다. 오래 전부터 탄산칼륨을 석회유와 반응시키는 가성(加成)화법이 이용되어 대량으로 생산되었으나 현재는 염화칼륨 수용액을 전기분해해서 얻는다. $2K + 2H_2O \rightarrow 2KOH + H_2$. 전기분해에는 흑연을 양극으로, 철을 음극으로 하고 석면으로 만든 격막을 써서 조작하여 음극실에 생기는 10~12%와 수산화 칼륨 용액을 농축하여 분리시키는 격막법과, 전해액을 연속적으로 보내어 흑연 양극과 수은 음극 사이에서 일부를 전기분해하여 음극에 아말감을 만들고, 이것을 물로 분해하여 수산화 칼륨으로 만드는 수은법이 있는데, 수은법이 순도가 높은 제품을 얻을 수 있다. 제품으로 시판되고 있는 것은 보통 반구형의 정제 또는 막대 모양으로 성형된다. 또 수은법으로 얻은 함량 45%의 수용액도 액체 수산화 칼륨으로 판매된다. 사방정계의 백색 결정으로 녹는점 360.4℃, 끓는점 1,320℃, 비중 2.055이다. 조해성이므로 공기 중에 두면 물을 흡수하여 녹고 이산화탄소를 흡수하여 탄산칼륨이 된다. 수용액은 알칼리성을 나타낸다. 용해도는 물 100 g에 대하여 0℃에서 97 g, 100℃에서 178 g이다. 알코올·글리세롤 등에도 녹는다. 화학적 성질은 수산화나트륨과 거의 같지만 부식성이 더 강하고 이산화탄소를 흡수하는 힘도 수산화나트륨보다 강하다. 또한 이 때 생기는 탄산칼륨은 탄산나트륨보다 침전이 덜 생기므로 실험실에서 이산화탄소를 흡수시키는 데도 쓰인다. 극약이므로 진한 수용액이나 고체가 몸에 닿았을 때는 물로 잘 씻은 다음 황산마그네슘 수용액으로 씻으면 된다. 눈에 들어갔을 때는 아주 위험하므로 될 수 있는 대로 빨리 다량의 물과 붕산으로 씻어내야 한다. 또 잘못하여 마신 경우에는 식초와 레몬즙 또는 묽은 염산 등을 마시거나 우유·달걀 흰자위 등을 마시면 좋다. 칼륨의 제조, 의약품, 염료, 침탄제, 도금, 알칼리 전지, 시약 등에 사용된다.

수산화 칼슘 (水酸化 ——, calcium hydroxide)　물에 용해되기 어려운 무색 결정, $Ca(OH)_2$. 속칭 소석회라고도 한다. 수용액은 석회수라 하고 현탁액은 석회유라 한다. 또 수용액은 공기 중의 이산화탄소를 흡수하여 탄산칼슘의 백탁(白濁)이 생긴다. 생석회(산화칼슘 CaO)에 물을 작용시키면 격렬하게 발열하며 생긴다. 염가의 공업용 염기, 부식제, 산성 토양의 중화제로 사용된다.

수선부 도료 (水線部塗料, boat topping, water-line paint)　선박의 홀수선 부분에 칠하는 도료. 적하물의 다소에 따라 수면 아래로 있거나 수면 위에 노출되므로 도막은 내수성, 내후성, 내피광 충격성이 클 필요가 있다. 또 해면 아래로 들어가므로 조류와 조개류 등의 생물이 부착하지 않는 도막을 형성해야 한다.

수선 효소 (修繕酵素, repair enzyme)　DNA에 생긴 화학적 변화(손상)를 원래대로 복원하는 반응계에 작용하는 효소. DNA 손상의 종류에 따라 상이한 수선효소가 작용한다. DNA의 폴리뉴클레오티드 사슬의 잘린 부분을 잇는 DNA 리가아제, 폴리뉴클레오티드 사슬에 생긴 틈을 메꾸는 DNA 폴리메라아제가 있다. 이처럼 원상태로 회복하려는 작용을 SOS기능이라 한다.

수성 가스 (水性 ——, water gas)　무촉매법에 의한 수증기 변성으로 얻어지는 일산화탄소와 수소가 혼합된 합성 가스의 하나. 코크스와 수증기의 반응으로 제조하였으므로 이렇게 부른다. 실험적으로는 1781년 F. 폰타나가 적열(赤熱) 탄소에 수증기를 반응시켜 그 생성을 확인하였으며, 공업적으로는 1870년에 T. S. C. 로가 고안한 간헐식 수성 가스 발생로를 사용하여 만들게 되었다. 수성 가스의 성분비는 수소 49%, 일산화탄소 42%, 이산화탄소 4%, 질소 4.5%, 메탄 0.5%로 되어 있다. 비중은 공기를 1이라 할 때, 0.534. 총발열량은 약 $2,800\,kcal/m^3$이다. 불순물로서 약간의 물과 코크스의 미소분말 외에 황화수소·이황화수소 등이 들어 있다. 그대로도 연료로 사용할 수 있으나 액상(液狀) 또는 기상(氣狀)의 탄화수소로 증열하여 증열 수성가스를 만든 다음, 석탄가스에 혼입하여 도시가스로 사용하고 있다. 증열 수성가스의 발열량은 $5,000\sim5,800\,kcal/m^3$로, 수성가스의 약 2배가 된다. 또 주성분인 일산화탄소에 다시 수증기를 반응시켜, 모두를 수소와 이산화탄소로 바꾸는 수성가스 변성(變成)을 시켜, 암모니아나 메탄올의 합성 원료로 사용할 뿐 아니라 각종 환원용

수소원(水素原)으로 사용한다. 최근에는 코크스 대신에 석탄·석유·기체 탄화수소 등에 산소와 수증기를 혼입하여 연속적으로 만드는 연속식 수성 가스 발생로가 발달하여 많이 사용되고 있다.

수성 가스 전화 반응 (水性 —— 轉化反應, water-gas-shift reaction)　수성 가스 등의 합성 가스에 포함되는 일산화탄소를 일산화탄소 전화로에서 수증기와 반응시켜, 이산화탄소와 수소로 전화하는 반응. 합성 가스를 암모니아 합성 원료로 하기 위해 한다.

수성 페인트 (水性——, distemper, water paint)　이전에는 전색제에 카세인을 사용하는 도료를 지칭하였으나 현재는 물을 희석 용제로 하는 도료의 일반명. 수용성 도료, 수계 도료라고도 한다.

수소 결합 (水素結合, hydrogen bond)　하나의 수소원자가 F, N, O 등 전기 음성도가 높은 원자 2개와 약하게 결합되는 X–H⋯Y형의 결합. H가 X와 Y에 대해서 등가한 관계에 있는 경우도 있다. X와 Y가 하나의 분자 내에 있는 경우에는 분자 내 수소결합이라 한다. 수소결합에 의해 H_2O, HF, 알코올, 카르복시산 등은 회합체를 형성한다. 얼음에서는 수소결합에 의해 다이아몬드 격자가 형성되어 있다. 수소결합은 여러 가지 물질에 중요한 영향을 미치고 있다. 앞의 얼음의 경우에는 수소결합에 의하여 생긴 그물눈 구조로 해서 상당한 공간이 생긴다. 얼음을 가열할 때 녹는점에서 어느 정도의 융해열이 필요한 것은 이 수소결합을 절단하기 위한 것이며, 물은 수소결합이 어느 정도 절단된 상태이므로 1개의 물분자를 둘러싸는 다른 물분자의 수가 증가하여, 물분자 사이의 틈이 작아진다. 따라서 얼음보다도 물이 밀도가 큰 것이 된다. 최근에 불포화 결합의 π전자와의 사이에도 약한 결합이 인정되고 있는데, 이 경우는 특히 π수소결합이라 한다. 수소결합의 존재는 X–H기(基)의 신축진동(伸縮振動)의 변화를 적외선 흡수 스펙트럼에 의하여 확인할 수 있다. 또 X와 Y의 원자간 거리를 측정하면 X–H와 Y와의 반 데르 발스 반지름의 합보다 짧다. 이 결합은 생체 내의 생명현상에서 중요한 구실을 하고 있다. 예를 들면 단백질(蛋白質)의 변성도 수소결합의 상태 변

화에 의한 경우가 많다.

수소 공여체 (水素供與體, hydrogen donor) 생체 내의 산화-환원 반응에 있어 다른 물질 또는 전자 전달계에 수소를 줌으로써 그 자신은 산화되는 것. 예를 들면 미토콘드리아의 전자 전달계의 전자 공여체는 숙신산 및 NADH(니코틴 아미드 아데닌 뉴클레오티드 인산)이다.

수소 과전압 (水素過電壓, hydrogen overpotential)　전극상에서 물을 환원하는 반응에서 평형 전위에서 어느 정도 분극하면 수소가 발생하는가 하는 값을 말한다. 전극으로 사용하는 금속에 따라 크게 다르다. 수소 과전압이 적은 순으로 대표적인 금속 전극의 예를 들면 Pt, Pd, Au, Fe, Ni, Cu, Pb, Zn, Hg이 있다.

수소 램프 (水素 ——, hydrogen lamp)　수소를 봉입한 방전관. 분광측광 등을 목적으로 자외영역에서 안정되고 강력한 연속 스펙트럼을 발광하는 광원으로 사용된다. 발광은 주로 수소분자의 재결합 스펙트럼이며, 250 nm 부근에 최대 강도를 갖는다.

수소 세균 (水素細菌, hydrogen bacteria)　수소를 산화하고 그 에너지를 이용하여 독립 영양적으로 이산화탄소를 고정하여 생육하는 화학합성 세균의 하나. 수소를 산화하는 세균에는 호기성(산소성) 세균과 혐기성(무산소성) 세균의 두 종이 있다. 수소는 세균의 작용에 의하여 셀룰로오스·펙틴 등이 분해될 때 탄수화물이나 그 밖의 물질에 의하여 포름산·아세트산·젖산·부티르산 등을 생성할 때, 단백질이 세균의 발육에 의하여 부패될 때, 만니트가 혐기적으로 분해되는 경우에 발생한다. 수소 세균은 이렇게 생성된 수소를 다시 산화하여 물을 생성시킨다. 수소 세균류는 토양 속에 널리 분포하며 발육을 위해 유기탄소 성분을 이용하는 경우가 많다. 산소 요구도의 차이와 영양물 속의 산소의 이용 능력의 세기의 차이에 따라 여러 종류로 나눈다. 생활 조건이 좋은 상태에서는 수소를 산화함으로써 이산화탄소를 동화하는 것이 있으며, 또 질산염을 분해(환원)하여 아질산을 생성시키는 종류도 있다. 수소 산화반응은 히드로게나아제의 작용에 의해, 탄소 고정 경로는 주로 칼빈 회로에

의한 것으로 보고 있다.

수소 수용체 (水素受容體, hydrogen acceptor) 생체 내의 산화-환원 반응에서 다른 물질 또는 전자 전달계에서 수소를 받아들임으로써 그 자신은 환원되는 것(⇨ 전자 공여체). 수소 받개라고도 한다. 생체 내 반응에서 중요한 구실을 하고 있다. 예를 들면, 호흡과 같은 생체 산화-환원 반응계에서 물이 생성되는 경우, 수소 공여체인 기질의 수소가 탈수소 효소에 의해 이탈되어 중간 수소 수용체를 환원시킨다. 이 경우 탈수소 효소의 작용은 여러 가지가 있으나 대부분은 환원 보조효소의 수소를 빼앗아 자신이 환원형이 된다. 그 때문에 효소 자신이 중간 수소 수용체의 구실을 한다. 끝으로 효소 환원계가 직접 산소와 반응하는 경우도 있지만 대부분은 시토크롬 산화효소 등에 의해서 산소에 의한 산화가 행하여져 물을 생성한다. 이와 같이 호흡시의 산화는 결국은 분자상 산소에 의해서 이루어지므로 이 때의 수소 수용체는 분자상 산소가 되는데, 이 동안 산화-환원에 따르는 몇 개의 중간 수소 수용체를 생각할 수 있는데, 이탈된 수소는 이들 수소 수용체에 수용되어 이것을 환원시키면서 반응이 진행된다. 그러므로 적당한 수소 수용체가 없으면 그 반응은 정지되고 만다.

수소 에너지 (水素 ——, hydrogen energy) 저장, 수송에 편리한 수소를 2차 에너지로 이용하는 에너지 시스템. 환경오염 문제가 적은 측면에서 우수하지만, 1차 에너지로 무엇을 상정하는가에 따라 변환 프로세스가 다르다.

수소이온 농도 (水素 —— 濃度, hydrogen ion concentration)　용액 중의 수소이온의 농도. 보통 1리터 중에 함유되는 수소이온의 물질량(몰)으로 나타낸다. pH라는 기호로 표시한다. 보통 $1l$의 용액 속에 있는 수소이온의 그램 이온수의 역수(逆數)의 상용 로그를 취한다. 순수한 물일 경우 1기압 25℃에서 수소이온 H^+의 농도가 약 10^{-7} 그램 이온인 점을 기준으로 해서 $pH = \log 1/[H^+] = 7$을 중성, pH가 7보다 작을 때 이 용액은 산성이다. 또 pH가 7보다 클 때에는 알칼리성이라고 한다. 물고기가 살고 있는 담수(淡水)의 pH는 6.7~8.6이고, pH는 폐수처리를 할

경우 중화·응집 등의 화학적 처리를 할 때 중요한 구실을 한다. pH값을 측정하는 데는 전위차 측정법, 비색 측정법이 있다.

수소이온 지수 (水素—— 指數, hydrogen ion exponent) ⇨ pH.

수소이온 활동도 (水素—— 活動度, hydrogen ion activity) 반응의 평형을 해석할 때는 농도보다도 그것을 보정한 활동도를 사용하는 편이 정확하다. 그러므로 열역학적으로 보정한 수소이온 농도이다.

수소 전극 (水素電極, hydrogen electrode) $2H^+ + 2e^- \rightleftharpoons H_2$의 전극 반응이 안정하게 그 평형 전위를 표시하는 전극계를 이른다. 구체적으로는 염산 용액 등에 담근 백금전극에 수소가스를 통하면서 사용하는 반전지를 지칭하며, 참조 전극으로 사용한다. 수소분압 1기압, 용액 중의 수소이온의 활량이 1일 때 표준 수소전극(NHE)이라 하며, 그 전극 전위를 0 V로 정의한다.

수소 첨가 (水素添加, hydrogenation) ⇨ 수소화.

수소 초증감 (水素超增感, hydrogen hyper-sensitization) 할로겐화은 사진유제의 도포물을 처리하여 사진 감도를 높이는 초증감이라는 증감법의 하나. 유제의 도포물을 수소 가스 중에, 일정 온도, 일정 시간 놓아 둔다. 수소에 의해 할로겐화은 입자 표면의 은이온이 환원되어 은원자의 이량체 Ag_2가 형성되고, Ag_2가 할로겐화은 중에 발생한 정공을 포획하여 광전자와 정공의 재결합을 억제하므로 사진 감도를 높인다고 생각된다.

수소 취화 (水素脆化, hydrogen elbrittlement) 금속에 수소가 흡수되면 취약해지는 현상. 메커노케미컬 부식 현상의 하나이다. 금속 중에 수소가 침입하면 탄소강에서는 탄소에 반응하여 메탄이 생성되거나 티탄-지르코늄에서는 입계에 수소화물이 생성되어 취약의 원인이 된다.

수소화 (水素化, hydrogenation) 불포화 유기 화합물에 수소를 부가시켜 포화 화합물을 합성하는 반응. 또 카르보닐 화합물에 수소를 부가시켜 알코올로 환원하는 반응. 일반적으로 금속 촉매를 사용하여 원료 화합물과 수소 가스를 반응시킨다. 수소화와 동시

에 분해되는 반응은 수소화 분해 또는 수소첨가 분해라고 하여 구별하고 있다. 촉매로는 백금·팔라듐·니켈·철·코발트·구리 등이 많이 사용되며, 상온~200℃에서 반응시킨다. 또 황화니켈·황화몰리브덴 등의 황화물을 사용하는 경우도 있다. 실험실에서는 일반적으로 유기 화합물의 구조 결정이나 식별법에 이용되고, 공업적으로 중요한 반응으로는 옥탄류의 제조, 불포화 유지(油脂)의 경화(硬化) 등을 들 수 있다.

수소화 나트륨 (水素化——, sodium hydride) 무색의 결정 NaH. 물과 격렬하게 반응하여 수산화나트륨과 수소가 된다. 환원제, 수소화제로 사용된다. 탄화수소에 분산시킨 것이 판매되고 있다.

수소화물 (水素化物, hydride) 수소를 음성 성분으로 함유하는 화합물의 총칭. 단, NH_3, H_2S 처럼 수소가 양성 성분이 되는 경우도 포함하여 모든 수소의 화합물을 수소화물이라 부르는 경우도 많다. 수소화물은 보통 휘발성 수소화물, 염류형 수소화물 및 금속형 수소화물로 나누지만 그 구별이 뚜렷한 것은 아니다. ① 휘발성 수소화물 : 붕소족·탄소족·산소족·할로겐족 원소가 수소와 만드는 화합물. 일반적으로 상온에서 기체이며 끓는점·녹는점이 낮고, 결합은 공유결합성이다. 예를 들면 보란 B_2H_4, 메탄 CH_4 등이 있다. ② 염류형 수소화물 : 알칼리 금속·알칼리 토금속에 속하는 원소가 수소와 만드는 화합물. 무색의 결정이며, 끓는점·녹는점이 높고 물과 반응하여 수소를 발생한다. 결합은 이온 결합이고, 강한 환원성을 가진다. 예를 들면 수소화 리튬 LiH, 수소화 칼슘 CaH_2 등이 있다. ③ 금속형 수소화물 : 전이원소가 수소와 만드는 화합물. 수소원자가 금속 격자의 틈에 침입한 구조를 가지고 있어 침입형 수소화물이라고도 한다. 비휘발성으로 잘 녹지 않는 고체이며, 원래의 금속과 비슷한 성질을 가지고 있다. 수소화 지르코늄 ZrH 등 이상(異常) 원자가를 가진 화합물과 수소화 토륨 $ThH_{3.07}$ 등 비화학량론적 화합물도 많다. 예를 들면 수소화 구리 CuH, 수소화 니켈 NiH_2 또는 NiH, NiH_4 등이 있다.

수소화 분해 (水素化分解, hydrogenolysis, hydrocraking) 　(1) 접촉적 수소화 반응에 수반하여 C−C, C−O, C−N 결합 등이 개열하는 반응. 불포화 결합에 대한 수소화 반응보다 격렬한 조건에서 일어나는 것이 일반적이다. 가수소 분해라고도 한다. (2) 석유의 원료유와 수소를 촉매의 존재하에서 고온·고압으로 분해하여 경질유를 제조하는 방법. 나프타에서 액화 석유가스, 중간 유분에서 가솔린분, 중질유와 감압 잔류에서 중간 유분이나 가솔린분 제조에 사용된다.

수소화 붕소 나트륨 (水素化硼素 ——, sodium borohydride)　수용성의 무색 결정, $NaBH_4$. 정식으로는 테트라히드로 붕산나트륨(sodium tetrahydroborate)이라 한다. Na^+와 BH_4^-로 되는 면심 입방 격자이다. 400℃까지는 안정하고 물에 가용, 에테르에는 불용. 또 냉수에서는 $NaBH_4 \cdot 2H_2O$가 결정하지만 가열하면 가수분해하기 쉽다. 산을 가하면 계산량의 수소를 발생하여 분해하고 금속 염화물과는 저온에서 반응하여 그 금속염을 만든다. 카르보닐 화합물의 환원에 대해 $LiAlH_4$보다 완만한 환원제로서 이용된다. 알데히드, 케톤, 산 염화물, 락톤 등을 환원하지만 카르복시산, 에스테르, 아민, 니트릴, 방향족 니트로 화합물, 할로겐화물 등을 환원하지 않는다.

수소화 붕소 리튬 (水素化硼素 ——, lithium borohydride)　무색 결정, $LiBH_4$. 정식으로는 테드라히드로 붕산리튬이라 한다. 환원제로 사용된다.

수소화 알루미늄 리튬 (水素化 ——, lithium aluminium hydride)　무색 결정 $LiAlH_4$. 정식으로는 테트라히드리드알루민산리튬이라 한다. 물과는 극렬하게 반응하여 수소를 발생한다. 에테르, 테트라히드로푸란 등에 용해되므로 유기 화합물, 특히 카르보닐 화합물, 에스테르 등의 환원에 널리 사용된다.

수소화 처리 (水素化處理, hydrogen treating)　석유 유분을 촉매 존재하에 고온·고압으로 수소화하여 탈황, 탈질소, 탈산소, 탈금속, 개환, 이성질화, 중질유의 경질화 등을 함으로써 색상, 냄새, 산화 안정성 등을 개선하여 고품위화하는 처리. 또한 탈유 또는 탈랍 중의 비탄화수소 물질을 수소화에 의해 제거하여 품질을 개량하는 처리법도 있다.

수소화 탈황 (水素化脫黃, hydrodesulfurization)　중유 탈황법의 하나로, 중유 중에서 탄소와 결합하고 있는 황을 촉매 반응으로 수소화하여 황화수소로 발생시켜 탈황하는 방법. 이 방법으로 황의 95% 정도는 제거할 수 있다. 수첨 탈황(水添脫黃)이라고도 한다. 처리 원료의 경중(輕重)에 따라 조건의 차는 있지만 일반적으로 고온·고압하에서 촉매를 사용하여 수소와 반응시켜, 황화합물을 황화수소의 형태로 만들어 탄화수소에서 분리시킨다. 석유 유분은 탈황과 동시에 탈산소·탈질소, 불포화 성분의 포화 안정화 등이 실시되며, 연료유 특히 황분이 많은 중유에서 황분의 제거가 주요 목적이므로 수소 탈황이라고 한다.

수소 흡장 합금 (水素吸藏合金, hydrogen absorbing alloy, hydrogen storing alloy)　수소를 가역적으로, 또한 신속하게 흡수하는 일군의 합금. 보통 실온 부근에서 발열을 수반하여 수소를 흡수하고, 가열하면 방출한다. $LaNi_5$, $LaNi_4Al$, $TiFe$, Mg_2Ni 등이 대표적이다. 수소 에너지 저장용으로 관심이 모아지고 있다.

수송체 (輸送體, translocator)　물질을 특이적으로 결합하여 수송하는 단백질의 총칭. 생체막에 존재하는 수송체는 수동 수송을 하는 채널. 1차 능동 수송을 하는 펌프, 2차 능동 수송을 하는 캐리어(운반체) 등으로 나누어진다.

수송 현상 (輸送現象, transport phenomenon)　미시적으로 정의하면 물질계의 입자운동에 수반하여 에너지, 운동량, 물질 등이 운반되는 현상의 총칭. 거시적으로 정의하면 물질계의 상태가 장소에 따라 다를 때 이것을 평균화하려고 하여 운동량, 열량, 전하 등이 이동하는 불가역 현상의 총칭. 화학공학에서는 이동현상이라고도 한다. 기체의 열전도와 점성, 액상 중에서의 입자의 확산과 이온의 전기적 영동 등은 수송현상의 예이다.

수쇄 슬래그 (水碎 ——, granulated slag, watergranulated slag)　고로에서 용융 슬래그를 물로 급랭하여 얻어지는 모래 모양의 유리질 슬래그. 수화 반응성이 있으므로 미분쇄하여 시멘트의 혼화 재료로 사용된다. 또한 콘크리트의 골재로도 사용된다.

수식 (修飾, modification) (1) 단백질의 구조와 성질이 특정 시약이나 효소에 의해 개변되는 것. 전자는 화학 수식이라 하며 시약을 목적한 작용기에 결합시켜 곁사슬의 구조를 바꾸는 것을 지칭한다. 후자에는 프로세싱, 번역후 수식 등으로 불리우는 효소의 작용에 의한 단백질 구조의 다양한 개변이 있다. (2) 전기화학 용어로서는 전극 표면에 특정한 기능이 있는 분자를 고유결합으로 고정화한 화학 수식 전극이 있다.

수식 전극 (修飾電極, modified electrode) ⇨ 피복 전극. 그러나 현재는 수식 전극이라 하는 것이 일반적이다.

수열 반응 (水熱反應, hydrothermal reaction) 고온의 물, 특히 고온, 고압의 물 존재하에서 이루어지는 물질의 합성 혹은 변성반응. 수열반응을 이용한 합성을 수열합성(hydrothermal synthesis)이라 한다. 천연에도 수열반응으로 탄생한 광물이 존재하며 이를 열수 광상이라 한다.

수용성 녹말 (水溶性綠末, soluble starch) 녹말을 묽은 산 또는 고압 가열하여 약간 가수분해한 것. 녹말 입자의 형태를 유지하고 내수에는 녹지 않지만 온수 또는 열수에 녹아 점성이 작은 투명한 용액이 된다.

수용성 도료 (水溶性塗料, distemper, water paint) ⇨ 수성 페인트.

수용 용적 (受容容積, content volume) 메스실린더와 전량(全量)이 0.1 m*l* 이하의 화학용 체적계 눈금은 20℃에서 표선까지 액체가 채워졌을 때 나타내어야 할 체적을 표시한다. 이것을 수용 용적이라 하고, 용기를 수용 용기라 한다. 송출 용적에 대응하는 용어이다.

수용체 (受容體) (1) acceptor ⇨ 전자 수용체, 수소 수용체. (2) receptor ⇨ 리셉터.

수용체 수 (收容體數, acceptor number) 용매 분자가 루이스산으로 작용할 때의 전자쌍 수용성을 나타내는 척도의 하나이다. A_N 또는 AN으로 표기한다. 헥산 중에 용해한 $(C_2H_5)_3PO$에서 ^{31}P의 화학 이동을 측정하여 무한 희석용액을 보외(補外)히여 얻어지는 δ값을 기준으로 하고, 헥산의 수용체 수를

영으로 한다. 한편, 1, 2-디클로로에탄 중에 용해한 $(C_2H_5)_3PO \cdot SbCl_5$ 부가물의 δ값을 다른 기준값으로 하고, 이것을 100으로 한다. 이러한 값에 근거하여 여러 가지 용매 중에 용해한 $(C_2H_5)_3PO$의 ^{31}P 화학 이동값에서 환산되는 값을 그 용매의 수용체 수로 한다.

수용체 정량 (收容體定量, receptor assay) 리셉터(수용체)와 리간드의 특이적인 결합을 이용하여 아고니시트(작용 물질), 안타고니시트(길항 물질), 프록커 등의 생물 활성 물질을 검정하는 방법. 보통 부분 정제한 리셉터, 방사 표지한 리간드, 시료의 3자를 용액 중에서 인큐베이트하여 멤블란 필터상에 포집한 단백질 산출물에 함유되는 방사능을 측정하여 실시한다.

수율 (收率, yield) 화학 반응에 있어 화학량론적으로 계산된 생성물의 이론량에 대해 실제로 얻게 되는 양의 비율을 말하며 (수량 / 이론량)×100으로 표시한다.

수은법 (水銀法, mercury process) 식염수를 전기 분해하여 가성소다와 염소를 제조하는 방법의 하나. 도중에 나트륨 아말감을 형성하고 이것을 가수분해하여 가성소다를 얻는다. 기술적으로는 효율이 좋은 방식이지만 사용하는 수은이 환경을 오염한다는 이유에서 정책적으로 격막법 및 이온 교환막법으로 전환되고 있다.

수은 적하 전극 (水銀滴下電極, dropping mercury electrode) ⇨ 적하 수은 전극.

수은화 (水銀化, mercuration) 유기 화학물의 탄소 골격에 수은원자를 결합시켜 유기 수은화합물을 형성하는 반응을 말한다.

수정 (水晶, rock crystal) SiO_2의 여러 형의 하나. 석영의 단결정을 지칭한다. 석영은 나선구조를 하고 있으므로 우수정과 좌수정이 있으며 각각 우선성과 좌선성이다. 573℃ 이하에서 안정하며, 압전기 및 초전기성(焦電氣性)을 나타낸다. 보통 수정이라고 하면 정확하게는 저온 수정을 이르며, 573~870℃에서 안정된 것은 고온 수정이라고 한다. SiO_2의 동질 이상에서는 저온 인규석(低溫燐硅石 : 117℃ 이하에서 안정)·중온 인규석(117~163℃에서 안정), 고온 인규석(870~1,470

℃에서 안정), 저온 홍연석(低溫紅鉛石 : 20℃ 이하에서 안정), 고온 홍연석(1,470~1,720℃에서 안정), 키타이트(상온에서는 불안정), 코르사이트(고압하에서 안정), 스티쇼바이트(고압하에서 안정) 등이 있다. 단위포(單位胞) 중에 SiO_2의 3분자가 함유되어 있다. 굳기 7, 비중 2.651이다. 보통 무색 투명 또는 흰색 반투명하며, 때로는 노랑(citrin), 빨강 또는 핑크(紅水晶 ; rose quarts). 녹색, 파랑(blue quartz), 보라(紫水晶 ; amethyst), 흑갈색(煙水晶)등이 있다. 수열 합성법으로 양질의 큰 단결정이 대량 생산되고 있다. 자외선을 잘 통하여, 광학기계, 수정발진기 등에 사용되며 석영 유리의 원료가 된다. 발진자용 수정은 천연산보다 인공 수정이 좋다고 한다. 또 수정의 성질인 피에조 전기효과를 이용하여 수정 시계에도 사용된다. 합성은 오토클레이브(고압 가마)를 사용하며 1,000atm 정도의 압력과 350℃ 정도의 온도 조건에서 열수 용액 속에서 이루어진다. 오토클레이브의 상하에 온도차를 두고, 아래쪽에 원료인 찌꺼기 수정을 놓고 상부에 종자 결정판을 매단다. 용해한 SiO_2는 대류(對流)에 의해서 위쪽에 이르러 종자 결정상에 석출된다. 대형 결정의 육성에는 1개월 이상의 시간이 필요하다.

수정 분광기 (水晶分光器, quartz spectroscope) 스펙트럼 측정용 분광기에 수정 프리즘 및 렌즈를 사용하여 자외부까지 측정할 수 있도록 한 분광기. 석영 분광기라고도 한다.

수제 도료 (水際塗料, boat topping, waterline paint) ⇨ 수선부 도료.

수중 유형 에멀션 (水中油型——, oil-in-water emulsion) 수중에 기름 방울이 분산하고 있는 에멀션. o/w형 에멀션이라고도 한다. 도전성이 높고 물로 희석할 수 있다. 유중수형 에멀션의 대응어. 우유, 마요네즈, 바니싱 크림 등이 대표적 예이다.

수증기 개질 (水蒸氣改質, steam reforming) ⇨ 수증기 변성.

수증기 변성 (水蒸氣變成, steam reforming) 천연 가스에서 중질 나프타까지의 탄화수소와 수증기를, 변성로에서 반응시켜, 합성가스, 수소 혹은 도시가스용 가스를 제조하는 방식. 니켈 등의 촉매를 사용하는 촉매법과 그것보다 고온에서 하는 무촉매법이 있다.

수증기 분해 (水蒸氣分解, steam cracking) 석유 유분 특히 나프타를 고온에서 분해하여 에틸렌 등을 제조하는 방법에서, 수증기를 원료에 혼입하는 방법. 스팀 크래킹이라고도 한다. 수증기를 가함으로써 흡열 반응에 의한 온도의 급강하 방지, 탄화수소의 분압 저하, 탄소질의 석출 감소 등의 이점이 있다.

수증기 증류 (水蒸氣蒸溜, steam distillation) 유기 화합물에 수증기를 불어넣으면 수증기와 함께 증류하게 되는 성질의 것이 많다. 끓는점이 상당히 높은 액체, 경우에 따라서는 고체 물질도 수증기 증류에 의해 분리·정제할 수가 있다. 물과 기름처럼 서로 섞이지 않는 것의 혼합물을 가열하면 각 물질은 단독으로 가열되었을 때와 같은 증기압을 보이므로 수증기와 물질의 증기압의 합이 대기압과 같아지면 유출하므로 그 물질의 끓는점보다 낮은 온도에서 물과 함께 유출시킬 수가 있다. 보통 증유법으로는 분해할 염려가 있는 유기물이나 끓는점보다 저온이라도 상당히 높은 증기압을 갖는 유기 화합물 등의 분리·정제에 이용된다. 특히 유류(油類)처럼 응축 후에 두 액층으로 분리하는 것 등에 편리하다.

수지 가공 (樹脂加工, resin finishing, resin treatment) 직물에 주름 방지성, 방축성, 방수성, 방오염성, 난염성 등의 기능을 부여하기 위한 가공. 가공제로서 N-메틸롤 화합물, 에폭시 화합물, 에틸렌이민 화합물이 사용되고 있다. 이러한 화합물(단량체)이 수지가 되므로 수지 가공이라 한다. 1926년 영국의 투틀 브로드허스트리사(社)가 레이온 제품에 요소 포르말린 수지를 함침(含浸)시켜 방추성과 치수의 안정성을 주는 특허를 출원한 것이 최초이다. 그 후 1935년 스위스의 치바사(치바가이기社)가 같은 목적으로 멜라민 포르말린 수지를 사용하기 시작하였으며, 현재는 이런 수지 외에 많은 약품이 사용되고 있다. 이 외에 방수 가공(防水加工)의 실리콘 수지의 사용, 방연(防燃)·방충(防蟲)·대전방지(帶電防止) 등의 수지 가공도 실시되고 있다. 직물 다음에 종이 제품에 대한 수지 가공이 실시되어, 특히 습윤(濕潤)했을 때 강도가 증대하는 종이 타월·종이 포대·여과지(濾過紙) 등에 대한 멜라민계 기타의 가공이 사용된다. 또 내수 가공(耐水加工)도 여러 가지 합성 수지로 하게 되었다.

수지 가황 (樹脂加黃, resin vulcanization) 고무를 가황할 때에 황이나 유기 과산물을 사용하지 않고 반응성의 수지류를 사용하는 방법. 페놀 수지, 우레탄 수지, 키노이드 수지 등이 사용된다. 내열성과 내컷성이 향상되지만 반발탄성은 저하하고 소성이 증가한다.

수지 바니시 (樹脂——, resin varnish) 천연 또는 합성 수지, 건성 또는 반건성유 및 용제류 등을 가열 용해하여 제조하는 바니시. 페이스트 잉크의 주요 전색제 성분으로 사용되며, 건조성이 양호하고 광택 건조막을 형성한다.

수지산 (樹脂酸, resin acid) 천연 수지 중에 유리 또는 에스테르로서 존재하는 유기산의 총칭. 대부분은 치환 골격이 있는 카르복시산이지만 벤조산과 신남산 등의 유도체도 있다.

수지 염기 안료 (樹脂鹽基顔料, resinated pigment) 수지산이나 그 유도체의 금속(Ca, Ba 등)염으로 표면처리한 유기 안료. 이 처리로 분산성이 개선되므로 색상이 선명하게 되고 윤기와 착색력이 커진다. 일반적으로 인쇄 잉크용 안료가 많다.

수지 장해 (樹脂障害, pitch trouble) 제지공정에서 펄프재 중의 수지가 펄프와 각 공정에서 사용되는 기계와 용구의 여러 군데에 응집하는 경우가 있다. 이것이 원인으로 종이 품질이 낮아지고 종이가 찢어지는 일이 일어나는 것. 피치 장해라고도 한다.

수직 자기 기록 (垂直磁氣記錄, perpendicular magnetic recording) 자기디스크 면에 대해 수직으로 자화시켜 정보를 기록하는 방법. 종래의 자기 테이프의 주행방향으로 기록하는 방식에 비해 감자효과가 적으므로 고밀도 기록에 적합한 기록 방식이다.

수직 전이 (垂直轉移, vertical transition) 분자가 빛을 흡수 또는 발광할 때 전이 전후에서 핵좌표, 즉 분자의 기하학적 구조가 변화하

지 않는 것을 말한다. 이것은 프랑크·콘돈 원리의 요청에 의한다. 분자의 방사 전이에 요하는 시간이 $10^{-15} \sim 10^{-16}$s인 것에 대해 분자진동의 1주기 시간은 10^{-13}s 정도이므로 방사 전이 때의 진동에 의한 핵 변위는 무시할 수 있으므로 수직 전이가 일어난다.

수질 분석 (水質分析, water analysis) 육수, 해수, 지하수 등, 수시료에 대해 실시하는 화학분석의 총칭이다.

수질 오염 (水質汚染, water pollution) 인간의 사회활동의 결과 하천, 호수, 해양 등의 수역에 각종 물질이 유입하여 물이 오염되고 그 환경상태가 열화하는 것. 이 중에는 온수에 의한 수온 상승과 착색 등도 포함된다. 또 수질을 오염시키는 액상 폐기물의 성분을 세밀하게 분류하면, 그것은 무기 물질·미생물·방사 성물질·열·유기 물질 등으로 나누어진다. 무기 물질은 하천에 탁도(濁度)를 나타내기도 하고, 일부 금속류는 생태계와 인간에게 직접 또는 먹이 연쇄(food chain)를 통하여 간접적으로 위해를 주기도 한다. 미생물은 대부분이 인간에게 무해하거나 또는 유익한 것들이지만 인간 배설물과 함께 배출되는 것 중에는 병원균도 있을 수 있다. 병원균은 자연수역에서 오래 생존할 수 없지만 어떠한 경로를 통하여 인체에 들어간 후 질병을 일으킬 수 있다. 물의 미생물 오염수준을 판단하는 지표로서 대장균의 농도가 곧 잘 이용된다. 방사성 물질 중에는 반감기가 긴 것들이 많은데, 그러한 것들은 수중에 남아 있다가 먹이 연쇄를 통하여 인간에게 해와 위험을 줄 수 있다. 냉각 용수 등으로 사용되었던 온도가 높은 물이 하천에 방류되어 온도를 지나치게 높일 때, 그러한 높은 수온에 적응할 수 없는 생물의 종은 소멸되고 잘 적응할 수 있는 종만이 번식하게 되는데, 이러한 하천 생태계의 변화는 대체로 인간생활에도 역영향을 준다. 유기 물질은 가장 중요한 오염 물질이다. 유기 물질은 수중에서 세균균류 등에 의하여 생화학적으로 분해되는데, 이 때 용존 산소가 소비되므로 지나치게 많은 유기 물질이 자연 수역에 방류될 때 수중의 산소가 결핍되거나 또는 없어진다. 오염 유기 물질의 강도를 판단하는 척도로는 생화학적 산소요구량 (biochemical oxygen demand : BOD)이 통용되고 있다. 또한 유기 물질 중의 인과 질소성분은 호수 등의 폐쇄 수역을 부영양화(富營養化)시키기도 하고 합성 유기 물질인 농약·합성 세제 등은 수중 생태계 및 인간에게 직·간접으로 피해를 주며 용수의 질을 저하시키기도 한다. 일반적으로 하천의 오염수준을 나타내기 위하여 용존산소(dissolvd oxygen : DO) 농도가 이용된다. DO 농도가 포화상태에 접근할수록 그 수역은 건강하며, 생명을 지지하는 능력이 크게 된다. BOD는 오염 유기 물질의 강도를 나타내며, 수중의 BOD 농도가 증가하면 DO 농도는 감소된다. BOD는 생물학적 처리가 가능한 유기 물질의 강도만을 나타내는데, 불가능한 것까지 포함한 전체 유기 물질의 강도로서는 화학적 산소요구량(chemical oxygen demand : COD)이 사용된다. 수중의 탁도를 나타내는 지표로는 현탁 고형물(懸濁固形物 : suspended solids : SS)이라는 용어가 사용된다.

수착 (收着, sorption) 활성탄이나 실리카겔 같은 다공성 물질에 대한 기체분자와 용질의 흡착현상. 다공성 물질에서는 각종 크기의 빈 구멍이 있으며 빈 구멍이 작아져 원자간 거리에 가까워지면 흡착과 흡수의 구별이 어렵게 된다. 그러므로 다공성 물질에 대한 흡착을 수착이라 불러, 보통 흡착과 구별하는 경우가 있다.

수채 물감 (水彩 ——, water color) 안료를 덱스트린이나 아라비아 고무로 이겨 합친 그림 물감을 말한다.

수크로오스 (sucrose) 설탕의 화학명이다.

수 평균 분자량 (數平均分子量, number average molecular weight) 분자량 분포를 갖는 고분자 화합물의 성분 분자종의 분자량을 수 분율(數分率) 혹은 몰 분율로 평균하여 얻게 되는 평균 분자량. 보통 막 삼투압법으로 구한다.

수프라형 (—— 形, suprafacial) 우드워드-호프만 칙(궤도 대칭성의 보존칙)에 의해 고리 모양 전자 반응의 입체화학을 설명할 때에 사용되는 용어. 동일면이라고도 한다. σ 결합에서 π결합으로 변하는 반응 또는 그 역반응에 대해, 1쌍의 궤도 개열 또는 생성

이 전이 상태의 고리 평면과 같은 쪽에서 일어나는 경우를 이른다. 안타라형의 대응어이다.

수해 (水解, hydrolysis) ⇨ 가수분해.

수해물 (水解物, hydrolyzate) ⇨ 가수분해 생성물.

수해 효소 (水解酵素, hydrolase) ⇨ 가수분해 효소.

수화 (水和, hydration) ⇨ 용매화.

수화 (水化, aquation) 착물 중의 배위자가 물 분자 H_2O(아쿠아 배위자)와 치환하는 반응. 또는 금속 염 무수물이 물에 용해되어 아쿠아 착염으로 되는 것도 수화라 한다.

수화물 (水化物, hydrate) ⇨ 수화물(水和物).

수화물 (水和物, hydrate) 물이 다른 화합물과 다시 결합하여 생긴 형식의 화합물을 총칭하는 것. 예전에는 수화물(水化物)이라고도 하였다. 염류의 수화물은 함수염이라고도 한다. 수화의 구조 형식에는 단순히 결정 격자를 구성하고 있을 뿐인 격자수와 공유 결합으로 금속 이온에 배위하고 있는 배위수, 음이온과 수소 결합하고 있는 음이온수, 옥소늄 이온 H_3O^+를 형성하고 있는 것 등, 여러 형식이 있다.

수화 에너지 (水和 ——, hydration energy) 물을 용매로 할 때의 용매화 에너지. 용질이 진공 중에서 이온 또는 분자로 분리되어 상호 작용이 없는 상내에서 수중으로 들어가 수화한 상태가 될 때의 에너지 차를 말한다. 근사적으로는 수화열, 수화 엔탈피와 같다. 수화의 기브스 에너지를 지칭하는 경우도 있다.

수화 열 (水和熱, heat of hydration) ⇨ 수화 에너지.

수화 이성질 (水和異性質, hydration isomerism) 물분자가 배위자로 되어 있는가 아닌가에 따라 생기는 이성질 현상. 이온화 이성질의 하나. 예를 들면 염화 크롬(Ⅲ) 6수화물 $CrCl_3 \cdot 6H_2O$에는 $[Cr(H_2O)_6]Cl_3$(보라색), $[CrCl(H_2O)_5]Cl_2 \cdot H_2O$(청록색), $[CrCl_2(H_2O)_4]Cl \cdot 2H_2O$(암녹색)의 3종의 수화 이성질체가 있다.

수화 전자 (水和電子, hydrated electron) ⇨ 용매화 전자.

수화제 (水和劑, water-dispersible powder,

wettable powder)　농약 제제의 한 형태. 물에 용해하지 않는 농약을 탤크, 쿨레, 화이트 카본 등의 무기성 분체나 분산효과가 있는 계면 활성제 또는 필요에 따라 분해 방지제 등과 혼합한 분말. 사용시에 다량의 물에 가하면 안정된 현탁액이 된다. 보통 이 현탁액은 농약 원체를 30~75% 함유한다. 수화제는 에멀션(乳劑)에 비하여 고농도의 제제를 만들 수 있고 계면 활성제의 첨가량이 소량이라도 되고, 용제가 필요하지 않는 점 등 경제적이다. 또한 계면 활성제에 약한 활엽 과수에도 약해 없이 사용할 수 있다. 수화제의 가장 큰 특징은 제제가 고체이므로 포장·수송·보관상, 에멀션에 비하여 유리하다. 특히 항상 문제가 되고 있는 공병(空瓶) 방치로 인한 안전사고를 방지할 수 있다. 그러나 수화제는 농장 조건에 따라 살포액을 조제할 때 농약량을 칭량만으로 가감할 수 있으므로 불편한 점도 있다. 또한 제품의 분말도가 너무 미세하여 살포액 제조시에 실수하여 농약을 흡입하면 중독사고를 일으킬 염려도 있다. 또 수화제는 분제에 비하여 살포액의 조제, 살포 노동력이 많이 소요되므로 농약 살포에 필요한 경비가 많아진다. 그러나 분제보다 약효가 확실하므로 경제적이고, 또한 액체상태로 살포하므로 분제의 가장 큰 결점인 드리프트(바람에 날려 다른 곳에 쌓이는 것)에 의하여 환경을 오염시킬 염려가 없다.

숙성 (熟成) (1) aging, ageing, ripening 분석화학의 용어. 용액에서 침전을 생성시킨 후에 바로 여과하지 않고 실온 내지 수 10℃ 정도로 보온하면서 수시간 내지 그 이상 방치하는 것. 불순물이 적고 입자 지름이 큰 여과하기 쉬운 침전을 얻기 위해 한다. (2) maturing, aging 요업 용어. ① 소석고 제조 공정의 하나. 원료 석고를 하소(煆燒)하여 무수 석고로 하고, 이것을 일정 시간 방치하여 반수 석고로 하는 것. ② 석회를 소화할 때 슬러리 상태의 석회를 일정시간 방치하여 소화를 충분히 시키는 것. (3) maturation 고무공업의 용어. 라텍스 배합물을 상온에서 60℃ 정도로 일정 시간 방치하는 것. 라텍스의 안정화와 제품 후의 물리적·화학적 성질을 변화시키지 않기 위해 한다.

숙신산 (——酸, succinic acid) 곧은 사슬 디카르복시산. HOOC–CH₂CH₂–COOH. 나트륨염은 조개류의 맛성분으로 조미료로 사용된다. 1550년 R. 아그리콜라가 화석(化石)이 된 수지인 호박(琥珀)을 건류하여 얻었다는 기록이 있는 데서 호박산이라고도 한다. 무색의 주상 또는 판상 결정으로 분자량 118.09, 녹는점 185℃, 끓는점 235℃, 비중 1.564이다.

숙주 (宿主, host) 일반적으로는 기생 생물이 기생하는 생물. 유전자공학에서는 유전자를 벡터에 연결시켜 도입하는 세포를 지칭하며 대장균, 고초균, 효모, 동물세포 등이 사용된다. 기생 동물 중에는 숙주가 특정한 종일 때도 있고 또 많은 기생충과 같이 그 발생 단계에 따라 많은 종류의 숙주를 필요로 하는 것도 있다. 이 경우 유생이 기생하는 숙주를 중간 숙주, 성체가 기생하는 숙주를 최종 숙주 또는 종결 숙주라고 한다. 간질(肝蛭)인 경우에는 남방쟁물 고동이 중간 숙주이고, 소·양 등은 최종 숙주가 된다. 기생 식물에는 겨우살이와 같이 졸참나무 등을 숙주로 하여 스스로 광합성을 하면서도 숙주에게서 영양을 얻는 것(半寄生)과, 야고처럼 생강 등의 뿌리를 숙주로 하여 숙주에게서만 영양을 의존하는 것(全寄生)이 있다. 기생 생물에는 이 밖에도 생물의 사체나 그 분해도상에 있는 것, 배출물 등을 숙주로 하는 것(死物寄生)도 있다.

숙주-벡터계 (宿主——系, host-vector system) 재조합 DNA를 얻기 위해 사용되는 숙주와 벡터의 조합. 벡터에는 숙주 의존성이 있다. 예를 들면 대장균과 효모에서의 플라스미드, 동물 세포에서의 바이러스 등이 실용화되었다.

순간 접착제 (瞬間接着劑, instant adhesive) 핫멜트 접착제와 감압 접착제 등도 순간적으로 접착할 수 있지만, 순간 접착제라고 하는 경우에는 α-시아노 아크릴산 에스테르를 지칭한다. 용기의 봉한 곳을 잘라 피착물에 도포, 압착하면 1~2분 안에 중합·고화하여 접착된다. 공기와 접촉하면 공기 중의 수분에 의해 중합반응(重合反應)을 일으켜 중합체로 되어 접착하게 된다. 금속·플라스틱·고무·유리·도자기 등 거의 모든 것을 접착할 수 있다. 가전 업계와 정밀기계 업계 등에서 부품을 조립하는 데 사용된다. 물과 열에 약한 것이 결점이다.

순고무 배합 (純——配合, pure gum compound) 고무의 가교(가황)에 필요한 배합제만을 최저한도 사용하는 배합법. 바꾸어 말하면 카본 블랙 등의 충전제와 가소제를 사용하지 않은 배합을 말한다.

순도 (純度, purity) 주목하는 화학성분이 매우 순수한 상태의 물질로 존재할 때, 그 성분의 물질 중에 점하는 비율을 말한다. 공업적으로는 KS로 규정되고, 그 시험법도 명시되어 있으나 일반적으로는 목적에 따라 여러 가지 순도가 요구되며, 그것에 따른 시험법이 사용된다. 물질은 순도가 높을수록 그 물리적 성질은 일정하고, 화학조성(化學造成)도 결정된다. 순도를 간단히 알기 위해서는 물질의 녹는점이나 끓는점을 측정하는 물리적 방법이 사용된다. 보통 화학분석에서는 0.1% 정도의 정밀도로 물질의 순도를 판단할 수 있으나 그 이상의 정밀도가 요구되는 경우에는 특수 분석법을 사용해야 한다. 또 분광학과 원자력 등에 응용되는 물질의 순도는 ppm 이상의 정밀도로 불순물 함유량이 규정되어 있어, 분광학적 순도·원자력적 순도 등이라고 한다.

순상 크로마토그래피 (順相——, normal phase chromatography) 극성이 높은 고정상과 그보다 극성이 낮은 이동상을 사용하는 분배 크로마토그래피. 고정상과 이동상의 극성이 이 방법과 역순의 관계에 있는 역상 크로마토그래피에 대응한 용어이다.

순수 (純水, pure water) ⇨ 증류수.

순위 결정 규칙 (順位結晶規則, sequence rule) 입체 이성질체의 입체 배치를 기호로 적는 데 필요한 R, S 표시를 위한 치환기의 우선순위를 결정하는 규칙. 키랄 중심과 결합하고 있는 치환 원자의 원자번호(같은 번호일 때는 무거운 동위체)가 큰 치환기를 순위가 높다고 결정한다. 키랄 중심에 직접 결합하는 원자가 같을 때에는 키랄 중심에서 두 번째에 있는 원자의 순위를 비교하여 순차 결합부위에서 떨어진 원자로 결착이 날 때까지 비교를 한다. 상이한 치환기 사이에는

반드시 순위가 결정되도록 상세한 규약이 정해져 있다. 구체적인 치환기의 순위는 입체화학 명명법의 참고서를 보기 바란다.

순이론적 계산 (純理論的計算, nonempirical calculation, *ab initio* calculation) 일반적으로 실험값 등의 경험값을 사용하지 않고 제1 원리로 하는 계산방법인데 분자의 전자상태 계산을 의미하는 경우가 많다. 이 경우 순이론적 분자궤도법 또는 압이니시오(*ab initio*) 분자궤도법이라 한다. 이 법이 분자의 전자상태를 정확하게 계산하는 방법의 중심적 위치를 점하고 있다.

순이론적 분자궤도법 (純理論的分子軌道法, nonempirical molecular orbital method) ⇨ 순이론적 계산.

순탄 베이스 (純炭——, pure coal substance basis) 수분과 광물질을 함유하지 않는다고 가정한 상태를 기준으로 하여 석탄의 분석값을 표시하는 것. 무수 무광물질 베이스라고도 한다. dmmf(dry-mineral-matter-free)가 약어이다.

순환 과정 (循環過程, cyclic process) 어떤 상태에서 출발하여 일련의 변화를 거친 후 최초의 상태로 돌아가는 과정. 내부 에너지 등의 상태량을 순환 과정에 대해 적분한 값은 0이 된다.

순환수 (循環水, cyclic water) 해수, 호수, 하천수, 지하수 등을 말한다. 이러한 물은 증발, 응축 등으로 비와 눈이 되어 지표에 내려서 대기와 지구표면을 순환하고 있으므로 순환수라 한다. 암장수의 대응어이다.

순회군 (巡廻群, cyclic group) 군론(群論)의 용어로 $a, a^2, a^3, \cdots\cdots, a^n$ 라는 조를 형성하는 군을 말한다.

술파닐산 (——酸, sulfanilic acid) 벤젠 고리의 파라 자리에 염기성의 NH_2 기와 강산성의 SO_3H 기를 가진 화합물, $H_2NC_6H_4SO_3H$. 황산아닐린을 190℃로 가열하여 자리 옮김을 일으키면 합성된다. 술파닐산은 결정성 고체로서 하나의 결정수(水)를 갖는다. 100℃로 가열하면 결정수를 잃게 되고, 280~300℃로 온도를 높이면 용융하지 않고 검은 덩어리로 탄화된다. 분자내 염의 성질이 있다. 디아조화하면 분자 내에 아조늄염을

생성하며, 각종 염료 합성의 중간물로서 중요하다. 예를 들면 디메틸아닐린과의 짝지움 반응(coupling)으로 메틸오렌지 지시약을 합성할 수 있다. 술파닐산은 여러 가지 술파(sulfa) 의약품 제조의 원료로도 쓰인다.

술파민산 (—— 酸, sulfamic acid) ⇨ 아미드황산.

술펜산 (—— 酸, sulfenic acid) 일반식 RSOH(R은 알킬기, 페닐기 등)로 표시되는 유기산이다.

술포기 (—— 基, sulfo group) 술폰산의 특성기 $-SO_3H$의 명칭. 이 기를 접두어로 명명할 때는 술포로 한다.

술포늄 염 (—— 鹽, sulfonium salt) 황 원자에 3개의 탄화수소기가 결합하여 생긴 양이온 R_3S^+의 염. 예를 들면 $(C_2H_5)_3S^+I^-$. 황원자 이웃의 탄소 원자 사이에서 이중결합을 형성하여 $C=S^+C$ 형태의 술포늄 염의 구조를 갖는 화합물도 있다.

술포란 (sulfolane) 고리 모양 술폰$(CH_2)_4SO_2$

$$\begin{matrix} CH_2CH_2 \\ | \quad\quad \rangle SO_2 \\ CH_2CH_2 \end{matrix}$$

테트라히드로 티오펜의 산화 또는 부타디엔에 SO_2를 부가, 다시 수소화하여 얻어진다. 비 프로톤성 극성 용매로서 유기반응의 연구와 유기합성에 사용된다. 또 공업 공정에서 추출 용제로서도 사용된다.

술폭시화물 (—— 化物, sulfoxide) 일반식 $R-SO-R'$(R, R'는 알킬기, 페닐기 등)로 표시되는 유기 화합물. 디에틸술폭시드가 가장 보편적이며, 이것은 무색의 액체이다. 녹는점 4~6℃, 끓는점 88℃(55mmHg), 불안정하고 약한 염기 알코올에 녹는다.

술폰 (sulfone) 일반식 $R-SO_2-R'$(R, R'는 알킬기, 페닐기 등)로 표시되는 유기 화합물이다.

술폰산 (—— 酸, sulfonic acid) 탄화수소에 술포기 $-SO_3H$가 치환한 화합물. 벤젠 술폰산 $C_6H_5SO_3H$와 같은 방향족 술폰산에 실용적으로 중요한 화합물이 많다. 무기(無機)인 술폰산도 약간 있으나 대부분은 유기 술폰산이다. 명명법은 탄화수소명에 술폰산을 붙이는데, 예를 늘면 CH_3SO_3H는 메탄 술폰산, $C_6H_5SO_3H$는 벤젠술폰산이라고 한다. 술

폰산류는 무색의 결정으로, 흡습성이 강하고 조해성을 보이는 경우가 많다. 수용액 속에서는 다음과 같이 해리하여 산으로서의 성질을 보인다. $RSO_3H \rightleftarrows RSO_3^- + H^+$. 그 산성은 아세트산 등의 카르복시산에 비해서 훨씬 강하며, 황산과 거의 비슷하다. 이 산성 수용액으로부터 술폰산을 석출시키면 수화물을 얻는다. 화학적으로는 안정하여 산화와 환원은 잘 일어나지 않지만 그 염(예를 들면 벤젠 술폰산 나트륨 $C_6H_5SO_3Na$)을 수산화나트륨 NaOH(또는 수산화칼륨)와 함께 용해하면 페놀 C_6H_5OH를 생성한다. $C_6H_5SO_3Na + NaOH \rightleftarrows C_6H_5OH + Na_2SO_3$. 방향족 술폰산은 탄화수소를 황산이나 발연 황산 등에 의해 술폰화해도 얻을 수 있지만, 지방족 술폰산을 알칼리류의 술폰화에 의해서 얻는 데는 많은 조건을 필요로 하므로 오히려 대응하는 메르캅탄을 산화시켜서 얻는 합성법이 사용된다. 또 방향족 술폰산도 티오페놀이나 술폰산의 산화에 의해서 합성할 수 있다.

술폰아미드 (sulfonamide) 술폰산의 OH를 NH_2로 치환한 화합물. RSO_2NH_2. 방향족 술폰 아미드가 실용적으로 중요하다.

술폰화반응 (—— 化反應, sulfonation) 유기 화합물에 SO_3H기를 도입하여 술폰산을 합성하는 반응. 탄화수소에 진한 황산, 발연 황산 등을 작용시켜 치환반응을 한다. 보통 탄소 원자에 도입되는 경우가 많지만, 때로는 질소원자에 도입되는 일도 있다. 일반적으로는 방향족 탄화수소 또는 그 유도체 등의 방향족 화합물에 황산·발연 황산·삼산화황 또는 클로로황산(클로로술폰산) 등의 시약을 작용시켜 술폰산기로 치환하는 반응을 말한다. 포화 탄화수소도 발연 황산 등의 술폰화 시약으로 술폰화할 수 있으나 방향족 탄화수소의 경우보다는 어렵다. 방향족 화합물의 술폰화 반응은 공업적으로도 중요하여 염료와 세제의 합성에 응용된다. 예를 들면 음이온 계면 활성제의 대표인 알킬벤젠 술폰산염도 알킬벤젠의 술폰화에 의하여 합성된다. 그리고 술폰화 반응으로 생성된 것을 술폰산이라고 한다.

술폰화 유 (—— 化油, sulfonated oil) ⇨ 황산화 오일.

술피드 (sulfide)　2개의 알킬기(또는 페닐기 등)가 황원자에 결합한 화합물. R－S－R′. 무기 화합물과 마찬가지로 황화물이라 하는 경우도 있다. 또 에테르의 산소가 황 원자로 대체된 화합물에 해당하므로 티오에테르라는 이름으로 부르는 수도 있다.

술핀산 (── 酸, sulfinic acid)　일반식 RSO$_2$H(R은 알킬기, 페닐기 등)로 표시되는 유기산이다.

쉐퍼산 (── 酸, Schäffer's acid)　2-나프톨 -6-술폰산의 중간물로서의 명칭. 아조 염료의 원료이다.

슈도 할로겐 (pseudohalogen)　할로겐 원자와 흡사한 성질을 나타내는 기(基) 혹은 그 기 2개가 결합한 할로겐과 유사한 성질이 있는 화합물의 총칭. 용어로는 바람직하지 않다. 유리한 화합물로는 존재하지 않지만 음이온으로서 할로겐화물 이온과 비슷한 성질을 나타내는 것도 있다. 할로게노이드, 유사 할로겐 이라고도 한다. 예를 들면, (CN)$_2$, (SCN)$_2$ 등. 또 슈도 할로겐화물 이온으로서는 CN$^-$, OCN$^-$, SCN$^-$, ONC$^-$, N$_3$ 등이 있다.

슈링크 마무리 (shrunk finishing)　면직물을 수산화나트륨 수용액에 처리하여 직물을 수축시킴으로써 마직물과 유사한 감촉을 갖게 하는 면직물의 마무리. 면직물에 광택을 부여하는 머서리화 가공과 매우 유사하지만 수산화나트륨 수용액의 농도가 다르다.

슈뢰딩거 방정식 (── 方程式, Schrödinger equation)　양자역학의 체계는 파동역학적 표현과 행렬역학 표현 모두에 기술되지만, 전자의 가장 기본이 되는 방정식. 일반적으로 $\hat{H}\Psi = \varepsilon\Psi$로 표시된다. $\hat{H}$는 해밀턴의 연산자(해밀토니안), Ψ는 파동함수 또는 고유함수, ε는 에너지의 기대값 또는 고유값이라 한다.

슈미트 수 (── 數, Schmidt number)　물질 이동에서 농도 경계층과 속도 경계층의 상대적 크기에 관계되는 무차원 수. Sc로 표기한다. 동점성률과 확산계수의 비율로 표시된다. 물질 이동에 관계되는 중요한 물성 상수이며, 기체에서는 보통 1 오더, 액체에서는 수 $100 \sim 10^4$의 오더가 된다. 유체가 기체인 경우에 그 값은 이론적으로나 실험적으로 보통의 범위에서는 압력과 관계가 없으며 온도에 의해 약간 변화한다는 것이 알려져 있다. 또 이 무차원 수는 전열(傳熱)에 있어서 플란톨 수에 대응하고 있다.

슈타르크 효과 (── 效果, Stark effect)　분자 및 원자가 축퇴하여 있는 전자 에너지 준위가 외부에서 가해진 전기장으로 인하여 복수의 준위로 분열하는 현상. 1931년에 수소 원자에 대해서 이 현상을 발견한 J. Stark의 이름을 따서 이렇게 부르게 되었다. E. 슈뢰딩거의 파동역학에 의해 만족할 만한 설명이 이루어졌다. 수소원자의 경우 그 안의 궤도전자의 에너지 준위(정상 상태)는 주양자수(主量子數) n에 의해 구별된다. 고속도로 달리는 전자는 그 질량이 증가한다는 A. 아인슈타인의 특수 상대성 이론을 고려한다면 에너지 준위는 방위 양자수 1에도 의존하게 된다. 1= 0, 1, 2····는 기호 s, p, d, ····으로 나타낸다. 슈타르크 효과에서는 방위 양자수 1에 의한 에너지 준위의 분리가 분명해진다. 이것은 밖으로부터 걸린 전기장과 원자 내의 전자의 전기 모멘트와의 상호작용에 기인하는 것이다. 일반적으로 전기장의 영향에 의해 에너지 준위가 분열하는 것 자체를 슈타르크 효과라고도 한다.

슈퍼옥시드 디스무타아제 (superoxide dismutase)　산소 분자의 1전자 환원으로 생기는 초산화물 라디칼의 불균회 반응을 촉매히는 효소. 활성 중심의 금속에 따라 Cu, Zn함유 효소, Fe함유 효소, Mn함유 효소의 3종류가 있다. 혐기성균, 호기성균, 원생동물, 동물, 식물 등에 분포한다. 생체 내의 이 효소는 활성 산소에 의해 생기는 조직의 장해를 방지하는 기능이 있다. 의약품, 화장품, 식품 등에 대한 이용이 검토되고 있다.

스넬의 법칙 (── 法則, Snell's law)　⇨ 굴절률.

스레오닌 (threonine)　⇨ 트레오닌.

스렌 염료 (── 染料, threne dye)　⇨ 인단트렌 염료.

스멕틱 액정 (── 液晶, smectic liquid crystal)　액정의 한 유형. 유동성이 떨어지고 외관은 비누모양이며 편광 현미경하에서 추체상의 조직을 보인다. 스멕틱이란 그리스어로 비누모양이란 뜻이다.

스며나기 (bleeding)　래커 안료나 아스팔트 등을 함유하는 도료를 밑칠한 위에 백색 혹은 연한 색깔의 도료를 칠하였을 때, 래커와 아스팔트가 표면에 스며나와 도면이 더러워지는 현상. 저분자량 성분이 확산하여 색깔뿐만 아니라 다른 많은 도막 결함의 원인이 된다. 염색에서는 블리드라고 한다.

스모그 (smog)　대도시나 공장 지대에서는 먼지와 매연의 입자가 응결 핵이 되는 안개의 발생이 많아, 처음에는 연기(smoke)와 안개(fog)의 공존 상태를 지칭하는 합성어로 사용되었다. 현재는 대기의 고농도 오염의 총칭으로 넓은 뜻으로 사용된다. 대표적인 유형으로는 석탄 미립자와 이산화황 등의 1차 오염 물질이 고농도로 존재하는 런던형 스모그와 질소 산화물 등이 반응하여 배출 오염 물질이 변질(2차 오염 물질)하여 일어나는 로스앤젤레스형 스모그를 들 수 있다. 로스앤젤레스형 스모그는 시정(視程)을 감소시키고, 눈·코·호흡기의 자극 증상을 일으키며, 식물 성장의 장애 요인이 된다. 한국의 대도시에서도 로스앤젤레스형 스모그와 같은 광화학 스모그가 많아지고 있다.

스모크트 시트 (smoked sheet)　훈연을 침투시킨 천연 고무시트. 천연 고무시트의 수송·보관 중에 시트 표면에 곰팡이가 발생하는 것을 방지하기 위해 훈연처리를 한다. 고무의 성질 개량과는 무관하다. 스모크트 시트에 비해 훈연 처리하지 않은 것을 크레프라 한다.

스웨이드 (suede)　가죽의 내면을 샌드페이퍼로 기모 가공한 송아지 가죽. 수에드가죽이라고도 한다. 소가죽 이외에도 섬유질이 미세한 작은 동물 가죽은 이 종류의 가죽으로 가공할 수 있다.

스웨이드 마무리 (sueding finishing)　⇨ 세미가공.

스위트 가스 (sweet gas)　천연가스 중에 함유되며, 황화합물을 거의 또는 전혀 함유하지 않는 가스. 혹은 석유 정제공정 중에 발생하는 가스에서 황화수소 등 악취와 부식성 성분을 제거한 가스. 이 상태를 스위트리한다. 사워 가스의 대응어이다.

스위트닝 (sweetening)　가솔린, 등유 등의 유분에 함유되는 티올을 산화 탈수소하여 이황화물로 변화시켜 불쾌한 냄새와 부식성을 제거하는 조작. 전 황분의 양은 변하지 않지만 제조비가 싸기 때문에 널리 사용된다. 또 이황화물로 바꿈으로써 황화합물의 끓는점이 상승하므로 이것을 증류 분리하는 것도 이루어진다.

스위트 오일 (—— 油, sweet oil)　악취와 부식성이 있는 황화합물을 거의 함유하지 않는 스위트 원유. 사워유 또는 사워 원유의 대응어이지만 보통 별로 의식적으로 사용되는 일은 없다.

스커처 (scutcher)　(1) 로프상으로 정련이나 염색 등을 한 젖은 천을 확포상태로 하는 기계이다. (2) 타면기, 면사 방적의 혼타면 공정에서 최후에 사용한다.

스컴 (scum)　끓이거나 발효시에 발생하는 부유성 찌꺼기를 말한다. 화학공장에서는 공정 중에 발생하는 함유 유상물을 지칭하는 경우가 많다. 비누 수용액이 욕조 안에서 오물이나 금속 이온과 상호작용하며 생기는 부유성 찌꺼기도 스컴이라 한다.

스케일 (scale)　(1) 고온에서 금속 표면에 생성되는 산화 피막. 쇠는 승온과 함께 피막이 성장하며, 고온에서는 $FeO-Fe_3O_4-Fe_2O_3$로 된 두꺼운 스케일이 생성된다. (2) 증발관, 보일러, 열교환기 등의 내벽에 침착하는 고체층. 관석이라고도 한다. 수중에 용해되어 있는 염류가 원인으로 생성된다.

스케일 계수 (—— 係數, scale coefficient)　열교환기와 증발관 등에서 장기간 연속하여 사용하면 전열면에 스케일이 부착하여 성능을 저하시킨다. 이 때 스케일의 열 전도율을 스케일의 두께로 나눈 값을 스케일 계수라 한다. 설계상 중요한 값이다. 오염계수라고도 한다.

스케일 업 (scale up)　화학장치 혹은 공정의 규모를 크게 하는 것, 또는 그에 따른 기술·수법을 말한다. 실험실 단계에서 파일럿 플랜트, 그리고 실제장치 같이, 규모를 확대하여 어떤 공정의 공업화를 도모하기 위해서는 필수적인 기술이다.

스케일 왁스 (scale wax)　⇨ 발한.

스케일 효과(── 效果, scale effect)　화학장치나 공정의 규모를 크게 하였을 때, 실험실의 장치와 파일럿 플랜트 수준에서는 현재화 혹은 추정할 수 없었던 현상이 발생하는 것. 현상론적인 문제뿐만 아니라 플랜트 등의 규모 증대에 따라 다양한 영향을 의미하는 경우도 있다. 예를 들면 제품 단위량당의 제조 코스트 절감 가능성 등을 지칭하는 경우도 있다.

스코칭(scorching)　배합 고무가 저장 중 또는 가황 공정 이전의 가공작업 중에 가황되어 가공할 수 없게 되는 현상. 조기 가황 또는 연소라고도 하며, 저장 중에 일어나는 스코칭을 빈큐어라고 부르는 경우도 있다. 스코칭의 방지는 고무의 가공작업에서 매우 중요하다.

스쿠알란(squalane)　곧은사슬 탄화수소 $C_{24}H_{50}$의 2, 6, 10, 15, 19, 23-자리에 6개의 메틸 곁사슬이 있는 포화탄화수소 $C_{30}H_{62}$. 스쿠알렌의 수소화로 얻어진다. 분자량에 비해 어는점($-60℃$)이 낮고 부동성인 정밀 기계유. 가스 크로마토그래피의 고정상용 액체와 화장품 원료로 사용된다.

스쿠알렌(squalene)　이중결합 6개와 메틸 곁사슬 6개가 있는 사슬식 탄화수소 $C_{30}H_{50}$. 심해산 상어 간유의 불비누화물 중에 함유되어 있다. 비등점 $240 \sim 242℃(2\,mmHg)$, 녹는점 약 $-75℃$. 6개의 이소프렌 잔기에서 생성, 수소를 첨가하면 포화하여 스쿠알란(Squalane $C_{30}H_{62}$)이 생긴다.

SQUID(스쿠이드)　'Superconducting Quantum Interference Device(초전도 양자간섭계)'의 약어이다.

스큐형(── 形, skew form)　단결합 주위의 회전 이성질체의 입체 배좌를 표기하는 데 사용되는 용어. 단결합으로 이어진 두 개의 탄소 원자 상의 원자 X, Y가 상하로 겹친 배좌, 서로 반대쪽에 있는 배좌에 대하여 X와 Y가 경사진 위치에 있는 배좌를 스큐형이라 한다. 보통은 고슈형과 같은 뜻으로 보아도 무방하지만 X와 Y가 $120°$의 각도를 이룬 배좌도 포함해서 말하는 경우도 있다. 모두가 옛 용어로서 현대의 문헌에서는 볼 수 없다. ⇨ 비틀림형.

스크러버(scrubber)　기체-액체 접촉형 집진장치의 하나. 세정 집진기라고도 한다. 가스 중에 액적을 분무하여 가스와 액적간에 큰 속도차를 부여하면 가스 중에 부유하는 입자는 관성력으로 액적에 충돌(⇨ 충돌효율)하여 그것에 포착된다. 이러한 집진장치에서는 입자뿐만 아니라 특정한 가스성분도 액에 흡수 제거 할 수 있으므로 그것을 주목적으로 한 장치(예를 들면 스프레이 탑)도 있다.

스크리닝(screening)　특정한 화학물질이나 생물 개체 등을 다수 중에서 선별하는 조작. 가리움이라고도 한다. 항생물질 생산균의 분리, 공업용 미생물의 검색, 유전자 재조합 조작으로 형질 전환시킨 미생물의 분리, 새로운 생산물의 검토 등에 널리 사용된다. 또 집단 검진(예를 들면 대사 이상검출 반응)으로 특정 질환이 있는 개체를 발견하는 것도 지칭한다.

스크린 날염(── 捺染, screen printing)　스크린형을 사용하는 날염법. 형지 날염에서 발전한 것인데 수공식과 자동식이 있다. 수공 스크린 날염은 손으로 하는 날염으로, 비교적 설비가 간단하고 조작도 간편하며, 종래의 형지(型紙) 날염법보다 적은 양의 날염물로도 충분할 뿐 아니라 정교한 무늬를 얻을 수 있어 요즈음 널리 쓰이고 있다. 자동 스크린 날염은 수공 스크린 날염법을 기계화한 것으로, 날염공업에서 매우 각광을 받고 있는 기계 날염법이다. 자동 스크린 날염의 종류에는, 자동적으로 이동하는 엔드리스 벨트(endless belt) 표면에 밀착된 천에 스크린 틀이 상하로 운동하면서 틀이 천에 닿았을 때 자동적으로 날염풀로 날인하는 평판 스크린 날염법과, 롤러 날염기와 평판 스크린 날염기의 기능을 조합한 롤러스크린 날염법 등이 있다. 모두가 각 색깔별로 작성한 형을 틀 위의 천에 놓고 찍은 다음 건조, 증열 고착한다. 롤러 날염보다 다채롭고 미려한 문양이 얻어지지만 넓은 가공장이 필요한 단점이 있다.

스크린 인쇄(── 印刷, screen process printing)　틀에 견직포 등의 스크린을 바르고 화선부 이외 부분의 눈을 수지 등으로 지운 스크린판을 사용하여 스크린 눈을 통해 잉크를 압출시켜 인쇄하는 방법. 판면이 유연하고 인압이 작으므로 천, 플라스틱, 유리, 금속에 대한 인쇄도 가능하다. 또 잉크층이 두껍기 때문에 후막 IC, 프린트 기판, 저항체 등의 전자부품 제조에도 응용된다. 공판 인쇄의 하나이다.

스크린 형 (—— 型, screen stencil) 스크린 날염에 있어 인날에 사용하는 형. 나무 또는 금속 틀에 스크린 사(紗)를 바르고 형지를 첨부하거나 감광 젤라틴 경화막에 의한 공판을 사용한다.

스키머 (skimmer) 분자선을 생성하는 하나의 방법에 고압 유체를 노즐을 통해 저압실로 분출시키는 노즐빔법이 있다. 보통 이 빔은 하류에 발생하는 충격파면에서 산란되므로 그 사전에 빔의 중심부를 절단하여 고진공실로 유도하여 사용한다. 이 절단용 슬릿을 스키머라 한다. 1mm 정도의 지름이고 흐름에 대한 영향을 최소로 하도록 고진공측이 열린 깔때기 모양을 하고 있다.

스타터 (starter) 발효공업에서 사용되는 용어. 순액(純液)에 가하여 발효시키기 위해 특히 순수 배양한 효모를 이른다. 주류공업에서는 원래 주모 또는 종 배양이라고도 한다. 치즈, 버터 같은 발효 유제품 제조에서는 산 혹은 맛을 내기 위한 미생물의 배양을 말한다.

스태빌라이저 (stabilizer) 원유 또는 원료 가솔린에 함유되어 있는 부탄보다 낮은 끓는점의 성분을 증류로 제거하여 증기압 조절을 하기 위한 증류탑을 말한다.

스태빌라이저 가스 (stabilizer gas) 원유 또는 원료 가솔린의 증기압 조절을 위해 스태빌라이저를 써서 분리한 가스. 주성분은 프로판, 부탄 등이다.

스태빌라이즈드 가솔린 (stabilized gasoline) 원료 가솔린에서 스태빌라이저로 증류하여 증기압이 높은 성분을 제거한 가솔린을 말한다.

스택킹 (stacking) 방향 고리 등의 평면 발색난이 분산력이나 소수 상호작용에 의해 겹쳐 쌓이는 현상. 대표적인 예로 DNA 중의 핵산 염기가 있다. 이 현상에 수반하여 전자 스펙트럼에서 흡수강도의 감소(담색 효과)와 극대 파장의 이동 등이 관측된다.

스탠톤 수 (—— 數, Stanton number) 전열 혹은 물질 이동에 사용되는 무차원수. St 로 표기한다. 전열의 스탠톤 수는 넛셀 수와 레이놀즈 수×플란틀 수의 비이고, 또 물질 이동의 스탠톤 수는 셔우드 수와 레이놀즈 수×슈미트 수의 비로 표시된다. 유동과 전열의 아날로지 혹은 유동과 물질 이동의 아날로지를 다룰 때 사용한다.

스테로이드 (steroid) 탄소 육원자 고리 3개와 탄소 오원자 고리 1개로 구성된 축합 고리의 탄소골격을 모체로 하는 일군의 화합물 총칭. 이 탄소골격에 $-OH$, $=O$ 등의 작용기 혹은 탄소 곁사슬이 있는 스테로이드는 천연의 동식물계에 존재하며 중요한 생리작용을 하는 화합물이 많다. 예를 들면 스테롤, 담즙산, 성호르몬, 부신피질 호르몬, 식물 심장독, 두꺼비독 등이 있다. 또 천연으로 산출되는 콜레스테롤 등을 원료로 하여 유용한 호르몬, 비타민, 그 밖의 의약품이 합성되고 있다.

[스테로이드]

스테롤 (sterol) 동식물계에 널리 분포하는 스테로이드 골격을 갖는 알코올. 가장 잘 알려져 있는 것은 콜레스테롤. 탄소 골격에 OH기가 있으므로 스테롤이란 이름이 있다. 스테린이라고도 한다. 무색의 결정으로, 물에는 녹지 않고 유기 용액에는 녹는다. 리베르만-부르하르트 반응과 같은 특유한 발색 반응을 보인다. 자연계에서 발견되는 스테롤은 이중 결합의 위치와 곁사슬 등이 조금씩 다른 것의 혼합물이며, 보통 탄소수 27~29이다. 뇌 신경 세포의 지질 속에 유리 또는 에스테르 등의 유도체로 존재하며, 구조 형성과 여러 대사에 관여하고 있는 것으로 생각된다. 스테로이드 호르몬계 화합물의 합성 원료로서 동식물에서 추출된다. 대표적인 것에는 동물체에서 콜레스테롤·코프로스탄올, 식물체로부터 시토스테롤, 균류로부터 에르고스테롤 등이 있는데, 콜레스테롤은 비타민 D·호르몬·담즙산 등의 합성 중간체이다.

스테린 (Sterin(독일어)) ⇨ 스테롤.

스테아르산 (── 酸, stearic acid) 옥타데칸산 $CH_3(CH_2)_{16}COOH$의 관용명. 글리세린에 스테르의 형태로 각종 천연 유지 중에 널리 분포되어 있다. 상온에서는 백색의 엽상(葉狀) 결정으로, 녹는점 71~71.5℃, 응고점 69.4℃. 물에는 녹지 않지만, 유기 용매(有機溶媒)에는 잘 녹는다. 소나 양 등의 상온에서 고체인 지방에는 특히 함유량이 많고, 액체상태인 식물유에는 비교적 적다. 비누는 유지를 수산화나트륨으로 비누화하여 만드는데, 그 주성분은 스테아르산의 나트륨염이다. 또 스테아르산과 팔미트산의 혼합물은 양초의 계조, 연고 등의 약품, 화장품용 크림 등에도 대량 사용된다.

스테아린 (stearin) 스테아르산의 글리세린에 스테르. 모노-, 디- 및 트리스테아린의 3종류가 있다. 트리스테아린은 약해서 스테아린이라고도 하며, 흰 고체로서 많은 지방 성분으로 되어 있다. 판매되는 스테아린은 우지가 주성분이지만 스테아르산과 팔미틴산을 성분으로 하는 트리글리세리드의 혼합물이며 주로 양초 제조에 사용된다.

스테이플 파이버 (staple fiber) 연속적인 긴 섬유를 방적하기 위해 적당한 길이로 절단한 짧은 섬유. 인조섬유라고도 한다. 생략하여 스프라고도 하지만, 이 말은 레이온의 경우에 사용된다. 화학 섬유는 절단하지 않는 한 긴 섬유로 방사되는데 이것을 필라멘트라고 한다. 천연 섬유에서는 생사만이 필라멘트이다.

스테인드 글라스 (stained glass) 각종 모양의 판상 색유리 조각을 단면이 H형인 납끈으로 채워 연결하여 도형을 구성한 장식용 유리. 부분적으로는 그림물감으로 채색하는 경우도 있다. 오래 전부터 교회건물의 창 등을 장식하였으나 점차 일반 건축물과 조명기구 등에도 이용되고 있다.

스테인리스강 (── 鋼, stainless steel) 크롬을 약 12% 이상 함유한 내식성이 뛰어난 강철. 불수강이라고도 한다. 높은 내식성은 표면에 크롬의 산화 피막이 생기는 것에 기인한다. 마텐자이트계(13% Cr), 페라이트계(18% Cr), 오스테나이트계(18% Cr-8% Ni)

등이 있다. 스테인리스강은 전혀 녹슬지 않는 것이 아니라 보통 철강에 비해 그다지 녹슬지 않는다는 표현이 정확하다. 특히 산화력이 없는 것에 대해서는 크롬을 첨가한 산화 피막에 의한 방호효과(防護效果)가 없으므로 염산 등에는 그다지 내식성이 없다. 또 오스테나이트강은 염소 이온이 있는 환경에서는 응력 부식(應力腐蝕)이 일어나는 결점이 있다.

스텝 (step) 고체물리와 표면과학에서 많이 사용하는 용어. 표면에 있는 평탄한 결정면(테라스) 가장자리의 계단상으로 되어 있는 부분. 테라스면에 비해 원자 결합의 배위 불포화도가 높으므로 에너지적으로 높은 상태에 있고, 결정 성장과 표면에서의 흡착·반응에 중요한 역할을 하는 것으로 여겨지고 있다.

스텝 수 (── 數, number of steps) 2성분계의 연속 증류조작에 필요한 이론단 수를 맥캐브-티엘법 등의 도해법을 사용하여 단계 작도법으로 구할 때, 목적하는 분리 정제를 하는 데 필요한 단계 즉 스텝의 수. 보통 리보일러(증류 가마)도 1스텝에 상당하므로 탑 내에서 필요한 이론단 수에 1을 가한 수가 스텝 수가 된다. 현재 다성분계와 도해법을 사용하지 않는 경우에도 이론단 수에 해당하는 수로서 사용되고 있다.

스텝 응답 (── 應答, step response) ⇨ 인디셜 응답.

스텝 응답 함수 (── 應答函數, step response function) ⇨ 인디셜 응답 함수.

스토빙 (stoving) 경화가 불충분한 열경화성 수지의 성형품이나 접착제 등을 건조로에 넣어서 가열처리 함으로써 충분히 경화시키는 것을 말한다.

스토크스 (stokes) 동점성률(動粘性率)의 cgs 단위. 영국의 물리학자 G. Stokes의 이름을 딴 명칭이다. 기호는 St. $1\,St=1\,cm^2s^{-1}=10^{-4}m^2s^{-1}$이다.

스토크스 시프트 (stokes shift) 광 들뜬 물질에서 발광하는 파장이 들뜸광의 파장보다 길어질 때, 양자의 에너지 차. 그 메커니즘으로서 다음 두 가지가 있다. ① 광 들뜬 물질이 발광 이전에 비 방사적으로 에너지를 상실한다. ② 물질의 들뜸 준위에서 바닥상태의 진동이나 회전 등, 내부 운동의 들뜸 준위에 발광이 일어난다. 형광, 인광은 ①에, 라만 효과는 ②에 해당한다.

스토크스 지름 (stokes diameter) ⇨ 상당 지름.

스트라이크 (strike)　(1) 염색 초기에 염욕에서 염료의 흡수. 초기 염색이 지나치게 빠르면 염색 얼룩이 되므로 스트라이크는 염료의 균염성의 척도가 된다. (2) 도금을 하기 전에 큰 전류를 흘리거나 특수한 욕조성으로 하여 단시간 도금을 하여 밀착성이 높은 엷은 도금면을 사전에 얻게 하는 것. 밀착성, 피복력이 높은 도금으로 하기 위해 한다.

스트로마 (stroma)　식물의 엽록체 내부의 수용성 부분. 각종 이온과 당인산, 효소가 존재하며 탄산 고정 반응이 이루어진다. DNA, RNA가 함유되며 단백질 합성의 장이다.

스트리키닌 (Strychnine)　마전과 식물 *Strychnos* 속의 종자에 함유되는 알칼로이드, $C_{21}H_{22}N_2O_2$. 마전(馬錢)의 종자를 분말로 하고, 그 에탄올 유출액으로부터 아세트산납으로 낱닌을 제거하여 다음에 암모니아를 가하면 염기가 침전된다. 침전에는 디메톡실 치환제인 브루신도 함유되지만 브루신이 에탄올에 녹기 쉬운 점을 이용하여 분리한다. 스트리키닌은 에탄올에서 사방정계로 결정하고, 녹는점 286~288℃이다. 물, 에테르, 냉 에탄올에는 잘 녹지 않고 클로로포름에는 녹기 쉽다. 수용액은 강렬한 쓴맛을 갖는다. 맹독이며 경직·경련을 일으키지만 미량은 신경의 흥분제로 사용된다. 분석 시약으로 또는 산성 작용기가 있는 라세미체의 광학분할 시제로 사용된다.

스트립핑 (stripping, desorption)　가스 흡수와 반대로 액 혼합물에서 휘발성 성분을 기상 중에 방출하는 조작. 방산, 벗기기라고도 한다. 액을 가열하거나 감압하는 등으로 한다. 또 고체 표면에 흡착한 물질이 탈리(desorption)하는 것을 스트립핑이라 하는 경우도 있다.

스트립핑 볼타메트리 (stripping voltammetry) 목적하는 물질을 전극상에 전해 석출하여 농축하고, 이어서 농축된 물질을 재용출 시킬 때의 전류 전위 곡선을 측정하여 전기화학 분석을 하는 방법. 벗김 전압전류법이라고도 한다. 애노드 스트립핑법 (양극 벗김법)과 캐소드 스트립핑법 (음극 벗김법)이 있다.

스티렌 (styrene)　비닐기가 벤젠 고리와 결합한 불포화 수소 $C_6H_5CH=CH_2$. 인화성이 큰 무색 액체로, 분자량 104.15, 녹는점 $-31℃$, 끓는점 145.8℃, 비중 0.907이다. 특이한 방향을 가지고 있다. 물에는 극히 소량밖에 녹지 않지만 에탄올·에테르·벤젠 등 유기 용매에는 임의의 비율로 섞인다. 원유에는 함유되어 있지 않지만 석유·석탄의 열분해 생성물 속에 소량 함유되어 있다. 스티렌은 비닐기를 가지고 있기 때문에 열·과산화물·과성(過性)촉매 등에 의하여 쉽게 중합하여 고분자 화합물이 된다. 에틸벤젠의 탈수소에 의해 제조되며 폴리스티렌 수지, ABS 수지, 불포화 폴리에스테르 수지, 이온 교환 수지, 합성 고무의 SBR 제조에 사용된다.

스티렌-부타디엔 고무 (styrene-butadiene rubber)　스티렌과 부타디엔의 랜덤 공중합체로 구성되는 합성 고무. SBR이 약어이다. 생산량이 가장 많은 합성 고무이며 라디칼 유화 중합으로 제조된다.

스티롤 (Styrol(독일어))　⇨ 스티렌. 공업계 일부에서는 독일어에 근거한 옛 명칭이 아직도 사용되고 있다.

스티보늄 염 (―― 鹽, stibonium salt)　안티몬 원자에 4개의 수소 혹은 탄화수소기가 결합하여 생긴 양이온 SbH_4^+ 또는 R_4Sb^+의 염. 예를 들면 $(CH_3)_4Sb^+I^-$이 있다.

스티빈 (stibine)　안티몬의 수소화물 SbH_3. 또 SbH_3을 모체로 하고 그 수소원자를 탄화수소기로 치환한 유기 화합물도 스티빈이라 총칭한다.

스틸 (still)　⇨ 증류 가마.

스틸벤 (stilbene)　에틸렌의 디페닐 치환체 $C_6H_5CH=CHC_6H_5$. 불포화 탄화수소로서, *trans*-와 *cis*-의 입체 이성질체가 있다. 시스형은 이소스틸벤이라고도 하며, 액체이지만 쉽게 자리옮김 하여 스틸벤이 된다. 트랜스형을 접촉 환원시켜 합성한다. 트랜스형은 백색 분말로, 물에는 잘 녹지 않지만 유기 용매에는 비교적 잘 녹는다. α-페닐신남산의 탈탄산에 의해서 합성한다. 이성질체의 성질에도 다소 차이가 나는데, 시스형보다 트랜스형이 안정하다. 열이나 할로겐화수소의 존재로 시스형이 트랜스형으로 변하는데, 자외선을 조사하면 반대로 트랜스형이 시스형으로 변한다. 방향족 화합물로서는 가장 오래 전부터 알려진 것의 하나이며, 유도체에는 발정(發情)·항(抗)말라리아·제암(除癌) 등의 생리작용을 가진 것이 있어서 주목을 받고 있다. 스틸벤형의 구조를 가진 염료를 스틸벤 염료라고 하는데 모두 황색 염료이며, 특히 크리소페닌 G는 노랑색이 감도는 오렌지색이 아름다워 유명하다.

스틸 클래드 (steel clad)　불소성 마그네시아 및 마그네시아 크롬 벽돌의 표면을 피복한 강철판. 강도가 낮은 불소성 벽돌의 파손방지 혹은 고온시에는 용해되어 벽돌 상호를 결합하여 내식성을 향상하는 역할을 한다.

스팀 리포밍 (steam reforming)　⇨ 수증기 변성.

스팀 세트 잉크 (steam-set ink)　스팀 등의 수분을 잉크막에 분무하여 전색제 중의 수지를 석출시킴으로써 세트 건조하는 요판 인쇄 잉크. 말레산 수지를 글리콜류에 용해한 전색제 조성의 잉크로, 습기로 수지 석출하는 모이스처 세트 잉크도 같은 종류의 잉크로서 모두 침전 건조성 잉크에 속한다.

스팀 크랙킹 (steam cracking)　⇨ 수증기 분해.

스파 와니스 (spar vanish)　에스테르 고무에 당오동유를 배합하여 작성한 바니시이다.

스퍼터링 (sputtering)　진공 용기 중에서 기체를 이온화 가속하여 고체 시료에 충돌시키고, 그 에너지로 표층의 원자를 탈취하는 것. 유리 등의 물체면에 금속의 얇은 막을 부착하는 데 이용된다. 전자관에서는 유리벽을 더럽히고, 또 분자를 흡장하면서 온도 상승과 함께 방출해서 기압을 불안정하게 하며, 전자관의 동작을 저해한다. 보통 불활성 가스를 이온원으로 하지만(물리적 스퍼터), 반응성이 높은 수소나 할로겐을 이온원으로 사용하고 표면 원자를 화합물로 하여 증발시키는 방법(화학적 스퍼터)도 반도체 분야에서 많이 사용되고 있다.

스펀지 고무 (sponge rubber)　연속적인 개기공이 있는 다공성 가황 고무의 총칭. 일반 고무보다 가소화를 충분히 할 필요가 있으므로 고도로 이겨 가소제를 다량으로 첨가한다. 발포제로서는 탄산수소나트륨, 탄산암모늄 등이 사용된다. 가정용품, 개스킷, 흡음재 등으로 사용한다.

스페로플라스트 (spheroplast)　세균과 식물세포의 세포벽을 효소처리에 의해 부분적으로 제거한 구상의 원형질체. 세포벽을 완전히 제거한 것을 프로토플라스트라 하고, 일부 남아 있는 것, 혹은 그 의혹이 있는 것을 스페로플라스트라 한다.

스페르미딘 (spermidine)　모든 생체 중에 존재하는 폴리아민의 하나. N-(3-아미노프로필)-1, 4-부탄디아민. DNA 이중나선 구조의 안정화와 변화, RNA의 안정화, RNA와 DNA 폴리메라아제의 활성화 등 생리작용이 있다.

스페르민 (spermine)　폴리아민의 하나. N, N'-비스(3-아미노프로필)-1, 4-부탄디아민. 단백질, 핵산 합성이 왕성한 조직 중에 함유된다. DNA와 RNA의 구조 안정화, 핵산 합성계의 촉진, 단백질 합성계의 촉진 등, 생리작용이 있다. 인산염으로서 사람의 정액(精液)에 가장 많이 함유되어 있다.

스페시에이션 (speciation)　분석화학의 용어. 어떤 화학종(chemical species)이 서로 변환할 수 있는 형태로 용액 중에 몇 종류가 존재하는 경우, 각 화학종의 존재, 혹은 농도를 규명하는 것. 주로 금속 이온과 무기 화합물에 대해서 사용하는 용어로서, 원자가와 결합양식(유리형, 결합형)을 포함하여 in situ(생체 내 원위치)에서의 존재상태가 문제가 되는 경우에 중요하다.

스페이서 (spacer)　⇨ 세퍼레이터.

스펙트럼 도표 (—— 圖表, spectrum atlas)　각종 원소와 화합물의 발광 또는 흡수 스펙트럼의 상태를 사진이나 각선의 형태로 도시한 것. 발광 분광 분석용의 것으로서는 보통 철의 스펙트럼 사진이 사용되며, 그 표준이 되는 휘선에 파장이 기입되고, 다시 다른 원소의 주요 휘선의 위치 등이 표시되어 있는 것이 많다.

스펙트럼 띠 나비 (spectral band width)　분

자와 원자단의 **흡수** 내지 발광 스펙트럼은 전자·진동·회전전이에 대응하는 스펙트럼선의 집체이지만, 이러한 것이 좁은 파장 영역에 집중되어 있는 경우에는 개개의 스펙트럼선은 분리할 수 없고 그 포락선이 관측된다. 이 포락선의 폭을 스펙트럼 폭이라 하며, 이것은 각각의 스펙트럼이 생기는 준위의 성질을 반영한다. 일반적으로는 포락선의 극대값 절단의 높이에 있는 폭을 지칭하는 경우가 많다.

스펙트럼 밀도(—— 密度, spectral density) 시간적으로 불규칙한 변화를 하는 물리량이 여러 주기적인 정현함수의 중합으로 간주되는 경우, 그 각 진폭의 2곱에 대응하는 것을 지칭한다. 주파수를 가로축에 잡아, 스펙트럼 밀도를 플롯한 것을 파워 스펙트럼이라 한다.

스펙트럼선 나비 (spectral line width) 원자·분자 등의 양성자 상태 간의 전이를 관측할 때에 얻어지는 스펙트럼선의 폭. 광원과 검출기가 유한한 분해능이 있으므로 생기는 폭. 도플러 효과 등에 의한 불균일 폭, 자연 폭 등의 균일 폭으로 분류된다.

스펙트럼 항(—— 項, spectral term) 원자와 분자의 에너지 준위 중에서 각 운동량과 진동·회전의 양성자수의 귀속이 규칙대로 이루어지는 것. 그 에너지의 값을 항 값이라 하며 보통은 파장수 단위로 표시한다.

스포리니트 (sporinite) 석탄의 미세 조직성분의 하나. 꽃가루, 포자, 종자에 유래히며, 그러한 것의 원형 또는 변형이 인식되는 성분을 말한다. 미세 조직 성분군의 엑지니트에 포함된다. 고생대의 거대 포자 중에는 수 mm 되는 것도 존재하지만 소포자와 꽃가루의 구별은 연마면에서 어렵다. 스포리니트는 반사 현미경하에서는 어느 정도 편평한 미립 형태와 반사율이 비트리니트보다 낮은 사실로 식별된다. 낮은 석탄화도의 석탄의 것은 형광이 있다.

스폿 (spot) ⇨ 점적.

스폿 가황 (—— 加黃, spot cure) ⇨ 국부 가황.

스폿 테스트 (spot test) ⇨ 점적 시험.

스퓨 (spew, spue) 마무리 가죽의 큰 결절의 하나. 원피 중의 지방과 제혁공정에서 첨

가된 유제 등이 그레인에 침출하여 백색의 결정상물, 어두운 색깔의 점질물 등으로 된 것을 말한다.

스프 (staple fiber) 스테이플 파이버를 생략한 말. 섬유를 제조함에 있어서, 굵은 섬유속(纖維束) 상태(이것을 tow라고 한다)로 방출(紡出)하고, 이것을 단섬유로 절단하여 솜 모양으로 정제한 것. 이 섬유로 직조한 것을 스프 직물이라고 한다. 스테이플 파이버란 단지 섬유를 말하는 것이지만 단섬유를 말할 때는 섬유의 길이가 중요한 요소로 되기 때문에 '한정된 길이를 가진 섬유'의 개념으로 사용된다. 절단하는 길이는 방적(紡績)의 목적에 따라 다르지만 보통 1~2.54~8.80 cm 정도로 절단된다. 이대로는 직선상 섬유이지만 특수한 방법에 의해서 양털과 같이 곱슬하게 만든 것도 있는데, 이것을 크림프 스테이플이라고 한다. 종류로는 비스코스 스테이플 뿐만 아니라 폴리노직 스테이플·나일론 스테이플·비닐론 스테이플 등이 있으며, 대부분의 합성섬유는 장섬유(長纖維)뿐 아니라 단섬유의 것도 제조하고 있다. 특히 레이온의 경우에 사용된다.

스프레이 도장(—— 塗裝, spray coating) 분무기를 사용하여 압축공기 또는 압송에 의해 도료를 안개 상태로 하여 피도면에 분무하여 도장하는 것. 에어 스프레이, 에어리스 스프레이, 정전도장 등의 방법이 있다.

스프 방적(—— 紡績, staple fiber spinning, rayon staple spinning) 스테이플 파이버 (스프)를 방적하는 것. 레이온 스테이플에서의 방적을 지칭하는 일이 많으므로 rayon staple spinning이라고도 한다.

스플라이싱 (splicing) DNA가 전사되어 전령 RNA가 되는 과정에서 인트론이 제거되어 엑손이 연결되는 것. 복수의 스플라이싱 기구가 있다.

스피넬형 구조(—— 形構造, spinel structure) AB_2X_4로 표시되는 화합물이 취하는 결정구조의 하나. A=Mg, Fe, Zn, Mn, Co 등, B= Al, Fe, Cr 등, X=O, S, F 등. X가 거의 입방 최밀 충전으로 배열하고, 팔면체형의 빈틈에 B가, 사면체형의 빈틈에 A가 들어간 구조이다. 또 A의 B의 절반이 바뀌 들어간 $B(AB)O_4$를 역 스피넬이라 한다. 스피넬은

$MgAl_2O_4$의 광물명이다.

스피노달 (spinodal)　⇨ 스피노달 곡선.

스피노달 곡선 (—— 曲線, spinodal curve) 상태상도(狀態相圖)에서 2상 분리를 일으키는 준안정 영역과 불안정 영역의 경계를 표시하는 곡선. 첨점(尖点)곡선이라고도 한다. 이 곡선상에서는 밀도 또는 농도의 요동에 의한 산란광의 강도가 무한대로 된다. 균일 상에서 이 곡선을 넘어 불안전 영역에 들어가면 농도 요동이 증폭하여 상분리가 생긴다. 이것을 스피노달 분해라고 한다. 이 결과 서로 연결된 상분리 구조를 취하므로 고분자 혼합계 등의 구조제어에 이용되고 있다.

스피노달 분해 (—— 分解, spinodal decomposition)　⇨ 스피노달 곡선.

스피로 화합물 (—— 化合物, spiro compound) 2개의 고리가 하나의 원자를 공유하여 이어져 있는 형태의 유기 화합물. 2개의 고리에 공유되어 있는 원자를 스피로 원자라 하고, 보통은 탄소 원자이지만 암모늄 이온형의 4가의 질소원자로 연결된 화합물도 있다.

스핀 (spin)　소립자 또는 소립자 복합계가 갖는 하나의 내부 자유도(양자수)로, 각운동량의 하나. 디랙스 방정식에서 도출된다. 페르미 통계에 따른 페르미 입자의 스핀은 1/2의 홀수배이고 보스 입자의 스핀은 정수이다. 전자, 양성자, 중성자의 스핀은 1/2, 광자의 스핀은 1이다. 실험적으로는 그 각운동에 부수되는 자기 모멘트에 의해 검출된다. 전자 스핀은 물질의 자성을 결정하며, 전자 스핀 공명(ESR) 등의 실험에 의해 검출된다. 핵 스핀은 원자핵을 구성하는 양성자와 중성자에 따라 결정되며 핵자기 공명(NMR)의 실험에 의해 검출할 수 있다.

스핀-궤도 결합 (—— 軌道結合, spin-orbit coupling)　⇨ 스핀-궤도 상호작용.

스핀-궤도 상호작용 (—— 軌道相互作用, spin-orbit interaction)　전자의 스핀 각운동과 궤도 각운동 간의 자기적인 상호작용. 스핀-궤도 결합이라고도 한다. 원자번호가 증가함에 따라 커진다. 이 상호작용으로 원자·분자의 궤도 각운동량 또는 스핀 각운동량에 관한 축퇴가 해제되어 스펙트럼선이 분

열한다.

스핀 궤도(함수) (—— 軌道(函數), spin orbital) 전자의 공간적 확산을 표시하는 궤도(함수)와 스핀의 방향을 표시하는 스핀 함수를 곱한 함수를 말한다.

스핀 메아리 (spin echo)　전자 또는 핵의 스핀 자기공명에서, 사용하는 전자기파를 펄스로 하여 적당한 시간 간격 Δt를 두고 2발 가하면 2발째부터 Δt의 시간이 경과하였을 때에 시료에 나타나는 강한 가로자화, 메아리(에코)처럼 응답하므로 스핀 에코라 한다. 이 현상은 1950년 E. L. Hahn에 의해 처음으로 실험되었으며, 핵스핀계에 한하지 않고 전자 스핀계에 대해서도 같은 스핀 에코가 관측된다. 이 현상은 스핀 공명의 관측법의 하나로서 이용되고, 특히 자기 수화 시간의 측정에 유효하다. 동일한 현상은 스핀계에 한하지 않고 포톤 메아리, 포논 메아리 등이 있다.

스핀 면역 검정법 (—— 免疫檢定法, spinimmunoassay)　표지 면역 검정법의 하나. 스핀 표지법으로 표지한 항원이 항체와 결합함으로써 그 스핀 스펙트럼이 변화하는 것을 이용한다. 스핀 표지로서는 안정된 니트록시드 라디칼류 등이 사용된다.

스핀 밀도 (—— 密度, spin density)　스핀 양성자수 S가 0이 아닌 분자종에서, 어떤 원자상의 α 스핀에 대한 전자 밀도에서 β 스핀에 대한 전자 밀도를 제한 것을 그 원자상의 스핀 밀도라고 한다. 이론적으로는 비제한 하트리-폭크법으로 구할 수 있다. 제한 하트리-폭크법의 근사에서는 쌍을 이루지 않은 전자가 들어 있는 궤도에 대한 전자 밀도가 된다. 이 경우를 특히 쌍을 이루지 않은 전자 밀도라 한다.

스핀 부준위 (—— 副準位, spin sublevel)　스핀 양성자수 S가 0이 아닌 상태는 본래대로라면 $2S+1$ 중으로 축퇴하여 있을 것이지만 스핀-궤도 상호작용이나 스핀-스핀 상호작용 때문에 축퇴가 해제되어 몇 개 준위로 분열되어 있다. 이처럼 분열된 준위를 스핀 부준위라 한다.

스핀 분극 (—— 分極, spin polarization)　⇨ 스핀 편극.

스핀-스핀 결합 (―― 結合, spin-spin coupling) ⇨ 스핀-스핀 상호작용.

스핀-스핀 상호작용 (―― 相互作用, spin-spin interaction) 원자·분자 내의 둘 이상의 스핀 간 자기적 상호작용. 전자 스핀간, 핵 스핀 간 및 전자 스핀-핵 스핀 상호작용이 있다. 이러한 상호작용은 전자 스핀 공명 스펙트럼과 핵자기 공명 스펙트럼의 분열로 관측된다.

스핀 임무노어세이 (spin immunoassay) ⇨ 스핀 면역 검정법.

스핀 편극 (―― 偏極, spin polarization) 전자 스핀 또는 핵 스핀의 각 고유상태의 분포비가 볼츠만 분포의 비와는 다른 경우, 스핀 편극의 상태에 있다고 한다. 스핀 분극이라고도 한다. 화학 반응과 완화과정에 따라 과도적으로 발생하는 스핀 편극은 CIDEP와 CIDNP에 의해 검출된다.

스핀 표지법 (―― 標識法, method of spin labelling) 라디칼과 같이 쌍을 이루지 않은 전자가 있는 분자나 이온은 전자 스핀 분광에 의해 그 물질구조에 관한 지견을 얻을 수 있다. 쌍을 이루지 않은 전자가 있는 치환기를 스핀 표지로 하여 쌍을 이루지 않은 전자가 없는 분자에 도입하여 전자 스핀 공명을 조사하는 방법을 스핀 표지법이라 한다. 단백질 같은 복잡한 물질의 구조와 동적 거동의 해명에 사용된다.

스핀 함수 (―― 函數, spin function) 양자역학에서 전자와 원자핵 등의 스핀을 나타내기 위해 사용하는 함수. 구체적인 수식 표현이 있는 함수는 아니지만, 슈뢰딩거 방정식에 관계되는 연산자에 대한 수학적인 거동을 통해 스핀의 본질이 이해된다. 하나의 전자 스핀 함수는 2종류가 있어 보통 그것을 α와 β로 표시한다.

스필오버 (spillover) 금속 혹은 운반체로 된 고체 촉매에서, 금속 혹은 금속화합물 표면에 흡착한 화학종이 탄소, 금속산화물, 고체 산 등의 운반체 표면으로 이동하는 현상. 수소가 흡착할 때 현저하다. 금속에서 해리한 수소가 흘러내리는 것(spill over)처럼 운반체로 이동하는 사실에서 명명되었다. 그러므로 WO_3, MoO_3 등의 금속산화물 운반체는 실온에서도 쉽게 환원된다. 고체 촉매를 사용하는 중질유의 반응에서는 코킹 억제에 중요한 역할을 하는 것으로 추정되고 있다.

슬라이버 (sliver) 방적공정에서 로프상, 끈 모양으로 되어 있는 섬유의 다발을 말한다.

슬라이버 날염 (―― 捺染, sliver printing) 슬라이버를 시트상으로 하여 요판 인쇄하는 날염법. 고급 상강 소모사를 만들 목적으로 프랑스에서 고안되었다.

슬래그 (slag) 금속을 노에서 제련할 때, 목적 금속 이외의 성분이 용제와 결합하여 금속과 분리하고 그 금속의 상층부를 형성한 것. 광재(鑛滓)라고도 하며, 대부분은 규산염이다. 슬래그는 예전에는 폐기하였으나 현재는 여러 가지 이용법이 개발되었다. 광석에서 금속을 빼내는 데는 광석 속에 있는 불필요한 성분을 녹기 쉬운 화합물로 만든 다음 제거하는 방법이 일반적으로 사용된다. 제철의 경우 석회석을 철광석과 같이 투입하는 것은 노(爐) 속에서 앞으로 생기는 산화칼슘이 철광석 속에 있는 필요 없는 물질인 실리카(이산화규소 SiO_2)와 결합하여 녹는점이 낮고, 녹은 선철(銑鐵)보다 비중이 낮은 혼합물이 되게 하려는 것이기 때문인데, 용광로에서 유출되면 이 혼합물의 녹은 것이 선철 위에 층을 형성하여 흐르게 된다. 이와 같은 혼합물이 슬래그이다.

슬래그 벽돌 (slag brick) 제철이나 제강시 부산물로 생성되는 슬래그를 이용하여 만든 벽돌. 슬래그에 $10\sim15\%$의 석회를 가히여 만든다. 야적(野積)하여 $1\sim2$개월 놓아두면 생석회의 기경성(氣硬性 ; 공기 속의 이산화탄소를 흡수하여 탄산석회의 결정이 생기고 서로 얽혀서 단단해지는 성질)과 슬래그의 잠재성 수경성(潛在性水硬性 ; 빗물 또는 뿌려주는 물과 반응해서 수화 광물(水和鑛物)을 만들어 경화되는 성질)에 의해 강도가 커진다. 성형 직후의 벽돌을 증기 처리하여 단시간에 경화시킬 수도 있다. 붉은 벽돌에 비하여 기공률(氣孔率)이 낮고 압축강도에서 뒤떨어지지 않기 때문에 건축에 사용된다. 구워서 만든 것이 아니므로 붉은 벽돌보다 내열성(耐熱性)은 못하고 다소 무겁다.

슬래그 울 (slag wool) 슬래그도 만들어진 유리질의 광물질 섬유. 광재면이라고도 한다. 용광로 슬래그를 노에서 유출시킬 때, 고압 증기 또는 공기를 불어넣으면 면상태의 섬유가 얻어진다. 단열재, 흡음재 등에 이용된다.

슬래킹 (1) slagging 석탄이 연소하여 용융한 회분(슬래그)이 화로 수냉 벽부의 전열 표면에 부착하여 냉각·고화·퇴적하는 현상. (2) slugging 유동층 등에서 발생하는 바람직하지 않은 현상. 분립체층에 가스를 통하여 유동화시키는 경우, 가스가 합체하여 큰 기포가 되고, 그 기포가 분체층을 밀어내면서 서서히 상승하는 현상. 이 현상이 나타나면 분체의 혼합·분산, 기체고체 접촉이 불량해지고 또한 심한 압력 변동의 원인이 된다.

슬러리 (slurry)　점토, 미분탄, 활성 오니 등 분립체를 고농도로 분산한 현탁액으로, 펌프에 의한 송액이 가능한 것. 침전탄분이라고도 한다. 또 농축이 진행된 것을 슬러지라고 한다.

슬러지 (sludge)　일반적으로는 쓸모가 없는 이상(泥狀)의 것을 슬러지 또는 오니라고 한다. 슬러지로는 ① 바다, 하천, 호수 등의 바닥에 침전되어 있는 진흙과 같은 것, ② 각종 물처리 시설의 침전조 등에 있어 물에서 분리 제거된 오니물, ③ 생산공정에서 발생하는 불필요한 액상의 것을 포함한 오니물, ④ 건설공사에서 배출되는 폐오수 등을 들 수 있다.

슬레이터 행렬식 (── 行列式, Slater determinant)　다전자계의 파동함수를 각 전자의 스핀 궤도 함수의 곱으로 나타내고 전자의 교환에 관한 반대칭성을 도입하면 행렬식이 된다. 이것을 슬레이터 행렬식이라 하고, 다전자계 파동함수의 적절한 근사 함수로 사용된다.

슬립 방지 가공 (── 防止加工, antislip finishing)　직물의 세로실 및 가로실이 얽히는 것을 방지하는 가공. 콜로이드 실리카, 수지 등을 직물에 고착시켜 실의 얽힘을 방지한다.

슬릿 결상법 (── 結像法, slit image method) 발광 분광 분석에서 집광계의 하나. 아크 혹은 스파크 광원의 상을 한 집광렌즈에 의해

슬릿에 결상시키는 방식. 고감도가 얻어지는 집광계로서, 음극층법 등은 이 결상법에 의한다.

슬릿 함수 (── 函數, slit function)　완전한 단색광이 모노크로미터에 입사할 때 그 출력측에서 관측되는 외견상의 스펙트럼 강도 분포. 슬릿 함수가 알려져 있으면 관측된 스펙트럼에서 유한한 슬릿 폭에 의해 분해능이 저하하는 영향을 제거할 수 있다.

습구 온도 (濕球溫度, web-bulb temperature) 외계와의 단열조건에서 충분한 다량의 가스 중에 놓아 둔 미소한 액적이 도달하는 동적 평형온도. 이 온도로부터 액의 증기압과 습도의 산출이 가능하다. 건습구 습도계는 이 원리에 의한다.

습기 박스 (濕氣 ──, moist closet, wet box) 시멘트의 경화시험을 하기 위해 실험체를 습한 공기 중에서 양생하는 박스. 내부 습도가 80 % 이상으로 유지된다.

습도 (濕度, humidity)　공기 중에 존재하는 수증기량의 비율. 일정 체적 중의 수증기량과 그 공기의 포화 수증기량(그 때의 온도에서 함유할 수 있는 최대 수증기량)과의 비율을 %로 나타내는 상대습도가 일반적으로 사용된다. 절대습도는 단위 체적의 공기 중에 함유되는 수증기의 질량으로 표시된다.

습도계 (濕度計, hygrometer)　기체 중의 습도를 측정하는 데 사용되는 기기. 건구와 습구의 온도차로 습도를 구하는 건습구 습도계 (건습계라고도 한다), 습도 변화에 의한 모발의 신축을 이용하는 모발 습도계 등도 있다. 최근에는 습도 변화에 대응하여 저항값이 변화하는 세라믹스 반도체의 습도계도 개발되었다.

습도 도표 (濕度圖表, humidity chart)　일반적으로 상압에서의 공기수증기계의 습도, 엔탈피, 비열, 비용 등과 온도의 관계 및 단열 포화선, 등습구 온도선 등을 나타낸 도표. 건조, 조습, 냉수조작의 계산에 사용된다. 고온 공기수증기계, 일반가스유기 증기계에 대해서도 작성된다.

습도 센서 (濕度 ──, humidity sensor)　습도를 검지하여 전기적 신호로 출력하는 장치. 수분의 물리흡착으로 다공성 세라믹스와 고

분자 전해질 등의 전기저항과 전기용량이 변화하는 것을 이용한 것, 압전체의 공진주 파수 변화를 이용하는 것, 물의 전기분해를 이용하는 것 등 각종 센서가 개발되었다.

습성 천연 가스 (濕性天然 —, wet natural gas) 가압과 냉각에 의해서 액화하기 쉬운 프로판 이상의 탄화수소를 비교적 다량으로 함유하는 천연가스. 유전 가스로서 원유 채유 시에 분리되는 경우가 많다. 건성 천연 가스에 대응하는 용어이다.

습식 광전지 (濕式光電池, wet-type photocell) 반도체 전극과 백금이나 탄소 등의 보통 전극을 전해액을 사용하여 조합한 광전지. 전기화학 광전지, 광전기 화학전지라고도 한다. 실리콘의 p-n 접합을 사용하는 태양전지에 대해서 용액계를 포함하므로 습식이라 한다. 반도체 전극으로서는 TiO_2, CdS, $GaAs$ 등이 사용되며, 수소 등의 화학 에너지가 얻어지는 경우와 전기 에너지가 얻어지는 경우가 있다.

습식 방사 (濕式紡絲, wet spinning) 용매에 용해시킨 섬유형 성능이 있는 고분자의 용액을 노즐에서 응고욕 안에 사출하여 필라멘트로 응고시키는 방법. 재생 셀룰로오스, 폴리비닐알코올, 폴리아크릴로니트롤(의 일부), 폴리염화비닐 등에 적용된다. 방사속도를 빠르게 할 수 없고, 형성된 필라멘트의 단면이 불균일하게 되는 것이 특징이다.

습식법 (濕式法, wet method) 용액 중의 화학 반응에 기초한 화학분석법. 습식 분석법이라고도 한다. 보통은 중량분석, 용량분석, 습식 정성분석으로 대표되는 분야를 지칭한다. 용액 안의 화학 반응은 종류가 많고 조작도 일반적으로 쉬우므로 대부분의 화학조작은 습식법으로 행한다.

습식 분석법 (濕式分析法, wet method) ⇨ 습식법.

습식 인산 (濕式燐酸, phosphoric acid by wet process) 인광석을 광산(鑛酸)을 사용하여 분해한 다음 인산분을 용해시킨 후 분리, 농축하여 제조한 인산. 건식 인산의 대응어이다.

습식 제련 (濕式製鍊, hydrometallurgy) 금속의 제련 방식 중 습식처리에 의한 방법. 예비처리(배소 등)한 광석을 적당한 액체에 용해시켜 목적 금속성분을 용출시키고 다시 화학적 또는 전기 화학적 수단에 의해 금속을 분리 채취한다. 건식 제련의 하나인 용융제련이 고온의 화학 반응에 기초를 두는 것과는 달리, 습식 제련에서는 수용액의 화학 반응이 주로 이루어진다. 광석을 처리할 때 습식 제련과 건식 제련 중 어느 방법을 택할 것인가는 여러 복잡한 조건들을 고려해야 한다. 따라서 다음의 습식 제련 특징을 감안하여 선택하는 것이 좋다. ① 저품위의 광석, 용융하기 힘든 광석, 분광(粉鑛) 형태의 광석 등은 습식 제련으로 하는 것이 쉽고 경제적이다. ② 화학적 친화력이 큰 금속일 때에는 습식법으로 중간 물질을 만들어, 이로부터 금속을 얻는 방법을 쓰는 것이 좋다. ③ 연료의 사용량은 거의 없지만 침출 용액을 만들 때는 특수한 약품이 필요하다. ④ 금·은 등은 이에 적합한 침출액이 아니면 용출하지 않으므로 금·은 등의 산화광 처리에는 적합하지 않다. 하지만 일반 황화광을 습식법으로 처리할 때에는 침출 잔사(殘渣) 속에 금·은이 남게 되어 손실이 생기기 때문에 금·은을 함유한 황화광의 처리에는 건식법이 적합하다. 오늘날 보크사이트로부터 알루미나를 제조할 때 구리·아연·니켈·크롬·몰리브덴·텅스텐 등과 그 밖의 희유금속 원소의 제조에 습식 제련이 대규모로 실시된다.

습식 증포 (濕式增布, wet decatizing, wet bowling) 모직물을 롤에 펼쳐 감고 열수처리하여 세팅하는 것. 염색과 세정 등의 공정에서 직물이 흐트러지지 않도록 하기 위해 한다.

습식 혼합 (濕式混合, wet blending) 2종 이상의 분체 성분 분포를 액체 중에서 균일하게 하는 혼합조작. 세라믹스의 제조에 있어 배토를 조정하는 중요한 공정의 하나이다.

습식 회화 (濕式灰化, wet ashing) 유기 물질로 된 시료 중의 무기성분을 확인 혹은 정량하기 위해 산화성의 산을 사용하여 유기물을 분해하는 분석조작. 질산을 주로 사용하며 여기에 황산, 과염소산, 과산화수소 등을 병용하여 하는 것이 보통이다. 이에 대해 건식 회화는 시료를 공기 중에서 500℃ 정도까지 가열하여 산화 분해한다.

습 연마 (濕研磨, wet rubbing, wet sanding)

도장 소지를 평활하게 하기 위해 물을 가하면서 연마하는 공업을 말한다.

습윤 (濕潤, wetting) ⇨ 젖음.

습윤 강력지 (濕潤强力紙, wet-strength paper) 습윤 때의 인장강도가 건조시의 15% 이상인 종이. 요소 수지, 멜라민 수지 등과 각종 내수성 수지로 가공하여 제조된다. 오래 전부터 있는 황산지는 이 조건을 충족시키고 있지만 보통 습윤 강력지에는 포함되지 않는다. 지도 용지, 페이퍼 타월, 녹차와 홍차 팩 등에 사용된다.

습윤 견뢰도 (濕潤堅牢度, wet-color fastness) 물, 세탁, 땀 등 습윤상태에서의 염색 견뢰도를 말한다.

습윤 부피 (濕潤——, humid volume) 1 kg의 건조한 가스와 그것을 함유하는 증기가 점하는 체적의 합. 온도, 습도, 전압(全壓)의 함수가 된다. 습한 가스의 온도를 T_g[K], 전압을 P_t[kPa], 가스와 증기의 분자량을 각각 M_g[kg/mol], M_v[kg/mol], 증기의 농도를 H[kg/kg-건조 가스]로 하면 습윤비용 V_H [m^3/kg]은 $V_H = 0.0224(T_g/273)$ $(101.3/P_t) \times (1/M_g + H/M_v)$가 된다.

습윤 비열 (濕潤比熱, humid heat) 1 kg의 건조 가스와 그것을 함유하는 증기온도를 1K 만큼 높이는 데 필요한 열량. 가스와 증기의 정압 비열용량을 각각 C_g[kJ/kg·K], C_v [kJ/kg·K]로 하면 습유 비열 C_H [kJ/kg-건조 가스·K]는 $C_H = C_g + HC_v$가 된다. 여기서 H [kg/kg-건조 가스]는 증기의 농도(공기-수계에서는 습도)이다.

습윤성 (濕潤性, wettability) 어떤 고체면에 대한 어떤 액체의 젖기 쉬운 정도. 청정한 유리에 대해 증류수의 습윤성은 높고, 연꽃잎에 대한 물의 습윤성은 대단히 낮다. 습윤성을 평가하는 데는 접촉각, 습윤열 등이 사용된다. 접촉각이 작을수록 습윤성이 좋다.

습윤열 (濕潤熱, heat of wetting) 고체의 표면을 액체로 젖게 하였을 때에 발생하는 열량. 표면에 접하는 액체의 1mol당 양으로 표시한다. 고체 표면에 액체가 물리흡착 또는 화학흡착 되었을 때에 발생하는 열이다. 고체가 액체에 완전히 젖는다면, 습윤열 Q_W 와 포화증기의 고체면에의 흡착열 Q_A 및

증기의 액화열 Q_L과의 사이에는 $Q_W = Q_A = Q_L$의 관계가 성립한다. 습윤열은 고체와 액체의 접촉을 방해하는 조건에 따라서 영향을 받는다. 고체의 표면에 흡착해 있는 공기, 그 밖의 것을 제외하고 액체로부터 고체의 표면에 흡착할 가능성이 있는 불순물을 제거하는 일이 측정하는 데 있어 중요하다. 일반적으로 극성이 풍부한 고체 표면은 액체의 극성도의 증가와 더불어 습윤열도 커진다.

습윤제 (濕潤劑, wetting agent) 물에 잘 젖지 않는 고체를 잘 젖게 하는 물질. 계면 활성제는 젖기 어려운 고체면에 흡착하여 친수기를 바깥쪽으로 배열시키므로 습윤제가 된다. 임계 미셀농도가 높은 계면 활성제일수록 좋은 습윤제이다.

습전지 (濕電池, wet cell) 전해액이 수용액 상태인 전지. 건전지의 대응어. 볼타 전지와 다니엘 전지, 공기 전지 등이 있다.

승격 (昇格, promotion) 원자의 동일 각 안의 전자의 여기. 예를 들면 탄소의 원자가상태로서 $(sp^3)^4$를 형성하기 위해 기저배치$(2s)^2$ $(2p)^2$의 2s전자 1개를 2p궤도에 올릴 필요가 있다. 이것은 분광학적인 전이는 아니므로 들뜸과 구별하여 승위라 한다.

승온 이탈 (昇溫離脫, temperature-programmed desorption) 고체 표면상의 흡착종의 성질을 알기 위한 실험적 방법. 약어 TPD. 고체 시료를 일정 속도로 승온하면 흡착분자는 그 흡착강도에 따른 온도에서 이탈한다. 이 때 이탈량과 온도와의 관계를 승압이탈 곡선이라 한다. 이 곡선을 해석함으로써 흡착강도, 흡착종의 종류 등을 알 수 있다.

승온 환원 (昇溫還元, temperature-programmed reduction) 촉매 등 고체 물질의 환원 용이도를 조사하는 실험적 방법. 약어 TPR. 시료를 환원가스(주로 수소) 안에서 일정 속도로 승온시키고 환원가스의 감소를 측정함으로써 시료의 환원 용이성, 환원 메커니즘을 조사한다.

승홍 (昇汞, corrosive sublimate) 염화수은 (Ⅱ) $HgCl_2$의 속칭이다.

승화 (昇華, sublimation) 물질이 고체상태에서 융해되지 않고 기체상태로 변화하는 현상

및 그 반대 현상. 예를 들면, 장뇌(camphor) 와 나프탈렌·드라이아이스 등을 공기 속에 방치하면 상온(常溫)에서 액체로 되지 않고 모두 기체가 된다. 또 흑자색(黑紫色) 요오드 의 결정을 가열하면 융해하지 않고 적자색 (赤紫色) 기체가 되어 휘발하며, 그 증기를 냉각시키면 원래의 흑자색 결정이 된다. 얼음도 0℃ 이하에서는 직접 기체가 된다. 고체 가 직접 기체로 되는 것은, 액체와 마찬가지 로 고체도 일정한 증기압을 가지기 때문인데 기화(氣化)의 경우와 마찬가지로 주어진 온도에서 포화증기압과 같아질 때까지 승화가 진행된다. 고체의 증기압은 물질에 따라 다르며, 같은 물질에서도 온도가 높아질수록 크다. 승화할 때 흡수 또는 방출하는 열을 승화열이라 한다.

승화 전사 기록(昇華傳寫記錄, sublimating dye transfer recording) 폴리에스테르 등의 베이스 필름상에 도포한 고체 잉크층을 서멀 헤드로 가열하여 가열부의 잉크를 기록지에 전이시켜 기록하는 것을 말한다.

시각 검사(視覺檢査, visual inspection) 외관 상태를 육안으로 관찰하는 검사를 말한다.

시각 색소(視覺色素, visual pigment) 빛을 감수하기 위한 색소. 시물질이라고도 한다. 망막의 시세포 중 외절에 포함되는 감광색소 단백질. 단백질 부분의 옵신과 발광단의 비타민 A 알데히드로 구성된다. 로돕신, 아이오톱신 등이 그 예이다.

시간 분해 측정(時間分解測定, time-resolved measurement) 원자·분자계에 짧은 펄스 광을 조사함으로써 반응, 전하이동, 에너지 이동을 개시시켰을 때, 시간경과를 따라 변화 과정을 추적하기 위해 일정 시간마다 스펙트럼 등을 측정하는 것을 말한다.

시간-온도 중첩 원리(時間-溫度重疊原理, time-temperature superposition principle) 비결정성 고분자의 점탄성 함수(예를 들면 탄성률)의 시간에 대한 곡선을 여러 온도에서 측정하여 임의의 온도 T_0를 기준으로 T_0보다 저온에서 그려지는 곡선은 좌측에, T_0보다 고온에서 그려지는 곡선은 우측에, 시간축에 따라 수평으로 평행 이동 시키면 모든 곡선이 중첩되어 하나의 곡선으로 되는 것.

시간-온도 환산칙이라고도 한다. 그려지는 곡선을 합성곡선(마스터 커브)이라 한다. 결정성 고분자에 있어서도 측정 중에 구조 변화가 일어나지 않는 조건하에서 미소 변형을 측정할 때는 이 원리가 성립된다.

시간-온도 환산칙(時間-溫度換算則, time-temperature reductibility) ⇨ 시간-온도 중첩 원리.

시감도(視感度, spectral luminous efficiency) 파장 λ의 단색 광속 F_λ[단위 : lm(루멘)]를 그에 대한 단색 방사속 p(단위 : W)로 나눈 값. 즉 눈에 들어오는 방사 에너지 중, 밝기의 감각이 생기는 데 유효한 부분의 비율을 표시하는 것. 양기호 $K(\lambda)$로 표시한다. 스펙트럼 발광효과라고도 한다. 시감도를 파장의 함수로 표시한 곡선을 시감도 곡선이라 한다. 또 주파수 540×10^{12} Hz의 단색광 (공기 중의 파장으로 555 nm)에 대한 시감도를 최대 시감도라 한다.

시감도 곡선(視感度曲線, visibility curve) ⇨ 시감도.

시그마 결합 자리옮김(—— 結合 ——, sigmatropic rearrangement) π전자 공역계를 구성하는 원자사슬 중의 하나의 σ결합이 절단되어 다른 자리에 새롭게 σ결합이 생성되는 반응. 전이상태가 전자적으로 고리 모양이므로 페리고리 모양 반응의 하나라 볼 수 있다. 입체 특이적 반응이다. 시그마트로피 전위라고도 한다.

σ(시그마) 전자(—— 電子, σ electron) σ결합을 구성하고 있는 전자. 원자기 결합에 관여하는 전자의 상태를 오비탈로 나타냈을 때 2개의 원자 사이를 연결한 축 둘레의 각운동의 양자수가 0이면 그 전자를 σ전자라고 한다. 또 ±1일 때는 π전자, ±2일 때는 δ전자라고 한다. 예를 들면, 암모니아 NH_3과 메탄 CH_4 등의 분자 속에서는 N과 H 또는 C와 H의 결합에 관여하는 전자는 결합축을 따라 분포해 있으므로 σ전자이다. 또 에틸렌 C_2H_4에서는 그 구조는 모든 원자가 동일 평면상에 있고, 2개의 C 둘레의 결합 방향은 모두 $120°$가 되어 있다. 이 때 C와 H의 결합에 관여하는 4개의 전자는 모두 결합축을 따라 분포하고 있다. 따라서 이것들

人

은 모두 σ전자이다. 그러나 이 때 C와 C의 결합에 관여하는 전자는 결합축을 따라 분포해 있는 것, 즉 σ전자 외에 에틸렌의 분자가 만드는 평면과 수직 방향으로 분포하는 결합에 관여하는 전자가 존재한다. 이것이 π전자이다. σ전자에 의한 결합을 σ결합, π전자에 의한 결합을 π결합이라고 한다. 에틸렌의 C와 C의 결합처럼, σ결합 하나와 π결합 하나로 이루어지는 결합을 이중결합이라고 한다.

σ 결합 (―― 結合, σ bond) s전자, p전자, sp 혼성 궤도 전자 등에 의해 구성되고 결합에 부여하는 전자궤도가 결합축에 대해서 축대칭인 것을 말한다. 공유결합은 σ결합과 π결합으로 대별된다. 수소분자 이온, 수소분자, 메탄 기타 포화 탄화수소 분자 등의 공유결합(단결합)은 σ결합이지만, 에틸렌 분자 등에서는 C-H, C-C간의 σ결합과 C-C 간의 π결합으로 되어 있다. 이종 원자간의 단결합(C-O, C-N 등)도 σ결합이다. σ결합을 구성하는 전자를 σ전자라 한다.

σ 착물 (―― 錯物, σ-complex) 2개 이상의 분자종이 σ결합하여 형성하는 착물. 벤젠과 그 치환체에 H^+나 NO_2^+ 등의 구전자 시약이 공격할 경우, 벤젠 고리의 π결합이 절단되어 시약과의 사이에 σ결합을 구성한다. 이것이 σ 착물의 예이다.

시그마드로피 (sigmatropy) ⇨ 시그마트로피 전위.

CWM 'Coal Water Slurry'의 약어이다. ⇨ 콜로이드 연료.

시더유 (―― 油, cedar oil) 히말라야 삼나무 속의 나무에서 채취되는 무색 또는 약간 황색을 띤 고점도의 액체. 휘발성이며 발삼과 유사한 향기가 있다. 향료, 구충제의 성분으로 사용된다. cedar wood oil이라고도 한다. 잎에서 채취되는 cedar leaf oil과는 성분이 전혀 다르다.

시데로포어 (siderophore) 철 이온을 생체 내에 도입하기 위해 미생물 등에 의해서 만들어지는 킬레이트화제. 친철제라고도 한다. 페리크롬, 엔테로박틴 등이 알려져 있다.

시데로필린 (siderophilin) ⇨ 트랜스 페린.

CIDNP(시드닙) 'chemically induced dynamic nuclear polarization'의 약어이다. 용액 중의 화학 반응으로 유리기가 형성될 때, NMR 흡수를 측정하면 전자 스핀과 핵 스핀의 상호작용으로 NMR의 강도가 이상적으로 증대하는 것을 이용하여 유리기의 구조와 반응 메커니즘을 조사하는 방법이다.

시드 락 (sead lac) 채취한 직후의 락을 말한다.

시료 채취 (試料採取, sampling) 검사, 측정, 분석 등을 할 목적으로 대상이 되는 물질에서 그 일부를 채취하여 조사하는 것. 견본, 표본을 모집단에서 떼어내는 경우는 샘플링 혹은 발취라고 하는 경우가 많다.

시료 채취기 (試料採取機, sampler) 시료를 채취하기 위해 사용하는 기구. 기체 포집, 매진 포집, 채수, 채니(探泥), 부유물 채집 등 용도에 따라 여러 형상의 것이 있다.

시멘 (symene) 방향족 탄화수소. 벤젠 고리에 메틸기와 이소프로필기가 치환한 것. $CH_3C_6H_4CH(CH_3)_2$. o-, m-, p-의 3종의 이성질체가 있다. 보통 p-시멘을 지칭한다. p-시멘은 식물 정유 중에도 존재하며 수소화된 포화 화합물 p-메탄은 전형적인 모노테르펜의 모체이다. 향료의 원료가 된다.

시멘타이트 (cementite) 철의 탄화물이며 조성은 Fe_3C에 상당하다. 금속 합금 내에 존재하는 탄소는 금속 원자와 결합하여 카바이드(carbide)를 형성하며, 금속합금이 철강 재류인 경우에는 철금속이 탄소와 결합하여 시멘타이트를 형성하여 합금의 내열·내마모 특성을 증가시킨다. 대부분의 탄소강에서는 250~700℃ 근처에서 시멘타이트가 형성되며 이보다 고온에서는 구형의 입자상으로 조대화(粗大化)한다. 철강 재료 중 백주철과 같은 재료는 탄소가 거의 시멘타이트의 형태로 존재하며, 내마모성이 뛰어나서 볼밀(ball mill)과 같은 마모가 심한 부분에 사용된다. 단독으로는 불안정하며 철과 흑연으로 분해되지만 강 중에서는 매우 안정된 상으로 존재한다. 강철과 주철 등의 성질에 큰 영향을 미친다.

시멘트 (cement) 넓은 뜻으로는 접착제 혹은 결합제의 총칭. 보통은 물 또는 수용액과의 반응으로 경화하는 무기질의 결합제를 지칭하며, 물과 골재를 혼련하여 성형한 후 경화시켜 사용한다. 포틀랜드 시멘트, 혼합 시멘트, 알루미나 시멘트, 소석고, 석회 플라스터, 인산 시멘트, 옥시클로라이드 시멘트 등이 있다.

시멘트 바실루스 (cement bacillus) 포틀랜드 시멘트를 수화하였을 때, 시멘트의 구성 화합물인 $3CaO \cdot Al_2O_3$ 또는 $4CaO \cdot Al_2O_3 \cdot Fe_2O_3$와 석고가 반응하여 생성하는 침상 결정. 에트린가이트라고도 한다. 다량으로 생성하면 경화체의 팽창·붕괴에 이어지므로 바실루스(bacillus, 세균)라고 명명되었다.

CMOS (시모스) 반도체 장치의 용어. MOS FET를 집적화한 집적회로에서는 소스, 드레인 간의 채널 캐리어가 전자인가 정공인가에 따라 n-채널과 p-채널로 구별할 수 있으며, 이 양자를 1쌍으로 하여 결합시킨 상보형 MOS 소자 및 이것에 의해 구성한 집적회로를 CMOS라 한다. CMOS는 complementary metal oxide semiconductor의 약어로, 상보형 MOS라고도 한다.

시물질 (視物質, visual pigment) ⇨ 시각 색소(visual pigment).

CVD 'chemical vapor deposition(화학 증착)'의 약어이다.

시 상수 (時常數, time constant) 각종 물리적·화학적 변화에서 평형상태로 접근하는 방법을 $\exp(-t/\tau)$의 함수에 따르기로 하였을 때, τ를 시 상수라고 한다. 단, 주로 전기회로의 응답에 대해서 사용되는 용어이며 화학 완화현상에서는 완화시간이라고 하는 경우가 많다.

시상 오르몬 (視床 ——, hypothalamic hormone) 뇌하수체 시상부에서 분비되는 호르몬. 선성 뇌하수체(뇌하수체 전엽)의 세포에 작용하여 여러 가지 선성 뇌하수체 호르몬을 분비시키거나 정지시킨다.

시성식 (示性式, rational formula) 유기 화합물의 화학구조를 간략화하여 구조식 중의 특정부 특히 작용기를 일견하여 알 수 있도록 적은 화학식. 예를 들면 CH_3COOH, $C_6H_5NH_2$ 등. 학술논문이나 전문서적에서는 시성식이란 용어는 사용하지 않고 위에 적은 것 같은 식도 구조식으로 간주한다.

시스택틱 (cistactic) 디엔 중합체 등에서, 구성 반복단위 중의 주 사슬의 이중결합이 모두 시스 배치인 것을 이르는 형용사이다.

시스테인 (cysteine) 황을 함유하는 아미노산, $HSCH_2CH(NH_2)COOH$. 잔기의 약어 Cys. 더욱 간략할 경우에는 C. 단백질을 구성하는 아미노산의 하나로 여겨졌으나, 단백질 중에서 단리할 때는 항상 산화되어 디술피드 형의 시스틴으로서 얻어진다. 또 메르캅토기(술포히드릴기) $-SH$를 가진 불안정한 화합물이기 때문에 공기 중의 산소에 의해 쉽게 산화되어 시스틴이 되기도 한다. 물과 에탄올에 녹고 중성·알칼리성 용액에서는 불안정하다. 대부분의 단백질과 환원형 글루타티온 속에 함유되어 있다. 생체 내에서는 메티오닌의 탈메틸 생성물인 호모시스테인과 세린 사이의 티올 이전반응(移轉反應)에 의하여 중간체인 시스타티오닌을 거쳐 합성된다. 시스테인디술포히드라아제가 그것의 혐기적 대사(嫌氣的代謝)에 관여하고 있다. 시스테인은 타우린이나 조효소 A(Co A)의 구성 성분인 β-메르캅토에틸아민의 모체 물질이다. 또 단백질 분자 속에서 곁사슬의 $-SH$기는 구조와 생리기능의 발현에 관여한다.

시스템 피크 (system peak) 칼럼 액체 크로마토그래피(특히 고속 액체 크로마토그래피)를 일정 조건하에서 실시할 때, 시료를 주입하지 않아도 재현적으로 나타나는 시스템에 고유한 피크. 이온 교환이나 역상 분리로 이동상이 용리력이 강한 것으로 전환된 후에 나타나는 피크가 대표적인 예이다. 유사 용어인 고스트 피크는 이것에 더하여 실제로 시료를 주입한 후에 나타나며, 시료 중의 성분에 의하지 않는 피크도 포함한다.

시스-트랜스 이성질 (—— 異性質, cis-trans isomerism) (1) $C=C$ 이중결합으로 이어진 두 탄소 원자에 각각 상이한 원자 혹은 원자단이 결합하여 있는 화합물에서 볼 수 있는 입체 이성질. 두 이성질체는 보통 *cis-*, *trans-*라는 기호로 표시되지만 이중결합 탄소에 수소원자가 존재하지 않는 경우에는 *cis-*, *trans-* 기호는 애매하게 되므로, 근대 문헌에서는 (E)-, (Z)- 기호를 사용하는 E, Z 표시가 일반적이다. (2) 탄소 단고리 혹은 복소 단고리 화합물의 고리를 구성하는 탄소

원자에 결합하는 치환기끼리가 고리 평면의
같은 쪽에 있는가 반대쪽에 있는가에 따라
생기는 입체 이성질. 또는 축합 고리의 결합
위치에 결합하는 수소원자(혹은 치환기)의
입체 배치 차이에 의한 입체 이성질. 입체 이
성질체에는 *cis-*, *trans-*의 기호가 사용되지
만 복잡한 입체구조에 대해서는 특수한 기호
가 정해져 있다. (3) 착물에서 배위자의 입체
배치 차이에 의해 생기는 이성질의 하나. 두
배위자가 인접하여 배위하였을 때를 *cis-*,
중심 금속을 사이에 끼고 배위하였을 때를
*trans-*로 한다.

시스틴 (cystine)　단백질을 구성하는 아미노
산의 하나. 디술퍼드 $HOOC-CH(NH_2)-$
$CH_2-SS-CH_2CH(NH_2)COOH$의 형태로 많
은 단백질 중에 존재하지만, 특히 모발, 뿔
등의 케라틴에 다량으로 함유되어 있다.

시스형 (──形, cis form)　(1) $X-CH=CH$
$-Y$형의 시스-트랜스 이성질체에서 X와 Y
가 이중결합 평면의 같은 쪽에 있는 것을 나
타내는 기호. abC=Cab형의 기하 이성질체
는 *cis-*, *trans-*로는 명확하게 표시할 수 없
으므로 E, Z 표시를 사용하여 $(E)-$, $(Z)-$
의 기호로 표시한다. (2) 고리식 화합물에 2
개의 치환기 X, Y가 있을 때, X와 Y가 고리
평면의 같은 쪽에 있는 이성질체를 *cis-*로
표시한다. 축합 고리 화합물에서, 축합 위치
에 있는 수소원자가 고리 평면의 같은 쪽에
있는 이성질체도 *cis-*데카린처럼 명명힌다.
(3) 부타디엔과 같은 공역 이중결합이 있는
화합물의 입체 이성질은 입체 배치의 차이
가 아니라 단결합 주위의 배좌의 차이이므
로 *s-cis-*, *s-trans-*로 적어 구별한다 (*s*는
single bond의 뜻). (4) 단결합 주위의 회전으
로 생기는 회전 이성질체의 입체배좌를 표시
할 때 *cis-*, *trans-*로 적는 경우가 있으나,
그것은 적당하지 않으며 *sp-*, *ap-*로 적는
것이 적당하다. (5) 사배위 평면 배치 혹은
육배위 팔면체 배치의 금속착물 입체의 이성
질체에서, 특정한 두 배위자가 인접 위치에
있는 것을 *cis-*, 대각선 위치에 있는 것을
*trans-*라 한다.

**시아노 백금산염 (──白金酸鹽,　cyanoplati-
nate)**　테트라시아노 백금(Ⅱ)산염 $M^I_2[Pt$
$(CN)_4]$와 헥사시아노 백금(Ⅳ)산염 $M^I_2[Pt$

$(CN)_6]$가 있다. 시아노화 백금산염은 속칭
이다.

시아노코발라민 (cyanocobalamin)　흡습성의
암적색 결정, $C_{63}H_{88}CoN_{14}O_{14}P$. 비타민 B_{12}의
화학명. 포르피린 화합물, 뉴클레오티드 및
CN^-를 배위자로 하는 코발트 착물. 항악성
빈혈작용이 있다. 코발트에 배위하고 있는
CN^-를 제거한 것을 코발라민이라 한다. 또
CN^- 대신에 아데노신이 배위하면 보효소
B_{12}가 된다.

시아노히드린 (cyanohydrin)　하나의 탄소 원자
에 시아노기-CN와 히드록실기-OH가 결합하
여 있는 화합물. $α$-히드록실니트릴. 대표적
인 합성법에는, ① 알데히드·케톤에 시안화
수소를 작용시킨다. ② 알데히드 혹은 케톤의
아황산수소나트륨의 부가물에 시안화 알칼리
를 작용시킨다. ③ 에폭시드와 시안화 수소를
반응시킨다. 등의 3가지 방법이 있다. 알칼리
에 의하여 본래의 알데히드 또는 케톤이 되고,
산에 의해서는 옥시카르복시산으로 가수분해
된다. 이것을 시아노히드린 합성법 또는 킬리
아니 반응이라고 한다. 암모니아와의 반응에
서는 아미노니트릴이 되어, 이를 가수분해하
면 $α$-아미노산이 유도된다. 이것을 스트레커
반응이라고 한다.

**시아누르산 염화물 (──酸鹽化物,　cyanuric
chloride)**　시안화 나트륨과 염소로 ClCN을
형성하고, 여기에 염화수소를 작용시켜 합
성한다. 유기합성의 시제, 염료 등의 중간물
로 중요하다.

[시아누르산 염화물]

시아닌　(1) cyanine　퀴놀린 기타의 복소 고
리 2개를 $-(CH=CH)_n-CH=$의 다리로 연
결한 구조를 갖는 색소($n=0$의 것도 있다).
주된 용도는 사진유제 제조에서 색증감제로
사용된다. (2) cyanin　식물의 꽃색소 안토
시아닌의 하나. 수레국화, 달리아 등의 꽃에
함유되어 있다.

시아닌 염료 (──染料, cyanine dye)　퀴놀

린 등의 함질소 복소 고리를 메틴 사슬(홀수 개의 −CH=)로 연결한 구조의 염료. 섬유 염색용은 소수이고, 오히려 사진용의 증감 색소로 중요하다.

CI 명 (—— 名, **CI name**)　컬러 인덱스에서 사용되고 있는 염 안료의 명칭. 부속명, 색, 번호로 되어 있다. 예를 들면, 인디고는 C. I. Vat Blue 1. 또 화학구조의 분류에 따라 5자리의 번호가 부여되어 있어 이것을 C. I. 넘버라고도 한다. 인디고는 C. I. 73,000라 한다.

C_1 화학 (—— 化學, **C_1 chemistry**)　화학공업 원료와 연료를 석유, 특히 나프타 이외의 탄소원에 구하는 것을 목적으로 하여 탄소 원자수 1의 합성가스, 일산화탄소, 이산화탄소, 메탄, 메탄올, 포름알데히드 등을 원료로 하여 탄소 원자수 2 이상의 유기 화합물을 합성하는 화학기술의 체계이다.

시안 (**cyan**)　멸색법에 의한 색 재현에 사용되는 3원색의 하나. 다른 두 색은 옐로, 마젠타. 적의 보색이며 스펙트럼적으로는 650 nm를 중심으로 흡수하며 색조는 청록색이다.

시안산 (—— 酸, **cyanic acid**)　HOCN. 이소시안산 HNCO 및 풀민산 HONC의 이성질체. 보통 시안산과 이소시안산의 호변 이성질체의 혼합물. 수용액 중에서는 주로 시안산, 기체 및 에테르 속에서는 이소시안산의 구조를 취한다. 무색의 액체로 아세트산과 비슷한 냄새가 나며 녹는점 −86.8℃, 끓는점 23.5℃이다. 0℃ 이하에서는 안정하지만 그 이상의 온도에서 대부분은 시아메리드, 일부는 시안우르산으로 급속하게 중합한다. 또 급속히 가열하면 폭발한다. 에테르·벤센에 녹고 몇 주일 동안은 안정하다. 물에는 조금 녹고 찬물 속에서는 몇 시간은 안정하지만 가수분해하여 쉽게 탄산수소 암모늄이 된다. 다소 강한 산이다. 반응성이 크고 알코올·산아미드 등에 반응하여 우레탄·우레이드를 만든다. 시안우르산을 건조한 이산화탄소 또는 질소 기류 속에서 서서히 380~400℃로 가열하고 발생하는 기체를 냉각제로 냉각하면 얻는다. 눈·피부 등을 자극하고 유독하다.

시안산 염 (—— 酸鹽, **cyanate**)　일반식 M^I OCN. 이소시안산염 M^INCO의 이성질체. 일반적으로 무색의 결정이나.

시안아미드 (**cyanamide**)　수용성의 무색 결정 H_2NCN. 카르보디이미드 HN=C=NH의 호변 이성질체. 칼슘시안아미드와 산의 반응으로 얻어진다. 조해성이 있다. 분자량 42.04, 녹는점 45~46℃, 끓는점 140℃(19 mmHg), 비중 1.073(48℃)이다. 가열하면 150℃ 정도에서 분해한다. 물·에탄올·에테르·벤젠 어느 것에나 잘 녹는다. 강한 산 및 강한 알칼리 수용액에서는 요소로 변하고, 열에 의해서는 디시안디아미드나 멜라민으로 변한다. 나트륨·칼륨·마그네슘·칼슘·납 등과 안정한 염을 만들며, 시안아미드화 칼슘은 석회질소의 주성분으로 비료로 이용된다.

시안아미드 납 (**lead cyanamide**)　녹 방지용 안료 $PbCN_2$. 담황색의 분말. 활성이 크며 대기 중의 습기나 산소에 의해 분해된다.

시안화 나트륨 (—— 化 ——, **sodium cyanide**)　수용성, 조해성, 맹독의 무색 결정, NaCN. 속칭으로 청산소다, 또는 청화소다라 한다. 녹는점 563.7℃, 끓는점 1,496℃이다. 수용액은 가수분해하여 알칼리성을 보인다. 산에 의해서 분해되어 독성이 있는 시안화수소(청산)를 발생한다. 할로겐화 알킬과 작용하여 니트릴을 만들고 또 황과 작용하여 티오시안산염을 만든다. 몇 가지 제조법이 있으나 보통은 금속 나트륨을 550℃ 이상으로 유지하면서 암모니아를 작용시켜 코크스 또는 해면철(海綿鐵)을 채운 여과조를 통해서 얻은 용융 상태의 시안화 나트륨을 정제한다. 이 방법을 캐스트너법이라고 한다. 금속 도금, 광석의 제련, 강철의 열처리, 살충제 등에 사용된다.

시안화물 (—— 化物, **cyanide**)　일반식 M^I CN으로 표시되는 시안화 수소산의 염. 알칼리 금속, 알칼리 토금속의 염은 이온성이 강하여 물에 잘 녹으며, 수용액은 가수분해에 의해서 강한 알칼리성을 보인다. 중금속의 중성염은 공유결합성이 강하고 물에 잘 녹지 않는 결정이지만 과잉의 시안화물 이온의 존재하에서 시아노착염을 형성하여 물에 녹게 되는 경우가 많다. 시안화수소산은 대단히 약한 산이므로 시안화물은 공기 중의 이산화탄소에 의해서도 서서히 분해하며, 강한 산과 함께 가열하면 청산기체를 발생한다. 어느 것이나 독성이 있으며, 마개를 단단히 하여 보존해야 하고 취급할 때는 주의해야 한다.

시안화물 이온 (—— 化物 ——, cyanide ion) 시안화물을 구성하는 이온, 즉 CN^-이온을 말한다. 옛 문헌에는 시안 이온이라고 적은 것도 있으나 바른 것이 아니다.

시안화 백금산염 (—— 化白金酸鹽, cyanoplatinate) ⇨ 시아노 백금산염.

시안화 수소 (—— 化水素, hydrogen cyanide) 수용성, 맹독의 무색 기체, HCN. 속칭 청산이라 한다. 특이한 냄새가 난다. 수용액은 시안화 수소산. 녹는점 $-13.3℃$, 끓는점 $26℃$, 비중 $0.697(15℃)$이다. 점화하면 아름다운 핑크색 불꽃을 내면서 탄다. 물·에탄올·에테르 등과 임의의 비율로 섞인다. 수용액은 약한 산성을 보인다. 독성의 존재는 피크르산-탄산나트륨 시험지가 황색에서 갈색으로 변색하거나 벤디신-아세트산구리 시험지가 청색으로 착색되는 것에 의해 알 수 있다. 흡입한 경우, 100 ppm 이상이면 30분~1시간 내에 사망 또는 위독상태에 빠진다. 미국·영국·일본 등지에서는 공기 중의 허용농도를 10 ppm으로 규제하고 있다. 시안화 수소산의 염은 생체 내에서 시안화 수소를 발생하므로 모두 독성을 지닌다. 아미그달린 등의 배당체로서 살구 등에 존재한다. 시안화 칼륨이나 시안화 칼슘에 산을 작용시키면 생기며, 공업적으로는 탄화수소·암모니아·산소를 혼합 연소시켜 만든다. 유기합성용 출발 원료, 살충제 등으로 사용된다.

시안화 수소산 (—— 化水素酸, hydrocyanic acid) 시안화 수소 HCN의 수용액. 속칭 청산이라 한다. 약한 일염기산. 그러나 때에 따라서는 시안화수소의 2합체 HN : CN·NC도 여기에 포함시키는 경우가 있다. 독성이 있지만 근년에는 기술이 진보되어 알데히드와 니트릴 통의 유기합성, 과수(果樹)의 해충 구제제, 금·은 등의 전기제련, 도금공업 등에 널리 이용된다. 또 2합체인 것은 특히 청산이라 하고, 에테르 속에서 탄산칼륨과 염산포름아미노에테르를 작용시키면 얻는데, 무색 결정으로 녹는점 87℃, 끓는점 120~125℃이다. 승화하기 쉽다. 물에는 잘 녹지만 알코올에는 녹지 않는다. 묽은 산이

므로 알칼리에 의하여 가수분해되어 포름산과 암모니아로 분해한다. 시안화 수소산은 시안화 칼륨이나 시안화 나트륨의 수용액에 산을 작용시키면 얻는다.

시안화 칼륨 (—— 化 ——, potassium cyanide) 수용성, 맹독의 무색 결정, KCN. 속칭 청산가리, 청화가리 등으로도 부른다. 조해성이 있다. 비중 1.52, 녹는점 63.5℃이다. 또한 가수분해에 의해서 공기 중의 이산화탄소를 흡수하여 시안화 수소를 방출하고 탄산칼륨이 된다. 예전에는 코크스로(爐) 가스로부터 흡수된 철의 시안화물에서 제조되었으나 최근에는 시안산 HCN을 수산화칼륨 KOH와 반응시켜 시안화 칼륨 수용액을 만들고, 이것을 탈수 처리하여 제조한다. 독성이 매우 강하며, 치사량은 0.15 g이다. 진한 수용액도 피부를 상하게 하므로 취급할 때는 주의해야 한다. 피부나 옷에 묻었을 때는 즉시 따뜻한 비눗물로 잘 씻어 내야 한다. 금속 도금, 광물의 제련, 사진, 분석시약 등에 사용된다.

CR 'chloroprene rubber(클로로프렌 고무)'의 약어이다.

시알로 당지질 (—— 糖脂質, sialoglycolipid) ⇨ 갱글리오시드.

시알론 (sialon) Si-Al-O-N계 화합물의 총칭. 원소기호를 소문자로 배열하여 sialon이라 호칭한다. β-Si_3N_4와 같은 형의 β-시알론(조성은 $Si_{6-x}Al_xO_xN_{8-x}$)은 내식성, 내열성이 뛰어나 엔진 부재와 각종 공구에 대한 응용이 기대되고 있다.

시알리다아제 (sialidase) 시알산이 있는 올리고당, 당단백질, 무틴, 당지질에 작용하여 그 글리코시드 결합을 가수분해하여 시알산을 유리하는 효소류. 바이러스, 미생물, 동물의 조직에 존재한다.

시알산 (—— 酸, sialic acid) 뉴라민산의 $N-$아세틸 유도체의 총칭. 글리코사미노글리칸, 당단백질, 당지질 등의 구성 성분이며 널리 생물계에 분포하고 있다. 특히 악하선(顎下腺)의 뮤신에 많이 함유되어 있다. 인플루엔자 바이러스에 의한 혈구응집 작용은 당단백질인 시알산에 의하여 저해된다는 것이 밝혀졌다. 시알산은 이들 당단백질의 비환원성 말단에 존재한다. 시알산은 케토기·

글리코시드 결합에 관여하고 있으므로 카르복시기가 유리상태에 있다. 생체 내의 pH에서는 이 카르복시기는 거의 해리하여 음전하를 가지고 있다. 이 사실이 앞에서 지적한 혈구 응집작용 등 시알산의 중요한 생리적 의의를 가져온다고 생각된다.

시약 (試藥, reagent)　화학적 방법으로 물질의 검출 또는 정량 및 물질의 합성실험 또는 물질의 물리화학적 특성을 측정하기 위해 사용되는 화학 물질이다.

CFR 엔진 (CFR engine)　미국의 CRC(Co-ordinating Fuel and Equipment Research Comittee)가 개발한 옥탄가 및 세탄가 측정용 엔진의 총칭. 모두 회전속도가 일정하게 유지되는 압축비 가변의 단기통 엔진이다.

CMC　'critical micelle concentration(임계 미셀 온도)'의 약어이다.

COD　'chemical oxygen demand(화학적 산소 요구량)'의 약어이다.

COG　'coke oven gas(코크스로 가스)'의 약어이다.

시온 도료 (示溫塗料, heat-sensitive paint)　온도에 따라 색깔이 변화하는 소재(서모크로믹 재료)를 배합한 도료. 열민감성 도료라고도 한다. 서모크로믹 재료에는 가역성과 비가역형이 있다. 후자는 온도가 상승할 때에만 사용된다. 35~600℃의 넓은 범위에 이르러 각종 변색점을 가지고 있어서 전기기구의 과열 방지와 온도 측정, 물체의 표면 온도의 변화 및 분포상태의 측정 등의 목적으로 이용된다. 피도면(被塗面)에 기름이나 녹이 있고 이산화황·암모니아·염산·황화수소 등과 같은 비교적 고온에서의 반응성 가스와 접촉하면 변색온도가 달라지므로 주의해야 한다. 카멜레온 도료·측온도료(測溫塗料)·서모컬러(thermocolor)라고도 한다.

시제 (試劑, agent)　유기 화합반응을 하는 데 있어 원료 화합물과 반응하여 특정한 생성물을 부여하기 위한 재료가 되는 화합물. 옛부터 일반적으로 시약이라 하였으나 분석시약과 달리, 합성을 목적으로 하는 반응제라고 말할 수 있는 것이므로 시제라고 하는 것이 더 적절하다.

시즈닝 (seasoning)　(1) 펄프, 종이, 목재, 플라스틱, 금속재료 등을 제품하는 과정에서 외기 중에 장기간 방치하거나 특정한 처리를 하여 제품의 성능을 개선하는 것을 말한다. (2) ⇨ 조미료.

시차 굴절률 검출기 (示差屈折率檢出器, differential refractive index detector)　액체 크로마토그래피용 검출기의 하나로, 굴절률 변화를 검출 원리로 한다. 범용 검출기인 점이 최대 특징이지만 다른 검출기에 비해 감도가 낮고 기울기 용리에 사용할 수 없다. 또 온도 변화에 예민한 점 등 결점이 있다.

시차 반응기 (時差反應器, differential reactor)　유통계의 반응에서, 반응물의 전화율이 낮고 반응기의 입구와 출구의 반응물 농도차가 무시할 수 있을 정도로 작아질 수 있도록 설계된 반응기를 말한다.

시차 열분석 (示差熱分析, differential thermal analysis)　기준 물질과 시료를 동시에 일정한 온도 상승률로 가열하면 시료의 상변화와 열분해로 인한 흡열 혹은 발열로 인하여 양자 간에 온도차가 생긴다. 이것을 측정하여 시료 물질의 열적 특성을 해석하는 방법. DTA가 약어이다. 이 법의 개량법이 시차 주사열량 측정법이다. 이 방법은 승온 속도, 시료를 넣는 방법 등에 따라 온도차-시간곡선의 피크형 면적이 변하여, 정량적인 정밀측정은 곤란하지만 간단하게 정성분석하는 데는 유용하다.

시차 온도계 (示差溫度計, differential thermo-meter)　2점 간의 온도차를 측정하기 위해 사용되는 온도계의 총칭. 끓는점 상승과 어는점 강하 등, 온도차가 작을 때의 측정에 사용한다.

시차 적정 (時差滴定, differential titration)　동일 시료에 대해서 동일한 표준액을 사용하여 상이한 조건하에서 각각 적정을 하여 적정값의 차에서 목적 성분을 정량하는 적정법. 축차 적정이라고도 한다. 간접 적정의 하나이다. 목적 성분만을 직접 적정할 수 없는 경우에 사용된다. 마스킹제를 사용하는 킬레이트 적정 등에서 그 예를 볼 수 있다.

시차 접촉 (時差接觸, differential contact)　열 또는 물질 이동을 이룩하기 위해 액체를 포함한 두 상을 접촉시키는 장치 중, 장치 내의 한 상 또는 두 상의 온도 또는 농도가 연속적으로 변하는 것과 같은 접촉방식을 시차접촉이라 한다. 변화방향에 이동성분에 대한 수치를 취함으로써 미분방정식을 세우고 이것을 적분함으로써 필요한 변화를 주는 접촉 길이, 접촉 시간을 구할 수 있다.

시차 주사 열량측정법 (示差走査熱量測定法, differential scanning calorimetry)　시차 열분석을 개량한 열분석법의 하나. 약어 DSC. 시차 열분석에 있어 기준물질과 시료 간에 온도차가 발생하였을 때, 개량법에서는 보상 히터가 즉시 그 온도차를 상쇄하도록 작동한다. 이 때 히터에 공급된 전력을 온도에 대해 기록하는 방식을 취한다. 시차 열법에 비해서 반응속도의 해석 등 정량적 취급에는 각별한 장점이 있다.

시차 폴라로그래피 (示差 ——, differential polarography)　⇨ 미분 폴라로그래피.

시카고산 (—— 酸, Cicago acid)　⇨ SS산.

시클란 (cyclane)　⇨ 시클로파라핀.

시클로덱스트린 (cyclodextrin)　D-글루코오스가 (1→4)-α-글루코시드 결합으로 여러 개 결합하여 고리 모양 구조를 형성한 올리고당. 글루코오스 6분자, 7분자, 8분자로 구성된 것을 각각 α-, β-, γ-시클로덱스트린이라 한다. 각종 유기 화합물과 포접 화합물을 형성하지만 이 성질은 각종 화합물의 안정화(프로스타글란딘 등), 가용화(페노바르비탈 등), 산화 방지(비타민 A, D 등), 불휘발화 등에 이용되어 의약·식품공업에 널리 사용된다. 또 지방산의 가용화에도 사용된다.

시클로부탄 (cyclobutane)　탄소 4원자로 구성된 포화 고리 모양 탄화수소 C_4H_8. 무색의 기체로, 분자량 56.11, 끓는점 11~12℃(726 mmHg), 비중 0.703(0℃)이다. −15℃에서 액화한다. 석유·아세톤·에탄올 등에는 녹지만 물에는 녹지 않는다. 포화 탄소 원자가 4개의 고리 모양으로 결합한 골격을 가지며, 브롬화 시클로부틸 마그네슘을 부틸알코올로 분해하면 생긴다. 시클로부탄의 3개의 탄소 원자로 이루어지는 평면에서, 나머지 하나의 탄소 원자가 약간 벗어난 입체구조를 가지고 있다. 빛과 열에 의한 에틸렌계 탄화수소의 이합체화(二合體化)반응에서 각종 시클로부탄 유도체가 합성된다.

시클로알칸 (cycloalkane)　⇨ 시클로파라핀.

시클로옥시게나아제 (cyclooxygenase)　프로스타글란딘 합성의 제1단계를 촉매하는 옥시게나아제. 아라키돈산에 2분자의 산소를 도입하여 프로스타글란딘 G_2를 합성한다. 프로스타글란딘 엔도페르옥시드 신타아제라고도 한다.

시클로올레핀 (cycloolefin)　고리식 탄화수소에서 에틸렌 결합이 있는 것의 총칭. 곁사슬이 있는 불포화 탄화수소로, 고리 바깥쪽에 에틸렌 결합이 있는 것도 있으나, 보통 시클로올레핀이라 하면 고리 안에 이중결합이 있는 것을 말한다. 성질과 반응 등은 올레핀 탄화수소와 비슷하다.

시클로파라핀 (cycloparaffin)　고리식 포화 탄화수소의 총칭. 고리식 구조가 있는 파라핀의 뜻. 석유공업에서는 나프텐족 탄화수소를 말한다. 시클로(cyclo)란 고리 모양 화합물에 쓰이는 접두어로서, 그 성질이 파라핀계 탄화수소와 비슷한 데서 고리 모양 파라핀이라는 뜻을 지닌 이 이름이 주어졌다. 그러나 사슬 모양 화합물이 고리가 되기 위해서는 탄소-탄소결합이 생기는 일이 필요한데, 일반식 C_nH_{2n}으로 표시되며, 에틸렌계 탄화수소, 즉 올레핀의 이성질체에 상당하지만, 불포화 결합을 분자 내에 가지지 않으므로 그 성질은 메탄계 탄화수소와 비슷하다. 3원자 고리의 시클로프로판에서 시작되어 4원자 고리의 시클로부탄, 5원자 고리의 시클로펜탄, 6원자 고리의 시클로헥산으로 계속 되는데, 고리가 적은 화합물은 고리의 변형으로 해서 반응성이 크며, 고리 열림 반응을 잘 일으킨다. 예를 들면, 시클로프로판 $CH_2 \cdot CH_2 \cdot CH_2$는 쉽게 수소화되어 프로판 $CH_2 \cdot CH_3 \cdot CH_3$이 된다. 그러나 고리가 많은 것은 일반적으로 안정하다. 안티녹성이 높으므로 가솔린의 성분으로 바람직하지만 윤활유의 성분으로서는 파라핀보다 못하다. 공업적으로는 6-나일론의 원료인 시클로헥산이 가장 중요하지만 최근에는 12-나일론의 원료가 되는 12원자 고리의 시클로도데칸이 주목되고 있다.

시클로팬 (cyclophane)　벤젠 고리(또는 기타 방향족성의 고리계)가 있고 메타 또는 파라 자리에 탄소사슬로 다리결합되어 있는 구조가 있는 화합물의 총칭. 예를 들면 [2. 2]파라 시클로팬. [ ]속의 숫자는 2개의 고리를 연결하는 2개의 다리를 구성하는 탄소 원자의 수를 표시한다. 특수한 형으로서는 하나의 방향 고리의 1, 3- 또는 1, 4- 위치가 하나의 탄소사슬로 연결된 시클로팬, 3개의 벤젠 고리가 상호 2개의 탄소사슬로 가교되어 고리가 3개 겹쳐진 시클로팬도 있다. 특수한 경우에 오르토시클로팬이라 부르는 화합물도 있으나, 일반적으로는 시클로팬이라 하지 않고 축합 고리 화합물로 명명된다.

[시클로팬]

시클로펜타디엔 (cyclopentadiene)　고리 내에 공역 이중결합이 있는 오원환 탄화수소 C_5H_6. 나프타 등의 고온 열분해에 의한 에틸렌 제조 시의 부산물로 얻어지는 C_5 유분 중에 함유된다. 그 유분을 상온 이상에서 방치하면 이량화 반응으로 디시클로펜타디엔이 되고, 끓는점이 상승하므로 증류 분류할 수 있다. 이 디시클로펜타디엔을 그 끓는점 이상으로 가열하면 쉽게 원래의 시클로펜타디엔으로 되돌아간다. 디엔 합성에 쓰여지는 외에 페로센 등의 메타로센 합성 원료가 된다.

시클로헥사논 (cyclohexanone)　포화탄소 육원환이 있는 고리 모양 케톤 $C_6H_{10}O$. 시클로헥산의 접촉 산화에 의해 시클로헥산올과의 혼합물로 얻어지고 증류에 의해 분리 성제하거나 또는 시클로헥산올을 구리 촉매에 의해 공기 산화하여 제조한다. 용도는 높은 끓는점 용제, 케톤 수지 원료 외에 주로 시클로헥산올과의 혼합물 그대로 나이론-66 제조 원료로 공급된다.

시클로헥산 (cyclohexane)　탄소 6원자로 구성된 포화 고리 모양 탄화수소 C_6H_{12}. 벤젠 비슷한 냄새가 나는 무색 액체로, 분자량 84.16, 녹는점 6.5℃, 끓는점 80.8℃, 비중 0.7786이다. 에탄올·에테르 등과는 임의의 비율로 섞이지만 물에는 녹지 않는다. 화학적으로는 비활성이며 잘 반응하지 않는다. 예전에는 평면 정육각형의 구조를 갖는 것으로 생각되었으나 현재는 상온에서는 거의 정사각형에 가까운 결합각(109° 28′)을 갖는 의자형 구조가 안정하다는 것이 밝혀졌으며, 또 불안정하지만 보트형의 존재도 생각된다. 나프텐 탄화수소의 대표적인 것으로 천연 가솔린에도 소량 함유되어 있다. 벤젠의 접촉 환원으로 생성된다. 주요 용도는 나이론-6 및 나이론-66의 제조 원료이다. 나일론의 원료로 중요하며, 또 생고무·수지·유지 등의 용재로도 사용된다.

시클로헥산올 (cyclohexanol)　포화 탄소 육원환에 OH기가 있는 제2급 알코올 $C_6H_{12}O$. 시클로헥산을 접촉 산화하여 시클로헥산과의 혼합물로서 증류에 의해 분리 정제하여 얻게 된다. 용도는 용제용 이외에 주로 시클로헥산과의 혼합물 그대로 또는 산화하여 아디판산으로 나일론-66 제조 원료로 쓰인다.

시토신 (cytosine)　핵산을 구성하는 피리미딘 염기의 하나. 약어 C. DNA의 이중나선 중에서 구아닌과 수소결합하여 염기쌍을 구성하고 있다. 아질산의 작용으로 우라실이 된다. 5 위치의 탄소에 치환 반응이 일어나 할로겐이나 니트로기가 들어간다. 흡수 극대 파장은 pH 2로 274 nm, pH 12로 276 nm이다.

시토칼라신 (cytochalasin)　세포 골격의 형성을 저해하는 화합물. 사이토칼라신이라고도 한다. 균류 *Helminthosporium dematiodeum* 에서 분리되었다.

시토키닌 (cytokinin)　식물 성장 호르몬의 하나. 식물학에서는 사이토카이닌이라고도 한다. 세포 분열에 있이 유도조직 분화의 소절, 노화방지, 엽록소 형성촉진 등의 기능이 있다. 아데닌의 6-자리 아미노기에 치환기가 있는 유도체류로 되어 있다.

시트르산 (──酸, citric acid)　OH기 1개가 있는 트리카르복시산 $C_3H_4(OH)(COOH)_3$. 귤, 레몬 기타 많은 식물의 과즙·종자 등에 함유되어 있다. 구연산이라고도 한다. 구연이란 시트론 citron의 한자명이다. 영어명인 citric acid의 citric도 감귤류를 뜻하는 그리스어인 citrus에서 유래한 것이다. 물에서 결정시키면 1분자의 결정수를 지닌 큰 주상 결정이 생긴다 가열하면 무수물(無水物)이 되는데, 이것은 녹는점이 153℃이다. 온도를 더 높이면 175℃에서 아코니트산이 되고, 고온에서는 이타콘산 무수물이나 전위 생성물인 시트라콘산 무수물 및 아세톤디카르복실산을 생성한다. 물·에탄올에 잘 녹는다. 당류를 기질로 하여 미생물을 배양했을 때, 배양액 속에 시트르산이 축적되는 현상을 볼 수 있는데 이것을 시트르산 발효라 한다. 여러 가지 배양방법이 연구되어 지금은 세계에서 생산되는 시트르산 총량의 90%가 이 발효법에 의해서 만들어진다. 시트르산 발효를 일으키는 미생물로는 보통 검정 곰팡이가 사용되는데, 산성(pH 2~3)에서 약 30℃, 7~10일간 발효시키면 시트르산을 얻을 수 있다. 또 TCA회로를 구성하는 한 요소로 시트르산은 고등동물의 물질 대사에서 중요한 구실을 하고, 체내의 칼슘 흡수를 촉진시키는 작용도 알려져 있다. 생물학적으로는 시트르산 회로의 중간체, 금속 이온의 분석시약으로 사용되며 실용적으로는 청량음료의 첨가물로 사용된다. 또 혈액 응고에는 칼슘 이온이 필요한데 시트르산은 칼슘이온을 포착(捕捉)하므로 혈액 응고 저지제로 사용된다.

시트르산염 용해도(―― 酸鹽溶解度, citric solubility, citrate solubility)　시트르산 용액에 대한 용해성. 인산 비료 등의 비료의 효과를 평가할 때에 사용된다. 비료의 유효성분은 반드시 수용성일 필요는 없고, 2% 시트르산 용액 혹은 시트르산 암모늄 용액에 대한 용해율(시트르 용율)에 의해 판정된다.

시티딘(cytidine)　생체에 함유되는 피리미딘 염기 시토신에 D-리보오스가 결합한 화합물. 천연의 RNA에 함유되어 있다. 화학식 $C_9H_{13}O_5N_3$. 분자량 243. RNA를 묽은 황산으로 가수 분해하여 생긴 퓨린을 은염(銀鹽)을 만들어 이것을 제거하고, 그 여액(濾液)에서 황화수소로 은을 제지한 다음, 수산화바륨으로 가수분해하여 인산을 제거하고, 피크르산을 가해서 시티딘의 피크르산염으로서 석출시킨다. 긴 침상 결정으로 녹는점은 220~230℃이다. 물과 묽은 에탄올에 잘 녹는다. 아질산이나 시티딘디아미나아제에 의해서 아미노기가 이탈되어 우리딘을 생성한다.

시팅(sheeting)　캘린더 또는 연롤기 등을 사용하여 소정의 두께, 폭, 길이의 미가황 배합고무 시트를 제조하는 조작. 또 재생용 고무의 마무리 공정의 하나로, 정쇄 후 캘린더 또는 롤기를 사용하여 소정 두께의 시트로 하는 조작을 말한다.

시프 염기(―― 鹽基, Schiff base)　이민의 >C=NH기의 수소가 탄화수소기 R로 치환된 화합물 $R^1R^2C=NR$을 시프 염기라 한다. 아조메틴이라 부르는 경우도 있다.

시험관내 패키징(試驗管內包裝, *in vitro* packaging)　⇨ 생체외 포장법.

시험 전극(試驗電極, test electrode)　⇨ 작업 전극.

시홍(視紅, visual purple)　⇨ 로돕신.

식균 작용(食菌作用, phagocytosis)　세포가 환경에서 고형입자(1 μm 이상)를 받아들이는 활동을 말한다. 액체를 받아들이는 음작용(피노시토시스)과 본질적으로는 동일한 메커니즘이므로 양자를 합쳐서 엔도시토시스라고 한다.

식량(式量, formula weight)　화학식 중의 각 원소에 대해 각 원소의 원자수에 원자량을 곱한 것의 합. 이 수치를 g단위로 표시한 것을 그램식량이라 한다.

식량 농도(式量濃度, formal concentration, formality)　용액 농도를 표시하는 방법의 하나. 몰 농도라고도 한다. 용액 1리터 중에 함유되는 용질의 그램식량으로 표시되는 농도. 기호 F로 나타낸다.

식물 독소(植物毒素, phytotoxin)　식물이 산생하는 독소. 저분자 화합물인 경우가 많다. 또한 식물, 미생물이 산생하는 고등식물의 성장을 저해하는 물질을 지칭하는 경우가 있다.

식물 섬유(植物纖維, vegetable fiber)　식물세포로 구성되어 있는 천연 섬유. 채취되는 부위에 따라 분류하면 종자(면화), 열매(카폭), 잎(마닐라삼, 사이잘, 마오란), 줄기(아마, 황마, 라미), 뿌리(칡) 등으로 구분할 수 있다 (괄호 안은 예). 주성분은 셀룰로오스이다.

식물 성장 조절제(植物成長調節劑, plantgrowth regulator)　농약의 하나. 식물 성장 호르몬 등 농업생산성에 효과를 미치는 생리현상을 제어하는 광범위한 화합물을 지칭한다. 제어 대상이 되는 생리현상은 발아, 성장촉진,

성장억제(왜화), 개화, 결실, 숙성기 촉진, 낙엽 등이며, 매우 광범위하다. 식물 호르몬에는 옥신, 압시딘산, 지베렐린, 에틸렌 등이 있다.

식물 유 (植物油, vegetable oil) 식물의 종자, 과실, 핵, 배아(胚芽) 등에서 채취되는 유지. 일반적으로 건조성의 강약에 따라 건성유, 반건성유, 불건성유로 구별된다. 요오드값 130 이상인 것을 건성유라 하며 아마인유, 참깨, 오동유 등이, 요오드값 130~100의 것을 반건성유라 하며 대두유, 유채유, 쌀겨유 등이, 요오드값 100 이하의 것을 불건성유라 하며 동백유, 올리브유, 피마자유 등이 있다. 기타 식물유에 속하는 것으로는 야자유, 팜유, 카카오유 등이 있다.

식물 조직 배양 (植物組織培養, plant tissue culture) 식물체의 일부분을 모체에서 떼어 내어 배양기 안에서 생육시키는 방법. 줄기 정상조직, 뿌리, 줄기, 잎, 화기 등 각 기관의 배양, 세포융합에 의한 체세포 잡종의 육성, 무병묘 육성의 육종 응용, 유전자 재조합 기술의 적용 등 농업, 원예, 식물육종, 유용 물질의 생산에 이용된다.

식물 타닌 (植物 ——, vegetable tannin) ⇨ 타닌.

식물 태닝 (植物 ——, vegetable tanning) 타닌을 주체로 사용하는 무두질. 식물 무두질이라고도 한다. 워틀, 체스넛, 케브라초 등에서 얻어지는 식물 타닌 엑기스가 사용된다. 견고하고 신축 및 탄성이 적을 뿐만 아니라 가소성이 풍부한 가죽을 얻을 수 있지만 무두질에 시간이 걸리는 결점이 있다. 바딕가죽, 활혁, 수예용 가죽 등의 제조에 이용된다.

식물 호르몬 (植物 ——, plant hormone) 식물이 생산하는 저농도로 식물의 생리현상을 조절하는 물질. 식물의 신장 성장을 조절하는 옥신, 지베렐린, 세포 분열을 촉진하는 사이토카이닌(시토키닌), 성숙, 낙엽을 촉진하는 에틸렌, 압시딘산이 알려져 있다. 그러나 이 4종은 서로 비슷한 작용도 있고 그 기능이 분명하지 않은 것도 있으며 합성된 장소 이외의 곳엔 운반되어 기능을 나타낸다는 것도 불확실한 경우가 많아서 이 구별은 그다지 엄밀한 것은 아니다. 옥신은 일반적으로 식물 생장 호르몬이라고 불리는 물질들의 총칭으로, 여러 가지가 알려져 있다. 옥신 중에서 대표적인 것으로는 인돌아세트산(IAA)이 있다. 옥신의 작용은 식물 조직의 생장을 촉진하는 것인데, 조직의 종류에 따라 유효농도가 다르다. 그래서 줄기 끝의 생장을 촉진하는 농도는 뿌리의 생장을 반대로 억제한다. 많은 옥신의 화학구조가 밝혀져 있으므로 이 구조를 이용하여 현재 각종 제초제가 인공 합성되고 있다. 그 중 하나가 2, 4-D(2, 4-dichlorophenoxy acetic acid)이다. 옥신은 이 밖에도 과실의 성숙을 촉진하고 또 소위 정단우세(頂端優勢) 현상을 유지시킨다. 정단우세는 제일 끝가지의 생장을 촉진하고 그 밑의 가지의 생장을 억제하는 현상이다. 따라서 식물의 끝가지 끝을 잘라내면 바로 그 아래 가지가 가장 빨리 자라게 된다. 또 옥신은 낙엽과 낙과(落果)도 방지한다. 그래서 여름에 옥신이 활발하게 합성되고 있을 동안은 낙엽이나 낙과가 잘 일어나지 않지만 가을이 되어 그 합성량이 줄어들면 낙엽과 낙과가 일어난다. 지베렐린은 가지의 생장을 촉진시키고 또 발아를 촉진시킨다. 이런 점에서는 옥신과 그 작용이 비슷하지만 화학구조가 옥신과는 많이 달라 따로 분류하고 있다. 시토키닌도 식물의 분열조직의 세포 분열을 촉진시키는 작용이 있다. 그리고 조직의 분화를 촉진시킨다. 이 밖에 식물의 호르몬으로는 아브시스산과 에틸렌이 있다. 아브시스산은 휴면아(休眠芽)의 생성을 촉진하여 추운 겨울을 식물이 지낼 수 있도록 하며, 에틸렌은 과실의 빛깔을 선명하게 하는 작용이 있다

식염 (食鹽, common salt) 염화나트륨의 속칭. 보통 식염에는 염화마그네슘, 황산마그네슘, 황산칼슘 등이 함유되어 있다.

식염수 (食鹽水, brine) (1) 식염의 수용액. (2) 식염수 용액의 전기분해에 의한 가성소다와 염소의 제조에 사용되는 전해액. 예를 들면 원료염을 담염수에 용해하여 300~320 g-NaCl/dm^{3}로 한다. (3) 암모니아 소다법에 의한 소다회의 제조에서, 원료염을 바닷물에 용해한 300g-NaCl/dm^3 정도의 원료 용액이다.

식염 전해법 (食鹽電解法, electrolytic soda process) 식염수를 전기분해하여 가성소다

와 염소를 얻는 공업고정. 전해 소다법이라고도 한다. 대표적인 방법으로 수은법, 계막법 및 이온 교환막법이 있으나 우리나라에서는 현재 수은법은 사용되지 않는다.

식용 색소 (食用色素, food color) ⇨ 식용 염료.

식용 염료 (食用染料, food color) 식품의 착색에 사용되는 염료. 독성이 없어야 하며 법률에 의해 사용할 수 있는 염료가 정해져 있다. 우리나라에서는 합성 염료 10종(수용성이 높은 산성 염료)과 그 알루미늄 레이크 6종에 한한다. 의약, 화장품에도 사용된다. 천연 염료에 대해서는 특별한 규제가 없다.

식품 첨가물 (食品添加物, food additives) 식품위생업에서는 "식품의 제조과정 또는 식물의 가공 혹은 보존을 목적으로 식물에 첨가, 혼합, 침윤 기타의 방법으로 사용하는 물질"로 정의되어 있다. 규제 측면에서는 화학적 합성품과 천연 첨가물로 대별된다. 화학적 합성품은 현재 347 품목이 지정되어 있으나 그 사용목적에 따라 보존료, 착색료, 감미료, 산화 방지제, 풀료 등으로 분류된다.

신경 분비 (神經分泌, neurosecretion) 신경세포의 내분비작용. 신경전달물질의 분비와는 달리, 분비물은 혈액 안으로 들어가 먼 곳에 있는 표적세포에 호르몬으로서 작용한다. 무척추 동물의 변태와 탈피현상 등은 신경분비에 의한다. 척추동물에서는 사람을 포함하여 긴뇌의 시상하부에 이 종류의 신경세포가 모여 있으며 그 호르몬류는 항하수체 시상하부 호르몬이라 하는 펩티드이다.

신경 전달 물질 (神經傳達物質, neurotransmitter) 하나의 신경세포에서 분비되어 인접하는 세포에 정보를 전달하는 화학물질. 교감 신경절에서 아세틸콜린 등이 대표적인 예이며, 기타 많은 펩티드와 아민류가 알려져 있다.

신남산 (—— 酸, cinnamic acid) $C_6H_5CH=CHCOOH$. 시스형과 트랜스형이 있으나 보통은 트랜스형을 말한다. 천연에도 존재하지만 벤즈알데히드에서 쉽게 합성된다. 약한 방향(芳香)을 가진 무색의 침상 결정으로, 분자량 148.16, 녹는점 135℃. 끓는점 300℃, 비중 1.25이다. 에탄올·에테르에 녹는다. 육계유(카시아유)·페루발삼·소합향유 등에 유리 또는 에스테르의 형태로 존재한다. 에스테르는 방향성이므로 향료, 화장품 등에 사용된다.

신도 (伸度, ductility) 아스팔트의 신장 용이성을 표시하는 수치. 아스팔트를 규정 온도에서 규정 속도로 당겼을 때, 시료가 절단될 때까지 신장한 거리를 cm단위로 표시한 수를 말한다.

신문 잉크 (新聞——, news ink) 신문 윤전기에서 사용하는 침투 건조성 인쇄 잉크. 로진을 광유에 녹인 로진 바니시와 아스팔트 바니시를 전색제로 하고, 이것에 카본 블랙을 분산하여 신문 먹 잉크를 만든다. 최근에는 평판 오프셋 윤전 인쇄용의 퀴크셋 잉크도 많이 사용되고 있다.

신생 세포 (新生細胞, neoplasm) 일반적으로 암세포를 말한다. 암이 아닌 양성의 종양세포를 의미하는 경우는 적다. 정상 세포에서 변이(유전자의 변화)로 인해 생기는 종양세포. 세포 증식의 이상으로 생기며 형태학적으로나 생물학적으로도 정상 세포와는 다르다.

신속 분석 (迅速分析, rapid analysis) 단시간에 결과가 얻어지는 화학분석을 이르는 것으로, 막연하게 지칭하는 용어이다.

신장 (伸長, extension) 물체에 외부에서 힘을 가했을 때, 물체 내에 가상한 하나의 선분의 길이가 변화하는 비틀림. 3차원의 신장에 의해 체적변화가 발생한다. 신장의 크기는 발생한 길이의 변화 비율에 따라 주어지며, 길고 가는 시료의 길이 방향의 단순 인장변형에서는 시료 길이의 변화 비율이 신장을 부여한다.

신장 유동 (伸長流動, extension flow) 신장의 변형으로 생기는 유동이다.

신축 진동 (伸縮振動, stretching vibration) 분자진동(⇨ 기준진동)의 하나. 2원자 간 결합거리의 주기적 변화에 대응한다.

신타아제 (synthase) ⇨ 리가아제.

신터링 (sintering) ⇨ 소결.

신테타아제 (synthetase) ⇨ 리가아제.

신톤 (synthon) 어떤 유기 화합물을 목표로 하여 그 합성법을 고찰하는 레트로 합성의 과정에서 목표 화합물의 일부를 잘라서 전구물질을 구하는 경우 잘려진 단편구조를 이른다. 즉 목표 화합물은 전구 물질에 신톤을 결합시켜서 얻게 된다. 예를 들면 A의 레트로 합성을 생각하는 경우, 점선 부분에서 잘려져 아세톤 B로 하였을 때 B는 아세틸 아니온이란 신톤이 된다.

$$(CH_3)_2C\!-\!COCH_3 \rightarrow (CH_3)_2CO + CH_3\overline{C}O$$
$$A \qquad\qquad\qquad B$$

신톤은 보통 이온인 경우가 많고 불안정하므로 신톤과 같은 단편구조를 도입할 수 있는 시약(합성 등가체)이 사용된다. 예를 들면 B에는 실제로 메탈비닐에테르를 리튬화한 $LiC(OCH_3)=CH_2$가 사용된다.

신틸레이션 (scintillation) 물질이 빛, 방사선, 전기장, 열 등의 자극을 받아 발광하는 현상을 루미네선스라 하는데, 그 중 하전입자, 광자, 중성자 등 모든 방사선이 발광 물질에 충돌하여 발광하는 경우를 말한다. 방사선은 형광체 내의 원자와 분자를 들뜨게 하는데, 이 들뜸(勵起) 에너지가 빛으로 방출되는 경우 신틸레이션이 된다. 할로겐화 알칼리나 황화아연 등의 무기 결정에서는 전도띠(傳導帶)로 들뜨게 된 전자가 발광 중심인 격자 결함이나 불순물 원자에 포착되어 발광하는 것이며, 발광 세기와 스펙트럼 및 감쇠시간은 발광 중심의 종류와 농도 및 발광 중심과 모체 결정의 조합에 크게 좌우된다. 유기 결정이나 유기 액체 및 비활성 기체에서는 대부분의 경우 들뜸·발광의 과정이 농일 원자 또는 분자 안에서 일어나는 것으로 생각되지만 무기 물질만큼 분명하지는 않다. 발광 스펙트럼은 일반적으로 가시광선 영역 및 자외선 영역에 있으며 감쇠시간은 $10^{-9}{\sim}10^{-3}$s 정도가 된다. 이 현상은 1930년 J. 엘스터와 H. 가이텔의 공동 연구로, 또 그와는 독립적으로 W. 크룩스가 각각 발견했다. 충돌하는 방사선 중 특히 i선에 의한 발광이 가장 뚜렷하며 확대경을 사용하면 개개의 i선을 헤아릴 수 있다. E. 러더퍼드는 이 방법으로 라듐에서 방출되는 i입자의 성질에 관해 많은 발견을 하였다.

신틸레이션 계수기 (—— 計數器, scintillation counter) 방사선 계수장치의 하나. 방사선이 신틸레이터라 하는 형광물질을 여기하였

을 때 발생하는 형광을 광전자 증배관으로 검출하는 것을 말한다.

신틸레이터 (scintillator) 형광체의 하나. 신틸레이션에 의해 형광을 내며, 신틸레이션 계수관에 사용되는 것을 말한다. 섬광체라고도 한다.

신형 (—— 形, syn form) 옥심의 입체 이성질체 배치를 구별하기 위한 용어. 안티형의 대응어로 사용된다.

신호 잡음비 (信號雜音比, signal-to-noise ratio) 신호량 S와 잡음량 N의 비 S/N을 말한다. SN비라고 약칭한다. 비교하는 양은 전압과 전력 등으로, 데시벨 단위로 표시한다. 또 스펙트럼 차트상에서의 시그널 높이와 백그라운드 고의 비로 나타내는 경우도 있다. 이 비가 2정도 이하가 되면 신호의 해독이 불확실하게 된다.

실라놀 (silanol) H_2SiOH. 불안정하여 단리하기 어렵지만 축합하기 쉽다. 축합하면 알칼리 수용액에 수소를 발생시켜 용해하여 규산염이 된다. 실란류의 알킬 치환체의 히드록실 유도체도 실라놀로 총칭된다.

실라잔 (silazane) $Si-N-Si$ 결합이 있는 화합물의 총칭. 일반식 $H_3Si(NHSiH_2)_nNHSiH_3$. 규소 원자의 수에 따라 디실라잔, 트리실라잔이라 한다.

실란 (silane) 수소화 규소 Si_nH_{2n+2}의 총칭. 단순히 실란이라 할 때는 $n=1$의 화합물 SiH_4를 지칭한다. $n=2, 3$ 등의 화합물은 디실란, 트리실란 등이라 한다. SiH_4의 수소원자가 탄화수소기 등으로 치환한 유기 화합물을 총칭할 때도 실란이란 명칭이 사용된다. 어느 것이나 공기 중에서는 자연 발화하지만 공기를 차단하고 보존하면 상온에서도 안정하다. 대응하는 파라핀계 탄화수소에 비해서 뚜렷하게 불안정하여, 물·수산화 알칼리 용액 등과 반응하거나 열분해를 받기 쉽다. 보통은 마그네슘의 분말과 규사의 고운 분말의 혼합물에 점화하여 생기는 규소화 마그네슘 Mg_2Si를 산으로 분해시키면 수소와 함께 혼합물이 생긴다. 수소를 알킬기·할로겐·수산기 등으로 치환한 유도체를 만들며, 유기 규소화합물의 모체로서 매우 중요하다. 극히 유독하다. SiH_4는 특이한 냄새가 나는 무색 기체로, 녹는점

−184.7℃, 끓는점 −112℃이다. 공기 중에서는 자연 발화한다. 수산화 알칼리 용액과 작용하여 수소를 발생하고 규산알칼리가 된다. 가열하면 분해하여 수소와 규소가 된다. 상온에서는 안정하다.

실란트 (sealant)　토목, 건축, 자동차, 항공기, 선박 등의 부재 상호간 창틀 등의 접합부, 빈틈에 사용되어 기밀, 수밀의 기능 외에 부재 상호간의 신축, 진동, 변형을 흡수 완화하기 위한 고무상의 물질 또는 연질 혹은 고점도의 액상 고무 조성물. 반응형과 미반응형이 있다.

실러 (sealer)　다공질이며 도료를 흡수하는 유형의 피도면의 구멍을 메우기 위해 사용하는 도료. 바탕도료라고도 한다. 다공질면에 도료를 직접 도장하면 도료 중의 전색제가 흡수되어 도료의 내구력, 성능을 열화시킨다. 실러를 사용함으로써 전색제의 흡수가 저지되는 동시에 도막의 부착력이 향상된다.

실로 (室爐, chamber oven)　밀폐구조의 탄화실 양쪽에 연소실이 있고, 벽을 통해서 탄화실의 석탄에 열을 전하는 코크스로 오늘날의 코크스로의 대부분은 실로식이다. 비하이브로에 비해 외부로부터의 고온 급열이 가능하므로 코크스의 수율, 품질이 향상되고 건류시간도 단축된다.

실록산 (siloxane)　규소원자와 산소원자가 교대로 결합하여 사슬식 구조를 형성하고 있는 화합물 $H_3Si-(OSiH_2)_n-OSiH_3$. 실란의 할로겐치환체에 물을 작용시키면 생긴다. 사슬식 구조의 규소원자에 곁사슬이 있는 실록산, 사슬식 구조 양단이 결합하여 고리식 구조가 된 실록산도 있다. 위 구조에서 $n=0$인 것을 디실록산, $n=1$인 것을 트리실록산 등으로 명명한다. 디실록산은 무색·무취의 기체로, 공기 중에서는 이산화규소 SiO_2의 흰 연기를 내며 자연 연소한다. 수산화 알칼리 용액 속에서는 수소를 발생하고, 분해하여 규산알칼리가 된다. 녹는점 −144℃, 끓는점 −15.2℃, 비중 0.8811(−80℃)이다. 테트라실록산은 액체이며, 디실록산과 같은 방법으로 만든다. 이 밖에 수소를 알킬기·알릴기 등으로 치환할 수 있으므로 할로겐이나 유기물이 함유되어 있는 화합물

도 많이 얻고 있다. 일반적으로 규소는 실록산의 유도체로 여겨진다.

실리카 (silica)　⇨ 이산화규소.

실리카 겔 (silica gel)　$SiO_2 \cdot nH_2O$로 표시되는 무정형의 겔. 규산나트륨 수용액을 무기산으로 분해하거나 혹은 유기 규소화합물에서 솔겔법으로 만들어진다. 다공성이며 비표면적이 크고(수백 m^2g^{-1}) 흡착성이 현저하므로 건조제로서 널리 사용된다. 기타 천연 가스, 천연 가솔린의 회수제, 촉매 운반체, 미끄럼 방지용 왁스의 첨가물 등으로도 사용된다.

실리카 겔 그리스 (silica gel grease)　실리카의 에로겔을 컨시스턴시 증가제로 첨가한 비. 비누그리스. 녹는점이 매우 높아 고온용에 적합하다. 그러나 내수성이 어느 정도 취약하고 실리카겔을 함유하므로 윤활면의 마모는 피할 수 없는 것이 결점이다.

실리콘 (silicon)　원자번호 14의 원소명은 정식으로 규소이지만 반도체와 관련되는 연구 및 공업분야에서는 규소라 부르지 않고 영어 그대로 실리콘이라 적고 부르는 것이 보통이다. 많은 단결정으로서 제조되고 있다. 규소의 비교적 간단한 화합물인 산화규소 SiO_2는 부싯돌·수정(水晶) 등으로 옛날부터 알려져 있었으며, 규사(硅砂) 같은 것은 고대 이집트에서 유리제조의 원료로 사용되기도 하였다. 1822년 스웨덴의 화학자 J. 베르셀리우스가 홑원소 물질로서 처음으로 발견하였고, 플루오르화규소를 금속칼륨으로 환원시켜서 얻었다. 자연계에는 유리상태로 산출되지 않고, 산화물·규산염 등으로 존재하며, 암석권의 주요 구성 성분이 되어 있다. 클라크수(지각 내의 존재량)는 산소에 이어 제2위로 많아 27.6%를 차지한다. 또 벼·대나무·속새풀 등을 비롯하여 규조류(硅藻類), 동물의 깃털·발톱, 해면 등에도 함유되어 있다. 무정형(無定形)인 것은 갈색 분말이고, 결정질인 것은 어두운 청흑색의 침상(針狀) 또는 판상(板狀)으로 비뚤어진 8면체이다. 다이아몬드형 구조이며, 게르마늄과 함께 전형적인 반도체이다. 공기 중, 상온에서는 안정하지만 플루오르와는 반응하며, 가열하면 염소·산소·질소 등과도 반응한다. 또 탄소와는 고온에서 반응하여 탄

화규소를 만든다. 왕수(王水)에 의해 서서히 산화되어 이산화규소가 되고, 플루오르화수소산과 질산의 혼합물 및 수산화 알칼리 용액에는 쉽게 녹지만 그 밖의 산에는 침식되지 않는다. 가성 알칼리 수용액의 작용을 받아 수소를 발생하며 녹아서 규산염이 된다. 금속 나트륨과 할로겐화 알킬을 작용시키면 유기규소 화합물이 생긴다. 규소는 뛰어난 반도체이기 때문에 초단파용 광석검파기(트랜지스터·다이오드 등)로 쓰이며, 게르마늄을 사용하는 것보다도 더 짧은 파장에까지 유효하게 작용한다. 또 각종 규소 수지의 원료이며, 환원제·탈산제·합금 첨가원소로서 금속재료 부문에서 대량으로 사용된다. 철강재료에는 보통 70% 정도의 규화철을 함유하며, 고규소주철(규소 15% 정도)은 내산(耐酸) 합금으로 알려져 있다. 규소 0.5~4.2%를 함유하는 규소강판은 자기 유도도(磁氣誘導度)가 높아 변압기 등의 철심(鐵心)으로 사용된다. 구리 합금에는 약 4.5% 첨가되어 전신·전화선 등에, 알루미늄 합금에는 약 13% 첨가되어 실루민(silumin)합금으로 사용된다.

실리콘 (silicone)　규소를 함유하는 유기 화합물 실록산 고분자 동족체의 총칭. 원소명 규소의 영어명 silicon과 폴리실록산의 영어명 silicone은 어미에서 e의 유무만으로 구별된다. 실리콘의 특성은 분자구조에 기인하고 내열성이 크며, 물을 튀기는 성질이 풍부하다. 또 전기절연성, 내약품성, 내노화성 및 불휘발성 그 밖의 모든 것이 순유기성의 동종 물질보다 우수하다. 300℃ 부근에서 규소 구리 합금에 유기 염화물을 통하여 각종류의 클로로실란 유도체 R_3SiCl, R_2SiCl_2, $RSiCl_3$ 등(R은 탄화수소기 또는 수소, 가장 흔한 것은 메틸기)을 만들어 이것을 가수분해하면 유기 실록산을 얻을 수 있다. 이것을 산 염기 촉매로 가열 중합하여 소상 고분자를 만든다. 중합도가 작은 것은 실리콘 유, 중합도가 비교적 큰 것에 가교한 것이 실리콘 고무, 강상 구조로 한 것이 실리콘 수지이다.

실리콘 고무 (silicone rubber)　고중합도 곧은사슬 모양의 디올가노폴리실록산에 미분 실리카 등을 보강제로 혼화하여 가교시킨 고무 탄성체. 내후성, 전기적 특성이 우수하여 −50 ~200℃의 범위에서 사용할 수 있다. 실리콘 오일보다 분자량이 큰 것으로, 분자량은 수십만 정도이고, 비중 0.98, 굴절률 1.40. 시판되고 있는 것 중에는 메틸기 $-CH_3$의 일부가 페닐기 $-C_6H_5$나 비닐기 $-CH_2=CH$로 치환되어 있는 것도 있다. 탄성 고무 제품으로 만들기 위한 가황(加黃) 공정에는 과산화벤조일·디큐밀페르옥시드 등의 과산화물을 사용한다. 가황 고무는 강도에서 생고무에서와는 달리 cm^2당 수백 kg의 인장강도(引張强度)이지만 800%의 신장률(伸張率)에는 미치지 못한다(인장강도 70~90kg/cm^2, 신장률 150~300%). 그러나 독자적인 성질을 보이는 것은 내열성(耐熱性)으로, 250℃에서 3일간 방치하여도 강도와 신장률의 변화를 10% 이내로 유지할 수가 있다. 또 −45℃에서도 고무 탄성을 잃지 않는다. 따라서 항공기의 창문을 봉하는 용도와 발수성(撥水性 : 물을 튀기는 성질)을 필요로 하는 곳, 또는 발열하는 곳에 특수 재료로 사용되며, 고무롤러의 속 부분, 패킹 재료, 전기 절연재료 등으로 널리 쓰인다.

실리콘 그리스 (silicone grease)　실리콘유에 고급지방산의 금속비누 등을 첨가한 것. 기유(基油)로는 상용성, 내열성, 내한성이 뛰어난 메틸페닐실리콘유가 사용되는 경우가 많다. 저온역, 고온역의 윤활용에 사용된다.

실리콘 수지 (―― 樹脂, silicone resin)　디올가노폴리실록산에 3차원 그물눈 구조를 도입한 수지상 실리콘. 보통 플라스틱은 탄소 기 조성(組成)의 뼈대로 되어 있는 경우가 많지만 실리콘 수지의 분자구조는 규소와 산소가 번갈아 있는 실록산 결합(Si−O결합)의 형태로 된 규소를 뼈대로 하며, 규소에 메틸기·페닐기·히드록시기 등이 첨가된 열가소성 합성 수지이다. 금속 규소에 구리 촉매를 써서 염화메틸을 약 300℃에서 작용시키면 디메틸디클로로실란이나 메틸트리클로로실란의 혼합물을 얻는다. 이것을 가수분해하면 1차 수지가 생긴다. 이것은 에테르나 톨루엔에 녹여 니스로서 시판되며, 가공용 원료로서 중요하다. 또한 염화메틸 대신에 염화벤젠을 작용시키면 페닐클로로실란을 얻는다. 1차 수지에 금속 염류나 아민류를 촉매로 하여 100℃ 이상에서 작용시키면 1차 수지의 히드록시기 사이에 탈수현상이 일어나서 다리결합(架橋結合)이 되어 제품을 얻을 수 있다. 실리콘(규소)의 특이하고도 유용한 성질로는, ① −260〜−80℃에서 안정하게 사용할 수 있다. ② 가소물이나 금속을 성형(成形)할 때 이형제(離型劑)로 쓸 수 있을 정도로 피복력(被覆力)이 양호하다. ③ 대부분의 용제(溶劑)에서 거품을 없애는 작용이 크다. ④ 무기물·유기물에 발수성(撥水性 : 물을 튀기는 성질)을 준다. ⑤ 생리적으로 무해하므로 화장품이나 약품으로 쓸 수 있다. ⑥ 전기 절연성이 좋다. 등이 있다. 유기기(有機基)가 메틸기일 때 내열성이 최고이며, 다른 알킬기나 알릴기로 치환한 것은 기계적 강도는 크지만 전기적 성능은 다소 떨어진다. 실리콘 수지는 고온용 모터 등의 여러 부분에 쓰이며, 180℃에서 20년간 사용해도 견딘다. 유리포(布)에 침투시켜 경화한 것은 내고온성 절연 재료로서 전기기구에 쓰이고, 가열로·연소장치·항공기·모터 등의 도료로도 사용된다. 접착제로의 이용법도 개발되고 있다.

실리콘 유(—— 油, silicone oil)　곧은 사슬 모양의 디올가노폴리실록산. 90% 이상은 디메틸폴리실록산이다. 넓은 온도 범위에서 점성률의 변화가 적고, 내열성, 내한성, 발수성, 전기적 특성 등이 우수하다. 무색 투명하고 맛도 냄새도 없으며, 비휘발성이다. 보통 70〜200℃에 이르는 넓은 온도 범위에서 물성(物性)의 변화가 적은 특징을 지니고 있다. 알코올·아세톤·물에는 녹지 않지만 분자량이 낮은 것은 석유계·방향족계·탄화수소에 녹는다. 분자량이 커지면 점성도(粘性度)가 커지고 비중은 0.76에서 1에 가까워진다. 전기절연용 기름이나 작동유·확산 펌프유·소포제(消泡劑) 등으로 널리 사용될 뿐만 아니라 표면처리제, 특히 방수제와 오염방지제·이형제(離型劑) 등으로서 독자적인 강한 작용을 가진다. 인체에 대해서는 무해하다.

실린더 건조(—— 乾燥, cylinder drying)　직물의 염색공정에서 사용되는 건조법. 회전하는 중공 원통 내부에 증기를 통과시키고 가열된 원통 표면에 직물을 접촉시켜 건조 시키는 구조로 되어 있다.

실린더 스톡(cylinder stock)　실린더유가 얼어질 수 있는 고점도의 윤활유제 및 그 정제품을 말한다.

실린더 유(—— 油, cylinder oil)　증기기관의 실린더 윤활에 사용되는 윤활유 중에서 가장 고점도의 것. 일반적으로 첨가물을 함유하지 않는다. 그러나 포화증기를 사용하는 증기기관에는 주로 유지를 5〜10% 첨가한 것이 사용되며 실린더 내에 응축하는 물과 접촉하여 유화상태가 된 윤활을 한다.

실온(室溫, room temperature)　실험실, 연구실 등의 온도를 뜻하며, 특히 온도를 지정하거나 조절을 하지 않고 실험을 진행한 경우라든가 시료와 물질을 실내에 방치한 경우에 사용되는 온도 조건의 표현이다.

실온 가황(室溫加黃, room-temperature vulcanization)　⇨ 자연 가황.

실재 고무(實在 ——, existent gum)　자동차 가솔린이나 항공연료 등을 규정 조건에서 증발시켰을 때에 얻게 되는 증발 잔류물 중의 헵탄 불용물. 시료 100 ml당의 잔류 물량을 mg단위로 표시하는 것을 말한다. ⇨ 잠재 고무.

실재 기체(實在氣體, real gas)　이상(理想)기체에 대해 실존하는 기체를 말한다. 끓는점보다 충분히 고온이고 또한 희박한 경우에는 그 성질은 이상기체의 상태 방정식에 거의 따르지만 일반적으로는 벗어난다. 반데르 발스의 상태 방정식 등 각종의 상태 방정식이 제안되어 있다.

실킹(silking)　도막의 결함을 표현하는 용어. 표면이 견사상 외관을 하고 있는 것. 수성 도료를 고습도하에서 침지 도장하는 경우에 일어나기 쉽다.

실험식(實驗式, empirical formula)　(1) 실험 결과를 몇 가지 실험 조건과 사용한 물질의 특성을 나타내는 파라미터를 사용하여 표시한 경험적인 관계식, 경험식이라고도 한다. (2) 분자의 화학식 중에서 각 원소가 가장 간단한 조성비를 표시한 식. 화학분석 등에서 우선 분자 중 원자의 조성비를 구한 다음 실험식을 확정하고 다음에 분자량을 구하여 분자식을 정한다.

실험실계 (實驗室系, laboratory system)　원자·분자 등의 충돌을 기술하기 위한 좌표계로, 실험실 공간에 고정한 것. 이에 대해 충돌하는 원자·분자의 중심에 원점을 고정한 좌표계(重心系)를 중심계라 한다.

실험실 옥탄가 (實驗室 —— 價, laboratory octane number)　정치식의 CFR 엔진을 사용하여 측정한 옥탄가. 주행 옥탄가에 대응하여 사용된다. 실험실 옥탄가가 같은 가솔린일지라도 주행 옥탄가가 다른 경우가 많다.

실효 원자번호 (實效原子番號, effective atomic number)　화합물 혹은 혼합물에 대하여 그것을 구성하는 원소의 원자 번호. 각각의 양에 무게를 부여하여 평균한 것. 주로 방사선작용에 대해서 사용된다.

심랭 분리 (深冷分離, low-temperature separation process)　다성분계의 혼합가스를 압축, 냉각, 팽창으로 액화하고 정류하여 각 성분으로 분리하는 조작. 저온분리라고도 한다. 공기를 각 성분으로 분리하는 공기분리를 비롯하여 석탄계, 석유계의 각종 가스, 천연가스의 분리에 널리 이용되고 있다.

심리 물리량 (心理物理量, psychophysical quantity)　심리물리학에서 물리적 현상으로 발생하는 지각의 양. 정신물리량이라고도 한다. 지각과 물리적 자극 간의 법칙성을 구하려면 물리적인 자극에 대한 감응실험이 필요하다. 예를 들면 색채의 경우는 일정한 물리 에너지가 있는 스펙트럼 색깔이 색각에 미치는 색자극의 측정 등이 이루어진다.

심색 효과 (深色效果, bathochromic effect)　물질의 흡수 스펙트럼 극대 파장을 장파장측으로 이동(적색 이동)시키는 효과. 치환기의 도입 혹은 배위자로서의 금속 이온에 대한 배위 등에 의한 화학 구조상의 변화, 혹은 용매의 차 등에 의해 이동 한다. 시각적으로는 흡수광의 보색을 느끼므로 색깔은 황색→ 적색 → 자색 → 녹색의 방향으로 변화한다. 화학 구조적으로는 공액계가 길어지거나 적당한 위치에 조색단, 발색단 등이 있어서 π전자가 움직이기 쉽게 되었을 때에 심색 효과가 나타난다. 천색 효과에 대응하는 용어이다.

SIMS (심스) 'secondary ion mass spectroscopy(2차 이온 질량 분석)'의 약어이다.

심장 페이스메이커 (心臟搏動器, cardiac pacemaker)　부정맥과 서맥 치료에 사용되는 기기. 전기자극으로 심장박동의 조율을 한다. 체내에 매식하여 사용하므로 37℃에서도 자기방전이 적은 소형 대용량의 리튬전지가 사용되며 약 7년간은 작동한다.

십자 흐름 (十字 ——, crossflow)　두 유체의 흐름 방향이 직교하는 흐름의 방식. 이에 대해 흐름의 방향이 같은 경우를 병류, 서로 반대인 경우를 향류(向流)라 한다.

18 전자칙 (拾八電子則, eighteen electron rule)　유기 전이 금속착물의 안정성이나 반응성을 이해하는 데 유용한 경험칙. 희가스칙이라고 불리운다. 배위자에서 금속에 공여되는 전자 수, 금속 고유의 전자 수 및 금속 – 금속 결합 수의 총화가 18일 때, 희가스형 구조($d^{10}s^2p^6$)가 되며 착물은 가장 안정해진다.

싱글베이스 추진약 (—— 推進藥, single-base propellant)　니트로셀룰로오스를 기제로 하여 디페닐아민 등을 자연분해를 억제하는 안정제로 가하고 에틸에테르와 에틸알코올 혼합액을 사용하여 교화 성형한 무연화약. 주로 소화기의 발사약으로 사용된다.

싱크로트론(궤도) 방사 (—— (軌道)放射, synchrotron orbit radiation)　싱크로트론 내를 운동하는 전자가 곡선궤도를 취할 때, 그 접선방향에 전자기파를 방출하는 것. 방출되는 전자기파는 SOR광 또는 SR광이라 약칭된다. SOR광은 연 X선에서 저외선에 걸친 넓은 파장영역의 연속광인 동시에 지향성과 편광 특성이 뛰어난 피코초 영역의 펄스폭이 있는 빛이다. SOR광을 광원으로 사용하려면 보통 스트레지링이라 하는 가속기를 사용한다.

쌀겨 기름 (rice bran oil)　쌀겨(함유량 15~21%)에서 채유되는 반 건성유. 압착법(壓搾法) 또는 추출법으로 채유하며, 정미공장에서 회수되는 쌀겨에는 배(胚) 및 곡분(穀粉) 등도 포함되어 있으므로 기름의 성상(性狀)은 원료인 쌀겨에 따라 다르다. 함유율은 보통 10~20%이다. 쌀겨 생산 후 4시간 이내에 추출하면 양질의 기름을 얻을 수가 있다. 비중 약 0.9, 녹는섬 5~10℃, 산값(酸價) 4~120, 비누화값 180~200, 요오드값 100이다.

쌀겨에는 리파아제가 함유되고 저장 중 기름의 산값이 높아지기 쉬우므로 가능한 한 신속히 채유할 필요가 있다. 올레산, 리놀산, 팔미트산 등의 혼합 글리세리드를 주성분으로 한다. 일반적으로 탁해지기 쉬우므로 탈랍을 한다. 식용유, 경화유의 원료로 사용한다. 우리나라에서는 양적으로 대두유, 유채유에 다음가는 유지이며 또한 유일한 국산원료 유지이다. 정제도가 높아 비타민류는 거의 다 파괴된다. 그 밖에 약품·비누·도료(塗料)·화장품 등의 원료로 쓰인다.

쌍구균 (雙球菌, diplococcus)　구균의 하나. 2개의 균체가 쌍을 이루어 존재하는 것. 드물게는 같은 것이 사슬 모양이 된 것도 있다. 그람양성균이며 병원성(病源性)이다. 인공배지에서는 배양(培養)이 곤란하다. 발효성이 대체로 강하여 글루코오스·락토오스·수크로오스 및 이눌린을 분해하여 산을 만든다. 이 속의 균은 10% 쓸개 즙액에 녹고, 인체와 동물의 기도 및 쓸개에서 발견된 종이 있다. 폐렴구균, 임균 등이 있다.

쌍극자 (雙極子, dipole)　분자 중에서 음양의 전하 분포가 균일하지 않고 양전하의 중심과 음전하의 중심이 일치하지 않는 경우에 그 분자는 쌍극자가 있다고 하고, 그 크기를 쌍극자 모멘트로 나타낸다. 분자에 국한하지 않고 양전하의 중심과 음전하의 중심이 일치하지 않는 전히 분포가 존재하는 경우에는 쌍극자가 형성된다.

쌍극자 모멘트 (雙極子 ──, dipole moment)　분자가 갖는 쌍극자의 크기를 표시하는 물리량. 음 및 양의 전하 $|e|$가 거리 r만큼 떨어져 존재하고 있는 경우에는 $\mu=|e|r$로 표시된다. 일반적으로 쌍극자 모멘트는 벡터로서, 임의로 정한 원점에서 각 전하 e_i까지의 거리 스펙트럼을 r_i로 하면 $\Sigma e_i=0$의 경우에 $\mu=\Sigma e_i r_i$로 표시된다. 이것은 방향을 고려하여 음극에서 양극으로 향하는 벡터로서 나타낸다. 양·음의 전하(電荷)로 구성되는 쌍극자에 의한 전기쌍극자 모멘트와, 자기쌍극자에 의한 자기쌍극자 모멘트가 있다. 원자에 외부 전기장을 작용시키면 전기쌍극자는 그 전자의 분포가 편재(偏在)하게 된다. 그러나 물·암모니아·염화수소와 같은 종류의 분자는 외부 전기장의 작용이 없어도 전기쌍극자를 가지기도 한다. 이들은 유극분자(有極分子)라고 한다. 유극분자의 쌍극자 모멘트는 10~18 CGSesu(CGS정전기 단위) 정도인 것이 많으며, 보통 단위 D(디바이 : CGSesu 또는 가우스 단위의 10~18배)를 사용하여 나타낸다. 자기쌍극자는 작은 자석이나 작은 환상전류(環狀電流)를 비롯하여 전자·양성자·중성자(中性子) 등의 소립자(素粒子)와 원자핵·원자·분자 등으로 생각되며, 큰 자석 또는 보통 자성체(磁性體)는 자기쌍극자의 집합으로 간주되고 있다.

쌍극자 상호작용 (雙極子相互作用, dipole interaction)　쌍극자가 있는 분자(극성분자)와 분자 간에 작용하는 전기적인 상호 작용. 기체, 액체, 고체에서의 분자 간 상호작용의 하나이다. 예를 들면 2개의 쌍극자가 평면상에서 서로 반평행으로 존재하고 있는 경우에는 상호작용의 에너지는 각 쌍극자 모멘트의 곱에 비례하고 거리의 3곱에 반비례한다.

씨시카밥 구조 (── 構造, shish kebab structure)　결정성 고분자의 묽은 용액을 섞으면서 냉각할 때에 석출되는 섬유상의 결정 형태. 신장(伸長) 사슬 결정으로 구성된 긴 골격(씨시)과 그것을 핵으로 하여 수직방향으로 성장한 접힌 사슬 결정(카밥)으로 되어 있다. 터키식 꼬치구이(씨시카밥)와 비슷한 점에서 붙여진 명칭이다.

쌍정 (雙晶, twin crystal)　2개의 결정이 어떤 특정한 축 또는 면에 관하여 서로 대칭관계를 유지하면서 접합하고 있는 것. 이 축을 쌍정축, 면을 쌍정면이라 한다. 쌍정은 그 성인(成因)으로 보아, 결정의 성장 과정에서 생기는 성장쌍정, 상전이(相轉移)에 따라서 생기는 전이쌍정(轉移雙晶), 하나의 결정 속에서의 미끄럼 현상에 의한 기계적 쌍정으로 나눈다. 또한 쌍정을 결합 방식으로 보아, 2개의 결정이 한 평면에 접합한 접촉쌍정, 두 결정이 평면적으로 접합하지 않고 투입(透入)하여 접합한 관입(투입)쌍정, 2개 이상의 결정이 같은 방식으로 연속적으로 접합한 반복 쌍정으로 분류된다. 광물에는 육안으로는 하나의 결정 개체로 보이지만 현미경으로 보면 쌍정으로 된 것이 많다. 이 관계가 반복되어 많은 성분결정을 함유하는 것을 집편(集片)쌍정이라 한다.

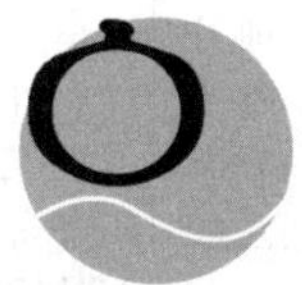

아가로오스 (agarose) 한천 중에 다량으로 함유되어 있는 다당류로서, D-갈락토오스와 3, 6-안히드로-L-갈락토오스의 교대 중합물. 친수성이므로 고정화 효소 운반체와 어피니티 크로마토그래피 운반체 등, 수계에서 사용하는 지지체에 널리 이용되고 있다.

아고니스트 (agonist) 세포의 수용체와 특이적으로 결합하여 그 고차구조를 변화시켜, 화학적인 정보를 세포에 부여하는 물질. 작동약이라고도 한다. 아고니스트에 대해 길항작용을 나타내는 것이 안타고니스트이다. 각종 호르몬과 신경의 전달 물질은 아고니스트의 예이다.

아교 (glue) 가죽, 힘줄, 뼈 등에서 열수 추출하여 얻어지는 콜라겐을 주성분으로 하는 접착제. 고순도의 것을 젤라틴이라 한다. 가죽을 석회수 용액에 담근 후 열수 추출(熱水抽出)하고 용액을 농축해서 냉각하면 응고한다. 뼈는 미리 유기용제(有機溶劑)로 탈지하고 열수 추출한다. 보통 황길색 고체이며, 물을 가하면 수용액은 콜로이드가 되고 가열하면 졸상태, 냉각하면 겔상태가 된다. 가열한 졸상태 용액은 목재·종이·천 등의 강력한 교착제(膠着劑)로 되어, 합성 수지 접착제가 나오기 전에는 공업용·일반용으로 널리 사용되었으나 내수성·내습성이 없는 것이 결점이다. 먹, 회화용, 성냥 제조, 사진제판용 감광액 등에 쓰인다.

아교 재료 (glue stock) 제혁의 무두질 이전의 공정에서 발생하는 가죽 쓰레기류. 유지분이 많은 것은 비누나 비·사료의 원료로 콜라겐이 많은 것은 젤라틴, 아교의 원료로 이용된다.

아글리콘 (aglycon) 단당 혹은 다당이 다른 알코올 혹은 페놀성 화합물의 히드록실기 사이에서 글리코시드 결합을 이루고 있는 화합물은 배당체라고 하는데 배당체 중의 비당(非糖)성분을 아글리콘이라 한다. 플라보노이드 색소, 스테로이드, 사포닌 등, 복잡한 아글리콘이 당과 결합하여 천연에 존재하는 것이 많다. 이러한 것들 중에서 스테로이드의 경우는 특히 게닌이라 한다.

아나타스형 산화티탄 (—— 型酸化 ——, anatasetype titanium dioxide) 이산화티탄 TiO_2에는 루틸형, 블루카이드, 아나타스의 세 가지 변태가 있는데, 그 중의 하나이다. 정방정계로서, 저온에서의 안정형이다.

아나필락시스 (anaphylaxis) 즉시형 과민증의 하나. 생체 내의 항원 항체반응에 의해 일어나는 증상. 각종 혈관 활성 물질이 방출되어 혈압이 급격하게 저하하여 쇼크상태가 되고, 평활근의 수축 등 심한 전신증상을 나타낸다. 처음에는 독소의 특유한 현상으로 생각되었으나 그 후 이종 단백(異種蛋白)에서도 같은 현상이 일어난다는 것이 명백해졌다. 즉, 이종 단백을 몇 번 주사한 다음 일정 기간(5~21일) 후에 같은 물질을 다시 주사하면 특유의 쇼크 증세를 초래하는 일이 있다.

아날로그 (analog, analogue) ⇨ 유사체.

아네르기 (anergy) 엑서지의 대응어이다. ⇨ 엑서지.

아노머 (anomer) 알도오스, 케토오스 등의 단당이 헤미아세탈형의 고리모양 구조를 취하면 카르보닐형의 탄소 원사가 새롭게 무제 탄소 원자가 된다. 그것으로 인해 생기는 에피머형인 1쌍의 입체 이성질체를 말한다. 예를 들면 D-글루코오스의 경우, 알데히드형에서 고리상 아세탈형으로 변하면 C-1이 새롭게 부제 탄소 원자가 되고, C-2~C-5의 입체 배치는 동일하므로 C-1만이 입체 배치를 달리하는 1쌍의 아노머가 생성된다. 양자는 α- 및 β-의 기호로 구별되고 α-D-글루코오스 및 β-D-글루코오스의 명칭으로 부른다.

아노머화(──── 化, anomerization)　헤미아세탈형의 고리 모양 구조가 있는 단당의 아노머 한쪽을 알데히드(또는 케톤)형을 경유하여 다른 아노머로 변화시키는 것을 말한다.

아누렌 (annulene)　⇨ 안눌렌.

아니솔 (anisole)　$C_6H_5OCH_3$. 페놀의 메틸에테르. 미향이 있는 액체. 끓는점 155℃, 녹는점 −37℃이다. 물에는 녹지 않지만 알코올·에테르에는 녹는다. 하나의 에테르이므로 비교적 안정하지만 니트로화·할로겐화·프리델-크래프츠 반응 등에 의해서 오르토 및 파라 위치에 치환이 일어나고, 요오드화수소산에 반응시키면 메틸기가 떨어져서 페놀이 된다. 페놀을 황산디메틸로 메틸화하여 제조한다. 용매로서 또한 향료 등의 합성 원료가 된다.

아니시딘 (anisidine)　$CH_3OC_6H_4NH_2$. 아닐린의 메톡시 치환체. o-, m-, p-의 3종류가 있나. o-아니시딘 및 m 이니시딘은 상온에서 엷은 황색의 색체이지만 p-아니시딘은 무색의 고체이다. 각 이성질체는 모두 물에 녹기 어렵지만 알코올·에테르 등 유기 용매에는 잘 녹는다. 염기성이므로 염을 생성한다. o-아니시딘 및 p-아니시딘은 아조염료나 나프톨 염료 등을 합성하는 중간체로서 특히 중요하다.

아니온 (anion)　음이온과 동의어. 무기화학에서는 음이온이라 하지만, 유기 화합물의 음이온은 습관적으로 아니온이라 부르는 일이 많다. 탄소 원자가 음이온이 된 것은 카르보아니온이라 한다.

아니온 계면 활성제 (──── 界面活性劑, anionic surface-active agent, anionic surfactant)　⇨ 음이온 계면 활성제.

아니온 교환수지 (──── 交換樹脂, anion-exchange resin)　⇨ 음이온 교환수지.

아닐리드 (anilide)　카르복시산과 아닐린의 반응으로 얻어지는 카르복시산 유도체의 총칭 $RCONHC_6H_5$. 중성으로 묽은 알칼리 또는 묽은 산에는 녹지만 장시간 가열하면 아닐린과 카르복시산으로 분해한다. 일반적으로 결정성 화합물이며, 카르복시산의 확인용 유도체로서 우수하다.

아닐린 (aniline)　벤젠고리에 아미노기−NH_2가 붙은 화합물 $C_6H_5NH_2$. 정제한 아닐린은 특유한 냄새가 나는 무색 액체로, 녹는점 −6℃, 끓는점 184℃이다. 감압하의 끓는점은 71℃(9 mmHg), 102℃(50 mmHg)이다. 수증기 증류를 할 수 있다. 공기 중에 두면 처음에는 황색으로 착색하고 서서히 붉은색을 띠다가 나중에는 검은색이 된다. 물에는 3% 밖에 녹지 않지만 에탄올·에테르·벤젠 등 유기 용매에는 녹는다. 아세틸화하면 아세트아닐리드를 생성하고, 클로로포름 용액을 만들어 브롬을 가하면 2,4,6-트리브로모아닐린의 백색 침전이 생긴다. 또 수산화 알칼리 존재하에서 클로로포름을 가하고 가열하면 이소니트릴을 발생하여 독한 악취를 풍긴다(카르빌아민반응). 따라서 이들 반응을 이용하여 아닐린의 정성분석(定性分析)을 할 수 있다. 삼산화크롬으로 산화시키면 p-벤조퀴논을 생성하고, 산과 아질산나트륨에 의한 디아조늄염을 생성하는 반응(디아조반응)은 공업적으로도 중요하다. 니트로벤젠을 주석 또는 칠과 염산에 의해 환원시키거나 니켈 등 금속 촉매를 써서 접촉수소 첨가법에 의해 생성한다. 공기와 빛에 의해 착색·변질되므로 보존할 때는 마개로 단단히 막아 어두운 곳에 저장하여야 한다. 유독하므로 흡수하면 중독을 일으킨다. 즉, 혈액독으로서의 아미노기의 성질에 의해서 중추신경이 침해되어 두통·현기증·피로감·저혈압 등을 일으킨다. 중증이면 황달·경련·혼수상태에 빠지고, 만성 중독이면 빈혈·전신 쇠약이 된다. 잘못해서 마신 경우에는 비눗물을 마시게 했다가 곧 토하게 하고, 인공호흡이나 산소흡입을 한다. 흡입한 경우는 캄퍼 등의 흥분제를 놓고, 산소를 흡입시킨다. 피부에 닿으면 염증을 일으키므로 묽은 염산으로 씻은 다음 다량의 물로 씻는다. 니트로벤젠의 환원으로 형성된다. 암모니아보다 약한 염기. 유기 합성공업의 가장 중요한 중간물의 하나이며, 많은 염료, 의약, 사진약 등의 원료가 된다. 최근에는 폴리우레탄 수지의 출발 원료로 대량으로 사용되고 있다.

아닐린 마무리 (aniline finish)　갑피의 마무리 방법의 하나. 선명하고 투명감이 있는 산성 염료를 사용하여 수욕 중에서 염색한 가죽을 건조한 후, 안료를 사용하지 않고 염료와 단백계 결합제를 주성분으로 하는 도료를 도포하여 마찰(그레이징)로 도막(途膜)의 고정과 광택내기를 한다. 가죽 본래의 그레인 문양의 특색을 살릴 수 있다.

아닐린 블랙 염색 (—— 染色, aniline black dyeing)　면직물 등의 섬유를 흑색으로 염색하는 방법의 하나. 아닐린 염산 염을 섬유상에서 염소산칼륨 등에 의해서 산화하면 복잡한 화합물이 형성되어 견뢰한 흑색으로 물들일 수 있다. 매우 가격이 싸지만 강산을 사용하므로 섬유에 손상을 입히기 쉽다.

아닐린 점 (—— 點, aniline point)　시료와 동일 용량의 아닐린이 균일한 용액으로서 존재하는 최저 온도(℃)를 이른다. 광유에서 탄화수소 조성의 추정과, 비중의 관계에서 참발열량의 추정 등에 사용된다. 시료가 동일 분자량이면 방향족 나프텐, 파라핀 순으로 높고, 동일계 기름이면 끓는점이 높을수록 아닐린 점도 높다.

아다만탄 (adamantane)　의자형 시클로헥산의 3분자가 조합된 구조의 3환식 탄화수소. 디이아몬드 구조의 1단위에 상당하는 탄소골격이 있다는 의미에서 명명된 것이다.

아데노신 (adenosine)　아데닌을 염기로 하는 뉴클레오티드. 아데닌의 9-위치가 D-리보오스와 글리코시드 결합에 의해 결합한 화합물. 백색의 침상 결정이며 녹는점 235℃이다. 물에는 잘 녹지만, 알코올에는 거의 녹지 않는다. RNA(리보핵산) · ATP 등의 성분으로서 동식물과 미생물 등의 모든 세포에 존재한다.

아데노신삼인산 (—— 三燐酸, adenosine triphosphate)　아데닌을 염기로 하는 아데노신의 삼인산 에스테르 $C_{10}H_{16}N_5O_{13}P_3$. 분자 내에 고 에너지의 인산결합 2개를 함유하며, 모든 생물에서 에너지의 직접적인 원천이 되는 중요한 화합물. 약어 ATP. 인체에서는 1일에 거의 체중과 동일한 중량이 합성되어 소비되고 있다. 가수분해에 의해 중성이며 약 $20\,kJmol^{-1}$의 에너지를 방출하여 아데노신이 인산과 무기인산이 된다.

아데노신이인산 (—— 二燐酸, adenosine diphosphate)　아데닌을 염기로 하는 아데노신의 이인산 에스테르 $C_{10}H_{15}N_5O_{10}P_2$. 약어 ADP. 생체 내에서 아데노신삼인산이 가수분해되어 에너지를 방출함으로서 생성된다. 분자 내에 고 에너지의 인산결합 1개가 남아 있다.

아데노신일인산 (—— —燐酸, adenosine monophosphate)　⇨ 아데닐산.

아데닌 (adenin)　생체에 함유되는 퓨린 염기. 6-아미노퓨린. 핵산의 염기성분으로서 중요하다. 약어 A. DNA의 이중 나선 중에서 티민과 수소결합하여 염기쌍을 구성하고 있다. 유리된 형태로 존재하는 일은 거의 없으나 드물게 차(茶) 잎에서 발견된다. 또 FAD · FMN · NAD · NADP · CoA 등 생체 내의 중요한 반응에 관계된다. 찬물에는 잘 녹지 않지만, 양쪽성 물질이므로 산에도 염기에도 잘 녹는다. 또 에테르와 클로로포름에는 녹지 않는다. 염산을 가하여 180～200℃로 가열하면 분해되고, 아질산을 작용시키면 히포크산린이 되며, 산화시키면 요소를 생성한다. 산 및 염기를 작용시키면 염(鹽)을 생성하므로 이것을 이용하여 아데닌을 정제한다.

아데닐산 (—— 酸, adenylic acid)　뉴클레오티드의 하나 $C_{10}H_{14}N_5O_7P$. 염기는 아데닌, 당은 리보오스, 그리고 인산으로 되어 있다. 아데노신 일인산이라고 한다. RNA와 각종 보효소의 성분으로서 중요하다. 약어로 AMP이다.

아드레날린 (adrenaline)　부신수질의 호르몬 $C_9H_{12}NO_3$. 별칭은 에피네프린. 혈당의 상승작용, 심장박 줄력 증가작용이 있으며 구급의료에 사용된다. 교감신경 전달물질의 하나. 중추로부터의 전기적인 자극에 의해 교감신경의 말단에서는 아드레날린이 분비되어 근육에 자극을 전달한다. 부교감신경이나 운동

신경에서는 아세틸콜린이 이 구실을 하고 있다. 한편, 호르몬으로서는 부신수질에 다량으로 함유되어 혈당량(血糖量)을 조절하고 있다. 글리코겐을 분해하는 효소 포스포릴라아제는 아데닐산에 의해서 활성화된다. 아드레날린과 이자의 랑게르한스 섬에 있는 α세포에서 분비되는 글루코겐이 이 작용을 도와 포스포릴라아제의 활성을 높인다. 그 결과 간이나 골격근에서의 글리코겐의 분해가 촉진되어 혈액 속의 당이 증가하게 된다. 동시에 뇌하수체의 당질대사(糖質代謝) 호르몬과 부신피질의 글루코코르티코이드 등도 혈당량을 증가시키는 작용을 하며, 반대로 이자의 랑게르한스 섬의 β세포에서 분비되는 인슐린은 혈액 속의 당의 양을 감소시키는 작용을 한다. 따라서 이들 호르몬의 공동 작용에 의하여 혈액 속의 당의 농도가 일정하게 유지되게 된다. 생체 내에서의 합성은 티로신에서 노르아드레날린을 거쳐 이루어지며, 분해는 수산기(水酸基)가 메틸화되어 활성을 상실한 다음 아민산화 효소의 작용에 의해 이루어진다. 백색의 분말로 공기 중에서 산화되어 갈색으로 된다. 물에 녹기 어렵고 에탄올과 에테르 등에도 녹지 않는다. 염화철(Ⅲ)의 수용액을 가하면 산성에서는 녹색, 알칼리성에서는 분홍색의 발색반응(發色反應)을 일으킨다. 의약품에서는 이것을 보통 염산아드레날린이라고 하여, 안정제와 보존제를 가하여 1,000배 용액으로 하여 사용한다. 위산(胃酸)에 의해서 분해되므로 내복으로 사용하지는 않는다. 주사제·도포제(塗布劑)·스프레이제로 한다. 수용액은 공기에 의해 산화되어 빨간색으로 변한다. 자주 사용하게 되면 불안·두통·불면·심계 등의 부작용이 따른다.

아디티온산 나트륨 (sodium adithionite)　수용성의 무색 결정 $Na_2S_2O_4$. 2수화물이 일반적이며 이것은 보통 하이드로설파이드라 불리운다. 환원제로서 널리 사용되며 롱갈리트의 제조 원료가 된다. 차아황산 나트륨이라고 하는 것은 잘못이다.

아디프산 (── 酸, adipic acid)　탄소 6원자의 곧은 사슬 디카르본산 $HOOC(CH_2)_4COOH$. 무색의 주상 결정으로 분자량 146.15, 녹는점 153~153.5℃이다. 물에는 약간 녹아

산성을 보인다. 에탄올·아세톤에는 잘 녹지만 에테르·탄화수소 용매에는 거의 녹지 않는다. 가열하면 아디프산 무수물이나 중합체 무수물을 생성하지만 칼슘염을 건류하면 시클로펜탄온을 생성한다. 벤젠에서 시클로헥산을 걸쳐 그 접촉 산화로 제조되며, 주로 나일론 66의 주원료가 되는 외에 염화비닐 수지 가소제, 도료, 의약품 제조 원료로 사용된다.

아라미드 섬유 (── 纖維, aramid fiber)　방향족 폴리아미드 섬유. 지방족 폴리아미드는 나일론이라 부른다. 폴리(m-페니렌이소프탈아미드)로 대표되는 메타형과 폴리(p-페니렌텔레프타아미드)로 대표되는 파라형이 있다. 모두가 내열성, 난연성이 뛰어나다. 5 mm 정도 굵기의 가느다란 실이지만 2 t의 자동차를 들어올릴 정도의 막강한 힘을 가지고 있다. 불에 타거나 녹지 않으며, 500℃가 넘어야 비로소 검게 탄화(炭化)한다. 또 아무리 힘을 가해도 늘어나지 않아 가장 좋은 플라스틱 보강재(補强材)로 꼽힌다. 이러한 장점이 있으므로 방탄(防彈) 조끼와 방탄 헬멧 등 군수물자와 골프채, 테니스 라켓 등을 만드는 데 알맞은 소재이다. 보잉 747 등의 항공기 내부 골재(內部骨材)는 이 섬유로 보강된 에폭시수지(FRP)를 쓴다. 1984년 한국과학기술연구원(KIST) 윤한식 박사팀이 미국·네덜란드에 이어 세계에서 세번째로 아라미드를 개발했으며, 1992년에는 아라미드 섬유의 단점인 역거동성(逆擧動性 : 주위의 온도 상승에 따라 팽창하는 물질의 일반적 속성과 반대로 온도가 올라가면 수축하는 성질)을 없앤 신아라미드섬유 개발에 성공했다.

아라비노오스 (arabinose)　알데히드형의 펜토오스 $C_5H_{10}O_5$. 식물 고무질, 펙틴질 등의 성분으로서 다당, 배당체 등의 형태로 널리 식물계에 분포한다. 분자량 150.13, 녹는점 160℃이다. 천연으로는 침엽수 속에 존재하지만, 일반적으로는 다당(헤미셀룰로오스·식물 고무질·펙틴질 등)의 성분으로서 발견되고, 일부의 세균에도 존재한다. 천연으로는 대부분 L형이지만 드물게 식물 배당체로서 D형을 함유하는 것도 있다. 벚나무나 아메리카 대륙에 자생하는 메스키트에서 분비

되는 고무질 또는 아라비노오스를 함유하는 식물을 원료로 하고, 산으로 가수분해하여 정제한다. 주로 화학시약(化學試藥)으로 사용된다.

아라비아 고무 (gum arabic)　주로 아프리카 서부에서 생산되는 아카시아속 수목이 분비하는 점질물로서, D-갈락토오스를 주 사슬로 하는 많은 가지가 갈라진 다당류. 황색의 투명한 덩어리 또는 백색의 분말이며, 물에는 잘 녹지만 알코올에는 녹지 않는다. 북동 아프리카의 나일 지방에 자생(自生)하는 아라비아 고무나무(아카시아의 하나)에서 채취되는 것이 가장 우량품이다. 의약 제제, 접착제 등에 사용된다.

아라키돈산 (—— 酸, arachidonic acid)　탄소수 20의 불포화 지방산 $CH_3(CH_2)_4(CH=CHCH_2)_4(CH_2)_2COOH$. 주로 동물의 내장에서 얻어지는 지질 중에 존재한다. 비타민 F 결핍증에 사용된다.

아라키돈산 캐스케이드 (—— 酸, arachidonate cascade)　세포 내의 인지질에서 아라키돈산을 유리시켜, 목적에 따라 다종류의 프로스타글란딘을 생성하는 다단계의 반응경로 (캐스케이드). 제1단계는 아라키돈산을 형성하는 포스포리파아제 반응, 제2단계는 시클로옥시게나아제에 의한 프로스타글란딘 G, H의 형성, 그 후는 각종 프로스타글란딘에 이르는 경로로 되어 있다.

아라키딘산 (—— 酸, arachidic acid)　탄소수 20인 곧은 사슬 지방산 $CH_3(CH_2)_{18}COOH$의 관용명. 아라킨산이라 하는 경우도 있다. 현대의 명명법 규칙에 의하면 이코산산 (icosanoic acid, IUPAC) 혹은 에이코산산(eicosanoic acid, Chemical Abstracts)이라 명명되었다. 땅콩 등의 식물 종자유 중에 소량으로 함유된다.

아라킨산 (—— 酸, arachic acid)　⇨ 아라키딘 산.

아랄킬 (aralkyl)　페닐, 트릴 등의 방향족 탄화수소기(아릴 aryl)가 알킬기의 탄소에 치환되어 형성된 복합기 $Ar(CH_2)_n-$의 총칭으로, arylalkyl을 단축한 용어. 예를 들면 벤질 $C_6H_5CH_2-$, 페네틸 $C_6H_5CH_2CH_2-$ 등이 있다.

아레니우스 식 (—— 式, Arrhenius equation)　S. A. Arrhenius가 1889년에 화학 반응 속도상수의 온도 의존성을 설명하기 위해 제출한 경험식. 속도상수 k, 빈도인자 A, 활성화 에너지 E, 기체상수 R, 온도 T의 함수 $k=A\exp(-E/RT)$로 나타낸다. 이 식은 이온반응과 같이 매우 빠른 반응을 제외하고는 균일한 기체상이나 액체상에서의 반응, 불균일한 접촉반응 및 고체상 반응 등의 일반 화학반응 뿐만 아니라 확산·점성 등의 물질 이동현상에도 적용할 수 있다. 식으로도 알 수 있듯이 k의 측정값의 로그를 취하여 $1/T$에 대하여 그래프를 만들면 일반적으로 직선을 얻을 수 있다. 이 직선의 기울기로부터 E의 값을, 또 직선이 세로축을 자르는 값으로부터 A의 값이 구해진다. 온도 범위가 넓을 때에는 엄밀하게 말해서 A와 E도 온도의 함수가 된다. 아레니우스는 온도가 높아질 때 화학 반응이 뚜렷하게 빨라지는 것은 보통 상태와 활성화 상태 사이의 평형이 온도에 따라 차이가 있기 때문이라고 설명하였지만, 나중에 H. 아이링에 의해서 통계역학적으로 기초가 만들어졌다.

아렌 (arene)　방향족 탄화수소의 총칭. 단순히 아렌이라 적으면 allene과 혼동하는 것을 피하기 위해 발음상 주의해야 한다. 벤젠, 톨루엔, 나프탈렌 등의 총칭이지만 방향족 고리집합 비페닐 등도 포함하여 사용되는 경우도 있다.

아르기나아제 (arginase)　L-아르기닌을 오르니틴과 요소로 가수분해하는 효소. 간장, 식물의 종자, 세균 등에서 발견되며, 양, 소의 간장에서는 결정으로서 얻어진다. 오르니틴 사이클에 함유되는 1단계를 촉매하는 효소이기도 하며, 요소를 배출하는 동물에서는 커다란 생리적 의미가 있다.

아르기닌 (arginine)　단백질을 구성하는 아미노산의 하나 $H_2NC(=NH)NH(CH_2)_3CH(NH_2)COOH$. 잔기의 약어 Arg. 더욱 간략화할 때는 R. 특히 어류에서 백자의 단백질 크루페인 등에 다량으로 함유되어 있다. 분자량 174.21이고, 물에 녹는다. M. J. S. 슐체와 E. 스타이거에 의해서 백화시킨 루피누스(콩의 하나)의 싹튼 것으로부터 단리되었다. 그 질산염이 은(argent)처럼 흰색을 띠어 아르기닌이라고 이름을 붙였다. L-아르기닌은 단백

질을 구성하는 아미노산의 하나로 존재하는
데, 어류의 정자에 존재하는 단백질 프로타
민에 속한다. 청어·연어 등에서는 구성 아
미노산의 약 70％가 아르기닌이다. 식물 종
자 속에는 유리상태로도 존재한다. 아르기닌
잔기(殘基)는 그 구아니디노기(基)로 인해
강염기성을 나타낸다. 알칼리성으로 α-나프
톨과 하이포아염소산을 작용시키면 특유한
빨간색을 내므로 정량할 수 있다. 생체 내의
대사 경로로서는 H. A. 크렙스 등이 발견한
오르니틴 회로(尿素回路)의 구성 성분이며,
아르기나아제의 작용에 의하여 요소와 오르
니틴으로 분해된다. 시트룰린과 이스파라긴
산으로부터 생성된다. 성인에게는 비필수 아
미노산이지만 유아에게는 필수 아미노산이
다. 암모니아나 대량의 아미노산의 독작용
(毒作用)에 대하여 보호하는 작용이 있다. 뇌
에는 아르기나아제가 존재하며, γ-구아니디
노부티르산의 전구체인 아르기닌의 양을 조
절하고 있다. 무척추 동물에서는 아르기닌인
산의 형태로 포스파겐으로서 근육의 수축에
중요한 역할을 하는 것 외에 특이한 구아니
딘염기(마그마틴·옥토핀)의 전구체로서 널
리 존재한다.

아르소늄 염 (── 鹽, arsonium salt)　(1) 아
르신에 수소 양이온이 결합하여 생긴 양이온
AsH_4^+의 염. (2) 비소원자에 탄화수소기가
결합하여 생긴 양이온 R_4As^+, R_3HAs^+ 등의
염. 예를 들면 $(CH_3)_4As^ICl$.

아르신 (arsine)　비소의 수소화물 AsH_3. 또
AsH_3의 수소원자를 알킬 등의 기로 치환한
유기 화합물을 총칭하여 아르신이라 한다.
일반적으로 악취가 나는 유독한 액체이며,
아민과 마찬가지로 1차, 2차, 3차 아르신 및
4차 아르소늄 화합물이 있다. 1차 아르신
$RAsH_2$는 모노알킬아르손산 $RAsO_3H_2$의 환
원에 의하여, 2차 아르신 R_2AsH는 염화카코
딜 R_2AsCl의 환원에 의하여, 3차 아르신
R_3As는 삼염화비소 $AsCl_3$와 그리냐르 시약
의 반응에 의해서 얻는다. $AsCl_3 + 3CH_3$
$MgCl \rightarrow (CH_3)_3As + 3MgCl_2$. 3차 아르신을
할로겐화 알킬과 결합시키면 4차 아르소늄
화합물 R_4AsX가 생긴다.

아리잘린 레이크 (arizarline lake)　⇨ 매더
레이크.

아린 (aryne)　벤젠의 인접하는 탄소 원자에
서 수소원자가 2개 떨어진, 반응성이 풍부한
반응 중간체를 벤자인이라 하고, 벤자인 구
조가 있는 탄화수소의 일반명을 아린이라
한다.

아릴기 (── 基, aryl group)　방향족 탄화수
소에서 수소 1원자가 상실되었을 때 생기는
잔기의 명칭. 페닐, 나프틸 등을 총칭하여
아릴기라 한다. 아릴로 적으면 allyl과 혼돈
하여 구별되지 않으므로 aryl은 장음으로 발
음한다.

아마 (亞麻, flax)　아마과의 한해살이 식물 및
그 줄기에서 얻어지는 인피 섬유를 이른다.
역사적으로 가장 오래된 섬유의 하나이다.
아마로 만들어지는 실·직물을 리넨이라 한
다. 아마 직물은 복지, 식탁보, 손수건 등에
사용되며, 종자로부터는 아마유가 채유된다.

아마인 유 (亞麻仁油, linseed oil)　아마의 성
숙한 종자 아마인(함유분 35～40％)에서 채
유되는 대표적인 건성유. 씨앗의 함유량(含
油量)은 28～44％이다. 생아마인유는 비중
0.932～0.936, 굴절률 1.480～1.483, 응고점
－18～－27℃로, 리놀레산과 리놀렌산 등의
불포화(不飽和酸)를 다량으로 함유하기 때
문에 불포화성이 풍부하며(요오드값 175～
195), 도료용의 건성유(乾性油)로서 매우 중
요하다. 구성비는 포화산 8～9％, 올레산 10
～15％, 리놀레산 25～35％, 리놀렌산 35～
45％, 산소산 6.5％, 비(非)비누화물 0.5～
1.5％, 글리세롤기(基) 4.5％ 등이다. 공기
중에 두면 산소를 흡수해서 축중합(縮重合)
하여 탄력성 있는 내수성(耐水性) 반투명의
고분자 물질인 리녹신을 발생한다. 산소 흡
수에 의한 중량 증가는 1주일 동안에 약
20％이다. 아마인유 피막(皮膜)의 건조 일수
는 여름철에 6～7일, 겨울철에는 8～10일이
다. 주산지는 러시아, 미국, 캐나다, 아르헨
티나이고, 주성분은 리놀렌산, 리놀산이다.
도료, 바니시, 인쇄 잉크, 리노륨 등 공업용
에 널리 이용된다.

아말감 (amalgam)　수은과 다른 금속과의 합금
의 총칭. 이 명칭은 그리스어의 malagma(연
한 물질)에서 유래되었다. 금속의 함유량에 따
라 액체, 페이스트상 또는 고체 등이 된다. 그
러나 대부분은 고체이다. 수은은 철·니켈·

코발트·망간 등의 몇 가지 금속을 제외하고는 여러 실용 금속과 서로 녹으며 특히 금·은·구리·아연·카드뮴·납 등과 합금을 만들어 아말감이 된다. 상온에서도 액체 또는 무른 고체의 합금을 만들어, 약간만 가열하면 무르게 되므로 세공하기 쉽다. 주석·카드뮴의 아말감은 치과용 충전재(充塡材)로 쓰이고 납·주석·비스무트의 아말감은 거울의 뒷면에 칠하여 반사가 잘 되기 위하여 이용된다. 공업적으로는 나트륨이 아말감을 만드는 성질을 이용하여 수산화나트륨 제조를 위한 전해조(電解槽)의 음극으로 수은을 쓰거나 필요한 금속을 아말감으로 만들어 추출한 다음 가열하여 수은을 증발시켜 없애고, 높은 순도의 금속을 회수하는 방법이 금속 제련에 이용되기도 한다. 금속을 아말감으로 만들면 금속 자체보다도 잘 반응하거나 반응속도가 적당히 느려지기 때문에 금속이 들어 있는 유기 화합물의 탈수제로 이용되는 경우도 있다.

아말감 전극 (—— 電極, amalgam electrode) 금과 구리 등의 표면을 아말감화한 전극. 수은은 수소과전압이 크고 물의 환원을 억제하여 환원반응에 대하여 넓은 전위창이 있는 전극이 되지만, 금과 구리의 고체 전극을 아말감화하면 환원반응에 대해 넓은 전위창의 전극으로 할 수 있다.

아미그달린 (amygdalin) 앵두, 복숭아와 그 밖의 식물 종자에 함유되어 있는 배당체. 화학식 $C_{20}H_{27}O_{11}N$, 녹는점 $208 \sim 212℃$이다. 당 부분은 겐티오피오스, 아글리콘은 벤즈알데히드의 시아노히드린. 효소로 가수분해하면 글루코오스, 벤즈알데히드, 시알화수소를 생성한다.

아미노 교환 반응 (—— 交換反應, transamination) 아미노산과 α-케토산 간에서 아미노기가 이동하는 반응. 생체 내의 대사반응으로서 아미노트랜스페라아제에 의해 야기된다. 글루탐산과 2-옥소글루타르산 간의 반응이 대표적이다.

아미노 당 (—— 糖, amino sugar) 단당류 중 히드록실기의 일부(보통은 1개)가 아미노기로 변한 화합물. 전형적인 예는 글루코오스의 OH 1개가 NH_2로 변한 구조가 있는 글루코사민. 이들은 동식물, 미생물의 다당, 뮤코나낭 헴단백질의 구성 성분이다. 키틴은 D-

글루코사민이 스트렙토마이신에 포함되는 외에 아미노기를 갖는 것이 항생물질이나 미생물의 다당에 볼 수 있고, 또 합성되고 있다.

아미노산 (—— 酸, amino acid) 동일 분자 내에 $-NH_2$기와 $-COOH$가 있는 유기 화합물. $-NH_2$와 $-COOH$의 상대 위치에 따라 $\alpha-$, $\beta-$, $\gamma-$ 등의 분류가 있다. 중요한 것은 $-COOH$의 이웃 탄소에 $-NH$기가 있는 α-아미노산으로, 단백질의 구성 요소로 되어 있다. 염기성의 기와 산성의 기가 있는 것으로, 2개 기 사이에서 프로톤의 수수가 이루어져 분자 내 염을 형성하고 있다.

아미노산 발효 (—— 酸醱酵, amino acid fermentation) 폐밀당 등을 원료로 하여 특정한 미생물을 사용하여 아미노산을 발효로 생산하는 공업기술. 글루탐산, 리신이 발효법으로 생산되고 있다. 이 발효법으로 생합성되는 아미노산은 L-형의 광학 활성체 뿐이다.

아미노산 배열분석 (—— 酸配列分析, amino acid sequence analysis) 펩티드와 단백질을 구성하는 아미노산의 연결방법(1차 구조)을 결정하는 화학분석. N 말단에서 아미노산 배열을 축차적으로 결정할 수 있는 엔드만법이 일반적으로 사용되는 반응 원리인데, 대부분의 경우 일련의 조작을 자동적으로 하는 시퀀서라 하는 장치가 사용되고 있다.

아미노산 잔기 (—— 酸殘基, amino acid residue) 폴리펩티드, 단백실은 각종 아미노산이 펩티드 결합한 것으로, 아미노산 상호의 NH_2기와 COOH기의 탈수 축합으로 형성된다. 아미노산 분자의 구성 중에서 H, OH가 이탈한 구성 단위 $-NH-CHR-CO-$를 아미노산 잔기라 한다.

아미노산 조성 분석 (—— 酸組成分析, amino acid analysis) 폴리펩티드와 단백질을 구성하는 아미노산 잔기의 양비(量比)를 구하는 것. 시료를 가수분해하여 생성되는 각종 아미노산을 액체 크로마토그래피로 분석한다.

아미노 수지 (—— 樹脂, amino resin) 주 사슬에 아미노기-NH_2가 있는 합성 수지의 총칭. 요소 수지, 멜라민 수지 등의 열경화성 수지가 대표적인 예이다. 내유성(耐油性)·내용제성(耐溶劑性)·전기적 성질이 우수하고, 무색이면 착색이 잘 된다. 아닐린알데히드 수지·요소 수지·멜라민 수지 등이 있다. 아닐린알데히드 수지는 아닐린과 알데히드의 축합에 의해서 생기고, 요소 수지는 요소와 포름알데히드의 축합에 의해서, 멜라민 수지는 멜라민과 포름알데히드의 축합에 의해서 생기는 열가소성 수지이다. 에나멜링 도료로서 가장 널리 사용되는 아미노알키드 수지 도료는 아미노 수지와 알키드 수지의 혼합물이며, 자동차·전차·세탁기·냉장고·에어컨·재봉기 등에 사용된다.

아미노태 질소 (—— 態窒素, amino nitrogen) 유기 화합물에 함유되는 질소원자 중 아미노기의 형태로 된 질소. 환경화학에서 암모니아로서 존재하는 질소에 대비하여 사용되는 용어이다.

아미노 펩티다아제 (aminopeptidase) 엑소펩티다아제의 하나. 유리 α-아미노가 있는 아미노산과 이것에 결합한 아미노산 간의 펩티드 결합을 가수분해하는 효소의 총칭. 긴 펩티드 결합을 유리 아미노기측의 말단 아미노산에서 순차 가수분해한다. 단백질의 구조 연구에 이용된다. 어느 것이나 동물조직, 특히 신장 또는 신장의 미크로즘 구분 등에 존재한다. 단백질 구조의 연구에 있어서 아미노 말단 아미노산 및 계속되는 아미노산류를 조사하는 데 이용된다.

아미노 화합물 (—— 化合物, amino compound) 아미노기 $-NH_2$가 있는 유기 화합물. 유기 염기의 대표적인 것. 1차 아민이라고도 한다. 일반적으로 지방족 아민과 방향족 아민은 성질과 모양이 상당히 다르기 때문에 관습적으로 지방족은 1차 아민, 방향족 및 헤테로 고리를 아미노 화합물이라고 한다. 그러나 본질적인 차이는 없다.

아미다아제 (amidase) 넓은 뜻으로는 단백질 등의 아미드결합을 가수분해하는 효소의 총칭. 디아미다아제라고도 한다. 아스파라긴, 글루타민을 가수분해하는 효소를 비롯하여 약 25종이 알려져 있고, 페니실린 분자 중의 고리 모양 아미드(락탐)를 가수분해하는 페니실리나아제도 그 중 하나이다. 좁은 뜻으로는 탄소수 5~9개의 지방산 아미드를 지방산과 암모니아로 가수분해하는 효소를 지

칭하는 경우도 있는데, 이것은 동물의 간장, 세균 등에 함유된다.

아미드 (amid) (1) 카르복시산의 유도체 $RCONH_2$. 산아미드라고도 한다. 술폰산의 OH를 NH_2로 치환한 화합물은 술폰아미드. 또 탄산 등의 OH를 NH_2로 치환한 화합물도 아미드라고 하는 경우가 있다. (2) 암모니아의 수소원자 하나가 금속 원자로 치환된 화합물. 예를 들면 나트륨아미드 $NaNH_2$.

아미드산 (—— 酸, amic acid) 디카르복시산의 두 카르복시기 중, 하나만이 아미드가 된 화합물 $HOOC-R-CONH_2$(R은 사슬식 또는 고리식의 탄화수소 모체). 예를 들면 $C_6H_4(CONH_2)(COOH)$는 푸탈아미드산. 카르바민산 NH_2COOH는 탄산에서 유도된 아미드산이라 볼 수 있다.

아미드태 질소 (—— 態窒素, amide nitrogen) 유기 화합물에 함유되는 질소원자 중, 아미드 $RCONH_2$의 형태를 하고 있는 질소. 환경화학에서 암모니아로서 존재하는 질소에 대비하여 사용되는 용어이다.

아미드 황산 (—— 黃酸, amidosulfuric acid) 황산의 히드록실기의 하나가 아미노기로 치환한 산 NH_2SO_3H. 옛 명칭은 술파민산. 현재의 명명법에서는 아미드황산이 정확한 명칭이다. 70% 황산에 녹지 않고 알코올에 녹으며, 에테르에는 녹기 힘들다. 수용액은 염산, 질산과 같은 정도의 강산이지만 서서히 가수분해하여 황산과 황산수소암모늄으로 된다. 또 환원작용을 갖는다. 알칼리 적정산의 표준 용액으로 사용된다. 염은 금속의 수산화물, 탄산염을 산에 녹이거나 이의 바륨염과 황산염의 복분해로 얻은 용액을 증발 결정시켜서 만들어지고 일반적으로 물에 녹는다.

아민 (amine) 암모니아의 수소원자가 알킬기, 아릴기 등 (R)로 치환된 화합물. RNH_2를 제1급 아민, R_2NH를 제2급 아민, R_3N을 제3급 아민이라 한다. 아민의 질소원자가 고리식 구조 속에 들어 있는 고리 모양의 아민도 많다. 모두가 전형적인 염기성 화합물이다. 메틸아민 등 저급(低級) 지방족 아민은 동식물체가 썩을 때 생긴다. 아민의 제조법은 할로겐화알킬과 암모니아를 반응시키는 방법, 니트로 화합물·니트릴 등을 환원

시키는 방법, 산아미드에 브롬과 알칼리를 가해서 데우는 방법 등이 있다. 저급 지방족 아민은 암모니아와 비슷한 냄새가 나며 물에 녹지만, 고급인 것일수록 냄새가 약해진다. 방향족 아민은 물에 잘 녹지 않는 액체 또는 고체이며, 특유한 냄새가 난다. 지방족 아민은 암모니아 비슷한 약한 염기성을 보이며 방향족 아민은 더 약한 염기성을 보인다. 또 이 염기성 때문에 산과 반응하여 염을 만드는데, 이들 염을 암모늄 염이라고 한다. 아질산에 대한 반응은 1차, 2차, 3차에 따라 다른데, 1차 아민은 알코올 또는 페놀을 생성하고, 2차 아민은 니트로화되지만 3차 아민은 반응하지 않는다. 또한 할로겐화 알킬과의 반응에 의해서 4차 암모늄 염을 생성한다.

아민옥시드 (amine oxide)　제3급 아민의 질소원자가 산소원자 사이에 배위결합을 이루고 있는 화합물. R_3NO 혹은 $R_3N \rightarrow O$이다.

아밀라아제 (amylase)　녹말, 글리코겐 등의 $(1\rightarrow 4)$-α-글리코시드 결합을 가수분해하는 효소의 총칭. 분해의 메커니즘에 따라 다음의 세 가지로 분류된다. ① α-아밀라아제는 전기 결합을 불특정한 장소에서 가수분해하여 분자량과 점도를 저하시키는 것으로, 맥아, 누룩균, 세균 중에 함유되는 것은 공업적으로 녹말의 가수분해에 사용되고 있다. ② β-아밀라아제는 전기 글루코시드 결합을 비환원성 말단에서 하나 건너뛰기로 가수분해하여 순차 말토오스를 유리한다. ③ 글루코아밀라아제는 녹말 등의 비환원성 말단에서 가수분해하여 글루코오스 단위를 유리한다.

아밀로그래프 (amylograph)　소맥분과 녹말의 점도를 측정하는 Brabender사에서 제작한 회전 점도계. 녹말 현탁액을 넣은 용기를 외부에서 가열하여 일정 온도로 승온한 다음, 녹말풀의 호화(糊化) 개시에서부터 점도가 상승하는 일련의 변화를 자동 기록하는 장치이다. 녹말의 레올로지를 실용적으로 적절하게 파악할 수 있으므로 식품 등 관련 공업에서는 가장 많이 이용되고 있다.

아밀로 법 (—— 法, amylo process)　녹말질 원료에서 메틸알코올을 제조하는 방법 담금액에 직접 아밀로균을 번식시켜 녹말을 당화하여 생긴 글루코오스를 효모에 의해 알코올 발효시킨다.

아밀로오스 (amylose)　녹말 성분의 하나로 되어 있는 다당류. D-글루코오스가 $(1\rightarrow 4)$-α-형의 글리코시드 결합으로 곧은 사슬 모양으로 결합한 고분자 화합물. 보통 녹말은 약 20~25%의 아밀로오스와 약 75~80%의 아밀로펙틴으로 구성되어 있다. 맛과 냄새가 없는 백색 분말로, 물에는 녹지만 에탄올에는 녹지 않는다. 또 녹말을 뜨거운 물에 녹인 것에 부탄올을 가하면 아밀로오스는 결정으로 석출되고, 아밀로펙틴은 녹은 그대로 있으므로 두 가지를 분리할 수가 있다. 아밀로오스 수용액에 요오드를 반응시키면 청자색(靑紫色)으로 변하는데, 이러한 성질은 아밀로오스 검출에 이용된다. 요오드를 반응시키면 청자색을 나타내는 것은 요오드가 아밀로오스의 나사선 속에 들어가는 특수한 상태가 되기 때문이다. 아밀로오스를 구성하고 있는 글루코오스 상호간의 결합은 매우 안정하기 때문에 묽은 황산이나 묽은 염산을 가한 다음 몇 시간 끓여야만 완전한 분해가 가능하다. 그러나 아밀라아제를 이용하면 아밀로오스는 상온의 중성 용액에서 완전히 분해되어 말토오스와 글루코오스로 된다. 포스포릴라아제도 아밀로오스를 분해한다. 아밀로오스가 식물에서 합성되는 과정은 주로 아데노신이 인산글루코오스를 거치는 경로이다.

아밀로펙틴 (amylopectin)　녹말 성분의 하나로 되어 있는 다당류. 또 하나의 성분인 아밀로오스는 D-글루코오스가 $(1\rightarrow 4)$-α-형의 글리코시드 결합한 곧은 사슬 구조를 하고 있지만, 아밀로펙틴은 아밀로오스 곧은 사슬에 주로 $(1\rightarrow 6)$-α-형의 가지가 갈라진 곁사슬이 있고, 복잡한 구조의 고분자체를 형성하고 있다. 무미·무취의 백색 분말로, 아밀로오스와 함께 녹말을 구성하는 주요 성분이다. 물에는 잘 녹지 않지만, 뜨거운 물에는 녹아 풀처럼 된다. 녹말을 뜨거운 물에 녹인 것에 부탄올을 가하면 아밀로오스만이 침전하므로 아밀로펙틴을 분리시킬 수 있다. 아밀로펙틴의 수용액에 요오드를 가하면 붉은색을 띤 보라색으로 변한다. 이것은 아밀로펙틴의 검출에 이용된다. 아밀로펙틴은 고등 식물에 존재하는데, 쌀·밀·옥수수·감자·고구마·바나나 등에는 아밀로펙틴이 70~80%, 아밀로오스가 20~30% 함유되어 있다. 또 찹쌀의 녹말은 모두 아밀로펙틴으로 이루어져 있고 아밀로오스를 함유하지 않는다. 아밀로펙틴은 아밀라아제와 포스포릴라아제에 의해 분해된다. 그러나 보통 아밀라아제(α-, β-아밀라아제)와 포스포릴라아제는 분자결합을 분해하지 못하므로 남는 부분이 생긴다. 아밀로펙틴이 식물체 내에서 합성되는 모양에 대해서는 아직 자세히 밝혀지지 않았으나, 아데노신디포스포글루코오스가 관여하고 있는 것만은 확실하다.

아밀 알코올 (amyl alcohol) (1) 탄소 5원자의 알코올 $C_5H_{11}OH$의 총칭으로 사용되었다. 8종의 이성질체가 있다. 아밀알코올이란 명칭은 그리스어의 녹말에서 유래한다. 녹말의 발효에서 에틸알코올을 만들 때의 부산물로 아밀알코올의 이성질체 혼합물이 생성된다. (2) 곧은 사슬의 $CH_3(CH_2)_4OH$의 명칭으로서 n-아밀알코올이 사용되었으나 현대의 명명법에서는 펜틸알코올 또는 1-펜타놀이라 한다.

아보가드로 상수 (—— 常數, Avogadro constant) 임의의 물질계를 생각하였을 때, 그것을 구성하는 임의의 요소 입자의 총수와 그 물질량의 비율은 항상 일정하다. 이것을 아보가드로 상수라 한다. 기호는 N_A 또는 L이고, 약 $6.02214 \times 10^{23} mol^{-1}$이다. mol^{-1}의 차원을 갖는 데 주의할 필요가 있다. 우리들의 일상 세계(매크로)의 물리량과 원자·분자 세계(마이크로)의 물질량을 관련시키는 중요한 물리 상수이다.

아보가드로 수 (—— 數, Avogadro's number) 1몰의 물질량을 갖는 물질에 함유되어 있는 요소입자(elementary entities)의 수. N_A mol $\approx 6.022 \times 10^{23}$이다. 아보가드로 상수($N_A$ 또는 L로 나타내며 mol^{-1}의 차원을 갖는다)와 명확하게 구별하여 사용할 필요가 있다.

아브시스산 (—— 酸, abscissic acid) 낙엽 촉진작용을 나타내는 식물 호르몬의 하나. 플라타너스, 자작나무, 장미의 잎, 양배추, 레몬 등에 함유되어 있다.

아비딘 (avidin) 난백에 포함되는 염기성 단백질. 4개의 서브 유닛으로 구성되어 있다. 비오틴(비타민 H)과 매우 강하게 결합하여 복합체를 생성한다. 생화학 분석 등에 응용되고 있다.

아비산 (亞砒酸, arsenious acid) H_3AsO_2. 유리산은 단리되어 있지 않으나 삼산화이비소 As_2O_3의 수용액 중에 존재한다고 여겨지는 약산. 유독. 중성 및 약한 산성 수용액에서는 안정하지만 알칼리성 수용액에서 촉매가 존재하면 공기로 쉽게 산화되어 비산이 된다. 유리 할로겐·염소산·브롬산·과망간산 등에 의해 산화된다. 또한 염산·산성 용액에서 황화수소 또는 황화나트륨을 작용시키면 황색의 삼황화이비소 As_2S_3를 침전시키고, 암모니아를 첨가하면 아비산 염을 만들어 용해된다. 이 반응은 아비산 이온의 검출에 이용된다. 한편, 아비산 수용액을 전기분해하면 음극에서 수소화비소 AsH_3가 발생하여 비소가 석출되는 것을 볼 수 있다. 양극에서는 산소가 발생하지만, 일부는 비산으로 변화한다. 맹독성이지만 활성탄 또는 콜로이드 상태의 철 등에 잘 흡착되기 때문에 해독제로도 쓰인다. 삼산화이비소를 흔히 아비산이라고 하나 이것은 잘못된 명칭이다.

아비산 염 (亞砒酸鹽, arsenite) 아비산 H_3AsO_3의 염. $M_2^IAsO_3$, M^IAsO_2, $M_4^IAs_2O_5$, $M_6^IAs_4O_9$형 등의 염이 알려져 있다.

아산화 구리 (亞酸化銅, cuprous oxide) 산화구리(I) Cu_2O의 옛 속칭. 산화 제일구리라고도 불리었다.

아산화 납 (亞酸化鉛, lead suboxide) 녹방지용 안료. 조성은 일반적으로 Pb_2O 또는 Pb·PbO로 나타내고 있으나 아산화 납이란 화합물은 존재하지 않으며, 실제로는 금속 납과 리사지(일산화 납)의 혼합물이다. 제조시의 산화도에 따라 어두운 암회색에서 약간 황갈색을 띤 회색의 분말로서 얻어진다.

아산화물 (亞酸化物, suboxide) 하나의 원소에 대하여 보통 산화수보다 한 단계 낮은 산화수를 나타내는 산화물의 속칭. 예를 들면 아산화 질소 N_2O, 아산화구리 Cu_2O 등. 이러한 명칭은 정식 명칭으로는 채용되어 있지 않으므로 사용은 바람직하지 않다.

아산화 질소 (亞酸化窒素, nitrous oxide) 일산

화이질소 N_2O의 속칭. 질소의 저원자값 산화물로서 옛 문헌에서는 이렇게 불리었다.

아세나프텐 (acenaphtene) 콜타르 중에 존재하는 3환식 탄화수소, $C_{12}H_{10}$. 무색의 바늘 모양 결정으로, 녹는점 95℃, 끓는점 278℃이다. 나프탈렌과 비슷한 냄새가 난다. 물에는 녹지 않고, 클로로포름·톨루엔 등에는 잘 녹는다. 산화하면 아세나프텐퀴논 또는 나프탈산이 된다. 콜타르의 중유성분(重油成分)으로부터 분별 증류하여 분리시키거나 나프탈렌과 에틸렌을 적열(赤熱)된 관 속에서 반응시켜 합성한다. 염료의 합성 원료, 합성 수지의 원료, 살균제·살충제로 사용된다. 염료합성, 합성 수지 등의 원료로 사용된다. 또 5원자 고리의 탈수소로 생성되는 방향족 탄화수소 $C_{12}H_8$는 아세나프틸렌(acenaphthylene) 이다.

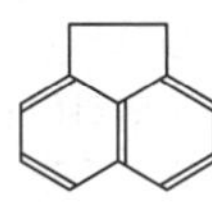

[아세나프텐]

아세탈 (acetal) 알데히드, 케톤의 카르보닐 산소의 자리에 2개의 알콕실기 RO-가 결합한 화합물의 일반명(R은 상이한 알킬이라도 무방하다. 또한 방향족 등의 기라도 무방하다). 예를 들면 $C_6H_5CH(OCH_3)_2$. 케톤에서 유도된 아세탈에 대해서는 예전에는 케탈이란 명칭이 사용되었으나 현대의 명명법에서는 탈이란 명칭은 폐기되어 알데히드의 아세탈과 구별할 필요가 없게 되었다. 저급(低級) 아세탈은 무색의 액체이지만 고급인 것은 고체이다. 알코올이나 에테르에는 쉽게 녹지만 물에는 잘 녹지 않는다. 산에는 불안정하지만 알칼리에는 비교적 안정하다. 묽은 염산과 함께 가열하면 성분인 알데히드와 알코올로 가수분해된다. 보통 알데히드와 알코올 혼합물에 산 등의 촉매를 가해 가열하면 생긴다. 유기 합성 반응 도중에 알데히드기를 보호하기 위해서 아세탈로 변화시키는 방법이 흔히 사용된다.

아세테이트 섬유 (―― 纖維, acetate fiber, cellulose acetate fiber) 펄프를 아세틸화한 아세트산 셀룰로오스를 방사하여 얻게 되는 반합성 섬유. 아세트산 셀룰로오스의 산화도에 따라 디아세테이트 섬유와 트리아세테이트 섬유로 구분된다. 양자 모두 의류용으로 사용되나 예전 같은 지위는 상실하였다.

디아세테이트 섬유는 담배의 필터용으로 다량 생산되고 있다.

아세토니트릴 (acetonitrile) CH_3CN. 에테르와 같은 냄새가 나는 무색의 액체로, 분자량 41.05, 녹는점 -45℃, 끓는점 82℃이다. 물·알코올 등에 녹으며, 가수분해하면 아세트아미드와 아세트산을 생성한다. 콜타르 및 석탄의 건류 폐수 속에 미량 함유되어 있다. 아세트아미드를 오염화인과 함께 가열하여 탈수하거나 황산디메틸과 시안화칼륨을 반응시켜 제조한다. 공업적으로는 아세틸렌과 암모니아로부터 합성된다. 비프로톤성 극성 용매로서 유기반응의 연구와 유기 합성에 사용된다. 약어 AN은 아크리로니트릴의 의미로 사용되는 수도 있으므로 혼돈되기 쉽다.

아세톡실기 (―― 基, acetoxyl group) 원자단, CH_3COO-의 명칭. 이 기가 화합물 중에 치환기로서 존재할 때는 아세톡시(acetoxy)라 명명한다.

아세톤 (acetone) 가장 간단한 케톤 CH_3COCH_3. 무색의 휘발성 액체로 분자량 58.08이다. 물 알코올이나 에테르에는 잘 녹는다. 에테르와 비슷한 냄새를 가지며 마취작용이 있다. 환원성이 없으므로 펠링용액과 반응하지 않는다. 목초(木醋) 속에 함유되어 있는데, 생체 내에도 아세톤체로서 혈액과 오줌 속에 미량 함유되어 있다. 인화성이 강하고 폭발하기 쉬우므로 주의해야 한다. 공업 제조법은 이소프로필 알코올의 탈수소가 주류를 점하였으나 현재는 크멘의 산화분해에 의한 페놀 제조의 부산물로서의 제조쪽이 우세하다. 최대의 용도는 메타크릴산메틸의 제조이고, 용제용의 메틸이소부틸케톤과 합성 수지 원료의 비스페놀A가 그 다음을 이루고 있다.

아세톤-부탄올 발효 (―― 醱酵, acetone-butanol fermentation) 녹말질 또는 당질 원료를 혐기성 발효시켜 공업적으로 아세톤과 1-부탄올을 제조하는 방법. 현재는 아세톤과 부탄올의 생산은 모두 합성법에 의한다. 탄수화물은 해당(解糖)이나 발효와 동일한 경로를 거쳐 피루브산을 생성하며, 또 아세틸 CoA로 변하고, 최종적으로 아세톤이나 부탄올을 생성한다. 이와 동시에 부티르산·아세트산·에탄올 등의 부산물과 함께 이산화탄소와 수소를 방출한다.

아세톤체 (── 體, acetone body)　⇨ 케톤체.

아세트산 (── 酸, acetic acid)　CH_3COOH. 아세트알데히드의 상압 접촉 산화법에 의해 제조되었으나 현재는 메탄올과 일산화탄소의 로듐 및 요오드를 촉매로 하는 가압 합성법이 공업화되어 경제적으로 유리하다. 용도는 아세트산 비닐을 위시하여 각종 아세트산 에스테르와 아세트산 셀룰로오스의 생합성이 위주이나, *p*-크실렌의 직접 산화에 의한 테레프탈산 제조용 반응매체로서도 중요하다.

아세트산 납(IV) (── 酸鉛 (IV), lead(IV) acetate)　⇨ 사아세트산 납.

아세트산 셀룰로오스 (── 酸 ──, cellulose acetate)　셀룰로오스의 아세트산 에스테르. 셀룰로오스의 구성단위 글루코오스는 3개의 히드록실기가 있으나 그 전부 또는 일부가 아세트산 에스테르로 되어 있는 것이 있다. 공업적으로는 셀룰로오스를 아세트산으로 전처리하고 황산 촉매로 무수아세트산을 작용시켜 얻어진다. 내충격성·내유성·내후광·치수안정성·투명성이 높으므로 각종 필름·시트·막(투석막, 역삼투막 등)으로 성형하여 사용된다.

아세트알데히드 (acetaldehyde)　CH_3CHO. 분자량 44.05, 녹는점 −123℃, 끓는점 21℃이다. 휘발성이 강한 무색 액체로, 자극적인 냄새가 난다. 산화되어 아세트산이 되기 쉬우므로 환원성이 강하여 은거울반응, 펠링용액의 환원반응 등을 보인다. 중합을 잘 일으키며, 저온에서 할로겐화 알칼리가 존재하면 메타알데히드가 되고, 황산을 작용시키면 파라알데히드를 생성한다. 감에서 떫은 맛이 제거되는 것은 무기 호흡에 의해 과일 속에 아세트산알데히드가 생성되어, 이것이 타닌과 중합을 일으키기 때문이다. 파라알데히드에 묽은 황산을 가하여 가열하면 생기지만 공업적으로는 수은염을 촉매로 하여 묽은 황산 속에서 아세틸렌에 물을 첨가시켜 제조한다. 한때는 아세틸렌의 수화로 얻었으나 현재는 에틸렌의 직접 접촉 산화에 의해 제조되고 있다. 전에는 아세트산, 부탄올, 옥탄올 등의 제조 원료였으나 현재는 중요한 공업상의 용도가 없다.

아세틸렌 (acetylene)　$CH\equiv CH$. 탄화칼슘과 물의 반응으로 발생하는 기체. 냄새가 없는 무색의 기체로, 분자량 26.04, 끓는점 −82℃, 공기에 대한 비중 0.906이다. 카바이드에서 만든 아세틸렌이 악취가 나는 것은 불순물이 함유되어 있기 때문이다. 공기 또는 산소와의 혼합물은 폭발하기 쉬우므로 취급할 때 주의해야 한다. 공기 중에 2.5~81% 함유되어 있으면 폭발한다. 상온에서는 거의 같은 부피의 물에 용해되고 알코올·벤젠·아세톤 등에도 녹는다. 특히 아세톤에는 잘 녹으므로, 규조토에 스며들게 한 아세톤에 가압하여 녹이고 봄베로 운반한다. 삼중결합을 가지므로 첨가반응을 잘 일으키며, 물·염화수소 등과 반응시키면 아세트알데히드·염화비닐 등이 생긴다. 또 아세틸렌의 수소원자는 다른 탄화수소보다 산성이 강하여 아세틸리드라고 하는 금속염을 생성한다. 공업적으로는 석유계 탄화수소의 고온 열분해로 제조된다. 압축산소와 병용하여 금속의 용접용단에 사용된다. 한때는 유기 합성 원료로서 중요하였으나 그 대부분은 오늘날 석유화학 방식으로 전환되었다.

아세틸렌 블랙 (acetylene black)　아세틸렌의 열분해로 얻어지는 카본 블랙. 결정화가 진행되고 있다. 도전율이 높아 건전지와 대전 방지 가공 등에 사용되고 있다.

아세틸리드 (acetylide)　아세틸렌 결합의 탄소에 결합하는 수소는 약한 산성이 있어 금속과 염을 형성한다. 이 염을 아세틸리드 또는 아세틸렌화물이라고 한다. 알칼리 금속의 염은 유기 합성에 이용된다. 구리(I)염, 은염 등은 분석에 사용되고 또한 Reppe반응의 촉매로 사용된다.

아세틸살리실산 (── 酸, acetylsalicylic acid)　⇨ 아스피린.

아세틸셀룰로오스 (acetylcellulose)　⇨ 아세트산 셀룰로오스.

아세틸 인산 (── 燐酸, acetyl phosphate)　인산과 아세트산의 혼성 무수물. 고에너지 인산 에스테르의 하나이다. 아세틸-CoA(아세틸 보효소 A)와 오르토인산에서 포스포트랜스아세틸라아제의 작용으로 생성된다. ATP와 아세트산에서 아세트키나아제의 작용에 의해서도 생성된다.

아세틸콜린 (acetylcholine) 콜린의 아세트산 에스테르. 화학식 $CH_3COOCH_2CH_2N(CH_3)_3$ OH. 동물에서는 신경조직에 존재하고, 식물에서는 맥각(麥角) 등에 들어 있다. 신경의 말단에서 분비되며, 신경의 자극을 근육에 전달하는 화학 물질이다. 중요한 신경전달 물질이며 신경세포의 말단에서 분비되어, 다음 신경세포의 아세틸콜린 수용체에 결합하여 그 신경세포를 흥분시킨다. 신경 말단으로부터 분비되는 전달 물질로는 운동신경과 부교감신경에서는 아세틸콜린이, 교감신경에서는 에피네프린(아드레날린)이 알려져 있다. 아세틸콜린이 분비되면 혈압강하·심장박동 억제·장관(腸管) 수축·골격근 수축 등의 생리작용을 나타낸다. 신경 말단에서 분비된 아세틸콜린은 자극의 전달이 끝나면 콜린에스테라아제에 의해 콜린과 아세트산으로 분해된다. 콜린은 롤린아세티라아제의 작용에 의해 효소적으로 합성되어 다시 아세틸콜린이 된다.

아세틸화 (—— 化, acetylation) 유기 화합물에 아세틸기 CH_3CO- 를 결합시키는 반응. 탄소 골격 특히 벤젠 고리에 친전자 치환으로 아세틸기를 도입하는 반응과 OH, NH_2 등의 관능기에서 아세틸 유도체를 형성하는 반응이 있다. 아미노기의 아세틸화는 아세트산 무수물을 반응시키면 쉽게 진행된다. 알코올이나 페놀의 아세틸화는 염화아세틸 또는 아세트산 무수물을 써서 할 수 있다. 방향족 화합물의 탄소 원자에 결합해 있는 수소를 아세틸기로 바꾸어 메틸케톤류를 얻는 아세틸화는 프리델-크래프츠반응으로서 알려져 있다. 아세틸화에 사용하는 시약을 아세틸화제라 하며, 보통 염화아세틸·아세트산 무수물 등이 사용되는데, 이 밖에 아세트산·케텐·브롬화아세틸을 사용하기도 한다.

아셀렌산 염 (亞 —— 酸鹽, selenite) 아셀렌산 H_2SeO_3의 염. 정염 $M^I_2SeO_3$ 이외에 수소염 M^IHSeO_3, $M^IH_3(SeO_3)_2$ 등이 있다. 일반적으로는 무색의 결정이다.

아스베스토스 (asbcstos) ⇨ 석면.

아스파라긴 (asparagine) 단백질을 구성하는 아미노산의 하나. 아스파라긴산의 모노아미드 $H_2NCO-CH_2CH(NH_2)COOH$ 아스파라거스 기타의 성장 초기의 식물조직 중에 널리 존재한다. 아미노산 잔기로서의 약어 Asn이다.

아스파르탐 (aspartame) L-아스파르트산과 L-페닐알라닌의 디펩티드의 메틸에스테르. 서당의 약 200배의 감미가 있는 인공 감미료이다. 1983년 식품 첨가물로 지정되었다. 감미는 부드럽고 비교적 서당의 감미와 유사하며 서당과 같은 감미를 얻으려면 1/200의 칼로리로 충분하다.

아스파르트산 (—— 酸, aspartic acid) 단백질을 구성하는 아미노산의 하나 $HOOCCH_2CH(NH_2)COOH$. 잔기의 약어 Asp. 더욱 간략화할 때는 D. 아스파라긴산 또는 아미노호박(琥珀)이라고도 한다. 1927년 프리슨에 의해 아스파라긴을 수산화납과 가열하여 생기는 산으로서 발견되었다. 분자량 133.10, 녹는점 271℃. L-, D-형 2종의 이성질체가 있다. L-아스파르트산은 단백질의 구성 성분 및 유리 상태로 동식물계에 널리 존재한다. 사방정계(斜方晶系)에 속하는 무색의 판상 결정으로, 물과 알코올에는 녹지 않고 산·알칼리에는 녹는다. 사람에게는 비필수아미노산이지만 TCA회로와 오르니틴회로 양쪽 대사과정에 관여하는 중요한 아미노산이다. TCA회로에서는 옥살아세트산 또는 푸마르산을 거쳐 연결된다. 특히 옥살아세트산과 아스파르트산의 아미노기 전이반응에 의한 상호 전환은 많은 세포 속에서 중요한 대사 경로를 차지하고 있다. 이 과정에서는 비오틴을 필요로 한다. 오르니틴회로에서는 알기닌의 생성에 관여하고 있다. 이 밖에 퓨린·피리미딘·조효소 A(Co A)이 전구물질이 되고, 알라닌의 생합성과 미생물에서 리신·트레오닌·메티오닌의 생합성에도 관여한다. D형은 소나무에 유리산으로 존재한다.

아스팔텐 (asphaltene) 벤젠에 녹으며 펜탄이나 헤부탄에는 녹지 않는 석탄·석유계 성분의 총칭. 수많은 화합물로서 구성되어 있다.

아스팔트 (asphalt) 흑색의 고체 또는 반 고체로, 축합 다환 방향족 화합물을 주성분으로 하는 복잡한 혼합물. 아스팔트는 온도가 높으면 액체 상태가 되고 저온에서는 매우 딱딱해지며, 아스팔트의 종류에 따라 이 감온성(感溫性)이 달라진다. 또 아스팔트는 가소성(可塑性)이 풍부하고 방수성·전기절연성·접착성 등이 크며, 화학적으로 안정한 특징을 가지고 있다. 쇄석(碎石)이나 모래·돌가루 등에 아스팔트를 5~6% 혼합해서 다지면 단단하고 끈질긴 것이 되므로 도로 포장 재료와 아스팔트 타일 등의 바닥 재료로 가장 알맞은 것이 된다. 아스팔트는 검은색이지만 최근에는 착색 아스팔트라고 하는 자유롭게 착색할 수 있는 것이 생산되고 있다. 이 착색 아스팔트는 아스팔트 속에서 흑색 성분을 제거한 것이거나 또는 아스팔트와는 전혀 별개인 합성 수지에 착색 가공한 것으로, 도로 포장의 색구분과 노면 위에 마크를 만드는 데 이용된다. 그러나 아직 여러 면으로 개량 중에 있다. 원유의 감압 증류시 잔유로서 얻어지는 석유 아스팔트와 천연 아스팔트가 있다. 용도는 도로 포장용과 건축 재료 등이다.

아스팔트기 원유 (―― 基原油, asphalt-base crude oil) ⇨ 나프텐기 원유.

아스팔트 도료 (―― 塗料, asphalt paint) 아스팔트를 전색제로 한 도료. 내약품성(耐藥品性)·내수성이 크며, 아스팔트 도료·흑(黑)니스 등이 있다. 아스팔트 도료는 역청질을 용제에 녹여, 용제가 증발함으로써 건조·고체화하는 것으로, 내산(耐酸)·내습(耐濕)의 목적으로 콘크리트 바닥·탱크 등의 도장에 쓰인다. 흑니스는 역청질을 오동나무기름·아마인유(亞麻仁油) 등에 녹인 것으로, 내약품성이 우수하며 기계기구, 화학공장의 건축물, 각종 배관 등의 도장에 사용된다. 상온건조(常溫乾燥)와 가열건조가 있으며 가열건조가 우수하다.

아스팔트지 (―― 紙, asphalt paper) 아스팔트, 타르 등의 역청 물질을 함침, 도포하거나 합쳐서 접착제로 한 종이의 총칭. 지붕을 이는 용지, 건축용 피복지, 내습 포장지로 사용된다.

아스페르길루스 속 (―― 屬, *Aspergillus*) 사상균의 하나. 곰팡이 속이라고도 한다. 균사에 격벽이 있고 방사상의 분생자 사슬이 달리는 것이 특색이다. 양조에 사용되는 유용한 것과 아스페르길루스중 병원균과 아프라특신 생산균 따위와 같이 유해한 것도 있다.

아스피린 (aspirin) 아세틸살리실산. 살리실산의 아세틸화로 얻어지는 백색의 분말. 진통제, 해열제로서 널리 사용된다. 녹는점 135℃, 물에 녹지 않고 약간 신맛이 난다. 물로 분해되어 살리실산과 아세트산이 된다. 1회에 0.5 g, 1일에 1.5 g 복용한다. 보통 0.5 g의 정제를 쓴다. 다량 사용한 경우에는 이명(耳鳴)·오심·구토 등을 일으킨다. 피린이라 해도 안티피린제가 아니므로 독성은 적다. 아스피린은 Bayer사(독일)의 상품명이지만 일반명으로서 쓰여지고 있다. 프로스타글란딘을 합성하는 시클로옥시게나아제의 특이적 저해제로, 염증에 의한 통증이 경감하는 것은 이 때문이다.

아실기 (―― 基, acyl group) 카르복시산에서 OH기를 제외한 후의 잔기 RCO-. 방향족 카르복시산에서의 아실기는 아로일기(aroyl group)라고도 한다. 아세트산에서의 아세틸기, 벤조산에서의 벤조일기 등이 있다.

아실랄 (acylal) 알데히드, 케톤의 카르보닐 산소의 위치에 2개의 아실옥시기 RCOO-가 결합한 화합물의 일반명. 예를 들면 C_6H_5 $CH(OCOCH_3)_2$이 있다.

아실로인 (acyloin) RCH(OH)COR의 구조를 갖는 화합물의 일반명. α-히드록시케톤과 동의어이다.

아실옥시 (acyloxy) 카르복시산의 관능기에서 수소가 탈리하여 생기는 잔기 RCOO-의 명칭. 아실기 RCO-의 명칭 뒤에 옥시를 첨가하여 명명한다.

아실화 (―― 化, acylation) 유기 화합물 중의 수소를 아실기와 치환하는 반응. 아실화제로서는 할로겐화 아실과 산무수물 등이 사용된다. 아실화는 합성 반응시에 히드록실기와 아미노기를 보호할 목적으로, 혹은 아세틸 값과 히드록실 값의 측정 등에 이용되고 있다.

아역청탄 (亞歷青炭, subbituminous coal) 석탄화도를 분류함에 있어 갈탄보다 높고 역청탄보다 낮은 석탄. 미국의 ASTM에 의한 분류에서는 발열량(함수 무광물질 기준)으로 4,610 kcalkg^{-1} 이상 5,830 kcalkg^{-1} 미만의 석탄 및 5,830~6,390 kcalkg^{-1}의 범위에서 휘발분 정량 후의 잔분이 굳어지지 않는 석탄으로 하고 있다. 연료용, 발전용에 사용된다.

아연가루 (亞鉛 ——, zinc dust)　아연을 감압 증류하여 정제할 때 그 증기가 직접 응고한 분말. blue powder라고도 한다. 분말의 표면은 산화되어 있다. 반응하기 쉽다.

아연-니켈 전지 (亞鉛 —— 電池, zinc-nickel cell)　플러스극 활물질에 산화 수산화니켈, 마이너스극 활물질에 아연을 사용하여 알칼리를 전해질로 하는 2차전지의 하나이다. 방전반응은 $2NiO(OH) + Zn + 2H_2O \rightarrow 2Ni(OH)_2 + Zn(OH)_2$이다. 기전력은 1.6V 전후이고, 에너지 밀도도 니켈-카드뮴 전지보다 크다.

아연도금 강판 (亞鉛鍍金鋼板, galvanized sheet iron)　탄소 0.1% 이하의 얇은 연강판 표면에 아연도금을 하여 쇠가 녹스는 것을 방지한 강판. 함석, 아연철판 또는 양철이라고도 한다. 아연의 피복방법으로서는 전기도금법이 경제적이고, 도금욕으로서는 황산염의 산성욕과 시안화물의 알칼리성욕이 사용되고 있다. 용도는 지붕 등의 건축 재료, 각종 용기, 하수용 배관 등이다.

아연백 (亞鉛白, zinc white)　⇨ 아연화.

아연산 염 (亞鉛酸鹽, plumbite)　수산화납(Ⅱ) 혹은 산화납(Ⅱ)을 수은화 알칼리 수용액에 용해하여 얻어지는 염. 구조는 명확하지 않으나 히드록소납(Ⅱ)산 이온을 함유하는 것으로 여겨지고 있다.

아연산 염 (亞鉛酸鹽, zincate)　산화아연 혹은 수산화아연을 강알칼리성 용액에 용해하여 얻어지는 히드록소 아연산 염을 이렇게 부른다. 예를 들면 $Na_2[Zn(OH)_4]$ 등. 아연산 이온은 수용액 중에서는 $[Zn(OH)_3(H_2O)]^-$의 조성을 이루고 있는 것으로 여겨지고 있다.

아연-할로겐 전지 (亞鉛 —— 電池, zinc-halogen cell)　마이너스극 활물질에 아연, 플러스극 활물질에 할로겐(염소 또는 브롬), 전해질에 할로겐화 아연의 수용액을 사용하는 신형의 2차전지. 염소의 경우는 무격막, 브롬에서는 격막이 사용된다. 개로전압은 염소에서 2.12V, 브롬에서 1.82V이다. 에너지 밀도가 크고, 전기 자동차 혹은 전력 저장용으로 개발이 진행되고 있다.

아연화 (亞鉛華, zinc white)　산화아연 ZnO의 공업약품, 안료, 의약품 등으로서의 명칭. 안료로서는 안연백, zinc white라고도 한다.

아염소산 염 (亞鹽素酸鹽, chlorite)　아염소산 $HClO_2$의 염. 일반식 M^IClO_2. 일반적으로 무색의 결정. 물에는 녹지만 은·납·수은 등의 염에는 잘 녹지 않는다. 가열·충격 등에 의해서 폭발한다. 중성 수용액은 비교적 안정하나 강한 산을 가하면 분해되기 쉽다. 이산화염소와 수산화알칼리의 반응으로 염소산 염과 아염소산 염을 얻고, 이산화염소와 과산화알칼리의 반응에 의해서 아염소산염을 얻는다. 아염소산 염의 표준액을 사용하는 산화적정(酸化滴定)을 아염소산 염 적정이라고 한다.

아염소산(염) 표백 (亞鹽素酸(鹽)漂白, chlorite bleaching)　아염소산 염 $MClO_2$에 의한 표백. 아염소산 염은 차아염소산 염보다 안정하며, 나트륨 염이 종이·펄프·면·합성섬유의 표백에 사용된다. 약산성, 100℃ 부근에서 표백을 하지만, 유독가스(ClO_2)의 발생, 금속 부식이 결점이다.

IC 'intergrated circuit(집적회로)'의 약어이다.

IC 기판재료 (—— 基板材料, intergrated circuit substrate material)　IC(집적회로)를 적재하기 위해 기대로 하는 재료로서 고분자계, 세라믹계가 있다. 고분자계의 것은 정밀성, 가공성, 절연성이 뛰어나지만 집적도가 높은 경우의 발열을 제거하기에는 열전도율이 작은 결점이었다. 세라믹계의 것은 내구성, 절연성, 방열성이 뛰어나다. 세라믹계 기판 재료로서는 알루미나가 많이 사용되고 있지만, 높은 절연성, 높은 열전도성을 나타내는 BeO 첨가 SiC와 AlN 등이 새로운 기판 재료로 개발되어 있다. 또 생산성 향상을 위한 저온 소성용으로서 유리-알루미나 복합 기판 등도 사용되고 있다.

ICR 'ion-cyclotron resonance(이온 사이클로트론 공명)'의 약어이다.

ICP 'inductively coupled plasma(고주파 유도 결합 플라스마)'의 약어이다. 고주파 코일의 축을 따라 아르곤 등의 불활성 기체와 분무 시료의 혼합물을 흘림으로써 전자적(電磁的)으로 플라스마 상태를 생성시켜, 이에 의한 발광을 광원으로 사용하는 것. 원래는 이렇게 획득한 광원의 호칭이지만, 이것을 사용하는 발광 분광분석법(ICP 발광 분광분석)을 지칭하는 경우가 많다.

ICP 발광 분광 분석 (—— 發光分光分析, ICP emission spectroscopy) ICP를 광원으로 하는 발광분석. 정성·정량은 광전측광에 의한다. 광원의 온도가 6,000~10,000K로 높고 또한 안정하므로, 많은 원소를 고감도로 동시에 정량할 수 있다.

ICP 질량 분석법 (—— 質量分析法, ICP mass analysis) ICP 광원 중에 다수 생성하는 이온화된 원자를 질량분석 장치에 도입하여 정성(定性) 및 정량분석하는 방법. 보통 ICP 발광 분석에 비해 감도는 거의 한 자릿수나 높다.

IIR 'isobutylene-isoprene rubber(부틸고무)'의 약어이다.

ISS 'ion scattering spectroscopy(이온 산란 분광법)'의 약어이다.

ISFET (ion-selective field effect transistor) FET 센서의 게이트에 이온의 인식기능을 부여하여 이온 선택성 전극으로 한 것. pH계(수소이온 전극) 외에 Na^+, K^+이온 전극 등이 개발되어 있다.

ILS 'ionization loss spectroscopy(이온화 손실 분광법)'의 약어이다.

IETS 'inelastic electron tunneling spectroscopy(비탄성 전자터널 분광법)'의 약어이다.

ITS 'inelastic tunneling spectroscopy(비탄성 터널 분광법)'의 약어이다.

IPN 'interpenetrating polymer network(상호 침입 고분자 망상)'의 약어이다.

I 효과 (—— 效果, I effect) ⇨ 유발 효과.

아인산 (亞燐酸, phosphorous acid) 산화수 Ⅲ인 인의 옥소산 H_3PO_3. 단, 유리한 산은 알려져 있지 않고, Na_3PO_3 같은 염도 존재하지 않으며 다만 에스테르로서 P(OR)₃ 형태의 화합물이 알려져 있어, 아인산에스테르라 불리우고 있다. 아인산이란 화학명에 상당하는 화합물 P(OH)₃은 존재하지 않고 수용액 중에서는 이염기산 $H_2[PHO_3]$으로서 존재하며, 이 산은 포스폰산이라 한다. 조해성(潮解性)이 있는 무색 결정으로, 녹는점 74℃, 분해점 200℃, 비중 1.65이다. 물에 쉽게 녹아서 이염기산으로 작용한다. 에탄올에도 녹는다. 발생기(發生期)의 수소 또는 강열(強熱)에 의해 분해하여 포스핀을 발생한

다. 수용액을 증발시켜서 180℃까지 가열하여 방치·냉각시키면 결정을 얻을 수 있다. 환원성이 강하여 질산은·황산구리 용액에서 각각의 금속을 석출시킨다. 또 이 산을 공기 속에 방치하면 산화되어 인산이 된다.

아인산 에스테르 (亞燐酸 ——, phosphite) 아인산 P(OH)₃의 에스테르. 예를 들면 P(OC₂H₅)₃. 아인산은 유리산으로서는 $HPO(OH)_2$로서 존재하며 포스폰산이란 명명이 정확하다. 아인산염이란 것도 잘못된 명칭이며 실제로는 포스폰산염이다. P(OH)₃에 상당하는 산은 에스테르로서만 알려져 있다.

아인산 염 (亞燐酸鹽, phosphite) 아인산의 염 $M^I_3PO_3$. 그러나 예전에 아인산이라 불리었던 것은 실제로는 포스폰산 H_2PHO_3이었으며, $M^I_3PO_3$에 상당한 아인산염은 알려져 있지 않다. 그러나 아인산에스테르 P(OR)₃은 알려져 있다.

아자방향족 화합물 (—— 芳香族化合物, azaaromatics) 방향족 화합물의 고리식 구조에 포함되는 탄소 원자의 일부가 질소원자에 대치된 화합물. 구조적으로는 복소 고리식 화합물이지만 방향족성을 보이므로 이 이름으로 통한다. 아자는 고리 내의 C의 위치에 N가 치환되어 있는 것을 나타내는 접두어이다.

아제오트로픽 공중합체 (—— 共重合體, azeotropic copolymer) 연쇄 공중합에서 모노머의 삽입비와 같은 조성비의 폴리머가 생성되는 경우, 이 폴리머를 아제오트로픽(함께 끓는) 공중합체라 한다. 액체 혼합물이 함께 끓고 있는 것과 유사하므로 이러한 이름이 붙여졌다.

아젤라산 (—— 酸, azelaic acid) 탄소 9원자의 곧은 사슬 디카르복시산 $HOOC(CH_2)_7COOH$. 녹는점 106.5℃. 물에 대한 용해도 0.2g/100g(55℃). 알코올에 잘 녹는다. 올레인산이나 피마자유를 질산 또는 과망간산 칼륨으로 산화하면 생긴다. 공업적으로는 올레인산의 오존 분해에 의해 제조된다. 합성 수지, 가소제의 원료로 사용된다.

아조 결합 (—— 結合, azo coupling) 디아조늄염을 출발 원료로 하여 아조 화합물을 합성하는 반응. 반응의 종류로서는 원료 혹은

반응 시제에 근거하여 명명하는 경우가 많으므로 디아조결합이라 하는 것이 바람직하다.

아조메틴 (azomethine)　▷ 시프 염기.

아조 안료 (—— 顔料, azo pigment)　발색단으로서 아조기 $-N=N-$가 있는 유기 안료. 불용성 아조 안료, 아조레이크 안료, 축합아조 안료로 분류된다. 색깔은 황색, 오렌지색, 적색이 주종을 이룬다. 축합 아조 안료는 이 중에서는 견뢰도(堅牢度)가 높다.

아조 염료 (—— 染料, azo dye)　발색단으로서 아조기 $-N=N$가 있는 염료. 합성 염료의 과반수를 점한다. 색상이 풍부하고 발색력이 뛰어나 실용상 충분한 내광성과 선명한 색상을 구비하고, 제조가 용이할 뿐만 아니라 값이 싸므로 직접 염료, 산성 염료, 반응 염료, 분산 염료 등 각종 염료·안료의 색소 모체로 사용된다.

아조토메트리 (azotometry)　함질소 화합물에서 적당한 화학 반응으로 질소를 발생시켜, 그 체적을 아조토미터(질소계)로 측정함으로써 당해 화합물 혹은 그 중의 질소분을 정량하는 가스용량 분석법(직접법). 질소 정량법이라고도 한다. 넓은 뜻으로는 질소를 함유하지 않는 화합물을 함질소 화합물과 반응시켜 정량적으로 생성한 질소가스의 체적에서 화합물의 정량을 하는 경우도 포함된다(간접법). 이 방법은 조작이 간단할 뿐만 아니라 매우 적은 양(질소의 양으로 0.00005~0.0002g)을 높은 정밀도(오차 1~2%)로 분석할 수 있다. 분석방법에는 직접법과 간접법이 있고, 여러 분야에서 화학 분석법으로 이용된다. 특히 생화학적 분석법으로 많이 이용된다. 직접법에서는 질소를 함유한 물질, 예를 들면 암모니아 NH_3 또는 요소($H_2N)_2CO$ 등을 적당한 산화제(강알칼리성의 하이포아브롬산나트륨 용액)를 써서 정량적으로 질소 기체를 발생시킨다. 간접법에서는 질소를 포함하지 않은 물질, 예를 들면 요오드 I_2 또는 헥사시아노철(Ⅱ)산칼륨 $K_3[Fe(CH)_6]$ 등을 질소 화합물(강한 알칼리성의 히드라진 용액)과 반응시켜, 정량적으로 질소를 발생시킨다. 또 이들 시약과 적당히 반응하는 물질이면 젖산·당류 등의 유기물, 은이나 과망간산칼륨 등의 무기물 등도 간접적으로 정량할 수 있으며, 요오드

적정·은적정·과망간산염 적정 등과 함께 시행하면 매우 넓은 분야에 걸쳐 분석법으로 이용할 수 있다.

아조토박터 (azotobacter)　그람 음성세균의 하나로 호기성이며 질소 고정능이 있는 종속영양 세균. 비공생적으로 유리질소를 고정할 수 있다. 질소균이라고도 한다. 짧은 간상(桿狀)·구형·타원형의 것이 많고, 그람 음성균이고 호기성 유리질소 고정 세균으로 전세계의 토양 속에 널리 분포한다. 북방 토양보다 남방 토양에 많고 pH 6 이하의 산성 토양에는 거의 없으나 이것을 중화시키면 활동이 왕성해진다. 공기 중의 질소를 고정시키는 데는 반드시 탄소화합물을 필요로 하며, 질산염·벤조산·페놀족 화합물 등을 이용한다. 대표적인 종류로는 크로오코쿰(A. chroococcum), 아글리(A. agli), 인디쿰(A. indicum) 등이 있다.

아조형 염료 (—— 形染料, azoic dye)　나프톨 염료의 동의어. 염색과정에서 섬유상에 형성되는 아조 색소이므로 일반적인 아조 염료와 구별하여 영·미에서는 이 명칭을 사용한다. 우리나라에서도 염색 분야에서는 이 명칭이 쓰이고 있다.

아조 화합물 (—— 化合物, azo compound)　$-N=N-$ 결합이 있는 유기 화합물. 황색, 오렌지색, 적색 계통의 색상을 띤다. 대표적인 아조 화합물은 아조기에 2개의 페닐기가 결합한 아조벤젠이다. 염료 색소로서 중요한 아조 화합물도 아조기가 2개의 방향족 고리와 결합해 있으나, 아조메탄과 같이 아조기가 알킬기와 결합해 있는 것도 알려져 있다. 아조기의 질소는 120°에 가까운 결합각을 가지고 있어 시스형과 트랜스형의 2종의 기하이성질체가 가능한데, 대부분 안정한 트랜스형으로서 존재한다. 아조 화합물에 이름을 붙일 때는 양쪽 치환기가 같은 대칭인 화합물은 탄화수소명 앞에 아조를 붙여서 아조벤젠·아조메탄 등으로 하고, 양쪽 치환기가 다른 경우에는 벤젠아조메탄과 같이 두 탄화수소명 사이에 아조를 넣어 명명한다.

아족 (亞族, subgroup)　1990년까지의 무기화학 명명법에서는 주기표 중 0족 및 8족을 제외한 1족 내지 7족의 원소를 모두 A, B 두 그룹으로 분류했었다. 이들을 A아족, B

아족이라 한다. 아족의 기호 A, B를 부여하는 방법은 유럽과 미국에서는 역으로 되어 있어, 국제적으로 혼란이 있으므로 IUPAC 무기화학 명명법 1990년 개정 규칙에서는 A, B 아족으로 구분하지 않는 번호를 부여하는 방법이 채용되어 1~18족으로 하는 족 번호가 사용되게 되었다.

아줄렌 (azulene) 탄소 5원 고리와 7원 고리가 오르토자리에서 축합한 고리식 탄화수소 $C_{10}H_8$. 6원 고리 2개로 구성된 나프탈렌의 이성질체. 아즐렌 및 그 알킬 치환체는 청색의 화합물이며, 식물 정유 관련 화합물 중에서 볼 수 있다.

아쥬반트 (adjuvant) (1) 면역반응을 높이기 위한 첨가 물질. 항체 산생과 세포성 면역의 강화를 위해 항원과 함께 사용된다. (2) ⇨ 보조제(농약).

아지드 (azide) ⇨ 아지화물.

아지리딘 (aziridine) 탄소 2원자, 질소 1원자로 구성된 복소 3원고리 화합물. 옛 이름은 에틸렌이민. 의약품, 농약, 섬유 처리제, 접착제 등의 원료, 중간체로서의 이용 이외에 중합체는 에폭시 수지의 경화제, 이온 교환 수지의 제조에도 사용된다.

아지화 납 (—— 化鉛, lead azide) 물에는 거의 녹지 않는 무색의 결정 $Pb(N_3)_2$. 매우 폭발하기 쉽고, 결정은 물 속에서도 마찰 등으로 폭발한다. 뇌관, 신관 등 점폭약으로 사용된다.

아지화물 (—— 化物, azide) 아지화 수소산의 염 및 N_3기가 있는 분자의 총칭. 염은 일찍이 트리아조수소산염, 질화수소산염 등으로 불리었던 적도 있다. N_3기가 있는 유기 화합물은 아지드라 부르는 경우가 많다.

아지화 수소 (—— 化水素, hydrogen azide) 무색, 휘발성의 액체 NH_3. 순수한 것은 불안정하며 폭발하기 쉽다. 수용액은 약산이며 아지화 수소산이라 한다. 유독, 그 염은 아지화물이다.

아진 (azine) 알데히드, 케톤의 카르보닐산소의 위치에 질소원자가 개입한 구조가 2개 대칭적으로 결합하여 X=N-N=X의 형태를 이룬 화합물의 일반명. 예를 들면 아세톤아진 $(CH_3)_2C=N-N=C(CH_3)_2$이 있다.

아질산아밀 (亞窒酸 ——, amyl nitrite) ⇨ 아질산 펜틸.

아질산 염 (亞窒酸鹽, nitrite) 아질산 HNO_2의 염으로, 일반식 M^INO_2. 알칼리 금속, 알칼리 토류 금속의 염은 무색 내지 담황색의 결정. 알칼리염은 질산염을 열분해시켜 만들며, 그 외의 염은 일반적으로 아질산나트륨과의 복분해에 의해서 만들어진다. 일반적으로 물에 잘 녹지만 은염은 잘 녹지 않는다. 수용액은 가수분해되어 알칼리성을 띤다. 또 일반적으로 산화제와 환원제로 작용하며 전이금속 이온과는 많은 종류의 착염을 만들기 쉽다. 아질산이온 NO_2^-는 황산을 가해서 자극적인 냄새가 나는 적갈색 이산화질소 NO_2를 발생하는 것으로 검출된다.

아질산염 질소 (亞窒酸鹽窒素, nitrite nitrogen) 물과 토양 속의 질소를 함유하는 유기물은 분해되어 암모늄 염으로 되고, 다시 산화되어 아질산 염을 형성한다. 이 아질산 염에 포함되는 질소분을 말한다.

아질산 펜틸 (亞窒酸 ——, pentyl nitrite) $CH_3(CH_2)_4ONO$. 펜틸알코올의 아질산에스테르. 오래 전부터 아질산 알루미라 불리었으나 현대 명명법에서 알루미는 펜틸로 개칭되었다. 디아조늄 염의 합성과 니트로 소화제 등에 사용된다.

아치 (arch) 분체공학의 용어. 호퍼와 배출구가 바다면에 있는 병 수의 분체층은 자유 유동성이면 배출구를 개방하는 것으로 중력 유동을 개시한다. 부착성 분체인 경우는 배출구의 치수가 작으면 흐름이 멈추어 폐쇄 상태가 된다. 이 경우 분체층의 아랫면은 상방으로 볼록한 자유표면이 되며, 이 면의 프로필을 자유 아치라고 한다. 브리지라고도 한다.

아쿠아 착물 (—— 錯物, aqua complex) 배위자로서의 물 분자는 아쿠아(aqua)라 하는데, 이 H_2O가 배위한 착물을 이른다. 예를 들면 $[Ni(H_2O)_6]^{2+}$, $[CrCl_2(H_2O)_4]^+$ 등을 말한다.

아크 광원 (—— 光源, arc source) 전극 간에 아크 방전을 일으켜 발광 분광분석을 할 때의 광원. 분석하려고 하는 물질을 한 쪽 전극으로 하는 경우와 탄소전극 중에 채우는 경우가 있다. 대전류가 흐르므로 전극은 고온이 되어 열전자를 방출하고 강한 아크 방전이 된다. 이 때 발생하는 빛의 스펙트럼은 아크 스펙트럼이라 하며, 이 스펙트럼의 파장과 강도로 정성·정량분석을 하게 된다.

아크로 (—— 爐, electric arc furnace) 노 내의 피열물 내에 복수의 탄소전극을 삽입하여 고전압을 인가, 전극 간에 아크(강열한 전광)를 내게 하여, 그 때 발생하는 열을 이용하여 전극 주위의 피열물을 가열하는 방식의 공업로. 전기 아크로라고도 한다. 마그네슘, 알루미나, 지르코니아 등의 전기주조 벽돌은 원료를 아크로에서 2,000℃ 이상에서 융해하여 주형에 부어 제조한다.

아크롤레인 (acrolein) 아크릴알데히드의 옛 이름이다.

아크리딘 (acridine) 피리딘 고리에 2개의 벤젠 고리가 축합하여 생긴 3환식의 복소 고리식 화합물. 분자식 $C_{13}H_9N$. 담황색 결정으로 녹는점 111℃, 끓는점 345℃이다. 증기는 피부와 점막(粘膜)을 자극하며, 흡입하면 기침·재채기가 난다. 물에는 조금밖에 녹지 않지만, 대부분의 유기 용매(有機溶媒)에는 잘 녹는다. 수용액은 청색 형광(螢光)을 낸다. 화학적으로는 안정한 물질이며, 강한 산이나 강한 알칼리와 고온에서 처리해도 변하지 않는다. 실험실에서는 아크리돈의 환원이나 디페닐아민-2-알데히드를 황산의 존재하에서 가열하면 생긴다. 공업적으로는 안트라닐산칼슘을 가열한 다음, 수소기류 (水素氣流) 속에서 아연 분말을 작용시켜 제조한다. 염료, 의약(항 말라리아제)의 원료로 유용하다.

아크릴로니트릴 (acrylonitrile) CH_2=CHCN. 독특한 냄새가 나는 무색 액체로, 분자량 53.07, 녹는점 -83℃, 끓는점 77.3℃(760 mmHg)이다. 맹독성이 있으므로 공기 중에 20 ppm 이상 함유되어 있으면 위험하다. 20℃의 물에 대한 용해도는 7.3이며 대부분의 유기 용매와 임의의 비율로 섞인다. 가수분해하면 아크릴아미드와 아크릴산을 생성하고, 중합과 혼성 중합에 의해 고중합체를 생성한다. 프로필렌과 암모니아의 공기에 의한 접촉 산화로 얻게되며, 아크릴 섬유, 내유성 고무 이외에 스티렌과의 공중합, 스티렌 및 부타디엔과의 공중합 등에 의한 합성

수지의 제조에 사용된다.

아크릴로니트릴 부타디엔 고무 (acrylonitrile-butadiene rubber) 아크릴로니트릴과 부타디엔의 랜덤 공중합체로 이루어진 고무. 약어 NBR이다. 니트릴 고무라고도 한다. 내유성(耐油性)이 뛰어나며, 아크릴로니트릴의 함유량이 증가할수록 성질이 향상된다. 보통 황으로 가황하면 인장강도(引張強度)·탄성(彈性)이 커져서 좋은 품질의 고무가 된다. 내유성 호스, 진공용 패킹, 롤러·벨트 등에 사용된다.

아크릴산 (—— 酸, acrylic acid) CH_2=CHCOOH. 프로필렌의 직접 산화 혹은 아크릴로니트릴의 황산에 의한 가수분해에 의해 얻어진다. 아세트산과 비슷한 냄새가 나는 액체이며 물과 임의의 비율로 섞인다. 분자량 72.06, 녹는점 13℃, 끓는점 141℃이다. 중합하기 쉽고, 이 화합물이 단독으로 중합하여 생기는 고분자는 물에 녹아 높은 점성도를 가진 용액이 되므로 증점제(增粘劑)로서 래커·니스·인쇄 잉크 등에 사용된다. 그 밖에 혼성 중합체로서 여러 가지 성질을 가진 중합체의 원료가 된다. 각종 에스테르류는 단독으로 혹은 각종 모노머와의 공중합으로 폴리머의 제조에 사용된다.

아크릴 섬유 (—— 纖維, acrylic fiber) 폴리아크릴로니트릴을 주성분으로 하는 고분자로부터 습식 또는 건식 방사법으로 제조되는 합성섬유. 양모에 가장 가까운 합성섬유로, 모포와 편직물 제품 등에 사용된다. 인장강도 4 g(데니어당), 수분흡수율 2%, 비중 약 1.15(카네칼론은 1.27), 연화점 약 190℃이다. 특히 내광성(耐光性)이 뛰어나 천막 등에 사용한다. 보온성이 좋고 가벼워 주름이 잘 잡히지 않으며 열가소성(熱可塑性)이 있다. 일반적으로 약품에 대하여 강하고 벌레·곰팡이의 영향을 받지 않는다. 세탁은 중성 세제로 하고, 다림질 온도는 120℃이다. 필라멘트사는 고성능 탄소 섬유의 원료 (프리카사)로서도 중요하다.

아크릴 수지 (—— 樹脂, acrylic resin) 아크릴산이나 메타크릴산 등의 에스테르로부터의 중합체. 플라스틱의 하나로 대표적인 것은 아세톤·시안산·메틸알코올을 원료로 하여 만든 비중 1.18의 메타크릴산 메틸에스테르

(메타크릴산 메틸)의 중합체이다. 무색 투명하며 빛 특히 자외선이 보통 유리보다도 잘 투과한다(굴절률 1.49). 옥외에 노출시켜도 변색하지 않고 내약품성도 좋으며, 전기 절연성·내수성이 모두 양호하다. 150℃ 이상에서 압축성형(壓縮成形)할 수 있다. 또 형(型)에 넣어 주형 성형(注形成形)하여 투명판을 만든다. 이 판은 투명도가 뛰어나므로 두께 10 cm 이상인 항공기의 특수 창유리, 조명기구 커버, 차량의 유리, 광학기계용 프리즘, 필터, 시계유리 등에 이용된다. 또 의료 관계에서는 콘택트 렌즈와 의치(義齒)의 대부분이 이 수지로 만들어진다. 또 아크릴산이나 그 메틸에스테르, 에틸에스테르의 중합물과 혼성 중합물은 섬유와 종이 가공, 특히 새로운 도료·접착제로서 중요시되고 있다. 항공기·자동차의 방풍(防風)유리, 건축 재료·조명용 등에도 널리 쓰인다. 유리 이상의 투명도가 있고 성형 가공도 쉬우며, 보통 유리에 비하여 무게는 약 반이고 각종 강도·굳기·내열성은 작지만 물·산·알칼리에 강하므로 유기(有機)유리라고도 하며, 유리 대신으로 쓰인다. 색깔이 있는 아크릴 수지는 문짝 등의 장식용에 적합하다. 긁힌 자국이 눈에 잘 뜨이고 먼지가 묻기 쉬우므로 취급에 주의해야 한다.

아크릴알데히드 (acrylaldehyde)　$CH_2{=}CHC HO$. 아크릴산에 대응하는 알데히드. 오래 전부터 아크로레인으로 불리어, 화학공업 등에서는 일반적으로 이 명칭이 사용되고 있지만, 현대 명명법에서는 알데히드 명명의 일반 원칙에 따라 아크릴알데히드라는 명칭이 장려되고 있다. 자극적인 냄새가 있는 무색 액체로서 중합성이 있으며 각종 공업제품에서 합성 원료로 사용된다. 분자량 56.07, 녹는점 -87℃, 끓는점 52℃이다. 지방(脂肪)이 탈 때의 냄새는 이것이 존재하기 때문에 자극적인 냄새가 난다. 상당한 독성을 지니고 있다. 공기 중에서는 쉽게 산화되며 장시간 보존하면 중합하여 수지상(樹脂狀) 물질로 변한다. 환원하면 프로피온 알데히드를 거쳐 프로필알코올을 생성하고, 브롬을 작용시키면 첨가 반응을 일으켜 2, 3-디브롬프로피온 알데히드가 되어 옥심 등의 유도체를 생성하는 등, 에틸렌 결합과 알데히드기의 양쪽 반응을 보

인다. 보존할 때는 소량의 폴리페놀을 산화 방지제로 가해 둔다.

아크 선 (—— 線, arc line)　아크 여기로 중성 원자에서 방사되는 스펙트럼 선을 말한다. ⇨ 아크 광원.

아크 스펙트럼 (arc spectrum)　⇨ 아크 광원.

아키랄 (achiral)　분자의 실상과 거울상이 일치하는 것을 나타내는 형용사. 영어에 있어 키랄(chiral)의 반대를 뜻하는 말이다. 아키랄한 분자는 거울상 이성체가 없다.

아탄 (亞炭, lignite)　석탄화도가 가장 낮은 석탄의 총칭. 분류상으로는 갈탄 중에서 석탄화도가 낮은 것에 속한다. 목질 조직이 어느 정도 유지되어 있어서 나뭇결이 눈에 보이는 목질 아탄(木質亞炭)과 수지립(樹脂粒)·각피(角皮)·화분포자류(花粉胞子類)·부후균류(腐朽菌類), 그 밖에 미세한 석탄질과 광물질로 된 치밀한 탄질 아탄(炭質亞炭)의 두 종류가 있다. 다량의 수분이 건조할 때에 수축하여 목질 아탄은 널빤지 모양으로 벗겨지고, 탄질 아탄은 불규칙한 균열이 생겨서 급속히 분화(粉化)한다. 3,000~4,000 kcal/kg의 발열량이 낮은 비점결탄(非粘結炭)으로, 일부 지방에서 연료로 사용된다. 수분을 다량으로 함유하고 발열량도 낮으므로 양질의 연료라고는 할 수 없다. ⇨ 갈탄.

아텔루르산 염 (亞—— 酸鹽, tellurite)　이텔루르산 H_2TeO_2의 염. 정염 $M^I_2TeO_2$ 이외에 수소염 M^IHTeO_3, 폴리산염 $M^I_2Te_2O_5$, $M^I_2 Te_4O_9$, $M^I_2Te_6O_{13}$ 등이 알려져 있다. 일반적으로 금속의 산화물 또는 탄산염을 이산화텔루르와 함께 가열하면 생기며 무색. 알칼리염 이외는 물에 잘 녹지 않는다. 일반적으로 안정하며 분해하지 않고 융해된다. 알칼리성 용액은 공기 중에서 산화되어 텔루르산염이 되고 산성 용액은 주석이나 이산화황 등으로 환원되어 텔루르가 된다.

아트로프산 (—— 酸, atropic acid)　$CH_2{=}C (C_6H_5)COOH$. 아트로핀(일종의 알칼로이드)을 가수분해하여 얻어지는 불포화 카르복시산. 녹는점 106~107℃. 냉수에 잘 녹지 않는다. 트로파산을 염산 또는 수산화바륨과 함께 가열하면 생긴다. 융해를 계속하든가 염산과 함께 가열하면 녹는점 237℃ 및 209℃

인 두 종류의 이량체 디아트로파산$(C_9H_8O_2)_2$이 된다.

아트로프 이성질체 (—— 異性質體, atropisomerism) 회전장애(回轉障碍)이성질 현상이라고도 한다. 탄소-탄소 단결합의 자유회전이 용적이 높은 치환기에 의해 속박되어 생기는 입체 배좌를 달리하는 거울상 이성질체. 그리스어의 a(없다)+trop(회전)에 유래한다. 회전장벽이 약 $35\,\mathrm{kcalmol}^{-1}$ 이상일 때 실온에서 안정된 거울상 이성질체를 생성한다. 전형적인 예는 비페닐 유도체인데, 보통은 단결합의 주위에 자유회전하여 평면구조를 취하지만 인접 위치에 큰 치환기가 있으면 자유회전이 속박되어 평면구조를 취하지 못하므로 분자는 대칭면이 없는 키랄형(비대칭형)이 되어 거울상 이성질체가 존재하게 된다.

아트로핀 황산염 (—— 黃酸鹽, atropine sulfate) 가지과 식물에 함유되는 프로판알칼로이드 $C_{17}H_{23}O_3N$(트로핀의 트로파산 에스테르 라세미체). 아트로핀의 황산염. 동공 확대작용이 있으므로 점안제로서 안과 치료에 사용된다.

아트지 (—— 紙, art paper) 도피지 중에서 도포량이 많은(편면 $20\,\mathrm{gm}^{-2}$ 이상) 것을 이른다. 도포량이 적은 것은 코트지라 한다. 백색도가 높고 평활하고 광택이 있어 잉크의 수리성·착육성이 좋으므로 미술인쇄 등의 고급 인쇄용지로 사용된다.

아파타이트 (apatite) ⇨ 인회석.

아편 (阿片, opium) 양귀비과 식물의 비대한 씨방에 상처를 내어 유출하는 백색의 유액을 건조시킨 것. 진통작용이 강하지만, 강한 의존성이 있는 마약으로 관리되고 있다. 20~25%의 알칼로이드를 함유하지만, 그 중에서 모르핀이 많고, 그 밖에 나르코틴, 코데인 등이 있다. 의약품의 원료이다.

아포 (芽胞, spore) ⇨ 포자.

아포 단백질 (—— 蛋白質, apoprotein) 일반적으로 복합 단백질에서 비단백질 부분을 제거한 나머지 단백질 부분을 이른다. 예를 들면 리포단백질에서 지질을 제외한 아포 리포단백질, 홀로 효소(holoenzyme)에서 보효소 부분을 제외한 아포효소, 헤모글로빈에서 헴을 제외한 글로빈 부분 등을 지칭한다.

아화학량론 분석 (亞化學量論分析, substoichiometric analysis) 방사화학적 정량법의 하나. 부족 당량법이라고도 한다. 비방사능 기지의 방사성 동위체를 시료에 첨가하여 시료 및 사용한 비방사능 기지의 방사성 동위체 양자로부터 용매추출 등의 방법으로 당량에는 충족되지 않는 시약을 사용하여 목적하는 원소의 일정량을 취하여 양 방사능을 측정함으로써 목적하는 원소를 정량한다.

아황산 가스 (亞黃酸 ——, sulfite gas) 이산화황 SO_2의 통속명. 물에 녹이면 아황산이 생성되므로 이 이름이 생겼다. 자극적인 냄새가 나는 무색 기체로 유독하다. 녹는점 $-75.5℃$, 끓는점 $-10.0℃$, 비중은 공기 1에 대하여 2.2630이다. 물에 잘 녹고, 수용액은 아황산을 생성하며 산성을 띤다. 또 수분이 있으면 환원성이 된다. 액화하기 쉽고 액체도 무색이다. 천연으로는 화산·온천 등에 존재하며 황화수소와 반응하여 황을 생성한다. 공업적으로는 황화물(황철석·황동석 등) 또는 황을 공기 중에서 태워서 만든다. 실험실에서는 구리에 진한 황산을 가하여 가열하면 생긴다. 또 아황산나트륨에 강한 산을 가해서 만든다. 황산 제조의 원료로서 중요할 뿐 아니라 표백제·환원제로도 사용되며, 액체는 붉은 인·요오드·황 등의 용매로도 사용된다. 또 증발열이 크기 때문에 냉각제로서 냉동기에 사용되고, 의약품으로서 산화 방지에도 사용된다. 기체는 누출되어 있는 점막을 자극한다. 짙은 기체를 흡입하면 콧물·눈·기침이 나며 복명과 가슴이 아프고 호흡이 곤란해진다. 기관지염·폐수종(肺水腫)·폐렴 등이 되는 수도 있다. 치료법으로는 눈을 물로 씻고, 물 또는 탄산수소나트륨의 수용액으로 목을 계속 가신 다음 신선한 공기가 통하는 곳에 눕혀 진해제(鎭咳劑)를 주고 안정시킨다. 또, 중증(重症)일 때는 산소를 흡입시키고, 진정제·항생제를 준다. 공기 중에 3~5ppm 정도 존재하면 냄새를 느끼고, 장시간 견딜 수 있는 한도는 10ppm이다. 단시간 견딜 수 있는 한도는 400~500ppm이다. 석유를 정제할 때 또는 중유기 연소할 때 원유에 함유되어 있는 황이 산화되어 공중에 방출되는데, 최근에너지원이 석유로 전환됨에 따라 아황산가스의 대기 중 농도가 증가하여 대기 오염 물질 중에서 큰 비중을 차지하게 되었다. 원유에서 탈황(脫黃) 또는 배연(排煙)에서 탈황에 관한 연구도 진행되고 있다.

아황산 수소 나트륨 (亞黃酸水素 ——, sodium hydrogensulfite)　$NaHSO_3$. 중아황산 나트륨이라고 불리었던 때가 있었지만, 그것은 잘못된 것이었다. 탄산나트륨의 수용액에 이산화황을 통과시켰을 때 수용액으로서만 얻어진다. 이 수용액을 농축하였을 때 고체로 얻어지는 것은 보통 이아황산나트륨 $Na_2S_2O_5$이고, 판매품도 이것이다.

아황산 수소염 (亞黃酸水素鹽, hydrogensulfite)　아황산 H_2SO_3의 수소염. 일반식 M^IHSO_3. 중아황산염은 속칭이다.

아황산 염 (亞黃酸鹽, sulfite)　아황산 H_2SO_3의 염. 정염 $M^I_2SO_3$ 및 수소염 M^IHSO_3이 있다(⇨ 아황산 수소염). 일반적으로 탄산염 수용액에 이산화황을 흡수시켜 만든다. 무색 결정으로, 알칼리 금속염은 물에 잘 녹는다. 아황산은 약한 산이므로 수용액은 가수분해되어 알칼리성을 보인다. 또 강한 산을 가하면 분해하여 이산화황을 발생한다. 환원작용이 있어서 수용액이나 습한 상태에서는 황산염이 되기 쉽다. 아연 분말로는 환원되어 아디티온산염이 되고, 황과 함께 끓이면 디오황산염을 생성한다. 가장 중요한 것은 나트륨염이며, 이 밖에 암모늄염(1수화염)·칼륨염 등이 환원제·표백제·사진·염색 등에 사용된다. 칼슘염·바륨염은 특히 제지공업에서 많이 사용된다.

아황산 펄프 (亞黃酸 ——, sulfite pulp)　펄프 원료를 아황산과 아황산 수소염의 혼합액으로 증해하여 제조하는 화학 펄프의 하나. 표백이 안된 펄프는 신문용지와 하급지 원료의 일부로, 표백한 펄프는 중·상급지로 더욱 화학 정제한 것은 용해 펄프로 사용한다.

아황산 펄프 폐액(亞黃酸 —— 廢液, sulfite waste liquor)　아황산 펄프를 제조할 때 발생하는 증해액. 펄프화의 과정에서 용출한 리그노술폰산, 각종의 당류, 유기산 등 이외에 증자약액에 유래하는 무기물을 함유하며 흑갈색을 띤다. 분산제, 점결제, 효모, 바닐린 등

의 제조에 사용된다.

악성 종양 (惡性腫瘍, malignant tumor)　넓은 의미로 암을 뜻한다. 체세포의 이상증식 중에서 이상세포에 전이성과 침윤성(다른 조직으로 침입하는 성질)이 있고, 방치하면 숙주인 개체를 치사에 이르게 하는 종양. 상피에 유래하는 것을 암(癌), 비상피에 유래하는 것을 육종, 혈액에 유래하는 것을 백혈병이라 한다.

악티노마이신 (actinomycin)　방선균 *Streptomyces* 속이 생산하는 핵산계 항생 물질류. 핵산의 합성을 저해하므로 항균, 항암 활성을 나타낸다. 임상적으로 호지킨병과 림프 육종에 사용되었으나 독성이 강하여 한동안 사용되지 않았다. 악티노마이신류로서 C_2, D, F_1 등이 있다.

악티노미터 (actinometer)　⇨ 감광계.

악티논 (actinon)　원자번호 86인 라돈의 동위체로, 악티늄 계열에 속하는 질량수 219의 방사선 핵종 $^{219}_{86}Rn$. 한때는 기호 An이 사용되었던 적도 있다. 반감기는 3.92초이다.

악티늄 계열 (—— 系列, actinium series)　^{235}U (악티노우라늄)에서 시작하여 ^{207}Pb에서 끝나는 방사성 핵종의 괴변 계열. 이 계열의 핵종의 질량수가 모두 $4n+3$(n은 양의 정수)가 되므로 $4n+3$ 계열 혹은 $4n-1$ 계열이라고도 한다.

악티늄족 원소 (—— 族元素, actinoids)　원자번호 89의 악티늄에서 103의 로렌슘까지의 15원소의 총칭. 별명은 악티늄족. 예전에는 악티늄 계열이라고도 불리었다. 또 악티늄을 포함시키느냐 않느냐의 혼란이 있었으나, IUPAC 무기화학 명명법의 1970년 규정에서 악티늄 원소로 통일되었고 1990년의 개정 규정에서는 악티니드도 사용이 인정되었다.

악티니드 (actinide)　⇨ 악티늄족 원소.

안기오텐신 (angiotensin)　혈압을 상승시키는 펩티드의 하나. 혈액 중의 당단백질 안기오텐시노겐의 레닌에 의한 가수분해로 생성된다. 혈관의 평활근을 수축시키는 작용과 부신피질에서 알도스테론을 분비시키는 작용이 있다.

안내 렌즈 (眼內 ——, intraocular lens)　백내장 수술로 수정체를 추출한 환자의 시력 회

복을 위해 사용되는 렌즈. 인공 수정체라고도 한다. 소재로서는 폴리(메타크릴산메틸)가 이용되며, 이것을 폴리스포피렌제의 모노필라멘트로 수정체 위치에 고정한다.

안눌렌 (annulene)　n개의 탄소 원자로 이루어진 큰 고리 모양 탄산수소로서, 고리 내의 탄소결합 모두가 공역 이중결합으로 되어 있는 것은 [n] 안눌렌이라 한다. 벤젠은 [6] 안눌렌이라 여길 수도 있으나 잘 알려져 있는 안눌렌은 고리 내에 트랜스형의 이중결합을 함유하고, 고리 내부의 수소원자에 입체 장해가 없는 안정된 평면고리 구조를 하고 있다. 예를 들면 [18] 안눌렌 등이 잘 알려져 있다. 일반적으로 아눌렌으로 총칭되고 있다.

안드레아센 피펫 (Andreasen pipette)　분립체의 입경분포(粒徑分布)를 액중 입자의 침강속도의 차이로 구하는 측정기의 하나. 적당량의 분체를 분산시킨 현탁액을 유리제 실린더에 넣어 피펫으로 빨아들인 현탁액을 증발건조시켜서 샘플 중의 고체 농도를 구한다. 깊이를 고정하여, 이 샘플링을 시간 경과와 함께 실시하여 고정농도 변화로 원분체의 입경분포를 계산한다.

안료 (顔料, pigment)　물과 기름에 불용성이고 백색 또는 유색의 분말. 피그먼트라고도 한다. 무기 안료와 유기 안료로 분류된다. 물질의 착색에 사용된다.

안료 날염 (顔料捺染, pigment printing)　섬유 표면에 안료를 수지로 고착하여 착색하는 방법. 사용하는 착색제는 피그먼트 레진 컬러라 하며 안료의 분산체이다. 착색제, 바인더(합성 수지 에멀션), 가교제, 희석제 및 보조제로 되어 있다. 섬세하고 명확한 인쇄, 선명한 색 및 고도의 견뢰성을 얻을 수 있다.

안전 밸브 (安全——, safety valve)　기체와 액체를 포함한 용기의 내압이 이상 상승하였을 경우, 용기 본체의 파손을 방지하기 위해 설정 압력에서 자동적으로 열리도록 만들어진 긴급용의 밸브. 파열판 등을 사용한 불가역형과 스프링 등으로 복원하는 가역형이 있다.

안전 캐비닛 (安全——, safety cabinet)　바이오 재난 방지용의 실험장치. 실험자와 주위의 안전을 위해 병원체 등의 바이오 재난이 발생할 가능성이 있는 것을 다룰 때 발생하는 에어로졸을 조작구역 내에 봉쇄하는 것을 목적으로 한 장치. 안전도에 따라 Ⅰ, Ⅱ, Ⅲ급의 구별이 있다. Ⅰ급은 실험자를 보호하는 것으로, 실내의 공기를 흡입하여 필터를 통해 공기를 배출한다. Ⅱ급은 실험자와 함께 실험실 내를 보호하는 것으로, 필터를 통과한 청정공기를 공급한다. Ⅲ급은 밀폐형으로, 필터를 여과한 공기를 공급하고 필터를 통해 배출한다.

안정도 (安定度, stability)　화합물이 나타나는 안정성의 정도. 화합물의 안정도는 빛, 온도, 압력, 용매, 기타 각종 환경에 따라 다르므로 같은 조건에서 비교한다.

안정도 상수 (安定度常數, stability constant)　⇨ 생성 상수(착물의 안정도를 나타내는 척도).

안정 동위원소 (安定同位元素, stable isotope)　방사능이 없는 동위원소. 방사성 동위원소와 달리, 붕괴에 의해 다른 핵종으로 변화하지 않는다. 각종 안정 동위원소가 분리·농축되어 트레이서로 사용되고 있다.

안정 디아조 화합물 (安定——化合物, stable diazo compound)　나프톨 염료를 사용할 때 디아조화 공정을 생략하기 위해 고안된 현색제. 디아조늄 염을 디아조아미노 화합물, 염화아연 복염, 나프탈렌 디술폰산 염 등의 형태로 안정화한 분말 제품이다.

안정제 (安定劑, stabilizer)　화학물질과 재료의 열성화를 방지하기 위해 사용되는 물질. 약품, 식품, 고분자 등에서는 산화 방지제가 또 플라스틱, 고무에서는 열 안정화와 자외선의 차폐·흡수 등의 기능이 있는 안정제가 목적에 따라 첨가된다.

안정화 (安定化, stabilization)　(1) 벤젠과 1,3-부타디엔의 경우처럼 분자 내의 전자의 편재화에 의해 가상적인 편재분자에서 에너지적으로 유리한 상태가 실현되어 있는 것이다. (2) 화학 물질과 재료를 될 수 있는 한 오래 사용할 수 있도록 조치하는 것. 그러기 위해서 각종 안정제 등이 첨가되고 있다.

안정화 돌로마이트 벽돌 (安定化——, stabilized dolomite brick)　돌로마이트(Ca, Mg)

CO_3만의 가열물은 CaO와 MgO로 구성되는데, 특히 CaO가 공기 중의 수분과 반응하여 분화 붕괴되기 쉽다. 이것을 방지하기 위해 산화철과 실리카를 첨가하고 고온 소성하여 안정화 돌로마이트 클링커가 만들어진다. 이 클링커를 주원료로 하는 내화 벽돌을 말한다.

안정화 지르코니아 (安定化 ──, stabilized zirconia)　CaO와 Y_2O_3 등을 고용시켜 고온상인 형석형 입방정을 실온에 이르기까지 안정화시킨 지르코니아 ZrO_2. 순수한 ZrO_2에서 볼 수 있는 정방정과 단사정으로의 전이 시의 체적변화가 없다. 내열성, 화학적 안정성을 이용하여 내화물과 내열부품에, 또 고용으로 현저해지는 이온 전도성을 이용하여 산소 센서 등에 널리 사용되고 있다.

안쪽 껍질 (inner shell)　원자 속의 전자는 비교적 작은 결합 에너지가 있는 (원자)가전자와 그것보다 큰 결합 에너지가 있는 안쪽 껍질 전자로 나누어진다. 안쪽 껍질 전자는 통상 폐각과 준폐각을 형성하고 있으므로 총괄하여 안쪽 껍질이라 한다. 예를 들면 Si 원자의 안쪽 껍질은 $(1s)^2$ 및 $(2s)^2 (2p)^6$이고, 각각 K각, L각이라 한다.

안타고니스트 (antagonist)　세포의 수용체에 특이적으로 결합하여 아고니스트가 결합하였을 때의 작용을 저해하는 물질. 제독제 또는 차단약이라고도 한다.

안토시아니딘 (anthocyanidin)　청색 내지 적색 꽃의 색소 안토시아닌을 가수분해하여 당 부분을 유리하여 얻게 되는 화합물. 화학 구조는 플라보노이드에 속하며 벤조피란이옥소늄염을 형성하고 있다. 플라본핵에 치환한 OH기의 수에 따라 3종으로 대별된다. 산성 수용액은 적색, 알칼리성 용액은 청색을 기조로 한다.

안토시아닌 (anthocyanin)　청색 내지, 적색 꽃의 색소. 안토시아닌의 OH기에 단당 혹은 이당이 결합하여 배당체가 되어 있는 화합물의 총칭이다.

안토시안 (anthocyan)　수용성인 꽃의 색소로, 산성에서 적색, 알칼리성에서 청색을 띠는 일군의 색소를 총칭하여 사용되었던 용어. 단풍은 가을의 저온과 강한 자외선에 의하여 잎의 세포에 함유되어 있는 엽록체의 작용이 쇠퇴해서 엽록소가 분해하기 시작하여 안토시안이 나오기 때문이며, 또 잎에 당분이 축적되면 안토시안이 생기는 것이 확인되었다. 즉 엽록소가 없는 꽃잎이나 새눈 등에서는 안토시안이 생기기 쉽다. 한편, 식물에 인·칼륨·마그네슘 등이 결핍되면 잎 등에 안토시안이 생겨 빨갛게 되는 일이 있다. 이것도 단풍과 마찬가지로 엽록체 등 원형질의 작용이 쇠퇴하기 때문이라고 해석된다. 이러한 색소의 실체는 안토시아닌이며, 화합물의 종류로서는 별로 많지 않으나 생체 중에서는 각종 금속과 착물을 이루어 천차만별의 색깔을 나타내는 것으로 알려져 있다.

안트라닐산 (── 酸, anthranilic acid)　o-아미노벤조산 $H_2NC_6H_4COOH$. 녹는점 145℃, 상압에서 가열하면 아닐린과 이산화탄소로 분해된다. 메틸에스테르(녹는점 25.5℃)는 방향이 있고 네롤리유의 한 성분이다. 인디고 합성의 중간물. 생체 내에서 간장 등에 존재하고, 비타민 L_1 작용을 나타낸다. 또 트립토판 대사의 중간체. 각종 유기 합성의 원료로, 또 금속 이온의 분석 시약으로 사용된다.

안트라센 (anthracene)　벤젠 고리 3개의 축합 고리가 있는 방향족 탄화수소 $C_{14}H_{10}$. 무색 결정으로, 녹는점 216℃, 끓는점 342℃이다. 벤젠·톨루엔·클로로포름 등의 유기 용매에는 녹지만, 물에는 녹지 않는다. 안트라퀴논을 환원시키는 방법으로 합성할 수도 있으나 공업적으로는 안트라센유(油)를 석출하여 얻는 안트라센케이크에서 분리 정제한다. 콜타르에 함유되며 염료 등의 합성 원료가 된다. 특히 산화하여 얻어지는 안트라퀴논은 염료 중간물로서 중요하다. 신틸레이터로서도 사용되고, 유기 반도체로서 흥미를 끌고 있다. 이 밖에 카본 블랙의 원료, 방충제, 폴리에틸렌과 가솔린 등의 안정제로 사용된다.

안트라센 유 (── 油, anthracene oil)　콜타르의 증류에서 280℃ 이상에서 유출하는 오일. 형광을 발하며, 초록색으로 보여 녹유(綠油)라고도 한다. 안트라센, 페난트렌, 카르바졸 등의 다환 방향족류를 주성분으로 한다. 이러한 결정을 제외한 기름을 탈정(脫晶) 안트라센 유라 한다.

안트라퀴논 염료 (―― 染料, anthraquinone dye)　안트라퀴논의 유도체로 간주되는 염료의 총칭. 아조 염료와 같은 정도의 큰 부속으로 산성 염료, 분산 염료, 건염 염료, 매염 염료 등이 있다. 견뢰도(堅牢度)·내광성(耐光性)이 뛰어나고 선명한 색조(色調)를 나타내는 우수한 염료이다. 인조 염료와 더불어 가장 중요한 합성 염료이다.

안티몬산 염 (―― 酸鹽, antimonate)　옥소산으로서의 안티몬산의 염에 상당하는 SbO_4^{3-}, $Sb_2O_7^{4-}$, SbO_3^- 등과 같은 독립된 이온을 함유하는 염은 알려져 있지 않다. 보통 안티몬산 염이라 불리는 것은 무수염에서 팔면체형의 SbO_6의 모서리 혹은 정점을 공유한 중합 구조이다. 수화물에서는 팔면체형의 히드록소안티몬(V)산 이온을 함유하는 것으로, 예를 들면 $Na_2H_2Sb_2O_7 \cdot 5H_2O$는 $Na[Sb(OH)_6]$이다.

안티몬 주 (―― 朱, antimony vermilion)　삼황화이안티몬 Sb_2S_3을 주성분으로 하는 적색 안료를 말한다.

안티몬화 갈륨 (gallium antimonide)　회색의 금속 광택이 있는 결정 GaSb. 갈륨안티몬은 속칭. Ⅲ-Ⅴ 반도체, 터널 다이오드에 사용된다.

안티몬화 인듐 (indium antimonide)　섬아연광형 구조의 금속 광택이 있는 고체 InSb. 인듐안티몬은 속칭. 불순물 농도 $10^{14}/cm^2$ 정도의 결정이 얻어지고 있다. 녹는점 525℃, 유전율 18.7, 굴절률 3.75, 비중 5.78. 에너지 갭은 상온에서 0.17ev, 온도를 낮게 하면 증대하고, 0 K에서 0.25ev가 된다. Ⅲ-Ⅴ 반도체, 홀소자, 적외선 검출소자에 사용된다.

안티비타민 (antivitamin)　⇨ 항비타민제.

안티솔벤트 (antisolvent)　대상으로 하는 용제에 대하여 용해 파라미터가 크게 다른 용제. 예를 들면 석탄액화유 중에 세밀하게 분산한 고체의 분리와 석탄 비치 중의 미세 탄소입자 등을 분리할 때, 응집·침전 촉진제로 사용된다.

안티포트 (antiport)　막을 사이에 두고 두 종류의 물질이 연결하여 반대 반향으로 수송

되는 현상. 대향 수송이라고도 한다. 수송형식인 2차성 능동 수송의 하나이다.

안티피린 (antipyrine)　피라졸론의 유도체. 해열제, 진통제로 사용된다.

안티형 (―― 形, anti-form)　입체 이성질체의 1쌍을 구별하기 위해 사용되는 용어. *anti-*와 *syn-*이 짝이 된다. 분자 내에서 특정한 두 치환기가 반대쪽(먼 위치)에 있는 것을 안티, 같은 쪽(가까운 위치)에 있는 것을 신이라 한다. (1) 옥심의 C=N 이중결합에 바탕한 기하 이성질체를 구별하기 위해 사용되는 것이 역사적인 용례이다. 알드옥심에 대해서는 OH와 H가 반대쪽에 있는 것을 *anti-*, 같은 쪽에 있는 것을 *syn-*으로 하였다. 그러나 케토옥심에 대해서는 이 기호는 사용할 수 없으므로 현대의 명명법에서는 *E, Z* 표시를 사용하여 구별한다. (2) 보르난 등의 2환식 화합물의 디아스테레오머를 구별하기 위해 사용되는 경우가 있다. (3) 배좌 이성질체에서 단결합으로 연결되는 2개의 원자에 결합하는 기 X, Y가 분자 내에서 반대쪽에 있는 배좌를 안티형(또는 트랜스형)이라 적는 일이 있으나 이것은 입체 배치의 기호와 혼동하므로 현대의 명명법에서는 *ap*형으로 쓰는 것이 정확하다.

ANFO(안포) 폭약 (―― 爆藥, ANFO explosive)　'ammonium nitrate fuel oil explosive(질안유제폭약)'의 약어이다.

안피지 (雁皮紙)　서향나무과의 낙엽 관목인 산닥나무의 수피 섬유를 원료로 하여 손으로 뜬 흰지. 강인, 미려, 치밀히고 광택이 있으며, 박엽지로 된 것이 많다. 복사용지, 등사판 원지 외에 봉투, 편지지로도 사용된다.

알기니트 (alginite)　석탄조직의 엑지니트 중에 함유되는 미세 조직성분의 하나. 수조(水藻)에서 생성되었다고 한다.

알긴산 (―― 酸, alginic acid)　곤포 등 해초의 세포 간 점질 다당. 구성당으로서 D-만누론산과 L-글루크론산이 있다. 이 계열의 탄화수소의 명명(命名)은 같은 수의 탄소 원자를 가지는 알킬기(基)에 일렌 -ylene이 붙는 관용명과, 같은 수의 탄소 원자를 가진 포화탄화수소의 이미 인 -ane을 엔 ene이라고 하는 국제명이 있다. 예를 들면, 탄소

원자의 수 n의 수에 따라 에틸렌(n=2), 프로필렌(n=3), 부틸렌(n=4) 등이라고 한다. 알긴산 염은 식품가공, 의약, 고정화 효소 등에 사용된다.

알데히드 (aldehyde) 탄화수소 사슬의 말단에서 수소 2원자가 상실되고, 대신에 산소 1원자가 2중결합으로 결합한 화합물. R-CHO(R은 사슬식 또는 고리식의 원자단). 케톤과 마찬가지로 카르보닐기 >C=O를 가지고 있으므로 성질이 케톤과 비슷하지만 케톤보다 잘 산화된다. 알데히드의 명명법은 알데히드를 산화시키면 생성하는 산 이름의 어미 -ie 또는 -oic을 떼어내고 알데히드를 붙이는 방법이 사용되는데 IUPAC 명명법에서는 골격인 탄화수소 이름의 어미 -e 대신 -al을 붙인다. 예를 들면, $CH_3CH_2CH_2CHO$는 전자에서는 산화시키면 얻어지는 부티르산 butyric acid에서 부티르알데히드 butyraldehyde로 하고, 후자에서는 탄화수소 이름 부탄 butane에서 부탄알 butanal이라고 명명한다. 고급 알데히드는 식물유 속에 존재하는 것도 있으며, 특히 벤즈알데히드는 배당체의 형태로 매실·복숭아 등의 씨 속에 존재한다. 또 방향족 알데히드에는 계피(桂皮) 알데히드·바닐린 등과 같이 식물성정유(植物性精油) 속에 존재하여 향료로 되는 것도 있다. 알데히드를 합성하는 데는 1차 알코올을 산화하는 방법, 아세탈이나 $CHCl_2$와 같은 할로겐기(基)를 가진 화합물을 가수분해시키는 방법, 그리고 산염화물을 환원하는 방법 등이 시행되고 있다. 저급 지방족 포화알데히드는 자극적인 염을 지닌 기체 또는 액체로 물에 녹는다. 탄소사슬의 길이가 6~9개인 알데히드는 방향을 가지고 있으므로 향료로 쓰이지만, 탄소사슬이 이보다 긴 것은 물에 녹지 않는 고체를 이룬다. 방향족 알데히드도 방향을 지니고 있는 것이 많다. 알데히드는 산화되어 카르복시산으로 되기 쉽고, 공기 중의 산소에 의해 산화되는 점이 케톤과 다르지만 카르보닐기가 첨가 화합물을 만들거나 카르보닐 시약과 반응하는 점 등은 케톤과 비슷하다. 알데히드를 검출하는 데는 펠링용액·은거울 반응 등을 이용하여 환원성을 조사하고, 카르보닐 시약과 반응시켜 알데히드인 것을 확인한다.

알도라아제 (aldolase) D-프룩토오스 1, 6-이인산을 디히드록시아세톤인산과 각종 알데히드로 분해하는 효소 및 그 역반응인 알돌 축합반응을 촉매하는 효소. 효모, 식물, 동물 조직에 널리 함유되며, 효모와 토끼의 근육에서는 결정으로 얻어지고 있다.

알도오스 (aldose) 알데히드기가 있는 단당의 총칭. 결정상의 단당은 알데히드기가 헤미아세탈이 된 고리식 구조를 갖고 있다. 대표적인 예는 글루코오스이다.

알돌 축합 (―― 縮合, aldol condensation) 아세트알데히드 2분자가 염기의 작용으로 반응하여 알돌 $CH_3CH(OH)CH_2CHO$를 생성하는 반응. 반응의 형태로 보면 부가 반응이지 축합 반응은 아니므로 알돌 부가라 하는 경우도 있다. 이 생성물은 쉽게 물분자를 탈리하여 $CH_3CH=CHCHO$를 생성하므로 반응의 전 과정을 통해서 보면 알돌 축합이 된다. 방향족(芳香族) 알데히드와 지방족 알데히드 사이에서 이 반응을 일으키면 곁사슬을 가진 방향족 화합물이 합성된다. 이 반응의 메커니즘은 카르보 음이온이 카르보닐에 첨가되는 것이며, 클라이젠 축합·퍼킨 반응·크뇌페나겔 반응 등과 밀접한 관계가 있다.

알라닌 (alanine) 단백질을 구성하는 아미노산의 하나 $CH_3CH(NH_2)COOH$. 잔기의 약어 Ala, 더욱 간략화할 때는 A. α-알라닌과 β-알라닌의 두 종류가 있다. α-알라닌은 α-아미노프로피온산이라고도 한다. 분자량 89.10이다. 천연으로 발견되기 전에 1850년 스트레커가 아세토알데히드로부터 합성하여 aldehyde의 처음 두 자를 따서 명명하였다. L형은 단백질 속에 들어 있으며 특히 명주의 피브로인 속에는 전체 아미노산의 27%를 차지한다. 자공여체자리속(屬)에 유리 상태로 존재한다. 녹는점은 L형이 297℃, D형이 293℃에서 모두 분해된다. 알라닌의 구조이성질체인 β-알라닌은 β-아미노프로피온산이라고도 하며, 녹는점 200℃이다. 판토텐산·카르노신·안세린 등의 구성 아미노산으로 존재하는 외에, 콩과 식물의 뿌리혹 또는 개·돼지·소 등의 대뇌 속에 유리 상태로 존재하며 생물학상 중요한 아미노산이다. 대사 경로는 글루탐산 생성에 관여하고, 피루브산을 거쳐 TCA회로로 통한다. D, L형은 α-브롬프로피온산과 암모니아 반응에 의해 합성되지만 L형은 명주 피브로인의 가수분해물로부터 분리시켜 제조한다.

알라타체 호르몬 (corpus allatum) ⇨ 유약(幼若) 호르몬.

알런덤 (alundum)　미국 Norton사가 제조한 인조 커런덤의 상품명. 성분은 Al_2O_3. 이 명칭은 널리 사용되며 커런덤 대신에 사용되는 수도 있다. 비중 3.9~4.0이다. 내화도(耐火度)·경도(硬度)가 크고, 도가니·내화물·연마제 등에 이용된다. 녹는점이 높은 금속의 융해 등에는 알런덤으로 만든 도가니가 사용된다. 산화 알루미늄을 전기로(電氣爐)로 융해해서 만드는데 다공성(多孔性)이다.

알렌 (allene) 불포화 탄화수소 $CH_2=C=CH_2$. 녹는점 $-146℃$, 끓는점 $-32℃$인 기체. 디브롬프로필렌을 아연 분말로 탈브롬하여 얻는다. 경우에 따라서는 C=C=C형의 불포화 결합을 포함하는 탄화수소의 일반명으로서 사용되는 일도 있다.

알렐로파시 (allelopathy)　식물체와 미생물이 배출하는 화학 물질에 의해 다른 종의 식물이나 미생물에 저해하는 작용을 하는 것. 타감작용이라고도 한다. 예를 들면 적송 잎의 침출액은 다른 식물의 발아를 저해하고, 적송림(赤松林)의 토양은 다른 식물의 생육을 저해한다. 생물의 상호작용을 하는 이러한 물질에는 에틸렌 외에 알칼로이드·불포화락톤·멜페노이드·페놀 및 그 유도체 등이 알려져 있다.

알로타입 (allotype)　동종 개체 간에서 동일 종의 면역 글로불린의 항원 특이성이 유전적으로 다른 것. 이 특이성은 보통 면역 글로불린의 H사슬, L사슬에서 정상 영역의 아미노산 1~2개의 차로 생긴다.

알루미나(alumina) 산화 알루미늄의 총칭이다.

알루미나 시멘트 (alumina cement)　$CaAl_2O_4$를 주성분으로 하는 시멘트. 조합 원료를 융해 또는 반융해 상태에서 소성하여 생산한다. 불정형 내화물을 만들 때, 알루미나 등의 내화성 골재의 결합재로 사용된다. 또 조강성(早强性)이 뛰어나므로 긴급 공사용으로

로 사용된다. 현재 일반적으로 사용되고 있는 포틀랜드 시멘트는 황산 이온에 침식되기 쉽기 때문에 이 결점을 없애려고 연구한 결과 20세기 초에 프랑스와 미국에서 각각 독자적으로 개발되었다. 포틀랜드 시멘트와의 병용(竝用)에 의한 급결성(急結性)을 이용하여 터널 공사에 사용된다. 그러나 값이 비싸기 때문에 보통은 사용되지 않고 특수한 경우에만 사용된다.

알루미노 규산염 (── 珪酸鹽, aluminosilicate) 규산염의 규소의 일부를 알루미늄으로 치환하여 얻게 되는 염. 일반식 $x\,M^1_2O \cdot y\,Al_2O_3 \cdot z\,SiO_2 \cdot n\,H_2O$($n=0$를 포함). 예를 들면, 장석 $K_2O \cdot Al_2O_3 \cdot 6SiO_2$, 백운모 $K_2O \cdot 3Al_2O_3 \cdot 6SiO_2 \cdot 2H_2O$ 등. 광물로서 천연적으로 많이 존재한다. 성분 혼합물을 가열하여 만들 수도 있다. 보통 규산류인 폴리규산 이온 Si의 일부를 Al로 치환한 거대 이온을 가지며, 그 틈 사이에 양이온이 들어 있는 것이 많으나 거대 이온의 그물눈 구조 등에 알루미늄이 들어있지 않은 것도 있다. 대부분 시멘트, 도기 등의 중요한 원료이다.

알루미늄 (aluminium, aluminum)　원자번호 13의 원소. 원소기호 Al. IUPAC의 정식명은 aluminium이지만, *Chemical Abstracts*를 비롯하여 미국의 문헌에서는 aluminum을 채용하고 있다. 은백색의 부드러운 금속으로 전성(展性)·연성(延性)이 풍부하여 박(箔)이나 철사로 만들 수 있다. 시중에서 판매되는 알루미늄은 98.0-99.85%의 순도이며, 주요 불순물은 규소와 철이다. 성질은 순도에 따라 다른데, 전기의 양도체로, 비저항은 구리의 약 1.6배이다. 또 비중으로 보아 전형적인 경금속이다. 공기 중에 방치하면 산화물의 박막(薄膜)을 생성하여 광택을 잃지만 내부까지 침식되지는 않는다. 공기 중에서 녹는점 가까이 가열하면 흰 빛을 내며 연소하여 산화 알루미늄이 된다. 이 때 높은 온도가 되므로 분말을 써서 금속의 야금(冶金)이나 용접을 한다. 질소·황·탄소 등과 직접 화합하여 질소화물·황화물·탄화물이 되며, 할로겐과도 작용하여 염화물·브롬화물 등을 만든다. 산에 녹아 염을 만들지만 진한 질산에는 잘 침식되지 않는다. 알칼리에 녹아 수소를 발생하여 알루민산 염이 된다.

알루미늄 도료 (—— 塗料, aluminium paint) 알루미늄 가루를 배합한 도료. 넓은 뜻으로는 자동차용 윗칠 도료인 금속성 도료도 포함되지만 일반적으로는 저유 탱크, 스팀 파이프 등에 칠하는 은색 도료를 지칭한다. 알루미늄은 대기 중에서 산화되면 알루미나 (산화 알루미늄)라는 산화막이 형성되어 그 이상 산화가 내부로 침식되는 것을 방지하는 성질이 있으므로 이 성질을 이용하여 녹막이 도료로 이용된다. 보통 바니시와 가루를 따로따로 저장하여 두고, 사용시에 혼합하는 2액형이 기본이다. 알루미늄을 혼합함으로써 방청력, 내후성, 내수성이 향상되고, 벽면에 칠하면 단열성이 있으므로 공장에서 많이 사용된다.

알루미늄 무두질 (aluminium tanning) 염기성 알루미늄염에 의한 무두질. 고염기성 염화알루미늄으로 된 무두질제가 사용된다. 예전에는 칼륨명반을 사용하였으므로 명반 무두질이라 하였다. 백색의 유연한 가죽이 얻어진다. 콤비네이션 무두질에 이용된다.

알루미늄 법랑 (—— 琺瑯, aluminium enamel) 금속 알루미늄 표면에 두께 0.1~1.5 mm 정도의 치밀한 유리질을 피막한 것. 유약의 소성온도는 철 법랑보다 낮은 500~550℃로 제한된다. 건축물의 내·외장에 많이 사용된다.

알루미늄분 인료 (—— 紛顔料, aluminium powder pigment) ⇨ 알루미늄 페이스트.

알루미늄 잉크 (aluminium ink) 금속성의 은색을 표현하기 위해 인편상(鱗片狀)의 알루미늄 가루를 전색제에 분산한 조성의 인쇄 잉크. 일반적으로 은(색) 잉크라고 한다. 황동 가루를 전색제에 분산한 금(색)잉크 등과 함께 금속가루 잉크의 하나이다. 그러나 알루미늄 판에 인쇄하는 인쇄 잉크(금속판 잉크)와 도전성 알루미늄 페이스트 잉크 등과 혼돈하기 쉬우므로 알루미늄 잉크라는 용어는 사용하지 않는 것이 바람직하다.

알루미늄 페이스트 (aluminium paste) 미네랄스피리트 등의 유기 용제의 존재하에 알루미늄 조각 또는 알갱이를 볼분쇄기로 분쇄하여 제조되는 안료. 제품의 표준적인 것은 알루미늄 성분 65%, 용제성분 35% 정도의 풀 상태로 조제된다. 도료, 인쇄 잉크 등에 사용된다.

알루민산 나트륨 (—— 酸 ——, sodium aluminate) 형식적으로 알루민산의 염으로 여겨지는 조성 $NaAlO_2$ 및 Na_3AlO_3의 화합물을 이르지만 보통은 전자를 지칭하는 경우가 많다. 물에 잘 녹는다. 물에 녹으면 가수분해하여 알칼리성을 나타내고 수산화 알루미늄을 침전시키는데 알칼리를 첨가해두면 안정하다. 공업적으로는 수산화 알루미늄을 수산화나트륨 진한 수용액에 가열·용해하여 여과한 후 필요에 따라 탈수하여 분말로 하고 있다. 백반과 같이 물의 정화제·연화제로 쓰이고, 제지업·요업 등에서도 쓰인다.

알루민산 삼칼슘 (—— 酸三 ——, tricalcium aluminate) 무색 결정 $Ca_3(AlO_3)_2$. 물과 혼합하면 결정수를 흡수하여 결정이 성장한다. 포트랜드 시멘트 클링커의 중요한 성분이다.

알루민산 염 (—— 酸鹽, aluminate) 산화 알루미늄과 그보다 염기성이 강한 금속 산화물에서 생성되는 염. 일반식 $xM_2^IO \cdot yAl_2O_3 \cdot zH_2O$ ($z=0$을 포함). 독립된 알루민산 이온 AlO_2^-, AlO_3^{3-} 등의 존재는 알려져 있지 않다. 수용액 중에서는 $[Al(OH)_4]^-$, $[Al_2O(OH)_6]^{2-}$ 등으로 존재한다고 한다.

알루민산 칼슘 (—— 酸 ——, calcium aluminate) 형식적으로 알루민산의 염으로 여겨지는 조성 $CaAl_2O_4$, $Ca_3Al_2O_6$ 등의 화합물. 산에 용해되고, 내화물, 시멘트 클링커의 중요한 원료이다.

알리자린 (alizarin) 대표적인 매염 염료. 1,2-디히드록시 안트라퀴논의 총칭명. 화학식 $C_{14}H_8O_4$. 녹는점은 289~290℃, 황갈색 분말로 시판되고 있으나 순수한 것은 오렌지색의 결정이다. 승화성(昇華性)이 있고 알코올·에테르 등의 유기 용매에 잘 녹는다. 현재는 안트라퀴논을 술폰화한 다음 알칼리 융해시키고 황산으로 중화하는 방법을 써서 공업 생산하고 있다. 1869년 K. 그레베 및 K. 리베르만이 처음으로 합성하였고, 이것이 독일의 염료 공업 발전의 기초가 되었다. 꼭두서니의 뿌리에서 얻는 천연 염료로서 고대로부터 사용되었고, 면직물의 터키 적염이 유명하다. 현재는 합성품, 레키 안료,

중간물로서도 사용한다.

알릴기 (―― 基, allyl group)　원자단 CH_2= $CHCH_2$- 의 명칭이다.

알릴 자리 (allylic position)　알릴기 CH_2= $CHCH_2$- 에 특성기 X (X=Cl, OH 등)가 결합하여 있을 때, X가 결합하고 있는 자리를 말한다. 알릴기의 H가 다른 탄화수소기 등으로 치환되어 있어도 C=C-C-X의 형태로 X가 결합되어 있는 자리를 알릴 자리라 한다. 알릴 자리에 결합하는 특성기 X는 친핵성 치환에서의 반응성이 크다.

알릴형 알코올 (―― 形――, allylic alcohol)　알릴 자리에 히드록실기가 있는 알코올. 알릴알코올 CH_2=$CHCH_2OH$ 및 그 동족체를 총괄하여 지칭하는 용어. 알릴알코올은 자극적인 냄새가 나는 무색의 액체로서 분자량 58.04, 녹는점 $-129℃$, 끓는점 96.9℃, 비중 0.8524이다. 물과 임의의 비율로 혼합한다. 인화성이 있고, 증기는 폭발하는 경우가 있으므로 주의해야 한다. 프로필렌을 고온에서 염소화시킨 염화알릴을 가수분해하거나 프로필렌옥시드를 거치는 방법으로 합성한다. 산화하면 아크롤레인·글리세롤 등이 생기고, 산화 알루미늄 등을 촉매로 하여 고온에서 이성질체화시키면 프로피온 알데히드가 된다. 이중결합과 알코올의 히드록시기를 가지므로 양쪽 기에 특유한 반응을 보인다. 합성 수지·향료·화학약품 등을 합성하는 중간체로서 중요하며, 이 밖에 용제와 건조 혈액 제조에도 사용된다.

알부민 (albumin)　가용성 단백질 중 황산암모늄 수용액으로 침전하지 않는 단순 단백질의 일군의 총칭. 미량의 당사슬이 있는 것이 있으므로 엄밀하게는 단순 단백질이 아니다. 보통, 글로불린과 함께 용존하고 있다. 일반적으로 결정이고, 단백질의 모든 발색반응, 침전반응을 하며 약산성이고 소량의 염류 존재하에서 끓이면 응고한다. 알부민은 물, 묽은 산 또는 알칼리, 묽은 염용액에 잘 녹지만, 알코올에는 녹지 않는다. 식물성 알부민은 황산암모늄의 반포화상태 이상에서 비로소 침전한다. 수용액은 70℃에서, 동물성 알부민은 50~60℃에서 변성하여 비가역적으로 응고된다. 알부민은 다른 단백질보다 잘 염석(鹽析)되지 않는 성질이 있으

며, 염석시키려면 농도가 큰 염용액을 써야 한다. 혈청 알부민, 오보 알부민, 락토 알부민 등 외에 식물성 알부민이 있다.

R 산 (―― 酸, R acid)　2-나프톨 -3, 6-디술폰산의 중간물로서의 명칭. 아조 염료의 중요한 원료이다.

R, S 표시 (―― 表示, R, S system)　키랄한 분자의 입체 배치를 표시하는 방법. 전형적인 키랄분자는 부제 탄소 원자와 같은 키랄 중심을 갖고 있으며, 키랄 중심은 4종류의 상이한 치환기(또는 치환 원자)를 갖고 있으므로 그 우선 순위를 정해진 수순으로 결정한다(순위 규칙). 4개의 치환기의 순위가 (1), (2), (3), (4)로 결정되면 가장 낮은 순위의 치환기 (4)를 눈으로 보는 방향에서 먼 위치에 놓고, 나머지 치환기를 순위가 높은 것에서부터 낮은 쪽으로 놓는다. (1) → (2) → (3). 이 순번이 우회전하는 배치를 R(라틴어의 rectus, 오른쪽), 좌회전하는 배치를 S(sinister, 왼쪽)로 표시한다. 키랄 중심이 없는 알렌형 화합물과 아트로프 이성질체(회전장애 이성질 현상)의 R, S 표시에 대해서는 별도의 규칙이 정해져 있다.

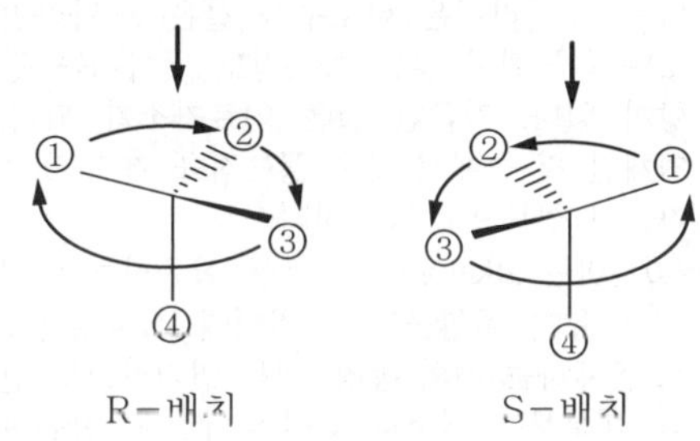

[R, S 표시]

RHEED　'reflection high energy electron diffraction(반사 고속 전자선 회절)'의 약어이다.

R_f 값 (R_f value)　얇은 막 크로마토그래피 또는 여과지(페이퍼) 크로마토그래피에서의 물질의 이동비로, R_f = (원점에서 스폿까지의 거리)/(원점에서 용매선단까지의 거리)로 정의되는 값이다.

RN 아제 (RN ase)　⇨ 리보뉴클레아제.

RNA　'ribonucleic acid (리보핵산)'의 약어이다.

RNA 중합효소 (―― 重合酵素, RNA polymerase)　⇨ 전사 효소.

알카놀아민 (alkanolamine)   암모니아의 수소원자가 지방족 알코올성의 OH기로 치환된 화합물. 대표적인 것은 에탄올아민, 디에탄올아민, 트리에탄올아민 등. 현대의 명명법으로는 아미노알카놀로 명명하는 것이 적절하다.

알칸 (alkane) 지방족 포화 탄화수소 C_nH_{2n+2}의 일반명. 알칸이라는 말은 국제 명명법에 따른 일반명이며, 어미는 –ane로 끝난다. 펜탄보다 고급인 동족체(同族體)에서는 탄소원자 수를 나타내는 라틴어의 수사(數詞)를 어간으로 어미에 –ane를 붙이면 그 이름이 된다. 구성하는 모든 탄소 원자가 연결되어 일렬로 배열된 n-파라핀(곧은 사슬 모양 파라핀)과 탄소사슬로 가지 나누기가 있는 이소파라핀으로 나눈다. 탄소수 n에 따라 메탄($n=1$), 에탄($n=2$), 프로판($n=3$), 부탄($n=4$), 펜탄($n=5$), 헥탄($n=6$), 헵탄($n=7$), 옥탄($n=8$) 등 여러 가지가 있다. 저급인 메탄·에탄·프로판 등은 기체로서 천연가스나 석유가스의 성분으로 존재하고, 그것보다 고급인 펜탄에서 세탄 정도까지의 n-파라핀은 액체, 더 고급인 n-파라핀은 고체이다. 이소파라핀은 탄소수가 같은 n-파라핀보다 끓는점이 낮고 녹는점도 낮아지는 경향이 있다. 저급인 것은 연료가스가 되며, 액체인 것 중에서 낮은 끓는점을 가진 것은 가솔린 성분으로 중요하다.

알칼로이드 (alkaloid)   질소를 함유하는 염기성의 유기 화합물로서, 천연에 식물성분으로 존재하는 것의 총칭. 식물 염기라고도 한다. 대부분은 질소를 고리식 구조에 함유하며 매우 복잡한 구조식을 갖고 있으나 소수는 사슬식 구조의 염기도 있다. 생리작용이 현저한 것이 많고, 의약·독약으로서 사용되는 것도 많다. 분석 시약으로 또는 라세미 화합물의 광학분할에 사용되는 것도 있다.

알칼리 (alkali)   수용액이 염기성을 나타내는 것의 총칭. 주로 알칼리 금속 및 알칼리 토류 금속 원소의 수산화물을 이른다. 또 알칼리 금속의 탄산염, 암모니아, 아민류 등을 포함하는 경우도 많다. 아라비아어의 al(정관사)+qali(재)에 유래하며 예전에는 육지의 식물 재(주성분 K_2CO_3), 바다 식물의 재(주성분 Ka_2CO_3)의 총칭이었다.

알칼리 감량 가공 (―― 減量加工, caustisizing, caustic reduction)   폴리에스테르 직물 등을 수산화나트륨 수용액으로 처리함으로써 섬유를 표면에서 가수분해하여 5~40% 감량하는 가공법. 폴리에스테르 직물 등의 감촉이 대폭 개선되어 유연성, 부피, 주름, 늘어남 등이 향상된다.

알칼리 값 (base number)   ⇨ 염기 값.

알칼리 금속 (―― 金屬, alkali metals)   주기표 1족(1A족)에 속하는 리튬, 나트륨, 칼륨, 루비듐, 세슘, 프랑슘 등 6원소의 총칭, 혹은 그러한 단체 금속의 총칭. 이 중에서 나트륨과 칼륨은 해수·식물·암염광물 등으로 널리 대량으로 존재하지만 그 밖의 원소들은 희유 원소에 속한다. 특히 프랑슘은 수명이 짧은 방사성 동위원소로서 극히 미량이 존재할 뿐이다. 리튬은 운모 등의 광물 속에 존재하고, 루비듐·세슘은 보통 칼륨과 함께 산출되며 특별한 광석으로 산출되는 경우는 드물다. 알칼리 금속은 원소 중에서 전기적 양성이 가장 높고, 1개의 전자를 잃고 비활성 기체와 같은 구조를 가진 1가의 양이온으로 되기 쉽다. 이 이온은 산화·환원 작용을 잘 받지 않으며 안정한 염을 만든다. 따라서 금속을 얻기 위해서는 염을 고온에서 융해하여 전기분해하는 방법을 사용한다. 알칼리 금속은 은백색의 무른 금속으로 공기 중에서는 곧 광택을 잃어버리며, 비중·녹는점·끓는점 등이 낮은 것이 특징이다. 또한 불꽃반응을 나타내고 많은 비금속 원소들과 활발하게 직접 작용하는데, 특히 산소·할로겐 등과 잘 화합한다. 또 수소와 반응하여 수소화물을 만들고 리튬은 질소·탄소와도 직접 화합한다. 상온에서 물과 반응하여 수소를 발생시키고 강한 염기인 수산화물을 생성한다. 리튬을 제외하고 염은 물에 잘 녹는다. 알칼리 금속을 공기 중에 그대로 방치하면 공기 중의 습기와 반응하게 되므로 석유나 파라핀 속에 넣어 저장한다.

알칼리도 (―― 度, alkalinity)   수질 측정에 사용되는 척도의 하나. 적당한 지시약(메틸오렌지, 프로모크레졸 글린, 페놀프탈레인 등)을 사용하여 강산 표준액에 의해 적정하였을 때에 소비된 산의 당량수로 나타낸다.

알칼리 망간 전지 (―― 電池, alkaline man-

ganese (dioxide) cell) 양극에 전해 이산화
망간 미분말과 콜로이드 흑염, 음극에 아말
감화한 아연 입자, 전해질에 산화아연을 포
화 용해시킨 농후 수산화칼륨 수용액을 사
용한 1차 전지. 건전지의 대폭 성능 개량품
으로, 방전전압의 평단성, 저장성이 뛰어난
대용량 고성능 전지이다. 원통형 또는 버튼
형으로 중부화 연속 방전용에 적합하다.

알칼리법 펄프 (alkaline pulp)　펄프 원료를
알칼리성 약액으로 증해하여 만드는 화학
펄프의 하나. 소다 펄프와 황산염 펄프가 있
으며, 전자는 수산화나트륨 용액으로, 후자
는 수산화나트륨과 황화나트륨의 혼합 용액
으로 증해한다.

알칼리성 (—— 性, alkaline)　염기성과 같은
의미로 사용되는 경우가 많다. 원래는 알칼
리 금속의 수산화물 혹은 탄산염이 나타내
는 염기로서의 성질을 나타내는 용어로 사
용되었다.

알칼리 용출시험 (—— 湧出試驗, alkali-soluble
test)　유리에서 온수 중에 용출하는 알칼리
성분량을 측정하는 방법. 화학적 내구성을
측정하기 위한 방법의 하나이다.

알칼리 유재 (—— 油滓, alkali foots)　⇨ 소
다 유재.

알칼리 융해 (—— 融解, alkali fusion)　(1) 수
산화 알칼리의 짙은 수용액 또는 고체와 함
께 화합물을 고온도로 가열함으로써 이루어
지는 합성반응의 조작이다. 술폰산나트륨에
서 페놀을 만드는 반응 등에 적용된다. (2)
불용성 금속 산화물, 황화물, 규산염 등을
수산화 알칼리와 가열 분해하여 가용성으로
하기 위한 조작이다.

알칼리 정량 (—— 定量, alkalimetry)　산염기
적정법의 하나. 뷰렛에 알칼리의 표준액을
넣어 산을 적정 적량하는 방법을 이른다. 예
전에는 이것을 산적정이라 하였으며 현재도
일부 혼동하고 있다.

알칼리 축전지 (—— 蓄電池, alkaline storage
battery)　전해질에 진한 알칼리 수용액을 사
용한 2차 전지의 총칭. 니켈-카드뮴 축전지,
에디슨 축전지, 산화은-아연 축전지, 산화수
산화니켈-아연 축전지 등이 있으며, 소결식
(燒結式)의 니켈-카드뮴 축전지와 산화은-아

연축전지가 실용화되고 있다.

알칼리 토금속 (—— 土金屬, alkaline earth
metals)　주기표 2족(2A족)에 속하는 칼슘,
스트론튬, 바륨, 라듐 등 4원소의 총칭 혹은
그것들의 단체 금속의 총칭. 이것에 같은 2
족 베릴륨 및 마그네슘을 포함시키는 경우
도 있다. 단량체는 융해 할로겐화물의 전해
에 의해서 얻어진다. 은백색이며 비교적 연
하고 연성이 있다. 알칼리 금속보다 훨씬 높
은 녹는점을 갖고 전기를 끌어들인다. 최외
각의 두 개의 s전자를 잃고 희가스와 같은
전자구조를 한 안정된 2가의 양이온이 된다.
알칼리 금속에 이어 전기적 양성으로 동족
내에서는 원자량 증가에 따라 양성이 늘어
난다. 공유화합물은 만들기 어렵다. 이온은
수용액 속에서는 무색. 화합물도 음이온이
유색이 아닌 한 무색이다. 액체 암모니아에
녹아서 청색이 된다. 물, 산소, 황 및 할로겐
등과 쉽게 작용하지만 알칼리 금속처럼 심
하지는 않다. 수산화물인 염기성은 알칼리
금속에 이어 강하고, 원자번호가 클수록 강
하다. 고온에서 질소, 수소 및 탄소 등과 작
용하여 N^{3-}, H^-, C_2^{2-} 등을 포함한 이온화
합물을 만들고 각각 가수분해하여 NH_3, H_2,
C_2H_2 등이 된다. 염화물, 브롬화물, 요오드
화물, 질산염, 과염소산염 등은 물에 잘 녹
지만, 플루오르화물, 탄산염, 황산염, 오르토
인산염 등은 녹기 어렵거나 전혀 녹지 않는
다. 수산화물, 탄산염 등을 가열하면 산화물
이 된다. 염색반응에서 Ca는 등색, Ba는 염
록색, Ra는 양홍색이 된다.

알켄 (alkene)　지방족 불포화 탄화수소로서,
C=C결합 1개가 있는 화합물의 일반명. 올
레핀이라고도 불리우지만 올레핀은 C=C결
합 2개 이상이 있는 탄화수소에 대해서도
사용된다. 수산화알칼리 수용액에 산화비소
(Ⅲ)를 녹이면 알칼리 금속 염을 얻는다. 그
밖의 염은 물에 잘 녹지 않으므로 가용성인
아비산 염과 금속 염의 수용액을 혼합하면
침전한다. 알칼리 금속 염은 물에 잘 녹지만
알칼리 토금속 염은 잘 녹지 않으며, 다른
중금속 염도 물에 녹지 않는다. 모두 산에
의해서 쉽게 분해된다. 아비산 이온은 콜로
이드상의 수산화철 등에 다량으로 흡착된다.
아비산 $HAsO_3$는 아비산 염 용액에 질산은

을 가해 생긴 황색 침전이다. 따라서 이 반응은 아비산 이온의 검출에 사용된다. 아비산 구리 $CuHAsO_3$는 녹색 안료인 셀레녹으로서, 아비산 납 $Pb(AsO_2)_2$의 2% 수용액은 살충제로서 사용된다.

알코올 (alcohol) (1) 탄화수소의 수소원자가 히드록실기로 치환된 화합물 R－OH의 총칭. 단, OH기가 방향족의 벤젠 고리, 나프탈렌 고리 등에 직접 연결되어 있는 화합물은 페놀이라 한다. 방향족 고리의 곁사슬에 OH기가 결합하여 있는 화합물은 방향족 알코올이다. (2) 알코올의 동족체 중에서 가장 일찍부터 잘 알려져 있던 에틸알코올 C_2H_5OH를 쉽게 알코올이라 하는 경우가 많다. 음료용, 공업용, 용매용으로서의 용도가 넓다. 그러나 학술논문 등에서는 용매로 사용한 경우라도 에탄올 혹은 에틸알코올이라고 적어, 다른 알코올과 혼동하지 않도록 한다.

알코올라트 (alcoholate) 알코올에서 OH기의 수소가 금속으로 변하여 염이 된 화합물의 총칭. 가장 잘 사용되는 것은 나트륨알코올라트 RONa. 알코올레이트, 알콕시드라는 것도 같은 뜻이다.

알코올 발효 (—— 醱酵, alcoholic fermentation) D-글루코오스, D-프룩토오스 등의 헥소오스가 산소가 없는 조건에서 에탄올과 이산화탄소로 분해하는 발효 형식의 하나(다른 형식으로는 해당이 있다). 알코올 음료를 만드는 오래 전부터 알려진 방법이다. 이러한 작용을 갖는 미생물로서 가장 잘 알려져 있는 것은 효모이며, 글루코오스(포도당)・프룩토오스(과당)・만노오스・말토오스(맥아당)・수크로오스(설탕)를 발효시킬 수 있다. 알코올 발효는 미생물(특히 곰팡이)이나 고등식물에서 볼 수 있으나 대부분의 동물조직에서는 알코올 발효가 일어나지 않고, 탄수화물은 무효소적으로 분해되어 젖산을 생성한다.

알코올성 착색제 (—— 性着色劑, alcoholic stain) ⇨ 알코올 스테인.

알코올성 칼리 (alcoholic potash) 수산화칼륨의 에탄올 용액. 유기 화합물과 수산화칼륨을 반응시키기 위해 많이 사용된다. 예를 들면 요오드화 에틸에 작용시키면 에틸렌을 생성한다. 유지류의 검화에도 쓰인다.

알코올 스테인 (alcoholic stain, spirit stain) 목재의 착색에는 소지 착색과 도막 착색이 있는데 소지 착색제의 하나. 염료를 알코올에 용해한 착색제이다.

알콕시화물 (—— 化物, alkoxide) ⇨ 알코올라트.

알콕실기 (—— 基, alkoxyl group) 알코올기에 산소원자가 결합하여 구성된 원자단 $C_nH_{2n+1}O-$의 명칭. 각 개의 기명은 메톡시, 에톡시, 프로폭시, 프톡시. C_5 이상의 경우는 알킬기명 뒤에 옥시를 부가하여 명명한다. 예를 들면 $C_5H_{11}O-$는 펜틸옥시(pentyloxy)이고, 이것을 단축하여 펜톡시(pentoxy)라고는 하지 않는다.

알키드 수지 (—— 樹脂, alkyd resin) 다가 알코올과 다가 카르복시산의 중축합물. 보통은 프탈산류와 글리세린 등 다가 알코올을 주성분으로 하고, 각종 건성유와 지방산으로 변성한 열경화성 수지를 지칭한다. 알키드 수지는 3가 이상의 알코올 성분과 건성유(乾性油)를 함유하므로 칠할 때까지는 선상(線狀)의 고분자이지만, 칠한 다음에는 에나멜링(燒付) 조작이나 공기의 작용으로 다리결합을 갖는 3차원 고분자가 되어 내수성(耐水性)・내약품성이 강화된다. 따라서 그대로 도료로 쓰거나 요소 수지・멜라민 등과 혼합하여 굴곡성이 있는 금속 도료로 건축물・선박・철교 등에 널리 쓰인다.

알킨 (alkyne) 지방족 불포화 탄화수소로, C≡C결합이 있는 화합물의 일반명. 알긴산은 2종의 우론산의 중합체로 중합도 80, 분자량 1,500 정도이다. 묽은 황산으로 섞은 갈조를 묽은 알칼리성의 더운 물에서 추출하여 추출액을 산성으로 만들면 생기는 침전이 알긴산이다. 알긴산은 분자 속에 우론산의 카르복시기(基)가 있으므로 산의 성질을 나타내는데, 보통은 나트륨 염으로 다룬다. 알긴산의 칼슘 염은 물에 녹지 않는다. 알긴산은 경구투여(經口投與)로는 독성이 없지만 혈액 속에 주사하면 유독하다. 알긴산이 혈액 속의 칼슘이온과 반응하여 불용성 염을 만들고, 그것이 혈관을 막기 때문이다. 포유류는 알긴산을 분해하는 효소가 없으므로 알긴산을 영양으로 복용할 수 없다. 그러나 해산 연체동물(전복)에는 분해효소가 있다. 이것은 이 조개가 해조(海藻)를 상식(常食)으로 하고 있는 것과 관계가 있다고 생각된다. 토양 세균의 하나도 알긴산을 분해한다. 알긴산은 1957년까지는 만누론산만으로 되어 있다고 생각하였으나 최근에 와서 L-글루크론산도 알긴산의 구성 성질인 것이 밝혀졌다. 알긴산은 불용성이지만 나트륨 염은 물에 녹으며 점성도가 매우 높기 때문에 용도가 넓다. 나트륨 염은 잘게 부순 갈조를 바람에 건조시킨 것을 묽은 산 또는 묽은 알칼기로 처리하여 침강법·공기 부유법·원심 분리법 등으로 단백질·섬유질 등의 불순물을 제거하고 알코올을 사용하여 탈수·건조시킨 후 분말로 만든다.

알킬 교환반응 (—— 交換反應, transalkylation) 알킬 치환기가 많은 방향족 탄화수소와 치환기가 적은 방향족 탄화수소에서 촉매 조건하에서 알킬기의 이행을 시켜서 치환기 수가 그 중간의 방향족 탄화수소를 생성하는 반응. 공업적으로 예를 들면 트리메틸벤젠과 톨루엔에서 혼합 크실렌을 제조하는 방법이 있다. 이 역반응에는 톨루엔에서 벤젠과 혼합 크실렌을 제조하는 불균화 반응이 있으며, 이러한 양 반응을 조합하여 톨루엔과 트리메틸벤젠에서 벤젠과 혼합 크실렌을 동시에 얻는 방법도 공업화되어 있다.

알킬기 (—— 基, alkyl group) 지방족 포화 탄화수소 C_nH_{2n+2}에서 수소 1원자가 상실되어 생성되는 잔기 C_nH_{2n+1}의 일반명. 개개의 기명은 메틸, 에틸 등이 있다.

알킬레이트 (alkylate) 넓은 뜻으로는 알킬화 반응 생성물을 이르지만 보통은 알킬화법에 의해 합성한 높은 옥탄가 가솔린 성분을 말한다. 일반적으로 이소부탄을 주성분으로 하는 부탄 유분(留分)과 부틸렌, 이소부틸렌 또는 프로필렌을 플루오르화 수소 또는 황산을 촉매로 하여 반응시킨다. 주성분은 각종 구조의 분지 파라핀 혼합물이다.

알킬 수은 (—— 水銀, alkylmercury) 유기 수은화합물의 하나. 알킬기와 수은의 공유결합이 있는 화합물. 특히 미나마타병의 원인이 되는 메틸 수은 등이 잘 알려져 있다.

알킬 주석 (—— 朱錫, stannan) 그을음의 수소화물 SnH_4. 또 SnH_4의 수소원자를 알킬 등의 기로 치환한 유기 화합물을 총칭하여

스타난이라 한다.

알킬화 (—— 化, alkylation) 유기 화합물에 알킬기를 결합시키는 반응. 탄소 골격에 구전자 혹은 구핵 치환으로 알킬기를 도입하는 반응과 OH, NH_2 등의 관능기의 수소를 알킬 치환하여 알킬 유도체를 형성하는 반응이 있다.

α-나선 (—— 螺旋, α-helix) ⇨ α-헬릭스.

α-D-글루코시다아제 (α-D-glucosidase) ⇨ 말타아제.

α 방사체 (—— 放射體, α emitter) ⇨ α 붕괴.

α 붕괴 (—— 崩壞, α decay) 방사성 원자핵의 자연붕괴의 하나로, 하나의 원자핵이 α선을 방출하여 다른 원자핵으로 변하는 현상. α붕괴가 일어나면 α입자, 즉 헬륨 원자핵이 방출되므로 원래의 원자핵 원자번호는 2, 질량수는 4만큼 감소한다. 어떤 핵종이 α붕괴로 다른 핵종으로 변하는 것을 α전위라 하고, 또 α붕괴하는 핵종을 α방사체라 한다. 일반적으로 α붕괴에 의해 생긴 α선의 에너지는 붕괴 결과 생겨난 새 원자핵의 들뜬상태(勵起狀態)에 따라 여러 종류가 된다. 이 사실은 들뜬상태의 성질을 알아내거나 원자핵의 구조를 살피는 데 중요한 단서가 된다.

α 선 (—— 線, α rays) α붕괴 때 방사되는 α입자, 즉 헬륨 이온 He^{2+}의 흐름. 자기장, 전기장에 의해 굽어지며, 전리작용은 강하지만 투과력은 약하다. 스핀이 0이며 보스-아인슈타인 통계를 따르는 안정된 입자이다. 이온화 작용이 강하고 물질을 통과할 때 그 경로를 따라 많은 이온이 발생한다. 사진 건판에 조사(照射)하면 비적(飛跡)으로 볼 수 있다. 투과력은 약하며, 500만 V의 α선은 1 atm(기압)의 공기 속을 3 cm만 통과해도 정지한다.

α-헬릭스 (α-helix) 단백질과 폴리펩티드의 기본적인 2차 구조의 하나. α-나선, α구조라고도 한다. 아미노산 3, 6잔기마다 1회전하는 나선구조를 이른다. 펩티드 결합이 평면인 사실, 펩티드 결합의 >C=O와 >NH는 모두 수소결합하는 사실을 진제로 하는 에너지적으로 가장 안정된 구조로서 L.

Pauling과 P. B. Corey(1951년)에 의해 제안되고, 그 후 실증된 구조이다.

암 (癌, cancer)　일반적으로 악성 종양 전체를 지칭한다. 정확한 표현으로는 상피성의 악성 종양을 암, 비상피성의 것을 육종이라 총칭한다.

암면 (岩綿, rock wool)　현무암, 안산암 등의 염기성 화성암을 융해하여 그것을 공기와 수증기로 비산시켜 섬유상으로 한 것. 단열재, 흡착제로 사용된다. 섬유의 길이 10~100 mm, 굵기 2~20 μm가 표준이다. 용융 암면의 일부는 섬유상으로 만들 때 작은 구(球) 모양으로 되는 경우가 많고, 제품에도 작은 구가 섞이기 쉬운데, 이것이 많이 포함되어 있는 것은 불량품이다. 성분상으로 보면 알칼리에는 강하나 강한 산에는 약하다. 무기질이므로 내화성(耐火性)이 우수하며, 열전도율은 작고 흡음률(吸音率)이 높으므로 보온재나 흡음재로서의 용도가 넓고, 고온 보온재로서도 사용된다.

암모늄 명반 (—— 明礬, ammonium alum)　황산암모늄 알루미늄 12수화물 Al(NH₄)(SO₄)₂·12H₂O의 통속명. 그러나 암모늄 이온 NH₄⁺를 포함하는 명반류를 암모늄 명반이라 총칭하기도 한다. 비중 1.64이다. 다른 명반과 마찬가지로 보통 정팔면체로 결정화하여 혼성 결정을 만들기 쉽다. 알루미늄 대신에 철이 들어 있는 것을 암모늄 철명반이라고 하는데 넓은 뜻으로 암모늄 명반의 하나이다. 또 철 이외에 크롬·코발트·망간 등이 들어 있는 것도 있다. 가열하면 결정수를 잃고 고온에서는 분해되어 알루미나가 된다. 20℃에서 100 g의 물에 6.57 g 녹는다. 수용액 속에서는 각 성분 이온으로 해리하고 있어서 착형성(錯形性) 정도가 극히 작다. 다소 가수분해되어 산성을 띤다. 그 밖에는 각 성분염의 성질과 거의 같다. 또 1, 2 수화염 외에 3, 5, 6, 8 수화염이 알려져 있다. 일반적으로 알루미늄 염으로 사용되는 외에 알루미늄 제조의 중간체로서 처리된다. 염색에서의 매염제, 제지 및 의약제로 사용되며 흐린 물을 깨끗하게 하기 위하여 사용되기도 한다.

암모늄 염 (—— 鹽, ammonium salt)　(1) 암모니아에 수소이온이 결합하여 생긴 양이온 NH₄⁺의 염. (2) 아민에 수소이온이 결합하여 생긴 양이온의 염. 예를 들면 아닐륨염 C₆H₅NH₃⁺Cl⁻이 있다. (3) NH₄⁺의 수소원자가 모두 탄화수소기로 치환된 화합물은 제4급 암모늄 염이라 한다. 예를 들면 (CH₃)₄ NCl이 있다.

암모니아 (ammonia)　특유한 자극적 냄새가 있는 무색의 기체 NH₄. 대기 중, 하천수, 해수 중에 미량이 존재한다. 압축에 의해 상온에서도 간단하게 액화한다. 물, 메탄올, 에탄올 등에 쉽게 녹으며 알칼리성을 나타낸다. 산소 중에서 담황색의 불꽃을 내며 연소하고 주로 물과 질소가 된다. 공업적으로는 질소와 수소에서 고온·고압으로 합성(철촉매 사용)된다(⇨ 암모니아 합성). 질산, 요소, 암모늄 염, 질소비료, 화학공업품의 원료로 중요하다.

암모니아 산화법 (—— 酸化法, oxidation process of ammonia)　암모니아를 산화하여 질산을 제조하는 방법. 1902년, F. W. Ostwald에 의해 개발되었으므로 오스트발트법이라고도 한다. 암모니아 가스를 가열하여 백금망 촉매상에서 공기 또는 산소에 의해 연소 후 일산화 질소를 생성시켜, 이것을 냉각하여 이산화 질소로 하고, 물에 흡수시켜 질산을 제조한다. 촉매는 pt-10% Rh합금을 사용한다. 현재의 질산 제조는 모두 이 방법을 사용하고 있다.

암모니아성 질산은 용액 (—— 性窒酸銀溶液, ammoniacal silver nitrate solution)　알데히드, 환원당의 검출에 사용되는 시약. 트랜스 시약이라고도 한다. 은경반응을 이용한다. 질산은 수용액에 수산화나트륨 용액을 가하고, 생긴 침전이 용해할 때까지 암모니아수를 적하한 것을 말한다.

암모니아 소다법 (—— 法, ammonia-soda process)　탄산나트륨(소다회)의 공업적 제조법. 1861년, E. Solvay가 공업적으로 성공하였으므로 솔베이법이라고도 한다. 암모니아를 흡수시킨 식염수에 석회석을 소성하여 얻은 이산화탄소를 흡수시켜 탄산 수소나트륨을 석출시킨 다음 여과, 가소하여 탄산나트륨으로 한다. 이 방법의 특징은 암모니아, 이산화탄소 등을 순환시켜 사용하는 점에 있다. 이 방법의 식염 이용률은 약 70%이고, 이제 이것을 거의 100%로 높인 염안 소다법이 주류를 이루고 있다.

암모니아수 (―― 水, aqueous ammonia) 암모니아 NH_3의 수용액. 수산화 암모늄이라 호칭되기도 하지만, 수용액 중에서 화학식 NH_4OH를 갖는 화합물의 생성은 인정되지 않으므로 이것은 잘못된 명칭이다. 암모니아를 물에 녹여 만드는데 발열하므로 냉각시키면서 녹인다. 온도에 따라 용해도가 변화하고, 농도가 높을수록 비중이 작다. NH_3 분자의 상태는 각종 실험 결과로 알 수 있듯이 수산화 암모늄 NH_4OH의 존재로 생각되지 않으며, 물 분자가 첨가된 $NH_3 \cdot H_2O$와 NH_4OH의 중간 상태에 있는 것으로 보고 있다. 무색 투명한 액체로, 암모니아 냄새와 자극적인 맛이 나고, 알칼리성을 보인다. 가열하거나 강한 염기가 존재하면 용해도가 감소하여 암모니아를 잃는다. 시약으로서도 중요하지만, 의류의 세척과 국소 자극제·홍분제·제산제·중화제 등 의약품으로서도 사용된다. 고무·유리 등의 마개로 막아 밀폐하여 보존하는데, 진한 암모니아수는 온도가 상승하면 폭발하므로 서늘한 곳에 저장한다. 여름철에는 마개를 뽑을 때 분출하여 눈에 들어가는 경우가 있으므로 주의해야 한다. 시판하는 암모니아수의 농도는 약 28%이다.

암모니아 착염 (―― 錯物, ammine complex) 암모니아 분사를 배위자로 하는 착물. 암모니아의 배위자명이 암민(ammine)인 관계로 암민착물이라고도 부른다. 또 암모니아의 유기 유도체, 예를 들면 알킬아민과 아닐린 혹은 에틸렌디아민 등의 폴리아미드류, 나아가서 피리딘, 비피리딘, 페나트로린 등의 복소고리 화합물을 배위자로 하는 착물도 포함하여 아민 착물이라 호칭하는 수도 있다.

암모니아태 질소 (―― 態窒素, ammonia nitrogen) 물과 토양 중의 질소를 함유하는 유기물은 분해되어 암모늄 염이 되는데 이 암모늄 염에 포함되는 질소를 말한다. 보통 탄산나트륨, 수산화나트륨 등의 강알칼리를 가하고 가온·통기시키면 암모니아가 된다. 네슬러 시약에 직접 반응하여 착색하므로 담수·해수 등의 미량의 암모니아성 질소는 비색법(比色法)으로 정량된다. 질소 화합물이 토양 속에서 분해되어 식물의 비료가 될 때 암모니아성 질소의 형태, 즉 암모니아태(態)를 가진다고 생각되고 있다. 그러므로 단백질태 → 아미노태, 요소태 → 암모니아태 → 질산태가 되어 식물에 흡수된다. 따라서 비료 과학에서 많이 사용되는 용어이다.

암모니아 합성 (―― 合成, ammonia synthesis) 질소와 수소의 혼합가스($N_2/H_2=1/3$)를 고온(400~600℃), 고압(100~1,000 atm), 철 촉매의 존재하에서 반응시켜, 암모니아를 직접 합성하는 공업 프로세스. 1907년, F. Harber에 의해 암모니아 합성의 기초가 확립되고, 1913년 IG사의 K. Bosch의 고압기술 개발로 공업적 규모의 암모니아 합성이 출현하였다. 그러므로 이 방법을 하버-보슈법 혹은 IG법이라 한다. 현재도 반응조건 등은 다르지만 암모니아 합성은 하버-보슈법이 기본이 되고 있다.

암모산화 (―― 酸化, ammoxidation) 산화와 동시에 질소를 도입하는 반응. 예를 들면 아크릴로니트릴은 촉매의 존재하에, 프로필렌에 암모니아 및 공기를 반응시킴으로써 제조되고 있다.

암몬 폭약 (―― 爆藥, ammonium nitrate explosive) 질산암모늄을 기제로 하는 폭약의 하나. 폭발하기 쉬우므로 6% 이하의 니트로겔(니트로글리세린과 니트로셀룰로오스의 콜로이드상 혼합물)이나 또는 10% 이하의 트리니트로톨루엔과 디니트로나프탈렌 등의 니트로 화합물을 혼합한 가루상태의 제품. 암석이나 흙의 발파에 사용하지만 탄광의 갱내에서는 사용할 수 없다.

암석권 (岩石圈, lithosphere) 지구 표층의 고체부분에서 암석으로 된 층. 지각 혹은 지각에 맨틀의 일부를 가한 것이라 볼 수 있다. 지구 표층은 기권, 수권, 암석권으로 된다.

암염 (岩鹽, rock salt) 천연 광물로 산출되는 염화나트륨 결정. 나트륨분과 염소분의 공업적인 원료가 된다. 또 염화나트륨을 주성분으로 하는 암석도 암염이라 한다. 굳기 2.5, 비중 2.1~2.6이다. 쪼개짐은 [100] 면에 완전하다. 대개는 무색 투명한데, 때로 노랑·빨강·파랑·보라색 등을 띤다. 유리광택이 있으며 조흔색(條痕色)은 백색이다. 물에 녹기 쉬우며 짠맛이 난다. 흔히 황산마그네슘・염화마그네슘 등의 불순물을 함유하며 조해성(潮海性)을 나타낸다. 해수 또는 염호(鹽湖)의 증발로 인하여 정출(晶出)하여 대규모 광상을 이룬다. 광상은 때로 상부의 지층으로 관입(貫入)하여 이른바 암염 등을 형성한다. 유럽 및 북아메리카의 페름 기층(紀層) 중에 석고・경석고 등의 증발암과 호층(互層)을 이루어 대규모로 산출된다. 중국과 파키스탄에도 상당한 광상이 있다. 공업염・식염・소다 원료 등으로 이용된다.

암 유전자 (癌遺傳子, oncogene)　이상적으로 혹은 대량으로 발현하여 세포의 암화를 일으키는 유전자. 정상세포 속에 존재하여 특정한 분화・증식을 하는 유전자가 변이, 증폭, 전좌 등으로 활성화되어 발현한다고 여겨진다. 종양유전자라고도 한다.

암장수 (岩漿水, magmatic water)　지구 내부의 마그마에서 유래하는 물. 즉 암장이 응결할 때에 짜여지면서 암석의 틈, 간극을 통해 지표로 상승하는 물. 순환수에 대응하는 용어이다.

암 전류 (暗電流, dark current)　반도체에 빛을 조사하여 일어나는 광전효과 등을 조사할 때, 암소의 특성을 조사할 필요가 있는데, 암소에서도 흐르는 전류를 암전류라 한다. 광전효과(光電效果)에 의해 광전류를 발생하는 물체 또는 장치에서 열적(熱的) 원인, 절연성 불량 등이 원인이다. 광전관일 경우에는 판벽의 누설, 잔류기체의 이온화(電離) 등이 그 원인이다. 특히 기체가 들어 있을 때 심하며 $10 \sim 8A$ 정도의 전류가 흐르는데, 진공형 광전관의 경우는 그 이하로 떨어진다. 방전관일 경우에는 음극으로부터의 광전자 방출이나 우주선(宇宙線)・방사선 등으로 인한 관내 기체의 이온화가 그 원인이다. 광전관일 경우 빛 릴레이 회로 등에서는 이것을 무시해도 좋지만 2차 전자 증배관(二次電子增倍管)을 사용한 미약한 빛의 측정 등에서는 되도록 광전류가 적은 것이 바람직하다.

암탄 (暗炭, dull coal)　석탄을 육안으로 관찰하였을 경우에 식별할 수 있는 광택이 둔한 부분. 포자(胞子)・꽃가루・쇄설목편(碎屑木片)・수지 등으로 이루어져 있어서 동일한

석탄에서는 광택이 강한 휘탄(輝炭) 부분보다 휘발성 수소의 함유량은 많지만 탄소분은 적다. 코크스화성(化性)은 휘탄보다 못하지만 타르 수량(收量), 건류가스의 중탄화수소, 메탄의 함유량, 기체의 발열량은 암탄이 양호하다. 고급 석탄일수록 휘탄과 암탄을 육안으로 식별하기 어렵지만 현미경으로는 쉽게 식별할 수 있다.

암페어 시용량 (—— 時容量, ampere-hour capacity)　전지의 성능을 평가하기 위한 특성의 하나이다. 전지의 단자 간 전압은 방전과 함께 하강하여, 초기 전압의 90% 정도일 때부터 특히 급격하게 하강한다. 이 때까지에 흐른 전기량을 암페어시(Ah)＝3,600 C로 나타낸다.

압력계 (壓力計, manometer)　유체의 압력을 측정하는 계기의 총칭. 마노미터라고도 한다. 원리는 중력 평형, 탄성, 전기저항, 압전기 등이 있다. 중력 평형식은 액주와 추의 중량과 압력을 균형되게 한다. 탄성식은 부르동 관 압력계처럼 압력에 의한 변형을 이용한다. 전기저항식은 압력에 의한 변형의 비틀림을 전기저항의 변화로 변환한다. 압전식은 변형의 비틀림을 결정의 압전현상을 이용하여 전기신호로 한다.

압력 점프 (壓力 ——, pressure jump)　$10^{-6} \sim 10^{-1}$s 정도의 시간영역의 반응속도를 측정하기 위한 완화법의 하나. 계의 압력을 급격하게 변화시켜 평형 위치를 엇갈리게 한 다음 새로운 평형에 이르기까지의 시간을 측정하여 정・역 양 방향의 반응속도 상수를 구한다.

압연 유 (壓延油, rolling oil)　주로 철, 구리, 알루미늄 등의 냉간 압연에 재료와 롤 사이의 윤활을 주목적으로 사용하는 기름. 일반적으로 광유와 유지를 배합한 유성 압연유와 광유에 유화제를 첨가한 수용성 압연유 등이 사용된다.

압이니시오 분자 궤도법 (—— 分子軌度法, *ab initio* molecular orbital method)　⇨ 순이론적 계산.

압전기 (壓電氣, piezoelectricity)　압전 효과에 의해 생기는 전기로, 피에조 전기라고도 한다. 1880년에 프랑스의 J. 퀴리와 P. 퀴리

형제가 전기석(電氣石)에서 발견한 현상인데, 수정·전기석·로셀염 등 오래 전부터 알려져 있는 것 외에 티탄산바륨·인산이수소암모늄·타르타르산 에틸렌디아민 등의 인공 결정이 현저하게 압전성을 가지는 소자(素子)로 개발되었다. 일반적으로 1장의 결정판에 의한 압전기는 극히 미약하지만 금속박을 삽입하여 이것을 몇 장 겹치면 그 전기량은 충분히 측정할 수 있게 된다. 이것을 이용하면 기계적인 변형을 전기적으로 끌어낼 수 있으므로 마이크로폰과 전축용 픽업 등에 오래 전부터 사용되고 있으며, 이 경우에는 압전율이 큰 로셀염의 결정이 많이 사용되고 있다. 또 압전성을 가지는 결정판에 고주파 전압을 인가하면 판이 주기적으로 신축하며, 특히 전압의 주파수를 판의 고유진동수에 맞추면 공진(共振)하여 판이 강하게 진동한다. 이 현상을 역압전 효과(逆壓電效果)라고 하며, 이 효과에 의해 강력하고 안정된 기계적인 진동이 얻어진다.

압전 세라믹스 (壓電——, piezoelectric ceramics)　강유전체 세라믹스에 분극 처리를 하여 압전체로 한 것. PZT가 대표적인 압전 세라믹스이지만, $PbZrO_3$-$PbTiO_3$-$Pb(Mg_{1/3}Nn_{2/3})O_3$계 등, 3성분계 고용체의 개발로 그 종류는 비약적으로 확대하고 있어, 목적, 용도에 따라 그 세부적인 조성 선택이 가능하게 되었다.

압전 재료 (壓電材料, piezoelectricity material)　외력을 가하였을 때에 유전분극이 생기는 재료. 압전 세라믹스는 오래 전부터 사용되어 왔으나, 최근에는 폴리플루오르화 비닐리덴 등의 고분자 유도체도 사용되고 있다.

압전 효과 (壓電效果, piezoelectric effect)　어떤 종류의 이온 결정(로셀염, 티탄산바륨 등)에 외력을 가하면 이온의 상대적 위치가 변화하고 유전분극에 의해 전위차가 생기는 현상. 역학진동을 전기진동으로 변환하기 위해 이용되고 있다.

압착 유 (壓搾油, pressed oil)　스핀들유 같은 끓는점이 낮은 윤활유 유분에서 압착 탈랍법으로 납분을 제거한 것. 탈랍유의 하나이다.

압축 강도 (壓縮强度, compressive strength)　물체에 일축 압축하중(一軸壓軸荷重)을 부

하하였을 때의 파손에 이르기까지의 최대 응력. 콘크리트와 암석같은 압축 강도를 이용하는 재료에서 측정된다.

압축기 (壓縮機, compressor)　기체 수송기 중에서 토출 압력이 100 kPa 이상인 것의 총칭. 날개 바퀴의 고속 회전을 이용한 터보형과 피스톤의 왕복운동 등을 이용한 용적형으로 구별된다. 구조상으로 보아 터보형은 토출류의 맥동이 없지만 토출 압력을 크게 잡을 수 없으므로 송풍관의 저항이 크면 풍량의 감소가 생기는 결점이 있다. 용적형에 대해서는 반대 현상이 생긴다고 말할 수 있다.

압축기 유 (壓縮機油, compressor oil)　각종 압축기의 내부 윤활에 사용되는 기름. 탄화 경향이 작고 내마모성, 녹을 방지하는 성질이 뛰어난 기름이 좋다.

압축률 (壓縮率, compressibility)　압력 P의 변화에 따라 물체의 체적 V가 변화하는 비율. 특히 온도 T가 일정 조건에서 $n=-(1/V)(\partial V/\partial P)_r$로 정의하였을 때, n을 등온 압축률이라 한다. 체적 탄성률의 역수와 같다.

압축 성형 (壓縮成形, compression molding)　플라스틱 성형법의 하나. 금형에 성형재료를 넣은 후에 금형을 폐쇄하고 가열 가압하여 성형하는 방법으로, 가압에는 주로 프레스가 사용된다. 열경화성 수지의 성형에 사용되는 경우도 많지만, 열가소성 수지에서도 레코드 등의 성형에는 이 방법이 사용된다.

압축 영구 뒤틀림 (壓軸永久 ——, compression set)　정적인 압축이나 전단을 받는 부분에 사용되는 가황고무의 가열 압축에 의한 잔류 뒤틀림. 가황고무가 완전 탄성체가 아닌 데 기인하는 현상이다.

압축 탈수구간 (壓縮脫水區間, compression period)　정치한 현탁액 중의 현탁물이 계면을 형성하여 침강할 때에는 침강개시 초기와 장시간 경과후와는 침강양상이 현저하게 다르다. 양자를 구분하는 시점을 압축점이라 하고, 압축점 이후의 침전 농축과정을 압축 탈수구간이라 한다. 여기서는 고농축 현탁액(침전부)에서의 탈수가 율속이 되므로 압축탈수라 불리운다.

압출 성형 (壓出成形, extrusion molding)　플

라스틱 성형법의 하나. 성형 재료를 연속적으로 압출기에 공급하여 압출기 내에서 융해·가압해서 연속적으로 일정한 단면 형상의 꼭지쇠에서 압출, 냉각하여 제품을 얻는다. 역사적으로는 비누·마카로니의 제조에 압출 성형이 사용되어 왔으나 19세기 중엽 고무와 플라스틱에 이 방법이 처음으로 적용되었다. 현재는 플라스틱 튜브·파이프·홈통·필름·판(板)·연신(延伸)테이프·모노필라멘트·이형품(異形品 : 특이한 디자인의 단면을 가진 제품)·전선 피복·플라스틱 네트 등, 전체 플라스틱의 소비량 중에서 압출 성형에 의한 것이 많이 있다. 장치는 압출기·금형·받는 장치 등의 기본 요소로 구성된다. 압출기의 호퍼에 공급되는 입상(粒狀) 또는 분말상의 플라스틱 재료는 강으로 만든 가열 실린더 속에서 가열되고 연화(軟化) 융해되어 스크루의 회전에 의해 혼련(混練)과 압축을 받으면서 앞쪽으로 수송된다. 균일한 융해체로 된 재료의 흐름은 작은 구멍을 다수 갖춘 금속 원판을 통과해서 정류(整流)되어 목적하는 형상으로 만들어진 금형의 개구부(開口部)로부터 외부에 연속적으로 압출되어 냉각 수조를 통과하여 제품으로 인수된다. 압출기는 스크루가 1개뿐인 단축식이 가장 널리 보급되어 있으나, 그 밖에 2축식과 3축식도 있다. 또 탈기(脫氣) 구멍을 갖추고 재료 속의 수분 등을 제거하는 벤트식과 특수형으로서 스크루를 진혀 사용하지 않는 것도 있다. 사출 성형에 비해 단위 생산량의 설비비가 싸다. 캘린더링 가공에 비하면 생산능력은 떨어지지만 설비비가 싸고 특수한 기술을 필요로 하지 않으며, 일손이 적어도 되는 등의 이점이 있다. 필름, 시트, 파이프, 봉, 섬유, 전선 피복 등에 적용된다.

압출 흐름 (壓出 ——, plug flow, piston flow) ⇨ 피스톤 흐름.

압출 흐름 반응기 (壓出 —— 反應器, piston flow reactor) 부분적인 혼합이나 확산이 일어나 있지 않는 유동상태를 압출 흐름이라 하는데, 반응기 내의 흐름이 이와 같은 유동상태가 되는 이상적 유동형 반응기이다.

앙상블 효과 (—— 效果, ensemble effect) 촉매반응을 진행시키기 위해 복수의 활성점으로 된 원자 집단(앙상블)을 필요로 하는 경우가 있는데 이것을 앙상블 효과라 한다. 앙상블 효과가 붕괴되면 촉매활성은 상실된다. 복합 금속 촉매에서 많이 사용되며, 그 효과는 전자적 인자와 기하학적 인자에 기인한다.

애노드 (anode) 일반적으로 전해질 용액을 사이에 두고 두 전극 간에 전류가 흐르고 있을 때, 전해질 용액으로 전류가 유출하는 쪽의 전극, 즉 산화반응이 일어나는 전극을 이른다. M. Faraday가 명명. 전기분해와 방전관에서는 양극이라고도 하고, 전지에서는 음극이라고도 한다. 부식반응에서는 금속이 용해하는 부분을 지칭한다.

애노드 부동태화 (—— 不動態化, anodic passivation) ⇨ 양극 부동태화.

애노드 산화 (—— 酸化, anodic oxidation) ⇨ 양극 산화.

애노드스트립핑 법 (—— 法, anodic stripping process) 수은과 백금 등의 전극상에 반파 전위보다 약 0.2V 정도 낮은 전위(환원할 수 있는 전위)로 목적으로 하는 금속 이온을 전해 석출시킨 후에 다시 전극 전위를 높은 전위(산화방향의 전위)로 올려, 전해 용출시킬 때의 전류전위 곡선에서 정성·정량분석을 하는 방법. 양극 벗김 분석이라고도 한다. 매우 고감도이며, 10^{-10} M 정도의 금속 이온까지 정량이 가능하다.

애노드 슬라임 (陽極沈澱物, anodic slime) 조금속을 양극으로 하여 금속을 전해 제련할 때, 제련하려는 금속보다도 이온화 경향이 작은 불순물이 전기 화학적으로 용해하지 않고 전해조 바닥에 침전한다. 이 침전물을 이른다. 양극 찌꺼기라고도 한다. 이것은 귀금속의 함유율이 높으므로 금, 은 등의 귀금속 제련의 원료가 된다.

애노드 액 (—— 液, anolyte) 2실형의 전지와 전해조에서의 양극실(산화반응하는 쪽)의 전해질 용액을 말한다.

애자 (碍子, insulator) 전선 등 도체의 전기적 절연 및 지지를 위하여 장치하는 절연기구. 전기적으로 충분한 절연내력(絶緣耐力)을 가지게 하기 위하여 다수의 주름을 만들어 표면에 따른 거리를 크게 하였다. 이것은 표면이 습하였을 때, 특히 염분이나 먼지 등이 부착하였을 때 절연내력이 저하되는 것을 방지하는 데 효과가 있다. 일반적으로 절연체의 주 재료로는 경질자기를 사용하는데, 절연내력를 가지며 변질하지 않고 온도 변화와 태양광선 등의 환경에도 강한 기계력을 가질 수 있도록 되어 있다. 일반적으로 자기 애자가 사용되고 있으나, 특수한 용도에는 유리, 수지 애자가 사용되는 경우도 있다. 사용 목적, 장소, 전압 등에 따라 각종 재질, 형상의 것이 만들어지고 있다. 종류에는 ① 송전선용 : 현수애자(懸垂碍子)·장간(長幹)애자·내무(耐霧)애자(태풍 때의 오손에 견딜 목적으로 사용), ② 배전선용 : 핀애자, ③ 옥내 배선용 : 놉애자·애관(碍管)·클리트 애자, ④ 차단기·피뢰기용 : 지지애자 등이 있다.

액간 전위차 (液間電位差, liquid junction potential) 전해질 용액의 두 액 접합계(액체-액체 계면)에 있어, 이온종의 조성과 농도의 차이에 따라 접합면에 생기는 전위차. 각종 이온의 확산 속도차에 기인하므로 확산 전위라고도 한다. 접촉 계면을 통해서 두 용액 중의 이온이 확산할 때에 이온의 등속도의 차로 인해 생기는 것으로, 농염 전지의 전위차와는 근본적으로 다르다. 수용액에서는 수십 eV 이하의 것이 많지만, 비수용매를 함유할 경우에는 보다 큰 값을 나타낼 가능성도 있다.

액간 접촉 (液間接絡, liquid junction) 전기 화학적인 측정계와 공업용 전해에 있어, 두 전해질 용액 산에 삽입하는 이온선도체의 연락부분. 상호 혼합에 의한 화학 반응을 피하기 위해 분리됨과 동시에 전기적으로는 접속된 상태가 되도록 설치된다. 일반적으로 두 종의 전해질 용액의 액간 접촉부에는 다소의 전위차(액간 전위차라고도 한다)가 생기므로 액간 접촉이 있는 전지의 기전력에는 이 전위차가 포함되어 있다.

액 공간 속도 (液空間速度, liquid hourly space velocity) 액체가 공급될 때의 공간속도로, 단위시간을 시간(h)으로 부여한 값을 말한다. 약어로 LHSV이다.

액내 배양 (液內培養, submerged culture) 액체배양의 하나. 액 표면에 세포를 생육시키는 표면 배양에 대하여 교반, 진동 등의 조작으로 액 내부에 세포를 현탁시키는 배양법. 심부 배양이라고도 한다. 액 내 배양을 하는 장치로는 교반조와 유동조 등이 사용되며 공업적으로 가장 널리 사용되고 있다.

액류 염색기 (液流染色機, jet dyeing machine) 로프상의 피염포를 제트 노즐에서 분사되는 염액에 실어 반송하면서 전후에 이어진 링 모양의 직물을 회전시킴과 동시에 염액도 교반하여 염색을 하는 기계. 고온 염색용의 저욕비형(低浴比型)의 것도 있다.

액막법 (液膜法, liquid membrane method) 목적 성분을 선택적으로 용해하는 용매, 목적 성분과 선택적으로 반응 또는 포괄하는 시약을 함유하는 용매의 어느 한쪽을 얇은 막 액막상으로 유지하고, 용매와는 용합하지 않는 두 상 간에 삽입하여, 목적 성분을 하나의 상에서 다른 상으로 액체막을 통해 선택적으로 이동시키는 분리·농축법. 액막법에는 고분자 다공질의 평막, 중공사로 유지하는 지지 액막법과 복합 에멀션에 의한 유화 액막법 등이 있다.

액면계 (液面計, level gage) 장치 내의 액면을 장치 밖에서 계측하는 계기. 저압 용기에서는 장치 본체와 연통한 투명관 내의 액주 높이를 투시하는 방식이 많다. 이 밖에 차압식, 초음파식, 방사선식이 있다.

액면 지시계 (液面指示計, liquid level indicator) 액면의 위치를 지시하는 계기. 여러 종류가 있으나 수로 게이지 글라스, 플로트식 액면계, 정압식(靜壓式) 액면계 등이 비교적 널리 사용되고 있다. 게이지 글라스는 똑바로 세운 유리관의 상·하단을 용기에 연통(連通)시켜서 액면을 밖에서 직접 볼 수 있게 한 것이다. 이에 비해 플로트식은 액면에 띄운 부표(浮標)의 위치를 눈금판에 표시하고, 정압식은 용기의 밑바닥에 걸리는 액체압(靜壓)을 측정해서 액면의 높이를 간접적으로 구하는 액면계이다. 모두 화학공업 등에 널리 사용하고 있으며, 단순히 액면의 높이를 알 뿐만 아니라 액면의 자동 조정장치와 조합하는 경우가 많다. 또한 용기의 한쪽에 방사선원(放射線源)을 두고, 그 반대쪽에 검출기를 설치하여 방사선원에서 방출된 γ선의 액에 의한 흡수도에서 액면의 위치를 아는 방법도 사용된다. 특히 밀폐된 용기 내의 액체, 예를 들면 맹독 액체와 용광로 내의 용융 선철량(鎔融銑鐵量)을 바깥에서 측정하는 데 사용된다.

액상 고무 (液狀 ──, liquid rubber)　상온에서 액상인 합성 고무. 일반적으로 분자량 3,000 정도 이하의 올리고머이다. 주형 후, 사슬 연장, 가교를 하면 고무상 탄성체가 된다. 다황화 고무, 실리콘 고무, 우레탄 고무는 액상 고무로 분류된다. 실란트, 코킹제, 도제로 사용된다.

액상 그리스 (液相 ──, liquid grease)　유동상의 그리스. 일반적으로 광유에 소량의 칼슘 비누를 조합하여 점도를 높인 것. 링 베어링이나 체인 베어링 등에 사용된다.

액상선 (液相線, liquidus)　다성분계의 상태도에서 액상과 고상 또는 액상과 증기상이 평형을 유지하며 공존하는 온도와 조성의 관계를 나타내는 곡선이다.

액안 (液安, liquid ammonia)　⇨ 액체 암모니아.

액적 향류 크로마토그래피 (液滴向流 ──, droplet counter-current chromatography)　서로 혼합되지 않는 2종의 액체 한쪽을 고정상, 다른 쪽을 이동상으로 하는 하나의 액체-액체 분배 크로마토그래피. 보통은 안지름이 같은 복수의 유리관을 가는 폴리테트라플루오르에틸렌 관으로 연결하고 수직으로 세워, 적당한 액체를 고정상으로 충만한 후에 이보다 비중이 작은(큰) 액체를 이동상으로 하여 하단(상단)에서 액적이 되도록 펌프로 송액한다. 사전에 분배계수를 실측함으로써 목적 물질의 용출 위치를 거의 정확하게 추정할 수 있다.

액정 (液晶, liquid crystal)　액체에 특유한 유동성과 결정에 특유한 광학적 이방성을 동시에 나타내는 물질의 상태. 특정한 화합물이 어떤 조건하에서 이 상태를 나타낸다. 예를 들면, 파라아족 시아니솔의 결정을 가열하면 116℃에서 융해하여 액정이 되고, 134℃ 이상에서 액체가 된다. 액정이 되는 물질에는 그 밖에 벤조산 콜레스테린 · 파라아족 시페네톨 · 파라메톡시신남산 · 올레산나트륨 등이 많이 알려져 있다. 크게 분류하여 3종의 액정(스멕틱 액정, 네마틱 액정, 콜레스테릭 액정)이 있다. 중간상 (mesophase)의 하나이다.

액정 고분자 (液晶高分子, liquid crystal polymer)　⇨ 고분자 액정.

액정 방사 (液晶紡絲, liquid crystal spinning)　액정상태의 고분자에서 방사하는 방법. 방향족 폴리아미드 혹은 방향족 폴리에스테르처럼 분자 사슬이 강직하고, 용매 중 혹은 가열상태에서 액정을 형성하는 고분자에 적용되며, 고도의 분자배향을 얻을 수 있는 데 특징이 있다. 폴리(p-페닐렌텔레프탈아미드)를 황산을 용매로 방사하여 아라미드 섬유(kevlar)를 만든 것이 최초이다.

액체금 (液體金, liquid gold, bright gold)　도자기, 유리 등에 금색의 문양이나 그림을 그리기 위한 물감. 염화 금의 유성 용액으로 칠하여 열처리하면 환원되어 금 박막을 형성한다. 수금이라고도 한다.

액체 막 전극 (液體膜電極, liquid-membrane electrode)　전극 /액체막 (두꺼워도 무방하다) /전해질 용액의 구조를 갖는 계. 일반적으로 액체막은 각종 선택성이 있는 성분을 용해시킨 유기 용매로 구성되고, 그 표면에서 반응과 이온의 수수가 일어난다.

액체 배양 (液體培養, liquid culture)　한천 등의 고체 배지를 사용하는 배양에 대하여 액체 배지를 사용하는 배양의 총칭. 일반적으로는 액체 중의 세포를 교반 등의 조작으로 현탁시켜, 세포 주변의 환경을 균일화시킴과 동시에 산소, 영양소의 공급을 기도하는데, 이러한 조작을 하지 않는 정치 액체배양법도 있다. 동물 · 식물 · 미생물 세포의 대량 배양에 사용된다.

액체 배지 (液體培地, liquid medium)　동물 · 식물 · 미생물 세포를 생육시키는 데 필요한 모든 영양소를 함유한 배양액. 일반적으로 탄소원, 질소원, 무기염, 비타민, 금속 이온 등을 함유한다. 세포에 따라 이들의 조성 성분은 다르다. 고체 배지에 대응하는 용어이다.

액체 산소 (液體酸素, liquid oxygen)　액체 공기에 어느 정도 가압한 가스상 공기를 통과시키면 질소 (끓는점　−195.8℃)가 처음에 증발하고, 95% 이상의 산소(끓는점 -183℃)를 함유하는 액체 공기가 뒤에 남는다. 이것을 공업적으로는 액체 산소라 한다. 순수한 액체 산소는 담청색이며 단열 용기에 보존한다. 로켓의 산화제 등으로 사용된다.

액체 섬광 계수기(液體閃光計數器, liquid scintillation counter)　방사선 검출에 액체의 섬광을 사용하는 계수기이다.

액체 암모니아(液體——, liquid ammonia) 액화시킨 암모니아. 암모니아는 상온에서는 기체이지만 압축하거나 냉각하면 쉽게 액체로 변한다. 무색의 점성의 작은 액체로, 많은 염류 등을 용해시키므로 비수용매로 사용된다. 금속나트륨을 용해한 청색 용액에는 용매화 전자가 포함된다. 또 전해질(電解質)을 녹인 용액은 수용액인 경우와 같은 이온반응을 나타내고, 수소 이온농도의 변화에 따른 지시약의 변색 등을 볼 수 있다. 직접 비료로도 쓰이며 또한 냉동용 한제(寒劑)로도 이용되었으나 근년에는 별로 쓰이지 않는다. 또 기화열이 크므로 냉매로도 사용된다.

액체-액체 추출(液體液體抽出, liquid-liquid extraction)　액체시료 중의 성분 물질을 해당 액체와 불혼화(不混和) 용매에 용해시켜 분리하는 방법. 용매 추출이라고도 한다. 물질의 중요한 분리·정제법의 하나이다.

액체 염소(液體鹽素, liquid chlorine)　액화된 염소. 황색의 액체. 봄베, 탱크차 등에 실려 시판되고 있다.

액체 질소(液體窒素, liquid nitrogen)　액화시킨 질소. 무색의 액체이다.

액체 추진약(液體推進藥, liquid propellent) 액체상의 로켓 추진약. 단원 추진약과 2차 추진약이 있다. 액체 추진제는 로켓 엔진을 복잡하게 하고 취급하기에 위험하며, 군용에서 요구되는 즉시 발사성이 부족한 반면에 비추력(比推力) 등의 성능이 좋고 연소하는 시간도 길며 연소의 제어가 가능하므로 우주 로켓의 주추진제(主推進劑)가 되고 있다. 1액형(一液型)과 2액형으로 분류되는데, 1액형은 연료의 성분과 산화제의 성분을 동일 분자 내에 가지고 있는 것으로 탱크 계통은 하나로도 좋지만 일반적으로 비추력

(比推力)이 다소 낮고 취급상 위험이 많다. 촉매 점화를 하는 경우도 있다. 과산화수소나 니트로메탄 등이 있는데 작은 추력의 로켓, 보조 동력원 등에 사용한다. 2액형은 연료와 산화제가 별도의 탱크에 저장되어, 연소실 안에서 혼합되어 연소하는 구조로 되어 있다. 상온에서 액체로 상당기간 변질하지 않는 보존형과 초저온(超低溫)에서 액체인 초저온형으로 나누어진다. 보존형 산화제로는 과산화질소·적색 발연질산(赤色發煙窒酸)·과산화수소·플루오르화염소 등이 있으며, 조합하는 연료로는 히드라진·비대칭 디메틸히드라진 등이 있다. 또 초저온형 산화제에는 액체 산소·액체 플루오르 등이 있으며 연료로서는 암모니아·에탄올·액체 수소·케로신·비대칭 디메틸히드라진 등이 있다. 아폴로를 쏘아 올리는 데 사용된 새턴 로켓의 추진제로는 액체 산소와 케로신의 조합인 초저온형이 사용되었다. 비교적 대형 인공위성과 우주선 발사 등에 사용된다.

액체 크로마토그래피(液體——, liquid chromatography)　이동상에 액체를 사용하는 크로마토그래피의 총칭. 이동상에 기체를 사용하는 가스 크로마토그래피와 대비된다. 칼럼 액체 크로마토그래피, 여과지(페이퍼) 크로마토그래피, 얇은 막 크로마토그래피 등이 있다. 가스 크로마토그래피의 적용 범위가 휘발성 물질에 한정되는 데 비해 액체 크로마토그래피는 그러한 제약이 없으므로 범용성이 높다.

액체 크로마토그래피 질량 분석계(液體——質量分析計, liquid chromatograph-mass spectrometer)　고속 액체 크로마토그래피의 칼럼 출구를 질량 분석계의 시료 도입부에 결합한 장치. 크로마토그래피로 얻어지는 유지 시간에 더하여 온라인 질량 분석이 가능하므로 물질의 동정·정량 수단으로 유용하다. 특히 천연물과 생리활성 물질의 구조 결정에 위력을 발휘하고 있다.

액체 탄산(液體炭酸, liquid carbon dioxide) 이산화탄소 CO_2를 액화시킨 것의 속칭. 액화탄산, 액화탄산가스 등이라고도 한다. 무색의 액체. 급격하게 기화시키면 일부는 고체가 된다. 봄베, 탱크차 등에 재워서 운반된다.

액체 헬륨 (液體——, liquid helium) 액화한 헬륨. 헬륨은 원자량이 작고 또한 원자간 인력이 약하므로 양자역학적 제로점 진동의 효과가 크며 양자 액자라 불리운다. 초유동 및 기타 특이한 성질을 나타낸다. 극저온을 얻기 위한 냉각제로 사용된다. 모든 물질 중에서 가장 낮은 끓는점($-268℃$)을 보이며, 감압하여 증발을 촉진시키면 다시 $-272℃$ (절대온도로 $1K$)까지 내려가고, 단열소자 (斷熱素子)라는 특수한 방법을 쓰면 $0.001 \sim 0.000\,4K$ 까지 냉각할 수 있다. 그러나 아무리 온도를 내려도 $25\,atm$을 넘는 높은 압력을 걸지 않으면 고체가 되지는 않는다. 또 온도를 내리면 어떤 온도점(포화증기압 하에서 $2.19\,K$)을 경계로 하여 액체의 성질이 달라진다. 이것을 액체 헬륨의 전이점(轉移點)이라 하며, 전이점을 경계로 하여 온도가 높은 쪽을 액체 헬륨 I, 온도가 낮은 쪽을 액체헬륨 II라 한다. 액체헬륨 I은 보통 액체와 거의 같은 성질을 가지지만 액체헬륨 II는 비열(比熱)이 불연속적으로 변화하기도 하고 점성(粘性)을 잃고 보통의 액체는 지나갈 수 없는 가느다란 관(管)을 지나기도 하며, 용기(容器)의 벽을 타고 올라가 저절로 밖으로 흘러나오는 등 기묘한 현상을 볼 수 있다. 이것은 어떤 종류의 금속에 나타나는 초전기 전도(超電氣傳導) 현상과 함께 극저온에서 볼 수 있는 특이한 현상으로서, 액체 헬륨의 초유동(超流動)이라고 한다.

액체 현상 (液體現像, liquid development) 전자사진의 현상법의 하나. 액상의 현상제를 사용하여 정전잠상(靜電潛像)을 가시화하는 것. 일반적으로는 절연성 액체 중에 안료, 수지로 된 미세한 토너 입자가 분산되어 있는 액체 현상제를 사용한다. 토너는 대전하고 있어 정전 하상으로 전기영동하여 부착하므로 가시 화상이 된다.

액체화 (液體化, liquefaction) 기체상태에 있는 물질이 액체상태로 변화하는 현상. 기체를 액체로 하는 경우에도 상온(常溫)에서 원래 액체인 것의 증기를 액화하는 경우에는 응축(凝縮)이라 하여 구별하기도 한다. 예를 들면, 암모니아·염소·프로판·프레온 등과 같이 임계온도가 상온보다 높은 기체인 경우에는 기체를 상온에 압축하기만 해도 액화가 일어

난다. 여기에 대하여 공기·산소·질소·수소·헬륨 등 임계온도가 상온보다 낮은 기체인 경우에는 상온에서 압축하는 것만으로 액화하지 않는다. 이런 것을 영구기체(永久氣體)라 하며, 이런 경우에 액화하는 데는 임계온도 이하로 냉각하고 나서 압축한다. 임계온도 이하로 냉각하는 데는 냉각제로 냉각하거나 단열팽창이나 줄-톰슨 효과 등을 이용한다. 액화시킨 기체는 부피가 작은 것을 이용하여 보관용으로 하며, 영구기체를 액화한 것은 저온용 냉각제로 사용된다. 보존용으로는 프로판·부탄 등이 있고, 저온용 냉각제로서는 액체 공기(끓는점 $-190℃$), 액체 수소(끓는점 $-250℃$), 액체 헬륨(끓는점 $-268℃$) 등이 있다.

액토미오신 (actomyosin) 액틴과 미오신의 복합체. 근수축의 가장 기본적인 단백질 복합체. 가늘고 긴 수축성을 가지고 있는 단백질로, 진한 염화칼륨 용액 등에는 녹지만 물에는 녹지 않는다. 신선한 근육을 간 것을 진한 염화칼륨 용액으로 추출하여 그것을 주사기에 넣어 물 속으로 밀어내면 젤리 모양의 끈이 생긴다. 이것에 ATP를 가하면 끈은 수축한다. 이 현상은 1941년 헝가리의 A. 센트-되르디가 발견하였다. 그 후 액토미오신과 ATP와의 반응은 근수축의 기본을 이루는 것이라고 생각되고 있다. 액토미오신은 중성이며 염 농도가 낮은 곳에서는 침전이 생기지만 여기에 ATP를 가하면 수축하여 응집되는데, 이 현상을 초침전(超沈澱)이라 한다. 한편, 초침전이 일어나는 조건보다 약간 높은 염 농도에서 ATP를 가하면 이번에는 반대로 침전이 없어지고 액이 투명해진다.

액틴 (actin) 세포의 수축성 단백질의 하나. G 액틴은 단량체이다. 이것이 섬유상으로 집합하여 F 액틴이 된다. F 액틴은 근육의 근원섬유의 가느다란 섬유와 세포 내 골격계의 주요 성분이 되며, 미오신과 함께 운동을 일으킨다.

액화 석유가스 (液化石油——, liquefied petroleum gas) 상온·상압에서는 기체인 프로판, 부탄 등의 혼합물을 수송·저장하기 위해, 상압 또는 가압하에서 냉각하여 액화한 것. 약어 LPG이다. 천연가스 또는 원유 용

존가스에서 회수된다. 또 석유화학 공장에서 회수된 것 중에는 프로필렌과 부틸렌을 함유하는 경우도 있다. 프로판은 주로 가정 연료로, 부탄은 공장 연료, 에틸렌제조 원료 이외에 자동차 연료로도 사용된다.

액화 천연가스 (液化天然 ——, liquefied natural gas)　메탄을 주성분으로 하는 천연가스를 저장 및 수송에 편리하도록 상압에서 그 끓는점보다 낮은 −162℃로 냉각 액화한 것. 약어 LNG이다. 액화 천연가스는 액화공정 전에 탈황·탈습되기 때문에 그 성질이 천연가스보다 뛰어나고 더욱이 청결하며 황분이 없고 해가 없으며 고칼로리라는 점 등 장점이 많다. 천연가스의 주성분인 메탄은 1 atm 하에서 −161.5℃ 이하로 온도를 내리면 액체가 되는데, 액화된 메탄의 부피는 표준상태인 기체상태의 메탄 부피의 1/600 정도이고 비중은 0.42로 원유 비중의 약 1/2이 된다. 이 때문에 천연가스를 액화함으로써 수송·저장이 수월해지는 이점이 있다.

앤더슨 샘플러 (—— 捕集器, Andersen sampler)　다단 다공식 임팩트법(관성 충돌법)에 의한 입형별 더스트 포집기. 다공 노즐의 기류 중에 포집판을 설치하고 흡인하면 기류는 방향을 바꾸지만, 입자는 관성에 따라 포집판에 충돌하여 포획된다. 노즐 구경에 따라 기체 속도가 변화하고, 입자의 관성 차이로 인해 입자 지름별로 각 단으로 분리 포집된다.

앤젤리카 유 (—— 油, angelica oil)　주로 유럽산 미나리과의 식물 *Angelica archangelica*의 뿌리 또는 종자에서 증류하여 얻어지는 정유. 주성분은 페난트렌과 발레르산이며 가연성이다. 강한 방향이 있으므로 과실용 향유 등에 사용된다.

앨러배스터 (alabaster)　⇨ 설화 석고.

앨러페인석 (allophane)　화산재 토양 속에 널리 존재하는 점토 광물의 하나. $n\,SiO_2 \cdot Al_2O_3 \cdot m\,H_2O$ ($n=1\sim2$, $m=2.5\sim3$)의 조성이며, 유리상 내지 분말이다.

앨리쿼트 (aliquot)　화학실험에서 시료의 일부를 적출하여 검출 혹은 시행실험을 할 때, 적출한 일부를 지칭한다.

앵커 효과 (—— 效果, anchor effect)　집착제와 피착제 간의 결합력은 기계적 결합과 화학적 상호작용으로 대별된다. 전자는 접착제가 피착제 표면의 빈 구멍이나 오목한 곳에 침입하여 고화함으로써 발휘된다. 이와 같은 기계적 결합의 효과를 앵커 효과 혹은 투묘 효과라 한다.

YAG (야그)　'yittrium aluminium garnet(이트륨 알루미늄 가넷)'의 약어이다.

야금학 (冶金學, metallurgy)　광석 또는 기타 원료에서 유용 금속을 채취, 정련, 가공하여 실용 금속재료나 합금을 제조하여 각종 공업에 사용할 수 있도록 하는 기술과 그에 관한 학문(공학)을 이른다. 금속을 추출하는 기술은 건식야금, 습식야금, 전해야금으로 대별된다. 분말 금속을 덩어리상으로 하는 기술은 분말야금, 금속 단체를 주체로 하여 다른 성분을 가하여 실용 금속이나 합금으로서의 성질 개선을 하는 기술은 물리야금이라 한다.

야넥케 도표 (—— 圖表, Janecke diagram)　화학공학의 용어. 액체-액체 추출 등에서 2액상을 형성하는 3성분계를 표시하는 방법의 하나. 용매 농도를 세로축에, 용질 농도를 가로축에 모두 추출제를 제하고 표시한 것으로, 비추출제량 기준 좌표라고도 불리우고 있다. 또 3성분계의 표시에는 보통 삼각도가 사용된다.

야생형 (野生型, wild type)　생물의 자연 집단 중에 가장 고빈도로 존재하는 형의 계통, 개체, 유전자를 지칭한다. 일반적으로는 돌연변이의 대응어로 변이가 생기기 전의 형을 지칭하는 경우가 많다.

야자유 (椰子油, coconut oil)　필리핀, 인도네시아에서 생산되는 야자수 과실의 핵을 건조시킨 코프러(함유분 55~65%)에서 채유되는 식물지. 라우린산, 미리스틴산, 가프르산 등의 중급 지방산의 혼합 트리글리세리드가 주성분이다. 녹는점이 24~27℃이고 입 속에서 잘 녹아, 제과용 유지로 또는 양질의 비누 원료와 합성 계면 활성제의 원료로 쓰인다.

약물 송달 시스템 (藥物送達 ——, drug delivery system)　생체에 대한 약물의 안정성, 유효성 혹은 신뢰성을 높이기 위해 투여 기술과 제형(劑形)을 개선하고 약물의 생체 내 거동을 제어하는 시스템. 필요 최소량의 약물을 작용부위에 선택적으로 또한 바람직한 농도가 유지될 수 있도록 투여하는 것이 요구된다. 보통은 약물과 고분자 화합물의 조합으로 구성된다.

약 산 (弱酸, weak acid)　산 중에서 산성이 약한 것. 예를 들면 수용액 중의 산으로서는 붕산, 규산 등. 카르복시산, 페놀 등의 유기산은 일반적으로 약산, 술폰산 등은 강산에 속한다.

약연탄 (若年炭, low-rank coal)　석탄화도가 낮은 석탄의 총칭. 용어에서 지질연대가 젊은 석탄을 지칭하는 것으로 받아들여지기 쉽지만 일반적으로 지질연대와 석탄화도는 일치하지 않는 경우가 있다. 즉 지질연대가 오랜 석탄이라도 석탄화도가 진행되지 않은 석탄도 많으므로 주의해야 한다.

약 염기 (弱鹽基, weak base)　염기 중 염기성이 약한 것. 예를 들면 수용액 중에서의 약염기로서는 암모니아, 수산화마그네슘 등. 아민 기타의 유기 염기는 특수한 것을 제외하고는 일반적으로 약염기이다.

약전해질 (弱電解質, weak electrolyte)　용매에 용해시켰을 때, 이온으로 해리하는 정도가 낮은 물질. 보통 물을 용매로 하였을 경우의 해리 정도를 이른다. 약전해질은 용매 중에서는 이온으로 분리 될 가능성이 있으나 대부분은 비나해분자인 채로 존재한다. 강전해질과의 차이는 결합 성질에 있다. 즉 강전해질은 이온 결합으로 되어 있는 경우가 많고, 약전해질은 공유결합으로 되어 있는 경우가 많다.

얀-텔러 효과 (—— 效果, Jahn-Teller effect)　다원자 분자나 고체 내의 원자단에서, 원자 배치가 정다면체 등의 높은 대칭성이 있는 경우에 전자상태가 축퇴하는 수가 있다. 이때 낮은 대칭성 배치가 되어 축퇴를 해제하는 것이 에너지 상으로 안정하게 되는 것을 얀-텔러 효과라 한다.

얇은막 크로마토그래피 (—— 膜 ——, thin-layer chromatography)　유리판, 알루미늄박 등의 지지체상에 균일하게 도포된 미립자 운반체를 고정상으로 하고 적당한 용매를 이동상으로 하여 물질을 전개·분리하는 크로마토그래피. 박층 크로마토그래피라고도 한다.

여과지 크로마토그래피와 함께 평면 크로마토그래피로 분류된다. 약어는 TLC이다. 1951년에 J. 키르치너의 크로마토 스트립(chromato strip)법에서 발단하여, 1956년 독일의 E. 슈탈에 의해 일반화되었다. 흡착제로는 사용 목적에 따라 실리카겔·산화 알루미늄·섬유소말(纖維素末)·이온 교환 셀룰로오스 등이 쓰인다. 이 방법은 여지 크로마토 그래피에 비해 전개시간이 짧고(30~60분) 분리 능률이 양호하며, 강한 산·강한 염기나 강렬한 시약 등을 발색시약(發色試藥)으로 사용할 수 있는 특징을 지니고 있다. 유기 화합물의 분리·정제·정량·순도 검정, 반응이나 대사과정의 추적, 무기이온 분석 등 응용 범위가 넓다.

양극 (陽極) (1) anode　전기분해에서 산화반응이 일어나는 전극을 이른다. 방전관의 경우에는 기체쪽에서 전자가 주입되는 쪽의 전극을 지칭한다. 양극이란 말은 대부분의 경우 애노드에 해당한다. (2) positive electrode 전지에서 전류의 출구가 되는 쪽의 전극. 반환반응이 일어나는 전극에서 ＋극이라고도 적는다. 음극의 대응어이다.

양극 대 (陽極袋, anode bag)　양극의 주위에 덮는 백. 양극에서의 반응 생성물의 확산을 억제하는 효과가 있다. 전해조가 2실로 구분되어 있지 않은 경우에 사용한다. 양극에서 일어나는 반응의 생성물이 목적하는 반응인 음극의 생성물과 반응하거나 하여 악영향을 미치는 것을 방지할 목적으로 사용한다.

양극 방전 (陽極放電, anode glow)　글로방전에 있어 양극 근방에서 볼 수 있는 발광. 음극 근방에서 볼 수 있는 발광은 음극방전이라 한다.

양극 부동태화 (陽極不動態化, anodic passivation)　철, 니켈, 코발트 등의 금속을 양극으로 하여 전해할 때, 이들 금속이 부동태화하는 것. 전류 밀도가 작은 동안은 전극 금속은 용해되지만 전위를 보다 양으로 하면 금속 산화물 피막을 생성하여 전류가 흐르지 않게 되는 부동태화가 일어난다. 부동태화하는 임계의 전위를 플레이드 전위(Flade potential)라 한다. 부동태가 되면 부식이 방지된다. 알루마이트는 양극 부동태화 처리로 알루미늄 제품에 내식성 피막을 부착한 것이다.

양극 산화 (陽極酸化, anodic oxidation)　전기분해에 있어 양극에서 일어나는 산화반응. 양극에서는 전자가 전해액 중의 화합물에서 전극 내부로 움직이는 방향으로 전류가 흐르므로 그 화합물은 전자를 탈취 당해 산화된다. 이에 대해 음극에서는 음극 환원이 일어난다.

양극 산화 피막 (陽極酸化皮膜, anodic oxidation coat)　양극의 금속 M의 표면에 다음과 같은 반응으로 생성하는 산화물의 피막. $a\mathrm{M}+b\mathrm{H_2O}\rightarrow \mathrm{M}_a\mathrm{O}_b+2b\mathrm{H}^++2be^-$ 구조적 특징에 따라 바리어형 피막과 다공질 피막으로 나누어진다. 전자는 피막을 용해하지 않는 용액 중에서 양극 산화한다. 막 두께는 $1\,\mu\mathrm{m}$ 정도이다. 후자는 알루미늄을 산성용안에서 양극 산화하면 생성되며 막 두께는 수백 $\mu\mathrm{m}$가 된다.

양극 억제제 (陽極抑制劑, anodic inhibitor)　폴라로그래피 등에서 양극 극대파를 억제하여 정성·정량분석의 편의를 도모하기 위해 첨가하는 것. 젤라틴이나 폴리아크릴아미드 등이 있다.

양극 전해액 (陽極電解液, anolyte)　전기분해 반응을 할 때 전해조가 2실 이상으로 나누어져 있는 경우 양극, 즉 양극이 존재하는 실에 들어있는 전해액을 이른다.

양극 찌꺼기 (陽極──, anode slime)　⇨ 양극 슬라임.

양극 처리 (陽極處理, anodizing)　금속을 전극으로 하여 양의 전위를 부여하는 처리법으로, 표면의 청정화, 평활화와 조면화, 표면 피막 형성 등을 목적으로 이루어진다. 전해 연마, 전해 에칭, 전해 가공, 양극 산화처리 등의 기술을 포함한다.

양극 트랜지스터 (兩極──, bipolar transistor)　전자와 정공 두 종류의 캐리어 동작에 관여하는 트랜지스터. 일반적으로 이미터, 베이스, 컬렉터의 3영역으로 이루어지고, 각 영역의 다수 캐리어의 종류에 따라 n-p-n, p-n-p의 두 가지 형으로 구별된다. 동작원리는 이미터에서 베이스로 주입된 소수 캐리어가 컬렉터에 이르러 다수 캐리어를 흐르게 하는데 기인한다.

양극화 보호 (陽極化保護, anodic protection)　어떤 금속 구조체의 부식을 방지하기 위해 그 금속과 또 하나의 전극 사이에 외부 전원에서 전압을 가하여 목적하는 금속이 부동태화하는 전위를 유지하여 항상 양극 분극의 상태를 유지하는 방법. 강철이나 스테인리스강 같은 부동태 피막이 생기는 금속에 적용된다.

양극 활성제 (陽極活性劑, anode activator)　전지의 양극에서 산화반응하는 물질. 아연과 납 등 이온화 경향이 크고 표준 전극 전위가 천한 것을 말한다.

양극 효과 (陽極效果, anode effect)　용융염 전해에서, 전해가 진행됨에 따라 양극 전위가 급격하게 상승하는 현상. 전해반응으로 기체가 발생하고, 이 기체로 인해 양극 표면이 덮혀버리는 것이 원인으로 지적되고 있다. 전해효율이 저하하므로 양극효과는 피하는 것이 바람직하다.

양 말단간 거리 (兩末端間距離, end-to-end distance)　⇨ 말단간 거리.

양면 날염 (兩面捺染, duplex printing)　직물의 양면에 동일한 또는 상이한 문양을 날염하는 것. 편면 날염의 대응어. 양면을 동시에 날염하는 데는 양면 날염기가 필요하고, 문양에 따라서는 보통의 날염기로 한쪽씩 날염하는 경우도 있다.

양모 (羊毛, sheep wool, wool)　단백질의 하나인 케라틴을 주성분으로 하는 양의 체모. 구조는 매우 복잡하여 표피 세포, 피질 세포, 수세포로 구성되어 있다. 스케일(표피를 덮는 비늘)의 존재 등, 다른 섬유에서 볼 수 없는 특징이 있다. 원모에는 양모지 등의 불순물이 많이 함유되어 있으므로 정련, 세모가 이루어진다.

양모지 (羊毛脂, wool grease)　양모를 세정할 때 세모 폐액에서 중화, 원심분리로 회수되는 지방. 고급 알코올의 에스테르와 유리 고급 알코올의 복잡한 혼합물. 산으로서는 곧은 사슬 지방산 외에 분지한 지방산과 옥시산을 함유한다. 또 곧은 사슬 및 분지한 알코올, 다가 알코올, 콜레스테롤, 라노스테롤 등을 함유한다. 양모지를 정제한 것을 라놀린이라 한다.

양생(養生, cure, curing) 각종 시멘트를 물, 골재와 혼련, 성형한 후 응고 경화를 위해 온도, 습도 등의 조건을 적정하게 유지하는 것. 습공 양생, 수중 양생, 증기 양생, 오트크레브 양생 등이 이루어진다.

양성 비누(陽性 ——, cationic soap) 세정용 카티온 계면 활성제. 역성 비누라고도 한다. 보통 비누는 아니온 계면 활성제이므로 이렇게 불리운다.

양성자성 용매(陽性子性溶媒, protic solvent) 물, 알코올류, 카르복시산 등, 해리하여 양성자를 생성하는 용매라는 의미로 명명된 것으로, 분자 간에 수소 결합을 이루고 있는 용매이다. 아세톤 등도 엔올과의 평형을 고려하여 양성자성 용매에 포함하는 견해도 있다.

양성자 이동(陽性子移動, proton shift, proton transfer) 유기화학 반응에 있어 양성자의 이동에 의한 변화. 이 때 이중결합의 이동을 수반하는 경우가 많다. 주로 분자 간의 이동에 사용된다.

양성자 이전반응(陽性子移轉反應, protolysis) 프로톤 부가로 시작하는 개열 반응을 말한다.

양성자 자기공명(陽性子磁氣共鳴, proton magnetic resonance) 수소원자 ^1H의 핵자기 공명을 이른다. 약어 PMR로 쓰이기도 하나 PMR이라는 약어는 ^{31}P-NMR과 혼동하기 쉬우므로 사용을 피하는 것이 좋다. 유기 화합물의 구조를 기계 분석하는 수단에 의해 특정한 목적에서 매우 유용한 방법으로 널리 이용되고 있다. ^1H는 핵스핀 1/2, 핵자기 모멘트 2.79268(핵자기 단위)로, 가장 높은 공명 주파수를 가지며 자기공명 핵 중에서 가장 감도가 좋다. 물을 비롯한 무기 화합물, 많은 유기분자, 생체 고분자 중에는 화학적 환경을 달리하는 ^1H가 여러 가지 함유되어 있으므로 양성자 자기공명에서 화학적 이동과 스핀 결합을 구하는 것은 구조연구에 있어 매우 유용하다.

양은(洋銀, German silver, nickel silver) 구리 합금의 하나. 양백이라고도 한다. 구리, 니켈, 아연의 합금으로 Cu 45~65%, Ni 6~35%, Zn 15~35%의 조성. 니켈이 많은 것은 은백색, 적은 것은 황색을 띤다. 색깔이 미려하고 가공성이 용이하므로 모조 은으로서 양식기, 장식품 등에 쓰인다. 또 전기저항의 온도계수가 작으므로 계기류에 사용된다.

양이온(陽 ——) (1) cation 양성으로 하전한 원자 또는 원자단. 카티온은 동의어이다. (2) positive ion 양의 전하를 갖는 이온을 뜻한다.

양이온 계면 활성제(陽 —— 界面活性劑, cationic surface-active agent, cationic surfactant) 물에 용해하였을 때 계면 활성부분이 양이온이 되는 계면 활성제. 카티온 계면 활성제라고도 한다. 제4급 암모늄염, 알킬피리디늄염, 알킬이미다졸리늄염, 제1급~제3급 지방족 아민염 등이 이에 속한다. 직접 염료의 고착제, 아크릴 섬유에 사용하는 카티온 염료의 완염제, 섬유 유연제, 대전 방지제, 방청제, 부유선광제, 소독제, 방부제, 살균제 등에 사용된다.

양이온 교환 수지(陽 —— 交換樹脂, cationexchange resin) 술폰산기, 카르복실기, 인산기 등의 양이온 교환능이 있는 작용기를 도입한 유기 중합체. 폴리머의 매트릭스로서는 스티렌-디비닐벤젠계, 폴리비닐알코올계, 메타아크리레이트계 등이 대표적이다. 치환하는 기의 성질에 따라 강한 산형과 약한 산형의 성질을 보인다. ① 강한 산형 : 이온 교환을 하는 기로서 술폰산기 $-SO_3H$를 가지는 것. 넓은 pH영역에 걸쳐서 양이온 교환이 가능하다. 경수(硬水)의 연화, 순수의 제조 등에 강한 염기인 것과 병용하며, 가장 널리 사용된다. ② 약한 산형 : 카르복시기 $-COOH$를 가지는 것. 능력이 크고 재생이 가능하다.

양이온 라디칼(cation radical) 쌍을 안 짓는 전자를 갖는 양이온. 예를 들면 벤젠 양이온 라디칼 $C_6H_6^+$ 등이다.

양이온성 시약(陽 —— 性試藥, cationoid reagent) 친전자성 시약을 말한다. E. Müller 등, 독일학파의 용어로 현재는 사용하지 않는다. 아니오노이드 시약(음이온성 시약)의 대응어. 유기화학 반응에서 상대 분자의 전자밀도가 큰 곳을 공격하기 쉬운 시약, 또는 상대방에서 전자를 잡아 떼든가 또는 같이 가짐으로써 반응하는 시약을 말한다.

양이온 염료 (—— 染料, cationic dye) 색소가 양이온으로 되어 있는 수용성 염료의 총칭. 아크릴 섬유용의 염기성 염료. 종래의 염기성 염료가 제1급~제3급 아민의 염인데 대해, 이 염료는 제4급 암모늄염(N원자는 복소 고리 질소인 것이 많다). 선명하고 견뢰하다. 중성 또는 알칼리성 염료이며 양모, 견 등의 동물성 섬유, 나일론 등을 직접 염색한다. 무명, 레이온 등의 셀룰로오스 섬유에는 직접 염색되지 않으며 이들을 염색하려면 매염을 필요로 한다. 색이 아름답고 색농도가 크며 싼 것이 많으나 견뢰도 특히 빛에 약한 것이 최대의 결점이다. 주로 무명, 레이온의 침염, 날염, 견의 염색, 종이, 가죽 잡화, 잉크, 바니시 등의 착색에 사용된다.

양이온 이동(반응) (陽 —— 移動(反應), cationotropy) 친전자성 전위를 말한다. 독일학파가 친전자성 전위는 양이온의 이동이라 여겨 명명하였지만, 현재는 사용되지 않고 있다. 음이온 이동(반응)에 대응하는 용어이다.

양이온 중합 (—— 重合, cationic polymerization) 연쇄 전달체가 양이온인 연쇄 중합. 프로톤산, 루이스산 등 전자 수용체를 개시제로 사용한다. 비닐 화합물, 고리식 화합물 등의 중합에 이용된다. 공역성이 강한 비닐 모노머(예를 들면 스티렌)는 개시제에 의해 음이온, 양이온 모두를 중합한다.

양자 (量子, quantum) 양자역학에서 기본적인 최소의 양을 단위로 하여 그 정수배의 값밖에 취하지 않는 양의 최소 단위. 광양자(광자), 전기 소량 외에 원자 레벨에서의 에너지 준위 최소 단위도 포함하여 이른다.

양자 결손 (量子缺損, quantum defect) ⇨ 리드베리 상태.

양자 비트 (量子 ——, quantum beat) 원자·분자에서 복수의 준위를 레이저광을 사용하여 간섭성으로 들떠서 그 준위의 선형 중합 상태가 되면 그 상태에서 방출되는 형광 감쇠에는 준위간의 에너지 차에 의존한 진동수의 변조를 볼 수 있게 된다. 이것을 양자 비트라 한다. 제만분열, 미세분열, 초미세분열 등에 대응한 비트가 말견되었다.

양자수 (量子數, quantum number) 양자역학에서 계의 상태를 지정하는 수, 또는 그 조. 이산적인 고유값을 갖는 계에서는 그 고유값에 대응하는 정수 또는 반정수인 경우가 많다. 가령 정상상태에 대해서는 에너지의 값을 하나의 양자수라 생각할 수 있지만, 한 에너지 고유값에 일반적으로 다수의 독립된 상태가 축퇴(縮退)되어 있으므로 각각의 상태를 구별하기 위해서는 각 운동량의 크기, z성분의 값, 기타 물리량을 양자수로 지정해야 한다. 소립자를 특징 짓는 스핀·하전스핀·스트레인지니스 등도 양자수이다. 한편 분자의 경우에는 구성 원자의 원자핵을 고정시켰을 경우의 전자 운동에 관한 양자수 외에 원자핵 상호간의 거리의 진동 에너지에 관한 진동 양자수 및 분자 전체의 회전 에너지에 관한 회전 양자수가 나타난다.

양자 수득률 (量子收得率, quantum yield) 빛의 흡수에 이어 일어나는 발광 또는 광전자 방출 등에서, 흡수한 광자의 수에 대하여 방출한 광자의 수 또는 광전자 수의 비율. 양자 수량이라고도 한다. 광화학 반응에서는 실제로 빛을 흡수한 분자의 수 (즉, 흡수한 광자의 수)에 대하여 반응한 분자수의 비율을 의미한다. 소반응에서는 1보다 작지만 연쇄반응의 경우에는 1보다 커진다.

양자화 (量子化, quantization) 고전 역학적으로는 연속적 성질을 갖는 물리량 (길이, 시간, 에너지 등)을 양자역학적인 불규칙한 값을 취하는 양으로 치환하는 것을 말한다.

양자 화학 (量子化學, quantum chemistry) 원자·분자·분자집합체 등의 문제를 양자역학적 수법으로 정량적으로 다루는 화학의 이론적인 한 분야. 물질을 구성하고 있는 분자 및 원자, 나아가서는 그것을 구성하고 있는 전자와 원자핵의 문제, 또 이들 입자 사이의 상호작용과 입자와 복사선과의 상호작용 등은 양자역학의 법칙에 따르므로 화학적인 여러 현상을 이해하는 데 있어 가장 필요한 기초적 분야의 하나라고 할 수 있다. 따라서 이 분야에서 다룰 수 있는 대상도 원자가 이론, 분자 또는 이온의 입체구조, 광학적·전자기적·열적 여러 성질에 관한 문제, 분자간 힘·화학 반응의 메커니즘 등 여러 방면에 걸쳐 있다.

양자 효율 (量子效率, quantum efficiency)

⇨ 양자 수득률.

양전자(陽電子, positron)　전자의 반입자로, 질량은 전자와 동일하고 전하는 반대 부호이다. P. Dirac에 의해 예언되었으나 1932년 C. Anderson에 의한 안개상자 사진실험에서 그 존재가 확인되었다. ^{22}Na, ^{58}Co, ^{64}Cu 등의 β 붕괴시에 발생하는 양전자를 기체나 액체 중에 입사시켜 전자와 대소멸을 일으키고, 그 때에 발생하는 γ선을 프로브로 하여 물질 중의 전자상태를 구명하는 방법을 양전자 소멸법이라 한다.

양전자 소멸법(陽電子消滅法, positron annihilation)　⇨ 양전자.

양조(釀造, brewing)　미생물의 작용을 이용하여 술 등의 알코올 음료, 된장, 간장, 아세트산, 시트르산 등을 제조하는 것. 오래 전부터 전통적 기술이 보전되어 각 제품의 특성이 유지되어 왔다. 현재는 사용하는 미생물과 온도, 압력 등의 조건을 제어함으로써 공업규모의 생산이 이루어지고 있다.

양쪽성(兩——性, amphoteric)　산성과 염기성 양쪽 성질 또는 그것을 공유한다는 의미를 나타내는 형용사. 예를 들면 양쪽성 산화물이라든가 양쪽성 전해질이란 표현으로 사용된다.

양쪽성 계면 활성제(兩——性界面活性劑, amphoteric surfaceactive agent, amphoteric surfactant)　양이온 계면 활성제, 음이온 계면 활성제와 같은 부리의 이온성 계면 활성제의 하나로, 양쪽성 전해질의 성질이 있는 계면 활성제. 동일 분자 중에 음이온성과 양이온성의 해리를 갖고 일정한 등전점이 있다. 각종 양쪽성 전해질 구조를 갖는 유기 화합물이 있어 샴푸, 린스, 유연제, 살균 소독제 등으로 사용된다.

양쪽성 산화물(兩——性酸化物, amphoteric oxide)　산에 대해서는 염기로 염기에 대해서는 산으로 작용하는 산화물. 염기성 산화물, 산성 산화물의 대응어. 예를 들면 산화알루미늄은 황산과 반응하여 황산알루미늄, 수산화나트륨과 반응하여 알루민산나트륨이 된다. 양쪽성 산화물을 흔히 Al, Sn, Pb, As, Sb 등처럼 그 성질이 경우에 따라 금속 또는 비금속이라고도 생각할 수 있는 원소의 산화물이거나 또는 전이원소 중간 정도에

해당하는 산화수의 산화물이다.

양쪽성 수산화물(兩——性水酸化物, amphoteric hydroxide)　산에 대해서는 염기로 작용하고, 염기에 대해서는 산으로 작용하는 수산화물. 예를 들면 수산화아연은 염산과 반응하여 염화아연이 되고, 수산화나트륨 수용액에 용해되어 아연산나트륨이 된다.

양쪽성 수지(兩——性樹脂, amphoteric ion-exchange resin)　⇨ 양쪽성 이온 교환 수지.

양쪽성 원소(兩——性元素, amphoteric element)　산화물 혹은 수산화물이 양성인 원소 또는 양성(陽性) 및 음성 원소에 대해 그 중간에 있어 양자의 성질이 있는 원소. 그러나 양성의 본래 의미로 미루어 이러한 용법은 온당하지 않다.

양쪽성 이온(兩——性——, zwitterion)　예를 들면 아미노산(일반적으로 $NH_2-R-COOH$) 처럼, 분자 내에 산성기 $-COOH$ 및 염기성기 $-NH_2$가 있는 양성 전해질은 용액 중에서는 $NH_3{}^+-R-COO^-$와 같이 H^+가 이동하여 분자 내의 상이한 위치에 다른 부호의 전하를 갖게 되어 전기적 쌍극자가 생성된다. 이와 같은 이온을 양쪽성 이온이라 한다.

양쪽성 이온 교환 수지(兩——性——交換樹脂, amphoteric ion-exchange resin)　산성기와 염기성 양쪽을 교환기로 갖고 있는 이온 교환 수지. 양쪽성 수지라고도 한다. 예를 들면 산성기로 $-COOH$, 염기성기로 $-NH_2$를 교환기로 갖고 있는 양쪽성 수지는 산성 용액에 있어서는 음이온 교환체로 작용하고 염기성 용액에 있어서는 양이온 교환체로 작용한다. 또 거의 모든 pH범위에서 양·음이온을 동시에 교환할 수 있는 형의 양쪽성 수지도 있다.

양쪽성 전해질(兩——性電解質, ampholyte)　산과 염기의 두 성질이 있는 전해질. 예를 들면 염산은 산의 성질만을, 수산화나트륨은 염기의 성질만을 나타내지만 전해질 중에는 글리신 H_2NCH_2COOH처럼 산성기 $-COOH$와 염기성기 $-NH_2$를 분자 내에 갖고 있는 물질이 있다. 이와 같은 물질은 산에 대해서는 염기로 작용하고 염기에 대해서는 산으로 작용한다.

양쪽성 화합물(兩——性化合物, amphoteric

compound) 산성인 물질에 대해서는 염기로 작용하고 염기성 물질에 대해서는 산으로 작용하는 화합물. 예를 들면 산화아연과 수산화 알루미늄 등의 양쪽성 산화물, 양쪽성 수산화물. 유기 화합물에서는 아미노산과 단백질 등의 공유결합성 양쪽성 화합물은 고체상태에서는 분자내 염으로 존재한다.

양쪽 친매성 (兩── 親媒性, amphiphilic) 친수성과 친유성을 동시에 갖는 의미의 형용사. 양 쪽 친매성 분자, 양쪽 친매성 화합물 등으로 사용된다. 후자는 계면 활성 물질(계면 활성제 및 계면 활성을 나타내는 천연의 유지 등을 포함)과 동의어이다.

어는점 (── 點, freezing point, solidifying point, congeal point) 어떤 물질의 액상과 고상이 일정한 압력하에서 평형을 유지하고 있을 때의 온도를 그 압력에서의 그 물질의 응고점이라 한다. 일반적으로는 녹는점 또는 융해점과 같다. congeal point는 유지의 응고점에 사용되는 용어이다.

어는점 내림 (── 點 ──, depression of freezing point) 비휘발성 용질을 함유하는 용액 중에서 용매의 응고점이 순용매에 비하여 낮아지는 것. 녹는점 강하라고도 한다. 용매가 물일 때는 빙점 강하라고도 한다.

어는점 내림법 (── 點 ── 法, cryoscopy, cryoscopic method) 어는점 내림의 현상을 이용하여 용액 중에 녹아 있는 비휘발성 물질의 분자량을 결정하거나 용매의 순도를 조사하는 방법. 어는점 내림은 용액이 되었을 때의 증기압 내림으로 설명할 수 있다. 비휘발성 물질을 녹인 묽은 용액, 즉 이상용액(理想溶液)에 가까운 경우는 어는점 내림의 정도가 몰수에 비례한다. 즉, 순용매(純溶媒)의 어는점과 용매 100 g에 용질 Wg을 녹인 용액의 어는점과의 차(어는점 내림)를 ΔT 라고 하면, 용액의 분자량 M은 $M = kW/\Delta T$ 라는 식으로 나타낼 수 있다. 이 때 k 는 용매에 특유한 상수로서 그 용매의 몰 어는점 내림이라고 한다. 몰 어는점 내림은 용매의 어는점 또는 융해열로부터 계산할 수 있는데, 보통은 분자량을 알고 있는 시료에서 몰 어는점 내림 k 를 정해 두고, 측정하려고 하는 물질 Wg을 칭량하고 ΔT 를 측정함으로써

식으로부터 M을 구할 수 있다. 물·아세트산·벤젠 등을 용매로 하는데, 용질이 용매 속에서 화학변화를 일으키거나 고용체를 만드는 경우에는 이 방법을 사용할 수 없다. 표준적인 어는점 내림 측정 장치로는 온도를 정밀하게 측정하는 베크만 온도계를 사용한 베크만의 장치가 있다. 이 밖에 어는점 내림 현상에 기초를 두고 물질의 순도를 결정하는 방법도 어는점 내림법이라고 하는 경우가 있다. 용액의 열역학적인 성질의 연구에도 사용된다.

어닐링 (annealing) (1) ⇨ 풀림. (2) 융해한 유리를 성형한 후에 냉각하는 도중 혹은 한 번 냉각한 후에 냉각온도 범위까지 다시 가열하여 유리 속의 뒤틀림을 충분히 제거하여 냉각하는 것이다. (3) DNA를 수용액 중에서 가열하거나 혹은 알칼리 처리하면 한 가닥 사슬이 된다. 다음에 냉각 또는 중화하면 상보적 DNA와 회합하여 두 가닥 사슬로 되돌아간다. 이것을 어닐 또는 어닐링이라 한다. 어닐링에 의해 핵산의 염기배열의 상보성을 알 수 있다.

어덕트 (adducts) addition product에서의 합성어. 첨가생성물이라고도 한다. 처음에는 요소에 각종 알코올, 알데히드, 케톤 등이 부가되어 생긴 요소 어덕트 등으로 사용하였으나 현재는 더욱 넓은 의미에서 각종 첨가 화합물에까지 확장되어 있다.

어레스터 (arrester) 어떤 위험을 저지하는 것. 즉, 방지장치라는 뜻이다. 따라서 일반적으로는 앞부분에 목적을 나타내는 용어가 붙는다. 예를 들면 관 내의 화재나 기폭의 전파를 저지하는 flame arrester(화재 방지기)와 detonation arrester(기폭 방지기), 낙뢰로 인한 기계의 피해를 방지하기 위한 lightning arrester(피뢰침), 비전도성 액체의 유동으로 발생하는 정전하의 충격을 방지하는 static arrester(정전 방지기) 등이 있다.

어레이 (array) 동일 종류의 자료 모음에 명칭을 붙여 각 요소에는 첨자를 지정하여 각각 식별할 수 있도록 한 데이터 구조. 배열이라고도 한다. 태양전지의 경우 등에서는 대형 발전시스템으로 하는 경우, 복수 개의 태양전지 소자를 직렬 또는 병렬로 결선한 모듈(조립회로)을 패널화하고, 이들 패널을

다시 복수 개 모아 사용하는데 이러한 시스템을 어레이라 한다.

어유 (魚油, fish oil) 어류에서 얻어지는 지방유의 총칭. 대표적인 것으로 정어리 기름, 청어 기름 등이 있다. 지방산 조성은 주로 포화산으로서 팔미트산, 불포화산으로서 모노엔산 및 고도 불포화산으로 되어 있다. 경화유로 하여 마가린, 쇼트닝 등의 식용 또는 비누 등의 공업원료로 널리 사용된다.

억셉터 (acceptor) ⇨ 수소 수용체, 전자 수용체.

억제인자 (抑制因子, repressor) 오퍼레이터에 결합하여 전사를 억제하는 전사 제어 인자를 말한다.

억제제 (抑制劑, retarder) 래커형의 도료는 시너로 희석하여 도장하지만 습도가 높은 경우에는 용제 증발에 따른 냉각 효과로 인해 결로하여 도막이 백화하는 수가 있다. 이것을 방지하기 위해 끓는점이 높은 용제를 사용한다. 끓는점이 높은 용제 함유량이 많은 시너를 억제제라 한다. 경화반응 억제제를 리타더라 하는 경우도 있다.

억포제 (抑泡劑, foam inhibitor, foam suppressor) ⇨ 지포제.

언더우드 방법 (—— 方法, Underwood's method) 다성분계의 액체 혼합물을 증류하여 분리, 농축, 정제할 때의 최소 환류비를 구하는 방법. 이상 용액계에 대해서는 가장 뛰어난 계산법으로서 널리 사용되고 있다. 1945년. A. J. V. Underwood가 제안하였다.

얼룩빼기 (spotting, stain removal) 부분적으로 부착된 특수한 오염을 얼룩이라 하고 그것은 보통 세탁법으로는 제거할 수 없거나 통째로 세탁할 수 없어 부분 세탁을 해야 하는 경우에 행하는 조작. 복지와 염색을 손상하지 않도록 적당한 약제와 방법을 선택해야 하는데 이 때 화학적 지식과 경험이 필요하다.

엇갈린 형태 (—— 形態, staggered form) 단결합 주위의 회전 이성질체의 입체 배치를 표기하는 데 사용되는 용어. 단결합으로 이어진 두 탄소 원자상의 원자(또는 원자단)가 단결합 방향에서 보아 상하로 겹쳐진 배치를 중첩형, 상하로 겹쳐지지 않고 엇갈린 배치를 엇갈린 형태라 한다. 엇갈린 형태 중 두 탄소 원자에 결합하는 두 치환기 X, Y 간의 각도를 θ로 하면, θ의 각도에 따라 각각 별도의 호칭이 있다. 즉, ① $\theta = 180°$의 경우 : 일반적으로는 엇갈린 형태라 하지 않고 *anti-*형 혹은 *trans-*형이라 한다. 그러나 이것은 원래 이중 결합의 기하 이성에 사용되는 용어로서, 오해를 초래할 수 있으므로 현대의 명명법에서는 *ap-*형 (antiperiplanar)라고 한다. ② $\theta = 60°$의 경우 : 흔히 고슈형(비틀렸다는 뜻의 프랑스어, *gauch-*형)이라 하고, 현대 명명법에서는 *sc-*형(synclinal)이라 한다.

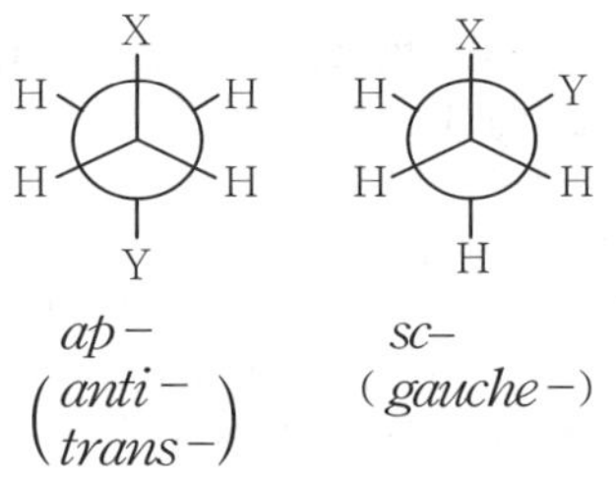

$$ap- \atop \left({anti- \atop trans-} \right) \qquad sc- \atop (gauche-)$$

[엇갈린 형태]

엉김 침전 (—— 沈澱, flocculent precipitation) 침전 형상의 하나. 솜덩어리 같은 형상의 침전, 수산화물의 침전 등에서 볼 수 있다.

에나멜 (enamel) 바니시에 안료를 분산시켜 작성한 도료. 이것에 대해 바니시만으로 구성되는 도료는 클리어 도료라 한다. 사용할 때는 용제(溶劑)로 희석해서 적당한 점도(粘度)로 조제한다. 조합(調合) 페이트와 다른 점은 보일유 대신 바니시를 사용하는 점인데 안료(顔料)에 바니시를 가하여 연마할 때 휘발성 성분이 증발하지 않도록 수냉식 롤을 사용하든지 밀폐상태에서 조작한다. 완성된 된 반죽은 점도를 알맞게 하고 체로 쳐서 질을 고르게 한다. 그 성질은 사용하는 바니시에 의해 달라진다. 건성유(乾性油)가 적은 단유성(短油性) 바니시를 사용한 단유성 에나멜(보통 에나멜)과 건성유가 많은 풍유성(豊油性) 에나멜의 2종은 자연 건조용 에나멜이고, 알키드 수지 등으로 만든 바니시를 사용한 것은 베이킹 에나멜이다. 단유성 에나멜은 1시간 이내에 건조하는데 도막(塗膜)은 광택이 좋지만 딱딱하고 약하다.

풍유성 에나멜은 건조하는 데 12시간이 소요되지만 내구력이 뛰어난 도막을 형성한다. 베이킹 에나멜은 80~180℃로 가열하면 경화 건조하여 단시간에 강인한 도막을 형성한다. 각각 성질에 따라 단유성 에나멜은 가구(家具)와 실내 도장에, 풍유성 에나멜은 옥외 도장에, 그리고 베이킹 에나멜은 각종 금속제품의 도장에 사용된다. 베이킹 에나멜은 그 특성 때문에 보다 많은 진전이 기대되지만, 안료는 가열에 의해 변색하지 않는 것이 바람직하다.

에나멜 페인트 (enamel paint, hardgloss paint) ⇨ 에나멜.

에나민 (enamine)　불포화 탄화수소에 아미노기가 결합한 C=C-NH₂ 형태의 구조로 되어 있는 화합물. C-C=NH 형의 이민 간에 호변이성 현상이 있다.

에난티오머 (enantiomer) ⇨ 거울상 이성질체.

에너지 갭 (energy gap) ⇨ 밴드 갭.

에너지 균형 (—— 均衡, energy balance)　화학반응 등, 어떤 계에 변화가 일어날 때, 그 전후에 각종 형태로 유지되는 에너지의 총화를 비교하는 것. 에너지 보존법칙에 따라 양자는 상등하여야 한다.

에너지 단면 (—— 斷面, energy profile)　화학반응에 수반하는 전계(全系)의 에너지 변화는 계의 자유도를 기저로 하는 다차원 공간 내의 초곡면으로서 표현된다. 이 초곡면을 일정 방향을 따라 절단하였을 때에 나타나는 곡선이 에너지 단면이다. 일반적으로는 반응의 진행에 대응하는 반응좌표를 따라 얻어지는 단면을 지칭한다.

에너지 대사 (—— 代謝, energy metabolism)　생체 활동에서의 에너지 변화와 그에 수반하는 물질의 화학 변화의 총칭. 영양소의 분해에 따른 아데노신삼인산(ATP)의 합성(에너지 획득계)과 ATP를 분해하여 운동과 체물질의 합성을 하는 반응(에너지 이용계)의 양면이 있다.

에너지 밴드 (energy band)　원자와 분자의 내부에서 전자가 취할 수 있는 단위는 흩어져 있는 에너지를 갖고 있다. 이와 같은 에너지 준위는 원자·분자가 고밀노도 집합한 액체나 고체 중에서는 서로 상호작용을 하여 에너지를 바꾸는 결과 띠상의 에너지 밴드가 된다.

에너지 분배 (—— 分配, energy partitioning)　일정량의 에너지를 분자계의 각종 자유도로 배분하는 것. 특히 발열반응의 결과 발생한 과잉 에너지가 생성물의 병진·진동 등의 자유도로 분배되는 것을 가리키는 경우가 많다.

에너지 분산 (—— 分散, energy dispersion)　주로 반도체 검출기와 파고 분석기를 사용하여 X선의 에너지 값(펄스고에 대응)의 차이에 따라 X선을 분광하는 방법. 이에 대해 분광 결정을 사용하여 파장의 차이에 따라 분광하는 방법을 파장 분산이라 한다.

에너지 이동 (—— 移動, energy transfer)　특정한 자유도에 속했던 에너지가 다른 자유도로 이동하는 것. 한 분자의 내부에서 진동·전자 에너지가 이동하는 경우와 분자충돌에 의해 분자 간에서 전자·진동·회전·병진 등의 에너지가 이동하는 경우가 있다.

에너지 이행 (—— 移行, energy migration)　에너지가 분자계의 일부에서 다른 부분으로 이동하는 것. 분자 내 이행과 분자 간 이행이 있다. 전자 에너지의 이동을 지칭하는 경우가 많다.

에너지 장벽 (—— 障壁, energy barrier)　계의 상태가 변화하기 때문에 일정량 이상의 에너지를 필요로 할 때 이것을 에너지 장벽이라 한다. 좁은 뜻으로는 화학 반응을 야기시키는 데 필요한 최소의 에너지를 가리키며, 퍼텐셜 장벽이라고도 한다.

에너지 준위 (—— 準位, energy level)　양자론에 따르면 정상상태에 있는 분자의 에너지는 이산적인 값을 취하고, 각 에너지 상태는 전자·진동·회전 등에 대응하는 양자수의 조로 표현된다. 1조의 양자수로 표현되는 에너지의 값 혹은 상태를 에너지 준위라 한다. 에너지 준위의 차는 이들 준위 사이의 전이 때 방출되는 빛의 주파수에 의해 결정된다. 가령 수소원지의 선(線)스펙트럼은 라이먼계열·발머계열·파셴계열 등으로 이루어지는데, 이들 계열의 주파수로 미루어 수소원자의 에너지 준위는 $E_n = -(e^2/2a_H n^2)$ (n은 양의 정수, $a_H = h^2/\mu e^2$, μ는 환산

질량)으로 표시된다는 것이 밝혀졌다. 2원자 분자의 에너지 준위는 회전·진동, 전자의 내부운동에 대응하는 3종류의 에너지 스펙트럼으로 분류할 수 있다. 원자핵의 에너지 준위 등에도 회전이나 진동의 스펙트럼이 존재한다. 에너지 준위도를 이용하면 원자에서는 빛의 스펙트럼의 관계를 알 수 있고, 원자핵에서는 방출되는 방사능의 에너지를 알 수 있다.

에드만 법 (―― 法, Edman method)　이소티오시안산페닐을 사용하여 단백질, 펩티드의 N말단 아미노산 잔기를 단계적으로 유리시켜, 말단 아미노산 및 아미노산 배열을 결정하는 방법. PTC법이라고도 한다. 단백질 1차 구조 결정의 중요한 방법이다.

에렙신 (erepsin)　소장의 소화효소. 프로테아제의 혼합물. 단백질을 아미노산으로 분해하고 장 점막에서의 흡수를 가능하게 한다. 단백질은 위(胃)에서 염산과 펩신에 의하여 프로테오스와 펩톤으로 분해되어 소장으로 들어가면, 이자액 중의 트립신과 장액 중의 에렙신에 의하여 아미노산으로 분해되어 단백질의 소화가 이루어진다. 에렙신이란 많은 효소의 집합체에 대한 옛 명칭이며, 각종 순수한 효소 단백질을 함유하고 있다.

에루크 산 (―― 酸, erucic acid)　*cis*-13-도코센산 $CH_3(CH_2)_7CH=CH(CH_2)_{11}COOH$의 관용명으로 Erucasäure란 독일어에 유래한다. 트랜스형 이성제를 브라시딘산이라 한다. 무색 소결상 결정. 녹는점 33.5℃, 끓는점 281℃(33 mmHg), 비중 0.860. 포도, 겨자 등의 종자유, 대구의 간유에 글리세리드로서 존재한다.　트리아실글리세린(트리글리세리드)의 형태로 재래종 유채유 중에 40~50% 함유되어 있으나 저 에루크산 유채유 중에는 3% 이하이다.

에르고스테롤 (ergosterol)　스테로이드의 하나. 한때는 독일어에 유래하는 에르고스테린이란 명칭이 일반적이었다. 맥각, 효모, 푸른 곰팡이, 균류 등에서 스테롤의 주성분. 자외선 조사에 의해 비타민 D로 변화한다. 동물의 간 특히 대구의 간유에 들어 있는 디하이드로콜레스테롤도 역시 비타민 D_3이 되어 프로비타민 D로 작용한다. 그러나 자외선에 의한 반응이 지나치면 생리적으로

무효한 물질이 되어 버리므로 과도한 일광욕은 의미가 없다.

에르고스테린 (Ergosterin(독일어))　⇨ 에르고스테롤.

에리트로마이신 (erythromycin)　*streptomyces erythreus*가 생산하는 항균 스펙트럼이 넓은 매크로라이드계 항생 물질. 백색에서 담황색의 결정 또는 분말. 독성(毒性)이 적고, 디프테리아균 등의 그람양성균에는 항생물질 중에서 가장 잘 듣는다. 폐렴·패혈증·편도염·임질 등의 치료에 쓰이며, 페니실린이나 오레오마이신 등에 내성(耐性)이 생긴 균의 감염증에도 효과가 있다. 일로타이신·에리트로신은 이것의 약전명(藥箋名)이다.

에리트로오스 (erythrose)　알데히드형의 단당 $CHO(CHOH)_2CH_2OH$. 천연에는 존재하지 않는다. 시럽 모양이며 물에 잘 녹고 감미가 난다. 분자량 120.1이다. 고유 광회전도 $(\alpha)_D = -14.5°$(종극값)이다. D형과 L형은 각각 D-아라비노오스, L-아라비노오스를 출발 물질로 하여 아라본산으로 유도하고 과산화수소로 산화(루프의 성장반응)시켜 합성한다. 그 밖에 아라비노오스 옥심 또는 아라본산아미드를 경유하는 합성법도 있다. 생체 내에서는 당질 대사의 중요한 중간체이다. 특히 에리트로오스-4-인산은 생물계에 널리 존재하는 트랜스-알도라아제라는 효소의 기질이며, 딩의 생체산화(해낭 반응)와 당의 상호 변환을 위하여 대사에 없어서는 안 되는 물질이다.

에리트로포이에틴 (erythropoietin)　증혈인자. 적혈구의 생산을 촉진하는 액체성 인자의 하나. 신장 세포에서 분비되는 당단백질로서, 저산소일 때에 적혈구량을 증가시키도록 다량으로 분비된다. 생물학, 생화학에서는 에리트로포에틴이라 한다.

에리트로 형 (―― 形, erythro form)　인접한 두 키랄 중심을 갖는 디아스테레오머의 입체 배치의 상대 관계, 즉 상대 배치를 나타내는 용어. 당초 단당 에리트로오스 (a)와 그 디아스테레오머 (b)를 구별하기 위해 도입되었다. (a)와 같이 피셔 투영도로 특정한 두 치환기(OH)가 같은 쪽에 오는 배치를 에리트로(erythro)형, 반대측에 이르는 배치

(b)를 트레오(threo)형이라 한다.

$$\begin{array}{cc} \text{CHO} & \text{CHO} \\ \text{H}-\text{OH} & \text{HO}-\text{H} \\ \text{H}-\text{OH} & \text{H}-\text{OH} \\ \text{CH}_2\text{OH} & \text{CH}_2\text{OH} \end{array}$$

(a) 에리트로형   (b) 트레오형

에머리 (emery) ⇨ 금강사

에멀션 (emulsion)   액체 매질 중에 그에 용해하기 어려운 다른 액체 미립자가 분산되어 있는 계. 유탁액 혹은 유제라고도 한다. 기름의 미립자가 수중에 분산한 계를 수중 유형(o/w형) 에멀션, 반대인 경우를 유중 수형(w/o) 에멀션이라 한다. 에멀션은 액체-액체 계면의 전 면적이 크므로 거품과 마찬가지로 열역학적으로 불안정한 계이다. 보통은 적당한 유화제를 사용하여 액체-액체 간의 계면장력을 저하시켜 안정된 에멀션을 형성한다.

에멀션 잉크 (emulsion ink)   에멀션을 전색제로 하는 인쇄 잉크. 수중 유적(o/w)형과 유중 수적(w/o)형의 2종류가 있다. o/w 형 잉크는 그라비어 인쇄 등에 응용되며 냄새와 화재의 위험이 적은 이점이 있다. w/o형 잉크는 등사판 인쇄 등에 사용되며 고도의 세트 건조성이 특징이다.

에멀션 페인트 (―― 塗料, emulsion paint)   유화 중합으로 자성된 에멀션을 전색제로 한 도료. 대표적인 도료로는 아세트산 비닐 에멀션을 사용한 벽면 도료가 있다.

에멀신 (emulsin)   아몬드, 복숭아, 앵두, 비파 등의 종자에 함유되는 β-글루코시다아제의 하나. CN을 함유하는 배당체 아미그달린을 가수분해하여 글루코오스, 시안화수소, 벤즈알데히드를 생성한다. 가장 오래 전에 발견된 효소이다. 1830년 P. J. 로비케는 글리코시드 아미그달린이 아몬드에 함유되어 있는 물질에 의해 분해되는 것을 관찰하고, 1837년 J. F. von 리비히와 F. 뵐러에 의해 에멀신이라 명명되었다. 아미그달린은 에멀신에 의해 가수분해되어 2분자의 글루코오스, 1분사의 시안화수소, 1분자의 벤즈일데히드를 생성한다. 이 작용은 β-글루코시다아제

뿐만 아니라 다른 2~3가지 효소와 공동으로 이루어진다는 설(說)도 있다. 이 효소의 표품(標品)은 아몬드·비파 등의 종자를 탈지 후 물로 추출하고, 알코올 또는 황산 침전으로 얻는다. 백색 분말로 물에 녹는다. 아미그달린 뿐만 아니라 살리신·아르부틴·셀로비오스 등의 β-글루코시드도 가수분해한다. 미숙한 매실에 시안화수소산이 존재하는 것은 이 효소의 작용 때문이다.

에버하드 효과 (―― 效果, Eberhard effect) ⇨ 주변 효과.

에보나이트 (ebonite)   천연 고무 혹은 어떤 종의 합성 고무에 다량의 황(30~50%)을 가하여 비교적 장시간 가열하여 얻어지는 수지상의 열가소성 물질. 경질 고무라고도 한다. 강도, 기계적 가공성, 화학적 안정성, 전기 절연성 등이 양호하다. 1850년 전후에 이미 C. 굿이어 등에 의해 제품화되었다. 순수한 것은 탄성이 있고 갈색이지만 가황 때에 가하는 첨가물의 종류와 양에 따라 색깔과 그 밖의 성상(性狀)이 달라진다. 인장 강도(引張强度)는 1cm^{2}당 700kg이나 되고 신장(伸張)은 3% 정도여서 고무라기보다는 단단하고 부서지기 쉬운 합성 수지라고 할 수 있다. 또 80℃ 전후에서 연화(軟化)하는 성질도 있으나 유동성은 보이지 않는다. 대부분의 산·알칼리·염에 견디며, 전기저항이 높고 내전압성(耐電壓性)이므로 절연체 등의 전기기구와 라이닝재로서의 용도를 가지고 있었지만 근년에 이것을 대신할 수 있는 우수한 성능의 플라스틱이 개발되었기 때문에 용도는 점점 좁아지고 있다.

에슈카 법 (―― 法, Eschka method)   석탄 및 코크스 중의 황 또는 염소를 정량하는 분석방법. 시료와 에슈카합제(산화마그네슘과 탄산나트륨 무수염)를 혼합하여, 800±25 ℃(황) 또는 675±25℃(염소)로 공기 중에서 가열하여 황은 황산염, 염소는 알칼리염으로 고정한다.

SV 'space velocity (공간속도)'의 약어이다.

SBR 'styrene-butadiene rubber (스티렌-부타디엔 고무)'의 약어이다.

SCF 'self-consistent field (자기 모순 없는 장)'의 약어이다.

SCP 'single-cell protein (단세포 단백질)'의

약어이다.

SRC 'solvent refined coal(용제 정제탄)'의 약어이다.

SRM 'standard reference material(표준물질)'의 약어이다. 단, 미국의 National Institute of Standards and Technology(옛 NBS)에서는 확인 표준물질(certified reference material, CRM)을 SRM으로 하고 있다.

SS 'suspended solid(현탁 물질)'의 약어이다.

SSD 'solid state detector(고체 검출기)'의 약어이다. ⇨ 반도체 검출기.

SS 산(—— 酸, SS-acid) 8-아미노-1-나프톨-5, 7-디술폰산의 염료 중간물로서의 명칭. 아조 염료의 원료이다.

SHE 'standard hydrogen electrode(표준 수소 전극)'의 약어이다.

SN 비(—— 比, SN ratio) 'signal-to-noise ratio(신호잡음비)'의 약어이다.

SN1형 반응(—— 型反應, SN1 type reaction) ⇨ 친핵성 치환.

SN2형 반응(—— 型反應, SN2 type reaction) ⇨ 친핵성 치환.

SOR 'synchrotron orbit radiation(싱크로트론 궤도방사)'의 약어이다.

SOS 기능(—— 機能, SOS function) ⇨ 수선 효소.

에스테르(ester) 카르복시산과 알코올에서 물 분자가 탈리하여 생성하는 화합물 RCO OR′. —CO—O—을 에스테르 결합이라 한다. 페놀에서 생성되는 에스테르를 페놀에스테르, 술폰산에서 동일하게 생성되는 화합물을 술폰산에스테르라 한다. 저급(低級) 지방산과 저위 알코올과의 에스테르는 대부분 방향(芳香)이 있는 무색 액체로서, 과실 에센스의 원료와 유기물의 용매(溶媒)로 사용되는 것이 많다. 에스테르는 산 또는 알칼리에 의해 가수분해되어 산과 알코올이 되는데, 특히 카르복시산과 알칼리를 생성하는 가수분해를 비누화라고 한다. 에스테르의 명명법은 산의 이름 뒤에 알코올의 골격인 알킬기(基)의 이름을 붙이는 방법을 사용하는데, 예를 들면 아세트산 CH_3COOH와 에틸알코올 CH_2CH_2OH에서 물 1분자가 떨어져 나가서 만들어지는 에스테르는 아세트

산에틸 $CH_3COOCH_2CH_3$라고 한다.

에스테르가(—— 價, ester value) 유지 혹은 납 1g 중에 함유되는 에스테르를 완전히 검화하는 데 필요한 수산화칼슘의 양을 밀리그램 단위로 나타낸 수. 보통 검화가와 산가(또는 중화가)의 차로 구한다. 유지 중의 중성 유지의 함유율(%)은 (100×에스테르가 / 검화가)에 의해, 유지 중의 글리세린 함유량(%)은 (0.0547×에스테르가)에 의해 각각 구할 수 있다.

에스테르 가수분해 효소(—— 加水分解酵素, esterase) 에스테르 결합에 작용하는 효소의 총칭. 카르복시산, 인산, 타울린산 등의 에스테르, 티오에스테르 등을 각각 가수분해하는 효소가 있다. 유지를 가수분해하여 지방산을 생성하는 효소 리파아제는 대표적인 예이다.

에스테르 교환반응(—— 交換反應, trans esterification) 에스테르 간에서 알콕실기와 아실기가 교환되어, 새로운 에스테르가 생성되는 반응. 유기화학 공업에서 사용되는 아보트법은 이 반응을 이용한 것이다. 아시드리시스, 알코릴시스도 에스테르 교환반응이다.

에스테르화(—— 化, esterification) 카르복시산(또는 술폰산)과 알코올(또는 페놀)에서 에스테르를 합성하는 반응. 또 카르복시산 혹은 알코올을 원료로 하여 적당한 시제를 사용하여 에스테르를 만드는 반응. 메틸에스트롤 합성하는 데는 과잉의 알코올을 써서 황산을 촉매로 하는 방법이 흔히 쓰인다. 한편, 산 또는 알코올(페놀도 포함한다) 중 한쪽을 원료로 하여 에스테르를 생성하는 반응을 포함시키기도 한다. 여러 가지 합성법이 있는데, 대표적인 것으로는 산무수물 또는 산염화물과 알코올의 반응이나 산의 염과 할로겐화 알킬과의 반응 등이 있다.

에스트론(estrone) 스테로이드계 성호르몬의 하나. 최초의 임신부의 오줌에서 단리된 난포 호르몬. 천연자원에서 추출하여 제제하는 외에 다른 스테로이드를 원료로 하는 합성법도 있다. 호르몬 작용은 에스트라디올과 거의 같지만, 그 활성은 1/3~1/4이다. 임신한 동물의 오줌에 대량으로 들어 있고, 천연물에서 최초로 단리(單離)된 발정 호르

몬으로 보통 임마뇨(姙馬尿)에서 추출된다. 이것을 환원해서 얻는 에스트라디올쪽이 호르몬 작용이 3~4배 강하므로 현재는 주로 그 원료로서 사용하고 있다. 또 활성 호르몬인 디에틸스틸에스트롤은 천연적으로는 전혀 존재하지 않고 화학 합성으로만 얻어지는 물질인데, 에스트론이나 에스트라디올과 같은 작용을 나타낸다.

ASTM 카드 (ASTM card)　지금까지 보고된 다수의 물질에서 X선 회절의 자료를 물질별로 카드로 총괄한 것. 카드가 아니고 책으로 총괄한 것도 동일하게 호칭한다. American Society for Testing Materials에서 발행되고 있다.

STM　'scanning tunneling microscope(주사 터널 현미경)'의 약어이다.

STY　'space time yield(공시 수득량)'의 약어이다.

에스파르토지 (—— 紙, esparto paper)　북아프리카 원산의 여러해살이풀 에스파르토를 알칼리 증해하여 만드는 종이, 혹은 이것에 화학 펄프를 혼합하여 만드는 종이. 촉감이 좋고 부피가 있으므로 중·상급 인쇄 필기 용지로 사용된다.

SPE　'solid polymer electrolyte(고분자 고체 전해질)'의 약어이다.

에어로졸 (aerosol)　연기나 안개처럼 기체 중에 고체 또는 액체의 미립자가 분산 부유하고 있는 상태의 총칭. 이와 같은 상태를 기체라는 분산매에 고체나 액제의 콜로이드 입자가 분산한 졸의 하나로 간주하여 에어로졸이라 이름지었다. 졸과 마찬가지로 분산법 및 응측법에 의해 만들 수가 있으나 천연으로는 거의 응축적으로 생긴다. 에어로졸에서는 입자 간의 거리가 크고 분산매의 점성률이 작기 때문에 입자는 대단히 활발한 브라운 운동을 보인다. 또 그 입자는 졸의 경우에 비하여 훨씬 응축하기 쉽다. 에어로졸은 뚜렷한 틴들 현상을 보인다. 에어로졸의 입자는 히드로졸 등의 경우와는 달리 반드시 하전하는 것이 아니고, 또 입자의 전하에 의해 안정성이 증가하는 일도 없다. 원래 불안정한 분산계이며 장시간 경과하면 중력의 작용으로 침전하지만, 에어로졸을 단시간에 포집하는 데는 특수한 여과지를 써서 거르거나 고전압을 걸어서 전극에 흡착시키는 방법(코트렐 집진기) 등이 취해진다. 에어로졸 입자는 체적에 비해 큰 표면적을 가지므로 반응성이 풍부하고, 가열성인 것에서는 소위 분체 폭발을 일으키는 수가 있다.

에어 리프트 (air lift)　액속에 수직방향으로 관을 넣고, 관속의 액에 가스를 불어넣으면 관속의 기체-액체 혼합물은 관 밖의 액보다 가벼워지고 비중차에 의해 관 속을 상승한다. 이 원리로 양수하는 펌프를 에어리프트라고 한다. 운동부가 없는 구조이므로 부식 혹은 마모가 심한 용도에 사용되는 일이 많다.

에어 매스 (air mass)　지상에 도달하는 태양 에너지를 고려할 때에 사용되는 값. 태양의 앙각(고도) h가 90°일 때 1.00이고, 30°일 때 2.00이다. 대기 로정이라고도 하며, m으로 표시되는 경우가 많다. $m = \cos^{-1} h$.

에어 세퍼레이터 (air separator)　분체의 분급에 사용되는 대표적인 건식 분급기. 내부에 회전깃이 있어 원심력을 이용하여 분급한다. 시멘트 공업에서 오래 전부터 사용되고 있다.

에어 스프레이 (air spray)　도료를 압축공기로 분출시켜 안개모양으로 된 도료와 공기의 혼합물을 피도물에 뿌려대는 도장법을 말한다.

ADP　'adenosine diphosphate(아데노신이인산)'의 약어이다.

ABS 수지 (—— 樹脂, ABS resin, acrylonitrile-butadiene-styrene resin)　폴리부타디엔을 주체로 하는 부타디엔 고무 성문과 아크릴로니트릴-스티렌 공중합체 수지성분으로 이루어진 수지. 그래프트 공중합 또는 폴리머 브랜드의 방법으로 형성된다. 혼성 중합체의 성분 조합이 다르면 제품 성능도 미묘하게 변화하므로 용도에 따라 조합을 바꾼다. 일반적으로 가공하기 쉽고 내충격성(耐衝擊性)이 크고 내열성도 좋다. 폴리에틸렌에 비하여 내열성 80°에 대하여 93°, 내충격성 0.8에 대하여 4.5이다. 내충격성 4.5라는 것은 쇠망치로 때려도 깨지지 않을 정도의 강도이므로 자동차 부품·헬멧·전기기기 부품·방직기계 부품 등 공업용품에 금속 대용으로 사용된다.

AMP 'adenosine monophosphate(아데노신일인산)'의 약어이다. ⇨ 아데닐 산.

AES 'Auger electron spectroscopy(오제 전자 분광법)'의 약어이다.

에이징 (aging, ageing) ⇨ 노화.

에이코사펜타엔 산 (―― 酸, eicosapentaenoic acid) ⇨ 이코사펜타엔 산.

에이코산 (eicosane) ⇨ 이코산.

에이코산 산 (―― 酸, eicosanoic acid) ⇨ 아라키딘 산.

ATR 'attenuated total reflection(감쇠 전반사)'의 약어이다.

ATR 법 (―― 法, ATR method) 'attenuated total reflection absorption spectroscopy(감쇠전반사 흡수 분광법)'의 약어이다.

ATP 'adenosine triphosphate(아데노신삼인산)'의 약어이다.

APS 'appearance potential spectroscopy(출현 전위 분광법)'의 약어이다.

에일라이트 (alite) 포트랜드 시멘트의 가장 중요한 구성 화합물. 아리트라고도 한다. 보통 포트랜드 시멘트 중에 60~70% 함유된다. Ca_3SiO_5를 기본 조성으로 하며, Al_2O_3, Fe_2O_3, MgO 등이 소량식 고용(固溶)한다.

에임스 시험 (―― 試驗, Ames test) 발암 물질 및 돌연변이성 물질의 검사법의 하나. 살모넬라균의 히스틴 요구성 변이주(영양 요소성 변이주의 하나)를 사용한다. 변이원성 물질이 이 균의 유전자에 작용하여 히스티딘 비요구성 복귀 돌연변이체를 형성한다. 복귀 변이체 출현빈도가 높을수록 발암성이 높고 또한 다른 일반적인 변이도 발생하기 쉬우므로 이 빈도를 변이원성의 지표로 한다.

에지 효과 (―― 效果, edge effect) ⇨ 주변 효과. 그러나 현재는 에지 효과라 하고 있다.

에첼 격자 (―― 格子, echelle grating) 회절 격자 중 그 홈단면이 톱니모양으로 제작된 것. 브레즈드 회절 격자라고도 한다. 특정한 파장, 특정한 차수에 회절광 에너지의 대부분이 집중하는 특징이 있다.

HWHM 'half width at half maximum(반값 반폭 또는 반높이 반나비)'의 약어이다.

H 산 (―― 酸, H-acid) 8-아미노-1-나프톨-3,6-디술폰산의 중간물로서의 명칭. 아조 염료의 중요한 원료. 나프틸아민을 트리술폰화하여 알칼리 융해해서 제조한다.

HIP 'hot isostatic press(핫 아이소스태틱 프레스)'의 약어이다.

HSAB 'hard and soft acids and bases(하드산, 하드염기, 소프트산, 소프트염기)' 개념의 약어이다.

HLB 'hydrophile-lipophile balance(친수성·친유성비)'의 약어이다. 계면 활성제의 친수성과 친유성(소유성)의 균형을 나타내는 지표. HLB가 크다는 것은 친수성의 비율이 크고, 작다는 것은 그 비율이 작다는 것을 가리킨다. Griffin이 제창한 HLB 눈금에 의하면 이 값이 8~18인 계면 활성제를 사용하면 수중 유형(o/w형) 에멀션이 생기기 쉽고, 3~6에서는 유중 수형(w/o형)의 에멀션이 생기기 쉽다.

HETP 'height equivalent to a theoretical plate(이론단 해당 높이)'의 약어이다.

HTU 'height per transfer unit(일 이동 단위당 높이)'의 약어이다.

HPLC 'high performance liquid chromatography(고속 액체 크로마토그래피)'의 약어이다.

에치 피트 (etch pit) 고체의 표면이 화학약품 등에 의해서 부식될 때 생기는 작은 홈. 부식공 또는 식공이라고도 한다. 지름이 1 μm~0.1mm 정도인 것이 많다. 용질이 불균일한 분포와 고체 내에 존재하는 전위 등이 원인이 된다고 한다.

HPTLC 'high-performance thin-layer chromatography(고성능 얇은 막 크로마토그래피)'의 약어이다.

에칭 (etching) 화학약품을 사용하여 금속, 세라믹스, 반도체 등의 표면을 부식시키는 것. 부식이라고도 한다. 표면 연마와 반도체의 정밀가공, 인쇄제판 공정 등에서 재료를 패턴상으로 부식시키기 위해서 한다. 최근 반도체 공업에서는 에칭액을 사용하지 않는 드라이 에칭이 많이 사용되고 있다.

에칭 프라이머 (etching primer) ⇨ 워시 프라이머.

에크디손 (ecdysone) 절지동물의 탈피, 변태를 유발하는 호르몬. 누에의 번데기에서 단리된다. 본체는 C_{27}스테로이드($C_{27}H_{44}O_6$)이며 콜레스탄 골격에 5개의 히드록실기와 6-자리에 카르보닐기가 있는 불포화 케톤이다.

에탄올 (ethanol) C_2H_5OH. 알코올을 어미 -올로 명명할 때의 명칭이다. ⇨ 에틸알코올.

에테르 (ether) (1) 분자 내에 C-O-C 결합이 있는 유기 화합물. 산소원자와 결합하는 2개 기의 종류에 따라 지방족, 방향족, 복소고리식 등의 에테르가 있고, 또 C-O-C 결합의 고리식 구조 중에 포함되는 고리 모양 에테르도 있다. 지방족 에테르는 합성에 의해 생기고 천연으로는 존재하지 않지만 페놀류는 식물계에 존재하며, 향료로 이용되는 것이 많다. 에테르는 일반적으로 중성이며 좋은 냄새가 나는 휘발성 액체이다. 물에는 잘 녹지 않지만 유기 용매에는 잘 녹는다. 또 방향을 가지는 액체가 많고, 저급인 것은 휘발성이 크다. 화학적으로 안정하지만 진한 황산, 요오드화수소, 오염화인 등에서는 분해되어 알코올과 할로겐화물을 만든다. 산소원자가 2차 또는 3차 탄소 원자와 결합하여 있는 에테르 및 불포화 에테르는 묽은 황산이나 물과 함께 가열하면 알코올로 분해된다. 할로겐화수소·요오드화마그네슘·그리냐르시약 등을 첨가하여 옥소늄 화합물을 만든다. 탄소수가 적은 사슬 모양 에테르는 알코올에 진한 황산을 작용시켜 만든다. 이 때 황산의 산성 에스테르가 먼저 생성되고, 이것이 다시 알코올과 작용하여 에테르와 황산이 된다. 나트륨의 알콕시 또는 페녹시화물을 할로겐화탄화수소와 처리해서 여러 가지 에테르를 얻을 수 있다. (2) 에테르 결합이 있는 많은 화합물 중에서 가장 보편적인 용도가 있는 것은 디에틸에테르$(C_2H_5)_2O$이며, 유기 합성과 분석 용매로 널리 사용되므로 간단히 에테르라 하면 에틸에테르를 지칭하는 경우가 많다.

에테르 결합 (—— 結合, ether linkage) 하나의 산소원자가 두 개의 탄소 원자와 결합하여 C-O-C 형태가 되어 있는 화학결합. 이 결합이 고리식 구조 중에 포함되어 고리 모양 에테르로 되어 있는 것도 있다. 다른 산소원자를 함유하는 작용기(作用基)에 비하여 화학적으로 안정하다는 점이 특징이다. 에테르 결합을 가진 유기 화합물을 에테르라고 한다.

에테르화 (—— 化, etherification) 알코올 혹은 페놀을 원료로 하여 에테르를 합성하는 반응을 말한다.

에텐 (ethene) ⇨ 에틸렌.

에톡시드 (ethoxide) ⇨ 에틸레이트.

에톡실기 (—— 基, ethoxyl group) 원자단 C_2H_5O-의 명칭. 이 기가 화합물 중에 치환기로 존재할 때는 에톡시(ethoxy)라 명명한다.

에트린가이트 (ettringite) ⇨ 시멘트 바실루스.

에틸레이트 (ethylate) 에틸알코올의 금속염. 에톡시드라고도 한다. 대표적인 것으로는 나트륨에틸레이트 C_2H_5ONa. 전형적인 유기 염기로서 합성 조제 혹은 유기반응의 연구 시제로 널리 사용된다.

에틸렌 (ethylene) $CH_2=CH_2$. 계통명은 에텐 (ethene). 공업적으로는 탄화수소 가스, 나프타 등의 석유 유분을 열분해하여 얻어진다. 석유화학공업의 가장 기본적인 원료의 하나이다. 아세토알데히드, 에틸렌글리콜, 1, 2-디클로로에탄, 스티렌 등으로의 전환 외에 폴리에틸렌, 에틸렌-프로필렌 고무 등 고분자 제품의 제조 원료로 중요하다.

에틸렌 글리콜 (ethylene glycol) $HOCH_2CH_2OH$. 현대의 명명규칙에서는 1, 2-에탄디올. 가장 간단한 2가 알코올이며 간단히 글리콜이라 하는 경우도 있다. 에틸렌 옥시드의 수화 반응으로 제조된다. 텔레프탈산과의 에스테르화 반응 생성물은 합성섬유외 플라스틱으로서 중요하다. 기타 불포화 폴리에스테르의 성분, 자동차 엔진 냉각수의 동결방지용 부동액으로 사용된다.

에틸렌디아민사아세트산 (ethylenediamine-tetraacetic acid) $(HOOCCH_2)_2N-CH_2CH_2-N(CH_2COOH)_2$. 각종 금속과 매우 안정된 킬레이트 화합물을 형성하므로 착물 화학의 연구에 널리 사용된다. 또 실용적인 용도에도 사용되고 있다. 약어 EDTA. 배위자의 약어로서는 음이온 부분을 소문자로 하여 H_4edta로 적는다.

에틸렌 옥시드 (ethylene oxide) 탄소 2원자, 산소 1원자로 되어 있는 복소 3원환 화합물. 현재의 명명법으로는 옥시란이라 한다. 상온에서 상쾌한 냄새가 나는 무색의 기체. 화학식 C_2H_4O. 분자량 44.05, 녹는점 $-112℃$, 끓는점 10.7℃. 가연성(可燃性)이며 알코올·에테르·물 등에 잘 녹는다. 반응성(反應性)이 풍부하고, 물이나 묽은 황산과 반응하면 에틸렌글리콜이 되며, 수산화 알칼리나 염화주석(IV) 등에 의하여 중합하여 폴리에틸렌옥시드가 된다. 공업적으로는 에틸렌의 직접 산화에 의해 얻어진다. 용도의 과반은 에틸렌 글리콜의 원료이다.

에틸렌 이민 (ethyleneimine)　⇨ 아지리딘.

에틸렌-프로필렌 고무(ethylene-propylene rubber)　에틸렌과 프로필렌의 공중 합체로 구성된 고무(EPR) 및 EPR에 제3성분으로서 소량의 에틸리덴노르볼넨 등의 디엔류를 공중합시킨 고무(EPDM)의 총칭. 내오존성·내후성이 뛰어나다.

에틸메틸케톤 (ethyl methyl ketone)　CH_3CO CH_2CH_3. 별칭 메틸에틸케톤 혹은 2-부타논. 약어 MEK. 용매로 사용된다.

에틸알코올 (ethyl alcohol)　C_2H_5OH. 현대 명명법으로는 에탄올이란 명칭이 추천되고, 컴퓨터 검색 등에서는 에탄올로 통일되어 있다. 음료용, 기타 공업용에서는 단지 알코올이라고 하는 경우가 많다. 당류나 녹말질을 원료로 하여 효모 또는 효소제를 작용시키는 발효법 외에 에틸렌을 원료로 하는 황산 수화법과 인산 촉매에 의한 직접 수화법으로 제조된다. 보통은 수분을 4.0% 함유한 함께 끓는 혼합물로서 각종 에스테르류와 의약품의 합성원료 외에 화장품과 합성 세제, 각종 용매로 사용되며, 알코올성 음료와 식초의 원료로서도 중요하다.

에틸 액 (―― 液, ethyl fluid)　가솔린 녹킹억제제의 테트라에틸연, 테트라메틸연, 혼합 알킬연 등의 단독 또는 혼합물에 용제, 소연제, 착색용 염료를 배합한 액으로, 녹킹억제제의 첨가에는 모두 에틸액이 사용된다. 자동차 가솔린용에는 오렌지색 염료와 소연제로서 이브롬화에틸렌과 이염화에틸렌이, 또 항공 가솔린용으로는 출력값의 고저에 따라 보라색, 녹색, 적색의 3색 염료와 소연제로서 이브롬화에틸렌이 사용되고 있다.

에틸에테르 (ethyl ether)　⇨ 디에틸렌에테르.

에폭시기 (―― 基, epoxy group)　탄소사슬 중의 두 탄소 원자, 혹은 탄소 고리(또는 복소 고리) 중의 두 탄소원자에 직접 결합하여 다리 형태로 되어 있는 1개 산소원자를 이가의 치환기로서 접두어로 명명할 때의 명칭. 탄소사슬 중에 인접하는 탄소 원자에 에폭시기가 결합한 화합물은 에폭시드라 한다.

에폭시드 (epoxide)　인접하는 두 탄소 원자에 산소원자가 결합하여 3원환을 형성하고 있는 화합물의 총칭. ⇨ 에폭시기.

에폭시 수지 (―― 樹脂, epoxy resin)　원료의 주 사슬 중에 에폭시기가 있는 열경화성 수지의 총칭. 많은 종류가 있으나 비스페놀류, 노볼라크 등의 다가 페놀, 다가 알코올 등과, 에피클로로히드린을 반응시켜 얻어지는 프레폴리머에 아민, 산무수물, 삼플루오르화붕소 등의 경화제를 배합하여 가열한 에폭시기를 반응시켜 경화한다. 접착제 등에 널리 사용한다.

에폭시화 (―― 化, epoxidation)　에폭시 고리를 합성하는 반응. 전형적인 예로는 불포화 화합물을 과산으로 산화한다. 일반적으로 벤젠·사염화탄소·클로로포름 등의 유기 용매 속에서 이중결합을 가지고 있는 과산화벤조산 $C_6H_5CO_3H$나 과산화아세트산 CH_3 CO_3H 등의 유기 과산화산을 작용시킨다. 공업적으로는 이중결합을 가진 화합물과 아세트산을 섞고 촉매에 강한 산을 사용하여 과산화수소를 반응시켜 과산화아세트산을 만든다. 또 이중결합을 가진 화합물에 하이포염소산 또는 하이포브롬산을 반응시켜 할로할드린을 합성해 여기에 알칼리를 작용시키는 방법도 있다. 에폭시화에 의해 합성되는 화합물은 에폭시 수지의 원료로 사용되는 것도 포함되는데, 특히 스테로이드 연구에 중요하다.

에퓨젼 (effusion)　기체가 격벽의 작은 구멍을 통해 고압측에서 저압측으로 유출하는 현상. 그 구멍의 크기가 기체분자의 평균 자유행정 정도이거나 그 이하인 경우를 특히 에퓨젼이라 한다. 분산(噴散)이라 하는 경우도 있다.

FWHM　'full width at half maximum(반값 전폭 또는 반높이 나비)'의 약어이다.

FID　'flame ionization detector(불꽃 이온화

검출기)'의 약어이다.

FIA 'flow injection analysis(플로 인젝션 분석)'의 약어이다.

FIM 'field ion microscope(전계 이온 현미경)'의 약어이다.

FRM 'fiber-reinforced metals(섬유강화 금속)'의 약어이다.

FRP 'fiber-reinforced plastics(섬유강화 플라스틱)'의 약어이다.

F_1 하이브리드 (F_1 hybrid) ⇨ 1대 잡종.

F 인자 (—— 因子, F factor) 대장균의 성을 결정하는 인자. 세균의 접합기능을 지배하는 유전자군을 갖는 자율적 증식인자로서 대장균의 접합현상에서 발견되었다. 길이 약 30 μm의 고리 모양 두 가닥 사슬 DNA 분자이다. 이 인자가 있는 세균을 F^+라 하며 웅성을 나타내고, 이것이 없는 것은 F^-라고 하여 자성(雌性)을 나타낸다. 두 세포를 혼합 배양하면 접합이 일어나 F^+세포의 F인자는 F^-세포로 들어가 자성을 웅성으로 바꾼다. F인자에 세균 염색체의 일부분이 부착되어 있는 상태를 F'라 하고, F인자가 세균 염색체 속으로 들어간 상태의 것을 Hfr(High frequency of recombination)라고 한다. Hfr이 F^-세포와의 접합빈도가 현저하게 높다.

FT 'Fourier transform, Fourier transformation(푸리에 변환)'의 약어이다.

FTA 'fault tree analysis(결함수 해석)'의 약어이다.

FPD 'flame photometric detector(불꽃 광도 검출기)'의 약어이다.

에플로레센스 (efflorescence) ⇨ 풍해(風解).

에피네프린 (epinephrine) ⇨ 아드레날린.

에피머 (epimer) 복수의 부제 탄소 원자(키랄 중심)가 있는 화합물에서 키랄 중심의 1개만이 입체구조가 다를 때, 서로 에피머라고 한다. 당에 대해서만 사용되는 용어이며, 좁은 뜻으로는 당의 2위 탄소 원자에 붙는 OH의 방향이 달라진 두 개의 부분입체 이성질체를 이른다. 예를 들면 D-글루코오스와 D-만노오스는 4개의 부제 탄소 원자 중 C-3, C-4, C-5의 입체 배치는 동일하지만, C-2는 다른 입체배열로 되어 있으므로 서로 에피머이다.

에피머화 (—— 化, epimerization) 복수의 키랄 중심이 있는 부분입체 이성질체에서 하나의 키랄 중심의 입체 배치를 반전시켜, 원래의 화합물 에피머로 바꾸는 반응이다.

에피택시 (epitaxy) 어떤 결정의 표면에서 다른 물질의 결정이 특정한 방위를 갖고 성장하는 현상. 바닥면의 결정면 구조가 새로운 결정의 성장면 구조와 유사한 경우에 일어나기 쉽다. 증착법에 의한 결정 박막의 작성 등 응용분야가 넓다. 켜쌓기라고도 한다.

에피토프 (epitope) ⇨ 항원 결정기.

EXAFS(엑사프스) 'extended X-ray absorption fine structure(X선 흡수 광역 미세구조)'의 약어이다.

엑서지 (exergy) ⇨ 유효 에너지.

엑소뉴클레아제 (exonuclease) RNA 가수분해 효소의 하나. 폴리펩티드 사슬의 일단에서 3', 5'- 포스포디에스테르 결합을 순차적으로 분해하여 모노뉴클레오티드를 생성하는 효소의 일반명. 엔도뉴클레아제의 대응어이다.

엑소사이토시스 (exocytosis) ⇨ 엑소시토시스.

엑소시토시스 (exocytosis) 형질막의 형태 변화를 수반하는 세포 내에서 세포 밖으로의 물질 수송. 토세포현상이라고도 한다. 엔도시토시스의 대응어. 세포 밖으로의 고분자 단백질, 다당류의 수송은 이 형식에 의한다. 저분자 화합물도 반드시 촉진 확산과 능동 수송이 아니고 이 형식으로 분비되는 일이 많다.

엑소 전자 (—— 電子, exoelectron) 기계가공이나 방사신 조사 등을 한 고체 표면에서 외견상 무자극 또는 일함수 이하의 매우 작은 자극에 의해 방사되는 미약한 전자이다. 특이전자라고도 한다.

엑소펩티다아제 (exopeptidase) 펩티다아제 중, 펩티드 사슬의 N 말단 또는 C 말단에 작용하여 말단 아미노산(또는 디펩티드)을 축차 유리하는 효소. 펩티드 사슬의 내부에서 절단하는 엔도펩티다아제의 대응어. 엑소, 엔도 양 펩티다아제 및 니펩티다아제 등의 공동 작용으로 단백질은 완전히 아미노산까지 가수분해되어 장관에서 흡수된다.

엑소형 (形, exo form) 치환 비시크로 화합물에서 치환기의 위치 표시법. 원래 엑소란 바깥쪽 또는 입체적으로 보다 장해가 적은 자리를 지칭한다. 이에 대해 안쪽 또는 장해가 있는 자리를 엔도라 한다. 예를 들면 치환 노르보르난에서는 6원고리모양의 치환기가 고리 바깥쪽에 올 때 엑소형, 안쪽에 오면 엔도형이라 불리어 왔다. 비시크로 고리의 명명법에 정해지고 나서부터는 치환기가 주다리와 같은 쪽에 있는 이성질체를 엑소형, 반대쪽에 있는 이성질체를 엔도형이라 명명한다.

exo(엑소)
endo(엔도)

[엑소형]

X선 광전자 분광법 (—— 線光電子分光法, X-ray photoelectron spectroscopy)　X선을 사용하는 광전자 분광법. 약어 XPS이다. X선을 물질에 조사하면 광전자가 물질 밖으로 방출된다. 그 운동 에너지는 그 물질을 구성하는 원자의 내각 전자하의 원래 위치에서의 결합력의 크기를 반영하고 있으므로, 이로 인해 물질의 원자조성과 전자의 결합상태 등을 조사할 수 있다.

X선 루미네선스 (X-ray luminescence)　X선을 여기원으로 하였을 때의 루미네선스이다.

X선 리소그래피 (X-ray lithography)　리소그래피 기술의 하나. 종래, 조사광원으로 자외광을 사용하였으나 회로 패턴이 작아짐에 따라 빛의 간섭효과를 무시할 수 없게 되므로 그 영향을 적게 하기 위해 사용하는 파장을 점차 짧게 할 필요가 생겼다. 그 해결책의 하나가 X선 리소그래피로, 30~100 nm 파장의 연 X선을 조사 광선으로 사용한다. 대항 기술로서 엑시머레이저를 광원으로 사용하는 기술이 개발 중에 있다.

X선 마이크로 애널라이저 (electron probe X-ray microanalyzer)　⇨ 전자 프로브 X선 마이크로 애널라이저.

X선 상 (—— 線像, X-ray image)　전자 프로브 X선 마이크로 애널라이저의 용어. 전자선 등을 시료 표면상에 2차원적으로 주사시켜, 발생하는 X선 중 특정 원소의 고유 X선만을 검출하여 컴퓨터 메모리상에 기억시키고, 후에 이것을 2차원적인 상으로서 재현시킴으로써 그 원소의 농도분포 등을 알 수

있다. 이와 같은 상을 말한다.

X선 스펙트럼 (X-ray spectrum)　가속전자를 대음극에 조사하여 X선을 발생시켰을 때의 X선 강도의 파장에 대한 분포를 나타낸 스펙트럼선. 또 X선을 분광결정 등에 분광하였을 때의 스펙트럼. 연속 스펙트럼과 특성(고유) 스펙트럼으로 이루어진다. 연속 스펙트럼은 파장이 연속된 부분이며, 고속 전자가 대음극(양극)에서 급격히 저지당하여 (−)의 큰 가속도가 생기기 때문에 발생하고 (制動輻射), 특성 스펙트럼은 안껍질 전자 (內殼電子 : 비교적 원자핵에 가까운 궤도에 있는 전자)가 큰 에너지를 받아 바깥쪽으로 튀어나가고 그 자리에 바깥쪽 궤도에서 다른 전자가 들어와 남은 에너지(hu)를 방출하기 때문에 발생한다. 그 메커니즘은 빛의 휘선(輝線) 스펙트럼과 같지만 궤도의 에너지 차가 크므로 생기는 전자기파의 주파수 u가 커져서 X선이 된다. 연속 스펙트럼과 특성 스펙트럼은 X선관에서 나오는 X선의 스펙트럼이다. 한편, 물질에 X선을 조사(照射)하면 마찬가지 메커니즘에 의해 특성 X선이 나오는데 이것이 형광 X선이며, 그 파장으로 물질의 원소 종류를 알 수 있으므로 화합물·합금 등의 원소 분석에 이용되는데 이것을 X선형 광분석이라 한다. 또 원자핵의 바깥 껍질(外殼)의 전자 에너지 준위는 그 원소의 화합상태에 따라서 영향을 받으므로 자외선에 가까운 긴 파장의 X선 스펙트럼은 거꾸로 화합물의 결합상태(結合狀態), 즉 전자의 에너지 띠 연구에 도움이 되며, 이 방면의 연구를 X선분광이라 한다.

X선 증감 스크린 (—— 線增感紙 ——, X-ray intensifying screen)　X선이 조사되면 가시광을 발광하게 되는 물질(예를 들면 $CaWO_4$ 등)을 도포한 감광지를 말한다.

X선 회절 (—— 線回折, X-ray diffraction)　규칙적으로 배열되어 있는 원자에 X선이 조사되면 각 원자는 X선에 의해 강제 진동되어 같은 파장의 X선을 방출한다. 다수 원자로부터의 X선은 서로 간섭하고 그 결과 특정 방향으로 진행하는 X선만이 강하게 합친다. 이러한 현상을 이른다.

X선 회절법 (—— 線回折法, X-ray diffraction method)　X선 회절에 의한 산란 X선의 진

행 방향과 강도는 결정을 구성하는 원자와 그 배열에 관한 성질을 반영하고 있다. 회절 X선을 계수관 내지 사진법에 의해 측정하여 결정성 물질의 동정과 구성해석 등을 하는 방법을 말한다.

X선 흡수 광역 미세구조 (—— 線吸收廣域微細構造, extended X-ray absorption fine structure)　물질 중의 원자의 흡수단(이온화 에너지)보다 높은 에너지의 X선을 입사하면 광전효과에 의해 생성된 전자가 주위의 원자에 의해 산란되어 간섭효과가 생긴다. 이로 인해 X선 흡수단에서 1.5 keV 정도 높은 에너지 쪽에 나타나는 미세한 구조를 이른다. 약어 EXAFS이다. 주목하는 원자와 주위 원자와의 거리, 배위수를 알 수 있으므로 국소 구조의 해명에 유효하다.

엑스텐더 유 (—— 油, extender oil)　비닐수지 혹은 유전(油展)고무에 사용되는 석유계의 연화제. 신전유라고도 한다. 비닐 수지용에는 방향족계의 것이 2차 가소제로 사용되고, 유전 고무용에는 파라핀계, 나프텐계, 방향족계의 것이 목적에 따라 사용된다.

엑슨 (exon)　유전자 중에서 인트론에 의해 분단되어 있는 단백질의 정보를 갖고 있는 부분. DNA는 우선 전구체 전령 RNA(mRNA)로서 하나 건너씩 전사되고, 그 후 엑슨 부분만을 남기고 연결되어 성숙 mRNA가 된다. 이 때, 버려지는 부분을 인트론이라 한다. 이 생합성의 과정을 스플라이싱이라 하고, 진핵생물의 유전자는 대부분 엑슨과 인트론을 갖고 있다.

엑지니트 (exinite)　석탄의 미세조직 성분군의 하나. 식물의 잎, 가지의 각피, 포자, 꽃가루, 종자, 수조 및 수지질에 유래한다. 동일 석탄화도에서는 다른 미세조직 성분보다 비중은 작고 휘발분은 크다. 수소 함유율도 크고 코크스화, 액화 등의 반응에 있어서는 활성성분으로 평가된다.

NW 산 (—— 酸, NW-acid)　네빌-윈터산이라고도 한다. 1-나프톨-4-술폰산의 중간물로서의 명칭. 아조 염료의 중요한 원료이다.

엔도뉴클레아제 (endonuclease)　폴리뉴클레오티드 사슬 내부의 3′, 5′ 포스포디에스테르 결합을 절단하여 올리고 리보뉴클레오티드를 생성하는 일군의 효소. DNA의 특정 염기배열을 인식하여 절단하는 제한효소도 있다. 엑소뉴클레아제의 대응어이다.

엔도사이토시스(endocytosis) ➪ 엔도시토시스.

엔도시토시스 (endocytosis)　세포 밖에서 물질을 도입하는 작용의 하나로, 세포의 형태학 변화를 수반하는 활동. 엑소시토시스에 대응하는 용어. 광학 현미경적 관찰에 의해 고형물(지름 1 μm 이상)의 도입에 대해서는 식작용, 액체의 도입에 대해서는 음작용이라고 하는 각각 다른 호칭이 있지만 양자는 형태적 · 생리적으로 공통 기구에 의한다.

엔도펩티다아제 (endopeptidase)　펩티다아제 중, 펩티드 사슬의 내부 펩티드결합을 절단하는 일군의 효소에 대한 총칭. 말단에서 절단하는 엑소펩티다아제의 대응어이다.

엔도형 (—— 形, endo form)　치환 비시크로 화합물에서 치환기 위치의 표시법. 엑소형의 대응어이다. ➪ 엑소형.

ENDOR (엔돌)　'electron-nuclear double resonance(전자-핵 이중공명)'의 약어이다.

엔드온 배위 (—— 配位, end-on coordination)　질소분자와 일산화탄소 같은 선상 분자를 배위자로 하는 금속 착물로, 금속이 배위자 분자축의 연장 선상 혹은 그 가까이에 위치하는 배위. 사이드온 배위에 대응하는 용어이다.

엔딩 (ending)　면직물 염색에서 염색 얼룩의 하나. 지거염색기에 의한 무지 염색으로, 롤에 감긴 직물의 감기 시작부와 끝부분 및 중앙부의 색깔의 차이가 생겨 염색이 고르지 못한 것을 지칭한다. 직물의 양 귀가 중앙부보다 짙게 염색되는 것을 중희(中希)라 한다.

NBR　'acrylonitrile-butadiene rubber(아크릴로니트릴 부타디엔 고무)'의 약어이다.

NHE　'normal hydrogen electrode(표준 수소 전극)'의 약어이다.

***N, N*-디메틸아닐린 (*N, N*- dimethylaniline)**　아닐린의 아미노기에 메틸기 2개가 치환한 제3급 염기 $C_6H_5N(CH_3)_2$. 유기 합성용의 시제. 염기성 염료의 중간물. 녹는점 20℃, 끓는점 192~194℃이다. 물에는 녹지 않지만, 유기용제에는 잘 녹는다. 염료의 중간물로

서 대량으로 쓰이는데, 메틸레드·말라카이트그린·메틸바이올렛·크리스털 바이올렛·메틸렌 블루 등 색소의 원료가 된다.

_N, N_-디메틸포름아미드 (*N, N*-dimethylform-amide)　$HCON(CH_3)_2$. 비프로톤성 극성 용매로서 유기반응의 연구와 유기 합성에 사용된다. 폴리아크릴로니트릴 용제의 하나. 공업 프로세스에서 부타디엔, 아세틸렌, 방향족 탄화수소의 선택적 추출 용제로 사용된다. 약어 DMF이다.

NMR　'nuclear magnetic resonance(핵자기 공명)'의 약어이다.

NOE　'nuclear Overhauser effect(핵 오버하우저 효과)'의 약어이다.

엔올라아제 (enolase)　해당계 효소의 하나. 글리세린산 2-인산에서 물을 제거하여 엔올형 피르빈산의 인산에스테르를 생성하는 반응을 촉매하는 효소. 고등동물, 식물, 효모, 세균 등 해당계를 갖는 생물계에 존재한다.

엔올레이트 (enolate)　엔올형 C=C-OH의 구조를 갖는 화합물은 약한 산성이므로 알칼리 수용액에 용해되어 C=C-ONa 같은 염을 형성한다. 이 염을 엔올레이트라 한다.

엔올화 (―― 化, enolization)　케토-엔올 호변이성 구조로 된 화합물은 일반적으로 케토형이 안정형이지만, 그 케토형이 이성질화하여 엔올형으로 변하는 반응을 이른다.

엔자임·임무노어세이 (enzyme immunoassay)　⇨ 효소 면역 검정법.

엔지니어링 플라스틱 (engineering plastics)　플라스틱 중에서 100℃ 이상의 온도에 견디고, 인장강도 $5\,kgfmm^{-2}$ 이상, 굽힘탄성률 $200\,kgfmm^{-2}$ 이상의 내열성, 고강도, 고치수 안정이 있는 것. 나일론, 폴리카보네이트, 폴리아세탈, 폴리에테르술폰, 폴리페니렌술피드 등 많은 종류가 있다. 이들의 공통점은 분자량이 몇 십~몇 백 정도의 저분자(低分子) 물질인 종래의 플라스틱과는 달리, 몇 십만~몇 백만이나 되는 고분자 물질이라는 점이다. 따라서 이 플라스틱은 탄성(彈性)뿐만 아니라 내충격성(耐衝擊性)·내마모성(耐磨耗性)·내한성(耐寒性)·내약품성·전기절연성(電氣絶緣性) 등이 뛰어나 그 용도도 가정용품·일반 잡화는 물론, 카메라·시계부품·항공기 구조재·일렉트로닉스 등 각 분야에 걸쳐 사용할 수 있다. 한편, 이보다 한발 앞서 엔지니어링 플라스틱을 유리섬유 또는 탄소 섬유 등과 혼합시켜 더욱 강력한 특성을 발휘하는 복합재료인 섬유강화 플라스틱 (FRP : fiber reinforced plastics)의 개발도 이루어졌다.

NGL　'natural gas liquid(천연 가스액)'의 약어이다.

엔진 유 (―― 油, engine oil)　내연기관의 운동 각부를 윤활하게 하기 위해 사용하는 윤활유. 정제한 광유에 청정 분산제, 산화 방지제, 점도지수 향상제, 금속 불활성화제 등이 첨가된다.

엔케팔린 (enkephalin)　모르핀 수용체와 결합하여 모르핀의 진통 효과를 나타내는 내인성 펩티드. Tyr-Gly-Gly-Phe-X(X는 Met 또는 Leu)의 구조를 갖고 각각 메티오닌 엔케팔린 또는 루신 엔케팔린이라 한다.

엔탈피 (enthalpy)　열역학 특성 함수의 하나로, $H=U+PV$로 정의된다. U는 내부에너지, P는 압력, V는 체적이다. 닫힌 계의 등압 과정에서 계가 받아들이는 열량은 계의 엔탈피 변화와 같다. H. Kammerlingh Onnes(1909년)의 명명에 의한다. 열함량, 열함수로 불리었던 때도 있었다.

엔트레이너 (entrainer)　공비 증류를 하기 위해 첨가하는 제3 성분. 공비제(共沸劑)라고도 한다. 가능한 한 끓는점이 낮은 것이 바람직하다.

엔트로피 (entropy)　열역학적 상태량의 하나. 열역학에서 온도 T에서 폐쇄된 계가 준정과정에서 받아들이는 미소 열량을 dQ로 할 때, 계의 엔트로피 S의 변화량은 $dS=dQ/T$로 주어진다. R. J. E. Clausius(1865년)에 의해 도입되었다. 고립계에서의 자발적 변화에서는 엔트로피는 반드시 증대한다(열역학 제2법칙). 따라서 일반적으로 폐쇄된 계의 엔트로피 변화는 외계와의 열교환에 의한 부분 (엔트로피 수송)과 계 내에서 일어나는 불가역 변화에 의한 부분(엔트로피 생성)의 합이 된다. 엔트로피는 계의 미시적 배치에서 혼잡성의 정도를 나타내는 양이다.

엔트로피 생성 (―― 生成, entropy production)

계 내에서 자발적 변화가 일어나면 엔트로피가 증대한다. 이 증대분을 엔트로피 생성이라 하여 diS로 나타낸다. 엔트로피 생성 속도 diS/dt를 나타내는 수도 있다. 불가역변화로 인해 유효 에너지의 일부가 열(비보상열)로 산일되고, 이것이 엔트로피 생성의 원인이 된다. 열역학 제2법칙에 의해 엔트로피 생성은 항상 양의 부호를 갖는다.

엔트로피 증가법칙 (—— 增加法則, law of entropy increase)　⇨ 열역학 제2법칙.

엔트로피 탄성 (—— 彈性, entropy elasticity) 탄성 회복시에 자유 에너지의 감소가 주로 엔트로피항의 증대에 기인할 때, 엔트로피 탄성이라 한다. 엔트로피 증가의 이유는 구성분자가 취하는 입체 배치의 출현 확률이 증가하는 데 의한다. 고무 탄성, 겔의 탄성 등이 이에 상당한다. 이에 대하여 금속 등이 나타내는 탄성은 에너지 탄성이다.

NTU 'number of transfer unit(이동 단위수)'의 약어이다.

n - π 전이 (—— 轉移, n - π transition)　아자 화합물 또는 카르보닐 화합물처럼 비결합성 전자(n전자)와 π전자 양방을 포함하는 화합물에 있어, n전자가 π전자의 공궤도(π궤도)에 전이한 상태를 n - π 들뜬 상태라 하고, 바닥상태와 이 n - π 들뜬 상태 간의 전자 전이(흡수와 방출)를 n - π 전이라 한다. 들뜬 상태의 수명과 용매효과 등으로 n - π 전이와는 다른 거동을 보인다.

엔한서 (enhancer)　전사를 촉진하는 유전자 구조의 하나. 진핵 세포의 유전자상에 존재하는 짧은 DNA 염기 배열로서, 그 가까이의 프로모터에서의 전사를 촉진한다. 이 전사 촉진기능은 프로모터로부터의 거리, 상대 위치 및 방향성에 따라 큰 영향을 받지 않는다.

L-아스코르브산 (—— 酸, L-ascorbic acid) 항괴혈병성의 수용성 비타민. 비타민 C의 별칭. 헥소오스의 유도체로 L-솔보오스를 원료로 하여 합성된다. 카르복시기는 없고, 2, 3자리의 엔디올의 해리에 의해 산성을 나타낸다. 산화형은 디히드로아스코르브산이라 불리우며, 생리 활성은 있으나 쉽게 락톤 고리가 가수분해되어 2, 3-디케토산이 되어

생리 활성을 상실한다.

ELDOR (엘도르)　'electron-electron double resonance(전자-전자 이중공명)'의 약어이다.

LD$_{50}$ 'lethal dose 50%(50% 치사량)'의 약어이다.

엘라스토머 (elastomer)　상온에서 고무 탄성을 나타내는 고분자 물질. 가역적으로 수백 %의 대변형을 신속하게 할 수 있다. 그 본질은 긴 분자사슬의 열운동에 기인하는 엔트로피 탄성에 있으므로 분자운동이 억제되는 저온에서는 고무 탄성을 상실한다. 가황한 천연 고무, 합성 고무 외에 열가소성 엘라스토머, 탄성 섬유, 발포체 등이 있다. 엘라스토머에 대해 가소성이 큰 고분자 물질을 플라스토머라고 한다.

엘라스틴 (elastin)　탄력성 섬유상 경단백질의 하나. 조직의 탄력 섬유성분으로, 다리, 동맥의 중층, 인대 등에 존재한다. 동물조직의 구조 형식에 중요한 역할을 한다. 조직 중에 콜라겐과 함께 존재하고 피부의 모공부(毛孔部)에는 건조 중량의 2% 정도가 함유되어 있다. 폐에는 약령인 것은 건조중량의 0.5% 정도, 노령인 것은 15.5% 정도까지 함유하고 있다. 아미노산 조성은 글리신과 프롤린 함량이 많은 점이 콜라겐과 비슷하다. 콜라겐 분자가 아르기닌과 히드록시프롤린 함량이 많은 부분을 잃고 엘라스틴이 되는 것으로 추측된다. 열·알칼리·단백질분해효소에 대한 저항성은 콜라겐보다 강하고, 엘라스틴 함량이 많은 고기는 조리를 해도 매우 질기다. 그러나 이자액에 함유되어 있는 엘라스타아세에는 탄성섬유 내의 뮤고물질이 분해되어 방향이 일정하지 않고 지름 70 nm의 세사(細絲)가 나타난다. 중성 용매에 용해되지 않으나 펩신, 트립신에 의해 분해된다.

엘라이딘산 (—— 酸, elaidic acid)　C_{18}의 불포화 지방산, $CH_3(CH_2)_7CH=CH(CH_2)_7COOH$. 무색의 인편(鱗片)상 결정. 녹는점 51℃, 끓는점 225℃(10 mmHg). 물에 녹지 않고 알코올·에테르에는 녹는다. 중앙 분자의 이중결합이 트랜스형으로 된 것. 시스형의 것은 오레인산이며 유지의 성분으로서 천연에 존재한다.

엘레오스테아린산 (—— 酸, eleostearic acid)

탄소 18원자로 구성된 불포화 곧은 사슬 지방산. 카르복시 탄소에서 헤아려 9, 11, 13번째의 탄소 원자에 3개의 공역 이중결합이 있다. 오동유의 주성분이다.

LB 막(—— 膜, LB film) ➩ 누적막.

L-소르보오스(L-sorbose) 케토헥소오스의 하나. $C_6H_{12}O_6$. 마가목의 과즙에 포함되고 또한 패션후르츠 과피의 펙틴질 등의 구성 성분이다. D-글루코오스의 환원으로 얻어지는 D-글루시톨(L-소르비톨)에서 L-소르보오스를 거쳐 비타민 C를 제조할 때의 중간체로서 중요하다.

LC₅₀ 'lethal concentration 50%(50% 치사농도)'의 약어이다.

LCOA 근사(—— 近似, LCOA approximation) 'linear combination of atomic orbitals'의 약어이다. 분자궤도(함수)를 원자 궤도(함수)의 1차 결합으로 근사하게 하는 방법. 휴케르법에서 압이니시오 분자궤도법까지, 현재 거의 대부분의 분자궤도법의 계산법으로 사용되고 있다.

LIF 'laser induced fluorescence(레이저 유도 형광)'의 약어이다.

LSI 'large scale integrated circuit(대규모 집적회로)'의 약어이다.

LHSV 'liquid hourly space velocity(액공간속도)'의 약어이다.

LFSE 'ligand field stabilization energy(배위자장 안정화 에너지)'의 약어이다.

LFER 'linear free energy relationship(자유에너지 직선관계)'의 약어이다.

LNG 'liquefied natural gas(액화 천연가스)'의 약어이다.

LMR 'laser magnetic resonance(레이저 자기공명)'의 약어이다.

LED 'light-emitting diode(발광 다이오드)'의 약어이다.

LPG 'liquefied petroleum gas(액화 석유가스)'의 약어이다.

l-형(l-form) d-형의 대응어이다. ➩ d-형.

L 형(L form) 단당. 아미노산 및 관련 화합물의 입체 배치를 표현하는 기호. D형의 대응어. ➩ D형.

엠보싱(embossing) 플라스틱, 섬유, 종이, 알루미늄 등의 표면에 요철 문양을 만드는 가공법. 문양을 부형(浮形)으로 조각한 롤러를 가열하여 문양이 전각된 종이 또는 면제의 보울(bowl)에 가압하고 그 사이에 대상물을 통과시켜 요철 문양을 만든다. 면(綿)·레이온의 경우에는 10% 이상의 수분을, 아세테이트의 경우는 5% 정도의 수분을 머금게 하고, 120℃ 이상의 온도에서 가공한다. 나일론·폴리에스테르 등의 합성섬유는 열가소성(熱可塑性)이 있어서 더욱 고열로 행하면 돋을새김 무늬가 이루어진다. 면·레이온의 경우에는 압형의 영구성을 증가시키기 위하여 메틸올요소(尿素)의 수용액 등에 담그었다가 말려서 수지(樹脂)를 부착시킨 뒤에 엠보싱 가공을 할 때가 있다. 직물 뿐 아니라, 플라스틱으로 만든 시트 등의 가공에도 널리 사용된다.

MBE 'molecular beam epitaxy(분자선 에피택시)'의 약어이다.

MRS 'modulated Raman spectroscopy(변조 라만 분광법)'의 약어이다.

MS 'mass spectrometric analysis(질량 분석)', 혹은 'mass spectrometer(질량 분석계)'의 약어이다.

MO 'molecular orbital(분자궤도(함수))'의 약어이다.

MOVPE 'metal-organic vapor phase epitaxy'의 약어이다. ➩ MOCVD.

MOCVD 고온의 기판 위에 원료 가스를 유출시켜, 그 표면상에서 분해반응을 일으켜 박막을 형성하는 화학증착(CVD)의 하나로, 원료가스 중에 트리메틸갈륨 등의 유기 금속 착물을 포함하는 경우를 말한다. MOCVD는 metalorganic chemical vapor deposition의 약어이다. 할로겐화물의 기체를 사용하는 CVD보다 저온에서 조작하게 되고, 원자 오더에서의 박막 제어가 가능하다. GaAs 등의 전자재료 박막을 만드는 기술로 주목을 받고 있다.

MPI 'multiphoton ionization(다광자 이온화)'의 약어이다.

엡솜 염(—— 鹽, epsom salt) 황산마그네슘 7수화물 $MgSO_4 \cdot 7H_2O$의 속칭. 영국의 Epsom 광천에서 발견된 것에 유래하는 명칭이다.

여과 도가니 (濾過——, filter crucible) 바닥에 여과층이 되는 다공질층을 마련한 도가니. 여지로 여과하여 강열하면 환원되는 침전(예를 들면 황산납이나 메타주석산 등)을 여과하고 강열하여 평량하는 데 사용한다. 재질은 자기로 수 100℃의 강열에 견디며 항량성도 양호하다.

여과 멸균 (濾過滅菌, filtration sterilization) 가열을 피해야 할 배지, 열에 대하여 불안전한 영양 인자를 함유하는 것. 당액 등을 무균으로 하기 위해 각종 재료로 만든 여과기에 의해 잡균을 제거하는 것. 도토제(陶土製)·석면제 필터, 셀룰로오스제 멤브레인 필터가 사용된다. 또 배양기 안에 무균 공기를 불어넣기 위해 면여관(綿濾管)을 사용하여 공기를 여과하는 경우도 있다.

여과 조제 (濾過助劑, filter aid) 슬러리 중의 미립자, 콜로이드상 물질 등을 흡착, 포함하여 여과속도의 저하를 방지하거나 여재의 기능 저하를 방지하기 위해 슬러리와 콜로이드에 첨가하는 흡착제. 일반적으로 활탄성, 규조토, 여지 섬유 등을 사용한다.

여과지 전기영동 (濾過紙電氣泳動, paper electrophoresis) 존 전기영동의 하나로, 지지체로 여과지를 사용하는 것을 이른다. 여과지의 양단을 완충액에 담구어 여과지상에 스폿한 시료 성분을 100~400V의 직류전압을 가하여 분리한다. 성분의 영동속도는 사용하는 pH에서의 하전에 비례하고 분자량에 반비례한다. 영동시간을 단축하기 위해 1,000~5,000V의 전압을 가하여 하는 것은 고압 여과지 전기영동이라 한다.

여과지 크로마토그래피 (濾過紙——, paper chromatography) 여과지를 고정상 혹은 고정상 운반체로 하는 크로마토그래피의 하나. 페이퍼 크로마토그래피라고도 한다. 약어 PC이다. 단책상(短冊狀) 혹은 각형의 여과지 한쪽 단 부근에 소량의 시료 용액을 스폿상 또는 선상으로 부착하고, 이것을 각종 유기 용매(이동상)의 모세관 현상에 의한 삼투로 전개하여 분리한다. 검출에는 발색제의 분무나 자외선 조사가, 동정에는 R_f 값이 사용된다.

여과 케이크 (濾過——, filter cake) ⇨ 케이크.

여러고리 화합물 (—— 化合物, polycyclic compound) 유기 화합물에서 구조식 중에 다수의 고리식 구조를 함유하는 것을 말한다. 다수의 고리로 구성된 축합 고리가 있는 화합물이 많지만 때로는 다리걸침 고리구조와 스필로 고리구조를 함유하는 것도 있다.

여러자리 리간드 (multidentate ligand, polydentate ligand) 배위자가 배위할 수 있는 원자, 즉 배위 원자를 2개 이상 갖고 있는 것. 한자리 리간드의 대응어. 예를 들면 두 자리 리간드의 에틸렌디아민 $NH_2CH_2CH_2NH_2$ 등. 킬레이트라고 하는 경우도 있다.

여재 (濾滓, filter cake) ⇨ 케이크.

역가 (力價) (1) potency 약물 또는 항체·항원 활성의 단위. 예를 들면 항혈청 중의 항체량을 비교값으로 표현하려고 할 때 항혈청을 단계적으로 희석한 것에 항원을 가하여 항원 항체반응을 하고 반응의 종점이 1/120이면 항체 역가는 120이라 표현한다. (2) titer, titre ⇨ 타이터의 (1).

역격자 (逆格子, reciprocal lattice) 회절 결정학의 용어. 결정에 의한 X선, 전자선, 중성자선 등의 회절을 생각할 때의 편리한 짜임틀로서 Ewald가 1921년에 도입하였다. 역격자점이 회절반점에 대응하지만, 원래의 결정 격자와 역수의 관계가 되므로 역격자라 한다. 역격자와 반사구를 사용하여 회절 도형을 간단하게 해석할 수 있다.

역격자 공간 (逆格子空間, reciprocal space) 역격자는 3차원적인 것이므로 이것이 존재하는 가상적인 공간을 지칭한다. 결정 이외의 것의 회절은 격자상이 되지 않으므로 역격자 공간이라 하기보다 역공간이라 부르는 일이 많아, 공간의 각 점을 생각하게 된다.

역공간 (逆空間, inverse space) ⇨ 역격자 공간.

역공여 (逆供與, back donation) ⇨ 역배위.

역기전력 (逆起電力, counter electromotive force) 전기회로와 전기화학회로 내에서, 목적하는 전류방향과는 역방향으로 전류를 흘리려고 하는 기전력. 전기회로에서는 인덕턴스를 갖는 회로에서 전류변화에 의해 생기는 역기전력이 잘 알려져 있다. 또 전기화학회로에서는 전극 반응 생성물이 전극 근방에 축적되어 역기전력이 발생하는 경우 등이 있다.

역동위원소 효과(逆同位元素效果, inverse isotope effect)　⇨ 동적 동위원소 효과.

역 미셀(逆 ——, reversed micelle)　비극성 용액에 녹는 계면 활성제(유용성 계면 활성제라고도 한다)의 분자는 보통 미량의 물 존재하에서 극성기를 안쪽으로 하고, 소수기를 바깥쪽(용매측)으로 한, 거의 구상의 배향성 집단을 이룬다. 이 분자집단을 역미셀이라 한다. 수중의 미셀과 분자의 배향이 반대이므로 역미셀이란 말이 사용된다. 역미셀 생성에서 임계 미셀 농도는 반드시 명확하지만은 않다.

역반응(逆反應, reverse reaction)　화학 반응을 일정 방향(예를 들면 보통 반응이 일어나는 방향)으로 착안하여 생각하면, 반응물과 생성물이 구별된다. 그러나 조건에 따라서는 생성물측에서 반응물측으로의 반응도 가능하며, 이것을 역반응이라 한다. 화학 평형은 역반응과 정반응의 속도가 균형을 이룬 상태라 할 수 있다.

역배위(逆配位, back coordinatiion)　배위자에서 중심 금속에 전자쌍이 공여되어 σ배위결합이 생성되는 동시에 중심 금속의 $d\pi$ 전자가 배위자의 빈 π궤도에 송출되어 역향의 π배위 결합을 이루고, 금속-배위자 간의 결합이 강화되는 현상. 중심 금속은 $d\pi$ 궤도의 전자 밀도가 높을 필요가 있으므로, 전이금속이 보통이다. 또 배위자의 빈 π 궤도에는 예를 들면 CO와 C_2H_4의 π 반결합성 궤도 (π궤도), PR_3 등의 빈 $d\pi$ 궤도 등이 보통 사용된다.

역배위 결합(逆配位結合, back coordinative bond, retrodative bond)　역배위에 의한 결합을 말한다.

역삼투(逆滲透, reverse osmosis)　묽은 용액과 반투막으로 구획된 농축 용액측에 침투압 이상의 압력을 가할 때, 막을 통해 용매가 진한 쪽에서 묽은 쪽으로 이행하는 현상. 보통 삼투와 역방향으로의 용액 이동이 일어난다. 해수 담수화의 방법으로 개발되었다.

역삼투막(逆滲透膜, reverse osmosis membrane)　역삼투에 의한 물질 분리의 목적에 사용되는 막. 해수 담수화용을 중심으로 개발되었다. 아세트산 셀룰로오스와 폴리아미드의 비대칭막, 각종 복수막이 사용되고 있다.

역상 크로마토그래피(逆相 ——, reversedphase chromatography)　소수성(극성이 약한) 고정상과 친수성(극성이 강한) 이동상을 사용하는 액체 크로마토그래피의 총칭. 순상 크로마토그래피의 대응어이다.

역선 분산(逆線分散, reciprocal linear dispersion)　분광기에 의한 빛의 분선 성능을 표시하는 방법의 하나. 파장차 $\Delta\lambda$인 2개의 스펙트럼선이 분광기의 초점면상에서 Δx만큼 떨어져 있다고 할 때, $\Delta\lambda/\Delta x$로 주어지고 보통은 Å mm^{-1}의 단위로 나타낸다. 역선분산은 파장에 따라 다르므로 정확하게는 어느 파장에서의 값인가를 나타낼 필요가 있다. 역선 분산의 역수를 선분산이라 한다.

역성 비누(逆性 ——, invert soap, reversed soap)　⇨ 양성 비누.

역세(逆洗, back wash)　고정층, 이동층 사이에서 여과, 흡착, 이온 교환 등을 할 때, 충전입자에 부착한 오물질 등을 제거할 목적으로 보통 방향과는 역방향으로 유체를 흐르게 하는 세정 조작을 말한다.

역스필 오버(逆 ——, inverse spillover, reverse spillover)　스필 오버와는 반대로 운반체 표면에 축적한 흡착종(주로 수소원자)이 금속 등의 수소활성화 물질을 출구로 하여 이탈하는 현상. 수소의 경우 운반체상에는 수소원자 혹은 프로톤 등이 해리한 형태로 존재하고 있으나, 수소활성화 물질상에서 재결합하여 분자상 수소가 된다. 접촉 탈수소 반응의 기본 현상이 되는 경우가 있다.

역알돌 축합(逆 —— 縮合, retro-aldol condensation)　알돌 축합에 의해 생성되는 β-히드록시카르보닐 화합물이 역반응으로 2분자의 카르보닐화합물로 개열하는 반응. 알돌 축합은 가역적인 평형 반응이지만 보통 알돌 축합과 별도의 반응으로 합성한 히드록시카르보닐 화합물에서 출발하므로 역알돌 축합이란 이름이 있다.

역압(逆壓, back pressure)　폴라로그래피의 수은적하전극에서 수은적이 구상이므로 계면장력에 의해 유효 수은압을 감소시키는 방향으로 작용하는 압력을 말한다.

역왕수 (逆王水, inverse aqua regia)　왕수가 용적비로 진한 질산 1, 진한 염산 3의 혼산인 데 대해 이 혼합 비율을 반대로 한 진한 질산 3, 진한 염산 1의 혼산을 말한다.

역융 합금 (易融合金, fusible alloy) ⇨ 가용 합금.

역 적정 (逆適定, back titration)　용량 분석에서의 적정법의 하나. 시료 용액에 표준액의 일정 과잉량을 가하여 충분히 반응시킨 후, 반응 나머지 표준액을 별도의 표준액으로 적정하여 문제의 성분량을 간접적으로 구하는 적정. 예를 들면, 농도를 모르는 수산화칼륨 10 ml와 농도 1 mol의 염산 20 ml를 가하여 혼합액이 산성을 띠게 한다. 이 혼합액 속에 과잉의 산의 양을 측정하기 위하여 1 mol의 수산화나트륨 용액을 중화될 때까지 적정을 한다. 이 중화점에 이르기까지에 소요된 수산화나트륨의 부피가 10 ml였다고 하면 20~10=10 ml, 즉 1mol의 염산 10 ml는 원래의 수산화칼륨 10 ml속의 염기 총량에 해당하게 되는 것이다. 즉 수산화칼륨의 농도가 1 mol인 것을 알 수 있다. 산과 염기의 중화, 산화·환원, 침전의 생성·소거를 이용하는 경우와 공업상 원유의 비누화값을 산출할 때 등에도 사용된다.

역전사 (逆轉寫, reverse transcription)　RNA를 주형으로 하여 DNA가 합성되는 것. 전사와는 역방향의 유전정보의 흐름. 예를 들면 RNA를 게놈으로 갖는 레트로 바이러스에서는 게놈 RNA를 주형으로 하여 DNA가 합성되어 숙주 세포인 염색체에 도입된다.

역전사 효소 (逆轉寫酵素, reverse transcriptase)　RNA를 주형으로 하여 그것에 상보적인 DNA를 합성하는 효소. RNA 의존성 DNA 폴리메라아제, 리버스 트랜스크립터라고도 한다. 레트로 바이러스에 존재하는 효소로, 한 가닥 사슬 RNA를 주형으로 하여 그것에 상보적인 DNA를 합성하는 활성과, 이 DNA-RNA 하이브리드 RNA 부분을 분해하는 리보 뉴클레아제 H활성을 갖는다. 최종적으로 두 가닥 사슬 DNA가 합성된다. 이 효소는 시험관 안에서 mRNA를 DNA로 변환할 수 있으므로 유전자공학에서 이용되고 있다.

역전 온도 (逆轉溫度, inversion temperature)

⇨ 반전 온도.

역청 (歷靑, bitumen)　넓은 뜻으로는 유기용제에 가용한 역청물(피치, 아스팔트 등)을 지칭한다. 석탄 화학에서는 유기용제로 추출할 수 있는 석탄 성분을 지칭한다. 석탄의 점결성과 관련이 있다.

역청질 도료 (歷靑質塗料, bituminous paint)　비튜멘을 전색제로 한 도료. 팽윤 타르를 사용한 타르 에폭시 수지 도료가 많이 알려져 있다.

역청탄 (歷靑炭, bituminous coal)　석탄화도를 기준으로 한 석탄의 분류에서, 아역청탄보다 석탄화도가 높고 무연탄보다 낮은 석탄. 건류시에 비튜멘(역청)모양의 물질이 생기므로 이렇게 불린다. 역청탄의 분류, 범위에 대해서는 여러 가지 기준이 있으나 휘발분(바꾸어 말하면 고정탄소), 발열량에 따른 ASTM법이 많이 알려져 있다.

역추출 (逆抽出, back extraction)　액체-액체 추출에서 사용되는 조작의 하나. 수용액에서 문제의 물질을 유기 용매에 추출한 후에 반대로 새로운 수용액상으로 추출하는(되돌리는) 조작을 이른다. 분리의 선택성을 높이는데 유효하며 용매의 재생에도 이바지한다.

역평형 (逆平衡, antiparallel)　평형의 대응어(안티패럴렐)이다. ⇨ 패럴렐.

역혼합 (逆混合, back mixing)　장치 내의 흐름과 역방향으로 어느 정도의 물질 이동이 생기는 현상. 혼합 확산이라고도 한다. 장치 내의 주류와는 역방향으로 부분적인 흐름이 있는 경우와 혼합에 의해 일이닌다. 역혼합이 완전히 이루어지면 장치는 완전 혼합이 되고, 역혼합이 전혀 이루어지지 않으면 피스톤 흐름이 된다.

역화 (逆火, flash back)　버너에서 분출하고 있는 가연성 혼합기에 점화하여 생기는 화염(예혼염)이 버너상에서 안정화하기 위해서는 혼합기의 연소속도와 그 유속이 균형잡혀 있을 필요가 있다. 그러나 연소속도가 크거나, 유속이 작아 균형이 잡히지 않으면 화염은 가스의 흐름에 역행하여 버너 속으로 들어간다. 이처럼 화염이 혼합기의 흐름에 역행하여 이동하는 현상을 일반적으로 역화라고 한다.

연 (連, ream) 종이의 상거래 단위의 하나. 종이는 규격 치수의 500매를, 판지는 50매를 1연이라 하고, 1연의 무게는 kg을 단위로 표시하여 거래한다.

연결 이성질체 (連結異性質體, linkage isomerism) ⇨ 결합 이성질.

연공 (軟工, breaking, mellowing) 마무리 가공 등으로 경화한 천을 연공기를 사용하여 부드럽게 하는 것을 말한다.

연관 (煙管, fire tube, smoke tube) 보일러의 일부분으로, 열교환에 사용되는 가는 관. 이 세관의 외부를 보일러 수로 둘러싸고, 내부에 고열의 연소가스를 유통시켜, 관벽을 통해서 열을 보일러 수에 부여한다.

연단 (鉛丹, minium, red lead) 사산화삼연 Pb_3O_4의 공업에서의 속칭. 광명단 혹은 적연이라고도 한다. 납을 융해하여 공기를 통과시키고 황색의 산화납 PbO로 만든 다음 고로 속에서 $400\sim450℃$로 충분히 산화하여 만든다. 적색의 결정. 고대로부터 적색 안료로 널리 사용되어 왔다. 비알칼리성을 나타내며, 철의 방청계 페인트로 사용된다. 그 밖에 축전지의 전극판 재료, 납 유리, 도자기의 유약 등에 사용된다.

연도 (軟度, consistency) 시멘트, 석회, 석고 등이 물을 가했을 경우에 나타내는 점도. 연도계로 측정된다.

연도계 (軟度計, consistency meter) 연도를 측정하는 장치. 대표적인 것으로 비커침 장치와 길모어침 장치가 있다. 비커침 장치는 연도를 측정하려고 하는 시험체에 일정 하중이 걸린 바늘을 떨어뜨려 그 관입 깊이를 측정하는 것이고, 길모어침 장치는 바늘이 일정한 깊이로 관입하는 데 요하는 하중을 측정하는 장치이다.

연료비 (燃料比, fuel ratio) 석탄의 성상을 나타내는 척도의 하나. 고정탄소/휘발분으로 표시된다. 일반적으로 갈탄 1 이하, 역청탄 $1\sim4$, 무연탄 4 이상의 값을 나타내므로 석탄 분류의 파라미터로 실용된다.

연료 전지 (燃料電池, fuel cell) 외부에서 연료와 산화제를 연속적으로 공급하면서 전기 화학 반응에 의해 전기를 얻는 시스템. 화학 에너지(자유 에너지)를 직접 전기 에너지로 변환하는 것으로, 카르노 효율의 제약이 없다. 주로 연료로 수소, 산화제로 산소 혹은 공기가 사용되며 전해질로 사용하는 알칼리 수용액, 인산, 용융 탄산염, 산화물 고체 전해질 등에 따라 몇 가지 유형으로 분류된다.

연마기 (硏磨機, mill) 재료가 다른 물체와의 마찰로 분쇄되는 것을 연마라 한다. 절구처럼 마쇄를 하는 장치가 연마기이고, 마쇄는 저회전 조업의 볼밀 내에서도 일어난다.

연마 바니시 (硏磨——, flatting varnish, rubbing varnish) 경화 건조속도가 빠르고 연마성이 뛰어난 도막을 형성할 수 있는 바니시. 유리 전위점이 높고, 유연한 수지 바니시를 말한다.

연마재 (硏磨材, abrasives) 재료를 깎거나, 갈고 닦기 위해 사용되는 재료. 연마 중 날카롭게 깎는 경우를 연삭, 광택을 내는 경우를 탁마(琢磨)라 한다. 전자에 적합한 연마재로는 다이아몬드, 금강사(에머리), 석류석(가넷), 용융 알루미나, 탄화 규소 등이 사용되고 탁마재로는 점토류, $Fe_2O_3 \cdot Cr_2O_3 \cdot Ce_2O_3$ 등이 사용된다.

연마제 (硏磨劑, abrasives) 연마재에 유지 등의 매체를 배합하여 윤활성을 부여한 연마 조성물. 매체의 종류에 따라 고형 및 액상 퍼프 연마제, 다이아몬드, 페이스트상 등이 있다.

연마지 (硏磨紙, abrasive paper) 각종 입도의 연마재(알루미나, 탄화규소, 석류석, 석영 등)를 접착 고정하기 위한 기재가 되는 종이. 고강도가 요구되는 외에 내수 연마지의 경우에는 종이에 내수처리가 이루어진다.

연마포 (硏磨布, abrasive cloth) 알루미나, 탄화규소, 금강사(에머리) 등의 연마재를 아교로 천에 접착시킨 것이다.

연백 (鉛白, white lead, lead white) 탄산수 산화 연 $2PbCO_3 \cdot Pb(OH)_2$의 속칭. 오래 전부터 백색 안료로서 사용되었다. 유독. 가장 오래 전부터 사용되고 있는 밑바닥 칠 백색 안료지만 다른 백색 안료에 비하여 점차 사용범 위가 줄어들고 있다. 굴절률 $1.94\sim2.09$인 무색의 판상 결정이다. 물에는 녹지 않지만 산에 녹아 이산화탄소가 발생한다. 알칼리에도 녹고 황화수소를 만나면 검게 변하는 것이 결점이다. 은폐력(隱蔽力)은 2.6~ 5.0 m^2/kg, 흡유량(吸油量) 8~15이다. 안료 로서의 성질이 뛰어나고 도료로 쓸 경우 부 착력·강도·내구력이 좋다. 예전에는 분 원료로도 쓰여 납중독의 주요 원인이 되었 다. 보통 리본 모양의 납판을 증기실 속에 놓고 아래에서 묽은 아세트산을 숯불로 가 열하여 아세트산 증기와 이산화탄소를 반응 시켜 만든다. 그림 물감·퍼티 등에도 사용 되고, 유약과 염화비닐 수지 안정제 등에 사 용된다.

연삭재(研削材, abrasives)　재료의 표면을 깎 거나 갈마(이 둘을 총칭하여 연마라 한다)하 기 위해 사용하는 고경도 물질의 분말 중, 예리하게 깎을 수 있는 것을 특히 연삭재라 한다. 다이아몬드, 석류석(가넷), 탄화규소, 알루미나 등이 사용된다.

연산자(演算子, operator)　함수기호 $f(\ )$처 럼 함수와 변수 x에 작용하여 일정 방식으 로 $f(x)$라는 사진을 정의하는 수학기호. d/dx, sin, a+, | |(절대값 기호), -(마이너 스) 등은 모두 연산자이다.

연성(延性, ductility)　응력이 탄성 한도를 초 과하여도 물체가 파괴되지 않고 소성 변성 으로 인연(引延)되는 성질. 예를 들면 금속 철사를 만들 때 이 성질이 이용된다. 취약성 (脆弱性)에 대응하는 용어. 그 정도는 연신 률(延伸率)이나 수축률로 표시하는데 같은 물체일지라도 온도와 습도 등에 따라 크게 영향을 받는다. 백금·금·은·구리 등의 금속이 이 성질이 풍부하며, 그 중 백금은 지름 0.1 μm라고 하는 아주 가느다란 선으 로 늘릴 수가 있다. 일반적으로 경도(硬度) 가 큰 물질은 연성이 작고 경도가 작은 물 질은 연성이 크다.

연소(燃燒, combustion)　일반적으로 열과 빛을 수반하는 산화반응을 말한다. 최근에 는 연소를 기체의 흐름, 열의 이동, 화학 반 응과 결부된 현상으로 파악하는 경우가 많 다. thermo-aero-chemistry 등이 그러하다. 에너지 변환의 수단으로서 널리 공업용, 민 생용에 사용되고 있는 반면, 제어를 잘못하 면 화재, 폭발 같은 재해를 일으킨다.

연소관(燃燒管, combustion tube)　(1) 유기 원소 분석에서 전기로 중에서 물질을 완전

연소하여 그 생성물을 정량 분석할 목적에 서 사용하는 원통상의 관. 석영관(1,100℃), 알루미늄관(1,600~1,800℃), 지르코니아관 (2,000℃) 등이 있다. (2) 철강 등을 분석할 때 사용하는 관형의 내열 자기. 시료를 가열 하기 위해 사용된다. 이 관에 넣은 시료를 가열하여 발생한 가스를 분석해서 C, S분 등을 측정한다. 재질로는 고알루미늄질 등 이 있다.

연소 범위(燃燒範圍, range of inflammability) 가연성 혼합기의 연소 하한계와 상한계 간 을 이르며, 혼합기의 발화에 필요한 조성 범 위를 표시한다. 가연 범위, 폭발 범위라고도 하지만 최근에는 가연 범위, 가연 한계가 많 이 사용되고 있다.

연소 보트(燃燒——, combustion boat)　유 기원소 분석과 금속재료 중의 비금속 원소 정량 등으로 대표되는 연소 분석에 사용되 는 보트상의 시료 용기. 그냥 보트라고도 한 다. 사용 목적에 따라 형, 크기, 재질에 여러 가지 것이 있으며, 백금 보트, 자기제 보트 등이 알려져 있다.

연소성 황(燃燒性黃, combustible sulfur)　석 탄의 원소분석에서 모든 황에서 불연소 황 을 공제하고 구한 값. 석탄을 회화(灰化)하 였을 때 황산염으로 포착되지 않고 가스로 서 이탈한다. 여기에는 유기황 외에, 황철광 의 무기황 일부가 포함된다.

연소 속도(燃燒速度, burning velocity, burning rate)　화염이 미연 가스 속을 진행하는 속도. 정확하게는 미연 가스가 화염면에 직 각으로 들어가는 선속도로 성의된다. 화염 속도와 달리 혼합기의 기본적인 연소 특성 의 하나. 그 속도는 화염 중의 화학 반응 속 도의 평방근에 비례하여 증가한다. 또 액체 와 고체의 연소시의 중량과 체적의 감소, 또 는 연소면의 이동 속도를 연소 속도라 표현 하는 것은 엄밀하게는 정확하지 않다.

연소열(燃燒熱, heat of combustion)　연소 반응을 수반하는 반응열. 연소 반응을 일반 적으로 신속하게 일어나 완결하고 부반응이 적으므로 연소열은 비교적 쉽게 측정할 수 있다. 액체, 고체인 경우에는 봄베 열량계, 기체인 경우에는 유고스(U지관) 열량계로 측정하는 경우가 많다. 연소열의 측정값은

생성열 등을 계산하는 기초로 쓰이지만, 반대로 반응물과 생성물의 생성열로부터 연소열을 계산하는 수도 있다. 그러나 불꽃 온도의 계산 등에는 수증기의 응축을 고려하지 않고 그것이 기체인 채로 상온이 된다고 하고 연소열의 값을 계산하는 경우도 많다. 많은 자료가 축적되어 생성열의 결정 등에 이용되고 있다. 연료 물질의 단위 중량당 연소열을 특히 발열량이라고 하는 경우가 있다.

연소점 (燃燒點, fire point)　가연성 액체(고체)를 공기 중에서 가열하였을 때, 점화한 불에서 발염하여 계속적으로 연소하는 액체(고체)의 최저 온도. 인화점의 경우, 한 번 불이 붙으면 그 이후는 불이 꺼져도 무방하지만, 연소점에서는 지속되어야 하는 점이 다르다. 따라서 연소점에는 상부 인화점에 상당하는 값이 없고 또 인화점보다 약간 높은 온도를 나타낸다.

연소 피펫 (燃燒——, combustion pipet)　▷ 연소관의 (2).

연소 한계 (燃燒限界, limit of inflammability)　가연성 가스를 공기 또는 기타 산화제와 혼합하였을 때 어떤 수단에 의해 발화하는 혼합기의 한계 조성. 가연성 가스가 엷은 쪽의 하한계와 진한 쪽의 상한계 두 가지가 있다. 가스의 종류, 온도, 압력 등에 의해 정해지는 혼합기의 연소 특성의 하나. 가연 한계, 폭발 한계라고도 하며 보통은 가성성 가스의 용적 %로 표시한다.

연속 가마 (連續——, continuous kilin)　▷ 불연속 가마.

연속 가황 (連續加黃, continuous vulcanization)　전선, 케이블, 벨트, 호스, 고무를 입힌 천 등 길이가 긴 고무제품을 가황하는 경우 각 제품에 적합한 가황 장치를 사용하여 한 쪽에서 미가황 제품을 넣고 다른 쪽에서 연속적으로 가황된 제품을 잡아내는 방법을 말한다.

연속 반응 (連續反應, consecutive reaction, successive reaction)　연쇄적으로 일어나는 반응으로 한 단계의 소반응 생성물이 다음 반응의 반응물이 되어 축차적으로 진행하는 반응. 이것과 대조적인 반응이 경쟁 반응이다.

연속 배양 (連續培養, continuous culture)　미생물의 배양에서 연속적으로 배양액을 배양조 안에 공급하고 동시에 같은 양의 배양액을 유출시킴으로써 정상상태를 유지하면서 미생물을 배양하는 방법. 케모스탯은 영양액의 탄소원이나 질소원 등을 증식 제한 기질로 하여 미생물의 증식을 제어하는 방법이며, 타비드스탯은 미생물 농도를 일정하게 유지하도록 배치를 계속적으로 공급·유출시키는 방법이다.

연속 변화법 (連續變化法, continuous variation method)　용존 착물의 중심 금속과 배위자의 결합비를 결정하는 방법의 하나. 금속과 배위자의 합계 물질량이 일정한 조건하에서 혼합비를 연속적으로 바꾼 다수의 용액을 준비하고, 이들의 흡광도(혹은 도전율, 굴절률 등의 물리화학적 양)의 변화를 추적하여 종합비를 결정한다.

연속상(화학공학) (連續相(化學工學), continuous phase)　두 상이 공존하고 있고 한 상이 다른 상 속에 분산되어 있을 때, 후자의 상은 연속하고 있으므로 이를 연속상이라 한다. 한편 전자의 상은 분산상이라 한다.

연속 스펙트럼 (連續——, continuous spectrum)　어떤 파장 범위에 걸쳐 연속적으로 나타나는 스펙트럼. 선 스펙트럼이 밀집하여 생긴 밴드 스펙트럼과는 달리 분광기의 분해능을 높여도 선 스펙트럼으로 분리하지 않는다. 고온의 고체나 액체로부터의 열방사에 의한 스펙트럼, 혹은 제동방사에 의해 얻어지는 연속 X선 등이 이에 해당한다.

연속 X선 (連續——線, continuous X-rays)　연속적인 파장 분포를 갖는 X선. 백색 X선이라고도 한다. 특성 X선의 대응어. 전자 충격 등에 의해 발생하는 X선의 스펙트럼 중, 특성 X선(특정 파장과 큰 강도를 갖는) 부분을 제외한 스펙트럼 부분을 지칭한다. 충돌 전에 가지고 있던 전자의 속도, 즉 X선관에 가한 가속 전압에 의해서 정해지는 최초의 한계파장이 있어서, 가속전압을 증가시키면 보다 단파장의 단단한 X선을 함유하게 되어 전체 X선 세기도 증가한다. 또 파장별 세기 분포는 한계 파장에 가까운 곳에 최대값이 있고, 파장이 길어짐에 따라 그 세기는 약해진다. X선관에서 나오는 X선 에너지의 대부분을 차지하는 것으로서 타깃에 원자 번호가 큰 중금속을 쓸수록 발생효율이 좋다.

연속 적정 (連續滴定, consecutive titration) ⇨ 시차 적정.

연속 정류 (連續精溜, continuous rectification) 환류 조작을 수반하는 연속 증류를 이른다. 그러나 현재는 공업적으로는 거의 환류 조작을 수반하므로 보통 연속 증류라 하면 연속 정류를 의미하는 경우가 많다.

연속 조작 (連續操作, continuous operation) 화학장치 조작방식의 하나. 장치에 원료, 처리제, 에너지 등을 일정한 공급속도로 연속적으로 공급하고 생성물 등을 일정한 배출속도로 연속적으로 배출하는 조작방식. 정상적인 조작이라 생각할 수 있다. 배치 조작(회분 조작)의 대응어. 대규모 조작에 적합하다.

연속 증류 (連續蒸溜, continuous distillation) 연속식 증류, 단탑이나 충전탑을 사용하여 탑 중간부의 적당한 위치에 원료를 연속적으로 공급하고 탑 정상에서는 끓는점이 낮은 쪽 성분이 풍부한 유출물을, 탑 바닥에서는 끓는점이 높은 쪽 성분이 풍부한 관출액을 각각 연속적으로 추출하는 조작. 배치 증류의 대응어이다.

연쇄 개시 반응 (連鎖開始反應, chain initiation) 연쇄반응을 구성하는 소반응의 하나. 단순히 개시반응이라고도 한다. 라디칼이나 이온 등의 활성종을 생성하는 과정과 이들이 반응물(중합반응에서는 단량체, 산화에서는 산소)을 공격하여 연쇄 전달체를 생성하는 과정을 합쳐서 연쇄 개시반응이라 한다. 라디칼 개시제가 열이나 빛으로 분해하는 반응 중에서 실제로 라디칼종을 발생하는 비율을 개시제 효율이라 한다.

연쇄 구균 (連鎖球菌, *Streptococcus*) 연쇄상으로 배열하는 경향이 강한 구균. 그람양성. 보통 한천 배지에 증식하지 않으므로 혈액 한천을 필요로 한다. 화농, 패혈증, 알레르기성 질환, 승홍열, 폐렴 등의 원인이 되는 종균과 비병원성 공균이 있다.

연쇄 반응 (連鎖反應, chain reaction) 원료가 되는 화합물에서 생성물이 얻어지는 과정이 몇 가지 소반응의 조합으로 성립하고, 하나의 반응(연쇄 개시반응)이 시작되면 그 생성물(라디칼, 이온 등)이 다음 반응을 일으켜서 연쇄적으로 진행되는 반응. 연쇄 개시반응, 연쇄 이동반응, 연쇄 정지반응 등으로 이루어진다. 예를 들면 수소와 염소의 광화학 반응, 산소 존재하에서 이중결합을 위한 브롬화수소의 부가, 연소와 폭발, 중합반응 등 연쇄반응으로 진행되는 반응은 많다.

연쇄 성장률 (連鎖成長率, chain propagation probability) 연쇄 중합반응은 단량체(모노머)가 활성종에 부가하는 연쇄 성장반응과 함께 활성종이 실활하는 부반응을 포함하는 경우가 많다. 이 때의 활성종이 단량체와 반응하여 확률을 이른다.

연쇄 운반체 (連鎖擔體, chain carrier) ⇨ 연쇄 전달체.

연쇄 이동 반응 (連鎖移動反應, chain-transfer reaction) 연쇄반응을 구성하는 소반응의 하나. 단순히 이동반응이라고도 한다. 연쇄 전달체의 종류가 변하는 반응을 이른다. 라디칼 연쇄 중합에서는 성장 라디칼이 용매, 개시제, 모노머 중의 부반응 부위 등과 반응하여 별종의 활성 라디칼을 생성한다. 연쇄 이동반응으로 중합속도 및 속도론적 연쇄 길이는 변하지 않으나 생성하는 폴리머의 중합도는 저하한다.

연쇄 이동 상수 (連鎖移動常數, chain-transfer constant) ⇨ 이동 상수.

연쇄 이동제 (連鎖移動劑, chain-transfer agent) 연쇄반응계에 가해서 연쇄 이동반응을 촉진하는 화합물. 성장반응과 경쟁이 되므로 연쇄 전달체의 반응성에 따라 그 유효성은 다르다. 라디칼 연쇄 중합에서는 생성 고분자의 분자량 조절과 다리걸침의 억제를 위해 연쇄 이동제인 티올류와 폴리할로겐화물이 사용된다.

연쇄 전달체 (連鎖傳達體, chain carrier) 연쇄반응의 연쇄를 이어주는 물질. 연쇄 운반체라고도 한다. 유리기, 이온 등이 그 역할을 한다. ⇨ 연쇄 이동반응.

연쇄 정지반응 (連鎖停止反應, chain termination) 연쇄반응을 구성하는 소반응의 하나로, 연쇄 전달체의 활성을 상실시키는 반응. 단순히 정지반응이라고도 한다. 연쇄 전달체가 라디칼종인 경우에는 재결합 혹은 불균화 등 라디칼 간의 2분자 반응에 의해 실활한다.

연쇄 정지제 (連鎖停止劑, chain stopper)　연쇄반응에서 연쇄 전달체와 반응하여 성장반응을 멈추는 화학종. 산화와 라디칼 중합에서는 히드로퀴논 등을 가하면 성장 라디칼과 반응하여 불활성 라디칼이 생겨 연쇄반응이 정지한다. 아니온 중합에서는 메탄올 등이 정지제로 사용된다.

연쇄 중합 (連鎖重合, chain polymerization)　연쇄반응 메커니즘에 의해 진행하는 중합. 축차 중합의 대응어. 연쇄의 각 반응마다 생성물의 중합도가 증가하고, 이 생성물의 말단기가 연쇄 전달체의 역할을 한다. 연쇄 전달체의 종류에 따라 라디칼 중합과 이온 중합으로 구별된다. 보통 개시, 성장, 연쇄이동, 정지 등의 소반응으로 되어 있다.

연수 (軟水, soft water)　경수의 대응어이다. ⇨ 경수.

연신 배율 (延伸倍率, draw magnification) ⇨ 인장비.

연육기 (練肉機, ink mill)　평판인쇄 잉크나 요판인쇄 잉크 등의 페이스트 잉크를 혼련하는 인쇄 잉크 제조장치의 하나. 일반적으로 3개 롤밀이 사용되며, 제1~제2롤 긴에 공급된 원료는 연화된 다음에 제3롤로 이동되고 스크레이퍼로 긁어모으는 구조로 되어 있다.

연자성 (軟磁性, soft magnetism)　히스테리시스 곡선에서 보자력 및 잔류 자화가 작고, 투자율이 큰 자성. 경자성의 대응어. 외부 자기장을 인가하였을 때에만 자화되고, 외부 자기장을 제거하면 자화는 거의 소실한다. 스피넬형 페라이트와 아몰퍼스 합금 등이 대표적인 연자성 재료인데 트랜스와 안테나의 코어 등에 널리 사용되고 있다.

연질 고무 (軟質——, soft rubber)　경질 고무의 대응어이다. ⇨ 경질 고무.

연질 유리 (軟質——, soft glass)　소다석회 유리로서 알려져 실용 유리의 대부분을 점하는 대표적인 것. 조성(組成)은 $Na_2O-CaO-$

SiO_2계에서 Na_2O의 일부가 K_2O로, CaO의 일부가 ZnO, MgO, RaO으로 바뀌는 일이 있으며, 또 소량의 Al_2O_3이 함유되어 있는 경우도 많다. 용해, 성형, 가공이 쉽기 때문에 오래 전부터 널리 판 유리, 용기 유리, 식기 유리 등에 사용되어 왔다. 경질 유리의 대응어이다.

연철 (鍊鐵, wrought iron)　탄소 0.02~0.2% 정도의 연철(軟鐵). 시우쇠라고도 한다. 예전에는 녹는점 이하의 반융상태에서 탄소와 불순물을 단련하여 제거하고 만들었다. 그러나 오늘날에는 선철이나 고철을 원료로 하여 교련(puddling)법이 사용되고 있다. 고로(高爐)에서 제철하면 반응온도가 높기 때문에 철은 탄소를 충분히 흡수하여 선철이 되므로 이 상태로는 단련 등의 가공을 할 수 없기 때문에 제강로에 넣어서 탄소를 빼고 강으로 만든다. 이에 비해 해면철 제조법이나 크룹렌법 같은 회전로에 의한 저온 환원법에 따르면, 철광석에서 직접 가단성(可鍛性)이 있는 강을 얻을 수 있지만 생산비가 비싸지고 황이 빠지지 않는 등의 결점이 있으므로 오늘날에는 특수한 경우를 제외하고는 사용되지 않는다. 간접적인 연철 제조법에는 스웨덴에서 시작된 숯을 쓰는 방법과 영국의 H. 코트가 개발한 교련법이 있다. 후자는 반사로 속에 선철을 넣고 석탄을 연료로 하여, 뒤집어서 반죽하는 조작을 되풀이하여 연철 또는 연강(鍊鋼)을 만든다.

연탄 (煉炭, briquet, briquette)　석탄, 코크스, 목탄 등의 분말을 타르, 피치, 석회 등과 반죽하여 가압 성형한 고체 연료. 연탄 중에서 구멍이 없는 것을 조개탄이라 한다. 연탄의 착화 연소과정에서 발생하는 일산화탄소는 인체에 유해하여 공기 중에 0.05% 이상 함유되면 중독상태에 들어가고 결국은 인명을 빼앗아 가므로 연탄 중독의 위험을 해소하기 위한 연탄 연소에 대한 연구가 해결해야 할 과제이다. 한편 생활수준의 향상과 도시가스의 보급으로, 대도시의 연탄 소비량은 감소 추세에 있다.

연 피치 (軟——, soft pitch)　환구법에 의한 연화점이 70℃ 이하의 피치. 콜타르의 상압 증류 잔류로서 얻어진다. 피치 코크스, 성형탄, 조개탄, 연탄용 결합제로 사용된다. 이전에는 도로 포장용으로 사용된 적도 있었다.

연한 산 (—— 酸, soft acid) ⇨ 무른 산.

연한 염기 (—— 鹽基, soft base) ⇨ 무른 염기.

연화 온도 (軟化溫度, softening temperature) ⇨ 연화점.

연화점 (軟化點, softening point) 일반적으로 물질이 가열에 의해 변형, 연화를 일으키기 시작하는 온도. 연화 온도라고도 한다. 요업의 원료 광물, 유리, 내화물, 플라스틱, 아스팔트, 타르 등의 중요한 성질이다. 대상 시료에 따라 각종 측정 방법이 있으며 연화점의 측정값 h는 시험 방법을 명시할 필요가 있다. 연화 과정은 연속적이므로 일정한 온도를 나타내지 않고 각 측정 방법에서 정해져 있는 연화상태에서의 개수 값을 취한다.

연화제 (軟化劑, softener) 합성 고무에 유연성을 부여해서 가소성을 크게 하여 성형·가공 작업을 쉽게 하거나 가황고무의 경도를 저하시키기 위한 배합제. 광유, 식물유, 천연 수지 등이 사용된다.

열 가소성 (熱可塑性, heat plasticization) 재료를 가열하여 소성을 부여하는 것. 비결정성 고분자에서는 유리 전이온도, 결정성 고분자에서는 녹는점을 초과하는 점성류를 일으키게 된다. 온도에 의한 유동성 증대가 대단히 심할수록 열가소성은 크다.

열가소성 기록 (熱可塑性記錄, thermoplastic recording) 전자사진의 하나. 광전도층 위에 열가소성 수지 얇은 막을 설치한 것을 감광체로 하여 정전 잠상을 형성한 후에 가열하면 연화된 열가소성 수지층에 대전량에 부응한 전기역학적 요철이 생겨 화상을 얻을 수 있다. 홀로그래피에 인용된다.

열 가소성 수지 (熱可塑性樹脂, thermoplastic resin) 가열, 냉각으로 반복하여 용융, 고화시킬 수 있는 성질을 이용하여 성형하는 플라스틱. 열경화성 수지의 대응어. 비닐폴리머와 나일론 등 많은 사슬 모양 폴리머가 열가소성 수지이다. 압출 성형, 방출 성형에 의해 능률적으로 가공되며, 성형 불량품, 스크랩은 재생 이용된다는 장점이 있다. 그러나 내열성, 내용제성이 충분치 못한 것이 많다.

열 가소싱 엘라스토머 (熱可塑性　　, thermo plastic elastomer) 가황에 의하지 않고 물리적으로 가교한 엘라스토머. 열가소성 고무라고도 한다. 고무성분의 연질 세그먼트와 수지성분의 경질 세그먼트로 되는 블록 공중합체이며, 상온에서는 가황고무와 동일하게 거동하지만 가열하면 수지성분이 연화하여 소성을 나타낸다.

열 가황 (熱加黃, heat curing, hot cure, hot vulcanization) 배합고무를 가열하여 가황하는 보통적인 가황법. 냉가황, 자연 가황의 대응어이다.

열 개시 반응 (熱開始反應, thermally initiated reaction) 분자에 열의 형태로 에너지를 부여하여 반응을 개시시키는 것. 열의 형태로 부여한다는 것은 분자 충돌 등에 의해 고에너지 상태에 있는 분자에서 반응분자로 에너지를 이동시키는 것을 말한다.

열 경계층 (熱境界層, thermal boundary layer) 흐름의 장에서, 유체의 온도가 상이한 고체면과 접촉할 때, 유체의 온도는 고체면 근방에서 급격하게 변화하지만, 고체에서 떨어진 곳에서는 거의 영향을 받지 않는다. 이 고체면 근방의 온도 분포가 존재하는 좁은 영역을 열 경계층이라 하고, 열 경계층의 두께는 강제 대류에서는 레이놀즈 수와 플란틀 수에, 자연 대류에서는 글래스호프 수와 플란틀 수에 관계된다.

열 경화성 수지 (熱硬化性樹脂, thermosetting resin) 가열하면 경화반응을 일으켜 올리고머 분자의 성장 거대화와 3차원 망상 구조화가 일어나, 불용·불융화 하는 성질을 이용하여 성형을 하는 플라스틱. 열가소성 수지의 대응어. 페놀 수지, 아미노 수지, 불포화 폴리에스테르, 에폭시 수지 등이 있다. 일반적으로 내열성, 내용제성이 좋고 충전제를 넣은 강인한 성형물을 얻을 수 있지만, 성형 능률이 낮고 스크랩의 재생이 되지 않는 등의 결점이 있다. 그러나 최근에는 방출 성형도 가능하게 되었다.

열 고정 (熱固定, heat setting) ⇨ 열 세트.

열관류 계수 (熱貫流係數, overall coefficient of heat transfer) ⇨ 총괄 전열계수.

열기관 (熱機關, heat engine) 열로 공급된 에너지를 역학적 일로 변환하는 원동기 수증기를 작업 물질로 하는 열기관은 증기기관이라 한다. 열 에너지를 기계적 에너지로 계속적으로 변환하기 위해서는 매체가 되는 작동유체(作動流體)는 압축·가열·팽창·방열(放熱) 등으로 되는 사이클을 반복할 필요가 있다. 고열원(高熱源)에서 얻은 열의 일부 밖에 기계적 에너지로 변환할 수 없는 것이 보통이며, 대부분은 저열원으로 방출해야 한다. 고열원에서 얻은 열에너지 중에서 기계적 에너지(일)로 된 비율을 열효율이라고 한다. 사이클이 작동 유체의 기체상(氣體相)·액체상의 두 상에 걸치는 증기 원동기와 기체상만의 기체 원동기로 크게 구별되며, 증기 원동기에는 왕복 증기기관·증기터빈·원자력 엔진 등이 있고, 기체 원동기에는 가스터빈·가솔린기관·디젤기관 등의 내연기관, 항공 원동기로서의 제트엔진·터보프롭·로켓 등이 있다. 작동 유체를 직접 가열하는 이러한 내연기관에 대해, 보일러와 원자로 같은 간접 가열기를 가진 원동기를 외연식 원동기 또는 외연기관이라고 한다. 1824년 S. Carnot는 증기기관의 효율에 대해 연구를 하여 카르노의 정리를 유도하였다.

열 기전력 (熱起電力,　thermoelectromotive force)　금속이나 반도체 중에서 열의 흐름과 전하의 흐름이 서로 영향을 미치는 현상(열전 효과)의 하나. 2종의 서로 다른 금속(또는 반도체) A, B의 양단을 A−B−A′(A와 A′는 같은 것)처럼 접합시켜 2개의 접점 A−B와 B−A′를 각각 상이한 온도로 유지할 때, 회로를 개방한 상태에서 A와 A′간에 생기는 전위차를 열기전력이라 한다. A, B가 모두 균질한 도체일 때의 열기전력은 양 접점 이외 부분의 온도와 A, B의 길이, 굵기에 상관없이 양 접점의 온도차만으로 정해지므로 온도차 측정에 이용된다.

열 노화 (熱老化, heat aging)　⇨ 열 열화.

열량계 (熱量計, calorimeter)　어떤 변화와 더불어 발생·흡수하는 열량을 측정하기 위해 사용되는 장치. 칼로리 미터라고도 한다. 물질의 열용량, 혼합열, 반응열, 용해열, 상전이열 등의 결정에 사용된다. 측정 목적에 따라 여러 종류가 있지만, 원리는 다음 두 가지로 나뉜다. ① 열용량을 이미 알고 있는 물체에 열을 가하여 그 물체의 온도 변화로 열량을 측정하는 것. ② 융해열(融解熱)이나 기화열을 알고 있는 물체에 열을 가하여 그 물체의 상태가 변하는 것에서 열량을 측정하는 것이 있다. 물열량계·유수(流水)열량계·펌프열량계 등이 ①에 속하며, ②에 속하는 것으로는 얼음의 융해열을 이용하는 얼음 열량계와 물·액체공기·액체수소의 기화(氣化)를 이용하는 증기 열량계 등이 있다. 정적 조건에서 사용되는 단열형 계량계, 동적 조건에서 사용되는 시차(示差) 주사 열량계가 대표적인 예이다.

열량 측정법 (熱量測定法, calorimetry)　상태변화와 화학 반응때에 생기는 열량 변화(상전이 열, 반응열, 용해열, 혼합열, 열용량 등)를 측정하는 것. 계측에는 열량계를 사용한다.

열 렌즈 효과 (熱 —— 效果,　thermal lensing effect)　레이저와 같은 가는 빔 광이 용액층을 통과하여 흡수되면 통과 후의 빔 지름이 마치 오목 렌즈를 통과한 것 같이 확산하는 현상. 빛의 흡수와 그에 수반하는 발열로 인해 근방의 용액에 굴절률 분포가 발생하는 데 기인한다. 이 효과에 의한 빔 중심부의 상대적 강도 강하는 용액의 농도에 비례하므로 고감도 정량분석에 이용된다.

열린 계 (—— 系, open system)　외계와 에너지(열과 일)뿐만 아니라 물질의 교환도 이루어지는 계. 개방계라고도 한다. 가장 일반적인 계로서, 생체는 그 예이다. 닫힌 게의 대응어이다.

열린 껍질 (開殼, open shell)　원자에서는 파울리의 원리로 가능한 최대수로 충만되지 않은 방법으로 도입된 전자각. d 부각에 대해서는 불완전 각이라고 하는 경우도 있다. 분자에서는 불쌍전자를 갖는 궤도와 상태를 말한다. 개각의 원자·분자는 반응성이 풍부하다. 닫힌 껍질에 대응되는 용어이다.

열린 회로전압 (—— 開路電壓,　open-circuit voltage)　전지에 외부 부하가 걸려 있지 않을 때, 즉 외부에 전류가 유출하고 있지 않을 때의 양·음 양극간의 전위차를 말하며 그 전지의 기전력과 같다.

열매질 (熱媒質, heat medium)　열교환기의 전열 혹은 반응기 등의 조작온도를 소정 온도로 유지하기 위해 열에너지를 공급 또는 제거하기 위해 사용하는 유체. 일반적으로 연도가스, 가열공기, 물, 기름, 수증기, 유기 열매 등이 사용된다.

열 무게 측정 (熱 —— 測定, thermogravimetry) 분해와 같은 화학변화나 물리적 탈흡착에 의한 시료의 중량 증감을 열 천평으로 승강온 상태에서 측정하는 방법. 약어로 TG이다. 측정은 간단하지만 유기·고분자계에서는 분해는 복잡하고 실험조건과 자료의 해석에 주의가 필요하다.

열변성 (熱變性, thermal denaturation) 단백질과 핵산 같은 생체 고분자가 가열에 의해 입체구조가 변화되는 것. 생 단백질의 입체구조가 랜덤 코일상이 되는 상전으로서, 가역적인 경우가 많다.

열변형 온도 (熱變形溫度, heat deflection temperature) ⇨ 하중 굴곡 온도. 열변형 온도는 옛 규격에서 사용되었던 용어이다.

열복사 (熱輻射, heat radiation, thermal radiation) 물체의 표면에서 열 에너지가 전자기파로 방출되는 현상. 온도복사라고도 한다. 일반적으로 물체는 고온이 됨에 따라 적색 빛을 발하고 더욱 고온이 되면 백색 빛을 발한다. 이 빛(전자기파)의 에너지와 스펙트럼 분포는 물체의 종류와 온도에 따라 정해진다. 예를 들면 전류에 의한 니크롬선의 발열과 천체에서 방사되는 전파 등이 그 예이다.

열분석 (熱分析, thermal analysis) 일정한 프로그램에 따라 시료를 연속적으로 가열 또는 냉각하면서 시료에 발생하는 변화를 측정하는 방법. 측정하는 물리량에 따라 시차열분석, 시차 주사열량 측정, 열중량 분석, 열기계 분석 등 각종 분석법이 있다. 물체를 가열 또는 냉각시키면서 그 물체의 온도를 측정해 나가면 온도의 시간적 변화는 일반적으로 평활한 곡선으로 나타난다. 그러나 물질이 전이점(轉移點)을 갖거나 분해하듯이 어떤 상변화가 있을 때에는 곡선은 그 온도에서 정지점 또는 이상 변화를 보인다. 따라서 이 곡선에 의해 상변화나 반응의 생성 등 각종 변화를 알 수 있다. 이 방법이 열분석이다. 물질의 녹는점·응고점·분해점 또는 합금의 상전이 등의 연구에 사용되

며, 시차열 분석(示差熱分析)은 기준 물질과 시료(試料)를 동시에 가열하면서 두 물질 사이에 생기는 온도차를 측정하여 시표의 열적 특성을 해석하는 방법이다.

열분해 (熱分解, visbreaking) C중유의 조합재로서 그 조합에 한도가 있는 고점도의 중질 잔유를 비교적 온화한 조건에서 열분해하여 경유 등의 저 점도유로 변화시키는 공정. viscosity breaking을 간략화한 명칭으로 비스브레이킹이라고도 한다.

열 세트 (熱 ——, heat setting) 섬유와 고분자 필름 등을 열처리하여 성형시에 발생한 국부적인 비틀림 등을 제거함으로 치수 안정성을 높이는 것. 성형시의 형상을 고정한다는 의미에서 열고정이라고도 한다. 이것에 의해 수축과 주름이 생기는 것을 대폭 억제할 수 있다.

열 수지 (熱收支, heat balance) 운동 에너지 및 위치 에너지가 내부 에너지, 열에너지에 비해 무시할 수 있고, 펌프 등에 의해 외부에서 가해지는 일도 무시할 수 있는 계에, 에너지 보존칙을 적용하면 계의 엔탈피 변화는 계에 가한 열에너지와 같다. 즉, ΔH를 (계에서 나가는 엔탈피)−(계에 공급되는 엔탈피), Q를 계에 공급된 열에너지라고 할 때, $\Delta H = Q$가 성립되는(열역학 제1법칙) 것을 열수지라 한다.

열역학 (熱力學, thermodynamics) 열이 관여하는 현상을 거시적인 입장에서 통일적으로 다루는 자연과학의 이론체계. 생물계와 무생물계를 막론하고 모든 자연현상을 에너지의 흐름이라는 관점에서 생각할 때 없어서는 안 될 학문 분야로, 화학이나 공학분야에서 많이 이용된다. 19세기 중엽 열기관 개량의 기술적 요청을 배경으로 시작된 학문으로 N. 카르노를 비롯해서 J. 줄, R. E. 클라우지우스, 켈빈 등에 의해서 기초가 되는 두 가지 법칙(열역학 제1법칙 및 제2법칙)이 경험적으로 세워졌다. 그 후 이 법칙이 가지는 의미를 J. 맥스웰과 L. 볼츠만, J. W. 기브스 등이 미시적 입장에서 통계역학적으로 해명했다. 이는 물리이론에 확률의 개념을 도입함으로써 열역학이론에 새로운 해석을 할 수 있게 하였다. 그 후 W. H. 네른스트는 절대 영도(0 K)에서의 엔트로피에 관한 정

리(네른스트의 열 정리)를 제창했고, 이 정리는 M. 플랑크에 의해 열역학 제3법칙으로 확립되었다. 열역학은 이들 3개의 주법칙(主法則)과, 열평형 개념의 성립에 관한 법칙(열역학 제0법칙이라고 한다)을 기초로 하여 구성된 이론체계로서 적용범위는 광범위하며 결과는 보편적 의미를 지닌다. 이것은 열역학의 방법이 가지는 일반성에 의한 것으로, 여러 영역에 이용되어 유용한 결과를 가져왔다. 그러나 한편으로는 현상론적인 성격에서 오는 한계도 있다.

열역학 온도 (熱力學溫度, thermodynamic temperature)　개개 물질의 특성에 의존하지 않는 온도 눈금이 있는 온도를 절대온도라 하는데, 열역학에서는 카르노의 정리에 기준하여 절대온도 T_1, T_2($T_1 > T_2$)의 두 개 열원 간에 작용하는 가역 사이클의 열효과가 $(T_1 - T_2)/T_1$으로 주어진다는 관계에서 온도 눈금을 정의한다. 이것을 열역학 온도라 한다. T_1, T_2는 양의 값만을 갖고, 0에 무한하게 접근하는 일이 있어도 0은 되지 않는다. 이로부터 절대온도가 정의된다. 열역학 온도의 단위는 켈빈(기호 K)이고, 물의 삼중점 온도인 1/273.16으로 정의되어 있다. 즉, 절대 영도가 0 K, 물의 삼중점이 273.16 K이다. SI 기본 단위의 하나이다.

열역학적 전위(차) (熱力學的電位(差), thermodynamic potential)　⇨ 열역학 특성 함수.

열역학 제3법칙 (熱力學第三法則, third law of thermodynamics)　모든 순물질의 완전 결정의 엔트로피는 절대 영도에서 제로인 것을 주장하는 법칙. 엔트로피 수치의 기준을 부여한다. 처음에 W. Nernst는 고상(固相)만이 관여하는 화학 반응에 수반되는 엔트로피 변화는 절대 영도에서 제로가 된다(네른스트의 열 정리)고 하였으나 M. Planck에 의해 일반화되었다.

열역학 제0법칙 (熱力學第零法則, zeroth law of thermodynamics)　⇨ 열평형.

열역학 제2법칙 (熱力學第二法則, second law of thermodynamics)　물질계의 자발적 변화는 불가역이란 것을 주장하는 법칙. 처음에 클라우지우스의 원리와 톰슨의 원리 형태로 설명되었다. 예를 들면 "열은 자발적으로 고온부에서 저온부 방향으로만 이동하고, 그 역방향으로 자연적으로 이동하는 일은 없다(클라우지우스의 원리)" 등으로 표현되었다. 자발적 변화의 방향은 엔트로피에 의해 주어지고, 고립계에서 자발적인 변화는 엔트로피가 증대하는 방향으로 일어난다(엔트로피 증대의 법칙).

열역학 제1법칙 (熱力學第一法則, first law of thermodynamics)　물질계의 거시적 상태에 적용되는 에너지 보존의 법칙. 계의 상태에 따라 정해지는 내부 에너지의 상태량이 정의된다. 계의 변화에 따라 내부 에너지의 일부는 열이나 일로 변환되고, 열과 일도 에너지의 하나이므로 물질계의 변화에 따라 에너지가 소멸하거나 생성되는 일은 없다는 것을 주장한다. 19세기 중반, J. R. Mayer, J. P. Joule, H. Helmholtz 등에 의해 확립되었다.

열역학 지배 (熱力學支配, thermodynamic control)　같은 반응조건에서 ① A→B와 ② A→C의 두 개 반응을 비교하였을 경우 반응이 가역 평형조건하에서 일어날 때는 생성물 B, C의 생성비가 생성물의 상대적 안정성으로 결정되는 현상을 말한다. 즉, 반응 ①과 ②의 평형상수를 비교하여 반응 ①의 평형상수가 크면 생성물 B가 다량으로 생성된다. 열역학 지배에 의해 생성물 양의 대소가 결정되는 경우는 반응속도가 충분히 큰 것이 선제가 된다. 속도지배의 대응어이다.

열역학 특성 함수 (熱力學特性函數, thermodynamic characteristic function)　물질계의 열역학적 성질을 규정하는 함수. 에너지의 차원을 갖는 것으로서 내부 에너지 U, 엔탈피 H, 헬름홀츠 에너지 A, 기브스 에너지 G 등이 있다. 이들은 상태변수, 압력 P, 온도 T, 체적 V, 엔트로피 S 등의 함수로서, 각 독립변수(자연변수라고도 한다)를 괄호 안에 표시하면 $U(V, S)$, $H(P, S)$, $A(V, T)$, $G(P, V)$ 같이 된다. 이들은 열역학 퍼텐셜이라고도 부르며, 각각 자연변수를 일정하게 유지할 때의 자발적 변화의 방향을 표시한다. 엔트로피의 차원을 갖는 열역학 특성 함수로서 엔트로피 S, 매슈함수 $J = -A/T$, 플랑크 함수 $Y = -G/T$ 등이 정의되어 있다.

열 열화 (熱劣化, heat deterioration)　열로 인

해 고분자 재료의 물성이 저하하는 것. 고무의 경우에는 열노화라 한다. 보통 가열에 의해 고분자 사슬이 절단되거나 산화되기도 하여 연화 혹은 경화한다.

열용량 (熱容量, heat capacity)　물체의 온도를 1K(단위의 온도)만큼 상승시키는 데 요하는 열량. 단위는 JK^{-1}. 동일한 물질에서는 비열 용량에 질량을 곱한 값. 열용량은 물체가 놓여 있는 조건에 따라 변하므로, 예를 들면 정압의 경우(정압 열용량), 일정 체적의 경우(정용 열용량) 등으로 구별한다. 물질 1 mol에 대한 값을 몰 열용량이라 한다.

열 유속 (熱流束, heat flux)　열 전달에 있어 단위 단면적을 통해 단위 시간에 이동하는 열량을 말한다.

열의 일 당량 (熱——當量, mechanical equivalent of heat)　열과 일은 모두 에너지의 변화과정이라 볼 수 있는 데 에너지로서는 동등하다. 그러나 역사적으로는 양자는 서로 다른 단위로 측정되어, 일량은 J(줄), 열량은 cal(칼로리)로 표시한다. 양자의 당량관계를 표시하는 것이 열의 일 당량인데, 1 cal= 4.1840 J이다.

열 이력 (熱履歷) (1) thermal history 융해, 냉각, 담금질 등의 열처리를 거쳐 얻어지는 재료의 가열 및 냉각 경위의 누적. 동일 조성의 재료일지라도 열이력에 따라 물성이 다르다. (2) heat history 배합 고무가 혼합에서 가황에 이르는 공정에서 받는 열 이력. 각 공정에서 상이한 온도로 각각 경과한 시간을 누적함으로써 파악한다. 스코치와 관련이 있다.

열 저장체 (熱貯藏體, heat reservoir)　열을 공급하는 물체. 열원이라고 하는 편이 오히려 적절하다. 열욕이라고도 한다. 충분하게 큰 열용량이 있는 열원에서는 열의 공급, 흡수에 의해서도 온도는 실질상 일정하다고 간주되므로 이것과 열적으로 접촉하고 있는 계에서는 등온 변화가 일어난다.

열전기 (熱電氣, pyroelectricity) ⇨ 피로 전기.

열전기 효과 (熱電氣效果, pyroelectric effect) ⇨ 피로 전기.

열 진달 계수 (熱傳達係數, coefficient of heat transfer)　단위 면적·단위 시간당의 전열량이 추진력(그 양단의 온도 차)에 비례한다고 하였을 경우의 비례계수. 전열계수라고도 한다. 전열벽 등, 이상계면(異相界面)에서 유체에 대한 열의 전도 용이성을 나타내며 열교환기의 설계와 성능 평가에 사용된다. 물질 이동계수에 대응하여 경막 전열계수, 총괄 전열계수 및 전열 용량계수가 있다.

열전대 (熱電對, thermocouple)　열기전력을 이용하여 온도를 측정하기 위한 소자. 두 종류의 순금속 또는 합금선 A, B(예를 들면 백금과 백금 로듐 합금)를 A−B−A′의 순서로 접속하면 A−B 및 B−A′ 두 접촉점 온도차가 A, A′간의 전위차로 측정할 수 있다.

열 전도 (熱傳導, heat conduction)　물질 이동을 수반하지 않고 열이 물체의 고온부에서 저온부로 이동하는 현상. 예를 들면 금속 막대의 한 쪽 끝을 가열하면 가열되는 부분부터 순차적으로 뜨거워지는 경우와 온도가 다른 물체끼리의 접촉에 의해 열의 이동이 일어나는 경우가 이에 의한다. 액체나 기체 내부에서의 열의 이동은 주로 대류(對流)에 의해 일어나지만 고체 내부에서는 주로 이 방법에 의해서 열이 이동한다. 열전도에 의한 물체 내부에서의 열의 전달속도는 물질 내부에서의 온도 기울기(단위 길이당의 온도차)에 비례하지만 물질의 종류에 따라 큰 차이가 있다. 예를 들면 구리와 철 같은 전기의 양도체에서는 열도 매우 빠르게 전달되지만 황이나 플라스틱 같은 전기적으로 절연체인 물질에서는 늦게 전달된다. 또 액체와 기체는 고체에 비해 매우 늦고 이 방법에만 의존하고 있다고 한정하면 그 일부에 가해진 열을 전체에 확산시키기는 어렵다. 이것은 열전도의 메커니즘이 각각의 용질에 따라 다르기 때문인데, 이것을 수치로 나타내는 데는 두께 1cm의 물질층의 양면에 1℃의 온도차를 두었을 때, 그 층의 $1cm^2$의 넓이를 1초 사이에 통과하는 열량을 사용하며, 이것을 그 물질의 열전도도(熱傳導度)라고 한다. 일반적으로 그 값은 온도에 따라 다소 달라지는데, 물질의 종류에 따라 거의 정해진 값을 가지는 물질 상수로 보아도 좋다. 또 금속의 열전도도와 전기 전도도 사이에는 비례관계가 있으며, 동일 온도에서의 양쪽의 비는 금속의 종류에 관계없이 일정한 값을 가지고 있다는 사실이 1853년에 G. H. 비데만과 R. 프란츠에 의해 발견되어 이것을 비데만-프란츠의 법칙이라고 한다. 열을 운반하는 담수는 고체의 경우, 금속에서는 자유전자, 공유결합성 물질에서는 포논이다. 후자는 전기적으로는 절연체이면서도 열을 잘 전도한다.

열 전도율 (熱傳導率, thermal conductivity, heat conductivity)　단위 면적 및 단위 시간당에 등온면을 통과하는 열량 Q와 흐름 방향의 온도 기울기 dT/dx의 비로 표시되는 양. $x = Q/(dT/dx)$이다.

열전 반도체 (熱電半導體, thermoelectric semi-conductor)　열과 전기를 상호 효율적으로 에너지 변환할 수 있는 반도체. Bi_2Te_3, $PbTe$ 등의 중원소 화합물. $FeSi_2$, 탄화붕소, SiC 등이 변환 효율이 큰 열전 반도체로 알려져 있다. 열전 발전과 전자 냉동 등에 응용된다.

열 전사 기록 (熱轉寫記錄, thermal ink transfer recording)　기록지에 용융한 잉크층을 직접 전사하는 용융 전사형과 가열에 의해 승화성 염료를 전사시켜 기록지에 공정시키는 승화 전사형이 있다. 예를 들면, 고체 잉크를 엷은 층으로 하고(잉크 리본) 기록 도트 패턴에 따라 잉크의 엷은 층을 전기적 열 에너지를 사용하여 보통 종이 위에 전사함으로써 가시상을 얻게 되는 방법을 이른다.

열 접점 (熱接點, hot junction)　냉접점의 대응어이다. ⇨ 냉 접점.

열 중량 분석 (熱重量分析, thermogravimetry) ⇨ 열 무게 측정. 열 중량 분석은 구명칭.

열 중성자 (熱中性子, thermal neutron)　매질인 원자핵과 충돌을 반복하여 감속하고, 매질의 원자 또는 분자의 열운동과 평형에 이른 중성자. 일반적으로 에너지가 작고 상온에서 원자의 열운동 에너지(약 0.025 eV) 정도의 것을 지칭한다. 고에너지 중성자는 산란 충돌에 의해 에너지를 잃고 마침내는 그 평균 에너지가 매질의 원자나 분자의 평균 운동 에너지까지 떨어지게 된다. 이러한 상태의 중성자가 열 중성자인데 흡수가 없는 매질 안에서는 그 운동 에너지가 맥스웰-볼츠만 법칙에 따라 분포한다. 매질의 중성자 흡수의 결과 맥스웰-볼츠만 분포는 무너지

고 열 중성자의 평균 에너지가 맥스웰 분포 때보다 높아지는 경우, 이 현상을 경화(硬化)라 한다.

열처리 (熱處理, baking, stoving)　도료를 칠한 후 고온으로 가열하여 도막을 경화시키는 것을 말한다.

열충격 (熱衝擊, spalling)　내화물이 급열이나 급랭을 받거나 또는 기계적인 힘, 혹은 슬래그 등의 외래 침입물과 반응하여 내화물 내의 물리적·화학적 특성값이 불균일하게 되고, 그것이 원인이 되어 손상되는 현상. 일반적으로 주된 원인에 따라 열적, 기계적 및 구조적 스폴링의 세 가지로 구별한다.

열충격 시험 (熱衝擊試驗, spalling test)　급격한 열 변동을 수반하는 장소에 사용되는 내화물 같은 재료에 대해서 급열·급랭에 견딜 수 있는 정도를 측정하는 시험법. 가열한 재료를 수중에 담그는 등 규격화한 열 변동을 주어 균열과 박락의 정도, 강도 저하 등을 측정한다.

열 충격 저항성 (熱衝擊抵抗性, thermal shock resistance)　급격한 열적 변화로 발생하는 재료의 파괴는 세라믹스 같은 취성 재료에서 흔히 볼 수 있는데 열적 변화로 인한 급격한 응력의 발생을 열충격이라 하고, 이러한 부하에 대한 재료 특성을 열충격 저항이라 한다. 열적 변화로 인하여 재료 내에 발생하는 응력은 열전도율, 열팽창률 외에, 급격한 온도 변화로 인한 열의 불균일 분포에 의존한다.

열 치료법 (熱治療法, thermotherapy, hyperthermia)　전신 혹은 국소를 가온하여 치료하는 방법. 온전이나 전자파를 이용한 리하비리테이션과 바이러스병에 대한 치료가 있으나 최근에는 암의 치료법으로서 주목받고 있다. 이것은 정상 세포와 암세포의 열감수성의 차이를 이용하는 것으로, 42~45℃로 가온하면 현저한 효과를 나타낸다. 이 경우를 영어로는 hyperthermia라 하고, 가온요법이라 한다.

열 투석 (熱透析, heat dialysis) ⇨ 투석.

열팽창 (熱膨脹, thermal expansion)　열에 의해 물체의 온도가 상승함과 동시에 그 체적이 팽창하는 현상. 물체를 구성하는 원자,

분자, 이온 등의 열운동에 의한다. 고체 중에는 온도가 상승함에 따라 반대로 수축하는 물질도 있으므로 열팽창이 모든 물질에 적용된다고는 할 수 없다. 열팽창을 나타내는 물체를 외부와 열의 이동을 막고 팽창시키면 온도가 내려간다. 이것은 물체의 내부 에너지의 일부가 외부에 대해 일을 하여 소모되기 때문이며, 외력에 의해 팽창시키기 어려운 고체나 액체에서는 뚜렷하지 않지만 기체에서는 이 현상이 뚜렷하다. 이것이 단열팽창이다. 대기 내에 있는 수증기가 응결하여 형성된 구름도 대기의 단열팽창에 의해 이루어진 것이다. 팽창의 정도는 열팽창률로 표시한다.

열 팽창률 (熱膨脹率, coefficient of thermal expansion) 정압하에서의 열팽창 정도. 팽창률에는 체팽창률 α와 선팽창률 β가 있으며, β는 고체에 대해서만 정의된다. 식으로 표시하면 $\alpha = (1/V)(\partial V/\partial T)_p$, $\beta = (1/L)(\partial L/\partial T)_p$이다. 여기서 V는 물체의 체적, T는 온도, L은 물체의 길이, P는 정압을 의미한다.

열 펌프 (熱——, heat pump) 저온 열원에서 열을 빨아 올려 고온측에 방출하는 열기관. 저온도에서의 열흡수를 목적으로 하는 제1종(냉동기)과, 고온에서의 열회수를 목적으로 하는 제2종(좁은 뜻의 히트 펌프)이 있으며, 열을 빨아 올리는 방법에는 압축식, 흡수식 등이 있다. 물질의 화학변화를 수반하는 열출입을 이용하는 것을 케미컬 히트 펌프라 한다.

열평형 (熱平衡, thermal equilibrium) 물체 A와 물체 B의 각 온도 T_A와 T_B가 같을 때, 이 A와 B는 열평형에 있다고 한다. 또 물체 C의 온도를 T_C로 할 때, 다시 T_B와 T_C가 같다고 하면 T_A와 T_C도 상등하므로 A와 C도 열 평형에 있다고 한다. 이것을 열역학 제영법칙이라 하고 온도계로 대상물의 온도를 측정할 수 있는 근거가 되고 있다.

열 플라스마 (熱——, thermal plasma) 저온 플라스마의 대응어이다. ⇨ 저온 플라스마.

열 함량 (熱含量, heat content) ⇨ 엔탈피. 이 말은 독일어의 Wärmeinhalt에 유래한다.

열현상 (熱現像, thermal development) 일반적으로 열에 의해 화학 반응 조건이 정리되어 개시되는 건식현상. 은염사진의 경우 유제 중에 현상제와 가열에 의해 수분을 방출하는 성분이 첨가되어 있다. 디아조타입의 경우, 감광지에 염기를 방출하는 성분을 첨가한다.

열화 (劣化, degradation, deterioration) 재료가 열, 빛, 방사선, 산소, 오존, 물, 미생물 등의 작용을 받아 그 성능과 기능 등의 특성이 경시적으로 떨어지는 현상. 고분자는 주사슬 절단이나 가교화 등의 화학 반응으로 화학구조 및 응집상태가 변화하기 때문에 열화한다.

열 화학 (熱化學, thermochemistry) 화학 반응, 상전이, 용해 등에 수반하는 열효과를 다루는 화학의 한 분야. G. Hess(1840년)에 의한 총열량 불변의 법칙에 근거하여 J. Thomsen과 M. Berthelot 등에 의한 반응열의 광범한 측정에 의해 발달하였다. 열역학의 확립으로 그 기초가 해명되고 현재는 화학 에너지를 계통적으로 다루는 화학 에너지학(chemical energetics)이라 불리는 분야로 전개되고 있다.

열화학 방정식 (熱化學方程式, thermochemical equation) 화학 반응에 수반하여 출입하는 열(반응열)을 명시한 화학 반응식. 반응열의 크기를 좌변에 기록하고 +는 발열, −는 흡열을 표시한다. 또 반응에 관여하는 각 화학종의 상태 및 반응온도를 명시해 둘 필요가 있다. 압력의 지정이 없을 때는 1 atm에서의 정압 반응을 의미하고 반응열은 좌변에 표시되는 계와 우변에 표시되는 계의 엔탈피 차이다.

열 화학 사이클 (熱化學——, thermochemical cycle) 1단에서는 진행하지 않는 열화학 반응을 고온에서의 흡열반응과 저온에서의 발열반응을 몇 가지 조합하여 진행시키는 일련의 반응을 이른다. 중간의 반응물은 완전히 순환 사용되므로 전체적으로는 목적하는 반응밖에 일어나지 않는다. 물에서 수소를 얻어지는 방법의 하나로 개발이 진행되고 있다.

열 확산 (熱擴散, thermal diffusion) 온도 기

울기에 의해 야기되는 확산현상. 온도 확산이라고도 한다. 혼합 기체의 열 확산이 상세히 알려져 있으며, 보통은 가벼운 성분이 고온측에 모인다. 동위원소의 분리에 이용된다. 온도 기울기를 일정하게 유지할 때 정상적인 농도 기울기가 생긴다는 소레효과, 역으로 일정한 농도 기울기에 의해 정상적인 온도 기울기가 형성된다는 듀포 효과는 모두 열 확산의 결과이다.

열 확산율 (熱擴散率, thermal diffusivity)　(1) 열확산 정도를 표시하는 계수. 확산 유속과 농도 기울기 및 온도 기울기의 관계를 표시하는 선형 현상방정식으로, 온도 기울기의 계수로 정의된다. (2) 열전도에서 열전도율을 비열 및 밀도로 나눈 값. 온도 전도율이라고도 한다.

열 활성화 (熱活性化, thermal activation)　열의 형태로(즉, 고온도의 반응계에 열평형 상태로 존재하는 고에너지 분자와의 충돌에 의한 에너지 이동에 의해) 에너지를 부여하고 분자를 고에너지 상태로 유도하여 반응을 일으키기 쉽게 하는 것을 말한다.

열 효율 (熱效率, thermal efficiency)　열기관에서 공급된 열 중에서 어느 정도가 역학적 일로 변환되었는가를 나타내는 값. 열기관의 효율을 의미한다. 그 값은 열기관의 급기온도와 배기온도의 차가 클수록 높다. 일반적으로 열기관의 종합효율은 복잡한 요소를 내포하므로 기관의 열역학적인 효율만으로는 정해지지 않는다. 예를 들면, 증기기관에서는 종합효율의 발열량에 대한 증기가 얻은 열량의 비, 즉 보일러 효율과 기관의 열역학적인 효율의 곱에 의해 주어진다. 또 증기터빈에서는 보일러 효율과 고압 증기의 증기분류(蒸氣噴流)에 대한 변환 효율(열역학적 효율), 그리고 증기의 운동 에너지인 날개의 회전에너지에 대한 변환 효율(날개효율)의 곱에 의해 종합 효율이 정해진다. 이 경우 보일러 효율이나 날개 효율은 적절한 구조와 정밀한 부품 공작에 의해 향상시킬 수 있지만 언제나 1보다 작다. 대체로 증기기관이 연료를 직접 기관 내에서 연소시키는 내연기관에 비해 열효율이 낮은 이유는, 내연기관은 높은 급기온도(給氣溫度)를 지니고, 열역학적 효율이 좋은 이유 외에도 연료의 발열량과

기관의 효력과의 비로 열효율이 주어지는 점에 그 원인이 있다. 온도 $T_1, T_2(T_1 > T_2)$의 두 열원간에 작용하는 열기관의 효율은 가역의 경우인 최대가 되어 $(T_1 - T_2)/T_1$이 된다 (카르노의 정리).

엷은 풀 (reducing paste)　⇨ 희석 풀.

염 (鹽, salt)　산과 염기의 반응으로 생성되는 화합물로서, 염기의 양성 성분과 산의 음성 성분으로 구성되어 있는 것. 예를 들면 염산과 수산화나트륨에서 생성되는 염화나트륨 NaCl. 염산과 아닐린에서 생성되는 염화아닐륨(아닐린 염산염) $C_6H_5NH_3Cl$ 등. 일반적으로 녹는점이 높은 이온 결정이 많으며 물이나 기타 용매에 녹아서 이온으로 해리하는 강한 전해질(電解質)이다. 잘 녹지 않는 것도 녹아 있는 부분은 이온화되어 있다. 중화하는 산의 수소가 완전히 금속 이온으로 치환된 염을 정염(正鹽), 산의 수소가 일부 남아 있는 염을 수소염 또는 산성염이라 한다. 이에 대하여 염기쪽 수산기 또는 산소가 남아 있는 것을 염기성 염이라 한다.

염건피 (鹽乾皮, dry-salted hide)　피혁제조에 있어 원피 형태의 하나. 염화나트륨을 살(肉)면에 산포하거나 혹은 포화 염화나트륨 용액에 침지하여 염을 생피 내부에 삼투시킨 후 건조시킨 가죽을 말한다.

염 결합 (鹽結合, salt linkage)　생화학의 용어. 상이한 전하를 갖는 해리기 간의 이온 결합. 단백질 분자 중에서 아미노기와 카르복시기가 염결합하는 경우가 있으며, 헤모글로빈 등에서 그 예를 볼 수 있다.

염광 광도법 (炎光光度法, flame photometry)　⇨ 불꽃 광도법.

염기 (鹽基, base)　화학 물질에 대한 분류법의 하나. 산에 대응하는 용어. 역사적으로는 최초, 수용액 중에서 수산화물 이온을 형성하는 물질을 염기라 하였으나 현재는 다양한 정의가 사용되고 있다(⇨ 산). 무기염류 NaOH, CaO, NH_3 등에 대하여 아민류, 피리딘 등은 유기 염기라 한다.

염기값 (鹽基價, base number)　석유제품 중의 염기성 성분의 양. 알칼리 값이라고도 한다. 시료 $1g$의 염기성 성분을 중화하는 데 필요한 염산과 등량인 수산화칼륨의 양을

mg단위로 표시한 수를 말한다.

염기 강도 (鹽基强度, basic strength)　산 강도의 대응어이다. ⇨ 산 강도.

염기도 (鹽基度, basicity)　⇨ 염기성도.

염기 배열 (鹽基配列, base sequence)　DNA 혹은 RNA의 구성 성분인 4종의 염기[아데닌, 구아닌, 시토신, 티민(RNA에서는 우라실)]의 배열순서를 말한다. 유전 정보는 염기 배열의 형태로 유전자 속에 기록되어 있다. 유전자 재조합 기술의 발전으로 수많은 유전자에 대해 염기 배열이 해명되었다.

염기성 (鹽基性, basic)　염기의 성질이 있는 것을 나타내는 형용사. 염기는 양성자와 결합하려고 하는 성질이 강하다. 따라서 염기는 수용액 중에서 용매인 물 분자로부터 양성자를 빼앗아, 수산이온을 방출시켜 용액을 알칼리성으로 만든다. 또 수용액에 한정하지 않고 산이나 산성 물질로부터도 양성자를 빼앗아 염기의 양성 성분과 결합하여 염을 만드는 성질이 있다.

염기성 내화물 (鹽基性耐火物, basic refractories)　내화물을 화학성분에 기초하여 산성, 중성, 염기성의 세 가지로 분류하였을 경우의 하나. 보통 MO로 표시되는 내화성 물질로 되어 있다. 즉 일반적으로 고온 염기성 산화물(MgO, CaO)을 주성분으로 한 내화물을 이른다. 마그네시아, 돌로마이트, 카르시아 내화물 등이 이에 속한다.

염기성 단백질 (鹽基性蛋白質, basic protein)　등전점이 pH 9~12인 알칼리성 쪽에 있는 단백질. 염기성 아미노산의 함량이 산성 아미노산에 비해 많다. 척추동물의 정자 핵 중의 프로타민, 체세포 핵 중의 히스톤, 췌장의 리보뉴클레아제, 리소자임 등이 그 예이다.

염기성도 (鹽基性度, basicity)　산성도의 대응어이다. ⇨ 산성도.

염기성 산화물 (鹽基性酸化物, basic oxide)　산과 반응하여 염을 형성하거나 혹은 물에 용해하여 염기성의 수용액이 되는 산화물. 산성 산화물에 대한 용어. 알칼리 금속, 알칼리 토류금속, 전이금속의 저산화수 산화물 등이 염기성 산화물이 된다. 예를 들면 Na_2O, CaO, FeO 등이 있다.

염기성 색 (鹽基性色, basic color)　산염기 지시약이 나타내는 변색역보다 높은 pH역에서의 색. 한편, 낮은 pH역에서의 색을 산성색이라 한다. 산염기 지시약은 그 자체가 약한 산 또는 염기이며, 해리한 이온의 색과 비해리 분자의 색이 다른 색소가 사용된다.

염기성 수지 (鹽基性樹脂, basic resin)　⇨ 음이온 교환수지.

염기성 안료 (鹽基性顔料, basic pigment)　물에 불용성이지만 산과 반응하여 염을 형성하는 안료. 연백(염기성 탄산연), 아연화 등같이 산값이 높은 기름이나 바니시와 작용하는 안료를 이른다. 현재는 별로 사용되지 않는 용어이다.

염기성 암 (鹽基性岩, basic rock)　화성암 분류의 하나. 규소의 함유량이 비교적 적은 화성암. 현무암, 반려암(班糲岩) 등으로, SiO_2 로서의 함유량 45~52%의 것을 이르며, 52~66%를 중성암, 66% 이상을 산성암이라 한다.

염기성 염 (鹽基性鹽, basic salt)　염 중 중화가 완전하지 않고, 산의 음이온 이외에 독립된 산화물 이온 혹은 수산화물 이온을 함유하는 것. 즉, 산화물 염 및 수산화물 염의 총칭. 예를 들면 $2PbCO_3 \cdot Pb(OH)_2$ (이른바 염기성 탄산염), $BiOCl$(이른바 옥시염화비스머스) 등. 산화물 염을 옥시염, 수산화물 염을 히드록시 염 등이라 하는 것은 옛 명칭이다. 염기성이라 하여도 수용액이 염기성인 것은 아니다.

염기성 염료 (鹽基性染料, basic dye)　물에 용해하였을 때 색소 모체가 양이온으로 해리하는 염료. 견직, 양모, 아크릴 섬유, 매염한 면직물에 염착한다. 역사가 오래된 합성 염료로, 색상이 선명 화려하고 착색력이 높지만 내광성이 낮은 것이 많다. 그러나 근년 아크릴 섬유에서 뛰어난 내광성을 보이는 일군의 염료가 개발되어 이러한 구식의 염기성 염료와 구별하여 카티온 염료라 호칭하고 있다. 화학구조상으로는 카르보늄 염료·퀴논이민 염료·아크리딘 염료·티아졸 염료·아조 염료 등의 계통으로 분류한다. 보통 염산염(鹽酸鹽)·염화아연복염·질산염·아세트산염인 형태로 시판되고 있다. 잡화의 착색, 잉크류의 착색, 종이·피혁의 염색에 사용되는 외에 생체 염색·지시약 등에 사용된다.

즉, 음이온으로 하전되어 있는 호염기성 세포구성 요소인 세포핵 염색체 등에 친화성이 있다. 세포 내의 염기성 색소에 잘 염색되는 부분은 거의가 핵산을 함유하고 있다. 시판되고 있는 염기성 염료는 100종 이상이나 되며 그 가운데에서도 잘 알려진 것을 들어 보면 다음과 같다. 아닐린옐로(노랑)·오라민(노랑)·푹신(빨강)·뉴트럴 레드(빨강)·메틸렌 블루(파랑)·말라카이트 그린(녹색)·메틸 바이올렛(보라) 등이 있다.

염기성 촉매 (鹽基性觸媒, basic catalyst)　⇨ 염기 촉매.

염기성 탄산마그네슘 (鹽基性炭酸——, basic magnesium carbonate)　탄산수산화 마그네슘. $MgCO_3$ 이 아니고 OH^- 이온을 함유하는 염기성 염으로, 그 조성은 제조방법에 따라 다르다. 마그네시아알바라고도 한다. 대표적인 제조방법으로, 사전에 브롬을 제거한 간수에 소다회를 가하여 침전시키는 소다법이 있다. 이 조성은 $3MgCO_3 \cdot Mg(OH)_2$ 이다. 백색인 부피가 큰 분말이며, 고무, 도료, 화장품, 의약품 등의 충전제로 광범한 용도가 있다.

염기쌍 (鹽基雙, base pair)　DNA 및 RNA를 구성하는 뉴클레오티드의 염기끼리는 수소 결합하여 쌍을 형성한다. 아데닌, 티민(RNA에서는 우라실), 구아닌, 시토신의 4개 염기가 DNA 이중나선 중에서 아데닌과 티민, 구아닌과 시토신이 쌍을 형성한다. DNA의 복제, 전사 등의 경우도 염기쌍이 형성된다.

염기 촉매 (鹽基觸媒, base catalyst)　염기성에 바탕하여 촉매작용을 나타내는 물질. 즉 수소 이온의 수취 또는 전자쌍의 공여를 포함한 반응에 관여하는 촉매. 촉매 자체가 염기로서의 작용을 하는 경우와 촉매의 작용으로 염기를 생성하여 반응을 촉진하는 경우가 있다.

염다리 (鹽橋, salt bridge)　전기화학 측정에서, 2종류의 전해액을 혼합하지 않고, 전기적으로 연결시키기 위해 사용되는 액락법의 대표적인 것. 보통 한천을 포함한 염화칼륨의 포화 수용액을 유리제 U자관에 충만하여 굳힌 것을 사용한다. 염화칼륨 이외에 질산칼륨이나 질산암모늄이 사용되지만 이들은 양이온, 음이온의 이동도 차가 크지 않으므로 액간 전위차가 작기 때문이다.

염료 (染料, dye, dyestuff)　섬유에 대한 친화성, 즉 염착성이 있는 색소. 어떤 의미에서 용해성이 필요하다. 즉 불용성인 것도 환원용액, 중간물의 용해(섬유상에서는 색소 형성) 등에 의해 용해한다. 분산염료도 섬유에 대한 용해로 여겨진다. 염료를 형성하는 분자는 방향족 고리(芳香族環)를 포함하며, 주요 부분은 평면구조를 기본으로 하고 아조기(基)·니트로기·니트로소기·카르보닐기·티오카르보닐기·에틸렌기·아세틸렌기 등 불포화결합을 가지는 원자단을 하나 이상 포함한다. 일반적으로 이와 같은 원자단을 가지는 유기 화합물은 원자단에 특유한 파장의 빛을 흡수하고 보색(補色)이 그 물질의 색임을 육안으로 알 수 있다. 이와 같이 광선의 흡수를 일으키는 원자단을 발색단(發色團)이라고 한다. 발색단이 지방족 화합물에 붙어 있으면 가시광선의 흡수는 약하고 방향족 화합물에 있으면 강력한 흡수를 한다. 염료분자의 기체가 방향족인 것은 이 때문이다. 일반적으로 물질의 색깔이 노랑에서 보라로 변하는 것을 색깔이 깊어진다고 하고, 그 반대를 색깔이 얕아진다고 한다. 또 색깔이 깊어지는 원인이 되는 원자단을 장파색단(深色團), 색깔이 얕아지는 원인이 되는 원자단을 단파색단(淺色團)이라고 한다. 또 발색단을 가지는 니트로벤젠·아조벤젠·안트라퀴논 등을 색원체(色原體)라 한다. 그러나 모든 색원체가 유색은 아니며, 또 섬유 등에 염착(染着)되는 성질이 있는 것도 아니다. 이 경우 산·알칼리와 화합하여 염을 만드는 성질을 가지는 다른 원자단을 색원체에 작용시키면 비로소 발색하고 염착성을 가지게 된다. 이와 같이 색원체에 염료로서 성질을 가지게 하는 원자단을 조색단(助色團)이라고 하며, 수산기·술폰산기·아미노기·메틸아미노기 등이 있다. 조색단은 이러한 염착성의 촉진 외에 색조(色調)를 짙게 하는 작용도 가진다. 염료는 발색단과 조색단을 아울러 가지는 방향족 화합물 유도체이다. 염료가 섬유 등에 염착하는 메커니즘은 복잡하고 또 아직 밝혀지지 않은 점도 많다.

염박 (鹽剝)　염소산 칼륨 $KClO_3$ 의 속칭이다.

염분 (鹽分, salinity)　(1) 해수 1kg 중에 함유되는 고형 물질의 전량을 g으로 나타낸 것. 이 때 탄산염은 산화물로 하고 브롬과 요오드는 염소로 치환하며, 유기물은 완전히 산화시켜 계산한다. 이 외에 염소량과 크누젠의 식에 의해 정의되는 수도 있다. (2) 시료 중에 함유되는 염류의 분량을 말한다.

염산 (鹽酸, hydrochloric acid)　무색, 독성이 강한 일염기산 HCl, 염화수소의 수용액. 동물의 위에서 분비되는 위산의 주요 성분이다. 공업적으로는 염소와 수소에서 직접 합성한 염화수소를 물에 흡수시켜서 만드는데, 이것을 합성 염산이라 한다. 또 유기 화합물을 염소화할 때 부가적으로 얻는 경우도 있는데, 이것은 부생(副生) 염산이라 하며, 불순물로 인해 착색되어 있다. 농도 35% 이상의 것을 진한 염산이라고 한다. 진한 염산은 습한 공기 중에서 두드러지게 발연하고 자극적인 냄새가 나는 용액이다. 공업용 염산에는 염화철 등이 함유되어 있어 황색을 띤다. 시중에서 판매되는 것은 37.2%(100 g 내에 있는 염화수소의 그램수)로 약 12N, 비중 1.190이다. 또 10% 이하를 묽은 염산이라고 한다. 농도 C%와 비중 d의 관계는 $C=200(d-1)$로 표시된다. 1기압하에서는 일정한 끓는점 108.584℃를 가진다. 20.24%에서 물과 공비 혼합물을 만들기 때문에 농도에 관계없이 끓는점은 차차 올라가며, 이 온도에서 증발분과 잔류분이 같아진다. 아연·알루미늄·주석 등 이온화 경향이 큰 금속과는 반응하여 수소를 발생시킨다. 이온화 경향이 작은 은·수은·금·백금 등과는 반응하지 않지만, 구리·철·니켈 등과는 가열하면 녹는다. 금속의 산화물은 일반적으로 반응하여 염화물이 된다. 비금속과는 거의 작용하지 않는다. 각종 시약으로 중요하다. 또 무기약품·염료·의약품의 제조, 녹말의 당화 등에도 사용되나 가장 소비량이 큰 용도는 글루탐산나트륨·간장 등 아미노산 조미료의 제조이다.

염산 염 (鹽酸鹽, hydrochloride)　유기 염기 등이 염산과 반응하여 염화물을 생성할 때, 그것을 곧잘 염산염이라 한다. 예를 들면 아닐린과 염산에서 얻어지는 염화아닐륨 $C_6H_5NH_3Cl$은 아닐린염산염이라 하고, $C_6H_5NH_2$

·HCl로 적는 경우가 많다.

염색 (染色, dyeing)　염료를 기질(주로 섬유)에 고착시키는 것. 보통은 원하는 색조로 균일하게 착색시키는 것을 지칭하나 넓은 뜻으로는 홀치기 염색, 다염색, 날염도 포함한다.

염색 견뢰도 (染色堅牢度, color fastness, fastness of color)　염색물 사용시의 변퇴색에 대한 안전성. 일광, 수세, 세탁, 땀, 마찰, 아이언, 해수, 염소 처리수, 가스, 승화 등의 작용, 효과에 대한 안정성이 실용상 요구되므로 나라마다 규격이 제정되어 있다. 우리나라에도 요인별로 많은 시험법이 정해져 있다. 염색 견뢰도는 염료의 성질, 염료의 염착상태, 염착량, 섬유의 성질, 피염물의 표면 상태, 섬유상의 가공제 등에 의해 상당한 차이가 생긴다.

염색 고착제 (染色固着劑, dye-fixing agent)　직접 염료, 반응 염료, 산성 염료 등의 수용성 염료로 염색한 습윤 견뢰도가 뒤떨어진 염색물에 있어 염료를 난용성으로 하기 위한 약제. 픽스제라고 불리는 일이 많다. 또 고착제라고도 한다. 카티온성 유기 화합물, 구리 착염을 형성시키는 시약 등이 사용된다.

염색 보조제 (染色補助劑, dyeing auxiliaries)　염색할 때에 염착량, 균염성 등의 조정 또는 염색물의 견뢰도 향상 등, 염색효과를 높이기 위해 사용되는 약제. 염료 용해제, 분산제, 촉염제, 완염제, 균염제, 침투제 등을 지칭한다.

염색 속도 (染色速度, dyeing speed)　염욕에 용해 혹은 분산되어 있는 염료가 섬유 내에 흡수되는 속도. 염색속도가 지나치게 빠르면 염색 얼룩이 생기기 쉬우므로 균염되기 위한 지표로 중요시된다. 발염시간이 간단한 지표로 사용된다.

염색시험 (染色試驗, dyeing test)　염색을 공업적으로 하는 경우, 염료의 여러 성질을 실험실적으로 평가하는 염색성 시험 및 염색 견뢰도를 평가하는 시험을 합쳐서 염색시험이라 한다. 전자에는 염색속도, 이염성, 상용성 등을 조사하는 다수의 시험법이 있고, 후자에는 KS에 의한 시험법이 규정되어 있다.

염색 얼룩 (染色 ——, dyeing speck)　염색된 염색물의 색상의 차이 혹은 불규칙한 농담이 있는 것을 말한다.

염색질 (染色質, chromatin)　⇨ 크로마틴.

염색체 (染色體, chromosome)　(1) 세포학적으로는 진핵생물의 핵 내에 있는 DNA와 히스톤 및 다른 DNA 결합 단백질과의 복합체. 분열기에 염기성 색소로 염색되는 데 유래한 명칭. 정지핵에서는 볼 수 없다. 염색체는 그 가운데 유전자인 DNA를 가지고 있기 때문에 매우 중요한 세포기관이다. 성 결정에 관계가 깊은 염색체는 성염색체라고 하고, 그 밖의 것을 상염색체(常染色體)라고 한다. 성염색체는 이상 응축이 현저하여 상염색체와 쉽게 구분이 된다. 염색체의 수와 모양은 생물의 종에 따라 일정하다. 일반적으로 생물이 가지고 있는 염색체의 수와 모양을 동시에 고려할 때 이를 핵형(karyotype)이라고 한다. 즉, 1개의 생물을 구성하는 세포의 핵은 모두 동일한 핵형의 염색체를 가지고 있으며, 또한 같은 종의 생물이면 역시 같은 핵형을 갖게 된다. 핵형의 특징을 비교하여 염색체의 이상을 알아내기도 하고, 또 생물의 유연관계를 찾아내기도 한다. (2) 유전학적으로는 유전자가 선상에 배열한 연쇄군. 세균과 바이러스의 유전자군에도 이 용어를 사용한다.

염색체 불임성 (染色體不稔性, chromosomal sterility)　염색체 이상이 원인이 되어 자손을 만들지 못하는 것. 코히친 처리로 유발된 3배체는 종자를 만들지 못한다. 능염색체수의 변화로 불임이 되는 것을 말하는 경우가 많다.

염색체 이상 (染色體異常, chromosomal aberration)　염색체의 구조와 기본수가 변화하는 것. 배수성, 이수성, 결실중복, 전좌(輾座), 삽입, 역위 등이 있다. 상염색체, 성염색체 모두에 이상이 알려져 있으며 각각 기형, 기능장해, 성장장해를 수반하는 일이 많다. 자연적으로 또는 화학적·물리적인 자극에 의하여 인위적으로도 일어나며 이 둘 사이에는 양적인 차이는 있어도 질적인 차이는 없다. 변이의 양상은 세포 분열 때 또는 침샘염색체 등에서 관찰된다. 종양세포에는 높은 빈도로 여러 가지 염색체 이상을 볼 수 있다. 세포유전학의 견지에서 염색체 이상에 기인하는 세포의 돌연변이가 발암(發癌)

의 한 원인이라고 생각된다. 염색체 이상은 이상 개체의 발생 원인도 된다. 예를 들면, 사람에서는 21번째 염색체를 1개 더 가지는 경우가 있는데, 이는 선천적 정신박약인 다운증후군이 된다. 또 X염색체를 하나 더 가진 남성은 XXY의 성염색체 구성이 되며, 여성적인 체격의 남성, 즉 클라인펠터 증후군이 된다. 반대로 1개의 X염색체가 없는 여성은 터너증후군이라 하여 남성적인 체격이 된다. 이러한 이상은 난자 또는 정자 형성 때에 염색체에 불분리가 일어나서 염색체 수에 과부족이 있는 배우자(난자 또는 정자)가 생겨 그것이 수정에 관여하여 일어난다.

염석 (鹽析, salting out)　어떤 물질 A의 수용액 중에 다른 물질 B(염)를 용해시켰을 때, A가 석출하는 현상. 실례로서 A가 비누이고 B가 식염인 경우, A가 단백질이고 B가 황산암모늄인 경우 등이 있다. 염의 수화가 이 현상의 원인이 되고 있다. 염용(塩溶)은 반대 현상이다.

염소도 (鹽素度, chlorosity)　20℃의 해수 1리터 중의 염소량(단위 : $g1^{-1}$). 염소량(chlorinity)은 20℃의 해수에 밀도를 곱한 값으로, 1939년 IMPO(국제해양학위원회)에서 정의되었다.

염소량 (鹽素量, chlorinity)　정의에는 변전이 있는데, 현재는 다음과 같이 정의되고 있다. 즉, 염소량 (‰)은 해수 0.3285233 kg 중의 할로겐을 침전시키는 데 필요한 원자량 측정용 순은의 그램수와 같다.

염소산나트륨 (鹽素酸 ——, sodium chlorate) 물에 쉽게 용해되는 무색 결정 $NaClO_3$. 분자량 106.4, 녹는점 248℃, 비중 2.490(15℃)이다. 300℃ 이상 가열하면 산소를 발생하고 분해한다. 약간 흡습성이 있으며, 물 알코올에는 녹고 산성 수용액에서는 강한 산화작용을 보인다. 광학활성(광회전성)을 나타내는 등축정계이지만, 사면체 결정도 알려져 있다. 제조법은 염소산칼륨의 경우와 비슷하여 염화나트륨 용액을 양극(兩極) 사이에 격막을 두지 않고 전기분해하면 생긴다. 또 수산화칼슘 용액(석회유)에 염소가스를 불어넣어 생기는 염소산칼슘과 황산나트륨의 복분해에 의해서도 생긴다. 주로 과염소산

염 제조에 사용되고, 산화제·성냥·연화(煙花)·폭약 재료로 사용된다. 또 염색·가축의 무두질·살충제·표백제·제초제 등으로도 사용된다.

염소산 염 (鹽素酸鹽, chlorate)　일반식 M^I ClO_3로 표현되는 염소산 $HClO_3$의 염. 일반적으로 수용성의 무색 결정. 상온에서는 안정하지만 가열하면 분해한다.

염소산칼륨 (鹽素酸 ——, potassium chlorate) 물에 녹는 무색의 판상 결정 $KClO_3$. 공업에서는 염박(鹽剝)이란 옛 속칭이 있었다. 수용액 중에서는 산성이고 강한 산화제이다. 유기물, 탄소, 황 등과 혼합하여 가열하거나 충격을 부여하면 폭발한다. 극약. 녹는점 368℃, 비중 2.326(39℃)이다. 가열하면 400℃에서 분해하여 과염소산칼륨과 염화칼륨이 된다. 더 가열하면 산소를 방출하고 전부 염화칼륨이 된다. 이 반응은 산화망간 MnO_2와 같은 금속 산화물을 가하면 촉진되어 70℃에서 산소를 발생하기 시작하므로 실험실 등에서 산소를 얻기 위해 이용된다. 흡습성은 없다. 물에 녹고 알코올에도 소량 녹는다. 산화제로서 성냥·연화·폭약 등의 원료가 되고, 표백제·염료·의약품 등의 제조로도 사용된다. 장기간 보존한 것은 아염소산칼륨을 함유하여 건조 상태에서는 유기물·인·황 등 가연성 물질과 접속하기만 해도 폭발한다. 마찰·충격 등에 예민하여 폭발사고를 잘 일으키며 진한 황산·진한 질산과 접촉해도 잘 폭발한다. 혼합 폭약으로 쓰이기도 한다. 빛이 차단되는 밀폐된 용기에 보관한다.

염소수 (鹽素水, chlorine water)　염소의 수용액. 포화 수용액에서는 상온에서 물의 2.2배 용의 염소가 용해되어 있다. 일부는 Cl_2의 상태 그대로 용해되어 있으나 일부는 물과 반응하여 차아염소산 $HClO$를 생성하고 있으며, 매우 강한 산화제로 작용한다. 이 반응은 광선의 작용에 의해서 촉진되므로 갈색 병 속에 넣어 저장한다. 염소수를 냉각시키면 염소수화물 $Cl_2 \cdot 6H_2O$의 결정을 얻는다. 이것은 9.6℃에서 분해하는 클라스레이트 화합물이다.

염소제 (艶消劑, delustering agent, flatting agent)　재료의 광택을 감소 혹은 소멸시키기 위한 약제. 섬유에서는 주로 이산화티탄이 사용되며, 섬유가공뿐만 아니라 원액 방사시에 가하는 경우도 있다. 윤을 없앤 유리에서는 플루오르화수소산으로 표면을 부식하거나 실리카겔을 표면에 침적시켜 유리 표면에 요철을 부여하여 빛을 산란시킨다.

염소 폭발성 기체 (鹽素爆發性氣體, chlorine detonating gas)　염소와 수소의 등용적 혼합 기체. 열, 빛 기타의 자극으로 연쇄반응을 일으켜 HCl을 생성하여 폭발하므로 이러한 이름이 있다.

염소 표백 (鹽素漂白, chlorine bleaching)　염소, 이산화염소 및 염소의 저급 옥소산인 차아염소산. 아염소산 염의 강한 산화력을 이용하여 면직물, 레이온, 펄프, 종이 등을 표백하는 것. 표백제로서 많이 알려진 것으로는 표백분, 표백액, 고도 표백분이 있다.

염소화 (鹽素化, chlorination)　유기 화합물에서 염소 치환체를 형성하는 반응. 수소원자를 염소로 치환하는 것이 일반적이며 부가 반응으로 클로로 유도체가 생기는 반응은 염소 부가라 한다.

염소화 고무 (鹽素化 ——, chlorinated rubber) 천연 고무와 부틸 고무의 용액 또는 산성 라텍스에 염소를 통과시켜 얻어지는 백색 또는 미황색의 물질. 개질 고무의 하나. 고무공업에서는 염화 고무라 한다.

염안 (鹽安, ammonium chloride)　⇨ 염화암모늄.

염안 소다법 (鹽安 —— 法, ammonium chloride soda process)　암모니아 소다법의 개량법으로, 탄산나트륨(소다회)과 염화암모늄(염안)을 얻는 방법. 식염의 이용률을 높이기 위해 최근에 일본에서 채용되었다. 암모니아를 흡수시킨 식염수를 이산화탄소로 탄산화하여 석출한 탄산수소나트륨을 연소시켜 탄산나트륨으로 하고, 다시 모액에서 염화암모늄의 결정을 분리한다. 암모니아 소다법과 달리, 암모니아 합성시 부산되는 이산화탄소를 사용하므로 석회로와 암모니아 증류탑이 불필요하다.

염욕 (染浴, dye bath)　염료 및 조제를 물 같은 매질에 용해한 용액(또는 분산액). 소정 온도로 조정한 염욕 속에 실이나 천을 담구어 염색한다.

염용 (鹽溶, salting in)　　염석의 대응어이다. ⇨ 염석.

염유사 수소화물 (鹽類似水素化物, salt-like hydride, saline hydride) 수소화물 이온 H^- 를 함유하는 이온성 화합물의 총칭. 예를 들면 NaH, CaH_2, LaH_3 등. X선의 흡수에 의한 빛 이온화로 생긴 2차 전자가 자극 작용을 한다고 생각되어 음극선 루미네선스와 비슷한 특성을 나타낸다. X선의 흡수능이 높고 무거운 원소를 갖는 물질이 유효하며, 형광판에는 은으로 활성화한 황화아연카드뮴 형광체, 증감지에는 텅스텐산칼슘 형광체가 사용된다.

염장피 (鹽藏皮, wet-salted hide)　　가축에서 벗겨낸 생피에 염화나트륨을 침투시켜 장기간 보존에 견딜 수 있도록 보장 처리한 피혁의 원피. 소가죽인 경우가 많다. 수분 48% 이하, 회분(주로 염화나트륨) 14% 이상이 바람직하다.

염착 (染着, exhausition, uptake)　　염색 마무리에 있어 욕 중의 염료, 마무리제가 섬유에 흡수되는 것을 말한다.

염착도 (染着度, degree of exhaustion)　　염색 마무리에 있어, 욕 안의 염료, 마무리제가 섬유에 흡수되는 양이 원욕 안의 양에 대한 백분율. 염착률이라고도 한다.

염착력 (染着力, coloring power)　　⇨ 착색력.

염착률 (染着率, percentage exhaustion)　　⇨ 흡진도.

염축 (鹽縮, salt shrinking)　　견직물이 염화칼슘, 질산칼슘 등의 중성 염류의 진한 용액으로 처리되었을 때 현저하게 수축하는 것을 이른다. 이 효과를 이용하여 견직물의 부분적 또는 전체적으로 주름이나 조르기 문양을 만들 수 있다.

염화 고무 (鹽化 ──, chlorinated rubber)　　⇨ 염소화 고무.

염화 구리 (Ⅰ) (鹽化 ──, copper(Ⅰ) chloride) 수용성의 무색 결정 $CuCl$. 염화 제일구리는 속칭. 녹는점 422℃, 끓는점 1,366℃, 비중 4.14(25℃)이다. 공기 중에서는 쉽게 산화되어 녹색으로 변하고 특히 빛을 조사하면 청색에서 갈색으로 변한다. 물·알코올·아세

톤에는 거의 녹지 않지만 진한 염산·진한 암모니아수에는 녹는다. 염산용액은 일산화탄소를 잘 흡수한다. 황산구리 $CuSO_4$ 수용액에 염화나트륨을 가하고, 이산화황(아황산 가스)을 통과시켜 침전시키거나 염화구리(Ⅱ)의 염산용액에 구리를 가하고 가열하면 생긴다. 유기반응의 촉매, 살충제의 제조, 석유공업에서 탈색·탈황제로 사용되며, 실험실에서는 일산화탄소의 흡수제로 기체 분석에 사용된다. 유독하다.

염화 구리 (Ⅱ) (鹽化 ──, copper(Ⅱ) chloride) 수용성의 황갈색 결정(무수염) $CuCl_2$. 무수염은 구리 가루를 염소 속에서 가열하거나, 이수화물 $CuCl_2 \cdot 2H_2O$를 건조한 염화수소 기류 속에서 가열하여 탈수하면 생긴다. 녹는점 498℃, 비중 3.054이다. 강하게 가열하면 염소를 방출하고 분해하여 염화구리(Ⅰ)이 된다. 흡습성이 강하고, 물·알코올·아세톤·아세트산 에틸 등에 녹는다. 염화제이구리는 속칭. 이수화물은 산화구리 또는 탄산구리 $CuCO_3$를 염산에 녹이고, 그 용액을 증발시키면 생기는 녹색 결정으로, 비중 2.39이다. 습한 공기 중에서는 조해성이 있으나 건조한 공기 중에서는 풍화(風化)한다. 물·알코올·아세톤 등에 잘 녹는다. 촉매, 석유 정제시의 탈취·탈황제, 염색의 매염제, 아닐린계 색소의 산화제 등으로 사용되고, 광석에서의 수은 회수, 도금·사진·소녹제 등으로도 널리 이용된다.

염화 금산 (鹽化金酸, chloroauric acid)　　테트라클로로금(Ⅲ)산 $HAuCl_4$의 속칭. 또 이것을 염화금이라고 하는 경우가 있으나 바른 호칭이 아니다. 보통은 사수화물(水化物) $HAuCl_4 \cdot 4H_2O$로 존재한다. 담황색 침상결정(針狀結晶)이며 조해성이 있다. 가열하면 분해하고 물·알코올·에테르에 녹는다. 수용액은 오렌지색이며 빛을 쬐면 분해하여 표면에 보라색 콜로이드금을 석출한다. 금을 왕수(王水)에 녹이거나 염화금(Ⅲ)$AuCl_3$을 염산에 녹이면 결정으로 생긴다. 사진의 조색(調色), 금도금, 루비 유리 제조, 알칼로이드용 시약으로 사용된다.

염화 금산염 (鹽化金酸鹽, chloroaurate)　　클로로금산 염, 즉 디클로로금(Ⅰ)산염 및 테트라클로로금(Ⅲ)산염에 대한 속칭. 보통 테트라

클로로금(Ⅲ)산염 M^IAuCl_4를 지칭한다.

염화나트륨 (鹽化——, sodium chloride)　무색 고체. 염화나트륨형 구조가 있는 전형적인 이온 결정 NaCl. 암염으로서 지중에 존재하고 또 해수 중에 평균 약 2.8 % 함유된다. 암염은 그대로 혹은 재결정하여 사용된다. 해수 중에서는 이온 교환막법으로 얻어진 함수를 끓여 식염 결정을 석출한다. 적외선을 잘 투과한다. 포화용액은 $-23.1\,℃$에서 함빙정을 형성하여 한제가 된다. 화학공업용 원료, 비누의 염석, 식용, 식품저장용, 의약품으로서 중요하다.

염화나트륨형 구조 (鹽化—— 型構造, sodium chloride structure)　염화나트륨 NaCl로 대표되는 AB형 화합물의 결정구조형의 하나. A 주위에 B가 8면체형 6배위, B 주위에 A가 8면체형 6배위로 연결된 구조. 대부분의 할로겐화 알칼리, 알칼리 토류금속의 산화물, 황화물 등이 이 구조를 취한다.

염화물 (鹽化物, chloride)　염소보다도 전기음성도가 낮은 원소와 염소 화합물의 총칭. 예를 들면 염산의 염 $NaCl$, $FeCl_3$ 등 및 비금속 원소와 염소가 공유결합으로 결합한 화합물 CCl_4, SCl_2, ICl_3 등. 탄화수소의 염소 치환체 CH_3Cl 등도 염화물이라 총칭하는 수가 있다. 비활성 기체를 제외한 거의 모든 원소가 염화물을 만든다. 금속 원소는 대개 금속 또는 산화물·수산화물·탄산염을 염산에 녹여서 얻으며, 비금속 원소는 대개 염소와 직접반응에 의해서 얻는다. 알칼리금속·알칼리 토금속(베릴륨은 제외) 등 양성이 강한 원소의 염화물은 염소이온 Cl^-을 함유하는 무색의 이온 결정이다. 일반적으로 물에 잘 녹아 이온으로 해리하고, 수용액은 중성이다. 유기 용매에서는 대개 무극성인 것에 잘 녹지 않는다. 이에 대하여 전이원소 등 양성이 비교적 약한 원소의 염화물(무수물)은 공유 결합성을 가지며, 층상 격자(層狀格子) 등의 거대 분자 또는 독립된 분자로 이루어져 있다. 전형적인 이온성 화합물에 비해서 녹는점·끓는점이 낮다. 수화물은 대개 물에 잘 녹는다. 수용액은 일반적으로 가수분해로 인해서 산성을 보이는데, 그 결과 수화(水化)산화물 또는 옥시염화물을 침전시키는 것도 있다. 비금속 원소의 염화물은 대부분 공유화합성을 가지는 분자로 이루어지며, 휘발성이고 상온에서 기체 또는 액체인 것이 많다. 물에는 녹지 않거나 녹아도 분해하여 염산을 생성하는 경우가 많고, 유기 용매에는 녹는다.

염화물 이온 (鹽化物——, chloride ion)　염소의 음이온 Cl^-. 옛 문서에서는 염소 이온으로 기록되어 있지만, 염소 양이온 Cl^+도 존재하므로 음이온 Cl^-은 염화물 이온이라 하는 것이 정확하다.

염화 백금산 (鹽化白金酸, chloroplatinic acid)　클로로백금산의 속칭이다.

염화 백금산 염 (鹽化白金酸鹽, chloroplatinate)　클로로백금산 염의 속칭이다.

염화 벤잘 (鹽化——, benzal chloride)　⇨ 이염화 벤질리덴.

염화 벤조일 (鹽化——, benzoyl chloride)　벤조산의 염화물 C_6H_5COCl. 자극적인 냄새가 있는 액체. 알코올, 페놀과 아민류의 벤조일화 시제로 사용된다.

염화 벤질리덴 (鹽化——, benzylidene chloride)　⇨ 이염화 벤질리덴.

염화 비닐 (鹽化——, vinyl chloride)　불포화 염화물 $CH_2=CHCl$. 상온·상압(常壓)에서 무색의 기체로, 분자량 62.50, 녹는점 $-159.7\,℃$, 끓는점 $-13.9\,℃$, 비중 0.969($-13℃$)이다. 클로로포름 비슷한 상쾌한 냄새가 난다. 인화성이 있고, 증기와 공기가 섞인 것은 폭발성이 있다. 실험실에서는 염화에틸렌(1, 2-디클로로에탄 : EDC)의 알칼리에 의한 염화수소 이탈반응에 의해서 생긴다. 공업적으로는 에틸렌의 옥시 염소화로 형성된다. 중합성이 현저하므로 단독 중합 혹은 공중합으로 각종 폴리머 제조에 사용된다.

염화비닐 레더 (鹽化——, poly(vinyl chloride) leather)　인공 피혁의 하나. 레이온, 나일론, 폴리에스테르 등의 편직물을 기체로 하여, 그 위에 폴리염화비닐의 표면층을 부여한 것. 산난히 비닐레더라고도 한다. 신발류, 기방, 가구 등에 사용된다.

염화비닐 리덴 (鹽化——, vinylidene chloride)　불포화의 이염화물 $CH_2=CCl_2$ 염화비닐을 원료로 하여 합성된다. 무색의 액체로, 분자량 96.94, 비중 1.2129, 녹는점 −122.1℃, 끓는점 31.7℃이다. 휘발성이 크다. 불안정하여 산소와 접촉하면 과산화물을 만든다. 이 과산화물은 충격에 의해서 폭발하는 수가 있으므로 정제(精製) 및 저장은 질소기류 속이나 물 속의 어두운 곳에서 한다. 열·빛·촉매에 의해서 중합하여 폴리염화 비닐리덴이 된다. 단, 단독으로 중합한 것은 가공하기가 어려워 염화비닐·아세트산 비닐·아크릴로니트릴 등과 혼성중합(混成重合)한 것이 사용된다. 이것은 불에 잘 타지 않고, 약품·마찰에 강한 장점을 가진다. 비닐리덴 섬유 등의 제조에 사용된다.

염화 수소 (鹽化水素, hydrogen chloride)　무색, 자극적인 냄새가 나는 유독한 기체 HCl. 수용액은 염산이라 한다. 녹는점 −114℃, 끓는점 −85℃, 비중은 기체인 경우 공기에 대하여 1.268, 액체 1.265(녹는점), 고체 1.503(−195℃)이다. 물에는 잘 녹아, 부피로 500배, 무게로는 100 g의 물에 81.31 g 녹는다. 알코올·에테르·벤젠 등에도 잘 녹는다. 천연으로는 화산가스 속에 함유되어 있는 일도 있다. 공업적으로는 염소와 수소를 반응시켜 만들며, 각종 탄화수소를 염소화할 때 부산물로도 얻고 있다. 실험실에서는 진한 황산에 진한 염산을 떨어뜨려 발생시키거나 식염과 진한 황산을 반응시켜서 만든다. 무수물은 염화 비닐의 원료 등으로 사용되나, 주로 염산으로 사용된다.

염화 수은(Ⅰ) (鹽化水銀, mercury(Ⅰ) chloride) 물에 거의 용해되지 않는 무색 결정 Hg₂Cl₂. 염화 제일 수은은 속칭. 고전적으로는 감홍(甘汞)이라 불리었고 극약이다. 비중 7.15이고 빛에 의해 분해되어 어두운 빛깔이 되며, 서서히 가열하면 황색이 된다. 강하게 가열하면 융해하지 않고 승화한다. 알코올·아세톤·에테르 등에도 녹지 않지만, 묽은 염산에는 다소 녹는다. 염화수은(Ⅱ)와 수은의 혼합물을 가열하면 승화하여 생긴다. 암모니아수를 가하면 백색의 염화수은 아미드 HgNH₂Cl과 수은을 생성하는데, 그것이 아름다운 흑색이 된다. 칼로멜이라는 이름은 이 반응에 연유한 것이며, 그리스어로 아름다운 흑색을 뜻하는 kalon melas에서 딴 것이다. 독성은 없다. 표준 전극(감홍 전극)에

사용되며 완하제(緩下劑)로도 사용된다.

염화 수은(Ⅱ) (鹽化水銀, mercury(Ⅱ) chloride) 물에 약간 용해되는 무색의 결정 HgCl₂. 염화 제이 수은은 속칭. 묽은 수용액이 소독약, 방부제로 사용되었던 연유로 의약품으로서 승홍(昇汞)이란 속칭이 있다. 맹독. 녹는점 277℃, 끓는점 304℃, 비중 5.44(25℃)이다. 고체는 열 및 빛에 안정하다. 알코올·아세톤·에테르 등에도 녹지만, 염산 또는 금속 염화물 수용액에는 더 잘 녹는다. 암모니아수에 의해 염화수은 아미드의 백색 침전을 생성한다. 수은에 염소를 작용시키거나 황산수은(Ⅱ)에 식염을 섞어서 가열하면 생성된다. 목재·해부시료(解剖試料)의 방부제, 살균제, 사진에서의 증력제(增力劑), 납에서의 금 분리 시약, 분석 시약 등으로 사용된다.

염화 술포닐 (鹽化 ——, sulfonyl chloride) ⇨ 염화 술푸릴.

염화 술푸릴 (鹽化 ——, sulfuryl chloride) 무색, 맹독의 액체 SO₂Cl₂. 염화술포닐이라고도 한다. 물과 서서히 반응하며 가수분해하여 황산과 염산이 된다. 염소화제로 사용된다.

염화 술피닐 (鹽化 ——, sulfinyl chloride) ⇨ 염화 티오닐.

염화 아실 (鹽化 ——, acyl chloride) 카르복시산의 OH를 Cl로 치환한 구조의 유도체. 일반식 RCOCl. 산염화물이라고 하는 경우도 있다.

염화 암모늄 (鹽化 ——, ammonium chloride) 수용성의 무색 결정 NH₄Cl. 3종의 변성(고온에서 안정된 α형, 저온의 β 및 γ형)이 있다. 공업적으로는 염안이라고 한다. 보통은 무색의 정육면체 결정으로, 분자량 53.50, 비중 1.53(17℃)이다. 고체를 가열하면 융해하지 않고 337.8℃에서 승화하여 기체로 되지만, 기체 속에서는 분해하여 염화수소 HCl과 암모니아 NH₃으로 되어 있다. 약간 흡습성이 있고 물에는 잘 녹는다. 용해도는 물 100 g에 29.4 g(0℃), 77.3 g(100℃)이다. 메탄올·에탄올에도 녹지만, 아세톤·에테르·아세트산에틸에는 잘 녹지 않는다. 천연으로는 화산지대나 온천지대에 존재하고, 공업적으로는 염과 암모늄 소다법에 의해서

대량으로 제조된다. 또 가스공업의 암모니아액에 염산을 가해도 생긴다. 실험실에서는 암모니아와 염산의 중화(中和), 황화암모늄과 식염의 복분해 등에 의해서 얻을 수 있다. 전지의 전해질, 분석시약, 의약, 염색용, 질소비료로 사용된다.

염화 제이 구리 (鹽化第二銅, cupric chloride) 염화 구리(Ⅱ)의 속칭이다.

염화 제이 수은 (鹽化第二水銀, mercuric chloride) 염화 수은(Ⅱ)의 속칭이다.

염화 제이 주석 (鹽化第二朱錫, stannic chloride) 염화 주석(Ⅳ)의 속칭이다.

염화 제이 철 (鹽化第二鐵, ferric chloride) 염화철(Ⅲ)의 속칭이다.

염화 제일 구리 (鹽化第一銅, cuprous chloride) 염화 구리(Ⅰ)의 속칭이다.

염화 제일 수은 (鹽化第一水銀, mercurous chloride) 염화 수은(Ⅰ)의 속칭이다.

염화 제일 주석 (鹽化第一朱錫, stannous chloride) 염화 주석(Ⅱ)의 속칭이다.

염화 주석(Ⅱ) (鹽化朱錫, tin(Ⅱ) chloride) 물에 가용한 무색 결정 $SnCl_2$. 염화 제일 주석은 속칭. 무수물은 무색, 사방정계의 결정성 고체로, 녹는점 246℃, 끓는점 623℃, 비중 3.95이다. 이수화물은 무색의 단사정계이다. 37.7℃에서 결정수(結晶水)에 녹는다. 알코올·아세트산에틸·빙초산 등에 녹는다. 중성의 수용액은 가수분해되어 침전을 생성하기 쉽다. 산성 용액은 환원력이 강하여 크롬은 6가에서 3가로, 철은 3가에서 2가로 환원된다. 무수물은 융해한 금속 주석과 염소를 직접 반응시켜서 만든다. 또 이수화물을 염화수소 기류 속에서 가열하면 생긴다. 이수화물은 금속 주석을 염산에 녹이거나 염화 주석(Ⅳ)의 수용액을 전기분해하여 환원시킨 다음 증발 농축에 의해서 석출시킨다. 실험실에서의 정성분석 시약으로 쓰이고 방향족 니트로 화합물의 환원제로서 유기화학 및 염료 제조에 중요하다. 주석 화합물·주석 안료·촉매·가죽 무두질용으로도 사용되고 있다.

염화 주석(Ⅳ) (鹽化朱錫, tin(Ⅳ) chloride) 무색의 액체. 공기 중에서 발연한다. 염화 제이 주석은 속칭. 화학식 $SnCl_4$. 녹는점 -30.2℃,

끓는점 114℃, 비중 2.26이다. 찬물·이황화탄소에 녹고, 뜨거운 물에서는 분해한다. 소량의 물을 가하면 풀처럼 되는데, 이것을 주석 버터라고 한다. 융해한 주석에 염소기체를 통과시키면 생긴다. 염색의 매염제·양이온 중합 촉매 등으로 사용된다.

염화 지르코닐 (鹽化 ——, zirconyl chloride) 이염화산화지르코늄(Ⅳ) $ZrCl_2O$의 속칭. 지르코닐 ZrO와 같은 기명(基名)은 IUPAC 명명에서는 인정하지 않으므로 이 명칭의 사용은 바람직하지 않다.

염화 철(Ⅲ) (鹽化鐵, iron(Ⅲ) chloride) 화산의 분출물 또는 운석(隕石) 속에서 발견된다. 무수물은 철가루를 비교적 저온에서 염소와 반응시키거나 산화철 Fe_2O_3와 염화수소를 뜨거울 때 반응시키면 생긴다. 암적색 결정(반사광에서는 암녹색으로 보인다)으로, 조해성이 있고 녹는점 300℃, 끓는점 317℃, 비중 2.804(11℃)이다. 기체로 만들면 $322\sim448$℃에서는 Fe_2Cl_6라는 분자가 인정되고 있으나, 고체에서는 철의 주위를 6개의 염소가 둘러싸고 있는 층상구조를 이루고 있다. 물·알코올·아세톤·에테르 등에 잘 녹는다. 유기반응의 산화제·축합제, 염소의 운반체로 쓰는 외에 매염제(媒染劑) 등으로도 사용된다. $FeCl_3$. 염화 제이 철은 속칭. 육수화물은 황색 결정. 녹는점 36.5℃로 물에 잘 녹고, 수용액은 가수분해하여 강산성을 보인다. 단백질 응고작용이 있으므로 지혈제로 사용된다. 5수화물 등도 있는데, 청사진의 현상에 사용된다.

염화 카르보닐 (鹽化 ——, carbonyl chloride) ⇨ 포스겐.

염화 티오닐 (鹽化 ——, thionyl chloride) 자극적인 냄새가 나는 무색 발연성의 유독한 액체 $SOCl_2$. 염화술피닐이라고도 한다. 물과 격렬하게 반응하여 SO_2와 HCl을 생성한다. 염소화제, 탈수제로 사용된다.

염화 포스포릴 (鹽化 ——, phosphoryl chloride) 불쾌한 냄새가 나는 무색, 유독의 액체. $POCl_3$. 녹는점 1.3℃, 끓는점 107.23℃. 비중 1.69. 분자구조는 P를 중심으로 하는 사면체형 구조이며, 굴절률이 크다. 물 또는 수산기를 포함하는 유기 화합물과 작용하여 염산 또는 염화물과 인산으로 분해한다. 각종 금속 염화물을 잘 녹인다. 옥시염화인(phosphorus oxy-chloride), 산염화인 등으로도 불리우지만 이 것은 속칭이므로 사용하는 것은 바람직하지 않다. 공기 중에서 발연하며 자극성이 있다.

염 효과 (鹽效果, salt effect)　(1) 액상 반응계에서, 염류를 첨가하였을 때 반응속도에 변화가 생기는 것을 말한다. (2) 염색공정에서 염욕에 소량의 염류를 가하면 염료를 용해하고 있는 물의 상태, 염료의 회합성, 섬유·염욕의 계면상태, 섬유 표면에 대한 염료의 흡착상태 등이 변하고, 염색속도, 염착량이 변하는 것을 말한다.

엽록소 (葉綠素, chlorophyll)　식물 녹엽의 녹색 색소로, 클로로필이라고도 한다. 포르필린의 골격과 피롤 $C_{20}H_{39}OH$의 곁사슬이 있으며 포르필린 핵이 마그네슘에 배위한 착물의 구조를 하고 있다. 피롤의 포르필린 핵에 결합하는 치환기의 차이에 따라 몇 가지 이성질체가 있으며, 고등식물의 녹엽에 일반적으로 존재하는 것은 클로로필 a 및 b의 두 종류이다.

엽록체 (葉綠體, chloroplast)　식물의 광합성 세포 내에 있는 기관. 틸라코이드막이라고 하는 막과 그것을 둘러싸는 포막이 있다. 틸라코이드막에는 빛을 수용하기 위한 엽록소(클로로필)의 집단, 광 에너지로 전자를 구동하여 H^+를 틸라코이드막 안쪽에서 바깥쪽으로 수송하는 전자 전달계, 최후에 H^+의 전기화학 퍼텐셜 차를 이용하여 ADP와 무기인산에서 ATP를 합성하는 ATP 합성 효소 등이 포함되어 있다. 크기는 $5\,\mu m$ 정도이다.

영구 가공 (永久加工, permanent finishing)　세탁하여도 의복에 주름이 잡히고 구김이 생기지 않으며, 세탁 전의 다름질 상태가 영구히 유지되는 직물의 가공. 항구 가공, 퍼머넌트 프레스 가공이라고도 한다. 일반적으로 섬유와 강하게 화학결합하는 약제로 처리하는데, 섬유 표면의 섬유분자와의 결합에 의하는 경우가 많으므로 표면이 파손되면 효과는 축소한다. 셀룰로오스계 직물에 사용되고 있다.

영구 경도 (永久硬度, permanent hardness)　경수의 경도 중, 탄산염 이외의 염에 대응하는 경도를 이렇게 호칭하기도 한다. 일시 경

도의 대응어이다.

영구 경수 (永久硬水, permanent hard water)　경수 중 탄산염 이외의 염(주로 황산염)을 함유하는 것. 끓여도 연화하기 어려우므로, 영구 센물이라 한다. 일시 경수의 대응어이다.

영구 뒤틀림 (永久 ——, permanent set)　물질에 외력을 가하여 뒤틀림을 부여하고 이어서 외력을 제거하여도 완전히 원형으로 복귀하지 않는 뒤틀림을 말한다.

영구 신장 (永久伸張, permanent set, tension set)　고무에서 신장 방향의 영구 뒤틀림. 시험편에 일정한 신도를 주어 일정 시간 유지한 후에 외력을 제거하였을 때 일정 시간 후에 잔류하는 신도를 이른다. 잔류도(영구 뒤틀림)과 원 길이의 비(%)로 나타낸다.

영구 쌍극자 모멘트 (永久雙極子 ——, permanent dipole moment)　일반적으로는 전자, 원자핵 및 그러한 것으로 되어 있는 원자, 분자 등의 계에 음양의 전하의 치우침이 있을 때, 그 계는 고유한 전기 쌍극자를 갖는다고 한다. 예를 들면 CO_2 분자는 영구 쌍극자 모멘트를 갖지 않지만, H_2O 분자는 영구 쌍극자 모멘트를 갖는다. 자기 쌍극자 모멘트를 지칭하는 경우도 있다. 단순히 쌍극자 모멘트라고 하는 경우도 있다.

영년 방정식 (永年方程式, secular equation)　행렬 H에 대한 고유 방정식 $\det(H - \lambda S) = 0$. 고유값 λ의 대수 방정식 형태를 취한다. 원래는 천체운동을 해석하기 위해 사용되었으나 양자역학 등에 널리 이용된다. 예를 들면 분자의 진동상태의 에너지 준위와 파동함수를 변분법으로 구할 때 및 섭동법을 축합계에 적용할 때, 혹은 분자의 기준 진동수를 구하는 계산 등에 나타난다.

영동 전류 (泳動電流, migration current)　전하를 띤 입자가 존재하는 액체에 외부에서 전기장을 가하였을 때 입자가 움직이는(전기영동) 데 따라 흐르는 전류를 이른다.

영률 (—— 率, Young's modulus)　인장 변형에서의 탄성률. 인장 탄성률이라고도 한다. 시료의 가늘고 길거나 둥근 봉 또는 박편으로 된 시료를 길이 방향으로 인장하여 인장 응력과 신장을 측정하면 그 비율이 영률을 부여한다.

영양가 (營養價, nutritive value) 식품과 사료의 영양성분 함량 또는 질적 가치. 영양소의 종류가 많으므로 단일 수치로 비교할 수는 없다. 예를 들면 단백질에 대한 영양가는 식품의 단백질 함량 외에 각종 필수아미노산의 조성을 가리키며, 생물의 성장은 이 모든 성분의 적절한 비율에 의존하고 있다.

영양계 (營養系, clone) ⇨ 클론.

영양 비율 (營養比率, nutritive ratio) 식사의 질적 내용을 평가하기 위한 영양소 간 혹은 식품의 비율(%)을 말한다. 예를 들면 동물 단백질 비율은 (동물성 단백질량／식품의 총단백질량)×100으로, 곡물 에너지의 비율은 (식품 중의 곡물에 유래하는 에너지／식품 중의 총에너지)×100으로 나타낸다. 국민 영양조사 등으로 매년 발표된다.

영양 세포 (營養細胞, vegetative cell) 세균의 포자가 적당한 환경과 조건에서 발아하여 생기는 세포를 말한다.

영양소 (營養素, nutrient) 생물의 활동을 유지하기 위해 외계에서 체내로 섭취하는 물질. 그러나 물, 이산화탄소는 영양소에는 포함시키지 않는다. 독립 영양을 영위하는 고등식물에게 있어 영양소는 질소, 칼륨, 인이 기본이며, 이것을 식물의 3대 영양소라 한다. 종속 영양을 영위하는 동물의 영양소는 크게 유기 영양소와 무기 영양소로 구분된다. 유기 영양소는 다시 당질, 지질, 단백질, 비타민으로 나누어진다. 동물의 경우 이러한 것 이외에 무기질로서 칼슘, 나트륨, 인, 마그네슘, 염소, 황 및 철, 아연, 망간, 구리, 몰리브덴, 요소 등의 미량 영양소도 필수적이다. 이러한 영양소 중, 당질, 지질은 체내에 있어 주로 에너지원이 되고, 단백질, 지질, 무기질은 신체 구성 성분이 된다.

영양요구성 변이주(營養要求性變異株, auxotrophic mutant) 세균, 곰팡이, 배양세포 등이 돌연변이하여 특수한 화학 물질을 생육하는 데 필요하게 된 변이주. 탄소원, 질소원 및 무기염류 등으로 되어 있는 합성 배지에서는 생육할 수 없으나, 1종 또는 그 이상의 아미노산, 비타민을 첨가하여 생육할 수 있는 주를 말한다. 예를 들면 생육에 아르기닌을 필요로 하는 것을 아르기닌 요구주라 한다.

영위법 (零位法, null method, zero method) 어떤 물체의 측정에서 기준과의 비교를 하여 차이가 제로가 되는 것을 검출하여 그 물리량을 구하는 방법. 화학천칭에서 분동과의 평형점을 구하는 방법과 휘트스톤브리지(전기저항측정기)에 의한 저항측정, 전위차계에 의한 전압측정 등이 대표적인 예이다. 평형점을 전기적 피드백으로 구하여 물리량을 직독하는 방법(자동 평형법)도 포함된다.

영족기체 (零族氣體, noble gas) ⇨ 희 가스.

예방 접종 (豫防接種, vaccination) 전염병 예방을 위해 약독화한 균체 또는 그 성분(어느 경우든 백신이라 한다)을 주사하여 인공적으로 면역을 인체에 형성하는 것. 예방 접종에 쓰이는 항원(抗原)에는 크게 나누어 세균성 항원과 바이러스성 항원이 있는데, 세균성 항원에는 사멸된 전체 세균(백일해 백신 등), 병원체가 체외로 배출하는 독소를 멸독한 톡소이드(디프테리아·파상풍 등), 독력을 약화시킨 생 세균체(BCG 등) 등이 있고, 바이러스성 항원에는 생약독화한 것(소아마비)과 사멸된 백신(인플루엔자) 등이 포함된다. 한국에서는 전염병 예방법에 천연두·디프테리아·백일해·장티푸스·콜레라·파상풍·결핵 등 7개 질병에 관하여 정기 예방 접종을 시행하도록 되어 있다. 또 대한소아과학회에서는 BCG·소아마비·디프테리아·백일해·파상풍·홍역·유행성 이하선염(볼거리)·풍진·일본 뇌염 등 9개 예방접종을 정하고 있다.

예비 노출 (豫備露出, preexposure) 감광재료에 영상을 기록할 때 영상 노출에 앞서 약한 균일한 빛을 재료 전면에 부여하는 것. 광감도의 향상 내지 영상특성의 개선에 유효한 경우가 있다.

예비 전해 (豫備電解, preelectrolysis) 정전위 전량분석에서 불순물과 미량 용존 산소를 제거한 전해액의 정제를 위하여 충분히 작은 배경응답이 될 때까지 하는 정전위 전해를 이른다. 양극 스트립핑법에 있어서는 분석종을 전극 표면상에 농축하는 전해과정을 이른다. 전(前)전해라고도 한다.

예사성 (曳絲性, spinnability) 점성률이 높은 액체가 긴 연속적 사상을 형성하는 성질. 예사성의 발현에는 액체의 표면장력, 점탄성 등이 중요한 역할을 한다. 보통 액체 표면에 유리봉 선단을 붙여서 일정 속도로 끌어올려, 액주가 절단될 때의 길이를 예사성의 기준으로 한다.

옐로 (yellow) 감색법에 의한 색 재현에 사용되는 삼원색의 하나로, 기타는 마젠타, 시안, 청색의 보색이며 스펙트럼적으로는 420~470 nm의 청색역만을 흡수하고 색조는 황색이다.

오늄화합물 (—— 化合物, onium compound) 질소, 산소, 황 등의 비공유 전자쌍이 있는 원소의 원자가 그 비공유 전자쌍에 의해 프로톤이나 다른 양이온 등의 구전자 시약과 배위 결합하여 생기는 화합물. 비공유 전자쌍이 있는 중성의 중심 원자는 공유결합 원자가가 1개 증가하여 양이온이 되므로 암모니아에서 암모늄 이온, 물에서 옥소늄 이온을 형성한다. 탄소에서는 카르벤 R_2C : 가 중성이고 비공유 전자쌍이 있으므로 이것에 R^+가 배위하면 R_3C^+, 즉 탄소 양이온이 된다. 따라서 탄소 양이온은 카루베늄 이온이라 하는 것이 정당하며, 카루보늄 이온이라 하는 것은 잘못이다.

오니 (汚泥, sludge) ⇨ 슬러지.

o/w형 에멀션 (o/w emulsion) ⇨ 수중 유형 에멀션.

오동유 (—— 油, tung oil) 벽오동의 종자(함유분 35~40%)에서 채유되는 건성유. 주성분은 엘레오스테아르산을 80% 이상 함유하는 트리글리세리드이다. 건조성, 반응성이 매우 크고, 특수한 도료, 바니시, 보일류 등에 단독 또는 아마인유 등과 혼합하여 사용된다.

o-**디아니시딘 (*o*-dianisidine)** 직접 아조 염료 등의 중간물. *o, o′*-디메톡시벤지딘의 별칭. *o*-니트로아니솔의 알칼리성 환원에 이어지는 벤지딘 전위로 합성된다.

오레오마이신 (aureomycin) 테트라사이클린 계 항생 물질의 하나. *Streptomyces* 속에서 생산된다. 양성(兩性)물질로 황색 결정. 세균의 단백질 합성을 저해한다. 그람 양성균, 그람 음성균, 마이코플라스마, 리케차 등 넓은 범위의 세균에 작용한다. 오레오마이신은 상

품명, 일반명은 클로로테트라사이클린이다.

오로트 산 (—— 酸, orotic acid) 생물체에 존재하는 핵산의 성분이 되는 피리미딘 염기의 생합성에서 중간 물질로 여겨지고 있는 산. 우라실-4-카르복시산. 1905년 G. 비스카로와 E. 베로니에 의해 우유 속에서 발견되었다. 피리미딘 염기의 생합성과의 관련은 H. S. 롤링(1944년)에 의해 피리미딘 요구성 세균주의 생육이 오로트산으로 대용할 수 있는 것과, 또 H. 알라드슨(1949년)에 의해 3H-표지(標識)오로트산이 각종 장기(臟器)의 피리미딘 염기로 전입하는 것이 증명됨으로써 밝혀졌다. 한편, 오로트산은 영양학자에 의해 하나의 동물 성장촉진 인자로 생각되었던 비타민 B_{13}의 본체임이 판명되었다. 화학식 $C_5H_4N_2O_4$. 무색의 침상 결정으로 분자량 156, 녹는점 345~346℃(분해)이다. 수용액은 205, 208 nm에서 흡수 극대를 가진다. 알코올·클로로포름 등에 녹지 않는다. 또 물에는 잘 녹지 않지만 뜨거운 물에는 잘 녹는다. 알칼리와는 염을 형성하며 용해한다. 생합성계 과정은 카르바밀인산에서 생성한 카르바밀 아스파르트산으로부터 고리 형성에 의해 생긴 디히드로오로트산이 탈수소 효소의 작용으로 산화하여 생긴다. 오로트산에 붙어 있는 카르복시기는 일단 5-포스포리보실-4-피롤린산(PRPP)과 반응하여 생긴 오로티딘산의 단계에서 이탈되어 우리딜산(UMP)이 된다. 위에서 말한 여러 반응은 피리미딘 염기의 생합성 경로로서 중요하다. 쥐의 성장 촉진인자(비타민 B_{13})로서의 작용은 핵산 생합성의 중간체로서의 작용에 의하는 것이겠지만 오로트산은 동물체에서도 만들어지고 있는 것이므로 엄밀하게는 비타민이라고 할 수 없다. 또 오로트산을 과잉으로 동물에 투여하면 지방간(脂肪肝)이 되는 등의 장애도 알려져 있다. 오로트산은 핵산의 생합성에 필요한 피리미딘 뉴클레오티드의 전구체로서, 간 보호작용·혈구생성 촉진작용·성장 촉진작용에 관여한다. 적응증(適應症)은 급성간염·만성간염·지방간·간경변증(肝硬變症)·황달이며, 이 밖에 일반 간기능 장애 및 각종 빈혈의 보조 치료법에 쓰인다.

오르가넬라 (organelle) 일정한 기능을 갖는 세포 내의 구조. 세포 소기관(細胞小器官)이

라고도 한다. 특히 진핵세포 내에서 잘 발달
하여 개체의 기관처럼 세포기능을 분담한다.
미토콘드리아, 페록시솜 등이 대표적인 예
이다. ⇨ 세포 소기관.

오르간디 가공 (—— 加工, organdie finish) 듬
성듬성 짜인 촉감이 딱딱한 얇은 직물을 오
르간디라고 하는데, 이러한 얇은 직물을 마
직물처럼 마무리하는 가공. 면직물은 실케
트 가공을 이용하고, 폴리에스테르와 나일
론 등의 직물은 수지가공을 이용한다.

오르니틴 (ornithine)　생체 반응에 관여하는
아미노산의 하나 $H_2N(CH_2)_3CH(NH_2)COOH$.
잔기의 약어 Orn. 단백질 성분 아미노산으로
서는 발견되지 않지만, 생체의 요소 사이클
대사 중간체로서 알려져 있다. L-오르니틴은
유리상이며 식물·동물·미생물 중에서 널
리 발견된다. 단백질 성분인 아미노산으로서
는 찾아볼 수 없고, 티로시딘·그라미시딘
등의 항생 펩티드 중에 존재한다. 고등동물
의 생체 내 대사에서는 오르니틴 회로의 하
나로서 아미노기 또는 암모니아로부터 요소
를 생성하여 체외로 배출하는 경로에서 중요
한 역할을 한다. 즉, 아르기닌으로부터 아르
기나아제의 작용으로 요소와 오르니틴이 생
성되고, 오르니틴은 암모니아와 아미노기를
받아들여 시트룰린을 거쳐 아르기닌을 재생
한다. 무척추 동물·식물·미생물에서는 오
르니틴 회로가 존재하지 않지만 오르니틴은
글루탐산에서 아르기닌을 합성할 때의 중간
체라고 생각된다. 미생물에서는 인지질 중에
에스테르의 형태로 오르니틴이 존재한다.
D-오르니딘은 그라미시딘·비시트리신 등
의 항생 펩티드 중에 존재한다. L-오르니틴
은 아르기닌을 알칼리 또는 아르기나아제로
분해하면 생성되며, 백색 결정으로 물에 녹
기 쉽고, 녹는점은 140℃이다. 에테르에는 잘
녹지 않는다.

오르니틴 회로 (—— 回路, ornithine cycle)
⇨ 요소 사이클.

오르토 수소 (—— 水素, ortho-hydrogen)　수
소분자 H_2 중, 그것을 구성하는 2개의 원자
핵(양자) 스핀이 서로 평행인 것을 이른다.
$o-H_2$라 표기한다. 두 핵 스핀이 서로 반 평
행인 경우는 파라 수소 $p-H_2$라 한다. 양자
의 핵 스핀은(h를 단위로 하여) 1/2이므로

오르토 수소의 합성 핵 스핀은 1이 된다. 파
라 수소에서는 0이다.

오르토 인산염 (—— 燐酸鹽, orthophosphate)
인산염 $M^I_3PO_4$을 다른 각종 인산염과 구
별하기 위해 이렇게 부르는 일이 있다. 정
인산염은 총칭이다.

오르토 자리 (ortho position)　벤젠 고리와 이
웃한 탄소 원자의 자리를 말한다.

오르토 카르복실산 에스테르 (orthocarboxylate)
하나의 탄소 원자에 3개의 히드록실기가 결
합한 화합물 $R-C(OH)_3$. 유리산은 존재하
지 않지만 그 에스테르는 안정된 화합물이
다. 예를 들면 오르토 포름산 트리에틸 HC
$(OC_2H_5)_3$. 오르토 카르복실산 에스테르는 에
스테르처럼 냄새를 갖는 액체이고, 알칼리
에 대해서는 안정하지만, 산에 의해 쉽게 가
수분해되어 조건에 따라서는 보통 에스테르
또는 유리상태의 카르복실산이 된다.

오르토 포름산 트리에틸(triethyl orthoformate)
오르토 카르복시산 에스테르의 대표적인 것.
각종 유기 합성의 시제로 사용된다.

오르토 헬륨 (ortho-helium)　파라 헬륨의 대
응어이다. ⇨ 파라 헬륨.

오리자놀 (orizanol)　페루라산(4-히드록시-3-
메톡시 신남산)과 알코올(주로 스테롤, 트리
테르펜 알코올)의 에스테르 중, 동물에 대해
생리활성을 나타내는 물질을 이른다. 쌀겨
기름 등에 1.5~2.9% 포함되어 있다.

오리피스 (orifice)　구멍을 지칭하지만 보통
은 작은 구멍이 1개 뚫린 판을 이른다. 관
속에 흐름을 막는 형태로 오리피스를 넣어
그 전후에 생기는 압력차로 관 속의 유량을
측정하는 것인데, 이것을 오리피스 유량계
라 한다. 구멍의 형태와 크기에 따라 각종
오리피스판이 있다.

오리피스 유량계 (—— 流量計, orifice meter)
⇨ 오리피스.

오버프린팅 (overprinting)　지염 또는 날염한
직물에 중복해서 날염하는 것을 말한다.

오버플로(overflow)　액체의 수위를 일정하
게 유지하기 위해 설치한 뚝을 넘쳐 흐르는
것. 일류(溢流)라고도 한다. 다단탑을 사용
하여 증류, 흡수, 추출 등의 물질 이동조작
을 할 때에 볼 수 있다.

오보뮤신 (ovomuchin)　　계란의 흰자위에서 얻어지는 점액성의 당단백질. 난백뮤신이라고도 한다. 달걀의 흰자위에는 약 1% 함유되어 있다. 분자량 76만 정도이다. 구성 성분으로서 글루코사민 7~9%, 만노오스와 갈락토오스의 합계량 11.4%, 시알산 1.0%를 함유한다. 물에 녹지 않고 5% 식염수와 알칼리 용액에 의해서 젤리상이 된다. 잘 알려지지 않은 점이 많고, 단일 단백질로는 생각하기 어렵다. 적혈구가 바이러스를 흡착하여 일으키는 적혈구 응집반응(赤血球凝集反應)을 저지하는 성질이 있다. 신선한 흰자위 중의 점조부분(粘稠部分)은 오보뮤신이 라이소자임과의 상호작용에 의하여 만들어지는 골격구조를 주체로 하여 형성되며, 알이 오래 되면 이 구조는 점차 흐트러진다. 칼라자의 조성(組成)이 오보뮤신을 닮았으므로 오보뮤신이 칼라자의 주성분이라고 생각되고 있다.

오보뮤코이드 (ovomucoid)　　계란의 흰자위를 가열 응고시켰을 때의 상등하는 부분의 주성분이며, 당단백질의 하나. 계란 흰자위에 1.2~1.5% 함유되어 있다. 분자량 약 2만 8천, 등전점(等電點) pH 3.9~4.5이다. 물·염류 용액에 녹고 수용액을 과열하여도 응고하지 않는다. 트립신의 단백질 분해작용을 저해하는 성질이 있는데, 이 작용은 pH 9.0, 90℃의 용액에서는 상실된다. 정제하면 네 성분 이상으로 나누어지며, 트립신 저해작용을 가진 성분과 그 작용이 없는 성분이 있다. 일부는 플라빈과 결합하여 존재한다. 당성분은 글루코사민, 만노오스, 갈락토오스로 구성된다. 트립신의 효소작용을 저해하는 트립신 인히비터의 하나이다.

오보알부민 (ovoalbumin)　　당단백질의 하나. 난백 중의 단백질 주성분(약 50%)이다. 난백알부민이라고도 한다. 물로 엷게 한 난백의 호모이네트에 황산암모늄을 반포화하여 글로불린류를 침전시켜서 제거한다. 이 여액을 pH 4.6까지 산성으로 하면 오보알부민 조결정이 얻어진다. 재결정을 되풀이하여 정제한 오보알부민도 전기영동에 의해 인산기를 두 개나 한 개를 결합한 두 종류가 있는 것을 알 수 있다. 분자량은 약 45,000. 1차 구조의 일부는 연구되어 N말단은 아세틸화되고 있다. 만노오스 및 글루코사민을 주성분으로 한 약 5% 이하의 당부분을 함유하고 있다고 한다.

오사존 (osazone)　　α-히드록실알데히드 또는 α-히드록시케톤에 페닐히드라진을 작용시켰을 때 α-자리가 산화되어 >C=O가 되고, 두 >C=O기가 모두 페닐히드라존으로 변화하여 생화하는 화합물. 단당류의 결정성 유도체로 잘 알려져 있다. 일반적으로 $-C(=NNHC_6N_5)C(=NNHC_6H_5)-$의 구조를 가지며 물에 잘 녹지 않지만 알코올에 잘 녹는 황색 결정이다. 특히 중요한 것은 알도오스나 케토오스의 오사존이며, 여기에 세 몰 이상의 페닐히드라진을 작용시키면 카르보닐기에 반응한 페닐히드라존을 거쳐 최후에는 인접 탄소도 페닐히드라존화되어 페닐오사존이 된다. 각각 특유한 녹는점을 가지며, 당류의 분리, 확인, 정량, 상호관계의 검색 등에 이용된다. 이를테면 D-글루코오스, D-프룩토오스, D-말토오스 및 D-글루코사민의 오사존은 모두 동일하며(이들은 글루코사존이라 부른다), 그 때문에 이 4 종류의 당류에서는 페닐히드라진이 작용하는 끝의 두 개의 탄소 원자 이외 부분의 구조가 같다는 것을 안다. 오사존을 진한 염산으로 분해하면 오존이 생기고 아연과 아세트산으로 환원하면 오사민이 된다.

오산화이인 (五酸化二燐, diphosphorus pentaoxide)　　무색의 분말 P_2O_5. 오산화인은 속칭. P_4O_{10} 분자가 존재하므로 십산화사인이라고도 한다. 강한 흡습성이 있다. 물에 녹아 메탈인산, 나아가서 오르토인산이 된다. 탈수제, 건조제로 사용된다.

오수 (吳須, zaffer, asbolite)　　오래 전부터 자기의 밑그림용으로 널리 사용되어 온 산화코발트를 함유하는 쪽빛(남빛)의 안료. 오수에 사용되어 온 것은 산화코발트 외에 망간을 다량 함유하며 상당량의 규산과 알루미나도 함유하는 협잡물이 많은 것이다. 현재는 양질의 천연 오수가 적어 합성 오수가 사용된다.

오스머 선도 (──線圖, Othmer chart)　　D. F. Othmer가 제안한 액체의 증기압 선도. 양

대수 그래프를 사용하여, 세로축에 증기압 P, 가로축에 기준 액체로 채용한 물의 증기압 P_s를 취하여, 임의의 액체 증기압 P를 동일 온도의 P_s에 대하여 도시한다. 증기압은 근사적으로 직선이 된다.

오스뮴산 염(―― 酸鹽, osmate)　일반식 M^I_2 OsO_4로 표시된다. 오스뮴을 수산화 알칼리와 융해하거나 산화오스뮴(Ⅷ) OsO_4를 알칼리성 용액 중에서 에탄올 또는 아질산염으로 환원하면 생긴다. 적색 결정, 건조 공기 중에서는 안정하지만 습한 공기 중에서는 분해하여 OsO_4가 된다. 수용액은 서서히 분해하여 OsO_4와 $OsO_2 \cdot 2H_2O$가 생기고 알칼리성이 된다. Ca, Sr, Ba, Pb 염은 물에 녹지 않는다.

오스미리듐(osmiridium)　일리도스민의 동의어로 사용되고 있으나 이리듐과 오스뮴의 함유량에 차이가 있는 것이 있어 재료명으로서는 명확하지 않다.

오스테나이트(austenite)　γ철(면심 입방구조)에 다른 원소가 용해되어 생성된 고용체. 실온에서 오스테나이트의 조직이 되도록 한 강철을 오스테나이트 강이라 한다. 철은 녹을 때까지 두 번 결정형을 바꾸는데, 900℃ 이하와 1,400~1,528℃(녹는점)까지 범위에서는 체심 입방(體心立方) 결정형이지만 900~1,400℃에서는 면심 입방 결정형이 된다. 순철은 웬만큼 급히 냉각시켜도 900℃를 경계로 하는 면심 입방→1체심 입방의 결정형 변화는 막을 수 없어 체심 입방형으로 되지만, 철에 탄소가 알맞게 들이긴 강에서는 급랭함으로써 이 변화가 도중에 정지한다. 이것을 다시 탄소 이외의 다른 원소를 하나 더 첨가한 합금강으로 하면 첨가하는 원소에 따라서 이 변화가 완전히 멈추어 면심 입방의 철이 상온까지 가져올 수 있다. 니켈·크롬을 많이 첨가한 18-8 스테인리스강, 망간을 첨가한 망간강 등이 대표적인 예이다. 이와 같은 합금 원소가 녹아든 면심 입방정의 철을 철강학자인 R. 오스텐의 이름을 따서 오스테나이트라 한다. 상온에서 안정된 체심 입방의 철보다도 탄소가 더 많이 녹아들며, 마모에 강한 특색이 있으므로 철도 레일의 포인트·무한궤도의 벨트 등에

는 망간강의 오스테나이트가 사용된다.

오스트발트 법(―― 法, Ostwald process)　⇨ 암모니아 산화법.

오스트발트 숙성(―― 熟成, Ostwald ripening)　입자의 표면 에너지가 구동력이 되어 분산계의 보다 작은 입자가 더욱 작게 되거나 소멸하거나 하여 보다 큰 입자가 성장하는 현상. 사진유제의 경우, 할로겐화은의 용제를 함유하는 유제를 가열하면 거의 평형상태가 되어 작은 할로겐화은 입자가 용해함과 동시에 큰 입자가 성장하여 입자의 수가 감소하고 평균 입도가 증가한다.

50% 치사농도(―― 致死濃度, lethal concentration 50 %)　기체 유독 물질의 흡입으로 인한 급성 중독의 정도를 나타내는 지표. 보통 약어 LC_{50}으로 표기한다. 특정 시간(1시간과 4시간이 많다), 그 물질을 포함하는 환경에 실험동물을 로폭하였을 때 그 반수가 사망하는 농도를 ppm으로 표시한다. 단, 로폭 시간의 기록이 필요하다.

50% 치사량(―― 致死量, lethal dose 50 %)　물질의 경구, 경피에 의한 급성 독성의 정도를 나타내는 지표. 보통 약어 LD_{50}으로 표기한다. 실험동물의 반수가 사망하는 투여 물질량을 체중 1kg당의 mg으로 표시한다.

ORD　'optical rotatory dispersion(선광(旋光)분산)'의 약어이다.

오염(汚染)　(1) contamination 시각 확인이 불가능한 오염, 즉 미생물이나 방사성 물질에 의해 인체, 의류, 기기장치, 실험실 등이 더러워지는 것을 말한다. (2) pollution ⇨ 환경 오염.

오옥신(auxine)　⇨ 옥신.

오원자 고리(五原子環, five-membered ring)　5원자로 된 고리식 구조. 탄소 고리와 복소 고리가 있다.

오이티시카 유(―― 油, oiticica oil)　브라질 오이티시카의 종자(함유분 55~63%)에서 채유되는 건성유. 반응성이 큰 공역화 지방산[리칸산(4-케토-9, 11, 13-옥타데카드리엔산)]을 약 74%나 함유하고 겔화 시간이 짧으며 반응성이 풍부하다. 오동유에 비하면 약간 반응성은 떨어지지만 오동유와 마찬가지로 특수 도료, 바니시, 보일유 등에 사용

된다.

오일 가스(oil gas)　주로 나프타, 등유, 경유 등을 열분해 또는 접촉 분해하여 얻어지는 열량이 높은 연료가스. 석유계 기름을 550~600℃로 공기를 차단하고 분해 기화시키면 메탄·에틸렌 등을 주성분으로 하고 수소를 소량 함유하는 가스가 얻어진다는 것은 19세기 초부터 알려졌다. 이 열분해법과 부분산화법(部分酸化法)은 1930년경부터 도시가스 제조에 응용되어 석탄가스·천연가스에 대신하는 것으로서, 원유·중유·나프타 등을 열분해하여 고열량 오일가스(8,000~1만 kcal/m³)를 발생시켜 열량이 낮은 수성가스 등에 혼합하여 썼다. 원료유를 접촉 분해(接觸分解)해서 수소·일산화탄소를 많이 함유하는 가스(4,000~5,000 kcal/m³)를 효율적으로 발생시키는 접촉분해법도 발달되었다. 오일가스는 석탄가스에 비해서 설비비가 적게 들고 목적에 따른 가스를 쉽게 얻을 수 있다.

오일 샌드(oil sand)　타르상 또는 중질이며 점도가 높은 원유를 다량으로 함유한 모래 또는 사암(砂岩)의 총칭. 타르 샌드라고도 한다. 캐나다와 베네주엘라에서 다량으로 산출되며 열탕처리법으로 원유분을 추출 분리하며 열분해법 등을 병용하면 보통 원유와 가까운 것이 얻어진다. 지중에서 원유분을 채취하는 방법으로서 전열 가열 기타의 화공법, 수증기 압입법 등이 연구되고 있다.

오일 셰일(oil shale)　유모, 즉 역청질(歷靑質) 고분자 화합물을 다량으로 함유하며, 건류하면 다량의 석유상 오일을 생성하는 혈암(頁岩). 유모(油母) 혈암이라고도 한다. 미국, 중국, 오스트레일리아 등에 다량으로 존재한다.

오일 스테인(oil stain)　목재를 착색하는 데 사용하는 소지 착색제의 하나. 보일유, 기름 바니시 등에 염료를 용해하여 만든다. 공업용·현미경용·생물용이 있다. 공업용은 바탕에 직접 칠하여 눈먹임(wood filling)을 하고 목부(木部)에 미관을 주는 것으로서, 그대로는 퇴색하거나 소재의 보호가 불완전하므로 표면에는 니스 등의 투명 도료를 칠하여 마무리한다. 착색제는 염료·안료를 용해하는 종류에 따라 유성 착색제(오일 스테인)·

알코올성 착색제·래커 착색제·수성 착색제 및 산·알칼리·염류 등의 약품을 물에 녹인 염료·안료를 용해하는 화학성 착색제의 5종류가 있다. 유성 착색제(오일 스테인)에는 침투형과 비침투형이 있다. 침투형은 수지·건성유·니스 등을 5~10% 함유한 탄화수소의 용제 속에 유용성 염료를 1~3% 용해시킨 것으로, 내부용·가구 목재 등의 재도장(再塗裝)에 이용된다. 비침투형은 같은 용제 속에 불용성 안료를 분산시킨 것으로, 견뢰도·착색 은폐성이 필요한 곳에 사용된다. 건축에서는 판벽·창틀·마루·징두리판벽(wainscoting) 등에, 또 가구류·악기류 등의 목공품의 착색에 사용된다. 착색제의 주요 성분은 착색제의 종류에 따라 다르며 각각 결점이 있으므로 도장하는 목재의 종류와 표면상태에 따라 그에 맞는 것을 선택해야 한다. 도장방법으로는 솔칠·분무칠·침지(浸漬)칠 등이 있다.

오일 웰 시멘트(oil well cement)　석유의 굴삭 갱정에 삽입되는 강철 파이프를 보호·보강하기 위해 사용되는 시멘트. 유정 시멘트라고도 한다. 심도가 매우 깊은 유전에서는 고온·고압하에서도 충분한 작업 시간을 유지할 수 있는 특수한 시멘트가 요구된다.

오일 트랩(oil trap)　유분을 함유한 배수 등을 모아 어느 정도 자동 분리시킨 후 유분을 회수하려는 간단한 설비를 말한다.

오일 퍼티(oil putty)　기름 바니시와 안료를 혼합하여 이긴 퍼티상의 도료. 피도면의 파인 부분을 메꾸어 평탄하게 하는 데 사용된다. 색체는 회색이 일반적이다.

오일 프라이머(oil primer)　기름 바니시를 전색제로 하는 방청도료의 하나. 녹 방지와 정면(整面)이 주요 기능이며 연마성이 좋은 것이 선호된다.

오제 전자(—— 電子, Auger electron)　오제 효과에 의해 방출되는 전자. 즉 들뜬 상태에 있는 원자가 바닥상태로 전이하여 전자가 저위 궤도로 이행할 때, 다른 전자가 그 에너지를 받아들여 방출하는 일이 있다. 이와 같은 전자를 지칭한다. 원자번호가 작은 원자와 비교적 외측 각에 빈 구멍이 생긴 경우에 많이 볼 수 있고, 원자번호가 큰 원자의 내각에 빈 구멍이 생겼을 때는 X선을 방사한다.

오제 전자 분광법 (—— 電子分光法, Auger electron spectroscopy) 각 원자의 오제 전자 에너지가 원자종에 고유한 값을 취하는 것을 이용하여 원소 분석을 하는 분광법. 약어 AES이다. 2 keV 이하의 에너지를 갖는 오거 전자는 고체 중에서 평균 자유행정이 짧으므로(200 nm 이하) 표면의 원소 분석에 널리 사용된다.

오조니드 (ozonide) $C=C$ 이중결합에 오존을 반응시켰을 때에 생성되는 화합물. 오존의 부가물로 여겨졌으나 2개의 탄소 결합 간의 직접 결합이 절단되고 대신에 에테르 결합 $-O-$와 과산화물 결합 $-O-O-$으로 결합된 구조로 변화된 사실을 알게 되었다. 일반적으로 분해하기 쉬운 유상의 액체이며, 이것에 물을 작용시키면 탄소 사이의 결합이 짤려 그 부분이 카르보닐기가 되고, 케톤 또는 알데히드가 생성된다.

오존 (ozone) 산소의 동소체 O_3. 특이한 냄새가 있는 담청색 기체. 상온에서는 약간 청색을 띠는 기체이지만, 액체가 될 때는 흑청색, 고체가 될 때는 암자색을 띤다. 기체는 물에 잘 녹지 않으며, 0℃에서 1부피의 물에 0.494부피밖에 녹지 않는다. 물에 녹은 오존은 서서히 분해한다. 액체질소·사염화탄소·클로로포름에 잘 녹고, 테레빈유·계피유(桂皮油)에 흡수된다. 상온에서 자발적으로 분해되어 산소가 되고, 이산화망간·백금 분밀 등은 분해를 촉진시킨다. 강한 산화력을 가져, 은을 과산화은으로, 황화납을 황산납으로, 황을 산화황으로 산화한다. 건조한 산소 또는 공기 중에서 무선 방전시킬 때 생기며, 붉은 인이 공기 중에서 서서히 산화할 때나 과망간산칼륨·중크롬산칼륨 등 산소화합물을 진한 황산으로 분해시킬 때, 물을 플루오르로 분해할 때, 물을 큰 전류밀도에서 분해할 때 산소와 함께 발생한다. 또 산소의 가열, 황산의 전기분해, 자외선이나 X선·음극선 등이 공기 속을 통과할 때에도 생기므로 자외선이 풍부한 높은 산·해안·산림 등의 공기 중에도 존재하여 상쾌한 느낌을 주는 근원이 되고 있으나 다량으로 존재할 때는 오히려 불쾌감을 느끼게 한다. 상층 대기의 오존층이 매우 다량으로 존재하고 지상의 공기 중에도 극미량이 존재한다. 명칭은 그리스어의 ozein[냄새 맡다]에 유래한다. 매우 독성이 강하고 점막을 침해한다. 표백제, 살균제로 사용된다.

오존 균열 (—— 龜裂, ozone crack) 가황 고무가 신장된 상태에 있을 때, 대기 중에 함유되는 오존의 작용으로 그 표면에 신장방향과 직각으로 생기는 가는 균열. 오존 균열이 발생하면 제품은 열화(劣化)한다. 오존은 고무 분자 중의 이중결합에 작용하므로 분자 중에 이중결합이 있는 천연고무, SBR 등의 디엔계 합성고무는 오존 균열이 생기기 쉽고 아크릴 고무, 실리콘 고무, 플루오르 고무, 클로로프렌 고무 등은 내오존성이 우수하다.

오존 분해 (—— 分解, ozonolysis) $C=C$ 혹은 $C≡C$ 결합이 있는 화합물에 오존을 작용시켜 오조니드를 형성하고, 이것을 물로 분해하여 불포화 결합의 개열에 의해 카르보닐 화합물을 얻어지는 반응. 불포화 화합물의 구조 결정 수단으로 이용되고 있다. 1855년 C. 쇤바인에 의해 발견된 후 C. D. 하리에스에 의해 연구가 계속되어 유기 화합물의 구조결정에 이용하게 되었다. 또 유기 합성의 한 방법으로 이용하게 되어 올레산·피넨 등을 원료로 하여 제트 엔진용 윤활유, 합성 수지·합성섬유 등의 원료를 합성하는 오존화학공업으로까지 발전하였다.

오존화 (—— 化, ozonization) $C=C$ 혹은 $C≡C$결합이 있는 화합물에 오존을 작용시켜 오조니드를 형성하는 반응을 말한다.

오중선 (五重線, quintet) 하나의 전이에 대응하는 에너지 준위에 약간 떨어진 부준위가 생겨 하나의 스펙트럼 선이 5개로 분열한 것. 자기공명에서는 스핀 양자수 $I=1$의 등가한 핵 2개와 짝짓기하는 5중선이 관측된다.

오중항 (五重項, quintet) 다중항의 하나로, 스핀 양자수 $S=2$의 경우를 말한다.

오징어 기름 (cuttlefish oil) 건오징어를 만들기 위하여 오징어의 배를 가를 때 부산물로 나오는 간장에서 얻게 되는 지방유, 포화산의 주성분은 팔미틴산이고 불포화산은 주로 고도불포화산으로 되는 지방산 조성을 갖는다. 불검화물의 절반은 콜레스테롤로 되어 있으며 그 밖에 비타민A, 고급 알코올 등이 함유된다. 경화유, 도료의 원료로 사용되고 있다.

오차 (誤差, error)　계산값, 관측값, 측정값과 참값의 차이. 실제로 참값은 구할 수 없으므로 표준값 또는 참값으로 간주할 수 있는 값을 진정한 값으로 하여 오차를 추정하는 사례가 많다. 오차에는 계통 오차와 우연 오차가 있다.

오탁 지표 (汚濁指標, index of water pollution)　환경수 중에 생존하는 생물종과 그 양을 사용하여 수질 오탁의 상태를 수치적으로 표현하는 것. 지표로는 플랑크톤, 저생 생물, 부착 조류가 사용되는 경우가 많다.

o-톨리딘 (o-tolidine)　o, o'-디메틸벤지딘의 별칭. o-니트로톨루엔의 알칼리성 환원에 이어지는 벤지딘 전위에 의해 합성된다. 직접 아조 염료의 중요한 중간물이다.

오팔 가공 (—— 加工, opal finish)　섬유의 내약품성 차이를 이용하여 혼방 교직물 중의 일방 섬유만을 제거하고 투명 문양을 얻는 가공. 예를 들면 산에 강한 나일론과 산에 약한 셀룰로오스 섬유를 교직한 직물에 황산을 함유하는 풀을 날염한 후에 가열하여 셀룰로오스 섬유를 탄화하여 제거한다.

오페론 (operon)　염색체상에서 하나의 리프레서와 오퍼레이터에 의해 조절을 받고 있는 전사 단위. 이것에 의해 하나의 대사계 중에서 효소군의 합성이 동시에 조설된다. 리프레서의 오퍼레이터에 대한 결합의 유무로 전사가 억제된다. 이러한 조절기능이 있는 유전자군을 오페론이라 한다. 대장균의 락토오스 오페론이 유명하다. 현재는 단순히 전사 단위를 오페론이라 하는 경우도 있다.

오프닝 업 (opening-up)　동물 가죽의 교원섬유 다발이 제혁공정을 통하여 섬유로 풀려 분리되는 현상. 섬유 간 물질의 용출에 의해 일어난다. 섬유다발이 풀리기 때문에 무두질제 등의 약품 침투가 잘 되고 또한 가죽을 유연하게 한다.

오프셋 인쇄 (—— 印刷, offset printing)　판에서 잉크를 직접 피인쇄물에 인쇄하지 않고 잉크를 일단 전사체에 전위한 다음 다시 피인쇄물에 옮기는 인쇄방식. 판에는 금속제의 사진평판이, 전사체로는 표면이 고무인 플란케트라고 부르는 시트가 사용된다. 평판인쇄는 오프셋 인쇄방식이 주류이지만, 요판, 철판에도 이 방식을 이용하는 경우가 있다.

오픈 소퍼 (open soaper)　직물을 광폭(廣幅) 상태에서 연속적으로 세척할 수 있는 장치의 하나. 광포연속 세척장치라고도 한다. 여러 개가 연결된 세척조와 각 조마다 앵글을 설치하여 각 조 안을 순번으로 침지와 짜기를 반복하면서 세척한다.

옥살산 (—— 酸, oxalic acid)　가장 간단한 지방족 디카르복시산 HOOC-COOH. 식물계에 널리 존재하며 많은 유기 화합물을 산화할 때에 생성된다. 공업적으로는 일산화탄소에서 포름산나트륨을 거쳐 합성된다. 각종 유기 합성에 시제로 사용되며 또한 분석 시료로서의 용도도 있다.

옥살아세트 산 (—— 酸, oxalacetic acid)　케토산의 하나 HOOC$-$CO$-$CH$_2$COOH. 케토형과 엔올형의 호변 이성질 구조가 있다. 사과산을 과망간산칼륨 또는 황산철(II)의 존재로 과산화수소로 산화해서 얻는다. 엔올형에는 녹는점 152℃인 시스형과 184℃인 트랜스형이 있고, 전자는 히드록시말레인산, 후자는 히드록시푸마르산으로 볼 수 있다. 옥살아세트산에틸은 삼산에틸과 아세트산에틸을 나트륨에톡시드의 존재로 축합시키면 생기는 액체(끓는점 132℃, 24 mmHg)이며, 케토형과 엔올형의 혼합물이다. 아세토아세트산에스테르와 비슷하며 반응성이 강하고 합성화학에 이용된다. 생체 내에서는 트리카르복실산 사이클의 과정으로 합성된다. 생물세포 내의 물질대사 경로로 알려진 시트르산 사이클의 중요한 중간체이다.

옥새드 반응 (—— 反應, oxad reaction)　⇨ 산화적 부가반응.

옥석 (玉石, ball)　볼밀, 튜브 밀, 진동 밀 등의 분쇄기에 사용되는 분쇄 매체. 구석(球石)이라고도 한다. 세라믹스 원료의 분쇄에는 프린트, 자기, 알루미나, 지르코니아, 강철 재질의 옥석이 목적에 따라 사용된다.

옥소늄 염 (—— 鹽, oxonium salt)　(1) 옥소늄 이온의 염. 예를 들면 H$_3$O$^+$ClO$_4^-$ 등이 있다. (2) H$_3$O$^+$의 수소원자가 탄화수소기로 치환된 화합물. R$_3$O$^+$형의 양이온 염이 보통

이다. 예를 들면 $(CH_3)_3O^+Cl^-$. 복소 고리 내의 산소원자가 이웃한 탄소 원자 사이에서 이중결합을 이루어 고리 내 옥소늄 염의 구조가 된 화합물이 많다.

옥소늄 이온 (oxonium ion) 프로톤의 1수화물 H_3O^+. 히드로늄 이온은 옛 명칭이다. 옥소늄의 수소를 알킬기 등으로 치환한 3가의 양이온도 옥소늄 이온이라 총칭된다. 유기화학에서 많이 사용되는 것은 산소원자에 수소가 없는 R_3O^+형의 옥소늄 이온이다.

옥소 법 (—— 法, oxo process) ⇨ 히드로포르밀화. 옥소법의 대표적인 예는 로듐계 촉매를 사용하는 프로필렌으로부터의 부탄올과 2-에틸헥사놀의 제조이다.

옥소산 (—— 酸, oxoacid, oxo acid) (1) 산소를 함유하는 무기산, 즉 산소 이외의 비금속 혹은 금속에 산소가 배위한 기가 있는 산. 금속에 OH가 배위한 기가 있는 무기산도 포함하여 지칭하는 경우가 있다. 예전에 산소산 혹은 옥시산이란 이름으로 불리었다. 영어로는 oxoacid이라 쓴다. (2) 카르본산에 옥소기 =O가 치환하여 카르복시기 COOH 외에 카르보닐기 CO가 있는 유기산의 총칭. 영어로는 oxo acid라 한다.

옥소 합성 (—— 合成, oxo synthesis) ⇨ 히드로포르밀화. ⇨ 옥소법.

옥수수 기름 (corn oil) 옥수수의 배아(함유량 33~40%)에서 채유되는 반건성유. 올레산, 리놀레산, 팔미트산의 혼합 글리세리드를 주성분을 하며 식용유, 경화유 등의 제조에 사용된다. 납분이 존재하므로 샐러드유를 제조할 때는 탈랍할 필요가 있다.

옥수수 녹말 (—— 綠末, corn starch) ⇨ 콘스타치.

옥시게나아제 (oxygenase) 분자상 산소를 직접 기질에 결합시키는 산화-환원 효소의 총칭. 산소첨가 효소라고도 한다. 기질에 결합되는 산소의 수에 따라 모노 옥시게나아제와 디옥시게나아제의 두 가지로 구별된다.

옥시나이트라이드 글라스 (oxynitride glass) 조성의 일부에 질화물을 함유하는 산화물 유리. 높은 경도와 탄성률을 나타낸다. 고압하의 질소분위기 중에서 융해함으로써 N을 10 at% 정도 함유하는 것이 제조된다. La-

Si-O-N, Y-Al-Si-O-N계 등이 있다.

옥시다아제 (oxidase) 분자상 산소를 전자 수용체로 하여 기질을 탈수소하는 효소의 총칭. 산화효소라고도 한다. 산소는 물 또는 과산화수소로까지 환원된다. 플라빈 보효소, 금속 원자, 헴 등을 함유하는 것이 많다. 정식으로는 기질 이름에 산화-환원효소(oxidoreductase)를 붙여서 부르는 효소군이며, 그 관용명으로 옥시다아제라는 이름이 쓰인다. 예를 들면, 정식명 글루코옥시산화-환원효소의 관용으로서 글루코오스 옥시다아제라는 이름이 쓰인다. 옥시다아제 반응에 의하여 기질이 산화됨과 동시에 산소는 환원되는데 그때 산소가 과산화수소가 되는 것과 물로 되는 것으로 크게 나누어진다. 과산화수소가 되는 예에는 푸른 곰팡이류에 존재하는 글루코오스옥시다아제, 생우유와 간 등에 존재하는 크산틴옥시다아제, 동물조직 중에 존재하는 D-아미노산옥시다아제 등이 알려져 있다. 이들 효소는 보결 분자단에 의하여 분류하면 모두 플라빈 효소에 속한다. 물로 되는 예로서는 시토크롬옥시다아제·락카아제(폴리페놀옥시다아제)·아스코르브산옥시다아제 등이 있다. 모두 중금속(철·크롬·구리 등)을 함유하는 것이 특색이며 시토크롬옥시다아제는 세포 호흡에 관여하는 효소계 중에서 가장 산소에 가까운 곳에 위치하는 중요한 효소이다.

옥시던트 (oxidant) 대기 중에 존재하는 산화성이 강한 오염 물질의 총칭. 산화제라고도 한다. 대기 중에 배출된 오염 물질(1차 오염 물질), 또는 이러한 오염 물질의 광화학 반응으로 생긴 2차 오염 물질 중 오존, PAN(팬), 이산화질소, 기타의 과산화물로 되며, 광화학 스모그의 주성분이다. 옥시던트에 관해서는 1940년경부터 미국 로스앤젤레스에서 연구가 이루어져, 생성과정이 밝혀졌다. 옥시던트에는 식물의 잎을 마르게 하거나 사람의 눈·목구멍 등을 자극하는 물질을 함유하여, 대기 속의 함유량 0.1 ppm이면 눈에 자극을 느끼고, 0.03 ppm으로 8시간 발생하면 어떤 종류의 식물도 말라 죽는다. 옥시던트는 요오드화 칼륨을 산화시키는 방법에 의해 측정된다.

옥시도레덕타아제 (oxidoreductase) ⇨ 산화-

환원 효소.

옥시란 (oxirane) ⇨ 에틸렌옥시드.

옥시산 (——酸, hydroxy acid) 옥소산(무기 화합물), 히드록시산(유기 화합물)의 옛 명칭이다.

옥시셀룰로오스 (oxycellulose) ⇨ 산화 셀룰로오스.

옥시 염소화 (——鹽素化, oxychlorination) 염화수소와 공기(또는 산소)에 의해 탄화수소를 염소화하는 반응. 공업적으로는 에틸렌을 염소화하여 1, 2-디클로로에탄(EDC)으로 하고, EDC를 열분해 하여 염화비닐을 제조하는 과정을 가리킨다. 가장 경제성이 좋은 염화비닐 제조 과정이라 한다.

옥시 염화물 시멘트 (——鹽化物 ——, oxychloride cement) 금속 산화물이 그 염화물과 반응하여 경화하는 시멘트. 1853년, Sorel이 발견하였으므로 소렐시멘트라고도 한다. 금속 산화물과 염화물의 조합에는 산화아연과 염화물, 마그네시아와 염화물 등이 있다. 마그네시아 시멘트는 연삭 숫돌로 사용되고 있다.

옥시 염화인 (——鹽化燐, phosphorus oxychloride) 염화포스포릴 $POCl_3$ 및 $POCl$의 속칭. 보통은 삼염화포스포릴을 지칭한다. 현행 IUPAC 명명법에서는 접두사 옥시를 사용하는 명명법은 인정하지 않으므로 이 명칭의 사용은 바람직하지 않다.

옥시 염화 지르코늄 (——鹽化 ——, zirconium oxychloride) 이염화산화 지르코늄 $ZrCl_2O$의 속칭. 현행 IUPAC 명명법에서는 접두사 옥시를 사용하지 않고 산화물염으로 명명하므로 이 명칭의 사용은 바람직하지 않다.

옥시토신 (oxytocin) 뇌하수체 후엽의 신경세포에서 분비되는 8개의 아미노산으로 구성된 펩티드. 1953년에 V. 듀 비뇨가 펩티드임을 확인하였다. 생리활성을 가진 폴리펩티드로서는 최초로 합성된 것이다. 자궁수축 호르몬이라고도 한다. 어원은 그리스어로 일찍 태어난다는 뜻이다. 호르몬 작용으로서는 여포 호르몬의 영향 밑에 있는 자궁의 민무늬근을 수축시키고 젖의 분비를 촉진한다. 그러나 황체 호르몬의 작용을 받는 자궁에는 전혀 작용하지 않는다. 출산시에는 진통을 일으키는 약품으로 사용되는 일이 많다. 또 뇌하수체 후엽에서 분비되는 다른 호르몬인 바소프레신도 거의 같은 아미노산 배열을 가지고 있고, 1, 2개의 아미노산이 바뀌어서 그 작용은 전혀 다르다. 바소프레신은 혈압상승 호르몬으로 알려져 자궁근 수축을 억제한다. 소의 뇌하수체 후엽 엑스를 원료로 하여 오랫동안 순수 분리에 대해 연구되었으며, 이 1 γ를 정맥 주사하면 2~30초 후에 젖이 분비된다.

옥시프롤린 (hydroxyproline) ⇨ 히드록시프롤린의 옛 이름이다.

옥신 (auxin) 식물 성장 호르몬의 하나. 보통 오옥신이라고도 한다. 메커리(*Avena fatua*)의 어린 엽초(葉鞘)를 사용하는 표준 굴곡시험에서 마이너스의 굴곡을 일으키는 천연 및 합성의 유기 화합물. 식물을 재배할 때 배지에 성장조절 물질로 첨가한다. 옥신은 세포의 신장촉진 외에 뿌리의 형성촉진, 단위 결과촉진, 과실의 생장촉진, 이층형성 저해(離層形成沮害), 측아형성 저해(側芽形成沮害), 세포 분열 촉진 등 수많은 생리작용을 가지고 있으며, 농업적으로 널리 이용되고 있다. 예를 들면, 옥신은 높은 농도에서는 어떤 종의 세포 생장을 억제하는 작용이 있는데, 합성옥신인 2, 4-D는 어떤 농도에서 쌍떡잎 식물에는 생장 저해작용이 강하고, 외떡잎 식물에는 비교적 그 작용이 적은 성질을 이용하여 옥수수밭이나 잔디밭의 제초제로 사용한다.

옥신 (oxine) 분석 시약이다. ⇨ 8-퀴놀리놀.

옥심 (oxime) 알데히드, 케톤의 카르보닐기 $>C=O$가 $>C=NOH$로 변한 화합물의 총칭. 알데히드에서 유도되는 옥심을 알독심, 케톤에서 유도되는 옥심을 케톡심이라고 한다. 보통 케톤 또는 알데히드·염산히드록실아민 및 알칼리를 수용액 속에서 반응시켜 조정한다. 일반적으로 무색의 결정체로서 물에 잘 녹지 않으나 포름알데히드에서 얻어지는 포름알독심 $CH_2=NOH$만은 액체이며 물에 녹는다. 알데히드의 옥심으로는 아세토알독심 $CH_3 \cdot CH=NOH$ (녹는점 47 ℃), 케톤의 옥심으로는 아세톤옥심$(CH_3)_2 C=NOH$(녹는점 59℃) 등이 대표적인 것이다. 알데히드와 케톤의 분리 또는 확인에 사용된다.

옥탄 (octane) 포화 곧은 사슬 탄화수소 n-C_8 H_{18}. n-옥탄은 무색의 액체로, 분자량 114, 녹는점 $-56.798(\pm0.008)℃$, 끓는점 $125.7℃$, 비중 0.7025이다. 물에는 녹지 않지만 에탄올에는 약간 녹는다. 또 에테르에는 녹고 벤젠과는 자유로이 혼합한다. 가솔린의 성질이며, 석유에서 분리 정제한다. 유기 용매로서 사용된다. 여러 종류의 이성질체가 있으나 실용적인 용도가 있는 이소옥탄은 메틸 곁사슬 3개가 있는 이성질체이다. 이소옥탄(정식 명칭은 2-메틸헵탄)은 석유 속에 존재하는 가연성 액체로 노킹을 방지하는 성질인 앤티노크성을 측정하는 데에 표준 물질로 사용된다.

옥탄가 (—— 價, octane number, octane value) 불꽃착화 엔진 연료의 앤티노크성을 나타내는 값. 앤티노크성(녹킹 억제성)이 매우 높은 2, 2, 4-트리메틸펜탄(이소옥탄)을 옥탄가 100의 표준 연료로 하고, 매우 낮은 곧은 사슬 헵탄을 0의 표준 연료로 하여, 시료의 앤티노크성이 이러한 두 표준연료 혼합물의 앤티노크성과 동일하게 되었을 때의 이소옥탄의 혼합 비율(용적 %의 수치)로 나타낸다. 실제는 이러한 양 표준연료 혼합물로 검정하여 적정한 정제 가솔린을 부표준 연료로 사용하여 정치식 CFR 엔진으로 시료의 앤티노크성을 측정한다. 옥탄가에는 모터법과 리서치법이 있으며, 주행 시의 앤티노크성, 즉 주행 옥탄가는 이 사이에 있다.

옥탄가 감도 (—— 價感度, octane number sensitivity, octane value sensitivity) 리서치법 옥탄가에서 모터법 옥탄가를 공제한 값. 측정 방법에 의한 옥탄가 변화의 가늠이다 (⇨ 옥탄가). 이 값은 탄화수소의 종류에 따라 다르며, 일반적으로 파라핀계 탄화수소는 그 차가 작고, 올레핀계, 나프텐계, 방향족계는 크다.

옥탄산 (—— 酸, octanoic acid) 가플릴산의 계통명, $CH_3(CH_2)_6COOH$란 구조식을 표시하는 명명 규칙에 따라 붙여진 명칭이다.

옥텟 (octet) Lewis-Langmuir의 원자가 이론에 의하면 일반적으로 안정된 중성 분자에서는, 원자는 8개의 외각 전자에 의해 둘러싸여 있다. 이 1조의 전자군을 옥텟이라

한다.

옥텟 규칙 (—— 規則, octant rule) 광학활성이 있는 고리 모양 케톤의 입체 배치를 선광분선을 이용하여 예측하는 경험칙을 말한다.

옥틸 (octyl) C_8의 곧은 사슬 알킬기. $CH_3(CH_2)_7$-. 곧은 사슬을 표시하기 위해 n-옥틸이라 적는 경우도 있다. 공업분야에서는 2-에틸헥실을 간단히 옥틸이라 부르는 경우도 있으므로 주의가 필요하다.

옥틸산 (—— 酸, octylic acid) 탄소수 8개의 모노카르복시산으로, 유지공업 제품의 원료로 사용되는 것의 속칭. 2-에틸헥산산을 지칭하는 경우도 많다. 곧은 사슬 산의 정식명은 옥탄산이다.

옥틸알코올 (octyl alcohol) ⇨ 1-옥타놀.

온도 감수성 변이주 (溫度感受性變異株, temperature-sensitive mutant) 어느 온도범위 내에서만 양생형과 상이한 표현형을 나타내는 변이주. 고온형과 저온형의 두 종류가 있다. 그 변이주의 유전자가 형성하는 단백질에 양생주와 다른 아미노산 잔기가 있기 때문에 특정 온도에서 그 단백질의 고차구조가 변화하여 활성을 상실한다. 배양온도를 변화시켜 양생형에서 변이형으로의 경시 변화를 조사하여 생체 내의 유전자 기능을 해석한다.

온도 눈금 (溫度 ——, temperature scale) 이론적으로는 열역학 온도에 입각한 온도눈금을 지칭하지만, 실세로는 열역학 온도눈금을 재현하는 것은 곤란하므로 국제적으로 설정된 기준인 국제실용온도눈금 IPTS(international practical temperature scale)를 지칭한다. 1PTS는 국제도량형위원회에 의해 정해지며 구체적으로는 십 수 개의 온도 정점을 기준하여 국제도량형위원회가 지정한 헬륨의 기체 온도계와 백금 저항 온도계 등을 사용하여 지정된 방법으로 실현된다. 또한 최근까지 1968년에 결정된 IPTS-68이 온도 표준이었지만 1989년에 새로운 온도표준 IPTS-90이 채택되었다.

온도 복사 (溫度輻射, temperature radiation) ⇨ 열 복사.

온도 적정 (溫度滴定, thermometric titration)

적정으로 발생하는 용액의 온도 변화를 이용하여 종점을 검지하는 적정. 반응의 종류, 용매의 성질, 반응계 상의 수(균일계 인가 불균일계 인가)를 불문하고 적용할 수 있다. 수용액, 비수용액, 현탁액에서의 중화, 침전, 착형성, 산화-환원, 수소화, 중합, 효소반응 등의 종점 검지에 이용된다.

온도 점프법 (溫度 —— 法, temperature-jump method) 계의 온도를 급격하게 변화시키면 계는 새로운 평형으로 완화하게 된다. 이 온도를 측정하여 정·역 양방향의 반응속도 상수를 구하는 방법을 이른다. $10^{-6} \sim 10^{-1}$s 정도의 시간 영역에서 완화하는 액상 중에서의 반응에 사용된다.

온도 정점 (溫度定點, fixed point of temperature) 국제 실용 온도눈금 IPTS(⇨ 온도 눈금)를 실현하기 위해 기준으로 사용되는 온도. 특정한 물질의 삼중점, 녹는점, 응고점 등이 실현의 용이성, 재현성이 용이한 관계로 사용된다. IPTS-90(⇨ 온도 눈금)에는 평형수소(오르토 수소와 파라 수소의 평형 혼합물)의 삼중점(13.8033K), 네온의 삼중점(24.5561K), 은의 응고점(1234.94K) 등, 17가지 온도 정점이 계시되어 있다.

온도 평형 (溫度平衡, thermal equilibrium) ⇨ 열 평형.

온도 확산 (溫度擴散, thermal diffusion) ⇨ 열 확산.

온침 (溫沈, maceration) 식물 등의 생체 재료를 용액에 담그어 연화시켜 처리하기 쉽도록 하는 것. 세포 간의 결합을 약화시켜 조직을 파괴시키는 조작은 해리(解離)라고 하는 경우가 많지만, 화학 반응에서의 해리와 혼동을 피하기 위해 온침이라 표현하고 있다.

올레오마가린 (oleomargarine) 경화유가 발명되기 이전에 마가린의 원료로 사용되었던 올레오 오일을 지칭한다. 미국에서 이전에는 마가린을 올레오마가린이라 불렀다.

올레오 오일 (oleo oil) 신선한 우지방 조직에서 저온으로 용출한 유지(올레오스톡이라 한다)를 25~30℃에서 분별하여 얻어지는 낮은 녹는점(28~34℃) 부분. 높은 녹는점 부분은 올레오스테아린이라 한다.

올레움 (oleum) ⇨ 발연 황산.

올레인 (olein) 올레인산의 글리세린에스테르, 트리올레인이라고 한다. 불건성유, 버터 유지에 존재한다. 글리세린과 올레인산을 가열하여 얻어지는 무색 유상의 액체이다.

올레인산 (—— 酸, oleic acid) *cis*-9-옥타데센산 $CH_3(CH_2)_7CH=CH(CH_2)_7COOH$의 관용명. 녹는점 12℃, 끓는점 360℃이다. 이중결합을 1개 가지는 불포화 지방산이다. 물에는 거의 녹지 않지만, 에탄올·에테르·클로로포름 등에는 녹는다. 백금흑·니켈 등을 촉매로 하여 수소로 환원시키면 포화인 스테아르산이 된다. 순수한 것은 무색·무취인 유상(油狀) 액체이지만, 공기 속에 방치해 두면 산화되어 황색 또는 갈색으로 착색되고 썩는 냄새가 난다. 천연 유지 지방산 등에 널리 분포하며, 올리브유와 동백유 등의 구성 지방산에는 80% 이상 존재한다. 계면활성계, 가소제, 각종 안정제 등의 원료로 사용된다.

올레일알코올 (oleyl alcohol) *cis*-9-옥타데센-1-올 $CH_3(CH_2)_7CH=CH(CH_2)_8OH$의 관용명. 향유고래 기름 중에 지방산 에스테르로 존재한다. 계면 활성제 등의 원료로 사용된다.

올레핀 (olefin) 지방족 불포화 탄화수소로서, C=C결합이 있는 화합물의 총칭. 일반적으로 알켄의 동의어로 사용된다. 올레핀은 C=C결합 2개 이상이 있는 불포화 탄화수소에 대하여도 사용되지만 알켄은 C=C결합 1개의 화합물 C_nH_{2n}에 한하여 사용되는 일반명이다. 기체의 에틸렌이 염소와 반응하여 오일상의 이염화에틸렌을 생성한다는 현상에 근거하여 올레핀이란 이름이 있다.

올리고 뉴클레오티드 (oligonucleotide) 뉴클레오티드 분자가 수 개 내지 십 수 개 결합하여 형성된 중합체. 보호가가 붙은 뉴클레오티드의 인산기를 활성화하여 다른 뉴클레오티드의 히드록실기와 인산 에스테르를 형성시켜 합성한다.

올리고당 (—— 糖, oligosaccharide) 단당의 몇 분자가 서로 글리코시드 결합하여 형성된 당류. 보통은 삼당, 사당을 중심으로 하여 오당 정도까지를 총칭한다. 구성당이 한 종류로 이루어지는 단순한 것과 두 종류 이상으로 이루어지는 복잡한 것이 있다. 자연계에 유리상태로 존재하는 것은 주로 이당류가 많은데, 사탕수수에 함유되어 있는 수크로오스, 녹말의 아밀라아제 소화물이며 엿의 원료인 말토오스(맥아당), 포유류의 젖 속에 있는 락토오스(젖당) 등이 있다. 환원 말단이 단백질이나 지질과 결합해 있는 당단백질과 당 지질도 그 당 성분은 대부분 올리고 당류에 속한다. 또한 글리코시드로서도 존재하며, 다당류의 가수분해에 의해서도 생긴다. 셀룰로오스를 가수분해하면 생기는 셀로비오스는 그 대표적 예이다. 삼당류 이상의 올리고당류 중에 잘 알려져 있는 이당류와 공통의 구조를 가지고 있는 것도 있다. 특히 젖 속에 함유되어 있는 대부분의 올리고당과 갱글리오시드 등의 당지질(糖脂質)은 젖당이나 N-아세틸락토사민이 기본 구조로 되어 있는 경우가 많다. N-아세틸락토사민은 당 단백질의 부분 가수분해물로부터도 얻을 수 있다.

올리고머 (oligomer) 1종 또는 여러 종의 원자 혹은 원자단(이러한 것을 구성 단위라 한다)이 수 개에서 십 수 개 서로 반복 연결되어 형성된 분자로, 그 물리적 성질이 1 내지 수 개의 구성 단위의 증감에 따라 변화하는 것. 소중합체라고도 한다. 올리고머는 올리고펩티드, 올리고당 등이 천연에 존재하고, 또 연쇄이동이 많은 중합반응과 중합체의 분해 등으로 얻어진다.

올리고머화 (—— 化, oligomerization) 단량제 혹은 단량체 혼합물을 올리고머로 변화시키는 반응을 말한다.

올리브 유 (—— 油, olive oil) 지중해 연안 지방에서 생산되는 올리브의 과육[함유분 35~70%(건물환산)]을 압착하여 얻어지는 불건성유. 안전성이 높고 식용유로 소비된다. 올리브유는 구약성서에도 기록이 있을 만큼 오래 전부터 이용되었던 식용유로서 용도가 다양하다. 생산지역은 지중해 연안과 미국이고, 한국에서는 전혀 생산되지 않아 전부를 수입에 의존하고 있다. 지방산의 주성분은 불포화산인 올레산(oleic acid)으로, 함량은 65~85% 정도이며 포화 지방산으로는 팔미트산이 주성분이다. 비(非)비누화 물질은 0.5~1.3%로서 피토스테롤을 함유하고 있다. 비중은 0.909~0.915, 산값은 0.2~6, 비누화값은 187~196이다. 10℃에서 혼탁해지고 0℃에서 연고상태로 된다. 담황색이며 냄새가 없고 담백한 맛이 난다. 공업용으로는 비누·섬유 윤활용·머릿기름·포마드용, 의약용으로는 도찰제(塗擦制)·관장제·연고·주사용 용제로 이용된다. 식용유로는 샐러드유와 기름 절임용에 주로 쓰이고, 요리에는 마요네즈·샐러드용 드레싱·튀김용·볶음용으로 널리 이용된다. 특히 첫번째 착취되는 기름은 버진오일이라 하며, 그 독특한 맛으로 인하여 지칭하지만 고급 식용유로 진중하다.

옵소닌 (opsonin) 혈청 중의 식균작용 보조 물질. 세균에 작용하여 세포의 식균작용을 받기 쉽게 하는 물질. 예전에는 조리소라고 부른 적도 있다. 옵소닌의 본래는 보체 성분이다. 1903년 라이츠 및 더글러스에 의해 발견되어 자연 면역의 중요한 요소라고 생각되었다. 이 물질의 구조는 아직 알려지지 않았지만 56℃에서 30분간 가열하면 작용이 없어지고 보체(補體)를 첨가하면 활성화된다. 특이성은 적고 여러 가지 세균에 작용한다. 백혈구·세균·혈청을 혼합하여 도말표본을 만들어 백혈구에 먹힌 세균수를 세어 보면 옵소닌의 세기를 알 수 있다(옵소닌 지수). 이와 동일한 작용을 가진 물질에는 박테리오트로핀이 있다.

옹스트롬 (angstrom) 길이의 단위. 기호 Å로 표기하며, $1 Å = 10^{-10}$ m이다. SI 단위는 아니지만, 국제도량형위원회에 의해 SI와 병용되는 단위, 또는 SI와 병용하도록 하기 위해 잠정적으로 유지되고 있는 단위이다. 스웨덴의 물리학자 A. J. Angström의 이름에서 유래한 명칭이다.

옻 (Japanese lacquer) 옻나무의 수피에 상처를 내어 침출하는 액을 옻이라 한다. 채취한 바로 직후의 옻은 회색, 자극적인 냄새가 나는 유상액이며 생 옻이라고 한다. 생 옻에서 수분을 제거하는 조작을 옻 건조라고 하며 생 옻에 착색제, 유성분 등을 첨가한 것을 정제 옻이라 하고, 흑색으로 칠하는 검은 옻, 투명 바니시양의 막을 부여하는 투명 옻의 두 종류가 있다. 옻은 적합한 온도가 있는 건조실 내에서 건조시킨다. 주성분은 우루시올이다.

옻 실 (drying chamber)　옻칠한 것을 건조, 경화시키는 밀폐실, 습도 유지와 먼지의 침입을 방지하는 기능이 있다.

와커 법 (—— 法, Wacker process)　에틸렌에서 아세토알데히드를 합성하는 공업 프로세스. $PdCl_2$를 촉매로 하고 $CuCl_2$와 산소를 촉매의 재산화제로 사용하는 수용액 중에서의 반응이다. 전이금속을 사용하는 액상 균일 촉매반응을 공업적 프로세스로 실용화한 선구적인 반응이며 다른 올레핀에서 적용할 수 있다.

와켄로더 액 (—— 液, Wackenroder's solution)　이산화황의 진한 수용액에 저온에서 황화수소를 통해서 얻는 용액. 발견자인 H. W. F. Wackenroder (1845년)의 이름에서 유래한다. 황을 현탁한 미산성 용액으로, 황산 및 각종 폴리티온산이 함유되어 있다.

왁스 (wax)　⇨ 납.

완만 동결 (緩慢凍結, slow freezing)　급속 동결의 대응어. 공업적으로는 동결 저장실에서 동결시킨 경우를 완만 동결, 동결장치에서 동결하는 경우를 급속 동결이라 하는 일이 많다. 공업적으로 냉동 두부, 한천의 제조, 과즙의 동결 농축에 이용되고 있다.

완성 지료 (完成紙料, furnish, full (perfect) stuff)　초지(抄紙)를 하기 위한 준비가 완료된 원료. 비팅한 펄프의 분산액에 충전제, 사이즈제, 보류제, 지력 증강제, 염료 등을 가한 것이다.

완염제 (緩染劑, dye retardant, retarding agent)　염색에서 섬유에 대한 염료의 염착속도를 억제함으로써 염색 얼룩의 발생을 방지하고 균일한 염색물을 얻는 데 사용되는 약제. 보통 계면 활성제가 사용된다. 완염의 목적은 균염에 있으므로 이들 약품을 병용할 경우에는 온도조절에 조심하고 저온에서부터 서서히 온도를 높여 주어야 한다.

완전 가스화 (完全 —— 化, complete gasification)　석탄이나 석유 등의 화학 연료와 코크스 등에 산소, 공기, 수증기, 수소 등의 가스화제를 단독으로 또는 복합하여 반응시켜 일산화탄소, 메탄, 수소 등의 가연성 가스에 모두 가스화하는 반응 프로세스를 말한다.

완전 배지 (完全培地, complete medium)　미생물에게 있어 필요한 모든 영양소를 함유하는 배지. 그 화학적 성분에는 단백질의 가수분해 생성물, 조직 침출액, 효모 엑스트랙 등 화학구조가 복잡하고 불명한 것도 포함한다. 세균의 일반적인 증식에 사용된다. 보통 부용, 보통 한천 등이 있다.

완전 복사체 (完全輻射體, full radiator, Planckian radiator)　⇨ 흑체.

완전 용액 (完全溶液, perfect solution)　전 조성범위에 걸쳐 이상용액을 형성하는 용액계를 말한다.

완전 유체 (完全流體, perfect fluid)　점성이 없는 유체. 점성이 작은 실제 유체의 극한으로 고려되었던 가상적인 유체이지만, 초유동 물질은 완전한 액체로 간주된다. 이상(理想)유체라고도 한다. 점성이 없으므로 운동 중에도 접선변형력(接線應力)은 항상 0이다. 흐름의 방향으로 힘이 작용하지 않으므로 어떤 물체이든 흐름에 밀려 내려가는 일이 없다. 이와 같이 실제와 어긋나는 것은 점성을 무시했기 때문이며 완전 유체란 것은 사고의 편의를 위한 가상적 유체이다. 가령 공기 중에서 유선형 물체가 운동할 경우, 공기의 점성이 작을 뿐 아니라 물체에 평행으로 작용하는 힘이 거의 0에 가까우므로 공기를 완전 유체로 보고 물체면에 수직인 압력(및 그 반작용으로서 변형력)만 생각해도 오차가 서의 없다. 그러나 물체 표면 가까이(경계층)나 충격파의 내부 등과 같이 점성을 무시할 수 없는 현상을 다룰 때에는 완전 유체 이론이 적용되지 않는다.

완전 혼합 (完全混合, complete mixing)　화학 장치 내의 어떠한 장소에서도 장치 내의 다성분 유체 혹은 분입체가 같은 조성과 온도로 되어 있는 상태. 즉 완전히 혼합되어 있는 상태. 이와 같은 상태에서 액체가 연속적으로 장치 내를 통과하는 흐름을 완전 혼합 흐름이라 한다.

완충액 (緩衝液, buffer, buffer solution)　pH와 산화-환원 전위 등에 관하여 완충작용이 있는 용액을 말한다.

완충작용 (緩衝作用, buffer action)　외부에서 가해진 작용에 대해 용액 자체가 그 영향을 작게 억제하려고 하는 작용. 주로 분석화학에서 사용되는 용어이다.

완충제 (緩衝劑, buffer)　완충액을 만들기 위해 사용되는 시약의 총칭. 인산, 시트르산, 붕산 및 그들의 염 등, 다수의 것이 있다.

왕수 (王水, aqua regia)　진한 질산 1과 진한 염산 3(용적비)의 혼합물. 용액 중에 염화니트로실과 염소가 생겨, 질산과 염산에 용해되지 않는 금, 백금 등의 금속도 용해한다. 강한 산화제, 일반적으로 질산과 염산 혼합물의 총칭으로 사용되는 경우도 있다. 또 질산 3, 염산 1의 혼합물은 역왕수라 한다. 그리고 왕수에 물을 넣어 2배로 묽게 한 것을 희왕수(稀王水)라고 한다. 왕수에 의해서 용해된 금속 이온은 그 금속의 최고 원자가를 나타낸다.

외권 (外圈, outer sphere)　금속 착물의 배위자에서 내부를 그 착물의 내권이라 하는 데 비해 그 외부를 외권이라 한다. 예를 들면 외권 착물, 외권 반응기구 등으로 사용한다.

외권 착물 (外圈錯物, outer-sphere complex)　금속 착물에의 배위자 바깥쪽에 다시 2차적으로 용매분자, 쌍이온 등이 결합하여 생기는 화학종. 이 때 그 금속 착물이 2차적으로 결합하고 있는 것을 외권 배위자, 금속에 직접 배위하고 있는 것을 내권 배위자라 지칭한다.

외부 이온쌍 (外部 —— 雙, external ion pair)　공유결합에서 이온쌍이 생길 때, 우선 내부 이온쌍이 되는데, 이것은 다음에 음양 양이온 간에 약간의 용매분자가 스며든 이온쌍을 생성한다. 이것을 외부 이온쌍이라 한다. 이 이온쌍도 물론 용매분자에 둘러싸여 있으며, 이어서 이온쌍이 음양 2개의 자유이온(용매분자에 둘러싸인)으로 해리된다고 보고 있다.

외부 전위 (外部電位, outer potential)　전기 전도성 상이 갖는 전전하(全電荷)의 작용으로 상의 바로 바깥쪽에 있고 또한 거울상 힘이 미치지 않는 진공 중의 점이 갖게 되는 정전 퍼텐셜. 볼타 전위라고도 한다. 진공 중의 무한원 점에서 그 점까지 점전하(点電荷) q를 서서히 운반하는 데 필요한 일을 w라 할 때, (w/q)로 정의된다.

외부 지시약 (外部指示藥, external indicator, outside indicator)　적정의 종점을 판정하기 위해 적판(滴板) 등에 떼어낸 극히 소량의 반응 용액에 첨가하는 지시약. 지시약이 피적정 물질(또는 적정제)과 비교적 안정된 화합물을 형성하고, 적정제(또는 피적정제)와 반응하기 어려운 경우에 사용된다. 내부 지시약에 대한 대응어이다.

외부 표면 (外部表面, outer surface)　제올라이트 등의 결정성 다공질 물질에 있어, 외부에 노출된 표면. 내부 표면의 대응어이다. 결정의 외부 표면은 하나의 결함이라 생각할 수 있어 바깥쪽 내부 표면과는 다른 성질이 있다.

외부 표준 (外部標準, external standard)　⇨ 외준위.

외부 플레임 (外部 ——, outer flame)　불꽃(플레임)에 동심주상의 층상 구조를 생각하였을 때, 그 가장 바깥쪽 부분. 보통 버너에서는 강한 산화성이 있는 산화염이다. 바깥 불꽃이라고도 한다.

외삽 (外揷, extrapolation)　내연장(내삽)의 확장으로 함수 $f(x)$의 값이 알려져 있는 점을 포함하는 구간 밖에서 $f(x)$를 추정하는 것. 보외(補外)라고도 한다.

외 표준 (外標準, external standard)　발광 분광분석이나 형광 X선분석 등에서 시료 중의 어떤 목적성분을 정량할 때, 이 시료와 전체 조성은 비슷하고 또한 목적성분의 양이 이미 알려진 일련의 다른 시료를 준비하여 그것을 표준으로 사용하는 것. 외부 표준이라고도 한다. 내표준에 대응하는 용어이다.

요논 (ionone)　⇨ 이오논.

요동 (搖動, fluctuation)　⇨ 변동.

요딜 벤젠 (iodylbenzene)　$C_6H_5IO_2$. 옛 명칭은 요오독시벤젠. 요오드 벤젠의 산화로 얻어진다.

요산 (尿酸, uric acid)　퓨린의 2, 6, 8-자리에 3개의 히드록시기가 있는 화합물이지만 케토-엔올형의 호변 이성질 구조를 갖고, 케토형 구조가 안정형이다. 물에 약간 용해되는 무색 결정. 핵산 중의 아데닌, 구아닌의 대사 산물, 조류와 파충류의 배출물, 사람의 수변 중에 함유된다. 감기의 원인 물질이며 $8\,mg\ dl^{-1}$ 이상 혈청에 함유되면 조직에 침착하여 특유한 동통을 일으킨다.

요소 (尿素, urea)　희미한 소금기가 있는 무색의 입상 결정. $CO(NH_2)_2$. 카르바미드는 별칭. 알코올, 물에 쉽게 녹는 약염기성. 사람과 다른 동물의 소변 중에 존재하며 식물 중에도 미량 존재한다. 최초로 합성된 유기 화합물(1828년 F. Wöhler). 공업적으로는 암모니아와 이산화탄소에서 직접, 고온 고압으로 합성된다. 요소 비료, 요소수지 원료, 이뇨제, 분석 시약 등으로 사용된다.

요소 사이클 (尿素——, urea cycle)　요소를 합성하는 간장에서 볼 수 있는 대사회로. 암모니아, 이산화탄소 및 아스파르트산의 아미노질소에서 1분자의 요소가 합성된다. 아미노산 대사로 발생하는 암모니아의 처리기구를 말한다.

요소 수지 (尿素樹脂, urea resin)　요소와 알데히드(주로 포름알데히드)의 반응으로 얻어지는 열경화성 수지. 우레아 수지라고도 한다. 경화 수지는 무색이므로 선명한 착색을 자유롭게 할 수 있다. 아미노기 $-NH_2$를 가지므로 멜라민 수지와 함께 아미노플라스틱이라 총칭된다. 요소 대신 티오요소 NH_2 $CSNH_2$를 사용한 티오요소 수지도 포함된다. 1921년 F. 폴라크와 K. 리퍼가 요소와 포르말린의 초기 축합물을 형(型) 속에서 가열하여 투명한 유기(有機) 유리 제조에 성공한 것이 시초이다. 물에 약하다. 수용성(水溶性)인 초기 축합물에 염류(鹽類)를 가하면 상온에서도 경화한다.

요소 입자 (要素粒子, elementary entity)　넓은 뜻의 물질계를 구성하는 단위가 되는 넓은 의미의 화학종(원자, 분자, 이온, 전자, 기타의 입자 혹은 그러한 것의 특정된 집단)의 총칭. 예를 들면 H 원자, H_2 분자, Hg_2^{2+} 이온, 100 THz(텔라헤르츠)의 광자, 100 eV의 전자 등은 모두 요소 입자가 될 수 있다.

요업 (窯業, ceramic industry)　좁은 뜻으로는 가마에서 소성하는 도자기, 벽돌, 유리 등의 제조를 지칭한다. 넓은 뜻으로는 주된 구성물질이 무기·비금속인 재료, 제품의 제조를 지칭하며 유리, 시멘트, 법랑, 내화벽돌 등의 제조공업을 포함한다. 요업을 크게 나누면 전형적 요업과 신요업체(新窯業體) 요업으로 나눌 수 있다. 전형적인 요업에는 도자기, 내화물과 단열재, 연마재, 구조용 점토제품, 유리 및 법랑, 시멘트, 탄소제품, 비금속 발열체 등을 만드는 공업이며, 이런 것들은 대개 제2차 세계대전 전에 개발된 제품들이다. 신요업체에는 자성체·유전체·반도체·초경재료·결정화유리·시멘트·핵재료·산화물 자기와 같이 제2차 세계대전 후에 개발된 제품들이며, 이와 같은 특성화 된 제품을 생산하게 됨에 따라서 제조장치도 정밀화되고 고도의 성능을 요구하게 되었다. 요업제품이 일용 생활 필수품에서부터 건축 및 건설 재료, 각종 공업의 기본 재료, 우공여체발을 위한 재료에 이르기까지 현대 문명생활과 사회 발전에서 모든 분야에 필수 불가결의 재료이고 공업 발전의 근본이 되는 재료공업이므로 확고한 기반을 구축하고, 빠른 발전과 고도의 기술 개발이 촉진되어야 하는 공업이다. 그러나 에너지 다소비형 산업이라는 취약점 때문에 에너지 절약면에서의 기술개발이 먼저 해결되어야 할 문제점이다. 좁은 의미로는 유리와 시멘트 공업을 제외한 나머지 소결체 공업을 의미하는 경우도 있다.

요오독시벤젠 (iodoxybenzene)　⇨ 요오딜벤젠.

요오드 (iodo)　원소 I의 영어명 iodine, 독일어명 Jod에 유래하는 한국명. 옥소라고도 불리었으나 현재의 바른 명칭은 요오드이다. iodide에 해당하는 한국어는 요오드화물이다. 또 1가 치환기로 될 때의 명칭 iodo는 요오드로 한다. 예를 들면 KI는 요오드화 칼륨, C_6H_5I는 요오드 벤젠. 천연으로는 유리 상태로 존재하지 않으며, 주로 해초·해산동물 속에 요오드 화합물로 존재한다. 해초 회 속의 요오드 함유량은 약 0.5%이다. 또 칠레초석 속에도 요오드산염으로서, 또한 포유동물의 갑상선에 티로신으로서 함유되어 있어, 영양상 불가결한 원소이다. 할로겐 원소(아스타딘올 제외) 중에서 산출량이 가장 적다. 클라크수 0.00003으로 제64위이다. 금속 광택을 가지는 흑자색 인편상(鱗片狀) 결정이고 사방정계·단사정계의 두 형태가 있다. 휘발성이고 자극적인 강한 냄새가 난다. 가열하면 승화하여 보라색 증기가 된다. 물 1l에 약 0.2 g 녹는다. 각종 유기 용매에 잘 녹고, 사염화 탄소·클로로포름·아황화

탄소·리그로인 등에서는 용액의 색깔이 보라색, 물·알코올·에테르에서는 갈색, 벤젠·톨루엔·진한 염산 등에서는 적색이 된다. 화학적으로는 염소·브롬과 비슷하지만 그보다는 약하다. 고온에서 수소와 반응하여 요오드화수소를 만든다. 또 대부분의 금속과도 반응하여 요오드화물을 만든다. 염산·황산과는 작용하지 않는다. 티오황산나트륨 수용액에 중성 및 산성에서 녹는다. 요오드 팅크 등 의약품의 제조에 사용되며, 분석화학에서 표준 시약으로 중요하다. 승화하기 쉬우므로 밀폐 용기에 저장한다. 극약이므로 주의해야 한다.

요오드 값 (iodine number, iodine value) 이중 결합에 할로겐이 부가하는 반응을 이용하여 유지 또는 지방산에 할로겐을 작용시킨 경우 흡수되는 할로겐의 양을 요오드로 환산하여 시료 100g에 흡수되는 요오드의 양을 그램 단위로 표시한 수. 공역 이중결합이 존재하면 측정값은 계산값보다 낮아진다.

요오드 녹말지 (—— 紙, starch iodide paper) ⇨ 요오드화 칼륨 녹말지.

요오드늄 화합물 (—— 化合物, iodonium compound) 요오드 원자값 공유결합 원자가 2를 가지고 양이온이 된 구조의 화합물. 요오드 원자에 2개의 탄화수소기가 결합하여 생긴 양이온의 염은 요오드늄염이라 한다. 예를 들면 $(C_6H_5)_2 I^+I^-$이 있다.

요오드산 염 (—— 酸鹽, iodate) 일반식 $M^I IO_3$로 표시되는 요오드산 HIO_3의 염. 대부분 무색의 결정이며 산화제로 쓰인다. 염소산염, 브롬산염보다 안정하지만 산화력은 강하고 탄소, 유기물과 섞어서 가열하면 폭발한다. 요오드화 수소를 산화해서 요오드와 물로 된다. 수용액은 질산은, 염화바륨, 아세트산 납에서 각각 무색 난용성 염의 침전이 생긴다. 알칼리성 용액 중에서 아연 분말에 의해 요오드화물로 환원된다.

요오드소 벤젠 (iodosobenzene) ⇨ 요오드실 벤젠.

요오드실 벤젠 (iodosylbenzene) C_6H_5IO. 옛 명칭은 요오드소 벤젠. 요오드 벤젠의 산화로 얻어진다.

요오드 적정 (—— 滴定, iodimetry, iodometry) 요오드의 산화작용 또는 요오드화물 이온의 환원작용을 이용하는 적정의 총칭. 전자를 요오드 산화적정(직접 적정), 후자를 요오드 환원적정(간접 적정)이라 하기도 한다. 산화적정에서는 요오드의 약한 산화력을 이용하여 환원성 물질을 정량한다. 지시약으로는 녹말·클로로포름 등을 쓴다. 요오드는 물에 잘 녹지 않기 때문에 표준 요오드화 칼륨 수용액을 이용한다. 이 적정은 비소·아비산·감홍(甘汞 : 염화수은) 등을 정량하는 데 쓰인다. 또한 환원 적정에서는 산화제가 들어 있는 시료에 과잉의 요오드화 칼륨을 포함한 용액을 첨가하여 요오드를 석출시킨 후, 이것을 표준 티오황산나트륨 용액을 써서 적정한다. 지시약으로는 녹말이나 클로로포름을 쓰며, 빛깔이 없어지는 순간을 종점으로 정한다. 이 적정은 할로겐 화합물·과산화물 등의 여러 가지 물질을 정량하는 데 이용된다.

요오드 칼리 (potassium iodide) ⇨ 요오드화 칼륨.

요오드 포름 (iodoform) CHI_3. 황색 결정. 특이한 취기가 있다. 분자량 393.73, 비중 4.008(17℃ 값), 녹는점 119℃이다. 유기 할로겐화물의 하나로서 아세틸기(基) CH_3CO-를 갖는 유기 화합물에 수산화알칼리와 요오드를 작용시키면 생성된다. 이 반응을 요오드포름 반응이라 하며, 매우 예민하다. 육방판상 결정(六方板狀結晶)이고, 냄새가 독특하다. 녹는점 이상으로 가열하면 분해·승화하지만 증류가 가능하다. 물·벤젠에는 녹지 않지만, 에탄올·에테르·아세트산에는 녹는다. 빛과 공기에 의하여 서서히 분해되어 이산화탄소·일산화탄소·요오드가 된다. 유리된 요오드의 살균작용을 이용하여 살균·방부제의 의약품으로 사용하였으나 근래에는 냄새가 독해 거의 쓰지 않는다.

요오드 플라스크 (iodine flask) 요오드 환원 적정에서 사용되는 용기. 요오드화물 이온의 산화로 발생하는 요오드가 기화 산일하지 않도록, 또 공기 중의 산소에 의해 요오드화물 이온이 산화되지 않도록 밀폐할 수 있는 구조의 용기를 말한다.

요오드화 (—— 化, iodination) 유기 화합물에서 요오드 치환체를 형성하는 반응. 탄화수소와 요오드의 직접 치환반응은 일어나기 어려우므로 요오드화에는 특수한 반응이 필요하다.

요오드화물 (―― 化物, iodide)　요오드 보다도 전기 음성도가 낮은 원소와 요오드의 화합물에 대한 총칭. 예를 들면 요오드화 수소산의 염 KI, NH_4I 등 및 비금속 원소와 요오드가 공유결합으로 결합한 화합물 PI_3, CH_3I 등을 지칭한다.

요오드화물 이온 (―― 化物 ――, iodide ion)　요오드의 음이온 I^- 이온을 이른다. 옛 문헌에는 요오드 이온이라 되어 있으나 요오드 양이온 I^+도 존재하므로 음이온 I^-는 요오드화물 이온이라 하는 것이 정확하다.

요오드화 칼륨 (potassium iodide)　수용성의 무색 결정. KI. 요오드 칼리는 속칭. 금속·비금속이 요오드와의 직접 반응에 의해서 생기는 것도 있으나 금속 원소인 경우는 보통 금속·산화물·수산화물·탄산염 등을 요오드화 수소산에 녹이면 생긴다. 또 비금속 원소의 요오드화물, 예를 들면 사요오드화 탄소는 사염화 탄소와 이황화 탄소의 혼합물에 요오드화 알루미늄을 반응시켜서 얻는다. 알칼리 금속이나 알칼리 토금속 등 전기 양성이 강한 원소의 요오드화물은 요오드이온 I^-을 함유하는 무색의 이온 결정이다. 이들은 일반적으로 물에 잘 녹아 이온에 해리하며, 수용액은 중성이다. 유기 용매에서는 무극성인 것에 살 녹지 않는다. 이에 비하여, 전이원소 및 중금속 등 양성이 비교적 약한 원소의 요오드화물 무수물은 공유결합성이 있고, 보통 독립된 분자 또는 거대 분자 구조를 가지며 황색 또는 적색으로 착색되어 있고 물에 녹지 않는 것이 많다. HgI_2, PbI_2, AuI_3, BiI_3 등은 그 예이다. 수화물은 물에 녹는 것이 많다. 수용액은 일반적으로 가수분해되어 있어 산화물을 침전시키는 것도 있다. 비금속 원소의 요오드화물은 보통 공유결합성인 분자로 이루어지고 휘발성이며 물에 녹지 않지만 유기 용매에는 녹는 것이 많다.

요오드화 칼륨 녹말지 (―― 化 ―― 綠末紙, potassium iodide-starch paper)　시험지의 하나. 요오드화 칼륨 및 가용성 녹말을 녹인 수용액에 여과지를 담그고 그것을 건조시킨 것.

미량의 산화제에 접하면 청색을 띤다.

요오드 흡착량 (―― 吸着量, iodine absorption number)　고무공업에서 사용되는 용어. 고무의 충전제로 사용되는 카본 블랙 등의 분체 미립자의 표면적 대소를 알기 위한 가늠. 시료 1g에 흡착되는 요오드의 양을 mg 단위로 나타낸 것이다.

욕 (浴, bath)　반응 용기 등의 물체를 일정한 온도로 유지하기 위한 매체. 또는 그 매체를 수용하는 용기도 포함하여 욕이라 한다. 매체로서는 기체(공기욕 등), 액체(수욕, 유욕 등), 고체(사욕 등)가 있으며 목적에 따라 선택 사용한다. 전기분해에서 전해욕을 가리켜 단순히 욕이라 하는 경우도 있다.

욕비 (浴比, liquor ratio)　염색 기타의 마무리 가공 및 세정에 있어 천과 처리욕, 세정욕의 중량비. 일반적으로 염색에서는 욕비가 작을수록 염착률이 높지만 염색 얼룩이 생기기 쉽다. 한편, 세정에서는 욕비가 클수록 세정 효율이 높아지는 경향이 있다.

욥의 방법 (―― 方法, Job's method)　연속 변화법으로 용액 중의 착물 조성을 결정하는 경우, 착물 생성의 비율을 여러 가지 물리화학량(흡광계수, 굴절률, 도전율 등)의 검출로 추적할 수 있는데 특히 흡수곡선에서의 어떤 파장의 흡광계수를 사용하는 방법을 말한다.

용광로 (熔鑛爐, blast furnace)　금속 제련용의 세로형 용광로. 제철에서는 용광로라 한다. 비철 금속용 노의 메커니즘은 용광로와 거의 같으나 용광로에 비해 소형이고 높이도 낮다. 발열원으로 무엇을 사용하느냐에 따라 코크스선 용광로·목탄선(木炭銑) 용광로·전기선 용광로 등으로 나누며, 세계에서 생산되는 선철의 대부분은 코크스선 용광로에서 생산된다. 용광로에서는 노의 최하부에서부터 가열된 공기를 노 위로 불어넣는데, 옛날에는 발로 밟는 풀무를 사용하여 바람을 노 속에 공급하였다. 그 후 수차(水車)가 동력원이 되어 인력에 의한 바람보다 강한 바람을 공급할 수 있게 되었고 공기의 공급, 즉 산소의 공급이 충분하게 되어 화력이 커지고 제철을 하는 온도가 옛날보다 높아졌다. 최근에는 송풍기를 사용하여 열풍(熱風)을 노 안에 공급한다. 노정(爐

頂)에서 철광석, 코크스, 드로마이트, 석회석을 속에 넣고 하부의 출입구에서 열풍을 불어넣는다. 발생하는 일산화탄소 가스에 의해 광석은 환원되어, 하부에 액상의 선철(용철)로 괴인다. 불순물은 분리되어 선철상에 슬래그로 부상한다.

용광로 가스(鎔鑛爐 ——, blast furnace gas) 용광로에서 배출하는 가스. 질소, 일산화탄소, 이산화탄소로 되어 있다. 용광로 가스는 제진 후에 열풍로에 들어가 공기를 예열한다. 예열된 공기는 열풍이 되어 용광로의 열원이 된다. 특징은 가격이 매우 싸고, 가스의 성분·성질에 변동이 없으며, 과열 산화의 염려가 적은 점이다. 성분은 이산화탄소 10~14%, 일산화탄소 26~30%, 메탄 0~0.3%, 수소 1~2%, 질소 55~60%, 발열량 900~1,000 kcal/m^{3}이다. 코크스 1 t 당 용광로 가스 발생량은 3,500 m^3 내외이다. 노정에서 나오는 용광로 가스 중에는 10 g/m^{3}의 티끌이 포함되어 있으므로 제진기(除塵器)를 통과시켜서 2~5 g/m^{3}로 낮추고, 청정기(淸淨器)를 통하여 0.5~0.02 g/m^{3}까지 되도록 세정하여 제철소 내의 연료로 사용한다. 열풍로(熱風爐)·코크스로(爐) 가열, 제강로, 압연용 가열로, 보일러 등에 사용된다. 발열량이 낮고 불꽃의 휘도(輝度)도 낮으므로 고온을 필요로 하는 곳에서는 코크스로 가스·중유 등을 혼합해서 사용한다.

용광로용 코크스(熔鑛爐用 ——, blast furnace coke) 선철을 제조하기 위해 용광로에서 사용하는 코크스. 용광로 안에서는 고온을 얻기 위한 연료가 될 뿐만 아니라 철광석을 환원하기 위한 환원제, 용광로 안을 통하는 가스와 용해된 철의 통기성·통액성을 유지하는 공극재(스페이서)의 역할도 한다. 이산화탄소와의 반응성, 강도 등의 여러 특성이 소정의 값을 갖고 있어야 한다.

용균반(溶菌斑, plaque) ⇨ 플라크.

용량(用量, dose, dosage) 약물 등의 사용량을 이른다.

용량 계수(容量係數, volumetric coefficient) 두 상의 직접 접촉으로 물질 또는 열 이동을 하는 조작에서, 장치의 단위 용적, 단위 시간당에 두 상 계면을 이동하는 물질량 혹은 열량이 그들의 추진력에 비례한다고 하

였을 경우의 비례계수. 이동계수와 비표면적의 곱으로 부여된다. 장치의 크기를 구하는데 있어 두 상 간의 유효 접촉면적의 추정이 곤란한 경우에 사용된다.

용량 몰 농도(容量 —— 濃度, volumetric molar concentration) ⇨ 몰 농도.

용량 분석(容量分析, volumetric analysis) 적정 조작으로 목적 성분과 당량 표준액의 체적을 구하고, 그 값에서 목적 성분을 정량하는 화학분석. 정확히는 적정분석(滴定分析)과 기체분석의 일부가 포함되지만 보통은 정량하고자 하는 물질의 용액과 그 물질과 정량적으로 반응하는 물질을 선택하여 농도(濃度)를 이미 아는 용액으로 만든 것을 준비하고 한쪽은 뷰렛, 다른 쪽은 비커에 적정하는 것을 말한다. 반응의 종말점은 지시약 또는 각종 수단에 의해서 확인하고, 그 때까지 적정된 용액의 양을 정확히 뷰렛으로 읽는다. 또 비커에 취한 시료(試料)의 양을 정확하게 재어 두는 방법에 의해서도 정량할 수 있다. 부피분석은 함유량을 미리 아는 인디고 용액에 그 빛깔이 사라질 때까지 표백분 용액을 가하여 표백분 용액의 산화를 비교한 것이 그 시초라고 한다. 1824년 J. L. 게이뤼삭에 의해 처음으로 지시약이 사용되었고, 이어서 중화 적정·은적정(銀滴定) 등이 도입되었다. 또 1846년 F. 마르구에리트에 의해 과망간산 칼륨이 정제로 사용되는 등 새로운 방법도 고안되었다. 1855년에 이르러 K. F. 모어에 의해서 그 때까지 알려져 있던 방법이 정리되고, 여기에 개량이 가해져서 오늘날의 용량 분석의 기초가 확립되었다. 그 후 많은 연구자에 의해서 새로운 적정법이 연구되었는데 특히 1946년 킬레이트 적정법의 도입으로 적용범위도 한층 확대되었다. 조작이 간편하고 단시간에 고정도로 상량—미량 분석까지 가능하므로 널리 이용된다. 산염기 적정, 산화—환원 적정, 침전 적정, 킬레이트 적정 등이 있다.

용량비(容量比, capacity factor) ⇨ 커패시티 팩터.

용리(溶離, elution) 크로마토그래피에서, 고정상으로 유지된 물질을 이동상(기체, 액체 또는 초임계 유체)을 사용하여 고정상에서 탈리시키는 것. 용리에 사용하는 시약을 용

리제, 그 용액을 용리액이라 한다.

용리액 (溶離液, eluent, eluant) 크로마토그래피에서, 고정상으로 유지되고 있는 물질을 용리하기 위해 사용하는 액체를 이른다. 이 의미로 용출액을 사용하는 것은 잘못이다.

용리제 (溶離劑, eluent, eluant) 크로마토그래피에 있어 고정상으로 유지되고 있는 물질을 용리하기 위해 사용되는 시약. 용리액은 용리제를 용해한 액체이다.

용매 (溶媒, solvent) 용액 또는 고용체를 형성할 때 녹이는 물질(용질)의 매체가 되는 물질. 예를 들면 염화나트륨 수용액에서는 물이 용매이다. 용질, 용매가 모두 액체(고용체의 경우는 모두 고체)인 경우는 다량으로 있는 성분을 용매로 간주하는 경우가 많다. 고용체(固溶體)를 용액으로 간주하는 경우도 마찬가지로 많은 쪽을 용매로 본다. 물·알코올·벤젠·아세톤·석유 에테르·에테르·이황화탄소·사염화탄소 등이 많이 사용된다.

용매 추출 (溶媒抽出, solvent extraction) ⇨ 액체–액체 추출.

용매화 (溶媒化, solvation) 용액 중에서 용질의 분자나 이온이 그 근방의 용매분자와 어떤 힘(정전적인 상호작용, 수소결합, 기타)으로 느슨하게 결합하거나 또는 그 용질 부근 용매분자의 존재상태가 순용매 중의 용매분자 존재상태와는 다르게 되는 현상. 용매가 물인 경우를 수화라고 한다.

용매화 전자 (溶媒化電子, solvated electron) 극성 용매 중에 고에너지 입자선 단파장의 빛을 조사하였을 때에 생기는 용매화한 전자를 이른다. 용매가 물인 경우 수화 전자라 한다. 또 전극 반응이나 화학 반응으로 생긴 전자가 극성 용매분자로 둘러싸여 안정화하여도 용매화 전자가 생기는 경우가 있다. 예를 들면, 드라이 아이스로 냉각한 액체 암모니아 안에 알칼리 금속이나 알칼리토류 금속을 녹이면 용매화 전자가 발생하며 청색을 띠게 된다. 용매화 전자는 강성 용매 중에서도 생성될 수 있다.

용매 효과 (溶媒效果, solvent effect) 용액 중에서 용매의 종류에 따라 용질의 물리적·화학적 성질이 변하는 것. 화학 평형상수, 반응속도 상수, 자외가시스펙트럼, NMR 스펙트럼의 화학 시프트 등에 대해서 널리 볼 수 있다. 용매합의 대소, 용매의 유전율 차이 등이 주 원인이다.

용사 법랑 (溶射琺瑯, flame-coating enamel) 법랑용 프리트 분말을 고온의 프레임을 통해 용해하면서 대상물에 불어넣어 소성로 없이 성형하는 법랑. 대형 제품 등에 사용된다.

용액 (溶液, solution) 일반적으로는 균일한 액상 혼합물을 말한다. 균일한 혼합물이란, 어느 부분을 취하여도 조성이 같은 상태를 지칭한다. 영어의 solution은 넓은 뜻으로는 균일한 기상 혼합물과 고상 혼합물까지 의미한다. 후자는 공용체라 한다. 녹은 기체·액체·고체 등을 용질(溶質), 이것을 녹인 액체를 용매(溶媒)라고 한다.

용액 중합 (溶液重合, solution polymerization) 단량체를 용해하는 용매 중에서 중합을 하는 방법. 생성된 중합체가 용해된 상태인가 또는 침전하는가에 따라 각각 균일계 불균일계 용액 중합이라 한다. 국소적인 중합열의 축적을 피할 수 있는 장점이 있으나 용매의 회수·제거가 필요한 결점도 있다. 그러므로 중합 혼합물을 도료, 접착제로서 사용하는 경우가 많다. 용액 중합에 대해 용매를 사용하지 않는 중합을 벌크 중합이라 한다.

용원성균 (溶原性菌, lysogenic bacteria) 세균의 염색체 안에 파지를 도입한 세균. 자외선 등의 자극으로 파지가 증식하여 세균을 용해한다.

용융대 (熔融帶, zone melting) 편석을 이용하여 고체 재료의 정제, 균질화 등을 하는 방법. 불순물 B를 함유하는 물질 A를 용해한 후, 상태도에서 고상과 액상이 공존하는 온도까지 냉각하면 고상 중의 B의 농도는 일반적으로 액상보다 낮아진다(양자의 농도비를 편석계수라 한다). 이것을 이용하여 봉상 시료의 일단 가까이를 가열하여 융해대를 형성하고, 그것을 다른 끝 방향으로 서서히 이동시킨다. 그러면 불순물 B는 융액 중에 농축되어 융해한 후 응고한 고상의 순도가 높아지므로 이것을 반복함으로써 제련할 수 있다.

용융 도장 (溶融塗裝, melt coating) ⇨ 융해 도장.

용융 알루미나 (溶融 ——, fused alumina) 정

제한 알루미나, 보크사이트, 다이아스포아 등을 전기 아크로에서 용융하여 제조한 재질. 결정구조는 커런덤형(α-Al_2O_3)이다. 내화물과 연삭재의 원료로 사용된다.

용융염 (溶融鹽, fused-salt, molten salt) ⇨ 융해 염.

용융염 전해 (溶融鹽電解, fused-salt electrolysis) 고온에서의 각종 염의 혼합 용융염의 전기분해. 용융염은 이온성 액체이므로 패러데이의 법칙이 수용액의 전해와 마찬가지로 성립하며, 음극에서는 양이온의 방전과 환원, 양극에서는 음이온의 방전과 산화가 일어난다. 수용액의 전해로는 생기지 않는 화학적으로 천한 금속(리튬, 나트륨, 알루미늄 등)과 귀한 플루오르도 생성한다. 이 전해에 특수한 현상으로서 금속 안개와 양극 효과가 있다.

용융 인산염 (熔融燐酸鹽, fused phosphate) 건식 인산비료의 하나. 인광석과 사문암의 혼합물을 전기로 또는 평로에서 용융하여 흘러나올 때 수냉하여 제조한다. CaO-MgO-P_2O_5-SiO_2계의 시트르산 용융 유리이다. 염기성 비료에 속한다.

용융지수 (熔融指數, melt index) 정해진 일정 조건하에서 용융물을 피스톤에서 압출하였을 때의 유량으로, 용융물의 흐름의 용이성을 나타내는 지수. MI가 약어. 멜트 플로 인덱스(약어 MFI), 멜트 플로레이트(약어 MFR)라고도 한다. ⇨ 융해 점도.

용적 (容積, volume) 용기 안의 공산부분의 부피. 예를 들면 "이 비커의 용적은 1리터이다" 하는 표현에 사용된다. 체적(이것도 영어는 volume)과 동의어로 사용되는 경우도 있다.

용제 염색 (溶劑染色, solvent dyeing) 비수(非水)계 용제, 주로 염소화 탄화수소를 매체로 하는 염색법. 물을 매체로 하는 염색법에 비해 배수의 오탁 부하가 적고 에너지가 절약되므로 일시 주목을 받았지만 용제 회수 기타에 낳은 문제점이 있어 현새는 실용화되지 않는다.

용제 정제탄 (溶劑精製炭, solvent refined coal) 석탄을 고온·고압하에서 용제추출과 온화한 수소화를 동시에 하여 가용화하고, 이어서 고액(固液)분리를 하여 광물질과 미용해 고형물을 제거 다음 경질 유분, 용제 성분도 제거하여 얻은 고체상의 물질. 약어 SRC이다. SRC를 사용하면 석탄 액화시의 수소를 절약할 수 있으므로 미국이나 일본에서 SRC 석탄 액화법이 개발되었다.

용제 추출 (溶劑抽出, solvent extraction) ⇨ 액체-액체 추출.

용존 산소 (溶存酸素, dissolved oxygen) 수중 또는 일반적으로는 액체 중에 용해하여 있는 분자상 산소. 약어로 DO이다. 수질 오염의 정도를 나타내는 지표로 사용된다. 20℃, 1 atm의 대기하에서 순수(純水)의 DO는 9 ppm에서 포화상태에 이르는데, 이 값은 온도가 오르면 감소하고 대기압이 오르면 증가한다. 또 다른 용해성분의 영향도 받는다. 물 속에서 생활하는 어패류(魚貝類)·호기성(好氣性) 미생물은 용존 산소를 호흡하고, 물 속에 있는 유기물은 이것에 의해서 산화 분해되기 때문에 용존 산소의 부족은 단지 어패류의 사멸을 초래할 뿐만 아니라 유기물 등이 잔류하여 물의 오탁을 가져오게 된다. 용존 산소량을 측정하는 데는 윙클러법·미러법 등의 적정법(滴定法), 특수한 전극을 이용한 전기적 측정법 등이 있다.

용질 (溶質, solute) 용액을 만들 때 용매에 녹이는 물질. 예를 들면 염화나트륨 수용액에서는 용질은 염화나트륨이고 용매는 물이다. 한편, 액체에 액체가 녹는 경우는 그 양이 많은 쪽을 용매로 보고, 적은 쪽을 용질로 간주한다. 예를 들면 물과 알코올은 임의의 비율로 혼합하는데 물의 양이 많을 때는 알코올을 용질이라 하고, 약전(藥典) 알코올과 같이 96%가 알코올일 때는 물을 용질이라고 한다.

용출 (溶出, elution) ⇨ 용리.

용출액 (溶出液, effluent) 크로마토그래피에서, 용리한 결과 얻어지는 액체. 액체 칼럼 크로마토그래피에서는 칼럼에서 유출하는 액이 용출액이고, 용리액은 칼럼에 유입히는 액을 지칭한다.

용출파 (溶出波, dissolution wave) 전극 재질이 용출로 발생하는 폴라로그래프 파를 말한다.

용해 (溶解) (1) dissolution 물질이 액체로 녹아 균일한 액상이 되는 현상을 말한다. (2) lysis 세균이나 세포의 형질막이 산소와 항체 등으로 파괴되어 원형질이 유출하는 것. 특히 파지와 바이러스의 효소에 의한 세포 파괴를 지칭하는 경우가 많다.

용해도 (溶解度, solubility) 물질(용질)을 어떤 온도, 어떤 압력에서 어떤 용매에 녹였을 때 용질이 그 이상은 녹지 않게 되는 최대 한도의 양. 보통은 대기압하의 값이므로 용질이 기체인 경우 이외는 압력은 명기하지 않는 경우가 많다. 포화 용액의 농도이다. 기체의 용해도인 경우에는 용해도 계수로 나타내지만 온도, 압력도 함께 지정할 필요가 있다.

용해도 계수 (溶解度係數, solubility coefficient) 액체 중의 기체의 용해도를 나타내는 방법의 하나. 흡수계수라고도 한다. 어떤 온도에서 주어진 압력의 기체가 액체 용매상과 평형상태에 있을 때 단위량의 용매 중에 녹아 있는 기체의 체적(특정 온도 및 압력에서의 값)을 이른다.

용해도 곱 (溶解度 ——, solubility product) 난용성의 염 MA가 어떤 온도에서 용매에 약간 용해되어 M^+와 A^-의 이온으로 해리하여 있다고 한다. 이 때 M^+의 농도 $[M]^+$와 A^-의 농도 $[A]^-$의 곱은 일정하다 ($[M]^+ \cdot [A]^-$ =일정). 이 곱을 이 온도에서의 MA의 용해도 곱이라 한다. 난용성 염의 용해도 곱은 일정한 온도에 있어서 일정한 값을 나타내며, 화학분석, 특히 침전 적정에 있어서 중요한 값이다.

용해열 (溶解熱, heat of dissolution) 용해에 따라 발생 혹은 흡수되는 열. 정온·정압의 경우, 용해에 의한 엔탈피 변화와 같다. 혼합열의 하나이다. 용해열은 용질 1 mol을 용해하는 용매의 양에 의해서도 달라지므로 이것을 밝혀둘 필요가 있다. 예를 들면, 상온에서 염화칼륨 1 mol을 25 mol의 물에 용해할 때 용해열은 4.05 kcal(흡열)가 된다. 이와 같이 1 mol 물질이 일정량의 용매에 녹을 때까지 발하거나 흡수하는 총열량을 적분 용해열이라 하고, 용해 과정의 각 순간에서의 용해열을 1 mol당으로 나타낸 값, 다시 말하면 어떤 농도인 용액의 무한대의 양 안에 그 용질 1 mol을 녹일 때 출입하는 열을 그 농도에서의 미분 용해열이라고 한다. 이상(理想)용액을 만드는 경우 용해열은 0이고 용해열의 발생은 이상 용액에서 벗어나는 원인이 된다.

용해 전위 (溶解電位, dissolved potential) 금속을 전극으로 사용할 때 전극 전위를 양의 방향(귀한 전위)으로 이행시켜 나가면 전극이 용해하고 금속은 이온이 되어 전해액 속으로 녹아든다. 이 용해가 시작되는 전위를 용해 전위라 한다. 각 금속은 고유의 용해 전위가 있으므로 합금을 전극으로 하는 경우 용해 전위의 차이에 따라 용해하기 쉬운 금속만을 녹여 제거할 수 있다. 따라서 금속의 분리와 정제 수단으로 유효하다.

용해 파라미터 (溶解 ——, solubility parameter) 액체의 1 mol당 증발열을 ΔH, 몰 체적을 V로 할 때 $\delta = (\Delta H / V)^{1/2}$에 의해 정의되는 양. 정칙(正則)용액의 이론에서 중요한 역할을 한다. 용해 파라미터의 값이 가까운 물질끼리는 용해하기 쉬우므로 용매의 선택 등에서 편리한 양이다.

용해 펄프 (溶解 ——, dissolving pulp) 화학적 정제를 진행하여 셀룰로오스의 순도를 높인 화학 펄프. 섬유와 필름으로 형성하기 위해 일단 용해하는 데서 유래된 명칭. 목재를 증해(蒸解)하여 제조하며, 증해법으로는 아황산법과 전 가수분해-크라프트법이 있으며 용도에 따라 선택된다. 제지용 펄프의 대응어. 레이온, 셀로판을 비롯하여 각종 셀룰로오스 유도체의 원료가 된다.

용혈작용 (溶血作用, hemolysis) 적혈구의 파괴로 헤모글로빈이 용출되는 것. 용혈 반응이라고도 한다. 하나의 항원-항체반응 또는 어떤 종의 세균이 분비하는 독소로 인해 야기되는 외에, 저삼투압, 가온 등의 물리적 요인에 의해서도 일어난다. 1898년 벨기에의 세균학자 J. 보르데가 이종 적혈구로 면역된 동물혈청이 보체(補體)의 존재하에서 항원으로 사용한 적혈구를 용혈하는 현상을 발견하여 보체결합 반응의 기초를 다진 것으로 알려지고 있다. 일반적으로는 용혈소 혈청과 적혈구 부유액 및 보체(보통은 모르모트의 신선한 혈청을 사용한다)를 혼합하여 37℃로 가열하면 일어나며, 적색 투명한 액체로 변하기 때문에 알 수 있다. 가볍게 원심분리하여 상징액의 착색도를 조사하면 용혈의 유무를 곧 알 수 있다.

우각유 (牛脚油, neat's boot oil) 소 발을 물과 함께 끓여 얻은 유지에서 저온처리하여 팔미트산 등의 고체산을 석출 제거한 기름. 이것은 순수한 우각유이지만 고급품을 제외하면 돼지, 양, 말 기름을 혼합하여 처리한 것도 우각유라 한다. 지방산 조성은 올레인산을 주성분으로 하고 그 밖에 팔미트산, 헥사데켄산 등으로 된다. 윤활유, 제혁용 기름 (가지제)으로 사용된다.

우드 실러 (wood sealer) 목재에는 도관이 있고 목구는 다공질이므로 구멍을 메꾸어 도료의 흡입을 방지하여야 한다. 구멍을 메우기 위해 충전제를 사용하는데 충전 후에 충전을 고정하기 위해 칠하는 투명 도료를 우드실러 혹은 목재 바탕도료라 한다.

우드워드-호프만 규칙 (—— 則, Woodward-Hoffmann rules) 페리 환상반응에서, 분자 궤도의 대칭성이 보존되는 반응이 보존되지 않는 반응보다도 일어나기 쉽다는 선택률. 궤도 대칭성의 보존칙이라고도 한다. 1965년에 R. B. Woodward와 R. Hoffmann에 의해 발표되었다. 이 경우의 반응은 입체 특이적인 협주반응이다. 이 때, 반응에 관여하는 전자의 수를 q라 하면 $q=4n+2$ (n은 정수)의 경우에는 열반응이 일어나기 쉽고, $q=4n$의 경우에는 광반응이 일어나기 쉽다.

우라늄 (uranium) 원자번호 92의 원소, 원소 기호 U. 독일어에 기준할 때는 우란(Uran)이라고도 발음한다. 홑원소 물질로 처음으로 분리한 것은 1842년 프랑스의 E. M. 펠리고이다. 또 프랑스의 A. 베크렐은 우라늄 화합물이 흑색 종이를 통과해서 사진 건판을 감광시키는 사실에 주목하여 방사능(放射能)을 발견하였다. 천연 우라늄은 질량수 234(존재 백분율 0.0058%, 반감기 24만 8천년). 235(존재 백분율 0.715%, 반감기 7억 1천3백만년), 238(존재 백분율 99.2%, 반감기 45억 1천만년) 등 3종이 동위원소로 이루어지며, 그 밖에 인공적으로 만든 동위원소를

포함하면 질량수 227에서부터 240까지 14종이 존재한다. 화합물로서 지구 표층에 많이 존재하는 것으로 알려져 있으며 암석·해수 중에 엷고 광범위하게 분포해 있다. 암석 중의 평균 함유량은 t당 4 g 정도라고 하는데, 이 양은 금이나 은보다는 많다. 우라늄을 함유하는 주요 광물은 페그마타이트맥 또는 열수광상(熱水鑛床)에서 산출되고, 각종 광물이 알려져 있지만 중요한 것은 피치블렌드·카노타이트·비동(砒銅)우라늄석·인화우라늄석·인동우라늄석·비회(砒灰)우라늄석 등이 있다. 주산지는 캐나다·남아프리카·미국·러시아·오스트레일리아·브라질 등이다. 진공 용해시켜 주조(鑄造)한 우라늄은 냉간가공(冷間加工)이 가능하며 가공 경화시킨 것이라도 가열하면 곧 연화된다. 공기 중에서 가열하면 발화해서 산화우라늄 U_3O_3이 된다. 할로겐·황·질소와도 직접 반응한다. 묽은 산에는 녹아 수소를 발생하며 4가의 우라늄염이 된다. 질산에도 녹아 질산우라닐로 변한다. 알칼리와는 반응하지 않으며 이온화 경향은 망간과 아연의 중간이다. 화합물의 주 원자와는 2, 3, 4, 5, 6가인데 6가가 가장 안정되고 4가가 그 다음이다. 원자로 연료로 여러 가지 형태로 사용되고 있지만 균질로(均質爐)에서는 우라늄 금속(때로는 합금)을 적당히 성형한 것이, 불균질로에서는 황산염·질산염의 용액이 사용된다. 그 밖에 여러 가지 내식성 합금(耐蝕性合金)에도 소량 사용되고, 또 이우라늄산나트륨 (우라늄황이라고도 한다)으로 유리·도사기 등의 착색세(着色劑)도도 사용되고 있다.

우라늄 계열 (—— 系列, uranium series) 천연의 방사성 계열의 하나로, 우라늄의 동위체 $^{238}_{92}U$에서 시작하여 납의 안정 동위체 $^{206}_{82}Pb$로 끝나는 계열. 도중에 $^{226}_{85}Ra$을 경유하므로 우라늄-라듐 계열이라 부르는 경우도 있다. 또 이 계열에서 핵종의 질량수는 모두 $4n+2$이므로 $4n+2$ 계열이라고도 한다.

우라늄산 염 (—— 酸鹽, uranate) 일반식 $M_2^1 O \cdot xUO_3$로 표시되는 화합물 ($x=1\sim6$). 우란산 염 $M_2^1UO_4$ 및 이우라늄산 염 $M_2^1U_2O_7$이 일반적으로 알려져 있다.

우라닐 염 (―― 鹽, uranyl salt)　우라닐기 UO_2(디옥소우라늄이라고도 한다)를 함유하는 이온성 화합물. UO_2^+와 UO_2^{2+}가 알려져 있다. UO_2^+는 우라닐(V) 혹은 우라닐(1+), UO_2^{2+}는 우라닐(VI) 혹은 우라닐(2+)이라 한다.

우라실 (uracil)　리보핵산의 염기 성분인 피리미딘 염기의 하나 $C_4H_4N_2O_2$. 피리딘 고리의 2, 4-자리에 히드록실기가 있는 화합물인데 각종 호변이성 구조가 있으며 디케토형 구조가 안정형이다. 무색의 침상결정(針狀結晶)으로, 분자량 112, 녹는점 338℃이다. 유기 용매에는 거의 녹지 않으나 따뜻한 물에는 잘 녹으며, 알칼리에는 엔올형(에틸렌 결합의 한 끝에 히드록시기가 결합한 양식)이 되어 녹는다. 생체 내에서 단독으로 존재하는 경우는 드물고, 당류의 생합성에서 중요한 구실을 한다. 시토신과는 다르게 산에 대해서 안정하다. 또 아데닌·구아닌·시토신처럼 DNA와 RNA에 모두 함유된 것이 아니라 RNA에만 들어 있고, DNA 속에서는 티민이 우라실과 같은 구실을 한다. 고등동물에 투여한 우라실은 핵산 속으로 들어가지 않고 사람인 경우에는 요소로 배출된다. 호르밀 아세트산과 요소를 축합시켜서 합성한다.

우레아 수지 (―― 樹脂, urea resin)　⇨ 요소수지.

우레아제 (urease)　요소를 가수분해하여 암모니아와 이산화탄소로 분해하는 효소. 세균, 효모, 고등 동식물 등에 널리 분포한다. 강남콩에서 얻어지는 우레아제를 결정화하여 J. B. Summer(1926년)가 효소의 주성분이 단백질이란 것을 해명하였다. 무색의 팔면체 결정으로 분자량 48만 3천, 등전점 pH 5.0, 최적 pH 8.0이다. 활성기로서 $-SH$기를 가지며, 수은·은·구리 등의 중금속 이온과 산화제에 의해 효소활성이 저해되고 황화수소·시안산염·글루타티온 등으로 회복된다. 세균은 이 효소에 의하여 질소원으로서 암모니아를 얻고 위점막에서는 염산을 중화하여 위세포를 보호한다. 이 효소가 식물에서는 요소의 축적을 방지하고 아미노화합물의 합성에 관여한다.

우레탄 (urethane)　카르바민산의 에스테르 H_2 NCOOR(R은 알킬기, 페닐기 등), 에틸에스테르 $H_2NCOOC_2H_5$를 단순히 우레탄이라고 부르는 경우도 있다. 고분자 화학에서는 $-NHCOO-$결합을 우레탄 결합이라 한다.

우레탄 고무 (urethane rubber)　디이소시아네이트를 폴리에스테르 혹은 폴리올과 반응시키고 다시 이것을 물, 글리콜, 아민 등으로 사슬 연장 및 가교하여 얻어지는 폴리우레탄의 고무. 이중결합을 함유하지 않으므로 내후성(耐候性)·내산화성이고, 우레탄 결합이 있으므로 기계적 강도·내마모성·내충격성 등에서 우수하다. 성형 고무는 쇼어 굳기(硬度) 60~90, 인장력(引張力) 300~500 (kg/m^2), 파단신장(破斷伸張) 700% 등으로, 천연 고무보다 다소 강하다. 그러나 알칼리·산에 의해 잘 침식되고. 내열성도 낮은 결점이 있다. 저속용(低速用) 타이어·컨베이어벨트·전기 부분품·구두의 밑창·베어링·탄성 거품·러버 등에 널리 사용된다.

우로키나아제 (urokinase)　단백질의 펩티드 결합을 가수분해하는 프로테아제의 하나. 플라스미노겐을 플라스민으로 전화한다. 플라스민이 피브린에 작용하여 혈전을 용해하므로 혈전 용해제로서 뇌혈관 폐쇄증, 심근경색증 등의 치료에 사용된다.

우로트로핀(urotropin)　⇨ 헥사메틸렌테트라민.

우론산 (―― 酸, uronic acid)　탄소 원자 4개 이상의 탄소사슬이 있는 알도오스(혹은 그 배당체)의 말단 $-CH_2OH$를 산화하여 카르복시기 $-COOH$로 한 형태의 카르복시산의 일반명. 글루코오스에서 유도되는 우론산은 글루크론산이라 한다. 글루크론산은 해독에 중요한 구실을 함과 동시에 히알루론산·콘드로이틴황산 등의 점질 다당류의 구성 성분으로서 중요하다.

우르짜이트 구조 (―― 構造, wurtzite structure)　황화아연 ZnS의 고온형인 우르짜이트광에 의해 대표되는 AB형 화합물의 결정 구조형의 하나. AB 각각의 주위에는 사면체형 사배위로 형성된 육방 격자이다. 이 때 A_3과 B_3이 형성하는 정삼각형의 중첩이 60° 엇갈려 있는 섬아연광형 구조에 대해, 이 구조에서는 중첩되어 있는 것이 특징이다. ZnO, CdS 등이 이 구조를 취한다.

우리딘 (uridine)　피리미딘 뉴클레오티드의 하나로 리보핵산의 구성 성분 $C_9H_{12}N_2O_6$. 리보핵산의 가수분해로 얻어진다. 우라실의 1-자리의 N와 D-리보오스가 β-결합한 구조이다. 생물계에 널리 분포하며, 단독으로 생체 내에 존재하는 경우는 적다. 무색의 바늘모양 결정으로 분자량 244이다. 다당류와 글루코시드의 생합성에서 조효소적인 기능을 가진 화합물에 많이 함유되어 있다. RNA를 가수분해하거나 우리딜산 (우리딘 인산)을 효소처리하여 인산기를 이탈시키는 방법 외에 유기화학적 합성법도 있다. 또 효모에 함유된 우리딘 가수분해 효소에 의해 우라실과 리보오스로 분해된다.

우리딜산 (── 酸, uridylic acid)　우리딘의 인산에스테르 $C_9H_{13}N_2O_9P$. 뉴클레오티드의 하나로 시티딜산과 함께 리보핵산에 함유되는 피리미딘 뉴클레오티드이다. 인산의 D-리보오스 부분에 대한 결합 위치에 따라 세 가지 이성질체가 있으나 보통 우리딘 5′-인산을 지칭하며, 약어는 UMP (uridine monophosphate)이다.

우물형 퍼텐셜 (── 形 ──, square-well potential)　1차원의 자유전자 모형에 사용되는 바닥이 평평하고 길이가 일정하며 깊이가 무한대인 가장 간단한 퍼텐셜. 네모우물 퍼텐셜이라고도 한다. 2차원, 3차원에도 확장되어 우물의 깊이를 유한한 값으로 한 것도 사용된다.

우연 오차 (偶然誤差, accidental error)　규명할 수 없는 원인에 의해 일어나는 오자. 측정값에 편차를 초래하지만, 측정값의 분포 곡선은 정규 분포가 된다.

우이로이드 (viroid)　⇨ 비로이드.

우주화학 (宇宙化學, cosmochemistry)　지구를 포함하여 모든 별과 성간 물질, 즉 우주에 존재하는 물질을 화학적인 해석과 방법으로 다루고 우주에서의 원소의 분포, 생성 혹은 소멸 등의 과정을 연구하여 우주가 화학적으로 어떻게 발전하고 전개되어 나가는가를 해명하려는 화학의 분야. 물질의 근원에는 현재 알고 있는 소립자(素粒子)로서 중성자·양성자·중간자(中間子)·전자 등이 있는데 이들이 어떻게 조합되어 우주의 생성에 이바지해 왔는지가 밝혀지고 있다. 처

음에 은하계가 분리되고 수소가 핵융합에 의해 연소하여 헬륨이 생겨 제1 세대가 되었다. 이것이 거성(巨星) G의 출현을 촉진하고 헬륨이 연소하여 탄소가 되었으며, 초신성이 출현하여 백색 왜성이 되어 제2 세대가 출현함으로써 마침내 태양이 생겼다. 그 동안의 원소 전환과 태양에서의 반응 등, 우주 공간 전부의 반응이 대상으로 되어 있다. 현재 화학자들에게 있어서 태양계 이외의 물질을 입수할 수 있는 가능성은 희박하며 태양계 내의 것으로는 운석(隕石)·우주먼지(宇宙塵) 등이 있는데, 이것에서 많은 것이 밝혀지고 있다.

우지 (牛脂, beef tallow)　소의 지육에서 얻어지는 지방. 원료의 처리부분, 처리방법 등으로 성상, 성질 등에 현저한 차이가 있다. 대부분은 상온에서 반고체 내지 고체이며, 지방산 조성은 주로 팔미트산, 스테아르산, 리놀산으로 되어 있다. 공업용으로서 경화유, 비누, 지방산(스테아르산, 올레인산) 등, 또 식용으로서는 마가린, 쇼트닝 등의 원료로 사용된다.

우회전성 (右回轉性, dextro-rotatory)　우회전의 선광성을 나타내는 물질을 이른다. 옛 문헌에서는 라틴어의 dextro(오른쪽)에 입각하여 d-라는 기호로 표시하였으나, 후에 상대 위치의 기호로서 d-가 사용되게 되어 d-라는 기호는 의미가 애매하게 되었다. 현재는 상대 배치의 기호는 D-로 바뀌어 우회전성 기호로서의 d-는 애매하므로 (+)를 사용하는 것이 일반적이다.

운반체 (運搬體)　(1) carrier, support　미량 유효성분을 효율적으로 이용하기 위해 유지시키는 물질. 예를 들면, 가스 크로마토그래피 충전제에서는 분리능이 있는 물질을 다공성 고체의 운반체로 유지시키는 일이 많다. 또 고체 촉매에서는 유효 표면적 증대 외에 선택성, 내열성, 통기성, 기계적 강도, 내피독성의 향상 등을 목적으로 다공성 고체의 운반체에 금속이나 화합물을 분산·유지시키는 일이 많다. (2) carrier, support　효소나 미생물 균체 등을 고정화하기 위한 물불용성의 물질. 폴리아크릴아미드, 셀룰로오스, 다공성 유리 등이 사용된다. 고체화 운반체라고도 한다. (3) carrier　미량 방사성

원소의 분리 조작을 효율적으로 할 목적으로 가하는 화학적 성질이 혹사한 물질을 말한다. (4) carrier 수송되는 물질과 결합하여 막수송을 촉진하는 물질. 크라운 에테르가 대표적인 예이나 생체계에는 헤모글로빈, 각종 이오노포어 등 많은 종류의 물질이 수송 운반체로 작용하고 있다. (5) ⇨ 캐리어.

운반체 결합법(運搬體結合法, carrier-binding method) 효소와 미생물, 동물, 식물의 세포 등을 물에 불용성인 운반체에 결합시키는 방법. 결합 양식에 따라 물리적으로 운반체에 흡수시켜 고정화하는 물리적 흡착법, 이온 교환기를 갖는 물 불용성 운반체에 이온 결합시켜 고정화하는 이온 결합법, 물 불용성 운반체에 공유결합으로 고정화하는 공유 결합법 등이 있다.

운철(隕鐵, iron meteorite, meteoric iron) 유성이 타다 남은 것으로, 지상에 낙하한 운석 중의 철질 운석. 지표에 낙하하는 전 운석의 약 5%가 운철이라 한다. 주로 철-니켈 합금으로 되어 있다.

울트라마린(ultramarine) ⇨ 군청.

울트라 인산염(—— 燐酸鹽, ultraphosphate) 인산을 감압하에서 가열하면 사슬 모양, 고리 모양 및 곁사슬이 있는 각종 축합 인산이 얻어지는데, 이것을 속칭 울트라 인산이라 한다. 또 인산 수소염을 가열 탈수할 때 조건에 따라 각종 곁사슬이 있는 *cyclo*-인산염이 생성되는데 이것도 속칭 울트라 인산염이라 한다. 예를 들면 판매되는 울트라 인산나트륨$(NaPO_3)_n$ 로서, $n=6$ 정도이다.

울프럼(wolfram) ⇨ 텅스텐.

울프럼 착염(—— 錯鹽, wolframate) ⇨ 텅스텐산 염.

웅황(雄黃, orpiment, gamboge) (1) 계관석이란 광물명으로 불리는 As_2S_3. 적색 물질인데도 웅황이란 별칭이 있으므로 혼란이 생기고 있다. 비소의 황화물이다. ⇨ 석황. (2) 적황색의 천연 수지이다. ⇨ 갬보지.

워시 앤 웨어 가공(—— 加工, wash and wear finishing) 의복을 세탁한 후, 다림질 없이도 착복할 수 있도록 세탁시에 주름이 생기지 않도록 직물에 대한 수지가공. 면 혹은 마 등의 셀룰로오스계 직물에 주로 적용된다.

워시 프라이머(wash primer) 비닐부티랄 수지의 용액에 ZTO형[$ZnCrO_4 \cdot 4Zn(OH)_2$]의 징크 크로메이트 안료를 혼합·연합하여 인산을 가한 도료. 철면에 도장하여 금속표면 처리와 녹방지 도막 형성을 동시에 하는 밑칠 도료. 사전에 인산을 함유하는 일액형과 사용 직전에 인산을 첨가하는 이액형이 있다.

워터 디프(water dip) 이온 크로마토그래피에 있어, 시료 주입 직후에 가끔 볼 수 있는 패스 라인의 골짜기 모양의 홈. 물을 비롯하여 시료를 용해한 용매에서 기인하므로 시료를 이동상에 용해시켜 주입하였을 경우에는 보통 볼 수 없다.

워터 백(water bag) 타이어를 가황하였을 때에 미가황 타이어의 안쪽에 포착시키는 내부가 비어 있는 둥근 쇠고리의 고무 부분과 고압·고온수를 압입하기 위한 고무 밸브로 되어 있는 백. 온수 대신에 증기를 사용하는 경우는 스팀백, 공기를 사용하는 경우는 에어백이라 한다.

원료선(原料線, feed line) ⇨ q 선.

원료탄(原料炭, coal for coke making) 코크스 제조용에 사용하는 석탄이다.

원료 풀(元料 ——, stock paste) 날염의 색풀을 만들기 위해 풀제만을 녹인 점도가 높은 풀을 말한다.

원색(原色, elementary color, original color, primary color) 혼합함으로써 광범위한 색깔을 재현할 수 있는 기본적인 색. 보통 세 가지 색으로 구성된다. 감색법의 원색은 황색, 적색, 청색이며 필요에 따라 자색이나 녹색이 가해진다. 가색법의 원색은 보통 적색, 녹색, 청색의 3색이다.

원섬유(原纖維, fibril) 생물체에 볼 수 있는 섬유상의 미세구조. 광학적 현미경으로 관측되는 $10^{-6} \sim 10^{-9}$m 정도 크기의 것. 근섬유와 콜라겐 섬유 등이다.

원심력 일그러짐(遠心力 ——, centrifugal distortion) 회전에 따른 원심력에 기인하는 분자(일반적으로는 물체)의 변형. 변형의 크기는 회전 각운동의 4곱에 비례한다. 비례계수를 원심력 일그러짐 상수라고 한다.

원심분리 라텍스(遠心分離 ——, centrifuged

latex)　원심분리법으로 고무 농도를 높인 라텍스를 말한다.

원액 착색 (原液着色, mass coloring)　합성섬유 등의 방사 원액에 미세한 안료를 분산시키고 이것을 방사하여 착색 섬유를 얻는 방법. 견뢰한 착색을 할 수 있으며 또한 난염 색성의 착색이 가능하다.

원유 (原油, crude oil)　유정에서 채취한 광유에서 수분과 천연가스를 분리한 것. 성분으로서는 각종 탄화수소를 주로 하고 소량의 황, 질소 및 산소 화합물을 함유하고 있다. 또 유전작업으로 인한 이수분의 알칼리 및 알칼리 토류금속이 포함된다. 그리고 중동과 남미산 원유에는 바나듐, 니켈 등의 고분자 유기 금속 화합물을 용존하고 있는 것이 많다.

원유의 기 (原油之基, base of crude oil)　원유는 각종 탄화수소의 혼합물을 주성분으로 하고 약간의 불순물을 함유하고 있으나 탄화수소의 종류에 따라 파라핀기, 나프텐기 및 이러한 것의 중간적인 혼합기 등의 구별이 있어 원유성상의 평가와 정제법의 기준으로 한다. 또 방향족이 많은 원유는 특수하여 예가 적다.

원이색법 (円二色法, circular dichroism)　광학 활성체의 광학 활성 흡수대의 파장영역에서, 좌와 우의 원편광에 대한 몰 흡광계수 ε_1과 ε_r의 차를 이른다. 원편광 이색성이라고 한다. 즉, $\Delta\varepsilon = \varepsilon_1 - \varepsilon_r$. 선광분산과 함께 기릴한 분자와 금속 착물의 절대 입체 배치 결정에 사용된다.

원자가 (原子價, valence)　어떤 원소의 원자가 특정한 화학 물질 중에서 다른 원자와 몇 개의 손으로 결합할 수 있는가를, 수소원자를 기준으로 하여 헤아린 값. 또 H_2O_2의 원자가는 2이지만 산화수는 -1이다.

원자가 각(原子價角, valence angle)　⇨ 결합 각.

원자가 결합법 (原子價結合法, valence bond method)　분자궤도법과 함께 양자역학적으로 화학결합을 다루는 대표적인 방법. VB법이라 약칭한다. 원자에 편재한 원자 궤도 또는 혼성 궤도에 전자를 분배하여 각 결합에 전자쌍이 생길 수 있도록 원자 궤도의 파동 함수의 곱을 스핀을 포함하여 반대칭화한

것으로, 계의 바닥상태를 나타낸다. 이처럼 각 원자가 중성인 공유구조에 약간의 이온구조를 혼합함으로써 쉽게 참한 상태에 접근시킬 수 있다.

원자가 상태 (原子價狀態, valence state)　화학결합하고 있을 때와 같은 전자배치를 하고 있는 원자의 상태. 결합전자를 원자가 결합법으로 표시하고 그 원자 궤도의 배치를 고정한 채로 결합거리를 무한대로 하였을 때 구해지는 상태로서, 일반적으로는 원자의 분광학적 상태가 아니고 그러한 것을 평균화한 가상적인 상태이다.

원자가 전자 (原子價電子, valence electron)　⇨ 가전자.

원자가 전자대 (原子價電子帶, valence band)　고체의 전자 에너지 상태를 1전자 근사의 밴드 모델로 기술할 때 원자간의 결합에 기여하고 있는 가전자가 형성하는 전자 에너지대. 반도체에서는 절대영도에서 가전자대의 최상부까지 전자가 가득 채워져 있으므로 충만대라고도 한다.

원자간 거리 (原子間距離, interatomic distance)　⇨ 핵간 거리. 그러나 원자간 거리란 표현이 이해하기 쉬우므로 많이 사용된다. X선 회절법으로 구할 수 있는 원자 위치는 전자밀도 극대의 점이므로 엄밀하게는 핵의 위치와는 다르다. 그러나 수소원자 이외에서는 그 차는 오차범위 이내이다.

원자 궤도(함수)(原子軌度(函數), atomic orbital)　원자 중의 각 전자의 공산석 분포들 나타내는 파동함수. 주양자 수 n, 방위 양자수 l, 자기양자수 m의 세 양자수에 의해 표시된다. n과 l의 조합으로 1s, 2s, 2p, 3s, 3p, 3d,…… 와 같이 이름이 정해져 있다. 근사한 원자 궤도(함수)로서는 슬레이터의 원자 궤도가 잘 알려져 있다.

원자단 (原子團, atomic group, group)　분자를 구성하는 여러 원자 중에서 특히 하나의 단위가 되어 존재하고 있는 원자의 일단. 기(基) 또는 라디칼과 같은 뜻으로 취급되는 경우도 있으나 일반적으로 이들보다 넓은 뜻으로 해석되고 있다. 예를 들면, 황산기는 황원자 하나와 산수원자 4개로 구성되는 원자단이며, 메틸기는 탄소 원자 하나와 수소

원자 3개로 구성되는 원자단이다. 질산은(窒酸銀)분자는 질소 1원자 및 산소 3원자로 되는 원자단(질산기)에 은 1원자가 결합하고 있다.

원자 단위 (原子單位, atomic unit)　원자·분자에 관한 물리량을 나타내는 데 있어 전자의 정지질량 m_e, 전기소량 e, 플랑크 상수 $h = h/2\pi$, 빛의 진공중의 속도 c 등. 이들의 곱 혹은 몫을 단위로 하여 사용하면 편리하다. 이러한 것을 원자 단위라 한다. 길이의 원자 단위는 $h^2/m_e e = 0.5292\,\text{Å} = 52.92\,\text{pm}$, 에너지의 원자 단위는 $m_e e^4 = 27.2\,\text{eV} = 2.6255 \times 10^6\,\text{Jmol}^{-1}$이 된다.

원자량 (原子量, atomic weight)　⇨ 상대 원자 질량.

원자량 단위 (原子量單位, atomic weight unit)　⇨ 원자 질량 단위.

원자로 (原子爐, nuclear reactor)　핵분열 연쇄반응을 제어하면서 지속할 수 있도록 한 장치. 일반적으로 사용하는 감속재, 냉각재에 따라 경수로, 중수로, 가스로 등으로 분류된다. 원자로가 보통 화력로(火力爐)와 근본적으로 다른 점은, 화력로가 물질의 연소열을 이용하는 데 반해 원자로는 핵분열 반응의 결과 발생하는 질량결손(質量缺損)에너지를 이용한다는 데 있다. 즉 연소열에 의해 자동적으로 연소가 확대되는 화력로와는 달리 원자로는 연료의 핵분열시에 방출되는 중성자(中性子)를 매개체로 하여 핵분열(원자로의 경우에도 연소라 한다)을 지속하게 된다. 따라서 원자로에서는 핵연료에 흡수되는 중성자수를 제어함으로써 핵연료의 연소를 조절한다. 원자로 속의 핵분열을 지속시키기 위해서는 핵분열시 방출되는 중성자들 중에서 다시 핵연료에 흡수되어 재차 핵분열을 일으키는 수가 최소한 1개 이상이어야 한다. 만약 그 수가 1일 때에는 핵분열 반응은 감소하지도 증가하지도 않고 일정하게 유지되며, 이 상태를 원자로의 임계(臨界)라고 한다. 또한 그 수가 1을 초과할 경우에는 핵분열 반응의 수도 점점 증가하게 되는데 이를 초임계상태(超臨界狀態)라 하며, 그 반대의 경우를 미임계상태(未臨界狀態)라 한다. 일반적으로 원자로를 일정한 출력으로 운전할 때는 이를 임계상태로 두거나 약간의 임계 초과상태로 하여 여분의 중성자를 적당한 물질(제어봉)에 흡수시키는 방법을 택한다. 1회의 핵분열에서 방출되는 중성자 수는 우라늄 235의 경우 평균 2개 정도이지만, 이들 모두가 재차 핵분열에 기여하는 것은 아니고 원자로 외부로의 누설, 또는 비핵분열성 물질에의 흡수 등에 의해 그 수가 감소되므로 원자로를 계속 운전하기 위해서는 이러한 중성자 손실을 최소로 해야만 한다. 그 방법으로는 핵분열성 물질의 양을 증가시키거나 핵분열시 방출되는 고속 중성자를 열중성자 준위로 감속시켜 흡수 확률을 높이는 방법, 노심 외부(爐心外部)로의 누설량을 최소화할 수 있도록 원자로의 크기를 충분히 크게 하는 방법, 그리고 다른 비 핵분열성 물질에의 흡수를 최소로 하는 방법 등이 있다. 핵분열의 순간에 방출되는 중성자는 에너지가 높은 고속 중성자로서 핵연료에 흡수될 확률이 극히 낮으므로 이를 감속시켜 흡수 확률을 높여 주는 것이 중요한 문제이다. 원자로의 제어는 카드뮴·붕소 등과 같이 중성자 흡수 단면적이 큰 재질(보통 막대 형태)을 노심 내에 집어넣거나 빼냄으로써 중성자수를 조절하여 제어하게 되며, 또한 반사체(反射體)나 감속재의 양을 변화시키는 방법을 사용하기도 한다.

원자번호 (原子番號, atomic number)　원자핵이 갖는 양자의 수. 즉 원자핵이 갖는 양전하를 전기소량을 단위로 하여 나타낸 수. 전하가 없는 원자의 전자수이기도 하다. 그 원자의 화학적 성질을 결정하고, 각 원자를 구별 분류하는 기본이 되는 중요한 양이다. 흔히 기호 Z를 사용한다.

원자 부피 (原子——, atomic volume)　단체인 고체 1 mol이 점하는 체적. 그 원자의 몰질량을 밀도로 나눈 것과 같다. 각 원소에 대해 그 원자용을 원자번호 순으로 도시하면 주기적인 변화를 볼 수 있다.

원자 분극 (原子分極, atomic polarization)　유전체가 전기장에 놓여졌을 때, 유전체를 구성하는 음·양 이온의 이동, 혹은 분자 내부 진동으로 인하여 야기되는 분극. 일반적으로 그 양은 작지만 특수한 구조의 분자에서는 비대칭적인 진동과 융통성이 있는 운동으로 분자 전체의 전하분포가 순간적으로 변화하여 매우 큰 분극을 나타내는 경우가 있다. 분자의 진동은 그 진동수가 적외선 영역에 있고 보통 광파의 전기장 영향은 받지 않으므로 전자분극과 구별할 수 있다.

원자분율 (原子分率, atomic fraction)　2종 이상의 원자로 된 계(예를 들면 합금)에서, 각 원자의 수와 전 원자의 수의 비를 나타내는 수치. 몰 분율과 같은 의미가 있다.

원자 산란 인자 (原子散亂因子, atomic scattering factor)　원자에 대한 구조인자. X선인 경우의 기호는 f이며, 1개의 원자에서 산란되는 X선의 강도는 $I_e| f |^2$ (I_e는 자유전자에 의한 산란강도)이다. X선은 전자에 의해 산란되므로 f는 원자의 전자분포 푸리에변환으로 계산된다. 전자선, 중성자선의 경우는 산란에 관여되는 것이 다르므로 다른 방법으로 구할 수 있다. 원자 형상인자라고 하는 경우도 있다.

원자선 (原子線, atomic line)　원자상의 원소가 발생하는 스펙트럼선. 이온선 등과 구별하여 원자선이라 한다.

원자 에너지 전지 (原子——電池, atomic energy cell)　방사성 동위체의 붕괴 에너지를 전기 에너지로 변환하는 전지. 원자핵의 반도 에너지를 열에너지로 하여, 열전 변환으로 전기 에너지로 변환하는 방식이 인공위성 등에서 실용화되고 있다. 반도체 접합면에 방사선을 쪼이거나, β선의 전자를 집전하는 방식 등도 시도되고 있다.

원자외선 (遠紫外線, far-ultraviolet)　자외 영역을 400 nm 이하의 파장 영역으로 할 때, 그 단파장측의 100~200 nm의 영역을 지칭한다. 이에 대하여 300~400 nm의 영역을 근자외선이라 한다.

원자 질량 단위 (原子質量單位, atomic mass unit)　원자·분자의 질량을 표시하는 데 사용하는 단위. ^{12}C 원자 질량의 1/12, 1.6605402$\times10^{-27}$ kg. 기호 u이다.

(원자)핵 반응 (原子核反應, nuclear reaction)　원자핵에 다른 원자핵, 소립자, 광량자 등이 충돌하여 일어나는 현상의 총칭. 핵반응이라고도 한다. 충돌입자로는 α입자나 α선 광자가 쓰일 수도 있고 양성자와 중수소(重水素), 무거운 이온 입자라든가 가속장치로 가속되어 핵반응을 일으킬 만한 에너지를 가진 입자들을 쓸 수 있다. 이 때 어느 입자를 쓰거나 타깃인 원자핵 둘레를 둘러싸고 있는 전자구름을 뚫고 들어가서 그 핵 가까이에 접근할 수 있어야 하며 핵력이 작용할 수 있어야 한다. 핵력은 전기력의 100배 이상으로 강하다. 핵력은 10~13 cm 정도 밖에는 그 힘이 미치지 못한다. 전형적인 핵반응을 보면 무거운 핵이 타깃이 되고 가벼운 입자가 충돌하게 되는데 이 때 일반적으로 더 무거운 핵 하나와 더 가벼워진 핵 하나가 튀어나온다. 1919년 처음으로 핵반응이 관측되었는데, E. 러더퍼드는 천연 동위원소인 폴로늄에서 나오는 α입자(헬륨 핵)를 질소핵에 충돌시켰을 때 튀어나오는 입자가 양성자임을 알아냈고, 새로 생긴 무거운 입자는 산소의 동위원소임을 처음으로 밝혀냈다. 핵반응을 연구함으로써 핵 자체의 구조 또는 핵력 자체를 알 수 있을 뿐 아니라 자연에서는 볼 수 없는 새로운 핵을 만들어낼 수도 있다. 이 새로운 핵을 이용하여 핵 자체의 성질을 밝히기도 하고, 공학·의학·생물학·화학 등에 이용하기도 한다. 재료검사·암치료·공정검사 등 용도는 다양하다. 핵반응으로 초(超)우라늄 원소가 만들어지기도 한다. 원자번호 Z가 자연에서 존재하는 최대수 92인 우라늄보다 더 큰 핵을 가진 원소는 우라늄핵을 중성자로 충돌시킴으로써 만들 수 있다. 큰 에너지 입자가 가지는 물질파(物質波)의 파장은 극히 짧아서 이러한 입자로 타깃 입자를 조사(照射)하여 그 핵 속의 물질과 전하의 밀도 등을 알아낼 수 있다. 이 경우 이용되는 핵반응은 탄성 반응이어서 이 때 원자수와 질량수가 불변할 뿐 아니라 들뜸 에너지가 0인 전자를 원자핵에 조사하여 그 산란을 알아내어 타깃 핵의 전하밀도를 알아낼 수 있다. 운동량과 에너지의 보존은 핵반응에도 성립된다. 마지막 생성물의 총 에너지가 충돌입자와 타깃 입자의 진체 운동 에너지보다 클 때는 에너지가 생긴 것이며 이 반응은 발열적이다. 만일 반응 후 에너지가 반응 전보다 작다면 이 반응은 흡열적이다. 앞의 경우 그 반응이 일어나려면 최소 필요 에너지가 있

는데, 즉 문턱 에너지를 가져야 한다. 태양과 별의 핵반응은 발열적이다.

(원자)핵 유제 (原子核乳劑, nuclear emulsion) 하전 소립자의 비적 기록을 하기 위한 원자핵 건판에 사용되는 할로겐화은 함량이 많은 사진 유제를 말한다.

원자 형광 분광 (原子螢光分光, atomic fluorescence spectrometry) 원자 흡광현상으로 들뜬 원자는 흡수한 빛과 동일한 파장의 빛을 방출하여 원래의 바닥상태로 되돌아간다. 이 때에 내는 빛을 원자 형광이라 하고, 이것을 측정하여 미량 원소의 정량 분석을 하는 방법이다. ⇨ 원자 흡광 분광.

원자 형태 인자 (原子形態因子, atomic form factor) ⇨ 원자 산란 인자.

원자화 (原子化, atomization, micronization) 액체를 가스 중이나 다른 액체 중에서 스프레이 등에 의해 작은 방울로 세분화하는 것. 고체의 원자화는 분쇄라 하여 구별하는 경우가 많다.

원자 흡광 분광 (原子吸光分光, atomic absorption spectrometry) 프레임 중에 존재하는 원자상의 원소는 같은 원소의 들뜬 상태에서 나온 빛을 선택적으로 흡수한다. 이것을 원자흡광이라 하며 이 현상을 이용하여 각종 미량 원소의 정량과, 분석을 하는 방법. 원자 증기는 시료 용액을 가스염 등의 속에 분무시켜 만들고, 광원으로서는 흔히 징량 목적 원소와 같은 파장인 빛을 방사하는 중공 음극 방전관을 사용한다. 알칼리 금속, 알칼리 토금속, 아연, 카드뮴, 구리, 망간, 납, 은 등의 미량 분석에 알맞다.

원적외선 (遠赤外線, far-infrared) 적외 영역의 전자파 중, 25~5,000 μm의 파장 영역을 지칭한다. 25~60 μm을 중원적외선, 60 μm 이상의 파장영역을 서브밀리파라 하는 경우도 있다.

원추 각 (圓錐角, cone angle) 제3급 호 스핀 배위자가 있는 입체적인 부피 증대를 나타내는 척도로서, 배위자의 기하학적 배치를 금속이 정점에 있는 원추로 간주하였을 때의 정각. 콘 앵글이라고도 한다. 착물 촉매 작용에서의 입체 장해요인과 밀접한 관계가 있다.

원추 사분법 (圓錐四分法, conical quartering) 품위가 높은 불균질한 광석 등의 큰 시료에서 원시료를 대표하는 적당한 양의 분석 시료를 채취하는 방법. 간단히 사분법이라고도 한다. 원시료를 원추상으로 쌓아 올린 다음 위에서 찌그려뜨린 후 사등분하여 서로 마주한 부분을 채취하여 혼합한다. 이 조작을 반복하여 적당한 양으로 축분하는 조작을 말한다.

원편광 (円偏光, circularly polarized light) 광파에서의 전기 스펙트럼 진동방향이 파의 진행방향 수직면 내에서 좌회전, 또는 우회전하여 고르게 회전하고 있는 빛. 직선 편광을 1/4 파장판(波長板)의 주면(主面)에 45° 기울게 입사시키면 그것을 지난 빛은 원편광이 된다. 이와는 반대로 원편광을 넣어주면 직선 편광을 얻을 수 있다. 광선의 진행 방향을 향해 선 관측자가 보아서 광파의 전기장 성분 진동방향이 시계방향으로 회전하는 것을 우회전 원편광, 반시계 방향으로 회전하는 것을 좌회전 원편광이라 한다.

원편광 이색성 (円偏光二色性, circular dichroism) ⇨ 원이색법.

원 포트 반응 (—— 反應, one-pot reaction) 2 단계 이상의 반응과정에 의해 목표 화합물을 합성하는 경우, 도중 각 단계의 생성물(중간 생성물)을 단리 정제함이 없이 하나의 반응용기 속에서 다음 단계의 반응물을 가하여 반응시키는 방법을 계속적으로 하여 목표 화합물을 얻는 합성조작. 중간 생성물의 단리 정제에 따른 물질의 손실을 피할 수 있으므로 부생물이 다음 단계의 반응을 방해하지 않는 한, 하나하나 중간 생성물을 단리 정제하여 다음 단계로 진행하는 방법에 비해 모든 수율이 향상되는 것이 일반적이다.

원핵 생물 (原核生物, procaryote, prokaryote) 핵과 세포질을 격리하는 막이 없고, 유사분열을 하지 않는 생물. 단세포의 개체로서, 세균류, 난조류가 이에 해당한다. 진핵 생물의 대응어이다.

원형 재현 (元型再現, renaturation) 생화학 용어. 변성한 단백질이 원래의 고차구조, 생물 활성 등을 회복한 단백질이 되는 것. 요소,

구아니딘 염산염 등의 변성제를 제거 또는 희석하는 것으로 이루어진다.

원형질 (原形質, protoplasm) 세포 내의 대사 기능을 영위하는 부분. 세포 내 저장물질인 유적과 녹말입자 등을 후형질이라 하는 데 대응한 용어로 생겨난 역사적 용어. 세포 소기관과 단백질을 주성분으로 하는 세포질 졸 부분으로 된 복잡한 분산계. 그러나 하나의 세포 내에서 원형질과 후형질을 쉽게 구별할 수 없는 경우가 많다. 현미경으로 원형질을 관찰해 보면 광학적으로 균질인 기초구조 사이에 핵을 비롯한 크고 작은 입자가 파묻혀 있음을 알 수 있다. 또한 균질한 것으로 보이는 이러한 기초구조(투명 질)도 자세히 보면 부분적으로 물리화학적 성질이 다른 것을 알 수 있어 현미경으로 보이지 않는 차원에 무언가 구조가 분화하고 있음을 알 수 있다. 원형질을 화학분석해 보면 물 85~90%, 단백질 7~10%, 지질 1~2%, 그 밖의 유기물 1~1.5%, 무기 이온 1~1.5% 등이다. 원형질은 단백질을 비롯한 많은 고분자 화합물로 이루어져 있기 때문에 복잡한 콜로이드 상태로 되어 있다. 따라서 원형질 안에서의 브라운 운동이나 원형질 유동, 원심력에 의해 세포 내용물이 이동하는 일 등은 원형질의 유동성을 나타낸다. 원형질 안에 있는 각종 효소의 존재와 그들의 효소활동을 기본으로 하는 세포의 물질대사는 원형질 안의 구조와 밀접한 관계를 가진다. 원형질의 내부에서 생리작용과 구조의 관계를 상세히 연구하는 일은 생명현상을 밝히는 데 있어 매우 중요하다.

웨더 오미터 (Weather-Ometer) 내후성 시험기의 대표적인 제품. 미국 Atlas Electric Devices사의 상품명이다.

웨버 수 (—— 數, Weber number) 계면장력의 영향을 나타내는 무차원 수. We로 표기한다. 유체밀도 ρ, 대표속도 u, 대표길이 l, 계면장력 σ를 사용하여 $We=\rho u^2 l/\sigma$로 정의된다. 관성력과 계면장력의 비, 혹은 운동 에너지와 계면 에너지의 비로 생각해도 무방하나.

웨스턴 전지 (—— 電池, weston cell) ⇨ 카드뮴 표준전지.

웨이퍼 프로세스 (wafer process) 반도체 디바이스를 작성하는 공정 중, 실리콘 등의 기판(웨이퍼)에 각 유닛 프로세스 [세척, 확산, 산화, CVD, 포토프로세스 (리소그래피와 에칭), 배선 등]을 사용하여 디바이스를 만드는 공정의 총칭. 디바이스 제조공정으로서는 이외에 회로설계, 시험, 조립 등이 있다. 그러나 이러한 호칭은 통일되어 있지는 않다.

웨지 액 (—— 液, wedge water) 입자층에 있어, 입자와 입자의 접점 주위에 형성되는 쐐기형의 틈에 표면장력에 의해 유지되는 액체. 습윤 입자층의 여과, 탈수, 건조, 분체의 부착, 응집, 조립에 있어 중요한 역할을 한다.

웨트 머신 (wet machine) 펄프를 함수율 약 70%의 두꺼운 시트상으로 만드는 기계. 둥근 망 위에 걸러 올린 시트를 펠트에 옮겨 일정한 두께가 될 때까지 큰 지름의 롤에 감아 칼로 잘라내어 접는다. 이것을 럽 펄프라고 한다.

웨트 온 웨트 (wet on wet) 직물의 가공법. 약제를 함유하는 수용액으로 처리하여 열처리 건조하는 공정을 반복하는 재래법에 대해서 탈수만으로 젖어 있는 상태로 다음 약제 부여공정을 실시하는 방법을 말한다.

위금 (僞金, mosaic gold) 주석박, 황화 및 염화암모늄을 융해하여 형성되는 이황화주석 SnS_2를 이른다. 황금색 비늘모양의 물질, 금박, 금분의 대리품으로 사용된다.

위 내막 (僞內膜, neointima) 인공 혈관과 인공 밸브를 생체 내에 이식하였을 때, 혈액과 접촉하는 내면에 형성되는 내막. 진짜 혈관 내막과 동일한지 여부가 불명한 점이 있으므로 이렇게 부른다. 생체에 있어 이물질인 인공재료노 이 내막으로 피복되면 지기로 인식되어 혈액과의 적합성이 양호하게 된다.

위상 공간 (位相空間, phase space) 역학계에 있어, 질점의 위치와 운동량을 일반화 좌표 $q_1, \cdots q_n$, 일반화 운동량 $p_1, \cdots p_n$으로 나타낼 때 $q_1, \cdots q_n, p_1 \cdots p_n$을 직교축으로 하는 $2n$ 차원의 공간을 위상 공간이라 한다. 통계역학에서 기체의 분자 전체에 대한 위상 공간을 Γ 공간, 1개 분자에 대한 위상 공간을 μ 공간이라 한다.

위상 적분 (位相積分, phase integral) 위상공간에 걸친 적분. 어떤 위상 공간에서 확률분포 밀도를 $f(p, q)$로 하면, 물리량 $A(p, q)$

에 대한 위상 적분 $\langle A \rangle = \int A(p, q) f(p, q)dz$는 A의 위상 평균이다.

위상 콘트라스트 (位相——, phase contrast) 투과 전자현미경 등에 있어, 시료를 곧바로 투과하여 상면에 이른 투과파와 조르개에 의해 컷되지 않고 대물렌즈를 통한 산란파 혹은 회절파가 간섭하여 생기는 상면상에서의 어두운 콘트라스트. 산란흡수 콘트라스트의 대응어이다.

위생 가공 (衛生加工, sanitary finishing) 의류가 곰팡이, 박테리아 등의 미생물 작용으로 일어나는 손상을 방지하도록 하는 섬유의 가공법. 주로 직접 살갗에 닿는 내의·양말 등의 직물·편물 등의 가공에 응용된다. 몸에서 나오는 땀에 의한 체취와 세균의 번식을 방지하기 위한 방법으로, 각종 섬유에 가공 처리되며, 세탁에도 견딜 수 있도록 처리되어야 한다. 유기 주석화합물, 유기 아연화합물, 혹은 제4급 암모늄염 화합물 등을 섬유면에 고착시킨다.

위생지 (衛生紙, sanitary paper) 위생 목적으로 사용되고 사용 후 버리는 종이. 일반적으로 액체 흡수성이 좋고 부피가 크며 유연한 촉감이 있다. 종이 냅킨, 종이 타월, 화장용 박지, 생리용지 등이 있다.

위스커 (whisker) 지름 수 μm의 극히 미세한 단결정. 세라믹스 분야에서도 위스커라 표기하고 있다. 보통의 단결정에는 격자결함이 있지만 위스커에는 거의 없고 강도 기타에서 이론상의 것과 가까운 것이 형성되는 경우가 있다. 강화 재료, 전기 재료, 절연 재료 등으로 쓰인다. ⇨ 호이스커.

위치 머리 (位置頭, potential head) ⇨ 위치 수두.

위치 선택성 (位置選擇性, regioselectivity) ⇨ 레기오 선택성.

위치 수두 (位置水頭, potential head) 유체의 퍼텐셜 에너지. 퍼텐셜 수두라고도 한다. 중력 단위계에서는 길이의 차원을 갖고 있으며, 중량과 질량을 병용하는 공업단위계에서는 단위 질량당의 에너지(힘×길이／질량)의 차원을 갖는다.

위험물 (危險物, hazardous materials, dan-gerous goods) 사회생활을 영위하는 데 있어 필요한 물질 중, 취급을 잘못하면 화재, 폭발, 중독, 방사선 장해, 부식 등의 위험이 발생하여 인간 및 재산에 직접 악영향을 미치는 물질 및 그것을 하는 물품을 말한다.

윈스 (wince) 염색, 정련, 세척 등에 사용되는 기계. 윈치라고도 한다. 원형 또는 타원형의 단면을 가진 수평한 회전 롤에 천을 걸어 로프상 또는 확포상(擴布狀)으로 염색 등의 조작을 한다. 천에 걸리는 장력이 비교적 작은 것이 장점이지만 로프에 주름이 생기기 쉬운 결점이 있다.

윌슨의 식 (—— 式, Wilson's equation) 활량계수를 액 조성의 함수로 나타낸 식. 다성분계의 활량계수를 구할 때에 다성분계를 구성하는 각 2성분계의 활량계수 값에서 계산할 수 있으며, 현재 널리 사용되고 있다. 2성분계에 있어서는 두 실험적 상수를 포함한다. 1964년에 G. M. Wilson이 제안하였다.

윌킨슨 착물 (—— 錯物, Wilkinson complex) 클로로토리스(트리페닐포스핀)로듐(I) $(RhCICPPh_3)_3$의 총칭. 1965년 G. Wilkinson에 의해 처음으로 합성되었으므로 이렇게 불리운다. 적자색 결정. 균일계 촉매로 사용된다.

윗 마르기 (surface drying) ⇨ 표면 건조.

윗칠 에나멜 (cover coat enamel) 법랑 제품의 표면을 형성하는 마무리 유약. 보통 법랑은 소지 금속에 밀착하는 밑유약을 우선 유착시키고, 다시 목적에 따라 윗유약을 칠한다. 외관상으로 구별하여 유백 유약, 착색 유약, 투명 유약 등이 있다.

유광 (乳光, opalescence) 콜로이드 입자가 분산되어 있는 투명한 액체 혹은 고체에 빛을 쬐어 옆쪽에서 보면 입자에 의한 산란광으로 인해 유탁하게 보이는 현상. 틴들광과 기본적으로는 같고, 특히 콜로이드 입자가 구상으로 단분산된 경우는 산란광은 무지개색을 띤다. 단분산 폴리스티렌 라텍스의 경우 등에 볼 수 있다. 단백광이라고 한때도 있었다.

유기 금속 화합물 (有機金屬化合物, organome-tallic compound) 각종 금속을 함유하는 유기 화합물의 총칭이지만 일반적으로는 탄소-금속결합을 갖는 화합물을 지칭한다. 따라서 금속이 O, S, N 등을 통해 탄소와 결합하고 있는 화합물. 예를 들면 유기산의 금속염 등은 유기 금속 화합물이라고는 하지 않는다. 금속-탄소결합은 일반적으로 불안정하고 반응성이 풍부하므로 물·산에 의해서 분해되는 것이 많으며, 또한 유기 합성의 중간물질이나 촉매로 잘 알려져 있다. 예를 들면, 유기 마그네슘화합물의 하나인 그리냐르 시약은 유기 합성에 널리 이용된다. 또 치글러 촉매로 알려진 트리에틸알루미늄은 에틸렌으로부터 폴리에틸렌을 제조하는 촉매로 공업적으로 매우 중요하다. 유기수은 화합물로서는 아세트산페닐수은과 같이 의약·농약으로 사용되는 것도 있지만, 독성이 강한 것이 많고, 특히 알킬수은 화합물의 중독은 최근 공해문제로 크게 주목되고 있다. 이 밖에 탄소와 규소의 결합을 가지는 유기규소 화합물도 유기금속 화합물에 포함되어 있는데 이들은 안정하며, 실리콘 등의 합성 수지도 이 분류에 속한다.

유기산 (有機酸, organic acid)　유기 화합물 중 산성이 있는 것. 카르복시산, 술폰산 등이 전형적인 예이다. 페놀, 엔올 등도 산성이 있는 유기 화합물이지만 산성이 약하고, 피크린산 등 특히 산성이 강한 것이 아니면 유기산의 부류에 포함시키지 않는 것이 많다. 일반적으로 무기산보다 약하지만 술폰산처럼 강한 산도 있다.

유기 수은 화합물 (有機水銀化合物, organomercury compound)　무기 수은과 산화 수은 등에 대해 탄소와 수은의 공유결합이 있는 화합물을 말한다. 알킬기와 페닐기 등과 결합한 수은 화합물이 잘 알려져 있다. 메틸수은 중독으로서 미나마타병이 유명하고 또 메틸수은이나 페닐수은으로 소독한 종자용 소맥으로 만든 빵에 의한 중독도 알려져 있다.

유기 실란 (有機 ——, organosilane)　넓은 뜻으로는 R_nSiH_{4-n}(R은 알킬기 또는 알릴기, $n=1\sim4$)이고, 좁은 뜻으로는 R_4Si로 표현되는 화합물의 총칭. 유기 규소 화합물의 중요한 중간체이다.

유기 안료 (有機顏料, organic pigment)　유색의 유기 화합물을 색소의 주제로 하는 안료. 물, 기름 기타의 전색제에 녹지 않는 분말이지만 물에 불용성인 염료도 안료로 사용되고 있으므로 염료와의 구별이 명확하지 않게 되었다. 수용성기를 함유하지 않는 안료와 수용성 염료를 불용화한 레이크 안료가 있다. 구리프탈로시아닌, 키나크리돈 등이 유명하다. 일반적으로 색깔이 선명하고 종류가 많으며 착색력이 크지만 내광 견뢰도, 내열성 및 내용제성은 무기 안료에 못 미치는 점이 많다.

유기 전도체 (有機電導體, organic conductor)　반도체($10^{-7}Scm^{-1}$) 영역 이상의 전도성을 나타내는 유기 화합물. 페리렌-요오드 착물, 테트라시아노퀴노디메탄(TCNQ)-테트라티아풀발렌(TTF) 착물 등의 저분자 전하 이동 착물 및 폴리아세틸렌, 폴리티오펜 등의 π전자 공역계 고분자의 전하 이동 착물 등, 현재 수백 종류가 알려져 있다.

유기 전해 (有機電解, organic electrolysis)　유기 화합물을 전기분해하는 것. 양극 산화반응, 음극 환원반응과 함께 많은 유용한 반응이 발견되었다. 아크릴로니트릴의 전해 환원 이량화에 의한 아지포니트릴의 합성, 할로겐화 에틸마그네슘의 전해 산화에 의한 테트라에틸납의 합성 등이 공업화되어 있다.

유기 졸 (有機 ——, organosol)　매질이 유기 액체인 졸. 히드로졸의 대응어. 생고무, 폴리스티렌의 벤젠 용액, 카본 블랙의 유분산계 등, 그 밖에 용제계 도료도 그 예라고 할 수 있다.

유기 초전도체 (有機超傳導體, organic superconductor)　초전도를 나타내는 유기 물질, 테트라메틸테트라세레니아풀발렌(TMTSF) 착물이 그 대표적인 물질이며, 수용기로서 PF_6, NO_3, ReO_4, ClO_4 등이 사용된다. 앞의 전3자의 경우는 가압하, ClO_4는 상압하에서 모두 1.4 K에서 초전도를 나타낸다. 비스(에틸렌디티오)테트라티아풀발렌의 유도체는 8 K에서 초전도를 발현한다.

유기 화합물 (有機化合物, organic compound)　원래는 동물·식물체의 구성 성분 혹은 배출물로 얻어지는 화합물이란 의미로 사용되었으나 현재는 대체로 탄소화합물과 동의어로 관용되고 있다. 그러나 편의적인 분류에 의한 것으로, 탄소의 화합물이라도 CO,

CO_2, 탄산염 등은 무기 화합물로 분리되고 HCN, CCl_4 등은 어느 쪽이라고 단정할 수 없는 부류에 속한다.

유니온 염색 (──染色, union dyeing)　이종 섬유의 혼방과 교직포를 같은 색 또는 다른 색으로 염색하는 것. 좁은 뜻으로는 같은 색 염을 지칭한다. 예를 들면 면과 양모의 혼방인 경우 면은 직접 염료로, 양모는 산성 염료로 각각 염색하지만 같은 색염을 위해 배합하는 유니온 염료도 사용된다.

유당 (乳糖, milk sugar)　D-글루코오스 1분자와 D-갈락토오스 1분자가 글리코시드 결합한 이당. $C_{12}H_{22}O_{11}$. 유즙이 특징적인 성분이며, 모든 포유 동물의 유즙 중에 5% 전후 함유되어 있다.

유도결합 플라스마 (誘導結合 ──, inductively coupled plasma)　약어 ICP. ⇨ ICP.

유도기 (誘導期, induction period)　불순물의 존재 등으로 화학 반응이 본격적으로 시작하기까지 시간이 걸리는 경우의 지체하는 기간. 자촉매 현상에서도 반응 초기에 어떤 양의 촉매물질이 축척되기까지 시간이 걸리는 경우, 이 기간을 이른다.

유도 단백질 (誘導蛋白質, derived protein)　단백질이 물리적·화학적 처리 혹은 효소의 작용 결과로 생기는 고분자량 물질의 총칭. 원래 단백질의 1차 구조가 크게 변화되지 않은 젤라틴, 응고 단백질, 산, 알칼리 작용으로 형성되는 메타프로테인 등이 있다.

유도 반응 (誘導反應, induced reaction)　어떤 화학 반응이 계 내의 다른 반응의 진행으로 촉진되는 경우 촉진된 화학 반응을 유도반응 혹은 유발반응이라 한다. 예를 들면 과산화물의 분해는 유도반응을 수반하기 쉬워 이것을 유도분해라 한다.

유도 방출 (誘導放出, induced emission, stimulated emission)　원자·분자가 준위 m 에서 n으로, 그 에너지 차에 상당하는 전자기파의 입사로 전이하여 같은 진동수의 전자기파(빛 등)를 방출하는 과정. 유도방사라고도 한다. 외장으로서의 전자기파 유도로 전이가 일어난다고 여겨지므로 이렇게 불리우고, 외장이 없는 경우에도 일어나는 자발

방출 과정과 구별한다. 또 준위 n이 m보다 높고 전자기파를 흡수하는 경우에는 유도흡수라 한다.

유도 산화 (誘導酸化, induced oxidation)　산화반응의 유도반응. 예를 들면 아황산나트륨의 산화 반응에 수반하여 촉진되는 아비산나트륨의 공기산화반응이 이에 상당한다. 아비산나트륨의 공기 산화는 상온에서는 단독으로 진행하지 않는다.

유도체 (誘導體, derivative)　유기 화합물 중의 원자 혹은 원자단이 다른 원자 혹은 원자단에 의해서 치환된 화합물. 탄화수소 또는 복소 고리의 수소원자를 다른 기로 치환한 유도체와 작용기를 다른 작용기로 치환한 유도체가 있다. 예를 들면 니트로벤젠 $C_6H_5NO_2$ 이나 아닐린 $C_6H_5NH_2$은 벤젠 C_6H_6의 수소원자를 치환한 유도체인데, 아닐린의 경우는 암모니아 NH_3의 수소를 페닐기(基) C_6H_5-로 치환한 유도체로 볼 수 있다. 또 아세트산 CH_3COOH의 카르복시기(基)$-COOH$를 화학변화시킨 염화아세틸 CH_3COOCl이나 아세트산에틸 $CH_3COOC_2H_5$ 등도 아세트산의 유도체이다.

유도체화 (誘導體化, derivatization)　크로마토그래피에 있어, 분석 대상 물질의 검출감도 향상, 분리특성의 개선 등을 목적으로 적당한 유도체로 변환하는 화학조작. 이 목적에 사용되는 시약을 유도체화 시약 또는 라벨링 에이전트(labeling agent)라 한다.

유도체화 시약 (誘導體化試藥, derivatization reagent)　가스 크로마토그래피와 액체 크로마토그래피에 있어, 분석 대상 물질 중의 작용기와 반응하여 그 유도체를 부여하는 시약의 총칭. 유도체화의 주목적은 검출감도의 향상에 있지만 분리 특성의 개선과 화학적 안정화를 목적으로 하는 경우도 있다.

유도 폭발 (誘導爆發, sympathetic detonation)　폭발한 폭약(여폭약)에서 발생한 충격파, 고온 가스, 혹은 비산하는 고체 투사물의 작용으로, 공간과 비폭발성 물질에서 떨어져 있는 거리에 있는 다른 폭약(수폭약)이 폭발하는 현상. 발파의 실용상 혹은 화약고 등의 보안 대책상 중요한 폭약 성능이다.

유도 효소 (誘導酵素, inducible enzyme)　특

정한 기질의 존재로 효소분자의 합성속도가 변화하는 효소군. 예를 들면 대장균을 락토오스만으로 배양하면 처음에는 락토오스를 분해할 수 없으나 곧 락토오스가 리프레서라 불리는 단백질을 통해 유전자를 활성화하여 락토오스를 가수분해하는 β-갈락토시다아제가 균체 안에서 생성된다.

유동 (流動, flow) 물체에 외력을 가하였을 때 일그러짐이 시간과 더불어 한없이 증대하여 외력을 제거하여도 전혀 회복하지 않을 때 이 변형을 이른다. 일그러짐의 형태에 따라 신장 유동, 전단 유동 등이 있다.

유동계 (流動計, rheometer) 물질의 탄성률, 점성률, 응력 완화, 크리프, 동적 점탄성 등의 측정에 사용되는 장치의 총칭. 전단 속도 가변 점도계의 상품명을 레오미터(유동계)라 부르는 경우가 있다. 기타 진동 변형 응답을 측정하는 진동 레오미터, 탄성 액체의 회전형 유동에 수반하는 법선 응력을 측정하는 레오고니오미터 등이 있다.

유동 곡선 (流動曲線, flow curve) 물질의 유동에 관하여 응력과 일그러짐 속도의 관계를 각각 가로·세로축에 취해 나타낸 곡선을 말한다.

유동도 (流動度, fluidity) 소성 유동에서 전단속도와 전단응력의 항복값을 초과한 분과의 비. 유동도의 역수를 소성 점도라 한다.

유동 배소 (流動焙燒, fluidized roasting) 분광석을 분체 또는 슬러리상으로 연속적으로 공급하고, 하부에서 연료 또는 공기(황화광의 경우)를 불어올려 그 입자군을 부유 현탁상태로 유지하는 이른바 유동층을 만들어 반응(배소)시키는 것. 황화광, 석회석, 철광석 등의 1차 처리에 사용된다. 연속조작이 가능하고 온도제어 및 기밀제어가 용이하며 고온에서의 기계적 운동부분이 적고 고장도 적으므로 효율적이다.

유동 수은전극 (流動水銀電極, streaming mercury electrode) 전해액 중에 설치한 세공에서 액면 방향을 향해 분출시킨 수은류를 폴라로그래프용의 전극으로 사용한 것. 제트 전극이라고도 한다.

유동 전위 (流動電位, streaming potential) 액체가 고체벽에 대하여 운동할 때 액체 중에 생기는 전위차. 모세관 양단에 압력차를 가하여 액체를 흘리면 모세관 양단의 액상 간에 압력차에 비례한 전위차가 생긴다. 이것이 유동 전위인데 고체-액체 간에 존재하는 계면 동전위에 기인한다. 흐름 전위라고도 한다. 또 유리의 모세관 안에 물을 넣으면 유리와 물의 접촉면에 하나의 전기 2중층이 생겨 유리는 음으로 물은 양으로 하전한다. 수압(水壓)을 가하여 물을 밀어내면 유리에 밀착해 있는 부분의 물은 움직이지 않더라도 내부의 물은 움직이므로 양전하(陽電荷)를 운반하게 된다.

유동점 (流動點, pour point) 석유제품을 규정된 방법으로 냉각하여 유동하는 최저 온도. 2.5℃의 정배수로 표시한다. 유동점은 그 시료의 열 이력에 의해 변동하므로 측정시에는 규정된 예열을 하여야 한다. 등유보다 끓는 점이 낮은 경질유에서는 유동점이 매우 낮으므로 흐림점으로 평가한다.

유동점 강하제 (流動點降下劑, pour point depressant) 석유제품의 유동점을 저하시키기 위해 사용하는 첨가제. 석유제품의 유동성은 온도가 낮아지면 납성분이 그물눈 모양으로 결정 고화하여 그 틈 사이에 기름이 함유됨으로써 상실되므로 납성분의 결정 고화를 방지하는 첨가제를 사용한다. 대표적인 첨가제로는 염소화 파라핀, 폴리메타크릴산 메틸이 있다.

유동 접촉 분해 (流動接觸分解, fluid catalytic cracking) 석유의 접촉분해법의 하나. 약어 FCC이다. 원류유를 재생품을 주로 하는 촉매와 함께 반응기에 송입하여 유동상태에서 분해반응을 시키고 폐촉매는 공기와 함께 재생탑으로 보내어 같은 유동상태로 촉매상에 침착한 탄소질을 소각 제거하여 재생한다. 오늘날의 접촉분해는 모두 이 방법으로 이루어진다.

유동 촉매 (流動觸媒, fluid catalyst) 유동층 반응조작에서 사용되는 고체 촉매. 유동층으로서는 조립(粗粒) 유동층과 미립(微粒) 유동층에 있으나 촉매반응용 유동층으로서는 후자가 주로 채용된다. 대표 지름은 30~60 μm이지만 입자 지름은 오히려 넓은 범위로 분포하고 있는 것이 요구되므로 보통은 0~300 μm이다.

유동층 (流動層, fluid bed, fluidized bed)　바닥쪽에 다공판을 부착한 용기 안에 지름이 작은 분입체를 충전하고 밑에서 다공판을 통해서 유체를 용기 안에 불어올릴 때 유체의 속도가 커지고, 어떤 속도를 초과하면 분입체가 마치 액체처럼 유동하는 상태가 된다. 이것이 유동화이고 유동화 상태에 있는 층을 유동층 혹은 유동상이라 한다. 또 유동화를 개시하는 속도를 최소 유도화 속도라 한다. 유동층에서 고체-액체 간의 반응·전열·물질 이동 등을 한다. 고체 촉매반응기, 건조기, 석탄 가스화로 등에 이용된다.

유동층 가스화 (流動層——化, fluidized bed gasification)　가스화제의 유속으로 입상 석탄을 부유 현탁상태로 유지하면서 가스화하는 방법. 대표적인 반응로로 윈클러로가 있다. 석탄 입자와 가스화제인 기체가 충분하게 혼합되므로 반응로 내의 온도는 평균화되고 또 미립자 석탄을 사용할 수 있는 등의 장점이 있다. 한편, 재의 녹는점이 낮은 경우와 석탄입자가 점착성이 있는 경우 등에서는 이 방식은 적용 곤란하다.

유동층 바이오 리액터 (流動層——, fluidized bed bio-reactor)　고정화 생체 촉매를 반응조 안에서 유동시켜 특정한 생화학적 반응을 이루게 하는 바이오 리액터. 열과 물질의 이동이 양호하며 압력손실이 적다. 그러니 고정화 생체촉매가 파손되기 쉽고 용적당의 생산성이 저하하는 결점이 있다.

유동 코킹 (流動——, fluid coking)　중질유를 열분해 하여 가스에서 경유까지의 분해 생성물과 코크스를 제조하는 방법의 하나. 반응기에서 유동상태의 고온 코크스 상에서 중질유가 열분해된다.

유동 탄화 (流動炭化, fluidized carbonization)　분탄을 공기, 연소 폐가스, 수증기 등으로 유동상태로 하여 건류하는 것 또는 그 방법이다.

유동 파라핀 (流動——, liquid paraffin)　비교적 낮은 점도의 탈랍유를 고도로 정제한 무미·무취·무색 투명한 유상유(流狀油). 화이트유라고도 한다. 겉보기에 파라핀 납을 용융 유동상으로 한 것과 흡사하므로 이런

이름이 붙었다. 주성분은 파라핀족 탄화수소가 아니고 오히려 알킬 곁사슬이 있는 시클로파라핀족 탄화수소가 많다. 약용, 화장품용 외에 정밀기계용으로도 사용된다.

유동학 (流動學, rheology)　물질의 변형과 유동에 관한 과학. 레오는 그리스어에서 "흐름"을 의미하지만 레올로지는 기체나 액체의 유동 뿐만 아니라 고체의 탄성, 고체와 액체의 중간 물질의 소성, 점탄성 나아가서는 물질의 파괴 현상의 측정과 그 물질 구조의 관계를 해명하는 것을 연구 대상으로 한다.

유동화 (流動化, fluidization)　⇨ 유동층.

유량 (流量, flow rate)　관로 또는 구내(溝內)의 임의 단면을 단위 시간에 통과하는 유체의 체적 혹은 질량. 전자를 체적 유량, 후자를 질량 유량이라 하고, 단위 면적당의 질량 유량을 질량 속도라 한다. 유수(流水)의 단면적을 A, 유수의 평균 유량을 V라 하면 유량 Q는 $Q=AV$로 나타내며, 그 단위는 l/S, m^3/s, m^3/일, m^3/월, m^3/연 등으로 표시된다. 유량을 측정하는 데는 여러 가지 방법이 있으며, 그 주가 되는 것에는 둑(삼각둑·사각둑 등)에 의한 방법, 용적법, 면적·유속법, 수위유량 곡선법(水位流量曲線法), 화학적 용액에 의한 방법 등이 있다.

유량 계수 (流量係數, flow coefficient, discharge coefficient)　올리피스 유량계 등을 사용하여 유량을 측정할 때, 유량의 이론값에 곱하는 보정계수. 유출계수라고도 한다. 점도와 축류의 영향을 종합적으로 보정하는 실험적 계수로서, 유로의 형상, 레이놀즈수 등 조작 조건에 따라 변화한다.

유리 (glass)　융해상태의 무기 물질을 냉각하여 결정화하지 않고 고화한 것으로, 유리 전이온도를 측정 가능한 것. 근년 초급랭 기술이 발전하여 비결정성의 금속, 비산화물 등의 박막, 미분(微粉) 등이 작성되고 있지만, 유리와는 구별된다. 유리가 될 수 있는 무기물에는 여러 종류의 것이 있는데 셀렌·황 등의 원소, 규소·붕소·게르마늄 등의 산화물과 산화물 염류·황화물·셀렌화물·할로겐화물 등이다. 종래에는 규산을 주체로 한 규산염 유리가 대표적이었지만 현재는

붕산염 유리·인산염 유리 등의 산화물 유리가 실용화 되었으며, 황화물·셀렌화물 등의 유리도 특수한 목적을 위해서 많이 연구되고 있다. 물질 구조상으로 보면 일정한 비율로 결합된 금속이나 비금속의 산화물이 열로 인하여 화학 반응을 일으켜 원자가 불규칙한 망목상(網目狀)으로 연결된 물질을 말하는데 겉보기는 고체이지만 고체 특유의 결정구조를 가지지 않으며, 일정한 녹는점도 가지고 있지 않다. 이 때문에 유리를 아스팔트 등과 같은 무정형 물질로 보며, 물성론적(物性論的)으로는 극단적으로 점도가 높은 액체(과냉각 액체)로 본다.

유리 (遊離, free) 어떤 원소, 기, 화합물 등이 다른 화학성분과 결합하거나 유도체를 형성하지 않고 그대로의 상태로 존재하고 있는 것을 나타내는 수식어. 예를 들면 다른 원소와 결합함이 없이 존재하는 질소는 유리 질소, 염을 형성하지 않고 산의 형태로 존재하는 카르복시산 등은 유리산이라 한다.

유리기 포촉제 (遊離基捕燭劑, scavenger) 방사선 화학에서 주로 사용하는 용어. 전자, 라디칼, 라디칼 이온 등의 활성 화학종에 대해서 높은 반응성이 있는 화합물로서, 활성 화학종과 신속하게 반응하여 그것을 계에서 제거하고 후속 반응을 정지시키는 시약. 스캐빈저라고도 한다. 반응 메커니즘의 해석과 화학 반응의 제어에 사용된다. 라디칼 포촉제로서는 산소, 산화질소 등의 상자성 분자가 사용되고, 전자 포촉제로서는 육플루오르화황, 브롬화메틸 등이 사용된다.

유리 라이닝 (glass lining) 화학 플랜드 등의 금속 파이프와 금속 용기에 내식성을 부여할 목적으로 실시되는 유리층의 내장을 말한다.

유리 레이저 (glass laser) Nd^{3+}를 함유하고 발진하여 파장 1.06 μm의 레이저 광선을 발광하는 유리. 결정 레이저보다 효율은 떨어지지만, 대형으로 균질한 것을 만들기 쉽고 대출력의 발생이 쉬운 장점이 있다. 점차 저굴절률의 유리로 옮겨가고 있다.

유리산 (遊離酸, free acid) 유기산에 대해 혼히 사용하는 용어. 염을 형성하지 않으므로 산의 형태대로 존재하는 유기산. 예를 들면 CH_3COOH(염을 형성하면 $CH_3COO^-Na^+$가

된다)가 있다.

유리상 탄소 (—— 狀炭素, glassy carbon) 열경화성 수지 등이 고온에서 고상 탄소화하여 얻어진다. 유리양의 외관을 가진 경도, 강도가 모두 높은 탄소재료. 흑연구조로 기밀성이 있다. 2,500℃ 정도까지는 결정 석출의 경향이 적고, 열분해 탄소와는 대조적이다.

유리 상태 (—— 狀態, glassy state) 보통 유리는 무기 물질의 용융체를 급랭하여 결정화하지 않고 과냉각한 재료의 명칭이다. 이에 대하여 성분에 상관없이 액체, 액정, 결정, 겔 등의 급랭법으로 얻어지는 열역학적 비평형에 있는 고체는 널리 유리상태에 있다고 한다. 점성이 매우 높고 구성원자·분자의 브라운 운동 등이 동결되어 있으며, 승온으로 유리전이를 나타낸다. 절대영도에서 잔여 엔트로피가 있으므로 열역학 제3법칙에 따르지 않는다.

유리 섬유 (—— 纖維, glass fiber) 단섬유와 장섬유가 있으며, 단섬유는 글라스울과 동의어이다. 장섬유는 융해한 유리를 다수의 노즐에서 고속으로 인출하여 합쳐서 섬유로 한 것. 단일 필라멘트의 지름은 가장 가는 것이라도 수 μm이다. 내수성을 높이기 위해 무알칼리성의 것이 많다. 유리 섬유의 성질은 ① 고온에 견디며 불에 타지 않는다, ② 흡수성이 없고, 흡습성이 적다, ③ 화학적 내구성이 있기 때문에 부식하지 않는다, ④ 강도, 특히 인장강도가 강하다, ⑤ 신장률이 적다, ⑥ 전기 절연성이 크다, ⑦ 내마모성이 적고, 부서지기 쉬우며 부러진다, ⑧ 비중은 나일론의 2.2배, 무명의 1.7배이나, ⑨ 매트로 만든 것은 단열·방음성이 좋다. 이와 같은 성질을 이용하여 천으로 짠 내화직물(耐火織物)과 전기 절연재료 등의 용도로 널리 쓰이며, 건축 관계에서는 보온·보냉재(保冷材), 흡음 방음재, 공기여과 등에 사용된다. 이것에 사용되는 섬유의 지름은 가늘수록 여러 가지 점에서 우수하고, 인장강도도 지름이 가늘수록 강하며, 또 열전도율도 같은 비중의 것으로 비교하면 가늘수록 작아진다. 보온·흡음용으로는 5~10 μm의 것이, 여과용으로는 40~150 μm의 것이 주로 사용된다. 유리 섬유로 만든 건축 재료에는 유리 섬유판·유리 섬유통·유리 섬유

여과기 등이 있다. 주로 전자회로용, 구조재료의 유리 섬유 강화 플라스틱에 사용된다.

유리섬유 강화 플라스틱 (—— 纖維强化 ——, **glass-fiber-reinforced plastics**) 유리섬유와 플라스틱의 매트릭스로 구성되는 복합재료의 총칭. 약어 GFRP이다. 목적에 따라 단섬유, 장섬유, 직물 등 다양한 형태의 유리섬유가 사용되며, 매트릭스에도 다종류의 열가소성·열경화성 수지가 사용되며 불포화 폴리에스테르 수지가 태반을 점하고 있다.

유리성 결정 (—— 性結晶, **glassy crystal**) 유연성 결정, 수소결합이 지배하고 있는 결정 기타가 과냉각되어 구성분자의 분자배향, 배좌, 그 밖의 운동교란이 동결된 비평형상태의 유리상태에 있는 결정을 말한다. 결정 구성분자의 3차원적인 중심배열의 규칙성은 유지되어 있고 승온으로 유리전이를 나타냄과 동시에 명료한 녹는점이 있다. 잔여 엔트로피를 나타내는 점에서 유리상태에 있다는 것을 알 수 있다.

유리 세라믹 (**glass-ceramic**) 핵제를 조성으로 함유하는 유리 성형체를 그 전이온도 이상, 연하온도 이하에서 열처리하여 얻어지는 균일한 미결정의 집합체. 결정화 유리라고도 한다. 강도가 높고 Li, Al, Si의 산화물을 함유하는 계에는 열팽창 계수가 제로인 것도 있다. 식기, 조리기, 광학부품, 공업용품 등에 이용된다.

유리 여과기 (—— 濾過器, **sintered-glass filter**) 유리 깔대기의 여과면에 반융 유리판을 융착시켜 만든 깔대기. 현재는 글라스 필터라는 명칭이 일반적이다. 여과지 대신에 반융 유리판을 통하여 여과조작을 한다.

유리 염기 (遊離鹽基, **free base**) 유기 염기에 대해 많이 사용하는 용어. 프로톤과 결합하여 염을 형성하는 일 없이 염기상태 그대로 존재하는 유기염기. 예를 들면 $C_6H_5NH_2$(염을 형성하면 $C_6H_5NH_3^+Cl^-$와 같은 암모늄 양이온의 형태가 된다)가 있다.

유리용 도가니 (**glass pot**) 내화 점토, 실리카, 알루미나 등을 주성분으로 한 유리 용융용의 용기. 개구가 수평인 것이 일반적이다. 용량은 실험실용의 수백 g의 것에서부터 광학 유리용 2 t의 것까지 있다.

유리 전극 (—— 電極, **glass electrode**) 특정한 이온(H^+, Na^+, K^+ 등)에 선택적으로 응답하는 유리막을 사용한 전극. pH 측정용이 대표적이다. pH전극은 유리 박막이 두부에 있는 유리관 내에 pH가 일정한 수용액 및 가역전극(은-염화은 전지 등)을 삽입한 구조를 하고 있다. 시험액 중에 이 전극과 참조 전극을 삽입하여 전위차(막전위)를 측정함으로써 시험액의 pH를 구할 수 있다.

유리 전이 (—— 轉移, **glass transition**) 용융 상태의 물질을 급랭하면 과냉각 상태를 거쳐 유리상태가 되는 경우가 있다. 이 변화를 유리전이라 한다. 전이시에 체적, 열용량, 열팽창률, 탄성률 등이 급격하게 변화한다. 이 전이의 온도는 원래 완화과정이므로 어느 정도의 폭이 있다. 이것을 유리전이온도라 한다. 고분자 물질의 비결정 부분에서는 이 온도 이상에서 고무상, 이하에서는 고체상이다.

유리 전이온도 (—— 轉移溫度, **glass transition temperature**) 유리 전이점이라고도 한다. ⇨ 유리 전이.

유리 지방산 (遊離脂肪酸, **free fatty acid**) 유지 중의 에스테르 결합이 가수분해에 의해 절단되어 생긴 지방산. 대체적인 함유율(%)은 $100 \times$ 산가 $/(56108/$분자량$)$으로 알 수 있다. 단, 분자량은 그 유지를 대표하는 지방산의 분자량이다.

유리질 (—— 質, **glassy, vitreous**) 물질을 용융상태에서 급속히 냉각하면 결정화하지 않고 원자의 배열에 장거리 규칙도가 없는 무정형 고체로 되는 경우가 많다. 이러한 고체를 유리질 또는 유리라 한다. 보통 규산염 유리, 세렌 등의 무기 고분자, 대부분의 유기 고분자 고체가 대표적인 예이다.

유리 천 (—— 布, **glass fabric**) 유리섬유로 직조한 불연성의 직물. 일반 직물에 대응하여 각종의 직조법이 있다. 용도에 따라 무알칼리 또는 알칼리를 함유한 유리섬유가 사용되고 있다. 유리섬유 강화 플라스틱 외에 염색하여 커튼 등으로 사용되고 있다.

유리 충전제 (—— 充塡劑, **glass filler**) 강화 플라스틱에서, 강성(剛性)의 향상, 증량, 표면상태와 치수 안정성의 향상, 경량화 등의 목적으로 사용되는 유리양 충전재료. 유리 분말, 유리구, 중공 유리구, 유리 플레이크 등이 있다. 넓은 뜻으로는 유리 섬유도 포함한다.

유리탱크 가마 (glass tank furnace)　대량의 유리를 연속적으로 융해하기 위한 대표적인 장치. 불꽃의 방사열을 이용하는 중유로 및 고온의 유리 중에 전류를 흘리는 직접가열 또는 발열체에 의한 간접가열의 전기로가 있다. 생산량은 $1 \sim 1000\,t/$일 정도이다.

유리 황 (遊離黃, free sulfur)　결합하지 않고 유리상태로 있는 황. 결합황의 대응어이다.

유막 강도 (油膜强度, oil film strength)　윤활유의 온도와 하중에 견디는 강도. 고온, 고하중이 되어도 유막이 파열되지 않을 정도로 유막 강도가 크지만 그 자신의 측정법은 정해져 있지 않다. 그러나 유막이 파열되면 마찰이 급상승하므로 마찰열의 발생으로 추측할 수 있다.

유모 혈암 (油母頁岩, oil shale)　⇨ 오일 셰일.

유발 돌연변이 (誘發突然變異, induced mutation)　화학 물질, 방사선 등의 돌연변이원을 작용시켜 자연에서 일어나는 돌연변이보다 높은 확률로 일으키는 경우의 돌연변이를 말한다.

유발 반응 (誘發反應, induced reaction)　⇨ 유도 반응.

유발 발광 (誘發發光, induced emission, stimulated emission)　⇨ 유도 방출.

유발 불균일성 (誘發不均一性, induced heterogeneity)　고체 표면 일부에 분자가 흡착한 관계로 나머지 부분의 흡착 특성에 유발되는 표면 불균일성. 흡착열과 표면 피복도의 관계를 이 아이디어로 이해하는 경우가 있다.

유발 쌍극자 (誘魃雙極子, induced dipole)　용액과 분자 착물에서, 영구 쌍극자 모멘트가 있는 분자가 주위의 분자를 분극시킴으로써 생기는 쌍극자. 전기장이 그리 크지 않으면 유발쌍극자 모멘트는 전기장의 세기에 비례하고, 이 때의 비례상수를 편극도(polarizability)라고 한다. 어떤 분자에 극성분자가 접근할 때도 유발쌍극자가 생긴다. 이 유발쌍극자와 극성분자의 쌍극자 모멘트 사이에 작용하는 인력은 분자 간 힘의 한 요소가 된

다. 이 때 유발되는 쌍극자는 유발시키는 쌍극자의 방향을 좇아가므로 분자가 빨리 회전해도 감소하지 않는다. 즉, 이중극자-유발이중극자 상호작용은 온도에 따라 달라지지 않는다.

유발 효과 (誘發效果, inductive effect)　유기화학 반응 메커니즘에서 사용되는 용어. 반응시에 치환기가 σ결합을 통해 미치는 극성효과. I 효과라고 약칭되기도 한다. 치환기가 전자 구인성이면 전자밀도를 감소시키고, 전자 공여성이면 증가시킨다. 유발효과의 대응어로서 π결합을 통해 미치는 극성효과는 일렉트로메리 효과라 한다.

유백 유리 (乳白 —, milky glass, opal glass)　유리 중에 분산하는 미결정에 의해 빛이 산란되어 유백색으로 보이는 유리. 결정과 유리의 굴절률에 차이가 있어야 한다. 유백제로서 빙정석, 형석, 규플루오르나트륨, 인산염 등이 많이 사용된다. 또 드물게 이산화티탄, 이산화지르코늄 등도 사용된다.

유백제 (乳白劑, opacifier, opalizer)　⇨ 유백 유리.

유변성 수지 (油變性樹脂, oil modified resin)　지방산 등의 유성분을 분자 중에 함유하는 수지의 총칭. 유변성 알키드 수지, 유변성 우레탄 수지 및 에폭시 수지의 지방산 에스테르가 많이 알려져 있다. 유변성으로 함으로써 안료 분산성, 도막의 기계적 성질, 경화성, 피막 형성성을 제어할 수 있으므로 도료용 수지 제조법으로 많이 사용되고 있다.

유분 (留分, cut, fraction)　원유 등과 같이 비점이 연속적으로 광범위한 많은 성분을 함유하는 액체 혼합물을 증류할 때 어떤 적당한 끓는점 범위에서 추출한 유출물을 유분 혹은 컷이라 한다. 배지증류에서의 유출물을 이르는 경우도 있다.

유비퀴논 (ubiquinone)　널리 생물계에 분포하는 전자 전달체. 동물에서는 미토콘드리아에 함유된다. 벤조퀴논핵에 2개의 메톡실기, 메틸기 및 이소프레노이드 곁사슬이 있다. 모효소 Q, UQ라고도 한다. 산화형은 $275\,nm$에서 특이한 흡수띠를 갖는다. 플라빈 효소, 비헴철에서 전자를 수용하여 시토크롬 b에 전달하는 역할을 한다. 유기 용매에 잘 녹지만

물에는 녹지 않는다. 산에 대해서는 안정하나 알칼리에는 매우 불안정하다.

유사 라세미화합물 (類似 ──, 化合物 pseudo-racemic compound)　⇨ 준라세미 화합물.

유사명반 (類似明礬, pseudo-alum)　명반류가 일반식 $M^{II}M^{III}(SO_4)_2 \cdot 12H_2O$로 표시되는데 대해 M^I을 $0.5M^{II}$로 바꾸어, $(0.5M^{II})M^{III}(SO_4)_2 \cdot 12H_2O$로 표시되는 복염. $M^{II}=Fe^{II}$, Zn, Mg, Mn^{II}, Cu^{II} 등이 알려져 있다. 그러나 이것은 화학식상에서일 뿐, 명반 결정과 동형이라는 것은 아니다.

유사 방향족 (類似芳香族, pseudoaromatics)　형식적으로는 이중결합이 공역한 고리 모양 탄화수소로서, 벤젠이나 나프탈렌 같은 방향족성을 나타내지 않는 것의 총칭. 사이클로부타디엔, 사이클로옥타테트라엔 등 같이 $4n\pi$ 전자계($4n$은 π전자의 수)가 그것에 해당한다. 반방향족과 거의 같은 의미로 사용되지만, 유사 방향족은 구조식으로는 방향족처럼 보인다는 의미가 포함되어 있다.

유사분열 (有絲分裂, mitosis)　진핵 생물의 세포 분열의 기본 형식. 핵분열시에 핵막이 소실하고 염색체 운동의 장인 방추체가 나타난다. 유사 분열 과정은 먼저 휴지기의 핵이 전기(前期)에 들어가면 핵 내의 염색사는 나사선 모양으로 되어 점차 굵어지고, 다시 세로로 쪼개져서 2개의 서로 접한 염색분체가 된다. 이것이 염색체이다. 이 때가 되면 핵은 핵막과 인이 없어져서 방추체가 되고 세포의 적도면 위의 일정한 점에 염색체가 배열된다. 이것이 중기(中期)이다. 후기가 되면 주로 염색체는 극과 연결되는 방추사의 작용에 의하여 염색 분체는 1개씩 반대 극을 향하고 2개의 염색체군(딸핵)을 만든다. 이것이 말기(末期)이다. 식물인 경우는 두 딸핵 사이의 방추사 또는 두 딸핵 사이의 원형질이 바탕이 되어 격막이 생기고 1개씩의 딸핵을 가진 두 세포가 만들어진다. 동물인 경우에는 대부분 두 딸핵 사이의 세포질이 잘록하게 되어 두 딸세포가 만들어진다. 동물의 유사분열에서는 양극에 1개씩 중심체가 나타나고, 식물의 경우에는 특수한 예를 제외하고는 중심체가 나타나지 않는다. 유사분열에 필요한 시간은 조건에 따라 다르며, 자주달개비의 수술털세포에서는 45℃에서

30분, 25℃에서 75분, 10℃에서 135분이 걸렸다는 보고가 있다. 보통의 성장시에 볼 수 있는 체세포 유사 분열과 생식세포가 형성될 때에 볼 수 있는 감수 분열이 있다. 병적인 세포 등에서 볼 수 있는 무사 분열의 대응어이다.

유사 비대칭 (類似非對稱, pseudoasymmetry)　부제 탄소 원자를 갖는 화합물 중, 그림의 C로 나타내는 것　같은 특수한 부제 탄소 원자가 있는 경우를 이른다. 즉, 서로 다른 4개의 치환기 중 2개가 좌와 우의 거울상 관계만으로 차이날 때 분자 전체는 대칭면을 갖는 아킬라한 형태가 된다. 이러한 분자의 구조적 특성을 유사 비대칭이라 한다.

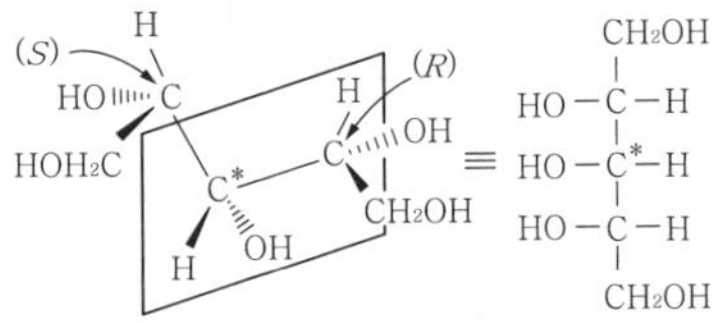

[유사 비대칭]

유사 비튜멘 (類似 ──, pseudo bitumen)　석탄의 벤젠 추출물인 비튜멘의 추출 잔분을 온화한 조건하에서 수소화하여 생성물을 벤젠 추출하면 비튜멘과 매우 유사한 성상의 추출물이 얻어진다. 이것을 유사 비튜멘이라 한다.

유사 산 (類似酸, pseudo-acid)　그 자신은 물 속에서 산성을 나타내지 않지만, 염기에 의해 산형으로 이성질화하여 염기와 염을 형성하는 유기 화합물. 니트로메탄 유도체가 아시형의 니트로산이 되는 경우 등, 매우 약한 산이 프로토트로피에 의해 보다 강한 산으로 이성질화할 때에 볼 수 있다.

유사 소성 (類似塑性, pseudoplasticity)　⇨ 비뉴턴 유동.

유사 액상 (類似液相, pseudo-liquid phase)　어떤 종의 헤테로폴리산이 고체상태에서 반응 분자를 고체 벌크 내에 흡수하여, 마치 진한 용액처럼 거동하는 것을 말한다.

유사 염기 (類似鹽基, pseudo-base)　피리딘, 크노린, 아크리딘 등의 제4급 암모늄염과 수산화알칼리의 반응으로 생성되는 수산화물에서는 OH^-가 히드록실기로서 헤테로 고리

의 오르토 또는 파라자리에 결합한 알코올형의 호변 이성질 구조를 취한다. 이 종류의 알코올형 화합물은 수용액에서 수산화물 이온을 해리하여 염기성을 나타내는 것은 아니지만, 산과 반응하면 쉽게 이성질화하여 OH기를 방출하여 상당하는 제4급 암모늄염을 생성한다. 이와 같은 알코올형의 화합물을 유사 염기라 한다. 유사산이란 용어는 일상적으로 사용되지만 유사 염기란 용어는 현재는 거의 사용되지 않는다.

유사 원소 (類似元素, analogous element) 주기율표 중에서 세로로 배열되어 있는 원소. 성질이 비교적 비슷하므로 동족 원소라고도 한다.

유사 일차 반응 (類似一次反應, pseudo first-order reaction) 실제로는 이분자 반응이지만 한 쪽 반응분자의 농도가 매우 높으므로 그 반응에 의한 변화를 무시할 수 있고 반응속도가 다른 분자의 농도에만 비례하는 일차 반응처럼 보이는 반응. 한쪽 반응물이 용매인 경우 등이 상당하다.

유사 적도방향 (類似赤道方向, quasi-equatorial) 시클로헥산의 비틀린 보트형의 입체 배좌를 표기하는데 사용하는 용어. 유사 축방향에 대응하는 용어이다. ⇨ 유사 축방향.

유사 직선형 분자 (類似直線形分子, quasilinear molecule) ⇨ 비직선형 분자.

유사체 (類似體, analog, analogue) 유기 화합물 분자를 구성하는 원자의 일부가 타종류의 원소에 의해 치환되어 원래의 화합물에 대응하는 구조를 하고 있는 것. 원래 골격의 탄소 원자 대신에 O, S, N 원자가 대체된 화합물을 옥사, 티아, 아자 유사체라 한다. 퀴논의 >C=O 대신에 >C=CH$_2$ 구조가 된 화합물 퀴노디메틴도 퀴논의 유사체라고 할 수 있다.

유사 축방향 (類似軸方向, quasi-axial) 시클로헥산처럼 비틀린 보트형의 입체 배좌를 취하는 분자에서, 이중결합 이웃의 sp^3 탄소 상에서는 포화 의자형에서 고리에 대한 각도가 약간 다른 축방향 및 적도방향의 결합이 존재한다. 포화 육원고리의 a, e 결합에 대해서 이 종류의 결합을 유사 축방향, 유사 적도방향이라 한다. 오원고리, 칠원고리 등

주름형의 구조를 취하는 분자의 결합 방향에도 적용된다.

유사 퍼텐셜 (類似 ——, pseudopotential) 복잡한 분자와 결정의 전자구조를 계산할 때, 수학적으로 처리하기 쉽고 또한 수치적으로도 실제와 크게 유리되지 않도록 근사된 퍼텐셜. 유사 퍼텐셜, 모델 퍼텐셜, 유효 퍼텐셜이라고 하는 경우도 있다.

유사 할로겐 (類似 ——, pseudohalogen) ⇨ 슈도 할로겐.

유산 (乳酸, lactic acid) 부제 탄소가 있는 α-히드록시산. CH$_3$CH(OH)COOH. 우선성 유산은 많은 동물의 기관 중에 존재하며 동물체 중에서 해당작용의 최종 산물로 생성된다. 라세미형의 유산도 자연계에 널리 분포하며 유산음료 등에 함유되어 있다. 해당은 산소 공급이 적을 때 진행하므로 유산은 급격한 유동이나 호흡 곤란시에 체내에 증가한다. 젖산이라고도 한다.

유산균 (乳酸菌, lactic acid bacteria) 당류에서 유산을 생성하는 균류의 총칭. 그람양성이며 운동성이 없고 통성 혐기성이다. 글루코오스에서 유산을 생성하는 호모형 유산균과 유산 외에 에탄올, 아세트산, 이산화탄소 등을 생성하는 헤테로형 유산균이 있다. 요구르트, 치즈, 버터, 비타민, 아미노산의 바이오 어세이에 이용된다.

유산 발효 (乳酸醱酵, lactic acid fermentation) 유산을 생성하는 발효. 유산만을 생성하는 호모 유산 발효와 유산 이외의 물질을 동시에 생성하는 헤테로 유산 발효가 있다. 글루코오스, 녹말 또는 당밀을 원료로 하여 유산균의 종균을 가하여 48~50℃에서 4~7일 발효시킨다. 대당 수율 93~94%이다.

유상 비튜멘 (油狀 ——, oily bitumen) 석탄의 분자량 분포, 구조 분포의 해명과 점결성 등을 조사할 때에 사용하는 용제 분별 성분의 하나로 석유 에테르 가용성분을 지칭한다. 비튜멘은 석탄의 정착성 성분으로 여겨지고 있나. 원 뜻은 석탄의 벤젠 가입 추출 가용부를 농축하고 이것에 석유 에테르를 과잉으로 가하였을 때의 가용부를 말한다.

유생 (幼生, larvae) 다세포 동물의 개체 발생에서 배(胚)에서 성체에 이르는 과정 중에

성체와는 현저하게 형태가 다르고 또한 성체와는 다른 독립적으로 생활하는 시기가 있는 경우 그 시기의 개체를 유생이라 한다.

유성 (油性, oiliness) 점도는 같지만 마찰계수가 다른 윤활유의 성질을 나타내는 용어. 마찰계수가 작을수록 유성이 양호하다고 한다. 마찰면에서의 윤활유 흡착과 밀접한 관계가 있다. 유성은 윤활유를 구성하는 화합물의 분자구조와 밀접한 관계가 있다. 광유와 비교하여 지방유는 유성이 크고 또 광유에 약간의 지방산을 가하면 유성이 향상되는 것으로 알려져 있다.

유성 밑칠 (油性下塗, oil primer) ⇨ 오일 프라이머.

유속 (流束, flux) 단위 면적을 통해 단위 시간에 이동하는 열량·물질량 혹은 운동량을 나타내며 일반적으로 벡터성의 양이다. 이 상계면(異相界面)뿐만 아니라 유체 중의 이동현상에 대해서도 사용된다. 물질 이동에 대해서는 그것을 관측하는 기준면의 정의 차이에 따라 각종 물질 유속 표시가 사용되고 있다.

유안 (硫安, ammonium sulfate) 황산암모늄 $(NH_4)_2SO_4$의 속칭. 질소비료로서 공업적으로 생산되고 있는 제품에 대해서 사용되는 약칭이다.

유약 (釉藥, glaze) 도자기의 표면에 칠하는 유리층. 제품에 미관을 주고, 각종 장식을 보호하며 또한 화학적·기계적 성질을 향상시키기 위해 사용된다. 유약의 종류는 매우 많다. 유약의 성질로서는 열팽창률이 소지의 재료와 거의 같고 녹는점이 소지 재료보다 낮아야 한다. 도자기에 유약을 바르고 구웠을 때 잘 녹아 유동하여 소지에 밀착함으로써 표면에 얇은 유리막을 생성하는 것이라야 한다. 유약이 소지의 팽창 수축과 일치하지 않을 때는 벗겨지거나 균열이 생긴다. 이 균열을 관유(寬乳)라고 하며, 이것을 장식으로 이용하는 도자기도 있다. 유약은 일반적으로 투명한 것이지만 유백유·색유·결정유·무염유·근열유 등이 있다. 유약의 조성은 소성(塑性) 온도의 고저와 토질에 따라서 조합과 조성이 다르며, 일반적으로 자기유와 도기유로 분류된다. 주성분은 규산 화합물이고, 사용되는 원료로 자기와 같이

고온도 (1,200~1,500℃)에서 소성하는 것으로서 장석·석영·석회석·고령토 등이 있으며, 도기(陶器)와 같이 저온도 (960~1,000℃) 소성에는 고령토·붕사·장석·석회석 등이 사용된다. 색채를 가하기 위해서는 철·구리·코발트 등의 산화금속 화합물이 혼합된다. 이것과는 별도로 금속면에 유리질의 유약을 구워 붙여 피복한 것을 법랑이라고 하는데 팽창계수가 크고 녹는점이 낮은 것으로, 도자기의 유약과는 구별된다.

유약 호르몬 (幼若 ——, juvenile hormone) 곤충 호르몬의 하나. 알라타체로 알려져 있는 신경 내분비구조에서 생산되므로 알라타체 호르몬이라고도 한다. 곧은 사슬 모양의 이소프레노이드 단위로 된 메틸에스테르로서, 구조가 약간 다른 4종류의 물질이 발견되었다. 작용으로서는 유충 형질의 지속, 전흉선의 유지, 난소의 성숙작용을 들 수 있다.

ULSI 'ultra large scale integrated(circuit)'의 약어. 초고 집적회로(VLSI)보다 집적도가 높은 집적회로(IC)의 호칭으로 사용되고 있다. 대략 $\sim 10^7$개 이상의 집적도를 지칭하며 4 Mbit DRAM(dynamic random access memory) 이상의 것에 사용된다.

UMP 'uridine 5′-monophosphate(우리딘 5′-일인산)'의 약어이다. ⇨ 우리딘산.

유연제 (柔軟劑, softening agent) 실 또는 직물에 유연성을 부여하는 약제. 유화형의 것과 계면 활성제로 구별된다. 단순한 유화물만으로는 효과가 충분하지 않아 대부분은 활성제 등의 배합물이다.

유용 염료 (油溶染料, oil color) 물에 불용이고 유기 용매 등에 용해되는 염료. 섬유의 염색에는 사용하지 않고 가솔린, 알코올, 유지, 납, 플라스틱 등의 착색에 사용한다. 오일 레드 (적등색, 유지·플라스틱·식용의 염료), 오일 옐로 AB (마가린 착색용), 오일 보르도 (황색을 띤 적색), 오일 블루 G 엑스트라 (청색, 유지·가솔린의 착색용), 인슐린 등이 있다.

유인제 (誘引劑, attractant) 곤충을 유인하는 작용(주화성)이 있는 물질. 곤충이 산출, 분비하는 생리활성 물질인 페로몬, 곤충의 기생 선택에 관한 식물성분 및 그 밖의 유기 화합물이 있다. 기생 선택이란, 식물의 특정

성분에 특정한 곤충이 유인되는 것으로, 곤충의 먹이 선택, 산란 선택의 요인이다.

유장(油長, oil length) 전색제 중의 오일 성분의 함유량을 나타내는 척도. 장유 바니시, 장유 알키드 수지 등의 용어가 있다.

유장(乳漿, whey) ⇨ 훼이.

유재(油滓, oil foots) 동식물 유지의 채유 및 정제공정에서 부산물로 나오는 트리글리세리드 이외의 불순물. 푸츠라고도 한다. 원유를 저장할 때 침강하는 앙금(침전물) 외에 원유 정제의 탈검 공정에서 분리되는 검질과 탈산 공정에서 분리되는 비누분 등을 지칭한다.

유전(流展, flowing) 도료를 칠하면서 펴는 것을 말한다.

유전 가스(油田 ——, oil-field gas) 원유 채굴의 유정에서 얻어지는 가스. 메탄을 주성분으로 하고 경우에 따라서는 에탄도 함유한 건성 천연가스와 메탄, 에탄 외에도 프로판과 부탄을 비교적 다량 함유한 습성 천연가스가 있다. 유전 가스는 석유 광상에서 유층 내의 석유에 일부 또는 전부가 용해하여 집적된 것이거나 석유를 수반하지 않더라도 석유 광상과 같은 형의 유전구조 내에 유리 가스로 집적되어 있는 것이 채취의 대상이 된다. 유전 가스의 지리적·지질적 분포는 크게 석유의 분포와 일치하고 있으며, 석유자원 탐사·유전개발과 더불어 생산량은 증대되어 가고 있다.

유전 고무(油展 ——, oil-extended rubber) 합성 고무의 제조과정에서 라텍스에 광유를 혼합하여 그대로 응고시켜 얻는 원료 고무. SBR(스티렌-부타디엔 고무)에서 많이 사용된다.

유전 분극(誘電分極, dielectric polarization) 유전체에 전기장이 작용하여 전하의 변위가 일어나는 상태를 분극하였다고 표현한다. 이 상태를 정량적으로 나타내기 위해 사용된다. 유전체의 단위 체적당의 쌍극자 모멘트(쌍극자 밀도) P를 지칭한다.

유전 분산(誘電分散, dielectric dispersion) 물질의 유전율을 교번 전기장의 주파수를 변화시기면서 측정하면 낮은 주파수에서는 일정한 값이었던 것이 주파수의 증가와 더불어 점차 그 값이 감소하여 보다 작은 값으로 낙착하는 현상. 유전 분산이 일어나는 주파수 영역에서는 유전 흡수가 관측된다.

유전 상수(誘電常數, dielectric constant, relative permittivity) 어떤 물질의 유전율 ε와 진공의 유전율 ε_0의 비 $\varepsilon_r = \varepsilon/\varepsilon_0$를 지칭한다. 그냥 유전율이라고도 한다.

유전 손실(誘電損失, dielectric loss) 전자기파의 에너지가 흡수되어 열에너지로 상실되므로 유전손실이라고도 한다. ⇨ 유전 흡수.

유전 암호(遺傳暗號, genetic code) DNA에서 전사된 4종의 염기 [아데닌(A), 우라실(U), 시토신(C), 구아닌(G)]의 배열로 지정되는 정보. 특히 단백질의 아미노산 배열을 지정하는 정보를 이른다. 4종 중 3종의 염기 배열이 특정한 아미노산 또는 번역의 종지를 의미하며 암호의 단위(코돈)가 된다.

유전 완화(誘電緩和, dielectric relaxation) 유전체가 전기장에 놓여져 분극하고 있을 때 급히 전기장을 제거하면 분극의 크기가 시간과 더불어 지수함수적으로 감소하는 현상. 분극의 크기는 처음 크기의 $1/e$이 될 때까지의 시간을 완화시간이라 한다. e는 자연대수의 바닥이다.

유전율(誘電率, permittivity) 유전체에 전기장이 작용하면 안에서 전하의 변위가 일어나 내부의 전기장은 강화된다. 이 내부의 전기장의 세기(전기 변위라 한다)와 가해진 전기장의 세기의 비율을 나타내는 양. 진공의 유전율 ε_0와의 비를 비유전율 ε라 하며 보통은 유전율이라 한다. 콘덴서에 유전체를 충만하였을 때의 전기용량과 비었을 때의 전기용량의 비로 측정된다.

유전자(遺傳子, gene) 유전정보를 관장하는 구조 단위. 처음에는 개념으로서 제안되었으나 현재는 디옥시리보핵산 (DNA)상에서 기능이 있는 특정 부위를 지칭한다. 그 정보는 유전자 DNA에서 전사된 RNA의 4종의 염기 (아데닌, 우라실, 구아닌, 시토신) 배열로 축적된나. 단백질의 아미노산 배열을 결정하는 구조 유전자와 기능을 조절하는 조절 유전자로 구별된다.

유전자 라이브러리(遺傳子 ——, gene library) 염색체의 전 DNA를 제한효소 등으로 절단하여 얻게 된 단편을 벡터에 도입한 집합. 유전자 은행, 염색체상의 모든 DNA 영역을 포함하도록 고안되어 있으므로, 목적으로 하는 유전자의 클론을 이 속에서 찾을 수 있다.

유전자원 (遺傳資源, gene resource) 생물의 유전형질과 변이의 자원. 생물의 유전변이는 돌연변이와 자연도태로 인해 축적된 것으로, 야생의 생물종은 귀중한 유전자 자원이다. 세포주의 수집, 보존, 작물종자, 미생물 등의 유전자 보존, 관리 등이 국제적으로 이루어지고 있다.

유전자 조작 (遺傳子操作, gene manipulation) 인공적인 DNA 재조합, DNA 클로닝 등에 의해 유전자 기능의 분석과 유전자 산물의 발현을 하는 일련의 작업. 근년 생체 밖에서 유전자를 인위적으로 개변하여 세포에 도입하는 기술도 이용되고 있다.

유전자형 (遺傳子型, genotype) 유전학의 용어로서 표현형의 대응어. 표현형이 유전자의 작용 결과 나타나는 관찰할 수 있는 형태적·생리적 성질을 지칭하는 데 대해 유전자형은 그 생체의 유전자 구성을 지칭한다. 표현형으로서는 나타나지 않는 열성 유전자의 유무 등을 구별할 수 있다.

유전체 (誘電體, dielectrics) 절연체와 같은 의미인데 전기를 유도하는 도체(금속 등)의 대응어. 금속 이외의 무기 물질과 유기 화합물은 대부분이 유전체라고 생각할 수 있다. 1837년 M. 패러데이가 콘덴서의 극판(極板) 사이에 절연물을 끼우면 전기용량(電氣容量)이 증가하는데, 그것을 끼우기 전후의 전기용량의 비가 절연물의 종류에 따라 결정되는 데서 발견했다. 이 현상을 생성하는 메커니즘은 자성체의 자기화(磁氣化)와 마찬가지로 전기장의 작용에 의해서 무극성 분자에서는 분자 내의 양·음의 전하가 어긋나고, 유극성 분자에서는 쌍극자 모멘트의 방향이 가지런해져서 물질이 전체적으로 전기쌍극자 모멘트를 가지게 되고, 이것이 콘덴서의 극판에서 전하의 작용을 얼마간 상쇄하기 때문이라는 것이 밝혀졌다. 유전체에 생기는 단위 부피당 쌍극자 모멘트 P와 전기장의 세기 E와의 비 P/E를 이 유전체의 편극률(偏極率)이라 하고, 이것을 콘덴서의 극판 사이에 넣었을 때와 넣지 않았을 때의 전기용량의 비를 물질의 유전율(誘電率)이라고 한다.

유전 표지 (遺傳標識, genetic marker) ⇨ 표지 유전자.

유전 흡수 (誘電吸收, dielectric absorption) 유전 분산과 동시에 전기 에너지가 흡수되어 열 에너지로 변하는 현상. 이 경우 유전율은 복소수로 표시된다. 유전체를 전극 사이에 끼우고 직접 전류를 걸면 꽤 오랜 동안 시간과 더불어 감소하는 전류가 흐른 다음 일정한 누설 전류가 된다. 다음에 전극 사이를 단락(短絡)하면 역방향으로 전과 거의 마찬가지의 전류가 흘러 0이 된다. 이것은 유전체 속의 쌍극자가 전기장에 의해 회전하거나 이온이 계면(界面)에 모이기 때문이다.

유점성 결정 (柔粘性結晶, plastic crystal) 사염화탄소, 시클로헥산, 2,2-디메틸프로판 등, 구형 또는 구형에 가까운 형태의 분자가 형성하는 결정은 녹는점에 이르기 전의 온도에서 큰 엔트로피 변화를 수반하는 고상전이를 보이는 경우가 있다. 그 고온형은 유리 같은 투명도가 있고 점성이 있어 용이하게 변형하므로 유점성 결정이라 불리운다. 고상 전이점에서 회전의 자유도가 풀린 상태에서 중간상의 하나이다.

유정 가스 (油井——, oil well gas) ⇨ 수반 가스.

유정 시멘트 (油井——, oil well cement) ⇨ 오일 웰 시멘트.

유제 (乳劑, emulsion) ⇨ 에멀션.

유제 (蹂劑, tanning agent) ⇨ 무두질제.

유제용 아스팔트 (乳劑用——, emulsion asphalt) 아스팔트 유제 제조용 원료로 사용되는 석유 아스팔트. 나프텐기 원유에서 얻어지는 연질의 스트레이트 아스팔트가 이에 해당한다.

유제 전상 (乳劑轉相, emulsion inversion) ⇨ 전상(轉相).

유중 수형 에멀션 (油中水型——, water-in-oil emulsion) 기름 속에 물방울이 분산되어 있는 에멀션. w/o형 에멀션, 기름 속 물에멀션이라고도 한다. 도전성이 낮고 기름으로 희석할 수 있다. 수중 유형 에멀션의 대응어. 버터, 콜드 크림 등이 대표적이다.

유지 (油脂, fats and oils) 천연의 동식물계에 널리 존재하며 지방산과 글리세린의 트리에스테르, 즉 트리글리세리드를 주성분으로 하는 물질. 글리세리드 외에 유리 지방산, 불검화물 등을 소량 함유한다. 상온에서 고형의 지방과 액상의 지방유가 있다. 일반적으로 물에 불용이고 알코올에 난용이지만 에테르, 석유 에테르, 벤젠, 클로로포름 등에는 쉽게 녹는다. 식용으로서 튀김유, 샐러드유와 마가린, 쇼트닝 등의 가공 식품, 공업용으로서 비누, 지방산 및 그 유도체, 글리세린 등의 원료로 사용된다.

유지 안정도 (油脂安定度, fat stability) 유지의 산패(酸敗)에 대한 안정성의 정도. 공기에 의한 유지의 자동산화에 대한 안정성 평가법에는 공기를 불어넣으면서 시료를 가열하여 과산화물값을 측정하는 방법과 가열하여 시료의 중량 증가 혹은 시료의 풍미를 평가하는 방법 등이 있다.

유채유 (油菜油, rapeseed oil) 십자화과의 월년생 풀인 유채(함유량 38~41%)에서 채유되는 반건성유. 비교적 포화산이 적고 올레산, 리놀레산, 리놀산, 에이코센산의 혼합 트리글리세리드를 주성분으로 한다. 우리나라에서는 역사도 오래고 현재는 대두유에 다음가는 식용유로 소비량도 많다.

유체 (流體, fluid) 현저한 유동성을 나타내는 물체를 의미하며, 기체와 액체의 총칭으로서 사용되는 경우도 있다. 유체의 운동을 다루는 분야를 유체역학이라 하는데 여기서 특히 문제가 되는 것은 점성과 압축성이다. 정지하고 있는 유체에는 면에 평행인 접선 변형력(接線變形力)은 작용하지 않고 면에 수직인 압력만 작용한다. 그러나 운동하고 있는 유체에는 점성 때문에 접선 변형력도 작용한다. 이론적으로 간단하게 다루기 위해 점성이 없는 유체를 가정할 경우가 있는데, 이러한 유체를 완전 유체라 한다. 또 압축성은 유체의 열전도율이나 비열 등과 밀접한 관계가 있는데 때로는 압축성이 전혀 없는(따라서 밀도가 변하지 않는) 유체를 생각할 경우가 있으며, 이러한 유체를 비압축성 유체 또는 줄지 않는 유체라 한다.

유체 경계막 (流體境界膜, fluid film) ⇨ 유체막.

유체 마찰 (流體摩擦, fluid friction) 접촉면 간에 유체역학의 법칙에 따르는 상당한 두께의 기체 분자 층이 존재하여 두 면이 유체에 의해 완전히 격리된 상태에 있는 윤활 상태. 이 상태에서는 양 접촉면 간의 마찰은 유체 분자 간의 점성 유동으로 치환된다.

유체막 (流體膜, laminar film, fluid film, laminar sublayer) 흐르고 있는 유체와 접하는 물체 표면의 유체측에 형성되는 층류 상태로 유지된 극히 얇은 유체층. 또 구체적으로는 난류 경계층의 층류 바닥층(laminar sublayer)을 지칭하는 경우도 있다. 실제로는 층류 바닥층과 그 외부의 난류 부분의 경계는 명확하지 않고 전이영역이 존재하고 있다. 그러나 이동 속도에 미치는 저항이 주로 이 층에 존재하는 일이 많으므로 계면 근방의 유체가 유한 두께의 경계와 그 외부의 난류 본체로 구성되어 있다고 비슷하게 보는 견해가 많다.

유체 윤활 (流體潤滑, fluid lubrication) 접촉면 간의 마찰이 유체마찰 상태가 되는 윤활을 말한다.

유체 정역학 (流體靜力學, hydrostatic head, static head) 정압을 머리로 표시한 것. 정수두 또는 정압두라고도 한다. 중력 단위계의 경우는 길이의 차원이 있고, 유체의 정압을 그 유체기둥의 높이로 표시한 것을 이른다. 중량과 질량을 병용하는 공학 단위계의 경우는 단위 질량당의 에너지 차원(힘×길이 / 질량)을 갖고 정압을 그 유체의 밀도로 나눈 값을 말한다. 화학공업 용어이다.

유출물 (留出物, distillate) 증류 조작으로 원액에서 기화한 다음 냉각기로 냉각되어 액체로 환원하여 흘러나오는 물질을 말한다.

유탁액 (乳濁液, emulsion) ⇨ 에멀션.

유포자성 효모 (有胞子性酵母, ascospore yeast) 자낭균 효모 *Ascomycetous yeasts*, *Ustilaginales*에 속하는 효모, *Sporobolomycetaceae*에 속하는 효모의 모든 효모균도 자낭포자 혹은 사출포자를 형성한다. 이러한 것을 총괄하여 유포자성 효모라 한다. 산업상 유용한 효모는 자낭포자를 형성하는 자낭균 효모에 속한다.

UPS 'ultraviolet photoelectron spectroscopy (자외광 전자 분광법)'의 약어이다.

유화 (乳化, emulsification) 상호 용해하지 않는 두 액체의 한 쪽이 미립자가 되어 다른 쪽 액체 중에 분산하여 에멀션을 생성하는 현상. 안정된 에멀션을 얻으려면 제3의 물질로서 유화제가 필요하며, 보통 계면 활성제가 사용된다.

유화 가지 (乳化加脂, fatliquoring) 제혁공정에서 가죽에 유화한 유제를 흡수시키는 조작. 보통 황산화유 등의 수욕 중에서 가죽을 회전시키며 하는데, 가죽의 무두질 종류와 pH, 사용하는 유제의 종류와 양에 따라 가죽의 성질에 미치는 효과가 다르다.

유화기 (乳化機, emulsifier) 서로 혼합하지 않는 2종류의 액체의 안정된 에멀션을 만들기 위한 기계. 보통 교반기를 장착한 교반식 유화 혼합기에서 강한 전단과 혼합작용에 의해 유화를 하는 호모지나이저까지 각종 유형이 있다.

유화 시험 (乳化試驗, emulsification test) 에멀션의 안정도를 평가하는 방법. 보통은 에멀션을 시험관 또는 메스실린더에 넣고 일정 온도에서 일정 시간 방치하여 분상된 액의 양을 측정한다. 원심력을 부여하거나 가열하거나, 전해질을 가하여 안정도를 측정하는 방법도 있다.

유화제 (乳化劑, emulsifier, emulsifying agent) 서로 혼합하지 않는 2종의 액체를 안정된 에멀션으로 하기 위해 사용하는 물질의 총칭. 보통은 물과 물에 용해하지 않는 유기체와의 에멀션을 만들 때 사용하는 계면 활성제를 지칭한다.

유화 중합 (乳化重合, emulsion polymerization) 유용성 단량체를 계면 활성제에 의해 수중에서 유화시켜, 수용성 개시제를 사용하여 중합시키는 방법. 중합은 단량체를 도입한 미셀 중에서 이루어지며 일반적으로 고중합도의 폴리머가 얻어진다. 또 디비닐체 단독 혹은 비닐 화합물과의 공중합으로 다리결합한 극미소(지름 약 수십 nm) 미크로 겔의 합성법으로 이용되고 있다.

유효 계수 (有效係數, effectiveness factor) ⇨ 촉매 유효계수.

유효성 (有效性, availability) ⇨ 유효 에너지.

유효 에너지 (有效 ——, available energy) 계가 보유하는 에너지가 환경과 평행을 이룰 때까지 추출할 수 있는 최대 일. 엑서지, 어베일러빌리티라고도 한다. 불가역 과정에 있어 헬름홀츠 에너지의 감소량에 상당하다. 한편 어떠한 수단에 의해서도 일로 변환할 수 없는 부분은 아네르기라고 한다. 에너지-프로세스 혹은 화학 프로세스의 에너지 유효이용률의 평가에 사용되고 있다.

유효 열전도율 (有效熱傳導率, effective thermal conductivity) 분입자층 혹은 다공질 고체의 전열은 고체의 전도전열 및 공극 내에 함유되는 기체의 전도전열, 방사전열 혹은 대류전열이 복잡하게 관계되는 현상이지만 실용상의 견지에서 분입자층 혹은 다공질체를 외견상 균일상으로 간주하여 열전도율을 정의한 것이다.

유효 염소 (有效鹽素, available chlorine) 표백분, 표백액, 고도 표백분 등에서 표백에 사용하기 위해 유효하게 작용하는 염소, 즉 산을 작용시켰을 때에 발생하는 염소이다.

유효 원자 번호 (有效原子番號, effective atomic number) 화합물 중에서 하나의 원자를 둘러싼 전자의 수. 즉 화합물 중에서 그 원자의 핵외 전자수와 그것과 화학결합하고 있는 모든 원자의 결합 전자수의 합. 약어 EAN이다. 예를 들면 CH_4 중의 C는 10, ClO_4^- 중의 Cl는 18, $[Co(NH_3)_6]^{3+}$ 중의 Co는 36이다. 화합물 중의 원자의 결합수를 통일하기 위해 N. V. Sidgwick(1923년)가 제기한 개념. 유효 원자번호가 다음의 희가스 원소의 원자번호와 대응할 때 안정된 화합물이 된다는 아이디어를 유효 원자번호칙(EAN칙)이라 한다.

유효 인산 (有效燐酸, available phosphoric acid) 비료 중의 인산 중 비료로서 유효하다고 인정되는 인산성분을 이른다. 인산 비료 중의 인산성분은 수용성 인산과 시트르산 혹은 시트르산 암모늄 수용액에 용해하는 시트르산 용해성 인산 및 불용성 인산으로 나누어진다. 이 중에서 전자를 합친 것을 유효 인산이라 한다.

유효 접촉 면적 (有效接觸面積, effective interfacial area) 두 상을 직접 접촉시키는 각종

장치에서 그 내부에서의 두 상 간의 접촉면적 중 물질 이동과 열 이동에 대해 유효하게 작용하는 부분의 면적. 유효 계면적이라고도 한다.

유효 질량 (有效質量, effective mass)　역학의 방정식에 의해 물체의 운동을 기술할 때에 사용되는 실효적인 질량. 예를 들면 암모니아 분자의 반전운동을 다룰 때에는 질소원자와 3개의 수소원자의 유효 질량으로서 $\mu = 3\,m_H\,m_N/(3\,m_H + m_N)$가 흔히 사용되고 있다. 또한 결정 중의 전도전자가 갖는 실효적인 질량 m의 의미로도 사용된다.

유효 핵전하 (有效核電荷, effective nuclear charge)　다전자 원자에서는 각 전자는 원자핵에 의한 인력과 다른 전자가 이루는 장 내에서 운동하고, 다른 전자에 의한 장은 원자핵의 전하를 겉보기상 감소시키는 것처럼 작용한다. Slater는 각 원자 궤도를 점하는 전자에 미치는 핵의 외견상의 인력을 나타내는 유효 핵전하라는 양을 도입하고 그것을 구하는 간단한 규칙도 도입하여 Slater 원자 궤도를 만들었다.

유효 확산계수 (有效擴散係數, effective diffusion coefficient)　다공성 개체 입자에서 촉매반응과 흡착에 수반하는 입자 내의 확산에 대하여 사용되는 겉보기상의 확산계수이다.

육가 크롬 화합물 (六價 —— 化合物, chromium (VI) compound)　크롬 화합물 중 산화수 6을 나타내는 화합물. 크롬산염, 이크롬산염 등이 있으나 인체에 대한 독성이 높아 법적으로 규제되고 있다.

육두구 유 (—— 油, nutmeg oil)　동 및 서인도 제도에서 산출하는 육두구(nutmeg)의 종자에서 채취되는 정유. α-피넨, α-케펜인, 디펜텐, α-리나롤 등을 함유한다. 의약, 식품으로 쓰인다.

육면 (肉面, flesh side)　가죽 및 피혁의 뒤측면. 갓 벗겨낸 가죽에서는 피하 조직을 지칭하고 제혁공정에서 가죽의 두께를 조절한 경우에는 진피 망상층의 일부를 가리킨다. 그레인의 대응어이다.

육방정계 (六方晶系, hexagonal system)　결정계의 하나. 주축이 6회 회전축 또는 6회 회전반축으로서　단위포는 $a = b = c$, $\alpha = \beta$, $r = 120°$로 표시된다. 녹주석·인회석·수정·방해석·전기석 등이 이 정계(晶系)에 속한다. 그러나 일부에서는 더욱 세분화하여 능면체(菱面體)로 대표되는 특수한 형태를 마름모 정계로서 독립시키는 경우가 있는데, 방해석 등이 이에 속한다.

육방 최밀 충전 (六方最密充塡, hexagonal closest packing)　같은 크기의 구를 가장 조밀하게 공간에 채워넣는 방식의 하나. 우선 하나의 평면상에 구를 밀집시키면 6회 대칭성을 보이는 배열을 취하는데, 이러한 배열의 층을 패인 곳을 이용하여 겹쳐 쌓아 얻게 된다. 세 번째 층이 첫 번째의 바로 위가 되는 경우, 제1층을 A, 제2층을 B로 표시하면 ABABAB…로 교차 겹쳐 쌓는 방식을 이른다. 이와 같은 원자배열이 육방 정계의 결정이 되므로 육방 최밀충전이라 불리운다. 약어 hcp이다. ⇨ 입방 최밀충전.

육우자 (六隅子, sextet)　⇨ 섹스테트.

육원자 고리 (六原子 ——, six-membered ring)　6원자로 구성된 고리식 구조. 탄소 고리와 복소 고리가 있다.

육종 (育種, breeding)　식물과 동물의 품종개량으로 보다 이용가치가 높은 품종을 만들어 내는 것. 원래는 근종 품종간의 교배와 선택이 주된 수단이었으나 유전자의 돌연변이를 인공적으로 일으키는 다음 세 가지 수단이 가해졌다. ① 방사선과 화학변이적 물질 처리에 의한 돌연변이, ② 콜히친 처리에 의해 배수체를 만드는 분자육종, ③ 유전자를 조작하여 유용 생물을 만드는 분자 육종.

육중선 (六重線, sextet)　하나의 전이에 대응하는 에너지 준위에 근소하게 떨어진 부준위가 생겨 한 가닥의 스펙트럼 선이 6가닥으로 분열한 것. 자기공명에서는 스핀양자수 $I = 1/2$인 등가한 핵 5개와 짝짓기하면 6중선이 관측된다.

육중항 (六重項, sextet)　다중항의 하나로 스핀 양자수 $S = 5/2$인 경우를 말한다.

윤활 (潤滑, lubrication)　마찰면에 기름이나 그리스 등을 도포하여 마모, 열 발생을 막아 마찰을 감소시키는 것. 마찰면이 윤활제의 막으로 격리되어 있는 상태를 이상적인 윤활상태라 하고 막이 여러 분자층 상태로 얇게 되면 경계윤활이라 한다.

윤활유 (潤滑油, lubricating oil)　기계의 작동 부분을 윤활하는 액체의 총칭. 광유, 합성 윤활유, 지방유 등이 포함된다. 용도별로는 스핀들유, 절연유, 터빈유, 엔진유, 기아유, 실린더유 등이 있다. 윤활을 필요로 하는 기계요소가 여러 가지이고 기계가 작동하는 조건도 다양하기 때문에 윤활유의 종류가 매우 많고 품질도 각양 각색이다. 윤활유로서 기본적으로 필요한 성질은 ① 사용온도에 적당한 점성(粘性)을 유지하는 동시에 사용온도가 변해도 급격히 점도(粘度)가 변하지 않는 성질(점성지수가 크다), ② 경계윤활 상태에서도 안정된 유막을 형성하는 성질(유성이 크다), ③ 윤활성능과 직접 관계는 없지만 열과 산화에 대해 안정도가 높을 것 등이다.

윤활제 (潤滑劑, lubricant)　윤활을 목적으로 사용하는 물질의 총칭. 마찰의 종류로는 윤활제를 넣은 두 면 사이의 유체마찰, 고체와 고체가 접속해서 미끄러지는 고체마찰 등 여러 형태가 있으므로, 윤활제도 마찰상태에 따라 그 성상이 각각 다르다. 또 온도와 압력의 영향도 고려해야 하므로, 산화·열분해·중합·휘발 등에 견딜 수 있는 것이 좋다. 광유와 같은 액상, 그리스 따위의 반고체상이 보통이지만 그래파이트와 이황화몰리브덴 같은 고체상의 윤활제도 있으며 더욱 특별한 경우는 공기와 용융금속이 그 역할을 하는 경우도 있다.

융점 (融點, melting point)　물질이 고체에서 액체로 상변화할 때의 온도. 약어로 mp이다. 녹는점은 압력에 따라 변화하고 또한 불순물이 있어도 변화한다. 보통은 1 atm에서의 값을 그 물질의 녹는점(녹는점)이라 하며, 순물질에 대해서는 일정한 값을 얻을 수 있다. 일반적으로는 응고점과 같다. 유리·플라스틱 등 비결정질(非結晶質) 고체에는 녹는점이 뚜렷하지 않다.

융점 강하 (融點降下, depression of melting point)　⇨ 어는점 내림.

융제 (融劑, flux, fusing agent)　어떤 물질에 혼합함으로써 원물질의 녹는점보다 낮은 온도에서 융해하는 작용이 있는 물질. 플럭스라고도 한다. 고녹는점 물질의 융액에 의한 결정제작과 난용성 물질의 분석(물에 가용한 염으로 변화) 등에 응용된다. $M^I_2CO_3$(M^I=K, Na), $BaCl_2$, PbO, 붕사 등이 있다.

융합 유전자 (融合遺傳子, fusion gene)　상이한 유전자를 유전자 재조합 등으로 연결한 유전자. 응용면에서는 유전자의 재조합으로 종래의 것보다 유용성이 높은 융합 단백질을 제조하는 데 이용된다.

융해 도장 (融解塗裝, melt coating)　고형 도료를 용융하여 피막을 형성시키는 도장방법. 분체 도장 및 아스팔트 도장이 있다.

융해 방사 (融解紡絲, melt spinning)　섬유 형성능이 있는 고분자 물질을 가열 융해하여 방사 노즐에서 공기나 수중에 사출, 냉각하여 필라멘트로 고화시키는 방법. 보통 사출 후 연신공정이 수반된다. 방사속도가 빨라 분당 500~1,500 m가 보통이고 3,000 m 이상 고속 방사도 가능하게 되었다. 옛날부터 나일론 등에 원료 고분자의 칩을 호퍼로부터 열격자(熱格子) 위에 떨어뜨리고, 격자면상에서 용융하여 적하(滴下)한 것을 방사 노즐로부터 방출(放出)하는 용융 격자법(格子法)을 사용하였으나 최근에는 스크루 익스트루더(screw extruder)를 사용하는 방법을 많이 택한다. 어느 것이나 방사 후의 세척(洗滌)·건조 등의 공정을 필요로 하지 않는 생산성이 높은 방사법이다. 나일론, 폴리에스테르, 폴리올레핀, 염화비닐리덴 혼성 중합체 등에 적용된다. 유리 섬유도 이 방법으로 제조된다.

융해 석영 (融解石英, fused silica)　⇨ 석영 유리.

융해열 (融解熱, heat of fusion)　고체를 계속 가열하게 되면 융해하여 액체가 되는데 이 상변화 시에 소요되는 열량을 이른다. 물질이 융해되어 있는 동안에는 그 계의 온도는 일정하므로 융해열은 잠열이며 응고열의 부호를 바꾼 값과 같다. 얼음은 약 80 cal인데 이것은 많은 물질의 융해열 중에서도 비교적 큰 쪽에 속한다.

융해염 (融解鹽, fused salt, melten salt)　상온에서 고체의 염을 가열하여 융해시킨 것. 대부분은 도전성이 있으며 전해 등에 사용된다. 또 가열용의 염욕 등에도 사용된다.

융해점 (融解點, melting point)　⇨ 녹는점.

융해 점도 (融解粘度, melt viscosity) 고체 물질을 고온에서 용융할 때의 점도. 광물과 금속에서는 보통 액체의 점도와 크게 다르지 않지만 고분자 물질에서는 뒤엉킴 때문에 차이가 크고 또한 온도에 따라 현저하게 변화한다.

융해 합제 (融解合劑, fusing mixture)　Na_2CO_3과 K_2CO_3의 등량 혼합물. 녹는 온도가 낮고 낮은 온용의 융제로 사용된다.

은색소 표백법(銀色素漂白法, silver dye bleach process)　할로겐화은 컬러 사진법의 하나. 할로겐화은 사진 유체층 중에 사전에 아조 염료가 첨가되어 있어, 현상으로 생긴 화상 상으로 분포한 현상은을 이용하여 노광된 부분의 염료를 환원 표백하여 잔존 염료에 의한 양화를 얻는다. 견뢰성이 높은 색상을 얻을 수 있는 시바크롬(ciba-chrome)이 유명하다.

은-염화은 전극 (銀-鹽化銀電極,　silver-silver chloride electrode)　참조 전극의 하나. 은 표면에 염화은 층을 부착시킨 전극을 염소이온을 함유하는 전해액에 담근 것. 일반적으로 은선을 사용하여 간단하게 자작할 수 있다. 평형 전위의 안정성, 재현성이 높다. 평형 전극 전위의 값은 염소이온 농도와 온도에 의해 결정된다.

은 잉크 (銀——, silver ink) ⇨ 알루미늄 잉크.

은폐력 (隱蔽力, hiding power, obliterating power)　도막이 바탕색을 은폐하는 성능. 일정한 표면을 친하여 은폐하는 데 필요한 도료의 양으로 표시된다. 측정법은 KS에 규정되어 있다.

음극 (陰極) (1) cathode　전해장치와 방전관의 전극 중 음극을 말한다. 전자를 방출하는 전극을 이르며, 전기분해 반응에서는 환원반응이 일어나는 전극을 말한다. M. Faraday가 명명. (2) negative electrode 전지에서 전류의 입구가 되는 쪽의 전극. 산화반응이 일어나는 전극으로, −극이라고 적는다. 양극의 대응어이다.

음극액 (陰極液, catholyte)　2실형의 전해조에서 음극실의 전해액. 환원반응이 진행하는 쪽의 전해액을 말한다.

음극 억제제 (陰極抑制劑, cathodic inhibitor)　부식 억제제의 하나. 부식의 환원부위에 작용하여 음극 분극을 크게 함으로써 부식이 일어나기 어렵게 하는 첨가제를 말한다.

음극파 (陰極波, cathodic wave)　폴라로그래피 등의 전기화학 분석에서 음극반응에 기초한 특징적인 전류전위 곡선을 말한다.

음극화 보호 (陰極化保護, cathodic protection)　부식을 방지하려는 금속을 음극 상태로 유지함으로써 부식의 진행을 방지하는 방법. 표면을 아연 처리 한 철판 외에 희생양극 간을 전기적으로 결합하고 목적 금속을 음극 분극으로 한 전지를 형성하는 방법도 있다. 이 때 희생양극은 용해하지만 목적 금속은 부식하지 않는다.

음극 환원 (陰極還元, cathodic reduction)　⇨ 전해 환원.

음의 협동작용 (陰—協同作用, negative cooperativity)　단백질의 한 부위에 배위자가 결합하면 다음 부위에 배위자가 결합하기 어렵게 된다. 이와 같은 결합부위 간의 상호작용을 이른다. 기질이 효소에 결합할 때 어떤 기질 농도 이상에서는 포화곡선이 서서히 상승한다.

음이온 (陰——) (1) anion　음성으로 하전한 원자 또는 원자단. 아니온은 동의어이다. (2) negative ion　원자·분자에 1개 또는 그 이상 개수의 전자가 가해져 음의 전하를 띤 상태에 있는 것. 응축상의 경우에는 음이온 또는 아니온이라고 히는 때가 많다.

음이온 계면 활성제 (陰——界面活性劑, anionic surface-active agent, anionic surfactant)　계면 활성제 중 물에 용해하였을 때에 계면 활성을 나타내는 부분이 음이온으로 해리하는 것. 아니온 계면 활성제라고도 한다. 가장 많이 사용되는 계면 활성제로서 비누, 황산알킬염, 알킬벤젠술폰산 염(ABS), 곧은 사슬 알킬벤젠술폰산 염(LAS) 등이 이것에 속한다. 세척제, 기포제, 침투제, 습윤제로 사용되며, 가정용 합성 세제, 선유 조제의 중요한 원료이다.

음이온 교환수지 (陰——交換樹脂, anionexchange resin)　음이온 교환능이 있는 합성 유기 폴리머. 폴리스티렌 등의 수지에 아미노기($-NH_2$, $-NHR$, $-NR_3$), 제4급 암모늄기($-NR_3^+$) 등의 염기성 교환기를 도입한 것을 말한다.

음이온 라디칼 (陰 ——, anion radical)　쌍을 짓지 않는 전자가 있는 음의 이온. 예를 들면 나프탈렌과 금속 나트륨으로 이루어지는 $C_{10}H_8^-$ 등이다. 유리기로서의 성질이 있어 전자 스핀 공명 등으로 관측된다.

음이온성 시약 (陰 —— 性試藥, anionoid reagent)　친핵성 시약을 이른다. 아니오노이드 시약이라고도 한다. E. Müller 등 독일학파에 의해 사용되었으나 현재는 거의 사용되지 않는다. 카티오노이드 시약(양이온성 시약)에 대응하는 용어이다.

음이온 이동(반응) (陰 —— 移動(反應), anionotropy)　친핵성 전위를 이른다. 아니오노드트로피라고도 한다. 독일학파가 친핵적인 전위는 음이온적인 이동에 의한다고 생각하여 명명하였으나 현재는 사용되지 않는다. 카티오노트로피(양이온 이동(반응))에 대응하는 용어이다.

음이온 중합 (陰 —— 重合, anionic polymerization)　연쇄 전달체가 아니온인 연쇄 중합. 알칼리금속, 유기금속, 그리냐르 시약, 알코올레이트, 아민 등 친핵성 시약에 의해 중합을 개시한다. 배위 음이온 중합은 입체 규칙성 폴리머를 얻는 데 사용되고, 리빙 음이온 중합은 블록 공중합체의 합성에 이용된다.

응결 (凝結)　(1) coagulation 콜로이드 입자가 무기염의 첨가로 집합하여 큰 입자가 되고, 곧 침전하는 현상. 응석이라고도 한다. 엉김과의 차이는 입자가 모이는 방식이 보다 조밀하다는 것이다.　(2) setting 시멘트와 석고 등의 수경성 물질이 물과 반응하여 수화 생성물을 생성하고, 그 결과 시간 경과와 함께 최초에 있었던 유동성 및 점성을 상실하는 현상이다.

응결물 (凝結物, coagulum)　라텍스의 응고에 의해 생긴 분상 또는 괴상인 겔의 집합. 응고 고무라고도 한다.

응결 시간 (凝結時間, setting time)　수경성 물질의 응결과정에서 응결의 개시로 간주되는 시간을 시발시간, 또 종료로 간주되는 시간을 종결시간이라 하며, 양자를 합쳐서 응결시간이라 한다. 시험방법은 수경성 물질에 따라 다르다.

응결제 (凝結劑, coagulant, coagulating agent)　콜로이드 용액에 첨가하여 콜로이드 입자를 응결시키는 물질. 보통 무기염이 사용된다. 콜로이드 입자가 갖는 전하와 반대부호의 이온으로 값수가 높은 것일수록 그 효과가 크다.

응결 지연제 (凝結遲延劑, retarder)　포틀랜드 시멘트와 구운석고 등의 응결·경화속도를 억제할 목적으로 사용하는 혼화제. 포틀랜드 시멘트에는 석고, 인산염, 붕산염 등의 무기염류 외 당류, 알코올류, 푸민산염, 시트르산염, 리그닌술폰산염 등이 사용되고 있다.

응고 (凝固, solidification)　물질의 액체상태에서 고체상태로의 변화. 융해의 역현상. 순물질은 일정 압력하에서는 응고가 시작하고 나서 끝날 때까지 일정 온도로 유지된다. 이 온도가 응고점이며 녹는점과 일치한다. 응고점은 각 물질마다 특정값을 가지고 있다. 물을 제외한 대부분의 물질은 응고에 의하여 부피가 작아진다. 한편 액체 또는 기체 속에 분산하고 있는 입자가 집합하여 큰 입자가 되는 현상, 즉 응결(coagulation)을 응고라고 하는 경우도 있다. 고화(固化)라고도 한다.

응고 고무 (凝固 ——, coagulant rubber)　⇨ 응결물.

응력 (應力, stress)　물체가 외부에서 가해지는 힘에 의해서 변형하여 비틀림이 생길 때, 물체의 일부에 미치는 힘. 응력은 계면에 대하여 외향적 스펙트럼으로 나타내며, 그 크기는 계면의 단위 면적당의 힘으로 표시된다. 계면에 대해 수직방향의 응력성분을 법선응력, 평행성분을 접선응력 또는 전단응력이라 한다.

응력 변형도 (應力變形圖, stress-strain diagram)　물체를 변형시켰을 때 생긴 응력과 비틀림의 관계를 각각 가로·세로축에 잡아 곡선으로 나타낸 그림. 가늘고 긴 시료를 일정 속도로 인장하여 얻어지는 인장응력과 신장의 관계를 나타내는 그림을 지칭하는 일이 많다.

응력 풀림 (應力——, stress relaxation)　점탄성을 나타내는 물체에 일정한 변형을 주어 그대로 방치하면 응력은 시간과 더불어 점차 감소한다. 이것을 응력 풀림이라 한다.

응석 (凝析, coagulation)　⇨ 응결의 (1).

응석제 (凝析劑, coagulant, coagulating agent)　응결제의 옛 명칭이다. ⇨ 응결제.

응유 효소(凝乳酵素, milk-coagulating enzyme)　젖을 응고시키는 작용이 있는 프로테아제의 총칭. 그 중의 키모신(렌닌)은 송아지의 제4위에 프로키모신으로서 분비되어 pH 4에서 부분 분해하여 키모신으로 활성화된다. 응유 작용이 강하여 치즈 제조에 사용된다.

응집 (凝集) (1) aggregation 콜로이드 입자가 집합하는 것. 응결과 엉김을 일괄하여 응집이라 한다. (2) cohesion 분자가 분자간 힘으로 집합하는 것. 기체의 액화 등에서 볼 수 있다. (3) cohesion 접착제의 전문 분야에서는 접착제의 고분자가 2차 결합(수소결합)이나 반 데르 발스 힘에 의해 상호 결합되어 있는 상태를 이르며 접착(adhesion)에 대비하여 사용된다. 이것은 접착의 강도는 접착제의 응집력과 계면의 결합력(접착력) 양자에 의존한다는 사고에 근거하고 있다.

응집력 시험 (凝集力試驗, cohesion test)　생사의 꼬인 정도를 검사하는 시험. 시료를 듀플란식 포합 검사기를 사용하여 마찰하고, 실 가닥의 마찰 위치의 반수 이상이 각각 6 mm 이상 분열하였을 때의 횟수로 표시한다.

응집 반응 (凝集反應, agglutination)　적혈구나 세균처럼 액체 중에 분산되어 있는 입상체가 응집소의 존재하에서 응집하는 현상. 응집소가 둘 이상의 결합기를 갖고, 입상체 표면 간에 결합을 형성하여 입자 간 다리걸침을 이루는 데 기인한다. 항원 항체반응은 응집반응의 하나이다. 항원-항체반응에서는 세균과 혈구 등에 대한 항혈청이 항원의 부유액과 반응하여 덩어리 모양으로 응집하는 현상이 나타나는데, 이 때의 항원을 응집원(Agglutinogen), 항체를 응집소(Agglutinin)라고 한다. 세균의 응집반응은 환자의 혈청에 의한 급성 전염병의 진단, 환자에게서 분리한 균의 결정적 진단, 균형(菌型)의 결정 등에 응용되며, 혈구의 응집반응은 혈액형 결정에 응용된다.

응집소 (凝集素, agglutinin)　응집반응에서, 세균과 세포 등의 입상체를 응집시키는 것. 항체, 렉틴, 바이러스 등이 있다.

응집 에너지 (凝集 ——, cohesive energy)　응집하여 고체 또는 액체 상태를 이루고 있는 원자 혹은 분자를 서로 무한원까지 유리하는데 필요한 에너지. 그 크기는 응집에 의한 안정화 에너지와 같다.

응집제 (凝集劑, flocculant)　⇨ 응결제.

응집체 (凝集體, aggregate)　콜로이드 입자가 구상, 실상 혹은 망상 구조 등을 이루어 집합하는 것. 분체입자 일반의 혼합물 총칭으로서도 사용된다.

응축 (凝縮, condensation)　포화증기의 냉각 혹은 압축으로 그 일부가 액화하는 현상. 액화(液化)와 같은 뜻으로 사용되는 경우가 많지만, 이러한 경우를 좁은 뜻의 응축이라 하며, 응결(凝結)이라고도 한다. 기체가 준안정상태(準安全狀態)인 경우에는 응축하지 않는 일이 있는데, 그러한 경우를 과포화 증기라고 한다. 또 기체의 온도가 임계온도보다 높을 때는 응축은 일어나지 않는다. 응축이 일어나는 온도를 그 기체의 응축점이라고 한다.

응축 계수 (凝縮係數, condensation coefficient)　증기상과 평형한 고체 또는 액체의 표면에 충돌하고 있는 증기의 분자 중, 실제로 응축한 분자수의 비율. 단위 시간당의 응축량 G는 응축세수를 f, 분사량을 M, 증기압을 P로 하여 $G = fP\sqrt{M/(2\pi RT)}$로 표기된다. 무극성 분자가 동종의 물질 위에 응축하는 경우는 $f = 1$, 또 극성분자의 경우는 $f < 1$이 된다는 것이 알려져 있다.

응축기 (凝縮器, condenser)　응축성 증기를 냉각하여 응축시키는 장치. 콘덴서라고도 한다. 냉각수 등의 냉매에 의해 고체벽을 통하여 간접적인 냉각을 하는 표면 응축기와 증기-냉각수의 직접 접촉으로 냉각을 하는 혼합 응축기가 있다. 화학실험용의 응축기는 냉각기(冷却器)라고 하며 종류도 많다. 간단한 것은 리비히 냉각기로서, 증기를 1개의 유리관을 통과하게 하고 그것을 둘러싼 바깥쪽 관에 물을 흘려서 냉각한다. 전기냉장고 뒤쪽에 있는 가는 파이프의 한 면에 들어 있는 검은 판(板)도 콘덴서의 하나이다. 이 파이프에는 냉장고 내를 냉각한 냉매(冷媒)가 흐르고, 냉매는 공기에 의해 냉각되어 액체가 된다. 복수기에는 보일러에서 발생한 수증기를 증기터빈을 돌린 후 물로 되돌리는 장치 등이 있다.

의료용 실리콘 (醫療用 ——, medical silicone) 주로 성형외과용 재료로 사용되는 실리콘. 가열 멸균이 가능하며 체내 열화가 없고 또 생체조직과 유착하지 않으므로 긴급시의 적출이 용이한 재료이다.

의료용 유리 (醫療用 ——, medical glass) 의료기구와 생체조직의 대용으로 사용되는 유리. 주사용의 각종 용기 및 조직배양에는 화학적 내구성이 높고, 열팽창 계수가 낮은 붕규산 유리가 사용된다. 치아, 골 등의 조직에는 인산칼슘계의 결정화 유리 등이 적합하다.

의료용 콜라겐 (醫療用 ——, medical collagen) 콜라겐은 생물조직의 주요한 단백질인데 의료용으로 이용되는 것은 충분히 정제되어 항원성을 제거한 것이며 아테로콜라겐이라 한다. 인공 피부와 인공 혈관용 소재로 우수한 성능이 있으며 또한 콘택트 렌즈에 대한 응용도 검토되고 있다.

의자형 (倚子形, chair form)　시클로헥산의 입체 배좌의 하나. 모든 C–C 결합이 엇갈린형 배좌를 취하고 에너지적으로 가장 안정된 입체 배좌. 6개의 탄소원자는 각각 그림의 a, e로 나타낸 두 종류의 수소 원자를 갖고 있다. a 결합과 e 결합은 각각 고리 평면에 대하여 수직 방향 및 수평방향을 향한다. a 결합을 액시얼 결합, e 결합을 에쿼토리얼 결합 (equatorial bond)이라 한다.

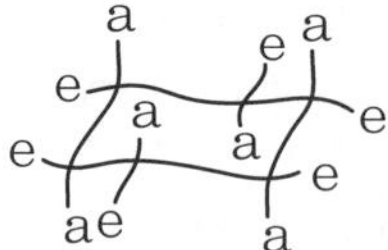

[의자형]

이가 (2가) 라디칼 (二價——, biradical) 분자 중에 2개의 부대 전자(不對電子)를 갖는 화합의 총칭. 2개 부대전자가 동일 원자상에 있는 것과 각각 별개 원자상에 있는 것이 있다. 칼벤은 하나의 탄소 원자 위에 2개의 부대전자를 갖는 하나의 비라디칼이다.

이가 (2가) 알코올 (二價 ——, dihydric alcohol) 1분자 내에 OH기 2개가 있는 알코올. 글리콜이란 총칭으로 불리는 일도 있다. 일반적으로 해당하는 할로겐화물에 아세트산은 또는 아세트산 알칼리를 작용시켜서 이아세트산 에스테르를 만들고 이것을 가수분해하여 얻는다. 특히 RCH(OH)CH(OH)R형은 올레핀탄화수소에 브롬을 넣은 다음 가수분해하거나 직접 묽은 과망간산염 용액으로 산화시켜서 얻는다. 또 케톤을 환원시키면 1가 제2 알코올 외에 2분자인 케톤에서 제3 알코올기 두 개를 인접시켜 갖는 RR′C(OH)C(OH)R″R‴형인 2가 알코올도 생성한다. 이와 같은 2가 알코올을 일반적으로 피나콜이라고 한다. 2가 알코올류는 감미를 지닌 점조한 액이며, 해당하는 1가 알코올보다 비등점이 좋다. 알코올로서의 성질은 모두 갖고 있다. 같은 분자 속의 두 개의 수산기에서 탈수하여 에틸렌옥시드와 같은 분자 내 에테르도 생긴다. 두 개의 수산기가 인접하고 있는 2가 알코올류는 테트라아세트산납, 과요오드산 등 특수한 산화제를 써서 산화시키면 수산기를 가진 탄소 원자 사이에서 끊겨서 알데히드 또는 케톤을 생성한다.

이가 (2가) 페놀 (二價 ——, dihydric phenol)　1분자 내에 OH기 2개가 있는 페놀을 말한다.

이고리식 화합물 (二環式化合物, bicyclic compound)　고리식 화합물 중, 구조식 중에 2개의 고리가 있는 것. 일반적으로는 두 고리로 된 축합 고리와 다리걸침고리가 있는 화합물을 이르지만, 스피로 고리와 고리집합(비페닐형)이 있는 화합물을 포함시키는 경우도 있다.

이(2)광자 과정 (二光子過程, two-photon process)　1개의 분자가 동시에 2개의 광자를 흡수하는 것. 2광자 흡수에서는 보통 흡수파장의 2배 파장의 빛으로 여기되므로, 예를 들면 가시광 조사로 자외광 흡수에 대응하는 들뜬 상태를 생성시킬 수 있다. 또 1광자 흡수와 2광자 흡수에서는 전이의 선택칙이 다르므로 1광자 흡수에서는 생성할 수 없는 상태로의 들뜰 수 있다.

이극성 결합(異極性結合, heteropolar bond)
상이한 원자종 간에 이루어지는 화학결합.
이온 결합과 같은 의미로 사용되는 일도 있
다. 이극결합은 모두 극성이 있다. 동종의
원자간에서도 양자의 산화상태가 다르면,
그 사이의 결합은 이극으로 된다. 등극결합
에 대응되는 용어이다.

이너티니트(inertinite) 석탄 미세조직 성분
의 일군으로, 반사 현미경하에서 백색~회
색으로 보이는 성분. 주로 식물의 목질부,
균류에 유래하며, 미크리니트, 스크레로티니
트, 푸지니트, 세미푸지니트로 분류된다. 다
른 조직 성분에 비하여 각종 화학 반응성이
낮고 탄소%, 비중, 반사율 등이 크다.

이노시톨(inositol) , 탄소 6원환이 있는 당알
코올, $C_6H_6(OH)_6$. 9종의 입체 이성질체가 있
으며 그 중 4종은 천연에 존재한다. 이 종류
의 화합물은 당과 같이 결정성이 좋고 감미
를 가진다. 천연으로 존재하는 것은 미오이
노시톨·D-이노시톨·L-이노시톨 및 실로
이노시톨의 4종이다. 이 중 미오이노시톨은
메조이노시톨 또는 이노시톨이라고 불리는
화합물로서 유리된 형태로 근육·심장·간
등의 동물체 속에 존재하는 외에 포유류의
간이나 뇌에 이노시톨 인지질의 구성 성분
으로 존재한다. 식물에서는 콩·효모 등에
존재하는 것이 알려져 있다. 녹는점 225 ~
227℃의 결정으로 상온에서는 2분자의 결정
수를 가진다. 물에 녹지만 알코올·에테르
에는 녹지 않는다. 미생물의 성장에 불가결
한 물실이며, 어떤 종의 효모나 곰팡이는 이
것을 배양액에 가하지 않으면 발육하지 않
는나. 고등 동물에서노 비타민의 하나로서
중요하며, 이 화합물이 결핍되면 쥐에서는
성장이 늦고 탈모증을 일으킨다. 미오이노
시톨의 대사에 대해서는 이노시톨옥시게나
아제에 의해 고리가 열려 글루쿠론산이 되
는 것이 알려져 있다. 동물의 콜레스테린의
대사에 관여하므로 과콜레스테린증과 간경
변의 치료용 의약으로 사용된다.

이노신산(──酸, inosinic acid) 퓨린의 6-
히드록시 유도체와 D-리보오스로 구성되는
하나의 뉴클레오시드 이노신의 인산에스테
르. 그 나트륨염은 조미료의 맛을 내는 물질
로 알려져 조미료로 시판되고 있다. 생물체
내에 존재하는 화학 물질로, 아데닌이 탈아
미노된 화합물로 히포크산틴·리보오스·인
산 각 1분자로 구성되어 있다. 화학식
$C_{10}H_{13}N_4O_8P$, 분자량 348이다. 인산이 리보
오스에 결합한 위치에 따라 2′-, 3′-, 5′-의
3종의 이성질체가 있는데, 2′-이노신산 및
3′-이노신산은 생체 내에서는 단독으로 존
재하지 않는다. 핵산에 아질산을 작용시켜
아데닐산 잔기를 이노신산 잔기로 바꾼 다
음 알칼리 분해 등의 조작으로 생체 물질로
부터 2차적 산물로서 얻는다. 생체 내에서
중요한 작용을 하는 것은 5′-이노신산이다.
중요한 퓨린뉴클레오티드인 5′-아데닐산,
5′-구아닐산은 5′-이노신산을 거쳐서 생합
성된다. 또, ADP와 ATP는 5′-아데닐산이
인산화 된 것이므로, 5′-이노신산은 ADP와
ATP의 전구체이다. 이와 같이 5′-이노신산
은 핵산·조효소·ATP 등을 합성하는 데
중요한 물질이다. 또 동물의 근육 속에는
5′-아데닐산이 다량으로 함유되어 있는데,
동물이 죽은 후에는 5′-아데닐산 디아미나
아제가 작용하여 5′-이노신산으로 변한다.
그래서 약간 오래된 고기에는 5′-이노신산
이 다량으로 함유되어 있다. 5′-이노신산은
음식의 맛을 강하게 하므로 그 나트륨염이
화학 조미료로 시판되고 있으나, 2′-이노
신산 및 3′-이노신산에는 맛이 거의 없다.
5′-이노신산은 물고기의 살과 짐승 고기 맛
의 주성분이며, 물 속에 사는 경골 동물의
근육 속에는 100~200 mg, 새와 짐승의 고
기에는 100 mg 함유되어 있나. 갑삭류와 연
체동물은 아데닐산을 함유하지만 이노신산
은 거의 없다. 이노신산 사체의 맛은 글루탐
산나트륨의 맛의 세기와 거의 같은 정도인
데 양자를 동시에 맛보면 상승작용에 의해
서 맛이 강해지므로 조미료로 이용된다. 생
체 내에서 중요한 역할을 하고 있는 5′-이
노신산과 구조는 매우 비슷하지만 그다지
중요하지 않은 이들 이성질체를 혀가 구별
해 낸다는 것은 매우 흥미로운 일이다. 핵산
에 이노신산 잔기가 처음부터 함유되어 있
는 예는 드문데, 최근에 몇 개의 tRNA에서
특정한 위치에 이노신산 잔기가 있는 것이
밝혀졌다.

이눌린(inulin) 주로 D-프룩토오스를 구성

요소로 하는 다당류. 프라노오스형의 D-프룩토오스가 $(1{\to}2)-\beta$-형의 글리코시드 결합에 의해 곧은 사슬 모양으로 이어진 구조를 기본으로 한다. 달리아의 구근에 저장 탄수화물로 존재한다.

이당 (二糖, disaccharide)　단당의 2분자가 글리코시드 결합하여 생긴 당류. 서당, 맥아당, 유당 등이 있다.

이당량 커플러 (二當量——, two-equivalent coupler)　할로겐화은 2분자의 환원으로 1분자의 색소를 생성시키는 커플러. 대부분의 커플러는 색소 1분자를 생성하는 데는 할로겐화은 4분자를 소비하는 4당량 커플러이므로 2당량 커플러는 은을 절약할 수 있는 큰 장점이 있다.

이동 계수 (移動係數, transfer coefficient)　전극 반응 속도의 전위 의존성을 나타내는 파라미터. 소반응 속도를 나타내는 전류밀도 $\vec{i}, \overleftarrow{i}$와 용액 앞쪽에서의 전극 내부전위 $\Delta\phi$를 사용하여

$$\vec{a} = -\frac{RT}{F}\left(\frac{\partial \ln \vec{i}}{\partial \Delta\phi}\right), \quad \overleftarrow{a} = \frac{RT}{F}\left(\frac{\partial \ln \overleftarrow{i}}{\partial \Delta\phi}\right)$$

로 정의된다.

이동단위 수 (移動單位數, number of transfer units)　이상계 두 유체 간의 전열과 물질 이동을 이루게 하는 장치의 크기를 결정하기 위해 필요한 무차원 수. 약어 NTU이다. 두 상 간의 평형관계와 조작선이 모두 직선으로 간주될 때는 입구와 출구의 농도변화를 입구 및 출구에서의 추진력의 대수 평균으로 나눈 값이 된다.

이동도 (移動度, mobility)　전자와 이온 등의 하전 입자가 단위 세기의 전기장에서 단위 시간에 움직이는 거리. 전기장에 의한 이동의 용이성 정도를 나타낸다. 역동도(易動度)라고 하는 경우도 있다.

이동률 (移動率) (1) rate of flow 크로마토그래피에 있어, 시료가 전개에 의해 고정상 내에 이동하는 비율. 이동비라고도 한다. 여과지(페이퍼) 및 얇은 막 크로마토그래피에서는 R_f 값, 칼럼 크로마토그래피에서는 용리상수 (R)와 같다. R =(흡착밴드의 이동거리)/(전개용매의 이동거리). (2) transport number,

transference number　주어진 계 중에서 어떤 양의 전하가 이동할 때 계에 존재하는 어떤 성분의 이동으로 전 전기량의 몇 퍼센트가 운반되었는가를 나타내는 양을 그 성분의 이동률이라 한다. 예를 들면 1종류의 전해질만을 함유하는 용액 중에서 양이온의 이동률 t_+는 $t_+ = u_+/(u_+ + u_-)(u_+$ 및 u_-는 각각 양이온 및 음이온의 이동도)로 주어진다.

이동 반응 (移動反應, shift reaction, water gas shift reaction)　일산화탄소와 수증기를 반응시켜 수소와 이산화탄소로 변환하는 반응. 일산화탄소 변성반응 또는 일산화탄소 전화반응이라고도 한다. $CO + H_2O \rightleftarrows CO_2 + H_2$ 가역반응이며 평형은 온도에 의존하고 저온일수록 우측으로 진행하는 반응이 매우 느리게 된다. 실용적으로는 Fe-Cr, Co-Mo, Cu-Zn계 촉매가 사용된다. 공업적으로는 CO로부터 H_2 제조, 메탄, 메탄올 합성에 있어 CO/H_2 비율조정에 이용된다.

이동비 (移動比, rate of flow)　⇨ 이동률.

이동상 (移動相, mobile phase)　크로마토그래피를 사용하여 성분 분리를 할 때, 칼럼에 충전된 고정상에 대해 상대적으로 이동하여 나가는 기체 또는 액체의 상을 말한다.

이동상 (移動床, moving bed)　⇨ 이동층.

이동 상수 (移動常數, transfer constant)　중합반응에서 연쇄 이동반응의 속도상수와 성장반응의 속도상수의 비. 연쇄 이동상수라고도 한다. 용매와 단량체에 대한 이동반응이 일어나기 쉬운 척도가 된다. 이 값이 큰 티올류와 폴리할로겐화물은 분자량 조절제로 사용된다.

이동 시약 (移動試藥, shift reagent)　핵자기 공명 스펙트럼을 측정할 때, 시료 용액에 란타노이즈의 β-디케톤 착물, 철의 프탈로시아닌 킬레이트 등을 첨가하면 스펙트럼의 선폭을 넓히는 일 없이 화학 시프트 차가 확대되므로 스펙트럼의 외견상 분해능이 향상한다. 이러한 작용이 있는 상자성 첨가 시약을 말한다.

이동층 (移動層, moving bed)　고체 입자군이 충전상태인 채로 중력에 의해 낙하하는 동안에 유체와 접촉시키는 형식의 층. 이동상이라고도 한다. 이동층에서 고체-유체 간의

전열·물질 이동·반응 등을 한다. 고체, 유체 모두 연속 조작할 수 있는 장점이 있다. 고정층과 유동층의 중간적인 성질이 있다.

이동 현상 (移動現象, transport phenomenon)　⇨ 수송 현상.

ED₅₀　ED는 'effective dose(효과량)'의 약어이다. ⇨ 효과량.

EDTA　'ethylenediaminetetraacetic acid(에틸렌디아민사아세트산)'의 약어. 배위자의 약어로서는 EDTA의 음이온을 소문자로 edta로 적고, 산의 약어는 H₄edta로 한다. 무색의 결정성(結晶性) 분말로, 녹는점 240℃(분해)이다. 물에 대한 용해도는 22℃에서 100m*l*의 물에 0.2 g 녹는다. 에탄올·에테르 등에는 녹지 않는다. 거의 모든 금속 이온과 안정한 수용성 킬레이트를 만든다. 예를 들면, 무색의 주상(柱狀) 결정으로서 K₂[Caedta]·4H₂O 등이 얻어지는데, 그 수용액은 알칼리성이며 보통의 Ca²⁺처럼 옥살산암모늄을 가해도 침전하지 않는다. 흔히 6자리 리간드, 5자리 리간드로서 배위한다. 제2차 세계대전 전부터 Ca²⁺·Mg²⁺ 등과 안정한 킬레이트 화합물을 만든다는 것이 알려져 1930년 독일의 이게파르벤에서 트릴론이라는 이름으로 판매되어 센물의 연화(軟化) 및 가죽의 무두질 등에 사용되었다. 1945년 이후 각종 금속 이온과의 킬레이트가 종합적으로 연구되어 분석화학에의 응용이 널리 개발되었다. 금속 이온의 분석·분리·제거, 미량 금속 이온의 계기 등 분석화학에 이용될 뿐 아니라 센물 연화, 희토류 원소의 분리, 신장 결석의 제거, 비타민 C의 산화 방지, 식품의 금속에 의한 변질방지, 세척제, 중금속 이온의 침전방지제 등, 그 용도가 매우 넓다.

이랑이랑 유 (—— 油, ylang-ylang oil)　마다카스카르, 코모로 제도, 필리핀에 자라는 이랑꽃에서 채취된 정유. 주성분은 모노테르펜, 세퀴스테르펜알코올이며 향료로 사용된다.

이량원소 (異量元素, heterobar)　동중원소의 대응어로, 동위원소의 동의어. 그러나 현재는 사용하지 않는다.

이력 현상 (履歷現像, hysteresis)　⇨ 히스테리시스.

이론 단계 (理論段階, theoretical plate number, number of theoretical plate)　(1) 단탑과 같은 계단 접촉식 장치에서 기체-액체 접촉 또는 액체-액체 접촉을 할 때, 임의의 단상에서 기-기 또는 액체-액체 접촉이 평형에 이르러 있는 이상적인 접촉상태를 가상하였을 때 목표로 하는 분리 정제를 하기 위해 필요한 단수를 말한다. (2) 크로마토그래피의 칼럼 성능을 나타내는 척도. 칼럼을 같은 높이를 갖는 불연속한 단이 다수 연결된 것으로 가정하고, 각 단에서 이동상·고정상 간의 용질 분배가 평형상태에 있다고 생각한다. 이 가상적인 단을 이론단이라 하며 칼럼 중의 이론단의 수를 이론 단수라 하여 N으로 표시한다. $\sqrt{N}$ 이 칼럼 출구의 용질대(밴드) 첨예성(표준 편차/칼럼 길이)을 나타낸다.

이론단 해당 높이 (理論段該當 ——, height equivalent to a theoretical plate)　(1) 충전탑 같은 미분접촉식 장치에서 성능을 표시하는 척도. 약어 HETP이다. 탑의 높이를 이론단 수로 나눈 값. 단탑과 같은 계단접촉식 장치의 단 간격에 상당하며 이 값이 작을수록 장치의 성능이 좋다. (2) 크로마토그래피의 칼럼 전장 L을 이론단 수 N으로 나눈 값을 이르며 H로 표시한다. 이론단 수와 마찬가지로 칼럼의 효율을 나타내는 하나의 척도이다. 크로마토그램에서 산정한다.

이리도스민 (iridosmine)　이리듐과 오스뮴의 합금. 육방정계(六方晶系)에 속하는 광물. 화학성분은 IrOs이다. 보통은 불규칙한 입상 결정을 이루지만 때로 작은 육각 판상을 나타내기도 한다. 굳기 6~7, 비중 19.3~21.1이다. 담강회색(淡鋼灰色)이며, 금속 광택이 있다. 하상(河床)에 사광을 이루어 산출되는데 자연 금·자연 백금 등과 함께 산출된다. 우랄지방·브라질·캐나다·남아프리카공화국 등이 주산지이다. 일반적으로 이리듐이 오스뮴보다 많이 함유되며, 오스뮴이 많은 것은 오스미리딘이라 한다. 루테늄이 많이 함유된 것은 루테노스미리듐이라 한다. 천연으로 산출되는 것은 이리도스뮴이라고 한다. 내식성이 뛰어나 만년필의 펜촉 등으로 사용된다. 오스미리듐이라 불리우는 것도 별칭으로 보아 무방하다.

이면각 (二面角, dihedral angle)　두 평면이 이루는 각. 보통은 90° 보다 작은 쪽의 값을 취한다. 이웃하여 결합하고 있는 두 원자 A,

B상의 치환기 X, Y의 상대 위치를 표시할 때에 사용하는 용어. (X−A−B)를 포함하는 평면과 (Y−B−A)를 포함하는 평면이 이루는 각을 이른다. 이 분자의 뉴먼 투영도에서 A−X와 B−Y 결합 간의 각도에 상당하다.

이면체 대칭 (二面體對稱, dihedral symmetry) n회 회전축과 이에 직교하는 n개의 2회 회전축을 대칭요소로 갖는 형(분자)에서는 그 대칭성의 특징이 2회 회전축을 축으로 하는 2면체에 유래한다고 볼 수 있다. 이런 종류의 대칭을 2면체군(D_n으로 표시된다)이라 하고, 이러한 대칭성을 2면체 대칭이라 한다.

이면체 축 (二面體軸, dihedral axis)　점군 D_n에는 주축 C_n에 직교하는 n개의 C_z 축이 있다. 이것을 2면체 축이라 한다.

이미노기 (—— 基, imino group)　유기 화합물의 분자 내에 함유되는 2가의 기 −NH. 또는 =NH, 2개의 탄소 원자와 결합하고 있는 경우와 탄소 원자 1개와 이중 결합으로 연결되어 있는 경우가 있다. 모두 이미노화합물인데, 그 중 =NH 치환기가 있는 화합물은 일반적으로 이민이라 한다.

이미노이아세트산 (—— 酸, iminodiacetic acid) $NH(CH_2COOH)_2$. 금속과 킬레이트 화합물을 형성하기 쉬우므로 착물화학의 연구에 많이 사용된다.

이미다졸 (imidazole)　5원환의 1, 3 − 위치에 질소원자 2개를 함유하는 복소 고리식 화합물. 화학식 $C_3H_4N_2$. 무색의 결정으로 녹는점 88~89℃, 끓는점 255℃이다. 염기성이 강하고, 산에 녹아 염 생성. 질산은을 가하면 은염(銀鹽)이 생긴다. 혼산(混酸 : 질산과 황의 혼합물)을 써서 니트로화하면 4-니트로이미다졸이 생성된다 글리옥실에 포르말린과 암모니아를 반응시켜 얻는다. 코발트(Ⅱ)이온과 반응하여 청자색 침전을 만들므로 코발트의 검출 시약으로 사용한다.

이미드 (imid)　(1) NH^{2-}의 음이온명 또는 그 화합물. 예를 들면 CaNH. (2) 고리식 디카르복시산의 두 카르복시기에서 OH기가 상실된 잔기를 이미노기로 결합하는 −CONHCO− 결합을 함유하는 5원환 구조가 있는

화합물. 또 사슬식 디카르복시산에서 얻어지는 $(RCO)_2NH$형의 화합물은 일반적으로 이미드라고 하지 않고 디아실아민이란 명칭으로 부른다.

이미드 산 (—— 酸, imidic acid)　일반식 RC(=NH)OH를 갖는 화합물. 이미드산의 에스테르 RC(=NH)OR′은 이미노에테르의 명칭으로 불리우는 일이 있다.

이미지 파이버 (image fiber)　화상을 전송하기 위한 유리 섬유로서, 수십 μm의 섬유를 수십만 가닥 다발로 묶어 케이블로 한 것. 한 가닥의 유리섬유를 화소(畵素)로 하고, 그 내부의 전반사를 이용하여 케이블의 굴절에 관계없이 화상을 전송한다. 섬유다발의 양 단면의 각 섬유의 관계위치가 매우 동일하게 유지되어야 한다. 굴곡성이 있으며 수 m 범위에서 전송할 수 있다. 위 내시경에 일찍부터 이용되고 있다.

이미징 (imaging)　일반적으로는 시각적으로 인식할 수 있는 형으로 정보를 표현하는 것. 사진, 복사, 컴퓨터에서의 출력기록, 정보표시 외에, 컴퓨터그래픽 등을 포함한다.

이미테이션 아트지 (—— 紙, imitation art paper)　도료 등을 지면에 도포하는 아트지와 달리, 펄프에 다량의 백토를 첨가하여 초지(抄紙)하여 광택이 있는 평활한 지면으로 한 종이. 모조 아트지라고도 한다. 불투명도가 높고 인쇄성이 뛰어난 아트지 대용이란 뜻한다.

이민 (imine)　특성기 $>C=NH$가 있는 유기 화합물. 이미노 화합물이라고도 한다. 이민의 질소원자에 결합하는 수소가 탄화수소기로 치환된 화합물은 시프염기라 한다.

이방성 (異方性, anisotropy)　등방성의 대응어이다. ⇨ 등방성.

이배체 (二倍體, diploid)　기본 수의 2배의 염색체가 있는 세포 또는 개체. 보통 사람을 포함한 고등생물은 2배체이다. 1배체인 정자와 난자가 수정으로 합체하여 2배체가 된다.

이분자막 (二分子膜, bilayer)　분자가 2분자의 두께로 포개져 얇은 막을 형성하고 있는 상태. 이중층이라고도 한다. 레시틴 같은 극성 지질 등의 양 친매성 물질을 사용하여 수중에서 2분자 막의 소포(베시클)로 한 것은 리

보숌이라 한다. 수상 중의 2분자 막은 소수기를 안쪽을 향해 규칙성이 있는 배열을 하고 있다. 기상 중의 비누거품의 막 일부에 생기는 수도 있는 검게 보이는 부분은 반대로 소수기를 바깥쪽을 향한 2분자 막이다.

이분자 반응 (二分子反應, bimolecular reaction) 반응과정에 두 개의 분자가 관여하는 소반응. 그러나 화학량론적으로 두 개의 분자가 관여하는 반응을 반응 메커니즘의 상세를 해명하지 않고 2분자 반응이라 하는 경우도 있다.

이분자층 (二分子層, bilayer) 흡착막에 분자가 2분자의 두께로 흡착하고 있는 상태를 말한다.

이브롬화에틸렌 (ethylene dibromide) $BrCH_2CH_2Br$. 별칭 1, 2-디브로모에탄. 각종 유기 합성의 출발 원료로 사용된다. 1, 2-디브로모에틸렌은 $BrCH=CHBr$의 명칭이므로 별도의 화합물이다. 양자를 혼동해서는 안 된다.

이삭 (裏削, shaving) 피혁의 안쪽면을 셰이빙 머신(이삭기)으로 깎아 일정한 두께로 조정하는 작업. 셰이빙이라고도 한다. 보통 무두질 후에 가죽의 염색·가지(加脂) 효과를 높이기 위해 실시한다.

이산염기 (二酸鹽基, diacid base) 산성도가 2인 염기. 즉 1 mol로 1 염기산 2 mol을 중화하는 염기. 예를 들면 $Ca(OH)_2$, $Ba(OH)_2$ 등이 있다.

이산화규소 (二酸化硅素, silicon dioxide) SiO_2. 실리카라고노 한다. 천연에는 석영, 트리디마이트(인규석), 크리스토발라이트(cristobalite) 등 결정형이 다른 몇 가지 변태가 있다. 석영은 장석류에 이어 풍부하며 지구상의 여러 곳에 분포하여 지각의 12%를 차지한다. 가용성 규소의 염류 수용액에 적당한 산을 가해 증발·건조(乾燥)하면 비결정 물질을 얻는다. 비결정성인 것을 용제를 사용하여 적당한 온도와 압력으로 융해·고화하면 3가지 변태(석영·인규석·홍연석)를 얻을 수 있다. 순수한 것은 무색 투명한 고체이고, 분자량 60.09이다. 천연산은 불순물을 함유하므로 불투명 또는 유색인 것도 있다. 규소를 4개의 산소가 둘러싼 정사면체형인 SiO_4를 기본 단위로 하고 모든 산소를 규소가 공유하여 3차

원적으로 연결된 거대 분자구조를 가지고 있다. 이 때의 SiO_4의 사면체 배열에 따라서 석영·인규석·홍연석의 차이가 생긴다. 또 이 배열이 불규칙한 것이 석영 유리이고, 결정 이산화규소를 융해하여 냉각하면 석영 유리가 된다. 산에 녹지 않지만 알칼리 용융 또는 탄산염 융해 등에 의하여 가용성인 규산염이 된다. 진한 알칼리 수용액에도 서서히 녹는다. 플루오르화수소 HF에는 다음과 같은 반응을 나타내며 아주 침식되기 쉽다. $SiO_2 + 4HF \rightarrow SiF_4 + 2H_2O$, 고순도의 것은 화학장치, IC제조, 도가니 등에, 극히 순도가 높은 것은 광 투과성이 좋으므로 광통신용 글라스 파이버에 사용된다.

이산화납 (二酸化鉛, lead dioxide) 물에 불용인 흑갈색 분말. PbO_2. 산화납(IV)이라고도 한다. 과산화납은 잘못된 명칭. 일산화납을 염소수나 과산화나트륨 등으로 산화하여 얻어진다. 산화제로 쓰인다.

이산화망간 (二酸化 ——, manganese dioxide) 회색 내지 흑색의 결정. MnO_2. 산화망간(IV)이라고도 한다. 비중 5.026이다. 가열하면 산소를 방출하고 분해하는데, 그 분해온도는 제조법에 따라 다르며 대략 200~530℃이다. 물에는 아주 잘 녹지 않지만 묽은 산이 존재하면 쉽게 반응한다. 천연으로는 파이로루스로서 산출된다. 2가(價) 망간의 황산염을 150~200℃에서 장시간 가열하거나 탄산염과 염소산칼륨의 혼합물을 300℃에서 가열하면 생긴다. 전지, 촉매, 성냥, 유약, 유리의 착색제로 사용된다.

이산화질소 (二酸化窒素, nitrogen dioxide) NO_2. 과산화질소는 잘못된 명칭. 상온에서는 적갈색의 기체이지만 가열하면 적색이 짙어 냉각하면 황색으로 된다. 이것은 $N_2O_4 \rightleftharpoons 2NO_2$ 같은 평형이 있어 고온에서 우로, 저온에서는 좌로 이행하기(N_2O_4는 무색, NO_2는 짙은 적색이다) 때문이다. 고체에서는 사산화이질소 N_2O_4로서 존재하며, 무색. 강열하면 일산화질소 NO와 산소로 분해한다. 내수에 녹아 아질산 HNO_2와 질산 HNO_3이 된다. 독성이 강하다.

이산화탄소 (二酸化炭素, carbon dioxide) 무색, 무취의 기체. CO_2. 우리나라에서는 흔히 탄산가스라 불리지만, 이것은 속칭이므로

학술명으로서는 인정되지 않는다. 물에는 약간 용해되어 탄산이 된다. 고체는 드라이아이스, 고체 탄산 등이라 불리운다. 공기 중에는 약 340 ppm 함유되어 있으나 화석연료의 연소로 인하여 매년 1 ppm 증가하고 있어 이산화탄소 증가로 인한 지구 온난화가 세계적인 문제로 제기되고 있다.

이산화티탄 (二酸化 ——, titanium dioxide) 물에 불용인 무색의 결정 TiO_2. 산화티탄(Ⅳ)이라고도 한다. 구조가 다른 3개의 변태가 알려져 있고, 각각 광물로서 루틸(정방정계), 블루카이트(판 티탄석, 사방정계), 아나타스(예추석, 정방정계)로 산출한다. 백색안료로 사용되며 티탄백이라 불린다. 기타 도자기재, 연마재, 화장품, 제지 등에 사용된다.

이산화황 (二酸化黃, sulfur dioxide) 자극적인 냄새가 있는 무색 기체. SO_2. 흔히 아황산 가스라고도 하나 이것은 속칭이며 학술명으로서도 인정되지 않는다. 화산가스, 온천 등에 함유되는 경우가 있다. 액체는 많은 물질을 잘 녹이며, 비수용매로 사용된다. 물에 잘 용해되어 아황산을 생성한다. 환원성이 있으며 각종 색소를 표백한다. 황산 제조의 원료로 쓰인다. 유독하고, 공기 중에 미량이 존재하여도 생물에 해를 미친다. 석유, 석탄 중에 함유되는 황분의 연소로 대기가 오염되며 또한 산성비 혹은 호수가 산성화되는 원인의 하나가 된다.

이상 광선 (異常光線, extraordinary rays) 결정체의 어느 한 점에서 빛이 앞을 향해 방출되었을 때, 그 전파속도가 방향에 따라 다른 것. 방향에 따라 다르지 않고 구면적으로 전파하는 것은 보통 광선이라 한다.

이상 기체 (理想氣體, ideal gas) 희박한 기체의 극한으로 생각할 수 있는 가상적인 기체. 이상 기체에서는 기체분자의 체적과 분자간 힘의 효과를 무시할 수 있다. 현실적으로 존재하는 기체는 다소나마 분자 사이에서 상호작용을 볼 수 있으므로 이 조건에 해당되지 않지만 고온·저압에서는 이상기체에 가까운 상태에 있다고 간주할 수 있다. 보일-샤를의 법칙으로 알려진 이상기체의 상태방정식이 성립된다.

이상법 (二相法, two-phase process) 날염-날염, 혹은 날염-패딩의 2단계로 날염을 하는 방법. 염료만을 먼저 프린트, 건조시켜 염료의 정착에 필요한 약제를 후에 프린트하거나 패딩으로 부여하여 고착 또는 염착시킨다. 건축 재료와 반응 염료에 응용된다.

이상 분산 (異常分散, anomalous dispersion) 정상 분산에 대한 대응어. 물질에 고유한 흡수파장 부근에서 굴절률 n이 불연속적으로 크게 변화하는 현상. 흡수파장 부근에서 그보다 큰 파장의 빛에 대해 굴절률은 매우 커지고, 다시 파장이 감소하여 흡수파장을 통과하면 그 값은 일전하여 크게 감소하여 ($n<1$), 흡수파장보다 작아짐에 따라 다시금 서서히 증가하기 시작한다.

이상 용액 (理想溶液, ideal solution) 분자의 크기가 같은 정도이고 분자간 힘도 유사한 성분물질을 혼합하면 혼합열의 발생이 없고 불규칙 혼합에 의한 엔트로피 변화만을 나타내어 균질한 용액을 형성한다. 이러한 용액을 이상 용액이라 한다. 대부분의 용액은 충분하게 희석하면 이상 용액의 법칙에 따르게 된다. 이것을 이상 희석용액이라 한다. 전 조성범위에 걸쳐 이상 용액을 만드는 경우 특히 완전용액이라 한다.

이상 유체 (理想流體, ideal fluid) ⇨ 완전 유체.

이상 희박 용액 (理想稀薄溶液, ideal dilute solution) ⇨ 이상 용액.

이색성 (二色性, dichroism) 빛의 흡수에 이방성이 있는 물질이 나타내는 성질. 투광관의 빛이 광학축 방향과 이에 수직인 방향에서 다른 것을 이른다.

이색 염색 (異色染色, multicolor dyeing, two-colored effect) 이종 섬유 혹은 동종이라도 개질 가공한 이질의 섬유를 혼방 또는 교직한 실, 포지에 한쪽 섬유는 염색되지만 다른 쪽은 염색하기 어려운 염료를 침염(또는 패딩)으로 공급하여 2색 이상의 염색 효과를 나타내는 염색. 동색염의 대응어이다.

이성분계 (二成分系, binary system) 두 종류의 물질로 된 계. 상률에서 말하는 이성분계에서는 성분 간에 상호 변환이 일어나지 않는 것이 필요하다.

이성분 현상제 (二成分現像劑, two-component developer) 정전 잠상을 가시화하기 위해 사용하는 현상제 중 토너, 운반체의 2성분으로 되어 있는 것. 토너와 운반체는 마찰 대전으로 서로 역극성으로 대전하고 정전적으로 흡착하고 있지만, 정전 잠상에 접촉 혹은 접근하면 토너는 운반체에서 유리되어 현상된다. 자기 브러시 현상, 캐스케이드 현상 등에서 사용된다.

이성질체 (異性質體, isomer) 분자식은 같으나 구조식이 다른 화합물. 부탄과 이소부탄, 에틸알코올과 디메틸에테르 등. 이성질체는 구조 이성질체 현상(構造異性質體現象) · 기하 이성질체 · 광학 이성질체 · 토토메리 현상(互變異性) 등이 있다. 기하 이성질체와 광학 이성질체는 함께 입체 이성질체라 하고 화합물의 입체 배치의 차이에 의해서 생긴다. 또 토토메리 현상이란 화합물이 2종의 이성질체로서 존재하고 그것들이 쉽게 서로 변화하는 경우를 말한다.

이성질체 이동 (異性質體移動, isomer shift) 뫼스바우어 효과에 있어, 원자핵의 바닥상태와 들뜬 상태의 에너지 차는 같은 원자핵일지라도 선원과 흡수체의 화학적 상태가 다르면 핵의 위치에서 전자밀도가 다르므로, 동일하지 않게 된다. 그러므로 흡수 스펙트럼의 중심이 방출 γ선의 에너지에서 엇갈린다. 이 엇갈림을 이성질체 이동이라 한다. 또 같은 이동이라도 들뜬 상태에 있는 핵(이성질핵)이 다른 전자밀도를 갖는 사실에 중점을 두고 고려하였을 경우에는 이성질핵 이동이라 한다.

이성질체화 (異性質體化, isomerization) 이성질체의 하나가 다른 이성질체로 변환되는 반응. 의자형과 보트형 시클로헥산과 같은 형태 이성질체 사이의 이성질체화는 화학결합을 끊지 않고도 일어날 수 있으므로 열을 가해 주면 쉽게 일어난다. 그러나 구조 이성질체 · 기하 이성질체 또는 광학 이성질체의 경우에는 이성질체 반응이 일어나려면 화학결합이 끊어진 후 다시 만들어져야 하기 때문에 많은 열을 가하여 온도를 높이거나 자외선과 같은 큰 에너지를 가진 빛을 쪼여 주어야 한다. 특히 광학 이성질체의 경우에는 생체에서의 반응성이 큰 차이를 보이기 때문에 이성질체화를 통하여 생리적 활성을 가진 이성질체를 얻을 수 있는 방법이 많이 연구되고 있다. 특히 광학 이성질체의 거울

상체가 같은 비율로 만들어지는 반응을 라세미화(racemization)라고 한다. 정유 과정에서도 촉매(觸媒)를 사용하여 옥탄가가 낮은 사슬 형태의 탄화수소에서 옥탄가가 높은 가지가 달린 탄화수소로 변환시키는 이성질화가 공업적으로도 매우 중요하다.

이성질 현상 (異性質現象, isomerism) 분자식은 같지만 구조식이 다르기 때문에 화학적 성질이 다른 현상을 말한다.

이성질화 효소 (異性質化酵素, isomerase) 이성질체 간의 전환을 촉매하는 효소의 일반명. 이소메라아제라고도 한다. 각종 이성질체와 호변 이성질체간의 이성질화, 분자 내 산화-환원에 의한 이성질화, 광학 이성질체와 기하 이성질체 간의 입체 이성질화 등을 촉매한다. 또 분자 내 기전위를 하여 구조 이성질을 초래하는 무타아제, 폐환반응을 하는 사이클로이소메라아제 등이 있다.

이소니코틴산 (—— 酸, isonicotinic acid) 피리딘의 4-자리에 카르복시기가 있는 카르본산 $C_6H_5NO_2$. γ-피코린의 산화로 얻어진다. 의약, 농약의 원료가 되는 이소니코틴산 히드라지드는 항결핵제이다.

이소니트릴 (isonitrile) ⇨ 이소시아니드.

이소루신 (isoleucine) 단백질을 구성하는 아미노산의 하나 $C_2H_5CH(CH_3)CH(NH_2)COOH$. 잔기의 약어 Ile. 더욱 간략화할 때는 I. 1904년 P. 를리히가 당밀에서 로이신의 이성질체(異性質體)인 아미노산을 발견하여 명명하였다. L-이소루신은 분자 내에 2개의 비대칭 탄소 원자가 있으므로 2개의 라세미체가 존재한다. 단백질을 구성하는 필수아미노산의 하나로, 펩티드 호르몬인 옥시토신과 펩티드 항생물질인 파시트라신에 존재한다. D-이소루신은 단백질 속에는 존재하지 않는다. 그 외의 입체 이성질체로 L- 및 D-알로이소루신이 있다.

이소메라아제 (isomerase) ⇨ 이성질화 효소.

이소발레르산 (—— 酸, isovaleric acid) 탄소 수 5개의 카르복시산 $(CH_3)_2CHCH_2CO OH$. 로이신의 대사 산물. 향료, 진정제에 사용된다.

이소부탄올 (isobutanol) $(CH_3)_2CHCH_2OH$의 통속명. 정식명은 2-메틸-1-프로판올 또는

이소부틸알코올. 이소부탄올은 명명규칙에 적합한 명칭은 아니지만, 일반적으로는 속칭으로 사용되고 있다.

이소부틸렌 (isobutylene)　불포화 탄화수소 $(CH_3)_2C=CH_2$, 이소부텐이라고도 한다. 무색의 기체, 석유정제의 C_4 유분에 포함되며 가솔린, 부틸 고무 등의 원료가 된다.

이소부틸알코올 (isobutyl alcohol)　$(CH_3)_2C$ HCH_2OH. 알코올을 어미 -ol로 나타내는 명명법에서는 2-메틸-1-프로판올. 이소부탄올은 속칭. 분자량 74.2, 녹는점 $-108℃$, 끓는점 $107.9℃$이다. 물에는 약간 녹고 에테르에는 쉽게 녹는다. 프로필렌의 옥소화에 의한 부틸알데히드 제조공정에서 부산되는 이소부틸알데히드를 수소화하여 제조한다. 도료용 용매와, 그 아세트산에스테르는 과실 에센스와 향료 조합재로 사용된다.

이소시아네이트 (isocyanate)　⇨ 이소시안산 에스테르.

이소시아니드 (isocyanide)　특성기 $-NC$가 있는 유기 화합물의 일반명. 니트릴의 이성질체. 이소니트릴이라 하는 경우도 있으며, 또한 예전에는 카르빌아민이란 명칭도 사용되었다.

이소시안산 (—— 酸, isocyanic acid)　$HNCO$. 시안산 $HOCN$ 및 풀민산 $HONC$의 이성질체. 보통 시안산과 이소시안산의 호변 이성질체의 혼합물이며, 수용액 중에서는 주로 시안산, 기체 혹은 에테르 용액 중에서는 주로 이소시안산이 되어 있다.

이소시안산 에스테르 (—— 酸 ——, isocyanate)　시안산 $HOCN$은 호변 이성질 구조가 있는 산으로 알려져 있으나 그 에스테르는 양 이성질체에 상당한 것으로 알려져 있다. 이소시안산 $HNCO$에 상당한 에스테르 $R-N=C=O$는 이소시아네이트라고 한다. 이소시안산메틸 $CH_3·NCO$(끓는점 $44℃$), 이소시안산에틸 $C_2H_5·NCO$(끓는점 $60℃$) 등은 자극적인 냄새가 있는 액체로서, 방치하면 급속히 중합하여 이소시아누르산의 에스테르로 된다. 암모니아 또는 아민과 반응하여 요소 유도체를 생성하고, 알코올, 페놀과 반응하여 우레탄을 생성한다. 또 물과 반응하면 대칭성의 요소 유도체를 생성하나 가수분해하여, 제1아민 RNH_2와 이산화탄소로 되고, 그 구조가 이소시안산 형인 $R-N=C=O$임을 나타낸다.

이소알록사진 (isoalloxazine)　벤젠 고리, 피리딘 고리, 피리미딘 고리로 구성된 축합 복소 고리. 비타민 B_2 기타의 플라빈류의 모핵으로 되어 있는 고리계를 말한다.

이소옥탄 (isooctane)　(1) 옥탄 C_8H_{18}의 이성질체란 의미에서 이소옥탄이라 한다. 명명규칙에 의한 정식명은 2, 2, 4-트리메틸펜탄. 공업적으로 이소부틸렌과 이소부탄을 원료로 하여 합성된다. 가솔린의 녹킹억제성을 측정하기 위한 표준 연료로 사용된다. 또 용매로서의 용도가 있다. (2) 화학물 명명법의 일반칙에 의하면 사슬 끝에 메틸 곁사슬이 있는 2-메틸헵탄을 지칭한다.

이소자임 (isozyme)　⇨ 동위 효소.

이소타코포레시스 (isotachophoresis)　⇨ 등속 전기영동.

이소택틱 (isotactic)　⇨ 동일배열.

이소파라핀 (isoparaffin)　⇨ 분지 파라핀.

이소폴리산 (—— 酸, isopoly acid)　옥소산이 축합하여 생기는 폴리산 중, 오직 1종의 금속을 함유하는 산. 유리산이 얻어지는 것도 있으나 대부분은 염만이 알려져 있다. 이크롬산 이온 CrO_2^{2-}, 삼인산 이온 $P_2O_{10}^{5-}$, 메타텅스텐산 이온 $[W_{12}H_2O_{40}]^{6-}$ 등이 그 예이다. 이에 대해 2종 이상의 금속을 함유하는 폴리산을 헤테로폴리산이라 한다.

이소프레노이드 (isoprenoid)　천연에 존재하는 유기 화합물이며, 이소프렌의 구조를 단위로 하여 C_{5n}의 탄소골격이 있는 화합물 및 그것과 관련이 있는 화합물을 총칭하여 이소프레노이드라 한다. 각종 테르펜에서 스테로이드에 이르는 많은 천연물이 있다.

이소프렌 (isoprene)　불포화 탄화수소 $CH_2=C(CH_3)CH=CH_2$. 오래 전부터 천연 고무의 구성 단위로 알려져 왔다. 천연 고무의 열분해로 얻어진다. 공업적으로 제조되고 있는 것은 주로 이소부틸렌과 포르말린에서 디옥산을 걸쳐 합성되는 IFP법 또는 이것에 준하는 방법이다. 주요 용도는 이소프렌계 합성 고무의 원료이다.

이소프렌 고무 (isoprene rubber)　cis-1, 4-폴리 이소프렌으로 되어 있는 고무. 약어 IR

이다. 치글러 촉매를 사용하여 이소프렌을 중합시킨 입체 규칙성 폴리머(cis-1, 4 함유율 97-98%). 천연 고무의 주성분이 이소프렌을 골격으로 한다는 사실은 이미 19세기 말에 밝혀졌고 그 합성이 시도되었는데, 그 후 천연 고무의 구조도 서서히 해명되었다. 천연 고무보다 백색인 것을 얻을 수 있는 이점이 있다. 천연 고무와 거의 같은 분자구조의 합성 고분자이지만 가황 고무로서의 강인성은 천연 고무보다 못하다.

이소프렌 규칙 (—— 規則, isoprene rule) 테르펜 및 관련되는 C_{3n} 탄소골격이 있는 천연물이 이소프렌 구조의 단위 n개로 구성되어 있다는 경험칙. 테르펜 관련 화합물의 구조 추정에 기여한다.

이소프로판올 (isopropanol) (CH₃)₂CHOH의 통속명. 정식 명칭은 2-프로판올 또는 이소프로필알코올. 이소프로판올이란 명칭은 가상의 탄화수소명 isopropane+ol로 구성된 잘못된 명칭이다. 일반적으로는 속칭으로서 곧잘 사용되고 있다. 녹는점 $-89.5℃$, 끓는점 $82.4℃$, 비중 0.7864이다. 독특한 냄새가 나는 무색의 휘발성 액체로, 인화성이 있다. 다른 알코올을 비롯하여 물·에테르·아세톤이나 탄화수소계 용매에 잘 녹는다. 또 물과 이소프로판올은 공비 혼합물(空沸混合物: 이소프로판올 91.32%)을 만들므로 증류에 의해 수분을 제거하여 순수한 것으로 만들 수는 없다. 많은 점에서 에탄올과 비슷한 반응성을 보이지만, 2차 알코올로서의 특징도 보이며, 산화하면 아세톤이 된다. 이소프로판올은 프로필렌을 농도 87%의 황산에 흡수시킨 다음, 물을 가해서 증류하면 물을 함유하는 이소프로판올이 생기므로, 이것을 탈수하여 순도가 높은 제품으로 만든다. 이 밖에 발효를 이용하는 방법도 알려져 있다. 에테르는 내연기관의 연료로서 옥탄가가 높다. 항공 가솔린의 원료로서 중요시된 적도 있었으나 현재는 아세톤을 합성하는 원료로 쓰이며, 이소프로필화제(化劑)로서 합성화학에서 사용되고, 에테르와 함께 용제·동결 방지제·소독약·방부제 등으로도 사용된다.

이소프로필알코올 (isopropyl alcohol) (CH₃)₂CHOH. 알코올을 어미 -ol로 나타내는 명명법에서는 2-프로판올. 이소프로판올은 잘못

된 명칭이다. 프로필렌의 황산 수화법으로 제조되었으나 금속 산화물이나 이온 교환수지를 촉매로 하는 프로필렌과 수증기의 반응에 의한 방법이 우세하게 되었다. 한때는 아세톤 합성의 중간체로서의 용도가 주였으나 최근에는 각종 용매와 탈수제 외에 부동액과 유압작동액 성분 등으로 사용된다.

이수 석고 (二水石膏, gypsum dihydrate) 황산칼슘 이수화물 $CaSO_4 \cdot 2H_2O$의 약칭. 무수 석고, 반수 석고의 대응어이다.

ECD 'electron capture detector(전자 포획 검출기)'의 약어이다.

EIA 'enzyme immunoassay(효소 면역 검정법)'의 약어이다.

이액 순열 (離液順列, lyotropic series) 전해질 이온의 염석 능력은 이온의 원자값에 의존하지만 원자값이 동일해도 이온의 종류에 따라 다음과 같은 순서로 다르다. 1가의 음이온에서는 $F^- > Cl^- > B_2^- > NO_3^- > I^- > NCS^-$. 양이온에서는 $Li^+ > Na^+ > K^+ > NH_4^+$. 이 순위를 이액 순열이라 하며, 각종 현상에 대한 이온효과가 흔히 이 순서로 나타난다. 호프마이스터 계열(Hofmeister series)이라고도 한다.

ES 복합체 (—— 複合體) 'enzyme-substrate complex(효소기질 복합체)'의 약어이다.

2S 산 (—— 酸, 2S-acid) ⇨ SS산.

ESR 'electron spin resonance(전자 스핀 공명)'의 약어이다.

EAN 칙 (—— 則) 'effective atomic number rule(유효원자 번호칙)'의 약어이다.

EMD 'electrolytic manganese dioxide(전해 이산화망간)'의 약어이다.

EMF, emf 'electromotive force(기전력)'의 약어이다.

이염 (移染, migration) 염색과정에서 섬유상의 어느 부분에 짙게 염착한 염료가 탈착하여 보다 엷게 염색되어 있는 부분에 재염착하는 현상. 염색 초기에 생긴 얼룩은 이염으로 교정되는 사례가 많다. 원어로 마이그레이션이라고 쓸 때는 직물에 균일하게 패딩한 염료가 건조 중에 이행하여 염색 얼룩이 생기는 현상을 지칭할 때가 있다.

이염기 산 (二鹽基酸, dibasic acid) 1분자 중

에 전리하여 수소이온이 되는 수소원자 2개를 함유하는 산, 즉 값수 2의 산. 예를 들면 황산 H_2SO_4, 옥살산 $H_2C_2O_4$ 등이 있다.

이염화 벤질리덴 (二鹽化 ——, benzylidene dichloride) $C_6H_5CHCl_2$. 염화 벤질리덴이라고도 한다. 별칭 염화 벤잘은 근대 명명법이 확립되기 이전의 옛 명칭이다.

이염화 비닐리덴 (二鹽化 ——, vinylidene dichloride) ⇨ 염화비닐리덴.

이염화 에틸렌 (二鹽化 ——, ethylene dichloride) $ClCH_2CH_2Cl$. 별칭 1, 2-디클로로에탄. 염화에틸렌이라고도 한다. 용매로서 또는 염화비닐의 합성원료로 사용된다. 1, 2-디클로로에틸렌 $ClCH=CHCl$을 착오하여 이염화에틸렌이라 하는 경우가 있으나 이염화에틸렌은 포화 화합물, 1, 2-디클로로 에틸렌은 불포화 화합물이며 양자는 전혀 다른 화합물이므로 혼동해서는 안 된다.

이오노그래피 (ionography) 기체(공기, 각종 가스) 또는 유전체 액을 충만시킨 대향 전극 간에 방사선(X선, γ선)을 조사하여 이온화하고, 한쪽 전극에 설치한 절연체층에 정전 잠상을 형성한 후, 토너현상 등으로 가시화하는 사진법이다.

이오노머 (ionomer) 에틸렌과 아크릴산 또는 메타크릴산의 공중 합체를 금속 이온(Ca^{2+}, Ba^{2+}, Zn^{2+} 등)으로 다리걸침한 폴리머. 듀퐁시에 의해 개발되어, 이와 같이 이름지었다. 이온 결합의 존재는 구정(球晶)의 성장을 억제하고, 내유성을 향상시킨다. 이온 결합은 고온에서는 약하게 되고, 가열성형 가공이 용이하다. 이오노머의 대표로서 충격이 강하고, 유리상의 투명성을 가지며, 접착성, 인쇄적성이 뛰어난 사아린 A가 시판되어 필름, 용기, 잡화 등에 사용되고 있다.

이오노포어 (ionophore) 친수성의 이온과 회합체를 이루어 막조직 등의 소수성 부분에 침투하기 쉽게 하는 물질. 수송 운반체로 작용한다. K^+이온을 운반하는 밸리노마이신은 그 예이며, 크라운 에테르는 그 모델 물질로 여겨지고 있다. 다음 두 가지 종류로 나눌 수 있다. ① 밸리노마이신(valinomycin)의 동류(同類)로서 부분적으로 고리상 구조를 가지고 1가(價) 양이온(H^+, K^+, Rb^+, Cs^+)과 결합한다. ② 나이젤라이신의 동류로서 부분적으로 직쇄구조를 가지고 2가 양이온(Ba^{2+}, Ca^{2+})과 특이하게 결합하는 것도 있다 (X-537A, A 23187 등). 이온을 수 μmol의 이오노포어와 함께 세포·미토콘드리아·근소포체(筋小胞體) 등에 가하면 이온은 막 내외에서 신속히 평형에 이르고, 그 이온의 직접적 효과나 막의 능동수송에 공역(共役)하는 현상에 대한 방공역제(防共役劑)로서 효과가 나타난다.

이오논 (ionone) 운향과의 식물 *Boronia megastigma*의 정유 중에 존재하는 단환식 세스퀴테르펜. $C_{13}H_{20}O$. 이중결합의 위치가 상이한 이성질체 α-이오논, β-이오논이 있다. 무색의 액체이고 제비꽃의 향기가 있으며, 향료로 사용되는 것은 합성품이다.

이온 강도 (—— 強度, ionic strength) 전해질 용액에 포함되는 i 종 이온의 값수를 z_i, 농도를 c_i로 할 때 $(1/2)\sum z_i^2 c_i$를 이온 강도라 한다. 디바이-휘켈의 이론에 의하면, 강전해질 묽은 용액의 여러 성질은 이온 강도에 의해 지배된다. Lewis는 주어진 전해질의 활동도 계수는 동일한 이온 강도를 갖는 모든 용액에 있어서 서로 같다는 것을 실험으로 결론지었다.

이온 결정 (—— 結晶, ionic crystal) 결정의 응집력의 주요 원인이 그 결정을 구성하고 있는 입자(음·양이온)간의 이온 결합력(쿨롱의 힘)인 경우에, 그 결정을 이온 결정이라 한다. 대표적인 예는 할로겐화 알칼리 (NaCl 등)이다. 각 이온은 거의 고유한 반지름(이온 반지름)을 가지는 구(球)와 같은 것이며, 또한 정전기 인력이 결합의 주체이기 때문에 양이온(예를 들면 Na^+)의 둘레를 음이온(예를 들면 Cl^-)이, 음이온의 둘레를 양이온이 둘러싸고 3차원적으로 연결된 형식의 배열을 취한다. 이온은 Na^+이나 Cl^-과 같은 단원자(單原子) 이온만이 아니라 NH_4^+나 CO_3^{2-}과 같은 다원자 이온인 경우도 있다. 이온 결정은 대부분 상온에서는 전기적으로 절연체이지만, 결정 안에 불순물이나 격자결함(格子缺陷) 등이 있으면 전자에 의한 전기 전도성이 생기는 일이 있다. 이 때문에 반도체 또는 형광체(螢光體)·인광체

(燐光體)의 모체로서 널리 사용되고 있다.

이온 결합(—— 結合, ionic bond) 이온 결정처럼 양이온과 음이온 간의 쿨롱의 힘이 주요 원인으로 형성되는 화학결합. 쿨롱의 힘은 방향성이 없는 장거리 힘이므로 공유결합에 비해 이온 결합의 배위수는 일반적으로 크고 결합도 길다. 그 전형적인 예로는 염화나트륨 $NaCl$, 플루오르화 칼슘 CaF_2 등 양성이 강한 금속과 음성이 강한 금속 사이에 생기는 무기염류(無機鹽類)를 들 수 있다. 예를 들면, 이들 화합물의 결합 고체에서는 나트륨 원자에서 1개의 전자를 잃은 양이온 Na^+, 또는 2개의 전자를 잃은 양이온 Ca^{2+}과 염소원자 Cl에 1개의 전자가 첨가된 음이온 Cl^-, 또는 마찬가지로 1개의 전자가 첨가된 음이온 F^-의 두 이온이 존재한다. 그리고 1개의 양이온 주위에는 몇 개의 음이온이 정전기 인력에 의해서 둘러싸고 있으며, 또한 음이온 하나 하나가 정전기 인력에 의해서 양이온에 둘러싸여 있는 형태로 3차원적으로 연결되어 전체적으로 하전(荷電)이 중화(中和)되어 독립된 $NaCl$이나 CaF_2와 같은 분자로서는 존재하지 않는다(고체에서는 이와 같이 분자의 존재가 인정되지 않지만, 기체에서는 $NaCl$ 분자가 인정된다). 실제로 순수한 이온 결합으로만 이루어지는 물질은 많지 않으며, 대부분은 공유결합이 어느 정도 포함되어 있다.

이온 교환(—— 交換, ion exchange) 이온 결합을 형성하고 있는 양이온, 음이온의 어느 하나에 그것과 같은 부호의 다른 종의 이온과 교환하는 현상. 이온 교환 반응은 센 물의 단물화(化) 또는 탈염(脫鹽), 화학약품의 정제, 물질의 분리 등에 이용할 수 있다. 또한 이온 교환 능력을 가진 물질을 이온 교환체라 한다. 무기(無機) 이온 교환체로는 천연 탄산염인 제올라이트가 있고, 유기(有機) 이온 교환체로는 작용기로서 $-NH_3^+OH^-$ 또는 $-SO_3^-H^+$ 등을 갖는 합성 고분자가 있다. 이들 고분자를 이온 교환 수지라 하며, 다리걸침(架橋)에 의히여 용매에 녹지 않도록 만든 것이다. 이온 교환체는 흔히 관에 채워 이온 교환관(管)을 만들어 사용한다.

이온 교환기(—— 交換基, ion-exchange group) 이온 교환체에 함유되어 외부에 존재하는 반대 부호의 이온과 결합할 수 있는 해리기. 술폰기 $-SO_3H$, 카르복시메틸기 $-CH_2COOH$, 2-아미노에틸기 $-CH_2CH_2NH_2$ 등이 있다.

이온 교환막(—— 交換膜, ion-exchange membrane) 이온 교환능이 있는 막. 교환기에 의해 분류하면 양이온 교환기, 음이온 교환기, 양성막으로 구별된다. 20세기 초에 K.마이어의 선택투과성의 이론을 기초로 합성막 연구가 진행되었다. 이 결과 나타난 고성능의 이온 교환막을 효율적으로 전해질을 농축·탈염시키는 등 여러 분야에서 실용화하였다. 교환체로서의 성질은 기본적으로는 입상교환체(粒狀交換體)와 같지만 동시에 다른 성질도 있으며, 다른 사용법도 가능하다. 교환막을 전해질 용액에 담가 이것을 격막으로 하여 용액에 전류를 통하면 양이온 교환막은 양이온을 통과시키지만 음이온 통과에는 100% 가까운 저항을 나타낸다. 또 음이온 교환막은 그 반대 현상을 보인다. 두 교환막을 적당히 조합시키면 전해질 용액의 농축, 탈염(脫鹽) 등이 가능하다. 특히 해수로부터의 제염(製鹽)에 큰 규모로 사용되고, 음료수 제조 등 대규모 물처리에도 이용된다.

이온 교환막법(—— 交換膜法, ion-exchange membrane method) (1) 식염수를 전기분해하여 가성소다와 염소를 제조하는 방법의 하나. 격막법에서 아스베스트 막 대신에 양이온만을 통과시키는 플루오르 수지를 주체로 한 양이온 교환막(나피온이 대표적)을 사용한다. 막을 통과하는 것은 Na^+뿐이므로 음극에 대해 식염의 혼입이 없고, 가성소다의 농도가 20~40%로 높으므로 격막법처럼 식염을 농축 분리할 필요가 없다. (2) 제염법의 하나. 전해조에 음이온 교환막과 양이온 교환막을 교대로 수백 매 배열하여, 칸을 구분하고, 각 실에서 해수를 전기분해하여 17%의 식염을 함유하는 용액으로 한다. 이것을 증발시켜 식염을 얻는다.

이온 교환수(—— 交換水, ion-exchange water, deionized water) 양이온 및 음이온 교환 수지를 충전한 통형의 용기에 통수하여 정제한 물. 이온성분의 대부분이 제거되므로 보통 전기 전도율은 $1\,\mu S/cm$ 이하가 되고, 과망간산칼륨에 의한 발색은 1시간 이상

탈색되지 않는다.

이온 교환 수지 (―― 交換樹脂, ion-exchange resin) 이온 교환능이 있는 다공질의 유기 중합체. 스티렌과 디비닐벤젠의 공중합체인 폴리스티렌계의 것이 대표적이다. 1935년 영국의 B. A. 애덤스와 F. L. 홈스는 다가(多價)페놀과 포름알데히드를 축합시킨 수지가 양이온을, 또 m-페닐렌디아민과 포름알데히드를 축합시킨 수지가 음이온을 교환하는 것을 발견하였다. 그리고 이 수지에 의해서 물 속에 있는 각종 이온을 제거할 수 있다는 사실이 밝혀졌는데, 그 후 독일 및 미국 등에서 계통적 연구 및 공업적인 규모로 생산이 시작되었다. 제2차 세계대전 중 독일에서는 보파치트에서의 물의 정제, 인조견 공장에서의 구리·암모니아 회수, 사진 폐액으로부터의 은 회수 등에 이용하였으며, 미국에서는 핵분열 생성물·초우라늄 원소·희토류 원소 등의 분류에 성공하였다. 예를 들면, 물의 정제에서는 그 때까지 얻을 수 없었던 전도도수(傳導度水 : 극히 순수한 물이며, 가장 순도가 높은 것은 0.05×10^{-6} mho·cm^{-1}의 전기 전도도를 지닌다)를 쉽게 얻을 수 있게 되었고, 각종 물질(아미노산·항생 물질 등)의 정제가 용이하게 되었으며, 이온 교환막이 개발되어 전기 화학적으로 중요한 역할을 한다. 색깔은 백색·황색·오렌지색·갈색·흑색 등이며(이밖에 염색한 것노 있나), 일반적으로 반두밍 또는 투명한 물을 흡수한 작은 알갱이 또는 부정형(분쇄한 것)이다. 크기는 입자의 지름이 0.4~0.6 mm이고, 비중은 겉보기로 0.6~0.9, 물을 흡수하면 1.2~1.4이다. 일반적으로 고분자인 다가(多價)의 산 또는 염기로 간주할 수 있는데, 이들이 치환하는 기(基)의 성질에 따라 강한 산·강한 염기 등의 성질을 보인다. 불순물 이온의 제거(除去)·경수 연화, 수크로오스·물엿·알코올·유지·가스 등의 정제, 포르말린 속의 포름산 제거 등, 각종 이온의 분리 추출(희토류 원소·초우라늄 원소 등의 분리 추출, 비타민·알칼로이드·아미노산 등의 추출 정제) 외에 미량 물질의 정량(定量), 이온의 치환(置換) 또는 촉매, 크로마토그래피 분석 방면에도 응용되는 등 그 용도가 매우 광범위하다.

이온 교환 용량 (―― 交換容量, ion-exchange capacity) 어떤 조건에서 이온 교환체가 교환할 수 있는 이온의 양. 밀리 당량(meq)/g-건조중량 혹은 밀리 당량/ml-팽윤체적 등으로 나타낼 수 있다.

이온 교환체 (―― 交換體, ion exchanger) 이온 교환능이 있는 고체로서, 양의 전하를 갖고 음이온을 포착하는 것을 음이온 교환체, 음의 전하를 갖고 양이온을 포착하는 것을 양이온 교환체라 한다. 이온 교환 수지, 무기 이온 교환체, 이온 교환막, 이온 교환 섬유, 이온 교환지 등이 있다. 양이온 교환을 하는 것으로는 비석류, 산성 백토, 이탄, 아탄 등 및 합성 제올라이트, 퍼어뮤티트, 텅스텐산 지르코늄 등이 있고, 음이온 교환을 하는 것으로는 염기성의 백운석, 수화산화철과 수화산화 지르코늄 등의 겔 및 활성탄 등이 있다.

이온 미량분석 (―― 微量分析, ion microanalysis) ⇨ 2차 이온 질량 분석.

이온 반응 (―― 反應, ionic reaction) (1) 이온이 관여하는 반응. 전해질 수용액 내에서의 반응, 고온에서의 융해염의 반응, 이온 이동에 의한 고상 반응 등은 이에 속한다. (2) 유기 반응에서는 기능상 형식적으로 라디칼 반응과 이온 반응으로 구별하는 일이 있다. 이 경우, 이온이 직접 관여하지 않더라도 친전자 시약, 친핵 시약의 반응과 공유 결합의 이극 분열을 포함하는 경우도 있어 정의가 명확하지 않으므로 최근에는 이 용어가 사용되지 않는다.

이온 반지름 (―― 半徑, ionic radius) 이온 결정 중의 인접하는 양이온과 음이온 간의 거리를 각 이온의 유효 핵전하, 주양자수, 값수를 고려한 반 경험적 수법으로 각 이온에 할당한 값 최외각 전자의 확산 가능이 된다. 어떤 이온 결정에서 양·음 각 이온 반지름의 합은 거의 그 이온간 거리가 된다. 또 이 정의는 L. Pauling에 의한 것이지만, 다른 방법에 의한 것도 거의 같은 값을 부여한다.

이온 방해 (―― 妨害, ion retardation) 보통의 양이온 교환체 또는 음이온 교환체의 가교 매트릭스에 반대의 전하를 갖는 고분자쌍 이온을 영구적으로 부가한 수지를 스네크케이디 수지라 하는데, 이것은 양이온 교환체 및 음이온 교환체로서의 거동을 동시에 나타낸다. 이 형의 수지(양성 이온 교환체)가 비전해질에 비해 전해질을 강하게 **흡착**하는 현상을 이른다.

이온 배제(—— 排除, ion exclusion)　이온이 같은 부호인 전하 교환기를 갖고 있는 이온 교환체의 반발력에 의해 배제되는 현상. 이온 교환체를 충전한 칼럼에 시료를 부하하고 물을 흘림으로써 전해질과 비전해질을 분리하는 방법은 이 원리를 응용한 것이다.

이온 배제 크로마토그래피(—— 排除 ——, ion exclusion-chromatography)　이온 배제에 근거한 크로마토그래피. 이온 교환기의 전하와 동일 부호의 이온을 함유하는 전해질이 비전해질보다 먼저 용출한다.

이온 분위기(—— 雰圍氣, ionic atmosphere)　다수의 이온이 공간(용액과 플라스마 중)에 분포할 때 어떤 하나의 이온에 주목하면 그 주위에는 정전기인 인력과 척력에 의해 정해지는 다른 이온의 분포가 생긴다. 이러한 중심 이온의 주변에 분포한 이온의 집단을 이른다. 디바이-휘켈의 이론에서 제출된 개념이며, 이온간 상호작용을 고찰하는 데 있어 중요한 역할을 한다.

이온분자 반응(—— 分子反應, ion-molecule reaction)　이온과 중성 분자 간에 일어나는 반응. 충돌시에 정전기 인력이 작용하므로 중성 분자끼리의 경우에 비해 반응 단면적이 크고 온도 상승과 함께 반응속도가 저하하는 경향이 있다.

이온 사이클로트론 공명(—— 共鳴, ion-cyclotron resonance)　전자기장 중에 놓아진 이온이 자기장에 수직인 방향으로 주기가 일정한 원운동을 하고, 이 각진동수(사이클로트론 진동수라 한다)와 같은 각진동수의 전자기파를 공명적으로 흡수하여 궤도 반지름을 증대하는 현상. 약어 ICR이다. 이 현상을 이용하여 이온을 분석하는 장치를 이온사이클로트론 공명 질량분석계라 한다. 또 그 특징을 살려 이온의 반응을 이온의 운동 에너지로 바꾸어 조사할 수 있다.

이온 산란 분광법(—— 散亂分光法, ionscatte-

ring spectroscopy)　일정한 에너지를 갖는 이온(주로 He^+ 등의 희가스)을 고체 표면에 입사하여 표면 원자와의 탄성 충돌로 일정 방향으로 산란시키는 이온의 에너지 분포를 해석하여 표면 원자의 질량을 결정하는 분광법. 약어 ISS이다. 표면 제1층의 화학조성과 구조에 매우 민감하다.

이온 선(—— 線, ionic line)　들뜬 이온이 방사하는 스펙트럼 선을 말한다.

이온 선택성 전극(—— 選擇性電極, ion-selective electrode)　어떤 특정한 이온의 농도에 따라 전위가 변화하도록 만들어진 전극. 쉽게 이온 전극이라고도 한다. pH 측정용의 유리 전극은 수소 이온에 대한 전극의 예라고 할 수 있다. 그 외에 알칼리 금속과 할로겐 등 많은 이온에 대응하는 이온 선택성 전극이 판매되고 있다.

이온성(—— 性, ionicity)　화학결합에서 이온 결합의 비율을 나타내는 개념. 원자값 결합법에서는 이온구조의 기여로서 정의되지만 기저에 사용되는 궤도에 의존하여 일의적으로는 정해지지 않는다. 분자궤도법에서도 전자분포의 편기로 추정할 수 있다. 전기음성도에 큰 차이가 있는 원자간 결합의 이온성은 크다.

이온 센서(ion sensor)　용액 중에 존재하는 특정한 이온에 감응하여 그 이온의 농도와 활성에 부응한 전압(또는 전위)을 나타내는 센서. 이온 감응막에 발생하는 막전위를 측정하여 표시하는 깃이 원리이다. 용액 중의 이온농도와 활량의 측정을 비롯하여 최근에는 바이오 센서와 가스 센서 등 보다 고도의 센서 일부로서도 사용된다. pH 전극은 수소 이온에 감응하는 전형적인 이온 센서이다.

이온쌍(ion pair)　기상 중이나 용액 중에서 양이온과 음이온이 정전적인 상호작용에 의해 접근하여 1조의 쌍을 이룬다. 이것을 이온쌍이라 한다. 기상 중에서는 분자에 방사선을 조시함으로써 생기고, 용액 중에서는 양이온의 반지름이 작고, 음이온의 전하가 큰 경우 등에 생긴다.

이온쌍 생성(—— 生成, ion-pair formation)　들뜬 상태의 분자에서 양이온과 음이온이

동시에 생성되는 과정을 말한다. 전자충격과 광흡수로 생성한 여기분자에서 일어나는 이온화 반응의 하나이다. 또 광흡수로 생성된 중성 들뜬 원자·분자와 바닥상태에 있는 다른 원자·분자가 충돌할 때에 광이온화 과정의 하나로 일어나는 수도 있다.

이온쌍 크로마토그래피(ion-pair chromatography)　목적으로 하는 이온성 화합물을 그것과 반대 부호의 전하를 갖는 시약(이온쌍 시약)과 이온쌍으로 분리하는 크로마토그래피. 대부분의 경우는 역상 칼럼이 사용되고 이온쌍 시약은 이동상 중에 첨가된다. 기울기 용리를 병용함으로써 극성이 현저하게 상이한 화합물을 동시에 분리 정량할 수 있다.

이온 영동(―― 泳動, ionic migration)　⇨ 이온 이동.

이온 이동(―― 移動, ionic migration)　주로 전기장의 작용하에서 이온이 이동하는 현상. 이온 영동이라고도 한다.

이온 이동도(―― 移動度, ionic mobility)　전기장 중에서 이동하는 이온의 속도는 전기장 강도에 비례한다. 그 비례계수, 즉 단위 전위 기울기에서의 이온의 이동속도를 이온 이동도라 한다. SI단위는 $m^2 s^{-1} V^{-1}$이나, $cm^2 s^{-1} V^{-1}$의 단위로 나타내는 경우가 많다.

이온 이식(―― 移植, ion implantation)　⇨ 이온 주입.

이온 전극(―― 電極, ion-selective electrode)　⇨ 이온 선택성 전극.

이온 전도(―― 傳導, ionic conduction)　이온이 움직임으로써 전하가 운반되는 전기 전도. 산, 알칼리, 염 등의 용액, 용융염, 슬래그, 유리, 이온 결정 등 많은 물질 중에서 볼 수 있다.

이온 전도체(―― 電導體, ionic conductor)　(1) ⇨ 전해질 (2) ⇨ 고체 전해질.

이온 주입(―― 注入, ion implantation, ion injection)　반도체에 불순물을 도프하는 기술의 하나. 진공 중에서 원자와 분자를 이온화하여 외부 전압에 의해 수~수백 keV로 가속하고 고체 물질에 도입함으로써 그 물성의 제어와 새로운 재료를 합성하는 기술. 이온 이식이라고도 한다. 실리콘에 대한 붕소나 인의 이온 주입에 의한 불순물의 도핑

은 대규모 집적회로의 제작에 사용된다.

이온 중합(―― 重合, ionic polymerization)　부가중합의 성장 말단이 이온인 중합. 라디칼 중합에 대응하는 용어. 이온의 종류에 따라 카티온 중합과 아니온 중합으로 구분되며, 후자의 일부에는 입체 규칙성 중합체를 얻게 될 가능성이 높은 배위 아니온 중합이 있다.

이온 크로마토그래피(ion chromatography)　1975년 H. Small 등에 의해 개발된 당시에는 이온 교환 칼럼, 제거 칼럼, 전기 전도율 검출기 등을 장치하여 이온의 분리·정량을 목적으로 한 이온 교환 크로마토그래피 시스템을 의미하였다. 그러나 최근에는 이온 종의 분리에 관한 크로마토그래피 전반을 지칭하는 경우가 많고, 역상 분리한 유기산(아미노산) 등을 흡광(형광) 검출하는 예에서 볼 수 있듯이 그 개념이 확대되었다.

이온 클러스터(ion cluster)　⇨ 분자 클러스터.

이온 펌프(ion pump)　(1) 진공 펌프의 하나. 높은 전기장에 의해 음극에서 방출된 전자를 잔류가스에 충돌시켜 이온화하여 생성된 이온을 음극에 끌어들여, 음극 금속 중에 매입함으로써 배기를 한다. 사용할 수 있는 압력 범위는 일반적으로 $10^{-1} \sim 10^{-8}$ Pa이다. 도달 진공도(到達眞空度)가 낮고(10~11 Torr), 기름과 수은을 사용하지 않으므로 통속을 더럽히지 않는 것이 특징이다. 티탄 등이 게터(getter : 가스 등을 흡착하여 진공도를 높이는 것)로서 작용하는 것을 이용한 스패터 이온 펌프와 서블리메이션(sublimation) 펌프가 실용화되고 있다. 서블리메이션 펌프는 배기 속도를 증가하기 위해 티탄을 대량으로 증발시켜 게터로서 작용을 하게 하는 것인데, 이온 펌프를 병용하면 10~12 Torr까지의 진공을 얻을 수 있다. 자기장을 거는 것은 방전로(放電路)를 길게 하여 이온화의 능률을 높이기 위한 것이다. (2) ⇨ 능동수송.

이온 플레이팅(ion plating)　진공 증착의 새로운 기술. 플라스마 글로방전 중에 음으로 바이어스한 기판에 증착한다. 플라스마 중에서 이온을 직접 이용하는 플라스마법과 고진공 중에 이온을 인출하여 이용하는 이온빔법으로 구별된다. 이온화한 석출 입자와 분위기 가스에 의해 기판 표면이 스퍼터

링을 받으므로 청정하고 고밀착성의 치밀한 박막이 얻어진다. 또 분위기에 따라 화합물의 생성도 가능하며, 주로 내마모, 내식, 전기접점 등의 재료로 이용되고 있다.

이온화 (—— 化, ionization) 전기적으로 중성인 원자 또는 분자가 전자를 1개 또는 그 이상 상실하여 양이온으로 되는 것. 넓은 뜻으로는 양이온이 다시 전자를 상실하여 보다 높은 전하수를 갖는 양이온으로 변하는 과정과 중성의 원자, 분자에 전자가 부착하여 음이온으로 되는 과정도 포함하여 이온화라 한다. 음이온 생성과정을 제외하고는 전리와 동의어이다.

이온화 간섭 (—— 化干涉, ionization interference) 어떤 원소의 이온화가 다른 이온화되기 쉬운 공존 원소의 이온화에 의해 억제되어 측정 결과에 바람직하지 않은 효과를 미치는 현상. 원자흡광 측정에 있어, 알칼리 금속 등이 공존하면 간섭된 원소의 원자흡광이 증가한다.

이온화 경향 (—— 化傾向, ionization tendency) 원자가 전자를 상실하거나 또는 얻어진 그 원자에 대응하는 이온이 되는 경향. 특히 금속 원자가 수중에서 전자를 상실하여 금속이온이 되는 경향을 지칭하는 경우가 많다. 이 경향은 금속의 표준 전극 전위로 평가되고, 그 크기 순으로 배열한 계열을 이온화열 또는 전기화학계열이라 한다.

이온화 단면적 (—— 化斷面積, ionization cross section) 전자충격이니 분지·원지 간의 충돌에 의한 들뜸과정에서 시료분자 중의 어떤 에너지 준위의 전자가 방출되어 이온화가 일어나는 확률. 면적의 차원이 있으므로 이런 이름이 있다. 이온화되는 준위의 이온화 에너지와 들뜸원의 에너지에 의존한다.

이온화 손실 분광법 (—— 化損失分光法, ionization loss spectroscopy) 전자를 원자(분자, 고체 중)에 조사하면 이온화가 일어나고 그 전자의 일부는 빈 전자궤도에 들뜨게 된다. 입시 전지는 이 들뜸분만큼 에너지를 상실하여 밖으로 방출된다. 이 에너지의 차가 원자 고유의 값인 것을 이용하여 원소분석을 하는 분광법. 약어 ILS이다. 입사 전자의 에너지를 2keV 이하로 하면 전자의 평균

자유행정이 짧으(200 nm 이하)므로 고체 표면의 원소분석에 이용되고 있다. 또한 빈 전자궤도의 정보도 부여한다.

이온화 에너지 (ionization energy) 기체 중에 고립하여 존재하는 바닥상태의 원자·분자 또는 양이온에서 전자 1개를 제거(이온화하는)하는데 필요한 최소의 에너지. 이온화 퍼텐셜 또는 이온화 전압(전위)이라고도 하며, 보통 전자 볼트(eV)로 나타낸다. 들뜬 상태에 있는 원자·분자에 대해서도 그 상태에서의 이온화 에너지라고 하는 경우가 있다.

이온화 열 (—— 化列, ionization series) ⇨ 이온화 경향.

이온화 이성질 (—— 化異性質, ionization isomerism) 같은 조성을 하고 있는 2종 이상의 화합물에서, 용액 중에서 상이한 이온으로 전리할 때에 볼 수 있는 이성질 현상. 예를 들면 같은 $CoCl(SO_4) \cdot 5NH_3$의 조성인 화합물에는 $[CoCl(NH_3)_5]SO_4$ (적자색)과 $[Co(SO_4)(NH_3)_5]Cl$ (장미색)의 이온화이성질체가 있다.

이온화 전위 (—— 化電位, ionization potential) ⇨ 이온화 에너지.

이온화 효율 (—— 化效率, ionization efficiency) 일정 에너지의 입자선(전자선 등) 또는 일정 파장의 빛에 의해 원자·분자가 이온화되는 현상에 있어서, 이온화가 일어나기 쉬운 것을 상대적으로 나타내는 임의의 양. 이온화 단면석에 근사석으로 비례하는 양이면 무엇을 사용하여도 무방하다. 예를 들면 장치의 조건(압력, 입사광 강도 등)을 일정하게 하였을 경우의 이온 생성량(전 이온전류) 등이 사용된다. 입자 에너지 또는 파장의 함수로서 나타낸 것을 이온화 효율 곡선이라 한다.

이완 (弛緩, relaxation) 평형상태에 있는 물질계에 급격하게 섭동을 가하였을 때 새로운 평형상태로 변화하는 과정, 또는 섭동이 단시간만 가해졌을 때 원래의 평형상대가 회복하는 과정을 지칭하는 경우도 있다.

이완기 (弛緩器, relaxing machine, relaxer) 강연사와 필라메트사 등을 사용한 직물과 니트의 부피와 신축성을 증가하기 위해 무

긴장으로 열처리하기 위한 장치. 연속 이완기라고도 한다.

이완 시간 (弛緩時間, relaxation time)　완화가 시간 t에 대하여 $\exp(-t/\tau)$의 형태로 진행할 때의 τ를 말한다.

이완 처리 (弛緩處理, relaxation)　섬유 중의 내부 비틀림을 습열 처리로 완화시켜 천과 니트의 신축성 및 부피를 증가시키는 처리. 릴랙서 뿐만 아니라 로터리 워셔, 윈스, 액류 염색기 등을 사용한다.

이완 탄성률 (弛緩彈性率, relaxation modulus)　응력완화 현상시의 응력과 변형의 비. 시간과 함께 감소하지만 하나의 탄성률이라 간주하여 이완 탄성률이라 한다.

이욕 염 (二浴染, two-bath dyeing)　두 종류의 염욕을 사용하여 섬유품을 2단계로 염색하는 방법. 두 종류의 섬유로 된 혼방품의 섬유를 별욕에서 염색하는 경우, 아조형 염색의 초벌 처리와 현색, 화학염료 염색물의 염기성 염료에 의한 최종 처리 등의 경우에 사용된다.

이원자 분자 (二原子分子, diatomic molecule)　같은 종 또는 종이 다른 두 원자가 결합함으로써 생성하는 분자. 전자를 등핵 2원자 분자, 후자를 이핵 2원자 분자라고 부른다. H_2, HF 등이 각각 그 예이다.

이원 추진약 (二元推進藥, bipropellant)　액체 추진약에 속하는 것으로, 로켓에 내장된 2개의 탱크에서 액체 산화제와 액체 연료가 따로따로 연소실에 분출되지만 혼합하여 연소 반응이 생겨 고온의 기체 생성물을 발생하는 추진약. 고성능을 갖고 있다. 산화제와 연료가 혼합 접촉하면 자동적으로 발화하는 자연성과 별도로 착화장치를 필요로 하는 것이 있다. 액체 산소와 액체 수소의 계는 후자의 예이다.

이인산 (二燐酸, diphosphoric acid)　수용성의 무색 결정, $H_4P_2O_7$. 피로인산이라고도 한다. 물, 알코올, 에테르에 잘 녹고, 질산은의 작용으로 백색의 은염이 침전한다. 녹는점 61 ℃. 정인산 2분자가 축합하여 형성되는 사염기산. 수용액은 냉각시 서서히 끓이면 신속하게 정인산이 된다.

이인산 나트륨 (二燐酸 ——, sodium diphosph-ate)　수용성의 무색 분말. $Na_4P_2O_7$. 피로인산 나트륨이라고도 한다. 금속 이온 봉쇄제, 공업용수 처리, 식품 첨가물 등에 사용된다.

이인산염 (二燐酸鹽, diphosphate)　일반식 $M_4^{I}P_2O_7$로 표시되는 이인산의 염. 피로인산염이라고도 한다. 제2 오르토인산염 $M_2^{I}HPO_4$를 가열해서 얻어지며, 대개는 분말이고 알칼리염과 탈륨염만이 물에 녹는다. 용액은 알칼리성. $M_2^{I}H_2P_2O_7$은 잘 결정하고, 물에 녹으며 산성이다. 불용성염도 과잉의 알칼리염의 용액에는 착염을 만들고 녹는다.

이인산 칼륨 (二燐酸 ——, potassium diphos-phate)　무색 흡습성 고체. $K_4P_2O_7$. 피로인산칼륨이라고도 한다. 촉매, 세제 첨가제 등으로 사용된다.

EELS(이일스)　'electron energy loss spectro-scopy (전자 에너지 손실 분광법)'의 약어이다.

이작용기 촉매(二作用機觸媒, bifunctional cat-alyst, dual function catalyst)　두 가지 작용이 있는 성분을 함유하는 촉매. 예를 들면 귀금속과 고체산의 조합으로 되는 고체 촉매에서는 파라핀의 이성질화 반응에 있어, 귀금속 상에서는 탈수소 반응으로 올레핀이 생성되고 그것이 고체산 상에서 골격 이성질화 반응으로 이소올레핀이 되고 이어서 이소올레핀이 귀금속 상에서 수소화되어 이소파라핀이 된다고 여겨지고 있다.

이작용기 화합물 (二作用機化合物, bifunctional compound)　유기 화합물에 함유되어 있는 작용기가 2개 있는 화합물의 총칭. 동일 종의 작용기가 2개 있는 경우와 상이한 종류의 작용기가 1개씩 함유되어 있는 경우가 있다. 작용기끼리의 반응이 다른 분자 간에서 일어나면 중합 또는 축중합이 되고, 동일 분자 내에서 일어나면 고리 반응이 된다. 예를 들면 OH와 COOH의 반응이 동일 분자 내에서 일어나면 락톤이 생성된다.

이전자 환원 (二電子還元, two-electron reduc-tion)　(1) 산화–환원반응을 전자의 수수에 의한다고 볼 때, 2전자를 부여함으로써 일어나는 환원. 예를 들면 Pb^{4+}와 Sn^{2+}의 반응에서 Pb^{2+}와 Sn^{4+}가 생성하는 반응에서는 Pb^{4+}가 2전자 환원되어 Pb^{2+}로 되어 있다.

(2) 유기 화합물의 환원에서도 생화학 반응에서는 금속효소가 개재하는 산화-환원이 많고, 이 경우에 2전자 이동이라 생각될 때 2전자 환원이라 한다. 일반적인 유기반응에서 메커니즘상 수소화물 이온의 이동이라 여겨지는 경우, 이것과 구별되지 않는 일이 있는데 이 경우에는 2전자 환원이라 하지 않는다.

이젝터 (ejector)　수증기, 공기, 물 기타 유체(제1유체)를 노즐에서 흡인실에 분사하고, 이어서 디퓨저에 유입시켜 이로 인해 저압이 된 흡인실에 다른 유체(제2 유체)를 흡인하여 디퓨저로 제1유체와 혼합하고 승압하여 배출하는 장치를 말한다. 분사기라고도 한다.

이종 원자 (異種原子, heteroatom)　유기 화학물의 탄소골격 중에 들어 있는 탄소 이외 원소의 원자. 보통은 복소 고리를 구성하는 산소, 황, 질소 기타를 이르는 경우가 많지만 탄소 사슬에 들어있는 헤테로 원자와 특성기를 구성하는 헤테로 원자를 대상으로 하는 경우도 있다.

이중 결합 (二重結合, double bond)　분자 중에서 두 개의 원자가 두 공유결합으로 이어져 있는 화학결합. C=C, C=O, N=N 등. 탄소 원자간의 이중결합은 에틸렌 결합이라 한다. 이중결합은 본질적으로는 σ결합 1개와 π결합 1개로 구성되어 있다. 이 σ결합은 결합에 관여하는 2개의 원자를 연결하는 축의 둘레에 주로 전자가 분포한다. 또 P_8오비탈로 이루어진 π결합은 결합에 관여하는 2개의 원자를 포함하는 평면에 수직인 면 위에 전자가 분포한다. 일반적으로 단일 결합에 비해서 결합 간격이 작으며, 반응성이 풍부하다. 또 몇 개의 이중 결합이 서로의 단일 결합에 의해서 결합한 것(예를 들면, $-CH=CH-CH=CH-$)을 짝이중결합이라 한다.

이중 경막설 (二重境膜說, double film theory)　가스 흡수의 물질 이동 기구에 대해 Lewis와 Whitman이 제안한(1924년) 이론 모델. 일반적으로 이상 유체 간의 물질 이동 모델로 사용된다. 난류상태에 있는 이상 유체 간에 물질 이동이 생길 때 계면 양측의 각 상에 경막을 가정하고, 이동성분은 이 두 경막 내를 직렬로 정상적인 분자확산에 의해 이

동한다고 가정하고 있다.

이중 계량법 (二重計量法, double weighing)　측정 물체와 분동을 교환하여 2회 평량을 하고 그 평균(엄밀하게는 기하평균)으로 물체의 진정한 질량을 구하는 방법. 천평의 좌우 팔 길이의 미소 차로 기인하는 오차가 해소된다.

이중 공명 (二重共鳴, double resonance)　상이한 두 주파수의 전자파와 물질 간의 상호작용으로 얻어지는 동시 공명현상. 3준위 이중 공명과 4준위 이중 공명으로 분류된다. 라디오파에서 자외광에 이르는 파장 영역의 2종의 전자파를 사용함으로써 단독으로는 측정할 수 없는 약한 전이의 검출과 복잡한 스펙트럼의 해석에 활용되고 있다. ⇨ 전자-핵 이중공명.

이중 나선(구조) (二重螺旋(構造), double helix (structure))　생물에서 유전자의 기본 구조. 2가닥의 상보적 DNA가 염기쌍을 형성할 때에 취하는 구조로서 2가닥 사슬은 서로 역평행으로 배열하고 오른쪽 감기와 왼쪽 감기가 있으나 전자가 일반적이다. 1953년 J. D. Watson과 F. H. C. Crick에 의해 제창되고 그 후 실증되었다.

이중선 (二重線, doublet)　에너지 준위에 약간 떨어진 부준위가 생겨, 이로 인해서 원래 한 종류였던 두 에너지 준위 간의 전이가 2개로 분열되어 2개의 선스펙트럼으로 관측되는 것. 특히 자기공명에서는 또 하나의 독립된 스핀양자수 $I=1/2$의 핵파의 상호작용으로 각 준위가 2개씩의 부준위로 분열하여 선택율에서 2종류의 전이가 가능해져 이중선으로 관측되는 경우가 많다.

이중 집중 (二重集中, double focusing)　이온 흐름을 전기장에 의한 편향과 자기장에 의한 편향의 조합으로 수속하는 것. 전자에서는 이온의 운동 에너지 폭의 확산이 수속작용을 받고, 후자에서는 입사 이온 빔의 방향 확산이 컬렉터 슬릿의 위치에 수속된다.

이중 촉진 철촉매 (二重促進鐵觸媒, double-promoted iron catalyst)　하버-보슈법(암모니아 합성)에 사용된 철촉매의 성능을 향상시키기 위해 2종류의 촉진제(수 %의 Al_2O_3과 K_2O)를 가한 공업용 철촉매 $Fe-Al_2O_3-K_2O$이다.

이중층 (二重層) (1) double layer ⇨ 전기 이중층. (2) bilayer ⇨ 이분자 막.

이중층 용량 (二重層容量, double layer capacitance) 전극 표면에 있는 전기 이중층의 전기용량. 금속전극에서는 수십 μFcm^{-2}이다.

이중층 충전전류 (二重層充電電流, double layer charging current) 전극 반응이 일어나지 않는 전위영역에서 전위를 변화시켰을 때에 흐르는 전류. 전극 표면의 전기 이중층의 충전에 의한다.

이중 표지 (二重標識, double labelling) 표지 화합물 중 2종의 동위체로 상위한 위치가 표지된 것을 이중 표지되어 있다고 한다.

이중항 (二重項, doublet) (1) 다중항의 하나로, 스핀 양자수 $S=1/2$인 경우. (2) 스핀 이외의 원인으로 접근한 두 준위로 구분되는 경우도 이중항이라 한다. 예를 들면 A형 이중항, 반전 이중항 등이 있다.

***E, Z* 표시** (—— 表示, *E, Z* system) 거울상 이성질체의 입체 배치에서 *R, S* 표시에 사용되는 치환기의 순위 규칙을 기하 이성질체의 입체 배치에 적용하여 일의적으로 표시하는 방법. 이중결합을 형성하는 각 원자상에 있는 두 치환기를 순위칙으로 비교하여 높은 쪽을 택한다. 다음에 이중결합의 각 원자에 결합하는 각각 우선 순위가 높은 두 치환기가 이중결합의 같은 쪽에 오는 이성질체를 Z(독일어의 Zusammen, 같은 쪽), 반대쪽에 오는 이성질체를 E(entgegen, 반대쪽)로 표시한다. 예를 들면 *cis*-, *trans*- 표시에서는 이 양자를 임의적으로 구별하여 표시할 수는 없다.

$$ \underset{Ph}{\overset{CH_3}{\diagdown}} C=C \underset{COOH}{\overset{H}{\diagup}} \qquad \underset{Ph}{\overset{CH_3}{\diagdown}} C=C \underset{H}{\overset{COOH}{\diagup}} $$

Z - 배치　　　　　E - 배치

[*E, Z* 표시]

이차 공기 (二次空氣, secondary air) 연료를 연소시킬 때, 공기를 2단계 이상으로 구분하여 공급하는 경우도 많은데 이 때에 2단계째에 공급되는 공기를 말한다.

이차 구조 (二次構造, secondary structure) 단백질 주사슬의 $>C=O$와 $>NH$간의 수소결합에 의해 형성되는 기본 구조. α-헬릭스 구조라 하는 나선형 구조와 β-시트구조(평행, 역평행의 2종이 있다) 외에 수소결합을 형성하지 않는 랜덤구조가 있고 또한 절곡구조가 여러 종 알려져 있다. 2차 구조는 다시 곁사슬 간의 상호작용으로 접혀진 채로 3차 구조가 되고, 3차 구조가 있는 서브유닛의 집합으로 4차 구조가 된다.

이차 대사 산물 (二次代謝産物, secondary metabolite) 미생물에 의해 만들어지지만 미생물의 발육, 증식에는 관여하지 않는 물질. 많은 항생물질과 생리활성 물질은 그 생산균의 생명유지에 직접 관계된다고는 볼 수 없으므로 2차 대사의 결과에 의한 산물이다.

이차 모멘트 (二次 ——, second moment) 일반적으로 어떤 분포곡선의 평균값에서 측정한 폭의 제곱 평균값을 말한다. 예를 들면 고체의 핵자기 공명 스펙트럼(NMR)은 일반적으로 폭이 넓은 흡수곡선을 부여한다. 이 흡수 폭의 넓이를 나타내기 위해 2차 모멘트가 사용된다.

이차 반응 (二次反應, second-order reaction) 반응 차수가 2로 되는 소반응 또는 복합반응. 복합반응의 경우, 직접 관여하는 분자의 수는 반드시 2만은 아니다.

2차 배양 (二次培養, subculture) 미생물이나 식물 조직 세포의 배양을 새로운 배지로 옮겨 대를 이어 배양을 계속하는 것. 당근의 캘루스 증식, 당근 세포의 액체배양, 카틀레야(cattleya) 성장점의 배양 등이 알려져 있다.

이차성 가소제 (二次性可塑劑, secondary plasticizer) 가소화 효과가 크고 다량으로 사용되는 1차 가소제에 대해서 내유성, 내열성, 내한성, 내수성 등 특수한 성능을 부여하기 위해 병용되는 가소제. 증량에 의한 가격 저하를 목적으로 사용되는 경우도 있다.

이차 에너지 (二次 ——, secondary energy) 에너지 자원(1차 에너지)을 변환하여 최종 소비에 편리한 형태로 한 에너지. 예를 들면 석유는 원유 그대로 사용하지 않고 가솔린, 경유, 등유 등으로 분리하고, 우라늄은 전력으로 변환하여 사용한다. 전력, 도시가스, 코크스, 석유제품, 석탄으로 구별하는 것이 보통이다.

이차 이온 방사 (二次―― 放射, secondary ion emission)　이온 빔을 고체 시료에 조사하였을 때 시료 표면에서 2차적으로 이온이 방출되는 현상. 이 이온을 직접 분석하는 방법이 2차 이온 질량 분석이며, 1차 이온 빔을 조여 미소 영역의 분석을 가능하게 한 것이 이온 프로브 미소부 질량 분석법(IPMA)이다.

이차 이온 질량분석 (二次―― 質量分析, secondary ion mass spectroscopy)　물질에 1차 이온을 조사하여 방출되는 입자 중, 이온화되어 있는 것(2차 이온)을 질량 분석하는 방법. 약어 SIMS이다. 이것에 의해 물질의 정성·정량분석을 할 수 있으며, 특히 물질 중에 함유되어 있는 미량 불순물의 2차원적 고감도 측정이 가능한 점이 큰 특징이다.

이차 전지 (二次電池, secondary battery)　충전하여 반복해서 사용할 수 있는 전지. 축전지라고도 한다. 19세기 초에 발견된 볼타, 다니엘 전지 등은 재사용할 수 없는 전지이고 또한 방치 중에 자기방전이 컸으므로, 전기에너지를 저장하는 기능이 있는 전지군이 19세기 후반에 연속적으로 발명되었다. 전자를 1차 전지라 하였으므로 재사용이 가능한 전지에 대해서는 2차 전지란 명칭이 붙게 되었다.

이차 폭약 (二次爆藥, secondary explosive)　기폭약의 폭굉으로 폭파하는 폭약. 다이너마이트와 니트로화합물 등의 폭약을 기폭약(1차 폭약)과 구별할 때에 사용한다.

이고사펜타엔산 (―― 酸, icosapentaenoic acid)　cis-형의 이중결합 5개가 있는 C_{20} 지방산. 5, 8, 11, 14, 17-이코사펜타엔산(에이코사펜타엔산)$CH_3(CH_2CH=CH_2)_5(CH_2)_3COOH$. 약어 EPA이다. 프로스타글란딘 등의 전구체로 여겨지고 있다. 어유 및 고래기름 중에 함유되어 있다.

이코산 (icosane)　곧은 사슬의 포화 탄화수소 n-$C_{20}H_{42}$. 20을 나타내는 그리스어에 포화 탄화수소를 나타내는 어미 -ane을 붙여 명명한다. 어원이 되는 그리스문자를 라틴문자에 바꿀 때 icosa로 적는 방식과 eicosa로 적는 방식이 있다. 국제적인 화합물 명명규칙

(IUPAC)에서는 1947년 이래 eicosane을 채용하고 있었으나 1979년판부터 icosane으로 개정되었다. 그러나 *Chemical Abstracts*에서는 현재도 eicosane을 사용하고 있으므로 문헌상 불필요한 혼란이 일어나고 있다.

이코산산 (―― 酸, icosanoic acid)　⇨ 아라키딘 산.

이크롬산나트륨 (sodium dichromate)　$Na_2Cr_2O_7$. 수용성의 등적색 결정(무수화물). 중크롬산 나트륨은 잘못된 명칭. 수용액에서 이수화물의 결정이 얻어진다. 가죽 무두질, 황납의 제조, 염색, 표백 등에 사용된다.

이크롬산 암모늄 (ammonium dichromate)　$(NH_4)_2Cr_2O_7$. 수용성의 등적색 결정. 중크롬산 암모늄은 잘못된 명칭. 물에 대한 용해도 47.2g/100g(30℃), 알코올에 녹지만, 아세톤에는 녹지 않는다. 가열하면 융해하지 않고 분해되어 순수한 산화크롬(Ⅲ)을 남긴다. 사진, 염색 등에 사용된다.

이크롬산 염 (二 ―― 酸鹽, dichromate)　일반식 $M^I_2Cr_2O_7$으로 표시되는 이크롬산의 염. 예전에는 중크롬산염이라 불리었으나 그것은 화합물의 화학구조를 정당하게 표시하고 있지 않은 잘못된 명칭. 공업적으로는 크롬철광을 소다회, 석회석과 혼합하여 융해, 강열하고 물에 침출시켜 산성으로 하여 나트륨염을 얻는다. 일반적으로 크롬산 알칼리 수용액을 산성으로 하고 농축함으로써 얻어지지만 필요한 금속의 탄산염, 수산화물과 과잉의 크롬산과의 반응에 의해도 생성된다. 대략 빨간 오렌지색의 결정. 중성 수용액에서는 중금속염 용액을 가하면 대개 크롬산염을 침전한다. 산화제로서 널리 사용되는 외에 염료, 의료품, 화약, 안료 등의 제조에 사용된다.

이크롬산 칼륨 (potassium dichromate)　$K_2Cr_2O_7$. 수용성의 등적색 결정. 중크롬산칼륨은 잘못된 명칭. 크롬철광을 분쇄하여 탄산나트륨과 석회석을 혼합하여 강하게 가열하여 공기를 뿜어 넣어서 산화한 후 물에서 빼내어 산성 횡신으로 한 후 황산칼륨 등을 가해서 결정을 만든다. 녹는점 396℃이고, 500℃ 이상에서 분해가 시작한다. 융해액에서는 단사정계의 결정이 석출하고 3사정계와의 전이온도는 236℃. 금속적인 쓴맛이 있

고, 유독하다. 물에 대한 용해도는 12.7g /100g(20℃)이고 알코올에는 녹지 않는다. 수용액을 알칼리성으로 하면 황색이 되고, 크롬칼륨이 생긴다. 강한 산화제. 산화제 외에 매염제, 인쇄, 폭약 등에 사용된다.

이탄 (泥炭, peat) 석탄화도에 따른 분류에서 석탄화 초기 과정의 것. 식물질이 장시간 수중에 잠기어 생성된 푸민산을 다량 함유한다. 황갈색 또는 갈색이고 원식물의 조직이 육안으로도 식별된다. 수분이 많고 발열량이 낮으므로 양질의 연료라고는 할 수 없다. 유기질을 함유하므로 비료로서도 사용된다. 이탄 중 초본류에 유래하는 것을 초탄이라 한다.

이탄화 (泥炭化, humification) 식물에서 석탄으로 석탄화하는 초기과정, 즉 지표 또는 지표 가까이에서 받는 작용을 지칭한다. 호기적 환경에서는 곤충이나 미생물에 의한 분해작용과 공기산화 및 식물이 조기에 수몰하였을 때의 혐기적 환경에서 완만한 별질작용을 생각할 수 있다. 전자에서는 셀룰로오스가 분해되어 리구닌이 잔류한다. 후자에서는 셀룰로오스가 보존되고 그 후에 석탄화 작용을 받는다. 이것이 석탄 생성의 리구닌설, 셀룰로오스설의 논거가 되고 있다.

이트륨 알루미늄 가닛 (yttrium aluminum garnet) 산화이트륨 Y_2O_3 과 산화 알루미늄 Al_2O_3의 복산화물 $Y_2Al_5O_{12}$. YAG이다. 무색의 결정. 미량의 Nd^{3+}를 가한 딘결정은 보리색으로 레이저 발진소자로 사용된다.

EPR (1) 'electron paramagnetic resonance (전자 상자성 공명)'의 약어이다. (2) 'ethylene-propylene rubber(에틸렌-프로필렌 고무)'의 약어이다.

EPMA 'electrone probe X-ray microanalyzer(전자 프로브 X선 마이크로 애널라이저)'의 약어이다.

이합체 (二合體, dimer) 중합하기 쉬운 성질이 있는 저분량의 화합물이 2분자 결합한 생성물로서, 원래의 2배의 분자량을 갖는 화합물. 중합방식에는 고리 모양으로 첨가 중합하는 방법, 수소 이동 등을 수반하여 사슬 모양으로 중합하는 방법 등이 있다. 또 카르복시산에서는 수소결합의 2개 분자가 회합(會合)하고 있는 경우도 있다.

이합체화 반응 (二合體化反應, dimerization) 첨가반응을 하기 쉬운 화합물이 2개의 분자 사이에서 반응하여 원래의 2배의 분자량을 갖는 화합물을 생성하는 것을 말한다.

이합화 (二合化, dimerization) ⇨ 이합체화.

이해 (離解, maceration) ⇨ 온침(溫浸).

이핵 이원자 분자 (異核二原子分子, heteronuclear diatomic molecule) ⇨ 이원자 분자.

이행 (移行, migration) 일반적으로 용액 또는 콜로이드 용액 등에 있어, 이온, 입자 등이 전기장 등에 의해 일정한 방향으로 이동하는 것. 고무, 플라스틱에 있어서는 배합제가 농도가 높은 쪽에서 낮은 쪽으로 이동(확산)해 나가는 현상을 말한다. 서로 다른 종의 재료가 접촉하고 있는 경우에 많이 일어나는 현상이다.

이형 벽돌 (異形 ——, shapes, special-form brick) KS로 정해진 표준형 이외의 내화 벽돌에 대한 총칭이다.

이형 접합 (異形接合, hetero-junction) 서로 다른 물질을 접했을 때의 접합을 말한다. 반도체를 사용한 것이 일렉트로닉 등의 실용상 중요하다.

이화 작용 (異化作用, catabolism) 세포에 의한 물질의 분해. 주로 에너지를 얻기 위한 생체 반응. 분해대사라고도 한다. 단백질, 당질, 지질 등은 이산화탄소, 물, 암모니아 같은 간단한 분자로까지 효소적으로 분해된다. 이 때 방출되는 화학 에너지는 아데노신삼인산의 합성에 사용되어 생합성, 능동수송, 수축 등 여러 가지 활동에 사용된다. 동화작용의 대응어이다.

이황화물 (二黃化物, disulfide) 일반적으로 음성 성분으로서 S_2를 함유하는 것. 즉, 일반식 MS_2로 표시되는 것을 이른다. 일반적으로는 이황화물 이온 S_2^{2-}를 함유하는 화합물, 즉 일반식 $M^I_2S_2$로 표시되는 화합물. 유기 이황화물은 알킬기, 아릴기 등이 2가의 기 S_2에 결합한 화합물 R-SS-R 이다.

이황화물 결합 (二黃化物結合, disulfide bond) 2개의 SH기가 산화되어 생성하는 -S-S 형태의 황 원자간 결합. 단백질의 이황화물 결합은 2분자의 시스테인이 산화되어 형성되는 것으로, 입체구조를 유지하는 데 중요하다. 수소결합, 소수결합에 비하여 큰 결합에너지($209\,kJ\,mol^{-1}$)를 갖는다.

이황화탄소 (二黃化炭素, carbon disulfide) 물에 녹기 어려운 무색의 특수 냄새가 있는 액체. CS_2. 독성이 매우 강하다. 녹는점 $-111\,℃$, 끓는점 $46.3℃$, 비중 $1.297(0℃)$이다. 물에는 조금밖에 녹지 않지만 알코올·에테르·벤젠 등과는 임의의 비율로 섞인다. 공기 중에서 청색 불꽃을 내며 타서 이산화황을 생성한다. 수분 및 휘발분을 제거한 탄소와 황을 $900℃$ 전후로 가열하면 생기는데, 반응 용기의 가열방식에 따라 외열식(外熱式)과 내열식(內熱式)으로 나뉜다. 외열식은 레토르트법이라고도 하며, 타원형의 주철제(鑄鐵製) 레토르트 속에 목탄 덩어리를 충전하고, 아래쪽에서 용융한 황을 넣어 외부에서 $800 \sim 900℃$로 가열한다. 기화·해리(解離)한 황과 목탄이 반응하여 생긴 이황화탄소의 증기를 위쪽에서 꺼내어 황 분리기를 거쳐서 응축기로 보내 액화시킨다. 조제품(粗製品)은 황·황화수소 및 유기황 화합물을 함유하므로 정제장치에서 세척, 증류한다. 내열식은 전기로법이라고도 하는데, 내화 벽돌로 내장(內裝)한 노(爐)에 목탄을 넣고 상부와 하부에 장치한 전극(電極)에 의해서 가열한다. 노 바닥의 세 방향에서 전극을 삽입하는 경우도 있다. 1기(基)당 1일 생산량은 보통 $3\sim5\,t$ 정도이고, 열효율도 $30\sim40\%$로 외열식의 15%보다 좋다. 상부에서 배출되는 조제품은 외열식과 마찬가지로 처리된다. 이황화탄소는 인·요오드·브롬 등 무기 물실 외에 낳은 유기 화합물의 뛰어난 용매이다. 인화성(引火性)이 극히 강하므로 화기를 피하고 차고 어두운 곳($25℃$ 이하)에 보관한다. 유지, 납, 수지, 고무, 황, 황인 등을 잘 녹이므로 용제로 사용된다. 사염화탄소, 인견, 스프, 셀로판 등의 합성에 사용된다.

E 효과 (—— 效果, E effect) ⇨ 일렉트로메리 효과.

익스트랙트 (extract) 용제 적출로 특정한 가용성분을 용해 분리하고, 다음에 용제를 증류 등으로 분리한 추출물. 적출 잔존분의 라피네이트에 대응하는 용어. 석유 정제에서는 나프타의 개질로 얻어지는 방향족성 가솔린의 용제 추출로 분리되는 석유화학 원

료용의 벤젠, 톨루엔, 크레신 성분이 그 대표적인 예이다.

익시톤 (exciton) ⇨ 들뜬자.

인가 전압 (印加電壓, applied voltage) 두 단자 간에 외부에서 가해진 전압. 3전극 방식을 사용하는 보통 전기 화학적인 실험계에서 작용 전극을 분극할 때의 전압으로, 기준이 되는 참조 전극에 대한 값을 말한다.

인공 간장 (人工肝臟, artificial liver) 간장의 기능을 대행하는 인공 장기. 간의 활동은 중간대사·담즙분비·합성·이물 배설(異物排泄)·해독 및 영양의 저장 등 광범위하고 다양하다. 병으로 간의 일부 기능이 침해되어도 다른 부분이 이것을 대상(代償)하게 되고 그 사이에 회복되는 것이 보통이다. 그러나 중증의 간부전(肝不全)일 때는 어떤 방법으로든지 이것을 대행시켜야 하는데, 그 때문에 고안된 것이 인공간이다. 흡착제(활성탄)를 이용한 보조 간장이 실용화되었으나 기능적으로는 불충분하므로, 간세포를 이용하는 하이브리드 인공 장기의 연구가 활발하다. 살아 있는 동물의 간장을 이용하려는 발상도 있다.

인공 감각기 (人工感覺器, artificial sensor) 감각기관의 기능을 보조하는 인공물. 보청기, 인공 중이, 인공 수정체, 콘택트 렌즈 등을 들 수 있다.

인공 감미료 (人工甘味料, artificial sweetener) 감미료 중 화학적 합성법으로 제조된 것. 합성 감미료라고노 한다. 설낭(수크로오스)은 대표적인 감미료이지만 값이 비싸고 비만과 충치의 원인이 될 뿐만 아니라, 식품 가공 중에 일어나는 갈색화의 원인이 된다. 그러므로 그 대체품으로 몇 가지 감미료가 개발되었다. 현재 사용이 허가된 인공 감미료로는 사카린, 솔비톨, 아스파르탐 등이 있다.

인공 고관절 (人工股關節, artificial hip joint) 고관절 기능에 장해가 생겼을 경우에 이용되는 대체물이다. 고도의 기계적 강도가 요구된다. 보통 바이오 세라믹스, 금속 및 고분자를 조합한 것을 사용한다.

인공 광물 (人工鑛物, artificial mineral) 천연산 광물과 같은 성분과 구조로 된 것을 인공으로 만든 것. 수정, 루비, 사파이어, 에메

랄드, 다이아몬드, 운모, 제올라이트 등 많은 유용한 광물이 실험실 또는 공업적인 규모로 만들어지고 있다. 1801년 J. 홀이 대리석을 합성한 것이 최초의 인공 광물이다. 실험실에서 만들어진 석류석과 수정은 인공 광물이지만 얼음사탕의 결정과 아닐린색소의 결정 등은 인공 결정(人工結晶)이라 한다. 인공 광물 합성은 천연산 광물의 생성조건을 규명하여 광물학에 크게 공헌하고 있다. 합성법에는 여러 가지가 있으나 그 중 가장 적합한 방법이 사용된다. 루비·사파이어 등은 화염 용융법(火炎熔融法)으로, 합성운모·각섬석계의 석면 등은 단순 용융법, 다이아몬드는 고압하에서의 융제-촉매법, 수정(水晶)은 수열 육성법(水熱育成法)으로 합성한다.

인공 다이아몬드(人工 ——, artificial diamond) 고온·초고압의 셀 안에 온도 구배를 부여하여 저온부의 다이아몬드종 결정을 성장시키는 방법 등으로 얻는다. CH_4와 H_2의 혼합가스를 사용하여 10 Pa, 900℃의 조건에서 박막을 합성하는 것도 가능하게 되었다. 보석, 연마제, 절삭공구용 소결체로 사용되는 외에, 열전도율이 큰 관계로 반도체 등의 온도 상승을 방지하기 위한 기판에도 사용되고 있다.

인공 방사성 원소 (人工放射性元素, artificial radioactive element)　인공적으로 만들어진 방사성 원소. 예를 들면 테크네튬, 네프튜늄 등. 천연에는 존재하지 않고 인공으로 처음 만들어진 원소를 이른다. 양자, 중앙자, α입자, 중성자 등을 사용하여 인공적으로 만들어진 방사성 핵종, 즉 인공 방사성 핵종도 인공 방사성 원소라고 이르는 경우가 있으나 엄밀하게 따지면 잘못된 호칭이다. 인공 방사성 원소는 1934년 졸레오-퀴리 부처가 폴로늄에서 나오는 α선을 붕소·알루미늄 또는 마그네슘 등 가벼운 원자에 조사하여 방사성 인 등을 만든 것에서 비롯된다. 그 후 많은 것이 사용되었는데, 특히 코크로프트-월튼의 장치와 사이클로트론 등 입자가속기를 이용하게 되어 더욱 활발히 제조하게 되었다. 또 1938년에 O. 간들에 의해 원자핵 분열이 발견되어, 핵분열 생성물로서 새로운 핵종이 발견되었다. 그리고 이 원자핵 분열을 이용하여 H. 페르미 등이 1942년에 원자로(原子爐)의 건설에 성공한 이래, 대량의 인공 방사성 원소가 만들어지게 되었다. 현재 그 수는 1,000종 이상에 이르고 있다. 인공 방사성 원소도 자연계에 존재하는 방사성 원소와 마찬가지로 방사능을 가지고 있으며, 같은 붕괴법칙에 따라 고유의 반감기를 가지고 있다. 이 때문에 천연 방사성 원소인 라듐 대신에 적당한 방사선원(放射線源)으로 각종 분야에 이용된다.

인공 밸브 (人工 ——, artificial (heart) valve) 승모판과 대동맥판이 황폐하여 판막으로서의 기능을 상실하였을 경우, 그 판막의 대용으로 사용되는 것. 그러므로 대용판이라고도 한다. 수술로 황폐한 판막을 제거하고 인공판으로 대치한다. 한 장의 원판이 부채꼴 모양으로 개폐운동을 하는 것과 경첩처럼 움직이는 두 장으로 된 것이 있다. 파이로라이트카본(열분해 흑연)으로 피복한 판이 주류를 이루고 있다.

인공 뼈 (人工骨, bone prosthesis, artificial bone)　뼈의 대체물로서 체내에 매입되는 것. 내식성, 기계적 강도 면에서 금속재료가 주로 사용된다. 그 중에서도 티탄합금은 생체 친화성이 뛰어나기 때문에 이 인공뼈가 임상 응용에 사용되기 시작하였다. 최근에는 히드록시아파타이트의 다공체도 이용된다.

인공 세포 (人工細胞, artificial cell)　세포기능의 대행을 목적으로 한 세포치원의 인공 구축물. 마이크로 캡슐형과 리보솜형이 있다. 전자는 효소계를 내포한 것이 주체인데, 세포 내 효소계가 관여하는 화학 반응을 인공계로 실현하는 것을 목표로 하고 있다. 후자는 세포막이 갖는 분자인식, 물질수송, 에너지 변환, 정보처리 등의 기능을 갖춘 인공계의 구축을 목표로 하고 있다. 바이오 리액터, 바이오 센서, 인공 장기 등에 응용이 기대되고 있다.

인공 수정체 (人工水晶體, intraocular lens) 눈 속 렌즈에 대한 옛 명칭이다.

인공 신장 (人工腎臟, artificial kidney)　신장 기능이 현저하게 저하된 환자에게 사용되는 장치. 신장은 체내에 생긴 노폐물을 배설하는데, 이 기능이 저하되면 혈중에 혈중 요소 질소(BUN), 크레아티닌(creatinine) 같은 여러 물질들이 축적되어 빈혈·무력감·식욕부진·고혈압, 심한 경우 구토·출혈·호흡곤란 등이 일어나 생명유지가 불가능하게 된다. 이 때 인공신장기를 사용하면 수분·염분 및 여러 노폐물을 혈액으로부터 제거해 준다. 이전에는 혈액 투석기와 동의어였으나 투석 이외에 여과, 흡착을 이용하는 혈액 정화법이 발달하여 혈액 정화장치를 의미하게 되었다.

인공 심장 (人工心臟, total artificial heart) 생체 심장의 기능을 대행하는 것을 목적으로 한 인공심장. 체내에 매입하는 혈액 펌프부와 그것을 구동하는 공기압 구동장치로 구성된다. 펌프부의 재료로는 우수한 기계적 성질과 항혈전성이 요구되므로, 세그먼트화 폴리우레탄이 사용되고 있다. 에너지원으로는 유체 전기(流體電氣) 등이 이용되지만 핵생물학적·화학적 에너지에 대해서도 검토가 계속되고 있다. 인공심장의 펌프는 심실판막 및 생체와의 결합부로 되어 있다. 좌심실 보조심장의 심실은 1개로 관상(管狀) 또는 U자(字) 모양이고, 완전 인공심장은 2개의 심실이 있어서 각각 혈류가 들어오고 나가는 통로가 공급 받는 환자의 심방 및 대혈관에 대응하도록 주머니 모양으로 만들어졌다. 따라서 좌심실 보조심장에 비하여 혈액의 과류(過流)나 정체, 혈전 형성이 생기기 쉽다. 인공심장의 제어기구는 심박수·심박출량·유량 파형(流量波形)·심실 압력 파형, 그 밖에 혈액가스분압 pH, 체온 등의 조질을 위해 필요한데, 이들의 조선이 사동적으로 되는 것이 가장 이상적이다. 인공심장을 임상에 응용한 것은 1963년 D. 바케 등이 좌심실 보조심장을 시도한 것이 처음이며, 1966년에 칸트로비츠 등도 비슷한 시도를 한 바 있다. 그러나 이들은 모두 단기간에 그쳤고, 오래도록 사용된 임상례는 1981년 최초로 미국의 치과의사 B. 클라크의 생명을 112일간 지속시켜 주었던 자비크 7이라는 공기가동식 플라스틱 심장으로, 외부에 다소 큰 동력장치가 부차되어 있다는 점이 단점이었다. 1957년 인공심장의 연구가 시작될 당시에는 인공적인 심장으로 자연심장을 완전히 대치하는 것을 뜻했다. 그러나 때로는 모든 인공혈액 펌프를 인공심

장이라고 말한다.

인공 이 (人工齒, artificial tooth) 이를 상실한 후에 기능을 대행하기 위한 세라믹스 혹은 아크릴 수지의 이, 기성품과 치과기공사가 환자에 맞추어 만든 인공 이가 있다.

인공 착색 (人工着色, artificial coloring) ⇨ 합성 착색.

인공 췌장 (人工膵臟, artificial pancreas) 당뇨병을 치료할 목적으로 개발이 시도되고 있는 인공장기. 췌장의 랑게르한스 섬 기능을 대행한다. 그 하나는 글루코오스 센서로 혈당값을 측정하고 마이크로컴퓨터로 제어하여 인슐린을 주사하는 자동 제어 시스템이다. 다른 하나는, 동종 또는 종류가 다른 동물의 랑게르한스 섬을 반투막 내에 봉입하여 면역거부반응을 받지 않도록 한 후에 이식하는 하이브리드형 인공 췌장이다.

인공 치근 (人工齒根, dental implant) 알루미나, 히드록시 아파타이트 혹은 티탄제의 원주상 재료. 턱뼈에 구멍을 뚫고 인공치근을 심은 다음, 그 위에 치관을 장착하여 치아의 기능을 복원한다. 인공치근은 뼈의 재생을 방해하지 않고 턱뼈와 일체화되어야 하며, 또 감염되지 않도록 치육(齒肉)이 붙어야 하는데 이를 위해서는 뛰어난 생체 적합성이 필요하다. 가장 적합한 소재로 여겨지는 것은 히드록시아파타이트로, 이것은 경조직(硬組織)과 같은 인산칼슘으로, 뼈와의 친화성(親和性)이 가장 좋다. 실제로 새로 난 뼈가 히드록시아파타이트로 만든 인공 치근과 일체화되고 있다는 것이 확인되고 있다. 그러나 역학 강도에 결점이 있어 치근을 굵게 하지 않으면 안 된다. 앞으로는 금속재료와의 복합화로 소형화되고, 강도와 생체 적합성에도 뛰어난 인공치근의 개발이 요망된다.

인공 폐 (人工肺, artificial lung) 몸 밖에서 심장과 폐의 기능을 대행하는 인공 심폐장치의 일부. 가스를 직접 혈액 안에 뿜어 넣는 기포형과 가스 투과형의 막을 매개하여 혈액과 가스교환을 하는 막형으로 구별된다. 막형에 이용되고 있는 소재로는 실리콘, 다공성 폴리올레핀, 연신 폴리테트라풀루오르에틸렌 등이 있다.

인공 피부 (人工皮膚, artificial skin) 창상면의 피막보호를 목적으로 체액의 누출을 방

지하고 세균 침입을 저지하기 위해 사용되는 피복제. 창상 피복제, 창상 커버제, 대용 피부 등으로 불린다. 건조 돈피 외에 콜라겐, 키틴 혹은 합성 고분자를 소재로 한 것이 있다.

인공 피혁 (人工皮革, man-made leather)　인조 피혁의 하나. 기체는 편직포이고 표면만 천연 피혁과 유사한 합성 피혁과는 달리 가죽과 유사한 조직구조를 하고 있다. 불규칙한 3차원 입체구조의 섬유층과 가죽의 그레인층에 해당하는 연속적인 세공이 있는 폴리우레탄을 수지로 코팅한 표면층으로 되어 있다. 표면층과 섬유층만의 2층 구조뿐만 아니라 2층 중간에 직포를 삽입한 3층 구조의 것도 있다. 또 표면층을 깃털로 덮은 스웨이드형의 것도 있다.

인공 혈관 (人工血管, artificial blood vessel) 합성 혹은 생체 고분자를 사용하여 인공적으로 만든 혈관. 일반적 정의에 의하면, 인공 혈관이란 혈관의 대용으로 사용되는 것으로서, 폴리테트라플루오르에틸렌 혹은 포화 폴리에스테르의 고분자 섬유를 니트편 또는 평직으로 한 것, 또는 폴리테트라플루오르에틸렌을 연신 가공한 것을 이른다. 인공 혈관에 있어 가장 중요한 것은 혈액과의 적합성, 즉 혈액응고를 일으키지 않는 항혈전성이다.

인공 혈액 (人工血液, artificial blood)　(1) 수혈 할 때 일어니는 거부반응을 방지하기 위해 적혈구 중의 헤모글로빈을 마이크로 캡슐이나 리보솜으로 포괄하여 산소 운반능을 갖게 한 것. 재생 헤모글로빈이라고도 한다. 적혈구에 비해 충분히 작게 할 수 있으므로 항원성을 완전히 없앨 수 있다. (2) 적혈구를 대신하는 산소 운반체로 사용되는 페루플루오르카본. 페루플루오르카본은 산소에 대해 높은 친화성이 있다. 실용화가 가까운 것은 페루플루오르테칼린을 0.1 μm 정도의 입자로 유화한 액으로, 반감기가 비교적 짧고 폐에서 배설되기 때문에 부작용이 없다.

인공 효소 (人工酵素, artificial enzyme)　합성화학적 방법을 사용하여 합성되는 효소와 동등한 기능이 있는 유기분자, 또는 유전공학적 혹은 단백질공학적 방법으로 촉매기능・기질 선택성을 인공적으로 개변한 효소

단백질 분자. 모두가 천연에는 존재하지 않지만 생체반응 혹은 생체와 유사한 반응을 촉매하는 기능이 있다.

인광 (燐光, phosphorescence)　다중항이 다른 상태 간의 전이에 의해 일어나는 발광. 보통은 최저, 삼중항 상태에서 바닥상태로의 방사 전이이다. 광 조사에 의해 인광이 방출되는 경우는 들뜸광보다 장파장의 빛을 발광한다. 형광과 달리, 조사광을 차단하여도 인광은 수 밀리초에서 수 초정도 지속한다. 이는 형광이 빛을 흡수한 물질 내의 전자가 들뜬 상태로 되었다가 곧 바닥상태로 돌아갈 경우에 발하는 빛인데 반해, 인광은 들뜬 상태에서 일단 준(準)안정상태(중간상태)로 옮아간 다음에 다시 바닥상태로 돌아가는 경우의 루미네선스이기 때문이다. 이러한 인광을 발하는 물질을 인광체라 하는데, 천연물로는 각종 보석・황화광물 등이 있고, 인공물로서는 알칼리 토금속의 황화물과 황화아연에 중금속을 함유시킨 것이 있다. 발광도료(發光塗料)도 그 하나인데, 구리를 함유한 황화아연에 미량의 라듐이 섞여 있어서 그 방사선의 자극에 의해 장시간 빛을 발하도록 되어 있다.

인광물질 (燐光物質, phosphor)　빛, 방사선 등을 조사하면 인광을 내는 물질. 기체와 액체에서는 발광물질이 원자・분자로, 바닥상태와는 다른 들뜸다중항으로 들떠 금제선을 발한다. 고체에서도 마찬가지 경우가 있으나 발광 메커니즘이 반드시 명확하지 않아도 빛, 방사선 등의 외부 자극을 제거하여도 발광을 계속하는($>10^{-3}$s) 물질을 지칭하는 경우도 있다.

인광석 (燐光石, rock phosphate)　인의 광석. 인회석 외 에 조류의 배설물 퇴적에 의한 구아노 등도 포함된다.

인광 안료 (燐光顔料, phosphorescent pigment, selfluminous pigment)　전자선, 방사선, 자외선, 단파장의 가시광선 등 외부로부터 자극을 받았을 때 가시광선을 방출하는 안료의 총칭. 자극을 받았을 때만 발광하는 것을 형광체, 자극을 부여한 후에 그것을 제거하여도 발광하고 있는 것을 인광체라고 한다. 인광체는 축광(畜光)안료로 이용되며, 형광체는 형광 안료 외에 방사성 물질을 함

유하여 어두운 데서 스스로 빛을 발하는 야광 안료, 형광등 혹은 브라운관의 발광체로 사용된다.

인광 정량법 (燐光定量法, phosphorometry) 시료에서 방사되는 인광의 강도를 측정함으로써 정량을 하는 화학분석법. 일반적으로 에테르 : 이소펜탄 : 에탄올=5 : 5 : 2 등을 용매로 하여 액체질소 온도에서 측정한다.

인그레인 염료 (―― 染料, ingrain dye) 섬유에 중간물이나 수용성 염료를 스며들게 하여(ingrain), 반응에 의해 섬유상에 불용성 색소를 형성시키는 유형의 염료(좁은 뜻으로는 산화 염료, 나프톨 염료 이외의 것). 현색 염료도 원래는 같은 뜻이지만 디아조짝짓기 반응을 적용하는 것을 지칭하는 경우가 많다. 한편, 직접 염료의 후처리법으로 섬유상에서 디아조화하여 짝짓기 성분으로 처리하는 소부속을 인그레인 염료라 하는 경우가 있다.

인단백질 (燐蛋白質, phosphoprotein) 글리세리드, 콜레스테롤, 레시틴, 케팔린 등의 지질류가 단백질과 결합한 복합 단백질. 원형질과 세포막 안에 존재한다. 혈장 중에 있는 α_1-, β_1-리포프로테인, 난황 중의 리포비텔린, 우유 중의 카세인 등이 있다. 젖샘·간·혈청 속에서는 발견되지만, 보통 조직 속에는 거의 함유되어 있지 않다. 필수아미노산을 함유하고 있으며 영양적으로 중요하고 용도도 넓다. 인산은 세린의 수산기와 에스테르 결합을 하고 있기 때문에 약하게 분해하면 세린의 인산에스테르를 얻을 수 있다. 카세인은 젖샘에서 만들어지며 1%의 인을 함유한다. 우유에 산을 가하면 카세인이 침전한다. 비텔린에도 1%의 인이 함유되어 있고, 간에서 합성되어 혈청을 통해 난소로 운반되어 난자에 저장된다. 이것은 수정 후에 발생하는 배(胚)에 대한 인의 보급원인 동시에 단백질 영양원이기도 하다. 달걀의 노른자에는 이 밖에 10% 가까운 인과 세린 함유량이 33%인 호스비틴이 있는데, 이것은 리포비텔린(리포 단백질)의 분해 생성물이라고도 한다.

인단트렌 염료 (―― 染料, indanthrene color) 인단트론을 시발로 하는 안트라퀴논계 건염 염료 중에서 견뢰도가 최고급인 것의 총칭.

인단트렌은 상품명(독일의 BASF사)이므로 간단히 트렌 염료라고도 한다.

인단트론 (indanthrone) 건염 염료 인단트렌블루-RS의 화학명. 인디고 분자의 벤젠 고리 대신에 안트라퀴논 고리가 있는 것을 합성하려다 발견되었으므로 이런 이름이 붙었다. 구조는 인디고와 유사한 것이 아니고 안트라퀴논 2분자가 피리딘 고리를 매개하여 축합한 것이다. 최고의 견뢰도가 있다. 아름다운 청색의 내광성이 강한 연료로서, 인단트렌블루 RSN 등의 상품명으로 시판되고 있다. 연소 표백에 대해 약한 결점이 있다. 안료로서도 사용된다. 클로르 유도체에 인단트렌블루 GCD, 디클로로 유도체에 인단트렉블루 BCS가 있다.

인도페놀 (indophenol) N-(p-아미노 또는 히드록시페닐)-p-벤조퀴논이민 및 그 유도체. 청색~녹색의 황화 염료, 황화 건염 염료의 중간물. 지시약으로서 사용되는 것도 있다.

인돌 (indole) 벤젠 고리와 피롤 고리가 올트 축합한 복소 고리식 화합물. 이 축합 고리를 모체로 하는 화합물은 천연물에도 합성품에도 다수 존재한다. 화학식 C_8H_7N. 무색의 소엽상(小葉狀) 또는 판상 결정으로, 분자량 117, 녹는점 53℃, 끓는점 253℃(분해)이다. 불쾌한 냄새가 나며, 스카톨과 함께 대변의 냄새 원인이 되지만 순수한 상태와 미량인 경우는 꽃냄새와 같은 향기가 난다. 물에는 잘 녹지 않지만 유기 용매에는 녹는다. 콜타르·자스민 등 식물성 향유, 썩은 단백질, 포유류의 배설물(대변) 속에 존재한다. 트립토판·알칼로이드·인디고 등의 구조에서 뼈대를 이루고 있는 물질이기도 하다. 유도체 중에는 트립토판(아미노산)·인돌아세트산(식물 호르몬)·스트리크닌(알칼로이드) 등 중요한 것이 많다. 1868년 독일의 화학자 A. 바이어가 인디고를 아연말(亞鉛末)과 함께 증류하여 환원시킴으로써 처음으로 추출하였다. 이 발견은 인디고의 구조 결정과 함께 염료의 화학 합성에 기여하였다. 인돌은 생물학적으로는 트립토판 대사에 관계하는 중요한 물질로 붉은빵 곰팡이를 사용한 유전 생화학적 연구에서 인돌이 트립토판의 합성에 관여한다는 것이 밝혀졌다. 또 대장균에서는 트립토판이 트립토파나아제라는 효소에 의해 분해되면, 인돌이 피루브산과 암모니아와 함께 생성된다. 포유류에서는 이러한 반응이 발견되지 않고 있다. 포유류의 배설물 속에서 인돌과 그 유도체가 발견되었으나 이것은 그 동물 조직에 의해서 형성된 것이 아니라 장 내에 있는 세균의 작용에 의해 트립토판에서 생성되는 것으로 생각된다. 자스민이나 등화유(橙花油 : neroli oil) 등 꽃의 정유(精油)의 조합(組合), 염료와 알칼로이드를 합성하는 원료, 아질산이온을 검출하기 위한 시약 등으로 사용된다. 인돌과 그 메틸 치환기(스카톨)는 향료로 사용된다.

인돌 아세트산 (—— 酸, indole acetic acid) 인돌 고리의 3-자리에 아세트산이 결합한 구조의 화합물. 화학식 $C_{10}H_9NO_2$. 무색 결정으로 녹는점 164~165℃이다. 알코올・아세톤・에테르에는 쉽게 녹고, 물에는 잘 녹지 않는다. 소량으로도 식물의 생장을 촉진시킨다. 식물에서도 특히 뿌리나 눈의 끝 부분에 작용하여 세포를 크게 하거나 세포 분열을 왕성하게 하여 생장을 촉진한다. 식물계에 널리 존재하며, 아주 미량이라도 효과가 있기 때문에 식물생장 호르몬이라고도 한다. 최초 사람의 오줌에서 발견되었으나 옥수수의 싹 등에도 존재한다.

인듐 안티몬 (indium antimonide)　⇨ 안티몬화 인듐.

인디고 (indigo)　암청색의 건염 염료. 인돌핵이 2개 결합한 구조를 모핵(母核)으로 한다. 화학식 $C_{16}H_{10}N_2O_2$, 분자량 262.27이다. 암적색(暗赤色) 분말로, 금속 광택이 난다. 약 300℃에서 승화하지만, 밀봉(密封)하여 가열하면 390~392℃에서 분해된다. 물・알코올・에테르에는 녹지 않는다. 콩과 식물의 인도 쪽(한국의 쪽은 마디풀과)에서 얻어지는 천연 염료로서 옛부터 사용되었다. 현재는 합성품을 쓰고 있다. 인디고의 합성은 1880년 A. 베이어에 의하여 보고된 것이 최초이며, *o*-니트로페닐프로피온산 또는 *o*-니트로벤조일아세트산을 글루코오스와 알칼리로 환원시키는 방법으로 얻었다. 그 후 1883년 화학구조가 결정되고, 1897년 독일의 바스프사(BASF社)에 의해서 양산(量産)이 시작되었다. 그 후 합성품이 천연산을 몰아내고 오늘날에 이르렀는데, 이 합성 인디고의 발명은 염료・화학공업의 발전 계기가 되었으며 화학사상(化學史上) 매우 중요한 뜻을 지닌다. 현재 가장 뛰어난 합성법으로는 아닐린 포름알데히드・시안화나트륨에서 페닐글루신을 만들고, 이것을 나트륨아미드와 함께 융해하여 높은 수율(收率)로 인독실을 얻어, 이것을 인디고로 사용하는 방법이다. 인디고 염료를 디티온산나트륨이나 아연으로 환원시키면 수용성(水溶性)이며 무색인 이나트륨염이 되는데, 이것을 인디고화이트(indigo white)라고 한다. 이 인디고화이트의 용액에 무명・양털 등 섬유를 담갔다가 꺼내어 공기로 산화시키면 인디고가 재생되어 청색으로 염색된다. 진하게 염색하려면 인디고화이트의 용액에 담갔다가 공기산화시키는 조작을 몇 번 되풀이하면 된다. 청색 배트(建染) 염료로 사용될 뿐만 아니라, 날염(捺染)에도 쓰인다. 염료로서의 견뢰도(堅牢度)는 햇빛에 대하여 무명・양털 모두 상당히 좋지만, 무명의 경우는 세탁에 약한 단점이 있다. 오늘날에도 많이 사용되고 있으며, 인디고의 형태뿐만 아니라 인디고화이트의 형태로도 시판되고 있다.

인디고솔 (indigosol)　가용성 건염 염료의 별칭. 최초 인디고에서 제조되었으므로 이 명칭(엄밀하게는 상품명)이 붙여졌으나, 안트라퀴논계의 건염 염료에서 제조된 것도 이 명칭으로 부른다.

인디셜 응답 (—— 應答, indicial response) 어떤 물리적 계에 스텝함수의 입력이 가해졌을 경우의 출력함수(응답함수)를 말한다. 주로 제어 이론에서 사용되는 용어인데, 보다 일반적으로는 스텝-응답함수라 한다. 일정한 크기의 입력이 돌연히 없어졌을 경우의 응답함수와 합하여 완화함수라 한다.

인디아지 (—— 紙, India paper)　면직물, 마, 화학 펄프 혹은 이러한 것의 혼합물에 다량의 충전제를 배합한, 가볍고 불투명도가 높은 종이. 영국에서 India Bible Paper란 명칭으로 제작된 데에 유래하며, 성서와 사전에 적합한 부피가 크지 않고 내구성이 있는 매우 얇은 고급지이다.

인몰리브덴산 (燐 —— 酸, phosphomolybdic acid)　⇨ 몰리브도인산.

인발 유 (引拔油, drawing oil)　금속재료를 인발 가공할 때 재료와 다이스의 유착 마모를 방지하고 마무리 면을 양호하게 하기 위해 사용하는 기름. 냉각성과 유성이 중시된다.

인베르타아제 (invertase)　서당 등의 D-프룩토오스 배당체의 β-프룩토시드 결합을 가수분해하는 효소. 또 서당으로부터 다른 당, 알코올, 페놀 등으로 β-프룩토프라시놀 잔기를 전이하는 반응도 촉매한다.

인산 (燐酸, phosphoric acid)　보통 오르토인산 H_3PO_4를 지칭한다. 수용성의 무색 결정, 조해성이 있다. 생체 내에서는 인산에스테르 등으로서 고에너지 인산 결합과 물질 대사, 각종 단백질의 활성 조절에 관여한다. 또 핵산과 인지질 분자의 구조단위이고 척추동물 골격의 주요 성분이기도 하다. 공업적으로는 비료, 사료, 각종 식료품, 의약품, 방청제, 금속 청정제, 수처리제 등의 원료로 사용된다.

인산 비료 (燐酸肥料, phosphatic fertilizer)　인 성분을 함유하는 비료. 습식과 건식이 있으며 전자의 예는 인안, 과인산 석회, 중과인산 석회, 후자의 예가 용성 인산비료, 소성 인산비료이다. 인성분에 대해서는 전자가 수용성, 후자가 시트르용성이다. 인광석 혹은 인산액을 원료로 한다.

인산 석고 (燐酸石膏, phospho-gypsum)　습식 인산 제조에서 인광석의 황산 분해시에 생기는 석고의 총칭. 반응시의 인산 농도와 온도에 따라 무수염, 반수염 혹은 이수염이 생성된다. 시멘트와 건축용 보드 등에 사용되는 것은 서질고 큰 결정성이 좋고 세성, 여과가 용이한 양질의 이수염이 주체이다.

인산수소 암모늄 나트륨 (燐酸水素 ——, ammonium sodium hydrogenphosphate)　수용성의 무색 결정. $NaNH_4HPO_4$. 4수화물 $NaNH_4HPO_4 \cdot 4H_2O$이 보통이며 인염이라 속칭된다.

인산에스테르화 (燐酸 —— 化, phosphorylation)　인산의 에스테르를 형성하는 반응. 생체에서는 인산에스테르에 높은 에너지를 갖는 것이 있어 에너지 대사, 생합성, 생체 정보전달에 큰 역할을 한다. 대부분의 경우 인산의 공여체는 아데노신삼인산(ATP)이고 인산에스테르화를 촉매하는 일군의 효소를 키나아제라 한다.

인산염 (燐酸鹽, phosphate)　일반식 $M^I_3PO_4$. 수소염, 염기성 염도 존재한다. 그 밖에 메타인산염, 폴리인산염 등도 포함하여 일반적으로 인산염이라 하는 경우가 있으며, 그러한 것과 구별하기 위해 오르토인산염이라 하는 경우도 있다. 이것은 3염기산이며, 치환되는 수소원자의 수에 따라 1차, 2차, 3차의 3종의 인산염이 있다. 1차염은 모두 물에 녹지만 2차염과 3차염은 알칼리염만이 녹고, 3차염은 2차염보다 녹기 어렵다. 1차염을 가열하면 물을 잃어, 메타인산염이 되고, 2차염의 경우는 피로인산염이 되지만 3차염은 가열해도 변하지 않는다. 비료로 사용된다.

인산 이수소 칼륨 (燐酸二水素 ——, potassium dihydrogenphosphate)　무색의 결정, KH_2PO_4. 결정은 대표적인 강유전체. K_2CO_3 수용액에 당량의 인산을 가하여 농축시켜서 얻는다. 공업적으로는 인산과 KCl을 강열해서 만든 KPO_3를 금속판 상에서 급랭한 다음 물에 녹여서, 이로부터 결정을 얻고 있다. 강유전상에서는 약간 일그러진 사방정계가 된다. 독일어에 기준하여 약어를 KDP로 되는 경우도 있다. 완충액, 식품 첨가제, 배양기 등에 사용된다.

인산 지르코늄 (燐酸 ——, zirconium phosphate)　정염은 알려져 있지 않다. ZrP_2O_7. $(ZrO)_2P_2O_7$, $ZrO(H_2PO_4)_2$ 등이 보통 알려져 있다. 이 중에서 수소염 $ZrO(H_2PO_4)$을 인산지르코늄이라 하는 경우가 많다. 이것은 무색의 결정. 무기 이온 교환체로 사용된다. 약어를 ZrP로 하는 경우가 있으나 P는 인의 원소기호이므로 이러한 용법은 좋지 않다.

인산 처리 (燐酸處理, phosphating)　철강, 아연, 알루미늄, 마그네슘, 합금 등을 인산염에 침지한 금속표면에 불용성 인산염의 피막을 형성시키는 방법. 도장품의 바탕재, 내식성 향상 등에 사용된다.

인산 칼슘 (燐酸 ——, calcium phosphate)　좁은 뜻으로는 $Ca_3(PO_4)_2$를 의미하지만 넓은 뜻으로는 칼슘의 각종 인산염을 지칭한다. 종류로서는 그 밖에 $CaHPO_4$와 수화물, $Ca(H_2PO_4)_2$와 수화물, 인산칼슘계 아파타이트도 포함된다. 습식 조제 때의 pH 등의 조건에 따라 이들의 합성 영역이 달라진다.

인성 (靭性, tenacity, toughness)　재료의 파괴에 대한 질긴 정도. 터프니스라고도 한다. 파괴까지에 가해진 단위 체적당의 에너지로 표시된다. 즉 단순히 파괴에 요하는 응력이 클 뿐이 아니라 파괴에 이르는 변형량(비틀림)이 크고, 흡수 에너지가 큰 것이 인성이 강하다. 단일 재료에서는 응력과 비틀림이 함께 큰 것은 적고, 상이한 특성이 있는 2개의 재료를 조합한 복합 재료가 인성이 강하다.

인슐린 (insulin)　혈당을 저하시키는 췌장의 펩티드 호르몬. 두 가닥의 폴리펩티드 사슬로 되어 있다. 생체 내에서 인슐린 작용의 부족이 생기면 당뇨병이 된다. 유전자 재조합에 의한 사람 인슐린이 실용화 단계에 있다. 세포의 인슐린 수용체에 결합하여 세포막의 당투과성을 상승시켜, 각종 대사효소를 조절하는 등 다면적인 작용이 있다.

인스턴트 사진 (—— 寫眞, instant photography)　은염 사진법의 하나. 현상처리제는 감광 재료와 일체화되어 있어 카메라에 현상장치가 삽입되어 있으므로 촬영 후 바로 현상이 이루어져, 매우 짧은 시간 내에 사진 프린트가 가능한 사진 작제 방식. 현상은 은염 확산 전사법으로 15초 정도(흑백 사진), 색소 확산 전사법으로 1~3분 정도(컬러 사진)면 가능하다.

인식 부위 (認識部位, recognition site)　항체, 수용단백질 등의 물질 인식 능력이 있는 분자가 공존하는 다른 화학 물질과 구별하여 항체와 정보전달 물질 등을 인식하는 부위. 식별하려고 하는 물질의 착안부위에 대해서 열쇠와 열쇠구멍의 관계에 상당하는 특이적 입체구조가 있다. 인식기능은 양자가 결합하는 데 기인한다.

인안 (燐安, ammonium phosphate)　인산암모늄을 생략한 속칭. 인산일수소이암모늄($NH_4)_2HPO_4$, 인산이수소암모늄($NH_4)H_2PO_4$, 인산암모늄($NH_4)_3PO_4$ 모두를 지칭한다. 질소비료, 인산비료의 하나이지만 불안정하여 질소가 휘산하기 쉽고, 황안 등과 함께 사용한다.

인열 저항 (引裂抵抗, tear resistance)　시료에 칼자국을 내어 당길 때에 찢어지는 데 대해 저항하는 재료의 강도. 인열 강도라고도 한다. 인열될 때의 최대 응력을 시험편의 두께로 제하여 $N\,cm^{-1}$의 단위로 표시한다. 인열 저항은 형상(두께, 자국의 길이 등), 시험조건(인장속도 등)에 따라 영향을 받으므로 불변의 값을 구하기는 곤란하다. 주로 고무와 고분자 필름의 재료특성으로 사용된다.

인염 (燐鹽, microcosmic salt)　인산수소 암모늄나트륨4수화물 $NaNH_4HPO_4 \cdot 4H_2O$의 속칭. 단사정계(單斜晶系)에 속하는 무색의 주상 결정으로, 비중 1.574이다. 물에 녹지만 알코올에는 녹지 않는다. 암모니아를 잃기 쉽고 풍화한다. 인산수소나트륨 Na_2HPO의 뜨거운 수용액에 염화암모늄을 가하여 냉각시키면 결정을 얻는다. 고온에서 금속 산화물을 녹여 금속 특유의 빛깔로 착색된 인염구슬을 만든다. 가열하면 암모니아와 물을 상실하여 분해되고 280℃에서 메타인산나트륨이 되어 이것이 금속 산화물과 반응하여 특유한 색깔을 나타내므로 인염구 반응으로 사용된다.

인염구 (燐鹽球, phosphate bead)　인산수소 암모늄을 가열 탈수 후 강열하여 얻는 가스상의 작은 구. 정성분석에서 금속 원소 확인의 예비 시약으로 사용된다. 용구(溶球)의 주성분은 메타인산염($NaPO_3)_n$이고 가열시 금속물질을 융해하여 용구에 금속 특유의 색깔을 부여한다.

인자군 (因子群, factor group)　공간군에서 유도되는 것으로 병진과 항등조작, n회 나선 대칭조작과 n회 회전조작, 영진면 반전과 거울상을 각각 등가로 함으로써 성립하는 군을 지칭한다. 결정의 격자진동과 고분자의 분자진동 중, 적외 흡수와 라만 산란에 활성인 것의 대칭성을 논하기 위해 사용된다.

인장 (引張, drawing)　열가소성 수지를 필름, 필라멘트, 섬유 등의 형상으로 한 후, 다시 힘을 가하여 인장하는 것. 인장된 것은 강도와 탄성률이 높아지고 늘어남이 감소한다. 필름에서는 1방향으로만(1축 인장), 2방향으로(2축 인장) 혹은 여러 방향으로(다축 인장) 인장하는 경우가 있다.

인장 강도 (引張強度, tensile strength)　재료에 1축 인장하중을 부하하였을 때 파단에 이르기까지의 최대 하중을 변형 전의 시험편 단면적으로 나눈 값을 말한다.

인장비 (引張比, draw ratio) 플라스틱에서 인장 방향이, 인장 후의 길이와 인장 전의 길이의 비를 인장비 또는 연신 배율이라 하여, 인장의 정도를 나타내는 척도로 한다. 두 방향으로 인장하는 2축 인장의 경우에는 인장비도 둘이다.

인장 시험 (引張試驗, tension test) 원주상 또는 각주상 시험편에 1축 인장하중을 가하여 파단에 이르기까지의 응력과 비틀림의 관계를 측정하는 시험이다.

인장 응력 (引張應力, tensile stress) 인장 변형에서 신장의 비틀림에 대응하여 나타나는 응력을 말한다.

인장 탄성률 (引張彈性率, tensile modulus) ⇨ 영률.

인접기 관여 (隣接基關與, anchimeric assistance, neighboring group participation) 가용매 분해 등의 친핵성 치환 반응에서 반응 중심과 인접한 탄소 원자와 결합하고 있는 기가 그 자신은 변화하지 않고 치환반응의 속도를 증대시키고 또한 치환이 일어나는 반응 중심 원자의 입체 배치가 유지되는 경우를 말한다. 관여를 일으키는 인접기로서는 산소, 할로겐 등 비공유 전자쌍을 갖는 원자와 페닐기 등 π결합을 갖는 것이 알려져 있다.

인접 효과 (隣接效果, adjacent effect) 사진에서 노출 혹은 현상시에 노출부와 비노출부의 경계에서 일어날 수 있는 어떤 상호작용. 예를 들면 비노출부의 신선한 현상액 성분이 노출부로 확산하여 화상의 주변이 내부에 비해 과도하게 현상되는 주변효과 등을 말한다.

인조 섬유 (人造纖維) (1) man-made fiber ⇨ 화학 섬유. (2) staple fiber ⇨ 스테이플 파이버.

인조 피혁 (人造皮革, artificial leather) 천연 피혁의 대응어. 염화비닐 레더, 합성피혁, 인공피혁의 총칭. 서양에서는 파이록신 레더가 1910년대 초부터 만들어지기 시작했으며 제2차 세계대전 중에는 의혁(擬革)이라는 이름의 합성 피혁이 나와서 자동차의 시트와 지갑·백류에 사용되었지만, 인화성이 크고 약하여 전후 염화비닐 레더가 출현함

에 따라 오늘날에는 거의 생산되지 않는다. 한때는 가방·지갑류·보자기·의류 등 거의 모든 분야에 염화비닐 레더가 사용되었고, 케미컬 슈즈 등으로 가공하기도 하였다. 그 후 1960년대는 염화비닐 레더의 결점을 보완한 발포상(發泡狀)의 염화비닐수지를 사용한 스펀지 레더가 개발되었고, 이어서 스펀지 레더 표면에 메탄올 가용성(可溶性) 나일론 수지를 도포한 이른바 합성피혁이 출현해서 종래의 것들보다 훨씬 더 가죽 같은 감촉이 있는 것으로 호평을 받게 되었다. 이것은 건식법에 의한 것이었는데, 이 무렵 미국 듀퐁사(社)에서는 습식법에 의한 폴리아미드계(나일론) 합성피혁을 만들었고, 이것이 세계에 널리 퍼져 합성피혁이라는 이름이 일반 대중에게 친숙하게 알려지게 되었다. 1962년 나일론 대신에 우레탄수지를 사용한 독일 바이에르사(社)의 특허에 의한 제작이, 또 ICI의 특허에 의한 카프론과 같은 우레탄계(系)의 합성피혁도 시판되기에 이르렀다. 지금까지의 합성피혁은 구두의 갑피(甲皮)재료로는 부적합하였기 때문에 듀퐁사가 1938년경부터 갑피재료의 제조 연구에 착수하여 1950~1951년경에 코로팜을 만들었다. 이것은 $1cm^2$당 1만 5천개의 연속기공(連續氣孔)이 있는 우레탄수지와 펠팅과 니들링에 의한 3차원 구조를 가진 부직포(不織布)의 조합에 의한 것으로서, 1964년 이 재료로 만든 구두가 시판되어 업계에 자극을 주었다. 이어서 경쟁적으로 클라리노·피트리·아이가스·하이테락 등이 생산되었다. 얼마 뒤에는 리스카가 발매되고, 다시 뒤를 이어 코로팜·아이카스·클라리노 등의 스웨이드상(狀)의 인공 피혁도 시판되기에 이르렀다. 천연피혁(크롬무두질 피혁)을 기계적으로 해섬(解纖)하여 얻은 섬유를 재료로 하여 부직포(不織布)를 만들고, 이것을 기포(基布)로 하여 인공 피혁을 만들기도 하는데 이와 같이 피혁 섬유를 원료로 한 것은 재생 가죽이라 하여 별도로 취급하는 것이 타당하다.

인증 표준 물질 (認證標準物質, certified reference material) ⇨ 표준 물질.

인지질 (燐脂質, phospholipid) 인산을 함유하는 지질. 포스파티드라고도 한다. 인산과

에스테르 결합을 형성하는 알코올 부분의 종류에 따라 글리셀로인지질과 스핑고인지질로 구분된다. 극성 지질의 대표적인 지질로, 생체 내에서는 생체막의 주요 구성 성분으로 되어 있다. 뇌와 간에 많이 함유되어 있으므로 신경전달과 효소계의 조절작용에 중요한 역할을 한다. 인지질은 미생물계·식물계·동물계 전반에 넓게 분포하고 있다.

인큐베이터 (incubator) 생물과 미생물, 세포 등을 일정한 온도하에서 사육 또는 배양하기 위한 상자형의 기구 또는 방을 말한다.

인터이미지 효과 (—— 效果, interimage effect) ⇨ 중층 효과.

인터칼레이션 (intercalation) 층상구조가 있는 물질의 층간에 분자, 원자와 이온이 삽입되는 현상. 층상구조의 모결정을 호스트층, 층간에 삽입된 화학종을 게스트라 한다. 인터칼레이션의 생성물을 층간 화합물이라 하며, 그래파이트와 알칼리 금속, 점토와 유기물, 무기물과의 화합물 등이 있다.

인터페론 (interferon) 바이러스에 감염되면 동물세포에서 분비되는 바이러스 억제인자. 내추럴킬러 세포가 인터페론으로 활성화되면 제암작용이 있게 된다. α형은 백혈구, β은 선유아세포, γ형은 활성화 임파구에서 얻어진다. 그리고 인터페론 생산에 필요한 유도물질은 주로 바이러스, RNA, 세포 분열 촉진물질, 분자량이 작은 기타 화학 물질 등이 있으나 가장 공통적으로 사용되는 것은 바이러스와 세포 분열 촉진물질이다. 인터페론은 세포의 조직물질로서 그 기능이 아주 다양하다. 예를 들면, 바이러스로부터의 세포보호, 조직배양에서나 골수에서의 세포분열 억제, T세포의 작용 조절, 자연 면역세포(NK세포)의 기능 항진을 유도하여 식균작용을 상승시키고, 또 특수 암세포의 분열, 억제 등 이루 헤아릴 수 없이 많이 알려져 있다. 그러나 임상실험에서 이 약의 효과는 기대했던 것만큼 탁월하지 않은 것으로 나타나고 있다. 즉, 천연두와 같은 피부질환에는 탁월한 효과를 나타내고 있고, 감기 바이러스의 침입에도 좋은 결과를 냈으나 암환자의 경우는 20~30%의 효과라고 보고되고 있다. 이런 점에서 볼 때 인터페론은 신비의 약이라기보다는 바이러스에 대한 특효약이

라고 보는 것이 전문가들의 견해이다. 그러나 우리는 아직도 그 많은 종류의 인터페론에 대한 기능을 낱낱이 모르기 때문에 단정을 내리기는 이르다. 지금까지 알려진 인터페론 중에서 가장 효과가 있다고 밝혀진 것은 인터페론 γ이다. 인터페론을 산업적으로 생산하는 방법은 생물공학적인 방법과 유전공학적인 방법으로 크게 나눌 수 있다. 생물공학적인 방법은 가장 먼저 사용했던 방법이고 현재도 많이 사용하고 있는 것으로서, 혈액에서 백혈구를 분리하여 유도물질을 넣고 1~2일 배양한 다음 분리한 것은 주로 인터페론 α이다. 고급 진전된 방법으로는 백혈구를 종양성 바이러스로써 형질을 전환시켜 장기간 세포배양이 가능하게 하며, 유도물질이 필요 없고 저렴한 배양액에서도 계속해서 인터페론을 생산하는 세포의 개발이다. 현재 각종 인터페론을 생산하는 세포주들이 확립되어 있다. 가장 앞서 있는 것이 유전공학을 이용하는 방법이다.

인텅스텐산 (—— 酸, phosphotungstic acid) ⇨ 텅스트인산.

인트론 (intron) 진핵 생물의 유전자에는 단백질 합성에 관여하는 정보가 분산되어 존재하는 경우가 많은데, 단백질 구조의 정보가 있는 부분을 엑손, 그 정보가 없는 부분을 인트론 또는 개재 배열이라 한다. 히스톤 유전자와 같이 인트론이 없는 것도 있는데, 원핵 생물에는 거의 존재하지 않는다.

인플레이션 성형 (—— 成形, tubular film process, blown bubble process) 열가소성 수지의 성형법의 하나. 융해한 열가소성 수지를 튜브상으로 압출하여, 튜브 내의 공기 압력을 약간 높혀서 팽창시키면서 연신(延伸), 냉각하고 1쌍의 롤로 끼워 튜브상 필름을 접으면서 동시에 압력 봉쇄하여 접혀진 튜브를 연속적으로 감아나가는 방법을 말한다.

인피 섬유 (靭皮纖維, bast fiber) 식물체의 유관속(維管束) 중에 있는 중심부의 섬유를 채취한 것. 쌍자엽 식물의 줄기에서 얻어지는 것으로는 아마, 대마, 황마 등이 있고, 단자엽 식물의 잎에서 얻어지는 것으로는 마닐라마, 사이잘마, 뉴질랜드마 등이 있다.

인화 갈륨 (燐化 ——, gallium phosphide) 오

렌지색 결정, GaP. 갈륨인은 잘못된 호칭. 수산화갈륨을 인(燐) 증기로 포화시킨 수소 증류 속에서 500℃로 가열하면 얻을 수 있다. 투명하다. Ⅲ-Ⅴ 반도체. 녹색 발광 다이오드로 사용된다.

인화물 (燐化物, phosphide) 인과 인보다 양성인 원소와의 화합물의 총칭. 금속 원소와의 화합물은 일반적으로 금속간 화합물의 성격을 지니는 것이 많다. 대부분은 융해하기 어렵고 귀금속 인화물 이외는 열에 대하여 안정하다. 건조한 공기 중에서는 변화하지 않는다. 산소는 고온에서 작용하여 탄소와 전기로 속에서 가열하면 탄화물이 되고 염소와는 약간 고온도에서 작용한다. 중금속 인화물은 다른 금속 또는 합금과 잘 혼합되고 그 물리적 성질에 영향을 준다. 좋은 영향으로서는 인청동에서와 같이 경도가 증대하며, 나쁜 영향으로서는 철을 무르게 한다.

인화 온도 (引火溫度, flash temperature) ⇨ 인화점.

인화 인듐 (燐化 ——, indium phosphide) 금속 광택이 있는 무색 결정, InP. 인듐인은 잘못된 명칭. Ⅲ-Ⅴ 반도체, 반도체 레이저, 건다이오드, IC 등에 사용된다.

인화지 (印畵紙, photographic paper) 종이를 지지체로 하는 사진 감광 재료. 지지체로는 심재가 되는 종이 표면에 백색 안료가 들어 있는 수지층을 포함시킨 수지코트지(별칭 RC지), 황산바륨층을 포함시킨 바리타지, 종이를 내수용제로 처리한 함침지가 사용되고 있다. 인화지로 흑백 사신과 컬러 사진의 프린트가 제작된다. 감광층에는 브롬화은염, 브롬화은 유제가 사용된다. 각각 브로마이드지, 클로로브로마이드지라 한다. 은화은 유제는 거의 사용되지 않는다.

인회석 (燐灰石, apatite) 매우 광범위하게 분포하며 또 많이 산출되는 인산염 광물, $Ca_5(PO_4)_3X$($X=F$, Cl, OH). 무색 결정. 아파타이트라고도 한다. X에 따라 플루오르인회석, 염소인회석, 수산인회석 등으로 구별하지만 천연으로는 주로 플루오르인회석이 산출된다. 인의 원료광물, 비료, 약품 등의 원료가 된다.

인히런트 점도 (—— 粘度, inherent viscosity) 고분자 묽은 용액의 점도를 순용매의 점도로 나눈 값. 즉 상대 점도의 자연대수를 질량 농도로 나눈 것. 대수 점도수라고도 한다. 이 값을 고분자 농도 0에 외삽(外揷)하여도 고유 점도가 얻어진다.

일가 알코올 (一價 ——, monohydric alcohol) 1분자 내에 OH기 1개가 있는 알코올을 말한다.

일광 균열 (日光龜裂, sun checking, sun cracking) 고무제품이 일광에 노출되었을 때에 노화하여 균열이 생기는 현상. 자외선에 의해 고무가 가교 및 분해를 일으키고 다시 산소의 존재에 의해 산화작용을 받아 딱딱하고 파손하기 쉬운 피막이 생겨 얕은 균열이 발생한다. 여기에 응력이 가해지면 균열은 표면에만 국한하지 않고 내부로까지 진행한다.

일대 잡종 (一代雜種, first filial generation) 유전자가 상이한 2개체로 수분 혹은 수정에 의해 생기는 1세대의 새끼. F_1의 기호로 나타낸다. 양친보다 뛰어난 형질이 새끼에 나타나는, 잡종 강세의 법칙에 의해 야채, 꽃, 곡물 등의 잡종과 가축의 잡종이 만들어지고 있다.

일라이트 (illite) 점토 광물의 하나. 처음에 미국 일리노이주의 점토질 퇴적암 중의 운모에 대해 제안되었던 명칭이다.

일렉트로포레이션 (electroporation) 세포 내에 대한 유전자 도입법의 하나. 세포에 전기장을 가하여 막의 투과성을 증가하고 DNA를 세포 내에 도입하는 방법. 식물세포를 원형질체로 하지 않아도 DNA를 도입할 수 있는 등의 이점이 있다.

일류 (溢流, overflow) ⇨ 오버 플로.

일률 (—— 率, power) 단위 시간당 이루어지는 일. 그 SI 단위는 W(와트)이고, $1W = 1 Js^{-1}$이다. 증기기관의 발명자인 J. 와트의 이름을 딴 단위인데, 와트가 당시에 채택한 단위는 마력이다. 와트는 말이 단위 시간에 할 수 있는 일의 양을 재고, 이것에 안전율을 곱해서 매초 $550 ft \cdot 1b$의 일률을 1마력(영국 마력)으로 정하였다. 현행 마력(미터 마력 또는 프랑스 마력)은 $75 kg중 \cdot m/s$에 해당하는 것이며 환산하면 $735.5 W$에 해당한다.

일리드 (ylide) 유기 화합물에서 탄소와 탄소 이외의 원자가 공유결합과 이온결합의 양자로 결합하였다고 여겨지고 있는 것을 말한다. 전자는 -yl, 후자는 -id라는 접미사로 명명되는 것으로, Wittig이 암모늄염에 유기 리튬 화합물을 작용시켜 트리메틸암모늄메틸리드$(CH_3)_3\overset{+}{N}-CH_2$를 합성하였을 때 일리드 화합물이라 명명하였다.

일반 산촉매 반응(一般酸觸媒反應, general acid catalysis)　산촉매반응 중 그 반응속도가 존재하는 산의 총량에 비례하는 경우를 말한다. 이에 대해 존재하는 수소이온 농도에 비례하는 경우를 특이 산촉매반응이라 한다. 어떤 pH를 유지하는 완충액의 농도를 바꾸어(염 효과의 보정은 필요), 반응속도가 변화하지 않으면 특이 산촉매반응이고, 완충액의 산의 양에 비례하면 일반 산촉매 반응이다.

일반 염기촉매 반응(一般鹽基觸媒反應, general base catalysis)　염기촉매 반응 중, 그 반응속도가 존재하는 염기의 총량에 비례하는 경우를 말한다. 이것에 대해 존재하는 수산화물 이온 농도에 비례하는 경우를 특이 염기촉매 반응이라 한다. 산·염기 어느 것에 의해서도 촉매될 때의 산·염기 촉매반응도 마찬가지로 일반과 특이로 분류된다.

일반탄(一般炭, coal for general use, steam coal)　용도에 따른 석탄의 분류에서 코크스용 원료탄 이외의 석탄. 주로 발전, 시멘트 제조, 가정용 난방, 공장 보일러 연료용 등으로 사용되며 한때는 도시가스 제조용으로도 사용되었다.

일분자 반응(一分子反應, unimolecular reaction)　반응속도가 단일 반응물의 1차 반응으로 표시되는 반응. 분자의 해리나 이성질화 반응 등이 상당하다. 그러나 실제로는 타 분자와의 충돌에 인한 에너지 이동을 포함한 복잡한 과정이며 외견상 간단한 속도식으로 표시되는 경우가 많다. 일분자 반응의 속도를 구하는 이론으로서 통계 이론에 기초한 RRKM(Rice-Ramsperger-Kassel-Marcus) 이론이 유명하다.

일분자층(一分子層, monomolecular layer, monolayer)　고체 표면 또는 계면에 기체분자 또는 용질분자가 1분자의 두께로 흡착한 상태. 액체 표면에 형성된 양친매성 분자의 배향구조를 갖는 일분자층은 특히 일분자막이라 부르는 경우가 많다. 금속 등이 산화할 때나 기체 또는 증기가 고체 표면에 흡착될 때도 두꺼운 산화막이나 흡착막이 생기기 전에 표면 또는 표면의 일부에 먼저 산화물이나 흡착물질의 일분자층이 생긴다. 수면상이나 고체면상의 일분자층은 분자 배열의 특수성이 반영되고 있기 때문에 물질의 구조 및 반응, 계면 현상의 연구에 중요하다.

일산 염기(一酸鹽基, monoacid base, monoacidic base)　일염기산에 대한 용어. 일염기산을 중화하는 데 대응하는 염기. 예를 들면 수산화칼륨 KOH, 수산화나트륨 NaOH, 암모니아 NH_3 등이 있다.

일산화 납(一酸化鉛, lead monoxide)　PbO. 산화납(Ⅱ)이라고 한다. 단순히 산화납이라고 할 때는 이것을 지칭하는 경우가 많다. 오래전부터 안료로 사용되어 밀타승, 리사지, 마시고트 등으로 불린다. α, β의 변태가 있으며 α형(리사지)은 적색 정방정계 결정, β형(마시고트)은 황색 사면정계 결정이다. 유독하다.

일산화물(一酸化物, monoxide)　산화물 중 산소와의 원자비가 1 : 1인 화합물. 예를 들면 일산화탄소 CO, 일산화질소 NO, 일산화납 PbO 등이 있다.

일산화 이질소(一酸化二窒素, dinitrogen monoxide)　무색의 기체 N_2O. 아산화질소라고도 호칭하고 있으나 그것은 속칭이다. 가벼운 향기와 단맛을 지닌다. 녹는점 $-90.90℃$, 끓는점 $-88.57℃$, 비중 1.530(공기에 대하여)이다. 액체·고체 모두 무색이며 물·알코올에는 상당히 잘 녹고 상온에서 안정하다. 화학적 성질은 산과 비슷하며 나무조각·인·황 등은 공기 중에서 보다 이 속에서 더 잘 탄다. 이 기체를 흡입하면 얼굴 근육에 경련이 일어나 마치 웃는 것처럼 보여, 소기(笑氣 : laughing gas)라고도 한다. 또 마취성이 있어 간단한 외과수술시 전신 마취에 사용하는 경우도 있다. 보통 산소 20%를 혼합하여 사용하며, 독성·자극성이 약하고 안전하지만 높은 농도를 필요로 하므로 산소 결핍증을 일으킬 우려가 있다. 봄베에 넣어서 시판된다.

일산화질소 (一酸化窒素, nitrogen monoxide) 무색의 기체 NO. 영어로 nitric oxide라고 적을 경우가 있는데 이것은 정당한 명칭이 아니다. 대기오염 물질의 하나이며, 각종 배출가스 중에 포함되어 이른바 질소산화물의 주요 성분이 된다. 공기와 접촉하면 갈색의 이산화질소를 생성한다. 질산의 원료이다.

일산화 탄소 (一酸化炭素, carbon monoxide) 무색, 무취, 유독의 기체 CO. 탄소 혹은 탄소화물이 산소의 공급이 불충분한 상태에서 연소하였을 때에 생성된다. 공업적으로는 석탄, 코크스 등을 공기 혹은 가열 수증기와 반응시켜 생성되며, 연료, 환원제, 각종 합성 원료 등으로서 널리 사용된다. 내연기관, 연소로 등의 배기가스 중에 함유되며 대기오염 물질의 하나이다. 녹는점 $-205.0℃$, 끓는점 $-191.0℃$이다. 물에 잘 녹지 않으며 100 부피의 물에 2.3 부피 밖에 녹지 않는다. 공기보다 약간 가볍고($0℃$, 1 atm, $1l$에서는 $1.250\,g$), 공기 중에서 점화하면 청색 불꽃을 내며 타서 이산화탄소가 된다. 환원성이 있으며, 촉매 존재하에서 탄소와 이산화탄소로 분해한다. 또 염소와는 촉매 존재하에 반응하여 포스겐이 되고, 알칼리성 수용액과는 포름산염을 만든다. 염화구리(I)의 염산성 수용액 또는 암모니아성 수용액에는 쉽게 흡수되므로 이 반응은 일산화탄소의 가스 분석에 응용된다. 적당한 압력·온도·촉매 등으로 각종 물질과 반응시킴으로써 메탄올·아세트산메틸·벤즈알데히드 등 중요한 화합물이 만들어진다.

일시 경도 (一時硬度, temporary hardness) 경수의 경도 중, 단산수소임에 대응하는 경도. 즉 탄산염 경도를 이렇게 부르는 경우가 있다. 영구 경도의 대응어이다.

일시 경수 (一時硬水, temporary hard water) 경수 중, 탄산수소염을 다량으로 함유하는 것. 끓여서 탄산염으로 침전시키면 연수가 되므로 일시 경수라 한다. 영구 경수에 대응하는 용어이다.

일염기산 (一鹽基酸, monobasic acid) 전리하여 1분자에서 1수소 이온을 방출하는 산. 예를 들면, 질산 HNO_3, 염산 HCl, 아세트산 CH_3COOH 등이 있다.

1-옥탄올 (1 octanol) 탄소수 8개의 곧은 사슬 포화 알코올 $CH_3(CH_2)_7OH$. 옥틸알코올이라고도 한다. 고래기름이나 양모유 중에 에스테르로서 존재하며 이것을 가수분해하여 얻는다. 화장품에 첨가되는 외에 가소제의 원료로서도 사용된다. 또 카프릴알코올이란 통속명도 있으나 이 명칭은 애매하므로 사용하지 않는 것이 좋다.

일욕 염색 (一浴染色, one-bath dyeing) 한 번의 염욕으로 염색을 완성시키는 방법. 산성 매염 염료에 의한 염색에서, 염색과 매염의 2공정(2욕법)으로 하지 않고 메타크롬 매염제를 사용하여 염색하는 경우가 그 예이다.

일욕 현상 정착 (一浴現象定着, monobath developer-fixer) 노광된 사진 감광 재료의 현상과 정착을 동일한 처리액으로 한 공정으로 하는 것. 이 처리액은 현상액 성분과 정착액 성분의 양자를 함유하고 있으나 화상부의 현상이 정착에 선행하여 신속하게 이루어져야 하므로 일반 현상액보다도 pH를 높이는 등, 고활성 처방으로 되어 있다.

일이동 단위당 높이 (一移動單位當 ——, height per transfer unit) 물질 이동 혹은 열 이동 조작을 이루게 하는 미분접촉형의 장치에서 일이동 단위당의 장치의 길이. 즉 장치의 높이를 이동 단위수로 나눈 값. 약어 HTU이다. 장치의 구조, 조작변수, 계의 물성값 등에 따라 다르다. 장치의 성능 지표로도 되며 이 값이 작을수록 장치의 성능은 좋다.

1, 2-디클로로에탄 (1, 2-dichloroethane) ⇨ 이염화에틸렌.

1, 2, 4-산 (—— 酸, 1, 2, 4-acid) 1-아미노-2-나프톨-4-술폰산의 염료 중간물로서의 명칭. 아조 염료의 원료. 2-나프톨을 니트로화하여, 아황산수소나트륨으로 환원 술폰화하여 제조한다.

1, 2-에탄디올 (1, 2-ethanediol) ⇨ 에틸렌글리콜.

일일 섭취 허용량 (一日攝取許容量, acceptable daily intake) 사람이 어떤 물질을 일생동안 매일 계속 먹어도 신체에 영향이 없다고 판단되는 하루의 섭취량. 체중 1kg당의 mg(mg/kg·일)로 나타낸다. 사람의 1일 섭취 허용량은 보통 동물을 사용한 만성 독성 시험 결과 실험 동물에 영향을 미치지 않는 최대 투여량(최대 무작용량)을 구하고, 이 양에 그 화학 물질에 대한 사람과 동물의 감수성 차 등을 고려한 안전율 1/100을 곱하여 결정된다.

일전자 환원 (一電子還元, one-electron reduction)　산화-환원 반응을 전자의 수수에 의한 것이라 간주할 때, 1전자를 부여함으로써 일어나는 환원. 전자 이동에 의한 산화-환원 메커니즘에서는 1전자 및 2전자 이동 중, 전자가 많다고 여겨지고 있다.

일중선 (一重線, singlet)　두 에너지 준위 간의 전이에 대응하여 흡수와 발광 혹은 공명 스펙트럼이 한 가닥의 선 스펙트럼으로서 관측되는 경우를 말한다. 특히 자기공명에서 스핀-궤도 상호작용 또는 스핀-스핀 상호작용이 없이, 스핀 부준위가 발생하지 않는 경우에는 전이는 1종류이고, 단일선 또는 싱글렛이라 한다.

일중항 (一重項, singlet)　⇨ 일중항 상태.

일중항 산소 (一重項酸素, singlet oxygen)　여기 일중항 상태에 있는 O_2 분자. 보통 분자의 바닥상태가 일중항인데 대해 O_2 분자의 바닥상태는 3중항이며, O_2 분자의 일중항 상태는 들뜬 상태이다. O_2 분자의 여기 일중항으로서, $^1\Delta_g$, $^1\Sigma_g^+$의 두 상태가 중요하며, 반발, 반응에 관여한다. 일중항 산소분자 $^1O_2$는 1, 3-디엔에 대한 1, 4-부과고리화, 알릴화합물과의 반응에 의한 히드로페르옥시드의 생성 등 특징적인 반응을 일으킨다.

일중항 상태 (一重項狀態, singlet state)　원자·분자에서, 전 스핀 각운동의 양자수 S가 0으로 되는 전자상태. 단순히 일중항 또는 단일상태라고도 한다. 폐각 원자의 기저 전자상태는 일중항을 이룬다. 또 분자의 전자 바닥상태는 대부분 일중항이다. 이러한 사실은 짝수의 전자가 쌍을 이루어 스핀을 반평행으로 하는 경우가 안정된다는 것을 나타내고 있다.

일차 공기 (一次空氣, primary air)　연료를 완전 연소시키거나 혹은 질소 산화물의 배출량을 감소시키기 위해 연소용 공기를 분할 공급하는 경우가 있다. 이 경우 최초로 연료에 공급하는 공기를 말한다.

일차 구조 (一次構造, primary structure)　고분자의 구성 요소인 고분자 내에서의 결합 순서. 특히 단백질 분자를 구성하는 아미노산에 의한 사슬 모양의 펩티드결합의 아미노산 배열 순서. 아미노산 합성기라는 실험 장치의 사용으로 1차 배열의 결정이 용이하게 되었다. 핵산 중의 뉴클레오티드의 배열 순서도 지칭한다.

일차 대사물 (一次代謝物, primary metabolite)　생체 내에서의 호흡 반응계, 핵산·단백질 합성계 등의 대사과정에서 생성되는 물질을 말한다.

일차 반응 (一次反應, first-order reaction)　반응의 속도가 반응 물질 농도의 1차에 비례하는 반응. 열분해 반응과 이성질화 반응 등에 상당하다. 기상 반응에서는 반응계의 압력이 낮아지면 계의 전체 압력에도 비례하는 이차 반응으로 이행하는 경우가 많다. 일차 반응은 단분자 반응에 국한하지 않는다.

일차 에너지 (一次——, primary energy)　석유, 석탄, 천연가스, 오일 셰일, 오일 샌드, 수력, 우라늄, 태양 에너지 등, 자연에서 주어지는 에너지 자원을 이른다. 2차 에너지의 대응어로 사용된다.

일차 전자 (一次電子, primary electron)　전자선과 물질의 상호작용을 이용하여 물질의 성질을 아는 측정 방법은 여러 가지가 있는데, 이러한 분석 방법에서 상호작용을 일으키기 위해 사용하는 전자선을 특히 1차 전자 또는 입사 전지라고 한다.

일차 전지 (一次電池, primary battery, primary cell)　1회의 방전만이 가능하며 충전으로 재생할 수 없는 1회 사용 전지의 총칭. 자기방전이 적은 1차 전지로는 건전지, 염화아연형 전지, 알칼리망간 전지, 은전지, 수은전지, 공기전지, 리튬전지 등이 있다. 대부분의 1차 전지는 특정 조건하에서 통전에 의한 재생이 어느 정도 가능하므로 2차 전지와의 명확한 경계는 없다. 또 은전지처럼 2차 전지의 기능이 있으면서 1차 전지의 구조, 사용방식을 취하는 경우도 있다.

일차 표준 물질 (一次標準物質, primary reference material, primary standard substance)　분석값을 정하기 위해 기준이 되는 물질. 보통 용량 분석용 표준시약 11종을 지칭한다.

또 이들 시약은 기준 물질에 의해 순도가 측정되므로 이러한 기준 물질을 지칭하는 경우도 있다.

일체식 촉매 (一體式觸媒, monolithic catalyst) 반응기와 일체화 한 촉매. 단면은 그물 모양이며 축방향으로 평행하게 서로 엷은 벽에 의해 구획된 가스 유로가 설치되어 있다. 형태가 벌집 모양이므로 허니컴형 촉매라 하는 경우도 있다. 압력손실이 작고, 기계적 강도가 큰 특징이 있다. 자동차 배기가스 정화 촉매가 전형적인 예이다.

일코비치 식 (—— 式, Ilkovič equation) 폴라로그래피로 관측되는 전극전류(확산전류)를 예측하는 식. 정량분석을 위한 기본이 된다. 몇 가지 가정하에 도출되었는 데도 실험값과 잘 일치한다.

일 함수 (—— 函數, work function) 1개의 전자를 금속이나 반도체 표면에서 외부로 추출하기 위해 필요한 최소 에너지. 전자가 가득 찬 최고의 준위(페르미 준위)와 외부의 전위(電位)와의 차 φ를 말한다. 텅스텐 등의 금속에서 φ는 4~5 eV의 값을 지닌다. 진공관 속의 절대온도 T인 필라멘트에서 열전자(熱電子)를 방출시킬 때, 전류는 exp(φ/kT)에 비례하므로, φ의 값에 매우 민감하다. 텅스텐에 토륨을 넣은 것과 SrO, BaO 등에서는 φ는 1 eV 정도로 낮은 것도 있다. 이것으로 알 수 있듯이, 열전자 방출량의 온도 변화를 측정함으로써 φ의 값을 구할 수 있다. 단결정(單結晶)에서는 φ의 값은 결정면(結晶面)에 따라 차이가 있다. 외부로부터 빛을 조사(照射)하여 광전자를 방출시키는 방법으로도 측정할 수 있다.

일회용 의료기구 (一回用醫療器具, disporsable medical device) 포장한 오토크레이브, γ선, 에틸렌옥시드 가스 등으로 사전에 멸균하여 무균상태를 유지하고, 의료 현장에서 즉시 사용할 수 있는 상태로 한 의료용구의 총칭. 일반적으로 원내 감염을 방지하기 위해 한 번 사용하고는 버리는 경우가 많다. 바늘, 시린지(채혈, 주사용 기구), 혈액백, 혈액 투석기, 인공폐 등이 있으며 많이 이용되고 있다.

임계 레이놀즈 수 (臨界 —— 數, critical Rey-nolds number) 원관 속 등 유체의 흐름에서, 마찰계수나 저항계수의 값이 급격하게 변화할 때의 레이놀즈 수. 이것은 유동상태가 층류에서 난류로 전이하는 것에 대응하고 있다.

임계 미셀 농도 (臨界 —— 濃度, critical micelle concentration) 계면 활성제의 수용액은 저농도에서는 진정한 용액으로서 거동한다. 그러나 어느 농도 이상이 되면 분자 또는 이온의 집단(미셀)을 형성한다. 이 농도의 하한을 임계 미셀 농도라 하고 보통 약어 CMC이다. CMC를 경계로 하여 표면장력, 삼투압, 도전율 등 각종 물리화학적 성질이 급변한다. CMC는 계면 활성제의 구조에 따른 외에 온도, 공존 무기염의 종류, 농도 등에 의해 변화한다.

임계 속도 (臨界速度, critical velocity) (1) 난류 전이가 일어날 때의 유속이다. (2) 기체의 유속이 그 상태에서의 음속과 같을 때의 유속이다.

임계압 (臨界壓, critical pressure) 상태도에서 임계상태에 상당하는 압력. 임계온도의 물질이 나타내는 증기압(액체의 최대 증기압)과 같다.

임계 온도 (臨界溫度, critical temperature) (1) 기체를 액화할 수 있는 최고 온도. 상태도에서 임계상태에 상당한 온도로, 액체로서 존재할 수 있는 한계를 나타낸다. (2) 일반적으로 2차의 상전이를 일으키는 온도. 예를 들면 상전도 상태에서 초전도 상태로 이전하는 온도(초전도 물질의 전기저항이 제로가 되는 온도)를 말한다.

임계 온도차 (臨界溫度差, critical temperature difference) 액체의 끓는 상태가 핵비등에서 막비등으로 변할 때의 가열면과 비등액의 온도차. 이 때 전열속도는 극대가 된다.

임계 용해 온도 (臨界溶解溫度, critical solution temperature) 두 종류의 액체가 2액상으로 분리하여 공존하고 있는 계의 상호 용해도는 온도의 상승(또는 하강)과 함께 증대하고, 어느 한계 온도 이상(또는 이하)이 되면 계 전체가 균일한 하나의 상이 된다. 이 한계의 온도를 임계 공용 온도라 한다.

임계 자기장 (臨界磁氣場, critical magnetic

field) 초전도체가 마이너스 효과를 나타낼 때 자기에너지는 상승하지만 자기장이 충분히 강해져 이 에너지가 초전도 응집에너지를 초과하면 초전도는 무너져 자속의 침입이 일어난다. 완전 반자성($\Rightarrow$ 마이스너효과)이 유지되는 자기장의 상한을 임계자기장 H_c라 한다(제1종 초전도체의 경우). 제2종 초전도체의 경우는 하부 임계자기장 H_{c1}과 상부 임계자장 H_{c2}를 갖는 H_{c1}은 예상되는 H_c보다 훨씬 작은 값이며, 초전도체에 자속이 침입하기 시작하는 자기장이다. H_{c2}는 H_c보다 훨씬 큰 값이며 초전도를 소실시키는 자기장이다.

임계 전류 밀도(臨界電流密度, critical current density) 저항 0상태의 초전도체를 흐를 수 있는 최대 전류밀도. 전류밀도가 임계전류밀도 J_c를 초과하면 유한의 저항이 나타난다. 제1종 초전도체의 경우 수송전류가 형성하는 표면에서의 자기장이 임계 자기장을 초과할 때에 저항 0의 상태가 파괴된다. 제2종 초전도체에서는 침입한 자속선(플락소이드)이 로렌츠 힘을 받아 작용할 때에 유한 전압이 발생하고 이것이 J_c를 결정한다. 실용재료에서는 플락소이드의 운동을 유효하게 저지(피닝)하기 위해 격자결함과 입계 등의 피닝센터가 도입되어 J_c의 향상이 시도되고 있다.

임계 표면 장력(臨界表面張力, critical surface tension) 고분자의 표면장력에 있어 하나의 지표. 고분자 표면에 각종 저분자 액체의 액적을 놓고 접촉각 θ를 측정한다. θ와 액체의 표면장력 γ_L를 플롯하여 얻게 되는 직선을 보외하여 $\theta=0°$ 점에서 표면장력을 그 고분자의 젖음 임계 표면장력 γ_e이라 한다. 고분자의 표면적인 표면장력으로서 널리 사용되고 있다.

임상 검사법(臨床檢査法, clinical test) 질병을 객관적으로 진단하기 위해 생체정보를 얻어지는 방법의 총칭. 혈액과 체액의 성분, 조성을 측정하는 생화학적 검사, 면역반응을 사용하는 면역 혈청검사, 그 밖에 세균검사, 바이러스 검사 등이 있다. 바이오센서와 방사면역 검정을 적용함으로써 고감도의 정량분석을 쉽게 할 수 있게 되었다.

임상 화학(臨床化學, clinical chemistry) 생체 구성 성분의 질적·양적 변동을 화학적 관점에서 해석함으로써 인간의 질병을 파악하려는 학문. 임상의학의 목적은 인체의 상태를 파악하여 질병의 진단, 치료 및 예방에 기여하는 데 있다.

임펠러(impeller) 교반용의 임펠러에는 선박의 스크루 같은 형상의 프로펠러형, 원판의 주연부에 등간격으로 작은 판을 수직으로 부착한 형상의 터빈형 등이 있다. 기타 목적에 따라 각종 형상의 임펠러도 사용된다.

임플란트(implant) 이식(移植)의 의미. 생체 조직의 결손을 보완하기 위해, 인공 재료 혹은 천연 재료를 결손부에 이식하여 형태의 재건, 기능을 대행시킬 때에 사용되는 재료(인공장기) 혹은 이식술을 지칭한다. 인공 밸브, 인공 관절, 인공 치근, 안내 렌즈 등이 잘 알려져 있다.

임핀거(impinger) 기체 내의 부유입자상 물질 포집기의 하나. 노즐의 기류를 병바닥에 충돌시켜 포집한다. 병 속에 물을 넣은 습식형과 건식형이 있다. 최근에는 물 대신에 흡수액을 사용하여 대기 중의 유해가스 시료 채취에 이용하는 경우가 많다.

입도(粒度, particle size) 분입체의 입자의 크기. 유사한 용어인 입경(입자지름)은 입자의 크기를 1차원의 치수로 표현하는 경우에 사용된다. 입도라 할 때는 1차원 이외의 척도(예를 들면 메슈번호)도 사용된다. 공업적으로 다루고 있는 분입체는 일반적으로 다수의 입자의 집합체로서, 입자의 크기에 분포가 있다. 이러한 입자군에 대해서는 입도분포의 측정이 필요한 경우가 많다. 입자군의 입도를 평균 입경, 메디안 지름, 혹은 모드 지름으로 대표하여 표시하는 경우도 있다.

입도 분석(粒度分析, rading analysis) 분체와 입체 등의 크기 분포를 측정하는 방법. 크기의 표현으로서 길이, 면적, 체적, 질량 등이 사용된다.

입방정계(立方晶系, cubic system) 결정계의 하나. 단위포는 직교하는 3축의 길이가 같은 입방체이므로 등축정계(等軸晶系)라고도 한다.

입방정계 질화 붕소(立方晶系窒化硼素, cubic

boron nitride) 고온·초고압하에서 합성되는 섬아연광형 구조를 갖는, 천연에는 존재하지 않는 인공의 화합물. c−BN으로 표기한다. 다이아몬드 다음의 경도가 있으므로 각종 연마, 절삭공구에 사용된다. 특히 철계 재료와는 반응하지 않으므로 유용된다.

입방 최밀충전 (立方最密充塡, cubic closest packing) 같은 크기의 구를 가장 치밀하게 공간에 채워 넣는 방식의 하나. 평면상에 구를 밀집시킨 층을 겹쳐 쌓을 때 제3층이 제1층의 바로 위가 아닌 경우에 제1, 2, 3층을 A, B, C로 표시하면 ABC ABC…로 교대로 겹쳐 쌓는 방식을 말한다. 이 방식에서는 구는 면심 입방격자의 격자점에 위치한다(⇨ 육방 최밀충전). 약어 ccp이다.입계

입사각 (入射角, angle of incidence, incident angle) 빛이 매질의 경계면에 입사할 때, 입사광선이 면의 법선과 이루는 각을 말한다.

입사 광속 (入射光束, incoming beams) 광학계를 향해 진행하는 광속. 예를 들면 주목하는 광학계를 분광기로 한다면 입사 슬리트에 진입하는 광속을 의미하고, 시료 물질로 하면 여기에 진입하는 광속을 의미한다.

입상도 (粒狀度, granularity) 사진 화상을 구성하는 입자의 거칠기를 통계적으로 평가하는 용어. 몇 가지 상이한 평가법이 제안되고 있으나 대부분은 농도의 공간적 요동에서 산출한다. 이에 대하여 입상성(graininess)은 감각적인 양으로서 심리적 수법으로 결정된다.

입상성 (粒狀性, graininess) 사진 화면을 구성하는 입자(은, 색소운 능)의 조잡성을 감각적으로 평가하는 용어. 입상성이 클 때 화상은 거친 인상을 준다. 때로는 심리적 입상성이라고도 불리우며 물리적으로 평가하는 입상도(granularity)와 구별된다.

입상 아연 (粒狀亞鉛, granulated zinc) 아연을 융해하여 소량씩 수중에 적하하여 세립상(細粒狀)으로 한 것을 말한다.

입자 밀도 (粒子密度, particle density) ⇨ 겉보기 밀도 (2).

입자선 회절 (粒子線回折, particle diffraction) 전자와 중성자 등의 입자는 입자인 동시에 드 브로이파의 파동성도 겸하고 있으므로

결정에 의한 회절이 일어난다. $\lambda = h/mu$(h는 플랑크 상수, m은 입자의 질량, u는 속도)의 파장이 있으며, 브래그의 식이 성립될 때에 회절이 나타난다. 각 입자에 대해서는 전자선 회절, 중성자선 회절, 양자선 회절, 분자선 회절 등이라 부른다.

입자 지름 (粒徑, particle size) ⇨ 입도.

입체 규칙성(立體規則性, stereoregularity, tacticity) 폴리머에서 주사슬을 형성하는 구성 반복단위 중에 입체 이성질성이 가능한 구조가 존재하고, 그것이 서로 특정한 관계를 유지하며 반복되고 있을 때 폴리머에 입체 규칙성이 있다고 하고, 이와 같은 폴리머의 구조적 특징을 입체 규칙성이라 한다. 이소택틱(동일배열)과 신디오택틱(규칙성 교대배열)이 대표적이다.

입체 배좌 (立體配座, conformation) ⇨ 형태.

입체 배치 (立體配置, configuration) 거울상 이성질체, 기하 이성질체 등의 분자골격에 있어 치환기의 공간적 배열. 단지 배치라고도 한다. 입체 배치를 기호로 표시하는 방법으로서는 R, S 표시 및 E, Z 표시가 일반적이지만 경우에 따라서 D, L : *erythro, threo, cis, trans* 등이 편의적으로 사용된다.

입체 선택성 (立體選擇性, stereoselectivity) 복수의 입체 이성질체 생성이 가능한 기질에서 1종류의 입체 이성질체를 우선적으로 생성시키는 반응수단의 유효성. 생성 이성질체의 혼합 비율로 평가된다. 입체 특이성 반응은 입체 선택적이지만 그 역(逆)은 성립되지 않는다. 예를 들면, 트랜스-2- 페닐시클로헥실토실레이트(A)는 입체 선택적인 파라톨루엔술폰산의 이탈반응에 의하여 1-페닐시클로헥센(B)을 만든다. 그런데 A의 시스 이성질체인 C도 입체 선택적으로 B를 만들기 때문에 이 반응은 입체 선택적이 아니다. 이 경우 A로부터 B가 생성되는 속도는 C에서 B가 생성되는 속도의 104배가 된다. 반응이 완전히 입체 특이성으로는 진행되지 않지만 반응을 입체 선택적이라고 할 때도 있다. 예를 들면, 친핵성 치환반응에 있어서 R체로부터 S체와 R체가 4대 1의 비율로 생기는 경우 반응 메커니즘과는 관계 없이 반응은 입체 선택적이다.

입체 선택 촉매 (立體選擇觸媒, stereoselective catalyst)　고도의 입체 규칙성을 수반하여 반응을 진행시켜 특정한 입체 배치를 갖는 화합물만을 선택적으로 생성시키는 촉매. 효소가 대표적인 예이고, 생체 내 반응에서는 효소의 고차구조에 의해 기질분자의 입체구조가 구별된다. 현재는 효소수준에 이르는 입체선택 촉매가 개발되었다.

입체 이성질성 (立體異性質性, stereoisomerism)　구성원자가 같고 각 원자의 결합 순서도 같으므로 같은 구조식을 갖는 화합물 분자에서 구성 원자의 공간 배열만이 다르므로 3차원 공간에서 서로 중합시킬 수 없는 이성질체를 부여하는 분자의 구조적 특성을 말한다.

입체 이성질체 (立體異性質體, stereoisomer)　서로 입체 이성질성 관계에 있는 분자 또는 그 집합체(물질)를 이른다.

입체 인자 (立體因子, steric factor)　2분자 반응의 속도상수 k는 단순 충돌이론에 의하면 $k = Ze(-E_a/RT)$로 표시된다. 여기서 Z는 충돌 수, E_a는 활성화 에너지이다. 그러나 실측되는 k의 빈도 인자는 보통 Z와 같게 되지 않으므로 P를 보정인자로 하여 PZ로 한다. 이 P를 입체인자라 한다. 이것은 충돌하는 2분자의 상대적 공간위치에 의해 반응확률이 다르다는 이론에 바탕한다.

입체 장해 (立體障害, steric hindrance)　분자 내의 원자 또는 원자단이 서로 접근하여 존재할 때 큰 교환척력으로 인해 결합각의 변화, 결합 주위의 자유회전 저해, 공명저해, 분자의 불안정화 등이 생기는 것. 또 반응에서 반응 중심의 주위에 적용 높은 기의 존재로 인해 시약의 접근을 방해하여 반응이 일어나기 어렵게 하는 것을 이른다. ⇨ 입체 인자.

입체 특이성 (立體特異性, stereospecificity)　기질의 입체 이성질성이 생성물의 입체 이성질성을 일의적으로 결정하는 반응의 특성. 그러나 입체 선택성과 혼동하여 같은 의미로 사용되는 경우도 있다. 예를 들면 효소의 입체 특이성은 입체 선택성과 동의어이다.

입체 특이성 중합 (立體特異性重合, stereospecific polymerization)　입체 규칙성 폴리머가 형성되는 중합. 치글러 촉매에 의한 α-올레핀의 중합, 그리냐르 시약에 의한 메타크릴산 에스테르의 중합 등은 입체 특이성 중합의 전형적인 예이다.

입체 특이적 (立體特異的, stereospecific)　반응 과정에서 입체 특이성이 크게 발휘되고 있을 때 그러한 반응을 입체 특이적이라 한다. 예를 들면 아래 그림의 반응에서는 (E, E)-기질에서는 트레오형, (E, Z)-기질에서는 에리트로형의 생성물이 선택적으로 얻어지므로 입체 특이적 반응이라 한다.

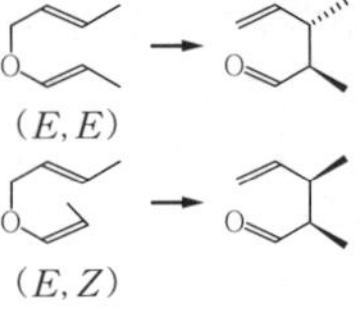

[입체 특이적]

입체 화학 (立體化學, stereochemistry)　분자의 입체구조에 관계하는 화학현상을 다루는 화학의 한 분야. 화학 반응에 따른 분자의 입체구조 변천과정을 지칭하는 경우도 있다 (예를 들면 친핵성 치환반응의 입체 화학).

입체 효과 (立體效果, steric effect)　유기 화합물의 반응성을 논할 때 유기 화합물의 입체구조에 의한 영향. 입체장해, 입체 일그러짐, 입체가속 등, 동적 입체화학적 효과의 총칭이다. 반응속도에 대해서는 엔트로피항에 상당한 입체인자는 물론 퍼텐셜 에너지항에 대한 영향도 크다.

잉크 제트 (ink jet)　기록지에 노즐에서 잉크 미립자를 분무하여 기록하는 방식. 분사구를 복수로 하여 조합함으로써 2~4색의 컬러 기록이 가능하다. 중간조 색의 표현에는 기록지상에서 잉크 입자의 분포 밀도를 변화시키는 방법과, 잉크 입자의 지름을 농담에 따라 변화시키는 방법이 있다.

잎소 자리 (ipso position)　벤젠 고리에 하나의 치환기가 결합하고 있는 경우, 다른 시약과의 반응이 같은 탄소 원자의 자리에서 일어날 때, 그 자리를 잎소자리라 한다.

자가 분해 (自家分解, autolysis)   세균과 조직의 구성 성분이 자기의 효소에 의해 분해되는 것. 보통 사후에 일어난다.

자기 (磁氣, magnetism)   자석이 나타내는 성질과 자석에 의해 야기되는 현상. 전류의 주위에도 앙페르의 법칙(A. M, Ampère's law)에 의해 같은 성질, 현상이 생긴다. 거시적 성질과 현상이지만 최근에는 보다 근원적인 문제로 파악되어 전자와 원자핵의 거동으로 미시적으로 이해하기에 이르렀다.

자기 가리움 (磁氣 ——, magnetic shielding)   (1) 자기장 안에서 원자핵이 받는 유효 자기장의 크기가 주위의 전자 자기 모멘트가 형성하는 내부 자기장의 영향을 받아 외부 자기장의 그것과는 다른 현상. 핵에서 보면 전자에 의해 부분적으로 자기 가리움을 받은 것처럼 보이는 데서 유래한 용어. (2) 외부로부터의 자기장 영향을 피하기 위해 보호해야 할 장치를 철이나 퍼멀로이 등의 중공의 통으로 둘러싸고 자속선을 차단하는 것을 이른다.

자기계 (磁氣界, magnetic field)   ⇨ 자기장.

자기 공명 (磁氣共鳴, magnetic resonance)   자기 모멘트를 갖는 원자핵 또는 전자를 정자기장 안에 놓고, 전자기파를 가하였을 때에 일어나는 공명현상. 공명 주파수는 자기 모멘트가 정자기장의 방향을 축으로 하여 세차운동을 하는 주파수로 결정된다. 핵 자기 공명(NMR), 전자 스핀 공명(ESR)이 있다.

자기구역 (磁氣區域, magnetic domain)   강자성체 내의 자화의 방향이 다 함께 자발 자화를 갖고 있는 작은 구역. 보통 강자성체는 상호 자벽으로 격리된 다수의 자기구역으로

되며, 인접하는 자기구역 내의 자화 방향은 반평행 또는 직교하여 전체적으로 서로 상쇄하도록 배열되어 있다. 시료 전체가 하나의 단결정이라도 보통 자화상태에서는 많은 자기구역이 존재하고 실재로 자기구역 포형의 관찰에 의하여 이것을 증명할 수가 있다. 자기구역의 경계를 자벽이라 한다. 자기구역으로 나누어지면 표면의 자극 분포가 가지 각색이 되어 정(靜)자기 에너지가 감소하지만 자벽의 표면 에너지는 증가하기 때문에 양자의 균형으로 자기구역의 폭이 정해진다. 그 크기는 시료의 모양이나 크기에 따라서도 다르다. 자기구역의 크기와 방향은 자화 과정에서 변하고 완전한 방향이 정해졌을 때 자기 포화에 달한다. 반대로 전혀 흩어져 있을 때 자화는 0이다. 크기가 어느 한도 이하인 미립자는 자기구역으로 나누어질 수가 없고 단자기구역 구조를 취하여 자벽 이동이 일어나지 않으므로 자기 이방성이 클 때에는 보자력(保磁力)이 크게 된다.

자기 면역 (自己免疫, autoimmunity)   생제 자신의 조직성분(자기 항원)에 대한 면역 응답. 자기 면역의 결과 과민증 반응이 생기거나 또는 자기 면역 질환이 된다. 유전적으로 이것에 나타나는 것은 조직 적합성 항원의 많은 형 중 몇 가지가 있으나 면역 메커니즘의 이상이 원인이 되기 때문이라고 한다.

자기 면역 질환 (自己免疫疾患, autoimmune disease)   자기의 체성분이 어떤 원인으로 인하여 변화한 경우 이에 대해 면역반응이 현저히 강하게 일어나는 것. 교원병, 내분비 질환, 혈액 질환 등을 들 수 있다. 자기 면역 반응은 생명유시에 중요하며 이 과잉 반응

이 야기하는 질환이므로 치료가 곤란하다.

자기 모멘트 (磁氣——, magnetic moment)　$\pm Q$의 자하의 쌍 (자기 쌍극자)이 있고, $-Q$의 위치에서 $+Q$의 위치를 향하여 끈 벡터를 d로 하면 $\mu = Qd$를 그 자기 쌍극자의 자기 모멘트라 한다. 일반적으로 하전입자가 스핀 각운동량 또는 궤도 각운동량 Jh를 가질 때, 그에 수반하는 자기 모멘트는 $\mu = (\mp)g\mu_B J$가 된다. 여기서 μ_B는 보어 자자 (이 때는 $-$기호) 또는 핵 자자(이 때는 $+$기호), g는 각운동량의 성질에 따라 결정되는 상수(⇨ 자기 회전비)이다. SI 단위는 $\mathrm{Am}^2 = \mathrm{JT}^{-1}$이다.

자기 방전 (自己放電, self-discharge)　유효한 전기 출력이 되지 않고 전지 내부에서 소비되기 때문에 일어나는 전지 용량의 감소. 자기 방전함에 따라 외견상 또는 내부에도 변화를 볼 수 있고, 음극 금속상에서의 국부전지에 기인하는 용해·부식과 가스 발생이 있다. 음·양극 간의 미약한 단락도 원인이 된다. 전기용량의 감퇴뿐만 아니라 누액, 내압상승, 변형 등의 치명적인 결합으로 이어지는 경우도 있다.

자기 분석 (磁氣分析, magnetochemical analysis)　⇨ 자기 화학분석.

자기 브러시 현상 (磁氣——現象, magnetic brush development)　전자 사진법이나 정전 기록법 등에 의해 형성된 정전 잠상을 가시화하는 현상법의 하나. 운반체로서 철분 등을 사용하고 토너와 혼합 교반하여 마찰 대전시킨다. 이 현상제를 자석을 내장한 현상 롤러에 흡착시켜 정전 잠상과 접근 혹은 접촉시키면 운반체에서 토너가 유리되어 현상된다.

자기 상관 함수 (自己相關函數, autocorrelation function)　확률적으로 변동하는 양 x에 대해서 시각 t_1, t_2에서의 관측 값 $x(t_1)$, $x(t_2)$의 곱의 평균값 $[\langle x(t_1)x(t_2)\rangle]$를 말한다. 변동이 정상적이면 이것은 $t = t_1 - t_2$만큼의 함수가 된다. 자기 상관함수와 파우어 스펙트럼과는 서로 푸리에 변환으로 맺어진다.

자기 소광 (自己消光, self-quenching)　들뜬 상태에 있는 원자·분자가 바닥상태에 있는 (다른) 같은 종의 원자·분자와 상호작용하여 탈활성하므로 인한 발발의 감소. 또한 자기 탈활성과 자기 소광은 모두 영어의 self-quenching을 번역한 것이므로 흔히 혼용되지만, 자기 소광은 형광·인광의 감소에 관해서 사용해야 할 것이다.

자기 소멸 (自己消滅, self-quenching)　들뜬 상태에 있는 원자·분자가 상호작용에 의해 에너지를 상실하여 발광하거나 반응하는 일 없이 바닥상태로 복귀하는 것. 또한 자기 소광이라는 용어도 동일한 영어를 번역한 말이므로 가끔 혼용되어 주의가 요망된다. ⇨ 자기 소광.

자기 소화 (自己消化, autolysis)　⇨ 자가 분해.

자기 양자수 (磁氣量子數, magnetic quantum number)　원자 궤도(함수) 각운동량 l의 z 성분 l_z의 크기를 나타내는 양자수로 보통 m으로 표시한다. 방위 양자수가 l일 때 m은 $-l, -l+1, \cdots\cdots, 0, \cdots, l-1, l$의 값을 취할 수 있으므로 $2l+1$ 중으로 축퇴하여 있지만 자기장을 가하게 하면 축퇴가 해제되므로 이렇게 불린다.

자기 운동량비 (磁氣運動量比, magnetic mechanical ratio)　⇨ 전자기 회전비.

자기 유도 (磁氣誘導, magnetic induction)　⇨ 자속 밀도.

자기 이방성 (磁氣異方性, magnetic anisotropy)　자성체의 내부 에너지가 자화하는 방향에 따라 다른 것. 내부 에너지가 가장 낮아지는 방향은 가장 자화되기 쉬워 자화 용이 방향이라 하고, 반대로 내부 에너지가 가장 높아지는 방향은 자화곤란 방향이라 한다. 그 주된 원인은 자기 쌍극자 상호작용, 이방적 교환 상호작용이다.

자기 인덕턴스 (自己——, self-inductance)　전기회로를 흐르는 전류값의 변화에 대하여 어느 만큼의 유도 기전력이 발생하는가를 나타내는 상수. 단위로서 헨리(H)를 사용한다. 일반적으로 리액턴스를 갖는 부하가 전류의 위상을 늦어지게 하는 활동을 할 때 인덕턴스성을 갖는다. 또는 양(陽)리액턴스성을 갖는다고 한다. 자기 인덕턴스는 자체 인덕턴스라고도 하며 기호 L로 나타낸다.

자기장 (磁氣場, magnetic field)　자석 또는 전

류는 가까이에 있는 다른 자석 또는 전류에 힘을 미친다. 이 힘의 장을 자기장 또는 자계라고 한다. 물질은 자기장 H에 의해 자화되어 자화 M이 생긴다. 이 물질 중의 자속밀도 B는 $B=\mu_0(H+M)$이다 (μ_0는 진공의 투자율).

자기 전극 (自己電極, self-electrode) 발광 분광 분석에서 시료 자신을 전극으로 할 때 이것을 자기 전극이라 한다. 일반적으로 막대 상이나 원판 상으로 성형하여 사용한다. 금속재료 중 불순물의 일상 분석에 널리 사용된다.

자기 조립 (自己組立, self-assembly) 단백질이 그 서브 유닛에서 4차 구조를 형성하는 것. 연결에는 특별한 조작을 필요로 하지 않는다. 이것은 서브 유닛의 1차 구조로서 정해져 있는 소수기와 친수기의 배치가 그대로 4차 구조의 접촉면을 형성하기 때문이다. 또 세포를 조직에서 분리한 후에 같은 종의 세포가 집합하는 것과 인지질 분자가 미셀을 형성하는 경우에도 사용한다.

자기 화학 (磁氣化學, magnetochemistry) 물질이 나타내는 각종 자기적인 성질과 현상을 통해 구조, 물성, 반응 등 화학의 여러 문제를 조사하는 학문. 보통 자성뿐만 아니라 스핀 분극, 스핀 완화 등의 현상도 대상이 되며, 수단으로서 각종 전자기 측정, 특히 자기공명이 많이 사용된다.

자기 화학분석 (磁氣化學分析, magnetochemical analysis) 물질의 자기적 성질을 이용하는 화학분석. 자기 분석이라고도 한다. 자화율의 측정, 핵자기 공명 또는 전자 스핀 공명의 측정 등을 통하여 실시하는 정성·정량분석 내지 상태분석을 지칭한다.

자기 회전비 (磁氣回轉比, magnetogyric ratio) 각운동량 Jh에 대한 자기 모멘트의 절대값 $|\mu|$의 비로 보통 γ로 표시한다($\gamma=|\mu/Jh|$). μ은 전자일 때 음, 핵일 때 양이다. 자기운동량비라고도 한다. 란데의 g인자와 유효 g인자(분광학적 분열인자) 및 g_N을 자기 회전비라고 하는 경우도 있다. 이 때는 $|\mu/\mu_B J|$ 또는 $|\mu/\mu_N J|$에 해당한다(μ_B는 보어 자자, μ_N은 핵 자자).

자동 산화 (自動酸化, autoxidation) 촉매 능이 존재하지 않는 조건하에서 분자상 산소에 의해 일어나는 산화 반응. 무기 화합물에 대해서는 볼 수 있으나 중요한 점은 유기 화합물의 자동 산화로, 유리기 연쇄반응으로 과산화물을 생성하는 일이 많다.

자동 스크린 날염기 (自動 —— 捺染機, automatic screen printing machine) 스크린형을 사용하는 날염을 연속적으로 하는 장치. 간헐적으로 작동하는 무한궤도 벨트에 천을 첨부하고 스크린형 승강에 의해 프린팅을 연동시킨다. 실용 형식에는 각종 유형이 있다.

자동 이온화 (自動 —— 化, autoionization) 원자·분자가 이온화 에너지 이상의 중성원자나 분자의 들뜬 상태(초기 들뜬 상태)로 일단 들뜬 후에 전자를 방출하여 이온이 되는 현상. 분자의 경우는 전기(前期) 이온화라고도 한다.

자동 적정 (自動適定, automatic titration) 적정 조작의 일부 또는 전부를 자동화한 적정. 종점을 지시하는 데 필요한 물리량을 전기 신호로 변환하고 그 출력을 사용하여 종점에서의 적정액 적하를 자동적으로 멈추는 방법. 현장 분석 등에 많이 사용된다.

자리옮김 (translocation) 염색체의 일부가 절단되어 같은 염색체상의 다른 위치에 결합하거나 다른 염색체에 부착하는 현상. 전위라고도 한다.

자발적 방출 (自發的放出, spontaneous emission) 들뜬 준위에 있는 원자·분자가 전자기장 등 외부로부터의 작용과 무관계하게 빛을(전자기파) 방출하여 낮은 준위로 전이하는 현상. 자연 방출이라고도 한다. 형광과 인광이 이에 포함된다. 이 전이속도의 역수가 여기 원자·분자의 방사 수명을 좌우한다. 또 빛의 파장이 짧을수록 자연 방출은 뚜렷하다.

자발적 변화 (自發的變化, spontaneous change) 자연적으로 진행하는 변화로 자연 변화라고도 한다. 자발적 변화는 불가역이며 일정한 방향성이 있고, 같은 조건에서 역방향으로 진행하는 일은 절대 없다. 자발적 변화의 방향을 규정하는 것이 열역학 제2법칙이다.

자발적 분극 (自發的分極, spontaneous polarization) 전기장을 인가하지 않은 자연상태에

서 물질이 전기적인 분극을 하고 있는 현상. 대칭심을 갖지 않는 점군(點群) 중에서 C_1, C_2, C_S, C_{2v}, C_4, C_{4v}, C_3, C_{3v}, C_6, C_{6v}의 어느 것인가에 속하며 전기 쌍극자가 있는 것이 자발적 분극을 갖는다. 자발적 분극이 온도 변화에 의존하는 현상을 피로전기(초전기)라 한다.

자벨수 (―― 水, Javel water)　탄산칼륨 수용액에 염소를 통해서 얻어지는 수용액의 옛 명칭. 주성분은 하이포아염소산칼륨과 염화칼슘. 18세기 말 경, 표백제로서 이것을 제조하였던 파리 교외의 옛 지명에서 유래한다. 표백제, 소독제, 살균제로 사용된다.

자성 토너 (磁性――, magnetic tonor)　분체 현상에 사용되는 토너의 하나. 입자의 내부에 마그네타이트 등의 자성 분체를 함유한다. 토너 자신이 자력에 끌리어 운반되므로 운반체가 불필요하다. 전기 저항이 낮은 도전성 자성 토너와 전기 저항이 높고 대전성을 보이는 절연성 자성 토너가 있다.

자속 밀도 (磁束密度, magnetic flux density)　자기장 중의 한 점에서 자기장에 수직인 면을 생각하였을 때의 단위 면적당의 자속. 자기유도, 자기감응이라고도 한다. 자기장 H 중에서 M으로 자화된 물질 중의 자속밀도 B는 $B=\mu_0(H+M)$로 주어진다 (μ_0는 진공의 투자율). SI단위에서는 T(테스라)$=$Wbm$^{-2}=$Vsm^{-2}.

자연 가황 (自然加黃, self-vulcanizing)　고무의 가황은 보통 가열하여 실시하지만 가열할 수 없거나 혹은 가열하지 않는 편이 좋을 경우에는 실온에 방치하여 자연적으로 가황반응을 진행시키는 방법. 디티오칼바민산염 같은 가황 촉진력이 매우 강한 초촉진제를 사용하여 장시간에 걸쳐 실행한다.

자연 노화 (自然老化, natural aging)　고무를 저장 중 혹은 사용 중에 진행하는 노화 현상. 이 경우 노화 조건은 비교적 완만하지만 노화 요인은 복잡한 경우가 많다. 노화 평가에서 주된 요인을 될 수 있는 한 단일화하여 엄격한 조건하에서 단시간에 노화시키는 촉진 노화에 대응하는 용어이다.

자연 대류 (自然對流, free convection, natural convection)　가열 또는 냉각으로 유체 내부에 밀도의 불균일한 부분이 생기고 그로 인해서 야기되는 유체의 흐름. 강제 대류의 대응어이다.

자연 대류 비등 (自然對流沸騰, natural convection boiling)　⇨ 풀 비등.

자연 발화 (自然發火, autoignition, self-ignition, spontaneous ignition)　가연성 물질과 산화제의 혼합계를 가열하였을 때 스스로 연소하기 시작하는 현상. 물질의 상태, 가열 온도의 고저, 발화시간의 장단과는 상관 없지만 분야에 따라서는 이것을 상온 가까이에서 계 내에 열이 축적하여 장시간 후에 발화하는 현상으로 한정하는 경우도 있다. 또 발화가 일어나는 최저의 가열온도를 발화점 또는 발화온도라 한다. 외부에서의 가열이 있었을 때도 발화점에 도달하는 과정이 주로 반응열의 축적에 의한 경우는 자연 발화에 포함하는 것이 보통이다. 황린은 공기 중에서 곧 자연 발화한다. 유지류, 질화면, 석탄 등은 저장 조건에 따라 자연 발화를 일으키는 수가 있다.

자연 수명 (自然壽命, natural lifetime)　자발적 방출 속도상수의 상수로 정의되는 수명. 들뜬 상태에 있는 분자는 발광에 의한 자연 방출 이외에도 항간 교차, 내부 변환과 광분해, 광 이성질화 등의 무방사 전이로 소멸한다. 따라서 형광 수명은 일반적으로 자연 수명보다 길다.

자연 전극 전위 (自然電極電位, natural electrode potential)　개로상태에서 측정되는 전극 전위. 보통은 전극상에서 일어나고 있는 몇 종류의 반응으로부터의 기여이다. 따라서 어떤 반응의 평형 전위를 관측하려면 반응물의 양이 충분하게 많을 필요가 있다.

자연 존재비 (自然存在比, natural abundance)　하나의 원소 동위체가 천연에 존재하는 비율. 천연 존재도라고도 한다. 원자비 혹은 질량의 비 등에 의해 나타낸다.

자연 폭 (自然幅, natural breadth, natural line width)　⇨ 고유 폭.

자연 형광 (自然螢光, native fluorescence, natural fluorescence)　어떤 화합물이 형광 표지 등의 화학 조작을 하는 일 없이 원래 형광성이 있는 경우, 그 화합물(자연 형광물질)에서 나오는 형광. 트립토판, 카테콜아민,

리보플라빈 등 천연에 존재하는 형광성 물질에 사용되는 일이 많다.

자연 황 (自然黃, native sulfur, brimstone) 천연에서 산출하는 단체(單体)황. 사방정계(斜方晶系)에 속하는 광물. 화학성분은 황 S이며, 때로 회분(灰分)이나 소량의 셀렌·비소를 함유하기도 한다. 괴상·입상(粒狀)·피각상·화상(華狀)·분상(粉狀) 등을 이루며, 때로 사방추형(斜方錐形)을 나타내는 경우도 있다. 굳기 1.5~2.5, 비중 2.0~2.1이다. 황색·밀황색(蜜黃色)·등황색·레몬황색 등을 띠는데, 특히 셀렌을 함유한 것은 적등색, 이토(泥土)와 회분을 함유한 것은 갈색을 띤다. 투명하거나 불투명하며, 조흔색(條痕色)은 백색이다. 전기의 부도체로서 마찰하면 음전기가 생긴다. 또 열의 부도체로서 따뜻한 손으로 쥐면 튀는 소리를 낸다. 114℃에서 녹고, 444℃에서 끓고, 207℃에서 푸른 화염을 내며 황 냄새를 풍기면서 탄다. 황산·화약·성냥·각종 약제·고무의 제조 등에 사용되어 왔으나 석유의 탈황에 의해서 회수되는 황이 급증하여 그 중요도가 저하되었다.

자외광 전자 분광법 (紫外光電子分光法, ultraviolet photoelectron spectroscopy) 자외광을 들뜸광으로 하는 광전자 분광법. UPS가 약어이다. X선을 들뜸광으로 하는 X선 광전자 분광법에 비하면 여기 에너지가 작으므로 가전자대 전자의 결합상태를 조사하는 데 적합하다. 들뜸광원으로서는 일반적으로 희기스의 공명선 Ne I(16.8 eV), He I(21.2 eV), Ne II(26.9 eV), He II(40.8 eV)가 사용된다.

자외 분광법 (紫外分光法, ultraviolet spectroscopy) 자외 영역(파장 400~1 nm 정도)에서의 분광법. 일반적으로 이 영역을 다시 나누어 근자외 분광(파장 400~300 nm), 중 원자외 분광(파장 300~200 nm), 진공 자외분광(파장 200~1 nm) 또는 극자외 분광이라고 부르는 경우도 있다.

자외선 (紫外線, ultraviolet) 가시광의 단파장단 360~400 nm 보다도 짧고 1 nm 정도까지의 파장 범위의 전자기파. 200 nm 이하를 진공자외선 또는 극자외선, 200~400 nm를 자외선이라고 하는 경우가 많다. 또한 200

nm 이하를 원자외선, 200~400 nm를 근자외선이라고 하는 구별도 있다. 약어든 UV이다.

자외선 흡수 (紫外線吸收, ultraviolet absorption) 가시광보다 파장이 짧고 X선보다 파장이 긴 400~1 nm 정도의 파장 영역에서의 전자기파의 흡수. 많은 유기물과 이온 결합성의 무기결정 등이 자외선 흡수를 나타낸다.

자외 스펙트럼 (紫外 ——, ultraviolet spectrum) 자외 영역(파장 400~1 nm)에서의 흡수 내지 발광 스펙트럼. 흡수 스펙트럼을 얻기 위해서는 분산계(分散系)에는 자외선 영역을 흡수하는 유리를 프리즘으로 사용할 수 없으므로 석영 프리즘이 주로 사용된다. 보석이나 유지(油脂)의 감정, 고문서의 조사 등에 이용된다.

자유도 (自由度, degree of freedom) (1) 역학계에서 질점계의 위치, 방향을 정하는 좌표 중 독립적으로 변화할 수 있는 것의 수. 계의 상태는 자유도와 같은 수만큼만 독립변수로 나타내는 것이 바람직하지만 홀로놈계가 아닌 역학계처럼 이것이 불가능한 경우도 있다. (2) 평형상태에 있는 물질계에서 상의 수를 바꾸는 일 없이 서로 독립적으로 변화시킬 수 있는 시강성(示強性) 변수의 수. 상률(相率)에 의해 주어진다. 보통 온도, 압력 및 (독립) 성분 물질의 농도(조성)가 취해진다.

자유 라디칼 (自由 ——, free radical, radical) 1개의 쌍 안 지은 전자를 갖는 원자 혹은 분자. 수소원자, 염소원자 등은 단원자의 유리기인데, 보통 자유 라디칼이라 불리는 것은 무기 혹은 유기 화합물 분자에서 프로톤 1개가 탈리하여 잔기에 쌍 안 이룬 전자 1개가 있는 것을 말한다. 예를 들면 ·OH, ·CH₃, ·OC₂H₅ 등. 유기 화합물 분자의 두 원자에서 각각 프로톤이 탈리하여 별개 원자에 쌍 안 이룬 전자 2개를 갖는 라디칼도 있다.

자유 라디칼 개시 반응 (自由 —— 開始反應, free radical initiation) ⇨ 연쇄 개시 반응.

자유 라디칼 사진 (自由 —— 寫眞, free radical photography) 사진법의 하나. 광 들뜬 유기 분자에서 자유라디칼이 생성하고, 생성된 자유라디칼이 수소제거반응, 부가반응 등을 함으로써 색소상과 폴리머상을 형성한다. 디페닐아민과 사염화탄소의 혼합물에 근자 외광을 조사하여 청색으로 발색시키는 프로세스가 유명하다.

자유 소용돌이 (自由渦, free vortex) 선회 흐름에서, 그 선회 속도(접선 방향의 속도)가 선회 중심으로부터의 거리에 역비례하는 경우의 흐름. 회오리와 태풍 혹은 사이클론에서 부분적으로 이러한 흐름을 볼 수 있다. 강제 소용돌이의 대응어이다.

자유수 함량 (自由水含量, free water content) 습한 고체 재료의 함수율에서 평형 함수율을 제한 값. 일반적으로 어떤 건조 조건하에서 습한 재료를 건조할 때 도달할 수 있는 것은 그 건조 조건에 대한 평형 함수율까지이고, 그 이하로 수분을 감소시킬 수는 없다. 따라서 자유수 함량은 제거할 수 있는 수분량을 나타내는 셈이 된다. 또 자유수 함량의 계산에는 건량기준 함수율 [kg-물/kg-건조 재료]이 사용된다.

자유 에너지 (自由――, free energy) 일에 이용할 수 있는 에너지. 전 에너지 변화는 자유 에너지와 속박 에너지로 나누어진다. 자발적 변화의 방향을 표시하는 열역학 퍼텐셜(열역학 특성함수)의 하나로, 정온·정적의 조건에서 헬름홀츠 에너지로, 정온·정압의 조건에서 기브스 에너지에 상당하다. H. Helmholtz(1882년)의 명명에 의했다. 일반적으로 계(系)의 변화는 자유 에너지가 감소하는 방향으로 진행되며, 열 평형상태는 이것이 극소로 될 때 실현된다. 헬름홀츠의 자유 에너지 F는 내부 에너지 U, 엔트로피 S, 절대온도 T를 사용하여 $F=U-TS$로 정의되며, 기브스의 자유 에너지 G는 압력 P, 부피 V를 사용하여 $G=F+PV$로 정의된다. 헬름홀츠 에너지를 자유 에너지라 하는데 대해 기브스 에너지를 자유 엔탈피라고 부른 적도 있었다. 현재는 자유 에너지 대신에 헬름홀츠 에너지 및 기브스 에너지를 사용하는 것이 장려되고 있다.

자유 에너지 선형관계 (自由―― 線形關係, linear free energy relationship) 유기화학의 화학평형 또는 반응에서의 자유 에너지 차에 대해서, 어떤 계에서의 변화 $\triangle\triangle F_i$가 다른 계에서의 변화 $\triangle\triangle F_j$와 경험적으로 직선 관계를 표시하는 것. 가장 유명한 예는 하메트칙, 브뢴스테드칙 등이다. 실험적으로는 평형 상수, 속도 상수의 대수 간 정량적 관계이다 (⇨ Hammett rule). $\triangle\triangle F_i=\alpha\triangle\triangle F_j+B\ \log k/k_0=\rho\sigma$

자유 전자 (自由電子, free electron) 진공 중 또는 물질 중의 외력을 받지 않고 운동하는 전자. 원자·분자를 구성하는 전자는 원자핵 사이에서 또는 전자끼리 쿨롱장에 의해 속박되어 어떤 일정한 에너지 상태에 있다. 이것을 구속전자라 한다. 그것과 대조적으로 자유도가 큰 전자를 이르며 진공 중에서만 아니라 금속 결정의 전도대 중의 전자 등을 지칭한다. 예를 들면 열전자관이나 브라운관 등 전자관(電子管)은 음극에서 방출된 자유전자의 운동을 제어하여 이용하는 것이다. 또 대기(大氣) 상층의 전리층(電離層)에는 자유전자가 자연으로 존재하여 전파 반사의 원인이 된다. 한편, 자유전자라는 말은 금속 내에 있는 원자가전자(原子價電子)에 대하여 사용되기도 한다. 금속 등의 내부에는 많은 원자가전자가 있으며, 전기전도(電氣傳導) 등 금속의 특유한 여러 물리적인 성질을 이들 전자 집단의 운동에 의해 설명할 수 있다. 또 방사선에 의해 물질이 이온화한 결과 생긴 전자 중에서 동시에 생긴 양이온의 쿨롱장에서 도피하여 물질 중을 돌아다니는 것을 지칭하는 경우도 있다.

자유 표면 (自由表面, free surface) 대기압하의 액체와 기체의 계면. 즉 보통 말하는 액체 표면을 이른다. 액체 표면이 넓을 때는 중력에 의해 수평면이 되지만, 액체가 소량일 때는 표면장력이 작용하여 구면이 된다. 또 모세관 중에서는 고체면과의 젖음으로 인해 곡면이 된다. 보통 자유 표면에서는 압력 일정의 조건이 성립한다.

자유 회전 (自由回轉, free rotation) 결합방향을 축으로 하여 회전 가능한 단결합처럼 분자 내 회전이 자유롭게 일어나는 상태를 말한다. C-C결합에서는 배위자에 의한 회전 장벽이 약 $17\,\mathrm{kcal\ mol^{-1}}$이하면 실온에서 자유회전이 가능하다. 단결합에 대해서 J. H. van't Hoff 이래 가정되어 있었으나 실제의 분자 내의 회전은 거의 단진동과 자유 회전과의 중간의 상태에 있으며, 완전히 자유로운 회전이 되는 수는 거의 없다.

자자 (磁子, magneton) 자기 모멘트의 양자론적인 단위. 하전입자 전하의 절대량을 e, 질량을 m, 플랑크 상수를 h로 하면, SI 단위계에서는 $eh/4\pi m$으로 표시된다. 전자의 질량을 사용하면 보어 자자 $\mu_B = 9.274 \times 10^{-24} \mathrm{JT}^{-1}$, 양성자의 질량을 사용하면 핵자자 $\mu_n = 5.051 \times 10^{-27} \mathrm{JT}^{-1}$이 된다. 쌍을 이루지 않은 전자가 있는 화학종의 전 각운동량을 Jh로 할 때, $g\sqrt{J(J+1)}$ (g는 란데의 g인자)를 유효 보어 자자수라 한다.

자체촉매 작용 (自體觸媒作用, autocatalysis) 화학 반응에서, 반응 생성물 자체가 촉매작용을 나타내는 현상. 자체촉매 현상이 현저한 반응에 대하여 반응속도의 시간 경과를 조사하면 초기에 유도기가 존재하고, 반응이 진행됨에 따라 반응속도는 가속적으로 증대하여 극대를 걸쳐 완료된다. 생성물이 정촉매일 때 반응속도는 도중에서 극대치를 나타내고 생성물이 역촉매이거나 반응물이 정촉매일 때는 반응의 진행과 더불어 속도가 감소한다. 전자의 예로는 에스테르의 가수분해, 후자의 예로는 히드록시산에서 락톤의 생성을 들 수 있다. 어느 경우에도 촉매작용을 하는 것은 수소 이온이다.

자체 확산 (自體擴散, self-diffusion) 고상, 액상, 기상 중에서 주목하는 동일 물질(원자, 이온, 분자 등)이 열운동에 의해 농도 기울기가 없는 상태로 확산히는 현상. 예를 들면 수중의 H_2O, 용융 염화나트륨 중의 Na^+, 산소가스 중의 O_2와 같은 동일 종 물질의 확산이다. 완전한 동일 종에서는 주위와 구별할 수 없으므로 실험상으로는 동위체를 트레이서로 사용한다.

자체 흡수 (自體吸收, self-absorption) (1) 어떤 발광 스펙트럼선을 방사하는 물질에 대해 그것과 동일 종이며, 또 낮은 에너지 상태에 있는 것이 가까이에 존재하면 그것이 발광 스펙트럼선의 에너지를 흡수하기 때문에 원래의 강도가 작아지는 현상. (2) 방사화학의 용어. 방사선의 일부 또는 전부가 측정시료 자신에 의해 흡수되는 현상을 말한다.

자화 (磁化, magnetization) 단위 체적의 물질이 갖는 자기 모멘트. 물질을 구성하는 입자(원자, 이온, 분자)가 갖는 자기 모멘트(주로 짝 안지은 전자의 자기 모멘트로 결정된다)를 물질의 균일한 범위에서 벡터적으로 합을 취하여 단위 체적당으로 환산한 것. 보통 물질에서는 외부 자기장이 없을 때 0, 자기장이 가해지면 이에 비례한 자화가 발생한다. 그 비례상수가 자화율이다. 강자성체에서는 그 이력에 따라 자기장 0에서도 자화가 잔류하는 경우가 있다.

자화율 (磁化率, magnetic susceptibility, susceptibility) 물질이 자기장 안에서 자화되는 비율. 대자율 또는 자기 감수율이라고도 한다. 자기장 H 내에서 생기는 자화를 M이라 하면 고온 또는 낮은 자기장에서는 M/H로 부여된다. 보다 일반적으로는 dMu/dHv(u, v는 벡터의 성분을 표시한다)로 부여된다. 반자성에서는 음, 기타 자성에서는 양의 값이 된다. SI 단위에서는, M은 단위 체적당의 값이므로 상기 자화율은 체적 자화율이며 무차원의 양이다. 보통은 단위 질량당의 질량 자화율 또는 1 mol당의 몰 자화율로 환산하여 사용된다. 자화율의 값은 물질에 따라 넓은 범위로 변화할 뿐만 아니라 동일 물질에서도 기계적, 또는 열적 처리에 의해 크게 변화한다. 상자성체의 자화율과 온도의 관계는 퀴리의 법칙으로 주어진다.

작동 유전자 (作動遺傳子, operator) 조절 유전자의 하나. 오페론이라 하는 전사 단위상에 있으며, 리프레서를 결합하는 부위. 이 결합에 의해 진사가 익제된다.

작업 곡선 (作業曲線, working curve) 물질의 특정한 성질, 양, 농도 등과 측정값의 관계를 나타낸 그래프. 기계분석에서 일련의 표준액 등을 사용하여 사전에 작성하고, 이것을 이용하여 정량을 하기 위해 사용한다.

작업 전극 (作業電極, working electrode) 전극 반응을 일으킬 때 시료 중에 전류를 흐르게 할 목적으로 사용하는 2개의 전극 중, 목적하는 반응을 일으키기 위해 사용하는 전극. 동자 전극, 자동 전극, 시험 전극이라고도 한다. 볼타메트리에 의한 전기분석법에서는 지시 전극이라고도 불린다. 다른 하나의 전극을 대향(對向) 전극 또는 대 전극이라 한다.

작용기 (作用基, functional group) 유기 화합물에 함유되는 원자단으로, 그 화합물에 특유한 화학 반응을 일으키는 중심이 되는 원자단. 특성기라고도 한다. OH, CO, COOH, NH_2 등. 탄소 원자와 결합한 할로겐도 작용기의 하나로 헤아린다. C=C, C≡C 등도 반응성이 있으므로 작용기와 동류로 간주된다.

작용기 분석 (作用基分析, functional group analysis) 어떤 유기 화합물이 어떤 작용기를 갖는가를 검출하기 위한 정성분석. 각 작용기는 특유한 반응을 보이므로 이러한 특성 반응에 의해 검출한다. 예를 들면, 카르보닐 화합물은 옥슘과 페닐히드라존을 형성하는 반응으로 검출된다.

작용 스펙트럼 (作用 ——, action spectrum) (1) 어떤 생체계나 효소에 빛을 쬐었을 때, 특정한 파장에서 작용이 증감하는 것. 예를 들면 광합성의 작용 스펙트럼은 광합성 중심의 안테나 클로로필의 광흡수 스펙트럼과 일치하여 나타난다. 또 미생물 변이의 작용 스펙트럼이 클로로필의 흡수 스펙트럼과 일치하는 데서, 유전자의 본체가 핵산인 것이 추정된다. 기여의 수용체에서는 각 파장마다 흡광계수와 양자 수량의 곱을 기록하면 작용 스펙트럼이 된다. (2) 반도체 전극을 사용하는 광전극 반응 등에 있어 조사파장을 변화시켜 감광파장역을 조사하는데, 이때의 파장과 광전류 혹은 광기전력의 관계를 말한다.

작은 고리모양 화합물 (小環狀化合物, small-ring compound) 3원자 또는 4원자로 구성되는 고리식 화합물을 이른다. 탄소 고리도 복소 고리도 5원자 고리, 6원자 고리에 비해 불안정하며, 합성에는 특별한 방법을 필요로 한다. 또 각종 반응에 따라 쉽게 고리가 열리는 성질이 있다.

잔기 (殘基, residue) 유기 화합물에서 어떤 원자단이 탈리한 후에 남은 원자단. 일반적으로 탈리하는 것은 반응성의 원자단이므로 잔기가 되는 것은 비반응성의 원자단이다. 일반적으로 탄화수소 부분이 잔기가 되지만 다관능 화합물 등에서는 어떤 반응에는 관여하지 않았던 부분이 잔기가 되는 경우도 있다. 예를 들면 아미노산 잔기 등이다.

잔류 독성 (殘留毒性, residual toxicity) 농약이나 기타 독물을 작물 등에 사용하였을 때에 잔존하는 독성. 작물에 잔류하는 경우는 인체와 가축 등에 대한 안전성 문제와 직결된다. 또 토양에 잔류하는 경우는 토양의 오염뿐만 아니라 유출하여 하천, 지하수를 오염하는 등 환경오염을 야기시킨다. 대부분의 농약은 살포 후 점차 분해되어 그 독성을 상실하지만 DDT, BHC, 유기 수은제 같은 난분해성 화합물은 우리나라에서 사용이 금지되었다.

잔류 탄소분 (殘留炭素分, carbon residue) 석유류를 일정 조건에서 공기 유통을 차단하여 가열함으로써 분해하여 증발시킨 후에 남는 탄소질 물질의 양을 시료유에 대한 중량 백분율로 나타낸 값. 특히 윤활유에서는 이 양이 적고, 탄화 경향이 낮은 것이 바람직하다.

잔분 (殘分, residue) 화학분석에서 잔류물의 양을 말한다. 용해, 가열 또는 증발 등의 조작으로 다른 대부분의 성분이 제거된 후에 남은 것의 양. 잔류물, 잔사라고도 한다. 또 광산 용어로는 채질 시험에 의해 채망에 남은 것을 말한다.

잔사 (殘渣, residue) ⇨ 잔분.

잔여 엔트로피 (殘餘 ——, residual entropy) 절대 영도에서도 남는 엔트로피. 극저온에서 측정한 엔트로피를 절대영도에 보외하여 구할 수 있다. 극저온에서도 남는 물질의 미시적 배치의 불규칙성에 유래한다.

잔여 전류 (殘餘電流, residual current) 주목하고 있는 전극 반응 이외의 원인으로 흐르는 미소 전류. 전기 이중층에 대한 하전과 불순물에 의한 전극 반응이 주된 원인이다.

잔유 (殘油, bottom oil, bottoms, distillation residue, residual oil, residuum) 원유를 증류함에 있어 증류탑 밑에서 뽑아내는 중질유. 증류탑 잔유라고도 한다. 상압 증류장치에서 뽑아내는 것을 상압 증류잔유(topped crude, reduced crude, long residue, topper bottom), 감압 증류장치에서 뽑아내는 것을 감압 증류잔유 (vacuum residue, short residue, vacuum bottom)라 하여 구별한다.

잔주름 (crimp, break) (1) 오글쪼글한 비단

이나 주름이 생기도록 짠 직물 표면의 가느다란 요철. 실을 강하게 꼬아 풀칠하고, 제직 후 풀을 제거하면 생긴다. (2) 가죽의 외관적 품질의 하나. 가죽을 그레인 측으로 접었을 때에 생기는 주름의 상태. 이 주름이 섬세하고 균일하면 좋은 것으로 평가된다.

잠복기 (潛伏期, latent period) 원인이 가해지고 나서 결과가 관찰되기까지의 시간. 좁은 뜻으로는 동물이 감염되고부터 최초로 증상이 나타날 때까지의 기간. 그 기간의 길이는 감염한 균의 종류, 양, 독성, 개체의 조건 등에 따라 다르다. 침입한 병원체는 잠복기 중에 특정 부위에서 증식하여 병변을 일으켜 증산을 띠게 된다.

잠상 (潛像, latent image) 감광 재료가 감광하였을 때에 형성되고, 현상함으로써 비로소 볼 수 있는 상. 은염 사진 감광 재료의 경우 감광 모체는 극미량의 황화물 이온과 금 이온을 부여한 할로겐화은 입자이며, 빛이 닫으면 그 표면에 잠상 중심이 형성된다. 잠상 중심은 은 원자와 금 원자로 구성되고, 최소 3 원소로 구성되는 클러스터이다. 잠상 중심을 갖는 입자만이 현상액에 의해 환원되어 은 입자가 된다.

잠열 (潛熱, latent heat) 융해와 증발 등 상전이 과정에서 흡수되는 열. 일반적으로 물질계에 열을 가하면 계의 온도가 상승하지만 상 전이 과정에서는 온도가 변하지 않고 가해진 열은 상 변화에 사용된다. 예를 들면, 물을 가열하면 100℃에서 끓기 시작하지만, 그 이상은 아무리 가열해도 완전히 수승기가 될 때까지 100℃를 넘지 않는다. 또 얼음을 가열해도 완전히 녹을 때까지는 0℃ 이상으로 되지 않는다. 이와 같이 비등 중인 물이나 융해 중인 얼음에 가해진 숨은 열은 물(액체)을 수증기(기체)로 바꾸고, 얼음(고체)을 물(액체)로 바꾸기 위해서만 소비되며 온도를 상승시키지는 않는다. 잠열과는 달리 계의 온도를 상승시키는 열은 현열이라 한다.

잠재 고무질 (潛在 質, potcntial gum) 항공연료의 산화 안정성 시험에서 규정된 온도에서 규정된 시간 산화하고 나서 침전물을 제외한 후의 여과액 중의 실재 고무질을 말한다.

잠재우기 (aging, ageing) 도자기를 제조할 때 성형 전의 이긴 흙과 이장. 유약을 탄 이장 등을 온도와 습도를 조정하여 일정 기간 저장하는 것. 잠재우기를 함으로써 이긴 흙에 수분 분포가 균일하게 되고 가소성이 증가하여, 이장에서는 유동성이 양호해진다.

잡종 (雜種, hybrid) 유전적으로 상이한 세포끼리의 합체 혹은 개체간의 교배로 태어난 세포 또는 개체 및 그 자손을 말한다. 근연의 종 사이에서는 교잡에 의해 생식능력이 있는 잡종이 생기는 것이 보통이지만, 분류학상으로 혈연 관계가 먼 종이나 속(屬) 또는 과(科) 사이에서는 교잡이 불능이거나 자손이 생겨도 생식능력이 없는 것이 보통이다. 생물이 자가수정(自家受精)을 계속해 나가면 쌍을 이루는 유전자가 호모(동형)인 개체가 많아져 고정되어 가고, 헤테로(이형)인 개체는 줄어들게 된다. 한 가지 대립 형질을 가진 양친 사이의 잡종을 단성 잡종(單性雜種)이라 하고, 두 가지의 대립 형질을 가진 양친 사이에서 낳은 잡종을 양성 잡종이라 한다. 일반적으로 두 가지 이상의 대립 형질을 가진 양친 사이의 잡종을 다성 잡종이라 한다. 염색체의 조성, 즉 게놈이 같은 생물 사이의 잡종은 감수분열이 정상으로 이루어지지만, 게놈이 다른 생물 사이의 잡종은 감수분열 과정에서 불임성의 생식세포가 생기므로 생식능력이 없는 경우가 많다. 예를 들면, 우량형질 A유전자를 가지는 AAbb인 생물과, 우량형질 B유전자를 가지는 aaBB의 생물을 교삽하여 AABB인 생물을 만들면 그 자손은 자가수정에 의하여 항상 AABB의 생물이 되므로 2개의 우량형질을 모두 가지는 우량종으로 고정된다. 이런 교잡으로 우량종을 고정해 가는 것은 유효한 육종법의 하나이다. 개체 잡종은 흔히 잡종 강세의 현상을 보이지만 이것을 자기 생식시키면 유전자형이 분리되므로 잡종성의 유지는 곤란하다. 최근에 인공적으로 형성한 DNA-DNA, RNA-DNA, DNA-RNA도 잡종 또는 분자 잡종이라 한다.

잡종 형성 (雜種形成, hybridization) 교잡(交雜)이라고도 한다. (1) 유전적으로 서로 다른 두 개체 간의 교배로 잡종의 자손을 만들어내는 것. (2) 한 가닥 DNA 사슬(또는

RNA)이 다른 한 가닥 DNA 사슬(또는 RNA)과 상보적인 염기 배열에 의해 두 가닥 사슬을 형성하는 것. 표지한 한 가닥 사슬을 사용하여 그것과 상동한 염기 배열부분의 탐색에 이용한다.

장거리 규칙도 (長距離規則度, long-range order) 단결정에서의 격자구조처럼 격자상수에 비해 충분히 긴 거리에 걸쳐 격자의 난조가 없고 규칙적 배열을 하고 있는 경우에 장거리 규칙도 또는 장거리 질서가 존재한다고 한다. 액체와 비정질 고체 등에서는 일반적으로 장거리 규칙도가 존재하지 않고 (또는 낮고), 단거리 규칙도만이 존재하는 경우가 많다.

장거리 질서 (長距離秩序, long-range order) ⇨ 장거리 규칙도.

장뇌 (樟腦, camphor) 녹나무의 정유 주성분으로서 산출되는 이환식 모노 테르펜 케톤. $C_{10}H_{16}O$. 4종의 광학이성질체가 있으나 천연산은 d-장뇌가 보통이다. L형과 라세미체는 국화과에 속하는 식물에 함유되어 있으나 그 양이 적다. 무색 투명한 판상 결정으로, 분자량 152.24, 녹는점 178~179℃, 끓는점 209℃, 비중 0.9853(18℃)이다. 특유한 냄새가 나며 승화성이 크다. 비대칭 탄소 원자를 가지고 있기 때문에 광학 활성을 보이며, D형, L형 및 DL형(라세미체)이 있다. D형의 비선광도(比旋光度) [i]＝＋44.2°이다. 알코올·에테르·아세톤·벤젠 등 유기 용세에는 잘 녹지만 물에는 잘 녹지 않는다. 작은 조각을 물에 띄우면 수면 위를 활발히 돌아다닌다. 니트로셀룰로오스와는 고용체(固溶體)를 만드는 성질이 있어 셀룰로이드·필름의 제조에 이용한다. 장뇌는 1833년 J. B. A. 뒤마에 의해 그 조성(組成)이 결정되었으나, 정확한 구조가 밝혀진 것은 그로부터 60년 후의 일이다. 그 후 1903년에 라세미체인 장뇌산의 전합성(全合性)이 이루어져, 그 구조가 확실한 것이 되었다. 합성에 의해서 생기는 것은 라세미체인데, 공업적 용도는 물론이고, 생리작용도 거의 같다. 합성법이 발달하기 이전에는 녹나무 재목을 잘게 부수어 수증기 증류에 의해서 D-장뇌를 얻었다. 장뇌는 분자 어는점 내림(分子氷點降下)이 크므로 라스트법에 의한 분자량 측정에

이용되고 셀룰로이드의 가소제(可塑劑)와 니트로셀룰로오스를 원료로 하는 무연 화약으로 사용된다. 또 의약 관계에서는 캠퍼라고 하여 ① 흥분·강심제로, 지방유에 녹여 근육 주사로 투여한다. 또 자극·진통·방부제로 알코올 용액(캠퍼팅크)을 신경통·류머티즘·동상·두드러기에 도포하며, 고형물을 곰팡이 방지, 살충제로서, ② 기재(器材) 방충에 사용한다. 외국에서는 테레빈유의 주성분인 피넨으로부터 합성한 DL-장뇌를 대용하고 있다. 정제한 투명한 장뇌를 편뇌(片腦)라고 하는 일도 있으나 편뇌는 원래 용뇌의 다른 이름이다. 또한 훈향(薰香)·향장품(香粧品), 의약용·방충제 등으로 시판되고 있다.

장미 기름 (薔薇油, rose oil) 남프랑스, 불가리아, 모로코에서 생산되는 신선한 장미꽃에서 수증기 증류법, 추출법 혹은 냉침법으로 채취되는 정유. l-시트로네랄을 주성분으로 하며 향료, 향수에 사용된다.

장염탄 (長炎炭, long flame coal) 석탄의 연소상태에 따른 분류로서 길고 밝은 불꽃을 내며 연소하는 석탄을 지칭한다. 석탄화도에 따른 분류에서는 아역청탄, 갈탄이 해당한다. 휘발분이 30% 이상으로 높고, 불붙기 쉽고 연소하기 쉬우므로 일반 가정, 공장 등에서 사용된다. 주로 유럽에서 사용되는 용어이다.

장유 바니시 (長油――, long oil varnish) 수지 1부에 대해 유지 2부 이상의 오일 바니시. 또 유변성 수지의 오일 함유량을 표시하는 용어로도 사용된다.

재 (ash) 각종 물질을 연소시킨 후에 남는 분말. 동식물을 태운 재는 유기질이 연소하여 무기질이 분연성 물질로 되어 남은 것으로, 칼륨, 나트륨, 칼슘 등의 산화물, 탄산염, 인산염, 규산염 등이다. 또 무기질을 태우거나 배소한 후에 남는 재는 각 성분 금속의 산화물, 규산염 등이다.

재결정 (再結晶, recrystallization) 결정성 물질을 적당한 용매에 용해하여 적당한 방법으로 다시 결정으로 석출시키는 조작. 정제 방법으로 잘 사용된다. 결정을 석출시키기 위해서는 온도에 의해 용해도의 상위(相違)를 이용하여 고온의 포화 용액을 냉각시키

거나 용매를 증발시켜 농축시키거나 또는 용액에 다른 적당한 용매를 가해서 용해도를 감소시키는 등의 방법이 취해진다. 공존하는 불순물은 대부분의 경우 그 대부분이 용액 속에 남기 때문에 정제의 목적이 달성된다. 또 온도가 낮은 데서 가공한 금속 등을 가열하면 가공시에 가해진 비틀림이 없어지고 결정이 성장하는데, 이것도 재결정이라 한다. 재결정이 일어나는 하한 온도를 재결정 온도라 하고, 물질의 종류 뿐만 아니라 가공률, 가공법에 따라서도 다르며, 또 일반적으로 불순물이 적을수록 낮다. 금속에서는 절대온도로 표시했을 경우 녹는점의 반분 정도라고 하는 것이 대략의 기준이 된다. 처리온도가 낮으면 1차 재결정 입자는 미세하지만 다시 고온으로 충분하게 가열시키지 않으면 2차 재결정에 의한 결정 입자의 조대화(粗大化)가 일어난다. 이것을 이용하여 다결정 시료에서 단결정을 만들 수가 있다.

재결합 (再結合, recombination)　짝 안지은 전자가 있는 2개의 원자와 유리기가 결합하여 분자를 형성하는 반응. 예를 들면 $Br \cdot +$ $Br \cdot \rightarrow Br_2$, $\cdot CH_3 + \cdot CH_3 \rightarrow C_2H_6$ 또 양이온과 전자 혹은 음이온에서 중성의 분자가 형성되는 경우에도 재결합이라고 하는 경우가 있다.

재령 (材齡, age)　콘크리트나 모르타르를 성형하고 난 후의 양생기간을 말한다.

재무두질 (再——, retanning)　이미 무두질한 가죽에 대해 다시 새롭게 무두질 하는 깃. 재유(再鞣)라고도 한다. 다른 무두질제를 병용함으로써 가죽의 특성을 폭넓게 변화시킬 수 있으므로 널리 채용되고 있다.

재배향 (再配向, reorientation)　외부 조건(온도, 압력, 빛 전자기장 등)의 변화로 고체 중의 원자단이나 분자 중의 치환기, 전자와 원자핵의 스핀 등이 그 향배를 바꾸는 것을 말한다.

재부착 (再付着, redeposition)　⇨ 재 오염.

재분화 (再分化, redifferentiation)　식물 세포의 배양기술에서 캘러스 상태의 세포는 특별한 기능을 갖도록 성장하는 능력이 없다. 그러나 배양 조건을 변화시킴으로써 부정 싹이나 부정 뿌리가 형성되어 식물체가 재생하는 출발점이 된다. 이 현상을 재분화라 한다.

재비등기 (再沸騰器, reboiler)　⇨ 리보일러.

재생 고무 (再生——, reclaimed rubber, regenerated rubber)　가황 고무를 물리적 혹은 화학적으로 처리하여 해중합한 다음 가소성과 점착성을 부여하여 다시 원료 고무 혹은 원료 고무와 혼용하여 사용할 수 있는 상태로 재생한 고무. 공업용으로는 자동차 폐 튜브, 자동차 폐 타이어, 기타 여러 가지 폐 고무를 원료로 하여 제조된다.

재생기 (再生器, regenerator)　용제, 흡착제, 촉매 등이 사용되어 그 능력을 상실하였을 때 적절한 처리를 하여 다시 능력을 회복시키기 위한 설비를 말한다.

재생모 (再生毛, rag openning, recovered wool)　실 보푸라기, 직물 보푸라기를 재생모 기계에 의해 섬유상으로 하는 것. 또한 모사 보푸라기, 모직물 보푸라기 등을 타서 만든 양모도 재생모라 한다.

재생 섬유 (再生纖維, regenerated fiber)　천연 섬유를 용해한 것을 방사에 의해 응고시켜 다시 섬유로 한 화학 섬유의 하나. 펄프 등을 원료로 하는 셀룰로오스계의 레이온이 대표적인 재생 섬유이지만 우유, 대두 등을 원료로 하는 단백질 섬유도 개발된 적이 있다.

재생 셀룰로오스 (再生——, regenerated cellulose)　셀룰로오스 또는 그 유도체를 용해하여 재생한 것의 총칭. 비스코스 레이온, 구리 암모니아 레이온, 아세드산 셀룰로오스, 삼아세트산 셀룰로오스 등을 지칭한다. 화학적 조성은 천연 셀룰로오스와 같지만 결정 격자 등의 물리적 구조가 다르고 대부분은 셀룰로오스 수화물이다.

재생유 (再生油, rag oil)　재생모시에 섬유의 손상을 적게 하기 위해 사용하는 윤활유. 예전에는 올리브유를 사용하였으나 근년에는 식물유를 주체로 한 음이온 계면 활성제나 비이온 계면 활성제의 혼합물이 사용된다.

재생형 광전지 (再生型光電池, photoregenerative cell)　습식 광전지 중 전해액에 레독스제(산화–환원제)를 함유하고, 산화–환원 반응이 반도체 전극과 대극의 금속 전극에서 일어나는 광전지. 전해액의 조성은 광전지

반응이 진행하여도 변화하지 않는다. 이 광전지에서는 광 에너지가 전기 에너지로 변환된다.

재생 후민산 (再生 —— 酸, regenerated humic acid)　석탄(특히 낮은 석탄화도의 이탄, 갈탄)을 알칼리 추출하여 산을 가하면 후민산이 침강하는데 이 추출 잔분 또는 추출물을 함유하지 않는 석탄을 산화하면 다시 알칼리 가용으로 산에 의해 침강하는 물질이 생성된다. 이것을 후민산과 구별하여 재생 후민산이라 한다. 갈색이고 비교적 분자량이 큰 다염기성 산이며, 카르복시기와 페놀기를 다수 함수한다.

재순환 (再循環, recycle)　연속 유통식의 반응공정에서 반응기에서 배출된 반응 생성물 중의 미반응물을 분리하여 이것을 새로운 원료와 혼합하여 다시 반응기에 공급하는 것. 간단히 순환이라고도 한다. 새 공급원료에 대한 순환 재이용 원료의 비를 재순환비라고 한다.

재순환비 (再循環比, recycle ratio)　⇨ 재순환.

재순환유 (再循環油, recycle oil)　석유의 접촉 분해에 있어, 배치 조작으로는 원유의 분해 효율이 낮으므로 분해 가솔린을 증류 분리한 잔유의 일부를 원료계에 재차 순환하는 기름. 이 기름은 고온에서 접촉반응으로 방향족화한 성분을 함유하고 있으므로 전량을 재순환하여도 분해 효율은 향상하지 않는다. 그러므로 여분의 잔유는 고무의 프로세스유나 카본 블랙의 제조 원료로 사용된다.

재염 (再染, redyeing)　염색 얼룩이 생긴 염색물을 균일하게 하기 위해 다시 염색하는 것, 혹은 탈색하여 다른 색상으로 다시 염색하는 것을 말한다.

재오염 (再汚染, resoiling redeposition)　세정 때 한 번 이탈한 오물이 다시 기질에 흡수 부착하는 현상. 재부착 또는 재침전이라고도 한다. 일반적으로 세정은 유한의 세욕비로 하게 되므로 세정력은 오물의 이탈과 재오염의 양자에 의해 지배된다. 재오염에는 기질과 오염 물질의 표면 전위와 용매화층이 관계한다. 재오염을 방지하기 위해 의료용 합성 세제에는 카르복시메틸셀룰로오스 등이 배합된다.

재유 (再鞣, retanning)　⇨ 재 무두질.

재조합 DNA (再組合 ——, recombinant DNA)　시험관 안에서 다른 종의 DNA 분자를 결합하여 작제한 잡종 DNA 분자. 보통 한쪽의 DNA는 벡터이고 다른 쪽은 목적으로 하는 유전자를 함유한 DNA 단편이다. 재조합 DNA를 사용하여 클로닝이 이루어진다.

재조합체 (再組合體, recombinant)　유전적 재조합이나 유전자 조작으로 형성된 재조합 DNA를 함유하는 생물체의 총칭이다.

재 증류 (再蒸溜, redistillation, rerun)　증류 장치로부터 유출물의 끓는점 범위를 조정하기 위해 재차 증류하는 것을 말한다.

재침전 (再沈澱, reprecipitation)　한번 생성시킨 침전이 불순물을 함유하고 있는 경우에 침전을 일반 용해시킨 후에 다시 침전시켜 불순물이 적은 침전으로 하는 것. 재침이라고도 한다.

재침착 (再沈着, redeposition)　⇨ 재 오염.

재편성 (再編成, reconstitution)　생체의 고차 구조를 그 요소에서 재생하는 반응. 단백질의 4차 구조를 서브유닛에서 집합시키거나 생체막을 그 주성분인 막단백질과 극성 지질로 나누어 다시 기능적인 구조막을 재생하는 실험조작도 지칭한다. 이에 의해 각개 요소의 기능, 생리적인 역할이 해명된다.

재현성 (再現性, reproducibility)　실험조건을 동일하게 하면 동일 현상과 동일 실험이 동일한 결과를 낳는 경우 재현성이 있나고 한다.

재현 정도 (再現精度, reproducibility)　재현 측정에서의 정도. 같은 시료를 완전히 상이한 조건에서 측정하였을 때의 정도(precision)를 말한다. 예를 들면 상이한 측정자가 상이한 기기를 사용하여 혹은 상이한 분석실에서 측정을 하였을 때의 정밀도를 말한다.

재흡수 (再吸收, reabsorption)　분자에서 방출된 빛이 계 내에 있는 같은 종 또는 다른 종의 분자에 의해 흡수되는 현상. 발광의 파장 영역에 흡수가 있을 때에 일어난다. 같은 종의 분자에 의한 재흡수가 일어나면 발광 수명이 외견상 길어진다.

저면 발효 (底面醱酵, bottom fermentation)　맥주 양조에 사용되는 발효 형식의 하나. 발효 말기에 발효조 바닥에 침강하는 하면 효모에 의해 맥즙 중의 당을 에탄올과 이산화탄소로 분해한다.

저면 침강물 (底面沈降物, bottom sediment and water) 원유와 중유의 저장 탱크 바닥 등에 침적한 유화물. 슬저지상 이상물, 침적물 등의 총칭. 시료를 벤젠 또는 톨루엔으로 희석하여 원심분리기로 처리, 시험관 바닥에 침강한 비석유 잔분의 양으로 표시한다.

저밀도 폴리에틸렌 (低密度 ——, low-density polyethylene) 분지가 많고 결정성이 낮은 밀도 0.91~0.93의 폴리에틸렌. LDPE가 약어이다. 고압하 소량의 산소와 과산화물에 의해 에틸렌을 중합하는 고압법으로 얻어진다. 기계적 강도는 떨어지지만 가공성이 우수하다. 고밀도 폴리에틸렌의 대응어이다.

저발열량 (低發熱量, lower calorific value) 연소 생성가스에 함유되는 수증기의 응축열을 공제한 발열량. 참발열량이라고도 한다. 실제 연소장치에서는 대부분의 경우, 수증기는 응축하지 않고 외부로 방출되므로 고발열량보다 저발열량 쪽이 많이 사용된다. 고발열량과 저발열량의 차이는 함유되는 수증기의 응축열과 같으므로 함유 수증기량을 알면 양자는 쉽게 환산된다.

저비점 한계성분 (低沸點限界成分, light key component) ⇨ 한계 성분.

저속 전자선 회절 (低速電子線回折, lowenergy electron diffraction) 에너지가 낮은 전자(저속전자 100~200 eV)를 고체 표면에 쪼이면 탈출 깊이(입사 깊이)가 얇기(약 수십 nm) 때문에 표면에서만 회절하는 것을 이용하여 표면의 결정구조를 해석하는 방법. LEED가 약어이다. 흡착종의 규칙적인 배열을 알 수도 있다. 저에너지 전자 회절이라고도 한다.

저스핀 착물 (低 —— 錯物, low-spin complex) 고스핀 착물의 대응어이다. ⇨ 고스핀 착물.

저심 격자 (底心格子, base-centered lattice) 공간 격자 중, 격자점이 정점의 8개만이 아니라 서로 마주한 1쌍의 면 중앙에도 격자점이 있는 복합 격자. 기호는 A, B, C의 어느 면의 중앙에 격자점이 있는가에 따라 A, B, C로 표시된다. 저심(밑면심) 사방 격자와 저심(밑면심) 단사 격자가 있다.

저열 시멘트 (低熱 ——, low-heat cement) 중용 열 포틀랜드 시멘트보다 더욱 경화에 따른 발열량이 작은 시멘트. 대형 댐 등의 건설에서 시멘트의 수화에 의한 발열로 균열이 일어나지 않도록 한 것을 말한다.

저온 살균 (低溫殺菌, pasteurization) 우유 속의 유해균을 가열처리하여 식품위생상 안전한 제품으로 하는 처리법. 60℃ 30분간 가열한 살균(저온 살균)과, 115~118℃ 15 ~ 20분간 가열한 고온 단시간 살균이 있다.

저온 세균 (低溫細菌, psychrotrophic bacteria) 저온 환경을 선호하여 생육하는 세균. 보통 20℃ 이하에 최적온도를 갖지만 0℃ 가까운 온도에서 생육하는 세균을 말한다. 그러나 식품보존 등의 실용적 입장에서 5℃ 또는 7℃에서 생육하는 것을 지칭하는 경우도 있다. 최적 온도가 20℃ 이상인 것도 다수 알려져 있다.

저온 슬러지 (低溫 ——, cold sludge, low-temperature sludge) 엔진의 윤활유 순화계에 생성되는 침적물의 하나. 저온·경부하 운전에 기인하는 연소실의 통과 생성물(예를 들면 응축수, 매연, 미연소 가스 등)에 의해 생긴다.

저온 취성 (低溫脆性, cold brittleness, cold shortness) 금속재료의 강도와 경도는 온도가 저하됨에 따라 서서히 증가하지만 늘어남·오므라듦 등은 저하하고 충격적인 응력이 가해지면 어느 온도 이하에서 급격하게 취약하여 파괴되기 쉽게 되는 일이 있다. 이 취화현상을 저온 취성이라 한다. 일반적으로 체심 입방 금속에서 볼 수 있으며, 철강 재료나 그 용접 구조물 등에서는 매우 중요한 문제가 된다. 면심 입방형 금속의 Cu, Ni, Al 및 이러한 합금과 18-8 스테인리스강에는 이 현상이 일어나지 않는다.

저온 탄화 (低溫炭化, low-temperature carbonization) 석탄의 500~600℃에서의 건류. 비점결탄 또는 약점결탄을 주원료로 하여 저온 타르, 화학공업용 원료, 가정용 무연연료, 가스화용 또는 활성탄용 차(char)의 제조를 목적으로 한다.

저온 플라스마 (低溫 ——, low-temperature

plasma) 기체온도(격차온도라고도 한다)는 낮고 전자온도가 높은(수만 K) 비평형 상태에 있는 플라스마의 총칭. 이에 대해 기체온도가 1만 K 이상이고, 거의 평형상태에서의 것을 열 플라스마라고 한다. 저온 플라스마는 금속이나 고분자의 표면 개질. 반도체 프로세스에서의 스퍼터링, 에칭, 박판작성(CVD) 등에 응용된다.

저욕비 염색(低浴比染色, low-liquor ratio dyeing, short-liquor ratio dyeing) 염료·염색 조제의 유효 이용, 절수, 에너지 절약 등의 목적으로 욕비(피염색물에 대한 염색의 중량비)를 작게 하는 염색법. 염색 기계의 합리적 설계, 거품 염색, 패드롤법 등 각종 방법이 고안되어 있다.

저장 탄성률(貯藏彈性率, storage modulus) 복소 탄성률의 실수부. 동적 탄성률이라고도 한다. 진동하고 있는 시료 중에 축적되는 탄성 에너지의 크기를 나타낸다.

저항(抵抗, resistance) 물체가 유체 중이나 고체 위를 운동할 때, 그 물체가 액체나 고체로부터 힘을 받아 운동이 저해되는 효과를 이른다. 이와 같은 역학적 저항 외에 전기의 흐름을 저해하는 전기저항과 화학 반응을 저해하는 효과를 의미하는 경우도 있다. 또 특정한 전기저항을 갖는 소자를 지칭하는 경우도 있다.

저항로(抵抗爐, resistance furnace) 저항 발열체를 이용한 전기로. 저항 발열체로는 흑연, 탄소규소, 몰리브덴, 란탄크로마이트 등이 있다.

저항률(抵抗率, resistivity) 전기 전도율의 역수. 비저항(비전기 저항의 약칭)이라고도 한다. 등방성 도체에 대해서는 물질의 고유한 상수로서, 물질의 단면적을 S, 길이를 l, 전기저항을 R로 하면 저항률은 $p=RS/l$로 표시된다. 단위는 Ωm이다.

저해(沮害, inhibition) (1) 생물학에서는 효소를 실활시키는 일 없이 반응속도를 저하시키는 것. 저해 물질은 효소의 기능에 영향을 미치는 부위에 가역적으로 결합하므로 효소기능의 해명에 기여한다. 길항 저해, 비길항 저해, 불길항 저해의 형식이 있다. (2) 촉매화학에서는 촉매 활성 사이트에 가역적으로 흡착 혹은 배위하여 반응속도를 저하시키는 것을 말한다.

저해물(沮害物, inhibitor) 일반적으로 화학 반응이나 생리작용을 억제하는 작용을 나타내는 물질. 생물학에서는 효소의 특정 부위에 결합하여 반응속도를 저하시키는 물질을 지칭한다. 금속 및 무기 화합물, 동물, 식물에서 발견된 고분자 물질, 미생물이 생산하는 펩티드 등이 있다. 또 촉매화학에서는 촉매 활성 사이트에 결합하여 반응속도를 저하시키는 물질을 말한다.

적 강홍(赤降汞, red precipitate) 적색 산화수은(Ⅱ) HgO의 옛 명칭이다.

적니(赤泥, red mud) 알루미늄 제련공업에서, 원료인 보크사이트를 가성소다로 용해하여 알루미나분을 추출한 후의 불용 잔류물. 산화철, 규산 등을 다량 함유하며 적갈색을 띤다. 다량으로 생기므로 적절한 이용법의 확립이 요망된다.

적도방향 결합(赤道方向結合, equatorial bond) 시클로헥산 골격이 있는 분자가 의자형 배좌를 취할 때 고리 탄소에 결합하고 있는 두 치환기 중 하나는 고리 평면에 대해 수평방향을 향한다. 이 결합을 적도방향 결합이라 하고 기호 e로 나타낸다. ⇨ 의자형의 그림.

적동(赤銅, red copper) 금 2~8%, 때로는 은 1%를 함유하는 구리 합금. 오래 전부터 사용되는 미술용 합금. 자금, 자동(紫銅)이라고도 한다. 흑자색(黑紫色)을 띤다. 자동(紫銅)이라고 부르는 이유는, 이 합금을 약품으로 처리하면 아름다운 자색(紫色)을 띤 흑색의 광택 있는 상태가 되기 때문이다.

적린(赤燐, red phosphorus) 황린을 불활성 기체 중에 가열하여 얻어지는 적갈색 분말. 제조법, 그 밖의 조건으로 보라에서 빨강 사이의 여러 빛깔을 띤다. 삼중점은 대략 590℃, 비중 2.1~2.28이다. 자색인과 백린의 고용체로 여겨지고 있다. 백린과 달리, 공기 중에서 자연 발화하지 않고 또 독성도 없다. 공기 중에 방치하여도 황린과 달리 인광(燐光)을 발생하지 않는다. 물·이황화탄소 등에 녹지 않는다. 황린에 비하여 화학 반응성은 비활성이고 고온이 되지 않으면 반응하지 않는다. 공기 중에서 발화온도는 260℃이다. 성냥 등의 제조 원료가 되는 외에 인화합물의 합성 원료가 된다.

적분 강도 (積分强度, integrated intensity) 스펙트럼선의 강도를 파장 등의 파라미터 ω 의 함수 $f(\omega)$로 나타낼 때, 그 적분값 $\int f(\omega)d\omega$를 이른다.

적분 반응기 (積分反應器, integral reactor) 유통계의 반응에서, 반응기 입구와 출구에서 반응물의 농도에 차이를 인정할 수 있도록 설계된 반응기이다.

적색 이동 (赤色移動, red shift) 스펙트럼 선의 파장이 각종 원인으로 장파장측(가시부에서는 적색쪽으로)으로 치우치는 것. 적방편이, 적편이 등이라고도 한다. 청색 이동의 대응어. 원래는 천문 용어로 은하계 밖의 성운이 멀어져 갈 때 그 스펙트럼이 도플러 효과에 의해 장파장측으로 치우치는 것을 의미하였다. 화학에서는 많은 물질의 흡수 스펙트럼에 대해 사용하는 경우가 많다.

적외선 (赤外線, infrared) 가시광보다도 파장이 길고 마이크로파보다 파장이 짧은 $0.75\,\mu m$ ~$1\,mm$ 범위의 전자기파. 보통은 $2.5\,\mu m$ 이하를 근적외선, $2.5\sim25\,\mu m$를 중적외선, $25\,\mu m$ 이상을 원적외선으로 구분한다. 약어는 IR 이다.

적외선 건조 (赤外線乾燥, infrared drying) 250W 이상의 카본 필라멘트 또는 텅스텐 필라멘트의 전구를 배열하고 그 배후에 금도금 또는 크롬 도금한 철 또는 알루미늄제의 반사경을 놓고, 그 앞을 통하는 피도물에 전구에서 방출하는 열선을 투사함으로써 도막을 가열 경화시키는 방법. 건조시간이 단축되어 라인 도장에 적합하다.

적외선 분광법 (赤外線分光法, infrared spectroscopy) 시료에 적외선을 쬐어 분자의 진동과 회전운동을 반영하는 적외 스펙트럼을 측정하여 분자종의 동정과 정량을 하는 분광법.

적외선 스펙트럼 (赤外線——, infrared spectrum) 적외 영역에 나타나는 발광 또는 흡수 스펙트럼. 이 영역에서는 분자의 진동 준위 간의 전이가 관측된다. 적외 스펙트럼은 라만산란 스펙트럼과 함께 분자의 구조와 진동역장에 관한 정보를 제공한다.

적외 흡수 (赤外吸收, infrared absorption) 적외 영역의 전자기파가 물질에 의해 흡수되는 것. 특히 진동 분광학에서는 분자의 진동 준위 간의 전이가 적외 흡수로 관측된다.

적응 계수 (適應係數, accommodation coefficient) 기상과 고상 또는 액상 간의 수송현상에서 그 계면에서의 물리량의 교환 효율에 관한 계수. 운동량, 열 및 물질 이동의 각각에 대해서 적응계수가 정의되어 있다. 운동량과 열에 관한 적응계수는 기체분자의 계면에 대한 전 충돌횟수 중 충돌에 의해 운동량, 에너지가 100% 교환되는 충동횟수의 비율로 정의된다. 물질 이동에 관해서는 랭뮤어의 분자 증발식에 의한 이론값의 비로 정의된다. 이 양은 주어진 기체 및 고체에 고유한 것이지만 고체 표면에 흡착 물질 층이 있을 경우에는 현저하게 그 영향을 받는다.

적정 (滴定, titration) 용량 분석법에서 방법 또는 조작. 시료 용액에 이것과 화학량론적으로 신속하게 반응하는 물질의 기지 농도 용액(표준액)을 약간씩 가해서 반응을 과부족 없이 완결시켜 사용한 표준액의 체적에서 시료 물질을 정량하는 방법 혹은 이 때 사용하는 조작을 말한다.

적정 곡선 (滴定曲線, titration curve) 적정의 진행과 더불어 시료의 특정 값이 변화하는 양상을 나타낸 곡선. 보통 가로축에 표준액의 첨가량, 세로축에 시료의 특정 값을 취하여 도시한다. 실용적으로는 적정의 종점을 결정하는 데 사용하지만 곡선의 해석으로 반응에 관한 물리화학적 지견을 얻을 수도 있다.

적정 농도 (滴定濃度, titer, titre) (1) 역가(力價)와 같은 뜻. 즉 적정에 사용되는 표준액의 농도. 농도는 표준액 중에 함유되는 물질로 표시되는 경우, 혹은 이것과 화학적으로 당량의 물질에 대해서 표시하는 경우가 있다. 또 팩터를 역가라고 하는 경우도 있다. (2) 적정량. 적정에 요하는 표준액의 부피. 적정값이라고 한다. 미국 화학회에서는 보통 (1)의 의미로 사용된다.

적정량 (滴定量, titer, titre) ⇨ 적정 농도.

적층 목재 (積層木材, laminated wood) 처리

하지 않은 단판 또는 수지로 처리한 단판을 원칙적으로 단판의 섬유방향을 전부 평형하게 다수 겹쳐, 적당한 압력하에 접착 성형한 목재. 적층재라고도 한다.

적층 성형 (積層成形, laminated molding)　섬유 기재에 수지를 함침한 성형 재료를 층상으로 겹쳐 쌓은 후 접촉압 또는 가압하에서 가열하는 등의 방법으로 소정의 형태로 성형하는 것을 말한다.

적층 전지 (積層電池, layer built cell)　평판형의 단위 소전지를 쌓아 올려 포장한 건전지. 소형, 경량이며 각종 전압 용량의 것을 조립할 수 있다.

적층 콘덴서 (積層——, multilayer capacitor)　세라믹 유전체층과 금속 전극층을 교대로 적층하여 일체 소결하여 얻어진 대용량의 콘덴서. 유전체로는 유전율이 큰 $BaTiO_3$계, Bi_2O_3-TiO_2계가, 전극에는 Ag, Ag-Pd, Ni 등이 사용된다. $100 \sim 200\,\mu F$의 대용량이 얻어진다.

적판 (滴板, spot plate)　⇨ 점적판.

적하 수은 전극 (滴下水銀電極, dropping mercury electrode)　폴라로그래피에서 음극으로 사용되는 전극. 선단에 수은 적하용의 유리 모세관이 있어 측정용의 전해액에 침지시킨다. 상부의 수은 그릇에서 수은을 흘려 내리면 수은 방울은 유리모세관에서 수초 간격으로 적하한다. 이 수은 방울을 전극으로서 사용한다. 수은 방울의 표면은 계속적으로 갱신되므로 재현성이 높다. 모세관의 다른 쪽은 비닐관이나 고무관을 통하여 수은 그릇에 연결되어 있으므로 수은 그릇의 높이를 바꿈으로써 수은 방울의 적하 간격을 변화시킬 수 있다. 폴라로그래피 전극으로서 중요하다.

적혈구 (赤血球, erythrocyte)　혈색소를 함유하는 혈액 중의 세포. 혈액 유형 성분의 대부분을 점한다. 모든 척추동물 및 무척추 동물의 일부에서 볼 수 있지만, 무척추 동물에서는 백혈구와의 구별이 뚜렷하지 않은 것도 있다. 포유류의 적혈구는 중앙부가 우묵한 얇은 원반상을 하고 있으며, 조혈조직 중에서는 핵을 가지나 순환 혈액 중에서는 낙타와 라마 이외는 핵이 퇴화되어 있다. 평균 지름 $8.5\,\mu m$의 원판상으로, $1\,mm^3$의 혈액 중에 성인 남자는 약 540만 개, 여자는 약 480만 개 존재한다. 인체의 적혈구는 무핵이지만 조류 등은 유핵이다. 산소를 운반하므로 저산소 상태가 계속되면 신장에서 에리트로포에틴이 분비되어 적혈구 형성(조혈)이 촉진된다. 적혈구의 수명은 약 120일로, 골수에서 만들어지고, 간·지라·골수에서 파괴된다. 처음 생성될 때는 핵이 있지만, 성숙함에 따라 핵은 소실되고 골수를 떠나 혈액 속으로 들어간다. 적혈구 속의 세포질은 헤모글로빈으로 채워져 있으며, 이것의 중요한 기능은 산소 운반이다. 혈액이 붉게 보이는 이유도 바로 이 헤모글로빈 때문이다. 사람의 정상 적혈구의 크기보다 큰 것을 대적혈구(macrocyte), 작은 것을 소적혈구(microcyte)라 하고, 또 적혈구가 구형인 것을 구상 적혈구(spherocyte), 타원형인 것을 타원 적혈구(elliptocyte)라고 한다.

적혈 칼륨 (赤血——, potassium red prussiate)　⇨ 헥사시아노철(Ⅲ)산 칼륨.

전개 (展開, development)　크로마토그래피에서 이동상의 흐름과 함께 시료성분이 고정상 위를 이동하면서 분리되어 나가는 과정을 말한다. 단, 이동상에서는 여지 크로마토그래피, 얇은 막 크로마토그래피에서 보는 바와 같이 시료는 고정상역에 멈추어 용리는 이루어지지 않는 것이 원칙이다.

전개액 (展開液, developer)　⇨ 전개제.

전개제 (展開劑, developer)　액체 크로마토그래피의 전개에 사용하는 이동상 액체. 전개액이라고도 한다.

전계 방사 (電界放射, field emission)　금속과 반도체 표면에 강한 전기장($\geq 10^8\,Vm^{-1}$)을 가하였을 때 전자가 방출되는 현상. 전계 방출이라고도 한다. 전기장이 가해지면 일함수가 감소하고, 전자가 표면 부근의 퍼텐셜 장벽을 터널 효과로 투과하여 방출된다.

전계이온 현미경 (電界——顯微鏡, field ion microscope)　전계 탈리현상을 이용하여 시료 표면의 결정 구조를 형광 스크린상에 확대하여 조사하는 방법. 약어 FIM. 시료칩(곡률 반지름 γ 약 $0.1\,\mu m$)에서 형광 스크린까지의 거리를 R(약 $10\,cm$)로 하면 약

R/γ(약 10^6)배로 확대된다.

전계 탈리 (電界脫離, field desorption)   강한 양의 전계(약 10^8 Vcm^{-1})를 시료에 가하면 시료 표면에 흡착한 원자(분자)에서 시료로 터널전자가 흘러 흡착원자(분자)가 이온으로 되어 시료에서 탈리하는 현상. 이 원리를 이용하여 전계 이온 현미경이 만들어졌다.

전계효과형 트랜지스터 (電界效果形 ——, field effect transistor)   트랜지스터의 한 형식. 약어 FET. 소스, 드레인, 게이트의 세 전극이 설치되어 있으며 소스, 드레인 간의 전류를 게이트에 인가한 전압에 의해 제어한다. 게이트의 구조에 따라 MIS(금속-절연체-반도체, 절연체가 산화물일 때는 MOS)형, p-n 접합의 접합형, 쇼트키 장해형의 세 가지로 분류된다.

전구 물질 (前驅物質, precursor)   대사반응에서 착목 물질의 전단계에 있는 물질. 예를 들면 포도당은 유산이나 글리코겐, 스쿠알렌은 콜레스테롤, 글리신은 퓨린 염기의 전구 물질이다.

전극 (電極, electrode)   어떤 계에 전류를 출입시키기 위한 도체와 반도체를 말한다. M. Faraday는 희랍어를 바탕으로 전류의 입구를 음극, 전류의 출구를 양극라 명명하였다. 전기분해와 전지 혹은 방전관 등에서 사용한다.

전극 과정 (電極過程, electrode process)   전기분해나 전지 등의 전기화학 반응에서 전극에 전위가 인가되거나 전류가 흐를 때에 일어나는 각종 현상. 전극 반응, 흡착 등이 있다.

전극 반응 (電極反應, electrode reaction)   전극과 용액의 계면에 발생하며 전극과 전자의 수수를 수반하는 화학 반응의 총칭. 용액에서 전극으로 전자가 이동하는 반응을 양극반응, 반대의 경우를 음극반응이라 한다. 전자에서는 산화반응, 후자에서는 환원반응이 진행한다. 일반적으로 전극 반응은 몇 가지 소반응으로 이루어지며, 여기에는 반응물과 생성물의 확산 및 몇 가지 표면반응이 포함된다.

전극 전위 (電極電位, electrode potential)   전극에 접하는 전해질 용액상에 대해 전극상이 갖는 내부 전위. 보통 용액상에 참조 전극을 삽입하여 그 전극단자에 대해 측정되는 전극의 전압을 말한다.

전기 가황 (前期加黃, precure, prevulcanization)   고무의 가황공정 초기과정에서 일부 반응시키는 것. 라텍스의 점도를 상승시키거나 미가황 고무의 탄성률을 향상시키거나 하여 가공성을 개선하기 위해 이루어진다. 전자선을 사용하거나 일부 특수한 가황제를 가하여 이루어지지만 스코칭을 일으키지 않도록 주의할 필요가 있다.

전기 감수율 (電氣感受率, electric susceptibility)   유전분극 P와 전기장 E의 관계 $P= xE$에서의 x를 말한다. 어떤 물질의 유전율과 진공의 유전율의 차. 강유전체에서는 강자성체의 자화율에 대응하여 복잡한 변화를 나타낸다. 미시적인 계에서는 분극률이 전기 감수율에 대응한다.

전기계 (電氣界, electric field)   ⇨ 전기장.

전기기록 분석 (電氣記錄分析, electrographic analysis)   금속 시료편과 알루미늄판 사이에 적당한 전해질 용액을 함유하는 여과지를 끼워 전자를 양극으로 하여 단시간 전해를 하면 시료면에서 금속이 여과지 중에 용출하므로 발색 시약의 분무 등에 의해 성분의 정성 확인, 정량, 혹은 금속 조직의 관찰이 가능하다.

전기 뇌관 (電氣雷管, electric detonator, electric blasting cap)   금속관체의 바닥부에 첨장약과 기폭약을 채우고 다시 그 상부에 전기 점화장치, 또는 전기 점화장치의 점회히여 폭파할 때까지의 시간을 조절하는 연시장치를 상착한 뇌관. 통전에서 폭파까지의 시간이 2~3 ms인 순발 전기뇌관과 연시장치를 통해 설정한 시간차로 계속적으로 폭파하는 단발 전기뇌관이 있다.

전기 도금 (電氣鍍金, electroplating, electrodeposition)   금속 이온을 함유하는 수용액 중에서 외부의 직류전류에 의해 전기 화학적으로 전도성 재료 표면(음극)에 금속을 환원 석출시키는 방법. 밀착성이 높은 피막을 소망하는 두께로 얻을 수 있다. 전류밀도 분포가 있으므로 피막의 두께를 균일하게 하려면 대극 위치 등을 조정할 필요가 있다. 각종 실용 금속 외에 최근에는 각종 합금이

도금과 복합 도금(분산 도금) 기술이 개발되어 용도가 확대되고 있다.

전기량계 (電氣量計, coulometer) 전기회로에 흐른 전기량을 측정하기 위한 도구. 은의 전석을 이용한 것, 적분회로를 이용한 것 등이 있다.

전기량 분석 (電氣量分析, coulometric analysis) ⇨ 쿨로메트리.

전기량 적정 (電氣量適定, coulometric titration) 정전류 전해에 의해 시약을 전해적으로 발생시켜 분석 대상 물질과 반응시켜 종점까지에 소요한 전기량으로부터 정량을 하는 방법. 전해는 전류 효율 100%에서 이루어져야 하고, 발생 시약과 대상 물질이 화학량론적으로 신속하게 반응하는 것이 필요하다. 전위차법 등 종점 검지의 방법을 병용한다. 시약 발생 전류의 크기에 따라 상량에서 미량까지의 정량이 가능하며, 또한 불완전 시약을 발생시켜 이용할 수도 있다.

전기 모세관 곡선 (電氣毛細管曲線, electrocapillary curve) 모세관 안의 수은을 전극으로 하여 용액과 접촉하고 전위를 가하면 수은과 용액 간의 계면장력이 변화한다. 이 계면장력과 전위의 관계를 나타내는 곡선이 전기 모세관 곡선인데, 수은 표면의 전하가 제로일 때는 계면장력은 최대가 되고 전체적 형태는 포물선이 된다.

전기 모세관 현상 (電氣毛細管現象, electrocapillarity) 모세관 안에서 접촉한 두 액체 간의 계면에 전위차를 가했을 때, 그 계면장력이 변화화는 현상. 열역학적 평형상태에서는 기브스의 흡착 등온식에 의해 계면장력의 전위 변화는 계면의 전하밀도와 결부된다.

전기 발광 (電氣發光, electroluminescence) 전기장(직류 또는 교류)의 인가로 물질이 발광하는 현상. 또는 그 때의 발광. 단, 반도체 레이저, 발광 다이오드와 같이 전류 캐리어의 재결합으로 발광하는 것은 포함하지 않으며, 가속 전자의 비탄성 출동에 의해 발광하는 것을 말한다. 정보디스플레이에 응용된다.

전기 분해 (電氣分解, electrolysis) 전해질 중에 있는 두 전극에 외부 전원에서 전기 에너지를 가하여 화학변화를 일으키게 하는

것. 생략하여 전해라고도 한다. 보통 화학 반응에서는 일어나지 않는 자유 에너지가 증가하는 반응을 가능하게 한다. 양극에서는 산화반응, 음극에서는 환원반응이 진행한다. 물을 전기분해하면 산소와 수소가 얻어진다. 전기 분해 때의 전기량과 생성되는 물질의 양의 관계에 대해서는 패러데이의 법칙이 성립된다.

전기삼투 (電氣滲透, electroosmosis) 계면 동전현상의 하나. 입자를 2매의 여지 또는 유리 필터 등의 사이에 집어넣고 그 양단에 직류전압을 가하면 매질액이 이동하는 현상. 입자 주위에 전기 이중층이 존재하므로 생긴다. 전기영동의 역현상이라 할 수 있다. 정상 상태에 이르렀을 때의 액의 이동량으로 계면 동전위(제타 전위)를 구할 수 있다.

전기 용량 (電氣容量, electric capacitance) ⇨ 커패시턴스.

전기 유기화학 (電氣有機化學, electro-organic chemistry) 전해액 중의 유기물을 원료로 하는 각종 전기 화학적인 반응을 다루고, 그 반응·메커니즘과 반응속도 혹은 수율과 선택성 등을 조사하여 전기재료와 용매, 전압, 전류 등의 다양한 전기 화학적 파라미터에 의해 기술하려는 학문연구 분야. 합성적인 측면이 강하다.

전기 음성도 (電氣陰性度, electronegativity) 화합결합하고 있는 원자가 결합전자를 자기 쪽으로 끌어당기는 경향의 대소를 나다내는 상대적 척도. 결합원자 간에서 이 차가 크면 이온성이 증가한다고 여겨지며 역학적인 측정값을 기초로 L. Pauling이 정의한 것이 최초이다. 이 밖에 R. Mulliken에 의한 정의(이온화 퍼텐셜과 전자 친화력의 평균)도 자주 사용된다.

전기 이동 (電氣移動, electrophoresis, cataphoresis) 하전입자가 용액 중에서 전위 기울기에 의해 이동하는 현상. 특히 고분자와 콜로이드 입자에서는 시료 용액에 전압을 가하여 입자의 이동을 관찰함으로써 입자의 하전상태를 알 수 있다. 또 입자의 하전상태 차이를 이용하여 단백질과 콜로이드 입자의 분리·분석을 할 수 있다.

전기 이동 피복 (電氣移動被覆, electrophoretic

coating) ⇨ 전착 도장.

전기 이중층 (電氣二重層, electric double layer) 조성이 다른 두 상의 접촉면계에서 계면의 한쪽에는 양, 다른 쪽에는 음의 전하가 배열하여 생긴 계면층. 그냥 이중층이라고도 한다. 예를 들면 이종 금속이 접하여 분극하여 접촉 전위차가 생긴 상태, 혹은 전극과 전해질 용액 계면에서 전극측에 전자의 과부족으로 인한 전하층이 생겨 용액측에 그에 알맞는 전하 이온이 배열하여 형성되는 계면층 등이 있다.

전기장 (電氣場, electric field) 공간에 전하가 존재함으로써 그 주변에 생기는 전기적인 힘의 장. 전기계 라고도 한다. 각 점에서의 전기장의 세기는 그 점에 단위 전하를 놓았을 때에 작용하는 힘으로 정의되며, 그 점에서의 전위 기울기(Vm^{-1})를 의미하는 벡터량이다.

전기 저항 (電氣抵抗, electric resistance) 물질의 두 점 간의 전위차가 V이고, 흐르는 전류가 I일 때, $R = V/I$를 전기저항 또는 저항이라고도 한다. 그 값은 일반적으로 도선으로 사용된 물질의 종류에 따라 다르며, 도선의 길이에 비례하고 단면적에 반비례하는 것이 실험으로 확인되었다. 보통 도체라 하는 물질은 저항률이 $10 \sim 6\Omega cm$ 이하, 절연체는 $1,010\Omega cm$ 이상이고, 반도체는 대개 그 중간값을 나타내고 있다. 물질의 저항률은 온도에 따라 변하지만 온도 변화가 너무 크지 않은 경우에는 저항률 ρ의 변화의 비율이 온도 t의 변화량에 비례한다. 온도계수 값은 도체에서는 +, 반도체와 질연체에서는 대개의 경우 −인데, 도체는 온도 상승에 따라 전기저항이 증가하지만 반도체와 절연체에서는 작아진다. 전기 전도율의 역수(逆數)이다. 물질에 전기가 통하기 어려운 것을 표시하는 물리량. 단위는 Ω(옴)이다.

전기 적정법 (電氣滴定法, electrometric titration) 적정의 종점을 전기 화학적 혹은 전기적으로 지시시키는 용량 분석법의 총칭. 종점을 전류-전위 곡선의 해석으로 구하는 볼타메트리 적정 외에 도전율 적정, 고주파 적정 등이 있다.

전기 전도도(電氣傳導度, electric conductivity)

⇨ 전기 전도율.

전기 전도도법 (電氣傳導度法, conductometry) 용액·고체 등 물질의 전도율을 측정함으로써 그 물질의 상태, 조성의 변화 혹은 그 변화의 원인으로 되어 있는 사상(事象)을 검출 또는 분석하는 수단의 총칭. 컨덕토메트리 라고도 한다. 전도도 적정에 의한 화학분석, 분위기 가스의 농도를 측정하기 위해 센서 소자의 전도율의 변화를 사용하는 방법 등이 전도도법의 예이다.

전기 전도도 분석 (電氣傳導度分析, conductometric analysis) ⇨ 전도도 분석.

전기 전도도 적정 (電氣傳導度滴定, conductimetric titration, conductometric titration) ⇨ 전도도 적정.

전기 전도도 측정 용기 (電氣傳導度測定容器, conductance cell) 이온 전도를 나타내는 물질의 전도율을 측정하기 위해 시료에 1쌍의 전극(교류 인피던스 측정의 경우), 혹은 1쌍의 전류극과 1쌍의 전위극(직류 4단자법의 경우)을 부착한 전지. 전도도 셀이라고도 한다. 소형 유기 용기에 1쌍의 전극 혹은 1쌍의 전류극과 1쌍의 전위극 및 표선을 부착한 액체의 도전율을 측정하기 위한 기구를 지칭하는 경우도 많다.

전기 전도성 유리 (電氣電導性 ——, electroconducting glass) 절연체인 보통 유리와 비교하여 10^{10}배 정도의 전도율을 나타내는 일군의 유리. Si, Ge, Ge-As계 등의 전자 전도의 것과 $AgI\text{-}Ag_2SeO_4$, $AgI\text{-}Ag_4P_2O_7$계 등의 이온 전도의 것이 있다. 스위칭 특성과 광진도싱을 나타내는 것이 있다.

전기 전도율 (電氣傳導率, electric conductivity) 전류밀도를 i, 전기장의 강도를 E로 하였을 때, 옴의 법칙은 $i = \sigma E$로 표시되며, 이 σ를 전기 전도율이라고 한다. 전기 전도도, 도전율, 비전기 전도율 혹은 비도전율이라고도 한다. 등방성 물질에서는 단위 단면적, 단위 길이당의 전기 전도도(전기저항의 역수)로서, 물질 중의 전기가 통하기 쉬움을 표시하는 물질 상수가 된다. SI 단위는 Sm^{-1}(또는 $\Omega^{-1}m^{-1}$)이지만, Scm^{-1}로 표시되는 경우가 많다.

전기 절연지 (電氣絶緣紙, electrical insulating

paper)　전기 절연을 위해 상용되는 종이. 도전성 물질을 포함하지 않고 밀도·두께가 균일한 것이어야 하므로 화학 펄프가 사용되고 있다. 케이블 절연지, 콘덴서지, 코일 절연지 등이 있다.

전기 점성효과 (電氣粘性效果,　electroviscous effect)　콜로이드 용액에 전해질을 가하였을 때에 용액 점도가 변화하는 것. 콜로이드 입자 주위에 존재하는 전기 이중층의 두께가 전해질의 첨가로 변하여 그 결과 입자의 유효 체적이 변화하는 데 기인한다.

전기주물 (電氣鑄物, electroforming, electro-typing)　전기 도금을 응용하여 물체의 형체를 정밀하게 복제하는 방법. 합성 수지나 석고 등의 비전기 전도성 물체를 주형으로 하는 경우에는 화학도금 등으로 표면을 전기 전도성으로 한 다음에 전해조에 넣어 전기 도금을 하면 형에 금속이 전착하므로 이것을 박리하면 원형과 같은 형의 금속형이 얻어진다.

전기 집진기 (電氣集塵器, electrical dust pre-cipitator)　코로나 방전을 이용하여 함진가스 중의 입자에 전하를 주어 이 전하 입자를 정전기력에 의해 가스로부터 분리하는 장치. 예를 들면 기력발전소(汽力發電所)에서 보일러 배기가스에 함유된 많은 분진·검댕 등을 제거하기 위해 굴뚝으로 나가는 가스 흐름 도중에 전기 집진기가 설치된다. 전기로 집진하기 위해서는 수만 V의 직류전압이 필요하다. 집진기의 원리는 원통형의 집진전극(集塵電極)을 양(陽)으로 하고, 원통의 중앙에 매단 방전선(放電線)에 음(陰)의 직류 고전압을 가해 놓은 뒤 이 원통 내에 분진을 함유한 가스를 밑에서 보내면 분진이 음으로 대전(帶電)하여 원통 내면에 부착되므로 원통 상부로 빠지는 가스는 깨끗해진다. 원통에 쌓인 분진은 물로 씻어 내리거나 원통에 기계적 충격을 주거나 하는 방법으로 제거한다. 전자를 습식(濕式), 후자를 건식(乾式) 집진기라고 한다. 가스의 흐름은 수평 방향인 것과 수직 방향인 것이 있는데, 전자는 대량의 가스 청정(淸淨)에 적합하고, 후자는 분진을 효율적으로 모으고, 또 설치 면적이 적어도 되는 이점이 있다. 직류 고전압을 만들려

면 60 Hz의 교류전원을 사용하여 전압 조정기·특별고압 변압기·정류기 등에 의해서 4만~7만 V를 만든다. 정류기로는 고압 정류관 또는 실리콘 정류기 등이 사용되는데 어느 것을 사용하든 직류 고압 쪽이 단락되었을 때의 과전류를 제한하는 방식을 고려해야 한다. 전기 집진장치는 F. G. 코트렐이 공업적인 이용에 성공하였으므로 코트렐 집진기라고도 한다. 약어로는 EP, ESP 등이다.

전기 투석 (電氣透析, electrodialysis)　직류 전압을 인가하여 투석 속도를 증대하는 방법. 투석막을 사용한 전기 투석은 콜로이드의 정제에 응용되고, 이온 교환막을 사용한 전기 투석은 전해 투석이라고도 부르며, 해수 농축, 탈염 등 전해질 용액 중의 이온 분리에 응용된다.

전기화학 가스 센서 (電氣化學 ——, electrochemical gas sensor)　전기화학 셀에 의해 가스를 검지하는 형식의 가스 센서. 정전위 전해식 가스 센서와 갈바니 전기식 가스 센서가 있다. 넓은 뜻으로는 지르코니아 센서처럼 고체 전해질 가스 센서를 포함하는 경우도 있으나 보통은 전해질 용액을 사용한 것을 지칭한다.

전기화학 계열 (電氣化學系列, electrochemical series)　⇨ 이온화 경향.

전기화학 광전지 (電氣化學光電池, electrochemical photocell)　⇨ 습식 광전지.

전기화학 당량 (電氣化學當量, electrochemical equivalent)　전극 반응에 있어 1 C의 전기량에 의해 반응하는 원소(단체) 또는 화합물의 질량. 또는 1 F mol(≒96,500 C)의 전기량에 의해 반응하는 원소(단체) 또는 화합물의 양. 후자의 경우, 원소의 전기화학 당량은 보통 그 화학 당량과 같다.

전기화학 분석 (電氣化學分析, electrochemical analysis)　전기 화학적인 방법으로 정량 분석과 정성 분석을 하는 것. 폴라로그래피, 사이클릭볼타메트리(순환전압 전류법), 애노드 스트립핑법(양극벗김 분석) 등이 있다.

전기 화학적 부동태화 (電氣化學的不動態化, electrochemical passivation)　⇨ 양극 부동태화.

전기 화학 퍼텐셜 (電氣化學 ——,　electrochemical potential) 전하를 갖는 물질 i의 화학 퍼텐셜을 μ_i, 전하수를 z_i, i가 존재하는 상의 내부전위를 ϕ, T를 절대 온도, F를 패러데이 상수로 하였을 때 $\overline{\mu_i}=\mu_i+z_iF\phi$로 주어지는 $\overline{\mu_i}$를 물질 i의 전기 화학 퍼텐셜이라 한다.

전기 활성 물질 (電氣活性物質, electroactive substance) 전기 화학계의 전극상에서 직접 전자의 수수를(산화 또는 환원) 받아 전기 화학 반응에 관여할 수 있는 물질. 전지계에 있어서는 활성물질 혹은 전극 활물질이라 한다.

전단 (剪斷, shear) 물체에 외부에서 힘을 가하였을 때 물체 내에 가상한 두 선분 간의 각도가 변화하는 비틀림. 층밀리기라고도 하며 공학에서는 전단이라 한다. 전단으로 물체의 체적 변화는 일어나지 않지만 외형이 변화한다. 전단의 크기는 생긴 각도의 변화에 의해 주어진다.

전단 분석 (前端分析, frontal analysis) 농도를 일정하게 한 시료 용액을 크로마토그래피의 칼럼에 계속적으로 흐르게 하여 목적 성분이 커패시티를 초과하여 유출할 때까지에 필요한 유출 액량을 측정하여 해석에 사용하는 분석수법. 선단 분석이라고도 한다. 흡착 등온선의 측정이나 시료 용액 중의 성분수의 판정 등에 사용되지만 성분 상호의 분리에는 부적당하다.

전단 속도 (剪斷速度, rate of shear, shear rate) 전단의 시간적 변화. 물체 내에 가상한 두 직선간 각도의 시간적 변화로 표시된다.

전단 안정도 (剪斷安定度, shear stability) 작동유처럼 동력의 전달과 완충을 하는 장치의 전달 매체와 윤활을 하는 액체에서의 점도의 저하, 산 값의 증가에 대한 저항성. 점도의 저하는 마찰에 의한 저분자화에 기인하고 산 값의 증가는 공기 산화에 의한다. 시료를 특정 장치 내에서 연속 반복하여 순화시켜, 순환 전후의 고저 두 온도에서의 점도 감소와 산 값의 증가, 외관의 변화에 의해 나타낸다.

전단 유동 (剪斷流動, shear flow) 전단의 변동으로 인하여 발생하는 유동이다.

전단 응력 (剪斷應力, shearing stress) 전단 비틀림에 대응하여 나타나는 응력. 또 일반 응력으로 힘이 작용하는 면에 평행한 응력 성분(접선 응력)을 전단 응력이라 하는 경우가 있다.

전단 점성률 (剪斷粘性率, shear viscosity) 전단 유동에서의 전단 응력과 전단 속도의 비. 보통 액체의 유동에서는 전단 점성률을 단순히 점성률 혹은 점도라고 한다.

전달 RNA (轉移——, transfer RNA) 단백질 합성 반응에서, 아미노산을 운반하여 전령 RNA상의 유전정보에 따라 아미노산을 연결시키는 RNA(리보핵산). 아미노산 결합부와 유전정보(코돈)를 인식하는 안티코돈부가 있다. 트랜스퍼 RNA라고도 하며, 약어로 tRNA이다.

전 대칭 진동 (全對稱振動, totally symmetric vibration) ⇨ 대칭 진동.

전도대 (傳導帶, conduction band) 주로 고체 중의 전자 에너지 준위를 1전자 근사의 범위에서 구하였을 때, 0 K에서 전자가 존재하지 않는 에너지대. 열, 빛, 전기장 등에서 전자가 이 에너지대로 들뜨면 고체 중을 이동할 수 있으므로 전도대라 한다. 전도대와 가전자대 사이에 금제대가 존재하는 경우는 반도체 또는 절연체가 되고, 연속적으로 이어져 있는 경우는 일반적으로 금속적 전도를 보인다.

전도도 분석 (傳導度分析, conductometric analysis) 시료의 전기 전도율을 측정하여 계의 물리·화학적 정보를 얻는 방법. 전기 전도도 분석, 전도 분석이라고도 한다. 선노노 적정이 대표적인 예이다. 지시약을 필요로 하지 않는 가수분해와 침전반응이 있는 경우에도 적용할 수 있는 특징이 있다.

전도도 적정 (傳導度滴定, conductometric titration, conductimetric titration) 적정조작에서 피적정 용액의 전기 전도율을 측정하면서 적정하여 전기 전도율의 변화로부터 당량점을 구하는 방법. 전도 적정, 전기 전도도 적정이라고도 한다. 당량점 전후에서 전기 전도율이 크게 변화하는 계에 적합하다. 침전반응, 산화-환원반응, 착물 형성반응 등 각종 적정반응에 사용된다.

전도성 (傳導性, conductive)　주로 전기 전도성(도전성)의 의미로 사용된다(열 전도성, 물질 전도성의 경우도 있을 수 있다). 전기의 전도 용이성을 나타내는 형용사로, 전도성 물질이라 하면 전기 전도율이 비교적 높은 물질을 의미한다.

전도성 고분자 (電導性高分子, conducting polymer)　일반적으로 전도율 $10^{-7}Scm^{-1}$(반도체 이상의 값) 이상의 값을 표시하는 고분자. 대부분의 경우는 전자 수용체 또는 전자 공여체를 고분자에 도프함으로써 높은 전도율이 얻어진다. 도프된 폴리에틸렌, 폴리피롤, 폴리티오펜 등이 대표적인 전도성 고분자이다.

전도성 도료 (電導性塗料, conductive paint)　전기저항이 약 $10^6\Omega cm$ 이하의 도료. 전색제에 전도성 분체(예를 들면 카본 블랙, 흑연, 은, 구리, 니켈 등의 분말) 또는 제4급 암모늄염 등의 유기염을 배합한 도료로서, 그 조성 및 용도는 전기저항의 값에 따라 다르다. $10^6{\sim}10^8\Omega cm$의 도료는 대전방지를 목적으로, $10^{-2}\Omega cm$ 이하의 도료는 전도로 형성 및 전자파 실드 도료로 사용된다.

전도율 (傳導率, conductivity)　전기 전도율 또는 열전도율을 말한다.

전도체 (傳導體, conductor)　전기전도율 또는 열전도율이 큰 물질. 즉, 전기 또는 열을 잘 전도하는 물질을 말한다. 도체 또는 양도체라고도 한다. 절연체의 대응어. 금, 은, 구리 등의 금속은 전형적인 전기 및 열의 도체이다. 전기의 도체는 고체와 액체로 분류되는데, 고체에서는 금속, 액체에서는 산·알칼리·염(鹽)의 수용액 등이 대표적이다. 금속의 전기전도는 자유전자에 의한 것인데, 온도가 높아지면 격자진동(格子振動)의 방해를 받아 전도율은 감소된다. 금속의 열전도율이 큰 것은 주로 자유전자 때문이다. 금속의 열전도율과 전기전도율은 근사적으로 비례하는데, 이것을 비데만-프란츠의 법칙(Wiedemann-Franz's law)이라고 한다. 비금속에서는 원자가전자(原子價電子)의 일부가 열적(熱的)으로 들뜬 상태가 되어 전도대(傳導帶)로 옮겨져서 전기 전도를 일으켜 반도체가 된다. 또 불순물이 함유된 것은 그것으로 인한 전도가 생긴다. 따라서 반도체의 전기 전도는 온도 상승과 더불어 증가한다. 극히 낮은 온도에서 전기저항이 0이 되어 초전도(超傳導)를 나타내는 금속과 합금도 있다.

전령 RNA (傳令——, messenger RNA)　유전자의 정보를 전하는 RNA(리보핵산). 메신저 RNA라고도 하고 mRNA이다. 유전자 DNA의 뉴클레오티드 배열의 상보 사슬구조를 가지며 RNA 폴리메라아제에 의한 전사로 합성된다.

전류 밀도 (電流密度, current density)　전기량의 플렉스(유속)로, 전류의 방향에 대해 수직인 단면을 생각할 때, 그 단위 면적당의 전류. SI 단위는 Am^{-2}이다.

전류법 적정 (電流法滴定, amperometry)　용액 중의 이온의 전기화학 분석법의 하나. 전극을 어느 전위로 유지하여 적당한 산화제나 환원제를 적하하여 흐르는 전류의 변화로부터 이온농도를 구한다.

전류 양자 수율 (電流量子收率, current quantum efficiency)　광전극 반응 등에서 전극에 입사한 광자 혹은 전극에서 흡수된 광자 1개당에 흐른 전자의 수를 말한다.

전류 적정 (電流適定, amperometric titration)　가전압 또는 전극 전위를 일정하게 하고, 당량점 부근에서의 급격한 전류값의 변화에서 적정의 종점을 결정하는 전기 적정법의 총칭. 보통은 참조 전극을 사용하여 지시전극의 진위를 일정하게 유지하는 정전위 전류 적정법을 말한다.

전류 전위 곡선 (電流電位曲線, currentpotential curve)　전기화학 반응을 조사할 때, 단자간 전압이나 참조 전극에 대한 전위와 계에 흐르는 전류와의 관계를 도시한 것. 전위를 소인하여 연속적으로 측정하거나 1점씩 측정하기도 한다.

전류 주사 폴라로그래피 (電流走査——, current scanning polarography)　전극의 전위를 변화시켜 전류를 측정하는 보통 폴라로그래피(전위 주사 폴라로그래피)에 대해 전해 전류를 변화시켜 전위를 측정하는 폴라로그래피의 명칭. 전위의 극소점을 연결하면 전류-전압곡선은 보통 폴라로그램과 일치한다.

전류 효율 (電流效率, current efficiency)　전

해계에 있어서 흘린 전류 중 목적으로 하는 반응에 실제로 사용되는 비율. 전지계에 있어서는 소비된 물질량에서 패러데이의 법칙에 의해 계산되는 전기량 중 실제로 외부 회로에서 얻어지는 공기량의 비율. 전해의 효율을 생각하는 데 있어 특히 중요한 인자가 되지만, 실제 조업조건에서는 90% 이상의 효율인 경우가 많다.

전리 (電離, electrolytic dissociation)　⇨ 이온화.

전리 에너지 (電離 ——, electrolytic dissociation energy)　⇨ 이온화 에너지.

전리 진공계 (電離眞空計, ionization vacuum gauge)　기체를 전리(이온화)하여 그 이온 강도로부터 계의 진공도를 측정하는 기기. 보통 10^{-2}Pa 이하의 진공도를 측정하는 경우에 사용된다.

전리 효율 (電離效率, electrolytic dissociation efficiency)　⇨ 이온화 효율.

전모 (剪毛, shearing, cropping)　기모한 직물이나 식모한 직물의 표면의 털을 깎는 것. 시어링이라고도 한다. 일정한 길이로 가지런히 깎을 뿐만 아니라 특수한 모양으로 깎기도 한다.

전 반사 라만 분광법 (全反射 —— 分光法, total internal reflection Raman spectroscopy)　들뜸광의 전반사를 이용한 표면 분석 라만 분광법. 약어 TIRRS. 전반사 흡수 분광법 (ATR)과 달리, 이 법은 들뜬 레이저광이 시료를 통하는 동인에 발생하는 산란광을 분광 측정하는 것이다. 보통 라만법은 가시부의 빛을 사용하므로 그 침입 깊이는 $1\,\mu m$ 이하가 된다. 실험적 배치는 ATR과 같다.

전방 산란 (前方散亂, forward scattering)　입자가 원자·분자 등의 표적에 충돌하여 산란하는 형식의 하나. 입사 입자의 충돌 후의 궤도 입사방향에 대한 각도(산란각)가 $0\sim90°$ 사이에 있는 따위의 충돌 산란. $90\sim180°$의 경우는 후방 산란이라 한다.

전 분석 (全分析, total analysis)　시료 중의 전 성분을 정량하는 화학분석. 보통 0.01% 이상의 주·부성분에 대해 실시한다. 성분의 합계는 99.50~100.50%에 속하는 것이 바람직하다. 유기원소 분석과 주어진 표에 기재된 성분에 한하여 실시하는 임상 화학 분석 등은 전 분석이라고는 하지 않는다.

전사 (轉寫, transcription)　유전자 발현 과정에서 DNA의 염기배열에 따라 RNA가 합성되는 과정. 두 가닥 사슬 DNA의 한쪽 사슬의 염기배열에 상보적인 염기배열이 있는 RNA가 DNA 의존성 RNA 폴리메라아제에 의해 합성된다. 대부분의 유전자 정보의 발현 조절은 이 단계에서 이루어진다.

전사 날염 (轉寫捺染, transfer printing)　사전에 종이에 승화성의 염료 또는 안료를 인쇄해 놓고 그 종이를 천에 압착하여 가열함으로써 염착시키는 날염의 한 방법이다.

전사 해석틀 (轉寫解釋枠, open reading frame)　DNA의 염기배열로 결정되는 아미노산의 1차 배열 중에서 단백질에 상당하는 부분. 보통 메티오닌에서 시작하여 종지 코돈에서 끝난다.

전사 효소 (轉寫酵素, transcriptase)　전사를 촉매하는 효소. 즉 DNA를 주형으로 하여 RNA를 합성하는 효소이다. DNA 의존성 RNA 폴리메라아제라고도 한다.

전산가 (全酸價, total acid number)　산가 측정법으로 얻어지는 수치. 전산가에 대해 시료를 열수로 추출한 성분에 대해 동일한 시험법으로 측정한 값을 강산가라 한다.

전산소 요구량 (全酸素要求量, total oxygen demand)　시료를 연소시켰을 때 시료 중의 유기물인 탄소, 수소, 질소, 황, 인 등에 의해 소비되는 산소의 양. TOD가 약어이다.

전석 (電析, electrodeposition)　⇨ 전착.

전성 (展性, melleability)　소성 변형으로 물질이 얇은 판상으로 밀려 늘어나는 성질. 금속의 박(箔)을 만들 때 이 성질이 이용된다.

전압전류법 (電壓電流法, voltammetry)　일정한 전기화학계에서의 작용전극의 전류전위 특성을 측정하는 수법. J. Heyrovsky가 수은적하전극의 전류전위 특성을 폴라로그래피로 호칭한데 대해 I. M. Koltoff가 회전 백금전극을 도입힐 때에 사용한 호칭이 일반화되어 널리 쓰이게 되었다. 가전압 또는 전극 전위와 전류의 한쪽을 바꾸어 그에 대응하는 다른 쪽의 변화를 측정하는 방법. 또는 어느 것이든 한쪽을 일정하게 유지하고 다른 쪽의 시간적 변화 또는 화학조작에 수반하여 일어나는 변화를 측정하는 방법 등이 있다. 정성분석, 정량분석, 전극 반응의 연구, 용액 내의 물질의 존재 상태에 관한 연구 등에 널리 쓰이는 방법이다.

전열 계수 (傳熱係數, coefficient of heat transfer) ⇨ 열전달 계수.

전염 현상 (傳染現象, infectious development) ⇨ 감염 현상.

전위 (轉位) (1) dislocation 선상의 격자 결합에서, 선(전위선)을 따라 생기는 일련의 원자의 변위. 결정에 힘을 가했을 때에 일어나는 변형(슬립 변형)과 밀접한 관계가 있다. 전위는 버거 스펙트럼(전위에 수반하는 슬립양과 방향을 표시하는 벡터)에 의해 수치적으로 나타낼 수 있다. 또 전위선과 버거 스펙트럼이 평행한 것을 나선 전위, 수직인 경우를 칼 모양 전위라고 한다. (2) rearrangement 유기화학 반응의 하나. 분자 내의 원자 혹은 기가 배열을 바꾸는 반응. 전이하는 기가 분자에서 유리하지 않고 이동하는 분자 내 전위와 일단 분자에서 유리하는 분자 간 전위가 있다. (3) translocation ① 단백질의 생합성에서 폴리펩티드 사슬을 연장할 때에 일어나는 반응. 트랜스로케이션이라고도 한다. ② ⇨ 자리 옮김.

전위계 (電位計, electrometer) 고입력 임피던스의 직류 증폭회로($Z_{in}=10^{13}\sim10^{15}\Omega$, 입력 바이어스 전류$=10^{-11}\sim10^{-17}$A)를 갖고 보통 직류전압($\sim\mu$V), 전류($\sim p$A), 저항($\sim T\Omega$), 전하($\sim f$C)의 측정기능과 성능을 갖는 기기. 보통 디지털 볼트미터에 비해 3자리 이상의 고성능을 발휘하고, 높은 정밀도의 전위 측정에 필수적이다.

전위 완충용액 (電位緩衝溶液, potential buffer solution) 산화–환원반응이 다소 일어나도 산화–환원 전치가 크게 변화하지 않는 용액. 가역성이 양호한 산화–환원쌍을 다량으로 함유하고 있다.

전위 주사법 (電位走査法, potential sweep method) ⇨ 퍼텐셜 스위프법.

전위차계 (電位差計, potentiometer) 피측정 전압값을 영위법에 의해 표준 기전력과 비교하여 정확하게 측정하는 장치. 표준 전원과 직렬로 한 저항기에 측정 대상의 전압원과 검류계를 직렬로 한 회로를 병렬로 접촉하도록 되어 있고, 접촉 위치를 조정한 검류계의 전류가 0이 되었을 때의 저항값에서 전압을 구한다. 전위차계의 전원을 보조 전원으로 보고, 측정하고자 하는 전압원과 표준 전원을 치환한 2회의 측정을 비교하는 치환법이 사용되는 수도 있다. 저항기는 다수의 코일을 직렬로 접속하고 있고, 도선과 슬라이드 접촉을 조합한 미세 조정부를 가지는 것도 있다. 직류용이며, 전류를 표준 저항에 흐르게 하여 단자 간 전압을 측정함으로써 전류 측정에도 쓰인다. 그 밖에 교류용의 것도 있지만 그다지 일반적인 것은 아니다.

전위차 적정 (電位差滴定, potentiometric titration) 시료액 속에 담구어진 두 전극 간의 전위차의 변화를 종점의 판명에 사용하는 적정법을 말한다.

전위차 측정 (電位差測定, potentiometry) 전기화학 반응으로 생기는 두 전극 간의 전위차를 측정하면서 하는 분석법. pH 측정과 이온 선택성 전극을 사용한 이온 농도의 정량 등이 대표적인 예이다.

전위창 (電位窓, potential window) 전기화학 반응계에서의 전극재료, 용매, 지지염 등의 조합에서 목적으로 하는 반응에 대해 전극, 용매, 지지염의 반응에 의한 방해가 무시될 수 있는 전위 범위를 말한다. 이 범위 내에서 목적하는 전극 반응 활물질의 정성·정량 분석을 할 수 있다.

전위-pH도 (電位——圖, potential-pH diagram) 열역학적 자료를 바탕으로 전극 전위와 pH를 파라미터로 하여 작성한 각종 금속의 상도. 부식반응 등을 검토하는 데 있어 기준이 된다. 이것을 논한 Pourbaix의 저작이 유명하므로 프르베 다이어그램이라고도 한다.

전 유기탄소 (全有機炭素, total organic carbon) 수중에 존재하여 오탁의 원인이 되는 유기 화합물에 함유되어 있는 탄소의 양. 수질의 오염 지표의 하나. 시료수를 연소실에 보내어 발생하는 이산화탄소에서 탄산염의 분해로 생기는 이산화탄소를 뺀 것. 약어로

TOC이다.

전유분 (前留分, forerunning)　　액체 물질을 증류하여 정제할 때 목적 물질보다 끓는점이 낮아 먼저 증류되는 유분. 혼합 액체의 분류 때 먼저 유출하는 유분을 지칭하는 경우도 있다.

전응축기 (全凝縮器, total condenser)　　증류 조작에서 증류탑의 탑 정상에서 나오는 증기를 완전히 응축시켜 모두를 액체로 하는 응축기. 응축시킨 액체의 일부를 탑 정상에서 환류시키고, 나머지 액체를 유출물로서 얻어내는 목적으로 사용된다.

전이 (轉移, transition)　　물질이 하나의 상태에서 다른 상태로 변화하는 현상. 보통 동소체(同素體) 변화와 다형변화 등의 결정상 간 변화(결정상 전이), 혹은 상전이를 지칭한다. 전이는 각 물질에 고유한 일정한 압력과 온도로 생기며, 전이가 생기는 온도(전이 온도)를 각 압력하에서의 전이점이라 한다.

전이 경향 (轉移傾向, migratory aptitude)　　전이반응에서, 전이가 가능한 기가 2개 이상 있을 때 그들의 상대적 전이의 용이성을 이른다. Meerwein‑Ponndorf 전위, 파나콜 전위와 Beckmann 전위 등의 친핵 전이로 상세하게 알려져 있다.

전이 금속 착물 (轉移金屬錯物, transition metal complex)　　전이금속 원자에 몇 개의 음이온 혹은 분자가 배위한 화합물의 총칭. 금속 양이온 1개를 함유하는 단핵 착물이 가장 일반적이지만 2개 이상의 금속 원자이 직접 결합 혹은 배위자에 의한 다리걸침으로 구성된 다핵 착물도 상당히 알려져 있다. 안정성에 관한 18전자규칙이 성립하는 경우가 있다.

전이 모멘트 (轉移——, transition moment)　　원자·분자 등에 의한 전자파의 방사, 흡수를 수반하는 전이 확률의 양자역학적 계산에서 나타나는 양. 다극자 모멘트(대부분의 경우는 전기적 쌍극자) 의 연산자의 시작상태와 종료상태 간의 행렬요소로서 정의된다. 전이 모멘트의 제곱은 전이확률에 비례한다.

전이 상태 (轉移狀態, transition state)　　화학 반응에서 계가 반응계로부터 생성계로 변화하는 도중에 계의 자유 에너지가 최대로 되는 상태. 근사적으로는 에너지 최대의 상태이다. 이 상태가 실현되는 정도가 반응속도를 정한다고 여겨 반응속도 상수를 구하는 방법이 전이상태 이론이다.

전이 상태 이론 (轉移狀態理論, transition state theory)　　화학 반응의 원자·분자의 재조합 과정(경로)에서 적어도 하나의 퍼텐셜 장벽이 있고 그 중에서 가장 높은 장벽을 넘는 횟수로서 반응속도를 통계역학적으로 계산하는 방법. 절대 반응 속도론, 활성 착합체(錯合体) 이론이라고도 한다. 장벽의 정점에 있는 상태를 전이상태(혹은 활성 착합체)라 하며 반응속도는, 반응 원계의 상태와 전이상태의 두 상태로부터 계산된다.

전 이온화 (前——化, preionization)　　⇨ 자동 이온화.

전이 원소 (轉移元素, transition element)　　주기표가 성립된 초기에는 단주기형으로 8족(현재의 8, 9, 10족) 원소는 7족에서 다음 주기의 1족으로 이동할 때의 과도적인 원소라 하여 전이원소라 불리었다. 그러나 그 후 많은 변천을 거쳐, 현재는 불완전하게 충만된 d각이 있는 원자 또는 그러한 양이온을 형성하는 원소로 정의되어 있다. 따라서 3A족(현재의 3족)에서 7A족(현재의 7족)까지, 8족(현재의 8, 9, 10족), 1B족(현재의 11족) 원소를 지칭한다. 전이원소는 모두가 금속원소이므로 전이금속이라고도 불리며, 다음과 같은 성질을 공통으로 가진다. ① 굳고, 강하고 고녹는점을 가지며, 대개 상자성을 나타내고 열, 전기의 양전도체이다. ② 상호 간 또는 다른 금속과 합금을 만든다. ③ 대개는 수소보다 이온화 성향이 크다. ④ 일반적으로 여러 종의 원자가를 나타내며, 산화물에서는 고산화수일 때 산성, 저산화수일 때 염기성, 중간에서는 양성일 때가 많다. ⑤ 각종의 안정된 착화합물을 만들기 쉽고, 그 대개는 유색이다.

전이점 (轉移點, transition point)　　⇨ 전위.

전이 확률 (轉移確率, transition probability)　　물질이 빛 등과의 상호 작용에 의해 어떤 양자상태에서 다른 양자상태로 변화하는 확률을 말한다.

전이 효소 (轉移酵素, transferase)　　⇨ 트랜스

퍼라아제.

전 인 (全燐, total phosphorous) 환경수 중
에는 인 화합물로서 인산 이온, 폴리인산 등
가수분해성 인, 동식물성의 인이 함유되어
있다. 이러한 것의 총화가 전 인이며 법적
규제가 이루어지고 있다.

전자 결손 화합물 (電子缺損化合物, electron-
deficient compound) ⇨ 전자부족 화합물.

전자 공여성 (電子供與性, electron-donating,
electron-releasing) 유기 화합물의 치환기
가 탄소보다 전기 음성도가 작은 원자 혹은
음전하(형식전하, 부분전하를 포함)를 갖는
원자단이 있을 때, 그 치환기는 전자 공여성
이라 한다. 전자 구인성의 대응어로, 유기
화합물의 반응성을 논할 때 많이 사용된다.

전자 공여체 (電子供與體, electron donor) 다
른 분자나 이온에 전자를 용이하게 주는 것.
한편, 전자를 용이하게 수취하는 것은 전자
수용체라 한다. 분자간 화합물에서는 퀸히
드론에서의 히드로퀴논이 전자 공여체이고
퀴논이 전자 수용체에 해당한다. 유기 반응
에서는 환원시약, 루이스염기, 친핵시약이
전자 공여체이고, 산성시약, 루이스산, 구전
자 시약이 전자 수용체이다. 생체 내의 산화
−환원반응에서는 전자 전달계에 의한 전자
공여가 결과적으로 수소 공여한 것을 공여
하므로 전자 공여체를 수소 공여체라고도
한다.

전자관 (電子管, electron tube) 저압의 기체
를 봉입한 용기 속에 전극 등을 넣어 전자
의 흐름을 만들어 사용하는 장치. 열, 빛, 전
자충격 등에 의해 음극에서 전자를 방출하
여 양극을 향하여 전자의 흐름을 만든다. 용
도에 따라 많은 종류로 나누어진다. 예를 들
면 통신용의 송수신관, 고주파용의 클라이
스트론, 브라운관, 표시용 방전관, 광전자 증
배관, 촬상관, X선관 등이 있다.

전자구름 (電子雲, charge cloud) ⇨ 전하구름.
그러나 전자구름이라고 부르는 것이 좋다.

전자구름 팽창계열 (電子雲膨脹系列, nephel-
auxetic series) 금속 착물에서, 중심 금속 원
자와 배위원자 간의 결합에 포함되는 공유성
의 정도를 그 금속 원자의 전자구름의 확산
과 관계가 있는 것으로 보고 그 확산의 정도

를 표시하는 순서를 말한다. 이 때의 순서는
전이금속 원소의 d 전자의 상호 반발을 자유
이온에 대해 착물을 형성하였을 때의 비 β
(배위자장 흡수대의 해석에 의해 경험적으로
구할 수 있다)에 의해 배열한다. 금속 이온
일정의 경우에는 예를 들면 각종 배위자에
대해서 $F^- > H_2O > (NH_2)_2CO > NH_3 > C_2O_4^{2-}$
$> en > Cl^- > Br^- > I^-$ 가 된다. 즉, 이 순서로
오른쪽으로 나감에 따라 전자간 반발은 감소
하고 전자구름은 팽창하여, 따라서 공유성은
증대하게 된다. 배위원자에 대해서는 $F > O$
$> N > Cl > Br > S \sim I$ 이다. 배위원자를 일정하
게 하였을 때는 $Mn^{2+} > Ni^{2+} \sim Co^{2+} \sim Mo^{3+}$
$> Cr^{3+} > Fe^{3+} > Rh^{3+} \sim Ir^{3+} > Co^{3+} > Mn^{4+} \sim$
Pt^{4+} 이다.

전자 구인성(電子求引性, electron-withdraw-
ing, electron-accepting, electron-attracting)
유기 화합물의 치환기가 탄소보다 전기음성
도가 큰 원자 혹은 양전하(형식전하, 부분전
하를 포함)를 갖는 원자단이 있을 때, 그 치
환기는 전자 구인성이라 한다. 전자 공여성
의 대응어로, 유기 화합물의 반응성을 논할
때에 많이 사용된다.

전자 구조 (電子構造, electronic structure) 분
자의 전자 파동함수(⇨ 전자 에너지)에 관한
지견을 총칭하여 전자 구조라 한다. 각 전자
상태에 대한 기하학적 구조, 퍼텐셜 곡면,
전자상태 간의 상호작용과 전이 문제 등이
포함된다. 실험적으로 전자 스펙트럼의 해
석으로 얻어지는 모든 지견을 총칭하고 있
다고 할 수 있다.

전자껍질 (電子——, electron shell) 원자 내
전자에 대해 주양자수 n 이 같은 궤도(함수)
의 조. $n=1, 2, 3\cdots$ 에 대해 K, L, M $\cdots$의 기
호로 표시한다. 원자번호가 작은 원자에서
궤도 에너지는 주로 n 으로 결정되며 껍질
(殼) 마다 현저한 에너지 차가 있다. 파울리
의 원리로 허용되는 최대량의 전자를 수용한
전자껍질을 채워진 껍질이라 한다. 에너지
준위가 높은 전자껍질(1개 또는 수 개)을 겉
껍질, 기타를 속껍질이라 하고, 속껍질은 보
통 채워진 껍질로 되어 있다.

전자 렌즈 (電子——, electron lens) 전자선
이 정전기장, 자기장에 의해 그 진로가 굴절
되는 작용을 이용하여 전자선의 발산, 집속

혹은 결상을 하는 장치. 전자현미경, 텔레비전, 오실로그래프 등에 사용된다.

전자 밀도 (電子密度, electron density) 원자와 분자의 공간의 각 장소에서 전자의 존재확률. 파동함수 ϕ와 그 복소공역을 사용하여 $\phi^*\phi$로 나타낸다. X선 회절이나 전자회절에 의해 전자밀도를 측정할 수 있다.

전자 배치 (電子配置, electron configuration) 다전자계의 어떤 상태를 분자궤도와 같은 1전자 궤도(함수)를 사용하여 기술할 때, 전전자를 각 궤도에 할당하여 주는 방법. 하트리-포크법에서는 궤도 에너지가 낮은 궤도에서 차례로 2개씩 전자를 넣은 전자배치를 사용하여 바닥상태의 에너지를 계산한다.

전자 부족 결합 (電子不足結合, electron-deficient bond) 공유 전자쌍을 한쪽의 원자에 속하게 하여도 그 원자가 채워진 껍질이 되지 않는 결합. 예를 들면 BF_3의 붕소 주위에는 겨우 6개의 가전자 밖에 존재하지 않으므로 채워진 껍질이 되지 않는다. 이 결합이 있는 화합물은 강한 전자 수용체가 된다.

전자 부족 분자 (電子不足分子, electron-deficient molecule) (1) Heitler-London의 이론에 의하면 α스핀 관계와 β스핀 관계가 있는 2개의 전자가 쌍을 이루어 화학결합을 할 수 있다. 이보다도 적은 수의 전자로 화학결합을 할 수 있는 경우, 이것을 전자 부족 결합이라 하고, 전자 부족 결합을 갖는 분자를 전자 부족 분자라 한다. 디보란의 B-H-B 결합이 그 예이다. (2) Lewis와 Langmuir의 옥테트설이 보여주는 바와 같이, 분자 중에서 제1, 제2, 제3 주기의 원사는 각각 2개, 8개, 18개의 외각전자가 있으며, K각, L각, M각이 채워진 껍질 구조를 형성하여 안정화하는 것이 보통이다. 외각 전자가 이 수에 미치지 못하는 것을 전자 부족 분자라고 한다. 이와 같은 전자 부족 분자는 상대에서 전자 또는 전자쌍을 잡아 새로운 결합을 형성하려는 성향을 가지므로 일반적으로 강한 전자 수용체가 되고, 또 루이스산으로 될 수 있다.

전자 부족 화합물 (電子不足化合物, electron-deficient compound) 다중심 결합이 있는 화합물. 진자 결손 화합물이라고노 한다. 예

를 들면 B_2H_6, $Al_2(CH_3)_6$ 등이다.

전자 부착 (電子付着, electron capture) ⇨ 전자 포획.

전자 분광법 (電子分光法, electron spectroscopy) 원자・분자 또는 고체 표면 등의 물질에 전자파 또는 광자 혹은 전자 또는 이온과 같은 전하입자, 들뜬 원자 등을 닿게 하여 전자를 발생시키고 그 전자의 에너지 분포, 각 분포 등을 전기장 혹은 자기장 등을 사용한 분석기에 의해 측정하여 물질의 상태 또는 물질과 입사 입자 등의 상호작용을 조사하는 실험법을 말한다.

전자 분극 (電子分極, electronic polarization) 유전 분극은 전하의 변위에 의한 부분(변위 분극)과 영구 쌍극자의 회전운동에 의한 부분(배양 분극)으로 구분되며, 변위 분극은 다시 전자구름의 비틀림에 의한 부분과 이온의 이동에 의한 부분, 원자 분극으로 나누어진다. 이 중에서 전자구름의 비틀림에 의한 부분을 전자 분극이라 한다. 전자(구름)는 질량이 작으므로 진동수가 높은 빛의 파장에 의해 쉽게 변이하여 유전 분극에 기여한다.

전자 사이클로트론 공명 (電子——共鳴, electron cyclotron resonance) 정자기장 중의 전자가 자기장에 수직인 방향으로 등속 원운동하는 것을 사이클로트론 운동이라 하고, 그 전자는 같은 진동수 또는 정수분의 1의 진동수의 전자기파를 공명적으로 흡수한다. 이것을 전자 사이클로트론 공명이라 한다

전자 사진 (電子寫眞, electrophotography) 광학상을 정전 삼상 또는 도전 잠상으로 변환한 후에 이것을 현상하여 가시화하는 기록 기술에 제로그래피 방식, 일렉트로팩스 방식 등이 있다. 복사기 외에 레이저 프린터, 라디오 그래피, 오프셋 인쇄판 제작 등에 널리 응용되고 있다.

전자 사진 제판 (電子寫眞製版, electrophotographic plate making) 전자 사진법에 의해 평판, 요판 등의 각종 인쇄방식에서 사용하는 인쇄판을 제작하는 것. 예를 들면 알루미늄판을 기판으로 하는 유기 광도전층에 전자사진법으로 토너 화상을 형성하고, 그 후 비화상부를 용해 제거함으로써 오프셋

인쇄판을 제작하는 방법 등이 있다.

전자 상관 (電子相關, electron correlation) 다전자계의 하트리-포크법에서 각 전자는 다른 전자가 형성하는 평균적인 장 속을 운동한다. 그러나 현실적으로는 2개 이상의 전자가 상호작용을 하면서 동시에 운동한다. 하트리-포크 근사에서 고려하지 않는 이러한 효과를 말한다.

전자 상자성 공명 (電子常磁性共鳴, electron paramagnetic resonance)　전각운동이 Jh의 쌍을 이루지 않은 전자를 갖는 상자성 상태의 물질이 정자기장 중에 놓이면 에너지는 $2J+1$개로 제만 분열한다. 그 이웃하는 준위의 간격에 상당하는 전자파 (보통은 마이크로파)를 가하면 공명적으로 흡수 또는 방사가 일어난다. 이 현상을 말한다. 약어로 EPR이다. 전이금속 이온과 유기 이가 라디칼의 결정에서는 공명 스펙트럼의 미세 구조에서 결정 내 전기장이나 상자성 종의 에너지 준위에 대한 정보가 얻어진다. 또 유기 라디칼의 용액 시료의 초미세 구조에서는 쌍을 이루지 않은 전자의 위치에 관한 정보가 얻어진다. 화학분야에서는 종래 전자 스핀 공명(강자성 공명, 반강자성 공명 등을 포함)이 동의로 사용되었으나, 앞으로는 전자 상자성 공명을 사용하도록 권장하고 있다.

전자 상태 (電子狀態, electronic state)　원자와 분자에서 전자가 관여하는 상태를 총칭하여 전자상태라 한다. 전자구조와 거의 같은 의미로 사용된다.

전자선 레지스트 (電子線 ——, electron beam resist)　반도체 프로세스의 하나인 리소그래피에 있어 회로 패턴 형성을 위해 웨이퍼에 도포하는 수지의 하나. 전사선 조사로 절단 또는 다리걸침이 일어나 용해성이 변하고 현상, 에칭 공정을 거쳐 패턴이 형성된다. 자외 혹은 가시부의 빛으로 용해성이 변화하는 것은 포토 레지스트라 한다.

전자선 마이크로 애널라이저 (電子線 ——, electron probe microanalyzer)　⇨ 전자 프로브 X선 마이크로 애널라이저.

전자성 효과 (電子性效果, electromeric effect)　유기전자론에서 반응에 즈음하여 치환기가 π전자계에 미치는 극성효과. E효과로 약칭

되는 수도 있다. 치환기는 전자 구인성기와 전자 공여성기로 나누어진다. 전자성효과에 대응하는 용어로서 치환기가 σ결합을 매개하여 미치는 극성효과는 유기 효과라 한다.

전자 수용체 (電子受容體, electron acceptor)　전자 공여체의 대응어이다. ⇨ 전자 공여체.

전자 스펙트럼 (電子 ——, electronic spectrum)　상이한 두 전자상태 간의 전이에 수반하는 빛의 흡수 및 발광. 분자에 빛을 쪼였을 경우, 그 빛의 에너지가 두 전자상태 간의 에너지 차에 상당할 때에 빛의 흡수가 일어나 흡수 스펙트럼을 부여한다. 또 에너지가 높은 전자상태 쪽이 많이 분포되어 있는 경우에는 유도방출이 일어난다. 에너지가 높은 상태에서 낮은 상태로의 빛의 자연방출은 발광 스펙트럼을 부여한다.

전자 스핀 (電子 ——, electron spin)　전자의 기본적인 성질 중에서 전하, 질량에 대한 중요한 성질. 전자에 고유한 자기 모멘트는 전하의 하전, 즉 스핀 운동에 의해 생긴다고 고전적으로는 해석되었으나 엄밀하게는 스핀 함수, 스핀 연산자를 사용하여 양자역학적으로 기술된다.

전자 스핀 공명 (電子 —— 共鳴, electron spin resonance)　정자기장 중에 놓인 전자 스핀이 마이크로파를 작용시킴으로써 공명하는 현상. 약어로 ESR이다. 시료의 자성에 따라 전자 상자성 공명(EPR), 강자성 공명, 페리자성 공명 등이 있지만 EPR을 지칭하는 경우가 많다.

전자쌍 (電子對, electron pair)　동일 원자 궤도를 점하는 스핀 상태가 다른 2개의 전자. 가전자에 대해 말하는 경우가 많다. 원자값 결합법에서는 결합하는 두 원자에 공유되는 공유 전자쌍과 공유되지 않는 비공유 전자쌍이 있다. 분자 궤도법에서는 하나의 분자궤도를 점하는 두 전자를 말하는 경우가 있다.

전자쌍 공여체 (電子對供與體, electron-pair donor)　두 원자 간에서 전자쌍 결합이 생성될 때에 이들 원자 간에 형식적으로 전자쌍의 수수가 이루어지는 경우, 전자쌍을 제공하는 쪽의 원자를 함유하는 분자 혹은 이온을 전자쌍 공여체라 하고, 전자쌍을 받아들이는 쪽의 원자를 함유하는 분자 혹은 이

온을 전자쌍 수용체라 한다. 착물로 말하면 중심 금속 원자가 전자쌍 수용체이고 배위 자가 전자쌍 공여체이다. 또 루이스의 산- 염기로 말하면 산은 전자쌍 수용체이고 염 기는 전자쌍 공여체이다.

전자쌍 수용체 (電子對受容體, electron-pair acceptor) 전자쌍 공여체의 대응어이다. ⇨ 전자쌍 공여체.

전자 에너지 (電子——, electronic energy) 분자의 전 해밀토니안 중, 전자의 좌표에만 의존하는 부분을 추출하여 그 부분적 해밀 토니안에 대한 고유값을 전자 에너지, 그 고 유함수를 전자 파동함수라 한다. 이 근사에 서는 분자의 전 에너지는 전자 에너지, 진동 에너지, 회전 에너지의 합으로 표시된다.

전자 에너지 손실 분광법 (電子—— 損失分光法, electron energy loss spectroscopy) 일정한 에너지의 전자선을 원자·분자 또는 고체 등의 표적 물질에 대였을 때, 이러한 표적 물질과 전자 간의 상호작용으로 입사전자 에너지를 상실하는 것을 전자 에너지 손실 이라 한다. 입사전자의 에너지를 변화시켜 이 손실량을 측정하거나 입사 후에 산란되 는 전자의 산란각 분포 등을 측정하여 표적 물질과 전자의 상호작용을 조사하거나 혹은 표적 물질의 에너지 상태, 전자 상태 등을 조사하는 것을 말한다. EELS가 약어이다.

전자 이동 (電子移動, electron transfer) ⇨ 전하 이동.

전자 이동 스펙트럼 (電子移動——, electron-transfer spectrum) 전자 공여체 D와 전자 수용체 A 간에 생기는 전자의 이동(전하 이 동)이 원인이 되어 생기는 스펙트럼. 전하 이동 스펙트럼이라 부르는 것이 바람직하다. D와 A로서 예를 들면 벤젠(D)과 요오드(A) 같은 분자의 경우(결과적으로 전하이동 착 물이 형성된다) 외에 동일 분자(종) 중 고체 중의 전자 공여부(D)와 전자 수용부(A)가 대응하는 경우가 있다.

전자 이동 흡수대 (電子移動吸收帶, electron-transfer absorption band) ⇨ 전하 이동 흡 수대.

전자 전달 (電子傳達, electron transport) 생 체의 산화-환원계에 있어 전자의 이동을 말

한다. 미토콘드리아의 호흡 사슬을 형성하 는 산화-환원계에서의 전자 이동은 전자 전 달계의 대표적인 예이다. 광합성에 있어서 도 빛에 의해 생긴 산화적 요소와 환원적 요소 사이에 전자 전달이 이루어져 광인산 화가 진행된다.

전자 전달체 (電子傳達體, electron-carrier) 생 체의 산화-환원계에서 전자 전달을 중개하 는 물질. 전자 공여체에서 전자를 받아들여 환원되고, 이어서 전자 수용체에 전자를 넘 겨 산화되어 전자를 전달한다. 시토크롬과 아드레노독신 등이 대표적인 예이다.

전자 전도 (電子傳導, electronic conduction) 전기장의 작용하에서 전자의 이동에 기인하 는 전기 전도. 금속의 전기 전도는 전자전도 에 의한다.

전자 전이 (電子轉移, electronic transition) 원자와 분자에서, 하나의 전자 배치상태에 서 다른 전자 배치상태로 변이하는 것. 예를 들면 원자와 분자의 바닥 전자상태가 광흡 수에 의해 들뜬 전자상태로 변이하는 것 등 이 이것에 해당한다.

전자-전자 이중 공명 (電子-電子二重共鳴, electron-electron double resonance) 전자 상자 성 공명(EPR) 분광에서의 공명법의 하나. ELDOR이 약어이다. 상자성 분자에 대해 EPR 흡수를 포화시켜 두고, 다른 초미세 분 열 준위 간의 EPR흡수를 일으키면 핵스핀 완화의 결과 원래의 EPR 흡수의 강도가 증 가 또는 감소하는 현상. 스핀계와 격자진동, 분자의 내부 운동과의 상호작용을 논할 수 있다.

전자 증배관 (電子增倍管, electron multiplier) 2차 전자방출을 이용하여 미약한 전류를 증 폭하는 진공관. 2차 전자방출의 효율이 높은 물질면에 전자흐름을 닿게 하면 그보다 큰 2차 전자 흐름을 얻을 수 있다. 이 조작을 다단적으로 반복함으로써 높은 증폭률을 얻 을 수 있다.

전자 충격 (電子衝擊, electron impact, electron bombardment) 전자를 원자·분자 또 는 고체 표면 등의 물질에 닿게 하는 것. 원 자·분자 이온화 혹은 들뜸의 수단으로서 사용한다. 음·양 이온, 들뜬 원자·분자, 해

리 단편 등을 생성시키거나 전자의 에너지를 같게 하여 전자 에너지 손실 분광을 하는 경우도 있다. 질량 분석계의 이온원으로도 널리 사용되고 있다. 또 고체 표면에 전자를 닿게 하여 2차 전자방출, 고체의 가열, 표면의 정정화 등을 하는 경우도 많다. 가속 에너지가 큰 전자는 방사선으로 사용되며 물질의 이온화 혹은 들뜸을 일으킨다.

전자 친화도 (電子親和度, electron affinity) 원자 또는 분자가 전자와 결합하여 음의 이온이 되는 경향을 표시하는 양. 음이온에서 전자를 탈리시켜 중성의 원자·분자로 하기 위해 필요한 에너지로서 구할 수 있다. 전자 친화력이 양이면 음이온은 진공 중에서 안정, 음이면 진공 중에서 불안정하지만, 용액 또는 결정 중에서는 반드시 그렇지는 않다. 원자단이나 분자에 대해서도 마찬가지로 전자 친화력이 정의된다. 전자 친화력은 전자 수용체의 강도를 정하는 중요한 양이지만, 믿을 만한 값이 직접 실험적으로 구해지는 일은 적고, 물리화학적 실험치의 해석으로부터 간접적으로 구해지는 경우가 많다.

전자파 흡수체 (電子波吸收體, electromagnetic wave absorber) 전파를 이용하는 각종 기기가 자기 자신이 발생하는 잡음이나 다른 기기로부터의 잡음으로 인한 영향(오조작, 영상에서 코스트의 출현 등)을 제거하기 위해 사용되는 물질. 주파수에 따라 전파를 효율적으로 흡수시키기 위해 유전체 재료나 자성 재료 또는 양자를 혼합한 재료 등이 개발되었다.

전자 포획 (電子捕獲, electron capture) 원자 또는 분자가 전자를 포획하여 음이온이 되는 것. 전자 부착이라고도 한다. 전자 친화력이 양의 원자 또는 분자인 경우에는 안정된 음이온을 생성한다. 또 β붕괴의 하나를 지칭하는 경우도 있다. 즉 원자핵 내의 양성자가 핵 밖의 궤도전자를 포획하여 중성자와 중성 미자를 생성하는 과정을 말한다.

전자 포획 검출기 (電子捕獲檢出器, electron capture detector) 가스 크로마토그래피용 이온화 검출기의 하나. ^3H, ^{63}Ni 등의 방사선원으로 이온화된 캐리어가스 중의 저속 전자를 할로겐 화합물 등의 친전자성분이 포착하여 음이온이 되고, 이것이 양이온과 결합하는 결과 이온화 전류값이 감소하는 것을 검출 원리로 한다. 보통 약어를 ECD라 한다.

전자 프로브 X선 마이크로 애널라이저 (電子—, electron probe X-ray microanalyzer) 형광 X선을 이용하여 고체 표면의 미소 부분의 원소 분석을 하는 장치. 약어 XMA. 지름 1 μm 이하의 전자선으로 시료를 주사하여 각 미소 영역에서 발생하는 특성 X선의 분광으로 원소를 동정한다. 전자선 마이크로 애널라이저 혹은 X선 마이크로 애널라이저라고도 한다.

전자-핵 이중공명 (電子-核二重共鳴, electron nuclear double resonance) 전자 상자성 공명(EPR) 분광에서의 이중 공명법의 하나. ENDOR이 약어이다. 상자성 분자에 대해 EPR 흡수를 포화시켜 놓고 다른 한편 핵스핀 준위 간의 전이를 라디오파에 의해 여기하면 EPR 흡수의 포화가 일단 해소되어 흡수가 다시 관찰되는 현상. 초미세 구조가 고감도로 검출될 뿐만 아니라 분자운동에 의한 완화과정 연구에 사용된다.

전자 현미경 (電子顯微鏡, electron microscope) 전자선의 전자광학적 성질을 응용한 현미경. 투과 전자현미경(SEM) 및 주사 전자현미경(TEM)으로 구별된다.

전자 회절 (電子回折, electron diffraction) 진공 중을 운동하는 전자는 그 운동 에너지에 의해 결정되는 파장을 갖는 파로서의 성질이 있으므로 물질에 의한 회절이 일어난다. 전자는 물질 내의 전기장에 의해 강하게 산란되므로 기체 중의 분자구조 연구에 널리 사용되고 있다. 또 고체에서는 표면의 구조와 미세 결정 연구에 전자현미경과 병용되는 일이 많다.

전자 흡수 스펙트럼 (電子吸收——, electron absorption spectrum) ⇨ 전자 스펙트럼.

전전해 (前電解, preelectrolysis) ⇨ 예비 전해.

전주 벽돌 (電鑄——, electrocast brick) ⇨ 주조 벽돌.

전지수 인자 (前指數因子, preexponential factor) ⇨ 빈도 인자.

전질소 (全窒素, total nitrogen) 수중에 존재

하는 다양한 형태의 질소 화합물에 함유되는 질소의 총량. 질소 화합물은 암모니아상 질소, 아질산상 질소, 질산상 질소, 유기상 질소로 나누어진다.

전착 (電着, electrodeposition) 용액 중에 전극판을 배치하여 직류 전압을 가하여 물질을 전극면에 부착시키는 것. 전석(전해에 의해 석출하였다는 의미)이라고도 한다. 전해에 의해 방전 생성 물질이 전극면에 부착하는 것은 양극, 음극 어느 경우에도 일어난다. 전기도금과 전주는 전착의 하나이다.

전착 도장 (電着塗裝, electrodeposition coating) 전착 성분을 함유하는 수성 도료(전착 도료)의 욕 안에 피도물을 담그고 통전하여 전기영동 현상과 물의 전해를 이용하여 전착성분을 석출·도장하는 방법. 전착 도료는 음으로 대전한 아니온형과 양으로 대전한 카티온형으로 구별된다. 현재는 카티온형의 에폭시 에멀션형 도료가 다량으로 사용되고 있다. 원리적으로 수용해형의 전색제도 사용할 수 있으나 실용적으로는 수분산형의 전색제가 바람직하다.

전치파 (前置波, prewave) 폴라로그래피에서, 어떤 물질의 주류에 선행하여 생기는 폴라로그래프파를 말한다.

전파 반응 (傳播反應, propagation reaction) ⇨ 연쇄 이동 반응.

전폭약 (傳爆藥, booster) 뇌관만으로는 완전히 폭발하기 어려운 폭약을 폭발시키기 위해 뇌관의 폭발을 받아 폭발하고, 그것에 의해 목적하는 폭약을 확실하게 폭발시키기 위해 사용하는 폭약. 테트라니트로메틸아닐린, 트리메틸렌트리니트로아민 등 니트로 화합물이 사용된다.

전하 (電荷, charge) 어떤 물질이 갖는 전기량을 이른다. 그러나 점전하라고 할 때는 공간 중의 가상적인 점에서의 전기량을 말한다. 단위는 SI 단위계에서는 쿨롬(C)이고, 물질 전하의 최소 단위는 전자의 전기량 $1.60217733(49) \times 10^{-19}$C이다. 이것은 전기 소량이라 하여 모든 전기량은 이것의 정수배이다. 전하 이동착물의 전하 이동량으로서 수수로 표시되는 경우가 있으나, 이것은 착물 내부의 분극이라 생각하면 된다.

전하구름 (電荷雲, charge cloud) 전자와 분자를 보면 전자를 견출하는 확률이 공간의 각 점에서 다르며, 그것은 마치 구름처럼 보인다. 전자의 존재 확률도 좌표의 함수로 표시한 것을 말한다. 전자운이라고도 한다.

전하 밀도 (電荷密度, density of electric charge) 단위 체적 혹은 단위 면적당에 존재하는 전기량(전하). 단위는 Cm^{-3} 혹은 Cm^{-2}이다.

전하수 (電荷數, charge number) 어떤 이온 1개가 갖는 전하를 전기 소량으로 나눈 수로, 양이온에서 플러스, 음이온에서는 마이너스의 부호를 갖는다. 예를 들면 Na^+, Ca^{2+}, Cl^-, SO_4^{2-}의 각 이온의 전하수는 각각 +1, +2, -1 및 -2이다.

전하 운반체 (電荷擔體, charge carrier) 도체 혹은 반도체에서 전기를 흐르게 하는 작용을 담당하고 있는 입자. 금속에서는 전자, 반도체에서는 전자 및 정공, 전해질에서는 이온이 전하 운반체가 된다.

전하이동 (電荷移動, charge transfer) 두 분자종 사이에서 전자의 이동으로 전하의 편기가 생기는 현상. 전자 이동이라고도 한다. 전하이동에 의해 생긴 상호작용을 전하이동 상호작용이라 하고, 이것이 주요 결합력인 착물을 전하이동 착물 혹은 EDA착물(electron donor acceptor complex)라고 한다. 들뜬 상태에서만 존재하는 전하이동 착물은 엑스플렉스라 한다. 이 개념을 확장하여 하나의 분자 내에 두 원자단 간의 전하이동을 분자 내 전하이동이라 한다.

전하이동 스펙트럼 (電荷移動——, charge transfer spectrum) ⇨ 전자 이동 스펙트럼. 그러나 전하이동 스펙트럼이라 부르는 것이 좋다.

전하이동 착물 (電荷移動錯物, charge-transfer complex) 전자 공여체와 전자 수용체 사이에 전하이동력에 의해 형성되는 분자 화합물을 말한다. 킨히드론이 그 예이다. 최근 전도성 유기 물질을 부여하는 것으로 주목받고 있다.

전하이동 흡수대 (電荷移動吸收帶, chargetransfer absorption band) 전자 전이가 일어나기 전과 후에 전자상태의 전하분포가 현저하게 다르고, 따라서 전자 전이와 함께 전하의 이동이 일어났다고 여겨질 때에 볼 수 있는 흡수대. 전자이동 흡수대라고도 한다. 전하의 이동이 분자 혹은 이온 사이에서 일어나는 경우는 분자간 전하이동 흡수대라 하고, 전하이동이 하나의 분자 혹은 이온 내에서 일어나는 경우는 분자 내 전하이동 흡수대라고 한다. 예를 들면 요오드와 녹말 간에 볼 수 있는 청색 내지 자색은 분자간 전하이동 흡수대에 의한 것이고, 크롬산 칼륨과 과망간산 칼륨에서 볼 수 있는 강한 흡수는 중심 금속에 배위하고 있는 산소원자와 중심 금속 간에 일어나는 분자 내 전하이동 흡수대에 의한 것이다. 전하이동 흡수대는 허용 전이에 기인하는 것이므로 흡수 강도는 매우 높은 것이 많다.

전해 (電解, electrolysis) ⇨ 전기 분해.

전해 결정화 (電解結晶化, electrocrystalliza-tion) 전착에 의해 얻어지는 결정. 전해 결정화의 성장은 과전압에 크게 영향을 받는다. 즉, 과전압이 작으면 일정한 결정 방위를 따라 결정은 성장하지만, 과전압이 크면 결정 핵의 발생이 우위가 되어 전해물의 결정 방위는 불명확하게 되고 결정 입자는 성장하기 어렵다.

전 해리 (前解離, predissociation) 분자가 광 들뜸으로 속박형의 들뜬 상태로 이동하여도 해리되고 마는 현상. 전해리의 영향은 흡수 스펙트럼의 미세 구조가 소거하여 형광 스펙트럼의 강도가 감소함으로써 관측되어 들뜬 상태 간의 퍼텐셜 에너지 곡선의 교차 등으로 그 메커니즘이 설명된다.

전해 발광 (電解發光, electrolytic lumines-cence) 용액을 직류 혹은 교류로 전해하였을 때 용액과 전극 표면이 발광하는 현상을 말한다.

전해 분리 (電解分離, electrolytic parting, electrolytic separation) 전기분해 반응을 이용하여 목적 성분과 비목적 성분을 분리하는 것. 예를 들면 전극상에 석출시킴으로써 용액 중에서 목적 성분만을 분리할 수 있다. 또 다른 분석에서 방해가 되는 성분을 제거하는 전처리법으로서도 유용하다. 이러한 목적에는 정전위 전해가 적합하다.

전해 분석 (電解分析, electrolytic analysis) 전

해 반응을 이용한 분석법의 총칭. 폴라로그래피, 전위차 측정(퍼텐쇼메트리), 전해중량 분석, 전기량(電氣量) 분석(쿨로메트리), 전류 적정(암페로메트리) 등이 포함된다.

전해산 세척 (電解酸洗滌, electrolytic pickling) 전해를 함으로써 화학적 산 세척과 마찬가지 혹은 그 이상의 효과를 얻는 세척법. 전극 표면에서 기체가 발생하므로 이 거품에 의한 물리적 세척 효과도 있다. 양극처리, 음극처리, 교류법이 있다.

전해 세척 (電解洗滌, electrolytic cleaning) 보통 알칼리 수용액 중에 목적 금속 소재를 음극으로 하여 전해하고, 발생하는 수소의 극렬한 교반작용을 이용하여 소재 표면의 유지, 고형물 등을 단시간에 제거하는 방법을 말한다.

전해 소다법 (電解——法, electrolytic soda process) ⇨ 식염 전해법.

전해액 (電解液, electrolyte, electrolytic solu-tion) 전기분해를 할 때에 전해조 속에 넣는 용액. 기본적으로는 전해하려고 하는 화합물, 용액에 도전성을 부여하기 위한 지지 전해질, 이것들을 용해하기 위한 용매의 3성분으로 구성된다. 전해조가 음극실과 양극실로 구분되어 있는 경우에는 각기 속에 들어가는 전해액을 음극액 및 양극액이라 부른다. 전해는 아니지만 전지의 경우에도 전해액이란 용어를 사용한다.

전해 연마 (電解硏磨, electrolytic polishing, electropolishing) 금속, 합금 등의 피 처리물을 양극으로 전해하여 평활화, 광택도를 얻는 양극처리법의 하나. 1929년 프랑스인 P. A. 쟈케가 니켈에 대해 시도하여 성공했다. 연마하려는 금속을 양극으로 하고, 전해액 속에서 높은 전류 밀도로 단시간에 전해하면 금속 표면의 더러움이 떨어지고 볼록부분이 용해되므로 기계연마에 비해 이물질이 부착하지 않고 보다 평활한 면을 얻는다. 전해액은 피연마금속(被硏磨金屬)에 따라 다른데, 아세트산무수물·알칼리·인산을 사용하며, 이것에 산화력이 강한 과염소산·크롬산 등을 가한 것이다. 전기도금의 예비 처리에 많이 쓰이며, 펜촉·정밀 기계부품·화학장치 부품·주사침과 같은 금속 및 합금제품에 응

용된다. 광물·금속·합금 등의 표면 조직의 연구시료 제작에도 사용된다.

전해욕 (電解浴, electrolytic bath) ⇨ 전해액. 단, 용융염 전해, 금속의 전해 석출, 도금 분야 등에서는 욕(浴)이란 말을 사용한다.

전해 이산화 망간 (電解二酸化 ——, electrolytic manganese dioxide) 양극 산화로 합성되는 거의 $2\,MnO_{1.98}\cdot H_2O$의 조성을 갖는 전지 양극용의 고활성·고밀도의 결정 이산화 망간. 약어로 EMD이다. 황산성의 황산망간 수용액을 전해하여 2주간 정도로 양극은 두께 1cm 이상으로 성장한 것을 박취한다. 고성능 건전지, 리튬 전지의 양극용으로 사용된다. 그 결정구조에는 여러 설이 있다. 속칭 망간형이라 한다.

전해 전류 (電解電流, electrolytic current) ⇨ 패러데이 전류.

전해 정련 (電解精練, electrolytic refining) 조강과 같은 조금속을 양극으로 하여 전해해서 음극에 고순도의 금속을 얻는 방법. 전해 정제라고도 한다. 전해액은 구리의 경우와 황산구리처럼 목적 금속염의 수용액을 사용한다. 목적 금속보다 귀한 금속 성분은 불용이고 천한 성분은 용해하지만 음극에 석출하지 않는 원리를 이용하고 있다.

전해조 (電解槽, cell, electrolytic bath) 전해액을 넣고 전극 등을 장치하여 전기분해를 하기 위한 용기. 1조형, 격막으로 양극실과 음극실로 나누어진 2조형, 3조형 등이 있다. 전류는 가장 흐르기 쉬운 곳을 흐르므로 전해조의 실계에는 주의가 필요하다.

전해조 전압 (電解槽電壓, bath voltage) 전기분해를 하기 위한 전해욕(전해조) 동작시에 양극과 음극 간의 단자전압. 조(措)전압이라고도 한다. 도금 혹은 전기분해 등에서 필요한 전류(욕전류)와 수율을 유지하기 위해 추정되는 전해 조건의 하나이다.

전해 중량 분석 (電解重量分析, electrogravimetric analysis, electrogravimetry, electrolytic gravimetry) 전해 분석 중 전극에 석출한 물질의 중량을 즉정하는 분석법을 말한다.

전해 중합 (電解重合, electrolytic polymerization) 전해로 전극싱이나 전해액 중에 고분자가 생성하는 중합반응. 전해 산화 중합과 전해 환원 중합으로 나누어진다. 또 전해로 반응 개시제가 생성되어 연쇄반응으로 중합하는 경우와 전해에 의해 모노머가 중합할 수 있는 형태가 되어 축차 중합하여 나가는 경우가 있다. 전자에서는 전류효과가 1보다 커지고, 후자에서는 1 이하가 된다. 전해 중합하는 대표적인 모노머는 피롤, 아닐린, 비닐기를 갖는 화합물 등이다.

전해질 (電解質, electrolyte) 용매에 녹였을 때 이온으로 해리하여 전기 전도성을 나타내는 물질. 용액 속에서 양이온과 음이온으로 무질서하게 해리(解離)된다. 이와 같은 용액 속에 전극을 넣고 전압을 가하면 양이온은 음극으로, 음이온은 양극으로 끌려서 이동하여, 결과적으로는 용액을 통해서 전류가 생긴다. 해리의 정도에 따라 강전해질, 약전해질로 분류된다. 또 해리의 정도는 용매에 따라서도 다르다. 용액 속에서 이온화한 결과, 2개 이온을 생성하는 것을 2원 전해질(예를 들면 $NaCl$), 3개의 이온을 생성하는 것을 3원 전해질(예를 들면 K_2SO_4)이라고 한다. 또 용액 속에서 산성 및 알칼리의 양쪽 성질을 갖는 경우 (예를 들면 $Al(OH)_3$을 물 속에 넣은 경우)를 양쪽성 전해질이라 하고, 단백질이나 폴리메타크릴산 등과 같이 전해질 용액이 되는 고분자를 고분자 전해질이라고 한다. 물 이외의 용매로는 물과 마찬가지로 유전율 (誘電率)이 높은 것, 즉 액체 암모니아·플루오르화수소·디메틸포름아미드·디메틸슬폭시드 등이 일러저 있다. 최근 이온 전도성 고체를 고체 전해질이라 부르므로, 넓은 뜻으로는 이온 도전성 물질 일반을 지칭하는 경우도 있다.

전해질 축전지 (電解質蓄電池, electrolytic capacitor) 알루미늄 또는 탄탈의 표면에 산화 피막을 형성하고 전해액을 매개하여 대극과 조합한 구조를 갖는 콘덴서. 산화 피막이 유도체로서 작용한다. 소형으로 큰 용량을 갖지만 용량의 온도 변화가 크다. 산화 피막은 음극방향에는 전류를 흘리므로 사용시에는 금속 산화물 측에 양의 전압을 부여하도록 사용한다. 따라서 교류회로에는 사용할 수 없다.

전해 채취 (電解採取, electrolytic winning,

electrowinning) 전기분해에 의해 광석에서 금속을 채취하는 것. 전해 추출이라고도 한다. 광석에 예비적인 처리를 하고 용매로 추출하여 금속 함유 용액을 만든다. 이것을 전해액으로 하여 불용성 양극을 사용하여 전해하면 음극에 금속이 석출된다. 용매로는 황산이나 염산 등의 수용액이 사용된다. 아연, 카드뮴, 니켈 등의 금속이 전해 채취에 의해 얻어진다. 고순도의 금속을 얻는 방법으로서 특히 중요하다.

전해 추출 (電解抽出, electrolytic extraction) ⇨ 전해 채취.

전해 환원 (電解還元, electrolytic reduction) 전해액 속에 침지한 전극에 마이너스의 전위를 인가하면 전극에서 전해액 안의 화합물에 전자가 이동하여 그 화합물은 환원된다. 이것을 전해 환원이라 하며, 음극(음극)에서 일어나므로 음극 환원(음극 환원)이라고도 한다. 반응계에 특별한 환원제를 첨가하지 않으므로 생성물의 순도면에서 유리하다. 전해액 속에 몇 종류의 환원가능한 화합물이 존재하는 경우에도 전극 전위를 규제함으로써 선택적으로 환원할 수 있다.

전형법 (電型法, electrotyping) 흑연 분말 등을 도포하여 도전성을 갖게 한 원형에 구리 등의 전기 도금을 하여 정밀한 복제를 하는 수법. 메달 조각의 복제 등에 사용한다.

전형 원소 (典型元素, typical element) 처음 주기율표 제2주기의 Li, Be, B, C, N, O, F 7 원소를 각 족 원소의 대표로 생각하여 D. I Mendeleev가 전형 원소라 명명하였다. 그 후 전이원소의 개념의 확장과 함께 전이원소에 대한 말로 생각하게 되었다. 즉, 이들 7족으로 분류되는 원소는 보통의 원소로서, 이것들을 왼쪽에서 오른쪽으로 배열하면 왼쪽에 금속성 원소가 오고, 차례로 금속성을 잃고 비금속성으로 되다가 제7족에 이르러 비금속성이 극대로 된다. 이어서 제8족을 거쳐 다시 제1족인 금속성이 강한 원소로 돌아온다. 따라서 제8족 원소(Fe · Co · Ni 등)는 보통 원소를 연결하는 과도적인 원소라는 뜻에서 전이원소라고 불렀다. 전형원소란 이와 같이 처음에는 보통원소 가운데 대표적인 원소라는 뜻으로 쓰였지만 전이원소가 제8족 원소에 한정되지 않고, 주기율표

B분족(分族)에까지 확대되자 그 개념도 달라졌다. 현재는 장주기형 주기율표에서 상기 7원소 및 그 밑에 배열하는 원소와 희가스 원소를 총괄하여 전형원소라고 하는 것이 보통이다.

전화 (轉化, inversion) 설탕을 가수분해하여 포도당과 과당의 혼합물로 변환하는 과정을 말한다. 설탕은 우선성이지만 과당의 좌선성이 크므로 가수분해가 진행함에 따라 반응액은 우선성에서 좌선성으로 변한다. 그러므로 이 과정을 전화라 한다.

전화당 (轉化糖, invert sugar) 설탕의 가수분해로 생성되는 당. 설탕 수용액을 산과 함께 가열하거나 인베르타아제에 의해 가수 분해하면 글리코시드 결합이 끊어져 등분자의 D-글루코오스와 D-프룩토오스가 생성되어 등분자 혼합물이 된다. 이 때 비선광도가 우선성에서 좌선성으로 변하므로 전화당이란 이름이 붙었다. 조미료, 자양제로 사용된다.

전화율 (轉化率) (1) conversion 화학 반응에 있어, 반응에 의해 소비된 반응 물질의 양이 반응계에 도입된 반응 물질의 전량에 대한 비율을 말한다. 보통 백분율로 표시된다. (2) invert ratio 수크로오스는 가수분해에 의해 등분자의 D-글루코오스와 D-프룩토오스를 생성한다. 이 때 용액의 비선광도가 우선성에서 좌선성으로 변화하는 비율을 말한다.

전환 (轉換, turnover) (1) 고체 표면 사이트 혹은 분자가 반응 진행에 반복하여 사용되는 것. 촉매반응 사이클은 정의상, 전환 수가 1을 초과한다(⇨ 전환 빈도). (2) ⇨ 대사회전.

전 환류 (全還流, total reflux) 증류조작에서, 증류탑의 탑 정상에서 나오는 증기를 전축기에서 완전 응축시켜 전부를 액으로서 탑정상에 되돌리는 경우를 말한다. 유출물은 제로이므로 환류비는 무한대인 셈이 된다. 정류 효과가 최대로 되고 따라서 소요 이론단수는 최소가 된다. 현실적으로는 있을 수 없으나 증류탑의 성능 평가 실험과 증류탑의 운전 개시 때에 많이 사용된다.

전환 빈도 (轉換頻度, turnover frequency) 촉매의 활성을 표현하기 위한 용어. 촉매의 활성 사이트당 단위 시간당에 반응하는 분

자수. 매우 유용한 개념이지만 활성 사이트의 정량이 어려운 촉매(예를 들면 비금속계 고체 촉매 등)의 경우에는 사용하기 어려운 점이 있다. 반응속도 이외에 압력, 온도, 반응물 조성 등에 의해 영향을 받는다. 착물 촉매의 계 등에서 단위 시간당이란 제한이 무시되어 사용되는 경우가 있으므로 주의할 필요가 있다.

전환 수 (轉換數, turnover number)　(1) 촉매의 활성 사이트 당에 반응하는 분자 수(⇨ 전환 빈도)를 말한다. (2) ⇨ 대사 전환수.

전 황 (全黃, total sulfur)　시료의 원소분석으로 정량되는 황의 총량(보통, %로 표시한다). 석유계 연료, 석탄계 연료의 특성을 표시하는 항목으로서 알려져, 공공법에 의해 분석법이 규정되어 있다.

전 효소 (全酵素, holoenzyme) 아포 효소에 포결 분자족이 결합한 효소를 말한다.

전흉선 호르몬 (前胸腺 ──, prothoracic gland hormone)　⇨ 탈피 호르몬.

절대 계수 (絶對計數, absolute counting)　방사선원의 단위 시간당 붕괴하는 절대수를 계산하는 것. 선원의 절대수를 측정하려면 가스 비례계수관, 액체 신틸레이션 계수기 등을 사용하고, 붕괴 양식이 잘 알려져 있는 선원을 대상으로 하여 전 입체면을 포함하는 4π 계수를 한다. 보통의 방사선원 강도 측정에 사용하는 검출기는 표준 선원에 의한 교정이 필요하고, 그러려면 절대 계수의 측정이 필요하다.

절대 반응 속도론 (絶對反應速度論, theory of absolute reaction rate)　⇨ 전이상태 이론.

절대 배치 (絶對配置, absolute configuration) 키랄한 분자의 입체 배치의 1951년 X선 결정 해석으로 키랄 분자의 입체 배치의 결정법이 확립되기까지는 키랄한 분자간에서 입체 배치의 상대 관계는 해명되어 있었으나, 키랄 중심에 결합하는 원자·원자단의 진정한 공간배열(입체 배치)은 불명하였다. X선법으로 처음 해명된 키랄한 분자의 입체 배치를 당시 상대적이 아니라 절대적인 입체 배치란 의미를 도입하여 절대 배치라 부르고 이것이 현재까지 이어지고 있다. 이전에 사용되었던 상대배치란 용어는 현재 무용지

물이 되었다.

절대 습도 (絶對濕度, absolute humidity)　⇨ 습도.

절대 영도 (絶對零度, absolute zero point) 열역학적으로 생각할 수 있는 최저의 온도. 유한한 온도 상태에서 절대 영도에 도달하는 것은 불가능하다(열역학 제3법칙). 열역학적 온도 눈금(절대 온도)에서는 이것을 0 K로 하고, 섭씨 온도 눈금에서 $-273.15\,^{\circ}\mathrm{C}$에 상당하다.

절대 온도 (絶對溫度, absolute temperature)　⇨ 열역학적 온도.

절대 활동도 (絶對活動度, absolute activity)　⇨ 절대 활량.

절대 활량 (絶對活量, absolute activity)　어떤 상 중의 성분 i의 화학 퍼텐셜을 μ_i로 할 때 $\lambda_i = \exp(\mu_i/RT)$로 주어지는 λ_i를 성분 i의 절대 활량 또는 절대 활동도라고 한다(R는 기체상수, T는 절대온도).

절삭유 (切削油, cutting oil)　금속 절삭에서 절삭성과 가공면의 정도 향상 및 그 냉각과 공구 수명을 연장하기 위해 사용하는 기름. 일반적으로 광유와 유지를 주성분으로 하는 물에 녹지 않는 절삭유, 광유에 계면 활성제와 물을 조합한 수용성 절삭유, 무기염과 물로 이루어진 수용성 절삭유 등 세 종류가 있다.

절연 내구력 (絶緣耐久力, dielectric strength) 절연체에 높은 전압을 인가하였을 때, 그 물질의 높은 전기 저항률을 유지할 수 있는 최대의 전기장 강도(인가 전압/시료 두께). 절연내력 이상의 전압을 인가하면 저항률의 급격한 저하, 즉 절연파괴가 일어난다.

절연유 (絶緣油, insulating oil)　전기 기기의 절연 및 냉각에 사용하는 기름. 콘덴서유, 케이블유, 변압기유의 총칭. 절연유는 용도에 따라 여러 가지 성상(性狀)의 것이 있으며, 일반적으로 전기저항이 크고 점도가 낮으며, 산화에 대하여 안정성이 있는 것이 선호된다.

절연 저항 (絶緣抵抗, insulation resistance) 절연재료에 요구되는 전기 저항률 값. 절연내력과 함께 평가되는 재료 물성의 하나이다.

절연체 (絶緣體, insulator)　전기 전도율이 작

고 전류를 거의 통과시키지 않는 물질. 도체 (또는 금속)의 대응어로, 넓은 뜻으로는 반도체까지 포함한다. 또 열전도율이 작고 열류를 거의 통과시키지 않는 물질도 절연체라 한다. 많은 이온 결정, 유기 결정, 고분자 물질은 전기적으로나 열적으로 절연체이다.

절연 파괴 (絶緣破壞, dielectric breakdown) 절연체에 가하는 전압을 어느 한도 이상으로 하면 절연체 내부 혹은 표면을 따라 방전이 일어나 절연상태가 파괴되는 현상이다.

점결성 (粘結性, caking property) 석탄을 건류하였을 때에 연화 용융상태에서 관측되는 성질의 총칭으로, 점착성, 유동성, 팽창성 등을 지칭한다. 석탄에는 연화 용융상태를 나타내는 점결탄과 연화 용융상태를 보이지 않는 비점결탄이 있다. 코크스가 생성될 때의 중요한 성질의 하나이다.

점결제 (粘結劑, caking additives) 코크스를 제조할 때 배합탄의 점결성을 개선하기 위해 첨가하는 고체 혹은 반고체상의 역청 물질. 점결제를 제조하는 원료에 따라 석탄계, 석유계, 석탄·석유 혼합계 점결제로 분류된다. 점결제의 성상으로는 방향족성이 높고 고정 탄소가 많을 뿐만 아니라 퀴놀린 불용 잔분이 적은 것이 양호하다.

점결탄 (粘結炭, caking coal) 석탄의 성상에 따른 분류로, 가열시의 점결성을 보이는 석탄. 일반적으로 역청탄의 일부가 이에 상당하며 코크스 제조용 원료탄으로 사용되는 경우가 많다. 그 점결성에 따라 강점결탄, 약점결탄, 미(微)점결탄 등으로 나누고, 거의 점결하지 않는 탄을 비점결탄이라 한다.

점군 (點群, point group) 대칭성이 있는 분자와 결정에서 공간의 한 점(분자의 경우에는 질량 중심)을 부동하게 하는 대칭 조작의 집합이 이루는 군. 군론에서는 모든 대칭 조작이 공통적인 분자 또는 결정은 같은 점군에 속한다고 한다.

점균류 (粘菌類, Myxomycetes) ⇨ 변형 균류.

점도 (粘度, viscosity) ⇨ 점성 계수.

점도계 (粘度計, viscometer, viscosimeter) 유체의 점성률을 측정하는 장치. 세관 점도계, 낙구 점도계, 기포 점도계, 회전 점도계, 평행판 점도계, 진동 점도계 등이 있다.

점도 비중 상수 (粘度比重常數, viscosity gravity constant) 광유에서 100°F의 세볼트 점도와 60°F의 비중에서 산출되는 실험값. 광유의 산지마다 거의 일정하며 나프텐계 유가 크고, 파라핀계 유에서는 작다.

점도수 (粘度數, viscosity number) ⇨ 환원 점도.

점도 지수 (粘度指數, viscosity index) 온도 변화에 따른 윤활유의 점성률(점도) 변화를 표시하는 지수. 변화가 작은 펜실베이니아계 기름의 점도지수를 100, 변화가 큰 걸프 코스트계 기름의 점도 지수를 0으로 임의로 정하고, 100℃에서의 점도가 시료와 동일한 표준 점도지수 기름에 대해 40℃에서 측정한 점도의 차에서 일정한 계산식으로 구한다. 점도지수 100 이상인 시료에 대해서는 별도의 계산식에 의한다. 엔진유 등 사용 온도범위가 넓은 윤활유에서는 이 값이 높은 것이 요구된다.

점도 평균 분자량 (粘度平均分子量, viscosity-average molecular weight) 고분자 묽은 용액의 고유 점도 측정으로 얻게 되는 평균 분자량으로 각 성분 분자량의 $\nu(0.5\sim0.8)$곱을 중량 분율로 평균한 것의 ν곱 근에 상당하다. 수평균 분자량과 중량 평균 분자량 사이에서 후자에 가까운 값을 표시하는 것이 보통이다.

점류 (粘流, viscous flow) ⇨ 점성 흐름.

점성 (粘性, viscosity) 유체에서 장소에 따른 유동 속도의 차이가 있을 때 그 속도를 일정하게 하려는 응력이 나타나는 성질을 말한다.

점성 계수 (粘性係數, viscosity of coefficient) 유체가 유동하여 그 흐름 방향(x축 방향)의 속도 v가 그것과 직각인 y축 방향에서 다를 때, y축에 수직인 면에 나타나는 접선 응력은 속도기울기 dv/dy에 비례한다. 이 비례계수를 점성계수라 하고 $N\,sm^{-2}$의 단위로 표시한다. 유동의 형에 따라 신장 점성률, 전단 점성률 등이 있다. 일반적으로 온도가 상승하면 액체에서는 압력과 함께 점성률은 증가하지만 기체에서는 거의 변하지 않는다.

점성 유체 (粘性流體, viscous fluid) 유동할

때에 점성을 나타내는 유체. 현실 유체는 모두 점성 유체이다.

점성 흐름 (粘性流, viscous flow)　점성을 수반하는 유동을 이르며 점류라고도 한다.

점식 (點蝕, pitting)　금속의 부동태 피막 혹은 하지의 불균일성이 원인으로 발생하는 국부 부식이 공상(孔狀)으로 진행하는 현상. 보통 공식(孔蝕)이라 한다. 핀홀에서 금속 내부를 향해 급속히 진행하여 결국에는 구멍이 뚫린다. 스테인리스, 알루미늄에서 문제가 된다.

점액질 세균 (粘液質細菌, slime bacteria)　수크로오스 등의 당류 혹은 단백질을 영양원으로 하고, 이것을 분해하여 점질물을 다량으로 형성하는 그람음성세균. 예를 들면 수크로오스에서 덱스트란을 생성하는 *Leuconostoc mesenteroides*와 폴리(γ-글루탐산)를 생성하는 *Bacillus substilis* 등이 잘 알려져 있다.

점적 (點滴, spot)　여과지 크로마토그래피와 얇은 막 크로마토그래피에 있어, 전개 후에 얻어지는 원형 내지 타원형으로 된 시료 성분의 분리상. 스폿이라고도 한다.

점적 반응 (點滴反應, spot reaction)　점적시험에 사용되는 화학 반응. 반점 반응이라고도 한다.

점적 분석 (點滴分析, spot test)　⇨ 점적 반응.

점적 시험 (點滴試驗, spot test)　점적판과 여과지상에 시료 용액을 한 방울 떨구고, 거기에 발색시약을 한 방울 떨어뜨려 정성 반응을 하는 간이 분석. 반점 분석 또는 스폿 테스트라고도 한다.

점적판 (點滴板, spot plate)　점적시험 (spot test)에 사용되는 반응 용구의 하나. 적판이라고도 한다. 보통 백색 또는 흑색 자제(磁製)의 판에 오목하게 한 것으로 일혈 혹은 다혈로 된 것이 있다. 유리로 만든 것도 사용된다. 1, 2방울의 시약과 시료를 그릇 속에서 접촉시켜 일어나는 반응을 관찰하는 것이다.

점착 방지제 (粘着防止劑, antitack agent, rubber repellant, surface-tack eliminator)　배합고무 표면의 점착성을 감소시키기 위해 사용되는 배합제. 배합고무 끼리를 접합할 때 그 표면의 점착성이 지나치게 높으면 성

형시의 트러블과 불량품 발생으로 이어진다. 스테아르산아연, 탤크, 탄산마그네슘 등이 사용된다.

점착 부여제 (粘着付與劑, tackifier)　고무와 플라스틱 표면의 점착성을 제고하기 위해 첨가하는 배합제. 고무에서는 배합고무 끼리를 접합시킬 때 사용한다. 쿠마론인덴 수지, 로딘계 수지, 테르펜계 수지, 페놀계 수지 등이 있다.

점착제 (粘着劑, pressure-sensitive adhesive)　⇨ 감압 접착제.

점탄성 (粘彈性, viscoelasticity)　지연 탄성이나 크리프, 응력완화 등은 탄성과 동시에 점성적 거동을 나타내므로 점탄성이라 한다. 한편, 점성 유동을 하는 액체가 동시에 탄성을 나타내는 탄성 액체의 성질을 탄점성이라 하는 경우도 있으나 총괄하여 점탄성이라 하는 경우가 많다.

점토 (粘土, clay)　천연에 존재하는 미세한 함수 규산염 광물의 집합체로 분말로 하여 물을 가하면 가소성이 생기고, 건조하면 강성을 띤다. 고온에서 소성하면 강철처럼 견고해지는 것을 말한다. 도자기와 내화물의 주요 원료가 된다.

점토 광물 (粘土鑛物, clay mineral)　점토를 구성하는 주성분이 되는 광물. 주로 2차적으로 생성된 것으로서 미세한 광물 입자로 된 토상(土狀) 광물의 총칭이다. 토양과 풍화작용을 받은 암석에서 산출되며, 화산대가 발달한 지대의 화산재 등의 퇴적물이나 퇴적암에서 산출된다. 열수 작용이나 풍화작용에 의해서 쉽게 다른 광물로 변하며, 변화하는 과정에서 특이한 성질을 가진 광물을 형성한다. 주요한 점토 광물로는 카올리나이트·디카이트·헬로이사이트 등의 카올린계 광물, 몬모릴로나이트·벤토나이트·산성 백토 등의 몬모릴로나이트계 광물, 일라이트 해록석(海綠石) 등의 운모류 이외에도 녹니석류(綠泥石類)·앨로판 등 여러 가지가 있다.

점토질 벽돌 (粘土質 ——, fireclay brick)　내화 점토를 주원료로 한 Al_2O_3 SiO_2계 내화 벽돌. 샤모트 벽돌이라고도 한다. 내화 점토는 사전에 소성하여 샤모트로 하고 이것을 분쇄하여 입도 배합하여 점토를 혼합한 다음 성형, 소성하여 제조한다.

ㅈ

점토질 석고 (粘土質石膏, gypsite)　천연 석고의 미세한 결정입자 중에 점토, 모래, 부식토 등을 불순물로 함유하는 것. 석고분이 60~90% 정도인 것이 원료 석고로 이용된다.

점화 (點火, ignition)　⇨ 발화.

점화약 (點火藥, igniter, ignition charge)　화약류를 점화하기 위한 화약. 연소하여 미립자와 화염가스를 비교적 다량 그리고 장시간 발생하여 다른 화약류를 발화시킨다. 발사약, 전기뇌관, 불꽃, 로켓의 추진약 점화용으로 사용한다.

점효율 (點效率, point efficiency)　단탑 같은 계단 접촉식 장치에서 단 위의 임의의 한 점에 대한 물질 이동성능을 표시하는 효율. 국소효율, 부분효율이라고도 한다. 탑효율의 대응어. 이상적인 평형상태에 이르기까지의 조성의 변화에 대해 실제로 발생하는 조성 변화의 비로 표시된다. 기체-액체 접촉에서는 증기조성을 기준으로 나타내는 경우와 액조성을 기준으로 나타내는 경우가 있다.

접선 응력 (接線應力, tangential stress)　물체가 외부에서 가해지는 힘에 의해 변형하고, 응력이 발생했을 때 힘이 작용하는 면에 평행 방향의 성분. 수직 방향의 성분은 법선응력이라 한다. 전단 응력이라 하는 경우도 있다.

접종 (接種, inoculation)　동물체나 배지에 세균, 바이러스, 세포 등을 심는 것을 말한다.

접착 (接着, adhesion, bond)　접착제와 피착물의 표면이 계면의 결합력에 의해 결합되어 있는 상태. 계면의 결합력은 양자의 표면 분자 간의 화학적 상호작용과 기계적 결합에 의존한다. 또 접착 (adhesion)이란 말은 응집 (cohesion)과 대비하여 사용된다. 또한 접착제를 사용하여 접착하는 것을 bond (동사, 명사)라 한다.

접착 강도 (接着强度, bond strength)　접착계 (접착된 것)의 파괴에 대한 저항력. 기계적 강도와 환경 강도로 구별된다. 전자는 외력에 의한 파괴에 대한 저항력이며 전단, 박리, 굽히기, 충격, 피로 등 강도가 있다. 환경 강도는 환경에 의한 파괴에 대한 저항력으로, 내수성, 내열성 등이 있다. 기계적 접착 강도를 접착력이라 하는 경우가 많지만 후자는 접착제와 피착물 간의 계면 결합력을 의미하여 파괴에 대한 저항력과는 다르므로 혼동하지 않도록 주의할 필요가 있다.

접착력 (接着力, adhesive force)　접착제와 피착물 간의 계면의 결합력. 이것은 양자의 표면 분자 간의 화학적 상호작용과 기계적 결합에 의존한다. 접착력만을 독립적으로 실측하는 방법은 아직 개발되어 있지 않다. 접착 강도와는 다른 것이다.

접착성 말단 (接着性末端, sticky end)　제한효소로 DNA 분자를 절단한 경우의 말단이 한가닥 사슬인 것. 부착단이라고도 한다. 이에 대하여 두 가닥 사슬인 것을 평활 말단이라 한다. 같은 제한효소에 의한 절단으로 생긴 접착성 말단은 항상 같으므로 접착성 말단끼리의 상동성을 DNA의 연결에 이용할 수 있다.

접착제 (接着劑, adhesive)　다른 종의 재료를 접착하는 데 사용되는 물질. 일반적으로 접착제로는 천연 및 합성의 유기 고분자가 사용된다. 특수한 용도에서는 무기물과 금속도 접착제로 사용되고 있다.

접착지 (接着紙, gummed paper)　한쪽 면에 접착용 도료를 칠한 종이. 도료로는 덱스트린, 동물성 아교, 폴리비닐 알코올 등의 단독 또는 이들의 혼합물이 사용된다. 접착용 라벨, 씰, 스탬프, 테이프 등에 사용되며, 기계적 강도가 높고 액이 쉽게 스며들지 않는 원지가 사용된다.

접촉각 (接觸角, contact angle)　액체가 고체에 접촉하고 있을 때(예를 들면 모세관 중의 액체의 표면) 액체면과 고체면 사이가 이룩하는 각도. 습관적으로는 액체 내부쪽의 각을 취한다. 접촉각은 액체가 완전히 고체면을 적실 때는 $0°$, 완전히 적시지 않을 때는 $180°$이다.

접촉 단백파 (接觸蛋白波, catalytic protein wave)　황을 시스테인(RSH)이나 시스틴(RSSR)의 형태로 함유하는 단백질이 산을 접촉적(촉매적)으로 환원함으로써 나타내는 폴라로그래프파. 코발트 이온의 공존자에서 나타내는 코발트 단백질 접촉액이 유명하다.

접촉 도금 (接觸鍍金, contact plating)　피도금체에 석출시키고자 하는 금속보다 천한 금속을 접촉시켜 석출하는 금속 이온을 포함한 용액 중에 침지하면 전위의 차로 인해 천한 금속이 용해하고 대신에 도금하고자 하는 금속이 석출하는 현상. 실제로는 무전해 도금을 할 때, 도금하는 금속 표면에 철 등의 천한 금속을 접촉시켜 도금을 개시하는(갈바닉 이니시에이션) 경우 등에 이용되고 있다.

접촉 반응 (接觸反應, catalytic reaction) 촉매의 존재하에 이루어지는 화학 반응. 촉매 반응이라고도 한다. 일반적으로 불균일 상의 계면에서 촉매작용이 진행되는 경우가 많다. 실제로는 반응 물질이 기체 또는 액체(용액)에서 고체 촉매의 표면에서 반응이 이루어지는 경우가 많다.

접촉 방해 (接觸妨害, contact inhibitiion) 세포가 유리면을 이동하여 다른 세포에 접촉하여 증식을 정지하는 것. 정상 세포에서는 당지질의 당사슬의 신장, 당 단백질의 합성, 고리 모양 AMP의 증가 등이 일어난다. 암 세포에서는 접촉 방해가 상실되어 세포가 여러 층으로 증식한다.

접촉법 (接觸法, contact process) 황산 제조법의 하나. 오산화이바나듐 촉매의 존재하에서 이산화황을 기상 접촉 산화하여 삼산화황으로 하고, 이것을 94~96% 황산에 흡수시켜 98% 황산을 얻는다. 과거의 질산법에 대신하여 이 방법은 현재의 주류법이다.

접촉 부식 (接觸腐食, contact corrosion) 전해질 중에서 이종 금속이 접촉할 때 국부전지가 형성되어 보다 천한 전위의 금속의 부식이 촉진되는 현상. 부식의 정도는 부식 전위 외에 양 금속의 면적비, 전해질의 전기 전도율, 분극의 정도, 온도, pH, 유속 등에 의존한다.

접촉 분해 (接觸分解, catalytic cracking) 촉매를 사용하는 탄화수소의 분해 반응. 공업적으로는 석유 정제에서 합성 제올라이트를 주체로 한 고체 산촉매를 사용하여 경유 및 중질유에서 고옥탄가 가솔린을 합성하는 반응을 말한다.

접촉 산화 (接觸酸化, catalytic oxidation) 촉매의 존재하에서 이루어지는 산화반응. 고체 촉매의 존재하에 공기 중의 산소로 산화반응이 이루어지는 일이 많다.

접촉 상호작용 (接觸相互作用, contact interaction) 원자핵의 자기 모멘트와 전자 스핀의 자기적 상호작용의 하나. s궤도에 있는 쌍을 이루지 않은 전자가 핵의 위치에서 작용하는 것. 쌍을 이루지 않은 전자가 s궤도 이외에 있을 때도 어느 정도 s궤도에 흘러 나오므로 작용한다. 원자 스펙트럼, 전자 상자성 공명 스펙트럼의 초미세구조, 금속의 핵자기 공명에서의 Knight 시프트 등의 원인이다.

접촉 수소화 (接觸水素化, catalytic hydrogenation) ⇨ 촉매 환원.

접촉 이온쌍 (接觸 —— 雙, contact ion pair) ⇨ 내부 이온쌍.

접촉 작용 (接觸作用, contact catalysis) ⇨ 촉매 작용.

접촉 전류 (接觸電流, catalytic current) 폴라로그래피에 있어 전해액 중의 공존 물질이 촉매로서 작용하기 위해 흐르는 전류를 말한다.

접촉 전위차 (接觸電位差, contact potential difference) 이종의 물질을 접촉하였을 때 그 접촉면에 나타나는 전위차. 구체적 예로서 다음의 경우가 있다. ① 두 종의 상이한 금속이 접촉하는 경우는 금속에 따라서 전자방출의 정도가 다르기 때문에 양 금속의 전자의 화학 퍼텐셜이 상등하게 된 상태에서 접촉면에 전위차가 발생한다. ② 금속과 이온을 함유하는 용액이 접촉하는 경우를 이른다.

접촉 효율 (接觸效率, contact efficiency) 복수의 상이 서로 접촉할 때의 접촉의 정도. 화학공학에서 사용하는 용어. 여러 가지 표현이 있으며, 예를 들면 액체–액체 불균일 반응에 있어서는 반응에 관계되는 성분 농도가 양상 중에서 분배 평형에 이르지 않는 경우의 반응속도와 평형상태에서의 반응속도의 비로 나타낸다.

접합 (接合, doubling) 동질의 플라스틱 혹은 미가황 고무 시트를 가연, 압착하여 맞붙이는 것. 보통 시트의 두께가 3 mm 이상이 되면 거품이 없는 시트의 제조는 곤란하므로 접합작업을 하게 된다.

접합단 (接合圓, prosthetic group) ⇨ 보결

원자단.

접합 롤 (接合——, doubling calender)　엷은 시트를 서로 붙여 두터운 시트를 제조하기 위한 3 또는 4가닥의 롤로 되어 있는 캘린더(압연기). 접합 캘린더라고도 한다. 접합에 사용하는 이외에 한쪽 면에 고무를 바른 천의 압착·광내기 등에도 사용된다.

접합 캘린더 (接合——, doubling calender)　⇨ 접합 롤.

접힌 사슬 (folded chain)　사슬 모양 고분자 결정에서의 전형적인 분자응집 형태의 하나로, 분자사슬이 10 nm 정도의 일정한 길이로 반복하여 접혀져 있는 집단, 층상의 결정을 형성한 것. 묽은 용액에서 석출한 층상 단결정과 구정(球晶) 중에서 볼 수 있다. 신장된 사슬의 대응어이다.

정공 (正孔, hole, positive hole)　고체 내의 전자의 운동을 양자역학적으로 나타낸 개념. 홀이라고도 한다. 가전자대 상단 근방의 전자의 빈(空)상태를 나타낸다. 음의 유효 질량을 갖는 점에서 전자와는 반대로 양전하를 갖는 전하 운반체로서 전기장 자기장 등의 외부력에 감응한다.

정광 (精鑛, concentrate)　광물을 선광하여 얻는 것. 목적 성분이 원광의 성분보다도 농축되어 품위가 높아진 광물을 이른다. 광산에서 채굴된 원광(原鑛)을 그대로 제련하는 경우도 있지만, 열경제(熱經濟) 측면에서 먼저 원광을 선광하여 목적하는 금속 성분의 함유율이 높은 정광의 형태로 바꾼 후에 제련하는 경우가 많다. 예를 들면 구리 광석인 경우, 원광의 품위는 1~3%인데 대해, 구리 정광의 품위는 18~25%이다.

정규 용액 (正規溶液, regular solution)　이상(理想)용액과의 오차가 주로 혼합열로 인한 (비이상) 용액. 혼합 엔트로피는 이상용액의 경우와 거의 같지만 혼합열은 0이 아니다. 저분자 용액은 정규 용액으로 근사하게 할 수 있는 경우가 많다.

정규 직교계 (正規直交系, orthonormal system)　함수의 조(ϕ_1, ϕ_2, ϕ_3, …)가 정규 직교화의 조건 $\int \phi_i \, \phi_j \, dr = \delta_{ij}$를 만족시킬 때, 정규 직교계라 한다. 규격 직교계라고도 한다. 예를 들면 분자 궤도함수의 조는 정규 직교계이다.

정규화 (正規化, normalization)　ϕ를 파동함수로 하면 $\phi^*\phi$는 존재 확률을 나타내므로 전 공간에 걸친 적분은 1이 되어야만 한다. 이 조건을 충족시키듯이 ϕ를 정의하는 것을 말한다. 규격화라고도 한다.

정다면체 (正多面體, regular polyhedron)　어느 면도 동일한 합동의 정다각형으로 되고, 어느 정점의 둘레에도 같은 수의 정각형이 모여 생긴 다면체. 면수(다각형)의 조로, 4, 6, 8, 12, 20의 5종이 존재한다(플라톤의 다각형).

정도 (精度, precision)　⇨ 정밀성.

정련 (精練, degumming, scouring)　섬유에서 불순물을 제거하여 염색 가공이 지장 없이 이루어질 수 있도록 하는 공정. 예를 들면 갓 짜낸 면직물에 함유된 펙틴, 납질 등, 생사의 세리신 혹은 제사와 제직시에 부착하는 기름, 가공제 등을 각각 정련제로 처리한다. 수용액 외에 유기용제에 의한 용제 정련도 이루어진다.

정련용 코크스 (精練用——, metallurgical coke)　고로용, 주물용 코크스 등 코크스로에서 제조된 치밀하고 견고한 코크스. 한 때 도시가스 제조의 부산물인 코크스가 가스 코크스로 불리어졌던 데에 대비하여 제사 코크스라고도 불렀다. 제사란 중국에서 대장간을 뜻하며, 이 명칭은 현재 별로 사용되지 않는다.

정련제 (精練劑, scouring agent)　정련에 사용되는 약제. 알칼리, 계면 활성제 등으로 구성되며 주로 수용액에서 사용되지만, 섬유에 따라 제거할 물질이 다르므로 정련제의 내용도 다양하다. 용제 정련의 경우는 염소화 탄화수소가 사용된다.

정류 (整流, rectification)　전기회로에 있어 교류의 입력을 직류의 출력으로 변환하는 작용. 그 회로를 정류회로라 하며, 전류를 한 방향만으로 흐르게 하는 정류기로서 이극관, 반도체 다이오드 등을 사용한다. 이 작용을 이용하여 교류신호로부터 직류신호의 출력을 측정하는 것을 검파라고 한다.

정류 (精溜, rectification)　증류탑 안에서 환류를 하여 탑 안에 다단계의 기체-액체 평형을 이루어 냄으로써 1회의 증류 조작으로 혼합 액체를 각 성분으로 분리하는 조작을 말한다.

정류관 (精溜管, rectifying column, rectifying tube) 정류를 하기 위해 분별 증류장치의 상부에 설치하는 장치. 화학공업에서 대규모로 정류를 하기 위한 것을 정류탑이라 한다.

정류상태 (定流狀態, stationary state, steady state) (1) 수송현상과 화학 반응에서, 변화는 확실하게 진행하고 있으나, 변화의 속도가 일정하게 유지되고 계의 상태를 규정하는 변수가 시간적으로 불변한 상태를 말한다. (2) 양자론에서 계의 에너지가 확정값을 취하고 시간적으로 변동하지 않는 상태. 원자와 분자의 정상 상태에 대해 에너지 준위가 정해진다.

정류상태 근사 (定流狀態近似, steady-state approximation) 반응 중간체의 반응성이 매우 큰 경우, 중간체의 농도뿐만 아니라 그 농도변화는 반응물과 생성물의 농도변화에 비해 무시할 수 있을 만큼 작은 값이 된다. 이 중간체의 시간 변화를 0으로 함으로써 반응 속도식의 근사 풀이를 얻는 근사법을 말한다.

정류탑 (精溜塔, fractionating tower, fractionator, rectifier, rectifying tower) 환류 조작을 하는 증류탑. 현재 공업적으로는 거의가 환류 조작을 하므로 보통 증류탑이라 하면 정류탑을 의미하는 경우가 많다.

정률 건조 (定率乾燥, constant drying) 충분하게 습한 재료를 일정한 조건하에 놓았을 때 함수율이 한계 함수율 이상이고 함수율의 감소량이 시간에 비례, 즉 선소 속도가 일정한 경우의 건조를 말한다. 항률 건조라고도 한다. 이 기간을 정률(항률) 건조 기간이라 한다. 재료 표면에서 수분 증발이 일어나고 있는 기간이므로 건조 속도는 재료의 가스 경막에서의 열과 물질의 이동이 율속(律速)이 된다. 이 기간에는 재료에 주어진 열량은 모두 수분 증발에 사용되고, 재료 온도는 일정하다.

정밀기계 유 (精密機械油, instrument oil, precision instrument oil) 시계, 광학기계, 기타 각종 계기용의 특수 윤활유. 소량의 기름으로 긴 세월을 사용할 수 있어야 하므로 유성이

좋고, 확산이 적으며 화학적·물리적으로 안정된 것이 바람직하다. 현재 주로 디에스테르 등의 합성 윤활유에 산화 방지제 등을 첨가한 기름이 사용되고 있다.

정밀성 (精密性, precision) 측정값의 편차가 작은 정도. 정확성과 정밀성을 포함한 종합적인 좋은 정도를 말한다. 정밀성을 정도(精度)라고 하는 경우도 있다.

정반응 (正反應, forward reaction) 반응물과 생성물을 특정하면 화학 반응의 방향이 정의된다. 이것을 정반응이라 하며, 역방향으로 반응이 진행하는 경우를 역반응이라 한다. 보통은 주어진 조건 아래(온도·압력 등)에서 반응이 진행하기 쉬운 방향을 정반응이라 한다.

정방정계 (正方晶系, tetragonal system) 7개의 결정계 중, 4회 회전축이나 4회 회반축을 주축으로 갖는 결정계. 그러므로 단위포의 3축은 모두 직교하고, 4회축에 수직인 2축의 길이는 같다.

정부피 변화 (定——變化, isovolumetric change) 체적이 일정하게 유지되는 조건에서 일어나는 변화. 정적(定積) 변화라고도 한다.

정부피 비열 (定——比熱, specific heat at constant volume) 물질 1g당의 정용 열용량. 그러나 현재는 정용 비열용량이란 용어가 권장되고 있다. 즉 일정 체적하에서 1g의 물질을 1K만큼 온도를 상승시키는 데 필요한 열량을 말한다.

정부피 비열 용량 (定——比熱容量, specific heat at constant volume) ⇨ 정부피 비열. 정부피 비열 용량이란 호칭이 권장되고 있다.

정부피 열용량 (定——熱容量, heat capacity at constant volume) 체적이 일정하게 유지되고 있는 조건에서의 열용량. C_v로 표기한다. 정적 열용량이라고도 한다. ⇨ 정압 열용량.

정비례의 법칙 (定比例法則, law of definite proportion) 동일한 화합물에 대해서 그 성분의 질량비는 일정하고, 생성조건과 경로에 의하지 않는다는 법칙. 1799년 J. L. Proust에 의해 발견되었다. 예를 들면 물에

대한 수소와 산소의 질량비는 항상 1 : 8이
다. 그러나 금속간 화합물 등, 이 법칙에 해
당하지 않는 화합물(베르톨리드 화합물)이
발견되었다.

정4면체각 (正四面體角, tetrahedral angle)　정
4면체의 임의의 두 정점이 중심을 향한 각도
로서, 거의 109.5°, 정확하게는 $\cos^{-1}(-1/3)$
이다.

정상 동위원소 효과 (正常同位元素效果, nor-
mal isotope effect)　⇨ 동적 동위원소 효과.

정상 분산 (正常分散, normal dispersion)　분
산현상 중에서 굴절률이 빛의 파장 감소와
함께 서서히 증가하는 경우의 분산. 이상 분
산의 대응어이다.

정상 액체 (正常液體, normal liquid)　액체 1
mol당의 증발열 ΔH_v와 그 액체의 끓는점
T_b와의 비 $\Delta H_v/T_b$가 대략 $80\sim90\,\mathrm{JK}^{-1}$
mol^{-1} 사이에 있다고 하면 돌턴의 규칙에 따
르는 액체. 무극성 유기 용매 등 분자간 힘
이 작은 물질의 액체가 이에 속한다. 회합이
나 해리를 일으키는 액체는 돌턴의 규칙에
따르지 않고 이상액체라고 부르는 경우도
있다. 벤젠, 사염화탄소, 에틸에테르 등이 그
예이다.

정상 크로마토그래피 (正相 ——, normal phase
chromatography)　⇨ 순상(順相) 크로마토
그래피.

정색 반응 (呈色反應, color reaction, coloring
reaction)　발색 또는 변색을 수반하는 화학
반응. 대부분의 경우, 목적 성분 중의 작용
기 혹은 분자 골격과 특이적으로 반응하는
시약(발색 시약)이 사용된다. 예를 들면 철
(Ⅲ) 이온을 함유하는 용액에 티오시안산 염
을 가하면 티오시안산 철(Ⅲ)이 생기고, 진
한 적색이 되는 반응 등이 있다. 가끔 정성
분석, 비색 분석, 용량 분석 등에 이용된다.
발색 반응이라고도 한다.

정색 시험 (呈色試驗, color test, coloring test)
발색 반응을 이용하여 주로 정성 분석을 하는
시험법. 발색 시험이라고도 한다.

정성 시험 (定性試驗, qualitative test)　시료
중에 어떠한 화학종(원소, 이온, 작용기, 분
자 등)이 함유되어 있는가를 조사하는 시험.
검출·확인에는 특이 반응과 물리적 성질이

이용된다.

정신 물리량 (精神物理量, psychophysical
quantity)　⇨ 심리 물리량.

정압 (靜壓, static pressure)　정지 유체의 압
력을 동압과 대비하여 말하는 용어. 베르누
이의 정리($\rho u^2/2+P+V=$상수)의 P를 정
압, $\rho u^2/2$를 동압이라 한다.

정압두 (靜壓頭, static head)　⇨ 유체 정역학.

정압 변화 (定壓變化, isobaric change)　⇨ 등
압 변화.

정압 비열 (定壓比熱, specific heat at cons-
tant pressure)　물질 1g당의 정압 열용량.
그러나 현재는 정압 비열 용량이란 용어가
권장되고 있다. 즉 정압하에서 1g의 물질을
1K만큼 온도를 상승시키는 데 필요한 열량
을 말한다.

정압 비열 용량 (定壓比熱容量, specific heat
at constant pressure)　⇨ 정압 비열.

정압 열용량 (定壓熱容量, heat capacity at
constant pressure)　상압하에서의 열용량.
C_p로 표시한다. 열용량에는 일정한 압력하
에서의 값과 일정 체적에서의 값(정용 열용
량 C_v)이 있다. 양자 간에는 $C_p>C_v$의 관계
가 있다. 정압을 유지하기 위한 계의 체적은
변하지만 그에 요하는 일의 몫만큼 C_p는 C_v
보다 크다. 1 mol당의 양을 정압 mol 열용량
이라 하고 단위는 $\mathrm{JK}^{-1}\,\mathrm{mol}^{-1}$이다.

정어리 기름 (sardine oil)　정어리에서 얻어
지는 지방유. 포화산은 주로 팔미트산, 불포
화산은 도코사헥사엔산, 이코사펜탄엔산 같
은 고도 불포화산으로 되어 있는 지방산 조
성을 갖는다. 매우 산화하기 쉽고 진한 고기
기름 냄새가 난다. 경화유, 도료의 원료로
사용된다.

정염 (正鹽, normal salt)　염으로 H^+, OH^-
혹은 O^{2-}를 함유하지 않는 것. 예를 들면
NaF, $BaCl_2$, K_2SO_4, Na_3PO_4 등. H^+가 남은
것은 산성염, OH 혹은 O^{2-}가 남은 것을 염
기성염 등으로 부르는 경우도 있다. 정염의
수용액은 반드시 중성은 아니고, 가수분해
가 일어나고, 산 또는 염기의 강약에 의해
산성 또는 알칼리성을 나타내는 수가 있다.

정유 (精油, essential oil)　각종 식물의 가지
와 잎사귀, 뿌리와 줄기, 목피, 과실, 꽃, 수

지로부터 얻어지는 특유한 방향이 있는 휘발성 액체. 일반적으로 용매 추출, 수증기 증류 등으로 얻어진다. 테르펜계 및 방향족계의 탄화수소, 알코올, 알데히드, 케톤, 페놀, 각종 에스테르 등의 혼합물이며, 향료의 원료가 된다.

정유소 가스 (精油所 ——, refinery gas) 석유 정제에서 각종 분해 가스, 개질 가스, 안정기 가스 등을 말한다. 보통 액화하기 어려운 수소, 메탄, 에탄 등 외에 그 내력에 따라 수소, 질소, 일산화탄소, 이산화탄소, 황화수소 등을 함유하고 있다.

정인산염 (正燐酸鹽, orthophosphate) ⇨ 오르토인산염.

정적 동위원소 효과 (靜的同位元素效果, static isotope effect) 동위원소의 질량차가 평형 상태에서 미치는 효과. 동위원소 A_1, A_2가 상이한 화학종 X, Y와 결합할 때, $A_1X + A_2Y \rightleftharpoons A_2X + A_1Y$의 평형에서, 일반적으로 한쪽 동위원소는 한쪽 분자측에 쏠려 존재한다. 이 밖에 증기압, 핵자기 공명의 화학 시프트 등에 나타난다.

정적 변화 (定積變化, isovolumetric change) ⇨ 정부피 변화.

정적 효과 (靜的效果, quasistatic effect, static effect) 화약류가 폭발 반응으로 발생하는 고온 가스의 팽창으로 외부에 이루는 일 효과. 추진 효과라고도 한다. 화약의 반응은 폭약에 비하여 압력의 상승이 느리고 충격파가 형성되지 않으므로 정저 효과밖에 없다고 한다.

정전기 방지제 (靜電氣防止制, antistatic agent) 합성 섬유, 반합성 섬유는 방적이나 제직 공정 또는 착용 중의 마찰에 의해 정전기가 발생하기 쉽고, 여러 가지 장해를 일으킨다. 섬유에 흡습성, 도전성을 부여하여 정전기 장해를 제거하는 동시에 유연 평활성을 부여하는 약제를 말한다. 계면 활성제, 카티온성 고분자 화합물, 고분자 전해질 등이 사용된다.

정전기 용량 (靜電氣容量, electrostatic capacitance) ⇨ 커패시턴스.

정전기 전위 (靜電氣電位, electrostatic potential) 전하가 놓여진 공간에 형성되는 정전기장의 전위. 정전기장과는 시간적으로 변동하지 않는 전기장을 말한다.

정전 도장 (靜電塗裝, electrostatic coating) 피도물을 접지하고 고압 음극과 맞대어, 그 전기장 내에 분무기에서 도료를 안개상으로 분산시켜 대전 전하를 이용하여 도립 입자를 피도물 표면에 도착시키는 방법을 말한다.

정전류법 (galvanostat) 임의의 값으로 규제한 전파를 전해계에 흐르게 하기 위한 장치로서, 전기적 부하(전해의 상태 등)가 변동하여도 일정한 전류를 흐르게 하는 전기분해법(정전류 전해)과 전기화학 계측 등에 사용된다. 갈바노스탯이라고도 한다.

정전류 전해 (定電流電解, controlled current electrolysis) 작용 전극에 흐르는 전류를 일정하게 유지하면서 전기분해하는 것. 이것에 사용하는 장치를 갈바노스탯이라 한다.

정전상 전사 (靜電像轉寫, transfer of electrostatic image) 전자 사진법에서 감광체 위에 정전 잠상을 형성한 후, 유전체를 밀착시켜 전압을 인가함으로써 유전체에 정전 잠상을 전사하는 것. TESI가 약어이다. 이 밖에 광도전체와 유전체를 밀착시켜 광상 노광과 동시에 전압을 인가하여 화상을 형성하는 방법도 있다.

정전위 스텝법 (定電位 —— 法, potentiostatic step method) 전극 반응속도를 측정할 때에 사용되는 방법. 전극 전위를 급격하게 스텝상으로 변화시켜 흐르는 전류의 시간 변화 등을 추적한다.

정전위 전해 (定電位電解, potentiostatic electrolysis, constant potential electrolysis) 참조 전극에 대해 작용전극 전위를 일정하게 유지하여 전기 분해를 하는 것을 말한다.

정제 (錠劑, tablet) 분말 또는 결정성의 의약품을 그대로 혹은 부형제로 유당, 백당의 결합제로 하여 아라비아고무, 녹말풀액, 붕해제로 녹말 등을 가하여 일정한 형상으로 압축 성형한 것. 용량이 정확하고, 복용·휴대·보관이 편리할 뿐만 아니라 대량 생산에도 적합하다. 보통 일정한 장치로 시험을 하는데, 물 속에서 30분 이내에 풀려야 한다.

정제대 (精製帶, zone refining) 용융대를 반복하여 물질을 정제하는 방법. 고순도 반도체 제조 등에 사용된다.

정제 DNA (精製 ——, purified DNA) 넓은 뜻으로는 화학 물질로서 정제된 디옥시리보핵산(DNA). 좁은 뜻으로는 그 기원과 어떠한 유전자 또는 유전자의 일부가 알려져 있는 쿨론화된 DNA를 말한다.

정제 크로마토그래피 (精製 ——, preparative chromatography) 목적 물질 또는 화분을 모으는 것을 목적으로 하는 크로마토그래피. 분석용 크로마토그래피의 대응어이다.

정지 마찰 (靜止摩擦, static friction) 접촉하고 있는 두 개 고체의 한쪽을 고정시켜 다른 쪽에 외력을 가하여 접촉면을 미끄러지게 하려고 하면 마찰 때문에 외력이 어떤 한계를 초과할 때까지는 운동이 일어나지 않는다. 이 상태에 있을 때의 마찰을 정지 마찰이라 한다.

정지 반응 (停止反應, termination reaction) ⇨ 연쇄 정지 반응.

정지 배양 (靜止培養, stationary culture) 액체 배지를 진탕, 교반하지 않고 정지한 상태로 실시하는 배양법. 다량의 산소를 필요로 하지 않는 미생물의 배양법으로, 유산이나 시트르산을 제조할 때 이용된다. 또 동물세포처럼 교반하게 되면 생육에 해를 미치는 경우에는 선택된다.

정지상 (靜止床, stationary phase) 세포의 발육에서 배지 중의 영양원이 수비되어 배지 자신의 pH가 변화하고, 또한 특수한 독성 물질이 생산되어 균의 발육이 저해되다가 결국에는 정지하게 되는 시기. 배양 세포의 분열주기의 정지상을 지칭한다.

정지 전극 (靜止電極, stationary electrode) 전해액이 정지된 상태에서 사용하는 전극. 회전전극 같은 전해질 용액의 강제 대류에 의한 전극 반응 활물질의 전극 표면으로의 물질 수송을 제어하지 않는 전극이다.

정지점 (靜止點, rest point) 저울이 거의 균형이 잡힌 상태에서 작동할 때, 저울대의 운동이 점차 안정을 취하다가 최후에 정지하는 위치. 화학 천칭 등을 써서 진동법으로 정량할 때에는 진동이 멈추는 것을 기다리지 않고 진폭의 감쇠 정도에서 간단한 계산으로 정지점을 예측하여 구하는 것이 습관

적이다.

정착 (定着, fixing) 화상을 정착·안정화시키는 처리. 할로겐화은 사진에서는 현상으로 생긴 환원 은상을 남기고 할로겐화은을 티오황산 등의 착염으로 용해 제거하여 그 이상 빛에 의한 흑화가 일어나지 않도록 한다.

정착액 (定着液, fixer, fixing solution) 사진에서 정착 처리에 사용하는 용액. 할로겐화은 사진의 경우는 티오황산나트륨 또는 티오황산암모늄이 주로 사용된다.

정체압 (停滯壓, stagnation pressure) 원자·분자 집단의 유체에 있어, 원자·분자의 상대속도가 0이 되는 장소를 정체점이라 하고, 그 지점의 압력을 말한다. 단열변화를 하는 유체에서 정체압은 보존된다.

정합 구조 (整合構造, commensurate structure) 결정의 단위포가 그 결정이 갖는 물리량의 병진 대칭 단위와 일치하는 경우를 말한다. 결정 격자가 어떤 변조를 받았을 경우, 그 변조분이 원래 격자의 정수배가 되어 있는 경우는 정합성이 있는 변조라 하고, 정수배가 되지 않는 경우는 비정합성 변조 또는 부정합 구조라 한다.

정확성 (正確性, accuracy) 참값에서 평균값을 뺀 것. 편차가 작은 정도. 정밀성과 구별하여 사용한다.

젖은 벽탑 (—— 壁塔, wetted-wall column, wetted-wall tower) 수직으로 놓인 원관의 내벽 또는 외벽을 따라 액체를 흘러내려 이것을 기체와 접촉시켜 물질 이동, 열 이동을 하는 장치. 누벽탑이라고도 한다. 기체-액체의 접촉면적을 정확하게 알 수 있으므로 기초 연구용의 실험장치로 많이 사용된다. 또 관벽을 통하여 액체온도를 쉽게 제어할 수 있으므로 염화수소의 물에 대한 흡수장치, 벤젠의 염소화 반응장치 등의 공업용 장치로도 사용된다.

젖음 (wetting) 고체 표면에 닿아 있던 기체가 액체에 의해 밀려나고, 고체-기체의 계면이 고체-액체의 계면으로 변할 때, 젖음이 생겼다거나 액체가 고체를 젖게 했다고 한다. 습윤이라고도 한다. 젖음에는 다음의 4종류가 있다. ① 비닐 시트 위에 떨어진 물방울(부착 젖음), ② 모세관 중을 침투하는

액체(침투 젖음), ③ 액체 속에 담구어진 고체(침지 젖음), ④ 청정한 유리판 위를 확산하는 물(확산 젖음)이 있다.

젖지방(―― 脂肪, milk fat) 포유류 동물의 젖에 함유되는 지방. 일반적으로는 우유의 지방을 지칭한다. 지방산 조성으로서는 일반적의 유지와 달리 저지방산인 부티르산이 많다. 유지를 모아 덩어리 상태로 한 것이 버터이다.

제거 콘 (Seger cone) 내화물의 내화도와 도자기의 소성 정도를 측정하기 위해 H. Seger에 의해 고안된 삼각추. 표준추라고도 한다. 600~2,000℃의 범위에서 20~30℃마다 용도(溶倒)하는 59종의 콘(SK 몇 번으로 표시된다)이 만들어져 있다. 다성분으로 구성되는 내화물이나 도자기는 일정한 온도에서 용융하는 것이 아니라 가열 온도와 유지 시간에 따라 서서히 액상이 증가한다. 그러므로 가열정도의 측정에는 온도와 시간의 양자를 가미할 필요가 있으며, 제거 콘은 그것을 가능하게 한 온도계의 하나이다.

제독제 (除毒劑, antagonist) ⇨ 안타고니스트.

제련 (製鍊, metallurgy, smelting) 넓은 의미로는 광석이나 유용 금속을 함유하는 원료에서 금속을 분리하여 얻어지는 조금속을 정제하여 순금속 또는 합금과 금속 화합물을 최종 제품으로 하는 공업 공정. 미국과 캐나다에서 지칭하는 process metallurgy, extractive metallurgy에 대응한다. 비철금속에서는 좁은 의미로 상기한 조금속을 획득할 때까지를 제련(smelting)이라 하고, 후자를 정련(refining)이라 하여 구별한다.

제로 자기장 분열 (―― 磁氣場分裂, zerofield splitting) 원자·분자의 다중항 에너지 준위가 외부 자기장이 없는 상태에서도 스핀-스핀 상호작용, 스핀-궤도 상호작용 등의 요인으로 분열되어 있는 현상. 주로 유기 화합물의 3중항 상태 및 착염에 있어서, 자기공명 흡수 및 그 미세 구조에서 간접적으로 관측되고 있고, 주로 유기 화합물의 3중항 상태에 있어서는 스핀간의 상호작용에, 착염에 있어서는 스핀-궤도 상호작용에 의해 설명된다.

제로점 에너지 (零點 ――, zero-point energy) ⇨ 제로점 진동.

제로점 진동 (零點振動, zero-point vibration) 양자역학에 의하면 진동자계의 각 입자의 확률분포는 최소 에너지 상태에서도 평형점의 주위에 유한한 진폭을 갖는다. 이 진폭을 제로점 진동이라 한다. 평형점의 에너지와 최저 준위의 에너지 차를 제로점 에너지라 한다. 예를 들면 진동수 ν의 1차원 조화 진동자의 제로점 에너지는 $(1/2)\,h\nu$ (h는 플랑크 상수)이다.

제만 효과 (―― 效果, Zeeman effect) 원자·분자 등의 자기 양자수에 관한 에너지 준위의 축퇴가 자기장에 의해 해지되어 준위가 분열하는 것. 이와 더불어 발광·흡수 스펙트럼도 분열한다. 1896년 P. Zeeman에 의해 발견되었다.

제 4급 암모늄 염 (第四級 ―― 鹽, quaternary ammonium salt) 질소원자에 4개의 탄화수소기가 결합하여 생긴 제4급 암모늄 이온의 염. 예를 들면 $(CH_3)_4\,N^+Cl^-$. 복소 고리 내의 질소원자가 이웃 탄소원자 사이에서 이중결합을 이루고, 고리 내에서 제4급 암모늄 염의 구조를 하고 있는 화합물도 많다. 예를 들면 피리디늄 염을 말한다.

제 3급 아민 (第三級 ――, tertiary amine) 암모니아의 수소원자가 3개 모두 탄화수소기(알킬, 페닐 등)로 치환된 유기 화합물. 일반식 R_3N. 이 형태의 N원자가 고리 중에 들어 있는 제3급 아민도 있다. 또 피리딘처럼 고리 내의 N원자가 한쪽은 N−C, 다른 쪽은 N=C의 형태로 결합한 복소 고리식 화합물도 하나의 제3급 아민으로서의 성질이 있다.

제 3급 알코올 (第三級 ――, tertiary alcohol) OH기의 결합하는 탄소가 제3급 탄소원자이고 수소원자가 없는 구조의 알코올. R_3C-OH. 고리를 구성하는 탄소가 제3급 탄소원자인 제3급 고리식 알코올도 있다.

제 3급 탄소원자 (第三級炭素原子, tertiary carbon atom) 사슬식 또는 고리식 구조의 골격 중에서 인접하는 3개의 탄소원자를 갖고, 수소원자를 1개도 갖지 않는 구조의 탄소원자. 특수한 경우로 하나의 탄소원자가 다른 탄소원자 4개와 결합하고 있는 것도 제3급 탄소원자로 분류된다.

제 3 아민 (第三 ――, tertiary amine) ⇨ 제3급 아민.

제 3 알코올 (第三——, tertiary alcohol) ⇨ 제3급 알코올.

제 3 탄소원자 (第三炭素原子, tertiary carbon atom) ⇨ 제3급 탄소원자.

제어 유전자 (制御遺傳子, regulatory gene) ⇨ 조절 유전자.

제염법 (製鹽法, manufacture of common salt) 바닷물에서 공업염(식염)을 제조하는 방법. 천일 제염, 염전 제염, 이온 교환막법, 냉동법 등의 여러 방법이 있다.

제올라이트 (zeolite) 결정성 알루미노 규산염의 하나. 비석(沸石)이라고도 한다. 점토 광물이지만 합성 가능한 것도 많다. 또 천연에는 존재하지 않는 결정 구조를 갖는 것도 합성되고 있다. A형, Y형, ZSM-5 등이 잘 알려져 있다. 세공이 있고 분자체 작용, 양이온 교환능이 있다. 이온 교환체, 흡착제, 촉매로 이용되고 있다.

제올라이트 촉매 (—— 觸媒, zeolite catalyst) 제올라이트의 이온 교환성이나 분자체 작용을 이용한 촉매. 전자에서는 프로톤 또는 다가 양이온을 도입하여 프로톤 산성을 발현시킨 것이 공업 촉매로 사용되고 있다. 대표적인 예로는 Y형을 사용하는 나프타의 접촉 분해·개질, ZSM-5를 사용하는 크실렌 이성질화, 메탄올에서의 가솔린 합성 등이 있다. 또 후자의 기능은 제올라이트의 세공 구조에 기인한 특이적인 선택성으로, 형상 선택성이라 부르고 있다.

제2급 아민 (第二級 ——, secondary amine) 암모니아의 수소원자 2개가 탄화수소기로 치환된 유기 화합물. 일반식 $R-NH-R'$. 2개의 R기 사이에서 고리를 연결하여 탄소 고리 중에 $-NH-$기가 도입된 고리식 제2급 아민도 있다.

제2급 알코올 (第二級 ——, secondary alcohol) OH기가 결합하는 탄소에 1원자의 수소가 있는 알코올. R_2CHOH. 고리식 구조의 탄소원자에 OH기가 치환한 제2급 알코올도 있다.

제2급 탄소원자 (第二級炭素原子, secondary corbon atom) 사슬식 또는 고리

$$C-CH-C$$

식 구조의 골격 중에서 인접하는 2개의 탄소원자와 1개의 수소원자를 갖는 탄소원자를 말한다.

J 박스 (J-box) 직물 마무리의 연속 공정에서 처리액을 패딩한 천을 위쪽에서 떨어뜨려, 일정 시간 일정 온도로 체류시켜 두는 J 자형의 처리조이다.

J 밴드 (J-band) ⇨ J 회합체.

J 산 (—— 酸, J-acid) 6-아미노-1-나프톨-3-술폰산의 중간물로서의 명칭. 직접적으로 아조 염료 등의 중요한 원료이다.

제2 아민 (第二——, secondary amine) ⇨ 제2급 아민

제2 알코올 (第二——, secondary alcohol) ⇨ 제2급 알코올.

J 응집체 (—— 凝集體, J-aggregate) ⇨ J 회합체.

_j_ 인자 (—— 因子, _j_ factor) 열량, 물질량, 운동량, 각각의 이동현상 간에 상사관계가 있으며, 그에 바탕하여 경막계수를 마찰계수로 연부하는 무차원 수. Chilton-Colburn에 의해 도입되어 셔우드 수 (또는 넛셀 수)를 레이놀즈 수와 슈미트 수 (또는 플란톨 수)의 1/3승의 곱으로 나눈 값으로 정의하며, 마찰계수의 1/2과 같다. _j_ 인자는 계의 물리특성 및 그 온도 변화를 고려한 것이며, 실험 데이터의 정리에 편리하지만 계산에는 이동 단위고 (移動單位高) 쪽이 간단하므로 이 _j_ 인자와 이동 단위고와의 관계도 구해지고 있다.

제2 탄소 원자 (第二炭素原子, secondary carbon atom) ⇨ 제2급 탄소 원자.

J 회합체 (—— 會合體, J-aggregate) 색소의 회합체. 단량체에 비하여 흡수대가 날카롭고 흡수 극대 파장이 길다. 이 회합체는 1936년에 E. E. Jelley와 G. Scheibe에 의해 독립적으로 발견되고, 전자의 이름을 따라 J 회합체라 불리운다. 또 그 흡수대는 J밴드라고 한다. 많은 시아닌 색소와 일부 멜라시아닌 색소가 수용액 중에서 J회합체를 형성한다. J회합체는 컬러 사진의 제조에는 불가결한 것이다.

제1급 아민 (第一級——, primary amine) 암모니아의 수소원자 1개만이 탄화수소기 (알킬, 페닐 등)로 치환된 유기 화합물. 아미

노기 $-NH_2$를 가지므로 아미노 화합물이라고도 한다.

제1급 알코올 (第一級 ——, primary alcohol) OH가 결합하는 탄소에 2원자의 수소를 갖는 알코올. RCH_2OH. CH_3OH도 제1급 알코올로 분류된다.

제1급 탄소 원자 (第一級炭素原子, primary carbon atom) 탄소사슬 또는 탄소 고리를 구성하는 탄소 원자로 2개의 수소원자를 갖는 것. $-CH_2$. 사슬 끝의 메틸기에 함유되는 탄소도 제1급 탄소 원자이다.

제1 아민 (第一 ——, primary amine) ⇨ 제1급 아민.

제1 알코올 (第一 ——, primary alcohol) ⇨ 제1급 알코올.

제1 탄소 원자 (第一炭素原子, primary carbon atom) ⇨ 제1급 탄소 원자.

제인 (zein) 옥수수 단백질의 주성분. 단순 단백질 중 프롤라민(70~80% 에탄올에 가용)에 속한다. 필수 아미노산인 리신, 트립토판을 함유하지 않으므로 영양가가 낮지만 프롤린이 다량 함유되어 있다.

제제 (製劑, formulation) 약물을 투여하기에 적합한 형체와 성상으로 조제하는 것, 또는 조제한 의약품. 보통 원료가 되는 약물을 투여하기 쉽게 하기 위해 부형제를 첨가하여 내복용, 외용, 주사용에 적합하도록 하여 사용한다.

제진 (除塵, dust removing) 기류 중의 액적이니 고체입지를 기계적으로 기류와 분류하는 조작. 입자가 전하를 띠고 있지 않은 경우 집진과 구별하여 제진이라 한다.

제초제 (除草劑, herbicide, weed killer) 농약의 하나. 농경지에 자라는 잡초를 방제하는 약제의 총칭. 식물 호르몬의 하나인 옥신과 유사한 작용이 있는 2, 4-D(2, 4-디클로로 페녹신 아세트산)의 제초효과가 1944년에 발견된 이래, 각종 제초제가 개발되었다. 현재는 비호르몬형이 많으며 제초제의 종류는 매우 다양하다. 농작물에 피해를 주지 않고 잡초만을 방제하는 살초 선택성은 약제 그 자체가 보유하고 있는 경우와 처리법에 의한 경우가 있다. 후자에서는 제초제의 발아 억제, 유아의 성장 저해작용을 이용하여 농작물의 발아 또는 이식 후에 제초제를 살포한다.

ζ 전위 (—— 電位, zeta potential) ⇨ 계면 동전위.

제트 (jet) ⇨ 초음속 제트.

ZSM-5형 제올라이트 (ZSM-5 type zeolite) 제올라이트 촉매의 하나. ZSM은 Socony-Mobil 사이에서 합성되었으므로 이렇게 명명되었다. 세공의 크기가 약 0.6nm이고, 골격 구조의 Si/Al 비가 큰 것이 특징이다. 메탄올에서의 가솔린 합성, 크실렌의 이성질화, 에틸벤젠 합성의 공업 촉매로 사용된다.

제트 연료 (—— 燃料, jet fuel) 가스터빈 엔진에 달린 제트기에 사용하는 연료. 올레핀 및 방향족이 적은 중질 가솔린 또는 등유 유분에 사용되지만, 용량당의 발열량이 높고 석출점이 낮은 점이 요구된다. 대별하여 좁은 끓는점 범위의 등유 유분 제품과 등유와 중질 가솔린의 혼합제품이 있다.

제트 전극 (—— 電極, jet electrode) ⇨ 유동 수은 전극.

제한 효소 (制限酵素, restriction enzyme) 특정한 염기 배열을 인식하여 두 가닥사슬 DNA를 절단하는 엔도뉴클레아제. 재조합 DNA 실험이나 유전자의 해석에 사용된다. 6염기쌍을 인식하는 효소는 DNA를 평균 약 $4,000(4^6)$염기쌍, 4염기쌍을 인식하는 효소는 $260(4^4)$염기쌍에 1개소의 비율로 절단한다. 제한효소로 절단되는 DNA상의 특이적 염기배열은 약 60종이다.

젤라틴 (gelatin) 천연 단백질에서 인위적 처리에 의해 유도된 단백질의 하나. 동물의 가죽, 뼈, 건 등에서 얻어지는 콜라겐을 물과 장시간 끓여서 공업적으로 생산한다. 영양원으로는 되지 않지만 과자의 첨가물, 세균류의 배지, 사진 유제의 제도, 교질 등으로 용도가 광범위하다.

젤라틴 다이너마이트 (gelatin dynamite) 니트로겔의 함유량이 비교적 많고, 여기에 질산암모늄, 질산칼륨 등의 산화제, 나무가루, 녹말 등의 가연물 및 성능에 따라서는 식염 등의 감열 소염제를 가하는 가소성의 다이너마이트. 보통은 교질(膠質) 다이너마이트라고 한다.

조강 포틀랜드 시멘트 (早强 ——, high-early-strength Portland cement) 보통 포틀랜드 시멘트보다 조합 원료 중의 CaO를 다량으로 하여 에일라이트(alite) 함유량을 많게 한 시멘트. 재령 1일의 경화 강도가 보통 시멘트의 3일 강도와 같은 정도이다.

조개탄 (—— 炭, briquet, briquette) ⇨ 연탄.

조건 등색 (條件等色, metamerism) 분광분포가 다른 두 물체가 특정한 분광분포를 갖는 조명광하에서의 관측 등의 조건하에서 같은 색깔로 보이는 것. 이러한 두 물체를 조건 등색체 또는 메타머라고 한다.

조기 가황 (早期加黃, premature cure) ⇨ 스코칭.

조기 경화 (早期硬化, precure) 열경화성 수지와 배합 고무 등이 성형 가공공정 전에 경화되고 말아 그 후의 가공공정을 할 수 없게 되는 것. 프리큐어라고도 한다. 고무에서는 스코칭, 조기 가황이라고도 한다.

조기 착화 (早期着火, preignition) 가솔린 엔진 같은 불꽃 점화방식 엔진에서, 점화 전에 피스톤의 압출에 의한 온도 상승만으로 발화하는 현상. 출력 저하를 초래하고 노킹을 일으켜 엔진을 손상하는 원인이 된다.

조동 (粗銅, blister copper, crude copper) 용광로, 전로를 이용하는 건식 야금법으로 구리 광석에서 만들어진 순도 98~99% 정도의 금속 구리. 이 조동을 양극으로 하여 전해 제련하면 순도가 높은 구리(99.99%)를 얻을 수 있다. 또 이 때 양극슬라임으로 불순물로서 함유된 금, 은 등도 회수할 수 있다.

조랍 (粗蠟, slack wax) 석유 원유 중의 납분을 다량 함유하는 프레스 탈랍, 또는 용제 탈랍하여 얻어진 유분이 잔존하는 조제납을 말한다.

조립 (組粒, granulation) 미세한 분체 혹은 액상 물질에서 거의 균일한 형상과 크기의 입상 고체를 형성하는 조작. 입상의 고체는 유동성, 용해성, 통기성 등이 높으므로 식품, 의약, 광석, 세라믹스 등의 분야에서 널리 응용되고 있다.

조립기 (造粒機, granulating machine, granulator) 고체를 목적하는 크기, 형상의 입상체로 하는 장치. 조립법으로는, ① 미분을 응집시키는(전동 조립, 유동층 조립, 교반 조립), ② 압축 성형하는(압축롤, 타정), ③ 반죽하여 굳힌 후 쇄해(碎解)하는(회전 나이프 등), ④ 구멍에서 밀어내는(스크류, 플레이트 등), ⑤ 용융하여 적하, 냉각 고화하는(스프레이 탑, 분류층 등) 방식이 있으며, 각기 그에 맞는 조립기가 개발되어 있다.

조립자 (粗粒子, coarse grain, coarse particle, grit) 입도분포를 갖는 입자군 중에서 비교적 큰 것을 말한다. 내화물에서 원료의 입도 구성은 제품의 성질을 결정하는 중요한 인자이다. 이 때문에 원료를 조립, 중립, 미립의 세 가지로 구분하여 충전 밀도를 최대로 하도록 입도 배합을 한다. 조립의 입자 지름은 전체의 입도 분포를 고려하여 상대적으로 결정된다.

조미료 (調味料, seasoning) 일반적으로 식품의 맛을 조절하고 식욕을 증진시키며 식생활을 쾌적하게 하는 것을 말한다. 그 자신이 지니고 있는 맛에 따라 감미료, 향미료, 산미료, 신미료 등으로 분류된다. 식품위생법에서 말하는 식물 첨가물에서는 감미료, 산미료, 신미료를 제외한 조미료를 지칭하며, L-글루탐산 나트륨, 이노신산 나트륨, 구아닐산 나트륨 등의 맛 성분과 식염의 대용으로 사용되는 염화칼륨, 말산 나트륨 등이 대표적인 예이다.

조사 선량 (照射線量, exposure) X선 및 γ선의 강도 또는 그러한 것에 의한 피폭량을 표시하는 선량을 말한다. 조사할 때에, 전리된 공기의 양, 즉 뢴트겐단위를 사용하여 표시한다.

조색 (調色, toning) 흑백 사진화상의 은 일부를 은 화합물, 다른 금속 혹은 금속 화합물, 색소 등으로 바꾸어 화상의 색조를 조절하는 것. 금조색, 셀렌 조색, 황화 조색 등이 대표적이다. 화상의 산화에 저항력을 부여하여 견뢰화하는 수단으로도 기여한다.

조색단 (助色團, auxochrome) 발색단과 결합함으로써 유기 화합물의 색조를 변화시키는 원자단. 발색단의 π전자계의 형태. 위치에 따라 레드 시프트, 블루 시프트가 일어나고, 또 농색효과, 담색효과가 발생한다. $-NH_2$, $-OH$, $-OCH_3$, $-CH_3$, $-COOH$ 등 종류가 많아 조합으로 여러 가지 특성을 부여할 수 있다. 예를 들면 아조벤젠 $C_6H_5-N=N-C_6H_5$은 발색단으로 아조기를 가지고, 주황색인데 조색단을 가지고 있지 않기 때문에 색이 엷고, 염착성이 없으므로 염료가 되지 못한다. 그러나 파라 위치에 아미노기를 가진 p-아미노아조벤젠은 조색단의 작용에 의하여 황색 염료가 되며 수단 옐로 RA라고도 하여 널리 사용되고 있다. 조색단은 1876년에 O. N. 비트의 발생설(發生說)에 기초하여 정의되었는데, 그 후 양자역학(量子力學)에 의한 발색이론이 전개되어 치환기에 의하여 계의 광흡수를 일으키는 파장이 장파장으로 이동하는 원자단을 말하게 되었다. 염료에서는 섬유에 대한 염착력을 높이는 작용도 있다.

조셉슨 소자 (—— 素子, Josephson device)　조셉슨 효과를 이용한 초전도 소자. 2개의 초전도체를 수 nm 정도의 얇은 절연층을 매개하여 접합시키면(터널형 조셉슨 접합), 초전도 전자대파의 간섭 상호작용으로 접합부분에서의 파의 위상차에 부응한 초전도 전류가 전위차 0에서도 흐른다. 그러나 전류값이 커지면 초전도는 파괴되고 유한의 전위차가 나타난다. 초전도 상태를 회복시키기 위해서는 커패시턴스 성분 때문에 전류를 0으로 되돌릴 필요가 있다. 조셉슨 소자는 이와 같은 $I\text{-}Y$특성의 비선형성을 이용하고 있으며 스위칭 속도가 $\sim 10^{-12}$s로 매우 빠르기 때문에 고속 컴퓨터용의 논리 소자, 기억 소자로의 개발이 진행되고 있다.

조염 원소 (造鹽元素, halogen)　⇨ 할로겐. halogen이 염을 형성한다는 의미가 있으므로 조염 원소라 부른다.

조작선 (操作線, operating line)　증류, 액체-액체 추출, 조습(調濕) 등 기체-액체 혹은 액체-액체상 간에서 평형에서 빗나가 있는 것을 이용하여 연속적으로 이동조작을 하는 경우, 양상의 유출, 출입구 농도 등이 결정되면 물질 및 열수지 관계로부터 한쪽의 상의 농도, 온도에 대응하는 다른 쪽 상의 농도, 온도가 결정된다. 이 관계는 양상의 평형을 나타내는 그림상에서 하나의 선으로 표시된다. 이 선은 양상의 조작조건에 의해서만 결정되므로 조작선이라 한다. 이것과 평형 곡선의 관계로부터 필요한 이론 단수, 이동 단위수 등이 계산된다.

조작점 (操作點, operating point)　증류, 추출 등의 단탑 조작에서, 어떤 단의 조성 또는 엔탈피가 부여되면 조성 선도 또는 조성-엔탈피 선도상의 그림 조작으로 다음 단의 조성 또는 엔탈피를 부여할 수 있는 점. 이러한 것은 어느 단의 조성 또는 엔탈피점과 조작점을 잇는 직선이 평형 곡선과 교차하는 점에 의해 부여된다.

조전압 (槽電壓, cell voltage)　⇨ 욕전압.

조절 유전자 (調節遺傳子, regulatory gene)　구조 유전자의 발현을 제어하는 유전자의 총칭. 제어 유전자라고도 한다. 리프레서 등의 제어단백질 구조를 결정하는 유전 외에 리프레서의 작용 부위인 오퍼레이터와 RNA 폴리메라아제의 작용 부위인 프로모터 등이 있다.

조절 적하 전극 (調節滴下電極, controlled dropping electrode, knock-off electrode)　적하 수은 전극의 일종으로, 강제적으로 수은의 적하를 하게 하는 장치가 부착된 전극을 말한다.

조절 전위 (調節電位, conditional potential)　네른스트식의 활량 대신에 임의의 조성 변수(용액몰, 농도, 중량몰 농도 등)를 사용하여 정의되는 전위. 활량을 사용하여 정의되는 것은 전극 전위이다.

조절체 (調節體, modulator)　⇨ 효과인자 (1).

조절 효소 (調節酵素, regulatory enzyme)　대사조절의 중심이 되는 효소. 대사 경로 중에서 율속단계가 되는 부위를 점한다. 그 단백질의 화학적인 본질은 알로스테릭 효소, 'allosteric enzyme(다른 자리 입체성 효소)로, 일반 효소가 갖는 기질 결합부위 외에 활성화 혹은 저해를 하는 물질을 결합하는 알로스테릭 효소 부위가 있다. 알로스테릭 효소 부위에 이들의 리간드가 결합하면 조절 효소의 고차구조가 변화하여 활성이 변한다. 또 인산화되어 활성이 변하는 예도 있다.

조제용 크로마토그래피 (調製用 ——, preparative chromatography)　⇨ 정제 크로마토그래피.

조제 페인트 (調製 ——, ready-mixed paint) ⇨ 조합 페인트.

조조바 오일 (—— 油, jojoba oil)　미국 동서부와 멕시코 북서부에 자생하는 조조바라는 광목의 종자(함유분 50%)에서 채유되는 액상의 납. C_{18}~C_{22}의 모노 불포화 지방산과 모노 포화 알코올을 주성분으로 하는 모노 에스테르로, 최근 포획이 어려운 향유고래 기름의 대체품으로 주목을 받고 있다. 고급 윤활유, 섬유 유연제, 향장품 원료로 용도가 검토되고 있지만 현재는 아직 가격이 비싸다.

조족 흔적 (鳥足痕跡, crow's footing)　도막 바깥 면에 대한 결함의 하나. 새 발자국 같은 모양의 주름이 도면에 형성된다.

조직 (組織) (1) texture 고분자, 금속, 광물 등의 고체를 구성하고 있는 광학현미경적, 혹은 그 이하 크기의 불연속 영역의 집합양식의 총칭. 고분자의 결정영역, 비결정영역, 공극, 혹은 금속의 미립자 등의 크기, 형상, 배향과 그 분포를 포함한 전체로서의 구조를 의미한다. (2) tissue 생물학에 있어서는 동일 형태와 기능을 갖는 세포의 집합체를 지칭한다. 다세포 동물에서는 상피, 결합, 신경, 근육의 네 종의 조직이 알려져 있다.

조직 배양 (組織培養, tissue culture)　다세포 생물에서 무균적으로 세포를 적출하여 유리그릇 안에서 생존 혹은 증식시키는 유리기내 배양법. 조직 그대로의 배양 뿐만 아니라 기관 그대로의 기관 배양도 포함된다. 다세포 생물의 세포는 세포 외액(내적 환경)에 침지되어 있는 점에서 단세포 생물과는 다르고, 조직 배양법은 내적 환경을 인공적으로 조작하여 생명 단위로서의 세포 기능을 해명하는 것을 목적으로 한다. 같은 *in vitro*의 세포를 사용하는 절편 실험 등은 세포의 대사를 단기간 측정할 뿐이므로 조직 배양이라고는 하지 않는다.

조직 적합성(組織適合性, histocompatibility)　이식 때의 거부반응 유무에 따라 판정되는 숙주와 이식편 간의 유전적 적합성. 세포막 표면에 있는 조직 적합성 항원이 이 성질을 결정하고 있다.

조직 적합성 항원 (組織適合性抗原, histocom-patibility antigen)　모든 조직의 주로 세포막에 존재하고 있으며 자기와 비자기를 구별하고 있는 항원. 이식 때에 상이한 조직 적합 항원을 갖는 이식편이 이식되면 세포성 면역 메커니즘에 의해 이물로서 인식되어 거부반응이 일어난다.

조직화학 (組織化學, histochemistry)　생물의 조직을 절편으로 하여 각종 화학 성분 혹은 효소 활성을 이용하여 그 반응 생성물을 특이적으로 염색제와 반응시켜 발색시켜서 물질이나 효소의 존재 부위를 광학 현미경으로 관찰하는 형태학의 한 분과. 넓은 뜻으로는 조직의 대사 등, 생화학과 전자 현미경 형태학에서의 화학 표지법도 포함한다.

조 타르 (粗 ——, crude tar, raw tar)　타르 증류 원료로 사용하는 콜타르를 말한다. 석탄 건류시에 발생하는 가스를 냉각하면 응축하여 수분과 약간의 회분을 함유한 상태에서 분리된다. 그 성상, 조성은 코크스로 장입탄의 성상, 조업조건, 특히 노의 온도에 따라 변화한다. 고온에서 얻어지는 것일수록 방향족 성분이 많고 탄소 결사슬이 짧다. 또 타르피치도 다량 함유한다.

조합 페인트 (調合 ——, ready-mixed paint)　페인트 솔로 바로 칠할 수 있도록 조합된 도료. 건축물 등에 사용된다.

조해 (潮解, deliquescence)　고체가 대기 중의 수증기를 흡수하여 그 물에 녹는 현상. 고체의 수증기압이 공기 중의 수증기압보다 작을 때 일어난다. 예를 들면, 바닷물에서 채취한 정제되지 않은 식염(食鹽)을 공기 중에 방치해 두면 습기가 생겨서 끝내는 녹아 죽처럼 된다. 이것은 식염 속에 함유되어 있는 염화마그네슘의 조해에 의하여 일어나는 현상이다.

조핵제 (造核劑, nucleating agent)　할로겐화은 입자를 국부적으로 환원하여 현상 중심을 형성시키는 화합물. 먹날림제와 같은 작용이 있으며 실제로 같은 뜻으로 사용된다. 그러나 오토포지형 감광 재료와 초경 조형 감광 재료(제판 인쇄용)에 사용하는 경우는 조핵제라 하고, 컬러 레버설 필름 등의 반전 현상처럼 무차별적으로 먹날림핵을 만들 경우에 먹날림제란 호칭이 많이 사용된다. 전자 주입제라고도 부른다.

조형 (調型, engraving)　문양 염색을 위하여 형을 만드는 것. 예를 들면 롤러 나염용의 롤에 문양을 조각하는 경우, (이 경우는 밀 조각 또는 다이스 조각이라고도 한다) 형지에 문양을 잘라내는 경우 등이 있다.

조화 진동자 (調和振動子, harmonic oscillator) 진동의 퍼텐셜 에너지가 변위의 제곱에 비례하는 항만으로 표시될 때의 진동하는 계를 말한다. 이 때, 복원력을 변위의 크기에 비례하고 변위를 해소하는 방향으로 작용한다. 분자의 진동 혹은 고체 중의 원자 또는 분자의 진동을 근사적으로 나타내는 좋은 모델이 되기도 한다.

조효소 (助酵素, coenzyme)　⇨ 보조 효소.

족 (族, group)　주기율표의 세로 열에 있는 원소는 각 열별로 성질이 비교적 매우 유사하므로 이것을 총괄하여 족이라 부른다. 한때 속이라 하였던 일도 있으나 지금은 사용하지 않는다. 계통적 정성분석에서의 분속에서는 족보다 속이 많이 사용된다.

졸 (sol)　콜로이드 용액 중, 콜로이드 입자가 매우 작기 때문에 거의 투명하고 안정성이 높은 것. 금졸, 한천 졸 등이라 한다. 졸은 각종 방법으로 겔로 되지만 이 변화에는 가역적인 것과 불가역적인 것이 있다.

졸겔 법 (—— 法, sol-gel process)　알콕시드 등을 가수분해하여 얻어지는 졸에서 겔을 거쳐 유리나 무기 산화물 분체를 조제하는 방법. 졸을 탈수·탈용매한 후, 용기에 넣고, 기판에 도포하여 섬유상으로 방사(紡絲)하는 등의 방법으로 건조 겔로 하여 이것을 소결한다. 졸겔 법의 장점은 종래 법으로는 얻을 수 없는 화학조성의 것이 얻어지고, 원자의 오더로 균질한 고체가 얻어지며, 고순도의 것이 얻어진다. 입자 형태를 제어할 수 있는(초미립자의 작성), 비교적 저온의 공정 등이다.

졸 고무 (sol rubber)　겔 고무의 대응어이다. ⇨ 겔 고무.

종단 속도 (終端速度, terminal velocity)　물체가 외력을 받아 유체 중을 이동하는 경우에 외력과 유체에 의한 저항이 균형을 이루었을 때의 속도. 질량 m, 반지름 r의 구가 점성 η의 유체 중을 낙하할 때 그 종단 속도는 스토크스의 법칙을 사용하여 $(m-m_0)g/(6\pi\eta r)$로 부여된다. 단, m_0는 구와 같은 체적인 유체의 질량이다.

종 배양 (種培養, seed culture)　대량의 배지를 사용하여 미생물을 배양할 때, 종균 접종을 위해 소량의 배양액을 가하는데, 이 종균 배양액의 배양을 종배양이라 한다. 효모에 의한 알코올 발효의 경우에도 원 배양액에 대해 1/10 양의 종 배양액을 가한다.

종속 영양 (從屬營養, heterotrophy)　독립 영양의 대응어이다. ⇨ 독립 영양.

종속 영양 세균 (從屬營養細菌, heterotrophic bacteria)　외계에서 받아들인 유기 화합물을 탄소원으로　생육하는 세균. 광 에너지 의존형의 광 종속 영양과 비의존형으로 전자 공여체를 화학적 암반응에 의해 산화하여 에너지를 얻는 화학 종속 영양이 있다. 전자에는 광합성 세균의 대부분이, 후자에는 대부분의 세균이 포함된다. 독립 영양 세균의 대응어이다.

종양 유전자 (腫瘍遺傳子, oncogene)　⇨ 암 유전자.

종자 섬유 (種子纖維, seed fiber)　식물의 종자를 보호하기 위해 종피에 발생하는 세포에 의한 섬유. 목화, 케이폭, 봄백스면이 대표적이다.

종점 (終點, end point)　(1) 적정에 사용된 반응이 끝나는 점. 지시약의 변화 또는 종점 지시기로 지시된다. 적정 종점이라고도 한다. 어떤 적정이 화학 반응에 대해서 당량점은 하나지만 종점은 지시 방법에 따라 반드시 일치하지는 않는다. 당량점과 합치되는 종점을 나타내는 지시 방법이 정확하다고 하겠다. (2) 석유류의 증류시험에서 온도계의 시도가 최고에 이르렀을 때의 온도. 보통 플라스크 바닥 부의 시료가 완전히 기화하였을 때의 온도(건점)보다도 종점은 약간 높다.

종정 (種晶, seed crystal)　과포화 용액에서 결정을 석출할 때, 결정의 석출 속도를 높이고 또한 미소결정이 되는 것을 방지하여 결정의 크기를 균일하게 하기 위해 첨가하는 같은 종의 미결정을 말한다.

종지 코돈 (終止 ——, termination codon)　코돈 중에서 번역의 완료를 의미하는 코돈. 종결 코돈, 난센스 코돈이라고도 한다. UAA, UAG, UGA의 세 가지가 있으며, 각각 오커 코돈, 앰버 코돈, 오팔 코돈이라 한다.

종 페인트 (種——, color-in-oil, stainer, tinter) 안료를 보일유로 풀모양으로 반죽한 것. 보통 되게 이긴 페인트와는 달리 체질 안료를 함유하지 않는다. 용도는 조색용이며, 조색 페스트 또는 원색 에나멜이라 한다.

좌우 흔들기 진동 (—— 振動, rocking vibration) 분자의 변각 진동의 일종. 예를 들면 CH_2의 가로 진동은 CH_2를 부채로 간주하여 C를 부채의 사북, 2개의 H를 부채의 원호 양단이라 하면, 부채가 열리는 방향으로 부채가 가로 진동하는 것 같은 움직임의 진동을 말한다.

좌회전성 (左回轉性, levo-rotatory) 좌선의 선광성을 나타내는 물질을 말한다. 오래된 문헌에서는 라틴어의 levo(좌)에 입각하여 l-라는 기호로 표시하였으나 후에 상대 배치의 기호로서 l-를 사용하게 되자 l-라는 기호는 의미를 상실하게 되었다. 현재는 상대 배치의 기호는 L-로 고쳐지고, 좌회전성의 기호로서의 l-는 애매하므로 (−)-를 사용하는 것이 일반적이다.

주 (朱, chinese red, vermilion) 황화수은(Ⅱ) HgS을 주성분으로 하는 적색 안료. 광물명은 진사(辰砂). 은주(銀朱)라고도 하며 기원 전부터 알려져 있었다. 색은 제조법에 따라 주황색에서 진한 빨강색까지 있다. 산·알칼리에 녹지 않고 왕수(王水)·황화나트륨에 녹는다. 은폐력은 크지만 일광이나 열로 검게 변하는 것이 있다. 제조법은 수은과 황을 반응시켜 흑색 황화수은을 만들고, 가열·승화시켜 적색 황화수은으로 만드는 건식법과 수은을 오황화칼륨 등으로 45℃ 이상에서 2~3일 혼합하고 웃물을 흘려 보낸 다음 찌꺼기를 수산화칼륨으로 처리하여 만드는 습식법이 있다. 고급 도료·그림 물감·칠기·인주 등에 많이 사용되었으나 유독하고 값이 비싸기 때문에 카드뮴 리드 등 다른 안료로 대치되고 있다.

주 (株, strain) ⇨ 균주.

주 값 (主值, principal value) 다가 함수 중에서 가장 대표적인 값. 또 회전 타원체의 가장 긴 축의 길이와 그에 상당한 물리량의

크기도 이른다.

주기 반응 (周期反應, periodic reaction) ⇨ 진동 반응.

주름 (1) crease 고무제품의 표면에 생긴 융기선, 가늘고 긴 홈, 발 등의 외관상 결함. (2) rivelling, shrivelling, wrinkling 도료가 건조할 때 도막에 생기는 파도 모양의 요철. 외관상의 결함이 된다.

주물 (鑄物, casting) 원료인 금속을 용해하여 주형에 부어, 냉각 응고한 후에 주형의 형상을 유지하고 있는 것의 총칭. 재질에 따라 주철 주물, 강철 주물, 구리합금 주물, 경합금 주물 등으로 나누어진다. 주형과 주조법에 따라 모래형 주물, 금형 주물, 다이캐스트 주물, 정밀 주조주물, 원심 주조주물 등으로 나눈다. 주철과 주강에서는 모래형에 주물을 붓는 모래형 주물이 많이 사용된다. 주물은 주조나 용접에 비해 복잡한 형상의 것을 간단하게 대량 생산할 수 있는 것이 특색이다.

주발효 (主發酵, main fermentation) 발효의 전 과정 중에서 도입기에 이어 가장 발효가 왕성한 시기의 상태. 1차 발효라고도 한다. 이 이후의 계의 상태를 2차 발효라 한다. 주류의 주발효에서는 거품발생이 가장 왕성하고 담금액은 끓고 있는 것처럼 보인다.

주변 효과 (周邊效果, edge effect) 사진 감광 재료의 현상에서 화상의 윤곽을 강조하는 효과. 주변 효과는 옛 호칭. 현재는 에지 효과, 끝머리 효과라고 한다. 강조작용은 경계부의 고농도측이 더욱 고농도가 되고 저농도측은 더욱 저농도가 되는 2중 작용으로 이루어지며, 전자를 보더 효과, 후자를 프린지 효과라 한다. 양자를 합쳐서 에지 효과 혹은 에버하드 효과라 한다. 이 효과는 현상약, 산화 생성물 등의 확산으로 생기는 점에서 중층 효과와 같은 원인에 의한다.

주사 (走査, scanning) 면상에 분포되어 있는 신호를 읽어낼 때, 이 면을 다수의 작은 요소 면으로 분할하고, 각 요소 면의 신호를 시간적으로 순서에 따라 읽어 나가는 것. 또 반대로 읽어낸 신호(시계열의 신호)를 원래의 요소 면에 동일 순서로 읽어 넣어주는 조작도 주사라 한다.

주 사슬 (主——)　⑴ principal chain 가지가 있는 사슬식 탄화수소의 명명법에서 사용되는 용어. 포화 탄화수소의 경우는 최다수의 탄소원자를 함유하는 가장 긴 곧은 사슬. 불포화 탄화수소의 경우는 이중 결합과 삼중 결합의 총수가 가장 많이 포함되는 가장 긴 곧은 사슬. ⑵ main chain 고분자 화합물의 골격 구조를 이루는 결합. 폴리올레핀과 비닐 폴리머의 주사슬은 탄소-탄소 결합이지만 폴리아미드, 폴리에스테르, 폴리에테르, 폴리실록산 같은 질소, 산소, 규소 등 헤테로 원자 혹은 방향고리를 함유하는 것도 있다.

주사 오제 현미경 (——顯微鏡, scanning Auger microscope)　⇨ 마이크로 프로브 오제 전자 분광법.

주사 전자 현미경 (走査電子顯微鏡, scanning electron microscope)　고체 표면에서 방출되는 2차 전자가 시료 표면의 형상이나 물질의 종류에 따라 크게 변화하는 것을 이용한 전자현미경. 약어로 SEM이다. 미세하게 조른 1차 전자빔으로 시료 표면을 주사하여 주사 위치에 대응한 방출 2차전자 강도를 음극선 광상에 비추어 냄으로써 표면 형상을 확대 관찰할 수 있다.

주사 터널 현미경 (走査——顯微鏡, scanning tunneling microscope)　선단이 예리한 심침(칩)을 시료 표면에 접근시켜(약 100 nm), 시료를 미소 스텝으로 주사하면서 시료와 칩 간에 흐르는 터널 전류를 검출하여 화상처리를 하는 방식의 전자현미경. 약어 STM. 이 터널전류는 거리에 매우 민감하므로 외부 진동을 충분히 차단함으로써 시료 표면의 요철, 경우에 따라서는 원자상을 관찰할 수 있다.

주석 (酒石, tartar)　포도주를 제조하는 과정에서 발효가 진행되어 에탄올 농도가 높아졌을 때에 석출되는 결정. 주성분은 타르타르산 수소칼륨(보통 80% 이상)이며, 재결정하여 비교적 순수하게 한 것을 주석영(酒石英)이라 한다.

주석 도금 (朱錫渡金, tinning, tin plating)　주석은 철판에 도금하면 양극적으로 작용하여 쇠가 부식되는 것을 막아주므로 오래 전부터 함석판으로 알려져 있다. 최근에는 광택 주석 전기도금법이 전자부품의 납땜이나 접합 강화 향상을 위해 이용되고 있다. 도금욕으로는 황산 주석욕, 옥살산 주석욕 등의 산성욕과 주석(II)산욕, 주석(IV)산욕 등의 알칼리성욕이 있다.

주석산 염 (朱錫酸鹽, stannate)　일반식 M^I_2[Sn(OH)$_6$] 혹은 $M^I_2SnO_3 \cdot 3H_2O$. 이 밖에 $M^{II}SnO_4$ 혹은 $M^{II}SnO_3$ 등이 주석산 염이라 불리우는 경우가 있지만 이것은 복산화물이지 주석산 염은 아니다.

주석 증량 (朱錫增量, tin weighting)　견직물 증량법 중의 영구 가공법의 하나. 견직물을 염화주석(IV)의 수용액에 침지한 후, 인산나트륨 및 규산나트륨으로 처리한다. 원포와 같은 중량 정도까지 증량이 가능하지만 현재는 별로 사용하지 않는다.

주석 페스트 (朱錫——, tin pest)　금속 주석 제품이 한냉지에서 붕괴되는 현상. 금속 주석의 동소체 β 주석은 α 주석(무정형 회석 주석)으로의 전이점이 18℃이므로 오래도록 저온에 방치하면 무정형 주석이 되어 주석제 기구가 파괴된다. 19세기에 이 현상이 발견되었으나 그 당시는 원인을 알 수 없어 전염병의 페스트를 빗대어 이렇게 불리었다.

주 세포 (株細胞, established cell line)　⇨ 주화 세포.

주수 전지 (注水電池, water-activated battery)　저장 중의 자기방전을 억제하기 위해 사용시에 물을 주입하는 형식의 1차 전지가 1910년대에 미국에서 발매되었지만 건전지의 성능 향상으로 소멸하였다. 현재는 전해실 용액을 주입하는 주액 전지가 주류를 이루고 있으므로 주수전지는 주액 전지와 동의어화 되었다.

주액 전지 (注液電池, immersion cell, reserve battery, water-activated battery)　전해질 부분을 배제 혹은 격리시켜 조립하여 두고 사용할 때 전해질을 주입하여 두고 작동시키는 형식의 특수 1차 전지. 보존 수명이 긴 반면 자기방전이 크므로 작동시간은 짧다. 염화은-마그네슘 전지에 해수를 도입하는 해수전지, 흑연-아연 적층전지에 이크롬산칼륨 수용액을 주입하는 비상체용 전원 등이 실용화되어 있다.

주 양자수 (主量子數, principal quantum number)　원자 궤도(함수)의 동경 부분을 특성 짓는 양자수. n으로 표시되며 그 값은 궤도의 절 면수+1이 된다. 수소원자의 원자 궤도 에너지는 n만으로 정해지며 $-Rch/n^2$(R을 리드베리 상수)로 주어진다. 다른 원자에서는 방위 양자수에도 의존하지만 주로 n으로 결정된다.

주입 (鑄込, cast, casting)　내화물, 도자기, 금속 등을 성형하는 방법의 하나. 원료를 융해하거나 혹은 원료에 물을 첨가하여 재료에 유동성을 주어, 그것을 형(주형이라 한다)에 부어 넣어 경화시켜 성형하는 경우의 부어 넣는 작업을 말한다.

주입법 (鑄込法, casting)　분체를 촉체에 현탁시킨 후 유동성이 있는 이장(泥漿, Slip)으로 한 후, 이것을 희망하는 형상의 주형에 부어 넣은 성형법. 도자기의 성형에서는 점토 소지를 함유하는 이장을 흡수성의 석고틀에 부어 넣어 형면에 적당한 두께의 주입체를 부착시키고 나머지 이장을 배출시킨 후에 탈형한다.

주조 (鑄造, casting)　철, 알루미늄 같은 금속 혹은 그 합금을 용융하여 각종 주형을 사용하여 목적에 맞는 주물로 성형하는 것. 많이 사용되는 철, 알루미늄의 합금은 연속 주조법으로 처리되는 경우가 많다. 또 유리 기타의 세라믹스를 주조할 수도 있다.

주조 벽돌 (鑄造——, cast brick)　내화물 원료를 아크로에서 용융하고 그것을 주형에 주입하여 제조한 내화물. 기공률은 매우 낮고 치밀한 조직으로 되어 있다. 전주 벽돌이라고도 한다. 예를 들면 Al_2O_3-ZrO_2-SiO_2계. Al_2O_3 전주 벽돌 등이 있으며, 특히 유리 용융로용 내화물로서 중요하다.

주철 (鑄鐵, cast iron)　탄소, 규소를 다량으로 함유하는 선철을 원료로 하여 주조한 합금상의 철. 탄소를 γ-철의 최대 고용량 1.7% 이상인 3.0~3.5%, 규소를 1.5~2.0% 정도 함유하고 있다. 견고하고 내식성, 내마모성이 있으며 값이 싸지만 유약하고 내열성이 낮다. 수도관, 기계부품 등에 사용되고 있다.

주철 법랑 (鑄鐵琺瑯, cast iron enamel)　주 철 표면에 일산화납을 다량 배합하여 용융 온도를 낮춘 붕규소산계 유리층을 유착시킨 것을 말한다.

주축 (主軸, principal axis)　두 종류에서 신장되는 양을 적당히 취함으로써 모든 비대각 요소가 제로로 되는 형태로 변환할 수 있다. 이 때의 좌표축을 가리켜 대각항을 주 값이라 한다. 예를 들면 분자의 관성 모멘트가 그 예인데, 주값을 주관성 모멘트, 주축을 관성 주축이라 한다.

주트 (jute)　피나무과 1년초 *Corchorus capsularis L.* 줄기에서 채취되는 인피 섬유로 황마라고도 한다. 우량품은 백색이고 광택이 있다. 원래 다년초이지만 1년초로 취급하며 원산지는 중국 또는 인도이다. 주요 산지는 인도와 방글라데시이고, 세계 생산량의 90%가 이곳에서 난다. 섬유는 갈색 또는 녹색이며 광택이 있다. 표백이 곤란하기 때문에 의복을 만드는 섬유로 쓰지 못하지만, 목화 다음으로 많이 사용되는 식물 섬유이다. 마대·로프 및 전선 피복용 섬유 등 용도가 다양하다. 주로 곡물이나 설탕 등의 포장에 사용된다.

주파수 (周波數, frequency)　⇨ 진동수.

주행 옥탄가 (走行——價, road octane number)　자동차 가솔린의 앤티노크성(녹킹 억제성) 표시의 하나. 실제로 자동차를 주행시키면서 측정하는 옥탄가를 말한다. 실험실 옥탄가에 대해 사용하는 용어이다.

주형 (注型, casting)　유동성이 있는 플라스틱, 고무 라텍스, 중합할 수 있도록 배합한 모노머, 프레폴리머 등을 형 속이나 면 위에 흘려 상압에서 고화시키는 성형법. 가교 경화형의 재료에 적용되는 경우가 많지만 메타크릴 수지판 등 열가소성 수지에도 사용된다.

주화성 (走化性, chemotaxis)　화학 물질의 농도차를 감수하여 이동하는 생리기능. 화학 주성이라고도 한다. 예를 들면 대장균에서는 단당이나 아미노산 등을 향해 모여드는 양의 화학 주성을 나타내고, 역으로 아세트산 등에서 멀어지는 음의 화학 주성을 나타낸다. 화학주성의 자극원이 되는 화학 물질을 특이적으로 결합하는 화학 수용 단백질이 있다. 주성이 있는 세포나 백혈구에는 편모와 아메바 운동의 메커니즘이 있으며, 정보를 신경계 등을 매개하지 않고 화학전달 메커니즘으로 운동계에 전한다. 곤충의 화학 물질에 대한 집합 혹은 도피작용도 주화성이라 한다.

주화 세포 (株化細胞, established cell line) 다세포 생물의 세포 중에서 몇 대로도 배양을 중복할 수 있는(계대할 수 있는) 세포. 조직에서 배양으로 옮긴 세포의 분열이 쇄약할 시기에 돌연히 강한 증식 능력을 갖는 세포가 출현할 때가 있다. 이렇게 하여 증식할 수 있게 된 세포를 말한다. 새로 출현한 세포는 원래의 세포에 비해 형태, 생화학적 성질, 바이러스 감수성, 항원성 등이 변화되었다.

준라세미 화합물 (準――化合物, quasi-racemate, quasi-racemic compound) 화학적으로 유사한 2종의 킬랄한 분자 사이에서 한쪽의 우형과 다른 쪽의 좌형이 상호작용이 있고 라세미 화합물과 유사한 결정성 분자 간 화합물을 형성하는 것. 유사(類似)라세미 화합물이라고도 한다. 예를 들면 (S)-프로모숙신산과 (R)-클로로숙신산의 혼합물을 결정화하면 얻어진다.

준안정 (準安定, metastable) 불안정하지만 실현할 수 있는 화학종 혹은 상태를 지칭하는 형용사. 진정한 안정과 구별하기 위한 용어. 비교적 수명이 긴 들뜬 상태, 비형평상태를 의미하는 경우가 많다. 엄밀하게는 불안정한 화학종 혹은 상태는 실현될 수 없다.

준 안정상태 (準安定狀態, metastable state) (1) 준안정 원자와 준안정 이온 등 충분하게 긴 수명이 있는 들뜬 상태. 이를테면 들뜬 상태에 있는 입자 또는 입자계의 바닥상태에의 전이가 어떤 원인으로 지연되고 있기 때문에 들뜬 상태가 무척 긴 수명을 갖는 경우 등에 대해서 말한다. (2) 제1차 상전이에 수반하는 충분하게 수명이 긴 비평형상태. 과냉각 상태와 과열상태 등, 상전이점을 넘어도 그대로 원래의 상을 유지하는 상태가 그 예이다.

줄무늬 미셀 (fringed micelle) 곧은 사슬 모양 고분자 고상의 미세구조의 한 형태, 긴 고분자 사슬의 주부분이 규칙적으로 평행하게 배열하여 미결정(미셀)을 형성하고, 분자 사슬의 끝은 미셀에서 길게 송이 모양으로 돌출하여 비결정부를 형성하는 것으로, 한 때는 결정성의 곧은 사슬 모양 고분자는 거의가 이러한 구조를 하고 있다고 여겨졌다.

줄-톰슨 효과 (―― 效果, Joule -Thomson effect) 실재 기체를 외부에 일을 시키는 일 없이 불가역적으로 단열 팽창시켰을 때에 온도가 변화하는 현상. 각 기체의 반전온도 이하에서 실험할 때는 냉각이 일어난다. J. P. 줄과 W. 톰슨(W. 켈빈)이 1854년 실험에 의하여 발견한 것으로, 상온(常溫)에서는 수소만은 온도가 올라가는데 다른 기체는 냉각된다. 이들 기체를 강하게 압축하여 분출시키면 온도를 극적으로 내려서 액화(液化)할 수 있다. 액체 공기는 이 원리를 기초로 하여 대략 150 atm으로 압축한 공기를 반복하여 가는 구멍으로부터 분출시켜 만든다. 또 온도의 증가, 감소는 일반적으로 그 기체의 온도에 따라 결정되며 어느 온도 이하에서는 냉각되고 그 이상에서는 올라간다. 이 경계에 있는 점을 역점온도(逆點溫度)라 한다. 예를 들면 수소도 $-80℃$ 이하의 온도에서는 분출에 의하여 냉각된다.

중간기 원유 (中間基原油, intermediate base crude oil) ⇨ 혼합기 원유.

중간물 (中間物, intermediate) 염료를 기초 원료(방향족 탄화수소 등)에서 합성하기까지 그 중간에서 합성되는 방향족 화합물. 염료뿐만 아니라 의약 기타 여러 방면의 합성에 사용되는 것도 많다. 발명자의 이름을 붙이거나 H산, J산처럼 알파벳을 붙여 호칭하는 것도 있다. 최근에는 중간물을 보다 광범위한 의미(염료나 방향족 이외에도)로 사용하게 되었다.

중간 상 (中間相, mesophase) 결정과 액체의 중간 온도 영역에 나타나는 상. 구조적으로도 두 계의 중간에 있다. 특정한 분자구조를 갖는 물질에 대해 관찰되며 액정(서머트로픽 액정)과 유점성 결정이 그 예이다.

중간 생성물 (中間生成物, intermediate product) 유기반응에서 원료 화합물에서 목적 생성물을 합성하는 데 반응이 몇 단계로 나누어 진행하는 경우, 그 중간 단계에서 생성

ㅈ

되는 화합물. 중간 생성물이 순수한 화합물로서 안정적으로 생성되는 경우도 있으나, 특히 정제함이 없이 조제상태 그대로 다음 반응단계로 진행하는 일이 많다. 또 중간 생성물이 불안정한 화합물이고 그 반응조건에 그대로 다음 단계로 진행하는 경우도 있다. 유기반응 기구를 해명할 때에 사용되는 전이상태와는 전혀 다른 개념이므로 양자를 혼돈해서는 안된다.

중간체 (中間體, intermediate)　화학 반응에서 반응물에서 생성물에 이르는 반응경로 도중에 있는 화학종. 라디칼 여기분자 등의 반응 활성이 풍부하고 수명이 짧은 화학종인 경우가 많다.

중 고리 모양 화합물 (中環狀化合物, medium-sized ring compound)　탄소원자수 9~13 정도인 고리 모양 화합물. 보통 탄소 고리 합성법으로는 쉽게 생성되지 않고, 특히 9~11 원자 고리는 합성이 곤란하므로 고희석법이란 특수한 실험법에 의해 합성된다. 안정된 5원자 고리, 6원자 고리와 C_{14} 이상의 큰 고리 모양 화합물에 비해 물리적 성질에 이상이 있고, 또 화학적으로도 특수한 반응이 일어난다.

중공사 (中空絲, hollow fiber)　지름 방향으로 관통하는 미세한 빈 구멍이 있는 중공의 섬유. 빈 구멍(空孔)의 크기는 분자 사이즈에서 μm 오더까지 있으며, 기체분리, 순수 제조, 혈액성분의 분리 등에 사용되고 있다. 소재로는 아세트산 셀룰로오스, 폴리술폰, 폴리이미드, 폴리올레핀 등이 사용된다.

중공사 반응기 (中空絲反應器, hollow fiber bioreactor)　중공사를 사용하여 연속적으로 효소반응을 시키는 반응기. 중공사는 원통상 섬유이므로 몇 가닥이라도 조합하여 사용하면 막의 표면이 매우 넓어져 반응효율을 높일 수 있다. 인베르타아제, 글루코오스 이소메라아제 등 많은 효소반응에 사용된다.

중공 성형 (中空成形, hollow molding)　⇨ 취입 성형.

중공 음극 램프 (中空陰極——, hollow cathode lamp)　주로 원자 흡광 분석용의 광원으로 사용되는 하나의 방전관. 홀로 음극 램프라고도 한다. 희가스 중에서 양극과 중공상의 음극 사이에서 이상 글로 방전을 시키면 음극 구성원소에 고유한 발광이 일어나므로 이것을 광원으로 이용한다. 전극 온도가 낮으므로 도플러 효과에 의한 스펙트럼 선폭의 확산이 작고, 선폭이 매우 좁은 예리한 발광선이 얻어진다.

중과인산 석회 (重過燐酸石灰, double super-phosphate)　인광석과 인산으로 처리하여 만들어지는 인산비료. 주성분 $CaH_4(PO_4)_2 \cdot H_2O$. 중과석이라고도 한다. 유효 인산은 보통 46%이며, 부성분으로 석회가 20 % 정도 함유된다. 성분은 인산일석회이며 과인산석회와 같이 석고를 함유하지 않으므로 노후화답에서는 과인산석회보다 시비효과가 높다. 인산 함량이 높고 황산기를 가지지 않으며 부성분이 적다는 것 외에는 과인산 석회와 비슷한 특성을 가진다.

중금속 (重金屬, heavy metal)　비교적 밀도가 큰 금속. 경금속에 대응하는 용어. 비중 4 이상(3 이상, 5 이상으로 하는 경우도 있다)의 금속을 지칭하지만 엄밀한 구분은 없다. 크롬, 망간, 철, 구리, 납 등을 지칭하는 경우가 많다. 생체에 유해하므로 미량일지라도 주의해야 한다. 음식물·음료수·공기 등에 대해서는 대부분 함량 기준이 마련되어 있다. 노동 위생상으로도 특히 주의가 필요하며, 공해병의 원인이 되는 경우도 있다. 메틸수은 화합물이 미나마타병(水保病)을 일으킨다는 것이 분명해져서 공장에서의 배출이 엄격히 금지되고 있다.

중량 백분율 (重量百分率, percentage by weight, weight percentage)　중량을 사용한 백분율로, 수치적으로는 질량 백분율과 같다.

중량 분석 (重量分析, gravimetric analysis)　화학분석법의 하나. 정량하려고 하는 성분을 분리하여 일정 조성의 순물질로 하고 그 질량 또는 잔류 질량에서 목적 성분의 양을 구하는 정량 분석법을 말한다. 주성분, 부성분의 정량에 적합하다. 가장 많이 사용되는 방법은 시료를 용액으로 만들고, 여기에 침전제를 가하여 목적하는 성분을 침전시켜서 건조시킨 다음, 적당한 형태로 바꾸어 무게를 측정한다. 예를 들면 수용액 속에서의 염소 이온의 양은 염화 이온이 녹아 있는 시료 용액에 질산은 용액을 가하면 염소이온은 모두 염화은으로 침전하므로 이 염화은을 여과 건조시켜 그 무게를 측정한 값에서 염화이온의 양을 계산하여 구할 수 있다. 이 밖에 가열에 의해서 성분을 휘발시켜 감소된 무게로부터 구하는 방법과 용매에 의한 추출법(抽出法) 등 여러 가지 방법이 있다. 무게 분석은 거의 모든 원소에 대해서 적용되고 있으며 직접 측정하므로 원리도 간단하고 또한 정확하다. 다만 목적하는 성분의 화합물만을 추출하여 일정한 것으로 하는 데에 어느 정도의 숙련을 필요로 하고, 또한 시간이 걸리는 결점을 가지고 있다.

중량 분포 곡선 (重量分布曲線, weight-distri-bution curve)　고분자의 분자량 분포를 표시하는 방법의 하나로 분자량에 대해 그 분자량의 성분 폴리머의 중량 분율을 플롯하여 얻어지는 곡선을 말한다.

중량 평균 분자량 (重量平均分子量, weightaver-age molecular weight)　분자량 분포가 있는 고분자 화합물의 성분 분자종의 분자량을 중량 분율로 평균하여 얻어지는 평균 분자량. 광 산란법, 초 원심법 등으로 구할 수 있다.

중량 환산 계수 (重量換算係數, gravitational conversion factor)　질량을 기본 단위의 하나로 하는 보통의 단위계로 표시한 물리량과 질량 대신에 중량을 기본 단위로 사용하는 중력 단위계로 표시한 물리량의 환산에 사용되는 계수. 중력의 표준 가속도 $g_n =$ 9.80665 ms^{-2}와 같은 값이다.

중성 내화물 (中性耐火物, neutral refractory)　내화물을 화학 성분을 바탕으로 산성, 중성, 염기성의 세 가지 성분으로 분류하였을 경우의 하나. 일반적으로 M_2O_3으로 표시되는 내화성 물질로 되어 있다. Al_2O_3와 Cr_2O_3를 주성분으로 하는 것이 대표적이며, 알루미나·크로미아·스피넬 내화물 등이 있다.

중성선 (中性線, neutral line)　들뜨게 된 중성 원자가 내는 스펙트럼 선. 인온선 등과 구별하여 중성선이라 한다. 중성선을 표시하는 기호로서, 예를 들면 구리의 경우 CuI이라 적는다.

중성 염 (中性鹽, neutral salt)　산과 염기가 완전하게 중화한 염. 즉 정염(正塩), 산성염, 염기성 염의 대응어. 그러나 강산과 약염기 혹은 약산과 강염기의 염에서는 수용액은 가수분해하여 중성이 되지 않으므로 중성염이란 용어는 옳지 않다.

중성자 (中性子, neutron)　원자핵의 주요한 구성 소립자의 하나. 스핀 1/2, 발리티는 양, 정지 질량은 전자의 정지 질량의 약 1,838배로, 양성자보다 약 0.14%만큼 무겁다. 양성자는 양의 단위전하 e가 있으나 중성자는 전하가 없다. 하드론의 하나이다.

중성자 회절 (中性子回折, neutron diffraction)　열중성자는 그 운동 에너지에 의해 결정되는 파장을 갖는 파로서의 성질이 있으므로 X선이나 전자선과 마찬가지로 물질에 의한 회절이 일어난다. 중성자의 산란은 원자핵, 자성 원자의 자기 모멘트에 의하므로 물질의 구조에 대해서 다른 회절법과 상보적인 정보를 얻을 수 있다.

중성 지질 (中性脂質, neutral lipid)　⇨ 단순 지질.

중성 필터 (中性──, neutral filter)　빛의 투과율이 각 파장에 대해 일정한 필터. 뉴트럴 필터라고도 한다. 필요한 파장역 전체를 고르게 감광(感光)할 목적으로 사용한다.

중수 (重水, heavy water)　일반적으로는 산화 듀테륨 D_2O를 지칭한다. 기타 수소 및 산소의 동위원소 ^2H, ^3H, ^{17}O, ^{18}O 등 각종 중합에 의한 물을 의미하는 경우도 있다. 이에 대하여 보통의 물을 경수라고 하는 경우도 있다. 보통 물은 분자량 18인 경수를 99.74% 함유하며, 이 밖에 중수로서 $H_2^{18}O$ 0.17%, $H_2^{17}O$ 0.037%, $HD^{16}O$ 0.032%, $HD^{18}O$ 0.00006%, $HD^{17}O$ 0.00001%, $D_2^{16}O$ 0.000003%, $D_2^{18}O$ 및 $D_2^{17}O$가 각각 0.000001% 함유되어 있다. 이러한 함유량은 물의 기원(起源)·장소 등에 상관없이 거의 일정하지만 사해(死海) 또는 심해(深海)의 물, 어떤 종의 생체 내에서는 중수가 약간 농축되어 있다. 또 이들 중수에서 얻을 수 있는 것은 $D_2^{16}O$이므로 보통 이것을 중수라고 한다. D_2O(산화중수소)의 전기분해 속도는 H_2O의 몇 분의 1이기 때문에 가성 알칼리를 함유하는 수용액을 전기분해하면 잔액(殘液)에 중수가 풍부한데, 이것을 이용하면 순수한 중수를 얻을 수 있다. 또 동위원소 교환반응을 이용하는 일도 있다. 중수는 무색·무취의 액체이며, 화학적으로 정성적(定性的)인 성질은 보통의 물과 거의 다르지 않다. 그러나 정량적(定量的)으로는 상당한 차이를 볼 수 있는데 일반적으로 반응성이 적고 염류(鹽類)의 용해도도 보통의 물보다 작다. 생물에 대해서는 중수의 농도가 적을 때는 생체에 대한 저해작용(沮害作用)을 볼 수 없으나 농도가 커지면 정상적인 호흡작용과 탄산동화작용을 할 수 없게 된다. 원자로의 감속제로 사용된다.

중수소 (重水素, deuterium, heavy hydrogen)　질량수 2와 3인 수소의 동위원소. 즉, 수소의 동위원소 중에서 질량수 1인 것을 경수소 또는 프로튬이라고 하는 데 대하여 그 밖의 것을 중수소라고 한다. 그러나 보통은 질량수 2인 것을 중수소 또는 듀테륨(D 또는 2H), 3인 것을 삼중수소 또는 트리튬(T 또는 3H)이라고 하는 경우가 많다. 1932년 H. C. 유리(Urey)에 의해서 수소의 스펙트럼선 연구 중에 발견되었다. 자연계에 존재하는 수소는 프로튬 99.984%, 듀테륨 0.0156%, 트리튬 10~17%의 비율로 되어 있다. 또 이들의 원자량은 각각 프로튬 1.007, 듀테륨 2.01409, 트리튬 3.1602이다. 자연의 수소로부터 듀테륨을 분리시키는 데는 원심분리기·온도확산 등을 이용하거나 또는 중수(重水) D_2O를 전기분해해도 된다. 삼중수소는 중수소 헬륨 3 등으로부터 핵반응에 의해서 인공적으로 만들어지는 방사성 동위원소이며, β선을 방출하고 반감기(半減期)는 12.4년이다. 중수소와는 트레이서(tracer)로서 수소의 행방을 찾는 데 사용되며, 중성자의 감속제(減速劑)로서 원자로에 사용되고, 수소폭탄으로도 사용되는데, 가장 유효한 반응은 $D+T={}^4He+n+17.6\ MeV$이다.

중수소 램프 (重水素 ──, deuterium lamp, heavy hydrogen lamp)　아크 방전을 이용한 방전관의 하나. 자외광의 광원에 이용된다. 석영제의 용기 내에 중수소 가스가 봉입되어 있어 방전에 의한 양극부분의 발광을 인출하면 200~300 nm 부근의 연속 스펙트럼 광을 얻을 수 있다.

중수소화 (重水素化, deuteration)　유기 화합물(때로는 무기 화합물) 분자 내의 수소원자가 일부 또는 전부 중수소로 변한 화합물을 형성하는 반응. 반응성의 수소원자는 중수소와의 교환반응으로 중수소화 된다. 또 불포화 탄화수소와 중수소의 부가반응으로 중수소가 함유된 화합물을 합성하는 것도 중수소화라 한다.

중심 (重心, center of gravity)　⇨ 질량 중심.

중심계 (重心系, center of mass system)　실험실계의 대응어이다. ⇨ 실험실계.

중심부 벽돌 (中心部 ──, center brick)　용융한 강을 강괴 주형에 주입할 때 주입관 바닥부에 설치한 중공 내화 벽돌이 용융한 강을 분류하여 여러 개의 주형으로 송출하는 역할을 하고 있다.

중아황산 나트륨 (重亞黃酸 ──, sodium bisulfite)　아황산 수소 나트륨 $NaHSO_3$의 잘못된 명칭이다.

중액 (重液, heavy liquid, heavy solution)　광물 등 고체 분말의 비중 측정 및 고체 혼합물의 비중의 차를 이용한 분리에 사용되는 비중이 큰 유기물의 총칭. 예를 들면 브로모포름, 요오드화 메틸렌, $KI+HgI_2+H_2O$ 등(모두 비중은 약 2~4)이다.

중액 분리 (重液分離, heavy liquid separation)　비중이 다른 두 종류의 고체입자를 양자의 중간 비중을 갖는 액체 중에서 비중이 큰 것을 침전시키고 작은 것을 부유시켜 분리하는 조작. 분리액으로서는 비중을 적당히 조정한 중액(重液)이 사용된다. 중액 선광에서는 이 원리에 의해 2종의 광물을 부광과 침광으로 나눈다.

중액 선탄 (重液選炭, heavy media separation)　중액을 사용하여 석탄 중의 회분이 많은 무거운 부분을 분별하는 비중 선별법. 일반적으로 수중에 미세한 자철광 같은 고비중 입자를 현탁시키는 현탁 중액이 중액으로 사용된다.

중용열 포틀랜드 시멘트 (中庸熱 ──, moderate-heat Portland cement)　수화열(水和熱)이 낮고 수축량(收縮量)이 적으며, 내황산염성(耐黃酸鹽性)이 풍부한 포틀랜드 시멘트. 화합물 조성은 석회·알루미나·마그네시아의 양이 적고, 실리카·산화철의 양이 다소 많다. 수축량이 적고 침식성(侵蝕性) 용액에 대한 저항이 크며, 내구성이 풍부한 점 등의 안정된 성질이 뛰어나다. 보통 포틀랜드 시멘트에 비해 경화는 느리지만 발열량이 작다. 댐, 대형 교량 등의 매스 콘크리트용에 적합하다.

중원자 효과 (重原子效果, heavy-atom effect) 분자의 전자 스펙트럼에서는 일반적으로 상이한 스핀 다중도가 있는 상태 간의 전이가 금제되어 있으나 원자번호가 큰 원자의 존재에 의해 스핀-궤도 상호작용이 무시할 수 없게 되므로 그 금제가 파괴되게 된다. 이처럼 스펙트럼의 강도에 영향을 미치는 중원자의 치환 효과를 지칭한다.

중유 (重油, fuel oil) 원유 증류의 잔유, 재순환유 또는 이러한 것에 경유 등의 유출유를 적당히 조합하여 비중, 점도와 황성분 등을 조정하여 만든 일반용 연료. 주로 소형 및 대형 디젤 엔진, 보일러 연료와 제강용에 사용된다. 품질에 따라 A중유, B중유 및 C중유로 나누며 A, B, C 중유 순으로 점도가 높고 황 성분이 많다.

중유 바니시 (中油——, medium oil varnish) 수지 1부에 대해 유지 약 1.5부를 함유하는 바니시. 또 유변성 수지의 오일 함유량을 표시하는 용어로도 사용된다.

중유 안정제 (重油安定劑, fuel oil stabilizer) 중유 중의 현재성 및 잠재성의 슬러지를 콜로이드상으로 분산시켜 응고 침전하는 것을 방지함과 동시에 분무성을 좋게 하고 그에 의해서 연소성을 개선하는 목적 외에 혼입하여 있는 수분을 유화 분산시켜 연소의 중단이 일어나지 않도록 하는 첨가제. 주로 석유계 술폰산염과 고급 알코올 황산 에스테르 능의 계면 활성제가 사용된다.

중입자 (中粒子, baryon) 양자와 같이 원자핵을 구성하고 있는 소립자(핵자) 중에서 스핀이 반 홀수(1/2의 홀수배)의 것. 양자 이외는 모두 불안정하다. 중성자는 스핀이 1이므로 중입자가 아니다.

중입자 수 (中粒子數, baryon number) 소립자의 종류를 분류하는 수. 중입자 수 0인 것은 광자, 렙톤, 중간자, 1인 것은 중입자, -1인 것은 중입자의 반입자. 소립자의 반응시 계의 중입자 수는 보존된다. 이 중입자 보존칙은 물질의 안정성을 보증한다.

중조 (重曹) 탄산수소나트륨 $NaHCO_3$의 속칭

인 중탄산 소다를 간략화한 약칭이다.

중질 나프타 (重質——, heavy naphtha) 원유를 증류하여 얻어지는 나프타 중, 끓는점 약 80~200℃의 중질분. 접촉 개질을 하여 옥탄가가 높은 가솔린의 조합재로 하거나 석유화학용 방향족 탄화수소의 회수원료로 제공된다.

중질 함납 유분 (重質含蠟留分, wax slop) 실린더유를 제조하는 과정에서 얻어지는 납성분을 함유한 중질 유분을 이른다.

중첩형 (重疊形, eclipsed form) 단결합 주위의 회전 이성질체의 입체 배좌를 표기하는 데 사용하는 용어. *syn*-형, 혹은 *cis*-형이라고 하는 경우도 있으나, 이러한 것은 원래 이중결합의 기하 이성질에 사용하는 용어로서, 오해를 초래한다. 현대의 명명법에서는 중첩형의 배좌는 *sp*-형(synperi planar)이라 한다. 2개의 치환기 X, Y가 상하로 가리워 지지 않고 X와 Y가 따로따로 수소원자와 중첩형의 배좌도 있으나 이것은 *ac*-형(anticlinal)이라 한다.

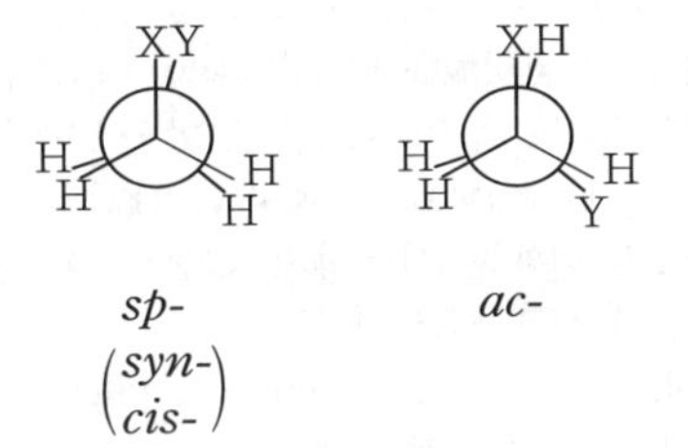

[중첩형]

중층 효과 (重層效果, interlayer effect) 복수의 감광층을 중합한 구조의 사진 감광 재료를 현상할 때 하나의 감광층 현상에 의한 현상 주약의 소모와 반응 생성물의 발생이 다른 감광층의 현상에 영향을 미치는 것. 인터이미지 효과라고도 한다. 일반적으로는 현상 억제작용이지만 컬러 필름의 경우에는 색깔의 순도가 증가하여 색의 선명도가 강조되므로 이 효과를 적극적으로 이용하고 있다. 이 현상이 층간이 아니고 층 내의 가로방향에 미치면 에지 효과로 나타난다.

중크롬산 염 (重——酸鹽, bichromate) 이크롬산 염 $M^I_2Cr_2O_7$의 옛 명칭이지만, 명명법 규칙에 따르면 잘못된 명칭이 된다.

중크롬산 칼륨 (potassium bichromate) 이크롬산 칼륨 K_2Cr_2OH의 옛 명칭이지만 명명법 규정에 따르면 잘못된 명칭이 된다. 밝은 등적색 결정으로 녹는점 398℃, 비중 2.61이다. 500℃ 이상으로 가열하면 산소를 방출하면서 분해한다. 알코올에는 녹지 않지만 물에는 잘 녹고 수용액을 알칼리성으로 하면 크롬산 칼륨으로 변한다. 중크롬산 나트륨 수용액에 염화칼륨을 가하고 용액을 농축하면 얻는데, 재결정을 되풀이하여 정제한다. 공업적으로는 크롬석(石)을 배소(焙燒)하여 분쇄하고 산화칼슘과 탄산칼륨을 가하여 강열하고 다시 공기를 통과시켜 산화시킨 다음 추출 처리한 뒤에 황산을 가하여 결정화시킨다. 크롬산염·중크롬산염·크롬산 혼합액 등의 제조, 강력한 산화제로서 중크롬산 적정 등의 분석 시약으로 쓰이며, 매염제·폭발물·안전성냥 등의 제조와 유기 합성·크롬도금·사진인쇄 등 용도가 매우 넓다.

중탄산 소다 (重炭酸 ——, sodium bicarbonate) 탄산수소나트륨 $NaHCO_3$에 대해 공업명으로 사용되고 있는 속칭이다.

중탄산 염 (重炭酸鹽, bicarbonate) 탄산수소염 M^IHCO_3의 속칭이다. ⇨ 탄산수소나트륨.

중토 (重土, baryta) 산화바륨 BaO의 옛 명칭으로 현재는 사용하지 않는다. 바라이타 혹은 바리타라고도 한다.

중 피치 (中 ——, medium soft pitch) 환구법에 의한 연화점이 70~85℃ 정도의 피치. 타르를 증류하였을 때의 잔유로, 증류의 최종 온도는 300~350℃이므로 보통은 고체이지만 여름철에는 융착한다. 피치 코크스 제조 원료. 코크스 제조용 점결재로 사용한다.

중합 (重合, polymerization) 일반 유기화학에서는 한 종류의 화합물 분자가 그 물질의 배수의 분자량을 갖는 화합물로 이행하는 화학변화를 말한다. 고분자 화학에서는 저분자 화합물이 고분자 화합물로 변화하는 반응 전부를 지칭하며, 탈리 성분을 수반하면서 고분자량화 하는 중축합도 포함된다.

중합도 (重合度, degree of polymerization) 한 가닥의 고분자 사슬에 포함되어 있는 단량체 단위의 수. 호모폴리머에서는 중합도는 분자량에 비례한다. 그 밖의 중합체에서도 실제로는 중합체의 분자량을 측정하여 계산하지만, 고분자의 중합체는 다분산계를 만들 때가 많고, 평균 분자량이 측정될 뿐이므로 이것에 따라서는 융합도도 수평균 중합도, 중합 평균 중합도, Z평균 중합도 등으로 표시된다.

중합 속도 (重合速度, rate of polymerization) 단량체에서 중합체로의 전화 속도. 부가 중합에서는 단량체의 소비 속도로서, 단위 시간당에 생성된 중합체량과 같다. 중축합과 중부가에서 반응속도는 작용기의 소실속도로 표시되며 중합속도라는 용어는 거의 사용되지 않는다.

중합체 (重合體, polymer) 중합으로 생성된 화합물. 중합도에 따라 이량체, 삼량체 등이라 한다. 다수의 단위 물질이 중합하여 생성된 고분자량의 중합체는 다량체 혹은 고중합체라 하는데, 최근에는 고중합체 대신에 단순히 중합체라고 하는 경우가 많다. 중합 반응에는 중합체의 분자량이 단위체의 배수가 되는 중첨가와 간단한 분자를 탈리하여 배수의 분자량이 되지 않는 중축합(重縮合) 등의 반응이 있다. 중합체 구조에는 사슬 모양 중합체, 다리걸침 중합체(架橋重合體 : 사슬 모양 중합체가 간단한 분자에 의하여 결합된 것) 및 그물 모양 중합체 등이 있다. 합성 중합체(합성 고분자)·천연중합체(고무·녹말·단백질 등) 등도 중요하다.

중호성 백혈구 (中好性白血球, neutrophil lcucocyte) ⇨ 호중구.

중화 (中和, neutralization) 산과 염기가 반응하여 염을 생성하는 것. 중화란, 중성으로 향하는 과정을 의미하는 용어이지만 반응 생성물이 반드시 완전하게 중성을 표시한다고는 단정할 수 없다.

중화값 (中和價, neutralization value) 지방산 1g을 중화하는 데 필요한 수산화칼륨의 양을 밀리그램 단위로 나타낸 수. 시료가 유지인 경우는 산가라 한다. 지방산의 평균 분자량은 56108/중화값으로 구할 수 있다.

중화열 (中和熱, heat of neutralization) 산과 염기를 중화하는 반응 때에 발생하는 열량. 예를 들면 산 속에 함유되는 H^+와 염기 중에 함유되는 OH^-가 반응하여 H_2O가 될 때,

무한 회석에서 약 $55.8\,\mathrm{kJ\,mol^{-1}}$의 열량이 발생한다.

중화 적정 (中和滴定, neutralization titration) ⇨ 산 염기 적정.

중황산나트륨 (重黃酸 ——, sodium bisulfate) ⇨ 황산수소나트륨.

중황산염 (重黃酸鹽, bisulfate) ⇨ 황산수소염.

쥐약 (rodenticide) 농약의 하나. 쥐를 죽이는 작용이 있는 약제. 무기계로서 황인, 인화아연, 황산 탈륨, 유기계로서 플루오르아세트산계, 쿠마린계 등이 있다. 쥐에 의한 피해는 우리나라를 비롯하여 세계적으로 매우 크다. 고구마, 밀기울 등과 섞은 독먹이로 방제한다.

즉용 페인트 (即用 ——, ready-mixed paint) ⇨ 조합 페인트.

증감 광전류 (增感光電流, sensitized photocurrent) 반도체 표면의 감광 색소가 광여기된 결과 얻어지는 광전류. 반도체의 감광역보다도 장파장 측에 흡수를 갖는 색소를 사용하므로 증감 광전류도 장파장 측의 빛에 의해 생긴다. 분광 증감 광전류라고 하는 경우도 있다.

증감 색소 (增感色素, sensitizing dye) 감광 재료를 분광 증감하기 위해 사용되는 색소. 은염 사진 감광 재료의 경우에는 주로 시아닌 색소와 멜로시아닌 색소가 사용된다. 할로겐화은 입자의 표면에 부착하고 빛을 흡수하여 들뜬 상태가 되면 전자를 할로겐화은에 전달하여 분광 증감을 한다.

증감 작용 (增感作用, sensitization) 주로 감광, 사진 프로세스에서 감광 파장역의 확장 (분광 증감) 또는 고유 감도를 향상시키는 것. 재료면에서의 증감과 프로세스 면에서의 증감이 있다. ⇨ 화학 증감.

증감제 (增感劑, sensitizer) 화학 반응계 내지 물질계에서, 어떤 소량의 물질을 첨가하면 그 화학 반응 내지 물리현상이 현저하게 촉진될 때, 그 첨가 물질을 증감제라 한다. 사진 유제의 감도를 증가시키는 것, 형광체의 발광 강도를 증가시키는 것, 광화학 반응을 촉진시키기 위한 것 등이 있다.

증기 박스 (蒸氣箱子, steam cottage) 프린트한 천을 수증기에 의한 열처리로 발색시키기 위한 박스. 주로 수·날염에 사용되며 목재이다.

증기상 열분해 (蒸氣相熱分解, vapor-phase cracking) 가솔린 증산을 위해 중질유를 $600\,°\mathrm{C}$ 이상의 기상조건하에서 열분해하는 방법(Gyro 법). 현재는 $1,100\,°\mathrm{C}$ 이상에서 나프타를 분해하여 수소를 제조하는 방법과 중질유에서 카본블랙을 제조하는 방법에 응용되고 있다.

증기 상태도 (蒸氣狀態圖, steam diagram) 포화 수증기 및 과열 수증기의 압력, 온도, 부피, 엔탈피, 엔트로피를 플롯한 열역학 상태도. 좌표축에 취하는 두 변수의 선택에 따라 여러 가지 상태도를 작도할 수 있다. 예를 들면 엔탈피 대 엔트로피 상태도(모리에 상태도), 온도 대 엔트로피 상태도, 압력 대 엔탈피 상태도 등이 있다.

증기압 (蒸氣壓, vapor pressure) 어떤 온도에서 고체 또는 액체와 평형상태에 있는 그 물질의 기체 압력을 말한다.

증기압 강하 (蒸氣壓降下, depression of vapor pressure, vapor-pressure depression) 불휘발성 물질을 함유하는 용액 중 용매의 증기압이 순 용매에 비해 낮아지는 현상. 용질이 휘발성이 아닌 물질일 때 증기압은 그 종류에는 상관없이 용질의 양에 의해서 결정된다. 그들 사이에는 라울의 법칙이 성립된다.

증기압 조절 (蒸氣壓調節, stabilizing) 가솔린의 증기압이 과대하면 베이퍼로크를 일으키는 원인이 되므로 가솔린 제조를 위해 경질 나프타 등에서 안정기로 증기압이 높은 부딘류를 일부 제기하거나 혹은 억으로 부딘류를 조합하여 가솔린의 계절 수요에 따르도록 조절하는 것. 또 탱커 수송의 안전상, 원유를 유전에서 안정기에 의해 액화 석유 가스분을 제거하는 것도 의미한다.

증기 양생 (蒸氣養生, steam curing) 콘크리트의 양생을 촉진시키는 방법으로, 상압의 수증기를 사용한다.

증기찜 (steaming) 직물에 증기를 쪼임으로써 주름을 펴거나 감촉을 좋게 하는 처리. 각종 직물의 마무리 공정의 하나로 사용되며 비단 등의 마무리에는 특히 중요하다.

증기 터빈유 (蒸氣 —— 油, steam turbine oil)

선박 등의 증기 터빈의 윤활에 사용하는 기름. 윤활유, 기유에 산화 방지제, 녹방지제, 거품억제제 등을 첨가한 윤활유이다.

증량 (增量, loading, weighting) 견직 또는 면직물의 중량을 증가시킴과 동시에 시각적인 느낌과 감촉 등을 개량할 목적에서 하는 가공법. 견직에 대해서는 주석, 타닌 등에 의한 영구 증량과 녹막 등에 의한 일시 증량을 하고, 면직물에 대해서는 도토, 고토 등에 의한 증량을 한다.

증량제(재) (增量劑(材), extender, extending agent, filler) 고무, 플라스틱의 가격을 낮추기 위해 그 성질을 크게 저하시키는 일 없이 다량으로 혼합할 수 있는 충진제 또는 액상 플라스틱 중간 재료의 점도를 조절하기 위해 첨가 배합하는 액상 내지 고체 물질을 말한다.

증류 (蒸留, distillation) 액체 혼합물을 가열하여 끓이면 일반적으로 발생한 증기의 조성은 원래의 조성보다 끓는점이 낮은 쪽의 성분이 풍부하다. 이 원리를 이용하여 액체 혼합물의 분리 정제를 하는 조작. 상온, 상압에서 기체 또는 고체의 혼합물이라도 온도 또는 압력의 증감에 따라 액체 혼합물로서 증류에 의해 분리 정제하는 것이 가능하다. 일반적으로 끓는점 차이가 큰 혼합물일수록 효과적이다. 원료를 연속적으로 공급하느냐 않느냐 여부로 연속증류와 배치증류도 분류된다.

증류 가마 (蒸溜釜, distillation still) 액체 혼합물을 증류에 의해 분리 정제할 때 증류탑의 바닥부에 설치하여 증류 조작에 필요한 가열을 하여 증기를 발생시키기 위한 장치. 증류관, 스틸이라고도 한다. 액체의 조성보다도 끓는점이 낮은 쪽의 성분이 풍부한 조성의 증기가 발생한다.

증류관 (蒸溜罐, distillation still) ⇨ 증류 가마.

증류수 (蒸溜水, distilled water) 증류에 의해 탈염 정제한 물. 증류를 반복하여 비교적 순수에 가까워진 물을 순수라 하고, 특히 순도가 높은 것은 전기 전도율의 정밀측정 등에 사용되므로 전도도수라 한다. 이온 교환 수지에 의해 정제한 탈이온수를 증류수와 마찬가지로 다루는 경우도 있으나 탈이온수에

는 유기물, 규산겔 등이 함유된다. 증류수는 유기물 등을 함유하지 않으므로 주사액, 약품의 조제 등에 사용할 수 있다.

증류탑 (蒸溜塔, distillation column) 증류조작을 하기 위한 탑형의 장치. 보통 단탑, 충전탑 등이 널리 사용되고 있으며, 탑 바닥부에는 증류가마, 탑 정상부에는 응축기가 설치되어 있다. 탑 안에서는 상승하는 증기와 하강하는 액이 효율적으로 접촉할 수 있도록 되어 있으므로, 증기는 액과 접촉하여 상승할수록 끓는점이 낮은 쪽의 성분이 풍부하고, 액은 증기와 접촉하여 하강할수록 끓는점이 높은 쪽의 성분이 풍부하게 된다.

증발 (蒸發, evaporation, vaporization) 고체, 액체가 외부에서 열 등의 에너지를 얻어 그 표면에서부터 기체가 되어 가는 현상. 고체의 경우는 특히 승화라고 한다. 또 액체의 내부에서 기포가 발생하여 기체가 되어가는 것을 끓음이라 한다.

증발 건고 (蒸發乾固, evaporation to dryness) 용액 또는 액체를 함유하는 물질에서 액체 등을 증발시켜 건조한 고체를 남기는 것. 화학분석에서 많이 사용되는 조작으로, 용존 성분의 불용화, 용매의 제거와 그 변경 등을 목적으로 한다.

증발 엔탈피 (蒸發 ——, enthalpy of vaporization) 증발에 따른 엔탈피 변화. 정압에서의 증발열 또는 기화열과 같고, 그 물질의 기체상태와 액체상태의 엔탈피 차를 나타낸다.

증발열 (蒸發熱, heat of vaporization) 증발 과정에서 흡수되는 열량. 기화열 혹은 증발의 잠열이라고도 한다. 정압의 조건에서는 증발 엔탈피와 같다.

증백 (增白, whitening) 섬유와 종이를 보다 희게 보이게 하는 처리법. 섬유와 종이는 청자색 광을 어느 정도 흡수하므로 반사광이 가시 전역에 걸쳐 균일하지 않고, 그로 인해 황색기를 띤다. 그러므로 반사 가시광의 균일성을 향상시키는 방법으로서 블루잉과 형광 증백이 있다. 전자에서는 반사광의 균일성은 생기지만 전체의 반사율이 저하하므로 어두운 백색이 된다.

증식로 (增殖爐, breeder reactor) 연쇄반응을 유지하기 위해 소비되는 핵분열성 물질의

양과 비교하여 그보다 많은 양의 새로운 핵분열성 물질이 생산되도록 설계된 원자로. 예를 들면 ^{235}U, ^{233}U, ^{239}Pu 등이 소비되어도 ^{238}U, ^{232}Th는 중성자 흡수로 ^{239}Pu, ^{233}U 등의 핵연료 물질이 변한다.

증자 (蒸煮, cooking)　발효공업에서 사용되는 용어. 발효 원료에 물을 가하고 수증기를 불어넣어 원료를 살균하는 것. 녹말이 주원료인 경우는 증자에 의해 α화하여 아밀라아제의 작용을 받기 쉽게 되어 잡균 포자가 살균된다.

증점제 (增粘劑, thickener)　콜로이드 용액, 고분자 용액 등에 가하여 이들의 것의 점도를 증진시켜, 틱소트로피성을 부여하는 약제. 접착제, 시멘트, 라텍스, 도료, 화장품 등에 사용되지만 대상에 따라 사용되는 증점제는 다르므로 많은 종류의 것이 있다.

증착 (蒸着, vacuum evaporation)　물질을 고진공 중에서 증발시켜 고체 표면상에 박막으로 응착시키는 것. 10^{-7}Pa 이하의 초고진공 중에서 증착하면 고순도의 증착막을 형성할 수 있다. 하지의 성질, 온도에 따라 비결정질 막에서 에피택시얼 단결정까지 형성할 수 있다.

증충 (蒸充, blowing, dry decatizing)　제련, 염색한 건조상태에 있는 모직물을 다공 실린더에 감아 증기로 가열 처리한 후에 공냉하는 모직물 세팅의 하나이다.

증해 (蒸解, cooking, digestion)　펄프 제조를 위해 목재 칩이나 초본류를 증해가마 (digester)에 넣고, 목적에 따라 상이한 약품 (증해핵)을 기하여 고온·고압에서 치리하는 공정. 용해 펄프와 제지용 펄프의 생산에 이용된다.

증해 재생법 (蒸解再生法, digester reclaiming process)　폐고무에서 고무를 회수하는 방법. 가열한 수산화나트륨 수용액 등을 사용하여 오토클레이브(autoclave) 중에서 고무를 가소화하여 폐고무 중의 섬유 등을 분리 제거함으로써 고무를 채취 재생하는 방법이다.

G 값 (G value)　방사선이 물질에 작용하여 일어나는 방사선 화학 반응의 수량을 표시하는 값. 물질에 흡수된 방사선 에너지 100 eV 마나 생성·소비 또는 반응한 분자의 수

를 가리킨다. 안정된 분자 뿐만 아니라 불안정한 반응 중간체 또는 각 반응과정에 대해서도 사용된다.

지거 염색 (── 染色, jigger dyeing)　지거 (직물을 롤에 감고 롤과 롤 사이에 염욕을 놓고 직물을 염색하는 장치)를 사용하여 시행하는 배치식의 확포 염색법. 낮은 생산성, 균염 불량 등의 결점이 있으나 작은 로트로 연속 염색에 적합하지 않은 것에 대해서는 유효하다.

지구 화학 (地球化學, geochemistry)　지구의 조성, 구성 성분의 구조와 순환 또는 진화하는 과정을 연구하는 화학. 지구 표면에 대해서는 착물, 암석, 천연수, 생물 등의 분석 결과를 자료로 하고, 지구 내부에 대해서는 원석의 분석 등에 의해 유추한다.

지그 선탄 (── 選炭, jigging, jigging process)　유체(주로 물)를 상하로 맥동시키거나 또는 망을 상하로 움직여 망 위의 석탄(또는 광석)을 비중 선별하는 기계를 지그라 하고, 이 기계에 의해 석탄을 선별하여 낮은 회분화하는 것을 지그 선택이라 한다. 이 방식은 비교적 거칠은 입자를 대상으로 한다. 또 석탄에 대해서는 공기 동지그가 널리 사용되고 있다.

지르코늄 무두질 (zirconium tanning)　염기성 황산 지르코늄 또는 염기성 염화 지르코늄을 사용하는 무두질. 충실성이 있는 백색 가죽이 얻어지지만, 주로 다른 무두질제와 병용하는 재무두질에 사용된다.

지르코니아 (zirconia)　산화 지르코늄(Ⅳ) ZrO_2의 속칭. 공입재료로서는 보통 안정화 지르코니아로서 사용한다. 분자량 123.22, 녹는점 약 2,700℃이다. 굴절률이 크고 녹는점이 높아서 내식성이 크다. 물에 녹지 않고, 황산·플루오르화 수소산에 녹는다. 요업용(窯業用)으로 중요한 원료이다. 급격한 온도의 변화에 견디므로 급열·급랭의 기구류(예를 들면 도가니)에도 사용된다.

지르코니아 센서 (zirconia sensor)　산소 센서의 하나. 안정화 지르코니아는 산화물 이온이 운반체가 되는 고체 전해질이므로 그 양쪽에 백금 전극을 장착, 850℃ 정도로 산소 농담 전지를 구성함으로써 네른스트의 식으로 표시되는 기전력을 발생시킨다. 즉 산소농도의 변화를 전기신호로 변환한다.

지르코닐 화합물 (―― 化合物, zirconyl compound) 정 2가의 원자단 ZrO를 갖는 화합물의 총칭. 예를 들면 $ZrOCl_2$. 그러나 실제로는 ZrO와 같은 독립된 원자단은 존재하지 않고 예를 들면 $ZrOCl_2 \cdot 8H_2O$는 $[Zr_4(OH)_8 \cdot (H_2O)_{16}]^{8+}$와 같은 이온을 함유한다. 따라서 지르코닐이란 명칭은 바람직하지 않다.

지르콘 벽돌 (zircon brick) 지르콘 $ZrSiO_4$을 주된 구성광물로 하는 내화 벽돌. 천연의 지르콘 모래를 주원료로 하여 제조된다. 내열 충격 저항성 및 내침식성이 우수하며, 아궁이 내장용, 장섬유 유리로용 등에 사용된다.

지문 영역 (指紋領域, finger-print region) 적외 스펙트럼에서 $800 \sim 1,300\ cm^{-1}$의 영역. 분자의 골격 변화를 수반하는 진동의 대부분이 이 영역에 나타나므로 이 영역의 스펙트럼은 결합의 종류와 분자의 종류에 따라 크게 다른 양상을 띤다. 분자의 동정에 필요하므로 사람의 지문과 같은 의미로 지문영역이라 불린다. 이 파수영역은 과거 가장 널리 보급되어 있는 석영 프리즘을 사용해서 쉽게 측정할 수 있으므로 물질의 구별 동정에 많이 사용되어 왔다. 그러나 그다지 명확하게 정해진 범위는 아니고 사람에 따라 또는 경우에 따라 다소 다른 범위를 뜻할 때도 있다.

지방 (脂肪, fat) 글리세롤과 고급 지방산과의 에스테르. 유지 중 상온에서 고체인 것. 이것에 대해 액체인 것은 지방유라고 하지만, 이 구별은 학술적으로 명확한 것은 아니다. 육산 동물유지의 대부분은 지방이다. 또한 지방유를 포함한 유지의 동의어로서 지방이란 말이 많이 사용된다. 천연으로 존재하는 것은 3개의 히드록시기가 모두 에스테르화된 글리세롤이 대부분이며, 트리글리세리드라고 불린다. 지방산은 다종 다양하며 지방의 종류도 매우 많지만, 성질은 모두 비슷하다. 보통 물에는 거의 녹지 않고 에테르·클로로포름·벤젠·이황화탄소·석유 및 뜨거운 알코올에는 녹는다. 동물성 지방과 식물성 지방으로 분류되는데, 동물성 지방은 동물체 피하의 지방조직이나 장기의 표면에 축적되고, 식물성 지방은 주로 종자에 축적되어 있다. 식물성 지방은 리놀레산·리놀렌산 같은 불포화지방산을 많이 함

유하고 있으며, 공기 속의 산소에 의해서 산화되어 불쾌한 냄새와 맛이 나는데 이것을 산패(酸敗)라고 한다.

지방 분해 (脂肪分解, fat splitting) 유지를 가수분해하여 지방산과 글리세린으로 하는 반응. 공업적으로는 수 종류의 공정이 있다.

지방 분해효소 (脂肪分解酵素, lipase) 글리세린에스테르를 가수분해하여 지방산을 유리하는 효소. 리파아제라고도 한다. 췌장, 피마자 종자, 효모, 사상균 등에 존재한다. 치즈 또는 유제품의 제조, 유지에서 지방산의 생산, 세제에 대한 배합에 이용된다.

지방산 (脂肪酸, fatty acid) 사슬식 구조를 갖는 모노카르복시산의 총칭. RCOOH로 표시한다. 고급 지방산이 글리세르 에스테르로서 유지를 구성하므로 지방산이란 명칭은 이것에 근거한 것이다. R로서는 곧은 사슬의 것과 곁사슬의 것이 있고, 포화인 것과 불포화인 것이 있다. 탄소 사슬이 포화되어 있는 것에서는 팔미트산, 스테아르산이 중요한 것이다. 불포화인 것은 올레산이 거의 모든 지방에 함유되어 있고, 또 리놀레산, 리놀렌산은 식물성 기름에서 볼 수 있다. 또한 히드록실기 등이 있는 지방산 유도체도 있다. 유지 또는 납을 가수분해하여 제조되는 천연 지방산 외에 석유화학 제품을 원료로 하는 합성 지방산이 있다.

지방산 에스테르 (脂肪酸 ――, fatty acid ester) 지방산과 알코올에서 물 1분자를 이탈시킴으로써 합성되는 에스테르. 가수분해하면 원래의 지방산과 알코올로 환원한다. 천연으로는 납(밀)으로 존재하는 것과 유지를 구성하고 있는 글리세리드(지방산과 글리세린의 에스테르) 등이 있다.

지방유 (脂肪油, fatty oil) 유지 중 상온에서 액체인 것을 말한다. 고체인 것은 지방이라 한다. 그러나 이 구별은 학술적으로 명확한 것은 아니다. 식물유 및 수산 동물유의 대부분은 지방유이지만 팜유·팜핵유, 야자유 등은 기름이라 부르고는 있지만 우리나라에서는 특히 겨울철에는 고체이다.

지방족 고리화합물 (脂肪族 ―― 化合物, alicyclic compound) 유기 화합물의 탄소 골격이 탄소원자의 고리 모양 구조로 되어 있으

나, 방향족 화합물 특유의 화학적 성질을 나타내지 않고 지방족 화합물과 같은 반응성이 있는 고리식 화합물이란 의미에서 지방족 고리화합물이라 한다. 지방족 고리화합물의 육원환은 벤젠 고리에 수소원자가 부가하여 얻게 되므로 히드로 방향족 화합물이라 부르는 경우가 있다. 시클로파라핀, 시클로올레핀, 테르펜, 스테로이드 등이 이에 속한다.

지방족 화합물 (脂肪族化合物, aliphatic compound, aliphatics) 유기 화합물의 탄소골격이 탄소원자의 연쇄 결합으로 구성되어 있는 것. 모든 탄소원자가 한 줄로 이어진 곧은 사슬 화합물과 탄소 사슬에 가지가 생기는 화합물이 있다. 사슬식 화합물, 비고리식 화합물이라고도 한다. 천연의 지방이 긴 탄소사슬을 갖는 사슬식 화합물로 구성되어 있으므로 지방족이란 이름이 붙었다. 천연으로 존재하는 것으로는 석유 속에 함유되어 있는 사슬모양의 탄화수소, 지방이나 납(蠟)성분인 고급 지방산 및 이것들의 에스테르 등이 알려져 있고, 생물체를 구성하는 아미노산도 페닐알라닌·티로신 등 고리모양의 구조를 가진 것을 제외하고는 모두 사슬모양 화합물이다.

지방질 생합성 (脂肪質生合成, lipogenesis) 생체 내에서 다수의 효소 촉매반응으로 지질이 합성되는 반응. 리포제네시스라고도 한다.

지베렐린 (gibberellin) 벼의 마록병균에 의해 생산되는 물질로서 발견된 고등식물의 성장 촉진 물질. 동일한 탄소 고리 모핵의 유사 구조를 갖는 여러 종의 지베렐린이 있다. 1938년 벼의 키다리병의 병균인 지베렐라 푸지크로이(Gibberella fujikuroi)의 배양액에서 벼의 모를 자라지 못하게 하는 물질을 결정체로 분리하여 지베렐린 A라고 명명하였으며, 그것은 뒤에 A1, A2, A3 및 A4의 혼합 결정이란 것이 밝혀졌다. 또 1954년 영국의 B. E. 크로스, 1955년 미국의 F. H. 스토돌라에 의해서도 독립적으로 분리되어 지베렐린산 및 지베렐린 X라고 명명되었다. 한편, 1958년 영국 J. 맥밀런은 콩과 붉은 강낭콩 Phaseolus multiflorus에서 새로운 지베렐린 A5, A8 및 A6을 A1과 함께 분리하

였다. 이제까지 9종의 지베렐린이 알려졌다. 지베렐린(일반적으로는 지베렐린산의 칼륨염의 희석액을 쓴다)을 작용시키면 거의 모든 고등식물은 키가 현저하게 자란다. 이 작용은 지베렐린산이 가장 강하고, 다음에 Al, A4의 순이다. 지베렐린의 작용은, ① 신장 촉진작용, ② 종자 발아 촉진작용, ③ 개화 촉진작용, ④ 착과(着果)의 증가작용, ⑤ 열매의 생장 촉진작용 등이 있다. 또 실제면에서의 이용으로는, ① 섬유식물의 섬유를 길게 하여 그 생산량을 늘이고, ② 꽃필 때 사용하면 2년초를 1년째에 개화시킬 수 있으며, ③ 채소의 수확시기를 빠르게 하여 그 증수를 도모하는데, 특히 셀러리에 있어서 이용가치가 크며, ④ 열매의 증수(씨 없는 포도), ⑤ 감자의 증수(감자의 발아촉진과 증수) 등이 있다. 이 중 특히 지베렐린을 이용하여 씨 없는 포도를 만드는 것은 유명하며, 금후 이 물질의 이용은 더욱 발전할 것으로 예상된다. 근래에는 벼의 키다리병균 이외에도 많은 식물에 이것이 존재한다는 것이 알려져 현재 14종에 이르며, 유리(遊離) 또는 결합형으로 존재한다. 사람과 가축에는 독성을 나타내지 않는다.

G산 (—— 酸, G-acid) 2-나프톨 -6, 8-디술폰산의 중간물로서의 명칭. 아조 염료의 중요한 원료이다.

지속 길이 (持續長, persistence length) 고분자 사슬이 직선성을 지속하는 경향. 즉 하나의 강직성을 길이로 표시한 것. 말단간을 연결하는 벡터의 최초 결합 스펙트럼 사영(투영)의 평균값을 중합도 무한대로 보외한 값으로 정의된다. 예를 들면 p-페닐렌기가 연결된 폴리머는 완전하게 직선이므로 지속 길이는 무한대, 한편 폴리메틸렌은 중합도 n과 함께 굽은 배좌가 증가하여 평균하면 n번째 결합의 초기 결합방향에 대한 기여는 기하 급수적으로 감소하여 지속 길이는 내부 회전이 자유롭다면 C−C결합의 3배에 불과하다.

지수 (指數, index) 어떤 현상이나 성질을 개략적으로 기술하기 위해 고안된 간단한 수치 표현. 굴절률처럼 엄밀한 지수도 있지만 가스 크로마토그래피의 보존 지수(retention index)처럼 가늠으로 사용되는 것이 오히려

많다.

지수기 (指數期, exponential phase)　미생물의 발육 과정에서 원형질의 증대가 최대, 또한 일정한 속도가 되는 시기. 균의 세대시간이 가장 짧고 대사 산물이 원형질의 합성에 가장 잘 이용되는 시기이다. 또 효소 기능이 최대율로 작용하는 시기이기도 하다.

지수 인자 (指數因子, exponential factor)　지수함수 e^{ax}의 a를 이른다. a가 양인 경우를 증가속도, 음인 경우는 감쇠속도 혹은 그 역수로 수명과 신호의 폭을 나타낼 수 있다. 원자 궤도를 나타내는 슬레이터 함수 $r'e^{-\mu r}$의 지수인자는 음의 수이지만 그 절대값 μ는 궤도지수(orbital exponent)라 한다.

지수함수적 증식 (指數函數的增殖, exponential growth)　미생물의 증식 경과는 일반적으로 S형 곡선을 나타낸다. 미생물은 단시간의 유도기 후에 증식하기 시작하나 증식은 대수적으로 일어난다. 이 증식을 표시하는 수치에 증식총량과 증식속도가 있다. 전자는 균수 혹은 균체량으로 표시되고, 후자는 세대시간 또는 비증식 속도가 사용된다.

지시 수소 (指示水素, indicated hydrogen)　축합 다환식 탄화수소 혹은 복소 고리계의 명명에서, 비인접 이중결합이 가장 많은 고리계에 이중결합의 위치가 다른 이성질체가 있어, 구조 내에 있는 여분의 수소원자 위치를 지시하면 이성질체의 구별이 가능한 경우, 각 이성질체 명칭 앞에 접두기호 H를 붙여 명명한다. 예를 들면, $9H$-플루오렌, $2H$아제핀 등. 이 수소원자를 지시 수소라 한다. 이에 대하여 고리 모양 케톤의 명명법에서 여분의 수소원자에 (H)를 붙여서 명명하는 방법이 있다. 예를 들면 $1(2H)$-naphthalenone, $2(3H)$pyrazinone 등. 이 종류의 수소원자를 부가 수소(added hydrogen), 혹은 extra hydrogen이라 한다.

지시약 (指示藥, indicator)　적정(滴定)에서 종점을 판단하기 위해 사용되는 시약. 육안으로 관찰할 수 있는 변화가 나타나는 것으로는 발색 지시약, 형광 지시약, 침전 지시약 등이 있고, 또 물리화학적 성질이 변화하는 것에는 전류 지시약, 표면활성 지시약 등이 있다.

지시 전극 (指示電極, indicator electrode)　⇨ 작용전극. 전압전류법과 폴라로그래피에서 사용하는 용어이다.

GC-MS　'gas chromatograph-mass spectrometer(가스 크로마토그래피 질량 분석계)'의 약어이다.

GFRP　'glass-fiber-reinforced-plastics(유리 섬유 강화 플라스틱)'의 약어이다.

지연 (遲延, delay, retardation)　물질계에 어떠한 자극 또는 여기를 가했을 때, 그에 수반하는 전자기적·역학적 신호와 현상(예를 들면 화학 반응, 에너지 이동) 등이 물질 내를 전파하거나 생겨나는 것이 시간적으로 늦어지는 것을 말한다.

지연 발광 (遲延發光, delayed luminescence)　보통 발광에 비해 시간적으로 뒤지는 발광을 말한다. 지연 형광 혹은 펄스적으로 생성된 라디칼과 이온 등의 중간체 반응으로 발생하는 화학 발광 등이 포함된다.

지연 시간 (遲延時間, delay time, retardation time)　전자기적·역학적 신호의 전파, 혹은 화학 반응과 에너지 이동 등의 현상이 일어나는 시간이 트리거(신호나 현상의 개시가 되는 펄스)에서 늦어지는 시간을 말한다.

지연 작용 (遲延作用, delayed action)　지연을 야기하는 작용. 예를 들면 전기신호를 지연시키기 위해 회로에 부여하는 작용. 또 지연 형광은 삼중항이 변화한 분자가 열 여기로 일중항으로 환원됨으로써 일어난다. 이 메커니즘도 지연 작용의 하나이다.

지연 탄성 (遲延彈性, retarded elasticity)　⇨ 탄성 회복.

지연 형광 (遲延螢光, delayed fluorescence)　형광은 보통 100 ns 이하의 짧은 시간 내에 완료되지만 이보다 훨씬 긴 μs 이상의 시간대까지 발광을 계속하는 형광을 말한다. 지연 형광의 발광 메커니즘에는 항간 교차로 생긴 삼중항 상태가 열적으로 다시금 여기 일중항으로 되고, 그것에서 발광하는 T형 지연 형광 및 삼중항의 분자끼리 충돌하여 그 한쪽이 여기 일중항이 되어, 그것에서 발광하는 E형 지연 형광의 두 가지가 있다.

지의 (地衣, lichen)　균류의 균사에 녹조류 또는 남조류가 공생관계로 침투하여 독립된 영양체로 되어 있는 생물군. 균류는 물과 무기염류와 호흡하여 이산화탄소를 조류에 공급하고, 한편 조류가 형성하는 유기영양물질에 의해 균류가 생활하는 공생관계에 있다. 식용으로는 석이버섯, 염료로는 리트머스 이끼가 있다.

***g* 인자** (―― 因子, *g* factor) 화학분야에서는 보통 다음과 같은 의미로 사용된다. (1) 자기 모멘트와 각 운동의 비를 보여 자자를 단위로 하여 나타낸 양(자기 회전비라고도 한다). (2) 자기장 내에서 제만 효과에 의해 분열된 준위 중, 하나만이 자기 양자수가 다른 부준위 간의 에너지 차와 자속밀도의 비를 보여 자자를 단위로 하여 측정한 양(유효 *g*값이라고도 한다). 단순한 모델에서는 양자가 일치한다. 원자핵 물리학 분야에서도 *g*인자라 불리우는 여러 가지 보정인자가 있다.

지적 pH (至適 ――, optimum pH) ⇨ 최적 pH.

지적 온도 (至適溫度, optimum temperature) ⇨ 최적 온도.

지정 (指定, assignment) 스펙트럼선 등의 물성 데이터를 그 기인하는 원자, 원자단 등에 적용시키거나 혹은 분속시키는 것. 예를 들면, 유기 화합물의 프로톤 자기 공명에서 많은 흡수선이 어느 수소에 기인하는가를 고려하여 할당하는 것을 지정한다고 한다. 혼합물의 경우에 어느 화합물에 기인하는가를 결정하거나, 유기 화합물의 구조를 결정하는 데 있어 각종 정보에서 하나의 구조식을 추정하는 경우 등에도 사용된다.

지지 전해질 (支持電解質, supporting electrolyte) 수용액과 비수용액의 전해질을 사용하는 전기화학 반응장치(전지, 전해조)에 전해질의 저항을 낮출 목적으로 용해하는 염. 목적하는 전기화학 반응을 방해하지 않고, 또한 분해전압이 높은 염 (LiCl, LiClO$_4$, KCl 등)이 사용된다.

지질 (脂質, lipid) 생체를 구성하고 있는 중요한 유기 물질의 일군. 지방산을 공통 구성성분으로 한다. 단순 지질과 복합 지질로 구별된다.

지질 이중층 (脂質二重層, lipid bilayer) 수용액 중에서 지질분자의 친수성 부분이 수상(水相)에 접하여 소수성 부분이 소수결합으로 평행하게 배열한 이분자막. 생체막의 기본 구조이다. 인공적으로도 만들 수 있다.

지촉 건조 (指觸乾燥, set to touch) 도장공정에서 도료가 건조하는 진행상태를 표현하는 용어. 만져도 점착성이 없을 정도로 경화가 진행되어 있는 상태를 말한다.

지토크롬 (zytochrom) (독일어) ⇨ 시토크롬.

지포제 (止泡劑, antifoamer, antifoaming agent, foam inhibitor, foam suppressor) 액체(보통은 물)에 첨가해 두어 거품이 생기는 것을 억제하는 작용을 하는 물질. 억포제라고도 한다. 실리콘류, 고급 알코올류 등이 있다.

지표 (指標, character) 군론에서 기약 표현의 대칭성을 표시하는 가장 간단한 수치 지표를 통합하여 표로 한 것이 지표표(character table)이다.

지표표 (指標表, character table) ⇨ 지표.

지표 효소 (指標酵素, marker enzyme) 특정 세포 소기관에만 존재하고 그 세포 소기관의 단리, 고정시의 표지가 되는 효소이다.

지하 가스화 (地下 ―― 化, underground gasification) 지하의 석탄층에 착화하여 가스화제를 내려보내면서 가스를 제조하는 것. 송기공과 배기공을 볼링하여 송기공에서는 가스화제(공기 등)를 주입하여 가스화하고, 배기공에서 생성 가스를 뽑아낸다. 가스의 발열량은 1,000 kcal Nm^{-3} 이하가 보통이다. 러시아에서는 실용화 되고 있다.

지효성 약 (遲效性藥, controlled release drug, sustained release) 약효가 장시간에 걸쳐 작용할 수 있도록 서서히 약이 방출되는 의약품 형태. 투여 횟수를 줄이고 부작용을 경감할 수 있는 등 장점이 많다. 협심증 약의 경피 흡수 시스템, 소화관 내에서의 붕괴를 제어한 천식 약의 정제 등이 임상 응용되고 있다.

직교계 (直交系, orthogonal system) 시로 직교하는 벡터 또는 함수의 집합. 벡터의 직교와는 내적이 0이 되는 것. 함수 $f \cdot g$의 직교란 $\int fg\, d\tau = 0$(정의역에서의 정적분)으로 정의한다. 양자역학에서는 임의의 연산자의 고유상태를 직교계로 할 수 있다.

직교 니콜 (直交——, crossed nicols)　한 쌍의 니콜 프리즘 또는 편광 소자(편광자 및 검광자라 불린다)를 그 편광면이 서로 수직이 되도록 조합한 상태를 말한다. 직교 니콜을 통해 광원을 보면 어두운 시야가 된다.

직류 (直溜, straight run)　원유를 직접 증류하는 것, 및 그 유출물. 유출물을 그대로 제품으로 판매하는 일없이 각각의 유분으로 나누어 그 용도에 적합한 정제 가공이 이루어진다.

직류 가솔린 (直溜——, straight gasoline)　원유를 직류하여 얻어지는 가솔린분. 직류 나프타라고도 한다. 원유의 기(其)에 따라서도 다르지만 보통 옥탄가가 비교적 낮으므로 경질분과 중질분으로 구분하여 채취한다. 전자에는 부탄, 천연 가스액, 알킬레이트, 이성질화물 등을 조합하고, 후자는 개질한 후 양자를 혼합하여 제품으로 한다.

직류 나프타 (直溜——, straight naphtha)　⇨ 직류 가솔린.

직류 폴라로그래피 (直流——, DC polarography)　수은 적하 전극을 지시전극으로 하고, 환원성 혹은 산화성 물질을 함유하는 용액을 전해하여 얻어지는 전류 전위곡선에서 전해된 이온종과 유기물의 정성·정량분석을 하는 전기화학 분석법의 하나로, 지시전극에 식류전압을 인가하는 것. 전위의 소인속도는 $5\,\mathrm{min\,V^{-1}}$ 정도가 일반적이다.

직물용 섬유 (織物用纖維, textile fiber)　방적, 제직 또는 편조 등의 공정을 거쳐 직물과 편물 등의 제조 원료가 되는 섬유를 말한다.

직선 자유 에너지 관계 (直線自由——關係, linear free energy relationship)　⇨ 자유 에너지 직선관계.

직선형 분자 (直線形分子, linear molecule)　분자를 구성하는 전 원자핵의 평형위치가 일직선상에 있는 분자. 예를 들면 HCl, CO_2, $HC\equiv CH$는 직선 분자이다.

직적 (直積, direct product)　2개의 집합 A와 B의 각 요소 a와 b의 순서쌍 $(a-b)$ 전체의 집합. $A\times B$로 표시된다. A가 m행의 열 벡터, B가 n열의 행 벡터인 경우 $A\times B$는 m행 n열의 행렬이 된다. 군론에서 자주 사용된다.

직접 날염 (直接捺染, direct printing)　염료를 함유한 색풀을 백색 천에 인날하여 그 부분을 염색하여 문양을 내는 방법. 방염이나 발염과는 달리 직접 날염한다는 의미가 있다. 연하게 바탕을 기본 염색한 천에 날염하는 것은 오버 프린트라고 한다.

직접성 (直接性, substantivity)　직접 염료의 성질이다. ⇨ 직접 염료.

직접 염료 (直接染料, direct color, direct dye, substantive color)　면직물용의 수용성 염료. 황산나트륨 등의 무기염류를 가한 염료 수용액에 담그는 것만으로 염착한다. 이 성질을 직접성이라 한다. 다른 면직물용 염료처럼 매염, 환원 용해, 밑처리 현색 등의 특별한 수단을 필요로 하지 않고 직접 염색할 수 있으므로 직접 염료라 한다. 양모에도 염착한다.

직접 탈황 (直接脫黃, direct desulfurization)　탄화수소계 연료 중의 황 성분을 줄이는 방법의 하나로, 보통은 수소화 탈황법이 사용된다. 특히 중유를 탈황하는 경우에 간접 탈황의 대응어이다.

직접 편광 (直接偏光, linearly polarized light)　⇨ 편광.

직접 환원당 (直接還元糖, direct-reducing sugar)　이당 기타의 다당중, 성분 단당이 서로 헤미아세탈 위의 OH기 끼리 결합하여 형성된 것(예를 들면 설탕)은 환원성이 없지만, 가수분해하면 단당을 형성하여 환원성을 보이게 된다. 이당에서도 제2의 성분에는 헤미아세탈 위의 OH기가 남아 있는 것(예를 들면 맥아당)은 그대로의 형태로 직접 환원당의 성질을 나타낸다. 단당은 물론 모두가 직접 환원당이다.

직접 환원법 (直接還元法, direct-reduction process)　용광로 사용하지 않고 직접 강철을 얻는 제철법. 용광로가 대규모의 장치와 다량의 고품질 점결탄을 필요로 하므로 용광로를 사용하지 않아도 되는 방법으로 발달하였다. 직접 환원은 수소 혹은 합성 가스로 하는 경우가 많다.

진공 배기 (眞空排氣, evacuation)　어떤 용기

의 내부를 진공으로 하기 위해 그 용기 안의 기체를 배제하는 조작. 각종 진공 펌프가 사용된다.

진공 자외선 (眞空紫外線, vacuum ultraviolet) 200 nm 보다 단파장인 자외광 영역을 말한다. 극자외선이라고도 한다. 공기 중의 산소가 200 nm보다 단파장에서 강한 흡수를 하므로 이 파장 영역에서 실험을 하려면 광로를 진공으로 해야 하므로 이렇게 부르게 되었다.

진공 증류 (眞空蒸留, vacuum distillation) ⇨ 감압 증류.

진공 증착 (眞空蒸着, vacuum deposition, vacuum coating, vacuum evaporation) 박막 제작법의 하나. 열증착이라고도 하며 보통 10^{-4} Pa 이하의 진공 중에서 박막으로 하는 물질을 가열 증발시켜 그 증기를 기판상에 부착시켜 막을 제작한다. 보트를 가열하는 저항가열 증착이 일반적이지만, 탄탈, 몰리브덴 등의 고녹는점 재료에는 전자빔 증착이 사용된다. 이 밖에 아크 증착, 레이저 증착도 있다.

진균류 (眞菌類, Eumycetes) 세균과 변형 균류를 제외한 균류의 총칭. 편모균류, 접합균류, 자낭균류, 담자균류, 불완전 균류가 포함되지만 엄밀한 분류는 아니다. 응용 미생물의 대상이 되는 곰팡이, 효모, 버섯 등이 진균류이다.

진단약 (診斷藥, diagnostic drug) 사람 또는 동물의 질병 혹은 임신의 유무를 진단하기 위해 사용되는 검사약. 검사체로서 일반적으로 소변, 혈액을 사용하지만 그 속에 함유되는 당, 호르몬을 포함한 각종 단백질을 정성·정량하기 위해 사용하며, 당뇨병·암·에이즈 등의 진단에 사용된다.

진단용 라텍스 (診斷用 ——, diagnostic latex) 라텍스에 항원 혹은 항체를 흡착 등의 방법으로 고정화한 임상 검사용 시약. 면역반응은 항원과 항체의 복합체 형성 반응이므로 항체 혹은 항원이 존재하면 라텍스의 응집반응으로 검출할 수 있다. 류머티즘 인자의 검출과 임신 진단 등 많은 경우에 이용되고 있다.

진동 반응 (振動反應, oscillating reaction) 반응의 진행과 너불어 반응 중간제의 농노가 일정값에 이르지 않고 진동을 반복하는 현상을 화학진동이라 하고, 화학진동을 표시하는 반응을 진동반응 혹은 주기반응이라 한다. 잘 알려져 있는 예로 벨로조프-자보틴스키 반응이 있다. 반응의 비선형성에 의해 생기는 산일 구조의 하나로 간주된다.

진동수 (振動數, frequency) 주기적인 현상으로 같은 현상이 1초 간에 몇 회 되풀이 되는가를 표시하는 수. 주파수라고도 한다. 헤르츠(Hz)라는 단위로 표시한다.

진동 스펙트럼 (振動 ——, vibration spectrum, vibrational spectrum) 분자의 진동에너지 준위 간의 전이로 발생하는 스펙트럼. 적외 영역 중 $4,000 \sim 100\,\mathrm{cm}^{-1}$ 부근에 선 스펙트럼으로 나타난다.

진동 에너지 (振動 ——, vibrational energy) 분자가 갖는 에너지 중 진동에 의한 기여라고 간주되는 것. 보른-오펜하이머 근사에 기준하고, 또 진동회전 상호작용을 무시하면 분자 에너지는 전자 에너지, 진동 에너지, 회전 에너지의 합으로 표기된다.

진동 이완 (振動弛緩, vibrational relaxation) 기체분자의 온도를 충격파 등으로 급격히 높이거나 빛으로 진동상태를 여기하였을 때, 분자의 진동상태 에너지 분포상태가 새로운 평형상태로 이동하는 과정을 말한다.

진동자 (振動子, oscillator) 매체와 분자가 진동운동을 할 때 그 진동으로서의 성질을 진동체로서 취급한 개념. 예를 들면 조화 진동하는 진동체를 주화 진동자라고 한다. 진동자의 특성은 그 고유 진동수로 나타내며, 고전 역학석으로는 진폭과 위상을 수면 진농상태가 지정된다. 진동이 단진동일 때에는 조화 진동자, 그 밖의 경우에는 비조화 진동자라고 한다. 물질의 진동뿐만 아니라 전자기장을 푸리에 성분으로 분해하고, 각 성분을 주화 진동자로서 취급할 수도 있다.

진동자 강도 (振動子强度, oscillator strength) 빛과 물질이 상호 작용하여 빛이 흡수되었을 때의 상호작용의 크기를 표시하는 양. 이 상호작용을 빛(진동하는 전자기장)과 원자·분자를 구성하는 전자 간의 전자 상호작용으로 생각하고, 그 크기를 질량과 전하가 전자와 같고 어떤 별형섬 수위를 소화 진농하는 가상

적인 진동자의 경우를 단위로 하여 표시한 것
으로, 빛의 흡수 단면적에 비례한다.

진동-전자 상호작용(振動電子相互作用, vibron-
ic coupling, vibronic interaction)　분자의
상태를 기술하는 경우 보통 보른-오펜하이
머 근사에 의해 전자의 운동과 원자핵의 운
동은 분리하여 다루어진다. 이 근사와 현실
의 계 사이의 차이를 생기게 하는 상호작용
을 말한다. 이 상호작용에 의해 보른·오펜
하이머 근사하에서는 생길 수 없는 에너지
준위의 분열과 전이(진동 전이)가 생기는
경우가 있다.

진동-전자 전이(振動電子轉移, vibronic tran-
sition)　어떤 전자상태의 진전 준위에 있는
분자가 다른 전자상태의 진전 준위로 광흡
수나 광방출에 의해 전이하는 것. 또 전자
상태만을 생각한 경우에는 금제가 되는 전
자 전이가 진전 상호작용을 매개하여 허용
되었을 경우에는 그 전이를 지칭하는 경우
도 있다.

진동-전자 준위(振動電子準位, vibronic level)
분자의 상태는 보른-오펜하이머 근사에 의
해 전자, 원자핵, 분자 전체의 운동을 독립
적으로 생각하여 그 전자상태, 진동상태, 회
전상태를 지정함으로써 규정할 수 있다. 진
동-전자준위란, 이러한 것 중에서 전자상태
와 진동상태를 지정하여 얻어지는 에너지
준위를 말한다.

진동 점도계(振動粘度計, oscillational vis-
cometer)　점도계의 하나. 점성 유체 중의
진동자의 진동 특성(진동수, 감쇄도 등) 변
화로 유체의 점성률을 구하는 장치이다.

진동 회전 상호작용(振動回傳相互作用, vibra-
tion-rotation interaction)　분자의 진동운동
과 회전운동이 서로 영향을 미치는 것. 다원
자 분자의 경우, 회전상수·원심력 비틀림
상수의 진동 양자수 의존성의 원인이 되는
상호 작용항과 코리올리 힘에 의한 코리올
리 상호 작용항이 있다. 직선분자·대칭 팽
이분자의 경우에는 다시 l형 이중항이 진동
회전 상호작용의 결과 나타난다.

진드기 구제제(塵蝨驅除劑, miticide)　농약의
하나. 진드기를 방제하는 약제. 유기 인제,
유기 할로겐제, 유기황제, 벤조산계제가 있

다. 진드기는 번식력이 매우 강하고(날진드
기는 1년에 10세대), 또 동일 약제를 연속
사용한 경우는 저항성 발현이 문제가 된다.
이것을 피하기 위해 교차 저항성이 없는 약
제를 번갈아 사용하게 된다.

진 발열량(眞發熱量, net calorific value)　⇨
저발열량.

진 뱅크(gene bank)　⇨ 유전자 라이브러리.

진액(―― 液, mash)　전 원료를 하나의 용기
속에서 발효시키는 양조에 있어, 삽입한 당
초부터 발효 완료까지의 주발효 생성분을 말
한다. 양조의 종류에 따라 청주 진액, 간장 진
액, 미린 진액, 맥주 진액 등으로 불리운다.

진주 광택 안료(眞珠光澤顔料, pearl pigment)
⇨ 펄 안료.

진주 래커(眞珠 ――, pearl lacquer)　진주
모양의 광택과 홍채를 주는 도료. 진주 안료
를 전색제에 분산한 도료로, 도자기와 유리
에 도장하거나 모조 진주에 사용된다. 자동
차 외판에 사용되는 경우도 있다.

진 콜로이드(眞 ――, eucolloid)　고분자 물
질의 용액을 말한다. 고분자는 용액 중에서
분자 1개가 콜로이드 입자의 크기가 되므로
분자상으로 용해되어도 콜로이드가 된다.
분자 콜로이드라고도 하는데 모두 콜로이드
화학의 역사적 용어이다.

진틀 상(―― 相, zintl phase)　알칼리 금속
및 알칼리토류 금속과 13족(3B 족) 내지 15
족(5B 족) 원소가 형성하는 금속 간 화합물
의 총칭. 이온 결정과 금속의 중간 성질을
가지고 있다.

진한 황산(―― 黃酸, concentrated sulfuric
acid)　황산의 진한 수용액. 판매되는 진한 황
산은 약 96%(약 36 N)이다.

진핵생물(眞核生物, eucaryote, eukaryote)
핵(DNA, RNA, 염기성 단백질 등을 포함)
이 세포질과 격리되어 핵막으로 싸인 세포
로 구성되는 생물. 원핵생물의 대응어. 핵막
으로 둘러싸인 핵을 가지며, 유사분열을 하
는 세포로 형성된 생물로서 단세포·다세포
동물, 남조류를 제외한 식물, 그리고 진핵균
류가 이에 해당된다. 진핵생물의 세포에서
는 핵산·히스톤·단백질·핵소체(核小體)
로 이루어지는 핵이 핵막에 둘러싸여 있으

며, 유사분열을 할 때에는 핵이 일정한 수의 염색체를 만들어낸다. 또 세포질에는 소포체와 미토콘드리아 등의 구조체가 분화·발달하여 존재한다.

질량 결손 (質量缺損, mass defect)　원자핵의 질량은 그것을 구성하는 양자와 중성자 질량의 합보다 반드시 작게 되어 있다. 이 크기를 질량 결손이라 하며, 원자핵의 안정성이 큰 것일수록 상대적으로 큰 질량 결손이 있다.

질량 몰 농도 (質量——濃度, molality)　농도를 표시하는 방법의 하나. 용매 1 kg 중에 녹아 있는 용질의 물질량(단위는 몰)으로 표시한다. 체적에 관한 양을 사용하고 있지 않으므로 온도와 압력에 의하지 않고 또한 혼합에 의한 체적 변화가 관여하지 않는다. 기호 m으로 표시하는 경우가 많다. 종래 중량 몰 농도라고 불리었으나 질량 몰 농도라고 하는 것이 정확하다.

질량 보존의 법칙 (質量保存法則, law of conservation of mass)　화학 반응에 의해 어떤 물질을 생성할 때에 그 반응 전후에서 전 전량에 관해서는 증감이 없다는 법칙. A. L. Lavoisier(1774년)에 의해 발견되었다. 원자핵 반응에 있어서는 에너지를 질량과 등가로 하면 넓은 의미의 질량보존의 법칙이 성립된다.

질량 분광분석 (質量分光分析, mass spectrometric analysis)　⇨ 질량 분석.

질량 분석(質量分析, mass spectrometric analysis, mass spectrometry)　이온을 일정 속도로 가속하여 전기장과 자기장 내지 4개의 전극으로 된 4중 극장으로 유도하여 비적(飛跡)을 굽힘으로써 질량 스펙트럼을 구하고 이것에 의해 존재 이온종의 정성 및 정량분석을 하는 방법. 약어로 MS이다. 질량분광분석이라고도 한다. 지극히 고감도의 분석법이며 시료는 $1{\sim}100\,ng$으로 족하다. 또 가스 크로마토그래피 질량 분석, 2차 이온 질량 분석, 스파크 광원 질량 분석 등의 변칙적인 방법이 있다.

질량 분석계 (質量分析計, mass spectrometer)　질량 스펙트럼을 측정하는 장치 중 이온의 존재량을 이온 전류값으로 검출·정량하는

형의 기기. 약어로 MS이다.

질량 분석기 (質量分析器, mass spectrograph)　질량 스펙트럼을 측정하는 장치 중 이온을 직접 사진 건판상에 받아 검출, 기록하는 형의 기기를 말한다.

질량 분율 (質量分率, mass fraction)　어떤 계 중에 함유되어 있는 성분 1, 2, ⋯, i, ⋯, N의 질량을 각각 $m_1, m_2, \cdots, m_i \cdots, m_N$으로 할 때
$$\omega_i = m_i / (m_1 + m_2 + \cdots\cdots + m_i + \cdots\cdots + m_N)$$
로 부여되는 ω_i를 성분 i의 질량 분율이라 한다.

질량수 (質量數, mass number)　하나의 원자핵을 구성하는 양자의 수 Z와 중성자의 수 N의 합. 보통 A로 표시한다 ($A=Z+N$). 질량수를 지정하면 원자와 원자핵의 종류가 결정된다. 분자의 경우에는 분자를 구성하는 각 원자의 질량수의 합을 말한다. 원자 질량 단위로 나타낸 원자 또는 원자핵의 질량은 근사적으로 질량수와 같지만 완전하게는 일치하지 않는다.

질량 스펙트럼 (質量——, mass spectrum)　가로축에 이온의 분자량 M을 하전수 e로 나눈 M/e의 값을 취하고, 세로축에 M/e의 값에 대응하는 이온종의 존재량(사진 건판의 흑화도와 검출기의 이온 전류값)을 취하여 표시한 스펙트럼이다.

질량 작용의 법칙 (質量作用法則, law of mass action)　1867년에 C. M. Guldberg와 P. Waage에 의해 화학 반응이 평형상태에 이르렀을 때, 각 성분의 활성 질량(현재의 농도와 분압에 상당하다)간에 성립된다고 하였던 관계식. 예를 들면 $aA+bB \rightleftarrows cC+dD$의 반응에서 상온·정압에서는 $[C]^c[D]^d/([A]^a[B]^b)$ =일정=K이다. 여기서 [ ]는 농도를 나타내고 K를 평형상수라 한다.

질량 중심 (質量中心, center of mass)　질점계 또는 연속 물체에 대해서 사용되는 역학의 용어. 일반적으로는 중심(重心)이라 한다. 질점계에 있어서 i번째 질점의 질량을 m_i, 위치좌표를 $r_i(x_i, y_i, z_i)$로 할 때
$$x_0 = \frac{\sum m_i x_i}{\sum m_i},\ y_0 = \frac{\sum m_i y_i}{\sum m_i},\ z_0 = \frac{\sum m_i z_i}{\sum m_i}$$
를 좌표로 하는 점 $r_0(x_0, y_0, z_0)$를 이른다.

연속 물체에서는 이 식을 적분으로 치환한 형태가 된다.

질량 퍼센트 (質量——, percentage by mass) 질량을 사용한 백분율로서 결과적으로는 중량 퍼센트와 같아진다. 성분 1, 2, …, i, …, …N으로 구성된 계에 있어, 각 성분의 질량을 ω_1, ω_2, …, …ω_i ……, ω_N로 할 때 i 성분의 질량 퍼센트는 $100\,\omega_i/(\omega_1+\omega_2+\cdots\cdots+\omega_N)$로 주어진다.

질량 흡수 계수 (質量吸收係數, mass absorption coefficient) γ선, X선 등의 방사선이 물질(밀도 ρ, 두께 x)을 통과하는 동안에 그 강도가 I_0에서 I로 변화하였을 때 $I=I_0\times10^{-\mu\rho x}$ 의 관계가 성립한다. $\mu \equiv \mu_m \rho$를 흡수계수라 하고 μ_m 을 질량 흡수계수라 한다. 물질의 종류, 방사선의 파장에 의해 정해지는 상수이다.

질산 (窒酸, nitric acid)　HNO$_3$ 및 그 수용액. 강한 일염기산이며 진한 수용액은 산화력이 강하다. 농도 98% 이상의 질산은 무색의 액체이다. 흡습성이 강하고 발연한다. 빛을 쪼이면 일부는 분해한다. 녹는점 $-42℃$, 끓는점 86℃(일부는 물과 오산화질소로 분해된다), 비중 1.502, 굴절률 1.397이다. 물에 임의의 비율로 섞이므로 농도의 질산을 만들 수 있다. 시판되는 진한 질산은 질산의 함량이 63, 67, 72%의 3종류이지만, 비중은 각각 1.35, 1.40, 1.42이다. 금·백금·로듐·이리듐 등의 귀금속 이외의 금속과 격렬히 반응하고 이들을 녹이지만, 철·크롬·알루미늄·칼슘 등은 부동 상태를 만들므로 침식되지 않는다. 각종 질산염, 질산형 질소비료, 니트로화합물 화약류의 원료가 된다. 셀룰로이드·염료(아조 염료, 아닐린 염료 등)에 사용되며, 의약품으로 수렴제(收斂劑) 등에 사용된다. 또한 진한 질산은 아민류와 격렬하게 반응 분해하기 때문에 로켓 연료의 산화제(酸化劑)로도 사용되고 있다. 극약이며 피부·입·식도·위 등을 침식한다. 또 발연 질산을 흡입해도 기관이 상하며 폐렴이 될 위험이 있다. 대기 중의 허용 농도는 10 ppm이다.

질산 과산화아세틸 (窒酸——, peroxyacetyl nitrate)　CH$_3$CO$-$OONO$_2$. 페록시아세틸 니트레이트 또는 퍼옥시아세틸 나이트레이트라고도 한다. 강한 산화력과 눈에 대한 자극성이 있는 과화학 옥시던트의 한 성분. PAN는 약어이다.

질산성 질소 (窒酸性窒素, nitrate nitrogen) 물이나 토양 중의 질소를 함유하는 유기물은 분해되어 암모늄염이 되고 더욱 산화되어 최종적으로 질산염을 생성한다. 이 질산염으로서의 질소분을 말한다.

질산 셀룰로오스 (窒酸——, cellulose nitrate) ⇨ 니트로 셀룰로오스.

질산식 (窒酸式, nitration process)　황산 제조법의 하나. 이산화 황을 산화하여 황산을 형성하는 방식에는 질산식과 접촉식이 있다. 질산식은 질산의 산화작용을 이용한다. 이전에는 이 방법이 주류였으나 현재는 접촉식으로 대체되었다.

질산 암모늄 유제 폭약 (窒酸—— 油劑爆藥, ammonium nitrate fuel oil explosive)　흡유성을 좋게 한 다공질 입자상의 질산 암모늄과, 인화점 50℃ 이상의 경유를 성분으로 하여 다른 화약이나 반응 촉진제 등을 함유하지 않은 폭약. 보통 ANFO(안포) 폭약이다. 혼합물을 현장에서 만드는 것과 혼합물이 약포(藥包)로 되어 있는 것이 있고, 또 기폭(起爆)에 다이너마이트를 사용하는 것과 활성제를 혼합하여 뇌관(雷管)으로 기폭하는 것이 있다.

질산 암모늄 폭약 (窒酸—— 爆藥, ammonium nitrate explosive)　질산 암모늄을 가제로 하는 분말상의 폭약으로 우리나라의 검정시험에서 메탄 등 가소성의 탄광 내 가스와 석탄 분진이 존재하는 탄갱에서 안정하게 사용할 수 있다고 규정된 것. 이 폭약은 폭약의 폭발 온도를 낮게 하고 메탄이나 탄진의 착화연소를 억제하는 식염 등의 감열 소염제가 함유된다. 또한 넓은 뜻으로는 질산 암모늄을 기제로 하는 분말상 폭약을 총칭하는 경우도 있다.

질산염 (窒酸鹽, nitrate) 일반식 M^{I}NO$_3$. 예를 들면, 질산칼륨 KNO$_3$, 질산철 Fe(NO$_3$)$_2$ 등이다. 양이온으로는 대부분의 금속 이온, 암모늄이온 NH$_4^+$ 및 그 유도체인 많은 유기

염기 등이 알려져 있다. 일반적으로 금속 그 대로 또는 금속의 산화물·수산화물·탄산염 등을 질산에 녹이면 생긴다. 예를 들면 알칼로이드 등과 같은 복잡한 유기 염기와의 염을 제외하면 거의 모두 물에 녹는다. 보통 알칼리 금속염·바륨염·은염(銀鹽)·납염 등은 결정수를 갖지 않지만 이 밖의 것은 수용액에서 결정시키면 4수화물(水化物)·6수화물·9수화물 등을 얻을 수 있으며, 무수물(無水物)은 얻기 어렵다. 양이온에 착색의 원인이 없으면 결정은 일반적으로 무색이다. 일반적으로 수용성의 무색 결정으로 가열하면 최종적으로 산소 혹은 질소 산화물을 방출하여 분해하므로 강한 산화작용이 있다.

질산화 작용 (窒酸化作用, nitrification)　　질소 화합물의 분해로 생긴 암모니아가 생물에 의해 산화되어 아질산염, 나아가서 질산염이 되는 반응으로 주로 토양 중에서 질화균에 의해 이루어진다.

질서 무질서 전이 (秩序無秩序轉移, orderdis-order transition)　　원자 혹은 분자의 배치가 규칙성이 있는 상과 불규칙한 상 사이의 상전이. 예를 들면 원자 A, B로 된 합금에서 A, B 간에 보다 강한 상호작용이 작용할 때 저온에서는 A, B가 인접한 격자점상에 규칙적으로 배열된 구조를 취하는 상태에 있지만 온도를 높여 나가면 어느 온도에서 완전히 불규칙한 배치를 취하는 상태로 전이한다. 협동현상의 전형적인 예로서, 강자성, 강반자성, 강유전성 등의 상전이두 이 메커니즘에 의한다고 여겨지고 있다.

질식 (窒石, saltpeter)　　질산 칼륨 KNO_3의 광물명. 사막 등의 건조지역에 암석, 토양의 풍화물 등으로서 산출된다.

질소 고정 (窒素固定, nitrogen fixation)　　공기 중의 질소분자를 원료로 하여 질소 화합물을 합성하는 것. 천연에는 대사 반응으로서 콩과 식물의 근류근 등의 미생물로 이루어지며, 질소는 효소 니트로게나아제의 작용으로 페레독신 등에 의해서 환원되어 암모니아가 된다. 이것은 유기 함질소 화합물에 도입되어 지구상 질소 순환의 일부가 되고 식물의 질소 영양원이 된다. 또 공업적으로는 질소와 수소로부터 암모니아 합성이 있다.

질소 비료 (窒素肥料, nitrogenous fertilizer)　　질소를 함유하는 비료. 질소의 형태로는 암모니아상, 아미드상, 질산상, 시아나미드상 등이 있다. 황산암모늄, 염산암모늄, 요소, 질산암모늄, 석회질소 등이 주요 질소 비료이다.

질소 사이클 (窒素 ——, nitrogen cycle)　　질소는 다양한 화학형으로 대기, 물, 퇴적물, 생체 중에 존재한다. 지구상에서는 이러한 매체의 이동과 생물 활동에 의해 전 지구 규모의 질소 이동이 반복되고 있다. 이것을 질소 사이클이라 하고, 주된 흐름은 $N_2 \rightarrow$ 생물체 $\rightarrow$ 퇴적물 $\rightarrow N_2$로 나타낸다.

질소 산화물 (窒素酸化物, nitrogen oxides)　　일반적으로는 질소 산화물의 총칭으로, NO, N_2O, NO_2, N_2O_3, N_2O_5 등이 포함된다. 대기 오염 물질을 대상으로 한 경우의 질소 산화물[보통 NO_x(녹스)]은 이 중에서 NO와 NO_2의 혼합물을 지칭한다.

질소 착물 (窒素錯物, nitrogen complex)　　질소 분자, 즉 이질소 N_2가 배위하고 있는 착물. 처음에 $[Ru(N_2)(NH_3)_5]^{2+}$가 만들어지고 나서 이 영역이 급격히 발전하였다.

질화 갈륨 (窒化 ——, gallium nitride)　　갈륨과 암모니아를 약 1,100℃에서 반응시켜 얻어지는 무색 결정. GaN. Ⅲ-Ⅴ 화합물의 하나. 청색 발광 다이오드로 사용된다.

질화 규소 (窒化硅素, silicon nitride)　　Si_3N_4. 질소 1기압 중의 분해온도는 약 1,850℃. 저온형의 α상(삼방정계)은 1,400℃ 이상에서 불가역적으로 고온형의 β상(육방정계)으로 상 전이한다. 순수한 질화 규소의 소결은 어렵고, 보통 소결조제로 Al_2O_3, Y_2O_3를 첨가하는 일이 많다. 대기 중 1,300℃에서도 500 MPa 정도의 강도가 있으므로 고온 구조 재료로서의 이용이 기대된다. 최근에는 자동차의 터보 차지 날개 등에도 일부 사용하게 되었다.

질화면 (窒化綿, nitrocellulose)　　⇨ 니트로셀룰로오스.

질화물 (窒化物, nitride)　　질소와 그보다 양성인 원소와의 화합물. $M^I_3N(M^I$=Li, Na, Cu 등). $M^{II}_3N_2(M^{II}$=Mg, Ca, Sr, Ba, Zn, Cd 등) 형의 이온성 질화물과, NH_3, N_2N_4, NCl_3, S_4N_4

등의 공유결합성 질화물이 있다.

질화 붕소 (窒化硼素, boron nitride)　질소 기류 중에서 붕소를 가열하거나 염화암모늄을 붕사와 가열하거나 하여 얻어지는 무색 결정, 약어 BN. 보통의 조건에서 얻게 되는 것은 흑연과 같은 평면형의 B_3N_3 고리가 있는 구조로서 육방정계, h-BN이라 적는다. 이것은 고온에서 매우 안정된 내화물이며 도가니, 윤활 부재, 이형재로 사용된다. 초고압에서 만들어지는 것은 섬아연광형 구조로 입방정계, c-BN이라 적고 입방정질화 붕소라 부른다. 동적 압력처리로 얻어지는 것은 우르짜이트 구조이며 입방정계, w-BN이라 적는다.

질화 알루미늄 (窒化——, aluminium nitride)　약어 AlN. 우르짜이트 구조(육방정계). 2,000 ℃ 이상에서 분해한다. 분말은 수증기와 반응하지만 치밀 소결체는 안정하다. 내열성, 융해 금속에 대한 내식성, 전기절연성, 열전도성 등이 우수하며, IC 기판재료, 금속 융해재, 방열 절연재 등의 용도가 기대되고 있다.

집단 흐름 (集團——, mass flow)　저장조 내의 분체층이 정체역이 생기는 일 없이 중력 흐름을 하는 형태. 매스 플로라고도 한다. 이에 대해 주벽 부근에 정체역이 생겨서 중앙부가 먼저 유출하는 형태를 패널 플로라 한다. 자유 유동성의 분체에서는 홋퍼의 경사가 어느 정도(가령 70°) 이상이 되면 집단 흐름이 된다. 폐색과 편석·분리의 방지란 점에서 바람직한 유동형태이다.

집락 (集落, colony)　⇨ 콜로니.

집적 이중 결합 (集積二重結合, cumulative double bond)　3개의 탄소원자가 서로 두 개의 이중결합으로 연결되어 있는 화학구조. C=C=C. 이 이중결합이 있는 가장 간단한 화합물은 알렌 CH_2=C=CH_2이다.

집적 회로 (集積回路, integrated circuit)　동일한 반도체 기판 안에 여러 개의 또는 여러 종류의 소자를 집어넣고 그것을 기판 표면의 배선으로 결선하여 ~mm 크기 안에 하나의 기능을 발휘하는 회로를 형성한 것. IC가 약어이다. 집적도가 증가함에 따라 대규모 집적회로(LSI), 초고속 집적회로(VLSI) 등으로 부른다. 기억회로(메모리), 논리회로(로직), 마이크로 컴퓨터 등이 있다. 전자기술의 진보로 전자기기는 소형화·저전력화·추세에 있으며 이 소형화의 첫 시도로서 1948년 마이크로모듈(micromodule)이 개발되었다. 이것은 $8×8$ mm^2 정도의 사각형 세라믹(磁器) 절연 기판 위에 트랜지스터·다이오드·저항·콘덴서 등을 정밀하게 만들어 부착시킨 것을 여러 장 겹쳐서 전자회로를 구성시킨 것이었다. 집적회로는 이와 같은 것을 더욱 소형화하는 동시에 신뢰성과 경제성 등을 향상시킬 목적으로 1958년경 우공여체발과 함께 미국 공군에 의해 연구되었다. 집적회로는 혼성 집적회로(hybrid IC)와 모놀리식 집적회로(monolithic IC)로 구분할 수 있으며, 혼성은 박막(薄膜) 혼성 집적회로와 후막(thick film) 혼성 집적회로로 나눈다. 현재 집적회로의 주축을 이루고 있는 것은 모놀리식 집적회로이며 두께 1mm, 한 변이 5mm 정도인 반도체(실리콘)의 얇고 작은 조각, 즉 칩(chip) 또는 다이(die) 위에 전자회로를 형성시켜 만든다. 이들 칩에 들어 있는 개개의 회로소자 수는 소규모 집적회로(SSI)에서는 약 100개 미만, 중규모 집적회로(MSI)에서는 100~1,000개, 대규모 집적회로(LSI)에서는 1,000~10만개, 그리고 초대규모 집적회로(VLSI)에서는 10만개 이상이다. 개별식으로 된 트랜지스터를 기준으로 할 때 소형 진공관은 약 200배의 크기이고, LSI는 약 1/10,000, VLSI는 약 1/50,000이다. 이 집적회로의 실리콘 기판은 불순물이 첨가된 p형(또는 n형) 반도체로서 보통 그 위에 n형(또는 p형)의 실리콘 박막층을 부착시켜 그곳에 p형(또는 n형) 영역을 형성시켜 이들 p형과 n형 반도체 영역의 조합으로 회로를 구성한다. 이 단결정의 박막층을 에피(epitaxial)층이라 한다. p-n접합부에서는 전자에 대하여 양전하(陽電荷)가 늘어서고 홀(정공)에 대해서는 음전하(陰電荷)가 대응하여 늘어서게 되어 이들 중간에 캐리어(즉, 이동성의 전자나 정공)가 없는 공핍층(depletion layer)이 형성되고 이것이 절연층을 이루게 된다. 이것을 이용하면 p형(또는 n형) 영역 속에 n형(또는 p형) 영역을 부분적으로 이루게 즉 전기적으로 분리(isolation)시킬 수 있으며, 이 접합 분리된 영역 속에 각 전자 회로소자를 형성시켜서 소자들 사이에서의 전기적 결합과 간섭작용을 막고 있다. 이와 같은 소자 간의 전기적인 분리를 위하여 많은 연구가 이루어지고 있다. 혼성집적회로는 막(膜)집적회로에 반도체 소자와 개별적 수동회로(受動回路) 부품을 합쳐서 전자회로를 구성시킨 것이며, 막집적회로는 절연성 기판 위에 박막 또는 후막의 형태로 여러 개의 회로소자(주로 수동 회로소자)를 형성하고, 이들 소자 사이를 막으로 접속시켜 회로를 이루게 한 것이다. 때로는 박막 트랜지스터와 같은 능동소자(能動素子)도 쓰인다. 집적회로의 발전에 따라 컴퓨터를 비롯하여 각종 전자교환기·계측기·전송기기·가정용 전자기기 등에서 집적회로 소자의 응용이 증대되고 있어 전자 기기는 앞으로 더욱 초소형화·고신뢰성화·고속화·저전력화의 길로 발전하게 될 것으로 예상된다.

집진 (集塵, dust collection)　기체 중에 부유하는 입자를 기체에서 분리 제거하는 조작. 비교적 큰 입자에 대해서는 중력, 원심력, 관성력, 채질 효과가 이용되고, 미소한 입자에 대해서는 정전기력, 입자의 브라운 운동에 의한 확산이 이용된다. 입자의 분리성능은 충돌 효율, 부분 회수율 등으로 평가된다.

집진 장치 (集塵裝置, dust collector)　집진을 하는 장치. 중력 집진장치, 사이클론, 스크랩퍼, 채질 효과를 이용한 버그필터(여포 집진기), 정전기력을 이용한 전기 집진기, 확산 등을 이용한 에어필터 등이 있다.

집편 쌍정 (集片雙晶, polysynthetic twin)　▷ 쌍정.

징크 화이트 (zinc white)　▷ 아연화.

짝산 (—— 酸, conjugate acid)　브뢴스테드의 정의를 적용하면, 산과 염기는 프로톤이 수수에 수반하는 평형관계에 있다. 이 관점에서, 염기가 프로톤을 수용한 것을 짝산이라 한다. 수용액 중에서의 프로톤(히드로늄 이온)의 전리를 문제로 한 아레니우스에 의한

산의 정의보다도 넓은 뜻의 산으로, 브뢴스테드산에 속하며, 수용액 중에서 산성을 나타낸다고만은 할 수 없다. 예를 들면 H_2O의 짝산은 H_3O^+이고, OH^-의 짝산은 H_2O이다.

짝 안 지은 전자 (不對電子, unpaired electron)　전자쌍을 이루고 있지 않은 전자. 짝 안지은 전자를 갖는 계는 라디칼처럼 스핀 다중도가 2 이상이고 자기장을 가하면 이 축퇴가 풀려 각 상태 간의 전이가 관측된다. 이와 같은 계는 반응성이 풍부하고 또 상자성·강자성을 보이는 경우가 많다.

짝염기 (—— 鹽基, conjugate base)　브뢴스테드산에서 프로톤이 이탈한 것. 짝산에 대응하는 개념으로, 수용액 중에서 염기성을 나타낸다고만은 할 수 없다. 예를 들면 H_2O의 짝염기는 OH^-이며, H_2O^+의 짝염기는 H_2O이다.

짝용액 (—— 溶液, conjugate solution)　공존용액이라고도 한다. 2종류의 액체가 어떤 온도하에서 상호간에 일부분밖에 용해하지 않고 2층으로 분리될 때, 이 용액계를 짝용액이라 한다. 예를 들면, 에테르와 물, 페놀과 물, 아닐린과 물 등의 계는 짝용액이다.

짝풀림 (uncoupling)　공역이 저해되는 것. 특히 생체에서 산화적인 산화로 인한 아데노신삼인산(ATP) 합성에서 막의 H^+ 투과성을 높임으로써 ATP 합성을 저해하는 현상을 지칭하는 일이 많다.

쪽빛 염색 (—— 染色, indigo dyeing)　쪽색 물감을 사용하는 염색법의 총칭. 원래는 쪽 등의 잎을 포개 놓으면서 물을 부으며 발효시킨 것을 잿가루 하고 섞으면서 염색하는 것을 지칭하였으나 현재는 합성 남색 물감을 사용하여 하이드로술파이트를 섞어 염색한 것도 포함한다.

차 (char)　유기물의 고상 탄화시에 생성되는 탄소질 물질. 저온 건류로 생성되는 반성(半成) 코크스와 같은 의미로 사용되는 경우도 있다. 보통 차의 원료로는 비점결의 갈탄이 사용된다. 휘발분이 10~15%로 많고, 반응성, 연소성이 좋다. 강도가 낮고 보통은 흑색 분말이며 연료, 가스화 원료, 활성탄 원료, 코크스 원료탄의 배합 시료 등에 사용된다.

차단약 (遮斷藥, antagonist)　⇨ 안타고니스트.

차 스펙트럼 (差——, difference spectrum)　두 시료의 동일 파장에서의 흡광도 혹은 발광 강도의 차를 측정하여 얻어지는 스펙트럼. 시료에 의한 스펙트럼의 약간의 변화를 규명하고자 하는 경우에 이바지한다.

차원 (次元, dimension)　(1) 1차원 공간이 직선, 2차원 공간이 평면, 3차원 공간이 이른바 공간이 것처럼 독립적으로 취할 수 있는 좌표축의 수. (2) 어떤 소수의 독립된 물리량을 선택하면 모든 물리량은 그 곱 또는 몫의 형태로 표현할 수 있다. 그러한 기본적 물리량이 나타나는 방법을 차원이라 한다. 예를 들면, 많은 역학적인 물리량은 길이 (L), 질량(M), 시간(T)의 3종류의 차원의 곱 또는 몫의 형태로 표현할 수 있다.

차원 해석 (次元解析, dimensional analysis)　어떤 물리량을 몇 개 독립된 기본 물리량을 사용하여 표현하는 관계식을 구하기 위해 등식의 양변 및 각 항의 차원이 같은 것을 이용하여 해석하는 방법을 말한다.

차이나 클레이 (China clay)　본래 영국의 Cornwall과 Devon에서 산출되는 카올리나이트를 주성분으로 하는 소성색이 흰 도자기용의 카올린을 의미하였다. 그러나 오늘날에는 유럽과 미국에서 관습적으로 카올린의 동의어로 사용되고 있다.

차이스 염 (—— 鹽, Zeise's salt)　트리클로로 (에틸렌) 백금(Ⅱ)산 칼륨 1수화물 [$PtCl_3(C_2H_4)$]·H_2O의 속칭. 1825년 덴마크의 W. C. Zeise에 의해 처음으로 합성되었으므로 이렇게 부른다.

차축유 (車軸油, axle oil)　광차, 하차 기타 간이 기계의 윤활, 와이어 로프의 마모, 녹을 방지하기 위해 사용하는 기름. 점도가 큰 값싼 잔유 등이 쓰인다.

차폐 (遮蔽, shielding)　공간의 어느 영역에 대해 외부로부터의 전기장, 자기장 등의 영향을 차단하는 것. 전기차폐, 자기차폐 등이라 한다. 가리움이라고도 한다.

차폐 상수 (遮蔽常數, screening constant, shielding constant)　(1) 원자핵이 받는 유효 자기장 H는 주위의 전자에 의한 자기 차폐의 영향을 받는다. 이 크기 H'는 외부 자기장의 세기 H_0에 비례하므로 $H=H_0-H'=H_0(1-\sigma)$로 표기된다. 여기서 σ를 차폐상수 또는 가리움상수라 한다. (2) 다전자 원자의 1전자 근사에서는 하나의 궤도에 있는 전자에 대해서 내각 전자는 그 음전하만을, 같은 각에 속하는 다른 전자는 부분적으로 원자핵의 양전하 $+Ze$를 가리는 것으로 생각된다. 따라서 핵의 유효 양전하는 $+(Z-s)e$가 되며, 여기서 s를 차폐상수 또는 가리움상수라 한다.

착기 (錯基, complex radical)　비전해질 착제 및 착양이온, 착음이온 전부를 포함하여 착제를 기로 생각할 때, 착기라고 부른 일이 있다. 약간 오래된 용어이다.

착물 (錯物, complex)　중심이 되는 원자에 각종 원자 혹은 원자단(배위자라고도 한다)이 결합하여 생기는 분자 또는 다원자 이온. 중심이 되는 원자는 비금속 원소 또는 금속 원소라도 무방하나 보통 금속원소의 원자인 경우가 많고, 이것을 강조할 경우에는 금속 착물이라고 부른다. 중심 원자에 결합하는 배위자가 다좌 배위자인 경우의 착물은 킬레이트 혹은 킬레이트 착물이라 한다.

착물 화학 (錯物化學, complex chemistry)　금속 착물을 연구 대상으로 하는 화학의 한 부분. 착염화학이라고도 한다. 또 배위화학도 거의 같은 의미로 사용된다. 초기에는 주로 전이금속의 착물을 다루었으나 현재는 비베르너 착물을 비롯하여 각종 유기금속 화합물, 금속 클러스터 등을 포함한 넓은 범위의 화학물을 대상으로 하여, 그 구조, 전자상태, 반응, 평형, 물성 등을 연구하고 있다. 영어로는 coordination chemistry라고 하는 경우가 많다.

착색 (着色, coloration)　색깔을 나게 하는 것. 안료에 의한 착색인 직접 혼화(플라스틱, 고무)외에는 고착제를 필요로 한다. 염료에 의한 착색은 고착제가 불필요하며 용액(또는 분산액)에서 섬유에 흡수되어 염착한다. 플라스틱의 투명 착색은 염료의 혼합에 의한다. 액체의 착색도 염료를 사용한다(용해).

착색력 (着色力, tinctorial power, tinting strength)　단위 중량의 용매나 섬유에 함유되는 색소의 중량당의 색농도. 색소 순품에서는 (몰 **흡광계수**/분자량)에 비례하지만 시판되는 염료에서는 색소 이외의 첨가물이 함유되어 있으므로 일정 조건에서 염색하였을 때의 농도를 지칭하는 경우도 있다. 염료에서는 염착력이라고도 한다. 안료에서는 착색력은 결정형과 입자 지름에 따라서도 다르다.

착색료 (着色料, stain)　⇨ 스테인.

착색 발염 (着色拔染, colored discharge printing)　발염의 하나. 발염풀에 지염 천의 염료를 분해하는 발염제와 발염제에 의해 분해되지 않는 밑색과는 다른 색상의 염료를 포함시켜 인날 후의 증열로 날염부의 밑색 염료를 분해함과 동시에 그 부분을 발염풀 중의 염료 색상으로 염색하는 날염법을 말한다.

착색 방염 (着色防染, colored resist printing)　방염의 하나. 착방(着防)이라 약칭하기도 한다. 방염풀에 염료의 염착을 방지하는 방염제와 방염제에 의해 염착이 방지되지 않는 염료 두 가지를 포함시켜 인날 후의 바탕염색 공정에서 날염부가 바탕염료로 염색되지 않고, 방염풀에 함유되는 염료의 색상으로 염색되는 날염법을 말한다.

착색 유리 (着色——, colored glass)　⇨ 색유리.

착색제 (着色劑, colorant)　피착색물(전색제, 플라스틱, 고무, 종이, 섬유, 가죽 등)을 착색하는데 사용하는 물질의 총칭. 보통 안료(또는 염료)의 2차 가공품(분산제, 수지, 안정제 등을 가하여 사용을 보다 편리하게 한 것)을 지칭하는 경우가 많다.

착색 중심 (着色中心, color center)　⇨ 색중심.

착색 커플러 (着色——, colored coupler)　그 자체가 착색되어 있고 발색현상 주약의 산화 생성물과 반응하면 착색기를 방출하여 다른 색으로 발색하는 커플러. 컬러 네가 필름에 사용되며 피사체 색의 충실한 재현 역할을 한다. 하나의 이당량 커플러를 말한다.

착염 (錯鹽, complex salt)　착이온을 함유하는 염. 예를 들면 $[Co(NH_3)_6]Cl_3$, $K_4[Fe(CN)_6]$ 등. 옛날에는 복잡한 염이란 의미에서 단염이나 복염에 대응하는 용어로서 착물과 착염 일반을 포함한 막연한 의미로 사용되었다.

착염 적정(錯鹽適定, compleximetric titration, complexometric titration)　착물의 생성·분해반응을 이용하는 적정. 1851년 J. Von Lieibig이 시아노은 착이온의 생성을 이용하여 시안화물이온을 질산은으로 적정한 것이 시초였다. 킬레이트 시약에 의한 착적정을 특히 킬레이트 적정이라 한다. 생성하는 착물의 안정도 상수가 클수록, 당량점 부근에서의 금속 이온의 농도에 급격한 변화가 나타나 명확한 종점이 얻어진다.

착염 지지 전해질 (錯鹽支持電解質, complex-forming supporting electrolyte)　지지 전해

질 중 착생성을 하는 것을 말한다.

착이온 (錯——, complex ion) 착물이 양이온 또는 음이온으로 되어 있는 것. 예를 들면 $[Co(NH_3)_6]^{3+}$, $[Fe(CN)_6]^{4-}$ 등이다.

착화 (着火, ignition)　⇨ 발화.

착화성 (着火性, ignition quality)　⇨ 발화성.

착화합물 (錯化合物, complex compound) 착물 및 착제를 함유하는 화합물에 대해서 오래 전부터 사용된 용어. 고차 화합물 중 분자 화합물과 구별하기 위하여 사용하는 것이 보통이다.

참기름 (sesame oil)　참깨 종자(함유분 45~55%)에서 채유되는 반 건성유. 올레산, 리놀산, 팔미트산을 주성분으로 한다. 세사몰이란 항산화성 물질을 함유하며 자동 산화에 대한 안정성이 높다. 우리나라에서는 참깨를 볶아 착유하며 그 독특한 향기는 나물무침, 냉면, 떡국 등 한국 요리용의 기름으로 선호된다. 채유하는 방법에는 온압법과 냉압법의 두 가지 방법이 있다. 전자는 참깨를 볶은 후 쪄서 압착하는 방법으로, 짠 기름은 빛깔이 짙고 특유한 향미를 가진다. 참기름은 그 향미가 중시되므로 정제는 거의 하지 않는다. 후자는 냉압하여 채유하는 방법인데, 주로 다른 나라에서는 이 방법을 쓴다. 그러나 그 기름은 빛깔이 엷고 향미도 덜하다.

참조 전극 (參照電極, reference electrode) ⇨ 기준 전극.

찹쌀 녹말 (glutinous starch) 아밀로오스와 함께 녹말 성분의 하나인 아밀로펙틴만으로 구성되는 녹말. 찹쌀 종류에서 분리되며 비교적 투명감이 있는 풀액(糊液)을 얻는다. 요오드-녹말 반응의 발색은 적갈색이며 청자색의 멥쌀 녹말과는 구별된다.

채널링 (channeling)　(1) 고속의 하전 입자선이 결정에 입사할 때에 입사 방향이 결정의 축 또는 면과 평행인 경우에 그 투과율이 현저하게 높아지는 현상. (2) 유동층이나 충전층 내를 유체가 충전물 사이를 홈상의 통로를 통해 국부적으로 흘러 충전체로 확산되어 고르게 흐르지 않는 현상. (3) 기어유나 그리스가 기후 기타의 원인으로 점도가 상승하여 끈모양으로 되고 윤활제가 마찰면에 부착하지 않고 불균일하게 되는 현상.

(4) 가스 압입법이나 수공법으로 원유의 2차 회수를 하는 경우, 가스 또는 물이 원유를 밀어내지 않고 유층의 일부를 빠져나가는 현상을 말한다.

채도(彩度, chromaticness, colorfulness, chroma, saturation)　명도, 색상과 함께 색깔의 3속성의 하나. 색입체의 중심축(무채색인 명도의 축)과 같은 명도에서 떨어져 나타낸 것으로 다음 3단계의 개념이 있다. ① 직관적인 색의 선도(chromaticness, colorfulness), ② 동일 조명하에서의 백색면과의 밝기의 비율로 나타낸 선도(chroma, KS의 채도, 먼셀 크로마 등에 대응), ③ 시료 자체의 밝기와의 비로, 광원색 등에 대해 지각되는 선도인 포화도(saturation). 채도는 스펙트럼색에 가까울수록 높아진다. 그리고 한 색상 중에서 가장 채도가 높은 색을 그 색상 중의 순색이라 한다.

처녀수 (處女水, juvenile water)　암장(岩漿)수의 하나. 지하의 마그마나 화성암에서 용출된 열수가 암석의 틈에서 상승하여 최초로 지표에 출현한 것. 초(初)생이라고도 한다.

천색 효과 (淺色效果, hypsochromic effect) 물질의 흡수 스펙트럼 극대 파장을 단파장 측에 이동(블루 시프트) 시키는 효과. 단색 파효과라고도 한다. 치환기의 도입 등에 의한 화학 구조상의 변화, 혹은 용매차 등에 의해 이동한다. 심색 효과의 대응어이다.

천연 가솔린 (天然 ——, natural gasoline) 습성 천연가스에서 압축법이나 흡착법 등에 의해 회수되는 가솔린. 그 속에서 프로판·부탄 등의 기화하기 쉬운 성분을 분리·제거하여 천연 가솔린을 안정시키고, 자동차 연료용·공업용 등에 일반 가솔린과 같이 사용한다.

천연 가스 (天然 ——, natural gas)　넓은 뜻으로는 천연으로 지하에서 산출하는 기체를 지칭하지만 보통 그 중에서 탄화수소를 주성분으로 하는 가연성의 것을 지칭한다. 불순물로서 황화수소, 질소, 이산화탄소 등을 함유하는 경우가 있다. 탄화수소 성분의 종류에 따라 건성 천연가스와 습성 천연가스로 구분된다. 또 원류 중에 용존하여 원유를 유정에서 퍼 올릴 때 가스를 분리한 것을 수반 가스라 한다.

천연 가스액 (天然 —— 液, natural gas liquid) 습성 천연가스를 가스분리기로 처리한 탑저 성분으로 얻어진다. 주성분은 부탄과 펜탄이 지만 경우에 따라서는 등유 유분에서 경유 유분까지도 함유하고 있는 경우도 있다. 약어로 NGL이다. 가솔린의 조합재 외에 열분해에 의한 에틸렌 제조 원료로도 제공된다.

천연 고무 (天然 ——, natural rubber) 식물에서 생산되는 원료를 사용한 고무. 약어로 NR이다. 현재의 NR의 대부분은 고무나무에서 생산되며 주성분이 cis-1, 4-폴리이소 프렌의 이소프렌 고무이다.

천연 배지 (天然培地, natural medium) 천연의 소재로 조제한 미생물 혹은 세포·조직 배양의 배지. 육, 맥아, 효모 등의 추출물, 밀기울, 각종 과실즙, 혈정 등이 사용된다. 보통 이러한 소재에 무기염, 아미노산 등을 보강하여 배지로 한다.

천연 석고 (天然石膏, natural gypsum) 석고 중에서 천연산인 것. 대부분이 진주 광택이 나는 회색 결정. 화학공업의 부산물로서 다량으로 얻게 되는 화학석고의 대응어이다.

천연 섬유 (天然纖維, natural fiber) 천연적으로 산출되는 것으로, 방직 가능한 섬유를 말한다. 무면, 마 등의 셀룰로오스를 주성분으로 하는 식물섬유. 양모, 견 등의 단백질을 주성분으로 하는 동물 직물, 석면 같은 무기질로 된 광물 섬유가 있다.

천연 소다 (天然 ——, natural soda) 천연산의 탄산나트륨염. 천연회라고도 한다. 광상 또는 염수로서 사막지방의 함호나 천연 함수 중에 존재한다. 미국 와이오밍주의 Green River, 케냐의 Magadi호 등이 유명하다. 여기서는 토로나 광이라 불리는 소다결정(Na_2CO_3·$NaHCO_3$·$2H_2O$)을 채취, 정제하여 탄산나트 륨(소다회)을 얻는다. 미국에서는 탄산나트 륨의 거의 전부를 천연 소다에서 얻고 있다.

천연 아스팔트 (天然 ——, natural asphalt) 땅 속의 중질 원유가 지상으로 스며 나와 경질분이 증발한 결과 생성된 것. 석유 아스 팔트의 대응어. 산출 상황에 따라 불순물이 적은 것에서부터 모래와 암석을 함유한 것 까지 여러 가지가 있다.

천연 염료 (天然染料, natural dye) 동·식물

체에서 분리하여 얻은 색소 중 염료로 이용되는 것. 현재는 공예적 이용에 한한다. 식품의 착색에 사용될 수 있는 것도 있다.

천정 온도 (天井溫度, ceiling temperature) 가역반응에 있어 발열반응이 열역학적으로 진행하는 것을 가능하게 하는 온도범위의 상한 값. 그 온도보다 높으면 흡열 역과정 쪽이 오히려 유리하게 되어 정반응은 진행하지 않게 된다. 중합·핵중합, 수소화·탈수소 등, 각종 예가 알려져 있다.

철단 (鐵丹, iron oxide, red rouge) 산화철 (Ⅲ)을 주성분으로 하는 적색 안료. 황산철 (Ⅱ)이나 황화철광을 소성하여 제조한다. 도 자기용 안료, 시멘트의 착색제, 유리의 연마 제 등으로 사용된다. 변병이라고도 한다.

철률 (鐵率, iron modulus) 포틀랜드 시멘트 화학조성의 특징을 표시하는 값의 하나. Al_2O_3 함유량과 Fe_2O_3 함유량의 중량비로서, 클링커 소성반응 중 융액상의 화학조성을 표시한다.

철명반 (鐵明礬, iron alum) 보통은 황산철(Ⅲ) 칼륨 12 수화물 $KFe(SO_4)_2 \cdot 12H_2O$를 지칭한 다. 또 $M^IFe(SO_4)_2 \cdot 12H_2O(M^I = K,\ NH_4,$ Rb, Cs, Tl^I 등)로 표시되는 화합물의 총칭. 모 두가 수용성의 담자색 결정, 매염제 등으로 사용된다. 보통의 철(Ⅲ)염은 가수분해하기 쉽지만 이들과 같은 복염은 안정하므로 철 (Ⅲ) 이온의 용액을 만들 때에 사용된다.

철산염 (鐵酸鹽, ferrate) 일반식 $M^I_2FeO_4$로 표기되는 철산 H_2FcO_4의 염. 일반적으로 적 색 결정. 칼륨염 K_2FeO_4는 강한 산화제. $BaFe^{IV}O_3$, $Sr_2Fe^{IV}O$, $K_3Fe^VO_4$ 등도 보통 철산 염이라 하지만 이러한 화합물은 복산화물이 어서 독립된 철산 이온은 존재하지 않으므로 철산염이라 부르는 것은 적당하지 않다.

철세균 (鐵細菌, iron bacteria) Fe^{2+}를 Fe^{3+}로 산화함으로써 에너지를 얻는 세균. 이러한 세균은 산성하에서 생존하고 있으며, Fe^{3+}를 세포 밖으로 방출하지만 막 안에서 $Fe(OH)_3$ 으로서 침전하거나 킬레이트 화합물을 형성 하여 침착하므로 이러한 세균 중에는 불용성 의 철 화합물이 존재하고 있다.

철흑 (鐵黑, iron black) 사산화삼철 Fe_3O_4의 시판품의 속칭. 흑색 산화철이라고도 한다.

인쇄 잉크 등에 사용된다.

첨가 (添加, addition)   C=C, C=O, C=N, C≡N 등의 불포화 결합에 수소·할로겐 원자 혹은 각종 원자단이 결합하여 포화결합이 있는 화합물을 생성하는 반응. 동일 화합물끼리 상호 첨가하는 경우는 중합이 된다. ⇨ 첨가 화합물.

첨가물 (添加物, adduct)   (1) ⇨ 첨가 생성물. (2) 어덕트.

첨가 반응 (添加反應, addition reaction)   ⇨ 첨가.

첨가 생성물 (添加生成物, addition product)   첨가반응에 의해 생성된 화합물. 첨가물이라고 하는 경우도 있다.

첨가 중합 (添加重合, addition polymerization)   불포화 결합이 있는 화합물이 성장사슬 말단의 라디칼이나 이온에 첨가하는 반응을 반복하여(연쇄반응) 고중합체가 되는 중합반응. 비닐 화합물의 첨가중합이 대표적인 예이다. 유사한 용어로 중부가가 있으나 양자는 전혀 다르므로 주의를 요한다.

첨가 착물 (添加錯物, addition complex)   첨가 화합물이 착물인 것. 예를 들면 $NH_3 \cdot BF_3$, $CrCl_3 \cdot 3py$ 등이다.

첨가 화합물 (添加化合物, addition compound)   (1) 불포화 화합물의 C=C 혹은 C≡C 결합에 대한 구전자 첨가에 의해 생성된 화합물. C=O 등에 대한 친핵 첨가한 생성물도 있으나 이것은 보통 첨가 화합물이라 하지 않는다. (2) 하나의 화합물에 다른 화합물이 첨가한 형식으로 표시할 수 있는 화합물. 예를 들면 공여-수용착물, 수화물, 용매화물, 클라스레이트 화합물 등. $NH_3 \cdot BF_3$, $Na_2Co_3 \cdot 10H_2O$, $AlCl_3 \cdot 4C_2H_5OH$, $8Kr \cdot 46H_2O$, $C_6H_6 \cdot NH_3 \cdot Ni(CN)_2$ 등. 단, $NiSO_4 \cdot 6H_2O$ 같은 경우는 실제로는 $[Ni(H_2O)_6]SO_4$와 같은 착물의 염이므로 보통 첨가 화합물에 포함시키지 않는다.

첨가 환화 (添加環化, cycloaddition)   첨가반응의 결과 고리 모양 화합물을 생성하는 과정을 말한다.

청동 (青銅, bronze)   넓은 뜻으로는 Cu−Zn계 이외의 구리합금. 브론즈라고도 한다. 좁은 뜻으로는 Cu−Sn계의 주석 청동을 말한다. Sn는 2~35%이고, Sn가 10% 정도의 것은 포금(砲金)이라 한다. Sn을 이 이상 첨가하면 무르게 되고, 15~20%의 것은 음향이 좋으므로 사원의 종 등으로 주조되며 종동으로 불린다. Sn 30%의 것은 경질로서 옛날에는 연마하여 거울로 사용되었다.

청사진 (青寫眞, blue print)   철염의 광 산화-환원 반응을 이용하는 복사법. 옥살산철(Ⅲ) 암모늄 등의 Fe^{3+}가 빛의 작용으로 환원되어 Fe^{2+}가 되고, 이것이 적색의 헥사시아노철(Ⅲ)산염과 반응하여 청색 안료[헥사시아노철(Ⅱ)철(Ⅲ)산염, 턴블블루]를 형성하는 것을 이용한다. 철염 사진이라고도 한다. 공작 도면이나 설계도 등에 널리 사용된다.

청산 (青酸, prussic acid)   시안화 수소산 HCN의 속칭이다.

청산 소다 (青酸 ——, sodium prussiate)   ⇨ 시안화나트륨.

청산 칼륨 (青酸 ——, potassium prussiate)   ⇨ 시안화칼륨.

청색 이동 (blue shift)   흡수 또는 발광에 있어 스펙트럼선의 파장이 어떤 원인으로 본래의 위치보다 단파장측으로 이동하는 것. 블루 시프트라고도 한다. 적색 이동의 대응어이다.

청어 기름 (—— 油, herring oil)   청어에서 얻어지는 지방유. 지방산 조성은 포화산으로는 주된 것이 팔미트산이고 그 밖에 밀리스티산, 스테아린산 등으로 되고, 불포화산으로는 모노엔산이 주성분이고 기타 리놀레산, 리놀렌산, 고도 불포화산으로 되어 있다. 주로 경화유의 원료로 사용된다.

청열 취성 (青熱脆性, blue brittleness, blue shortness)   일반적으로 금속 재료의 강도와 경도는 온도가 상승하면 저하하고 전연성은 증대한다. 그러나 탄소강(예를 들면 탄소량 0.25%)에서는 200~300℃ 부근에서 강도와 경도가 극대(250℃)가 되고, 전연성은 극소(280℃)를 나타낸다. 이러한 온도에서 강의 연마면이 청색으로 착색되고 상온보다 역으로 견고하고 무르게 되는 현상을 청열 취성이라 한다. 이것은 탄소강에서 볼 수 있는 특수한 현상이다.

청정 분산제 (清淨分散劑, detergent-dispersant)

윤활유의 산화와 연료유의 연소로 발생하는 슬러지, 래커, 탄소질 등을 유중에 현탁 분리시켜 엔진 내부에 대한 침착을 방지하는 기능을 하는 첨가제. 청정제라고도 한다. 보통 윤활유 유분을 원료로 하는 디티오 인산 에스테르의 바륨염, 칼슘염, 마그네슘염 등을 사용한다.

청정실 (清淨室, clean room)　대기 중의 먼지와 미생물을 제거하기 위해 고성능 필터를 통한 공기를 순환 공급하여 먼지류의 수를 항상 일정 수준 이하로 억제하고 있는 방. 필요에 따라 온도, 습도, 압력 등의 환경 조건도 관리된다. 반도체, 의약품, 식품, 바이오테크놀러지 등의 분야에서 사용된다. 무균상태로 유지하는 공간을 생물학적 청정실이라 한다.

청정제(석유) (清淨劑(石油), detergent)　⇨ 청정 분산제.

청정 표면 (清淨表面, clean surface)　다른 물체의 흡착을 될 수 있는 한 적게 한 고체, 액체의 순도가 높은 표면. 고체의 청정 표면을 이루려면 초고진공이 필요하다. 또 액체의 경우에는 특수한 기술이 적용되고 있다.

청징 (青澄, fining, refining)　원료를 용해하여 유리로 하는 경우, 융액에서 기포가 소실하는 과정. 엄밀하게는 유리의 균질화 과정도 포함된다. 기포의 소실을 조장하기 위해 원료에 첨가하는 물질을 청징제라 한다.

청징제 (青澄劑, clarifier)　유리를 제조할 때의 첨가제의 하나. 유리 원료를 용융할 때 다량으로 잔존하는 기공을 제거하기 위해 첨가한다. 아비산, 붕초 등이 사용된다.

청화 소다 (青化 ——, sodium cyanide)　⇨ 시안화 나트륨.

체내 시계 (體內時計, biological clock)　⇨ 생체 시계.

체눈의 크기 (opening of sieve, sieve opening)　입자의 지름에 따라 분리하는 데 사용하는 망 눈의 크기, 표준 규격이 있다.

체류 시간 (滯留時間, residence time)　항상 유체가 유입 유출하고 있는 장치에서, 유체가 장치의 입구에서 출구에 이르기까지의 시간. 특히 유통계 촉매반응에 있어서는 반응 분자가 촉매증 내를 통과하는 데 요하는 평균적인 시간을 말하며 반응시간에 대응한다.

체세포 돌연변이(體細胞突然變異, somatic mutation)　생물의 발생 도상에서 일부 체세포에 돌연변이가 생겨 기타 세포에서 볼 수 없었던 새로운 형질을 보이는 것. 체세포 변이라고도 한다. 유전자의 돌연변이, 염색체 이상 등에 기인한다. 체세포 돌연변이가 일어나면 그 생물은 흔히 모자이크상의 형질을 보이는데 누에의 유잠은 그 현저한 보기이다. 식물 잎의 키메라·반점·변지 등도 이런 현상이며 원예식물이나 수목 등 많은 품종은 이것에 의해서 육성된 것이 많다. 암세포는 체세포 돌연변이에 의해서 생긴다는 설이 있다(발암의 체세포 돌연변이설).

체스팅 (chesting)　롤러 캘린더를 사용하여 직물에 강한 광택을 부여하는 가공을 말한다.

체심 격자 (體心格子, body-centered lattice)　공간 격자 중 격자점이 정점의 8개만이 아니라 격자 중앙에도 격자점이 있는 복합 격자. 기호 I로 표시한다. 체심 입방격자, 체심 정방격자, 체심 사방격자가 있다.

체심 입방 격자 (體心立方格子, body-centered cubic lattice)　체심 격자이고 게다가 입방 격자인 공간 격자. b.c.c.로 약칭되는 경우도 있다. 단체의 결정에서는 Li와 Ba 등이 이 구조를 취한다.

체적 비틀림 (體積 ——, volumetric strain)　3차원적인 신장의 비틀림에 의해 생기는 체적의 변화. 체적의 변화량과 원래 체적의 비로 나타낸다.

체적 여과 (體積濾過, volumetric filtration)　표면여과(케이크 여과)의 대응어이다. ⇨ 케이크 여과.

체질 (體質, body)　체질 안료를 심으로 하고 산성 염료와 염기성 염료 혹은 아조 염료로 착색한 안료를 제조하는 경우에 심을 가리켜 체질 혹은 보디라고 한다. 침강성 황산바륨, 수산화 알루미늄, 탄산칼슘 등이 사용된다.

체질 안료 (體質顔料, extender filler)　찐 아마인유 등의 전색제로 반죽하면 투명 내지 반투명으로 되는 음폐력이 매우 약한 안료의 총칭. 도료, 인쇄 잉크, 플라스틱, 고무, 종이, 접착제 등에 배합하여 여러 성질의 개선 혹은 제품 가격의 절감을 목적으로 한 중량제로 사용된다. 바라이트 분, 침강성 황산바륨, 탄산칼슘, 화이트 카본 등이 있다.

초 가성성 (超加成性, superadditivity) 2종의 현상 주약을 공존시켜 현상할 때, 현상속도가 양자의 속도의 합을 초과하는 성질 혹은 현상. 대표적인 예로 흑백현상의 경우 메톨(N-메틸아미노페놀)과 하이드로퀴논(MQ현상), 혹은 1-페닐-3-피라조리돈과 하이드로퀴논(PQ현상)이 있다.

초 감광 (超感光, hypersensitization) ⇨ 수소 초증감.

초격자 (超格子, superlattice) 어떤 종의 합금(대부분은 2차원)에서 다른 종의 원자가 단위 격자 내에 일정 규칙으로 질서있게 정렬하여 형성하는 구조. 대부분의 경우, 어떤 종의 상전이로서 저온상에서 형성된다. 분자선 에피택시 혹은 고정도로 제어된 증착법에 의해 다른 종의 물질을 규칙적으로 겹쳐 쌓아 얻은 구조를 인공 초격자라 한다. 종류가 다른 반도체(예를 들면 GaAs와 AlAs)를 사용하는 인공 초격자를 초고속 디바이스에 응용하는 연구가 활발하다.

초경 합금 (超硬合金, cemented carbide) W, Mo 등의 고녹는점 금속의 탄화물에 Co 등의 금속을 첨가하여 소결한 것. 탄화물의 경도와 결합 금속의 인성을 이용한 복합 재료의 하나로, WC-Co계는 초경공구에 사용되고 있다.

초고신공 (超高眞空, ultrahigh vacuum) 압력 범위 10^{-6}Pa 이하의 진공. 청정한 고체 표면이 초고진공하에 놓여졌을 때, 잔류 가스분자로 오염되는 데에 충분히 긴 시간(수십 초 이상)을 요하는 상태를 지칭한다.

초고 집적회로 (超高集積回路, very large scale integrated circuit) 대규모 집적회로(LSI)와 마찬가지로 집적회로(IC)의 집적도를 표시하는 호칭. ~10^5개 이상의 디바이스를 집적한 것을 지칭한다. 초 LSI 혹은 VLSI로 약칭한다. 대표적인 예는 1Mbit DRAM(dynamic random access memory)이다.

초 공액 (超共軛, hyperconjugation) 메틸기처럼 작은 알킬기의 전자 일부가 분자 내의 다중결합 π전자와 공액하는 것. 알킬기는 국소적으로 보면 σ전자밖에 없는 데도 공

액하므로 보통 공액과 구별하고 있다. 알킬기는 비평면이므로 분자 전체로 보면 π전자와 같은 대칭성이 있는 부분을 추출할 수 있으므로 일어난다. 이온화 전압, 전자 스펙트럼, 화학 반응 등에 영향이 나타난다.

초류점 (初留点, initial boiling point) 증류시험에서, 유출유의 최초의 한 방울이 응축기 하단에서 떨어졌을 때의 온도를 말한다.

초미량 분석 (超微量分析, ultramicroanalysis) (1) 1mg 이하의 시료량으로 하는 화학분석을 말한다. (2) 분석 대상이 되는 목적 성분량이 1 μg 정도의 화학분석을 말한다. (3) 고감도 화학분석을 일반적인 의미로 지칭하는 용어이다.

초미립자 (超微粒子, ultrafine grain, ultrafine particle, ultrafine powder) 재래의 수단으로 만들어지는 입자보다 작고, 원자·분자 레벨보다 큰 금속 혹은 화합물의 입자. 입자 지름으로서는 1~수십 mm 정도를 가리키는 것이 많다. 자성·촉매작용 등 새로운 물성에 대한 기대를 담은 일반 용어이다.

초 미분쇄기 (超微粉碎機, ultrafine grinder, ultrafine pulverizer) 미분쇄기 중 특히 미세한 분쇄를 하는 것. 뚜렷한 입도(粒度)는 결정되어 있지 않지만 1 μm 이하의 분쇄를 가르킨다. 회분식, 습식 포트밀, 진동밀, 교반밀, 옹밀, 제트밀 등이 이에 속한다.

초미세 구조 (超微細構造, hyperfine structure, ultrastructure) 유한한 핵스핀을 갖는 원자핵이 관여함으로써 생기는 스펙트럼선의 분열. 핵스핀 양자수를 I로 하면 일반적으로 $2I+1$개의 성분으로 분열한다.

초미세 분열 (超微細分裂, hyperfine splitting) 초미세 상호작용에 의한 스펙트럼선 혹은 에너지 준위의 분열을 말한다.

초미세 상호 작용 (超微細相互作用, hyperfine interaction) 유한의 핵스핀을 갖는 원자핵과 다른분자(원자) 내 입자와의 상호작용. 원자핵의 전기적 핵 사극자 모멘트와 주위의 전자와의 정전적 상호작용, 원자핵의 자기 모멘트와 전자의 자기 모멘트간의 상호작용, 원자핵의 자기 모멘트끼리의 상호작용 등이 있다.

초벌구이 (biscuit firing) 도자기를 제작하는

공정에서 소지를 허용하여 건조시킨 후, 800
℃ 전후에서 소성하는 것. 초벌구이 함으로
써 흡수성과 강도가 증가하여 유약처리와
채색, 다루기가 안전하다.

초벌 입히기 (undercoating) 고무 도포 제조
의 제1공정. 캘린더로 고무를 천에 피착시킬
때, 천과 얇은 막 고무 시트의 밀착성을 높
이기 위해 시행하는 조작. 보통 피착하는 배
합 고무와 같은 조건에서 가황할 수 있는
배합 고무를 용제에 녹여, 그것을 고무풀로
사용하여 1~2회 도포한다.

초벌층 (――層, undercoat) 도막은 보통 다
층구조로 되어 있는데, 그 중에서 도장 소지
표면에 형성한 최하층의 도막을 말한다.

초분자 (超分子, supramolecule) 생체 고분자
가 다른 특정 분자와 특이적인 분자간 상호
작용에 의해 형성하는 고차적인 구조를 가진
분자 복합체. 생체 내의 수용체, 효소, 수송체
(모두 본체는 단백질) 등의 기능은 초분자의
생성을 통하여 나타난다. 이와 같은 초분자
의 생성, 구조, 반응을 연구하는 화학분야를
초분자 화학(supramolecular chemistry)이
라 한다. 이 분야는 인공적인 모델 물질을 사
용하면서 연구되고 있다.

초분자 화학(超分子化學, supramolecular chem-
istry) ⇨ 초분자.

초산 (超酸, superacid) 강산보다 훨씬 강한
산. 보통 100% 황산보다 강한 산성도가 있
는 산을 말한다. 초강 산이라고도 한다. 예
를 들면 HSO_3F, HSO_3Cl 등이 초강산인데,
$HSO_3F-SbF_5(1:1)$는 더욱 산성이 강하여
파라핀을 실온에서 용해시킬 정도이므로 마
법의 산(magic acid)이라고 한다.

초산화물 (超酸化物, hyperoxide, superoxide)
일반식 M^IO_2, M^I = Na, K, Rb, Cs, 1/2 Ca,
1/2 Sr, 1/2 Ba 등이 알려져 있다. 알칼리 금
속 화합물은 황색 고체, O_2^- 를 함유하는 강
산화제. IUPAC 명명법에서는 이산화물(1-)
dioxide (1-)을 채용하고 있으나 hyperoxide
혹은 superoxide도 별칭으로 인정하고 있다.

초 상자성 (超常磁性, super paramagnetism)
보통 상자성체에서는 각개 쌍을 이루지 않
는 전자 스핀은 난잡하게 배향하고 있다. 그
에 비해 어떤 크기(지름 100Å 정도) 이하의

영역 내에서는 모든 스핀이 같은 방향으로
가지런하게 있으면서도 자기장을 작용시켜
도 전체적으로 스핀이 가지런하게 되지 않
는 경우가 있다. 이것을 초상자성이라 한다.
Fe, Co, Ni 등의 초미립자에서 그 예를 볼
수 있으며 비교적 약한 자기포화를 나타내
는 한편, 자화율은 저온에서도 큐리칙에 따
른다.

초속도 (初速度, initial rate) 화학 반응을 시
작할 때의 반응속도. 초속도 r_0와 반응분자
의 초농도 c_0간의 관계식 $r_0 = kc_0{}^n$를 사
용하여 반응 차수를 결정할 수 있다. 질점
등의 운동에 있어 $t=0$에서의 속도도 초속
도(initial speed)라 한다.

초순수 (超純水, high-purity water) ⇨ 고순
도 수.

초 LSI (超――, VLSI) 'very large scale
intergrated circuit(초고 집적회로)'의 약어,
VLSI라고도 한다. ⇨ 초고 집적회로.

초연신 (超延伸, super drawing) 고분자로부
터 섬유나 필름을 만들 때 보통 연신 배율
(길이로 10배 정도)을 훨씬 초과하는 배율
(약 30배 이상, 경우에 따라서는 100배 이
상)로까지 연신하는 것. 분자 배향과 함께
결정화가 촉진되고 제품의 기계적 성능이
현저하게 향상된다.

초염기 (超鹽基, superbase) 강염기보다 훨씬
강한 염기. 초 강염기라고도 한다. 초산(超
酸)의 대응어, 예를 들면 MgO-Na, Al_2O_3-
Na, Al_2O_3-NaOH-Na 등이다.

초욕 (初浴, first bath) 염색이나 마무리 가공
혹은 세척을 개시할 때의 처리욕을 말한다.

초 우라늄 원소 (超――元素, transuranium
element) 우라늄보다 원자번호가 큰 원소.
1990년 현재 93번 넵투늄 Np에서 103번 로렌
슘 Lr까지 확인되어 있다. 또한 104번 원소도
만들어졌다는 것이 보고되고 있다. 주기표상
악티노이드 계열의 대부분을 차지한다.

초원심기 (超遠心機, ultracentrifuge) 원심기
의 하나로, 로터를 고속으로 회전시킴으로
써 로터 안의 셀에 넣은 용액에 강한 원심
역장을 형성하여 용액 중의 단백질, 고분자
등을 침강(또는 부상)시키는 장치. 분석용과
분리용이 있다.

초음속 노즐 (超音速——, supersonic nozzle) 초음속 제트를 발생시키기 위해 고압 기체를 작은 구멍을 통해 진공 중에 분출하는데, 이 작은 구멍 부분을 말한다. 형상(구멍의 지름, 세공부의 길이와 형태)에 따라 제트 중의 유체의 온도와 조성을 제어할 수 있다.

초음속 빔 (超音速——, supersonic beam) 초음속 제트는 진공실의 압력이 충분히 낮아지면 일정 거리의 하류에서 분자의 운동 방향으로 난류가 생긴다. 그러나 스키머를 사용하여 제트의 중심 부분을 끊어내어 고진공 중에 유도하면 온도, 조성이 일정한 분자 흐름을 얻게 된다. 이것을 초음속 빔이라 한다.

초음속 제트 (超音速——, supersonic jet) 고압의 기체를 작은 구멍을 통해 진공 중에 분출하면 속도가 고른 분자류를 얻는다. 이 분자류의 유속은 음속의 수배 이상에 이르므로 초음속 제트라 한다. 희가스 중에 다른 분자를 미량 넣어서(시드하여) 초음속 제트로 하면 그 분자를 극저온($1 \sim 10$ K)으로 냉각할 수 있다. 이 방법은 1970년대부터 물리 화학의 실험법으로서 널리 사용되어 새로운 연구 영역이 열렸다.

초 음파 (超音波, ultrasonic wave, supersonic wave) 주파수가 가청 주파수 영역(하한 16 $\sim$20 Hz, 상한 16$\sim$20 kHz) 이상의 탄성파로, 넓은 의미의 음파를 말한다.

초음파 처리 (超音波處理, ultrasonication) 초음파에 의해 조직을 파괴하여 효소를 추출하는 처리. 핵산과 같은 고분자를 초음파로 절단하는 처리를 지칭하는 경우도 있으며, DNA 재조합 실험에도 사용된다.

초이온 전도체 (超——傳導體, super ionic conductor) 고체 전해질과 혼합 전도체 중 특히 높은 이온 전도를 보이는 고체 화합물의 총칭. 정확한 정의는 아직 없으나 이온 전도율이 용융염에 필적할 정도로 크고 활성화 에너지가 액체 중의 활성화 에너지 정도로 작은 값을 표시하는 것을 지칭하는 경우가 많다. α-AgI. α-Ag$_2$S, δ-Bi$_2$O$_3$, Na-β-Al$_2$O$_3$ 등이 있다.

초임계 유체 (超臨界流體, supercritical fluid) 물질 고유의 임계온도, 임계압력을 초과한 상태에 있는 유체. 초임계 유체는 기체와 유체의 중간에 해당하는 물리적 성질이 있다.

초임계 유체 크로마토그래피 (超臨界流體——, supercritical fluid chromatography) 이동상에 초임계 유체를 사용하는 크로마토그래피. 이동상의 성질적으로는 액체 크로마토그래피와 가스 크로마토그래피의 중간에 위치하지만 역사가 짧다. 조제가 용이하고, 화학적으로 불활성이며, 안전성 면에서 이산화탄소의 초임계 유체가 주로 사용된다.

초임계 추출 (超臨界抽出, supercritical extraction) 초임계 유체를 사용하는 추출조작. 초임계 유체 추출이라고도 한다. 초임계 유체로서 이산화탄소와 펜탄 등이 사용된다. 이산화탄소는 임계점($31.1℃$, 73.8 atm)이 낮고 독성이 없으므로 유용 물질의 추출, 분리가 기대되고 있으며, 식품 분야에서는 호프와 카페인의 추출이 실용화되고 있다.

초 저온 (ultralow temperature) 액체 헬륨의 감압비 등과 희석 냉동(^{3}He와 ^{4}He의 혼합액을 사용하는 방법)으로 얻어지는 극저온($4 \sim 0.01$ K) 보다 낮은 온도. 핵 단열 소자를 이용하여 실현한다.

초저온 냉각기 (超低溫冷却機, ultradeep freezer) 액체 질소 등을 사용하여 $-100℃$ 이하로 냉동할 수 있는 장치. 주로 효소, 혈액, 장기 혹은 생물종의 보존에 사용된다. 보통 $-80℃$ 정도의 냉동기가 사용되고 있다.

초 전도도 (超傳導度, superconductivity) 많은 금속, 어떤 종의 금속 산화물, 1차원 전도성을 갖는 유기 화합물 등의 물질에서 직류 전기저항이 고유 전이온도 이하에서 0이 되는 현상을 말한다. ⇨ 초전도체, 고온 산화물 초전도 재료.

초전도 양자 간섭계 (超傳導量子干涉計, superconducting quantum interference device) 초전도 링과 조셉슨 접합(⇨ 조셉슨 소자)을 조합한 고감도의 자속 센서. SQUID(스쿠이드)라 약칭한다. 조셉슨 접합을 2개 함유하고 직류 바이어스 전류로 구동하는 방식의 것을 dc-SQUID라 한다. 이것은 초전도 전자쌍파의 간섭효과에 의해 초전도 전류의 최대값이 자속양자 $\varPhi_0(=2 \times 5^{-15}$Wb)를 주기로 하는 자속의 주기함수가 되는 것을 이용한 것이다. 그 밖에 조셉슨 접합을 1개 함유하고 라디오 주파수의 교류 자속으로 구동하는 rf-SQUID가 있다. 모두 매우 저잡음이며 Φ_0의 10^{-4} 정도의 자속까지 검출이 가능하여 생체 내의 미소 자기신호와 물질의 정밀한 대자율 측정에 이용되고 있다.

초 전도체 (超傳導體, superconductor)　초전도의 성질을 갖는 물질. 임계온도 이하 자기장에서의 상호작용시 임계 자기장 H_e 이상에서 상전도체에 1차 상전이 하는 제1종 초전도체(Al, In, Sn, V 등)와 하부 임계 자기장 H_{C1}에서 자속의 침입이 시작하고, 상부 임계 자기장 H_{C2}에서 상전도 상태로 2차 상전이하는 제2종 초전도체(Nb와 많은 합금, 고온 산화물 초전도 재료)가 있다.

초전 센서 (焦電——, pyroelectric sensor)　강유전체 재료 중에는 표면온도를 변화시키면 표면에 전하가 발생하는 것이 있다. 이 초전 효과를 이용하여 적외선 센서를 구성한 장치. $BaTiO_3$, $LiTaO_3$, PZT 등이 사용된다.

초 정류 (超精溜, superfractionation)　끓는점에 근접한 성분을 증류하여 분리하는 것. 끓는점 차 5.6℃ 정도의 프로판과 프로필렌의 증류 분리와 끓는점 차 2.2℃의 에틸벤젠과 p-크실렌의 증류 분리가 이루어지고 있다. 후자의 경우는 이론 단수가 300단이나 이르므로 분류탑을 상단분과 하단분의 2개로 나누어 건설한다.

초직실 (抄織絲, paper yarn)　닥나무, 꾸리나무 등을 원료로 하는 한지를 폭 2~5mm의 지편으로 만들어 꼬은 실. 한국이나 일본에서 볼 수 있는 특유한 것으로 주로 장식용으로 사용한다.

초 충전 (初充電, initial charge)　납 축전지를 조립한 후 처음으로 하는 장시간 충전. 초충전 후, 건조공정을 거쳐 즉용 축전지(황산을 주입만 하면 바로 사용할 수 있는 납축전지)가 만들어진다. 보통 초충전 후 다시 여러 회의 충방전을 반복한다. 이 과정을 화성(化成)이라 하며, 정격용량으로 정찰할 때까지의 순응조작이다.

초크랄스키법 (——法, Czochralski method)　단결정을 육성하는 방법. 인상법이라고도 한다. 다결정을 도가니 속에서 융해하여 고제의 종 결정과 접촉시켜 서서히 인상시키면서 종결정 밑에 단결정을 성장시킨다. 육성 조건의 제어가 쉽고 균질이어서, 단결정을 육성하는 데 좋다. 처음에 금속의 결정 성장속도를 측정하기 위하여 J. Czochralski에 의해 고안되었으며 금속·금속 염류·규소·게르마늄 등의 단결정을 작성하는 데에 사용된다.

초크마크 (chalkiness)　직물 표면을 손톱으로 문지를 때 생기는 줄무늬. 수지 가공이나 방수 가공을 강하게 한 천의 가공제 피막이 파손되어 그 부분의 섬유가 부풀어 일어난 것으로 소거하기 어렵다.

초킹 (chalking)　도장 또는 인쇄한 도막이나 인쇄물을 장시간 외기에 노출하면 도료, 인쇄 잉크 중의 안료가 표면에 떠올라 탈락하기 쉽게 되는 현상. 도료에서는 백악화라고도 한다.

초탄 (草炭, peat moss)　⇨ 이탄.

촉매 (觸媒, catalyst)　반응속도를 증가 혹은 감소시켜 반응 전후에서 같은 상태에 있는 물질. 그러나 반응 초기에 자신이 변질함으로써 비로소 그 효과를 나타내는 물질도 실용상 촉매라고 한다. 반응 물질과 촉매가 동일 상인 경우, 균일계 촉매라 하고, 상이한 상인 경우는 불균일계 촉매라 한다.

촉매독 (觸媒毒, catalyst poison)　촉매의 활성 사이트에 반응분자보다 강하게 결합하므로 미량 존재하는 것만으로 촉매작용을 막아 반응을 현저하게 시키거나 혹은 정시시키는 물질. 촉매 조제용 원료 또는 촉매반응 원료 중에 함유되는 경우는 사전에 제거하여야만 한다. 반응물이나 생성물의 분해 등 화학변화로 반응 중에 생성되는 경우도 있다.

촉매 반응 (觸媒反應, catalytic reaction)　⇨ 접촉 반응.

촉매 연소 (觸媒燃燒, catalyzed combustion)　가연 가스와 공기를 고체 촉매에 접촉시켜 완전 연소시켰을 때, 발생하는 열 에너지를 이용하는 연소방식. 보통 버너에 의한 무촉매 연소에 비해 연소 온도를 낮게 제어할 수 있으므로 질소 산화물의 발생을 억제할 수 있는 에너지 효율이 높은 연소기의 재질 선정이 용이한 등의 이점이 많다. 촉매 연소 히터에 이용되고 있으며 가스디빈용 촉매 연소기에 대한 응용도 검토되고 있다. 촉매에 높은 기계적 강도와 내열성이 요구된다.

촉매 유효 계수 (觸媒有效係數, effectiveness factor of catalyst) 다공질 촉매를 사용하는 반응에서 반응 물질은 세공 내를 확산하면서 반응한다. 반응속도가 확산속도에 비해 클 때, 촉매 내부는 유효하게 이용되지 않는다. 이 때 (관측되는 반응속도) / (촉매 내부 전체가 유효하다고 하였을 때의 가상적 반응속도)를 촉매 유효계수 η라 한다. η는 티엘레수 φ만의 함수라는 것이 이론적으로 제시되어 있다. $\eta = \dfrac{3}{\varphi}\left(\dfrac{1}{\tan h\varphi} - \dfrac{1}{\varphi}\right)$

촉매 작용(觸媒作用, catalysis, catalytic action) 반응에 대한 촉매의 작용. 고체 촉매의 경우에는 접촉작용이라고도 한다. 촉매작용에 의해 반응속도가 변하는 것은 그것이 열역학적으로 가능한 경우에 한하며 반응의 평형이 변하는 일은 없다.

촉매 전구체 (觸媒前驅體, catalyst precursor) 촉매반응의 계 내에서, 그 자체는 촉매사이클 속에 포함되지 않지만 활성적인 촉매로 변화하는(혹은 활성적인 촉매를 생성하는) 물질. 촉매재료의 대부분은 그대로는 활성을 나타내지 않고 반응계 내에서 각종 구조 변화를 거친 후에 활성을 나타내므로 진정한 촉매물질의 전단계 물질이란 의미에서 이 용어를 사용한다.

촉매파(觸媒波, catalytic wave) 접촉 전류에 기인하여 생기는 폴라로그래프파. 접촉파라고도 한다.

촉매 환원 (觸媒還元, catalytic reduction) C=C, C=O 등의 불포화 결합을 갖는 유기 화합물을 적당한 촉매의 존재하에서 수소와 반응시켜 환원하는 것. 접촉 수소화라고도 한다.

촉매 활성 (觸媒活性, catalytic activity) 촉매 작용의 강도. 특정한 촉매반응에 대해 일정 온도에서 반응물질의 농도 또는 압력에 관계없이 되도록 정의할 필요가 있으며 보통 단위 중량당의 반응속도 상수로 표시된다. 단위 표면적, 단위 용적 혹은 활성을 표시하는 자리당으로 표현하는 경우도 있다.

촉염제 (促染劑, accelerating agent, accelerator) 염욕에 첨가하여 염색 속도와 염착량을 증대시키는 약제. 예를 들면 폴리에스테르 섬유의 분산 염료 염색에서의 운반체, 아니온 염료에 의한 셀룰로오스 섬유 염색에서의 무기염류, 양모의 산성 염색에서의 산 등이 있다.

촉진 내후 시험 (促進耐候試驗, accelerated weathering test) 자연 조건하의 일사량, 바람과 비, 온도, 습도 등 보다도 엄격한 조건을 인공 광(카본 아크, 크세논 램프 등을 광원으로 사용한다)을 사용하여 설정하고 강제적으로 재료의 열화를 촉진하여 그 내후성을 단기간에 조사하는 시험. 또 실제 옥외 폭로시험과의 상관성에 대해서는 여러 가지 논의가 있다.

촉진제 (促進劑, promotor) 첨가함으로써 성능, 조작상의 향상을 초래하는 물질을 말한다. (1) **촉매** ⇨ 보조촉매. (2) **부유선광** 발수성의 표면형성으로 기포를 부착시켜 광물을 부상시키는 작용을 하는 물질. (3) **고무** 가황시간을 감소시키거나 노화와 다른 물리적 성질을 개선하기 위해 첨가하는 화합물. (4) **사진** 현상액의 활성 향상을 위해 가하는 물질을 말한다.

촉탄 (燭炭, cannel coal) 섞은 석탄의 하나. 양초의 불꽃과 비슷한 반짝이는 긴 불꽃을 내며 연소한다. 석탄 조직학적으로는 비트리니트가 태반을 점하며 다량의 포자와 조류를 함유한다. 육식탄에 비해 휘발분, 질소, 유기황, 파라핀이 많고 페놀이 적다.

총괄 물질 이동계수 (總括物質移動係數, overall coefficient of mass transfer) 이상(異相) 간의 물질 이동에서 물질 이동 유속은 각 상에서의 물질 이동 추진력과 그 상의 물질 이동계수의 곱에 의해 주어진다. 일반적으로 추진력은 그 상의 농도표시에 의해 다르지만 평형관계 등을 사용하여 기준 상의 농도표시로 통일하면 이상 간의 하나의 상에서 다른 상에 걸친 총괄 추진력을 부여할 수 있다. 이 경우 그 추진력에 대한 비례계수를 그 기준상에 대한 총괄 물질 이동계수라고 한다.

총괄 반응 속도 (總括反應速度, overall reaction rate) 부여된 화학 반응이 복수 개의 소반응의 조합으로 일어나는 경우 전체로서의 외견상 반응속도를 말한다. 총괄속도라고도 한다. 총괄 반응속도는 각 소반응속도의 함수로 표시된다.

총괄 성질(總括性質, colligative property)　묽은 이상용액의 성질 중, 용매의 성질과 용질의 몰 농도만에 의해 결정되는 성질. 증기압 강하, 끓는 점 상승, 어는점 강하, 삼투압이 포함되며, 용질의 분자량 결정에 이용된다.

총괄 속도 (總括速度, overall reaction rate)　⇨ 총괄 반응속도.

총괄 수득률 (總括收得率, overall yield, total yield)　유기 합성에서, 최초의 원료에서 출발하여 몇 단계의 반응을 거쳐, 목적하는 최종 생성물을 얻었을 경우 출발 물질의 양을 기준으로 하는 목적 물질의 수율을 말한다. 출발 물질이 전부 목적 물질로 변한 것으로 보아 이론적으로 계산한 수량과 실험의 결과 얻어진 수량을 백분율로 표시한 것을 말한다.

총괄 열전달 계수(總括熱傳達係數, overall coefficient of heat transfer)　⇨ 총괄 전열 계수.

총괄 전열 계수 (總括傳熱係數, overall coefficient of heat transfer)　고체 벽을 사이에 두고 고온 유체에서 저온 유체로 열이 전하는 경우의 모든 전열저항을 고려한 총괄적인 열전달 계수. 총괄 열전달 계수, 열관류 계수라고도 한다. 모든 전열저항에는 고체 벽의 양측에 형성되는 유체의 경막에 의한 저항, 고체 벽의 전도 전열에 의한 저항, 그리고 오손 저항 등이 포함된다 두 유체 간의 단위 면적당 전열량은 그 온도차와 총괄 전열계수의 곱으로 주어신나.

총량 규제 (總量規制, areawide total pollutant control)　오염 물질 또는 오탁 물질을 각개 배출원에 대한 배출량과 농도에 착안하여 규제하는 종래의 방식으로는 환경기준의 유지 달성이 어려운 경우가 있다. 그러므로 일정 지역 내의 총 배출량을 환경 보전 상 허용할 수 있는 한도 내로 국한하기 위해 각 배출원을 더욱 규제하는 것을 말한다.

총 발열량 (總發熱量, gross calorific value)　⇨ 고발열량.

총 배출량 (總排出量, total emission)　어떤 특정한 지역, 특정한 사업소 혹은 어떤 배기구에서 배출되는 오염 물질의 총량을 말한다.

총압 (總壓, total pressure)　정지 유체가 나타내는 정압과 정체점에서 흐름이 멈추어 그 운동 에너지가 변환되어 생기는 동압과의 합. 피토관을 흐름을 향해 설치하였을 때 그 개구부에 가해지는 압력은 총압을 나타낸다.

최고준위 점유 분자궤도 (最高準位占有分子軌道, highest occupied molecular orbital)　전자가 들어 있는 분자궤도 중에서 궤도에너지가 가장 높은 것. 약어 HOMO이다. 최저 전자 들뜬 상태, 이온화 에너지, 구전자 반응의 입체 선택성 등 분자의 반응성을 고려하는 데 있어 중요하다. 최저준위 비점유 분자궤도에 대응한 용어이다.

최밀 구조 (最密構造, closest packed structure)　⇨ 최밀 충전.

최밀 충전 (最密充塡, closest packing)　같은 크기의 구를 3차원 공간에 가장 조밀하게 채워 넣은 구조를 말한다. 결정 격자에서는 육방 최밀 충전과 엽방 최밀 충전의 두 종류가 있으나 공간의 조밀도는 동일하다. 거의 대부분의 단체(單體)의 결정구조는 어느 한쪽의 최밀 충전을 취한다.

최소 배지 (最小培地, minimum medium)　야생형의 미생물 혹은 배양세포의 발육에 필요한 최소한의 영양원을 함유하는 합성 배지를 말한다.

최소 유동화 속도 (最小流動化速度, minimum fluidization velocity)　⇨ 유동층.

최소 유효 기울기 (最小有效——, minimum useful gradient)　은염 사진재료에서, 사진 특성 곡선의 입상 부분에서 감도를 결정할 때, 상태 재현에 유효하다고 인정되는 최소의 기울기(보통 평균 기울기의 20~30%)를 나타내는 점을 정의하여 기준점으로 하는 경우가 있다. 그 기울기를 최소 유효 기울기 또는 최소 유효 그레이디언트라고 한다.

최소 유효 농도 (最小有效濃度, minimum useful density)　은염 사진 재료에서, 사진 특성 곡선의 입상 부분에서 감도를 결정할 때, 노광이 유효한 농도 변화를 일으켰다고 인정되는 최소의 농도(보통 바램 농도 +0.1)를 곡선상에 정의하여 기준점으로 한다. 이

농도를 최소 유효 농도라고 한다.

최소 이론 단수 (最小理論段數, minimum theoretical number of plate) 연속 증류조작에서 환류비를 증가시키면 목적하는 분류 정제를 하는 데 필요한 이론 단수가 작아진다. 환류비가 무한대, 즉 전 환류의 경우에는 필요로 하는 이론 단수가 가장 작다. 이 때의 이론 단수를 최소 이론 단수라고 한다.

최소 저지 농도 (最小沮止濃度, minimum inhibitory concentration) 항생 물질 등의 효력을 검정하는 경우에 사용되는 용어. 검정균의 생육을 저지하기 위해 필요한 약제의 최소 농도를 말한다. 또 바이러스의 생육이나 암세포의 증식을 억제하는 약제의 효력 표시에도 사용된다.

최소 환류비 (最小還流比, minimum reflux ratio) 연속 증류조작에서는 분리 정제를 적절하게 하기 위해서 반드시 환류를 하는데, 이 환류하는 액량이 적으면 증류탑의 단수와 길이를 무한으로 크게 하여도 목적하는 분리·정제가 불가능하게 되는 최소의 값이 있다. 이 때의 환류비를 최소 환류비라고 한다.

최저 유동점 (最低流動点, lower pour point) 시료를 한 번 104.5℃로 가열·교반한 후 측정한 유동점. 열이력에 따라 불규칙한 유동점을 나타내는 특수유의 유동점 표시에 사용된다. 반드시 최저값을 나타낸다고는 할 수 없다.

최저준위 비점유 분자궤도 (最低準位比占有分子軌道, lowest unoccupied molecular orbital) 전자가 들어 있지 않은 분자궤도 중에서 궤도 에너지가 가장 낮은 것. 약어로 LUMO이다. 최저 전자 들뜬 상태, 전자 친화력 친핵반응의 입체 선택성 등과 밀접한 관계가 있다. 최고준위 점유 분자궤도의 대응어이다.

최적 pH (最適——, optimum pH) 효소의 경우, 효소 활성이 최고의 값을 나타내는 수소이온 농도조건. 보통 pH 5~8의 범위에 있는 특정값을 취한다. 미생물의 경우, 생육, 발효를 위해 가장 적합한 수소이온 농도조건을 말한다.

최적 온도 (最適溫度, optimum temperature) 효소가 최고의 활성을 나타내는 온도조건 또는 미생물의 증식, 발효, 생산을 위해 가장 적합한 온도조건. 미생물에는 발육을 위한 온도의 한계가 있으며 저온균, 중온균, 고온균으로 나눈다.

최적 온도 분포 (最適溫度分布, optimum temperature profile) 반응장치에 대해 반응률을 최고로 하는 혹은 필요한 반응 장치의 용적을 최소로 하는 등의 평가함수를 최대 혹은 최소로 하는 온도 분포를 말한다.

추진력 (推進力, driving force) 열이나 물질이 이동하는 경우의 온도 기울기, 농도 기울기 혹은 온도차, 농도차를 말한다. 일반적으로 이동속도가 추진력에 비례한다고 가정하여 이동계수를 정의한다.

추진약 (推進藥, propellant) 산화제와 연료를 성분으로 하고 일정한 속도의 연료로 발생하는 고온 가스를 노즐에서 분사시켜 그 반동을 이용하여 물체를 추진하기 위한 화약. 고체 추진약과 액체 추진약이 있다.

추진 효과 (推進效果, propellant effect) ⇨ 정적 효과.

추출물 (抽出物, extract) 혼합물 중에서 어떤 성분을 분리하여 낸 것. 일반적으로 적당한 용매를 사용하여 추출이란 조작으로 빼낸다.

추출 인자 (抽出因子, extraction factor) 추출 조작에서 조작선의 기울기와 평형선의 기울기의 비를 나타내는 무차원 수. 향류로 조작되는 연속 추출에서 이론 단수와 함께 추출 효율을 규정하는 인자이다.

추출 증류 (抽出蒸溜, extractive distillation) 증류조작에서, 분류·정제하여야 할 2성분계 혼합물이 공비(共沸) 혼합물의 경우와 순성분의 끓는점 차가 작고 분리 정제가 곤란한 경우에 원료 각 성분보다 끓는점이 높은 불휘발성 물질로, 그리고 원료 2성분계의 비휘발도를 크게 할 수 있는 물질을 용제로서 가하여 증류를 하는 조작을 말한다.

축대칭 (軸對稱, axial symmetry) 어떤 축의 주위에 임의의 각도만큼 회전하면 원래와 같은 형이 유지될 수 있는 대칭성. $C_{\infty v}$와 $D_{\infty h}$ 2종의 점군이 축대칭의 성질이 있다.

축류 (縮流, vena contracta) 유체가 넓은 유로에서 좁은 유로로 들어갈 때 관성으로 인해 유선이 좁은 통로보다 더욱 좁은 영역

중에 모이게 되는 현상을 말한다.

축류 계수 (縮流係數, coefficient of contraction)　축류가 일어날 때의 축류부의 최소 단면적과 좁은 유로의 단면적의 비. 올리피스에 의한 유량 측량의 경우에도 축류를 고려한 보정이 필요하다.

축받이 그리스 (軸受 ——, bearing grease)　항공기, 자동차, 모터류 및 일반 산업기계의 각종 축받이에 널리 사용되는 그리스. 처음에는 나트륨 비누기 그리스가 사용되었으나 이것은 수분이 혼입하면 연화하여 내수성이 떨어지므로 최근에는 리튬 비누기 그리스가 주로 사용되고 있다.

축방향 결합 (軸方向結合, axial bond)　시클로헥산 골격이 있는 분자가 의자형. 보트형을 취할 때, 탄소 고리에 결합하고 있는 2개의 치환기 중 하나는 고리 평면에 대해 수직 방향을 향한다. 이 결합을 축방향 결합이라 하고, 기호 a로 나타낸다. ⇨ 의자형의 그림.

축분 (縮分, reduction)　불균질한 시료에서 분석용 시료를 채취하는 경우, 시료 분할의 의미에서 시료의 입자 지름을 변화시키지 않고 시료의 양을 감소시키는 조작. 인크리먼트 축분, 이분기, 기계 축분기 등을 사용한다. 또 시료 조제의 의미에서 입자 지름의 축소, 교반, 시료 분할의 조작을 포함한다.

축열기 (蓄熱器, regenerator)　재생식 열교환기의 하나. 내화 벽돌을 격자상으로 쌓아올린 것을 촉매제로 사용히여 열 매체 표면에 고온 기체를 접촉시켜 현열을 축적하고 이어서 저온 기체와 접촉시켜 가열하는 사이클을 반복하는 방식의 열교환기를 말한다.

축윤활 유 (軸潤滑油, spindle oil)　저점성 윤활유(止粘性潤滑油) 중 대표적인 것이다. 한국산업규격(KS)에 의하면 KSM 2126(기계유)에 포함된다. 방적기계의 스핀들은 1만 rpm의 빠른 속도로 회전하고 있으므로 윤활유는 점성도가 매우 낮은 기름으로도 충분하다. 스핀들 유를 사용하면 기계의 마찰로 인한 마모, 녹아붙음 등의 문제는 적다. 비산(飛散)한 기름이 실이나 옷감을 더럽히지 않아야 하고, 또 더럽혀지더라도 쉽게 세제로 씻겨지게 하기 위하여 10~20%의 정

제유지(精製油脂)를 혼합하기도 한다. 방적기계의 스핀들 외에 소형 전동기, 고속 경하중 소형 기계 등의 윤활에 사용되는 극히 점도가 매우 낮은 윤활유. 산화 방지제와 녹방지제를 첨가한 것도 있다. 특히 고도로 정제한 것은 식품가공 기계의 윤활유로 쓰일 뿐만 아니라 유동 파라핀 대신에 화장품의 원료로 사용되기도 한다.

축전 방전 (蓄電放電, condensed discharge)　불꽃 방전을 이용하는 발광 분광분석에서의 광원의 하나. 콘덴서와 코일의 조합을 사용하여 하는 불꽃 방전으로, 정량 분석에 사용하였으나 최근에는 사용하지 않는다.

축전지 (蓄電池, storage battery) ⇨ 2차 전지.

축중 (縮重, degeneracy)　⇨ 축퇴.

축차단 계산 (逐次段階算, step-by-step tray calculation)　증류조작에서 계산법의 하나. 기체-액체 평형 관계와 조작선의 식을 조합하여 한 단계씩 계산을 진행하여 나가는 방법. 대표적인 방법으로서 루이스-마테슨법과 θ법이 있다.

축퇴 (縮退, degeneracy)　상등한 고정값을 갖는 선형 독립적인 고정상태가 복수로 있는 것. 축중(縮重)이라고도 한다. 계가 갖는 대칭성에 기인하는 것으로, 그렇지 않은 경우는 우연 축퇴라고 한다.

축합 (縮合, condensation)　2개 혹은 그 이상의 분자끼리의 반응으로, 쌍방의 분자 내에 있는 작용기 사이에서 간단한 분자(H_2O, NH_3 등)의 탈리를 수반하여 새로운 공유결합을 형성하는 반응의 총칭. 무기 화합물에서는 옥소산이 2개 이상 축합하여 폴리산을 형성하는 것이 전형적인 예이고, 유기 화합물에서는 특성기끼리 축합하여 새로운 결합을 만드는 것이 유기 합성의 중요한 단위 조작이다. 다수의 유기 분자가 축합하여 폴리머를 생성하는 것이 중축합이다.

축합 고리 (縮合 ——, fused ring, condensed ring)　2개 또는 그 이상의 탄소 고리 또는 복소 고리로 구성되어 있는 다환계에 있어, 서로 인접하는 고리끼리 각각 2개의 원자만을 공유하고 있는 고리식 구조를 말한다. 나프탈렌, 안트라센처럼 인접하는 고리끼리가 각각 오르토 위치에서 축합하여 있는 것과

피렌처럼 다수의 고리가 오르토 위치 및 파라 위치에서 축합하여 있는 것이 있다.

축합물(縮合物, condensate, condensation product) 축합에 의해 생성된 화합물을 말한다.

축합 인산염 (縮合燐酸鹽, condensed phosphate) 축합인산을 중화하거나 혹은 산성 오르토 인산염을 가열·탈수·축합하거나 하여 얻어지는 인산염으로, 인산기가 중합도 2 이상인 것. 구조는 사슬 모양 혹은 고리 모양을 이룬다. 무기 고분자 물질의 대표적 예이며 금속 이온 봉쇄작용 등의 특성 때문에 광범위한 용도에 이용된다.

축합 중합 (縮合重合, condensation polymerization) ⇨ 중축합.

축합 중합체 (縮合重合體, condensation polymer) 중축합에 의해 얻어지는 폴리머를 말한다.

축합형 타닌 (縮合型 ——, condensed tannin) 산 또는 효소로 가수분해 되지 않는 타닌, 식물 색소의 플라본 핵을 기본 구조로 갖고 수렴성이 강하다. 와틀(wattle), 케브라초(quebracho), 체스너트 등에서 얻어지는 것이 대표적이다. 무두질제로 사용된다. 가수분해형 타닌에 대응하는 용어이다.

출력값 (出力價, performance number) 항공 가솔린의 옥탄가가 100 이상일 때의 앤티노크성의 평가에 사용되는 수치. 이 수치가 항공 엔진의 최고 출력에 비례하도록 정해져 있다.

출현 전위 분광법(出現電位分光法, appearance potential spectroscopy) 접지한 시료에 전자를 조사하여 그 전위를 0V에서 음의 고전위로 변화시켜 방출된 오제전자와 X선량을 입사전자의 전자함수로 계산하는 방법. 시료 표면(약 $200\,\text{nm}$ 이하)의 원소분석과 상태분석에 사용된다. 시료의 빈 전자상태 밀도의 정보가 얻어지는 것이 특징이다.

충격 강도 (衝擊強度, impact strength) 재료에 급격한 부하를 가하였을 때의 강도. 각종 충격시험의 결과 얻어지는 실용적인 값이므로 충격 강도의 표시에는 단위만이 아니라 시험법, 조건이 부기되는 것이 일반적이다.

충격 시험 (衝擊試驗, impact test) 시험편에 충격하중을 부하하여 ms 이하의 시간에 파괴시키는 시험의 총칭이다.

충격 저항 (衝擊抵抗, impact resistance) 절단하지 않은 시료편을 충격적으로 파괴하였을 때의 시험편이 흡수한 파괴 에너지. 비절단 인성이라고도 한다.

충격파 (衝擊波, shock wave) 압축 가능한 유체(예를 들면 기체)의 압력파의 하나. 충격파면 전후에서는 압력, 밀도, 온도가 불연속적으로 변화한다. 파면은 초음속으로 진행하고 파면 전후에서의 밀도와 온도 변화는 단열 압축의 경우에 비해 크다.

충격파관 (衝擊波管, shock tube) 충격파를 발생시키기 위한 장치. 관을 격막으로 구분하여 한쪽에 고압 기체를, 다른 쪽에 저압 기체를 채워 막을 순간적으로 파괴하면 압력파가 저압측에 진행하여 충격파로 성장한다. 저압 기체는 파면의 통과에 수반하여 압축되어 균등한 고온 기체가 된다. 이 방법으로 마하수 1~20의 고속 기류를 얻을 수 있다.

충격 효과 (衝擊效果, impact effect) ⇨ 동적 효과.

충돌 (衝突, collision) 두 입자(전자, 원자, 분자, 이온 등)가 상호 접근하여 힘을 미치는 현상. 이것에 의해 입자의 진행방향과 속도가 변하거나 입자의 내부운동 상태나 구조가 변화하기도 한다. 충돌시 입자의 내부 에너지가 변화하지 않는 경우를 탄성 충돌, 변화하는 경우를 비탄성 충돌이라 한다.

충돌 탄성 (衝突彈性, impact resilience, rebound resilience) ⇨ 리질리언스.

충돌 파라미터 (衝突 ——, impact parameter) 입자가 표적의 입자와 충돌할 때, 두 입자가 서로 무한원에 있는 초기상태에서 입자가 진행하는 궤도와 표적입자에서 궤도에 평행으로 그은 직선 간의 거리. 입자의 초속도, 충돌 파라미터 및 두 입자의 환산 질량의 곱은 충돌운동의 각운동량을 부여한다.

충돌 효율 (衝突效率, target efficiency) 입자가 부유하는 기류 중에 구나 원판 등의 장해물이 있으면 기류는 그 장해물을 피해 흐르지만, 입자는 관성력으로 인해 직진하고자 하여 장해물에 충돌하는 경우가 있다. 이 때의 충돌하기 쉬운 정도를 표시하는 값으로, 스크러버 등의 관성력을 이용한 집진장치의 성능과 관계가 있다.

충만대 (充滿帶, filled band) ⇨ 원자가 전자.

충전 (充電, charge) 외부 전원에서 강제적으로 2차전지 내에 전기 에너지를 도입하는 것. 부하를 통해 자발적으로 전기 에너지를 방출하는 반대되는 조작이다. 방전과의 조합으로 일시적으로 전력을 저장할 수 있다.

충전물 (充塡物, packing) 충전탑 속에 채우는 것. 충전탑은 기체-액체 접촉장치로 사용되는 일이 많으므로 가스 흐름에 대한 저항이 적고, 액에 접하는 표면적이 큰 것이 요구된다. 형상은 고리, 안장형, 테라레트 등이며 자기, 금속, 수지 등의 소재가 사용된다.

충전 전류 (充電電流, charging current) (1) 전극 계면의 전기 이중층이 하전되기 때문에 흐르는 전류. (2) 콘덴서가 하전되기 때문에 흐르는 전류. 이것은 비패러데이 전류로서 전지의 충전전류와는 다르다. 전지의 경우에는 전기화학 반응에 기인하여 흐르는 전류를 가리킨다.

충전제 (充塡劑) (1) filler 증량, 물성 개선, 및 성형 가공성을 향상할 목적으로 고분자 재료 중에 분산시켜 첨가되는 입자상, 섬유상, 플레이트상의 물질. 필러라고도 한다. 보통 플라스틱에는 실리카, 티타니아 등이, 고무에는 카본 블랙이 사용된다. (2) packing material 크로마토그래피에서, 분리칼럼에 충전하는 고정상. 크로마토그래피의 유형에 따라 다종 다양한 것이 있다. 최근의 액체 크로마토그래피에서는 고정상이 될 분자사슬을 운반체에 공유결합시킨 화학결합형 충진제를 널리 사용하고 있다.

충전탑 (充塡塔, packed column, packed tower) 탑 안에 충전물을 채우고 그 빈 틈에 기체와 액체 또는 액체와 액체를 향류 또는 병류시켜 기체-액체, 액체-액체의 접촉이 잘 되게 한 장치. 이 탑의 목적은 물질 이동이 행하여지는 이상 간의 접촉 면적을 크게 하고, 또한 각 상의 흐름을 충분히 뒤섞어 주는 데 있다. 가스 흡수, 증류, 추출, 냉수조작 등에 널리 사용되고 있는 대표적인 미분 접촉형 장치이다.

취관분석 (吹管分析, blowpipe analysis) 취관을 써서 행하는 건조 정성분석. 광물의 화학성분 검출에 사용하는 방법. 목탄의 한쪽에 뚫은 작은 구멍에 시료 분말과 융제를 넣고, 취관으로 산화염을 뿜어대어 유색 기체의 발생, 시료의 변색, 융해 등의 현상을 보고, 또 구멍의 목탄 표면에 승화하는 금속 산화물의 색깔과 형상으로 시료 안의 금속을 판별한다. 예비적인 간이 분석법으로 현재는 별로 사용되지 않는다.

취성 (脆性, brittleness) 물체에 가해진 응력이 그 물체의 탄성 한도를 초과하면 소성 변형함이 없이 파괴되는 것. 연성의 대응어이다.

취성 재료 (脆性材料, brittle material) 거시적 척도에서 보아 파괴에 이르기까지의 소성 변형량이 적은 재료를 말한다. 이러한 재료에서는 파괴까지에 흡수되는 에너지가 적고 또한 물체 중에 축적된 탄성 비틀림 에너지가 균열 전파에 소비되게 되므로 발생한 균열이 일순간에 광범위하게 전파하는 것이 특징이다.

취입 성형 (吹入成形, blow molding) 열 가소성 수지를 중공 용기 등으로 하기 위한 성형법. 블로 성형, 중공 성형이라고도 한다. 융해한 튜브상의 수지를 자루모양으로 하여 합친 금형에 넣은 후 압축공기를 밀어 넣어 금형에 밀착시켜 냉각한다.

취입유 (吹入油, blown fatty oil, blown oil) ⇨ 보일유.

취화 (脆化, embrittlement) 금속이나 고분자 재료가 연성을 상실하여 무르고 약해지는 것. 온도로 인하여 야기되는 취화가 일반적이며 지온 취화와 고온에서의 탄소강의 청열 취화가 있다. 플라스틱이나 고무는 방사선과 자외선에 의해서도 취화한다. 금속에서는 수소 취화가 있다. 이러한 취화 외에 재료 표면에 미세한 균열이 다수 발생함으로써 연유하는 경우도 많다.

취화 온도 (脆化溫度, brittle temperature) 고무와 플라스틱 등이 저온에 노출되어 취화되었을 때 급격히 외력을 받아 균열이나 파괴를 발생시키는 온도. 공학적으로는 내한성의 기준으로 사용된다.

측광 (測光, photometry) ⇨ 광도 측정법.

측류유 (側留油, side cut) 증류탑 또는 선반

식 추출장치에서 탑정 유출물과 탑저 잔유를 제외한 탑 중간의 선반에서 뽑아낸 유분. 측선유(側線油)라고도 한다. 그대로 등유와 경유로 제품화하는 경우와 스트러버로 수증기를 불어넣거나 리보일러로 다시 가열하여 경질분을 분리하여 원래의 증류탑 발취단보다 윗단으로 되돌리는 경우가 있다. 추출장치의 경우는 이 스트러버로 용매를 회수하여 재순환한다.

측선유 (側線油, side cut) ⇨ 측류유.

층간 화합물 (層間化合物, intercalation compound) 평면형의 거대 분자가 층을 이루어 겹쳐진 구조로 된 층상 물질의 층과 층 사이에 다른 원자, 분자 혹은 이온이 삽입되어 형성된 화합물. 이 때 삽입되어 있는 분자 등과 층 사이에는 보통 확실한 화학결합을 볼 수 없다. 예를 들면 그래파이트 층간 화합물. 또 삽입 화합물은 더욱 넓은 의미로 사용된다.

층류 (層流, laminar flow, streamline flow) 유체의 점성력이 지배적이며 흐트러짐이 없고 외란이 있어도 그것이 감쇠하는 흐름의 상태. 난류의 대응어. 레이놀즈 수가 있는 임계값 이하에서 흐름은 층류상태가 된다. 층류 중에서는 물질과 열의 확산은 분자확산에 의해 진행하므로 난류에 비해 매우 느리다. 벽에서 떨어진 곳에서 난류가 있어도 벽면 근방의 흐름은 층류가 되며 이 영역을 경막이라 한다. 경막은 물질과 열의 이농에 대하여 큰 저항이 된다.

층류 경계층 (層流境界層, laminar boundary layer) 경계층의 흐름이 층류인 경우 그 경계층을 층류 경계층이라 한다. 난류 경계층의 대응어이다.

층밀리기 탄성률 (—— 彈性率, shear modulus) ⇨ 강성률.

층상 구조 (層狀構造, layer structure) 물질의 미시적 혹은 반 미시적 구조를 기술할 때에 사용하는 용어. 층 안의 분자 혹은 원자의 결합력과 층 간의 결합력이 크게 다를 때 층상구조가 형성된다. 층상구조를 취하는 결정, 예를 들면 흑연에서는 벽개를 볼 수 있다. 그래파이트, 요오드화카드뮴, 운모, 점토광물 등에서 볼 수 있다. 이와 같은 구조는 박편으로 벗겨지기 쉽다. 층의 겹쌓기에 비대칭이 있어 X선의 산만 산란이 관측되는 일이 많다.

층상 조직 (層狀組織, lamination) (1) 내화 벽돌 등을 성형할 때 성형체 내부에서 수분량, 함유 공기량, 성형압 등에 불균일이 생겨 성형체에 층상 조직이 형성되는 현상. 균열 발생과 침식되기 쉽다. (2) 고분자 재료끼리 혹은 고분자 재료와 다른 종의 재료를 접착이나 압착으로 적층하는 것을 말한다.

치과용 시멘트 (齒科用 ——, dental cement) 치아에 인공재료를 결합시킬 때에 이용하는 재료. 치아와 인공 재료 간의 틈을 메꾸고 재료의 탈락을 방지하는 것이 요구되지만, 접착성이 있는 시멘트는 아직 존재하지 않는다. 사용시에 인산과 산화아연 분말을 이겨 혼합하는 형이 주류이다.

치과용 충전제 (齒科用充塡劑, dental filling material) 충치를 치료하기 위한 재료. 석영, 실리카 등의 미분말 충전제와 다관능 메타크릴산 에스테르를 혼합한 상온 중합형의 점체상 물질. 충치의 병소를 깎아낸 구멍에 채워 중합시킨다. 중합에는 가시광으로 라디칼을 발생시키는 타입이 많다. 치질과의 접착성도 요구된다. 치과용 아말감도 사용된다.

치과용 플라스터 (齒科用 ——, dental plaster) 소석고를 주성분으로 하는 치과용 재료. 환자의 구강 안의 모형, 의치 등을 제작하기 위한 작업용 모형, 틀니를 만들기 위한 형 등의 재료로 사용된다.

치글러-나타 촉매 (—— 觸媒, Ziegler-Natta catalyst) 1950년대에 K. Ziegler와 G. Natta의 발견에 의해 명명된 올레핀의 입체 규칙성 중합 촉매의 총칭. 티탄 등의 전이금속 화합물과 유기 알루미늄 화합물로 형성되는 반응 생성물로 정의되고 있다.

치마아제 (zymase) 알코올 발효를 하는 14종의 효소 혼합물의 옛 호칭. E. Büchner에 의해 19세기 말에 맥주 효모에서 발견되어 당시 단일 효모로 여겼던 역사적 용어이다.

치모겐 (zymogen) 효소를 생합성하는 과정에서 생기는 효소분자보다 큰 단백질. 효소 전구체라고도 한다. 어떤 종의 효소는 촉매

활성이 없는 전구체 단백질로 생합성되며, 그 펩티드 사슬의 일정 부위가 절단되어 활성화된다. 활성형 효소의 각 명칭에 접두어 프로 또는 프레를 붙여 부른다. 예를 들면 프로트롬빈은 트롬빈의 전구체, 또 트립신의 전구체처럼 오래 전부터 알려져 있는 것은 트립시노겐이라 하듯이 ‒ogen이란 접미어를 붙이는 경우도 있다. 전구체는 불활성이므로 세포의 자기소화를 예방하고, 효소 작용이 필요한 경우(예를 들면 소화관 내)에 분포되어 그 일부가 절단되어 비로소 본래의 활성을 발현한다.

치사량 (致死量, lethal dose) 액체 및 고체의 유독 물질을 경구, 경피, 주사 등의 방법으로 실험 동물에 투여하였을 때, 그 동물이 사망하는 물리량. 최소 치사량(MLD), 50% 치사량 (LD$_{50}$), 100% 치사량 (LD$_{100}$) 등이 있으나 최근에는 LD$_{50}$ 이외의 용어는 거의 사용하지 않는다. 또 기체 물질의 흡입(경기도)에 의한 투여의 경우에는 치사농도라 하여 구별하는 것이 보통이다.

치사 선량 (致死線量, lethal dose) 생물 개체에 방사선을 쪼였을 때 생물 개체를 사망시키는 선량. 생체의 치사량과 선량 간의 관계는 간단한 비례관계는 되지 않으므로 100% 사망시키는 최저 선량을 결정하기는 어렵다. 그러므로 50% 사망케 하는 선량을 반수 치사 선량이라 하여 LD$_{50}$로 표기한다. 또 방사선 조사 후의 관찰 기간을 정하고 그 일수를 가하여 표기한다. 예를 들면 100일 관찰 기간의 반수 치사선량은 LD$_{50/100}$로 표기한다.

시수 안정 전극 (置數安定電極, dimentional stable electrode) 전기분해에서 운전 중에 형상의 변화가 거의 없는 전극. 약어로 DSE이다. 전극간의 거리 제어가 용이하므로 정상적인 효율이 높은 전해조 운전에는 불가결하다. 식염전해의 양극에 사용되는 산화루테늄을 표면에 피복한 티탄전극이 그 대표적 예이다.

치즈염색 (―― 染色, cheese dyeing) 실을 금속 혹은 플라스틱으로 만든 원통상의 관에 감은 것을 치즈라 하는데, 주로 이 치즈의 안쪽에서 바깥쪽으로 염액을 순환시켜 염색하는 방법이다.

치클 (chicle) 주로 중남미에 생육하는 *Achras sapota* 라는 식물에서 얻어지는 수지상의 고무. 폴리이소프렌 4%, 구타페르카 12%를 함유하며 나머지는 다양한 종류의 수지분으로 구성된다. 추잉검의 원료로 사용된다.

치환 (置換, substitution) 유기 화합물의 분자 중에 함유되는 원자 또는 원자단을 타 원자 또는 원자단으로 바꾸어 놓는 반응을 말한다.

치환기 (置換基, substituent) 유기 화합물 중의 수소원자를 다른 원자단으로 치환하여 유도체를 형성하였을 때, 수소원자 대신에 도입된 원자단. 메틸, 페닐 등의 탄화수소기와 OH, NH$_2$ 등의 작용기로 구별된다.

치환기 상수 (置換基常數, substituent constant) 자유 에너지 직선 관계의 하나인 하메트칙은 $m-$, $p-$치환 페닐기의 반응성에 관한 것인데, 그 기준으로 치환 벤조산의 해리상수를 사용하고, 이것을 그 치환기의 치환기 상수 σ라 한다. 치환 페닐 아세트산의 해리상수를 사용할 때도 있으며 이것을 σ^0로 구별하여 표시한다. 비례상수에 해당하는 ρ를 반응상수라 한다. $\log(k/k_0)=\rho\sigma$, 여기서 k_0는 페닐기인 경우의, k는 치환 페닐기인 경우의 반응상수 또는 평형상수이다.

치환기 효과 (置換基效果, substituent effect) 유기 화합물의 수소원자를 다른 기로 치환한 경우, 치환기의 도입으로 화합물의 물리적・화학적 성질이 받는 변화. 유발효과, 일렉드로메리 효과 등이 있다. 치환기 효과를 볼 수 있는 물리적 성질의 대표적인 것으로는 자외 가시 흡수 스펙트럼의 극대 위치와 형태, NMR 스펙트럼의 화학 시프트 등이 있고 또 화학적 성질로서는 산염기 해리상수와 방향족 화합물의 니트로화 반응의 반응성 등을 비롯하여 다수가 알려져 있다. 하메트칙도 치환 효과를 정량화한 것이다.

치환 도금 (置換渡金, displacement plating) 종류가 다른 금속 간의 이온화 경향의 차를 이용한 도금법. 침지 도금이라고도 한다. 소재 금속보다 귀한 금속 이온을 함유하는 용액에 소재 금속을 침지하면 그 표면에서 소재 금속이 용출하여 이온화하는데, 그 때 방출하는 전자를 용액 중의 금속 이온이 수취하여 매우 엷은 피막이 된다.

치환성 착물 (置換性錯物, labile complex) 배위권 내에 있는 1개 또는 복수의 배위자를 별도의 배위자에 의해 치환할 때의 반응속도가 극히 빠른 착물. 반응 불활성 착물의 대응어. 이 때의 반응속도에는 엄밀한 경계가 있는 것은 아니지만 일반적으로 고전적인 반응 추적의 실험으로 측정할 수 있는 정도의 반응을 느린 반응이라 한다. 한편, 근대적인 이른바 신속 유통법, 완화법 등으로 밖에 추적할 수 없는 1초 정도 이하의 나노초, 피코초에 이르는 반응을 빠른 반응이라 하는 것이 일반적이다. Ca^{2+}, TP^{3+}, Zn^{2+}, Al^{3+} 등의 착물이 일반적으로 반응 활성 착물이다.

치환 적정 (置換滴定, displacement titration) 보통 치환반응을 이용하는 킬레이트 적정을 말한다. 금속 이온 M을 킬레이트 시약 Y의 표준액을 사용하여 직접 적정하는 대신에 적당량의 킬레이트 M′Y를 M에 가하여 M+M′Y → MY+M′의 치환반응에 의해 생기는 M′를 Y에 의해 적정하는 방법. M의 직접 적정에 적당한 지시약이 없는 경우에 사용된다.

친기 원소 (親氣元素, atmophile elements) 원소의 지구화학적 분배를 고려할 때의 분류의 하나. 지구의 진화과정에서 대기권에 농축된 원소. 즉 수소, 질소, 희가스 원소, 산소, 탄소 등을 지칭한다.

친동 원소 (親銅元素, chalcophile elements) 원소의 지구화학적 분배를 생각할 때의 분류의 하나. 원소 분배의 제1 단계에서 지구 표면에 깊이 1,200~2,900 km의 황화물이 풍부한 액상에 모였다고 여겨지는 원소. 황과 결합하기 쉽고 그 황화물은 화화철에 녹기 쉽다. 주요한 것으로 Cu, Ag, Zn, Cd, Hg, Ga, In, Ti, Pb, As, Sb, Bi, S, Se, Te 등이 있다.

친디엔체 (親 —— 體, dienophile) Diels-Alder 반응에서, 공역 이중결합을 갖는 화합물과 부가반응을 일으키는 상대가 되는 화합물로서 활성화 이중결합을 갖는 화합물을 말한다.

친생 원소 (親生元素, biophile elements) 지구 표면에서 생물권에 모였다고 여겨지는 원소. C, H, O, N, S, P, Ca 등, 비교적 다량으로 존재하는 것. B, Mg, K, Na, V, Mn,

Fe, Cu, I 등, 소량 혹은 미량이라도 생물에게 있어 중요한 것 등이 있다.

친석 원소 (親石元素, lithophile elements) 원소의 지구화학적 분배를 고려하였을 때의 분류의 하나. 지구의 진화과정에서 지구 표면을 형성하는 규산염의 각에 주로 집적되는 원소. 모두가 산소와 화합하기 쉽다. 알칼리 금속, Be, Mg, 알칼리 토류금속, B, Al, 희토류금속, C, Si, Ti, Zr, Hf, Th, V, Nb, Ta, Cr, Fe, W, H, P 등. 친석 원소의 대부분은 2가의 철보다 산화물의 생성 자유 에너지가 크고, 그 열외가 되는 원소는 의장 혹은 규산염상에 모인 것으로 생각하는 것이 많다.

친수기 (親水基, hydrophilic group) 물과의 상호작용이 강한 극성 원자단. 계면 활성제는 분자 내에 친수기와 친유기 양쪽을 가지고 있으며, 이 두 가지의 균형으로 HLB가 정해진다. 이온성의 친수기에는 황산기, 술폰산기, 인산기, 카르복시산기, 암모늄기 등이 있고, 비이온성 친수기에는 히드록실기, 옥시에틸렌기, 아미드기 등이 있다.

친수성 친유성 비 (親水性親油性比, hydrophile-lipophile balance) ⇨ HLB.

친수성 콜로이드 (親水性 ——, hydrophilic colloid) 소수 콜로이드에 대한 용어로 사용되는 경우가 있으나, 친수 콜로이드라는 용어는 정의가 애매하며 수용성 고분자도 일부 다루어지는 경우도 있어 이 용어의 사용은 바람직하지 않다.

친양성자성 용매 (親陽性子性溶媒, protophilic solvent) 양성자의 거래를 고려할 때 프로톤을 받아들이는 용매를 말한다. 염기성 용매를 지칭한다.

친유기 (親油基, lipophilic group) 기름과의 친화성이 큰 무극성의 원자단. 소수기라고도 한다. 계면 활성제는 친수기와 친유기 양쪽을 가지고 있으며, 이 두기의 균형으로 HLB가 정해진다. 대표적인 친유기로서는 사슬 모양 탄화수소기, 방향족 탄화수소기가 있으며 탄소사슬이 길어짐에 따라 친유성이 증대한다. 이 밖에 오르가노실기 $-SiO(CH_3)_2$, 플루오르알킬기 $-C_nF_{2n+1}$ 등도 소수성이란 의미에서는 친유기에 속한다.

친전자 (親電子, electrophilic) 친전자성이 있는 시약, 반응 등을 표기하는 데 형용사적으로 사용되는 용어이다.

친전자성 (親電子性, electrophilicity) 유기화학 반응에서 시약이 유기분자의 전자밀도가 큰 부분을 공격하여 반응하는 성질. 구전자성이라고도 불리었다. 친핵성(親核性)에 대한 대응어이다.

친전자성 반응 (親電子性反應, electrophilic reaction) ⇨ 친전자성 치환.

친전자성 시약 (親電子性試藥, electrophiles, electrophilic reagent) 유기화학 반응에 있어, 친전자성이 있는 시약. 친핵성 시약의 대응어. 상대로부터 전자를 획득하거나 상대의 전자쌍에 의해서 공유결합을 생성한다. 산화제는 전자이고, 프로톤, 즉 산, 할로겐 양이온, 니트로늄 이온, 이시륨 이온은 후자의 예이다. 일반적으로 루이스산이 이에 속한다. 친전자 시약에 의한 반응을 친전자성 반응이라 한다. 구전자 시약, 카티오노이드 시약이라고도 불리었다.

친전자성 전위 (親電子性轉位, electrophilic rearrangement) 유기 화합물의 전위반응에서 전위기가 친전자자적으로 전위 종점으로 이동하는 것. 프로톤 이동이나 방향고리에 있어 술폰산기의 전위 등이 이에 속한다.

친전자성 치환 (親電子性置換, electrophilic substitution) 친전자 시약에 의한 치환반응. 방향 고리의 수소는 친전자 치환을 받기 쉽고, 벤젠의 니트로화와 술폰화는 그 대표적 예이다. 구전자 치환이라고도 불리었다.

친철 원소 (親鐵元素, siderophile elements) 원소의 지구화학적 분류를 고려할 때의 분류의 하나. 원소분배의 제1 단계에서 지구의 최심층에 있는 중심 핵의, 금속철이 풍부한 액상에 모였다고 여겨지는 원소. 주요한 것으로 Fe, Co, Ni, Ru, Rh, Pd, Os, Ir, Pt, Au, Re, Mo, Ge, Sn, C, P 등이 있다.

친핵 (親核, nucleophilic) 친핵성이 있는 시약, 반응 등을 표기하는 데 형용사적으로 사용되는 용어이다.

친핵성 (親核性, nucleophilicity) 유기화학 반응의 시약이 유기분자의 전자밀도가 작은 부분을 공격하여 반응하는 성질. 구핵성이

라고도 불리었다. 친전자성의 대응어이다.

친핵성 반응 (親核性反應, nucleophilic reaction) ⇨ 친핵성 치환.

친핵성 시약 (親核性試藥, nucleophiles, nucleophilic reagent) 유기화학 반응에 있어 친핵성이 있는 시약. 상대에 전자를 부여하거나 상대와의 공유결합 생성에 전자쌍을 공급한다. 구핵 시약이라고도 하였다. 친전자성 시약의 대응어. 음이온 또는 이와 유사한 것이 많고, 수산화물 이온, 질산이온 등이 대표적인 예이다. 음이온 외에 루이스염기도 이에 속한다. 친핵성시약에 의한 반응을 친핵성반응이라 한다. 이것은 구핵반응, 아니오노이드 반응이라고도 하였다.

친핵성 전위 (親核性轉位, nucleophilic rearrangement) 유기 화합물의 전위반응 중 전위기가 전위 종점으로 친핵적으로 이동한다고 여겨지는 것. 피나콜 전위 등 카르보카티온의 전위와 베크만 전위 등 섹스테트의 질소 원자로의 전위가 이에 속한다.

친핵성 치환 (親核性置換, nucleophilic substitution) 친핵성 시약에 의한 치환 반응. 할로겐화 알킬과 에스테르의 알칼리성 가수분해는 그 대표적 예이다. 유기화학 반응의 중요한 부분을 점하며, 그 반응 메커니즘이 가장 상세하게 해명되어 있다. 단분자 반응의 메커니즘으로 진행하는 것을 SN1형 반응, 이분자 반응의 메커니즘으로 진행하는 것을 SN2형 반응이라 한다. 구핵 치환, 아니오노이드 치환이라고도 하였다.

친화력 (親和力, affinity) ⇨ 화학 친화력.

신화성 크로마토그래피 (親和性 ——, affinity chromatography) 생체물질이 갖는 특이적인 물질에 대한 높은 결합능을 분리, 정제에 이용하는 하나의 크로마토그래피. 효소, 항원 및 항체, 결합 단백질 등의 각종 단백질, 핵산, 다당류, 세포, 바이러스 등의 정제, 핵산과 뉴클레오티드, 변성 단백질과 미변성 단백질 등의 상호 분리, 생체물질의 농축, 생리활성 물질의 작용 메커니즘의 연구, 미량의 생체물질의 정량 등에 응용된다.

친화성 표지 (親和性標識, affinity label) 단백질 등의 생체 고분자에 시약을 작용시켜 특정한 관능기를 선택적으로 화학변화시키는

화학수식의 하나. 시약으로는 예를 들면 수용체의 리간드, 효소의 길항적 저해물질 혹은 합텐 등에 반응기를 도입한 것을 사용한다. 이러한 시약에는 수용체, 효소 또는 항체의 활성부분에 대해 특이적인 친화력을 나타내므로 이 부분에 존재하는 관능기를 선택적으로 화학수식할 수 있다.

칠러 (chiller, chilling machine)　　암모니아, 푸론 등의 용매를 사용하여 냉각수만으로는 달성할 수 없는 저온까지 유체를 냉각하는 냉각기를 말한다.

칠리질석 (—— 窒石, Chile saltpeter)　　질산나트륨 $NaNO_3$의 광물명. 칠레산의 천연 질산나트륨 광석을 정제한 것을 지칭하는 경우가 많다.

칠보 (七寶, cloisonné, jewelry enamel)　　구리, 은, 금 등의 금속 소지에 유리층을 열처리하여 장식한 공예미술품. 즉 법랑의 하나이다. 소지 금속은 구리가 가장 많이 사용된다. 각종의 소지에 유약을 발라 녹여 부착시키는데, 유약은 규토·장석·소다·붕사 및 다른 재료를 녹여서 만든 물체이고 그 색소는 금속 산화물을 첨가하여 나타내며 발색도 상당히 자유롭고 아름다운 색상을 얻을 수 있으나 유약을 혼합시켜서 다른 색을 낼 수는 없다. 유약은 완전한 무기물이기 때문에 금속과 함께 영원성을 보유하게 된다. 유약은 그 과립의 크기에 따라 미세한 것과 거친 것으로 나누며, 투명도에 따라 불투명·반투명·투명으로 나눈다.

칠중선 (七重線, septet)　　하나의 전이에 대응하는 에너지 준위에 약간 떨어진 부준위가 생겨, 하나의 스펙트럼선이 7개로 분열한 것. 자기공명에서는 스핀 양자수 $I=1$의 등가한 핵 3개와 짝짓기하면 칠중선이 관측된다.

칠중항 (七重項, septet)　　다중항의 하나로, 스핀 양자수 $S=3$인 경우를 말한다.

침강 계수 (沈降係數, sedimentation coefficient)　　용액 중 고분자 등의 용질이 원심력에 의해 침강 또는 부상하는 정도를 표시하는 계수. 원심력에 의한 가속도당의 침강속도로 표시한다. 침강계수는 분자량에 비례하고 마찰계수에 반비례하므로 침강계수의 측정으로 분자량 혹은 마찰계수, 나아가서는

분자의 크기를 구할 수 있다.

침강 곡선 (沈降曲線, settling curve)　　현탁 입자를 침강시킬 때 입자가 침강함에 따라 농도가 다른 몇 가지 층이 나타난다. 그러한 층의 계면 위치의 시간적 변화를 표시한 곡선을 침강곡선이라 한다. 보통 층의 최상부 청등층과 그 바로 밑의 미입자를 함유하는 현탁액층의 계면 위치가 문제가 된다.

침강 반응 (沈降反應, precipitation reaction)　　용액 중에서 가용성의 항원과 항체가 반응하여 불용성의 항원 항체 복합체를 형성하는 반응. 가해진 항원의 양과 침강량을 정량하여 정량 침강 반응곡선을 그리고 그 해석으로 침강 항체량, 항원·항체 결합 분자비 등을 구할 수 있다.

침강소 (沈降素, precipition)　　가용성의 항원을 *in vivo* 혹은 *in vitro*로 특이적으로 집합시켜 불용성의 항원 항체 복합체를 형성하는 항체를 말한다.

침강 속도 (沈降速度, sedimentation velocity)　　중력 또는 원심력의 작용으로 액체 중의 입자와 용질 고분자가 침강하는 속도. 초원심기를 사용하면 큰 원심력에 의해 용액 중에 균일하게 용해한 고분자 등의 용질도 침강한다. 보통, 원심력에 의해 생긴 용액과 용매의 계면 이동속도로부터 구할 수 있다. 이 속도와 로터의 회전수에서 용질의 침강계수를 알 수 있다.

침강 평형 (沈降平衡, sedimentation equilibrium)　　액체 중의 용질 고분자 또는 콜로이드 입자가 외력(중력 또는 원심력)에 의해 침강할 때, 침강속도와 확산속도가 균형을 이루어 평형하게 되고 액체 중의 농도분포가 일정하게 되는 상태. 이 상태의 관측으로 단백질 등 고분자의 분자량과 상호작용을 구할 수 있다.

침강 황 (precipitated sulfur)　　⇨ 황유(黃乳).

침강 황산바륨 (沈降黃酸 ——, blanc fix(프랑스어))　　황화바륨 BaS 수용액에 정제한 황산나트륨을 가하여 얻어지는 침전을 건조시키는 것. 인쇄 잉크, 제지, 레이크 안료, 도료, 고무, 합성 수지 등에 사용된다.

침식 (侵蝕, corrosion)　　내화물이 용융 슬래그나 유리혹은 각종 기상이나 비산물과 접

촉하여 화학 반응을 일으켜 액상 또는 비중이 낮은 화합물을 생성하여 용출이나 박리에 의해 손상되는 현상을 말한다.

침액 (浸液, immersion liquid)　굴절계 또는 편광 현미경 등을 사용하여 굴절률을 측정하는 경우에 사용하는 굴절률 기지의 액체. 일반적으로 상이한 굴절률이 있는 각종 침액을 마련하여 사용한다.

침염 (浸染, dip dyeing, dipping, dyeing)　섬유류를 균일하게 염색하는 방법. 나염의 대응어로서 일반적으로 무지염이라고도 한다. 염료를 포함한 욕을 조정하고, 피염물을 침지하여 적당한 온도에서 시간을 들여 흡진시키는 배치식 방법(흡진법)과 고농도의 염료액에 피염물을 단시간 연속적으로 담구어 차액 후 열처리, 화학처리 등에 의해 고착시키는 방법(연속법)이 있다.

침입도 (針入度, penetration)　아스팔트의 경도를 표시하는 수치. 침입도계에 있어 보통 25℃, 하중 100g 의 바늘이 5초간에 시료에 관입하는 깊이를 mm단위로 측정하여 그 수의 10배로 표시한다. 침입도로 아스팔트의 등급을 나타낸다.

침입형 화합물(侵入形化合物, interstitial compound)　금속 결정 격자의 틈 사이에 다른 작은 비금속 원소의 원자가 침입하여 생기는 하나의 고용체. 금속으로는 전이금속이 보통이며, 비금속으로는 수소, 붕소, 탄소, 질소, 산소 등이다. 금속 광택, 도전성 등 금속의 특성이 잔류하여 있는 경우가 많다.

침전농축 (沈澱濃縮, thickening)　액체 중의 고체입자를 농후한 슬러리로서 액 중에서 분리하는 조작. 티크닝이라고도 한다. 보통은 티크너로 한다.

침전농축 장치 (沈澱濃縮裝置, thickener)　침전농축(티크닝)을 하는 장치. 보통 주위에 오버플로 하는 액체를 흐르게 하는 물받이를 설치한 얕은 원통형의 조(槽)로, 밑부분이 원추상으로 되어 있고 그 조에 슬러리가 침적하도록 되어 있다.

침전 적정 (沈澱滴定, precipitation titration)　침전의 발생, 소멸을 이용하는 정적이지만, 발생을 이용하는 경우가 많다. 정량하여야 힐 이온과 화학량론적으로 반응하여 난용성 침전을 부여하는 물질을 적정제로 하여 그 표준액을 사용하여 적정한다. Cl⁻를 질산은 표준액으로 적정하는 것이 대표적인 예이다.

침지 (浸漬, dipping)　도자기의 소지를 유약과 화장토의 이장 속에 담구어 소지의 흡수성으로 부분적 또는 전면을 이장으로 피복하는 조작. 법랑의 약물 처리를 하는 한 방법이다.

침지 도장 (浸漬塗裝, dipping)　피도물을 도료 속에 담구어서 도장하는 방법이다.

침출 (浸出, leaching, lixivation)　고체원료 중의 목적성분(추질)을 추제에 용해하여 고체 밖으로 추출하는 분리 조작. 고체 추출 조작. 식물 종자로부터의 기름의 추출, 식물체로부터의 의약성분 추출, 광석으로부터의 귀금속 추출 등에 널리 사용되고 있다.

침탄 (浸炭, cementation)　성분이 규정된 저탄소 강의 표면 경화를 목적으로 표면으로부터의 탄소 확산에 의해 표면만을 고탄소 조성으로 하고, 다음에 담금질로 표면 경화층을 생성하는 조작. 침탄제로서는 목탄에 촉진제를 가한 것과 메탄 혹은 이산화탄소 등이 사용된다.

침투 (浸透, impregnation)　액체를 고체에 스며들게 하는 조작. 분석 분야에서는 여지나 알루미나에 시약을 스며들게 할 때에 사용한다. 촉매 분야에서는 운반체에 촉매 물질의 용액을 스며들게 하여 용매를 제거해서 운반체 촉매를 조제할 때에 사용하는 조작을 말한다.

침투설 (浸透說, penetration theory)　1935년 R. Nigbie에 의해 제창된 기체-액체 간 물질 이동속도에 관한 학설. 액쪽의 물질 이동은 정지 액면에서의 기상 물질의 침투에 의하지만 이 경우 액 표면이 일정시간마다 갱신된다고 여겨지는 것을 특색으로 한다. 표면 갱신의 시간이 일정하지 않고 분포를 갖는다고 여기는 것이 P. V. Danckwerts의 표면 갱신설이다.

침투성 (浸透性, permeability)　⇨ 투과성.

침투 착물 (浸透錯物, penetration complex)　중심 금속 원자와 배위 원자의 결합 거리가 비교적 작은 착물에 대해 예전에 사용되었던 용어. 노널 착물에 대응하는 용어. 착물

전체로 보아, 배위자가 중심 금속에 침투되어 있다고 간주되므로 이처럼 불리었다. 현재는 저스핀형 착물 혹은 강한 장의 착물이 이것과 거의 가까운 의미로 사용되고 있다.

침혈 (針穴, pinholing)　도막에 바늘로 찌른 것 같은 작은 구멍이 생기는 현상. 일반적인 것은 반응 경화형의 도료를 가열 경화시킬 때 용제의 돌비자국(突沸跡)이 핀홀로서 남는 경우이다. 도장 후막, 승온 속도, 용제의 종류 및 경화 반응 속도가 관여한다.

칩 (chip)　칩핑에 의해 절삭된 나무조각. 약액 침투 측면에서는 칩은 작을수록 좋지만 작게 절삭하면 목재 섬유가 절단되는 정도가 증가하므로 크기에는 적정 범위가 있다. 쇄목 펄프용의 통나무 이외 거의 대부분의 펄프 원료는 칩의 형태로 펄프 공장에 반입된다.

칩핑 (chipping)　펄프 원료인 목재를 증해할 때, 약액이 균일·신속하게 침투하도록 일정한 크기의 목편(칩)을 절단하는 것. 칩을 만드는 장치를 칩퍼라 하고 회전칼에 의해 목재를 소정 크기로 경사지게 잘라낸다.

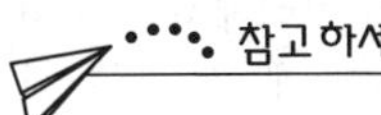

열소설 (熱素說, caloric theory)

열을 일종의 물질이라고 보는 이론으로. 17세기에서 19세기 중엽에 걸쳐 주장되었다. 열의 실체는 열소(熱素, caloric)이며 온도가 높은 쪽에서 낮은 쪽으로 흐르는 유체(流體)와 같은 것인데, 무게를 잴 수 없는 물질이라고 생각했다. 열소설과 대립되는 이론으로서 열운동론도 옛날부터 주장되어, 금속을 두들기거나 마찰시키면 열이 발생하는 것을 근거로 R.보일이나 R.훅, R.데카르트, R.베이컨 등이 열을 입자의 운동이라고 주장했다. 그러나 A.L.라부아지에가 원소표에서 열소를 원소로 다룬 다음부터는 열소설이 우세해졌고, N.카르노의 열효율이론에 이용되기도 했다. 1798년 G.럼퍼드는 대포의 포신을 깎는 작업 도중에 금속의 마찰에 의해 다량의 열이 발생하는 사실을 발견하고 열소설에 반대하는 실험을 했다. 후에 J.줄이 열의 일당량을 발견하여 열과 일의 등가성(等價性)을 밝힐 때까지 열소설은 그 명맥을 유지했다.

ㅋ

카나마이신 (kanamycin)　항생물질의 하나. 방선균의　배양 여액에 추출된다. 그람 양성, 음성균 및 항산성균 등 광범위한 각종(결핵균) 세균에 발육 저지작용을 나타낸다. 백색 또는 황색을 띤 분말로 물에 녹는다. 비교적 안정하고 주사에도 내복에도 사용한다. 널리 세균성 질환(포도상구균·이질균·임균·결핵균 등에 의한 각종 감염증)에 사용하는 화학요법제인데 가벼운 이명 등의 부작용도 인정된다.

카드뮴 적 (—— 赤, cadmium red)　황화 카드뮴, 황화 셀렌의 혼합물로서 CdS와 CdSe의 고용체. CdS와 HgS의 고용체를 지칭하는 경우도 있다. 보통 카드뮴 레드라 한다. 내열성, 내후성이 뛰어난 적색계의 안료이다. 체질 안료로서 $BaSO_4$를 함유한 안료도 판매되고 있다.

카드뮴 표준 전지 (—— 標準電池, cadmium standard cell)　전압 측정기의 교정과 전압의 비교에 사용되는 표준전지의 하나. 웨스턴 전지라고도 한다. $\ominus$Cd(Hg) | $CdSO_4$·$2/3H_2O$(고) | $CdSO_4$ 포화용액 | Hg_2SO_4 페이스트 | Hg$\oplus$의 구조를 하고 있다.

카드뮴 황 (—— 黃, cadmium yellow)　황화 카드뮴 CdS를 주성분으로 하는 황색 안료. 카드뮴 옐로라고도 한다. 그림 물감, 유리, 도자기, 법랑 등에 사용된다.

카로산 (—— 酸, Caro's acid)　페르옥소 일황산 H_2SO_5의 속칭. 30℃ 이하에서 진한 황산에 전류를 통해서 전해하여 얻는 페르옥소 이황산을 가수분해하거나 찬 진한 황산에 과산화수소를 작용시키면 용액으로서 얻어진다. 알코올·에테르·아세트산에 쉽게 녹고, 산화력이 강하다.

카로테노이드 (carotenoid)　동·식물계에 널리 분포하고 있는 황색 내지 적색의 색소. 분자 내의 긴 고리식 구조부분에 다수의 공역 이중결합이 있으므로 폴리엔 색소란 이름이 붙었다. 전형적인 것이 당근의 빨간 색소 카로텐인 점에서 이 종류의 폴리엔 색소의 총칭을 카로테노이드라고 한다. 혹은 독일어명 Carotinoid를 어원으로 하여 카로티노이드라고도 한다. 탄화수소 외에 히드록시 유도체와 케톤 유도체도 있다.

카로텐 (carotene)　당근의 적색 색소 α-, β-, γ- 의 세 종류의 이성질체가 있으며, 분자식은 모두 $C_{40}H_{56}$. 긴 사슬식 구조부분에 9개의 공역 이중결합이 있는 폴리엔 색소이다. 불포화 탄화수소를 나타내는 접미어 -ene을 사용하여 카로텐이라 명명되어 있으나, 원래는 독일어명 Carotin을 근거로 한 카로틴이란 이름이 보급되었다. 천연적인 카로텐은 모두 트랜스형이지만 열처리, 광학적 처리 또는 요오드 처리 등에 의해 여러 가지 입체 이성체기 생긴다.

카로티노이드 (carotinoid(독일어))　➪ 카로테노이드.

카로틴 (carotin(독일어))　➪ 카로텐.

카르나우바 납 (—— 蠟, carnauba wax)　남미, 브라질에 자생하는 카르나우바 야자의 잎과 엽병에서 채취되는 납을 정제한 것. 굳고 무른 무정형 덩어리로 황록색. C_{20}~C_{32}의 지방산과 C_{28}~C_{34}의 알코올로 된 에스테르가 주성분. 히드록시산 에스테르가 특히 많으므로 유화하기 쉬운 특징이 있다. 화장품, 광택제 등에 널리 사용된다.

카르노사이클 (Carnot's cycle)　이상적인 가

역 열기관의 모델 사이클. 작동 기체가 고온의 일정 온도에서 가역적으로 열을 받아들이고, 저온의 일정 온도에서 가역적으로 열을 방출하는 사이의 온도 변화를 가역 단열 변화로 실현하는 사이클. 모든 열 기관 중에서 가장 높은 효율을 갖는다.

카르바미드 (carbamide) ⇨ 요소.

카르바보란 (carbaborane)　보란류의 붕소원자 일부를 탄소원자로 치환한 것의 총칭. 다면체 보란 음이온은 일반식 $B_nH_n^{2-}$로 표시되는 것이 많지만, 그 BH를 CH로 치환하면 대항하는 예를 들면 $B_{n-2}C_2H_n$로 표시되는 카르바보란이 존재한다. 예를 들면 $B_{10}C_2H_{12}$. 다면체 보란과 마찬가지의 각종 구조가 알려져 있다.

카르밤산 (――酸, carbamic acid)　H_2NCOOH. 탄산의 모노아미드에 상당하는 화합물로서, 유리산으로서는 알려져 있지 않지만 염, 에스테르, 염화물, 아미드 등의 유도체에는 유기 합성 화학제품의 원료로 사용되는 것이 많다. 특히 페닐에스테르 유도체는 농약(살충제)으로서 중요하다.

카르베늄 이온 (carbenium ion)　공유결합수 3이고, 양전하 1을 갖는 탄소의 양이온 R_3C^+. 카르벤 R_2C : 가 중성이고 비공유 전자쌍이 있으며, 여기에 양이온 R^+가 배위하여 생긴 오늄 화합물이므로, 오늄 명명법으로서는 정당한 명칭이지만 카르베늄이란 명칭은 현재는 별로 사용하고 있지 않고, 카르보카티온, 탄소 양이온이란 명칭이 일반적으로 사용되고 있다.

카르벤 (carbene)　2가의 탄소 화합물의 총칭. 가장 간단한 것은 메틸렌 : CH_2이다. 반응성이 풍부하고 하나의 비라디칼이지만 일중항 상태의 것과 삼중항 상태의 것은 반응 양식에 차이를 볼 수 있다. 모두가 C=C 이중결합에 부가한 삼원 고리 화합물을 만들지만 일중항 카르벤은 입체 특이적인데 비해 삼중항의 것은 비입체 특이적이다. 또 전자는 C-H로의 삽입반응, 후자는 수소를 제거하는 반응을 한다. 어느 경우든 카르벤은 반응 중간체로만 알려져 있고, 안정하게 단리되는 분자종은 아니다.

카르보늄 이온 (carbonium ion)　카르보카티온을 지칭한다. 1970년대까지 많이 사용되었으나 오늄명명법에서는 카르베늄 이온이라 하는 것이 올바르다. 카르보늄 이온이란 명칭은 4가의 탄소원자에 프로톤 1개가 결합하여 생기는 공유결합수 5의 일가 양이온이란 뜻이 되어 R_3C^+를 나타내는 명칭과는 틀리게 된다. 카르보늄 이온 중에는 반응 중간체로서 그 존재가 확인 또는 추정되어 있는 것이 많으며, 용액 속에서는 양이온과 이온쌍을 형성하는 경우가 많다.

카르보닐 값 (carbonyl value)　유지는 자동 산화하여 과산화물을 형성하고 그 후에 이것이 분해하여 카르보닐 화합물로 변화한다. 따라서 카르보닐 화합물의 양을 측정하면 유지의 열화 정도를 알 수 있다. 측정에는 여러 가지 방법이 있는데, 가령 시료에 2, 4-디니트로페닐히드라진을 작용시켰을 경우에 440nm의 흡광도를 시료 1g당 환산한 값으로 한다.

카르보닐기 (――基, carbonyl group)　탄화수소 분자 내의 같은 탄소원자에 결합하는 2원자의 수소를 1원자의 산소로 치환하여 생기는 기 >C=O의 명칭. 알데히드 및 케톤의 특성기이다. 이 기를 함유하는 알데히드, 케톤을 총칭하여 카르보닐 화합물이라 한다. 카르보닐기를 포함한 유기 화합물을 옥소화합물이라 총칭하고, 불포화 결합을 갖고 있으므로 반응성이 풍부하며 합성화학에도 많이 이용된다.

카르보닐화 (――化, carbonylation)　유기 화합물에 카르보닐기를 도입하는 반응. 예를 들면 $-CH_2-$를 $-CO-$로 변환하는 반응. 그러나 알코올을 산화하여 알데히드, 케톤을 형성하는 반응은 일반적으로 카르보닐화라고 말하지 않는다.

카르보닐 화합물 (――化合物, carbonyl compound)　카르보닐기 >C=O가 있는 유기 화합물. 알데히드 및 케톤의 총칭. 옥소화합물이라고도 한다.

카르보디이미드 (carbodiimide)　$HN=C=NH$. 이 화합물은 가상한 것이지만, 그 유도체로는 유용한 화합물이 알려져 있다. 예를 들면 디시클로헥실카르보디이미드 $C_6H_{11}N=C=NC_6H_{11}$은 유기 합성, 특히 펩티드 합성 등에 폭넓게 이용되고 있다. 시아나미드의 호변 이성체이며 탄소의 디이미드에 해당한다.

카르보란 (carborane) 카르바보란의 약칭. 보란의 골격 중에서 붕소원자를 탄소원자로 치환시킨 일군의 화합물의 총칭이다.

카르보 아니온 (carbanion) 탄소 음이온의 총칭. 일반적으로 공유결합수 3이고 음전하 1이 있는 탄소원자 R_3C^-를 지칭한다.

카르보 카티온 (carbocation) 탄소 양이온의 총칭. 일반적으로 배위수 3이고 양전하 1을 갖는 탄소원자, 즉 공유결합수가 3인 탄소 양이온 R_3C^+를 지칭한다. 1970년대까지는 카르보카티온이라 불리었으나 오늄명명법에서는 카르베늄 이온이라 부르는 것이 바르다. 현재는 카르보카티온 또는 탄소 양이온이란 명칭이 많이 사용되고 있다.

카르보히드라제 (carbohydrase) 탄수화물을 가수분해하는 효소군. 탄수화물 분해효소라고도 한다. 대표적인 것은 D-글루코오스가 1, 4-α-결합으로 이어진 다당류의 1,4-글리코시드 결합을 가수분해하는 α-아밀라아제, 다당류의 비환원 말단에서 말토오스 단위에 가수분해하는 β-아밀라아제, 기타 각종 글리코시드 결합을 가수분해하는 효소가 있다.

카르복시기 (──基, carboxyl group) 카르복시산의 특성기 −COOH의 명칭. 이 기가 화합물 중에 치환기로 존재하고 다른 것에 우선하는 특성기가 있으므로 −COOH를 접두어로 하여 명명할 필요가 있을 때는 카르복시(carboxy)로 한다.

카르복시라아제 (carboxylase) 기질을 카르복실화 하는 반응을 촉매하는 효소. 카르복시기 형성효소라고도 한다. 리가아세의 하나. 탈탄산효소(디카르복시라아제)에 대응하는 용어. 또한 α-카르복시라아제는 피루브산을 탈 탄산하여 아세토알데히드로 하는 반응을 촉매하는 효소인 피루브산 탈 카르복시라아제를 지칭한다.

카르복시라토기(──基, carboxylato group) 카르복시산이 해리하여 음이온이 되어 있을 때의 음이온기 −COO$^-$의 명칭이다.

카르복시 메틸 셀룰로오스 (carboxy-methyl-cellulose) 셀룰로오스 분자 내의 OH기가 일반식 $R(OCH_2COOH)_n$로 표기되는 에테르형의 유도체가 된 화합물. 약어 CMC이다.

공업적으로는 펄프에 수산화나트륨과 클로로 아세트산을 반응시켜 만들어진다. 수용성이다. 풀, 식품, 화장품, 의약품 첨가제 및 섬유 굴삭, 토목공사에서 콘크리트 첨가제 등 많은 분야에 사용된다. 또 가교하여 흡수성 고분자로 사용된다.

카르복시 산 (──酸, carboxylic acid) 카르복시기 −COOH가 있는 유기 화합물. 카르본산이란 명칭은 독일어 Carbonsäure에 따른 발음이다.

카르복시 펩티다아제 (carboxypeptidase) 폴리펩티드 사슬의 카르복시기쪽 말단 아미노산 잔기를 가수분해하여 아미노산을 유리하는 효소. 아미노펩티다아제와 함께 엑소펩티다아제의 하나이다. 활성 중심에 $2n^{2+}$ 등의 금속 이온이 있는 것과 세린 잔기가 있는 것의 두 가지로 구별된다. 전자는 췌장에서 얻어지며 주로 A, B 두 유형이 있다. 후자는 감귤류 표피, 효모 등에 존재하며 C, Y 등의 유형이 있다.

카르비놀 (carbinol) 원래는 메탄올의 별칭으로 사용되었다. 모든 알코올을 메탄올의 유도체로 여겨서 명칭을 부여하는 명명법으로서, 카르비놀 명명법이 있었으나 현재는 폐기되어 쓰이지 않는다. 오늘날의 문헌에서는 약간 복잡한 구조를 갖는 알코올인 경우, 알코올의 동의어로서 카르비놀이라 하는 경우가 있다.

카르비톨 (Carbitol) 디에틸렌 글리콜의 모노에틸에테르, $HOCH_2CH_2OCH_2CH_2OC_2H_5$. 용매로서, 특히 공업용 용제로서의 용도가 있다. 카르비톨이란 명칭은 Union Carbide사의 등록 상표명이지만 일반적으로도 이 명칭이 통용되고 있다.

카르빌아민 (carbylamine) ⇨ 이소시아니드.

카멜레온 액 (──液, chameleon solution) 과망간산칼륨 수용액의 속칭. 원래는 망간산 염수 용액이 알칼리성이고 녹색, 산성이며 적자색으로 변화하기 때문에 이처럼 불리었다. 그러나 최근에 이르러 과망간산칼륨 수용액이 강알칼리성이고 망간산염을 생산하여 녹색이 되고, 다시 환원되면 망간(II)염이 생성되어 거의 무색으로 되므로 이렇게 무르게 되었다. 또 광불 카멜레온이라고도 한다.

카멜레온 페인트 (chameleon paint)　⇨ 시온 도료.

카바이드 (carbide)　공업분야에서 사용하는 탄화칼슘의 명칭. 생석회와 코크스를 혼합하여 약 2,000℃에서 가열 용융하면 얻어진다. 아세틸렌, 석회질소 등의 원료가 된다.

카보런덤 (carborundum)　탄화규소 SiC의 상품명(미국 Carborundum 사)이다.

카보런덤 기모 (── 起毛, carborundum raising)　⇨ 세미 가공.

카본 겔 (carbon gel)　⇨ 결합 고무.

카본 블랙 (carbon black)　탄소를 함유하는 화합물을 산소가 불충분한 상태에서 연소 또는 열분해시켜 제조되는 흑색의 안료. 이른바 그을음에 상당하는 것으로 탄소입자의 크기는 $1\sim500\,m\mu$이며 흑연과 비슷하다. 원료와 제조방법에 따라 송연, 유연, 램프 블랙, 채널 블랙, 퍼네스 블랙, 아세틸렌 블랙 등 여러 가지 품종이 있다. 그 중 약 9할은 고무용 충전제로 사용된다.

카본 전사지 (── 轉寫紙, carbon transfer paper)　필기, 타이핑 등의 인압(印壓)으로 동시에 복수매의 복사를 하기 위해 카본 블랙, 착색 안료, 염료 등을 분산한 납이 함유된 오일을 편면 또는 양면에 도포한 박엽지, 카본지라고도 한다.

카본지 (── 紙, carbon paper)　⇨ 카본 전사지.

카본 파이버 (carbon fiber)　⇨ 탄소 섬유.

카사바 (cassava)　학명은 *Manihot Utilissima* 로서, 대극과의 열대 관목, 캐사바라고도 한다. 지하부는 녹말이 축적 비대한 괴근 같은 모양이고 원산지인 브라질, 필리핀, 인도네시아 등에서는 식용작물로 재배되고 있다. 또 바이오매스의 자원으로 이용되며 브라질 등에서는 카사바에서 에탄올을 생산하고 있다.

카세인 (casein)　유즙의 주성분으로 되어 있는 인단백질. 탈지유를 원료로 하여 생산된다. 치즈는 카세인을 주성분으로 하는 식품이다. 카세인은 또 접착제, 유화제, 수성 도료 등의 제조에 사용된다. 우유 속의 카세인 함량은 3.0%, 사람의 젖에서는 0.9%. 보통 우유에

산류(아세트산, 염산, 황산, 젖산)를 넣어서 침전시켜 만든다. 백색, 무미, 무취인 가루. 물, 유기 용매에 난용이고 묽은 알칼리에 녹고 좌선성이다. 등전점 pH 4.6 부근, 또는 아미노산을 포함한 영양 단백질로서 중요하다. 단백질 가수분해효소(프로테나아제)의 활성 측정용 기질로서 사용되고 또 비타민 부합품은 비타민 시험용 동물의 먹이로 제공된다.

카슈스 보라금 (── 金, Cassius purple)　금(Ⅲ)이온을 함유하는 미산성 용액에 염화주석(Ⅱ)용액을 냉각시 가할 때에 생기는 자적색의 금 콜로이드 용액을 말한다.

카올리나이트 (kaolinite)　대표적인 점토 광물. 장석이 분해하여 생성된다. 조성은 $Al_2Si_2O_5(OH)_4$. 중국 장시성의 고능(高陵, Kaoling)에서 산출되므로 카올리나이트란 이름이 붙었다. 도자기, 내화 재료, 제지용 충전제, 안료 등에 사용된다.

카올린 (kaolin)　카올리나이트 등을 함유하는 점토의 하나. 백토, 고령토라고 한다. 암석중 장석류의 분해 생성물, 백색 또는 담황색 점토. 도자기 등의 원료로 소중하게 쓰인다.

카우리 코팔 (kauri gum)　뉴질랜드 지방에서 얻어지는 화석 수지. 주로 바니시 제조용에 사용되지만 우리나라에서는 거의 사용되지 않는다.

카일로미크론 (chylomicron)　⇨ 킬로미크론.

카카오 지 (── 脂, cacao butter, cocoa butter)　카카오콩에서 얻어지는 지방. 카카오 향미를 가진 담황색 고체로 카카오 종지에 30~50% 함유된다. 지방산 조성은 포화산으로 스테아린산, 팔미틴산, 불포화산으로 올레산이 위주이고, 그 밖에 소량의 리놀산으로 되어 있다. 1, 3-포화, 2-불포화-트리글리세리드를 주성분으로 하므로 35~36℃의 명확한 녹는점이 있다. 또 코코아의 향미가 있어 초콜릿을 비롯하여 제과용 및 화장용 지방에 사용된다.

카커스 (carcass)　타이어의 일부. 타이어의 골격으로 코드 양면에 고무를 피복한 것을 맞대어 성형한 부분을 말한다.

카탈라아제 (catalase)　과산화 수소를 물과 산소분자로 분해하는 효소. 혐기성 세균을 예외로 하고, 생물체에 널리 분포. 포유동물

에서는 적혈구, 간장 중에 풍부하게 존재한다. 철을 0.09% 함유하는 프로토헴 단백질이다.

카테난 (catenane)   2개의 탄화수소 고리가 서로 공유결합으로 결합하는 일 없이, 서로 짜여져 사슬같은 형태로 이어져 있는 화합물. 34 원자고리로 된 카테난이 합성되어 있다. 또 큰 고리모양 복소 고리로 구성되어 있는 카테난도 알려져 있다.

카테네이션 (catenation)   화합물 중에서 같은 원소의 원자가 결합하여 사슬 모양으로 이어지는 현상. 이 현상이 가장 현저한 것은 탄소로서 유기 화합물의 다양성의 원인이 되고 있다. 주기표의 탄소와 같은 족에서는 규소, 게르마늄 순으로 작아지고, 또 같은 주기에서는 탄소, 질소, 산소의 순으로 작아진다.

카테콜 (catechol) $C_6H_4(OH_2)$. 벤젠 고리의 오르토 자리에 2개의 히드록실기가 있는 2가 페놀, 각종 금속과 킬레이트 착물을 형성하므로 분석용 시약으로 사용된다.

카테콜아민 (catecholamine)   분자 내에 카테콜 핵이 있는 아민류의 총칭. 아드레날린, 노르아드레날린, 도파민, 세로토닌 등의 신경전달물질을 지칭한다.

카테킨 (catechin)   3-히드록시-2-페닐크로만 (a)를 모핵으로 하고, 여기에 몇 개의 OH기가 있는 화합물의 총칭. 천연으로 각종 식물에 함유되어 있는 카테킨류가 있다. 잘 알려져 있는 것은 2-자리 페닐의 입체 이성질체에 속하는 에피카테킨으로, 찻잎 타닌 한 성분으로 존재한다.

(a)

[카테킨]

카테터 (catheter)   체강(흉막강, 복막강), 관상 기관(기관, 시도, 위, 장, 방광, 요관, 혈관) 등에 삽입하는 중공 관상의 외과적 기구. 원래는 그 기관들의 내용액의 배출을 측정하기 위해 사용하였으나 약액의 주입, 센서의 삽입 등을 위한 통로 확보를 목적으로 사용된다. 고무, 플라스틱, 금속 등으로 되어 있으며, 지름 및 길이는 다양하고, 쓰이는 부위와 목적에 따라 다양하게 고안되어 있다. 특히 소변의 배출과 방광 세정·방광 내 약주입을 위한 요도 카테터는 종류가 많고 널리 쓰이며, 금속제의 것은 남녀 별개로 되어 있다.

카티온 (cation)   양이온과 동의어. 무기화학에서는 양이온이라 하지만, 유기 화합물의 양이온은 습관적으로 카티온이라고 하는 경우가 많다. 탄소원자가 양이온이 된 것을 카르보 카티온이라 한다.

카티온 계면 활성제 (── 界面活性劑, cationic surface-active agent, cationic surfactant)   ⇨ 양이온 계면활성제.

카파 값 (Kappa number)   펄프 중의 잔류 리그닌 양을 표시하는 값. 1g의 펄프가 25℃에서 10분간에 소비하는 0.1N 과망간산 칼륨 용액의 양(ml)으로 나타내지만, 첨가한 과망간산 칼륨의 50% 소비량 값으로 보정하여 사용된다.

카페인 (caffeine)   퓨린 고리를 골격으로 하는 알칼로이드의 하나. $C_8H_{10}O_2N_4$. 1, 3, 7-트리메틸크산틴에 해당. 차, 커피 등에 함유된다. 차에서 추출된 것을 테인(thein)이라 하며 카페인과 동일 물질이다. 각종 장기에 대해서 흥분적으로 작용하고 후에 피로를 남기지 않는다. 보통 것은 1수화물이며, 견사 광택이 나는 결정체이다. 냉수, 알코올에 약간 녹고 쓴 맛이 있다. 흥분제, 이뇨제, 강심제로서의 의약이다. 차 잎을 열탕에 넣었다가 꺼내어 염기성 아세트산납을 가하여 백질, 타닌 등을 침전시켜 과잉인 납을 황산으로 제거하고 그 여액에서 클로로포름으로 유출하여 증발 결정시켜 얻는다. 합성은 디메틸 요소와 말론산에서 트리메틸요산을 만들고 이것을 5염화린으로 처리하여 요오드화 수소로 환원한다. 크산틴, 테오브로민 등의 메틸화에 의해서도 카페인이 생긴다.

카프로락탐 (caprolactam) ε-아미노카프로산의 락탐. 공업적으로는 시클로헥사논옥심에서 합성되며, 6-나일론 제조의 주원료이다. 물, 에탄올, 에테르, 벤젠 등에 가용. 물, 아미노산 등을 가해서 가압하여 가열하면 숭합한다. 알칼리 금속, 카프로락탐나트륨염, 트리에틸알루미늄 등에서도 급속히 중합한다. 6-나일론의 원료, 그 외에 공중합폴리아미드의 원료로 쓰인다.

[카프로락탐]

카프로산 (—— 酸, caproic acid)　$CH_3(CH_2)_4COOH$. 유사한 이름의 지방산이 3종류 있어 애매하므로, 현대의 명명법에서는 탄소 6원자의 산을 표시하는 헥산산(hexanoic acid)이란 계통명으로 불린다. 버터의 트리글리세리드의 성분으로서 함유된다. 무색에 불쾌한 냄새를 가진 액체. 물에 약간 녹고, 에탄올·에테르에 가용. 글리세린에테르로 버터 등에 포함된다.

카프르산 (—— 酸, capric acid)　$CH_3(CH_2)_8COOH$. 유사한 이름의 지방산이 3종류 있어, 애매하므로 현대의 명명법에서는 탄소 10원자의 산을 표시하는 데칸산(decanoic acid)이란 계통명으로 불린다. 야자유, 팜핵유의 트리글리세리드의 성분으로서 함유된다. 물에 불용, 알코올, 에테르에 녹는다. 글리세린 에스테르로 버터, 야자유 등의 유지 속에 함유되고, 또 퓨젤유 속에는 이 산인 아밀에스테르가 있다.

카프릴산 (—— 酸, caprylic acid)　$CH_3(CH_2)_6COOH$. 유사한 이름의 지방산이 3종류 있어 애매하므로, 현대의 명명법에서는 탄소 8원자의 산을 표시하는 옥탄산(octanoic acid)라는 계통명으로 불린다. 버터, 야자유, 팜핵유의 트리글리세리드 성분으로 함유된다. 물에 거의 녹지 않고, 에탄올·에테르 등에 녹는다.

칼럼 (column)　크로마토그래피에서 분리의 장이 될 수 있는 상태로 한 크로마토 관. 충전제를 채우거나 내벽에 고정상 액체를 코팅한 크로마토 관을 지칭하는 경우가 일반적이지만, 내벽에 화학결합기를 도입하거나 흡착 크로마토그래피용으로 부식시킨 크로마토 관도 포함된다. 구리제, 스테인리스제, 유리제 또는 합성 수지제가 있으며, 모양은 나선형, V자형, 직선형 등이 있다.

칼럼법 (—— 法, column method)　원래는 이온 교환을 배지법이 아니라, 이온 교환체를 채운 칼럼에 의해 하는 방법을 지칭한다. 그러나 최근에는 이온 교환에 한하지 않고 칼럼을 사용하여 교환하는 조작(주로 전처리)을 칼럼법이라 하는 일이 많다.

칼럼 용적비 (—— 容積比, capacity factor)　⇨ 커패시티 팩터.

칼럼크로마토그래피 (column chromatography)　크로마토관을 사용하는 크로마토그래피. 여지(페이퍼) 크로마토 그래피와 얇은 막 크로마토그래피 등의 평면 크로마토그래피와 대비하여 불리운다. 칼럼 액체크로마토그래피, 가스 크로마토그래피가 해당된다.

칼로리 (calorie, calory)　열량(에너지)의 단위　1 atm으로 물을 14.5℃에서 15.5℃까지 승온시키는 열량을 15℃ 칼로리(기호 cal_{15})라 하는 외에 국제 수증기표 칼로리(cal_{IT}), 열화학 칼로리(cal_{th}) 등이 정의되어 있으나 열량 에너지의 하나인 사실에 바탕하여 현재는 열량에 대해서도 에너지의 단위를 사용할 것을 권장하고 있고, SI 단위계에서는 줄(기호 J)이 사용된다. $1\ cal_{th}=4.184\ J$

칼로리메트리 (calorimetry)　⇨ 열량 측정.

칼로리미터 (calorimeter)　⇨ 열량계.

칼로멜 (calomel)　염화수은(I) Hg_2Cl_2의 속칭. 감홍(甘汞)이라고도 한다. 암모니아수를 가하면 염화수은 아미드 $HgNH_2Cl$(백색)과 수은(고운 흑색입자)의 혼합물을 생성하여 아름다운 흑색으로 변한다. 그래서 아름다운 흑색이라는 뜻의 그리스어인 Kalon melas에 관련지어 칼로멜이라고도 한다. 제조는 수은과 염화수은(Ⅱ)(염화 제이수은) $HgCl_2$를 혼합·가열하여 만든다. 하제(下劑)·이뇨제·매독 치료제로서 내복용으로 쓰이기도 하고, 연고로서 외용(外用)되기도 하는데, 극약에 속한다. 또 칼로멜 전극으로 표준전지에도 사용된다. 광선을 차단하고 저장해야 하는데, 장기간 보존하면 분해되어 승홍(昇汞), 즉 염화수은(Ⅱ)을 생성한다.

칼로멜 전극 (—— 電極, calomel electrode)　칼로멜[염화수은(Ⅰ)]과 수은을 잘 이겨 풀 모양으로 한 것으로 수은전극 표면을 덮은 후 이것을 칼로멜을 포화시킨 일정 농도의 염화칼륨(염화칼륨 이외의 경우는 염화나트륨-칼로멜 전극이라 한다) 수용액에 침지한 전극. 감홍 전극이라고도 한다(⇨ 표준 칼로멜 전극). 수소 전극보다 사용하기 쉬우므로 이 전극으로 측정하여 수소 전극의 값으로 환산한다.

칼륨 (potash) 칼륨화합물의 명칭 중에서 칼륨을 생략하여 가리라고 하는 경우도 있지만 속칭이다. 예를 들면 과망간산 칼륨, 염화 칼륨 등, 또한 일반적 명칭 중에도 칼륨 초자, 칼륨 장석, 칼륨 비료 등으로 부르는 예도 있다.

칼륨 명반 (―― 明礬, potassium alum) 보통은 칼륨알루미늄 명반 $KAl(SO_4)_2 \cdot 12H_2O$를 지칭한다. 단지 명반이라 할 때도 이것을 지칭하는 경우가 많다. 제지, 염색, 의약품, 청징제(淸澄劑) 등으로 사용된다.

칼륨 비누 (potash soap) 보통 비누는 고급 지방산의 나트륨염을 주원료로 하여 제조되지만 나트륨염 대신에 칼륨염을 원료로 하여 만들어진 것을 칼륨 비누라 한다. 연질 풀모양의 비누로서 면도 등의 특수한 용도에 사용된다.

칼륨 비료 (―― 肥料, potassic fertilizer) 칼륨분을 함유하는 비료. 주요 성분은 염화칼륨과 황산칼륨이다. 옛날에는 초목회 등이 사용되었다.

칼륨 유리 (potash glass) 산화칼륨을 함유하는 유리. 산화나트륨을 함유하는 소다 유리 쪽이 염가이고 일반적이지만, 칼륨의 첨가로 굴절률이 높아지고 일반적으로 전이금속 이온에 의한 착색도 선명하다.

칼륨 융해 (―― 融解, potash fusion) 알칼리 융해 중 수산화칼륨을 사용하는 방법을 말한다. 무기 및 분석화학에서는 예를 들면 규산염을 KOH와 함께 가열 융해하는 조작. 유기합성 화학에서는 방향족의 술폰산나트륨에 고체의 수산화칼륨과 소량의 물을 가하여 고온도로 가열 융해하여 페놀을 합성하는 반응. 공업적으로는 염가인 수산화나트륨을 사용하는 알칼리 융해가 많이 사용된다.

칼리딘 (kalidin) ⇨ 키닌.

칼릿 (carlit) 과염소산 암모늄 NH_4ClO_4를 기제(基劑)로 하는 폭파약의 상품명. 발명자인 스웨덴의 O. B Carlson의 이름을 딴 것이다.

칼모듈린 (calmodulin) 칼슘 의존성 대사조절 단백질. 분자량이 작은(16,000) 단백질로서 4개소에 칼슘 결합부위가 있다.

칼슘 시안아미드 (calcium cyanamide) 공업적으로는 탄화칼슘 가루를 질소기류 속에서 $950\sim1,200℃$로 가열하여 제조한다. 무색 결정 $CaCN_2$. 물에 분해하여 암모니아를 발생하고 끓이면 디시안디아미드$(NCNH_2)_2$를 생성한다. 탄화칼슘을 질소 기류 중에서 가열하면 탄소와의 혼합물로서 얻어지는 석회질소의 주성분이며, 이 방법은 최초의 공기 중 질소 고정법이다. 비료와 화학공업의 원료로 쓰인다.

칼시토닌 (calcitonin) 갑상선의 C세포에서 분비되는 잔기수 32개의 폴리펩티드 호르몬. 뼈에 직접 작용하여 뼈의 칼슘 방출을 감소시켜 혈중의 칼슘량을 저하시킨다. 또 신장의 비타민 D 활성화 반응을 촉진한다.

칼코겐 (chalcogens) 주기표 16족(6A족) 원소(산소, 황, 셀렌, 텔루르, 폴로늄)의 총칭. 칼코겐이란 조광물 원소를 뜻한다.

칼코겐화물 글라스 (―― 化物 ――, chalcogenide glass) 칼코겐화물(황화물, 셀렌화물, 텔루르화물) 및 그 조합물로 된 비산화물계 유리. 칼코게나이드 글라스라고도 한다. 일반적으로 가시부보다 적외부의 투과율이 높으므로 암적색을 띠며 또한 반도성, 광전도성을 나타내는 것이 있다.

칼크 (chloride of lime) 표백분의 속칭. 클로르칼크, 클로로르석회 등으로 불리었던 적도 있었다

캄판 (camphane) ⇨ 보르난.

칼-피셔법 (―― 法, Karl-Fischer method) 수분 정량법의 하나. 칼-피셔시약 (요오드, 이산화황 및 피리딘 등을 무수메탄올 용액으로 한 것)을 수분과 반응시킨다. 반응 후 당량점을 지나면 요오드가 과잉하게 되고 그것을 검출함으로써 종점을 구할 수 있다.

$$I_2 + SO_2 + 3\,Base + H_2O + CH_3OH \rightarrow 2\,Base\ HI + Base\,HSO_4CH_3.$$

캐러멜 (caramel) 식용의 당질(포도당, 설탕, 전화당, 물엿, 당밀 등)을 일정 조건에서 처리하여 얻어지는 흑갈색의 덩어리. 액체, 분말 또는 풀모양의 물질. 사탕무, 사탕수수류에서 공업적으로 제조. 식품(간장, 소스, 기호음료

등)의 착색료로 사용된다.

캐리어 (carrier) (1) ⇨ 운반체. (2) 반도체 중의 전도전자 및 가전자대 중의 정공을 말한다. 전하 운반체(charge carrier)라고 해야 할 것이나, 반도체 분야에서는 캐리어라 한다. (3) 전자사진의 현상제로 사용하며 토너의 운반과 마찰 대전의 역할을 한다. 분체현상에서는 유리공구와 철분이 사용되며 토너와 마찰 대전하면 동시에 토너를 부착시켜, 정전 잠상에 균일하게 공급한다. 액체 현상에서는 절연성의 유기 용매가 사용되며 대전한 토너를 균일하게 분산시키는 역할을 한다. (4) ⇨ 캐리어 염색.

캐리어 가스 (carrier gas) 가스 크로마토그래피에서 이동상으로 사용되는 가스. 검출기의 검출 메커니즘에 따라 다른 것이 사용되며, 열전도도 셀에서는 헬륨, 수소, 수소염 이온화 검출기에서는 질소가 여기에 가해지고, 또 전자포획 검출기에서는 질소와 소량의 메탄을 함유하는 아르곤이 사용된다.

캐리어 염색 (—— 染色, carrier dyeing) 난염성 합성 섬유 염색법의 하나. 소수성 섬유에 흡착, 확산하여 섬유를 가소화하고, 염료가 섬유 내부에 쉽게 확산할 수 있도록 하는 보조제[캐리어(염색속도 촉진제)]를 염욕에 가해서 실시하는 염색법. 폴리에스테르 섬유를 100℃ 이하에서 염색할 때 사용된다. 캐리어는 무색의 저분자 화합물이며, 페놀유도체, 클로로벤젠류, 메틸나프탈렌류 등이 사용된다.

캐리 오버 (carry over) (1) 증류탑, 흡수탑 내부의 고체 또는 액체의 일부가 오버 플로 배출물에 의해 운반되는 것을 말한다. (2) 이월 재고, 곡물연도의 기말 재고를 말한다. 기말 재고의 양이 다음 연도의 곡물가격에 큰 영향을 미친다.

캐릭터리제이션 (characterization) (1) 분석 화학에서는 정성 분석에 가까운 개념의 용어. 어떤 시료 중에 존재하는 흔적 성분의 분석에 관하여 trace characterization이란 용어를 사용한 데에 유래한다. 흔적 분석에 있어, 시료 중에 함유되는 미량의 목적 성분의 화학종·평균 농도를 구할 뿐만 아니라 그 성분이 시료 중에 어떻게 분포하고, 어떠한 화학형태(산화상태, 배위상태, 인근 화학종과의 상호작용 등)를 갖고 있는가를 알기 위한 분석을 하여 시료의 특성을 해명하는 작업을 말한다. (2) 유기 화합물의 분석에 대해서는 종래의 정성 분석이 시료를 기지 물질과 비교하여 확인(identification)하는 동정방법이었던 것과 대비하여 시료의 제반 성질을 조사하여 다른 물질과 비교함이 없이 그 시료의 분자구조, 기타의 본질을 특정하는 방법을 이르는 경우가 많다. 캐릭터리제이션에는 기기분석적 수법이 유력한 보조 수단으로 사용된다. (3) 고분자 화학의 영역에서도 일반 유기 화합물의 경우 (2)와 본질적으로는 같은 개념이다. 그러나 고분자 물질의 대부분은 반드시 균일한 물질은 아니므로 1차 구조적인 성질, 고차구조적인 성질, 열적 성질, 그 밖의 기본적 제반 성질을 종합하여 시료의 본질을 특정하는 연구수법을 말하며 특성 해석이란 용어가 사용되고 있다.

캐비테이션 (cavitation) 액체의 미소한 일부의 주위가 액체로 둘러싸인 상태에서 기화하는 현상. 공동화, 공동현상이라고도 한다. 개체와 액체의 상대속도가 매우 큰 경우에 고체 표면의 일부에서 액체의 정압이 액체의 증기압보다 작아질 때 일어난다. 펌프의 임펠러와 선박의 스크류 등에서 발생한다. 캐비테이션이 일어나면 성능이 떨어지고 손상하는 경우도 있다.

캐비티 (mold cavity) 금형을 조립하였을 때의 중공부. 이 공간에 성형하는 재료를 충전한다. 암틀의 조각면을 지칭하는 경우도 있다.

캐스케이드 (cascade) 어떤 원소 중의 특정한 동위원소를 분리하는 경우처럼, 물리적·화학적으로 매우 유사한 것을 분리할 때는 하나의 분리 유닛만으로는 극히 소량 밖에 분리할 수 없다. 그래서 분리 유닛을 연결하여 분리 조작을 하는데 이 분리 유닛의 집합체를 캐스케이드라 한다.

캐스케이드 임팩터 (cascade impactor) 다단 단공식 임팩터법(관성 충돌법)으로 입경별 진개 포집기. 노즐에서의 기류 중에 포집판을 놓고 흡인하면 기류는 방향을 바꾸지만 입자는 관성에 의해 포집판에 충돌하여 포획된다. 노즐 구경에 따라 기체속도가 변화하고 입자의 관성력 차에 의해 입경별로 분리된다.

캐스케이드 현상 (―― 現像, cascade development)　전자 사진법으로 형성된 정전 잠상을 가시화하는 분체현상의 하나. 미세한 유리구 표면에 분체 토너를 마찰 대전으로 흡착시키고, 그 후에 전자사진 감광체 표면에 폭포(캐스케이드)처럼 낙하시켜 정전 잠상을 현상하는 방법이다.

캐스터블 내화물 (―― 耐火物, castable refractories)　부정형 내화물의 하나. 내화물 분말에 결합제로서 수경성 내화물을 첨가한 것. 콘크리트처럼 사용 현장에서 물을 가해 혼연하여 형틀에 부어 넣거나 흙손으로 바르면 상온에서 경화한다.

캐싸바 (cassava)　⇨ 카사바.

캘러스 (callus)　식물의 조직, 기관에서 무정형으로 증식하는 세포군. 식물의 잎, 줄기, 유아, 배, 배유, 꽃밥 등 절편을 식물 호르몬을 함유하는 배지 계대 배양하여 얻는다. 캘러스를 사용하여 천연 색소의 시토키닌, 의약품의 베르베린 등이 공업 생산되고 있다.

캘리에 계수 (―― 係數, Callier's Q factor)　은염 사진필름 같은 입자로 만들어진 화상은 광산란 때문에 투과광이 입사광과 평행하지 않는 성분을 갖는다. 그러므로 평행광 농도(투과광이 입사광에 평행한 성분으로 정의한 농도)와 확산광 농도(투과광의 전 각도 적분값으로 정의한 농도)의 비율을 캘리에 계수리 히어 입상도(粒狀度)를 평가한다. 미립자로 된 화면일수록 값은 작고, 한계값은 1이다.

캘리코 염색 (―― 染色, calico printing)　몇 가지 색깔로 인물, 동물, 화조, 선을 기하학적으로 배치한 남방에서 유래한 문양을 캘리코 문양이라 한다. 캘리코의 염색법으로는 날염 캘리코, 서화 캘리코, 지형 캘리코, 침투 캘리코, 판목 캘리코 등이 있다. 명칭으로는 홍형(紅型) 배틱 염색, 자바 캘리코, 인도 캘리코가 있다.

캘린더 (calender)　2~ 몇개의 롤러로 되어 있는 직물이나 종이 또는 비닐 시트 등의 마지막 다듬질 공정에 사용하는 기계로 직물을 롤러 사이를 통과시켜 가압함으로써 표면을 평활하게 하고 광택이 더 나게 한다.

캘린더 걸이 (calendering)　마무리 공정에서 캘린더를 통과시키는 것. 천의 면을 평활 하게 하고 광택을 더내기 위해 또는 옷감의 결과 천발을 조밀하게 하는 것을 목적으로 한다.

캘빈 사이클 (Calvin cycle)　식물의 광합성(이산화탄소 고정)의 기본 회로. 광합성시에 광 인산화로 생긴 ATP와 비순환형 광전자 전달계에서 생기는 NADPH는 이산화탄소의 고정과 환원에 의한 탄수화물 고정에 소비된다. 이산화탄소는 리브로오스 1,5-이인산과 반응하고, 이어서 3-포스포글리세르산을 생성하며 이것이 ATP와 NADPH로 환원되어 3-포스포글리세르알데히드가 된다. 다시 해당계를 거쳐 글루코오스로 변화한다.

캡시드 (capsid)　바이러스의 핵산을 함유하는 단백질의 외각을 말한다.

커드 (curd)　우유에 산을 가하였을 때에 생기는 응고물. 탈지유의 경유. 커드의 주성분은 유단백질의 카세인이지만, 전유의 경유에는 여기에 지방이 더해진다. 커드를 발효시킨 것이 치즈이다. 이러한 것과는 별도로 커드 비누를 커드라고 부르는 일이 있다.

커드 비누 (curd soap)　용융상태에 있는 수화 비누상의 하나. 비누액에 전해액을 가하면 어느 농도 이상에서 비누가 염석하여 응집을 일으켜 상층에 분리한다. 이때 비누의 외관이 우유가 응고한 커드와 비슷하므로 이처럼 불린다 냉각하면 굳은 백색의 비누가 된다.

커런덤 (corundum)　산화 알루미늄 Al_2O_3 결정의 광물. 강옥이라고도 한다. 단단하면서도 부드럽다. 순수한 것은 무색. 소량의 불순물을 함유하는 것은 색깔을 띠고 있다. 예를 들면 Cr_2O_3을 함유하는 것은 루비라 부른다. 인조 커런덤이 만들어져 보석, 연마재로 사용되고 있다.

커패시턴스 (capacitance)　물체가 전하를 축적하는 능력을 나타내는 물리량. 전기용량 또는 정전용량이라고도 한다. 예를 들면, 콘덴서의 양극에 음·양의 전하가 축적될 때, 그 전기량은 양극 간의 전위차에 비례한다. 그 비례계수가 전기용량이다. 단위로는 패럿(F)을 사용한다.

커패시티 팩터 (capacity factor) 칼럼 크로마토그래피에서, 유지의 강도를 나타내는 물질에 고유한 파라미터. 용량인자 또는는 칼럼 용적비라고도 한다. k'로 표시되며 다음 식을 사용하여 실측된다. $k' = (t_R - t_0)/t_0$. 여기서 t_R은 유지된 성분의 유지 시간, t_0는 전혀 유지되지 않는 성분의 유지시간이라 한다.

커플러(color coupler) 사진 현상에서 현상제 또는 그 변화한 것과 결합하여 색소를 형성하는 화합물. 발색제라고도 한다. 가장 일반적인 컬러 사진법인 발색 현상법에서는 현상약인 p-페닐렌디아민 유도체의 산화체가 커플러와 반응하여 색소가 되어 화상을 형성한다. 또 디아조 사진에서는 보통 디아조 화합물이 커플러와 반응하여 아조색소가 되어 화상을 만든다.

커플링 (coupling) ⇨ 커플링 반응.

커플링 반응 (—— 反應, coupling reaction) 2종의 유기 화합물이 상이한 작용기 사이에서 축합반응을 일으켜, 새로운 공유결합을 생성하는 반응을 일반적으로 커플링 반응 또는 짝지음 반응이라 한다. 전형적인 예는 디아조 커플링. 또 같은 종의 화합물이 다른 종의 작용기 사이에서 반응하여 새로운 공유결합을 이루는 반응. 예를 들면 알돌 축합도 하나의 커플링 반응으로 간주할 수 있다.

커플링 법 (—— 法, coupling process) 직접 염료의 후처리법의 하나. 염색 후 디아조액으로 처리하여 섬유상에서 커플링 반응을 일으키게 하는 방법으로 색깔이 짙어지고 견뢰도가 증가한다. 한정된 구조의 염료에 한하여 적용된다. 섬유상에서 디아조화한 커플링 성분과 반응시키는 후처리법은 현색법이라 한다.

커플링 성분 (—— 成分, coupling component) 디아조늄염과의 짝짓기 반응으로 아조 염료를 부여하는 중간물. 방향족 아민, 페놀류 및 그런 것의 술폰산이 위주이지만 활성 메틸렌기를 갖는 아세토아세트산아릴아미드와 피라졸론 유도체 등도 있다.

커플링제 (—— 劑, coupling agent) 고분자와 유리나 탄소섬유 등의 계면 접착성을 높이고 그 결과 복합재료의 특성을 향상시키는 데 사용되는 재료. 실란계, 티탄산염계, 크롬계 등 많은 종류가 있다. 실란 짝짓기제가 가장 많이 사용된다.

컨디셔닝 (conditioning) (1) 측정에 즈음하여 장치, 시약, 조건 등을 사전에 최적한 상태로 갖추어 놓는 것을 말한다. (2) 이온 교환체를 사용하기에 앞서 불순물 제거 등을 목적으로 하는 사전 처리를 말한다. 예를 들면, 유기 원소 분석에서 분석장치의 상태를 정리할 것을 목적으로 분석 때와 마찬가지의 조건·조작으로 유기물을 연소 또는 분해시키는 것. 이 때 유기물의 양은 물론 생성물의 양도 측정하지 않고 자료도 취하지 않는다.

컨시스턴시 (consistency) 유동도가 비교적 작을 때 소성 유동에 의한 변형 또는 유동에 대한 저항을 말한다. 점조도(点稠度) 또는 조도라고도 한다. 측정조건의 영향을 받기 쉬우며 물리적인 뜻도 명확하지 않지만 탄성, 점성, 파괴, 연화, 경화 등의 성질이 복잡하게 섞여 있는 것으로 생각되고 있다. 보통의 점도계 등으로는 측정하기 힘들어서 측정은 침입도 시험기 등을 이용하여 상대적인 수치를 측정한다.

컬러 사진 (—— 寫眞, color photography) 피사체의 색과 명암의 상태를 기록한 사진. 컬러 사진을 제작하는 방식을 대별하면, 백색의 묘화면에서 피사체 색의 보색을 명암의 정두에 대응시키면서 제해 나가는 감색법과, 흑백 묘화면에 피사체의 색을 명암의 정도에 따라 가해 나가는 가색법이 있다. 널리 사용되고 있는 발색 현상법, 은 색소 표백법, 컬러 확산 전사법 등은 전자에 속한다.

컬러 스캐너 (color scanner) 색분해를 전자적으로 하여 다색 인쇄용의 분해 음화 또는 양화를 만드는 장치. 컬러 원고를 스폿광으로 원통 혹은 평면 주사하여 투과 혹은 반사광을 분해 필터를 통해 광전 변환한다. 색 수정, 계조 수정, 밑색 제거 등을 전자회로에서 하고, 다시 필름상에 스폿 주사 노광을 하여 분해 음화, 분해 양화, 망음화, 망양화를 만든다.

컬러 인덱스 (Colour Index) 미국과 영국의 염료염색관계 협회(SDC와 AATCC)의 공도 편집에 의한 공업용 염안료집. 전7권(제3판 및 증보 1971~1975년). 각국의 제품을 CI명으로 분류하여 상품명, 염색성, 용도, 구조 등을 제시하고 있다.

컬러 커플러 (colored coupler) ⇨ 착색 커플러.

컬러 현상 (—— 現象, color development) ⇨ 발색 현상.

컬릿 (cullet)　유리 부스러기. 유리의 생산부 현장에서는 연료의 절약과 노재의 손상경감을 위해 보통 원료에 유리와 동일 또는 유사 조성의 컬릿을 수십 % 첨가한다. 또 색유리의 융해에 필수적인 경우가 있다.

컴프레서 유 (—— 油, compressor oil) ⇨ 압축기 유.

컴플라이언스 (compliance)　물질에 외력을 가하여 변화시킬 때의 비틀림과 응력의 비. 탄성률의 역수. 물질에 일정 응력을 가하여 시간과 함께 변화하는 비틀림을 측정하는 크리프의 실험에서는 탄성률보다도 컴플라이언스를 사용하는 것이 편리하다.

컴플렉션(complexion)　폴리아민-N-폴리칼본산류의 총칭. 예를 들면 에틸렌디아민사아세트산(EDTA), 니트로삼아세트산(NTA)도 이 부류에 든다. 분자 내에 $-N(CH_2COOH)_2$의 구조가 있으며, 많은 금속 이온과 매우 안정된 킬레이트 화합물을 형성한다. 분석 시약 등 용도가 많다.

컵 그리스 (cup grease)　칼슘 비누를 광유에 조합하여 제조한 60℃ 이하의 작업온도에서 사용하는 그리스. 외관은 담색 버터상이며 1% 전후의 수분을 함유하지만 내수성이 뛰어나다.

컵 법 (—— 法, cup method)　항생물질의 역가 측정에 사용되는 생물학적 정량법의 하나. 한천 배지를 넣은 페트리 접시에 표준 균주로서 포도상균 등을 가하여 한천으로 굳히고, 이 위에 스테인리스 스틸제의 컵을 놓고 시험액을 넣어 배양한다. 컵 주위에 항생물질에 의한 균의 생육 저지원이 나타난다. 이 저지원의 지름을 측정함으로써 항균력의 크기를 알 수 있다.

컷 (cut) ⇨ 유분.

컷거트 (cutgut)　흡수성 봉합사의 하나. 소, 양의 소장에서 적출한 장막을 원료로 한 것이 사용되지만, 지금은 합성 흡수성 봉합사

도 많이 사용되고 있다.

컷 글라스 (cut glass)　표면에 컷으로 문양을 조각한 공예 유리. 성형된 유리기구의 표면은 회전판을 사용하여 견고하게 깎고 선을 조각하는 것. 요철에 의한 빛의 반사, 굴절의 미려함을 강조하기 위해 굴절률이 높은 연 유리가 사용된다. 컷 글라스의 전통을 간직한 유럽에서는 산화납의 함유율을 24% 이상으로 하는 규제가 있다.

컷트 (cut)　혼합 반죽기에 의해 원료 고무나 배합고무를 가소화할 때, 또는 가공 조작을 용이하게 하기 위해 예열하거나 혼합작업을 할 때 균일성을 높이기 위해 롤상의 고무 생지에 칼질로 절취하여 다시 롤에 되돌리는 조작을 말한다. 보통 좌우에서 동일한 조작을 교차적으로 한다.

컷트 성장 (—— 成長, cut growth)　가황 고무에 생긴 짧린 상처가 그 후에 가해지는 외력에 의해 성장하는 것을 말한다.

컷트 저항 (—— 抵抗, cut resistance)　가황 고무나 연질 플라스틱이 예리한 칼 끝 같은 다른 물체의 예각 침입에 저항하는 성질을 말한다.

케긴 구조 (—— 構造, Keggin structure)　헤테로폴리산 이온 구조의 하나. 일반식 $[M^V O_4M_{012}O_{36}]^{n-}$와 같은 이온에서 볼 수 있다. 예를 들면 몰리브도인산 이온 $[PO_4M_{012}O_{36}]^{3-}$ 등. 1934년, J. F. Keggin에 의해 제시되었다.

케라틴 (keratin)　대표적인 구조 단백질. 각질(角質)이라고도 한다. 동물체의 보호역할을 하는 뿔, 발굽, 발톱, 모발, 깃털, 양모 등에 함유된다. 시스테인의 함량이 낳고 $-S-S-$결합으로 가교되어 있으므로 불용성으로 여겨지고 있다.

케로겐 (kerogene)　퇴적암 중의 불용성 유기물을 이른다. 이전에는 오일셸 중의 유기물을 지칭하였다. 어원은 왁스를 의미하는 그리스어의 kero에 유래한다.

케모스탯 (chemostat) ⇨ 연속 배양.

케미그라운드 펄프 (chemiground pulp)　화학적 처리와 기계적 처리를 병용하여 제조하는 펄프. 목재를 아황산나트륨과 탄산수산나트륨의 혼합액으로 연화 처리하고 이어서 쇄목 처리하여 펄프화한다. 쇄목 펄프에 비

하여 에너지효율, 마쇄효율이 높고, 펄프의 수분 건조성이 양호하며, 기계적 강도가 크다. 신문 용지, 포장지 등으로 혼용된다.

케미컬 히트 파이프 (chemical heat pipe) 다음 식과 같은 반응열이 큰 흡열·발열 반응 쌍을 멀리 떨어진 2개소에서 동시에 진행시켜 생성물의 합성가스 및 메탄을 각각 파이프로 송출, 고온열을 장거리 수송하는 시스템. $CH_4 + H_2O \rightleftarrows CO + 3H_2$, 핵열 이용의 한 방법으로 제안되었다.

케미컬 히트 펌프 (chemical heat pump) 물질의 화학변화에 수반하는 열 출입을 이용하여 저온의 열원에서 열을 흡수하여 고온 측으로 방출하는 열기관. 승온, 냉동 혹은 축열을 목적으로 한다. 기체의 흡수, 배위, 흡착과 금속 또는 유기 화합물의 수소반응 등이 사용된다.

케블러 (Kevlar) duPont사가 제조하는 아라미드 섬유 [폴리(p-페닐렌디아민 텔레프탈아미드)]의 상품명. 대표적인 내열성 섬유로, 우수한 기계적인 성질이 있으나 내후성, 염색성이 문제이다.

케이블 유 (―― 油, cable oil) 절연유의 하나. 솔리드 케이블 유와 OF 케이블이 있다. 전자는 솔리드 케이블의 심선 절연용 절연지의 함침에 사용되고, 후자는 고전압 송전 케이블과 심선의 절연물 사이에 충전 또는 순환시켜 사용한다.

케이싱 (casing) 유정 굴삭 중의 출수, 지층의 붕괴, 가스 등이 갱정 내로 침입하는 것을 방지하기 위해 갱정에 삽입하는 강철관을 말한다.

케이싱 헤드 가솔린 (casing-head gasoline) 수반 가스와 함께 유정 갱구에서 원유로부터 분리되는 가솔린. 천연 가스액에 가까운 조성이다.

케이싱 헤드 가스 (casing-head gas) ⇨ 수반 (隨伴) 가스.

케이크 (filter cake) 슬러리를 여과할 때, 여과의 진행됨에 따라 여재 위에 형성되는 고형물. 여과기 케이크라고도 한다.

케이크 여과 (―― 濾過, cake filtration) 케이크가 가능한 여과. 표면 여과라고도 한다. 이에 대해 여재 중에 고형물이 포함 또는 흡착되는 형태로 여과가 진행하는 경우를 여재 여과 또는 체적 여과라 한다.

케이폭 (kapok) 판야과에 속하는 상록 교목의 명칭 및 그 교목 과실의 과피 내면에 생기는 섬유(판야)를 이른다.

케이폭유 (―― 油, kapok oil) 케이폭면을 생산할 때 부생하는 케이폭 종자(함유분 25% 정도)에서 채유되는 불건성유. 케이폭은 인도네시아 등 열대지방에서 생산된다. 지방산 조성과 일반 성상은 면실유와 혹사 (酷似)하지만, 반응성이 높은 시클로프로펜산을 소량 함유한다.

케탈 (ketal) 케톤에서 유도된 아세탈. 옛 문헌에서는 자주 이 명칭이 사용되었으나 현대의 명명법에서는 케탈이란 명칭은 폐기되었다. 알데히드에서 유도된 것이나 케톤에서 유도된 것이나 모두 아세탈이므로 양자의 구별은 없다.

케텐 (ketene) (1) 무색, 자극적인 냄새가 나는 유독 기체, $CH_2=C=O$. 아세트산 또는 아세톤의 열분해로 생성된다. 아세틸화제 혹은 프로피오락톤의 원료로 사용된다. (2) $R_2C=C=O$형 화합물의 총칭이다.

케토-엔올 상호 변이성 (―― 相互變異性, keto-enol tautomerism) 알데히드, 케톤, 카르복시산, 에스테르 등의 $H-C-C=O$형의 수소원자가 반응 활성으로 프로톤으로서 산소원자에 이행하고 동시에 이중결합의 위치가 변하여 $C=C-O-H$형 구조의 이성질체로 변하는 상호 변이성 현상. 이 2종의 이성질체는 상호 변화할 수가 있으므로 케토-엔올 토토메리현상이라 하며, 전자를 케토형, 후자를 엔올형이라 한다.

케토산 (―― 酸, keto acid) 1분자 내에 케톤의 $>C=O$기와 카르복시산의 $-COOH$가 있는 유기 화합물. 카르복시산의 탄화수소기의 수소를 아실기로 치환한 유도체에 해당하고 케톤과 카르복시산의 성질을 공유한다. 2종 작용기의 상대 위치에 따라 α-케토산, β-케토산, γ-케토산 등의 예가 있다. 옥소산이란 별칭도 있으나 옥소산이라 하면 알데히드산도 포함된다.

케토스 (ketose) 케톤기가 있는 단당의 총칭. 결정상의 단당은 카르복시기가 헤미아세탈로 된 고리식 구조를 갖고 있다. 대표적인 예는 프룩토오스(과당)이다.

케토시스 (ketosis)　⇨ 케톤체.

케토형 (—— 形, keto form)　케토-엔올 상호 변이성 관계에 있는 두 이성질 구조 중 $>C=O$형의 구조를 하고 있는 것. 엔올형에 대응한 용어. 예를 들면, β-디케톤은 케톤형 외에 엔올형도 존재하는 데 보통의 카르보닐 화합물은 엔올형이 거의 없는 케토형이라고 생각되고 있다.

케톤체 (—— 體, ketone body)　생체 내에 존재하는 아세트산, 3-히드록시산 및 아세톤의 3자의 총칭. 아세톤체라고도 한다. 배고플 때의 고지방식. 당뇨병에서는 케톤체가 과잉 생산되어 혈중에 케톤체가 늘어난다. 이 증상을 케토시스라 한다.

켄트지 (—— 紙, Kent paper)　고급 제도용지. 원래는 면직물, 마, 걸레 등을 원료로 하여 영국의 Kent지방에서 만든 상질의 도화지를 지칭하였다. 현재는 화학 펄프를 원료로 하는 치밀, 순백한 도화지를 이른다. 표면이 평활하여 연필로 가는 선을 그을 수 있어야 하고, 지우개로 지워도 보풀이 일지 않아야 함은 물론 번지지도 않고, 사이즈 처리가 잘 되어 있어서 습도에 의한 신축이 적어야 한다. 도화, 제도용지 외에 명함 용지로도 사용된다.

켈프 (kelp)　캘리포니아주 남부의 먼 바다에 군생하는 길이 10m가 넘고 성장이 빠른 거대한 해조. 다시마과에 속하는 대형 갈조류. 이것을 채취하여 짜서 얻어지는 탄수화물 함유액을 원료로 하여 메탄발효로 메탄가스를 생산하려는 시도가 있다. 바이오매스 에너지 변환의 하나로 여기고 있다.

켤레 이중 결합 (—— 二重結合, conjugated double bond)　4개의 탄소 원자가 상호 이중결합과 단결합으로 결합되어 있는 화학구조 $C=C-C=C$. 이 이중결합을 갖는 가장 간단한 화합물은 부타디엔 $CH_2=CH-CH=CH_2$. 켤레 이중결합은 공명에 의해 각각의 탄소간 결합은 이중결합과 단결합의 중간적인 성질이 있으며, 단독 이중결합과는 상이한 거동을 보인다.

코닐부민 (conalbumin)　⇨ 콘알부민.

코닝 유 (—— 油, coning oil)　양모, 목면, 화학 섬유를 방사할 때, 마찰계수를 저하시켜 가공을 용이하게 하기 위해 사용하는 유상의 약제. 세틸알코올과 같은 고급 알코올 또는 지방산 에스테르를 계면 활성제로 수중 유형으로 한 것이 일반적으로 사용된다.

코돈 (codon)　유전 암호의 단위. 유전자 DNA에서 전사된 RNA 4종의 염기 아데닌(A), 시토신(C), 구아닌(G), 우라실(U)의 3종의 배열(트리플렛)로 구성된다. 예를 들면 AUG라는 코돈은 RNA가 만드는 단백질의 구성 성분 메티오닌을 지령하는 암호이다. $4^3=64$짝의 조합이 가능하지만 61짝이 아미노산에 대응하고 UAA, UAG, UGA의 3짝이 번역의 종지를 의미한다. 전자를 아미노산의 코돈, 후자를 종지 코돈이라 한다.

코드직 (—— 織, cord fabric)　고무용 직포의 하나. 코드를 세로실로 하고, 극세한 실을 가로실로 하여, 세로실은 수를 많게 하고 가로실은 세로실이 흐트러지지 않을 정도로 적게 하여 짠 직물. 면, 레이온, 나일론, 비닐론, 폴리에스테르, 알라미드 등을 사용하여 카커스 등을 제조한다.

코르크산 (—— 酸, Korksäure(독일어))　⇨ 수베르산.

코르티코스테론 (corticosterone)　부신피질 호르몬의 하나. 스테로이드 골격이 있는 케톤, $C_{21}H_{30}O_4$. 스트레스로부터 생체를 방어하고 단백질의 당질로의 전환 지질 대사 등에 관여하여 염증을 억제하는 작용이 있다. 프레그네노론 또는 프로게스테론에서 제조된다.

코르티코트로핀 (corticotropin)　부신피질 사극 호르몬의 별칭. 약어 ACTH이다. 하수체 전엽에서 분비되는 펩티드성 호르몬으로, 부신피질을 자극하여 부신피질 호르몬을 분비시킨다. 스트레스에 대해 저항성을 높이고 염증을 막기 때문에 널리 의약품으로 사용된다.

코리올리 상호작용 (—— 相互作用, Coriolis interaction)　ω로 회전하는 좌표계에 대해 v의 속도로 움직이는 질량 m의 입자에는 $2m(v\times\omega)$로 주어지는 힘이 작용한다. 이것을 코리올리 힘이라 한다. 코리올리 힘에 의해 야기되는 상호작용의 총칭. 2개의 분자

내 진동 간의 상호작용을 지칭하는 경우가 많다. 관성계에 대한 좌표계의 각속도가 일정하면 원심력을 제외한 것이 이 힘이 된다.

코리올리 힘 (Coriolis force) ⇨ 코리올리 상호작용.

코모노머 (comonomer) 혼성 중합의 원료로 사용하는 종류가 다른 단량체 중, 어느 단량체를 중심으로 고려하였을 때의 다른 단량체를 말한다.

코발라민 (cobalamin) 시아노코발라민에서 CN^-을 제외한 화합물을 말한다.

코발트 블루 (cobalt blue) 청색 안료, 코발트 염 및 알루미늄 염의 혼합 분말을 가열하면 고상반응으로 생성된다. $CoO \cdot nAl_2O_3$을 주성분으로 한다. 내광성이 양호하다. 원료의 혼합화로 인하여 색조가 약간 변화한다.

코발트 블룸 (cobalt bloom) 주성분 $Co_3(As O_4)_2 \cdot 8H_2O$로 된 광물. 적색 결정. 완전히 건조하면 라벤더색이 된다. 에리스라이트라고도 한다. 사방정계에 속하는 광물이다.

코발트 유리 (cobalt glass) 코발트를 함유하는 청색의 유리. 장식용, 필터용, 고온 작업용 보호안경 등으로 사용된다. 연분홍색·녹색도 있으나 진한 청색 유리가 주로 만들어진다.

코브웨빙 (cobwebbing) 고분자량 폴리머를 전색제로 한 도료를 스프레이 하는 경우, 도료가 실 모양으로 되어 발산하여 도면에 거미줄이 붙은 것 같은 결함이 생기는 것. 시너의 용해력을 강화하거나 시너의 첨가량을 증가시켜 액의 점도를 낮추면 방지할 수 있는 경우도 있지만, 이 현상의 발생을 근본적으로 방지하려면 수지의 분자량을 조절하여야 한다.

코아세르베이션 (coacervation) 친수 콜로이드 용액이 각종 조건하에서 농도가 큰 부분과 작은 부분의 2액상으로 분리하는 것. 농도가 큰 부분을 코아세르베이트라 하고, 농도가 작은 부분은 평행액이라고 한다. 생체 물질의 분리·농축, 마이크로 캡슐 제조에 이용된다.

코어셸 유제 (—— 乳劑, core-shell emulsion) 중심부와 주변부에서 다른 조성을 갖거나 혹은 그 경계면을 화학 증감하여 이중 구조

로 한 할로겐화은 입자를 사용하여 제조되는 사진 유제를 말한다.

코제너레이션 (cogeneration) 연료가 갖는 열 에너지의 이용률을 높이기 위해 발전 때의 배기열을 열 에너지 공급원으로 하는 에너지 이용 시스템. 발전기의 배열 온도를 높이기 위해 발전 효율은 작아지지만 에너지의 이용 효율은 전체적으로 크게 향상 할 수 있다. 호텔, 사무실 등의 일부에서 실용화하고 있다.

코카인 (cocaine) 코카나무 잎에 함유되는 알칼로이드의 하나. 국소 마취제로 널리 사용하고 있으나 중추 흥분작용도 있어 마약의 하나이다. 점막에 바르는 것만으로도 통증을 멈추게 하므로 내시경 검사 등에 사용된다.

코크스 (coke) 유기물이 건류되어 탄소질 고체가 될 때 액상을 통과한 것을 지칭한다. 즉 액상 탄화물로서 차(char)와는 구별한다. 점결탄의 건류에 의한 고로 코크스 외에 석유계 중질 탄화수소를 원료로 한 석유 코크스가 공업적으로 제조되고 있다.

코크스로 (—— 爐, coke oven) 석탄을 건류하여 코크스를 제조하는 설비. 주로 고온 건조용으로 사용. 역사적으로 부산물을 회수하지 않는 노(爐)부터 근대적인 부산물을 회수하는 수평실식 코크스로까지 각종 유형의 것이 알려져 있다.

코크스로 가스 (coke oven gas) 석탄을 코크스로에서 건류할 때 발생하는 수소와 메탄을 주성분으로 하는 가스로서, 약어 COG가 되기도 한다. 코크스로 가스는 발열량이 5,000 kcal Nm^{-3}정도이며, 정제한 것은 도시가스로서 널리 이용되어 왔다. 수소원 외에 합성용 원료 가스에도 사용된다.

코크스 비 (—— 比, coke ratio) 고로에서 생산되는 철의 양에 대해 사용한 코크스 양의 비율. 선철 1 t당 0.4 t 정도의 코크스가 사용되지만 고로에 들어가는 연료의 양에 따라서도 좌우된다.

코킹 (coking) 중질유를 열처리하여 경질 탄화수소와 코크스로 전환하는 것. 주생성물로는 경유를, 부생성물로는 분해가스·가솔린·석유 코크스가 제조된다. 보통의 열분

해와 본질적으로는 같지만 잔분이 전부 코크스가 될 때까지 분해 반응을 진행시킬 필요가 있으므로 가혹한 조건하에서 강도의 열분해가 실시된다. 직접 코킹법, 접촉 코킹법, 유동 코킹법, 융통 코킹법 등이 있다. 얻어진 코크스는 생코크스라 하며, 그대로 연료로 하거나 또는 하소(煆燒)하여 탄소재, 전기로용 탄소 전극, 인조 흑연 제조 등에 사용된다.

코터 (coater, coating machine) 천, 종이, 필름 등의 위에 도료, 고무, 합성섬유, 감광액 등의 약제 용액 또는 에멀션을 균일하게 연속적으로 도포하는 기계. 코팅기 혹은 도포기(塗布機)라고도 한다. 닥터식, 롤식, 스크린식 등이 있다.

코트렐의 식 (—— 式, Cottrell's equation) 전극 반응종의 1차원 확산으로 지배되는 전류 I와 전해시간 t의 관계를 나타내는 식. 전극 반응종의 농도와 확산계수를 $c°$와 D, 전극 면적을 A, 반응에 관여하는 전자수를 n, 패러데이 상수를 F로 하면, $I=nFAc°\sqrt{D}/\sqrt{\pi t}$로 주어진다.

코트렐 집진기 (—— 集塵器, Cottrell precipitator) ⇨ 전기 집진기.

코팅지 (coated paper) ⇨ 도포지.

코폴리머 (copolymer) ⇨ 공중합체.

코프라 (copra) 야자 열매의 핵을 천일 건조하거나 가열 건조하여 얻어지는 야자유의 원료. 야자의 핵은 수분이 많아 채과(菜果) 후 유지의 기수분해기 일어니기 쉽다. 비누·상초·마가린 등의 원료로 쓰인다.

코히어런스 (coherence) 파동이 서로 간섭할 수 있는 성질. 간섭성 또는 가(可)간섭성이라고도 한다. 파동수가 작은 전파, 음파는 간섭성을 갖지만 레이저를 제외한 광장에서는 반드시 성립되는 것은 아니다. 무한한 거리에 걸쳐 이어지는 단일 주파수의 빛은 완전히 간섭성을 갖지만 실제 광파는 그 계속 시간이 유한하므로 주파수에도 유한한 폭이 있다.

콕스 선도 (—— 線圖, Cox chart) 순물질의 증기압-온도선도. 세로 축은 증기압의 대수, 가로축은 기준물질(대부분의 경우 물)의 증기압 대 온도 자료를 사용하여 증기압-온도가 직선이 되도록 온도 눈금을 정한다. 이 좌표에 임의의 물질의 증기압 자료를 플롯하면 직선이 얻어지므로 두 실측값에서 각종 온도에서의 증기압을 추정할 수 있다. 1923년 E. R. Cox에 의해 제안되었다.

콘덴서 (1) capacitor, electrostatic capacitor 전기회로 소자의 하나. 마주 놓인 두 전극 사이에 유전체를 끼워 만들어진 전기 용량이 있는 것. 축전기라고도 한다. (2) condenser ⇨ 응축기.

콘덴서 오일 (—— 油, electrostatic capacitor oil) 유입 콘덴서에 사용되는 절연유. 유전 작용이 있는 동시에 콘덴서 극의 절연 및 발생하는 열을 방산하는 역할을 한다. 일반적으로 변압기유와 같은 정도의 기름이 사용된다.

콘드로이틴 (chondroitin) D-글루콘산과 N-아세틸-D-갈락토사민의 두 당을 구성 단위로 하는 글리코사미노글리칸의 하나. 후자의 당이 황산에스테르가 된 것을 콘드로이틴 황산이라 하며, 이것은 연골, 뼈, 각막, 혈관벽, 힘줄 등의 결합조직 일반에 널리 분포하고 있다. 콘드로이틴 황산은 생체 내에서는 단백질과 결합하여 결합조직의 항장력, 탄력의 원인이 되고 또 이온 투과에 관여하고 있다.

콘드로이틴 황산 (—— 黃酸, chondroitin sulfate) ⇨ 콘드로이틴.

콘 스타치 (corn starch) 옥수수의 곡립(穀粒)에서 분리한 녹말. 옥수수를 아황산수 안에 침지하여 녹말을 둘러싼 단백질을 연화시킨 후 조쇄(粗碎), 마쇄하여 배아, 상피, 단백질 구분을 순차적으로 분리하여 제조한다. 제품은 순도가 높고 협잡물이 적어 맥주, 제과, 조리용 등의 식품 용도로 혹은 제지, 골판지, 섬유 등의 공업용도에 널리 사용되고 있다.

콘스탄탄 (constantan) Ni 45%, Cu 55%인 합금의 상품명. 전기저항이 높고, 온도계수가 작으므로 정밀 전기기구의 저항선으로 사용된다. 또 철, 니켈, 구리 등과 조합하면 열기전력이 크고 비교적 저온용의 열전대로 사용된다.

콘알부민 (conalbumin) 난백(卵白) 속의 단

백질 15%를 차지하는 당 단백질의 하나. 오보알부민의 결정을 제외한 여액에 함유된다.

콘 앵글 (cone angle)   ⇨ 원추각.

콘 오일 (corn oil)   ⇨ 옥수수 기름.

콘크리트 (concrete)   무기질 또는 유기질의 결합재에 의해 골재를 결합 일체화한 경화체 혹은 경화하기 전의 혼합물. 가장 일반적으로는 포틀랜드 시멘트에 자갈, 모래를 섞고 물로 반죽한 것을 지칭한다. 자갈을 사용하지 않은 것을 모르타르라 한다. 압축강도는 크지만 인장 강도는 별로 크지 않으므로 철근이나 철골을 넣어서 보강하는 것이 보통이며, 특수한 것에는 경량 골재를 사용한 경량 콘크리트, 발포시킨 기포 콘크리트도 있다.

콘택트 렌즈 (contact lens)   각막상에서 시력 교정을 하는 렌즈. 폴리(메타크릴산메틸)의 하드형, 폴리(메타크릴산히드록시에틸)로 대표되는 함수성의 소프트형이 있다.

콘포메이션 (conformation)   ⇨ 형태.

콜드 체킹 (cold checking)   도막의 내한성 평가. 내열 사이클 시험으로 한다. 예를 들면 도장재를 다음 냉열조건에서 시험하였을 경우, 그 성능은 도막에 이상이 인정될 때까지의 반복 수로 평가한다. 60℃ 1시간 방치 후, 급랭하여 $-10℃$로 하고, 1시간 방치하고 다시 가온하여 60℃로 한다.

콜라겐 (collagen)   결합조직의 주요 섬유상 단백질 성분. 골, 연골, 힘줄, 피부 등에 들어 있다. 다른 단백질과 달리 히드록시프롤린, 히드록시리신을 함유하며 글리신과 프롤린이 풍부하다. 포유동물의 몸에서는 총 단백질의 30% 가까이를 콜라겐이 점하며, 적어도 5종류가 발견되었다. 피혁 등은 이 튼튼한 구조를 이용하고 있다. 콜라겐을 가열 변성한 것이 젤라틴이며 뼈와 힘줄을 가열 추출하여 제조한다.

콜라겐 섬유 (—— 纖維, collagenous fiber)   ⇨ 교원 섬유.

콜레스탄 (cholestane)   스테로이드류 화합물의 모핵이 되는 포화 탄화수소의 하나 $C_{27}H_{48}$. 스테로이드 축합 고리 기본 골격(구조식은 스테로이드를 볼 것)의 5원고리 부분에 C_8H_{17} 곁사슬이 있다. 콜레스테롤의 모핵이 되는 포화탄화수소. 5-자리 탄소원자의 입체 배치 차이에 따라 5α-콜레스탄, 5β-콜레스탄의 2종이 있으나 보통 전자를 말하며, 후자는 코프로스탄이라고 한다.

콜레스테롤 (cholesterol)   스테롤로 총칭되는 일군의 화합물 중 대표적인 것. 거의 모든 동물에 함유되어 있지만 특히 척추동물의 척추·뇌·상피 지방 등에 많다. 공업적으로 소의 뇌·척추에서 적출하여 제품으로 한다. 콜레스테롤을 원료로 하여 각종 스테로이드와 성호르몬이 합성된 것을 콜레스테린이라고도 하며, 가장 대표적인 스테린의 하나. 녹는점 149℃. 물, 알칼리, 산에 녹지 않는다. 유기 용매에는 녹지만 석유 에테르, 냉 아세톤, 냉 알코올에는 녹기 어렵다. 함수 알코올에는 1수화물인 판상으로 결정한다. 또 콜레스테릭 액정으로 유명하며 액정 표시 재료로 사용된다.

콜레스테릭 액정 (—— 液晶, cholesteric liquid crystal)   액정의 한 유형으로 키랄한 화합물의 액정에 나타난다. 백색광 아래서 원편광을 한 간섭색과 큰 선광도를 보인다. 콜레스테롤의 유도체에서 발견되었으므로 이렇게 명명되었다.

콜레스테린 (cholesterin(독일어))   ⇨ 콜레스테롤.

콜로니 (colony)   한 개의 미생물을 분열하여 형성하는 미생물의 집합체. 미생물을 배양할 때 시료 중의 미생물을 희석하여 평면의 고체 배양기 상에 배양하면 세포 또는 아포가 독립하여 육안으로 볼 수 있는 균의 군집이 형성된다.

콜로이드 (colloid)   콜로이드 입자가 어떤 매질 안에 분산하여 있는 상태. 콜로이드 입자의 형태에 따라 진정 콜로이드, 미셀 콜로이드, 분산 콜로이드로 구별된다. 또 매질에 따라 히드로졸, 오르가노졸로 나누고, 다시 입자와 매질의 친화성에 따라 친액 콜로이드와 소액(疎液) 콜로이드로 나눈다. 매질이 기체인 것을 에어로졸이라 한다. 콜로이드 용액은 작은 분자의 용액과 큰 입자의 분산계와는 다른 몇 가지 특성을 갖고 있다.

콜로이드 분산계(—— 分散系, colloidal dispersion)   기체, 액체 또는 고체의 미세 입자가

콜로이드 입자 상태로 되어 매질 중에 분산하고 있는 계. 분산 콜로이드라고도 한다. 따라서 입자와 매질 간에 명확한 계면이 존재하고 있다. 매질(분산매라 한다)이 액체인 경우 거품, 에멀션, 서스펜션이 한 예이다. 콜로이드 분산계는 열역학적으로 불안정하며 응집하는 경향이 있으나 입자 표면의 전하 또는 보호 콜로이드의 존재로 매우 수명이 긴 것도 있다.

콜로이드 연료 (—— 燃料, colloidal fuel) 매우 작게 분쇄한 석탄과 중유를 혼합하여 슬러리화한 연료. 단, 최근에는 COM(coal oil mixture : 석탄, 석유 혼합 연료)라 하지 콜로이드 연료라고는 하지 않는다. 중유를 절약하고 석탄의 이용 확대를 도모할 목적으로 개발되었다. 74 μm 이하가 70~80%의 미분탄을 중유에 약 50% 혼합한 것으로, 입자의 분산을 좋게 하고, 침강을 지연시키기 위해 0.1% 정도의 첨가제를 가한다. 최근 중유 대신에 물을 사용하여 석탄 미분을 슬러리로 한 CWM(coal water slurry)가 개발되었다.

콜로이드 용액 (—— 溶液, colloidal solution) 콜로이드 중 졸이라 불리우는 것은 외견상 거의 투명하므로 콜로이드 용액이라 하는 경우가 있다. 그러나 작은 분자와 이온의 용액과는 여러 가지 상이한 성질을 나타낸다. 그 예로는, 콜로이드 용액은 틴들 현상(옆에서 강한 빛을 쐬이면 광로가 희고 탁하게 보인다)을 나타낸다.

콜로이드 입자 (—— 粒子, colloidal particle) 콜로이드를 구성하고 있는 미세한 입자. 지름이 수 μm에서 약 수 nm의 범위 내에 있는 것을 말한다. 그 내부 구조에 따라서 분자(고분자 또는 거대 분자)콜로이드 미셀 고분자 및 회합콜로이드로 구별된다. 콜로이드 입자는 브라운 운동을 한다. 전하를 갖는 것은 대부분 계면 동전현상을 나타낸다. 또 빛을 산란시키는 능력이 크고 틴들 현상을 보이며 단분산 콜로이드 입자를 함유하는 경우는 무지개 빛깔을 나타낸다. 보통 여과지를 통과하지만 저분자와 비교하면 확산속도가 대단히 작다.

콜로이드 적정 (—— 滴定, colloidal titration) 폴리카티온 용액과 폴리아니온 용액이 정량적으로 반응하여 침전이 생기는 것을 이용하는 적정 분석법. 폴리카티온 시약으로는 메틸글리콜키토산 등, 폴리아니온 시약으로는 폴리 황산 비닐 칼륨이 사용된다. 종점 결정은 예를 들면 톨루이딘블루(정콜로이드)를 지시약으로 하여 그 변색을 이용한다. 고분자 전해질의 구조 연구와 균체의 표면 전하측정 등에도 응용된다.

콜로타입 (collotype) 사진 제판에서 하는 평판 인쇄법의 하나. 1870년경 독일의 J. 알버트에 의해 발명. 젤라틴, 이크롬산 암모늄 등을 배합한 감광액을 유리판에 도포하고 네가 필름을 소부한다. 노광 부분은 광 경화하고 젤라틴에 잔주름(레티큐레이션)이 생긴다. 이 잔주름에 대한 잉크 부착량이 많고 적음의 대소가 수려한 연속 계조를 재현시킨다. 망점이 없는 것이 특색이다. 판면이 약하기 때문에 내쇄력이 극히 적어 500부 이상의 인쇄에는 곤란하다. 그러나 제판비가 적게 들어 적은 부수의 졸업기념 앨범이나 회화의 복사 등에 이 인쇄 방식을 쓴다.

콜리니트 (collinite) 석탄의 미세 조직성분의 하나. 비트리니트에 속하며 식물 목질부에 유래한다. 세포조직이 인정되지 않을 때까지 균일화한 것으로, 현미경하에서 회백색으로 보인다.

콜리딘 (collidine) 피리딘의 메틸 치환체, 2, 4, 6- 트리메틸피리딘. 석탄 타르 중에 함유된다. 아세톤과 요소에서 합성된다.

콜린 (choline) 비타민 B 복합체의 하나로 $[CH_2OHCH_2N^+(CH_3)_3]OH^-$. 보통은 무색, 무취, 전주가 있는 강염기성의 시럽. 물, 알코올에 잘 녹지만 아세톤, 클로로포름에 녹기 어렵고 에테르, 벤젠에 녹지 않는다. 주요한 인지질 레시틴(포스파티딜콜린)의 구성분자. 항지간(抗脂肝)인자로서 작용하므로 지방대사 이상에 인한 지방간 치료에 사용된다. 생체에서 효소에 의해 아세틸-CoA (아세틸 보효소 A)와 결합하여 신경전달물질 아세틸콜린을 생성한다. 콜린의 결핍은 간에 있어서 다량의 지방을 축적하거나 신장의 질환을 초래한다.

콜린에스테라아제 (choline esterase) 콜린의 에스테르(아세트콜린 및 그 밖의 아실콜린)를 콜린과 아세트산에 가수분해하는 효소. 혈중의 콜린에스테라아제가 증가하는 질환으로서 네프로제, 갑상선 기능 항진증 등이 알려져 있다.

콜베 전해 (── 電解, kolbe electrolysis) 카르복시산염을 수중 또는 알코올 중에서 전해 산화하면 카르복시기가 이산화탄소로 방출되고 그 잔기가 2개 결합한 화합물이 생성된다. 예를 들면 아세트산에서는 에탄이 생산된다. 발견자의 이름을 따서 콜베 전해라 한다. 공업적으로는 디카르복시산 모노에스테르의 탈탄산 이량 반응에 의한 $\alpha, \omega-$ 디카르복시산 디에스테르의 합성이 유용하다.

콜산 (── 酸, cholic acid) 대부분의 척추동물의 담즙산 중에서 가장 보편적으로 존재하는 것, $C_{24}H_{40}O_5$. 생체 내에서는 콜레스테롤에서 합성된다고 추정되고 있다.

콜 케미컬 (coal chemicals) 넓은 의미로는 석탄을 원료로 하는 화학제품 전반을 지칭한다. 좁은 의미로는 건류 가스, 타르, 가스 경유에 포함되는 성분을 원료로 하여 얻어지는 화학제품을 지칭한다.

콜-콜 플롯 (cole-cole plot) 전기화학 분야에서 사용되는 전극 계면분석법의 하나. 전기화학계의 임피던스 측정을 하여 그 실수 성분과 허수성분을 복소 평면상에 표시한 것으로 그 해석으로 각종 반응 파라미터를 알 수 있다.

콜타르 (coal tar) 석탄의 건류로 생성되는 흑갈색의 점성이 높은 액상 물질. 고온 타르와 저온 타르가 있으나 산난히 콜타르라 할 때는 고온 타르를 의미한다. 대부분은 제철용 코크스 제조과정의 부산물로 얻어진다. 각종 방향족 화합물을 함유하며 증류 등에 의해 타르 경유, 나프탈렌유, 세정유, 안트라센유, 타르 피치로 분별되고, 정제하여 각종 타르제품이 된다.

콜타르 피치 (coal tar pitch) 콜타르 증류한 잔분. 상온에서 고체상의 흑색 물질. 연화점이 낮은 쪽부터 순서로 연피치, 중피치, 경피치로 나누어지며, 각종 탄소제품의 원료, 결합제 등에 사용된다.

콜히친 (colchicine) 두 개의 7원 고리와 한 개의 벤젠 고리로 구성되는 축합 3 고리 구조를 갖는 알칼로이드 $C_{22}H_{25}NO_6$. 황색결정. 사프란에 함유된다(약 8%). 통풍 발작에 유효한 것으로 오래 전부터 알려져 있다. 저농도에서는 세포의 핵분열을 혼란시키는 작용이 있으므로 유전학 연구에서 배수체를 만드는 목적에 사용되며 식물의 품종 개량에 응용된다.

COM (콤) 'coal oil mixture(석탄 석유 혼합연료)'의 약어이다. 단, 현재는 콜로이드 연료라고 하지 않는다. ⇨ 콜로이드 연료.

콤비네이션 무두질 (combination tanning) 이종 또는 그 이상의 무두질제를 병용하는 무두질. 복합 무두질이라고도 한다. 단독 무두질에 의한 결정을 보완할 수 있다.

콤퍼지트 추진약 (── 推進藥, composite propellant) ⇨ 고체 추진약.

콤프턴 산란 (── 散亂, Compton scattering) X선이나 γ선처럼 에너지가 높은 전자파가 물질에 의해 산란될 때, 산란 전자파 속에 입사 전자파의 파장보다 긴 성분의 것이 포함되는 현상. 전자가 반도 효과를 받는 데서 기인하는 현상이며, 비간섭성 산란의 하나이다.

콥 (cop) 방적공정의 정방기에서 사출되는 실 또는 제직 때의 가로실을 목관이나 종이관 위에 관상으로 감은 것. 관사라고도 한다.

쿠르쿠마 지 (── 紙, curcuma paper, turmeric paper) 쿠르쿠민을 흡수시킨 시험지. 붕산 이온 검출에 사용된다. 쿠르쿠민은 생강과의 식물 쿠르크마속 (*curcuma*)의 뿌리 줄기에서 얻어지는 황색 색소로 오래 전부터 염료로 사용되었다. 붕산이 존재하는 염산 산성 용액에 담그면 젖어 있는 동안은 변화가 없으나 마르면 적갈색이 된다. 이것을 산에 적셔도 변색하지 않지만 알칼리에 적시면 청색이 청흑색으로 변하며 예민한 붕산의 확증법이 된다.

쿠멘 (cumene) 이소프로필벤젠 $C_6H_5CH(CH_2)_2$. 벤젠의 프로필렌에 의한 알킬화로 제조된다. 이것을 산화하여 얻어지는 과산화물을 황으로 분해하여 페놀과 아세톤이 얻어진다.

쿠물렌 (cumulene) 탄소사슬을 구성하는 탄소원자간의 결합이 계속적으로 직접 이중결합으로 되어 있는 화합물의 총칭. $R_2C=(C=)_nCR_2$. 이 구조를 한 화합물은 천연에도 존재한다.

쿠킹 (cooking) ⇨ 끓이기. 그러나 현재는 수지합성 조작을 지칭하는 경우도 있다.

쿠페론 (cupferron) 금속 이온 분석용 유기 시약의 하나. 거의 무색의 결정. 구리, 철, 티탄 등 많은 금속과 착염을 형성하므로 검출용 시약으로 또는 금속 이온 상호의 분리에 사용된다.

쿠프맨즈 정리 (—— 定理, Koopmans' theorem) 원자 또는 분자 M이 양이온 M^+가 될 때, M 중의 하나의 전자가 그 이외의 전자배치와 궤도의 에너지에 영향을 미치지 않고 이온화한다고 가정하면, 그 전자가 들어 있는 궤도의 에너지에 마이너스를 곱한 값이 이온화 퍼텐셜과 같게 되는 것을 말한다.

쿨로메트리 (coulometry) 일반적으로 어떤 현상에 뒤따라 이동한 전기량을 측정하는 방법. 전기화학에서는 전극 반응에 따라 흐르는 전류의 적분값으로서 통전한 전기량을 구하고, 전기분해에 관한 패러데이의 법칙을 매개하여 전극 반응한 물질량을 구하거나 어떤 물질의 전극 반응에 관여하는 전자수를 결정하는 방법 등을 지칭한다. 정량분석에 응용하는 경우에는 정량분석이라 하고, 그 중에는 전기량 적정도 포함된다. 특히 정전위 전기량 분석 방법에서는 정전위 전해에 의해 목적하는 전극 반응만을 선택적으로 진행시킬 수 있다.

쿨롱 미터 (Coulomb meter) 일정 방향으로 흐른 전기량을 전기회로에 의해 적산하여 디지털로 표시하는 계기. 전해 생성물로서 전극에 석출한 구리의 중량으로 흐른 전기량을 산출하는 구리 전량계 등도 있으나 오늘날에는 거의 사용하지 않는다.

쿨롱 분체 (—— 粉體, Coulomb powder) 분체층 내의 어떤 면에 슬립이 생기는 경우, 그 면에 작용하고 있는 법선응력 σ와 전단응력 τ가 비례하는 분체. 즉 고체의 마찰에 관한 쿨롱의 법칙에 해당하는 분체. 또 $\sigma-\tau$ 관계가 원점을 통하지 않는 부착성 분체인 경우에도 σ, τ 간에 직선관계가 성립하는 경우는 쿨롱 분체라고 하는 경우가 있다.

쿨롱 에너지 (Coulomb energy) 전하 간의 정전기 상호작용 에너지. 두 전하의 곱에 비례하고 그 사이의 거리에 반비례한다.

쿨롱 적분 (—— 積分, Coulomb integral) 원자와 분자의 전자구조를 논할 때, 전자 및 원자핵의 전하 간의 정전적 상호작용에 유래하는 적분의 총칭. 그러나 전자가 원자핵에 끌리는 1전자 적분, 전자 간의 반발을 나타내는 2전자 적분 등, 각종 상이한 정의가 있으므로 그 구별에 주의할 필요가 있다.

쿼크 (quark) 소립자는 하드론, 렙톤, 게이지 입자의 세 가지로 분류되는데, 쿼크는 하드론(강한 상호작용이 있는 소립자)의 구성 기본입자로서 바리온수 1/3이고, 전하가 $2e/3$ 또는 $-e/3$, 스핀 1/2의 페르미 입자이다. 반쿼크도 존재한다. 쿼크는 적어도 6종류 존재하는 것으로 알려져 있으며(이것을 6종류의 향이 있다고 한다), 또 각 종류마다 세가지 색(적색, 녹색, 청색이란 추상적 의미로서의 색)의 자유도를 갖는다. 6종류 중 5종은 존재가 확인되었지만 하드론 안에 폐쇄되어 있어 단체로서 잡아내지 못하고 있다.

퀴나크리돈 (quinacridone) 적색계 유리 안료. 3개의 벤젠 고리 사이에 2개의 γ-피리돈 고리가 포위된 형태의 종합 5고리 화합물. 프탈로시아닌 안료에 필적하는 높은 견뢰성이 있다. 무치환체가 가장 많이 생산되고 있다. 상이한 결정형이 많고, 무치환 퀴나크리돈의 β형 (보라), γ형(적)은 유명하다.

퀴노노이드 (quinonoid) 벤젠 고리의 오르토 혹은 파라 자리가 산화되어 퀴논이 되면 전형적인 방향족성이 상실되지만, 이 구조는 환원되면 원래의 벤젠 고리구조로 환원된다. 탄소 육원자 고리에 2개의 $C-O$ 원자단을 함유하는 구조를 퀴노노이드(퀴논형 구조)라 하고, 이것에 대해 벤젠 고리를 갖는 구조를 벤제노이드라 한다. 더욱 넓은 의미로는 $C=O$ 대신에 $C=N$결합을 갖는 퀴노이민, $C=C$결합이 고리밖에 있는 퀴논디메탄 구조도 퀴노노이드라 한다. 문헌에 따라서는 퀴노이드(quinoid)라 기록한 경우도 있으나 퀴노노이드라 하는 것이 정식이다.

퀴노이드 (quinoid) ⇨ 퀴노노이드.

퀴논 (quinone) 방향족 육원 고리의 1, 2- 혹은 1, 4-자리가 산화되어 2개의 카르보닐기로 된 화합물. o-퀴논, p-퀴논이라 부른다.

m-퀴논은 존재하지 않는다.

8-퀴놀리놀 (8-quinolinol)　퀴놀린의 8-자리에 히드록실기가 결합한 화합물. 각종 금속과 반응하여 물에 불용의 킬레이트 화합물을 형성하므로 분석용 시약으로 사용된다. 분석 시약으로는 옥신이란 명칭이 일반적이다.

퀴니자린 (quinizarine)　1,4-디히드록시 안트라퀴논의 별칭. 안트라퀴논 염료의 중요한 중간물. 무수프탈산과 p-클로로페놀의 축합, 고리화로 만든다.

퀴닌 (quinine)　키니네라고도 하는 키나알칼로이드의 하나. 키나나무의 껍질 및 지피에 함유되는 키나 알칼로이드의 중요한 성분. $C_{20}H_{24}N_2O_2$. 알칼리에는 녹지만 물에는 난용. 강한 쓴맛이 난다. 분석용 시료의 용도가 있다. 황산염, 염산염은 말라리아 특효약 및 해열제로 사용된다.

퀴리점 (—— 點, Curie point)　강자성체의 각 스핀에 기인하는 자발 자화가 소실하는 온도. 퀴리 온도라고도 한다. 퀴리 온도 이하에서는 각 스핀은 가령 외부 자기장이 존재하지 않아도 어느 정도 평행하게 정렬하고 있으나, 퀴리 온도 이상에서는 외부 자기장이 없으면 완전히 불규칙한 방향을 향하게 된다.

퀸히드론 (quinhydrone)　p-벤조퀴논과 히드로퀴논의 분자 화합물 또는 등몰 혼합물. 적녹색, 금속광택이 있는 결정. 유기 용매에 녹이면 해리하고, 물과 가열하면 두 성분으로 분해한다. 두 성분의 직접 결합에 의해서 생기며, 또 퀴논의 환원 및 히드로퀴논이 산화할 때 중간 생성물로서 생긴다. 수소이온 농도를 측정할 때의 퀸히드론 전극으로 쓰인다.

퀸히드론 전극 (—— 電極, quinhydrone electrode)　유기 산화-환원 전극의 하나. 퀸히드론으로 포화한 용액 중에 백금 또는 금전극을 삽입한 것. 용액의 수소이온 농도 측정에 이용된다. 간편하고 결과도 확실하며 특히 환원하기 쉬운 물질 등을 함유하고 있어 수소전극을 쓰지 못할 경우에 알맞다. 단 pH가 8 이상인 염기성 용액에는 적용하지 못한다.

q 선 (—— 線, q line)　맥캐브-티엘법에 의해 이성분계에서 연속 증류탑의 이론 단수

를 구할 때, 공급 원료의 상태(증기와 액의 존재 비율)를 고려한 $x-y$ 선도상의 직선. 원료선이라고도 한다. 농축부와 회수부의 조작선 교차점 궤적을 표시한다.

큐어링(섬유) (curing)　⇨ 베이킹.

큐티니트 (cutinite)　석탄 미세조직 성분의 하나. 엑지니트에 속하는 미세조직 성분의 하나로 식물의 잎, 가지의 각피에 유래한다.

큐프라 (cupra)　⇨ 구리 암모니아 레이온.

크기 변량 (—— 變量, extensive variable)　체적, 에너지, 엔트로피 등, 계의 물질량에 비례하는 크기가 있는 상태변수. 일반적으로 계에서 일어나는 변화에서는 시량성 상태변수의 크기가 변화한다.

크누센 수 (—— 數, Knudsen number)　진공하에서의 기체의 흐름, 열 이동 및 확산을 취급하는 경우에 사용하는 무차원수. Kn으로 표기한다. 기체분자의 평균 자유행정 λ와 물체, 장치 혹은 흐름의 대표길이 L과의 비. $Kn=\lambda/L$로 정의된다.

크누센의 흐름 (Knudsen flow)　⇨ 분자흐름.

크누센 확산 (—— 擴散, Knudsen diffusion)　고진공하에서는 기체분자의 평균 자유행정이 길어지고 물질 및 열의 이동은 분자 상호간의 충돌이 아니라, 벽에서 벽으로 직접 비행하는 분자에 의해 지배된다. 이와 같은 경우의 확산을 크누센 확산이라 한다. 기체를 연속체로 간주하는 거시적인 취급은 허용되지 않고, 기체분자 개개의 움직임에 주목한 기체분자 운동론에 근거한 취급이 필요하다. 이 현상은 진공하 및 다공질 고체 내에서의 기체의 이동현상에서 중요하다.

크라운 벽돌 (crown brick)　유리 용해 가마의 천장 벽돌과 시멘트 키룬 내장 벽돌처럼 아치와 원형 부분의 구축에 사용하는 쐐기형을 한 특수형의 벽돌을 말한다.

크라운 에테르 (crown ether)　옥시에틸렌기가 $-(OCH_2CH_2)_n-$의 형태로 이어져 큰 고리 모양의 폴리에틸렌에테르 골격을 갖는 화합물의 총칭. $-O-$와 $-CH_2CH_2-$가 교차로 이어져 왕관형으로 되어 있다. 예를 들면 $n=6$의 것은 18-크라운-6이라 불린다. 큰 고리 모양의 중앙에 적당한 크기의 공간이 있어 알칼리 금속 이온과 아미노산, 아민

등의 유기 양이온을 도입하여 산소원자와의 사이에 포접 화합물을 형성한다. 알칼리 이온 포획제, 유기 합성에서의 상간 이동촉매, 액체 크로마토그래피에서의 아민류 분리용 이동상 첨가제 등 용도가 있다.

[크라운 에테르]

크라운 유리 (crown glass)　광학유리 중 산화납을 함유하지 않고 비교적 굴절률이 낮고 압베수(분산에 관계하는 계수)가 50~55 이상인 일군의 유리. 프린트 유리의 대응어. 독일계 표현으로는 말미에 K를 붙인다.

크라프트 점 (―― 點, Kraft point)　음이온 및 양이온 계면 활성제의 용해도의 온도 변화에서 용해도가 급격히 증가하기 시작하는 온도. 용해도의 급격한 상승은 크라프트점 이하에서 계면 활성제는 단순한 전해질로 용해하지만, 이 온도에서 용해도가 임계 미셀농도에 이르러 미셀이 형성되기 시작하기 때문이다. 일단 미셀이 생기기 시작하면 용해열은 감소하고, 그로 인해 용해도의 온도계수는 증대한다. 즉 크라프트점 이상에서는 미셀 용액이 된다.

크라프트 지 (―― 紙, kraft paper)　크라프트 펄프로 제조되는 종이. 갈색이고 표면이 거칠며 강인한 종이이다. 중량물 용지대, 봉투, 아스팔트지, 전기 피복지, 전기 절연지, 연마지 등으로 사용된다.

크라프트 펄프 (kraft pulp)　침엽수를 펄프 원료로 하여 황산염에 의해 증해로 제조되는 미표백 화학 펄프의 하나. 황산염 펄프로도 간주할 수 있다. 표백하기 어렵지만 강인한 펄프이므로 미표백인 채로 포장지, 전기 절연지, 판지 등의 원료로 사용된다. 최근에는 표백도 가능하게 되어 상질지나 표백 정제하여 용해 펄프에도 사용된다. 목재를 끓인 폐액은 바짝 조린 후에 연소시켜 약품을 회수한다.

크래빙 (crabbing)　양모 직물의 제련공정 전에 하는 끓는 물에 의한 세트 처리. 정련·염색 공정에서 양모 직물의 흡축이나 주름이 발생하는 등의 직물구조의 난조를 방지할 목적으로 한다.

크래킹 (cracking)　탄소원자수가 무거운 중질유를 열적 또는 촉매의 존재하에 분해하여 탄소원자수가 보다 적은 탄화수소를 얻는 방법. 전자에는 열분해, 후자에는 촉매분해, 수소화 분해가 있다. 석유정제에 있어 가솔린의 증산과 나프타 분해에 의한 에틸렌을 주로 하는 석유화학 중간 원료의 제조 등이 이에 해당한다.

크랭크케이스 오일 (―― 油, crankcase oil)　내연기관용 윤활유의 총칭. 보통, 피스톤 엔진의 크랭크케이스 내에 충전하여 사용되므로 이런 명칭이 붙었다. 피스톤의 상하 운동에 따라 그 최상단의 워셔링까지 윤활한다. 대별하여 가솔린 엔진유(모터유)와 디젤 엔진유가 있으며, 사용 분류 및 점도 분류에 따라 각각 성능이 다르다.

크러스트 레더 (crust leather)　크롬 무두질과 식물 타닌 무두질 등 무두질 후 건조시킨 마무리가 끝나지 않은 가죽. 크러스트라고도 한다.

크레아티닌 (creatinine)　크레아틴이 탈수 고리화 하여 이미다솔 고리를 형성한 화합물. 근육과 소변 중에 함유된다. 신장질환에서는 그 혈액 중의 농도가 상승하므로 신(腎)질환 진단에 사용된다. 물에 녹고, 알코올에는 약간 녹는다. 알칼리작용으로 크레아틴으로 환원된다.

크레아틴 (creatine)　생체 내에서 글리신과 아르기닌에서 몇 단계의 반응으로 생성되는 화합물, $HN=C(NH_2)N(CH_3)CH_2COOH$. 대부분은 인산을 결합하여 크레아틴인산으로서 에너지 대사를 담당한다.

크레오소트 유 (―― 油, creosote oil)　타르 증류시 약 200℃ 이상의 유출유. 안트라센, 페난트렌 등의 주성분을 제외한 탈정 안트라센유를 주원료로 한다. 보통 타르에서 유효성분을 축차 분리 회수한 잔유를 조합하여 조제하지만 타르 직류품으로서 얻을 수도 있다. 주로 목재의 방부제, 카본 블랙의 원료로 사용된다.

크레이징 (crazing)　(1) 플라스틱 제품에서 발생하는 망목상의 표면 균열 또는 작은 안개모양의 내부 균열. 제품 내의 응력이 플라스틱의 인장강도를 초과함으로써 생긴다. (2) 고무 제품 표면에 발생하는 미세한 거북 등 모양의 갈라진 틈. 일반적으로 일광에 의해 촉진된 산화에 의해 생긴다.

크레이터 (crater)　아크 분광분석 등에서 시료를 넣기 위해 전극에 뚫은 작은 구멍. 또 달 표면과 화성에 있는 크고 작은 많은 웅덩이 같은 것도 크레이터라 한다.

크레이프 (crepe)　천연 고무의 시트. 천연 고무는 라텍스로 채취되고, 산지에서 라텍스를 응고시켜 시트상으로 성형하여 출하한다. 그때 롤 작업으로 수축되므로 크레이프(줄어든다는 의미)라 부른다. 곰팡이를 방지할 목적으로 크레이프를 훈연처리 한 것을 스모크 시트라 한다.

크레이프 가공 (──── 加工)　(1) creping 강하게 꼬여진 직물(긴장 상태에 있는 직물)을 알칼리액 또는 열탕에 담그어 표면에 주름이 생기게 하는 것이다. (2) crepe finish ⇨ 결정 마무리.

크레이프 지 (──── 紙, crepe paper)　쪼글쪼글한 작은 주름이 생기게 한 종이. 롤에 밀착시킨 습지를 긁어내기용 부르도로 떼어내면서 주름이 생기게 하여 무긴장 상태에서 건조시켜 만든다. 종이 타월, 종이 냅킨, 위생지, 장식용지 등에 사용된다.

크레퐁 마무리 (crepon finish)　강 알칼리에 의해 면직물이 수축하는 성질을 이용하여 부분적으로 주름이 생기게 하는 면직물 마무리 방법. 고농도의 알칼리를 풀에 가하여 프린팅 하는 방법과 강알칼리성의 풀을 프린팅 한 후에 천을 머서리화 가공하는 방법이 있다.

크렙스 회로 (──── 回路, Krebs cycle)　호기성 생물에 의한 호흡 기질의 산화반응에서 중심적 위치를 점하는 대사회로. TCA회로라고도 한다. 옥살 아세트산과 아세틸 CoA(보효소 A)가 축합하여 시트르산이 되고, 계속적으로 산화를 반복하여 옥살아세트산으로 회기하는 순환회로이다. 동물, 식물, 미생물 등에 널리 존재하며, 특히 고등식물과 효모에서는 세포 내의 미토콘드리아에서 이루어진다.

크로노암페로메트리 (chronoamperometry)　정전위 스텝 입력에 대한 전류 응답을 시간의 함수로서 관측하여 전극 반응을 연구하는 수법. 정량적인 취급을 함으로써 확산 상수와 전극 반응의 속도론적 파라미터에 관한 식견을 얻을 수 있다.

크로노퍼텐쇼메트리 (chronopotentiometry)　전기화학계 측에서 전극 전위의 시간적 변화를 측정·해석하는 방법. 예를 들면 주목하는 전극 반응을 진행시키기 위해 일정 전류를 흐르게 하고 통전 개시부터 전극 전위의 경시 변화를 측정하여 전극 반응 기구와 반응속도의 해석, 혹은 정량분석 등을 하는 방법을 말한다.

크로마토그래피 (chromatography)　고정상과 이동상에 대한 친화성의 차를 이용하여 물체를 분리하는 방법. 이동상으로 분류하면 가스 크로마토그래피, 액체 크로마토그래피, 초임계유체 크로마토그래피로 대별되고, 분리 기구상으로는 흡착 크로마토그래피, 분배 크로마토그래피, 이온 교환 크로마토그래피, 사이즈 배제 크로마토그래피로 구별된다.

크로마토그램 (chromatogram)　크로마토그래피의 결과로 얻어지는 분리상, 얇은 막 크로마토그래피의 스폿, 칼럼 크로마토그래피에서의 흡착밴드처럼 고정상 위에 직접 나타나는 것 외에 덴시토미터와 모니터로 검출·기록한 패턴, 용리곡선 등의 간접적인 것도 포함된다.

크로마틴 (chromatin)　염기성 색소로 염색되는 핵 내 물질의 총칭. 염색질이라고도 한다. 염색체와 거의 같은 뜻이지만 생물 활성을 문제로 하는 경우에 사용된다. 화학적으로는 DNA, 핵단백질의 복합체인 뉴클레오솜, 비히스톤성 DNA결합 단백질로 되어 있다.

크로메이트 처리 (──── 處理, chromate treatment)　크롬산염으로 금속 소재 표면을 처리하는 것. 예를 들면 아연 강판의 크로메이트 처리, 알루미늄판의 화성처리 등이 있다.

크로모트로프산 (──── 酸, chromotropic acid)　1, 8-디히드록시나프탈렌-3, 6-디술폰산의 통속명. 물에 녹는 침상 결정. 아조계 매염 염료 및 청색 직접 염료 등의 중간물. 분석 시약으로서 중금속 이온의 검출 정량용 등에 사용된다.

크로스 염색 (── 染色, cross dyeing) 사전에 염색한 섬유와 미염색 섬유로 제작된 혼방 교직물의 미염색 섬유를 염색하는 것. 혼방 교직물의 구성 섬유를 다른 색깔로 염색하는 것은 이염(異染)이라 한다.

크로스 컷 시험 (── 試驗, cross-cut adhesion test) 도막 부착력의 시험법. 도포 경화한 도막에 1mm 간격으로 10선, 가로 세로로 면도날로 소지면에 이르는 선을 긋고, 크로스 컷(바둑판 눈)을 작성한 다음 위에 점착 테이프를 붙인다. 테이프를 벗겼을 때 박리한 크로스 컷의 수로 부착력을 표시한다. 이 수가 작을수록 부착력이 양호하다.

크로톤산 (── 酸, crotonic acid) 탄소수 4개인 불포화 카르복시산 $CH_3CH=CHCOOH$. 이중결합의 배치 차이에 의한 기하 이성질체가 있으며, 트랜스형의 산을 크로톤산, 시스형의 산을 이소크로톤산이라 한다. 아세트산 비닐과의 공중합체 합성에 사용되며, 도료, 수지 등의 원료가 된다.

크롤링 (cissing, crawling) 달 표면에서 관찰되는 분화구상의 움푹한 것이 도면에 생기는 현상을 패임, 크레이터링이라 하는데, 크레이터링 중에서 특히 피도물 표면이 노출되어 있는 것을 말한다. 실제로는 대형 패임을 이른다. 원인은 피도물 표면의 표면장력 불균일 혹은 도막 표면의 표면장력이 불균일한데서 연유하는 확장력 때문이다. 도막의 방식 성능, 도장 외판 품질의 관점에서 기피되어야 할 현상이다.

크롤법 (── 法, Kroll process) 금속 염화물을 마그네슘이나 나트륨의 금속을 사용하여 환원하는 방법. 티탄과 지르코늄은 이 법에 의해 제조된다.

크롬 가죽 (chrome leather) 크롬 유제로 크롬 무두질한 가죽. 보존성, 내열성, 염색성, 유연성이 우수하며 가볍고 탄성이 크다. 갑피, 대물용 가죽, 의료용 가죽 등으로 가장 많이 생산되고 있는 가죽이다.

크롬 그린 (chrome green) 황납(크롬옐로)과 감정의 혼합불을 성분으로 하는 무기 안료.

매우 안정하여 적열에서 수소를 통해도 변화하지 않는다. 물에 녹지 않으며 산, 알칼리에도 녹지 않는다. 브롬산 알칼리와 가열하면 녹는다. 페인트, 인쇄 잉크 등에 사용된다.

크롬 도금 (── 鍍金, chromium plating) 전착에 의해 시료 표면에 크롬을 석출시키는 표면 처리법. 장식용과 공업용으로 분류되며 그 차이는 후막의 차이가 주인 것으로 보았으나, 공업용 크롬에는 도금 속도가 큰 욕이 많이 이용되도록 되어 있다. 도금 표면은 청색을 띤 광택면이 되고, 견고하며 마찰 계수가 작으므로 내마찰성이 뛰어나고 또한 내식성이 좋다. 도금욕은 산화크롬(VI)와 황산으로 되는 것이 주류이다.

크롬 레드 (chrome red) 크롬산연계의 적색 안료. $PbO \cdot PbCrO_4$를 주성분으로 한다. 크롬산연에 소량의 알칼리액을 작용시키면 생긴다. 물에 녹기 어렵고 염기성이다. 광선, 공기에 대해서 안정하다. 황화수소로 흑변하며 질산에 녹는다.

크롬 마그네시아 벽돌(chrome-magnesia brick) 크롬철광과 마그네시아 클링커를 주원료로 하는 내화 벽돌. 소성 벽돌과 소결에 의하지 않고 화학적으로 결합한 불소성 벽돌이 있으나, 후자쪽이 생산량이 많다. 내화도는 SK 39~40(1,880~1,920℃)로서 극히 높고, 하중 연화점도 높다. 중성에서 약간 염기성 지향이 있으나 내식성도 매우 크다. 시멘트용 킬른의 벽돌로 알맞다.

크롬 매염 (── 媒染, chrome mordanting) 크롬과 착물을 생성할 수 있는 작용기가 있는 염료를 이크롬산염을 함유하는 염욕에서 염색하고, 섬유–염료 간 혹은 염료 내에 착물을 생성하는 염색법. 주로 양모의 짙은 색 염색에 사용된다. 선명한 색깔은 얻기 어렵지만 견뢰도가 높은 것이 특징이다.

크롬 명반 (── 明礬, chrome alum) 일반식 $M^ICr(SO_4)_2 \cdot 12H_2O(M^I=Na,\ K,\ NH_4,\ Rb,\ Cs,\ Tl^I$ 등)로 표기되는 화합물. 보통 $KCr(SO_4)_2 \cdot 12H_2O$를 지칭하는 경우가 많다. 적자색의 정팔면체 결정. 매염제, 가죽 무두질 등에 사용된다. 공기 중에서는 안정하지만 방치하면 표면이 분해된다. 또 수용액도 50~70℃로 가열하면 보라색에서 녹색이 되고 증발시켜도 결정이 되기 어렵게 된다. 수용액은 산성이다.

크롬 무두질 (chrome tanning) 제혁의 준비 공정이 끝난 가죽을 피크링한 후에 크롬 유제로 무두질하는 방법. 이 후 다시금 무두질을 하는 경우가 많다. 얻어진 크롬 가죽은 가장 널리 사용된다.

크롬산 (—— 酸, chromic acid) 산화크롬(VI) CrO_3을 물에 용해시켰을 때 생성되는 산. H_2CrO_4. 수용액으로만 존재한다. 산화크롬(VI)을 속칭하여 크롬산이라 하는 일이 있으나 잘못된 호칭이다.

크롬산 염 (—— 酸鹽, chromate) 일반식 M^I_2 CrO_4로 표기되는 크롬산의 염. 대체로 황색이지만, 은염, 수은(I)염, 납(II)염 등은 적갈색이다. 나트륨염 등 몇 개의 예외를 제외하고 무수염이 보통이다. 상당히 강한 산화제. 알칼리 금속염과 마그네슘염은 물에 가용, 기타의 염은 난용 내지 불용. 수용액은 어느 정도 가수분해한다. 칼륨염, 나트륨염 등 산화제로, 또 피혁공정, 사진 등에 사용된다.

크롬산 칼륨 (—— 酸 ——, potassium chromate) 수용성의 황색 결정. K_2CrO_4. 보통 결정수는 없으나 수용액에서 결정시키면 물을 약간 흡수 저장하고, 가열할 때 소리를 내면서 결정이 파괴된다. 매염제, 산화제, 가죽 무두질, 분석 시약 등으로 사용된다.

크롬산 혼액 (—— 酸混液, chromic acid mixture) 이크롬산 칼륨 혹은 나트륨의 포화 수용액에 진한 황산을 가한 용액. 강한 산화제로 실험실 등에서 유리기구에 묻은 유기물의 잔재 등을 세척하기 위해 사용되었으나 크롬산 이온의 독성으로 인하여 현재는 거의 사용되지 않는다.

크롬 스피넬 (chrome spinel) 일반식 M^{II} Cr_2O_4(M^{II} = Mg, Mn, Fe, Ni, Cu, Zn 등)으로 표시되는 광물. 정스피넬 구조를 하고 있으며 반도체, 세라믹스, 자성 재료 등에 사용된다.

크롬 염료 (—— 染料, chrome dye) ⇨ 산성 매염 염료.

크롬 옐로 (chrome yellow) ⇨ 황납.

크롬 유제 (—— 鞣劑, chrome tanning agent) 크롬 무두질에 사용되는 무두질제. 주성분은 염기성 황산크롬이며, 크롬 함량, 염기도, 주성염 함량 등을 조정한 시판용의 분말 크롬 유제가 널리 이용되고 있다.

크리스털 글라스 (crystal glass) 공예품, 장식품 등의 소재가 되는 무색 투명하고 굴절률이 높은 유리를 말한다.

크리스털라이트 (crystallite) ⇨ 결정자.

크리스털린 (crystalline) 눈의 수정체의 주요 구성 단백질, 분자량의 크기 순으로 $\alpha-$, $\beta-$, $\gamma-$, $\delta-$ 크리스털린으로 나누어진다. 모두가 탈수소 효소 등과 고도의 상동성(진화론적으로 조상의 단백질이 공통적이라 여겨지고 있다)이 있다. 수정체의 굴절률을 제고하는 작용이 있다.

크리프 (creep) 물체에 외력을 가하였을 때, 물체가 순간적으로 변형하지 않고 비틀림의 증가가 시간적으로 지연을 나타내는 현상. 크리프는 결정 고체의 소성 변형, 점탄성에 의한 지연탄성 및 유동에 의해 생긴다. 또 점탄성체는 탄성 회복시에 시간적 지연을 보이는데, 이것을 크리프 회복이라 한다.

크립탠드 (cryptand) 가교하여 고리 모양이 되는 다좌 배위자. 대표적인 것에 교두가 되는 두 질소원자를 3개의 폴리에틸렌 에테르의 다리로 연결한 3차원적인 입체를 갖는 다음과 같은 것이 있다. 명칭으로서 3개의 다리에 포함되는 산소원자의 수를 연결하여 명명한다. O 대신에 S가 들어 있는 유사체도 알려져 있다. 알칼리 금속 이온 등을 3차원 공간에 내포한 안정된 킬레이트 착물을 형성하므로 그리스어의 crypto(숨기다)에 따라 명명되었다.

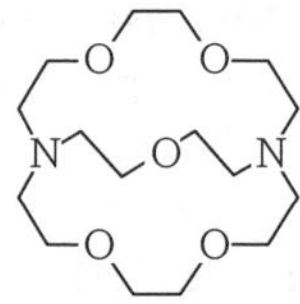

[크립탠드 221]

크립테이트 (cryptate) 크립탠드나 크라운 에테르 같은 큰 고리 모양 화합물이 3차원적인 바구니형의 유연구조 중에 금속 이온을 싸고 폐쇄되어 있는 킬레이트. 클라트라킬

레이트(chlathrachelate)라고 불리었던 적도
있다.

크산텐 (xanthene)　피란고리에 2개의 벤젠
고리가 축합하여 생긴 3원고리식의 복소 고
리식 화합물. 무색의 결정. 이 고리구조를
모핵으로 하는 염료를 크산텐 염료라 총칭
하며, 로다민 B, 에오신, 에리트로신 등이
있다.

크산토겐산 염 (—— 酸鹽, xanthate)　디티오
탄산의 에틸에스테르 염. $C_2H_5O-CS-SM$
(M는 각종 금속). 금속의 분석 시약으로의
용도가 있다.

**크산토겐산 칼륨 (—— 酸 ——, potassium xan-
thate)**　C_2H_5OCSSK. 가급적 진한 알코올칼
륨에 이황화탄소를 가해서 중성으로 하면
얻어진다. 구리·몰리브덴 등의 비색 적량,
기타 비소·니켈·코발트 등의 분석 시약으
로 사용된다.

**크산토프로테인 반응 (—— 反應, xanthopro-
tein reaction)**　단백질의 정색 반응. 단백질
의 티로신, 페닐알라닌 등의 잔기를 진한 질
산으로 니트로화하면 황색으로 정색하고,
알칼리성으로 하면 등황색이 된다. 이 반응
은 벤젠핵을 가진 티로신, 트리프로판, 페닐
알라닌 등이 있을 때 일어나며, 그 색은 벤
젠의 니트로 유도체의 색이다.

크산토필 (xanthophyll)　2개의 OH가 있는 카
로테노이드 색소. 루테인이라고도 한다. α-
카로텐의 디히드록시 유도체. 식물의 푸른
잎 속에 엽록소와 함께 다량으로 함유된다.
동물계에도, 예를 들면 난황의 색소로서 존
재한다.

크산틴 (xanthine)　퓨린의 2, 6-자리에 2개의
히드록실기가 있는 화합물, $C_5H_4N_4O_2$. 무색
의 분말, 또는 가는 침상 결정. 소변, 혈액,
간장 등에 있으며 차 잎에도 소량 함유되어
있다. 구아닌의 탈아미노로 얻어진다. 크산
틴옥시다아제의 작용으로 요산으로까지 산
화된다.

크세논산 (—— 酸, xenoic acid)　헥사옥소
크세논(Ⅷ)산 H_4XeO_6 및 헥사옥소 크세논
(Ⅵ)산 H_6XeO_6가 알려져 있다.

크세로겔 (xerogel)　젤리(탄성을 나타내는 겔)
가 함유되어 있는 액체분을 상실한 상태. 건

교체(乾膠體)라고도 한다. 젤라틴 편, 한천
분말, 실리카겔 등이 있다. 물과 접촉시켜
놓으면 팽윤하여 젤리가 되는 것(젤라틴 편,
한천 분말)과 되지 않는 것(실리카겔)이 있
다. 생고무, 폴리스티렌 분말도 크세로겔의
예이며, 기름(벤젠 등)에서 팽윤하여 젤리가
된다.

크실렌 (xylene)　벤젠의 디메틸 치환체, C_6
$H_4(CH_3)_2$. $o-$, $m-$, $p-$의 3종류의 이성질
체가 있다. 모두 무색의 액체이다. 나프타의
접촉 개질유 등에서 혼합 크실렌을 분리 회
수하여 끓는점이 가장 높은 o-크실렌을 증
류 분리한다. $p-$ 및 m-크실렌은 끓는점이
근접되어 있어 증류 분류는 불가능하므로
분자체에 의한 분별 흡착법 등으로 m-크
실렌을 분리한다. 각종 합성 수지와 합성 섬
유의 제조 원료로 사용한다.

크실로오스 (xylose)　알데히드형의 펜토오스,
$CHO(CHOH)_3CH_2OH$. 다당 크실란의 형태
로 널리 식물계에 분포한다.

**큰 고리 모양 화합물 (大環狀 化合物, large-ring
compound)**　다수의 탄소원자로 구성 된 탄
소 고리가 있는 화합물. C_{14} 이상의 큰 탄소
고리가 있는 화합물은 안정되고 천연에도 사
향이나 영묘향(靈猫香)의 성분으로 존재한
다. 또 큰 복소 고리가 있는 화합물도 알려져
있으며, 매크로라이드라고 총칭되는 항생 물
질은 큰 고리 모양의 구조이다.

클라레인 (clarain)　⇨ 휘탄.

클라리트 (clarite)　석탄 조직성분의 하나 비
트리니트와 엑지니트로 구성되며, 그 함량
이 15% 이상을 점한다. 대부분의 석탄 중에
서 볼 수 있으며 특히 휘탄 중에 많다. 줄무
늬 모양으로 조직이 조합되어 있으므로 비
트리트보다 견뢰하고 괴탄이 되는 것이 많
으며 탄 가루도 덜 생긴다.

클라스레이트 (clathrate)　3차원 농형 공간을
라 갖는 포접체에 대하여 H. M. Powell이
부여한 명칭이다. ⇨ 포접 화합물.

**클라우지우스의 원리 (—— 原理, Clausius'
principle)**　자발적 변화는 불가역이란 사실
을 주장하는 원리. "주위에 아무런 영향을
남기지 않고, 저온 열원에서 고온 열원으로
열을 옮기는 것은 불가능하다"고 설명할 수

있다. R. Clausius에 의한 것으로, 열역학 제2법칙의 하나의 표현으로 간주된다.

클라크 수 (―― 數, Clarke number) 대기권, 수권을 포함하여 지구의 표층, 즉 지표 아래 10마일(16 km)까지를 구성하는 원소의 중량 백분율. 제창자인 미국의 지구화학자 F. W. Clarke의 이름을 딴 명칭. Clarke는 지표면 아래 10마일 이상의 화학조성을 93.06%의 화성암, 6.91%의 해수, 0.03%의 대기로서 근사시키고 각 원소의 평균 함유량을 산출했다.

클러스터 (cluster) 복수의 원자 또는 분자가 모여 있는 집합체. 금속 클러스터 혹은 클러스터 화합물의 의미로 사용하는 경우도 있다. 원자핵에서는 일부의 핵자가 연결되어 하나의 입자처럼 행동하는 부분을 가리키며, α입자, 중성자 등이 때때로 문제가 된다. 원자핵이 클러스터로 이루어져 있다고 하는 모형을 클러스터 모형이라고 한다. 클러스터는 핵의 내부에는 조금밖에 없지만, 표면 부근에는 어느 정도의 비율로 존재한다고 생각되고 있다.

클러스터 적분 (―― 積分, cluster integral) 다입자계를 클러스터 전개법으로 기술할 때에 나타나는 n입자 간의 상관을 나타내는 적분. 다체계의 성질을 논할 때 장래의 예측이 좋은 물리적 묘사를 부여한다. 비리알계수의 계산에 사용된다.

클러스터 화합물 (―― 化合物, cluster compound) 클러스터를 함유하는 화합물의 총칭이다.

클레브산 (―― 酸, Clève's acid) 클레브 6산과 클레브 7산이 있다. 2-나프탈렌술폰산의 니트로화, 환원으로 얻어지는 1-나프틸아민 -6 및 7-술폰산의 중간물로서의 명칭. 아조 염료의 원료이다.

클레이 (clay) ⇨ 점토.

클로닝 (cloning) 본래의 의미는 특정 유전자형을 갖는 균일한 개체군인 클론을 만들어내는 것. 최근에는 염색체 중 특전 유전자를 함유하는 DNA를 골라내어 그것을 벡터에 결합시킴으로써 재조합 DNA를 얻고, 그 중에서 목적 유전자를 함유하는 것을 단리하여 목적 유전자를 함유하는 DNA를 대량으로

조제하는 것을 이른다.

클로라민 (chloramine) 암모니아 NH_3의 수소를 염소로 치환한 화합물의 총칭. 유사 화합물 클로라민 B 및 클로라민 T가 있다. 각각 벤젠술폰산, p-톨루엔 술폰산의 N-클로로 유도체의 나트륨염. 살균 소독제, 방부제로 사용된다. 클로라민 T는 분석용 시약으로서의 용도도 있다.

클로람페니콜 (chloramphenicol) 항생물질의 하나로 무색의 결정. 니트로기를 갖는 천연에서 발견된 최초의 항생물질. 독성은 비교적 적지만 때로는 악성 빈혈을 일으킨다. 화학합성법으로 생산되고 있다. 쓴맛이 나는 침상 또는 판상 결정. 그람 양성균, 그람 음성균, 리케챠, 대형 바이러스에 유효하다.

클로로늄 화합물 (―― 化合物, chloronium compound) 염소 원자가 공유결합 원자가 2로 양이온이 된 구조를 하고 있는 화합물의 총칭. 안정된 형태로 단리되는 화합물은 아니지만 예를 들면 $C=C$결합에 염소가 부가할 때, 우선 염소원자가 양이온으로서 부가하여 생성된다고 여겨지는 중간체이다.

클로로 디벤조 -p-디옥신 (chlorodibenzo-p-dioxin) ⇨ 다이옥신.

클로로 백금산 (―― 白金酸, chloroplatinic acid) 테트라클로로 백금(II)산. H_2PtCl_4 및 헥사클로로 백금(IV)산 H_2PtCl_6의 총칭. 염화 백금산은 속칭이다.

클로로 백금산염 (―― 白金酸鹽, chloroplatinate) 테트라클로로 백금(II)산염. $M^I_2PtCl_4$ 및 헥사클로로 백금(IV)산염 $M^I_2PtCl_6$의 총칭. 염화 백금산염은 속칭이다.

클로로 브로마이드 인화지 (―― 印畵紙, chlorobromide paper) ⇨ 인화지.

클로로 술폰산 (―― 酸, chlorosulfonic acid) ⇨ 클로로 황산.

클로로 아세트산 (―― 酸, chloroacetic acid) $ClCH_2COOH.$ 아세트산의 염소화로 형성된다. 공업적으로는 아세틸렌을 원료로 하여 합성한다. 반응성의 염소와 카르복시기가 있으므로 각종 유기 합성의 원료로 사용된다. 공업용으로는 카르복시메틸셀룰로오스 제조시의 주요 원료이다.

클로로테트라사이클린 (chlorotetracycline) ⇨

오레오마이신.

클로로프렌 (chloroprene) $CH_2=CClCH=CH_2$, 아세틸렌에서 공업적으로 합성된다. 무색, 증발성의 액체. 공액 이중결합이 있으며 쉽게 중합하므로 합성 고무 네오프렌의 제조 원료가 된다.

클로로프렌 고무 (chloroprene rubber) 폴리클로로프렌으로 된 고무. 약어로 CR이다. 클로로프렌의 유화 중합으로 제조된다. 내열·노화성·내오존성·난연성·내유성 등이 우수하다.

클로로필 (chlorophyll) ⇨ 엽록소.

클로로 황산 (── 黃酸, chlorosulfuric acid) 무색의 액체, HSO_3Cl. 클로로술폰산은 옛 명칭이다. 현재의 명명법에서는 클로로황산이 정확하다. 습한 공기중에서는 발연한다. 물과 격렬하게 반응하여 황산과 염산을 생성한다. 장시간 가열하면 황산, 이산화황, 염소로 분해한다. 피부를 심하게 침식한다. 염소화제, 술폰화제로 사용된다.

클로로히드린 (chlorohydrin) 탄소 사슬의 인접하는 자리에 염소와 히드록실기가 치환한 화합물. 에틸렌클로로히드린은 이것의 대표적 화합물이다. 일반적으로 이중결합을 가진 화합물을 염소수로 처리하거나, 글리콜이나 글리세린 등의 다가 알코올을 염산과 처리하여 만든다. 반응성이 풍부하며, 유기 합성 화학 원료로 널리 사용되며, 그 밖에 용제로서 이용된다.

클로스 가이더 (cloth guider) 직물 등의 연속 염색 가공장치의 하나. 주행 중인 전이 힌쪽으로 쏠리는 깃을 짧은 롤리 등을 조합하여 자동적으로 수정하는 장치이다.

클로즈드 시스템 (closed system) 화학공업 공정에서 반응 생성물 등 반응에 관여하는 물질을 도중에서 외부로 끄집어내는 일 없이 일련의 조작을 하는 양식. 유해물질을 생성할 가능성이 있는 공정 등에 적용되는 경우가 많다.

클론 (clone) 무성 생식으로 생긴 유전자형이 동일한 생물집단. 영양계, 분지(分枝)계라고 불리기도 하였다. 개체 차원에서는 식물에서 체세포 배양, 동물에서 핵이식 등으로 형성되는 개체를 지칭한다. 세포차원에서는 단세포의 체세포 분열로 증식한 세포 집단을 지칭한다. 유전자 레벨에서는 숙주-벡터계를 사용하여 단리된 재조합 DNA를 지칭한다.

클리어 가공 (── 加工, clear-cut finish) 소모직물에서 축융을 하지 않고 성질이 분명한 직물로 하는 가공법. 그 털은 양모 등의 털을 빗어 짧은 털을 제외하고 긴 털만을 평행하게 가지런히 하는 것을 말한다.

클리어 래커 (clear lacquer) 용제 증발 경화형으로 투명 피막을 이루는 도료의 총칭. 한때는 투명 피막을 형성하는 질화면 도료를 지칭하였다.

클리어런스 (clearance) 신장의 기능을 나타내는 의학용어. 신장을 흐르는 혈장 중에서 어떤 용질이 선택적으로 배설되는 정도를 표시하는 값. 그 용질이 1분간에 요(尿) 성분으로 배설된 양을 신 동맥 혈장 중의 그 용질 농도로 나누어 $ml\ min^{-1}$를 단위로 나타낸다.

클린벤치 (clean work station) 작업대 위의 작업공간을 국부적으로 완전 무균, 무진상태로 하여 청정한 공기의 흐름으로 작업이 이루어질 수 있도록 한 장치. 기류방식에 따라 수평형, 수직형, 순환형이 있다. 필터로는 특수한 고성능 필터, 나일론 부직포제 필터가 사용된다. 미생물, 동물 및 식물조직 등을 다룬다.

클링커 (clinker) 무기질의 원료 분말을 고온 소성하여 얻어지는 괴상 혹은 입자상의 물질. 포틀랜드 시멘트 클링커는 소량의 석고와 함께 분쇄되어 포들랜드 시멘트가 된다.

키나아제 (kinase) 뉴클레오티드 삼인산(아데노신 삼인산 등)의 말단 인산기를 물 이외의 화합물에 전이하여 인산 에스테르화를 촉매하는 효소. ATP의 말단 인산기는 가수분해할 때 약 $8cal/mol$의 자유 에너지 감소를 수반하지만, 이 에너지를 이용하여 반응의 도중에서 유리된 인산을 생성하는 일 없이 다른 물질을 인산 에스테르 유도체로 바꾼다.

키닌 (kinin) 동물의 혈액이나 장기 중에 존재하는 아미노산 잔기수가 9 내지 십수 개로 되는 폴리펩티드. 브라디키닌은 9개의 아미노산으로, 카리딘은 10개의 아미노산으로 구성된다. 혈관 확장, 혈압 저하, 자궁근의 수축 등의 작용이 있다.

키랄 (chiral)　⇨ 비대칭.

키메라 (chimera)　2종 이상의 상이한 유전자의 세포 혹은 상이한 종의 세포로 만들어지는 1개의 생물 개체. 식물계에서는 접목, 동물계에서는 흑백반점의 키메라 생쥐, 키메라 단백질, 키메라 항체가 알려져 있다.

키모트립신 (chymotrypsin)　프로테아제의 하나. 척추동물의 췌장에서 분비되는 소화효소. 소장에서 트립신 및 키모트립신에 의해 한정 분해되어 활성 키모트립신이 된다. 3개의 폴리펩티드가 디술피드 결합에 의해 연결한 구조로 분자량 25,000. 펩티드 사슬 중의 방향족 아미노산 잔기의 카르복시측을 절단한다.

키 성분(鍵成分, key component)　⇨ 한계 성분.

키토산 (—— 酸, chitosan)　키틴의 탈아세틸 화물. 무색 비결정질의 분말. 물에 불용. 요오드와 황산으로 처리하면 비색을 나타내며 간접적으로 키틴의 정성에 사용된다.

키 성분키틴 (chitin)　아미노산의 글루코사민으로 이루어진 다당류. 글루코사민의 아세틸화물이 1,4-글리코시드 결합한 구조를 하고 있다. 새우, 게의 껍질과 곤충류의 바깥 골격을 구성하는 물질의 성분. 최근에 키틴 응용에 관한 연구개발이 매우 활발하여 의학, 농업, 식품 등의 분야에 주목을 받고 있다. 예를 들면 의료분야에서는 수술용 봉합사, 인공 피부가 실용화되고 있는 외에 체내의 콜레스테롤의 증가 억제 효과, 면역항체 증가 작용, 제압효과 등이 있는 것으로 인정되어 연구가 활발히 이루어지고 있다.

킨치의 이론 (—— 理論, Kynch's theory)　1952년, J. G. Kynch에 의해 제안된 회분식 침강곡선에 관한 학설. 현탁질의 침강 속도는 그 부분의 현탁질 농도만의 관계라고 가정하는 것을 특징으로 한다. 이 가정으로 농도가 상이한 현탁질의 침강속도 관계를 추산할 수 있어 디크너의 설계가 용이하게 되었다.

킬레이트 (chelate)　1개의 분자 또는 이온에

2개 이상의 배위원자를 갖고, 그것이 금속원자(이온)를 둘러 쌓듯이 배위한 고리구조(킬레이트 고리라고 한다)가 있는 화합물. 킬레이트 화합물이라고도 한다. 5, 6원자 고리가 있는 킬레이트는 특히 안정하다. 킬레이트는 그리스어에서 계의 집게(chela)에 유래한다. 생물체 중에서는 헴과 금속 단백질 등 중요한 역할을 하는 것이 많다.

킬레이트 결합 (—— 結合, chelate bond)　킬레이트에서의 금속과 배위자 간의 결합. 보통은 배위결합으로 되어 있다.

킬레이트 시약 (—— 試藥, chelating reagent)　금속 이온에 배위하여 킬레이트를 형성할 수 있는 다좌 배위자. 킬레이트제라고도 한다. 특히 다좌 배위자 중 1염기산에 해당하는 형식의 것은 침전 시약과 그 외의 것도 매우 중요한 것이 많다(예를 들면, 디메탈글리옥심, 디티존, 옥신, 아세틸아세톤, 글리신 등). 금속염의 분리, 정제, 분석시험, 마스킹제 등으로 사용되는 외에 세정제, 안정제, 의약품으로의 용도도 넓다.

킬레이트 적정 (—— 適定, chelatometric titration)　킬레이트 시약을 사용하는 적정. 에틸렌디아민4아세트산(EDTA)이 많이 사용되며, 알칼리 금속 이외의 거의 모든 금속 이온의 적정이 가능하다. 종점의 검출에는 전기적 방법(전위차 적정, 전도도 적정 등) 외에 금속 지시약이 가끔 쓰인다.

킬레이트 제 (—— 劑, chelating agent)　⇨ 킬레이트 시약.

킬레이트화 (—— 化, chelation)　다좌 배위자가 금속 원자(이온)에 배위하여 킬레이트를 형성하는 것을 말한다.

킬레이트 화합물 (—— 化合物, chelate compound)　⇨ 킬레이트.

킬레이트 효과 (—— 效果, chelate effect)　다좌 배위자에 의해 생성된 워너형 착물은 같은 배위 원자를 갖는 유사한 단좌 배위자에 의해 생기는 착물보다 안정적이라는 경험칙. G. Schwarzenbach는 1952년 킬레이트 효과를 $\log K_{MKC} - \log K_{MAN}$로 정의하였다. K_{MKC}, K_{MAN}은 킬레이트 및 단좌 배위자에 의한 착물의 생성 상수이다.

킬레트로피 반응 (—— 反應, cheletropic reac-

tion)　페리 고리 모양 반응의 하나. 1개 원자의 두 σ결합이 협주적으로 개열 또는 생성하는 반응으로, 가장 간단한 예는, 일중항 카르벤 : CX_2가 이중결합에 부가하는 반응(및 그 역반응)이다. 입체 특이적 반응으로 우드워드-호프만 법칙으로 설명된다.

킬로미크론 (chylomicron)　혈청 중의 지름 $50 \sim 1,000\,nm$의 리포 단백질. 카일로미크론이라고도 한다. 소장에서 만들어져 주로 소화관에서 흡수된 지방을 전신 조직에 보내는 역할을 한다.

킬링 (killing)　모피 염색의 전처리. 털에 부착되어 있는 기름이나 염류 등을 세척 제거하여 털을 형성하는 케라틴의 디술피드 결합을 가수분해하여 털의 팽윤성을 높이고 매염제나 염료의 침투가 잘 되게 하여 염색성을 높이기 위해 한다. 보통 탄산나트륨, 암모니아, 수산화나트륨 등의 알칼리성 묽은 용액으로 처리하지만 산화제나 환원제를 사용하는 경우도 있다.

킹크 (kink)　고체물리와 표면과학에서 자주 사용되는 용어. 결정 표면의 단계상으로 된 부분 선상에서 단원자에 상당하는 엇갈림이 생긴 곳. 결정 성장에서는 표면에 부착한 분자가 표면 확산으로 이 킹크점에 도달하여 스텝면을 형성한다고 여겨지고 있다. 또 표면에서의 흡착·반응에서도 특이한 활성점을 형성한다고 보고 있다. 킹크의 원래의 의미는 실의 얽힘, 꼬임이다.

코크로프트 (Cockcroft, John Douglas : 1897~1967년) 영국, 물리학자

북잉글랜드 도드모딘 출생. 개빈디시연구소에서 E.러더퍼드 밑에서 전기공학의 실용적 기술과 고도의 수학적 교육을 받았다. 1939년 케임브리지대학 교수가 되었다. 처음에는 P.L.카피차와 협력, 강력 자기장(磁氣場)과 저온 연구에 종사하였으나 얼마 후에 방향을 바꾸어 월턴과 함께 양성자가속장치를 고안하였다. 양성자를 $600\,kV$로 가속할 수 있는 이 장치로 원자핵의 가속기에 의한 파괴변환을 처음으로 실현시켰다. 이때 대상으로 한 것은 리튬 등의 원자핵으로서, 이 결과는 G.가모의 이론과 비교되었다(1930년). 제2차 세계대전 후에는 원자력의 평화이용에 진력하였으며, 여러 평화 운동에도 열의를 보였다. 고전압 입자 가속기에 의한 원자핵의 인공변환 연구의 업적으로 1951년 E.T.S.월턴과 함께 노벨물리학상을 받았다.

타감 작용 (他感作用, allelopathy)　⇨ 알레로 퍼시.

타닌 (tannin)　식물의 잎, 수피, 목질부 등에 함유되는 다가 페놀의 기본 구조를 갖는 복잡한 화합물의 총칭. 식물 타닌이라고도 한다. 수렴성이 있다. 가수분해형 타닌, 축합형 타닌으로 구별된다. 구성 성분이 단일 물질로서 결정상(結晶狀)으로 분리된 것도 있지만, 제품의 대부분은 몇 종의 물질이 혼합된 것이며, 백색 또는 담갈색의 부정형(不定形) 분말로서 얻어진다. 우리나라에서는 수입 타닌엑스가 주로 사용되는데, 유피질 외에 철(Ⅲ)염과 반응하여 청색으로 변하는 것을 이용한 블루, 블랙 잉크의 제조, 금속 이온과 반응하여 착색 침전물(着色沈澱物)을 생성하는 것을 이용한 금속 이온의 분리와 정량(定量) 등에 사용되며, 갈로타닌을 정제한 타닌산은 수렴제·지혈제로, 난백과 타닌산이 결합한 타닌산 알부민은 정장제(整腸劑)로 사용된다.

타래 염색 (—— 染色, hank dyeing, skein dyeing)　실을 타래 상태로 염색하는 것. 타래실이 타래 걸이의 회전에 따라 회전하는 방법과, 타래실은 정지하여 있고 염액이 순환하는 방식이 있다.

타르 (tar)　유기물의 열분해로 생성되는 다갈색 또는 흑색의 점성이 높은 액상 물질. 좁은 뜻으로는 콜타르를 지칭하며, 방향족 탄화수소를 주성분으로 하고 산소, 질소, 황을 함유하는 화합물을 포함한다. 목재를 건류하면 나무 타르가 생기고, 석유에서는 가스화 부생유(副生油)인 오일가스 타르, 또 석유 아스팔트·석유 피치·잔유(殘油)·열분해 타르 등의 이른바 석유 타르를 얻는다. 콜타르에는 건류 온도의 고저에 따라 저온 타르(450~700℃)와 고온 타르(900~1,200℃)의 두 종류가 있으며 조성(組成)과 성상(性狀)이 다르다. 보통 타르의 조성과 성상은 원료의 차이에 따라 다르며, 여러 고리축합 방향족(多環縮合芳香族)을 바탕으로 하여 소량의 산소·황 회분 등을 함유한다. 방향족계 화학원료 이외에도 도로 포장물·도료·방부제·의약품 등에 사용된다. 한편, 담배가 탈 때에 생기는 점액 물질(粘液物質)을 타르 또는 진(津)이라고도 한다.

타르 경유 (—— 輕油, tar light oil)　타르 증류 때에 끓는점 170℃까지의 유분. 주성분은 벤젠, 톨루엔, 크실렌, 피리딘, α-피코린, 인덴 등이다.

타르 배제기 (—— 排除機, tar extractor)　코크스로 가스의 정제공정에서 가스 중에 안개 상태로 함유되어 있는 타르를 제거하는 장치. 수봉된 종형의 무수한 세공에 가스를 통과시키는 방식, 가로형, 원통형 방식 등이 있다. 효율이 별로 높지 않으므로 정전기적 타르 배제기를 사용하는 경우도 있다.

타르산 (—— 酸, tar acid)　타르 증류에 유출 유분 중, 가성소다 용액에 녹는 성분을 말한다. 페놀, 크레졸, 크실레놀 등을 주성분으로 한다. 카르보닐유 중에 45~50%, 나프탈렌유 중에 10~15% 함유되어 있으며 가성소다 용액에 의해 추출되고 중화되어 회수된다. 타르산을 다시 정제하여 페놀, 크레졸, 크실레놀 등을 제조한다.

타르 샌드 (tar sand)　⇨ 오일 샌드.

타르 염기 (—— 鹽基, tar base)　타르 증류의

유출 유분 중 묽은 황산에 녹는 성분을 말한다. 피리딘, 피코린, 루티딘, 퀴놀린 등을 주성분으로 한다. 염기성유는 타르 중 약 35%, 석탄가스 및 가스액 중에 약 65% 함유되어 있으나, 회수 가능한 것은 황산 암모늄 모액, 가스 경유, 나프탈렌유 등이다. 이 회수원에서 황산염으로 추출하여 중화 후 증류하여 피리딘, 피코린 등을 얻는다.

타르 중유 (—— 重油, tar heavy oil)　타르 증류에서 끓는점 230~270℃의 유분. 주성분은 나프탈렌류이다.

타르 중유 (—— 中油, tar middle oil)　타르 증류에서 끓는점 170~230℃의 유분. 주성분은 페놀류, 나프탈렌류 등이다.

타르타르산 (—— 酸, tartaric acid)　2개의 히드록시가 있는 디카르복시산. 포도주 양조 때의 산물로서 발견되었다. 각종 식물 중에 유리산 또는 염으로서 존재한다. 우회전성, 좌회전성 및 메소형 입체 이성질체가 존재한다. 천연에 존재하는 우회전성 타르타르산은 그림의 입체 배치를 하고 있으나, 이 화합물을 표시하는 데 사용되는 기호에는 역사적 변천이 있어 현재에 이르기까지 혼란을 엿볼 수 있다. 아래에서 d-는 원래 우회전성을 표시하는 기호였으나 일시 입체 배치 기호로 사용된 적이 있으며 현재도 오용되고 있으므로 d-란 기호는 사용하지 않는 것이 좋다. D, L의 기호는 당의 상대 배치를 표시하기 위한 기호로 정의되었던 것으로, 이것을 타르타르산에까지 확대 적용하면 혼란이 생긴다. L-threaric acid는 맞지만 L 디르타르산(L tartaric acid)으로 하는 것은 잘못된 명칭이다.

```
          COOH
           |
   H —— C —— OH
           |                 우회전성 타르타르산
  HO —— C —— H
           |
          COOH
```

선광 방향을 표시하는 기호
(+)-타르타르산, d-타르타르산

입체 배치를 표시하는 기호 (R, S 표시)
(2R, 3R)-타르타르산 생략하여 (R, R)-타르타르산

당의 유도체로서 간주할 때의 상대 배치 기호
L-타르타르산 (L-threaric acid)

[타르타르산]

타르타르산 나트륨 칼륨 (—— 酸 ——, potassium sodium tartrate)　타르타르산의 카르복실기의 한쪽이 나트륨염, 다른 쪽이 칼륨염으로 되어 있는 화합물. 화학식 $KNaC_4H_4O_6 \cdot 4H_2O$. 사방정계에 속하는 무색의 반투명 결정이다. 4분자의 물로 결정화한다. 비중 1.767, 녹는점 70~80℃이다. 130~140℃에서 무수염이 되고, 220℃에서 분해하기 시작한다. 물에는 잘 녹고, 에탄올에는 약간 녹는다. 타르타르산 칼륨 $KHC_4H_4O_6$을 탄산나트륨 또는 수산화나트륨으로 중화시키거나 타르타르산에 같은 당량의 수산화칼륨 및 수산화나트륨을 가하여 만든다. 천연의 무선성 타르타르산의 염은 로셀염이라 부르며, 포도당 등의 분석에 사용하는 페링액의 조제에 사용된다. 또 큰 결정은 압전 소자로서 픽업, 마이크로폰 등의 제조에 사용된다.

타르타르산 수소칼륨 (—— 酸水素 ——, potassium hydrogen tartrate)　수용성의 무색 결정. $KHC_4H_4O_6$. 주석의 주성분. 부풀기 가루, 하제, 이뇨제 등으로 사용한다.

타르타르산 안티모닐칼륨 (—— 酸 ——, potassium antimonyl tartrate)　⇨ 토주석.

타르 피치 (tar pitch)　⇨ 콜타르 피치.

타우린 (taurine)　암모니아가 있는 술폰산. $H_2NCH_2CH_2SO_3H$. 분자 내에 염기성기와 산성기가 있는 양성 화합물이며 분자내 염의 성질이 있다. 소의 담즙과 오징어, 문어 등의 살 추출물 중에 다량으로 존재한다. 분자량은 125.14이며, 유리상태로 동식물 조직에 널리 분포한다. 정상적인 사람은 소변과 함께 1일 약 200 mg 배출한다. 동물에 있어서는 시스테인의 주 산화 생성물로, 그 중간 생성물인 히포타우린의 산화에 의하여 주로 생성된다. 이 물질의 생리학적 기능에 관해서는 아직 잘 알려져 있지 않다. 담즙의 분비를 촉진하고 지방 흡수를 잘 하는 약리작용이 있으므로 천연의 추출물 외에 합성품도 영양제로 사용된다.

타원편광 반사법 (楕圓偏光反射法, ellipsometry)　반사광선의 편광 해소에 따른 정보로부터 금속 표면 등에 대한 산화 피막 등의 막두께와 유전적 특성(굴절률) 등에 관한 지견을 그 장 (*in situ*)에서 알게 되는 분광 측정법. 엘립소메트리라고도 한다.

타이어 코드 (tire cord)　타이어의 골격을 이루는 강도 부재로, 타이어의 고무층에 매입되는 코드. 공기압 및 타이어에 걸리는 하중을 지탱함과 동시에 타이어의 내구력, 고속·조정안정성 등의 제반 특성에 중요한 역할을 한다. 이전에는 면을 사용하였으나 레이온, 나일론, 폴리에스테르로 변천하여 최근에는 스틸도 사용되고 있다.

탄광 폭약 (炭鑛爆藥, coal mining explosive)　광산 갱내용품 검사규칙 시험에 합격한 폭파약. 탄광 갱내에 있는 메탄 등의 가연성 가스와 탄진이 존재하는 갱내에서도 안전하게 사용할 수 있는 폭약, 특히 폭파시 폭약의 폭발온도를 낮추고 불꽃을 작게 하는 효과가 있는 식염 등의 감열 소염제가 배합되어 있다. 검정폭약이라고도 한다.

탄대도 (炭帶圖, coal band)　석탄의 분석값 또는 각종의 성상을 2축 좌표 혹은 3각 좌표상에 도시하였을 때 나타나는 띠모양의 그림. 특히 세로축에 H/C, 가로축에 O/C의 원자비를 취한 van Kreveren의 것이 유명하다. 석탄의 성상 추이, 석탄화 반응의 진행 등을 표시하는 것으로 많이 사용된다.

탄모 (炭母, mineral charcoal, mother of coal)　석탄조직에서 육안으로 분류할 수 있는 식물조직구조의 원형이 남아 있는 목탄 파편상의 조직성분. 천연목탄이라고도 한다. 보통 푸젠에 상당하다. 목질 탄모의 대부분은 이너티니트에 속하는 푸지니트이다.

탄산가스 (炭酸 ──, carbonic acid gas)　이산화탄소 CO_2의 속칭. 물에 녹이면 탄산이 생성되므로 이렇게 불리우고 있다.

탄산 나트륨 (炭酸 ──, sodium carbonate)　Na_2CO_3. 속칭 탄산소다 혹은 소다라고 부른다. 무수염 외에 1수화물, 7수화물, 10수화물이 있다. 무수염은 소다회, 10수화물은 세탁소다, 결정 소다 등으로 불린다. 무수물은 백색 분말로, 흡습성이 강하다. 100g의 물에 2℃에서 7.1g, 100℃에서 45.5g 용해한다. 알코올·에테르 등에는 녹지 않는다. 수용액은 분해하여 알칼리성을 나타낸다. 염산 HCl이나 황산 등의 강한 산에 가하면 이산화탄소 CO_2를 발생한다. 암모니아 소다법에 의해 제조된다. 화학공업상 중요한 알칼리원이다.

탄산 디에틸 (炭酸 ──, diethyl carbonate)　탄산의 디에틸에스테르. $C_2H_5O-CO-OC_2H_5$이다.

탄산 수산화 마그네슘 (炭酸水酸化 ──, magnesium carbonate hydroxide)　⇨ 염기성 탄산 마그네슘.

탄산수소 나트륨 (炭酸水素 ──, sodium hydrogen carbonate)　$NaHCO_3$. 산성 탄산나트륨, 중탄산 나트륨이란 통칭이 있으나 그것은 무기화학 명명법이 확립하기 이전의 옛 호칭이며 현재의 명명 규칙에 따르면 중탄산 나트륨은 잘못된 명칭이 된다. 현재도 공업명으로서는 중탄산 소다 혹은 약칭하여 중조라는 통칭이 많이 사용되고 있지만 화학명으로서는 바람직하지 않다.

탄산 수소 염 (炭酸水素鹽, hydrogencarbonate)　일반식 M^IHCO_3. 산성 탄산염은 통칭. 중탄산염은 잘못된 명칭. 리튬을 제외한 알칼리 금속, 암모늄, 수은(Ⅱ), 카드뮴 등의 염만이 고체로서 추출되고 있다. 가용성 탄산염 또는 수산화물의 용액에 3산화탄소를 흡수시키거나, 수용성 탄산염에서는 탄산에 녹이면 얻어진다. 또 수은(Ⅱ), 카드뮴의 경우에는 저온에서 탄산수소 칼륨과의 복분해에 의해서 얻어진다. 일반적으로 가열하면 이산화탄소와 물을 잃고 탄산염이 된다. 알칼리 금속염은 각각 탄산염보다 물에 녹기 어렵지만 그래도 어느 정도 녹기 쉽다(나트륨염만이 더욱 녹기 어렵다). 또 이들의 수용액은 약알칼리성이다. 산을 가하면 이산화탄소를 발생한다. 알칼리 토금속의 염은 수용액으로서만 얻어지며 이것을 끓이면 분해하여 탄산염을 침전한다.

탄산 암모늄 (炭酸 ──, ammonium carbonate)　수용성의 무색 결정 $(NH_4)_2CO_3$. 1수화물이 보통이고 무수염은 알려져 있지 않다. 시판되고 있는 것은 탄산칼슘과 황산암모늄을 혼합하여 가열·승화시켜 제품으로 만든 것이다. 중화제, 식품의 팽창제로 사용된다.

탄산 에틸렌 (炭酸 ──, ethylene carbonate)　탄산과 에틸렌글리콜의 탈수로 얻어지는 고리 모양의 에스테르. 공업적으로는 에틸렌옥시드와 이산화탄소에서 합성한다. 녹는점 36.4℃에서 액화한다. 고분자 폴리머의 용제로 유용하고 탄산 에스테르의 합성 원료로도 사용된다.

$$\left.\begin{array}{l} CH_2 - O \\ | \\ CH_2 - O \end{array}\right\rangle CO$$

[탄산 에틸렌]

탄산염 (炭酸鹽, carbonate) 일반식 $M^I_2CO_2$, 탄산수소염 M^IHCO_3, 탄산수산화물염 $M^I_2CO_3 \cdot nM^IOH$도 있다. 일반적으로 금속 산화물이나 수산화물의 고체 또는 수용액에 이산화탄소를 흡수시키면 생긴다. 착색(着色)의 원인이 되는 양이온을 함유하지 않으면 무색이다. 탄산이온 CO_3^{2-}을 함유하는 이온 결정이며, 알칼리 금속의 염에서는 리튬염 이외는 정염·탄산수소염 모두 물에 잘 녹는다. 이 밖의 금속염에서는 탄산수소염·염기성 염은 물에 잘 녹지만 정염은 거의 녹지 않는다. 물에 녹은 알칼리 금속의 정염은 가수분해하여 강한 알칼리성을 보인다. 고체를 가열하면 융해하여 이산화탄소를 발생하고, 정염은 산화물로, 탄산수소염은 정염이 된다. 다만, 알칼리 금속의 염에서는 분해하지 않고 융해한다. 정염이나 탄산수소염의 고체 또는 수용액에 산을 가하면 분해하여 이산화탄소를 발생하고, 그 산의 염을 생성한다. 탄산이온은 탄소원자를 중심으로 하여 산소원자가 구석을 차지하는 평면 정삼각형의 구조를 하고 있다.

탄산염 융해 (炭酸鹽融解, carbonate fusion) 융제로서 탄산염을 사용하는 융해, 주로 규산염의 분해에 사용된다. 탄산염으로 보통 탄산나트륨, 탄산칼륨 또는 그 혼합물이 사용된다. 시료의 5배 정도를 시료와 섞어, 백금 도가니에 넣고 30분 정도 가열한다. 융성물은 물 또는 산으로 처리하여 목적하는 분석에 사용한다.

탄산 칼륨 (炭酸——, potassium carbonate) 수용성의 무색 결정. K_2CO_3. 탄산칼륨은 속칭, 무수염 외에 1.5수화물, 2수화물이 있다. 식물을 태운 재 속에 함유되어 있다. 녹는점 891℃, 비중 2.29이다. 비누, 유리, 의약품 등의 원료, 육상 식물의 재에 다량 함유되며 오래 전부터 알칼리로 사용되었다.

탄산 칼슘 (炭酸——, calcium carbonate) 물의 난용인 무색의 분말. $CaCO_3$. 천연에는 대리석, 석회석, 선석, 방해석 등으로 산출된다. 비중 2.93이고, 825℃에서 분해한다. 가열하면 이산화탄소를 발생하고 생석회를 얻는다. 이 반응은 이산화탄소와 생석회를 공업적으로 얻기 위한 중요한 반응이다. 순수한 물에는 용해하지 않지만 이산화탄소를 함유하는 물에는 용해하여 중탄산칼슘을 생성하며 녹는다. 또 탄산칼슘에 산을 작용시키면 이산화탄소를 발생한다. 이산화탄소를 함유하는 물이 땅속의 석회석을 만나면 용해하여 공동(空洞)을 만드는데, 이것이 석회석 동굴이다. 이와 같이 용해한 물이 지열(地熱) 등에 의해서 분해되어 탄산칼슘이 침전한다. 이 침전이 석회석 동굴 속에서 이루어질 때 종유석이나 석순 등을 생성한다. 탄산칼슘을 실험실에서 얻으려면 수용성 칼슘염에 탄산 알칼리를 작용시키거나 석회수에 이산화탄소를 통과시킨다. 공업적으로는 석회석을 분쇄하여 가루를 만들어 체로 쳐서 거르거나 풍파(風 : 공기 중에서 고체입자가 자유 침강할 때 속도의 차이를 이용하여 입자를 크기 또는 비중에 따라 나누는 조작)하여 얻는다. 이것을 중질(重質) 탄산칼슘이라 한다. 또 석회유(石灰油)에 이산화탄소를 불어넣어 생기는 침전은 여과·건조·미세 분해한다. 이것을 경질(硬質) 탄산칼슘이라 한다. 또 조개껍질을 습식 분쇄한 것을 호분(胡粉)이라 한다. 선석형 구조(사방정계)와 방해석형 구조(삼방정계)의 여러 형이 있다. 후자는 복굴절이 크고 광학재료로 이용된다. 시멘트 등의 건재와 고분자 재료용 충전재로 널리 사용된다.

탄성 (彈性, elasticity) 물체에 외력을 가하면 변형하지만 외력을 제거하였을 때 원래의 형태로 되돌아가는 성질. 외력에 의해서 일정한 응력이 발생함과 동시에 그에 대응하여 일정한 변형이 나타나는 데 응력을 제거하면 순간적으로 변형도 없어지는 경우를 이상 탄성이라 한다. 부피의 변화에 대해 일어나는 체적 탄성(體積彈性)과 모양의 변화에 대해 일어나는 형상 탄성(形狀彈性)으로 나뉜다.

탄성률 (彈性率, elastic modulus, modulus of elasticity) 탄성에 있어 응력과 변형의 비율을 이른다. 변형의 형태에 따라 영률, 강

성률 등이 있다. ① 영률과 푸아즈 비율 : 철사나 막대의 신장·수축의 정도를 나타내는 것을 영률 또는 늘어나기 탄성률이라 한다. 막대(철사)의 단위 단면적에 걸리는 힘 T 와, 그것에 의해 생기는 막대(철사)의 신축률(단위 길이당의 신축량) A의 비 T/A로 표시된다. 막대의 굵기와 길이에 관계 없는 물질 고유의 상수도 이것이 큰 재료일수록 신축되기 어렵게 된다. 또 늘어난 막대의 굵기는 가늘게 되지만 이 경우의 길이의 늘어난 비율과 굵기의 수축률의 비도 각각의 물질에 따라 일정한 값을 가진다. 이 값을 푸아즈 비라고 한다. ② 체적탄성률 : 압축하였을 때 물체의 각 면에 걸려 있는 압력 P 와 그것에 의한 압축률(단위 부피당의 수축량) ν 와의 비 P/ν 이다. ③ 강성률 : 전단 탄성률(剪斷彈性率)·층밀리기 탄성률이라고도 한다. 면에 따라 평행한 힘이 가해지면 물질의 부피는 변하지 않고 형상이 변하는 것이 전단 변형인데, 이 때 힘 F가 단면의 전단 각 θ에 비례하며 F/θ 가 재질에 따라 일정한 상수가 된다. 이 값이 그 물질의 강성률이다.

탄성 변형 (elastic deformation)　외력에 의해서 발생한 변형이 외력을 제거하여 완전히 회복할 때 이 변형을 탄성변형이라 한다(⇨ 탄성 회복). 이에 대해 변형이 전혀 회복되지 않는 경우를 소성(塑性) 변형이라 한다.

탄성 산란 (彈性散亂, elastic scattering)　파동을 입자로 보았을 때, 산란 전후에 입자의 내부 에너지와 계의 운동 에너지가 변하지 않는 것을 말한다.

탄성 액체 (彈性液體, elastic liquid)　겉보기에는 액체이지만 응력을 급격히 부여하면 탄성 변형을 나타내고, 그 후에는 정상적으로 유동하다가 다시 유동 중에 급히 응력을 제거하면 일부 변형이 급격한 탄성 회복을 보이는 경우가 있다. 이러한 점탄성을 나타내는 액체를 탄성 액체라 한다.

탄성 용량 (彈性容量, elastic compliance)　탄성에 대한 변형과 응력의 비율. 탄성률의 역수이다.

탄성 충돌 (彈性衝突, elastic collision)　비탄성 충돌의 대응어이다. ⇨ 비탄성 충돌.

탄성 한도 (彈性限度, elastic limit)　변형이 작을 때는 완전히 탄성회복을 보이는 물체라도 응력을 충분히 크게 하면 급격히 소성변형이 생기고, 응력을 제거하여도 변형이 남는 현상. 항복이라고도 한다.

탄성 회복 (彈性回復, elastic recovery)　외력에 의해 생긴 변형이 외력을 제거하여 응력이 없어졌을 때 변형이 말끔하게 소멸하고 마는 현상. 이상탄성(⇨ 탄성)에서 탄성회복은 시간적으로 일어난다. 이에 대해 탄성회복이 시간적으로 늦는 경우를 지연탄성이라 한다.

탄소강 (炭素鋼, carbon steel)　2% 이하의 탄소를 함유하는 철과 탄소의 합금. 강철 중에 함유되는 탄소는 철과 화합하여 시멘타이트라 불리는 탄화철 Fe_3C로 되어 있다. 탄소강은 철과 시멘타이트의 혼합물이며 견고하고 취약한 시멘타이트가 많이 분포되어 있는 강철일수록 단단하다. 탄소 함유량에 따라 극연강에서 최경강까지 6종으로, 또 용도에 따라 구조용 탄소강, 탄소공구강, 스프링강, 칼날강, 피아노 선재 등으로 구별된다.

탄소 섬유 (炭素纖維, carbon fiber)　탄소로 된 섬유상의 재료. 폴리아크릴로니트릴이나 피치 등의 전구체 유기 섬유를 열처리하여 탄소화 하는 방법으로 제조된다. 탄소 망면(網面)이 배향한 구조를 갖게 하므로서 매우 높은 탄성률, 인장강도가 발현된다. 또 탄소 재료의 특징으로서 낮은 비중, 내약품성, 내식성, 전도성이 있는 재료이다.

탄소 전극 (炭素電極, carbon electrode)　탄소를 주재료로 하는 전극 일반을 지칭한다. 전기로용 탄소질 전극도 포함된다. 전기분해나 전지용의 전극으로도 사용되며 전기화학 분석과 전해 합성용의 흑연 전극, 유리상 탄소 전극, 열분해 흑연 전극, 카본 페이스트 전극, 탄소포 전극 등도 포함된다.

탄소질 내화물 (炭素質耐火物, carbonaceous refractories)　주로 야금용 요로 구축재로 사용되는 탄소를 주성분으로 하는 내화물. 천연 흑연, 인조 흑연, 코크스, 무연탄 등을 주 원료로 하여 제조된다. 고로와 전기로의 내장, 야금용 도가니용 등으로 사용된다.

탄소화 (炭素化, carbonization)　⇨ 탄화.

탄수화물 (炭水化物, carbohydrate) 당류(糖類)를 중심으로 하여 이것과 유사한 구조, 성질이 있는 유기 화합물의 일군. 기본적으로는 $C_n(H_2O)_m$로 표시되는 일반식을 갖지만, 이 모체에서 유도되는 화합물도 있고 또한 산소 원자수가 적은 것, O의 일부가 N으로 대체된 형태의 유사 구조의 관련 물질도 있다. 탄수화물은 그것을 구성하는 단위 당(單位糖)의 수에 따라 단당류·소당류·다당류로 구분한다.

탄전 가스 (炭田──, coal field gas) 석탄층에 함유된 가스. 식물체가 석탄화 작용을 받는 과정에서 발생한 것으로 여겨진다. 성분은 대부분이 메탄이며 소량의 질소, 일산화탄소와 미량의 수소가 함유되어 있다. 에탄 이상의 탄화수소를 거의 함유하지 않는 점이 유전 가스와 다르다.

탄진 (炭塵, coal dust) 석탄의 미분말. 입자지름 $10 \sim 200 \mu m$ 전후이다. ⇨ 탄진 폭발.

탄진 폭발 (炭塵暴發, coal dust explosion) 탄광 내에 퇴적한 탄진이 부유하여 어떤 발화원에 의해 착화하여 폭발하는 현상. 탄진은 미세할수록 공기 중에 부유 또한 폭발하기 쉽기 때문에 0.85mm 이하의 미분을 위험 탄진으로 간주하고 있다. 이러한 탄진이 공기 $1\,m^3$ 중에 약 $50\,g$ 이상 부유하면 폭발하고, 약 $120g$의 경우 최대 폭발을 보이지만 $1,650g$ 이상이면 폭발하지 않게 된다. 살수, 암분의 도입, 퇴적 탄진의 청소 등이 폭발방지 대책이다.

탄탈산 염 (──酸鹽, tantalate) 탄탈 Ta의 옥소산염으로 독립된 $TaO_4{}^{3-}$ 이온을 함유하는 것은 확실하게 알려져 있지 않으나 많은 이소폴리산염이 알려져 있다. 보통 탄탈산 염이라 부르고 있는 $LiTaO_3$, $KTaO_3$ 등은 구조적으로는 복산화물이다.

탄화 (炭化, carbonization, dry distillation) 유기 물질을 공기와의 접촉을 차단, 열처리하여 탄소 물질로 전환하는 것. 탄소화라고도 한다. 석탄의 경우는 코크스의 제조에도 탄화조작을 이용하나 그 외에도 목재로부터의 목탄제조에도 예로부터 응용되어 인연이 깊다. 탄화 원료의 성상에 따라 기상 탄화, 액상 탄화, 고상 탄화의 세 가지 방법이 있

다. 기상 탄화에서는 1,000℃ 전후에서 유기물이 분해하여 탄소(열분해 탄소 등)를 석출한다. 액상 탄화에서는 용융상태의 유기물이 방향족화, 중축합을 거쳐 500℃ 전후에서 탄소 전구체가 된다. 대부분의 경우 광학 이방성 중간상(소메페이즈)을 경유한다. 고상 탄화에서는 불용성 유기물이 그대로 탄소가 된다. 도시 쓰레기와 플라스틱의 분해에도 이용된다. dry distillation은 넓은 의미의 탄화이고 carbonization은 석탄, 목재, 피치 등의 탄화에 한정하여 사용된다.

탄화 규소 (炭化珪素, silicon carbide) SiC. 공유결합성이 높고 매우 견고(다이아몬드, 탄화붕소에 다음 가는 경도가 있다)하며 또한 분해 온도도 극히 높은(2,500℃ 전후) 화합물. 카보런덤은 탄화규소의 상품명이다. 결정에는 매우 많은 형이 존재한다. SiO_2와 C의 혼합물의 직접 통전, Si와 C의 혼합물의 자기연소, $SiCl_4$와 탄화수소의 화학증착법 등의 방법으로 합성된다. 연마재, 내열재료, 발열재 등에 사용된다.

탄화물 (carbide) 탄소와 그보다 양성인 원소와의 화합물. 예를 들면 CaC_2, Al_4C_3 등. 탄화수소 외에는 모두 고체이다. 일반적으로 양성이 두드러진 원소와의 화합물은 이온성 탄화물, 즉 염과 유사한 탄화물을 만들고, 양성이 약한 원소 중 원자 반지름이 작은 것과는 공유결합성 탄화물, 원자 반지름이 큰 것과는 침입형 탄화물을 만든다. 그리고 탄화물을 가리켜 카바이드라고 하는데, 이 때는 그 대표적인 탄화칼슘, 즉 칼슘 카바이드를 가리킨다.

탄화칼슘 (炭化──, calcium carbide) 순수한 것은 무색 투명한 결정. CaC_2. 물에는 강력하게 발열하여 용해되어 아세틸렌을 발생한다. 화학공업에서는 카바이트로 속칭된다. 공업제품은 불순물을 다량으로 함유하므로 흑회색에서 자갈색을 띤다. 석회질소, 아세틸렌의 원료, 철강의 탈황제로 사용되었으나 원료의 전환이 발전하여 현재는 많이 감소 추세에 있다.

탈감도 상실 (脫感度喪失, hyposensitization) ⇨ 탈감작의 (1).

탈감도 색소 (脫感度色素, desensitizing dye) ⇨ 탈색제.

탈감작 (脫感作, desensitization)   (1) 즉시형 알레르기 환자에 원인이 되는 알레르겐을 소량씩 반복하여 부여함으로써 병인의 알레르겐에 대한 감수성을 저하시키는 치료법. 감감작이라고도 한다. (2) 알로스테릭 효소가 효소활성은 상실하지 않지만 이펙터(효과인자)에 의한 알로스테릭 효과를 나타내지 않게 되는 것을 말한다.

탈 고무 (脫 ——, degumming)   식물유 제공 공정의 하나. 원유 중의 인산질을 주성분으로 하는 불순물을 교반, 원심분리로 제거하는 조작을 지칭하지만 불순물이 고무상인 점에서 탈고무라 한다. 제거되는 고무분은 유체라 하며, 레시틴의 원료가 된다.

탈기 (脫氣, deairing, deaeration, degassing, degasification)   액체 중에 용존하는 기체(주로 공기)를 제거하는 조작. 액체 크로마토그래피와 액상 반응에서는 기포 발생에 의한 분리능의 저하와 검출기의 방해, 산소 등에 의한 부반응의 영향 등을 방지하기 위해 실시한다. 또 증발 장치와 고압 보일러 등에서는 전열효율의 저하와 부식을 방지하기 위해 실시한다. 탈기법으로서는 감압법(가열 혹은 동결을 수반하는 경우도 있다), 초음파법, 헬륨가스 통기법 등이 있다.

탈라세미아 (thalassemia)   헤모글로빈의 α, β 폴리펩티드 사슬 중의 어느 한 쪽의 합성이 유전적으로 저하하기 때문에 일어나는 변형을 말한다.

탈랍 (脫蠟, dewaxing, winterization)   (1) 윤활유의 유동점을 낮추기 위해 원료 중의 납분을 제거하는 것. 압착에 의한 방법, 용제 처리법, 요소 부가법, 촉매를 사용하는 납분의 접촉분해 등이 있다. (2) 면실유 등에서 샐러드유를 제조할 때에 유지를 저온 냉각하여 고형분을 제거하는 것을 말한다.

탈랍 유 (脫蠟油, dewaxed oil, winter oil, winterized oil)   (1) 납분을 함유한 윤활유 원료를 탈랍한 기름이다. (2) 면실유 같은 유지를 저온 냉각하여 고형지를 결정화하여 제거한 것이다.

탈리 효소 (脫離酵素, lyase)   ⇨ 리아제.

탈모 (脫毛, unhairing)   제혁 준비공정의 하나. 석회처리에 의한 탈모법이 가장 일반적

이지만 이것을 개량한 효소 탈모법, 이산화염소에 의한 산화 탈모법이 개발되었다. 그러나 모두 공정 관리에 어려움이 있어 거의 실시되지 않고 있다.

탈산유 (脫酸油, refined oil)   미정제 유지 중의 유리 지방산을 제거한 기름. 일반적으로는 알칼리 수용액에 의해 중화 제거한다. 탈고무, 탈산, 탈색, 탈취를 한 정제유(refined oil)와 구별하고자 할 때는 alkali refined oil 이라 한다.

탈색 (脫色, decoloration)   염색물의 색깔을 빼는 것. 완전히 색을 빼는 경우도 있으나 어느 정도 탈색하여 재염하는 경우가 많다. 염료를 용출 탈색하는 방법과 산화 또는 환원으로 분해하는 방법이 있다. 후자는 표백이라 한다.

탈색제 (脫色劑, decoloring agent)   산화·환원에 의해 염색물 중의 염료를 분해하여 탈색하는 약제. 하이드로술파이트, 롱갈리트, 데클로린, 아연말, 아황산수소나트륨 등의 환원제, 하이포아염소산나트륨, 아염소산나트륨, 과산화수소, 과망간산칼륨 등의 산화제가 사용된다. 이것들은 섬유와 염료의 종류에 따라 선택된다. 탈색제를 첨가한 발염 풀로 사전에 바탕 염색한 생지에 날염하면 문양만이 희게 남는다.

탈색 조제 (脫色助劑, decoloring assistant)   용출 탈리에 의해 섬유상의 염료를 탈색하는 약제. 알칼리나 산, 계면 활성제, 폴리비닐피로리톤 등이 사용된다.

탈수 (脫水, dehydration)   (1) 유기 화합물의 분자 내 또는 분자 간 수소원자와 히드록실기가 물로서 탈리하는 반응. 불포화 화합물, 에테르, 에스테르 등의 합성에 이용되는 반응 과정을 말한다. (2) 물질 중에 함유하는 수분을 제거하는 조작. 여러 가지 목적에 따라 기체·액체·고체 속에 수분이 섞여 있으면 불편한 경우에 행하며, 특별한 경우에는 건조라고도 한다. 물질의 상태에 따라 압축·냉각·흡착(吸着)·흡수 등의 방법이 사용되는데, 특히 흡착 또는 흡수제를 총칭하여 탈수제라 하며, 실리카겔·활성 알루미나·분자체(molecular sieve) 등의 고체, 에틸렌글리콜 등의 액체가 사용된다. 또 가수분해에 의해 생성되는 물의 제거, 탈수 축

합, 결정수(結晶水)의 제거와 같이 화학 반응에 의해 생성되는 물이나 화학적으로 결합되어 있는 물을 제거하는 경우에도 탈수라고 한다.

탈 수소 (脫水素, dehydrogenation) 유기 화합물 분자 내의 인접자리 탄소원자에 결합하는 수소 1원자씩 탈리하여 C=C 이중결합을 생성하는 반응. 수소화의 역반응이다.

탈수소 효소 (脫水素酵素, dehydrogenase) 기질에서 수소를 제거하는 산화-환원 효소. 디하이드로게나아제라고도 한다. AH_2+B ⟹ $A+BH_2$의 탈수소 반응을 촉매하는 효소의 일반명. 효소가 수소 수용체(B)인 경우에는 옥시다아제라고 한다. B에 상당하는 물질은 NAD, NADP, FAD 등의 보효소인 경우가 많다.

탈수제 (脫水劑, dehydrating agent) 진한 황산이나 5산화이인처럼 상대의 화합물 중에서 수소와 산소를 H_2O로서 탈취하는 시약의 총칭. 예를 들면 알코올류를 탈수제에 의해 탈수하면 에테르, 올레핀류를 얻을 수 있다.

탈수 피마자유 (脫水 —— 油, dehydrated castor oil) 피마자유의 탈수물. 피마자유에는 수산기가 있는 리시놀레산이 약 90% 포함되어 있는데 촉매의 존재하에 가열하면 인접 수소원자 간에 탈수가 일어나 공역화 리놀산과 비공역화 리놀산이 된다. 천연의 건조유에 비하여 급속히 건조, 중합하여 내수성, 경도, 내후성이 우수한 피막이 얻어진다. 도료, 바니시, 알키드 수지 원료, 오일 실크(견방수포), 오일 클로스(면 플란넬의 유가 공품) 등에 사용된다.

탈 아미노 (脫 ——, deamination) 아미노 화합물의 아미노기를 수소로 치환하는 반응. 전형적인 예는 방향족 디아조늄염의 분해로 질소가스를 방출하여 벤젠을 생성하는 반응. 생화학에서는 아미노기가 있는 화합물에서 아미노기가 탈리하는 생체내 반응이 중요하다.

탈아세틸 (脫 ——, deacetylation) 유기 화합물이 결합하고 있는 아세틸기를 탈리시키는 반응. O 혹은 N에 결합하고 있는 아세틸기를 가수분해로 해리하여 OH, NH_2기를 재생시키는 일이 많다.

탈 아스팔트 (脫 ——, deasphalting) 잔유 또는 윤활유 유분 중의 아스팔트 성분을 고온 증류나 용제 정제법으로 제거하는 것. 탈역(脫瀝)이라고도 한다.

탈 알킬 (脫 ——, dealkylation) 유기 화합물 분자 내의 C, O, S, N 등의 원자에 결합하고 있는 알킬기가 탈리하는 반응. 알킬기가 탈리하는 데는 여러 가지 반응형식이 있으며 실험실적으로나 공업적으로도 중요한 반응이 알려져 있다.

탈여기 (脫勵起, deexcitation) ⇨ 탈활성.

탈염 (脫鹽, demineralization desalting) 용액 중의 염류를 제거하는 조작. 일반적으로 이온 교환법이 사용되고 있으나 고분자 시료의 탈염에는 사이즈 배재 크로마토그래피, 투석법 등이, 또 유기 화합물과 무기염의 분리에는 앰버라이트 XAD와 같은 합성 폴리머를 충전한 칼럼이 유효하다.

탈 염소 (脫鹽素, dechlorination) 혼합물 중에서 염소를 제거하는 조작도 탈 염소라고 하지만 중요한 사실은 유기 염소 화합물의 치환기로서의 염소원자를 탈리시키는 반응으로 공해 물질의 처리 목적으로 중요시되고 있다.

탈염수 (脫鹽水, desalted water) 이온 교환 수지를 사용하는 이온 교환법 등에 의해 무기 염류를 제거한 물. 보통 증류수와는 구별한다.

탈유 (脫油, deoiling) 제랍공정에서 조랍 중의 유분을 제거하는 것. 발한 공정을 사용하는 경우에는 유분은 납하유로서 얻어지며, 용제 정제법으로 함랍유에서 제품 납을 회수하기 위해 유분을 추출하는 경우에는 원료에 따라 미크로크리스털린 왁스 또는 바셀린이 얻어진다.

탈 이온수 (脫 —— 水, deionized water) 이온 교환 수지로 이온을 제거한 물. 일정한 정제도가 정해져 있는 물은 이온 교환수라 부르며, 탈 이온수는 특별한 기준은 없다. 수수형 강한 산성 양이온 교환 수지와 수산형 약한 염기성 음이온 교환 수지를 병용해서 만든다. 이것에 의해 천연수에 포함된 나트륨·칼슘 등 양이온과, 염소이온·황산이온 등 음이온이 제거된다. 그리고 탈 이온수를 증류수와 같은 목적으로 사용하기도 한다.

탈지 (脫脂, cleaning)　일반적으로 물질에 부착 혹은 함유되어 있는 유지나 납을 제거, 추출하는 것. 세라믹스에서는 분체의 성형체에 함유되는 유기계의 성형 조제를 열처리로 분해 제거하는 조작을 말한다. 또 법랑의 밑금속 표면을 알칼리 세제욕으로 세정 처리하는 공정을 지칭하는 경우도 있다.

탈 질산 (脫窒酸, denitrification)　토양 미생물의 작용으로 질산과 아질산이 기체 질소 화합물이 되어 방출되는 것. 이 경우 탈질, 탈질소라고도 한다. 배연 탈질은 연소 배기 가스 중의 질소 산화물을 제거하는 것이다.

탈 질소 (脫窒素, denitrification)　폐액 처리의 하나로, 생물학적 탈질소법이라고도 한다. $NH_3 \rightarrow NO_2 \rightarrow NO_3$의 산화계와 $NO_3 \rightarrow NO_2 \rightarrow N_2$의 환원계를 조합하여 한다. 활성 오니 중의 아질산화균, 질화균 등이 작용한다. 하수처리에 적용된다.

탈착 (脫着, desorption, detachment, elimination)　복수의 요소로 구성되는 복합체에서 그 요소로 되는 것이 떨어져 나가는 현상. 예를 들면 어떤 하나의 분자에서 2개의 원자 또는 원자단이 치환되는 일 없이 떨어져 나가는 경우(elimination), 고체 표면에 흡착되어 있는 분자가 열, 빛, 전자충격 등에 의해 그 표면에서 떨어져 나가는 경우(desorption), 음 이온이 빛과 상호 작용하여 전자를 방출하여 중성의 원자·분자를 생성하는 경우(detachment) 등이 있다.

탈착 속도 (脫着速度, desorption rate)　고체 또는 액체에 흡착한 분자가 탈리하는 속도. 보통 표면 피복률과 온도의 함수이다.

탈출 깊이 (脫出 ——, escape depth)　보통 고체 중의 전자가 고체 중에서 탈출할 수 있는 거리를 말한다. 물질에도 따르지만 전자가 갖는 에너지에 강하게 의존한다. 50~100 eV로, 탈출의 깊이는 최소 수십 nm가 되지만 그 이상에서는 증가하여 2 keV에서 약 200 nm가 된다. 50 eV 이하에서는 전자 간의 상호작용이 감소하여 탈출 깊이는 반대로 깊어진다.

탈취 (脫臭, deodorization, deodorizing)　(1) 유지 중의 유취 성분을 제거하는 것을 목적으로 하는 유지 제조공정의 하나. 일반적으로 유지를 감압하고 고온으로 가열하여 수증기 증류한다. (2) ⇨ 스위트닝.

탈취유 (脫臭油, deodorized oil)　유지 정제 때 최후에 이루어지는 탈취공정을 거쳐 정제된 기름. 유지의 정제는 탈고무, 탈산, 탈색, 탈랍, 탈취로 되어 있는데 각 공정을 거친 기름을 각각 탈고무유, 탈산유, 탈색유, 탈랍유, 탈취유라고 불러 구별한다.

탈취제 (脫臭劑, deodorant)　악취를 제거하기 위해 사용하는 약제. 물리 흡착에 의한 탈취제로서 대표적인 것이 활성탄, 실리카겔, 활성 백토이며, 화학적 작용에 의한 탈취제의 대표적인 것으로는 과망간산 칼륨 수용액, 표백분 수용액, 포르말린 등이 있다. 근래에는 1차적으로 공해방지 시책에 맞춰 광합성 세균으로 먼저 악취를 변화시키고, 2차적으로 냄새를 없애는 새로운 방취제도 나왔다.

탈 카르보닐 (脫 ——, decarbonylation)　카르보닐 착물에서 일산화탄소를 탈리시키는 반응을 말한다.

탈 탄산 (脫炭酸, decarboxylation)　카르복시산의 카르보닐기에서 가열로 이산화탄소가 탈리하여 C—H결합을 생성하는 반응. 마론산형의 디카르복시산은 특히 탈탄산이 되기 쉽고 용이하게 모노카르복시산으로 변환된다.

탈탄산 효소 (脫炭酸酵素, decarboxylase)　카르복시산의 카르복실기를 이산화탄소로서 탈리하는 효소의 일반명. 디카르복시라아제, 카르복시이탈효소라고도 한다. 산화를 수반하는 탈탄산 반응을 하는 효소군과 산화를 수반하지 않는 효소군으로 나눌 수 있다. 생물 호기의 이산화탄소는 이 효소군의 작용으로 생기는 것으로, 무기계처럼 탄소원자를 분자상 산소가 직접 산화하여 생기는 것은 아니다.

탈피 호르몬 (脫皮 ——, moulting hormone)　곤충, 갑각류 등 절지 동물의 탈피, 요화(蟯化), 성충화 등의 변태를 유발하는 호르몬. 전흉선 호르몬이라고도 한다. 본체는 엑디손. 대부분의 곤충에서는 뇌 부근에 있는 소체 알라타체(corpora allata)의 호르몬이 탈피에 관계하지만 이것만으로는 탈피가 일어나지 않고, 다른 호르몬과 협동하여 탈피를 일으킨다. 화학적 본질, 탈피를 일으키는 기조 등은 불명이다.

탈 할로겐화 수소 (脫——化水素, dehydrohalogenation) 탄화수소의 할로겐 치환기가 알칼리와 반응하여 할로겐 원자가 인접 위치의 수소원자와 함께 할로겐화 수소로서 탈리하여 C=C 이중결합을 생성하는 반응을 말한다.

탈활성 (脫活性, quenching) 들뜬 상태에 있는 화학종이 다른 화학종과의 상호작용에 의해 여기 에너지를 상실하는 것. 탈여기라고도 한다. 이 과정은 들뜬 상태가 발광성(형광, 인광을 발하는 것)인 경우에는 발광의 감소로서 나타나며 이를 소광이라 한다. 영어에서는 quenching으로 탈활성, 소광을 포괄적으로 의미한다.

탈활성제 (脫活性劑, quencher) 들뜬 상태에 있는 분자에 작용하여 에너지 이동, 전자이동 혹은 다른 화학과정에 의해 에너지를 상실시켜 바닥상태에 이르게 하는 작용을 하는 분자이다.

탈황 (脫黃) (1) desulfurization 유기 화합물의 분자 내에 함유되는 황 원자를 탈리하는 반응. 예를 들면 황을 함유하는 복소 고리를 라네니켈과 가열하면 황 원자가 탈리하여 개환한다. (2) desulfurization 석유 유분 중의 황성분을 제거하는 것. 가솔린에서 윤활유, 중유에 이르는 광범위한 제품의 품질 향상과 황성분 회수를 위해 실시한다. 현재 그 대부분은 촉매를 사용하는 수소화 처리의 히니인 수소회 탈황에 의해 이루어진다. (3) devulcanization 재생 고무 제조시에 탄성 가황 고무를 열처리하여 가소화하는 것을 말한다.

탈황제 (脫黃劑, devulcanizing agent) 재생 고무의 제조공정에서 고무분자의 그물눈 구조를 붕괴시켜 분자 사슬의 절단으로 가소성을 부여하기 위해 열, 효소와 함께 가하는 연화제. 가소제, 팽윤제, 소연 촉진제 등의 총칭이다.

탈회 (脫灰) (1) demineralization 칼슘 등의 광물질을 함유하는 생체 조직에서 킬레이트제 등을 사용하여 광불실을 제거하는 것을 말한다. (2) deliming 제혁공정에서 석회처리, 탈모 후에 가죽에 흡착한 칼슘을 물과 약산 또는 염화암모늄 등을 사용하여 가용화하여 제거하는 것을 말한다.

탐상 (探傷, flaw detection) 시료에 손상을 미치는 일 없이 시료 중의 상처를 탐지하는 비파괴 시험의 하나. 방법으로는 방사선 투과법, 초음파 탐상법, 자기 탐상법, 전자 유도 탐상법, 삼투 탐상법 등 다섯 가지로 분류할 수 있다.

탑정 유출물 (塔頂留出物, overhead, overhead product) 석유 정제때 증류탑 또는 선반 계단식 용제 추출탑의 탑정에서 유출하는 유분을 말한다.

탑 효율 (塔效率, column efficiency, tower efficiency) 단탑과 같은 계단 접촉식의 장치에서 탑 전체를 고려하였을 경우의 단효율. 점효율의 대응어. 이론 단수와 실제 단수의 비로 표시되며 실제면에 널리 사용된다. 곧잘 단효율과 혼동되는 경우가 있다.

태닝 현상 (——現像, tanning development) 할로겐화은 사진에 있어 젤라틴막을 화상상으로 경화시켜 젤라틴 릴리프상을 형성하는 현상. 카테콜과 피로가롤을 주약으로 하는 현상액에서는 할로겐화은의 환원시 생성하는 현상약 산화 생성물이 젤라틴을 가교하므로 상부분의 젤라틴을 경화시킨다.

태양 상수 (太陽常數, solar constant) 지표에 도달하는 태양 방사 에너지의 기준값으로 사용되는 값. 약 $8.2\ \mathrm{Jcm^{-2}min^{-1}}$, 이 값은 태양에서 지구까지의 평균 거리에서 태양광에 수직인 $1\,\mathrm{cm^2}$면에서 1분간에 받는 태양의 방사 에너지의 양이다. 지상에는 대기가 있으므로 실제로는 이 값의 약 절반에 도달한다.

태양 에너지 (太陽——, solar energy) 자연 에너지의 대표. 지구상에 이르는 태양에너지는 방대하지만 물하고 기후와 위치에 따라 다르다. 식물의 광합성은 태양에너지의 대표적 변환계이고, 태양전지, 습식 광전지 등도 최근 활발하게 연구되고 있다. ⇨ 태양 상수.

태양 에너지 변환효율 (太陽——變換效率, sunlight engineering efficiency) 태양 에너지를 변환하는 장치로서 태양전지, 온수기 능이 알려져 있으며 이러한 변환기의 변환효율을 말한다. 입사된 태양 에너지에 대해 얻어지는 에너지의 비율로 표시한다. 특히 태양전지의 경우 다투어 그 변환효율의 향상을 시도하고 있고, 예를 들면 실리콘 태양전지의 경우는 해마다 그 값이 향상되고 있다. 단결정 실리콘의 경우와 아몰퍼스 실리콘의 경우 그 크기 등으로 값이 다르나, 15~20% 를 목표로 하고 있다.

태양 전지 (太陽電池, solar cell)　건식 광전지의 대표적인 것. n형 반도체와 p형 반도체의 접촉 계면에 빛이 쪼이면 광기전력이 발생하고 폐회로로 하면 광전류가 흐른다. 실리콘의 단결정이나 다결정으로 된 태양전지 외에 아몰퍼스 실리콘과 화합물 반도체의 태양전지가 최근 주목받고 있다. 태양 에너지 변환효율이 크고, 대면적의 감광체를 가능한 한 싼 가격으로 제조할 수 있는 것이 요구된다.

태펠 식 (—— 式, Tafel's equation)　전극 반응이 평형상태에 있을 때, 전극은 일정한 전위(평형전위)를 나타낸다. 이 전위에 충분히 큰 양 또는 음의 전위 η(과전압)을 가하면 흐르는 전류 I와의 사이에 $\eta = a \pm b \log I$의 관계가 성립한다. a와 b는 상수이다. 이 관계는 1905년 J. Tafel에 의해 수소전극 반응에 대해 확립되고, 그 후 많은 전극 반응에서 성립되는 것이 확립되었으므로 Tafel식이라 부른다. a 및 b는 전극 물질의 촉매 활성 및 반응 메커니즘의 해명에 중요하다.

택소젠 (taxogen)　텔로메리제이션에서 텔로머를 형상하는 단량체를 이른다.

택크 (tackiness)　인쇄 잉크의 접착성을 표시하는 값. 인쇄할 때 잉크 롤러나 피인쇄체와 잉크의 부착력 및 잉크 내 분자끼리의 응집력에 기인한다. 판의 더러움, 종이 벗겨지기, 트래핑 등의 현상과도 관계가 있다. 택크값의 측정은 인코미터 등을 사용한다.

택토이드 (tactoid)　막대, 판상 등의 콜로이드 입자로 구성된 졸을 방치하여 두면 액의 하부에 미려한 간섭색이 나타나는데, 이 현상을 표시하는 콜로이드계를 말한다. 이것은 입체가 일정한 배열을 하기 때문이다. 텅스텐산, 오산화 바나듐의 졸 등에서 볼 수 있다.

탭핑 (tapping)　천연 고무인 라텍스를 채취할 때 고무나무 줄기에 칼질로 자국을 내는 것. 이로써 라텍스 상태의 수액이 침출하므로 밑에 컵을 설치하여 일정 시간 후에 수집한다.

탱크형 반응기 (—— 形反應器, tank reactor)　탱크 안에서 화학 반응이 진행되도록 반응 유체 혼합용의 교반기 및 가열·냉각용의 코일 혹은 재킷이 부착된 탱크. 연결식과 배치식이 있으며 두 식 모두 탱크 안은 완전 혼합상태에 있다고 볼 수 있다.

터널로 (—— 爐, tunnel kiln)　터널 형태를 한 예열대, 소성대, 냉각대로 구성된 연속 소성로. 대차에 적재된 미소성품이 노 안을 순차 이동하여 소성된 후에 다른 쪽 출구에서 배출된다. 내화물과 도자기 등의 소성에 사용된다.

터널 효과 (—— 效果, tunneling effect)　전자의 상태함수가 퍼텐셜 장벽의 바깥쪽에서도 그 장벽의 높이가 무한대가 아닌한 제로가 되지 않고 침출하는 것. 이것은 마치 퍼텐셜 산을 전자가 뚫고 나간 것처럼 보이므로 터널 효과라 한다. 터널 효과는 파동적 성격이 있는 입자에서 공통적으로 볼 수 있다. 수소결합에서의 수소원자 진동, 메틸기의 회전 등에서도 나타난다. 절연성 박막으로 격리된 금속 간의 터널 전류를 관측하는 터널소자, 그것을 초전도체에 응용한 조셉슨 소자 등이 있다.

터미네이터 (terminator)　mRNA 전사의 종결을 제어하는 DNA상의 신호. RNA 합성 효소(RNA 폴리메라아제)는 이 부분에서 DNA에서 제외되어 전사가 종결한다고 여겨지고 있다.

터비도스탯 (turbidostat)　⇨ 연속 배양.

터빈 유 (—— 油, turbine oil)　증기 터빈, 가스 터빈, 수력 터빈 등의 축받이와 선박용 터빈 등의 윤활용에 사용되는 기름. 파라핀기 원유에서 얻어지는 기유에 산화 방지제, 녹방지제, 기포방지제를 첨가하고 선박용 터빈유에는 다시 극압 첨가제를 첨가한다.

터키 적유 (—— 赤油, Turkey red oil)　⇨ 로드유.

터펜틴 유 (—— 油, turpentine oil)　주로 북

미에서 생산되는 적송, 흑송의 마른 뿌리에서 채취한 생송진을 수증기 증류하여 얻어지는 정유. 주성분은 α-, β-피넨이다. 의약, 용제, 바니시, 부유 선광용의 기포제 원료로 사용된다.

터폴리머 (terpolymer)　공중합체 중 3종류의 단량체로 형성된 중합체. 3원 중합체라고도 한다.

턴불 블루 (Turnbull's blue)　⇨ 베를린 블루. 한 때 헥사시아노철(Ⅱ)산 칼륨에서 얻어지는 청색 안료를 감청, 프러시안 블루, 베를린 블루 등이라 부르고, 헥사시아노철(Ⅲ)산 칼륨에서 얻어지는 것을 턴불 블루라 하였다. 그러나 양자는 같은 것이다.

털 태우기 (singeing)　직물의 마무리 가공의 하나. 직물의 표면에 튀어나온 깃털을 소각하여 표면을 평활하게 하고, 직물이 선명하게 보이도록 하는 공정이다. 방법으로는 유리 털태우기, 열판 털태우기, 전열 털태우기 등이 있다.

텅스텐 (tungsten)　원자번호 74의 원소. 원소 기호 W. IUPAC 명명법에서는 라틴어 명에 유래하는 wolfram(볼프람)도 별칭으로 인정하고 있으나 우리나라에서는 텅스텐을 보통으로 사용하고 볼프람이란 명칭은 별도 사용하지 않는다. 지구상에 비교적 널리 존재하지만 양은 그다지 많지 않다. 클라크 수는 제26위이다. 주로 회중석 $CaWO_4$, 철망간중석(Fe·Mn)WO_4 등의 텅스텐산염석으로서 산출되고, 아시아의 태평양 연안, 북아메리카 등에 풍부한 광맥이 있다. 백색 또는 회백색의 백금 비슷한 금속으로 α형과 β형의 두 가지가 있는데, 모두 등축정계(等軸晶系)에 속한다. α형은 공기 중에서 안정하지만 β형은 불안정하여 자연 발화한다.

텅스텐 브론즈 (tungsten bronze)　일반식 $M_xWO_3(0 < x \leqq 1)$로 표시되는 화합물의 총칭. 겉보기에 금속상의 광택이 있고 또한 도전성을 보이는 특이한 성질이 있으며 브론즈와 흡사하여 붙혀진 이름. 대표적인 것은 Na_xWO_3이며 x의 값 변화에 따라 색이 변한다. 예를 들면 $x = 0.25$로 청색, 0.64로 적색, 0.69로 적등색, 0.85로 황금색이 된다.

텅스텐산 염 (──酸鹽, tungstate, wolframate) 일반식 $M^I_2WO_4$. 텅스텐의 옥소산염. 가장 간단한 것은 오르토산염이지만 메타 텅스텐산염, 파라 텅스텐산염 등 각종 이소폴리산염이 알려져 있다. 오르토산염은 산화텅스텐(Ⅵ) WO를 수산화 알칼리 수용액에 녹여서 알칼리염을 얻게 되고, 그 복분해로 다른 금속이 얻어진다. 또 WO_3와 탄산염 또는 금속 산화물과의 융해로도 얻어진다. 알칼리 금속염은 물에 가용. 그 외는 일반적으로 난용 또는 불용. 예컨대, $NaWO_4·2H_2O$의 물에 대한 용해도는 $73g/100g(21℃)$. 수용액을 중성 또는 산성으로 하면 각종 폴리산 이온을 만들고, 강한 산을 과잉으로 가하면 텅스텐산은 침전한다. 산성 용액에서는 붕산, 인산, 규산, 비산 등과 헤테로폴리산염(인텅스텐산염 등)을 만든다.

텅스토규산 (──硅酸, tungstosilicic acid, wolframosilicic acid)　헤테로폴리산의 하나. 수용성의 무색 결정. $H_4[SiW_{12}O_{40}]·x$ H_2O. 규텅스텐산은 속칭. $x = 5, 7, 14, 24, 29, 30, 31$ 등이 있으나 7수화물이 일반적. 시판품은 24수화물이 많다. 알칼로이드의 검출 등에 사용된다.

텅스토인산 (──燐酸, tungstophosphoric acid, wolframophosphoric acid)　헤테로폴리산의 하나. 수용성의 무색 결정. $H_3[PW_{12}O_{40}]·xH_2O$. 인텅스텐산이라고도 한다. 1990년 IUPAC 무기화학 명명법에서는 포스포텅스텐산. $x = 5, 6, 14, 24, 29, 30, 31$ 등의 각종 수화물이 알려져 있으나 6수화물이 일반적이다. 알칼로이드의 검출 등에 사용된다.

텅스토인산 나트륨 (──燐酸──, sodium tungstophosphate, sodium wolframophosphate)　무색 결정, 여러 종류가 알려져 있으나 도데카텅스토인산(3−)나트륨 $Na_3[PW_{12}O_{45}]$가 일반적. 인텅스텐산나트륨이라고도 한다. 보통 15수화물 및 21수화물, 알칼로이드 검출 시약, 염료와 대응시켜 안료 등으로 사용된다.

테라스 (terrace)　고체물리와 표면과학에서 사용되는 용어. 표면에 격자결함이 없는 완전히 평평한 결정면의 연속. 열역학적으로 안정된 낮은 지수면으로 형성되어 있는 경우가 많다.

테르밋 (thermite, thermit) 산화 철분과 알루미늄분의 당량 혼합물. 점화하면 알루미늄이 산화되어 고온을 발생하고 환원되어 생기는 철이 융해하므로 철이나 강의 용접에 사용된다. 알루미늄분의 산으로 발생하는 다량의 열과 그 환원력을 이용하는 야금법을 테르밋법이라 한다.

테르펜 (terpene) 식물 정유의 주성분을 이루는 방향 혹은 화합물의 총칭. 일반적으로 5n개의 탄소원자로 구성된 탄소 골격이 있으며, $n=2$, 3, 4, 6의 것을 모노테르펜, 세스퀴테르펜, 디테르펜, 트리테르펜이라 한다. 사슬식 구조의 것과 고리식 구조의 것이 있다. 또 탄화수소 외에 알코올, 케톤, 카르복시산, 에테르 등 각종 작용기가 있는 화합물이 있다. 모노테르펜, 세스퀴테르펜에는 향료로 사용되고 있는 것이 많다.

TESI (테시) 'transfer of electrostatic image (정전상 전사)'의 약어이다.

테오브로민 (theobromine) 카카오콩의 종자 중에 함유되는 퓨린알칼로이드 $C_7H_8N_4O_2$. 3, 7-디메틸크산틴. 메틸화하면 카페인이 된다. 이뇨작용이 있다.

테인 (theine) ⇨ 카페인.

테일링 (tailing) (1) 크로마토그래피에서 어떤 성분의 주요부의 이동 후에 볼 수 있는 잔여 부분의 완만한 이동현상. 크로마토그램상 문제 성분의 농도 분포가 비대상이 되고 후단이 길게 나타나는 상태를 이르는 것으로, 분리를 불완전하게 하는 요인이 된다. 기울기 용리법이나 보존체 흡착점의 소거 등으로 제외되는 경우도 있다. (2) 직물의 패딩에 의한 연속 염색에서, 최초의 부분에서 뒤로 갈수록 색조 혹은 농도가 변화하는 현상. 지거 염색의 경우와 동일한 현상은 엔딩이라 한다.

테코산 (—— 酸, teichoic acid) 그람 양성균의 세포벽에 결합하고 있는 음이온성의 폴리머. L-α-글리세롤인산 또는 리버톨인산이 골격으로 되어 있다. 그 역할은 잘 알려져 있지 않으나, 세균이 필요로 하는 양이온을 모으는데 관여한다.

테크니컬러 (technicolor) 인쇄적 방법에 의한 컬러 사진의 작성방식. 우선 3색 분해 네거를 3매 작성하고 타닌 형상에 의해 여기에서 각각 3매의 랠리프 포지를 만든다. 이것을 근거로 색소 전염법에 의해 하나의 필름상에 3색상을 전염한다. 따라서 3개의 판이 바르게 겹쳐지는 것이 필요하다. 색소의 선택에 따라 색깔 조절이 자유롭고 실제 행정이 인쇄에 의하기 때문에 많은 프린트를 복제할 경우에 유리하다.

테트라메틸실란 (tetramethylsilane) 4개의 메틸기가 규소와 결합한 화합물, $(CH_3)_4Si$. 끓는점 26.5℃의 액체. 핵자기공명 스펙트럼 측정용의 내표준으로서 사용되는 화합물을 말한다.

테트라사이클린 (tetracycline) 방선균이 산생하는 항생 물질의 하나. 그람 양성균·음성균 외에 리케차, 클라미디아 등 광범위한 미생물에 작용하여 감염증의 치료약이 된다. 작용 메커니즘은 세균의 단백질 합성을 저해하는데 있다. 부작용으로 구내염, 오심, 구토 등의 위장장해가 알려져 있다. 또 테트라사이클린 내성균의 출현이 문제가 되고 있다.

테트라센 (tetracene) ⇨ 나프타센.

테트라에틸 납 (tetraethyllead) $Pb(C_2H_5)_4$. 납과 나트륨의 합금에 염화에틸을 반응시켜 제조한다. 가솔린의 옥탄가 향상을 위해 에틸액의 주성분으로 사용되지만 독성이 매우 강하므로 거의 모든 나라에서 테트라에틸납을 함유하는 가납 가솔린의 제조와 판매를 금지하고 있다.

테트라클로로금(Ⅲ)**산**(—— 金酸, hydrogen tetrachloroaurate(Ⅲ), tetrachloroauric(Ⅲ) acid) 무수화물은 수용성이고 조해성을 보이는 황색 결정 $HAuCl_4$. 염화금 혹은 염화금산이라 부르는 경우도 있으나 그것은 잘못된 명칭. 보통은 4수화물이다.

테트라클로로에틸렌 (tetrachloroethylene) $Cl_2C=CCl_2$. 통칭 퍼클로로에틸렌. 기타 사염화에틸렌이란 명칭이 사용되는 경우도 있으나 그것은 명명법 규칙 위반의 잘못된 명칭이며, 착오를 일으키기 쉬우므로 피하는 것이 좋다. 불연성 용액, 추출제, 클리닝용 등으로 사용된다. 널리 사용되므로 지하수 중에 검출되는 경우도 있다. 수도물의 수질 기준은 잠정적으로 0.01mg 이하로 되어 있다. 사람에 대한 급성 중독예로서 현기증, 두통, 황달, 간기능 장해가 있다. 생쥐에 대한 대량 반복 경구 투여 결과 간암의 발생을 볼 수 있다.

테트라플루오르붕산 (——硼酸, tetrafluoroboric acid) HBF_4. 약하여 플루오르 붕산이라 하는 경우도 있다. 플루오르화붕소산, 플루오르화수소산이라고 불리었던 적이 있으나 그것은 명명법이 정하기 이전의 속칭이다. 사면체 구조의 BF_4^- 를 함유하며 수용액은 무색의 강산이다.

테트라플루오르붕산염 (——硼酸鹽, tetrafluoroborate) 일반식 M^IBF_4. $M^I=Li$(3수화물), Na, K, NH_4, Rb, Cs, NO 등. 플루오르화붕소산염, 플루오르화물 등은 속칭이다.

테트라히드로붕산염 (——硼酸鹽, tetrahydroborate) 일반식 M^IBH_4. 수용성의 무색 결정. 사면체형의 BH_4^- 이온이 있다. 나트륨염 $NaBH_4$(수소화붕산나트륨이라고도 한다)가 대표적이며 환원제로 사용된다.

테트라히드로푸란 (tetrahydrofuran) 탄소 4원자, 산소 1원자로 된 오원자 복소 고리 화합물. 푸란의 수소화로 얻어지는 고리모양 에테르. 유기 화합물의 용매로 많이 사용되는 디에틸에테르가 탄소 말단에서 고리를 형성하였다고 볼 수 있는 구조이며 에테르의 성질이 있다. 디에틸에테르보다 끓는점이 높고 또 물에도 잘 용해되므로 용매로 많이 사용된다. 약어 THF이다.

테트로오스 (tetrose) $C_4H_8O_4$의 분자식을 갖는 단당. 에리트로오스, 트레오스 등. 사탄당이란 호칭도 있으나 정당한 명칭이 아니다.

테플론 (Teflon) 폴리테트라플루오르에틸렌의 미국 du Pont사의 상품명이다.

텍스 (tex) 항장식에 의한 섬유 또는 실의 굵기의 단위. 기호 tex. 1,000 m의 길이를 기준으로 하여 그 중량을 g 단위로 표시한다. $tex=g/1,000m$. ISO에서는 모든 섬유, 실에 대해 tex를 사용할 것을 권장하고 있다.

텐삼메트리 (tensammetry) 교류 폴라로그래피에서 지시전극-용액 계면에서의 계면 활성 물질의 흡착현상을 연구하는 방법의 하나. B. Breyer에 의해 창시되었다. 이 방법은 근사적으로 전극 표면의 전하밀도를 전위에 의해 미분하여 얻어지는 미분계수, 즉 미분용량-전위곡선을 자동 기록하는 것으로, 얻어진 파를 텐삼메트리파라 한다. 계면 활성제의 탈흡착으로 전기 이중층의 미분 용적이 크게 변하므로 이 현상의 연구를 위해 상용된다.

텐터 (stenter, tenter) 염색 가공공정 사이에 단출한 천을 클립이나 핀으로 천의 양 가장자리를 유지하면서 소정의 폭으로 조정하는 기계. 동시에 건조도 하므로 폭잡기, 건조기라고도 한다. 클립텐터와 핀텐터로 구별된다.

텔레프탈 산 (——酸, terephthalic acid) 벤젠 고리의 파라 자리에 2개의 카르복시기가 있는 화합물. $C_6H_4(COOH)_2$. p-크실렌의 산화로 얻어진다. 폴리에스테르계의 합성섬유 제조 원료이다.

텔로머 (telomer) 양 말단에 용매 또는 연쇄 이동제에 유래하는 구조의 명확한 말단기가 있는 올리고머를 말한다.

텔로메리제이션 (telomerization) 텔로머를 생성하는 반응. 일반적으로 다음 식으로 표시된다. $XY + nM \rightarrow X(M)nY$ 여기서 XY를 텔로젠, M(보통 비닐 단량체)을 탁소젠이라 한다. 고급 지방산, 고급 알코올, 할로겐화 알칸 등의 합성에 이용된다.

텔로젠 (telogen) 텔로메리제이션에서 사용되는 용매 혹은 연쇄 이동제. 알코올, 티올, 할로겐화 탄화수소 등 분자 내에 활성 수소 또는 활성 할로겐을 함유하는 화합물이 많다.

텔루르화 납 (——化鉛, lead telluride) 무색 결정. PbTe. 질소기류 속에서 가열한 납 위에 텔루르의 증기를 통하거나 납염의 수용액에 텔루르화나트륨을 가하면 얻게 된다. 녹는점 91.7℃, 비중 8.16. 반도체. 에너지갭은 상온에서 약 0.3 eV. 광학적 유전율 30. 불순물 농도 $10^{17}cm^{-3}$ 정도인 좋은 시료이며, 상온에서 0.02 Ωcm의 비저항을 갖는다.

텔루르화물 (——化物, telluride) 일반식 M^I_2 Te. 산성염 M^IHTe도 알려져 있다. Zn, Cd, Hg 등과의 화합물은 이른바 Ⅱ-Ⅵ 화합물 반도체로 사용된다. 금속과 텔루르를 직접 작용시키거나 아텔루르산염을 탄소 또는 수소로 환원시키거나 또는 금속염에 텔루르화수소를 통해 침전시켜서 만든다. 알칼리 금속의 텔루르화물은 물에 녹고 순수한 것은 무색이다. 용액은 공기로 산화되어 폴리텔루르화물을 만든다. 중금속의 텔루르화물은 물에 녹지 않고 유색이다. 텔루르화 알루미늄처럼 물에 의해 분해되는 것도 있지만, 산에 의해 비로소 분해되는 것도 있다. 알칼리 금속과 알칼리 토금속 텔루르화물은 황산물처럼 폴리텔루르화물을 생성한다.

텔루르화 수은(―― 化水銀, mercury telluride) 금속 광택이 있는 흑색 결정. HgTe. II-VI 화합물 반도체를 말한다.

텔루르화 아연 (―― 化亞鉛, zinc telluride) 적갈색 결정. ZnTe. II-VI 화합물 반도체를 말한다.

텔리니트 (telinite) 석탄의 미세 조직성분의 하나로 비트리니트에 함유되는 미세 성분. 식물의 목질부에서 유래하며 세포 조직이 인정된다. 석탄화도가 낮은 석탄에서는 목재 조직 중에 남아 있는 세포질이 수지상 물질로 충만되어 있어 식별이 용이하다. 석탄화도가 높은 석탄에서는 이 형태가 없어져 식별할 수 없게 된다.

TEM(템) 'transmission electron microscopy (투과 전자현미경)'의 약어이다.

토너 (toner) 정전 잠상의 현상에 사용하는 착색 미분체. 분체 토너와 액체 토너가 있다. 분체 토너는 입자지름 $7\sim30\ \mu m$의 미분체로, 착색 안료, 카본 블랙, 염료 등과 수지로 되며 운반체와의 마찰대전으로 양 혹은 음 전하를 띤다. 액체 현상 토너는 $1\ \mu m$ 이하의 미립자로서, 카본 블랙 등 착색 안료와 수지, 전하 제어제로 구성되고 절연성 액체 중에서 전기 이중층을 형성하여 전하를 갖는다.

토론 (thoron) 라돈 동위원소의 하나. 토륨 계열에 속하는 방사성 핵종 ^{220}Rn, Tn로 적었던 때도 있었다.

토류 금속 (土類金屬, earth metal) 산화 알루미늄 및 유사한 산화물을 옛 명칭으로 "토"라 부르고, 토를 생성하는 금속 원소를 토류 금속이라 불렀다. 알루미늄 및 칼륨, 인듐, 탈륨의 4원소의 총칭으로 사용되었다.

토륨 계열 (―― 系列, thorium series) 천연 방사선 원소계열의 하나로, ^{232}Th에서 시작하여 ^{208}Pb(토륨 D)에서 끝나는 방사성 핵종의 붕괴계열. 이 계열의 질량수는 모두 $4\,n$ (n은 양의 정수)가 되므로 $4\,n$으로 계열이라고도 한다.

토륨 사이클 (thorium cycle) 존재비 100%의 ^{232}Th가 원자로 중에서 중성자를 포획하여 ^{233}U가 되는 것을 이용한 핵연료 사이클. ^{233}U의 핵분열로 중에서 토륨에서 연료를 합성하면서 발전을 한다. 토륨은 핵분열 물질로 이용되고 있지 않으므로 새로운 에너지 자원이 된다.

토리아 (thoria) 이산화토륨 ThO_2의 속칭. 백색 결정. 녹는점 약 3,000℃인 매우 고온의 내화물을 말한다.

토비아스산 (―― 酸, Tobias' acid) 2-나프틸아민-1-술폰산의 중간물로서의 명칭. 아조 염료의 원료이다.

토산 금속 (土酸金屬, earth-acid metal) 주기율표 5족(5A족)에 속하는 바나듐, 니오브, 탄탈 3원소의 총칭으로 오래 전부터 사용된 명칭. 산화물 즉 "토"는 산의 성질이 있는 것에서 유래한다. 할로겐화물이나 할로겐화 산화물은 인이나 비소처럼 공유성이 강하고 휘발성이며 가수분해하기 쉽다. 희소 금속이라고도 하지만 바나듐은 꽤 많이 존재하므로 알맞은 이름은 아니다.

토실화 (―― 化, tosylation) p-톨루엔술폰산 $CH_3C_6H_4SO_3H$의 유도체를 형성하는 반응. 정식으로는 p-톨루엔술포닐화라 하는 것을 약칭하여 토실화라 한다.

토우 (tow) 화학 섬유의 많은 장섬유를 합친 수만~수십만 데닐 굵기의 섬유 다발. 이것을 직접 그래프트 하거나 또는 짧게 솜모양으로 절단하여 방적 원료로 사용한다.

토주석 (吐酒石, tartar emetic) 안티몬의 타르타르산 착염으로 비스(타르트라트)이안티몬 (III)산칼륨 삼수화물 $K_2[Sb^{III}_2(C_4H_2O_6)_2]\cdot3H_2O$의 속칭. 무색결정. 의약품(토제)으로 사용되었으므로 토주석이란 속칭이 있다. 예전에는 타르타르산 안티모닐칼륨이라 불리었으나, 그것은 잘못된 명칭. 독성이 강하다.

토코페롤 (tocopherol) 비타민 E의 별칭. α-, β-, γ, δ-토코페롤이 천연에 존재한다. 가장 흔하고 생체 활성이 큰 것은 α-토코페롤인

데 비타민 E의 대명사처럼 사용된다. 비타민 E는 동물의 항(抗) 불임인자(antisterility vitamin)로서 발견되었지만 인체에서는 생산 기능과 비타민 E의 관계가 나타나지 않는다. 생체에서의 중요한 기능은 항(抗)산화제로서 세포 내에서 산화되기 쉬운 물질, 특히 세포 막을 구성하고 있는 불포화 지방산의 산화를 억제함으로써 세포막의 손상과 나아가서 조직의 손상을 막아준다. 1일 소요량은 성인은 10~15 mg. 소맥과 쌀의 배자유에 특히 많지만 동물성 유지에는 거의 존재하지 않는다. 결핍증은 적혈구 용혈 항진증, 빈혈, 불임 등이다.

토토메리 현상 (—— 現象, tautomerism) ▷ 호변 이성질 현상.

톤 (tone)　예를 들면 사진은 다양한 레벨의 명암, 농담에 의해 표현되어 있다. 이러한 화상의 표현 양식을 톤이라 한다. 문자나 도면처럼 명 또는 암의 두 가지 값으로만 명암 레벨을 표현하는 화상에는 톤이 없다.

톨렌스 시약 (—— 試藥, Tollens reagent) ▷ 암모니아성 질산은 용액.

톨루엔 (toluene)　벤젠의 메틸 치환체. $C_6H_5CH_3$. 특이한 냄새가 나는 무색 액체이며, 분자량 92.14, 녹는점 $-95℃$, 끓는점 $110.8℃$, 비중 $0.87(15℃)$이다. 물에는 녹지 않지만 에탄올·에테르·벤젠 등 대부분의 유기 용매와는 임의의 비율로 혼합한다. 1835년 천연 수지인 톨루발삼(Tolu balsam)에서 처음으로 얻었기 때문에 톨루엔이라는 이름이 붙었다. 후에 석탄의 건류(乾溜)생성물 속에도 함유되어 있다는 것을 알고, 석탄을 건류하여 얻은 경유를 황산으로 씻은 다음 정류(精溜)하여 만들게 되었다. 이 방법 외에 메틸시클로헥산을 수소이탈하여 얻는 방법도 사용된다. 나프타의 개질유나 에틸렌 제조 부산물의 방향족 유분에서 회수된다. 용제용 외에 크레졸, 벤조산 등의 합성에 사용되며 탈메틸 반응에 의한 벤젠 제조에 쓰여진다.

톨루이딘 (toluidine)　아닐린의 벤젠 고리에 메틸기가 치환한 동족체. $CH_3C_6H_4NH_2$. CH_3과 NH_2의 상호 위치의 차이로 o-, m-, p-의 이성질체가 있다. o-톨루이딘은 o-니트로 톨루엔을, m-톨루이딘은 m-니트로 톨루엔을 각각 환원시키면 생기는 무색의 액체이고, p-톨루이딘은 p-니트로 톨루엔을 환원시키면 생기는 백색의 침상(針狀) 결정이다. 녹는점·끓는점 등은 이성질체의 종류에 따라 다르지만 모두 약한 염기성을 나타낸다. 물에는 거의 녹지 않지만 에탄올·에테르 등 유기 용매(有機溶媒)에는 잘 녹는다. o-, p-체는 각종 유기 합성의 원료, 특히 염료 중간물로 사용된다.

톨 유 (—— 油, tall oil)　크라프트 펄프 폐액을 황산분해하여 얻어지는 암갈색의 오일상 물질. 지방산, 수지산, 불비누화물 등으로 구성되며 지방산(올레산, 리놀레산), 수지(톨유 로딘)의 원료로 이용된다.

톰슨 산란 (—— 散亂, Thomson scattering)　물질에 따라 X선이 산란될 때 파장 변화를 수반하지 않는 것. 전자기파의 자유전자(自由電子)에 의한 산란과정. 간섭성 산란이며 회절현상을 나타낸다.

톰슨의 원리 (—— 原理, Thomson's principle)　자발적 변화는 일반적으로 비가역이라고 말한 법칙. "하나의 열원에서 열을 제거하고 아무런 영향도 남기지 않고 이것을 전부 일로 변환하는 것은 불가능하다"고 설명할 수 있다. W. Thomson(후의 Kelvin경)에 의해 주장되었다. 열역학 제2 법칙의 하나의 표현으로 간주된다.

톱 염색 (—— 染色, top dyeing)　양모를 톱 형태로 염색하는 것. 톱이란, 양모 섬유를 끈 모양으로 가지런히 정리하여 볼상으로 감은 것으로 소모 방적의 중간 제품. 화학 섬유의 톱염색도 이에 따른다. 양모 톱(Wool top)은 즐모공정(櫛毛工程)을 거친 로프상태의 양모 슬라이버를 둥글게 감은 것으로, 이것을 그대로 염색기에 끼워서 염색하는 것이다. 톱 염색의 특징은 염색된 톱을 다른 색끼리 혼합하거나 또는 염색 톱과 흰색 톱을 혼합하여 여러 가지 혼색사(混色絲)를 방적하여 특이한 효과를 낼 수 있다. 그리고 각각 다른 색상의 단사를 합연(合緣)하여 이색 혼연사(異色混撚絲)를 만들기에도 편리하다.

톱핑 (topping)　석유화학에서 상압 증류에 의한 정제법을 이른다.

**통계 공중합체(統計共重合體, statistical copolymer) 종류가 다른 단량체 단위가 통계적으로 분포하고 있는 공중합체. 교대 공중합체와 랜덤 공중합체는 그 특수한 경우이다. 미국·일본 등에서는 통계 공중합체와 랜덤 공중합체는 거의 동의로 사용하고 있으나, 유럽 및 IUPAC의 정의에서는 양자가 다르다.

통계 이론 (統計理論, statistical theory)　에너지 보존, 입자수 보존, 각운동량 보존 등의 일반적 규제하에서 분자 혹은 분자집단이 취할 수 있는 모든 상태가 등확률로 실현한다고 가정하여 계의 평형이나 반응, 상태분포 등을 유도하는 이론을 말한다.

통계적 분포 (統計的分布, statistical distribution)　원자 또는 분자 집단에서 원자·분자가 취할 수 있는 상태의 모든 조합이 그대로 확률로 실현된다고 가정한 경우의 상태분포. 에너지 일정의 조건하에서 실현 가능성이 가장 큰 분포는 볼츠만 분포가 된다. 한편, 반응으로 생성되는 분자의 에너지 상태를 고려할 경우에는 분자가 취할 수 있는 상태 전부가 모두 같은 확률로 실현된다고는 할 수 없다. 따라서 비통계적 분포가 되는 경우가 많다.

통기 건조 (通氣乾燥, through-flow drying)　분입체, 플레이크(박편), 단섬유의 충전층에 위쪽 또는 아래쪽에서 열풍을 통기시켜 건조시키는 방법. 이 방법은 재료상에 열풍을 흘려 건조하는 경우와 비교하여 열 전달계수가 크고 수분의 이동거리가 짧기 때문에 건조속도가 매우 커진다.

통기성 방수 (通氣性防水, porous water proofing)　직물 방수법의 하나. 섬유 표면을 소수화하여 물방울이 떨어졌을 때 구슬 모양으로 튕겨 직물 내부로 물이 침입하는 것을 막는다. 직물조직의 눈은 메워지지 않으므로 수증기는 자유로이 통과할 수 있다. 스포츠 웨어의 방수에는 이 방법이 사용되고 있다.

통기율 (通氣率, permeability)　직물, 종이, 필름 등의 양측에 공기의 압력차가 있을 때, 그 기공을 통하여 공기가 투과하는 정도의 대소를 표시하는 값. 재료의 공극률, 기공의 존재상태, 두께 등에 의존한다. 일반적으로 일정한 압력차 아래서 면적, 시간당에 통과하는 공기량으로 나타낸다.

퇴색 (退色, fading)　염료 등의 색소가 예를 들면 섬유상에서 바래는 것. 색깔이 바래는 원인은 빛으로 인하여 야기되는 광화학 반응, 화합물·이온 등에 의해 야기되는 화학 반응 때문이다.

퇴색 시험기 (退色試驗機, fade-o-meter)　염색물의 내광 견뢰도를 시험하기 위한 장치. 카본 아크등이나 크세논 아크등을 광원으로 하여 온도 제어 장치, 시료 회전가대 등으로 구성되어 있다.

투과 (透過, transmission)　(1) 물질이 격막을 통하여 한 쪽에서 다른 쪽으로 이동하는 것. (2) 어떤 계의 상태(파동함수나 에너지로 표시된다)가 퍼텐셜 장벽을 관통하여 한쪽 상태에서 다른쪽 상태로 이동하는 것을 말한다.

투과 계수 (透過係數, transmission coefficient)　전이상태 이론으로 구한 반응속도 상수에 대한 보정계수. 터널 효과에 의한 보정과 전이상태를 통과한 후에 원계에 되돌아가는 과정에 대한 보정을 포함한다. 전자는 저온에서 반응속도를 증가시키고, 후자는 고온에서 속도를 감소시킨다.

투과성 (透過性, permeability)　막이 기체나 액체(용액) 혹은 용매나 용질을 투과시키는 성질로서, 그 정도는 각종 투과율로 표시된다. 막은 일반적으로 물질의 종류에 따라 상이한 투과성을 표시하는데, 이것을 선택 투과성이라 하고, 물질 분리의 목적에 이용된다. 생물학적으로는 특히 세포막을 비롯한 여러 생체의 막 구조가 가지는 투과성이 중요하다. 이 생체막의 대부분은 용매나 일부 한정된 물질 분자만을 통과시키기 쉬운 반투막(半透膜)을 가지며, 이 성질은 그 생체막이 살아 있는 상태에서만 유지된다. 생체막의 투과성은 그 막을 지나서 일어나는 여러 가지 물질의 이동에 깊은 관계가 있다. 삼투압에 의한 단순한 확장에 주로 기인하는 수동적인 경우에서부터 염류·포도당·아미노산 등의 흡수력 에너지를 필요로 하는 능동적 수송까지 여러 가지가 있다. 또한 분비·흡수·배출, 막의 흥분성 등 수많은 중요한 생리현상(生理現象)의 요인이다.

투과율 (透過率)　(1) transmittance, transmissivity 빛과 같은 파동 혹은 입자가 물질층을 투과할 때 입사에 대한 투과의 강도비를 투과율이라 한다. %로 표시하는 경우가 많다. (2) permeability coefficient 막의 투과성 정도를 표시하는 양. 압력차에 의해 기체를 투과시키는 정도를 표시하는 기체 투과율, 액체에 대한 압력차에 의한 투과성을 표시하는 수력학적 투과율, 용질에 대한 농도차에 의한 투과성을 표시하는 용질 투과율 등이 사용되고 있다. 또 막의 반투성은 반발계수로 표시된다.

투과 전자현미경 (透過電子顯微鏡, transmission electron microscope) 시료에 전자선을 조사하여 투과 전자를 렌즈에 의해 확대 결상하는 현미경. 약어 TEM이다. 전자총, 수속 렌즈, 대물 렌즈, 중간 렌즈, 투사 렌즈로 구성되어 있다. 고분해능 전자현미경, 주사 투과 전자현미경, 분석 전자현미경 등이 있다.

투과 증발 (透過蒸發, pervaporation) ⇨ 퍼베이퍼레이션.

투명 (透明, lack of hiding) 음폐력이 작은 도료를 광택이 있는 함석판 등에 도장하였을 경우에 소지가 투명하게 보이는 것. 투명에 얼룩이 생기는 경우에 문제가 된다.

투명 전극 (透明電極, transparent electrode) 광 투과성과 도전성이 있는 전극. 산화 주석, 산화 인듐, 백금, 금 등의 박막을 유리에 피복한 것이 사용된다. 이 전극을 사용하면 전기화학 반응을 하면서 생성물의 흡수 스펙트럼을 측정할 수 있으므로 반응 중간체의 동정, 속도론직 해석, 반응 메커니즘 해명의 수단으로 유력하다. 생체 관련 물질의 산화-환원 거동과 각종 재료의 일렉트로크로미즘 연구용, 태양전지와 액정표시 패널용 등에 부가결한 전극이다.

투명 처리 (透明處理, transparent finish, clear finish) (1) 오일 바니시, 클리어 래커 등에 의해 투명한 도막을 얻는 것. 주로 목재의 도장에 사용되며 목재의 결을 볼 수 있게 하는데 목적이 있다. (2) 직물의 일부 또는 전부를 반 투명화하는 가공. 면직물은 머서리화 가공과 단시간의 진한 황산 처리를 한다. 유지 또는 유성 수시를 부여하는 방법노

있다.

투명화 (透明畵, transparency) 투명 지지체 (필름, 유리) 위에 인화지 유제를 도포한 필름을 사용하여 네가 필름에서 소부함으로써 얻어지는 투과로 감상하기 위한 투명한 화상. 한편, 인화기에 인화한 사진은 반사광으로 감상하는 반사 양화가 된다. 슬라이드 영사기에 의해 스크린에 투영하여 감상하기 위해서는 포지 필름으로 인화하여 투명 양화를 제작할 필요가 있다.

투석 (透析, dialysis) 막을 통한 용질의 이동을 이른다. 셀로판 막·콜로디온 막·황산지(黃酸紙) 및 소의 방광막과 물고기의 부레 등 동물 막은 마치 체와 같이 저분자와 이온은 자유로이 통과시키지만, 콜로이드 입자와 고분자는 통과시키지 않는다. 이들 반투막으로 콜로이드·고분자 용액을 싸고, 이것을 순수(純水) 또는 다량의 용매 졸에 담가 두면 저분자와 이온으로 섞여 있는 불순물은 차차 막 밖으로 분산해서 콜로이드·고분자 용액을 정제할 수가 있다. 이 방법을 투석이라 한다. 투석작용은 반투막의 체효과와 확산속도의 차이에 의한 것으로, 콜로이드 입자와 고분자의 확산속도가 용질의 확산속도보다 매우 느린 데에 그 원인이 있다. 전극(電極)을 사용하여 전기장을 걸면 이온은 더 빨리 탈출하여, 투석속도를 빠르게 하므로 정제시간을 단축할 수 있다. 투석은 정수(淨水)를 비롯하여 녹말의 정제, 효소의 정제, 혈정(血精)과 완친의 정제 등 매우 널리 이용된다. 막을 사이에 둔 농도차에 의한 용질의 이동을 확산투석 혹은 그냥 투석, 전위차에 의한 이동을 전기투석, 온도차에 의한 이동을 열투석이라 한다. 용질의 이동에 대하여 용매의 이동을 일반적으로 삼투라 한다.

투석막 (透析膜, dialysis membrane) 투석 목적에 이용되는 다공성 막. 용질의 크기에 적합한 구멍 지름의 막이 사용된다. 오래 전부터 황산지, 콜로디온 막, 셀로판막 등이 단백질 등 고분자 용액에서 염분 등의 저분자를 제거하기 위해 사용되고 있다.

투수성 (透水性, water permeability) 압력차 아래에서 물이 막, 필름, 시트나 분체층을 투과하는 성질. 물에 대한 막이나 분체층의

투과율을 의미하며 단위 압력차 아래서 단위 시간에 투과하는 물의 양으로 표시한다.

투시식 (透視式, perspective formula)　분자의 입체구조를 지면에 표기하기 위해 고안된 표기법. 지면의 아래쪽 방향의 결합을 굵은 선(또는 쐐기형), 지면의 위쪽을 향하고 있는 결합을 파선으로 적는 방식이 일반적으로 사용되고 있다. 많이 사용되는 투시식으로서 단당의 고리식 구조를 표시하기 위한 Haworth의 투시식이 있다.

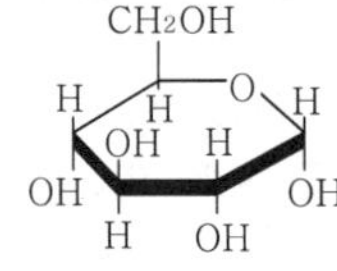

[투시식]　　　　　　[Haworth투시식]

투열적 (透熱的, diathermal)　열을 통하는 성질이 있는 것. 단열적의 대응어이다.

투영식 (投影式, projection formula)　입체 이성질체의 3차원 구조를 일정한 약속에 따라 평면의 종이 위에 투영하여 표기하는 화학식. 많이 사용되는 것에 피셔투영, 뉴먼 투영이 있다.

투자율 (透磁率, permeability)　자기장 내에 놓여진 물질 중의 자속밀도 B는 자기장 H에 비례한다. 이 비례계수 μ를 그 물질의 투자율이라 한다 ($B = \mu H$). μ를 진공의 투자율 $\mu_0 (= 4\pi \times 10^{-7} Hm^{-1})$로 제한 것을 비투자율이라 하며, 체적자화율에 1을 가한 것과 같다.

투톤 염 (—— 鹽, Tutton's salt)　황산 암모늄과 황산 마그네슘의 복염 수화물$(NH_4)_2Mg(SO_4)_2 \cdot 6H_2O$의 속칭. 실제 구조는 $(NH_4)_2SO_4 \cdot [Mg(H_2O)_6]SO_4$이다. 같은 구조이고 같은 형의 결정을 형성하는 투톤염형의 화합물이 수 없이 많이 알려져 있다. 예를 들면 $M^I_2 M^{II}(SO_4)_2 \cdot 6H_2O$로, $M^I = NH_4$, K, Tl 등, $M^{II} = Mg$, Zn, Cd, Fe, Co, Ni 등이다.

트래핑 (trapping)　(1) 화학 반응 과정에서 발생하는 기체 혹은 불안정 유리기, 불안정 중간체 등을 포착하는 것. 방사선 화학 반응에서는 전자, 유리기 등과 신속하게 반응하여 그것을 포착하는 시제를 스캐빈저라 한

다. (2) 반도체 또는 절연체에서, 자유 운반체가 금제대 중의 편재준위에 포획되어 일시적 또는 영구적으로 움직이지 못하게 되는 것을 말한다. (3) 컬러 인쇄 등의 다중 인쇄에서 먼저 인쇄된 잉크 위에 다음 판과의 잉크가 겹쳐지는 것을 말한다.

트랜스덕션 (transduction)　⇨ 형질 도입.

트랜스 유 (—— 油, transformer oil)　⇨ 변압기 유.

트랜스제닉 동식물 (—— 動植物, transgenic organism)　동물의 경우 클로닝한 유전자를 수정란에 도입하여 발생·분만시킨 것. 체내의 전 세포에 도입한 유전자가 도입되어 있으며 또 생식세포에도 도입되어 있으므로 그 형질은 자손에도 전해진다. 식물의 경우는 클로닝한 유전자를 도입한 세포에서 개체를 만들어 얻는다.

트랜스택틱 (transtactic)　디엔 중합체 등에서 구성반복 단위 중 주사슬의 이중결합이 모두 트랜스 배치인 것을 말하는 형용사이다.

트랜스퍼 RNA (transfer RNA)　⇨ 전이 RNA.

트랜스퍼 라인 (transfer line)　가열로 출구와 증류탑을 잇는 도관. 에틸렌 제조장치와 같이 고온을 사용하는 경우, 이 도관 속에 열교환기를 설치하여 열회수를 한다.

트랜스퍼 성형 (—— 成形, transfer molding)　압축성형의 개량법. 주로 열경화성 수지와 가황성 엘라스토머에 사용된다. 가열실 안에서 가열·연화시킨 재료를 가열된 금형의 캐비티(공동) 안에 압입하여 성형한다. 이 성형법의 특징은 복잡한 형상에 적합하고 보통 압축 성형으로는 불가능한 부서지기 쉬운 인서트(수지 속에 삽입하는 쇠붙이)를 사용할 수 있으며, 제품의 각부가 균일하게 되고 특히 두께가 두꺼운 제품에서는 강도가 증가한다. 또 치수가 정밀한 제품이 얻어지며, 특히 얇은 것, 긴 것의 성형이 가능하여 가늘고 긴 관(管)을 성형할 수도 있다. 제2차 세계대전 중 미국을 중심으로 발달하여 공업부품과 전기부품의 성형에 널리 사용되고 있다.

트랜스페라아제 (transferase)　화합물 A 중의 작용기를 화합물 B로 이동시키는 반응을 촉매하는 효소의 총칭. 전이효소라고도 한다. EC 분류 2번에 속하며 전이되는 작용기에

따라 다음의 8종으로 나누어진다. ① 탄소원자 수 1의 기(메틸트랜스페라아제 등이라 한다), ② 알데히드기 또는 케톤기, ③ 아실기, ④ 글리코실기, ⑤ 그 밖의 알킬기, ⑥ 함질소기, ⑦ 인 함유기, ⑧ 함황기.

트랜스페린 (transferrin) 철을 결합하여 운반하는 혈청 단백질. 당 단백질의 하나. 시데로피린이라고도 한다.

트랜스포메이션 (transformation) ⇨ 형질 전환.

트랜스형 (──形, trans form) 시스-트랜스 이성질체, 그 밖의 입체 이성질체의 입체 배치를 구별하여 표기하기 위한 용어. 시스형의 대응형이다. ⇨ 시스형.

트랜스 효과 (──效果, trans effect) 음성의 배위자는 시스보다 트랜스 자리의 배위자에 대해서, 또 중성의 것보다 음성의 배위자에 대해서 큰 불안정화 작용을 한다는 가설(I. I. Chernyaev, 1926). 현재는 일반적으로 하나의 배위자의 그 트랜스 자리에 있는, 배위자의 치환반응 속도에 대한 효과로 여겨지고 있다.

트랜지스터 (transistor) 전기신호 증폭소자의 대표적인 것. 주요 구조로 바이폴러 트랜지스터와 전계효과 트랜지스터가 있다.

트레드 고무 (tread rubber) 자동차 타이어가 직접 노면에 접하는 부분에 사용하는 고무. 내부의 카카스부를 보호할 뿐만 아니라 내마모성, 내절상성, 내치핑성, 타이어의 견인력을 증대시켜 제동시의 미끄럼을 적게 하는 작용이 있다. 천연 고무, SBR, BR이 사용된다.

트레오닌 (threonine) 단백질을 구성하는 아미노산의 하나. $CH_3CH(OH)CH(NH_2)COOH$. 잔기의 약어 Thr. 더욱 간략화할 때는 T. 히드록시 - α-아미노산의 하나. D-트레오스와의 관계에서 트레오닌이라고 명명되었다.

트레오스 (threose) 알데히드형의 단당. $CH(OCHOH)_2CH_2OH$. 천연에는 존재하지 않는다.

트레오 형 (──形, threo form) 이웃한 2개의 키랄중심이 있는 디아스테레오머 입체 배치의 상대관계를 표기하기 위한 용어. 에리트로형의 대응어이다. ⇨ 에리트로형의 그림.

트레이서 (追跡子, tracer) 어떤 물질의 물리적, 화학적 혹은 생물학적 거동을 추적하기 위해 기준이 되는 특이성을 갖는 물질. 예전에는 수류(水流)에 대한 색소와 같은 예가 있었으나 확산·반응·대사 등의 과정에서 동등하게 거동하는(동위원소 효과가 없는) 것을 전제로 하여 방사성 동위원소 또는 농축한 안정 동위원소로 표지된 화합물(동위원소 트레이서)를 사용하는 것이 일반적이다.

트레이서법 (追跡子法, tracer method) 동위원소 트레이서를 이용하여 화학 반응의 기구와 생물의 대사과정을 연구하는 방법. 원계(原系) 물질에 함유되는 특정한 원소가 생성계의 어느 위치에 들어가는가 혹은 기질 분자의 특정 위치에 결합시킨 표지원자가 생성물 분자의 어느 위치에 있는가 등을 조사한다.

트레이스 애널리시스 (trace analysis) ⇨ 흔적 분석.

트레이스 캐릭터리제이션 (trace characterization) ⇨ 캐릭터리제이션의 (1).

트레이싱 페이퍼 (tracing paper) 원도를 투사하기 위해 사용되는 투명도가 높은 종이. 투명도를 높이기 위해서는 비팅을 하거나 특수한 수지를 함침시키는 방법이 취해진다. 면, 화학 펄프 혹은 양자의 혼합물로 제조된다. 잉크의 수용성이 양호해야 한다.

트로폴론 (tropolone) 탄소 7원자 고리를 모핵으로 하고 고리 내의 인접 위치에 히드록실기와 카르복시기가 있는 화합물. 몇 가지 고전적 구조식의 공명으로 안정화된 구조를 가지므로 방향속성을 나타내며 벤젠 고리와 유사한 친전자성 치환 반응이 일어나기 쉽다.

트롬보플라스틴 (thromboplastin) 혈액 응고에 관여하는 인자의 하나. 제Ⅲ 인자라고도 한다. 프로트롬빈을 활성 효소인 트롬빈으로 전환한다. 체내에 흐르고 있는 혈액 속에는 존재하지 않고 출혈 때에 혈액 속에 나타난다. 트롬보플라스틴의 형성에는 출혈 때 혈소판이나 조직으로부터 방출되는 인자와 혈장 속에 함유되는 칼슘 이온, 그 밖의 인자가 관여하고 있다. 트롬보플라스틴은 지질과 당단백질의 복합체인데, 실제로 혈소판에서 추출되는 인지질도 프로트롬빈을 활성화하는 작용이 있으므로, 트롬보플라스틴의 작용은 거기에 결합하는 인지질이 관여하고 있는 것으로 여겨진다. 태반(胎盤)·간·뇌 등의 조직으로부터 추출되는 것을 외인성(外因性) 트롬보플라스틴이라고 한다. 이것에 대하여 혈액 속에서 형성되는 것을 내인성 트롬보플라스틴이라 하는데, 이것들은 반드시 같은 물질은 아니다. 이와 같이 많은 인자가 관여하고 있는 트롬보플라스틴의 형성에 그 중 어느 하나라도 결핍되면 트롬보플라스틴의 형성과 방해되어 혈우병이 된다.

트롬복산 (thromboxane)　아라키돈산과 같은 C_{20} 불포화 카르복시산에서 혈소판 등의 동물조직에서 합성되는 지혈 촉진작용이 있는 생리 활성 물질. 약어 TX이다. 프로스타글란딘과 유사한 화학구조이다.

트롬빈 (thrombin)　혈액 응고에 필요한 단백질 분해효소. 혈액 중에 함유되는 수용성의 피브리노겐을 불용성 피브린으로 변화시키는 효소. 트롬빈은 혈액 중에서 프로트롬빈에 함유되지만 조직세포와 혈소판의 파괴로 생긴 트롬보플라스틴과 Ca^{2+}의 작용으로 활성 트롬빈으로 변화하여 혈액 응고를 일으킨다.

트리글리세리드 (triglyceride)　글리세린의 OH기가 지방산과 에스테르를 형성하고 있는 글리세리드 중, 3개의 OH가 전부 에스테르를 형성하고 있는 화합물을 말한다.

트리니트로톨루엔 (trinitrotoluene)　톨루엔에 3개의 니트로기가 치환한 화합물. $C_7H_5N_3O_6$. 2,3,4-, 2,4,5,-, 2,4,6-트리니트로톨루엔의 세가지 이성질체가 있다. 앞의 2종은 m-니트로톨루엔의 니트로화에 의해, 후자는 o- 또는 p- 니트로톨루엔의 니트로화에 의해 얻어진다. 2,4,6-트리니트로톨루엔의 약어는 TNT이며 폭발성 화합물로서 유명하다.

트리메틸렌글리콜 (trimethylene glycol)　⇨ 1,3-프로판디올.

트리메틸렌디아민 (trimethylenediamine)　⇨ 1,3-프로판디아민.

트리볼로지 (tribology)　마찰과 관련된 기술이나 과학을 체계적으로 하나의 영역으로 총괄한 학문·기술분야. 구체적으로 윤활기술을 비롯하여 내마찰 표면의 처리기술과 마찰 재료의 물성 연구 등, 넓은 범위의 학제적인 상호간의 과학·기술을 망라하고 있다.

트리아세틴 (triacetin)　아세트산의 글리세린 에스테르. $C_3H_5(OCOCH_3)_3$. 글리세린의 아세틸화로 얻어지는 무색의 액체. 지방 냄새, 쓴 맛이 난다. 항곰팡이 작용이 있으며, 사진 필름, 염기성 염료의 용제, 향료의 고정제로 이용된다.

트리오스 (triose)　$C_3H_6O_3$의 분자식을 갖는 단당. 가장 간단한 단당이지만 천연에 존재하는 당은 아니며 글리세르알데히드 및 디히드록시아세톤이 이것에 해당하는 화합물이다. 알토오스와 게토오스가 있다. D- 및 L-글리세린알데히드가 알토트리오스에 속하며, 디히드록시아세톤이 게토트리오스에 속한다. 글리세린을 부드럽게 산화하면 양자의 평형 혼합물을 얻는다. 이를 글리세로오스라고도 한다.

트리올레인 (triolein)　⇨ 올레인.

트리클로로아세트산 (—— 酸, trichloroacetic acid)　무색의 조해성 결정. $Cl_2CHCOOH$. 분자량 163.39, 녹는점 57.5℃, 끓는점 197.5℃, 비중 1.63(61℃). 유기산(有機酸)으로서는 매우 산성이 강하여 아세트산의 1만 배나 된다. 물에 잘 녹고, 에탄올·에테르 등에도 녹는다. 강한 자극적인 냄새가 난다. 햇빛을 쪼여 아세트산에 염소를 작용시켜 형성된다. 가수분해하여 클로로포름과 포름산을 생성한다. 피부 각질 용해제, 생체의 단백질 제거, 지질의 분획처리에 사용된다.

트리클로로에틸렌 (trichloroethylene)　$CHCl = CCl_2$. 1,1,2,2-테트라클로로에탄에서 탈염화수소에 의해 합성한다. 불연성의 액체, 용제, 유지의 추출제, 드라이클리닝, 살충제 등의 용도가 있다. 근년, 지하수 중에서 검출되는 일이 있어 수수물의 수질기준은 잠정적으로 0.03 mgl^{-1} 이하로 규정하고 있다. 급성 중독증상은 중추신경계에 대한 억제작용이다. 생쥐에 경구 투여하면 폐와 간에 악성 종양의 발생을 볼 수 있다.

트리클 충전 (—— 充電, trickle charge)　전지의 용량을 회복할 수 있는 전지로, 또한 전지의 수명에 나쁜 영향을 미치지 않을 정도의 작은 전류에 의해 전지를 계속 충전상태로 유지하기 위해 전지를 부하로부터 떨어지게 한 상태에서의 연속 충전. 보상 충전이라고도 한다.

트리테르펜 (triterpene) 식물성 오일의 주성분을 이루는 테르펜 중, 탄소원자 30개로 된 탄소 골격을 갖는 화합물의 총칭. 대부분은 4환식 혹은 5환식의 구조를 하고 있다.

트리튬 (tritium) 질량수 3인 수소의 방사성 동위원소. 삼중수소라고도 한다. 원소기호 T 혹은 ^{3}H. 트리튬 표지 화합물로서 수소의 트레이서에 사용된다.

트리튬화 (――化, tritiation) 유기 화합물(때로는 무기 화합물) 분자 내의 수소원자가 일부, 때로는 전부 트리튬으로 변한 화합물을 형성하는 반응. 반응성의 수소원자는 트리튬과의 교환 반응으로 트리튬화 된다. 또 불포화 화합물과 트리튬의 부가반응으로 트리튬이 포함된 화합물을 합성하는 것도 트리튬화라 한다.

트리페닐메탄 염료 (―― 染料, triphenylmethane dye) >C=에 3개의 페닐기(하나는 *p*-퀴논형)가 결합한 염료. 이 C에 대해 고리의 *p*- 자리에 아미노기가 있는 염기성 염료가 많다. 선명하고 화려한 색깔을 갖지만 견뢰도가 높지 않다.

트리폴리인산나트륨 (―― 燐酸――, sodium tripolyphosphate) ⇨ 삼인산나트륨.

트리폴리인산염 (―― 燐酸鹽, tripolyphosphate) ⇨ 삼인산염.

트립신 (trypsin) 단백실 분해효소의 하나. 췌액 중에 함유되며 염기성 아미노산을 함유하는 폴리펩티드에 작용한다. 분비될 때는 불활성의 트립시노겐이지만, 장의 엔테로키나아제 및 트립신 자체의 작용으로 활성 트립신이 된다. 장안에서 단백질 중간 산물에 작용하여 아미노산을 생성한다. 단백질의 소화에 있어서 펩신과 함께 가장 중요한 효소이다. 즉, 위에서 펩신에 의하여 가수분해를 받아서 생긴 펩티드는 소장에서 키모트립신과 함께 트립신에 의하여 더 가수분해되어 작은 펩티드가 된다. 이것은 다시 카르복시 펩티디아제 디펩디디아제·아미노펩

티다아제 등의 작용으로 최종적으로 아미노산의 혼합물이 되어 흡수된다. 또 트립신은 펩티드 사슬을 끊는 엔도펩티다아제의 하나로 특이성이 높고, L-아르기닌 또는 L-리신의 펩티드, 에스테르의 카르복시기쪽을 가수분해한다. 최적 pH는 8이다. pH 2~3에서 안정하고, 그 자체로 냉소(冷所)에 수 주일간 보존이 가능하다. pH 5 이상에서는 자기소화로 활성을 잃고 칼슘이온으로 안정화된다. 중금속·디이소프로필플루오르인산 (DFP)·트립신 저해제에 의해 저해된다. 단순 단백질로 이루어지며, 소의 이자의 트립신은 분자량 2만 4천, 등전점(等電點)은 pH 10.5이다. 223개의 아미노산 잔기로 이루어지며, 배열순서는 K. A. 월시가 1964년에 밝혔다. 반응 페미니즘에 관해서는 가장 잘 연구되어 있는 효소이며, 활성 중심에 세린 잔기를 함유하므로 세린효소라고도 한다. 히스티딘 잔기도 활성 중심에 존재한다. 정제는 소의 이자로부터 산추출한 후 황산암모늄으로 분별하여 pH 8로 결정화하고, 재결정을 반복시켜 정제한다.

트립신 인히비터 (trypsin inhibitor) 트립신의 효소 활성을 저해하는 물질. 동식물계에 널리 분포한다. 이 물질은 단백질이며 대두에서 얻어지는 것은 181개의 아미노산으로 구성되는 단백질. 소 췌장에서 얻어지는 것은 58개의 아미노산으로 구성되는 염기성 단백질, 사람의 혈청에서 얻어지는 것은 당단백질이다.

트립토판 (tryptophan) 단백질을 구성하는 아미노산의 하나. α-아미노산의 β-자리에 인돌 고리가 결합한 구조가 있다. 많은 단백질에 소량이나마 존재한다. 잔기의 약어 Trp, 더욱 간략화할 때는 W. 1890년 노이마이스터가 단백질의 트립신 분해물 속의 인돌과 비슷한 성질을 나타내는 물질에 트립토판이라고 이름을 붙였다. 1901년 F. G. 홉킨스와 S. W. 콜이 카세인의 이자 소화물로부터 분리하였다. L형은 단백질을 구성하는 아미노산의 하나로 널리 존재하며, 필수 아미노산이다. 대사(代謝)는 2개의 주요 경로가 있으며, 하나는 키놀레닌이 되는 경로이며, 키놀레닌은 다시 3-히드록시안트라닐산·니코틴산·키놀렌산이 된다. 다른 하나는 5-히드

록시트립토판으로로부터　세로토닌(호로몬)이 되는 경로이다. 식물에서는 인돌아세트산(식물 호르몬 : 옥신)에의 경로가 있다.

특성 계수 (特性係數, characterization factor) 석유 및 탄화수소의 특성을 표시하는 계수. 시료유의 평균 끓는점과 비중에서 계산에 의해 구할 수 있다. 유 중의 탄화수소의 조성, 점점, 분자량 등과 밀접한 관계가 있다. 특성계수의 값은 10.0~15.0의 범위 내에 있어, 파라핀계, 나프텐계, 방향족 순으로 작아진다.

특성 곡선 (特性曲線, characteristic curve) ⇨ 사진 특성 곡선.

특성기 (特性基, characteristic group) 유기 화합물의 탄소 골격에 결합하고 있는 치환기로, 그 화합물의 특성 반응을 일으키는 중심이 되고 있는 원자단. 예를 들면 알코올의 OH, 카르복시산의 COOH 등. 할로겐과 카르보닐 화합물의 =O 등은 원자단은 아니지만 특성기의 하나로 간주할 수 있다. 오래전부터 작용기라 불리었던 것과 같다.

특성 반응 (特性反應, characteristic reaction) 유기 화합물의 어떤 특성기에 대해서 일반적으로 볼 수 있는 반응. 그 특성기에 특유한 유도체를 형성하여 식별할 수 있으므로 특성기 분석에 이용되지만 합성상의 목적에 사용되는 경우도 있다. 예를 들면 카르복시 화합물에서 옥슘이나 페닐히드라존을 생성하는 반응을 말한다.

특성 X선 (特性X線, characteristics X-ray) 각 원소에 고유한 파장이 있는 X선. 고유 X선이라고도 한다. 표적 물질에 전자빔 내지 이온빔을 조사하면 구성 원자의 내각전자가 물질 밖으로 방출되어, 생긴 공공에 외각전자가 전이하고 이 에너지 차에　같은 에너지의 X선이 방출된다. 이 X선을 특성 X선이라 하고 보통은 밴드상의 연속 X선에 겹쳐져 예리한 피크로 관측된다.

특성 해석 (特性解析, characterization) 고분자 화학에서 사용되는 용어이다. ⇨ 캐릭터리제이션의 (3).

특수 시약 (特殊試藥, specific reagent) 어떤 특정한 화학종에만 반응하는 시약. 공존하는 방해 물질의 영향을 받는 일 없이 정성

검출 혹은 정량을 할 수 있으므로 분석화학상 유용하다. 일반적으로 유기 시약에서 볼 수 있으나, 모든 반응조건에서 특이성을 보이는 시약은 극히 드물다.

특이 반응 (特異反應, specific reaction) 하나의 물질(또는 물질군)에 한하여 어떤 시약 간의 특이성을 부여하는 화학 반응. 분석화학에서는 공존하는 다른 물질에 영향 받는 일 없이 목적물과 시약의 상호간에만 일어나는 화학 반응이 중요하다. 유기화학에서는 특히 입체 특이적인 반응이 중요하며, 입체이성질체의 한쪽에만 특이적으로 일어나는 반응이 분석상 혹은 합성상의 목적으로 상세하게 연구되고 있다.

특이 산촉매 반응 (特異酸觸媒反應, specific acid catalysis) 산촉매 반응 중 그 반응속도가 존재하는 수소이온(히드로늄 이온)의 농도에 비례하는 반응. 일반 산촉매 반응의 대응어이다.

특이성 (特異性, specificity) 촉매 반응에서 입체화학을 구별하는 선택성(택티시티, 부제성), 반응부위를 구별하는 선택성(케모셀렉티비티), 혹은 반응 기질을 구별하는 선택성(효소반응을 포함)의 정도가 현저하게 클 때, 그것을 강조하여 특이성이라 한다.

특이 염기 촉매반응 (特異鹽基觸媒反應, specific base catalysis) 염기 촉매반응 중, 그 반응속도가 존재하는 수산화물 이온의 농도에 비례하는 반응. 일반 염기 촉매반응의 대응어이다.

틀연성 비누 (桙軟性——, frame soap) 유지의 비누화, 지방산의 중화 등으로 얻어지는 나트소프에 향료, 색소 등의 첨가물을 가하여 잘 혼합한 후, 비누 냉각용의 틀에 옮겨 냉각 고화하여 제조한 비누. 일반적으로 녹는 것이 느리고 함수율이 높으므로 장시간 방치하면 건조하여 변형한다. 고형 세탁비누, 목욕용 비누 등에 사용된다.

틈 메우기 (filling) 다공질의 소재 표면에 아름다운 장도장을 할 목적으로 다공질 소재가 전색제를 흡수하는 것을 방지하기 위해 특수 도료로 구멍을 메꾸는 조작을 말한다.

틈 부식 (——腐食, crevice corrosion) 나사부, 경첩부 같은 금속끼리 혹은 금속과 비금

속의 접촉으로 발생하는 틈이 양극(금속의 용해), 그 바깥쪽이 음극(용존 산소의 환원 등)로 되어 구성되는 부식계. 무기 염화물을 함유하는 수용액 중의 스테인리스강처럼 대부분의 금속 및 합금에서 틈새의 부식은 발생하지만 본격적인 방지법은 발견되어 있지 않다.

티로글로불린 (thyroglobulin) 갑상선에 존재하는 요오드결합 단백질. 당단백질이며 요오드 함유량은 0.5~1.0%, 분자량은 약 650,000. 티록신(갑상선 호르몬)의 전구체로서 갑상선의 여포 중에 존재한다.

티로신 (tyrosine) 단백질을 구성하는 아미노산의 하나. p-HOC$_6$H$_4$CH$_2$CH(NH$_2$)COOH. 잔기의 약어 Tyr, 더욱 간략화 할 경우는 Y. 카세인 중에 매우 다량으로 함유된다. 광택이 있는 미소한 바늘 모양의 결정으로, 분자량 181.19, 녹는점 314~318℃이다. 비필수 아미노산이며, 물에는 잘 녹지 않는다. 단백질의 크산토프로테인 반응(황색)·미론 반응(적색) 등은 티로신에 의한 것이며, 이들 반응에 의해서 검출·정량된다. 대부분의 단백질에 함유되어 있지만 특히 카세인·견사(絹絲) 피브로인에 많으며, 이들의 가수분해·소화·부패에 의한 분해로 생긴다. 오래된 치즈에도 함유되어 있고 또 유리상태로도 발견된다. 디- 및 모노-요오드 티로신은 갑상선 호르몬의 주체인 티록신과 함께 갑상선에 존재한다. 요오드 티로신은 각종 해초(海草) 및 해면에도 존재한다. 티로신은 페닐알라닌의 효소적 히드록시화에 의해 생체 내에서 생성된다. 티로신의 산화적 분해에는 두 가지 경로가 있다. 하나는 푸마르산 및 아세토 아세트산으로 분해하는 경로이고, 다른 하나는 티로시나아제에 의해서 3, 4-디옥시페닐알라닌이 되고, 다시 변화를 받아 멜라닌·부신수질 호르몬·아드레날린을 생성하는 경로이다. 티로신의 대사 연구에는 선천성 대사 이상이 크게 도움이 되고 있다. 이들에게는 아르캅톤 뇨증(尿症)이나 페닐케톤 뇨증 또는 색소 결핍증 등이 있는데, 모두 대사 경로의 일부가 결여되어 일어나는 것으로 생각된다.

티로트로핀 (thyrotropin) 뇌하수체 전엽에서 분비되는 펩티드의 하나로 갑상선의 여포세포에 작용하여 갑상선 호르몬(티록신이나 트리요오드티로닌)을 분비시킨다. 갑상선 자극 호르몬이라고도 한다.

티록신 (thyroxine) 갑상선 호르몬에 속하는 아미노산. 요오드를 함유하는 아미노산으로서 갑상선에서 단리되었다. 생체 내에서는 티로신의 디요오드 유도체의 2분자에서 생성된다고 여겨지고 있다.

티몰 블루 (Thymol Blue) 트리페닐 메탄계의 산염기 지시약의 하나. 적색(pH 1.2)에서 황색(pH 2.8)과, 황색(pH 8.0)에서 청색(pH 9.6)의 두 변색역이 있다.

티미딘 (thymidine) DNA의 구성 성분인 피리미딘 뉴클레오시드의 하나. 티민과 디옥시리보오스가 β-결합한 구조이다. DNA에 티미딜산(TMP)의 형태로 함유되어 있다. 화학식 C$_{10}$H$_{14}$N$_2$O$_5$, 분자량 242, 결정의 녹는점 182~183℃이며, 물에 잘 녹는다. 티미딘은 DNA의 합성 경로에서 중요한 위치를 차지하며 티미딘키나아제에 의해서 티미딜산이 되고, 다시 티미딜산 키나아제에 의해서 티미딘 이인산(TDP)·티미딘 삼인산(TTP)을 거쳐 DNA 폴리메라아제(레폴리카아제)의 작용에 의해서 다른 3종의 디옥시리보뉴클레오시드삼인산과 함께 DNA에 둘러싸인다. 티미딘은 피리미딘 뉴클레오티드 생성 경로에서는 존재하지 않고 오히려 DNA의 분해 산물로 존재한다. DNA합성에 다시 사용되지 않을 때는 티미딘포스포릴라아제 또는 티미딘히드포릴라아제에 의해서 분해되어 티민을 생성한다. 최근에 tRNA 속에 티민의 리보 뉴클레오시드가 존재한다는 것이 발견되었는데 정식으로는 이것을 티민이라고 하며, 티민의 디옥시리보뉴클레오시드는 디옥시티미딘이라고 하는 것이 옳다. 그러나 현재도 관용적으로 티민으로 디옥시체(體)를 가리키는 경우가 많다.

티미딜 산 (―― 酸, thymidylic acid) 티미딘의 인산에스테르. 티미딘 5′-인산과 티미딘 3′-인산이 있으나 티미딜산이라 할 때는 전자를 지칭하는 경우가 많다. 약어 TMP이다. DNA의 효소에 의한 가수분해로 얻어진다. 생체 안에서는 엽산의 작용에 의해 5-우리딜산에서 유도된다. 티미딜산은 ATP에서 인산을 받아서, 티미딘이인산(TDP로 약칭)이 된다. TDP-당화합물은 박테리아 속에서 볼 수 있으며, 당의 에피머의 상호 변화에 중요한 역할을 하고 있다.

티민 (thymine)　DNA를 구성하는 피리미딘 염기의 하나. 5-메틸우라실. 약어 T. 화학식 $C_5H_6N_2O_2$. 성형(星形) 또는 바늘 모양의 결정으로 녹는점 326℃(분해)이다. 찬물에는 잘 녹지 않지만, 뜨거운 물이나 알칼리에는 쉽게 녹는다. DNA를 염산으로 가수분해하면 생긴다. DNA의 이중 나선 중에서 아데닌과 수소 결합하여 염기쌍을 구성하고 있다.

TCA 회로 (—— 回路, TCA Cycle)　⇨ 크렙스 회로.

티아민 (thiamine)　비타민 B_1의 별칭. $C_{12}H_{18}N_4OCl_2S$(염산염). 항 각기인자. 배아, 효모 등에 함유된다. 세포 내에서는 주로 피로인산 에스테르로 되고 다시 단백질 등과 결합하여 효소 성분이 된다. 성인은 1일 약 $1mg$를 필요로 한다.

TIRRS　'total internal reflection Raman spectroscopy(전반사 라만 분광법)'의 약어이다.

티엘 모듈러스 (Thiele modulus)　⇨ 티엘 수.

TLV　'threshold limit value(허용 농도)'의 약어이다.

티엘 수 (—— 數, Thiele number)　촉매 입자 내에서 확산하면서 반응이 일어나고 있을 때, 반응에 대한 확산의 상대적 중요성을 평가하는 지표. T. Thiele에 의해 도입된 무차원 수로, 세공 내 확산의 시상수와 반응의 시상수 비의 1/2곱으로 정의된다. 대략 그 척도로 티엘수가 1보다 크면 촉매입자 내에 반응 물질의 농도 분포가 생겨 촉매 내부가 유효하게 작용하지 않는다. 이 때 촉매 유효 계수는 1보다 작아진다.

TLC　'thin-layer chromatography(얇은 막 크로마토그래피)'의 약어이다.

티오글리콜산 (—— 酸, thioglycolic acid)　⇨ 메르캅토 아세트산.

TOD　'total oxygen demand(전산소 요구량)'의 약어이다.

티오리그닌 (thiolignin)　황산염 펄프의 제조하는 과정에서 생긴 리그닌의 황 유도체(주로 술피드형). 펄프 폐액을 중화하면 흑색 침전물로 석출된다. 고무의 보강제와 페놀

수지의 증량제로 시도된 적이 있으나 현재는 연료로 태우고 있다.

티오살리실산 (—— 酸, thiosalicylic acid)　⇨ o-메르캅토벤조산.

티오시안산 염 (—— 酸鹽, thiocyanate)　일반식 $M^{I}SCN$. 예전에는 로단화물이라 한 일이 있다. 티오시안화물, 황시안화물, 황시안산염, 로단산염 등은 잘못된 명칭. 알칼리 금속 및 암모늄의 염은 수용성의 무색 결정. Fe^{3+}의 검출, 의약품, 염료 등에 사용된다.

티오시안화물 (—— 化物, thiocyanide)　⇨ 티오시안산염.

TOC　'total organic carbon(전 유기탄소)'의 약어이다.

티오알코올 (thioalcohol)　⇨ 티올.

티오에테르 (thioether)　⇨ 술피드.

TOF　'time of flight(비행 시간)'의 약어이다.

티오인디고 (thioindigo)　건염 염료에 속한다. 인디고 분자의 $-NH$ 대신에 $-S-$가 들어간 구조. 인디고가 청색인데 대해 티오인디고는 적색이다.

티오카르복시산 (—— 酸, thiocarboxylic acid)　카르복시산의 산소원자의 하나가 황원자로 치환된 화합물. 산 자체는 호변 이성질체로서 존재하지만 에스테르는 S-에스테르와 O-에스테르가 이성질체로서 존재한다. 카르복시산의 산소원자가 2개 모두 황원자로 치환한 화합물 $R-CSSH$는 디티오카르복시산이라 한다.

$$R-C{<}_{SH}^{O} \quad \text{또는} \quad R-C{<}_{S}^{OH}$$

[티오 카르복시산]

티오케톤 (thioketone)　케톤의 카르보닐기 $>C=O$가 $>C=S$로 치환된 화합물. $R-CS-R'$이다.

티오황산나트륨 (—— 黃酸 ——, sodium thiosulfate)　5수화물 $Na_2S_2O_3 \cdot 5H_2O$가 보통이며 무색의 결정. 오래 전부터 사용된 하이포아황산나트륨(sodium hyposulfite)이란 명칭에 입각하여 하이포란 속칭이 있으나 하이포아황산이란 것은 잘못된 명칭이다. 녹는점 48.2℃, 비중 1.85이다. 사진의 정착제, 탈염소제, 유지

의 표백제, 의약품, 분석 시약, 염료 합성, 환원제 등에 사용된다.

티오황산염 (—— 黃酸鹽, thiosulfate) 일반식 $M^I_2S_2O_3$로 표시되는 티오황산 $H_2S_2O_3$의 염. 하이포아황산염이라 불리었던 일이 있으나 그것은 잘못된 명칭. 일반적으로 수용성의 무색 결정이다.

티옥산 (—— 酸, thioctic acid) 옥탄산의 6, 8-자리가 $-S-S-$ 결합으로 연결된 5원자 고리 구조로 된 카르복시산. 리포산이라고도 한다. 세균의 발육 인자로 발견되었으나 피루브산 탈수소 효소와 기타 α-케토산 탈수소 효소 중에 함유되는 수소전달 물질이다.

티올 (thiol) 알코올의 OH기가 SH기로 치환된 화합물. R-SH. 메르캅탄 혹은 티오알코올이라고도 한다. 페놀의 황 유사체 Ar-SH도 티올의 동족. 관용명은 티오페놀. 일반적으로 메르캅토기를 가지는 화합물을 티올이라 하는데, 이들은 방향족 고리에 메르캅토기가 직접 결합한 티오페놀과 티올로 구별된다. 따라서 티올은 티오알코올이라 불리기도 한다. 분자량이 낮은 티올은 휘발성이 있는 무색 액체로, 마늘 냄새 비슷한 악취가 난다. 일반적으로 물에는 잘 녹지 않고 에탄올·에테르 등 유기 용매에는 녹는다. 또 약한 산성을 보이며 알칼리 수용액에도 녹는다. 산화수은 또는 수은이온 등과 반응하여 물에 녹지 않는 메르캅티드를 생성한다. 메탄티올은 최면제인 술포날의 원료가 되는 외에, 도시 가스에 냄새를 내는 부취제로도 사용된다.

TG 'thermogravimetry (열중량 분석)'의 약어이다.

티크닝 (thickening) ⇨ 침전 농축.

티타늄 (titanium) 22번 원소 Ti의 영어명이다. ⇨ 티탄.

티타니아 (titania) ⇨ 이산화 티탄.

티타니아 자기 (—— 磁器, titania porcelain) 이산화 티탄을 주성분으로 하는 특수 자기. 보통 자기에 비해 유전율이 크고 강도도 비교적 크다. 전자 재료, 내마모 재료로 사용된다.

티탄 (titanium) 원자번호 22의 원소. 원소기호 Ti. 티타늄이라 적는 경우도 있다. 예전에는 희유원소로 생각했던 일도 있으나 지각(地殼) 속에서의 존재도가 높아 클라크수 0.46으로 제9위이며, 마그네슘에 이어서 크다. 매우 널리 분포하며 토양 속에는 보통 약 0.6%의 산화 티탄이 존재한다. 굳기 4.0으로 차가울 때는 극히 취약하여 가루로 만들 수도 있으며, 적열(赤熱) 상태에서는 선으로 만들 수 있다. 강도는 탄소강과 거의 같고, 자중(自重)에 대한 강도비는 철의 약 2배, 알루미늄의 약 6배이다. 또 열전도율·열팽창률이 작고, 400℃ 이하에서는 강도의 변화가 작다. 공기 중에서는 안정하나 산소 속에서 가열하면 산화티탄이 된다. 할로겐과 가열하면 반응하고, 산에는 철보다 잘 녹지 않는다. 바닷물 속에서는 백금에 이어서 내식성(耐蝕性)이 강하다. 많은 금속과 합금을 만든다. 강도·내식성이 크고 가볍기 때문에 항공기·선박을 비롯하여 많은 구조물(構造物) 재료로 사용되고, 화학공업에서 내식성 용기 재료로도 사용된다.

티탄 백 (—— 白, titanium white) 이산화티탄 TiO_2를 주성분으로 하는 백색 안료. 보통 티탄 백 또는 티탄 화이트라고 한다. 도료, 그림 물감 외에 고무, 플라스틱 등의 안료로 사용한다.

티탄산 바륨 (—— 酸 ——, barium titanate) $BaTiO_3$과 Ba_2TiO_4 중 전자를 보통 티탄산바륨이라 부르고 있으나 이것은 속칭이며 실제로는 티탄산 이온은 포함되지 않고 복산화물이다. 강유전체이며 압전계수는 높으므로 압전 소자, 서미스터, 콘덴서로 사용된다.

티탄산 염 (—— 酸鹽, titanate) 이산화티탄과 다른 금속의 산화물로서 구성된 화합물루, 일반식 $mM^I_2O \cdot nTiO_2$와 같은 화합물을 티탄산염이라 부르고 있다. 그러나 티탄의 옥소산 이온 TiO_4^{4-}, TiO_3^{2-} 등을 함유하는 것은 알려져 있지 않다. 보통 티탄산염이라 불리는 $CaTiO_3$, $BaTiO_3$ 등은 페로브스카이드형 구조의 복산화물, $MgTiO_3$ 등은 티탄 철광형의 복산화물이다.

티탄 안료 (—— 顔料, titanium pigment) 티탄을 함유하는 안료의 총칭. 대표적인 이산화티탄 외에, TiO_2-Sb_2O_3-NiO계 등의 티탄 옐로, TiO_2-Co-NiO-ZnO계의 그린 등이 있다. 또 일반식 Ti_nO_{2n-1}으로 표시되는 안료에서는 n의 값이 커지는 데 따라 청동색,

자흑색, 청흑색, 회색, 백색으로 변한다. n이 2~4일 때 가장 검은 것이 얻어진다.

TPD 'temperature-programmed desorption (승온 이탈)'의 약어이다.

TPR 'temperature-programmed reduction(승온 환원)'의 약어이다.

티피 염색 (—— 染色, tippy dyeing) 양모 단섬유의 선단과 모근부분이 상이한 농도로 염색되는 염색 얼룩을 이른다. 농담이 생기는 것은 염료에 의존하며 선단이 짙게 염색되는 양과, 반대로 되는 음의 티피 염색이 있다.

틱소트로피 (thixotropy) 고농도의 콜로이드 용액, 고분자 용액에 대하여 흔들어 혼합하는 등 외력을 가하면 유동성을 보이고 외력을 제거하면 유동성이 없어지는 현상. 전자의 상태는 졸, 후자는 겔이므로 외력에 의한 등온 가역적 겔-졸 변화이다. 엄밀하게 표현하면 외력을 제거한 후의 겔화에는 시간이 걸리므로 전단응력-전단속도 곡선에 히스테리시스가 나타난다.

틴들 현상 (—— 現像, Tyndall phenomenon) 콜로이드 분산계에 입사한 광선의 통로가 고르게 빛나 보이는 현상. 틴들 효과라고도 한다. 이 현상을 상세하게 연구한 J. Tyndall의 이름에 따른 것이다. 보통의 현미경으로는 볼 수 없는 미립자라도 틴들현상을 이용하여 빛의 통로 옆 방향에서 관찰하면 반짝이는 점으로 그 위치를 알 수 있다. 빛이 산란되는 정도가 입자가 클수록 심해지는 것을 이용하여 미립자의 크기를 구할 수가 있다. 특히 미립자가 고무나 폴리염화비닐과 같은 고분자 물질일 경우에는 분자사슬의 길이를 알 수 있으며, 이 현상은 고중합체(高重合體)인 물질의 분자량을 구하는 수단으로 이용된다.

틸라코이드 (thylakoid) ⇨ 엽록체.

탈레스 (Thales : BC 624? ~ BC 546?) 고대그리스, 철학

그리스 최초의 철학자이며, 7현인(七賢人)의 제1인자이고 밀레토스학파의 시조이다. 소아시아의 그리스 식민지 밀레토스 출생이다. BC 585년 5월 28일 일식(日蝕)을 예언하였는데, 그것은 바빌로니아의 천문학적 지식에 의했던 듯하다. 이집트의 경험적·실용적 지식을 바탕으로 하여 최초의 기하학을 확립하였다. '원(圓)은 지름에 의해서 2등분된다', '2등변삼각형의 두 밑각의 크기는 같다', '두 직선이 교차할 때 그 맞꼭지각의 크기는 같다' 등의 정리(定理)는 그가 발견한 것이다. 또한 만물의 근원을 추구한 철학의 창시자이며 그 근원은 '물'이라고 하였다 (형이상학). 물은 생명을 위하여 불가결한 것이며, 또 물이 고체·액체·기체라는 3가지 상태를 나타낸다는 것에서 그렇게 추정한 듯하다(물활론). 그러나 그는 대지(大地)는 둥근 편평상(扁平狀)이며 물 위에 떠 있는 것이라고 생각하였다. 물의 철학자라 불렸다.

파괴 (破壞, breakdown, fracture)　물체의 파손의 한 형태. 외력이 작용하고 있는 물체 중의 균열이 진행하여 탄성 비틀림 에너지를 해방함과 동시에 새로운 파괴 표면을 형성하여 곧 물체가 2개로 분리되는 현상. 취성 파괴, 연성 파괴, 크리프, 피로 파괴가 여기에 포함된다.

파괴 강도 (破壞强度, breaking strength)　외력이 작용하는 물체가 취성 파괴, 연성 파괴, 크리프, 피로 파괴 등으로 파손에 이르렀을 때의 역학적 상태량을 말한다. 보통 최대 응력으로 표시된다. 하중 형식에 따라 인장 강도, 압축 강도, 전단 강도, 굽힘 강도, 비틀림 강도로 분류된다. 파괴 강도는 물체 중에 확률적으로 분포하는 결함과 응력상태에 의존하여 결정되는 확률 통계량으로 재료 상수라고는 할 수 없다.

파괴 인성 (破壞靭性, bracture toughness)　균열이나 갈라진 결함이 있는 재료를 파괴하는 데 필요한 에너지의 크기. 일반적으로 고강도이고 파단 신도가 큰 재료의 피괴 인성이 크다. 그러나 재료의 고유한 성질은 아니며, 동일 재료일지라도 온도, 형상, 치수, 부하속도 등의 영향을 받는다.

파단 에너지 (破斷——, fracture energy)　⇨ 프루프 리질리언스.

파동 방정식 (波動方程式, wave equation)　고전 역학에서는 파동의 운동을 기술하는 다음 식을 지칭한다.

$$\frac{1}{v^2}\frac{\partial\varphi}{\partial t^2}=\left(\frac{\partial^2}{\partial x^2}+\frac{\partial^2}{\partial y^2}+\frac{\partial^2}{\partial z^2}\right)\varphi$$

양자역학에서는 시간을 포함한 슈뢰딩거 방정시 $ih(\partial\Psi/\partial t)=H\Psi$, 또는 시간을 포함하지 않는 식 $H\phi=\varepsilon\phi$를 지칭한다.

파동 함수 (波動函數, wave function)　해밀토니안의 고유 함수를 말한다. 슈뢰딩거 방정식을 푸는 것으로 얻어진다. 파동함수에는 대상으로 하는 계에 관한 기본적인 정보가 포함되어 있다. 다전자계의 슈뢰딩거 방정식은 변분법 등을 사용하여 근사적으로 구할 수 있다.

파라몰리브덴산 염 (——酸鹽, paramolybdate)　일반식 $M^I_6[Mo_7O_{24}]\cdot nH_2O$로 표시되는 7몰리브덴산 염의 속칭. 시판품은 예를 들면 몰리브덴산암모늄 $(NH_4)_6Mo_7O_{24}\cdot 4H_2O$와 같이 불리우는 경우도 있다. 알칼리 금속 및 암모늄의 염이 잘 알려져 있다. 무수 수용성의 무색 결정을 말한다.

파라미터 (parameter)　수학에서는 함수관계 $F(x,\ y)=0$을, $x=f(t)$, $y=g(t)$와 같이 표시하였을 때의 매개변수 t를 말한다. 그러나 어떤 경험식 $y=f(x)$를 최적으로 하기 위한 상수를 지칭하는 경우가 많다.

파라 수소 (——水素, para-hydrogen)　오르토 수소의 대응어이다. ⇨ 오르토 수소.

파라 알데히드 (paraldehyde)　아세토알데히드 3분자가 산의 작용으로 축합하여 생성하는 6원자 고리 화합물. 무색 액체. 화학식$(CH_3CHO)_3$. 특유한 냄새를 가졌다. 분자량 132.16, 녹는점 12.6℃, 끓는점 124℃, 비중 0.99이다. 물에는 잘 녹고 또 에탄올·에테르 등의 유기 용매에도 임의의 비율로 혼합한다. 쉽게 해중합하여 아세토알데히드를 재생하므로 아세토알데히드의 저장·수송용으로 이용되고 또 아세토알데히드를 원료로 하는 유기 합성의 출발 새료로도 사용된다. 수지(樹脂)·고

무류·유지(油脂) 등의 용제로도 사용된다.

파라 자리 (para position) 벤젠 고리의 한 탄소원자로부터 헤아려 4번째의 탄소원자의 자리이다.

파라콜 (parachor) 액체의 몰 체적과 표면장력에 관한 물질 고유의 양. 표면장력을 1로 하였을 때의 몰 체적을 지칭한다. 이 값이 분자의 구성 원자종과 결합 종류 양자에 대해 가성성(加成性)이 있다는 사실이 경험적으로 알려져 있었다. 현재는 별로 사용되고 있지 않다.

파라크리스털 (paracrystal) 실제 결정은 이상적인 3차원 주기성을 나타내지 않고 어떤 구조 부정을 함유하고 있으나 단위포 간의 거리가 커짐에 따라 점차 주기성을 상실하는 혼란(제2종의 혼란)이 있는 결정을 파라크리스털이라 한다.

파라텅스텐산 염 (—— 酸鹽, paratungstate) 일반식 $M^I_{10}[H_2W_{12}O_{42}] \cdot nH_2O$로 표시되는 12 텅스텐산(10-)염 속칭. 나트륨, 칼륨, 암모늄 등의 염이 대표적이며, 모두가 수용성의 무색 결정이다.

파라포름알데히드 (paraformaldehyde) 포름알데히드에 오존을 작용시켜 형성되는 중합체. $HO(CH_2O)_nCH_2OH$. 백색 고체. 살균 소독제로 사용된다.

파라핀 (paraffin) (1) 지방족 포화 탄화수소의 동의어. 파라핀족 탄화수소를 간략화한 호칭이다. (2) 지방족 포화 탄화수소 중 고형인 것을 말한다. ⇨ 파라핀 왁스.

파라핀계 원료유 (—— 系原料油, paraffinic stock) 파라핀기 원유에서 상압 증류, 잔유를 감압 증류하여 얻은 유출물. 용제 정제, 수소화 처리, 탈랍 등의 공정을 거쳐 윤활유 조합 원료를 얻는다.

파라핀기 원유 (—— 基原油, paraffin-base crude oil) 원유의 기에 따른 분류의 하나. 파라핀족 탄화수소가 풍부하다. 이 원유에서 얻게 되는 가솔린의 옥탄가는 비교적 낮지만 경유의 세탄가는 높다. 또 윤활유의 점도지수는 높고 안정성도 좋지만 납분이 많으므로 유동점은 높다. 미국 펜실베이니아 원유, 수마트라산 미나스 원유, 중국산 대경 원유가 대표적인 예이다.

파라핀 왁스 (paraffin wax) 함랍유에서 얻어지는 상온에서 결정성 고체의 탄화수소 혼합물. 고형 파라핀이라고도 한다. 주로 곧은 사슬 파라핀으로 구성되며, 녹는점에 따라 분류되어 부여되어 양초, 파라핀지 등의 제조에 사용된다.

파라핀족 탄화수소(—— 炭火水素, paraffin hydrocarbon) 지방족 포화탄화수소 C_nH_{2n+2}의 동의어. 지방족 화합물의 모핵이 되는 포화 탄화수소. 산, 알칼리, 산화제 등에 대해 반응성을 나타내지 않으므로 친화력 affinity가 없다는 의미에서 파라핀 paraffin이란 이름이 붙었다. 상온에서 기체인 것은 거의 냄새가 없으며, 저급한 휘발성 액체인 것은 벤젠과 같은 냄새가 난다. 고급의 고체에는 냄새가 없다. 물에 대한 용해도는 모두 극히 작으며, 알코올에는 물에 대한 것보다 잘 녹는다. 화학적 성질은 거의 비슷하고 안정하며 상당히 변화를 일으키기 어렵지만 반응조건에 따라서는 할로겐, 발연황산, 질산, 산화제 등에 작용하여 유도체를 만든다.

파라핀 증류액 (—— 蒸溜液, paraffin distillate) ⇨ 함랍유.

파라핀 지 (—— 紙, waxed paper, paraffin paper) 파라핀 납을 도포 또는 함침한 종이. 납지라고도 한다. 원지로는 글라신지, 모조지, 크라프트지 등이 상용된다. 원지(原紙)에 가열 용융한 파라핀을 한면 또는 양면에 도피 또는 침투시킨 다음 냉각하여 마무리 한다. 냉각은 찬바람을 쏘이거나 냉각 실린더면에 대는 건식과 냉수에 담가서 급히 냉각시키는 습식의 두 가지가 있다. 후자는 전자에 비해 종이 표면에 묻는 파라핀의 양이 많고 광택도 크다. 특성은 물과 습기의 투과에 대하여 저항이 크지만 파라핀과 밀랍(蜜蠟)만을 사용했을 경우 꺾인 부분의 방습이 떨어진다. 이런 결점을 제거하기 위하여 폴리에틸렌 수지(樹脂) 등을 혼용한다. 내수·내습성이 좋아 내수 포장지로 사용된다.

파라 헬륨 (para-helium) 일중항 상태에 있는 헬륨 원자. 헬륨 원자의 전자상태에는 2개의 전자 스핀이 평행인 것(삼중항 상태)과 반평행인 것(일중항 상태)이 있다. 일중항 상태와 삼중항 상태 간의 전이는 매우 일어나기 어렵기 때문에 방전 등으로 일단 삼중항 상태가 형성되면 그것은 바닥상태의 헬륨과는 별종의 원자로 간주하는 것이 적절한 경우가 많다. 그러므로 전자를 오르토 헬륨, 후자를 파라 헬륨이라 하여 구별하고 있다.

파발산 (—— 酸, pivalic acid) 탄소 5원자의 카르복시산. $(CH_3)_3CCOOH$. 별칭 트리메틸아세트산이다.

파성 바리타 (籤性 ——, baryta powder) ⇨ 바리타 분.

파속 (波束, wave packet) 어느 시점에서 공간적으로 유한한 퍼짐이 있는 파를 지칭한다. 양자역학에서는 공간적으로 유한한 확산이 있는 파동함수를 지칭하고, 존재확률이 공간의 어느 부분에 집중하여 있는 입자의 상태를 나타내기 위해 사용한다.

파쇄액 (破碎液, homogenate) 세포 내의 각 구조체의 화학조성, 생물학적 활성을 조사하기 위해 세포를 호모지나이저나 워링브렌더로 파쇄한 것. 파쇄 때에는 세포막만이 파괴되고 세포성분의 상호 응집과 흡착이 일어나지 않는 용매를 선택하는 것이 필요하다. 따라서 적당한 완충액이나 생리적 식염수를 가하여 냉각시키면서 짓이긴다. 추출액과는 달리 일단 세포 내 효소의 모든 것이 함유되어 있는 것으로 간주되어 조직을 짓이겨 죽모양으로 한 브라이(brei)나 자른 조각을 재료로 하는 대신 이를 사용하여, 대사의 연구나 효소 추출 등에 많이 사용되고 있다.

파쇄 함수 (破碎函數, breakage function) 분쇄 프로세스를 수식화할 때, 입자 지름 r의 단입자가 분쇄된 결과 생기는 입도분포를 나타내는 함수. 임의의 입자지름 x보다 작아지는 중량 비율로 표시한다. x에 관한 미계수를 분배함수라 하며, 입자 집합체의 분자 확률을 표시하는 선택함수와 함께 분쇄 속도론의 중요한 지수이다.

파수 (波數, wave number) 단위 길이당 파장의 수. 전자기파에 대해서는 진동수를 광속으로 나눈 것이다. 국제단위계(SI)에서는 m^{-1}이 단위이지만 관용적으로는 cm^{-1}을 단위로 사용하는 것이 보통이다.

파스드 킬러 베이스 (fast color base) 나프톨 염료의 현색제. 방향족 제1급 아민이며 디아조화 불필요의 안정 디아조 화합물과 구별하여 베이스라 한다. 파스트 컬러는 엄밀히는 상품명, 일반명은 아조익 베이스이다.

파스트 컬러 솔트 (fast color salt) ⇨ 안정 디아조 화합물.

파얀스법 (—— 法, Fajan's method) 할로겐화물 이온, 티오시안산 이온 등을 질산은 용액에 의해 적정하고 종점을 흡수 지시약을 이용하여 검지하는 방법. 흡수 지시약으로서 플루오레세인 등의 형광성 시약이 사용되며 당량점에서의 형광 소실로서 종점으로 한다.

파열판 (破裂板, rupture disk) 밀폐된 용기, 배관 등의 내압이 이상 상승 하였을 경우 정해진 압력에서 파열되어 본체의 파괴를 막을 수 있도록 제조된 원형의 얇은 금속판. 구리, 알루미늄 등의 재료가 사용되며 평판상, 돔상 등으로 된 것이 있다.

파울리의 원리 (—— 原理, Pauli principle) ⇨ 배타 원리.

파워 스펙트럼 (power spectrum) ⇨ 스펙트럼 밀도.

π 결합 (π結合, π bond) 공유결합 중, 인접하는 2개의 p전자궤도(파동함수)가 원자 간 결합축을 포함한 평면에 대해서 대칭성을 갖는 것을 이른다. 공유결합은 π결합과 σ결합으로 구별된다. 에틸렌 등의 이중결합은 σ결합과 π결합으로 되어 있다. 일반적으로 σ결합에 비해 π결합은 약하고 불포화성을 나타내지만 부타디엔과 벤젠처럼 π결합이 공역 이중결합을 형성하는 경우는 불포화성의 저하를 볼 수 있다. π결합을 형성하는 전자를 π전자라 한다.

파이로솔 (pyrosol) 투명한 결정성 물질 중에 금속 등이 콜로이드상으로 분산한 고체 콜로이드. 일반적으로 착색하고 있다. 색깔은 제조방법, 금속의 종류 등에 따라 다르다. 처음 용융염에 금속을 분산시켜 제조하였으므로 이 명칭(파이로는 불, 열 등의 의미)이 붙었다. 염화나트륨 결정에 X선, 자외선을 쪼이거나 나트륨 증기 중에서 가열하거나 하면 황색, 갈색 등으로 착색되는데, 이것도 하나의 예이다.

파이로 전기 (—— 電氣, pyroelectricity)　유도체 결정을 가열하면 그 표면이 대전하는 현상. 피로전기, 열전기라고도 한다. 전기석 등 특수한 결정구조의 것에 나타난다. 이종의 결정에서는 자발분극을 하는 성질이 있으나 상온에서는 공기 중의 이온 등으로 중화되어 있다. 그러나 가열되면 그 중화가 파괴되어 결정 표면이 대전한다.

파이버 그리스 (fiber grease)　⇨ 내열성 그리스.

π 전자 (π 電子, π electron)　π결합을 구성하고 있는 전자. 2원자 분자의 상태를 분자궤도 함수로 나타낼 때, 분자축 둘레의 각운동 양자수가 ± 1인 궤도를 π궤도, 0인 궤도를 σ궤도라 하며 각각에 속하는 전자를 π전자, σ전자라고 한다. 이와 같은 정의는 원래 분자분광학의 분야에서 2원자 분자의 에너지 상태를 구별하기 위해 도입된 것이지만 그 밖의 많은 원자 분자에도 확장 적용할 수 있다. 에틸렌, 벤젠 등의 평면분자에 있어서 분자면에 대해 대칭인 궤도에 속하는 전자를 σ전자라 하고, 역대칭인 궤도에 속하는 것을 π전자라고 한다. 공액계의 π전자는 자유전자성이 크기 때문에 가동 전자라고도 한다. 이상과 같은 정의는 원자 궤도 함수의 경우에도 적용된다.

π 착물 (π 錯物, π-complex)　2개의 분자종이 π결합하여 형성하는 착물. 이 경우, 두 분자는 그 π전자계가 평행으로 마주한 상태로 착물을 형성한다. 헥사메틸벤젠과 테트라시아노에틸렌의 착물은 π착제의 예이다.

π-π*전이 (—— 轉移, π-π* transition)　π전자를 갖는 화합물에서 π전자의 피점궤도 (π궤도)에서 공궤도 (π*궤도)로 전자전이에 따른 들뜬 상태를 π-π* 들뜬 상태라 한다. 바닥상태와 이 π-π* 들뜬 상태 간의 전이 (흡수와 방출)를 π-π* 전이라 한다. σ전자가 관여하는 전이에 비해 낮은 에너지쪽에 존재하며 π전자가 있는 화합물의 가시, 자외영역 스펙트럼의 주요한 원인이 되고 있다.

파이프 스틸 (pipe still)　석유 정제 장치에 많이 사용되는 관식의 가열로. 가열관의 배열방식에 따라 수평관식과 수직관식이 있고 또 가열관도 방사부와 대류부로 나누어진다. 전자는 연소염에 의한 방사전열로, 후자는 주로 연소 가스의 대류 전열로 가열관 속의 유체를 가열한다.

파인 세라믹스 (fine ceramics)　정제, 조정된 고순도의 미립자 원료를 정밀하게 성형하여 잘 제어된 소성법으로 소결하여 얻어지는 세라믹스. 종래의 세라믹스에 비해 고기능(기계적·열적·전자기적·광학적·화학적·생화학적 기능 등)이 있다. 원자 간 결합력이 강하기 때문에 열팽창계수가 작고 급열·급랭에 견딜 수 있으며 고온에도 강하다. 종래의 세라믹은 산화 알루미늄이나 산화규소 등의 산화물을 원료로 하지만, 최근에는 천연에 없는 질화규소나 탄화규소를 원료로 하는 것과 빛이나 전기적인 특수한 성질을 가지고 있는 것도 나왔다. 금속·플라스틱에 이어서 ‘제3의 소재’라 불리고 있다. 의용재료(醫用材料)·유전재료(誘電材料)·자성재료(磁性材料)·압전재료(壓電材料)·광학재료 등, 고도의 기능을 갖추게 된 파인 세라믹스를 상품화하여, 인공뼈·인공관절·인공치아 등에 실용화하고 있다. 한편 질화규소를 주체로 한 세라믹스는 고온에서도 뛰어난 기계적 특성을 가져, 자동차 엔진이나 가스터빈 등으로 이용하려는 연구가 세계 각국에서 활발히 추진되고 있다.

파인 케미컬스 (fine chemicals)　화학제품을 분류하고 자리매김을 하기 위한 용어. 그러나 화학제품을 임의적으로 분류할 수는 없으므로 이 용어의 명확한 정의는 없다. 파인이란 말에는 미세하다는 의미와 정교하다는 의미가 있으나, 처음에 전자의 미세한, 즉 소량 생산의 제품을 의미하였다. 이것은 벌크 케미컬스의 대응어였다. 그러나 그 후 후자의 정교한, 즉 가공도가 높고 기술 집약적이며 고부가가치의 제품을 지칭하게 되었다. 이것은 스페셜리티 케미컬스라 불린다. 또 에틸렌이나 황산 등과 같이 화학공업의 기초가 되는 제품을 범용 화학제품(코모디티 케미컬스)이라 부르고, 색소, 의약, 농약, 향료처럼 어떤 특수한 성능을 구비하고 있는 것을 성능 화학제품이라 하여 구별하는 입장도 있다. 이 경우 후자를 파인 케미컬스라 한다.

파일럿 플랜트 (pilot plant)　공업적인 실제

플랜트보다 작고 장치 치수의 영향을 조사하기 위해 만드는 중간 시험용 또는 공업화 시험용의 플랜트를 말한다.

파장 (波長, wavelength) 파동의 산과 산 사이의 거리, 또는 파동의 골에서 다음 골까지의 거리를 말한다.

파장 교정 (波長校正, wavelength calibration) 모노크로미터나 분광 광도계에 의해 분광된 빛의 파장이 눈금의 지시값대로인지 여부를 기지 파장의 빛과 비교하여 보정하는 것을 말한다.

파장 분산 (波長分散, wavelength dispersion) 에너지 분산의 대응어이다. ⇨ 에너지 분산.

파장 시프트 (波長 ──, wavelength shift) 용액의 흡수 스펙트럼에서 흡수대의 파장 위치가 용매 효과 등에 의해 변화할 때, 그 시프트를 지칭한다. 파장 시프트에서 용질-용매 간의 상호작용을 알아낼 수 있다.

파지 (phage) ⇨ 박테리오파지.

파파인 (papain) 파파야의 과실에서 얻어지는 단백질 가수분해 효소. 단순 단백질이며 엔도펩티다아제이다.

파포제 (破泡劑, foam breaker) ⇨ 소포제.

판면 (板面, printing plate) 인쇄 잉크를 피인쇄물에 옮기는 중간 역할을 하는 판의 표면. 화선부와 비화선부로 되며 요판, 평판, 철판, 공판 등의 판식이 있다. 그 대부분은 전자적 또는 화학적 처리법으로 형성된다.

판야 (silk cotton, kapok) 케이폭(판야과의 식물)의 과실 과피 내면에 생긴 깃털 모양의 섬유. 섬유는 면섬유와 같은 비틀거나 결이 짧아 방적할 수 없으므로 베개, 이불, 매트 등의 충전재로 사용된다.

판 유리 (板 ──, plate glass) 평판상 유리의 총칭. 일반적인 평활면이 있는 것에서부터 강화, 형, 망입, 합침, 열선 흡수, 복층, 착색 등 많은 종류가 있다. 면이 평활한 것은 거의 모두가 용해금속 표면에 유리를 부어 평면상으로 하는 플로트법으로 제조된다. 판유리는 중세시대부터 만들어졌고 예전에는 사원 건축용재로 특별히 이용되었으나 19세기 중반 이후 탱크 가마에 의해 대량 생산이 가능해지면서부터는 매우 널리 그리고 값싸게 사용될 수 있게 되어 있다. 근래의 판유리 제조는 원

료조합 → 용해 → 청징(淸澄) → 성형 → 서랭 → 가공과 같은 공정을 거친다. 조합된 원료는 탱크 가마 속에 투입하여 1,500℃ 정도의 고온에서 용해하고, 기포가 남지 않도록 충분히 가스를 방출시켜 청징을 해서 꺼내어 판유리로 성형한다.

판토텐산 (── 酸, panthothenic acid) 동식물 구조에 널리 존재하는 비타민 B군의 하나. CoA(보효소 A)의 구성 요소로서 아실기의 전이를 한다. 결핍하면 피부, 부신, 말초신경 등에 장해가 생긴다.

팔머 캘린더 (palmer calender) ⇨ 펠트 캘린더.

팔미트산 (── 酸, palmitic acid) 헥사데칸산 $CH_3(CH_2)_{14}COOH$의 관용명. 생물계에 다량으로 존재하는 포화지방산의 하나. 냄새가 없는 백색의 밀랍 모양의 고체 지방산의 하나. 분자량 256, 녹는점 62.65℃, 끓는점 351.5 ℃. 물에는 녹지 않으나 알코올이나 에테르에는 녹는다. 스테아르산·올레산과 함께 동식물계에 널리 분포하며, 대부분의 유지에 함유되어 있는데, 특히 목랍(木蠟)이나 팜핵유에 다량으로 함유되어 있다. 우지(牛脂)와 돈지(豚脂) 등에 함유되어 있는 팔미틴은 글리세롤과 3분자의 팔미트산과의 에스테르(트리팔미틴)이다. 또 경랍(鯨蠟)은 팔미트산과 세탄올(세틸알코올)과의 에스테르이다. 화장품과 계면 활성제 등의 원료로 사용된다.

팔미틴 (palmitin) 팔미트산의 글리세린에스테르. 모노-, 디- 및 트리팔미틴의 3종이 있으며 트리팔미틴은 우지, 논지, 야자유 등의 성분으로 존재한다. 쉽게 팔미틴이라 하는 경우도 있다.

팔미틸 알코올 (palmityl alcohol) ⇨ 1-헥사데카놀.

팔우자 (八隅子, octet) ⇨ 옥테트.

팔중선 (八重線, octet) 하나의 전이에 대응하는 에너지 준위에 약간 떨어져 부준위가 생기고, 하나의 스펙트럼선이 8개로 분열한 것을 말한다.

팔중항 (八重項, octet) 다중항의 하나로, 스핀 양자수 $S = 7/2$인 경우를 말한다.

팜 유 (── 油, palm oil) 팜 나무(기름 야자) 열대의 과육 기름으로 방(함유분 16~20%)

마다 쪄서 압축 채유되는 식물성 기름. 올레산, 팔미트산, 리놀레산의 혼합 트리글리세리드를 주성분으로 한다. 우리나라에서는 주로 말레이시아에서 수입하며 가공용 유지, 튀김용 유지로서 양적으로 대두유, 유채유에 다음 가는 식물유이다.

팜 핵유 (—— 核油, palm kernel oil) 팜나무(기름 야자) 열매의 핵(함유분 40~50%)을 원료로 하여 채유되는 식물지. 라우르산, 미리스트산, 카프르산, 카프릴산 등의 혼합 트리글리세리드로 구성되며 성상, 용도는 야자유와 같다.

패널코킹 시험 (—— 試驗, panel-coking test) 광유의 탄화 경향을 평가하는 시험. 규정 온도로 가열한 알루미늄 판에 시료유를 부어 시험 전후의 판의 중량 증가를 조사한다.

패닝의 식 (—— 式, Fanning's equation) 원형 단면의 직선 관로 내 난류에 의한 압력손실을 부여하는 식으로, 다음 식으로 주어진다.

$$\Delta P = 4f\left(\frac{\rho\bar{u}^2}{2}\right)\left(\frac{L}{D}\right)$$

여기서 ΔP는 압력 손실 [Pa], f는 관마찰계수[무차원수], $\bar{u}$는 평균유속 [ms^{-1}], L은 관길이 [m], D는 관지름 [m], ρ는 유체밀도 [kg m^{-3}]이다. f는 경험적으로 레이놀즈 수의 함수로서 주어진다.

패드롤 법 (—— 法, pad roll process) 직물의 반 연속식 염색법의 하나. 정련, 표백, 염색 등에 사용한다. 염료·약제를 포함한 처리액을 직물에 연속적으로 패딩하여 롤에 감은 후 일정 온도에 장시간 방치하여 표백, 염색 등의 공정을 완결시키는 프로세스이다.

패딩 (padding) 용액, 분산액, 풀 속에 기질(염색의 경우 실, 천 등)을 침지한 후, 일정량을 남기고 짜내는 조작. 대부분의 경우 2개의 롤 사이를 통해서 한다.

패러데이 상수 (—— 常數, Faraday constant) 기호 F로 표시되는 보편 상수. 그 값은 전기 소량파와 아보가드로 상수 L의 곱 Le와 같고 약 96,485 Cmol^{-1}이다. 역사적으로는 전기분해에 관한 패러데이의 법칙에 근거하여 1가의 이온 1 mol을 전해하는 데 요하는 전기량으로 정의하고 있다.

패러데이의 법칙 (전기분해에 관한) (—— 法則, Faraday's law of electrolysis) 전기분해에 의해 석출 또는 용해하는 원소 또는 원자단의 양은 흐른 전기량에 비례하고, 또 같은 전기량으로 석출 또는 용해하는 원소 또는 원자단의 질량은 그 물질의 전기화학 당량에 비례한다는 법칙이다.

패러데이 전류 (—— 電流, faradaic current) 전극 반응에 의한 전하 이동에 기인하여 흐르는 전류를 이른다. 전기분해에 관한 패러데이의 법칙에 따른다. 전해 전류라고도 한다.

패럴렐 (parallel) 2개 이상의 것이 평행 혹은 병렬 관계에 놓이거나 처리되는 것이 본래의 어의. 그러나 전자의 스핀이 자기장에 대하여 평행 혹은 2개 이상의 전자 스핀이 서로 평행관계에 있는 것을 지칭하는 경우가 많다. 이에 대해 역평행을 안티패럴렐이라 한다.

패리티 (parity) ⇨ 반전성.

PAS (패스) 'photoacoustic spectroscopy (광음향 분광법)'의 약어이다.

패키지 염색기 (—— 染色機, package dyeing machine) 섬유를 산란모, 토우, 톱, 실 상태로 염색하는 기계. 흐트러진 털, 토우 등의 경우에는 유공 바스켓에 충전하고, 치즈, 콘의 경우에는 감긴 상태로 각각 염색기 안에 고정한 다음 액을 중심부에서 외부로 또는 그 반대로 교대로 순환하여 안층과 바깥층의 차이가 없도록 염색한다.

패트 솔벤트 (fat solvent) ⇨ 리치 솔벤트.

패트 오일 (fat oil) ⇨ 리치 오일.

팩시밀리 (facsimile) 화상통신의 한 방법. 송신측에서 원화를 주사하여 미세한 화소로 분해하고 다음의 광전 변환으로 전기신호로 변환하여 송신한다. 수신측에서는 이것을 증폭하고 나서 검파하여 화상신호로 끌어내어 기록지를 주사하면서 이 신호를 가하여 기록을 취한다.

팩터 (factor) 분석화학 용어. 표준액의 농도를 정확히 표기하기 위한 계수. 예를 들면 농도 0.1028 moldm^{-3}는 0.1000×1.028 mol dm^{-3}로 보아, 1.028을 팩터라 한다. 표준액의 호칭을 간결하게 하기 위해 사용한다.

팩티스 (factice) ⇨ 가황유.

PAN (팬)　(1) 'peroxyacetyl nitrate(질산 페록시아세틸)'의 약어이다. (2) 'polyacrylonitrile (폴리아크릴로니트릴)'의 약어이다. (3) '1-(2-pyridylazo)-2-naphthol [1-(2-피리딜아조)-2-나프톨](킬레이트 적정의 금속 지시약)'의 약어이다.

팬누스 (pannus)　인공 심장이나 인공 혈관을 생체에 이식하였을 때 생체와의 접합부에서 성장하는 조직의 명칭. 이 조직이 성장하면 혈액의 통로를 막게 되므로 팬누스의 형성을 여하히 억제하느냐가 중요한 과제가 되고 있다. 혈전 형성과 혈류의 난조 등을 원인으로 보고 있다.

팬타그래프 그리스 (pantagraph grease)　전선과 팬타그래프 간의 마찰을 감소시키기 위해 사용되는 그리스. 칼슘비누기 그리스에 흑연을 혼합한 것으로, 내수성, 전도성이 높다.

팽윤 (膨潤, swelling)　물질이 용매를 흡수하여 부풀어오르는 현상. 고분자 고체를 좋은 용매 중에 넣으면 다리걸침이 없는 경우는 용매를 흡수 용해하여 용액이 되지만 다리걸침이 있으면 일정한 크기로까지 부풀 뿐이다. 팽윤으로 다리걸침 밀도를 측정할 수 있다. 분자가 극히 큰 고분자인 경우에는 분자들이 서로 얽혀 있기 때문에 다리걸침 되어 있지 않아도 팽윤이 일어나는 경우가 있다. 다만 이 경우 용매의 친화력이 강하면 녹아버린다. 팽윤은 젤라틴이나 목재를 물에 담그거나 실리카겔·점토 등 고분자 물질을 물에 담구었을 때 일어난다. 그러나 일반적으로 자연계에 존재하는 고분자에 생기는 팽윤은 복잡하다. 예를 들면 젤라틴의 경우는 물 속에서 20℃ 정도일 때 완전한 팽윤상태가 되고, 30℃ 이상이 되면 그것이 한없이 계속되다가 결국 용해한다. 이와 같이 팽윤이 계속되다가 용해하는 것을 무한 팽윤이라고도 한다. 그리고 팽윤할 때는 열의 발생과 큰 팽윤압을 수반한다. 팽윤 전과 팽윤 후의 체적비를 평형 팽윤도라 한다.

팽윤도 (膨潤度, degree of swelling)　고무에서 내유성의 기능. 고무를 규정된 윤활유 및 연료유에 일정한 온도, 시간동안 침지하였을 때의 용적 변화율 또는 중량 변화율로 표시된다.

팽윤탄 (膨潤炭)　석탄에 끓는점이 높은 타르

유분을 가하여 상압, 300~350℃ 전후로 가열 처리하여 얻어지는 피치상 물질. 가열에 의해 석탄에 대한 친화력이 큰 타르가 우선 석탄을 구성하는 구조 단위체의 결합력을 이완시켜 팽윤화를 일으킨다. 그 후 타르와 석탄이 반응한다. 제품 중의 회분은 별도로 제거하지 않고 주로 도료로 사용된다.

팽창 (膨脹, blister)　⇨ 블리스터링.

팽창계 (膨脹計, dilatometer)　고체, 액체, 기체의 팽창률을 측정하는 기기. 화학에서는 이것을 이용하여 고체 전이온도의 결정과 용액 반응의 속도 측정을 하는 경우가 있다. 고체의 선팽창률을 측정하는 것은 온도를 변화시키는 장치와 길이의 변화를 측정하는 장치로 되어 있다. 길이의 변화를 측정하는 데는 광학지레(optical lever)·간섭계(피조 팽창계) 및 기타의 측미계 등이 이용된다. 액체의 체적 팽창률을 측정하는 데에는 온도에 따라 달라지는 부력의 차를 이용하는 것, 질량식, 체적계식 등이 있다. 기체의 체적 팽창률은 여러 온도에서의 등온곡선(等溫曲線)으로부터 실험적으로 구할 수 있다.

팽창 계수 (膨脹係數, expansion coefficient)　⇨ 팽창률.

팽창 균열 (膨脹龜裂, expansion crack)　시멘트 속에 유리석회, 유리 산화마그네슘 등이 다량 존재하면 경화 중에 팽창 변형하여 균열이 생기는 것을 말한다.

팽창률 (膨脹率, expansion coefficient)　압력 P가 일정한 조건에서 온도 T의 변화에 따라 물체의 체적 V가 변화하는 비율을, $\alpha = (1/V)(\partial V/\partial T)_p$로 정의히였을 때 α를 팽창률이라 한다. (열)팽창계수라고도 한다.

팽창성 혼화재 (膨脹性混和材, expansive admixture)　콘크리트의 수화 혹은 건조에 의한 수축을 방지할 목적으로 또는 화학적인 프레스트레스를 도입할 목적으로 사용되는 시멘트의 혼화재. 칼슘 술포알루미네이트계의 것과 석회계의 것이 있다.

팽창 시멘트 (膨脹——, expansive cement)　팽창성 혼화재를 혼합한 시멘트. 콘크리트의 수축에 의한 균열 발생을 방지할 목적으로 사용한다. 또 화학적인 프레스트레스를 도입할 목적으로도 사용된다. 포틀랜드 시멘트 클링커 65~70%, 고로 슬래그 10~ 20%의 팽창제로서 칼슘 술포알루미네이트 클링커 10~25%를 배합한다. 보통의 포틀랜드 시멘트는 수중 양성으로 약 1%의 팽창을 나타낸다. 공기 중에서는 팽창, 수축이 거의 없다. 강도는 보통 것의 약 70% 정도이다.

팽창 유체 (膨脹流體, dilatant flow) ⇨ 비뉴턴 유동.

퍼네스 블랙 (furnace black) 연소로에 천연가스 혹은 기화된 중질유를 공기와 함께 불어넣어 불완전 연소시켜 제조한 카본 블랙. 대표적인 카본 블랙으로, 고무의 충전재, 안료 등을 비롯하여 각종 용도에 적합한 많은 품종이 있다.

퍼넬 플로 (funnel flow) 마스 플로의 대응어이다. ⇨ 마스 플로.

퍼니셔 (furnisher) 롤러 날염기의 컬러 박스속의 색풀을 조각 롤에 공급하기 위한 롤러. 퍼니셔 롤러라고도 한다. 아래쪽이 색풀에 침지되고 상부가 조각 롤에 접촉하여 회전하므로 색풀을 운반한다.

퍼머넌트 프레스 가공 (—— 加工, permanent press finishing) ⇨ 영구 가공.

퍼베이퍼레이션 (pervaporation) 액체와 막을 접촉시켜서 막을 통해 액체를 기화시키는 막분리법. 투과(permeation)와 증발(evaporation)을 조합한 용어로서, 투과 증발, 삼투 기화라고도 한다. 기체측의 착안물질의 증기압은 기체-액체 평형보다도 막과의 친화성으로 결정된다. 막을 통한 증발이므로 기상측의 전압은 매우 낮아지지만, 증류보다 큰 비휘발도가 있는 것이 기대되고 또 공비점이 나타나지 않으므로 물-에탄올계의 분리 등에서 특히 주목을 받고 있다.

퍼지 가스 (purge gas) 탑, 저장조, 배관 등에서 가연성 가스나 기름을 씻어낼 때에 사용하는 가스. 스팀, 질소, 공기 등을 사용한다. 또 화학 프로세스에서 기체를 순환시킬 때 순환류 중의 불요 성분이 축적하는 것을 방지하기 위해 순환류의 일부를 간헐적 혹은 연속적으로 방출한다. 이 조작을 퍼지라 하고, 퍼지에 의해 방출되는 기체를 퍼지 가스라 한다.

퍼짐률 (spreading rate) 상품 도료의 성능의 하나. 도료의 표준 사용 조건(도장 시방)에서 단위량의 도료로 도장 가능한 표면적의 값. 면적은 m^3 또는 평으로 표시되며, 양은 kg, 석유관 등이 사용된다.

퍼콜레이션 (percolation) 고체 입자의 충전층에 위쪽에서 액체를 흘려 고체 입자로부터 목적 성분의 추출, 액체 중의 이동성분의 흡착 또는 이온 교환, 유체와 충전층 입자간의 축열식 열 교환 등을 하는 조작을 말한다.

퍼클로로에틸렌 (perchloroethylene) $Cl_2C=CCl_2$의 통속명. 정식명은 테트라클로로에틸렌이다.

퍼텐셜 (potential) (1) 만유인력과 정전기력 등 중심력의 장에서 점 x에서 정점 m에 작용하는 힘을 $F(x)$라 하면 m은 무한원(여기서 힘을 0으로 한다)에서 점 r까지 준 정적으로 운반하는 일 $V(r) = -\int_{-\infty}^{r} F(x)dx$를 점 r에서의 퍼텐셜 혹은 퍼텐셜 에너지라 한다. 반대로 퍼텐셜을 위치 좌표에서 미분하여 부호를 변화시킨 것이 힘이 된다. 퍼텐셜을 갖는 힘의 장을 운동하는 질점의 역학적 에너지는 보존된다. (2) ⇨ 열역학 퍼텐셜.

퍼텐셜 곡선 (—— 曲線, potential curve) ⇨ 퍼텐셜 에너지 곡선.

퍼텐셜 면 (—— 面, potential surface) ⇨ 퍼텐셜 에너지 면.

퍼텐셜 스위프법 (—— 法, potential sweep method) 일반 전기화학 측정계에서 지시전극의 전위를 주사하여 얻는 전류응답으로부터 전극 반응에 관여한 산화-환원종의 정성·정량 혹은 전극 반응의 속도론적 파라미터와 확산상수 등에 관한 지견을 얻기 위한 수법. 전위 주사법이라고도 한다.

퍼텐셜 에너지 (potential energy) ⇨ 퍼텐셜의 (1).

퍼텐셜 에너지 곡선 (—— 曲線, potential energy curve) 퍼텐셜 에너지 면 $E(r_1, r_2 \cdots, r_n)$를 임의의 변수 좌표의 함수 $f(r_1, r_2, \cdots r_n)=0$을 따라 절단하였을 때에 얻어지는 곡선($r_1, r_2 \cdots$는 내부좌표). 화학 반응에 관해서는 반응 좌표를 따라 절단하는 것을 지칭한다. 2원자 분자의 경우에는 원자간 거리가 유일한 내부 좌표이므로 에너지 면은 바로 에너지 곡선이다. 이 곡선은 분광학적 실험 데이터로부터 직접 구할 수 있다.

퍼텐셜 에너지 면 (—— 面, potential energy surface)　반응계의 전 전자 에너지는 계 내의 원자 비치를 나타내는 내부 좌표의 함수로 주어지지만 이것을 다차원 공간 내에 그린 초곡면을 퍼텐셜 에너지 면, 퍼텐셜 면, 퍼텐셜 곡선 등이라 한다. 이 에너지 면을 사용하면 화학 반응이 진행하는 과정을 원자배치의 변화로 직관적으로 포착할 수 있다. 퍼텐셜 에너지 면의 계산은 2원자 분자의 원자간 퍼텐셜을 기초로 한 경험적 방법을 사용하여 하는 경우가 많다.

퍼텐셜 장벽 (—— 障壁, potential barrier)　양자역학적 입자의 충돌 등에서, 일반적으로 근거리에서 인력, 원거리에서 척력이 작용할 때 퍼텐셜 곡선이 산을 그리며 표적 입자의 표면 부근에 하나의 장벽을 만든 것. 그 최대값을 퍼텐셜의 산, 또는 장벽의 높이라고도 하고, 높이의 1/2 되는 곳에서의 폭 또는 산을 입사 에너지에 상당하는 수평면으로 끊었을 때의 절면의 폭을 각각 산 또는 장벽의 폭이라 한다. 양자역학계에서는 장벽의 산보다 낮은 운동 에너지를 갖는 입자라도 터널효과에 의해 장벽을 통과할 수 있다. 퍼텐셜 에너지면 상에서 반응을 고려하였을 때 원계보다 높은 에너지 상태를 거쳐 생성계에 이르는 경우 퍼텐셜 장벽을 넘었나고 한다. 반응 좌표를 따른 경로의 장벽의 크기에 제로점 에너지의 보정을 가한 것은 활성화 에너지와 같다.

퍼텐셜 헤드 (potential head)　⇨ 위치 수두.

퍼텐쇼스탯 (potentiostat)　주로 전기화학계에서 전기회로 내의 특정한 2점 간의 전위차가 회로 중의 각종 조건의 변화 등과는 상관없이 사전에 설정한 값을 유지되도록 하기 위한 장치. 정전위 전해 등의 전기화학계측에 널리 이용된다.

퍼팅 (putting)　도장 면(소지)의 파인 부분을 수정하는 공법의 한 조작. 퍼티를 도장 소지 표면에 금속 주걱으로 발라 붙인다. 보통은 건조, 경화 후 물로 닦아 표면을 평활하게 한다.

퍼프 마무리 (puffing)　(1) 연마가공의 하나. 천, 피혁 등에 연마제를 도포한 다음 고속으로 회전시켜 가공물을 연마제에 밀착시켜 연마한다. 평활하고 광택이 나는 표면으로 하기 위해 이루어진다. (2) 가죽의 표면을 샌드 페이퍼로 연마·기모시키는 것을 말한다.

펄스 (pulse)　전류, 전압, 자기장, 빛의 세기 등의 물리량이 짧은 시간에서 크게 변화할 때 그 신호를 그 물리량의 펄스라 한다. 보통 일정한 파형을 갖는 신호를 일정 주기로 반복하여 발생시켜 실험에 사용한다. 예를 들면 방전 램프 혹은 펄스 발진하는 레이저를 사용하면 짧은 시간폭을 갖는 강한 펄스 빛이 얻어진다. 펄스를 사용하는 실험은 각종 물리량의 빠른 변화에 대한 시료의 응답 시간 특성을 조사하거나 빠른 화학 반응을 추적하는데 있어 불가결한 수법이다.

펄스 높이 (pulse height)　어떤 물리현상의 결과 생기는 섬광과 전리전류를 전파펄스로 바꾸어 그 크기의 분포를 표시하는 파고 스펙트럼을 구한 경우, 여러 가지 파고 위치 (펄스의 크기)에서의 계수값을 말한다. 직류 폴라로그래피에서는 폴라로그래피파(전해전류)의 크기(높이)를 지칭한다.

펄스 높이 분석기 (—— 分析器, pulse height analyzer)　입력 펄스신호의 높이값이 일정 폭의 구간(채널)에 있는 것만을 계수하는 장치. 펄스 파고 분석기라고도 한다. 약어 PHA이다. 채널의 높이값을 순차 바꾸어 계산함으로써 펄스의 높이 분포를 측정할 수 있다(싱글 채널형). 또 다수의 채널을 비치하여 이것을 동시에 작용시켜 단시간에 펄스 높이 분포 측정을 할 수 있는 것(다통로형)도 있다. X선, γ선 스펙트럼을 얻는 데 사용된다.

펄스 라디올리시스 (pulse radiolysis)　⇨ 펄스 방사선 분해.

펄스 방사선 분해 (—— 放射線分解, pulse radiolysis)　펄스화된 고에너지의 전자, 광자, 이온, 그 밖의 입자선을 사용하여 각종 반응을 연구하는 실험법. 펄스 라디올리시스라고도 한다. 입사 입자선과 물질의 상호 작용을 이용하여 물질 중에도 고밀도의 전자, 이온, 여기원사·분사, 라디칼 등의 단수명 반응 활성종을 생성시켜 이들의 밀도, 상태의 경시 변화를 분광적 또는 전기적으로 측정하여 그 반응과정을 규명하는 방법을 말한다.

펄스 법 (—— 法, pulse method)　관형 반응관에 기체를 유통시키고 반응물을 펄스상으로 가하여 반응을 조사하는 방법. 보통 가스 크로마토그래피의 분석계가 반응관에 직결된다. 촉매의 탐색과 반응 메커니즘의 연구에 이용된다.

펄스 칼럼 (pulsed column)　⇨ 진동 추출탑.

펄스 파고 분석기 (—— 波高分析器, pulse height analyzer)　⇨ 펄스 높이 분석기.

펄 안료 (—— 顔料, pearl pigment)　피착물에 진주 모양의 광택과 홍채색 또는 금속 광택감을 주기 위해 사용되는 특수한 광학적 성질이 있는 안료의 총칭. 오래 전부터 갈치의 비늘을 정제한 천연물과 $Pb_3(CO_3)_2(OH)_2$, BiClO, $PbHAsO_4$ 등이 있다. 현재는 이산화티탄 피복 운모가 주류를 이루고 있다.

펄 에센스 (pearl essence)　⇨ 펄 안료.

펄퍼 (pulper)　건조 펄프, 헌종이, 파손지 등을 펄프 분산액에 용해하기 위한 장치. 해리 중에 펄프 섬유의 손상이 적고 전체적으로 균일하게 교반되며 소비동력이 작게 설계된 교반기를 설치한 탱크를 말한다.

펄프 (pulp)　목재나 일부 종의 초본류에서 기계적 또는 화학적 방법으로 추출한 셀룰로오스 섬유. 기계적 방법에 의한 기계 펄프, 화학적 방법에 의한 화학 펄프, 양자의 조합에 의한 케미그라운드 펄프, 세미케미컬 펄프가 있다. 종이·판지의 원료로 사용되는 외에 화학적으로 잘 정제된 것은 용해 펄프로서 레이온 등의 원료가 된다.

펌파빌리티 (pumpability)　중유와 그리스 등의 펌프에 의한 압송의 용이성. 점도와 유동성이 관계된다.

펌핑 (pumping)　양자 일렉트로닉스의 용어. 원자와 분자를 광 조사, 전자 충격, 방전 등에 의해 특정한 준위로 여기하는 것. 광 조사에 의한 경우는 광 펌핑이라 한다.

페난트렌 (phenanthrene)　벤젠 고리 3개가 축합한 구조의 방향족 탄화수소 $C_{14}H_{10}$. 무색의 엽상(葉狀) 결정으로 분자량 178.24, 녹는점 101℃. 끓는점 340℃, 비중 1.063(101

℃)이다. 알코올에는 녹기 어렵고 에테르·벤젠 등에는 잘 녹는다. 안트라센에 비해 산화되기 어렵지만 강하게 산화되면 페난트렌 퀴논 등으로 변화한다. 1872년 독일의 R. 피티히가 발견하였다. 콜타르 속에 5% 정도 함유되어 있고 그 유분인 안트라센유(油)에서 분류한다. 시판되고 있는 페난트렌에는 안트라센·플루오렌·카르바졸 등의 불순물을 함유하는 경우가 많다. 염료·의약 등의 합성 원료로 사용된다.

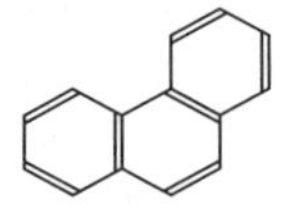

[페난트렌]

1, 10-페난트롤린 (1, 10-phenanthroline)　피리딘 고리 2개가 벤젠 고리와 축합한 페난트렌형의 화합물. 녹는점 91.5℃의 1수염 또는 염산염 $C_{13}H_8N_2$·HC1·H_2O로서 시판된다. 많은 금속 이온과 안정된 킬레이트 화합물을 형성하므로 분석 시약으로 사용된다.

[1, 10-페난트롤린]

페네톨 (phenetole)　페놀의 에틸에테르. $C_6H_5OC_2H_5$. 상쾌한 향이 있는 액체. 녹는점 − 33℃, 등점 172℃이다.

페녹시드 (phenoxide)　⇨ 페놀레이트.

페놀 (phenol)　(1) C_6H_5OH. 석탄 타르의 한 성분으로서 알려진 산성 화합물로서 처음에는 석탄산이라 하였다. 공업적 제조법으로서는 벤젠을 술폰화하여 그 나트륨염을 알칼리 융해하거나 또는 벤젠과 프로필렌의 반응에 의한 쿠멘을 산화 분해하여 아세톤을 부산물로 하는 방법이 취해지고 있다. (2) 벤젠, 나프탈렌 기타의 방향족 탄화수소에 히드록실기가 결합하여 있는 화합물을 총칭하여 페놀기라 한다. 모두 산성이지만 카르복시산에 비하면 일반적으로 약산이다.

페놀레이트 (phenolate)　페놀의 금속염. 대표적인 것은 나트륨 페놀레이트 C_6H_5ONa. 페녹시드 이온 $C_6H_5O^-$를 공여하는 유기 염기로서 각종 유기반응 연구에 사용된다.

페놀 수지 (—— 樹脂, phenol resin)　각종 페놀류와 알데히드(주로 포름알데히드)의 반응으로 얻어지는 열경화성 수지의 총칭. 페놀 포름알데히드 수지라고도 한다. 산성 촉매를 사용하는 노볼락과 알칼리성 촉매를 사용하는 레졸로 구별된다. 두 가지 모두 분자량은 작다. 외관은 송지(松脂)에서 정유(精油)를 빼고 남은 로진과 비슷하다. 노볼락에 헥사메틸렌테트라민을 가해서 형(型) 안에서 가압·가열하면 경화하여 성형물(成形物)이 된다(건식법). 레졸은 그대로 가압·가열하면 경화된다(습식법). 레졸은 알코올에 녹여서 그 속에 전이나 종이, 판자 등을 담구어 함침(含浸)시킨 다음 건조시켜 이것들을 겹쳐서 가압·가열한다. 적층품(積層品)은 배전반·대형 스위치 등의 절연판으로 사용되고, 또 접착제로서는 각종 합판에 내수성(耐水性)을 준다. 이 밖에 타이어 제조에서 고무와 섬유의 접착제로는 특히 페놀에 레조르신을 쓴 것이 사용된다.

페놀·포름알데히드 수지 (—— 樹脂, phenol-formaldehyde resin) ⇨ 페놀 수지.

페놀프탈레인 (phenolphthalein) 트리페닐메탄계의 색소. 산성 용액은 무색. 염기성에서는 적색으로 변하므로 적정용 지시약으로 많이 사용된다. 화학식 $C_{20}H_{14}O_4$. 무색~약간 황색을 띤 백색 결정이며, 분자량 318.33, 녹는점 262~264℃이다. 고온에서는 승화한다. 에탄올에는 녹지만 에테르에는 잘 녹지 않고, 물에도 거의 녹지 않는다. 변색의 원인은 트리페닐메틸계에 특유한 것으로, 일반적으로 중앙에 있는 탄소원자가 다른 4개의 원자와 결합하여 있는 경우(산성형)에는 무색이고, 다른 3개의 원자와 결합하여 분자가 평면에 가까운 구조를 이루고 있는 경우(알칼리성형)에는 색을 갖게 되는 성질에 의한다. 1871년 A. 베이어에 의해서 처음으로 합성되었으며 프탈산 무수물(無水物)과 페놀을 가열 축합하면 생긴다. 염기성 지시약으로 사용되는 외에 완하제(緩下劑)로서 약품으로도 사용된다.

페니실륨속 (—— 屬, _Penicillium_) 유성 포자가 자낭 내에 내생하는 자낭균류에 속하는 유용균. 푸른 곰팡이라 하며 자연계에 널리 분포하여 과실, 떡, 빵 등에 번식한다. 콜로니는 녹색을 띤다. 이것에 속하는 것으로 페니실린 생산균이 유명하다.

페니실린 (Penicillin) 대표적인 항생 물질.

β-락탐 구조를 가지며, 그람 양성균에 작용하지만 유도체 중에는 그람 음성균에 작용하는 것도 있다. 푸른 곰팡이에서 추출되었다. 1928년 A. 플레밍이 발견하였고, 1940년에 치료용 주사제가 등장하였다. 자낭균류와 푸른 곰팡이류인 _Penicillium notatum_ 또는 _P. chrysogenum_의 배양 또는 합성법으로 얻을 수 있다. 골격에 β-락탐이라는 4원자 고리를 함유하는 특수한 구조를 가지는 하나의 산이며, 곁사슬의 원자단에 의하여 다수의 화합물을 생성한다. 미국의 제약업자가 배양액에 멸균한 공기를 불어넣으면 탱크 배양이 가능하다는 사실을 알고 대량 생산에 성공한 후, 가격이 많이 하락하였다. 또 국제단위는 혼합물의 항균력을 구하는 데 사용되며, 결정 페니실인 G나트륨의 국제 표준품 0.6 μg이 갖는 역가를 1 국제단위로 하고 있다. 보통 주사·정제·흡입·에어로졸·연고·강구(腔球)로 사용한다.

페닐렌디아민 (phenylendiamine) $C_6H_4(NH_2)_2$. 벤젠 고리에 아미노기 2개를 갖는 방향족 디아민. $o-$, $m-$, $p-$의 3종의 이성질체가 있다. 모두 유기 합성의 원료로서, 예를 들면 염료 합성의 중간물로서의 용도가 광범하다. o체는 두 개의 아미노기가 접근하고 있는 것으로, 축합반응에 의해 여러 가지의 고리식 화합물을 생성한다. 이를테면 글리옥살과 반응하여 키녹살린을 만든다. p체는 염료의 원료, 머리 염색 등에 쓰인다. 모두 폴리아미드의 성분으로 쓰이고, 특히 m체, p체는 내열성이 고 녹는점 폴리아미드 성분으로서 중요하다.

페닐 알라닌 (phenylalanine) 단백질을 구성하는 아미노산의 하나. $C_6H_5CH_2CH(NH_2)COOH$. 잔기의 약어 Phe. 더욱 간략화하면 F. L-페닐 알라닌은 여러 가지 단백질 속에 약 3~5% 함유되어 있다. 콩과식물의 종자와 어린 눈 속에 유리상태로 존재하는데, 단백질로부터의 분리는 어렵다. 냉수나 알코올에 잘 녹지 않으며, 짙은 알칼리에 의하여 라세미화한다. 생체 내에서는 분해하여 비가역적으로 히드록시화되어 티로신이 되고 그 후에는 티로신의 대사 경로를 거치는데, 이것은 L계 뿐만 아니라 D계도 유효하다. D-페닐 알라닌은 그라미시딘 S나 티로시딘 등 폴리펩티드성 항생 물질의 구성 아미노 산인데 단백질 속에는 존재하지 않는다.

페닐 히드라존 (phenylhydrazone)　알데히드, 케톤에 페닐히드라진을 작용시키면 카르보닐기 $>C=O$가 $>C=NNHC_6H_5$로 변하여 얻어지는 화합물. 알데히드, 케톤의 결정성 유도체로서 검출 반응에 사용된다. 또 N−N 결합을 함유하는 복소 고리의 합성 원료로서도 용도가 있다.

페닐 히드라진 (phenylhydrazine)　$C_6H_5NHNH_2$. 무색의 액체. 보통은 염산기로 이용된다. 알데히드, 케톤과 반응하여 페닐히드라존을 생성하므로 분석시약으로 사용되고 또 복소 고리 합성의 원료로도 이용된다.

페닝 이온화 (―― 化, Penning ionization)　전자적 들뜬 상태에 있는 원자(또는 분자) A가 다른 원자나 분자 B와 충돌하였을 때 전자의 들뜸 에너지가 후자에 인도되고 그 에너지를 사용하여 후자가 이온화되는 과정을 이른다. 즉 $A+B \rightarrow A+B^+ + e^-$로 표시된다.

페닝 이온화 전자 분광법(―― 化電子分光法, Penning ionization electron spectroscopy)　페닝 이온화의 과정에서 방출되는 전자의 운동 에너지를 분석하는 분광법. 약어 PIES 이다. 기체분자의 전자상태, 고체 표면의 제1층과 흡착종의 전자상태에 관해서 각개 분자궤도의 입체적 확산에 대한 정보를 얻을 수 있다.

페라이트 (ferrite)　(1) 일반식 $M^{II}O \cdot Fe_2O_3$으로 표시되는 화합물의 총칭. M^{II}=Mn, Fe, Co, Ni, Cu, Zn, Hg, Cd 등. ferrite는 원래 하이포철산염이란 의미로서, M^IFeO_2 혹은 $M^{II}(FeO_2)_2$ 등을 지칭한다. $M^{II}O \cdot Fe_2O_3$은 스피넬형 구조 내지 역스피넬형 구조의 복산화물이며 페리 자성을 갖는 것이 많다. 연자성 재료로서 널리 사용되고 있다. 그러나 현재는 위의 것을 스피넬형 페라이트라고 하는데 대해 가닛형 페라이트 $3M^{III}_2O_3 \cdot 5Fe_2O_3$ 과 페로브스카이트형 페라이트 $M^{III}_2O_3 \cdot Fe_2O_3$($M^{III}$=Y 및 희토류 원소, 자기 버블 재료) 혹은 마그넷플란바이트형 페라이트 $M^{II}O \cdot 6Fe_2O_3$(M^{II}=Ba, Sr, 경자성 재료) 등의 산화물 자성체 전반을 호칭하도록

되어 있다. (2) 체심 입체구조의 α철 또는 그 고용체. 내열, 내식성이 뛰어난 스테인리스강의 한 형태이다.

페레독신 (ferredoxin)　철-황 단백질의 일군의 총칭. 단백질의 시스테인 황이 철에 배위한 클러스터 구조이다. 전자를 수수하지만 기질은 직접 대사하지 않으므로 효소가 아니고 전자 수용체이다. 광합성에 관여하는 것은 [2Fe-2S]의 클러스터 구조를 하고 있으나 질산 환원, 질소 고정, 황산환원 반응 등의 페러독신은 [4Fe-4S]의 클러스터 구조를 갖는다.

페로몬 (pheromone)　동물이 몸 밖으로 방출하여 같은 종의 다른 개체에 행동적 혹은 생리적인 특정한 반응을 야기시키는 물질. 누에나방의 성 페로몬, 꿀벌의 집합 페로몬, 개미의 길 안내 페로몬, 생쥐의 프라이머 페로몬 등이 있다. 또 흰 개미의 여왕이 분비하는 여왕물질은 다른 미성숙 암컷(일개미)의 난소 발육을 억제한다. 꿀벌에서도 마찬가지로 여왕을 핥는 일벌로부터 입을 통하여 여왕물질이 무리 전체로 전달되어 여왕의 존재가 인식된다. 여왕이 죽으면 여왕물질이 없어지고 무리는 새로운 여왕을 키우기 시작한다. 그 때문에 유충이 없으면 일벌의 난소가 발달하기 시작한다. 페로몬은 후각이 발달한 포유류의 커뮤니케이션에서도 중요한 구실을 한다. 대부분의 포유류는 몸에 페로몬 분비선을 가지고 있으며 그 분비물을 보통은 텃세권의 표지로 사용한다. 예를 들면 코끼리는 머리 정상부에, 사슴류는 눈 밑에, 캥거루는 가슴부에 이런 종류의 선을 가지고 있다. 구멍토끼는 자기 무리의 개체에 소변을 서로 묻혀 표지하고 냄새로 다른 무리의 개체를 구별하여 공격한다.

페로브스카이트형 구조 (―― 形構造, perovskite structure)　ABO_3(A=Ca, Ba, Sr, Pb 등, B=Ti, Zr, Sn, Hf 등)으로 나타내는 입방정계의 결정구조. 회티탄석(perovskite)으로 대표되므로 이 명칭이 생겼다. 조성에 따라 강유전성, 반도성, 초전도성, 혼합도전성, 전기광학효과, 촉매능 등 다양한 기능을 발휘한다.

페로센 (ferrocene)　2개의 시클로펜타디엔 고리사이에 1개의 철 원자가 끼어 특수한 형

태로 공유결합을 형성하여 샌드위치 모양의 구조를 하고 있는 화합물. 등적색 결정. 매우 안정된 화합물이며 분해하는 일 없이 승화한다. 화학적으로도 안정되고 방향족성이 있으며 벤젠 고리와 마찬가지로 구전자 치환으로 각종 치환체를 생성한다.

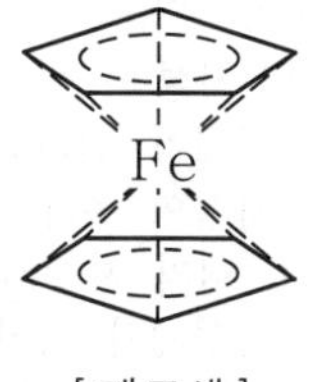

[페로센]

페로실리콘 (ferrosilicon) ⇨ 페로 알로이.

페로 알로이 (ferroalloy) 철강을 제조할 때 탈산 또는 철 이외의 원소를 첨가할 목적에서 철의 용탕에 가하는 철의 합금. Mn, Cr, Si, Ni와 철을 주성분으로 하는 합금이 일반적이며, 페로망간, 페로크롬, 페로실리콘 등으로 불린다. 이 밖에 특수 페로알로이라 불리는 Mo, V, W 등과 철을 주성분으로 하는 것이 있다. 이 중에서 페로망간과 페로실리콘은 합금강을 만드는 목적 외에 보통의 강을 만들 때 산소와 황을 제거하는 탄산·탈황재로도 사용된다.

페로 자성 (―― 磁性, ferromagnetism) 물질 중의 각 원자가 갖는 쌍 안 지은 전자 스핀에 의한 자기 모멘트가 주로 근접하는 스핀 간에서 양의 교환 상호작용에 의해 퀴리점 이하에서 일정한 방향으로 부분적으로 정렬하여 자발 자화를 나타내고 0 K에서 완전히 그 방향으로 정렬하는 성질. 전이금속에서 홀수 개의 d전자를 갖는 이온으로 구성된 자성체는 페로 자성을 보이는 것이 많다. 원자에 편재한 스핀뿐만 아니라 편력성 전자의 경우에도 밴드 페로 자성을 보이는 것이 있다.

페록소 이황산 (―― 二黃酸, peroxodisulfuric acid) 오존 냄새가 나는 무색 흡습성 결정. $H_2S_2O_8$. 페록소 O_2^{2-}가 2개의 SO_3기와 다리 걸침 하고 있는 음이온 $S_2O_8^{2-}$를 갖는 황의 옥소산으로, 황의 산화수는 모두 VI, 따라서 옥소산에서 중심 원자의 산화단계가 높은 것을 표시하기 위해 "과"를 사용하는 명명은 잘못이며, 과황산, 과이황산 등은 잘못된 명칭. 강한 산화제이다.

페록소 이황산 암모늄 (―― 二黃酸 ――, ammonium peroxodisulfate) 수용성의 무색 결정. $(NH_4)_2S_2O_8$. 과황산 암모늄, 과이황산 암모늄은 잘못된 명칭. 산화제, 중합 개시제로 사용된다.

페록소 이황산칼륨 (―― 二黃酸 ――, potassium peroxodisulfate) 수용성의 무색 결정. $K_2S_2O_8$, 과황산칼륨, 과이황산 칼륨은 잘못된 명칭. 산화제, 중합 개시제로 사용된다.

페록소 일황산 (―― 一黃酸, peroxomonosulfuric acid) 무색 흡윤성의 불안정한 결정, H_2SO_5. 페록소 O_2^{2-}가 1개 배위한 황의 옥소산이며, 황의 산화수는 VI. 따라서 옥소산 중심 원자의 산화단계가 높다는 것은 표시하는 "과"를 사용하는 명명은 잘못이며 과황산, 과일황산 등은 잘못된 명칭, 또 카로 일산은 속칭. 수용액은 강산이다.

페록시다아제 (peroxidase) 탈수소 효소 중 과산화수소를 수소 수용체로 하는 것으로 $H_2O_2 + AH_2 \rightarrow 2H_2O + A$의 반응을 촉매하는 헴 단백질의 하나. 골수세포와 서양 고추냉이에는 강력한 페록시다아제가 존재한다.

페르미-디랙 통계 (―― 統計, Fermi-Dirac statistics) ⇨ 페르미 통계.

페르미 공명 (―― 共鳴, Fermi resonance) 하나의 양자상태와 이에 매우 가까운 에너지를 갖고 게다가 같은 대칭종에 속하는 다른 양자상태가 있을 때 이러한 두 양자상태 간에 일어나는 상호작용을 지칭한다. 상호작용의 결과 크게 분열한 2개의 에너지 준위가 나타나는 경우가 있다. 한 쪽의 스펙트럼선이 원래 매우 약한 경우라도 다른 쪽 상태에 대한 전이강도를 "빌려" 강하게 나타나는 경우가 있다.

페르미 분포 (―― 分布, Fermi distribution) 열평형 상태에서 반 정수의 스핀을 갖는 입자(페르미 입자, 예를 들면 전자, 양성자, 중성자)가 취하는 분포(각 에너지 준위에 대한 분배방식). 온도가 높고 밀도가 낮으면 볼츠만 분포에 근접한다.

페르미온 (fermion) ⇨ 페르미 입자.

페르미의 접촉 상호작용 (―― 接觸相互作用, Fermi contact interaction) ⇨ 접촉 상호작용.

페르미 입자 (―― 粒子, fermion) 페르미 통계에 따르는 입자. 반정수의 스핀을 갖는 입자(예를 들면 전자, 양성자, 중성자)와 질량 수가 홀수인 원자핵 등은 이에 해당한다. 페 르미온이라고도 한다. 페르미 입자의 집단 에 대응하는 파동함수는 입자의 교환에 대 해서 반대칭적이고 부호를 바꾼다. 또 입자 수 표시에 의한 1입자 상태의 입자 점유수 는 0이나 1 중 그 하나에 국한한다.

페르미 준위 (—— 準位, Fermi level) 열평형 상태에 있는 물질 중에서 전자가 갖는 에너 지의 상한 값의 준위. 이 준위에 전자가 들 어갈 확률은 0.5이고, 이 이상의 에너지를 갖는 준위에는 전자는 거의 들어 있지 않다.

페르미 통계 (—— 統計, Fermi statistics) 전 자, 양성자, 중성자와 같은 페르미 입자가 2 개 이상 모여서 생긴 계의 파동함수는 동종 입자 2개의 입체로 부호만이 변한다. 이 성질 을 표시하는 계를 페르미 통계 혹은 페르미- 디랙 통계에 따른다고 한다. 이 파동함수는 이른바 슬레이터 행렬식으로 표시된다. 계의 입자수가 많고 입자 간의 상호작용을 무시할 수 있는 경우 각개 입자의 각 에너지 준위에 대한 분포는 페르미 분포에 따른다.

페리 고리모양 반응 (—— 狀反應, pericyclic reaction) 고리모양 전자반응, 고리화 부가 반응, 시그마트로피 반응, 킬레트로피 반응 등 협주적으로 고리모양의 전이상태를 경유 하는 반응의 총칭이다. 페리는 외연, 외주를 의미한다. 일반적으로 입체 특이적이며 위 치 선택성 등이 크고 우드워드-호프만칙에 지배된다.

페리산 (—— 酸, peri acid) 1-나프틸아민 -8-술폰산의 중간물로서의 명칭(1-자리와 8-자리를 서로 페리 자리라 한다). 아조 염 료의 원료이다.

페리스태틱 펌프 (peristatic pump) 실리콘 튜브처럼 탄력성이 풍부한 관을 회전하는 원판의 원주 부분에 결합하여 한 방향으로 연속적으로 훑으면서 액을 보내는 형의 펌 프. 내압성은 높지 않지만 오픈 칼럼을 사용 하는 생화학 실험 등에서 곧잘 사용한다.

페리 자리 (peri-position) 나프탈렌과 같은 다환식 방향족 화합물에 대해 고리 위의 2 개 이상 기의 상대적 위치를 표시하는 데 사용되는 말. 나프탈렌의 1, 8-자리, 안트라

센의 9-자리에서 본 1, 8-자리 등, 고리 위 에서 가까이에 있는 기의 위치를 표시할 때 사용된다.

페리 자성 (—— 磁性, ferrimagnetism) 페리 자성체가 퀴리점 이하에서 나타내는 자성. 강자성의 하나. 외관상 페로 자성과 유사하 다. 페리 자성체의 자기 모멘트 배열은 반 강자성체와 마찬가지의 질서상태에 있지만 각 부격자를 점하는 입자의 자기 모멘트 크 기가 서로 다르므로 서로 상쇄됨이 없이 차 에 상당하는 자발 자화가 나타난다. 퀴리점 이상에서는 상자성으로 된다. 페리 자성체 의 대표적인 예는 페라이트(자철광 등)이다.

페리틴 (ferritin) 동물체 내의 철의 저장 단 백질. 간장, 비장, 골수 등에 있다. 분자량 46 만의 아포페리틴이란 단백질이 1분자당 2,000개의 3가의 철과 결합한 철 단백질이 다. 페리틴은 카드뮴 염의 형태로 결정화한 다. 아이티온산 나트륨으로 처리하면 철을 함유하지 않은 무색의 아포페리틴과 철로 분리된다. 페리틴은 생체 내에서는 철의 흡 수 및 저장에 관계하고 있다.

페리페랄 공명 (—— 共鳴, periferal resonance) 공역계를 갖는 축합 다환 탄화수소에서는 고리계 바깥 둘레의 π전자만이 공명에 관 여한다고 여겨 방향족성 등을 논의할 수 있 다. 이와 같은 계에서의 공명을 지칭한다. 호모공역 등의 페리 고리모양 상호작용이 일어날 수 있는 계에서의 공명을 포함하는 경우도 있다.

페이스트 페인트 (paste paint) 안료를 보일 유로 풀모양으로 굳게 갠 것. 사용시에 보일 류로 적당히 희석한다. 아연화로 갠 것을 특 히 징크라 한다. 흑, 적, 황 등의 페이스트 유색 페인트는 적당히 체질 안료를 배합하 여 만든다. 현재는 이런 종류의 페인트는 거 의 사용되지 않는다. ⇨ 견련 페인트.

페이퍼 크로마토그래피 (paper chromatogra- phy) ⇨ 종이 크로마토그래피.

페인트 (paint) 안료를 포함한 도료의 총칭. 유성 페인트, 에나멜 페인트, 조합 페인트로 나눈다. 유성 페인트는 콩기름·삼씨기름· 들기름·아마인유·동유(桐油)·어유(魚油) 등으로부터 만든 보일유와 안료를 서로 잘

혼합한 유색 불투명한 도료로서, 혼합 비율에 따라 된 반죽 페인트와 조합 페인트로 구분된다.

페일 세이프 (fail safe)　설비면의 안전대책에 관한 용어. 만일 기기 등이 기대하는 기능이 상실되더라도 그 밖의 부분이 기능하는 것으로, 어떤 일정한 기간 동안은 언제나 안전을 유지할 수 있도록 하는 설계상의 고려를 말한다. 다중 안전도 그 하나이다.

페일유 (—— 油, pale oil)　담색의 뉴트럴 오일을 이른다.

페일 크레이프 (pale crepe)　천연 고무의 고품위 크레이프. 담색이며 냄새와 이물이 적다. 담색 고무제품, 약용 고무제품 등에 사용된다.

페크레 수 (—— 數, Péclet number)　대류에 의한 전열량과 전도 전열에 의한 전열량의 상대적 크기를 표시하는 무차원 수, Pe로 표기되며 레이놀즈 수와 플란틀 수의 곱으로 표시된다. 또 대류에 의한 물질 이동량과 확산에 의한 물질 이동량의 상대적 크기를 표시하는 무차원 수에 대해서도 페크레 수라 한다. 이 경우는 플란틀 수 대신에 슈미트 수가 사용된다.

페트로라텀 (petrolatum)　석유의 감압 증류의 잔유 또는 중질 함랍유를 용제 탈랍하여 얻어지는 상온에서 연고상의 와스. 분지 파라핀이 주성분이다. 정제의 정도에 따라 녹, 갈, 백색을 띤다. 정제도가 가장 높은 것을 바셀린이라고도 한다. 주로 석유화학에서 쓰이는 말이다. 연고 등 의약용과 녹 방지제로 쓰인다. 정제도(精製度)가 낮은 것은 녹색이며, 백토처리(白土處理)한 것은 연한 갈색이고, 더욱 고도로 정제하면 무색에 가까워진다.

펙티나아제 (pectinase)　글리코시드 결합을 가수분해하는 효소의 하나. 세균, 곰팡이, 효모 등의 미생물, 고등식물, 파충류에 분포한다. 펙틴산의 $(1→4)-\alpha$-갈락투로니드 결합을 가수분해하므로 폴리갈락투로나아제라고도 한다. 엔도형과 엑소형이 있다. 식물 공업에 사용된다.

펙틴 (pectin)　D-갈락투론산의 중합체가 기본 골격이 되어 식물의 세포벽에 포함되는 다당류. 오렌지, 레몬, 그레이프후르츠 등의 과일에 널리 함유된다. Ca^{2+}에 의해 경고한 겔이 되며 식품, 음료, 제과 등에 널리 이용된다. 특히 겔을 만드는 성질은 잼이나 젤리를 만드는 데 응용되고, 또 에멀션화성(乳化性)을 이용하여 식품의 에멀션화제(乳化劑)와 건조 과자의 피막제를 비롯하여 화장품·치마분(齒磨粉)·호료(糊料)·의약품 (정장제) 등에 널리 사용된다. 또 과실에서는 미숙과(未熟果)인 단계에서는 프로토펙틴이 많이 함유되고, 성숙함에 따라 분해하여 펙티닌산에서 펙트산으로, 다시 저분자인 폴리갈락투론산으로 변화하여 과일의 단단함을 좌우한다.

펙틴 산 (—— 酸, pectin acid)　식물의 주요 세포간 물질. 식물의 세포벽을 점하는 펙틴질에 함유되는 산성 다당. 해바라기의 화상, 감귤 펙틴을 묽은 알칼리로 처리하여 얻어진다. D-갈락투론산이 $(1→4)-\alpha$-결합으로 연결된 구조이다.

펜타놀 (pentanol)　탄소수 5개의 곧은 사슬 포화 알코올. 히드록실기의 위치에 따라 1-, 2- 및 3-펜타놀의 이성질체가 있다. 1-펜타놀 $CH_3(CH_2)_4OH$는 별칭 펜틸알코올, 옛 명칭은 n-아밀알코올이다.

펜토산 (pentosan)　펜토오스를 구성 성분으로 함유하는 다당류의 총칭. 식물계에 널리 존재하며 셀룰로오스에 수반하여 식물 세포막을 구성하는 헤미셀룰로오스 중 대부분은 펜토산이다. 성분 단당으로서 D-크실로오스, L-아라비노오스를 주체로 하는 것이 많은데 이들을 크실란, 아라반이라 한다.

펜토오스 (pentose)　$C_5H_{10}O_5$의 분자식을 갖는 단당. 오탄당이라고도 호칭하지만 정당한 명칭이 아니다. 예를 들면 $C_5H_{10}O_4$는 펜토오스가 아니고 메틸테트로오스이다. 펜토오스의 대표적인 예는 아라비노오스, 리보오스 등. 단당류로서의 여러 성질을 보이는 외에, 헥소오스와 달리 효모에 의해 발효되지 않으며, 염산이나 황산과 가열하면 정량적으로 푸르푸랄을 생성한다. 이 반응은 펜토오스의 검출, 정량에 쓰인다.

펜틸알코올 (pentyl alcohol)　$CH_3(CH_2)_4OH$. 별칭 1-펜타놀, 옛 명칭은 n-아밀알코올이다.

펠링 액 (—— 液, Fehling's solution)　알데히드, 환원당 등의 검출·정량에 사용되는 시약의 하나. 황산구리 용액과 타르타르산 나트륨 칼륨, 수산화 나트륨의 수용액을 사용 직전에 혼합한 것을 시약으로 사용한다. 글루코오스, 프룩토오스, 만노오스 등은 모두 펠링액에 의해 산화되며, 반응의 조건에 따라 펜타히드록시카르복실산에서 개미산, 탄산 외의 여러 가지 산의 혼합물이 여러 가지 비율로 생긴 다. 헥소오스 1분자는 약 5원자의 구리를 환원한다.

펠트 마크 (felt mark)　종이에서 볼 수 있는 결점의 하나. 초조공정의 프레스 가공 때 프레스기의 펠트에 의해 종이에 묻는 마크를 말한다.

펠트 캘린더 (felt calender)　직물에 광택을 부여하는 캘린더의 하나. 가열 드럼과 펠트 사이에서 천을 가압하여 외관을 손상시키지 않고 표면을 평활하게 하고, 약간의 광택도 부여하는 경캘린더. 증기박스로 가습한 후에 캘린더로 처리하면 유연한 광택이 얻어진다. 가열 드럼의 지름이 큰 것은 펠머 캘린더라 한다.

펩신 (pepsin)　각종 펩티드 결합을 절단하는 효소. 모든 척추동물의 위액에 존재하며 돼지, 소, 상어, 대구 등에서 정제되고 있다. 분비될 때는 불활성의 펩시노겐이 염산 및 펩신 자체의 작용으로 활성 펩신으로 변한다.

펩타이저 (peptizer, peptizing agent)　(1) 펩티제이션을 위해 가해지는 약제. 전해질, 고분자, 계면 활성제 등이 사용된다. (2) ⇨ 소연 촉진제.

펩톤 (peptone)　펩신과 묽은 염산에 의한 알부민의 가수분해, 육(肉)의 판크레아틴에 의한 소화, 우유 카세인의 트립신에 의한 소화 등에 의해 얻어지는 건조 분말. 올리고 펩티드, 아미노산을 포함한다. 유기 영양 세균의 배양액 조제에 사용된다.

펩티다아제 (peptidase)　펩티드 결합 −CO−NH−을 가수분해하는 효소의 총칭. 고등동물의 소화액 중에 함유된다. 엔도펩티다아제는 폴리펩티드 사슬 내부의 펩티드 결합을 분해한다. 펩신, 트립신, 파파인 등이 있다. 엑소펩티다아제는 펩티드 사슬의 카르복시 말단 쪽 혹은 아미노 말단쪽을 순차적으로 분해한다. 아미노펩티다아제, 카르복시펩티다아제 등이 있다.

펩티드 (peptide)　2분자 이상의 아미노산이 하나의 아미노산의 COOH기와 또 하나의 아미노산의 NH_2기 사이에서 탈수 결합하여 −CONH−결합을 형성하여 생긴 화합물. 2분자의 아미노산으로 구성된 것을 디펩티드, 다수의 아미노산 분자가 계속적으로 결합하여 형성한 것을 폴리펩티드라 한다.

펩티제이션 (peptization)　응결 또는 엉킴에 의해 침전한 콜로이드 덩어리가 펩타이저의 첨가로 다시 콜로이드로 분산하는 현상. 해교(解膠)라고도 한다.

편광 (偏光, polarized light)　광파의 전기 또는 자기 벡터의 진동방향이 규칙적인 상태 또는 그 빛. 전기 벡터의 진동방향과 전파방향이 한 평면 내에 포함되는 경우를 직선 편광이라 하고, 전기 벡터의 종점이 우회전·좌회전의 원(또는 타원)을 그리는 경우 우회전·좌회전의 원 편광(또는 타원 편광)이라 한다. 자연광과 편광은 직접 보아서는 구별할 수 없으나 특정한 진동면을 가진 빛만을 통과시키는 필터(偏光子)를 통과시키면 편광은 필터의 회전에 따라 투과광(透過光)의 밝기가 변하므로 필터의 회전에 상관없이 항상 같은 밝기를 가지는 자연광과 다르다는 것을 알 수 있다.

편광자 (偏光子, polarizer)　자연광을 직선 편광으로 바꾸는 소자. 주된 방식은 방해석 등의 결정의 복굴절을 이용하는 것과 고분자막의 2색성을 이용하는 방식이다.

편광판 (偏光板, polarizing plate)　치우쳐 있지 않는 빛이나 임의의 편광에서 완전 편광을 만드는 광학소자의 하나. 얻어지는 완전 편광에 따라 직선 편광판, 원 편광판, 타원 편광판이라 한다. 보통은 직선 편광판을 지칭한다. 전기석(電氣石)이나 자수정(紫水晶)을 전기축에 평행하게 잘라서 얻어진다. 그러나 천연산은 착색이 심하고 소형이다. 이에 대하여 헤라파타이트(herapathite)라고 하는 단결정(單結晶) 축을 가지런히 하여 박막(薄膜)으로 한 폴라로이드는 착색이 심하지 않고 투명도도 좋아 널리 사용된다.

편광 해소도 (偏光解消度, degree of depolarization, depolarization degree) 물질에 편광이 입사하였을 경우 산란광 또는 발광은 부분 편광으로 되어 있다. 직선 편광의 경우 입사방향과 같은 방향으로 치우쳐 있는 성분의 강도를 I_{11}, 수직인 성분의 강도를 $I_{\perp}$라 하면 편광 해소도는 $(I_{11}-I_{\perp})/(I_{11}+I_{\perp})$로 정의되어 산란과 발광 과정에서의 비등방성을 반영한다.

편광 현미경 (偏光顯微鏡, polarization microscope)　편광자와 검광자를 구비한 현미경. 암석편, 광물편의 관찰과 결정의 광학적 성질을 조사하는 데 사용된다.

편극 (偏極, polarization)　빛의 경우에는 편광의 정도를 지칭한다. 스핀을 갖는 입자의 집단인 경우에는 전체적으로 스핀이 특정 방향으로 쏠려 있는 것. 예를 들면 스핀 1/2인 입자 집단인 경우, z 성분이 1/2인 입자의 수를 n_+, $-1/2$인 것의 수를 n_-로 할 때 z 방향의 쏠림은 $(n_+ - n_-)/(n_+ + n_-)$로 표시된다.

편면나염 (片面捺染, one-side printing)　천의 한쪽면에만 날염하는 것. 앞, 뒤 양면에 날염하는 양면 날염의 대응어이지만, 보통 날염은 거의가 편면 날염이다.

편모 (鞭毛, flagellum)　세균이나 정자 등의 운동을 위한 모상의 구조. 섬모에 비해 수가 적고 하나하나가 길다. 해면동물과 강장동물의 편모 상피에서도 볼 수 있다. 편모는 각각 중축부를 축사(軸絲)가 뚫고 이것을 둘러싸는 원형질층으로 구성되어 있다. 형태적으로 꼬리형과 날개형으로 나누어지며 중심부의 섬유 모양의 단백질제가, 전자의 경우에서는 단순한 구조를 가지지만 후자는 좌우 또는 한쪽에 다시 가는 섬유 모양의 수염이 나 있어서 새의 깃털 모양을 하고 있다. 세균에서는 편모의 기부가 수소이온의 흐름으로 회전하고, 회전에 의해 플라젤린의 집합체인 섬유가 움직여 이동한다.

편석 (偏析, segregation)　융해상태의 다성분 금속(합금), 혼합염 등을 고화(응고)시키면 균일한 조성으로 고화하지 않고 성분 조성의 분포가 국부적으로 불균일하게 되는 현상. 특히 표면, 이물(용기 등)과의 계면, 조직 내부의 결정 입계 등에 발생하기 쉽다.

원래는 위와 같은 의미이지만 동일한 사실은 융해상태를 경유하지 않는 합금 도금의 경우에도 볼 수 있다. 청동을 납형(蠟型)에 주조한 경우는 천천히 냉각했기 때문에 조직이 거칠고 수지상 결정(樹枝狀結晶) 속에서 주석 성분의 불균일, 즉 중심일수록 얇으므로 유심조직(有心組織)이 된다. 같은 이유로 1개의 결정립 속에서 성분이 불균일하게 되는 것을 입내 편석(粒內偏析)이라고 한다. 합금성분의 비중에 큰 차이가 있는 관계로 초정이 융액 속에서 뜨거나 잠길 경우에 편석이 일어나는 것을 중력 편석이라 한다. 이를 방지하기 위해서 융액을 휘젓거나 다른 원소를 첨가하여 응고하는 상태의 시간을 단축하도록 개량한다.

편의 (偏倚, bias)　측정값의 평균값과 진정한 값의 차. 이 차가 적을수록 정확성이 높다고 할 수 있다.

편재화 (偏在化, localization)　결합전자의 분포가 결합자리 부근에 한정되고, 다른 결합자리에까지 확대되어 있지 않는 것. 포화 탄화수소의 전 결합 에너지가 탄소수에 비례하는 것, C−C, C−H의 결합거리와 힘의 상수가 일정한 점 등에서 그 결합은 국소적인 성질이라 여겨진다. 비편재화의 대응어이다.

편재화 에너지 (局所化 ——, localization energy)　원자 혹은 원자단 A, B가 결합하여 분자 A−B가 생성되는 과정을 고려할 때에 AB간의 전자에 비편재화가 생기지 않는다고 가정하여 계산한 계의 에너지. 분자 A−B의 전 에너지와 편재화 에너지의 차가 안정화 에너지 또는 공명 에너지로 정의되므로, 후 2자의 값은 편재화 에너지를 계산하기 위해 선택한 모델에 의존한다.

편차 (偏差, deviation)　측정값에서 그 기대값 (모 평균)을 뺀 것을 말한다.

평가 함수 (評價函數, performance index)　제어계와 공업 시스템의 설계·조작·운전에서, 그 시스템의 적부를 정량적으로 평가하기 위해 설정되는 함수. 시스템의 최적화를 정량적으로 하려면 설정된 평가함수(예를 들면 건설비와 운전비의 총합 등)를 최대 혹은 최소로 하도록 설계변수와 조작변수 (이것을 총칭하여 결정변수라 한다)를 결정해야 한다.

평균값 (平均 ——, average, mean value) 측정값의 산술 평균. 여러 번 측정을 하면 그 평균값은 기대값(모평균)에 가까워진다.

평균 광농도 (平均光濃度, specular density) 산란성의 입자로 된 화상의 투과 농도를 결정할 때 입사광과 같은 방향의 투과광 성분만을 측정하여 구하는 값을 말한다. ⇨ 확산 농도.

평균 분자량 (平均分子量, average molecular weight) 고분자 화합물은 보통 분자량이 다른 분자종의 혼합물이므로 그 분자량은 무엇인가의 평균값이다. 이것을 평균 분자량이라 한다. 수평균 분자량, 중량평균 분자량처럼 평균을 취하는 방법을 명시하여 표시해야 한다.

평균 수명 (平均壽命, average life) ⇨ 수명.

평균 자유행로 (平均自由行路, mean free path) ⇨ 평균 자유행정.

평균 자유행정 (平均自由行程, mean free path) 충돌을 반복하면서 운동하고 있는 기체분자와 금속 중의 전자 등이 어떤 충돌과 다음 충돌 간에 진행하는 거리의 평균값. 평균 자유행로라고도 한다.

평균 진폭 (平均振幅, mean amplitude) 분자 또는 결정 중에서 열진동 등에 의한 원자의 평균 위치로부터의 엇갈림을 u로 하였을 때의 u^2의 평균값의 평방근을 말한다.

평균 활량 (平均活量, mean activity) m 개의 양이온과 n의 음이온으로 구성되어 있는 전해질에서 $a_\pm^{(m+n)} = a_+{}^m a_-{}^n$ (a_+ 및 a_-는 각각 양이온 및 음이온의 활량)로 부여되는 $a_\pm$를 그 전해질의 평균 활량이라 한다.

평동 (枰動, libration) 분자성 결정 중에서는 분자 전체의 병진, 회전은 속박을 받아 평형 위치 부근에서의 격자 진동이 된다. 이 중에서 회전적 격자진동은 천평의 운동과 비슷하므로 평동이라 한다.

평량형 (枰量形, weighing form) 중량 분석에서 최종 단계에서 중량 측정을 하려고 하는 물질이 갖고 있어야 할 화학조성. 예를 들면 Al의 수산화물 침전이나 Mg의 인산염 침전을 강열하여 얻게 되는 Al_2O_3과 $Mg_2P_2O_7$ 등이 평량형에 해당한다.

평면 구조 (平面構造, planar structure) 분자의 골격이 평면상으로 되어 있는 상태. 에틸렌 분자, $CH_3{}^+$이온 등은 분자 내의 모든 탄소원자가 동일 평면상에 있다. 포화 탄화수소(안전 배좌)의 지그재그 사슬, 시클로프로판 고리 등은 탄소 골격이 평면상으로 되어 있으므로 평면 구조라 한다. 또한 시클로헥산과 같이 배좌가 다른 분자가 평형 상태에 있고 평균적으로 평면 구조와 같은 거동을 취하는 경우도 평면 구조라고 하는 경우가 있다.

평면 편광 (平面偏光, plane-polarized light) 빛(전자기파)의 전기 스펙트럼(또는 자기 스펙트럼)의 진동방향과 전파방향이 동일 평면에 포함되는 상태. 보통 빛을 편광 프리즘 속을 통과시켜서 얻는다.

평탄 가황 (平坦加黃, flat cure) 가황곡선이 최고 가황점에 도달한 후에 평판하게 추이하는 현상으로 되는 가황. 가황온도가 낮을 때 저황배합, 과산화물 가황을 볼 수 있다.

평판 배양 (平板培養, plate culture) 한천, 젤라틴 등을 페트리 접시에 넣은 평판상의 고체 배지에 미생물이나 세포, 조직, 기관 등을 배양하는 것. 콜로니의 계수, 항생 물질의 검정 등에 사용한다. 또 조직 배양, 배 배양, 화분 배양에 널리 응용된다.

평판 분리법 (平板分離法, plating method) 미생물의 분리법. 배양액에 한천 등을 가하여 겔화시켜 평판상으로 굳히고 그 표면에 분리하려고 하는 미생물군을 살포하면 표면상의 각개 세포가 증식하여 콜로니를 형성하므로 분리할 수 있다. 적당한 수의 콜로니를 충분하게 떨어져 출현시키려면 미생물군의 살포 조건 선정이 중요하다. 예를 들면 현탁액으로 도포할 때는 희석 배수를 여러 가지로 변화시켜 시험하고 최량의 것을 채용한다.

평판 인쇄 (平板印刷, lithography, planography) 판면에 명확한 고저의 차가 없이 화선부를 친유성, 비화선부를 친수성으로 하여 판면에 물과 기름(지용성 잉크)을 교대로 부여하면 물과 기름이 반발하는 성질을 이용하여 인쇄하는 방법. 평판 인쇄의 대부분은 오프셋 인쇄이다. 판재에 따른 구분으로 석판, PS판, 다층판 등 판의 표면상태에 따라 구분하면 평판, 평요판, 평돋판 등이 있다.

평행 갈라짐 (平行——, fissuring) 크랙크(균열)의 형태에 관한 용어. 연마결, 나무결을 따라 일어난다. 외견상 갈라진 결이 평행하게 배열한 상태를 말한다.

평행 흐름 (平行——, parallel flow) 두 유체가 같은 방향으로 흐르는 상태를 말한다. 병류(竝流)라고도 한다. 두 유체 간에 전열이나 물질 이동을 일으키는 장치에서, 유체 간의 접촉 방법을 표시하는 용어. 향류의 대응어이다.

평형 (平衡, equilibrium) 원래는 힘이 균형을 이룬 상태를 표시하며 이것을 역학적 평형상태라 한다. 열역학에서는 자발적으로 아무런 변화도 일어나지 않고 안정된 정지상태를 평형의 상태라고 한다. 이것을 열평형이라 한다.

평형 구조 (平衡構造, equilibrium structure) 퍼텐셜 최소의 위치를 각 원자가 취했을 때의 분자구조. 실재 분자에서는 반드시 비 조화성의 열진동이 있으므로 측정방법에 따라 핵간 거리 등은 이것과 약간 다른 것이 보통이다.

평형 밀도 (平衡密度, orthobaric density) 액체와 그 증기가 어떤 온도에서 평형상태로 되어 있을 때의 액체 또는 그 증기의 밀도. 이에 관해서는 카일유테-마티아스의 법칙이 있다.

평형 상수 (平衡常數, equilibrium constant) 화학 평형에서 각 성분의 농도와 분압 사이에 성립하는 양적 표현의 기본이 되는 상수. 예를 들면 아세트산을 물에 용해시킬 때 CH_3COOH, H^+, CH_3COO^-의 농도([ ]로 표시한다) 간에는 온도 및 압력 일정의 조건하에서, $[H^+][CH_3COO^-]/[CH_3COOH] = $ 일정$= K$ 라는 관계가 있다 이 일정값 K를 평형상수라 한다. K는 열역학적으로는 화학 퍼텐셜과 표준 기브스 에너지와 관련이 있다.

평형 상태도 (平衡狀態圖, equilibrium diagram) ⇨ 상태도.

평형 전위 (平衡電位, equilibrium potential) 전극-전해질 계에 있어 전극 반응이 평형상태에 있을 때의 전극 전위. 실제로는 문제의 전극을 기준 전극과 조합하여 구성되는 진

지계의 기전력을 측정하여 결정된다.

평형 증류 (平衡蒸溜, equilibrium distillation) ⇨ 플래시 증류.

평형 플래시 증류 (平衡—— 蒸溜, equilibrium flash vaporization) ⇨ 플래시 증류.

폐산 (廢酸, spent acid, waste acid) 넓은 뜻으로는 각종의 무기·유기 폐산, 발효 폐액, 혼합 폐액, 산성 폐액 등 모든 산성의 액상 산업폐기물을 지칭한다. 우리나라에서는 금속공업, 화학공업을 비롯하여 20종 정도의 각종 산업에서 배출되고 있다.

폐쇄계 (閉鎖系, closed system) ⇨ 닫힌 계.

폐쇄 순환계 반응장치 (閉鎖循環系反應裝置, closed circulation reactor) 반응기부, 순환 펌프부 및 이것들을 연결하는 순환계부로 구성된 반응계로, 반응물과 생성물 등이 계 내에 갇혀진 상태로 순환하는 반응장치. 회분 반응기의 변형이다.

폐수 (廢水, wastewater) 생산·사업의 과정과 생활에서 사용되고 불필요하게 된 많고 적은 오수. 종전에는 외부에 버리게 되는 물을 배수라 하고, 폐수는 외부에 버리기 전의 물로 구별하기도 하였으나 엄밀한 구별은 어려우므로 최근에는 폐수를 포함하여 배수라고 하는 일이 많다.

폐액 (廢液, slop) 제유작업 때 발생하는 규격 외의 배유 또는 폐유로, 이수분(泥水分)을 함유한 것. 혹은 탱커에서 하적한 후에 아직도 탱커 안에 남은 유분을 수세하였을 때의 오유수이다.

폐액 왁스 (廢液——, slop wax) 탈랍장치에서 나오는 규격 외의 납분. 일반적으로는 분해 원료로 사용한다. 슬롭 왁스라고도 한다.

포괄법 (包括法, entrapping method) 효소와 미생물 등의 고정화법의 하나. 친수성 젤의 미세한 격자 중에 효소나 미생물을 도입하는 격자형과 반투막성의 폴리머에 의해 효소나 미생물을 피복하는 마이크로 캡슐형이 있다. 폴리아크릴아미드겔, 광경화성 수지, 나일론, 폴리스티렌, 콜로디온 등이 사용된다.

포금 (砲金, gun metal) 구리 합금의 하나. 구리와 주석 혹은 구리, 주석, 아연의 합금이 옛날에는 대포 주조에 사용되었으므로 이러한 이름이 붙었다. 축빗이, 벨브, 신빅

부품 등에 쓰여진다. 강도가 적당하고 연성 (延性)도 있으며, 내식성·내마모성도 좋아서 각종 밸브·기어·플런저용 등 기계부품의 주물로 사용한다. 주조를 편하게 하기 위해 1~9%의 아연을 가하거나 절삭을 용이하게 하기 위해 납을 가하여 널리 기계용으로 사용되어 포금이라고 하게 되었다.

포논 (phonon) 격자진동의 양자화로 발생하는 에너지 양자. 격자진동은 결정 내를 전파하는 하나의 탄성파가 되며 고유 진동수를 ω로 하면 그 에너지는 제로점 에너지 $-(1/2)$ $\hbar\omega$에 $\hbar\omega$의 정수배를 가한 값만이 허용된다. 이것을 에너지 양자 $\hbar\omega$를 갖는 입자가 정수 개 있다고 간주할 수도 있어 이 입자를 포논이라 한다. 음향형 포논과 광학형 포논이 있다. 전자의 장파장 성분은 음파이고 음 (phono)에 유래하는 명칭이다.

포도당 (葡萄糖, grape sugar) D-글루코오스를 이른다. 일반적으로는 포도당이라 하는 경우가 많다. L-글루코오스는 합성품이며 포도당은 아니다. 분자식은 $C_6H_{12}O_6$이다. 달콤한 과즙, 동물의 혈액·림프액 등에 유리상태로 존재하는 외에 글리코겐·녹말·셀룰로오스 등의 다당류, 설탕 등의 소당류 및 여러 배당체의 구성 성분으로 또한 세포벽의 구성 성분으로서 자연계에 널리 존재한다.

포도상 구균 (葡萄狀球菌, Staphylococcus) 널리 자연계에 분포하고 있는 병원성균. 그람 양성의 염기성 균. 피부, 점막, 공기, 물, 우유 등에서 발견된다. 화농 구균의 대표적인 균이며 또한 식중독의 원인도 된다. 지름 $0.8~1.0\ \mu m$의 구형이며 불규칙한 콜로니를 형성하여 포도송이 같은 외관을 이룬다. 예전에는 고형 배지에서 배양했을 때에 산생되는 색소의 차이에 의하여 황색 포도상 구균·백색 포도상 구균·레몬색 포도상 구균의 3종류로 구별했으나 지금은 병원성에 관계가 깊은 코아글라아제 생산능(生産能)과 마니트분해능을 기준으로 하여 두 가지가 양성인 것을 황색 포도상 구균, 두 가지가 음성인 것을 표피 포도상 구균이라고 한다. 병소에서 분리되는 포도상 구균의 대부분은 황색 포도상 구균에 속한다. 황색 포도상 구균을 박테리오파지에 대한 감수성에 의하여 분류하는 방법이 있고 감염원의 추적이나 역학조사에 응용된다.

포드 컵 (Ford cup) 점도계의 하나. 일정 용적의 용기에 도료를 충만하고 그 바닥의 구멍에서 도료가 전부 유출하는 데 소요되는 시간으로 점도를 표시한다. 간편하므로 많이 사용되며 각종 형상의 것이 있다.

포르말린 (Formalin) 포름알데히드의 수용액. 포름알데히드 37% 이상을 함유하며 중합을 피하기 위한 목적으로 메탄올 10~15%가 가해져 있다. 무색 투명한 액체로 심한 자극성 포름알데히드를 발생하며 극약으로 지정되어 있다. 소독제·살균제·방부제·방충제·살충제·지한제(止汗劑)로 사용되며, 30~50배로 희석하여 약 1%액(포르말린 수)으로 사용한다. 실내 소독용과 생물 표본의 보존용 등에 사용된다.

포르몰 적정 (—— 適定, formol titration) 아미노산과 펩티드 중의 아미노기의 정량법. 이들의 수용액에 포르말린을 가하여 아미노기에 결합하고 있던 수소 이온을 방출하고, 이 방출 수소이온을 0.1 M 수산화나트륨 수용액으로 적정한다.

포르피린 (porphyrin) 혈색소 헤모글로빈. 엽록소 클로로필 및 그 관련 물질의 모핵이 되는 화합물. 이들의 생체 색소 연구과정에서 E. Fischer가 사용한 명칭을 기초로 하여 이 모핵의 명칭을 포르피린이라 하였으나 1943년에 A. H. Corwin이 제창한 포르피린이란 명칭도 있다. 같은 물질이지만 현재 IUPAC-IUB 명명법 규칙에서는 porphyrin, *Chemical Abstracts*에서는 porphine을 사용하고 있으므로 문헌에서 혼란을 소래할 수도 있다. 그러나 모핵의 위치 번호는 아래 그림과 같이 통일되어 있어 초기에 Fischer가 사용한 위치 번호는 폐기되었다. 포르피린 핵에 각종 치환기가 있는 유도체가 비교적 용이하게 합성될 수 있으므로 유기 합성

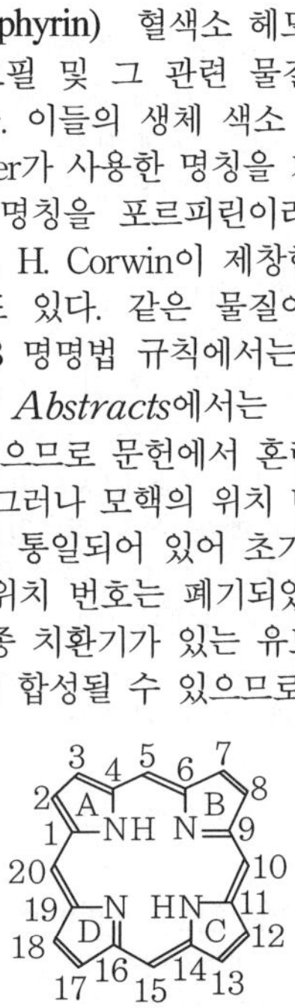

[포르피린]

화학의 촉매로 또 생체화학 반응과정의 추구에 널리 이용되고 있다.

포르핀 (porphine) ⇨ 포르피린.

포름알데히드 (formaldehyde) HCHO. 강한 자극적인 냄새가 있는 무색의 가연성 기체. 분자량 30.0, 녹는점 $-92℃$, 끓는점 $21℃$, 비중 0.815이다. 환원성이 강하여 펠링 용액이나 은암모늄 용액을 환원시켜 쉽게 검출된다. 산화시키면 포름산 HCOOH가 된다. $HCHO+O \rightarrow HCOOH$. 쉽게 중합하여 트리옥시메틸렌(메타포름알데히드)을 생성하지만 이것을 가열하면 포름알데히드로 재생된다. 페놀·요산(尿酸) 등과 반응하여 수지를 만든다. 이 밖에 알데히드로서의 공통된 성질을 보인다.

포름알데히드액 (Formaldehyde) HCH. 날카로운 자극적인 냄새가 나는 무색의 가연성 기체. 각종 열경화성 수지, 폴리아세틸 수지, 비닐론 섬유 외에 유도품 합성 원료로 사용된다. 보통 수용액 포르말린으로 취급된다.

포스겐 (phosgene) 특유한 냄새가 있는 물에 녹기 어려운 무색 기체. $COCl_2$. 염화카르보닐의 관용명. 눈에 자극성의 질식성 독물. 1812년 H.데이비에 의하여 일산화탄소와 염소가스를 활성탄 위에서 가열하여 얻었고, 현재도 이 방법으로 제조된다. 또 클로로포름 사염화탄소 등이 산화될 때에도 생성된다. 최류, 흡입에 의한 재채기, 호흡 곤란 등의 급성 증상을 나타내며, 몇 시간 후에 폐수종(肺水腫)을 일으켜 사망한다. 합성 수지·고무·합성섬유(폴리우레탄)·도료·의약·용제 등의 원료로 사용된다.

포스파겐 (phosphagen) 세포 내에서 인산결합 에너지의 저장에 사용되는 고에너지 인산화합물의 총칭. 척추동물의 포스포크레아틴과 무척추 동물의 포스포아르기닌이 대표적인 포스파겐이다. 생체 내에서 ATP-ADP계 사이에 가역적으로 인산을 수수하여 ATP : ADP의 비가 되도록 일정하게 유지하는 역할을 하는 것으로 생각된다. 이에 따라 생체 내의 에너지 저장·전달에 중요하다.

포스파타아제 (phosphatase) 가수분해 효소의 하나로 인산 에스테르 및 폴리 인산의 가수분해를 촉매하는 효소의 총칭. 탈인산 가수분해 효소라고도 한다. 에스테라아제의 하나이며 기질에 대한 특이성에서 명명되었다. 포스포에스테라아제 및 폴리포스파타아제로 구별된다. 전자에 속하는 대표적인 것은 포스포모노에스테라아제가 있고, 후자의 대표적인 것에는 ATP아제라고도 약칭되는 아데노신 트리포스파타아제가 있다.

포스파티드 (phosphatide) ⇨ 인지질.

포스파티딘산 (―― 酸, phosphatidic acid) $L-\alpha$-글리세로인산(글리세린의 말단 OH기의 인산 에스테르)의 분자 내에 있는 나머지 OH기 2개에 2분자의 지방산이 에스테르 결합한 것. 처음에는 양배추에서 발견되었고, 그밖에 동식물 조직에서도 유리상태인 것을 뽑아내고 있으며 대부분은 글리세로 인지질의 분해 산물이라 불리고 있다. 화학 구조상 글리세로 인지질의 골격을 이루고 있으며 원자단으로서는 포스파티딜기라 부르고 글리세로 인지질은 이 인산기의 당, 염기 유도체로서 명명된다. 인지질과 중성 지방의 생합성 중간체. 칼슘의 이오노포아, 아라키돈산의 공급원이 된다.

포스파티딜 콜린 (phosphatidylcholine) 대표적인 글리세로 인지질이며 지방산 2분자, 글리세린, 콜린인산(콜린의 인산 에스테르) 3자의 결합물. 레시틴은 옛 호칭. 생체에서는 주로 생체막의 지질 이중층막을 형성한다. 뇌수, 신경, 혈구, 난황 등의 속에 들어 있으며, 또 식물의 씨 속에도 존재하지만 박테리아에서는 거의 볼 수 없다. 아실기는 $C_{14}\sim C_{22}$가 일반적이다. 쉽게 산화되어 착색되는 밀랍 모양의 물질이며, 에테르, 일코올에 가용이고 아세톤에는 잘 녹지 않고 카드뮴 등과 불용성인 복합체를 만든다. 모든 pH에서 양성 이온으로서 존재하며 계면활성을 가지므로 콩에서 얻는 소야 레시틴은 식품과 약제의 유화제 등으로 사용된다. 포스파티딜 콜린은 포스포리파아제 A의 작용으로 지방산 1개를 상실하여 리조레시틴이 된다. β-포스파티딜 콜린도 합성되고 있으나 이것은 생체 중에서 발견하지 못하고 있다.

포스포늄 염 (―― 鹽, phosphonium salt) (1) 포스핀에 수소 양이온이 결합하여 형성된 양이온 PH_4^+의 염이다. (2) 제4급 포스포늄 염은 인원자에 4개의 탄화수소기가 결합하여 형성된 양이온 R_4P^+의 염. 예를 들면

$(CH_3)_4P^+B_r^-$이 있다.

포스포리파아제 (phospholipase) 인지질을 가수분해하는 효소. 레시티나아제라고도 한다. 글리세로 인지질을 분해하는 것은 분해하는 위치에 따라 분류되어 A_1, A_2, B, C, D가 있다. A, B는 지방산 에스테르 결합을, C는 글리세린과 인산의 에스테르 결합을, D는 인산과 염기 간을 가수분해를 한다. A_2는 프로스타글란딘 형성 캐스케이드, C는 디글리세리드를 매재하는 C-키나아제의 활성화 캐스케이드를 통해 세포의 정보전달계에 큰 역할을 하고 있다.

포스포릴라아제 (phosphorylase) 글리코겐을 무기 인산을 사용하여 글루코오스 1-인산으로 분해하는 효소. 다당류와 뉴클레오시드 등 생체 내의 배당체의 합성과 분해에 관여한다. 대표적인 것은 아미노포스포릴라아제로, 좁은 뜻의 포스포릴라아제이기도 하다. 이것은 동물의 간을 비롯하여 식물과 미생물에 분포하고 있으며, 녹말이나 글리코겐을 가인산 분해하여 글루코오스-1-인산을 생성하는 외에, 거꾸로 나중 것으로부터 인산을 유리함과 동시에 아밀로오스 모양의 다당류를 생성한다. 수크로오스포스포릴라아제·뉴클레오시드포스포릴라아제·폴리뉴클레오티드포스포릴라아제 등이 있다.

포스포몰리브덴산(—— 酸, phosphomolybdic acid) ⇨ 몰리브드 인산.

포스포텅스텐산(—— 酸, phosphotungstic acid) ⇨ 텅스트 인산.

포스폰산 (—— 酸, phosphonic acid) 수용성의 무색 결정. H_2PHO_3. 사면체형의 $[PHO_3]^{2-}$를 함유하는 이염기산. H_3PO_3이라 적어 아인산이라 호칭한 적이 있으나 그것은 잘못된 명칭이다.

포스폰산나트륨 (—— 酸 ——, sodium phosphonate) 5수화물 $Na_2PHO_3 \cdot 5H_2O$이 보통이며 이것은 수용성의 무색 결정. 조해성. 아인산나트륨은 잘못된 명칭. 강한 환원성이 있다. 수소염도 있으며 이것은 $NaHPHO_3 \cdot 2.5H_2O$가 보통이다.

포스핀 (phosphine) 인의 수소 화합물. 인화수소 PH_3. 무색이며 악취가 나는 기체. 또 PH_3을 모체로 하여 그 수소원자를 탄화수소기로 치환한 유기 화합물도 포스핀이라 총칭된다. $P(C_6H_5)_3$ 등의 포스핀을 배위자로 하는 금속 착물은 유기 합성의 촉매로 널리 사용되고 있다. 제1, 제2, 제3 포스핀의 각 염기는 대응하는 요오드화 수소산 염에 수산화 알칼리의 작용으로 얻어지지만, 모두 해당하는 아민류보다도 약한 염기성을 나타내며 매우 산화되기 쉽다. 각종 포스핀의 유도체는 유기인 화합물에서 많이 볼 수 있다.

포스핀산 (—— 酸, phosphinic acid) 수용성의 무색결정. HPH_2O_2. 사면체형의 $[PH_2O_2]^-$를 함유하는 일염기산. 예전에는 H_3PO_2로 적고 하이포아인산(hypophosphorous acid)이라 호칭한 적이 있었으나 그것은 잘못된 명칭이다.

포 염 (布染, piece dyeing) ⇨ 후염.

포자 (胞子, spore) 균류와 식물이 무성 생식의 수단으로 형성하는 생식 세포. 아포(芽胞)라고도 한다. 진균류 포자의 내막은 핵을 포함하는 원형질의 덩어리를 싸고 있다. 포자는 적당한 환경에 놓여지면 팽대하여 발아관을 내어 실상의 균사가 된다. 식물에서는 포자낭 속에서 다수의 포자가 형성된다.

포접 화합물 (包接化合物, clathrate compound, inclusion compound) 어떤 화학종(호스트)이 형성하는 1~3차원의 분자규모 공간에 치수와 형상이 적합한 다른 화학종(게스트)이 수납(포접)되어 생기는 복합 화학종. 클레스레이트라고도 한다. 포접 착물, 호스트 게스트 화합물. 호스트 게스트 착물 등 다른 명칭도 많다.

포졸란 반응 (—— 反應, Pozzolanic reaction) 단독으로는 물과 반응하여 경화하는 성질이 없는 물질이 석화와 수중에서 반응하여 경화하는 반응. 화산재, 산성 백토, 규조토, 플라이애시 등이 이 성질이 있다.

포졸란 시멘트 (Pozzolan cement) $Ca(OH)_2$와 반응하여 경화하는 화산재, 플라이애시 등 규산질 혼화재(포졸란)를 혼합한 포틀랜드 시멘트. 저발열성이며 콘크리트용으로 사용된다.

포종탑 (泡鐘塔, bubble-cap tower) 증류탑에서 단탑의 가장 기본적인 원형. 선반상에 종 모양의 캡을 배열하는 데서 유래하는 명칭으로 버블캡 탑이라고도 한다.

포집 용량 (捕集容量, capacity of column) 칼럼 크로마토그래피에서 어떤 조건에서 칼럼이 유지할 수 있는 시료의 최대량을 말한다. 시료 용액을 칼럼에 유출시킬 때 유출액 중에 용질이 누출할 때까지 칼럼에 가한 용질의 전량으로 구할 수 있다.

포착 전자 (捕捉電子, trapped electron) 강성 용매 중에서 안정하게 포촉되고 있는 전자를 말한다. 진한 알칼리 수용액, 알코올 등의 저온 강성 매트릭스 중에서 방사선이나 광이온화에 의해 생긴 전자가 포촉되는 것이 광흡수 스펙트럼과 전자 스핀 공명 흡수의 측정 등에 의해 관측되고 있다.

포착제 (捕捉劑, scavenger) ⇨ 스캐빈저.

포토 다이오드 어레이 검출기 (—— 檢出器, photodiode array detector) 포토 다이오드가 수백~천 개 정도 배열한 검출기로, 분산 스펙트럼 등 다채널 동시 측정에 사용된다. 최근에는 고속 액체 크로마토그래피용의 검출기로서 사용이 활발하며 컴퓨터와 조합하여 190~600 nm 영역에서의 자외가시 스펙트럼의 동시 측정능을 이용하는 피크 성분의 동정, 순도 검정 등에 사용되고 있다.

포토레지스트 (photoresist) 반도체 프로세스의 하나인 리소그래피에서, 회로패턴 형성을 위해 실리콘 웨이퍼 등의 위에 도포하는 감광성 수지. 마스크 패턴을 통한 노광, 현상, 에칭 고정으로 회로가 형성된다. 도막의 노광부분이 현상액에 녹지 않는 네가형과 녹는 포지형이 있다. 프린트 배선에도 사용된다.

포토 루미네선스 (photoluminescence) 광 여기로 유기되는 발광, 형광, 인광 등의 현상을 말한다.

포토크로미즘 (photochromism) 빛에 의해 야기되는 스펙트럼(색)의 변화를 수반하는 분자구조의 변화로 또한 생성물이 빛 혹은 열에 의해 역반응을 일으켜 원래의 물질로 되돌아가는 것. 반드시 가시영역에서의 스펙트럼 변화를 나타내지 않아도 좋다.

포토 크로믹 유리 (photochromic glass) 입사광의 에너지로 착색하고 열 에너지 또는 입사광보다 장파상의 빛 에너지로도 퇴색하는 유리. 유리 중에 분산하는 할로겐화은의 미결정 작용을 이용한 유리가 실용화되어 있다. 빛에 의해 할로겐화은이 분해하여 은 콜로이드가 생성되어 착색하고, 빛이 닿지 않게 되면 다시 할로겐이 은과 결합하여 투명하게 된다. 이 밖에 유리와 결정의 상변화도 이용된다.

포트밀 (Pot mill) 보통 도자기로 만든 원통 용기 안에 세라믹 볼을 넣은 소형 분쇄기를 이른다. 분쇄원리는 볼밀과 마찬가지이고 분쇄 제품 중에 철분이 섞여 들어가는 것을 피하기 위한 경우에 널리 사용된다.

포틀랜드 시멘트 (Portland cement) J. Aspdin의 특허(1824년)에 의한 시멘트. 포틀랜드섬의 석재와 유사하므로 스스로 붙인 명칭. 석회석, 점토, 철재 등을 원료로 하여 소성, 급랭각 후 석고를 첨가하고 미분쇄하여 제조되는 수경성이 있는 분체 재료. 일반적으로 시멘트라 하는 무기질 시멘트의 대부분은 포틀랜드 시멘트이다.

포화 비등 (飽和沸騰, saturate boiling) 비등 전열에서, 전열면의 표면 온도가 액의 포화 온도보다 어느 정도 높으면 핵 비등이 일어나는데, 이때 액체의 온도가 포화온도이거나 혹은 그보다 약간 높은 경우를 포화 비등 혹은 포화핵 비등이라 한다.

포화 용액 (飽和溶液, saturated solution) 어떤 온도, 어떤 압력하에서 용질이 어떤 양 이상 용해하지 않게 된 용액. 즉 용질의 공존하에서 용해 평형에 이르러 있는 용액을 말하며, 그 용액의 농도가 용해도와 같다.

포화 전류 (飽和電流, saturated current) (1) ⇨ 확산 전류. (2) 전기회로에서 회로 또는 회로요소에 대해 전류 전압곡선이 전압축에 평행하게 되는 영역의 전류. 바이폴라 트랜지스터에서의 컬렉터 전류의 포화 등이 있다.

포화 칼로멜 전극 (和飽 —— 電極, saturated calomel electrode) 염화수은(I)을 포화시킨 포화 염화칼륨 수용액을 전해질 용액으로 사용하는 칼로멜 전극. 기준 전극으로 사용되며 전극 전위는 표준 수소 전극에 대해 0.244V (25℃)이다. ⇨ 표준 칼로멜 전극.

포화 화합물 (飽和化合物, saturated compound) 유기 화합물의 분자 내의 탄소원자간 공유결합이 모두 단결합 C−C로 되어 있는 화합물을 말한다.

폭굉 (爆轟, detonation)　폭발 중 폭발성 기체 및 고체 중을 음속보다 빠른 속도로 연소반응이 전하는 현상. 데토네이션이라고도 한다. 이 반응의 이동을 파장으로 생각하여 폭굉파라 한다. 폭굉파는 선두가 날카롭게 선 압력과 밀도가 상승하고 있는 파(충격파)와, 이 파에 추종하는 연소반응 후의 고온 기체 생성물의 흐름으로 되어 있다. 파가 이동하는 속도는 1초간에 수 천 m에 이르며 강한 파괴력이 있다.

폭 내기 (幅——, tentering)　각종의 텐터에 의해 직물 등을 소정의 폭으로 건조시키면서 마무리 가공하는 것을 말한다.

폭로 시험 (暴露試驗, exposure test)　시료를 자연 환경 아래(일광, 비, 바람, 대기 중의 불순물, 염수 등)에 장기간 노출시켰을 때의 물성 변화를 보는 시험. 이러한 자연 폭로시험은 시간이 걸리므로 실험실에서 시뮬레이트하여 단시간에 결과를 알고자하는 촉진 폭로시험이 있다.

폭명기 (爆鳴氣, detonating gas)　산수소 폭명기, 염소 폭명기처럼 점화 혹은 광조사 등으로 폭발적으로 반응하는 혼합 기체의 일반명. 이 혼합 기체를 점화하면 큰 소리를 내고 폭발적으로 반응하므로 이렇게 부른다. 또 이 반응은 수소 2 mol과 산소 1 mol로부터 수증기 2 mol이 생기고 58.3 kcal의 열을 발생하며, 온도는 4,710 ℃, 압력은 12 atm에 이른다.

폭발 (爆發, explosion)　극히 단시간에 압력의 발생 또는 해방으로 폭발음을 발생하여 용기가 파열하거나 기체가 팽창하여 물체의 파괴가 발생하는 현상. 진공 병이나 보일러의 폭발은 물리적 폭발이고, 가연성 기체, 증기, 가연성 분진 등과 공기의 혼합계, 화약류의 폭발은 화학적 폭발이다. 화학적 폭발은 발열 분해반응으로 발생한 열과 반응을 촉진하는 반응 중간체가 반응계 내에 축적되어 연쇄적으로 반응이 가속된 결과 발생한다고 생각된다.

폭발 반응 (爆發反應, explosive reaction)　화학적인 폭발현상의 근원이 되는 반응. 반응열에 의한 자기 가열에 의해 반응속도가 급격

히 증가하거나 분기반응에 의해 연쇄 운반체의 수가 급격히 증가하고, 혹은 그 조합으로 반응이 가속도적으로 진행한다.

폭발 범위 (爆發範圍, range of explosion)　⇨ 연소 범위.

폭발 한계 (爆發限界, limit of explosion)　⇨ 연소 한계.

폭약 (爆藥, explosives, high explosives)　화약류 중 폭파 반응을 이용하여 물체를 파괴하는 데 주로 사용하는 것. 최근에는 폭파에 의해 생기는 고압·고온을 이용한 물질의 합성, 가공, 성형 등에도 이용되고 있다.

폭연 (爆燃, deflagration)　작은 부분의 연소로 발생한 열이 곧장 인접부분을 가열하여 충격파를 발생함이 없이 결렬한 연소가 전파되는 현상. 그 전파속도는 보통 연소가 전파되는 속도보다 크고 폭굉이 전파되는 속도보다 작다. 추진약의 추진력은 폭연에 의해 발생하는 고온 가스에 의해 생긴다.

폭출기 (幅出機, stenter, tenter)　⇨ 텐터.

폭파 (爆破, blasting)　⇨ 발파.

폭파약 (暴破藥, blasting explosive)　흑색광산 화약, 다이너마이트, 질안 폭약 등 광공업용의 발파작업에 사용되는 화약 또는 폭약의 총칭이다.

폭풍 (爆風, blast, blast wave)　폭발이나 대량의 연료화재로 발생한 기체의 팽창으로 주위의 공기가 압축되어 생긴 공기 중의 충격파 및 압축파. 폭발원에서 떨어짐에 따라 충격파는 감쇠하여 음파가 되고 폭발음이 된다.

폰 (phon)　소리의 크기를 나타내는 단위. 크기의 감각이 주파수에 따라 다르므로 보정된 음압 레벨의 단위를 지칭한다. 적당한 주파수 보정특성에 의해 음압을 청감 보정한 소음 레벨로 표현하는 방법과 문제의 소리와 같은 크기로 들리는 1kHz의 음압 레벨로 표현하는 방법이 있다. 소음계의 지시값은 전자로폰을 사용하며 공해문제에서 많이 사용된다. 후자는 전자와 구별하기 위해 폰 또는 phon으로 표기하며 사용상 구분하는 경우가 있다.

폰숀-사바리법 (——法, Ponchon-Savarit method)　2성분계의 연속 정류탑의 이론 단수

를 구하는 도해법의 하나. 막케프-실법에 포함되는 가정을 포함시키지 않고 엔탈피 조성 선도를 사용한다. Ponchon(1921년)과 Savarit(1922년)가 각각 독자적으로 발표하였다.

폴라니 칙 (―― 則, Polanyi rule) 화학 반응의 소반응에 대해 원계가 유연 사합물 간에서 비교하면 그 반응의 활성 에너지와 반응열 사이에 일정한 직선관계가 성립한다. 이것을 이론적으로 예측한 물리학자의 이름을 따서 폴라니칙이라 한다. 이 관계는 많은 가상 라디칼 반응에서 증명되고 있다.

폴라로그래프 (polarograph) 전기화학 반응의 전류 전위곡선을 자동적으로 기록하는 장치. 보통은 전해셀과 적하 수은전지로 구성되는 전해계에 외부에서 전압을 인가하는 회로를 접속하여 전압을 시간과 더불어 변화시킨다. 이 때의 전압과 전류를 기록계로 기록한다. 용액 중에 용해한 물질의 정량 분석에 사용된다.

폴라로그래프 파(―― 波, polarographic wave) 폴라로그래프에 의해 얻어지는 전류 전위곡선. 폴라로그램이라고도 한다.

폴라로그래피 (polarography) 폴라로그래프를 사용하여 실시하는 분석법을 말한다.

폴리갈락투로나제 (polygalacturonase) ⇨ 펙티나아제.

폴리글리콜산 (polyglycolic acid) 글리콜산의 중축합 혹은 글리콜리드의 개환 중합으로 합성되는 가장 대표적인 생분해성 합성 고분자 $-[OCH_2CO]_n-$. 폴리글리콜리드라고도 한다. 수술용의 흡수성 봉합사로 사용되고 있다.

폴리노직 (polynosic) 약산성의 수욕 및 저온에서 방사함으로써 고결정화, 고배향, 고중합도로 개선한 비스코스 레이온. 습윤시의 초기 인장 저항도가 크고 내알칼리성이 우수하지만 신도, 결절 강도가 떨어진다.

폴리뉴클레오티드 (polynucleotide) 뉴클레오티드가 수 개 이상 중합한 고분자 물질. 분자량이 큰 것은 핵산이라 한다. 천연물로서는 폴리디옥시리보뉴클레오티드(DNA) 및 폴리리보뉴클레오티드(RNA)가 있으며 널리 생체 세포 내에 존재한다. 염기쌍 형성에 의한

이중 나선 구조를 취하며 단백질 생합성에 중요한 역할을 한다.

폴리리보솜 (polyribosome) ⇨ 폴리솜.

폴리머 (polymer) 구조 중에 다수의 반복 단위를 함유하는 고분자량 화합물. 일반적으로는 고중합체와 거의 같은 뜻으로 사용되지만 고중합체는 인공적으로 중합한 것이라는 뉘앙스가 강하므로 핵산이나 단백질 등은 바이오 폴리머라고는 하지만 바이오 중합체라고는 하지 않는다.

폴리머 겔 (polymer gel) ⇨ 겔 고무.

폴리머 블랜드 (polymer blend) 2종 이상 고분자의 물리적 혼합물. 상용성(相容性)이 양호한 경우에는 균일한 단일상을 형성하지만 대부분의 경우 비상용으로 상분리하여 연속상, 분산상 구조 등을 형성한다. 폴리머 알로이의 하나로 간주할 수 있다.

폴리머 알로이 (polymer alloy) 2종 이상의 고분자 또는 고분자 사슬 블록으로 된 다성분계 고분자 재료. 이종 고분자를 알로이로 하려면 기계적으로 혼합하거나 (폴리머 블랜드) 공유결합으로 결합하거나 (블럭 크라프트 공중합), 고분자 망목으로서 얽히게 하거나 (IPN), 착물을 형성시키는 등의 방법이 있다. 복잡한 매크로 구조로 되었으며 뛰어난 기계적 특성을 나타내는 경우가 많다.

폴리머 알로이형 접착제 (―― 型接着劑, polymer alloy adhesive) 일반적으로 에폭시 수지 등의 견고한 접착제는 전단강도는 크지만, 박리, 굽힘, 충격 등의 강도가 작고 고무 등의 유연한 접착제는 그 반대이다. 양자를 혼합하여 특성을 개선한 것을 폴리머 알로이형 접착제라 한다.

폴리메라아제 (polymerase) 폴리뉴클레오티드 합성 효소. DNA 폴리메라아제는 디옥시리보뉴클레오시드 삼인산에서 폴리뉴클레오티드를 생성하고, DNA―RNA 폴리메라아제는 리보뉴클레오시드 삼인산에서 RNA를 생성한다.

폴리메타크릴산 메틸 (poly(methylmethacrylate)) 메타크릴산 메틸 $CH_2=C(CH_3)COOCH_3$을 중합하여 얻어지는 고분자로, 대표적인 메타크릴 수지. 약어 PMMA이다. 플라스틱 재료 중에서는 발군의 투명성과 내광성

이 있으며 기계적 강도와 성형성의 밸런스가 좋다.

폴리 부가 (—— 付加, polyaddition) ⇨ 중부가.

폴리산 (——酸, polyacid)　옥소산이 2개 이상 축합하여 생긴 산. 축합산, 다중산이라고도 한다. 폴리산 중에서 같은 종의 옥소산이 축합한 것을 이소폴리산, 2종류 이상의 옥소산이 축합한 것을 헤테로 폴리산이라 한다.

폴리소프 (polysoap) ⇨ 고분자 계면 활성제.

폴리솜 (polysome)　전령 RNA 1개에 몇개~몇십개의 리보솜이 결합한 복합체. 폴리리보솜이라고도 한다. 단백질이 합성될 때에 형성되며 각 리보솜상에서 폴리펩티드 사슬이 합성된다. 각 리보솜이 tRNA에 의해 염주 모양으로 모이고 폴리솜이 되어 단백질 합성이 촉진된다. 이 때 단백질 합성 능력은 리보솜 단독일 때보다 10~20배 상승된다. 폴리솜에 대해 개개의 리보솜을 모노솜(monosome)이라 한다.

폴리술피드 (polysulfide)　2개의 알킬기(또는 페닐기 등)가 복수 개의 황 원자로 된 사슬로 결합한 화합물 $R-S_n-R'$. $n=2$의 경우는 디술피드라 한다.

폴리스티렌 (polystyrene)　스티렌의 라디칼 중합으로 얻어지는 비결정성의 고분자로, 무색 투명한 열가소성 수지. 끓는점 145℃, 스티롤 수지라고도 한다. 에틸렌과 벤젠을 반응시켜 생긴 액체 스티렌 단위체의 중합체인 폴리스티렌으로 이루어지며 약품에 잘 침식되지 않는다. 스티렌 수지는 플라스틱 중에서 가장 가공하기 쉽고 높은 굴절률을 가진다. 또 투명하고 빛깔이 아름다울 뿐만 아니라 단단한 성형품(成型品)이 되고 전기 절연 재료로도 우수하다.

폴리실록산 (polysiloxane)　규소 원자와 산소 원자가 교대로 결합하여 사슬식 구조를 형성하고 있는 화합물. $H_3Si-(O-SiH_2)_n-O-SiH_3$, $n=0$인 것을 디실록산, $n=1$인 것을 트리실록산이라 한다.

폴리아미드 (polyamide)　산아미드 결합 $-CONH-$를 갖는 중합체의 총칭. 나일론은 별칭이고 보통 지방족 폴리아미드를 지칭하는 경우가 많다. 방향족 폴리아미드는 특히 알라미드라 불린다. 일반적으로 폴리아미드는

수소결합으로 인해 녹는점이 높고 결정성이 크므로 섬유 형성능이 좋다. 그러나 섬유 이외에도 널리 사용되고 있다.

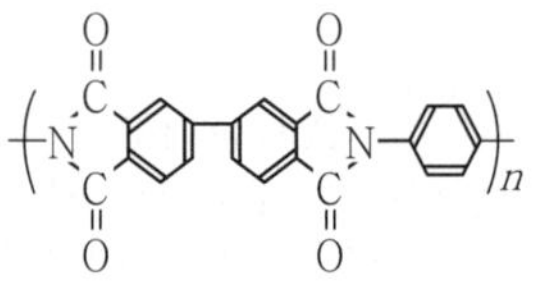

[폴리아미드]

폴리아민 (polyamine)　주사슬에 $-NH-$기를 가진 올리고머 또는 폴리머. 다가 아민이라고도 한다. $H_2N(CH_2CH_2NH)_nH$로, $n=5\sim6$ 정도까지의 폴리아민은 에폭시 수지의 경화제로 사용된다. n이 큰 폴리머는 고리모양 아민의 개환 중합으로는 얻어지지 않고 옥사졸리디논의 개환 이성질화 중합 후의 가수분해 등으로 얻어진다.

폴리아세탈 (polyacetal)　알데히드 또는 그 고리모양 삼량체의 이온 중합으로 얻어지는 $-[OCH(R)]_n-$으로 표시되는 중합체 또는 공중합체. 폴리(옥시메틸렌) $-[OCH_2]_n-$이 경질 수지로서 사용되고 있다. 고온에서는 말단부터 해중합하기 쉬우므로 말단 안정화 처리가 이루어지고 있다.

폴리아세틸렌 (polyacetylene)　아세틸렌을 치글러-나타 촉매 등으로 중합하여 얻어지는 폴리엔 구조의 고분자. 중합 조건에 따라 $cis-$ 혹은 $trans-$ 폴리아세틸렌의 기하 이성질체가 생성된다. 이것에 요오드, 오플루오르 비소 등의 억셉터, 나트륨 등의 도너를 도프하면 금속적 도전체가 되어 구리의 도전율에 필적하는 $6\times10^5\,Scm^{-1}$의 값을 얻게 된다.

폴리아크릴로니트릴 (polyacrylonitrile)　아크릴로니트릴의 중합체. 약어 PAN. 공업적으로는 수중의 라디칼 중합에 의해 형성된다. 아크릴 섬유의 주요 성분이며 염색성·용해성·침투성의 개선을 위해 아크릴산에스테르, 아세트산비닐, 아크릴아미드 등을 공중합한 것이 사용된다. 탄소 섬유의 원료로도 사용된다.

폴리에스테르 (polyester)　주사슬에 에스테르 결합 $-COO-$이 있는 중합체의 총칭. 곧은 사슬 모양 폴리에스테르에서는 에틸렌글리

콜과 텔레프탈산디메틸의 반응 등으로 형성되는 폴리텔레프탈산에틸렌이 합성섬유와 플라스틱 병 등에 널리 사용되고 있다. 알키드 수지와 불포화 폴리에스테르처럼 그물눈 구조인 것도 있다.

폴리에테르 (polyether) 에테르 결합 $-COC-$ 을 주사슬로 하는 선상 중합체의 총칭. 에틸렌 옥시드와 테트라히드로푸란 등의 고리모양 에테르의 개환 이온 중합으로 만들어진다. 비교적 유리 전이온도가 낮고 유연하므로 우레탄 고무의 성분 등에 사용된다. 방향족계의 폴리페닐렌에테르는 공업용 플라스틱으로 사용된다.

폴리에틸렌 (polyethylene) 에틸렌의 중합체 $-[CH_2CH_2]_n-$. 약어 PE. 공업적으로는 고압 라디칼 중합에 의한 짧은 사슬 분기가 많은 저결정성의 저밀도 폴리에틸렌과 배위 아니온 중합에 의한 분기가 없는 고결정성의 고밀도 폴리에틸렌이 있다. 이 밖에 소량의 공중합 성분을 가한 곧은 사슬 저밀도 폴리에틸렌도 있다. 필름, 성형품 등에 널리 사용되고 있다.

폴리에틸렌 글리콜 (polyethylene glycol) 에틸렌글리콜의 중축합으로 생성되는 폴리에테르 $H-[OCH_2CH_2]_n-OH$. 실제로는 에틸렌옥시드의 개환중합으로 형성되는 경우가 많다.

폴리엔 (polyene) (1) 한 분자 내에 다수의 C$=$C 이중결합이 있는 탄화수소. 중요한 것은 다수의 공역 이중결합을 갖는 것으로, 이 구조를 갖는 화합물은 카로테노이드 색소로서 동식물계에 널리 존재한다. (2) 아세틸렌 또는 그 유도체를 중합하여 얻어지는 긴 사슬의 공역 폴리엔. 보통 폴리아세틸렌이라 한다.

폴리엔산 (──酸, polyenoic acid) ⇨ 다불포화 지방산.

폴리염화비닐 (── 鹽化 ──, polyvinyl chloride) 염화비닐의 중합체. $-[CH_2CHCl]_n-$. 약어 PVC. 대부분은 현탁중합(라디칼 기구)으로 만들어진다. 유리 전이온도가 70~90℃이고 그 자체로서는 경고한 재료이므로 가소제를 가하여 수도관에서 잡화에 이르기까지 널리 쓰여지고 있다. 연소시에는 염화

수소를 발생하는 난점이 있다.

폴리 염화비페닐 (── 鹽化 ──, polychlorinated biphenyl) 두 개의 벤젠 고리가 연결된 비페닐($C_6H_5-C_6H_5$)의 10개 수소원자 중 2~10개가 염소 원자로 치환된 화합물. 이론적으로 242종의 이성질체가 있을 수 있으며 실제 사용되는 것은 약 100여 종이다. 비페닐을 염화철 등의 촉매하에 염소와 반응시켜 얻으며, 염소 한 원자만이 치환된 모노클로로비페닐을 포함하여 여러 종류의 이성질체가 형성된다. 공업적으로는 이들을 분리하지 않고 혼합물 상태로 사용하며, 염소화 정도에 따라 비중 1.18~1.74, 끓는점 275~360℃의 여러 종류의 제품이 나오고 있다. 무색 유상, 황색 점성유, 갈색 수지상의 것이 있으며, 모두 물에 불용성이고 유기 용매에 용해도가 좋다. 산과 알칼리에 안정하고 열에도 안정한 불연성(不燃性) 화합물로 구리 이외의 보통의 금속을 침해하지 않는다. 옛날에는 공업용 열매체, 카본리스 복사지의 색소용제, 콘덴서의 절연유(絶緣由), 전력 케이블 피복용·고무의 가소제(可塑劑) 등으로 많이 사용되었다. 그러나 토양과 해수 중에서 오랫동안 잔류(殘留)하고 인체에 들어가면 간장 및 피부 등에 심한 상해를 일으킨다는 것이 판명됨에 따라 현재는 사용 및 제조가 금지되었다. ⇨ 폴리클로로비페닐.

폴리 염화알루미늄 (── 鹽化 ──, polyaluminium chloride) $Al_2(OH)_nCl_{6-n}$로 표시되는 물질의 수용액에 대한 공업계의 속칭. 무색 내지 담황 갈색의 투명한 액체. 주성분은 OH가 다리걸침한 알루미늄의 다핵 착물. 상수도용, 공업용수용 등의 정화, 공장 등의 일반 배수처리용 등에 사용된다.

폴리올레핀 (polyolefin) (1) 지방족 올레핀 중합체의 총칭. 원료는 올레핀이지만 제품은 고분자 포화 탄화수소. 고압 라디칼 중합으로 만들어지는 저밀도 폴리에틸렌 이외는 대부분이 배위 아니온 중합으로 합성된다. 폴리에틸렌, 폴리프로필렌 이외에도 각종 알칼리 치환 폴리에틸렌이 소량 공업적으로 제조되고 있다. (2) 폴리엔의 동의어. 1분자 내에 복수 개의 C$=$C 이중결합이 있는 유기 화합물의 총칭으로 사용되었으나 현재는 거의 사용되

지 않는다.

폴리우레탄 (polyurethane) 우레탄 결합 −NHCOO−를 갖는 중합체의 총칭. 주로 디이소시아네이트와 디올의 중부가로 만들어진다. 특히 디올로서 긴 사슬의 폴리에테르와 폴리에스테르를 사용한 것은 탄성체로, 또 중합시의 물 첨가로 발포를 이용하면 거품상 탄성체로 된다.

폴리 유산 (—— 乳酸, poly(lactic acid)) 유산의 중축합 혹은 락티드의 개환 중합으로 합성되는 생분해성 합성 고분자, $-[O(CH_3)CHOC]_n-$. 폴리락티드라고도 한다. 폴리−L−유산, 폴리−D−유산 및 폴리−DL−유산이 있으나 모두 생분해성이다. 의료. 의약용 재료로 사용된다.

폴리이미드 (polyimid) 산 이미드 구조를 갖는 중합체의 총칭. 보통 방향족 이미드계를 지칭하지만 지방족의 말레이미드계 등을 포함하는 경우도 있다. 일반적으로 방향족 테트라카르복시산 무수물과 방향족 디아민에서 축합으로 만들어진다. 내열성이 매우 높다. 방향족 이미드의 올리고머의 말단에 이중결합과 삼중결합을 도입하여 열 가교하는 복합재료용의 열경화성 수지도 있다.

폴리이소부틸렌 (polyisobutylene) 이소부틸렌의 카티온 중합으로 얻어지는 고분자를 말한다.

폴리이소프렌 (polyisoprene) 이소프렌의 중합체. 천연물에서는 전(全)시스-1, 4-첨가구조를 나타내는 구타가 이것에 상당하다. 합성 폴리이소프렌은 시스-1, 4-첨가, 트랜스-1, 4-첨가구조 외에 1, 2-첨가 및 3, 4-첨가구조가 있다고 한다. 이소프렌으로부터의 과산화물, 크라프츠형의 화합물, 알칼리 금속·알핀 등을 촉매로 합성되는데, 최근에는 리튬 또는 치글러 촉매를 사용하여 천연 고무와 거의 같은 구조를 가진 것이 합성되어 이것을 합성천연 고무라고 할 때도 있다. 종전의 합성 폴리이소프렌은 천연 고무에 비하여 성질이 뒤떨어져 탄성재료(彈性材料)로 사용되지 않았는데, 최근에 만들어지는 코랄 고무와 아메리폴 SN이라는 상품명을 가진 합성 천연 고무는 각종 고무제품으로 사용된다. 또 이소프렌과 이소부틸렌의 혼성 중합(混成重合)에 의하여 얻어지는 부

틸고무는 GRI라고도 하며, 내후성(耐候性)·내산성이 뛰어나므로 타이어·튜브 등에 널리 사용된다.

폴리인 (polyyne) 한 분자 내에 다수의 C≡C 삼중결합이 있는 탄화수소. 중요한 것은 많은 C≡C가 공역계를 형성하고 있는 것으로, 천연물 및 합성물로서 이 계의 화합물이 많다.

폴리인산 염 (—— 燐酸鹽, polyphosphate) 인산 이온 PO_4^{3-}이 축합하여 생긴 음이온의 염. 사슬 모양 구조의 것과 고리모양 구조의 것이 있으며 전자는 일반식 $M^I_{n+2}P_nO_{3n+1}(n = 2, 3, \cdots)$이고, 정확하게는 *catena* 폴리인산염이라 한다. 후자는 일반식 $M^I_nP_nO_{3n}$이고, 정확하게는 *cyclo*−폴리인산염이라 한다. 보통 전자를 지칭하는 경우가 많다.

폴리카보네이트 (polycarbonate) 탄산 에스테르, 즉 카보네이트 -OCOO-의 구조를 갖는 중합체의 총칭. 그러나 공업적으로는 비스페놀 A [2, 2′-비스(4-히드록시 페닐)프로판]과 포스겐 (또는 그 대응물)로 형성되는 것이 주체이다. 내열성, 기계적 특성이 우수하다.

폴리크로미터 (polychrometer) 분광 결정에 의해 분산된 각 파장의 빛의 진행방향에 광전자 증배관 같은 광검출기를 다수 배열하여 두고 각 파장의 스펙트럼선 강도를 동시에 측정할 수 있도록 한 광학계를 말한다.

폴리클로로비페닐 (polychlorobiphenyl) 비페닐의 염소 치환으로 얻어지는 유기 화합물. 화학 물질의 규칙이나 한경오염 등에 관한 법률용어에서는 폴리염화비페닐이라 한다. 염소원자수와 치환 위치가 다른 것의 총칭. 약어 PCB이다. 열에 대해 안정되고 전기 절연성이 높다. 한때 열촉매, 트랜스 오일, 콘덴서, 노 카본지로 사용되었다. 인체에 대한 독성이 높고 증상은 피부에 대한 색소 침착, 피부 장해, 소화기 장해, 간 장해 등인데 PCB는 지방조직에 축적되어 증상은 오래 계속 된다. 현재는 제조가 중지되었다.

폴리테트라플루오르에틸렌 (poly(tetrafluoro-ethylene)) 테트라플루오르에틸렌 $CF_2=CF_2$의 중합체. 테플론은 du Pont사의 상품명. 대표적인 플루오르수지로, 내열성, 내약성이 매우 우수하고 마찰계수, 점착성이 낮

은 특징이 있다. 그러나 연화점이 높고 성형성이 떨어지는 것이 결점이다.

폴리티온산 (—— 酸, polythionic acid)　일반식 $H_2S_xO_6(x = 3, 4, 5, \cdots)$. 디티온산이라고도 한다. $H_2S_2O_6$, 디티온산은 폴리티온산에 포함시키지 않는 경우가 많다. $O_3S-S_n-SO_3^{2-}$ 와 같이 S의 사슬 모양 구조를 함유하고 $n = 1\sim4$의 것이 잘 알려져 있다.

폴리펩티드 (polypeptide)　2개 이상의 아미노산 분자가 서로 카르복시기와 아미노기 간의 산아미드결합(펩티드 결합 $-CO-NH-$)에 의해 결합한 화합물. 결합한 아미노산 잔기의 수에 따라 디펩티드, 트리펩티드라 한다. 저분자량의 폴리펩티드는 합성에 의해 만들어지지만 아미노산 잔기수가 10개 이상인 펩티드는 천연에 존재하며 성장호르몬 방출 억제 인자인 소마토스타틴, 부신피질 자극 호르몬 등이 있다. 50 이상인 것을 넓은 뜻에서 단백질이라 한다.

폴리프로필렌 (polypropylene)　프로필렌의 중합체, $-[CH_2CH(CH_3)]_n-$. 약어 PP. 배위 아니온 중합으로 합성된다. 치글러-나타 촉매(대표적인 것은 삼염화 티탄과 디에틸염화알루미늄으로 이루어진 착염)를 핵산 속에서 만들고, 그 속에 프로필렌을 약 $70℃$, 5 atm에서 통하면 쉽게 합성된다. 구조식과 같이 메틸기(基)가 같은 방향으로 정연하게 배열되어 있다. 녹는점은 $165℃$이고, 하중(荷重)하에서 연속 사용이 $110℃$에서 가능하다. 밀도는 $0.9\sim0.91$이며, 결정도(結晶度)는 크지만 성형한 후에는 70% 이하로 저하된다. 전기적 성질은 탄소와 수소만으로 이루어져 있기 때문에 우수하며 폴리에틸렌에 버금간다. 보통 중합법으로는 입체 배치가 이소택틱이고 결정성의 중합체가 얻어진다. 폴리에틸렌보다 기계강도가 높지만 내후성(내광 산화성)이 떨어진다. 필름, 성형품 외에 섬유에도 사용된다.

폴리피롤 막 (—— 膜, polypyrole membrane)　전기 전도성이 있는 대표적인 고분자막. 피롤을 전해 중합하여 얻는다. 이 막을 끼마한 전극에서는 Cl^- 등의 도핑·탈 도핑이 전위를 양 또는 음으로 인가함으로써 이루어지며 겸하여 막의 착색·탈색을 볼 수 있다. 폴리머 전지와 일렉트로크로믹 재료로 주목

받고 있다.

폴산 (—— 酸, folic acid)　비타민 B 복합제에 속하는 일군의 화합물. N-벤조일 글루탐산에 프테리딘 고리가 있는 치환기가 결합한 구조이다. 최초에 시금치 등의 엽록에서 추출하였으므로 엽산이라 부르기도 했다. 영양학적으로는 포유동물의 항빈혈 인자이고 생화학적으로는 생체 내에서 메탈렌기, 메틸기, 그 밖의 C_1 단위의 전이반응에 관여하는 효소의 보효소이다.

폴트 트리 애널리시스 (fault tree analysis)　⇨ 결함수 해석.

폼 글라스 (foam glass)　⇨ 거품 유리.

표면 (表面, surface)　계면 중에서 한 쪽 상이 기체인 경우를 말한다. 즉, 기체-액체 및 기체-고체 계면을 지칭한다.

표면 갱신설 (表面更新說, surface renewal theory)　P. V. Danckwerts(1951년)에 의해 제안된 난류상태에 있는 액체 내에서 가스 흡수 과정의 모델. 난류 액체 표면은 다수의 액요소에 의해 모자이크상으로 형성되고, 각 액 요소는 액체 내부의 것과 끊임없이 교체될 수 있지만 흡수는 각 요소가 표면에 체류하고 있는 동안에 일어난다고 가정한다. 표면 갱신설은 반응흡수의 경우에도 쉽게 확장될 수 있다.

표면 건조 (表面乾燥, surface drying)　건성유 등의 이중결합의 산화 중합으로 가교 경화하는 도료에서 볼 수 있는 현상. 도막 내부에 비해 도료 표면이 신속하게 경화하는 현상으로, 경화 일그러짐 때문에 도막의 주름, 표면의 거칠음 같은 도막 결함을 수반한다. 조절 방법으로서는 이중결합 밀도의 조절, 첨가하고 있는 산화 방지제 혹은 산화중합 촉진제의 종류 변경 등을 들 수 있다.

표면 과잉(량) (表面過剰(量), surface excess)　용액(특히 수용액)에서 용질이 표면에 흡착하였을 때 표면 근방의 용질량이 용액 내부에 비해 얼마만큼 많은가를 표시하는 양. 양 대신에 농도로 하면 표면 과잉농도(Γ) 된다. 계면 활성제 수용액에서는 Γ는 양이지만 무기염 수용액에서는 Γ은 음이며 음흡착이 일어나고 있다. 기브스의 흡착 등온식은 흡착량 대신에 Γ를 사용한다.

표면 반응 (表面反應, surface reaction)　고체·액체의 표면에서 일어나는 반응. 표면의 촉매 작용으로 흡착한 물질이 표면상에서 반응하는 경우와 산에 의한 금속의 용해와 같이 표면에 있는 물질 자신이 반응하는 경우가 있다.

표면 배양 (表面培養, surface culture)　액체 배지의 표면에 균체가 부유하고 있는 것처럼 한 정치(靜置)배양. 호기성 사상균의 배양에서 증식효율을 높이기 위해 액의 표면적을 넓히고 깊이를 얕게 하여 배양한다.

표면 분석 (表面分析, surface analysis)　고체 표면하 수백 nm 깊이까지의 영역에서 발생하는 현상을 정확하게 검지하여 제어하기 위해 전자, 이온, 광자를 사용하여 표층의 조성과 구조를 규명하는 것을 말한다.

표면 비등 (表面沸騰, surface boiling)　비등 전열에서, 전열면의 표면 온도가 액의 포화온도보다 어느 정도 높고, 핵비등이 일어날 때 액온이 포화온도보다. 낮으면 발생한 증기 거품은 저온의 액 속으로 상승하는 도중에 소멸하여 전열면 가까이에만 증기 거품이 존재하게 된다. 이러한 비등상태를 말한다. 액온이 포화온도보다 낮으므로 서브쿨 비등이라고도 한다. 액온이 포화온도이거나 혹은 약간 높은 경우는 포화 비등이라 한다.

표면압 (表面壓, surface pressure)　액체와 고체 표면에 흡착한 분자가 표면상에서 확산하려고 하여 생기는 2차원의 압력. 특히 수면상의 불용성 단분자막에 대해서는 표면압계로 직접 측정할 수 있으며 단분자막의 상태를 조사하는 데 많이 사용된다.

표면 에너지 (表面——, surface energy)　계면 에너지의 특수한 경우. 계면 중 한 쪽 상이 기체인 경우를 표면이라 하므로 기체-액체 및 기체-고체의 계면 에너지를 표면 에너지라 한다.

표면 여과 (表面濾過, surface filtration)　⇨ 케이크 여과.

표면 연소 (表面燃燒, surface combustion)　가연성 고체가 그 표면에서 산소와 발열 반응을 일으켜 타는 연소의 한 형식. 표면 연소의 경우에는 기체의 연소에 특유한 불길은 수반하지 않는다. 무연 연소 또는 글로라고도 하며 숯의 연소가 대표적인 예이다.

표면 염착 (表面染着, surface dyeing)　섬유의 표면층이 섬유의 내부에 비해 현저하게 고농도로 염색된 상태. 친화력이 매우 높은 염료로 염색하였을 때에 생긴다.

표면 유동 (表面流動, surface flow)　액체 표면의 흡착막을 형성하고 있는 분자나 이온의 표면에서의 2차원적인 움직임. 흡착막이 불용성인가 가용성인가, 흡착막의 밀도, 흡착막 중의 분자, 이온과 매질액과의 상호작용의 강도 등에 의존한다. 표면 유동은 표면 점성, 표면 탄성으로 나타난다.

표면 이동 (表面移動, surface migration)　고체 표면에 흡착 혹은 존재하는 고체 물질의 원자·분자(흡착점에서 열운동하고 있는)가 고온이 되면 진동이 격렬해져 표면을 따라 이동하기 시작하는 현상. 표면 확산의 활성화 에너지는 탈리 에너지의 $1/3 \sim 1/2$ 정도이다.

표면 장력 (表面張力, surface tension)　표면에는 분자간에 작용하는 힘에 의해 수축하려는 힘이 작용하고 있다. 단위 길이당의 이 힘을 표면장력이라 한다. 바꾸어 말하면 단위 표면적에 대해서 표면에 존재하는 자유 에너지를 말한다. 액체의 표면장력은 표면장력계로 측정할 수 있으나 고체 표면에 대해서는 일반적 측정법은 없다. 표면장력은 흡착에 의해 변화한다. 표면장력의 세기는 액면에 가정한 단위 길이의 선의 양쪽에 작용하는 장력에 의해 표시된다. 그 값은 액체의 종류에 따라 결정되는 상수이지만, 온도에 따라서도 변한다. 예를 들면 수은의 표면장력은 487(15℃), 물은 72.75(20℃), 알코올은 22.3(20℃)으로 물질에 따라 상당한 차가 있으며 그 값은 온도가 올라감에 따라 감소한다. 또 어떤 종류의 물질을 액체에 녹이면 그 액체의 표면장력을 감소시키는 작용이 있다. 표면장력이 생기는 원인은 액체의 분자 간 인력의 균형이 액면 부근에서 깨어지고, 액면 부근의 분자가 액체 속의 분자보다 위치에너지가 크고, 이 때문에 액체가 전체로서 표면적에 비례한 에너지(표면 에너지)를 가지기 때문이다. 이것을 될 수 있는 대로 작게 하려고 하는 작용이 표면장력으로 나타난다. 따라서 표면장력은 단순히 액체의 자유표면뿐만 아니라 섞이지 않는 액체의 경계면, 고체와 기체, 고체와 고체의 접촉면 등, 대체로 표면의 변화에 대한 에너지가 존재할 때 생기는 현상이다. 이 때문에 표면장력 대신 계면장력(界面張力)이라고도 한다.

표면 장력계 (表面張力計, surface tension balance) 액체 또는 용액의 표면장력을 측정하는 장치. 몇 가지 원리에 근거한 수많은 장치가 있다. 같은 원리로 액체-액체 간의 계면장력을 측정할 수도 있다. 표면장력계에 의해 순액체의 표면장력과 용액의 표면장력의 차로 간접적으로 표면압을 구할 수 있다.

표면 전위 (表面電位, surface potential) 물질의 내부분극, 물질 표면에 부착한 이온, 표면 준위에 의해 포획된 캐리어 등에 의해 외부에 나타난 전기 스펙트럼의 크기를 표시하는 양. 마찰에 의한 대전과 광조사에 의한 분극, 이온의 부착 등에 의해 유발된다. 기체-액체 계면에서도 액체상 표면에 이온 흡착층이 생기면 액체상의 내부와 표면 사이에 전위차가 나타나는 경우가 있다. 어느 경우이든 전체로서 전기적 중성(中性)이 유지되도록 계면 양쪽에 생기는 전위차에 대응하여 양·음이 상반하는 하전층(荷電層)이 있다고 생각할 수 있다. 이것을 전기 이중층(電氣二重層)이라고 한다.

표면 점성 (表面粘性, surface viscosity) 액체 표면에 흡착막이 있으면 그로 인해 표면층의 점성률이 증가한다. 흡착막이 있을 때와 없을 때의 표면층의 점성률 차를 표면 점성이라 한다. 표면에 얇은 판 또는 고리를 올려놓고 측정할 수 있다. 예를 들면 고분자 흡착막의 존재로 이 값은 커진다. 표면 탄성과 함께 기포, 에멀션의 안정성에 기여한다.

표면 준위 (表面準位, surface level, surface state) 반도체 표면과 접합계면 등에 존재하는 에너지 준위. 이것은 물질 내부와의 불연속성에 기인하는 구조결함, 기체분자의 흡착, 산화층의 존재 등에 의해 생긴다. 밴드갭 중에 있으므로 그 준위에 따라 도너 또는 억셉터 준위로서 작용하며 표면의 전위 장벽의 원인이 된다. 또 캐리어의 재결합 중심으로서 작용한다.

표면 탄성 (表面彈性, surface elasticity) 액체 표면에 흡착막이 있을 때 표면을 일부 외력으로 넓히면 이것을 반대로 축소하려고 하는 힘이 작용한다. 이것은 표면에 회복력으로서의 탄성이 있다고 볼 수 있으므로 표면 탄성이라 한다. 표면을 넓히면 표면의 흡착분자의 농도가 감소하고 그 결과 표면장력이 증대하는데 이 증대한 표면장력이 표면을 축소하는 힘으로 작용한다. 기브스의 표면 탄성이라고도 한다. 순수 표면에는 표면 탄성은 존재하지 않는다.

표면 피복률 (表面被覆率, surface coverage) ⇨ 흡착률.

표면 현상 (表面現想, surface phenomenon) 표면에서 볼 수 있는 특수한 현상. 주된 것으로서 표면장력, 젖기, 흡착, 접착, 마찰, 마찰대전, 전자방출현상 등이 있다. 뒤의 4가지는 고체 표면에서 특히 중요하다.

표면 확산 (表面擴散, surface diffusion) 흡착분자가 표면상에서 농도 기울기에 의해 이동하는 현상. 표면확산의 유속 J는 흡착종의 농도 기울기 dq/dx를 추진력으로 하여 $J = -D_s(dq/dx)$로 표시된다. D_s는 표면 확산계수라 하며 일반적으로 강한 온도 의존성이 있다.

표백 (漂白, bleaching) 식품, 섬유, 종이, 펄프 등에 함유되는 색소를 산화 또는 환원으로 분해 제거하여 희게 하는 것이다.

표백분 (漂白粉, bleaching powder) 소석회 분말에 염소가스를 흡수시켜 제조하는 백색 분말. 칼크라고도 한다. 성분은 $CaCl_2 \cdot Ca(ClO)_2 \cdot 2H_2O$이고 이 밖에 $Ca(OH)_2$ 등을 함유한다. 1799년 C. 테넌트에 의해서 처음으로 만들어졌다. 자극적인 강한 냄새와 표백작용을 지닌다. 표백분 자체는 물에 잘 녹지 않지만 수용액, 특히 산성 용액 속에서 하이포 아염소산을 생성하며, 이것이 강력한 살균·표백작용을 한다. 이것은 염소의 표백작용과 본질적으로 같다. 예를 들면, $CaCl(ClO) + 2HNO_3 \rightarrow Ca(NO_3)_2 + Cl_3 + H_2O$의 반응식으로 표시된다. 불순물이 많으면 불안정하여 고온에서 분해하고, 수분·이산화탄소(탄산가스)와 반응하여 염소를 잃어 산화작용이 감퇴한다. 또 사용할 때도 물 속에 가용성(可溶性) 성분이 감소한다. 이 때문에 최근에는 표백분으로 완성시켜 사용하기보다는 석회유(石灰油)에 염소를 불어넣어 흡수시킨 표백액을 사용하는 경우가 많다. 표백액의 작용도 표백분과 마찬가지이다. 표백제, 의약품(살균제, 소독제)으로 사용된다. 효력은 유효 염소량으로 표시하며 효력이 큰 것을 고도 표백분이라 한다.

표백액 (漂白液, bleaching liquor)　표백분을 물에 녹인 것 혹은 석회유 또는 알칼리 수용액(탄산 나트륨, 수산화 나트륨) 등에 염소를 흡수시켜 제조한 용액. 주성분은 하이포아염소산염. 유효 염소량은 11~14%이며, 펄프, 면포 등의 표백, 상하수, 우물, 풀장, 목욕탕 등의 살균, 소독으로 쓰인다.

표백제 (漂白劑, bleaching agent)　식품, 펄프, 섬유 제품 등의 색소를 제거하여 외관을 좋게 하기 위해 사용하는 화학 물질. 섬유와 직물의 표백에는 주로 하이포아염소산계의 것을 사용하지만 발염에는 하이포황산염계의 것을 사용한다. 식품 첨가물로서는 환원력을 이용하는 하이포황산염계의 것과 산화력을 이용하는 하이포염소산나트륨이 있다. 이러한 표백제에 대해서는 "최종 식품의 완성 전에 분해 또는 제거해야 한다"는 사용 제한이 있다.

표백 조제 (漂白助劑, bleaching assistant)　안정화된 상태에 있는 표백제의 분해를 촉진하거나 얼룩지게 표백되는 것을 방지하기 위해 표백제의 분해를 억제하거나 표백액을 침투하기 쉽게 하는 등 표백이 효과적으로 이루어지기 위해 첨가하는 약제. 계면 활성제, 산, 알칼리 등이 사용된다.

표백 펄프 (漂白——, bleached pulp)　증자(蒸煮) 후에 표백하여 백색도를 높인 펄프. 미표백 펄프의 대응어. 표백 정도가 낮은 것을 반표백 펄프라 한다. 형광 증백제를 가하여 외관상의 백색도를 높이는 경우도 있다.

표색계 (表色系, color system)　그 계에 특유한 기호를 사용하여 색깔을 수치로 표시하기 위한 일련의 규정 및 정의로 구성된 체계. 삼색 표색계. XYZ(CIE 1931년)표색계, $X_{10}Y_{10}Z_{10}$(CIE 1964)표색계, 먼셀표색계, 오스트월드 표색계 등이 있다.

표선 (標線)　(1) marked line 전량 플라스크, 전량 피펫 등에 있어 일정 용량을 나타내기 위해 표기한 각선. 출용 표선과 수용 표선의 2종류가 있다. 전량 피펫, 전량 플라스크에서는 주변을 일주하여, 메스피펫, 뷰렛에서는 전원주의 1/3 이상에 표시한다. (2) **bench marks** 고무 용어. 늘어남을 측정할 때 시료의 중심에서 일정 거리에 편의상 긋는 평행선을 말한다.

표시 (表示, representation)　⇨ 표현.

표유광 (標有光, stray light)　광학기기 특히 모노크로미터 등에서, 결상하는 데 필요한 빛 이외의 빛이 렌즈, 거울, 슬릿 등 광학부품의 상에서 반사하므로 발생하는 빛. 표유광은 결상과 측광 결과에 나쁜 영향을 미친다.

표적 세포 (標的細胞, target cell)　생체 내의 특정한 세포로 그 세포에 호르몬 기타의 생리 활성 물질이 작용하여 특정한 변화를 일으킬 수 있는 세포. 표적 세포는 호르몬이나 신경전달물질과 특이적으로 결합하는 리셉터라 불리우는 단백질을 함유하고 있다. 예를 들면 뇌하수체의 부신피질 자극 호르몬의 표적세포는 부신피질의 세포에 국한된다.

표정 (標定, standardization)　용액의 농도를 확정하는 것. 적정에서 기본 조작의 하나이다. 표준 물질을 쓸 때는 그 일정량을 측정하여 용액으로 하고, 그 전량을 적정한다. 표준액의 경우에는 일반적인 조작에 따라 적정하면 된다. 이와 같이 하나의 표준을 바탕으로 하여 표정에 의해 수많은 표준액을 얻을 수 있게 된다.

표준 광원 (標準光源, CIE standard (light) sources, standard illuminant of colorimetry)　(국제 조명 위원회)가 정한 측정용 광원. 다음 4종이 있다. A 색온도 2,854K 로 점등한 가스가 든 텅스텐 전구에서 나오는 색. B 표준의 빛 A에 규정된 데이비스·깁슨 필터를 씌워 색온도 4,870K 로 한 것. C 표준의 빛 A에 규정된 데이비스·깁슨 필터를 씌워 색온도를 약 6,740K 로 한 것 및 D_{65}(상관 색온도 6,500K)이다. 보통은 C 광원이 사용된다.

표준 모래 (標準砂, standard sand)　포틀랜드 시멘트의 품질 시험에 사용하는 모래를 말한다.

표준 물질 (標準物質, standard reference material, reference material)　(1) 인증 표준물질이라고도 번역하지만 그냥 표준 물질이라 하기도 한다. 기술적으로 권위가 있는 조직이 발행하는 성분·조성·특성에 관한 인증서가 붙은 표준 물질. 약어 SRM이다. 보통 Certified reference material(CRM)이라 하지만 미국의 NIST(National Institute of Standard and Technology)에서는 일관되게 SRM의 용어를 사용하고 있다. (2) 측정기의 교정, 측정방법의 평가 등에 표준으로 사용하는 물질이며 특성값이 이러한 목적에 사용하는 데 필요 충분할 정도로 확정되어 있는 것을 말한다.

표준 벽돌 (標準——, standard brick)　표준형의 입방체 벽돌. KS로 길이 230 mm, 폭 114 mm, 두께 65mm로 규정되고 있다.

표준 상태 (標準狀態, standard state)　표준으로 선정된 상태. 열역학에서는 표준상태를 압력 1 atm(101.325 kPa)에 있는 상태를 취하는 것이 관례이다. 1 atm 대신에 100 kPa를 취하는 경향도 있다.

표준 생성 기브스 에너지(標準生成——, standard Gibbs energy of formation)　표준상태에서(1 atm) 어떤 물질 1 mol이 그 성분 원소의 단체 물질에서 생성하는 반응에 수반하는 기브스 에너지 변화를 말한다.

표준 생성 엔탈피 (標準生成——, standard enthalpy of formation)　표준상태에서 어떤 물질 1 mol이 그 성분 원소의 단체 물질에서 생성할 때의 엔탈피 변화. 표준 생성열이라고도 한다.

표준 생성열 (標準生成熱, standard heat of formation)　⇨ 표준 생성 엔탈피.

표준 수소 전극 (標準水素電極, standard hydrogen electrode, normal hydrogen electrode)　활량 1인 수소 이온을 함유하는 수용액 중에 백금흑부 백금전극을 삽입하여 전극면에서 1 atm의 수소가스와 접하도록 작제한 수소전극. 그 전극 전위는 각종 전극계의 전위를 표시하는 기준으로서 모든 온도에서 제로로 약속한다. 약어 SHE 또는 NHE이다.

표준 시료 (標準試料, standard sample)　(1) ⇨ 표준 물질의 (1). (2) 질량 분석에서 패턴 계수를 정하거나 검량선을 설정하기 위해 사용하는 표준으로 선정한 물질을 말한다. (3) 형광·인광 측정에서 장치의 교정에 사용되는 안정된 발형광성 물질. 예를 들면 황산퀴닌 등이 있다.

표준 시약 (標準試藥, standard reagent)　KS(용량 분석용 표준시약)로 정해진 표준 물질. 관봉 시약의 하나. 현재 11종의 시약이 지정되어 있다.

표준액 (標準液, standard solution)　⇨ 표준 용액.

표준 엔트로피 (標準——, standard entropy)　표준상태(1 atm)에서 물질 1 mol의 엔트로피. 열역학 제3법칙에 따라 절대 영도에서 순수한 물질의 결정 엔트로피는 제로라 하여 구하게 된다.

표준 연료 (標準燃料, reference fuel)　옥탄가 측정의 표준이 되는 이소옥탄과 헵탄 혹은 세탄가 측정의 표준이 되는 데칸과 헵타메틸노난을 말한다.

표준 온도계 (標準溫度計, standard thermometer)　막대상 온도계와 온도 측정장치 등을 비교 교정하는 경우에 표준으로 사용하는 온도계. 예를 들면 표준 백금 저항온도계, 백금로듐(10%로듐)/백금 열전대가 있다.

표준 용액 (標準溶液, standard solution)　(1) 적정에서 사용되는 농도가 정확하게 알려져 있는 용액을 말한다. (2) 화학조작 일반에서 측정의 표준에 사용되는 농도, 역가 등이 가지의 용액을 말한다.

표준 전극(標準電極, normal electrode, standard electrode)　⇨ 기준 전극. 단, 표준상태에 있는 전극이란 의미로 사용되는 경우도 있다.

표준 전극 전위 (標準電極電位, normal electrode potential, standard electrode potential)　단일 산화-환원계가 표준상태에 있을 때의 평형 전극 전위. 그냥 표준 전위라고도 한다.

표준 전위 (標準電位, standard potential)　⇨ 표준 전극 전위.

표준 전지 (標準電池, standard cell)　안정되고 재생성이 있는 기전력이 있는 전지. 전압의 표준이 된다. 카드뮴 표준전지 등이 있다. 20℃에서 기전력은 1.0183V이고, 온도가 1℃ 상승할 때마다 0.04 mV 저하한다. 구성은 양극에 수은, 음극에는 카드뮴 아말감, 전해액으로 황산카드뮴을 사용한다. 이것을 웨스틴 또는 카드뮴 표준전지라고 한다.

표준체 (標準篩, standard sieve) 법령 또는 권위있는 단체에 의해 규격화된 체. 보통 황동, 인청동, 스테인리스강제로 망체 및 판체가 있다. ASTM, Tyler 등의 규격이 있다. Tyler 표준체는 Tyler사(미국)에 의한 것으로 멧슈체로서 유명하다.

표준 칼로멜 전극 (標準 —— 電極, normal calomel electrode) 염화수은(Ⅰ)을 포화시킨 1mol 염화칼륨 수용액을 전해질 용매로 사용하는 칼로멜 전극, 참조 전극으로 사용되며, 전극전위는 표준 수소전극에 대해 0.283V(25℃)이다. ⇨ 포화 칼로멜 전극.

표준 편차 (標準偏差, standard deviation) 편차의 제곱의 산술 평균(분산)의 평방근. 정규 분포식에서는 보통 σ로 나타낸다. 규정 값의 편차를 정하는 양이다.

표준화 (標準化, standardization) 과학·기술 분야에서 국제적인 학술연합. 각종 규격단체 등의 공공적 기관의 검토와 합의 기초하여 단위·기호·용어 등의 표기 혹은 명명법, 물질의 성질 또는 품질 성능, 제조·관리 등의 방법과 기타 다양한 사항에 대하여 일정한 표준 혹은 규격을 정하는 것. 대표적인 예로 미터법에 근거한 국제 도량형 총회(CGPM)에서 추진된 국제 단위계(SI)의 설정, 국제 표준화기구(ISO)에 의한 각종 규격의 설정 및 그에 대응하는 가명 각국에서의 국내 규격(예를 들면 한국표준규격(KS))의 설정 등을 들 수 있다.

표지 (標識, labeling, labelling) 단체 또는 화합물을 구성하고 있는 원소의 원자를 그 원소의 동위원소로 치환하는 것. 라벨링, 라벨화라고도 한다. 방사성 동위원소, 비방사성 동위원소의 어느 경우에도 있으며, D, T, ^{13}C, ^{14}C 등이 많이 사용되고 있다. 화학반응의 반응기구의 해명, 생체의 대사 기구, 의학의 진단용 등에 많이 사용되는 수법이다.

표지 면역검정법 (標識免疫檢定法, radioimmu-noassay) 방사성 동위원소로 표시한 항원 또는 항체를 사용하여 항체 또는 항원을 측정하는 방법. 특이성이 매우 높고 또한 고감도이므로 호르몬 등 보통의 방법으로는 측정이 곤란한 미량 물질의 측정에 쓰인다.

표지 유전자 (標識遺傳子, genetic marker) 유전자 재조합 실험 등에서 목적하는 유전자를 클론화한 세포를 선택하는 데 사용하는 유전자. 유전 표지라고도 한다. 표현형(⇨ 유전자형.)이 뚜렷한 돌연변이 유전자가 사용된다. 예를 들면 항생물질에 내성을 갖게 된 돌연변이 유전자 등이 이용되기 쉽다.

표지 화합물 (標識化合物, labelled compound) 하나의 화합물 중 특정한 원자를 그 원소의 동위원소 원자로 치환한 화합물. 예를 들면 $^{15}NH_3$, $CH_3C_2H_2OH$ 등. 반응기구의 연구 등에 편리하게 이용되며 방사성 동위원소로 표지한 화합물도 많이 사용된다.

표현 (表現, representation) (1) 한 사상(事象)의 기술에 관해서 이론적으로는 동일한 크기의 체계에 포함되지만 형식적으로는 다른 표현 형식을 취하는 경우 A표현, B표현 등으로 하는 경우가 있다. 표시라고도 한다. 예를 들면 양자역학의 슈뢰딩거 표시와 하이젠베르크 표시가 있다. (2) 군론에서 대칭조작 간의 곱의 관계와 수학적으로 동등한 곱의 관계를 갖는 행렬의 하나하나를 말한다. 가약(可約) 표현과 기약(旣約) 표현이 있다.

표현형 (表現型, phenotype) ⇨ 유전자형의 대응어이다. ⇨ 유전자형.

푸라노오스 (furanose) 단당의 카르보닐기가 3번째의 탄소원자에 결합하는 히드록실기간에 헤미아세탈 결합을 이루고, 탄소 4원자와 산소 1원자로 된 오원 고리구조를 형성하고 있는 것. 푸란 고리가 있는 당이란 의미에서 푸라노오스라고 한다. 푸라노오스는 피라노오스에 비해서 불안정한 것이 특성이므로, 피라노오스와 같은 α(D-글루코오스로는 1위치의 수산기가 5원고리의 아래쪽) 및 β형으로 존재는 하지만 여기까지에 절정으로서 얻어진 유리당은 없고 용액 속에 또는 배당체의 성분으로서 알려져 있을 뿐이다. α- 또는 β-D-글루코푸라노오스의 메틸글루코시드는 결정으로 알려져 있으며, 이 외에 수

종의 결정 유도체가 알려져 있다. 사카로오스는 α-D-글루코피라노실-β-D-프룩토푸라노시드이다.

푸란 (furan)　탄소 4원자, 산소 1원자로 구성된 복소 오원고리 화합물. $C_4H_4O_2$. 고리 내에 공역 이중결합이 있으나 의사 방향족성을 나타낸다. 무색의 휘발성 액체로서, 분자량 68.1, 녹는점 $-85℃$, 끓는점 $32℃$, 비중 0.937이다. 물에는 녹지 않지만 에탄올·에테르 등 유기 용매에는 녹는다. 알칼리에는 안정하지만 산에는 불안정하여 수지화(樹脂化)한다. 소나무 재를 건류하여 얻는 타르 속에 함유되어 있는데, 보통은 푸란 -2-카르복시산의 탄산이탈 또는 니켈을 촉매로 하여 $280℃$에서 수소와 반응시키는 방법 등으로 얻는다. 디엔으로서의 성질을 나타내므로 딜스-알더반응을 한다.

푸르오베 다이아그램 (Pourbaix diagram)　⇨ 전위-pH도.

푸르푸랄 (furfural)　푸란 고리의 α-자리에 -CHO기를 갖는 복소 고리 알데히드 (C_4H_2O)CHO. 특수한 냄새를 가진 기름 모양의 액체로, 분자량 96.1, 끓는점 $161.8℃$, 비중 1.56이다. 공기 중에 방치하면 산화하여 황갈색 수지상(樹脂狀) 화합물이 된다. 물에 녹으며 에탄올·에테르 등에 녹기 쉽다. 화학적 성질은 벤즈 알데히드와 비슷하며 카니차로 반응을 보인다. 퓨젤유(油)를 비롯하여 몇 종류의 정유(精油) 속에 함유되어 있다. 펜토오스의 탈수로 생성된다. 공업적으로는 보리짚, 왕겨 등을 산으로 가수분해하여 제조된다. 아디프산의 원료로서 나일론 합성에 사용되고 용매와 살충제로도 사용되며 각종 공업제품 원료로 사용된다.

푸리에 변환 (——變換, Fourier transform, Fourier transformation)　시간 t와 더불어 변동하는 양 $f(t)$가 있다고 하면(예를 들면 진동강도 등) 이 속에는 여러 가지 진동수(주파수) 성분이 포함되어 있으므로 이러한 성분을 추출, 정리하여 각 주파수 ω에 대한 성분강도의 분포 $F(\omega)$로서 재배열할 수 있다면 현상의 본질을 보다 쉽게 파악할 수 있다. 이처럼 주어진 $f(t)$에서 $F(\omega)$를 구하는 조작이 푸리에 변환(FT로 약칭된다)에 상당한다. 수학적으로 $F(\omega) = \dfrac{1}{\sqrt{2\pi}} \displaystyle\int_{-\infty}^{\infty} f(t)\, e^{-i\omega t} dt$로 주어지지만 실제의 조작은 $f(t)$의 변화를 디지털화하여 컴퓨터를 이용하여 한다. 이를 위한 유력한 알고리즘으로서 FFT(fast Fourier transform)가 알려져 있다. $f(t)$와 $F(\omega)$는 동일한 내용을 별도의 입장에서 표현한 것으로 수학적으로는 등가이며 따라서 역으로 $F(\omega)$에서 $f(t)$를 구하는 것도 가능하다(푸리에 역변환). 이 때 $f(t)$와 $F(\omega)$는 푸리에 변환쌍을 이룬다고 한다.

푸리에 변환 NMR (—— 變換 NMR, Fourier transform NMR)　푸리에 변환 분광법의 하나. 약어 FT-NMR이다. 펄스법 NMR로 90° 펄스에 의해 얻어지는 자유유도 감쇠(free induction decay, FID) 신호는 시료가 일제히 공명한 결과 발생하는 간섭신호이고 이 속에 모든 공명신호 성분이 포함되어 있다. 즉 FID 신호는 NMR 스펙트럼과 푸리에 변환쌍을 이룬다. FID 신호를 다수 회 적산한 다음 이것을 푸리에 변환하여 NMR 스펙트럼을 구한다.

푸리에 변환 분광법 (—— 變換分光法, Fourier transform spectroscopy)　푸리에 변환을 신호처리의 수단으로 이용한 분광법. 적외분광에서는 마이컬슨 간섭계에 의해 얻어지는 인터페로그램을 푸리에 변환하여 적외 스펙트럼을 얻고, 핵자기 공명에서는 임펄스 응답신호를 푸리에 변환하여 NMR 스펙트럼을 얻고 있다. 분광법 푸리에 변환의 보통적인 분산방식 분광법에 대한 이점은 ① 슬리트를 사용하지 않으므로 밝기에 관한 이득이 크고, ② 모든 파장의 빛을 동시에 관측하므로 SN에 관한 이득이 크며 감도의 향상을 도모할 수 있는 점 등이다.

푸리에 변환 적외분광법 (—— 變換赤外分光法, Fourier transform infrared spectroscopy)　푸리에 변환 분광법의 하나. FT-IR이다. 적외분광법에서 마이컬슨 간섭계를 이용하여 얻어지는 신호(인터페로그램이라 한다)는 광로차를 변수로 한 간섭광의 강도이며(광로차는 빛의 속도와 관련시키면 시간에 관한 변수이다) 구하는 적외 스펙트럼과 푸리에 코사인(cosin) 변환의 관계로 결부되어 있다. 이 관계를 사용하여 인터페로그램으로부터의 계산으로 적외스펙트럼을 구한다.

푸마르산 (—— 酸, fumaric acid)　불포화 디카르복시산, HOOCCH=CHCOOH. 이중결합의 입체 배치가 다른 기하 이성질체가 있으며 트랜스형의 것을 푸마르산, 시스형의 것을 말레산이라 한다. 분자량 116.17. 녹는점 286~287℃(봉관 속에서 측정), 비중 1.63이다. 개관(開管) 속에서는 200℃ 이상에서 승화한다. 무색 결정으로 물·에탄올에는 녹지만 에테르에는 녹기 어렵고, 벤젠에는 녹지 않는다. 높은 온도를 유지하면 말레산 무수물(無水物)로 변한다.

푸시 풀 기구 (—— 構, push-pull mechanism)　반응분자에서 탈리하는 기와 부가하는 기가 있을 때 부가와 탈리의 양 관계가 동시에 진행하는 메커니즘. 협주 메커니즘의 하나이다.

푸아송 분포 (—— 分布, Poisson distribution)　변수 N을 0 또는 양의 정수값을 취하는 이산적 변수로 할 때 N의 값이 출현하는 확률 P_N이 $P_N = e^{-\lambda}(\lambda^N/N!)$로 주어지는 분포. λ는 이 분포에서의 평균값 및 분산을 나타낸다. 원자의 붕괴를 카운트하는 경우와 같이 사상이 일어나는 가능성이 있는 시점이 매우 광범하고 또한 그 시점에서 사상이 일어나는 확률이 작은 경우에 이와 같은 분포가 된다.

푸아송 비 (—— 比, Poisson's ratio)　균일한 물질에 한 방향의 신장 응력을 가하였을 때 축 방향의 단위 길이당의 변형을 α, 가로 방향의 단위 길이당의 변형을 β로 하면 $\nu = \beta/\alpha$로 표시되는 ν를 말한다. 탄성률의 하나로, 등방성 물질에서는 물질에 따라 결정되는 상수가 된다. 예를 들면 강철에서는 0.25~0.33, 탄성 고무에서는 0.46~0.49이다.

푸아즈 (poise)　유체 점성률(점성계수)의 cgs 단위. 기호 P. $1P = 1\,dyn \cdot s/cm^2 = 1\,gcm^{-1}s^{-2} = 10^{-1}Ns/m^2$　유체의 점성칙을 연구한 J. L. Poiseuille의 이름에서 명명되었다.

푸아즈이유의 식 (—— 式, Poiseuille's equation)　원형 단면을 갖는 직관 내를 층류상태로 유체가 흐를 때의 압력 손실을 부여하는 식. 하겐-푸아즈이유의 식이라고도 한다. 이 압력손실은 관벽에서의 점성 응력에 기인하며 관 내의 속도분포는 관 중심에서 최대값, 관벽에서 제로가 되는 포물선형의 분포가 된다.

푸제인 (fusain)　⇨ 목질 탄모.

푸지니트 (fusinite)　석탄 미세 조직성분인 이너티니트의 한 군에 속하는 반사율이 높은 성분. 식물이 목질부에 유래하며 목탄상의 세포조직 또는 호상구조를 볼 수 있다. 푸제인의 주성분이다.

푸츠 (foots)　유제를 말한다.

푹신 (fuchsine)　자홍색의 염기성 염료. 트리페닐메탄 염료에 속하는 가장 오래된 합성 염료. *Fuchsia* 속의 꽃 색깔에서 명명되었다. 별칭 마젠타는 이탈리아와 프랑스 연합군이 오스트리아에 대승한 기념으로 그 전장의 이름을 딴 것. 푹신은 염산염으로서 다루어지며 그 유리염기는 로자닐린이다.

풀러 토 (—— 土, Fuller's earth)　천연에서 산출되는 흡착 활성이 강한 점토. 주로 영어권에서 사용되는 용어. 처음에 직포의 표백업자(Fuller)가 사용하였기에 이런 이름이 붙었다. 산성 백토와 거의 같은 뜻으로 사용된다.

풀림 (annealing)　담금질 등의 열처리를 하여 경화시킨 합금을 고온에서 장시간 가열하여 실온까지 서서히 식혀 연하게 하는 처리법. 상변화(相變化)가 온도의 오르내림에 따라 일어나는 재료에서는 충분한 시간에 걸쳐서 서서히 냉각시킴으로써 상태도에 나타난 것 만큼의 변화를 전부 완료시켜서 안정된 평형상태로 한다. 고온상태에서 서서히 식혀서 확산에 의해 각 온도에서 평형상태를 그때마다 잡으면서 냉각될 수 있는 시간을 준다. 이 밖에 가공·주조·조사(照射) 등에 의해 변형이 생기거나 격자 결함(格子缺陷)이 생겨서 굳은 결정 고체에서는 그 속에서 주체가 되는 성분의 원자가 충분히 확산해서 움직일 수 있는 온도, 즉 재결정(再結晶) 온도 이상으로 적당한 시간 가열해서 목적을 달성한다. 풀림하여 얻을 수 있는 상태는 그 재료에 있어서 가장 부드러운 상태일 때가 많으므로 풀림이라는 말에는 가장 연한 상태를 얻는 열처리 조작이라는 느낌이 내포되어 있다. 이 때문에 석출 경화형(析出硬化型) 합금인 베릴륨 구리에서는 완전히 고용(固溶)되는 온도까지 가열해서 급랭하여 과포화 고용체(過飽和固溶體)를 얻으면 그 합금에서의 가장 연한 상태가 되기 때문에 이 조작을 용체화(溶體化) 담금질, 또는 용체화 풀림(solution annealing)이라고도 한다.

풀림 저항 (—— 抵抗, fouling resistance) 열교환기, 증발기 등에서 오랜 기간 운전하게 되면 전열면 상에 석출·부착하는 고체의 박층(스케일)이 형성되는데 그로 인하여 발생하는 전열 저항. 풀림저항의 역수를 불결계수라 한다.

풀림제 (—— 劑, peptizer, peptizing agent) 고무를 매스티케이션할 때, 분자 사슬의 절단을 촉진시키기 위해 가하는 약제. 이것으로 고무의 가소화가 촉진되고 매스티케이션 작업시간이 단축된다. 펩타이저 또는 작해제라고도 한다. 페닐히드라진, 티오벤조산아연 등이 사용된다.

풀 먹이기 (sizing, starching) 섬유에 가공성, 외관, 촉감 등을 개선하기 위해 섬유에 풀을 먹이는 것. 세로실의 풀먹이기와 마무리의 풀먹이기로 나누며, 전자는 실 표면을 평활하게 하여 제직성을 높인다. 후자는 천에 튼튼함과 침착성을 부여하고, 천의 외관, 촉감을 향상시킨다. 풀 재료로는 녹말류, 폴리비닐알코올, 카르복시메틸셀룰로오스, 아크릴 수지 등이 사용된다. 또 종이에 잉크나 물에 대한 적절한 삼투성을 부여하고 인쇄 적성을 향상시키는 등 종이 표면의 성질을 개선하기 위해서도 풀먹이기를 하는데 이 경우의 풀을 사이즈라 한다.

풀민산 염 (—— 酸鹽, fulminate) 일반식 M'ONC. 시안산 염의 이성질체. Na, K, NH₄, Ag, Hg, Pb 등의 염이 알려져 있으나 모두 폭발성이다. 수은(Ⅱ)염 $Hg(ONC)_2$은 뇌홍이라 한다.

풀 비등 (—— 沸騰, pool boiling) 비등 전열에서 전열면의 표면 온도가 액의 포화온도보다 매우 조금밖에 높지 않으면 전열면에서의 증기포 발생도 극히 적어 발생한 증기포가 즉시 소멸하는 영역이 생긴다. 이처럼 전열면의 표면 온도와 액온의 차가 작고, 액의 대류가 온도차에 바탕한 자연 대류가 증기포에 의한 교란에 의해서만 일어나는 비등을 풀 비등 혹은 자연대류 비등이라 한다.

풀 빼기 (desizing) 직물 마무리 공정의 하나.
풀먹이기 한 직물의 세로실에 묻어 있는 풀을 풀빼기 처리제로 제거하는 것. 직물을 탕에 담구어 줌으로써 이제까지의 공정에서 부착한 처리제의 제거, 직물의 유연화, 조직의 치밀화, 크레이프 가공 등을 한다.

풀빼기 처리제 (—— 處理劑, desizing agent) 풀빼기에 사용되는 약제. 녹말류로 된 풀을 제거하기 위해서는 α-아밀라아제 같은 효소가 폴리비닐알코올, 카르복시메틸셀룰로오스, 아크릴 수지 등의 합성풀제를 제거하기 위해서는 $(NH_4)_2S_2O_8$, NH_4HSO_5, $KHSO_5$ 등의 페루옥소황산염, 과산화수소 등의 산화제가 사용된다.

풀 재료 (糊材料, sizing agent, sizing material) ⇨ 풀 먹이기.

풀 프루프 (pool proof) 인위면의 안전 대책에 관한 용어. 원래 바보도 다룰 수 있게 한다는 의미인데, 널리 인간의 과실이나 무지에 의한 이상이 일어날지라도 그것을 보완하여 기능하도록 하는 발상법을 말한다.

풍건 (風乾, air drying) 건조기 등을 사용하지 않고 실온에 방치하여 자연적으로 건조시키는 것을 말한다.

풍건 펄프 (風乾 ——, air-dried pulp) 보통 조건(온도 20℃, 상대습도 65%)하에서 공기 중의 습도와 평형상태에 있는 펄프. 상거래에서는 수분 함유량 10%로 간주한다.

풍대 (風袋, tare) 시료 등의 질량을 계측할 때의 용기의 질량을 말한다.

풍사 (風篩, air elutoriator) 가루입체의 입자 지름 분포 측정 장치의 하나, 바람체라고도 한다. 상승기류 중에서 입자를 낙하시켰을 때 침강속도로 인해 기류속도가 크면 입자는 날리고, 침강속도가 크면 낙하하는 것을 이용하여 입자의 지름 분포를 측정한다.

풍유성 바니시 (豊油性 ——, long oil varnish) ⇨ 장유 바니시.

풍파 (風簸, air elutriation) 입자의 지름이 서로 다른 미립자군을 공기 중의 침강속도의 차이를 이용하여 분급하는 것을 이른다.

풍해 (風解, efflorescence) 결정수를 함유하는 어떤 종의 결정을 공기 중에 방치하면 서서히 결정수를 상실하고 분말로 되는 현상으로 황산나트륨10수화물 $(Na_2SO_4 \cdot 10H_2O)$ 등에서 볼 수 있다.

풍화 (風化, weathering)　암석 혹은 광물 등이 풍우에 노출되어 분쇄, 파괴되어 물리적·화학적으로 변화하고 최후에는 토양으로 되는 과정. 풍해를 풍화라고 하는 경우도 있다.

풍화시험 (風化試驗, weathering test)　재료를 옥외의 자연 조건이나 유사한 조건에 노출(이것을 weathering이라 한다)하였을 때 재료가 어떻게 열화하는가를 조사하는 시험. 실재로는 옥외 로폭시험과 단기간에 실시하는 촉진 노폭시험이 있다.

풍화탄 (風化炭, weathered coal)　풍화작용에 의해 산화한 석탄. 공기 중의 산소, 빗물, 자외선 등이 풍화의 인자로 작용한다. 인공적으로 산화한 석탄과 마찬가지로 물리적·화학적 성질은 변화하였다. 특히 점결성 및 발열량의 저하를 볼 수 있으므로 상품으로서의 석탄의 가격도 떨어진다.

퓨개시티 (fugacity)　실제 기체로 실용적으로 작용하는 압력을 말한다. G. N. Lewis (1901년)가 실제 기체를 열역학적으로 논하기 위해 도입한 양. 도산능(逃散能), 일산능이라고도 한다. 충분한 저압에서 압력과 같아진다.

퓨로마이신 (puromycin)　방선균이 생산하는 항생물질. 항종양성, 항트리파노소마성을 나타낸다. RNA의 기능을 저해하여 단백질 합성의 번역반응을 저해한다.

퓨린 (purine)　피리미딘 고리와 이미다졸 고리가 축합한 구조를 갖는 복소 고리 화합물로, 무색의 침상결정이다. 녹는점 216℃, 물, 따뜻한 알코올에 잘 녹는다. 1산 염기로서도 작용하고, 또 산으로서 금속 유도체도 부여한다. 특수한 위치번호가 있다. 퓨린핵을 갖는 화합물에는 천연에 존재하여 생리적으로 중요한 의의가 있는 화합물이 많다. 아미노기를 갖는 퓨린 염기에는 아데닌, 구아닌 등 핵산의 구성 요소가 되는 것이 있고, 히드록실기를 갖는 퓨린 유도체는 케토-엔올 호변 이성질체로서 산성을 나타내는 요산, 혹은 질소에 메틸 치환기를 갖는 카페인 등의 알칼로이드가 알려져 있다.

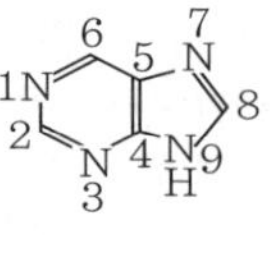

[퓨린]

퓨린 염기 (—— 鹽基, purine base)　⇨ 퓨린.

퓨젤 유 (—— 油, fusel oil)　알코올 발효시 에탄올에 수반하여 생성되는 고급 알코올을 주성분으로 하는 혼합물. 발효 원료의 종류에 따라 성분은 다르지만 원료 중의 단백질 분해물에서 생성된다고 한다. 그대로 용제로 사용하거나 또는 아세트산에스테르의 합성 원료로 공급한다.

퓸 (fume)　가열, 증류, 매소, 화학 반응 등에 의해 생긴 고체 또는 액체의 증기가 응축하여 미세한 입자로 된 것. 보통 입자 지름 1 μm 이하의 것을 지칭한다.

프라이머 (primer)　(1) 어떤 반응을 개시시키는 데 필요한 발판이 되는 물질. 고분자 합성, 효소 반응에서 생성하여야 할 고분자 화합물의 소량이 반응 개시에 필요한 경우가 있는데, 그 물질을 프라이머라 한다. 글리코겐 포스포릴라아제에 의한 글루코오스 1-인산으로부터 녹말 합성에는 미량의 녹말이 프라이머로 필요하다. 또 DNA폴리메라아제가 한 가닥 DNA 사슬에 상보적인 DNA를 합성할 때에는 올리고 뉴클레오티드가 프라이머로 필요하다. (2) 접착, 도장 때에 피접착물. 피도면의 표면에 접착제, 도료와의 접착성을 향상시키기 위해 도포하는 표면 처리제이다.

프라이머 서피서 (primer surfacer)　프라이머와 서피서의 성질을 겸비한 밑칠 도료. 방청 효과가 있고 부착력이 있는 동시에 연마성, 평활성도 우수해야 한다.

프랑크-콘돈 원리 (—— 原理, Franck-Condon principle)　분자가 다른 전자상태 간의 전이에 따른 전자기파의 흡수 또는 감광과정은 핵진동에 비하여 훨씬 빠르므로 이 전이 간에 분자의 핵배치는 변화하지 않는다고 생각하는 근사를 말한다. 단열 근사에서는 두 전자상태 간의 전이 확률은 전자 파동함수의 전이 모멘트의 2곱과 진동 파동함수의 중첩적분의 2곱(후자를 프랑크-콘돈 인자라 한다)의 곱으로 부여된다.

프랑크-콘돈 인자 (—— 因子, Franck-Condon factor)　⇨ 프랑크-콘돈 원리.

프래그먼트 이온 (fragment ion)　분자가 이온이나 전자 등의 충격에 의해 결합이 절단되어 질량이 보다 작은 이온으로 된 것을 말한다.

프랙션 컬렉터 (fraction collector) 칼럼 액체 크로마토그래피의 칼럼 용출액을 체적, 중량, 방울수 등에 의해 일정량씩 또는 일정 시간마다 순차로 자동적으로 측정하는 장치를 말한다.

프러시안 블루(파랑) (Prussian blue) ⇨ 베를린 블루.

프레스 가황 (―― 加黃, press cure, press vulcanization) 금형에 넣은 배합 고무를 열반 사이에서 압축하면서 가황하는 방법. 이렇게 함으로써 금형 성형된 가황 고무가 만들어진다.

프레온 (Freon) ⇨ 프론.

프레큐어 (precure) (1) ⇨ 스코치. (2) ⇨ 조기경화. (3) 셀룰로오스 섬유를 영구 가공하는 방법의 하나. 천에 수지, 가교제를 함침시켜 열처리하고 축합 고착시킨 다음 이어서 재단, 봉제한 후에 고온·고압으로 프레스한다.

프레폴리머 (prepolymer) 열경화성 수지에서는 성형가공을 용이하게 하기 위해 중합 또는 중축합 반응을 적당한 단계에서 정지하여 비교적 저분자량의 다루기 쉬운 중간 생성물로서 사용하는 경우가 많다. 이러한 예비 중합물을 프레폴리머라 한다. 즉, 폴리메타크릴산 메틸, 디알릴 수지 등과 같은 카스팅용 수지를 부분적으로 중합한 것을 말한다. 폴리메타크릴산 에틸에서 투명한 판, 관, 봉 등을 만들 때, 그 단량체를 형에 주입시켜 가열 중합하면 증발열 때문에 발포하여 불량품만이 생긴다. 그래서 이 단량체에 중합 촉매로서 과산화벤조일을 약 0.1% 가하여 80~90℃로 3시간쯤 섞으면 부분적으로 중합하여 그 중합체가 단량체에 녹으므로 점도가 증대하게 된다.

프렌켈 결함 (―― 缺陷, Frenkel defect) ⇨ 빈 격자점.

프로드러그 (prodrug) 기지의 약물에 화학적 수식을 가한 화합물. 그 자신은 거의 약물 활성을 나타내지 않고 생채 내의 효소반응 (에스테라아제, 아미다아제, 카르바미다아제 등을 이용) 혹은 화학 반응(시프염기, 에나

민 등을 이용)에 의해 원래의 약물로 복원시켜 활성을 나타낸다. 용해도, 맛, 냄새, 생체 흡수성, 부작용 등의 개선, 특정 부위에서의 작용 발현을 목적으로 설계된다.

프로락틴 (prolactin) 뇌하수체 호르몬. 유선자극 호르몬(MTH), 황체자극 호르몬이라고도 불린다. 사람의 프로락틴은 198개의 아미노산 잔기로 된다. 유선, 전립선의 발육, 유즙 분비의 촉진작용이 있다.

프로모터 (promotor) (1) ⇨ 촉진제(촉매)의 (1). (2) 조절 유전자의 하나. RNA 폴리메라아제가 결합하여 오페론의 전사를 개시하는 부분을 말한다.

프로브 (probe) 일반적으로 대상물의 계측 내지 탐사의 목적으로 사용되는 침상의 소도구 내지 장치를 지칭하지만 다음과 같은 의미로 사용된다. 즉 (1) 계측용의 침상 전극, (2) 표면분석 등에서 여기용의 전자빔 내지 이온빔, (3) NMR 측정 등에서 시료관 삽입부, (4) 환경분석에서의 시료 채취기 등을 이른다.

프로비타민 (provitamin) 생체 내에서 비타민으로 변환되는 전구 물질. 비타민 A의 전구체인 카로틴, 비타민 D_2의 전구체인 에르고스테롤은 그 예이다.

프로세스 건판 (―― 乾板, process plate) ⇨ 건판.

프로세스 오일 (―― 油, process oil) 배합 고무의 작업공정(혼합, 밀어내기 등)에서의 작업성을 좋게 하기 위해 첨가하는 광유. 주로 석유의 고비점 유분에서 얻게 되는 파라핀계·니프텐계·방향족계의 것이 사용된다.

프로세스 제어 (―― 制御, process control) 습관적으로는 각종 공업 프로세스의 상태량 (예를 들면 압력, 유량, 온도, 농도 등)을 제어하고자 하는 양(피제어량)으로 하고 그것을 어느 일정한 목표값으로 유지하는 제어. 이른바 정치 제어를 말한다. 물체의 위치, 방향, 자세 등을 임의의 변화에 추종시키는 이른바 서보 기구와 대비하여 사용하는 경우가 많았으나 최근에는 프로세스 제어라 하여도 서보 기구적 특징이 있는 것이 많다.

프로세싱 (processing) 단백질이나 RNA가 생체 내에서 합성된 후 가수분해 효소에 의

해 한정 분해되거나 혹은 수식되어 비로소 목적하는 고분자가 되는 경우 그 한정 분해와 수식을 프로세싱이라 한다.

프로스타글란딘 (prostaglandin) 　동물, 사람의 조직에서 널리 볼 수 있는 C_{20} 생리 활성 물질의 총칭. 약어 PG이다. 시클로펜탄의 5원고리와 C_7 및 C_8로 된 2가닥의 곁사슬이 있는 모노카르복시산. 5원고리 및 곁사슬에 있는 산소 치환기 −OH, =O, −OO−의 종류에 따라 A, B, D, E 등으로 분류된다. 또 디호모−γ− 리놀렌산 유래의 타입 1, 아리키돈산 유래의 타입 2, 에이코사펜타엔산 유래의 타입 3으로 나누어지며 PGE_1처럼 첨자로 표시된다. 생체 내에서는 주로 타입 2가 생성된다. PGE는 자궁 수축약, PGE_{2a}는 장관 운동 촉진약으로서 널리 사용된다. 또 D는 수면 유발, I는 혈소판 응집의 저해작용이 있다.

프로스타글란딘 엔도페록시드 신타아제 (prostaglandin endoperoxide syntase) 　⇨ 시클로옥시게나아제.

프로스트 상 (—— 像, frost image) 　열가소성 수지층에 정전 잠상을 형성하고 가열하였을 때에 표면에 생기는 서리 모양의 망목(프로스트)으로 형성된 화상. 슈리렌 광학계라 불리우는 특수한 방법을 사용하여 읽어낸다.

프로인틀리히의 흡착 등온식 (—— 吸着等溫式, Freundlich adsorption isotherm) 　흡착 평형을 나타내는 경험식의 하나. 온도 일정의 조건에서 (흡착제 중량당의 평형 흡착량) ∝ (흡착 물질의 유체상에서의 농도 또는 분압)$^{1/n}$ 라는 관계식으로 나타내는 식을 말한다. n은 2~10 정도로 되는 경우가 많다. 랭뮤어의 흡착 등온식과 더불어 많이 사용된다.

프로인슐린 (proinsulin) 　인슐린의 전구체. 인슐린이 A, B 두 가닥의 폴리펩티드 사슬로 이루어지는 데 대해 프로인슐린은 A, B 사슬 사이를 연결 펩티드(C 펩티드)로 이은 한 가닥 사슬의 펩티드이다. 췌장의 랑게르한스 섬의 B세포 중에서 만들어진다.

프로큐레이션 (procculation) 　콜로이드 입자가 소량의 고분자 물질이 첨가됨으로써 들뜬 모양의 집합체를 형성하고 드디어 침전하는 현상. 이 효과를 현저하게 나타내는 고

분자를 고분자 응집제라 한다.

프로키랄 (prochiral) 　⇨ 프로 키랄리티.

프로키랄리티 (prochirality) 　아키랄한 분자이거나 분자내에 대칭면을 끼고 거울상적인 구조 요소가 있고 대칭면을 제거하는 1단계 반응에서 키랄 한분자로 변할 수 있는 성질. 키랄로 되는 전단계의 분자 구조라는 의미이다. 간단한 실례를 들면 예를 들면 (a), (b) 는 모두가 프로키랄 분자이고 분자 내에 대칭면이 있으나 이것에 부제합성의 조건에서 반응을 하면 대칭면의 한쪽에서 시약이 작용하여 키랄한 분자 (a′), (b′) 를 생성한다. 효소는 프로키랄 한 분자의 거울상적 요소를 엄밀하게 구분하여 광학 활성체를 부여한다.

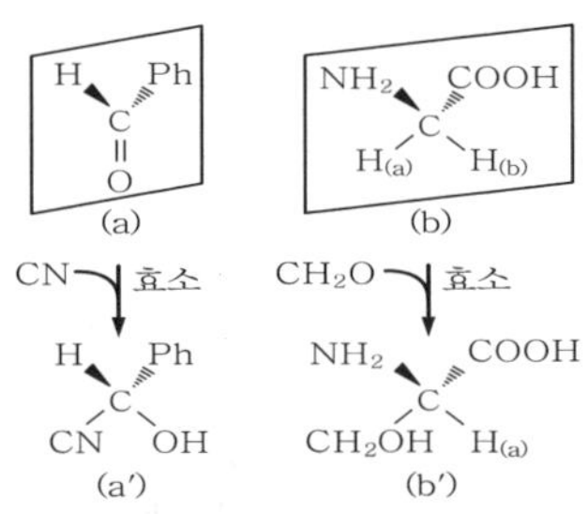

[프로키랄리티]

프로타민 (protamine) 　어류와 닭의 정자핵에 존재하는 분자량이 작은 강염기성의 단순 단백질. 분자량 4천~1만으로 등전점(等電點)은 pH 10~12이다. 구성 아미노산은 거의가 염기성 아미노산이고, 특히 아르기닌이 많다. 정자핵 안에서는 DNA와 결합하여 유전 정보의 발현을 저지한다. 인슐린과 결합시키면 인슐린의 약효를 지속시킨다.

프로테아제 (protease) 　단백질의 펩티드 결합의 가수분해를 촉매하는 효소의 일반명. 단백질 분해효소라고도 한다. 마찬가지로 펩티드 결합을 가수분해하는 효소도 펩티다아제라는 용어는 비교적 저분자량의 펩티드 기질에 작용하는 효소를 지칭한다. 생리적으로 중요한 것은 단백질의 가수분해로, 펩신, 트립신 등의 엔도펩티다아제이다. 단, 프로테아제는 단백질 뿐만 아니라 합성 펩티드도 분해하는 활성이 있다.

프로테올리피드 (proteolipid) 　동물의 신선한

뇌에서 추출되는 하나의 지질-단백질 복합체. 물에 불용, 유기 용매에 가용. 폐, 간, 신장 등에 널리 분포한다. 신경세포의 축색을 둘러싼 막의 미엘린에서 얻어지는 리포필린과 인산질의 결합, 지질-단백질 상호작용이 연구되고 있다.

프로테인 스코어 (protein score) 단백질의 필수 아미노산 함량에서 그 영양가를 나타내는 값. 인체에 가장 적합한 필수 아미노산의 함량 비율에 비해 문제가 되는 단백질 중에서 가장 부족한 아미노산을 제1 제한 아미노산이라 한다. 여타의 아미노산을 아무리 많이 섭취하여도 제1 제한 아미노산이 부족하면 다른 아미노산은 단백질로서 이용될 수 없고 분해된다. 제1 제한 아미노산의 양만으로 신체에 유지되는 단백질 양이 결정되므로 프로테인 스코어는 제1 제한 아미노산이 상기한 함유비율에 비해서 몇 % 함유되어 있는가로 표시된다.

프로테인 엔지니어링 (protein engineering) 단백질의 화학구조를 변화시켜서 새로운 기능을 부여하거나 개량하기도 하는 기술. 유전자 조작기술에 의해 단백질의 아미노산 배열. DNA의 염기배열을 조사하여 목적하는 단백질을 생산한다. 또 단백질 구조 활성의 상관성, 컴퓨터를 이용하는 규칙성의 연구, 아미노산 잔기의 대체에 의한 효소의 작제 등이 이루어지고 있다.

프로토트로피 (prototropy) 유기화학 전위 반응 중 프로톤 이동에 의한 것. 구전자 전위의 하나로, 케토-엔올 이성질화는 그 대표적인 예이다. 락탐-락탐 상호 이성도 그 예이다. 아세텐아세트산에틸의 케토-엔올 상호 이성은 카르보닐기의 전자 흡인성에 의해 설명할 수 있다. 즉, 케토형에서는 두 개의 카르보닐기의 전자 흡인성 때문에 CH_2기는 H^+을 내기 쉽고, 한편 카르보닐기의 산소는 음전하를 띠고 있으므로 H^+를 받기 쉽다. 따라서 프로토트로피가 쉽게 일어난다.

프로토플라스트 (protoplast) 세균이나 식물 세포에서 세포벽을 제거한 세포막에 싸인 원형질. 펙티나아제와 셀룰라아제를 사용하여 세포벽의 성분 펙틴과 셀룰로오스를 분해하여 제거하면 얻어진다. 이종의 프로토플라스트를 융합하여 잡종 프로토플라스트를 형성할 수 있다. 식물 세포의 형질 변환도 가능하다.

프로톤 (proton) 원자핵의 구성 요소의 하나인 양자를 지칭한다. 혹은 수소원자에서 전자가 상실되어 형성되는 수소 양이온을 이르며 유기화학의 반응 기구 등을 논할 때 분자 내의 수소원자가 양이온으로서 탈리하거나 혹은 분자 내의 다른 원자로 이행하는 경우 양이온이 된 수소는 본질적으로는 양자이지만 유기화학 영역에서는 양성자라고 하지 않고 습관적으로 프로톤이라 한다.

프로톤 부가 (—— 付加, protonation) 산 촉매반응이나 산의 부가반응은 프로톤이 π결합이나 산소, 질소의 비공유 전자쌍에 부가하는 단계부터 시작되는 경우가 많은데, 이 단계를 프로톤 부가라 한다.

프로튬 (protium) 질량수 1의 수소 ^1H. 수소의 동위원소를 구별하여 말할 때 듀테륨(중수소)에 대하여 사용된다. 경수소라고도 한다. 천연에서 수소의 존재비는 경수소 99.985%, 중수소 0.015%이고, 삼중 수소는 인공적으로 만들어진다. 중수소와 삼중 수소를 통틀어 중수소라고 한다.

프로트롬빈 (prothrombin) 혈액 응고 인자의 하나. 제II 인자라고도 한다. 간에서 비타민 K의 작용으로 생성된다. 혈액 중에 함유되는 트롬빈의 전구체이고 복잡한 과정에 의해 트롬빈으로 변환된다. 혈소판와 칼슘이온 등의 작용으로 트롬빈이 되어 이것이 다시 피브리노겐에 작용하여 피브린을 만들어 혈액 응고가 일어난다. 집토끼의 뇌에서 얻은 트롬보플라스틴을 사용하여 응고시간을 측정하여 프로트롬빈의 양을 구한다. 정상에서는 20 mg/dl의 비율로 사람의 혈장 속에 함유되는데 이것이 20% 이하가 되면 장애가 일어난다. 비타민 K 부족, 간의 장애 등에 의하여 이 같은 감소가 일어난다.

프로판 (propane) 포화 사슬식 탄화수소. $CH_3CH_2CH_3$이다.

1, 2-프로판디아민 (1, 2-propanediamine) $CH_3CH(NH_2)CH_2NH_2$. 별칭 프로필렌디아민. 착물의 염기성 배위자로서는 약어 pn이 사용된다.

1, 3-프로판디아민 (1, 3-propanediamine)

H₂NCH₂CH₂CH₂NH₂. 별칭 트리메틸렌디아민. 착물의 염기성 배위자로서는 약어 tn이 사용된다.

1, 2-프로판디올 (1, 2-propanediol)　2가 알코올. $CH_3CH(OH)CH_2OH$. 프로필렌글리콜이라 불리는 경우도 있다. 공업적으로는 프로필렌옥시드의 수화로 형성되며 폴리에스테르 수지, 계면 활성제, 부동액, 냉매 등의 원료로 사용된다.

1, 3-프로판디올 (1, 3-propanediol)　2가 알코올. $HOCH_2CH_2CH_2OH$. 트리메틸렌글리콜이라 불리는 경우도 있다.

프로판올 (propanol)　C_3H_7OH. 히드록실기의 자리에 따라 1-프로판올(프로필 알코올), 2-프로판올(이소프로필 알코올)의 이성질체가 있다. 이소프로판올은 잘못된 명칭. 1-프로판올은 에틸렌의 옥소 반응에 의해 생기며, 화장품, 치과용 로션, 살충·살균제 등에 사용된다.

프로펜 (propene)　⇨ 프로필렌의 (1).

프로피온산 (――酸, propionic acid)　탄소원자수 3개인 카르복시산. CH_3CH_2COOH. 자극적인 냄새가 있는 무색의 액체. 분자량 74.1, 끓는점 141.35℃, 비중 0.9987(15℃, 물 15℃)이다. 물과 잘 섞이지만 포름산이나 아세트산과 달리 염석(鹽析)하면 기름 모양으로 석출한다. 프로피오 니트릴을 가수분해하거나 프로필 알코올을 산화시키면 생긴다. 염류는 음식물에 대하여 살균력과 보존력을 지니므로 그 방면에서 많이 이용된다. 또 아연염은 백선(白癬) 등 피부병 치료에 사용된다. 공업적으로는 1-프로판올의 산화에 의해 제조된다. 에스테르화제로 사용된다.

프로필렌 (propylene)　(1) 불포화 사슬식 탄화수소. $CH_2=CHCH_3$. 상온에서 약한 자극적인 냄새가 나는 무색 기체로서, 녹는점 −185℃, 끓는점 −47.7℃. 비중 0.5139이다. 에틸렌계 탄화수소로서 격렬하게 중합·산화 등의 반응에 관여한다. 석유유분(石油溜分) 내의 분해가스에 존재하며, 이것에서 회수되는 것 외에 프로판의 접촉 수소이탈 등에 의해서도 생긴다. 액화 석유가스로 연료로 사용되고, 또 중합 가솔린의 제조 원료로 사용된다. 그 외에 석유화학 원료로서 이소프로필 알코올 및 이것으로부터 아세톤·프로필렌옥시드·프로

필렌글리콜·알릴알코올·글리세롤·아크릴로니트릴, 또 쿠몰페놀법에 의한 페놀 및 아세톤·도데실벤젠의 제조 등 그 용도가 매우 넓다. 또한 이것을 다수 첨가 중합하여 폴리프로필렌을 만들어 합성섬유를 제조하는 것으로 알려져 있다. (2) 프로판에서 수소 2원자를 제거하여 생기는 2가의 기 CH_3CHCH_2-의 명칭이다.

프로필렌 글리콜 (propylene glycol)　⇨ 1, 2-프로판디올.

프로필렌디아민 (propylenediamine)　⇨ 1, 2-프로판디아민.

프로필렌옥시드 (propylene oxide)　프로판의 1, 2-자리가 산소원자로 결합된 구조가 있는 하나의 3원고리 에테르. 루이스산에 의해 중합하여 폴리프로필렌옥시드를 생성하지만, 공업적으로는 프로필렌옥시드의 태반은 우레탄폼의 원료인 폴리프로필렌옥시드에 유도된다.

프로필 알코올 (propyl alcohol)　(1) $CH_3CH_2CH_2OH$. 별칭 1-프로판올, n-프로필알코올. 에탄올 비슷한 냄새가 나는 액체로 분자량 60.1, 끓는점 97℃, 비중 0.8035이다. 물과 혼합되고 산화하면 프로피온알데히드를 거쳐 프로피온산을 생성한다. 황산으로 탈수하면 프로필렌이 된다. 퓨젤유(油) 속에 3~7% 함유되어 있다. 염화에틸 마그네슘과 트리옥시에틸렌을 반응시키거나 프로피온 알데히드를 환원시키면 생긴다. 주로 용제로 사용되고 또 합성 중간물질로도 사용된다. (2) C_3H_7OH의 2종의 이성질체를 총칭하는 경우가 있다. 이 경우 영어로는 propyl alcohols이 된다.

프론 (fron)　메탄, 에탄 등의 저급 탄화수소의 수소원자를 플루오르를 주체로 하는 할로겐 원자로 치환한 화합물의 화학공업 제품으로서의 관용명. 처음 미국의 du Pont사에서 상품화되어 Freon이란 이름으로 불리었다. 많은 종류가 있어 프론 *lmn*과 같은 번호로 표시된다. 여기서 *l*은 탄소원자수에서 1을 뺀 수, *m*은 수소원자수에서 1을 더한 수, *n*은 플루오르 원자수, 나머지는 염소 원자수를 표시한다. 예를 들면 프론 113은 $C_2H_6F_3Cl_3$이다. 용도로서는 냉매, 반도체 제조 프로세스(에칭)용 등이 있다. 분해하기 어려우므로 성층권까지 확산하여 성층권 오

존층을 파괴할 가능성이 지적되고 있다. 오존층 파괴는 피부암의 증가와 대기의 변동을 초래할 위험성이 있다.

프론티어 궤도 (—— 軌道, frontier orbital) 최고 피점 궤도, 최저 공 궤도 및 부대 전자 궤도를 지칭한다. 화학 반응 때에 가장 중요한 역할을 하는 분자 궤도이다. 프론티어 궤도의 에너지와 대칭성을 조사함으로써 화학 반응의 경로를 예측할 수 있다.

프롤라민 (prolamin) 단순 단백질의 하나. 에탄올의 60~90% 용액에 가용. 아스파르트와 글루탐 같은 아미드형 아미노산과 프롤린의 함량이 많다. 소맥의 글리아딘, 옥수수의 제인, 대맥의 호르데인 등이 이에 속한다.

프롤린 (proline) 아미노산의 하나. 아미노산의 α-아미노기가 δ-자리의 탄소와 결합하여 피로리딘 고리를 이룬 형태의 구조를 하고 있다. 각종 단백질에 함유되며 젤라틴, 콜라겐에는 특히 많다. 아미노산 잔기로서의 약어는 Pro. 더욱 간략화하면 P이다.

프루드 수 (—— 數, Froud number) 유체의 운동에서 중력의 효과를 나타내는 무차원수. Fr로 표기한다. u를 유속, g를 중력의 가속도, l을 대표길이로 할 때 다음의 한 식으로 정의된다. $Fr=u/\sqrt{gl}$, $Fr=u^2/gl$ 프루드 수는 관성력의 효과와 중력 효과의 비라고도 볼 수 있다.

프루프 리질리언스 (proof resilience) 연질 고무를 신도 0에서 파단점까지 신장하는 데 필요한 일량. 파단 에너지 혹은 에너지 용량이라고도 한다. 응력-비틀림선도에서 응력을 적분하여 구하고 비신장 고무의 단위 용적당 에너지로 나타낸다.

프룩토오스 (fructose) 대표적인 케토헥소오스. $C_6H_{12}O_6$. 무색의 흡습성(吸濕性) 결정으로, 녹는점 103~105℃이다. 거울상체 D^-, L^-가 있으나 천연에 존재하는 D^-프룩토오스는 과당이라 불린다. 각종 식물이 과즙 중에 함유되고 또 글루코오스와 결합하여 설탕이 되며 다당류 이눌린의 구성 성분으로 산출된다.

프룩토 올리고당 (—— 糖, fructo-oligosaccha-rides) 수크로오스에 D-프룩토오스가 1~3개 결합한 올리고당. 수크로오스에 프룩토

오스 전이효소를 작용시켜 생성시킨다. 아스파라거스, 양파 등에 존재한다. 장 내의 비피스균의 증식작용이 있다. 감미는 수크로오스의 절반 정도. 식품용 소재, 사료용 첨가물로 사용된다.

β-프룩토푸라노시다아제 (β-fructofurano-sidase) ⇨ 인베르타아제.

프리 라디칼 (free radical) ⇨ 자유 라디칼.

프리보딩 (preboarding) 나일론 스타킹 등을 발형에 끼워 프리 세팅하는 것을 말한다.

프리세팅 (presetting) 염색 전에 열가소성의 합성섬유 직물 등에 하는 세팅. 염색 후에는 마무리 세팅을 하여 완성한다.

프리즘 분광기 (—— 分光器, prism monochrometer) 프리즘에 의한 빛의 분산을 이용하여 백색광에서 단색광을 얻는 장치를 말한다.

프리트 (frit) 일반적으로 유리질의 분말을 이른다. 도자기의 유약 배합성분 혹은 법랑의 유약 주성분으로 사용된다. 또 색유리의 일부 원료에 가하는 경우도 있다. 조성은 용도에 따라 다르지만 일반적으로 녹는점이 낮은 것이 많다.

프리프레그 (prepreg) 섬유 강화 복합재료용의 중간 기재로, 강화섬유에 매트릭스 수지를 예비 함침한 성형 재료. 프리프레그를 적층하여 가열·가압하여 수지를 경화시키는 것으로 성형품이 형성된다. 강화섬유의 형태에 따라 일방향 프리프레그와 크로스 프리프레그로 구별된다. 에폭시 수지 등의 열경화성 수지계가 태반이지만 최근에는 폴리에테르케본 등의 열가소성 수지도 사용된다.

프릭셔닝 (frictioning) 서로 접하고 있으나 회전속도가 다른 두 캘린더 롤 간에 천을 통과시켜 마찰에 의해 천에 강한 광택을 부여하는 조작. 또 마찬가지로 하여 천과 고무를 함께 통과시켜 천의 섬유 간에 고무를 스며들게 하는 조작을 말한다.

프린지 효과 (—— 效果, fringe effect) ⇨ 주변 효과.

프탈로시아닌 (phthalocyanine) 4분자의 이소인돌이 각각 -N= 다리의 고리모양으로 이어져 포르피린과 유사한 구조로 된 유기 화합물. 그 금속 착염은 견뢰한 정~녹색의 유

기안료(특히 구리 프탈로시안)로서 유명하다. 금속염을 포함하여 프탈로시아닌이라 총칭되기도 한다. 안료 이외에 염료도 유도되고 또 촉매, 반도체, 광도전성이 있으므로 전자사진 감광제, 태양전지, 센서 등에 대한 응용이 시도되고 있다.

[프탈로시아닌]

프탈로시아닌 블루 (phthalocyanine blue) 프탈로시아닌 구리의 안료로서의 명칭. 중요한 청색 안료. 선명한 청색으로 착색력이 강하다. 내광성, 내열성, 내산성, 내알칼리성이 우수하며 각종 용매에 불용. 염소화하면 녹색이 된다. 플라스틱, 고무, 섬유 등에 사용된다.

프탈로시아닌 염료 (―― 染料, phthalocyanine dye) 견뢰한 안료인 프탈로시아닌류를 섬유 염색에 이용할 수 있도록 유도한 염료. 직접 염료, 나프톨 염료, 황화 염료, 건염 염료, 반응 염료, 인그레인 염료 등이 있다.

프탈산 (―― 酸, phthalic acid) 벤젠의 1, 2-디카르복시산, $C_6H_4(COOH)_2$. 가열하면 탈수되어 무수프탈산이 된다. 나프탈렌을 산화하면 무수프탈산이 생기며 이것을 물과 반응시키면 프탈산이 형성된다.

프탈이미드 (phthalimide) 프탈산 $C_6H_4(CO OH)_2$의 오르토 자리의 카르복실기가 이미드로 변한 화합물. 무수프탈산과 암모니아의 반응으로 얻어진다. 이 이미드 수소는 약산성이며 칼륨염 등을 형성하고 또 이 이미드 수소가 할로겐 치환한 화합물과도 반응성이 풍부하여 유기 합성의 시제로 사용된다. 근년에는 펩티드 합성 등에 이용된다.

[프탈이미드]

플라보노이드 (flavonoid) 플라본을 모체 화합물로 하고 각종 치환기를 갖으며 또 분자

내의 피론고리가 수소화 혹은 개환한 유연 구조를 갖는 화합물은 식물 색소로 알려진 것이 많으며 플라보노이드로 총칭된다. 이 물질의 입자가 가시광선 3,000~7,000 Å의 어떤 파장 부분을 선택적으로 반사 또는 투과하는가에 따라 그 색이 결정된다. 이와 같은 특성은 색소분자의 구조에 따르지만, 상세한 메커니즘은 뚜렷하지 않다. 색소가 다른 물질에 흡착 또는 결합하기 쉬운 경우에 염료(染料)라고 한다. 색소는 천연 색소와 합성 색소로 대별되고, 천연 색소는 다시 생체 색소와 광물 색소로, 생체 색소는 다시 식물 색소와 동물 색소로 나뉜다. 종전에 생체 색소는 주로 물질이라는 관점에서 연구되어 왔으나 최근에는 생물활성(生物活性)의 측면에서 바라보게 되었다. 광물 색소는 광물 그대로, 또는 다소 정제(精製)하여 사용되는 것으로, 진사(辰砂)·계관석(鷄冠石)·대자석·군청(群靑) 등이 있다. 이것들은 광물 염료 또는 안료(顔料)라고 한다.

플라본 (flavone) 벤젠 고리와 피란 고리로 구성된 축합 고리를 모핵으로 하는 케톤에 페닐 곁사슬이 있는 화합물이다. 식물계에 널리 분포해 있으며 대표적인 플라본의 화학식은 $C_{15}H_{10}O_2$, 분자량 222.25, 녹는점 990 ℃이다. 무색의 결정으로 물에 녹지 않지만 에탄올·에테르 등의 유기 용매에 잘 녹고 용액은 보라색 형광을 낸다. 플라비논을 브롬화한 뒤에 알칼리로 처리하여 탈브롬화수소를 행하면 얻는다. 또 플라본은 앵초, 크리신은 포플라의 어린 잎눈이나 섬잣나무의 심재(心材), 프리메틴은 설앵초, 아피게닌은 달리아의 노랑꽃, 리테올린은 인동의 꽃이나 디기탈루스의 잎 등에 함유되어 있다. 이 골격에 OH기가 치환한 것을 모체로 하는 화합물은 식물 색소로 알려져 플라본 색소라 한다.

[플라본]

플라빈 (flavin) 이소알록사진의 복소 고리를 모핵으로 하는 화학구조를 갖는 황색 물질

의 일반명. 생채 내에서 산화-환원반응, 산소 첨가반응의 보효소 성분이 된다. 리보플라빈, FAD, FMN 외에 리보플라빈의 광 분해 산물인 루미크롬, 루미플라빈 등이 있다.

플라세보 (placebo) 외관은 약제와 같지만 약리 활성이 없는 것. 피검자에 투여하여 본래의 약제를 투여한 그룹과 비교하여 약제 투여의 심리적 영향을 조사함과 동시에 약효, 약해를 해명하기 위해 사용된다. 또 일반적으로 플라세보만으로 약효가 나타나는 것을 플라세보 효과라 한다.

플라스마 (plasma) 음양의 하전입자가 자유로이 운동하면서 공존하며 전체적으로는 전기적인 중성으로 되어 있는 물질의 상태. 보통 기체 방전으로 생성되는 플라스마는 하전입자의 밀도가 작아 약전리 플라스마라 불린다. 고에너지 플라스마 상태에서는 완전히 전리하고 있다. 전자와 정공이 공존하는 어떤 종의 반도체는 고체 플라스마로 간주할 수 있다.

플라스마 디스플레이 (plasma display) 가스 방전에 의한 발광을 이용하는 디스플레이. 네온을 주체로 한 가스 방전이 등적색으로 효율적인 발광을 하므로 초기부터 플라스마 디스플레이에 사용되었다. 기본적인 구조와 동작면에서 직류 방전형과 교류 방전형이 있으며 모두 희가스의 방전 발광은 작은 도트로서 매트릭스상으로 배열하고 도트의 조합으로 문자나 도형 등을 표시한다.

플라스마 발광분광법 (—— 發光分光法, plasma atomic emission spectroscopy) ⇨ ICP 발광 분광 분석.

플라스마 CVD (plasma CVD) 원료 가스로 플라스마를 사용하는 화학증착(CVD)의 하나. 보통 CVD보다 저온에서 반응을 일으키기 위해 감압하에서 전기장을 가하여 방전시켜 플라스마를 만들고 그것에서 발생한 이온과 라디칼이 반응하여 생성하는 생성물을 기판상에 퇴적시켜 박막을 형성한다.

플라스마 에칭 (plasma etching) 에칭용 가스에 플라스마를 사용하는 드라이 에칭의 하나. 감압하에서 전기장을 가하여 방전시켜 플라스마를 만들고 거기서 발생하는 이온과 라디칼을 대상 기판과 반응시켜 기판

을 에칭한다. 반도체 프로세스 등에서 사용된다.

플라스마 용사 (—— 溶射, plasma spraying) ⇨ 플라스마 코팅.

플라스마 제트 (plasma jet) 방전에 의해 형성시킨 플라스마를 가느다란 노즐에서 분출시켜 고온·고속의 가스 기류를 얻는 광원용 노즐. 한 때는 발광 분광분석의 시료 여기원으로 사용되었으나 지금은 주로 금속이나 반도체의 가공, 코팅, 특수한 화학 반응을 일으키는 목적 등에 사용된다.

플라스마 진단(—— 診斷, plasma diagnostics) 플라스마에서 방사되는 전자기파와 입자를 관측하거나 혹은 플라스마를 향해 외부에서 레이저광이나 입자선을 조사하여 그 산란과 감쇠를 측정하는 것 등으로 플라스마의 전자온도, 전자밀도, 이온 온도 등, 플라스마의 기초적인 성질을 조사하는 것을 말한다.

플라스마 코팅 (plasma jet flame coating) 질소-수소, 아르곤-헬륨 등의 플라스마 불꽃 속에 금속 또는 세라믹스 분말을 공급하여 작은 방울로 하여 소재에 분사하여 피복하는 방법. 플라스마 용사라고도 한다. 금속 재료 등의 소재의 내식성. 내마모성. 내열성 등의 향상을 목적으로 실시한다.

플라스말로겐 (plasmalogen) 글리세린의 1-자리 탄소에 불포화 알코올이 에테르 결합하여 2-자리 탄소가 지방산 에스테르, 3-자리 탄소가 인산 에스테르가 된 글리세로인지질의 총칭. 에탄올, 클로로포름에 녹고, 에테르·아세톤에는 불용. 족광성을 갖는다. 포스폴리피이게 A에 의해 리조플라스밀로겐이 생긴다. 생리적 의의는 아직 확실하지 않다. 또한 염기가 에탄올아민, 세린인 것도 존재하며, 각각 에탄올아민 플라스말로겐, 세린플라스말로겐이라 불린다.

플라스미노겐 (plasminogen) 플라스민의 전구체. 플라스미노겐에는 생물 활성은 없다. 우로키나아제 등의 플라스미노겐 액티베이터의 작용으로 플라스민이 된다.

플라스미드 (plasmid) 염색체와는 독립적으로 존재하고 자율적으로 증식하는 세포 내의 유전 인자. 이 인자의 유무는 보통 그 세포의 생존에는 영향을 미치지 않는다. 고리모양

두가닥 DNA 사슬로 되어 있는 것이 많지만 선상 두가닥 DNA 사슬이나 RNA의 것도 있다. 증식능이 강한 세균의 약제 내성 인자 등이 유전자 공학에서 벡터로 사용된다.

플라스민 (plasmin)　혈장 중에 함유되는 프로테아제의 하나. 혈전을 형성하는 피브린을 분해하는 외에 L-아르기닌, L-리신의 펩티드에스테르를 분해하여 가용성으로 한다. 보통은 전구체인 플라스미노겐으로 존재하며 플라스미노겐 액티베이터의 작용으로 플라스민이 된다.

플라스터 (plaster)　건축용 도벽 재료, 즉 벽돌, 돌, 석고보드 등의 표면에 흙손 등으로 바르고 평활한 표면으로 하기 위한 가소성의 물질. 석고 플라스터, 돌로마이트 플라스터 등이 있다.

플라스토머 (plastomer)　엘라스토머의 대응어이다. ⇨ 엘라스토머.

플라스토미터 (plastometer)　소성 물질의 가소성, 즉 유동성과 항복값 등을 측정하는 장치. 구조는 회전 점도계와 거의 같지만 측정 물질에 주는 응역이 점도계보다 크다. 석탄의 유동성을 측정하는 장치로서 기셀러 플라스토미터가 잘 알려져 있다.

플라스티솔 (plastisol)　수지 미분말을 가소제 중에 분산시킨 것. 보통 가소제 외에 안료와 안정제 등을 함유한다. 플라스티솔을 가열하면 수지가 가소제에 완전히 용해하여 균질화하고 이것을 냉각하면 연성 수지가 된다. 보통 폴리염화비닐과 그 공중합체가 사용된다.

플라스틱 (plastic)　가소성이 있는 고분자 물질 중 섬유, 고무, 도료, 접착제를 제외한 성형물과 필름의 총칭. 열경화성 수지는 성형 후 가소성을 상실하지만 보통 이것도 포함한다. 즉, 합성 수지와 같은 뜻으로 사용하는 경우가 많지만 수지는 원료이고 플라스틱은 수지(천연 수지를 포함)에 충전제, 가소제 등을 첨가하여 성형 가공한 제품으로 하는 정의도 있다.

플라스틱 광 파이버 (——光——, plastic optical fiber)　투명성이 높은 고분자 재료를 사용하는 광 파이버. 폴리메타크릴산 메틸, 폴리카보네이트 등을 수십~수백 μm의 섬유로 방적하고 이것을 코어재로 하여 바깥쪽에 굴절률이 낮은 플루오르계 고분자를 크래드재로서 피복하여 제조한다. 석영 광 파이버에 비해 전송 손실은 떨어지지만 값이 싸고 큰 원통형의 입구이며 가요성이 있어 다루기 쉬운 점 등의 이점이 있다.

플라스틱 내화물 (—— 耐火物, plastic refractories)　부정형 내화물의 하나. 가소성이 있으므로 붙여진 명칭. 내화성 골재에 가소성 물질을 가하여 물로 혼련하고 반죽하여 흙 모양으로 한 것을 말한다.

플라시보 (placebo)　⇨ 플라세보.

플라이 애시 (fly ash)　석탄을 연소하는 화력 발전소 등에서 발생하는 석탄재 중 미분탄 연소 보일러의 집진기로 포집되는 입자상의 것. 주성분은 SiO_2, Al_2O_3. 유리질이며 구형에 가까운 입자이다. 시멘트에 혼합하여 플라이 애시 시멘트로 사용된다.

플라이 애시 시멘트 (fly ash cement)　플라이 애시를 혼합한 포틀랜드 시멘트. 저발열 시멘트로, 마스 콘크리트용에 적합하고 또한 단위 수량을 감소할 수 있으므로 수밀성이며 화학적 저항성이 높은 콘크리트를 형성할 수 있다.

플라젤린 (flagellin)　세균의 편모를 구성하고 있는 단백질. 아스파르트산, 트레오닌, 달탐산을 대량 함유하고 시스테인, 트립토판은 함유하지 않는다.

플라크 (plaque)　연한 한천 배지에 박테리오파지와 숙주가 되는 세균을 혼합하여 배양하면 증식한 세균 중 파지의 감염으로 용균한 부분이 투명 또는 반투명의 원형으로 된다. 이것을 플라크 또는 용균반이라 한다. 적당한 조건에서는 하나의 플라크는 하나의 파지에 유래한다. 용균 파지는 투명한 플라크를, 용원성 파지는 탁한 플라크를 형성한다.

플란톨 수 (—— 數, Plandtl number)　대류 전열에서 온도계 계층과 속도 경계층의 상대적 크기에 관계되는 무차원 수. 동점성률과 열확산률의 비로 나타낸다. 대류 전열에 관계되는 중요한 물성 상수로, 기체에서는 1의 오더, 액체에서는 $10\sim10^2$의 오더, 액체 금속에서는 10^{-2}의 오더가 된다.

플랑크 상수 (—— 常數, Planck constant)　M.

Planck는 흑체 방사의 공식을 유도할 때 진동양자(진동수 ν)라는 개념을 도입하여 그 에너지를 $h\nu$로 가정하여 성공을 거두었다. 이어서 A. Einstein도 광전효과를 $h\nu$라는 광자 에너지를 가정하여 설명하였다. 이 h를 플랑크 상수라 하고, 불확정성 원리도 관계한다. 전자와 원자가 관계하는 현상을 기술할 때는 반드시 나타나는 기본적 물리상수로서 대략 6.626×10^{-34} Js이다. $h/2\pi=h$도 플랑크 상수라 하는 경우가 있다.

플랑크 함수 (—— 函數, Planck function) ⇨ 열역학 특성 함수.

플래시 (flash) 단시간에 발생시키는 강력한 펄스광. 섬광이라고도 한다. 화학시료에 조사하여 광 여기 상태와 프리라디칼 같은 반응 중간체를 과도적으로 고농도로 생성시키기 위해 사용된다.

플래시 에이저 (flash ager) 상압, 단시간의 연속 스티머(증열기). 무명의 건염 염료, 반응 염료에 의한 2상 날염의 고착공정에 사용된다. 외관은 아치형이고 천은 습윤상태로 도입되며 이 안의 가이드롤 위를 논터치 방식으로 이동하여 102~105℃, 20~60초의 증기처리를 한다.

플래시 증류 (—— 蒸留, flash vaporization) 연속 증류 조작의 하나. 액체 혼합물의 일부를 증발시켜 발생한 증기상과 액상을 충분히 접촉시켜 평형에 이르렀을 때에 기체-액체를 분리하는 증류법. 평형 플래시 증류라고도 한다.

플래시 증발 (—— 蒸發, flash evaporation) 온도 및 압력이 높은 상태에 있는 용액을 압력이 낮은 상태로 하면 끓는점이 내려가 순간적인 증발이 생긴다. 이 현상을 플래시 증발 또는 자기 증발이라 하고 이것을 이용한 증발기를 플래시 증발기라 한다.

플래트밴드 전위 (—— 電位, flatband potential) 도체(특히 전해질 용액)와 접하고 있는 반도체에 전위를 가했을 때 반도체 내부의 밴드의 구부러짐이 없어지는 전위를 말한다.

플랩 (flap) 트럭이나 버스 등에 사용하는 타이어의 튜브에 손상을 입히지 않도록 튜브와 림(rim) 사이에 넣는 리본상의 고무 시트

를 말한다.

플랫 도료 (—— 塗料, flat paint) 건조 후에도 광택이 나지 않는 도막이 형성되는 도료. 60° 거울면 광택도 40~30 이하의 도막이 표준적이다.

플러그 흐름 (plug flow) ⇨ 피스톤 흐름.

플러딩 (flooding) 기체-액체 혹은 액체-액체의 향류 접촉장치에서, 한 상의 유속이 과대하게 되어 다른 상이 원활하게 흐를 수 없게 되어 정상적인 운전이 불가능하게 되는 현상. 충전탑 등에서 연속상의 유속을 증가시키면 로딩이 일어나고 더욱 유속을 증가시키면 플루딩이 된다.

플러싱 (flushing) 안료의 함수 케이크(물을 함유한 그대로의 제품)의 수분을 기름이나 전색제로 대치하기 위한 조작. 친유성이 큰 유기 안료에 사용되며 가열이나 감압 가능한 장치 내에서 이루어진다. 건조, 분쇄의 공정이 없으므로 안료 입자의 2차적인 응집이 일어나지 않는 이점이 있으나 사용되는 기름과 전색제로 용도가 제한되는 난점이 있다.

플럭스 (flux) ⇨ 융제.

플럼반 (plumbane) 납의 수소화물 PbH_4. 무색의 기체. 또는 PbH_4의 수소원자를 알킬 등의 기로 치환한 유기 화합물의 총칭이다.

플레싱 (fleshing) 가죽을 만드는 준비 공정에서 가죽 뒷면(내면)의 결합 조직이나 지방 등을 기계적으로 깎아내어 깨끗하게 하는 것. 제육작업이라고도 한다. 물에 담그거나 또는 석회에 담그었다가 한다.

플레이트 칼럼 (plate column) ⇨ 단탑.

플레이트 탑 (—— 塔, plate column) ⇨ 단탑.

플레이트 포인트 (plait point) 3성분계 용액의 액체-액체 평형관계를 나타내는 타이라인의 길이가 짧아져 한 점에 수속하는 점. 플레이트 포인트는 용액의 2액상 영역과 1액상 영역의 경계를 나타내는 점이다.

플레임 (flame) (1) 화학 플레임. 도시가스나 아세틸렌 같은 가연성 가스가 공기나 산소 등의 조연성 가스에 의해 산화되어 화염으로 연소하며 발광하고 있는 상태. (2) 플라스마 플레임. ICP 등과 같이 고주파 방전에 의해 생긴 횃불 모양의 형상을 한 플라스마

를 말한다.

플레임리스 법 (—— 法, flameless method) 원자 흡광 분석에서, 시료를 여기하는 데 화학 플레임을 사용하지 않고 흑연로 등에 의한 전기적 가열을 이용하는 방법. 시료는 흑연관 측면에 뚫은 작은 구멍에서 주입하여 관벽을 흐르는 전류에 의해 가열·원자화된다. 보통 플레임을 사용하는 방법에 비해 시료 액량이 적고, 검출하한 농도가 낮아지는 이점이 있다. 이 용어는 현재 사용하지 않고 electrothermal 또는 graphite furnace 같은 구체적 표현이 사용된다.

플레임 분석 (—— 分析, flame analysis) 플레임 중에 시료 용액을 분사하여 원소를 여기 발광시켜 목적하는 원소의 발광 강도를 광전 측광하여 정량 분석하는 방법을 말한다.

플레임 어레스터 (flame arrester) ⇨ 화염 방지기.

플렉소그래픽 판 (—— 板, flexographic plate) 판재로는 플렉시블한 수지 또는 고무를 사용하고 인쇄에 용제 건조형 잉크를 사용하는 요판의 하나. 사진요판에 열경화성 수지를 가열·가압하여 만든 모형에서 다시 천연 고무, 합성 고무 또는 플라스틱을 가열·가압하여 제판한다. 건속성 잉크를 사용하므로 인쇄 속도를 높일 수 있다. 초기에는 아닐린 염료를 알코올에 용해한 잉크를 사용하였으므로 아닐린 인쇄라 불리었다.

플로리겐 (florigen) ⇨ 개화 호르몬.

플로 사이토미터 (flow cytometer) ⇨ 셀소터.

플로 인젝션 분석 (—— 分析, flow injection analysis) 가는 튜브 속에 펌프에 의해 시약 용액의 연속적인 흐름을 형성시켜 그 흐름 속에 시료 용액을 주입하여 각종 화학 반응을 일으켜, 반응 생성물을 튜브 말단의 검출기에 의해 검출하여 정량 분석을 하는 방법. 약어 FIA이다. 시료 용액의 흐름 속에 시약 용액을 주입하는 방식도 있다. 반자동적으로 재현성이 양호한 분석 조작을 할 수 있다.

플로큐레이션 (floculation) 콜로이드 입자가 소량의 고분자 물질의 첨가로 엉키는 집합체를 만들고, 마침내는 침전하는 현상. 이 효과를 현저하게 나타내는 고분자를 고분자 응집체라 한다.

플로트 글라스 (float glass) 융해 금속의 표면에 융해 유리를 띠워 당기면서 성형하는 플로트법에 의해 제조되는 판유리. 표면의 평활도, 제조속도 모두 종래법보다 뛰어나 거울로도 사용할 수 있다. 영국의 필킨턴사에 의해 개발되었다.

플로 패턴 (flow pattern) 액체의 흐름의 모양. 즉 유체를 다루는 장치 내의 흐름의 유로와 속도의 분포상태를 말한다.

플록 가공 (—— 加工, flocking) 짧게 자른 섬유(깃털)를 접착제를 칠한 천에 불어대어 고착하는 가공. 프록 가공한 천은 샌들, 구두 등의 안창, 건재 등에 사용된다.

플루오레세인 (fluorescein) 트리페닐 메탄계의 색소 $C_{20}H_{12}O_3$. 무수 프탈산과 레소르시놀에서 합성된다. 물 혹은 에탄올 용액이 현저한 황녹색 형광을 발하므로 형광(fluorescence)에서 이 이름이 붙었다. 형광 지시약으로 사용된다. 나트륨염 우라닌(uranine)은 물에 쉽게 녹으며 형광 염료로서의 응용이 광범하다. 자홍색의 산성 염료 에오신과 에리트로신(모두 식용 염료, 후자는 증감제) 등의 원료이다.

플루오르 고무 (fluororubber) 플루오르화 비닐리덴과 헥사플루오르 프로필렌 공중 합체를 대표적 성분으로 하는 합성 고무. 다른 함플루오르 비닐 모노머의 공중 합체와 실리콘 고무의 메틸기 대신에 플루오르 알킬기를 도입한 것도 있다. 내열성·내유성·내화학 약품성·내후성이 매우 높다. 용도는 제트기용 각종 부품 재료, 오일통의 패킹재 등에 주로 쓰인다. 결점은 가공성(加工性)이 나쁘고, 내저온성이 좋지 않다.

플루오르 붕산 (—— 硼酸, fluoroboric acid) ⇨ 테트라 플루오르 붕산.

플루오르 산 (—— 酸, hydrofluoric acid) ⇨ 플루오르화 수소산.

플루오르 수지 (—— 樹脂, fluororesin) 주사슬이 곧은사슬 모양 탄소사슬로 되고 플루오르 원자를 치환기로 하는 수지의 총칭. 탄소사슬에 남은 수소원자의 일부가 다시 염소원자 혹은 브롬원자에 치환된 것도 있다. 폴리테트라 플루오르에틸렌과 폴리플루오르

화 비닐리덴 등이 대표적인 예이다. 일반적
으로 내열성, 내약품성, 내후성, 전기 절연성
이 매우 뛰어나고 마찰계수, 점착성이 낮다.

플루오르 카본 (fluorocarbon) 탄화수소의 분
자 내의 수소가 전부 플루오르 원자로 치환
된 화합물이다.

플루오르화물 (—— 化物, fluoride) 플루오르
와 다른 원소 혹은 원자단과의 화합물. 플루
오르는 전기 음성도가 최대이므로 항시 산
화수는 −1이며, 플루오르의 화합물은 플루
오르화물이 된다. 탄화수소의 플루오르 치
환체는 플루오르 카본이라 하며 공업적으로
용도가 광범한 화합물이 많다. 일반적으로
플루오르화물은 플루오르 F_2와 원하는 원소
를 정량적으로 처리하여 얻지만 플루오르
F_2는 가격이 비싸며 취급하기가 용이하지
않으므로 무수 플루오르화 수소 HF를 사용
하거나 수용액 중에서 가수분해되지 않는
이온성 화합물의 경우에는 플루오르화 수소
수 용액을 이용하여 음이온의 상호 교환을
통해 얻기도 한다.

**플루오르화 붕소산 (—— 化硼素酸, fluorobo-
ric acid)** ⇨ 테트라플루오르 붕산.

**플루오르화 수소 (—— 化水素, hydrogen flu-
oride)** 무색이고 자극적인 냄새가 있는 발연
성의 액체, HF. 수용액은 플루오르화 수소산
이라 한다. 녹는점 −83.7℃, 끓는점 19.54℃,
비중 0.988(14℃)이다. 다른 할로겐화 수소와
달리 분자가 중합하기 때문에 상온에서 액체
이다. 기체, 고체가 모두 무색이다. 기체 속에
존재하는 분자는 증기밀도를 측정한 결과 90
℃ 이상에서는 HF, 32℃ 부근에서는 H_2F_2와
H_3F_3의 중간이고, 고체에서는 정방정계(正方
晶系)로 단위 격자 속에 4(HF)4분자를 함유
한다. 액체는 전도성이 없다. 용매로서는 대
부분의 무기·유기 화합물을 녹인다. 또 반
응성이 풍부하여 각종 금속의 산화물·수산
화물 등과 반응하여 그 염을 생성한다. 물에
잘 녹는데, 수용액을 플루오르화 수소산이라
고 한다. 플루오르화 수소는 수소 H와 플루
오르화 F를 직접 반응시키거나 플루오르화
수소 칼륨 KHF를 가열하여 만든다.

**플루오르화 수소산 (—— 化水素酸, hydroflu-
oric acid)** 플루오르화 수소의 수용액. 플루

오르산(불산)이라 불리었던 일도 있으나 그
것은 속칭이다. 시판품은 보통 46~50%의
농도이다. 약산이며 백금, 금은 침식되지 않
으나 은, 구리는 서서히 침식된다. 납은 표면
만이 침식되고 기타 금속은 침식된다. 유리는
부식되므로 플루오르화 수소산은 폴리에틸
렌 용기에 저장한다.

플루오르화 유리 (fluoride glass) 플루오르화
물로 된 유리. SiO_2를 망목 형성 성분으로
하는 산화물 유리와는 달리 보통 BeF_2를 망
목형성 성분으로 하는 유리를 지칭한다. 특
수한 것으로 BeF_2를 함유하지 않는 AlF_3-
PbF_2계 유리, ZrF_4계 유리가 있으나 이러한
것은 특이한 광학적 성질이 있어 레이저 유
리, 장파장용 광파이버 등으로서 주목을 받
고 있다.

플루오르화 이온 (—— 化 ——, fluoride ion)
플루오르화물을 구성하는 이온 F^-. 옛 문헌
에는 불소 이온이라 기재되어 있으나 현재
의 명명법에서는 플루오르화물 이온이라 하
는 것이 정확하다.

플리츠 가공 (—— 加工, pleating) 반합성 섬
유, 합성섬유의 열가소성을 이용하여 직물
이나 편물에 내구성이 있는 주름을 형성하
는 가공. 양모에는 티오글리콜산 암모늄을
이용한 실로세트 가공 등에 의해 플리츠 가
공을 한다.

플린트 유리 (flint glass) 납을 함유하는 유
리 PbO 함유량 10~60%. 크라운 유리의 대
응어. 굴절률, 분산능이 크며 광학 유리로
사용된다.

피그먼트 (pigment) ⇨ 안료.

피그먼트 레진 컬러 (pigment resin color) 안
료 날염에 사용하는 착색제. 안료를 합성
수지와 함께 o/w형 에멀션으로 한 것을 말
한다.

피나콜 (pinacol) 인접하는 2개의 탄소원자에
각각 제3급 알코올성의 OH기가 결합하고
있는 글리콜 $R_2C(OH)-C(OH)R_2$의 총칭.
이 식에서 $R=CH_3$의 것을 그냥 피나콜이라
하는 경우도 있다.

피난 (pinane) 천연적으로 산출되는 피넨 등
2 고리식 모노테르펜의 모핵이 되는 포화
탄화수소의 명칭. 천연에는 발견되고 있지

않으며 α- 또는 β-피넨의 환원으로 만들어진다.

피넨 (pinen) 2 고리식 불포화 모노테르펜 탄화수소, $C_{10}H_{16}$. 고리 내에 이중결합이 있는 α-피넨과 고리 밖에 이중결합이 있는 β-피넨이 있으며 전자를 지칭하는 경우가 많다. 모두 소나무과 등의 수지에서 얻어지는 테레빈유의 주성분이다. 분자량 136.24이다. 분자 안에 2개의 고리구조와 1개의 이중결합을 가지고 있는데, 그 이중결합의 차이에 따라 3종의 위치 이성질체(位置異性質體)와 각각의 광학 이성질체가 존재한다. 물에는 녹지 않지만 에탄올·에테르·벤젠 등의 유기 용매에는 녹는다.

피더 (feeder) 고체, 액체, 기체를 소정의 장소에 소정 비율로 연속적으로 공급하는 장치의 총칭. 액체와 기체의 피더로서는 펌프, 팬 등이 사용되고 분립체의 경우에는 그 형상, 공급 목적에 따라 각종 형식의 장치가 사용된다.

피독 현상 (被毒現象, poisoning) 미량 물질의 첨가로 촉매의 활성과 선택성이 현저하게 손상되는 것. 피독작용이라고도 하지만 그것은 잘못된 명칭이다. 촉매독이 촉매의 활성과 선택성을 해치는 작용을 독작용, 촉매가 독작용을 받는 것을 피독이라 한다. 한 번 피독되어도 원료 중의 촉매독을 제하고 적당한 반응조건으로 바꾸면 촉매능이 회복하는 일시 피독과 소실한 대로의 영구 피독이 있다.

피드백 (feedback) 자동제어의 기본적인 발상법의 하나이다. 제어 대상의 출력값에 따라 입력값을 변화시키는 것. 넓은 의미에서는 결과를 원인 측에 반영하는 것이다. 제어 대상(예를 들면 대사 경로)의 말단에서 정상 레벨보다도 과대 또는 과소한 출력(대사산물 농도)이 나타나고 선단(대사 경로의 초기 단계의 효소)에 입력제어를 위한 신호(저해 물질 또는 활성화 물질)가 보내져 출력이 정상값으로 회복할 때 이것을 음의 피드백이라 한다. 이것은 계를 안정화하는 기구이다. 한편, 출력측의 과대(과소)가 입력측에 작용하여 이것을 다시 증폭시키는 것이 양의 피드백이며 폭발 또는 정지를 일으킨다.

피드백 저해 (—— 沮害, feedback inhibi-tion)** 효소계에서 대사 조절의 한 양식. 효소계의 종산물이 그 효소계의 처음 쪽에 있는 특정한 효소(다른 자리 입체성 효소)를 저해하는 것. 이 음의 피드백에 의한 저해로 종산물의 농도가 일정하게 유지된다(⇨ 다른 자리 입체성 효과). 각종 아미노산과 뉴클레오티드의 합성계에 대해서 알려져 있다. 예컨대, 트레오닌은 호모세린에서 합성되지만 그 최초 단계의 호모세린키나아제를 저해하기도 한다.

PDS 'photothermal deflection spectroscopy (광열 편향 분광법)'의 약어이다.

피라노오스 (pyranose) 단당의 카르보닐기가 4번째의 탄소원자에 결합하는 히드록실기 사이에 헤미아세탈 결합을 형성하고, 탄소 5원자와 산소 1원자로 구성되는 육원 고리구조를 형성하고 있는 것을 말한다. 피란 고리가 있는 당이란 의미에서 피라노오스라 한다.

피라졸 (pyrazole) 복소 오원 고리에서 고리 내의 인접 위치에 2개의 질소원자가 있는 화합물 $C_3H_4N_2$. 1, 2-디아졸에 해당한다. 무색의 침상 결정. 녹는점 70℃, 끓는점 187℃. 강염기성. 수소 2원자를 첨가하면 피라졸린이 된다.

피라졸론 (pyrazolone) 복소 오원 고리 피라졸에 상당하는 디히드로 화합물을 모체로 하는 복소 고리 케톤. $C_3H_4N_2O$. 녹는점 164℃, 승화성. 알코올·물·에테르에 가용. 포르밀 아세트산 에스테르와 히드라진에서 합성된다. 안티피린, 피라미돈은 그 유도체이다.

피라졸론 염료 (—— 染料, pyrazolone dye) 페닐히드라진 혹은 그 치환체와 아세토아세트산 에틸(또는 옥살아세트산에틸)의 축합으로 얻어지는 1-페닐-3-메틸(또는 카르복시)피라졸론을 짝짓기 성분으로 하는 황~적색의 아조 염료. 산성~직접 염료. 불용성의 안료도 있다.

피란 (pyran) 탄소 5원자, 산소 1원자로 구성된 포화 복소 육원고리 화합물. α-피란과 γ-피란의 두 가지가 있으며, 수소 2원자가 붙는 위치에 따라서 α-피란을 $2H$ 피란, γ-피란을 $4H$-피란이라고 할 때도 있다. 수소 2원자 대신에 산소 1원자가 붙은 유도체를 피론, 거기에서 다시 수소가 하나 빠져나가

옥소늄형으로 된 것을 피릴륨이라 한다. 각각 중요한 유도체를 가지며, 어느 정도의 방향족성을 나타내는 것이 많다. 피란에 수소가 4개 첨가한 화합물을 테트라히드로피란(아밀렌옥시드에 상당하다)이라 하고, 이 고리는 피라노스의 골격이 된다. 피란에 벤젠핵이 하나 축합된 것을 벤조피란이라 하고, 그 디히드로 첨가물에 크로만이 있다. 피란에 벤젠 핵이 두 개 축합한 것을 디벤조 피란이라 하는데, 이것은 크산텐과 같다. δ-락톤이나 디카르복실산 무수물에도 피란이나 히드로 피란만을 갖는 것이 있다.

피레트로이드 (pyrethroid) ⇨ 피레트린.

피레트린 (pyrethrin) 제충국 꽃의 살충성분. 피레트린-Ⅰ과 피레트린-Ⅱ가 있으며 모두 곤충류에 대해 접촉 독성이 있다. 피레트린 외에 제충국에서 얻어지는 살충 성분에는 시네린 Ⅰ, Ⅱ, 자스모린-Ⅰ, Ⅱ가 있으며 이러한 것을 총칭하여 피레트로이드라 한다.

피로갈롤 (pyrogallol) 벤젠 고리의 1, 2, 3-자리에 3개의 히드록실기가 있는 3가 페놀. $C_6H_3(OH)_3$. 각종 금속 이온의 검출정량용의 분석 시약으로서 또 알칼리 용액이 산소를 잘 흡수하므로 혼합가스로부터 산소의 제거 혹은 가스분석에서 산소의 정량에 사용된다.

피로비산 (—— 砒酸, pyroarsenic acid) 이비산 $H_4As_2O_7$의 별칭. IUPAC 명명법에서는 피로비산의 명칭은 인정하고 있지 않다.

피로안티몬산 칼륨 (—— 酸 ——, potassium pyroantimonate) 헥사히드록소안티몬(V)산 칼륨 $K[Sb(OH)_6]$을 옛날에는 $K_2H_2Sb_2O_7 \cdot 5H_2O$로 적고 표기 명칭으로 호칭히였디. 실제로는 피로안티몬산의 존재는 인정되지 않고 있다.

피로인산 (—— 燐酸, pyrophosphoric acid) ⇨ 이인산.

피로전기 (—— 電氣, pyroelectricity) ⇨ 파이로 전기.

피로카테콜 (pyrocatechol) ⇨ 카테콜.

피롤 (pyrrole) 탄소 4원자, 질소 1원자로 구성된 복소 오원고리 화합물. C_4H_5N. 특유한 냄새를 가진 무색의 액체로 분자량 67.09, 끓는점 131℃, 비중 0.9691이다. 물에는 녹기 어렵지만, 에탄올·에테르 등과는 쉽나.

고리 내에 공역 이중결합이 있고 유사 방향족성이 있으며 제2급 아민의 성질 외에 약산의 성질이 있어 갈륨 등의 염을 형성한다. 천연에는 4개의 피롤 고리가 이어진 담즙색소와 혈색소, 엽록소가 알려져 있다.

피루브산 (—— 酸, pyruvic acid) 가장 간단한 α-케토산. $CH_3COCOOH$. 생채 내에서 당 대사 경로(해당계)에서 중요 중간체. 자극적인 냄새를 가진 액체. 2-케토프로피온산 또는 포도산(D, L-타르타르산)을 질산수소 칼륨과 함께 가열하면 생기므로 초성포도산(焦性葡萄酸)이라고도 한다. 환원하면 락토산(젖산)이 되며, 진한 황산과 가열하면 일산화탄소를 방출하여 아세트산이 된다. 생물체 내에서는 물질 대사의 중간 물질로 매우 중요하다.

피리독살 (pyridoxal) 피리독신(비타민 B_6)의 산화 생성물. 피리딘 고리의 γ-자리에 결합하는 $-CH_2OH$가 산화되어 $-CHO$가 된 화합물. 이 $-CHO$에 의해 아미기와 반응한다. 약어 PL이다.

[피리독살]

피리독신 (pyridoxine) 비타민 B_6군의 하나. 피리딘 고리의 β-자리에 결합하여 있는 $-CH_2OH$를 특색으로 한다. 체내에서 아미노산 대사이 보효소로 변화한다. 약어 PN. 비타민 B_6은 니코틴산에 이어 발견된 쥐의 항피부염 인자이다. B_6이 결핍된 쥐는 생장이 멈추고, 사람에서는 결핍증이 일어나기 어렵지만 눈·코·입 주위에 피부염이 나타난다. 또 B_6이 결핍되면 여러 장기(臟器)의 동맥경화증이 일어난다. 사람의 필요량은 그다지 알려져 있지 않지만, 동물실험으로 추정된 바로는 1일 3~4 mg이다.

[피리독신]

피리딘 (pyridine)　탄소 5원자, 질소 1원자로 구성된 복소 6원자 고리 화합물. C_5H_5N. 공명 혼성체 구조를 하고 방향족성을 나타낸다. 고리모양 제3급 아민으로서 유기반응에 사용된다. 골유 중에 존재하며 콜타르의 경유 중에 피리딘 염기로서 그 동족체와 함께 함유된다. 생채 내에는 피리딘 뉴클레오시드가 있다. 의약·농약으로서 피리딘 유도체의 원료가 된다. 무색의 악취를 가진 액체로 분자량 79.10, 녹는점 −42℃, 끓는점 115.5℃, 비중 0.9779(25℃)이다. 약한 염기성을 가지고 있으므로 산에는 염(鹽)을 만들며 녹는다. 물·에탄올·에테르와 섞인다. 콜타르를 묽은 황산으로 처리하면 수용액이 되어 분리된다.

피리미딘 (pyrimidine)　육원 고리의 1, 3-자리에 질소원자 2개를 함유하는 복소 고리식 화합물. 피리미딘에서 유도되는 염기에는 핵산 기타 생체물질의 구성 요소로 중요한 것이 있다. 이들에 함유된 주요한 것으로는 피토신·우라실 티민·5-메틸시토신·5-히드록시메틸시토신 등이 있다.

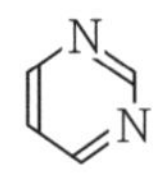

[피리미딘]

피마자 기름 (castor oil)　피마자 종자(함유분 60%)에서 채유되는 불건성유. 히드록시산인 리시놀레산의 글리세리드를 주성분으로 하므로 다른 식물유와는 달리 에탄올에 불용, 석유 에테르에 난용이다. 식용은 불가하며 윤활유, 로드유, 머리기름, 의약용 기름으로 또 탈수 피마자유의 원료로 소비된다.

피멜산 (—— 酸, pimelic acid)　탄소 7원자의 곧은 사슬 디카르복시산. $HOOC(CH_2)_5COOH$. 알코올, 에테르에 가용. 산화한 피마자유에 함유된다. 살리실산을 이소펜틸알코올과 금속 나트륨으로 수소화 분해하면 얻어진다.

피복 구상 활성탄 (被覆球狀活性炭, coated spherical charcoal)　급성 약물중독 환자의 구명을 위해 직접 혈액을 관류하여 혈액을 정화할 때에 이용하는 흡착제. 칼럼에 활성탄을 채워 그 속을 혈액이 흐를 때 칼럼 내의 압력손실을 줄이고 피복막을 얇게 하기 위해 구형의 활성탄을 사용한다. 피복은 활성탄 표면의 혈액 적합성 개량과 탄분의 발

생방지에 유효하다.

피복률 (被覆率, coverage)　고체 표면의 흡착에 있어 흡착질이 표면을 덮고 있는 비율. 일정 조건(온도, 압력 또는 농도)하에서의 피복률은 그 때의 흡착량과 포화 흡착량에 대한 비율로 표시된다.

피복 전극 (被覆電極, derivatized electrode)　전극 기판의 재질과는 다른 물질을 표면에 피복 또는 고정한 전극의 총칭. 현재는 수식 전극이라 하는 것이 일반적이다. 전극의 부식과 용해를 방지할 뿐 아니라 분자 식별기능과 촉매작용 등의 새로운 기능을 전극에 부여하는 것을 목적으로 한다. 피복법으로는 물리적 방법과 화학적 방법이 있으며, 전자에는 흡착법, 도포 또는 스핀 코팅법, 증착 또는 스퍼터링 등이 있다. 후자는 전극 물질과 피복(수식) 물질을 공유결합으로 결합시키는 것으로, 화학 수식 전극이라 불린다. 또 피복(수식)물질은 원자, 각종 분자에서 고분자까지 다양하다.

피복지 (被覆紙, coat paper)　도피지 중에서 도포량이 적은(편면 $15gm^{-2}$ 이하) 것을 말한다. 도포량이 많은 것은 아트지라 한다. 표면이 평활하고 상질지보다 인쇄효과가 좋아 고급 인쇄용지로 사용된다. 코드지라고도 한다.

피분 (皮粉, hide powder)　소가죽의 망상층의 교원섬유를 정제하여 분말로 한 것. 타닌분의 분석에 사용하는 것은 KS에 품질 규격이 규정되어 있다. 화학실험에도 사용된다.

피브로넥틴 (fibronectin)　고등 동물의 세포 표면에 있는 당단백질. 세포 간의 접착을 한다. 분자량 24만의 폴리펩티드가 S−S 결합으로 이량체 또는 사량체가 된 것을 말한다.

피브로인 (fibroin)　견사를 구성하고 있는 열수 불용성의 단백질. 경단백질(硬蛋白質)의 하나이다. 특히 글리신과 알라닌을 다량 함유하고 티로신과 세린을 비롯하여 17종류의 아미노산으로 이루어지며, 단백질 분해효소에 대해서는 안정하다. 누에고치 섬유에 72~81% 함유된다. 누에의 액상견(液狀絹)은 토사관에서 체외로 토출되는 데 그 때 구상(球狀) 피브로인은 β-형 섬유상 분자로 변형하고 동시에 물에 대한 용해성을 상실한다. 거미줄도 피브로인에 속하는 단백질이다.

피브리노겐 (fibrinogen) 혈액 응고 인자의 하나. 제 I 인자라고도 한다. 척추동물의 혈장 속에 존재하며, 사람인 경우에는 1*l* 속에 2~4g 함유되어 있다. 주로 간에서 생성된다. 혈장 속의 농도는 생리적으로, 또 백혈구의 증가와 발열 등과 같은 병적인 경우 또는 결핵이나 류머티즘열(熱) 등의 감염증 질환에 의해서도 쉽게 대폭 증감하며, 이것이 증가하면 적혈구 침강속도(赤血球沈降速度)를 촉진하는 것 외에 혈액의 점성도에도 많은 영향을 준다. 피브리노겐은 글로불린의 일반적 성질을 가지는데, 혈장 단백질 내에서는 가장 염석(鹽析)되기 쉬운 것 중의 하나이며, 같은 부피의 포화 식염수를 가하면 거의 전부가 침전한다. 전자 현미경에 의하면 분자는 아령 모양의 구조를 가지며, 분자량은 약 33만이다. 혈액 중에 함유되는 수용성의 당단백질이며 트롬빈이란 효소에 의해 한정 가수분해되어 피브린으로 변화하여 혈액응고가 시작된다.

피브린 (fibrin) 혈액 응고시에 형성되는 섬유상의 단백질. 섬유소라고도 한다. 혈액 중의 피브리노겐이 효소 트롬빈에 의해 한정 가수분해되므로 발생한다. 응혈(凝血) 속에서는 망상으로 연결되며, 적혈구와 백혈구 등을 둘러싸고 있다. 채혈 직후의 혈액을 유리 막대로 저으면 피브린이 막대에 엉겨 붙어서 석출되어 나온다. 혈장으로부터 만들어진 해면상(海綿狀) 피브린은 외과 재료로, 지혈용이나 절제 후의 충전용으로 사용된다.

피브린 풀 (fibrin adhesive) 피브리노겐이 피브린으로 전화하는 메커니즘을 이용한 생체 접착제. 손상된 신경, 힘줄, 비세 혈관 등의 수복에 사용한다. 동결 진공 건조한 피브리노겐을 주성분으로 하는 A액에 트롬빈, 아프로티닌, 염화칼슘의 혼합 수용액(B액)을 혼합하여 사용한다.

피브릴 (fibril) 결정성의 사슬 모양 고분자. 광물, 금속 등에서 볼 수 있는 섬유상 조직을 구성하고 있는 미세 단위를 말한다.

피셔-트로프슈 합성(—— 合成, Fischer-Tropsch synthesis) 1920년대 초 독일의 F. Fischer 및 H. Tropsch에 의해 개발된 일산화탄소와 수소로부터 탄화수소 혼합물을 얻는 방법. F-T 합성이라 약칭한다. 공업적으로는 코발트, 철 등의 촉매를 사용하여 고압하에서 이루어진다. 생성물은 곧은 사슬 파라핀 혹은 올레핀이다.

피셔 투영 (—— 投影, Fischer projection) 부제 탄소원자를 갖는 정사면체 구조의 분자의 입체 배치를 지면에 표시하기 위해 1881년 F. Fischer에 의해 고안된 표시방법. 부제 탄소원자를 지면상에 놓고, 이 때 지면보다 면전에 오는 원자·원자단을 좌우에, 지면보다 뒤쪽에 있는 원자·원자단을 상하에 놓고 지면에 투영한다. 복수의 부제 탄소원자를 갖는 단당 등은 H원자와 OH기가 지면보다 앞쪽에, 탄소원자가 지면보다 뒤쪽에 오도록 놓고 탄소 사슬이 상하로 늘어나는 것 같은 형태로 하여 투영한다.

$$a \blacktriangleright \overset{\overset{\text{c}}{|}}{\underset{\underset{\text{d}}{|}}{\text{C}}} \blacktriangleleft b \longrightarrow a - \overset{\overset{\text{c}}{|}}{\underset{\underset{\text{d}}{|}}{\text{C}}} - b$$

입체식   투영식

[피셔 투영]

PIES (피스) 'penning ionization electron spectroscopy(페닝 이온화 전자 분광법)'의 약어이다.

피스 염색 (—— 染色, piece dyeing) ⇨ 후염.

피스톤 흐름 (piston flow) 마치 피스톤이 실린더 속을 진행하듯이 어느 시각에 동시에 유로에 유입한 유체가 다른 유체 부분과 혼합되지 않고 그 후에도 일체가 되어 유로 속을 흐르는 상태. 압출 흐름, 플러그 흐름이라고도 한다.

PCB 'polychlorobiphenyl(폴리클로로비페닐)'의 약어이다.

PS판 (—— 板, presensitized plate) 사전에 감광층이 도포되어 있는 판재. 평판인쇄의 판재로 널리 사용되고 있다. 네가형과 포지형이 있으며 선화와 망사진의 네가 또는 포지의 필름을 밀착시켜 소부하여 제판한다. 네가형에는 광경화용의, 포지형에는 광가용화형의 디아조 화합물과 감광성 수지가 감광층에 사용되고 있다. 보통 판재의 지지체로서는 알루미늄이 사용된다.

pH (pH) 수소이온 농도를 표시하는 데 사용하는 수치. 수소이온 지수라고도 한다. 역사적으로는 용액 1리터 안에 포함되는 수소이온 몰질량(몰)의 역수의 상용 대수로 정의되었다(pH = − log [H$^+$]). 상온의 순수에서는 [H$^+$]와 [OH$^-$]의 곱은 $1×10^{-14}mol^2dm^{-6}$이므로 14등분하여 표시된다. 열역학적으로는 수소이온 활량의 역수의 상용대수로 정의하고 있다. 현재 모든 나라는 기준이 되는 전극과 수소전극의 기전력을 기초로 하여 pH를 조작적으로 정의하여 실용하고 있다.

pH계 (―― 計, pH meter) pH를 측정하는 계기. 보통 사용되는 장치는 유리 전극(지시 전극)과 칼로멜 전극(참조 전극)의 조합으로 구성되는 하나의 전압계로서 유리 전극의 유리막면 양단에 발생한 전압을 측정하여 pH를 구한다.

PHB ‘photochemical hole burning(광화학 홀 버닝)’의 약어이다.

phr ‘parts per handred rubber’의 약어이다. ⇨ 배합표.

피에조 전기 (―― 電氣, piezoelectricity) ⇨ 압전기.

PMR ‘proton magnetic resonance(프로톤 자기공명)’의 약어이다. 단, 인원자 자기공명 ^{31}P-NMR과 혼동하기 쉬우므로 이 약어는 사용하지 않는 것이 바람직하다. ^{1}H-NMR로 표기할 것을 권장하고 있다.

PES ‘photoelectron spectroscopy(광전자 분광법)’의 약어이다.

PET 센서 (PET sensor) FET의 채널을 흐르는 전류는 게이트 전압뿐만 아니라 게이트에 대한 화학 물질의 흡착에 의해서도 영향을 받는다. 이러한 점을 이용하여 게이트에 가스, 이온 등 화학 물질의 인식작용을 이루게 하여 화학 물질을 검지시키는 센서를 구성한 디바이스를 말한다.

PET 트랜지스터 ‘field effect transistor(전계 효과형 트랜지스터)’의 약어이다.

피점 궤도 (被占軌道, occupied orbital) 원자와 분자에서 전자가 들어 있는 궤도(함수). 이온화나 전자 여기가 일어나면 이 궤도에서 전자가 빠져나간다. 쿠프만의 정리를 가정하면 피점 궤도의 궤도 에너지의 부호를 바꾼 것은 이온화 퍼텐셜에 대응한다. 공궤도의 대응어이다.

PZT 지르콘산염 PbZrO$_3$과 티탄산염 PbTiO$_3$

의 고용체의 총칭. 화학식의 머리글자를 따서 PZT라 한다. 공용체의 중간 조성 부근에 있는 상 전이점에서 유전율, 압전상수, 전기 기계 결합상수가 극대를 나타낸다. 압력 세라믹스의 대표로서 압전 진전자, 액추에이터, 주파수 필터 등에 사용된다.

피질분 (皮質分, hide substance) 가죽의 주성분인 콜라겐의 함유량. 보통 피중 질소를 측정하고 이에 5.62를 곱하여 피질분으로 한다.

피치 (pitch) 목재, 석탄, 석유 등을 건류 혹은 열분해하여 얻게 되며 상온에서 고체 또는 반 고체상의 흑색 물질. 주성분은 방향족계 화합물. 연탄 등의 점결제로 또 철재, 목재 등의 방수, 방청, 방부 등을 위한 소재로 사용된다.

피치 장해 (―― 障害, pitch trouble) ⇨ 수지 장해.

피치 코크스 (pitch cokes) 피치를 탄화하여 얻어지는 탄소를 주성분으로 하는 다공질 고체. 공업적으로는 콜타르 피치를 실로 또는 딜레이드 코커에 공급하여 제조한다. 다른 코크스에 비하여 회분이 1% 이하라는 특징이 있다. 또 흑색이고 다공질(多孔質)이며 단단하다. 휘발성분은 1% 이하이고 나머지는 고정 탄소이다. 제강용 전극, 알루미늄 제련용 전극의 원료이다.

피콜린 (picoline) 피리딘에 하나의 메틸기가 치환한 화합물. 2-, 3- 및 4-메틸 피리딘의 3종의 이성질체가 있으며 각각 $α-$, $β-$ 및 $γ-$피콜린이라 한다.

피크 (peak) 어떤 측정량 x와 y에 대하여, x의 값을 변화시키고 그에 대해 y의 값을 기록하였을 때 y의 값에 극대(또는 극소)가 나타나는 경우의 그 부분을 이른다.

피크노미터 (pycnometer) ⇨ 비중병.

피크라민산 (―― 酸, picramic acid) 피크르산의 2-자리의 NO$_2$가 NH$_2$로 환원된 화합물. C$_6$H$_2$(OH)(NH$_2$)(NO$_2$)$_2$. 분석 시약으로서 또는 염료 합성 원료로 사용되기도 한다.

피크르산 (―― 酸, picric acid) 페놀의 2, 4, 6-자리에 3개의 니트로기가 있는 화합물. C$_6$H$_2$(OH)(NO$_2$)$_3$. 황색 결정이며, 분자량 229.11, 끓는점 255℃, 녹는점 122.5℃, 비중 1.767(19℃)이다. 서서히 가열하면 승화하지

만 갑자기 가열하거나 충격을 주면 폭발한다. 뜨거운 물·에탄올에는 상당히 녹고 또 아세톤에도 잘 녹지만 석유에는 거의 녹지 않는다. 예전부터 인디고 등의 유기물에 질산을 작용시키면 생긴다는 것이 알려져 있었는데 1799년에 월터가 견(絹)에 질산을 작용시켜 얻은 생성물에서 순수한 것을 추출하였다. 이것은 쓴맛이 나는 황색 물질이며, 월터의 비터 옐로(bitter yellow)라 하여 염료로 사용되었는데 1848년에 A. 로렌트에 의해서 페놀의 니트로 유도체임이 밝혀졌다. 페놀의 니트로화, 또는 2, 4-디니트로클로로벤젠을 가수분해하면 생기는 2, 4-디니트로페놀의 니트로화에 의해 합성된다. 강산성이며 금속이나 염기와 염을 형성하고 또한 많은 방향족 탄화수소와 부가 화합물(피크레트)을 형성한다. 분석용 시약, 의약 또는 폭약으로 사용된다.

피크 전류 (―― 電流, peak current)　전위 소인 볼타메트리 등에 나타나는 전류의 극대값을 말한다.

피크 전위 (―― 電位, peak potential)　사이클릭 볼타메트리 등에서 전위 소인시에 전류가 최대로 되는 전극 전위를 말한다.

피클링 (pickling)　(1) 산 세척. (2) 제혁 준비 공정의 석회 침지, 탈회, 배팅이 끝난 약알칼리성의 가죽을 산과 염의 혼합액에 침지하여 다음 무두질에 적합한 pH로 하는 것. 황산, 포름산, 염화나트륨이 사용된다.

피토관 (―― 管, Pitot tube)　H. Pitot가 발명(1732년)한 유속 측정계기의 하나. 한 단이 열린 L자형 관의 개구부를, 흐름을 향해 총압을 측정하고 동시에 옆구멍으로 개구부이 정압도 측정할 수 있게 한 피토 정압관을 보통 피토관이라 한다. 총압과 정압의 차가 동압이며 동압으로 속도를 알 수 있다.

피토크롬 (phytochrome)　식물의 광 수용 단백질 성장과 형태 형성의 광에너지 수용체가 되는 색소 단백질로서, 모든 식물에 존재한다. 피토크롬이 관여하는 반응은 포자, 종자의 광 발아, 잎의 전개, 꽃눈의 형성 등이다. 피토크롬은 660 nm의 흡수극대를 가지는 적색 광흡수형(Pr)과 730 nm의 흡수 극대를 가지는 근적외 흡수형(Pfr)이 있으며, 저마다 빛을 흡수할 때 상호 변환(Pr⇄Pfr)

을 일으킨다. 분자량은 약 12만 4천으로 빛을 직접 흡수하는 크로마토 포아(색소 분자단)는 홍조류(紅藻類)의 피코빌린 색소와 비슷한 열려진 테트라피롤의 구조(담즙색소의 하나)로서 모든 식물의 피토크롬에서 공통이다. 그러나 단백질 부분은 식물에 따라 약간의 변이(變異)가 있는 것으로 알려져 있다. 피토크롬은 식물체에서 뿌리를 포함한 모든 조직에 들어 있으며, 크로마토 포아가 빛을 흡수하면 피토크롬이 반응하는데, 적색광에 의해 Pr이 Pfr로 전환될 때 테트라피롤 크로마토 포아의 공액(共軛) 이중결합이 변한다. 그러나 생리학적 활성을 결정하는 것은 크로마토 포아의 변화에 따른 단백질의 구조 변화에 있는 것으로 해석되고 있다.

PTC법 (―― 法, PTC method)　⇨ 에드만 법.

PTC 서미스터 (positive temperature coefficient thermistor)　어떤 온도 영역에서 온도의 상승과 함께 전기저항이 급증하는 특성을 의미하는 positive temperature coefficient의 머리글자를 딴 서미스터. 주재료로는 반도체화한 $BaTiO_3$계 소결체가 사용되고 첨가물에 의해 저항 증가 온도를 실온 ~300℃ 정도까지 변화시킬 수 있다.

피페라진 (piperazine)　육원 고리의 1, 4-자리에 2개의 질소원자가 있는 포화복소 고리 화합물 $C_4H_{10}N_2$. 고리모양 제2급 디아민. 무색의 흡습성을 가진 고체로, 분자량 86.14, 녹는점 104℃, 끓는점 145~146℃이다. 알칼리 수용액에서 수증기 증류에 의해 6수화물(녹는점 44℃, 끓는점 125~130℃)의 결정을 생성한다. 강한 염기성을 보이며 수용액은 공기 중의 이산화탄소를 흡수한다. 피라진을 나트륨과 메탄올에 의해 환원시키면 생성되는데, *N*-(2-옥시에틸)에틸렌디아민의 탈수 고리화에 의한 방법으로 합성된다. 가축과 가금(家禽)의 구충제로 사용된다. 분석 시약으로서의 용도가 있다.

2, 5-피페라진디온 (2,5-piperazinedione)　피페라진 고리가 있는 디케톤. 옛 명칭은 디케토피페라진. 글리신 2분자가 탈수 축합하여 생성된다. 2분자의 아미노산이 탈수하여 이 고리모양 구조가 형성되므로 단백질의 화학구조 중에 이 고리모양 구조가 포함되어 있다고 여겨지는 경우가 있다.

피페리딘 (piperidine)　피리딘 고리에 6원자의 수소가 부가하여 형성되는 포화 화합물 $C_5H_{11}N$. 고리모양 제2급 아민으로서 유기반응에 사용된다. 분자량 85.15, 녹는점 $-9℃$, 끓는점 106℃, 비중 0.8613(21℃)이다. 암모니아 냄새가 나는 무색의 액체로 물·알코올에 섞이고, 에테르·벤젠 등에도 잘 녹는다. 백금 촉매(白金觸媒)의 존재하에서 피리딘에 수소를 첨가하면 생긴다. 강한 염기성을 보이며, 각종 산과 염을 생성한다. 의약품 등의 합성 원료로 사용된다.

피폭 (被曝, exposure)　방사선의 조사를 받는 것. 즉 X선, γ선 등의 방사선에 노출되는 것을 말한다.

ppb　'part per billion'의 약어. 10억분율(10^{-9}). ppm의 천분의 1이다.

PPC 용지 (── 用紙, PPC paper)　PPC (plain paper copier)는 보통 종이(미가공 종이)를 사용하는 복사라는 의미로, 토너상 전사법의 간접 정전 복사기가 가장 많이 보급되어 있다. 용지로서는 건식 PPC용지(미가공지), 고저항 압력 정착 PPC용지, 표면 에멀션 도공지(습식 현상용), 정전 기록지가 포함되며 원래의 용도 외에 레이저 프린터, 팩시밀리 출력용지 등으로도 사용된다.

ppm　'part per million'의 약어이다. 백만분율(10^{-6}). 어떤 양이 전체의 백만분의 몇인가를 나타내는 무차원 양. 일반적으로 기체의 경우는 체적비, 기타의 경우는 질량비를 표시한다.

피혁유 (皮革油, leather oil)　가죽제품의 손질을 위해 사용하며 가죽을 유연하게 하고 금이 갈라지는 등의 열화를 방지하는 유제. 피혁은 그대로 두어도 점차 노화하여 약하게 되지만 더러워진 것이나 특히 젖어서 수분을 흡수한 것을 말리면 가죽섬유가 고착하여 굳어져서 균열이 생기거나 모양이 망가지는 원인이 된다. 직사 광선이나 불에 직접 쬐어서 말리면 열의 영향을 받아서 이 현상은 특히 심해진다. 이것을 방지하고 유연성과 방수성을 부여하기 위해서는 피혁유나 구두약을 바른다(젖었을 때에는 그늘에서 말린 다음에 바른다). 우지, 라놀린, 올리브유, 유채유, 유동파라핀, 바셀린 등이 사용된다. 구두약은 일반적으로 에멀션 크림이 많으나 가죽의 종류에 따라 전용 크림이 있으며, 스키·스케이트·방한화 등에는 실리콘유를 주성분으로 하는 것이 좋다.

픽스 제 (── 劑, dye-fixing agent)　⇨ 염색고착제.

픽크의 법칙 (── 法則, Fick's law)　기체, 액체, 고체상에서 어떤 성분의 확산은 그 성분의 농도가 감소하는 방향으로 일어나고, 그 확산속도는 농도 기울기에 비례한다는 경험칙이다. ⇨ 확산계수.

핀 효율 (── 效率, fin efficiency)　전열면에 핀(엷은 판 혹은 막대)을 부착하여 표면적을 늘려도 핀의 온도는 선단에 가까워짐에 따라 외부 유체의 온도에 가까워지므로 유효 온도차가 감소하여 핀에 의한 면적 증가분이 100% 전열에 기여하지는 않는다. 실제 핀의 전열량과 핀 전체가 그 부착 밑부분의 온도는 거의 같다고 가정하였을 때의 전열량의 비율을 핀 효율이라 한다.

필드 플로 프랙셔네이션 (field flow fractionation)　1966년 J. C. Giddings에 의해 제창된 분리법. 작용장 유동분획, 단상 크로마토그래피라고도 한다. 시료를 띠모양의 홈에 넣고, 홈 면에 수직으로 작용력(가속도, 전위 기울기, 자기 기울기, 열 기울기)을 가하여 깊이 방향으로 용질 입자의 농도 기울기를 형성시키고 이것을 이동상의 포물선상 층류로 분획하는 원리에 의한다. 종래의 크로마토그래피에서는 다룰 수 없는 거대분자와 입자(~30 μm)에 적용할 수 있는 이점이 있다.

필드 효과 (── 效果, field effect)　⇨ 극성효과.

필라멘트 (filament)　화학 섬유나 생사를 방사하여 얻는 장섬유. 화학 섬유는 절단하지 않는 한 장섬유로 방사된다. 이에 대해 적당한 길이로 절단한 단섬유를 스테이플 파이버라고 한다.

필라멘트 가공사 (── 加工絲, textured yarn)　합성 섬유의 장섬유를 비꼬아서 부피가 나게 하거나 신축성을 부여한 실. 단순히 가공사라고도 한다.

필러 (filler)　⇨ 충전재의 (1).

필름 애플리케이터 (film applicator)　도막 시험편을 작성할 때에 사용하는 소도구. 넓은 뜻으로는 풀비도 애플리케이터이다.

필링방지 가공 (—— 防止加工, pilling resist-ant finishing) 착용 중에 마찰로 인하여 실이 빠져나와 털뭉치(필)가 생겨 편물의 외관, 촉감 등을 해치는 것을 필링이라 하는데, 그 필링의 발생을 방지하는 가공을 말한다.

필수 아미노산 (必須 —— 酸 essential amino acid) 영양을 유지하기 위해 외부에서 섭취해야만 하는 아미노산. 단백질 구성 아미노산 중 다른 아미노산, 기타 화합물에서, 체내에서는 생체반응으로 생성될 수 없는 아미노산. 성인은 8종의 아미노산이 필요하다고 한다. 즉 발린, 이소로이신, 로이신, 트레오닌, 리신, 메티오닌, 페닐알라닌, 트립토판(모두가 L-형)을 말한다.

필수 지방산 (必須脂肪酸, essential fatty acid) 영양을 유지하기 위해 외부에서 섭취해야만 하는 지방산. 필요량은 미량이므로 하나의 비타민으로 다루어지는 경우도 있으며 리놀레산, γ-리놀렌산, 아라키돈산의 3종을 들 수 있다. 뒤의 2종은 리놀레산으로부터 생채 내에서 합성되므로 좁은 의미의 필수지방산은 리놀레산을 지칭하며 사람에게는 하루 15~25g 을 필요로 한다. 비타민 F 또는 지방산의 F라고도 한다.

필터 (filter) 기상이나 액상 중의 작은 고형물을 제거하기 위한 여과기 외에도 빛을 비롯한 전자파, 전기진동, 음파 등에서 특정한 진동수 영역만을 선별하고 다른 것은 제거하기 위한 다양한 소자를 지칭한다. 재질상으로는 착색 유리인 솔리드 글라스 필터, 젤라틴을 착색한 젤라틴(gelatin) 필터, 착색 젤라틴을 2개의 유리에 끼워 넣은 샌드위치 필더 등이 있다. 특수한 용도에 쓰이는 것을 제외하면 흑백용으로는 솔리드 필터가 일반적으로 사용되며 둥근 금속 테에 끼워져 있는 것이 많다. 필터의 종류를 성능면에서 분류하면, ① 필름의 자외선에 지나치게 감응하거나 감색성(感色性)의 결점을 보완할 목적으로 사용하는 것을 정색(整色)필터라 하고, 담황식·황록색·녹색 필터 등이 이 목적에 이용된다. ② 무색인 UV(ultraviolet), 황색·오렌지색·적색 등의 필터는 어떤 파장보다 짧은 파장의 빛을 흡수하고 긴 파장의 빛을 투과시키는 성능이 있다. 이들 필터는 흡수와 투과의 경계가 비교적 분명하므로 샤프컷 필터라고 한다. 이것을 사용하여 촬영하면 UV·황색·오렌지색·적색의 순으로, 같은 색이면 진한 색쪽이 흡수하는 빛의 파장이 장파광(長波光)쪽으로 뻗기 때문에 피사체의 콘트라스트가 강하게 나타나는 촬영이 된다. 특히 진한 황색·오렌지색·적색 필터를 사용하면 이 효과가 크다. 이러한 목적에 사용하는 경우를 콘트라스트 필터라고도 한다. ③ 그 필터와 같은 계통의 색은 밝게, 그리고 보색(補色) 관계에 있는 색은 어둡게 촬영되기 때문에 색의 명암을 바꾸어 촬영하는 데도 이용된다. 특히 색이 있는 것을 복사할 때, 문자를 똑똑하게 찍을 목적 등에 응용할 때도 있다. 또 특수한 필터로는 반사를 없애기 위해 사용하는 편광(偏光)필터, 빛의 파장에 상관없이 투과광을 감소시키는 ND필터 등이 있다.

핑거 프린트 (finger print) (1) 적외 스펙트럼의 파수 영역에서 사용되는 용어이다. ⇨ 지문 영역. (2) 여지상에서 전기영동과 크로마토그래피를 소합하여 2차원적으로 펩티드를 분리한 분포도. 폴리아크릴아미드, 실리카겔의 박층도 사용된다. 단백질과 아미노산 배열이 다른 펩티드의 검출에 사용된다.

하강관 (下降管, downcomer)　⇨ 다운코머.

하강 크로마토그래피(下降 ——, descending chromatography)　전개제를 위쪽에서 공급하여 아래쪽으로 전개(하강 전개)하는 크로마토그래피. 여지(종이) 크로마토그래피, 사이즈 배제 얇은 막 크로마토그래피 등에 사용된다.

하겐-푸아즈이유의 식 (—— 式, Hagen-Poiseuille's equation)　⇨ 푸아즈이유의 식.

하드그로브 지수 (—— 指數, Hardgrove grindability index)　KS로 규격화되어 있는 하드그로브 시험기를 사용하여 구하는 석탄의 분쇄성을 표시하는 수치. HGI로 표시되는 상대값. 수치가 큰 석탄일수록 분쇄되기 쉽다.

하드론 (hadron)　강하게 상호 작용하는 일군의 소립자. 현재 100종 이상이 알려져 있으며, 보스 입자인 중간자와 페르미 입자인 바리온으로 분류된다. 양성자, 중성자, π 중간자 등이 대표적인 예이다. 원자핵은 중성자 및 양성자가 중간자를 매개로 하여 결합한 하드론계이다. 하드론은 보다 기본적인 입자인 쿼크로 구성되었다고 여겨지고 있다.

하드산 (—— 酸, hard acid)　루이스산 중 하드 염기와 반응하기 쉽고, 소프트 염기와는 반응하기 어려운 것(⇨ 무른산). 프로톤, 알칼리 금속과 알칼리 토류 금속의 양이온, Al^{3+}, Fe^{3+}, Ti^{4+}, Ce^{3+}, BF_3, $AlCl_3$, SO_3, CO_2 등이 하드산의 예이다.

하드 염기 (—— 鹽基, hard base)　루이스 염기 중, 하드산과 반응하기 쉽고, 소프트산과는 반응하기 어려운 것(⇨ 무른산). 수산화물 이온, 염화물 이온, 브롬화 이온, 물, 알코올류, 암모니아, 아민류 등이 하드 염기의 예이다.

하드카피 (hardcopy)　읽을 수 있는 영구적이며 경제적인 기록. 하드카피에 대해 브라운관의 화면처럼 일시적인 영상 정보를 소프트카피라 한다. 프린터와 팩시밀리의 기록은 하드카피이다.

하메트 룰 (Hammett rule)　$m-$, $p-$ 치환 벤젠 유도체의 반응성에 관한 경험칙. 벤젠 치환체가 있는 반응에서 치환기를 바꾸었을 때의 반응속도의 변화는 $\log (k/k_0)= \rho\sigma$ 와 같은 직선칙에 따른다. 여기서 ρ 는 반응의 종류와 조건에 특유한 반응상수, σ는 반응의 종류에 의하지 않고 치환기에 특유한 치환기 상수이다. 하메트의 $\rho\sigma$칙이라고도 한다. 치환기 효과를 정량화한 것이다.

하버-보슈법 (—— 法, Harber-Bosch process)　⇨ 암모니아 합성법.

하소 (煆燒, calcination)　공기 중에서 가열하여 휘발성 물질이나 열분해에 의해 발생하는 물질을 제거하는 조작이다.

하소마그네시아 (煆燒 ——, calcined magnesia)　⇨ 경소 마그네시아.

하우겐-와트슨의 식 (—— 式, Hougen-Watson's equation)　랭뮤어-힌셸우드 기구에 바탕하여 유도된 반응속도식의 한 형식. 공학적 취급을 간편하게 하기 위해 도입되었으며 일반적으로 다음 형태로 표현된다.

$$\text{반응속도} = \frac{(\text{동력학항})(\text{퍼텐셜항})}{(\text{흡착항})^n}$$

하이드로 술파이트 (sodium hydrosulfite)　아디티온산나트륨 $Na_2S_2O_4$의 속칭. 경우에 따라서는 아디티온산염 및 그 포르말린 유도체를 총칭하는 일도 있다. 히드로아황산나트륨, 차아황산나트륨, 수가 아황산소다 등은 잘못된 명칭. 환원 세정제, 염색조제, 표백제 등으로 사용된다.

하이드로퀴논 (hydroquinone) ⇨ 히드로퀴논.

하이볼륨 에어 샘플러 (high-volume air sampler) 대기 중의 부유 분진의 농도측정과 조성 분석을 하기 위한 시료 채취에 사용되는 장치. 큰 유량 $(1.5{\sim}2.0\,\mathrm{m}^3\mathrm{min}^{-1})$으로 공기를 흡인하여 여과지 위에 시료를 포집하는 것을 말한다.

하이브리도마 (hybridoma) 종양 세포 및 어떤 기능을 갖는 정상 세포를 융합하여 얻은 잡종 세포. 종양 세포가 갖는 증식성과 생체 세포의 기능을 함께 갖고 있는 세포가 얻어지므로 모노클로널 항체 등의 생산에 이용된다.

하이브리드 복합재료 (—— 複合材料, hybrid composite materials) 2종 이상의 강화제를 조합한 복합재료. 혼성 복합재료라고도 한다. 예를 들면 유리섬유와 탄소섬유를 층상으로 하거나 혼직·교직으로 하여 제조되는 것 등이 있다. 고성능화 뿐만 아니라 다기능화를 목적으로 한 하이브리드화가 널리 응용되고 있다.

하이브리드 인공 장기 (—— 人工臟器, hybrid artificial organ) 생체 유래의 산 세포나 조직을 인공의 고분자막 등에 고정화하여 장기 본래의 기능을 부여한 인공 장기. 화상 등의 창상면을 덮는 인공 피부, 인슐린 분비 세포를 이용한 인공 췌장, 간세포를 이용한 인공 간장, 혈관 내피 세포로 표면을 덮은 인공 혈관 등이 연구되고 있다.

하이브리드 종자 (—— 種子, hybrid seed) ⇨ 1대 잡종.

하이 솔리드 래커 (high-solid lacquer) 이전에는 불휘발분이 많은 질화면 도료를 의미하였으나, 현재는 질화면 도료에 국한하지 않고 비산화형 알키드 수지, 브롬화 멜라민 수지 및 저점도 질화면을 사용하여 제조한 고불휘발분 합성 수지 도료를 총칭한다.

하이틀러-런던법(—— 法, Heitler-London method) ⇨ 원자가 결합법.

하이포 (hypo) (1) 사진에서 정착처리의 주약으로서 사용되는 티오황산나트륨 오수염의 속칭. 초기에 화학구조를 차아황산염(hyposulfite)으로 오인한 때문에 생긴 명칭이지만 국제적으로 널리 통용된다. (2) 화합물의 산화 정도가 낮은 것을 나타내는 접두어. "차"로 번역한다. 예를 들면 HClO는 hypochlorous acid로서 차아염소산, $H_2N_2O_2$는 hyponitrous acid로 차아질산이다.

하이포아브롬산염 (次亞——酸鹽, hypobromite) 일반식 M^IBrO. $NaBrO\cdot nH_2O(n=5,7)$, $KBrO\cdot 3H_2O$ 등이 담황색 결정으로 얻어지지만, 다른 염은 고체로는 얻어지지 않고 있다. 수용액은 담황색이며 강력한 산화제. 하이포아염소산보다 강한 표백제이다.

하이포아염소산염 (次亞鹽素酸鹽, hypochloride) 일반식 $M^IC_2O(M^I$은 알칼리 금속 등). 일반적으로 수용성의 무색 결정. 고체, 수용액 모두 불안정하며 서서히 분해한다. 강력한 산화제로 살균제, 표백제로 사용된다. 칼슘염은 표백분의 주성분이다.

하이포아요오드산기 (次亞——酸基, hypoiodite) 일반식 M^IIO. 수산화 알칼리의 수용액에 요오드를 반응시켜 얻어진다. 가수 분해하기 쉽고 불안정하며 수용액으로서만 얻어진다. 수용액은 황색. 사프란과 같은 냄새를 갖는다. 양성이며, 하이포 아요오드산염 및 요오드염을 만들지만, 산성도 염기성도 대단히 약하다. 저온에서도 요오드산으로 변하고, 묽을수록 안정. 또 환원되어서 요오드화수소로 되는 경향도 있다. 하이포 아브롬산과 비슷하나 산화력은 훨씬 강하다.

하이포아인산 (次亞燐酸, hypophosphorous acid) 분자식 H_3PO_2이지만 하이포인산이란 명칭에 상당하는 산은 존재하지 않고, 실재하는 것은 $[PH_2O_2]^-$를 함유하는 일염기산이다. ⇨ 하이포 아인산염.

하이포아인산염 (次亞燐酸鹽, hypophosphite) 하이포 아인산 H_3PO_2는 유리산, 염의 어느 것도 알려져 있지 않다. 에스테르가 알려져 있을 뿐이다. 예전에 하이포아인산염이라 불리었던 것은 실제로는 $M^IPH_2O_2$ 같은 포스핀산염이었다.

하이포아질산염 (次亞窒酸鹽, hyponitrite) 일

반식 $M^I_2N_2O_2$. 일반적으로 무색의 결정이며, 여러 중금속염 중 Pb염만이 염기성 염이다. 알칼리 금속염은 물에 녹지만, 그 이외의 염은 난용성의 것이 많다. 고온으로 가열하면 폭발적으로 분해한다. 알칼리성 용액 속에서는 비교적 안정하나 산성 용액에서는 불안정한 하이포 아질산을 생성하므로 분해되기 쉽다.

하이포아황산나트륨 (次亞黃酸 ——, sodium hyposulfite) 아디티온산 나트륨 $Na_2S_2O_4$의 잘못된 명칭이다.

하이포아황산염 (次亞黃酸鹽, hyposulfite) 아황산염 $M^I_2SO_3$ 보다도 황의 산화수가 낮은 옥소산염을 말하는데, 이 명칭에 상당하는 화합물은 알려져 있지 않다. 예전에는 $M^I_2S_2O_3$ 또는 $M^I_2S_2O_4$를 이렇게 호칭한 적이 있었으나, 이러한 것은 구조상으로 각각 티오황산염, 아디티온산염이라 부르는 것이 정확하다.

하이포인산염 (次燐酸鹽, hypophosphate) 일반식 $M^I_4P_2O_6$, 이인산(IV)염 [diphosphate (IV)]이라고도 한다. 산성염 $M^I_3HP_2O_6$, $M^I_2H_2P_2O_6$, $M^IH_3P_2O_6$도 알려져 있다. 산성 용액 속에서 인화구리의 양극 산화로 구리염이 얻어진다.

하이포질산염 (次窒酸鹽, subnitrate) 질산 비스무트(III)의 염기성염 $BiO(NO_3)$, $Bi(OH)(NO_3)_2$ 등의 혼합물을 하이포 질산 비스무트라고 부르는 경우가 있으나, 이것은 잘못된 명칭이며 하이포 질산이란 산은 존재하지 않는다.

하전 전류 (荷電電流, charging current) 2차 전류를 충전할 때의 전류값. 전지의 정격에 따라 적정한 전류값이 정해진다. 실용적으로는 전류 표시 대신에 몇 시간에 완전히 충전할 수 있는가를 나타내는 시간 표시, 예를 들면 8시간 충전이라 하듯 생활의 리듬에 맞춘 편이적인 값을 병기하는 일이 많다.

하중 굴곡 온도 (荷重屈曲溫度, deflection temperature under load) 플라스틱에 일정 하중을 가하여 정속 상승하였을 때 소정의 변형을 나타내게 되는 온도를 말한다.

하트리-포크법 (—— 法, Hartree-Fock method) 다전자계의 파동함수를 하나의 전자배치에 대응하는 함수로 근사시키고, 변분법을 사용하여 1전자 궤도(함수, 분자궤도)를 구하는 방법. 분자의 전자파동 함수를 구하는 가장 표준적인 방법이며, 그 물리적인 묘사가 명확하므로 널리 사용되고 있다.

하향통풍 가마 (下向通風 ——, down-draft kiln) 요로 내부의 노벽 하부 버너에서 연소가스가 노벽을 따라 천장에 이르고 그 곳에서 반전하여 노 속의 피소성품의 가격을 하강하여 노상 하부의 연도를 거쳐 굴뚝에서 배출되는 방식의 요로를 말한다.

하향통풍로 (下向通風路, downtake) 자동순환식 혹은 강제순환식의 증발관에서 끓는 액체의 순환이 잘 되게 하기 위해 설치하는 액 하강용의 관을 말하며 다운테이크라고도 한다.

한 가닥 사슬 DNA (single-strand DNA) 보통의 DNA는 2중 나선구조를 하고 있으므로 두 가닥 사슬이지만 어떤 종류의 박테리아 파지와 제미니 바이러스는 한 가닥 사슬 DNA를 갖고 있는 것이 있다. 또 가열한 알칼리로 두 가닥 사슬 DNA를 처리하면 한 가닥 사슬이 된다.

한계 구조식 (限界構造式, canonical formula) 분자(특히 공역계를 갖는 유기분자)의 구조를 고전 구조식으로 표기하는 경우 2종 이상의 구조식을 기록할 수가 있어 실제 분자는 이러한 구조식의 겹친 상태에 있다고 하는 것이 그 성질을 적절하게 표기할 수 있다. 이 때의 각개 구조식을 한계 구조식 또는 극한 구조식이라 하는데, 이 용어는 최근에는 별로 사용하지 않고 공명 구조식이라고 하는 경우가 많다.

한계 산소 지수 (限界酸素指數, limiting oxygen index) 방염처리를 한 고분자 재료와 그 소재의 연소성을 비교하기 위한 지표의 하나. 약어 LOI. 산소와 질소를 혼합한 기류 중에서 점화된 시료가 계속적으로 연소하는 데 필요한 산소의 최저 농도(용량 %)로서 한계 산소 지수로 한다. 이 값이 21보다 커질수록 공기 중에서 연소하기 어렵다는 것을 나타낸다.

한계 성분 (限界成分, key component) 다성분 혼합물을 증류할 때 탑 정상에서의 유출물 중에서도 가장 끓는점이 높은 성분을 고한계 성분, 탑 바닥에서 유출하는 액 중에서 가장 끓는점이 낮은 성분을 저한계 성분이라 한다. 증류의 관건이 되는 성분이란 의미에서 키 성분이라고도 한다.

한계 전류 (限界電流, limiting current)　전극반응은 전극 표면에서의 전자 이동과정과 용액 내부에서 표면으로 반응종을 수송하는 물질 이동과정으로 되어 있다. 전자의 속도는 과전압의 증가와 함께 커지지만, 후자는 과전압과 상관없이 표면과 내부 간의 농도 기울기로 정해지는 확산과정에 지배되므로 과전압을 충분히 크게 한 정상상태에서 전류는 확산에 의한 수송속도로 정해지고, 어느 일정값 이상으로는 증가할 수 없게 된다. 이 상태를 한계 전류 또는 확산 한계 전류라 한다.

한계 전류밀도 (限界電流密度, limiting current density)　전극반응의 전류가 한계전류 영역에 있을 때의 단위 면적당의 전류값의 크기. 이 때의 표면에서의 반응종의 농도는 제로(표면에 도달한 반응종은 신속하게 전자 이동을 받는다)이므로, 한계 전류밀도는 용액 내부의 농도에 비례하여 농도의 결정을 간단하게 할 수 있다. 폴라로그래피는 한계 전류밀도가 1차적으로 농도 기울기로서 결정되는 데 기인하고 있다.

한계 함수량 (限界含水量, critical moisture content)　정상 건조 조건하에서 습한 재료의 건조를 할 때 정률(항률) 건조와 감률 건조의 경계가 되는 함수율. 건조 특성곡선에서 구할 수 있다. 비정상 건조 조건하에서는 표면 증발기간과 내부 증발기긴 간의 경계의 함수율이다.

안고리 화합물 (—— 化合物, monocyclic compound)　고리식 화합물 중 하나의 고리가 있는 것. 고리의 크기와는 상관이 없다.

한외 여과 (限外濾過, ultrafiltration)　보통 여과로는 거르지 못하는 미소한 콜로이드입자를 여과 분별하는 방법. 콜로이드의 정제, 농축, 입자의 균일화 등에 이용. 각종 공경을 갖는 다공성 고분자막의 개발로 널리 이용할 수 있게 되었다. 여과 구별되는 것의 입자지름에 따라 여과법은 다음과 같이 분류된다. 입자지름이 $1\ \mu\mathrm{m}$ 이상인 경우가 보통 여과, $0.02\sim10\ \mu\mathrm{m}$의 경우를 정밀 여과,

$1\sim10^2\mathrm{nm}$ (분자량 $10^3\sim3\times10^5$)의 경우를 한외 여과라 한다.

한외 여과막 (限外濾過膜, ultrafiltration membrane)　한외 여과에 사용되는 막. 각종 공경(孔徑)을 갖는 비대칭형 혹은 복합형의 다공성 고분자막이 만들어지고 있다.

한외 전류밀도 (限界電流密度, limiting current density)　전극 반응의 전류가 한계전류 영역에 있을 때의 단위 면적당의 전류값의 크기. 이 때의 표면에서의 반응종의 농도는 제로(표면에 도달한 반응종은 신속하게 전자 이동을 받는다)이므로 한계전류밀도는 용액 내부의 농도에 비례하여 농도의 결정을 간단하게 할 수 있다. 폴라로그래피는 한계전류밀도가 1차적으로 농도 기울기로서 결정되는데 기인하고 있다.

한외 현미경 (限外顯微鏡, ultramicroscope)　틴들현상을 이용하여 일반 광학현미경의 분해능($\sim0.25\ \mu\mathrm{m}$) 이하의 미립자 등을 관찰할 수 있도록 한 현미경. 집광기를 이용하여 액체와 기체 매질 중의 미립자($\geq0.001\ \mu\mathrm{m}$)의 존재를 확인할 수 있으므로 콜로이드 연구 등에 사용된다.

한자리 리간드 (monodentate ligand, unidentate ligand)　중심 금속에 배위할 때, 배위 원자가 하나밖에 없는 배위자. 여러자리 리간드의 대응어. 예를 들면 NH_3, H_2O, Cl^- 등이 있다.

한제 (寒劑, freezing mixture)　2종류 이상의 물질을 혼합하였을 때 흡열 변화가 일어나 쉽게 낮은 온도를 얻게 되는 경우가 있다. 이와 변화를 일으키기 위해 사용되는 물질과 시료를 한제라 하여 냉각에 사용한다. 예를 들면 얼음과 식염(77.6%, 23.4%, -21.2℃), 얼음과 염화아연(49.0%, 51.0%, -62℃) 등이다. 이 밖에 드라이 아이스와 유기 용매의 혼합물을 사용하는 경우도 있다.

한천교 (寒天橋, agar-bridge)　두 전해질 용액 사이에 삽입하는 이온 전도체인 염교, 액간 전위차를 수 mV 이하로 하기 위해 성분 이온의 수율(輸率)이 거의 같은 염화칼륨 등의 염으로 포화한 한천 겔을 유리관 등에 채워 도전성을 갖게 한 것. 액로의 하나이다.

할레이션 (halation)　사진 감광 새료의 삼광

층을 투과한 빛이 감광층과 지지체의 경계면이나 지지체의 이면에서 반사하여 다시 감광층에 입사하여 감광시키는 현상. 빛이 최초에 입사한 위치와 다른 위치를 감광시키는 셈이 되므로 특히 강한 빛이 쬐인 영역의 주변을 바래게 한다. 할레이션을 방지하려면 감광층과 지지체 사이, 혹은 지지체 뒷면에 할레이션 방지층을 설치하여 감광층을 투과한 빛을 흡수시킨다.

할로게노이드 (halogenoid)　⇨ 슈도 할로겐.

할로겐 (halogen)　주기율표 17족(7B족)의 플루오르, 염소, 브롬, 요오드, 아스타틴 등 5원소의 총칭. 금속원소와 전형적인 염을 형성하기 쉬우므로 조염원소라고도 한다. 그리스어의 halos(염)와 gennao(만들다)에서 합성된 용어이다.

할로겐화 (―― 化, halogenation)　유기 화합물에서 할로겐 치환체를 형성하는 반응. 수소원자를 할로겐 원자로 치환하는 것이 보통이며, 부가반응으로 할로겐 유도체가 형성되는 반응을 할로겐 부가라고 한다.

할로겐화물 (―― 化物, halide, halogenide)　할로겐을 음성 성분으로 하는 화합물을 널리 할로겐화물이라 한다. 또 유기 화합물의 할로겐 치환체도 할로겐 화물이라 한다. 결합하는 상태가 다른 종류의 할로겐 원소인 경우는 할로겐간 화합물이라고 한다.

할로겐화물 이온 (―― 化物 ――, halide ion)　할로겐이 음이온이 되었을 때의 명칭. 옛 문헌에서는 할로겐 이온이라 쓰여졌으나, 질량 분석에서는 할로겐 양이온이 검출되고 또 유기 화합물의 분자 중에서는 Cl^+, Br^+, I^+와 같은 할로겐 양이온형의 구조도 출현하므로 F^-, Cl^-, Br^-, I^-와 같은 음이온은 할로겐화물 이온이라 하는 것이 정확하다.

할로카본 (halocarbon)　메탄의 수소원자 전부를 할로겐 원자로 치환한 것의 총칭. 사염화 탄소, 사브롬화 탄소, 사플루오르화 탄소, 디클로로디플루오르메탄(프론 12), 트리클로로플루오르메탄(프론11) 등이 있다. 또 메탄보다 탄소원자수가 많은 탄화수소의 과할로겐 치환체의 총칭으로도 사용된다.

할로크로미 (halochromism, halochromy)　일반적으로 무색 또는 연하게 착색되어 있는 물질이 진한 산 혹은 염 등과 반응하여 진하게 착색한 물질을 생성하는 현상. 조염 발색, 성염 발색 등이라고도 한다. 생성물질의 흡수파장이 원래 물질의 것보다 장파장측에 있을 때 양의 할로크로미, 단파장측에 있을 때 음의 할로크로미라 한다.

할로폼 (haloform)　메탄의 수소원자 3개가 할로겐 원자 3개로 치환된 화합물 CHX_3의 일반명. 클로로포름 $CHCl_3$, 요오드포름 CHI_3 등이 있다.

함금속 염료 (含金屬染料, metallized dye)　⇨ 금속 착염 염료.

함께 끓는점 (共沸點, azeotropic point)　함께 끓는 혼합물의 끓는점. 정압하에서 혼합물 성분의 조성을 약간씩 변화시키면 끓는점은 서서히 변하다가 함께 끓는점에 이르러 극대 또는 극소를 나타낸다.

함께 끓는 증류 (共沸蒸溜, azeotropic distillation)　함께 끓는 혼합물은 증류에 의해 농축 분리할 수 없지만 제3의 물질을 가하여 끓는점이 낮은 새로운 함께 끓는 혼합물을 형성하고, 우선 그 함께 끓는 혼합물을 유출시킴으로써 순도가 높은 물질을 얻을 수 있다. 이러한 정제법의 한 예로 에탄올(96%)-물(4%)의 함께 끓는 혼합물에 소량의 벤젠을 가하여 함께 끓는 증류를 하면 물이 제거되어 무수에탄올을 얻을 수 있다.

함께 끓는 혼합물(共沸混合物, azeotropic mixture)　두 성분 이상을 함유한 혼합 용액을 증류할 때 액상과 기상의 조성이 상등하게 될 때의 혼합물. 함께 끓는 혼합물은 그대로는 증류에 의해 한쪽 성분을 더욱 농축할 수 없다. 예를 들면, 에탄올(96%)-물(4%)의 용액은 1기압에서 끓는점 78.15℃의 함께 끓는 혼합물을 형성한다.

함랍유 (含蠟油, wax distillate, waxy distillate)　납분을 함유한 윤활유 유분. 납 원료유라고도 한다. 파라핀기 원유 또는 혼합기 원유를 감압 증류하여 얻은 윤활유 유분은 대부분의 경우 이 외에 상당하다.

함수량 (含水量, moisture content)　⇨ 함수율.

함수율 (含水率, moisture content)　재료가 함유하는 물의 양을 정량적으로 표시한 것. 함수량이라고도 한다. 재료의 질량(용적)에 대한 물의 질량(용적)의 비율로 표시된다. 기준이 되는 재료는 무수재료와 습윤재료가 선정되며, 예를 들면 건량기준 함수율 [kg-물/kg-건조재료], 습량기준 함수율 [kg-물/kg-습윤재료]라 한다. 수분의 함유량이 많아지면 양자는 큰 차이가 생기므로 주의할 필요가 있다.

함침 가공 원지 (含浸加工原紙, saturating paper) 액상의 가공제가 스며들기 쉬운 종이. 가공제를 신속하고 균일하게 스며들게 하기 위해 다공성이며 균일한 바탕이 요구된다. 수용성 가공제를 사용하는 경우에는 어느 정도의 습윤강도가 필요하다.

함탄소 내화물 (含炭素耐火物, carbon-containing refractories) 고온 재료로 사용되는 산화물에 탄소를 10~30 wt% 정도 혼합 혹은 함침한 내화 벽돌. 일반적으로 탄소의 산화 방지제로서 탄화물(SiC, B₄C 등), 단체 금속 (Al, Si, Mg 등), 합금(AlSi, AlMg) 등이 첨가 되어 있다. MgO-C계, Al₂O₃-C계, ZrO₂-C계 조성의 것이 대표적이다.

합금 도금 (合金鍍金, alloy plating) 2종 혹은 2종 이상의 금속, 혹은 비금속을 전기도금 등으로 동시에 석출시켜 합금 피막을 작제하는 방법. 장식성, 방식성, 내마모성, 전기·자기특성 등이 우수한 것을 만들기 위한 목적으로 실시되고 있다. 예전부터 황동 도금이 이용되었고 또 Cu-Zn을 중심으로 하는 동계, Sn-Zn을 중심으로 하는 주석계가 장식, 방식 목적으로 이용되고 있다. 최근에는 Fe-Ni(박막 헤드), Co-Ni-P(자기 디스크 매체)등 전자 재료용의 기능 도금도 이루어지고 있다.

합금 촉매 (合金觸媒, alloy catalyst) 2종 이상의 금속이 혼합한 상태로 작용하는 촉매. 표면에서의 2종 원자의 비율이 접촉작용에 영향을 미친다.

합성 가스 (合成 ——, synthesis gas, syngas) 천연 가스, 석유, 석탄, 코크스 등을 원료로 하여 부분 산화법으로 얻어지는 수소와 일산화탄소의 혼합물. 수소와 일산화탄소의 비가 2 : 1의 것은 메탄올 및 암모니아 합성 원료가 되고, 1 : 1인 것은 히드로포르밀화에 이용된다. 또 Fischer-Tropsch법에 의한

합성 연료의 제조에도 사용된다. 석탄, 코크스, 천연 가스, 석유 등에서 제조된다.

합성 감미료 (合成甘味料, artificial sweetener) ⇨ 인공 감미료.

합성 고무 (合成 ——, synthetic rubber) 고무 탄성을 나타내는 합성 고분자 물질. 천연 고무의 대응어. 1926년 독일의 I. G. 회사에서 부타디엔 중합으로 부나(Buna)가 합성된 이래, 천연 고무에 부족한 내유성, 내열성, 내오존성 등을 강화한 각종 합성 고무가 제조되고 있다. 스티렌-부티디엔 고무(SBR), 부타디엔 고무(BR), 이소프렌 고무(IR), 에틸렌-프로필렌고무(EPR) 등 일반적으로사용하는 합성 고무 외에 실리콘 고무, 플루오르 고무 등의 특수 합성 고무가 있다.

합성 등가체 (合成等價體, synthetic equivalent) 유기 화합물의 레트로 합성 과정에서 사용되는 신톤은 불안정한 이온인 경우가 일반적이므로 신톤 대신 반응기질에 작용하여 신톤과 같은 단편구조를 기질에 도입할 수 있는 반응물(시약)이 사용된다. 이것을 합성 등가체라 한다. 신톤과 합성 등가체의 짝을 몇 가지 예를 들면 다음과 같다.

$$CH_3^- \leftarrow CH_3Li, CH_3MgI$$
$$CH_3^+ \leftarrow CH_3I, CH_3OSO_2R$$
$$^-CH_2COOH \leftarrow NaCH(COOC_2H_5)_2$$
$$CHO^- \leftarrow LiCH(SR)_2$$
$$CH_3CO \leftarrow LiC(OCH_3)=CH_2$$

논문 등에서는 합성 등가체와 신톤을 같은 의미로 사용하고 있는 경우가 있다.

합성 무두질제(合成 —— 劑, synthetic tanning) 방향족 슐폰산의 포름알데히드 축합물을 주성분으로 하는 무두질제. 타닌과 유사한 무두질 작용이 있다. 지방족계의 것과 유기 함질소 화합물 및 포름알데히드의 축합물을 포함시키는 경우도 있다.

합성 배지 (合成培地, synthetic medium) 미생물의 분리, 배양을 하기 위해 기지의 순수한 화학 물질을 혼합하여 만든 배지. 화학적 조성을 명확하게 규정할 수 있다. 목적하는 미생물의 생육조건과 실험목적에 따라 각각 적합한 조성의 다종 다양한 배지가 사용되고 있다.

합성 보존료 (合成保存料, chemical preservative) 미생물의 번식으로 인한 식품의 부패를 방지하기 위해 사용하는 식품 첨가물로서 화학적 방법으로 합성되는 것. 보존료는 미생물의 증식을 일정 기간 동안 억제하여 식품이 부패하기까지의 시간을 지연시키는 것으로, 살균작용이 있는 살균제와는 다르다. 식품에 따라 번식하는 미생물과 pH가 다르기 때문에 각 식물에 적합한 보존료를 선택할 필요가 있다. 현재 식품 첨가물로서 사용이 허가된 합성 보존료는 벤조산 및 나트륨염, *o*-페니 페놀 및 나트륨염, *p*-옥시벤조산 에스테르류, 프로피온산 및 칼슘염 등이다.

합성 석고 (合成石膏, synthetic gypsum) 석회석 분말 또는 소석회에 황산을 반응시켜 직접 합성한 이수석고 $CaSO_4 \cdot 2H_2O$. 천연석고와 화학공업의 부산물로 제조되는 화학석고를 구별하여 사용되는 용어이다.

합성 섬유 (合性纖維, synthetic fiber) 유기화학적으로 고분자를 합성하여 이것을 사용하여 제조하는 화학 섬유의 하나. 많은 종류가 있으나 폴리아미드계(나일론), 폴리에스테르계, 폴리아크릴계가 대표적이며, 이것을 3대 합성 섬유라 한다. 합성 섬유는 천연 섬유와 비교하여 강도, 내수성, 내약품성, 방수성은 우수하지만, 반면에 의복 재료로서 흡수성이 작다. 대전성이 크고, 내열성이 나쁜 점 등의 결점이 있다. 이런 점을 개선하고, 혼방 등으로 보충하여 널리 의복재료와 공업용으로 사용되고 있다.

합성 섬유지 (合成纖維紙, synthetic fiber paper) 합성 섬유 또는 재생 섬유를 원료로 하여 제조한 종이. 목면물이나 제지용 목재 펄프를 혼입하는 경우도 있다. 보통, 액상 또는 섬유상의 접착제를 가하여 시트로 한다. 비닐지, 나일론지 등이 있다.

합성 세제 (合成洗劑, synthetic detergent, syndet) 석유를 원료로 하여 제조되는 음이온 계면 활성제 혹은 비이온 계면 활성제를 주성분으로 하는 가정용 세제의 총칭. 의류용, 주방용, 주택·가구용이 있다. pH에 따라 알칼리성, 약알칼리성, 중성, 산성의 구분이 있다. 유지에서 유도되는 것도 있으나 비누와는 구별된다.

합성 수지 (合成樹脂, synthetic resin) 천연에

서 얻어지는 수지상 물질과 성질이 흡사하며 다양한 저분자 화합물을 반응시켜 얻어지는 합성 고분자 물질. 가공면에서 열경화성 수지와 열가소성 수지로 구별된다. 일반적으로 플라스틱과 같은 뜻으로 사용되고 있다. 일반적인 특징은 가벼운 점, 전기와 열의 전열성이 좋고, 내약품성이 좋다는 점을 들 수 있으나, 내열성이 나쁘고 열팽창이 크며, 충격에 약한 결점이 있다. 그러나 폴리에테르, 폴리탄산에스테르 등과 같이 금속과 흡사한 성질을 가진 것, 또는 내열성 고분자 등도 개발되고 있다.

합성 연료 (合成燃料, synthetic fuel) 석유 및 천연 가스의 대체 연료로서 석탄, 오일셸, 오일샌드, 바이오매스, 합성가스 등에서 생산되는 연료의 총칭. 석탄은 석탄 가스화, 석탄 액화를 거친다. 또 합성 가스로부터 메탄올을 제조하여 그대로 가솔린에 혼합한 것. 혹은 이 메탄올과 이소프렌과의 반응에 의한 메틸 *t*-부틸에테르를 가솔린에 조합한 것도 있다. 또 Mobil oil사가 개발하고 뉴질랜드에서 공업화된 메탄올에서 가솔린을 합성하는 MTG법 등이 있다.

합성 염료 (合成染料, synthetic dye) 천연 염료와 구별하기 위한 용어. 합성 과정에 있어서 중간체가 주로 타르제품이며, 또 아닐린이 중요한 원료이기 때문에 콜타르 염료·아닐린 염료라고도 한다. 공업제품은 모두 합성품이므로 단순히 염료라 하면 합성 염료를 지칭한다.

합성지 (合成紙, synthetic paper) 합성 고분자로부터 만들어지는 종이의 성질이 있는 시트. 폴리올레핀이나 폴리스티렌 등의 필름을 가공하거나 펄프상의 섬유를 초지하여 제조하며, 현재는 전자가 주류를 이루고 있다. 합성 고분자의 내수성, 내절강도, 파열강도가 뛰어난 성질을 살려 지도용지, 포스터, 봉지 등에 사용되며 지분발생이 없으므로 무진 실내에 사용된다.

합성 착색료 (合成着色料, artificial coloring) 화학적으로 합성되어 식품의 기호성을 높이거나 가공 중의 식품의 퇴색을 보충하기 위해 사용되는 색소. 현재 사용이 허가된 합성 착색료는 타르색소(식용 적색 2호, 3호, 102호, 104호, 105호, 106호, 식용 황색 4호, 5호,

식용 녹색 3호, 식용 청색 1호, 2호) 11종과 그 알루미늄 레이크 7종이다.

합성 피혁 (合成皮革, synthetic leather)　인조 가죽의 하나. 직포나 편포 등의 지지체(기포)에 가죽의 그레인층에 해당하는 표면층을 폴리우레탄 발포체로 구성시킨 것. 한때 폴리아미드도 사용된 적이 있었다. 천연 피혁에 비하여 외관이나 성능도 떨어지지 않게 되었다. 부대, 가방, 차량 의자, 가구 등에 사용된다.

합텐 (hapten)　항체와 특이적으로 반응하지만, 항체를 형성시키는 능력(항원성)을 결여하는 물질. 일반적으로 저분자량의 물질이며 단백질과 결합하면 항원성을 나타낸다.

합판 유리 (合板 ——, glass laminate, laminated glass)　2매 이상의 판유리를 유기계의 중간막으로 전면적으로 접착한 것. 파손 시에 파편이 비산하는 위험을 방지할 것을 목적으로 하고 있다. 교통기관, 건축물, 쇼윈도 등의 용도로 쓰인다. 우리나라에서도 승용차의 전면 유리는 접합 유리를 쓰고 있다.

합판지 (合板紙, laminated paper)　기계적 성질을 개선하기 위해 같은 종의 종이를 적층하거나 종이에 특수한 기능을 부여하기 위해 편면 또는 양면에 수지나 금속 등의 이종 재료층을 접합한 종이. 예를 들면 방습성과 감열성을 부여하기 위해 폴리에틸렌 필름을 압출 도포한 접합지가 포장 재료로 널리 사용되고 있다.

핫 라이프 (hot life)　접착제나 주형재료 등에 사용하는 열경화성 수지의 액상 프레폴리머에 경화제 또는 촉매를 첨가 혼합하고 나서 사용 가능한 액체상태가 유지되는 최장의 시간. 사용가능 시간, 저장 수명이라고도 한다.

핫 멜트 접착제 (—— 接着劑, hot melt adhesive)　가열, 용융상태에서 접착하는 고체상태의 접착제. 접착제가 열가소성인 경우에는 냉각하면 즉시 고체화하므로 극히 단시간에 접착된다. 펠렛트, 필름, 분체 등 각종 형태가 있다.

핫 스폿 (hot spot)　고정층형 촉매반응기에서 온도가 반응기 전체보다 현저하게 높아진 점 또는 영역. 일반적으로 반응 면에 발생

하여 촉매의 손상과 부반응의 원인이 된다.

핫 스프레이 (hot spraying)　고점도 도료는 스프레이 도장을 할 수 없으므로 도료의 점도를 저하시키는 수단으로 가온하는 스프레이 도장 장치이다.

핫 아이소스태틱 프레스 (hot isostatic press)　분체 혹은 성형체를 금속박이나 유리로 밀봉하여 불활성 기체에 의해 등방적으로 가압하면서 가열 소결하는 방법 또는 장치. 약어 HIP. 균질하고 고밀도의 소결체가 상압 소결법보다 저온에서 얻어진다. 비교적 저밀도의 소결체에서 기공을 제거하기 위해서도 사용된다.

핫 애텀 (hot atom)　원자핵 반응시에 생성되는 원자가 반도 에너지에 의해 화학적으로 여기된 상태에 있을 때 이것을 핫 애텀이라 한다. 분자 중의 원자가 핫 애텀으로 되면 반도 에너지는 보통 화학결합의 에너지보다 크므로 화합결합은 끊어지게 된다. 이러한 화학적 거동을 연구하는 분야를 핫 애텀 화학이라 한다.

핫 왁스 잉크 (hot wax ink, wax-set ink)　카본 전사지를 만드는 데 쓰는 인쇄 잉크. 잉크를 100℃ 전후로 가열 용융하여 인쇄하고 상온에서 고화하는 냉각고화 건조성 잉크의 하나. 전색제로는 카르나우바 납, 몬탄 등의 왁스와 피마자유, 스핀들유 등의 불건성유를 주성분으로 사용한다.

핫 프레스 (hot press)　알루미나와 흑연 등의 성형기에 분체 또는 예비 성형체를 채우고 일축 가압하면서 가열 소결하는 방법 또는 장치. 복잡한 형상의 소결체는 얻기 어렵지만 비교적 균일하고 고밀도의 것을 간단히 얻을 수 있다.

항간 교차 (項間交差, intersystem crossing)　여기 상태에서의 무방사 전이의 하나. 계간 교차라고도 한다. 여기 일중항 상태에서 삼중항 상태로, 혹은 삼중항 상태에서 바닥상태로처럼, 다중항이 변하는 무방사 과정을 지칭한다.

항값 (項價, term value)　⇨ 스펙트럼 항.

항공 가솔린 (航空 ——, aviation gasoline)　항공 피스톤 엔진용 연료로 사용되는 가솔린. 자동차 가솔린에 비해 증류 범위가 좁고, 성

질이며 증기압이 낮다. 옥탄가는 출력가법으로 115 이상, 과급법으로는 145 이상의 115/145급의 것이 사용된다(⇨ 출력가). 이와 같은 고옥탄가 가솔린은 원유에서 직접 가솔린을 분류하여 생산할 수 없으므로 접촉 분해법·가스 중합법 등 특수 제유법을 채용한다. 가솔린의 이상 폭발을 억제하는 내폭성의 척도로서 사용되는 표준 연료는 이소옥탄과 노르말헵탄의 배합 비례로 하고, 값은 옥탄가 100 이하로 표시한다. 옥탄가 100 이상인 표준 연료로서는 이소옥탄에 사에틸납을 첨가한 것을 사용하는데 이것을 퍼포먼스 넘버(performance number)라고 한다.

항공 연료 (航空燃料, aviation fuel)　프로펠러기용의 항공 가솔린 및 가스터빈기용의 제트 연료를 가르킨다. 항공기용 가솔린 기관의 압축비는 7.0 정도(자동차는 8.0~10.0)이지만 과급기로 공기를 예비적으로 가압하여 기관에 공급하므로 이상 연료를 방지하기 위하여 고옥탄가 연료가 요구된다. 현재 자동차용 가솔린의 옥탄가는 85 이상과 95 이상의 두 종류가 있으나 항공용은 80 이상, 91 이상, 100 이상, 116 이상의 네 종류로 규정되어 있다. 제트 연료는 항공 가솔린보다 조건이 엄격하지 않아 넓은 범위의 석유계 연료가 사용된다. 제트비행기는 단시간 내에 고공으로 도달하는 특성이 있어 연료 온도에 대하여 외기압력과 온도의 급격한 저하로 인하여 발생하는 연료의 증발현상에 따르는 손실을 최소화하는 여러 가지 문제를 고려해야 한다. 즉 연료의 증기압 문제, 저온에서의 연료의 점성 증대 억제, 대형 상업용 항공기의 방대한 연료 탑재량을 고려하여 사고가 발생하였을 때의 인화성 문제, 점화 소실했을 때의 재점화의 용이성, 연료 계통에 대한 부식 및 발열량 등을 들 수 있다.

항공 윤활유 (航空潤滑油, aviation oil)　항공기 엔진에 사용되는 윤활유. 피스톤 엔진용과 제트 엔진용(항공 가스터빈기용 윤활유)이 있다. 전자는 점도지수 및 윤활성능이 크고 산화 안정성이 높으며 탄화경향이 적은 것이 요구된다. 후자는 특히 회전수 2만 min⁻¹ 이상의 축받이, 톱니바퀴 등에 사용되며, 고온 안정성, 내하중성이 요구되므로 합

성유가 널리 사용된다.

항균력 (抗菌力, antimicrobial activity)　미생물을 죽이거나 미생물의 증식과 발육을 억제하는 작용. 항생물질, 화학요법제, 살균제, 소독제 등이 항균력이 있다.

항균 스펙트럼 (抗菌 ——, antibacteria spectrum)　항균성 물질이 효과를 발현하는 세균 종류의 범위를 말한다. 화학요법, 항생물질, 살균제 등 많은 종류의 세균에 대한 발육 저지작용을 최소 발육저지 농도로 비교한 계열을 말한다.

항등 조작 (恒等操作, identity operation)　군론에서 아무 조작도 가하지 않고 원래의 상태를 유지하는 것을 항등 조작을 하였다고 한다.

항률 건조 (恒率乾燥, constant drying)　⇨ 정률 건조.

항복 (降伏, yielding)　⇨ 탄성 한도.

항복가 (降伏價, yield value)　물체를 변형시킬 때 응력이 작을 때는 탄성 변형을 보이지만, 응력이 탄성 한도를 넘었을 때 응력의 약간의 증가로 일그러짐이 급격히 커져 소성 변형을 보이는 경우가 있다. 이 한계의 응력을 항복가라 한다. 소성 유동에서는 유동이 시작하는 한계의 응력을 항복가라 한다.

항복점 (降伏点, yield point)　응력 비틀림 선도에 있어 응력이 항복값을 표시하는 점. 일정한 변형 속도로 변형할 때, 항복점에서 변형력의 급격한 감소가 일어나는 경우가 있다. 이것을 항복현상이라 하고, 연감 등 다결정 금속 재료로 옛부터 알려져 있었지만 Si, Ge 등의 공유결합 단결정에서도 일어난다. 항복 변형력의 상한 및 하한을 각각 상한 항복 변형력, 하한 항복 변형력이라 할 때가 있다. 항복 현상의 원인으로는 코트렐효과와 존스톤효과가 있다. 또 항복현상이 나타나지 않는 경우도 있으나 이와 같은 물체에 대해서는 실용상 적당한 양의 영구 일그러짐을 일으키는 변형력을 갖고 항복점을 규정한다. 그 값은 대개의 경우 영구 일그러짐 0.2%를 일으키는 변형력으로 하고 있다.

항 비타민제 (抗 —— 劑, antivitamin)　비타민의 화학구조와 유사한 화합물 중에서 비타민의 생리작용과 길항하는 물질. 안티비타민이

라고도 한다. 예를 들면 티아민(비타민 B₁)에 대한 옥시티아민, 니코틴산에 대한 3-피리딘술폰산 외에도 의약에 사용되는 디쿠마롤(항비타민 K, 항응혈제), 아미노프테린(항 폴산, 제암제)도 항 비타민제에 속한다.

항상성 (恒常性, homeostasis) ⇨ 호메오스타시스.

항생 물질 (抗生物質, antibiotics) 미생물에 의해 생산되어 다른 세균이나 세포의 기능을 저지하는 생물활성을 나타내는 물질의 총칭. 토양에서 분리한 방선균, 곰팡이, 세균 등을 배양하여 배양물에서 추출, 단리, 정제된다. 항생물질의 수는 1,000종이 넘고, 30종 이상이 임상적으로 쓰이고 있다. 공업적 생산법은 발효와 정제 단리의 두 가지 프로세스로 되어 있다. 의약, 동물약, 농약으로서 널리 사용된다.

항습 베이스 (恒濕——, equillibrium moisture basis) 석탄 분석값을 표시할 때의 기준의 하나. 분위기 중의 수중기량에 따라 석탄의 함수량은 변화하므로 각종 분석값은 식염포화 용액을 넣은 항습기 안에 넣고, 그 습도와 평형시켰을 때를 기준으로 하여 표시된다. 이 항습 베이스의 분석값을 말한다.

항원 (抗原, antigen) 생체에 투여된 경우에 항체를 형성하는 고분자 화합물. 형성된 대응 항체와 특이적으로 결합한다. 항원은 단백질과 다당류로 되어 있으나 그 동물의 체성분은 아니다. 또 그 자체로는 생체에 투여되어도 항체 형성을 유발하지 않지만, 그것에 대응하는 항체외 특이적으로 시험관 내 반응을 나타내는 화합물(저분자 화합물을 포함한다)은 불완전 항체로서 합텐이라 한다.

항원 결정기 (抗原決定基, antigenic determinant) 생물에 대해 면역반응을 유도하고 형성된 항체와 특이적으로 결합하는 항원의 구분 구조. 구조를 알고 있는 항원 결정기를 에피토프라고 한다. 단백질의 몇 가지 잔기와 다당류에 의해 형성되는 입체구조가 그 실체이다.

항원 항체 반응 (抗原抗體反應, antigen-antibody reaction) 항원과 항체의 특이적 결합 반응 및 결합한 후에 일어나는 현상의 총칭. 후자의 대표적인 예로는 침강, 응집 등의 물

리적 현상 외에 보체의 활성화 등이 있다. 또 항원-항체 반응은 면역검정법 등의 분석 기술에 응용된다.

항 유화도 (抗乳化度, demulsibility) 윤활유를 물과 혼합하였을 때 유화하지 않고 물을 분리하는 성질. 물이 혼입할 우려가 있는 터빈유 등에 중요한 성질이며, 시험법이 KS에 규정되어 있다.

항 유화제 (抗乳化劑, demulsifier) 에멀션을 파괴하여 2액상으로 분리하기 위해 사용하는 물질. 원유와 같은 유중 수형(w/o)에멀션의 파괴에는 올레산나트륨, 로트유, 규산나트륨 등이 사용되고, 알칼리 비누를 유화제로 한 수중 유형(o/w) 에멀션의 파괴에는 강산과 염화칼슘 등이 사용된다.

항 응혈제 (抗凝血劑, anticoagulant) 혈액 응고를 저지하는 약제. 시트르산, 헤파린, ACD액(acid citrate dextrose solution) 등의 채혈용 응혈 저지약과 생체 내의 혈전을 방지하는 우로키나아제 등이 있다.

항이뇨 호르몬 (抗利尿——, antidiuretic hormone) ⇨ 바소프레신.

항장곱 (抗張積, tensile product) 물체가 파단될 때의 늘어남과 인장강도의 곱. 물체가 파단되기까지에 소요되는 일량과 거의 비례하는 것으로 가황 고무에 대해 한 때 많이 사용되었다.

항체 (抗體, antibody) 면역 반응시 항원의 자극으로 생체 내에 형성되는 면역 글로불린. 항원과 특이적으로 결합하여 그 작용을 실활시킨다. 또 이와 같은 동물의 상태를 '면역되었다' 또는 '면역성을 얻었다'라고 표현하며, 장시간에 걸쳐 계속되는 경우와 단시간에 소실하는 경우, 그리고 항원의 성질을 생체가 기억하여 유지하고 있는 경우의 세 가지로 구분되어 있다. 항체는 생체의 혈액 속 또는 임파액 속에 함유된 항체와 세포에 결합해 있는 항체의 두 가지로 구분되며, 일반적으로는 2가(완전 항체)이지만 1가(불완전 항체)도 존재한다. 체액 속의 항체는 주로 혈칭 단백질에 포함되어 있고, 분자량 15~20만의 IgG, IgA 및 분자량 약 100만의 IgM으로 분류되어 있다. 항체의 실제 형태는 2개소의 결합부위를 가지는 것이 항

DNP항체와 2개의 DNP를 가진 합텐과의 반응에 의한 응집에 대해 전자현미경적 관찰로 실증되었다.

항 혈소판제 (抗血小板劑, antiplatelet agent) 혈액 중의 혈소판의 기능 항진을 억제하는 약제의 총칭. 혈소판의 중요 기능은 혈액 응고를 촉진시키는 데 있으므로 항 혈소판제는 각종 질환과 외과적 치료에 있어 그 이용이 주목되고 있다. 혈액 응고를 저해하는 항 응혈제와는 구별하여 사용된다.

항 혈전성 재료 (抗血栓性材料, nonthrombogenic material) 인공 장기나 의료기구에 대한 응용을 목적으로 하여 혈액과의 접촉에서 혈액 응고를 일으키지 않도록 설계된 재료. 혈액 적합성 재료라고도 한다. 혈액의 유로가 혈액 응고에 의해 폐쇄되는 것을 혈전이라 하는 데서 유래한 용어이다.

항 히스타민제 (抗——劑, antihistamine) 히스타민 작용을 차단하는 약물. 수용체에 대한 히스타민의 결합을 저해한다. 기관지 천식, 신마진, 약물진 등의 알레르기 질환의 치료약으로 사용된다. 부종과 가려움 등의 국소 자극과 장, 기관지, 자궁 등의 평활근 수축을 억제한다. 감기약으로도 사용되며 경미한 수면작용이 있다.

해교 (解膠, deflocculation peptization) ⇨ 펩티제이션.

해교제 (解膠劑, deflocculant, deflocculating agent) ⇨ 펩타이저.

해당 (解糖, glycolysis) D-글루코오스가 생체 내에서 효소계의 작용으로 2분자의 젖산으로 대사되는 것. 해당의 효소계와 공통된 대사계를 경유하며, 최종 산물이 에탄올이 되는 경우는 알코올 발효라 한다.

해독 (解毒, detoxication) 동물의 체내에서 독물작용을 제거하는 화학 반응. 주로 간장의 제반 발효에 의해 이루어진다. 해독의 화학 반응은 매우 다양하다.

해리 (解離, dissociation) 한 개의 분자가 그것을 구성하고 있는 원자 또는 원자단에 중성 혹은 이온 상태로 나누어지는 것. 이온 상태에서 나누어지는 경우는 특히 전리 혹은 이온화라고 한다. 열해리와 전해질 용액의 전리 등이 주요한 예이다.

해리도 (解離度, degree of dissociation) 해리에 있어 화학평형이 성립되어 있을 때 전분자수에 대한 해리 분자수의 비율을 말한다. 전해질 용액의 전리인 경우는 특히 전리도라고 한다. 해리도는 열해리에 있어서 주로 온도와 관계가 있다.

해리 상수 (解離常數, dissociation constant) 해리에 있어 해리되어 있지 않은 분자와 해리에 의해서 생성한 원자 또는 원자단 사이에 질량작용의 법칙이 성립할 때, 그 평형상수를 해리상수라 한다. 온도, 전압에 따라 변하는 외에는 각 해리 반응에 특유한 상수이다. 전해질 용액의 전리인 경우는 전리 상수라 한다.

해리 에너지 (解離——, dissociation energy) 분자 중의 어떤 결합을 절단하여 해리를 일으키는 데 필요한 에너지. 결합 해리 에너지라고도 한다. 결합 에너지보다는 제로점 진동의 에너지만큼 작다. 보통 1분자 또는 1mol 당의 에너지로 나타낸다. 실험적으로는 분광학적 측정 혹은 열역학적 측정으로 구한다.

해리 흡착 (解離吸着, dissociative absorption) 다원자 분자가 화학결합의 개열을 일으켜 생긴 원자 또는 원자단이 각각 분리하여 흡착하는 것을 말한다.

해밀토니안 (Hamiltonian) (1) 고전역학에서는 계의 전 에너지를 나타나는 표식이다. (2) 양자역학에서는 (1)과 일정한 관계로 대응하는 연산자가 되어, 그것을 사용하여 슈뢰딩거 방정식이 쓰여지고 그 기대값은 전 에너지를 부여한다. 전 에너지가 아니더라도, 어떤 물리량의 기대값을 구하기 위한 고유값 방정식의 연산자도 해밀토니안이라고 하는 경우가 있다.

해바라기 기름 (sunflower oil) 러시아, 아르헨티나, 동유럽 여러 나라, 미국에서 생산되는 해바라기 종자(함유분 40~45%)에서 채취되는 건성유. 리놀레산, 올레산의 혼합 트리글리세리드가 주성분이며 특히 리놀레산이 많다. 주로 식용유로 공급된다.

해사 (海砂, oil sand) ⇨ 오일 샌드.

해상도 (解像度, resolving degree) ⇨ 해상력.

해상력 (解像力, resolving power) 렌즈, 사

진 필름, 디스플레이 화면 등이 미세한 화상을 전달, 기록 또는 표시하는 능력. 1mm 중에 R쌍의 흑백 무늬 모양이 재현될 수 있을 때 해상력 R(개/mm)이라 한다.

해수 (海水, seawater) 지구 표면의 3/4 ~ 2/3를 덮고, 평균 깊이가 3,795m라고 하므로, 해수의 총 부피는 $1.37 \times 10^{18} m^2$이 된다. 해수 1kg당 함유되는 주성분의 양(g)은 Na^+ 10.550, Mg^{2+} 1.272, Ca^{2+} 0.440, K^+ 0.380, Cl^- 19.000, SO_4^{2-} 2.650, HCO_3^- 0.142, Br^- 0.065이며, 그 외에 거의 모든 원소가 미량 성분으로 함유되어 있다.

해수 담수화 (海水淡水化, seawater desalination) 중동의 여러 나라처럼 담수가 부족한 나라 또는 지역에서 해수의 탈염으로 담수화를 목적으로 시행되고 있는 공업적인 처리과정. 현재 실용화되고 있는 방법으로는 다중효과용 가마 등에 의해 물을 증발시켜 제거하는 증류법, 담수와 해수사이를 막으로 막고 가압하여 해수측에서 담수를 침투시키는 역침투법, 해수를 냉동하여 물과 얼음으로 분리하는 냉동법 등이 있다. 또 염분이 1~4% 정도인 염수일 때는 이온 교환막에 의한 전기 투과법도 유효하다.

해수 마그네시아 (海水 ──, seawater magnesia) 해수 중에 함유되는 마그네슘 성분 $(1.27g\text{-}Mg^{2+}/kg\text{-}$해수)을 원료로 하여 이것에 석회유를 가하여 수산화 마그네슘을 침전시켜 세척, 여과, 소성하여 마그네시아로 한 것. 600~800℃에서 소성하면 경질의 마그네시아가 되고, 1,700~1,800℃에서 소성하면 마그네시아 클링커가 된다. 내화물 원료로서 중요하다.

해 유화제 (解乳化劑, demulsifier) 에멀션을 파괴하여 물과 기름으로 분리하기 위해 사용되는 약제. 예를 들면 석유 원유는 염수와 함께 유중 수형(w/o형) 에멀션으로 산출되지만, 처리의 필요상 해 유화제에 의해 염수를 분리한다. 이를 위해 폴리(옥시에틸렌)알킬에테르 혹은 알킬렌옥시드의 블록폴리머 같은 비이온 계면 활성제가 해 유화제로 사용된다.

해조 (諧調, gradation) 농담(濃淡)에 주목하는 화상에서 주관적 평가의 용어. 농도 레벨이 많이 함유될 때, 계조가 풍부하다고 한다. 또 명암에 대응하는 농도의 차가 자연적이라고 느껴질 때보다 클 때, 그 화상을 경조, 작을 때는 연조라고 한다.

해중합 (解重合, depolymerization) 고분자가 열분해로 주사슬의 개열을 일으킬 때, 그 말단에서 단량체를 점차적으로 해리하면서 분해하는 반응. 예를 들면 폴리메타크릴산 메틸에서는 거의 100% 단량체를 부여한다.

핵간 거리 (核間距離, internuclear distance) 주로 분자 혹은 착이온 구조를 기술하는 데 사용된다. 보통은 그다지 의식하지 않고 원자간 거리와 혼용되고 있으나 엄밀하게 X선 회절법으로 구할 수 있는 원자 중심의 위치는 핵의 위치와 다르므로 이론적인 설명에서는 핵간 거리라고 하는 것이 합당할 것 같다. 또 분자 내 열진동 때문에 측정방법에 따라 약간이기는 하지만 겉보기에는 핵간 거리에 차가 생기는 경우가 있다.

핵 단백질 (核蛋白質, nucleo protein) 핵산과 프로타민이나 히스톤 같은 염기성 단백질이 염결합하여 형성된 단백질. 세포질 중이나 핵 중에 존재한다. DNA가 결합한 것을 디옥시 핵단백질, RNA가 결합한 것을 리보 핵단백질이라 한다. 염기성 단백질과 결합한 것이 많으며, 핵 내에서 히스톤과 DNA는 뉴클레오솜 등의 구조를 형성하고 있다.

핵 반응 (核反應, nuclear reaction) ⇨ 원자 핵 반응.

핵 분열 (核分裂, nuclear fission) 질량수가 큰 무거운 원자핵이 둘 혹은 그 이상의 원자핵으로 분열하는 현상. 주로 우라늄, 토륨, 플루토늄 등에서 볼 수 있다. 보통은 둘로 분열하는 것을 말하며, 셋으로 분열할 때는 3체 분열이라 한다.

핵분열 생성물 (核分裂生成物, fission products) 핵분열 반응을 일으켜서 생성하는 핵분열 파편은 대부분이 불안정하며, 다시 붕괴하여 일련의 붕괴 계열을 형성한다. 이러한 계열의 모든 핵분열 파편을 핵분열 생성물이라 한다.

핵분열 수율 (核分裂收率, fission yield) 핵분열이 일어날 때 어떤 핵종을 생성하는 핵분열의 수를 일어난 핵분열의 총수로 나누어

백분율로 나타낸 값. 일반적으로 핵분열의 결과 생성되는 핵은 중성자가 과잉하기 때문에 불안정하지만 점차 β붕괴를 하여 안정된 핵이 된다. 이러한 일련의 붕괴하는 경우의 핵분열이 전 핵분열수에 대한 비율을 연쇄 수율이라 하고, 이에 대해 1차적으로 직접 생성하는 수율을 그 핵종의 1차 수율이라 한다.

핵 분열편 (核分裂片, fission fragment)　핵분열에 의해 생긴 질량이 크게 다르지 않는 2개 혹은 3개의 원자핵을 말한다.

핵 비등 (核沸騰, nucleate boiling)　액체가 끓을 때의 메커니즘의 하나. 전열면상의 특정한 점에서 연속적으로 증기포가 발생하는 점을 비등의 핵이라 하고, 이와 같은 비등 상태를 핵비등이라 한다. 막비등의 대응어. 핵화학과는 무관한 용어이다.

핵 사극(자) (核四極(子), nuclear quadrupole)　원자핵의 전하 분포가 형성하는 사극자를 이른다. ⇨ 핵사극(자) 모멘트.

핵 사극(자) 공명 (核四極(子)共鳴, nuclear quadrupole resonance)　원자핵이 핵사극 모멘트를 갖고, 핵 위치의 전기장이 불균일한 경우, 전기장과의 상호작용이 생겨 핵스핀의 에너지 상태는 여러 개의 준위로 갈라진다. 외부에서 적당한 전자기파를 조사하면 이들 준위 간에 전이가 일어나 전자기파의 에너지가 흡수된다. 이 현상을 핵사극(자)공명이라 한다. 핵자기공명(NMR)과 달리, 외부 자기장을 가할 필요는 없다.

핵사극(자) 모멘트 (核四極(子)——, nuclear quadrupole moment)　원자핵의 핵스핀 양자수 I가 1/2보다 큰 경우(예를 들면 ^{35}Cl은 $I=3/2$), 원자핵의 전하 분포는 구대칭이 아니고 타원체의 대칭이 되며, 그로 인하여 핵사극(자)모멘트 eQ가 생긴다. 여기서 e는 전자의 전하, Q는 길이의 2곱(면적)의 차원이 갖는 양이다. 핵을 둘러 싼 전자 등에 의한 전기장이 불균일하면 토크가 작용하고, 상호작용의 에너지, $E_Q=(1/4)eQq$가 나타난다. q는 핵의 위치에서의 전기장 기울기이다. ⇨ 사극(자)모멘트.

핵산 (核酸, nucleic acid)　폴리뉴클레오티드 중 분자량이 큰 것. 각 뉴클레오티드가 당의

3′과 5′-자리 사이에서 인산디에스테르 결합으로 연결되어 중합한 사슬 모양의 폴리뉴클레오티드. 당부분이 리보오스인가 디옥시리보오스인가에 따라 리보핵산(RNA)과 디옥시리보핵산(DNA)의 두 종류로 구별된다.

핵산 발효 (核酸醱酵, nucleotide fermentation)　미생물에 의해 뉴클레오티드류를 발효 생산하는 기술. 고초균 변이주를 사용하는 발효 합성법. *Brevibacterium* 속에 의한 직접 발효법 등의 방법에 의해 이노신산, 구아닐산 등이 생산된다. 조미료, 의약품 등의 제조에 널리 사용된다.

핵 생성 (核生成, nucleation)　결정 성장의 이론에서 사용되는 용어. 기체, 액체 용적으로부터의 결정 석출 또는 상전이나 반응으로 새로운 결정이 형성될 때, 우선 단위 포가 소수 개 모여 결정의 핵이 된다고 하여 이론이 수립된다.

핵 스핀 (核——, nuclear spin)　홀수의 질량수를 갖는 원자핵 및 짝수의 질량수를 갖는 원자핵의 일부는 스핀이란 고유한 각 운동량을 갖고 있다. 엄밀하지는 않으나 원자핵이 자전한다는 이미지로 여겨지고 있다. 그 각 운동량 I는 $I=\{(I+1)\}^{1/2}h$로 표기되고, 스핀 양자수 I는 각 원자수에 특유한 수치를 갖는다. 예를 들면 프로톤의 I는 1/2이다. 원자 번호와 질량수가 다 같이 짝수인 핵의 기저 상태에서 핵스핀은 모두 0이다.

핵 연료 사이클(核燃料——, nuclear fuel cycle)　핵연료의 채광에서 폐기까지의 흐름. 즉 원료 광석을 채취한 다음 제련하여 옐로케이크(U_3S_8)로 하고, 정제공장에서 UF_6로 전환하고 나서 ^{235}U를 농축하여 원자로의 설계에 따라 합금, 산화물, 탄화물 등으로 가공하여 원자로 연료로 쓴다. 어느 정도 ^{235}U가 핵분열(연소)하였을 때, 핵연료는 꺼내어 재처리하고 잔분의 우라늄 및 생성된 플루토늄을 추출, 가공하여 다시 연료로 사용한다. 한편, 그 밖의 핵분열 생성물 등의 방사성 폐기물은 안전하게 처리한다.

핵 오버하우저 효과 (核——效果, nuclear overhouser effect)　핵 스핀 A, B가 공간적으로 가깝고 쌍극자 상호작용이 강할 때 핵 B의

공명을 포화시키면 핵 A의 공명신호의 강도가 증대 또는 드물게 감소하는 경우를 말한다. 약어 NOE. ^{1}H핵을 노이즈디커플링함으로써 ^{13}C 핵의 NMR의 감도를 높이는 데 이용된다. 또 NOE는 핵간 거리 γ_{AB}의 6곱에 역비례하므로 분자 내의 가까운 거리에 있는 핵 A, B의 검출 동정에 사용된다.

핵 융합 (核融合, nuclear fusion) 일반적으로 질량수가 작은 원자핵 내의 반응에 의해 큰 에너지를 방출하는 핵반응. 항성의 에너지원으로 생각되고 있는 것은 수소융합 반응이나 헬륨융합 반응 등이다. 핵융합 반응을 제어하여 에너지로 추출하는 연구가 계속되고 있다. 이 반응을 지속시키는 데는 수억 도의 온도를 유지하는 일이 필요하며, 이 같은 초고온에서 물질은 모두 완전히 전리하므로 이와 같은 상태(플라스마라 부른다)의 물질을 어떻게 제어하느냐가 핵융합 에너지 실현의 제1단계로 되어 있다.

핵 이질성 (核異質性, nuclear isomerism) (1) 유기 화합물의 고리를 형성하는 원자간 결합의 차이 때문에 생기는 이질성. 예를 들면 보르난과 피난. (2) 고리식 화합물에 결합하는 치환기의 상대위치의 차이에 따른 이질성. 드문 용법이다. (3) 원자핵에 대해서는 원자번호와 질량수가 같고, 성질이 다른 핵종. 예를 들면 반감기가 다른 방사성 핵종이 있다.

핵자 (核子, nucleon) 원자핵을 구성하고 있는 양자와 중성자의 총칭이다.

핵 자기 공명 (核磁氣共鳴, nuclear magnetic resonance) 자기공명의 하나. 핵자기 모멘트를 갖는 물질을 성자기상 중에 누고, 이 자기장에 수직으로 적당한 주기로 라디오파장을 가하면 핵자기 모멘트가 라디오파 에너지를 공명적으로 흡수하는 현상. NMR이라 약칭한다. 핵자기 공명은 그 스펙트럼에서 얻어지는 화학 시프트 및 스핀-스핀결합을 실마리로 유기 화합물의 구조를 해석하는 수단으로 많이 사용된다.

핵 자기 모멘트 (核磁氣——, nuclear magnetic moment) 원자핵(양의 전하를 갖는)이 핵스핀 양자수 I를 가지면 자기 모멘트가 나타난다. 그 크기는 $\mu_N = \gamma_N \{I(I+1)^{1/2}\}\, h$로 표현되지만 보통 이것을 $\mu_N = \gamma_N Ih$로 적는다. γ_N은 자기 회전비라 불리는 상수이다. 또 핵자자 β_N을 사용하여 $\mu_N = g_N I_N \beta$로 나타낼 수도 있다. 여기서 g_N은 핵 g인자라 하는 무차원 상수이고, 프로톤에서는 5.585의 값을 갖는다.

핵 자자 (核磁子, nuclear magneton) 원자핵의 핵자기 모멘트의 크기를 측정하는 단위. SI 단위계에서 $\mu_N = eh/4\pi m_p$로 나타낸다. 여기서 e는 전자의 전하, h는 플랑크 상수, m_p는 프로톤의 질량이다.

핵종 (核種, nuclide) 원자핵 혹은 원자의 종류를 나타낼 때 사용되는 용어. 보통 하나의 핵종은 원자번호 Z와 질량 A에 의해 표시된다. 핵종 중 안정된 것을 안정 핵종, 불안정한 것을 방사성 핵종이라 한다.

핵 형성 (核形成, nucleus formation) ⇨ 핵 생성.

핵 화학 (核化學, nuclear chemistry) 원자핵에 관련되는 화학적 연구를 다루는 분야. 원자핵 화학이라고도 한다. 특히 원자핵의 변화, 즉 방사성 붕괴와 원자핵 반응에 관계되는 화학적 분야를 말한다.

핸드 프린트 (hand printing) ⇨ 손 날염.

행렬 (行列, matrix) $m \times n$개의 숫자와 수학적 표현을 세로에 m행, 가로에 n열의 장방형으로 배열시킨 것. 특히 $m = n$인 것을 (n차의) 정방 행렬이라 한다.

행렬 요소 (行列要素, matrix element) 행렬을 형성하고 있는 하나하나의 요소. m행 n열의 행렬에는 mn개의 행렬 요소가 있다.

향료 (香料, perfume) 방향이 있어 흡기와 함께 코로 들어가 비공에 이르면 후각을 자극하여 쾌감을 주는 것. 동식물체에서 추출한 정유로 된 천연 향료와 합성 향료로 구별된다. 합성 향료에는 천연 향료의 성분 구조와 동일한 것을 합성하는 것과 천연 향료와 향기가 유사한 것을 다른 원료로부터 합성·조향하는 것이 있다.

향류 (向流, countercurrent, counterflow) 어떤 유체와 다른 유체를 직접 혹은 간접으로 접촉시킬 때 흐름의 방향이 서로 반대인 경우를 향류라 한다. 흐름의 방향이 같은 경우를 병류, 서로 직교하는 경우를 십자류라 한다.

향류 분배법 (向流分配法, countercurrent distribution method)　서로 혼합되지 않는 2종류의 용매에 대한 분배계수의 차를 이용하여 2액간에서의 분배조작을 다수 회 반복함으로써 물질을 분리·정제하는 방법이다.

향유고래 기름 (香油鯨油, sperm oil)　향유고래 머리부분 등의 기름을 냉각, 압착하여 고체부분(경납)을 분별 제거한 액상유. 채유한 부분에 따라 향유경 골유, 장유, 뇌유, 피유라 한다. 지방산과 알코올의 에스테르를 주성분으로 한다. 계면 활성제, 윤활유 원료 등에 쓰인다.

허니컴 (honeycomb)　벌집 모양의 성형체. 단열재료, 경량 구조재료, 모놀리스 촉매 등에 그 이용 분야가 확산되고 있다. 세라믹스 재료로 제조되는 경우도 많다.

허셸효과 (—— 效果, Hershel effect)　노광으로 감광한 은염사진 감광 재료에 현상을 하기 전에 적색광 혹은 적외선을 조사하면 감광한 부분의 흑화도가 감소하는 효과. 감광하였을 때에 형성된 잠상과 광분해 은이 적색광이나 적외선으로 이온화되어 파괴되는데에 기인한다고 여겨지고 있다.

허용 농도 (許容濃度, threshold limit value)　유해물질을 함유하는 공기 중에서 작업자가 연일 그 공기에 폭로되어도 건강 장해를 일으키지 않는 물질 농도. 약어 TLV. 하나의 작업관리 농도로 미국의 ACGIH (American Conference of Governmental Industrial Hygienists)에 의해 매년 그 값이 설정되고 있다. 특히 ACGIH에는 1일 8시간, 주 40시간에 대한 시간 가중 평균농도(TWA)와 15분 이하의 단시간 폭로에 대한 농도(STEL)가 명시되어 있다.

허용량 (許容量, tolerance) (1) ⇨ 공차의 (1). (2) 측정값의 편차 또는 치우침이 허용되는 한계를 이른다.

허용전이 (許容轉移, allowed transition)　금지된 전이의 대응어이다. ⇨ 금지된 전이.

헐거운 그레인 (loose grain)　가죽의 그레인층과 그 밑의 진피층의 결합이 약해진 상태. 가죽 표면을 안쪽으로 하여 접으면 그레인이 떠올라 큰 주름을 볼 수 있다. 가죽의 품질로서는 양호하지 못한 것이다.

헤드 (head)　⇨ 두(머리).

헤마토크릿 (hematocrit)　혈액 중의 적혈구가 점하는 용적의 백분율. 성인 남자의 경우 42~45%, 여자는 38~42%이다.

헤마톡실린 (haematoxylin)　중남미산의 콩과식물 *Haematoxylon compechianum L.* 의 부재에서 얻어지는 무색 또는 담황색 결정. $C_{16}H_4O_6$. 물, 알코올, 글리세린 등에 가용. 암모니아, 붕소 등의 알칼리성 용액에 녹아 진홍색이 되고, 산성 용액에서는 황색으로 변한다. 공기 속에 방치하면 적색색소 헤마테인(hematein) $C_{16}H_{12}O_6$를 생성한다. 철 이온이 있으면 이 변화가 빠르다. 핵, 염색체, 미토콘드리아 등을 청자색으로 염색하므로 조직 염색법에 사용되며, 헤마톡실린-에오신 조직 염색법은 가장 기본적인 것이다. 또 알칼로이드의 적정 지시약, 구리 및 철의 시약으로 사용된다.

헤마틴 (hematin)　헴의 중심 금속이 철(Ⅱ)에서 철(Ⅲ)으로 산화된 것을 말한다. ⇨ 헴.

헤모글로빈 (hemoglobin)　혈액의 색소. 대표적인 혈색소로, 보통 혈색소라 하면 헤모글로빈을 지칭한다. 색소 단백질에 속하며 색소부분 헴과 단백질 글로빈으로 구성된다. 헴은 포르피린의 골핵과 알킬 곁사슬 및 프로피온산 곁사슬이 있으며, 포르피린 핵이 철(Ⅱ)에 배위한 착물 구조를 갖는다.

헤모시아닌 (hemocyanin)　구리 이온을 함유하는 산소 운반성의 복합 단백질. 분자량 5~1,000만. 새우, 가재 등의 절지동물, 문어, 오징어 등 연체동물의 혈장 중에 존재한다.

헤미셀룰로오스 (hemicellulose)　식물체 중에 셀룰로오스에 수반하여 널리 존재하는 다당류의 총칭. 셀룰로오스와 함께 식물 세포막을 구성한다. 알칼리에 녹고 알칼리에 의해 식물에서 추출된다. 산에 의해 가수분해되어 성분의 단당으로까지 분해한다. 함유되는 식물에 따라, 상이한 성분 단당의 종류에 따라 크실란, 알라반, 만난, 갈락탄 등의 이름이 있다.

헤미아세탈 (hemiacetal)　아세탈 R(OR′)₂의 두 알콕실기 −OR′ 중 한쪽만이 −OH로 변한 화합물 R(OH)(OR′)의 총칭. 단당류의 고리식 구조는 헤미아세탈의 형태로 되어 있다.

헤민 (hemin)　포르피린의 철(Ⅱ)착물 헴의 중심 금속이 철(Ⅲ)으로 산화되면 1가의 양이온이 되는데, 이 상태에서 산의 음이온이 결합하여 염을 형성한 포르피린 철 착물이 헤민이다. 가장 잘 알려져 있는 것은 헤모글로빈을 구성하는 색소 프로트헴에서 얻어지는 헤민의 염산염이다.

헤어 슬립 (heir slip)　피혁 제조에서 원피의 털이 쉽게 빠지는 것. 부패된 원피에서 볼 수 있으며 암모니아 냄새와 함께 원피의 선도가 저하되었음을 나타낸다.

헤테로 고리 화합물 (―― 化合物, heterocyclic compound)　고리식 구조가 있는 유기 화합물이며 고리를 구성하는 원자가 탄소 원자만이 아니고 O, S, N 기타 헤테로 원자를 함유하는 것. 헤테로 고리, 이절 고리, 이항 고리 등의 별칭으로 불리는 경우도 있다.

헤트 (vet(네델란드어))　소의 신선한 지방조직에서 분리된 지방 및 식용에 적합한 우지를 풍미를 잃지 않도록 정제한 것을 말한다.

헥사데실 알코올 (hexadecyl alcohol)　⇨ 1-헥사데카놀.

1-헥사데카놀 (1-hexadecanol)　곧은 사슬 포화 알코올 $CH_3(CH_2)_{15}OH$. 별칭 헥사데실 알코올. 천연에 존재하는 C_{16}의 고급 알코올. 향유고래 기름 속에 지방산 에스테르로서 존재한다. 통속명 세틸알코올, 세타놀, 팔미틸알코올. 화장크림, 로션, 연고 등의 제조에 사용된다.

헥사메타 인산 (―― 燐酸, hexametaphosphoric acid)　메타인산의 하나로 무색 $H_6P_6O_{18}$. 정확하게는 *cyclo*-육인산 (*cyclo*-hexaphosphoric acid)이라 한다.

헥사메틸렌 테트라민 (hexamethylenetetramine)　메틸렌기 $-CH_2-$ 6개와 질소 4원자로 구성되는 삼고리식 화합물. 결정성 분말 헥사민, 우로트로핀이라고도 한다. 아다만탄의 4개 제3급 탄소가 질소로 변한 구조를 하고 있다. 포름알데히드와 암모니아에서 합성되는 백색 결정성 화합물. 폭약과 의약의 제조, 페놀 수지 등의 경화 촉진제, 고무의 가황 촉진제, 비스무트, 은의 분석 시약 등으로

용도가 있다.

헥사메틸 인산 트리아미드 (―― 燐酸 ――, hexamethylphosphoric triamide)　$[(CH_3)_2N_3]P=O$. 비프로톤성 극성 용액으로서 유기반응의 연구와 유기 합성에 사용된다. 약어 HMPA 또는 HMPT. 물에 가용, 포화 탄화수소에 불용. 발암성이 있으므로 취급에 주의해야 한다.

헥사민 (hexamine)　⇨ 헥사메틸렌 테트라민.

헥사시아노철(Ⅱ)산 나트륨 (sodium hexacyanoferrate(Ⅱ))　$Na_4[Fe(CN)_6]$. 페로시안화 나트륨, 페로시안산 나트륨은 속칭. 황혈 소다란 속칭도 있다. 수용액에서 얻어지는 것은 황색 결정의 10수화물 $Na_4[Fe(CN)_6] \cdot 10H_2O$가 보통이다.

헥사시아노철(Ⅱ)산염 (hexacyanoferrate(Ⅱ))　일반식 $M^I_4[Fe(CN)_6]$. 페로시안화물, 페로시안산염은 속칭. 일반적으로 황색 결정이다.

헥사시아노철(Ⅲ)산염 (hexacyanoferrate(Ⅲ))　일반식 $M^I_3[Fe(CN)_6]$. 페리시안화물, 페리시안산염은 속칭. 일반적으로 적색 결정이다.

헥사시아노철(Ⅱ)산 칼륨 (potassium hexacyanoferrate(Ⅱ))　수용성의 담황색 결정. $K_4[Fe(CN)_6]$. 페로시안화 칼륨, 페로시안산 칼륨은 속칭. 삼수화물 $K_4[Fe(CN)_6] \cdot 3H_2O$가 보통이며, 이것은 황혈염 혹은 황혈 카리라는 속칭이 있다. 철(Ⅲ)염과 감청을 형성한다.

헥사시아노철(Ⅲ)산 칼륨 (potassium hexacyanoferrate(Ⅲ))　수용성의 암적색 결정. $K_3Fe(CN)_6$. 페리시안회 칼륨, 페리시안산 칼륨은 속칭. 또 적혈염 또는 적혈 카리란 속칭노 있다. 수용액은 산화제로 사용된다. 철(Ⅱ)염과 반응하여 감청을 형성한다.

헥사클로로 백금(Ⅳ)산 (―― 白金酸, hexachloroplatinic(Ⅳ) acid, hydrogen hexachloroplatinate(Ⅳ))　수용성의 적색 결정. H_2PtCl_6. 염화 백금산 혹은 염화 제이백금산은 속칭이다.

헥사플루오르 규산 (―― 硅酸, hexafluorosilicic acid)　H_2SiF_6. 규산플루오르화 수소산은 속칭. 수용액은 황산에 필적하는 강한 이염기산. 피부를 부식시키므로 주의해서 다룰 필요가 있다. 방부제로 사용된다.

헥사플루오르 규산나트륨 (—— 硅酸 ——, sodium hexafluorosilicate)　무색 결정. Na_2SiF_6. 규산플루오르화 나트륨은 속칭. 공업관계에서는 규산불화소다라고도 한다. 인광석에서 인산비료의 부산물로서 얻어진다. 부식 살균작용이 있으며 유독하다. 농약, 법랑 유약, 유리의 유탁제로 사용된다.

헥산 (hexane)　포화 곧은 사슬 탄화수소. $n\text{-}C_6H_{14}$. 끓는점 68.7℃의 무색 액체. 석유의 정류에 의해 제조된다. 용매 혹은 용제로서의 용도가 광범위하다. 용매용의 것은 끓는점이 가까운 이성질체를 포함하지만 정제기술이 진보하였으므로 학술용의 헥산은 매우 순도에 가까운 것이 있다.

헥산 산 (—— 酸, hexanoic acid)　가프론산의 계통명. $CH_3(CH_2)_4COOH$라는 구조식을 표시하는 명명규칙에 따라 명명된 명칭이다.

헥소오스 (hexose)　탄소원자 6개의 단당의 총칭. $C_6H_{12}O_6$. 육탄당이라 호칭하기도 하지만 그것은 정당한 명칭이 아니다. 예를 들면 $C_6H_{12}O_5$은 탄소원자수는 6개이지만 헥소오스가 아니며 메틸펜토오스이다. 헥소오스의 대표적인 예는 글루코오스, 프룩토오스 등. 람노오스(rhamnose) $C_6H_{12}O_5$는 헥소오스가 아니다.

헬름홀츠 에너지 (Helmholtz energy)　열역학 특성함수의 하나. 정온·정적의 조건에서 그것이 감소하는 방향으로 자발적 변화가 진행한다. 기호 A로 표시되며 $A=U-TS$(U는 내부 에너지, T는 온도, S는 엔트로피)로 정의된다. 닫힌 계의 등온변화에서 A의 증가는 변화가 가역적이면 외부에서 계에 행하여지는 일과 같다(비가역적이면 이 일보다 작다). 헬름홀츠의 자유 에너지라고도 한다. H. Helmholtz(1882년)에 의해 도입되었다.

헬름홀츠(이중)층 (—— (二重)層, Helmholtz layer)　전기 이중층의 가장 단순한 모델. 1879년 H. L. F. Helmholtz는 전기 이중층을 수 Å의 간격에서 상대하는 음양이 고르게 대전한 2장의 평행면에서 모델화하였다.

헬릭스 코일 전이 (—— 轉移, helix-coil transition)　폴리펩티드, DNA 등 생체 고분자의 나선(헬릭스) 구조가 용매, 온도, pH 등의 변화로 붕괴되어 무작위 코일의 상태로 변하는 전이. 같은 잔기가 반복 결합하여 만들어지는 쇠사슬상 고분자의 경우에 각 결합의 각도가 같으면 고분자는 나선형이 된다. 이 형을 헬릭스형이라 한다. 내부 회전이 허용되면 분자는 제멋대로 굴절하게 되어 전체의 모양도 통계적으로 난잡한 것이 된다. 이것을 랜덤코일형이라 한다. 헬릭스형은 내부 회전 퍼텐셜 외에 분자 내에 생기는 수소결합, 소수결합, 반 데르 발스결합 등에 의해 안정화된다. 그 때문에 온도와 용매의 조건을 반복시키면 헬릭스형에서 랜덤코일형으로 또는 그 반대의 전이가 일어난다. 이 전이는 1차원의 사슬에서 일어나므로 보통 상 전이처럼 예리하지 않다.

헬퍼 바이러스 (helper virus)　단독으로는 증식하지 못하는 불완전한 바이러스와 함께 세포에 감염하여 불완전한 바이러스의 증식을 돕는 바이러스. 개조 바이러스라고도 한다. 이 헬퍼 바이러스에 의해 증식할 수 있게 되는 바이러스를 헬퍼 감수성 결손 바이러스라고 한다. 예를 들면 새나 쥐의 육종 바이러스의 증식을 돕는 백혈병 바이러스 등이 있다.

헴 (heme)　포르피린의 철착물. 헴의 중심 금속은 철(Ⅱ)이지만 중심 금속이 철(Ⅲ)으로 산화된 것은 헤마틴이라 한다. 피롤 고리에 결합하는 곁사슬의 차이에 따라 각종 헴이 알려져 있다. 헤모글로빈, 페르옥시다아제, 카탈라아제, 시토크롬류 등 많은 헴 단백질의 활성 중심을 형성한다.

헴 단백질 (—— 蛋白質, heme protein)　헴을 함유하는 복합 단백질. 헤모글로빈, 각종 시토크롬, 카탈라아제 등이 대표적이다.

헴 철 (—— 鐵, heme iron)　비(非)헴철의 대응어이다. ⇨ 비헴철.

현미주사 (顯微注射, microinjection)　DNA와 단백질 등의 고분자 화합물을 세포 내에 도입하는 방법의 하나. 마이크로 인젝션이라고도 한다. 현미경하에서 각개 세포에 주입용 피펫을 질러 넣고 기계적으로 화합물을 도입한다. 외래 유전자의 세포 내에서의 발현양식과 유전자 산물의 작용을 알기 위해 흔히 쓰인다.

현상 (現像, development)　육안으로는 보이지 않는 사진 노광에 의해 생긴 화상(잠상)

을 가시상으로 바꾸는 처리. 할로겐화은 사진의 경우는 감광하여 잠상핵이 생긴 할로겐화은 입자를 적당한 환원제용액(현상액)에 의해 선택적으로 환원한다. 이 때의 반응 중간체를 이용하여 색소형성 반응을 이루게 하는 것이 컬러 현상이다. 전자사진에서는 정전 잠상과 역극성으로 대전한 착색 미분(토너)을 부여하여 잠상 위에 부착시킨다.

현상액 (現像液, developer, developing solution) 사진 현상에 사용되는 처리액. 할로겐화은 사진의 경우는 주로 유기 환원제를 주약으로 함유하는 알칼리성 수용액. 현상액은 사용 목적에 따라 처방이 다르며, 처방에 따라 특징적인 특성이 있기 때문에 용도에 따라 잘 선택하여여 한다.

현상 억제제 (現象抑制劑, development restrainer) 현상의 진행을 지연시키는 화합물. 특히 먹날림 현상을 효과적으로 억제하는 먹날림 현상 억제제를 지칭하는 경우가 많다. 대표적인 것으로 브롬화 칼륨, 브롬화 나트륨, 요오드화 칼륨 등의 할로겐화물과, 벤조트리아졸류, 멜캅토아졸류 등이 있다.

현상제 (現像劑, developer) 사진 등에서 노광 등에 의해 생성된 불가시상을 가시상으로 변환하기 위한 약제로 흑백 사진, 컬러 사진, 전자 사진 등 감광 목적에 적합한 많은 종류의 현상제가 있다.

현상주약 (現像主藥, developing agent) 현상액 중에서 사진유제 중의 감광한 할로겐화은 입자만을 신속하게 은으로 환원하는 환원제. 주로 유기 환원세가 사용된다. 보통 하이드로퀴논, 메톨, 피로가롤, 아미노페놀 등의 벤젠 유도체나 피라졸리돈 유도체인 페니돌 등이 사용되며, 보조제로 탄산나트륨, 탄산칼륨(현상촉진제), 아황산나트륨(안정제), 브롬화칼륨(억제제) 등을 혼합하여 현상액을 만든다. 발색현상에는 주로 디에틸-p-페닐렌디아민 등의 p-페닐렌디아민 유도체가 주약으로 사용된다.

현상 중심 (現象中心, development center) 은염사진에서 은염입자 중의 현상이 개시되는 점. 은원자 등이 응집하여 촉매작용이 있는 핵으로 여겨지고 있어 현상핵이라고도 한다. 빛에 감광하여 생긴 현상 중심이 잠상이고,

비 감광부에 생긴 중심이 먹날림핵 혹은 먹날림 중심이다.

현상핵 (現像核, center of development, development nucleus) ⇨ 현상 중심.

현색 (顯色, color developing, developing) (1) 아조형 염색의 발색조작. 섬유 중에서 디아조 화합물이 짝짓기 반응을 하여 섬유 중에 물 불용성의 아조색소를 형성시키는 공정. 그라운더(짝짓기 성분)와 현색제(디아조늄염)를 반응시킨다. (2) 크로마토그래피에서 전개에 의해 이동한 무색 물질의 스폿과 흡착 밴드를 검출하기 위해 적당한 시약을 작용시켜 유색의 물질로 변화시키는 것을 이른다.

현색 염료 (顯色染料, developed dye) ⇨ 인그레인 염료.

현색제 (顯色劑, developer) 아조형 염색에서 사용되는 아조색소의 중간물. 디아조늄염을 형성하는 방향족 아민류로, 아닐린, 톨루이딘, 아니시딘 유도체 등이 사용된다. 또 이러한 아민류의 디아조늄염을 적당한 방법으로 안정화한 것을 솔트라 하여 간편하게 사용할 수 있는 현색제로 많이 사용된다.

현색형 분산염료 (顯色型分散染料, azoic disperse dye) 합성 섬유용의 인그레인 염료. 아미노기가 있는 분산염료(또는 중간물)를 보통 분산염료와 같은 조작으로 섬유에 흡수시켜 섬유상에서 디아조화, 이어서 짝짓기 성분과 반응시켜 현색한다. 분산염료로 염색하기 어려운 견뢰한 짙은 색으로 염색할 수 있다.

현수 수은적 전극 (懸垂水銀滴電極, hanging mercury drop electrode) 지름 0.1~1mm 정도의 수은방울을 수은이 들어 있는 모세관 혹은 귀금속선 선단에 매어단 상태로 사용하는 전극. 적하수은 전극에서는 그 표면적이 시간적으로 변화하는 데 대해, 일정 시간 일정한 표면적을 유지할 필요가 있는 경우에 사용하는 수은적 전극을 말한다.

현숙 (顯熱, sensible heat) 잠열의 대응어이다. ⇨ 잠열.

현온 도료 (顯溫塗料, heat-sensitive paint) ⇨ 시온 도료.

현탁 물질 (懸濁物質, suspended solid) 수질

오염의 원인이 되는 입자상 물질. 약어로 SS 이다. 부유 물질이라고도 한다. 1～수백 μm 정도의 입자로, 흙입자와 유기물, 생물체 등 이다.

현탁 중합 (懸濁重合, suspension polymerization) 물에 녹지 않는 단량체를 지름 0.1～5mm 정도의 기름 방울로 하여 수중에 분산시켜 중합시키는 방법. 친유성의 개시제를 사용하며, 기름 방울을 안정화시키기 위한 분산제가 필요하다. 본질적으로는 벌크중합과 같은 메커니즘으로 중합하지만 중합열의 제거, 중합 후의 처리가 용이하다.

혈색소 (血色素, hemoglobin) ⇨ 헤모글로빈.

혈소판 (血小板, platelet) 혈액 응고를 위해서 필요한 혈액 중에 존재하는 지름 2～4 μm의 무핵의 세포. 점조성이 있고 형상은 조건에 따라 변한다. 골수 중의 거핵구에서 세포질 중의 일부가 갈라져 생성된다. 수명은 2주간 전후. 혈소판이 부족하면 출혈되기 쉽고 자반병에 걸리기 쉽다.

혈암유 (頁岩油, shale oil) 유모혈암(오일셸)의 건류나 열분해로 얻어지는 석유와 유사한 광유. 성분은 콜타르보다 석유에 가깝다. 중국, 캐나다, 미국에서 생산 또는 시험생산이 계속되고 있으며, 차세대 액체 연료원으로 고려되고 있다.

혈액 분리 (血液分離, blood separation) 성분 수혈용의 성분 제제를 조제하기 위해 주로 원심분리법이나 막분리법에 의해 혈액을 적혈구, 백혈구, 혈소판 및 혈장 성분으로 분리하는 것. 또 검사용 시료를 얻기 위해 원심분리법이나 합성고분자의 섬유나 입자에 대한 흡착력의 차를 이용하여 혈액성분을 분리하거나 백혈구의 제거와 림프구의 서브세트 T세포와 B세포의 분리 등을 하는 것도 혈액 분리라 한다.

혈액 여과기 (血液濾過器, hemofilter) 혈액성분의 분리와 농축을 위해 다공질막을 사용하여 혈액을 여과하는 기구. 혈액 중에의 수분의 제거, 혈장 분리, 출혈한 혈액의 회수 이용 등의 용도에 사용되며 목적에 따라 세공이 있는 막을 사용한다.

혈액 응고 (血液凝固, blood clotting, blood coagulation) 혈액의 혈청 중에 피브리노겐이 피브린으로 변화함으로써 응고하는 지혈기구. 혈액이 정상적인 혈관 내피하고 다른 표면에 접했을 경우 7종의 프로테아제 전구체가 칼슘, 인지질, 보조 인자 등의 작용으로 점차 활성화되고 최후에 프로트롬빈이 트롬빈이란 단백질로 변화하여, 트롬빈이 피브리노겐을 섬유상의 피브린으로 바꾸어 피브린 그물 속으로 혈구를 도입하여 혈전이 완성된다.

혈액 적합성 재료 (血液適合性材料, blood compatible material) ⇨ 항 혈전성 재료.

혈액 정화용 흡착제 (血液淨化用吸着劑, adsorbent for blood purification) 혈액을 정화하기 위해 사용하는 흡착제. 경구 흡착제, 직접 혈액관류, 혈장관류, 투석액 재생용 등이 있다.

혈액 투석 (血液透析, hemodialysis) 신부전 환자의 혈액을 정화하기 위한 치료법. 환자의 혈액을 몸밖으로 순환시켜 혈액과 혈액투석액을 반투막을 매개로 접촉시켜 전자로부터 후자로 혈액 중의 저분자 화합물을 수송한다. 이런 식으로 혈액 중에 축적된 대사 노폐물을 제거한다.

혈액 투석기 (血液透析器, dialyzer) 혈액 투석을 하는 기구. 사용하는 반투막의 형상에 따라 평판형, 코일형, 중공사형의 세 가지로 분류한다. 취급의 용이성, 제품의 안정성 면에서 중공사형 투석기가 주류를 이루고 있다.

혈액 투석막 (血液透析膜, hemodialysis membrane) 혈액 투석에 사용하는 반투막. 평막, 원통막, 중공사막이 있다. 구리 암모니아법 재생 셀룰로오스를 원료로 하는 중공사 막이 많이 이용되고 있지만 에틸렌－비닐알코올의 공중합체, 폴리메타크릴산메틸의 스테레오 콤플렉스막도 이용되고 있다.

혈액 투석액 (血液透析液, dialysate) 혈액 투석때 반투막을 매개로 환자의 혈액과 접촉시키는 수용액. Na^+, K^+, Ca^{2+}, Mg^{2+}, Cl^-, CH_3COO^-, 포도당 등을 함유한다. 투석액에 혈액 속의 노폐물이 이동한다.

혈장 (血漿, blood plasma) 혈액에서 혈구 (적혈구, 백혈구 및 혈소판)를 제외한 액체 성분. 혈액에 응고저지약을 가하여 원심분리시켜 혈구를 제거하여 얻는다. 혈액이 생체 내를 순환하고 있을 때 혈장은 혈구를 띄우고 또 생체에 필요한 또는 소용이 없게 된 물질의 운반에 중요한 역할을 하고 있다. 혈장의 91~92%는 물이고, 혈장 단백질은 총량 7~8 gdl^{-1}로 알부민, 글로불린 및 피브리노겐으로 나눌 수 있다. 이들은 80종 이상으로 세분된다. 이러한 단백질 외에 각종 유기 화합물, 무기 전해질을 포함한다.

혈장 교환 (血漿交換, plasma exchange)　혈액 투석으로는 정화되지 않는 혈장 중의 단백질에 기인하는 질환의 치료법. 혈장을 분리하고, 대신에 대용 혈장, 정상 혈장을 수혈한다. 혈장의 분리에는 원심법과 여과법이 있다.

혈장 분획 (血漿分劃, plasma fractionation)　혈장에서 목적하는 혈장 단백질을 용해도, 분자 사이즈, 밀도 및 하전상태의 차이, 또는 이러한 것의 조합으로 분리·정제하는 방법. 미량 성분의 분획에는 이온 교환과 어피니티(친화성) 크로마토그래피가 이용된다.

혈장 분획 제제(血漿分劃製劑, plasma derivatives)　혈장에 함유되는 혈액응고 인자, 알부민, 면역 글로불린 등을 분리 정제한 주사제. 응고인자 제제에는 피브리노겐 제VIII인자(항 혈우병 A), 제IX인자(항 혈우병 B) 및 혈전증 예방에 필요한 안티트롬빈 III 등이 있다. 사람의 혈청 알부민은 혈액의 교질 삼투압의 유지, pH의 조정, 물질 운반능의 역할을 담당하고, 사람 면역 글로불린은 바이러스와 세균에 의한 감염증에 대해 면역기능을 높인다.

혈전 (血栓, thrombus)　혈관 내피의 손상, 염증, 혈류의 변화, 혈액 응고능의 항진 등에 의해 혈관 내에서 혈액이 응고한 상태. 혈관 벽이 상해를 입으면 그곳에 혈액 응고기전이 시작되고 혈구가 응집하여 현관 내강을 막게 된다. 뇌혈전이 대표적인 질환이다.

혈청 (血淸, blood serum, serum)　혈액에서 혈구와 피브린을 제외한 액체. 혈액에서 혈구를 제외한 것을 혈장이라 하는데, 혈청은 혈장에서 피브린을 제외한 것. 혈액 응고때에 상등하고 남는 황색의 액체. 혈청의 성분 중 면역에 관계가 있는 것은 γ글로불린이며 이 속에 항체가 함유되어 있다.

혈청 첨가 배지 (血淸添加培地, serum-containing medium)　혈액을 첨가한 배지. 각종 영양성분을 함유하는 합성 배양액에 혈청을 가하여 세균 또는 사람, 원숭이, 생쥐, 쥐, 햄스터 등 주화(株化) 세포가 증식할 수 있도록 인공적으로 조제한 배지. 대부분의 포유류 세포는 혈청을 필요로 한다. 혈청으로는 소, 말, 닭 등이 사용되고 있다.

혈청학 (血淸學, serology)　혈청을 대상으로 하는 학문. 항원, 항체 및 항원-항체반응을 중심으로 다루므로 면역학과 가깝지만 면역학에서 다루는 세포면역의 연구는 다루지 않는다. 경계 영역의 과학으로서 임상의학(임상 혈청학)·세균학·법의학·생화학·혈액학(면역 혈액학)·병리학·공중 위생학·인류학·유전학·동식물학 등 관련 분야가 넓다.

혐기 생물 (嫌氣生物, anaerobe)　생명 유지에 필요한 에너지를 얻기 위해 분자상태의 산소를 이용하지 않는 생물. 이에 속하는 생물종은 주로 세균이다(⇨ 혐기 세균). 호기 생물의 대응어이다.

혐기성 접착제 (嫌氣性接着劑, anaerobic adhesive)　말단에 아크릴로일기가 메타크릴로일기를 2~3개 함유하는 아크릴계 올리고머. 중합 개시제 및 산소를 봉입한 접합제. 봉을 잘라 도포하면 고화한다. 산소의 봉입으로 사용 전의 중합·고화가 방지된다.

혐기 세균 (嫌氣細菌, anaerobic bacteria)　생명유지에 분자상태의 산소를 필요로 하지 않는 세균. 산소를 이용할 수 있는 경우는 이용하지만 산소가 없는 경우에도 생육할 수 있는 통기 혐기성 균(대장균, 유산균 등)과 산소를 이용할 수 없는 혐기성균(*Clostridium* 속, 메탄세균 등)으로 구별된다. 후자는 다시 산소가 유독한 편성 혐기성균과 산소에 노출되어도 생육할 수 있는 내성 혐기성균으로 구분된다. 호기세균의 대응어이다.

협동 작용 (協同作用, cooperativity)　효소반응에 있어, 다른 자리 입체성 효소(다른 자리 입체성 효과가 있는 효소)의 서브유닛의 하나가 기질과 결합하면 다른 서브유닛 간의 상호작용이 변화하여 기질의 결합부위에 대한 친화력이 변한다. 이 협동적 결합에서의 배위자 간의 상호작용을 말한다.

협동 현상 (協同現象, cooperative phenomenon) 열평형 상태에 있는 물질의 거시적 성질 중, 구성 입자 간의 협동적인 상호작용의 결과로 나타나는 현상. 협력현상이라고도 한다. 상전이, 질서 - 무질서 전이, 강자성, 강유전성 등이 그 예이다. 또 초전도, 초유동, 레이저 발진은 양자 역학적인 협동 현상이다.

협력 현상 (協力現像, synergistic phenomenon) ⇨ 협동 현상.

협력 효과 (協力效果, synergistic effect) ⇨ 상승 효과.

형가황 (型加黃, mold cure) 금형에 배합 고무를 넣고, 가열 가압하여 성형하는 동시에 가황하는 것을 말한다.

형광 (螢光, fluorescence) 다중항이 변하지 않는 발광과정. 보통은 최저 들뜸 일중항 상태로부터의 발광을 지칭한다. 여기광보다 장파장의 빛을 발광하며, 들뜸광을 차단하면 형광수명의 시간 이내의 짧은 시간에 발광이 멈춘다. 들뜸을 차단하였을 때 발광의 잔광이 오래 남는 것을 인광이라 하여 구별해 불렀는데 현재는 발광의 기구에 따라 정의되는 때가 많다.

형광 도료 (螢光塗料, fluorescent paint) 무기 형광체 또는 유기 형광체를 주요 안료로 하여 이것을 전색제와 혼합시킨 도료. 명도·채도·선명도·명시도가 보통 도료보다 높다. 유기 형광 안료는 형광 안료를 수지 분말에 염착시켜 생산한다. 무기 형광 안료로는 아연, 카드뮴, 바륨, 스트론튬 등의 황화물 등이 이용된다. 광고·간판·교통표지 등에 많이 사용되며, 그 밖에 전자현미경의 형광판과 X선 회절장치의 합축판 등에도 사용되고, 전자선·α선·방사선 등의 존재 확인에 특수한 용도를 지니고 있다.

형광 면역 검정법 (螢光免疫檢定法, fluorescent immunoassay) 방사면역 검정법과 효소면역 검정법과 마찬가지의 표지면역 검정법의 하나로, 표지로서 형광물질을 사용하는 것을 말한다.

형광 분석 (螢光分析, fluorescence analysis) 물질을 양자 수율이 큰 형광분자로 하여 형광을 특징 짓는 형광 스펙트럼, 형광 강도, 양자 수율, 형광 편광, 형광의 수명 등을 이용하여 하는 물질의 분석법. 주로 형광 스펙트럼에 의해 물질의 정성을, 형광 광도에 의해 정량을 한다. 고감도 분석법의 하나. 형광을 일으키기 위해 보통 자외선을 쓰고, 형광관측에는 목시법 외에 형광 광도계, 형광 분광광도계 등이 사용된다. 응용 예로는 비타민, 퀴니네 등 유기물의 분석, 우라늄, 알루미늄 등 무기물의 분석이 있다.

형광 스크린 (螢光 ——, fluorescent screen) 뢴트겐 사진촬영에서 X선을 받아 형광을 발광하도록 지지체상에 형광체가 도포되어 있는 시트. 피사체를 투과한 X선의 패턴대로 형광이 생기고, 이 빛을 사진재료가 받아 뢴트겐 사진이 만들어진다.

형광 안료 (螢光顔料, fluorescent pigment) 형광을 내는 안료의 총칭. 자극시에 발광하는 유기 형광안료와 자극 정지 후에 인광(잔광)을 발하는 무기 형광안료가 있다. 일반적으로 형광안료라 하면 유기 형광안료를 지칭하며, 이것에는 안료 색소형(거의 사용되지 않는다)과 형광염료 합성 수지 고용체형(염료를 합성 수지에 용해하여 수지의 경화 후 미세 분쇄한 것)이 있다. 이 안료 자체의 색깔 형광의 파장과 거의 일치하고 있으므로 매우 선명한 발색을 한다.

형광 양자 수율 (螢光量子收率, fluorescence quantum yield) 분자가 흡수한 광양자수에 대한 형광 양자량의 비를 이르며, 0에서 1 사이의 값을 취한다. 보통 ϕ, ϕ_r 등으로 표기한다.

형광 X선 (螢光 —— 線, fluorescent X-rays) 물질에 X선(1차)을 조사하였을 때 방출되는 2차 X선. 1차 X선에 의해 방출된 광전자가 형성하는 내각의 공궤도에 그보다 바깥쪽 궤도를 점하는 전자가 전이할 때에 방출된다. 형광 X선은 1차 X선보다 늘 장파장이다. 그리고 이 스펙트럼은 원소분석(X선 형광 분석법)에 이용된다.

형광 X선 분석 (螢光 —— 線分析, X-ray fluorescence analysis) 형광 X선의 스펙트럼에 의한 원소 분석법. X선을 시료에 조사하면, 시료 중의 원소가 여기되고 그 원소에 고유한 파장이 있는 특성 X선(형광 X선)이 발생한다. 이 발생 X선의 파장에서 원소의 동정을, 그 강도로부터 그 원소의 정량을 한다. 분광은 브래그의 X선 분광기의 원리를 응용하고, 플루오르화 리튬, 에틸렌 디아민디탈타라아트(EDDT), 인산 2수소 암모늄, 프탈산수소칼륨 등의 단결정을 사용하는 것이 보통이지만, 고차적인 희석선을 제거하기 위하여 파고 분석을 병용하거나 계수관의 가스를 선택하거나 한다. 파장 영역은 약 0.4~12Å이고 플루오르 이하의 경원소는 일반적으로 분석되지 않는다. 시료는 액체, 고체 모두 가능하며 희토류 등 동족 원소의 분석도 된다. 일반적으로 경원소 중의 중원소는 수량까지 검출되지만 반대의 경우는 뒤지는 경향이 있다. 자동 분석이 되고 대량 시료분석 처리, 공정관리 등에 이용도가 높다.

형광 염료 (螢光染料, fluorescent dye) 자외선이나 가시광에 의해 여기되어 형광을 발광하는 염료. 수용성. 반짝임이 있는 착색이 가능하다. 같은 원리로 형광을 발하는 무색 화학물이 형광 증백제인데, 이것을 형광 염료라 하는 경우도 많다. 스틸벤 염료의 부란코호아류가 가장 중요하고, 그 외에 벤조이미다졸계, 벤지딘계 등이 있다.

형광 임무노어세이 (螢光 ——, fluorescent immuoassay) ⇨ 형광 면역 검정법.

형광 잉크 (螢光 ——, fluorescent ink) 햇빛의 자외선을 흡수하여 장파장의 색광을 방출하는 인쇄 잉크. 일반 잉크와 비교하여 고도의 명도와 채도를 포스터와 광고 등의 인쇄에 사용한다. 형광 염료를 벤조구아나닌 수지 등에 용해한 고용체를 분쇄한 형광 안료를 색원료로 하는 인쇄 잉크로, 그라비아 잉크와 스크린 잉크의 형태로 사용되는 경우가 많다.

형광 정량법 (螢光定量法, fluorometry, fluorimetry) 형광 광도를 측정함으로써 정량을 하는 방법. 원리상으로 분류하면 형광물질의 생성에 바탕한 발형광 정량법. 형광의 소실 또는 감약을 이용하는 소형광 정량법, 형광 강도의 증강을 이용하는 승형광 정량법으로 구별된다.

형광 증감지 (螢光增感紙, fluorescent sensitized paper) ⇨ 형광 스크린.

형광 증백 (螢光增白, fluorescent whitening) 단파장 가시광선을 흡수하기 위해 어느 정도 착색하여 보이는 섬유와 종이에 형광 증백제를 흡착시킴으로써 청자색의 형광을 부여하여 반사 가시광을 균일화시킴과 동시에 반사강도를 외관상 증대시켜, 반짝이는 것처럼 희게 보이도록 하는 공정상의 처리법이다.

형광 증백제(螢光增白劑, fluorescent brightening agent) 자외부의 빛(330~380 nm)을 흡수하여 가시부의 청자색의 빛(400~450 nm)을 형광으로 발발하는 염료. 섬유, 종이, 플라스틱의 증백과 세제에 배합된다. 섬유에 따라 직접 염료형, 분산 염료형 등이 사용된다.

형광 지시약 (螢光指示藥, fluorescence indicator, fluorescent indicator) 형광 현상을 이용하는 지시약. 지시약 자체는 형광성의 유기 화합물이며, 그 형광의 소실, 출현, 색조 변화 등이 적정의 종점 지시에 이용된다. 이를테면 움벨리페론은 산성 용액 중에서는 대부분 형광을 나타내지 않지만, 이것에 알칼리를 가하면 pH 6.5~7.6에서 급격히 천청색의 강한 형광을 나타내어 중화 적정의 지시약으로 사용된다. 은 적정의 지시약으로도 쓰이는 플루오레세인은 종점에서 형광이 소실된다. 형광 지시약은 착색 용액의 적정에도 쓰인다.

형광 지시약 흡착 분석법 (fluorescent indicator adsorption analysis) 가솔린, 등유 등의 탄화수소 성분의 함유량을 구하기 위해 형광 염료를 부착한 실리카겔을 고정상으로 한 고액 흡착 크로마토그래피. 포화분, 올레핀분, 방향족분을 분별·정량한다. 방향족계 올레핀 탄화수소, 디올레핀 탄화수소 및 황, 질소, 산소를 함유하는 화합물은 방향족분으로 정량된다.

형광체 (螢光體, phosphor) 빛, 방사선 등의 조사로 형광을 발하는 물질. 기체와 액체에서는 그것을 구성하는 원자·분자가 전자 여기 상태로 여기되어 형광을 발한다. 고체에서는 결정, 비결정(유리, 플라스틱 등)의 차이와 순수 물질 또는 형광체를 고체 중에 불순물 혹은 결정 결함으로써 분산시키는 등 여러 형태가 있다. 가시광에서 발광하는 것으로는 석유, 플루오레세인, 에오신, 에스크린 등의 수용액과 카나리 유리(산화 우라늄을 함유한 유리), 시안화 백금 등의 고체, 알칼리 토금속의 황화물과 같은 결정 형광체가 옛부터 알려져 있다. 그 밖에 자외선, X선, 음극선, 적외선, 방사선 전기량 등에 의하여 발광하는 많은 형광체가 있다.

형상 계수 (形狀係數, shape factor) 입자의 형상을 수치로 표현하는 계수. 많은 정의가 있으며 원형도, 구형도, 장단도, 편평도 등이 있는데 비표면적 형상계수 ϕ가 가장 대표적인 형상계수이다. 이것은 입자의 대표 지름을 D, 표면적을 S, 체적을 V로 하면 $\phi = SD/V$로 나타낸다. 따라서 구의 경우에는 $\phi = 6$, 구 이외에서는 대표 지름의 설정 방법에 따라 다르기는 하지만 일반적으로 6보다 큰 값이 된다.

형상 기억 고분자 (形相記憶高分子, shape-memory polymer) 외력으로 형성된 일정한 변형이 열처리 등으로 상실되어 원래의 형상으로 돌아가는 성질이 있는 고분자. 금속의 형상 기억 합금을 본 딴 명명이다.

형상 기억 합금 (形狀記憶合金, shape-memory alloy) Ni-Ti, Cu-Ti 등의 합금 중에는 소성 변형시에 전위의 이동에 의하지 않고 마텐자이트 상의 변태에 의해 변형하는 것이 있다. 이러한 것을 어느 온도 이상으로 가열하면 마텐자이트 상에서 오스테나이트 상으로 변태하여 변형 이전의 형상은 회복한다. 원래의 형상을 기억하고 있는 것처럼 보이므로 형상 기억 재료라 한다.

형상 선택성 (形狀選擇性, shape selectivity) 촉매가 나타내는 선택성 중 반응분자, 전이상태 혹은 생성분자의 형상(형태 및 크기)이 원인이 되어 생기는 선택성. 균일한 형상의 세공이 있는 제올라이트를 촉매로 사용한 고선택적 반응이 알려져 있다.

형석형 구조 (螢石型構造, fluorite structure) 형석(CaF_2)의 구조에서 대표되는 AB_2형 화합물의 결정구조형의 하나. 입방정계로 단위포에 포함되는 화학단위는 4. A 주위의 B는 입방체형 8배위, B 주위의 A는 사면체형 4배위. CaF_2 외에 SrF_2, PbF_2, $BaCl_2$, CeO_2 등이 이 구조를 취한다.

형성 외과용 재료 (形成外科用材料, plastic surgery material, prosthetic material) 몸 표면의 재건을 목적으로 하는 형성외과 영역에서 융비술(隆鼻術), 이개형성술(耳介形成術), 유방재건술 등에 사용되는 재료. 생체 내에 매입되므로 주변 조직에 대해 비자극적이고, 연조직과 마찬가지의 물성이어야 한다. 실리콘이 가장 많이 사용된다.

형식 전하 (型式電荷, formal charge) 예를 들면 암모늄 이온 NH_4^+은 양의 1가 이온이지만, 질소를 N^+로 보는 경우 N은 형식전하가 +1이라 한다. N^+은 탄소원자와 등전자 배치로서, NH^+가 CH_4와 같은 정사면체 구조란 사실이 잘 이해된다. 공명구조가 있는 화합물을 고전 구조식으로 표기하는 경우의 한계 구조식 중에는 형식 전하가 있는 구조식을 자주 볼 수 있다.

형인광체 (螢燐光體, phosphor) 형광체, 인광체의 총칭이다.

형지 날염 (型紙捺染, stencil printing) 형지를 사용하여 나염 풀을 프린팅하는 염색법이다.

형질 도입 (形質導入, transduction) DNA가 박테리오파지와 바이러스에 의해 다른 세포로 이전하는 것. 트랜스덕션이라고도 한다. 이전된 DNA상의 유전자가 세포에 새로운 형질을 부여한다. 용원화(溶原化)한 박테리오파지가 유발될 때 또는 단순한 증식 때에 세균의 게놈 일부를 도입하는 것이 알려져 있다. 세균의 유전자적 분석, 특히 염색체의 소부분 내에서의 미세구조 분석에 널리 이용되고 있다.

형질막 (形質膜, plasma membrane) ⇨세포막.

형질 전환 (形質轉換, transformation) 트랜스포메이션이라고도 한다. (1) 외래 DNA가 세포에 도입되어 세포의 염색체와 재조합을 일으키고, 그 결과 세포의 유전적 성질이 변하는 것. 폐렴 쌍구균의 무독성 군집이 유독성의 군집으로부터 추출물에 의해 유독화되는 현상의 발견에서 시작되었지만, 물질(DNA)을 줌으로써 어떤 세균의 유전형질을 그 물질을 얻은 원세포의 특징으로 바꿀 수 있다는 뜻에서 유전자의 개념에 변혁을 가져왔다. 그 후 그 물질이 DNA라고 확인되

어 DNA가 유전물질임을 확인하는 데 중요
한 증거로 되고, 분자생물학의 성립상 큰 의
의를 갖는 현상으로 되었다. DNA에 의한
유전형질의 변화와 닮은 현상으로서 비루스
나 박테리오파지의 DNA가 세포에 둘러싸
여 비루스, 박테리오파지가 증식한다. RNA
를 유전자로 하는 비루스, 박테리오파지에
서는 RNA에 의해 같은 현상이 일어난다.
(2) 동물 세포의 형태, 항원성 증식능 등에
있어, 종양세포와 유사한 형질로 변화하는
것을 말한다.

형침염 (型浸染, dyed style printing)　천에
문양이 생겨나게 하는 침염법. 천의 염색성
을 변화시키는 약제를 프린트한 후, 침염하
여 문양을 낸다. 예를 들면 합성 섬유에 팽
윤제(캐리어)를 프린트한 후 분산 염료의 염
욕으로 침염한다.

형태 (形態, conformation)　분자 내의 단결합
을 축으로 한 회전에서 분자는 여러 가지
형태를 취한다. 이 회전시에 볼 수 있는 치
환기(및 수소 원자)간 공간에서의 상대위치
를 이른다. 각 분자가 어떤 모양의 형태를
취하는가를 결정하는 것을 형태해석이라고
하며, 화학적 구조를 결정하는 외에 X선 및
전자선 회절, 쌍극자 모멘트, 여광분산, 적외
흡수 등의 물리화학적 방법이 이 목적에 이
용된다. 또 최근의 문헌에서는 콘포메이션
으로 적는 경우가 많다.

형태 이성질체 (形態異性質體, conformational
isomer, conformer)　분자의 형태가 상이한
이성질체. 단결합을 축으로 하는 자유회전
이 속박되어 상이한 형태 간에 상호 변환을
할 수 없는 상태가 된 경우에 볼 수 있다.
형태 이성질체 중 분자의 형태가 키랄로 되
어 거울상 이성질체가 존재하는 것을 아트
로프 이성질체라 한다.

형태학 (形態學, morphology)　고분자 과학에
서 결정성 고분자가 취하는 단결정과 구정
과 같은 각종 결정형태 및 그 내부구조, 분
자 배열 등을 연구 대상으로 하는 분야. 몰
폴로지라고도 한다. 넓은 의미로는 비결정
성 고분자의 폴리머 블랜드와 블록 공중합
체 등의 폴리머 알로이 중의 분자 응집상태
도 대상에 포함된다.

형태 해석 (形態解析, conformation analysis)

주어진 분자에 대해서 어느 형태가 가장 에
너지적으로 유리한가를 고찰하거나 형태 변
환의 에너지 장벽 추정 등을 하는 것. 반응
의 중간체, 입체경로 등, 유기화학 연구상
중요한 수단이다.

형틀 윤활제 (—— 潤滑劑, mold lubricant,
mold-releasing agent, surface lubricant)　성
형 후의 폴리머를 금형에서 떼어내기 쉽게
할 목적으로 생성시에 사용하는 약제. 보통
실리콘유, 지방산의 금속염 등 분자 중에 염
기성과 소수성이 있는 화합물이 사용된다.
이러한 것을 금속에 칠하면 극성기를 금속측
에, 소수기를 폴리머측을 향하게 배열한 계
면 분자층을 형성하여 금형에 대한 폴리머의
부착이 방지된다. 폴리머에 첨가하는 유형도
있다.

형판 유리 (型板 ——, figured glass)　한쪽 면
에 요철문양이 있는 판유리. 유리의 표면에
여러 가지 무늬를 붙여서 투시를 방지하고,
가시광선을 적당히 확산시켜 갖가지 아름다
운 확산광을 내게 하여 장식용으로 쓰인다.
한 쪽에 문양을 조각한 1쌍 금속 롤러로 고
온의 유리를 성형하여 만든다. 주로 건축용
이다.

호기 생물 (好氣生物, aerobe)　생육하는 데 산
소를 필요로 하는 생물. 호기성 생물은 산소
호흡으로 에너지를 얻는다. 고등 동식물은 모
두 호기성이다. 혐기 생물의 대응어이다.

호기 세균 (好氣細菌, aerobic bacteria)　생육
하는 데 산소를 필요로 하는 세균. 대부분의
세균은 호기 세균이다. 일부는 유기물을 완
전히 산화하지 않고 대사물로서 아세트산,
글루콘산, 이염기산 등을 배지 속에 축적한
다. 또 호기적으로 유용한 2차 대사물로서
아미노산과 항생물질을 축적하는 것도 있다.
혐기 세균의 대응어이다.

호냉 세균 (好冷細菌, psychrophilic bacteria)
저온 세균의 옛 명칭. 단, 20℃ 이상에서는
증식할 수 없는 저온 세균을 호냉 세균이라
고 하는 경우도 있다.

호르몬 (hormone)　동식물의 특정기관이나
세포에서 형성되고, 형성된 부위에서 멀리
떨어진 기관에서 특이적 생리작용을 나타내
는 생리활성 물질. 작용상 특정한 표적기관

을 자극하거나 대사에 관여하는 호르몬과 호르몬의 분비를 촉진시키는 자극 호르몬으로 구별된다. 화학구조상으로 보면 아미노산 유도체, 펩티드, 지방산, 스테로이드 호르몬 등이 있다. 식물 호르몬에는 옥신, 지베렐린, 시토키닌(사이토카이닌) 등이 있지만, 형성부위, 작용 메커니즘은 반드시 명확하지만은 않다.

호메오스타시스 (homeostasis) 생체가 항상 외적 혹은 내적인 변동을 받고 있음에도 불구하고 생리적·형태적인 내부환경을 안정하게 유지하는 것. 항상성(恒常性)이라고도 한다. 주로 신경계, 내분비계(호르몬)의 작용으로 다양한 항상성(예를 들면, 혈액의 pH 완충작용, 피드백 제어, 체온의 조절 등)이 유지되고 있다.

HOMO (호모) 'highest occupied molecular orbital(최고 준위 점유 분자 궤도)'의 약어이다.

호모공역 (—— 共役, homoconjugation) 보통 공역은 π결합이 σ결합에 의한 골격상에 인접하여 있을 때에 일어나지만 인접하여 있지 않아도 공간적으로 근접하여 있을 때에 생기는 공역을 말한다.

호모방향족 (—— 芳香族, homoaromatics) 직접 σ결합에 의해 결합되어 있지 않는 탄소원자의 전자간 공역(호모공역)을 고리모양 전자계로 확대하면 $(4n+2)$개의 전자계에 대해서 방향족적 성질을 볼 수 있다. 이런 종류의 고리계를 호모방향족 화합물이라 한다.

호반 (皓礬, white vitriol) 황산아연 7수화물 $ZnSO_4 \cdot 7H_2O$의 옛 명칭이다.

호변 (互變, enantiotropy) 모노트로피의 대응어이다. ⇨ 모노트로피.

호변 이성질체 (互變異性質體, tautomer) 호변이질성과 관계가 있는 이성질체. 두 개의 호변 이성질체 간의 변환은 대개는 수소원자의 결합 위치가 변함으로써 일어난다.

호변 이성질 현상(互變異性質現象, tautomerism) 겉보기에 순수한 유기 물질이 구조식이 다른 두 화합물로서 거동하여 2종의 이성질체의 평형 혼합물로서의 반응을 나타내는 현상. $H-X-Y=Z$형의 화합물과 $X=Y-Z-H$형의 화합물이 프로톤과 이중결합의 이

동으로 상호 변화하고 있는 것이 많다. 가장 많이 알려져 있는 것은 $H-C-C=O \leftrightarrow C=C-O-H$형의 케토-엔올 호변 이성질 현상이다.

호스트 (host) 기본 골격을 형성하는 분자(호스트)와 그에 의해서 싸여지는 화학종(게스트)간에 생기는 하나의 착물을 호스트-게스트 착물이라 한다. 양자 사이에 강한 화학결합이 작용하는 것에서부터 약한 분자간 상호작용에 의해 착물을 형성하는 것까지 다종 다양하다. 호스트로는 크라운에테르, 크리프탄드, 시클로덱스트린 등이 유명하다.

호스트-게스트 화합물 (—— 化合物, host-guest compound) 포접 화합물.

호열균 (好熱菌, thermophilic bacteria) ⇨ 내열 세균.

호중구 (好中球, neutrophil) 과립 백혈구의 주성분. 중호성 백혈구라고도 한다. 혈액 중의 백혈구는 $1mm^2$ 중에 7,000개 있으나 그 중 약 1/2이 호중구이다. 체내에 침입한 세균 등 이물을 식작용으로 흡수하여 과산화수소나 리소좀 중의 소화효소로 분해한다.

호퍼 (hopper) 분립체 혹은 괴상체의 용기로 아래쪽 배출구를 향해 단면적이 감소하는 현상인 것. 대표적인 형상은 역원추형 혹은 역각추형이다. 시멘트·자갈·모래 또는 콘크리트 등을 좁은 구멍을 통해 아래로 떨어뜨릴 때 사용하는 깔때기 모양의 용기를 가리키는 말로도 사용된다. 단독적으로 저장조로 사용되는 경우도 있으나 피더와 컨베이어의 분립체 공급부분 또는 사일로, 벙커 등의 바닥부로 사용되는 경우가 많다.

호프 (hop) 덩굴성 숙근 자웅 이주(異株)의 뽕나무과 재배식물. 냉랭한 온대지역(독일, 미국, 영국, 러시아, 한국, 일본, 체코 등)에 한하여 재배되고 있다. 맥주 양조용 호프는 솔방울 모양의 암꽃을 따서 건조한 것이다.

호프마이스터 계열 (—— 系列, Hofmeister series) ⇨ 이액계열.

호흡 (呼吸, respiration) 외계에서 분자상 산소를 흡수하고 이산화탄소를 외계로 방출하는 폐나 아가미의 가스 교환현상(외호흡). 외호흡에 의해 흡수된 산소가 체내의 세포·조직에 운반되어 소비되는 것을 내호흡

이라 한다.

호흡률 (呼吸率, respiratory quotient)　생체가 산소호흡을 할 때에 방출하는 이산화탄소의 양과 외계에서 흡수하는 산소량의 비. 즉 $[CO_2]/[O_2]$([ ]는 각 물질량). 호흡상, 호흡계수라고도 한다. RQ라는 약어로 표기한다. 이 값은 섭취하는 영양소의 종류에 따라 다르다. 글루코오스에서 1. 지질, 단백질에서 1 이하이다.

호흡 반응 속도 (呼吸反應速度, respiration reaction rate)　⇨ 산소 소비 속도.

혼련 (混練, kneading)　⇨ 반죽.

혼련기 (混練機, kneading machine)　고체-액체 혼합물이나 고점도 물질 등을 강한 전단력을 가하면서 혼합하여 균질하게 하는 장치. 회분식과 연속식이 있으며 그라인더, 빵믹서, 팩밀 등에 사용된다.

혼방사 (混紡絲, union yarn, blended yarn)　다른 종의 섬유를 혼합하여 방적한 실. 혼방하는 주된 목적은 ① 어떤 섬유가 단독으로는 사용 목적에 맞는 실을 방적하기 곤란할 때, 다른 섬유를 혼방하여 양자가 가지지 못한 새로운 성능을 발휘하게 하기 위하여, ② 단독의 섬유만으로는 소비 측면에서 부적당하기 때문에 원료비를 절감하려는 경제적 이유에서, ③ 원료의 부족을 보충하기 위하여 그 섬유의 대용으로서, ④ 한 가지 섬유만으로 방적하기 어려울 때 다른 섬유를 혼합하여 가방성을 좋게 하기 위한 이유 등이다. 각 섬유의 특징(예를 들면 강도, 흡습성 등)을 살린 실이 된다. 혼합하는 섬유의 비율을 혼방율이라 하고 각 섬유의 중량비를 백분율로 표시한다.

혼산 (混酸, mixed acid)　2종 이상의 산이 혼합한 것을 혼산이라 하는데 보통 진한 황산과 진한 질산의 혼합 용액을 이르는 경우가 많다. 이것은 방향족 탄화수소의 니트로화제로서 널리 사용된다.

혼상류 (混相流, multiphase flow)　기상, 액상 및 입자상 고상 중 2상 이상의 상을 함유하는 흐름. 다상류이라고도 한다. 특히 2상만의 경우를 2상류라 한다.

혼성 (混成, hybridization)　원자가 결합법으로 원자가 상태의 궤도를 나타내는 방법으로, 결합의 방향성에 대응하도록 원자 궤도(함수)를 선형 결합으로 재편성하는 것. 이 선형결합은 메탄처럼 대칭성만으로 결정되는 경우도 있지만 일반적으로는 변분법에 의해 결정한다.

혼성 궤도(함수) (混成軌道(函數), hybrid orbital)　혼성으로 이루어진 궤도의 파동함수. 대표적인 것으로 탄소의 정사면체 구조에 대응하는 sp^3(1개의 2s와 3개의 2p 궤도를 재편성), 정삼각형 구조의 sp^2, 직선구조의 sp 등이 있다. 대칭성이 낮은 분자에서는 혼성은 이들의 중간적인 것이 된다.

혼성 무수물 (混成無水物, mixed anhydride)　2종류의 상이한 카르복시산에서 물이 탈리하여 생성하는 산무수물 $RCO-O-COR'$ 이다.

혼성 배열 (混成配列, atactic)　폴리머의 주 사슬에 입체 이성체의 사이트가 있는 경우, 거울상 이성질의 관계에 있는 입체 배치가 있는 구성 단위가 폴리머 분자 중에 같은 수끼리 무질서하게 배열하고 있는 것을 지칭하는 형용사. 반복하여 단위 중에 1개소의 입체이성 사이트(부제 중심)가 있는 비닐 모노머의 중합체 $-[CH_2CHX]_n-$ 인 경우 우선성, 좌선성의 부제 중심을 d, l로 나타내면 혼성배열 폴리머에서는 주 사슬에 따라 서로 이웃하는 구성 단위가 dd, ll 및 dl, ld의 배치를 취하는 확률은 같다. ⇨ 동일배열, 규칙성 교대배열.

혼성 복합재료 (混成複合材料, hybrid composite materials)　⇨ 하이브리드 복합재료.

혼성 에테르 (混成——, mixed ether)　산소 원자에 2개의 서로 다른 알킬기(또는 아릴기)가 결합하고 있는 에테르 $R-O-R'$ 이다.

혼성 전극 전위 (混成電極電位, mixed electrode potential)　동일한 작용 전극상에서 복수의 전극 반응이 생길 수 있는 경우에 얻어지는 전극 전위. 2종류의 반응이 일어나는 경우에는 양자의 평형 전위 중간값을 나타낸다. 부식 전위도 그 하나이다.

혼수량 (混水量, water-carrying capacity)　시멘트나 소석고를 물로 반죽할 때, 적당한 연도로 하기 위해 필요한 가장 적합한 물의 양. 혼수량이 적어도 되는 시멘트와 석고일수록 경화된 후의 강노가 크다.

혼융 시험 (混融試驗, mixed-melting point test) 어떤 유기 화합물의 시료가 기지의 어떤 화합물과 같은지 아닌지를 알기 위한 간단한 시험법. 미지 시료와 기지 화합물 시료를 거의 같은 양을 적절하게 혼합하여 녹는점을 측정한다. 양 화합물이 동일하면 혼합하여 같은 녹는점을 나타내고, 다른 화합물이면 같은 녹는점의 화합물일지라도 혼합물의 녹는점은 강하하고 또한 일정한 녹는점을 나타내지 않는다.

혼융점 (混融点, mixed-melting point) ⇨ 혼융 시험.

혼재물 (混在物, inclusion) 물질 안에 이물로서 혼합한 상태로 존재하는 것. 협잡물이라고도 한다.

혼정 (混晶, mixed crystal) 물질 A의 결정 격자 중에 물질 B의 원자, 분자 또는 이온이 무질서하게 치환된 결정. 혼성결정이라고도 한다. 이 때문에 원래의 결정 격자의 크기가 B의 함량에 따라 약간씩 변한다. 둘 또는 그 이상의 물질의 결정이 유사한 구조를 하고 있을 때 일어날 수 있다. 고용체의 하나. 같은 형의 염은 혼정을 만든다. 금속에 있어서도 예컨대, 금과 은 또는 금과 구리는 여러 가지 비율로 혼정을 만든다. 혼정을 만드는 데 필요한 조건으로는 결정 격자의 유리, 원자 반경이 그다지 다르지 않은 것 등을 들 수 있다.

혼정 반도체 (混晶半導體, mixed crystal semi-conductor) 2종류 이상의 화합물 반도체로 되어 있는 결정성 고용체. 그 조성에 따라 핸드캡이나 격자상수를 연속적으로 바꿀 수 있으므로 헤테로 접합 다이오드 등의 착물에 사용된다. 발광 다이오드와 반도체 레이저에 사용되는 Ⅲ-Ⅴ족 화합물 반도체의 GaAs-GaP계, GaAs-AlAs계는 그 일례이다.

혼종 다중산 (混種多重酸, heteropolyacid) 2종 이상의 서로 다른 원소의 옥소산이 구성 요소가 되고 몇 분자가 결합하여 형성되는 다핵 구조의 다중산을 이른다. 헤테로폴리산이라고도 한다. 이소폴리산의 대응어. 3차원 골격구조의 음이온이 있는 것 등이 있다. 예를 들면 포스파트 황산이온 $[O_3P-O-SO_3]^{3-}$, 복잡한 축합구조의 혼종다중산에는

텅스트 인산, 몰리브드 인산, 텅스트 규산 등이 있다. 어느 것이나 적당한 pH의 용액에서 염의 형태로 추출되었으나 안정하지 못한 것이 많고, 또 가수분해하기 쉽다. 혼종다중산 및 그 염은 일반적으로 식량이 큰 전해질이며, 또한 물 및 유기 용매(에테르, 알코올, 케톤 등)에 잘 녹는 것이 많지만, 알칼로이드, 아민 등과는 불용성의 침전을 생성하기 쉽다. 강산, 강산화제로서 촉매작용이 있는 것도 있어 주목받고 있다.

혼촉 위험 (混觸危險, incompatible hazard) 2종 이상의 물질이 접촉 또는 혼합하였을 때 약간의 에너지에 의해 화학 반응을 일으켜 발화, 폭발 내지 유독물질의 방출 등 유해현상을 발생하는 위험성. 혼합 위험이라고도 한다.

혼합기 원유 (混合基原油, mixed-base crude oil) 파라핀기 원유와 나프텐기 원유를 혼합하지 않도록 한 조성의 원유. 중간기 원유라고도 한다.

혼합 도전체 (混合導電體, mixed conductive material) 도전성 고체에서 전자와 이온의 양쪽이 도전 캐리어가 되어 있는 것. α-AgI, Ag_2S 등. 또 거의 모든 이온성 고체 전해질은 특정한 조건(고온과 극단적인 환원성 분위기)에서는 혼합 전도체가 된다.

혼합 롤기 (混合——機, mixing mill) 고무의 가소화 혹은 혼합을 하는 기계. 표면 경화처리를 한 2개의 주철제 중공 원통 롤을 경고한 프렘에 수평으로 장치한 것. 내용물이 노출된 상태에서 조작하는 개방식 혼합 반죽기와, 밀폐 용기 안에서 하는 밀폐형 혼합기로 구별된다.

혼합 배위자 착물 (混合配位子錯物, mixed ligand complex) 2종 이상의 배위체가 배열하고 있는 착물. 예를 들면 $[CoCl(NH_3)_5]^{2+}$ 등이 있다.

혼합 비누기 그리스 (混合——, mixed-base grease) 2종 혹은 수종의 금속 비누를 광유에 배합한 것. 조합에 따라 복잡한 요구에 적합한 그리스를 제조할 수 있다. 극압 그리스는 혼합 비누기 그리스의 하나이다.

혼합 산화물 (混合酸化物, mixed oxide) ⇨ 복산화물.

혼합 시멘트 (混合——, blended cement, mixed cement) 포틀랜드 시멘트에 화산회 등의 천연 포졸란 혹은 플라이애시, 수쇄 슬러그를 혼합한 시멘트. 각 포졸란 시멘트, 플라이애시 시멘트, 고로 시멘트라 한다. 목적은 수화에 의해 생기는 유리의 수산화칼슘을 결합시켜서 내식성을 향상시키기 위해, 또 염기로 하기 위해서이다.

혼합 엔트로피 (混合——, entropy of mixing, mixing entropy) 상이한 물질의 혼합에 수반하여 생기는 엔트로피로서 양의 기호를 갖는다. 정온·정압에서 기체 또는 액체의 혼합으로 이상 혼합기체 또는 이상 용액을 만들 때 내부 에너지의 변화는 없고 혼합 엔트로피가 자발적 혼합의 구동력이 된다.

혼합 옥탄가 (混合——, blending octane number) 일정 옥탄가(보통 60)의 (정) 표준연료에 일정량(보통 1/4용)의 시료 가솔린을 혼합하여 옥탄가를 측정하고 이것을 100% 시료로 환산한 옥탄가. 복수의 유분을 조합한 후의 가솔린 옥탄가를 추정하는 데 사용된다.

혼합 원자가 (混合原子價, mixed valence) 자철광 Fe_3O_4와 같이 하나의 화합물 중에 $Fe^{II}O + Fe^{III}_2O_3$ 같은 다른 산화상태를 원소가 혼재하고 있는 경우 열적·전기적·자기적으로 특이한 성질이 나타나는 경우가 있다. 그러한 상태에 있는 원소는 혼합 원자가를 취한다고 한다.

혼합 위험 (混合危險, incompatible hazard) ⇨ 혼촉 위험.

혼합 추진약 (混合推進藥, composite propellant) ⇨ 고체 추진제.

혼합 확산 (混合擴散, mixing diffusion) ⇨ 역 혼합.

혼합 확산 계수 (混合擴散係數, mixing diffusivity) 장치 안을 흐르는 유체가 흐르는 방향으로 혼합하는 과정은 분자가 확산하는 과정과 유사하다고 간주하는 모델에서, 확산계수에 대응하는 혼합 속도를 표시하는 계수. 이것이 클수록 완전 혼합 흐름에 가깝고 제로일 때 피스톤 흐름이 된다.

혼홍수 (混汞水, amalgamation) 금, 은이 수은과 아말감을 형성하는 것을 이용하여 각 광석에서 금, 은을 제련하는 방법을 말한다.

혼화성 (混和性, miscibility) 2종 이상의 액체를 혼합할 때, 서로 용해하여 합쳐지는 성질, 능력을 말한다. 액체를 혼합할 때에는 완전히 용합하는 경우와 일부가 녹아 합쳐지지 않는 경우와 또는 전혀 녹지 않는 경우가 있다.

혼화 안정도 (混和安定度) 그리스를 혼합하였을 때의 전단 안정도. 보통 10만회 혼화 후의 혼화 조도로 표기한다.

혼화 조도 (混和稠度, worked penetration) 그리스의 경도를 표시하는 척도. 시료의 온도를 $25 \pm 0.5℃$로 유지한 후 규정된 혼화용기 안에서 60회 왕복시킨 직후의 컨시스턴시로 표시한다. 혼합하지 않고 측정하는 것은 미혼화 조도라고 한다.

홀 (hole) ⇨ 정공.

홀드업 (hold-up) 칼럼에 전혀 유유되지 않는 물질의 유지체적. 칼럼 중에 존재하는 충전제 입자 간의 틈과 시료 주입부, 라인, 검출부 등의 데드볼륨의 합. 홀드업 체적이라고도 한다.

홀로그래피 (holography) 빛, 전자선 등의 파동 간섭성을 이용한 물체상의 기록 방법. 파동의 물체에 의한 반사, 투과의 신호파를 동일 파동원에서 파동(참조파)과의 간섭 무늬로서 감광 재료에 기록하고, 이것을 별도의 재생파를 조사하여 물체상을 재생한다. 입체상의 표시만이 아니라 계측, 정보기록 등에 응용되고 있다.

홀로 음극 램프 (hollow cathode lamp) ⇨ 중공 음극 램프.

홀 버닝 (hole burning) ⇨ 핑화학 홀 버닝.

홀-엘법 (——法, Hall-Héroult process) C. M. Hall과 P. L. T. Héroult에 의해 발명된 (1886년) 용융염 전해법에 의한 알루미늄의 제련법. 이 방법은 알루미나 Al_2O_3을 빙정석 Na_3AlF_6과 플루오르화 알루미늄 AlF_3계의 용융염에 의해 $1,000℃$에서 용해하고, 이 플루오르화물욕을 전기분해하는 것으로 현재의 알루미늄 제련법의 주류를 이룬다.

홀 효과 (——效果, Hall effect) 금속과 반도체의 일방향에 전류를 통하고 그에 수직인 방향에서 자기장을 가하면 양자에 수직인 방향에 기전력이 발생하는 현상. 전하 운반체가 로렌츠 힘을 받아 진로를 굽히므로 일어난다. 전류 방향의 전기장 E_x와 홀 전기장 E_y의 관계는 홀 각으로 주어진다. 질량이 큰 이온에서는 확인되지 않고, 전자 전류의 경우에만 측정된다. 기전력의 방향에 따라 주요 운반체의 전하의 부호가 결정되고, 전기 전도율의 측정과 조합하면 그 농도, 이동도(홀 이동도)를 구할 수 있다.

화공 녹말 (化工——, modified starch) 녹말을 물리적·화학적 또는 효소적으로 수식하여 식품공업, 섬유, 제지공업 등의 여러 용도에 접합한 물성을 부여한 녹말의 총칭. 가용성 녹말, α-녹말, 덱스트린류, 산화 녹말, 녹말 에테르, 녹말 에스테르 등이 생산되고 있으며, 노화성, 점성, 호화(糊化)개시온도, 투명성 등의 물성이 개선되었다.

화공품 (火工品, ammunition, priming material) 화약 또는 폭약을 점화, 기폭, 추진, 파괴 등의 목적에 적합하도록 가공한 것의 총칭. 법령에서는 화약, 폭약 등과는 별도로 분류되며, 뇌관, 도화선, 도폭선, 불꽃 등이 이에 속한다.

화분 분석 (花粉分析, pollen analysis) 토양 중의 화분 잔해를 모아, 그 형태에 원래의 현화식물의 분포를 지층별로 동정하는 고고학, 고생물학의 연구법이다.

화산형 촉매 서열(火山形觸媒序列, volcanotype catalyst order) 촉매반응은 반응 원계가 촉매와 결합하여 중간체를 이루는 전 과정과, 중간체가 분해하여 생성물로 변화하는 후 과정으로 나누는 경우가 적지 않다. 중간체의 안정성이 증가하는 방향에 계통적으로 촉매를 바꾸어 나가면 자유 에너지 직선관계에 따라 전(前) 과정의 속도가 증대하고, 후 과정의 속도가 저하하도록 변화하여 양자가 바로 균합되는 곳에서 전체로서의 속도가 최대가 된다. 이러한 포물선형 관계를 화산형 촉매 서열이라 한다.

화석 연료 (化石燃料, fossil fuel) 석유, 석탄, 천연가스 등의 총칭. 고대 지질시대의 동식물의 잔해가 화석화하여 연료로서의 가치가 있는 것을 말한다.

화선 배양 (畵線培養, streak culture) 하나의 미생물에 의해 형성되는 독립된 콜로니를 얻기 위한 배양법. 한천 등을 함유한 고체 평판 배지의 표면에 미생물을 백금 이를 사용하여 접종하고, 백금 이를 화염 살균한 후, 이미 접종되어 있는 부분을 선상으로 칠하여 펼친다. 이 조작을 반복하여 접종 미생물을 희석하면 최종적으로는 하나의 미생물로 된 콜로니를 얻을 수 있어 미생물 분리도 할 수 있다.

화성 (化成, formation) 전기화학 용어. 연축전지의 전지 활성 물질인 과산화연, 납을 산화연에 생성시키는 공정을 말한다.

화성 비료 (化成肥料, compound fertilizer) ▷ 복합 비료.

화성 호르몬 (花成——, flowering hormone) ▷ 개화 호르몬.

화약류 (火藥類, explosives) 일반적으로 열이나 충격이 가해지면 쉽게 전체가 연소 또는 폭굉(爆轟)반응을 보이는 고체와 액체의 폭발성 물질 또는 폭발성 혼합물 중, 공업용, 군용에 이용되는 것의 총칭. 법령상으로는 화약, 폭약 및 화공품을 포함하여 화약류라 한다.

화염 방지기 (火炎防止器, flame arrester) 가연성 혼합기 중의 화염 전파를 방지하기 위해 반응기나 배관 중에 설치하는 안전 기구. 금망, 다공 금속판, 소결속 금속판 등을 충전한 형식이 많다.

화염 속도 (火炎速度, flame speed) 가연성 혼합기 내의 일부에서 불이 붙으면 발생한 화염은 주위로 향해 전파한다. 이 때, 고정 좌표계에서 본 화염의 이동속도를 화염속도라 한다. 이것은 움직이는 미연 가스에 주목한 이동 좌표계에 의한 화염의 이동속도인 연소속도와 미연 가스의 이동속도의 합으로 주어지므로 화염속도는 환경조건에 따라 얼마든지 변한다.

화염 용사 (火炎溶射, flame fusion coating, flame spraying) 2,400℃ 전후의 산소 아세틸렌염을 사용하여 세라믹스의 분말을 용해시켜 분사 부착시키는 것. 일반적으로 금속 표면을 세라믹스로 피복하기 위해 사용된다.

화이트 유 (——油, white oil) ▷ 유동 파라핀.

화이트 카본 (white carbon) 미분의 무수규산, 함수규산칼슘, 규산알루미늄을 지칭하는 경우가 많다. 무수규산에 대해서는 사염화규소의 열분해 등으로 제조된다. 합성고무의 보강 충전제로서 카본 블랙과 함께 중요하다. 기타 농약 전착제, 신문용지의 첨가제 등으로 쓰인다.

화장토 (化粧土, engobe)　도자기에서 소지면의 미화, 표면상태의 개선, 장식을 목적으로 점토를 주성분으로 하는 이장(泥漿)을 생소지의 표면에 발라 피복하는 것을 말한다.

화정유 (花精油, flower oil)　꽃에서 채취되는 방향이 있는 정유. 향료의 원료가 된다. 용매 추출, 수증기 증류 등으로 추출한다. 주로 $(C_5H_8)n$ 의 조성을 갖는 테르펜 화합물로 되어 있다.

화탄 (化炭, carbonizing)　깎아낸 양모(원모)를 묽은 황산 등으로 처리한 후, 건조 가열하여 원모에 함유된 식물성의 협잡물을 탄화하여 제거하는 처리. 모직물의 마무리 공정에서 하는 경우도 있다.

화폐 금속 (貨幣金屬, coinage metal)　주기표 11족(1B족) 원소(동, 은, 금)의 총칭. 모두가 화폐로 사용되는 금속이므로 화폐 금속이라 불린다.

화학 강화 (化學强化, chemical strengthening)　유리 표면의 나트륨 이온의 일부를 유리 이전 온도 이상에서 이온 반지름이 보다 큰 칼륨 이온 등과 대체함으로써 표면에 압축 응력층을 형성하여 유리 표면을 강화하는 것(⇨ 강화 유리). 얇은 유리그릇 등에 이용할 수 있는 특징이 있다.

화학 결합 (化學結合, chemical bond, chemical bonding)　원자 또는 이온이 모여 에너지의 안정화로 분자나 결정이 형성되었을 때, 원자간에 화학결합이 생겼다고 한다. 원자 중에서 비교적 에너지가 높은 전자가 가전자가 되고, 원자간에서 재편성되어 화학결합이 형성된다. 결합간의 전자분포의 쏠림이나 확산에 의해 공유결합, 이온결합, 배위결합, 금속결합 등으로 분류된다. 넓은 의미로는 수소결합, 전하 이동착물의 결합, 반데르발스 힘에 의한 결합 등도 포함시키는 경우가 있다.

화학 결합형 실리카 겔 (化學結合型——, chemically bonded silica gel)　실리카 겔의 표면에 존재하는 유리형 실라놀 잔기 ≡Si−OH에 화학수식을 하여 소수성기, 이온 교환기 등의 작용기를 고유결합으로 도입한 충전제를 말한다.

화학 광량계 (化學光量計, chemical actinometer)　광화학 반응을 이용하여 일정 파장의 광속에 함유되는 광자수를 실험적으로 구하기 위한 방법과 장치를 말한다. 예를 들면 옥살산철(Ⅱ)이나 옥살산우라닐 등을 사용하는 것이 일반적으로 알려져 있다. 광화학 반응에 기인하므로 각각 적합한 파장역이 있다.

화학당량 (化學當量, chemical equivalent)　화학 반응성에 기초하여 정해진 원소(단체) 또는 화합물의 일정량. 단순히 당량이라고 하는 경우도 많다. 원소, 산 및 염기, 산화제 및 환원제의 당량이 있다. ① 원소의 당량 : 원자량 / 원자값에 상당하는 값. ② 산·염기의 당량 : 1 mol의 H^+ 또는 OH^- 이온을 방출하는 산 또는 염기의 양 E_g의 E, ③ 산화제 또는 환원제의 당량 : 각각 1 mol의 전자를 받아들이거나 방출하는 양을 E_g로 할 때, E의 수치를 이른다.

화학 도금 (化學渡金, chemical plating)　⇨ 무전해 도금.

화학량론 (化學量論, stoichiometry)　물질의 화학구조·조성과 그 물리적·화학적 성질 간의 수량적 관계를 연구하는 화학의 한 분야. 특히 고전 화학에서 사용되었던 용어. 질량 불변, 정비례, 기체 반응 등의 제반 법칙도 화학량론적인 관계이다.

화학량론 계수 (化學量論係數, stoichiometric coefficient)　화학 반응에 관여하는 반응체, 생성체의 물질량 간의 양적 관계를 나타내는 계수. 화학 반응식에서 각 화학식 앞에 적어 나타낸다.

화학량론적 (化學量論的, stoichiometric)　물질의 물리적·화학적 성질을 그 구조와 조성을 변수로 하여 정량적으로 나타내는 것. 혹은 화학 반응에서의 양적 관계를 나타내는 수도 있다.

화학량 수 (化學量數, stoichiometric number)　총괄 화학 반응식으로 나타내는 화학 반응이 1회 일어날 때, 그것을 구성하는 소반응이 몇 번 일어나는가를 나타내는 수. T. Horiuchi에 의해 도입되었다. 반응의 율속 단계의 화학량 수를 정함으로써 반응의 기조에 관한 식견을 얻게 되는 수가 있다.

화학 레올로지 (化學——, chemorheology) 물질이 나타내는 레올로지적 성질이 화학 반응에 의해 영향을 받는 현상. 측정 방법에 따라 화학 크리프, 화학 융화 등이 있다.

화학 레이저 (化學——, chemical laser) 화학 반응에 의한 생성 분자의 전자상태의 여기나 진동회전 여기를 펌핑에 이용하여 형성한 레이저. 반응 생성분자가 레이저의 매질이 된다.

화학 리셉터 (化學——, chemoreceptor) 화학 물질을 결합하여 정보를 전달하는 리셉터. 취각, 미각 수용기가 대표적인 것이다. 이 수용을 하는 단백질을 가리키는 경우도 있다. 화학 수용체 단백질은 특정한 물질과 특이적으로 결합하는데, 세포 표면에 존재하여 신경전달 물질이나 펩티드 호르몬 등과 결합하여 세포 내에 정보를 전달하는 군 및 세포질 졸 또는 핵 내에 존재하여 스테로이드 호르몬과 결합하여 유전정보를 발현하는 군이 있다.

화학 물리학 (化學物理學, chemical physics) 양자역학 혹은 통계역학에 기초하여 원자·분자·분자집단의 정적인 구조에서 동적인 반응까지 화학의 기초적인 문제를 이론적·실험적으로 연구하는 학문 분야. 1930년대 초에 journal of chemical physics라는 잡지가 미국 물리학회에서 발간됨으로써 정착되어 오늘에 이르고 있다. 이 말의 유래가 나타내듯이, 물리학과 화학의 경계 영역인 점에서 종래부터 있는 물리화학과는 약간 다른 어감을 갖고 있다. 물리화학보다 물리적인 면이 더 강하며, 넓은 뜻에서의 물성 물리학의 일부이다.

화학 반응 속도론 (化學反應速度論, chemical kinetics) ⇨ 반응 속도론.

화학 발광 (化學發光, chemiluminescence) 화학 반응에 수반하여 일어나는 발광현상. 화학 반응의 중간체로서 과잉 에너지를 갖는 여기 화학종이 생성되고, 이 에너지 혹은 그 일부가 빛으로 방출된다. 공기 중, 어두운 곳에서 황인의 청록색 발광은 오래 전부터 알려져 있는 화학 발광의 예이다. 화학 발광은 생체 내에서의 산화·환원이나 생물 발광과의 관계가 있는 것으로 생각되며, 많은 연구가 진행되고 있지만 아직 상세한 것은 밝혀져 있지 않다.

화학 방정식 (化學方程式, chemical equation) 예를 들면 물질 A가 물질 B와 반응하여 물질 C가 되었을 때 $A+B \rightarrow C$ 또는 $A+B=C$로 나타내고, 이것을 화학 방정식 또는 화학 반응식이라 한다. 반응물을 좌변에, 생성물을 우변에 적는다. $\rightarrow$, $=$ 대신에 $\rightleftarrows$로 적어 가역반응을 의미하는 경우도 있다. 실제로는 $2H_2+O_2 \rightarrow 2H_2O$, $C+O_2 \rightarrow CO_2$, $C_2H_5OH+3O_2 \rightarrow 2CO_2+3H_2O$와 같이 계수를 적어서 나타낸다. 열량을 포함하여 열화학 방정식으로 나타내는 수도 있다.

화학 비료 (化學肥料, chemical fertilizer) 화학 반응에 의해 인공적으로 합성된 비료. 질소 비료로서는 요소, 황산암모늄, 염화암모늄, 석회질소($CaCN_2+C$) 등, 인산 비료로서는 과인산 석회, 용성 인비 등, 칼륨 비료로서는 염화 칼륨, 황산 칼륨 등이 있다. 최근에는 이것들을 조합한 복합 비료로 제품화된 것이 많다.

화학 석고 (化學石膏, chemical gypsum) 화학공장, 제련소, 화력발전소 등에서 부산되는 석고의 총칭. 부산 석고라고도 한다. 주로 인산 제조공장에서 인광석의 황산 분해 때 생성되는 인산 석고, 화력발전소의 배출 가스 중 이산화황을 석회유로 중화하여 생성하는 배연탈황 석고(약칭 배탈 석고)를 지칭한다. 이밖에 산화티탄 제조공장에서 부산되는 티탄 석고, 플루오르산 제조공장에서 부산되는 플루오르 석고 등도 있다.

화학 섬유 (化學纖維, chemical fiber) 천연 섬유에 대응하는 용어로서, 제조공정에서 화학적인 방법을 사용하여 제조되는 섬유의 총칭. 인조 섬유라고도 한다. 무기 섬유와 유기 섬유로 대별되며 후자는 재생 섬유, 반합성 섬유, 합성 섬유로 나누어진다.

화학 센서 (化學——, chemical sensor) 피검체 안에 포함되는 목적하는 화학 물질을 포착하여 그 종류나 농도를 전기적 신호로 표시하는 센서. 좁은 뜻으로는 검출 부분만을 센서라고 한다. 목적 물질의 화학적 성질에 바탕한 검출 원리에 의하는 것이 더욱 엄밀한 의미에서의 화학 센서이다. 기체, 액체, 고체 모두 피검체가 될 수 있으나, 고체는 적다.

화학 수식 (化學修飾, chemical modification) 단백질, 효소, 항생물질, 식품, 전극면 등에 각종의 관능기 또는 특정한 화합물을 결합시켜 본래의 성질을 개변하거나 특수한 기능을 갖게 하는 것. 효소활성의 증가, 항균성의 증가, 식품의 개질, 효소기능의 해명, 화학 수식 전극의 제작 등에 사용된다.

화학 수식 전극 (化學修飾電極, chemical modified electrode)　화학적으로 수식된 전극. 수식물질이 전극 표면과의 사이에 공유결합을 갖는 전극을 말한다. ⇨ 피복 전극.

화학 수용체 (化學受容體, chemoreceptor)　⇨ 화학 리셉터.

화학 숙성 (化學熟成, chemical ripening)　⇨ 후숙.

화학식 (化學式, chemical formular)　화학 물질의 조성과 구조를 원소기호를 사용하여 나타낸 식. 조성식, 분자식, 시성식, 구조식 등이 있다. 분자의 존재가 확인되어 있고, 또한 그 조성이 알려진 물질에 대해서는 분자식이, 그 이외의 경우에는 실험식이 사용된다.

화학식량 (化學式量, chemical formular weight)　⇨ 식량.

화학식량 농도 (化學式量濃度, formal concentration formality)　⇨ 식량 농도.

화학 에너지학 (化學 —— 學, chemical energetics)　⇨ 열화학.

화학 에칭 (化學 ——, chemical etching)　금속표면의 일부 또는 전부를 약액을 사용하여 화학적으로 용해 제거하는 방법. 금속 조각, 사진제판, 금속의 조성 관찰 혹은 리드플레임, 포토마스크, 프린트 배선판 등의 전자제품 제조에 있어 패터닝 공정 등에 사용된다.

화학 연마 (化學研磨, chemical polishing) 산·알칼리 혹은 산화제의 용액에 물체(금속, 세라믹스 등)를 담그어 평활한 표면으로 하는 연마법. 연마액의 선택에 추가하여 액의 온도 및 연마 시간을 조절할 필요가 있다.

화학 요법 (化學療法, chemotherapy)　병인이 된 세균이나 암세포를 화학 물질에 의해 제거하는 치료법. 또한 체내에 영양액 호르몬, 강심제, 진통제 등의 화학 물질을 공급하는 것 등은 화학 물질에 의한 치료이기는 하지만 병인에 직접 작용하는 치료법은 아니므로 화학 요법이라고는 하지 않는다.

화학 이동 (化學移動, chemical shift)　핵자기공명 스펙트럼에 관한 용어. 원자의 종류에 따라 각각 일정해야 할 스펙트럼선의 위치가 그 원자가 놓여진 화학적 환경에 의해 이동하는 현상. 핵자기공명 주파수는 사용하는 자기장과 핵종에 따라 대략 정해지지만, 핵 주변의 전자밀도에 따라 비율로 10^{-4} ~10^{-6} 정도의 엇갈림이 생긴다. 이것이 핵자기공명의 화학 시프트(이동)이다. 전자상태를 적절하게 반영하므로 화학결합의 성질과 구조를 연구하는 데 사용된다. X선 광전자 분광의 영역에서도 사용된다.

화학 이온화 (化學 —— 化) (1) chemical ionization 메탄이나 암모니아 같은 특정한 가스를 전자충격 등에 의해 이온화하여 생긴 이온과 시료분자 간에서 일어나는 이온-분자 반응에 의해 시료를 이온화하는 방법. 보통은 이처럼 얻어진 이온을 질량 분석하여 분자량의 추정 혹은 고감도 고선택적인 분석 등을 한다. 전기 충격 이온화 보다도 일반적으로 이온화율이 높고 프래그멘테이션도 일어나기 어려운 특징과 장점이 있다. (2) chemi-ionization 여기원자 또는 분자 A와 분자 BC의 충격에 의해 일어나는 다음과 같은 이온화반응. ① $A+BC \rightarrow A+BC^+ +e^-$ ② $A+BC \rightarrow A+B^+ +C+e^-$ ③ $A+BC \rightarrow ABC^+ +e^-$ ④ $A+BC \rightarrow AB^+ +C+e^-$ ①, ②는 베닝 이온화라고도 불린다.

화학 이완 (化學弛緩, chemical relaxation) (1) 화학 평형상태에 있는 물질계에 압력이나 온도의 펄스적 상승을 부여하여 새로운 평형상태로 이동하는 과정을 조사함으로써 반응속도를 구하는 방법. 초음파와 같은 주기적 섭동을 부여하여 물질계에의 응답의 상위 뒤짐을 구하는 방법도 있다. (2) 점탄성을 나타내는 물질의 응력 완화가 주로 화학 반응에 의한 경우, 이것을 화학(응력)이

완이라 한다.

화학 자기 (化學磁器, chemical porcelain) 이 화학용의 화학적 저항성(특히 알칼리성 용액에 침해되지 않는)이 큰 자기. 기계적 강도가 크고 열의 급변에 견디며, 기체의 기밀성이 높은 것이 요구된다. 용도에 따라 알루미나, 멀라이트, 티타니아, 지르코니아의 재질도 사용된다.

화학적 간섭 (化學的干涉, chemical interference) 발광이나 흡광에 의한 스펙트럼 분석을 할 때, 측정 대상이 되는 원소가 플레임 안에서 다른 원자나 분자와 화학 반응을 일으킴으로써 분석 결과에 변동이 생기는 현상을 말한다.

화학적 산소 요구량 (化學的酸素要求量, chemical oxygen demand) 수중에 함유되는 유기물과 환원성의 무기물을 산화하는 데 필요한 산소의 양. 약어 COD. 실제 측정은 산화제로서 과망간산 칼륨 또는 이크롬산 칼륨을 사용하며, 소비된 산화제의 양으로 계산한다.

화학종 (化學種, chemical species) 물질을 구성하는 종을 화학적으로 보았을 때 화학종이라 한다. 즉 분자, 착물, 다원자 및 단원자 이온 혹은 원자 등 화학적으로 본 물질종을 말한다.

화학 주성 (化學走性, chemotaxis) ⇨ 주화성.

화학 증감 (化學增感, chemical sensitization) 은염 사진 감광 재료의 감도를 증가시키는 기술. 사진 유제에 화학 증감제를 첨가, 열을 가하여 교반하므로서 할로겐화은 입자의 표면에 화학 증감 중심을 형성한다. 화학 증감에는 황증감, 금증감 및 환원증감이 있다. 기능이 서로 다르므로 둘 이상을 조합하여 사용하는 경우가 많다.

화학 증착 (化學蒸着, chemical vapor deposition) 박막 형성 기술의 하나. 화학 기상 성장이라고도 한다. 약어 CVD. 원료가 되는 가스(한 종류 또는 두 종류 이상)를 반응관에 흐르게 하여 열적 또는 전기적으로 여기(플라스마)하여 분해, 화학결합 등의 반응을 일으켜, 반응 생성물을 기판상에 퇴적하여 박막을 형성한다(⇨ 기상 도금). 진공 증착 같은 물리 증착(PVD)에 대응하는 용어이다.

화학 진화 (化學進化, chemical evolution) 우주나 지구에서 단순한 탄소 화합물에서 무생물적으로 복잡한 유기 화합물이 형성되는 과정. 예를 들면 디시안에서 아데닌 같은 핵산의 원료가 생기는 것. 당과 아미노산이 축적하여 점차 생명에 필요한 화학 물질이 생성되게 된다. A. I. Oparin은 이 화학 진화가 생명의 기원이라 생각하였다.

화학 친화력 (化學親和力, chemical affinity) 화학 반응을 야기시키는 힘을 의미. 간단히 친화력이라고도 한다. 그 본질을 탐구하는 것이 고래로부터 화학에서 중심 과제의 하나였으나 열역학에 의해 처음으로 해명되었다. 그에 의하면 화학 친화력의 크기는 화학 반응이 가역적으로 진행할 때에 얻어지는 최대 일로 표시되고, 정온·정압의 조건에서는 기브스 에너지의 감소 비율로 주어진다.

화학 퍼텐셜 (化學 ——, chemical potential) 다성분계에서 각 성분의 1 mol에 할당되는 에너지. 정온 정압의 조건에서는 1 mol당의 기브스 에너지이다. 물질 이동이나 화학 반응에 수반되는 에너지 변화를 지배하는 시강성 변수로서 일반적으로 화학 퍼텐셜이 높은 부분에서 낮은 부분으로 물질의 변화가 일어난다. 열평형 상태에서 화학 퍼텐셜은 동일한 값을 갖는다.

화학 펄프 (chemical pulp) 원료를 화학적으로 처리하여 만드는 펄프. 기계 펄프에 대응하는 용어. 사용하는 약품에 따라 아황산 펄프, 알칼리법 펄프 등으로 불린다. 아황산 펄프는, 가문비 나무·일본 개문비·소나무·너도밤나무 등의 원목을 중아황산 염으로 처리하여 상질 고급지에, 또는 쇄목 펄프를 섞어서 중질지 이하의 용지 초지에 사용된다. 기계 펄프에 비하여 펄프의 순도가 높고 보류성이 낮다. 제지용 펄프 외에 화학적 정제를 한 것은 용해 펄프로 사용된다.

화학 평형 (化學平衡, chemical equilibrium) 물질 A가 다른 물질 A′로 변하거나 또는 복수 종류의 물질의 혼합물이 화학변화($A+B+\cdots \to P+Q+\cdots$)하는 경우에, 변화하는 물질의 양은 그러한 물질과 조건(농도, 온도, 압력 등)에 의해 결정된다. 그러한 혼합계가 어떤 조건하에서 성분의 농도(물질량)나 분압이 일정한 상태가 되었을 때 이러한 계는 평형 상태에 있다고 한다. 화학 평형은 열역학적으로는 화학 퍼텐셜로 설명된다.

화학 현상 (化學現像, chemical development) 은염사진의 현상에서, 감광한 할로겐화를 직접 환원하여 화상 은으로 하는 현상법. 이것에 대해 현상액에 은염을 첨가하여 은을 용액 중에서 잠상핵상에 환원 석출시키는 현상법을 물리 현상이라 한다.

화학 흡착 (化學吸着, chemisorption) 분자 혹은 원자가 흡착매 표면과 화학결합을 형성하고 있다고 간주할 수 있을 만큼의 강한 흡착. 흡착열이 화학 반응열 정도의 크기를 가짐으로써 물리흡착과 구별된다.

화학 흡착 속도식 (化學吸着速度式, chemisorption rate equation) 화학 흡착 물질의 표면상에서의 증가속도를 흡착질의 압력 또는 농도 및 표면 피복률 등의 함수로서 나타낸 식. 수많은 형식이 제안되어 있다.

화합물 반도체 (化合物半導體, compound semiconductor) GaAs, CdS 등 2원계 이상의 화합물이며 반도체로서의 성질이 있는 것. 주기표의 구분에 따라 원소의 조합을 나타내며, Ⅲ-Ⅴ화합물 반도체, Ⅱ-Ⅵ화합물 반도체 등으로 부르기도 한다.

확대 사슬 (擴大——, extended chain) 사슬 모양 고분자의 결정에 있어 전형적인 분자 응집형태의 하나로, 분자사슬이 펼쳐진 형태로 결정을 형성하는 것. 고압하에서 융해 결정화한 폴리에틸렌, 고분자 휘스커를 형성하고 있는 폴리(옥시 메틸렌) 단결정 등이 대표적이다. 접힌 사슬의 대응어이다.

확대 속도 (擴大速度, rate of extension) 신장의 시간적 변화. 물체 내에 가상한 하나의 선분 길이의 시간적 변화로 나타낸다.

확대 점성률 (擴大粘性率, tensile viscosity) 신장유동에서 인장응력과 신장속도의 비를 말한다.

확률 과정 (確率過程, stochastic process) 결정론적 방정식에 따르지 않고 무작위로 변동하는 변수의 시간적 추이를 나타내는 과정. 확률론적 법칙에 따른다. 다수의 입자로 된 매크로 한 계가 나타내는 거동은 구성 입자에 대한 확률 과정의 평균으로 나타낼 수 있다

확산 (擴散, diffusion) 기상, 액상, 고상의 어느 상에서, 어떤 물질에 관해 농도차가 있을 때 그 물질이 온도 일정, 압력 일정의 조건 하에서 열운동에 의해 이동하여 가는 현상. 수송현상의 하나이다. 이동하는 양에 대해서는 Fick의 제1법칙, 제2법칙으로 확산계수와 함께 관련지을 수 있다. 화학적으로는 농도차가 없고 동위원소만의 농도차로 동위원소의 확산을 관측할 때 이것을 자기확산이라 한다. 계의 온도가 위치에 따라 다른 경우의 물질 이동은 열확산이라 하여 확산과는 구별한다. 또 유체역학, 화학공학 분야에서는 층류가 이웃한 층간에서의 물질 이동을 분자 확산이라 한다. 또 삼투는 격막을 통해서 행하여지는 확산이다.

확산 계수 (擴散係數, diffusion coefficient) 정온(定溫)에서 외력이 작용하지 않을 때, 단위 면적을 단위 시간에 통과하는 물질의 양을 J로 한다. 농도 기울기(여기에서는 x방향만이라고 한다)를 $\partial c/\partial x$로 할 때 J는 $J=D(\partial c/\partial x)$로 나타낸다 (Fick의 제1법칙). 또한 농도 c가 시간 t에 따라 변할 때, 그 변화는 $\partial c/\partial t=D(\partial^2 c/\partial x^2)$로 주어진다 (Fick의 제2법칙). 이들 식 중 비례계수 D는 확산의 속도를 나타내는 양이며, 이것을 확산 계수라 한다.

확산광 (擴散光, diffused light) 어떤 매질에 일정 방향에서 입사한 빛이 반사 내지 투과한 후 모든 방향으로 진행하는 경우, 그 반사광 또는 투과광을 말한다. 산광이라고도 한다.

확산기 (擴散器, diffuser) 유체의 유속을 완화하게 감소하여 에너지 손실이 적은 형태로 정압을 상승시키기 위한 관. 이젝터의 압력 회수부 등에 사용된다.

확산 농도 (擴散濃度, diffuse density) 사진 용어. 사진 필름과 같은 입자성 화상의 농도 측정에서 입사광, 투과광의 한쪽 또는 양쪽에 확산광을 사용하여 측정한 농도. 입자의 광산란이 클수록 평행광 농도와 엇갈림이 생긴다.

확산대 (擴散帶, diffuse band) 스펙트럼선과 밴드의 반값 폭이 매우 넓고 프로필을 명확하게 정하기 어려울 때에 확산이란 말을 앞에

붙여, 밴드의 경우에는 확산대라고 한다.

확산 반사 (擴散反射, diffuse reflectance, diffuse reflection) 물질의 평탄한 표면에 빛이 입사하였을 때 거울면 반사의 방향 뿐만 아니라 바깥쪽의 모든 방향에 빛이 반사하는 것. 물질 표면의 요철(예를 들면 분말을 눌러 굳힌 표면)에 의해 일어난다.

확산 방정식 (擴散方程式, diffusion equation) 고체 혹은 유체 중에서 대류, 확산, 균형상 반응에 의해 생기는 주목 성분에서 국소 농도의 시간적 변화를 기술하는 미분 방정식. 보통 반응항을 포함하지 않는 경우가 많고, 또한 대류항을 무시한 식은 고체 혹은 정지 유체 중의 확산현상을 나타내며, Fick의 제2법칙이라고도 불리운다. 물질 이동과 열 이동의 상사성을 작용하면 열전도 방정식으로 변환된다.

확산 밴드 (擴散 ——, diffuse band) 스펙트럼선이나 밴드의 반값폭이 매우 넓고 프로필을 명확하게 정하기 어려울 때는 확산이란 말로 앞에 붙여, 밴드의 경우에는 확산 밴드라고 한다.

확산 산란 (擴散散亂, diffuse scattering) 결정에 의한 X선, 전자선, 중성자선의 산란 중, 방향성이 예리한 블래그 반사 이외의 흐려진 회절. 결정 내의 원자 배열 혼란에 의한 것과 콤프턴 산란에 의한 비간섭성 산란 등이 있다. 격자 진동과 넓은 뜻에서의 격자 결함 연구에 이용된다.

확산 율속 반응 (擴散律速反應, diffusion controlled reaction) 반응 물질의 확산속도에 따라 반응속도가 지배되는 반응. 전형적인 예로서, 수용액 중의 무기 이온 반응이 있다. 확산 율속의 경우는 활성화 에너지는 작고, 충돌마다 반응이 일어난다고 보아도 무방하다. 따라서 반응 물질의 확산속도가 반응속도를 지배하게 된다.

확산 이중층 (擴散二重層, diffusion double layer) 전극 표면의 전기 이중층 중, 안쪽의 헬름홀츠층의 바깥쪽에 있어 이온이 열분포하고 있는 영역. 구이·채프만층이라고도 한다. 이온 농도가 커지면 이 층의 폭은 좁아진다.

확산 전류 (擴散電流, diffusion current) 충분한 양의 지지 전해질을 첨가한 경우의 폴라로그램이나 볼탐모그램에서 피 전해물질이 확산에 의해 전극 표면에 이르고, 그 곳에서 전해반응이 일어나는 결과 흐르는 패러데이 전류를 말한다. 확산 한계 전류로 되어 있는 경우에는 그 파고로 정량할 수 있다. 포화 전류라고도 한다.

확산 전사법 (擴散轉寫法, diffusion transfer process) 화상 물질 또는 그 전구체를 확산에 의해 감광층에서 수상층으로 이동시켜 고정시키는 과정을 경유하는 화상 형성방법. 확산하는 물질이 은염이고 은화상을 형성하는 은염 확산 전사법은 흑백의 인스턴트 사진이나 간이 인쇄 제판에 사용된다. 한편 색소를 확산시키는 컬러 확산 전사법은 인스턴트 컬러 사진에 사용된다.

확산 전위 (擴散電位, diffusion potential) ⇨ 액간 전위차.

확산 조작 (擴散操作, diffusional operation) 화학공학에서 단위 조작의 하나. 기체 및 액체의 확산 현상에 바탕한 물질 분리 조작이며, 가스흡수, 증류, 조습, 건조, 흡착, 막분리 등의 단위 조작이 이에 포함된다.

확산층 (擴散層, diffusion layer) 확산에 의한 물질 이동은 농도 기울기에 의해 일어난다. 어떤 상 중에서 이와 같은 농도 기울기가 발생한 영역을 확산층이라 한다. 예를 들면 고체상과 액상의 계면에서 불균일 반응이 일어나면 이 2상의 계면 근방에 반응 관여 물질의 확산층이 형성된다. 확산층의 두께는 교반 조건에 따라 변화한다.

확산 투석 (擴散透析, diffusion dialysis) ⇨ 투석.

확산 한계 전류 (擴散限界電流, diffusion limiting current) ⇨ 한계 전류.

확인 (確認, identification) 유기 화합물의 정성 분석으로 녹는점 기타의 물리 상수와 결정성 유도체를 형성하는 등의 화학적 성질에 따라 시료가 기지 화합물의 어느 것과 같은 물질인지를 확인하는 실험조작. 근대적 수법으로는 적외흡수와 핵자기공명에 의한 확인이 유효하게 사용된다. 생화학 등에서는 동정(同定)이라 하는 경우도 있다.

환경 기준 (環境基準, environmental quality

standard) 환경의 악화를 방지하기 위해 환경의 질을 유지하기 위한 목표, 우리나라에서는 환경 기본법에 대기, 수질, 토양 및 소음에 대해 환경기준을 설정할 것을 규정하고 있다. 환경기준은 환경부 고시로 공시되고, 그 이외에 지방자치단체는 환경 목표값을 조례로 정할 수 있다.

환경 어세스먼트 (環境——, environmental impact assessment) 대규모 공업개발, 도시계획 등의 개발 행위를 하는 경우, 공해를 미연에 방지하기 위해 개발에 따르는 환경에 대한 영향 정도와 범위, 그 방지책, 대체안의 비교 검토 등, 사전에 실시하는 종합적인 환경영향의 예측과 평가를 말한다. 제도적으로는 결과를 종합한 문서 등을 공고하여 지역 주민, 이해관계자 등의 의견을 청취하고 의사결정에 반영시키는 등의 수속을 포함하여 말한다.

환경 영향 평가 (環境影響評價, environmental impact assessment) ⇨ 환경 어세스먼트.

환경 오염 (環境汚染, environmental pollution) 사람의 건강, 자산, 문화 등에 해를 미치거나 그러한 염려가 발생할 것 같은 자연환경의 바람직하지 못한 변화. 일반적으로 인위적 변화를 지칭하지만 화산 등에 의한 자연현상으로 인한 것을 지칭하는 경우도 있다. 또 바람직하지 못하다는 것은 가치판단이 뒤따르기 때문에 판단하는 사회의 역사적·사회적·문화적 배경에 따라 다른 다양한 정의가 있다. 환경 오염이 발생하는 데는 ① 유해한 오염 물질이 생성되거나 소음·진동이 발생하고, ② 오염 물질과 소음·진동이 환경으로 흩어져 나오거나 또는 지하수를 끌어올리는 등의 환경에의 작용이 일어나며, ③ 그것들이 주어진 환경 용량을 넘어서, ④ 사람의 건강이나 생명을 해치고 생활환경에 나쁜 영향을 미치거나, 미칠 우려가 생긴다는 4단계로 나누어서 생각할 수 있다. 환경 오염은 대기 오염, 수질 오염, 고체 폐기물, 소음·진동, 토양 및 농작물의 오염으로 나눌 수 있다.

환경 용량 (環境容量, environmental carrying capacity) 오염 물질이 환경에 방출되어도 자연적인 자정능력에 의해 환경에 대한 악영향이 생기지 않을 만한 환경의 수납 용량을 말한다.

환류 (還流, reflux) 화합물을 적당한 용매에 녹여 가열하면서 반응을 시킬 때, 증기가 되어 반응 용기에서 휘산하는 용매를 물 등으로 냉각하여 액체로 되돌려, 반응 용기 중에 흘러 오도록 하는 조작. 이 목적에 사용되는 냉각기를 환류 냉각기라 한다.

환류 냉각기 (還流冷却器, reflux condenser) 화합물을 비등 용액 안에서 반응시킬 경우, 환류의 목적으로 사용되는 냉각기. 증기를 냉각 응축시켜 다시 아래쪽 가구로 되돌리는 유리로 된 기구이다. 증발성 용매를 사용해서 하는 추출 조작이나 가열반응에 사용된다.

환류비 (還流化, reflux ratio) 증류 조작에서 증류탑의 탑정에서 나오는 증기의 일부 또는 전부가 응축기에서 응축되어 액체가 되고, 액체의 일부는 다시 탑정에서 환류액으로 돌려지고, 나머지는 유출물로 배출된다. 이 때 유출 물량에 대한 환류 액량의 비를 환류비라 한다.

환산 압력 (換算壓力, reduced pressure) 대응상태의 이론에서 어떤 기준 압력에 대한 압력 P의 상대값을 말하며, 환산 상태식에서는 임계압력 P_c에 대한 상대 응력을 의미한다. 즉, 환산압력 $P_r = P/P_c$ 화학공업에서는 임계상태를 기준으로 취하므로 대 임계 압력이라 한다.

환산 온도 (換算溫度, reduced temperature) 대응상태의 이론에서 어떤 기준 온도에 대한 온도 T의 상대값을 의미한다. 환산 상태식에서는 임계온도 T_c에 대한 상대값을 지칭한다. 즉 환산온도 $T_r = T/T_c$ 화학공업에서는 임계상태를 기준으로 취하므로 대 임계온도라 한다.

환산 질량 (換算質量, reduced mass) 질량 m_1, m_2를 갖는 2개의 입자가 서로 힘을 미치면서 운동할 때, 그 상대 운동을 표현하는 유효질량. m_1과 m_2의 곱을 그것들의 합으로 나눈 값과 같다.

환외 (環外, exocyclic) 고리 안의 대응어이다.

환원 (還元, reduction) 산화된 것을 원래의 상태로 돌리는 것. 산화의 역과정을 말한다.

즉, 원래는 산소를 상실하는 반응 혹은 수소를 첨가하는 반응을 지칭하였으나, 현재는 그것을 포함하여 널리 화학종이 전자를 얻어 그것을 구성하는 원자의 산화수가 낮아지는 것을 말한다. 예를 들면 $CH_3CHO + H_2 \rightarrow CH_3CH_2OH$에서는 CH_3CHO가 환원된 것이고 $2KCl + F_2 \rightarrow 2KF + Cl_2$에서는 F_2가 Cl^-에 의해 환원되어 있다.

환원 당 (還元糖, reducing sugar)　유리한 알데히드기 또는 케톤기를 갖고 환원성을 나타내는 당. 환원당은 결정상태에서는 헤미아세탈상의 고리식 구조를 갖지만 수용액 중에서는 알데히드 혹은 케톤의 구조를 취하며 환원성을 나타낸다. 단당은 모두 환원당이지만 다당에서는 글리코시드 결합을 이루지 않으므로 헤미아세탈상의 OH기가 분자 말단에 남아있는 다당이 환원성을 갖는다. 예를 들면 말토오스, 락토오스 등이 있다.

환원 말단 (還元末端, reducing group terminal)　다수의 단당 분자가 순차적으로 글리코시드 결합으로 이어진 다당류의 분자 중에서 긴 사슬구조의 한쪽 방 말단에는 글리코시드 결합에 관여하지 않는 단당이 잔존한다. 이 말단은 환원성 단당의 성질이 남아있어 예를 들면 펠링액을 환원한다. 이러한 환원당의 성질을 갖는 다당류의 긴 사슬 말단을 환원 말단이라 한다.

환원 발염 (還元拔染, reduction discharge grinting)　발염 때 염료를 분해하는 약제로 환원제를 사용하는 방법이다.

환원 세정 (還元洗淨, reduction cleaning)　합성 섬유를 분산 염료로 염색한 후, 환원제(하이드로술파이트 등)와 세정제를 병용한 열용액으로 처리하는 것. 이것에 의해 섬유에 잔류하는 캐리어(섬유 염색속도 촉진제) 및 표면에 염착한 염료를 제거할 수 있으므로 견뢰도 향상에 효과가 있다.

환원 숙성 (還元熟成, reduction digestion)　은염 사진 감광 재료의 감도를 높이기 위해 사용되는 화학증감의 하나. 현재는 환원 증감이라 하는 것이 일반적이다. 유제에 환원성 물질을 첨가하거나, pH 혹은 은이온 농도를 높이거나 하여, 할로겐화은 입자의 표면에 환원 증감 중심(은 원자의 이량체로 여겨지고 있다)을 형성한다. 환원 증감 중심은 할로겐화은 중에 발생한 정공을 포획하여 광전자와 정공의 재결합을 억제한다.

환원염 (還元焰, reducing flame)　연료 가스와 공기를 혼합한 상태에서 버너에 화염을 일으키면, 화학 반응이 일어나고 있는 내염과 2차적인 연소 영역인 외염이 생긴다. 이 내염의 안쪽에는 미연 가스, CO, 탄소 등이 함유되고 환원성을 가지므로 환원염이라 한다. 노(爐) 등에서 환원성 분위기가 필요할 때 연료를 지나치게 가하여 이 형식의 불꽃을 만든다.

환원적 탈리 (還元的脫離, reductive elimination)　히드리드와 알킬기 같은 형식적 부전하를 갖는 배위자 2개에서 새롭게 중성분자가 형성되어 탈리하고, 금속의 형식 산화수가 2만큼 감소하는 현상. 산화적 부가의 역과정에 해당한다. 특히 전이금속 수소화물 및 알킬 착물의 환원적 탈리는 수소-수소, 탄소-수소 및 탄소-탄소결합 형성의 기본이다.

환원 전류 (還元電流, reduction current)　전기화학 반응에서 전극에서 용액을 향해 전자가 이행하여 환원반응이 일어날 때의 전류를 이른다. 전기분해계에서는 음극에서, 전지계에서는 양극에서 흐르는 전류. 음극 전류라고도 한다.

환원 점도 (還元粘度, reduced viscosity)　고분자 묽은 용액의 점도의 순 용매값에 대한 증가율. 즉, 상대 점도 증가를 질량 농도로 나눈 것. 점도수라고도 한다. 이 값을 고분자 농도 0으로 하면 고유농도를 얻을 수 있다.

환원제 (還元劑, reducing agent)　환원반응을 일으킬 수 있는 시제. 산화-환원 반응에서 산화되는 쪽의 반응물을 환원제라고도 한다. 산화되기 쉬운 물질, 즉 다른 분자들에게 전자를 주기 쉬운 성질을 가진 원자, 분자, 또는 이온은 모두 환원제로서 작용한다. 일반적으로 수소, 금속을 비롯하여 여러 종의 무기 화합물이 사용되지만 각종 유기 화합물이 사용되는 경우도 많다.

환원 증감 (還元增感, reduction sensitization)　⇨ 환원 숙성, 단 환원 증감이라 하는 것이 적절하다.

환원 효소 (還元酵素, reductase)　산화-환원 효소의 하나로, 분자상 산소 이외의 기질을 수소 또는 전자의 수용체로 하는 효소의 총칭. 레덕타아제라고도 한다. 글루타티온 환원효소, 프말산 환원효소, 질산 환원효소 등이 있다.

활동도 (活動度, activity)　열역학적 농도, 조성의 변수로, 활량이라고도 한다. 일반적으로 열역학적 성질의 조성 의존성은 분석으로 구해지는 조성의 변수가 아니라 활동도에 의해 지배된다. 화학 퍼텐셜에서 기준상태를 정해서 정의되고, 그 값은 기준상태를 설정하는 방법에 따라 다르다. 활동도과 조성 변수의 비를 활동도 계수라 한다. 완전 용액일 때만이 활동도는 농도(몰 분율)와 같다.

활동도 계수 (活動度係數, activity coefficient)　성분 i의 활량을 a_i, 농도를 x_i로 할 때, 그 비율 $a_i/x_i = \gamma_i$를 활량계수 또는 활동도 계수라고 한다. 농도 단위의 선택방법에 따라 활동도 계수의 값은 변화한다.

활동 전위 (活動電位, action potential)　신경과 근육 등의 흥분성 세포가 자극에 의해 일으키는 전위의 일과성 변화. 세포 밖으로부터의 나트륨 이온의 유입과 그에 이어지는 칼륨 이온의 세포 내로부터의 유출에 의한 이온 전류에 기인한다.

활량 (活量, activity)　⇨ 활동도.

활석 자기 (滑石磁器, steatite porcelain)　활석 MgSiO₃를 주성분으로 하는 세라믹스. 고주파이 유전손실이 작아 고주파 절연용 자기로 사용된다. 열팽창이 작으므로 열의 급변에 견디어야 할 전열반(電熱盤) 능에 사용된다. 무선통신기의 부품, 진공관 및 브라운관 등의 전극 지지물, 고주파용 코일의 보빈, 진공관용 소켓, 전자회로용 기판 등 전기회로에 많이 사용되므로 단자(端子)를 붙이기 위해 도금을 해야 한다. 그 금속과 열팽창계수를 일치시키기 위해서 마그네시아분을 증감한다. 알루미나를 가하면 열팽창 계수가 낮은 근청석(董靑石) 자기가 된다.

활성 감소제 (活性減少劑, quencher)　들뜬 상태에 있는 분자에 작용하여 에너지 이동, 전자 이동, 혹은 다른 화학 과정에 의해 에너지를 상실시켜 바닥상태로 되돌리는 작용을 하는 분자를 말한다.

활성물질 (活性物質, active material)　⇨ 전기 활성 물질.

활성 반감기 (活性半減期, half-life of activity)　효소반응에 있어 효소 활성이 절반으로 감소하는 데 소요되는 시간 또는 일수. 고정화 효소 또는 고정화 미생물을 사용하는 물질의 생산공정에서 실용적으로 중요한 수치이다. 특히 호열균 효소의 반감기가 길다.

활성 백토 (活性白土, activated clay)　산성 백토를 산처리(보통 20~40% 황산으로 90℃, 1~5 시간 동안 가열)하여 흡착 탈색능을 높인 것. 석유 제품의 탈수 정제에 많이 쓰인다.

활성 분자 (活性分子, activated molecule)　화학 반응을 일으키기 쉬운 상태(활성 상태)가 되어 있는 분자를 말한다.

활성 사이트 (活性——, active site)　고체, 착물, 효소 등의 촉매에서 반응 물질이 흡착 혹은 배위하여 반응이 진행하는 국소적인 구조. 활성자리 또는 활성 중심이라고도 한다. H. S. Taylor의 고체 촉매에 관한 활성 중심설(1925년)이래, 고체 촉매 이외의 촉매계에 대해서도 사용하게 되었다.

활성 상태 (活性狀態, active state)　충분한 에너지를 보유하고 쉽게 반응을 일으킬 수 있는 상태. 활성화 상태라고도 한다. 촉매반응에서는 촉매 표면의 상태(구조·조성·전자상태 등)가 반응을 유리하게 일으킬 수 있는 상태가 되어 있는 것을 말한다.

활성 서열 (活性序列, activity ranking)　어떤 반응에 촉매작용을 나다내는 화학 물길 혹은 화학종이 여러 개 있을 경우, 그것을 활성 순으로 배열한 서열을 말한다.

활성 알루미나 (活性——, activated alumina)　알루미나 수화물을 열처리하여 생성한 다공질 미분말. 흡착 능력이 뛰어나고 기체 및 액체 중에서 습기 등을 흡착 제거하는데 사용된다. 크로마토그래피 등에도 사용된다. 포화되면 180~320℃로 가열하여 이것을 방출시켜 다시 활성화시킨다. 활성이 강할수록 좋은 것이 아니고 중위의 것이 널리 쓰인다.

활성 오니 (活性汚泥, activated sludge)　세균

이나 원생동물을 주체로 하는 이토(泥土)상태의 물질. 하수와 공장 배수의 처리를 하는 데 사용된다. 하수 중의 유기물은 활성 오니와 혼합되어 수시간 교반, 폭기되면 산화되거나 활성 오니 중에 흡수되어 감소한다.

활성 전극 (活性電極, active electrode)　전극 반응에 직접 참가하여 용해 또는 석출할 수 있는 전극을 말한다.

활성제 (活性劑, activator)　효소 반응에서 반응속도와 평형을 변화시켜 효소 활성을 높이는 물질. 무기 이온이 많고, 탄산데히드라타아제의 Zn^{2+}, 비타민 B_{12}의 Co^{2+}, 크로로필의 Mg^{2+}, 헴의 Fe^{2+} 등이 있다. 또 Na^+, K^+ 등의 양이온, 티올 등의 유기 화합물도 있다.

활성종 (活性種, active species)　촉매에서 촉매작용을 관장하는 화학종. 흔히 안정적인 화학종과 원자값을 달리하거나 특수한 원자배열을 나타내는 일이 있어 촉매를 구성하는 물질의 안정구조 또는 안정 화학종과는 다른 경우가 많다.

활성 중심 (活性中心, active center)　(1) ⇨ 활성 사이트. (2) 효소(단백질) 분자 중에서 기질이 특이적으로 결합하여 촉매작용을 받는 부분을 말한다. 그 기능상 기질 결합 부위와 촉매 부위로 나누어 생각할 수 있다.

활성 착물 (活性錯物, activated complex)　화학 반응의 소반응에서, 원계에서 생성계로 원자 배치의 재조합이 이루어지는 과정에서 가장 에너지가 높은 원자 배치에 대응하는 원자 집합체. 전이상태 이론에 의해 그 개념이 명확하게 되었다.

활성 착합체 이론 (活性錯合體理論, theory of activated complex)　⇨ 전이상태 이론.

활성탄 (活性炭, active carbon)　비 표면적이 크고 흡착성이 강한, 대부분이 탄소질인 물질. 목탄, 야자껍질, 갈탄 등을 원료로 가열 수증기 등에 의해 활성화한다. 보통 분말이거나 입상이고, 분말인 것을 성형하여 입상으로 한 것도 있다. 소수성 흡착제로서 용제의 회수, 가스의 정제, 탈취, 용액의 정제에 사용된다. 또 촉매 운반체로서도 사용된다.

활성화 (活性化, activation)　에너지를 부여하거나 구조를 변화시킴으로써 분자 혹은 분자 집합체의 화학 반응성을 높이는 것. 구체적 수단으로서는 광 조사, 가열, 방사선 조사 등이 사용된다.

활성화 과전압 (活性化過電壓, activation overpotential)　전극 반응이 일어나 전류가 흐르고 있을 때, 전극 전위는 평형 전위에서 벗어난다. 이 벗어남 중에서 전극면에서의 반응 활성화에 요하는 부분을 말한다.

활성화 물질 (活性化物質, activator)　⇨ 활성제.

활성화 상태 (活性化狀態, activated state)　⇨ 활성 상태.

활성화 에너지 (活性化 ——, activation energy)　반응속도 상수의 온도 의존성에서 아레니우스식을 사용하여 구할 수 있는 상수의 하나로, 화학 반응의 원사와 전이상태와의 내부 에너지의 차로 해석된다. 화학 반응을 진행하기 위해 필요한 최저 에너지에 상당하지만, 엄밀하게 말하면 실험으로 구할 수 있는 파라미터이다.

활성화 엔탈피 (活性化 ——, enthalpy of activation)　화학 반응의 원계와 전이상태 간의 엔탈피의 차. 전이상태 이론에 의하면 활성화 에너지 E_a는 활성화 엔탈피 $\Delta H^{\neq}$와

$$E_a = \Delta H^{\neq} + RT - \Delta(PV)^{\neq}$$

의 관계에 있다. 단, $\Delta(PV)^{\neq}$는 원계와 전이상태 간의 압력·체적의 변화이며, 액상 반응에서는 무시하여도 좋다.

활성화 엔트로피 (activation entropy, entropy of activation)　전이상태 이론에서 화학 반응의 원계와 전이상태 간의 엔트로피의 차. ΔS로 표기된다. 양 상태 간의 상태수(혹은 자유도)의 차이를 반영하고 있다. 실험적으로 아레니우스식으로 구하는 전지수 인자 A와

$$A = (kT/h)\exp(\Delta S^{\neq}/R)\exp\{-(\Delta n^{\neq} - 1)\}$$

의 관계에 있다. $\Delta n^{\neq}$는 원계와 전이상태의 물질량의 차이를 나타내는데, 액상 반응에서는 0으로 하여도 좋다.

활성화제 (活性化劑, activator)　화학 반응을 촉진하기 위해 사용되는 시약 혹은 첨가물. 반응 촉진제라고도 한다. 일반적으로 금속 촉매 등에 소량의 다른 금속 또는 금속 산화물, 알칼리 금속, 알칼리 토금속의 수산화물 또는 염류 등을 가하면 현저하게 촉매작

용이 증대한다. 이를테면 암모니아 합성 철 촉매에 가해지는 알루미나, 산화 알칼리가 그것이며, 그 작용은 촉매의 표면적을 증대 안정화하고 특수한 표면 구조를 만들어 반응의 활성점을 증가시키는 것으로 생각되고 있다. 촉진기구로는 ① 반응을 위한 에너지 수용을 용이하게 한다, ② 반응 중간체 혹은 전이상태의 에너지를 저하시킨다, ③ 반응 저해 물질을 제거하는 것 등을 생각할 수 있다.

활성화 흡착 (活性化吸着, activated absorption) 화학 흡착 중의 활성화 에너지를 필요로 하는 흡착. 물리 흡착과는 달리 온도가 높은 쪽이 흡수하기 쉽다.

활혁 (滑革, case leather) 타닌 가죽의 하나. 창가죽과 비교하여 유연하고 무두질 정도도 낮다. 가방, 벨트, 수예용 가죽으로 쓰인다.

황납 (黃鉛, chrome yellow) 크롬산납을 주성분으로 하는 황색계 안료. 보통 크롬납옐로라고도 한다. $Pb(NO_3)_2$, $Pb(CH_3COOH)_2$ 등의 수용액에 이크롬산염의 수용액을 첨가하여 얻는다. 이 경우, 담황색의 것을 얻으려면 동시에 황산, 황산나트륨 등을 가하여 알칼리로 중화한다. 제품에는 황색에서 등적색까지의 5종류의 것이 있다. 은폐력이 있고 햇빛에도 강하며, 알칼리에도 침식되지 않으나 황화수소에 의해 흑변한다. 값이 아주 싸므로, 도료 인쇄 잉크, 플라스틱 착색, 그림 물감으로서의 용도가 많다. 감청을 섞어 크롬 그린을 제조하는 데에도 사용된다.

황동 (黃銅, brass) 구리-아연계 합금의 총칭. 놋쇠라고도 한다. 황색 내지 황금색, 아연 합금 $30 \sim 45\%$의 것이 일반적으로 사용되고 있다.

황린 (黃燐, white phosphorus) 인의 동소체의 하나. 보통 황린이라 하지만 백린이라고도 한다. 인은 새로 증류한 직후에는 무색이어서 백린이라 하지만 잠시 후에 표면이 담황색으로 되므로 황린이라 한다. 공기 중에서는 산화되어 발화하므로 수중에 저장한다. 유독하다. 물에는 거의 불용이고 벤젠, 이황화탄소에 잘 녹는다. 대체로 작용이 격렬하고 어두운 곳에서 인광을 발하고, 공기 중에서 발화하여 오산화인 P_2O_5로 된다. 중금속염에 가하면 환원하여 금속의 콜로이드 용

액을 만든다.

황변 (黃變, yellowing) (1) 도막의 색깔이 시간이 경과함에 따라 변색하는 현상. 백색 도막, 투명 도막에서는 황변이라 하고, 다른 도막의 경우는 버닝이라 한다. (2) 섬유가 시간이 경과함에 따라 누렇게 되는 현상. 양모, 견직, 나일론 등에서 볼 수 있다.

황산 (黃酸, sulfuric acid) 100% H_2SO_4와 그 수용액의 총칭. 보통은 후자를 지칭한다. KS에서는 농도 90% 이상의 것을 진한 황산이라 하고, 시중에 판매되고 있는 짙은 황산의 농도는 98% 이상이다. 100% 황산은 무색 점조한 유상 액체. 다량의 열을 내어 물에 녹아 강한 2염기산이 된다. 공업적으로는 접촉식으로 제조된다. 황산 이온을 이용하는 화학공업 원료로 사용되는 외에 황산의 성질을 이용하는 많은 공업 공정이 이루어지고 있다.

황산 구리(II) (黃酸——, copper(II) sulfate) 5수화물 $CuSO_4 \cdot 5H_2O$이 보통이며 수용성의 청색 결정. 안료, 살충제 등의 원료. 가열하면 분해하여 무색의 1수화물, 무수염이 된다. 모두 흡수성이며 물을 흡수하면 청색이 된다. 극약. 5수염은 전해액으로, 또 기타 구리염의 원료, 안료, 살충제의 원료, 매염제, 분석 시약 등 용도가 많다.

황산근 (黃酸根, sulfate ion) 황산 이온을 표시하는 옛 용어이다.

황산 나트륨 (黃酸——, sodium sulfate) 무수염 Na_2SO_4은 무색 결정. 수용액 32.4℃ 이하에서는 10수화물 $Na_2SO_4 \cdot 10H_2O$이 얻어진다. 이것은 공업적으로는 결정 망초(芒硝) 혹은 글라우버염이라 부르며, 무수염은 단지 망초 혹은 무소망초라 한다. 무수염은 수분을 함유하는 유기 화합물의 용액(보통은 에테르 용액)을 탈수 건조하는 데 많이 사용된다. 유리, 펄프의 제조, 염색, 기타 공업적 용도가 대단히 넓고, 하제로도 사용된다.

황산 도데실 나트륨 (黃酸——, sodium dodecylsulfate) 음이온 계면 활성제의 하나. $CH_3(CH_2)_{10}CH_2OSO_3Na$. 무색 투명한 인편상 결정. 약어 SDS, 1-도데카놀(라우릴 알코올)을 황산, 클로로황산 등으로 황산 에스테르화하고 수산화 나트륨으로 중화하여 얻어지

는 유화제. 기포제, 샴푸, 치약 등에 널리 사용된다.

황산 마그네슘 (黃酸——, magnesium sulfate) 수용성의 쓴맛이 나는 무색 결정. $MgSO_4$. 무수염 외에 1, 2, 4, 5, 6, 7 및 12 수화물이 알려져 있다. 가장 보편적인 것은 7수화물이며 사리염 또는 엡솜염이라 불린다. 오래 전부터 완화제로 알려져 있다. 종이의 충전제, 내화제, 매염제, 의약품, 마그네슘 비료로 사용된다.

황산 미스트 (黃酸——, sulfuric acid mist) 대기 오염 물질의 하나. 황산이 입자상 또는 안개 상태로 대기 중에 부유하고 있는 상태를 말한다.

황산 바륨 (黃酸——, barium sulfate) 물에 난용인 무색 결정. $BaSO_4$. 진한 산에는 녹고, 특히 진한 황산에 녹기 쉽다. 공기, 열 등에 안정하며 변색하기 어렵고 안료로서 불변백이라 불린다. 천연에는 중정석으로 산출된다. X선의 흡수력이 커서 X선 조영제로 사용된다.

황산수소　나트륨 (黃酸水素　——, sodium hydrogensulfate) 보통 무수염 $NaHSO_4$나 1수화물 $NaHSO_4 \cdot H_2O$. 결정계는 다르지만 모두 무색. 중황산 나트륨은 화학구조상으로는 잘못된 명칭이다. 조해성이며, 백금 도가니의 청정제로 또는 착물이나 난용성 물질의 융해에 유제로 사용된다.

황산수소 니트로실 (黃酸水素　——, nitrosyl hydrogensulfate) 무색 결정. $NOHSO_4$. 니트로실황산, 니트로소황산, 니트로술폰산은 속칭. 연실법(鉛室法)에 의한 황산 제조 때에 연실 중에서 생성되므로 연실 결정이라고도 한다. 발연 질산에 이산화황을 작용시키는 방법, 클로로술폰산에 이산화질소를 작용시키는 방법 등에 의하여 얻는다. 니트로소화제로 알려져 있다. 진한 황산에 녹는다. NO^+와 HSO_4^-의 이온 결정이다. 건조 공기 속에서는 안정하지만, 습기나 물에서 황산과 일산화 질소로 분해된다.

황산 수소염 (黃酸水素鹽, hydrogensulfate) 일반식 M^IHSO_4. 중황산염으로 불리었던 일이 있으나 그것은 잘못된 명칭이다.

황산 슬러지 (黃酸——, sulfuric acid sludge)

윤활유 유분을 황산으로 처리할 때에 황산과 불순물 사이에서 일어나는 용해, 산화, 중합, 황산과의 반응 등으로 생성되는 흑색 아스팔트상의 침전물. 산업 폐기물의 대상이 되므로 현재 용제 정제는 수소화 처리로 대신하고 황산처리는 거의 하고 있지 않다.

황산염 (黃酸鹽, sulfate) 일반식 $M^I_2SO_4$. 황산 수소염 M^IHSO_4 및 각종 염기성 염도 있다.

황산염 펄프 (黃酸鹽——, sulfate pulp) 펄프 원료를 수산화나트륨과 황화나트륨의 혼합액으로 증해하여 얻는 화학 펄프의 하나. 표백 기술의 개발로 지금까지의 크라프트 펄프 이외에 활엽수 펄프의 표백도 가능하여 용도가 확대되었다. 인쇄용지, 서적용지 외에 화학 정제를 진행시켜 용해 펄프에도 사용된다.

황산지 (黃酸紙, parchment paper) 화학 펄프 또는 넝마 펄프로 만든 종이를 진한 황산에 담구어 팽윤시킨 후 중화, 수세하여 건조시킨 다음 글리세린으로 유연 처리한 반투명지. 양피지(parchment)와 겉모습이 유사하다 하여 붙여진 명칭. 내지성, 내수성이 있으므로 버터, 치즈, 육류의 포장지로, 또 통기성이 없으므로 커피, 약품의 포장으로 사용한다.

황산 칼슘 (黃酸——, calcium sulfate) 2수화물 $CaSO_4 \cdot 2H_2O$는 석고, 0.5 수화물은 소석고, 무수염은 무수석고, 소살석고, 경석고 등으로 불린다. 광물로서는 석고 및 경석고로 산출된다. 무수염 또는 함수염을 1,000℃ 이상으로 가열하면 약간의 SO_3와 CaO로 분해하고 물과 혼합하면서 서서히 굳어지고 $Ca(OH)_2$와 $CaSO_4$가 혼합해서 미끈하고 굳은 표면을 만들기 때문에 플라스터로 사용된다.

황 산화물 (黃酸化物, sulfur oxides) 황의 산화물로서, 대기 오염 물질의 하나인 이산화황 SO_2 및 그 관련 물질로서 삼산화황 SO_3, 황산 미스트 등을 포함한 총칭. 특히 환경관련 분야에서 항산화물이라고 부르는 경우가 많다. 보통 SO_2로 표기된다.

황산화 슬래그 시멘트 (黃酸化——, sulfated slag cement) 수쇄 슬래그 80~85%, 석고 5~15%, 포틀랜드 시멘트 1~5%로 구성된 불소성 시멘트. 포틀랜드 시멘트에 대체되는 에너지 절약적인 시멘트로서 개발되었다. 내황산염 시멘트로서 사용된 예도 있다. 고로 시멘트에 비하여 초기 강도와 표면 경도는 뒤지지만 장기 강도가 높고, 저발열성(低發熱性)과 화학 저항성은 더 우수하다.

황산화 오일 (黃酸化油, sulfated oil)　불포화의 동식물유에 황산을 반응시켜 중화하여 얻어지는 기름의 총칭. 로터유, 술폰화유라고도 한다. 일반적으로 황산화도는 낮고 수용성이 부족하다. 원료가 식물성인 것은 염색 조제로, 어유로 된 것은 제혁의 유화 가공에 사용된다.

황색 효소 (黃色酵素, yellow enzyme)　플라빈을 구성 성분으로 하는 FAD, FMN 등이라 불리우는 뉴클레오티드를 보효소로 하는 황색의 산화–환원 효소. 생체 산화를 한다.

황 시안화물 (黃 —— 化物, sulfocyanide)　⇨ 티오시안산염.

황유 (黃乳, milk of sulfur)　석회유와 황화를 혼합하여 만든 황화칼슘 용액에 염산을 가하여 침강하는 황을 건조시켜 얻어지는 담황색의 미분말. 침강 황이라고도 한다.

황 증감 (黃增感, sulfur sensitization)　은염사진 감광 재료의 감도를 높이기 위해 사용되는 화학 증감의 하나. 황증감제(티오황산 나트륨, 티오요소)를 사진유제에 첨가하여 가열, 교반함으로써 할로겐화은 입자의 표면에 황증감 중심(황화은의 클러스터)을 형성시킨다. 황증감 중심은 할로겐화은 입자 중에 발생한 광전자를 포획하기 위해 잠상(潛像)을 형성시키는 장소가 된다.

황체형성 호르몬 (黃體形成 ——, luteinizing hormone)　성선 자극 호르몬의 하나. 루트로핀(lutropin)이라고도 한다. 약어 LH. 뇌하수체 전엽의 호염기 세포에 의해 생성, 분비되는 당 단백질. 수컷의 정소 간질 세포에 작용하여 남성 호르몬(안드로젠, C_{19} 스테로이드)의 분비 촉진, 정자 형성, 난소에 대해 배란의 유발, 황체 형성, 프로게스테론(C_{21} 스테로이드)의 산출, 분비를 촉진한다.

황토 (黃土, yellow ochre)　황색 안료의 하나. 천연에서 산출한다. 주성분은 $Fe_2O_3 \cdot H_2O$이다.

황혈 가리 (黃血加里, yellow prussiate of po-
tash)　헥사시아노철(Ⅱ)산 칼륨 $K_4[Fe(CN)_6] \cdot 3H_2O$의 속칭. 황혈염이라 할 때는 이것을 지칭하는 경우가 많다. 페로시안화 칼륨이란 속칭도 있다.

황혈 소다 (黃血 ——, yellow prussiate of soda)　헥사시아노철(Ⅱ)산 나트륨 $Na_4Fe(CN)_6$의 속칭. 페로시안화 나트륨이란 속칭도 있다. 보통은 10수염. 황산철(Ⅱ)의 수용액에 과잉의 시안화 나트륨을 가하면 얻어진다. 담황색, 반투명의 주상 결정(단사정계). 성질은 페로시안화 칼륨과 같다. 사진, 페리시안화물 및 안료의 제조, 염색에 쓰인다.

황화 (黃華, flower of sulfur)　조제(組製)황을 가열하여 그 증기를 저온에서 고정시켜 얻어지는 황색의 분말. 승화황, 분말황 등이라고 한다. 의약품으로 사용된다. 주로 사방정계 황이지만 이황화탄소에 녹지 않은 무정형 황도 섞여 있다.

황화 (黃化, sulfiding, sulfidation)　무기 또는 유기 화합물과 황화합물을 반응시켜 황화물을 형성하는 반응. 예를 들면 석유류의 수소화 탈황 촉매로 사용되는 알루미나 운반체 몰리브덴산 코발트는 사용에 앞서 황화수소와 반응시켜 황화물로 바꾼다. 이것을 예비 황화라 한다. 또 황을 유지, 테르펜, 에스테르 등과 반응시킨 활성 황을 함유하는 광유를 황화유라 한다.

황화 건염 염료 (黃化建鹽染料, sulfur vat dye)　면용 염료. 제법은 황화염료와 동일하지만 원료가 약간 복잡한 인도 페놀이므로 값이 싸지 않다. 황화나트륨으로는 환원되지 않고 염색법은 건염 염료와 같다. 견뢰하고 선명한 청색을 얻을 수 있다.

황화납 (黃化鉛, lead sulfide)　흑색 결정. PbS. 천연에 발염광으로 생산된다. 반도체로 광기전력이 크다. 묽은 염산, 묽은 황산, 황화 알칼리에 불용, 질산에는 녹는다. 공기 중에서 가열하면 산화된다. 광전지, 적외선 검출기, 노출계 등에 사용된다.

황화물 (黃化物, sulfide)　황과 그보다 전기음성도가 낮은 원소의 화합물. 서의 모는 금속원소 및 B, C, Si, Ge, N, P, As, Se, Te, H 등의 황화물이 알려져 있다. 알킬, 아릴 등의 탄화수소기가 황과 공유결합하고 있는 유기 화합물도 황화물이라 한다.

황화 수소 (黃化水素, hydrogen sulfide)　썩은 달걀 냄새가 나는 수용성의 무색 기체. H_2S. 수용액은 황화수소수로서 적당한 pH에서 금속염의 용액을 통하면 각 금속에 대해 특이한 색깔을 갖는 황화물의 침전을 주므로 분석화학에서 시약으로 사용된다. 맹독성이 강하다.

황화 아연 (黃化亞鉛, zinc sulfide)　백색 분말, ZnS. 반도체. 미량의 망간, 구리 등을 가하여 형광체로서 사용된다. 또 황산바륨과의 혼합물은 리토폰 (lithopone)이라 불리우며 백색 안료에 사용된다.

황화 염료 (黃化染料, sulfur dye)　면용 염료. 불용성. 황화나트륨 용액으로 환원 용해, 섬유에 흡수시킨 후 공기 산화로 원래의 형태로 되돌아가 발색한다. 건염 염료와는 환원제가 다르다. 아미노페놀 등의 간단한 중간물의 폴리황화나트륨 융해 등으로 합성되며 가격이 싸다. 다른 염료와 같은 명확한 구조는 불명. 견뢰하지만 색은 선명하지 않다. 흑색, 갈색, 적색계이다.

황화유 (黃化油, vulcanized oil)　⇨ 가황유.

황화 카드뮴 (黃化——, cadmium sulfide)　물에는 거의 녹지 않는 선명한 황색 내지 짙은 색의 결정. CdS. 반도체. 광도전성이 있으며 형광체. 황색 안료로 카드뮴 황으로 불린다.

회반 (回反, rotation-inversion, rotatory inversion)　하나의 축 주위의 n회 대칭의 회전과 그 축 한 점에 관한 반전을 합쳐서 실시한 대칭 조작으로, $\bar{n}$로 나타낸다. $\bar{1}$은 반전 그 자체, $\bar{2}$는 반사 m과 같다.

회반전 (回反轉, axis of rotation-inversion, symmetry axis of rotation-inversion)　회반 조작의 중심이 되는 축을 말한다.

회분 조작 (回分操作, batch operation, batch process)　⇨ 배치 조작.

회분 증류 (回分蒸溜, batch distillation)　⇨ 배치 증류.

회색체 (灰色體, gray body)　흑도(열 방사율)가 파장에 의하지 않고 일정한 물체. 완전한 회색체는 존재하지 않으나 파장역을 한정하여 고려하면 회색체라고 간주할 수 있는 물체는 존재한다. 내화재료 표면, 산화금속 표면 등이 그 예이다. 회색체의 색 온도는 진온도와 같다.

회수선 (回收線, recovering line)　농축선의 대응어이다. ⇨ 농축선.

회영 (回映, rotation-reflection, rotatory reflection)　하나의 축 둘레의 n회 대칭의 회전과 그것에 수직인 면에 대한 거울상을 합쳐서 실시한 대칭조작으로, $\bar{n}$로 표현된다. 회전 경영이라고도 한다. $\bar{2}$는 대칭물에 관한 반전과 같다.

회영축 (回映軸, alternating axis of symmetry, axis of rotation-reflection, symmetry axis of rotation reflection)　회영 조작을 할 때의 중심이 되는 축을 말한다.

회전각 (回轉角, angle of rotation)　편광자에 의해 생긴 평면 편광의 편광면이 광학활성이 있는 물질 내를 투과하는 동안에 회전하는 각도이다.

회전 경영 (回轉鏡映, rotation-reflection, rotatory reflection)　⇨ 회영.

회전 디스크 전극 (回轉——電極, rotating disk electrode)　⇨ 회전 원반 전극.

회전로 (回轉爐, rotary kiln)　내화물로 내장한 철제의 약간 경사진 회전원통의 요로. 열효율은 높지 않으나 균일하게 소성할 수 있는 것이 특징이다. 시멘트의 최종 소성과정 등에 사용된다.

회전 링·디스크 전극 (回轉——電極, rotating ring-disk electrode)　회전 원반 전극의 원반 바깥쪽에 작은 간극을 두고 고리모양의 금속을 리드선과 함께 매입한 형태의 일체형 전극. 각 전극에서의 전해는 독립적으로 제어한다. 회전시에는 액체가 전극의 중앙부에서 바깥쪽을 향해 흐르므로 중앙의 원반 전극에서 전해된 것을 주위의 링전극에서 전해 검출할 수 있다. 그러므로 전극 반응의 중간체 검출과 반응 생성물의 동정을 할 수 있어 전극 반응 해석 수단으로서 유력하다.

회전 반지름 (回轉半徑, radius of gyration)　고분자 사슬의 크기를 나타내는 양의 하나. 관성 반지름이라고도 한다. 사슬의 중심에서 각 구종 반복 단위에 대한 거리의 2곱 평균의 제곱근으로 나타낸다. 선상 중합체의 랜덤 코일에 있어서는 중합도의 제곱근에 비례하고 말단간 거리의 $1/\sqrt{6}$과 같다.

회전 상수 (回轉常數, rotational constant)　주관성 모멘트의 역수에 비례하는 양(⇨ 주축). 비례계수는 플랑크 상수를 $8\pi^2$로 나눈 값. 분자의 회전 스펙트럼을 기술하는 데 사용된다.

회전 스펙트럼 (回轉——, rotation spectrum, rotational spectrum)　구(球)대칭에서 벗어난 형상의 분자는 그 회전운동 상태의 차이에 따라 상이한 에너지 준위(회전 준위)를 갖는다. 이 회전 준위 간의 전이에 의해 생기는 일군의 선상 스펙트럼을 말한다.

회전 에너지 (回轉——, rotational energy)　분자(일반적으로 물체)가 회전하는 에너지. 관성 모멘트와 각속도를 2곱한 곱의 1/2, 혹은 회전상수와 회전 각운동량을 2곱한 곱과 같다.

회전 원반 전극 (回轉圓盤電極, rotating disk electrode)　금속 원반의 한쪽면에서 리드선을 취하여 폴리테트라플루오르에틸렌 등에 매입하고, 다른 한쪽의 면을 노출시킨 구조를 하고 있는 전기화학 측정용 전극. 측정 때에 노출면을 전해액에 접촉시켜 회전시키므로 이런 이름이 붙었다. 전극 표면에서 액의 흐름이 층류상태가 되므로 전기화학 반응 활물질의 수송상태를 수학적으로 풀 수 있어 측정 결과를 레비치의 식 등으로 정량적으로 해석할 수 있다.

회전 이성질세 (回轉異性質體, rotamer, rotational isomer)　C–C, C N, C–O 등 단결합 주위의 분자 내 회전으로 생기는 입체 배좌를 달리하는 이성질체. 회전 장벽이 작고 상온에서는 분리되지 않으나 개념적으로 고려되는 이성질체를 가리키는 경우와, 장벽이 크고 성질이 상이한 물질로서 단리된 것을 가르키는 경우가 있다. 회전 이성질체가 이성질체로서 단리되는 경우는 배좌 이성질체라고 한다.

회전자 (回轉子, rotator, rotor)　회전하는 물체. 분자의 경우에는 직선형 분자 (2원자를 포함한다).

회전 적하 수은전극 (回轉滴下水銀電極, rotated dropping mercury electrode)　폴라로그래피에 사용되는 미소 전극의 하나. 수은의 작은 방울을 원심력으로 강제적으로 떨쳐버리는 형식이며, 전기화학 분석으로서의 재현성이 높다.

회전 전극 (回轉電極, rotating electrode)　보통은 회전 원반 전극을 지칭하지만, 회전 백금 전극과 회전 적하 수은 전극 등도 포함된다. 전극을 일정 속도로 강제 회전시켜 전극 표면에 대한 물질 공급을 제어하는 방법. 한편, 발광 분광분석에서는 흑연 전극을 회전시켜 전극의 과열이나 발광 얼룩을 방지하는 조치가 되어 있어, 이것을 지칭하는 경우도 있다.

회전 진전 (回轉振電, rovibronic)　분자의 운동 자유도는 분자 전체의 회전, 분자 내 원자핵의 진동(즉 원자간 결합의 신축과 원자가 각의 변화), 분자 내 전자의 운동으로 구별된다. 이러한 3종의 자유도의 총칭이다.

회전축 (回轉軸, rotation axis)　어떤 축의 둘레에서 각도 $2\pi/n$ 회전시켜도 분자의 형태가 원래의 상태와 구별할 수 없을 만할 때, 그 축을 n회 회전축이라 한다(n은 2 이상의 정수 또는 무한대). $2\pi/n$의 회전으로 똑같은 도형이 반복되는 성질을 회전대칭이라 하고, n을 회전대칭의 차수 또는 회수, 그 회전축을 n회의 회전축 또는 n회축 또는 n율의 축이라 한다. 결정에 나타나는 대칭에 관해서는 $n=1$, 2, 3, 4, 6에만 한한다. 넓은 뜻으로는 반전을 포함하는 회반축, 회영축도 합쳐서 회전축이라 한다.

회전 펌프 (回轉——, rotary pump)　기체를 감압하기 위한 배기장치의 하나. 원통 대칭인 공동 안에서 편심한 원통을 회전시킴으로써 기계적으로 기체를 이동시킨다. 점성이 높은 기름이나 물을 원통 안에 넣어 접점의 기밀을 유지한다. 1 Pa 정도까지의 진공을 얻을 수 있다.

회전 확산 (回轉擴散, rotatory diffusion)　매질 중에서 배향하고 있는 입사의 배향 각도의 분포를 평균화하도록 작용하는 확산운동. 이에 대해 입자의 위치를 바꾸는 모양의 확산을 병진 확산이라 한다.

회절 (回折, diffraction)　빛과 소리 등이 파동이므로 그림자가 되는 부분에 돌아드는 물리현상. 결정을 3차원의 회절 격자로 간주한 Laue의 설명이 기초가 되어 회절이란 용어가 사용되고 있으나, 결정의 X선 회절은 결정의 X선 반사와 동일하다.

회절 격자(回折格子, diffraction grating, grating)　빛의 회절을 이용한 분광 소자의 하나. 간단히 격자라고도 한다. 다수의 홈이 파여져 있으며, 홈 사이의 매끄러운 면에서 반사되는 광선 사이의 간섭으로 생기는 회절상을 사용한다. 평면상에 등간격으로 다수의 평행한 홈이 파인 것을 평면 격자라 하고, 홈 중심의 간격 d를 격자 상수라 한다. 파장 λ인 평행 광선이 각도 θ에서 입사할 때, n차의 회절광은 $2 d \sin \theta = n \lambda$의 관계를 충족시킨다.

회취법 (灰吹法, cupellation)　금, 은의 함유량이 높은 납 합금을 산화 분위기의 반사로 안에서 용해하고 납을 산화하여 PbO를 제거하고 금과 은을 분리하는 방법. 광석 중의 금, 은의 분석과 제련공정에서 부산물 중의 금, 은을 회수하는 데 이용된다. 오래 전부터 큐펄이라는 반사로를 사용하였으므로 이런 명칭이 남아 있다.

회합 (會合, association)　같은 종의 분자가 2개 이상 분자간 힘에 의해 결합하여 느슨한 규칙성이 있는 집합체를 형성하는 현상. 물분자의 회합, 양 친매성 물질의 미셀 형성 등 많은 예가 있다. 분자의 적외 스펙트럼 외의 분광학적 방법이나 쌍극자 모멘트의 측정 등에서 회합이 일어나고 있는 것을 추측할 수 있다. 물이나 그 외의 회합하기 쉬운 액체의 통유성은 그 분자 속에 수산기, 카르복실기 등을 갖는 것이다. 따라서 이 현상은 수소결합에 의한 것이라고 생각되며, 어느 정도 정량적인 설명이 되어 있다.

회합 콜로이드 (會合 ——, association colloid)　⇨ 미셀 콜로이드.

회화 (灰化, ashing)　일반적으로는 유기물을 연소시켜 무기질의 회분을 얻는 것. 분석화학에서는 좁은 뜻으로는 건식 회화를 지칭하고, 넓은 뜻으로는 습식 회화도 포함한다.

효과기 (效果器, effector)　⇨ 이펙터의 (2).

효과량 (效果量, effective dose)　화학 물질 혹은 치료약의 유효량. ED가 약어이다. 실험 동물의 50%에 유효한 양을 의미하는 ED$_{50}$으로 표시된다.

효과인자 (效果因子, effector)　(1) 효소 활성에 영향을 미치는 화합물. 좁은 뜻으로는 알로스테릭 효과를 미치는 화합물. 알로스테릭 이펙터 또는 모듈레이터라고도 한다. (2) 신경계의 작용으로 흥분하는 기관. 효과기라고도 한다. 신경자극에 직접 반응하여 수축과 분비를 하는 근과 선을 말한다.

효모 (酵母, yeast)　진핵세포 구조를 갖는 고등 미생물. 각종 배양 조건하에서 타원형 세포 미생물군에 대해 명명한 호칭으로, 형태상의 특징으로 보통 효모라 불린다. 따라서 유연관계는 다르다. 빵, 맥주, 포도주 등을 만드는 데 사용되며 이스트라고도 한다. 대부분의 효모는 출아에 의해 증식하고 일부의 것은 분열에 의해 증식한다. 발효공법에서 이용되는 사카로미세스속이 잘 알려져 있다.

효소 (酵素, enzyme)　생체 안에서 생성되는 고분자의 촉매. 생체의 화학 반응은 효소에 의해 촉매된다. 생체 안에서 분해, 합성, 산화, 환원 등의 복잡한 화학 반응이 상온, 상압, 중성 부근의 생리조건으로 용이하게 행하여지는 것도 이러한 효소 때문이다. 화학적으로는 단순 단백질 또는 보효소, 보결 분자족이 있는 복합 단백질이다. 촉매 기능이 있는 RNA, 항체도 발견되었다. 효소의 가장 큰 특징은 촉매하는 반응 및 작용하는 물질(기질)에 대한 고도의 선택성(특이성)에 있다.

효소 고정막 (酵素固定膜, enzyme-immobilized membrane)　효소를 막상의 운반체에 결합시키거나 혹은 반투막성의 폴리머에 효소를 흡수시킬 때 막상으로 성형한 것. 이온 교환성 셀룰로오스막, 콜라겐막, 나일론막, 셀로판막, 젤라틴막, 광경화성 수지막 등이 사용된다.

효소 기질 복합체 (酵素基質複合體, enzyme-substrate complex)　효소 반응에 있어 기질이 효소의 결합부위에 결합하여 형성되는 중간체. ES 복합체라고 약칭한다. 이 형성에 의해 기질이 활성화되고 촉매부위의 작용으로 반응을 일으켜 반응 생성물이 되어 이탈한다. X선 해석에 의해 복합체의 입체 구조가 해명된 것도 있다.

효소 면역 검정법 (酵素免役檢定法, enzyme immunoassay) 항체에 특정 효소를 결합시켜 표지하고, 항체와 면역반응을 하는 항원을 정량하는 방법. 페루옥시다아제나 갈락토시다아제 등의 효소를 항체에 화학적으로 결합시켜 항원과 반응시킨 후 효소반응에 의해 발색하는 물질을 가한 다음 발색도로 목적하는 항원의 양을 측정한다. 진단약, 식물 호르몬, 식물 바이러스의 검사에 사용한다.

효소 모델 (酵素——, enzyme model) 천연 효소의 구조 유지 부위의 영향을 배제하고 촉매부위의 작용 기구만을 추출·해명할 목적에서 합성되는 인공 효소, 천연 효소의 촉매부위에서 작용하는 잔기 혹은 보효소를 그 환경·공간적 배치를 고려하여 조합함으로써 효소와 같은 기능 발현을 시도하는 모델계를 말한다.

효소 번호 (酵素番號, enzyme number) 국제 생화학 연합의 명명위원회에 의해 설정된 효소 분류표에 따라 각 효소에 부여된 번호 (EC 번호). 4조의 숫자로 구성되며, 첫 번째 숫자는 속하는 그룹, 두 번째, 세 번째 숫자는 자세 분류의 서브그룹, 네 번째는 그 서브그룹 내에서의 일련 번호를 표시한다. 예를 들면 EC 1.1.1.1.은 알코올 탈수소 효소로서 EC 1은 산화-환원효소, EC 1.1은 알코올류를 알데히드로 바꾸는 효소를 의미한다.

효소 센서 (酵素——, enzyme sensor) 검출 부분에 효소를 사용하는 화학 센서. 효소는 분자 식별능이 매우 뛰어나므로 효소 센서는 선택성이 높다. 보통 이온선택성 전극에 효소를 함유한 막을 부착한 구조로 피검출 물질의 효소반응으로 주위에 야기된 변화 (pH 변화 등)를 이온 선택성 전극이 검출한다. 글루코오스, 요소, 유산 등의 센서가 의료와 식품공업 등에서 사용되고 있다.

효소 FET (酵素——, enzyme FET) 고정화 효소막을 전계효과형 트랜지스터(FET)에 장착하여 효소 반응에 의한 환경변화에 FET가 응답할 수 있도록 한 센서. 바이오센서의 하나이지만 초소형화가 가능한 점 및 여러 종류의 물질을 동시에 검출할 수 있는 복합전극 개발 가능성 측면에서 주목을 받고 있다.

효소 저해제 (酵素沮害劑, enzyme inhibitor) 효소의 어느 특정한 부위에 결합하여 반응 속도를 저하시키는 물질. 그 구조와 기질이 매우 유사하므로 효소의 기질 결합부위에 결합하여 본래의 기질이 결합하지 못하고 활성이 저하하는 경우도 있다. 촉매부위, 접합단, 금속 이온에 결합하는 것, 또 효소의 단백질 부분과 결합하여 구조를 변화시켜 활성을 저하시키는 것도 있다.

효소적 분석법 (酵素的分析法, enzymatic analysis) 효소를 시약으로 사용하는 분석법의 총칭. 효소 분석법이라고 하는 경우가 있으나 효소 분석법은 효소를 분석 대상으로 하는 방법을 지칭해야 하므로 잘못된 표현이다.

효소 전구체 (酵素前驅體, enzyme precursor, proenzyme, zymogen) ⇨ 치모겐.

효소 전극 (酵素電極, enzyme electrode) 이온 선택성 전극상에 효소를 함유한 막을 부착한 전극. 센서로 사용한다. 피검출 물질이 막안 중에 확산하여 효소반응을 받은 결과 야기된 변화(pH 변화 등)를 이온 선택성 전극이 검출한다.

후가황 (後加黃, after-cure, after-vulcanization) 가황 조작이 완료하고, 열원에서 고무가 제거된 후에도 냉각속도가 느리기 때문에 여열로 가황이 진행되는 것. 과가황이 되어 품질 저하의 원인이 된다.

후경화 (後硬化, after-cure, postcure) 열경화성 수지를 배합한 재료를 성형 또는 도포 건조한 후에 다시 기열히여 수지의 경화반응을 충분하게 완료시키는 것. 또 성형 완료 후 환경조건에 따라 자연적으로 경화가 진행되는 현상을 말하는 경우도 있다.

후류 (後流, wake) ⇨ 웨이크.

후막 (厚膜, thick film) 두께가 $1\,\mu m$정도 보다 얇은 박막에 대하여, 비교적 두꺼운 층상의 물질을 말한다. 두께에 대한 특별한 정의는 없다. 스크린 인쇄에 의해 만들어지는 저항체와 콘덴서는 그 한 예이다.

후민산 (——酸, humic acid) 토양 또는 석탄화도가 낮은 석탄 질 중에 존재하는 물질로, 알칼리에 기용이고 산에 불용인 갈색의 무정형 산성 유기물. 부식산이라 불리기도 한다.

후발효 (後醱酵, after-fermentation)　발효법에 있어 주발효에 이어서 이루어지는 발효 과정. 맥주 제조에서 주발효가 끝난 전국은 잔족 엑스의 재발효 및 맥주 속에 이산화탄소를 포화시켜 청등과 맛을 성숙시킨다.

후방 산란 (後方散亂, back scattering)　방사선 또는 입자선이 입사하였을 때 산란에 의해 입사 방향과 $90 \sim 180°$ 를 이루는 방향으로 반사되는 현상을 말한다.

후방 산란 분광법 (後方散亂分光法, back scattering spectroscopy)　시료 표면에 수 MeV 의 He^+ 등의 고속이온을 입사하였을 때 입사방향(후방이라 한다)에 탄성 산란된 1차 이온의 에너지 분포를 해석함으로써 표면층 충돌원자의 종류를 아는 분광법. 표면에서 수 μm의 깊이까지 포함되는 원소의 동정 및 그 깊이 방향의 분포를 측정하는 것이 가능하다.

후수축 (後收縮, after-shrinkage, post-shrinkage)　플라스틱 성형품이 성형 후의 열처리 등 후처리와 저장 중에 수축하는 현상을 말한다.

후숙 (後熟, after-ripening)　할로겐화은 유제의 제조공정에서 결정 입자의 성장을 한 후에 하는 증감처리를 이르는 것으로, 화학숙성이라고도 한다. 이 때 황 증감, 환원 증감, 금 증감이 진행한다.

후염 (後染, piece dyeing)　직물 혹은 편물의 염색을 이른다. 제직 공정의 앞과 뒤의 어느 단계에서 염색하느냐에 따라 선염과 후염으로 구분된다. 후염은 직물로 짜여진 다음에 여러 가지 염색기법에 의해서 염색된 직물이다. 그러나 방적업계에서는 원모 염색을 선염, 원사 염색을 후염이라고 하는 경우도 있다.

후점착 (後粘着, after tack)　경화 건조한 도막이 사용 중에 분해하여 점착성이 생기는 현상. 전색제의 빛과 산화열화가 원인으로 여겨진다.

후크롬 매염법 (後 —— 媒染法, afterchroming)　매염법의 하나로, 염료를 섬유에 흡착시킨 후 크롬 이온으로 매염하는 방법. 후매염이라고도 한다. 주로 산성 매염 염료에 의한 양모의 염색에, 매염제로서 이크롬산칼륨을 사용하여 실시되어 왔으나 공해를 일으킬 염려가 있으므로 최근에는 별로 쓰여지지 않는다.

후크 탄성 (—— 彈性, Hookean elasticity)　탄성에서 읽을 응력과 비틀림이 비례하는 경우 이 관계를 후크의 법칙이라 한다. 금속, 암석, 목재 등 많은 탄성체는 비틀림의 크기가 비교적 작은 미소 변형의 경우에 후크 탄성을 나타낸다. 후크 탄성에서 탄성률은 응력 또는 비틀림의 크기에 관계없이 일정하며 물질의 고유상수가 된다. 이 법칙은 변형력이 어떤 크기를 넘지 않는 한 모든 고체에 대해서 성립한다.

훼이 (whey)　우유에서 고형분으로서 지방과 카세인을 제외한 후에 잔류하는 액체. 유장이라고도 한다. 건조한 것은 단백질, 락토오스, 유산, 물, 회분 등을 함유한다. 단백질의 원료, 치즈의 원료, 배양기 등에 이용된다. 성분조성과 생산량은 치즈의 종류에 따라 다르다. 훼이에는 알부민 등 수용성 단백질이 비교적 많으므로 어린이용 분유의 원료로 사용되는 경우가 많다. 또한 훼이치즈·훼이버터·훼이분말·농축훼이 등으로 제조하여 제과 원료나 발효 원료로 이용된다.

휘도 온도 (輝度溫度, luminance temperature)　고온 물체의 온도 표시법의 하나. 절대온도 T_s의 흑체로부터의 어떤 파장성분의 방사 휘도와, 어떤 물체의 같은 파장성분의 방사 휘도가 같을 때 그 물체의 휘도온도는 T_s이다. 휘도온도는 그 물체의 진정한 온도보다 낮다. 휘도온도와 같이 등가인 열방사를 하는 흑체의 온도로 표시한 온도를 흑체온도라 한다. 항성의 경우는 전방사 에너지에 대한 흑체의 온도를 고려하여 유효온도라 한다. 이와 유사한 것으로는 색온도가 있다.

휘발도 (揮發度, volatility)　액체 혼합물에서 어떤 성분의 증발하기 쉬운 정도를 정량적으로 나타내는 척도. 그 성분을 표시하는 분압을 p, 액상에서의 몰 분율을 x로 하면, 휘발도는 p/x로 표현된다. 이상 용액의 경우 라울의 법칙에 따라 이 값은 증기압이 된다.

휘발분 (揮發分, volatile matter) 규정 조건에서 공기를 차단하고 석탄·코크스를 가열한 경우의 질량 감소율에서 수분을 공제한 값. 일반적으로 시료 중에 포함되는 휘발성 성분 또는 그 양을 말한다.

휘발성 바니시 (揮發性──, spirit varnish) 비휘발성 고형 성분과 용제만으로 된 바니시의 총칭. 주정 바니시, 흰 바니시, 검은 바니시 등의 용례가 있다. 현재는 거의 사용되지 않는다.

휘선 (輝線, bright line) 기체상의 원자 내지 이온의 발광으로 얻어지는 스펙트럼 속에 나타나는 밝은 선. 원자 내지 이온 내부에서의 상호작용이 적은 상태 간의 전자전이에 의해 생기는 것으로, 원자에 고유하고 또한 단색성이 높은 선 스펙트럼이다. 원소의 정성 분석과 분광기의 파장 교정 등에 이용된다.

휘탄 (輝炭, bright coal) 석탄을 육안으로 관찰할 때에 식별할 수 있는 반짝임이 강한 줄무늬 모양의 조직성분. 보통 비트레인, 클라레인에 상당하다. 현미경적 조직으로서는 비트리니트가 주체이다.

휨 강도(──强度, bending strength, flexural strength) 물체에 굽힘 모멘트를 부하하였을 때 파손에 이르기까지의 최대 응력. 인장강도를 측정하기 어려운 세라믹스에서는 휨(굽힘)강도에 의한 재료의 특성 평가가 널리 이루어지고 있다.

휨 시험 (──試驗, bending test) 굽힘 강도를 측정하는 시험. 원주상 또는 각주상 시험편을 2개의 하부지짐에 빈치고 그 중앙에 상부에서 1점으로 집중 하중을 가하는 3점 굽힘법과, 좌우의 하부 지점에서 안쪽의 등거리 위치에 상부에서 같은 크기의 2개의 집중 하중을 가하는 4점 굽힘법이 있다. 보통 재료를 환봉 또는 각봉으로 하고 양단을 지지한 다음 중앙에 하중을 가하는 휨 시험기에 의해 휨 시험을 한다. 또 재료의 변형능을 조사하는 벤드 테스트도 휨 시험의 하나이다.

흐름 (run, running, tear) ⇨ 늘어짐.

흐름 칠 (flow coating) 피도장물에 도료를 뿌려서 도장하는 도장 방법의 하나, 실험실에서는 사용하지만 실용적인 도장법은 아니다.

흐림 (blooming, clouding, cloudiness, dulling, hazing) 기름으로 얼룩진 유리창처럼 광택이 없는 도막면의 외관. 장마철에 2액 경화형 에폭시수지 도료를 사용하면 그 도료는 건조 중에 흐림이 생기기 쉽다.

흐림점 (──點, cloud point, clouding point) (1) 비이온 계면 활성제 수용액을 가온할 때에 얼룩(흐림)이 생기기 시작하는 최저 온도. 흐림은 온도를 높이면 계면 활성제와 물의 수소결합이 절단되어 물에 대한 용해성이 낮아지고 계면 활성제가 석출되기 때문이다. (2) 석유제품을 규정된 방법으로 냉각하면 파라핀, 기타의 고체가 석출 또는 분리되어 흐려지기 시작하는 온도를 말한다.

흐트러진 계 (──係, disordered system) ⇨ 무질서계.

흑강홍 (黑降汞, black precipitate) 흑색으로 물에 녹지 않는 수은 화합물이란 의미의 옛 명칭. Hg_2O 혹은 $Hg_2NH_2(NO_3)$를 말한다.

흑도 (黑度, blackness) 다음 식으로 정의되는 고체 표면의 복사능이 흑체에 비해 어느 정도인가를 표시하는 계수. 복사율이라고도 한다. $E = \varepsilon(\sigma T^4)$ 여기서 E는 고체 표면의 복사 에너지 유속, ε는 흑도, σ는 슈테판·볼츠만 상수로 5.670×10^{-8} $Wm^{-2}K^{-4}$. T는 고체의 표면 온도이다. 또 흑도가 1인 물체를 흑체라 한다.

흑색 화약 (黑色火藥, black powder) 질산칼륨, 황, 목탄의 3종을 혼합한 화약. 도화선의 심약으로 사용되는 흑색분 화약, 입상으로 만들어 석재 채취에 사용되는 흑색 광산화약, 사냥용 산탄총용 및 불꽃방사 등의 추진약 등으로 사용되는 흑색 작은 화약이 있다. 마찰에 민감하여 폭발하기 쉽지만, 폭굉상태는 되지 않으므로 위력은 비교적 약하다. 보통은 완만하게 연소할 뿐이지만, 밀폐하면 1초간 300 m 정도로 폭발한다.

흑 서브 (黑──, brown factice, brown substitute) 흑서브란 명칭은 그 색과 원래 고무의 대체품(substitute)으로 여겼던 것에서 유래한다. ⇨ 가황유.

흑연 (黑鉛, graphite) 탄소의 동소체의 하나.

그래파이트라고도 한다. 광물명은 흑석. 육각형이 이어진 거대한 망상의 층이 약한 반데르 발스의 힘으로 결합하여 층상 구조를 형성하고 있다. 보통은 비늘상, 입상, 토상 결정, 금속 광택, 흑 내지 회색, 불투명, 줄자국은 흑색. 유지상의 감촉이 있고 구부리기 쉽다. 내열성, 내식성이 높고 전기·열전도성이 양호하며 활성이 있다.

흑연 도가니 (黑鉛——, graphite crucible) 금속이나 합금의 융해 혹은 환원성 분위기 중에서 융해를 목적으로 사용되는 흑연제의 도가니. 천연 흑연과 점토를 혼합해서 만든다. 천연 흑연의 양은 30%부터 90% 이상인 것도 있다. 산화적 분위기에는 약하고, 각종 슬래그의 부식에는 잘 견디어 열전도가 좋다. 금속의 용융, 사금, 지금 정제, 동의 제조 또는 정량 분석 등에 쓰인다.

흑연 전극 (黑鉛電極, graphite electrode) 흑연(그래파이트)으로 된 전극. 그래파이트의 도전성과 양호한 가공성을 이용하여 아크로용 전극, 전해용 전극, 발광 분광 분석용 전극봉 등으로 양극에 사용한다. 또 건전지의 양극으로도 사용한다.

흑연화 (黑鉛化, graphitization) 카본 블랙, 그을음, 목탄, 코크스 등의 무정형 탄소 또는 유기물을 공기를 차단하고 2,500~3,000℃로 가열 처리하여 흑연에 가까운 상태로 하는 것을 말한다.

흑인 (黑燐, black phosphorus) 인의 동소체의 하나. 금속 인이라고도 한다.

흑체 (黑體, black body) 모든 파장 영역의 방사도 완전히 흡수하는 물체. 예컨대 숯이나 그을음은 흑체에 가깝다. 실제로는 일정 온도로 유지된 방사를 통과시키지 않는 벽에 둘러싸인 공동에 벽의 전면적에 비교하여 충분히 작은 구멍을 뚫은 것이 흑체로 간주된다. 100% 흡수하는 것을 완전 흑체라고 한다. 그리고 흑체에서 방사되는 열방사를 흑체 방사라 한다.

흑탄 (黑炭, soft charcoal) 백탄의 대응어이다. ⇨ 백탄.

흑화 효과 (黑化效果, print-out effect) 사진 등 빛에 의한 화상기록에서, 노광만으로 현상함이 없이 화상을 형성할 수 있는 것. 할로겐화은 유제의 광분해로 생긴 미세한 은입자는 2색성을 띤다.

흔들기 (shaking) 용액 내에서 화학 반응을 할 때 액상과 고상 또는 잘 섞이지 않는 두 액상을 서로 혼합이 되도록 흔들어 섞는 것. 손으로 흔들어 섞는 것과 기계를 사용하여 흔들어 섞는 경우가 있다.

흔적 (痕跡, trace) 보통 0.01%(100 ppm) 이하의 함유량을 지칭한다. 0.01~1%는 부성분(minor), 1% 이상은 주성분(major)으로 다루어진다. 중량 분석을 주로 하는 분석방법에서는 사실상 정량할 수 없는 농도 영역이었으나, 현재는 많은 기기분석법에 의해 정량·검출이 가능하다. 핵반응 재료와 반도체 중의 흔적 물질처럼 양적으로는 무시할 수 없는 경우가 있다.

흔적 분석 (痕跡分析, trace analysis) 시료 중의 흔적 성분을 정량하기 위해 하는 분석. 미량 성분 분석 혹은 트레이스 애널리시스라고도 한다. 시료에 직접 적용하여 목적을 달성할 수 있는 기기 분석법도 있으나 기기분석에 앞서 공침(共沈), 이온 교환, 추축 등의 방법으로 농축이 필요한 경우도 있다. KS에서 흔적 분석은 '보통 ppm 혹은 그 이하의 농도 성분 또는 ng 수준 혹은 그 이하의 절대량 성분을 대상으로 한다' 하고, '시료량의 크기는 문제시하지 않는다' 하고 있다.

흐름계 (—— 系, flow system) 유체인 반응물을 반응관 입구에서 연속적으로 공급하고 반응관 출구에서 생성물(유체)을 연속적으로 추출하는 형식의 반응계. 특히 촉매를 사용하는 반응에서는 실험실적 규모에서 공업적 규모까지 폭넓게 사용되고 있다.

흐름법 (—— 法, flow method) 기상 또는 액상의 반응 관찰 혹은 반응속도 결정에 사용되는 실험법의 하나. 반응시키는 화학종을 급속하게 혼합한 후 그 후의 반응 진행을 적당한 방법으로 관측한다. 일정한 유속으로 흘려서 거리에 대한 화학종 농도 등의 변화를 구하는 연속 흐름법과 혼합한 흐름을 정지시켜 반응의 진행을 관측하는 스톱 플로법 등이 있다. 단지 흐름법이라 할 때는 연속 흐름법을 의미하는 경우가 많다.

흡광감소 효과 (吸光減少效果, hypochromic

effect) 흡수 스펙트럼에 있어 분자수의 감소와 분자 내 치환기의 도입 등으로 흡수밴드의 흡광도가 작아지는 것. 특히 DNA, 폴리펩티드 등의 경우 헬릭스 등의 규칙 구조를 가질 때에는 소위 랜덤 코일에 비해 심한 담색 효과를 나타내므로 이를 사용해서 헬릭스 구조의 동정이나 정량을 할 수가 있다. 반대로 불규칙 구조가 규칙 구조보다 높은 흡광계수를 나타내는 사실은 농색 효과(증색 효과, 하이퍼크로믹 효과라고도 한다)라 하며 고분자의 변성 척도로 사용된다.

흡광 계수 (吸光係數, absorption coefficient, extinction coefficient) 물질이 빛을 흡수하는 정도를 나타내는 계수. 람베르트－베르의 법칙(Lambert-Beer law)이 성립하는 계에서 흡광도 A는 시료 용액의 두께 l과 농도 c의 곱에 비례하므로 비례계수를 a로 하면 $A=alc$로 적을 수 있다. 이 a를 흡광계수라 한다. 특히 l을 cm, c를 mol dm^{-3}의 단위로 하였을 때의 비례계수는 ε로 나타내며, 몰 흡광계수라 한다.

흡광 광도 정량법 (吸光光度定量法, absorptiometry) 용액 시료 중의 목적 성분(금속 이온 등)을 적당한 시약과 반응시켜서 발색시켜, 그 흡광도를 측정함으로써 목적 성분의 농도를 구하는 방법을 말한다.

흡광도 (吸光度, absorbance) 시료에 입사하는 빛의 세기를 I_0, 통과한 빛의 세기를 I로 할 때, $A=\log(I_0/I)$로 정의되는 양. 광학 농도 혹은 광학 밀도라고도 한다.

흡광증가 효과 (吸光增加效果, hyperchromic effect) 분자 내에 도입된 치환기 기타이 원인으로 그 물질의 흡수 스펙트럼에서 흡광도가 증대하는 것. 흡광감소 효과의 대응어이다.

흡수 (吸收, absorption) (1) 물질 또는 에너지 등의 물리량이 다른 물질에 포착되어 그 계 내에 도입되는 과정 또는 그에 수반하여 입자수와 강도가 감쇠하는 현상. 후자의 경우 감쇠는 흡수 과정에 의한 것과 산란 등의 에너지 흡수를 수반하지 않는 상호작용에 의한 것이 가해지는 것이 보통이다. 파의 분산에는 흡수가 따른다. (2) 생화학에서 피부, 장, 신조직 같은 조직 중 또는 조직을 통해 물질이 이동하는 것을 말한다. (3) 방사선 의학에서는 방사선이 상호 작용하는 물질에 의해 에너지가 이행하는 것을 의미한다.

흡수 계수 (吸收係數, absorption coefficient) (1) 물질이 γ선, X선 같은 방사선을 흡수하는 정도를 나타내는 계수. 방사선이 두께 x의 물질을 통과하는 동안에 강도가 I_0에서 I로 변화하면, $I=I_o e^{-\mu x}$가 성립된다. μ는 물질의 단위 두께에 대한 흡수의 크기를 나타내는 것으로, 이것을 흡수계수라 한다. (2) ⇨ 용해도 계수.

흡수 곡선 (吸收曲線, absorption curve) 빛의 파장(또는 에너지)과 물질에 의한 빛의 흡수를 나타내는 양의 관계를 곡선으로 도시한 것이다.

흡수 극대 (吸收極大, absorption maximum) 하나의 흡수밴드의 파장역 내에서 최대의 흡광도 또는 흡광계수를 나타내는 장소이다.

흡수능 (吸收能, absorbing power) 물질이 빛을 흡수할 때 입사된 빛의 에너지를 E_i, 흡수한 빛의 에너지를 E_a로 하여, $A=E_a/E_i$로 정의되는 A를 말한다. 일반적으로 흡수능은 입사파의 파장과 온도 및 물질의 종류나 표면상태에 따라 크게 변화한다. 예를 들면 광택이 있는 금속면 등은 복사를 대부분 반사하므로 흡수능은 0에 가깝지만, 그을음 등을 칠하여 광택을 없애면 대부분이 흡수되어 흡수능은 1에 가까워진다. 완전 흡수체, 즉 흡수능이 1(100%)인 물체를 완전 흑체라고 하는데, 그을음은 이에 가깝다. 또 물체는 그 온도에 따라 정해지는 열 복사선을 끊임없이 방출하고 있는데, 흡수능이 클수록 단위 면적당 단위 시간에 방출하는 복사파의 에너지가 커진다. 석탄 난로의 표면을 검게 칠하는 이유가 바로 이것이며, 열복사(적외선 방출)의 효율을 높이는 유력한 방법이다.

흡수단 (吸收端, absorption edge) X선 내지 빛의 흡수 스펙트럼에서 에너지가 그 이상 커지면 흡수율이 급격하게 커지는 부분. 원자에 의한 X선 또는 빛의 흡수에서는 파장 λ인 광자 에너지 hc/λ(h는 플랑크 상수, c는 진공 중의 광속도)가 원자의 에너지 준위에서 전자를 원자 밖으로 쫓아내는 데 필요한 이온화 에너지 E_n보다 작으면 연속 흡수는 일어나지 않는다. 따라서 $\lambda = hc/E_n$에 흡수단이 생긴다. 흡수단은 전자가 차지하는 에너지 준위의 수만큼 존재하며, 흡수단의 위치는 원자 고유의 것이다. X선의 흡수대에서는 대응하는 X선항의 이름에 따라 K흡수단 등으로 부르며, 이것은 모즐리의 법칙에 따른다. 고체의 X선 흡수단에서는 결합의 영향으로 미세구조 등이 나타난다. 또 광흡수 스펙트럼에서는 가전자대로부터 전도대로의 전이에 따른 연속 흡수 스펙트럼에 흡수단을 볼 수 있으며, 흡수단에 대응하는 에너지 E는 이 대 간의 전이를 일으키는 데 필요한 최소 에너지이다.

흡수 밴드 (吸收 ——, absorption band)　흡수 스펙트럼 또는 흡수곡선에서 어떤 파장영역에서 다른 영역보다 강한 흡수가 보일 때, 그 부분을 흡수 밴드라 한다.

흡수성 고분자 (吸收性高分子, water absorbing polymer)　높은 흡수력을 나타내는 고분자. 고흡수성 고분자라고도 한다. 녹말, 폴리아크릴산, 폴리비닐알코올, 폴리에틸렌 옥시드 등의 수용성 고분자를 가교에 의해 물에 불용화하여 얻어진다. 분자 중의 수백 배의 물을 흡수할 수가 있어 종이 기저귀, 생리용품 등의 위생재료를 비롯하여 농업, 토목 등 넓은 범위에서 이용되고 있다.

흡수 셀 (吸收 ——, absorption cell)　빛의 흡수를 측정하기 위해 용매나 용액 등을 넣는 용기. 빛에 대해 투명한 물질로 만들어지며, 대부분은 유리제 또는 석영제이다.

흡수 스펙트럼 (吸收 ——, absorption spectrum)　빛의 파장(또는 에너지)을 가로축에 잡고, 물질의 흡수를 나타내는 양(흡광량 등)을 세로축에 잡아 나타낸 스펙트럼. 연속도 스펙트럼을 갖는 빛(전자파)이 물체를 통과할 때, 물질에 특유한 파장영역이 흡수되어 없어지거나 또는 강화된 스펙트럼. 넓은 파장역에 걸쳐 비교적 고르게 일어나는 불선택 흡수와 특수한 파장 또는 파장역의 전자파를 강하게 흡수하는 선택 흡수가 있다. 열평형 상태에 있는 계의 흡수는 바닥상태 및 이로부터 열에너지 정도의 범위에 있는 준위에서 전이규칙으로 허용되는 높은 에너지 준위로의 전이에 의해 일어난다. 보통 기체의 원자

는 날카로운 선 스펙트럼을, 간단한 분자인 기체는 띠 스펙트럼을 보인다. 복잡한 분자와 액체, 고체에서는 몇 개의 폭이 넓은 흡수대로 이루어지며, 선상 구조를 보이는 일은 적다. 에너지가 큰 빛(X선을 포함)에 의해 전자가 이온화하는 경우 또는 해리를 수반하는 경우 등에도 연속 흡수 스펙트럼이 나타난다. 상온에서 관측할 수 있으므로 화학분석, 유기 화합물의 구조 결정, 천체의 물질 조성과 물질의 미관적인 구조를 아는 데 중요하다.

흡수 유 (吸收油, wash oil)　석탄 가스에서 가스 경유를 포집할 때에 사용되는 매체유. 세정유라고도 한다. 타르 증류 때 $230\sim280$ ℃에서 유출하는 기름 성분을 말한다.

흡수제 (吸收劑, absorbent)　기체분자 혹은 용액 중의 용질을 흡수하는 액체 또는 고체. 정제, 농축 등에 사용된다. 예를 들면 수소는 보통 금속 표면에 흡착할 뿐이지만 수소 흡장 합금은 수소를 용해 흡수하므로 수소의 저장과 히트 펌프에 응용된다.

흡수지 (吸收紙, absorbent paper)　액체를 흡수하기 쉬운 종이. 일반적으로 물 및 수용액을 흡수하기 쉬운 종이를 말한다. 다공질이고 부피가 나가는 유연한 종이이다. 흡취지, 여지, 파치멘트(parchment) 원지, 파이버 원지 등에 사용된다.

흡수체 (吸收體, absorber)　방사선의 강도를 감소시키기 위해 사용되는 물체를 말한다.

흡수 탑 (吸收塔, absorber, absorption tower)　기체 중의 특정 성분을 농축 혹은 제거할 목적에서 기체와 액체 또는 현탁액을 접촉시키는 장치를 말한다.

흡수 효과 (吸收效果, absorption effect)　시료 내부에서 발생한 X선이 시료 표면에 도달하기까지 공존원소에 의한 흡수 때문에 약해지는 것을 말한다.

흡열 반응 (吸熱反應, endothermic reaction)　열의 흡수를 수반하는 화학 반응. 생성계의 엔탈피 쪽이 원계보다 크고, 반응열은 양이 된다. 흡열반응의 활성화 에너지는 일반적으로 반응열보다 크다. 또 에너지 흡수를 수반하는 핵반응을 가리키기도 하는데, 이 때 계의 에너지 감소에 대응하여 정지 질량은 증가한다.

흡유량 (吸油量, oil absorption) 안료의 성능을 나타내는 한 인자. 안료를 기름과 반죽하여 단단한 반죽상태로 하는 데 필요한 기름의 양. 이것을 제1 흡유량이라 하며, 풀빛으로 칠하기 가능한 상태로 하는 데 필요한 기름의 양을 제2 흡유량이라 한다. 안료 100 g에 대한 기름의 g으로 표시한다. 흡유량은 안료의 입자가 작을수록, 표면이 거칠수록 많아진다.

흡장 (吸藏, occlusion) 고체의 내부에 기체가 가역적으로 흡수되는 현상. 메커니즘에 관계없이 흡장이라 총칭한다. 백금, 팔라듐 등이 수소를 흡수하는 현상에 대해 붙인 이름인데, 여기에는 흡착이나 고체 표면에서의 응축 등 여러 가지 현상이 포함되어 있다. 팔라듐은 그 체적의 수백 배에서 수천 배에 가까운 수소를 흡장한다.

흡착 (吸着, adsorption) 표면이나 계면에서 분자 또는 이온이 상의 내부에 비하여 농축되는 현상. 반대로 표면, 계면에서 분자, 이온의 농도가 상 내부에 비해 감소하는 일이 있는데, 이것을 음흡착이라 한다. 고체의 표면, 계면에 대한 흡착은 고체 표면의 분자, 원자와 흡착되는 분자, 이온간의 상호작용 (흡착력)에 의한다. 흡착은 중요한 계면 현상의 하나로, 다른 계면 현상과 깊은 연관이 있다. 또한 촉매작용과도 깊은 관계가 있다. 불균일계의 화학 반응에서는 그 평형 또는 반응속도가 흡착과 밀접한 관계를 가지며, 촉매의 작용이 흡착으로 귀결되는 일도 있다. 콜로이드 용액의 여러 가지 성질, 계면 동전현상 등도 자주 흡착과 관련시켜 연구된다. 목탄에 의한 탈취나 음료수의 여과, 수탄에 의한 탈색 등은 모두 흡착현상의 응용이다.

흡착대 (吸着帶, adsorption zone) ⇨ 흡착존.

흡착 등온선 (吸着等溫線, adsorption isotherm) 일정 온도에서 흡착이 평형에 이르렀을 때 흡착된 분자 또는 이온의 양(흡착량)과 기체 또는 용액의 압력, 농도(평형압, 평형농도)와의 관계를 나타내는 곡선을 이르며 실험적으로 구할 수 있다. 보통 전자를 세로축에, 후자를 가로축에 취한다. 곡선의 형태는 다양하지만 고체 표면에 대한 기체 분자의 흡착에서는 5개 형으로 분류되고, 그

중의 어떤 형에는 대응하는 흡착 등온식이 제안되고 있다.

흡착 등온식 (吸着等溫式, adsorption isotherm) 흡착 등온선을 수식으로 나타낸 것, 이론적으로 구해진 것, 실험을 수식화한 것 등 수많은 식이 제출되었다. 저명한 것으로는 랭뮤어의 식, BET식, 프르므킨 - 템킨의 식, 프로인틀리히(Freundlich)의 식, 기브스의 식 등이 있다. 앞의 3식은 고체 표면에 대한 기체의 흡착에, 네번째 식은 용액 표면에 대한 용질의 흡착에 사용된다. 또 네번째 식에서는 흡착량 대신에 계면 과잉량이 강조되고 있다.

흡착률 (吸着率, surface coverage) 주로 고체 촉매, 표면화학 분자에서 사용되는 용어. 표면 피복률이라고도 한다. 이종의 물질(흡착분자 또는 원자)로 덮여 있는 표면의 전 표면에 대한 비율을 말한다.

흡착막 (吸着膜, adsorption film) 계면 또는 표면에 흡착되어 있는 분자는 1분자의 두께로 흡착하여 있는 경우도, 2분자 이상의 두께로 흡착하고 있는 경우도 있다. 각각 단분자막(단분자층), 다분자막(다분자층)이라 한다. 어느 경우이든 흡착하고 있는 분자는 엷은 막을 형성하고 있으므로 총괄하여 흡착막 또는 흡착층이라 한다.

흡착매 (吸着媒, adsorbent) 흡착을 일으키게 하는 계면을 제공하는 물질. 용매에 따른 용어. 흡착질과 쌍으로 사용된다.

흡착 밴드 (吸着 ——, adsorption band) 칼럼 크로마토그래피에서 전개 후 칼럼상에 생기는 착색대. 또 여시 크로마토그래피에 있어 여지상에 나타나는 일련의 착색 스폿, 크로마토그램이라고도 한다.

흡착 상태 (吸着狀態, adsorbed state) 고체 표면 위에 흡착한 분자 또는 원자가 나타내는 구조. 물리흡착에서는 액체상태에 가깝고, 화학흡착에서 분자는 해리하거나 화학결합의 재조합을 수반하여 표면과 화학결합하거나 전하 이동을 수반하는 일이 많다.

흡착 속도 (吸着速度, rate of adsorption) 흡착에는 신속하게 평형에 이르는 경우와 상당한 시간을 요하는 경우가 있다. 흡착속도에 관계하는 것은 흡착하는 분자와 이온이

기체, 용액 중에 확산하여 계면, 표면에 도착하는 과정, 거기서 분자, 이온이 방향을 바꾸는 과정, 경우에 따라서는 해리하는 과정, 고분자에서는 분자내 배치를 바꾸기도 하는 과정 등이다.

흡착열 (吸着熱, heat of adsorption) 흡착에 수반하는 발열량. 일반적으로 흡착량 1 mol 당으로 나타낸다. 흡착은 언제나 발열을 수반하는 현상이다.

흡착 자리 (吸着 ——, adsorption site) 흡착이 일어나는 고체 표면의 원자 혹은 원자의 집단. 고체 촉매반응에서 화학흡착은 최초의 중요한 과정이다. 고체 표면에는 다양한 표면구조가 존재하며, 흡착의 용이성은 표면 원자의 배열, 흡착종의 형상, 흡착의 결합 양식에 의존한다.

흡착 장치 (吸着裝置, adsorber) 흡착현상을 이용하여 유체 중의 물질의 분리, 정제, 제거 등을 하는 장치. 유체에 분말상의 흡착제를 가하여 흡착 후 여과하는 접촉 여과법, 입자상의 흡착제층 안에 유체를 흘리는 고정층 흡착 외에 유동층, 이동층을 사용하는 방법도 있다.

흡착 전류 (吸着電流, adsorption current) 전극과 전해질 용액의 계면에서 물질의 흡착·탈착에 수반하여 흐르는 전류. 흡착물질의 전극 반응에 의해 흐르는 전류인 경우와 흡착·탈착에 의한 전기 이중층의 변화에 따른 충방전 전류인 경우가 있다.

흡착 전위 (吸着電位, adsorption potential) 흡착상태에 있는 물질의 1 mol, 1분자, 1 g 또는 단위 전기량당의 양을 이것과 평형상태에 있는 상의 내부에 제거하는 데 소요되는 등온 가역 일을 말한다. 흡착 퍼텐셜이 큰 것일수록 강한 흡착이 된다.

흡착제 (吸着劑, adsorbent) 기체 또는 액체인 흡착질을 흡수하는 물질. 흡착매라고도 한다. 탈색, 탈취, 유해물질의 제거, 탈습 외에 흡착력의 차를 이용하여 물질의 분류·정제에도 사용된다.

흡착존 (吸着 ——, adsorption zone) 크로마토그래피에 의해 분리된 물질이 고정상(칼럼이나 플레이트)의 일정 범위에 띠모양으로 분포한 상태를 흡착존 또는 흡착대라고 한다. 흡착 밴드보다 분포가 폭넓은 경우를 이른다.

흡착종 (吸着種, adsorbed species, adsorption species) ⇨ 흡착질.

흡착질 (吸着質, adsorbate) 고체 표면이나 액상의 계면에 흡착되는 물질. 흡착종이라고도 한다. 용액에서의 흡착인 경우에는 용질을 지칭하며 용매의 흡착은 제외하여 생각하는 것이 보통이다.

흡착층 (吸着層, adsorption layer) ⇨ 흡착막.

흡착 크로마토그래피 (吸着 ——, adsorption chromatography) 고체 표면에 흡착점이 있는 물질(흡착제)을 고정상으로 하여, 흡착·탈착현상을 이용하여 물질을 분리하는 형식의 크로마토그래피. 분리기구에 의한 크로마토그래피의 분류법의 하나로, 이것에 대응하는 것으로는 분배 크로마토그래피, 이온 교환 크로마토그래피, 사이즈 배제 크로마토그래피가 있다.

흩어지기 (dispersion) 측정값의 크기의 산란 정도. 산란의 작은 정도를 정밀이라 한다. 산란의 크기를 표시하는 데는 표준 편차, 분산 등이 사용된다.

희가스 (希 ——, rare gases) 주기표 18족(0족) 원소(헬륨, 네온, 아르곤, 크립톤, 크세논, 라돈) 6원소의 총칭. IUPAC 명명법에서는 noble gas라 한다. 대기 중 또는 지각 중의 존재량이 아주 적다. 무색, 무취, 무미의 기체로 1원자 분자로 이루어진다. 끓는점, 녹는점은 낮고 원자량이 작은 것일수록 낮아진다. 화학적으로 극히 비활성이며, 원소 상호간 또는 다른 원소와 쉽사리 화합하지 않는다. 이 때문에 귀가스, 비활성 기체라고 불린다. 이것은 그 원자의 전자배치가 최외각에 S^2P^6(He는 S^2)의 폐각을 가지며 매우 안정하므로 보통 상태에서는 화학결합을 만들기 위한 전자의 수수와 공유가 행해지지 않기 때문이다.

희가스 규칙 (希 —— 規則, rare gas rule) ⇨ 18 전자칙.

희박 용액 (稀薄溶液, dilute solution) 용질을 소량 용해한 용액. 농도는 용액의 종류에 따라 다르지만, 수용액의 경우 그 대략적인 기준은 $10^{-3} \sim 10^{-2}$ mol dm^{-3} 정도까지이다. 묽은 용액은 용질 간의 상호작용이 작으므로 이상 용액에 가까운 성질을 나타낸다. Henry의 법칙, Raoult의 법칙, Van't Hoff의 삼투압의 법칙, 분배의 법칙, 끓는점 상승의 법칙, 녹는점(응고점) 강하의 법칙 등이 성립한다.

희산 (稀酸, dilute acid) 농도가 묽은 산을 뜻한다.

희석 유동점 (稀釋流動點, diluted pour point) 크실렌과 나프타를 용량비로 2 : 8의 비율로 혼합한 희석제와, 윤활유 시료와 3 : 7의 비율로 혼합하여 유동점 심법방법으로 냉각하였을 때 유동하는 최저 온도·항공 피스톤 엔진유의 유동점을 알기 위한 규격으로 제정되어 있다.

희석의 법칙 (稀釋法則, dilution law) F. W. Ostwald(1888년)에 의해 약전해질 용액에서의 전리 평형에 질량작용의 법칙을 적용함으로써 유도된 관계. 희석도와 전리도 간의 관계를 나타낸다.

희석제 (稀釋制, thinner) 도료용 용제는 진용제, 희석용제로 구성되며 보통 시너라고 한다. 전자는 수지를 용해할 목적으로 사용되고, 후자처럼 주로 점도 조절용으로 사용되는 용제를 희석제라 한다. 그러나 이 구분은 명확하지 않고, 도료용 용제 전반을 희석제라 부르는 경우도 있다. 아세트산 에틸 등의 에스테르류라든가 케톤류(용제), 에탄올 등의 알코올류(助溶劑), 톨루엔이나 나프타(희석제)를 도료의 종류에 따라 적당히 배합한다. 래커의 점성도를 낮추어 뿜어 칠하거나 얇은 도막을 얻기 위해 사용한다. 그러므로 래커에 첨가할 때 래커 속의 니트로셀룰로오스나 수지(樹脂)가 석출한다거나 건조하는 동안에 도막이 백화(白化)하는 일이 없이 매끈한 도면(塗面)을 얻는 것이라야 한다. 특히 백화 방지용 특수 희석제를 리타더(retarder)라 한다. 한편 희석제에는 환각성(幻覺性)이 있어 이것이 들어 있는 본드를 흡입함으로써 환각상태에 빠지는 일이 청소년 사이에 유행하여 사회 문제화 되고 있다.

희석 풀 (稀釋——, reducing paste) 나염의 색풀을 적당한 농도로 희석하기 위해 원래의 풀에 물과 보조제를 가하여 색풀과 같은 정도의 점도로 한 것. 색풀의 점도와 보조제 농도의 변화 없이 염색 농도만을 희석할 목적으로 사용된다.

희석 효과 (稀釋效果, dilution effect) 정량 분석에서 적정액을 적하함으로써 발생하는 체적 증가로 야기되는 농도의 감소. 이론 적정곡선으로부터의 차이에 상당하며, 증가분의 체적 보정을 가하면 나눌 수 있는 경우가 많다.

희 원소 (希元素, rare elements) 지구상에 존재하는 양이 비교적 적은 원소. 희유 원소라고도 한다. 그러나 예전에 희원소로 하였던 것이 산출량이 증가하여 현재는 희귀하지 않는 것도 많다.

희토류 원소 (希土類元素, rare earth elements) 주기표 3족(3A족)의 스칸듐, 이트륨 및 란탄족 원소를 포함한 17원소의 총칭. 이러한 원소는 예전에는 비교적 생산이 희소한 광물에서 얻어졌으므로 그러한 산화물을 희토라고 불렸던 점에서 이 명칭이 생겼다(예전에는 금속 산화물을 earths라 불렀다). 그러나 존재량은 그렇게 희소하지 않고, 희토류 원소 가운데 제일 많은 원소 Ce는 Sn, Zn, Pb보다도 많고, 최소 원소 Tm도 Bi와 같은 양, Ag보다도 많으므로 이 명칭은 실제로 적용되지 않는다. 합금, 촉매, 원자로 재료 등에 쓰이는 외에 자성, 유전성을 이용한 용도도 많다.

히드라조벤젠 (hydrazobenzene) $C_6H_5-NHNH-C_6H_5$. 히드라진에 2개의 페닐기가 치환한 화합물. 니트로벤젠의 환원으로 형성된다. 무색의 결정. 물에 녹지 않고, 아세트산에도 녹지 않으며, 유기 용매에 녹는다. 산화되어 아크벤젠으로 되기 쉽다. 강하게 환원하면 아닐린으로 된다. 녹는점 부근에서 불균화반응으로 아조벤젠과 아닐린을 생성하고 산의 작용으로 벤지딘으로 전위한다.

히드라존 (hydrazone) 알데히드, 케톤과 히드라진의 반응으로 카르보닐기 $>C=O$가 $>C=N-NH_2$로 변해 얻어지는 화합물이다.

히드라진 (hydrazine) H_2N-NH_2. 최초에는 유기 화합물로부터 얻어진 물질이지만 후에 하이포 아질산을 황화 암모늄으로 환원하는 등 순 무기적으로 만들게 되었으며, 특히 암모니아를 젤라틴 또는 아교의 존재하에서 하이포 아염소산나트륨으로 산화하는 방법이 고안됨으로써 용이하게 만들 수 있게 되었다. 무색유상의 액체. 로켓 연료로 이용된다. 환원성이 강하다. 따라서 귀금속 염용액으로부터 금속을 유지시킨다. 산성 용액 중에서도 환원성이 있다. 한편 산화력도 있어서 글리옥살산을 산화시켜 삼산으로 하고 자신은 암모니아로 된다. 용매로서는 암모니아 비슷하고 유전율 53, 많은 염을 용해하여 전이시킨다. 피부, 점막, 효소제, 호흡기 등을 크게 침식하므로 극히 유독하다. 히드라진의 수소를 유기기로 치환한 화합물도 히드라진이라 한다. 이들 중 가장 많이 사용되는 것은 페닐히드라진이다.

히드로게나아제 (hydrogenase)　혐기 대사계에서 생긴 전자와 수소이온에서 수소를 생성하는 반응을 촉매하는 효소. *Clostridium* 속, 환산환원 세균, 녹조 등에 함유된다. 이러한 미생물을 이용하는 수소생산, 에너지 변환 등의 시도가 있다. 또 분자상 수소와 물 사이의 수소원자 교환 반응을 촉매한다.

히드로겔 (hydrogel)　물을 분산매로 하는 겔. 히드로졸이 냉각으로 인하여 유동성을 상실하거나 3차원 망목 구조와 미결정 구조를 갖는 친수성 고분자가 물을 함유하여 팽창하거나 하여 히드로겔을 형성한다. 전해질 고분자의 히드로겔은 고흡수성을 나타내는 것이 많으며 흡수성 고분자로서 다방면에 실용화되어 있다. 히드로겔 중에는 온도, pH 등으로 상전이를 하여 팽창비가 불연속적으로 변화하는 것도 있다.

히드로늄 이온 (hydronium ion)　⇨ 옥소늄 이온.

히드로 방향족 화합물 (―― 芳香族化合物, hydroaromatic compound)　방향족의 벤젠 고리에 수소원자가 부가되어 생긴 육원 고리의 지환식 화합물. 시클로크세논, 시클로헥산 등의 유도체이다.

히드로 붕소화 (―― 硼素化, hydroboration)　올레핀 $RCH=CH_2$에 디보란 B_2H_6을 작용시켜 $C=C$에 수소와 붕소를 부가한 화합물 $(RCH_2CH_2)_3B$를 생성하는 반응. 생성된 붕소 화합물을 알칼리성 과산화수소 용액으로 산화하면 알코올 RCH_2CH_2OH가 얻어지고 또 카르복시산과의 반응으로 $C-B$결합이 개열하여 포화탄화수소 RCH_2CH_3가 얻어진다.

히드로졸 (hydrosol)　물을 분산매로 하는 졸. 오르가노졸의 대응어. 분산되어 있는 콜로이드 입자와 물과의 친화성 강약에 따라 녹말과 단백질 등의 친수 히드로졸과 금속 등의 소수성 히드로졸로 구별된다. 히드로졸의 냉각과 입자 간의 다리걸침 반응 등에 의해 유동성을 상실한 것을 히드로겔이라 한다.

히드로퀴논 (hydroquinone)　벤젠 고리의 파라 자리에 2개의 히드록실기가 있는 2가 페놀. $C_6H_4(OH)_2$. 유기 합성의 중간물. 무색의 주상 결정. 배당체인 알부틴 중에 결합 형태로 들어 있으므로 이것을 묽은 산이나 효소 에멀신(emulsin)으로 가수분해하여 얻을 수 있으며, 공업적으로는 퀴논을 아황산, 철과물, 철과 황산 등으로 환원하여 제조한다. 히드로퀴논은 염화철(Ⅲ), 크롬산, 염소 등에 의하여 용이하게 퀴논으로 산화되기도 하므로 위의 두 반응은 가역반응이며 이들에서 다같이 신속히 진행되는 가역반응은 유기반응에서는 드물다. 이 가역반응을 이용하여 퀴논과 히드로퀴논의 분자 화합물인 퀸히드론(quinhydrone) $C_6H_4O_2C_6H_4(OH)_2$ 용액을 pH 8까지의 수소이온 농도를 측정하는 전극액으로 사용한다. 환원제, 산화·중합방지제, 사진의 현상제, 분석시약 등의 용도가 있다. p-벤조퀴논의 환원으로 형성된다. 물, 알코올, 에테르에 녹고 암모니아의 존재하에서 아세트산 납을 작용시키면 침전을 생성한다.

히드로페록시드 (hydroperoxide)　일반식 $R-OOH$로 표기되는 유기 과산물의 일반명이다.

히드로포르밀화 (―― 化, hydroformylation)　올레핀과 일산화탄소와 수소를 촉매의 존재하에서 반응시켜 $C=C$결합에 수소와 포르밀기 $-CHO$가 부가한 구조의 포화 알데히드를 생성하는 방법. 화학공업에서는 생성된 알데히드에 이어 수소화하여 알코올을 합성하므로 이 공정을 포함하여 옥소법이라 한다.

히드록삼산 (―― 酸, hydroxamic acid)　일반식 $R-CO-NHOH$로 표기되는 유기산의 일반명. 카르복시산과 히드록실 아민과의 탈수 축합 생성물 즉, 히드록실 아민의 $N-$아실 유도체. 카르복시산의 에스테르, 아미드, 산염화물 또는 산무수물에 히드록실 아민을 작용시키면 생성된다. 산의 성질을 가지는 결정으로, 이것의 산성 또는 중성 수용액에 염화철(Ⅲ)을 가하면 포도주와 같은 적색의 착염을 생성하여 광색하므로 이들 화합물의 검출에 이용된다. 포름히드록삼산 HCONHOH는 무색, 엽상결정. 아세트 히드록삼산 $CH_3CONHOH$은 무색 판상결정이다.

히드록시기 (──基, hydroxyl group)　OH 원자단 혹은 유리기의 명칭. 예전에 수산기로 불리었다. 이 기가 화합물 중에 치환기로 존재할 때는 히드록시라 명명한다.

히드록시산 (──酸, hydroxy acid)　카르복시산에 히드록시기(OH기)가 치환하여 COOH기 외에 OH기가 있는 유기산의 총칭. 옛 명명법에서는 당시의 독일어명을 기준으로 OH기를 옥시라 하였으므로 옛 문헌에서는 옥시산이라 적혀 있다.

히드록시 아파타이트 (hydroxy apatite)　주성분 $Ca_5(PO_4)_3(OH)$인 인회석의 하나. 수산인회석이라고도 한다. 중요한 인광석의 하나이다. 불투명한 회색 유리모양의 광택이 있는 결정. 비료, 인의 원료이지만 최근 크로마토그래피의 고정상, 인공 치근 등의 생체 재료로 주목을 받고 있다.

α-히드록시케톤 (α-hydroxy ketone)　⇨ 아실로인.

히드록시프롤린 (hydroxyproline)　단백질을 구성하는 아미노산의 하나. 프롤린의 히드록시 유도체로 피롤리딘 고리에 1개의 OH기가 있다. 옛 문헌에는 독일어의 구명을 원어로 하여 옥시프롤린이라 불리워진 적이 있다. 잔기의 약어는 Hyp이다.

히드록실아민 (hydroxylamine)　NH_2OH. 알데히드와 케톤에서 옥심을 만드는 시약으로서, 분석용 혹은 유기 합성의 시제로 사용된다. 보통 염산염으로 판매되고 있다.

히드록실화 (──化, hydroxylation)　유기 화합물에 히드록실기를 도입하는 반응. 일반적으로 기존 치환기를 OH기로 치환하는 일이 많지만 올레핀의 산화로 1, 2-글리콜을 형성하거나 페놀에서 다가 페놀을 형성하는 반응도 있다.

히드롤라아제 (hydrolase)　⇨ 가수 분해 효소.

히스타민 (histamine)　히스티딘의 탈탄산으로 생성되는 생리활성 아민. 이미다졸 고리의 곁사슬에 아미노기가 있다. 유독하며, 혈관 확장, 평활근 수축, 위산 분비 등을 일으킨다. 알레르기 반응 때에 방출되어 각종 생리작용을 보인다. 항히스타민제가 여러 알레르기(과민증)에 유효한 것은 이 때문이다.

히스테리시스 (hysteresis)　물질(계)의 상태량과 상태변수의 관계를 실험에 의해 구하여 도시하는 경우 상태변수를 어느 범위에서 순환적으로 증가, 감소시켰을 때에 상태량이 같은 곡선상을 추종함이 없이 증가와 감소로 상이한 곡선을 더듬어 하나의 폐곡선을 그리는 수가 있다. 이 현상을 히스테리시스 혹은 이력현상이라 한다. 예를 들면 강자성체의 자화와 자기장의 세기, 강유전체의 분극과 전기장의 세기, 다공성 흡착제에 의한 기체 흡착량과 기체 압력의 관계 등에서 볼 수 있다.

히스톤 (histone)　진핵생물의 핵내 DNA에 결합하고 있는 염기성 단백질. H1, H2A, H2B, H3, H4 5종류의 히스톤이 알려져 있다. 뒤의 4자는 8량체를 형성하고 그 주위에 DNA가 감겨있는 구조를 취하고 있다. ⇨ 뉴클레오솜.

히스티딘 (histidine)　단백질을 구성하는 아미노산의 하나. α-아미노산의 β-자리에 이미다졸 고리가 결합한 구조를 하고 있다. 각종 단백질 중에 존재하지만 혈액 중의 헤모글로빈에 특히 많이 함유되어 있다. 잔기의 약어 His, 더욱 간략화하면 H이다.

히알루론산 (──酸, hyaluronic acid)　글리코사미노글리칸의 하나. 글루쿠론산과 N-아세틸 글루코사민으로 뇐 이당의 중합체. 동물의 결합조직에 콘드로이틴 황산과 공존하여 널리 분포되어 있다. 체내에서 단백질과 점성 용액이나 겔을 형성하여 조직구조의 유지, 윤활작용을 한다. 또 세균의 침입을 방지하는 작용이 있어 화장품 등에 응용되고 있다. 닭 벼슬에서 추출하는 방법이 공업화되어 있다.

히트 세트 잉크 (heat-set ink)　가열 증발 건조성 웨이브평판(오프셋 윤전) 인쇄 및 웨이브 요판 인쇄용 인쇄 잉크를 이른다. 고비점 용제를 증발시키기 위해 대형 고온 건조기(드라이어)를 인쇄 라인에 설치할 필요가

있다. 용지의 절단, 열에 의한 주름, 팽창 등
의 트러블을 피하기 위해 가열 건조시에 지
면 온도를 100℃ 정도로 억제하는 저온 건
조형 잉크가 개발되었다.

힘의 상수 (—— 常數, force constant) 스프
링을 신축시킬 때, 그 복원력은 변위의 크기
에 비례한다. 이 비례계수를 힘의 상수라 한
다. 구조화학에서는 분자 내의 화학결합 길
이 혹은 결합각이 분자의 진동으로 변화할
때 신축 혹은 변각의 힘의 상수라는 형태로
사용되며, 각각 화학결합의 세기 혹은 변각
에 대한 저항력의 세기를 표시한다.

참고하세요!

헤르츠 (Hertz, Heinrich Rudolf : 1857 ~ 1894년) 독일, 물리학

　함부르크 출생이며. G. R. 키르히호프와 H. L. 헬름홀츠의 지도를 받았다. 1889년 R.J.클라
우지우스 후임으로 본대학 교수가 되었으나, 1892년경부터 만성패혈증으로 건강이 악화, 37세
로 요절하였다. 22세 무렵 전자기이론 및 전자기파(電磁氣波)에 관심을 가져 진동수의 전기진동
을 만들어내는 데 성공, 전자기파 실험에 착수하였다. 감응(感應)코일로 만든 불꽃방전이 이와
연결한 또 하나의 회로의 간극(間隙)으로 방전을 유발한다는 것을 확인하였는데, 이것은 전기진
동의 전파속도에 한계가 있다는 것이므로 그 속도를 측정하였다. 이어서 이 회로를 분리하여도
불꽃방전이 생긴다는 것을 알아내고, 회로의 고유진동수를 변화시켜 공명효과가 있음을 확인하
였다. 이것을 전자기파 검출에 이용하도록 착상한 것이 헤르츠의 공명자(共鳴子)이다. 이로써
전자기파의 존재를 확인하고 그 전파속도가 빛의 속도와 같다는 것도 입증하였다. 또 포물면거
울을 사용해서 전자기파의 평행속(平行束)을 만들고, 이것에 의해 전자기파의 직진성 · 편향
성 · 반사 · 굴절 등을 살펴서 전자기파가 빛이나 열복사(熱輻射)와 같은 성질을 보인다는 것을
입증하였다(1888년). 이것은 맥스웰 이론의 정확성을 입증한 것으로 중요한 업적이다.

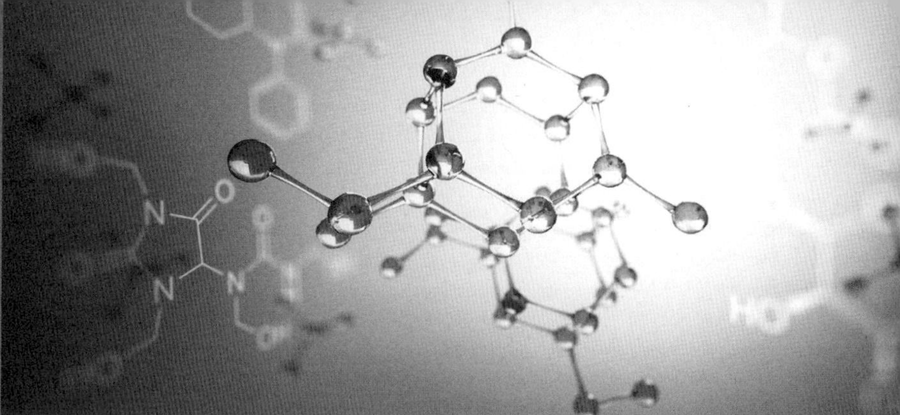

부 록

- 화학 원소명
- 원소의 전자 배치
- 수에 대한 실용 접두어
- 주요 산·염기 지시약
- 주요 화합물들의 명명
- 중요 물리 상수
- 화학사 연표
- 주요 인물 및 업적
- 주요 공식 및 원리

(1) 화학 원소명

원자 번호	원소 기호	국 어 명	영 어 명	원자 번호	원소 기호	국 어 명	영 어 명
1	H	수소	Hydrogen	26	Fe	철	Iron
1	D	중수소	Deuterium	27	Co	코발트	Cobalt
1	T	삼중수소	Tritium	28	Ni	니켈	Nickel
2	He	헬륨	Helium	29	Cu	구리	Copper
3	Li	리튬	Lithium	30	Zn	아연	Zinc
4	Be	베릴륨	Beryllium	31	Ga	갈륨	Gallium
5	B	붕소	Boron	32	Ge	게르마늄	Germanium
6	C	탄소	Carbon	33	As	비소	Arsenic
7	N	질소	Nitrogen	34	Se	셀렌	Selenium
8	O	산소	Oxygen	35	Br	브롬	Bromine
9	F	플루오르	Fluorine	36	Kr	크립톤	Krypton
10	Ne	네온	Neon	37	Rb	루비듐	Rubidium
11	Na	나트륨	Sodium	38	Sr	스트론튬	Strontium
12	Mg	마그네슘	Magnesium	39	Y	이트륨	Yttrium
13	Al	알루미늄	Aluminium	40	Zr	지르코늄	Zirconium
14	Si	규소	Silicon	41	Nb	니오브	Niobium
15	P	인	Phosphorus	42	Mo	몰리브덴	Molybdenum
16	S	황	Sulfur	43	Tc	테크네튬	Technetium
17	Cl	염소	Chlorine	44	Ru	루테늄	Ruthenium
18	Ar	아르곤	Argon	45	Rh	로듐	Rhodium
19	K	칼륨	Potassium	46	Pd	팔라듐	Palladium
20	Ca	칼슘	Calcium	47	Ag	은	Silver
21	Sc	스칸듐	Scandium	48	Cd	카드뮴	Cadmium
22	Ti	티탄	Titanium	49	In	인듐	Indium
23	V	바나듐	Vanadium	50	Sn	주석	Tin
24	Cr	크롬	Chromium	51	Sb	안티몬	Antimony
25	Mn	망간	Manganese	52	Te	텔루르	Tellurium

원자 번호	원소 기호	국 어 명	영 어 명	원자 번호	원소 기호	국 어 명	영 어 명
53	I	요오드	Iodine	79	Au	금	Gold
54	Xe	크세논	Xenon	80	Hg	수은	Mercury
55	Cs	세슘	Cesium	81	Tl	탈륨	Thallium
56	Ba	바륨	Barium	82	Pb	납	Lead
57	La	란탄	Lanthanum	83	Bi	비스무트	Bismuth
58	Ce	세륨	Cerium	84	Po	폴로늄	Polonium
59	Pr	프라세오디뮴	Praseodymium	85	At	아스타틴	Astatine
60	Nd	네오디뮴	Neodymium	86	Rn	라돈	Radon
61	Pm	프로메튬	Promethium	87	Fr	프랑슘	Francium
62	Sm	사마륨	Samarium	88	Ra	라듐	Radium
63	Eu	유로퓸	Europium	89	Ac	악티늄	Actinium
64	Gd	가돌리늄	Gadolinium	90	Th	토륨	Thorium
65	Tb	테르븀	Terbium	91	Pa	프로트악티늄	Protactinium
66	Dy	디스프로슘	Dysprosium	92	U	우라늄	Uranium
67	Ho	홀뮴	Holmium	93	Np	넵투늄	Neptunium
68	Er	에르븀	Erbium	94	Pu	플루토늄	Plutonium
69	Tm	툴륨	Thulium	95	Am	아메리슘	Americium
70	Yb	이테르븀	Ytterbium	96	Cm	퀴륨	Curium
71	Lu	루테튬	Lutetium	97	Bk	버클륨	Berkelium
72	Hf	하프늄	Hafnium	98	Cf	칼리포르늄	Californium
73	Ta	탄탈	Tantalum	99	Es	아인시타인늄	Einsteinium
74	W	텅스텐	Tungsten	100	Fm	페르뮴	Fermium
75	Re	레늄	Rhenium	101	Md	멘델레븀	Mendelevium
76	Os	오스뮴	Osmium	102	No	노벨륨	Nobelium
77	Ir	이리듐	Iridium	103	Lr	로렌슘	Lawrencium
78	Pt	백금	Platinum				

(2) 원소의 전자 배치

원 소		K	L		M			N				O			이온화 에너지	
(에너지 준위)		1s	2s	2p	3s	3p	3d	4s	4p	4d	4f	5s	5p	5d	I (eV)	II (eV)
1	H	1													13.595	
2	He	2													24.581	54.403
3	Li	2	1												5.390	75.619
4	Be	2	2												9.320	18.206
5	B	2	2	1											8.296	25.149
6	C	2	2	2											11.256	24.376
7	N	2	2	3											14.53	29.593
8	O	2	2	4											13.614	35.108
9	F	2	2	5											17.418	34.98
10	Ne	2	2	6											21.559	41.07
11	Na	2	2	6	1										5.138	47.29
12	Mg	2	2	6	2										7.644	15.031
13	Al	2	2	6	2	1									5.984	18.823
14	Si	2	2	6	2	2									8.149	16.34
15	P	2	2	6	2	3									10.484	19.72
16	S	2	2	6	2	4									10.357	23.4
17	Cl	2	2	6	2	5									13.01	23.80
18	Ar	2	2	6	2	6									15.755	27.62
19	K	2	2	6	2	6		1							4.339	31.81
20	Ca	2	2	6	2	6		2							6.111	11.868
21	Sc	2	2	6	2	6	1	2							6.54	12.80
22	Ti	2	2	6	2	6	2	2							6.82	13.57
23	V	2	2	6	2	6	3	2							6.74	14.65
24	Cr	2	2	6	2	6	5	1							6.764	16.49
25	Mn	2	2	6	2	6	5	2							7.432	15.636
26	Fe	2	2	6	2	6	6	2							7.78	16.18
27	Co	2	2	6	2	6	7	2							7.86	17.05
28	Ni	2	2	6	2	6	8	2							7.633	18.15
29	Cu	2	2	6	2	6	10	1							7.724	20.29
30	Zn	2	2	6	2	6	10	2							9.391	17.96
31	Ga	2	2	6	2	6	10	2	1						6.00	20.51
32	Ge	2	2	6	2	6	10	2	2						7.88	15.93
33	As	2	2	6	2	6	10	2	3						9.81	18.63
34	Se	2	2	6	2	6	10	2	4						9.75	21.5
35	Br	2	2	6	2	6	10	2	5						11.84	21.6
36	Kr	2	2	6	2	6	10	2	6						13.996	24.56

에너지 준위 원 소	K	L		M			N				O			이온화 에너지	
	1s	2s	2p	3s	3p	3d	4s	4p	4d	4f	5s	5p	5d	I (eV)	II (eV)
37 Rb	2	2	6	2	6	10	2	6			1			4.176	27.5
38 Sr	2	2	6	2	6	10	2	6			2			5.692	11.027
39 Y	2	2	6	2	6	10	2	6	1		2			6.38	12.23
40 Zr	2	2	6	2	6	10	2	6	2		2			6.84	13.13
41 Nb	2	2	6	2	6	10	2	6	4		1			6.88	14.32
42 Mo	2	2	6	2	6	10	2	6	5		1			7.10	16.15
43 Tc	2	2	6	2	6	10	2	6	5		2			7.28	15.26
44 Ru	2	2	6	2	6	10	2	6	7		1			7.364	16.76
45 Rh	2	2	6	2	6	10	2	6	8		1			7.46	18.07
46 Pd	2	2	6	2	6	10	2	6	10		0			8.33	19.42
47 Ag	2	2	6	2	6	10	2	6	10		1			7.574	21.48
48 Cd	2	2	6	2	6	10	2	6	10		2			8.991	16.904
49 In	2	2	6	2	6	10	2	6	10		2	1		5.785	18.86
50 Sn	2	2	6	2	6	10	2	6	10		2	2		7.342	14.628
51 Sb	2	2	6	2	6	10	2	6	10		2	3		8.639	16.5
52 Te	2	2	6	2	6	10	2	6	10		2	4		9.01	18.6
53 I	2	2	6	2	6	10	2	6	10		2	5		10.454	19.09
54 Xe	2	2	6	2	6	10	2	6	10		2	6		12.127	21.2

에너지 준위 원 소	K	L	M	N				O					P						Q	이온화 에너지	
				4s	4p	4d	4f	5s	5p	5d	5f	5g	6s	6p	6d	6f	6g	6h	7s…	I (eV)	II (eV)
55 Cs	2	8	18	2	6	10		2	6				1							3.893	25.1
56 Ba	2	8	18	2	6	10		2	6				2							5.210	10.001
57 La	2	8	18	2	6	10		2	6	1			2							5.61	11.43
58 Ce	2	8	18	2	6	10	1	2	6	1			2							6.91	–
59 Pr	2	8	18	2	6	10	3	2	6	0			2							5.76	–
60 Nd	2	8	18	2	6	10	4	2	6	0			2							6.31	–
61 Pm	2	8	18	2	6	10	5	2	6	0			2							–	–
62 Sm	2	8	18	2	6	10	6	2	6	0			2							5.6	11.2
63 Eu	2	8	18	2	6	10	7	2	6	0			2							5.67	11.24
64 Gd	2	8	18	2	6	10	7	2	6	1			2							6.16	12
65 Tb	2	8	18	2	6	10	9	2	6	0			2							6.74	–
66 Dy	2	8	18	2	6	10	(10)	2	6	(0)			2							6.82	–
67 Ho	2	8	18	2	6	10	(11)	2	6	(0)			2							–	–
68 Er	2	8	18	2	6	10	(12)	2	6	(0)			2							6.08	–
69 Tm	2	8	18	2	6	10	13	2	6	0			2							5.81	–
70 Yb	2	8	18	2	6	10	14	2	6	0			2							6.22	12.10
71 Lu	2	8	18	2	6	10	14	2	6	1			2							6.15	14.7
72 Hf	2	8	18	2	6	10	14	2	6	2			2							7	14.9
73 Ta	2	8	18	2	6	10	14	2	6	3			2							7.88	16.2

원소	K	L	M	N (4s 4p 4d 4f)	O (5s 5p 5d 5f 5g)	P (6s 6p 6d 6f 6g 6h)	Q (7s…)	I (eV)	II (eV)
74 W	2	8	18	2 6 10 14	2 6 4	2		7.98	17.7
75 Re	2	8	18	2 6 10 14	2 6 5	2		7.87	16.6
76 Os	2	8	18	2 6 10 14	2 6 6	2		8.7	17
77 Ir	2	8	18	2 6 10 14	2 6 7	2		9	–
78 Pt	2	8	18	2 6 10 14	2 6 9	1		9.0	18.56
79 Au	2	8	18	2 6 10 14	2 6 10	1		9.22	20.5
80 Hg	2	8	18	2 6 10 14	2 6 10	2		10.43	18.751
81 Tl	2	8	18	2 6 10 14	2 6 10	2 1		6.106	20.42
82 Pb	2	8	18	2 6 10 14	2 6 10	2 2		7.415	15.028
83 Bi	2	8	18	2 6 10 14	2 6 10	2 3		7.287	16.68
84 Po	2	8	18	2 6 10 14	2 6 10	2 4		8.43	–
85 At	2	8	18	2 6 10 14	2 6 10	2 5		9.5	–
86 Rn	2	8	18	2 6 10 14	2 6 10	2 6		10.746	–
87 Fr	2	8	18	2 6 10 14	2 6 10	2 6	1	–	–
88 Ra	2	8	18	2 6 10 14	2 6 10	2 6	2	5.277	10.144
89 Ac	2	8	18	2 6 10 14	2 6 10	2 6 1	2	6.9	12.1
90 Th	2	8	18	2 6 10 14	2 6 10	2 6 2	2	6.95	–
91 Pa	2	8	18	2 6 10 14	2 6 10 (3)	2 6 (0)	2	–	–
92 U	2	8	18	2 6 10 14	2 6 10 3	2 6 1	2	–	–
93 Np	2	8	18	2 6 10 14	2 6 10 (4)	2 6 (1)	2	6.1	–
94 Pu	2	8	18	2 6 10 14	2 6 10 (5)	2 6 (1)	2	5.1	–
95 Am	2	8	18	2 6 10 14	2 6 10 7	2 6 0	2	6.0	–
96 Cm	2	8	18	2 6 10 14	2 6 10 (7)	2 6 (1)	2	–	–
97 Bk	2	8	18	2 6 10 14	2 6 10 (8)	2 6 (1)	2	–	–
98 Cf	2	8	18	2 6 10 14	2 6 10 (9)	2 6 (1)	2	–	–
99 Es	2	8	18	2 6 10 14	2 6 10 (10)	2 6 (1)	2	–	–
100 Fm	2	8	18	2 6 10 14	2 6 10 (11)	2 6 (1)	2	–	–
101 Md	2	8	18	2 6 10 14	2 6 10 (12)	2 6 (1)	2	–	–
102 No	2	8	18	2 6 10 14	2 6 10 (13)	2 6 (1)	2	–	–
103 Lr	2	8	18	2 6 10 14	2 6 10 (14)	2 6 (1)	2	–	–

㈜ 희토류 중에서 악티늄족에 속하는 원소에는 정확한 전자 배치를 알 수 없는 것이 많다. ( ) 안의 숫자는 불확실한 것, 또는 추측에 의한 것이 있다. 이온화 에너지의 I, II 는 각각 1가 및 2가 이온에 대한 값을 나타낸다.

(3) 수에 대한 실용 접두어

(화학명을 쓸 때의 수사 접두어)

수	호	칭	수	호	칭
1	모노(유니)	mono-(uni-)	28	옥타코사	octacosa-
2	디(비)	di-(bi-), bis- *	29	노나코사	nonacosa-
3	트리(테르)	tri-(ter-), tris- *	30	트리아콘타	triaconta-
4	테트라(쿼터)	tetra-(quater-)	31	헨트리아콘타	hentriaconta-
5	펜타(퀸쿼)	penta-(quinque-)	32	도트리아콘타	dotriaconta-
6	헥사(섹시)	hexa-(sexi-)	33	트리트리아콘타	tritriaconta-
7	헵타(셉티)	hepta-(septi-)	34	테트라트리아콘타	tetratriaconta-
8	옥타(옥티)	octa-(octi-)	35	펜타트리아콘타	pentatriaconta-
9	엔네아	ennea-	36	헥사트리아콘타	hexatriaconta-
	(노나, 노비)	(nona-, novi-)	37	헵타트리아콘타	heptatriaconta-
10	데카(데시)	deca-(deci-)	38	옥타트리아콘타	octatriaconta-
11	헨데카(운데카)	hendeca-(undeca-)	39	노나트리아콘타	nonatriaconta-
12	도데카	dodeca-	40	테트라콘타	tetraconta-
13	트리데카	trideca-	41	헨테트라콘타	hentetraconta-
14	테트라데카	tetradeca-	42	도테트라콘타	dotetraconta-
15	펜타데카	pentadeca-	43	트리테트라콘타	tritetraconta-
16	헥사데카	hexadeca-	44	테트라테트라콘타	tetratetraconta-
17	헵타데카	heptadeca-	45	펜타테트라콘타	pentatetraconta-
18	옥타데카	octadeca-	46	헥사테트라콘타	hexatetraconta-
19	노나데카	nonadeca-	47	헵타테트라콘타	heptatetraconta-
20	에이코사	eicosa-	48	옥타테트라콘타	octatetraconta-
21	헨에이코사	heneicosa-	49	노나테트라콘타	nonatetraconta-
22	도코사	docosa-	50	펜타콘타	pentaconta-
23	트리코사	tricosa-	60	헥사콘타	hexaconta-
24	테트라코사	tetracosa-	100	헥타	hecta-
25	펜타코사	pentacosa-			
26	헥사코사	hexacosa-	$\frac{1}{2}$	헤미(세미)	hemi-(semi-)
27	헵타코사	heptacosa-	$\frac{3}{2}$	(세스퀴)	(sesqui-)

㈜ ( ) 안은 라틴어에서 유래한 것이다. * 표시는 뒤에 복잡한 기명 등이 이어 나올 때 쓰는 접두어. 4개 이상의 경우에는 해당하는 수사 접두어 다음에 kis를 붙인다 (예: tetrakis). 무기화합물에서는 모노에서 도데카까지 사용하고, 13 이상은 아라비아 숫자를 이용한다. 헤미와 세스퀴는 가급적 피하는 것이 좋다.

(3) 수에 대한 실용 접두어

(수의 자릿수를 나타내는 호칭)

수	호 칭		기 호	호 칭	
10^{-12}	피코 (마이크로 마이크로)	pico-	$p\,(\mu\mu)$		
10^{-9}	나노	nano-	n		
10^{-6}	마이크로	micro-	μ		미 (微)
10^{-5}	센티밀리	centi-milli-	cm		홀 (忽)
10^{-4}	데시밀리	deci-milli-	dm		사 (絲)
10^{-3}	밀리	milli-	m		모 (毛)
10^{-2}	센티	centi-	c		리 (里)
10^{-1}	데시	deci-	d		분 (分)
1	모노	mono-		one	(1)
10	데카	deca-	D 또는 da	ten	(10)
10^{2}	헥토	hecto-	h	hundred	(100)
10^{3}	킬로	kilo-	k	thousand	(1000)
10^{4}	미리아	myria-	ma	ten-thousand	(10000)
10^{5}	헥토킬로	hecto-kilo-	hk	hundred-thousand	(10만)
10^{6}	메가	mega-	M	million	(100만)
10^{9}	기가	giga-	G	billion *	(10억)
10^{12}	테라	tera-	T	trillion **	(1조)

㊟　* 미국·프랑스는 10^{9} 을, 영국·독일은 10^{12} 을 billion이라고 한다 (영국·독일에서는 10^{9} 은 thousand-million).

　** 미국·프랑스는 10^{12} 을, 영국·독일은 10^{18} 을 trillion이라 한다. 이하 미국·프랑스는 1,000배마다, 영국·독일은 100만 배마다 다음과 같은 명칭을 쓴다.

　quadrillion, quintillion, sextillion (미국·프랑스는 10^{21}, 영국·독일은 10^{34}), septillion, octillion, nonillion, decillion, ……

아라비아 숫자와 로마 숫자

1	2	3	4	5	6	7	8	9	10	11
I	II	III	IV	V	VI	VII	VIII	IX	X	XI
12	13	14	15	16	17	18	19	20	30	40
XII	XIII	XIV	XV	XVI	XVII	XVIII	XIX	XX	XXX	XL
50	60	70	80	90	100	200	300	400	500	1000
L	LX	LXX	LXXX	XC	C	CC	CCC	CD	D	M

(4) 주요 산·염기 지시약

지 시 약	산성색	변색범위 (pH)	염기성색
알리자린 블루 (Alizarin Blue)	담홍	0.0 ~ 1.6	황
메틸 바이올렛 (Methyl Violet)	황	0.5	녹
o-크레졸 레드 (o-Cresol Red)	적	0.4 ~ 2.2	황
크리스털 바이올렛 (Crystal Violet)	녹	1.5	청
에리트로신 (Erythrosin)	오렌지	1.2 ~ 2.5	적
티몰 블루 (Thymol Blue)	적	1.2 ~ 2.8	황
m-크레졸 레드 (m-Gresol Red)	적	1.2 ~ 2.8	황
메틸 바이올렛 6B (Methyl Violet 6B)	청록	1.5 ~ 3.2	자
아미노아조벤젠 (Aminoazobenzene)	오렌지	2.5	황
알리자린 옐로 R (Alizarin Yellow R)	적	1.9 ~ 3.3	황
β-디니트로페놀 (β-Dinitrophenol(2,6-Dinitrophenol))	무	2.4 ~ 4.0	황
메틸 오렌지 (Methyl Orange)	적	3.1 ~ 4.4	등황
콩고 레드 (Congo Red)	청자	3.0 ~ 5.2	적
p-에틸 오렌지 (p-Ethyl Orange)	적	3.4 ~ 4.8	황
나프틸 레드 (Naphthyl Red)	적	3.7 ~ 5.0	황
메틸 레드 (Methyl Red)	적	4.4 ~ 6.2	황
카르민산 (Carminic acid)	적	5.6 ~ 6.0	적자
클로르페놀 레드 (Chlorphenol Red)	황	5.0 ~ 6.6	적
p-니트로페놀 (p-Nitrophenol)	무	5.6 ~ 7.6	황
피나크롬 (Pinachrome)	무	5.8 ~ 7.8	적
브롬티몰 블루 (Bromothymol Blue)	황	6.0 ~ 7.6	청
알리자린 블루 (Alizarin Blue)	황	6.0 ~ 7.6	녹
페놀 레드 (Phenol Red)	황	6.8 ~ 8.4	적
퀴놀린 블루 (시아닌) (Quinoline Blue(Cyanine))	무	6.6 ~ 8.6	청
o-크레졸벤제인 (o-Cresolbenzein)	황	7.2 ~ 8.6	적
α-나프톨프탈레인 (α-Naphtholphthalein)	담적	7.3 ~ 8.7	청록
디- o-히드록시스티릴케톤 (Di- o-hydroxystyrylketone)	황	7.3 ~ 8.7	녹
쿠르쿠민 (브릴리안트 옐로)(Curcumin(Brilliant Yellow))	황	7.4 ~ 8.6	다
p-크실레놀 블루 (p-Xylenol Blue)	황	8.0 ~ 9.6	청
o-크레졸프탈레인 (o-Cresolphthalein)	무	8.2 ~ 9.8	적
나일 블루 A (Nile Blue A)	청	10.0 ~ 11.0	담적
아조 블루 (Azo Blue)	담자	10.5 ~ 11.5	담적
디아조 바이올렛 (Diazo Violet)	황	10.1 ~ 12.0	자
염기성 푹신 (Fuchsine, basic)	적자	12.0 ~ 13.0	무
인디고 카르민 (Indigo Carmine)	청	11.6 ~ 14.0	황
1,3,5-트리니트로벤젠 (1,3,5-Trinitrobenzene)	무	12.0 ~ 14.0	오렌지
산성 푹신 (Fuchsine, acid)	적자	12.0 ~ 14.0	무

(5) 주요 화합물들의 명명

1. 무기화합물

산소산의 관용명

질산	HNO_3	nitric acid
과산화질산	HNO_4	peroxonitric acid
아질산	HNO_2	nitrous acid
오르토 붕산	H_3BO_3	orthoboric acid
메타 붕산	$(HBO_2)_n$	metaboric acid
하이포 붕산	$H_4B_2O_4$	hypoboric acid
탄산	H_2CO_3	carbonic acid
시안산	$HOCN$	cyanic acid
이소시안산	$HNCO$	isocyanic acid
하이포아질산	$H_2N_2O_2$	hyponitrous acid
오르토인산	H_3PO_4	orthophosphoric acid
폴리인산	$H_{n+2}P_n O_{3n+1}$	polyphosphoric acid
메타인산	$(HPO_3)_n$	metaphosphoric acid
과산화일인산	H_3PO_5	peroxo(mono)phosphoric acid
하이포인산	$(HO)_2OP\text{-}PO(OH)_2$	hypophosphoric acid
아인산	H_3PO_3	phosphorous acid
하이포아인산	H_3PO_2	hypophosphorous acid
황산	H_2SO_4	sulfuric acid
티오황산	$H_2S_2O_3$	thiosulfuric acid
아황산	H_2SO_3	sulfurous acid
셀렌산	H_2SeO_4	selenic acid
아셀렌산	H_2SeO_3	selenious acid
(오르토) 텔루르산	H_6TeO_6	(ortho) telluric acid
크롬산	H_2CrO_4	chromic acid
과염소산	$HClO_4$	perchloric acid
염소산	$HClO_3$	chloric acid
아염소산	$HClO_2$	chlorous acid
하이포아염소산	$HClO$	hypochlorous acid
과망간산	$HMnO_4$	permanganic acid
망간산	H_2MnO_4	manganic acid
브롬산	$HBrO_3$	bromic acid
아브롬산	$HBrO_2$	bromous acid
하이포아브롬산	$HBrO$	hypobromous acid
요오드산	HIO_3	iodic acid
하이포아요오드산	HIO	hypoiodous acid

수소화물의 관용명

히드라진	N_2H_4	hydrazine
포스핀	PH_3	phosphine
아르신	AsH_3	arsine
스티빈	SbH_3	stibine
실란	SiH_4	silane
게르만	GeH_4	german
메탄	CH_4	methane
이아르신	As_2H_4	diarsine
이게르만	Ge_2H_6	digerman
이보란	B_2H_6	diborane
물	H_2O	water
암모니아	NH_3	ammonia
스타난	SnH_4	stannan
이포스핀	P_2H_4	diphosphine

2. 유기화합물

산의 관용명

화 학 식	학　　　　　명	관 용 명
지방족모노카르복실산		* acid는 생략
$HCOOH$	methanoic acid (메탄산)	formic (포름산) (개미산)
CH_3COOH	ethanoic acid (에탄산)	acetic (아세트산)
CH_3CH_2COOH	propanoic acid (프로판산)	propionic (프로피온산)
$CH_3(CH_2)_2COOH$	butanoic acid (부탄산)	butyric (부티르산) (낙산)
$(CH_3)_2CHCOOH$	$2-$methylpropanoic acid ($2-$메틸프로판산)	isobutyric (이소부티르산)
$CH_3(CH_2)_3COOH$	pentanoic acid (펜탄산)	valeric (발레르산)(길초산)
$(CH_3)_3CCOOH$	$2,2-$dimethylpropanoic acid ($2,2-$디메틸프로판산)	pivalic (피발산)
$CH_3(CH_2)_{10}COOH$	dodecanoic acid (도데칸산)	lauric (라우린산)
$CH_3(CH_2)_{12}COOH$	tetradecanoic acid (테트라데칸산)	myristic (미리스트산)
$CH_3(CH_2)_{14}COOH$	hexadecanoic acid (핵사데칸산)	palmitic (팔미트산)
$CH_3(CH_2)_{16}COOH$	octadecanoic acid (옥타데칸산)	stearic (스테아르산)
$CH_2=CHCOOH$	propenoic acid (프로펜산)	acrylic (아크릴산)
$CH=C-COOH$	propynoic acid (프로핀산)	propiolic (프로피온산)
$CH_2=C(CH_3)COOH$	$2-$methylpropenoic acid ($2-$메틸프로펜산)	methacrylic (메타크릴산)
$CH_3CH=CHCOOH$	*trans*$-2-$butenoic acid (*trans*$-2-$부텐산)	crotonic (크로톤산)
$CH(CH_2)_7CH_3$ ‖ $CH(CH_2)_7COOH$	*cis*$-9-$octadecenoic acid (*cis*$-9-$옥타데센산)	oleic (올레산)

화 학 식	학　　　　　명	관 용 명
지방족 디카르복실산		* acid는 생략
$HOOC-COOH$	ethanedioic acid (에탄이산)	oxalic (옥살산)
$HOOC-CH_2-COOH$	propanedioic acid (프로판이산)	malonic (말론산)
$HOOC(CH_2)_2COOH$	butanedioic acid (부탄이산)	succinic (숙신산)
$HOOC(CH_2)_3COOH$	pentanedioic acid (펜탄이산)	glutaric (글루타르산)
$HOOC(CH_2)_4COOH$	hexanedioic acid (헥산이산)	adipic (아디프산)
$HC-COOH$ $\parallel$ $HC-COOH$	*cis*−butenedioic acid (*cis*−부텐이산)	maleic (말레산)
$HOOC-CH$ $\parallel$ 　　$HC-COOH$	*trans*−butenedioic acid (*trans*−부텐이산)	fumaric (푸마르산)
탄소고리카르복실산		
C_6H_5COOH	benzenecarboxylic acid (벤젠카르복실산)	benzoic (벤조산)(안식향산)
$C_6H_4(COOH)_2(1,2-)$	1,2−benzenedicarboxylic acid (1,2−벤젠티카르복실산)	phthalic (프탈산)
$C_6H_4(COOH)_2(1,3-)$	1,3−benzenedicarboxylic acid	isophthalic (이소프탈산)
$C_6H_4(COOH)_2(1,4-)$	1,4−benzenedicarboxylic acid	terephthalic (테레프탈산)
$CH_3C_6H_4COOH$	methylbenzenecarboxylic acid (메틸벤젠카르복실산)	toluic (톨루산)
$C_{10}H_7COOH$	naphthalenecarboxylic acid (나프탈렌카르복실산)	naphthoic (나프토산)
$C_6H_5CH=CHCOOH$	3−phenylpropeneic acid (3−페닐프로펜산)	cinnamic (계피산)
헤테로고리카르복실산		
(furan ring)−COOH	2−furanecarboxylic acid (2−푸란카르복실산)	2−furoic (2−푸로산)
(pyridine ring, N)−COOH	3−pyridinecarboxylic acid (3−피리딘카르복실산)	nicotinic (니코틴산)
(pyridine ring, N)−COOH	4−pyridinecarboxylic acid	isonicotinic (이소니코틴산)

주요 기(基) 명칭

지방족 탄화수소기	
CH_3-	methyl
CH_3CH_2-	ethyl
$CH_3CH_2CH_2-$	propyl
$(CH_3)_2CH-$	isopropyl
$CH_3CH_2CH_2CH_2-$	butyl
$(CH_3)_2CHCH_2-$	isobutyl
$CH_3CH_2CH(CH_3)-$	*sec*-butyl
$(CH_3)_3C-$	*tert*-butyl
$CH_3(CH_2)_4-$	pentyl
$(CH_3)_2CHCH_2CH_2-$	isopentyl
$(CH_3)_3CCH_2-$	neopentyl
$CH_3(CH_2)_5-$	hexyl
$CH_3(CH_2)_6-$	heptyl
$CH_3(CH_2)_7-$	octyl
$CH_3(CH_2)_8-$	nonyl
$CH_3(CH_2)_9-$	decyl
$CH_3(CH_2)_{10}-$	undecyl
$CH_3(CH_2)_{11}-$	dodecyl
$-CH_2-$, $CH_2=$	methylene
$-CH_2CH_2-$	ethylene
$-CH_2CH_2CH_2-$	trimethylene
$-CH_2CH_2CH_2CH_2-$	tetramethylene
$-CH(CH_3)CH_2-$	propylene
$CH_3CH=$	ethylidene
$CH_3CH_2CH=$	propylidene
$(CH_3)_2C=$	isopropylidene
$HC\equiv$	methylidyne
$CH_3C\equiv$	ethylidyne
$CH_2=CH-$	vinyl
$CH_3CH=CH-$	1-propenyl
$CH_2=CHCH_2-$	allyl
$CH_2=C(CH_3)-$	isopropenyl
$CH_3CH_2CH=CH-$	1-butenyl
$CH_3CH=CHCH_2-$	2-butenyl
$-CH=CH-$	vinylene
$-CH_2CH=CH-$	propenylene
$CH_2=C=$	vinylidene

$CH\equiv C-$	ethynyl
C_3H_5-	cyclopropyl
C_5H_9-	cyclopentyl
$C_6H_{11}-$	cyclohexyl
	1-cyclohexenyl

방향족 탄화수소기	
C_6H_5-	phenyl
$CH_3C_6H_4-$	tolyl (*o-*, *m-*, *p-*)
$(CH_3)_2C_6H_3-$	xylyl (2, 4- 등)
$2,4,6-(CH_3)_3C_6H_2-$	mesityl
$(CH_3)_2CHC_6H_4-$	cumenyl (*o-*, *m-*, *p-*)
$C_6H_5CH_2-$	benzyl
$C_6H_5CH_2CH_2-$	phenethyl
$C_6H_5CH(CH_3)-$	$\alpha-$methylbenzyl
$(C_6H_5)_2CH-$	benzhydryl 또는 diphenylmethyl
$(C_6H_5)_3C-$	trityl 또는 triphenylmethyl
$-C_6H_4-$	phenylene (*o-*, *m-*, *p-*)
$C_6H_5CH=$	benzylidene
$C_6H_5CH=CH-$	styryl
$C_6H_5CH=CHCH_2-$	cinnamyl
$C_6H_5CH=CHCH=$	cinnamylidene
$C_6H_5-C_6H_4-$	biphenylyl (*o-*, *m-*, *p-*)
$C_{10}H_7-$	naphthyl (1-, 2-)
$-C_{10}H_6-$	naphthylene (1, 2- 등)
$C_{14}H_9-$	anthryl (1-, 2-, 9-)
$C_{14}H_9-$	phenanthryl (1-, 2- 등)

할로겐기	
$F-$	fluoro
$Cl-$	chloro
$Br-$	bromo
$I-$	iodo
$OI-$	iodosyl
O_2I-	iodyl

산소를 품는 특성기	
$HO-$	hydroxy
$HOO-$	hydroperoxy

$-O-$	oxy
$-O-$ (교상구조)	epoxy
$-OO-$	dioxy
$O=$	oxo
$-CO-$, $>CO$	carbonyl

에테르기	
CH_3O-	methoxy
C_2H_5O-	ethoxy
$CH_3CH_2CH_2O-$	propoxy
$(CH_3)_2CHO-$	isopropoxy
$CH_3(CH_2)_3O-$	butoxy
$CH_3(CH_2)_4O-$	pentyloxy
C_6H_5O-	phenoxy
$C_6H_5CH_2O-$	benzyloxy
$-OCH_2O-$	methylenedioxy
$-OCH_2CH_2O-$	ethylenedioxy

카르복실산 및 에스테르기	
$-COOH$	carboxy
$-COOCH_3$	methoxycarbonyl
$-COOC_2H_5$	ethoxycarbonyl
$HCOO-$	formyloxy
CH_3COO-	acetoxy
C_6H_5COO-	benzoyloxy

아실기	
$HCO-$, $-CHO$	formyl
CH_3CO-	acetyl
CH_3CH_2CO-	propionyl
$CH_3CH_2CH_2CO-$	butyryl
$(CH_3)_2CHCO-$	isobutyryl
$CH_3(CH_2)_3CO-$	valeryl
$(CH_3)_2CHCH_2CO-$	isovaleryl
$(CH_3)_3CCO-$	pivaloyl
$CH_3(CH_2)_4CO-$	hexanoyl
$CH_3(CH_2)_6CO-$	octanoyl
$CH_3(CH_2)_{10}CO-$	lauroyl(치환기가 있을 때에는 dodecanoyl)
$CH_3(CH_2)_{14}CO-$	palmitoyl
$CH_3(CH_2)_{16}CO-$	stearoyl
$C_8H_{17}CH=$ $CH(CH_2)_7CO-$	oleoyl
$CH_2=CHCO-$	acryloyl
$HOOC-CO-$	oxalo

구조	명칭
$CH_3OOC-CO-$	methoxalyl
$CH_2=C(CH_3)CO-$	methacryloyl
$ClCO-$	chloroformyl
CH_3COCO-	pyruvoyl
$C_2H_5OOC-CO-$	ethoxalyl
$-CO-CO-$	oxalyl
$-COCH_2CO-$	malonyl
$-COCH_2CH_2CO-$	succinyl
$-CO(CH_2)_3CO-$	glutaryl
$-CO(CH_2)_4CO-$	adipoyl
$-CO(CH_2)_6CO-$	suberoyl
⬡$-CO-$	cyclohexanecarbonyl 및 cyclohexylcarbonyl
C_6H_5CO-	benzoyl
$CH_3C_6H_4CO-$	toluoyl (o-, m-, p-)
$C_6H_5CH=CHCO-$	cinnanamoyl
$C_{10}H_7CO-$	naphthoyl (1-, 2-)
$-CO-C_6H_4-CO-(o\text{-})$	phthaloyl
$-CO-C_6H_4-CO-(m\text{-})$	isophthaloyl
$-CO-C_6H_4-CO-(p\text{-})$	terephthaloyl

산소를 품는 복합기	
CH_3COCH_2-	acetonyl
$C_6H_5COCH_2-$	phenacyl
$o\text{-}HOC_6H_4CH_2-$	salicyl
$o\text{-}HOC_6H_4CH=$	salicylidene
$o\text{-}HOC_6H_4CO-$	salicyloyl
$CH_3OC_6H_4CH_2-$	anisyl (o-, m-, p-)
$CH_3OC_6H_4CO-$	anisoyl (o-, m-, p-)

황을 품는 특성기	
$HS-$	mercapto
$-S-$	thio
CH_3S-	methylthio
C_2H_5S-	ethylthio
C_6H_5S-	phenylthio
$S=$	thioxo
$-CS-$, $>CS$	thiocarbonyl
$-CHS$	thioformyl
CH_3CS-	thioacetyl
$-COSH$, $-CSOH$	thiocarboxy
$-CSSH$	dithiocarboxy
H_2N-CS-	thiocarbamoyl

$-SO_2H$	sulfino
$-SO_3H$	sulfo
$-SO-$	sulflnyl
$-SO_2-$	sulfonyl
CH_3SO_2-	mesyl
$C_6H_5SO_2-$	benzenesulfonyl 및 phenylsulfonyl
$CH_3C_6H_4SO_2-$	toluenesulfonyl (*o-*, *m-*)
$p\text{-}CH_3C_6H_4CO_2-$	tosyl
H_2N-SO_2-	sulfamoyl
HO_3S-NH-	sulfoamino

질소 원자를 품는 특성기

H_2N-	amino
CH_3NH-	methylamino
$(CH_3)_2N-$	dimethylamino
C_6H_5NH-	anilino
$CH_3C_6H_4NH-$	toluidino (*o-*, *m-*, *p-*)
$(CH_3)_2C_6H_3NH-$	xylidino (2, 4- 등)
$-NH-$, $=NH$	imino
$C_6H_5N=$	phenylimino
$N\equiv$	nitrilo
$-CN$	cyano
$-N=C$	isocyano
$-OCN$	cyanato
$-NCO$	isocyanato
$-SCN$	thiocyanato
$-NCS$	isothiocyanato
$-NHOH$	hydroxyamino
$=N-OH$	hydroxyimino
CH_3CONH-	acetamido 또는 acetylamino
C_6H_5CONH-	benzamido 또는 benzoylamino
$\begin{matrix}CH_2CO\\CH_2CO\end{matrix}\!\!>\!N-$	succinimido
H_2N-CO-	carbamoyl
$-NO$	nitroso
$-NO_2$	nitro

$=N\nearrow\begin{smallmatrix}O\\OH\end{smallmatrix}$	*aci*-nitro
$2,4,6\text{-}(NO_2)_3C_6H_2-$	picryl
H_2N-NH-	hydrazino
$H_2N-N=$	hydrazono
$-NH-NH-$	hydrazo
$-N=N-$	azo
$C_6H_5-N=N-$	phenylazo
$C_{10}H_7-N=N-$	naphthylazo (1, -2-)
$-N=N-\downarrow O$	azoxy
$N_2=$	diazo
N_3-	azido
$-N=N-NH-$	diazoamino
NH_2CONH-	ureido
$-NHCONH-$	ureylene
$H_2N-\underset{NH}{C}-$	amidino
$H_2N-\underset{NH}{C}-NH-$	guanidino

복소환기

(furan ring 구조식)	2-furyl
(furfuryl 구조식) $-CH_2-$	furfuryl (2-)
(thiophene ring 구조식)	2-thienyl
(thenyl 구조식) $-CH_2-$	2-thenyl
(thenoyl 구조식) $-CO-$	2-thenoyl
(pyrrole ring 구조식)	2-pyrrolyl
(pyridine ring 구조식)	2-pyridyl
(piperidine ring 구조식) $N-$	piperidino (1-)
(piperidine ring 구조식)	4-piperidyl
(quinoline ring 구조식)	2-quinolyl

(6) 중요 물리 상수

물 리 량	기 호	상 수 값
만유 인력의 상수	G	$6.672\,59 \times 10^{-11}\,\mathrm{N \cdot m^2 \cdot kg^{-2}}$
중력 가속도	g	$9.806\,65\,\mathrm{m \cdot s^{-2}}$
열의 일 (해) 당량	J	$4.185\,5\,\mathrm{J/cal_{15}}$
보편 기체 상수	R	$8.314\,510\,\mathrm{J \cdot mol^{-1} \cdot K^{-1}}$
아보가드로수	N_A	$6.022\,136\,7 \times 10^{23}\,\mathrm{mol^{-1}}$
볼츠만 상수	k	$1.380\,658 \times 10^{-23}\,\mathrm{J \cdot K^{-1}}$
광속 (진공에서)	c	$2.997\,924\,58 \times 10^{8}\,\mathrm{m \cdot s^{-1}}$
진공 유전율	ε_o	$8.854\,187\,817 \times 10^{-12}\,\mathrm{Fm^{-1}}$
진공 투자율	μ_0	$4\pi \times 10^{-7} = 1.256\,637\,06 \times 10^{-6}\,\mathrm{Hm^{-1}}$
기본 전하량 / 전기 소량	e	$1.602\,177\,33 \times 10^{-19}\,\mathrm{C}$
전자의 정지 질량	m_e	$9.109\,389\,7 \times 10^{-31}\,\mathrm{kg}$
전자의 비전하	$\dfrac{e}{m_e}$	$1.758\,819\,62 \times 10^{-11}\,\mathrm{C \cdot kg^{-1}}$
패러데이 상수	F	$9.648\,530\,9 \times 10^{4}\,\mathrm{C \cdot mol^{-1}}$
플랑크 상수	h	$6.626\,075\,5 \times 10^{-34}\,\mathrm{J \cdot s}$
슈테판 - 볼츠만 상수	σ	$5.670\,51 \times 10^{-8}\,\mathrm{W \cdot m^{-2} \cdot K^{-4}}$
리드베리 상수	R_∞	$1.097\,373\,153\,4 \times 10^{7}\,\mathrm{m^{-1}}$
보어 반지름	$a_o,\ r_B$	$5.291\,772\,49 \times 10^{-11}\,\mathrm{m}$
원자 질량 단위	u	$1.660\,540\,2 \times 10^{-27}\,\mathrm{kg}$
양성자의 정지 질량	m_p	$1.672\,623\,1 \times 10^{-27}\,\mathrm{kg}$
중성자의 정지 질량	m_n	$1.674\,928\,6 \times 10^{-27}\,\mathrm{kg}$

(7) 화학사 연표

연 대	원 명	한글 표기	국 적	주요 업적
1661	Boyle, R.	보일	영국	원소의 정의
1662	Boyle, R.	보일	영국	보일의 법칙 발견
1766	Cavendish, H.	캐번디시	영국	수소의 발견
1772	Rutherford, D.	러더퍼드	영국	질소의 발견
1772	Lavoisier, A. L.	라부아지에	프랑스	질량 보존의 법칙 발견
1774	Priestley, J.	프리스틀리	영국	산소의 발견
1778	Lavoisier, A. L.	라부아지에	프랑스	연소 이론의 확립
1787	Charles, J. A. C.	샤를	프랑스	샤를의 법칙 발견
1788	Coulomb, C. A. de.	쿨롱	프랑스	쿨롱의 법칙 발견
1799	Proust, J.	프루스트	프랑스	일정 성분비의 법칙 정리
1799	Volta, A.	볼타	이탈리아	볼타 전지의 발명
1802	Dalton, J.	돌턴	영국	부분 압력의 법칙 발견
1803	Dalton, J.	돌턴	영국	원자설, 배수 비례의 법칙 발견
1803	Henry, W.	헨리	영국	기체의 용해 법칙 발견
1808	Gay-Lussac, J. L.	게이뤼삭	프랑스	기체 반응의 법칙 발견
1811	Avogadro, A.	아보가드로	이탈리아	아보가드로의 분자설 제창
1813	Berzelius, J. J.	베르셀리우스	스웨덴	원소 기호의 고안
1821	Berzelius, J. J.	베르셀리우스	스웨덴	산소를 기준으로 한 원자량의 결정
1827	Brown, R.	브라운	영국	브라운 운동의 발견
1828	Wöhler, F.	뵐러	독일	요소의 합성
1833	Faraday, M.	패러데이	영국	전기 분해의 법칙 발견
1840	Hess, G. H.	헤스	스위스	헤스의 법칙 발견
1847	Helmholtz, H. L. F.	헬름홀츠	독일	에너지 보존의 법칙 발견
1856	Perkin, W. H.	퍼킨	영국	합성 염료 모브의 제조
1858	Kekule, A.	케쿨레	독일	탄소의 원자가 4를 제창
1859	Bunsen, R W.	분젠	독일	스펙트럼 분석법 창안
1859	Kirchhoff, G. R.	키르히호프	독일	스펙트럼 분석법 창안
1861	Graham, T.	그레이엄	영국	콜로이드와 결정질의 구별
1862	Solvay, E.	솔베이	벨기에	암모니아소다법의 발명
1864	Guldberg, C.	굴베르그	노르웨이	화학 평형의 법칙 발견
1864	Waage, P.	보게	노르웨이	화학 평형의 법칙 발견

연 대	원 명	한글 표기	국 적	주요 업적
1865	Kekule, A.	케쿨레	독일	벤젠의 구조식
1867	Nobel, A.	노벨	스웨덴	다이너마이트의 발명
1869	Mendeleev, D. I.	멘델레예프	러시아	원소 주기율의 발견
1873	van der Waals, J. D.	반 데르 발스	네덜란드	실제 기체의 상태 방정식 정립
1874	van't Hoff, J. H.	반트 호프	네덜란드	탄소 원자의 사면체 모형 제창
1878	Meyer, W.	마이어	독일	증기 밀도 측정법 발명
1878	Baeyer, A. von	베이어	독일	인디고의 합성
1882	Raoult, F.M.	라울	프랑스	라울의 법칙 발견
1884	Le Chatelier, H. L.	르샤틀리에	프랑스	르샤틀리에의 법칙 발견
1884	Balmer, J. J.	발머	스위스	수소 스펙트럼의 발머 계열 발견
1885	van't Hoff, J. H.	반트 호프	네덜란드	삼투압의 법칙 발견
1886	Hall, C. M.	홀	미국	알루미늄의 제조
1887	Arrhenius, S. A.	아레니우스	스웨덴	이온화설 제창
1887	Moseley, H. G. J.	모즐리	영국	현대적 주기율표 완성
1888	Le Chatelier, H.L.	르샤틀리에	프랑스	평형 이동의 법칙 발견
1888	Baeyer, A. von	베이어	독일	기하 이성질체를 명명
1889	Arrhenius, S. A.	아레니우스	스웨덴	활성화 에너지의 개념 제안
1893	Werner, A.	베르너	스위스	배위설 제창
1894	Ramsay, S. W.	램지	영국	아르곤의 발견
1894	Ostwald, F. W.	오스트발트	독일	촉매 이론 정립
1895	Linde, C. von	린데	독일	공기 액화 장치의 발명
1895	Röntgen, W. K.	뢴트겐	독일	X 선의 발견
1896	Becquerel, A. H.	베크렐	프랑스	우라늄의 방사능을 발견
1897	Thomson, J. J.	톰슨	영국	전자의 존재 확인
1898	Curie, P. Curie, M.	퀴리부부	프랑스	폴로늄과 라듐 발견
1900	Planck, M.	플랑크	독일	양자설 주장
1903	Rutherford, E. N.	러더퍼드	영국	방사능을 원자 붕괴로 설명
1903	Soddy, F.	소디	영국	방사성 핵종의 변위 법칙
1905	Einstein, A.	아인슈타인	미국	상대성 이론 제창
1905	Goldschmidt, H.	골트슈미트	독일	테르밋 반응
1906	Haber, F.	하버	독일	암모니아의 공업적 합성법의 발명
1909	Backcland, L. H.	베이클랜드	미국	페놀수지 합성
1909	Millikan, R. A.	밀리컨	미국	전자의 전하 측정
1911	Soddy, F.	소디	영국	동위 원소의 명칭 제안

연 대	원 명	한글 표기	국 적	주요 업적
1911	Rutherford, E. N.	러더퍼드	영국	원자핵 발견
1912	Laue, M. von	라우에	독일	X 선으로 결정 구조
1913	Bohr, N. H. D.	보어	덴마크	수소의 스펙트럼의 설명 (원자 모형)
1919	Aston, F. W.	애스턴	영국	질량 분석기로 동위 원소 분리
1919	Rutherford, E. N.	러더퍼드	영국	α 입자에 의한 원자핵의 인공 변환
1925	Pauli, W.	파울리	스위스	파울리의 배타 원리 제창
1926	Schrödinger, E.	슈뢰딩거	오스트리아	양자 역학의 이론 확립
1927	Heisenberg, W. K.	하이젠베르크	독일	불확정성의 원리 제창
1929	Fleming, S. A.	플레밍	영국	페니실린의 발견
1931	Carothers, W. H.	캐러더스	미국	합성 고무 네오프렌의 발명
1932	Chadwick, J.	채드윅	영국	중성자의 발견
1932	Anderson, C. D.	앤더슨	미국	양전자의 발견
1932	Urey, H. C.	유리	미국	중수소의 발견
1933	Fermi, E.	페르미	이탈리아 →미국	β 붕괴 이론 제창
1934	Joliot, C. Joliot, I.	조리오 부부	프랑스	인공 방사능의 발견
1934	湯川秀樹	유카와히데키	일본	중간자 이론 제창
1935	Domagk, G.	도마크	독일	술파제 발견
1937	Carothers, W. H.	캐러더스	미국	나일론 발견
1938	Hahn, O.	한	독일	우라늄 원자핵의 분열 발견
1940	McMillan, E. M.	맥밀런	미국	Np, Pu의 합성
1942	Fermi, E.	페르미	이탈리아 →미국	시카고 대학에서 원자로 제작
1943	Waksman, S. A.	왁스먼	미국	스트렙토마이신 발견
1950	Libby, W. F.	리비	미국	방사성 탄소로 연대 결정
1951	Moore, S.	무어	미국	이온 교환 수지로 아미노산 분석
1954	Pauling, L.	폴링	미국	화학 결합의 연구
1955	Seaborg, G. T.	시보그	미국	101번 원소 합성
1957	Fields, P. R.	필즈	미국	102번 원소 합성
1961	Ghiorso, A.	기오르소	미국	103번 원소 합성
1974	Flory, P. J.	플로리	미국	고분자의 물리 화학 연구
1974	김성호		한국	t RNA의 구조 결정
1976	Lipscomb, W. N.	립스콤	미국	붕소화수소 보란의 구조 연구
1979	Brown, C.	브라운	미국	붕소 화합물의 연구
1981	Hoffmann, R.	호프만	미국	궤도 대칭 이론 연구

(8) 주요 인물 및 업적

가이거 (*Geiger, Hans* ; 1882~1945년) 독일, 물리학

　α입자를 하나씩 충돌시켜, α입자를 전기적으로 검출하는 계수관(計數管)을 고안하여, 라듐 Ra에서 나오는 α입자의 수를 측정하였다(1908년). 1909년 E. 마스든과 함께 한 α선의 산란실험은 '러더퍼드의 원자모형'의 기초가 되었다. 1911년 J. M. 누탈과 함께 α선의 도달거리와 붕괴상수의 관계(가이거-누탈의 법칙)를 발견하였다. 이밖에 β선 측정용으로 제작한 '첨단계수기(尖端計數器)'와 1928년 W. 뮐러와 공동으로 제작한 '가이거-뮐러 계수기'가 있으며, 이것은 계수기 중 가장 오래된 것이지만, 간단하여 현재에도 많이 쓰인다.

가이텔 (*Geitel, Hans Friedrich* ; 1855~1923년) 독일, 물리학

　1920년 브라운슈바이크의 공업대학 교수가 되었다. 기체의 전기전도, 공중전기, 광전효과, 방사능 등에 대한 연구에 종사하였는데, 그 중에서도 J. 엘스터와 함께 칼륨 및 루비듐의 방사능 검토와 알칼리금속에 의한 선택 광전효과의 연구가 알려져 있다.

갈릴레이 (*Galilei, Galileo* ; 1564~1642년) 이탈리아, 천문학, 물리학, 수학

　《간단한 군사기술 입문》《천구론(天球論) 또는 우주지(宇宙誌)》《축성론(築城論)》《기계학》, 《황금계량자(黃金計量者)》, 《두 개의 신과학(新科學)에 관한 수학적 논증과 증명》 등의 저서가 있다, 유명한 일화인 성당에 걸려 있는 램프가 흔들리는 것을 보고 진자(振子)의 등시성(等時性)을 발견하였고, 1609년 네덜란드에서 망원경이 발명되었다는 소식을 듣고, 손수 망원경을 만들어 여러 천체에 대하여 획기적인 관측을 하였다. 천문학에서는 지동설을 취하였다.

게이뤼삭 (*Gay-Lussac, Joseph Louis* ; 1778~1850년) 프랑스, 과학

　기체팽창 법칙과 기체반응의 법칙을 발견하였다. 또한 라부아지에 이후의 유기 분석법을 개량하여, 유기물을 처음에는 염소산칼륨(1810년), 다음에는 산화구리(1815년)와 함께 연소관에서 완전연소하는 방법을 알아냈다. 1815년에 발표한 시안화수소산의 조성(組成)에 대한 연구로 시안화수소산 속에 비교적 안정된 원자단(原子團)인 시아노기 CN^-이 있음을 밝혔다.

굴베르그 (*Guldberg, Cato Maximilian* ; 1836~1902년) 노르웨이, 화학, 수학

　1864년 화학자 P. 보게와 함께 '질량작용의 법칙'을 발견하였다. 이는 P. E. M. 베르틀로와 생지르의 화학평형에 관한 실험결과(1862년)를 바탕으로, 보게가 300회 이상의 실험을 하고 굴베르그가 이를 수식(數式)으로 정리하여 법칙화한 것이다. 굴베르그는 1867 ~ 1890년 분자론에 입각하여 기체·액체·고체의 일반상태식(一般狀態式)을 구하는 여러 가지 논문을 발표하였다. 그는 물리화학의 응용에도 관심이 있었으며, 또 1875년에는 노르웨이에 미터법을 채택하게 하였다.

그레베 (*Graebe, Karl* ; 1841 ~ 1927년) 독일, 화학

　1878년부터 28년간 제네바대학에서 교수로 근무하였다. 은퇴 후 화학사(化學史)를 연구하여 1820년에 《유기 화학사》를 간행하였다. 방향족 화합물의 연구에서의 중요한 업적으로는 꼭두서니 뿌리의 색소 알리자린(alizarin)의 구조결정과 합성(1869년)의 성공이다. 이것은 천연염료의 합성으로는 최초의 것으로서 합성유기화학의 새 시대를 연 것이었다. 이 밖에 벤젠·나프탈렌 등의 구조에 관한 연구도 있다.

그레이 (*Gray, Stephen* ; 1670~1736년) 영국, 물리학

　전자기학 연구의 선구자이다. G. 휠러와 공동으로 실험하여 도체(導體)와 부도체(不導體)와의 구별을 분명히 하여 그것이 물체를 구성하는 물질의 속성이라는 사실과 인체(人體)도 도체인 사실을 밝혀내 전자기학 발전에 기여하였다.

그레이엄 (*Graham, Thomas* ; 1805~1869년) 영국, 화학

　연구업적은 기초에서 응용까지 다채롭지만, 특히 인산염 등 염류의 조성의 결정, 기체 확산에 관한 '그레이엄의 법칙'의 발견, 용액 속의 확산의 연구에 의한 물질의 콜로이드 성질의 확인 등이 유명하다. 1841년의 저서 《화학강요, Elements of Chemistry》는 19세기를 통하여 세계 각국의 화학교육에 가장 큰 영향을 준 명저로 알려져 있다.

그로브 (*Grove, William Robert* ; 1811~1896년) 영국, 법학, 물리학

　전기화학에 흥미를 가지게 되어, 1839년 최초의 강력한 그로브전지(電池)를 만들었다. 이것은 묽은 황산 속에 넣은 아연과 진한 질산 속에 넣은 백금을 양극(兩極)으로 한 것이다. 1843년 수소와 염소, 수소와 산소, 산소와 일산화탄소 등을 사용한 가스전지를 만들었다. 이것들은 후에 R. W. 분젠 등의 연구로 개량되었다. 열해리(熱解離)의 최초의 실험적 증명을 하였는데, 이것은 수증기를 고열의 백금선에 닿게 하면 수소와 산소로 해리되는 현상을 보여준 것이다.

그로투스 (*Grotthuss, Christian Johann Dietrich von* ; 1785~1822년) 독일, 화학, 물리학

　1805년 이후 테오도르(Theodor)로 개명하였다. 물의 전기분해실험을 추가 시험하여 1806년 '전류가 통할 때 비로소 물분자가 분해된다'는 유명한 논문을 썼다. 이는 이온설이 나온 1890년경까지 채용되었다. 광화학반응에 관해서는 1818년 감광물질에 의하여 흡수된 광선만이 광화학적으로 작용한다는 것을 확인하였다.

그리냐르 (*Grignard* ; 1871~1935년) 프랑스, 화학

　저서로 《유기화학전서》가 있고 1900년 유기합성에서 그리냐르시약을 발견하였다. 이 발견의 계기는 그의 스승 바르비에에 의해서 시작된 것인데, 1912년 P. 사바티에와 공동으로 노벨화학상을 받았다.

그리스 (*Griess, Johann Peter* ; 1829~1888년) 독일, 유기화학

　아닐린 계통의 여러 화합물에 대한 아질산의 작용에 관한 연구를 계속하여, 디아조화합물을 발견하고, 중요한 디아조화합물에 관한 분야를 개척하였다. 또, 오늘날 염료의 대부분을 차지하고 있는 아조염료 발전의 기초를 닦아 놓았다.

글라우버 (*Glauber, Johann Rudolph* ; 1604~1670년) 독일, 화학

　여러 가지의 산류·염류를 제조하여 그 성질을 연구하고, 의약·페인트·폭약·유리·도자기 등을 제조하여 당시 화학공업의 선각자였다. 식염에 황산을 작용시키면 한쪽에는 염산, 다른 한쪽에는 황산나트륨이 생기는 것을 발견하고, 그 황산나트륨이 변비약이 되는 사실을 알아냈는데, 지금도 황산나트륨을 글라우버염이라고 한다. 저서는 《약제학》(1654년) 등이 있다.

기브스 (*Gibbs, Josiah Willard* ; 1839~1903년), 미국, 이론물리학, 화학

　열역학(熱力學)을 화학에 도입한 화학열역학을 연구, 그 중에서도 1876~1878년 발표한 <비균일물질계(非均一物質系)의 평형(平衡)>이라는 논문은 유명하다. 또 이 이론을 구체화한 법칙, 이른바 '상률(相律)'은 합금학(合金學) 및 기타 기술학의 발전에도 공헌한 바 크다. 1902년 논문 <통계역학의 기초원리>를 발표, 훗날 양자통계학의 길을 열어 놓았다.

기하라 히토시 (木原均 ; 1893~1986년) 일본, 유전학

　교토대학에서 밀(小麥)에 대한 유전학 연구를 통하여 재배식물의 기원을 과학적으로 확인하였다. 염색체 한 쌍을 기본으로 하는 게놈(genome) 분석을 개발하여, 밀의 진화에 대한 과학적 계통을 세웠고, 밀의 조상인 에길롭스 스퀘로사(Aegilops squarrosa)를 유전적으로 합성한 후, 아프카니스탄에서 그 자생지를 발견하기도 하였다.

나비에 (*Navier, Louis Marie Henri* ; 1785~1836년) 프랑스, 과학

　1823년 나비에-스토크스 방정식을 통해 비압축성인 점성유체(粘性流體)에 대한 운동의 방정식을 제출, 점성유체 취급의 기초를 세워 유체역학에 크게 이바지하였다. 한편 탄성역학면에서도 힘과 변위(變位)로부터 작업의 식을 구하고, 변분법을 사용하여 평형방정식과 경계조건(境界條件)을 동시에 구하는 방법을 발견하였다.

나타 (*Natta, Giulio* ; 1903~1979년) 이탈리아, 화학

　X선에 의한 결정구조 연구, 합성고분자의 연구에 종사하고, 폴리프로필렌 등의 합성섬유, 에틸렌프로필렌 등의 합성고무의 제조법을 발명하였다. 또한 고분자의 입체규칙성의 개념을 확립하여, 규칙성이 없는 것은 어택틱중합체, 규칙성이 있는 것은 신디오택틱중합체와 아이소택틱중합체로 분류하여 입체구조의 차이에 의한 성질의 구별을 명확히 하였다.

네른스트 (*Nernst, Walter Herrmann* ; 1864~1941년) 독일, 물리화학

　금속전자론의 바탕이 되는 '네른스트 효과'를 발견하였다. 1887년 '전지의 기전력 발생'의 이론을 세웠으며, '용해도곱'의 개념을 도입하였다. 1906년 열역학 제3법칙(네른스트의 열정리 : 네른스트-플랑크의 정리라고도 한다)을 발표하고 "물질을 절대영도로 하는 열량계를 만들어내는 일은 불가능하다"라고 주장하였다. 그 밖에 저온에서 고체의 비열 측정(네른스트-린데만 비열식), 원자연쇄반응이론을 성립.(1918년). 또 전극전위차를 열역학적으로 구하는 네른스트방식의 도입과 적외선 분광분석의 광원(光源)으로서 중요한 네른스트전구를 발명하였다.

노벨 (*Nobel, Alfred Bernhard* ; 1833~1896년) 스웨덴, 발명가, 화학자, 노벨상의 설정자.

　1863년 니트로글리세린과 흑색 화약을 혼합한 폭약을 발명하고, 그 이듬해 뇌홍(雷汞)을 기폭제로 사용하는 방법을 고안하여 공업화에 착수하였다. 이어서 1867년 안전하게 만든 고형(固型) 폭약을 완성하여 이에 다이너마이트라는 이름을 붙였다. 또 1887년 니트로글리세린·콜로디온면(綿)·장뇌(樟腦)의 혼합물을 주체로 하는 혼합 무연화약(無煙火藥)을 완성하였다. 훗날 과학의 진보와 세계의 평화를 염원한 그의 유언에 따라 스웨덴 과학 아카데미에 기부한 유산을 기금으로 1901년부터 노벨상 제도가 실시되었다.

뉴턴 (*Newton, Isaac* ; 1642~1727년) 영국, 물리학, 천문학, 수학

　다방면에 걸친 연구업적이 있다. 1668년 뉴턴식 반사망원경을 제작하고, 백색광이 7색의 복합이며 단색(單色)이 존재한다는 사실과 생리적 색과 물리적 색의 구별, 색과 굴절률과의 관련 등을 논했다. 1675년 박막(薄膜)의 간섭현상인 '뉴턴의 원무늬'를 발견하였으며, 빛의 성질에 관한 연구로 광학 발전에 크게 기여하였고, 《광학》(1704년)을 저술했다. 역학분야에서 '만유인력의 법칙'을 확립하였다. 뉴턴은 근대과학 성립의 최고의 공로자이며, 그가 주장한 '자연은 일정한 법칙에 따라 운동하는 복잡하고 거대한 기계'라고 하는 역학적 자연관은 18세기 계몽사상의 발전에 큰 영향을 주었다.

다게르 (*Daguerre* ; 1787~1851년) 프랑스, 화가, 사진발명가

　1837년 식염의 포화용액에 의한 현상법인 다게레오타입(daguerreotype)이라는 독자적인 사진현상 방법을 발명하였다. 이는 근대 사진술의 시조이다.

데이비 (*Davy, Humphry* ; 1778～1829년) 영국, 화학

　1798년 브리스톨(Bristol)의 기체연구소(氣體硏究所)에 들어가 아산화질소의 생리작용을 발견하였다. 1803년 전기분해에 의해 처음으로 알칼리 및 알칼리 토금속(土金屬)의 분리에 성공하였다. 1807년 칼륨·나트륨을 유리하고, 1808년 칼슘·스트론튬·바륨·마그네슘을 유리(遊離)했다. 1810년 염소 및 옥소의 단체성(單體性)을 예언하고, 1810～1815년 수소는 산에 산성을 주는 것임을 시사했다. 데이비는 기술에도 깊은 관심을 가지고 있었으며 안전등(安全燈)을 발명하였다(1816년).

도넌 (*Donnan, Frederick George* ; 1870～1956년) 영국, 물리화학

　스리랑카 출생. 19세 때 왼쪽 눈이 멀었다. 독일에 유학하여 F. W. 오스트발트와 J. H. 반트호프에게 배우고, 귀국 후에는 런던대학의 W. 램지에게 배웠다. 그는 스승의 무기화학에 물리화학의 개념을 도입, 콜로이드 화학을 이론적으로 연구하였다. 1911년 유명한 '막평형의 이론'을 제출하였다.

도플러 (*Doppler, Christian Johann* ; 1803～1853년) 오스트리아, 물리학

　1842년 파동의 근원과 관측자의 상대운동(相對運動)이 가져오는 '도플러 효과'를 발표하였다. 이는 천체물리학 진보에 공헌하였다. 그 밖에도 수차(收差)·항성·색채론에 관한 연구와 망원경·광학거리계의 개량 등의 업적이 있다.

돌턴 (*Dalton, John* ; 1766～1844년) 영국, 화학, 물리학

　기상학에 관한 연구와 더불어 기체의 부분압력(部分壓力)의 법칙은 지금까지도 '돌턴의 부분압력의 법칙'으로 불리고 있다. 또한, I. 뉴턴의 영향하에 원자론(原子論)을 화학분야에 도입하였고, 각종 물질의 원자의 무게를 정하는 방법을 고안하였다(1803년). 그러나 그의 원자설은 J. L. 게이뤼삭이 발견한 '기체반응의 법칙'(1808년)에 대한 설명에 곤란을 가져옴으로써 A. 아보가드로의 '분자설(分子說)'(1811년)의 확립을 보게 되었다. 원자설을 바탕으로 '배수비례(倍數比例)의 법칙'을 발견하였는데(1804년), 이 발견은 화학의 발달을 촉진시키는 데 크게 기여하였다.

뒤마 (*Dumas, J.D.A* ; 1800～1884년) 프랑스, 화학

　주요 업적으로는 1818년 생리화학의 연구를 통하여 해면(海綿)의 재 속에서 요오드를 발견하고 이것을 갑상선종(甲狀腺腫)의 치료약으로 쓸 수 있다는 것을 알아냈으며, 1821년에는 혈구(血球)의 크기와 형(形)을 연구하였다. 또한 1826년에 원자량 결정을 위하여 요오드·수은 등의 증기밀도측정법을 고안하였고, 1833년에는 질소의 정량분석법을 개척하였다. 또 원소분류법의 개척자이기도 하다. 에세린설을 통해 알코올과 화학적 관련이 있는 화합물의 원소 조성에 있어서의 동족성을 확인하고 1835년 메탄올, 1847년 프로피온산(酸) 등을 발견하였다.

뒤엠 (*Duhem* ; 1861～1916년) 프랑스, 이론물리학, 철학, 과학사

　이론물리학자로서 열역학 분야의 권위자이다. 중세과학사를 철학사와 관련시켜 연구하여 큰 업적을 남겼다. 레오나르도 다 빈치의 연구가이기도 하다. 저서로 《레오나르도 다 빈치 연구》(3권, 1906～1913년), 《물리학이론》(1906년) 《세계의 체계》(8권, 1913～1917년) 등이 있다.

드브로이 (*de Broglie, Louis Victor* ; 1892～1987년) 프랑스, 이론물리학

　1924년 <양자론의 연구>라는 논문에 물질파(드브로이파라고도 불린다)에 관한 견해를 제시하였다. 1932년 파리대학 교수가 되어, 파동역학 연구에 전념하였다. P. 디랙의 전자론, 빛의 이론, 스핀을 가진 입자의 일반론, 핵물리의 응용 등을 논하였고, 양자론에서 인과율의

문제를 다시 제기하여 주목을 끌었다.

디랙 (*Dirac, Paul Adrien Maurice* ; 1902~1984년) 영국, 이론물리학

　양자역학과 전자스핀 연구가 유명하다. 또 상대성이론과 양자론과의 통합 문제에 따라, 전자론(電子論)(1928년)과 구멍이론(空孔理論)(1930년)을 잇달아 발표하였고, '디랙방정식'이라는 상대론적 파동방정식을 세워 상대론적 양자역학을 개척하였다. 이 밖에 페르미와는 별도로 제시한 페르미-디랙통계 등의 연구가 있다.

디바이 (*Debye, Peter Joseph William* ; 1884~1966년) 미국, 물리학

　저온에서의 비열이론으로 '디바이의 비열식'(1912년)을 제출함으로써, 양자론 진보에 공헌하였고, 또 X선 회절 연구에서는 P. 셰러와 함께 '디바이-셰러법(法)'을 고안하여, 작은 결정으로 된 물질에 대해서 결정의 구조해석에 유력한 수단을 제공하였다(1915년). 그 밖에 X선 산란의 이론이 있고, 1923년 강전해질 용액 이론에서는 이온 간의 쿨롱힘을 고려하여 이상용액(理想溶液)과의 차를 설명하고, 아레니우스 이후 의문시 되어온 강전해질의 특이성을 해명하였다.

딜스 (*Diels, Otto Paul Hermann* ; 1876~1954년), 독일, 유기화학

　'딜스- 알더반응'으로 유명하다. 1906년 이산화탄소의 발견 및 그 성질에 관한 연구, 셀렌탈수소반응을 이용한 스테로이드의 구조 결정, 딜스-알더반응에 의한 디엔합성 등이 있다. 플라스틱 공업에 크게 공헌했으며, 이 공적으로 K.알더와 함께 1950년 노벨화학상을 수상했다.

라만 (*Raman, Chandrasekhara Venkata* ; 1888~1970년) 인도, 물리학

　라만이 개척한 연구분야는 진동 · 음향 · 빛의 회절, 콜로이드에 의한 빛의 분산, X선 회절, 결정의 자성(磁性) · 유전체 · 초음파 등 다방면에 걸쳐 있었다. 또한 <빛의 분자에 의한 회절>로 시작되는 일련의 연구는 '라만 효과'의 발견(1928년)으로 이어졌고, 양자론의 실험적 증명으로 인정받아 1930년 노벨물리학상을 받았다.

라부아지에 (*Lavoisier, Antoine Laurent* ; 1743~1794년) 프랑스, 화학

　그의 화학적 업적의 핵심은 새로운 연소이론의 확립이다. 한편, 라플라스와 함께 빙열량계(氷熱量計)를 고안하여 호흡이 연소와 동일한 것이라는 점을 밝혀, 열화학(熱化學)의 기초를 닦았다(1782~1783년). 이같은 새로운 화학이론을 발표하기 위해 베르톨레, L. B. 기통 드 모르보, A. F. 푸르크루아 등과 협력하여 새로운《화학명명법》을 만들어 출판했으며(1787년), 이것은 현재 사용되는 화학술어의 기초가 되었다. 또한 화학의 체계적인 저술인《화학교과서》(1789년)를 출판하였는데, 이 속에는 질량불변의 법칙과 원소개념의 정의가 있고 광소(光素) · 열소(熱素)를 포함한 33개의 원소표가 기재되었으며, 원소를 '화학 분석이 노날한 현실적 한계'라고 정의하고 있다.

라우에 (*Laue, Max Theodor Felix von* ; 1879~1960년) 독일, 물리학

　주요업적은 결정에 의한 X선회절의 연구로서, X선의 전자기파로서의 성질을 확립함과 아울러 결정해석학을 개척하였다. 한편 초전도에 관한 연구는 초전도현상을 해소하는 데 필요한 자기장(磁氣場)의 한계값이 물체의 형태와 함께 변하는 것을 설명한 것으로(1932년), W. 마이스너의 발견이나 F. 런던의 초전도이론의 기초가 되었다.

라울 (*Raoult, F.M.* ; 1830~1901년) 프랑스, 화학

　1878년부터 포도주의 알코올 강도를 측정하기 위해 묽은 용액의 어는점 연구를 시작하여, 1882년 어는점 내림이 용질농도에 비례함을 발견하였고, 증기압 내림 연구에서도 1886년에 같은 결과를 얻었고(라울의 법칙), 이론이 전해질 용액에서는 적용되지 않는 것을 증명하여(1984년) 용액론을 발전시키는 데 크게 기여하였다.

라플라스 (*Laplace, Pierre Simon de* ; 1749 ~ 1827년) 프랑스, 천문학・수학

　1773년 수리론(數理論)을 태양계의 천체운동에 적용하여 태양계의 안정성을 발표하였다. 또한 오일러와 라그랑주 이래 미해결문제로 남아 있던 목성과 토성의 상호섭동(相互攝動)에 의한 궤도의 이심률과 경사각은 오랫동안 변화하지 않고 장주기변동을 한다는 사실을 증명하였다. 이와 같은 획기적 성과를 체계화하여 1799~1825년 《천체역학》(전 5권)을 출판하였다. 이것은 뉴턴의 《프린키피아》와 맞먹는 명저로 간주된다.

람베르트 (*Lambert, Johann Heinrich* ; 1728 ~ 1777년) 독일, 물리학, 천문학, 수학, 철학

　천문학 연구에서는 혜성의 궤도 결정의 기본문제 처리(람베르트의 정리)에서 시작하여 우주 구조설을 통해 은하설명을 시도하였고, 물리학에서는 광도측정에 대한 기초 확립에 뜻을 두고 실험(람베르트의 법칙)하여 람베르트의 광도계를 제작하였다. 열학에서는 습도측정 연구로 습도계・열도계를 제작해서 열복사 연구의 기초를 세웠다. 수학에서는 화법기하학(畵法幾何學)을 도입하였고, 평행선 공리문제를 연구하여 비(非)유클리드기하학을 개척하였다. 람베르트급수 도입, 쌍곡선함수 발견 등도 뛰어난 업적이다.

램지 (*Ramsay, S.W.* ; 1852 ~ 1916년) 영국, 화학

　그의 2대 업적은 최초의 비활성기체의 발견과 원소변환의 연구이다. 1895년 아르곤과 헬륨을 발견하였다. 이 아르곤과 헬륨의 발견에 의해 주기율표에는 제0족이 추가되었다. 그는 제0족에 미지원소가 또 있을 것이라고 예상하고 M. W. 트래버스와 함께 스펙트럼분석을 계속하여 1898년 아르곤 속에서 네온・크립톤・크세논을 발견하고, 1900년 어려운 실험 끝에 단리(單離)에 성공하였다. 최후의 제0족 라돈의 연구는 소디와 함께 1903년 이후에 실시되었으며, 1904년에는 이 방사성 원소가 붕괴될 때 헬륨이 방출된다는 것을 발견하였다.

랭뮤어 (*Langmuir, Irving* ; 1881 ~ 1957년) 미국, 물리화학

　단분자층흡착(單分子層吸着)의 개념을 제창하였는데, 이것은 랭뮤어의 흡착등온식(吸着等溫式)으로 잘 알려져 있다. 또 원자가이론에서도 루이스의 이론을 더 발전시켜 루이스-랭뮤어의 원자가이론을 발표하였다. 이 밖에도 응결펌프, 진공계를 발명하였고, 인공강우를 비롯한 기상학 연구에도 종사하였다. 1932년 계면화학의 연구업적으로 노벨화학상을 수상하였다.

러더퍼드 (*Rutherford, Ernest* ; 1871 ~ 1937년) 영국, 물리학

　톰슨과 함께 X선에 의한 기체의 이온화 연구를 시작, 음양(陰陽) 이온의 발생, X선 세기와의 관계, 포화전류 등을 조사하여 기체의 전기전도 현상 해명에 공헌하였다. 이를 계기로 방사선의 α선・β선을 발견. 1902년 '러더퍼드-소디의 이론'을 발표. H. 가이거 등과 α선 산란실험을 통해 가이거와 공동으로 계수관을 제작했다. 1913년에는 러더퍼드-보어의 모형이 나오게 되었고 1917년 질소원자에 α선을 충격시켜 수소를 관측, 처음으로 원자핵의 인공전환에 성공했다(1919년). 채드윅과 공동으로 가벼운 원소의 인공전환을 연구, 중성자・중수소의 존재를 예상하는 등, 핵물리학 전개에 지도적 역할을 했다.

런던 (*London, Fritz Wolfgang* ; 1900 ~ 1954년) 미국, 이론물리학

　1927년 W. 하이틀러와 함께 양자역학(量子力學)에 의거하여 수소분자의 구조를 검토하고 화학결합에 관한 양자역학적 해명(하이틀러-런던의 이론)에 성공하였다. 이 밖에 극저온현상에 대한 연구와 초전도(超電導)에 관한 현상론적 방정식(런던 방정식)도 중요하며, 액체 헬륨에 대해서도 연구하였다.

레너드존스 (*Lennard-Jones, John Edward* ; 1894 ~ 1954년) 영국, 화학, 물리학

　분자구조론, 결정물리학 이론 및 액체구조의 분자이론, 분자 상호간 힘의 이론 등 많은 물성론적(物性論的) 연구를 발표하였다.

레이놀즈 (*Reynolds, Osborne* ; 1842 ~ 1912년) 영국, 공학

　　수역학·유체역학 연구와 그 응용에 공헌하였으며, 특히 파이프 속을 흐르는 유체난류의
한계를 규정하는 레이놀즈수(數)와 유체운동의 상사법칙(相似法則)의 발견은 유명하다.

레일리 (*Rayleigh, John William Strutt* ; 1842 ~ 1919년), 영국, 물리학

　　1870년 논문 <공명(共鳴)의 이론에 대하여>를 통해 음향학에 대한 연구의 시초가 되었
고, 1871년 '레일리 산란(散亂)의 법칙'을 발표. 또한 1894년 W. 램지와 함께 아르곤을 발견,
그 공로로 1904년 노벨물리학상을 받았다. 후년에는 전자기에 관한 여러 문제를 다루어 복
사에 관한 '레일리-진스의 공식'을 유도했다.

로렌스 (*Lawrence, Ernest Orlando* ; 1901 ~ 1958년) 미국, 물리학

　　초기 연구로는 광전효과, 금속증기(金屬蒸氣)의 이온화 퍼텐셜의 정밀측정 등이 있다.
1930년 입자가속기(粒子加速器)의 일종인 사이클로트론을 처음으로 만들었다. 뒤이어 고속
입자(高速粒子)를 만들어내는 대형 사이클로트론을 차례로 완성하여 원자핵 연구가 촉진되
었고 인공방사성 동위원소의 제조가 가능하게 되었다. 1941년 중간자(中間子)를 인공적으로
만들고, 이어 반입자(反粒子)의 창출에 대해서도 연구했다. 시간간격의 고정밀도(高精密度)
결정, 전자(電子)의 비전하(比電荷) 측정법의 개발 등의 업적도 있다.

루머 (*Lummer, Otto Richard* ; 1860 ~ 1925년) 독일, 물리학

　　측광학 및 열복사의 연구에 힘을 기울였고, 정밀기기도 제작했다. 정밀측광에 사용되는
루머-브로쥰 측광기(1889년), 분해능이 뛰어난 루머-게르케 간섭계(1902년) 등이 그 예이다.

루벤스 (*Rubens, Heinrich* ; 1865 ~ 1922년) 독일, 물리학

　　적외선 스펙트럼의 실험적 연구를 하여 1897년 파장 0.05 nm 정도의 장파장(長波長) 스펙
트럼선(線), 즉 잔류선을 발견하였다. 또 장파장 영역의 복사에너지 분포를 연구하여 프랑크
의 양자설(量子說)에 실험적 근거를 부여하였다.

루이스 (*Lewis, Gilbert Newton* ; 1875 ~ 1946년) 미국, 물리화학

　　자유에너지의 실험적 측정으로 열역학의 중요성을 제시했고 1916년에는 핵외전자에 의한
원자결합의 이론을 발표하였다. 팔우설(八偶說, 옥텟이론), 전자쌍결합 등의 개념으로 결합
의 본질을 추구하고, 똑같은 생각으로 산과 염기의 일반적 정의를 세웠다. 팔우설은 뒤에 I.
랭뮤어에 의하여 '루이스-랭뮤어의 원자가 이론'으로 발전되었다.

르벨 (*Le Bel, Joseph-Achille* ; 1847 ~ 1930년), 프랑스, 화학

　　광학이성질체현상을 연구하여 L. 파스퇴르의 비대칭분자 개념을 토대로 분자의 입체구조
이론을 확립했다. 1874년 J. H. 반트 호프와 비슷한 시기에 입체화학의 창시가 되는 논문을
파리 화학회에 제출하여 입체화학 발전에 공헌하였다.

르 샤틀리에 (*Le Chatelier, H. L.* ; 1850 ~ 1936년) 프랑스, 화학

　　'르샤틀리에의 원리'라고 하는 화학평형이동의 법칙을 발견하였다(1884년). 또 고온에서
가스의 비열(比熱)을 연구를 하였고 동시에 수소염(水素炎)에 의한 폭발성 가스탐지법을 고
안하고, 아세틸렌의 연소를 연구하여 용접용 취관(吹管)을 제작하였다. 현대의 금속학·합
금학·요업공학은 그의 업적에서 영향을 많이 받았다.

리베르만 (*Liebermann, Karl Theodor* ; 1842 ~ 1914년) 독일, 유기화학

　　베를린 공과대학의 바이어 연구실에서 K. 그레베와 협력하여 1868년 알리자린 합성에 성
공하였다. 천연색소 코치닐과 알칼로이드의 코카인에 대하여 연구하였다. 그가 연구하였던
단백질의 발색반응(發色反應)인 '리베르만 반응'이 유명하다.

리비히 (*Liebig, Justus Freiherr von* ; 1803~1873년) 독일, 화학

　　F. 뵐러와 공동연구를 하여 유기화합물의 조성·원자단·분류·계통 또는 분해·합성 등 기본 분야를 발전시켰다. 리비히 단독의 업적도 유기화합물의 원소분석법을 비롯하여 귀중한 것이 많다. 또한 유기화학의 성과를 농업에 응용하여 비료의 이론을 확립하였다.

리정다오 (李政道 ; 1926~) 미국, 물리학

　　중국 출신의 미국 물리학자. 연구분야는 소립자(素粒子)의 성질, 통계역학, 장(場)의 이론, 천체물리학 등 광범위하며, 특히 장의 이론의 결함에 대한 지적이 유명하다. 소립자론·통계역학에 관한 연구는 양전닝(楊振寧)과 공동으로 한 것이 많은데, 그 중 하나가 패리티 (parity) 비보존의 이론으로, 소립자론에서 획기적인 업적을 이룩했다. 이 업적으로 1957년 양전닝과 함께 노벨물리학상을 받았다.

마그누스 (*Magnus, Heinrich Gustav* ; 1802~1870년) 독일, 물리학, 화학

　　공기 온도계 연구, 셀렌과 텔루르 등의 화학적 연구 외에도 역학·수역학(水力學)·열학 등 다양한 분야의 연구가 있으며, 물리학에서의 연구로는 마그누스 효과(效果)의 발견이 있다.

마이어 (*Mayer, Viktor* ; 1848~1897년) 독일, 화학

　　고열화학·열해리(熱解離)·니트로화합물·옥심, 그리고 벤젠치환체의 정위(定位), 입체화학에서의 입체장애, 티오펜족(族) 등에 관한 연구 업적이 있다. 특히 증기밀도에 의한 빅터마이어법(분자량 측정법)의 창안은 널리 알려진 일이며, 유기화학 교과서도 저술하였다.

마이컬슨 (*Michelson, Albert Abraham* ; 1852~1931년) 미국, 물리학

　　1881년 정밀도가 뛰어난 마이컬슨 간섭계를 제작하였다. 간섭계를 사용하여 카드뮴광(光)의 파장을 기준으로 하는 표준미터의 값을 실측하여 도량형에 공헌하였고, 1898년 분해능 (分解能)이 큰 계단격자(階段格子)를 제작하였다. 또한 천체관측에도 관심을 기울여 목성의 위성의 지름 측정도 하였다.

맥밀런 (*McMillan, Edwin Mattison* ; 1907~1991년) 미국, 물리학

　　1936년 인공방사성 C^{14} 의 발견에 이어 1940년 초(超)우라늄 원소 넵투늄(원자번호 93)을 P. H. 에이벌슨과 함께 발견하였다. 제2차 세계대전 중에는 원자탄 개발계획에 참여했으며, 1945년 M. 올리판트와 협력하여 싱크로트론의 원리를 발견하고 그 제작을 수행했다. 또 인공중간자(人工中間子)를 만들어냈다.

맥스웰 (*Maxwell, James Clerk* ; 1831~1879년) 영국, 물리학

　　전자기학에서 거둔 업적은 장(場)의 개념의 집대성이다. 패러데이의 고찰에서 출발하여 유체역학적 모델을 써서 수학적 이론을 완성하고, 유명한 전자기장의 기초 방정식인 맥스웰 방정식(전자기 방정식)을 도출하여 그것으로 전자기파의 존재를 증명했다. 전자기파의 전파 속도가 광속도와 같고, 전자기파가 횡파라는 사실도 밝힘으로써 빛의 전자기파설의 기초를 세웠다(1873년). 기체의 분자운동에 관한 연구도 빛나는 업적이다. 속도분포법칙을 만들고, 그 확률적 개념을 시사함으로써 통계역학의 기초를 닦았다(맥스웰-볼츠만의 분포법칙).

멀리컨 (*Mulliken, Robert Sanderson* ; 1896~1986년) 미국, 물리화학

　　주요 업적으로는 분자 스펙트럼의 연구 및 전기음성도의 개념 확립 등이 있으며, 분자구조이론에 공헌이 크다. 특히 1932년 이래 양자역학을 사용하여 분자구조의 이론적 해석을 발전시켜 분자궤도법을 개척함으로써 이론에 한 전기(轉機)를 마련하였다. 이러한 공적으로 1966년 노벨화학상을 수상하였다.

멘델레예프 (*Mendeleev, Dmitrii Ivanovich* ; 1834~1907년) 러시아, 화학

1859 ~ 1860년 분젠과 키르히호프의 지도하에 액체의 열팽창·표면장력에 관한 연구를 하였다. 1869년 당시에 알려져 있던 63종의 원소배열순서를 생각하는 과정에서 주기율을 발견하였다. 이 주기율표에는 빈 곳이 생기는데, 새 원소가 발견되면 그 자리에 채워진다고 예언하고 그것의 원자량·비중·빛깔까지도 나타내 보였다. 그 후 발견된 갈륨(1875년)·스칸듐(1879년)·게르마늄(1886년) 등은 주기율의 자연법칙성을 입증하였다. 그는 또, 석유에 관해서도 관심이 있어 원유채굴법·처리법·이용법 등 많은 연구를 하였다.

모스 (*Mohs, Friedrich* ; 1773 ~ 1839년) 독일, 광물학

1822년 광물의 굳기기준과 측정법을 확립하였다. 모스의 굳기계는 1에서부터 10까지의 정도에 따라서 10가지 광물을 선정한 것으로, 지금도 사용되고 있다. 저서로 《광물계의 자연원리의 기초》가 있다.

뫼스바우어 (*Mösbauer* ; 1929 ~) 독일, 물리학

하이델베르크대학 물리학연구실에서 원자핵의 공명흡수(共鳴吸收)에 관한 실험 연구를 시작, ‘뫼스바우어 효과’ 관측에 성공했다(1958년). 뫼스바우어 효과와 이로 인해 진동수의 정확한 결정이 가능하게 된 점과 고체물리학에 끼친 공헌 등으로 1961년 R. 호프스태터와 함께 노벨물리학상을 받았다.

무어 (*Moore, Stanford* ; 1913 ~ 1982년) 미국, 생화학

‘리보핵산 분해효소의 아미노산 배열순서 결정과 그 활성중심의 화학구조 해명’에 대한 논문으로 동료인 C. B. 안핀센, W. H. 스타인과 함께 1972년 노벨화학상을 받았다.

뮐러 (*Müller* ; 1927 ~)스위스, 물리학

1986년 IBM의 동료연구원인 G. 베드노르츠와 함께 초전도 현상이 나타나는 새로운 물질을 발견. 이들은 바륨·란타늄·산화구리 등의 물질을 섞은 세라믹계통의 화합물을 이용해 35 K에서 초전도 현상을 일으키는 데 성공. 또 1987년 3월 2개의 전자쌍(電子雙)이 초전도를 일으킨다는 새로운 ‘2밴드 이론’을 발표했는데, 이 이론은 90 K(−183℃) 이상의 고온에서도 초전도를 실현할 수 있다는 가능성을 예시했다. 초전도현상의 공학적 이론에 신기원을 이룩한 공로로, 베드노르츠와 함께 1987년 노벨물리학상을 수상했다.

밀리컨 (*Millikan, Robert Andrews* ; 1868 ~ 1953년) 미국, 물리학

‘기름방울 실험법(油滴實驗法)’을 고안하여 전자의 기본전하량을 측정하고, 모든 전자에 공통된 보편적 소전하(素電荷)의 존재를 실증했다. 그리고 이에 관련하여 기체 중의 브라운운동을 실험했다. 이어 광전효과(光電效果)에 관한 정량적(定量的) 연구에서는 A. 아인슈타인의 관계식을 실증하여 이로부터 작용양자(作用量子)의 값, 즉 플랑크상수의 값을 구했다. 1920년경부터는 스펙트럼분석을 연구하여 단파장(短波長)인 밀리컨선을 발견하였다.

바딘 (*Bardeen, John* ; 1908 ~ 1991년) 미국, 물리학

1945년 벨전화연구소에 들어가 고체물리학 연구반에서 반도체(半導體)와 금속의 전기전도, 반도체 표면의 성질, 원자의 확산(擴散) 등을 연구하였다. 반도체 연구 및 트랜지스터 개발은 특히 유명하며, 1956년 쇼클리 및 브래튼과 함께 노벨물리학상을 수상했다. 1957년 쿠퍼 및 슈리퍼와 함께 초전도(超傳導)이론을 완성했으며, 이 공로로 L. N. 쿠퍼·J. 슈리퍼와 함께 1972년 두 번째 노벨물리학상을 수상했다.

바이어 (*Baeyer, Johann Friedrich Wilhelm Adolf von* ; 1835 ~ 1917년) 독일, 화학

천연 남색(藍色)의 주성분인 인디고(indigo)의 연구를 통해 유기화학에 새 분야를 열었다. 그 밖의 업적으로는 프탈레인계(系) 색소, 요산족(尿酸族)화합물, 히드로방향족 화합물 등에 관한 연구가 있으며, 또 벤젠의 구조에 대한 실험적 검토, 탄소원자가에 관한 강력설(張力

說) 등도 유명하다.

반데르발스 (*van der Waals, Johannes Diderik* ; 1837~1923년) 네델란드 , 과학

　　기체(氣體)의 압력, 용적(容積)과 온도의 관계를 '반데르발스의 상태방정식(狀態方程式)'으로 정의하였다. 그는 일생을 열역학(熱力學)의 연구에 바쳐 모세관현상(毛細管現象)의 열학이론(熱學理論), 이온화현상의 해명, 분자 내 인력 등의 학설을 확립하여 1910년 이들 업적으로 노벨물리학상을 수상하였다.

반트 호프 (*van't Hoff, J.H.* ; 1852~1911년) 네덜란드, 화학

　　물리학의 창시자이며 제1회 노벨화학상 수상자이다. 탄소원자를 중심으로 하는 입체적 사면체 구조를 제창하고, 부정탄소원자(不整炭素原子)의 개념을 도입, 광학활성과의 관계를 밝힌 획기적인 것이었다. 이것은 오늘날의 입체화학의 시초가 되었다. 그리고 반응속도론, 화학평형의 문제, 친화력문제 등에 처음으로 학문적 체계를 부여하였다. 또한 삼투압의 연구에 의하여 용액론(溶液論)을 수립하였다.

발덴 (*Walden, Paul* ; 1863~1957년) 독일, 화학, 화학사

　　유기 및 물리화학, 특히 비수용액(非水溶液)의 전도도와 입체화학 등에서 광범위한 연구업적을 남겼다. 그 중에서도 사과산(酸)의 치환반응에 관련하여 소위 발덴반전(反轉)의 현상을 발견한 업적은 특이할 만하다. 저서로 《1880년 이후의 유기화학사》(1941년) 《화학사 연표》(1952년)가 있다.

발머 (*Balmer, Johann Jakob* , 1825~1898년) 스위스, 물리학

　　분광학(分光學)의 연구자이며, 특히 발머계열(系列)의 발견은 유명하다. 즉, 수소의 스펙트럼선(可視光線領域)에 하나의 계열관계가 있음을 발견하여(1884년), 얼마 후 간단한 발머의 공식으로 정리하였다(1897년). 그 후 수소의 스펙트럼선은 원자외선영역이나 적외선영역에서도 계열이 있다는 것을 라이먼, 파셴 등이 발견하였으며, 이들 계열은 발머계열과 더불어 매우 간단한 관계로 총괄되었다. 이러한 발견을 발판으로 하여 보어의 원자구조론이 나왔으며, 양자론(量子論)의 출발점이 되었다.

베르너 (*Werner, Alfred* ; 1866~1919년) 스위스, 화학

　　1890년 A. 한치와 함께 질소 화합물의 분자구조를 연구하여, 이것이 입체적임을 밝힘으로써 탄소원자가 입체적 분자를 만든다고 한 J. H. 반트호프의 입체화학을 확장시켰으며, 이를 근거로 하여 원자가론(原子價論)의 연구에 노력하였다. 베르너는 26세 때 배위설의 핵심을 만들어 놓았다. 또한 무기화합물의 이성질체, 특히 광학이성질체의 연구에도 몰두하였다. 1892년에 제출한 배위설(配位說)에 대한 업적으로 1913년 노벨화학상을 받았다.

베르누이 (*Bernoulli, Daniel* ; 1700~1782) 스위스, 물리학, 수학

　　'베르누이의 정리'를 통해, 유체역학의 정식화(定式化)를 시도했다. 또 열(熱)의 본성에 관해서는, 그것이 분자의 운동에 의한다는 설을 주장하여 기체분자운동론의 선구자가 되었고, 기체법칙(보일의 법칙)을 도출하였다. 저서로 《유체역학(流體力學)》(1738년)이 유명하다.

베르셀리우스 (*Berzelius, J.J* ; 1779~1848년) 스웨덴, 화학

　　1819년 모든 화합물이 양음(陽陰)의 전기를 가진 두 성분의 결합에 의한다는 전기화학적 2원론(二元論)을 형성. 1803년 히싱거와 함께 세륨을 발견하고, 1817년 셀렌, 1828년 토륨 등도 발견하였다. 혈액·유즙(乳汁)·근육·쓸개즙·골수 등의 화학성분을 분석하였으며, 1807년에는 육유산(肉乳酸)을 발견하였다. 또한 이성질체현상·촉매 등에 관한 견해도 그가 처음으로 밝힌 것이다.

베르텔로 (*Berthelot* ; 1827 ~ 1907년) 프랑스, 화학

　무기물에서 알코올·유기산·탄화수소를 합성하는 데 성공함으로써 F. 뵐러 이래의 유기 합성 연구를 대성시켰다. 1864년 일산화탄소와 물에서 포름산(개미산)을 합성하는 경우에 반응속도가 매우 느리고, 또 그것이 흡열반응이라는 점에서 반응속도와 반응열 사이의 관계에 주목하였다. 1875년 열화학의 기초로서 최대작업의 원리를 비롯한 3개의 원리를 들어, 열화학이론을 종합화하였다. 발열·흡열 등의 용어도 그가 지은 것들이다. 생화학 방면에서는 효모작용을 두고 L.파스퇴르와 오랫동안 논쟁하였다.

베르톨레 (*Berthollet, Claude-Louis* ; 1748 ~ 1822년) 프랑스, 화학

　염색술(染色術)의 권위자였으며, 염소(鹽素)를 표백에 쓴 최초의 사람이었다. 그 당시 믿고 있던 '모든 산(酸)에는 산소가 있다'는 A. L. 라부아지에의 학설에 반대하고, 염산·플루오르화수소산·붕산 등은 산소를 함유하지 않는다는 것을 입증하였다. 나폴레옹의 이집트 원정에 동행했을 때(1798년), 천연소다를 석출하는 호수를 발견하여, '어떠한 화학반응도 정반응과 동시에 역반응이 일어난다(가역반응). 이는 반응물질의 양(농도)에 좌우된다. 일정 조건에서는 가역반응이 평형상태가 된다(화학평형)'는 사실 등을 알아냈다.

베이클랜드 (*Baekeland, Leo Hendrik* ; 1863 ~ 1944년) 미국, 화학

　사진화학회사에 입사하여 인공조명에서 현상되는 인화지인 벨록스 개발에 성공하였다. 1905년부터는 셸락(shellac)의 대용품을 연구하기 시작하였으며, 페놀과 포름알데히드를 반응시켜 최초의 합성수지를 만들고, 1906년에 특허를 얻어 베이클라이트(bakelite)라고 이름 지었다. 그는 플라스틱 공업의 시조로 여겨지고 있으며, 1916년에 퍼킨상(賞)을 수상하였다.

베일리스 (*Bayliss, William Maddock* ; 1860 ~ 1924년) 영국, 생리학

　E. 스탈링과 혈관압·모관압(毛管壓)을 공동으로 연구하였고, 1896~1898년에는 장의 신경분포를 연구하였다. 1902년 스탈링과 함께 십이지장 분비물인 세크레틴을 발견하고, 그것이 이자액 분비촉진작용에 관계함을 증명하였는데 이는 호르몬 연구의 출발점이 되었다. 또, 제1차 세계대전 중에는 외상성(外傷性) 쇼크의 예방으로서 아라비아 고무의 6~7 % 링거액의 정맥 내 주사를 창안하여 실용화하였다.

베크렐 (*Becquerel, Antoine Henri* ; 1852 ~ 1908년) 프랑스, 물리학

　초기에는 편광(偏光) 현상과 인광(燐光), 결정(結晶)에 의한 빛의 흡수 등을 연구하였으며, 지구자기(地球磁氣) 연구도 하였다. 1895년 형광(螢光)과 방사선(복사선)의 관계를 검토하기 시작하였다. 자연적으로 형광작용을 가지는 물질들을 조사한 결과 우라늄염(鹽)에서 모종의 방사선이 나온다는 것을 발견하였다(1896년). 이것이 베크렐선이며, 이 방사선이 기체를 이온화한다는 것, X선과는 달리 전기장이나 자기장에 의해 굽어진다는 것을 발견하였다. 이러한 업적으로 1903년 퀴리 부부와 함께 노벨물리학상을 수상하였다.

보게 (*Waage, Peter,* 1833 ~ 1900년) 노르웨이, 물리화학

　프랑스와 독일에서 주로 연구하였고 하이델베르크의 R. W. 분젠에게 배웠다. 1864~1867년 의형제인 C. M. 굴베르그와 공동으로 화학반응연구를 통해 '질량작용의 법칙'을 발견하였다.

보른 (*Born, Max* ; 1882 ~ 1970년) 독일, 물리학

　1921년 괴팅겐대학 교수가 되어 J. 프랑크와 함께 원자구조의 연구를 추진하여 괴팅겐그룹을 형성하였다. 보른은 결정물리학 등을 연구, 양자역학과 핵물리학의 개척에 공헌했다. 특히 1925~1926년 하이젠베르크 및 요르단과 함께 연구한 행렬역학의 정식화(定式化)와, 파동함수의 통계적 해석은 유명하다.

보슈 (*Bosch, Carl* ; 1874 ~ 1940년) 독일, 과학

　1899년 바스프사(BASF社)에 입사하여 1902~1907년까지 공중질소의 고정(固定)에 관한 갖가지 방법을 연구하였다. 1909년 보슈는 하버법(法)을 공업적으로 개발할 책임자가 되어 그 연구를 시작하였다. 수백 기압(氣壓)의 압력, 500℃ 이상의 온도에 견딜 수 있는 장치의 제작, 촉매(觸媒)의 선택과 제조, 합성가스, 특히 수소의 공업적 제조법 등의 문제를 해결하여 1913년 연간 3만 6000t의 황산암모늄의 생산에 성공하였다. 고압화학을 연구 개발한 공로로 1931년에 F.베르기우스와 함께 노벨화학상을 받았다.

보스 (*Bose, Satyendra Nath* ; 1894 ~ 1974년) 인도, 물리학

　1923년에 광자(光子)에 대한 양자통계를 발견함으로써 플랑크의 복사공식(輻射公式)을 도출하였다. 이것은 아인슈타인이 보스의 생각을 보충하였기 때문에 '보스-아인슈타인 통계'로 불린다.

보어 (*Bohr, Niels Henrik David* ; 1885 ~ 1962년) 덴마크, 물리학

　1913년 원자모형 연구에 착수, 러더퍼드의 모형에 플랑크의 양자가설(量子假說)을 적용함으로써 원자이론을 세우고, 수소의 스펙트럼계열 설명에 성공하였다. 후에 이것은 보다 일반적인 원자이론으로 정리되어 보어의 원자이론이 되었다. 이 이론으로 전기(前期)양자론 연구의 계기가 되어, 후에 양자역학으로 발전하였다. 1922년 원자구조론 연구 업적으로 노벨물리학상을 받았다. 1930년경부터 연구는 원자핵으로 기울어 핵반응을 설명하는 액적모형(液滴模型)을 제출, 증발이론으로서 핵반응론의 출발점이 되었다.

볼츠만 (*Boltzmann, Ludwig Eduard* ; 1844 ~ 1906년) 오스트리아, 이론물리학

　통계역학(統計力學) 건설자의 한 사람. 기체분자의 운동에 관한 J. C. 맥스웰의 이론을 발전시켜 열의 평형상태를 논한 '맥스웰-볼츠만 분포'를 확립. 기체분자운동론에서 상태함수를 결정하는 기초방정식인 '볼츠만 방정식'을 도입했다. 또한 볼츠만 방정식을 근거로 H정리를 유도, 열역학 제2법칙의 비가역성을 역학의 입장에서 해명했고, 제2법칙의 통계적·확률론적 의미를 명확히 하여 엔트로피 개념을 통계역학적으로 정식화하였다.

뵐러 (*Wohler, F.* ; 1800 ~ 1882년) 독일, 화학

　베르셀리우스 밑에 있을 때 시안산(酸)을 발견하여, 그 화학식이 J. 리비히가 발견한 풀민산과 일치한 사실에서 두 사람이 공동연구한 '이성질체'의 존재를 강조하여 화학구조이론에 선구적 공헌을 하였다. 1828년에는 시안산암모늄에서 그 이성질체인 요소(尿素)를 합성하여 유기화합물의 실험실 합성의 가능성을 주장, 유기화학의 발전에 큰 자극을 주었다. 그 후 리비히와 공동으로 발표한 <벤조산의 기(基)에 관하여>(1832년)라는 논문은 유기화합물의 기(基)이론 확립에 크게 기여하였다.

부흐너 (*Buchner, Eduard* ; 1860 ~ 1917년) 독일, 생화학

　발효의 생화학적 연구로 유명하다. 1896년 발효는 효모 내에 있는 효소의 작용에 의한 것이며, 효모세포의 생리작용에 의한 것이 아님을 밝힘으로써 발효화학에 신기원을 이룬 공로로 1907년 노벨화학상을 수상하였다.

분젠 (*Bunsen, Robert Wilhelm von* ; 1811 ~ 1899년) 독일, 화학

　유기화학에서는 카코딜화합물을 연구하였다. 세슘(1860년)과 루비듐(1861년)을 발견하였으며, 분석화학에서는 기체분석(1857년), 요오드적정법(1852년), 염색분석(焰色分析)(1859년), 키르히호프와 함께 분광분석(1859년)의 각 방법을 확립하였다. 또한 물리화학에서는 광화학변화를 연구하여, 로스코와 함께 광화학의 기초가 되는 '분젠-로스코의 법칙'을 발견하고(1855~1857년), 기체의 성질을 밝혔다. 이밖에 분젠버너·분젠전지, 광도계·분광기·열

량계·수류(水流) 펌프 등을 고안하였다.

브라운 (*Brown, Herbert Charles* ; 1912~) 미국, 유기화학

분자첨가화합물, 위치장해(位置障害)의 화학, 방향족 치환반응, 선택적 환원법 등을 연구하고, 특히 유기합성에서 중요한 시약으로 쓰이는 붕소화합물의 연구로 독일의 G.비티히와 함께 1979년 노벨화학상을 수상하였다.

브뢴스테드 (*Bronsted* ; 1879~1947년) 덴마크, 화학

1923년 S. 아레니우스의 산·염기 개념을 확장한 새로운 산·염기 이론을 제창하였다. 그는 산은 다른 물질에게 양성자를 내주는 물질이고 염기는 다른 물질로부터 양성자를 받아들이는 물질이라고 하였다.

블랙 (*Black, Joseph* ; 1728~1799년) 영국, 화학

1754년 마그네시아 알바(magnesia alba), 석회 등 알칼리성(性) 물질에 관한 연구를 시작으로, 그 당시까지 밝혀지지 않았던 알칼리 중의 가성(苛性)알칼리와 온화(溫和)알칼리를 구분하고, 그 관계를 밝혔다. 즉 식물의 재를 물로 침출(浸出)하고 증발·건고(乾固)시킨 온화알칼리가 탄산알칼리이며, 이를 석회와 반응시켜서 얻는 것이 가성알칼리인데, 그는 천칭에 의한 중량변화측정으로 그 관계를 밝혀 정량적(定量的) 연구의 길을 연 것으로 근대 화학사상 높이 평가된다. 그와 동시에 공기 속에 포함된 탄산가스를 고정공기(固定空氣, fixed air)라 명명하고, 대기와 다른 기체임을 확실히 인식시켰다.

비데만 (*Wiedemann, Gustav Heinrich* ; 1826~1899년) 독일, 물리학, 화학

전자기학(電磁氣學)의 실험연구로 유명하다. 1853년 금속의 열전도도와 전기전도도의 비(比)가 동일 온도에서는 모든 금속이 같다고 하는 법칙을 발견하였다. 이를 비데만-프란츠의 법칙이라 하고, 이때 나오는 상수(常數)를 비데만-프란츠상수라 한다.

비오 (*Biot, Jean-Baptiste* ; 1774~1862년) 프랑스, 과학

1804년 게이뤼삭과 함께 기구를 타고 공중으로 올라가 대기(大氣)에 대한 여러 현상을 연구했으며, 1806년 D. F. J. 아라고와 함께 에스파냐로 가서 자오선(子午線)을 관측하였다. 전자기현상을 연구하여, 1820년 전류의 자기작용(磁氣作用)에 대한 '비오-사바르의 법칙'을 발표했다. 광학(光學)에서는 니콜이 만든 프리즘을 이용해서 수정(水晶)의 광학작용을 연구, 원편광(圓偏光)과 쌍축결정(雙軸結晶)을 발견했으며 편광면(偏光面)의 회전에 관한 연구는, 우회진성·과회전성의 관찰을 통해 광학의 진전에 크게 공헌하였다.

비트 (*Witt, Otto Nikolaus* ; 1853~1915년) 독일, 화학

1876년 오렌지색의 염료인 크리소이딘을 발명하였고, 이어 새 염료 트로페올린도 발명하였다. 또 발색단(發色團)·조색단(助色團)의 학설을 제기하였다.

빌름 (*Wilm, Alfred* ; 1869~1937년) 독일, 야금학

1907년 알루미늄에 구리·마그네슘·망간을 혼합한 합금을 담금질하면, 시효경화(時效硬化)를 일으킨다는 것을 발견하였다. 이것은 뒤렌에서 제조되었기 때문에 두랄루민이라 명명되었다.

샤를 (*Charles, J.A.C.* ; 1746~1823년) 프랑스, 물리학

1987년 '샤를의 법칙'을 발견하였다. 이것은 후에 게이뤼삭에 의하여 확립되었기 때문에 게이뤼삭의 법칙이라고도 불린다. 1783년 로베르트와 더불어 사람이 제어하는 기구의 비행을 실현하였다.

셰러 (*Sherrer, Paul* ; 1890~1969년) 스위스, 실험물리학

　　X선 결정학의 연구자로 알려져 있으며, 1915년 P. J. 디바이와 함께 분말법(粉末法)을 개발했다. 이것은 작은 결정이 모인 물질에 대하여 X선을 사용하여 구조해석을 하는 방법으로 디바이-셰러법이라고도 불리며, 결정학 분야의 발전에 크게 공헌했다.

쇼클리 (*Shockley, William Bradfod* ; 1910 ~ 1989년) 미국, 물리학

　　고체의 에너지띠에 관련된 문제를 비롯하여, 합금의 질서와 무질서, 진공관의 이론, 구리의 자기확산(自己擴散), 전위(轉位)의 이론, 강자성체(强磁性體)의 자기구역(磁氣區域)에 관한 이론과 실험, 염화은의 광전자(光電子)에 관한 실험 등 뛰어난 업적을 남겼다. 특히 p-n 접합형 트랜지스터를 발명함으로써 현대의 전자공업의 기초를 이룩하는 등 반도체물리학에의 공적이 컸다. 그 공헌도가 높이 평가되어, 1956년 J. 바딘, W. H. 브래튼과 함께 노벨물리학상을 수상했다.

쇼트 (*Schott, Friedrich Otto* ; 1851 ~ 1935년) 독일, 과학

　　독일의 화학자, 광학(光學)유리공업의 창시자이다.

슈뢰딩거 (*Schrödinger, Erwin* ; 1887 ~ 1961년) 오스트리아, 이론물리학

　　파동역학(波動力學)의 건설자이다. 1926년 파동역학 연구를 하여, N. D. 보어의 양자(量子) 조건에 만족하지 않고 이것을 고유값 문제에 관련시키려 하였다. L. V. 드브로이가 제출한 물질파(物質波)의 개념을 받아들여 미시 세계에서는 고전역학(古典力學)이 파동역학으로 옮겨간다는 생각을 기초방정식으로서의 '슈뢰딩거의 파동방정식'에 집약하였다. 이것은 당시 W. 하이젠베르크 등이 탐구하고 있던 행렬역학(行列力學)과는 전혀 각도가 다른 길을 걸어 양자역학(量子力學)에 도달하는 것이었다. 이러한 원자이론의 새로운 형식의 발견으로 P. 디랙과 함께 1933년 노벨물리학상을 수상했다.

슈리퍼 (*Schrieffer, John Robert* ; 1931 ~) 미국, 물리학

　　초전도(超傳導)의 이론적 해명(BCS 이론)을 제출하여(1957년), J.바딘, L. N. 쿠퍼와 1972년 노벨물리학상을 공동 수상하였다. 저서로 《초전도 이론》(1964년)이 있다.

슈타르크 (*Stark, Johannes* ; 1874 ~ 1957년) 독일, 실험물리학

　　기체 중의 전류, 분광(分光) 분석, 원자가 등 여러 분야를 연구, 특히 분광학 분야에 크게 공헌했다. 즉, 커낼선(線)의 도플러 효과를 예상, 1905년 수소원자 스펙트럼의 도플러 효과에 의한 변위(變位)를 관측했다. 이때까지 지상의 광원에 대해서는 도플러 효과가 관측되지 않았다. 또한 광원이 전기장에 놓여졌을 때 스펙트럼선이 분기하는 현상(슈타르크 효과)을 발견, 이러한 공로로 1919년 노벨물리학상을 받았다.

슈타우딩거 (*Staudinger, Hermann* ; 1881 ~ 1965년) 독일, 화학

　　고분자화합물질의 화학구조가 긴 사슬모양의 분자로 이루어져 있다는 것을 밝혀냈으나 처음에는 받아들여지지 않았다. 그 후 관련공업의 발달로 고분자화학이 점차 확립됨으로써 업적을 인정받았으며, 프라이부르크 고분자화학연구소장이 되어 1956년까지 연구를 계속하였다. 1953년 고분자화학을 창시한 공적으로 노벨화학상을 수상하였다. 저서로 《유기정성분석입문(有機定性分析入門)》이 있다,

슈탈 (*Stahl, Georg Ernst* ; 1660 ~ 1734년) 독일, 의학, 과학

　　할레대학에서 식물학·생리학·병리학·약제학 등을 강의하였다. 1707년 '아니미스무스(Animismus)'를 주장하였다. '아니마(Anima, 영혼)'가 생명의 궁극적 근원이고, 모든 생리적·병리적 현상은 결국 '아니마'에서 유래한다는 것이다. 이것이 뒤에 일어나는 '비탈리스무스(Vitalismus, 生氣論)'에 커다란 영향을 끼쳤다. 또 연소(燃燒)를 '연소설'로써 설명한 최초의 사람이기도 하다.

슈테판 (*Stefan, Josef* ; 1835 ~ 1893년) 오스트리아, 실험물리학

　　1879년 열복사 연구를 시작, 복사 에너지가 절대온도의 4제곱에 비례한다는 법칙을 실험으로 보였다. 이 밖에 전기・기체분자 운동량・유체역학에 대해서도 연구했다.

슐체 (*Schultze, Max Johann Sigismund* ; 1825 ~ 1874년) 독일, 동물학, 세포학

　　저서로 《근족충(根足蟲) 및 식물세포의 원형질》이 있다. 1861년에 세포의 근대적 개념을 확립하여 '세포는 핵(核)을 가지는 원형질(原形質)의 덩어리이다'라는 정의를 제출하였다. 이 밖에 척추동물의 신경계의 발생학적 연구, 그리고 조직학 연구방법의 진보에도 크게 공헌하였다.

스넬 (*Snell, Willebrord van Roijen* ; 1591 ~ 1626년) 네덜란드, 물리학, 수학

　　라틴명은 스넬리우스(Snellius)이다. 1615년 '스넬의 법칙(굴절의 법칙)'을 확립했는데, 이것은 빛의 굴절현상을 실험적으로 연구한 것으로 광학(光學) 진보의 기초가 되었다. 또 삼각법(三角法)을 이용하여 지구의 크기를 측정하는 방법을 발견하기도 하였다.

스타인 (*Stein, William Howard* ; 1911 ~ 1980년) 미국, 생화학

　　리보뉴클레아제 분자의 아미노산 배열을 결정하고, 그 활성중심과 화학구조와의 관계를 밝혔으며, 아미노산의 자동분석기를 창안하였다. 1972년 이 연구 업적으로 동료인 S. 무어 및 C. B. 안핀센과 함께 노벨화학상을 수상하였다.

스탈링 (*Starling, Ernest Henry* ; 1866 ~ 1927년) 영국, 의학

　　혈관 밖으로 액체가 여출(濾出)되는 것은 혈관 내의 정수압(靜水壓)이나 침투압으로 설명할 수 있음을 밝혔다. 이 밖에 십이지장에서 만들어지는 세크레틴이 혈액에 들어가 이자(췌장)의 분비활동을 촉진하는 것을 발견하고, 이 물질을 '호르몬'이라고 부를 것을 제창하였다. 가장 중요한 연구는 심장에 관한 것으로, 개의 심폐표본을 사용하여 심장박출량은 동맥혈압과는 무관하며, 정맥에서 심장으로 돌아오는 혈액량에 따라 결정된다는 '스탈링의 심장법칙'을 발견하였다.

스토크스 (*Stokes, George Gabriel* ; 1819 ~ 1903년) 영국, 물리학

　　연구분야가 광범위하여, 수학에서 미분・적분방정식론 등에 공헌한 바 컸고, 또한 물리학에서도 유체역학・광학・음향 등의 이론적 전개에 큰 업적을 남겼다.

슬레이터 (*Slater, John Clarke* ; 1900 ~ 1976년) 미국, 이론물리학

　　물성물리학 분야의 권위자이며, 원자구조, 분자구조의 양자론, 금속의 이론, 강자성체(强磁性體) 이론, 반도체 이론 등 광범위한 분야에서 공헌하였다. 저서로 《이론물리학 입문》(1933, N. H. 프랑크와 共著), 《화학물리학 입문》(1939년) 등이 있다.

시보그 (*Seaborg, Glenn Theodore* ; 1912 ~ 1999년) 미국, 화학

　　원자물리학자 E. M. 맥밀런과 함께 원자핵반응에 의하여 원자번호 94인 플루토늄 Pu을 만들어 냈다(1941년). 원자폭탄계획에서 플루토늄의 대량 제조에 협력하였으며, 그 후 그의 지도로 원자번호 95에서 103에 이르는 초우라늄원소가 만들어졌다. 1951년 이러한 업적으로 맥밀런과 함께 노벨화학상을 받았다. 그가 만든 원소는 아메리슘 Am, 퀴륨 Cm, 버클륨 Bk, 칼리포르늄 Cf, 아인시타이늄 Es, 페르뮴 Fm, 멘델레븀 Md, 노벨륨 No, 로렌슘 Lr이다.

아라고 (*Arago, Dominique Francois Jean* ; 1786 ~ 1853년) 프랑스, 물리학

　　수학 및 측지학 분야에서의 연구가 있으며, 전자석을 발명하였다. 편광의 연구와 더불어 1820년 전류의 자기작용을 조사했고 1824년 '아라고의 원판'이라고 하는 맴돌이 전류현상을 발견했다.

아레니우스 (*Arrhenius, Svante August* ; 1859~1927년) 스웨덴, 화학

　저서로 《사적으로 본 우주관의 변천》이 있다. 1881년에 전해질 희석수용액의 전기 전도도에 관한 연구를 통해, 이온화설의 기초를 이루었다. 이 밖에 화학반응속도 및 면역화학의 이론 등이 있으며, 우주물리학에서는 오로라의 기원에 관한 가설, 지학에서는 화산 활동의 원인에 대한 가설 등이 있다.

아베 (*Abbe, Ernst* ; 1840~1905년) 독일, 물리학, 광학기술

　과학적 현미경 제작의 이론을 정립하였다. 광학기기에 대한 수많은 개량과 발명이 있는데, 특히 현미경의 액침법(液浸法) 완성과 프리즘 쌍안경의 발명 등이 유명하다. 또 오토 쇼트와 공동으로 광학유리에 대하여 연구하였다.

아보가드로 (*Avogadro, Amedeo* ; 1776~1856년) 이탈리아, 물리학

　처음에는 법률가로 일했으나, 1800년경부터 수학과 물리학에 깊은 관심을 가져 과학자로 전환하였다. 1811년 아보가드로의 가설을 발표했다. 아보가드로의 과학논문 내용은 전기, 액체의 열팽창, 모세관현상 등 여러 분야에 걸쳐 있으나, 가장 중요한 것은 <단위입자의 상대적 질량 및 이들의 결합비를 결정하는 하나의 방법>(1811년)이다. 이 논문에서 기체밀도의 비에서 기체물질의 분자량을 결정하는 방법과 그 근거가 되는 가설이 제창되었다.

아이링 (*Eyring, Henry* ; 1901~1981년) 미국, 물리화학

　1931년 M. 폴러니와 함께 활성화 에너지의 양자론적 계산법을 발견하였고 그 밖에 화학반응식에 관한 기본반응 이론에 대한 업적으로 널리 알려졌다. 반응속도론 및 양자화학에 관한 저서로도 유명하다.

아인슈타인 (*Einstein, Albert* ; 1879~1955년) 미국, 이론물리학

　광양자설, 브라운운동의 이론, 특수상대성 이론을 연구하여 1905년 발표하였다. 특수상대성 이론은 당시까지 지배적이었던 갈릴레이나 뉴턴의 역학을 송두리째 흔들어 놓았고, 종래의 시간·공간 개념을 근본적으로 변혁시켰으며, 철학사상에도 영향을 주었으며, 몇 가지 뜻밖의 이론, 특히 질량과 에너지의 등가성(等價性)의 발견은 원자폭탄의 가능성을 예언한 것이었다. 1916년 일반상대성 이론을 발표, 이 이론에서 유도되는 하나의 결론으로서 강한 중력장(重力場) 속에서는 빛은 구부러진다는 현상을 예언하였다. 이것은 영국의 일식 관측대에 의하여 확인되었다.

알더 (*Alder, Kurt* ; 1902~1958년) 독일, 유기화학

　1927~1928년 스승인 O. P. H. 딜스의 협력자로서 유기합성화학 연구 중 '딜스-알더반응'이라 불리는 디엔합성의 원리를 발견하여 플라스틱공업과 유기합성화학 발전에 공헌하였다. 이 업적으로 1950년 딜스와 함께 노벨화학상을 수상하였다.

앙페르 (*Ampere* ; 1775~1836년) 프랑스, 물리학, 수학

　여러 방면의 연구에 종사하였으나, 특히 전자기(電磁氣)현상과 전기역학(電氣力學)의 연구에 공헌하였다. 가동도선(可動導線)을 사용, 두 전류 간의 상호작용을 조사하여 앙페르의 법칙을 확립하고, 원형(圓形)전류와 자석과의 동등성(同等性)에서 분자(分子)전류에 의해 물질의 자성(磁性)을 설명하는 가설(假說)을 세웠다. 또한 수학에도 뛰어나, 물리법칙을 수학적으로 정식화(定式化)함과 동시에 독자적인 수학 연구도 진행하여, 미분방정식에 관한 논문 등을 남겼고, 과학철학에도 힘을 기울였다.

앤더슨 (*Anderson, Carl David* ; 1905~1991년) 미국, 물리학

　1932년 윌슨의 안개상자 속에 납의 박판을 넣고 우주선의 비적(飛跡)을 촬영하던 중 양전자(陽電子)를 발견하였다. 이것으로 1936년 오스트리아의 V. F. 헤스와 함께 노벨물리학상을

받았다. 백금판을 이용한 같은 장치를 이용하여, 1937년 S. H. 네더마이어와 공동으로 중간자(中間子)를 발견하였다. 1949년 μ중간자의 자연붕괴로 생기는 전자의 에너지 스펙트럼 연구 중, μ중간자의 자연 붕괴에 따라 전자와 2개의 중성미자(中性微子, neutrino)가 발생하는 것을 처음으로 밝혔다.

양전닝 (楊振寧 ; 1922 ~) 미국, 물리학

　중국 출신의 미국 물리학자. 소립자론(素粒子論)·통계역학·물성론(物性論) 등 여러 분야에 많은 업적을 남겼으며, 2차원 격자에 관한 통계역학 연구, 복합입자의 이론(페르미 양의 이론) 등에 독창성을 발휘했다. 1956년 리정다오(李政道)와 공동연구로 약한상호작용에 의한 패리티(parity, 反轉性) 비보존(非保存)의 이론을 제창하였고, 얼마 후 우젠슝(吳健雄) 등의 그룹에 의해 이론이 실증되었다. 이 업적으로 1957년 리정다오와 공동으로 노벨물리학상을 수상했다.

에를리히 (*Ehrlich, Paul* ; 1854 ~ 1915년) 독일, 세균학, 화학

　아닐린 색소를 응용하여 실험하는 등 여러 가지 화학물질이 생체조직에 끼치는 영향에 관해서 연구하였다. 1890년 디프테리아의 혈청요법을 완성하였다. 1904년 트리파노소마에 대한 트리판로트를 발견하여, 1908년에 면역학에 대한 연구로 메치니코프와 함께 노벨생리·의학상을 받았다. 1910년에는 매독에 대한 화학요법제인 살바르산을 발견하였으며, 면역에 대한 연구에서는 측쇄설(側鎖說, sidechain theory)을 수립하였다. 1912년에 네오살바르산을 발견하였다.

에이크만 (*Eijkman, Christiaan* ; 1858 ~ 1930년) 네덜란드, 의학

　1896년에 정백미(精白米)로 사육한 가금(家禽)에게 각기를 일으키게 하는 실험을 하여, 각기의 원인이 쌀겨에 있는 어떤 종류의 물질의 결핍에서 기인됨을 확인하였는데 이것은 비타민 B_1을 발견하는 단서가 되었다. 이것으로 F. 홉킨스와 함께 1929년 노벨 생리·의학상을 받았다. 이 연구는 쌀을 주식으로 하는 동양의 의학계에 크게 공헌한 것으로 그 의의가 크다.

엘스터 (*Elster, Johann Philipp Ludwig Julius* ; 1854 ~ 1920년) 독일, 실험물리학

　H. F. 가이텔과 공동으로 열이온현상에 관한 연구를 시작, 대기 중에서 금속이 잃는 전하(電荷)가 금속의 온도에 어떻게 관계되는가를 계통적으로 조사하고, 기체의 전기전도(電氣傳導)를 연구하였다. 또한 광전(光電)효과를 연구, 광전류가 빛의 세기에 비례한다는 것을 밝혔으며, 1889년 알칼리금속의 엷은 막이 큰 광전효과를 나타내는 것을 발견함으로써, 처음으로 광전지(光電池)를 제작했고, 광전광도계(光電光度計)를 만들었다. 이 밖에도 뇌운(雷雲)에서 오는 빗방울의 전기량을 결성하는 등 기상전기학에 크게 이바지했다.

오스트발트 (*Ostwald, Friedrich Wilhelm* ; 1853 ~ 1932년) 독일, 화학, 과학철학

　산(酸)의 강도 등에 관한 물리화학적 연구로 학위를 받았으며, 아레니우스의 이온설(1884년 이후)을 실험적 증명으로 뒷받침하여 그 설의 확립과 보급에 크게 공헌하였다. 1887년 J. H. 반트호프와 공동으로 《물리화학 잡지》를 창간하였다. 화학평형·반응속도·촉매(특히 그 현상적 개념의 확립), 백금 촉매에 의한 암모니아 산화의 공업적 방법(영국·미국·프랑스·오스트리아에서 특허를 받은 오스트발트법)에 관한 연구로 1909년 노벨화학상을 받았다.

오파린 (*Oparin* ; 1894 ~ 1980년) 러시아, 생화학

　1930년대부터 살아 있는 세포에서 효소의 작용을 널리 연구. 또한 생명의 기원이란 문제에 관한 연구로 종속영양생물이 가장 원시적이라는 결론을 내렸다. 후에 천문학·지구화학·유기화학·생화학의 성과를 정리하고 상세히 검토했으며, 1936년에 지구상에서 생명의

기원에 관한 가설을 제기하여 널리 공감을 얻었다. 그 설에 따르면 한 시기에 지구상에서 형성된 탄화수소가 질소·산소와 반응하여 먼저 간단한 유기화학물을 만들고, 그것이 여러 변화를 거쳐 원시생물이 되었다는 것이다.

오펜하이머 (*Oppenheimer, John Robert* ; 1904 ~ 1967년) 미국, 이론물리학

이론물리학 연구범위는 대단히 광범위하여, 초기에는 분자에 대한 양자역학(量子力學)과 산란(散亂)의 문제를 연구한 것을 비롯하여 양자전기역학(量子電氣力學)·우주선(宇宙線)· 원자핵론에 이르고 있다. 주요 업적은 무거운 별에 관한 이론, 우주선 속에서 관측된 새 입자가 양전자·중간자라는 사실의 지적, 우주선 샤워의 메커니즘, 핵반응에서 중간자의 다중 발생, 중양성자 핵반응 등이다. 이러한 연구를 통해 많은 사람과 공동으로 미국의 이론물리 학계에 지도적 역할을 수행했다.

온사거 (*Onsager, Lars* ; 1903 ~ 1976년) 미국, 물리학, 화학

노르웨이 출신. 물리화학 물성(物性)의 기초론을 연구했고, 열역학 평형상태를 논하여 비 가역과정에도 적용할 수 있는 상반정리(相反定理 : 可逆定理)를 증명했다. '온사거의 상반정 리'가 알려져 있다. 또한 전해질용액의 전기전도도 및 점성을 연구했고, 유극성(有極性) 액 체 이론을 세웠다. 또 2차원 합금에 관한 협동현상의 이론을 유도했으며, 액체헬륨의 이론 적 연구도 하였다. 비가역반응의 열역학에서의 기초이론 연구의 업적으로 1968년 노벨화학 상을 수상했다.

옴 (*Ohm, Georg Simon* ; 1789 ~ 1854년), 독일 물리학

1826년 베를린에서 실험에 전념, 얼마 후 '옴의 법칙'을 풀이한 논문을 발표하였고 이듬해 에는 《갈바니 회로》를 출판하였다. 이러한 노작은 한동안 세상에서 인정을 받지 못했다가 후에 인정받게 되었다. 전기저항의 단위 '옴'은 그의 이름에서 연유한다. 저서로는 《갈바니 회로》(1827년)가 있다.

와트슨 (*Watson-Watt, Robert Alexander* ; 1892 ~ 1973년) 영국, 과학

1919년 레이더에 관한 연구로 특허를 받고 그로부터 레이더의 정도(精度)·감도(感度)의 개선에 전념하여 1935년 최초의 실용적인 항공기 탐지장치를 만들어냈다. 그후 고출력 수신 기·단(短)펄스변조·펄스수신기·송수신안테나 등의 개발에 많은 공헌을 하였으며, 레이더 기술의 기초를 확립하였다.

왁스먼 (*Waksman, Selman Abraham* ; 1888 ~ 1973년) 미국, 의학

1952년 '스트렙토마이신의 발견'으로 노벨 생리·의학상을 받았다.

우드워드 (*Woodward, Robert Burns* ; 1917 ~ 1979년) 미국, 유기화학

유기불포화 화합물의 '자외선흡수 스펙트럼의 규칙성(우드워드 규칙)'을 발견(1941년), 후 에 R. 호프만과 함께 '전자궤도의 대칭성 보존의 법칙(우드워드-호프만 법칙)'으로 발전시켰 다(1965년). 여러 종류의 생리활성 화합물 구조의 결정·합성에도 커다란 업적을 남겼고, 유 기화학의 근대화, 특히 이론과 실험을 관련짓는 데 크게 공헌하였다.

우젠슝 (吳健雄 ; 1912 ~ 1997년) 미국, 물리학

중국 태생의 미국 여류 물리학자. 1956년 리정다오(李政道)와 양전닝(楊振寧)이 약한 상호 작용에서의 패리티(反轉性) 비보존의 가능성을 지적, 그 검증을 위해 몇 가지 실험을 시사하 자, 그 중 하나에 착수하여 성공을 거두었다. 이것이 극저온(極低溫)에서 스핀을 맞춘 ^{60}Co 의 β붕괴 실험이다. 그 결과 그 때까지 믿어 오던 패리티 보존의 법칙은 깨지고, 학계에 큰 화제가 되었다. 그 밖에 β붕괴 연구, μ중간자 원자의 X선 연구 등, 혈액 속의 헤모글로빈

구조 연구 등에 업적을 남겼다.

위그너 (*Wigner, Eugene Paul* ; 1902 ~ 1995년) 미국, 이론물리학

이론물리학 분야에 많은 업적이 있으며 분자·원자이론에서의 군론적(群論的) 연구, 고체론의 연구(위그너-자이츠의 방법), 원자핵의 반응론(브라이트-위그너의 이론), 핵력(위그너), 장(場)의 이론 등 수학적 방법을 구사한 것이 많다.

유리 (*Urey, Harold Clayton* ; 1893 ~ 1981년) 미국, 물리화학

1931년 처음으로 중수(重水)를 분리시키고 수소의 동위원소인 중수소(重水素)를 발견하였다. 그 이후에도 질소·탄소·황 등의 동위원소를 분리하고, 기체의 엔트로피, 흡수스펙트럼, 분자구조 등의 연구로 알려졌다.

자이츠 (*Seitz, Frederiks* ; 1911 ~) 미국, 이론물리학

고체론(固體論) 주창자의 한 사람이며, 고체의 대역이론(帶域理論, zone theory)의 발전에 공헌했다. 그 밖에 전위이론(轉位理論, dislocation theory), 이온 결정의 착색중심의 이론, 고체 속을 통과하는 중성자의 연구 등이 있다.

제거 (*Seger, Hermann August* ; 1839 ~ 1893년) 독일, 요업학

과학적 요업의 아버지로 불린다. 1872년 도기의 소지(素地)가 금이 가고 갈라지는 것을 막는 원료의 배합법을 개발하였으며, 1886년 '제거콘(Seger cone)'이라고 하는 일종의 온도계를 고안하여 요업 발전에 공헌하였다.

제만 (*Zeeman, Pieter* ; 1865 ~ 1943년) 네덜란드, 물리학

자기장 내에서 스펙트럼선의 분열(제만효과)을 발견하였다. 이 발견은 로렌츠의 전자론(電子論)을 증명하였으며, J. J. 톰슨의 전자개념 확립에 중요한 역할을 하였다. 그 외에 태양 표면에서의 자기장의 문제, 운동 매질(媒質) 속에서 빛의 전파 문제, 핵자기 모멘트가 스펙트럼선의 미세구조(微細構造)에 미치는 영향 등을 연구하고, 새 동위원소(同位元素) 발견 등의 업적이 있다.

줄 (*Joule, James Prescott* ; 1818 ~ 1889) 영국, 물리학

'열역학 제1법칙(에너지 보존법칙)'의 창설자이다. 또한 전류(갈바니전류)가 지나는 도선에서 열이 발생하는 사실을 알게 되어 발생하는 열량과 전류의 관계를 조사해서 전류의 발열작용에 관한 법칙(줄의 법칙)을 발견하였다(1840년). 1847년 W. 톰슨과 알게 되어, 이후 톰슨과 오랫동안 공동연구를 하여 '줄 톰슨 효과'(1853년) 등 많은 업적을 남겼다. 열의 본질에 대해서는 그것이 물체의 미소입자의 운동이라는 생각에 도달하여, 기체운동론의 선구적 입장을 취하였다.

차이스 (*Zeiss, Carl* ; 1816 ~ 1888년) 독일, 광학

E. 아베와 협력하여, 현미경 제작. 1884년 차이스와 아베는 유리 화학자인 F. O. 쇼트와 협력하여 예나 유리공장을 설립, 수십 종류에 이르는 신종 광학유리를 개발하였다.

채드윅 (*Chadwick, James* ; 1891 ~ 1974년) 영국, 물리학

1932년 하전(荷電)을 가지지 않은 소립자(素粒子)·중성자(中性子)를 발견하였다. 이것은 초기 핵물리학의 여러 가지 모순을 제거함으로써 원자핵론 및 소립자론에 전기(轉機)를 만든 것이었다. 1935년 이 업적으로 노벨물리학상을 수상하였다.

치글러 (*Ziegler, Karl* ; 1898 ~ 1973) 독일, 응용화학

1945~1969년 막스 플랑크 연구소(구 카이저 빌헬름 연구소)의 석탄화학 분야에서 유기금속화합물을 연구하던 중에 트리에틸알루미늄과 사염화티탄을 촉매(치글러-나타 촉매)로

서 이용하면 일반적인 온도·압력하에서 에틸렌중합이 급속하게 진행된다는 사실을 발견 (1953년), 저압법으로 폴리에틸렌을 제조할 수 있는 길을 열었으며, 이 제조 기술은 고분자화학이 비약적인 발전을 이루는 계기가 되었다.

캐러더스 (*Carothers, Wallace Hume* ; 1896~1937년) 미국, 유기화학

나일론의 발명가로 알려져 있다. 1928년부터 뒤퐁사의 중앙연구소에서 평생 고분자화학의 기초연구를 하였으며, 중합반응에 의하여 형성되는 물질의 합성을 연구하였다. 이 연구 결과로서 클로로프렌 중합에 의한 합성고무(Neoprene)를 발견하여 1931년에 이것의 공업화에 성공하였고, 헥사메틸렌디아민과 아디핀산의 축합중합에 의한 합성섬유인 나일론이 1937년에 뒤퐁사에서 공업화하는 데 성공하였다.

캐번디시 (*Cavendish, Henry* ; 1731~1810년) 영국, 물리학, 화학

열을 물체입자의 운동이라 규정하였고, 1756년의 논문 <인공공기의 실험>에는 J. 블랙이 1755년 발견한 탄산가스의 성질과 함께 유명한 수소가스의 발견이 있다. 1784년 논문 <공기에 관한 여러 실험>에서는 공기의 구성 성분에 흥미를 가지고, J. 프리스틀리가 발견한 산소가스에 수소가스를 가해서 전기불꽃으로 화합(化合)시켜 물방울을 만들어, 고대 그리스 이래 원소(元素)라 생각되었던 물이 화합물이란 것을 입증하였다. 또 질소가스와 산소가스가 전기불꽃에 의해서 질산이 된다는 것도 알아냈다(1785년).

케쿨레 (*Kekule, A* ; 1829~1896년) 독일, 유기화학

이론화학에 관한 기본적인 2개의 학설로 유명하다. 하나는 탄소원자의 '연쇄설(連鎖說)'을 이용하여 지방족 화합물의 분자구조를 밝혀낸 것이며, 다른 하나는 벤젠의 고리구조론(1865년)으로 방향족 화합물의 구조를 해설한 것이다. 이것으로 유기화합물의 개개의 제법·성질·화학작용 등의 관점을 화학구조식으로 일관하게 하여, 모든 화합물의 상호관계·분류·계통을 화학구조로 조직화하는 데 성공하였다.

켈빈 (*Kelvin(of Largs)* ; 1824~1907) 영국, 물리학

본명은 W. 톰슨(William Thomson). 물리학의 여러 분야와 그 응용부문, 공업기술 등 매우 다방면에 걸쳐 연구를 했으며, 661종에 이르는 논문·저서·발명품을 남겼다. J. P. 줄의 일당량에 관한 연구에 주목하여, 열과 일의 동등성(열역학 제1법칙)을 강조하였다(1915년). S. 카르노의 열기관(熱機關) 이론을 바탕으로 절대온도눈금(켈빈온도)을 도입하였고(1848년), 열역학 제2법칙을 정식화(定式化)하였다. 열역학을 확립한 공헌자이다. 열전기 연구(톰슨 효과)와 줄과 함께 행한 세공 마개의 실험(줄-톰슨 효과)도 있다.

콤프턴 (*Compton, Arthur Holly* ; 1892~1962년) 미국, 실험물리학

X선 산란(散亂)에 관한 '콤프턴 효과'를 발견하여, 복사(輻射)의 입자성을 시사하는 실험 사실을 제시하였다. 이 효과의 발견으로, 이것의 이론을 실증한 C. T. R. 윌슨과 함께 1927년 노벨물리학상을 수상하였다. 이 밖에 X선의 전반사(全反射)와 편차, 회절격자에 의한 스펙트럼 연구도 있다. E. 페르미, E. P. 위그너 등과 함께 우라늄 핵분열로(核分裂爐) 건설을 추진, 플루토늄로를 완성하였다.

쿠퍼 (*Couper, Archibald Scott* ; 1831~1892년) 영국, 화학

베를린과 파리에서 연구활동을 하였으며, 살리실산(酸)에 관한 실험적 연구도 발표하였다. 특히 탄소는 최고 4의 결합력을 가지며, 탄소끼리 결합함으로써 유기화합물에 특징을 부여하며, 단일결합·2중결합을 하고, 방향족 화합물에서는 고리 모양이 연쇄적으로 결합한다는 학설을 발표하였다.

쿨롱 (*Coulomb, Charles Augustin de* ; 1736～1806년) 프랑스, 토목학, 물리학, 전기학

1785년 하전간(荷電間)과 자극간(磁極間)에 작용하는 인력(引力)·척력(斥力)에 관한 정전기(靜電氣)에서의 '쿨롱의 법칙'을 발견하였다. 이것은 후에 이루어진 '정자기(靜磁氣)의 법칙'과 함께 전자기학의 정량적 연구의 계기가 되었다.

퀴네 (1837～1900년) 독일 , 생리학

소화·근육·신경에 관한 그의 생화학적 연구 가운데서도 특히 소화효소의 연구가 유명하다. 효모 속에 있는 것이라는 뜻인 '효소(酵素, Enzyme)'와 이자에서 분비되는 단백질 분해효소 '트립신(trypsin)'은 그가 명명한 것이다. 그 밖에 근육 단백질인 미오신의 발견과 망막에서의 시홍(視紅, 로돕신)의 추출도 획기적인 업적 중의 하나이다.

퀴리 (*Curie, Marie* ; 1867～1934년) 프랑스, 물리학, 화학

결혼전 이름은 마리 스크로도프스카이다. 1895년 P. 퀴리와 결혼 후 남편과 공동으로 연구생활을 시작하여 토륨도 우라늄과 마찬가지의 방사선을 방사한다는 것을 발견하고, 그것을 '방사능(放射能, radioactivity)'이라 불렀다. 또한 1898년 폴로늄과 라듐을 발견하여 새 방사성 원소를 탐구하는 계기를 만들었다. 이러한 업적으로 1903년 퀴리 부부는 베크렐과 함께 노벨물리학상을 받았다. 이어서 1907년 라듐 원자량의 보다 정밀한 측정에 성공하고, 1910년에 금속 라듐의 분리에도 성공하였다.

퀴리 (*Curie, Pierre* ; 1859～1906년) 프랑스, 물리학

1880년 '피에조 전기(電氣)현상'을 발견하고 그 연구를 위하여 새로운 전기계(퀴리 전기계)를 고안하였다. 또한 상온에서 1400 ℃ 정도까지의 온도 영역에 걸친 물질의 자기화를 조사하여 자화가 온도에 역비례한다는, '퀴리의 법칙'을 발견하고, 퀴리온도를 확립하는 등 자성물리학(磁性物理學)의 기초를 확립, 발전에 공헌하였다. 아내와 공동으로 폴로늄과 라듐을 발견하였다. 유기방사능 문제, 방사능에 의해 전매용액(電媒溶液)에 생기는 전도성(電導性)의 문제, 열의 발생, 생리작용 등도 연구하였다.

크누센 (*Knudsen, Martin Hans Christian* ; 1871～1949년) 덴마크, 해양학

핀란드 출생. 해양화학 분야에서 현대해양학의 기초가 되는 많은 업적을 남겼다. '염분(鹽分)'이라는 정의 확정, 표준해수(標準海水) 작성, '해양상용표(海洋常用表)' 편찬, 크누센의 해수(海水) 뷰렛 및 피펫의 작성 등이 있다.

크렙스 (*Krebs, Hans Adolf* ; 1900～1981년) 영국, 생화학

아미노산의 산화효소의 연구, 술파민의 작용 메커니즘 연구 등이 있는데, 특히 동물의 간에서 생성되는 요소의 생성 회로(오르니틴 회로)외 TCA 회로(시트르신 회로)를 발명하였다. 세포의 유기물 산화 과정인 TCA 회로를 밝힌 공로로 1953년 노벨생리·의학상을 수상하였다.

크로스 (*Cross, Charles Frederick* ; 1855～1935년) 영국, 공업화학

E. J. 베번 및 C. 비들과 함께 1892년에 비스코스 인조견사의 제조법을 발명하여 특허를 얻었다. 레이온 공업의 개척자로도 유명하다.

크룩스 (*Crookes, William* ; 1832～1919년) 영국, 물리학, 화학

방사성물질의 스펙트럼 분석을 행하여 탈륨을 발견하였으며, 그 원자량을 측정하였다. 1874년부터 진공관 안의 방전(放電)에 관하여 세밀한 실험을 하였으며, 1875년 복사계를 발명, 기체분자의 운동을 확인하였다. 그 후 물체에 따라 음극선(陰極線)의 그림자가 생긴다는 사실을 음극선은 물질 미립자(微粒子)의 흐름이라고 발표하였으며, 이를 물질의 제4상태라 하고, 액체·기체·고체와 대비(對比)시켰다. 크룩스관은 이 연구에 사용된 진공관이다. 또

한 1883년 희토류 원소를 연구하여 이트륨 분리에 성공하였다.

클라우지우스 (*Clausius, Rudolf Julius Emanuel* ; 1822 ~ 1888년) 독일, 이론물리학

열역학 및 기체운동론을 정립했다. 열운동론의 입장에서 열역학 제2법칙을 정식화(定式化)하였다. 또한 열과 일의 당량 관계의 원리를 화학적인 것과 전기적인 것까지 포함한 것으로 확장(제1법칙)하여, 열의 이론이 체계화됨으로써 열의 역학적 이론이 형성되었다. 제2법칙에서는 엔트로피의 개념을 도입하여(1867년) ‘자연계의 엔트로피는 극대를 향하여 증가한다’는 것을 밝혔다. 또한 기체운동론을 본격적인 이론으로 만들어냈다.

클라크 (*Clarke, Frank Wigglesworth* ; 1847 ~ 1931년) 미국, 지구화학

원자량의 결정에 많은 업적을 남겼고, 성층광상(成層鑛床) 중의 셰일·사암(砂岩) 및 석회암의 비율을 산출하였다. 지구 표면부에서의 원소존재량의 중량 백분율인 ‘클라크수’는 그의 이름에서 연유한 양이다.

키르히호프 (*Kirchhoff, Gustav Robert* ; 1824 ~ 1887년) 독일, 물리학

‘키르히호프의 법칙’, ‘불연속면의 이론’을 전개하고 각종 물질에 대한 스펙트럼표를 작성하였다. 이것으로 미량의 원소도 검출할 수 있는 스펙트럼분석이 시작되었고, 루비듐과 세슘을 발견. 또한 태양과 대기 중에 나트륨·철 등의 원소가 존재한다는 결론을 내려 항성물리학의 기초를 개척하였다. 1859년 복사의 흡수능과 반사능에 관한 키르히호프의 법칙을 증명하여 열복사론의 기초를 세웠다. 특히 흑체복사(黑體輻射)의 개념을 도입, 이것이 공동복사(空洞輻射)와 동등하다는 점을 제시하였는데 이는 양자론을 뒷받침하였다.

테나르 (1777 ~ 1857년) 프랑스, 화학

테나르블루의 제조, 과산화수소의 발견, 에테르·에스테르류의 연구, 안티몬의 산화물에 관한 연구 등의 업적이 있다. 1798년 게이뤼삭과의 공동연구는 유명하다. 고전적 논문이라 일컬어지는 요오드의 성질에 관한 연구, 유기화학분석법의 개량연구 등이 유명하다.

텔러 (*Teller, Edward* ; 1908 ~) 미국, 원자물리학

헝가리출신. 1945년 7월16일 앨러모 고도에서 시험된 최초의 원자폭탄실험에 입회하였다. 수소폭탄의 개발·제조에 업적이 크다 하여 ‘수소폭탄의 아버지’로 불린다. 원래는 원자핵을 중심으로 한 기초물리학자로, 1962년 핵화학과 핵물리학에 공헌하여 엔리코 페르미상(賞)을 수상하였다.

톰센 (*Thomsen,* J : 1826 ~ 1909년) 덴마크, 물리화학

화학변화가 일어날 때의 반응열이나 유기화합물의 연소열과 그 구조와의 관계에 대한 정밀한 조직적 연구로, 프랑스의 P. E. 베르텔로와 함께 열화학의 기초를 구축하였다. 빙정석으로부터 소다를 생산하는 공정을 개발하여 부자가 되었으며, 코펜하겐의 도시경영에도 오랫동안 노력하였다.

톰슨 (*Thomson, George Paget* ; 1892 ~ 1975 년) 영국, 물리학

물리학자 J. J. 톰슨의 아들이다. ‘전자의 파동성’을 발견하였다. 이 업적으로 1937년 C. J. 데이비슨과 공동으로 노벨물리학상을 수상했다.

톰슨 (*Thomson, Joseph John* ; 1856 ~ 1940년) 영국, 실험물리학

1899년 전자의 존재를 결정적으로 증명하였다. 전자의 발견은 원자보다 미소한 물질의 구성요소 발견으로서, 원자구조 연구에 중요한 한 걸음이었으며, 이 연구로부터 원자구조론, 물질구성, 원소의 주기율 등으로 연구를 진행시켜 나아갔다. 저서로《기체 내의 전기전도》(1903년) 등이 있다.

트라우베 (*Traube, Moritz* ; 1826 ~ 1894년) 독일, 생리화학

　내과학자 L. 트라우베의 아우이다. 1867년 삼투현상의 연구를 위하여, 탄닌·젤라틴·페로시안화구리 등으로 최초로 반투막(半透膜)을 만들어 삼투압 측정을 가능하게 하였다. 그 밖에 물질대사에 관한 연구, 발효에 관한 연구가 있으며, '트라우베의 규칙', '트라우베의 방울수계(滴數計)' 등의 업적을 남겼다.

틴들 (*Tyndall, John* ; 1820 ~ 1893년) 영국, 물리학

　미립자(微粒子)에 의한 빛의 산란 연구로 '틴들현상'을 발견했으며, 음파의 투과에 미치는 대기밀도의 영향 등 음향에 관한 연구가 있다. 열현상에 대해서는 분자운동론적 해석을 하였다. 패러데이와 친분으로 패러데이의 전기를 썼고, 왕립연구소에서의 강의는 명강의로서 평판이 높았다. 문필과 강연에도 뛰어나 많은 과학 해설서를 썼으며, 19세기 후반의 과학 계몽가로서 공헌하였다.

파스퇴르 (*Pasteur, Louis* ; 1822 ~ 1895년), 프랑스, 화학, 미생물학

　1848년 타르타르산염과 파라타르타르산염의 구조상의 차이를 광회전성의 차이로부터 밝혀냈다. 이외에 화학조성·결정구조·광학활성의 관계를 통해 입체화학의 기초를 구축하였다. 발효와 부패에 관한 연구로 젖산발효는 젖산균의, 알코올 발효는 효모균에 의해 일어난다는 것을 발견하였다. 또한 탄저병·패혈병·산욕열(産褥熱) 등의 병원체를 밝혀냈다. 1879년 닭콜레라의 독력을 약화한 배양균을 닭에 주사하고 면역이 된다는 것을 발견, E.제너 이래 과제로 남았던 백신 접종에 의한 전염병 예방법의 일반화에 성공하였다.

파울리 (*Pauli, Wolfgang* ; 1900 ~ 1958년) 오스트리아, 물리학

　상대성 이론을 전개하는 데 공헌하는 한편, 양자론(量子論)의 체계화에 힘썼으며 1924년 '파울리의 배타 원리'를 발견하였다. 이것은 당시의 원자구조론에 크게 공헌함과 동시에, 전자의 스핀을 해명하는 데 기여하였다. β붕괴의 연구에서는 중성미자(中性微子, neutrino)의 존재를 제창하였으며, W. K. 하이젠베르크와 더불어 장(場)의 양자론의 정식화를 추진하여 그 기초를 확립, 스핀과 통계의 관계를 발견하고, 중간자론에서는 강결합 이론을 제출하는 등, 이론물리학에서 크게 공헌했다.

파웰 (*Powell, Cecil Frank* ; 1903 ~ 1969년) 영국, 물리학

　이온의 이동도(移動度), 코크로프트-월턴 가속장치 건설, 그것을 이용한 중성자·양성자 산란 연구 등을 진행시켜 원자핵과 우주선(宇宙線)의 실험적 연구를 추진하였다. 특히 1938년경부터 시작한 사진긴판을 이용한 우주선 연구는 고(高)에너지 중양성자(重陽性子)의 산란·붕괴 연구를 통하여 원자핵건판의 개발로 이어져 핵물리학 발전에 크게 공헌하였다. 1947년 π중간자의 발견과 그것이 μ중간자로 붕괴하는 과정을 밝히는 등 실제적인 많은 성과를 올렸다. 이러한 업적으로 1950년 노벨물리학상을 받았다.

팔베르크 (*Fahlberg, Konstantin* ; 1850 ~ 1910년) 독일, 과학

　러시아 출생. 1879년 톨루엔으로부터 오르토술포벤조산이미드를 합성하는 방법을 발견하였다. 그후 1884년부터 사카린이라는 상품명으로 공업적 제조를 개시하였다.

패러데이 (*Faraday, Michael* ; 1791 ~ 1867년) 영국, 화학, 물리학

　염화질소 연구로부터 여러 가지 특수강(特殊鋼)을 연구(1819~1824년), 염소의 액화 연구(1823년), 벤젠 발견(1825년) 등 실험화학상 뛰어난 연구를 하였다. 또한 전자기학(電磁氣學)에 흥미를 가져 연쇄적 회전(전자기 회전)을 만들어내는 데 성공하였다. 그 역현상인 자기의 작용에 의해 전류를 만들어내는 연구에 착수하여, 전자기 유도를 발견하였다(1831년). 이것으로 맴돌이전류와 지구자기(地球磁氣)에 대한 응용에서도 성공하였으며, 자체유도(自體

誘導)를 발견·해석하였다.

퍼킨 (*Perkin, William Henry* ; 1838~1907년) 영국, 화학

　1856년 최초의 합성 '아닐린 모브(모베인 또는 아닐린바이올렛)'를 자택의 실험실에서 퀴닌의 합성실험을 하던 중 우연히 발견하였다. 염료의 실용화를 위해 런던 교외 그린포드 그린에 최초의 아닐린 염료공장을 세웠다. 그 후 공장에서 기술적 곤경을 뛰어넘어 유기합성 공업의 기틀을 마련하였다. 36세 때에 다시 실업계를 떠나 퍼킨반응(1887년), 자기장(磁氣場)이 유기물질의 광회전성(光回轉性)에 미치는 영향을 구조론의 입장에서 해명하는(1884~1907년) 등 기초이론의 연구에 열중하였다.

페르미 (*Fermi, Enrico* ; 1901~1954년) 이탈리아, 물리학

　상대성 이론(相對性理論)과 원자의 양자론(量子論)을 연구, 1926년 P. A. M. 디랙과는 별도로 '페르미 통계(페르미-디랙 통계)'를 제안하였고, 분광학을 연구하였다. 원자핵 연구로 옮겨 1934년 β붕괴이론을 제출, 복사이론(輻射理論)과 W. 파울리의 중성미자 가설을 결합시켰다. 1938년 중성자에 의한 인공방사능 연구의 업적으로 노벨물리학상을 수상하였다. 1942년 시카고대학 야금 연구소로 옮겨 대형 원자로를 건설하고, 제어된 연쇄반응을 실현시켜, 핵에너지 해방이라는 업적을 쌓았다.

페퍼 (*Pfeffer, Wilhelm Friedrich Philipp* ; 1845~1920년) 독일, 식물학

　저서로 《식물생리학》(1881년)이 있다. 이끼류의 지리분포, 진화론, 발생학, 식물의 성장, 주화성(走化性), 삼투작용 등 매우 다방면에 걸쳐 연구를 하였다. 특히 세포의 삼투작용에 관해서는 인공반투막(人工半透膜)의 제작과 그 정량적(定量的) 연구에 의한 삼투압이론의 확립으로 유명하다.

폴링 (*Pauling, Linus Carl* ; 1901~1994년) 미국, 물리화학

　X선 회절을 이용하여 광물·무기결정의 결정구조를 연구하였고, 전자회절로써 기체분자의 구조를 연구하였다. 또 화학결정에 관한 이론을 연구하여 현재의 화학결합론의 기초를 구축하였고, 양자역학적 공명·전기음성도·공유결합 반지름·이온 반지름 등 많은 유용한 개념을 창출하였다. 1942년 혈청학(血淸學)의 란드슈타이너와 협력하여 항원과 항체의 결합력을 연구하였고, 1954년에는 항원·항체반응 이론에 관한 업적으로 노벨화학상을 수상하였다.

푸리에 (*Fourier, J.B.J.* ; 1768~1830년) 프랑스, 수학, 수리과학

　열전도론(熱傳導論)을 연구하여 1807년 '열의 해석적 이론'을 제출하였고, 1822년 완성된 이 이론에는 '푸리에의 정리'가 포함되어 있으며, '푸리에 급수'의 전개에 따라서 그 후의 수리물리학 발전에 크게 공헌하였다. 1816년 프랑스 학사원 회원으로 추천되었다. 또 실계수 방정식의 해법에 관한 연구로도 알려져 있다.

프라운호퍼 (*Fraunhofer, Joseph von* ; 1787~1826년) 독일, 물리학

　광학기기의 개량으로 광학연구에 큰 업적을 남겼으며, 특히 색지움 렌즈 연구 중에 휘선(輝線)스펙트럼에 관한 연구를 통해 태양 스펙트럼 속에 많은 암선(暗線, 프라운호퍼선)을 발견하였으며 이는 스펙트럼 분석학의 기초를 이루었다. 헬리오미터를 제작. 회절 연구, 빛의 파장 산출 등의 업적도 있다.

프로인틀리히 (*Freundlich, Herbert Max Finlay*, 1880~1941년) 독일, 콜로이드화학

　계면화학(界面化學)의 체계를 확립하였다. F. W. 오스트발트의 조수로 근무하는 동안, 1903년 '전해질에 의한 콜로이드졸의 응결'이라는 주제로 학위를 받았고, 1906년 용액으로부터의 흡착 연구를 발표하였다. 가장 유명한 업적은 그레이엄 이래의 단편적으로 알려진 콜로이드화학을 체계적으로 정리하여 발전의 토대를 이룩하였다. 그의 이름이 붙은 흡착식을

비롯하여 전기이중층(電氣二重層)의 제타 전위(電位) 해명, 부정립자(不整粒子) 콜로이드계(系)의 광학적 연구, 콜로이드계의 유동학적 연구 등 중요한 연구가 많다.

프루스트 (*Proust, Joseph Louis* ; 1754 ~ 1826년) 프랑스, 과학

2가지 화합물 사이에는 모든 중간적 단계가 가능하다고 하는 '베르톨레설'에 반대하고, 2가지 원소 사이에서 조성(組成)의 변화는 정비례한다는 사실을 증명함으로써 8년간에 걸친 논쟁을 승리로 이끌었다. 결정 포도당의 정제, 마니톨 류신(mannitol leucine)의 분리 등에 업적을 남겼다.

프리스틀리 (*Priestley, Joseph* ; 1733 ~ 1804년) 영국, 종교, 화학

1772년 탄산가스를 이용하여 소다수를 발명하고, 뒤이어 기체를 물 또는 수은 위에서 포집(捕集)하는 장치를 고안하였으며, 일산화이질소・암모니아・염화수소・이산화황・플루오르화규소 등을 발견하였다. 또한 식물의 호흡(1779년), 동화작용(1781년) 등도 연구하였다.

플랑크 (*Planck, Max Karl Ernst Ludwig* ; 1858 ~ 1947년) 독일, 물리학

1910년 '플랑크의 복사식(輻射式)'을 발표하였다. 이어서 그 물리적 해석을 둘러싸고 독창적인 에너지 양자(量子)에 대한 생각에 도달, 보편상수 h(플랑크상수)를 도입하였다. 이것은 매우 혁명적인 생각으로서 마침내 양자론의 전개를 초래하였고 물리학에 커다란 전기(轉期)를 가져왔으며, 이 공로로 1918년 노벨물리학상을 받았다. 저서로 《열역학 강의》(1897년)가 있다.

플레밍 (*Fleming, John Ambrose* ; 1849 ~ 1945년) 영국, 과학

전자기학(電磁氣學) 연구에서는 전류・자기장・도체(導體) 운동의 3방향에 관한 법칙(플레밍의 법칙)으로 알려졌다. 1883년 에디슨이 우연히 발견한 에디슨 효과에서 힌트를 얻어 '진동 밸브'라고 하는 2극 진공관(二極眞空管)을 발명하였고, 무선전신용 검파장치(檢波裝置)로써 1904년 특허를 받았다. 1906년 미국 L. 드 포리스트도 2극관을 발명하고 다시 3극관으로 발전시킨 데서, 두 사람의 관계된 회사 간에는 약 10년에 걸친 특허 경쟁이 있었다.

플로리 (*Flory, Paul John* ; 1910 ~ 1985년) 미국, 물리화학

거대분자합성물(巨大分子合成物)・광화학(光化學)・중합메커니즘 등의 연구에서 선구적 역할을 하였다. 고분자화학의 여러 영역에 걸쳐, 이론・실험 양면에서 물리화학적 기초를 구축하였다.

피셔 (*Fischer, Emil* ; 1852 ~ 1919년) 독일, 유기화학

A. 바이어 문하에서 연구를 계속하여 페닐히드라진을 발견하였는데, 이것이 그의 생애를 통하여 주요 연구과제가 되었다. 또한 페닐히드라진을 이용하여 당(糖)의 입체구조를 결정하였으며(1875년), 인돌 합성(1886년), 글리코시드 합성(1893년), 퓨린・단백질 구조 등의 기초적 연구, 아미노산・효소 연구, 새로운 아미노산 발견 등 많은 업적을 남겼는데, 당류 및 퓨린 합성에 대한 업적으로 1902년 노벨화학상을 수상하였다. 그 후에도 1914년에 최초로 뉴클레오티드의 합성 등 많은 연구를 하였다.

피셔 (*Fischer, Hans* ; 1881 ~ 1945년) 독일, 유기화학

혈색소와 피롤 유도체를 연구하였고, 헤민의 합성과 포르피린류, 클로로필 등의 구조를 결정하였다. 이와 같은 업적으로 1930년에 노벨화학상을 수상하였다.

피티히 (*Fittig, Rudolf* ; 1835 ~ 1910년) 독일, 화학

1864년 방향족탄화수소 동족체의 합성법으로 알려져 있는 피티히 반응을 발견하였고, 페난트렌의 단리(單離), 알칼로이드・불포화지방산 등의 연구에도 업적을 남겼다.

하버 (*Haber, Fritz* ; 1868~1934년) 독일, 화학

　기체반응의 열역학(熱力學)과 전기화학에 관하여 주요한 업적이 있다. 1904년경부터 질소와 수소로부터 암모니아를 합성하는 방법을 연구하기 시작하였다. 1908년에는 R. L. 로시뇰과 공동으로 그 공업화를 연구, C. 보슈의 협력을 얻어 성공하였고(하버-보슈법), 1918년 보슈와 함께 노벨 화학상을 수상하였다.

하이젠베르크 (*Heisenberg, Werner Karl* ; 1901~1976년) 독일, 이론물리학

　1925년 양자역학의 시초가 되는 원자구조론의 법칙을 완성하였으며, 불확정성 원리의 연구와 양자역학 창시의 업적으로 유명하다. 1932년 원자핵 분야에서는 핵이 중성자와 양성자로 구성된다는 새로운 이론을 발표하였다. 우주선(宇宙線) 분석에서 중요한 공헌을 하였으며, 장(場)의 양자론의 한계를 논하는 등 양자론의 진보에서 항상 지도적 역할을 하였다. 후기 연구로는 플라스마 물리학·열핵반응 등이 있으며, 1953년 비선형이론(非線型理論)은 소립자의 통일이론을 지향하는 야심적인 것으로 주목을 끌었다.

하이틀러 (*Heitler, Walter* ; 1904~1981년) 독일, 물리학

　초기에는 F. 런던과 함께 양자역학적(量子力學的)인 수소분자의 결합에 대해 설명하였으며(1927년), 그 후 화학결합의 양자론에서 '하이틀러-런던 이론'을 발표했으며, 양자전기학(量子電氣學)과 중간자론(中間子論)에도 많은 공헌을 하였다.

하트리 (*Hartree, Douglas Rayner* ; 1897~1958년) 영국, 이론물리학

　원자구조에 관한 E. 슈뢰딩거의 파동방정식(波動方程式)의 구체적 해법에 노력하였으며, 다전자계(多電子界)의 파동함수를 구하는 근사법(近似法)으로서의 '하트리 근사법'을 제안하였다. 이 방법에 의해 얻어진 함수는 V. A. 포크의 함수와 함께 현재 가장 정밀도가 높은 것으로서 원자구조의 이론적 해명에 공헌한 바가 크다. 또 미분해석기(微分解析機)에 관한 연구도 있다.

한 (*Hahn, Otto* ; 1879~1968년) 독일, 방사화학, 핵화학

　1904년 런던에서 W. 램지의 지도 아래 방사화학 연구가 시작되었고, 그곳에서 토륨붕괴계열에 대한 본격적인 연구를 시작하였다. 이어 베를린대학 E. 피셔의 연구실에서 라디오악티늄(radioactinium) 및 메소토륨(mesothorium) 등을 계속 발견하여 토륨붕괴계열을 완성하였다. 1918년에 새로운 원소 프로트악티늄 Pa을 발견하였는데, 이는 L. 마이트너와 공동으로 연구한 성과였다. 또 그의 조수 E. 슈트라스만과 함께 1939년에 발표한 우라늄 핵분열의 연구는 특기할 만한 것이다. 1944년 노벨 화학상을 받았다.

허블 (*Hubble, Edwin Powell* ; 1889~1953년) 미국, 천문학

　1920년대 초에 소용돌이성운 속에서 세페이드 변광성(變光星)을 발견. 1929년 은하들의 스펙트럼선에 나타나는 적색이동(赤色移動)을 시선속도(視線速度)라고 해석하고, 후퇴속도(後退速度)가 은하의 거리에 비례한다는 '허블의 법칙'을 발견하여 우주팽창설에 대한 기초를 세웠다.

헤스 (*Hess, Victor Francis* ; 1883~1964년) 미국, 물리학

　1911~1913년 경기구(輕氣球)를 사용한 고공(高空) 관측을 실시, 초방사선 즉 우주선(宇宙線)을 발견하고, 그 성질을 정밀히 조사하여 우주선 연구의 선구자가 되었다. 1936년 우주선 연구 업적으로 미국의 C. D. 앤더슨과 함께 노벨물리학상을 수상하였다.

헨리 (*Henry, William* ; 1774~1836년) 영국, 화학

　1803년 기체의 용해도에 관한 '헨리의 법칙'을 발견하였다. 또 탄화수소가스의 연구, 암모니아가스 조성의 결정, 각종 석탄가스의 분석을 하였으며, 전기(傳記)·화학사(化學史)·의

학·음악에 관한 연구도 했다.

헬름홀츠 (*Helmholtz, Hermann Ludwig Ferdinand von* ; 1821 ~ 1894년) 독일, 생리학, 물리학
에너지보존 원리를 보편적 법칙으로서 확립하였다. 이 밖에도 1851년 검안경(檢眼鏡)과
입체 망원경을 발명하였고, 유체역학 분야에서 유명한 '소용돌이의 정리'를 밝혔다. 또한 전
기역학·유체역학·광학·기상학·인식론 등에 공헌하였다. 특히 열화학 및 전기화학에 대
한 적용의 업적과 빛의 분산이론, 지각(知覺)에 관한 삼원색설(三原色說) 등이 유명하다.

호프만 (*Hoffmann, Roald* ; 1937 ~) 폴란드 → 미국, 화학
1965년 R. B. 우드워드와 함께 '우드워드–호프만의 규칙'을 발견하였고, 1981년에는 화학
반응 메커니즘에 대한 연구로 일본인 후쿠이 겐이치(福井謙一)와 공동으로 노벨화학상을 수
상하였다.

홀 (*Hall, Charles Martin* , 1863 ~ 1914년) 미국, 화학, 발명
직접전해법(直接電解法)을 발명하였다. 이 방법은 프랑스의 P. L. 에루와 같은 해에 발명
되어 홀–에루법이라고 불린다.

홉킨스 (*Hopkins, Frederick Gowland* ; 1861 ~ 1947년) 영국, 생화학
단백질연구에서 혈청 알부민의 결정화, 트립토판의 발견 등 많은 업적을 남겼다. 또, 근육
의 젖산발효, 동물의 성장에 필요한 인자의 연구(비타민 연구의 선구)에도 전념하였다. 또한
글루타티온을 발견하고 그 구조를 생화학적으로 결정한 사람으로도 유명하다. 1929년 생장
촉진물질을 연구한 공로로 에이크만과 함께 노벨생리·의학상을 수상하였다.

훅 (*Hooke, Robert* ; 1635 ~ 1703년) 영국, 화학, 물리학, 천문학
현미경의 조명장치를 고안하고 식물의 세포구조를 발견, 화석에 관한 연구 등 여러 분야
에서 연구하였다. 연소와 호흡에 관해서는 '연소설'을 주장하여 열의 플로지스톤설에 대한
반론을 제기하였다. 물리학면에서는 박막의 색에 관한 연구가 중요하고 빛의 간섭·분산을
설명하여, 파동설의 선구가 되었다. 천문학 분야에서는 오리온자리의 관측, 목성의 회전, 연
주시차의 측정 등이 있다. 1678년 탄성에 관한 훅의 법칙을 제시하였다.

휘켈 (*Whekel* ; 1896 ~ 1980년) 독일, 화학, 물리학
강한전해질 용액에 대한 이론적 연구로 알려졌으며, 디바이–휘켈의 이론을 제출하였다.
또한 F. G. 도난과 공동 연구한 이중결합의 이론, 벤젠의 양자론적 연구 등 물리·화학 두
영역에 걸쳐 공헌했디.

(9) 주요 공식 및 원리

가이거-뮐러계수관 (Geiger-Müller counter)

전리작용을 지닌 입자를 하나씩 세는 기기를 뜻한다. GM관 또는 가이거 계수관이라고도 한다. 1928년 독일의 가이거와 뮐러가 고안한 특수한 방전관인데, α선·β선·양성자선 등의 대전입자선 외에 γ선의 계측 등 우주선이나 원자핵의 연구를 비롯하여 널리 방사선 연구에 사용된다.

그레이엄의 법칙 (Graham's law)

영국의 화학자 T. 그레이엄이 1831년에 제창한 기체확산에 관한 법칙이다.

즉, 용기(容器) 안에 있는 등온·등압의 기체가 용기의 벽에 뚫린 작은 구멍을 통해 유출할 때, 그 속도는 기체의 밀도의 제곱근에 반비례하고, 용기 내외의 압력차의 제곱근에 비례한다고 하는 법칙이다. 용기 내외의 압력을 각각 P_1, P_2, 기체의 밀도를 ρ, 단위시간에 유출하는 기체의 속도를 v라 하면 속도 v는

$$v = \sqrt{2(P_1 - P_2)}/\rho$$

기체 및 액체가 확산하는 속도는 그 분자량의 제곱근에 반비례한다는 법칙으로도 설명된다.

그로투스-드레이퍼의 법칙 (Grotthuss-Draper law)

반응계에 흡수된 빛만이 그 계(系)에 화학변화를 일으킬 수 있다고 하는 법칙이다. 광화학 제1법칙이라고도 한다. 1817년에 그로투스가 이론적으로, 1841년에 J. W. 드레이퍼가 염소와 수소의 광화학적 결합반응에 관하여 실험적으로 발견하였다. 이 법칙은 반응계에 흡수된 빛이 전부 화학변화를 일으키는 데 유효하지는 않다는 것을 말해 주고 있다.

기브스-뒤엠의 관계 (Gibbs-Duhem relation)

균일 다성분계가 갖는 열역학적 성질이 나타내는 가장 중요한 관계식으로 온도, 압력이 일정한 조건하에서 농도 변화에 대해 화학 퍼텐셜의 변화가 받는 일반적인 구속조건을 부여하여 $\sum n_i d\mu_i = 0$으로 나타낸다. 여기서 n_i는 성분 i의 몰질량, μ_i는 성분 i의 화학 퍼텐셜이다.

기브스 에너지 (Gibbs energy)

기브스 에너지는 열역학 특성함수의 일종으로 일정한 온도, 압력의 조건하에서 자발적 변화의 영향을 지시한다.

$$G = U + PV - TS = H - TS$$

여기서, U는 내부에너지, P는 압력, V는 체적, T는 온도, S는 엔트로피, H는 엔탈피

기체상수 (gas constant)

이상기체(理想氣體) 1mol의 상태방정식은 압력을 P, 부피를 V, 절대온도를 T라 할 때 $PV = RT$로 표시되는데, 이때의 R을 말한다. R은 기체의 종류에 따르지 않는 보통상수이며 따라서 이상기체 1 mol을 취하면 R의 값은 8.3144 $\mathrm{JK^{-1}mol^{-1}}$가 된다.

나비에-스토크스의 운동 방정식 (Navier-Stokes' equation of motion)

뉴턴유동을 하는 비압축성 유체의 운동방정식으로 비압축성 유체에 대한 나비에-스토크스의 식은 다음과 같다.

$$\frac{\partial u_i}{\partial t} + \sum_{i=1}^{3} u_i \frac{\partial u_i}{\partial x_i} = F_i - \frac{1}{\rho}\frac{\partial P}{\partial x_i} + \frac{\mu}{\rho}\sum_{i=1}^{3}\frac{\partial^2 u_i}{\partial x_i{}^2}$$

여기서, x_i : 직각좌표, u_i : 속도성분, F_i : 외력의 성분, P : 압력 ρ : 밀도, μ : 점도

넛셀수 (Nesselt number)

대류 전열에서, 전열 속도에 관한 무차원 수를 이른다.

$$Nu = hL/x$$

여기서, h : 열전달 계수, L : 대표 길이, x : 열전도율

네른스트식 (Nernst's equation)

$$E = E_0 + (RT/nF) \ln (a_A{}^w a_B{}^x / a_C{}^y a_D{}^z)$$

n : 전하이행수, E_0 : 표준산화환원전위, a : 반응화학종의 활량, E : 전극전위

네른스트 효과 (Nernst's effect)

금속이나 반도체에서의 전류자기 효과의 하나이며, 네른스트-에팅하우젠 효과라고도 한다. 온도기울기와 열의 흐름이 있을 때, 그 열의 흐름에 수직방향으로 자기장을 걸면, 그 양자(兩者)에 수직방향으로 전위차가 생기는 현상을 말한다.

도플러 효과 (Doppler effect)

파원(波源)에 대하여 상대속도를 가진 관측자에게 파동의 주파수가 파원에서 나온 수치와는 다르게 관측되는 현상을 말한다. 1842년 C. J. 도플러가 음향현상에 대하여 발견하였다.

디랙방정식 (Dirac equation)

소립자를 기술하는 상대론적 파동방정식으로 단일 입자에 대한 E. 슈뢰딩거의 비상대론적 파동방정식을 상대론적으로 불변인 형식으로 확장함으로써 구해졌다.

디바이-세러법 (Debye-Scherrer method)

결정성 분말에 의한 X선 회절상을 원통형 필름에 기록하고, 각 회절선의 위치와 강도를 읽어서 그 결과로 결정의 동정, 격자상수의 측정 등을 하는 방법을 말한다.

디바이-휘켈의 이론 (Debye-Whekel theory)

1923년 강한 전해질(强電解質) 용액에 관하여 P. J. W. 디바이와 E. 휘켈이 제창한 이론으로, 용액 내의 이온 분위기를 기본적인 개념으로 하는 것인데, 용액 내의 이온은 무질서하게 움직이지만 그 중 한 이온에 주목하면, 그 이온을 둘러싸고 있는 것은 같은 종류의 전하(電荷)를 가진 이온보다도 다른 종류의 전하를 가진 이온이 많으며, 그 분포는 이온으로부터의 거리의 함수가 된다고 주장하였다.

라우에법 (Laue method)

고정된 단결정(單結晶)에 가느다란 연속 X선속(連續X線束)을 쬐어 회절(回折)을 일으키는 방법으로, 연속 X선을 사용하기 때문에 결정이 고정되어 있어도 라우에 조건을 만족시키는 여러 개의 회절점(回折點)이 생기게 된다. 이 회절무늬는 일반적으로 사진건판에 기록한다. 결정축(結晶軸)의 방위 결정이나, 결정의 대칭을 검토하는 데 사용된다. 1912년 M. 라우에가 X선이 결정에 의해 회절한다는 것을 보여준 최초의 실험에서 사용한 방법이다

라울의 법칙 (Raoult's law)

비휘발성 물질의 용액에서, 용액 속 용매의 증기압은 용매의 몰분율에 비례하며, 또 용매의 증기압 내림률은 용질의 몰분율과 같다는 법칙. 1888년 프랑스의 물리화학자 F.M.라울이 실험적으로 발견한 법칙이다.

람베르트-베르의 법칙 (Lambert-Beer's law)

기체 및 용액에서의 빛의 흡수에 관한 람베르트의 법칙 및 베르의 법칙을 합친 것으로 빛이 매질 속을 통과할 때 흡수로 인한 강도의 감소가 매질농도 c와 통과 거리 l에 의해 어떻게 변화하는가를 설명한 법칙이다.

$I = I_0 \cdot 10^{-\varepsilon cl}$ (입사광의 강도 : I_0, 매질의 몰 흡광계수 : ε, 투과광의 강도 : I)

람베르트의 법칙 (Lambert's law)

빛의 흡수에서 흡수층에 입사하는 빛의 세기 I_0와 투과광(透過光)의 세기 I와의 비의 로그는 흡수층의 두께 d에 비례한다는 법칙이다. $\log_e(I_0/I) = \mu d$

루이스-랭뮤어의 원자가 이론 (Lewis-Langmuir theory of valence)

화학결합을 설명하기 위해 1910년대에 제창된 이론으로, 팔우설(八偶說)·옥텟이론이라고도 한다. 비활성기체의 가장 바깥껍질 전자수가 $(ns)^2 (np)^6$인 사실로부터 G. N. 루이스는 안정된 화합물에서는 원자를 둘러싸는 가장 바깥껍질에 8개의 전자가 배치된다고 하는 팔우설을 제창하였는데 I. 랭뮤어는 이 팔우설을 더욱 발전시켰다.

루이스-마테슨 법 (Lewis-Matheson method)

증류 계산법의 대표적인 축차단 계산법. 단탑의 탑정상 또는 탑바닥의 조성을 부여하여 1단마다 탑내의 조성을 계산함으로써 소요이론 단수를 결정하는 방법을 말한다. 1932년 루이스 등에 의해 발표되었다.

르 샤틀리에의 원리 (Le Chatelier's principle)

열역학적 평형이동에 관한 원리로서, 평형이동의 법칙이라고도 한다. 평형상태에 있는 물질계(物質系)의 온도 또는 압력을 바꾸었을 때, 그 평형상태가 어떻게 이동하는가를 보여주는 원리이다. 이 원리는 1884년 H. 르샤틀리에가 발표하였는데, 1887년에 K. 브라운도 독자적으로 발견하여 발전시켰기 때문에 르샤틀리에-브라운의 법칙이라고도 부른다.

마이스너 효과 (Meissner effect)

초전도체(超傳導體) 속에 자기력선(磁氣力線)이 들어가지 못하는 현상을 이른다. 1933년 W. 마이스너와 R. 옥센펠트가 실험에 의해 발견했다. 마이스너 효과는 전기저항의 소실(消失)과 함께 초전도의 기본적 성질로 생각된다.

마이어호프 반응 (Meyerhof reaction)

호기적 조건하에서 알코올 발효나 해당과정의 반응이 저하되는 현상을 말하며, 파스퇴르-마이어호프 반응이라고도 한다. 단지 파스퇴르 효과라고 할 때도 있다.

맥스웰-볼츠만의 속도 분포 법칙 (Maxwell-Boltzman's law of velocity distribution)

1960년 J. C. Maxwell에 의해 유도되었다. 열평형 상태에 있는 기체 분자의 속도분포를 부여하는 관계로서, 볼츠만 분포의 한 예이다.

맥캐브-티엘법 (McCabe-Thiele method)

1925년 McCabe와 Thiele이 발표하였다. 2성분계의 연속 정류탑 이론 단수를 구하는 계단 작도법이다.

모스 함수 (Morse function)

P. M. Morse에 의해 결합되어 있는 2원자 간의 퍼텐셜 에너지를 구하기 위해 제안된 함수 이며, 식은 다음과 같다.

$$U(r) = D_e[1 - \exp\{-\beta (r - r_e)\}^2]$$

여기서, D_e : 결합 에너지, r_e : 평행 핵간 거리, β : 진동 에너지 준위.

모슬레이의 식 (Moseley equation)

원소의 특성 X선 진동수와 원자번호의 관계를 나타내는 식.

$$\sqrt{\nu} = K(Z-s)$$

여기서, ν : 진동수, Z : 원자번호. K, s : 스펙트럼 선의 종류에 의해 결정되는 상수.

뫼스바우어 효과 (Mössbauer effect)

원자핵 에너지 준위 간의 전이에 의해 방출된 γ 선이 바닥상태에 있는 동종의 원자핵에 의해 공명 흡수되는 현상을 말한다.

반트 호프의 법칙 (Van't Hoff's law)

묽은 용액의 삼투압에 관한 법칙으로, 독일의 식물학자 W. 페퍼가 수크로오스 수용액의 삼투압을 측정한 결과에 입각해서, 1887년 네덜란드의 화학자 J. H. 반트호프가 제출한 법칙으로, 용액의 부피를 v, 그 부피 안에 녹아 있는 용질의 mol수(數)를 n, 절대온도를 T, 기체상수를 R이라 하면, 용액의 삼투압 Π는 $\Pi v = nRT$

배수비례의 법칙 (law of multiple proportion)

2종의 원소가 2종 이상의 화합물을 형성할 때 한쪽 원소의 일정량과 결합하는 다른 쪽 원소의 질량비가 간단한 정수비가 되는 것을 말한다.

베네시법 (Benesi method)

산 강도가 다른 산성 중심이 혼재하고 있는 고체산 표면의 산 강도 분포를 측정하는 방법의 하나로서 변색역이 다른 여러 종의 지시약을 이용하여 산량을 아민으로 적정한다.

베르누이의 정리 (Bernoulli's theorem)

유체(流體)의 유속(流速)과 압력의 관계를 수량적으로 나타낸 법칙이다.

$$\rho u^2/2 = V+P + \text{상수} \ (\rho \text{ 는 밀도 } u \text{ 는 유속})$$

베르의 법칙 (Beer's law)

용액의 흡수에 관한 법칙이다.

$$\log(I_0/I) = KcC$$

여기서, 입사광 : I_0, 투과광 : I, 용질의 농도 : c, 일정한 광로 길이에서의 흡광계수 : Kc

보스-아인슈타인 분포 (Bose-Einstein distribution)

열평형 상태에서 정수의 스핀을 갖는 입자가 각 에너지 준위에 분배되는 방식을 나타내는 것. 온도가 높아지면 볼츠만 분포에 가까워진다. 반대의 경우에는 축퇴를 나타내고 특수한 전이를 일으킨다.

보스-아인슈타인 통계 (Bose-Einstein statistics)

정수의 스핀 양자수를 갖는 입자(보스 입자)가 2개 이상 모여 생긴 계의 파동함수는 동종 입자 2개의 대체에 의해서도 변하지 않는 성질을 나타나는 계를 보스-아인슈타인 통계 또는 보스 통계라고 한다.

보일-샤를의 법칙 (Boyle-Charles' Law)

보일의 법칙과 샤를의 법칙(게이뤼삭의 법칙)을 합친 것으로, 보일-게이뤼삭의 법칙이라고도 한다. 기체의 부피 V는 압력 P에 반비례하고, 절대온도 T에 정비례한다는 것, 즉 $PV/T=$(일정)으로 나타낼 수 있는 법칙이다. 또, 기체 1mol을 취하면 $PV = RT$로 나타낼 수 있다. 여기서 R은 기체의 종류에 관계 없는 보편상수로서 기체상수라고 한다. 이 법칙은 처음에 영구기체(永久氣體)에 의하여 실험적으로 발견되었는데, 실재기체(實在氣體)에는 근사적으로만 성립한다는 것이 알려졌다.

볼츠만 분포 (Boltzmann distribution)

　1866년 J. Maxwell의 분포함수를 L. Boltzmann이 확장한 것으로 맥스웰-볼츠만 분포라고도 한다. 주어진 거시적 조건하에 있는 다수 입자로 구성된 계로서, 최대의 출현 확률을 부여하는 입자의 분포를 말한다.

볼츠만상수 (Boltzmann constant)

　기체상수를 아보가드로 상수로 나눈 값을 갖는 상수로 기호는 k.
$$k = 1.380666 \times 10^{-23} \text{ J} \cdot \text{K}^{-1}$$
$$= 1.380666 \times 10^{-16} \text{ erg} \cdot \text{K}^{-1}$$

분배법칙 (partition law)

　1891년 W. Nernst에 의해 유도되었다. 분배평형에 있는 두 액상 중의 용질농도의 비를 분배상수라 하고, 분배상수는 온도, 압력에만 의해 상수가 된다는 법칙이다.

불확정성의 원리 (uncertainty principle)

　입자의 위치 x와 운동량 p_x처럼 서로 정준공역한 양에 대해 양자를 동시에 확정할 수 없다는 원리. 1927년 W. Heisenberg에 의해 도입되었다.

비리얼 계수 (virial coefficient)

　기체의 상태방정식을 1mol당 $PV = RT(1 + B/V + C/V^2 + \cdots)$($P$는 압력, V는 1mol당 부피, R은 기체상수, T는 절대온도, $B \cdot C \cdots$는 부피와 무관한 온도만의 함수)로 나타냈을 때 이것을 비리얼 전개라 하고, 이때 계수 $B \cdot C \cdots$를 비리얼 계수라 한다.

상반법칙 (reciprocity law)

　1931년 L. Onsager에 의해 도입되었다. 수송계수의 대칭성을 나타내는 정리로서 몇가지 힘 X_i가 작용하고 그에 공역적인 흐름 J_i가 있을 때, $(\partial J_i / \partial X_i) = (\partial J_i / \partial X_j)$가 성립된다.

샤를의 법칙 (Charles' law)

　기체의 온도와 부피와의 관계를 나타내는 법칙으로, 제1법칙과 제2법칙이 있다.

슈뢰딩거 방정식 (Schrödinger equation)

　전자의 기본이 되는 방정식이다.
$$\hat{H}\Psi = \varepsilon\Psi$$
여기서, $\hat{H}$: 해밀턴의 연산자(해밀토니안), Ψ : 파동함수 또는 고유함수,
　　ε : 에너지의 기대값 또는 고유값.

슈타르크 효과 (Stark effect)

　분자 및 원자가 축퇴하여 있는 전자 에너지 준위가 외부에서 가해진 전기장으로 인하여 복수의 준위로 분열하는 현상을 말한다. 1931년 슈타르크에 의해 발견되었다.

슈테판-볼츠만의 법칙 (Stefan-Boltzman's law)

　흑체(黑體)가 방출하는 열복사 에너지는 절대온도의 4제곱에 비례한다는 법칙으로 1879년 J. 슈테판이 실험적으로 발견하고, 1884년 L. 볼츠만이 이것을 열역학적으로 정립했다.

스넬의 법칙 (Snell's law)

굴절의 법칙이라고도 한다. 네덜란드의 W. 스넬이 1615년 발견했으며, 빛뿐만 아니라 일반 파동에 대해서도 성립하는 법칙이다. 매질 1 및 2에서의 빛의 속도를 v_1, v_2, 입사각을 i, 굴절률을 r로 할 때

$$v_1/v_2 = \sin i/\sin r = n\lambda(1,\ 2)$$

이때 $n\lambda(1,\ 2)$를 파장 λ에서의 매질 2의 매질 1에 대한 굴절률 또는 상대굴절률이라 한다.

아레니우스의 식 (Arrhenius' equation)

1889년 스웨덴의 S. A. 아레니우스가 화학반응의 속도와 온도와의 관계를 나타내는 실험식이다. 반응속도상수를 k, 기체상수를 R이라고 하면, 절대온도 T에 대하여 다음과 같은 식이 성립된다.

$$k = A \exp(-E/RT)$$

여기서, A는 빈도인자, E는 활성화 에너지

아레니우스의 이온화설 (Arrhenius' theory of electrolytic dissociation)

1883년에 S. A. 아레니우스가 제창한 것으로, 전해질용액(電解質溶液)에 관한 기초이론. 산·염기·염 등을 물에 용해시키면 전기장의 유무(有無)에 관계없이 그것들은 물 속에서 양(陽)으로 하전(荷電)한 이온과 음(陰)으로 하전한 이온으로 이온화한다는 설이다.

아보가드로수 (Avogadro's number)

1 mol의 물질입자(분자·원자·전자·이온·유리기 등) 속에 들어 있는 입자의 수.

처음에는 기체에 관한 아보가드로의 법칙으로부터 결정되었으나, 분자뿐만 아니라 이온·원자 등으로 되어 있는 모든 물질(고체 및 액체도 포함한다)에 대해 적용할 수 있다는 사실이 알려졌다. 아보가드로수는 보통 N으로 표시하며, $N = 6.02 \times 10^{23}$이다. 이 값은 1865년 오스트리아의 로슈미트가 처음으로 결정했으며, 한때 아보가드로수를 로슈미트수라고 한 일도 있으나, 지금은 국제적으로 아보가드로수라 하고, 표준상태 1 mol의 기체 속에 존재하는 분자의 수 $N/22400$을 로슈미트수라 하여 구별하고 있다.

아보가드로의 법칙 (Avogadro's law)

일정한 온도 및 압력하에서 모든 기체는 같은 부피 속에 같은 수의 분자를 갖는다고 하는 법칙으로, 1811년 이탈리아의 아보가드로가 제안했으나, 당시에는 분자의 존재가 증명되지 않았기 때문에 가설(假說)로서(아보가드로의 가설) 취급되었다. 그 후 기체분자운동론의 입장에서 증명이 이루어졌고, 또한 실험적으로 아보가드로수가 결정되어, 아보가드로의 법칙이라고 부르게 되었다.

얀-텔러 효과 (Jahn-Teller effect)

다원자 분자나 고체 내의 원자단에서, 원자배치가 정다면체 등의 높은 대칭성이 있는 경우에 전자상태가 축퇴하는 수가 있다. 이때 낮은 대칭성 배치가 되어 축퇴를 해제하는 것이 에너지상으로 안정하게 되는 것을 얀-텔러 효과라 한다.

우드워드-호프만 규칙 (Woodward-Hoffmann rules)

페리 환상반응에서, 분자궤도의 대칭성이 보존되는 반응이 보존되지 않는 반응보다도 일어나기 쉽다는 선택률로서 1965년에 발표되었다. 궤도 대칭성의 보존칙이라고도 한다.

제만 효과 (Zeeman effect)

광원(光源)을 강력한 자기장 안에 두고, 거기서 나오는 빛의 스펙트럼을 조사하면, 하나뿐이어야 하는 스펙트럼선이 여러 개로 갈라져 보이는 현상. 1896년 P. 제만이 발견하였는데, 그 중 비교적 간단하게 갈라지는 경우를 정상(正常)제만 효과, 복잡하게 갈라지는 경우를

이상(異常)제만 효과라고 한다.

줄-톰슨 효과 (Joule -Thomson effect)

실재 기체를 외부에 일을 시키는 일 없이 불가역적으로 단열 팽창시켰을 때에 온도가 변화하는 현상. 각 기체의 반전온도 이하에서 실험할 때는 냉각이 일어난다. J. P. 줄과 W. 톰슨이 1854년 실험에 의해 발견했다.

줄의 법칙 (Joule's law)

저항체에 흐르는 전류의 크기와, 이 저항체에서 단위시간당 발생하는 열량과의 관계를 나타낸 법칙이다. 도체에 전류가 흐를 때 발생하는 열, 즉 줄열에 대해 1840년 J. P. 줄이 실험적으로 발견하였다. 전류에 의해 생기는 열량 Q는 전류의 세기 I의 제곱과, 도체의 전기저항 R과, 전류를 통한 시간 t에 비례한다는 법칙이다. 전류의 단위를 A(암페어), 전기저항의 단위로 Ω(옴)을 사용하면, 이 전류를 t초 동안 통했을 때 발생하는 열량은 칼로리 단위로 $Q = 0.24\ I^2 Rt$ 라는 식이 얻어진다. 이 법칙은 전류의 정상·비정상에 관계없이 적용된다.

질량 작용의 법칙 (law of mass action)

화학평형의 법칙이라고도 한다. 1867년 노르웨이의 화학자 C. M. 굴베르그와 P. 보게에 의해 공식화된 화학반응 속도에 관한 기본법칙. 화학반응에서 균일계를 구성하고 있는 물질의 질량이 그 계의 평형에 어떻게 작용하는가를 나타낸 법칙이다.

카르노의 정리 (Carnot's theorem)

프랑스의 물리학자 N. L. S. 카르노가 제창한 열기관의 효율에 관한 정리로서, 두 열원 사이에 작용하는 사이클 중 그 열효율이 최대인 것은 가역(可逆)사이클인데, 그 열효율은 두 열원의 절대온도에 의해서만 정해지며 작업물질과는 관계가 없다. 이상기체인 경우 고온열원(高溫熱源)의 절대온도를 T_1, 저온열원의 절대온도를 T_2라 하면, 그 열효율은 $(T_1 - T_2)/T_1$으로 주어진다. 이 정리는 열역학 제1법칙 및 제2법칙으로부터 얻어진다.

콤프턴 효과 (Compton effect)

X선 또는 α선을 물질에 조사(照射)해 산란(散亂)시켰을 때, 산란 X선(α선) 속에 입사(入射) X선(α선)보다 파장이 긴 것이 포함되는 현상. 1923년 A. H. 콤프턴이 발견하였으며, 이 산란을 콤프턴 산란이라 한다. 이 현상은 X선(γ선)을 전자기파(電磁氣波)로만 다루었을 때에는 설명되지 않지만 광양자설(光量子說)을 원용하여 입자(粒子)로 생각하고, 이 입자가 물질 속의 전자와 충돌하는 현상이라고 보면 간단하게 설명할 수 있다.

톰슨의 원리 (Thomson's principle)

자발적 변화는 일반적으로 불가역이라고 말한 법칙. "하나의 열원에서 열을 제거하고 아무런 영향도 남기지 않고 이것을 전부 일로 변환하는 것은 불가능하다"고 설명할 수 있다.

톰슨 효과 (Thomson effect)

1개의 금속도선의 각부에 온도차가 있을 때, 이것에 전류를 흘리면, 부분적으로 전자(電子)의 운동 에너지가 다르기 때문에 온도가 변화하는 곳에서 줄열 이외의 열이 발생하거나 흡수가 일어나는 현상으로 1851년 영국의 물리학자 켈빈(본명은 W.톰슨)이 발견한 현상이다.

틴들현상 (Tyndall phenomenon)

빛의 파장과 같은 정도 또는 그것보다 더 작은 미립자가 분산되어 있을 때 빛을 조사(照射)하면 광선이 통로에 떠 있는 미립자에 의해 산란되기 때문에 옆 방향에서 보면 광선의 통로가 밝게 나타나는 현상으로 영국의 물리학자 J. 틴들에 의해 연구되었으며, 후에 레일리에 의하여 이론적으로 해명되었다.

파울리의 배타원리 (Pauli's principle)

다수의 전자(電子)를 포함하는 계(系)에서 2개 이상의 전자가 같은 양자상태(量子狀態)를 취하지 않는다는 법칙. 배타율(排他律)이라고도 한다. 1924년 W.파울리에 의해 발견되었다. 이 원리를 바탕으로 원자의 전자껍질구조 개념이 확립되었다.

패러데이의 법칙 (Faraday's law)

(전기분해에 관한 법칙) 전기분해에 의해 석출 또는 용해하는 원소 또는 원자단의 양은 흐른 전기량에 비례하고 또 같은 전기량으로 석출 또는 용해하는 원소 또는 원자단의 질량은 그 물질의 전기화학 당량에 비례한다는 법칙이다.

패브리-페로 간섭계

C. 패브리와 A. 페로가 1897년 고안한 간섭계이다.

평행평면을 가지는 유리 2장을 수 mm의 간격으로 평행하게 놓고, 그 안쪽을 반투명이 되도록 칠하여 빛의 일부는 반사하고 일부는 투과하게 한 장치이다. 여기에 평행광선을 입사시켜 투과된 빛을 망원경으로 관측하면 뉴턴의 원무늬와 비슷한 간섭무늬가 보인다. 이 간섭무늬는 입사된 빛 중에서 유리면을 지나온 것과 반사된 후 투과해 온 것이 겹쳐서 간섭을 일으켜 발생한다. 반사가 반복될 때마다 그 일부가 서로 같은 위상차(位相差)로 투과되므로 간섭무늬는 선명하게 나타난다. 특히 칠해진 면의 반사율을 높게 한 것은 스펙트럼선을 분해하는 성능이 좋으므로 분광기로 쓰이며, 파장이 비슷한 복합광(複合光)의 분광이나 스펙트럼선의 미세한 구조를 연구할 때 쓰인다. 면을 칠할 때는 은(銀) 또는 간섭박막층(干涉薄膜層)을 증착(蒸着)시켜 반사면을 만든다.

푸리에 변환 (Fourier transform)

함수의 근사값을 계산하는 알고리즘으로서, 시간 t와 더불어 변동하는 양 $f(t)$이 있다고 하면 이 속에는 여러 가지 진동수 성분이 포함되어 있으므로 이러한 성분을 추출, 정리하여 각 주파수 ω에 대한 성분강도의 분포 $F(\omega)$로서 재배열할 수 있다면 현상의 본질을 보다 쉽게 파악할 수 있다. 이처럼 주어진 $f(t)$에서 $F(\omega)$를 구하는 조작이 푸리에 변환에 상당하다. 수학적으로

$$F(\omega) = \frac{1}{\sqrt{2\pi}} \int_{-\infty}^{\infty} f(t)e^{-iwt}dt$$

푸아즈이유의 식 (Poiseuille's equation)

원형 단면을 갖는 직관 내를 층류상태로 유체가 흐를 때의 압력 손실을 부여하는 식을 말한다.

프랑크-콘돈의 원리 (Franck-Condon principle)

분자가 다른 전자상태 간의 전이에 따른 전자기파의 흡수 또는 감광과정은 핵진동에 비하여 훨씬 빠르므로 이 전이 간에 분자의 핵배치는 변화하지 않는다고 하는 근사를 말한다.

플랑크상수 (Planck's constant)

보편상수(普遍常數)의 하나이며 h로 표시된다. 또한 $h/2\pi$를 u로 쓴다. h의 값은 $h = 6.626 \times 10^{-34}$Js이며, 역학에서는 작용량의 차원을 가지므로 작용양자(作用量子)라고도 한다. 1900년 M.플랑크가 고온불체로부터 방출되는 열복사(熱輻射)의 세기분포를 설명하기 위해 도입한 상수이다.

하우겐-와트슨의 식 (Hougen-watson's equation)

$$\text{반응속도} = \frac{(\text{동력학항})(\text{퍼텐셜항})}{(\text{흡착항})^n}$$

하메트 룰 (Hammett rule)

$m-$, $p-$ 치환 벤젠 유도체의 반응성에 관한 경험칙으로 치환기 효과를 정량화한 것이다. 벤젠 치환체가 있는 반응에서 치환기를 바꾸었을 때의 반응속도의 변화는 $\log(k/k_0) = \rho\sigma$ 와 같은 직선칙에 따른다. 여기서 ρ : 반응상수, σ : 치환기 상수

허블의 법칙 (Hubble's law)

외부 은하의 스펙트럼에서 나타나는 적색이동(赤色移動)이 그 거리에 비례한다는 법칙. 속도-거리법칙이라고도 한다. 1929년 미국의 E. 허블이 발견하였다.

헤스의 법칙 (Hess's law)

화학반응에서 반응열(反應熱)은 그 반응의 시작과 끝 상태만으로 결정되며, 도중의 경로에는 관계하지 않는다는 법칙으로 1840년 G. H. 헤스에 의한 열화학의 기초적 실험에 의하여 발견되었다. 이런 사실로부터 반응열을 직접 측정하는 것이 곤란한 경우라도, 다른 화학반응식의 조합에 의하여 그 반응열을 산출할 수 있다. 예를 들면, 메탄 CH_4가 $C + 2H_2 \rightarrow CH_4$에 의하여 합성되었을 때의 반응열은 다음 3가지 반응식에 의하여 구할 수 있다.

$$2H_2 + O_2 \rightarrow 2H_2O \quad\cdots\cdots\cdots\cdots\cdots\cdots (1)$$
$$C + O_2 \rightarrow CO_2 \quad\cdots\cdots\cdots\cdots\cdots\cdots (2)$$
$$CH_4 + 2O_2 \rightarrow CO_2 + 2H_2O \quad\cdots\cdots\cdots (3)$$

즉, (1)+(2)−(3)에 의하여 $C + 2H_2 \rightarrow CH_4$ 의 반응식이 구해지며, 반응열도 동시에 구할 수 있다. 이 법칙은 나중에 에너지 보존법칙의 한 형태인 것이 알려져 총열량 보존법칙이라고도 한다.

호이겐스의 원리 (Huygens's principle)

파가 진행하는 모양을 그림으로 구하는 방법을 나타내는 원리로 어느 순간의 파면이 주어지면 다음 순간의 파면은 주어진 파면상의 각 점이 각각 독립한 파원(波源)이 되어 발생하는 2차적인 구면파(球面波)에 공통으로 접하는 면, 즉 포락면(包絡面)이 된다는 것이다. 1678년 C. 호이겐스가 발표한 빛의 파동설(波動說)에서 광파의 진행상태를 나타내는 데 사용한 것이며, 빛의 직진성이나 굴절·반사 등 당시 뉴턴의 빛의 입자설(粒子說)에 기초가 된 여러 가지 현상도 이 원리를 바탕으로 해서 파동설의 입장에서도 설명할 수 있다.

훅의 법칙 (Hooke's law)

고체에 힘을 가하여 변형시키는 경우, 힘이 어떤 크기를 넘지 않는 한 변형의 양은 힘의 크기에 비례한다는 법칙. 고체역학의 기본법칙으로서 1678년 영국의 R.훅이 용수철의 늘어남에 대한 실험적 연구로부터 발견하였다. 이 법칙이 성립되는 힘의 한계를 비례한계, 이 한계 내에서의 힘과 변형량과의 비를 그 변형에 대한 탄성률이라 한다.

훈트의 규칙 (Hund's rule)

에너지가 같은 몇 개의 원자 오비탈(궤도 함수)에 전자가 들어갈 때 에너지가 가장 낮은 전자배치는 홀전자수가 가장 많고, 이들이 모두 같은 스핀양자수를 가진다는 규칙으로, 독일의 물리학자 F. 훈트가 처음으로 제안하였다.

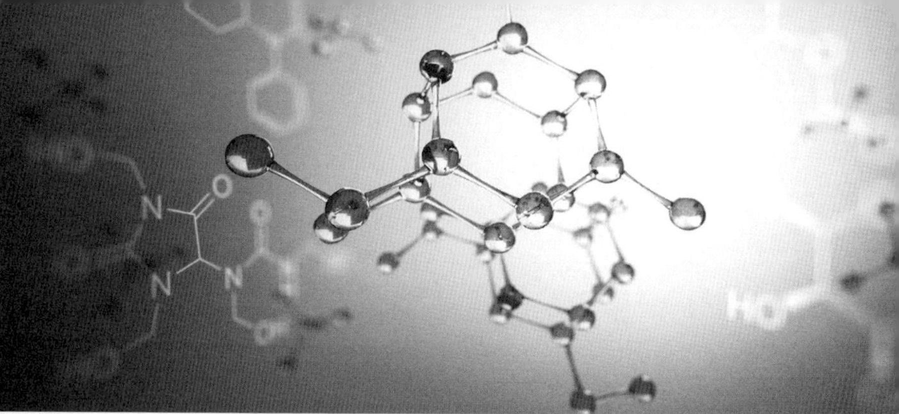

찾아보기

- 한글 색인
- 영문 색인

한/글/색/인

·◆ Ⓛ ◆·

색인

·◆ (ㅁ) ◆·

ㅅ

색인

색인

색인

색인

·◆ (ㅈ) ◆·

ㅊ

ㅋ

·◆ （ㅍ） ◆·

색인

영/문/색/인

·◆ Ⓐ ◆·

··Ⓑ··

⋯ⓒ⋯

색인

··◆ D ◆··

색인

··◆ Ⓔ ◆··

·◆ Ⓕ ◆·

··◆ Ⓗ ◆··

·◆ Ⓘ ◆·

·◆ (L) ◆·

·◆ Ⓜ ◆·

·· Ⓝ ·•·

·· Ⓞ ··

색인

·◆ P ◆·

··◆ ⓠ ◆··

색인

·• Ⓢ •·

·• Ⓣ •·

·◆ Ⓤ ◆·

$$\cdot\!\cdot\!\Diamond\ \ (\text{V})\ \ \Diamond\!\cdot\!\cdot$$

·◆ Ⓧ ◆·